PHYSICS 7th Principles with Applications

Douglas C. Giancoli 원저

7판 개정판

Giancoli 일반물리학

일반물리학 교재편찬위원회 역

Boston Columbus Indianapolis New York San Francisco Upper Saddle River
Amsterdam Cape Town Dubai London Madrid Milan Munich Paris Montréal Toronto
Delhi Mexico City São Paulo Sydney Hong Kong Seoul Singapore Taipei Tokyo

www.pearsonhighered.com

역자 머리말

새로이 Douglas C. Giancoli가 저술한《일반물리학(Physics, Principles with Applications)》7판의 번역본이 나오게 된 것을 기쁘게 생각한다. 좋은 책임에도 불구하고, 연속적으로 번역본이 소개되지 못하여 아쉬운 면이 있었는데, 이번에 북스힐 출판사를 통해 번역본을 소개할 수 있게 되어 의미가 크다고 할 수 있다.

이 교재의 특징은 전반적으로 미적분학을 최소한으로 사용하여 수학적인 어려움에 봉착하지 않고, 우리 주변에서 쉽게 접할 수 있는 물리적인 내용으로부터 접근하여, 물리를 이해하는 데 도움을 주고 있다는 점이다. 교재의 구성에 있어서도 여러 다른 교재와의 차별성을 주고 있다. 이 교재의 목차를 보면, 전체적인 분량이 간소화되어 있으면서도 내용의 부족함이 없다는 점이다. 각 장의 시작 부분에 의미 있는 간단한 질문을 던져, 학생 스스로 생각해 보고, 진도를 나가면서 다시 생각해 볼 수 있는 시간을 부여하고 있다. 다양한 예제 풀이를 구분하여 단계별 접근이 용이하게 한 점도 이전 판과 다른 점이다.

저자의 의도는 이 교재를 공부함으로써, 여러 이공학 분야, 예를 들어 물리, 화학, 생물학, 치의예 과정, 기계 공학, 전기 전자 공학, 건축학, 지구 환경 과학 등의 여러 전공자들이 자신들의 전공과 물리의 연계성을 쉽게 찾을 수 있도록 노력했다는 점이다. 따라서 이 교재를 활용하는 학생들은 본문의 내용의 충실히 이해하고, 이를 바탕으로 객관식과 주관식으로 구성된 종합 문제를 통해 기초를 튼튼히 하기 바란다. 문제를 푸는 과정 중에 물리 법칙에 대한 이해를 높일 수 있고, 완전한 답에 접근하는 방법을 배울 수 있을 것이다.

역자들이 번역을 하면서 주안점을 둔 부분은 저자의 의도를 살릴 뿐만 아니라, 학생들의 입장에서 물리를 이해할 수 있도록 문맥의 자연스런 연결을 위해 노력했으며, 용어는 고등학교 물리에서 일반적으로 사용하는 것과 한국물리학회에서 정한 용어집을 기본으로 했다. 이런 노력에도 불구하고, 번역에 미진한 부분이 있으리라 생각되며, 이런 점은 출판사를 통해 잘못된 점을 지적해 주기를 부탁드립니다.

마지막으로 본 교재가 출판되기까지 번역을 위해 애쓰신 여러 교수님들에게 감사드리고, 많은 노력을 아끼지 않으신 북스힐 출판사의 조승식 사장님, 김동준 상무님과 편집진 여러분에게 감사를 드립니다.

역자 일동

저자 머리말

새롭게 추가된 내용은 무엇인가?

여러 가지가 있으며, 이전 판에서 보지 못했던 다음과 같은 새로운 내용이 있다.

1. 각 장의 끝에 선다형인 객관식 문제를 추가했다. 객관식 문제는 학생들이 일반적으로 개념의 착오를 일으킬 수 있는 내용이다. 그러므로 객관식 문제는 시험용보다는 학습용에 가깝다.
2. 각 장이 시작될 때 주어진 시작 질문은 학생들에게 공부할 내용의 느낌을 미리 주고자 한다. 이는 선다형이며 각 장을 시작하면서 실수할 수 있는 개념을 미리 생각해 보기 위함이다. 본문에서 적절한 내용을 다루므로, 학생들은 시작 질문을 다시 생각해 볼 수 있도록 연습 문제가 주어져 있다.

이들 이외에, 7판에서는 다음의 내용들이 포함되어 있다.

3. 새로운 주제, 다양한 응용, 주요 개정 사항
   - 지구 반지름 측정 (1.7절)
   - 향상된 선운동의 그래프 해석 (2.8절)
   - 행성, 태양 중심설, 지구 중심설 (5.8절)
   - 지구 주위의 달 공전: 그림으로 표현한 상과 주기 (5.9절)
   - 생물학과 의학 (10장, 15장, 29장)
   - 물속에서 본 색 (24.4절)
   - 태양 항해 (22.6절)
   - 많은 스포츠
   - 고딕이나 굵은 글씨체로 중요 내용 강조
   - 평판 스크린 (17.11절, 24.11절)
4. 학생들과 교수가 찍은 새로운 여러 사진
5. **선명성:** 이 책에서 설명하고자 하는 내용을 분명하고 간결하게 하기 위해 어떤 주제, 문단도 간과하지 않았다. 주요한 명제를 약화시킬 수 있는 문구는 제외시켰다: 먼저 본질에 충실하고, 복잡한 것은 나중에 설명한다.
6. 물리 교육 연구를 많이 사용했다.
7. **예제의 변형:** 수학적인 단계를 간결하게 하고, 새로운 예제들을 포함시켰다. 예제의 약 10 %는 추산 예제이다.

8. 이 책은 동일한 수준의 다른 책들보다 얇다. 간결한 설명은 이해하기에 더 편하며, 읽기에도 편하다.

물리를 아는 눈으로 세상을 보라

나는 처음에 카탈로그처럼 물리를 사실의 나열이나 하는 이전의 여러 교재와는 다른 책을 쓰고자 했다. 형식적이고 독단적으로 시작하는 대신에, 각각의 주제에 대해 학생들이 연관시킬 수 있는 구체적인 관찰과 경험으로 시작하고자 노력했다. 명확한 것에서 출발해서 넓게 일반화하여, 우리가 믿고 있는 것을 왜 믿는지 보여 준다. 이런 접근은 과학이 실제로 어떻게 발전되는지를 반영한다.

궁극적인 목적은 학생들에게 고전역학으로부터 현대물리까지 물리의 기본적인 개념을 완벽하게 이해하도록 하는 것이다. 두 번째 목적은 학생들에게 그들의 일상생활과 미래의 직업(생물, 의학, 건축 등에의 흥미 있는 응용)에 물리가 얼마나 유용한지를 보여 주는 것이다.

이 교재는 미적분학을 사용하지 않고 대수와 삼각 함수를 사용하여 1년 과정의 대학 물리를 이수하는 학생들에게 특히 적절하다. 이들 중 많은 학생들이 생물학, 치의예 과정, 건축학, 기술학, 지구 환경 과학 전공자들이다. 이들 전공에 대한 많은 물리적 응용은 공통적으로 질문하는 "물리를 왜 해야 하나요?"에 대한 답을 주고자 했다. 답은 물리는 이들 전공을 완전히 이해하는 데 기본이라는 것이고, 이 교재에서 어떻게 연관되어 있는지를 볼 수 있다. 물리는 일상생활에서 우리 주위 어디에든지 존재한다. 이 책의 목적은 학생들에게 '물리를 아는 눈으로 세상을 보도록' 도와주는 것이다.

관심을 갖고 노력한 부분은 처음의 몇 장(chapter)은 학생들이 놓치지 않도록 한 점이다. 기초적인 내용은 먼저 충실히 공부해야 한다. 학생들이 크게 부담이 되지 않으면서 준비가 됐을 때, 많은 여러 관점이 그 다음에 나온다. 그러면 두려움을 가지고 있던 학생들은 물리가 흥미 있고, 재미있고, 도움이 됨을 알게 될 것이다.

1장은 그냥 적당히 넘길 내용이 아니다. 이는 물리에서의 기본임을 알게 된다. 예를 들어 측정에는 불확정도가 있고, 유효 숫자는 어떻게 사용하는지를 알아야 한다. 단위 바꿈과 빠른 추산 능력 역시 기본이다.

수학이 학생들에게 어려울 수 있다. 유도 과정에서 모든 단계를 포함하도록 노력했다. 벡터의 덧셈과 삼각 함수와 같은 중요한 수학적인 도구는 관련 내용이 나올 때 바로 설명을 하고 있다. 부록에는 대수와 기하학(심화 주제 포함)을 수록했다.

물리적인 내용을 눈에 띄게 하기 위해 색을 사용한다. 서로 다른 벡터는 서로 다른 색으로 주어진다.

끝으로, 이 책을 출판해 주신 Pearson Education의 많은 분들, 특히 Paul Corey와 통찰력이 있는 Karen Karlin에게 감사를 드린다.

이 책의 모든 오류에 대한 최종 책임은 나에게 있다. 학생들에게 도움이 될 다음의 수정본을 위해 조언, 교정, 제안을 환영한다.

D. C. G.

저자 소개

Douglas C. Giancoli는 미국 UC Berkeley에서 물리 분야 학사, MIT에서 물리 분야 석사, 그리고 다시 UC Berkeley에서 소립자 물리로 박사학위를 수여받았다. 그는 UC Berkeley의 분자 생물 및 생물물리 분야 바이러스 실험실에서 2년의 박사 후 과정을 보냈다. 그의 멘토는 노벨상 수상자인 Emilio Segre와 Donald Glaser이었다.

그는 학부 과정의 여러 분야를 가르쳤으며, 학생들에게 물리의 이해를 잘 전달하기 위해 그의 교재를 업데이트를 꾸준히 하고 있다.

그의 취미로는 야외 활동, 특히 정상 등반을 즐겨한다. 그는 정상을 등반하는 것은 물리를 배우는 것과 같아서 노력하면 보상이 따른다고 말하곤 한다.

차례

힘
변위

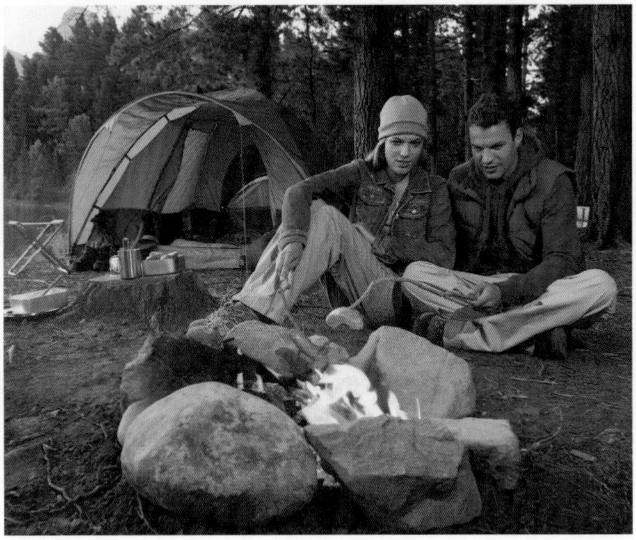

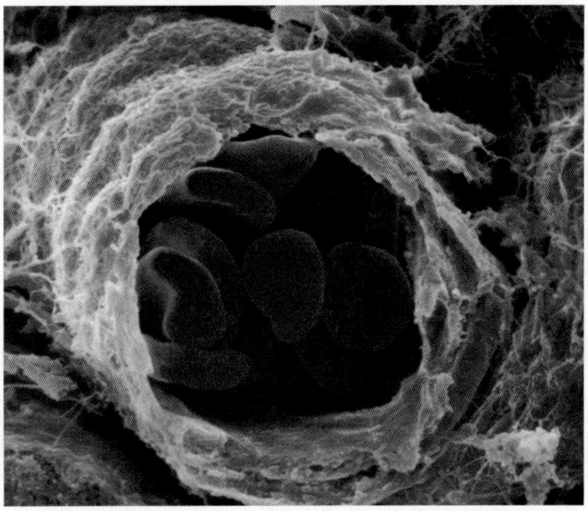

NASA 위성에서 본 지구의 모습. 우주에서 본 하늘은 검게 보이는데, 그 이유는 빛을 반사하는 분자들이 매우 적기 때문이다. (지구에서 우리들이 보는 하늘이 파랗게 보이는 이유는 대기 중의 분자들에 의해 빛이 산란되는 것과 관련이 있다. 이는 24장에서 공부할 예정이다.) 멕시코 해안에 허리케인의 모습이 보인다.

CHAPTER 1

서론, 측정, 추산

시작 질문 추정해 보라!

1. 1.0 m^3 내에는 cm^3가 몇 개 있는가?

(a) 10 **(b)** 100 **(c)** 1000 **(d)** 10,000 **(e)** 100,000 **(f)** 1,000,000

2. 여러분이 직접 지구의 반지름을 대략적으로 측정한다고 하자. 가장 적절한 접근 방법은 어느 것일까?

(a) 아주 매우 긴 줄자를 사용한다.

(b) 지구의 실제 곡률을 보기에 충분할 정도로 높게 날아오른 경우에만 가능하다.

(c) 표준 측정 테이프, 발판 사다리, 그리고 잔잔한 큰 호수를 이용한다.

(d) 레이저와 달 또는 위성에 설치되어 있는 거울을 이용한다.

(e) 포기한다. 일반적인 방법으로는 불가능하다.

[매 장의 시작은 하나 또는 두 개의 질문으로 시작한다. 바로 답해보도록 노력하고, 답이 맞는지의 여부는 염려하지 말라. 이는 여러분이 어떤 선입견을 갖고 있는지를 알아보는 데 있으며, 그것이 오개념이라면 장을 거듭할수록 교정해 나가기를 바란다. 적절하게 학습을 한 후에 매 장의 끝에 있는 객관식 질문에 답해보기 바란다. 매 장의 시작 질문은 여러분들이 물리의 유용함을 알아보는 데 도움이 될 것이다.]

물리학은 모든 자연 과학 중에서 가장 기초가 되는 학문이며, 물질의 성질과 구조를 다룬다. 물리학에서 다루는 분야는 운동, 유체, 열, 소리, 빛, 전기와 자기의 **고전 물리**와 상대론, 원자 구조, 양자론, 응집 물질, 핵물리, 기본 입자와 천체 물리를 다루는 **현대 물리**에 이르기까지 매우 광범위하다. 이 책에서는 운동(때로는 역학이라고 함)으로부터 시작하여 기본 입자와 우주에서의 가장 최근의 결과로 마무리하면서, 이들 모든 분야를 다룰 예정이다. 그러나 물리학 자체에 대해 공부하기 전에, 물리학을 포함하여 '과학'이라고 불리는 이런 활동이 실제적으로 어떻게 이루어지는지 살펴보자.

1.1 과학의 본질

일반적으로 물리학을 비롯한 모든 과학의 주요 목적은 우리 주위의 세계를 관찰하여 자연의 질서를 탐구하는 것으로 생각할 수 있다. 많은 사람들은 사실을 수집하고 이론을 창출해 내는 기계적인 과정을 과학이라고 생각하지만, 이것은 그렇게 간단한 일이 아니다. 과학은 창의적 활동으로서 여러 면에서 인간 정신의 다른 창의적 활동과 매우 유사하다.

과학의 중요한 한 관점은 실험을 설계하고 수행해 나가는 것을 포함하는 사건의 **관측**(observation)이다. 그러나 관측과 실험은 상상력을 필요로 한다. 왜냐하면 과학자들은 그들이 관측한 사실을 기술하는 데 모든 것을 다 포함시킬 수 없기 때문이다. 따라서 과학자들은 실험에서 관측한 사실과 관련된 사항 중에서 어떤 것이 중요한지 판단해야 한다.

예를 들어 수평면 상에서 물체의 운동을 위대한 과학자 아리스토텔레스(Aristotle, B.C. 384~322; 그림 1.1)와 갈릴레오(Galileo, 1564~1642; 그림 2.18)가 어떻게 해석했는지 알아보자. 아리스토텔레스는 지면(또는 책상 면)에 있는 물체를 한 번 밀면, 그 물체는 속력이 점점 느려지다가 나중에는 정지한다는 사실에 주목했다. 이와 같은 사실로부터 아리스토텔레스는 물체의 자연스러운 상태는 정지해 있는 것이라고 주장했다. 진정한 첫 번째 실험 과학자였던 갈릴레오는 1600년대에 수평 운동을 다시 조사하는 과정에서, 저항을 받지 않는 이상적인 경우에는 물체의 운동이 어떻게 될 것인가를 연구했다. 그는 만약 마찰을 없앨 수 있다면, 수평면 상에서 한 번 민 물체는 정지하지 않고 그 운동을 무한히 계속할 것이라고 생각했다. 갈릴레오는 물체가 운동하고 있는 것은 물체가 정지해 있는 것만큼이나 자연스러운 것이라고 결론지었다. 이와 같은 자연 현상에 대한 새로운 탐구 방법을 통해 갈릴레오는 운동에 관한 현대적 견해(2, 3, 4장에서 자세히 다룬다)를 확립했

그림 1.1 계단 위의 중앙에 있는 파란색 옷을 입은 사람이 아리스토텔레스이고, 그 옆에 서 있는 사람이 플라톤이다. 그리고 오른쪽 아래에서 원을 그리고 있는 사람이 예술계의 거장인 유클리드, 맨 오른쪽에 천구를 들고 있는 사람이 프톨레마이오스, 피타고라스, 소크라테스, 디오게네스로 추정된다. 이 그림은 1510년경 라파엘로가 그린 아테네의 학당으로 르네상스 시대의 유명한 프레스코 벽화이다.

다. 이것은 갈릴레오가 탁월한 상상력을 가지고 있었기 때문에 가능했다. 그는 실제로 마찰을 배제하지 않고 개념적으로 이런 대단한 성과를 얻었다.

세밀한 실험과 측정을 수반하는 관측은 과학적 과정의 한 단면이다. 또 다른 단면은 관측을 설명하고 정리하는 **이론**(theory)의 고안 또는 창조이다. 관측은 이론을 만드는 데 도움을 줄 수 있고, 이론은 관측과 실험의 결과에 따라 받아들여지기도 하고 배척되기도 한다.

이론은 인간의 정신에서부터 나오는 영감인 것이다. 예를 들어 물질이 원자로 이루어졌다는 개념(원자론)은 원자를 직접 관찰하여 얻어낸 결론이 아니다. 우리는 원자를 직접 볼 수 없다. 그것은 오히려 창의적 정신에서 나온 개념이다. 상대성 이론, 빛의 전자기 이론 및 뉴턴의 만유인력 법칙도 역시 인간의 영감에서 얻어진 결과이다.

과학의 위대한 이론은 창의적 업적으로서 위대한 예술 작품이나 문학 작품과 비교할 수 있다. 그러면 과학은 다른 창의적 활동과 어떻게 다른가? 한 가지 중요한 차이점은 과학에서 어떤 개념이나 이론이 설정되면 이들 개념이나 이론이 예측하는 것과 일치하는지를 **시험**(testing)을 해봐야 한다는 것이다. 그러나 이론은 완벽하게 검증되지는 않는다. 왜냐하면 어떤 측정 기구도 완전한 것이 아니므로 정확한 확인이 불가능하기 때문이다. 더 나아가 어떤 이론을 모든 가능한 상황에서 실험한다는 것은 불가능하기 때문이다. 그러므로 이론을 완벽하게 검증할 수는 없다. 실제로 과학사를 보면, 오랫동안 지탱되어 오던 이론이 새로운 이론으로 대치된 경우도 있다. 특히 새로운 실험 기술로 인해 새롭거나 모순된 자료를 얻게 되는 경우는 더욱 그러하다.

어떤 경우에는 새로운 이론이 예측하는 것이 오래된 이론이 예측하는 것보다 실험과 정량적으로 더 잘 일치하기 때문에, 과학자들은 오래된 이론을 버리고 새로운 이론을 받아들인다. 그러나 대부분의 경우는 어떤 이론이 오래된 이론보다 더 많은 현상들을 설명할 수 있을 때에야 비로소 새로운 이론으로 받아들이게 되는 것이다. 예를 들면 천체(태양, 달, 행성)의 운동을 예상하는 데 코페르니쿠스(Copernicus)의 태

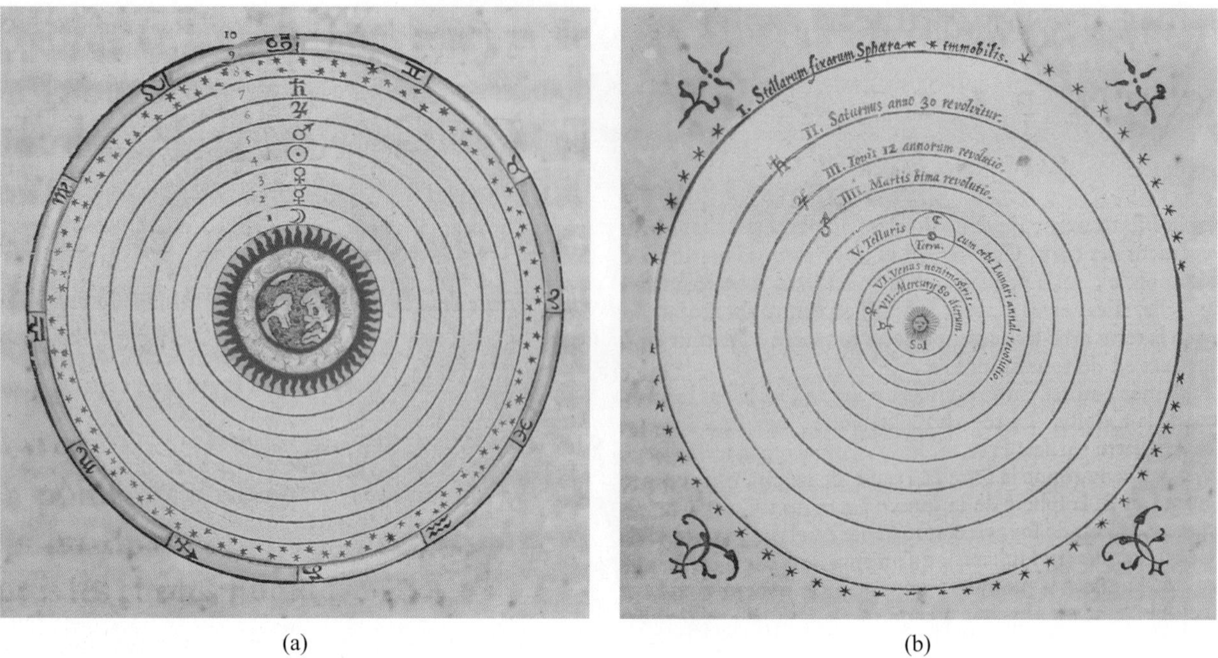

그림 1.2 (a) 프톨레마이오스의 지구 중심 체계. 중심에는 네 가지 원소, 즉 흙, 물, 공기(지구 주위의 구름), 불이 있고, 각 원소에는 달, 수성, 금성, 태양, 화성, 목성, 토성, 그리고 항성과 황도 12궁의 기호가 그려져 있다. (b) 코페르니쿠스가 최초로 제안한 중심에 태양이 위치하고 있는 태양 중심의 우주 체계(5장 참조)

양 중심설(그림 1.2b)이 프톨레마이오스(Ptolemaios)의 지구 중심설(그림 1.2a)보다 더 정확한 것은 아니었다. 그러나 금성이 달처럼 위상이 변한다는 것을 예측하는 것과 같이, 코페르니쿠스의 이론은 프톨레마이오스의 이론이 갖지 못한 결론을 가지고 있었다. 여러 가지 다양한 현상을 통합하여 설명할 수 있는 간단한 이론이 훨씬 유용하고 훌륭한 것이다. 이런 면이 정량적으로 일치하는 것만큼이나 새로운 이론을 받아들이는 데 중요한 역할을 한다.

이론의 또 다른 중요한 점의 하나는 그 이론이 현상을 얼마나 정량적으로 예언할 수 있느냐 하는 것이다. 이런 관점에서 볼 때 새로운 이론은 흔히 오래된 이론보다 약간 앞서는 것뿐이라고 생각될지도 모른다. 예를 들면 아인슈타인의 상대성이론은 거의 모든 일상적인 경우에 있어서 갈릴레오와 뉴턴의 오래된 이론과 별다른 차이가 없다는 것을 예언하고 있다. 상대성이론의 예언은 주로 빛의 속력에 가까운 매우 빠른 극단적인 경우에 잘 적용된다. 그렇다고 정량적인 예언만 이론의 중요한 결과는 아니다. 우리가 세계를 보는 관점도 영향을 받는 것이다. 예를 들면 아인슈타인의 상대성이론의 결과로 공간과 시간에 대한 우리의 개념이 완전히 바뀌었으며, (유명한 식 $E = mc^2$을 통해) 질량과 에너지를 동일한 양으로 보게 됐다.

1.2 물리학과 다른 분야의 관계

과학은 전체적으로 하나로 묶어서 자연 철학이라는 학문으로 오랫동안 알려져왔다. 지난 2세기 전까지만 해도 물리학과 화학, 그리고 생명 과학 사이의 구별이 뚜렷하지 않았다. 사실 오늘날 우리가 알고 있는 예술과 과학 사이의 명확한 구별은 불과 몇 세기 전에 이루어진 것이다. 따라서 물리학의 발달이 다른 분야에 영향을 미치고, 또 다른 분야에 의해 영향을 받았다는 것은 당연한 것이다. 예를 들면 위대한 르네상스 시대의 예술가이면서 과학자이고 공학자인 레오나르도 다 빈치(Leonardo da Vinci)의 노트에서 구조물에 미치는 힘을 나타낸 그림을 볼 수 있다(그림 1.3), 레오나르도 다 빈치는 힘이 여러모로 구조물이나 건축물에 관계되기 때문에, 이 분야에 많은 관심을 가지고 있었다. 이것은 오늘날 우리가 물리학이라고 생각하는 분야이다.

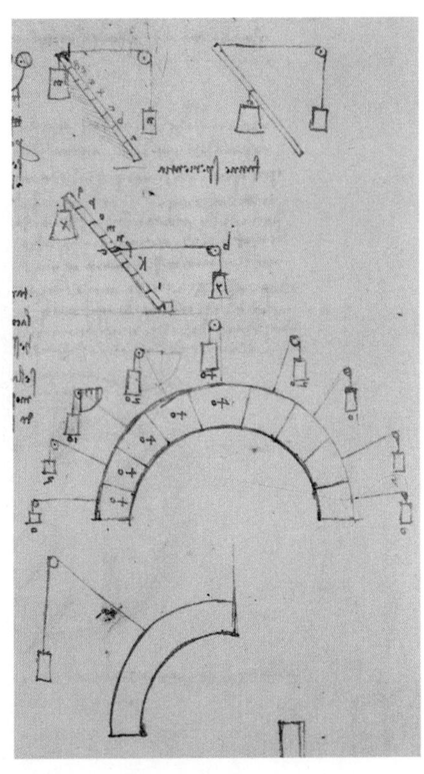

그림 1.3 레오나르도 다 빈치(1452~1519)가 구조물에서의 힘에 관한 연구를 하면서 그린 그림

전지와 전류의 발명을 가져온 전기에 관한 초기 연구는 18세기의 생리학자 갈바니(Luigi Galvani, 1737~1798)에 의해 이루어졌다. 그는 개구리를 해부하려고 매스를 대는 순간 개구리의 다리가 경련을 일으키는 것에 주목했다. 자세히 조사해본 결과, 이것은 개구리의 근육이 서로 다른 두 종류의 금속과 접촉해서 경련이 일어나는 것이었다(18장 참조). 처음에 갈바니는 이 현상을 개구리가 '동물 전기'를 가지고 있기 때문이라고 설명했다. 그러나 곧 이어 생물체가 없어도 전류를 얻는 방법이 알려졌다.

물리학은 많은 분야에서 사용된다. 예를 들면 동물학자는 미국의 대초원에 서식하고 있는 프레리도그(다람쥐과 동물)와 여러 동물들이 어떻게 땅속에서 질식하지 않고 살 수 있는지를 알아내는 데 물리학이 유용하다는 것을 알게 될 것이다. 물리 치료사가 지레의 원리, 무게 중심, 그리고 인체 내에서의 힘의 작용에 관해 잘 알고 있다면, 더 효과적으로 치료를 할 수 있을 것이다. 광학 기구나 전자 기기의 작동 원리에 관한 지식은 여러 분야에 도움이 된다. 생명 과학자나 건축가는 생활을 하는 데 열을 잃고 얻는 성질과 그로 인한 편안함과 불편함에 대해 관심을 가질 것이다. 예를 들면 건축 기사는 난방 설계를 할 때 배관의 규모를 계산하거나, 어떤 구조물이 상태를 오랫동안 계속 유지할 수 있는지 없는지를 판단하기 위해서 구조물에 관련된 힘을 계산해야 한다(그림 1.4). 그렇기 때문에 건축 기사들은 실제적으로 설계를 하거나, 기술 고문이나 다른 전문가와 효과적으로 의견을 나누기 위해서, 이들 설계도에 숨겨져 있는 물리학적 원리를 잘 알고 있어야 한다. 구조물이 겉으로 보기에 불안정

(a)

(b)

그림 1.4 (a) 로마의 티버 강에 있는 이 교량은 2000년 전에 지어졌으며, 아직도 건재하고 있다. (b) 건설된 지 40년 만인 2007년에 붕괴된 미국 미시시피 강 다리의 모습

하고 그 속에서 생활을 하거나 일을 하는 사람에게 불편을 끼칠 수도 있으므로, 건축가는 미적 또는 심리적 관점에서 그 구조물과 관련된 힘을 알고 있어야 한다.

이와 같이 물리학은 다른 분야에 광범위하게 관계되고 있다. 앞으로 물리학의 응용에 관해 더 많은 논의를 할 예정이다.

1.3 모형, 이론 및 법칙

과학자가 어떤 특정한 현상을 이해하려고 할 때에는 흔히 **모형**(model)을 사용한다. 과학자들이 생각하는 모형이란 어떤 현상을 우리가 잘 알고 있는 형식으로 바꾸어 나타내는 일종의 형상화이다. 그 예로 빛의 파동 모형을 살펴보자. 우리는 물의 파동을 볼 수 있는 것처럼 광파를 볼 수는 없다. 그러나 빛에 관한 실험을 통해 빛은 여러 가지 면에서 물결파와 같은 행동을 하는 것을 볼 수 있으므로, 빛이 파동으로 이루어졌다고 생각하는 것은 가치 있는 일이다.

모형의 목적은 실제로 무슨 일이 일어나고 있는지 알 수 없을 때 그 상황을 파악할 수 있도록 대략적인 정신적 또는 시각적 형상을 제공하는 것이다. 모형은 우리에게 더 깊은 이해를 제공하기도 한다. 즉 이미 알려진 어떤 계(예를 들면 앞에서의 물결파)와의 유사성은 실행해 볼 수 있는 새로운 실험을 암시할 수 있으며, 어떤 또 다른 관련된 현상이 일어날 것인가를 생각해 보도록 할 수도 있다.

이론과 모형 사이에 어떤 차이점이 있는지 의아해 할지도 모른다. 일반적으로 모형은 비교적 간단하며, 연구하려는 현상과 구조적인 유사성을 가지고 있다. **이론**(theory)은 폭이 넓고 보다 자세하며, 수학적 정밀성을 가지고 정량적으로 확인할 수 있는 예측을 제공하기도 한다. 그러나 모형 또는 이론을 실제의 계 또는 현상 그 자체와 혼동하지 않는 것이 중요하다.

과학자들은 자연이 어떻게 행동하는지에 관한 간결하지만 일반적인 진술에 대해 **법칙**(law)이라는 명칭을 부여했다(예를 들어 전하는 보존된다). 때로는 진술이 여러 가지 양 사이의 관계식, 즉 방정식의 형태(예를 들어 뉴턴 제2법칙, $F = ma$)를 취하기도 한다.

어떤 진술을 법칙이라고 부르기까지는 그 진술이 넓은 범위의 관측된 현상에 대해 실험적으로 확인되어야 한다. 덜 일반적인 진술에 대해서는 **원리**(principle)라는 용어가 종종 사용된다(예를 들어 아르키메데스 원리). 다루는 현상을 더 포괄적으로 나타낼 때, '이론'이라는 말을 사용한다.

과학의 법칙은 정치적 법률과는 전혀 다르다. 왜냐하면 정치적 법률은 규범적이기 때문이다. 즉 정치적 법률은 우리가 어떻게 처신해야 하는가를 규정한다. 그러나 과학의 법칙은 기술적이다. 즉 자연이 어떻게 행동해야 한다고 규정하는 것이 아니고, 자연이 어떻게 행동하는지 기술할 뿐이다. 이론에서처럼 수많은 법칙을 가능한 모든 경우에 대해서 시험해 볼 수는 없다. 그렇기 때문에 우리는 어떤 법칙도 절대적으로 참된 것이라고 확신할 수 없다. '법칙'이라는 용어는 그 타당성이 넓은 범위의 여러 경우에 대해서 시험된 바 있고, 제한점과 타당성의 범위가 분명히 이해됐을 때 비로소 사용된다.

과학자들은 이미 학계에서 받아들인 법칙과 이론은 참된 것이라고 믿고 정상적인 연구를 한다. 그러나 새로운 정보가 기존의 법칙이나 이론의 타당성을 갈아치우는 경우를 생각하여 과학자들은 항상 마음을 열어놓고 있어야 한다.

1.4 측정과 불확정도; 유효 숫자

우리 주변의 세계를 이해하려고 할 때 과학자들은 여러 가지 측정 가능한 물리량 사이의 관계를 찾아내려고 노력한다.

불확정도

신뢰할 만한 측정은 물리학에서 중요한 부분을 차지한다. 그러나 모든 측정에는 불확정도가 따르게 마련이므로 어떤 측정도 완벽하게 정밀한 측정일 수는 없다. 불확정도는 여러 가지 원인에서 비롯된다. 큰 실수가 아닌 다른 원인 중에서 가장 중요한 원인은 모든 측정 기구가 가지고 있는 제한된 정확도와 그 기구의 가장 작은 눈금의 몇 분의 1 이하로는 정확히 읽을 수 없다는 것이다. 예를 들면 센티미터 자를 사용하여 어떤 널빤지의 너비를 측정할 때(그림 1.5), 측정값의 정밀도는 그 자의 가장 작은 눈금인 0.1 cm(1 mm) (비록 이 값의 절반까지 확실하다고 주장할 수 있을지 모르지만)까지 정확하다고 주장할 수 없을 것이다. 그 이유는 관측자가 가장 작은 눈금 사이를 나누어 정확하게 읽기가 어렵고, 또 눈금자가 그 이상 더 정밀하게 제작되지 않았기 때문일 것이다.

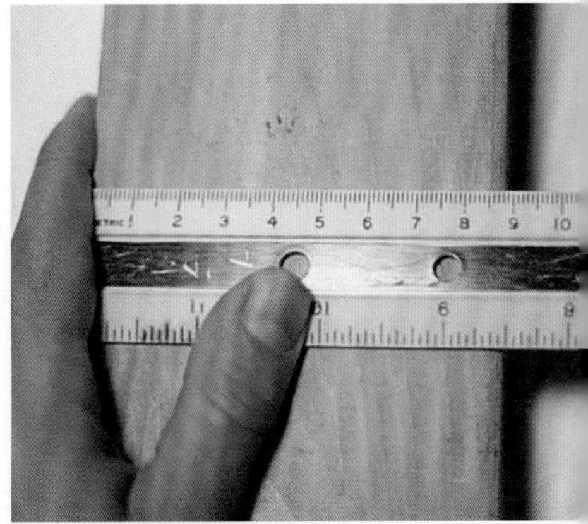

그림 1.5 센티미터 자를 이용하여 널빤지의 너비를 측정하는 모습. 정밀도는 ±1 mm이다.

측정 결과를 말할 때에는 그 측정의 **추정 불확정도**(estimated uncertainty)를 말하는 것이 중요하다. 예를 들어 널빤지의 너비는 8.8 ± 0.1 cm로 써야 한다. ±0.1 cm는 측정에서의 추정 불확정도를 나타내는 것으로서, 널빤지의 실제 너비는 8.7 cm와 8.9 cm 사이의 값을 가진다는 것을 말한다. **백분율 불확정도**(percent uncertainty)는 측정값에 대한 불확정도의 비에 100을 곱한 것이다. 예를 들어 측정값이 8.8 cm이고 불확정도가 0.1 cm이면, 백분율 불확정도는 다음과 같다.

$$\frac{0.1}{8.8} \times 100\% \approx 1\%$$

여기서 ≈는 '거의 같음'을 의미한다.

측정값을 말할 때 불확정도를 일일이 명시하지 않는 경우가 흔히 있다. 이런 경우에

불확정도는 맨 끝 자릿수에서 대략 한두 단위라고 생각하면 된다.

예를 들어 어떤 길이를 8.8 cm로 나타냈다면, 그 불확정도는 대략 0.1 cm 또는 0.2 cm일 것으로 추정된다. 이 경우 길이를 8.80 cm로 기록해서는 안 된다는 점에 각별히 유의해야 한다. 왜냐하면 불확정도의 크기가 0.01 cm라는 것을 의미하기 때문이다. 이렇게 되면 실제로는 길이가 8.7 cm와 8.9 cm 사이에 있는데도 8.79 cm와

8.81 cm 사이에 있는 것으로 간주된다.

유효 숫자

숫자에서 믿을 만하다고 생각되는 숫자의 개수를 **유효 숫자**(significant figure)라고 한다. 예를 들어 23.21 cm라는 수에는 네 개의 유효 숫자가 있고 0.062 cm라는 수에는 두 개가 있다(0.062 cm에서 뒤에 나오는 0은 소수점으로부터의 단순한 자리 매김에 불과하다). 유효 숫자의 수가 항상 명확한 것은 아니다. 예를 들어 80이라는 수를 생각해 보자. 이 수에는 유효 숫자가 한 개인가 또는 두 개인가? 이런 경우, 말로 표현할 필요가 있다. 만약 어떤 두 도시 사이의 거리가 **대략** 80 km라고 한다면, 여기에는 오직 한 개의 유효 숫자(8)만 있을 뿐이다. 왜냐하면 0은 단지 자릿수를 나타내기 때문이다. 그러나 두 도시 사이의 거리가 대략이라는 말없이 80 km라고 하면, 이는 약 1 또는 2 km 정확도 내에서 80 km라고 가정할 수 있다. 그러면 80은 두 자리의 유효 숫자를 갖는다. 만약에 ±0.1 km 이내까지 **정확히** 80 km라고 하면, 이때는 80.0 km라고 써야 한다. (유효 숫자는 세 개가 된다.)

측정을 할 때나 계산을 할 때 가장 작은 정확도를 가진 유효 숫자의 수 이상으로 많은 숫자를 최종 답에 기록하지 말아야 한다. 앞 페이지에서 굵은 글씨로 표현한 내용을 다시 보라. 예를 들어 각 변의 길이가 11.3 cm와 6.8 cm인 직사각형의 넓이를 구하기 위해서 이 두 값을 곱하면 76.84 cm^2가 된다. 그러나 이 값은 분명히 0.01 cm^2까지 정확한 것은 아니다. 왜냐하면 (각 측정값의 추정 불확정도의 상한과 하한을 생각하면) 계산 결과는 11.2 cm × 6.7 cm = 75.04 cm^2와 11.4 cm × 6.9 cm = 78.66 cm^2 사이에 있어야 될 것이기 때문이다. 이때 답은 잘해야 77 cm^2로 쓸 수 있으며, 이것은 약 1 또는 2 cm^2의 불확정도가 있음을 의미한다. 즉 76.84 cm^2에서 마지막 두 수는 유효하지 않으므로 제외하거나 반올림해야 한다. 일반적인 규칙은 다음과 같이 말할 수 있다.

곱셈이나 나눗셈의 최종 답은 그 계산에서 사용된 수 중에서 가장 적은 유효 숫자를 가진 수의 자릿수만큼만 잡아야 한다.

예를 들어 위의 예에서 6.8 cm가 가장 적은 유효 숫자를 가진 수이다. 즉 유효 숫자가 두 개이다. 그래서 76.84 cm^2를 반올림하여 77 cm^2로 써야 한다.

연습 A 크기가 4.5 cm × 3.25 cm인 직사각형의 넓이를 옳게 표현한 것은? (a) 14.625 cm^2 (b) 14.63 cm^2 (c) 14.6 cm^2 (d) 15 cm^2이다.

숫자를 더하거나 뺄 때, 마지막 결과 값에서의 소수점 아래 자릿수는 계산 과정에 포함된 숫자 중 소수점 이하 자릿수가 가장 작은 것과 같아야 한다. 예를 들어 3.6에서 0.57을 뺀 값은 3.03이 아니라 3.0이다. 마찬가지로 36 + 8.2 = 44이다(44.2가 아님).

소수점 이하 자릿수와 유효 숫자를 혼돈하지 않도록 주의해야 한다.

연습 B 다음의 주어진 수에 대해 유효 숫자와 소수점 이하 자릿수를 나타내라.
(a) 1.23 (b) 0.123 (c) 0.0123

계산기를 사용할 때 그 계산기에 나타나는 숫자가 모두 유효 숫자가 아닐 수도 있다는 점을 알아두어야 한다. 2.0을 3.0으로 나눌 때 정답은 0.67이며, 계산기를 이용하여 얻은 0.666666666으로 쓰지 않는다(그림 1.6a). 따라서 그 숫자가 확실한 유효 숫자가 아니면 그대로 인용하지 말아야 한다. 그러나 가장 정확한 결과를 얻기 위해, **계산 과정에서는 일반적으로 한 자리 이상 여분의 유효 숫자를 유지해야 한다. 그런 다음 마지막 결과에서 반올림하면 된다.** (계산기는 중간 단계의 값에 유효 숫자의 자릿수가 모두 유지되어 있다.) 또한 계산기는 유효 숫자를 너무 적게 나타낼 때도 있다는 것을 유의해야 한다. 예를 들어 2.5 × 3.2를 계산할 때 계산기에는 다만 8만 나타난다. 그러나 답은 두 자리 유효 숫자로 나타내는 것이 바람직하다. 즉 정확한 답은 8.0이다(그림 1.6b).

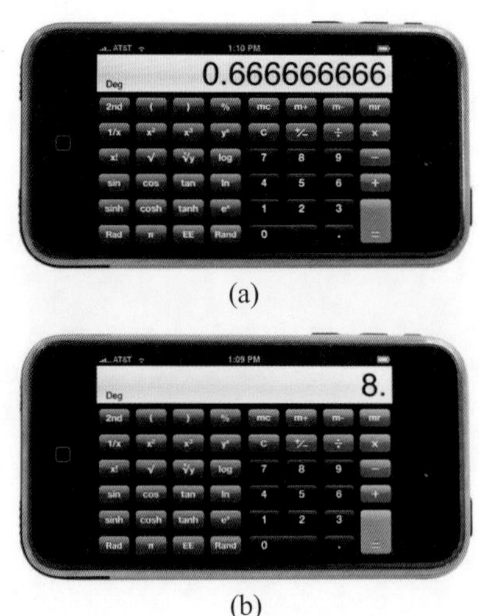

(a)

(b)

그림 1.6 이들 두 계산기는 잘못된 유효 숫자를 보여 주고 있다. (a)의 경우, 2.0을 3.0으로 나누었다. 올바른 최종 결과는 0.670이다. (b)의 경우, 2.5와 3.2를 곱했으며, 올바른 결과는 8.00이다.

과학적 표기법

우리는 흔히 수를 '10의 거듭제곱', 또는 '과학적 표기법'으로 나타낸다. 예를 들어 36,900은 3.69×10^4으로, 0.0021은 2.1×10^{-3}으로 나타낸다. 과학적 표기법의 한 가지 이점은 유효 숫자의 수를 명확히 나타낼 수 있다는 것이다(부록 A 참조). 예를 들어 36,900은 유효 숫자가 셋인지, 넷인지 또는 다섯인지 분명하지 않다. 이런 애매함은 10의 거듭제곱 표기로 피할 수 있다. 만약 이 수의 유효 숫자가 셋일 때에는 3.69×10^4으로 쓰지만, 넷일 때에는 3.690×10^4으로 쓴다.

> 연습 C 다음에 주어진 수를 과학적 표기법으로 나타내고 각각의 유효 숫자의 수를 말하라.
> (a) 0.0258 (b) 42,300 (c) 344.50

백분율 불확정도와 유효 숫자

유효 숫자에 대한 규칙은 단지 대략적인 것이며, 경우에 따라서는 결과 값의 정확도(또는 불확정도)를 작게 추정할 수 있다. 예를 들어 97을 92로 나누면

$$\frac{97}{92} = 1.05 \approx 1.1$$

이다. 97과 92는 모두 두 개의 유효 숫자를 가지므로, 앞의 방법에 의하면 답을 1.1이라고 해야 한다. 그러나 97과 92는 다른 특별한 언급이 없다면 모두 ±1의 불확정도를 내포하고 있다. 92 ± 1과 97 ± 1 모두는 약 1 %(1/92 ≈ 0.01 = 1 %)의 불확정도를 내포하고 있다. 그러나 두 개의 유효 숫자를 갖는 최종 값이 1.1인 경우 ±0.1의 불확정도를 내포하게 되어, 이는 약 10 %(0.1/1.1 ≈ 0.1 ≈ 10 %)의 불확정도를 내포하게 된다. 따라서 이 경우 답을 1.05(세 개의 유효 숫자)를 갖도록 하는 것이 좋다. 왜 그럴까? 1.05는 ±0.01의 불확정도를 내포하므로 이는 0.01/1.05 ≈ 0.01 ≈ 1 %의 불확정도를 내포하게 되어, 원래의 수인 92와 97의 불확정도와 같게 된다.

도움말: 일반적인 유효 숫자 규칙을 사용하되, 보다 실질적인 불확정도의 추정을 하려면 백분율 불확정도를 고려하여 한 자릿수를 추가해도 된다.

근사

물리의 많은 부분에서 문제를 정확히 풀 방법을 가지고 있지 않기 때문에 때때로 근사를 사용한다. 예를 들어 공기 저항이나 마찰이 실제로 존재하지만 문제를 풀 때 이를 무시하기도 한다. 그러면 우리의 계산은 단지 근사적이다. 문제를 풀 때, 어떤 근사를 가정하고 있는지를 알아야 하고, 얻은 답의 정밀도는 결과에 주어진 유효 숫자의 수만큼 같지 않을 수도 있음을 알아야 한다.

정확도와 정밀도

'정확도'와 '정밀도' 사이에는 기술적인 차이가 있다. 엄격한 의미에서 **정밀도**(precision)는 주어진 장치를 이용하여 얻은 측정의 반복성을 의미한다. 예를 들어 널빤지의 너비를 여러 번 측정하여 8.81 cm, 8.85 cm, 8.78 cm, 8.82 cm를 얻었다면, 이들 측정은 0.1 cm보다 약간 더 좋은 **정밀도**를 갖는다고 말할 수 있다. **정확도**(accuracy)는 측정이 참값에 얼마나 근접하는 가를 보여준다. 예를 들어 그림 1.5에 있는 자가 2% 오차를 갖도록 만들어져 있다면, 판의 폭을 측정할 때의 정확도는 8.8 cm의 약 2% 또는 약 ±0.2 cm가 될 것이다. 추정하는 불확정도는 정확도와 정밀도를 모두 고려하는 것을 의미한다.

1.5 단위, 표준 및 국제 단위계

어떤 물리량을 측정할 때에는 특정한 표준 또는 **단위**(unit)에 맞도록 해야 하며, 단위는 그 양을 나타내는 수치와 함께 나타내야 한다. 예를 들어 우리는 길이를 인치, 피트, 마일 등의 영국 단위계나 센티미터, 미터, 킬로미터 등의 미터계로 측정할 수 있다. 어떤 물체의 길이를 18.6이라고만 기록하는 것은 충분하지 않다. 18.6미터의 길이는 분명히 18.6인치나 18.6밀리미터와는 전혀 다르기 때문에, 반드시 단위를 함께 나타내야 한다.

거리를 나타내는 미터나 시간을 나타내는 초와 같이, 우리가 사용하는 어떤 단위이든지 간에 1미터가 얼마나 길고 1초가 얼마나 긴 시간인지를 정확히 정의하는 **표준**(standard)을 정할 필요가 있다. 표준은 손쉽게 재생할 수 있도록 선택하는 것이 중요하다. 그래야 누구든지 매우 정확한 측정을 할 필요가 있을 때 실험실에서 표준을 확인해 다른 연구진들과 쉽게 정보 전달을 할 수 있기 때문이다.

길이

진정으로 최초의 국제 표준은 1790년대에 프랑스 과학원이 **길이**(length)의 표준으로 확립한 **미터**(m)이다. 처음에는 표준 미터를 지구의 적도로부터 남극이나 북극까지 거리의 천만 분의 일로 정했으며,† 이 길이와 똑같은 백금 막대를 만들어 그 위

† 최근 지구의 둘레를 정밀하게 측정해 본 결과 처음에 생각했던 길이보다 약 0.02 % 정도 틀렸다. 그렇게 많이 틀린 것은 아니다.

에 표시했다. (1미터는 대략적으로 여러분의 팔과 손을 수평으로 뻗은 상태에서 코끝에서 손가락 끝 사이의 거리이다.) 1889년에는 미터를 백금과 이리듐의 합금으로 만든 특수 막대에 세밀하게 새겨 놓은 두 표시 사이의 길이로 좀 더 정밀하게 정의했다. 1960년에는 더 큰 정밀성과 재현성을 제공하기 위해, 1미터를 기체 상태의 크립톤 86이 방출하는 특유한 주황색 빛 파장의 1,650,763.73배로 다시 정의했다. 1983년에 이르러서는 미터를 또다시 정의하게 됐는데, 이번에는 빛의 속력을 사용했다. (미터의 옛 정의를 사용하여 측정한 빛의 속력의 가장 정확한 측정값은 1 m/s의 불확정도 내에서 299,792,458 m/s이다). 자세히 설명하면, "미터는 빛이 진공에서 1/299,792,458초 동안에 진행한 경로의 길이"로 정의했다.†

길이의 영국 단위(인치, 피트, 마일)도 이제는 미터로 정의한다. 1인치는 정확히 2.54 cm (1 cm = 0.01 m)이다. 다른 단위의 바꿈 인자는 부록 F의 표를 참조하면 된다. 표 1.1은 매우 작은 것부터 매우 큰 것까지 몇몇 일반적인 길이를 10의 거듭제곱으로 나타내 보여 주고 있다. 또한 그림 1.7을 참조하라. [인치에 대한 약자(in.)는 영어의 단어 'in'과 구별하기 위해 유일하게 마침표를 붙인다.]

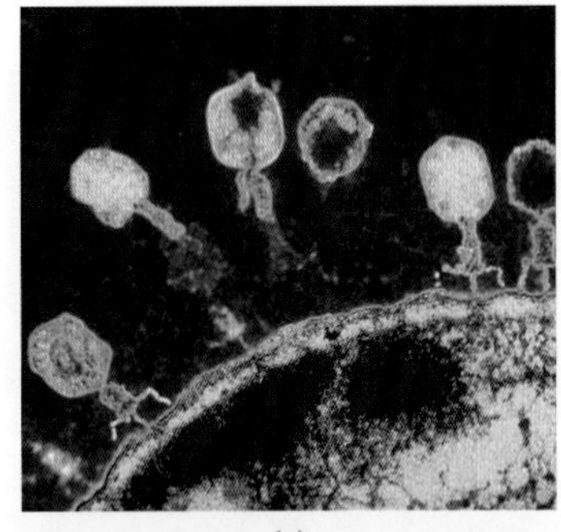

(a)

(b)

그림 1.7 여러 길이: (a) 세포를 공격하는 바이러스(길이가 약 10^{-7} m) (b) 에베레스트 산의 높이는 약 10^4 m 정도이다(정확히 말하면, 해발 8850 m이다).

시간

시간(time)의 표준 단위는 **초**(second, s)이다. 여러 해 동안, 1초를 평균 태양일의 1/86,400로 정의했다(24시간/일 × 60분/시간 × 60초/분 = 86,400초/일). 현재는 세슘 원자가 특별한 두 에너지 사이를 지날 때 방출하는 복사선의 진동수로 좀 더 정밀하게 정의한다. [정확히 말하면, 1초는 이 복사선이 9,192,631,770번 진동하는 데 걸리는 시간으로 정의한다.] 정의에 의해, 1분(min)은 60초이고, 1시간(h)은 60분이다. 표 1.2는 10의 거듭제곱으로 나타낸 여러 시간 간격을 나타낸다.

† 미터의 새로운 정의는 빛의 속력이 정확하게 299,792,458 m/s라는 것을 밝히는 결과가 됐다.

표 1.1 여러 일반적인 길이 또는 거리의 대략적인 크기

길이 (또는 거리)	미터 (대략적임)
중성자 또는 양성자 (지름)	10^{-15} m
원자 (지름)	10^{-10} m
바이러스 [그림 1.7a 참조]	10^{-7} m
종이 두께	10^{-4} m
손가락 너비	10^{-2} m
미식 축구장 길이	10^{2} m
에베레스트 산의 높이 [그림 1.7b 참조]	10^{4} m
지구 지름	10^{7} m
지구에서 태양까지의 거리	10^{11} m
지구에서 가장 가까운 별까지의 거리	10^{16} m
지구에서 가장 가까운 은하까지의 거리	10^{22} m
지구에서 보이는 가장 먼 은하까지의 거리	10^{26} m

표 1.2 여러 일반적인 시간 간격의 대략적인 크기

시간 간격	초 (대략적임)
매우 불안정한 아원자 입자의 수명	10^{-23} s
방사능 원소의 수명	10^{-22} s ~ 10^{28} s
뮤온의 수명	10^{-6} s
사람 맥박 사이의 시간	10^{0} s (= 1 s)
하루	10^{5} s
일 년	3×10^{7} s
인간의 수명	2×10^{9} s
역사 시대 기간	10^{11} s
지구에서의 인류 기원	10^{13} s
지구의 나이	10^{17} s
우주의 나이	4×10^{17} s

표 1.3 여러 물체의 질량

물체	킬로그램 (대략적임)
전자	10^{-30} kg
양성자, 중성자	10^{-27} kg
DNA 분자	10^{-17} kg
박테리아	10^{-15} kg
모기	10^{-5} kg
자두	10^{-1} kg
인간	10^{2} kg
배	10^{8} kg
지구	6×10^{24} kg
태양	2×10^{30} kg
우주	10^{41} kg

표 1.4 미터법(SI)에서의 접두사

접두사	약어	수치
yotta	Y	10^{24}
zetta	Z	10^{21}
exa	E	10^{18}
peta	P	10^{15}
tera	T	10^{12}
giga	G	10^{9}
mega	M	10^{6}
kilo	k	10^{3}
hecto	h	10^{2}
deka	da	10^{1}
deci	d	10^{-1}
centi	c	10^{-2}
milli	m	10^{-3}
micro†	μ	10^{-6}
nano	n	10^{-9}
pico	p	10^{-12}
femto	f	10^{-15}
atto	a	10^{-18}
zepto	z	10^{-21}
yocto	y	10^{-24}

† μ는 그리스어의 'mu'이다.

질량

질량(mass)의 표준 단위는 **킬로그램**(kg)이다. 표준 질량은 프랑스 파리 근교에 있는 국제 도량형국에 보관되어 있는 특별한 백금–이리듐 원통이다. 이 질량은 정확히 1 kg으로 정의되어 있다. 여러 물체의 질량을 표 1.3에 나타냈다.

원자 또는 분자를 다룰 때, 일반적으로 **통일 원자 질량 단위**(u 또는 amu)를 사용한다. 킬로그램을 나타내면 다음과 같다.

$$1\ \text{u} = 1.6605 \times 10^{-27}\ \text{kg}$$

다른 형태의 표준 질량의 정의는 나중에 나올 때, 그때 가서 정의하기로 하겠다.

접두사 단위

미터계에서 더 크거나 더 작은 단위는 표준 단위 앞에 10의 거듭제곱을 이용하여 나타내는데, 이는 계산을 하는 데 특히 편리하다. 따라서 1킬로미터(km)는 1000 m이고, 1센티미터(cm)는 $\frac{1}{100}$ m이고, 1밀리미터(mm)는 $\frac{1}{1000}$ m 또는 $\frac{1}{10}$ cm이다. 접두사 'centi-'와 'kilo-', 그리고 여러 접두사를 표 1.4에 나타냈으며, 이는 길이의 단위뿐만 아니라, 부피, 질량의 단위, 또는 다른 여러 단위에도 적용할 수 있다. 예를 들어 1센티리터(cL)는 $\frac{1}{100}$ 리터(L)이고, 1킬로그램(kg)은 1000그램(g)이다. 8.2메가픽셀 사진기에는 8,200,000개의 픽셀을 가진 검출기가 있다.

일반적으로 1 μm은 1**마이크론**(micron)이라 부른다.

단위계

물리학의 법칙과 식을 다룰 때에는 단위를 일관성 있게 사용하는 것이 매우 중요하다. 몇 가지 단위계들이 오랫동안 사용되어 왔다. 오늘날 가장 중요한 단위계는 **국제 단위계**(Système International)이며, 줄여서 SI라고 쓴다. SI 단위계에서 길이의 표준은 미터(m), 시간의 표준은 초(s), 질량의 표준은 킬로그램(kg)이다. 과거에는 이 계를 **MKS**(meter-kilogram-second) **단위계**라고 불렀다.

두 번째 미터계는 **cgs 단위계**(cgs system)이다. 이 계에서는 센티미터(cm), 그램(g), 초(s)가 각각 길이, 질량, 시간의 표준 단위이며, 이들의 약어를 단위계의 명칭으로 했다. 미국에서 더 많이 사용되고 있는 **영국 공학 단위계**(British engineering system)에서, 길이의 표준은 피트(feet), 힘의 표준은 파운드(pound, lb), 그리고 시간의 표준은 초(s)이다.

이 교재에서는 거의 대부분 SI 단위를 사용한다.

기본량과 유도량

물리량은 두 가지 종류, 즉 **기본량**과 **유도량**으로 나눌 수 있다. 이들 양에 대응되는 단위를 **기본 단위**와 **유도 단위**라고 한다. **기본량**(base quantities)은 표준이라는 말로 정의되어야 한다. 과학자들은 단순한 것에 관심을 가지며, 물리세계를 일관성 있게 완전히 기술할 수 있는 가장 적은 수의 기본량을 취하기를 원한다. 기본량의 수는 일곱 가지이며, 표 1.5에 SI 단위로 나타냈다. 모든 다른 양들은 이들 일곱 가지 기

표 1.5 SI 기본량과 단위

기본량	단위	단위의 약어	기본량	단위	단위의 약어
길이	미터	m	온도	켈빈	K
시간	초	s	물질의 양	몰	mol
질량	킬로그램	kg	광도	칸델라	cd
전류	암페어	A			

본량으로 정의할 수 있으며,† **유도량**(derived quantities)이라고 한다. 유도량의 한 예로 속력을 생각해 보자. 속력은 진행한 거리를 그 거리를 진행하는 데 걸린 시간으로 나눈 값으로 정의한다. 이 교재의 앞표지 안쪽에 많은 유도량과 기본 단위로 나타낸 이들의 단위를 나열해 놓았다. 기본량이나 유도량이든지 상관없이, 어떤 양을 정의하기 위해 규칙이나 절차를 규정할 수 있으며, 이것을 **조작적 정의**(operational definition)라고 한다.

1.6 단위의 환산

길이, 속력, 또는 전류와 같이 측정하는 양은 숫자와 단위로 이루어져 있다. 때때로 이런 양은 하나의 단위로 주어지지만, 이를 다른 단위로 표현하고자 할 때가 있다. 예를 들어 책장의 너비가 21.5인치인데, 이를 센티미터로 나타내어 보자. 이 경우 **바꿈 인자**(conversion factor)를 사용해야 하는데, 정의상 정확히

$$1 \text{ in.} = 2.54 \text{ cm}$$

이다. 또는 다른 방법으로 나타내면

$$1 = 2.54 \text{ cm/in.}$$

이다. 따라서

$$21.5\text{인치} = (21.5 \cancel{\text{in.}}) \times \left(2.54 \frac{\text{cm}}{\cancel{\text{in.}}}\right) = 54.6 \text{ cm}$$

이다. 단위가 (이 경우 in.) 어떻게 지워지는지 (빨간 사선) 주목하기 바란다. 많은 단위 환산을 보여 주는 표가 부록 F에 있다. 다음의 예를 살펴보자.

예제 1.1 8000 m가 넘는 봉우리

해발 8000 m가 넘는 산꼭대기에 14개의 봉우리가 있는데, 이는 세계에서 제일 높은 봉우리이다(그림 1.8과 표 1.6). 8000 m 고도를 피트 단위로 나타내라.

접근 미터를 피트로 변환할 필요가 있으며, 인치 변환으로부터 시작한다. 정확하게 1 in. = 2.54 cm이다. 즉 정의를 이렇게 했기 때문에 1 in. = 2.5400 cm로 얼마든지 유효 숫자

그림 1.8 세계에서 두 번째 높은 봉우리 K2. 이의 정상 도달은 가장 어려운 것으로 알려져 있다. 이 K2는 남쪽 파키스탄에서 본 모습이다. 예제 1.1

† 예외적인 것으로는 각도[라디안(radian); 8장 참조], 입체각[스테라디안(steradian), 소리의 준위(벨 또는 데시벨(bel or decibel); 12장 참조] 등이 있다. 그런데 이 양들이 기본량인지 유도량인지에 대해서는 일반적인 합의에 이르지 못했다.

표 1.6 8000 m가 넘는 봉우리

봉우리	높이(m)
에베레스트 산	8850
K2	8611
칸첸중가 산	8586
로체 산	8516
마칼루 산	8462
초오유 산	8201
다울라기리 산	8167
마나슬루 산	8156
낭가파르바트 산	8125
안나프루나	8091
가셔브룸 1봉	8068
브로드피크 산	8047
가셔브룸 2봉	8035
시샤팡마 산	8013

를 늘려 사용 가능하다.

풀이 1피트는 12인치이므로, 정확하게

$$1\ \text{ft} = (12\ \text{in.})\left(2.54\ \frac{\text{cm}}{\text{in.}}\right) = 30.48\ \text{cm} = 0.3048\ \text{m}$$

이다. 단위끼리 어떻게 소거되는지에 주목하라(빨간 사선). 이 식을 이용하여, 1미터는 몇 피트가 되는지 구할 수 있다.

$$1\ \text{m} = \frac{1\ \text{ft}}{0.3048} = 3.28084\ \text{ft}$$

(0.3048은 정확한 수이기 때문에, 유효 숫자를 여섯 자리로 늘려 0.304800...로 해서 계산할 수도 있다.) 이 식에 8000.0을 곱하면 (유효 숫자를 다섯 자리로 만듦)

$$8000.0\ \text{m} = (8000.0\ \text{m})\left(3.28084\ \frac{\text{ft}}{\text{m}}\right) = 26{,}247\ \text{ft}$$

이 된다. 해발 8000 m 고도는 26,247 ft이다.

유의 변환을 다음과 같이 한 번에 할 수도 있다.

$$8000.0\ \text{m} = (8000.0\ \text{m})\left(\frac{100\ \text{cm}}{1\ \text{m}}\right)\left(\frac{1\ \text{in.}}{2.54\ \text{cm}}\right)\left(\frac{1\ \text{ft}}{12\ \text{in.}}\right) = 26{,}247\ \text{ft}$$

중요한 점은 단위를 서로 소거해가면서 바꿈 인자를 곱하는 것이다.

예제 1.2 속력

자동차도로의 제한 속력이 55 mi/h이다. 이를 (a) m/s와 (b) km/h 단위로 나타내라.

접근 다시 한 번 바꿈 인자 1 in. = 2.54 cm를 사용하고, 1마일은 5280 ft이고 1피트는 12인치임을 상기하자. 또한 1시간은 3600초이다 (60 min/h) × (60 s/min) = 3600 s/h).

풀이 (a) 1마일을 다음과 같이 나타낼 수 있다.

$$\begin{aligned} 1\ \text{mi} &= (5280\ \text{ft})\left(12\ \frac{\text{in.}}{\text{ft}}\right)\left(2.54\ \frac{\text{cm}}{\text{in.}}\right)\left(\frac{1\ \text{m}}{100\ \text{cm}}\right) \\ &= 1609\ \text{m} \end{aligned}$$

또한 1시간은 3600초이므로

$$\begin{aligned} 55\ \frac{\text{mi}}{\text{h}} &= \left(55\ \frac{\text{mi}}{\text{h}}\right)\left(1609\ \frac{\text{m}}{\text{mi}}\right)\left(\frac{1\ \text{h}}{3600\ \text{s}}\right) \\ &= 25\ \frac{\text{m}}{\text{s}} \end{aligned}$$

이다. 여기서 반올림하여 유효 숫자를 두 자리로 했다.

(b) 이번에는 1 mi = 1609 m = 1.609 km를 사용하여

$$\begin{aligned} 55\ \frac{\text{mi}}{\text{h}} &= \left(55\ \frac{\text{mi}}{\text{h}}\right)\left(1.609\ \frac{\text{km}}{\text{mi}}\right) \\ &= 88\ \frac{\text{km}}{\text{h}} \end{aligned}$$

이 됨을 알 수 있다.

유의 각각의 바꿈 인자는 1과 같다. 부록 F에 많이 사용되는 바꿈 인자를 보기 바란다.

연습 D 1쪽 시작 질문 1로 가서 다시 답을 해 보라. 처음과 답이 다르다면 그 이유를 설명해 보라.

연습 E 제한 속력이 35 mi/h인 도로에서 15 m/s로 운전하고 있다면, 이는 제한 속력을 위반한 것인가? 왜 그런지 설명하라.

단위를 변환할 때, 바꿈 인자에서 단위가 적절히 소거되고 있는가를 확인하면 실수를 줄일 수 있다. 예를 들어 예제 1.2(a)에서 1 mi을 1609 m로 변환할 때, 인자를 $\left(\frac{100\ \text{cm}}{1\ \text{m}}\right)$ 대신에 $\left(\frac{1\ \text{m}}{100\ \text{cm}}\right)$로 잘못 사용하면, 센티미터 단위는 약분되지 않을 것이기 때문에 미터로 변환되지 않게 된다.

1.7 크기의 정도: 빠른 추산

때로는 어떤 양에 대한 개략적인 값에만 관심이 있을 때가 있다. 그 이유는 정밀한 계산을 하려면 필요 이상의 시간이 걸리거나, 손쉽게 구할 수 없는 자료가 추가로 필요하기 때문일 수도 있다. 다른 경우는 계산기로 정밀한 계산을 검토해 보기 위해, 계산기에 수치를 입력할 때 잘못이 없는지 확인하려고 하는 때이다.

일반적으로 대략적인 추산을 할 때에는 우선 모든 수를 한 자리의 유효 숫자와 10의 거듭제곱으로 나타내고, 계산이 끝난 후에 다시 한 자리의 유효 숫자로 나타낸다. 이와 같은 추산을 **크기의 정도**(order-of-magnitude) 추산법이라고 하며, 10의 인수 내에서 정확하다고 간주해도 된다. 사실 '크기의 정도'라는 문구는 간단히 10의 거듭제곱을 나타내는 말로 사용된다.

몇 가지 예제를 풀어 보자.

예제 1.3 | 추산 | 호수의 부피

그림 1.9a와 같이 지름이 약 1 km인 원형이고, 평균 깊이가 약 10 m로 추정되는 호수에 담겨 있는 물의 양은 얼마나 되는지 대략적으로 추산하라.

접근 어떤 호수도 완전한 원이 아니고 바닥도 평탄하지 않을 것이므로, 대략적인 추산을 할 수밖에 없다. 호수가 원통 모양이라고 가정하고 부피를 추산하려면, 호수의 대략적인 표면적과 평균 깊이를 곱하면 된다(그림 1.9b).

풀이 원기둥의 부피 V는 밑면의 넓이와 높이 $h(V = h\pi r^2)$의 곱으로 구한다. 여기서 r는 원형인 밑면의 반지름이다.[†] 이 호수의 반지름 $r = \frac{1}{2}$ km $=$ 500 m이므로, 호수의 부피는 대략

[†] 이와 같이 부피, 넓이 등과 같은 식은 부록 G에 있다.

(a)

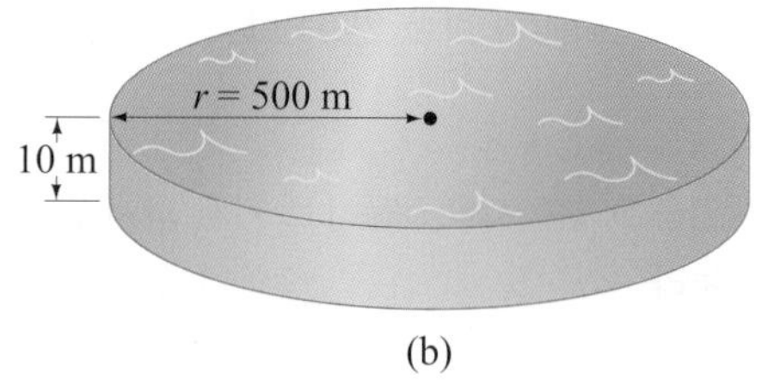

(b)

그림 1.9 예제 1.3. (a) 이 호수에 있는 물의 양은 얼마나 될까? [이 사진은 미국 캘리포니아 주 시에라네바다에 있는 래(Rae) 호수의 모습이다.] (b) 호수를 원통으로 모형화하라. [더 나아가서 이 호수에 있는 물의 질량 또는 무게를 추정해볼 수 있다. 나중에 배우겠지만 물의 밀도는 1000 kg/m^{3}임을 알게 될 것이다. 따라서 이 호수의 질량은 약 $(10^3\ \text{kg/m}^3)(10^7\ \text{m}^3) \approx 10^{10}$ kg이다.]

$$V = h\pi r^2 \approx (10\,\text{m}) \times (3) \times (5 \times 10^2\,\text{m})^2 \approx 8 \times 10^6\,\text{m}^3 \approx 10^7\,\text{m}^3$$

이다. 여기서 π는 3으로 반올림했다. 그러므로 부피의 크기는 대략 10^7 m^{3}이다. 이 추산에서는 대략적인 값만 사용했으므로, 크기의 정도를 나타내는 추산 값으로는 8×10^6 m^{3}보다 (10^7 m^3)를 사용하는 것이 좋다.

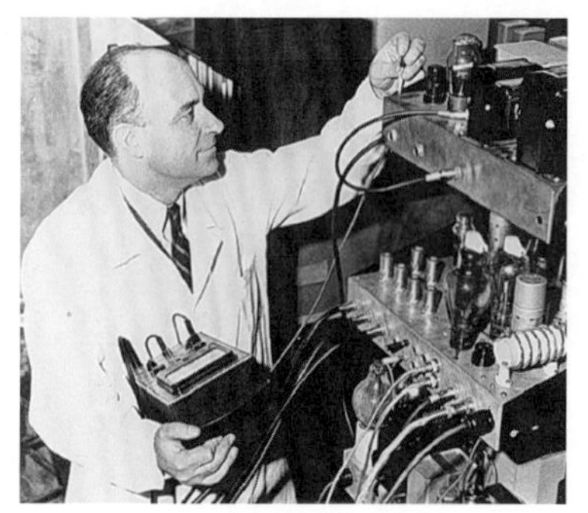

그림 1.10 페르미(Enrico Fermi). 페르미는 이론과 실험 물리, 현대 물리에서 거의 독보적인 뛰어난 업적을 이루었다.

또 다른 접근법으로, 페르미(Enrico Fermi, 1901~1954, 그림 1.10)가 학생들에게 시카고나 샌프란시스코에 몇 명의 피아노 조율사가 있는지 추산해 보도록 제시한 문제를 생각해 보자. 약 800,000명의 주민이 살고 있는 샌프란시스코에 피아노 조율사가 몇 명이 있는지 크기의 정도를 사용하여 추산해 보기 위해서는 고장 나지 않은 피아노의 대수와 피아노를 얼마나 자주 조율을 하는지, 그리고 조율사 한 명이 몇 대의 피아노를 조율할 수 있는지 등을 개략적으로 추산해 봐야 한다. 샌프란시스코에 있는 피아노의 수를 추정할 때 모든 사람이 피아노를 가지고 있지는 않을 것이라는 점에 유의해야 한다. 가령 세 가정 중 한 가정이 피아노를 가지고 있고 평균 가족 수가 4명이라고 하면, 피아노는 12명에 한 대 꼴로 가지고 있을 것이라고 생각할 수 있다. 크기의 정도를 사용하여 주민 10명당 피아노가 1대라고 하자. 이것은 주민 100명에 피아노가 1대씩, 또는 모든 사람이 피아노를 1대씩 가지고 있다고 말하는 것보다 훨씬 합리적이다. 그러면 샌프란시스코 주민 10명 중 1명이 피아노를 한 대씩 가지고 있다거나, 샌프란시스코에 80,000대의 피아노가 있다고 추산해 보자. 그런데 피아노 조율사 한 명이 피아노 한 대를 조율하는 데 한 시간 내지 두 시간 걸린다고 하면, 조율사는 하루에 4~5대의 피아노를 조율할 수 있다고 추산된다. 실제로 피아노는 6개월 또는 1년마다 조율을 해야 하는데, 1년에 한 번 조율한다고 가정하자. 그러면 하루에 4대를 조율하고, 한 주에 5일, 그리고 1년에 50주 일을 하는 피아노 조율사는 1년에 약 1000대의 피아노를 조율할 수 있을 것이다. 그렇다면 샌프란시스코에는 약 80,000대의 피아노가 있다고 보았으므로 80명의 피아노 조율사가 있어야 한다. 물론 이것은 대략적인 추산일 뿐이다.† 이것은 샌프란시스코에 피아노 조율사가 10명 이상 있을 것은 틀림없지만, 분명히 1000명은 넘지 않는다는 것을 말한다.

예제 1.4 추산 지구 반지름의 추정

믿기 어렵겠지만, 우리가 우주로 나가지 않고도 지구의 반지름을 추정할 수 있다(1쪽의 사진 참조). 여러분이 매우 큰 호숫가에 가본 적이 있다면, 수면의 높이에서 볼 때 호수 반대쪽에 있는 모래 사장, 부두, 또는 바위 들이 보이지 않았던 경험이 있을 것이다. 호수는 여러분과 반대쪽 호숫가 사이에 불룩하게 부풀어오른 것처럼 보이는데, 이는 지구가 둥글다는 좋은 단서이다. 여러분이 사다리를 타고 올라가 여러분의 눈이 수면 위 10 ft(3.0 m) 높이에 있을 때, 호수 반대편의 수면에 있는 바위를 겨우 볼 수 있다고 가정하자. 지도를 이용하여 호수 반대편까지의 거리가 $d \approx 6.1$ km임을 알았다. 그림 1.11에서 $h = 3.0$ m일 때 지구 반지름 R을 추정하라.

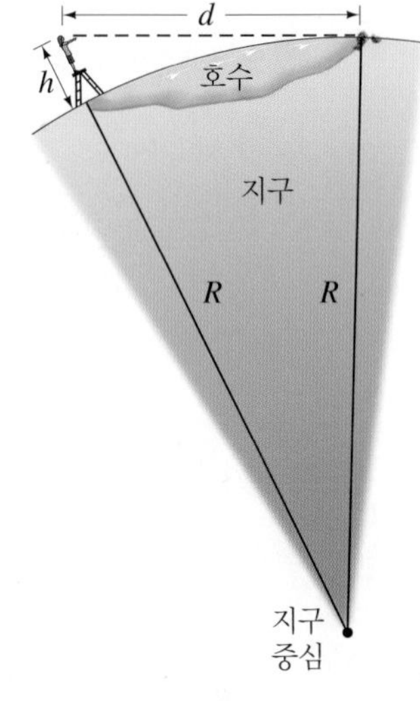

그림 1.11 예제 1.4. 크기는 실제가 아님. 여러분이 사다리에 올라서서 6.1 km 떨어진 호수 반대편의 수면에 있는 바위를 겨우 볼 수 있다.

접근 피타고라스 정리를 포함하여 간단한 기하학을 이용한다.

$$c^2 = a^2 + b^2$$

여기서 c는 직각 삼각형의 빗변이고, a와 b는 다른 두 변의 길이이다.

풀이 그림 1.11의 직각 삼각형에서, 두 변은 지구 반지름 R과 거리 $d = 6.1\text{ km} = 6100\text{ m}$이다. 빗변의 길이는 대략 $R + h$이며, 여기서 $h = 3.0$ m이다. 피타고라스 정리에 의해

$$\begin{aligned} R^2 + d^2 &\approx (R + h)^2 \\ &\approx R^2 + 2hR + h^2 \end{aligned}$$

이다. R에 대해 풀고, 양변에서 R^2을 약분하면 다음과 같다.

$$\begin{aligned} R \approx \frac{d^2 - h^2}{2h} &= \frac{(6100\text{ m})^2 - (3.0\text{ m})^2}{6.0\text{ m}} \\ &= 6.2 \times 10^6\text{ m} \\ &= 6200\text{ km} \end{aligned}$$

유의 정밀하게 측정하면 6380 km이다. 그러나 앞에서의 계산 결과도 훌륭하지 않은가! 단순한 몇 개의 측정과 간단한 기하학을 이용하여, 지구 반지름을 잘 추산했다. 여러분은 우주로 나갈 필요도 없었을 뿐만 아니라, 매우 긴 측정용 테이프도 필요하지 않았다.

연습 F 1쪽 시작 질문 2로 가서 다시 답을 해 보라. 처음과 답이 다르다면 그 이유를 설명해 보라.

† 샌프란시스코의 전화번호부에 있는 업종별 번호란을 조사하면 약 60개의 업소가 있는 것을 확인할 수 있다. 여기에 실린 각 업소는 피아노 조율사를 한 명 이상 고용하고 있을 것이며, 조율은 물론 수리도 할 것이다. 그러므로 어떤 경우라도 우리가 한 추산은 합리적이다.

1.8 차원과 차원 분석

어떤 물리적인 양의 **차원**(dimension)을 말할 때, 이는 물리적인 양의 기본 단위 또는 기본 양의 형태를 의미한다. 예를 들어 넓이의 차원은 항상 길이의 제곱인 $[L^2]$으로 표현한다. 대괄호를 사용하여 나타내며, 이는 제곱미터, 제곱 피트, cm^2, …일 수 있다. 반면에 속도는 km/h, m/s, 또는 mi/h의 단위로 측정될 수 있지만, 차원은 항상 길이 $[L]$을 시간 $[T]$로 나눈 $[L/T]$이다.

물리량의 식은 여러 경우에 다를 수 있지만, 차원은 항상 같아야 한다. 예를 들어 밑변이 b이고 높이가 h인 삼각형의 넓이는 $A = \frac{1}{2}bh$이다. 반면에 반지름이 r인 원의 넓이는 $A = \pi r^2$이다. 이 두 경우, 식은 서로 다르지만, 넓이의 차원은 항상 $[L^2]$이다.

차원은 **차원 분석**(dimensional analysis)이라는 과정을 통해 관계식을 확인하는 데 유용한 방법으로 사용할 수 있다. 하나의 유용한 방법은 차원을 이용하여 관계식이 맞는지 확인하는 것이다. 차원이 같은 물리량의 경우에만 이들을 서로 더하거나 뺄 수 있음에 유의하라. (센티미터를 시간과 더할 수 없다.) 식의 양 변에 있는 물리량의 차원은 같아야 한다.

예를 들어 식 $v = v_0 + \frac{1}{2}at^2$을 유도했다고 하자. 여기서 v_0은 물체의 처음 속력, v는 시간 t 후의 물체 속력, 그리고 a는 가속도이다. 차원을 이용하여 이 식이 맞는지 아니면 완전히 틀린지를 판단해 보자. 여기서 $\frac{1}{2}$과 같은 숫자는 차원 분석에 영향을 주지 않는다. 다음과 같이 차원에 대한 식을 쓴다. 속력의 차원은 $[L/T]$이고 앞으로 2장에서 배우겠지만 가속도의 차원은 $[L/T^2]$이다.

$$\left[\frac{L}{T}\right] \stackrel{?}{=} \left[\frac{L}{T}\right] + \left[\frac{L}{T^2}\right][T^2]$$

$$\stackrel{?}{=} \left[\frac{L}{T}\right] + [L]$$

차원이 맞지 않는다. 우변에서, 차원이 서로 다른 양들을 더하고 있다. 따라서 원래의 식을 유도하는 과정에서 실수가 있었다고 결론내릴 수 있다.

차원 분석은 관계식이 틀린 경우에만 알아볼 수 있다. 식이 완전히 맞는지의 여부는 차원 분석으로 알 수 없다. 예를 들어 차원이 없는 숫자($\frac{1}{2}$ 또는 2π와 같은 숫자)에 대한 정보는 알 수 없다.

또한 차원 분석은 여러분이 식을 확신할 수 없을 때 빨리 확인하는 방법으로 사용할 수 있다. 예를 들어 길이가 ℓ인 단진자를 고려해 보자. 주기(앞뒤로 한 번 진동하는 데 걸리는 시간)에 대한 식이 $T = 2\pi\sqrt{\ell/g}$인지 아니면 $T = 2\pi\sqrt{g/\ell}$인지 기억이 나지 않는다고 가정하자. 여기서 g는 중력 가속도이며, 차원은 $[L/T^2]$이다. (이들 식에 대해 걱정할 필요가 없다. 올바른 식은 11장에서 유도할 예정이다. 여기서 우리가 관심을 갖는 것은 ℓ/g가 맞는지 아니면 g/ℓ이 맞는지만 알아보면 된다.) 차원 분석을 해보면, 앞의 것(ℓ/g)이 맞음을 알 수 있다.

$$[T] = \sqrt{\frac{[L]}{[L/T^2]}} = \sqrt{[T^2]} = [T]$$

반면에 뒤의 것(g/ℓ)은 틀리다.

$$[T] \neq \sqrt{\frac{[L/T^2]}{[L]}} = \sqrt{\frac{1}{[T^2]}} = \frac{1}{[T]}$$

상수 2π는 차원이 없으므로, 차원을 이용하여 확인할 수 없다.

종합 문제

객관식

[맞는 답을 모두 고르라.]

1. 어느 학생의 몸무게가 117.2 lb이다. 이 학생의 몸무게 대해 맞는 것은 어느 것인가?
(a) 117.2 lb의 1 % 이내
(b) 정확히 117.2 lb
(c) 117.18과 117.22 lb 사이
(d) 117.0과 117.4 lb 사이

2. 네 학생이 동일한 펜의 길이를 측정하기 위해 서로 다른 자를 사용한다. 가장 정밀도가 높은 측정은 어느 것인가?
(a) 160.0 mm (b) 16.0 cm (c) 0.160 m
(d) 0.00016 km (e) 정보가 더 필요함

3. 숫자 0.0078의 유효 숫자는 몇 개인가?
(a) 1 (b) 2 (c) 3 (d) 4

4. 1.362 + 25.2는 유효 숫자가 몇 개인가?
(a) 2 (b) 3 (c) 4 (d) 5

5. 정확도는 다음 중 어느 것을 나타내는가?
(a) 주어진 기구를 이용한 측정의 반복성
(b) 측정값이 참값에 얼마나 가까운지
(c) 측정의 이상적인 수
(d) 기구가 얼마나 나쁜지의 여부

6. ft^2을 yd^2으로 변환할 때는 얼마를 곱해야 하는가?
(a) 3 (b) 1/3 (c) 9
(d) 1/9 (e) 6 (f) 1/6

7. 다음 중 크기의 정도 추산이 틀린 것은 어느 것인가?
(a) 그것은 여러분에게 답에 대한 대략적인 아이디어를 주고 있다.
(b) 그것은 단지 하나의 유효 숫자를 가짐으로써 수행할 수 있다.
(c) 그것은 정확한 계산이 타당하다면 확인하는 데 사용할 수 있다.
(d) 그것은 답을 계산하기 위해 합리적인 가정을 하는 것이 필요할 수 있다.
(e) 그것은 항상 최소한 두 개의 유효 숫자까지 정확할 것이다.

8. $[L^2]$은 다음 중 어느 것의 차원을 나타내는가?
(a) cm^2 (b) 제곱피트
(c) m^2 (d) 위 보기 모두

주관식

[문제에 난이도를 I, II, III으로 표시했다. I은 가장 쉽게 접근할 수 있는 문제이고, 난이도 III은 우수한 학생들이 도전해볼 만한 문제이다.]

1.4 측정과 불확정도; 유효 숫자

(Note: 다음의 문제들에서, 6.4와 같은 수는 ±0.1까지 정확하다. 그리고 950가 '정밀'하다거나 '거의' 950이라는 말이 없으면, 950은 ±10의 범위를 갖는다.)

1. (I) 다음에 주어진 수는 유효 숫자가 몇 개인가?
(a) 214 (b) 81.60 (c) 7.03 (d) 0.03 (e) 0.0086 (f) 3236 (g) 8700

2. (I) 다음에 주어진 수를 10의 거듭제곱으로 나타내라.
(a) 1.156 (b) 21.8 (c) 0.0068 (d) 328.65 (e) 0.219 (f) 444

3. (I) 다음에 주어진 수를 0을 사용하여 나타내라.
(a) 8.69×10^4 (b) 9.1×10^3 (c) 8.8×10^{-1} (d) 4.76×10^2

(e) 3.62×10^{-5}

4. (II) 우주의 나이는 약 140억 년으로 추정된다. 이를 (a) 년과 (b) 초로 나타내라. 유효 숫자는 두 개로 한다.

5. (II) 측정값 5.48 ± 0.25 m를 백분율 불확정도로 나타내라.

6. (II) 일반적인 초시계의 시간 간격 측정은 약 0.2 s의 불확정도를 갖는다. 이는 시작과 정지 순간에 사람의 반응 시간 때문에 그렇다. 손으로 측정한 다음 시간의 백분율 불확정도는 얼마인가? (a) 5.5 s (b) 55 s (c) 5.5 min

7. (II) 다음을 모두 더한 값을 구하라.
$(9.2 \times 10^3\text{ s}) + (8.3 \times 10^4\text{ s}) + (0.008 \times 10^6\text{ s})$

8. (II) 유효 숫자를 고려하여 3.079×10^2 m와 0.068×10^{-1} m를 곱하라.

9. (II) 1.57 m^2로 주어진 측정값의 백분율 불확정도는 대략 얼마인가?

10. (III) 반지름이 $r = 0.84 \pm 0.04$ m인 구형의 비치볼 부피의 백분율 불확정도는 대략 얼마인가?

11. (III) 반지름이 3.1×10^4 cm인 원의 넓이와 이의 대략적인 불확정도는 얼마인가?

1.5, 1.6 단위, 표준, 국제 단위계, 단위의 환산

12. (I) 다음에 주어진 수를 단위에 있는 접두사를 사용하지 말고 소수점만으로 나타내라. (a) 286.6 mm (b) 85 μV (c) 760 mg (d) 62.1 ps (e) 22.5 nm (f) 2.50 GV

13. (I) 다음에 주어진 수를 표 1.4의 접두사를 이용하여 표현하라. (a) 1×10^6 V (b) 2×10^{-6} m (c) 6×10^3일 (d) 18×10^2달러 (e) 7×10^{-7} s

14. (I) 1헥타르는 $1.000 \times 10^4\ \text{m}^2$으로 정의된다. 1에이커는 $4.356 \times 10^4\ \text{ft}^2$이다. 1헥타르는 몇 에이커인가?

15. (II) 태양은 지구로부터 평균적으로 9300만 마일 떨어져 있다. 이를 미터로 환산하여, (a) 10의 거듭제곱으로 나타내라. (b) 미터법에서의 접두사(km)로 나타내라.

16. (II) 다음의 계산 결과를 유효 숫자를 맞춰 나타내라. 1.80 m + 142.5 cm + 5.34×10^5 μm

17. (II) 일반적으로 원자의 지름은 약 1.0×10^{-10} m이다. (a) 이를 인치 단위로 나타내라. (b) 1.0 cm 길이 내에 존재하는 원자는 대략 몇 개인가? 원자들이 서로 접하고 있다고 가정하여 푼다.

18. (II) 다음에 주어진 단위 사이의 바꿈 인자를 구하라. (a) km/h와 mi/h (b) m/s와 ft/s (c) km/h와 m/s

19. (II) 1광년(ly)은 빛이 2.998×10^8 m/s의 속력으로 1년 동안 진행한 거리이다. (a) 이 거리를 미터로 나타내라. (b) 1천문단위(AU)는 지구와 태양 사이의 평균 거리인 1.50×10^8 km이다. 1.00광년은 몇 AU인가?

20. (II) 1마일 달리기는 1500 m 달리기보다 얼마나 더 긴가? 이를 백분율로 나타내라.

21. (II) 미식 축구장의 길이는 100.0 yd인 반면에, 한국 축구장의 길이는 100.0 m이다. 어느 운동장이 얼마나 더 긴가? 이를 야드, 미터, 그리고 백분율로 나타내라.

22. (II) (a) 1.00년은 몇 초인가? (b) 1.00년은 몇 나노초인가? (c) 1.00초는 몇 년인가?

23. (II) 표 1.3을 사용하여 다음의 경우 양성자 또는 중성자의 전체 개수를 추정하라. (a) 박테리아 한 개 (b) DNA 분자 한 개 (c) 인체 (d) 우리 은하

24. (III) 일반적인 농구공의 둘레는 약 23 cm이다. 농구공이 단위 부피당 질량이 중성자 또는 양성자 하나와 같다면(1.5절의 표 참조), 이 농구공의 질량은 얼마가 될까?

1.7 크기의 정도 추산

(Note: 대략적인 추산을 할 때는 마지막 결과에서 반올림한다.)

25. (I) 다음에 주어진 수의 크기를 10의 거듭제곱으로 추산하라. (a) 2800 (b) 86.30×10^3 (c) 0.0076 (d) 15.0×10^8

26. (II) 넓이가 3500 m^2인 대학 도서관에 얼마나 많은 책을 서가에 정리할 수 있는 있는 추산하라. 이때 책꽂이는 양쪽으로 8단 높이이고, 복도의 너비는 1.5 m라고 가정하자. 책의 크기는 평균적으로 이 물리 교재와 같다고 하자.

27. (II) 미국 뉴욕에서 캘리포니아를 10 km/h의 속력으로 달린다고 할 때, 몇 시간이 걸릴지 추산하라.

28. (II) 사람이 일생 마시는 물의 양을 리터 단위로 추산하라.

29. (II) 사람이 미식 축구장을 가정용 잔디 깎이 기계로 잔디를

그림 1.12 주관식 29

깎는데, 얼마나 시간이 걸릴지 추산하라(그림 1.12). (잔디 깎는 사람이 1 km/h의 속력으로 0.5 m의 너비를 깎으면서 이동한다고 하자.)

30. (II) 미국에서 연간 모든 자동차 운전자가 소모하는 휘발유의 양을 갤런 단위로 추산하라.

31. (II) (a) 샌프란시스코와 (b) 여러분이 사는 도시에 있는 치과 의사의 수를 추산하라.

32. (III) 여러분이 평평한 텍사스 평원의 200 m 상공의 공기풍선 안에 있다고 하자. 여러분은 지평선을 볼 수 있을 것이다. 여러분은 얼마나 멀리 볼 수 있겠는가? 즉 여러분의 지평선은 얼마나 떨어져 있는가이다. 지구의 반지름은 약 6400 km이다.

33. (III) 내가 여러분을 30일 동안 고용한다고 하자. 여러분은 두 가지 방법으로 돈을 받을 수 있다. (1) 하루에 $1000씩, 또는 (2) 첫 날에 1센트, 둘째 날에 2센트 그리고 30일까지 지속적으로 매일 두 배씩 증가시켜 받는 방법 중 어떤 방법으로 하는 것이 좋은지 빨리 판단하여 정하라. 그리고 그 이유를 설명하라.

34. (III) 많은 요트가 호수의 반대편 쪽 4.4 km 떨어진 곳에 정박해 있다. 여러분이 그중 한 요트를 빤히 쳐다보고 있다고 하자. 여러분이 물 가장자리에 수평으로 누우면, 이 요트의 갑판만을 볼 수 있고 요트의 옆면은 볼 수 없다. 그러고 나서 여러분이 호수 반대편에서 요트로 가서 갑판이 수면 위 1.5 m 높이에 있음을 측정한다. h = 1.5 m인 그림 1.13을 이용하여 지구의 반지름 R를 추산하라.

그림 1.13 주관식 34. 호수를 가로질러 요트를 보고 있다(크기는 대략적임). R는 지구 반지름이다. 지구의 곡률 때문에, 물은 여러분과 요트 사이에 불룩하게 나와 있다.

35. (III) 여러분이 해변에 누워있으며, 여러분의 눈은 모래 위 20 cm에 있다. 지평선 너머로 태양이 완전히 사라질 무렵, 여러분이 즉시 점프를 하면, 여러분의 눈은 모래 위 150 cm에 있게 되고, 태양의 윗부분을 보게 된다. 태양이 또다시 완전히 사라질 때까지 걸리는 시간(t)을 초 단위로 센다면, 여러분은 지구의 반지름을 추산할 수 있다. 그러나 이 문제의 경우, 알고 있는 지구 반지름을 이용하여 시간 t를 계산하라.

1.8 차원

36. (I) 단위 부피당 질량인 밀도의 차원은 무엇인가?

37. (II) 물체의 속력 v가 다음의 식 $v = At^3 - Bt$로 주어진다. 여기서 t는 시간이다. (a) A와 B의 차원은 무엇인가? (b) 상수 A와 B의 SI 단위는 무엇인가?

38. (II) 세 학생이 다음의 식을 유도한다. 여기서 x는 이동한 거리, v는 속력, a는 가속도(m/s^2), t는 시간, 그리고 아래첨자 영($_0$)은 시간 $t = 0$에서의 물리량이다. 차원 분석에 따르면 (a) $x = vt^2 + 2at$, (b) $x = v_0t + \frac{1}{2}at^2$, (c) $x = v_0t + 2at^2$ 중 어느 식이 맞을까? 그 이유는 무엇인가?

연습 해답

A: (d)

B: 세 개 모두 유효 숫자는 세 개이다. 소수점 이하의 자릿수는 다음과 같다. (a) 2 (b) 3 (c) 4

C: (a) 2.58×10^{-2}, 3 (b) 4.23×10^4, 3(대략) (c) 3.4450×10^2, 5

D: (f)

E: 아니다. 15m/s ≈ 34 mi/h

F: (c)

우주 왕복선이 속력을 빠르게 감속하기 위해 낙하산을 펼치고 있다. 우주 왕복선의 속도와 가속도 방향을 초록색($\vec{\mathbf{v}}$)과 노란색($\vec{\mathbf{a}}$)의 화살표로 나타냈다.
운동은 속도와 가속도의 개념으로 설명된다. 이 사진에서 속도 $\vec{\mathbf{v}}$는 운동 방향인 오른쪽이다. 가속도 $\vec{\mathbf{a}}$는 속도 $\vec{\mathbf{v}}$와 반대 방향인데, 이는 물체의 속력이 느려짐을 의미한다.
중력에 의한 연직 방향에서의 자유 낙하 운동을 포함한 등가속도 운동을 자세히 공부할 예정이다.

CHAPTER 2

운동의 기술: 일차원에서의 운동학

시작 질문 추정해 보라!

[지금 올바른 답을 얻지 못한다고 걱정하지 말라. 이 장을 공부하면서 답을 바로잡을 기회가 있을 것이다. 덧붙여, 시작 질문의 취지에 대한 상세한 설명은 1장 1쪽에 있다.]

작고 무거운 두 공이 있다. 둘 다 지름은 같으나, 하나는 다른 공보다 두 배 무겁다. 두 공을 이층 발코니에서 동시에 떨어뜨린다. 땅에 도달하는 데 걸리는 시간은 어떻게 될까?

(a) 가벼운 공이 무거운 공보다 두 배 더 걸린다.
(b) 가벼운 공이 오래 걸리지만, 두 배까지는 아니다.
(c) 무거운 공이 가벼운 공보다 두 배 더 걸린다.
(d) 무거운 공이 오래 걸리지만, 두 배까지는 아니다.
(e) 두 공은 거의 동시에 떨어진다.

야구공, 자동차, 육상 선수 그리고 태양이나 달 등의 운동은 일상생활에서 흔히 볼 수 있다. 하지만 운동에 대한 현대적 이해는 16, 17세기에 이르러서야 확립됐다. 많은 사람들이 이런 운동을 이해하는 데 기여했는데, 그중에서 갈릴레오(Galileo Galilei, 1564~1642)와 뉴턴(Issac Newton, 1642~1727)이 다른 사람들

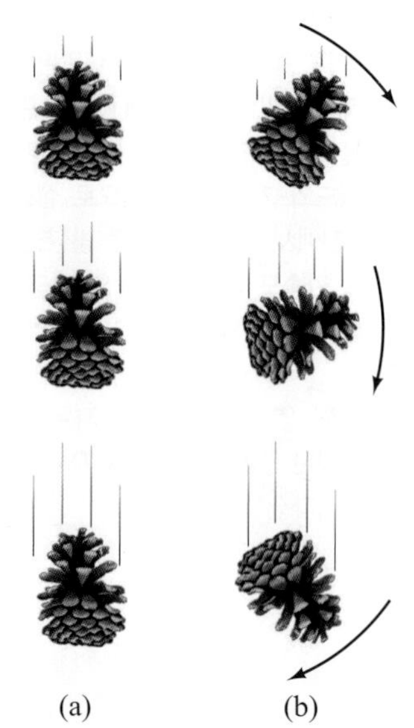

그림 2.1 (a) 낙하하는 솔방울의 순수 병진 운동 (b) 솔방울이 병진 운동뿐만 아니라 회전 운동도 하고 있다.

보다 훨씬 큰 기여를 했다.

물체의 운동에 대한 연구 및 이에 관련된 힘과 에너지의 개념은 **역학**(mechanics)이라는 분야를 형성한다. 역학은 보통 두 분야로 나뉜다. 즉 물체가 어떻게 운동하는 가를 기술하는 **운동학**(kinematics)과 물체가 왜 그러한 운동을 하는가를 다루는 **동역학**(dynamics)으로 나뉜다. 2장과 3장에서는 운동학을 다룬다.

먼저 회전하지 않고 운동하는 물체에 대해서 살펴보자(그림 2.1a). 이런 운동을 **병진 운동**(translational motion)이라고 한다. 이 장에서는 일차원에서의 병진 운동인 직선 경로를 따라 운동하는 물체에 대해 주로 다루려고 한다. 3장에서는 직선이 아닌 경로를 따라 운동하는 이차원(또는 삼차원)에서의 병진 운동을 다룰 예정이다. (그림 2.1b에 보인 회전은 8장에서 논의한다.)

우리는 이상적인 **입자**(particle) 모형의 개념을 종종 사용할 예정이다. 이는 수학적으로 크기가 없는 **점**(point)으로 생각한다. 점 입자는 병진 운동만 가능하다. 입자 모형은 물체의 크기가 중요하지 않고 병진 운동만 관심 있는 많은 실제 상황에서 유용하다. 예를 들어 당구공이나 심지어 달을 향해 가고 있는 우주선을 입자로 가정할 수 있다.

2.1 기준틀과 변위

위치, 변위, 또는 속력의 모든 측정은 어떤 **기준틀**(reference frame)에 대해 이루어져야 한다. 예를 들어 80 km/h로 달리고 있는 기차 안에서 어떤 사람이 5 km/h의 속력으로 기차 앞쪽을 향해 걸어가는 것을 기차에 앉아 있는 사람이 봤다고 하자(그림 2.2). 이 5 km/h는 기차를 기준틀로 했을 때, 기차 안에서 걸어가는 사람의 속력이다. 그러나 이 사람은 지면에 대해 80 km/h + 5 km/h = 85 km/h의 속력으로 걸어가고 있는 것이다. 속력을 말할 때 그 기준틀을 명시하는 것은 항상 중요하다. 일상생활에서는 보통 '지구에 대해'란 언급이 없이 속력을 말하지만 이것은 지구에 대한 속력을 의미한다. 그러나 혼동할 우려가 있을 경우에는 반드시 기준틀을 명시해야 한다.

어떤 물체의 운동을 나타낼 때에는 속력뿐만 아니라 운동 방향도 함께 나타내는 것이 중요하다. 방향을 나타낼 때에는 흔히 동, 서, 남, 북과 '위', '아래'를 사용하여 나타낼 수 있다. 물리학에서는 기준틀을 나타내기 위해 그림 2.3과 같은 **좌표축**(co-

그림 2.2 어떤 사람이 기차의 앞쪽을 향해 5 km/h로 걸어가고 있다. 기차가 지면에 대해 80 km/h로 달리고 있으므로, 지면에 대한 이 사람의 속력은 85 km/h이다.

ordinate axes)을 그린다. 편의상 원점을 0, 그리고 x축과 y축을 설정할 수 있다. 이때 x축과 y축은 항상 서로 수직이다. **원점**(origin)은 $x = 0$, $y = 0$으로 한다. 물체가 x축 상에서 좌표 원점(0)의 오른쪽에 있으면 이 물체는 양(+)의 x좌표에 있다고 하며, 물체가 0의 왼쪽에 있으면 음(−)의 x좌표에 있다고 한다. 한편 물체의 위치를 y축을 따라 나타낼 때에는 원점 0의 위에 있을 때는 양(+), 아래에 있을 때는 음(−)으로 나타내지만, 편의에 따라 규정을 반대로 하여 사용할 수도 있다. 평면 내의 어떤 점이든지 x좌표와 y좌표만 주어지면 그 위치를 정확히 알 수 있다. 삼차원에서는 x축과 y축에 각각 수직인 z축이 있는 좌표계를 사용한다.

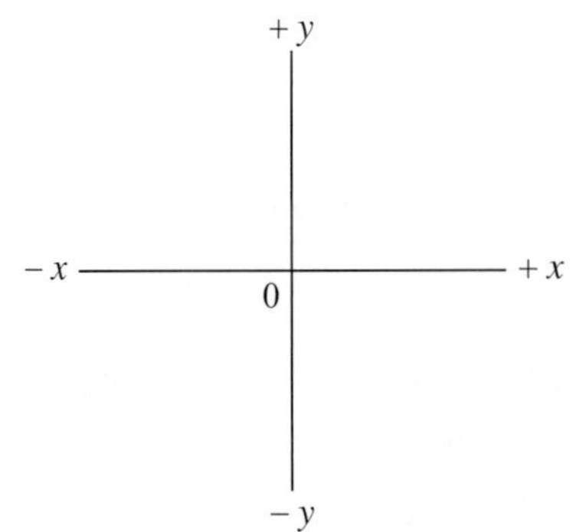

그림 2.3 xy 좌표축의 표준 좌표계. 이를 '직각 좌표계'라고도 한다.

일차원 운동의 경우, 운동이 일어나는 선을 x축으로 종종 선택한다. 그러면 임의의 순간에 물체의 **위치**(position)는 x좌표로 주어진다. 낙하하는 물체에서처럼 운동이 연직 방향이라면 일반적으로 y축을 사용한다.

물체가 이동한 거리와 물체의 위치 변화로 정의되는 **변위**(displacement)는 구별할 필요가 있다. 즉 변위는 물체가 출발점에서 얼마나 멀리 떨어져 있는가를 나타낸다. 실제로 이동한 전체 거리와 변위 사이의 차이를 알아보기 위해 어떤 사람이 동쪽으로 70 m 걸어간 후에 뒤로 돌아서 서쪽으로 30 m 걸어간 경우를 생각해 보자(그림 2.4). 이때 이 사람이 실제로 이동한 전체 거리는 100 m이지만 변위는 40 m밖에 되지 않는다. 왜냐하면 이 사람이 이동한 후의 위치가 출발점에서 40 m인 곳이기 때문이다.

 주의

변위는 이동한 전체 거리와 같지 않을 수 있다.

변위는 크기와 방향을 갖는 양이다. 이런 양을 **벡터**(vectors)라고 하며 화살표로 나타낸다. 예를 들어 그림 2.4에서 파란색 화살표는 변위의 크기가 40 m이고 변위의 방향은 오른쪽(동쪽)임을 나타낸다.

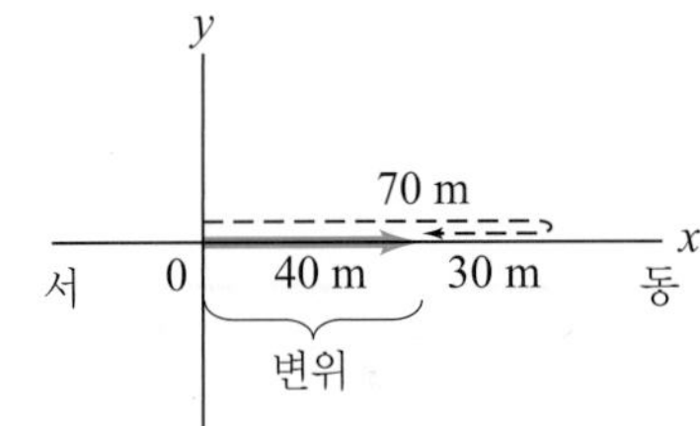

그림 2.4 어떤 사람이 동쪽으로 70 m 걸어간 후 서쪽으로 30 m를 걸어간다. 이동한 전체 거리는 100 m이지만(검은 점선), 변위는 동쪽으로 40 m이다(파란 실선의 화살표).

벡터에 관해서는 3장에서 보다 자세히 다룰 것이다. 지금은 직선을 따라 이동하는 일차원에서의 운동을 다룬다. 이 경우에 벡터가 가리키는 한쪽 방향은 양(+)으로 나타내고(일반적으로 x축의 오른쪽 방향), 반대 방향을 가리키는 벡터는 크기 앞에 음(−)의 부호를 가진다.

특정한 시간 간격에서 물체의 운동을 생각해 보자. 그림 2.5에서 보는 바와 같이 한 물체가 어떤 처음 시간 t_1일 때 좌표계의 x축 상의 한 점 x_1에 있다가 잠시 후 시간 t_2에는 x_2에 있다고 하자. 그러면 이 물체의 변위는 $x_2 - x_1$이고, 그림 2.5에서 오른쪽으로 향하는 화살표로 나타낸다. 이것을 다음과 같이 나타내면 편리하다.

$$\Delta x = x_2 - x_1$$

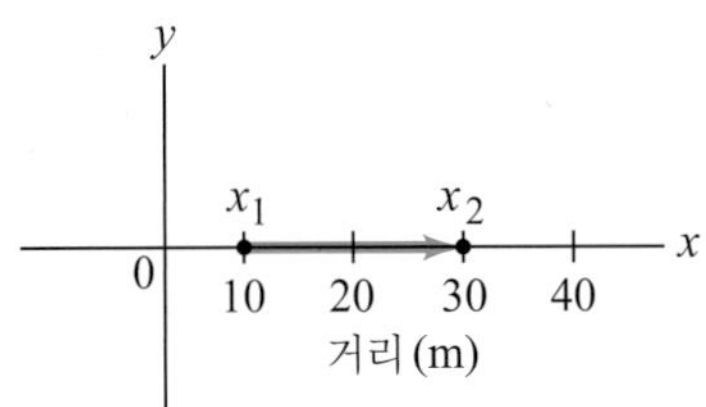

그림 2.5 화살표는 변위 $x_2 - x_1$을 나타낸다. 거리의 단위는 미터이다.

여기서 기호 Δ(그리스 문자 델타)는 '변화량'을 의미한다. 따라서 Δx는 'x의 변화' 또는 '위치의 변화'인 변위를 의미한다. 어떤 양의 **변화**(change)는 나중 값에서 처음 값을 빼준 것이다. 그림 2.5에서 보는 바와 같이 $x_1 = 10.0$ m이고 $x_2 = 30.0$ m라고 하면

$$\Delta x = x_2 - x_1 = 30.0\,\text{m} - 10.0\,\text{m} = 20.0\,\text{m}$$

이다. 따라서 그림 2.5처럼 변위는 양의 방향으로 20 m이다.

이번에는 그림 2.6에서 보는 바와 같이 왼쪽으로 움직이는 물체를 생각해 보자. 여기서 물체 즉 사람은 $x_1 = 30.0$ m에서 출발해서 $x_2 = 10.0$ m인 왼쪽 지점으로 걸어

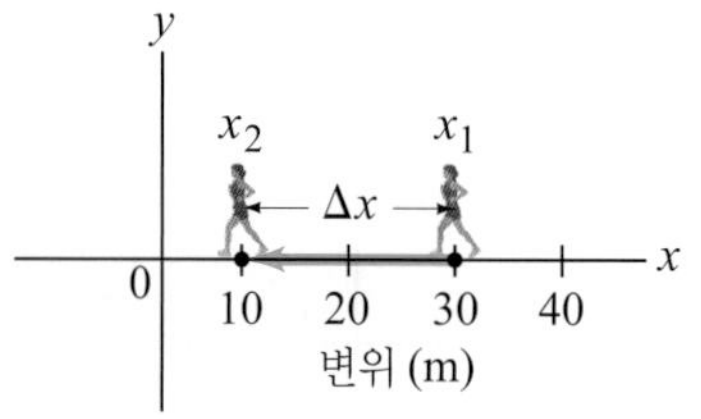

그림 2.6 변위가 $\Delta x = x_2 - x_1 = 10.0$ m $- 30.0$ m인 경우, 변위 벡터는 왼쪽을 향한다.

간다. 이 경우에 사람의 변위는

$$\Delta x = x_2 - x_1 = 10.0\,\text{m} - 30.0\,\text{m} = -20.0\,\text{m}$$

이고, 벡터 변위를 나타내는 파란색 화살표는 왼쪽을 가리킨다. x축에서의 일차원 운동에 있어, 오른쪽을 가리키는 벡터는 양(+)인 반면 왼쪽을 가리키는 벡터는 음(−)의 부호를 가진다.

연습 A 한 개미가 그래프용지의 $x = 20$ cm에서 출발하여 x축을 따라 $x = -20$ cm로 이동한다. 그러고 나서 방향을 바꿔 $x = -10$ cm로 되돌아온다. (a) 개미의 변위와 (b) 전체 이동 거리를 구하라.

2.2 평균 속도

움직이는 물체의 운동에서 중요한 측면은 물체가 얼마나 빨리 움직이는가 하는 것이다. 이것을 물체의 속력 또는 속도라고 한다.

'속력'이라는 용어는 방향에 관계없이 주어진 시간 간격 동안 물체가 얼마나 멀리 이동해 나가는가를 말한다. 만일 자동차가 3시간 동안 240킬로미터를 이동해 나간다면, 자동차의 평균 속력은 80 km/h이다. 일반적으로 물체의 **평균 속력**(average speed)은 전체 거리를 이동하는 데 걸린 전체 시간으로 나눈 값으로 정의한다.

$$\text{평균 속력} = \frac{\text{이동 거리}}{\text{걸린 시간}} \tag{2.1}$$

일상생활에서는 속도와 속력을 혼용하지만, 물리학에서는 이 두 용어의 구별을 분명히 해야 한다. 속력은 단순히 단위가 있는 양수인 반면, **속도**(velocity)는 물체가 얼마나 빠르게 움직이는가를 말하는 크기(수치)와 움직이는 방향도 함께 나타내기 위해 사용된다. 그러므로 속도는 벡터이다. 속력과 속도 사이에 두 번째 차이가 있다. 즉 평균 속도는 전체 이동 거리가 아니라 변위로 정의된다.

$$\text{평균 속도} = \frac{\text{변위}}{\text{걸린 시간}} = \frac{\text{나중 위치} - \text{처음 위치}}{\text{걸린 시간}}$$

주의
평균 속력은 평균 속도의 크기와 반드시 같은 것은 아니다.

운동이 완전히 한 방향일 때 평균 속력과 평균 속도의 크기는 같다. 그렇지 않은 경우에 이 둘은 다를 수 있다. 그림 2.4에서 어떤 사람이 동쪽으로 70 m 걸어간 후에 뒤로 돌아서 서쪽으로 30 m 걸어간 앞에서의 예시를 상기하자. 전체 이동 거리는 70 m + 30 m = 100 m였지만 변위는 40 m였다. 걷는 데 걸린 시간이 70 s라고 하면, 평균 속력은 다음과 같다.

$$\frac{\text{시간}}{\text{걸린 시간}} = \frac{100\text{ m}}{70\text{ s}} = 1.4\text{ m/s}$$

반면에 평균 속도의 크기는 다음과 같다.

$$\frac{\text{변위}}{\text{걸린 시간}} = \frac{40\text{ m}}{70\text{ s}} = 0.57\text{ m/s}$$

물체의 일반적인 일차원 운동을 논의하기 위해서 다음과 같은 경우를 생각해 보자. 물체가 어떤 시간 t_1일 때 좌표계의 x축 상의 한 점 x_1에 있다가 잠시 후 시간 t_2에는 x_2에 있다고 하자. **걸린 시간**(시간의 변화)은 $\Delta t = t_2 - t_1$이고, 이 시간 동안 물체의 변위는 $\Delta x = x_2 - x_1$이다. 그렇다면 변위를 걸린 시간으로 나눈 것으로 정의한 **평균 속도**(average velocity)는 다음과 같이 쓸 수 있다.

$$\bar{v} = \frac{x_2 - x_1}{t_2 - t_1} = \frac{\Delta x}{\Delta t} \quad \text{[평균 속도]} \quad \textbf{(2.2)}$$

여기서 v는 속도를 나타내며, v 위에 있는 기호 ($^-$)는 '평균'을 의미한다.

오른쪽을 $+x$축으로 하는 일반적인 경우의 일차원 운동에 대해 만약 x_2가 x_1보다 작으면 물체가 왼쪽으로 운동하고 있으며, 이때는 $\Delta x = x_2 - x_1$이 0보다 작다. 변위와 속도의 부호는 방향을 나타낸다. 즉 평균 속도는 물체가 x축을 따라 오른쪽으로 운동할 때에는 양이고, 왼쪽으로 운동할 때에는 음이다. 평균 속도의 방향은 변위의 방향과 항상 같다.

걸린 시간 또는 **시간 간격**(time interval) $t_2 - t_1$을 선택(하고 명시)하는 것은 항상 중요하다. 여기서 시간 간격이란 선택된 관측 시간 동안 걸린 시간을 의미한다.

주의
시간 간격 = 걸린 시간

예제 2.1 달리는 사람의 평균 속도

달리는 사람의 시간에 따른 위치를 좌표계의 x축에 나타냈다. 3.00 s의 시간 간격 동안, 달리는 사람의 위치는 그림 2.7에서와 같이 $x_1 = 50.0$ m에서 $x_2 = 30.5$ m로 이동한다. 달리는 사람의 평균 속도는 얼마인가?

접근 변위를 걸린 시간으로 나눈 평균 속도를 구하고자 한다.

풀이 변위는

$$\begin{aligned}\Delta x &= x_2 - x_1 \\ &= 30.5\text{ m} - 50.0\text{ m} = -19.5\text{ m}\end{aligned}$$

이다. 걸린 시간 또는 시간 간격은 $\Delta t = 3.00$ s이다. 그러므로 평균 속도(식 2.2)는 다음과 같다.

$$\bar{v} = \frac{\Delta x}{\Delta t} = \frac{-19.5\text{ m}}{3.00\text{ s}} = -6.50\text{ m/s}$$

변위와 평균 속도는 음이고, 이는 그림 2.7에서 화살표로 나타낸 바와 같이 달리는 사람이 x축에서 왼쪽으로 이동하고 있음을 말해준다. 달리는 사람의 평균 속도는 왼쪽으로 6.50 m/s이다.

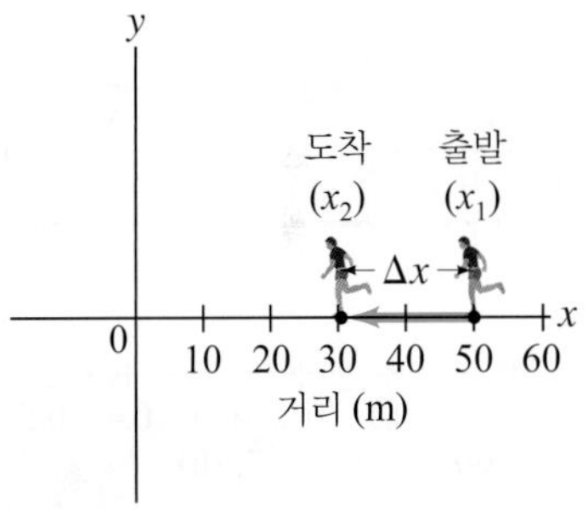

그림 2.7 예제 2.1. 어떤 사람이 $x_1 = 50.0$ m에서 $x_2 = 30.5$ m로 달린다. 이때 변위는 -19.5 m이다.

예제 2.2 자전거가 이동한 거리

자전거로 직선 도로를 18 km/h의 평균 속도로 이동한다면, 2.5 h 동안에 이동한 거리는 얼마인가?

접근 이동 거리를 구하기 원하므로, 식 2.2에서 Δx를 구한다.

풀이 식 2.2에서, $\bar{v} = \Delta x/\Delta t$ 이므로 양변에 Δt 를 곱하면 다음과 같다.

$$\Delta x = \bar{v}\,\Delta t = (18\,\text{km/h})(2.5\,\text{h}) = 45\,\text{km}$$

2.3 순간 속도

그림 2.8 자동차 속도계의 모습. 흰색은 mi/h이고 주황색은 km/h이다.

자동차를 타고 직선 도로를 따라 2.0 h 동안 150 km를 달린다면 평균 속도는 75 km/h이다. 그러나 이것은 자동차가 매 순간마다 75 km/h로 달린다는 것은 아니다. 이런 상황을 다루기 위해서는 순간 속도의 개념이 필요한데, 이것은 어떤 순간에서의 속도를 말한다. (그림 2.8에서 보듯이 이것은 자동차의 속도계가 가리키는 눈금을 생각하면 된다.) 좀 더 자세히 말하면 **순간 속도**(instantaneous velocity)는 무한히 짧은 시간 간격 동안의 평균 속도로 정의한다. 즉 식 2.2에서 Δt를 0으로 접근시켜서 무한히 작아지는 극한에서의 값으로 정의한다. 일차원 운동에서 순간 속도의 정의 v의 정의는 다음과 같이 쓸 수 있다.

$$v = \lim_{\Delta t \to 0} \frac{\Delta x}{\Delta t} \qquad \text{[순간 속도]} \quad \textbf{(2.3)}$$

기호 $\lim_{\Delta t \to 0}$는 Δt가 0으로 접근하는 극한에서의 비 $\Delta x/\Delta t$의 값을 나타낸다.[†]

평균 속도를 나타내는 기호로는 $\bar{v}$를 사용하지만, 순간 속도에서는 v를 사용한다. 앞으로 이 책에서 '속도'라고만 할 때에는 순간 속도를 의미하는 것이며, 평균 속도를 말할 때에는 '평균'이라는 단어를 함께 나타내어 평균 속도와 순간 속도의 구분을 명확히 할 것이다.

순간 속력은 항상 순간 속도의 크기와 같음에 주목하라. 왜 그런가? 그 이유는 아주 작은 시간 동안에 이동한 거리와 변위의 크기는 같아지기 때문이다.

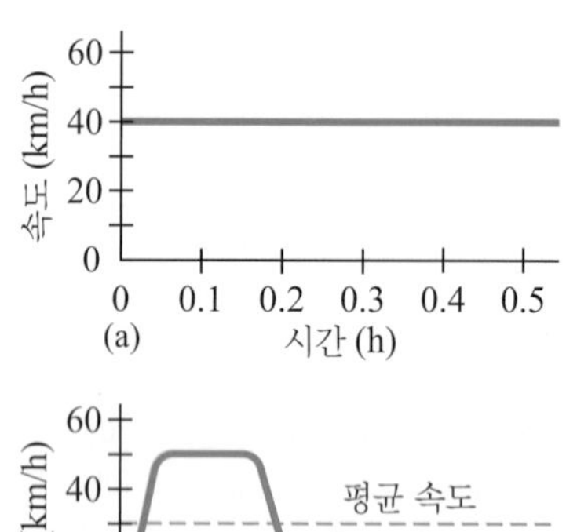

그림 2.9 시간의 함수로 주어진 자동차의 속도. (a) 등속도 (b) 변하는 속도

만약 어떤 물체가 특정한 시간 간격 동안 등속도(일정한 속도)로 운동한다면, 어떤 순간에서의 순간 속도는 평균 속도와 같다(그림 2.9a). 그러나 대부분의 경우에서는 그렇지 않다. 예를 들어 어떤 자동차가 정지 상태에서 출발해 속도가 50 km/h까지 일정하게 증가하고, 얼마 동안 그 속도를 일정하게 유지하다가 교통 체증으로 20 km/h로 감속 운행해 30분 만에 15 km 떨어진 목적지에 도착한 경우를 생각해 보자. 이 자동차의 운동을 그래프로 나타내면 그림 2.9b와 같다. 자동차의 평균 속도 $\bar{v} = \Delta x/\Delta t = 15\,\text{km}/0.50\,\text{h} = 30\,\text{km/h}$이며, 이것을 그래프에 점선으로 그려 놓았다.

많은 경우에 그래프는 운동의 해석에 유용하다. 앞으로, 특히 2.8절에서 그래프가

[†] 이 정의에서 단순히 $\Delta t = 0$으로 두지 않는 것에 유의해야 한다. 그 이유는 그렇게 하면 Δx도 0이 되므로, 결국 극한값이 정해지지 않기 때문이다. 그 대신에, 비 $\Delta x/\Delta t$를 전체로 생각해야 한다. Δt를 0에 접근시키면 Δx도 역시 영으로 접근한다. 그러나 비 $\Delta x/\Delta t$는 어떤 일정한 값에 접근하게 되는데, 이것이 어떤 순간에서의 순간 속도이다.

주는 추가적인 정보에 대해서 논의할 것이다.

> **연습 B** 반대 방향으로 이동하기 위해 돌아서는 순간에서의 순간 속력은 얼마인가? (a) 얼마나 빨리 돌아서는지에 따라 다르다. (b) 항상 0이다. (c) 항상 음이다. (d) 정답 없음

2.4 가속도

속도가 변하고 있는 물체는 가속되고 있다고 말한다. 예를 들어, 속도의 크기가 0에서 80 km/h까지 증가하고 있는 자동차는 가속되고 있는 것이다. 가속도는 물체의 속도가 얼마나 빨리 변하고 있는가를 나타낸다.

평균 가속도는 속도의 변화를 그 변화를 일으키는 데 걸린 시간으로 나눈 것으로 정의한다.

$$\text{평균 가속도} = \frac{\text{속도의 변화}}{\text{걸린 시간}}$$

이것을 기호로 나타내기 위해서 **평균 가속도**(average acceleration)를 $\bar{a}$, 시간 간격을 $\Delta t = t_2 - t_1$, 속도의 변화를 $\Delta v = v_2 - v_1$이라고 하면 다음과 같이 쓸 수 있다.

$$\bar{a} = \frac{v_2 - v_1}{t_2 - t_1} = \frac{\Delta v}{\Delta t} \qquad \text{[평균 가속도]} \quad \textbf{(2.4)}$$

속도는 크기와 방향을 가지는 벡터이므로, 가속도 역시 벡터이다. 그러나 일차원 운동에서는 선택한 좌표축으로 가속도의 방향을 표시하는 데 있어 단지 양(+) 또는 음(−)의 부호만 필요하다. (일반적으로 오른쪽은 +이며, 왼쪽은 −이다.)

순간 가속도(instantaneous acceleration) a는 순간 속도와 비슷하게 정의하는데, 어떤 순간의 극히 짧은 시간 간격에서의 평균 가속도이다.

$$a = \lim_{\Delta t \to 0} \frac{\Delta v}{\Delta t} \qquad \text{[순간 가속도]} \quad \textbf{(2.5)}$$

여기서 Δv는 매우 짧은 시간 간격 Δt 동안의 작은 속도 변화이다.

예제 2.3 **평균 가속도**

어떤 자동차가 그림 2.10에서와 같이 직선도로를 따라 정지 상태에서 출발하여 5.0 s만에 75 km/h까지 가속된다. 이 자동차의 평균 가속도는 얼마인가?

접근 평균 가속도는 속도 변화를 경과 시간 5.0 s로 나눈 값이다. 자동차는 정지 상태에서 출발하므로 $v_1 = 0$이고, 나중 속도는 $v_2 = 75\ \text{km/h}$이다.

풀이 식 2.4로부터 평균 가속도는 다음과 같다.

$$\bar{a} = \frac{v_2 - v_1}{t_2 - t_1} = \frac{75\ \text{km/h} - 0\ \text{km/h}}{5.0\ \text{s}} = 15\ \frac{\text{km/h}}{\text{s}}$$

이것은 '초당 시간당 15 km'라고 읽으며, 속도가 평균적으로 매초 12 km/h씩 변한다는 뜻이다. 즉 가속도가 일정하다고 가정하면, 자동차가 움직이기 시작한 후 처음 1초 동안에 자

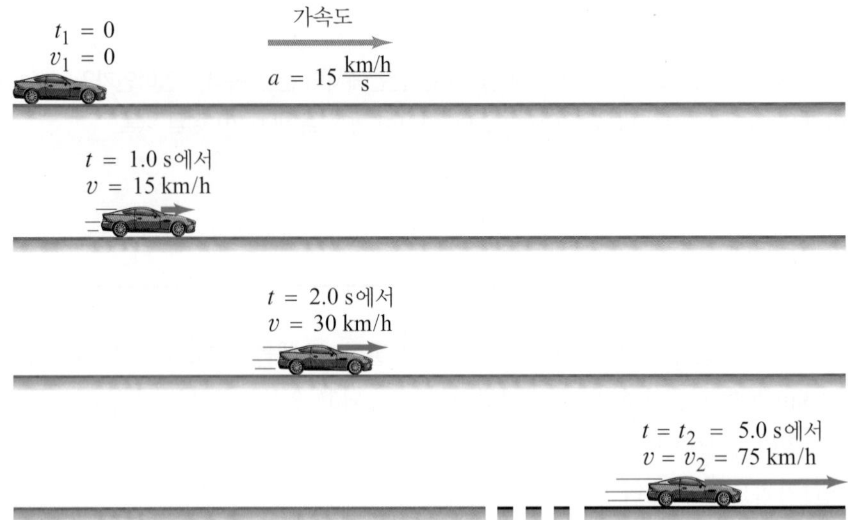

그림 2.10 예제 2.3. 자동차는 처음 $t_1 = 0$에서 $v_1 = 0$으로 출발한다. 그림은 $t = 1.0$ s, $t = 2.0$ s, 마지막 시간인 $t_2 = 5.0$ s에서의 자동차 모습을 보여 주고 있다. 초록색 화살은 속도 벡터를 나타내며, 이의 길이는 그 순간에서의 속도 크기를 나타낸다. 가속도 벡터는 주황색 화살이며, 이의 크기는 일정한 15 km/h/s 또는 4.2 m/s²이다. 거리는 실제 크기가 아니다.

동차의 속도가 0에서 15 km/h로 증가하고, 다음 1초 동안에도 속도가 다시 15 km/h만큼 증가하여 $t = 2.0$ s에는 30 km/h가 되며, 속도는 이와 같은 비율로 계속 증가해 나간다. 그림 2.10을 참고하라.

예제 2.3에서 얻은 가속도는 두 개의 서로 다른 시간의 단위, 즉 h와 s를 가지고 있다. 우리는 s를 사용하는 것에 익숙해 있으므로 km/h를 m/s로 변환할 수 있다.

$$75\ \text{km/h} = \left(75\ \frac{\cancel{\text{km}}}{\cancel{\text{h}}}\right)\left(\frac{1000\ \text{m}}{1\ \cancel{\text{km}}}\right)\left(\frac{1\ \cancel{\text{h}}}{3600\ \text{s}}\right) = 21\ \text{m/s}$$

그러면

$$\bar{a} = \frac{21\ \text{m/s} - 0.0\ \text{m/s}}{5.0\ \text{s}} = 4.2\ \frac{\text{m/s}}{\text{s}} = 4.2\ \frac{\text{m}}{\text{s}^2}$$

가속도의 단위로는 m/s/s 대신에 언제나 길이를 시간의 제곱으로 나눈 m/s²을 사용한다.

$$\frac{\text{m/s}}{\text{s}} = \frac{\text{m}}{\text{s}\cdot\text{s}} = \frac{\text{m}}{\text{s}^2}$$

속도는 얼마나 빨리 위치가 변하는지를 알려주는 데 비해, 가속도는 얼마나 빨리 속도가 변하는지를 알려준다.

예제 2.4 속도가 줄어드는 자동차

어떤 자동차가 직선의 고속도로를 따라 오른쪽으로 달리고 있는데, 이 방향을 $+x$축으로 하자(그림 2.11). 그러다가 운전자가 브레이크를 밟는다. 브레이크를 밟기 시작할 때의 처음 속도가 $v_1 = 15.0$ m/s이고, 5.0 s 동안에 속도가 $v_2 = 5.0$ m/s로 된다면, 이 자동차의 평균 가속도는 얼마인가?

접근 $\bar{a}$에 대한 식 2.4에 처음 속도, 나중 속도, 경과 시간을 대입한다.

풀이 식 2.4에 $t_1 = 0$과 $t_2 = 5.0$ s를 대입하면

$$\bar{a} = \frac{5.0\,\text{m/s} - 15.0\,\text{m/s}}{5.0\,\text{s}} = -2.0\,\text{m/s}^2$$

이 된다. 이 식에서 음(−)의 부호는 나중 속도가 처음 속도보다 작기 때문에 생긴 것이다. 이 경우 자동차의 오른쪽을 향하고 있지만 가속도의 방향은 왼쪽(−x 방향)을 향한다. 이때 가속도는 왼쪽으로 2.0 m/s^{2}이라고 말하고, 그림 2.11에 주황색 화살로 나타냈다.

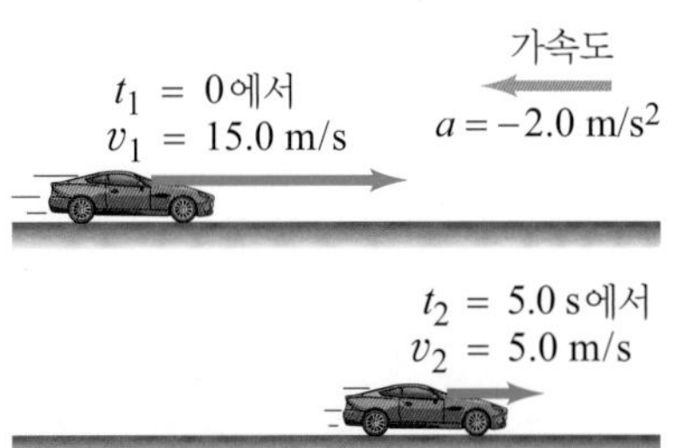

그림 2.11 예제 2.4. 시간 t_1과 t_2에서의 자동차 위치와 초록색 화살로 나타낸 자동차의 속도. 자동차가 오른쪽으로 이동하면서 속도가 줄어들기 때문에 가속도 벡터(주황색)는 왼쪽을 향한다.

감속

물체의 속력이 감소되고 있을 때 그 물체는 **감속**(decelerating)되고 있다고 말한다. 여기서 유의하라. 감속은 반드시 가속도가 음(−)임을 의미하지는 않는다. +x축을 따라 오른쪽으로 움직이는 물체의 속도는 양(+)이다. 만일 물체의 속력이 그림 2.11처럼 감소된다면, 가속도는 음(−)이다. 그러나 동일한 자동차이더라도 왼쪽으로 이동하면서(x 감소) 속력이 감소하는 경우에는 그림 2.12에서 보는 것처럼 가속도는 오른쪽을 향한다. 속도의 크기가 감소할 때 언제나 감속을 한다고 하고, 이렇게 감속일 때는 속도와 가속도가 반대 방향을 향한다.

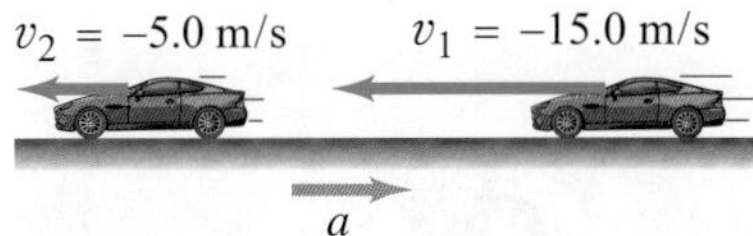

그림 2.12 예제 2.4의 자동차가 왼쪽으로 이동하면서 감속한다.
가속도는 $a = (v_2 - v_1)/\Delta t$ 또는

$$a = \frac{(-5.0\,\text{m/s}) - (-15.0\,\text{m/s})}{5.0\,\text{s}} = \frac{-5.0\,\text{m/s} + 15.0\,\text{m/s}}{5.0\,\text{s}} = +2.0\,\text{m/s}^2$$

이다.

연습 C 어떤 자동차가 x축을 따라 이동한다. 자동차가 +x 방향으로 (a) 속력이 증가하면서 또는 (b) 속력이 감소하면서 이동할 때, 자동차의 가속도 부호는 어떻게 되는가? 자동차가 −x 방향으로 (c) 속력이 증가하면서 또는 (b) 속력이 감소하면서 이동할 때, 가속도의 부호는 어떻게 되는가?

2.5 등가속도 운동

이제 가속도의 크기가 일정하고 직선 상에서 일어나는 운동을 다루도록 하자. 이 경우 순간 가속도와 평균 가속도는 같다. 평균 속도와 가속도의 정의를 이용하여, a가 일정할 때 x, v, a, t와 관련한 유용한 식들을 유도하자. 이를 통해 만일 이 변수들 중에 한 변수를 구하고자 할 때 나머지 변수를 안다면 이들 식을 이용해서 구할 수 있게 된다. 그렇게 되면 많은 흥미로운 문제들을 풀 수 있다.

물리학에서 기호는 책마다 다양하고, 가르치는 사람에 따라 다른 기호를 사용한다. **등가속도**(constant acceleration)에서 운동을 조금 단순화하기 위해 여기서 사용하는 기호에도 변화를 주고자 한다. 우선 주어진 문제에서 처음 시간은 0으로 하고 이것을 t_0이라고 할 것이다. 즉 $t_1 = t_0 = 0$이다. (이것은 실제적으로 t_0에서 초시계를 누르는 것이다.) 그러면 경과한 시간을 $t_2 = t$로 놓을 수 있다. 이제는 어떤 물체의 처음 위치(x_1)와 처음 속도(v_1)를 각각 x_0과 v_0으로 표현할 것이며, 이는 $t = 0$에서의 x와 v를 뜻한다. 시간 t에서의 위치와 속도를 각각 x와 v (x_2와 v_2로 나타내는 것보다)로 표현하기로 하자. 시간 간격 $t - t_0$ 동안의 평균 속도는 다음과 같이 나타낼 수 있다(식 2.2).

$$\bar{v} = \frac{\Delta x}{\Delta t} = \frac{x - x_0}{t - t_0} = \frac{x - x_0}{t}$$

으로 선택했다는 것을 상기하자. 그리고 시간이 경과하는 동안 가속도가 일정하다고 가정하면 $a = \Delta v/\Delta t$ 이다(식 2.4). 따라서 다음과 같이 쓸 수 있다.

$$a = \frac{v - v_0}{t}$$

물체의 등가속도가 주어질 때, 일반적인 문제의 대부분은 어떤 경과 시간 t가 지난 후에 그 물체의 속도를 결정하는 것이다. 위의 식을 v에 대해 풀면 이런 문제[†]를 풀 수 있다. 위 식의 양변에 t를 곱하면

$$at = v - v_0 \quad \text{또는} \quad v - v_0 = at$$

를 얻고, 이 식의 양변에 v_0를 더하면 다음 식을 얻는다.

$$v = v_0 + at \qquad [\text{등가속도}] \quad \mathbf{(2.6)}$$

그림 2.13 가속되고 있는 오토바이

예를 들어 오토바이(그림 2.13)와 같은 물체가 정지 상태($v_0 = 0$)에서 출발하고 $4.0\ \text{m/s}^2$으로 가속된다고 가정하면, 시간 $t = 6.0\ \text{s}$가 경과한 후에는 속도가 $v = 0 + at = (4.0\ \text{m/s}^2)(6.0\ \text{s}) = 24\ \text{m/s}$가 될 것이다.

다음에는 물체가 등가속도로 운동할 때 시간 t 후의 이 물체의 위치를 계산하는 방법에 대해 알아보자. 평균 속도의 정의(식 2.2)에서 $\bar{v} = (x - x_0)/t$ 이고, 이 식의 양변에 t를 곱해 다음과 같이 다시 쓸 수 있다.

$$x = x_0 + \bar{v}t \qquad \mathbf{(2.7)}$$

그리고 속도는 일정한 비율로 증가하기 때문에 평균 속도 $\bar{v}$는 처음 속도와 나중 속도의 중간 값이 될 것이다.

주의

'a = 상수'인 경우의 평균 속도

$$\bar{v} = \frac{v_0 + v}{2} \qquad [\text{등가속도}] \quad \mathbf{(2.8)}$$

(일반적으로 가속도가 일정하지 않는 경우에는 식 2.8이 맞지 않는다는 점에 유의하라.) 위의 두 식과 식 2.6을 결합하면, 식 2.7을 시작으로 다음과 같은 결과를 얻는다.

$$\begin{aligned} x &= x_0 + \bar{v}t \\ &= x_0 + \left(\frac{v_0 + v}{2}\right)t \\ &= x_0 + \left(\frac{v_0 + v_0 + at}{2}\right)t \end{aligned}$$

또는

$$x = x_0 + v_0 t + \tfrac{1}{2}at^2 \qquad [\text{등가속도}] \quad \mathbf{(2.9)}$$

식 2.6, 2.8, 2.9는 등가속도 운동에 관한 가장 유용한 네 개의 식 중 세 개의 식이다. 이번에는 네 번째 식을 유도해해 보자. 이 식은 시간 t를 모를 때 유용하다. 식 2.7에 식 2.8을 대입하면

[†] 부록 A.4에 간단한 대수적인 연산을 요약해 놓았다.

$$x = x_0 + \bar{v}t = x_0 + \left(\frac{v + v_0}{2}\right)t$$

가 된다. 다음으로 식 2.6을 t에 대해서 풀면(부록 A.4 참조)

$$t = \frac{v - v_0}{a}$$

를 얻고, 이것을 앞의 식에 대입하면

$$x = x_0 + \left(\frac{v + v_0}{2}\right)\left(\frac{v - v_0}{a}\right) = x_0 + \frac{v^2 - v_0^2}{2a}$$

이 된다. 이 식을 v^2에 대해 풀면

$$v^2 = v_0^2 + 2a(x - x_0) \qquad \text{[등가속도]} \qquad \textbf{(2.10)}$$

를 얻고, 이것이 구하려고 한 네 번째의 유용한 관계식이다.

이제 우리는 가속도 a가 일정할 때 위치, 속도, 가속도 그리고 시간과 관련한 네 개의 식을 얻었다. 등가속도에 관한 운동학 식들을 다음과 같이 한 곳에 모으면 참고하는 데 편리하다. (아래 식에 색을 넣은 것은 식의 유용함을 강조하기 위함이다.)

$$v = v_0 + at \qquad [a = \text{상수}] \qquad \textbf{(2.11a)}$$
$$x = x_0 + v_0 t + \tfrac{1}{2}at^2 \qquad [a = \text{상수}] \qquad \textbf{(2.11b)}$$
$$v^2 = v_0^2 + 2a(x - x_0) \qquad [a = \text{상수}] \qquad \textbf{(2.11c)}$$
$$\bar{v} = \frac{v + v_0}{2} \qquad [a = \text{상수}] \qquad \textbf{(2.11d)}$$

등가속도에 대한 운동학 식 (이들을 자주 사용할 예정임)

이들 유용한 식은 a가 상수가 아니면 의미가 없다. 많은 경우 $x_0 = 0$이라고 놓을 수 있으며, 이렇게 하면 앞의 식들은 더 간단하게 나타낼 수 있다. x는 위치 (거리가 아님)를 나타내고 $x - x_0$은 변위를 나타낸다는 것에 유의하라. 여기서 t는 경과 시간이다. 다시 말하지만 타당한 어림값을 구하기 위해서 2.11의 식들은 a가 근사적으로 상수일 때 유용하다.

예제 2.5 활주로 설계

여러분이 소형 비행기를 위한 공항을 설계한다고 하자. 한 종류의 비행기는 활주로에서 이륙하기 위해 2.00 m/s²으로 가속되어 최소한 27.8 m/s(100 km/h)의 속력에 도달해야 한다. (a) 활주로가 150 m라면, 이 비행기는 이륙하는 데 필요한 속력에 도달할 수 있을까? (b) 그렇지 않다면, 활주로의 최소 길이는 얼마여야 하는가?

접근 비행기의 가속도가 일정하다고 가정하여, 등가속도에 관한 운동학 식들을 사용한다. (a)에서 v를 구하고, 주어진 양을 표에 나타냈다.

풀이 (a) 앞에 네 식들 중에서, 식 2.11c을 이용하여 주어진 값 v_0, a, x, x_0으로부터 v를 구한다.

$$\begin{aligned} v^2 &= v_0^2 + 2a(x - x_0) \\ &= 0 + 2(2.00\,\text{m/s}^2)(150\,\text{m}) = 600\,\text{m}^2/\text{s}^2 \end{aligned}$$

$$v = \sqrt{600\ \mathrm{m^2/s^2}} = 24.5\ \mathrm{m/s}$$

최소 속력에 도달하지 않기 때문에, 이 활주로 길이는 충분하지 않다.

(b) 이번에는 $a = 2.00\ \mathrm{m/s^2}$일 때, 비행기가 $v = 27.8\ \mathrm{m/s}$에 도달하는 데 필요한 활주로의 최소 길이 $x - x_0$를 구하고자 한다. 이번에도 식 2.11c를 사용하지만, 다음과 같이 표현하자.

$$(x - x_0) = \frac{v^2 - v_0^2}{2a} = \frac{(27.8\ \mathrm{m/s})^2 - 0}{2(2.00\ \mathrm{m/s^2})} = 193\ \mathrm{m}$$

이 비행기의 경우, 200 m 활주로가 더 적절하다.

유의 이 예제는 비행기를 입자로 생각했으므로, 답은 반올림하여 200 m로 한다.

연습 D 어떤 자동차가 정지 상태에서 출발하여 1/4마일(402 m) 동안 $10\ \mathrm{m/s^2}$의 등가속도 운동을 한다. 도착선에서 자동차의 속력은 얼마인가? (a) 8040 m/s (b) 90 m/s (c) 81 m/s (d) 804 m/s

2.6 문제 풀이

많은 예제를 접하기 전에, 문제 풀이를 위해 어떻게 접근하는지에 대해 알아보자. 첫째, 물리는 공식 암기가 능사가 아님을 알아야 한다. 단순히 문제 풀이에 적절한 식을 찾는 것은 잘못된 결과를 가져올 수 있으며, 물리를 이해하는 데 도움이 되지 않을 것이다(그림 2.14). 다음 예제와 같이 대략적인 단계를 따라 문제를 해결해 나간다.

예제 2.6 **자동차의 가속도**

어떤 자동차가 정지 상태로부터 $2.00\ \mathrm{m/s^2}$의 일정한 비율로 가속된다면, 이 자동차는 초록색 신호등이 켜진 후 30.0 m를 가는 데 시간이 얼마나 걸리는가?

접근 다음과 같은 단계를 따라 문제를 해결한다.

풀이

1. 문제를 **다시 읽는다.** 문제가 무엇을 물어보는 지를 확실히 이해한다. (여기서는 얼마나

그림 2.14 책을 읽고, 주의 깊게 공부하고, 여러분의 합리적인 능력을 이용하여 문제들을 풀라.

오래 걸리는 지의 시간 간격)

2. 주어진 **물체**는 자동차이다. 자동차의 운동을 보는 동안 시간 간격을 선택할 필요가 있다. 자동차가 정지 상태($v_0 = 0$)로부터 가속하기 시작하는 순간의 처음 시간을 $t = 0$으로 놓는다. 시간 t는 자동차가 30.0 m를 완전히 이동한 순간의 시간이다.
3. **그림** 또는 **도표**를 그린다. 이 상황을 그림 2.15에 나타냈는데, 자동차는 $+x$축을 따라 이동한다. 자동차가 움직이기 시작 전 자동차의 앞 범퍼를 $x_0 = 0$으로 한다.
4. **주어진 양**과 모르는 양을 표에 나타낸다. 정지 상태로부터의 출발은 $t = 0$에서 $v = 0$이다. 즉 $v_0 = 0$이다. 구하고자 시간 t는 자동차가 30.0 m를 이동하는 데 걸리는 시간이다.
5. **물리** 원리. 자동차가 정지 상태로부터 ($t_0 = 0$에서) 이동하면 할수록 속력이 증가한다. 가속도는 일정하므로 운동학 식 2.11을 이용할 수 있다.
6. 관련 **식**. 거리와 가속도가 주어질 때, 시간을 구하고자 한다. 식 2.11b는 구하고자 하는 양이 t만 있기 때문에 완벽하다. 식 2.11b $\left(x = x_0 + v_0 t + \frac{1}{2}at^2\right)$에서 $v_0 = 0$ 그리고 $x_0 = 0$으로 놓으면

$$x = \tfrac{1}{2}at^2$$

이다. t에 대해 풀고 양변에 $\dfrac{2}{a}$를 곱하면

$$\frac{2x}{a} = t^2$$

이 된다. 제곱근을 취하면 다음과 같다.

$$t = \sqrt{\frac{2x}{a}}$$

7. **계산.**

$$t = \sqrt{\frac{2x}{a}} = \sqrt{\frac{2(30.0\,\text{m})}{2.00\,\text{m/s}^2}} = 5.48\,\text{s}$$

이것이 답이다. 단위가 제대로 나왔는지 주목하라.

8. 다른 방법으로 계산하여 앞의 답이 **타당**한지를 확인할 수 있다. 먼저 나중 속도를 구한다.

$$v = at = (2.00\,\text{m/s}^2)(5.48\,\text{s}) = 10.96\,\text{m/s}$$

그러고 나서 이동한 거리를 구하면

$$x = x_0 + \bar{v}t = 0 + \tfrac{1}{2}(10.96\,\text{m/s} + 0)(5.48\,\text{s}) = 30.0\,\text{m}$$

이 된다. 이는 주어진 거리와 일치한다.

9. 단계 7에서 **단위**를 확인했으며, 올바르게 나왔다.

유의 단계 6과 7에서 제곱근을 취할 때, $t = \pm\sqrt{2x/a} = \pm\,5.48\,\text{s}$로 써야만 했을 것이다. 수학적으로 두 개의 근을 갖지만, 두 번째 근인 $t = -5.48\,\text{s}$는 우리가 선택한 시간 간격 전의 시간이므로 물리적으로 의미가 없다. 이는 물리적으로 타당하지 않으므로 무시한다고 말한다.

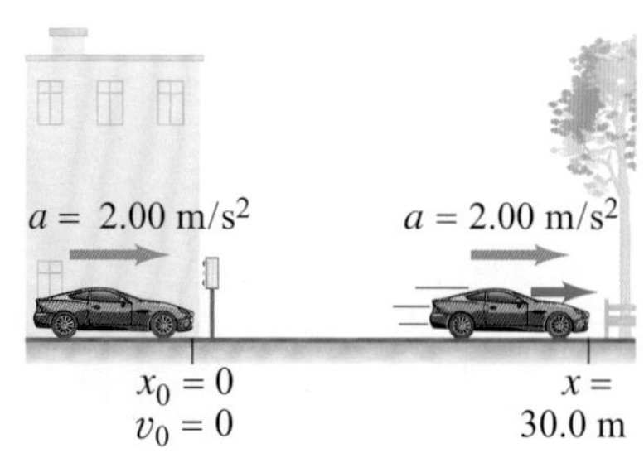

그림 2.15 예제 2.6

주어진 양	구하고자 하는 양
$x_0 = 0$	t
$x = 30.0\,\text{m}$	
$a = 2.00\,\text{m/s}^2$	
$v_0 = 0$	

예제 2.6은 단계별로 따라가며 풀이 과정을 소개했다. 앞으로 나올 예제에서는 장황하게 하지 않고 '접근'과 '풀이'로 나타내겠다.

그림 2.16 투스카니의 귀족(Grand Duke of Tuscany)들에게 중력에 의한 등가속도 운동을 설명하는 갈릴레오의 그림. 그는 속력을 줄이기 위해 경사면을 사용했으며, 경사면을 따라 구르는 공은 여전히 가속 운동을 한다. 경사면에 일정한 간격으로 배치한 작은 종들은 공이 내려가면서 더 짧은 시간 간격으로 울렸을 것이며, 이는 속력이 증가했음을 의미한다.

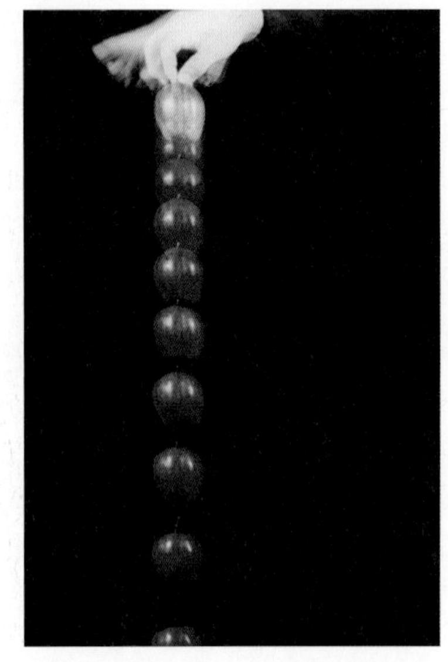

그림 2.17 떨어지는 사과를 일정한 시간 간격으로 찍은 다중 섬광 사진. 사과의 낙하 거리가 매 시간 간격마다 더 길어지며, 이는 사과가 가속되고 있음을 의미한다.

그림 2.18 (a) 공과 종이를 동시에 떨어뜨린다. (b) 종이를 구겨서 다시 실험한다.

2.7 자유 낙하 물체

등가속도 운동의 가장 흔한 예 중 하나는 지표면 근처에서 자유 낙하하는 물체의 운동이다. 떨어지는 물체가 가속되고 있다는 것이 처음에는 분명하지 않을지도 모른다. 그리고 갈릴레오(그림 2.16)의 시대까지 널리 믿어 왔던 것처럼 무거운 물체가 가벼운 물체보다 빨리 떨어지고, 낙하 속력이 물체의 무게에 비례한다는 생각을 경계해야 한다. 떨어지는 물체의 속력은 물체의 질량에 비례하지 않는다.

갈릴레오는 단순화한 이상적인 경우에 어떤 일이 일어날 것인가를 상상하는 새로운 방법을 사용했다. 자유 낙하의 경우 그는 공기나 다른 저항이 없다면 모든 물체는 똑같은 등가속도로 낙하할 것이라고 가정했다. 그는 이와 같은 가정으로 정지 상태로부터 낙하하는 물체의 경우 낙하 거리는 시간의 제곱에 비례할 것이라고 설명했다(그림 2.17). 즉 $d \propto t^2$의 관계를 알아냈다. 이 사실은 등가속도에 관한 식 2.11b로부터 알 수 있지만, 이 수학적 관계는 갈릴레오가 처음으로 유도한 것이다.

물체가 낙하할 때 그 물체의 속력이 증가한다는 자신의 주장을 뒷받침하기 위해, 갈릴레오는 다음과 같은 독창적인 논법을 사용했다. 즉 무거운 돌을 2 m 높이에서 떨어뜨리면 0.2 m 높이에서 떨어뜨릴 때보다 말뚝을 땅속으로 더 깊이 박을 수 있다. 분명히 2 m 높이에서 떨어지는 돌의 속력이 더 빠름이 틀림없다.

갈릴레오는 모든 물체는 무게에 관계없이 공기가 없으면 같은 가속도로 낙하한다고 주장했다. 만일 여러분이 한 손으로 종이 한 장을 수평으로 잡고, 같은 높이에서 다른 손으로는 무거운 야구공을 잡고 있다가 그림 2.18a에서처럼 동시에 놓으면, 무거운 야구공이 먼저 땅에 떨어질 것이다. 그러나 이번에는 종이를 구겨서 작은 뭉치로 만들어 실험을 반복해 보면(그림 2.18b), 두 물체가 거의 동시에 바닥에 떨어지는 것을 볼 것이다.

갈릴레오는 넓은 표면적을 가진 가벼운 물체에는 공기가 마찰처럼 작용한다고 확신했다. 그런데 많은 경우에 이 공기의 저항은 무시된다. 공기를 빼낸 실내에서는 깃털이나 수평으로 들고 있는 종이와 같이 가벼운 물체조차도 다른 물체와 같은 가속도로 낙하할 것이다(그림 2.19). 물론 이와 같은 진공 중에서의 실험은 갈릴레오의 시절에는 불가능했으며, 이런 점이 갈릴레오의 업적을 더욱 위대하게 만드는 것이다. 흔히 갈릴레오를 '현대 과학의 아버지'라고 하는데, 그 이유는 그의 과학 내용(천문학의 발견들, 관성, 자유 낙하)만이 아니라 그가 과학에 접근하는 방법(이상화와 단순화, 이론의 수학화, 실험으로 검토해야만 알 수 있는 이론들, 이론적 예언들을 시험하는 실험들)도 위대했기 때문이다.

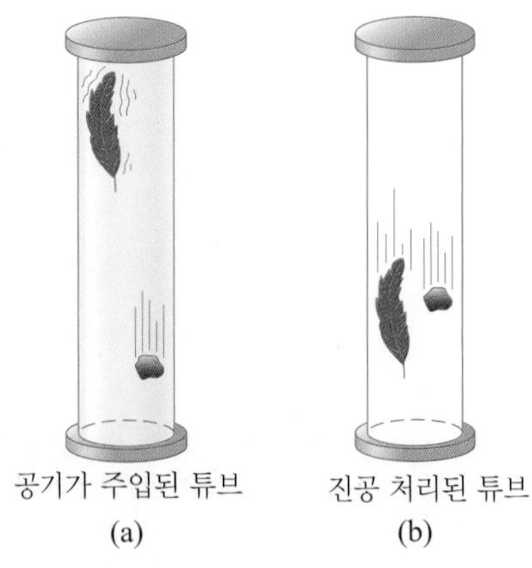

그림 2.19 돌과 깃털을 동시에 떨어뜨린다. (a) 공기 중 (b) 진공 중

낙하하는 물체의 운동을 이해하는 데 갈릴레오가 특별히 기여한 점을 다음과 같이 요약할 수 있다.

지구 상의 주어진 장소에서 공기의 저항이 없으면, 모든 물체는 등가속도로 낙하한다.

우리는 이 가속도를 지표면에서의 **중력 가속도**(acceleration due to gravity)라고 하며, 기호 g로 표시한다. 그 값은 대략 다음과 같다.

$$g = 9.80 \text{ m/s}^2 \qquad [\text{지표면에서의 중력 가속도}]$$

영국 단위로 g 값은 대략 32 ft/s^{2}이다. 실제로 g 값은 지표면의 위도와 고도에 따라 약간씩 다르지만, 그 변화량이 매우 작으므로 대부분의 경우에 무시해도 된다. (지표면 멀리 우주에서의 중력 가속도는 5장에서 다룬다.) 공기 저항의 효과도 때때로 작으므로 대부분의 경우에는 그것을 무시할 수 있다. 그러나 공기 저항은 속도가 큰 값을 갖는 경우에 현저하게 무거운 물체에 대해서도 작용함을 알게 될 것이다.[†] 다른 가속도와 마찬가지로 중력 가속도는 벡터이고, 그 방향은 지구 중심을 향하는 아래 방향이다.

자유 낙하하는 물체의 운동을 다룰 때에는 식 2.11을 사용할 수 있다. 이 식에서 a 대신 위에 주어진 g 값을 사용하면 된다. 또한 운동이 연직 방향이므로 x 대신 y를, x_0 대신 y_0을 대입한다. 그리고 다른 설명이 없으면 $y_0 = 0$으로 한다. y는 위 방향을 양(+)으로 하거나 아래 방향을 양으로 하거나 임의적이지만, 문제를 푸는 동안 일관성이 있어야 한다.

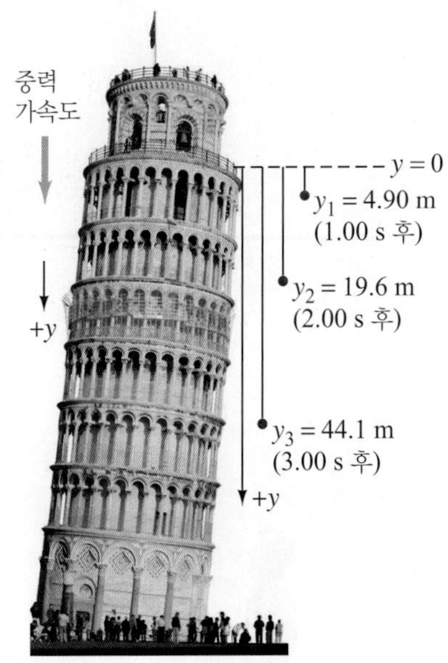

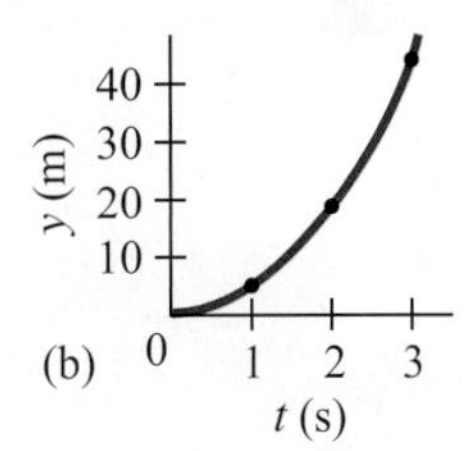

그림 2.20 예제 2.7. (a) 탑의 꼭대기에서 떨어뜨린 물체는 속력이 점점 더 빠르게 되고 매초 더 멀리 떨어진다(그림 2.17 참조). (b) y와 t의 그래프

연습 E 23쪽 시작 질문으로 가서 공기 저항을 무시하고 다시 답을 해 보라. 처음과 답이 다르다면 그 이유를 설명해 보라.

예제 2.7 탑에서 떨어뜨린 공

탑 꼭대기에서 공을 정지 상태($v_0 = 0$)로부터 떨어뜨린다고 하자. 시간 $t_1 = 1.00$ s, $t_2 = 2.00$ s, $t_3 = 3.00$ s 후에 얼마나 멀리 떨어질 것인가? 공기 저항은 무시한다.

[†] 공기(또는 다른 유체) 중에서 낙하하는 물체의 속력은 한없이 증가하지 않는다. 충분히 멀리 낙하하는 경우에는, 공기 저항에 의해 최대 속도인 **종단 속도**(teinal velocity)에 도달하게 된다.

접근 y 아래 방향을 양으로 정하면, 가속도 $a = g = +9.80\ \mathrm{m/s^2}$이다. 서로 다른 세 시간에서 공의 위치 y를 구하고자 한다. x를 y로 치환한 식 2.11b는 주어진 양(t, a, v_0)과 구하고자 하는 양 y의 관계를 준다.

풀이 식 2.11b에 $t = t_1 = 1.00$ s로 놓으면

$$\begin{aligned} y_1 &= v_0 t_1 + \tfrac{1}{2}at_1^2 \\ &= 0 + \tfrac{1}{2}at_1^2 = \tfrac{1}{2}(9.80\ \mathrm{m/s^2})(1.00\ \mathrm{s})^2 = 4.90\ \mathrm{m} \end{aligned}$$

$t = 0$과 $t_1 = 1.00$ s 사이에 공은 4.90 m를 낙하했다. 마찬가지로 2.00 s($= t_2$) 후에 공의 위치는

$$y_2 = \tfrac{1}{2}at_2^2 = \tfrac{1}{2}(9.80\ \mathrm{m/s^2})(2.00\ \mathrm{s})^2 = 19.6\ \mathrm{m}$$

이다. 마지막으로 3.00 s($= t_3$) 후에 공의 위치는(그림 2.20) 다음과 같다.

$$y_3 = \tfrac{1}{2}at_3^2 = \tfrac{1}{2}(9.80\ \mathrm{m/s^2})(3.00\ \mathrm{s})^2 = 44.1\ \mathrm{m}$$

유의 우리가 공을 떨어뜨렸다고 할 때는 $v_0 = 0$을 의미한다. y와 t에 관한 그림 2.20b를 주의 깊게 보면, 곡선은 직선이 아니고 y가 t^2에 비례하기 때문에 위로 휘어짐을 알 수 있다.

예제 2.8 위로 던진 공 I

어떤 사람이 공을 15.0 m/s의 처음 속도로 연직 위 방향으로 던져 올린다. 얼마나 높이 올라가는지 계산하라. 공기 저항은 무시한다.

접근 여기서는 공을 던지는 동작에는 관심이 없으며, 다만 공이 사람의 손을 떠난 후의 운동에만 관심이 있다(그림 2.21). y는 연직 위 방향을 양으로 하고, 연직 아래 방향을 음으로 하자. (이는 앞의 예제 2.7에서의 부호 약속과는 다르므로, 임의적으로 선택했음을 밝힌다.) 그러면 중력 가속도의 방향은 음의 부호를 가지게 되어 $a = -g = -9.80\ \mathrm{m/s^2}$이다. 공이 올라감에 따라 공의 속력은 최고점(그림 2.21에서 B)에 도달할 때까지 줄어드는데, B에서 공의 속력은 순간적으로 0이 된다. 그 이후 내려오면서 속력이 증가한다.

풀이 공이 던지는 사람의 손을 떠나 최고점에 도달할 때까지의 시간 간격을 고려해 보자. 최대 높이를 구하기 위해, 속도가 0이 될 때의 공의 위치를 계산한다(최고점에서 $v = 0$). $t = 0$일 때 $y_0 = 0$, $v_0 = 15.0$ m/s, $a = -9.80\ \mathrm{m/s^2}$이다. 그리고 시간 t (최고점)일 때는 $v = 0$, $a = -9.80\ \mathrm{m/s^2}$이며, y 값을 구하려는 것이다. 식 2.11c를 사용하여(x 대신 y를 대입한 다음), 이 식을 y에 대해 풀면 다음과 같다.

$$y = \frac{v^2 - v_0^2}{2a} = \frac{0 - (15.0\ \mathrm{m/s})^2}{2(-9.80\ \mathrm{m/s^2})} = 11.5\ \mathrm{m}$$

이 공은 손으로부터 11.5 m의 높이에 도달하게 된다.

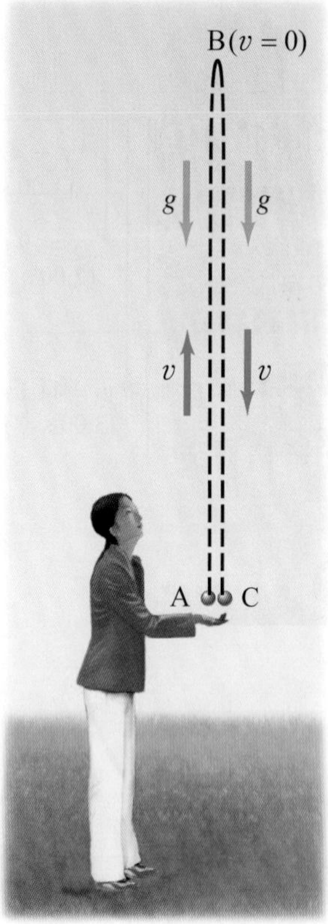

그림 2.21 공중으로 던져 올린 어떤 물체가 점 A에서 사람의 손을 떠나 최고점 B까지 올라갔다가 다시 원래의 높이 C로 되돌아온다(예제 2.8, 2.9).

우리는 이들 예제에서 던지는 동작을 고려하지 않았다. 그 이유는 무엇일까? 던지는 동안, 던지는 사람의 손은 공과 접하고 있으며 알지 못하는 비율로 공을 가속시키게 된다. 이때의 가속도는 g가 아니다. 우리는 공이 공중에 있으며 가속도가 g일 때의 시간만을 고려한다.

모든 이차 방정식은 수학적으로 근이 두 개이다. 물리에서는 때때로 예제 2.6에서와 같이 오직 하나의 근만이 실제 상황에 해당한다. 이런 경우 비현실적인 근은 무시한다.

예제 2.9 위로 던진 공 II

예제 2.8의 위로 던져 올린 공을 다시 한 번 생각해 보고, 다음의 문제를 더 계산해 보자. (a) 공이 최고점(그림 2.21의 점 B)에 도달할 때까지 걸리는 시간은 얼마인가? (b) 던진 사람의 손(점 C)에 공이 다시 떨어지는 순간 공의 속도를 구하라.

접근 역시 가속도는 일정하다고 가정하므로, 식 2.11을 사용할 수 있다. 예제 2.8에서 최대 높이는 11.5 m이고 처음 속력은 15.0 m/s임을 알고 있다. 역시 y는 위 방향을 양으로 하자.

풀이 (a) 공을 던질 때부터($t = 0$, $v_0 = 15.0$ m/s) 경로의 최고점($y = +11.5$ m, $v = 0$)에 도달할 때까지의 시간 간격을 고려하여 t를 구하고자 한다. 가속도는 일정하며 $a = -g = -9.80\ \mathrm{m/s^2}$이다. 식 2.11a와 2.11b는 알고 있는 다른 양들과 함께 시간 t를 포함하고 있다. $a = -9.80\ \mathrm{m/s^2}$, $v_0 = 15.0$ m/s, $v = 0$과 함께 식 2.11a를 사용하자.

$$v = v_0 + at$$

$v = 0$으로 놓으면 $0 = v_0 + at$가 되며, 이를 t에 대해 정리하면 $at = -v_0$ 또는

$$t = -\frac{v_0}{a} = -\frac{15.0\ \mathrm{m/s}}{-9.80\ \mathrm{m/s^2}} = 1.53\ \mathrm{s}$$

가 된다. 이것은 공이 위로 올라갔다가 다시 원래의 위치로 되돌아오는 데 걸린 시간(3.06 s)의 절반에 해당한다. 즉 최고점에 도달하는 데 걸리는 시간과 다시 출발점으로 떨어지는 데 걸리는 시간은 같다.

(b) 이번에는 공을 던질 때부터($t = 0$, $v_0 = 15.0$ m/s) 손으로 다시 돌아올 때까지의 시간 간격 $t = 3.06$ s를 고려하자. $t = 3.06$ s일 때의 v를 구하고자 한다.

$$\begin{aligned} v &= v_0 + at \\ &= 15.0\ \mathrm{m/s} - (9.80\ \mathrm{m/s^2})(3.06\ \mathrm{s}) = -15.0\ \mathrm{m/s} \end{aligned}$$

유의 공이 출발점으로 되돌아올 때, 처음에서와 같은 속력(속도의 크기)을 갖지만, 방향은 반대이다 (음의 부호가 의미하는 바임). 그리고 (a)에서 본 바와 같이, 올라갈 때와 내려올 때의 시간은 같다. 따라서 운동은 최대 높이에 대해 대칭적이다.

로켓과 빠른 비행기와 같은 물체의 가속도는 종종 $g = 9.80\ \mathrm{m/s^2}$의 배수로 주어진다. 예를 들어 내려가다가 올라가면서 3.00g를 받는 비행기의 가속도는 $(3.00)(9.80\ \mathrm{m/s^2}) = 29.4\ \mathrm{m/s^2}$가 된다(그림 2.22).

연습 F 절벽에서 두 공을 하나는 연직 위로, 다른 하나는 연직 아래로 던진다. 두 공의 처음 속력은 같으며, 두 공은 절벽 아래의 지면에 서로 다른 시간에 떨어진다. 어느 공이 더 큰 속력으로 지면에 떨어질까? 공기 저항은 무시한다. (a) 위로 던진 공 (b) 아래로 던진 공 (c) 두 공의 속력은 같다.

그림 2.22 편대를 이루고 있는 여러 대의 비행기가 급강하했다가 다시 상승하는 모습

2.8 선형 운동의 그래프 해석

기울기로 나타낸 속도

그래프를 이용한 운동의 해석으로부터 운동학에 대한 추가적인 통찰력을 얻을 수 있다. 시간 t의 함수와 함께 위치 x를 그래프로 나타내 보자. $t = 0$일 때 물체의 위치는 $x = 0$이고 물체는 등속도 $v = \bar{v} = 11$ m/s (40 km/h)로 움직이고 있다. 그래프는 $x = 0$, $t = 0$ (원점)에서 시작한다. 식 2.2로부터 $\Delta x = \bar{v}\,\Delta t$이고 $\bar{v}$가 일정하므로, 위치는 시간에 따라 선형으로 증가한다. 따라서 그림 2.23에서 보는 바와 같이 x대 t의 그래프는 직선이다. 그래프에 있는 (색칠한) 작은 삼각형은 직선의 **기울기**(slope)를 나타낸다.

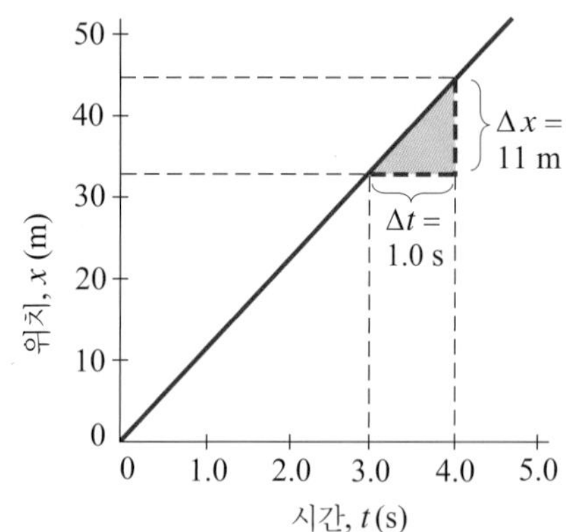

그림 2.23 11 m/s의 등속도로 운동하는 물체의 위치 대 시간의 그래프

$$기울기 = \frac{\Delta x}{\Delta t}$$

평균 속도의 정의(식 2.2)를 사용하면, x대 t의 그래프에서 기울기는 속도와 같다는 것을 알 수 있다. 그리고 그래프에 있는 작은 삼각형으로부터 알 수 있듯이 $\Delta x/\Delta t = (11\text{ m})/(1.0\text{ s}) = 11\text{ m/s}$로서, 이것은 주어진 속도이다.

만일 물체의 속도가 시간에 따라 변하면, x 대 t 그래프는 그림 2.24에서 보는 바와 같다. (이 그래프는 x 대 y 그림에서 물체의 이동 경로를 보여 주는 것과 다름에 주목하자.) 시간 t_1과 t_2에서 물체의 위치를 각각 x_1과 x_2라고 하자. 점 $P_1(x_1, t_1)$과 $P_2(x_2, t_2)$를 연결한 직선은 변의 길이가 Δx와 Δt인 직각 삼각형의 빗변을 이룬다. 비 $\Delta x/\Delta t$가 직선 P_1P_2의 **기울기**이다. 그러나 $\Delta x/\Delta t$는 또한 시간 간격 $\Delta t = t_2 - t_1$동안의 평균 속도이기도 하다. 따라서 어떤 시간 간격 $\Delta t = t_2 - t_1$ 동안 물체의 평균 속도는 x 대 t 그래프 상에서 두 점 (x_1, t_1)과 (x_2, t_2)를 연결한 직선(또는 선분)의 기울기와 같다.

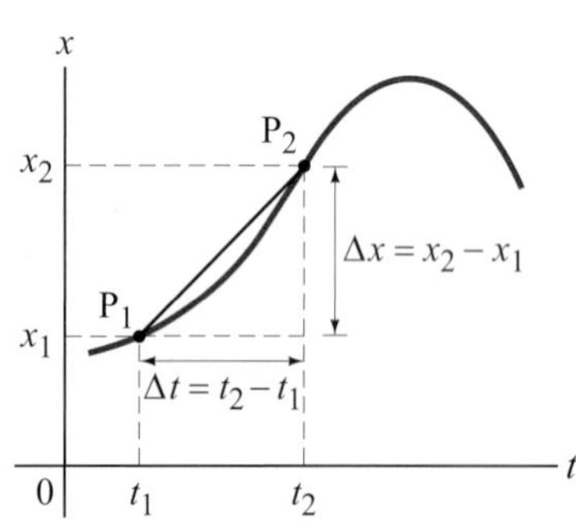

그림 2.24 물체의 위치 x와 시간 t의 그래프. 직선 P_1P_2의 기울기는 시간 간격 $\Delta t = t_2 - t_1$ 동안 물체의 평균 속도를 나타낸다.

이번에는 t_1과 t_2 사이의 중간 시간을 t_3라고 하고, 이때의 물체 위치를 x_3라고 하자(그림 2.25). 직선 P_1P_3의 기울기는 P_1P_2의 기울기보다 작다. 따라서 시간 간격

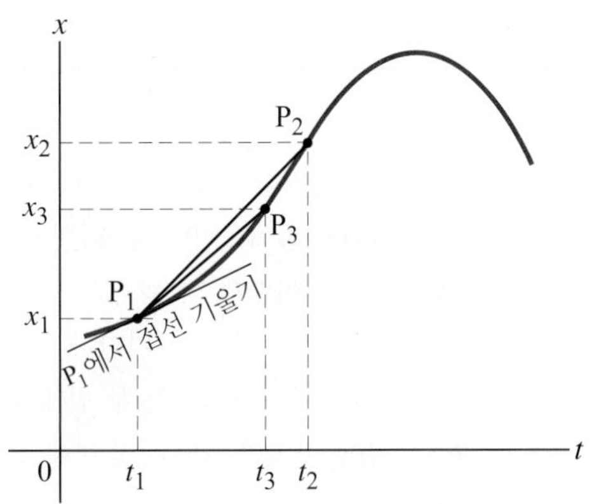

그림 2.25 그림 2.24에서와 같은 위치 대 시간의 그래프. 시간 간격 $t_3 - t_1$ 동안의 평균 속도(P_1P_3의 기울기)는 시간 간격 $t_2 - t_1$ 동안의 평균 속도보다 작다. 점 P_1에서 접선의 기울기는 시간 t_1에서의 순간 속도와 같다.

$t_3 - t_1$ 동안의 평균 속도는 시간 간격 $t_2 - t_1$ 동안의 평균 속도보다 작다.

이번에는 그림 2.25에서 점 P_3를 점 P_1에 점점 더 가까이 가져가 보자. 즉 시간 간격 $\Delta t = t_3 - t_1$를 점점 더 작게 하여 보자. 두 점을 연결한 직선의 기울기는 점점 더 가까워져서 점 P_1에서 접하는 **접선**(tangent)[†]의 기울기에 가까워진다. 따라서 평균 속도(선분의 기울기)는 점 P_1에서 접선의 기울기에 접근하게 된다. 순간 속도의 정의(식 2.3)는 Δt가 0에 접근할 때 평균 속도의 극한값이다. 따라서 순간 속도는 x 대 t 곡선의 임의의 점에서 곡선에 접하는 접선의 기울기와 같다. (이를 간단히 그 점에서 '곡선의 기울기'라고 할 수 있다.)

x 대 t 그래프로부터 어떤 순간에서 물체의 속도를 구할 수 있다. 예를 들어 그림 2.26에서(그림 2.24, 2.25와 같은 그래프), 물체가 x_1에서 x_2로 이동하면, 기울기는 연속적으로 증가하므로, 속도가 증가하고 있다. t_2 이후의 시간에서는 기울기가 감소하기 시작하여, 그림 2.26에서 x 값이 최고가 되는 점 P_4에서 기울기가 0에 접근한다($v = 0$). P_4를 지나면, 기울기는 P_5에서와 같이 음이다. 따라서 속도는 음이 되는데, 이는 x가 감소하는 결과와 일치한다. 즉 입자는 x값이 감소하는 방향으로 이동하며, 이는 xy 그래프에서 왼쪽을 향한다.

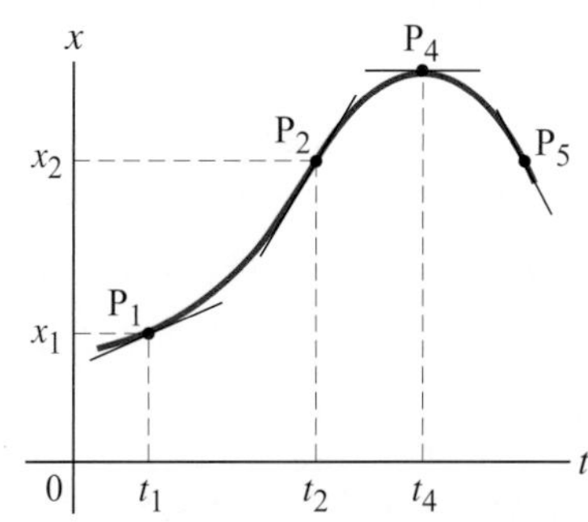

그림 2.26 그림 2.24와 2.25에서와 같은 x 대 t 곡선이지만, 여기서는 네 점에서의 기울기를 보여 주고 있다. P_4에서 기울기는 0이므로, $v = 0$이다. P_5에서 기울기는 음이므로 $v < 0$이다.

기울기와 가속도

또한 그림 2.27에서와 같이 속도 v 대 시간 t의 그래프를 그릴 수 있다. 그러면 시간 간격 $\Delta t = t_2 - t_1$ 동안의 평균 가속도는 그림에서와 같이 두 점 P_1과 P_2를 연결한 직선의 기울기로 나타낸다. [이를 평균 속도를 직선의 기울기로 나타낸 그림 2.24의 위치 대 시간 그래프와 비교해 보라.] 어떤 시간 t_1에서의 순간 가속도는 그림 2.27에서와 같이 그 시간에서 v 대 t 곡선에 접하는 접선의 기울기이다. 그림 2.27에 주어진 상황에서 시간이 t_1에서 t_2로 이동함에 따라, 속도는 연속적으로 증가하지만 곡선의 기울기가 감소하므로 가속도(속도의 변화율)는 감소한다.

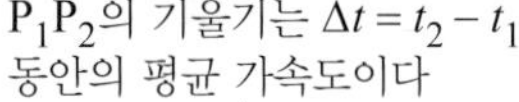

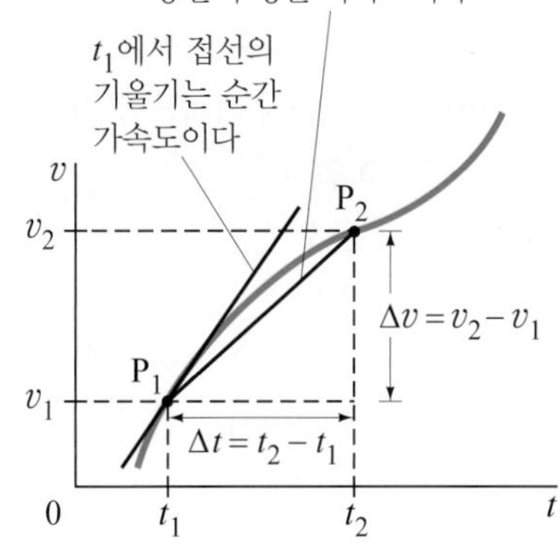

그림 2.27 속도 v 대 시간 t의 그래프. 시간 간격 $\Delta t = t_2 - t_1$ 동안의 평균 가속도는 직선 P_1P_2의 기울기인 $\bar{a} = \Delta v / \Delta t$이다. 시간 t_1에서의 순간 가속도는 그 순간에 v 대 t 곡선의 기울기이다.

[†]접선은 곡선 상의 선택한 한 점에서 곡선을 지나가거나 관통하지 않고, 오직 그 점과 접하는 직선이다.

종합 문제

객관식

[맞는 답을 모두 고르라.]

1. 다음 중 물리 문제를 푸는 과정을 설명한 것은? 적용되는 것을 모두 고르라.
(a) 문제를 주의 깊게 읽는다.
(b) 그 상황에 맞는 그림을 그린다.
(c) 주어진 변수들을 적는다.
(d) 어떤 물리 원리를 적용할지 생각한다.
(e) 올바른 물리 원리를 적용하기 위해 어떤 식들을 사용할 수 있는지를 결정한다.
(f) 계산이 끝난 후에 단위들을 점검한다.
(g) 얻은 답이 타당한지를 생각해 본다.

2. 다음 중 자동차의 속도가 음이고 가속도가 양인 것은 어느 것인가?
(a) $-x$ 방향으로 20 m/s의 등속력으로 이동
(b) $-x$ 방향으로 속력이 증가
(c) $+x$ 방향으로 속력이 증가
(d) $-x$ 방향으로 속력이 감소
(e) $+x$ 방향으로 속력이 감소

3. 시간 $t = 0$일 때, 물체가 $+x$축을 따라 오른쪽으로 10.0 m/s의 속력으로 이동하면서 가속도는 $-2.0\ \mathrm{m/s^2}$이다. 다음 중 옳은 것은?
(a) 물체의 속력은 줄어들어, 결국 완전히 멈추게 된다.
(b) 물체는 음의 가속도를 가질 수 없으며 오른쪽으로 이동할 수 없다.
(c) 물체는 오른쪽으로 계속 이동하면서 속력이 줄어들지만 완전히 멈추지는 않는다.
(d) 물체의 속력은 줄어들어 순간적으로 멈추었다가 왼쪽으로 이동하면서 속력이 증가할 것이다.

4. 공을 연직 위로 던져 올린다. 최고점에서 공의 속도와 가속도는 얼마인가?
(a) $v = 0,\ a = 0$
(b) $v = 0,\ a = 9.8\ \mathrm{m/s^2}$ 위쪽
(c) $v = 0,\ a = 9.8\ \mathrm{m/s^2}$ 아래쪽
(d) $v = 9.8$ m/s 위쪽, $a = 0$
(e) $v = 9.8$ m/s 아래쪽, $a = 0$

5. 다리에서 바위를 떨어뜨린다. 바위가 4 m 떨어졌을 때, 두 번째 바위를 떨어뜨린다. 두 바위가 계속해서 떨어질 때, 이들의 속도는 어떻게 되는가?
(a) 둘 다 같은 비율로 증가한다.
(b) 첫 번째 바위의 속도는 두 번째 것보다 더 빨리 증가한다.
(c) 두 번째 바위의 속도는 첫 번째 것보다 더 빨리 증가한다.
(d) 두 속도는 일정하다.

6. 여러분이 30 km/h의 속력으로 4 km를 운전한 후, 50 km/h의 속력으로 4 km를 더 간다. 전체 8 km에 대한 평균 속력은 얼마인가?
(a) 40 km/h보다 더 크다.
(b) 40 km/h와 같다.
(c) 40 km/h보다 더 작다.
(d) 정보가 더 필요하다.

7. 큰 빌딩의 꼭대기에서 공을 떨어뜨린다. 같은 순간에 두 번째 공을 지면에서 위로 던진다. 한 공은 올라가고 다른 공은 내려가면서 두 공이 서로 지나칠 때, 두 공의 가속도를 비교하면?
(a) 떨어지는 공의 가속도가 더 크다.
(b) 위로 던진 공의 가속도가 더 크다.
(c) 두 공의 가속도는 같다.
(d) 운동하는 동안 가속도는 변하므로, 두 공이 서로 지나칠 때 정확한 가속도를 예상할 수 없다.
(e) 가속도는 서로 반대 방향이다.

8. 공을 아래로 20 m/s의 속력으로 던진다. $+y$축을 위로 잡고 공기 저항을 무시할 때, 다른 변수들을 풀어내는 데 사용하는 식(들)은 어느 것인가? 중력 가속도는 아래로 $g = 9.8\ \mathrm{m/s^2}$이다.
(a) $v = (20\ \mathrm{m/s}) - gt$
(b) $y = y_0 + (-20\ \mathrm{m/s})t - (1/2)\,gt^2$
(c) $v^2 = (20\ \mathrm{m/s})^2 - 2g(y - y_0)$
(d) $(20\ \mathrm{m/s}) = (v + v_0)/2$
(e) 위 보기 모두

9. x축을 따라 이동하는 자동차의 속력이 증가한다. 우리는 자동차가 왼쪽으로 가는지 오른쪽으로 가는지는 모른다. 그림 2.28에서 이 자동차의 운동을 가장 잘 나타내는 그래프는 어느 것인가?

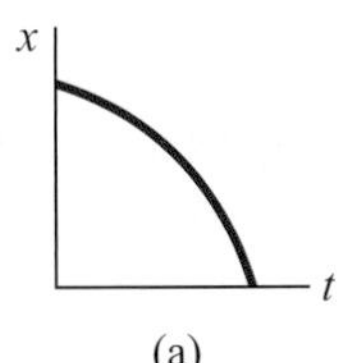

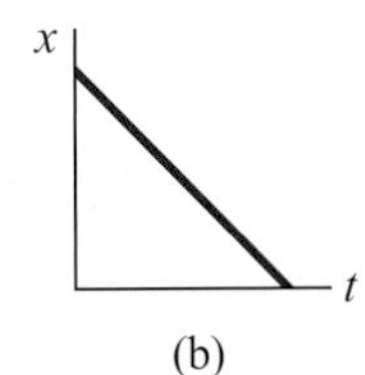

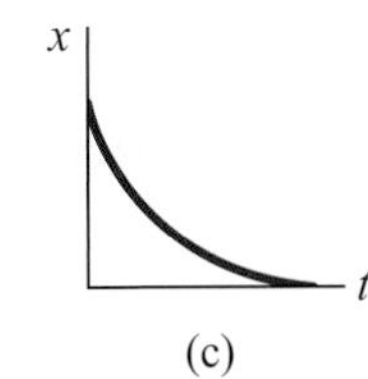

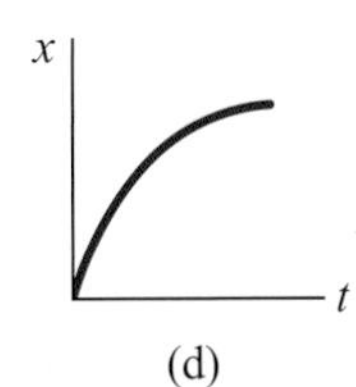

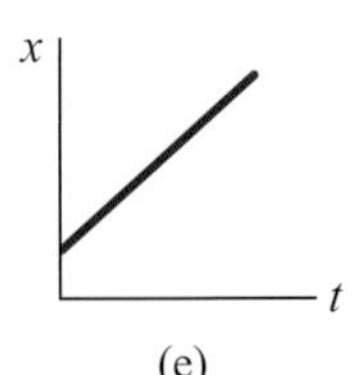

그림 2.28 객관식 9

주관식

[연습문제에 난이도를 I, II, III으로 표시했다. I은 가장 쉽게 접근할 수 있는 문제이고, 난이도 III은 우수한 학생들이 도전해 볼 만한 문제이다.]

(Note: 다음의 문제들에서, 6.4와 같은 수는 ±0.1까지 정확하다. 그리고 950이 '정밀'하다거나 '거의' 950이라는 말이 없으면, 950은 ±10의 범위를 갖는다. 1.4절 참조)

2.1~2.3 속력과 속도

1. (I) 직선 도로를 따라 95 km/h로 운전하면서 옆을 2.0 s 동안 본다면, 이 부주의한 시간 동안 이동한 거리는 얼마인가?

2. (I) 자동차가 235 km를 2.75 h만에 이동하려면, 이 자동차의 평균 속력은 얼마여야 하는가?

3. (I) 어떤 입자가 $t_1 = -2.0$ s에서 $x_1 = 4.8$ cm에 있고 $t_2 = 4.5$ s에는 $x_2 = 8.5$ cm에 있다. 이 시간 간격 동안의 평균 속도는 얼마인가? 이 자료로부터 입자의 평균 속력을 계산할 수 있는가? 그 이유는 무엇인가?

4. (I) 구르는 공이 $x_1 = 8.4$ cm에서 $x_2 = -4.2$ cm로 $t_1 = 3.0$ s에서 $t_2 = 6.1$ s의 시간 동안 이동한다. 이 시간 간격 동안의 평균 속도는 얼마인가?

5. (I) 어떤 새가 25 km/h로 날 수 있다. 이 새가 3.5 km를 나는 데 걸리는 시간은 얼마인가?

6. (II) 경험에 의하면, 번개가 치고 이어서 들리는 천둥소리 사이의 매 5초마다의 시간 간격은 번개가 친 곳까지의 거리를 마일 단위로 알려준다. (a) 번갯불이 기본적으로 바로 도달한다고 가정하고, 이 경험에 의한 음속(m/s)을 추정하라. (b) 킬로미터 단위로는 어떻게 표현되는가?

7. (II) 집에서 학교까지 180 km의 거리를 자동차를 운전하여 95 km/h의 등속력으로 간다. 그런데 비가 내리기 시작하여 속력을 65 km/h로 낮추어 4.5 h를 운전한 후에 집에 도착했다. (a) 학교에서 집까지 거리는 얼마인가? (b) 평균 속력은 얼마인가?

8. (II) 말이 빨리 뛰어 조련사로부터 멀어지면서, 직선을 따라 38 m를 9.0 s에 이동한다. 그러고 나서 말이 갑자기 방향을 바꿔 전속력으로 달려 반을 돌아오는 데 1.8 s 걸린다. (a) 말의 평균 속력과 (b) 전체의 평균 속도를 계산하라. 조련사로부터 멀어지는 방향을 양(+)의 방향으로 한다.

9. (II) 어떤 사람이 400 m 트랙을 여덟 바퀴 완주하는 데 총 14.5분이 걸린다. (a) 평균 속력과 (b) 평균 속도를 m/s 단위로 나타내라.

10. (II) 매년 지구는 태양 주위를 공전하는 데 약 10^9 km를 이동한다. 지구의 평균 속력은 km/h 단위로 얼마인가?

11. (II) 95 km/h로 이동하는 자동차가 75 km/h로 이동하는 트럭의 뒤 210 m에 있다. 자동차가 트럭을 따라잡는 데 걸리는 시간은 얼마인가?

12. (II) 다음과 같은 경로로 한 번 돌아오는 경우의 평균 속력과 평균 속도를 계산하라. 250 km 나가는 동안은 95 km/h를 유지하고, 이어서 1.0 h 동안은 점심을 먹고, 250 km를 돌아오는 동안은 55 km/h를 유지한다.

13. (II) 그림 2.29와 같이 두 기관차가 평행한 철로에서 서로 접근한다. 각각의 속력은 지면에 대해 155 km/h이다. 처음에 서로 8.5 km 떨어져 있다면, 두 기관차가 만나기 전까지 걸리는 시간은 얼마인가?

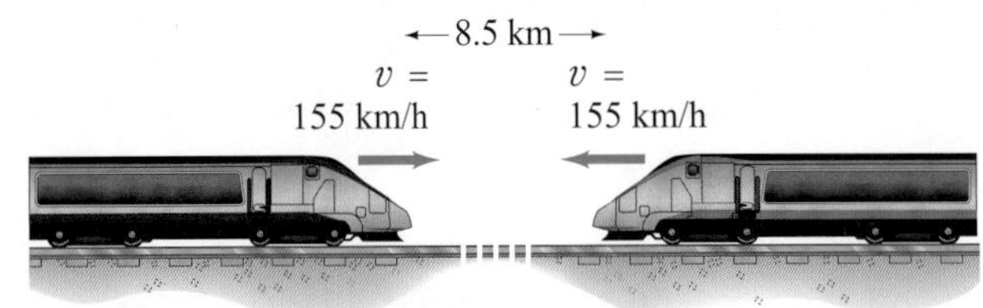

그림 2.29 주관식 13

14. (III) 등속력으로 이동하는 볼링공이 16.5 m 길이의 볼링 레인의 끝에 있는 핀들을 맞춘다. 볼링을 치는 사람은 공이 그

의 손을 떠난 후 2.80 s 후에 공이 핀들을 맞추는 소리를 듣는다. 음속을 340 m/s로 가정하여 공의 속력을 구하라.

2.4 가속도

15. (I) 스포츠 자동차가 4.3 s만에 정지 상태로부터 95 km/h까지 가속한다. 자동차의 평균 가속도는 m/s^2으로 얼마인가?

16. (I) 단거리 여자 선수가 1.38 s만에 정지 상태로부터 9.00 m/s까지 가속한다. 그녀의 가속도는 (a) m/s^2과 (b) km/h^2으로 얼마인가?

17. (II) 등속도로 운동하는 스포츠 자동차가 5.0 s만에 120 m를 이동한다. 그러고 나서 브레이크를 밟아 4.0 s만에 멈춘다면, 이의 일정한 가속도의 크기는 m/s^2과 $g(g = 9.80\ m/s^2)$로 얼마인가?

18. (II) 고속도로에서 어떤 자동차가 약 1.8 m/s^2의 가속도로 움직이고 있다. 이때 65 km/h에서 120 km/h로 가속하는 데 걸리는 시간은 얼마인가?

19. (II) 직선을 따라 이동하는 어떤 자동차가 $t = 0$일 때 $x = 0$에서 출발한다. $t = 3.00$ s일 때 $x = 25.0$ m인 지점을 11.0 m/s의 속력으로 지나간다. 시간 $t = 20.0$ s일 때 $x = 385$ m인 지점을 45.0 m/s의 속력으로 지나간다. 이때 $t = 3.00$ s와 $t = 20.0$ s 사이의 (a) 평균 속도와 (b) 평균 가속도를 구하라.

2.5, 2.6 등가속도 운동

20. (I) 어떤 자동차가 28 m/s에서 감속하여 88 m를 더 간 후에 멈춘다. 가속도가 일정하다고 할 때, 그 값을 구하라.

21. (I) 어떤 자동차가 6.0 s만에 14 m/s에서 21 m/s로 가속한다. 이의 가속도는 얼마인가? 이 시간 동안에 이동한 거리는 얼마인가? 등가속도라고 가정한다.

22. (I) 경비행기가 이륙하기 위해서는 35 m/s의 속력에 도달해야 한다. 가속도가 3.0 m/s^2으로 일정할 때, 필요한 활주로의 길이는 얼마여야 하는가?

23. (II) 그림 2.30과 같이 야구에서 투수가 43 m/s로 공을 던진다. 송구하는 동작 동안 공의 평균 가속도를 추정하라. 야구공을 던질 때, 투수는 몸의 뒤에서부터 공을 놓게 되는 약 3.5 m의 변위 동안에 공을 가속시킨다.

그림 2.30 주관식 23

24. (II) 세계적인 단거리 선수가 처음 18.0 m의 거리에서 최고 속력 (약 11.5 m/s)에 도달할 수 있다. 이 선수의 평균 가속도는 얼마이며, 그녀가 이 속력에 도달하는 걸리는 시간은 얼마인가?

25. (II) 어떤 자동차가 8.00 s 동안에 28.0 m/s의 속력으로부터 일정한 비율로 속력이 줄어 멈춘다. 이 시간 동안 이동한 거리는 얼마인가?

26. (II) 고속도로에서 어떤 자동차가 멈추는 과정에서, 65 m의 스키드 마크(타이어가 미끄러진 자국)를 남긴다. 4.00 m/s^2의 감속도를 가정하여, 브레이크를 밟기 직전의 자동차 속력을 추정하라.

27. (II) 95 km/h로 이동하는 어떤 자동차가 나무에 충돌한다. 자동차의 앞쪽은 압축되고 운전자는 0.80 m를 더 간 후에 멈춘다. 이 충돌하는 동안 운전자의 평균 가속도 크기는 얼마인가? 답을 'g'로 나타내라. 여기서 $1.00\,g = 9.80\ m/s^2$이다.

28. (II) 75 km/h로 이동하는 어떤 자동차가 등가속도 0.50 m/s^2으로 속력이 줄어든다. 이때 다음을 계산하라. (a) 이 자동차가 멈추기 전까지 이동한 거리 (b) 멈추는 데 걸리는 시간 (c) 처음 1 s부터 5 s 동안 자동차가 이동한 거리

29. (II) 95 km/h의 일정한 처음 속력으로 이동하는 자동차에서 사람의 반응 시간이 0.40 s일 때, 가속도가 (a) $a = -3.0\ m/s^2$, (b) $a = -6.0\ m/s^2$인 경우에 대한 제동 거리를 구하라.

30. (II) 주행 중인 자동차 속 운전자가 눈앞에 있는 적신호를 볼 때의 속력이 18.0 m/s이다. 이 자동차의 감속도는 3.65 m/s^2이다. 운전자가 브레이크에 발을 올려놓는 데 0.350 s가 걸리고 신호를 봤을 때는 교차로 20.0 m 전방에 있다고 하면, 그는 제 시간에 멈출 수 있을까? 교차로의 시작점에서 얼마나 멀리, 그리고 어느 방향으로 가는가?

2.7 자유 낙하 운동

[공기 저항은 무시한다.]

31. (I) 절벽 꼭대기에서 떨어지는 돌이 3.55 s 후에 지면에 도달한다고 할 때 절벽의 높이는 얼마인가?

32. (I) (a) 엠파이어스테이트 빌딩(380 m 높이)의 꼭대기에서 킹콩이 직선으로 떨어지는 데 걸리는 시간, (b) 지면에 도달 직전의 속도를 추정하라.

33. (II) 공놀이 하는 사람이 공을 연직 위로 던진 후 3.4 s 후에

공을 잡는다. 그가 던져 올린 공의 속력과 최대 높이를 구하라.

34. (II) 야구방망이에 맞은 야구공이 25 m/s의 속력으로 연직 위 공중으로 올라간다. (a) 최대 높이와 (b) 체공 시간을 추정하라. (c) 이렇게 추정할 수 있는 요인은 무엇인가?

35. (II) 어떤 캥거루가 연직 위 방향으로 1.45 m 점프한다. 지면으로 돌아올 때까지 공중에 떠 있는 시간은 얼마인가?

36. (II) 농구에서 리바운드 공을 잘 잡는 최고의 선수는 연직 위로 약 120 cm 도약한다(즉 몸의 특정 지점의 연직 위 방향 이동 거리). (a) 지면에서 도약할 때의 처음 속력은 얼마인가? (b) 공중에 떠 있는 시간은 얼마인가?

2.8 그래프 해석

37. (II) 그림 2.31은 시간에 따른 기차의 속도를 보여주고 있다. (a) 속도가 최대인 시간은 언제인가? (b) 어느 시간 구간에서 속도가 일정한가? (c) 어느 시간 구간에서 가속도가 일정한가? (d) 가속도의 크기가 최대일 때는 언제인가?

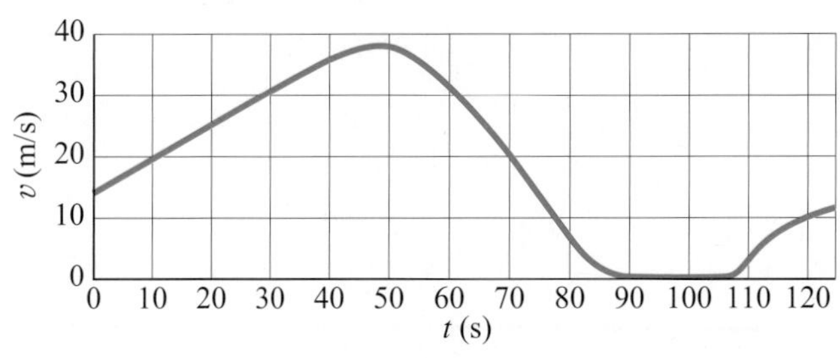

그림 2.31 주관식 37

38. (II) 어떤 스포츠 자동차가 대략 그림 2.32의 속도−시간 그래프처럼 가속한다(곡선에서 짧은 수평 부분은 기어를 수동 변속 중임을 나타낸다). (a) 2단 기어와 (b) 4단 기어에서 자동차의 평균 가속도를 추정하라.

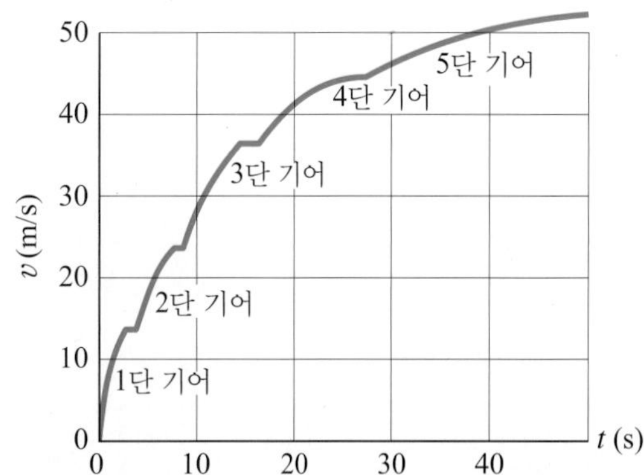

그림 2.32 주관식 38. 시간에 따른 자동차의 속도. 곡선에서 수평 부분은 기어 변속을 나타낸다.

39. (II) 그림 2.33은 직선 터널을 따라 뛰어가는 토끼의 시간에 따른 위치를 나타낸 것이다. (a) t = 10.0 s와 (b) t = 30.0 s에서 토끼의 순간 속도는 얼마인가? (c) t = 0과 t = 5.0 s 사이, (d) t = 25.0 s와 t = 30.0 s 사이, (e) t = 40.0 s와 t = 50.0 s 사이의 평균 속도는 얼마인가?

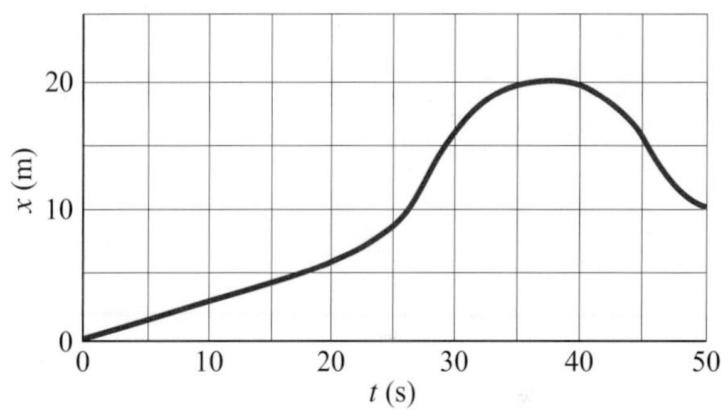

그림 2.33 주관식 39, 40

40. (II) 그림 2.33에서 (a) 속도가 일정한 시간 구간은 어디인가? (b) 속도가 가장 큰 시간은 어디인가? (c) 속도가 0인 시간은 어디인가? (d) 이 전체 시간 동안 물체는 한 방향으로 이동할까 아니면 두 방향으로 이동할까?

연습 해답

A: (a) 변위 = −30 cm (b) 전체 거리 = 50 cm
B: (b)
C: (a) + (b) − (c) − (d) +
D: (b)
E: (e)
F: (c)

공중으로 날아가는 스노보드 선수는 이차원 운동의 한 예를 보여 준다. 공기 저항이 없을 경우에 궤도는 정확히 포물선을 그린다. 노란색 화살표는 아래 방향의 중력 가속도 $\vec{\mathbf{g}}$를 나타낸다. 갈릴레오는 지구 표면 근처에서의 중력에 의한 물체의 이차원 운동(이를 '포물체 운동'이라 함)을 수평과 연직 성분으로 나누어 분석하였다.
우리는 벡터와 벡터의 덧셈에 관해 알아볼 것이다. 포물체 운동의 분석 이외에도 상대 속도에 대해서도 검토할 것이다.

CHAPTER 3

이차원 운동학; 벡터

시작 질문 추정해 보라!

[지금 올바른 답을 얻지 못한다고 걱정하지 말라. 이 장을 공부하면서 답을 바로잡을 기회가 있을 것이다. 덧붙여, 시작 질문의 취지에 대한 상세한 설명은 1장 1쪽에 있다.]

비상 보급품이 들어 있는 작고 무거운 상자가 수평 방향으로 일정한 속력으로 날아가는 헬리콥터로부터 A 지점을 통과할 때 떨어졌다. 지면에 서 있는 사람이 보았을 때 아래 그림 중에서 어떤 경로가 이 상자의 경로(공기 저항 무시)를 가장 잘 기술하는가?

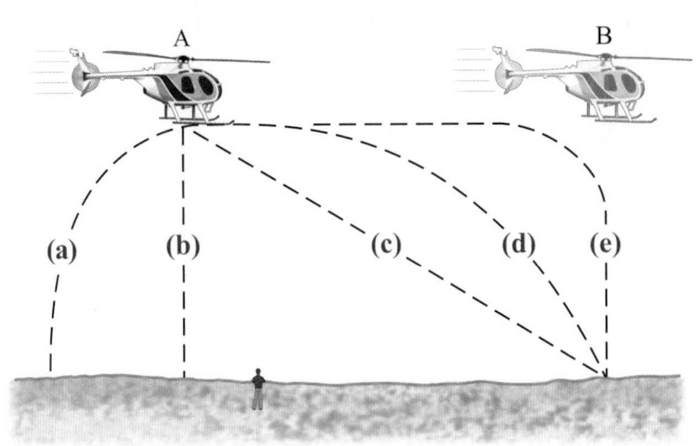

우리는 2장에서 직선을 따라 움직이는 운동에 관해 다뤘다. 우리는 이제 이차원(또는 삼차원) 경로로 움직이는 물체의 운동을 고려한다. 특히 **포물체 운**

동으로 알려진 매우 중요한 형태의 운동을 다룬다. 지구 표면 근처에서 발사된 물체의 운동으로 때린 야구공이나 골프공 또는 발로 찬 축구공 등과 같은 포물체 운동을 일컫는다. 이차원 운동을 다루기 전에 우리는 새로운 도구인 벡터와 벡터의 덧셈에 대해 알아볼 필요가 있다.

3.1 벡터와 스칼라

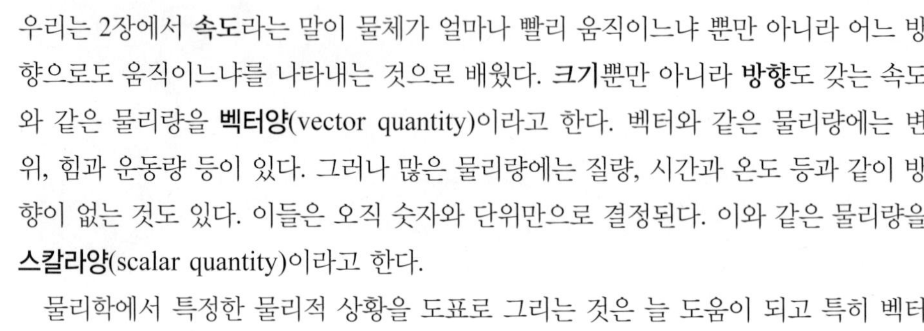

우리는 2장에서 **속도**라는 말이 물체가 얼마나 빨리 움직이느냐 뿐만 아니라 어느 방향으로도 움직이느냐를 나타내는 것으로 배웠다. **크기**뿐만 아니라 **방향**도 갖는 속도와 같은 물리량을 **벡터양**(vector quantity)이라고 한다. 벡터와 같은 물리량에는 변위, 힘과 운동량 등이 있다. 그러나 많은 물리량에는 질량, 시간과 온도 등과 같이 방향이 없는 것도 있다. 이들은 오직 숫자와 단위만으로 결정된다. 이와 같은 물리량을 **스칼라양**(scalar quantity)이라고 한다.

그림 3.1 자동차가 길을 따라 움직이며 곡선을 돌 때 속력을 낮춘다. 초록색 화살표는 각위치에서의 속도 벡터를 나타낸다.

물리학에서 특정한 물리적 상황을 도표로 그리는 것은 늘 도움이 되고 특히 벡터를 다룰 때 그러하다. 각 벡터는 도표에서 화살표로 표시된다. 화살표는 항상 벡터양이 가리키는 방향으로 그려진다. 화살표의 길이는 벡터양의 크기에 비례하여 그려진다. 예를 들어 그림 3.1에서 초록색 화살표는 곡선을 도는 자동차의 여러 위치에서의 속도를 나타낸다. 각위치에서의 속도의 크기는 해당 화살표의 길이를 측정함으로써 알 수 있고 비율은 1 cm = 90 km/h이다.

벡터를 표기할 때는 항상 굵은 글씨체로 쓰되 위에 작은 화살표를 표시한다. 따라서 속도는 $\vec{\mathbf{v}}$로 쓴다. 속도의 크기만을 고려할 경우 이탤릭체인 v로 간단히 쓴다. 다른 경우에도 마찬가지이다.

3.2 벡터의 덧셈–그래프를 이용한 방법

벡터가 방향과 크기를 갖는 물리량이기 때문에 벡터는 특별한 방법으로 더해야 한다. 이 장에서는 $\vec{\mathbf{D}}$로 표시되는 변위 벡터와 속도 벡터 $\vec{\mathbf{v}}$를 주로 다룰 것이다. 그러나 여기서 나오는 결과들은 다음에 배우게 될 다른 벡터에도 똑같이 적용될 것이다.

스칼라들의 덧셈에는 간단한 산수를 사용한다. 간단한 산수는 같은 방향을 갖는 벡터들의 덧셈에도 사용될 수 있다. 예를 들어 한 사람이 하루에 동쪽으로 8 km를 걷고 다음 날에 동쪽으로 6 km를 걷는다면, 이 사람은 원점으로부터 동쪽으로 8 km + 6 km = 14 km인 곳에 있게 될 것이다. 즉 **알짜** 또는 **합성** 변위는 동쪽으로 14 km라고 한다(그림 3.2a). 반면에 이 사람이 첫째 날에 동쪽으로 8 km를 걷고 둘째 날에 서쪽(반대 방향)으로 6 km를 걷는다면, 이 사람은 원점으로부터 동쪽으로 2 km에 있게 될 것이다(그림 3.2b). 따라서 합성 변위는 동쪽으로 2 km이다. 합성 변위는 이 경우에 뺄셈으로 얻게 된다. 즉 8 km − 6 km = 2 km이다.

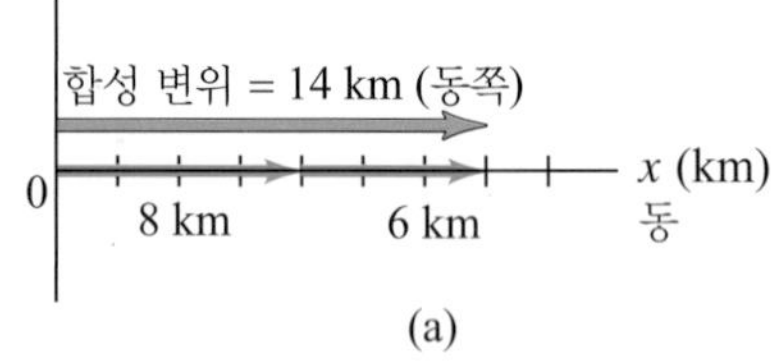

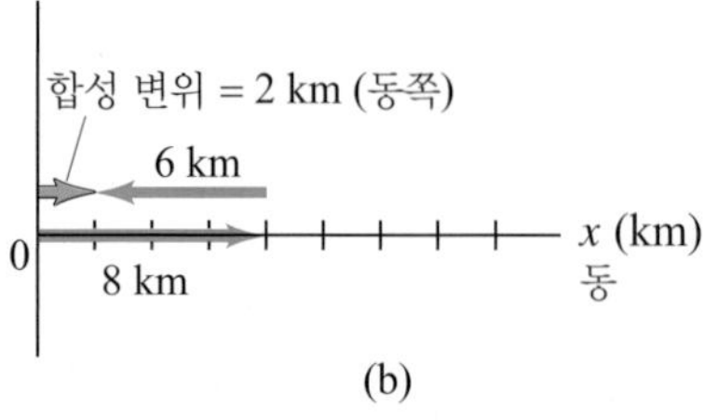

그림 3.2 일차원에서 벡터의 결합

그러나 두 벡터가 같은 직선상에 놓여 있지 않으면 간단한 산수를 사용할 수 없다.

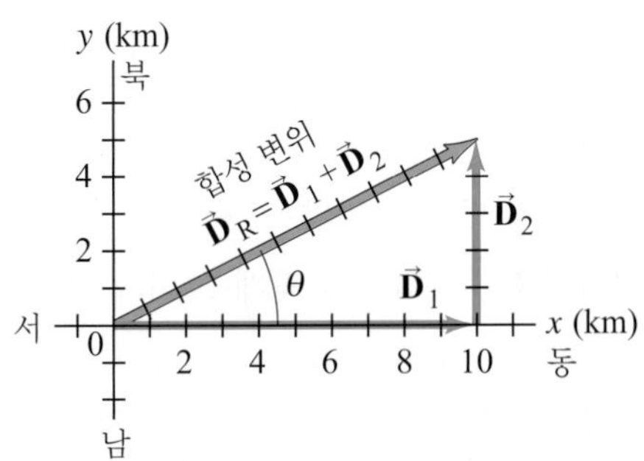

그림 3.3 한 사람이 동쪽으로 10.0 km를 걷고 또 북쪽으로 5.0 km를 걷는다. 이들 두 변위는 화살표로 표시된 벡터 $\vec{\mathbf{D}}_1$과 $\vec{\mathbf{D}}_2$로 나타냈다. 또한 $\vec{\mathbf{D}}_1$과 $\vec{\mathbf{D}}_2$의 벡터 합인 합성 변위 벡터 $\vec{\mathbf{D}}_R$도 표시되어 있다. 그래프에서 자와 각도기를 사용하여 측정한 결과는 $\vec{\mathbf{D}}_R$의 크기가 11.2 km이고 방향은 동북쪽으로 각도 $\theta = 27°$이다.

예를 들어 한 사람이 동쪽으로 10.0 km를 걷고 또 북쪽으로 5.0 km를 걷는다고 가정하자. 이 변위들은 그림 3.3과 같이 양의 y축이 북쪽을 가리키고 양의 x축이 동쪽을 가리키는 그래프 위에 나타낼 수 있다. 이 그래프에 동쪽으로 10.0 km 이동한 변위 벡터 $\vec{\mathbf{D}}_1$을 화살표로 그린다. 다음으로 북쪽으로 5.0 km 이동한 두 번째 변위 벡터 $\vec{\mathbf{D}}_2$를 화살표로 그린다. 두 벡터 모두 그림 3.3에 표시된 비율로 그린다.

이 사람은 이렇게 걷고 나서 원점으로부터 동쪽으로 10.0 km 그리고 북쪽으로 5.0 km인 곳에 있게 된다. **합성 변위**(resultant displacement)는 그림 3.3에 $\vec{\mathbf{D}}_R$라고 표기된 화살표로 나타나 있다. (아래 첨자 R는 합성을 의미한다.) 이 사람이 원점으로부터 11.2 km 그리고 동북쪽으로 각도 $\theta = 27°$에 있음을 도표에서 자와 각도기를 사용하여 측정할 수 있다. 즉 합성 변위 벡터의 크기는 11.2 km이고 방향은 양의 x축과 각도 $\theta = 27°$를 이루고 있다. 이 경우에 벡터 $\vec{\mathbf{D}}_R$의 크기(길이)는 피타고라스 정리를 이용하여 얻을 수 있다. 왜냐하면 D_1, D_2, D_R는 직각 삼각형을 이루고 있고 D_R이 빗변이 되기 때문이다. 따라서

$$\begin{aligned} D_R &= \sqrt{D_1^2 + D_2^2} = \sqrt{(10.0\,\text{km})^2 + (5.0\,\text{km})^2} \\ &= \sqrt{125\,\text{km}^2} = 11.2\,\text{km} \end{aligned}$$

피타고라스 정리는 벡터들이 서로 직각인 경우에만 사용될 수 있다.

합성 변위 벡터 $\vec{\mathbf{D}}_R$는 벡터 $\vec{\mathbf{D}}_1$과 $\vec{\mathbf{D}}_2$의 합이다. 즉

$$\vec{\mathbf{D}}_R = \vec{\mathbf{D}}_1 + \vec{\mathbf{D}}_2$$

이것은 **벡터** 식이다. 같은 직선 상에 놓여 있지 않은 두 벡터의 덧셈에서 중요한 사실은 합성 벡터의 크기가 두 벡터 각각의 크기의 합과 같지 않다는 것이며 두 크기의 합보다 작다. 즉

$$D_R \leq (D_1 + D_2)$$

여기서 등호는 두 벡터가 서로 같은 방향을 가리키고 있을 때 적용된다. 이 예제(그림 3.3)에서 $D_R = 11.2$ km인 반면에 $D_1 + D_2$는 15 km가 되는데, 이는 이 사람이 움직인 전체 거리이다. 여기서 주의할 것은 벡터 $\vec{\mathbf{D}}_R$를 11.2 km와 같다고 할 수 없다는 것이다. 왜냐하면 벡터 식에서 11.2 km는 합성 벡터의 일부분인 벡터의 크기만을 나타내기 때문이다. 그렇지만 $\vec{\mathbf{D}}_R = \vec{\mathbf{D}}_1 + \vec{\mathbf{D}}_2 =$(11.2 km, 동북쪽으로 27°)와 같이 쓸 수는 있을 것이다.

그림 3.3은 그래프로 두 벡터를 더하는 일반적인 규칙들을 보여주고 있으며 두 벡터 사이의 각은 어떤 값을 가져도 상관이 없다. 규칙들은 다음과 같다.

1. 도표에 $\vec{\mathbf{D}}_1$인 벡터를 비율에 맞게 그린다.
2. 다음으로 두 번째 벡터인 $\vec{\mathbf{D}}_2$를 비율에 맞게 그리되, 시작점을 첫 번째 벡터의 끝점에 놓고 방향이 올바른지 주의한다.
3. 첫 번째 벡터의 시작점에서 두 번째 벡터의 끝점까지 그려진 화살표는 두 벡터의 **합**, 또는 **합성**(resultant) 벡터를 나타낸다.

합성 벡터의 길이는 벡터의 크기를 나타낸다. 위의 규칙들을 수행하기 위해서 벡터들은 종이 위에서 (길이와 각도를 똑같이 유지하면서) 평행 이동할 수 있음에 주의하라. 합성 벡터의 길이는 자로 측정할 수 있으며 비율과 비교할 수 있다. 각도는 각도기로 측정할 수 있다. 이를 **삼각형법을 이용한 벡터의 덧셈 방법**(tail-to-tip method of adding vectors)이라고 한다.

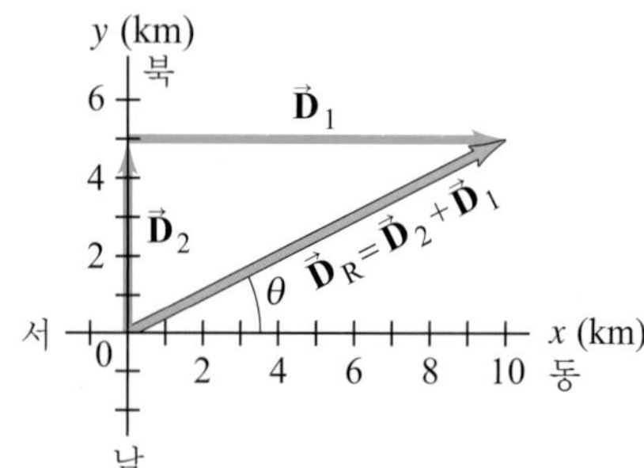

그림 3.4 벡터를 거꾸로 더해도 합성 벡터는 같다. (그림 3.3과 비교)

합성 벡터는 벡터들을 어떤 순서로 더하는지에 영향을 받지 않는다. 예를 들어 북쪽으로 5.0 km의 변위에 동쪽으로 10.0 km의 변위를 더하면 결과적으로 11.2 km에 각도 $\theta = 27°$를 얻는다(그림 3.4). 이는 순서를 바꾸어 더한 결과(그림 3.3)와 같다. 즉 임의의 벡터 $\vec{\mathbf{V}}$를 사용하여 덧셈을 표현하면 다음과 같다.

$$\vec{\mathbf{V}}_1 + \vec{\mathbf{V}}_2 = \vec{\mathbf{V}}_2 + \vec{\mathbf{V}}_1$$

[수학자들은 이 식을 벡터 덧셈의 **교환 법칙**이라고 한다.]

이 삼각형법을 이용한 벡터들의 덧셈 방법은 세 개나 그 이상의 벡터들로 확장할 수 있다. 합성 벡터는 첫 번째 벡터의 시작점에서 마지막으로 더한 벡터의 끝점까지 이어서 그린다. 그림 3.5에 한 예가 나타나 있다. 세 벡터는 변위(북동, 남, 서) 또는 세 힘을 나타낼 수 있다. 세 벡터를 임의의 순서대로 더해도 같은 합성 벡터가 나온다는 것을 스스로 확인해 보기 바란다.

두 벡터를 더하는 두 번째 방법은 **평행사변형법**(parallelogram method)이다. 이것은 삼각형법과 완전히 동일하다. 이 방법에서는 두 벡터를 공통인 원점에서부터 그리기 시작하고 그림 3.6b와 같이 두 벡터와 인접한 두 변과 함께 평행사변형을 형성한다. 합성 벡터는 공통인 원점에서 대각선으로 그린 벡터이다. 그림 3.6a에서 삼각형법을 보여 주고 있고 이 두 방법들이 같은 결과를 가져온다는 것을 알 수 있다.

주의

평행사변형에서 합성 벡터를 얻기 위해서는 올바른 대각선을 취해야 한다.

그림 3.6c와 같이 두 벡터의 끝점을 연결하여 대각선을 만들어 벡터의 합을 그리는 오류를 범하는 경우가 흔히 있다. **이것은 잘못된 것이다.** 이것은 두 벡터의 합을

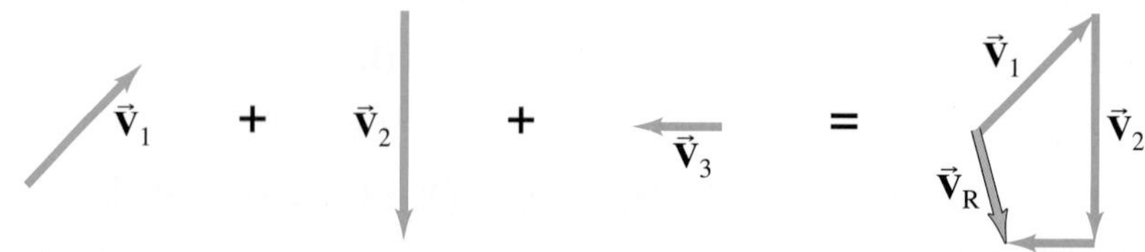

그림 3.5 세 벡터의 합성 벡터. $\vec{\mathbf{V}}_R = \vec{\mathbf{V}}_1 + \vec{\mathbf{V}}_2 + \vec{\mathbf{V}}_3$

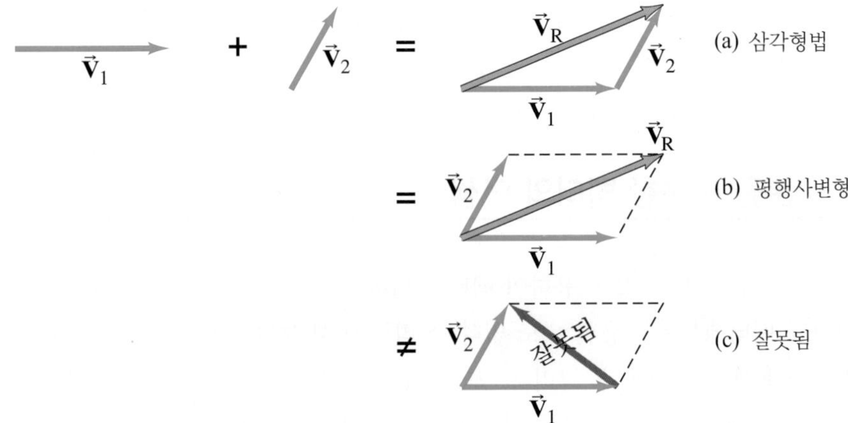

그림 3.6 서로 다른 두 가지 방법 (a)와 (b)를 이용한 벡터의 덧셈. (c)는 잘못되었다.

나타내지 않는다. (다음 절에서 살펴보겠지만, 이것은 벡터의 차, $\vec{\mathbf{V}}_2 - \vec{\mathbf{V}}_1$을 나타낸다.)

연습 A 만약 길이가 3.0단위인 두 벡터가 서로 직각으로 놓여 있다면 합성 벡터의 길이는 얼마인가?

3.3 벡터의 빼셈과 스칼라와 벡터의 곱셈

그림 3.7과 같이 벡터 $\vec{\mathbf{V}}$가 주어질 때 크기는 $\vec{\mathbf{V}}$와 같지만 방향이 반대인 $(-\vec{\mathbf{V}})$ 벡터를 **음**의 벡터로 정의할 수 있다. 주의할 점은 어떤 벡터도 크기가 음수가 될 수 없다는 것이다. 모든 벡터의 크기는 양수이다. 오히려 음의 부호는 벡터의 방향을 가리킨다.

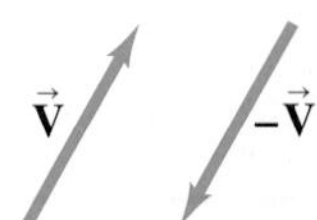

그림 3.7 음의 벡터는 크기는 같지만 방향이 반대인 벡터이다.

우리는 이제 벡터의 빼셈을 정의할 수 있다. 두 벡터의 차 $\vec{\mathbf{V}}_2 - \vec{\mathbf{V}}_1$는 다음과 같이 정의한다.

$$\vec{\mathbf{V}}_2 - \vec{\mathbf{V}}_1 = \vec{\mathbf{V}}_2 + \left(-\vec{\mathbf{V}}_1\right)$$

즉 두 벡터의 차는 첫 번째 벡터에 두 번째 벡터의 음의 벡터를 더한 것과 같다. 따라서 그림 3.8에서 보는 바와 같이 삼각형법을 이용하여 벡터의 덧셈에 관한 규칙을 적용할 수 있다.

벡터 $\vec{\mathbf{V}}$에 스칼라 c를 곱할 수 있다. 벡터 $c\vec{\mathbf{V}}$는 방향은 $\vec{\mathbf{V}}$와 같고 크기는 cV인 것으로 정의할 수 있다. 즉 양의 스칼라 c를 벡터에 곱하면 벡터의 크기는 c배만큼 변하지만 방향은 변하지 않는다. 만약 c가 음의 스칼라(예를 들어 -2.0)라면, 벡터 $c\vec{\mathbf{V}}$의 크기는 $|c|$(여기서 $|c|$는 c의 크기를 의미한다)배만큼 변하지만 방향은 벡터 $\vec{\mathbf{V}}$의 정반대이다(그림 3.9).

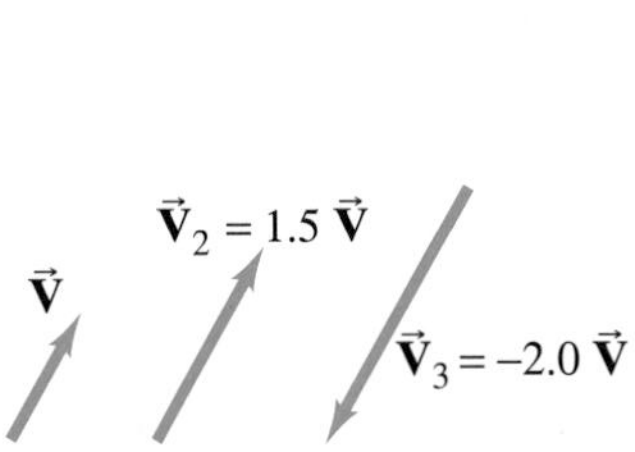

그림 3.8 두 벡터의 빼셈. $\vec{\mathbf{V}}_2 - \vec{\mathbf{V}}_1$

그림 3.9 벡터 $\vec{\mathbf{V}}$를 스칼라 c로 곱하는 것은 결과적으로 크기가 c배만큼 커지고 방향은 $\vec{\mathbf{V}}$와 같은 벡터를 가져온다. (c가 음수이면 방향은 반대이다.)

연습 B 그림 3.6c의 '잘못된' 벡터가 나타낸 것은 무엇인가? (a) $\vec{\mathbf{V}}_2 - \vec{\mathbf{V}}_1$ (b) $\vec{\mathbf{V}}_1 - \vec{\mathbf{V}}_2$ (c) 기타(명시하라)

3.4 성분을 이용한 벡터의 덧셈

그래프에서 자와 각도기를 이용하여 벡터를 더하는 것은 종종 충분히 정확하지도 않고 삼차원 벡터에서는 사용할 수도 없다. 우리는 이제 보다 강력하고 정확한 벡터의 덧셈 방법에 대해 알아본다. 그러나 그래프를 이용한 방법을 잊어버리지는 말라. 시각화, 계산의 검증 그리고 올바른 결과를 얻는 데 유용할 것이다.

성분

우선 한 평면에 놓여 있는 벡터 $\vec{\mathbf{V}}$를 생각하자. 이 벡터는 원래 벡터의 **성분**(component)이라고 불리는 다른 두 벡터의 합으로 표현할 수 있다. 이 성분들의 방향은 보통 x와 y축처럼 서로 직각인 방향으로 택한다. 성분들을 구하는 과정은 **벡터를 그의 성분들로 분해**하는 과정으로 알려져 있다. 그림 3.10에 한 예가 나타나 있다. 즉 벡터 $\vec{\mathbf{V}}$는 변위 벡터로 동북쪽으로 각도 $\theta = 30°$를 이루고 있다. 여기서 우리는 양의 x축을 동쪽 그리고 양의 y축을 북쪽으로 선택하였다. 벡터 $\vec{\mathbf{V}}$는 벡터의 끝점(A)에서 x와 y축에 각각 직각인 점선들(AB와 AC)을 그림으로써 x와 y 성분으로 분해되었다. 그림 3.10b에서 보는 바와 같이 선분 0B와 0C는 각각 $\vec{\mathbf{V}}$의 x 성분과 y 성분을 나타낸다. 이 **벡터 성분**들을 $\vec{\mathbf{V}}_x$와 $\vec{\mathbf{V}}_y$로 표기한다. 이 책에서는 벡터 성분들을 표시할 때 점선으로 된 화살표를 사용한다. **스칼라 성분**들인 V_x와 V_y는 벡터 성분들의 크기로서 단위를 가지며 양이나 음의 부호가 붙는데, 이는 벡터 성분들이 x와 y축의 양이나 음의 방향을 가리키는 것에 따라 해당 부호를 갖게 된다. 그림 3.10에서 볼 수 있듯이 평행사변형법을 이용한 벡터의 덧셈을 $\vec{\mathbf{V}}_x + \vec{\mathbf{V}}_y = \vec{\mathbf{V}}$에 적용하였다.

공간은 삼차원으로 공간상의 한 벡터를 세 개의 서로 직교하는 성분들로 분해할 필요가 있다. 직교좌표계에서 이 성분들은 $\vec{\mathbf{V}}_x$, $\vec{\mathbf{V}}_y$, $\vec{\mathbf{V}}_z$이다.

성분을 이용한 벡터의 덧셈에서 우리는 삼각 함수 사인, 코사인과 탄젠트를 이용할 필요가 있다. 정리를 하면 다음과 같다.

그림 3.11a와 같이 어떤 각도 θ가 주어지면 그림 3.11b에서 보는 바와 같이 한 변에 직각인 선을 그림으로써 직각삼각형을 만들 수 있다. 직각의 맞은편에 있는 가장 긴 변을 빗변이라고 하며 h로 표시한다. 각도 θ의 맞은편에 있는 변(높이)을 o라 하

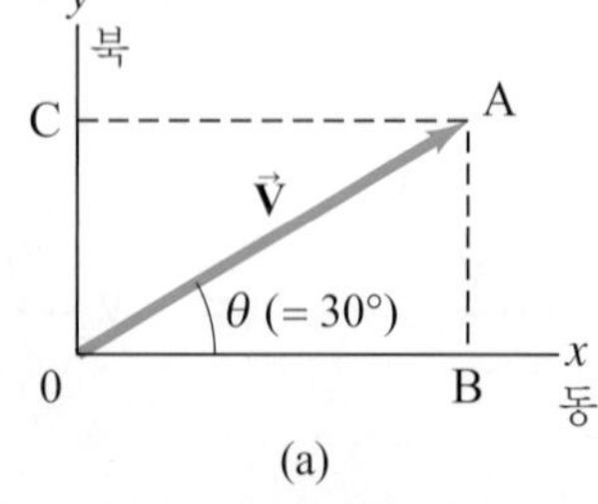

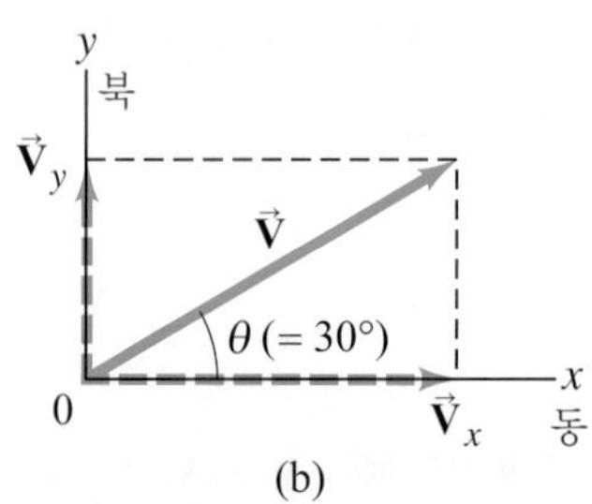

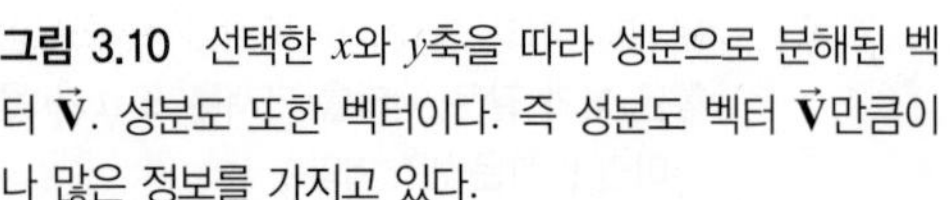
그림 3.10 선택한 x와 y축을 따라 성분으로 분해된 벡터 $\vec{\mathbf{V}}$. 성분도 또한 벡터이다. 즉 성분도 벡터 $\vec{\mathbf{V}}$만큼이나 많은 정보를 가지고 있다.

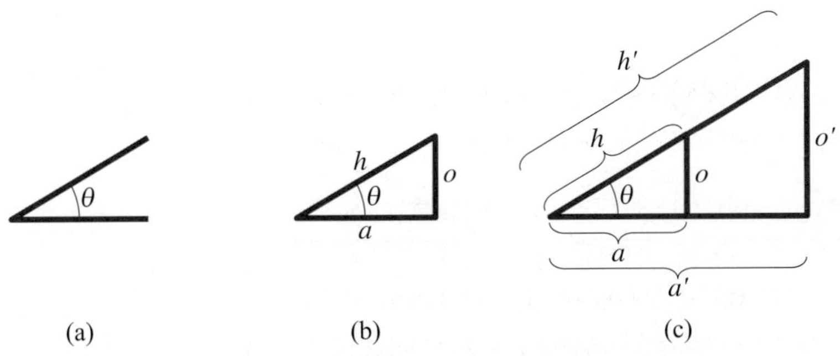

그림 3.11 (a)의 각도 θ를 시작으로 각각 다른 크기의 직각 삼각형 (b)와 (c)를 만들 수 있다. 그러나 변의 길이의 비는 삼각형의 크기와는 무관하다.

고 인접한 변(밑변)을 a라 표시한다. h, o와 a는 각각 해당 변들의 길이를 나타낸다.

이제 직각 삼각형에서의 세 개의 삼각 함수 사인(sin), 코사인(cos)과 탄젠트(tan)를 다음과 같이 정의하자.

$$\sin\theta = \frac{\text{높이}}{\text{빗변}} = \frac{o}{h}$$

$$\cos\theta = \frac{\text{밑변}}{\text{빗변}} = \frac{a}{h} \qquad \textbf{(3.1)}$$

$$\tan\theta = \frac{\text{높이}}{\text{밑변}} = \frac{o}{a}$$

각도 θ를 그대로 둔 채로 삼각형의 크기를 크게 해도 빗변에 대한 다른 두 변의 비나 나머지 다른 두 변의 비는 항상 일정하다. 즉 그림 3.11c와 같이 $a/h = a'/h'$, $o/h = o'/h'$, $o/a = o'/a'$이다. 따라서 사인, 코사인과 탄젠트의 값은 삼각형이 얼마나 큰지에 무관하다. 다만 각도 θ의 크기에만 의존한다. 여러 다른 각도에 대한 사인, 코사인과 탄젠트의 값은 공학용 계산기를 이용하거나 부록 A의 표를 참조하면 된다.

아주 유용한 삼각 함수 공식은

$$\sin^2\theta + \cos^2\theta = 1 \qquad \textbf{(3.2)}$$

인데 피타고라스 정리로부터 유도할 수 있다($o^2 + a^2 = h^2$, 그림 3.11). 즉

$$\sin^2\theta + \cos^2\theta = \frac{o^2}{h^2} + \frac{a^2}{h^2} = \frac{o^2 + a^2}{h^2} = \frac{h^2}{h^2} = 1$$

(삼각 함수의 유용한 공식들에 대해서는 부록 A를 참조하라.)

그림 3.12는 벡터의 성분들을 구할 때 쓰이는 삼각 함수의 사용법에 관해 보여주고 있다. 여기서 벡터는 그 벡터의 두 성분들과 직각 삼각형을 형성하고 있다고 생각하자. 그러면 사인, 코사인과 탄젠트는 그림 3.12에 나타난 것과 같이 주어진다. 이때 각도 θ는 벡터 $\vec{\mathbf{V}}$와 $+x$축이 이루는 각도이다. 만약 식 $\sin\theta = V_y/V$의 양 변에 V를 곱하면 우리는 다음을 얻는다.

$$V_y = V\sin\theta \qquad \textbf{(3.3a)}$$

마찬가지로 $\cos\theta$의 정의로부터 우리는 다음을 얻는다.

$$V_x = V\cos\theta \qquad \textbf{(3.3b)}$$

각도 θ가 벡터 $\vec{\mathbf{V}}$와 양의 x축이 이루는 각도가 아닐 경우 식 3.3은 유효하지 않음

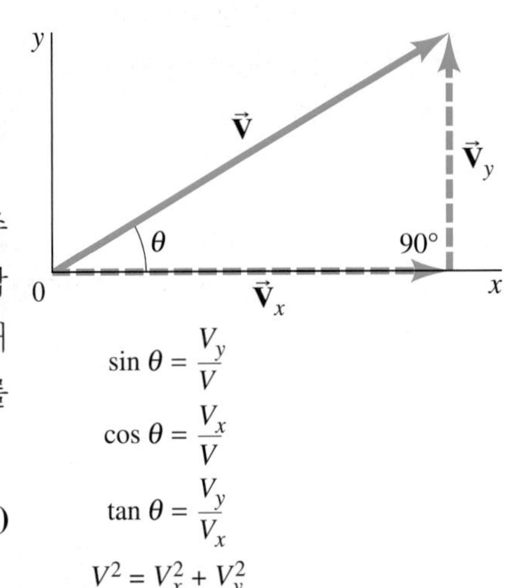

그림 3.12 삼각 함수를 이용한 벡터의 성분 구하기. 이 식들은 각도 θ가 벡터 $\vec{\mathbf{V}}$와 양의 x축이 이루는 각도일 때만 유효하다.

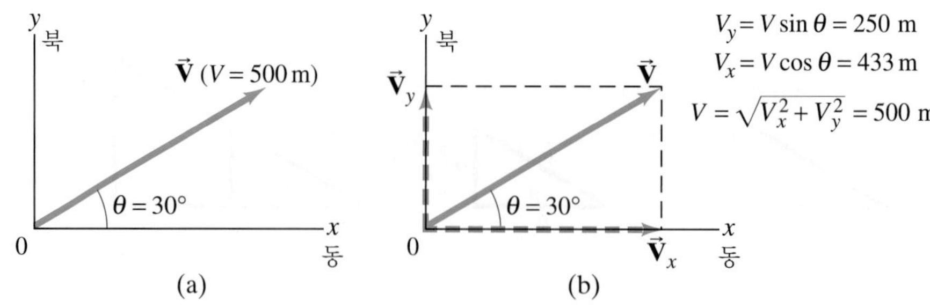

그림 3.13 (a) 벡터 $\vec{\mathbf{V}}$는 동북쪽 30° 방향과 500 m의 변위를 나타낸다. (b) $\vec{\mathbf{V}}$의 성분들은 $\vec{\mathbf{V}}_x$와 $\vec{\mathbf{V}}_y$로 각각의 크기는 도표의 오른쪽에 적혀 있다.

에 주의하라.

식 3.3을 이용하면 그림 3.10 또는 그림 3.12에서 보는 바와 같이 우리는 임의의 어떤 벡터로부터 V_x와 V_y를 구할 수 있다. 그림 3.13에서 보는 바와 같이 $\vec{\mathbf{V}}$가 동북쪽 30° 방향으로 500 m의 변위를 갖는 벡터라고 가정하자. 그러면 $V = 500$ m이다. 계산기나 표로부터 $\sin 30° = 0.500$, $\cos 30° = 0.866$임을 알 수 있다. 따라서 다음과 같이 쓸 수 있다.

$$V_x = V\cos\theta = (500\,\text{m})(0.866) = 433\,\text{m}\ (\text{동})$$
$$V_y = V\sin\theta = (500\,\text{m})(0.500) = 250\,\text{m}\ (\text{북})$$

주어진 좌표계에서 벡터를 표현하는 방법에는 두 가지가 있다.

1. 벡터의 성분 V_x와 V_y를 제시한다.
2. 벡터의 크기 V와 양의 x축과 이루는 각도 θ를 제시한다.

식 3.3을 이용하면 위의 첫 번째 방법으로 벡터를 제시할 수 있다. 두 번째 방법으로 벡터를 제시하고자 한다면 그림 3.12와 같이 피타고라스 정리†와 탄젠트의 정의를 이용할 수 있다.

$$V = \sqrt{V_x^2 + V_y^2} \tag{3.4a}$$

$$\tan\theta = \frac{V_y}{V_x} \tag{3.4b}$$

벡터의 덧셈

이제 성분을 이용한 벡터의 덧셈에 관해 알아보자. 첫 번째 단계는 벡터를 각 성분으로 분해하는 것이다. 다음 단계는 그림 3.14와 같이 두 벡터 $\vec{\mathbf{V}}_1$과 $\vec{\mathbf{V}}_2$의 덧셈으로부터 합성 벡터 $\vec{\mathbf{V}}_R = \vec{\mathbf{V}}_1 + \vec{\mathbf{V}}_2$를 얻는 것으로 다음 식을 이용한다.

$$\begin{aligned} V_{\text{R}x} &= V_{1x} + V_{2x} \\ V_{\text{R}y} &= V_{1y} + V_{2y} \end{aligned} \tag{3.5}$$

즉 x 성분들의 합이 곧 합성 벡터의 x 성분이고, y 성분들의 합이 곧 합성 벡터의 y 성분이다. 이는 그림 3.14를 통해서 증명할 수 있다. 여기서 중요한 것은 x 성분을 y 성분과 더하지 **않는다**는 것이다.

† 삼차원에서 피타고라스 정리는 $V = \sqrt{V_x^2 + V_y^2 + V_z^2}$이며 V_z는 z축으로의 세 번째 성분이다.

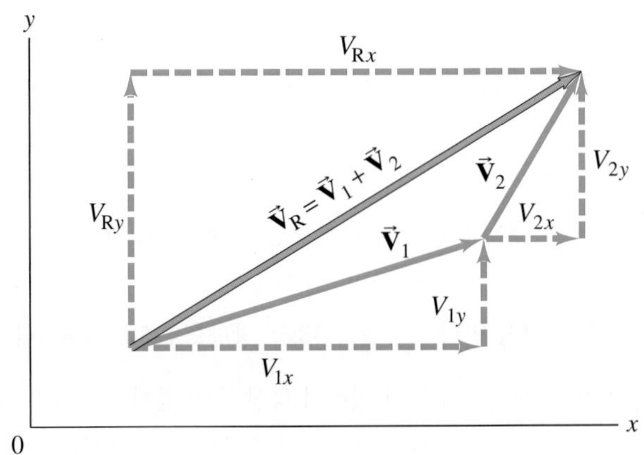

그림 3.14 $\vec{V}_R = \vec{V}_1 + \vec{V}_2$의 성분들은 $V_{Rx} = V_{1x} + V_{2x}$와 $V_{Ry} = V_{1y} + V_{2y}$이다.

만약 합성 벡터의 크기와 방향을 알고자 한다면, 식 3.4를 이용하면 된다.

주어진 벡터의 성분들은 좌표축의 선택에 달려 있다. 벡터의 덧셈에서 계산의 양을 줄이려면 좌표축을 올바르게 선택하면 된다. 예를 들어 한 좌표축을 어떤 벡터의 방향과 같은 방향으로 택하면 이 벡터는 오직 한 개의 성분만을 갖게 된다.

예제 3.1 우편배달부의 변위

한 시골의 우편배달부가 우체국을 출발하여 북쪽으로 22.0 km를 운전한다. 그 다음으로 동남쪽 60.0° 방향으로 47.0 km를 운전한다(그림 3.15a). 우편배달부의 변위는 우체국으로부터 얼마인가?

접근 우리는 양의 x축을 동쪽으로, 양의 y축을 북쪽으로 택한다. 왜냐하면 이것이 대부분의 지도에서 사용하고 있는 나침반의 방향이기 때문이다. xy 좌표계에서 원점은 우체국에 있다. 우리는 각 벡터를 x와 y 성분으로 분해한다. x 성분은 x 성분끼리 더하고 y 성분은 y 성분끼리 더하여 합성 벡터의 x와 y 성분을 구한다.

풀이 그림 3.15b에서 보는 바와 같이 각변위 벡터를 각 성분들로 분해한다. $\vec{D}_1$의 크기가 22.0 km이고 북쪽을 향하고 있기 때문에 벡터는 y 성분만을 갖는다.

$$D_{1x} = 0, \qquad D_{1y} = 22.0 \text{ km}$$

$\vec{D}_2$는 x와 y 성분 모두를 갖는다.

$$D_{2x} = +(47.0 \text{ km})(\cos 60°) = +(47.0 \text{ km})(0.500) = +23.5 \text{ km}$$
$$D_{2y} = -(47.0 \text{ km})(\sin 60°) = -(47.0 \text{ km})(0.866) = -40.7 \text{ km}$$

여기서 D_{2y}가 음의 y 방향을 가리키고 있기 때문에 그 값이 음수임에 주의하라. 합성 벡터 $\vec{D}_R$는 다음과 같은 성분들을 갖는다.

$$D_{Rx} = D_{1x} + D_{2x} = 0 \text{ km} + 23.5 \text{ km} = +23.5 \text{ km}$$
$$D_{Ry} = D_{1y} + D_{2y} = 22.0 \text{ km} + (-40.7 \text{ km}) = -18.7 \text{ km}$$

이것으로 합성 벡터를 완전히 구했다.

$$D_{Rx} = 23.5 \text{ km}, \qquad D_{Ry} = -18.7 \text{ km}$$

우리는 식 3.4를 이용하여 합성 벡터의 크기와 방향을 제시함으로써 합성 벡터를 표현할

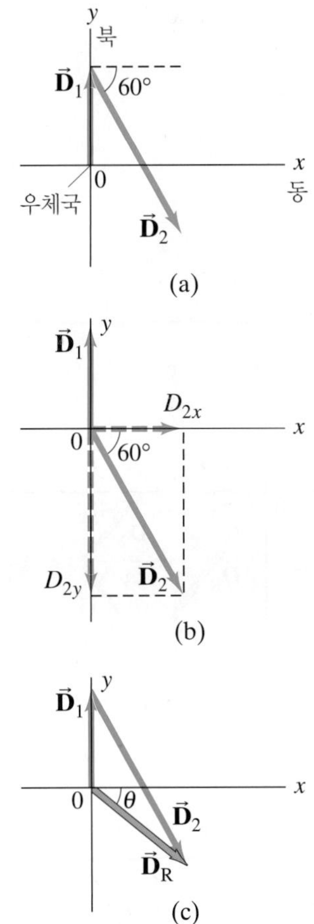

그림 3.15 예제 3.1. (a) 두 변위 벡터 $\vec{D}_1$과 $\vec{D}_2$. (b) $\vec{D}_2$의 성분. (c) $\vec{D}_1$과 $\vec{D}_2$를 더하여 합성 벡터 $\vec{D}_R$를 얻는다. 성분을 이용한 벡터의 덧셈 방법에 대해서는 예제에 설명되어 있다.

수 있다.

$$D_R = \sqrt{D_{Rx}^2 + D_{Ry}^2} = \sqrt{(23.5\text{ km})^2 + (-18.7\text{ km})^2} = 30.0\text{ km}$$

$$\tan\theta = \frac{D_{Ry}}{D_{Rx}} = \frac{-18.7\text{ km}}{23.5\text{ km}} = -0.796$$

공학용 계산기에서 INV TAN이나 ARC TAN 또는 TAN^{-1} 키를 눌러 $\theta = \tan^{-1}(-0.796) = -38.5°$를 계산할 수 있다. 각도 앞의 음의 부호는 x축 아래 방향으로 $\theta = 38.5°$임을 의미한다(그림 3.15c). 따라서 합성 변위는 동남쪽 38.5° 방향으로 30.0 km이다.

유의 합성 벡터가 어느 사분면에 놓여 있는지 항상 주의 깊게 살펴보기 바란다. 공학용 계산기로는 이런 정보를 충분히 알아내기 어렵지만 잘 그려진 도표로는 가능하다.

예제 3.1에서 보았듯이 음의 x 또는 y축 방향으로 향하는 성분은 음의 부호를 갖는다. 삼각 함수의 부호는 각도가 어느 사분면에 놓이게 되는지에 달려 있다. 예를 들어 일과 삼사분면(0°에서 90°까지 그리고 180°에서 270°까지)에서 탄젠트는 양수이지만 이와 사사분면에서는 음수이다(부록 A 그림 A.7 참조). 합성 벡터의 각도를 추적하고 결과를 검토하는 가장 좋은 방법은 그림 3.15와 같이 항상 벡터 도표를 그리는 것이다. 벡터 도표는 문제를 분석할 때 뭔가 실질적인 것을 제공하며 결과를 검토할 때 유용하다.

예제 3.2 세 개의 짧은 여행

그림 3.16a는 두 개의 단기 체재지를 포함한 세 개의 노정을 갖는 한 비행기의 여정을 보여주고 있다. 첫 번째 노정은 동쪽으로 620 km이고, 두 번째 노정은 동남쪽 45° 방향으로 440 km이고, 세 번째 노정은 서남쪽 53° 방향으로 550 km이다. 비행기의 전체 변위는 얼마인가?

접근 다음과 같은 단계를 따라 문제를 해결한다.

풀이

1. 그림 3.16a와 같이 **도표를 그린다.** 여기서 $\vec{\mathbf{D}}_1$, $\vec{\mathbf{D}}_2$, $\vec{\mathbf{D}}_3$은 여행의 세 노정을 나타내고 $\vec{\mathbf{D}}_R$는 비행기의 전체 변위이다.
2. **좌표축을 선택한다.** 그림 3.16a에 좌표축이 나타나 있다. x축은 동쪽, y축은 북쪽.
3. **성분으로 분해한다.** 좋은 도표를 그리는 것은 매우 필요하고 중요하다. 성분들은 그림 3.16b에 그려져 있다. 모든 벡터들을 그림 3.15b에서 했던 것처럼 하나의 공통된 원점에서부터 그리는 것 보다 시작점–끝점 방법으로 벡터들을 그리는 것이 유효하면서도 보기도 좋다.
4. **성분들을 계산한다.**

$$\begin{aligned}
\vec{\mathbf{D}}_1: D_{1x} &= +D_1\cos 0° = D_1 = 620\text{ km}\\
D_{1y} &= +D_1\sin 0° = 0\text{ km}\\
\vec{\mathbf{D}}_2: D_{2x} &= +D_2\cos 45° = +(440\text{ km})(0.707) = +311\text{ km}\\
D_{2y} &= -D_2\sin 45° = -(440\text{ km})(0.707) = -311\text{ km}\\
\vec{\mathbf{D}}_3: D_{3x} &= -D_3\cos 53° = -(550\text{ km})(0.602) = -331\text{ km}\\
D_{3y} &= -D_3\sin 53° = -(550\text{ km})(0.799) = -439\text{ km}
\end{aligned}$$

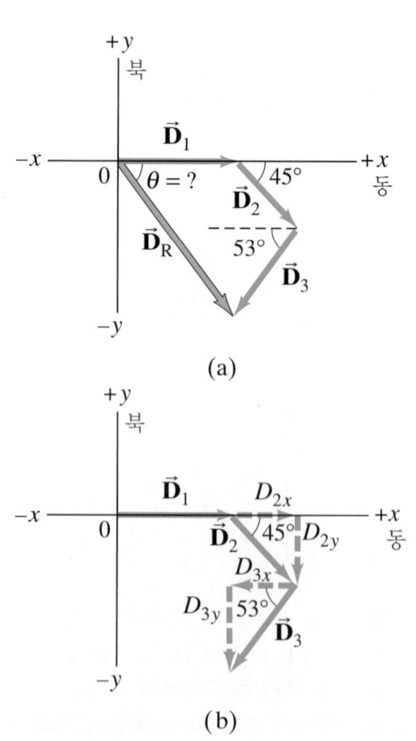

그림 3.16 예제 3.2

그림 3.16b에서 $-x$ 또는 $-y$ 방향을 가리키는 모든 성분들에게 음의 부호를 붙였다. 성분들은 옆쪽에 있는 표에 요약되어 있다.

벡터	성분 x (km)	y (km)
$\vec{\mathbf{D}}_1$	620	0
$\vec{\mathbf{D}}_2$	311	−311
$\vec{\mathbf{D}}_3$	−331	−439
$\vec{\mathbf{D}}_R$	600	−750

5. **성분들을 더한다.** 합성 벡터의 x와 y 성분을 얻기 위해서 x 성분들끼리 모두 더하고 y 성분들끼리도 모두 더한다.

$$D_{Rx} = D_{1x} + D_{2x} + D_{3x} = 620\text{ km} + 311\text{ km} - 331\text{ km} = 600\text{ km}$$
$$D_{Ry} = D_{1y} + D_{2y} + D_{3y} = 0\text{ km} - 311\text{ km} - 439\text{ km} = -750\text{ km}$$

합성 벡터의 x와 y 성분은 각각 600 km와 −750 km이고 각각 동쪽과 남쪽을 가리킨다. 이것은 답을 제시하는 한 가지 방법이다.

6. **크기와 방향.** 답을 제시하는 또 다른 방법은 다음과 같이 쓸 수 있다.

$$D_R = \sqrt{D_{Rx}^2 + D_{Ry}^2} = \sqrt{(600)^2 + (-750)^2}\text{ km} = 960\text{ km}$$
$$\tan\theta = \frac{D_{Ry}}{D_{Rx}} = \frac{-750\text{ km}}{600\text{ km}} = -1.25, \qquad \theta = -51°$$

따라서 전체 변위는 그림 3.16a에 그려져 있는 것과 마찬가지로 크기가 960 km이고 x축 아래(동남쪽) 51° 방향을 가리킨다.

3.5 포물체 운동

우리는 2장에서 물체의 일차원 운동을 변위, 속도와 가속도 측면에서 배웠다. 여기에는 중력 가속도에 의한 물체의 연직 낙하 운동도 포함됐다. 이제 우리는 지구 표면 근처에서 공중을 나는 물체의 이차원 운동인 보다 일반적인 병진 운동에 관해 알아본다. 여기에는 골프공, 투수가 던지거나 타자가 때린 야구공, 발로 찬 축구공 그리고 빠른 총알 등이 해당된다. 이 모든 것은 **포물체 운동**(projectile motion) (그림 3.17)의 예에 속하며 바람이 없을 경우에 이차원 운동으로 기술할 수 있다.

비록 공기 저항이 종종 중요하더라도 많은 경우에 이를 무시할 수 있어서 앞으로의 분석에서는 공기 저항을 무시할 것이다. 우리는 어떤 과정으로 물체를 던지고 발사하는지에 관해서는 고려하지 않을 것이다. 우리는 단지 물체가 발사된 **직후**와 착지 또는 잡히기 **직전**까지의 운동만을 고려할 것이다. 즉 우리는 오직 중력에 의해서 공중을 자유로이 나는 발사된 물체만을 분석할 것이다. 그러면 물체의 가속도는 중력 때문에 아래 방향으로 $g = 9.80\text{ m/s}^2$이 되며 일정하다고 본다.†

포물체 운동을 처음으로 정확하게 기술한 사람은 갈릴레오였다. 그는 포물체 운동을 수평과 연직 성분으로 각각 나누어 분석하여 이해할 수 있음을 보였다. 편의상 우리는 운동이 시간 $t = 0$과 xy 좌표계의 원점($x_0 = y_0 = 0$)에서 시작한다고 가정한다.

수평 (x) 방향으로 처음 속도 $\vec{\mathbf{v}}_{x0}$를 가지고 수평인 테이블의 모서리로부터 굴러서 떨어지는 (작은) 공을 살펴보자. 비교를 위해 연직으로 낙하하는 물체도 함께 그려진 그림 3.18을 보자. 매 순간 속도 벡터 $\vec{\mathbf{v}}$는 그 순간에 공이 움직이는 방향을 가리키며

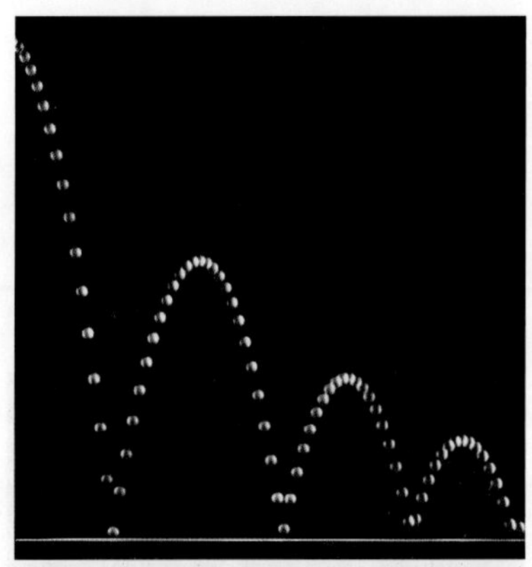
(a)

(b)

그림 3.17 (a) 튀는 공과 (b) 던져진 농구공을 보여주는 사진. 포물체 운동의 특징인 '포물선' 경로를 잘 보여 주고 있다.

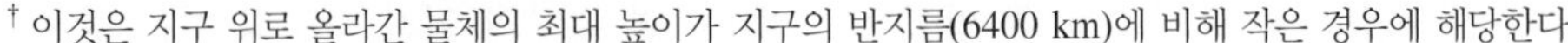

† 이것은 지구 위로 올라간 물체의 최대 높이가 지구의 반지름(6400 km)에 비해 작은 경우에 해당한다.

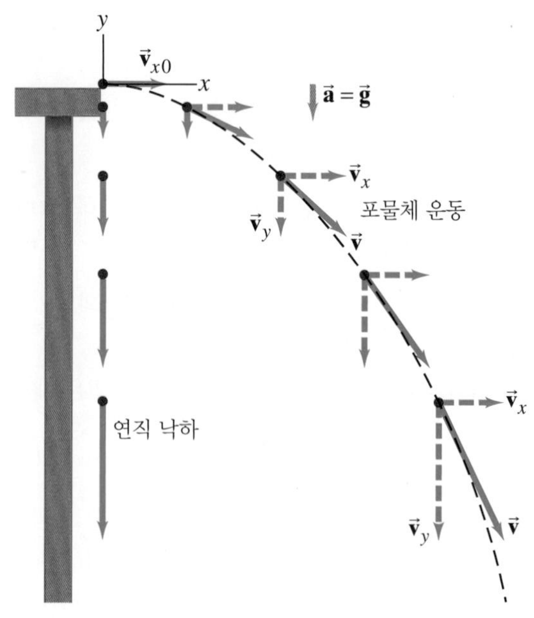

그림 3.18 처음 속도 $\vec{\mathbf{v}} = \vec{\mathbf{v}}_{x0}$으로 수평으로 발사된 작은 공의 포물체 운동. 검정색의 점선은 물체의 경로를 나타낸다. 속도 벡터 $\vec{\mathbf{v}}$는 각 점에서 물체의 운동 방향으로 향하며 따라서 경로의 접선 방향이다. 속도 벡터는 초록색 화살표이며 속도 성분들은 점선으로 표시되어 있다. (서로 비교하기 위해 정지 상태에서 같은 시간과 출발점으로부터 연직 낙하하는 물체를 그림 왼쪽에 표시하였다. 매 순간 v_y는 낙하하는 물체와 포물체에서 모두 같은 값을 갖는다.)

따라서 항상 경로의 접선 방향이다. 갈릴레오에 의하면, 우리는 속도와 가속도의 수평과 연직 성분을 따로따로 다뤄야 하며 운동의 x와 y 성분에 운동에 관한 식(식 2.11a부터 2.11c까지)을 적용할 수 있다.

우선 운동의 연직(y) 성분을 조사해 보자. 공이 테이블의 모서리를 출발할 때 ($t = 0$), 공은 오직 속도의 x 성분만을 가지고 있다. 공이 책상을 떠난($t = 0$) 후에는 공은 연직 아래 방향으로 중력 가속도 g의 영향을 받는다. 따라서 v_y의 처음 값은 영 ($v_{y0} = 0$)이지만 낙하할수록 값은 (공이 바닥에 도달할 때까지) 계속해서 증가한다. 양의 y 값을 위 방향으로 잡자. 그러면 중력 가속도는 $-y$ 방향으로 $a_y = -g$이다. 식 2.11a (x 대신에 y를 쓰면)로부터 우리는 $v_y = v_{y0} + a_y t = -gt$를 얻는다. 여기서 $v_{y0} = 0$이다. 연직 변위 y는 식 2.11b로부터 주어진다. $y = y_0 + v_{y0}t + \frac{1}{2} a_y t^2$. $y_0 = 0$, $v_{y0} = 0$ 그리고 $a_y = -g$를 대입하면 $y = -\frac{1}{2} g t^2$가 된다.

반면에 수평 방향으로는 가속도가 없다(공기 저항을 무시한다). $a_x = 0$이므로 속도의 수평 성분 v_x는 상수이며 처음 값 v_{x0}와 같고 따라서 경로 상 어느 점에서나 같은 값을 갖는다. 수평 변위는 $a_x = 0$ 조건에서 $x = v_{x0}t + \frac{1}{2} a_x t^2 = v_{x0} t$이다. 그림 3.18에서 보는 바와 같이 매 순간(즉 경로의 매 지점에서) 공의 속도 $\vec{\mathbf{v}}$를 두 벡터 성분 $\vec{\mathbf{v}}_x$와 $\vec{\mathbf{v}}_y$를 이용하여 벡터의 덧셈으로 구할 수 있다.

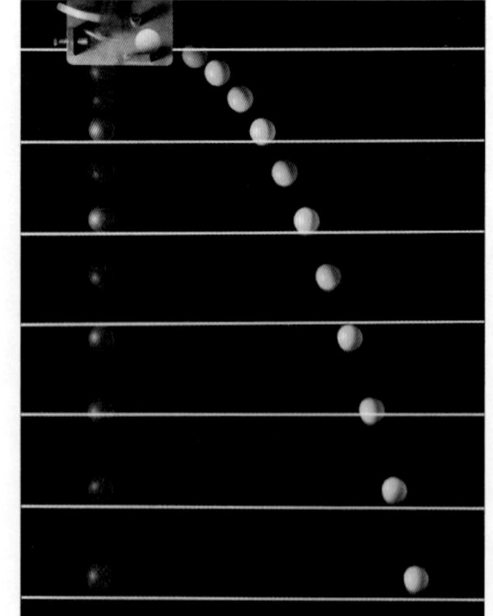

그림 3.19 같은 시간 간격으로 두 공의 위치를 보여 주는 다중 노출 사진. 한 공은 정지 상태에서 아래로 떨어지고 다른 공은 동시에 수평으로 발사됐다. 각 공의 연직 위치는 매 순간 같은 높이에 있음을 볼 수 있다.

갈릴레오도 예측했지만 이런 분석의 한 결과는 **수평으로 발사된 물체는 연직으로 낙하한 물체와 바닥에 동시에 떨어진다**는 것이다. 이것은 그림 3.18에서와 같이 연직 운동이 두 경우에 모두 같기 때문이다. 그림 3.19는 다중 노출 사진으로 이를 실험적으로 확인해 주고 있다.

연습 C 두 공이 서로 다른 속력으로 수평으로 놓인 테이블 모서리를 동시에 굴러 떨어진다. 빠른 공 또는 느린 공 중에서 어느 공이 바닥에 먼저 떨어지겠는가?

그림 3.20과 같이 물체를 위 방향으로 발사하면 속도의 연직 성분의 처음 값 v_{y0}

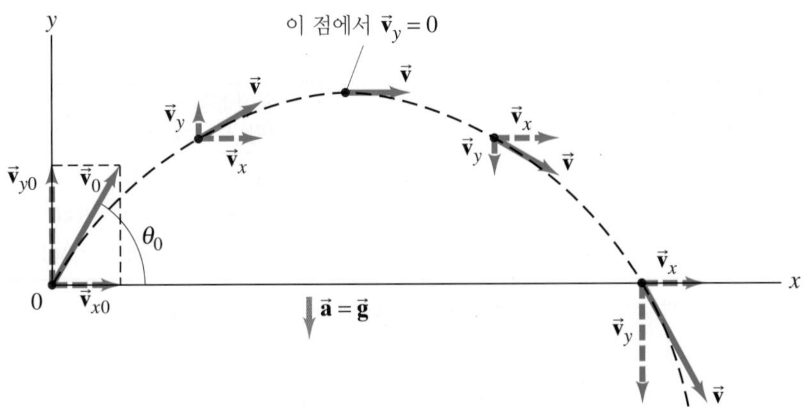

그림 3.20 처음 속도 $\vec{v}_0$과 수평과 이루는 각도 θ_0으로 발사된 포물체의 경로. 경로는 검정색 점선으로, 속도 벡터는 초록색 화살표로 그리고 속도 성분은 점선으로 표시되어 있다. 그림은 포물체가 땅에 어디서 부딪히는지를 보여주지 않는다(이때 포물체 운동은 멈춘다).

가 추가된다는 것 이외에는 앞의 분석과 같다. 중력 가속도가 아래 방향이므로 속도의 위 방향 성분 v_y는 물체가 경로의 최고점에 도달할 때까지 시간에 따라 점차 줄어든다. 최고점에서 $v_y = 0$이다. 그 이후로 물체는 아래 방향(그림 3.20)으로 움직이며 v_y는 아래 방향으로 증가한다(즉 음의 값이 커진다). 전과 같이 v_x는 상수이다.

연습 D 그림 3.20에서 (i) $\vec{v} = 0$, (ii) $v_y = 0$, (iii) $v_x = 0$인 곳을 찾으라.

연습 E 47쪽의 시작 질문으로 가서 다시 답을 해 보라. 처음과 답이 다르다면 그 이유를 설명해 보라. 포물체 운동에 대한 이 예제에서 헬리콥터의 역할은 무엇인지 기술하라.

3.6 포물체 운동의 문제 풀이

이제 몇 가지 예제를 통해 포물체 운동을 정량적으로 풀어 보자. 운동의 연직과 수평 성분을 구분하여 운동에 관한 식(2.11a부터 2.11c까지)을 사용한다. 표 3.1에 운동의 x와 y 성분에 대한 식들이 나타나 있으며 이는 이차원 등가속도 운동에 대한 일반적인 경우에 해당한다. x와 y는 변위, v_x와 v_y는 속도 성분, a_x와 a_y는 상수인 가속도 성분을 각각 나타낸다. 아래 첨자 0은 '$t = 0$'을 의미한다.

표 3.1 이차원 등가속도 운동에 관한 일반적인 운동학 식

x 성분 (수평)		y 성분 (연직)
$v_x = v_{x0} + a_x t$	(식 2.11a)	$v_y = v_{y0} + a_y t$
$x = x_0 + v_{x0}t + \frac{1}{2}a_x t^2$	(식 2.11b)	$y = y_0 + v_{y0}t + \frac{1}{2}a_y t^2$
$v_x^2 = v_{x0}^2 + 2a_x(x - x_0)$	(식 2.11c)	$v_y^2 = v_{y0}^2 + 2a_y(y - y_0)$

우리는 식 2.11을 포물체 운동에 적용하기 위해 식에 $a_x = 0$을 대입함으로써 간단히 할 수 있다. 양의 y가 위 방향을 가리키고 $a_y = -g = -9.80\ \mathrm{m/s^2}$인 표 3.2를 참조하라.

표 3.2 포물체 운동에 관한 운동학 식
(양의 y가 위 방향; $a_x = 0$, $a_y = -g = -9.80\ \mathrm{m/s^2}$)

수평 운동 ($a_x = 0$, v_x = 상수)		연직 운동[†] ($a_y = -g$ = 상수)
$v_x = v_{x0}$	(식 2.11a)	$v_y = v_{y0} - gt$
$x = x_0 + v_{x0}t$	(식 2.11b)	$y = y_0 + v_{y0}t - \frac{1}{2}gt^2$
	(식 2.11c)	$v_y^2 = v_{y0}^2 - 2g(y - y_0)$

[†] 만약 양의 y를 아래 방향으로 정하면 g 앞의 음(−)의 부호는 + 부호가 되어야 한다.

만약 발사각 θ_0을 양의 x축과 이루는 각도라고 하면(그림 3.20)

$$v_{x0} = v_0 \cos\theta_0, \qquad v_{y0} = v_0 \sin\theta_0$$

이다.

포물체 운동과 관련된 문제를 풀 때, 우리는 물체가 중력의 영향을 받으면서 공중을 날아가고 있을 때만 국한하여 생각해야 한다. 물체를 던지는 (또는 발사하는) 과정과 물체가 땅에 떨어지거나 잡히는 과정은 문제 풀이에서 배제한다. 왜냐하면 이 과정에는 중력 이외에 다른 힘이 작용하고 더 이상 $\vec{\mathbf{a}} = \vec{\mathbf{g}}$가 성립하지 않기 때문이다.

예제 3.3 오토바이로 절벽에서 떨어지기

스턴트맨이 오토바이를 타고 50.0 m 높이의 절벽 위를 수평 방향으로 달리고 있다. 절벽 밑에서부터 90.0 m 떨어진 곳에 오토바이가 착지하려면 오토바이는 얼마의 속도로 절벽을 떠나야 하는가? 공기 저항은 무시한다.

접근 다음과 같은 단계를 따라 문제를 해결한다.

풀이

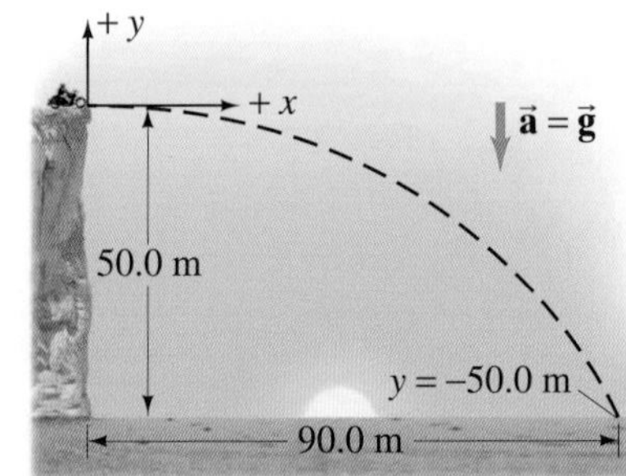

그림 3.21 예제 3.3

기지수	미지수
$x_0 = y_0 = 0$	v_{x0}
$x = 90.0\ \mathrm{m}$	t
$y = -50.0\ \mathrm{m}$	
$a_x = 0$	
$a_y = -g = -9.80\ \mathrm{m/s^2}$	
$v_{y0} = 0$	

1. 과 **2. 문제를 읽고 물체를 선택하고 도표를 그린다.** 우리의 물체는 하나로 뭉쳐진 오토바이와 운전자이다. 도표는 그림 3.21에 나타나 있다.

3. 좌표계를 선택한다. 우리는 양의 y 방향을 위로 잡고 절벽 위를 $y_0 = 0$으로 정한다. x 방향을 수평으로 하고 오토바이가 절벽을 떠나는 지점을 $x_0 = 0$으로 정한다.

4. 시간 간격을 정한다. 우리는 오토바이가 $x_0 = 0$, $y_0 = 0$ 지점에서 절벽을 떠날 때 시간 간격의 시작점($t = 0$)으로 선택한다. 우리의 시간 간격은 오토바이가 땅에 떨어지는 순간에 끝난다.

5. x와 y의 운동을 분석한다. 수평 방향(x)으로 가속도는 $a_x = 0$이므로 속도는 일정하다. 오토바이가 땅에 떨어질 때 x의 값은 $x = +90.0$ m이다. 연직 방향으로 가속도는 중력 가속도 $a_y = -g = -9.80\ \mathrm{m/s^2}$이다. 오토바이가 땅에 떨어질 때 y의 값은 $y = -50.0$ m이다. 처음 속도는 수평 방향으로 우리가 구하고자 하는 미지수 v_{x0}이다. 연직 방향의 처음 속도는 영, $v_{y0} = 0$이다.

6. 알고 있거나 모르고 있는 물리량을 열거한다. 본문 옆에 있는 표를 참조한다. 수평 방향의 처음 속도 v_{x0}(착지할 때까지 일정하다)도 알지 못하지만 아울러 오토바이가 땅에 떨어질 때까지의 시간 t도 모르고 있음에 주의하라.

7. 해당하는 식에 대입한다. 오토바이가 공중을 나는 동안 v_x는 일정하다. 공중에 있는 동안의 시간, 즉 땅에 떨어질 때까지의 시간은 y 방향의 운동에 달려 있다. 우선 y 방향의 운

동을 이용하여 시간을 구한다. 그 다음으로, 구한 시간을 x 방향의 식에 적용한다. 오토바이가 땅에 떨어질 때까지 걸린 시간을 구하기 위해서 우리는 식 2.11b(표 3.1과 3.2)를 사용한다. 이때 연직(y) 방향으로는 $y_0 = 0$, $v_{y0} = 0$이다.

$$\begin{aligned} y &= y_0 + v_{y0}t + \tfrac{1}{2}a_y t^2 \\ &= 0 + \ \ 0 \ \ + \tfrac{1}{2}(-g)t^2 \end{aligned}$$

또는

$$y = -\tfrac{1}{2}gt^2$$

$y = -50.0$ m를 대입하여 시간 t를 구한다.

$$t = \sqrt{\frac{2y}{-g}} = \sqrt{\frac{2(-50.0\text{ m})}{-9.80\text{ m/s}^2}} = 3.19\text{ s}$$

처음 속도 v_{x0}을 계산하기 위해 우리는 식 2.11b를 다시 사용하지만 이번에는 수평(x) 방향으로 $a_x = 0$과 $x_0 = 0$을 대입한다.

$$\begin{aligned} x &= x_0 + v_{x0}t + \tfrac{1}{2}a_x t^2 \\ &= 0 + v_{x0}t + 0 \end{aligned}$$

또는

$$x = v_{x0}t$$

그러면

$$v_{x0} = \frac{x}{t} = \frac{90.0\text{ m}}{3.19\text{ s}} = 28.2\text{ m/s}$$

으로 약 100 km/h이다.

유의 포물체 운동을 하는 시간 간격 동안 유일한 가속도는 음의 y 방향의 g이다. x 방향으로의 가속도는 영이다.

예제 3.4 발로 찬 축구공

발로 찬 축구공이 그림 3.22에서 보는 바와 같이 속도 20.0 m/s로 각도 $\theta_0 = 37.0°$를 이루며 땅에서 날아오른다. (a) 최고 도달 높이 (b) 축구공이 땅에 떨어질 때까지 걸린 시간과 (c) 날아간 수평 거리를 각각 구하라. 공은 땅과 같은 높이에서 날아오른다고 가정하며 공기 저항과 공의 회전을 무시한다.

물리학의 응용
스포츠

접근 풀어야 할 문제가 많기 때문에 처음에는 어려워 보일 것이다. 그러나 우리는 이 문제들을 한 번에 하나씩 처리 할 수 있다. 우리는 양의 y 방향을 위로 정하고 x와 y 방향의 운동을 따로따로 다룬다. 공중을 나는 전체 시간은 y 방향의 운동에 달려 있다. x 방향의 운동

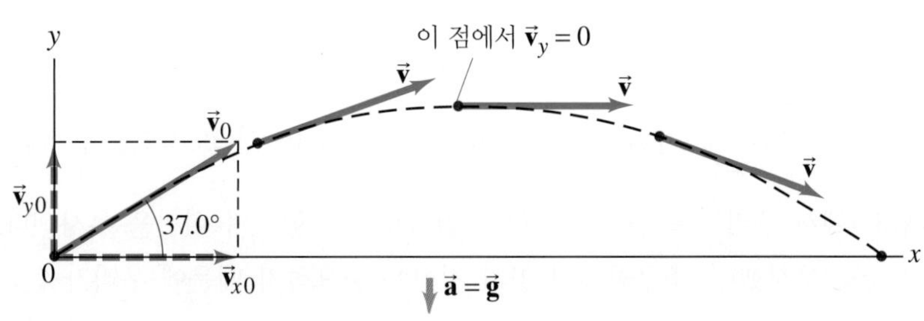

그림 3.22 예제 3.4

은 등속도 운동이다. 속도의 y 성분은 변하며 처음에는 양(위)의 값이고 최고점에서는 영이며 이후 땅으로 떨어지면서 음의 값을 갖는다.

풀이 처음 속도를 각각의 성분으로 분해한다(그림 3.22).

$$v_{x0} = v_0 \cos 37.0° = (20.0\,\text{m/s})(0.799) = 16.0\,\text{m/s}$$
$$v_{y0} = v_0 \sin 37.0° = (20.0\,\text{m/s})(0.602) = 12.0\,\text{m/s}$$

(a) 최고 도달 높이를 구하기 위해서 우리는 축구공이 발등을 떠나 최고점에 도달할 때까지 걸린 시간을 고려한다. 이 시간 동안 가속도는 아래 방향으로 g이다. 최고 도달 높이에서 속도는 수평 성분만 있고(그림 3.22), $v_y = 0$이다. 따라서 $v_y = v_{y0} - gt$ (표 3.2, 식 2.11a)로부터 $v_{y0} = gt$이고

$$t = \frac{v_{y0}}{g} = \frac{(12.0\,\text{m/s})}{(9.80\,\text{m/s}^2)} = 1.224\,\text{s} \approx 1.22\,\text{s}$$

이다. 식 2.11b에서 $y_0 = 0$을 대입하고 시간($t = v_{y0}/g$)로부터 y를 구하면

$$y = v_{y0}t - \tfrac{1}{2}gt^2 = \frac{v_{y0}^2}{g} - \frac{1}{2}\frac{v_{y0}^2}{g} = \frac{v_{y0}^2}{2g} = \frac{(12.0\,\text{m/s})^2}{2(9.80\,\text{m/s}^2)} = 7.35\,\text{m}$$

이고 최고 도달 높이는 7.35 m이다. (식 2.11c를 이용해도 같은 결과를 얻는다.)

(b) 공이 땅으로 다시 돌아올 때까지 걸린 시간을 구하기 위해서 우리는 두 개의 다른 시간을 고려한다. 하나는 공이 발등을 떠나는 시점($t = 0$, $y_0 = 0$)이고 다른 하나는 다시 땅에 떨어지는 종점($y = 0$)이다. 식 2.11b를 사용하여 $y_0 = 0$과 다시 $y = 0$(땅의 높이)을 대입하면

$$y = y_0 + v_{y0}t - \tfrac{1}{2}gt^2$$
$$0 = 0 + v_{y0}t - \tfrac{1}{2}gt^2$$

이 식을 인수 분해하면

$$t\left(\tfrac{1}{2}gt - v_{y0}\right) = 0$$

두 개의 해가 나오는데, 하나는 $t = 0$(처음 시점에 해당, y_0)이고 다른 하나는

$$t = \frac{2v_{y0}}{g} = \frac{2(12.0\,\text{m/s})}{(9.80\,\text{m/s}^2)} = 2.45\,\text{s}$$

로 축구공이 다시 땅에 떨어질 때까지 걸린 전체 시간이다.

(c) 수평(x) 방향으로 날아간 전체 거리는 식 2.11b를 이용하여 구한다. 이때 $x_0 = 0$, $a_x = 0$, $v_{x0} = 16.0\,\text{m/s}$와 $t = 2.45$ s를 대입한다.

$$x = v_{x0}t = (16.0\,\text{m/s})(2.45\,\text{s}) = 39.2\,\text{m}$$

유의 (b)에서 구한 공이 날아간 전체 시간 $t = 2v_{y0}/g = 2.45\,\text{s}$는 (a)에서 구한 공이 최고 높이에 도달할 때까지 걸린 시간의 두 배이다. 즉 올라갈 때까지 걸린 시간과 같은 높이로 내려올 때까지 걸린 시간은 같다(공기 저항 무시).

연습 F 예제 3.4에서 최고 도달 높이에서의 (a) 속도 벡터와 (b) 가속도 벡터를 구하라.

예제 3.4에서 우리는 축구공을 하나의 입자로 간주했으며 회전을 무시했다. 또한 공기 저항도 무시했다. 축구공에서 공기 저항은 중요하기 때문에 우리가 얻은 결과

는 단지 어림잡은 (주로 과대평가한) 결과에 불과하다.

수평 도달 거리

예제 3.4에서 축구공이 날아간 전체 거리를 **수평 거리**(horizontal range) R라고 한다. 이제 수평 거리를 구하는 식을 유도한다. 포물체의 수평 거리는 같은 높이($y_0 = 0$)에서 시작해서 같은 높이($y = y_0$)에서 끝난다(그림 3.23a). 예제 3.4의 (c)에서 $x = R = v_{x0}t$였다. 이때 $t = 2v_{y0}/g$이다. 따라서

$$R = v_{x0}t = v_{x0}\left(\frac{2v_{y0}}{g}\right) = \frac{2v_{x0}v_{y0}}{g} = \frac{2v_0^2 \sin\theta_0 \cos\theta_0}{g}, \qquad [y = y_0]$$

여기서 $v_{x0} = v_0 \cos\theta_0$, $v_{y0} = v_0 \sin\theta_0$이다. 삼각 함수의 배각 공식 $2\sin\theta\cos\theta = \sin 2\theta$ (부록 A 참조)을 이용하여 위의 식을 다시 쓰면

$$R = \frac{v_0^2 \sin 2\theta_0}{g} \qquad [y(\text{끝점}) = y_0\text{일 경우에만}]$$

처음 속도가 v_0일 때 **최대 수평 거리**는 $\sin 2\theta_0$가 최댓값인 1.0일 때이다. 즉 $2\theta_0 = 90°$이고, 따라서

$$\text{최대 수평 거리는 } \theta_0 = 45°\text{일 때, } R_{\max} = v_0^2/g$$

이다.

최대 수평 거리는 v_0의 제곱에 비례하여 증가한다. 따라서 탄환의 포구 속도를 두 배로 늘리면 최대 수평 거리는 네 배로 증가한다.

공기 저항을 고려하면 수평 거리는 줄어들며, 최대 수평 거리는 45°보다 작은 각도에서 얻어진다.

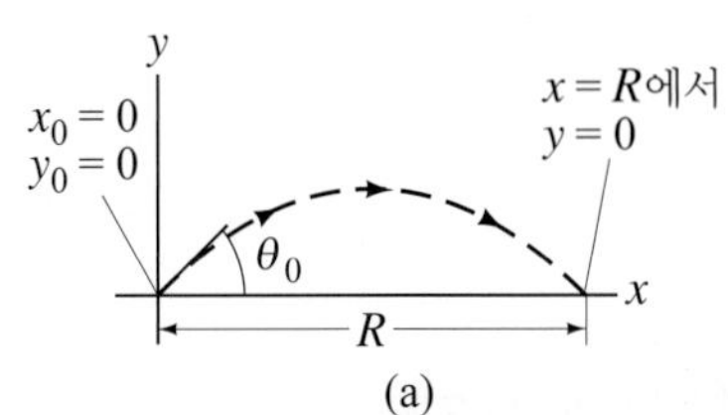

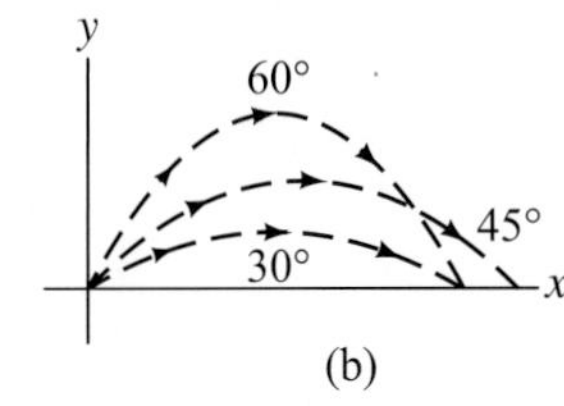

그림 3.23 (a) 포물체의 수평 거리 R (b) 같은 수평 거리에 대해서 일반적으로 두 개의 각도 θ_0이 있다. 한 각도가 θ_{01}이면 다른 각도는 $\theta_{02} = 90° - \theta_{01}$이다. 예제 3.5

예제 3.5 포탄의 수평 거리

나폴레옹 군대의 한 대포의 포구 속력이 $v_0 = 60.0$ m/s라고 가정하자. 320 m 떨어진 목표물을 타격하기 위해 대포는 얼마의 각도로 목표물을 조준해야 하는가? (공기 저항은 무시한다.)

접근 위에서 유도한 수평 거리에 관한 식 $R = v_0^2 \sin 2\theta_0/g$을 이용한다. 이때 $R = 320$ m 이다.

풀이 수평 거리를 구하는 식에서 $\sin 2\theta_0$을 구한다.

$$\sin 2\theta_0 = \frac{Rg}{v_0^2} = \frac{(320\,\text{m})(9.80\,\text{m/s}^2)}{(60.0\,\text{m/s})^2} = 0.871$$

각도 θ_0은 0°와 90° 사이에 있어야 하며, 따라서 이 식의 $2\theta_0$는 최대 180°까지의 값을 갖는다. 따라서 $2\theta_0 = 60.6°$이며, $\theta_0 = 30.3°$이다. 그러나 $2\theta_0 = 180° - 60.6° = 119.4°$ (부록 A.7 참조)도 해가 될 수 있으므로 $\theta_0 = 59.7°$도 해이다. 그림 3.23b에서 보는 바와 같이 우리는 두 개의 해를 얻을 수 있다.

$$\theta_0 = 30.3° \quad \text{또는} \quad 59.7°$$

위의 두 해 모두 같은 수평 거리를 주며, $\sin 2\theta_0 = 1$ (즉 $\theta_0 = 45°$)일 경우에만 단 하나의 해가 있다.

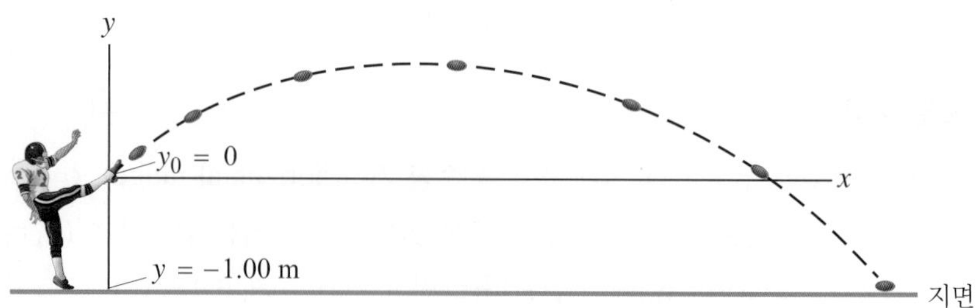

그림 3.24 예제 3.6. 축구공은 펀트하는 선수의 발을 $y = 0$에서 떠나고 $y = -1.00$ m에 있는 지면에 떨어진다.

물리학의 응용

스포츠

예제 3.6 펀트

예제 3.4에 있는 축구공을 펀트했다고 가정하자. 이때 펀트 한 높이는 땅에서부터 1.00 m이다. 축구공이 땅에 떨어지기 전까지 얼마나 멀리 날아가는가? 펀트 한 지점을 $x_0 = 0$, $y_0 = 0$으로 놓는다.

접근 여기서 예제 3.4와 다른 점은 축구공이 땅에 떨어지는 높이가 시작점 $y_0 = 0$보다 **낮은** 위치에 있다는 것이다. 즉 공은 $y = -1.00$ m에서 땅에 떨어진다. 그림 3.24를 참조하라. 따라서 우리는 y(끝점) $= y_0$인 경우에만 적용할 수 있는 수평 거리에 관한 식을 여기서는 사용할 수 없다. 예제 3.4와 같이 $v_0 = 20.0$ m/s, $\theta_0 = 37.0°$를 사용한다.

풀이 식 2.11b의 y 성분을 이용한다($a_y = -g$).

$$y = y_0 + v_{y0}t - \tfrac{1}{2}gt^2$$

$y = -1.00$ m와 $v_{y0} = 12.0$ m/s(예제 3.4 참조)를 위 식에 대입하면

$$-1.00\,\text{m} = 0 + (12.0\,\text{m/s})t - (4.90\,\text{m/s}^2)t^2$$

이고 이 식을 이차 방정식 ($ax^2 + bx + c = 0$)의 형태로 다시 쓰면

$$(4.90\,\text{m/s}^2)t^2 - (12.0\,\text{m/s})t - (1.00\,\text{m}) = 0$$

이다. 따라서 이차 방정식의 해(부록 A.4)는 다음과 같다.

$$t = \frac{12.0\,\text{m/s} \pm \sqrt{(-12.0\,\text{m/s})^2 - 4(4.90\,\text{m/s}^2)(-1.00\,\text{m})}}{2(4.90\,\text{m/s}^2)}$$
$$= 2.53\,\text{s} \quad \text{또는} \quad -0.081\,\text{s}$$

두 번째 해는 음수로 공을 차기 이전의 시간임으로 해가 될 수 없다. 공이 땅에 떨어지기 전까지 시간 $t = 2.53$ s 동안 날아갔기 때문에 수평 이동 거리는(예제 3.4의 $v_{x0} = 16.0$ m/s를 사용하면)

$$x = v_{x0}t = (16.0\,\text{m/s})(2.53\,\text{s}) = 40.5\,\text{m}$$

이다. 공이 땅의 높이에서 날아오르는 예제 3.4에서의 수평 거리는 이 예제의 결과 값보다 1.3 m 짧다.

3.7 포물선을 그리는 포물체 운동

공기 저항을 무시하고 중력 가속도 $\vec{\mathbf{g}}$가 일정하다고 가정하면 포물체 운동을 하는 물체의 경로가 **포물선**이 됨을 증명해 보자. 수평과 연직 운동(표 3.2의 식 2.11b)에 관

한 두 식에서 t를 소거하여 y를 x의 함수로 표현한다. 이때 편의상 $x_0 = y_0 = 0$으로 놓는다.

$$x = v_{x0}t$$
$$y = v_{y0}t - \tfrac{1}{2}gt^2$$

첫 번째 식에서 $t = x/v_{x0}$이고 이를 두 번째 식에 대입하면

$$y = \left(\frac{v_{y0}}{v_{x0}}\right)x - \left(\frac{g}{2v_{x0}^2}\right)x^2 \tag{3.6}$$

을 얻는다.

이로써 y가 다음과 같이 x의 함수가 됨을 알 수 있다.

$$y = Ax - Bx^2$$

여기서 A와 B는 어떤 특정한 포물체 운동에 대한 상수들이다. 이것은 포물선을 나타내는 일반적인 식이다. 그림 3.17과 3.25를 참조하라.

포물체 운동이 포물선을 그린다는 생각은 갈릴레오 시대 물리학 연구의 첨단 개념이었다. 오늘 날에는 이 내용을 일반물리학 3장에서 다루고 있다!

그림 3.25 포물체 운동의 예. 점프하는 소년, 스트롬볼리 화산으로부터 뿜어져 나오는 용암의 궤적

3.8 상대 속도

우리는 이제 다른 기준틀에서 이루어진 관찰들이 서로 어떻게 연관되어 있는지에 관해 논의한다. 예를 들어 지면에 대해 각각 80 km/h의 속력으로 서로 마주보며 달려오는 두 기차를 생각해 보자. 지면에 대해 정지해 있는 관찰자는 달리는 기차의 속력을 각각 80 km/h로 측정할 것이다. 움직이는 기차 중 하나(다른 기준틀)에 있는 관찰자는 다가오는 다른 기차의 속력을 160 km/h로 측정할 것이다.

마찬가지로 90 km/h로 달리는 한 자동차가 같은 방향으로 75 km/h로 달리는 두 번째 자동차 옆으로 지나갈 때, 첫 번째 자동차의 속력은 두 번째 자동차에서 볼 때 90 km/h − 75 km/h = 15 km/h의 상대 속력을 갖는다.

속도가 같은 직선 상에 있다면 **상대 속도**(relative velocity)는 간단한 덧셈이나 뺄셈으로 충분히 얻을 수 있다. 그러나 만약 속도가 같은 직선 상에 없다면 우리는 벡터의 덧셈을 이용해야 한다. 2.1절에서 언급한 것처럼 속도를 지정할 때 어떤 기준틀에서 속도를 지정하는가가 중요하다.

상대 속도를 구할 때, 속도를 잘못 더하거나 빼는 오류를 범하기 쉽다. 따라서 도표를 그려서 라벨을 잘 붙이는 과정이 중요하다. 각 속도에는 **두 개의 아래 첨자**를 라벨로 붙인다. **첫 번째 첨자는 물체에 해당하고 두 번째 첨자는 속도가 측정된 기준틀에 해당한다.** 예를 들어 그림 3.26에서 보는 바와 같이 한 배가 강을 가로질러 건너가고 있다. 우리는 $\vec{\mathbf{v}}_{BW}$를 물(**W**ater)에 대한 배(**B**oat)의 상대 속도라고 표시한다. (이것은 물이 흘러가고 있지 않을 때 강가에 대한 배의 상대 속도이기도 하다.) 마찬가지로 $\vec{\mathbf{v}}_{BS}$는 강가(**S**hore)에 대한 배(**B**oat)의 상대 속도이고, $\vec{\mathbf{v}}_{WS}$는 강가(**S**hore)에 대

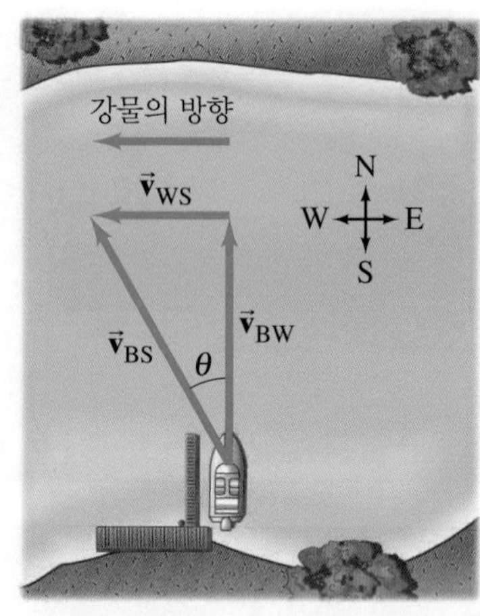

그림 3.26 한 배가 서쪽으로 흐르는 강을 가로질러 북쪽을 향하고 있다. 속도 벡터는 초록색 화살표로 나타냈다.

$\vec{v}_{BS}$ = 강가(**S**hore)에 대한 배(**B**oat)의 상대 속도

$\vec{v}_{BW}$ = 물(**W**ater)에 대한 배(**B**oat)의 상대 속도

$\vec{v}_{WS}$ = 강가(**S**hore)에 대한 물(**W**ater)의 상대 속도(강물의 속도)

배가 강을 건너려고 할 때 배는 강물에 휩쓸려 강 아래로 내려간다.

한 물(**W**ater)의 상대 속도(강물의 속도)이다. $\vec{v}_{BW}$는 배의 모터가 (물에 대해서) 만들어내는 속도이고 $\vec{v}_{BS}$는 $\vec{v}_{BW}$에 강물의 속도인 $\vec{v}_{WS}$를 더한 것임에 유의하라. 따라서 강가에 대한 배의 상대 속도는(그림 3.26의 벡터 도표 참조)

$$\vec{v}_{BS} = \vec{v}_{BW} + \vec{v}_{WS} \tag{3.7}$$

이 규칙을 사용하여 아래 첨자를 붙일 경우 식 3.7의 우변에 있는 안쪽 첨자(두 개의 W)들은 서로 같고, 또한 식 3.7의 우변에 있는 바깥쪽 첨자(B와 S)들은 좌변의 합 벡터인 $\vec{v}_{BS}$의 두 첨자들과 같다. 이 규칙(첫 번째 첨자는 물체, 두 번째 첨자는 기준틀)을 따르면 다른 기준틀에서의 상대 속도 식을 올바르게 표현할 수 있다.†

식 3.7은 일반적으로 타당하며 세 개 또는 그 이상의 속도로 확장할 수 있다. 예를 들어 배에 타고 있는 어부(**F**isherman)가 배에 대해서 속도 $\vec{v}_{FB}$로 움직인다면 어부의 강가에 대한 상대 속도는 $\vec{v}_{FS} = \vec{v}_{FB} + \vec{v}_{BW} + \vec{v}_{WS}$이다. 상대 속도와 관련된 식들은 인접해 있는 안쪽 첨자들이 서로 같고, 맨 바깥쪽에 있는 첨자들과 식의 좌변에 있는 속도의 첨자들과 같다면 항상 옳다. 그러나 이것은 (우변의) 부호가 양의 부호일 경우에만 적용되며 음의 부호일 경우에는 적용되지 않는다.

어떤 두 개의 물체 또는 기준틀, A와 B에 대해서 A에 대한 B의 상대 속도는 B에 대한 A의 상대 속도와 크기는 같고 방향은 반대임을 기억하는 것이 유용하다.

$$\vec{v}_{BA} = -\vec{v}_{AB} \tag{3.8}$$

예를 들어 기차가 어떤 방향으로 지구에 대해서 100 km/h로 움직인다고 하면 기차에 타고 있는 관찰자에게는 지면에 고정된 (나무와 같은) 물체들은 반대 방향으로 100 km/h로 움직이는 것처럼 보일 것이다.

예제 3.7 상류로 향하기

잔잔한 물에서 배의 속력은 v_{BW} = 1.85 m/s이다. 서쪽으로 속력 v_{WS} = 1.20 m/s로 흐르는 강을 가로질러 배가 정북 쪽으로 강을 건너려고 한다면 뱃머리는 상류 쪽으로 얼마의 각도를 이루어야 하는가? (그림 3.27)

접근 만약 배가 정북 쪽을 향해 건너려고 한다면 강물 때문에 서쪽 방향인 하류로 떠내려갈 것이다. 강물을 거슬러 정북 쪽으로 강을 건너기 위해서 배는 상류(동쪽) 방향의 성분과 강을 가로지르는(북쪽) 방향의 성분이 있어야 한다. 그림 3.27에 강가(**S**hore)에 대한 배(**B**oat)의 상대 속도인 $\vec{v}_{BS}$가 나타나 있으며 방향은 배가 건너게 될 정북 쪽을 향하고 있다. ($\vec{v}_{BS} = \vec{v}_{BW} + \vec{v}_{WS}$임에 주의한다.)

풀이 벡터 $\vec{v}_{BW}$는 그림에서 보는 바와 같이 상류로 θ의 각도를 이루고 있다. 도표로부터

$$\sin\theta = \frac{v_{WS}}{v_{BW}} = \frac{1.20\text{ m/s}}{1.85\text{ m/s}} = 0.6486$$

이다. 따라서 θ = 40.4°이고 뱃머리는 상류 쪽으로 40.4°의 각도를 이루어야 한다.

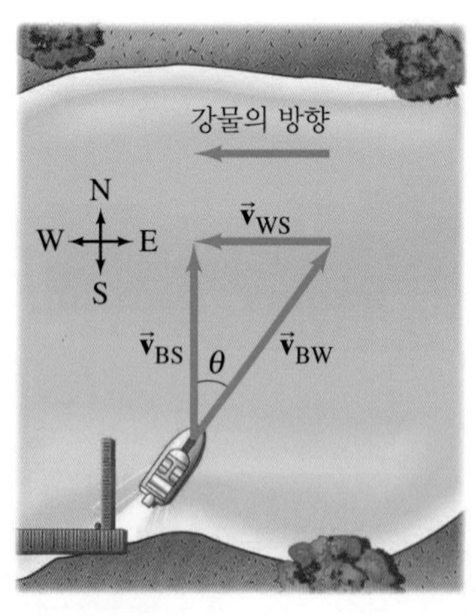

그림 3.27 예제 3.7

† 예를 들어 식 $\vec{v}_{BW} = \vec{v}_{BS} + \vec{v}_{WS}$는 잘못됐음을 알 수 있다. 안쪽 첨자들이 서로 같지 않으며 우변의 바깥쪽 첨자들과 좌변의 첨자들이 서로 같지 않다.

예제 3.8 **강을 가로질러 건너기**

같은 배(v_{BW} = 1.85 m/s)가 이제는 정북 쪽을 향해 강을 가로질러 건너려고 한다. 강물의 속도는 서쪽으로 1.20 m/s이다. (a) 강가에 대한 배의 속도(크기와 방향)는 얼마인가? (b) 만약 강의 너비가 110 m라면 강을 건너는 데 얼마의 시간이 소요되며 하류로 얼마만큼 떠내려가는가?

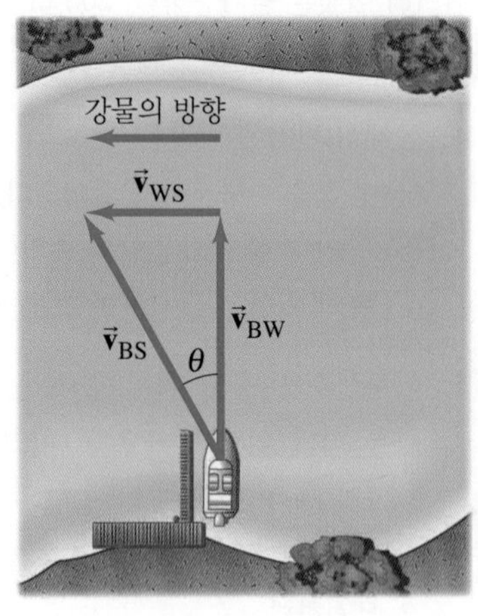

그림 3.28 예제 3.8. 1.20 m/s로 흐르는 강을 가로질러 건너가는 배

접근 그림 3.28에서 보는 바와 같이 뱃머리는 이제 정북 쪽을 향하고 있으며 강물 때문에 하류로 떠내려가고 있다. 강가에 대한 배의 속도 $\vec{\mathbf{v}}_{BS}$는 전과 같이 물에 대한 배의 속도 $\vec{\mathbf{v}}_{BW}$에 강가에 대한 물의 속도 $\vec{\mathbf{v}}_{WS}$를 더한 것과 같다.

$$\vec{\mathbf{v}}_{BS} = \vec{\mathbf{v}}_{BW} + \vec{\mathbf{v}}_{WS}$$

풀이 (a) $\vec{\mathbf{v}}_{BW}$와 $\vec{\mathbf{v}}_{WS}$가 서로 직각이므로, 우리는 피타고라스 정리를 이용하여 $\vec{\mathbf{v}}_{BS}$를 구할 수 있다.

$$v_{BS} = \sqrt{v_{BW}^2 + v_{WS}^2} = \sqrt{(1.85\,\text{m/s})^2 + (1.20\,\text{m/s})^2} = 2.21\,\text{m/s}$$

우리는 다음 식으로부터 각도(그림 3.28에서 각도 θ가 어떻게 정의되었는지 주의하라)를 구할 수 있다.

$$\tan\theta = v_{WS}/v_{BW} = (1.20\,\text{m/s})/(1.85\,\text{m/s}) = 0.6486$$

공학용 계산기에서 INV TAN이나 ARC TAN 또는 TAN^{-1} 키를 눌러 $\theta = \tan^{-1}(0.6486) = 33.0°$를 계산한다. 이 각도가 예제 3.7에서 구한 각도와 같지 않음에 주의하라.

(b) 배의 운항 시간은 배가 강을 가로질러 건너는 데 걸리는 시간에 의해서 결정된다. 강의 너비가 D = 110 m로 주어지고 D 방향으로의 속도 성분을 사용하면 $v_{BW} = D/t$로 쓸 수 있다. 여기서 t를 풀면, t = 110 m/1.85 m/s = 59.5 s를 얻는다. 이 시간 동안 배가 하류로 떠내려간 거리는

$$d = v_{WS}t = (1.20\,\text{m/s})(59.5\,\text{s}) = 71.4\,\text{m} \approx 71\,\text{m}$$

유의 이 예제에서는 가속도가 없다. 따라서 운동은 모두(배나 강물) 등속도 운동이다.

종합 문제

객관식

1. 길이가 20단위인 벡터를 길이가 40단위인 벡터와 더하려고 한다. 다음 중 합성 벡터의 크기로 가능한 것은 어느 것인가?
(a) 0 (b) 18 (c) 37
(d) 64 (e) 100

2. 어떤 벡터의 성분의 크기는
(a) 그 벡터의 크기보다 작거나 같아야 한다.
(b) 그 벡터의 크기와 같아야 한다.
(c) 그 벡터의 크기보다 크거나 같아야 한다.
(d) 그 벡터의 크기보다 작거나 같거나 커야 한다.

3. 여러분이 넓은 들판의 한 중앙에 있다고 하자. 여러분은 직선을 따라 100 m를 걸은 후 왼쪽으로 돌아 다시 직선을 따라 100 m를 걷고 정지한다. 정지한 곳은 출발 지점으로부터 100 m 떨어져 있다. 여러분은 몇 도를 돌았는가?
(a) 90°
(b) 120°
(c) 30°

(d) 180°

(e) 이것은 불가능하다. 200 m를 걸었는데 출발 지점으로부터 100 m 밖에 떨어져 있을 수는 없다.

4. 총에서 발사된 탄알은

(a) 총열을 떠나자마자 떨어진다.

(b) 공기 저항으로 총알의 속력이 줄면서 떨어진다.

(c) 공기 저항을 무시하면 결코 떨어지지 않는다.

5. 야구선수가 공을 쳐서 공이 높이 날아오른다. 공이 방망이를 떠나 위로 날아오를 때(그림 3.29의 점 P) 가속도의 방향을 나타낸 것으로 옳은 것은? 공기 저항은 무시한다.

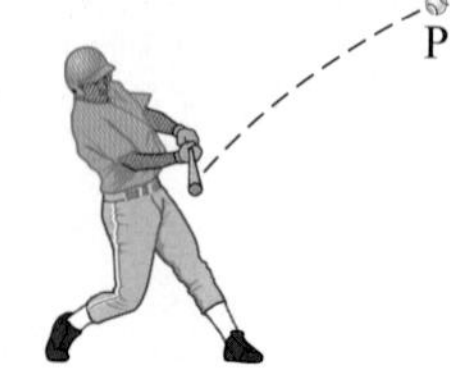

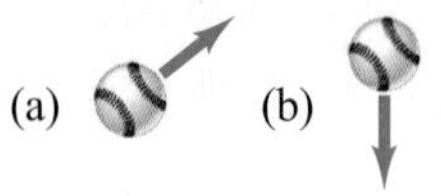

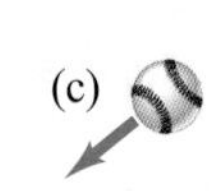

그림 3.29 객관식 5

6. 창문 너머로 한 공이 연직으로 떨어졌다. 그와 동시에 두 번째 공이 같은 창문을 통해 수평으로 던져졌다. 땅에 떨어지는 순간, 어느 공이 더 큰 속력을 갖는가?

(a) 떨어진 공

(b) 던져진 공

(c) 둘은 같은 속력으로 땅에 떨어진다.

(d) 공을 얼마나 세게 던졌는가에 달려 있다.

7. 여러분은 90 km/h의 속력으로 달리는 기차 안에 있다. 만약 야구공을 연직 위로 던질 경우 야구공은 어디에 떨어지는가?

(a) 여러분 앞에

(b) 여러분 뒤에

(c) 여러분 손에

(d) 주어진 정보만으로는 결정할 수 없다.

8. 그림 3.30에 보이는 세 개의 경로 중에서 어느 공이 가장 오래 공중에 머무르는가? 공은 모두 같은 최대 높이 h에 도달한다. 공기 저항은 무시한다.

(a), (b), (c) 또는 (d) 모두 같다.

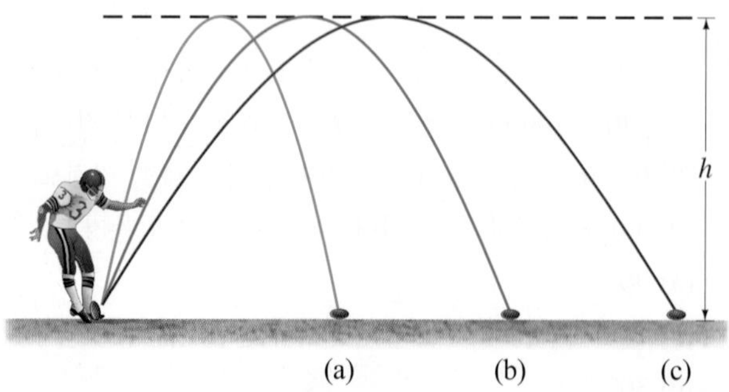

그림 3.30 객관식 8

9. 야구공을 높게 멀리 쳤다. 다음 중 옳은 것은 무엇인가? 가장 높은 점에서

(a) 가속도의 크기는 영이다.

(b) 속도의 크기는 영이다.

(c) 속도의 크기는 최저이다.

(d) 위의 항목들 중에서 한 개 이상이 옳다.

(e) 정답 없음

10. 한 자동차가 동쪽으로 10 m/s의 속력으로 달리고 있다. 다른 자동차는 북쪽으로 10 m/s의 속력으로 달리고 있다. 두 번째 자동차에 대한 첫 번째 자동차의 상대 속력은

(a) 20 m/s보다 작다.

(b) 정확히 20 m/s이다.

(c) 20 m/s보다 크다.

주관식

3.2~3.4 벡터의 덧셈

1. (I) 한 자동차가 서쪽으로 225 km 그리고 남서쪽(45°)으로 98 km 갔다. 출발점으로부터 자동차의 변위(크기와 방향)를 구하라. 도표를 그리라.

2. (I) 한 택배 트럭이 북쪽으로 21블록, 동쪽으로 16블록, 그리고 남쪽으로 26블록 갔다. 출발점으로부터 트럭의 나중 변위를 구하라. 블록의 길이는 모두 같다고 가정한다.

3. (I) $V_x = 9.80$단위, $V_y = -6.40$단위일 때 벡터 $\vec{\mathbf{V}}$의 크기와 방향을 구하라.

4. (II) (1) 24 m, 동북쪽으로 36°, (2) 18 m, 북동쪽으로 37°, (3) 26 m, 남서쪽으로 33°의 변위 벡터로부터 합성 벡터를 도표를 이용하여 구하라.

5. (II) 벡터 $\vec{\mathbf{V}}_1$이 6.6단위이고 $-x$축을 향한다. 벡터 $\vec{\mathbf{V}}_2$가 8.5단위이고 $+x$축으로부터 $+55°$를 향한다. (a) 각 벡터의 x와 y 성분은 무엇인가? (b) 합 벡터 $\vec{\mathbf{V}}_1 + \vec{\mathbf{V}}_2$를 구하라(크기와 방향).

6. (II) 크기가 $A = 6.8$단위, $B = 5.5$단위인 두 벡터 $\vec{\mathbf{A}}$와 $\vec{\mathbf{B}}$가 그림 3.31에 나타나 있다. (a) $\vec{\mathbf{C}} = \vec{\mathbf{A}} + \vec{\mathbf{B}}$, (b) $\vec{\mathbf{C}} = \vec{\mathbf{A}} - \vec{\mathbf{B}}$, (c) $\vec{\mathbf{C}} = \vec{\mathbf{B}} - \vec{\mathbf{A}}$일 경우 벡터 $\vec{\mathbf{C}}$를 구하라. 각각의 경우에 크기와 방향을 제시하라.

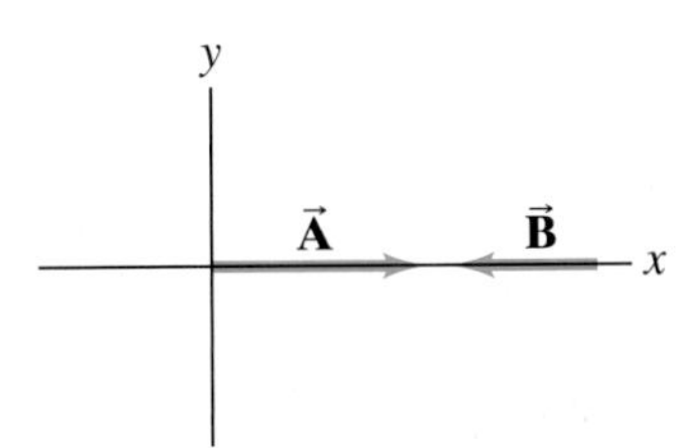

그림 3.31 주관식 6

7. (II) 그림 3.32에 세 개의 벡터가 나타나 있다. 벡터의 크기는 임의의 단위를 갖는다. 세 벡터의 합을 구하라. 합 벡터를 (a) 성분과 (b) 크기와 $+x$축으로부터의 각도로 제시하라.

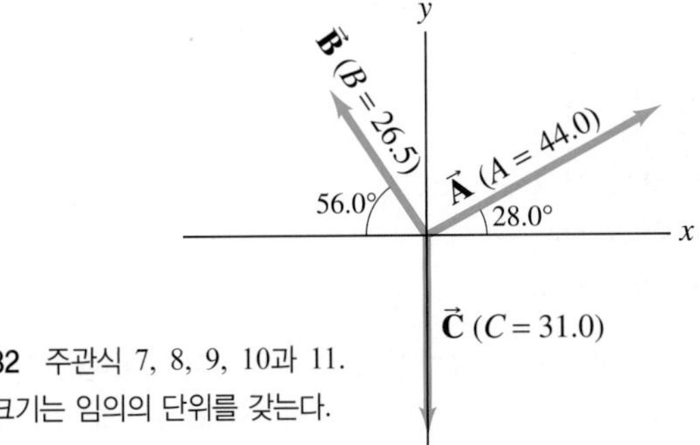

그림 3.32 주관식 7, 8, 9, 10과 11. 벡터의 크기는 임의의 단위를 갖는다.

8. (II) (a) 벡터 $\vec{\mathbf{A}}$와 $\vec{\mathbf{B}}$가 그림 3.32와 같이 주어졌을 때 $\vec{\mathbf{B}} - \vec{\mathbf{A}}$를 구하라. (b) 앞의 (a)에서 구한 답을 사용하지 않고 $\vec{\mathbf{A}} - \vec{\mathbf{B}}$를 구하라. 그리고 구한 벡터가 서로 반대 방향인지 비교하라.

9. (II) 벡터 $\vec{\mathbf{A}}$와 $\vec{\mathbf{C}}$가 그림 3.32와 같이 주어질 때 $\vec{\mathbf{A}} - \vec{\mathbf{C}}$를 구하라.

10. (II) 그림 3.32에 있는 벡터들을 이용하여 (a) $\vec{\mathbf{B}} - 3\vec{\mathbf{A}}$, (b) $2\vec{\mathbf{A}} - 3\vec{\mathbf{B}} + 2\vec{\mathbf{C}}$를 구하라.

11. (II) 그림 3.32에 있는 벡터들을 이용하여 (a) $\vec{\mathbf{A}} - \vec{\mathbf{B}} + \vec{\mathbf{C}}$, (b) $\vec{\mathbf{A}} + \vec{\mathbf{B}} - \vec{\mathbf{C}}$, (c) $\vec{\mathbf{C}} - \vec{\mathbf{A}} - \vec{\mathbf{B}}$를 구하라.

12. (II) 벡터 $\vec{\mathbf{V}}$가 y축과 각도 ϕ를 이룬다고 가정하자. 벡터 $\vec{\mathbf{V}}$의 x와 y 성분을 구하라.

3.5, 3.6 포물체 운동

[공기 저항은 무시한다.]

13. (I) 호랑이가 7.5 m 높이의 바위에서 수평 방향으로 3.0 m/s의 속력으로 뛰어내린다. 호랑이는 바위로부터 얼마나 멀리 뛰었는가?

14. (I) 다이빙 선수가 속력 2.5 m/s로 뛰면서 수평 방향으로 절벽에서 다이빙 한 후 3.0 s 뒤에 물에 떨어진다. 절벽의 높이는 얼마이고 물에 떨어진 지점은 절벽으로부터 얼마인가?

15. (II) 만약 어떤 사람의 뛰는 속력과 각도가 같다면 지구에서 뛴 거리와 비교했을 때 달에서 뛴 거리는 지구의 몇 배가 되는가? 달에서의 중력 가속도는 지구에서의 1/6에 해당한다.

16. (II) 7.5 m 높이의 건물 옥상에서 수평 방향으로 공을 던졌다. 만약 공이 건물 밑으로부터 9.5 m 떨어진 곳에 떨어졌다면 공의 처음 속력은 얼마인가?

17. (II) 건물 옥상에서 수평 방향으로 12.2 m/s의 속력으로 공을 던졌다. 만약 공이 건물 밑으로부터 21.0 m 떨어진 곳에 떨어졌다면 건물의 높이는 얼마인가?

18. (II) 속력이 18.0 m/s이고 수평으로부터 31.0°의 각도로 땅의 높이에서 축구공을 찼다. 축구공이 날아가 다시 땅에 떨어질 때까지 걸린 시간은 얼마인가?

19. (II) 지면 근처에 있는 소방 호스에서 6.5 m/s의 속력으로 물이 뿜어져 나온다. 노즐을 몇 도의 각도로 들어야 물이 2.5 m만큼 날아가는가(그림 3.33)? 왜 다른 두 개의 각도가 나오는가? 두 개의 궤적을 그리라.

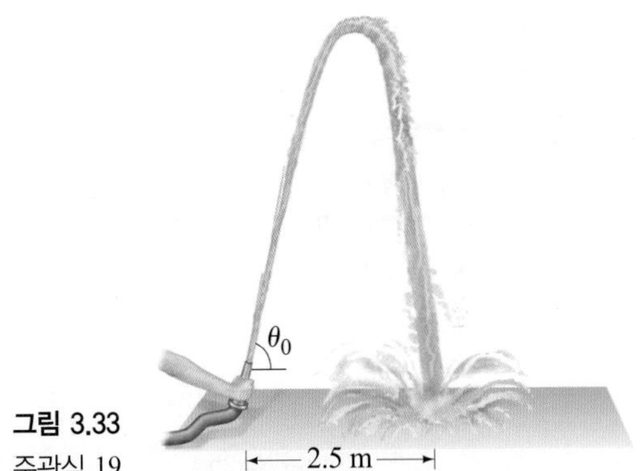

그림 3.33 주관식 19

20. (II) 여러분은 똑똑한 물리학도로서 플라스틱 다트 총을 사서 다트의 최대 수평 도달 거리를 빨리 계산하여 알아내고자 한다. 연직 위 방향으로 총을 쏴서 다트가 다시 총열에 도착할 때까지 4.0 s가 걸린다. 총의 최대 수평 도달 거리는 얼마인가?

21. (II) 메뚜기가 길을 따라 수평으로 뛰고 있다. 한 번 뛸 때마다 메뚜기는 각도 $\theta_0 = 45°$로 최대 거리 $R = 0.80$ m를 뛴다. 메뚜기의 수평 방향의 평균 속력을 구하라. 뛸 때 땅에 닿아 있는 순간의 시간은 무시한다.

22. (II) 포물체를 길고 평탄한 사격장에서 수평 위 42.2°의 각도로 36.6 m/s의 처음 속력으로 발사한다. 이때 (a) 최대 도달 높이, (b) 공중에 떠있는 전체 시간, (c) 수평 도달 거리,

(d) 발사 후 1.50 s 후 포물체의 속력을 구하라.

23. (II) 한 육상 선수가 긴 점프를 하고 있다. 각도 27.0°로 점프하여 7.80 m까지 도달한다. (a) 점프할 때의 속력은 얼마인가? (b) 만약 점프할 때의 속력을 5.0 % 증가시킨다면 도달 거리는 얼마나 증가하는가?

24. (II) 투포환 선수가 질량이 7.3 kg인 포환을 수평에 대해 34.0°의 각도로 14.4 m/s의 속력으로 던진다. 이 포환이 지상으로부터 2.10 m 높이에 있는 선수의 손에서 떠난다면, 포환이 이동한 수평 거리를 계산하라.

25. (II) 야구공이 방망이에 맞아 27.0 m/s의 속력으로 45.0°의 각도를 이루며 날아간다. 야구공은 13.0 m 높이의 인근 건물 옥상에 떨어진다. 만약 야구공이 지면으로부터 1.0 m 높이에서 방망이에 맞았다면 인근 건물 옥상에 떨어진 곳까지의 수평 거리는 얼마인가?

26. (II) 구조 비행기가 235 m 아래에 있는 바위 능선에서 고립된 등산객에게 구호물자를 떨어뜨리려고 한다. 만약 비행기가 수평 방향으로 250 km/h (69.4 m/s)의 속력으로 날고 있다면 등산객이 있는 곳으로부터 어느 정도 떨어진 곳(수평 거리)에서 구호물자를 떨어뜨려야 하는가(그림 3.34)?

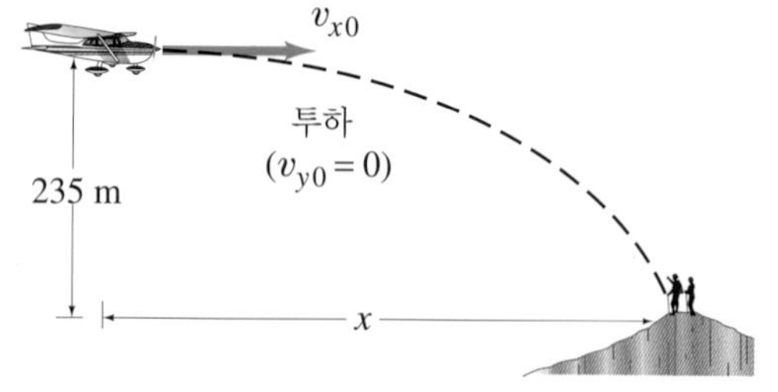

그림 3.34 주관식 26

27. (III) 문제 26의 구조 비행기가 등산객으로부터 수평 거리 425 m 떨어진 전면에 구호물자를 떨어뜨린다고 하자. 등산객 위치에 구호물자가 정확히 도착하려면 구호물의 연직 속도(위 또는 아래)는 얼마여야 하는가(그림 3.35)? 구호물자가 땅에 도착할 때의 속력은 얼마인가?

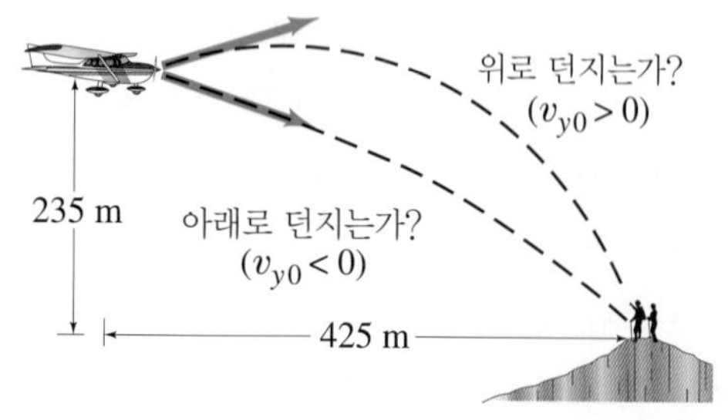

그림 3.35 주관식 27

28. (III) 다이빙 선수가 4.0 m 높이의 다이빙대 끝에서 뛰어서 1.3 s 뒤에 다이빙대 끝에서 3.0 m 너머에 있는 곳에 입수를 한다. 다이빙 선수를 입자로 간주하여 (a) 다이빙 선수의 처음 속도 $\vec{\mathbf{v}}_0$, (b) 최대 높이, (c) 입수할 때의 속도 $\vec{\mathbf{v}}_f$를 구하라.

29. (III) 포물체가 최대 높이까지 도달하는 데 걸리는 시간이 다시 출발지점의 높이까지 돌아오는 데 걸리는 시간과 같음을 보이라. 공기 저항은 무시한다.

30. (III) 예제 3.4에서 발로 찬 미식 축구공이 골대로부터 36.0 m 날아가게 하고자 한다. 골대의 크로스바는 지면으로부터 3.05 m 위에 있다. 축구공이 완전히 두 골대 사이를 향한다면, 이는 크로스바를 넘어 필드골이 될 수 있는가? 그 이유는 무엇인가? 그렇지 않다면, 점수를 얻기 위해서는 어느 수평 거리에서 축구공을 차야만 하는가?

3.8 상대 속도

31. (I) 한 사람이 유람선의 갑판 위에서 뱃머리(배의 앞부분)를 향해 아침 조깅을 하고 있다. 이 사람의 속력은 2.0 m/s이고 유람선의 속력은 앞 방향으로 8.5 m/s이다. 물에 대한 조깅하는 사람의 상대 속도는 얼마인가? 이후, 이 사람은 선미(배의 뒷부분)를 향해 조깅을 하고 있다. 이때 물에 대한 조깅하는 사람의 상대 속도는 얼마인가?

32. (I) 허클베리 핀이 0.70 m/s의 속력으로 그의 뗏목을 가로질러 걷고 있다(즉 그는 뗏목이 움직이는 방향과 직각으로 걷고 있다). 무거운 뗏목은 강둑에 대해 1.50 m/s의 속력으로 미시시피 강을 내려가고 있다(그림 3.36). 강둑에 대한 허클베리 핀의 상대 속도(속력과 방향)를 구하라.

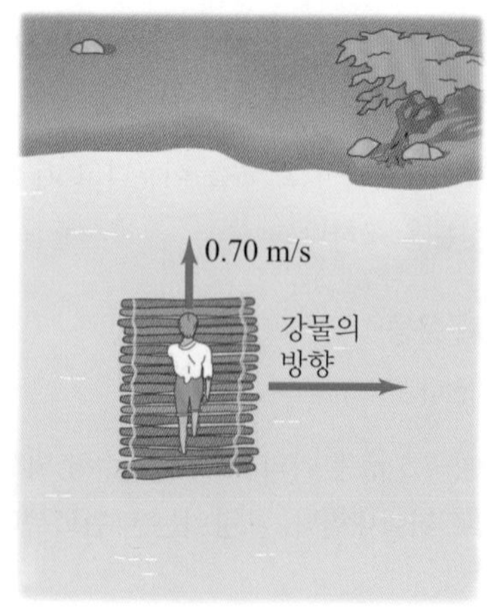

그림 3.36 주관식 32

33. (II) 예제 3.7에서 강가에 대한 배의 상대 속도의 크기(속력)를 구하라.

34. (II) 두 비행기가 서로 정면으로 날아오고 있다. 두 비행기의 속력은 각각 780 km/h로 같으며 10.0 km 떨어져 있을 때 처음으로 상대방 비행기의 존재를 알아챘다. 비행기들이 서로 충돌하지 않도록 조정하는 데 비행사는 얼마의 시간이 남아 있는가?

35. (II) 그림 3.37과 같이 잔잔한 호수 위를 1.70 m/s의 속력으로 움직이는 배에서 승객이 0.60 m/s의 속력으로 계단을 올라가고 있다. 그림에 나타난 것과 같이 계단의 기울기는 배가 진행하는 방향에서 45°의 각도를 이루고 있다. 물에 대한 승객의 상대 속도를 구하라.

그림 3.37 주관식 35

36. (II) 비행기가 688 km/h의 속력으로 남쪽을 향해 가고 있다. 바람이 90.0 km/h의 평균 속력으로 남서풍이 불기 시작할 때, 다음을 계산하라. (a) 지면에 대한 비행기의 속도(크기와 방향), (b) 조종사가 보정하지 않는다면, 비행기는 11.0 min 후에 원하는 지점으로부터 얼마나 멀리 있는가? [힌트: 먼저 그림을 그린다.]

37. (II) 문제 36에서 비행기가 남쪽으로 날아가기 위해서는 조종사는 비행기의 방향을 어디로 향해야 하는가?

38. (II) 한 수영 선수가 잔잔한 물에서 0.60 m/s의 속력으로 수영을 할 수 있다고 하자. (a) 만약 너비가 45 m이고 물의 흐름이 0.50 m/s인 강을 수영 선수가 직각으로 가로질러 수영한다고 하면 이 수영 선수는 (출발지점의 건너편으로부터) 얼마의 거리만큼 하류로 떠내려가 도착하겠는가? (b) 이 수영 선수가 강 건너편에 도달하는 데 걸리는 시간은 얼마인가?

39. (II) (a) 문제 38에서 수영 선수가 정확히 강 건너편 위치에 도착하려면, 상류 쪽으로 몇 도만큼 기울어 수영해야 하는가? (b) 수영 선수가 강 건너편에 도달하는 데 걸리는 시간은 얼마인가?

40. (III) 두 자동차가 길모퉁이에서 서로 직각으로 다가오고 있다(그림 3.38). 자동차 1은 지구에 대해서 속력 v_{1E} = 35 km/h, 자동차 2는 속력 v_{2E} = 55 km/h로 달리고 있다. 자동차 2에서 볼 때 자동차 1의 상대 속도는 얼마인가? 또 자동차 1에 대한 자동차 2의 상대 속도는 얼마인가?

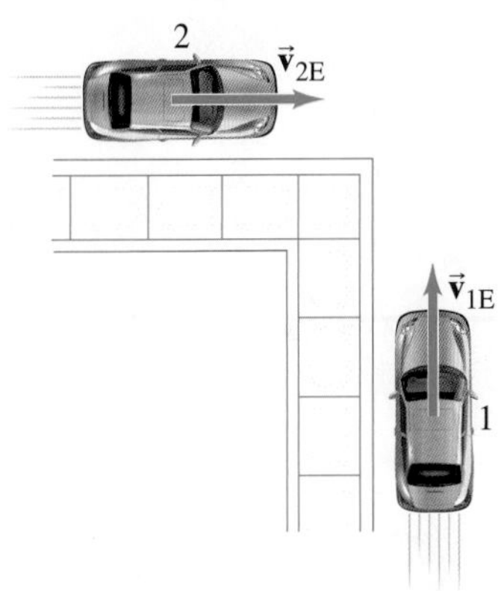

그림 3.38 주관식 40

연습 해답

A: $3.0\sqrt{2} \approx 4.2$ 단위

B: (a)

C: 동시에 땅에 떨어진다.

D: (i) 없다. (ii) 가장 높은 곳 (iii) 없다.

E: (d). 상자의 처음 속도를 제공한다.

F: (a) $v = v_{x0} = 16.0\,\text{m/s}$, 수평 방향 (b) $9.80\,\text{m/s}^2$ 아래 방향

우주왕복선이 강력한 로켓에 의해서 우주로 날아가고 있다. 로켓은 짧은 시간에 속력을 증가시키면서 가속하고 있다. 그러기 위해서는 뉴턴 제2법칙 $\Sigma\vec{\mathbf{F}} = m\vec{\mathbf{a}}$에 따른 힘이 로켓에 작용해야 한다. 이 힘의 근원은 무엇인가? 로켓 엔진이 기체에 힘을 가하여 로켓 후미로 밀어낸다(분출한다)($\vec{\mathbf{F}}_{GR}$로 표기). 뉴턴 제3법칙에 따르면 분출된 기체가 크기는 같지만 방향이 반대인 힘을 로켓에 가하여 앞으로 나아가게 한다. 이것이 바로 기체가 로켓에 가하는 힘의 '반작용'으로 $\vec{\mathbf{F}}_{RG}$로 표기하며 로켓을 앞으로 가속시킨다.

동역학: 뉴턴 운동 법칙

시작 질문 추정해 보라!

1. 미식축구에서 150 kg인 선수가 75 kg인 러닝백과 정면으로 충돌한다. 충돌 과정에서 무거운 선수가 가벼운 선수에게 크기 F_A의 힘을 가한다. 만약 가벼운 선수가 무거운 선수에게 반대로 힘 F_B를 가한다고 할 때 다음 중 옳은 것은?

(a) $F_B = F_A$

(b) $F_B < F_A$

(c) $F_B > F_A$

(d) $F_B = 0$

(e) 정보가 더 필요하다.

2. 시인 엘리엇의 〈대성당의 살인〉에 나오는 구절 중에서 '지구가 발을 밀어 올리고 있다'는 표현이 있다. 이 힘은 무엇인가?

(a) 중력

(b) 수직 항력

(c) 마찰력

(d) 원심력

(e) 힘은 없다. 시적 표현일 뿐이다.

우리는 속도와 가속도를 이용하여 운동을 기술하는 방법에 대해 알아보았다. 이제 우리는 **왜** 물체가 그렇게 움직이는지에 관한 질문에 대해 다룰 것이다. 즉 무엇이 정지해 있는 물체를 움직이게 하는가? 물체가 가속하거나 감속하는 원인은 무엇인가? 물체가 곡선을 따라 움직일 때 관여하는 것은 무엇인가? 우리는 이런 물음들에 대해 힘이 필요하다고 대답할 수 있다. 이 장†에서 우리는 **동역학**(dynamics)이라고 하는 힘과 운동과의 관계를 알아볼 것이다.

4.1 힘

그림 4.1 슈퍼마켓의 카트에 힘이 작용한다. 이 경우에 사람이 힘을 가한다.

우리는 물체를 밀거나 끌 때 직관적으로 **힘**(force)을 경험한다. 고장 난 자동차나 슈퍼마켓의 카트를 밀 때 여러분은 그 물체에 힘을 가한다(그림 4.1). 전동기로 승강기를 끌어올리거나 망치로 못을 내리칠 때 또는 바람에 나뭇잎이 흩날릴 때 모두 힘이 작용한다. 우리는 이 힘을 종종 **접촉력**이라고 한다. 왜냐하면 한 물체가 다른 물체와 접촉할 때 힘이 가해지기 때문이다. 다른 한편으로는 물체가 떨어지는 것은 **중력**(접촉력이 아님) 때문이라고 말한다.

정지해 있는 물체를 움직이려고 할 때 힘이 필요하다. 즉 한 물체를 영의 속도에서 영이 아닌 속도로 가속시키려면 힘이 필요하다. 이미 움직이고 있는 물체의 경우 물체의 속도(방향과 크기 모두)를 바꾸려면 힘이 필요하다. 바꾸어 말하면 물체를 가속시키려면 힘이 항상 필요하다. 4.4절에서 우리는 뉴턴 제2법칙인 가속도와 알짜힘의 관계를 면밀히 살필 것이다.

힘의 크기(또는 세기)를 측정하는 한 방법으로 용수철 저울을 사용한다(그림 4.2). 용수철 저울은 보통 한 물체의 무게를 구할 때 사용한다. 여기서 무게란 물체에 작용하는 중력을 의미한다(4.6절). 용수철 저울은 다른 종류의 힘들을 구할 때 사용할 수 있는데, 그림 4.2에서와 같이 끄는 힘을 구할 때도 사용할 수 있다.

다른 방향으로 작용하는 힘은 다른 효과를 나타낸다. 힘은 크기뿐만 아니라 방향도 갖고 있어서 벡터양이며 따라서 3장에서 배운 벡터의 덧셈 규칙을 따른다. 우리는 속도에서 했던 것과 마찬가지로 화살표를 이용하여 도표에 힘을 표시한다. 화살

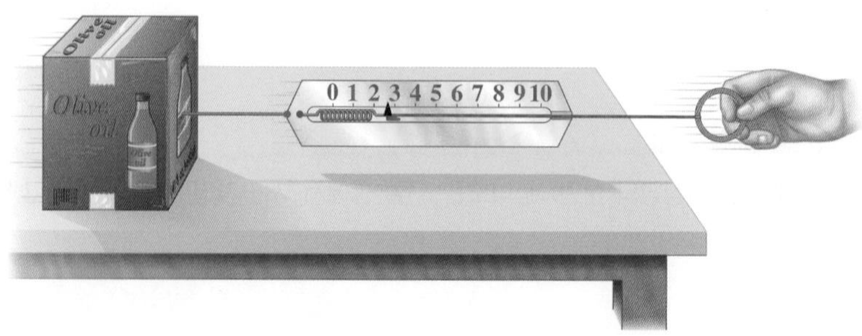

그림 4.2 힘을 측정하기 위한 용수철 저울

† 우리는 여기서 일상적인 물체들의 운동을 다룬다. 속도가 매우 커서 빛의 속력(3.0×10^8 m/s)에 가까우면 우리는 상대성 이론을 사용한다(26장). 그리고 원자와 분자와 같은 극미소의 세계에서는 양자역학을 사용한다(27장 이후).

표의 방향은 밀거나 끄는 힘의 방향이며 화살표의 길이는 힘의 크기에 비례하여 그린다.

4.2 뉴턴 운동 제1법칙

힘과 운동의 관계는 무엇인가? 아리스토텔레스(기원전 384~322)는 물체가 수평면을 따라 계속 움직이기 위해서는 힘이 필요하다고 믿었다. 아리스토텔레스에게 물체의 자연스러운 상태는 정지 상태였으며 힘은 운동을 유지하는 데 필요한 것으로 믿었다. 더 나아가, 아리스토텔레스는 물체에 가하는 힘이 더 커지면 물체의 속력도 또한 더 커진다고 주장했다.

약 2000년 후, 갈릴레오는 이에 동의하지 않았다. 그는 물체가 등속도로 움직이는 것이 물체가 정지해 있는 것만큼이나 자연스러운 일이라고 주장했다.

갈릴레오의 생각을 이해하기 위해서 수평면을 따라 움직이는 물체에 관한 다음의 관찰들을 고려해 보자. 한 물체를 표면이 거친 책상 윗면을 따라 등속력으로 밀기 위해서는 일정한 양의 힘이 필요하다. 무게는 같으나 표면이 아주 매끈한 물체를 책상 윗면을 따라 같은 속력으로 밀기 위해서는 보다 작은 힘이 필요할 것이다. 만약 물체의 표면과 책상 사이에 기름이나 다른 윤활유 층이 존재한다면 물체의 운동을 유지하기 위해서 거의 아무런 힘이 필요 없을 것이다. 위의 각 단계별로 보다 작은 힘이 필요함을 주지하라. 그 다음 단계로, 마찰이 전혀 없다고 상상해 보자. 즉 물체와 책상 간에 마찰이 없거나—아주 완벽한 윤활유가 존재해서—일단 물체가 움직이기 시작하면 어떤 힘도 받지 않고 책상을 따라 등속력으로 움직일 것이다. 단단한 표면 위를 수평으로 굴러가는 강철 볼 베어링이 이런 경우에 해당한다. 공기 테이블 위의 퍽도 이에 해당하는 데, 얇은 공기층이 마찰을 거의 영으로 떨어뜨린다.

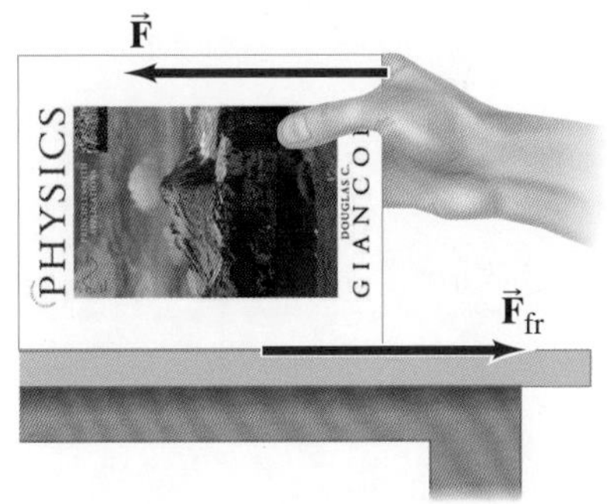

그림 4.3 $\vec{\mathbf{F}}$는 사람이 작용하는 힘을 나타내고 $\vec{\mathbf{F}}_{fr}$는 마찰력을 나타낸다.

마찰이 없는 이와 같은 이상적인 세계에 대한 상상은 갈릴레오의 천재성에서 나왔으며 현실 세계를 보다 더 정확하고 풍부하게 이해할 수 있는 토대를 마련했다. 이와 같은 이상화는 그로 하여금 다음과 같은 놀라운 결론, 즉 움직이는 물체에 힘이 작용하지 않으면 물체는 직선을 따라 등속력으로 계속 움직일 것이라는 결론에 이르게 했다. 물체는 힘이 가해질 때에만 속력이 줄어든다. 따라서 갈릴레오는 마찰을 보통 밀거나 끌 때와 유사한 힘이라고 해석했다.

한 물체를 책상 위에서 등속력으로 밀기 위해서는 마찰력과 균형을 이루는 손으로부터의 힘이 필요하다(그림 4.3). 물체가 등속력으로 움직일 때 여러분이 미는 힘은 마찰력의 크기와 같다. 그러나 이 두 힘은 서로 반대 방향이어서 물체에 작용하는 **알짜**힘(두 힘들의 벡터 합)은 영이다. 이것은 갈릴레오의 견해, 즉 물체에 **알짜**힘이 작용하지 않으면 물체는 등속도로 움직인다와 일치하고 있다.

그림 4.4 아이작 뉴턴(1642~1727). 뉴턴은 그의 위대한 세 가지 운동 법칙과 만유인력 법칙을 포함하여 역학의 발전에 기여했을 뿐만 아니라 빛의 본질을 규명하려고 노력했다.

갈릴레오가 이룩한 이 토대 위에 아이작 뉴턴(그림 4.4)은 그의 위대한 운동의 법칙을 세웠다. 뉴턴의 운동에 관한 분석은 그의 유명한 '세 가지 운동 법칙'에 요약되어 있다. 1687년 출판한 그의 위대한 저서 《**프린키피아**(Principia)》에서 뉴턴은 갈릴레오에게 진 빚을 기꺼이 인정했다. 사실 운동에 관한 **뉴턴 제1법칙**(Newton's first law of motion)은 갈릴레오의 결론에 가깝다. 즉

뉴턴 제1법칙

물체에 알짜힘이 작용하지 않는 한, 정지한 물체는 계속 정지 상태로 있고, 움직이던 물체는 계속 직선 상에서 등속도 운동을 한다.

한 물체가 정지 상태를 유지하거나 직선 상에서 등속도 운동을 유지하려는 성질을 **관성**(inertia)이라고 한다. 결과적으로 뉴턴 제1법칙을 종종 **관성 법칙**(law of inertia)이라고 한다.

관성 기준틀

뉴턴 제1법칙은 모든 기준틀에서 성립하지는 않는다. 예를 들어 만약 여러분의 기준틀이 가속하는 자동차라면 계기판 위에 정지해 있던 컵과 같은 물체는 여러분이 있는 방향으로 움직일 것이다(자동차가 일정한 속도를 유지하는 동안 컵은 정지 상태를 유지한다). 컵이 여러분이 있는 방향으로 가속되지만 여러분이나 어떤 것도 컵에 힘을 가하지는 않았다. 가속하는 기준틀에서 뉴턴 제1법칙은 성립하지 않는다. 뉴턴 제1법칙이 성립하는 기준틀에서 물리는 더 수월하며 이를 **관성 기준틀**(inertial reference frames)(관성 법칙이 유효한 기준틀)이라고 한다. 대부분의 경우 우리는 지구에 고정된 기준틀을 근사적으로 관성 기준틀로 간주한다. 이것은 지구가 회전하기 때문에 엄밀히 말해서 옳지는 않지만 보통은 관성 기준틀에 아주 가깝다.

관성 기준틀과 상대적으로 일정한 속도로 움직이는 임의의 기준틀(자동차나 비행기)은 또한 관성 기준틀이다. 앞에서 언급했듯이 가속하는 기준틀과 같이 관성 법칙이 성립하지 않는 기준틀을 **비관성 기준틀**(noninertial reference frames)이라고 한다. 기준틀이 관성 기준틀인지 아닌지를 어떻게 구분할 수 있을까? 뉴턴 제1법칙이 성립하는지의 여부에 따라 결정된다. 따라서 뉴턴 제1법칙이 관성 기준틀의 정의로 사용된다.

4.3 질량

다음 절에서 배우게 될 뉴턴 제2법칙에서는 질량이라는 개념을 사용한다. 뉴턴은 **질량**이라는 용어를 '물질의 양'에 대한 동의어로 사용했다. 물체의 질량에 관한 이와 같은 직관적인 개념은 아주 정확하지 않다. '물질의 양'이라는 개념이 잘 정의되어 있지 않기 때문이다. 보다 정확하게 **질량**(mass)은 물체의 **관성의 척도**라고 말할 수 있다. 물체의 질량이 클수록 물체를 가속하는 데 필요한 힘이 더 커야 한다. 질량이 클수록 정지 상태에서 움직이기 어려우며 움직이는 상태에서 정지시키기도 어렵고 직선에서 벗어나도록 속도를 변화시키기도 어렵다. 같은 속력으로 움직이는 트럭의 관성이 야구공의 관성보다 훨씬 커서 트럭의 속도를 변화시키는 데 소요되는 힘이 야구공의 속도를 같은 비율로 변화시키는 데 소요되는 힘보다 훨씬 크다. 따라서 트럭의 질량이 훨씬 크다.

질량의 개념을 정량화하기 위해서 우리는 표준을 정의해야 한다. 1장의 1.5절에서 살펴보았듯이 SI 단위계에서 질량의 단위는 **킬로그램**(kilogram, kg)이다.

질량과 **무게**라는 용어는 종종 서로 혼동하기 쉬워서 이들을 구별하는 것이 중요하다. 질량은 물체 그 자체의 성질이다(물체의 관성의 척도, 또는 '물질의 양'). 반면에 무게는 하나의 힘으로 물체에 작용하는 중력이다. 차이를 알아보기 위해 물체를 달에 가져갔다고 가정하자. 물체의 무게는 달에서의 중력이 약하기 때문에 지구에서 보다 약 1/6밖에 나가지 않는다. 그러나 물체의 질량은 같다. 지구에서와 마찬가지로 물체는 같은 양의 물질을 가지며 같은 양의 관성을 갖는다. 마찰이 없을 때 정지해 있는 물체를 움직이기가 지구에서와 같은 정도로 달에서도 어려우며 또한 움직이는 물체를 멈추기도 같은 정도로 어렵다. (무게에 대해서는 4.6절에서 더 다룬다.)

주의

질량과 무게를 구별하라.

4.4 뉴턴 운동 제2법칙

뉴턴 제1법칙에 따르면 정지해 있는 물체에 어떤 알짜힘도 작용하지 않으면 그 물체는 정지 상태를 유지한다. 또는 움직이고 있는 물체라면 직선을 따라 등속력으로 계속 움직인다. 그러나 만약 물체에 어떤 알짜힘이 작용한다면 어떻게 될까? 뉴턴은 물체의 속도가 변할 것이라고 생각했다(그림 4.5). 물체에 가해진 알짜힘은 물체의 속도를 증가시키기도 한다. 또는 알짜힘이 움직이는 방향과 반대 방향으로 작용하면 그 힘은 물체의 속도를 감소시킬 것이다. 만약 알짜힘이 움직이는 물체의 옆으로 작용하면 물체의 속도의 **방향**이 바뀐다. 속도의 **방향**을 바꾸는 것도 또한 가속에 해당한다. 따라서 물체에 옆으로 작용하는 알짜힘은 가속도를 야기한다. 일반적으로 우리는 **알짜힘이 가속도를 야기한다**고 말할 수 있다.

그림 4.5 봅슬레이는 팀이 힘을 가하기 때문에 가속한다.

그렇다면 가속도와 힘과의 관계는 정확히 무엇인가? 일상의 경험에서 우리는 답을 찾을 수 있다. 마찰이 무시할 정도로 작을 때 카트를 밀기 위해 필요한 힘을 생각해보자. (만약 마찰이 있다면 가해준 힘에서 마찰력을 뺀 알짜힘을 고려한다.) 만약 여러분이 어떤 시간 동안 일정한 힘으로 부드럽게 카트를 수평으로 민다고 하면 카트는 정지 상태에서 어떤 속력, 예를 들어 3 km/h로 가속될 것이다. 만약 두 배의 힘으로 민다면 카트가 3 km/h에 도달하는 데 절반의 시간이 걸릴 것이다. 따라서 가속도는 두 배가 될 것이다. 만약 세 배의 힘을 가한다면 가속도는 세 배가 되며 이렇게 계속할 수 있다. 따라서 물체의 가속도는 가해준 알짜힘에 정비례한다†. 그러나 가속도는 물체의 질량에도 의존한다. 만약 여러분이 비어 있는 카트를 가득 찬 카트를 밀 때와 같은 힘으로 민다면 가득 찬 카트의 가속도가 더 작음을 알 수 있을 것이다. 질량이 크면 같은 알짜힘에 대해서 가속도는 작다. 뉴턴에 의하면 수식으로 표현하여 물체의 가속도는 물체의 질량에 반비례한다. 이와 같은 상관 관계는 일반적으로 성립한다고 알려졌으며 다음과 같이 요약할 수 있다.

물체의 가속도는 물체에 작용하는 알짜힘에 정비례하고 물체의 질량에 반비례한

뉴턴 제2법칙

† 비례에 관한 사항은 부록 A를 참조한다.

다. 가속도의 방향은 물체에 작용하는 알짜힘의 방향과 같다.

이것이 운동에 관한 **뉴턴 제2법칙**(Newton's second law of motion)이다.

뉴턴 제2법칙을 다음과 같은 식으로 쓸 수 있다.

$$\vec{\mathbf{a}} = \frac{\Sigma\vec{\mathbf{F}}}{m}$$

여기서 $\vec{\mathbf{a}}$는 가속도, m은 질량, $\Sigma\vec{\mathbf{F}}$는 물체에 작용하는 **알짜힘**을 나타낸다. 기호 Σ(그리스 문자 '시그마')는 '합'을 나타내며 $\vec{\mathbf{F}}$는 힘이기 때문에 결과적으로 $\Sigma\vec{\mathbf{F}}$는 물체에 작용하는 **모든 힘의 벡터 합**을 의미한다. 우리는 이를 **알짜힘**(net force)이라 정의한다.

이 식을 우리가 잘 알고 있는 뉴턴 제2법칙에 관한 식으로 다시 정리하여 다음과 같이 쓸 수 있다.

뉴턴 제2법칙

$$\Sigma\vec{\mathbf{F}} = m\vec{\mathbf{a}} \tag{4.1}$$

뉴턴 제2법칙은 운동에 대한 기술을 운동의 원인인 힘에 결부하고 있다. 이것은 물리학에서 가장 기본적인 관계식 중의 하나이다. 뉴턴 제2법칙으로부터 우리는 **힘**(force)을 **물체를 가속시킬 수 있는 작용**으로서 보다 정확하게 정의할 수 있다.

모든 힘 $\vec{\mathbf{F}}$는 벡터양으로 크기와 방향을 갖는다. 식 4.1은 벡터 식으로 어떤 관성 기준틀에서도 유효하다. 직각 좌표계에서 이 식을 성분으로 표현하면 다음과 같다.

$$\Sigma F_x = ma_x, \qquad \Sigma F_y = ma_y, \qquad \Sigma F_z = ma_z$$

만약 운동이 직선(일차원) 상에서 이루어지면 우리는 아래 첨자를 빼고 단순히 $\Sigma F = ma$로 쓸 수 있다. 여기서 a는 질량이 m인 물체의 가속도이고 ΣF는 그 물체에 작용하는 모든 힘만을 포함한다. (때때로 알짜힘 ΣF를 F_{net}으로 표기하기도 한다. 따라서 $F_{\text{net}} = ma$이다.)

질량의 단위가 킬로그램인 SI 단위계에서 힘의 단위는 **뉴턴**(newton, N)이다. 1 뉴턴은 질량이 1 kg인 물체에 작용하여 1 m/s^{2}의 가속도를 내는 데 필요한 힘이다. 따라서 1 N = 1 kg · m/s^{2}이다.

cgs 단위계에서 질량의 단위는 그램(gram, g)이다†. 힘의 단위는 **다인**(dyne)으로 질량이 1 g인 물체에 작용하여 1 cm/s^{2}의 가속도를 내는 데 필요한 힘으로 정의한다. 따라서 1 dyn = 1 g · cm/s^{2}이다. 1 g = 10^{-3} kg이고 1 cm = 10^{-2} m이기 때문에 1 dyn = 10^{-5} N이다.

좀처럼 사용하지는 않지만 영국 단위계에서 힘의 단위는 **파운드**(pound, lb)이며 1 lb = 4.44822 N ≈ 4.45 N이다. 질량의 단위는 **슬러그**(slug)이며 물체에 1 lb의 힘이 작용하여 1 ft/s^{2}의 가속도를 내는 질량으로 정의한다. 따라서 1 lb = 1 slug · ft/s^2 이다. 표 4.1에 여러 단위계에서 쓰는 단위들을 요약했다.

표 4.1 질량과 힘의 단위

단위계	질량	힘
SI	킬로그램 (kg)	뉴턴(N) (= kg · m/s^2)
cgs	그램(g)	다인(dyn) (= g · cm/s^2)
영국	슬러그 (slug)	파운드(lb)

바꿈 인자: 1 dyn = 10^{-5} N. 1 lb ≈ 4.45 N. 1 slug ≈ 14.6 kg.

주어진 문제나 계산에서 한 종류의 단위계만을 사용하는 것이 매우 중요하다. 우

† 그램에 해당하는 g를 중력 가속도로 표기하는 g와 혼동하지 않도록 주의하라. 후자는 항상 이탤릭체로 쓴다(또는 벡터일 경우에는 굵은 글씨체로 쓴다).

리는 SI 단위계만을 항상 사용할 것이다. 만약 힘이 뉴턴으로 제시되어 있고 질량이 그램으로 제시되어 있으면 가속도를 SI 단위계로 계산하기 전에 질량을 킬로그램으로 바꾸어야 한다. 예를 들어 힘이 x 방향으로 2.0 N 작용하고 질량이 500 g이라고 하면, 우선 질량을 0.5 kg으로 바꾼다. 뉴턴 제2법칙을 사용하여 가속도를 계산하면 단위는 자동적으로 $\mathrm{m/s^2}$이 된다.

$$a_x = \frac{\Sigma F_x}{m} = \frac{2.0\,\mathrm{N}}{0.50\,\mathrm{kg}} = \frac{2.0\,\mathrm{kg\cdot m/s^2}}{0.50\,\mathrm{kg}} = 4.0\,\mathrm{m/s^2}$$

여기서 $1\ \mathrm{N} = 1\ \mathrm{kg\cdot m/s^2}$을 사용했다.

예제 4.1 추산 자동차를 가속하는 데 필요한 힘

(a) 1000 kg의 자동차의 가속도가 $\frac{1}{2}g$, (b) 200 g의 사과의 가속도가 $\frac{1}{2}g$되는 데 필요한 힘을 추산하라.

접근 우리는 뉴턴 제2법칙을 사용하여 각각의 물체에 작용하는 알짜힘을 구한다. 질량과 가속도가 주어져 있다. 이것은 추산이기 때문에 가속도를 유효 숫자가 한 자리가 되도록 반올림한다.

풀이 (a) 자동차의 가속도는 $a = \frac{1}{2}g = \frac{1}{2}(9.8\,\mathrm{m/s^2}) \approx 5\,\mathrm{m/s^2}$이다. 뉴턴 제2법칙을 사용하여 이 가속도에 도달하는 데 필요한 알짜힘을 계산한다.

$$\Sigma F = ma \approx (1000\,\mathrm{kg})(5\,\mathrm{m/s^2}) = 5000\,\mathrm{N}$$

(만약 여러분이 영국 단위계에 익숙하다면 5000 N을 4.45 N/lb로 나누면 약 1000 lb를 얻는다.)

(b) 사과의 경우 $m = 200\,\mathrm{g} = 0.2\,\mathrm{kg}$이므로 계산하면 다음과 같다.

$$\Sigma F = ma \approx (0.2\,\mathrm{kg})(5\,\mathrm{m/s^2}) = 1\,\mathrm{N}$$

예제 4.2 자동차를 멈추는 데 필요한 힘

100 km/h의 속력으로 달리는 1500 kg의 자동차를 55 m 이내에 멈추게 하기 위해 필요한 평균 알짜힘은 얼마인가?

접근 뉴턴 제2법칙인 $\Sigma F = ma$을 이용하여 힘을 구한다. 그러나 먼저 가속도 a를 계산할 필요가 있다. 가속도가 일정하다고 가정하여 식 2.11을 사용하여 가속도를 구한다.

$v_0 = 100$ km/h $v = 0$ x (m) $x = 0$ $x = 55$ m

그림 4.6 예제 4.2

풀이 운동은 $+x$축을 따라 진행한다고 가정한다(그림 4.6). 처음 속도 $v_0 = 100$ km/h $= 27.8$ m/s(1.6절)가 주어졌고 나중 속도는 $v = 0$이고 이동한 거리는 $x - x_0 = 55$ m이다. 식 2.11c로부터

$$v^2 = v_0^2 + 2a(x - x_0)$$

이다. 따라서

$$a = \frac{v^2 - v_0^2}{2(x - x_0)} = \frac{0 - (27.8\,\text{m/s})^2}{2(55\,\text{m})} = -7.0\,\text{m/s}^2$$

이고 필요한 알짜힘은 다음과 같다.

$$\Sigma F = ma = (1500\,\text{kg})(-7.0\,\text{m/s}^2) = -1.1 \times 10^4\,\text{N}$$

또는 −11,000 N이다. 힘은 처음 속도의 **반대** 방향으로 작용해야 하는 데 답의 음의 부호가 이를 나타낸다.

유의 만약 가속도가 정확하게 일정하지 않으면 '평균' 가속도를 구하여 '평균' 알짜힘을 얻는다.

뉴턴 제1법칙과 마찬가지로 뉴턴 제2법칙도 관성 기준틀에서만 유효하다(4.2절). 가속하기 시작하는 자동차에서와 같은 비관성 기준틀에서 계기판 위에 놓여 있는 컵은 작용하는 알짜힘이 없더라도 미끄러지기 시작하고 가속한다. 따라서 가속하는 기준틀에서 $\Sigma\vec{\mathbf{F}} = m\vec{\mathbf{a}}$는 성립하지 않는다($\Sigma\vec{\mathbf{F}} = 0$이지만 비관성 기준틀에서 $\vec{\mathbf{a}} \neq 0$이다).

연습 A 앞에서 논의했던 것처럼 가속하는 자동차의 (매끄러운) 계기판 위에서 컵이 미끄러지는 것을 관찰하고 있는 데, 이번에는 관성 기준틀인 자동차 밖의 도로에서 관찰한다고 하자. 관성 기준틀에서 뉴턴 운동 법칙은 유효하다. 계기판 위의 컵을 미는 힘은 무엇인가?

4.5 뉴턴 운동 제3법칙

그림 4.7 못을 박는 망치. 망치가 못에 힘을 가하고 못은 반대로 망치에 힘을 가한다. 후자의 힘은 망치를 감속시켜 결국 멈추게 한다.

뉴턴 제2법칙은 힘이 운동에 미치는 영향을 정량적으로 기술한다. 그렇다면 힘은 어디서부터 온 것일까? 관찰에 의하면 한 물체에 작용하는 힘은 항상 다른 물체에 의해서 가해진다. 말이 마차를 끌고, 사람이 슈퍼마켓의 카트를 밀고, 망치가 못을 박고, 자석이 종이 클립을 끌어당긴다. 이 예들에서 보듯이 한 물체에 작용하는 힘은 다른 물체에 의해서 가해진다. 예를 들어 못에 작용하는 힘은 망치에 의해서 가해진다.

뉴턴은 그러나 이런 관찰들이 일방적이지 않다는 것을 깨달았다. 망치가 못에 힘을 가하는 것은 사실이다(그림 4.7). 그러나 못은 반대로 망치에 분명히 힘을 가해서 접촉하는 순간에 망치의 속력을 갑자기 감소시켜 망치를 멈추게 한다. 오직 강한 힘만이 망치를 갑자기 멈추게 한다. 따라서 뉴턴은 두 물체를 대등하게 취급해야 한다고 말했다. 망치는 못에 힘을 작용하고 못은 반대로 망치에 힘을 가한다. 이것이 운동에 관한 **뉴턴 제3법칙**(Newton's third law of motion)의 본질이다.

뉴턴 제3법칙

첫 번째 물체가 두 번째 물체에 힘을 작용할 때마다 두 번째 물체는 첫 번째 물체에 크기는 같고 방향이 반대인 힘을 작용한다.

이 법칙은 때때로 '모든 작용에는 크기는 같고 방향이 반대인 반작용이 존재한다'는 말로 바꾸어 말하기도 한다. 이것은 전적으로 타당하다. 그러나 혼동을 피하기 위해

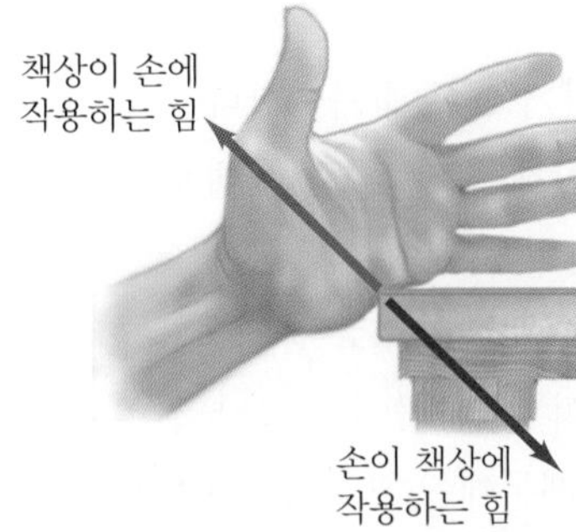

책상이 손에
작용하는 힘

손이 책상에
작용하는 힘

그림 4.8 만약 여러분의 손이 책상의 모서리를 밀면(힘 벡터는 빨간색으로 나타냈다) 책상은 반대로 여러분의 손을 누른다(이 힘 벡터는 다른 색인 보라색으로 나타냈다. 이것은 이 힘이 다른 물체에 작용하고 있음을 우리에게 상기시켜 준다).

꼭 기억해야 할 것은 '작용력'과 '반작용력'은 **서로 다른** 물체에 작용한다는 것이다.

주의

작용력과 반작용력은 서로 다른 물체에 작용한다.

뉴턴 제3법칙이 유효하다는 증거로 그림 4.8에서 보는 바와 같이 책상 모서리를 미는 여러분의 손을 관찰해 보자. 여러분 손의 모양이 일그러져 있으며 이것은 분명 어떤 힘이 여러분의 손에 작용하고 있다는 증거이다. 책상의 모서리가 여러분의 손을 밀고 있음을 관찰할 수 있다. 심지어 책상이 여러분의 손에 작용하는 힘을 느낄 수도 있다. 아프다! 여러분이 책상을 더 세게 밀수록 책상은 반대로 여러분의 손을 더 세게 누른다. (여러분은 여러분에게 작용하는 힘만을 느낀다. 여러분이 다른 물체에 힘을 작용하면 여러분이 느끼는 것은 그 물체가 반대로 여러분에게 작용하는 힘이다.)

책상이 여러분의 손에 작용하는 힘의 크기는 여러분의 손이 책상에 작용하는 힘의 크기와 같다. 이것은 책상이 정지해 있을 때뿐만 아니라 여러분의 손이 작용하는 힘 때문에 책상이 가속하고 있을 때에도 성립한다.

그림 4.9 뉴턴 제3법칙의 한 예. 빙상 스케이트를 타는 사람이 벽을 밀면 벽은 반대로 그녀를 밀어내고 이 힘은 그녀를 가속시킬 것이다.

뉴턴 제3법칙의 다른 예로 그림 4.9의 빙상 스케이트를 타는 사람을 생각해 보자. 스케이트와 얼음 사이에 마찰이 매우 적어서 만약 그녀에게 힘이 가해진다면 그녀는 아주 쉽게 움직일 것이다. 그녀가 벽을 밀면 그녀는 뒤로 움직이기 시작한다. 그녀가 벽에 작용하는 힘은 그녀를 움직이게 할 수 없다. 왜냐하면 그 힘은 벽에 작용하기 때문이다. 그녀가 움직이기 시작하기 위해서는 무엇인가가 그녀에게 힘을 작용해야 하고 그 힘은 오직 벽에 의해서 가해질 수밖에 없다. 벽이 그녀에게 작용한 힘은 뉴턴 제3법칙에 따라 그녀가 벽에 작용하는 힘과 크기는 같고 방향은 반대이다.

어떤 사람이 (정지해 있던) 조그마한 배에서 상자를 배 밖으로 던지면 배는 던진 반대 방향으로 움직이기 시작한다. 그 사람이 상자에 힘을 가한다. 상자는 크기는 같고 방향이 반대인 힘을 그 사람에게 작용하고 이 힘은 사람과 배를 뒤로 조금 밀리게 한다.

로켓 추진력도 뉴턴 제3법칙을 사용하여 설명할 수 있다(그림 4.10). 흔히 있는 오해로 로켓이 가속되는 이유가 엔진 뒤로 뿜어져 나오는 기체가 땅이나 대기를 밀기 때문이라는 것이다. 이것은 사실이 아니다. 실제로는 로켓이 기체에 강한 힘을 작용하고 분사시켜서 기체가 크기는 같고 방향이 반대인 힘을 로켓에 작용한다. 후자에 해당하는 힘이 로켓을 앞으로 나아가게 한다. 즉 기체에 의해서 로켓에 작용하는 힘이다(73쪽 4장 도입부 사진 참조). 따라서 우주선은 가속하고자 하는 방향과 반대 방향으로 로켓을 발사함으로써 빈 우주 공간을 여행할 수 있다. 로켓이 기체를 한 방향

그림 4.10 뉴턴 제3법칙의 다른 예. 로켓 발사. 로켓 엔진이 기체를 아래로 밀고 기체는 크기는 같고 방향이 반대인 힘을 위로 로켓에 작용한다. 로켓은 위로 가속한다. (로켓은 배출된 기체가 땅을 민 결과 가속된 것이 아니다.)

그림 4.11 발이 땅을 뒤로 밀면 땅은 발을 앞으로 밀기 때문에 우리는 앞으로 걸을 수 있다(뉴턴 제3법칙). 그림에 있는 두 힘들은 서로 다른 물체에 작용한다.

으로 밀면 기체는 로켓을 반대 방향으로 밀어낸다. 제트기도 뒤로 분사되는 기체가 엔진에 앞쪽으로 힘을 작용하기 때문에 가속한다(뉴턴 제3법칙).

우리가 어떻게 걷는지 생각해 보자. 사람은 발로 땅을 뒤로 밀기 때문에 걸을 수 있다. 땅은 크기는 같고 방향이 반대인 힘을 사람에게 작용하고(그림 4.11), 사람에게 작용하는 바로 그 힘이 사람을 앞으로 움직이게 한다. (만약 의심스러우면 아주 미끄러운 얼음과 같이 마찰이 없는 곳에서 그냥 걸어 보라.) 비슷한 방법으로 새는 뒤로 공기에 힘을 작용하기 때문에 앞으로 날 수 있다. 그러나 새를 앞으로 날게 하는 것은 새의 날개를 앞으로 미는 공기이다.

우리는 힘을 사람, 동물, 엔진 또는 망치와 같이 움직이는 물체처럼 능동적인 물체와 결부 짓는 경향이 있다. 벽이나 책상 또는 아이스 링크(그림 4.9)와 같이 정지해 있는 무생물의 물체가 어떻게 힘을 작용할 수 있는지 알기는 쉽지 않다. 아무리 딱딱한 물질이라도 적어도 어느 정도의 탄성을 지니고 있다는 것이 이에 대한 설명이다. 늘어난 고무줄이 종이 뭉텅이에 힘을 가해서 방을 가로질러 날아가게 할 수 있다. 다른 물질들은 고무처럼 쉽게 늘어나지는 못해도 힘이 가해지면 어느 정도 늘어나거나 압축된다. 늘어난 고무줄이 힘을 가하는 것처럼 늘어나거나 압축된 벽, 책상, 자동차 범퍼도 힘을 가할 수 있다.

앞에서 살펴본 예들과 같이 주어진 힘이 어떤 물체에 작용하는지와 어떤 물체에 의해서 그 힘이 가해지는지를 아는 것이 매우 중요하다. 힘은 어떤 물체에 작용할 때만 그 물체의 운동에 영향을 미칠 수 있다. 어떤 물체에 의해서 작용한 힘은 그 물체 자체의 운동에 영향을 미칠 수 없다. 그 힘은 힘이 작용하는 다른 물체에 영향을 줄 뿐이다. 따라서 혼동을 피하기 위해서 '물체에'와 '물체에 의해서'를 구분하여 조심스럽게 쓸 필요가 있다.

어떤 물체에 어떤 힘이 작용하는지를 표기하는 방법으로 이중 첨자를 쓴다. 예를 들어 그림 4.11에 있는 것과 같이 땅(**G**round)에 의해서 사람(**P**erson)에 작용하는 힘은 $\vec{\mathbf{F}}_{PG}$로 표기한다. 그리고 사람에 의해서 땅에 작용하는 힘은 $\vec{\mathbf{F}}_{GP}$이다. 뉴턴 제3법칙에 따라 다음과 같이 쓸 수 있다.

뉴턴 제3법칙

$$\vec{\mathbf{F}}_{GP} = -\vec{\mathbf{F}}_{PG} \quad (4.2)$$

$\vec{\mathbf{F}}_{GP}$와 $\vec{\mathbf{F}}_{PG}$는 크기는 같으며(뉴턴 제3법칙), 음의 부호는 두 힘들이 서로 반대 방향임을 상기시킨다.

그림 4.11에 있는 두 힘은 서로 다른 물체에 작용하고 있다는 점에 주의하자. 이를 강조하기 위해서 힘을 표시하는 벡터 화살표의 색깔을 약간 다르게 나타냈다. 이 두 힘은 뉴턴 제2법칙인 $\Sigma\vec{\mathbf{F}} = m\vec{\mathbf{a}}$에 있는 힘들의 합성 벡터에 결코 함께 나타나지 않는다. 왜 그럴까? 그 이유는 힘들이 서로 다른 물체에 작용하기 때문이다. $\vec{\mathbf{a}}$는 어느 한 물체의 가속도이고 $\Sigma\vec{\mathbf{F}}$는 그 물체에 작용하는 힘들만을 포함해야 한다.

뉴턴 제3법칙을 명확히 하기 위해서 이중 첨자를 쓰는 것은 번거로울 수 있어서 보통 이 방법을 쓰지 않는다. 대신에 우리는 단일 첨자를 쓰기로 한다. 첨자로는 논의하는 물체에 작용하는 힘의 근원(물체에 의해서)을 사용한다. 그럼에도 불구하고 주어진 힘에 대해서 혼동이 생기면 이중 첨자를 사용하여 힘이 어떤 물체에 어떤 물체에 의해서 작용하는지를 분명히 할 필요가 있다.

연습 B 73쪽의 시작 질문 1로 가서 다시 답을 해 보라. 처음과 답이 다르다면 그 이유를 설명해 보라.

연습 C 테니스공이 더 무거운 야구공과 정면으로 충돌한다. (i) 충돌 시 어느 공이 더 큰 힘을 받을까? (ii) 충돌하는 동안 어느 공의 가속도가 더 클까? (iii) 뉴턴 운동 법칙 중에서 어느 법칙이 올바른 답을 찾는 데 유용할까?

연습 D 만약 여러분이 무거운 책상을 밀면 책상은 항상 반대로 여러분을 밀까? (a) 아니오 (b) 예 (c) 다른 사람이 함께 책상을 밀지 않으면 아니다. (d) 예, 책상이 우주에 있을 경우 (e) 책상은 결코 밀지 않는다.

4.6 무게–중력과 수직 항력

2장에서 살펴본 바와 같이 갈릴레오는 공기 저항을 무시한다면 지표면 근처에서 낙하하는 모든 물체는 같은 가속도 $\vec{\mathbf{g}}$를 가지고 떨어진다고 주장했다. 이 가속도를 유발하는 힘이 바로 **중력**이다. 무엇이 물체에 중력을 작용하는가? 그것은 바로 지구이며 5장에서 논의하겠지만 중력은 연직[†] 아래 방향, 즉 지구의 중심을 향한다. 중력 때문에 자유 낙하하는 질량 m인 물체에 뉴턴 제2법칙을 적용해 보자. 가속도 $\vec{\mathbf{a}}$ 대신에 중력 때문에 아래로 작용하는 가속도 $\vec{\mathbf{g}}$를 사용한다. 따라서 물체에 작용하는 **중력**(gravitational force) $\vec{\mathbf{F}}_G$는 다음과 같이 쓸 수 있다.

$$\vec{\mathbf{F}}_G = m\vec{\mathbf{g}} \tag{4.3}$$

이 힘의 방향은 지구의 중심을 향하는 아래 방향이다. 물체에 작용하는 중력의 크기인 mg를 보통 물체의 **무게**(weight)라고 한다.

SI 단위계에서 $g = 9.80\ \text{m/s}^2 = 9.80\ \text{N/kg}$[‡]으로 지구에서 질량이 1.00 kg인 무게는 $1.00\ \text{kg} \times 9.80\ \text{m/s}^2 = 9.80\ \text{N}$이다. 우리는 주로 지구에서의 물체의 무게를 다루겠지만 달에서나 다른 행성 또는 우주에서 주어진 질량의 무게는 지구에서의 무게와 다르다는 점에 주목하자. 예를 들어 달에서의 중력 가속도는 지구의 약 1/6에 해당하며, 질량 1.0 kg의 무게는 달에서 단지 1.6 N이다. 비록 영국 단위계는 사용하지 않지만 실용적인 면에서 지구에서 질량 1.0 kg의 무게는 약 2.2 lb가 된다. (달에서 1 kg의 무게는 약 0.4 lb이다.)

중력은 물체가 떨어지고 있을 때 물체에 작용한다. 물체가 용수철 저울 위에 있을 때 알 수 있듯이 물체가 지구에서 정지해 있을 때에도 중력은 사라지지 않는다. 식 4.3으로 주어진 힘이 계속 작용하는 것이다. 그렇다면 왜 물체는 움직이지 않는가?

[†] '연직'이란 개념은 중력과 관계가 있다. 연직을 가장 잘 정의한 것은 물체가 낙하하는 방향으로 정의하는 것이다. 반면에 표면이 '수평'이라고 하는 것은 표면 위에서 둥근 물체가 구르지 않는 것이다. 중력의 효과가 없다. 따라서 수평은 연직과 직각이다.

[‡] $1\ \text{N} = 1\ \text{kg} \cdot \text{m/s}^2$(4.4절)이므로 $1\ \text{m/s}^2 = 1\ \text{N/kg}$이다.

그림 4.12 (a) 뉴턴 제2법칙에 따르면 정지해 있는 물체에 작용하는 알짜힘은 영이다. 따라서 정지해 있는 물체에 작용하는 아래 방향의 중력($\vec{\mathbf{F}}_G$)은 책상에 의해서 위로 작용하는 힘(수직 항력 $\vec{\mathbf{F}}_N$)과 균형을 이루어야 한다. (b) $\vec{\mathbf{F}}'_N$은 조각상이 책상에 작용하는 힘이며 뉴턴 제3법칙에 따라 $\vec{\mathbf{F}}_N$의 반작용력이다. ($\vec{\mathbf{F}}'_N$가 다른 물체에 작용한다는 것을 상기시키기 위해서 다른 색으로 표시했다.) $\vec{\mathbf{F}}_G$에 대한 반작용력은 표시하지 않았다.

 주의

무게와 수직 항력은 작용–반작용 쌍이 아니다.

뉴턴 제2법칙에 따르면 정지해 있는 물체에 작용하는 알짜힘은 영이어야 한다. 중력과 균형을 이루기 위해서는 또 다른 힘이 물체에 작용해야 한다. 그림 4.12a와 같이 책상 위에 정지해 있는 물체에 책상은 위로 향하는 힘을 작용한다. 물체 아래에 있는 책상은 약간 압축되며 책상의 탄성에 의해 물체를 위로 민다. 책상에 의해서 가해진 이 힘을 종종 **접촉력**(contact force)이라고 한다. 왜냐하면 접촉력은 두 물체가 접촉하고 있을 때 생기기 때문이다. (카트를 미는 여러분 손의 힘도 접촉력이다.) 접촉력이 공통의 접촉면에 직각으로 작용하면 그것을 **수직 항력**(normal force)이라고 한다(여기서 '수직'은 직각을 의미한다). 이런 이유로 그림 4.12a에 $\vec{\mathbf{F}}_N$으로 표기했다.

그림 4.12a에 보이는 두 힘들은 모두 조각상에 작용하고 있다. 조각상은 정지해 있으며 따라서 이 두 힘의 벡터 합은 영이어야 한다(뉴턴 제2법칙). 이런 이유로 $\vec{\mathbf{F}}_G$와 $\vec{\mathbf{F}}_N$은 크기는 같고 방향은 서로 반대여야 한다. 그러나 이 두 힘은 뉴턴 제3법칙에서 말하는 크기는 같고 방향은 반대인 힘들이 **아니다**. 뉴턴 제3법칙의 작용력과 반작용력은 서로 **다른 물체**에 작용한다. 반면에 그림 4.12a에 보이는 두 힘들은 **같은** 물체에 작용한다. 그림 4.12a에 보이는 각 힘의 '반작용력은 무엇인가?'라고 물을 수 있다. 조각상에 작용하는 위로 향한 힘 $\vec{\mathbf{F}}_N$는 책상에 의해서 작용해진 힘이다. 이 힘의 반작용은 조각상에 의해서 책상에 아래로 작용하는 힘이다. 이는 그림 4.12b에 나타나 있으며 $\vec{\mathbf{F}}'_N$으로 표기되어 있다. 조각상에 의해서 책상에 작용하는 이 힘 $\vec{\mathbf{F}}'_N$이 뉴턴 제3법칙에서 말하는 $\vec{\mathbf{F}}_N$에 대한 반작용력이다. 그렇다면 조각상에 작용하는 다른 힘인 지구에 의한 중력 $\vec{\mathbf{F}}_G$의 경우는 어떤가? 이 힘에 대한 반작용력을 추측할 수 있겠는가? 5장에서 우리는 반작용력이 또한 중력이며 조각상에 의해서 지구에 작용하는 힘이라는 것을 알게 될 것이다.

연습 E 73쪽 시작 질문 2로 가서 다시 답을 해 보라. 처음과 답이 다르다면 그 이유를 설명해 보라.

예제 4.3 무게, 수직 항력 그리고 상자

한 친구가 여러분에게 특별한 선물을 주었다고 하자. 그 선물은 질량이 10.0 kg인 상자로 안에 무엇이 들어있는지 모른다. 상자는 매끄럽고 마찰이 없는 책상의 수평면에 정지해 있다(그림 4.13a). (a) 상자의 무게와 책상에 의해서 상자에 작용하는 수직 항력을 구하라. (b) 그림 4.13b에 보이는 것처럼 여러분 친구가 상자 위를 40.0 N의 힘으로 누르고 있다. 책상에 의해서 상자에 작용하는 수직 항력을 다시 구하라. (c) 만약 여러분 친구가 40.0 N의 힘으로 상자를 위로 끌어당기면(그림 4.13c) 이 경우 책상에 의해서 상자에 작용하는 수직 항력은 얼마인가?

접근 상자는 책상 위에 정지해 있어서 상자에 작용하는 알짜힘은 모든 경우에 영이다(뉴턴 제1법칙과 제2법칙). 상자의 무게는 세 경우 모두 mg의 크기를 갖는다.

풀이 (a) 상자의 무게는 $mg = (10.0\text{ kg})(9.80\text{ m/s}^2) = 98.0\text{ N}$이고 이 힘은 아래로 작용한다. 상자에 작용하는 다른 힘은 그림 4.13a에 나타난 것과 같이 책상에 의해서 상자에 위로 작용하는 수직 항력이다. 우리는 위 방향을 양의 y 방향으로 잡았다. 그러면 상자에 작용하는 알짜힘 ΣF_y는 $\Sigma F_y = F_N - mg$이다. 음의 부호는 mg가 음의 y 방향으로 작용함을 의미한다(m과 g는 크기를 나타낸다). 상자는 정지해 있으며 따라서 상자에 작용하는 알짜힘은 영이어야 한다(뉴턴 제2법칙 $\Sigma F_y = ma_y$ 그리고 $a_y = 0$). 따라서

$$\Sigma F_y = ma_y$$
$$F_N - mg = 0$$

이므로

$$F_N = mg$$

이다. 책상이 상자에 작용하는 수직 항력은 98.0 N으로 위로 작용하며 크기는 상자의 무게와 같다.

(b) 여러분 친구가 40.0 N의 힘으로 상자를 아래로 누르고 있다. 두 힘이 상자에 작용하는 대신에 그림 4.13b에서 보는 바와 같이 이제는 세 힘이 상자에 작용한다. 상자의 무게는 여전히 $mg = 98.0$ N이다. 알짜힘은 $\Sigma F_y = F_N - mg - 40.0\,\text{N}$이고 상자가 정지해($a = 0$) 있기 때문에 알짜힘은 영이다. 뉴턴 제2법칙에 따라

$$\Sigma F_y = F_N - mg - 40.0\,\text{N} = 0$$

이므로 이 식에서 수직 항력을 구하면

$$F_N = mg + 40.0\,\text{N} = 98.0\,\text{N} + 40.0\,\text{N} = 138.0\,\text{N}$$

이다. 구한 수직 항력은 (a)에서 보다 크다. 사람이 상자를 누르면 책상은 보다 더 큰 힘으로 도로 민다. 수직 항력이 항상 무게와 같은 것은 아니다!

(c) 상자의 무게는 여전히 98.0 N이고 아래로 작용한다. 그림 4.13c에서 보는 바와 같이 여러분 친구가 가하는 힘과 수직 항력은 모두 위 방향(양의 방향)으로 작용한다. 여러분 친구가 위로 가하는 힘이 무게보다 작기 때문에 상자는 움직이지 않는다. $a = 0$이기 때문에 뉴턴 제2법칙에 따라 알짜힘은 영이다.

$$\Sigma F_y = F_N - mg + 40.0\,\text{N} = 0$$

따라서

$$F_N = mg - 40.0\,\text{N} = 98.0\,\text{N} - 40.0\,\text{N} = 58.0\,\text{N}$$

이므로 여러분 친구가 위로 끄는 힘 때문에 책상은 상자의 무게보다 작은 힘으로 위로 민다.

유의 여러분 친구가 상자를 아래로 누르든 위로 끌어당기든 상자의 무게(= mg)는 변하지 않는다. 수직 항력만 영향을 받는다.

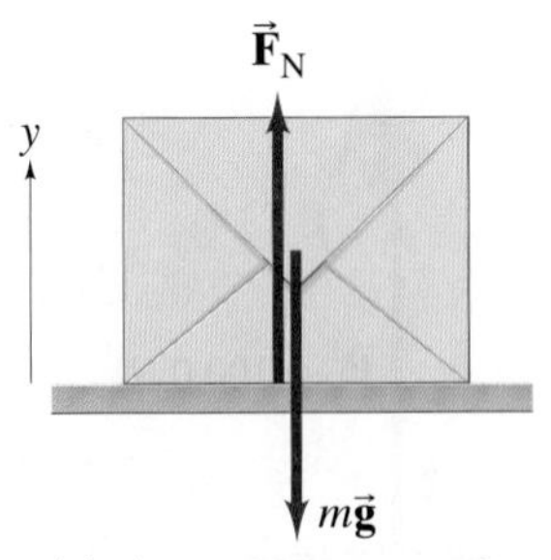

(a) $\Sigma F_y = F_N - mg = 0$

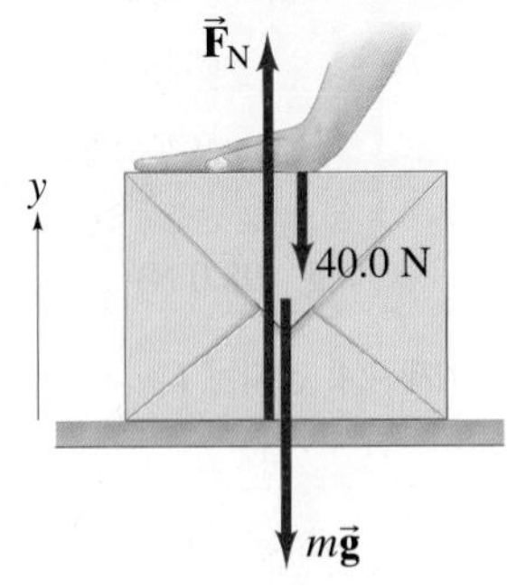

(b) $\Sigma F_y = F_N - mg - 40.0\,\text{N} = 0$

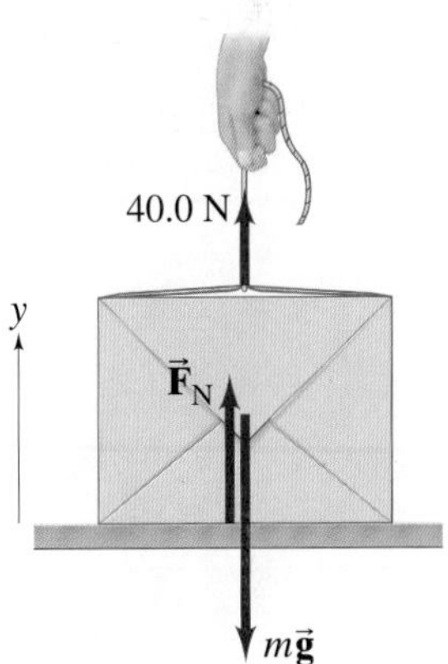

(c) $\Sigma F_y = F_N - mg + 40.0\,\text{N} = 0$

그림 4.13 예제 4.3. (a) 책상 위에 10 kg의 선물 상자가 정지해 있다. (b) 한 사람이 40.0 N의 힘으로 상자를 아래로 누르고 있다. (c) 한 사람이 40.0 N의 힘으로 상자를 위로 끌어당기고 있다. 힘들은 모두 한 직선을 따라 작용한다고 가정한다. 다만 서로 구분할 목적으로 약간 빗나가게 표시했다. 상자에 작용하는 힘들만 나타냈다.

수직 항력의 근원이 탄성에 있다는 사실을 기억하자(그림 4.13에 보이는 책상이 상자의 무게 때문에 약간 처진다). 예제 4.3에 나오는 수직 항력은 책상 수평면에 연직이면서 직각이다. 그러나 수직 항력이 항상 연직인 것은 아니다. 예를 들어 여러분이 벽을 밀 때 벽이 도로 여러분을 밀어내는 수직 항력은 수평이다(그림 4.9). 언덕의 비탈면 위에 있는 스키를 타는 사람이나 자동차의 경우와 같이 수평면과 일정한 각도를 이루는 경사면에 있는 물체에 작용하는 수직 항력은 경사면에 직각이며 연직은 아니다.

주의

수직 항력 $\vec{F}_N$이 반드시 연직인 것은 아니다.

예제 4.4 가속하는 상자

예제 4.3c의 경우에서 사람이 상자의 무게와 같거나 큰 힘으로 상자를 위로 끌어당기면 어떻게 되겠는가? 예를 들어 그림 4.13c의 40.0 N 대신에 $F_P = 100.0\,\text{N}$이라 놓자(그림 4.14).

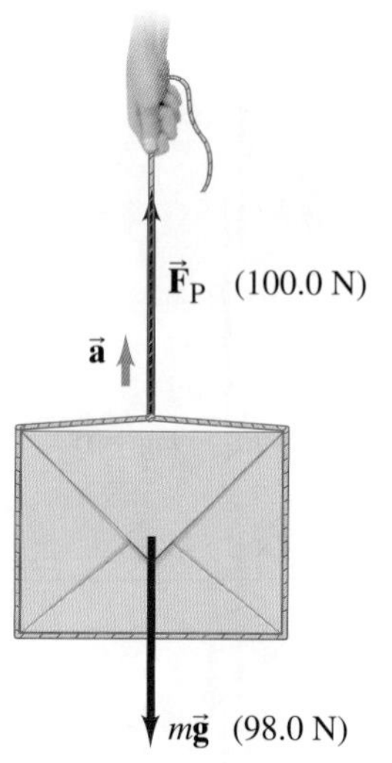

그림 4.14 예제 4.4. 상자는 $F_P > mg$인 관계로 위로 가속한다.

접근 예제 4.3에서처럼 문제를 풀면 된다.

풀이 상자에 작용하는 알짜힘은

$$\begin{aligned}\Sigma F_y &= F_N - mg + F_P \\ &= F_N - 98.0\,\text{N} + 100.0\,\text{N}\end{aligned}$$

이고 이 식을 영으로 놓는다면(가속도가 영이라고 가정함) 우리는 $F_N = -2.0$ N을 얻는다. 이는 터무니없는 결과로 음수라는 것은 F_N이 아래로 작용한다는 것을 의미한다. (책상 위에 접착제가 붙어 있지 않는 한) 책상은 분명히 상자를 아래로 **끌어당길** 수 없다. F_N이 가질 수 있는 최솟값은 영으로 이 경우에 해당한다. 실제로 벌어지는 일은 알짜힘이 영이 아니기 때문에 상자는 위로 가속한다($a \neq 0$). 알짜힘(수직 항력을 $F_N = 0$로 놓고)은

$$\begin{aligned}\Sigma F_y = F_P - mg &= 100.0\,\text{N} - 98.0\,\text{N} \\ &= 2.0\,\text{N}\end{aligned}$$

으로 위로 작용한다(그림 4.14). 뉴턴 제2법칙을 적용하면 상자는 다음과 같은 가속도로 위로 움직인다.

$$a_y = \frac{\Sigma F_y}{m} = \frac{2.0\,\text{N}}{10.0\,\text{kg}} = 0.20\,\text{m/s}^2$$

예제 4.5 겉보기 무게의 손실

65 kg인 여자가 승강기를 타고 아래 방향으로 $0.20g$로 잠시 가속하며 하강하고 있다. 그녀는 kg으로 표시되는 체중계 위에 서 있다. (a) 가속하는 동안 그녀의 무게는 얼마이고 체중계의 눈금은 얼마인가? (b) 승강기가 등속력 2.0 m/s로 하강한다면 체중계의 눈금은 얼마인가?

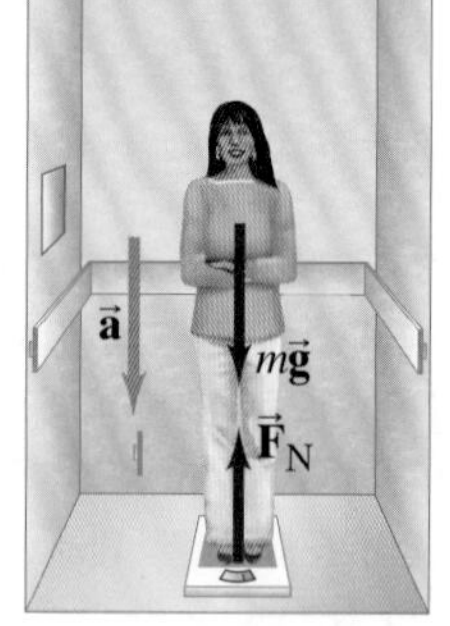

그림 4.15 예제 4.5. 빨간색으로 표시한 힘 벡터들과 구별하기 위해 가속도 벡터는 노란색으로 표시했다.

접근 그림 4.15에 여자에게만 작용하는 모든 힘이 나타나 있다. 가속도의 방향이 아래 방향이므로 아래 방향을 양의 방향으로 잡는다(예제 4.3과 예제 4.4의 경우와는 반대 방향이다).

풀이 (a) 뉴턴 제2법칙으로부터

$$\begin{aligned}\Sigma F &= ma \\ mg - F_N &= m(0.20g)\end{aligned}$$

이고 F_N에 대해 풀면

$$\begin{aligned}F_N &= mg - 0.20mg \\ &= 0.80mg\end{aligned}$$

가 되고 위로 작용한다. 수직 항력 F_N은 체중계가 사람에게 작용하는 힘이며 그녀가 체중계에 가하는 힘과 크기는 같고 방향은 반대이다. 아래 방향으로 $F'_N = 0.80mg$이다. 그녀의 무게(그녀에게 작용하는 중력)는 여전히 $mg = (65\text{ kg})(9.8\text{ m/s}^2) = 640$ N이다. 그러나 체중계 눈금에는 가하는 힘이 $0.80mg$이기 때문에 $0.80m = 52$ kg가 나타난다.
(b) $a = 0$으로 가속도는 없다. 뉴턴 제2법칙에서 $mg - F_N = 0$, 즉 $F_N = mg$이다. 체중계의 눈금에는 실제의 질량인 65 kg이 나타난다.

유의 (a)의 체중계의 눈금에는 52 kg(겉보기 질량)이 나타나지만 가속의 결과로 인해 질량이 변하는 것은 아니다. 질량은 여전히 65 kg이다.

4.7 뉴턴 운동 법칙을 이용한 문제 풀이: 자유 물체 도형

뉴턴 제2법칙에 따르면 한 물체의 가속도는 그 물체에 작용하는 **알짜힘**에 비례한다. 전에도 언급했지만 **알짜힘**(net force)은 그 물체에 작용하는 모든 힘의 **벡터 합**이다. 실제로 광범위한 실험에 의하면 힘들은 우리가 3장에서 다룬 규칙들과 같이 벡터의 덧셈을 정확히 따른다. 예를 들어 그림 4.16에서처럼 크기(각각 100 N)가 같은 두 힘이 서로 직각으로 한 물체에 작용하고 있다. 직관적으로 물체가 45° 방향으로 움직이기 시작하고 따라서 알짜힘도 45° 방향으로 작용하고 있음을 알 수 있다. 이것은 다만 벡터의 덧셈 규칙의 결과일 뿐이다. 피타고라스 정리에 의하면 합성 힘의 크기는

$$F_R = \sqrt{(100\ \text{N})^2 + (100\ \text{N})^2} = 141\ \text{N}$$

이다.

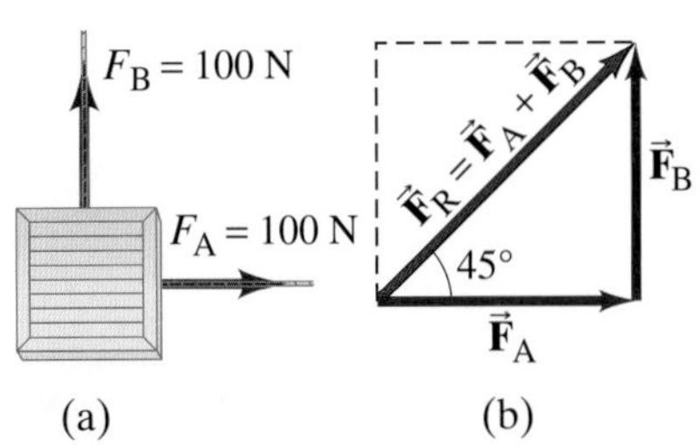

그림 4.16 (a) 작업자 A와 B가 상자에 작용하고 있는 두 수평 힘 $\vec{F}_A$와 $\vec{F}_B$(위에서 아래로 본 모양) (b) 힘 $\vec{F}_A$와 $\vec{F}_B$의 합(또는 합성) 벡터는 $\vec{F}_R$이다.

예제 4.6 힘 벡터의 덧셈

그림 4.17a와 같이 작업자 A와 B가 배에 작용하는 두 힘의 합을 계산하라.

접근 3장에서 기술한 임의의 벡터들의 덧셈과 같은 방법으로 힘 벡터들을 더한다. 첫 번째로 xy 좌표계(그림 4.17a)를 정하고 다음으로 벡터를 성분으로 분해한다.

풀이 그림 4.17b에 각 성분으로 분해된 두 힘 벡터가 나타나 있다. 우리는 성분의 덧셈을 이용하여 힘을 더한다. $\vec{F}_A$의 성분은

$$F_{Ax} = F_A \cos 45.0° = (40.0\ \text{N})(0.707) = 28.3\ \text{N}$$
$$F_{Ay} = F_A \sin 45.0° = (40.0\ \text{N})(0.707) = 28.3\ \text{N}$$

이고 $\vec{F}_B$의 성분은

$$F_{Bx} = +F_B \cos 37.0° = +(30.0\ \text{N})(0.799) = +24.0\ \text{N}$$
$$F_{By} = -F_B \sin 37.0° = -(30.0\ \text{N})(0.602) = -18.1\ \text{N}$$

이다. F_{By}는 음의 y 방향으로 향하기 때문에 음의 값을 갖는다. 합력의 성분은(그림 4.17c)

$$F_{Rx} = F_{Ax} + F_{Bx} = 28.3\ \text{N} + 24.0\ \text{N} = 52.3\ \text{N}$$
$$F_{Ry} = F_{Ay} + F_{By} = 28.3\ \text{N} - 18.1\ \text{N} = 10.2\ \text{N}$$

이다. 피타고라스 정리를 이용하여 합력의 크기를 구한다.

$$F_R = \sqrt{F_{Rx}^2 + F_{Ry}^2} = \sqrt{(52.3)^2 + (10.2)^2}\ \text{N} = 53.3\ \text{N}$$

마지막으로 알짜힘 $\vec{F}_R$가 x축과 이루는 각도 θ를 구한다.

$$\tan\theta = \frac{F_{Ry}}{F_{Rx}} = \frac{10.2\ \text{N}}{52.3\ \text{N}} = 0.195$$

그리고 $\tan^{-1}(0.195) = 11.0°$이다. 배에 작용하는 알짜힘의 크기는 53.3 N이고 x축과 11.0°를 이룬다.

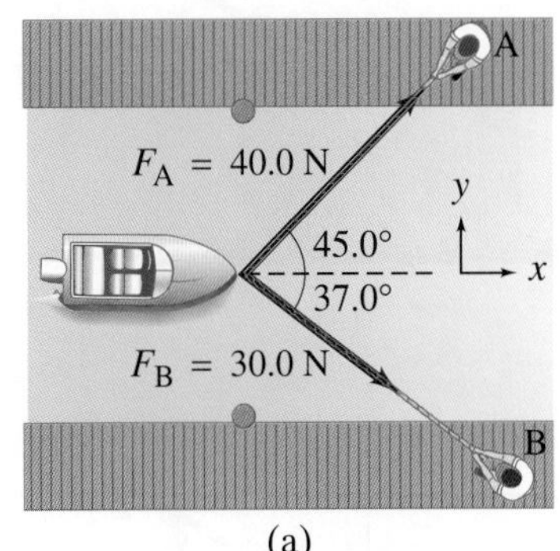

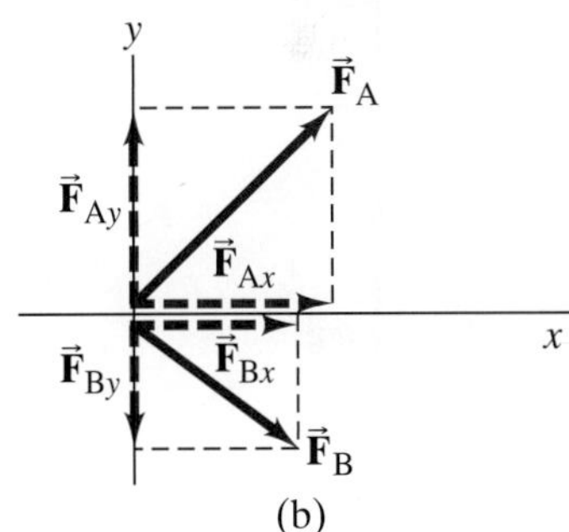

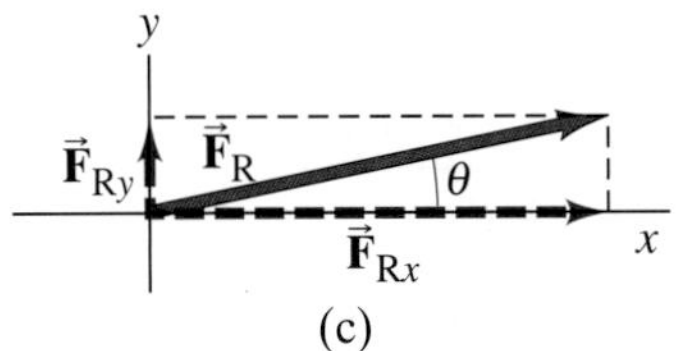

그림 4.17 예제 4.6. 배에 작용하는 두 개의 힘 벡터

뉴턴 운동 법칙과 힘이 관여하는 문제를 풀 때 각 물체**에** 작용하는 모든 힘이 나타나 있는 도표를 그리는 것이 매우 중요하다. 이런 도표를 **자유 물체 도형**(free-body diagram) 또는 **힘 도형**(force diagram)이라고 한다. 한 물체를 선택하고 그 물체에 작용하는 힘을 나타내는 화살표를 그린다. 그 물체에 작용하는 **모든** 힘을 포함시킨다. 선택한 물체가 **다른** 물체에 작용하는 힘들은 표시하지 않는다. 여러분이 선택한 물체에 작용하는 모든 힘을 알아내는 데 도움이 되기 위해서는 어떻게 다른 물체가 여러분이 선택한 물체에 힘을 작용하는지를 숙고할 필요가 있다. 풀어야 할 문제에 한 개 이상의 물체가 관련되어 있다면 각 물체마다 독립된 자유 물체 도형가 필요하다. 우선 고려해야 할 힘으로는 **중력**과 **접촉력**(밀거나 끄는 힘, 수직 항력, 마찰력)이 있다. 나중에 부력, 유체의 압력과 전자기력과 같은 다른 종류의 힘도 고려할 것이다.

병진 운동만을 고려할 경우에 물체에 작용하는 모든 힘이 물체의 중심에 작용하는 것처럼 그릴 수 있어서 물체를 **하나의 입자**로 다룰 수 있다. 그러나 회전이나 정역학과 관련된 문제에서는 8장과 9장에서 살펴보겠지만 각 힘이 **어느 곳에** 작용하는지가 또한 중요하다.

주의

물체를 입자로 다룬다.

이 절의 예제에서는 모든 표면이 매우 매끄러워서 마찰을 무시할 수 있다고 가정한다. (마찰과 이와 관련된 예제들은 4.8절에서 다룬다.)

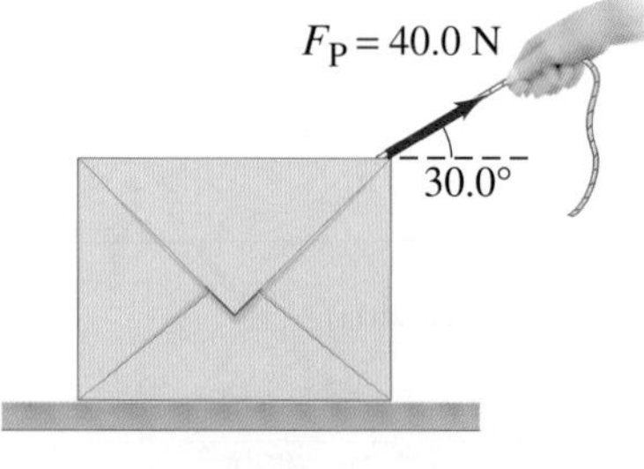

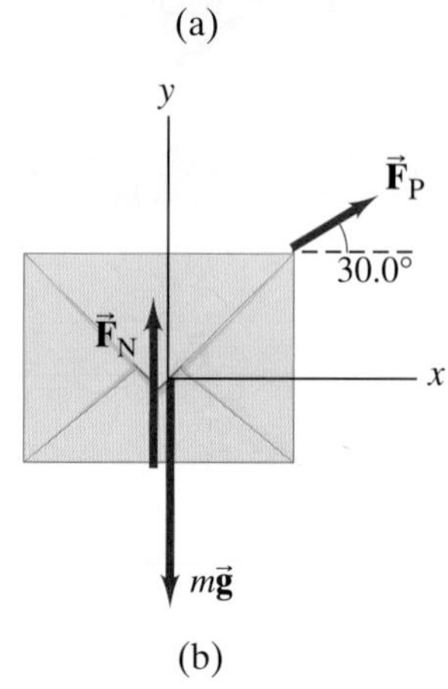

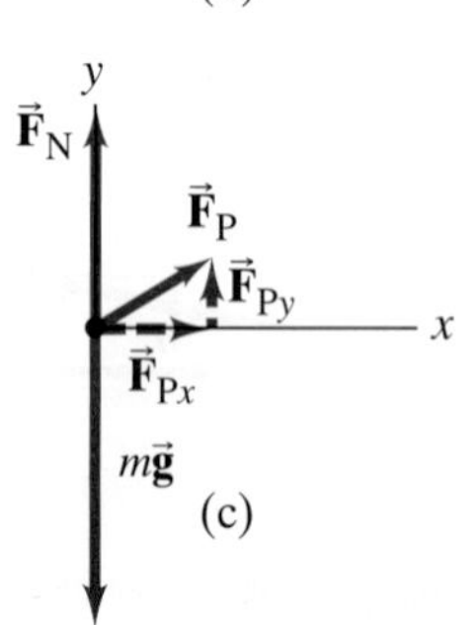

그림 4.18 (a) 상자 끌기, 예제 4.7 (b) 상자의 자유 물체 도형 (c) 한 점에 작용하는 모든 힘의 자유 물체 도형 (병진 운동의 경우)

예제 4.7 수수께끼 상자 끌기

친구가 주어진 10.0 kg의 상자(예제 4.3, 그림 4.13)를 여러분에게 주고 뭐가 들어 있는지 맞춰보라 했다고 하자. 여러분은 "그래, 네 쪽으로 상자를 한 번 당겨봐."라고 대답한다면, 친구는 상자에 달린 끈을 잡고 그림 4.18a와 같이 책상의 매끈한 표면을 따라 상자를 당길 것이다. 그녀가 가하는 힘의 크기는 $F_P = 40.0$ N이고 방향은 보는 바와 같이 수평과 30.0°를 이룬다. (a) 상자의 가속도와 (b) 책상이 상자에 가하는 수직 항력 F_N의 크기를 구하라. 마찰은 무시할 수 있다고 가정한다.

접근 다음과 같은 단계를 따라 문제를 해결한다.

풀이

1. **스케치를 그린다.** 상황은 그림 4.18a에 나타나 있다. 상자와 사람이 끄는 힘 F_P가 그려져 있다.
2. **자유 물체 도형.** 그림 4.18b에 상자의 자유 물체 도형이 나타나 있다. 자유 물체 도형을 정확하게 그리려면 상자에만 작용하는 **모든** 힘, 즉 중력 $m\vec{g}$, 책상에 의해서 작용하는 수직 항력 $\vec{F}_N$, 사람이 끄는 힘 $\vec{F}_P$을 나타낸다. 우리는 병진 운동에만 관심이 있으므로 그림 4.18c와 같이 세 힘이 한 점에 작용하는 것처럼 그릴 수 있다.
3. **좌표축을 정하고 벡터를 성분으로 분해한다.** 운동이 수평으로 이루어질 것이라고 예상하기 때문에 x축을 수평으로 그리고 y축을 수직으로 정한다. 40.0 N으로 끄는 힘의 성분은 다음과 같다.

$$F_{Px} = (40.0\,\text{N})(\cos 30.0°) = (40.0\,\text{N})(0.866) = 34.6\,\text{N}$$
$$F_{Py} = (40.0\,\text{N})(\sin 30.0°) = (40.0\,\text{N})(0.500) = 20.0\,\text{N}$$

수평(x) 방향으로 $\vec{F}_N$과 $m\vec{g}$의 성분은 영이다. 따라서 알짜힘의 수평 성분은 F_{Px}이다.

4. (a) 가속도의 x 성분은 **뉴턴 제2법칙을 적용**하여 구한다.

$$F_{Px} = ma_x$$

5. (a) **풀기.**

$$a_x = \frac{F_{Px}}{m} = \frac{(34.6\,\text{N})}{(10.0\,\text{kg})} = 3.46\,\text{m/s}^2$$

상자의 가속도는 오른쪽으로 3.46 m/s^2이다.

(b) 다음으로 F_N을 구한다.

4′. (b) 연직(y) 방향에 대해 **뉴턴 제2법칙을 적용**한다. 위 방향이 양의 방향이다.

$$\Sigma F_y = ma_y$$
$$F_N - mg + F_{Py} = ma_y$$

5′. (b) **풀기.** 중력이 $mg = (10.0\ \text{kg})(9.80\ \text{m/s}^2) = 98.0\ \text{N}$이고 위의 3번으로부터 $F_{Py} = 20.0\ \text{N}$이다. 더욱이 $F_{Py} < mg$이기 때문에 상자는 연직으로 움직이지 않는다. 즉 $a_y = 0$이다. 따라서

$$F_N - 98.0\,\text{N} + 20.0\,\text{N} = 0$$

즉

$$F_N = 78.0\,\text{N}$$

이다.

유의 F_N이 mg보다 작다. 사람이 당기는 힘의 일부가 위 방향으로 작용하기 때문에 책상은 상자의 무게보다 작은 힘으로 상자를 밀어낸다.

연습 F 10.0 N의 힘이 마찰이 없는 수평면 위에서 10.0 kg의 상자를 수평으로 끌고 있다. 만약 끄는 힘이 두 배가 되면 상자의 수직 항력은 (a) 증가 (b) 같은 값을 유지 (c) 감소할 것이다.

유연한 끈의 장력

유연한 끈으로 한 물체를 유연한 끈으로 한 물체를 끌 때 그 끈에 작용하는 힘을 **장력**(tension) F_T라 한다. 만약 끈의 질량을 무시하면 한쪽 끝에 작용하는 힘은 인접한 끈에 줄어들지 않고 전달되어서 끈의 전 구간에 걸쳐 다른 쪽 끝까지 전달된다. 왜 그럴까? 왜냐하면 $\vec{\mathbf{a}}$가 어떤 값을 갖더라도 질량 m이 영(또는 무시할 정도로 작음)이면 $\Sigma\vec{\mathbf{F}} = m\vec{\mathbf{a}} = 0$이기 때문이다. 이런 이유로 끌어당기는 끈의 양 끝에 작용하는 힘의 합은 영이다(F_T와 $-F_T$). 유연한 끈이나 줄은 끌어당길 수만 있다는 점에 주의하자. 유연한 끈이나 줄은 접히기 때문에 밀수가 없다.

다음 예제는 끈으로 연결된 두 상자에 관한 것이다. 우리는 이 물체들의 집단을 계로 볼 수 있다. **계**(system)란 우리가 고려하고 연구하고자 선택한 한 개 또는 그 이상의 물체가 모인 집단이다.

예제 4.8 끈으로 연결된 두 상자

두 상자 A와 B가 가벼운 끈으로 연결되어 있고 (마찰이 없는) 매끄러운 책상 위에 정지해 있다. 상자의 질량은 각각 12.0 kg과 10.0 kg이다. 그림 4.19a에서 보는 바와 같이 40.0 N의 힘 F_P가 10.0 kg인 상자에 수평으로 작용하고 있다. (a) 각 상자의 가속도와 (b) 두 상자

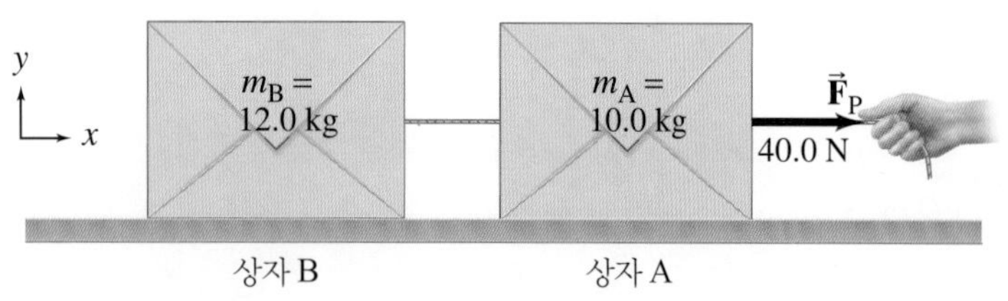

그림 4.19 예제 4.8. (a) 끈으로 연결된 두 상자 A와 B. 사람이 힘 F_P = 40.0 N으로 상자 A를 수평으로 끌어당긴다. (b) 상자 A에 대한 자유 물체 도형 (c) 상자 B에 대한 자유 물체 도형

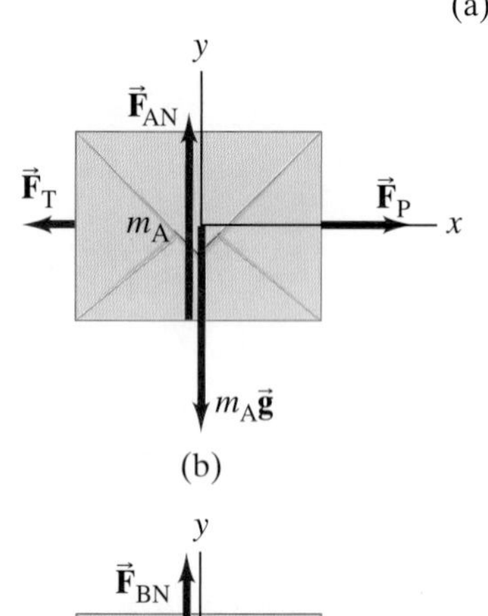

(c)

를 연결하는 끈의 장력을 구하라.

접근 두 상자가 있기 때문에 각각에 대한 자유 물체 도형을 그린다. 자유 물체 도형을 올바르게 그리기 위해서 각 상자에만 작용하는 힘들을 고려해야 한다. 그래야만 뉴턴 제2법칙을 각 상자에 적용할 수 있다. 사람이 상자 A에 힘 F_P를 가한다. 상자 A가 연결되어 있는 끈에 힘 F_T를 가하고 끈은 크기는 같고 방향이 반대인 힘 F_T를 상자 A에 작용한다(뉴턴 제3법칙). 수평으로 작용하는 두 힘을 그림 4.19b에 나타냈다. 아울러 아래로 작용하는 중력 $m_A\vec{g}$와 책상에 의해 위로 작용하는 수직 항력 $\vec{F}_{AN}$도 나타냈다. 끈은 가볍기 때문에 끈의 질량을 무시한다. 따라서 끈 양쪽 끝의 장력은 같다. 이런 이유로 끈은 두 번째 상자에 힘 F_T를 작용한다. 그림 4.19c는 상자 B에 작용하는 힘들 $\vec{F}_T$, $m_B\vec{g}$, 수직 항력 $\vec{F}_{BN}$을 보여 주고 있다. 여기서는 수평 운동만이 있기 때문에 오른쪽 방향을 양의 x축으로 정한다.

풀이 (a) $\Sigma F_x = ma_x$를 상자 A에 적용한다.

$$\Sigma F_x = F_P - F_T = m_A a_A \qquad \text{[상자 A]}$$

상자 B에서는 F_T가 수평으로 작용하는 유일한 힘이기 때문에 다음과 같이 쓸 수 있다.

$$\Sigma F_x = F_T = m_B a_B \qquad \text{[상자 B]}$$

두 상자가 서로 연결되어 있고 만약 끈이 팽팽하고 늘어나지 않는다면 두 상자는 같은 가속도 a를 가질 것이다. 따라서 $a_A = a_B = a$이다. m_A = 10.0 kg이고 m_B = 12.0 kg이다. 미지수(F_T)를 제거하기 위해 위의 두 식들을 더하면 다음을 얻는다.

$$(m_A + m_B)a = F_P - F_T + F_T = F_P$$

즉

$$a = \frac{F_P}{m_A + m_B} = \frac{40.0\,\text{N}}{22.0\,\text{kg}} = 1.82\,\text{m/s}^2$$

이것이 구하고자 하는 답이다.

(b) 위의 상자 B에 해당하는 식($F_T = m_B a_B$)으로부터 끈의 장력은

$$F_T = m_B a = (12.0\,\text{kg})(1.82\,\text{m/s}^2) = 21.8\,\text{N}$$

이다. 따라서 예상대로 $F_T < F_P$ (= 40.0 N)으로 F_T는 m_B만을 가속하는 데 작용한다.

(a)의 다른 풀이 수평으로 작용하는 알짜힘 F_P가 단일계로 이루어진 $m_A + m_B$에 작용한다고 생각하면 같은 결과를 얻을 것이다. (장력 F_T는 단일계의 내력으로 존재하며 쌍을 이루어서 결국 영이 되어 전체 단일계에 작용하는 알짜힘에 영향을 미치지 못한다.)

유의 사람이 작용하는 힘 F_P가 상자 A에 뿐만 아니라 상자 B에도 작용한다고 말하고 싶은 유혹을 느낄 것이다. 그러나 그렇지 않다. F_P는 오직 상자 A에만 작용한다. F_P는 끈의 장력 F_T를 통해서 상자 B에 작용하고 F_T가 상자 B를 가속시킨다. (다음과 같이 볼 수도 있다. F_P는 두 상자 모두를 가속하는 데 쓰이지만 F_T는 오직 상자 B만을 가속하는 데 쓰이기 때문에 $F_T < F_P$이다.)

주의

어떤 물체이건 $\Sigma F = ma$를 계산함에 있어 오직 그 물체에만 작용하는 힘들을 사용하라.

예제 4.9 승강기와 균형추(애트우드 기계)

물리학의 응용
승강기(애트우드 기계)

그림 4.20a와 같이 유연한 끈으로 연결되어 도르래에 매달려 있는 두 물체로 이루어진 계가 있다. 이런 장치를 **애트우드 기계**(Atwood machine)라고 한다. 실생활에 쓰이는 승강기(m_E)와 균형추(m_C)를 생각하자. 모터가 승강기를 안전하게 올리고 내리는 데 필요한 일을 최소화하기 위해 질량 m_E와 m_C를 비슷하게 둔다. 여기서는 계에서 모터를 제외하고 케이블의 질량을 무시한다. 도르래의 질량과 어떤 마찰도 무시한다. 이런 가정들이 도르래의 양쪽에 작용하는 케이블의 장력 F_T의 크기가 같음을 보장한다. 균형추의 질량이 $m_C = 1000$ kg라고 하자. 빈 승강기의 질량은 850 kg이고 네 명의 승객을 태운 승강기의 질량은 $m_E = 1150$ kg라고 가정하자. 후자의 경우($m_E = 1150$ kg)에 (a) 승강기의 가속도와 (b) 케이블의 장력을 구하라.

접근 여기서도 두 물체를 다루며 각 물체마다 독립적으로 뉴턴 제2법칙을 적용할 필요가 있다. 각 질량마다 두 개의 힘이 작용한다. 아래 방향으로 중력이 작용하고 위 방향으로 케이블의 장력 $\vec{\mathbf{F}}_T$가 끌어당긴다. 그림 4.20b와 c는 승강기(m_E)와 균형추(m_C)에 대한 자유 물체 도형을 보여 주고 있다. 상대적으로 더 무거운 승강기는 아래로 가속하는 반면에 균형추는 위로 가속한다. 둘의 가속도의 크기는 같다(케이블은 질량이 없고 늘어나지 않는다고 가정한다). 균형추에 대해서 $m_C g = (1000\text{ kg})(9.80\text{ m/s}^2) = 9800$ N이므로 F_T는 (m_C가 위 방향으로 가속하기 위해서) 9800 N보다 커야 한다. 승강기에 대해서 $m_E g = (1150\text{ kg})(9.80\text{ m/s}^2) = 11{,}300$ N이므로 이 값은 m_E가 아래 방향으로 가속하기 위해서 F_T보다 커야 한다. 따라서 우리가 구하고자하는 F_T는 9800 N과 11,300 N 사이에 있어야 한다.

풀이 (a) F_T와 가속도 a를 구하기 위해 각 물체마다 뉴턴 제2법칙인 $\Sigma F = ma$을 적용한다. 두 물체 모두에서 위 방향을 양의 y 방향으로 정한다. 이렇게 좌표축을 정하면 m_C가 위로 가속하기 때문에 $a_C = a$이고 m_E는 아래로 가속하기 때문에 $a_E = -a$이다. 따라서

$$F_T - m_E g = m_E a_E = -m_E a$$
$$F_T - m_C g = m_C a_C = +m_C a$$

두 번째 식에서 첫 번째 식을 빼면

$$(m_E - m_C)g = (m_E + m_C)a$$

가 된다. 여기서 a가 유일한 미지수이다. a를 구하면

$$a = \frac{m_E - m_C}{m_E + m_C}g = \frac{1150\text{ kg} - 1000\text{ kg}}{1150\text{ kg} + 1000\text{ kg}}g = 0.070g = 0.68\text{ m/s}^2$$

이고 승강기(m_E)는 $a = 0.070g = 0.68\text{ m/s}^2$으로 아래(균형추 m_C는 위) 방향으로 가속한다.

(b) 케이블의 장력 F_T는 우리가 처음에 세웠던 두 개의 식 $\Sigma F = ma$ 중에서 어느 하나로부터 구할 수 있다. 이때 $a = 0.070g = 0.68\text{ m/s}^2$을 사용한다.

$$F_T = m_E g - m_E a = m_E(g - a)$$
$$= 1150\text{ kg}\,(9.80\text{ m/s}^2 - 0.68\text{ m/s}^2) = 10{,}500\text{ N}$$

또는

$$F_T = m_C g + m_C a = m_C(g + a)$$
$$= 1000\text{ kg}\,(9.80\text{ m/s}^2 + 0.68\text{ m/s}^2) = 10{,}500\text{ N}$$

으로 둘은 일치한다. 예상대로 결과는 9800 N과 11,300 N 사이에 놓여 있다.

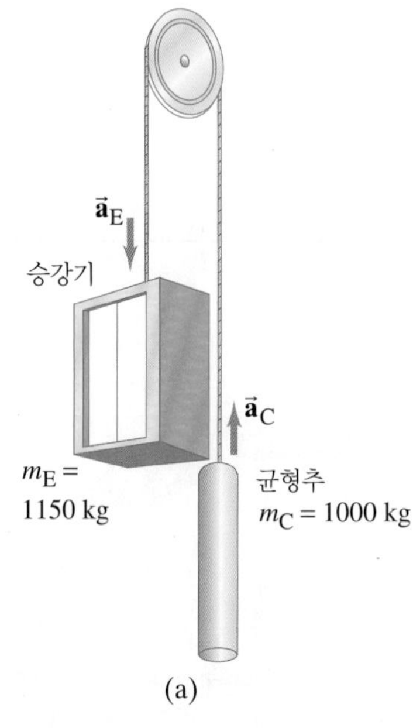

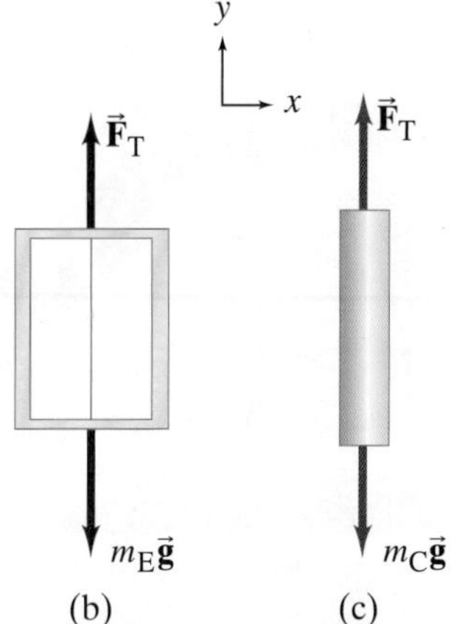

그림 4.20 예제 4.9. (a) 승강기-균형추 계로 이루어진 애트우드 기계. (b)와 (c) 두 물체에 대한 자유 물체 도형

유의 이 예제에서 a에 대한 식이 옳은지를 다음과 같은 방법으로 점검할 수 있다. 만약 두 질량이 같다면($m_E = m_C$) a에 대한 위의 식에서 $a = 0$이 된다. 이것은 우리가 기대한 바이다. 또한 두 질량 중 하나가 영(예를 들어 $m_C = 0$)이라면 다른 질량($m_E \neq 0$)은 $a = g$로 가속한다. 이 또한 우리가 예상한 바이다.

예제 4.10 가속도계

물리학의 응용

가속도계

질량이 작은 m이 얇은 실에 매달려 있고 진자처럼 흔들릴 수 있다. 그림 4.21a에서 보는 바와 같이 추가 자동차의 창문 위에 매달려 있다. 자동차가 정지해 있을 때 추는 연직으로 매달려 있다. (a) 자동차가 등가속도 $a = 1.20\ \text{m/s}^2$로 움직일 때와 (b) 자동차가 등속도 $v = 90\ \text{km/h}$로 움직일 때 실이 연직과 이루는 각도 θ를 구하라.

(a)

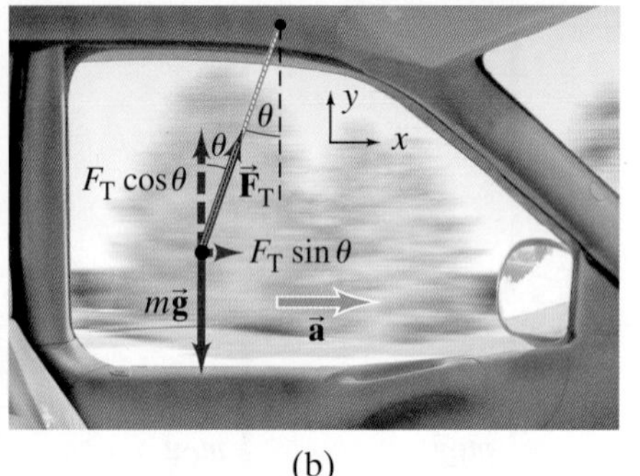

(b)

그림 4.21 예제 4.10

접근 그림 4.21b에 있는 자유 물체 도형은 연직과 각도 θ를 이루고 있는 추와 이에 작용하는 힘들을 보여 주고 있다. 아래 방향의 $m\vec{\mathbf{g}}$와 실의 장력 $\vec{\mathbf{F}}_T$ (성분들도 함께). 만약 $\theta \neq 0$이면 이 힘들의 합은 영이 아니다. 가속도 a가 존재하므로 $\theta \neq 0$를 예상할 수 있다.

풀이 (a) 가속도 $a = 1.20\ \text{m/s}^2$는 수평($= a_x$) 방향이고 유일한 수평 방향의 힘은 $\vec{\mathbf{F}}_T$의 x 성분 $F_T \sin\theta$(그림 4.21b)이다. 뉴턴 제2법칙으로부터 다음과 같이 쓸 수 있다.

$$ma = F_T \sin\theta$$

$a_y = 0$이기 때문에 뉴턴 제2법칙의 연직 성분은

$$0 = F_T \cos\theta - mg$$

이므로

$$mg = F_T \cos\theta$$

이다. 두 식을 나누면

$$\tan\theta = \frac{F_T \sin\theta}{F_T \cos\theta} = \frac{ma}{mg} = \frac{a}{g}$$

즉

$$\tan\theta = \frac{1.20\ \text{m/s}^2}{9.80\ \text{m/s}^2} = 0.122$$

따라서 다음을 얻는다.

$$\theta = 7.0°$$

(b) 속도가 일정하기 때문에 $a = 0$이고 $\tan\theta = 0$이다. 따라서 진자는 연직으로 매달려 있다($\theta = 0°$).

유의 이 간단한 장치가 **가속도계**(accelerometer)이다. 각도 θ를 측정함으로써 가속도를 구하는 데 쓰일 수 있다.

4.8 마찰과 경사면에 관한 문제

마찰

우리는 지금까지 마찰을 무시했지만 대부분의 실제 상황에서는 마찰을 고려해야 한다. 마찰은 두 고체 표면 사이에 존재한다. 왜냐하면 아무리 매끈하게 보이는 표면이라도 그림 4.22와 같이 미시적으로는 매우 거칠기 때문이다. 한 물체가 표면을 따라 미끄러지면 미시적으로 울퉁불퉁한 표면이 움직임을 방해한다. 미시적 관점에서 정확히 어떤 일들이 벌어지고 있는지에 대해서는 아직 밝혀진 바가 없다. 한 표면의 울퉁불퉁한 곳의 원자들이 다른 표면의 원자들과 아주 가까이 접근해서 이들 원자 간에 잡아당기는 전기력이 작용하여 두 표면을 살짝 용접하는 것과 같은 '결합'을 이룰 수 있다고 보고 있다. 한 물체가 표면을 따라 미끄러지는 것은 아마도 이런 결합들이 연결되고 끊어지기 때문에 보통 덜컥거리는 것과 같다. 심지어 둥근 물체가 표면을 따라 굴러도 **굴림 마찰**(rolling friction)이라고 하는 마찰이 여전히 존재한다. 그렇지만 굴림 마찰은 일반적으로 물체가 표면을 따라 미끄러질 때보다 훨씬 작다. 우리는 이제 보통 **운동 마찰**(kinetic friction)이라고 하는 미끄럼 마찰에 초점을 둔다(*kinetic*은 '움직임'으로 그리스어에서 왔다).

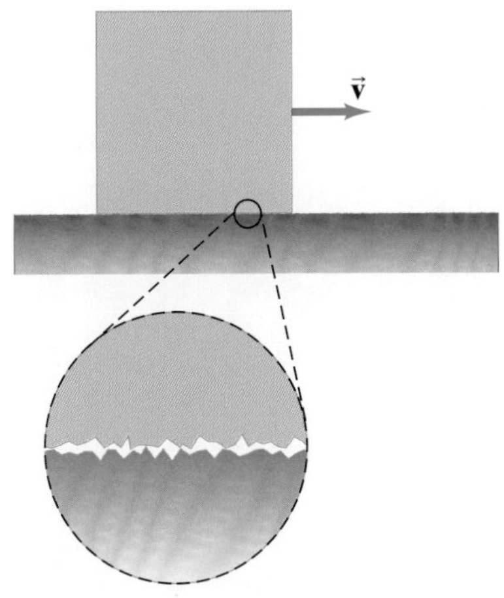

그림 4.22 책상 위에서 오른쪽으로 움직이는 물체. 접촉하고 있는 두 표면은 매끄럽다고 가정하지만 미시적으로는 거칠다.

한 물체가 거친 표면을 따라 미끄러지면 운동 마찰력이 물체 속도의 반대 방향으로 작용한다. 운동 마찰력의 크기는 미끄러지는 두 표면의 성질에 의존한다. 실험에 의하면 주어진 표면에 대해서 마찰력은 대략 두 표면의 **수직 항력**에 비례한다고 알려졌다. 수직 항력은 서로 다른 물체에 작용하며 접촉하고 있는 공통의 표면에 직각이다(그림 4.23). 딱딱한 표면 사이의 마찰력은 거의 많은 경우에 접촉면의 전체 넓이에 의존하지 않는다. 즉 표면의 매끄러운 정도가 같다고 가정하면 이 책에 작용하는 마찰력은 책상 위에서 책의 넓은 표면을 따라 미끄러지건 책의 얇은 등을 따라 미끄러지건 큰 차이가 없다. 마찰력은 넓이와 무관하다는 간단한 모형을 앞으로 사용한다. 그러면 마찰력의 크기 F_{fr}와 수직 항력의 크기 F_{N} 사이의 비례 관계를 다음과 같이 비례 상수 μ_{k}를 이용하여 쓸 수 있다.

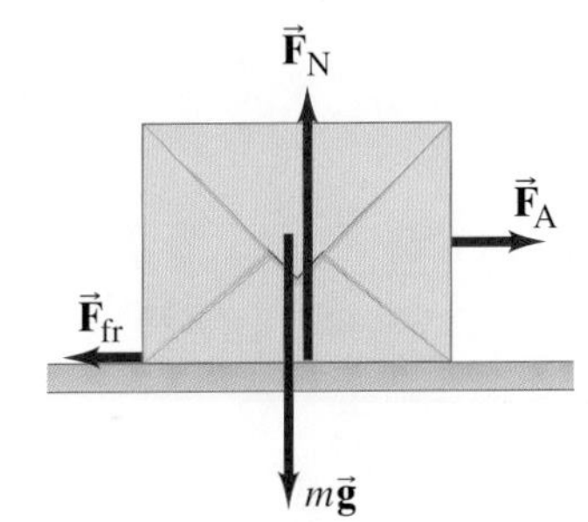

그림 4.23 힘($\vec{\mathbf{F}}_{\mathrm{A}}$)이 한 물체를 표면을 따라 끌어당기면 마찰력 $\vec{\mathbf{F}}_{\mathrm{fr}}$는 운동을 방해한다. $\vec{\mathbf{F}}_{\mathrm{fr}}$의 크기는 수직 항력($F_{\mathrm{N}}$)의 크기에 비례한다.

$$F_{\mathrm{fr}} = \mu_{\mathrm{k}} F_{\mathrm{N}} \qquad \text{[운동 마찰]}$$

이 관계는 기본 법칙이 아니다. 이 식은 두 표면에 평행하게 작용하는 마찰력의 크기 F_{fr}와 두 표면에 직각으로 작용하는 수직 항력의 크기 F_{N} 사이에 실험적으로 알아낸 관계식이다. 두 힘이 서로 직각으로 놓여 있기 때문에 이것은 벡터 식이 **아니다**. μ_{k}는 **운동 마찰 계수**(coefficient of kinetic friction)라고 하며 두 표면의 성질에 의존한다. 여러 종류의 표면에 대한 측정값들이 표 4.2에 나타나 있다. 그러나 이 값들은 단지 근삿값이다. 왜냐하면 μ가 표면이 젖은 상태인지 또는 마른 상태인지, 표면을 얼마나 많이 사포질을 했는지 또는 비볐는지, 표면에 쉿밥이 남아 있는지 등 다른 요인들에 달려 있기 때문이다. 그러나 (단위가 없는) μ_{k}는 미끄러지는 속력과 접촉면의 넓이에 거의 무관하다.

주의

$\vec{\mathbf{F}}_{\mathrm{fr}} \perp \vec{\mathbf{F}}_{\mathrm{N}}$

표 4.2 마찰 계수[†]

표면	정지 마찰 계수, μ_s	운동 마찰 계수, μ_k
나무와 나무	0.4	0.2
얼음과 얼음	0.1	0.03
금속과 금속 (윤활유 처리)	0.15	0.07
강철과 강철 (윤활유 처리 안함)	0.7	0.6
고무와 마른 콘크리트	1.0	0.8
고무와 젖은 콘크리트	0.7	0.5
고무와 다른 고체 표면	1~4	1
공기 중 테플론과 테플론	0.04	0.04
공기 중 테플론과 강철	0.04	0.04
윤활유 처리한 볼 베어링	< 0.01	< 0.01
윤활 관절 (사람의 팔다리)	0.01	0.01

[†]각 값은 근삿값이며 참고용으로만 쓴다.

우리가 지금까지 논의한 것은 한 물체가 다른 물체 위로 미끄러질 때 일어나는 **운동 마찰**에 관한 것이었다. 두 표면이 서로 미끄러지지 않을 때에도 두 표면에 평행하게 힘이 작용하는데, 이를 **정지 마찰**(static friction)이라고 한다. 책상과 같은 물체가 수평 바닥에 정지해 있다고 가정하자. 만약 책상에 수평 힘이 작용하지 않으면 마찰력 또한 없다. 그러나 이제 책상을 밀어도 책상이 움직이지 않는다고 가정하자. 여러분이 수평 힘을 주지만 책상이 움직이지 않는다면 움직임을 방해하는 어떤 다른 힘이 책상에 작용해야 할 것이다(정지해 있는 물체에 작용하는 알짜힘은 영이다). 이것이 바로 바닥이 책상에 가하는 **정지 마찰력**이다. 더 큰 힘으로 밀어도 책상이 움직이지 않으면 정지 마찰력 또한 증가한다. 만약 여러분이 충분히 큰 힘으로 밀어서 책상이 결국 움직이기 시작하면 운동 마찰의 영역이 된다. 이 순간 $(F_{fr})_{max} = \mu_s F_N$으로 최대 정지 마찰력을 넘게 된다. 여기서 μ_s는 **정지 마찰 계수**(coefficient of static friction)이다(표 4.2). 정지 마찰력이 영부터 이 최댓값까지 변할 수 있기 때문에 다음과 같이 쓴다.

$$F_{fr} \leq \mu_s F_N \qquad \text{[정지 마찰]}$$

무거운 물체를 계속 미끄러지게 하는 것이 보통 정지 상태에서 출발하여 미끄러지도록 하는 것보다 쉽다는 것을 느낄 때가 있었을 것이다. 이것이 μ_s가 일반적으로 μ_k보다 크다는 사실과 일치한다(표 4.2).

예제 4.11 정지 마찰과 운동 마찰

10.0 kg짜리 수수께끼 상자가 수평 바닥에 정지해 있다. 정지 마찰 계수는 $\mu_s = 0.40$이고 운동 마찰 계수는 $\mu_k = 0.30$이다. 만약 다음과 같은 크기의 힘 F_A를 상자에 수평으로 가한다면 상자에 작용하는 마찰력 F_{fr}는 각각 얼마인가? (a) 0 (b) 10 N (c) 20 N (d) 38 N (e) 40 N.

접근 우리가 다루어야 할 영역이 정지 마찰인지 아니면 운동 마찰인지 또는 상자가 정지해 있는지 아니면 가속하는지를 바로 알 수 없다. 자유 물체 도형을 그리고 어느 경우에 상자가 움직일지 아닐지를 결정할 필요가 있다. 만약 F_A가 최대 정지 마찰력보다 크면 상자는 움직이기 시작한다(뉴턴 제2법칙). 상자에 작용하는 힘들은 그림 4.23에서 보는 바와 같이 중력 $m\vec{\mathbf{g}}$, 바닥에 의해서 작용하는 수직 항력 $\vec{\mathbf{F}}_N$, 수평으로 작용하는 힘 $\vec{\mathbf{F}}_A$와 마찰력 $\vec{\mathbf{F}}_{fr}$이다.

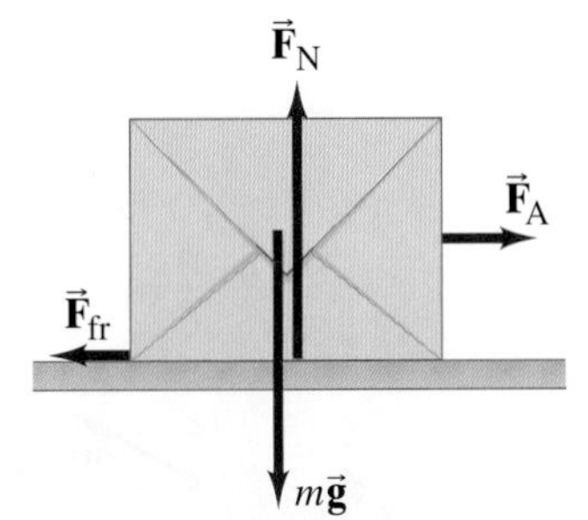

그림 4.23 예제 4.11을 위해 앞에서 나왔던 그림을 반복하여 나타낸 것이다.

풀이 상자의 자유 물체 도형은 그림 4.23에 나타나 있다. 연직 방향으로 운동은 없으며 뉴턴 제2법칙에 따라 $\Sigma F_y = ma_y = 0$, 즉 $F_N - mg = 0$이다. 따라서 수직 항력은 다음과 같다.

$$F_N = mg = (10.0\,\text{kg})(9.80\,\text{m/s}^2) = 98.0\,\text{N}$$

(a) 첫 번째 경우 $F_A = 0$이므로 상자는 움직이지 않고 $F_{fr} = 0$이다.

(b) 정지 마찰력은 가하는 힘이 다음의 최댓값을 넘기 전까지 운동을 막을 것이다.

$$\mu_s F_N = (0.40)(98.0\,\text{N}) = 39\,\text{N}$$

작용한 힘이 $F_A = 10$ N이므로 상자는 움직이지 않을 것이다. 뉴턴 제2법칙으로부터 $\Sigma F_x = F_A - F_{fr} = 0$이므로 $F_{fr} = 10$ N이다.

(c) 작용한 힘이 20 N이므로 이 힘 또한 상자를 움직이는 데 충분하지 않다. 따라서 가한 힘과 균형을 이루기 위해 $F_{fr} = 20$ N이다.

(d) 작용한 힘 38 N은 아직도 상자를 움직이기에 충분히 크지 않다. 따라서 마찰력도 상자가 정지해 있기 위해서 38 N까지 커져야 한다.

(e) 40 N의 힘은 최대 정지 마찰력 $\mu_s F_N = (0.40)(98.0\text{ N}) = 39$ N을 넘기 때문에 상자가 움직이기 시작한다. 이제 정지 마찰 영역 대신에 운동 마찰 영역에 있으며 그 크기는

$$F_{fr} = \mu_k F_N = (0.30)(98.0\,\text{N}) = 29\,\text{N}$$

이다. 이제 상자에 (수평으로) 작용하는 알짜힘의 크기가 $F = 40\text{ N} - 29\text{ N} = 11$ N이기 때문에 가하는 힘이 계속 40 N인 동안 상자의 가속도는 다음과 같다.

$$a_x = \frac{\Sigma F}{m} = \frac{11\,\text{N}}{10.0\,\text{kg}} = 1.1\,\text{m/s}^2$$

그림 4.24는 이 예제를 요약한 그래프이다.

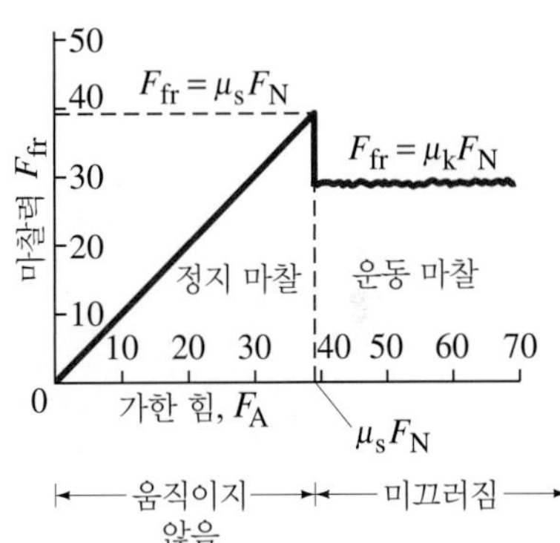

그림 4.24 예제 4.11. 처음에 정지해 있는 물체에 작용하는 외력의 함수에 따른 마찰력의 크기. 가하는 힘의 크기가 커질수록 정지 마찰력은 가한 힘이 $\mu_s F_N$에 도달할 때까지 같은 비율로 증가한다. 만약 작용한 힘이 더 증가하면 물체는 움직이기 시작하고 마찰력은 대략 운동 마찰의 특징인 일정한 값으로 떨어진다.

마찰은 장애일 수 있다. 움직이는 물체의 속력을 낮추고 기계에서 구동 중인 부분을 가열시키고 멈추게 할 수도 있다. 기름과 같은 윤활유를 사용함으로써 마찰을 줄일 수 있다. 두 표면 사이의 마찰을 줄이는 데 더 효과적인 방법은 표면 사이에 공기나 기체층을 두는 것이다. 대부분의 경우 실용적이지는 않지만 이런 개념을 이용한 장치가 공기 부상 궤도나 공기 부상 테이블이다. 이와 같은 장치는 수많은 작은 구멍으로 공기를 불어넣어 공기층을 유지한다. 공기층을 유지하는 또 다른 기술로는 자기장(자기 부상)을 이용하여 물체를 공기 중에 뜨게 하는 것이다.

마찰은 다른 한편으로 도움이 될 수도 있다. 우리가 걸을 수 있는 것도 신발 바닥(또는 발바닥)과 땅 사이에 마찰이 있기 때문이다. (걷는 것은 운동 마찰이 아니라 정지 마찰에 해당한다. 어째서일까?) 자동차의 움직임과 안정성도 마찰에 달려 있다. 얼음 위에서와 같이 마찰이 작을 경우에는 안전하게 걷거나 운전하기 어려워진다.

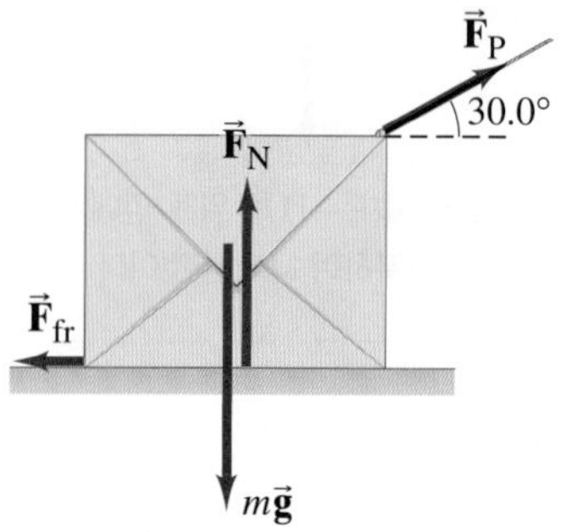

그림 4.25 예제 4.12

예제 4.12 마찰에 대항해서 끌기

수평면과 30.0°를 이루고 크기가 40.0 N인 힘 F_{P}로 10.0 kg의 상자를 수평면을 따라 끌고 있다. 이 예제는 마찰이 있다는 것 외에는 예제 4.7과 같다. 운동 마찰 계수는 0.30이라고 가정한다. 가속도를 구하라.

접근 자유 물체 도형은 그림 4.25에 나타나 있다. 이것은 그림 4.18b와 같으나 마찰력 하나가 추가됐다.

풀이 연직 (y) 방향으로의 계산은 예제 4.7b와 똑같다. $mg = (10.0\ \mathrm{kg})(9.80\ \mathrm{m/s^2}) = 98.0$ N이고 $F_{\mathrm{P}y} = (40.0\ \mathrm{N})(\sin 30.0°) = 20.0$ N이다. 위 방향을 양의 y 방향으로 정하고 $a_y = 0$로 놓으면 다음과 같다.

$$F_{\mathrm{N}} - mg + F_{\mathrm{P}y} = ma_y$$
$$F_{\mathrm{N}} - 98.0\ \mathrm{N} + 20.0\ \mathrm{N} = 0$$

따라서 수직 항력은 $F_{\mathrm{N}} = 78.0$ N이다. 이제 수평 (x) 방향(오른쪽이 양의 방향)으로 뉴턴 제2법칙을 적용하고 마찰력을 포함시킨다.

$$F_{\mathrm{P}x} - F_{\mathrm{fr}} = ma_x$$

마찰력 $F_{\mathrm{fr}} = \mu_{\mathrm{k}} F_{\mathrm{N}}$이 $F_{\mathrm{P}x} = (40.0\ \mathrm{N})(\cos 30.0°) = 34.6$ N보다 작으면 마찰력은 운동 마찰 영역에 있으며 마찰력은

$$F_{\mathrm{fr}} = \mu_{\mathrm{k}} F_{\mathrm{N}} = (0.30)(78.0\ \mathrm{N}) = 23.4\ \mathrm{N}$$

이다. 따라서 상자는 가속한다.

$$a_x = \frac{F_{\mathrm{P}x} - F_{\mathrm{fr}}}{m} = \frac{34.6\ \mathrm{N} - 23.4\ \mathrm{N}}{10.0\ \mathrm{kg}} = 1.1\ \mathrm{m/s^2}$$

예제 4.7에서 살펴본 것처럼 마찰이 없을 경우에 가속도는 이것보다 훨씬 크다.

유의 마지막 답의 유효 숫자는 두 자리이다. 왜냐하면 운동 마찰 계수($\mu_{\mathrm{k}} = 0.30$)의 최소 유효 숫자가 두 자리이기 때문이다.

예제 4.13 두 상자와 도르래

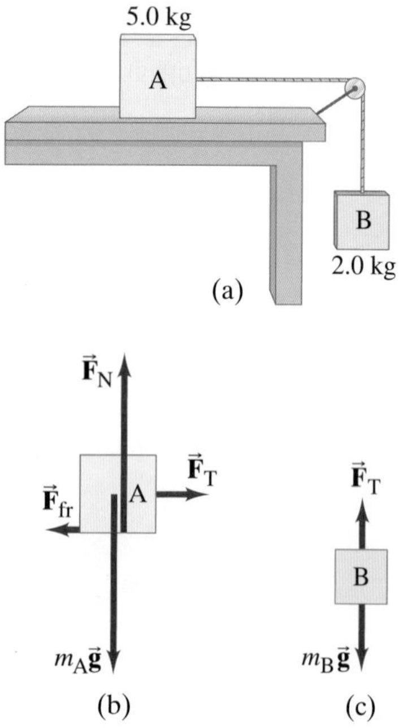

그림 4.26a와 같이 두 상자가 도르래에 걸쳐 끈으로 연결되어 있다. 상자 A와 책상 사이의 운동 마찰 계수는 0.20이다. 끈과 도르래의 질량과 도르래에 있는 어떤 마찰도 무시한다. 따라서 끈의 한쪽 끝에 작용하는 힘이 똑같은 크기로 다른 쪽 끝에 작용한다는 것으로 가정할 수 있다. 이 계의 가속도 a를 구하라. 끈이 늘어나지 않는다고 가정하면 두 상자의 가속도는 같다. 상자 B가 아래로 움직일 때 상자 A는 오른쪽으로 움직인다.

접근 각 상자에 대한 자유 물체 도형은 그림 4.26b와 c에 나타나 있다. 상자 A에 작용하는 힘들은 끈이 끄는 힘 F_{T}, 중력 $m_{\mathrm{A}}g$, 책상에 의해서 작용하는 수직 항력 F_{N}, 책상에 의해서 작용하는 마찰력 F_{fr}이고, 상자 B에 작용하는 힘들은 중력 $m_{\mathrm{B}}g$와 끈이 위로 끄는 힘 F_{T}이다.

풀이 상자 A는 연직으로 움직이지 않기 때문에 뉴턴 제2법칙에 따라 수직 항력과 무게는 서로 균형을 이루어야 한다.

$$F_{\mathrm{N}} = m_{\mathrm{A}}g = (5.0\ \mathrm{kg})(9.8\ \mathrm{m/s^2}) = 49\ \mathrm{N}$$

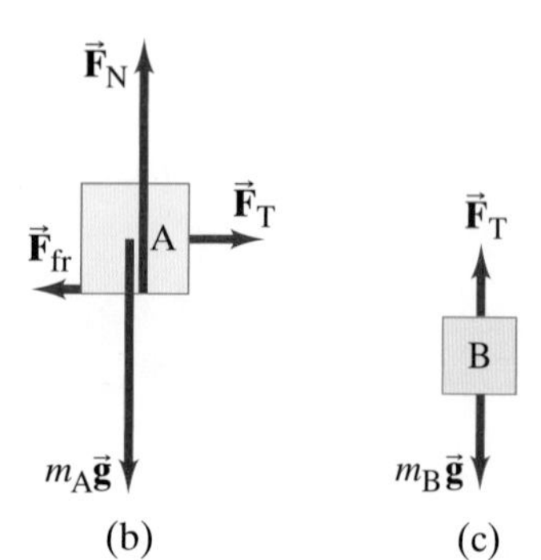

그림 4.26 예제 4.13

수평 방향으로는 두 힘, 즉 끈의 장력인 F_T(미지수)와 마찰력이 상자 A에 작용한다(그림 4.26b).

$$F_{fr} = \mu_k F_N = (0.20)(49\,\mathrm{N}) = 9.8\,\mathrm{N}$$

우리가 구하고자 하는 것은 수평 방향으로의 (상자 A의) 가속도이다. x 방향으로 뉴턴 제2법칙 $\Sigma F_{Ax} = m_A a_x$을 사용하면 (오른쪽을 양의 방향으로 정하고 $a_{Ax} = a$로 놓으면) 다음을 얻는다.

$$\Sigma F_{Ax} = F_T - F_{fr} = m_A a \qquad \text{[상자 A]}$$

다음으로 상자 B를 고려하자. 중력 $m_B g = (2.0\text{ kg})(9.8\text{ m/s}^2) = 19.6\text{ N}$은 아래로 잡아당긴다. 끈은 F_T의 힘으로 위로 끌어당긴다. 따라서 상자 B에 대한 뉴턴 제2법칙을 사용하면 (아래 방향을 양의 방향으로 정한다) 다음과 같이 쓸 수 있다.

$$\Sigma F_{By} = m_B g - F_T = m_B a \qquad \text{[상자 B]}$$

[만약 $a \neq 0$이면 F_T는 $m_B g$와 같지 않음에 주의하라.]
두 개의 미지수 a와 F_T가 있고 두 개의 식도 있다. 식 [상자 A]에서 F_T를 구한다.

$$F_T = F_{fr} + m_A a$$

이를 식 [상자 B]에 대입한다.

$$m_B g - F_{fr} - m_A a = m_B a$$

이제 a를 구하고 수치를 대입하면

$$a = \frac{m_B g - F_{fr}}{m_A + m_B} = \frac{19.6\,\mathrm{N} - 9.8\,\mathrm{N}}{5.0\,\mathrm{kg} + 2.0\,\mathrm{kg}} = 1.4\,\mathrm{m/s^2}$$

이다. 여기서 a는 상자 A가 오른쪽으로, 상자 B가 아래로 움직이는 가속도이다.
만약 원한다면 여기서부터 위로 세 번째에 있는 식을 이용하여 F_T를 계산할 수 있다.

$$F_T = F_{fr} + m_A a = 9.8\,\mathrm{N} + (5.0\,\mathrm{kg})(1.4\,\mathrm{m/s^2}) = 17\,\mathrm{N}$$

유의 상자 B는 자유 낙하하고 있지 않다. 추가적으로 힘 F_T가 상자 B에 위로 작용하고 있기 때문에 $a = g$로 떨어지지 않는다.

 **주의**

떨어지는 물체를 위로 잡아당기는 끈의 장력은 물체의 무게와 같지 않을 수도 있다.

경사면

물체가 언덕이나 비탈길과 같은 경사면을 따라 아래로 미끄러질 때 일어나는 운동에 대해 알아보자. 이와 같은 문제는 중력 가속도가 연직이 아니기 때문에 흥미롭다. 그림 4.27과 같이 xy 좌표축을 x축은 경사면을 따라 (운동 방향) 그리고 y축은 경사면에 직각으로 정하면 문제를 훨씬 쉽게 풀 수 있다. 또한 수직 항력이 연직이 아니며 경사면에 직각, 즉 그림 4.27과 같이 y축 방향임에 주의하라.

연습 G 수직 항력은 항상 경사면에 직각인가? 수직 항력은 항상 연직인가?

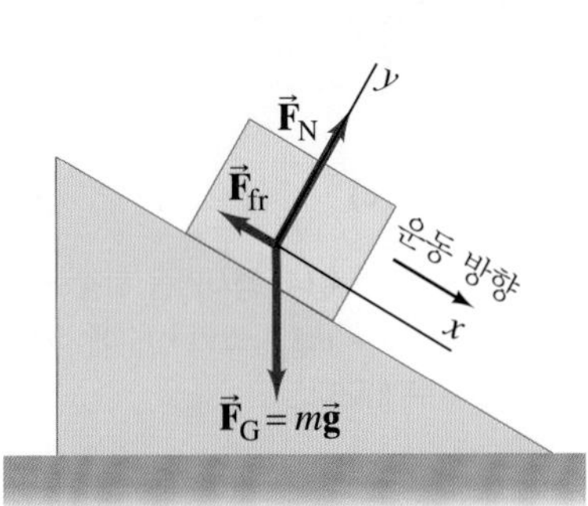

그림 4.27 경사면을 따라 아래로 미끄러지는 물체에 작용하는 힘

예제 4.14 스키 선수

그림 4.28a와 같이 스키 선수가 30°의 경사면을 따라 하강하기 시작했다. 만약 운동 마찰 계수가 0.10이면 그녀의 가속도는 얼마인가?

물리학의 응용
스키 타기

접근 x축을 경사면을 따라, 즉 스키 선수가 움직이는 하강 방향을 양의 방향으로 정한다. y축은 경사면에 직각이다. 스키 선수에 작용하는 힘들은 연직 아래(경사면에 직각이 아님) 방향의 중력 $\vec{\mathbf{F}}_{\mathrm{G}} = m\vec{\mathbf{g}}$와 경사면의 눈에 의해서 스키에 작용하는 두 힘, 즉 눈 덮인 경사면에 직각(연직이 아님)으로 작용하는 수직 항력과 경사면에 평행으로 작용하는 마찰력이다. 이 세 힘이 그림 4.28b와 같이 한 점에 그려져 있고 이것이 스키 선수의 자유 물체 도형이다.

풀이 우리는 오직 한 벡터, 즉 무게 $\vec{\mathbf{F}}_{\mathrm{G}}$만을 성분으로 분해해야 한다. 그 성분들은 그림 4.28c에 점선으로 나타나 있다. 우리는 당분간 30° 대신에 θ를 쓰기로 한다. 성분들을 구하기 위해 사인(sine)과 코사인(cosine)의 정의를 이용한다.

$$F_{\mathrm{G}x} = mg\sin\theta$$
$$F_{\mathrm{G}y} = -mg\cos\theta$$

여기서 $F_{\mathrm{G}y}$는 음의 y 방향이다. 언덕 아래로 향하는 스키 선수의 가속도 a_x를 계산하기 위해 x 방향으로 뉴턴 제2법칙을 적용한다.

$$\Sigma F_x = ma_x$$
$$mg\sin\theta - \mu_{\mathrm{k}}F_{\mathrm{N}} = ma_x$$

여기서 두 힘은 중력의 x 성분($+x$ 방향)과 마찰력($-x$ 방향)이다. 우리는 a_x의 값을 구하고자 하지만 아직 마지막 식에서 F_{N}를 알지 못한다. 뉴턴 제2법칙의 y 성분으로부터 F_{N}를 구할 수 있는지 알아보자.

$$\Sigma F_y = ma_y$$
$$F_{\mathrm{N}} - mg\cos\theta = ma_y = 0$$

여기서 y 방향(경사면에 직각)으로 운동이 없기 때문에 $a_y = 0$이다. 따라서 F_{N}를 구하면 다음과 같다.

$$F_{\mathrm{N}} = mg\cos\theta$$

이를 위의 ma_x에 대한 식에 대입하면

$$mg\sin\theta - \mu_{\mathrm{k}}(mg\cos\theta) = ma_x$$

이다. 모든 항에 m이 있으므로 이를 없앨 수 있다. 따라서 ($\theta = 30°$와 $\mu_{\mathrm{k}} = 0.10$을 대입하면)

$$a_x = g\sin 30° - \mu_{\mathrm{k}}g\cos 30°$$
$$= 0.50g - (0.10)(0.866)g = 0.41g$$

이고 스키 선수의 가속도는 중력 가속도의 0.41배이다. 수치[†]로는 $a = (0.41)(9.8\ \mathrm{m/s^2}) = 4.0\ \mathrm{m/s^2}$이다.

(a)

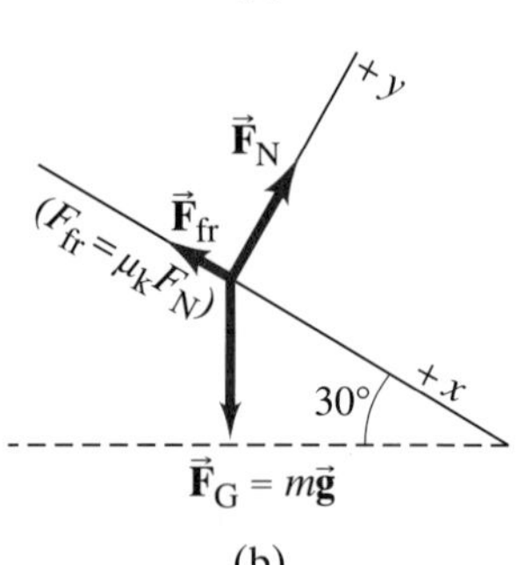

(b)

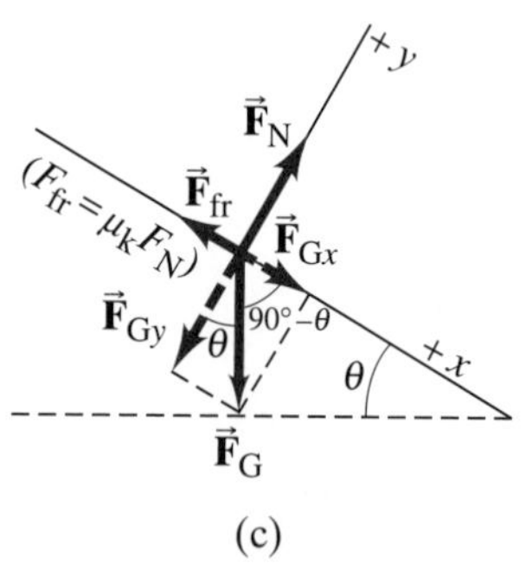

(c)

그림 4.28 예제 4.14. 경사면을 하강하는 스키 선수. $\vec{\mathbf{F}}_{\mathrm{G}} = m\vec{\mathbf{g}}$가 스키 선수에 작용하는 중력(무게)이다.

† $a = 4.0\ \mathrm{m/s^2}$를 얻기 위해 값들의 유효숫자를 두 자리로 반올림했다. 만약 우리가 계산기에 있는 모든 자릿수를 이용하여 계산했다면 $a = 0.4134g \approx 4.1\ \mathrm{m/s^2}$를 얻었을 것이다. 이 차이는 예상되는 정확도 이내에 있다(1.4절 유효 숫자).

유의 질량이 모두 상쇄됐다. 따라서 **가속도는 질량에 무관하다**는 유용한 결론을 얻었다. 때때로 이와 같은 상쇄는 유용한 결론을 줄뿐만 아니라 계산도 줄여 준다. 이것이 대수 식을 사용하고 맨 마지막에 수치를 대입하는 방식의 큰 이점이다.

비탈면이나 '경사면'에 관한 문제에서 수직 항력과 중력의 방향에 대한 오류를 범하지 않도록 한다. 경사면에서의 수직 항력은 연직이 아니다. 그것은 비탈면이나 경사면에 직각이다. 그리고 중력은 경사면에 직각이 **아니다**. 중력은 지구의 중심을 향하며 연직 아래로 작용한다.

 주의

중력과 수직 항력의 방향

종합 문제

객관식

1. 트럭이 오른쪽 방향으로 수평으로 움직이고 있다(그림 4.29). 트럭이 속력을 줄이기 시작할 때 트럭 짐칸의 바닥(마찰 없음)에 놓여 있는 상자가 미끄러지기 시작한다. 상자에 작용하는 알짜힘의 방향은 어디인가?
(a) 방향이 없다. 알짜힘은 영이다.
(b) 수직 아래 방향 (중력 때문에)
(c) 수직 위 방향 (수직 항력)
(d) 수평으로 오른쪽 방향
(e) 수평으로 왼쪽 방향

그림 4.29 객관식 1

2. 여러분이 고장 난 자동차를 밀려고 한다. 수평으로 400 N의 힘을 가하지만 자동차는 꼼짝도 하지 않고 여러분도 마찬가지이다. 어떤 힘(들)이 또한 400 N의 크기를 가져야 하는가?
(a) 자동차가 여러분에 작용하는 힘
(b) 자동차가 도로에 작용하는 마찰력
(c) 도로가 여러분에 작용하는 수직 항력
(d) 도로가 여러분에 작용하는 마찰력

3. 그림 4.30과 같이 일부 국립공원에서는 곰으로부터 배낭 여행자의 음식을 보호하기 위해 곰 슬링을 사용하고 있다. 배낭 여행자가 밧줄을 잡아당기면서 배낭을 끌어올릴 때 힘 F는
(a) 밧줄이 수평이 될 때까지 배낭이 올라가면서 줄어든다.
(b) 변하지 않는다.
(c) 밧줄이 똑바로 펴질 때까지 증가한다.
(d) 증가하지만 밧줄은 배낭을 매단 곳에 항상 처져 있다.

그림 4.30 객관식 3

4. 그림 4.31과 같이 무엇이 배를 앞으로 나아가게 하는가?
(a) 남자가 노에 가하는 힘
(b) 노가 물에 가하는 힘
(c) 물이 노에 가하는 힘
(d) 물 자체의 움직임

그림 4.31 객관식 4

5. 사람이 승강기 안에 있는 체중계 위에 서 있다. 그의 겉보기 무게가 최대가 될 때 승강기는
   (a) 정지해 있다.
   (b) 위로 등속도로 올라가고 있다.
   (c) 위로 가속하고 있다.
   (d) 아래로 등속도로 내려가고 있다.
   (e) 아래로 가속하고 있다.

6. 스키 선수가 언덕 아래로 스키를 탈 때 언덕이 스키 선수에 작용하는 수직 항력은
   (a) 스키 선수의 무게와 같다.
   (b) 스키 선수의 무게보다 크다.
   (c) 스키 선수의 무게보다 작다.

7. 골프 클럽으로 골프공을 쳤다. 공이 공중을 나는 동안 공에 작용하는 힘은 무엇인가? 공기 저항은 무시한다.
   (a) 골프 클럽이 공에 작용하는 힘
   (b) 중력이 공에 작용하는 힘
   (c) 공이 공중을 앞으로 나는 힘
   (d) 위 보기 모두
   (e) (a)와 (c)

8. 상자와 바닥 사이의 정지 마찰 계수가 0.50인 수평의 바닥 위에 50 N의 상자가 놓여 있다. 20 N의 힘을 상자의 오른쪽으로 가한다. 상자에 작용하는 정지 마찰력은 얼마인가?
   (a) 오른쪽으로 20 N
   (b) 왼쪽으로 20 N
   (c) 오른쪽으로 25 N
   (d) 왼쪽으로 25 N
   (e) 정답 없음. 상자는 움직이기 시작한다.

9. 다음 중 경사가 아주 급한 슬로프(그림 4.32)를 하강하는 스키 선수에 작용하는 수직 항력이 영이 될 수 있는 경우는?

그림 4.32 객관식 9

   (a) 선수의 속력이 매우 클 경우
   (b) 슬로프를 벗어나 (눈과 더 이상 접촉하지 않는) 경우
   (c) 슬로프의 각도가 75°보다 클 경우
   (d) 슬로프의 각도가 연직(90°)일 경우

10. 땅으로부터 오래된 나무의 그루터기를 뽑기 위해 여러분과 친구는 두 개의 줄을 그루터기에 매달았다. 여러분은 북쪽으로 500 N의 힘으로 그루터기를 잡아당기는 반면에 여러분 친구는 북서쪽으로 450 N의 힘으로 잡아당긴다. 두 줄이 가하는 전체 힘은
   (a) 950 N보다 작다.
   (b) 정확히 950 N이다.
   (c) 950 N보다 크다.

주관식

4.4~4.6 뉴턴 운동 법칙, 중력, 수직 항력

[마찰은 무시한다.]

1. (I) 썰매(질량 = 55 kg)를 마찰이 없는 수평 얼음판 위에서 1.4 m/s^{2}으로 가속시키는 데 필요한 힘은 얼마인가?

2. (I) 68 kg의 우주 비행사의 무게는 (a) 지구에서, (b) 달에서 (g = 1.7 m/s^2), (c) 화성에서(g = 3.7 m/s^2), (d) 등속도로 움직이는 우주 공간에서 각각 얼마인가?

3. (I) 밧줄을 이용하여 1210 kg의 자동차를 마찰이 없는 평면을 따라 수평으로 1.20 m/s^{2}으로 가속시키려면 밧줄에 가해지는 장력은 얼마인가?

4. (II) 포유류의 심장을 단순화시킨 모형에 의하면, 심장이 한 번 뛸 때마다 0.10 s의 주기 동안 약 20 g의 혈액이 0.25 m/s에서 0.35 m/s로 가속된다. 심장 근육이 작용하는 힘의 크기는 얼마인가?

5. (II) 자동차의 감속도가 30g 이상이 되지 않으면 자동차 충돌 사고에서 사람이 살아날 가능성이 있다. 이렇게 가속되는 경우, 65 kg의 사람에게 작용하는 힘을 계산하라. 이렇게 가속되는 경우 95 km/h에서 멈출 때까지 이동한 거리는 얼마인가?

6. (II) 950 kg의 자동차가 95 km/h로 움직이고 있을 때 자동차를 8.0 s 동안에 멈추기 위해 필요한 평균 힘은 얼마인가?

7. (II) 7.0 kg의 포환이 2.8 m를 이동하여 13 m/s의 속력으로 던져졌다면 투포환 선수가 포환에 작용한 평균 힘은 얼마인가?

8. (II) 0.140 kg의 야구공이 35.0 m/s의 속력으로 날아가 포수의 글러브에 잡혀서 멈췄다. 잡히는 순간 글러브가 11.0 cm 뒤로 밀렸다. 공이 글러브에 가한 평균 힘은 얼마인가?

9. (II) 케이블을 이용하여 1200 kg의 자동차를 연직 위 방향으로 0.70 m/s^{2}으로 가속시키려면 케이블에 작용하는 장력은 얼마인가?

10. (II) 20.0 kg의 상자가 책상 위에 있다. (a) 상자의 무게와 상자에 작용하는 수직 항력은 얼마인가? (b) 그림 4.33에서와 같이 10.0 kg의 상자를 20.0 kg의 상자 위에 올려놓는다. 테이블이 20.0 kg의 상제에 작용하는 수직 항력과 20.0 kg의 상자가 10.0 kg의 상자에 작용하는 수직 항력을 구하라.

그림 4.33 주관식 10

11. (II) 밧줄에 매달린 14.0 kg의 양동이가 연직으로 움직인다. 밧줄에 163 N의 장력이 작용한다면 양동이의 가속도는 얼마인가? 가속도는 위 방향인가 아래 방향인가?

12. (II) 승강기(질량 4850 kg)는 최대 가속도 0.0680g를 갖도록 설계되어야 한다. 모터가 케이블에 작용하는 최대 힘과 최소 힘을 구하라.

13. (II) 어떤 여자가 정지하고 있는 승강기 내에서 저울 위에 올라가 있다. 승강기가 움직이기 시작할 때, 저울은 단지 그녀의 정상 무게의 0.75만 읽고 있다. 이때 승강기의 가속도를 계산하고, 가속도의 방향을 찾으라.

14. (II) 2125 kg의 승강기를 지탱하는 케이블의 최대 장력은 21,750 N이다. 케이블이 끊어지지 않고 승강기를 위로 가속시킬 수 있는 최대 가속도는 얼마인가?

4.7 뉴턴 운동 법칙과 벡터

[마찰은 무시한다.]

15. (I) 그림 4.34와 같이 (a) 점프하기 바로 직전 땅 위에 있을 경우와 (b) 공중에 떠 있을 경우에 대한 농구 선수의 자유 물체 도형을 그리라.

그림 4.34 주관식 15

16. (I) (a) 야구 방망이에 맞는 순간과 (b) 외야로 날아가는 순간의 경우에 대한 야구공의 자유 물체 도형을 그리라. 공기 저항은 무시한다.

17. (II) 알렌이 10.0 m 떨어진 두 건물 사이에서 고공 줄타기를 하고 있다. 그림 4.35에서 보는 바와 같이 그녀가 중간 지점에 와 있을 때 줄이 처진 각도는 10.0°이다. 그녀의 질량이 50.0 kg이라면 줄의 장력은 얼마인가?

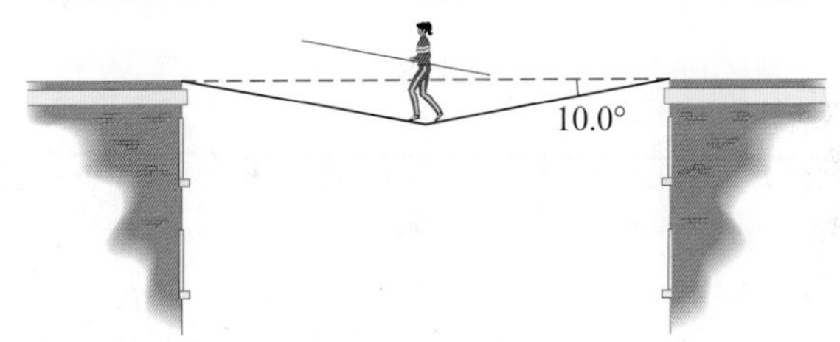

그림 4.35 주관식 17

18. (II) 그림 4.36에서 보는 바와 같이 3.2 kg의 페인트 양동이가 질량이 없는 끈으로 다른 3.2 kg의 페인트 양동이에 매달려 있다. 이 양동이 또한 질량이 없는 끈으로 매달려 있다. (a) 양동이들이 정지해 있다면 각 끈에 작용하는 장력은 얼마인가? (b) 위에 있는 끈으로 두 양동이를 위 방향으로 1.25 m/s^{2}의 가속도로 끌어당길 때 각 끈에 작용하는 장력을 구하라.

그림 4.36 주관식 18

19. (II) 그림 4.37에서 보는 바와 같이 남극 대륙에서 두 대의 설상차가 주거 시설을 북쪽으로 끌고 있다. 수평 케이블로 주거 시설에 작용하는 두 힘 $\vec{\mathbf{F}}_A$와 $\vec{\mathbf{F}}_B$의 합은 북쪽을 향하며 직선 L에 평행하다. F_A = 4500 N이라면 F_B와 $\vec{\mathbf{F}}_A + \vec{\mathbf{F}}_B$

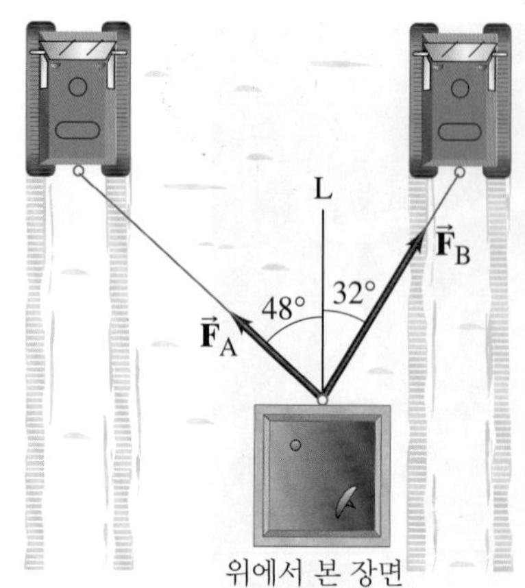

그림 4.37 주관식 19

의 크기를 각각 구하라.

20. (II) 그림 4.38과 같이 열차의 기관차가 질량이 같은 두 대의 객차를 끌고 있다. 열차의 가속도가 영이 아닐 때 각 연결 부위(끈이라고 생각함)에 작용하는 장력 F_{T1}(기관차와 첫 번째 객차) 대 F_{T2}(첫 번째와 두 번째 객차)의 비율을 계산하라.

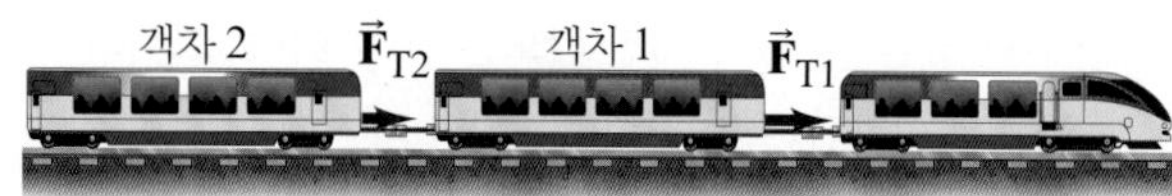

그림 4.38 주관식 20

21. (II) 그림 4.39a와 b에서 보는(위에서 아래로 봄) 바와 같이 두 힘 $\vec{\mathbf{F}}_1$과 $\vec{\mathbf{F}}_2$가 마찰이 없는 책상 위에 놓여 있는 18.5 kg의 물체에 작용하고 있다. 만약 F_1 = 10.2 N과 F_2 = 16.0 N이라면 (a)와 (b)의 경우에 대해서 물체에 작용하는 알짜힘과 가속도를 각각 구하라.

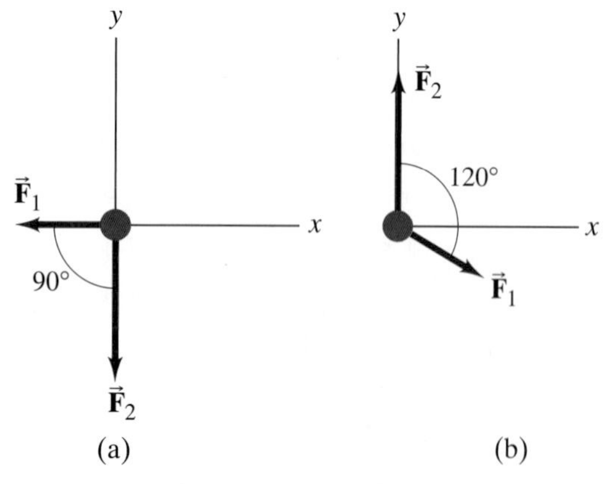

그림 4.39 주관식 21

22. (II) 달리기 경기가 시작된 순간에, 65 kg의 단거리 주자가 지면에 대해 22°의 각도로 놓인 출발대에 720 N의 힘을 작용한다. (a) 단거리 주자의 수평 가속도는 얼마인가? (b) 힘이 0.32 s 동안 작용한다면, 주자가 출발대를 떠날 때의 속력은 얼마인가?

23. (II) 27 kg의 샹들리에가 4.0 m의 줄로 천장에 연직으로 매달려 있다. (a) 샹들리에의 위치를 한쪽 방향으로 0.15 m 옮기려면 얼마의 힘을 수평 방향으로 작용해야 하는가? (b) 이때 줄의 장력은 얼마인가?

24. (II) 자동차 백미러에 줄로 물체를 매단다. 6.0 s만에 25 m/s의 속력으로 시작하여 일정한 비율로 감속한다면, (a) 줄이 연직과 이루는 각도는 얼마인가? (b) 물체는 유리창 쪽을 향할까 아니면 반대편으로 향할까? [힌트: 예제 4.10 참조]

25. (II) (a) 그림 4.40과 같이 m_A = 13.0 kg과 m_B = 5.0 kg일 때 각 블록의 가속도를 구하라. (b) 처음에 m_A가 책상의 모서리로부터 1.250 m에 정지해 있다면 블록이 책상의 모서리까지 가는 데 걸리는 시간은 얼마인가? 이 계에는 어떤 마찰도 없다고 가정한다. (c) 만약 m_B = 1.0 kg이라면 계의 가속도가 $\frac{1}{100}g$이 되는 m_A는 얼마인가?

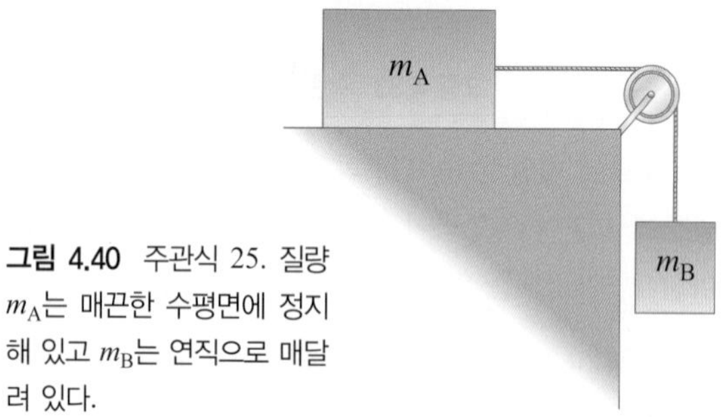

그림 4.40 주관식 25. 질량 m_A는 매끈한 수평면에 정지해 있고 m_B는 연직으로 매달려 있다.

26. (III) 그림 4.41과 같이 도르래가 끈 C에 매달려 있다고 가정하자. 두 질량을 손에서 놓고 하나가 땅에 부딪치기 전에 끈 C에 걸리는 장력을 구하라. 도르래와 끈의 질량은 무시한다.

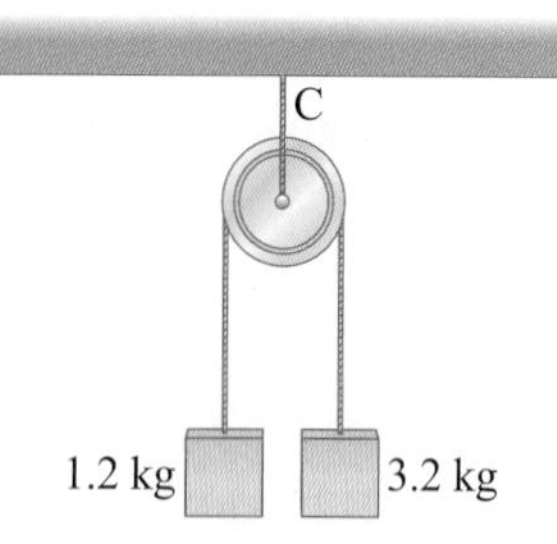

그림 4.41 주관식 26

4.8 마찰과 경사면에서의 뉴턴 운동 법칙

27. (I) 만약 22 kg의 상자와 바닥 사이의 운동 마찰 계수가 0.30이라면 상자가 등속력으로 바닥 위를 움직이는 데 필요한 수평 방향의 힘은 얼마인가? 만약 μ_k가 영이라면 필요한 수

평 힘은 얼마인가?

28. (I) 여러분이 0.20g로 가속하는 기차에 서 있다고 가정하자. 여러분이 미끄러지지 않기 위해서 발과 바닥 사이에 존재해야 할 정지 마찰 계수의 최솟값은 얼마인가?

29. (II) 경질 고무와 일반 포장 도로 사이의 정지 마찰 계수는 약 0.90이다. 얼마나 급한 언덕(최대 각도)에 자동차를 주차할 수 있겠는가?

30. (II) 상자를 밀어 바닥을 따라 미끄러지도록 했다. 운동 마찰 계수가 0.15이고 상자를 밀 당시 처음 속력이 3.5 m/s라면 상자는 얼마나 멀리까지 갈 수 있는가?

31. (II) 그림 4.26(예제 4.13)의 계에서 계가 움직이지 않으려면 상자 A의 질량은 얼마가 되어야 하는가? $\mu_s = 0.30$이라고 가정한다.

32. (II) 젖은 비누 한 개가 경사로를 따라 아래로 미끄러져 내려가고 있다. 경사로의 각도는 8.0°이고 길이는 9.0 m이다. 맨 아래에 도착할 때까지 걸린 시간은 얼마인가? $\mu_k = 0.060$이라고 가정한다.

33. (II) 스케이트보드를 타는 사람이 사실상 마찰이 없는 경사로를 따라 내려가고 있다. 처음 속력은 2.0 m/s이고 18 m의 경사로의 길이를 내려가는 데 걸린 시간은 3.3 s이다. 수평에 대한 경사로의 각도 θ는 얼마인가?

34. (II) 25.0 kg인 상자가 27°의 경사면을 따라 0.30 m/s^{2}의 가속도로 내려가고 있다. 상자의 운동을 방해하는 마찰력을 구하라. 운동 마찰 계수는 얼마인가?

35. (II) 그림 4.42와 같이 블록을 22.0°의 경사면 위로 4.5 m/s의 처음 속력으로 밀어 올렸다. (a) 블록은 얼마나 멀리까지 올라갈 수 있는가? (b) 블록이 출발 지점까지 되돌아오는 데 걸리는 시간은 얼마인가? 마찰은 무시한다.

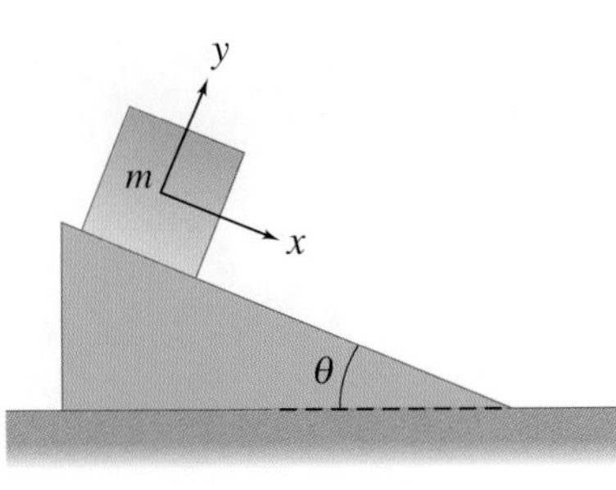

그림 4.42 주관식 35

36. (II) 그림 4.43과 같이 상자를 25.0°의 경사면 위로 3.0 m/s의 처음 속력으로 밀어 올렸다. (a) 상자는 얼마나 멀리까지 올라갈 수 있는가? (b) 상자가 출발 지점까지 되돌아오는 데 걸리는 시간은 얼마인가? $\mu_k = 0.12$라고 가정한다.

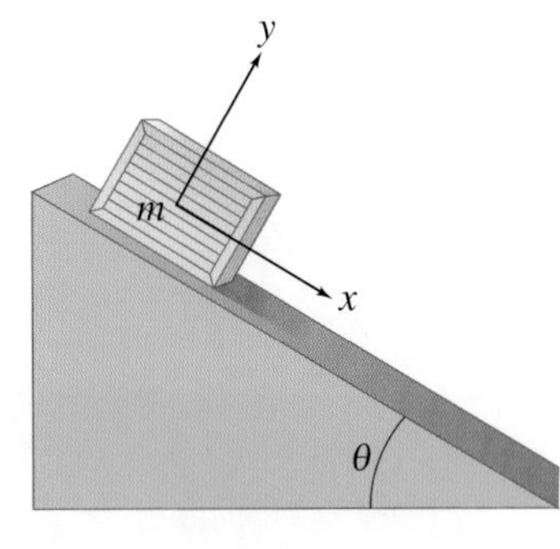

그림 4.43 주관식 36

37. (II) 스키 선수가 12°의 경사면을 등속력으로 내려가고 있다. 운동 마찰 계수 μ_k는 얼마인가? 속력이 매우 작아서 공기 저항은 무시한다.

38. (II) 트랙 위에 있는 22 kg의 봅슬레이의 운동 마찰 계수는 0.10이다. 봅슬레이를 6.0°의 경사를 갖는 트랙 아래로 민다. 봅슬레이를 얼마의 힘으로 밀어야 75 m 후에 60 km/h의 속력을 얻는가?

39. (III) 그림 4.44에서 보는 바와 같이 두 질량 $m_A = 2.0$ kg과 $m_B = 5.0$ kg이 경사면에 줄로 서로 연결되어 있다. 각 경사면과 질량 사이의 운동 마찰 계수는 $\mu_k = 0.30$이다. m_A는 위로 움직이고 m_B는 아래로 움직인다고 할 때 이들의 가속도를 구하라. (마찰 없는) 도르래와 끈의 질량은 무시한다.

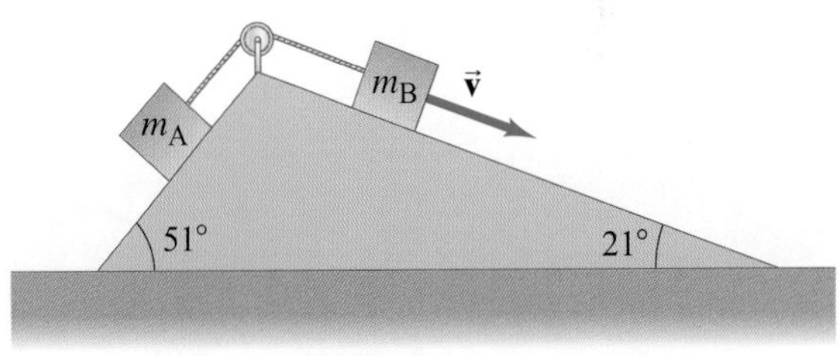

그림 4.44 주관식 39

40. (III) 한 어린이가 34°의 경사를 갖는 미끄럼틀에서 미끄러져 내려오고 있다. 아래에 도착했을 때의 속력은 정확히 미끄럼틀의 마찰이 없을 때 어린이가 갖게 될 속력의 반이다. 미끄럼틀과 어린이 사이의 운동 마찰 계수를 구하라.

연습 해답

A: 어떤 힘도 필요 없다. 컵이 정지한 상태로 자동차만 가속한다. 뉴턴 제1법칙을 생각한다.

B: (a)

C: (i) 둘 다 같다. (ii) 테니스공 (iii) (i)의 경우 뉴턴 제3법칙과 (ii)의 경우 뉴턴 제2법칙

D: (b)

E: (b)

F: (b)

G: 예, 아니오

이 사진의 왼쪽 위에 우주인들이 우주 왕복선에서 일을 하고 있다. 이들은 상당히 빠른 속력으로 지구를 선회하고 있지만 겉보기 무중력 상태에 있다. 우주 공간의 검은 배경 위에 보이는 달도 빠른 속력으로 지구를 돌고 있다. 달과 우주 왕복선 둘 다 원에 매우 가까운 궤도를 그리며 돌고 있고, 각각은 구심 가속 운동을 한다. 달과 우주 왕복선(그리고 우주인들)이 지구로부터 벗어나 직선으로 달아나 버리지 않는 것은 무엇 때문인가? 그것은 중력 때문이다. 모든 물체는 다른 물체를 잡아당기며 그 힘의 크기는 각각의 질량과 둘 사이 거리의 제곱에 의해 주어진다는 것이 뉴턴의 만유인력 법칙이다.

CHAPTER 5

원운동과 중력

시작 질문 추정해 보라!

1. 오른쪽 그림처럼 끈에 공을 묶어 등속력으로 수평으로 원을 그리며 돌리고 있다. 만일 P 위치에서 끈을 놓는다면 어느 궤적을 따라 공이 날아가겠는가?

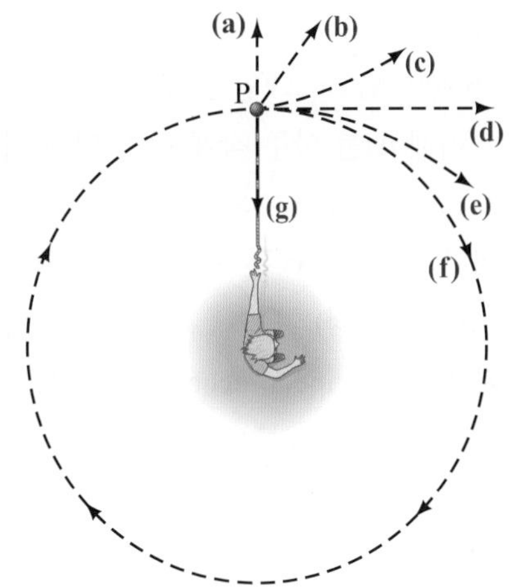

2. 우주 정거장이 지표면 위 100 km 상공에서 위성으로 돌고 있다. 우주 정거장 안에 정지해 있는 우주인에게 가해지는 알짜힘은 얼마인가?

(a) 지구에서의 몸무게와 같다.

(b) 지구에서의 몸무게보다 약간 작다.

(c) 지구에서의 몸무게 절반보다 작다.

(d) 영이다(무중력).

(e) 지구에서의 몸무게보다 좀 더 크다.

물체가 움직이는 방향으로 알짜힘이 작용하거나 알짜힘이 영인 경우 물체는 직선으로 똑바로 움직인다. 어떤 순간에 움직이는 방향과 일치하지 않게 알짜힘이 작용하면 그 물체는 곡선 궤적을 그리며 움직인다. 이의 한 예가 3장에서 다룬 포물체 운동이다. 다른 중요한 경우가 원운동하는 물체의 경우이다. 머리 위로 돌리는 끈의 끝에 매달려 회전하는 공이나 거의 원형인 궤적을 따라 지구 주위를 도는 달의 움직임이 이에 해당한다.

이 장에서는 물체의 원운동을 다루는데, 뉴턴 운동 법칙이 어떻게 적용되는가를 알아본다. 또한 뉴턴이 원운동의 개념을 달과 행성들의 움직임에 적용하는 과정에서 알아낸 또 하나의 위대한 법칙에 대해 알아본다. 이는 바로 만유인력 법칙으로 뉴턴의 물질 세계 탐구에 있어 최고의 업적이다.

5.1 등속 원운동의 운동학

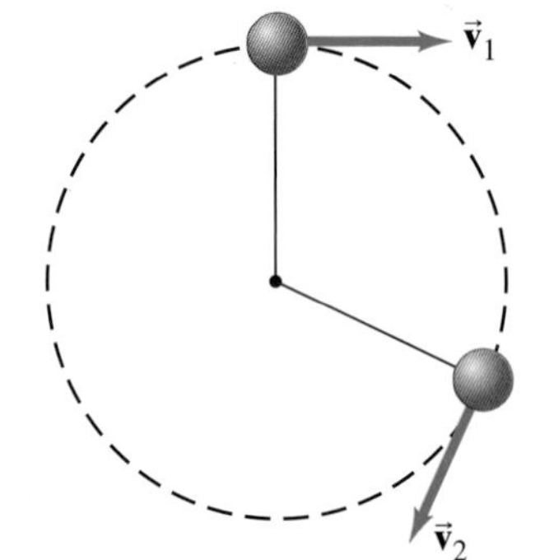

그림 5.1 원운동 하는 작은 물체의 속도 변화. 각 점에서 순간 속도의 방향은 원 궤적의 접선 방향이다.

물체가 등속력 v로 원을 그리며 도는 움직임을 **등속 원운동**(uniform circular motion)이라고 한다. 이 경우 물체가 원을 따라 움직이는 동안 속도의 **크기**는 일정하지만 **방향**은 계속해서 바뀐다(그림 5.1). 가속도는 속도의 변화율로 정의되므로 속도의 방향이 변하는 것은 속도의 크기가 변하는 경우와 똑같이 가속에 해당된다. 따라서 원운동을 하는 물체는 속력이 일정하지만 계속해서 가속을 하는 것이다(그림 5.1에서 $v_1 = v_2 = v$). 이제 이 가속을 정량적으로 알아보자.

가속도는 다음과 같이 정의된다.

$$\vec{\mathbf{a}} = \frac{\vec{\mathbf{v}}_2 - \vec{\mathbf{v}}_1}{\Delta t} = \frac{\Delta\vec{\mathbf{v}}}{\Delta t}$$

여기서 $\Delta\vec{\mathbf{v}}$는 짧은 시간 간격 Δt 동안의 속도 변화이다. 최종적으로는 Δt가 영에 수렴하면서 순간 가속도를 구하는 상황을 다룰 것이다. 하지만 과정을 분명히 하기 위해 그림 5.2와 같이 시간 간격이 영이 아닌 경우를 생각해 보자. 그림 5.2a에서 입자는 시간 간격 Δt 동안 위치 A에서 B까지 각도 $\Delta\theta$에 대응하는 길이 $\Delta\ell$의 **호를 따라** 움직인다. 이때 속도 벡터의 변화는 $\vec{\mathbf{v}}_2 - \vec{\mathbf{v}}_1 = \Delta\vec{\mathbf{v}}$로, 그림 5.2b에 보여 주는 바와 같다($\vec{\mathbf{v}}_2 = \vec{\mathbf{v}}_1 + \Delta\vec{\mathbf{v}}$임에 유의).

이제 Δt를 아주 작게 하여 영에 가까워지도록 하자. 그러면 $\Delta\ell$과 $\Delta\theta$도 매우 작아지고 $\vec{\mathbf{v}}_2$는 $\vec{\mathbf{v}}_1$과 거의 나란하게 되면서(그림 5.2c), $\Delta\vec{\mathbf{v}}$는 실제적으로 이들과 수직이 된다. 따라서 $\Delta\vec{\mathbf{v}}$는 원의 중심을 향하게 된다. 정의에 의해서 $\vec{\mathbf{a}}$는 $\Delta\vec{\mathbf{v}}$과 같은 방향이므로(위의 식) 가속도 또한 원의 중심을 향하게 된다. 이런 이유로 이 가속도를 **구심 가속도**(centripetal acceleration; '중심을 향하는' 가속도) 또는 **지름 가속도**(radial acceleration; 반지름을 따라서 원의 중심을 향하므로)라고 하고, 이를 $\vec{\mathbf{a}}_R$로 나타낸다.

지금까지 방향을 결정했고 다음으로 지름(구심)가속도의 크기, a_R를 구해 보자. 그림 5.2의 선분 CA가 $\vec{\mathbf{v}}_1$에 수직이고 선분 CB가 $\vec{\mathbf{v}}_2$에 수직이므로 CA와 CB 사이의 각도 $\Delta\theta$가 바로 $\vec{\mathbf{v}}_1$과 $\vec{\mathbf{v}}_2$ 사이의 각도이다. 따라서 그림 5.2b의 세 벡터 $\vec{\mathbf{v}}_1$, $\vec{\mathbf{v}}_2$, $\Delta\vec{\mathbf{v}}$가 이루는 삼각형은 그림 5.2a의 삼각형 ACB와 닮은꼴이다.† $\Delta\theta$를 매우 작게 잡고(Δt

†부록 A에 기하에 대한 내용이 실려 있다.

를 매우 작게 해서) $v = v_1 = v_2$로 놓으면(속도의 크기는 변하지 않는다고 가정했으므로) 다음과 같이 쓸 수 있다.

$$\frac{\Delta v}{v} \approx \frac{\Delta \ell}{r}$$

이 식은 Δt가 영에 가까워짐에 따라 정확하게 등식이 되는데, 왜냐하면 이 경우 호의 길이 $\Delta \ell$이 현의 길이 AB와 같아지기 때문이다. 순간 가속도를 구하는 것이 목적이므로 Δt를 영에 수렴하도록 하여 위 식을 등식으로 쓴 다음 Δv에 대해 풀면 다음과 같이 된다.

$$\Delta v = \frac{v}{r} \Delta \ell \qquad [\Delta t \rightarrow 0]$$

구심 가속도 a_R을 구하기 위해 Δv를 Δt로 나누면

$$a_R = \frac{\Delta v}{\Delta t} = \frac{v}{r}\frac{\Delta \ell}{\Delta t} \qquad [\Delta t \rightarrow 0]$$

이 된다. 그런데 $\Delta \ell / \Delta t$는 물체의 선속력 v이므로 지름(구심) 가속도는

$$a_R = \frac{v^2}{r} \qquad \text{[지름(구심) 가속도]} \qquad \textbf{(5.1)}$$

이 된다. [식 5.1은 원운동의 어느 순간에나 적용되는 것으로 속력 v가 일정하지 않을 때에도 성립한다.]

요약하면, **등속력 v로 반지름 r인 원의 궤적을 따라 움직이는 물체는 방향이 원의 중심으로 향하고 크기가 $a_R = v^2/r$로 주어지는 가속도를 갖는다.** 이 가속도가 v와 r에 의해 주어진다는 사실은 이상할 것이 없다. 속력 v가 크면 클수록 속도가 그만큼 더 빨리 방향을 바꾸는 것이고, 반지름이 클수록 속도가 덜 신속하게 방향을 바꾸는 것이 되기 때문이다.

속력 v가 일정할 때 가속도 벡터는 원의 중심을 향한다. 하지만 속도 벡터는 언제나 움직이는 방향, 즉 원의 접선 방향을 향한다. 따라서 등속 원운동의 궤적 위 모든 점에서 속도 벡터와 가속도 벡터는 서로 수직을 이룬다(그림 5.3). 이는 가속도와 속도가 항상 같은 방향일 것이라는 생각이 잘못임을 보여 주는 또 다른 예이다. 수직으로 떨어지는 물체에서 $\vec{\mathbf{a}}$와 $\vec{\mathbf{v}}$는 실제로 나란하다. 그러나 등속 원운동에서 $\vec{\mathbf{a}}$와 $\vec{\mathbf{v}}$는 서로 수직으로, 나란하지 않다[포물체 운동에서도 또한 나란하지 않다(3.5절)].

원운동은 흔히 **진동수**(frequency) f(초당 회전수)로 기술된다. 원을 따라 도는 물체의 **주기**(period) T는 완전히 한 바퀴를 도는 데 걸리는 시간을 일컫는다. 주기와 진동수는 다음과 같은 관계가 있다.

$$T = \frac{1}{f} \qquad \textbf{(5.2)}$$

예를 들어 어떤 물체가 3회/초의 진동수로 회전한다면 한 회전을 하는 데에는 $\frac{1}{3}$초가 걸린다. 등속력 v로 원(원둘레 $2\pi r$)을 그리며 도는 물체는 한 바퀴 도는 데 걸리는 시간 T동안 거리 $2\pi r$만큼 움직인다. 따라서 다음과 같이 쓸 수 있다.

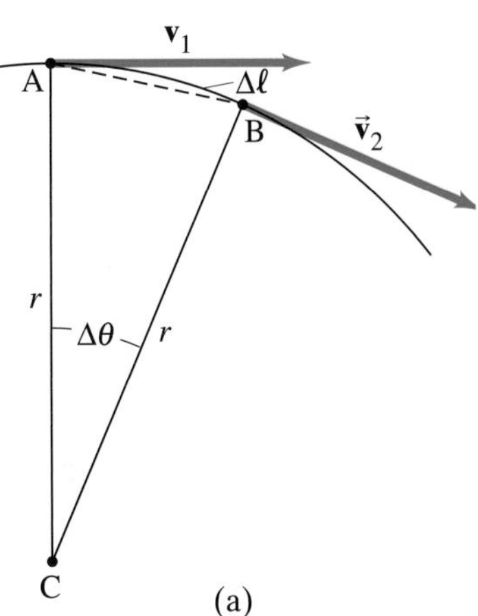

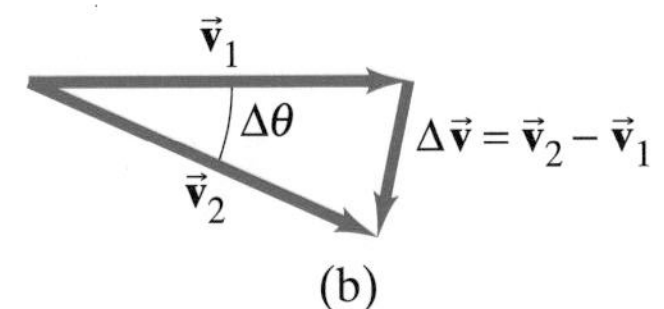

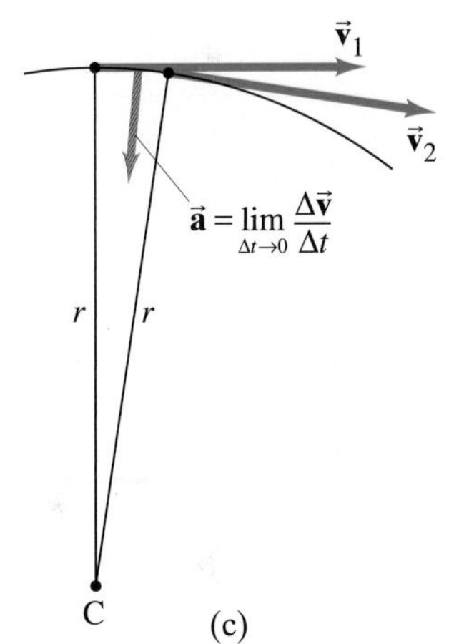

그림 5.2 원운동 하는 입자의 속도 변화 $\Delta \vec{\mathbf{v}}$ 구하기. 길이 $\Delta \ell$은 A에서 B까지의 호의 거리이다.

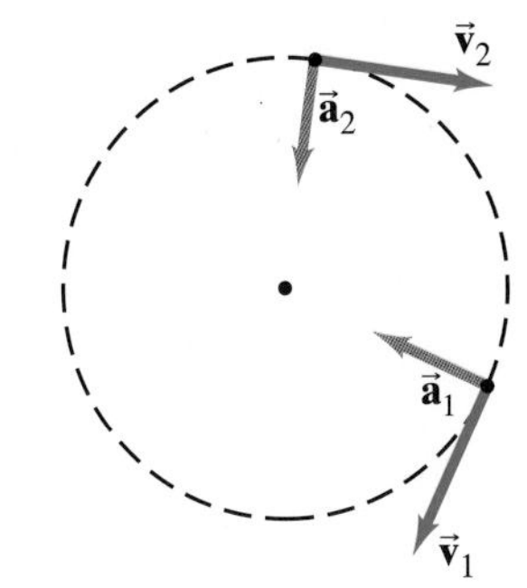

그림 5.3 등속 원운동에서 $\vec{\mathbf{a}}$는 항상 $\vec{\mathbf{v}}$와 수직이다.

$$v = \frac{\text{거리}}{\text{시간}} = \frac{2\pi r}{T}$$

예제 5.1 회전하는 공의 가속도

끈에 매달린 150 g의 공이 그림 5.1 또는 그림 5.3에서와 같이 수평으로 반지름이 0.600 m인 원을 그리며 일정하게 돌고 있다. 공은 초당 2.00회 돈다. 이때 구심 가속도는 얼마인가?

접근 구심 가속도는 $a_R = v^2/r$로 주어진다. r는 주어져 있고 공의 속력 v는 주어진 반지름과 진동수로부터 구할 수 있다.

풀이 공이 초당 2.00회 회전한다는 것은 한 바퀴를 도는 데 0.500 s가 걸린다는 것인데, 이것이 바로 주기 T이다. 이 시간 동안 움직인 거리는 원의 둘레, $2\pi r$(r는 원의 반지름)이다. 따라서 공의 속력은

$$v = \frac{2\pi r}{T} = \frac{2\pi(0.600\,\text{m})}{(0.500\,\text{s})} = 7.54\,\text{m/s}$$

이고 구심 가속도는† 다음과 같다.

$$a_R = \frac{v^2}{r} = \frac{(7.54\,\text{m/s})^2}{(0.600\,\text{m})} = 94.7\,\text{m/s}^2$$

연습 A 예제 5.1에서 주기는 그대로이고 반지름이 1.20 m로 두 배가 된다면 구심 가속도는 몇 배로 바뀌는가?
(a) 2배 (b) 4배 (c) $\frac{1}{2}$배 (d) $\frac{1}{4}$배 (e) 정답 없음

예제 5.2 달의 구심 가속도

지구 주위를 회전하는 달의 원에 매우 가까운 궤도는 반지름이 약 384,000 km이고 주기 T는 27.3일이다. 지구에 대한 달의 가속도를 구하라.

접근 a_R를 구하기 위해서는 속력 v를 알아야 한다.

풀이 달이 지구 주위를 한 바퀴돌 때 $2\pi r$의 거리를 움직인다. 여기서 $r = 3.84 \times 10^8$ m은 원 궤도의 반지름이다. 한 바퀴를 도는 데 걸리는 시간은 달의 주기인 27.3일이다. 지구에 대한 궤도에서 달의 속력은 $v = 2\pi r/T$이다. 주기 T를 초로 환산하면 T = (27.3일)(24.0 h/일)(3600 s/h) = 2.36×10^6 s이다. 그러므로

$$a_R = \frac{v^2}{r} = \frac{(2\pi r)^2}{T^2 r} = \frac{4\pi^2 r}{T^2} = \frac{4\pi^2(3.84 \times 10^8\,\text{m})}{(2.36 \times 10^6\,\text{s})^2}$$

$$= 0.00272\,\text{m/s}^2 = 2.72 \times 10^{-3}\,\text{m/s}^2$$

이다. 이 가속도를 $g = 9.80\ \text{m/s}^2$(지표면에서의 중력 가속도)로 나타내면 다음과 같다.

† 마지막 자릿수는 v를 계산할 때 모든 자릿수를 그대로 가져가느냐(이 경우 $a_R = 94.7\,\text{m/s}^2$), 아니면 $v = 7.54$ m/s(이 경우 $a_R = 94.8\ \text{m/s}^2$)를 사용하느냐에 따라 차이가 발생한다. 약 ±0.1 m/s의 정확도를 가정하고 있으므로 두 결과 모두 맞다(1.4절 참조).

$$a_R = 2.72 \times 10^{-3}\,\text{m/s}^2\left(\frac{g}{9.80\,\text{m/s}^2}\right) = 2.78 \times 10^{-4}\,g \approx 0.0003\,g$$

유의 달의 구심 가속도 $a_R = 2.78\times 10^{-4}g$는 달의 중력에 의해 달 표면에 있는 물체에 작용하는 중력 가속도가 **아니다**. 이는 지구의 중력에 의해 (달처럼) 지구로부터 384,000 km 떨어진 곳에 있는 어떤 물체에도 작용하는 가속도이다. 이 가속도가 지표면 부근에 있는 물체에 작용하는 가속도와 비교하여 얼마나 작은지 눈여겨보라.

주의

달 표면에서 물체에 작용하는 중력과 달에 작용하는 지구의 중력을 구별하라(이 예제).

5.2 등속 원운동의 동역학

뉴턴 제2법칙($\Sigma\vec{\mathbf{F}} = m\vec{\mathbf{a}}$)에 따르면 가속하고 있는 물체에는 반드시 알짜힘이 작용하고 있다. 그러므로 끈에 매달려 도는 공의 예와 같이 원운동을 하고 있는 물체에는 원운동을 계속 유지하기 위해 힘이 반드시 가해져야 한다. 즉 물체에 구심 가속도를 일으키는 알짜힘이 필요하다. 이 힘의 크기는 지름 성분에 대해 뉴턴 제2법칙 $\Sigma F_R = ma_R$을 적용하여 구할 수 있다. 여기서 a_R은 구심 가속도 $a_R = v^2/r$이고 ΣF_R은 지름 방향 알짜힘이다.

$$\Sigma F_R = ma_R = m\frac{v^2}{r} \qquad \text{[원운동]} \qquad (5.3)$$

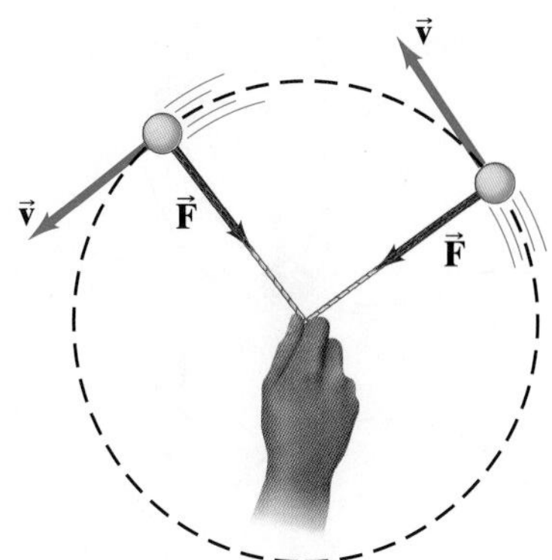

그림 5.4 물체가 계속 원운동을 유지하려면 힘이 필요하다. 속력이 일정한 경우 이 힘은 원의 중심을 향한다.

등속 원운동(v = 일정)의 경우 가속도는 a_R이고, 이는 항상 원의 중심을 향한다. 따라서 **알짜힘도 또한 원의 중심을 향해야 한다**(그림 5.4). 물체에 알짜힘이 가해지지 않는다면 뉴턴 제1법칙에 따라 물체는 원 궤도가 아니라 직선 경로를 따라 운동할 것이기 때문에 원운동에는 반드시 알짜힘이 필요하다. 이 알짜힘의 방향은 항상 원의 중심을 향하도록 계속 바뀐다. 이 힘을 흔히 구심력(중심을 향하는 힘)이라 한다. 그러나 '구심력'은 새로운 종류의 힘을 일컫는 것이 아니다. '구심력'이란 용어는 단지 원 궤적을 그리는 운동에 필요한 알짜힘의 **방향**을 말할 뿐이다(알짜힘이 원의 중심을 향한다). 이 힘은 **반드시 다른 물체에 의해 주어져야 한다**. 예를 들어 공을 끈에 매달아 원 궤도로 돌리려면 우리가 끈을 잡아당겨야 하고 끈은 공에 힘을 가하게 된다. (시도해 보라.) 여기서 구심 가속을 일으키는 '구심력'은 끈의 장력이다. 다른 경우 그 힘은 중력, 수직 항력, 전기력 등일 수 있다.

주의

구심력은 새로운 종류의 힘이 아니다. (모든 힘은 물체에 의해 작용해야 한다)

원운동을 하고 있는 물체에 대해 한 가지 잘못된 개념이 있는데, 이른바 원심력(중심에서 달아나는 힘)이 작용하고 있다는 것이다. 이는 잘못된 생각이다. 회전하는 물체에 **바깥으로 향하는 힘은 없다**. 예를 들어 머리 위로 끈에 공을 매달아 돌리는 경우를 생각해 보자(그림 5.5). 이를 직접 해보면 바깥쪽으로 잡아당기는 힘이 손에 느껴지는 것을 알 수 있다. 이 당겨지는 느낌을 바깥으로 공을 잡아당기는 '원심력'이 끈을 따라 손에 전해지는 것으로 해석하면서 위와 같은 잘못된 개념이 생겨난다. 이는 실제 벌어지고 있는 상황이 전혀 아니다. 공이 원운동을 계속하기 위해서는 여러분은 끈을 **안으로** 당겨야 하고 끈은 이 안으로 향하는 힘을 공에 가하게 된다. 그

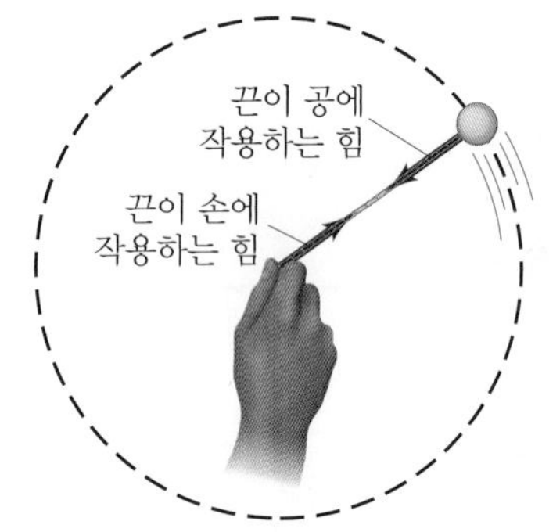

그림 5.5 끈에 매달린 공 돌리기(위에서 내려다 본 것)

러면 공은 끈에 크기가 같고 방향이 반대인 힘을 작용하게 되고(뉴턴 제3법칙), 바로 **이것**이 손에서 느끼는 밖으로 향하는 힘이다(그림 5.5).

그림 5.5의 **공에 작용한** 힘은 끈을 통해 손이 **안쪽으로** 가한 힘이다. 공에 작용하는 '원심력'은 없다는 더 확실한 증거는 끈을 놓았을 때 어떤 일이 일어나는가를 생각해 보면 알 수 있다. 만일 원심력이 작용하고 있었다면 그림 5.6a에서와 같이 공은 바깥쪽으로 날아갈 것이다. 그러나 실제로는 그렇지 않다. 공은 놓는 순간의 속도 방향인 접선 방향으로 날아가는 데(그림 5.6b), 이는 안으로 향하는 힘이 더 이상 작용하지 않기 때문이다. 직접 시도해 보라!

연습 B 105쪽 시작 질문 1로 가서 다시 답을 해 보라. 처음과 답이 다르다면 그 이유를 설명해 보라.

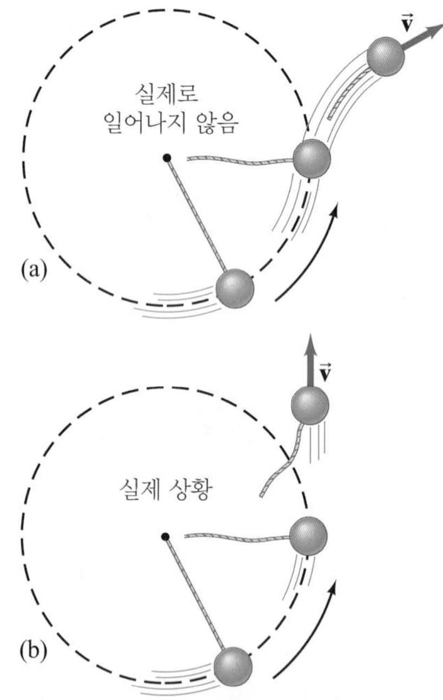

그림 5.6 만일 원심력이 존재한다면 회전하는 공을 놓았을 때 (a)에서와 같이 바깥으로 날아갈 것이다. 실제로는 (b)에서와 같이 접선 방향으로 날아간다. (c)에서 불꽃이 회전 숫돌의 가장자리에서 접선 방향으로 직선으로 날아가는 것을 볼 수 있다.

예제 5.3 추산 수평 원으로 회전하는 공에 작용하는 힘

끈에 매달린 0.150 kg의 공을 반지름 0.600 m의 수평 원으로 돌리는 데 드는 힘을 추산해 보라. 공은 예제 5.1에서와 마찬가지로 초당 2회전(T = 0.500 s)한다. 끈의 질량은 무시한다.

접근 먼저 공에 대한 자유 물체 도형을 그릴 필요가 있다. 공에 작용하는 힘은 아래로 향하는 중력, $m\vec{\mathbf{g}}$와 중심에 있는 손 방향으로 끈이 가하는 장력 $\vec{\mathbf{F}}_T$이다(손이 끈에 가한 같은 크기의 힘 때문에 생긴다). 공에 대한 자유 물체 도형이 그림 5.7에 나와 있다. 공의 무게 때문에 상황이 복잡하게 되는 데, 이로 인해 끈을 완전히 수평으로 하여 공을 돌리는 것은 불가능하다. 무게가 작다고 가정하여 그림 5.7에서 $\phi \approx 0$으로 놓아 힘의 크기를 추산한다. 그러면 $\vec{\mathbf{F}}_T$는 거의 수평으로 작용할 것이고 이것이 공에 구심 가속도를 주는 데 필요한 힘을 제공한다.

풀이 뉴턴 제2법칙을 수평이라고 가정하는 지름 방향에 적용한다.

$$(\Sigma F)_R = ma_R$$

여기서 $a_R = v^2/r$이고 $v = 2\pi r/T = 2\pi(0.600\,\mathrm{m})/(0.500\,\mathrm{s}) = 7.54\,\mathrm{m/s}$이다. 따라서

$$F_T = m\frac{v^2}{r}$$
$$= (0.150\,\mathrm{kg})\frac{(7.54\,\mathrm{m/s})^2}{(0.600\,\mathrm{m})} \approx 14\,\mathrm{N}$$

유의 공의 무게를 무시했기 때문에 답의 유효 숫자를 2자리까지만 잡았다. 공의 무게는 $mg = (0.150\ \mathrm{kg})(9.80\ \mathrm{m/s^2}) = 1.5\ \mathrm{N}$으로 결과 값의 약 $\frac{1}{10}$인데, 작기는 하지만 위에서 구한 F_T가 정교한 값이라고 하기에 충분할 정도로 작지는 않다.

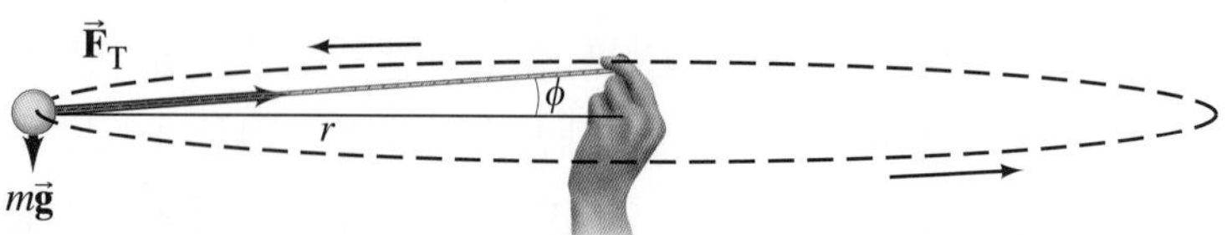

그림 5.7 예제 5.3

예제 5.4 연직 원으로 회전하는 공

길이 1.10 m의 끈(질량 무시)에 0.150 kg의 공을 매달아 **연직** 원으로 돌린다. (a) 맨 위에서 공이 원운동을 계속하기 위해 필요한 최소 속력을 구하라. (b) 맨 아래에서 공이 (a)의 속력보다 두 배 빠르게 돈다고 가정할 때 끈의 장력을 구하라.

접근 공이 연직 원을 그리며 돌고 있어서 등속 원운동을 하지 **않고** 있다. 반지름은 일정하다고 가정하지만 속력 v는 중력 때문에 변한다. 그럼에도 불구하고 원의 모든 점에서 식 5.1($a_R = v^2/r$)은 성립하고, 이를 원의 맨 위와 맨 아래에서 적용한다. 두 위치에서의 자유 물체 도형은 그림 5.8과 같다.

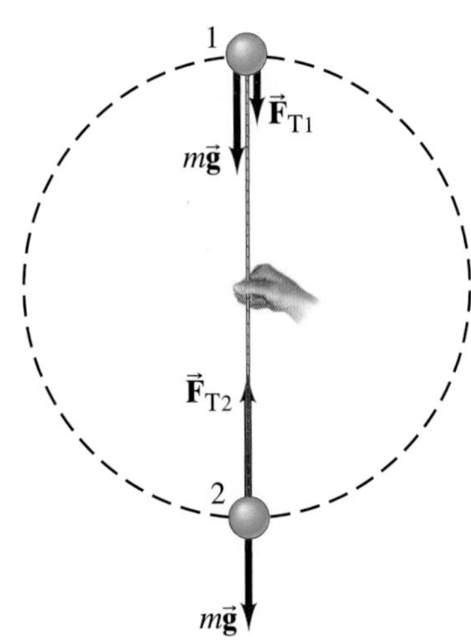

그림 5.8 예제 5.4. 위치 1과 2에서의 자유 물체 도형

풀이 (a) 맨 위(위치 1)에서 공에는 두 개의 힘($m\vec{g}$와 위치 1에서 끈이 주는 장력 $\vec{F}_{T1}$)이 작용한다. 둘 다 아래로 향하고 이들의 벡터 합이 공에 구심 가속도 a_R를 준다. 가속이 아래로(중심 방향) 향하므로 아래쪽을 양으로 잡아 연직 방향에 대해 뉴턴 제2법칙을 적용한다.

$$(\Sigma F)_R = ma_R$$

$$F_{T1} + mg = m\frac{v_1^2}{r} \qquad \text{[위에서]}$$

이 식으로부터 위치 1에서의 장력 F_{T1}은 예상대로 v_1(원의 꼭대기에서의 공의 속력)이 커질수록 더 커진다는 것을 알 수 있다. 그러나 구하려는 것은 공이 원을 그리며 돌기 위한 **최소** 속력이다. 끈은 장력이 작용하는 한 팽팽하게 유지된다. 만일 (v_1이 너무 작아서) 장력이 없어지면 끈이 처지면서 공이 원 궤적에서 벗어나 떨어지게 될 것이다. 따라서 최소 속력은 $F_{T1} = 0$(공이 맨 꼭대기 점을 지날 때)인 경우인데, 이때 위 식은 다음과 같이 된다.

주의

줄에 장력이 작용할 때만 원운동한다.

$$mg = m\frac{v_1^2}{r} \qquad \text{[맨 위에서의 최소 속력]}$$

v_1에 대해 풀면[(b)에서 사용하기 위해 여분의 자릿수까지 계산한다.]

$$v_1 = \sqrt{gr} = \sqrt{(9.80\,\text{m/s}^2)(1.10\,\text{m})}$$
$$= 3.283\,\text{m/s} \approx 3.28\,\text{m/s}$$

이것이 맨 위에서 공이 계속 원 궤적을 그리면서 돌기 위한 최소 속력이다.

(b) 공이 원의 맨 아래(그림 5.8의 위치 2)를 지날 때는 중력 $m\vec{g}$는 여전히 아래로 작용하는 반면에 끈의 장력 F_{T2}는 위로 향한다. **위** 방향을 양으로 잡아 뉴턴 제2법칙을 적용하면

$$(\Sigma F)_R = ma_R$$

$$F_{T2} - mg = m\frac{v_2^2}{r} \qquad \text{[맨 아래에서]}$$

속력 v_2는 (a)에서의 속력의 두 배, 즉 6.566 m/s라고 했다. F_{T2}에 대해 풀면 다음을 얻는다.

$$F_{T2} = m\frac{v_2^2}{r} + mg$$
$$= (0.150\,\text{kg})\frac{(6.566\,\text{m/s})^2}{(1.10\,\text{m})} + (0.150\,\text{kg})(9.80\,\text{m/s}^2) = 7.35\,\text{N}$$

연습 C 반지름이 r인 대관람차가 등속력 v로 연직 원운동을 하고 있다(그림 5.9). 맨 위에서 의자가 탑승자에게 가하는 수직 항력은 맨 아래에서 의자가 가하는 힘보다 (a) 작다. (b) 크다. (c) 같다.

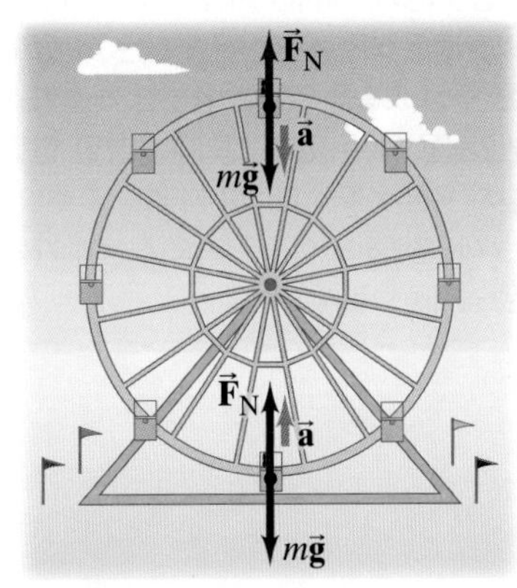

그림 5.9 연습 C

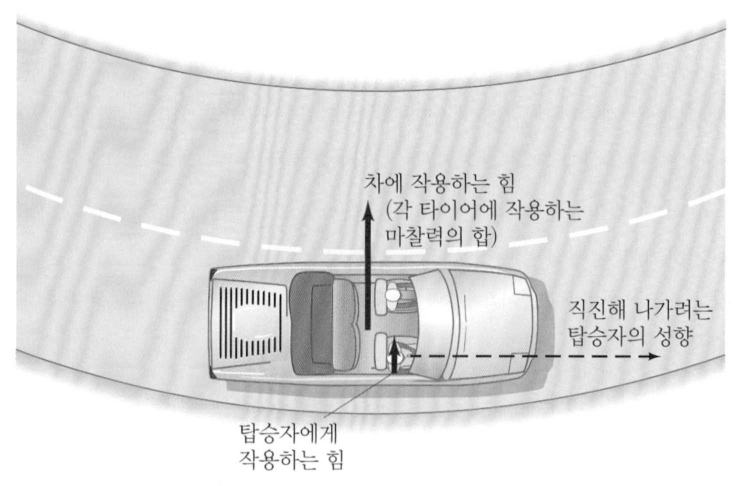

그림 5.10 자동차가 원운동을 하게 하려면 도로가 차에 안쪽으로 향하는 힘(타이어의 마찰력)을 가해 주어야 한다. 자동차는 탑승자에게 안쪽으로 향하는 힘을 가한다.

5.3 고속도로 커브 길: 기울어진 도로면과 평평한 도로면

물리학의 응용

커브 길 운전하기

회전 동역학의 한 예가 자동차가 커브를 돌 때 나타난다. 예를 들어 왼쪽으로 커브를 돈다면 탑승자는 오른쪽 문 쪽으로 밀리는 것 같은 느낌을 받는다. 그러나 이때 탑승자를 잡아당기는 신비한 원심력 같은 것은 없다. 실제 일어나고 있는 상황은 자동차는 커브 길을 돌기 시작하는 반면에 탑승자는 똑바로 직선 운동하려고 한다는 것뿐이다. 탑승자가 커브를 따라 돌게 하려면 의자(마찰) 또는 차의 문(직접 접촉)이 탑승자에게 힘을 작용해야 한다(그림 5.10). 자동차 또한 커브를 돌려면 커브의 중심을 향하는 힘이 차에 작용해야 한다. 평평한 길에서는 이 힘이 타이어와 도로 사이의 마찰에 의해 주어진다.

만일 자동차의 휠과 타이어가 헛돌거나 미끄러지지 않고 정상적으로 구르고 있다면 타이어의 바닥은 매 순간 도로에 대해 정지해 있는 셈이다. 따라서 도로가 타이어에 가하는 마찰력은 정지 마찰력이다. 그러나 얼음이 얼어 있는 도로 위를 달리거나 고속으로 달리는 경우처럼 정지 마찰이 충분하지 않다면 정지 마찰력은 mv^2/r보다 작게 될 것이고 차는 원 궤적에서 벗어나 미끄러지면서 거의 직선 궤적에 가깝게 움직일 것이다(그림 5.11). 일단 자동차가 미끄러지기 시작하면 마찰력은 운동 마찰이 되는 데, 이는 정지 마찰보다 더 작다.

그림 5.11 커브 구간으로 들어서고 있는 경주용 자동차. 타이어 자국을 보면 대부분의 차들은 커브를 안전하게 도는 데 필요한 구심 가속을 주기에 충분한 마찰력을 받았음을 알 수 있다. 그러나 충분한 힘을 받지 못한 차들의 타이어 자국도 볼 수 있는 데, 불행히도 이들은 거의 직선에 가까운 궤적을 그렸다.

예제 5.5 커브에서 미끄러지기

1000 kg의 자동차가 반지름이 50 m인 평평한 커브 길을 15 m/s의 속력으로 돌고 있다. (a) 도로 면은 건조한 상태이고 정지 마찰 계수가 $\mu_s = 0.60$일 때와 (b) 도로 면에 얼음이 얼어 있고 $\mu_s = 0.25$일 때 이 차는 커브를 돌아 나가는가 아니면 미끄러지는가?

접근 자동차에 작용하는 힘은 아래로 향하는 중력 mg, 길에 의해 주어지는 위로 향하는 수직 항력 F_N, 도로로부터 받는 수평의 마찰력이다. 이들은 그림 5.12에서와 같고, 바로 차에 대한 자유 물체 도형이다. 만일 최대 정지 마찰력이 질량과 구심 가속도를 곱한 값보다 크다면 자동차는 커브를 돌아 나가게 된다.

풀이 연직 방향(y)으로는 가속이 없다. 뉴턴 제2법칙에 의하면 도로가 평평하므로 차에 작용하는 수직 항력 F_N은 차의 무게 mg와 같다.

$$0 = \Sigma F_y = F_N - mg$$

따라서

$$F_N = mg = (1000\,\text{kg})(9.80\,\text{m/s}^2) = 9800\,\text{N}$$

이다. 수평 방향에는 유일한 힘이 마찰력이고, 이것이 필요한 구심 가속을 주기에 충분한지 알아봐야 한다. 차가 원운동을 유지하는 데 필요한 알짜 수평 힘은 다음과 같다.

$$(\Sigma F)_R = ma_R = m\frac{v^2}{r} = (1000\,\text{kg})\frac{(15\,\text{m/s})^2}{(50\,\text{m})} = 4500\,\text{N}$$

이제 전체 마찰력(네 개의 타이어에 각각 작용하는 마찰력의 합)의 최대 가능한 값을 계산하여 이것이 안전하게 돌 수 있는 구심 가속을 줄만큼 큰지 알아보자. (a)의 경우 가능한 최대 마찰력(4.8절로부터 $F_{fr} \le \mu_s F_N$임을 상기)은

$$(F_{fr})_{max} = \mu_s F_N = (0.60)(9800\,\text{N}) = 5880\,\text{N}$$

이다. 필요한 힘은 4500 N이고, 실제 이 만큼의 힘을 도로가 차에 정지 마찰력으로 주는 것이므로 차는 커브를 따라 돌아갈 수 있다. 그러나 (b)의 경우는 가능한 최대 정지 마찰력이

$$(F_{fr})_{max} = \mu_s F_N = (0.25)(9800\,\text{N}) = 2450\,\text{N}$$

이다. 이 경우 차가 54 km/h의 속력으로 반지름 50 m의 커브를 돌아 나가는 데 필요한 힘 (4500 N)을 도로가 주기에 충분하지 않기 때문에 차는 미끄러지게 된다.

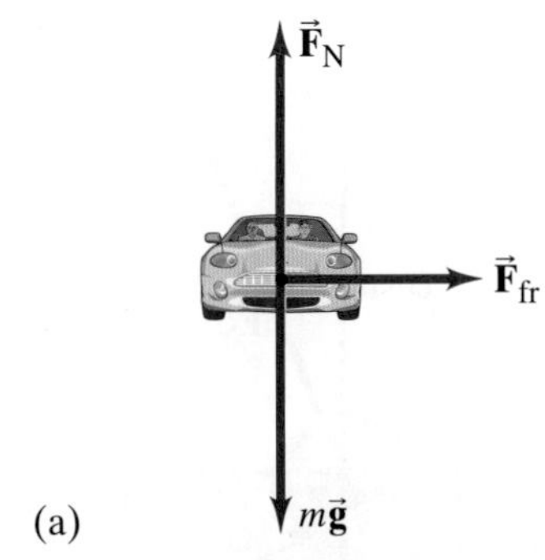

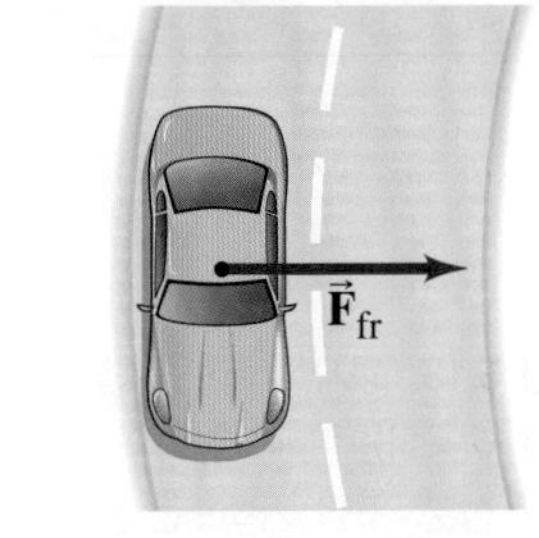

그림 5.12 예제 5.5. 평평한 도로에서 커브를 돌고 있는 자동차에 작용하는 힘. (a) 앞에서 본 것 (b) 위에서 본 것

만약에 브레이크를 너무 세게 밟아서 바퀴가 잠기면(회전 멈춤) 미끄러질 가능성이 더 커진다. 타이어가 돌아가고 있을 때는 정지 마찰이 작용하게 된다. 그러나 바퀴가 잠기면(회전 멈춤) 타이어는 미끄러지게 되고 이제 운동 마찰이 되어 마찰력은 더 작아진다. 더욱이 바퀴가 잠기면 마찰력의 방향이 갑자기 바뀐다. 정지 마찰은 그림 5.12b에서와 같이 속도에 수직으로 작용할 수 있다. 그러나 차가 미끄러지면 운동 마찰은 속도의 **반대** 방향을 향한다. 힘이 더 이상 원의 중심을 향하지 않고 있는 것이므로 차는 커브 길을 따라갈 수 없게 된다(그림 5.11 참조). 만일 길이 젖었거나 얼음이 얼어 있다면 바퀴가 미끄러지지 않고 구르게 하는 데 필요한 도로의 마찰이 더 적어지고, 이때는 바퀴의 잠김이 더 작은 제동력에서도 일어나므로 더 안 좋다. 잠김 방지 브레이크(ABS)는 섬세한 센서와 빠른 컴퓨터를 사용하여 미끄러짐이 일어나기 직전까지로 제동력을 제한하게 고안되어 있다.

연습 D 더 빠른 속력으로 (기울어지지 않은) 평평한 커브에서 돌기 위해 타이어와 도로 사이의 마찰력을 키울 목적으로 자동차에 모래주머니를 실었다. 모래주머니가 도움이 되는가?

물리학의 응용
경사진 커브 길

커브 길의 도로면을 기울어지게 하면 미끄러지는 것을 줄일 수 있다. 기울어진 도로에 의해 주어지는 수직 항력은 도로 면에 수직으로 작용하므로 원의 중심을 향하는 성분이 있고(그림 5.13), 따라서 마찰에 대한 의존도를 줄일 수 있다. 경사각이 θ라면 이에 상응하는 마찰을 전혀 필요로 하지 않는 속력이 존재한다. 바로 수직 항력

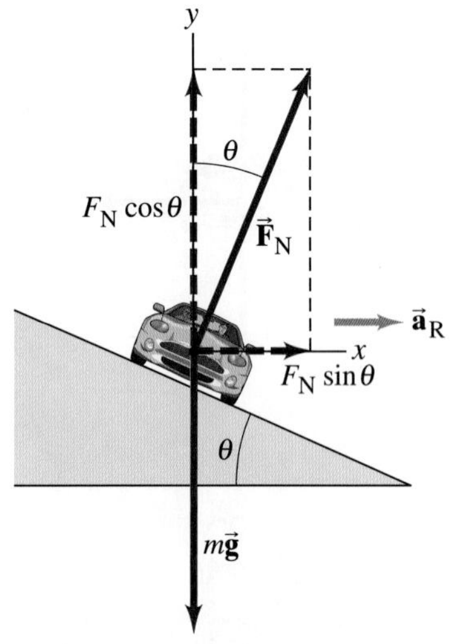

그림 5.13 경사진 커브를 돌아가는 자동차에 작용하는 수직 항력의 수평 성분과 수직 성분. 구심 가속도는 수평이다(도로의 경사면과 나란하지 않음). 타이어에 작용하는 마찰력(표시되어 있지 않음)은 차의 속력에 따라 경사면에 대해 위쪽이나 아래쪽을 향한다. 마찰력은 특정 속력에서 영이 된다.

 주의

F_N과 mg가 항상 일치하는 것은 아니다.

의 수평 성분 $F_N \sin\theta$가 차에 필요한 가속도와 딱 맞을 때이다.

$$F_N \sin\theta = m\frac{v^2}{r} \qquad \text{[마찰이 불필요]}$$

도로의 경사각 θ는 특정 속력(이를 '설계 속력'이라 한다)에서 이 조건을 만족하도록 결정한다.

예제 5.6 경사각

(a) 반지름 r인 커브를 속력 v로 돌아가는 자동차에 대해 마찰력이 필요 없는 도로의 경사각을 결정하는 식을 구하라. (b) 반지름 50 m인 커브에서 설계 속력 50 km/h인 경우 경사각은 얼마인가?

접근 도로가 기울어져 있음에도 불구하고 차는 여전히 수평 원을 그리면서 돌게 되며, 따라서 구심 가속도도 수평이어야 한다. x축과 y축을 각각 가로축과 세로축으로 잡으면 수평인 a_R은 x축 방향이다. 자동차에 작용하는 힘은 아래로 향하는 지구의 중력 mg와 도로가 표면의 수직 방향으로 주는 수직 항력 F_N이다. 그림 5.13을 참조하고, 그림에 F_N의 성분들도 함께 표시되어 있다. 마찰에 의존하는 것을 배제하도록 도로를 설계하는 것이므로 도로의 마찰은 고려할 필요가 없다.

풀이 (a) 연직 방향은 움직임이 없으므로 $a_y = 0$이고, $\Sigma F_y = ma_y$이므로

$$F_N \cos\theta - mg = 0$$

이다. 즉

$$F_N = \frac{mg}{\cos\theta}$$

이다. [이 경우 $\cos\theta \leq 1$이므로 $F_N \geq mg$임에 유의하라.]
F_N에 관한 이 식을 수평 방향 운동 방정식

$$F_N \sin\theta = m\frac{v^2}{r}$$

에 대입하면

$$\frac{mg}{\cos\theta}\sin\theta = m\frac{v^2}{r}$$

이 된다. 즉

$$\tan\theta = \frac{v^2}{rg}$$

이 식이 경사각 θ를 구하는 식이다. 이 속력 v에서는 마찰이 필요치 않다.
(b) $r = 50$ m, $v = 50$ km/h(= 14 m/s)일 때

$$\tan\theta = \frac{(14\text{ m/s})^2}{(50\text{ m})(9.8\text{ m/s}^2)} = 0.40$$

즉 $\theta = \tan^{-1}(0.40) = 22°$이다.

지금까지 구심 가속도로 $a = v^2/r$을 사용해 왔는데, 여기서 r는 원의 반지름이었

다. 많은 경우 도로는 완전한 원이 아니고 단지 원의 일부분에 해당한다. 이때도 여전히 $a = v^2/r$은 유효하고 이 경우 흔히 r를 해당 원 부분의 **곡률 반지름**(radius of curvature)이라 한다.

5.4 비등속 원운동

속력이 일정한 원운동은 물체에 작용하는 알짜힘이 원의 중심을 향할 때 일어난다. 만일 알짜힘이 중심을 향하지 않고 그림 5.14a에서와 같이 어떤 각도로 향한다면 그 힘은 두 성분을 갖게 된다. 원의 중심을 향하는 성분 $\vec{\mathbf{F}}_\mathrm{R}$는 구심 가속도 $\vec{\mathbf{a}}_\mathrm{R}$를 주어서 물체가 계속 원운동을 하게 한다. 원의 접선 방향 성분 $\vec{\mathbf{F}}_\mathrm{tan}$는 속력을 증가(또는 감소)시켜서 원의 접선 방향 가속 $\vec{\mathbf{a}}_\mathrm{tan}$를 일으킨다. 물체의 속력이 변하는 것은 힘의 접선 방향 성분이 작용하고 있는 것이다.

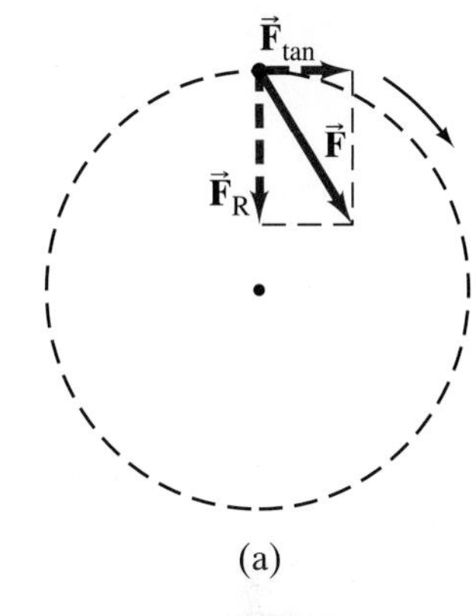

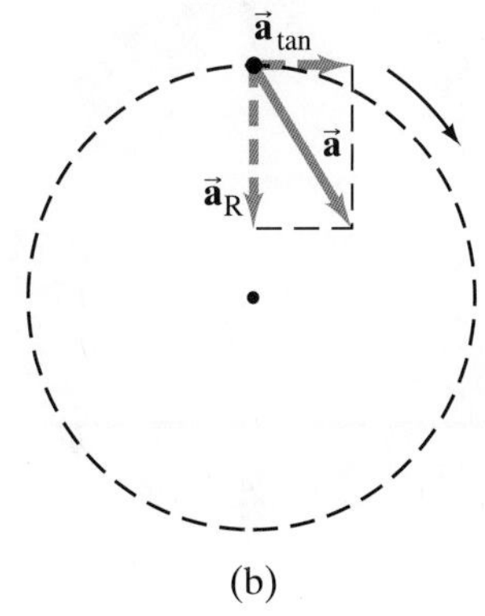

그림 5.14 원운동을 하는 물체에 접선 성분 F_tan이 있는 힘이 가해지면 그 속력이 증가한다. (a) 힘 $\vec{\mathbf{F}}$와 그 벡터 성분 (b) 가속 벡터와 그 벡터 성분

끈에 공을 달아 머리 위로 돌리기 시작할 때에는 여러분은 공에게 접선 방향 가속을 주어야 한다. 이는 손으로 끈을 원 중심을 벗어나는 방향으로 당겨주어서 한다. 육상 경기에서 해머던지기 선수는 비슷한 방법으로 접선 방향으로 해머를 가속시켜 던지기 전에 큰 속력을 갖도록 한다.

가속의 접선 성분 a_tan은 물체 속도의 **크기**의 변화율과 같은 값을 갖는다.

$$a_\mathrm{tan} = \frac{\Delta v}{\Delta t}$$

지름(구심) 방향 가속은 속도의 방향 변화에 의해 일어나는데, 그 크기는 앞(식 5.1)에서와 같이

$$a_\mathrm{R} = \frac{v^2}{r}$$

로 주어진다. 접선 가속은 언제나 원의 접선 방향을 가리키고 그림 5.14b에서와 같이 속력이 증가하는 경우 움직이는 방향(항상 원의 접선 방향인 $\vec{\mathbf{v}}$)과 같다. 속력이 줄어드는 경우 $\vec{\mathbf{a}}_\mathrm{tan}$는 $\vec{\mathbf{v}}$와 반대 방향이다. 어느 경우이든 $\vec{\mathbf{a}}_\mathrm{tan}$와 $\vec{\mathbf{a}}_\mathrm{R}$은 항상 서로 수직이고 물체가 원 궤적을 그리며 돌면서 끊임없이 **이들의 방향은 바뀐다**. 전체 벡터 가속도 $\vec{\mathbf{a}}$는 두 성분의 합이다.

$$\vec{\mathbf{a}} = \vec{\mathbf{a}}_\mathrm{tan} + \vec{\mathbf{a}}_\mathrm{R}$$

$\vec{\mathbf{a}}_\mathrm{tan}$와 $\vec{\mathbf{a}}_\mathrm{R}$은 항상 서로 수직이므로 어느 순간의 $\vec{\mathbf{a}}$의 크기는

$$a = \sqrt{a_\mathrm{tan}^2 + a_\mathrm{R}^2}$$

이 된다.

예제 5.7 **가속도의 두 성분**

경주용 자동차가 반지름 500 m인 원형 트랙의 피트 구역으로부터 정지 상태에서 출발하여 일정한 비율로 가속하여 11 s만에 속력 35 m/s에 도달한다. 접선 가속도가 일정하다고 가

정하고 속력이 $v = 15\ \text{m/s}$인 순간의 (a) 접선 가속도와 (b) 지름 가속도를 구하라.

접근 접선 가속도는 차의 속력 변화에 관계되고 $a_{\tan} = \Delta v/\Delta t$로 주어진다. 구심 가속도는 속도 벡터의 **방향** 변화에 관계되고 $a_R = v^2/r$로 주어진다.

풀이 (a) 11 s의 시간 간격 동안 접선 가속도 $a_{\tan}$은 일정하므로, 크기는 다음과 같다.

$$a_{\tan} = \frac{\Delta v}{\Delta t} = \frac{(35\ \text{m/s} - 0\ \text{m/s})}{11\ \text{s}} = 3.2\ \text{m/s}^2$$

(b) $v = 15\ \text{m/s}$일 때의 구심 가속도는 다음과 같다.

$$a_R = \frac{v^2}{r} = \frac{(15\ \text{m/s})^2}{(500\ \text{m})} = 0.45\ \text{m/s}^2$$

유의 접선 가속도는 일정한 반면에 지름(구심) 가속도는 계속해서 증가한다.

5.5 뉴턴의 만유인력 법칙

뉴턴은 운동에 대한 세 가지 법칙을 알아냈을 뿐만 아니라 행성과 달의 움직임에 대해서도 탐구했다. 그는 특히 달이 지구 주위를 원형에 가까운 궤도로 돌 수 있게 하는 힘이 무엇일까 궁금해 했다.

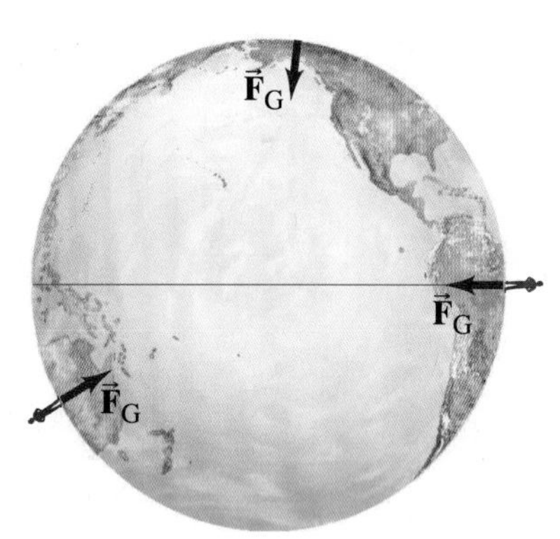

그림 5.15 알래스카, 페루, 오스트레일리아, 지구 어디에서건 중력은 지구 중심을 향해 아래로 작용한다.

뉴턴은 또한 중력의 문제에 대해 생각하고 있었다. 낙하하는 물체는 가속하기 때문에 뉴턴은 어떤 힘(우리가 중력이라 부르는)이 물체에 작용해야 한다는 결론에 도달했다. 물체에 힘이 작용한다는 것은 다른 물체에 **의해서** 힘이 가해진다는 것이다. 그런데 무엇이 중력을 **가하는가**? 지표면의 모든 물체는 중력 F_G를 받고, 물체가 어디에 있건 상관없이 그 힘은 항상 지구의 중심을 향한다(그림 5.15). 이에 뉴턴은 지표면 상의 물체에 중력을 가하는 것은 지구 자체일 수밖에 없다고 결론지었다.

전해오는 이야기에 의하면 뉴턴은 나무에서 떨어지는 사과에 주목했다. 그로부터 별안간 어떤 영감이 떠올랐다고 한다. 중력이 나무 꼭대기에 작용하고, 산꼭대기에도 작용한다면 아마도 달까지도 작용하지 않겠는가! 달을 그 궤도에 묶어 놓는 것이 지구의 중력이라는 생각으로부터 뉴턴은 위대한 중력 이론을 만들어 냈다. 그러나 그 당시에 이는 논란을 불러 일으켰다. 많은 사람들은 '떨어져서 작용하는' 힘의 개념을 받아들이기 어려웠다. 전형적인 힘은 접촉을 통해 작용한다. 손으로 수레를 밀거나 마차를 끌고, 방망이가 공을 때리는 등등과 같은 경우이다. 그러나 뉴턴은 중력이 접촉 없이 작용한다고 했다. 접촉이 없어도 지구는 떨어지는 사과와 달에 힘을 가하고 있으며, 두 물체가 매우 멀리 떨어져 있어도 된다고 했다.†

뉴턴은 지구가 달에 미치는 중력의 크기를 지표면 상의 물체에 작용하는 중력과 비교하여 구하려고 했다. 달의 구심 가속도는 (예제 5.2에서 구한 바와 같이) $a_R = 0.00272\ \text{m/s}^2$이다. 지표면에서의 중력 가속도 $g = 9.80\ \text{m/s}^2$로 나타내면

† '떨어져서 작용한다'는 개념상의 어려움을 다루기 위해 한참 뒤에 **중력장** 개념이 도입됐다. 이에 의하면 질량을 가진 모든 물체는 공간에 중력장을 생성해 낸다. 한 물체가 다른 물체에 작용하는 힘은 첫 번째 물체가 두 번째 물체의 위치에 만드는 중력장에 기인한다. 장에 대해서는 16.7절에서 다룬다.

$$a_R = \frac{0.00272\,\mathrm{m/s^2}}{9.80\,\mathrm{m/s^2}}\,g \approx \frac{1}{3600}\,g$$

이다. 즉 지구로 향하는 달의 가속도는 지표면 상에 있는 물체의 가속도 크기의 약 $\frac{1}{3600}$이다. 달은 지구로부터 384,000 km 떨어져 있는데, 이는 지구 반지름 6380 km의 약 60배에 해당한다. 다시 말해 달은 지표면 상의 물체보다 지구 중심으로부터 60배 더 떨어져 있다. 그런데 $60 \times 60 = 60^2 = 3600$이다. 같은 숫자 3600이다! 뉴턴은 지구가 어떤 물체에 작용하는 중력 F_{grav} 또는 F_{G}는 지구 중심으로부터 떨어진 거리 r의 제곱에 반비례해서 작아진다는 결론을 내렸다.

그림 5.16 한 물체가 다른 물체에 작용하는 중력은 첫 번째 물체 방향으로 향한다. 이는 뉴턴 제3법칙에 의해 두 번째 물체가 첫 번째 물체에 작용하는 중력과 크기는 같고 방향은 반대이다. 그림에서 지구에 의해 달에 미치는 중력 $\vec{\mathbf{F}}_{\mathrm{ME}}$는 달이 지구에 미치는 중력 $\vec{\mathbf{F}}_{\mathrm{EM}}$과 크기는 같고 방향은 반대이다. 즉 $\vec{\mathbf{F}}_{\mathrm{ME}} = -\vec{\mathbf{F}}_{\mathrm{EM}}$이다.

$$F_{\mathrm{G}} \propto \frac{1}{r^2}$$

달은 지구 반지름의 60배 떨어져 있어서 지표면 거리에 있을 경우보다 $\frac{1}{60^2} = \frac{1}{3600}$에 해당하는 중력만을 받는다.

뉴턴은 물체에 작용하는 중력이 거리에 따라 달라질 뿐만 아니라 물체의 질량에도 관계된다는 것을 알았다. 실제로 중력은 앞에서(식 4.3) 본 바와 같이 질량에 정비례한다. 뉴턴 제3법칙에 의하면 지구가 어떤 물체(달과 같은)에 중력을 미치면 그 물체도 지구에 크기가 같고 방향이 반대인 힘을 미친다(그림 5.16). 이런 **대칭성** 때문에 뉴턴은 중력의 크기는 두 질량 **모두**에 비례해야 한다고 결론지었다.

$$F_{\mathrm{G}} \propto \frac{m_{\mathrm{E}}\,m_{\mathrm{Obj}}}{r^2}$$

여기서 m_{E}와 m_{Obj}는 각각 지구와 물체의 질량이고 r은 지구 중심으로부터 물체 중심까지의 거리이다.

뉴턴의 중력 탐구는 한 걸음 더 나아갔다. 행성의 궤도를 조사하면서 그는 여러 행성들이 태양 주위 각각의 궤도로 돌게 하는 힘이 이들이 태양으로부터 떨어진 거리의 제곱에 반비례하여 줄어든다는 결과를 얻었다. 이로부터 그는 각 행성이 궤도를 따라 움직이게 하는 힘 또한 태양과 행성 사이의 중력이라고 믿게 됐다. 그리고 만약 이들 사이에 중력이 작용한다면 모든 물체 사이에 중력이 작용하지 않을까하고 생각하게 됐다. 그리하여 그는 **만유인력 법칙**(law of universal gravitation)을 제안했는데, 이는 다음과 같이 기술된다.

> **우주상의 모든 입자는 다른 모든 입자와 두 질량의 곱에 비례하고 둘 사이 거리의 제곱에 반비례하는 힘으로 서로 잡아당긴다. 이 힘은 두 입자를 연결하는 선을 따라 작용한다.**

뉴턴의 만유인력 법칙

중력의 크기는 다음과 같은 식으로 주어진다.

$$F_{\mathrm{G}} = G\,\frac{m_1 m_2}{r^2} \tag{5.4}$$

여기서 m_1과 m_2는 두 입자의 질량, r은 이들 사이의 거리이고, G는 실험적으로 측정해야하는 만유인력 상수이다.

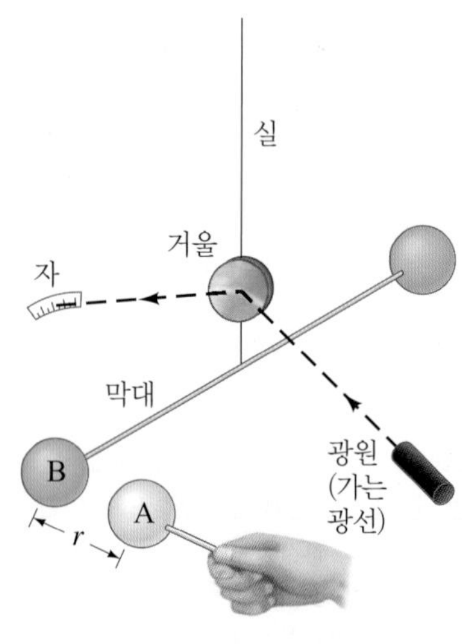

그림 5.17 캐번디시가 사용한 기구의 도식. 두 구가 가벼운 막대 끝에 붙어 있고 막대의 가운데에 가는 실을 묶어 매달았다. 또 다른 세 번째 구(A)를 실에 매달려 있는 구 중 하나(B)에 가까이 가져가면 중력에 의해 이 구가 움직이고, 이로 인해 실이 약간 비틀린다. 이 미세한 움직임을 실에 설치한 거울에 가는 광선을 보내 증폭한다. 빛은 반사하여 눈금이 새겨진 자에 비친다. 주어진 만큼의 실을 비트는 데 얼마의 힘이 필요한지를 미리 알아놓으면 이 실험으로 물체 A와 B 사이 중력의 크기를 알 수 있다.

G는 매우 작은 값임에 틀림없다. 왜냐하면(예를 들어 두 야구공 사이의 경우처럼) 보통 크기의 두 물체 사이에 인력이 작용하는 것을 인식하지 못하기 때문이다. 뉴턴의 법칙이 발표된 후 100년이 넘은 1798년에야 캐번디시에 의해 두 개의 보통 물체 사이의 힘이 처음 측정됐다. 보통 물체 사이의 지극히 작은 힘을 검출하고 측정하기 위해 그는 그림 5.17과 같은 장치를 사용했다. 캐번디시는 두 물체는 서로 잡아당기고 있으며 그 힘이 식 5.4로 정확히 기술된다는 것을 확인했다. 더욱이 그는 F_G, m_1, m_2, r를 정확히 측정할 수 있었으므로 상수 G의 값도 구할 수 있었다. 현재 알려진 값은

$$G = 6.67 \times 10^{-11}\,\mathrm{N \cdot m^2/kg^2}$$

이다. (여러 상수 값들은 최대 정밀도까지 수록한 부록 F의 표를 참조한다.) 식 5.4는 힘이 r^2에 반비례하기 때문에 **역제곱 법칙**(inverse square law)이라 한다.

[정확히 말하면 식 5.4는 한 입자가 거리 r만큼 떨어져 있는 다른 입자에 미치는 중력의 크기를 나타낸다. 크기가 있는 물체(즉 점이 아닐 때)의 경우는 거리 r를 어떻게 잡을 것인가를 고려해야 한다. 올바른 계산을 하려면 크기가 있는 각 물체를 점의 집합체로 간주하여 전체 힘은 모든 입자들에 의한 힘들을 합해서 구한다. 이들 모든 입자에 대한 합은 흔히 적분을 사용하여 구하는데, 적분은 뉴턴 자신이 고안한 것이다. 물체들의 크기가 둘 사이의 거리에 비해 작으면(지구–태양의 경우처럼) 이들을 점 입자로 간주해도 오차가 거의 발생하지 않는다. 뉴턴은 **균일한 구의 바깥에 있는 입자에 작용하는 중력은 구의 전체 질량이 그 중심에 모여 있는 것으로 간주할 때와 동일하다**[†]는 것을 보일 수 있었다. 따라서 중심 사이의 거리가 r인 두 균일한 구 사이의 정확한 힘을 식 5.4로 얻을 수 있다.]

예제 5.8 추산 중력으로 다른 사람을 잡아당길 수 있을까?

50 kg인 사람과 70 kg인 사람이 벤치에 서로 가까이 앉아 있다. 각자가 다른 사람에게 미치는 중력의 크기를 추산하라.

접근 대략적인 추산이다. 두 사람 중심 사이의 거리를 $\frac{1}{2}$ m(최대 근접할 수 있는 대략 거리)로 잡는다.

풀이 식 5.4를 사용하여 대략적인 크기만을 구하면

$$F_G = G\frac{m_1 m_2}{r^2} \approx \frac{(6.67 \times 10^{-11}\,\mathrm{N \cdot m^2/kg^2})(50\,\mathrm{kg})(70\,\mathrm{kg})}{(0.5\,\mathrm{m})^2} \approx 10^{-6}\,\mathrm{N}$$

이 정도의 힘은 극도로 민감한 기기를 사용하지 않는 한 알아차리기 어려운 작은 값이다($<$ 1 lb의 1/100,000).

예제 5.9 $2r_E$ 상공의 우주선

지구 중심으로부터 지구 반지름의 두 배 거리의 궤도(즉 지표면에서 거리 $r_E = 6380$ km 상공)를 돌고 있는 2000 kg의 우주선에 작용하는 중력은 얼마인가(그림 5.18)? 지구의 질량

[†] 16.12절에서 이를 확인할 수 있다.

은 $m_E = 5.98 \times 10^{24}$ kg이다.

접근 식 5.4에 모든 숫자를 넣어 계산할 수 있지만 더 간단한 방법이 있다. 우주선은 지표면보다 지구 중심으로부터 두 배 더 멀리 떨어져 있다. 중력 F_G는 거리의 제곱에 반비례하여 작아지므로$\left(\frac{1}{2^2} = \frac{1}{4}\right)$, 이 위성에 작용하는 중력은 지표면에서의 무게의 $\frac{1}{4}$에 불과하다.

풀이 지표면에서 $F_G = mg$이다. 지구 중심으로부터 $2r_E$의 거리에서는 F_G가 $\frac{1}{4}$만큼이 된다.

$$F_G = \frac{1}{4}mg = \frac{1}{4}(2000\,\text{kg})(9.80\,\text{m/s}^2) = 4900\,\text{N}$$

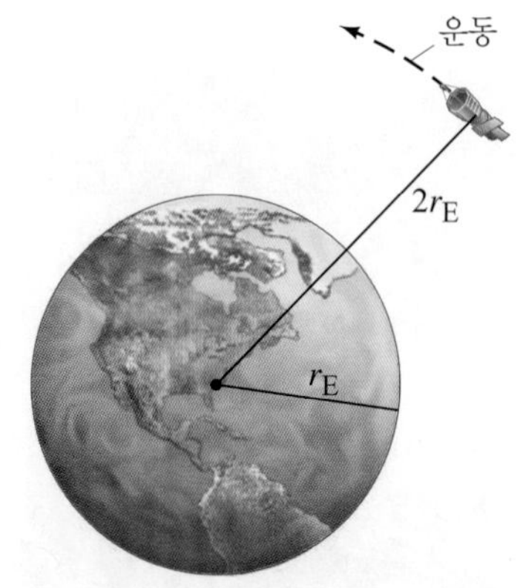

그림 5.18 예제 5.9. $r = 2r_E$의 거리에서 궤도를 돌고 있는 우주선

특별히 유념할 것은 만유인력 법칙은 **특정한** 힘(중력)에 대해 기술하는 것임에 반해, 뉴턴 제2법칙($F = ma$)은 어떤 종류의 힘이든 그로 인해 물체가 어떻게 가속되는가를 기술한다는 점이다.

5.6 지표면 부근에서의 중력

식 5.4를 지구와 지표면에 있는 물체 사이의 중력에 대해 적용할 때는 m_1이 지구의 질량 m_E이고 m_2가 물체의 질량 m이며 r는 지구 중심으로부터 물체의 거리, 즉 지구의 반지름 r_E가 된다. 지구에 의한 이런 중력이 지구 상에서 물체의 무게인데, 이를 mg로 써 왔다. 따라서

$$mg = G\frac{mm_E}{r_E^2}$$

이다. 이를 g에 대해 풀면

$$g = G\frac{m_E}{r_E^2} \qquad (5.5)$$

이다. 그러니까 지표면에서의 중력 가속도 g는 m_E와 r_E에 의해 결정된다. (G와 g를 혼동하지 않도록 한다. 이들은 전혀 다른 양이고 식 5.5로 서로 연관되어 있다.)

주의
G와 g를 구별하라.

G가 측정되기 전까지는 지구의 질량을 알 수 없었다. 그러나 일단 G가 측정되면 식 5.5를 사용하여 지구의 질량을 계산할 수 있는데, 캐번디시가 처음 이를 수행했다. $g = 9.80$ m/s^{2}이고 지구의 반지름이 $r_E = 6.38 \times 10^6$ m이므로 식 5.5에 대입하여 지구의 질량을 구한다.

$$m_E = \frac{gr_E^2}{G} = \frac{(9.80\,\text{m/s}^2)(6.38 \times 10^6\,\text{m})^2}{6.67 \times 10^{-11}\,\text{N}\cdot\text{m}^2/\text{kg}^2} = 5.98 \times 10^{24}\,\text{kg}$$

식 5.5는 다른 행성에 대해서도 적용할 수 있는데, 이때 g, m, r는 그 행성에 대한 값을 넣어야 한다.

예제 5.10 | 추산 에베레스트에서의 중력

해발 8850 m인 에베레스트 산 꼭대기에서의 실제 g값을 구하라. 즉 이 고도에서 자유 낙하하는 물체에 작용하는 중력 가속도는 얼마인가? 산 자체의 질량은 무시한다.

그림 5.19 예제 5.10. 해발 8850 m인 에베레스트. 앞쪽에는 5500 m 고지에서 셰르파들과 함께한 저자

접근 중력(또는 중력 가속도 g)은 지구 중심으로부터의 거리에 따라 달라지므로 에베레스트 산의 꼭대기에서의 실제 값 g'이 있고, 이는 해수면에서의 값 g보다 작을 것이다. 지구는 균일한 구라고 가정한다(적절한 '추산'이 된다).

풀이 식 5.5에서 r_E를 $r = 6380 \text{ km} + 8.9 \text{ km} = 6389 \text{ km} = 6.389 \times 10^6 \text{ m}$로 바꾸어 주면

$$g = G\frac{m_E}{r^2} = \frac{(6.67 \times 10^{-11} \text{ N}\cdot\text{m}^2/\text{kg}^2)(5.98 \times 10^{24} \text{ kg})}{(6.389 \times 10^6 \text{ m})^2} = 9.77 \text{ m/s}^2$$

이는 3/1000(0.3 %)만큼 줄어든 값이다.

지구가 완벽한 구가 아니기 때문에 식 5.5가 여러 다른 위치에서의 정확한 g값을 나타내지 못한다. 지구는 산과 계곡을 포함하고 있고 적도가 불거져 나와 있을 뿐만 아니라 그 질량도 정확히 균질하게 분포되어 있지 않다(표 5.1). 지구의 자전 또한 g값에 영향을 미친다. 그러나 실제 대부분의 경우 지표면 부근의 물체에 대해서 $g = 9.8 \text{ m/s}^2$를 사용하고 물체의 무게는 mg로 쓴다.

연습 E 어느 행성의 부피는 동일하게 유지하되 질량을 두 배로 했다고 가정하자. 표면에서의 중력 가속도 g는 어떻게 변하는가?

표 5.1 여러 위치에서의 중력 가속도

위치	고도(m)	$g(\text{m/s}^2)$
뉴욕	0	9.803
샌프란시스코	0	9.800
덴버	1650	9.796
파이크스 피크	4300	9.789
시드니(호주)	0	9.798
적도	0	9.780
북극 (계산값)	0	9.832

5.7 위성과 무중력

위성의 운동

오늘날 지구 주위를 도는 인공위성은 매우 흔하다(그림 5.20). 위성은 그림 5.21에서처럼 로켓을 이용하여 아주 큰 접선 속력을 가질 때까지 가속시켜 궤도에 오르게 된다. 만약 속력이 너무 빠르면 우주선은 지구의 중력에 의해 잡혀있지 않고 탈출하여 다시 돌아오지 않게 된다. 속력이 너무 늦으면 우주선은 지구로 되돌아올 것이다. 위성은 흔히 원(또는 원에 아주 가까운)궤도에 오르게 되는데, 왜냐하면 이런 궤도일 때 가장 작은 발사 속력이 필요하기 때문이다.

그림 5.20 지구를 선회하는 위성, 국제 우주 정거장

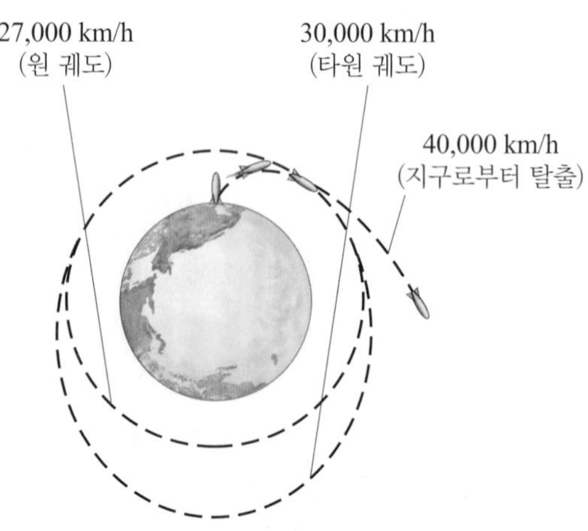

그림 5.21 여러 다른 속력으로 발사된 인공위성들

흔히 이런 질문을 한다. “무엇이 인공위성을 떠 있게 하는가?” 답은 위성의 빠른 속력이다. 궤도의 위성이 움직이지 않는다면 바로 지구로 떨어질 것이다. 그러나 매우 빠른 속력을 갖고 있는 위성은 이를 궤도로 잡아 당겨주는 지구의 중력이 없다면 곧바로 우주 공간으로 날아갈 것이다(그림 5.22). 사실 궤도 상의 위성은 지구 쪽으로 **떨어지고**(가속) 있지만, 큰 접선 속력으로 인해 위성이 지구에 부딪치지 않는다.

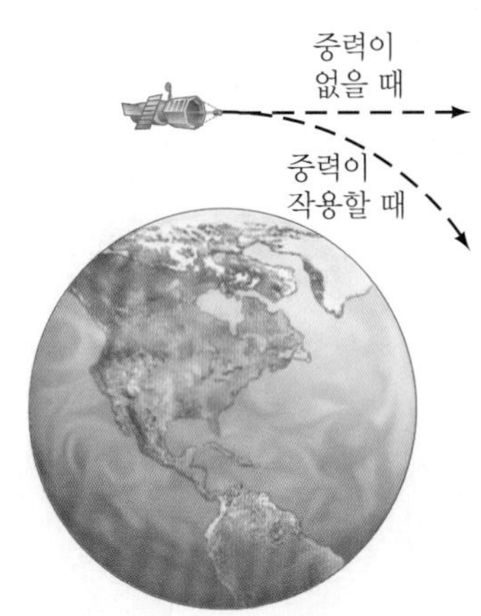

그림 5.22 움직이는 위성은 직선 궤적에서 벗어나 지구를 향해 '떨어진다'.

원형(적어도 근사적으로)으로 도는 위성은 구심 가속도가 필요하고 그 값은 v^2/r이다. 위성에 이 가속을 주는 힘은 지구가 미치는 중력이고, 위성이 지구로부터 상당한 거리에 있으므로 이 힘을 구하는 데에 뉴턴의 만유인력 법칙(식 5.4)을 사용해야 한다. 지름 방향에 대해 뉴턴 제2법칙 $\Sigma F_{\mathrm{R}} = ma_{\mathrm{R}}$을 적용하면

$$G\frac{mm_{\mathrm{E}}}{r^2} = m\frac{v^2}{r} \tag{5.6}$$

이다. 여기서 m은 위성의 질량이다. 이 식은 원궤도일 때 지구 중심으로부터 위성까지의 거리 r와 위성의 속력 v 사이의 관계를 보여 준다. 단지 한 힘(중력)만이 위성에 작용하고 r는 지구의 반지름 r_{E}와 지표면으로부터 위성의 고도 h를 합한 것이다 ($r = r_{\mathrm{E}} + h$). 식 5.6을 v에 대해 풀면 $v = \sqrt{Gm_{\mathrm{E}}/r}$가 되는데, 위성의 속력은 그 질량과 상관없음을 알 수 있다. 지구 위 같은 높이의 궤도를 도는 질량이 다른 여러 위성들의 속력과 주기는 모두 동일하다.

예제 5.11 정지 궤도 위성

물리학의 응용
정지 궤도 위성

정지 궤도 위성이란 항상 지구 위 같은 위치의 상공에 머무는 위성을 말하는데, 이는 위성이 적도 상에 있을 때만 가능하다. 왜 그런가? 이는 위성 궤도의 중심은 언제나 지구의 중심에 있기 때문으로, 0°가 아닌 위도의 상공에 고정되어 궤도를 도는 위성은 불가능하다. 정지 궤도 위성은 TV나 라디오 방송 송출, 일기 예보, 통신 중계 등에 많이 쓰인다.† 이 위성의 (a) 지표면 상공의 높이, (b) 속력을 구하고, 지표면 상공 200 km의 궤도를 도는 위성과 비교하라.

접근 지구의 자전을 따라 지상 같은 위치의 상공에 머무르려면 위성의 주기가 24시간이어야 한다. 뉴턴 제2법칙 $F = ma$를 적용하는데, 원 궤도라 가정하면 $a = v^2/r$이다.

풀이 (a) 위성에 작용하는 유일한 힘은 지구의 중력이다. (태양에 의한 중력은 무시할 수 있는 데 왜 그런가?) 위성이 원형으로 돈다고 가정하고 식 5.6을 적용한다.

$$G\frac{m_{\mathrm{Sat}}m_{\mathrm{E}}}{r^2} = m_{\mathrm{Sat}}\frac{v^2}{r}$$

이 식에는 두 개의 미지수 r와 v가 있다. 따라서 다른 식 하나가 더 필요하다. 이 위성은 지구가 축을 따라 자전하는 주기(즉 24시간에 한 번)와 동일한 주기로 지구 주위를 돈다. 따라서 위성의 속력은

$$v = \frac{2\pi r}{T}$$

† 정지 궤도 위성은 지상의 정해진 위치에 설치된 송수신 안테나가 (위성을 따라가거나 다른 위성으로 교체할 필요 없이) 이 위성에 고정되어 연결되어 있을 수 있기 때문에 유용하다.

이고, T = 1일 = (24 h)(3600 s/h) = 86,400 s이다. 이를 위의 '위성에 관한 식'에 (양변에서 m_{Sat}을 소거한 뒤) 대입하면

$$G\frac{m_{\text{E}}}{r^2} = \frac{(2\pi r)^2}{rT^2}$$

r를 하나씩 소거하고 r^3에 대해 풀면

$$r^3 = \frac{Gm_{\text{E}}T^2}{4\pi^2} = \frac{(6.67 \times 10^{-11}\,\text{N}\cdot\text{m}^2/\text{kg}^2)(5.98 \times 10^{24}\,\text{kg})(86{,}400\,\text{s})^2}{4\pi^2}$$
$$= 7.54 \times 10^{22}\,\text{m}^3$$

세제곱근을 구하면

$$r = 4.22 \times 10^7\,\text{m}$$

즉 지구 중심으로부터 42,200 km이다. 지구의 반지름 6380 km를 빼면 정지 궤도 위성은 지표면 상공 36,000 km(약 $6r_{\text{E}}$)의 고도로 돌아야 한다.

(b) 위성에 관한 식 5.6을 v에 대해 풀면

$$v = \sqrt{\frac{Gm_{\text{E}}}{r}} = \sqrt{\frac{(6.67 \times 10^{-11}\,\text{N}\cdot\text{m}^2/\text{kg}^2)(5.98 \times 10^{24}\,\text{kg})}{(4.22 \times 10^7\,\text{m})}} = 3070\,\text{m/s}$$

로 약 11,000 km/h이다. $v = 2\pi r/T$를 이용해도 같은 결과를 얻는다.

(c) (b)의 v에 관한 식을 보면 $v \propto \sqrt{1/r}$임을 알 수 있다. 따라서 $r = r_{\text{E}} + h$ = 6380 km + 200 km = 6580 km을 대입하면

$$v' = v\sqrt{\frac{r}{r'}} = (3070\,\text{m/s})\sqrt{\frac{(42{,}200\,\text{km})}{(6580\,\text{km})}} = 7770\,\text{m/s}$$

로 약 28,000 km/h이다.

무중력

지구를 돌고 있는 위성 안의 사람과 다른 물체들은 겉보기 무중력 상태에 있다고 한다. 이를 다루기에 앞서 좀 더 단순한 경우인 승강기를 생각해 보자. 그림 5.23a에서 승강기는 정지해 있고 용수철저울에 자루가 매달려 있다. 저울의 눈금은 자루에 의해 저울에 작용하는 아래 방향의 힘을 가리키고 있다. 저울에 작용한 이 힘은 저울에 의해 자루에 작용한 위 방향의 힘과 크기는 같고 방향은 반대인데, 그 크기를 w (무게)라고 하자. 자루에는 두 개의 힘이 작용하는데, 아래로 향하는 중력과 저울에 의해 위로 당겨지는 힘 w이다. 자루는 가속을 하지 않고 있기 때문에(a = 0) 그림 5.23a의 자루에 $\Sigma F = ma$를 적용하면

$$w - mg = 0$$

이다. 여기서 mg는 자루의 무게이다. 따라서 $w = mg$이고 저울의 눈금은 자루에 의해 작용한 힘을 가리키기는 것이기 때문에 예상대로 자루의 무게와 같은 크기의 힘을 보여준다.

이제 승강기가 가속하도록 해보자. 관성틀을 기준으로 자루에 뉴턴 제2법칙

$\Sigma F = ma$를 적용하면(승강기 자체는 이제 관성틀이 아니다.)

$$w - mg = ma$$

이 된다. w에 대해 풀면 다음과 같다.

$$w = mg + ma \qquad [\text{위로 향하면 } a\text{가 } +]$$

위쪽을 양으로 잡았다. 따라서 가속도 a가 위쪽이면 a는 양이고, w를 측정하는 저울은 mg보다 더 큰 값을 가리킨다. 이 w를 자루의 **겉보기 무게**라 하는데, 이 경우는 실제 무게(mg)보다 큰 값이 된다. 만일 승강기가 아래로 가속한다면 a는 음이 되고 겉보기 무게, w는 mg보다 작게 될 것이다. 속도 $\vec{\mathbf{v}}$의 방향은 상관이 없다. 가속도 $\vec{\mathbf{a}}$의 방향(과 그 크기)만이 저울의 측정값에 영향을 준다.

승강기의 가속도가 위로 $\frac{1}{2}g$이면

$$w = mg + m\left(\tfrac{1}{2}g\right)$$
$$= \tfrac{3}{2}mg$$

이 된다. 즉 저울의 측정값은 자루의 실제 무게의 $1\frac{1}{2}$배이다(그림 5.23b). 자루의 겉보기 무게가 실제 무게의 $1\frac{1}{2}$배가 된다. 사람에 대해서도 동일하다. 사람의 겉보기 무게(승강기 바닥에 의해 사람에게 가해지는 수직 항력과 같다)은 실제 무게의 $1\frac{1}{2}$배가 된다. 이를 흔히 $1\frac{1}{2}g$를 느낀다고 말하며, 우주인이 로켓이 발사될 때 매우 큰 배수의 g를 느끼는 것과 똑같다.

반대로 승강기의 가속도가 $a = -\frac{1}{2}g$(아래 방향)라면 $w = mg - \frac{1}{2}mg = \frac{1}{2}mg$이다. 즉 저울의 측정값은 실제 무게의 절반이 된다. 만약에 승강기가 **자유 낙하**한다면(예를 들어 케이블이 끊어진 경우 같이) $a = -g$이므로 $w = mg - mg = 0$이 된다. 저울의 측정값이 영이다(그림 5.23c). 이 경우 자루는 무게가 없는 것처럼 보인다. $a = -g$로 가속하는 승강기 안의 사람이 상자를 놓치더라도 상자는 바닥에 떨어지지 않을 것이다. 사실 상자는 가속도 g로 떨어지고 있다. 그러나 승강기와 사람도 또한 똑같이 떨어지고 있다. 그래서 상자는 사람의 앞에 그냥 떠 있게 되는 것이다. 사람의 기준계에서 보면 물체가 떨어지지 않으므로, 즉 무게가 없는 것처럼 보이기 때문에 이런 현상을 **겉보기 무중력**(apparent weightlessness)이라 한다(중력은 사라지지 않고 그대로이다). 중력은 각 물체에 여전히 작용하고 있고 이들의 무게는 여전히 mg이다.

지구에 가까운 궤도를 도는 위성 안에서 사람이 느끼는 '무중력'(그림 5.24)은 자유 낙하하는 승강기에서 느끼는 겉보기 무중력과 똑같은 것이다. 위성이 자유 낙하한다고 생각하는 것이 처음에는 이상하게 보일지 모른다. 그러나 그림 5.22에 보인 바와 같이 위성은 실제로 지구를 향해 떨어지고 있는 것이다. 중력이 위성으로 하여금 직선 궤적에서 벗어나 '떨어지게' 하는 것이다. 위성의 가속도는 그 지점에 작용하는 중력 가속도임이 분명하다. 왜냐하면 위성에 작용하는 힘은 중력뿐이기 때문이다. 따라서 중력이 위성 안의 물체에 작용함에도 불구하고 물체들은 위성과 함께 (자유 낙하의 경우처럼) 가속하고 있기 때문에 물체들은 겉보기 무중력 상

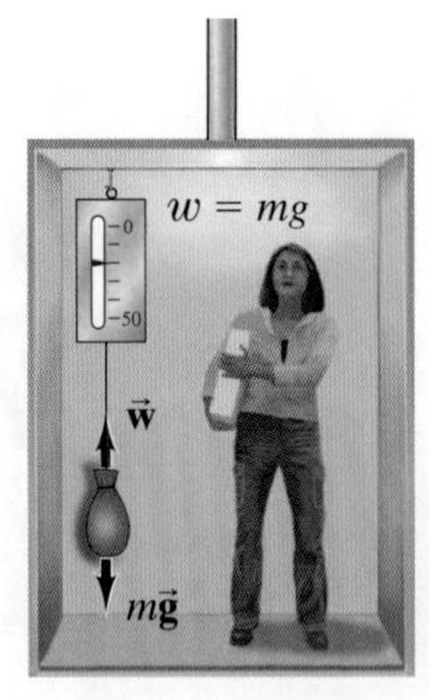

(a) $a = 0$

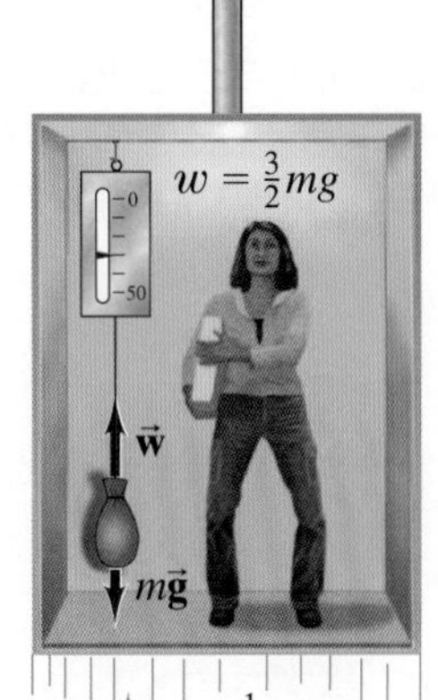

(b) $a = \frac{1}{2}g$ (위 방향)

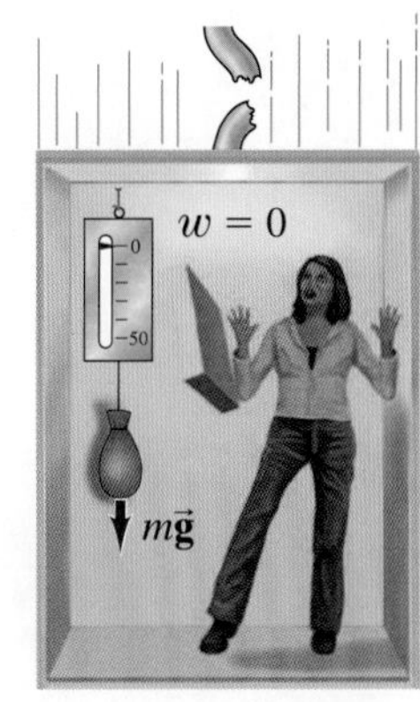

(c) $a = g$ (아래 방향)

그림 5.23 (a) 정지해 있는 승강기 안의 자루는 그 무게와 같은 힘을 용수철저울에 가한다. (b) 위로 $\frac{1}{2}g$만큼 가속하고 있는 승강기에서 자루의 겉보기 무게는 실제 무게보다 $1\frac{1}{2}$배 크다. (c) 자유 낙하하는 승강기에서 자루는 '무중력' 상태가 된다. 저울의 측정값이 영이다.

그림 5.24 국제 우주 정거장 밖에 우주인이 있다. 이 우주인은 겉보기 무중력 상태에 있으므로 매우 자유롭게 느끼고 있을 것이다.

(a)

(b)

(c)

그림 5.25 지구에서 '무중력' 상태 경험하기

태가 된다.

그림 5.25는 짧은 시간 동안 지구에서 '자유 낙하', 즉 겉보기 무중력 상태를 경험하고 있는 사람들의 예를 보여 준다.

우주선이 지구나 달, 또는 인력을 주는 다른 물체로부터 멀리 떨어져 텅 빈 우주 공간에 있을 경우는 상황이 완전히 다르다. 지구나 다른 천체에 의한 중력은 거리로 인해 상당히 작을 것이기 때문에 이런 우주선 안의 사람들은 진짜 무중력 상태가 된다.

연습 F 105쪽 시작 질문 2로 가서 다시 답을 해 보라. 처음과 답이 다르다면 그 이유를 설명해 보라.

5.8 행성, 케플러 법칙 그리고 뉴턴의 통합

인류는 애초에 행성의 존재를 어떻게 알게 됐을까? 도시의 불빛으로부터 벗어나 밤하늘에 떠 있는 수많은 별들을 올려다 본 적이 있는가? 아주 감동적인 경험이다. 수천 년 전 고대인들은 구름이 없는 밤에는 늘 이 광경을 보았고 거기에 매료됐다. 그들은 밝건 어둡건 대부분의 별들이 서로 고정된 위치에 있는 것을 알아차렸다. 고대인들은 이들 **고정된 별**(항성, fixed star)이 뒤집어진 커다란 그릇, 즉 반구에 붙박여 있는 것으로 여겼다. 이 **천체반구**(celestial sphere)는 지구 주위를 거의 정확하게 하루에 한 번 동에서 서로 돌았다(그림 5.26). 맨 눈에 보이는(한참 뒤 약 1600년이 되기 전까지는 망원경이 존재하지 않았다) 모든 별들 가운데 고대인들은 몇 주 또는 몇 달에 걸쳐 고정된 별들에 대해 위치가 변하는 다섯 개의 별들을 발견하게 됐다. 이들 다섯 개의 움직이는 별들은 **행성**(planet; 그리스어로 방황)이라 불렸다. 행성은 다른 별들과 마찬가지로 단지 밤하늘에 빛나는 작은 점으로 보였다.

그림 5.26 수 시간에 걸친 별들의 움직임을 담은 사진

태양과 달, 그리고 행성들이 지구 주위를 돈다는 고대의 관점을 **지구 중심설**(geocentric, geo = 그리스어로 지구)이라 한다. 이는 기원전 2세기에 프톨레마이오스에 의해 정교한 이론 체계로 발전했다. 오늘날에는 **태양 중심설**(heliocentric, helio = 그리스어로 태양)을 믿고 있는 데, 여기서 지구는 태양 주위를 선회하는 금성과 화성 사이의 한 행성일 뿐이다. 태양 중심설이 고대에 일부 제안됐음에도 불구하고 15세

기의 이탈리아 르네상스 시기에 이르기 전까지 이는 대체로 무시됐다. 이들 이론 사이의 실제적인 변화(1.1절과 그림 1.2 참조)는 코페르니쿠스(1473~1543)의 태양 중심론에 의해 시작됐고 1610년 경 갈릴레오가 새로 발명한 30배 망원경을 이용한 실험 관측 결과에 힘입어 큰 발전을 이루었다. 갈릴레오는 목성이 달을 거느리고 있으며(미니 태양계처럼) 금성이 달처럼 상이 변하는 것을 관측했는데, 이는 프톨레마이오스의 지구 중심계로는 설명할 수 없다. [잘 알려진 갈릴레오와 교회의 마찰은 종교적인 믿음과는 거의 무관하고 오히려 정치, 성격적인 불화, 그리고 권위의 문제였다. 오늘날에는 과학과 믿음은 서로 상충되지 않으며 접근 방식의 차이라고 보통 생각한다.]

케플러 법칙

뉴턴이 세 가지의 운동 법칙과 만유인력 법칙을 제안하기 반세기 전인 1600년경에 독일의 천문학자 케플러(1571~1630)가 태양 주위를 도는 행성들의 운동에 대해 상세한 내용을 알아내는 업적을 이루었다. 케플러의 업적은 밤하늘을 가로지르는 행성들의 위치에 관해 브라헤(1546~1601)가 (망원경 없이) 수집한 관측 자료를 여러 해 동안 분석한 것으로부터 일부분 얻어진 것이다.

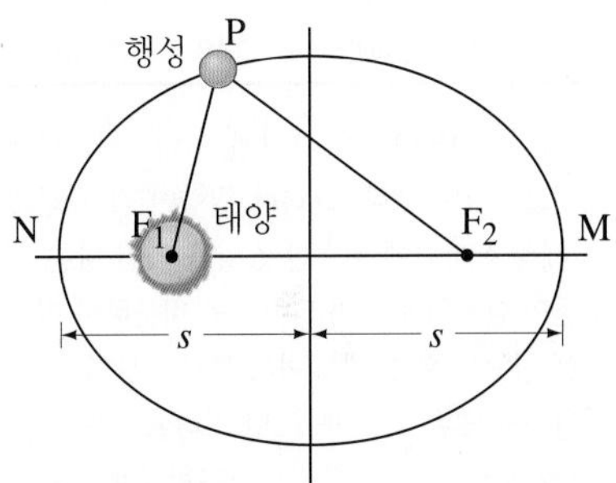

그림 5.27 케플러 제1법칙. 타원은 두 개의 고정점(초점 F_1, F_2)까지의 거리 합이 일정한 점 P들로 이루어진 닫힌곡선이다. 즉 곡선 상의 모든 점에서 거리의 합 $F_1P + F_2P$이 동일하다. 원은 타원의 특별한 경우로 두 초점이 원의 중심에서 겹쳐져 있는 경우이다.

케플러가 얻은 결과에는 오늘날 **케플러 행성 운동 법칙**(Kepler's laws of planetary motion)이라고 하는 세 가지 실험적 발견이 포함되어 있다. 이들은 다음과 같이 요약되고, 그림 5.27과 5.28에 보충적인 설명이 들어 있다.

케플러 제1법칙: 태양 주위를 도는 행성의 궤도는 태양을 한 초점으로 하는 타원궤도이다(그림 5.27).

케플러 제2법칙: 각 행성은 태양과 행성을 연결하는 가상적인 선이 같은 시간 동안 같은 넓이를 쓸고 지나가도록 움직인다(그림 5.28).

케플러 제3법칙: 태양 주위를 도는 두 행성의 주기 T 제곱의 비는 태양으로부터 그 두 행성까지의 평균 거리 세제곱의 비와 같다. [평균 거리는 긴반지름 s(=행성의 태양으로부터 가장 가까운 점 N과 가장 먼 점 M 사이 거리의 절반과 같다(그림 5.27).] 즉 어느 두 행성의 주기(태양 주위를 한 바퀴 도는 데 걸리는 시간)가 T_1, T_2이고 태양으로부터의 평균 거리가 s_1, s_2라면

$$\left(\frac{T_1}{T_2}\right)^2 = \left(\frac{s_1}{s_2}\right)^3$$

이다.

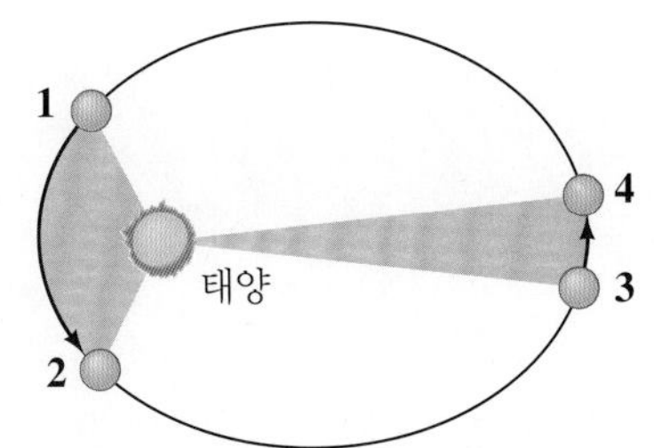

그림 5.28 케플러 제2법칙. 색칠된 두 부분의 넓이는 같다. 행성은 위치 3에서 4까지 도는 데 걸리는 시간과 동일한 시간에 위치 1에서 2까지 움직인다. 행성은 태양에 가장 가까울 때 가장 빨리 움직인다.

케플러 제3법칙은 다음과 같이 다시 쓸 수 있다.

$$\frac{s_1^3}{T_1^2} = \frac{s_2^3}{T_2^2}$$

이는 s^3/T^2가 모든 행성에 대해 똑같음을 의미한다. 이에 대한 오늘날의 자료가 표 5.2에 나와 있다(마지막 항을 보라).

표 5.2 케플러 제3법칙을 적용한 행성 자료

행성	태양까지의 평균 거리, $s(10^6\ \mathrm{km})$	주기, T (지구 년)	s^3/T^2 $\left(10^{24}\,\frac{\mathrm{km}^3}{\mathrm{yr}^2}\right)$
수성	57.9	0.241	3.34
금성	108.2	0.615	3.35
지구	149.6	1.000	3.35
화성	227.9	1.88	3.35
목성	778.3	11.86	3.35
토성	1427	29.5	3.34
천왕성	2870	84.0	3.35
해왕성	4497	165	3.34
(명왕성)†	5900	248	3.34

†명왕성은 1930년에 발견된 이래 아홉 번째 행성으로 간주됐다. 그러나 질량이 작고 근래에 해왕성 바깥에 비슷한 질량을 가진 다른 천체들이 발견됨에 따라 명왕성을 비롯하여 이들 작은 천체는 '왜소 행성'이라 부르게 됐다. 표에 명왕성을 넣은 것은 매우 먼 거리에 떨어져 있으면서도 여전히 케플러의 제3법칙에 부합한다는 것을 보여 주기 위해서이다.

실제 궤도가 일반적으로 원형이 아니지만 예제와 문제에서는 보통 원 궤도로 가정하도록 한다.

예제 5.12 **화성까지의 거리**

케플러는 화성의 주기(화성 년)가 약 687일(지구 일), 즉 (687일/365일) = 1.88년(지구 년)임을 알았다. 지구를 기준으로 사용하여 태양으로부터 화성의 평균 거리를 구하라.

접근 화성과 지구의 주기의 비가 주어져 있다. 태양으로부터의 화성의 거리를 지구−태양 거리가 $s_{\mathrm{ES}} = 1.50 \times 10^{11}$ m (표 5.2, 또는 부록 F)임을 써서 케플러 제3법칙을 이용하여 구한다.

풀이 태양으로부터 화성의 거리를 s_{MS}, 지구−태양 거리는 $s_{\mathrm{ES}} = 1.50 \times 10^{11}$ m라 하자. 케플러 제3법칙으로부터

$$\frac{s_{\mathrm{MS}}}{s_{\mathrm{ES}}} = \left(\frac{T_{\mathrm{M}}}{T_{\mathrm{E}}}\right)^{\frac{2}{3}} = \left(\frac{1.88\ \mathrm{yr}}{1\ \mathrm{yr}}\right)^{\frac{2}{3}} = 1.52$$

다시 말해 화성은 태양으로부터 지구의 거리의 1.52배, 즉 2.28×10^{11} m만큼 떨어져 있다.

케플러 제3법칙의 유도, 태양의 질량, 미동

케플러 제3법칙을 원 궤도의 특별한 경우에 대해 구해보자. 이 경우 평균 거리 s는 원의 반지름 r가 된다. (대부분의 행성 궤도는 원에 가깝다.) 먼저 뉴턴 운동 제2법칙 $\Sigma F = ma$를 적용한다. F에 태양과 질량 m_1인 행성 사이의 만유인력 법칙(식 5.4)을 대입하고 구심 가속도 a에는 v^2/r을 대입한다. 태양의 질량 m_{S}는 행성의 질량보다 훨씬 더 크다고 가정하면 행성들 간의 영향은 무시할 수 있다. 그러면

$$\Sigma F = ma$$
$$G\frac{m_1 M_{\mathrm{S}}}{r_1^2} = m_1\frac{v_1^2}{r_1}$$

이다. 여기서 m_1은 행성의 질량, r_1은 태양으로부터의 거리, v_1은 공전 속력이고 M_{S}는 태양의 질량인데, 이는 행성들이 궤도를 따라 돌도록 해주는 것이 태양의 중력이기 때문이다. 행성의 주기는 원둘레 길이 $2\pi r_1$로 주어지는 궤도를 한 바퀴 도는 데 걸리는 시간이다. 따라서

$$v_1 = \frac{2\pi r_1}{T_1}$$

이다. v_1에 대한 이 식을 앞의 식에 대입하면

$$G\frac{m_1 M_{\mathrm{S}}}{r_1^2} = m_1\frac{4\pi^2 r_1}{T_1^2}$$

이 된다. 이를 정리하면

$$\frac{T_1^2}{r_1^3} = \frac{4\pi^2}{GM_{\mathrm{S}}} \tag{5.7a}$$

가 된다. 이는 행성 1(예를 들어 화성)에 대해 구했다. 태양 주위를 도는 다른 행성(예를 들어 토성)에 대해 같은 계산을 하면

$$\frac{T_2^2}{r_2^3} = \frac{4\pi^2}{GM_S}$$

을 얻을 수 있다. 여기서 T_2와 r_2는 두 번째 행성의 주기와 궤도 반지름이다. 앞의 두 식의 우변이 동일하므로 $T_1^2/r_1^3 = T_2^2/r_2^3$이고, 이를 다시 정리하면

$$\left(\frac{T_1}{T_2}\right)^2 = \left(\frac{r_1}{r_2}\right)^3 \qquad \textbf{(5.7b)}$$

케플러 제3법칙

인데, 이것이 케플러 제3법칙이다. 식 5.7a와 5.7b는 r를 긴반지름 s로 치환하면 타원 궤도에서도 유효하다.

예제 5.13 태양의 질량 측정

태양으로부터 지구까지의 거리가 $r_{ES} = 1.5 \times 10^{11}$ m일 때 태양의 질량을 구하라.

물리학의 응용
태양의 질량 측정

접근 식 5.7a는 태양의 질량 M_S와 행성의 주기, 거리의 관계를 보여 준다. 지구에 대해 적용한다.

풀이 지구의 주기는 $T_E = 1\text{ yr} = \left(365\tfrac{1}{4}\text{ d}\right)(24\text{ h/d})(3600\text{ s/h}) = 3.16 \times 10^7\text{ s}$이다. 식 5.7a를 M_S에 대해 풀면 다음을 얻는다.

$$M_S = \frac{4\pi^2 r_{ES}^3}{GT_E^2} = \frac{4\pi^2\left(1.5 \times 10^{11}\text{ m}\right)^3}{\left(6.67 \times 10^{-11}\text{ N}\cdot\text{m}^2/\text{kg}^2\right)\left(3.16 \times 10^7\text{ s}\right)^2} = 2.0 \times 10^{30}\text{ kg}$$

행성의 궤도에 대해 정확한 측정을 해보면 이들이 케플러 법칙을 정밀하게 따르지는 않는다는 것을 알 수 있다. 예를 들면 완벽한 타원 궤도에서 살짝 벗어나는 것으로 관측된다. 뉴턴은 행성이 태양뿐만 아니라 (훨씬 작지만) 다른 행성들의 중력에 의해 잡아당겨질 것이기 때문에 이런 현상이 발생할 것이라고 알고 있었다. 토성 궤도에서의 이와 같은 편차, 즉 **미동**(perturbations)이 뉴턴으로 하여금 모든 물체는 서로 중력에 의해 서로 잡아당긴다는 만유인력 법칙을 수립할 수 있도록 도움을 준 한 힌트였다. 다른 미동 현상에 대한 관측 결과는 후에 해왕성의 발견으로 이어졌다. 천왕성 궤도의 편차는 알려진 다른 행성에 의한 미동으로는 모두 다 설명할 수 없었다. 19세기에 세밀한 계산을 해본 결과 태양계의 더 바깥에 또 다른 행성이 존재한다면 이 편차가 설명될 수 있음을 알아냈다. 이 행성의 위치가 천왕성 궤도의 편차를 이용하여 예견됐고 그 영역 하늘에 초점을 맞춘 망원경들에 의해 곧 발견됐다. 이 새로운 행성을 해왕성이라 불렀다. 해왕성 궤도의 (훨씬 작기는 하지만) 유사한 미동이 1930년에 명왕성의 발견으로 이어졌다.

물리학의 응용
미동과 행성의 발견

다른 중심에 대한 케플러 법칙

케플러 제3법칙 식 5.7b는 태양을 도는 두 행성을 비교함으로써 유도됐다. 그러나 이

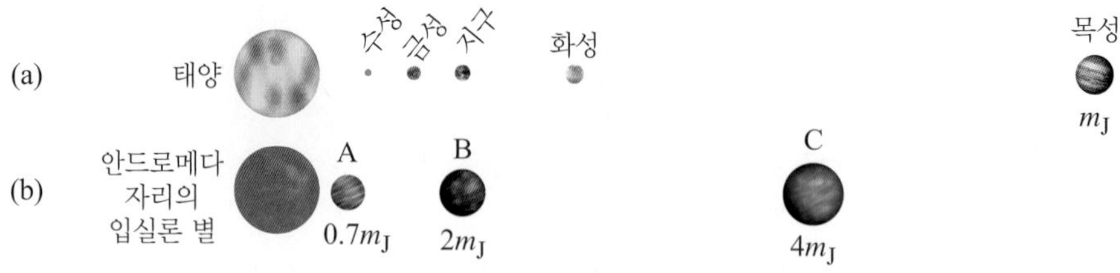

그림 5.29 태양계(a)와 근래에 발견된 안드로메다자리의 입실론 별(최소 3개의 행성을 거느림)을 돌고 있는 행성들(b)을 비교했다. m_J는 목성의 질량이다. (크기는 실제 비율과 맞지 않음)

식의 유도는 아주 일반적인 것이어서 다른 계에 대해서도 적용할 수 있다. 예를 들면 같이 지구를 돌고 있는 인공위성과 달을 비교할 때도 적용할 수 있다(이 경우 M_S를 지구의 질량 M_E로 바꾼다). 또는 식 5.7b를 목성을 돌고 있는 두 달을 비교할 때 적용할 수도 있다. 그렇지만 케플러 제3법칙 식 5.7b는 같은 인력 중심을 도는 물체들에만 적용된다. 예를 들어 지구를 도는 달과 태양을 도는 화성을 비교하는 데 식 5.7b를 사용해서는 안 된다. 이들의 인력 중심은 서로 다르다.

주의
같은 중심 주위를 도는 행성들의 궤도만 비교

외계 행성계

물리학의 응용
다른 별 주위를 도는 행성

1990년대 중반부터 먼 거리에 있는 별들을 도는 행성의 존재(그림 5.29)가 이들 별 위치의 규칙적인 '흔들림' 현상이 주위를 도는 행성의 중력으로 인한 것으로 추정되면서 알려지기 시작했다. 이와 같은 '외계' 행성들은 이제 많이 알려져 있다.

뉴턴의 통합

케플러는 실험 자료를 세밀히 분석함으로써 그의 법칙들을 찾아냈다. 50년 후 뉴턴은 케플러 법칙이 만유인력 법칙과 운동 법칙으로부터 수학적으로 유도됨을 보였다. 또한 뉴턴은 중력 법칙에 있어서 가능한 여러 형태 중에서 거리의 제곱에 반비례하는 것만이 케플러 법칙과 완전히 부합한다는 것을 보였다. 이와 같이 뉴턴은 만유인력 법칙 식 5.4을 증명하는 데 케플러 법칙을 이용했다.

뉴턴이 만유 인력 법칙과 세 가지 운동 법칙을 수립한 것은 중대한 지적 성취였다. 이들 법칙을 사용하여 뉴턴은 지구 상 물체의 운동과 밤하늘에 보이는 머나먼 행성의 움직임을 설명할 수 있었다. 하늘에 있는 행성의 움직임과 지구 상 물체의 움직임이 동일한 법칙을 따른다는 것(전에는 알아차리지 못했던)을 보인 것이다. 이런 이유로 또 뉴턴이 앞선 과학자들의 결과를 본인의 이론 체계 속으로 한데 묶었기 때문에 종종 **뉴턴의 통합**(Newton's synthesis)이란 말을 쓴다.

뉴턴이 수립한 법칙들은 **인과 법칙**(causal laws)이라 칭한다. **인과성**(causality)이란 한 사건이 생기면 그 결과로 다른 사건이 발생한다는 뜻이다. 유리창이 돌에 맞았을 때 유리창이 깨진 **원인**은 돌 때문이라 추정한다. 이런 '원인과 결과'라는 개념이 뉴턴의 법칙에 들어 있다. 즉 물체의 가속은 그에 작용한 알짜힘이 **원인**으로 작용했다고 보는 것이다.

뉴턴 이론의 결과로 많은 이들이 우주가 부속물들이 **정해진**(deterministic) 대로 움직이는 기계와 같은 것으로 생각하게 됐다. 이런 결정론적 우주관은 20세기에 들어 수정됐다(제28장 참조).

태양/지구 기준계

지구 중심이냐 태양 중심이냐의 논란(124쪽)은 오늘날에는 기준계의 문제로 볼 수 있다. 지구 기준계에서 보면 태양과 달은 우리 주위를 각각 24시간(= 1일의 정의)과 거의 25시간 만에 대략 원형인 궤도를 돌고 있다. 그러나 지구에서 본 행성들의 궤도는 매우 복잡하다.

태양 기준계에서 보면 지구는 원에 매우 가까운 타원형 궤도를 한 바퀴 도는 데 365.256일(= 1년의 정의)이 걸린다. 태양 기준계의 장점은 다른 행성들도 간단한 타원궤도를 갖고 있다는 점이다. (실제로는 각 행성들이 중력으로 서로 잡아당겨서 작은 미동을 일으킨다.) 태양의 엄청나게 큰 질량(> 지구의 10^5배)으로 인해 태양 기준계가 사용하기 더 쉽다.

태양 자체는 (그에 따라 지구도) 우리 은하(그림 31.2 참조) 중심의 주위를 돌고 있으며, 우리 은하 자체는 다른 은하에 대해 움직이고 있다. 사실상 선호되거나 중심이 될 수 있는 기준계는 존재하지 않는다.

5.9 매일 한 시간씩 늦게 뜨는 달

지구 기준계에서 보면 달은 평균 24시간 50분에 한 번 도는데, 이는 매일 거의 한 시간 늦게 달이 뜨고 대략 한 시간 늦게 하늘의 가장 높은 위치에 다다른다는 것을 의미한다. 달이 태양에 대해 지구의 정확히 반대편에 있을 때 태양 빛은 달을 완전히 비추게 되고 이를 **보름달**(Full moon)이라 한다(그림 5.30a). 달이 지구에 대해 태양과 같은 편에 있고 이들과 거의 정렬해 있을 때 달은 얇은 조각처럼 보인다[대부분 또는 전체가 그늘짐 = **초승달**(New moon)]. 달의 상(초승달, 상현달, 보름달, 하현달)은 지구를 기준계로 볼 때 보름달에서 그다음 보름달까지 평균 29.53일[= **삭망 주기**(synodic period)] 걸려 바뀐다(그림 5.30e). 태양 기준계에서는 달이 지구 주위를 27.32일[= **항성 주기**(sidereal period), 그림 5.30d]에 한 바퀴 돈다. 이 작은 차이가 나는 것은 달이 지구 주위를 한 바퀴 도는 동안 지구 자체도 태양 주위 궤도를 따라 돌고 있기 때문이다. 그래서 달은 태양, 지구와 완전히 정렬되어 보름달이 되는 데 시간(≈ 2일)이 더 필요하다(그림 5.30e). 그림 5.30a, b, e의 빨간 점은 지구 상

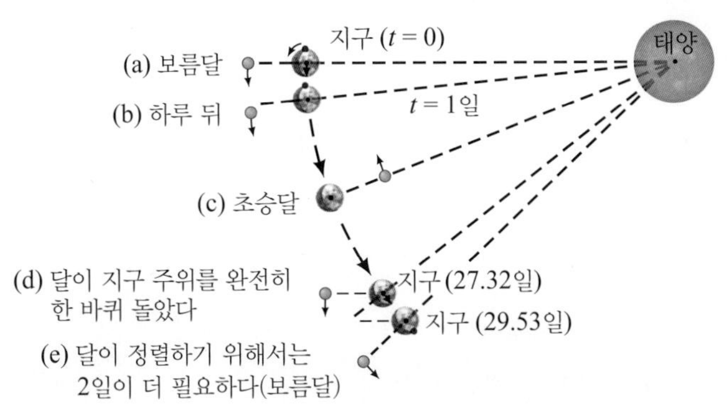

그림 5.30 북극 상공에서 태양 주위의 지구 궤도면을 내려다 본 그림으로 지구 주위를 한 바퀴 도는 달을 보여 주고 있다. (a) 보름달일 때(빨간 점은 6시경 보름달이 막 떠오르는 것을 보고 있는 관측자이다) (b) 정확히 하루 뒤(빨간 점이 달이 뜨는 것을 보려면 지구는 50분을 더 돌아야 한다) (c) '반 바퀴' 돈 후 달은 태양 쪽에서 태양과 정렬되어 있으므로 초승달이다. (d) 달이 지구 주위를 완전히 한 바퀴 돈 후(항성 주기). (e) 다음 보름달일 때(삭망 주기). (a)와 (e)일 때 **월식**(지구의 그림자가 달에 지는 것)이 생길 수 있으나 달의 공전 궤도면이 지구의 공전 궤도면과 기울어져 있어서 달은 대개 지구 공전 궤도면의 위나 아래에 있게 되므로 월식은 드물게 일어난다. (c)일 때 **일식**이 생길 수 있으나 역시 드물게 일어난다.

같은 위치의 관측자를 표시하는데, (a)에서는 보름달이 뜨기 시작하고 해는 막 지는 순간이다.

5.10 자연에 존재하는 힘의 종류

지금까지 알아본 바와 같이 뉴턴의 만유인력 법칙인 식 5.4는 특별한 힘(중력)이 물체들의 질량과 그들 사이의 거리에 어떤 식으로 관련되어 있는가를 기술하고 있다. 반면에 뉴턴 제2법칙 $\Sigma\vec{\mathbf{F}} = m\vec{\mathbf{a}}$는 **어떤 형태의 힘이든** 그로 인해 물체가 어떻게 가속되는지를 보여 준다. 그러면 중력 외에 자연에 존재하는 힘은 어떤 종류가 있는가?

20세기에 들어 물리학자들은 자연에 네 종류의 기본 힘이 존재한다는 것을 알게 됐다. 이들은 (1) 중력, (2) 전자기력(뒤에 전기력과 자기력은 밀접한 관련이 있음을 알게 된다), (3) 강한 핵력(원자핵 내에 양성자와 중성자를 묶어 주는 힘), (4) 약한 핵력(방사능에 관련된 힘)이다. 이 장에서는 중력에 대해 자세히 알아봤다. 전자기력의 성격에 대해서는 16~22장에서 다루게 된다. 29~30장에서 다루는 강한 핵력과 약한 핵력은 원자핵 수준에서 작용하는 것으로 일상생활에서는 훨씬 더 알아차리기 어렵다.

물리학자들은 이들 네 힘을 통일해서 기술하는 이론을 연구해 오고 있다. 즉 이들 힘의 일부 또는 모두를 한 가지 동일한 기본 힘의 서로 다른 발현으로 생각하는 이론이다. 지금까지는 전자기력과 약한 핵력이 이론적으로 합쳐져서 전기 · 약작용 이론이 됐는데, 여기서 전자기력과 약한 핵력은 단일 전기 · 약작용력의 두 양상으로 본다. **대통합 이론**(GUT) 같이 힘들을 더 통합하기 위한 시도는 오늘날 활발한 연구주제이다.

그런데 일상적인 힘들은 어디에 속하는가? 중력 외에 밀고 당기는 힘과 (수직 항력과 마찰력처럼) 접촉하여 작용하는 여타의 힘 같은 보통의 힘은 원자 수준에서 작용하는 전자기력으로 생각한다. 예를 들어 연필을 쥐고 있는 손이 가하는 힘은 손가락 원자의 바깥에 있는 전자와 연필 원자의 전자 사이의 전기적인 척력의 결과이다.

종합 문제

객관식

1. 빠른 속력으로 급하게 우회전을 하면 자동차의 문 쪽으로 몸이 밀리는 것을 알 수 있다. 무슨 일이 일어나고 있는가?
(a) 원심력이 문 쪽으로 탑승자를 밀어붙이고 있다.
(b) 문이 탑승자에게 오른쪽으로 향하는 힘을 가하고 있다.
(c) 위 보기 모두
(d) 정답 없음

2. 등속 원운동에서 다음 중 어느 것이 원의 중심을 향하는가?
(a) 가속도
(b) 속도, 가속도, 알짜힘
(c) 속도, 가속도
(d) 속도, 알짜힘
(e) 가속도, 알짜힘

3. 책상 위에 (수평으로) 평평하게 놓여 있는 원형 튜브 속으로 탁구공이 발사됐다. 탁구공이 튜브 밖으로 나올 때 그림 5.31의 어느 궤적을 따르는가?

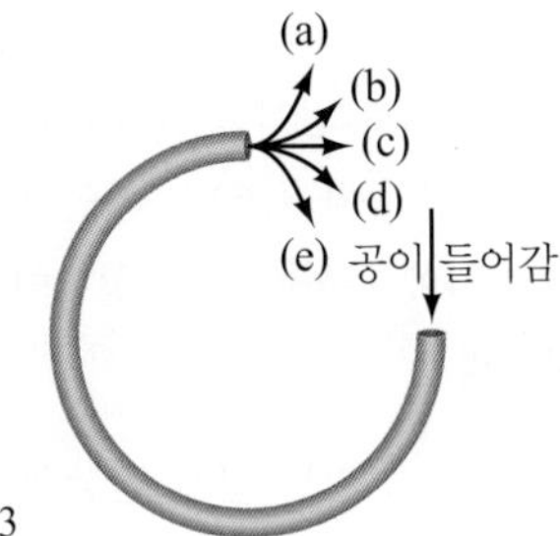

그림 5.31 객관식 3

4. 어린이가 공을 수직의 원으로 돌리고 있다. 공의 속력이 일정하다고(근사적으로) 가정할 때 공에 연결된 끈의 장력이 언제 가장 큰가?

(a) 원의 맨 위
(b) 원의 맨 아래
(c) 원의 맨 아래를 약간 지나 공이 올라갈 때
(d) 원의 맨 아래로 내려오기 약간 전에 공이 빠르게 내려올 때
(e) 끈은 모든 위치에서 동일한 장력을 갖는다.

5. 회전하는 연직 원통에서, 타고 있는 여성은 자신의 등이 회전하는 벽을 밀고 있는 것을 느낀다. 그림 5.32에서 이 여성에 대한 올바른 자유 물체 도형은 어느 것인가?

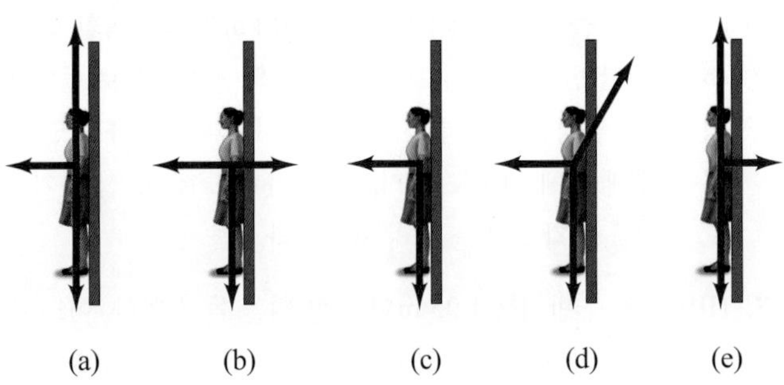

그림 5.32 객관식 5

6. 달은 지구에 떨어지지 않는다. 왜냐하면

(a) 작용하는 알짜힘이 영이기 때문에
(b) 지구의 중력이 잡아당기는 영역 밖이기 때문에
(c) 지구뿐만 아니라 태양에 의해서도 잡아당겨지기 때문에
(d) 자유 낙하하고 있지만 접선 속도가 크기 때문에

7. 지구를 도는 국제 우주 정거장의 우주인은 겉보기 무중력 상태에 있다. 왜냐하면

(a) 정거장이 지구의 중심으로부터 매우 멀리 떨어져 있기 때문에
(b) 정거장이 지구 중력에 대응하는 원심력에 의해 궤도에 머물러 있기 때문에
(c) 우주인과 정거장이 지구 중심 쪽으로 자유 낙하하고 있기 때문에
(d) 우주에는 중력이 없기 때문에
(e) 정거장의 빠른 속도가 지구 중력을 상쇄하기 때문에

8. 두 인공위성이 지구 주위를 같은 반지름의 원 궤도를 돌고 있다. 한 위성이 다른 위성보다 두 배 무겁다. 이들 위성의 속력에 대한 올바른 내용은 어느 것인가?

(a) 무거운 위성은 가벼운 것보다 두 배 더 빠르게 이동한다.
(b) 두 위성은 같은 속력을 갖는다.
(c) 가벼운 위성은 무거운 것보다 두 배 더 빠르게 이동한다.
(d) 이들 속력의 비는 궤도 반지름에 의존한다.

9. 지구 주위 궤도를 도는 우주 왕복선의 기계손에 화물이 실려 있다. 갑자기 기계손이 고장 나서 화물을 놓쳤다. 화물은 어떻게 되는가?

(a) 똑바로 떨어져 지구와 충돌할 것이다.
(b) 곡선 궤적을 따라서 결국에는 지구와 충돌할 것이다.
(c) 우주 왕복선과 같은 궤도에 남아 있을 것이다.
(d) 먼 우주 속으로 흘러갈 것이다.

10. 동전 하나가 그림 5.33에서와 같이 시계 방향으로 회전하고 있는 회전판 위에 놓여 있다. 회전판의 동력을 끊어 회전을 서서히 멈추게 하면, 다음 중 어느 화살표가 점 P에서 동전의 가속도를 가장 잘 나타내고 있는가?

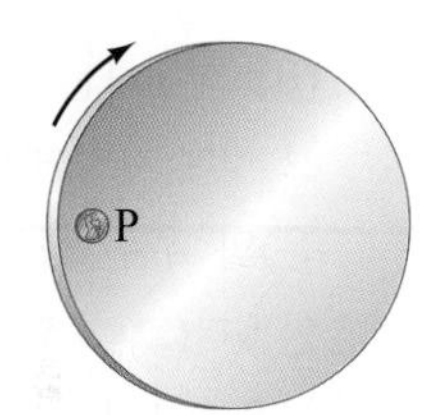

그림 5.33 객관식 10

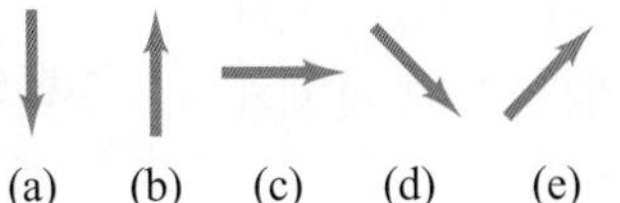

주관식

5.1~5.3 등속 원운동

1. (I) 회전목마의 중심으로부터 1.20 m 위치에 앉아 있는 어린이가 1.10 m/s의 속력으로 돌고 있다. (a) 어린이의 구심 가속도와 (b) 어린이(질량 = 22.5 kg)에게 가해지는 알짜 수평 힘을 구하라.

2. (I) 1890 km/h의 속력으로 날고 있던 제트 비행기가 기수를 돌려 반지름이 5.20 km인 원 궤적을 그리며 비행한다. 이 비행기의 가속도를 g로 나타내라.

3. (I) 반지름이 0.90 m인 수평 원을 일정하게 돌고 있는 2.0 kg의 공에 310 N의 수평 힘이 가해지고 있다. 공의 속력을 구하라.

4. (II) 도자기를 빚을 때 사용하는 회전하는 물레의 지름이 35 cm이고 45 rpm으로 회전할 때, 물레의 가장자리에 있는 작은 점토 입자의 가속도 크기는 얼마인가?

5. (II) 원심 분리기에서 회전축으로부터 7.00 cm 떨어져 있는 입자에 125,000g의 가속도를 주려면 분당 몇 회의 회전 속도로 돌려야 하는가?

6. (II) 자동차가 계곡 아래로 똑바로 내려가서 곡률 반지름이 115 m인 바닥을 지나 반대편으로 올라간다. 바닥 맨 아래를 지날 때 운전자에게 가해진 수직 항력이 몸무게의 두 배였다. 이때 자동차 속력은 얼마인가?

7. (II) 1200 kg의 자동차가 회전 반지름이 90.0 m인 평평한 도로를 돌아갈 때 타이어와 도로의 마찰 계수가 0.65라면 차가 낼 수 있는 최대 속력은 얼마인가? 이 값은 차의 질량과 무관한가?

8. (II) 지름이 25 m인 대관람차의 가장 꼭대기에서 탑승객이 '무중력' 상태에 있으려면 분당 회전수가 얼마여야 하는가?

9. (II) 회전하는 거대한 원형 튜브 형태(자전거 타이어 튜브 같은)의 우주 정거장 건설이 제안됐다(그림 5.34). 튜브의 지름은 1.1 km이다. 지구 상에서의 중력과 거의 같은(예컨대 0.90g) 정도의 효과를 얻으려면 회전 속력은 하루에 몇 회가 되어야 하는가?

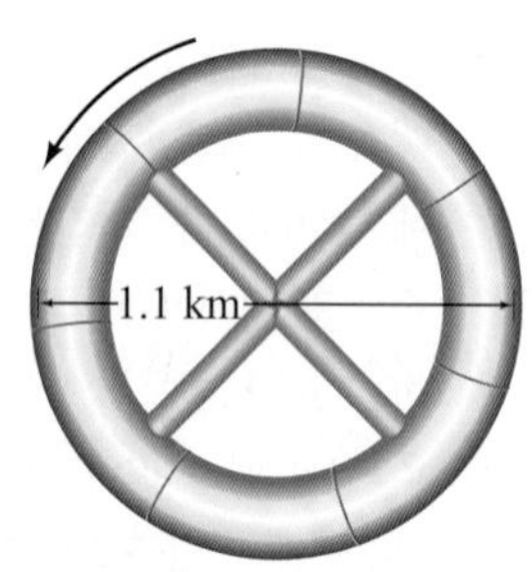

그림 5.34 주관식 9

10. (II) 동전이 변속 턴테이블의 회전축에서 13.0 cm 떨어진 곳에 놓여 있다. 턴테이블의 회전 속도를 서서히 올려 38.0 rpm(분당 회전수)일 때 동전이 미끄러져 나갔다. 동전과 턴테이블 사이의 정지 마찰 계수는 얼마인가?

11. (II) 타잔이 넝쿨에 매달려 계곡을 건너뛰려 한다(그림 5.35). 넝쿨을 잡고 있는 팔이 1150 N의 힘을 버틸 수 있다면 뛰어넘는 도중 가장 아래 위치에서 견딜 수 있는 최대 속력은 얼마인가? 그의 질량은 78 kg이고 넝쿨의 길이는 4.7 m이다.

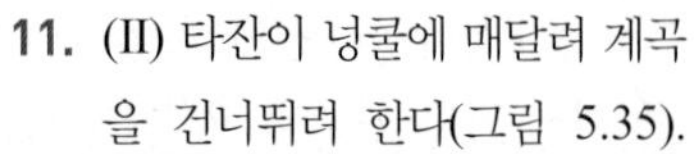

그림 5.35 주관식 11

12. (II) 975 kg인 스포츠카가 둥근 언덕(반지름 = 88.0 m) 위를 18.0 m/s로 넘어간다. (a) 도로가 자동차에 가하는 수직 항력, (b) 자동차가 62.0 kg인 운전자에 가하는 수직 항력, (c) 운전자에 가하는 수직 항력이 영이 될 때의 자동차 속력을 구하라.

13. (II) 고속도로 커브 길에 권장 속력이 표시되어 있다. 기울어지지 않은 커브 길에서 도로가 젖어 있을 때의 안전한 속력이 50 km/h가 되려면 도로의 곡률 반지름이 얼마여야 하는가? 표 4.2(마찰 계수)를 참고한다.

14. (III) 반지름이 95 m인 커브 길이 65 km/h로 달리는 자동차에 맞추어 기울어지게 설계되어 있다. 95 km/h의 차가 미끄러지지 않고 커브를 돌려면 정지 마찰 계수가 얼마여야 하는가?

5.4 비등속 원운동

15. (I) 예제 5.7에서 자동차의 속력이 15 m/s일 때, 지면이 자동차에 가하는 알짜힘의 접선 성분과 구심 성분을 구하라. 자동차의 질량은 950 kg이다.

16. (II) 자동차가 커브 길을 돌아가고 있다. (a) 일정한 반지름의 커브를 돌아가며 55 km/h에서 70 km/h로 가속할 경우, (b) 일정한 반지름의 커브를 65 km/h의 등속력으로 돌아갈 경우, (c) 일정한 반지름의 커브를 돌아가며 속력을 줄일 경우에 대해 전체 가속도 벡터, 지름 가속도 벡터, 접선 가속도 벡터를 각각 그림을 그려 표시하라.

17. (III) 입자가 반지름 1.95 m의 수평 원을 돌고 있다. 어느 순간에 운동 방향에 대해 25.0°를 이루는 방향으로 1.05 m/s^{2}의 가속을 한다. 접선 가속도가 일정하다고 가정할 때 (a) 이 순간과 (b) 2.00 s 후에 입자의 속력을 구하라.

5.5, 5.6 만유인력 법칙

18. (I) 지표면으로부터 지구 반지름의 2.00배 상공의 질량이 1850 kg인 우주선에 작용하는 지구 중력을 구하라.

19. (I) 어떤 행성의 표면에서, 중력 가속도 g의 크기가 12.0 m/s^{2}이다. 24.0 kg인 놋쇠 공을 이 행성으로 옮긴다. (a) 지구와 이 행성에서 이 놋쇠 공의 질량과 (b) 지구와 이 행성에서 놋쇠 공의 무게는 얼마인가?

20. (II) 지구에서 달로 직선으로 날아가는 우주선이 있다. 지구와 달에 의한 인력이 크기는 같고 방향이 반대로 작용하여 우주선에 미치는 알짜힘이 영이 되는 위치는 지구로부터 얼마만큼 떨어진 거리일 때인가?

21. (II) 두 물체가 0.25 m 떨어져 있을 때 2.5×10^{-10} N의 중력으로 서로 당기고 있다. 이들의 전체 질량이 4.00 kg일 때 각각의 질량을 구하라.

22. (II) 어떤 가상의 행성의 반지름은 지구의 2.0배이지만 질량은 같다. 이 행성 표면 근처에서의 중력 가속도는 얼마인가?

23. (II) 달의 반지름이 1.74×10^6 m이고 질량이 7.35×10^{22} kg일 때 달의 중력으로 인한 가속도를 구하라.

24. (II) 화성 표면에서의 중력 가속도가 지표면에서의 중력 가속도의 0.38배이고 화성의 반지름이 3400 km라면 화성의 질량은 얼마인가?

25. (II) 질량이 지구 2.80배이고 반지름이 같은 가상의 행성 표면에서의 g는 얼마인가?

26. (II) (a) 지구 중심에서 6400 m 지점과 (b) 지표면 상공 6400 km 지점의 중력 가속도 g의 실효값을 구하라.

27. (II) 변의 길이가 0.80 m인 정사각형의 각 모서리에 7.5 kg의 공 네 개가 놓여 있다. 나머지 세 개의 공이 한 공에 미치는 중력의 크기와 방향을 구하라.

28. (II) 어느 중성자별의 반지름이 약 10 km이고 질량이 태양의 5배라면 그 표면에서의 중력은 어느 정도인가?

5.7 위성과 무중력

29. (I) 우주 왕복선이 지구 위 780 km 상공에서 인공위성을 내려 놓아 원운동을 하게 한다. 이 위성을 내려 놓을 때, 지구에 대한 우주 왕복선의 속력은 얼마여야 하는가?

30. (I) 지표면 상공 4800 km에서 안정된 원궤도를 돌고 있는 위성의 속력을 구하라.

31. (II) 원래 체중이 62 kg인 사람이 승강기 안의 저울에서 재었더니 77 kg으로 나왔다. 승강기의 가속도는 얼마이고 그 방향은 어느 쪽인가?

32. (II) 달 표면 95 km 상공을 돌고 있는 위성의 주기를 구하라. 지구의 영향은 무시하며 달의 반지름은 1740 km이다.

33. (II) 두 위성이 각각 지표면 상공 7500 km와 15,000 km의 궤도를 돌고 있다. 어느 위성이 얼마만큼 더 빠른가?

34. (II) 달의 중심으로부터 2500 km 떨어진 지점에 있는 우주선 안에 있는 체중 75 kg인 우주인의 겉보기 무게는 다음 각각의 경우 얼마인가? (a) 일정한 속도로 움직일 때, (b) 달 쪽으로 1.8 m/s^{2}의 가속을 하고 있을 때. 각 경우 '방향'을 밝히라.

35. (III) (a) 어느 행성의 표면 가까이에서 돌고 있는 위성의 주기가 T일 때 이 행성의 밀도(= 단위 부피당 질량)는 $\rho = m/V = 3\pi/GT^2$임을 보이라. (b) 지표면 근처를 돌고 있는 위성의 주기가 85 min인 것으로부터 지구의 밀도를 구하라. 지구를 균일한 구로 가정한다.

5.8 케플러 법칙

36. (I) 해왕성은 태양으로부터 평균 4.5×10^9 km 떨어져 있다. 지구가 태양으로부터 평균 1.50×10^8 km 떨어져 있다는 사실로부터 해왕성 1년의 길이를 구하라.

37. (I) 케플러 법칙과 달의 주기(27.4일)로부터 지표면 아주 가까운 궤도를 돌고 있는 인공위성의 주기를 구하라.

38. (II) 태양은 우리 은하($m_G \approx 4 \times 10^{41}$ kg) 중심으로부터 약 3×10^4광년[1광년 = $(3.00 \times 10^8$ m/s$) \cdot (3.16 \times 10^7$ s/yr$) \cdot (1.00$ yr$)$] 떨어져서 돌고 있다. 우리 은하 중심에 대한 태양의 궤도 운동 주기는 얼마인가?

39. (II) 행성 A와 B가 멀리 떨어진 어느 별 주위의 원 궤도를 따라 돌고 있다. 행성 A가 B보다 별로부터 7.0배 더 멀리 떨어져 있다면 이들의 속력 비 v_A/v_B는 얼마인가?

40. (III) **헤일–밥 혜성**은 궤도 주기가 2400년이다. (a) 이 혜성의 태양으로부터 평균 거리는 얼마인가? (b) 가장 가까울 때 이 혜성은 태양으로부터 약 1.0 AU(1 AU = 지구로부터 태양까지의 거리)의 거리에 다다른다. 가장 멀 때의 거리는 얼마인가? (c) 가장 가까울 때와 가장 멀 때의 속력의 비는 얼마인가?

연습 해답

A: (a)
B: (d)
C: (a)
D: 아니다.
E: g가 두 배가 된다.
F: (b)

투수가 공에 힘을 가해 빠른 속도를 갖도록 가속시키려 하고 있다. 투수는 머리 뒤로부터 시작하여 앞쪽으로 팔을 뻗어 공을 놓을 때까지 몇 미터 정도의 변위에 걸쳐 힘을 작용함으로써 공에 일을 한다. 이때 공에 한 전체 일은 공이 얻은 운동 에너지 ($\frac{1}{2}mv^2$)와 같게 되는데, 이를 일 · 에너지 원리라고 한다.

CHAPTER 6

일과 에너지

시작 질문 추정해 보라!

스키를 타는 사람이 정상에서 시작하여 어느 코스로 내려오는 것이 중력 퍼텐셜 에너지가 가장 많이 변하는가? **(a)**, **(b)**, **(c)**, **(d)**, 아니면 **(e)** 모두 똑같은가? 만일 슬로프가 미끄러워서 마찰이 없고 공기 저항이 없다고 가정할 때 어느 코스가 맨 아래에서 속력이 가장 빠른가? 어느 정도의 마찰은 항상 있으므로 이를 감안하여 위의 두 질문에 대해 답하라. 지금 네 가지 답을 작성하여 보라.

지금까지는 뉴턴의 세 가지 운동 법칙으로 물체의 병진 운동을 다루었다. 이들 운동에서 **힘**이 운동을 결정하는 중심적인 역할을 했다. 이번 장과 다음 장에서는 **에너지**와 **운동량**으로 물체의 병진 운동을 해석하는 방법에 대해 알아본다. 에너지와 운동량의 중요성은 이들이 **보존**된다는 것이다. 즉 매우 일반적인 상황에서 이들은 일정하게 유지된다. 보존되는 물리량이 있다는 것은 물질세계의 본성에 대해 좀 더 깊은 통찰이 가능하게 해줄 뿐만 아니라 실제 문제를 푸는 데 있어 또 다른 방법으로 접근할 수 있다.

에너지와 운동량의 보존 법칙은 관련된 힘들을 자세히 고려하기 어렵거나 불가능한 여러 물체로 이루어진 계를 다루는 데 특히 유용하다. 이 법칙들은 다양한 현상에 적용된다. 이들은 뉴턴 법칙으로 충분하지 않은 원자나 아원자 세계에도 적용된다.

이 장에서는 매우 중요한 **에너지**의 개념과 이와 밀접하게 연관된 **일**의 개념을 다룬다. 이 두 물리량은 스칼라양이고 따라서 방향을 갖고 있지 않은데, 그로 인해 흔히 가속도나 힘 등과 같은 벡터양에 비해 다루기가 더 쉽다.

6.1 일정한 힘이 하는 일

일이라는 단어는 일상적인 언어로는 다양한 의미를 갖고 있다. 그러나 물리학에서 일은 물체에 힘이 작용하여 물체가 어떤 거리를 이동할 때 이루어지는 것을 기술하는 아주 특정된 의미가 있는 용어이다. 지금은 일단 병진 운동만을 고려하며, 특별히 다른 설명이 없는 한 물체가 복잡한 내부 운동을 수반하지 않는 단단한 물체이고 입자로 취급할 수 있는 경우만 생각한다. 이 경우 일정한 힘(크기와 방향 둘 다 일정)이 물체에 한 **일**(work)은 **변위의 크기와 변위와 나란한 방향의 힘 성분을 곱한 양**으로 정의한다. 식으로 나타내면

$$W = F_{\|} d$$

로 쓸 수 있는데, 여기서 $F_{\|}$는 일정한 힘 $\vec{\mathbf{F}}$의 변위 $\vec{\mathbf{d}}$에 나란한 성분이다. 이는 또한

$$W = Fd\cos\theta \tag{6.1}$$

로 쓸 수 있는데, 여기서 F는 일정한 힘의 크기, d는 물체 변위의 크기, θ는 힘과 변위 방향 사이의 각도이다(그림 6.1). 식 6.1에 $\cos\theta$가 들어가는데, 이는 $F\cos\theta(=F_{\|})$가 $\vec{\mathbf{F}}$의 $\vec{\mathbf{d}}$와 나란한 방향 성분이기 때문이다. 일은 스칼라양(방향은 없고 크기만 있다)인데, 양의 값일 수도 있고 음의 값일 수도 있다.

운동 방향과 힘의 방향이 같은 경우, 즉 $\theta = 0$, $\cos\theta = 1$인 경우를 생각해 보자.

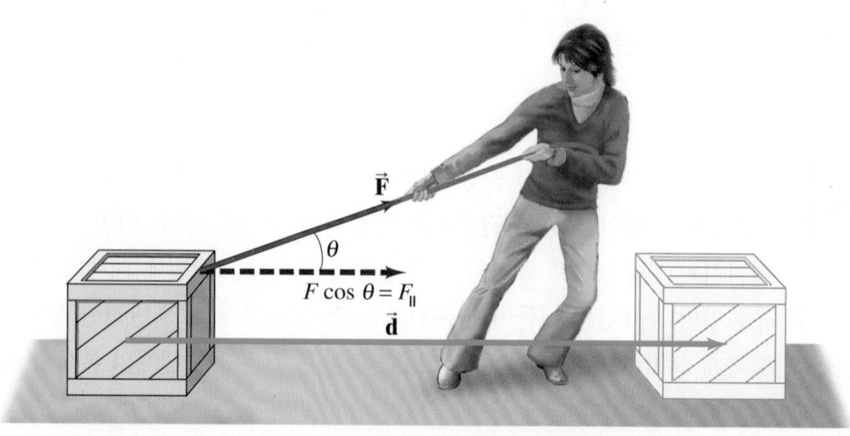

그림 6.1 큰 상자를 바닥 위에서 끌고 있다. 힘 $\vec{\mathbf{F}}$가 한 일은 $W = Fd\cos\theta$인데, 여기서 $\vec{\mathbf{d}}$는 변위이다.

이 경우 $W = Fd$이다. 예를 들어 장을 본 카트에 30 N의 힘을 수평으로 가해 50 m를 밀고 갔다고 하면, 카트에 30 N × 50 m = 1500 N · m의 일을 한 것이다.

이 예에서 보듯이 SI 단위로 일은 뉴턴 · 미터(N · m)로 주어진다. 이 단위를 별도로 **줄**(J)(1 J = 1 N · m)이라고 한다.

[cgs 단위계로 일의 단위는 **erg**인데 1 erg = 1 dyn · cm로 정의한다.]

힘이 물체에 가해져도 일을 하지 않을 수가 있다. 식료품을 담은 무거운 봉투를 손에 들고 움직이지 않으면 일을 하지 않는 것이다. 봉투에 힘을 가하고 있지만 봉투의 변위가 영이므로 봉투에 하는 일은 $W = 0$이다. 일을 하기 위해서는 힘과 변위가 둘 다 있어야 한다. 또한 그림 6.2에서처럼 등속도로 수평으로 걸어서 식료품 봉투를 옮기더라도 한 일은 없다. 등속도로 봉투를 옮기는 데에는 수평 힘이 필요하지 않다. 그림 6.2에서 보면 봉투의 무게와 같은 힘 $\vec{\mathbf{F}}_{\mathrm{P}}$를 위쪽으로 가하고 있다. 그러나 이 위로 향하는 힘은 봉투의 수평 변위와 수직이고, 따라서 일을 하지 않는 것이다. 이런 결론은 일의 정의, 식 6.1에서 $\theta = 90°$, $\cos 90° = 0$이므로 $W = 0$이 되는 것으로부터 알 수 있다. 그러므로 힘이 변위에 수직이면 그 힘이 하는 일은 없다. 걷기 시작하거나 설 때는 수평의 가속을 하는 것이고 짧은 시간 동안 수평의 힘을 가하는 것이므로 봉투에 일을 한다.

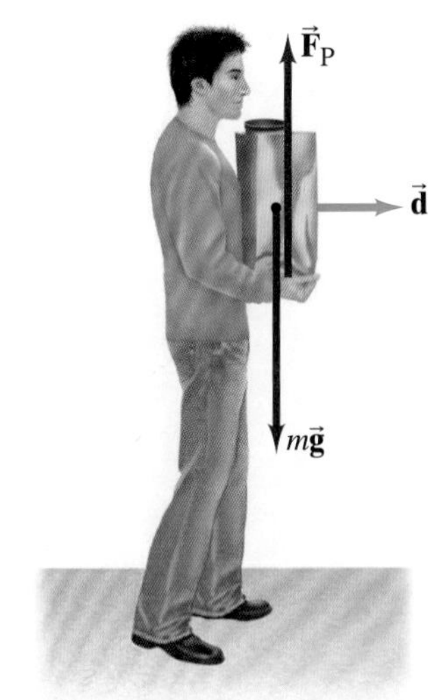

그림 6.2 $\vec{\mathbf{F}}_{\mathrm{P}}$와 변위 $\vec{\mathbf{d}}$가 서로 수직이므로 이 사람이 쇼핑백에 하는 일은 없다.

일을 다룰 때는 힘과 마찬가지로 **물체**가 한 일인지 아니면 **물체**에 한 일인지를 분명하게 해둘 필요가 있다. 또한 한 일이 특정한 한 힘(그렇다면 어느 힘)에 의한 것인지 아니면 물체에 작용한 **알짜힘**에 의한 전체 일(알짜일)인지를 확실하게 구분하는 것이 중요하다.

예제 6.1 큰 상자에 한 일

그림 6.3에서와 같이 50 kg의 큰 상자를 37°의 각도로 $F_{\mathrm{P}} = 100$ N의 일정한 힘을 가해 수평의 바닥 위를 따라 40 m 거리를 끌고 간다. 바닥은 거칠어서 $\vec{\mathbf{F}}_{\mathrm{fr}} = 50$ N의 마찰력을 준다. (a) 상자에 작용하는 각각의 힘이 한 일과 (b) 상자에 한 알짜일을 구하라.

접근 40 m의 변위를 나타내는 벡터를 $\vec{\mathbf{x}}$(즉 x축)로 표기하도록 좌표계를 잡는다. 그림 6.3의 자유 물체 도형에서와 같이 네 개의 힘이 상자에 작용한다. 즉 사람에 의한 힘 $\vec{\mathbf{F}}_{\mathrm{P}}$, 마찰력 $\vec{\mathbf{F}}_{\mathrm{fr}}$, 지구의 중력, $\vec{\mathbf{F}}_{\mathrm{G}} = m\vec{\mathbf{g}}$, 위로 향하는 바닥의 수직 항력 $\vec{\mathbf{F}}_{\mathrm{N}}$이다. 상자에 작용하는 알짜힘은 이들 네 힘의 벡터 합이다.

풀이 (a) 중력($\vec{\mathbf{F}}_{\mathrm{G}}$)과 수직 항력($\vec{\mathbf{F}}_{\mathrm{N}}$)이 한 일은 이들이 변위 $\vec{\mathbf{x}}$에 수직(식 6.1에서 $\theta = 90$)이기 때문에 영이다.

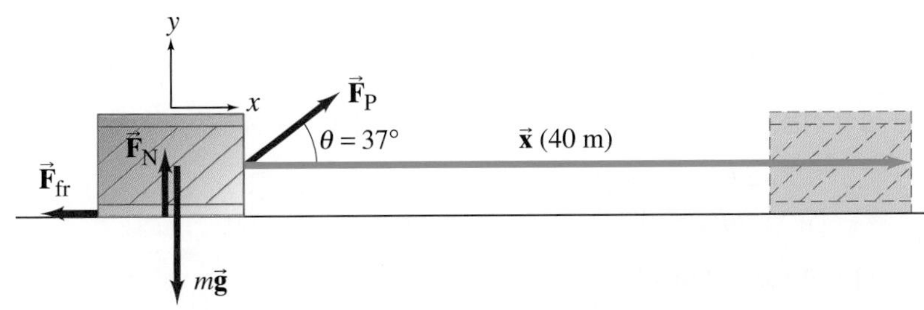

그림 6.3 예제 6.1. 50 kg의 큰 상자가 바닥 위에서 끌려가고 있다.

$$W_G = mgx\cos 90° = 0$$
$$W_N = F_N x\cos 90° = 0$$

$\vec{\mathbf{F}}_P$가 한 일은

$$W_P = F_P x\cos\theta = (100\,\text{N})(40\,\text{m})\cos 37° = 3200\,\text{J}$$

이다. 마찰력이 한 일은

$$W_{fr} = F_{fr} x\cos 180° = (50\,\text{N})(40\,\text{m})(-1) = -2000\,\text{J}$$

인데, 변위 $\vec{\mathbf{x}}$와 $\vec{\mathbf{F}}_{fr}$ 사이의 각도는 서로 반대 방향을 향하므로 180°이다. 마찰력은 운동의 반대 방향($\cos\theta = -1$)이므로 마찰이 상자에 한 일은 **음**의 값을 갖는다.

(b) 알짜일의 양은 두 가지 동등한 방법으로 구할 수 있다.

(1) 물체에 한 알짜일은 일이 스칼라양이므로 각각의 힘이 한 일의 대수합이다.

$$\begin{aligned} W_{net} &= W_G + W_N + W_P + W_{fr} \\ &= 0 + 0 + 3200\,\text{J} - 2000\,\text{J} = 1200\,\text{J} \end{aligned}$$

(2) 또한 알짜일은 물체에 작용하는 알짜힘을 먼저 구하고 이 알짜힘의 변위 방향 성분을 취해 구할 수 있는데, $(F_{net})_x = F_P\cos\theta - F_{fr}$이다. 이 경우 알짜일은

$$\begin{aligned} W_{net} &= (F_{net})_x x = (F_P\cos\theta - F_{fr})x \\ &= (100\,\text{N}\cos 37° - 50\,\text{N})(40\,\text{m}) = 1200\,\text{J} \end{aligned}$$

이며 연직(y) 방향은 변위가 없으므로 아무런 일도 행해지지 않는다.

주의

음의 일

예제 6.1에서 보면 마찰이 한 일은 음의 값이다. 일반적으로 힘(또는 힘의 성분 $F_{\parallel}$)의 방향이 운동 방향과 반대일 때 힘이 한 일이 음의 값이 된다.

연습 A 그림 6.1이나 6.3에서처럼 수평과 각도 θ를 이루는 힘 $\vec{\mathbf{F}}_P$로 바닥을 따라 거리 d만큼 상자를 끈다. 힘 $\vec{\mathbf{F}}_P$의 크기를 일정하게 하고 각도 θ를 증가시킨다면 $\vec{\mathbf{F}}_P$가 하는 일은 어떻게 되는가? (a) 동일 (b) 증가 (c) 감소 (d) 증가한 뒤 감소

예제 6.2 배낭에 한 일

(a) 그림 6.4a와 같이 15.0 kg의 배낭을 메고 높이 $h = 10.0$ m의 언덕 위로 올라가는 데 등산객이 한 일을 구하라. 또 (b) 중력이 배낭에 한 일과 (c) 배낭에 행해진 알짜일을 구하라. 단순화하기 위해 움직임이 서서히 등속도(즉 가속이 영)로 일어났다고 가정한다.

접근 다음과 같은 단계를 따라 문제를 해결한다.

풀이

1. **자유 물체 도형 그리기.** 배낭에 작용하는 힘들은 그림 6.4b와 같다. 즉 아래로 작용하는 중력 $m\vec{\mathbf{g}}$와 배낭을 지탱하기 위해 등산객이 위로 가하는 힘 $\vec{\mathbf{F}}_H$이다. 가속이 영이므로 배낭에 가해지는 수평 힘은 무시한다.
2. **좌표계 설정.** 배낭의 연직 운동에 관심이 있으므로 $+y$축을 위쪽 연직 방향으로 잡는다.
3. **뉴턴 법칙 적용.** 배낭에 연직 방향으로 뉴턴 제2법칙을 적용하면($a_y = 0$이므로)

$$\begin{aligned} \Sigma F_y &= ma_y \\ F_H - mg &= 0 \end{aligned}$$

이고, 따라서 다음과 같다.

$$F_H = mg = (15.0\,\mathrm{kg})(9.80\,\mathrm{m/s^2}) = 147\,\mathrm{N}$$

4. 각 힘이 한 일. (a) 등산객이 배낭에 한 일은 식 6.1을 사용하는데, 여기서 θ는 그림 6.4c에 표시한 것과 같다.

$$W_H = F_H(d\cos\theta)$$

그림 6.4a에서 보면 $d\cos\theta = h$임을 알 수 있다. 따라서 등산객이 한 일은 다음과 같다.

$$W_H = F_H(d\cos\theta) = F_H h = mgh = (147\,\mathrm{N})(10.0\,\mathrm{m}) = 1470\,\mathrm{J}$$

한 일은 고도의 변화에만 관계되고 언덕의 각도 θ는 상관이 없다. 등산객은 연직으로 높이 h만큼 배낭을 옮겨놓아도 동일한 일을 하게 되는 것이다.

(b) 중력이 배낭에 한 일은 (식 6.1과 그림 6.4c로부터)

$$W_G = mg\,d\cos(180^\circ - \theta)$$

이고, $\cos(180^\circ - \theta) = -\cos\theta$(부록 A.7)이므로 다음과 같이 된다.

$$\begin{aligned} W_G &= mg(-d\cos\theta) \\ &= -mgh \\ &= -(15.0\,\mathrm{kg})(9.80\,\mathrm{m/s^2})(10.0\,\mathrm{m}) = -1470\,\mathrm{J} \end{aligned}$$

유의 중력이 한 일(여기서는 음의 값)은 경사각과는 상관이 없고 언덕의 연직 높이 h에만 관계된다.

5. 알짜일. (c) 배낭에 행해진 **알짜일**은 배낭에 작용하는 알짜힘이 영이기 때문에 $W_{net} = 0$이다(거의 가속하지 않는다고 가정했다). 알짜일은 또한 각 힘이 한 일을 합하여 구할 수도 있다.

$$W_{net} = W_G + W_H = -1470\,\mathrm{J} + 1470\,\mathrm{J} = 0$$

유의 모든 힘들이 배낭에 한 알짜일은 영이지만 등산객은 1470 J의 일을 배낭에 **한다**.

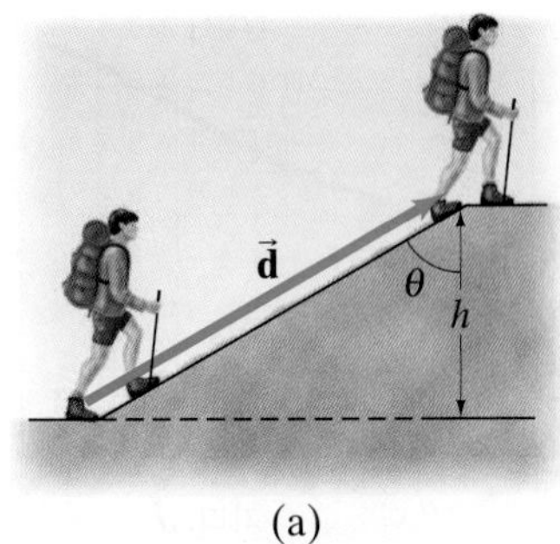

(a)

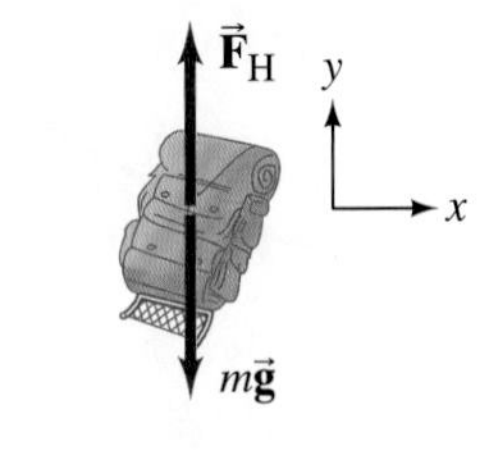

(b)

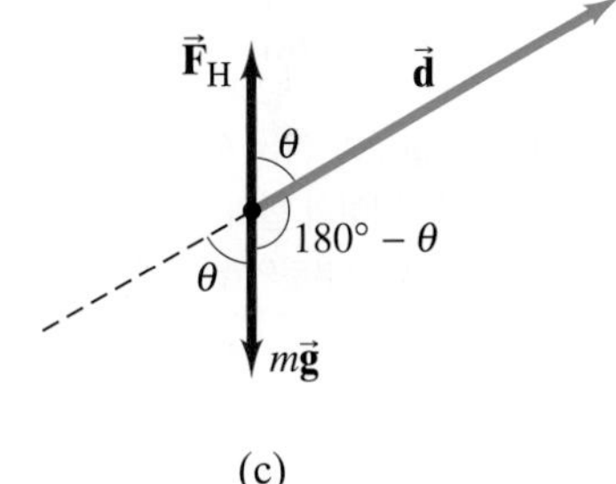

(c)

그림 6.4 예제 6.2

6.2 변하는 힘이 하는 일

물체에 작용하는 힘이 일정한 경우 힘이 한 일은 식 6.1을 사용하여 구할 수 있다. 그러나 많은 경우 일을 하는 과정 중에 힘의 크기와 방향이 변할 수 있다. 예를 들어 로켓이 지구로부터 멀어져 가려면 중력을 극복하기 위해 일을 해야 하는데, 중력은 지구 중심으로부터의 거리 제곱에 반비례한다. 다른 예로 용수철의 힘은 늘어난 정도에 비례하여 커지고, 고르지 못한 언덕을 따라 상자를 끌거나 카트를 밀어 올리는 (변하는) 힘이 하는 일 등이 있다.

변하는 힘이 하는 일은 그래프를 사용하여 구할 수 있다. 이를 구하려면 그림 6.5a와 같이 $F_{\parallel}(= F\cos\theta$, 각 점에서의 $\vec{\mathbf{F}}$의 운동 방향 성분)을 거리 d의 함수로 나타낸다. 거리를 작은 구간 Δd로 나누고 각 구간에서의 $F_{\parallel}$의 평균값을 수평 점선으로 표시한다. 그러면 각 구간에서 한 일은 $\Delta W = F_{\parallel}\,\Delta d$인데, 이는 폭이 Δd이고 높이가 $F_{\parallel}$인 직사각형의 넓이와 같다. 물체를 전체 거리 $d = d_B - d_A$만큼 옮기는 데 한 전체 일은 모든 직사각형(그림 6.5a의 경우 다섯 개) 넓이의 합과 같다. 보통 각 구간에

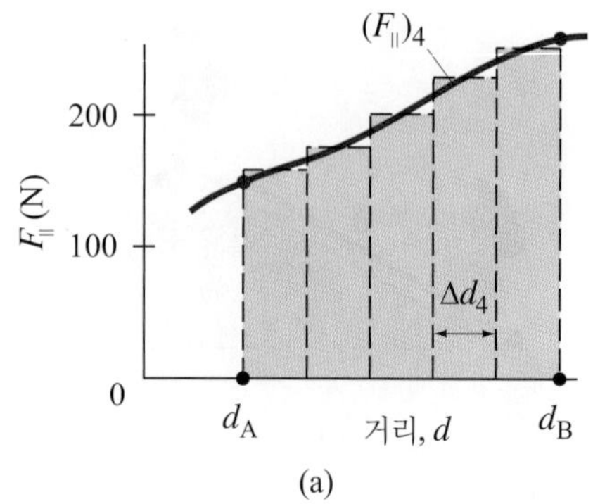

서의 $F_\parallel$의 평균값은 적절히 추정해야 하는데, 이렇게 함으로써 한 일의 전체 크기를 올바르게 추산할 수 있다.

거리를 더 많은 구간으로 나누면 Δd는 더 작아지고, 그에 따라 한 일에 대한 추산은 점점 더 정확하게 된다. Δd가 영에 가까워지는 극한에서 수많은 좁은 너비의 직사각형 넓이 전체 합은 그림 6.5b에서와 같이 곡선 아래의 넓이에 근접하게 된다. 즉 **변하는 힘으로 물체를 두 지점 사이에서 옮길 때 한 일의 크기는 두 지점 사이의 $F_\parallel$ − d 곡선 아랫부분 넓이와 같다.**

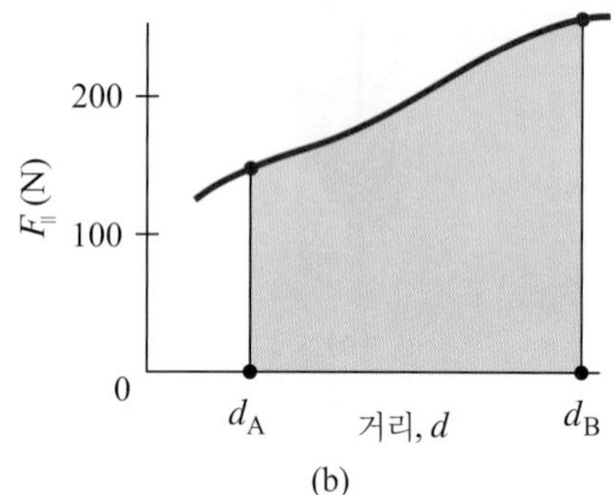

그림 6.5 힘 F가 하는 일은 (a) 근사적으로 직사각형 넓이의 합과 같고, (b) 정확히 $F_\parallel - d$ 곡선 아랫부분의 넓이와 같다.

6.3 운동 에너지와 일 · 에너지 원리

에너지는 과학에서 가장 중요한 개념 중의 하나이다. 하지만 단 몇 마디로 에너지에 대해 단순하고 일반적인 정의를 내릴 수는 없다. 그렇더라도 각각의 특정 에너지는 비교적 간단히 정의할 수 있다. 이 장에서는 병진 운동 에너지와 몇 종류의 퍼텐셜 에너지를 정의한다. 뒤의 장에서는 열과 전기와 관련된 다른 종류의 에너지를 다룬다. 에너지와 관련해 결정적으로 중요한 점은 모든 종류 에너지의 합, **전체 에너지**는 어떤 과정이든 그 전과 후에 항상 같다는 것이다. 즉 에너지는 보존되는 양이다.

이 장에서는 에너지를 '일을 할 수 있는 능력'으로 전통적인 정의를 내릴 수 있다. 이 간단한 정의를 늘 적용할 수 있는 것은 아니지만† 이 장에서 다루는 역학적 에너지에 대해서는 유효하다. 이제 기본적인 에너지 중의 하나인 운동 에너지를 정의하고 이에 대해 알아본다.

움직이는 물체는 다른 물체와 충돌하면서 일을 할 수 있다. 대포알은 벽돌 담장에 부딪치면서 일을 하여 담장을 무너뜨린다. 나무에 못을 박을 때 망치는 못에 일을 한다. 두 경우 모두 움직이는 물체가 다른 물체에 힘을 가해 그 물체의 위치를 변화시킨다. 이 경우 움직이는 물체는 일을 할 수 있는 능력을 갖고 있는 것이고 따라서 에너지를 갖고 있다고 한다. 이런 움직임의 에너지를 **운동 에너지**(kinetic energy, '움직임'을 의미하는 그리스어 *kinetikos*에서 유래)라 한다.

운동 에너지에 대한 정량적인 정의를 얻기 위해 처음 속력 v_1로 일직선으로 똑바로 움직이는 질량 m의 단단하고 단순한 물체(입자로 취급)를 생각해 보자. 이 물체를 속도 v_2로 일정하게 가속시키기 위해 그림 6.6에서와 같이 일정한 알짜힘 F_{net}가 변위 d에 걸쳐 운동 방향과 나란하게 물체에 작용한다. 그러면 물체에 한 알짜일은

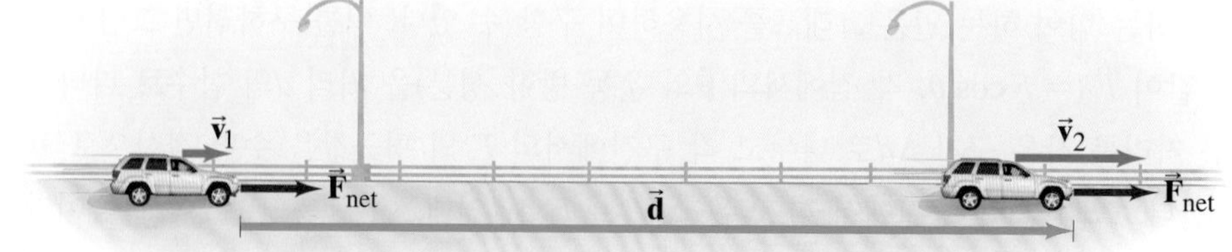

그림 6.6 일정한 알짜힘 F_{net}가 변위 d에 걸쳐 자동차를 속력 v_1에서 v_2로 가속시킨다. 이때 한 알짜일은 $W_{net} = F_{net}\,d$이다.

† 열과 관련된 에너지는 15장에서 다루듯이 대개는 일을 할 수 없다.

$W_{net} = F_{net}\, d$이다. 뉴턴 제2법칙 $F_{net} = ma$를 적용하되, 식 2.11c $(v_2^2 = v_1^2 + 2ad)$를 다음과 같이 고쳐 써서 사용한다.

$$a = \frac{v_2^2 - v_1^2}{2d}$$

여기서 v_1은 처음 속력이고 v_2는 나중 속력이다. 이를 $F_{net} = ma$에 대입하여 한 일을 구한다.

$$W_{net} = F_{net}\, d = mad = m\left(\frac{v_2^2 - v_1^2}{2d}\right)d = m\left(\frac{v_2^2 - v_1^2}{2}\right)$$

즉

$$W_{net} = \tfrac{1}{2}mv_2^2 - \tfrac{1}{2}mv_1^2 \qquad \textbf{(6.2)}$$

가 된다. 값 $\frac{1}{2}mv^2$을 물체의 **병진 운동 에너지**(KE; translational kinetic energy)라 정의한다.

$$\text{KE} = \tfrac{1}{2}mv^2 \qquad \textbf{(6.3)}$$

운동 에너지 (정의)

(8장에서 다룰 회전 운동 에너지와 구분하기 위해 이를 '병진' 운동 에너지라 한다.) 일정한 힘에 의한 일차원 운동에 대해 유도한 식 6.2는 삼차원 병진 운동을 하는 물체에도 일반적으로 적용되며 힘이 변하는 경우에도 적용된다.

식 6.2는 다음과 같이 다시 쓸 수 있다.

$$W_{net} = \text{KE}_2 - \text{KE}_1$$

즉

$$W_{net} = \Delta\text{KE} = \tfrac{1}{2}mv_2^2 - \tfrac{1}{2}mv_1^2 \qquad \textbf{(6.4)}$$

일 · 에너지 원리

이다. 식 6.4는 **일 · 에너지 원리**(work-energy principle)라고 하며 유용하게 쓰인다. 이는 다음과 같이 기술된다.

물체에 한 알짜일은 그 물체의 운동 에너지의 변화와 같다.

일 · 에너지 원리

위에서 뉴턴 제2법칙 $F_{net} = ma$를 사용했는데, 여기서 F_{net}가 **알짜**힘(물체에 작용하는 모든 힘의 합)인 것에 유의한다. 따라서 일 · 에너지 원리는 W가 물체에 한 알짜일, 즉 물체에 작용하는 모든 힘에 의해 한 일인 경우에만 적용된다.

 **주의**
알짜일에 대해서만 일 · 에너지 원리가 유효하다.

일 · 에너지 원리는 뉴턴의 법칙을 매우 유용하도록 변환한 것이다. 이는 물체에(양의) 알짜일이 행해지면 물체의 운동 에너지가 W만큼 증가한다는 것이다. 이 원리는 반대의 경우에도 또한 적용된다. 물체에 한 알짜일이 음이면 물체의 운동 에너지가 W만큼 감소한다. 다시 말해 물체에 작용하는 알짜힘이 물체의 운동 방향과 반대로 가해지면 물체의 속력과 운동 에너지는 감소한다. 한 예가 못을 박는 망치의 경우이다(그림 6.7). 망치에 작용하는 알짜힘[그림 6.7의 $-\vec{\mathbf{F}}$, ($\vec{\mathbf{F}}$는 편의상 일정하다고 가정)]은 왼쪽으로 향하는 반면에 망치의 변위 $\vec{\mathbf{d}}$는 오른쪽을 향한다. 그러므로 망치에 한 알짜일, $W_h = (F)(d)(\cos 180°) = -Fd$는 음이고 망치의 운동 에너지는 (보통

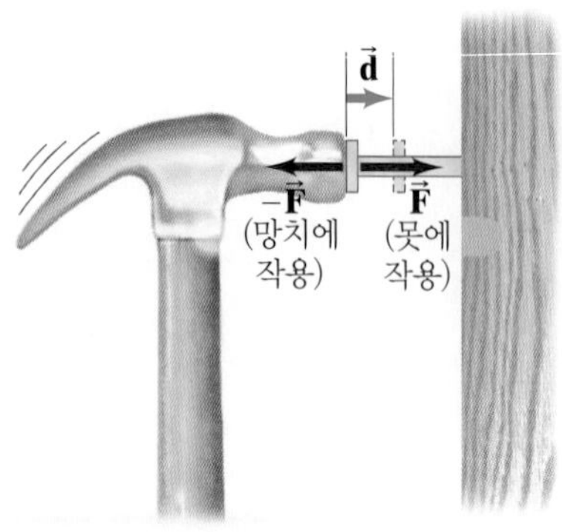

그림 6.7 움직이는 망치가 못을 때리고 정지한다. 망치는 못에 힘 F를 가하고 못은 망치에 힘 $-F$를 가한다(뉴턴 제3법칙). 망치가 못에 한 일의 값은 양이고($W_n = Fd > 0$), 못이 망치에 한 일의 값은 음이다($W_h = -Fd$).

영으로) 감소한다.

그림 6.7은 또한 에너지가 일을 할 수 있는 능력이라고 생각하고 있는 이유를 보여 준다. 망치는 속력이 줄면서 못에 양의 일, $W_n = (+F)(+d) = Fd$을 한다. 망치의 운동 에너지 감소분(식 6.4에서 Fd)은 망치가 다른 물체(이 경우는 못)에 할 수 있는 일과 같다.

병진 운동 에너지($= \frac{1}{2}mv^2$)는 물체의 질량에 비례하고 속력의 **제곱**에 비례한다. 따라서 질량이 두 배가 되면 운동 에너지가 두 배가 된다. 그러나 속력이 두 배가 되면 물체의 운동 에너지는 네 배가 되고, 그 결과 물체는 네 배의 일을 할 수 있게 된다.

일과 운동 에너지 사이에는 직접적인 연관이 있으므로 에너지는 일과 동일한 단위로 측정한다(SI 단위로 줄). [cgs 단위계에서 에너지의 단위는 erg이다.] 일과 마찬가지로 에너지도 스칼라양이다. 여러 물체로 구성된 계의 운동 에너지는 각 물체의 운동 에너지의 합이다.

일 · 에너지 원리는 입자의 경우에 적용할 수 있고, 또한 (단단하거나 내부 운동이 미미한 경우처럼) 입자로 간주할 수 있는 물체에 대해서도 적용이 가능하다. 다음 예제에서 보듯이 이 원리는 단순한 상황일 경우 매우 유용하게 쓰인다.

$v_1 = 20$ m/s $\quad v_2 = 30$ m/s

그림 6.8 예제 6.3

예제 6.3 추산 운동 에너지를 늘리기 위해 차에 하는 일

1000 kg인 자동차의 속력을 20 m/s에서 30 m/s로 가속하는 데 필요한 알짜일은 얼마인가?

접근 자동차는 복잡한 계이다. 엔진이 휠과 타이어를 돌리면 타이어가 땅을 밀고 그에 따라 땅이 반대로 차를 민다. 지금은 이런 복잡한 내용에 관심이 없다. 대신에 일 · 에너지 원리를 이용하여 유용한 결과를 얻을 수 있는데, 단 자동차를 입자나 단단한 물체로 간주하는 경우에만 가능하다.

풀이 필요한 알짜일의 크기는 운동 에너지의 증가량과 같다.

$$\begin{aligned} W &= \mathrm{KE}_2 - \mathrm{KE}_1 \\ &= \tfrac{1}{2}mv_2^2 - \tfrac{1}{2}mv_1^2 \\ &= \tfrac{1}{2}(1000\,\mathrm{kg})(30\,\mathrm{m/s})^2 - \tfrac{1}{2}(1000\,\mathrm{kg})(20\,\mathrm{m/s})^2 \\ &= 2.5 \times 10^5\,\mathrm{J} \end{aligned}$$

연습 B (a) 예제 6.3의 자동차를 정지 상태에서 20 m/s로 가속할 때 필요한 일이 이미 계산한 20 m/s에서 30 m/s로 가속하는 데 드는 일보다 큰지, 작은지, 같은지 추측해 보라. (b) 계산을 하라.

연습 C 운동 에너지가 음의 값일 수 있는가?

연습 D (a) 야구공의 운동 에너지가 두 배로 된다면 속력은 몇 배로 증가하는가?
(b) 야구공의 속력이 두 배로 된다면 운동 에너지는 몇 배로 증가하는가?

6.4 퍼텐셜 에너지

앞에서 물체가 움직일 때 그로 인해 에너지를 갖게 된다는 것이 어떤 것인지를 다루었는데, 이 에너지를 운동 에너지라 불렀다. 그런데 **퍼텐셜 에너지**(potential energy)를 갖는다는 것 또한 가능한데, 이는 주위 환경에 대해 물체(또는 물체들)의 상대적인 위치나 형태에 따라 달라지는 힘과 관련된 에너지이다. 여러 종류의 퍼텐셜 에너지(PE)가 가능한데, 이들은 각기 특정한 힘과 결부되어 있다.

태엽을 감는 장난감의 용수철은 퍼텐셜 에너지를 갖는 물체의 한 예이다. 사람이 태엽을 감으면서 일을 해주었기 때문에 용수철은 퍼텐셜 에너지를 갖게 된다. 용수철이 풀림에 따라 힘이 작용하면서 장난감을 움직이는 일을 하게 된다.

중력 퍼텐셜 에너지

가장 잘 알려진 퍼텐셜 에너지의 예는 **중력 퍼텐셜 에너지**이다. 땅 위로 높이 들어 올린 무거운 벽돌은 지구에 대한 상대적인 위치로 인해 퍼텐셜 에너지를 갖는다. 들어 올린 벽돌은 일을 할 수 있는 능력을 갖는다. 왜냐하면 벽돌을 떨어뜨려서, 예를 들어 말뚝을 땅에 박는 것과 같은 일을 할 수 있기 때문이다.

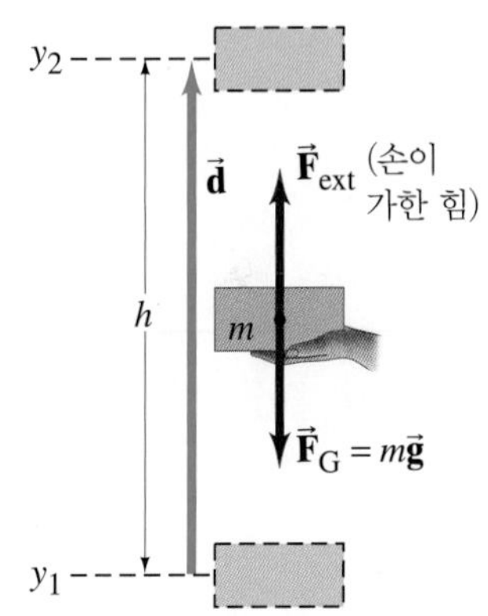

그림 6.9 y_1에서 y_2까지 벽돌을 들어 올리려면 위로 향하는 $F_{\text{ext}} = mg$의 힘을 가해야 한다.

지표면 부근에 있는 물체의 중력 퍼텐셜 에너지 식을 구해 보자. 질량 m인 물체를 연직으로 들어 올리려면 적어도 물체의 무게 mg와 같은 힘을, 예를 들어 사람의 손을 사용해서 위로 가해야 한다. 가속을 하지 않으면서 물체를 들어 올리려면 물체에 '외력' $F_{\text{ext}} = mg$을 가해야 한다. 그림 6.9에서와 같이 y_1에서 y_2까지(위로 향하는 방향이 양) 연직 높이 h만큼 들어 올렸다면 사람이 외력 $F_{\text{ext}} = mg$와 연직 변위 h를 곱한 크기의 일을 물체에 한 것이다. 즉

$$\begin{aligned} W_{\text{ext}} &= F_{\text{ext}}\, d\cos 0^\circ = mgh \\ &= mg(y_2 - y_1) \end{aligned} \tag{6.5a}$$

이다. 물체가 y_1에서 y_2까지 움직이는 동안 중력도 물체에 작용하여 물체에 다음과 같이 일을 한다.

$$W_G = F_G\, d\cos\theta = mgh\cos 180^\circ$$

여기서 $\vec{\mathbf{F}}_G$와 $\vec{\mathbf{d}}$는 서로 반대 방향이므로 $\theta = 180^\circ$이다. 따라서

$$\begin{aligned} W_G &= -mgh \\ &= -mg(y_2 - y_1) \end{aligned} \tag{6.5b}$$

이다.

다음으로 y_2 위치에 정지해 있던 물체가 중력에 의해 자유 낙하하여 높이 h만큼 떨어진 후에는 $v^2 = 2gh$ (식 2.11c)로 주어지는 속도를 갖게 된다. 그러면 물체는 $\frac{1}{2}mv^2 = \frac{1}{2}m(2gh) = mgh$의 운동 에너지를 갖게 되고, 말뚝을 치게 되면 mgh만큼의 일을 말뚝에 하게 된다(6.3절 참조). 물체를 올려주는 과정에서 물체에 한 일이 중력 퍼텐셜 에너지로 저장되어 있었다고 할 수 있는 것이다.

그러므로 지구의 중력으로 인한 물체의 **중력 퍼텐셜 에너지**(gravitational potential

energy)를 물체의 무게 mg와 정해진 기준 위치(예컨대 지면 같은)로부터의 높이 h를 곱한 양으로 정의한다.

$$\mathrm{PE_G} = mgy \tag{6.6}$$

지면으로부터 물체의 높이가 높아질수록 그 물체의 중력 퍼텐셜 에너지도 더 커진다. 식 6.5a를 식 6.6과 결합하면 다음과 같이 된다.

$$W_{\mathrm{ext}} = mg(y_2 - y_1)$$
$$W_{\mathrm{ext}} = \mathrm{PE_2} - \mathrm{PE_1} = \Delta \mathrm{PE_G} \tag{6.7a}$$

주의
$\Delta\mathrm{PE_G}$ = 알짜 외력이 한 일

즉 물체가 높이 y_1에서 y_2로 옮겨질 때 퍼텐셜 에너지의 변화는 알짜 외력이 물체를 위치 1에서 위치 2로 가속을 하지 않고 옮기면서 한 일과 같다.

다른 방법으로, 중력 퍼텐셜 에너지의 변화 $\Delta\mathrm{PE_G}$를 중력 자체가 한 일로서 정의할 수 있다. 식 6.5b로부터 다음과 같이 쓸 수 있다.

$$W_{\mathrm{G}} = -mg(y_2 - y_1)$$
$$W_{\mathrm{G}} = -(\mathrm{PE_2} - \mathrm{PE_1}) = -\Delta \mathrm{PE_G}$$

즉

주의
$\Delta\mathrm{PE_G} = -W_{\mathrm{G}}$

$$\Delta \mathrm{PE_G} = -W_{\mathrm{G}} \tag{6.7b}$$

이다. 즉 물체가 위치 1에서 위치 2로 옮겨갈 때의 중력 퍼텐셜 에너지의 변화는 중력 자체가 한 일의 음의 값과 같다.

중력 퍼텐셜 에너지는 **주어진 기준 위치**로부터의 물체의 **연직 높이**에 의해 주어진다(식 6.6). 어떤 상황에서는 높이 y를 어느 위치로부터 잡을 것인지 정하기 어려울 수 있다. 예컨대 들어 올린 책의 중력 퍼텐셜 에너지는 기준 위치를 책상면으로 할지, 바닥 위로 할지, 아니면 다른 어떤 기준 위치로 할지에 따라 달라진다. 어떤 경우든 물리적으로 중요한 것은 퍼텐셜 에너지의 **변화** $\Delta\mathrm{PE}$이다. 왜냐하면 이 양이 식 6.7의 한 일과 연관되고 실제 측정할 수 있는 것은 이 양이기 때문이다. 따라서 기준 위치는 어느 것이나 편리한 것을 선택할 수 있으며, 다만 처음 선택한 기준 위치를 계속해서 끝까지 사용해야 한다. 두 위치 사이 퍼텐셜 에너지의 **변화**는 기준 위치의 선택과 무관하다.

주의
물리적으로 의미가 있는 것은 PE의 변화이다.

앞에서 다룬 내용(예제 6.2, 그림 6.4)은 중력과 관련된 것인데, 거기서 중요한 점은 중력이 연직 방향으로만 일을 한다는 것이다. 다시 말해 중력이 하는 일은 연직 높이 h에만 상관될 뿐, 움직임이 순전히 연직 운동인지 아니면 경사를 따라가는 운동인지와는 상관이 없다. 따라서 식 6.7에서 중력 퍼텐셜 에너지의 변화는 오직 연직 높이의 변화에만 관계되고 이동 경로와는 상관이 없다는 것을 알 수 있다.

주의
퍼텐셜 에너지는 한 물체에 대한 것이 아니라 계에 대한 것이다.

퍼텐셜 에너지는 계에 관련된 양이지 한 물체에만 관계된 것이 아니다. 퍼텐셜 에너지는 어떤 힘과 연관되어 있으며, 어떤 물체에 작용하는 힘은 항상 다른 물체에 의해 주어진다. 그러므로 퍼텐셜 에너지는 계 전체로서의 성질이다. 지면으로부터 높이 y만큼 들어 올린 물체의 중력 퍼텐셜 에너지 변화는 mgy이다. 여기서 계는 물체와 지구를 포함한 것으로 물체(m)와 지구(g)의 성질이 둘 다 들어 있다.

예제 6.4 **롤러코스터의 퍼텐셜 에너지 변화**

1000 kg의 롤러코스터가 그림 6.10의 위치 1에서 위치 2를 거쳐 위치 3까지 움직인다. (a) 위치 1에 대해 위치 2와 위치 3에서의 중력 퍼텐셜 에너지는 얼마인가? 즉 위치 1을 $y = 0$으로 잡는다. (b) 위치 2에서 위치 3으로 이동할 때 퍼텐셜 에너지의 변화는 얼마인가? (c) 위치 3을 기준 위치($y = 0$)로 잡고 (a)와 (b)를 다시 구하라.

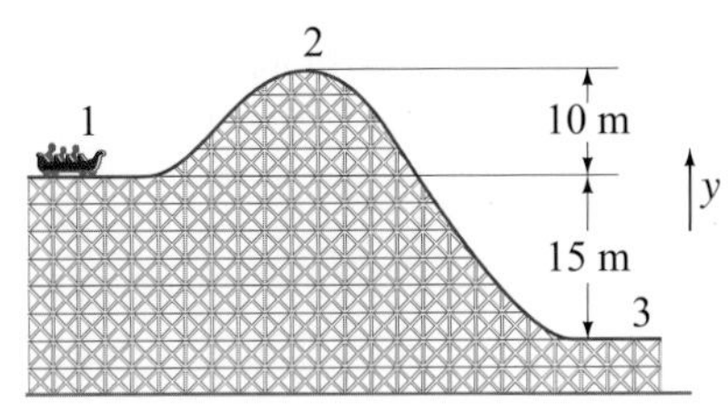

그림 6.10 예제 6.4

접근 롤러코스터–지구 계의 퍼텐셜 에너지에 대한 문제이다. 위로 향하는 방향을 양의 y로 잡고 퍼텐셜 에너지를 구하는 데 중력 퍼텐셜 에너지의 정의를 사용한다.

풀이 (a) 위치 1을 기준($y_1 = 0$)으로 높이를 정하는데, 이는 처음의 중력 퍼텐셜 에너지가 영이라는 뜻이다. 위치 2에서는 $y_2 = 10$ m이므로

$$\text{PE}_2 = mgy_2 = (1000\,\text{kg})(9.8\,\text{m/s}^2)(10\,\text{m}) = 9.8 \times 10^4\,\text{J}$$

이다. 위치 3은 위치 1보다 아래에 있으므로 위치 3에서는 $y_3 = -15$ m이다. 따라서 다음과 같다.

$$\text{PE}_3 = mgy_3 = (1000\,\text{kg})(9.8\,\text{m/s}^2)(-15\,\text{m}) = -1.5 \times 10^5\,\text{J}$$

(b) 위치 2에서 위치 3으로 감에 따라 퍼텐셜 에너지의 변화($\text{PE}_{\text{나중}} - \text{PE}_{\text{처음}}$)는

$$\text{PE}_3 - \text{PE}_2 = (-1.5 \times 10^5\,\text{J}) - (9.8 \times 10^4\,\text{J}) = -2.5 \times 10^5\,\text{J}$$

이고 중력 퍼텐셜 에너지는 2.5×10^5 J만큼 줄어든다.
(c) 지금은 $y_3 = 0$이다. 그러면 위치 1에서 $y_1 = +15$ m이고 처음 퍼텐셜 에너지는

$$\text{PE}_1 = (1000\,\text{kg})(9.8\,\text{m/s}^2)(15\,\text{m}) = 1.5 \times 10^5\,\text{J}$$

이다. 위치 2에서는 $y_2 = 25$ m이므로 퍼텐셜 에너지는

$$\text{PE}_2 = 2.5 \times 10^5\,\text{J}$$

이다. 위치 3에서는 $y_3 = 0$이고 따라서 퍼텐셜 에너지는 영이다. 위치 2에서 위치 3으로 감에 따라 퍼텐셜 에너지의 변화는

$$\text{PE}_3 - \text{PE}_2 = 0 - 2.5 \times 10^5\,\text{J} = -2.5 \times 10^5\,\text{J}$$

로 (b)에서의 경우와 동일하다.

유의 중력이 하는 일은 연직 높이와만 관련이 있으므로 중력 퍼텐셜 에너지의 변화는 이동 경로와는 상관이 없다.

퍼텐셜 에너지의 일반적인 정의

중력에 의한 것 외에 다른 종류의 퍼텐셜 에너지가 존재한다. 각각의 퍼텐셜 에너지는 특정한 힘과 연관되어 있으며 중력 퍼텐셜 에너지의 경우와 유사하게 정의할 수 있다. 일반적으로 **특정한 힘과 연관된 퍼텐셜 에너지의 변화는 물체가 한 위치에서 다른 위치로 옮겨 가면서 그 힘이 물체에 한 일의 음의 값과 같다**(중력의 경우 식 6.7b와 같이). 아니면 다른 방식으로, 식 6.7a에서와 같이 **퍼텐셜 에너지의 변화는 두 위치 사이에 물체를 가속하지 않으면서 옮기기 위해 외력이 물체에 해야 하는 일**로 정의할 수 있다.

퍼텐셜 에너지 정의

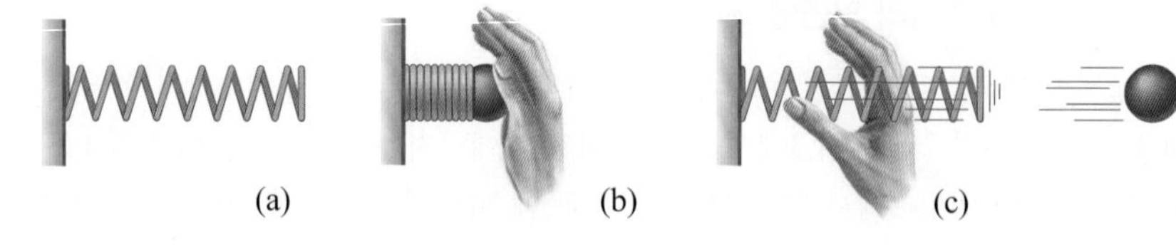

그림 6.11 용수철(a)은 (b)와 같이 압축됐을 때 에너지(탄성 PE)를 저장하게 되고, 놓았을 때 일을 할 수 있다(c).

탄성 용수철의 퍼텐셜 에너지

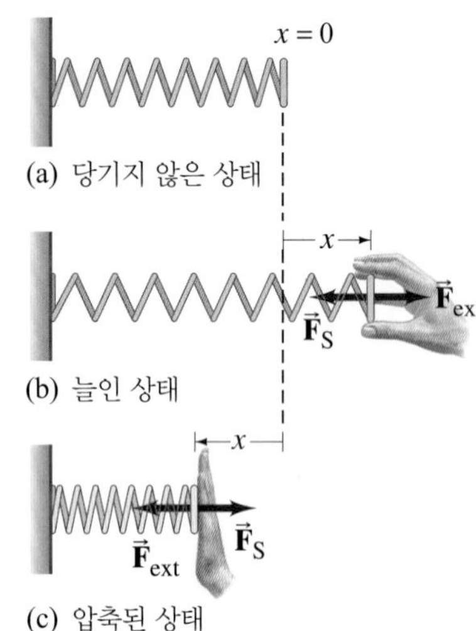

그림 6.12 (a) 자연(당기지 않은) 상태의 용수철 (b) 사람이 힘 $\vec{\mathbf{F}}_{ext}$를 오른쪽(양의 방향)으로 주어 용수철을 늘인다. 용수철은 $\vec{\mathbf{F}}_S$의 힘($F_S = -kx$)으로 거꾸로 당긴다. (c) 사람이 외력 $\vec{\mathbf{F}}_{ext}$를 왼쪽으로 가해 용수철을 압축시킨다($x < 0$). 용수철은 $F_S = -kx$의 힘으로 거꾸로 민다($x < 0$이므로 $F_S > 0$).

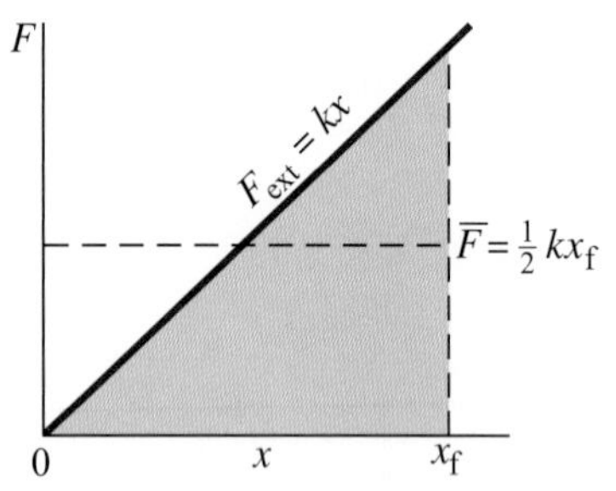

그림 6.13 용수철을 당기는(또는 누르는) 데 필요한 힘은 x가 커짐에 따라 선형으로 증가한다. $x = 0$부터 $x = x_f$까지 $F = kx$ 대 x의 그래프

이제 매우 다양한 실제 응용 예를 찾아 볼 수 있는 탄성 물질과 관련된 퍼텐셜 에너지에 대해 알아본다. 그림 6.11의 간단한 코일 용수철을 생각해 보자. 용수철은 압축될 때 (또는 잡아당길 때) 퍼텐셜 에너지를 갖게 되는데, 왜냐하면 이를 놓았을 때 그림에서 보는 바와 같이 용수철이 일을 할 수 있기 때문이다. 용수철을 (당기지 않은) 본래 길이에서 x만큼 늘이거나 압축시키기 위해서는 손이 x에 비례하는 크기의 외력을 용수철에 가해주어야 한다. 즉

$$F_{ext} = kx$$

이고, 여기서 k는 **용수철 상수**(spring constant)라 하며 특정한 용수철의 강성을 나타내는 값이다. 늘이거나 압축시킨 용수철은 그림 6.12에서와 같이 반대 방향으로 손에 힘 F_S를 가한다.

$$F_S = -kx \qquad \text{[용수철 힘]} \quad \mathbf{(6.8)}$$

이 힘은 용수철이 변위의 반대 방향으로 가하는 것으로(음의 부호) 자체의 본래 길이로 돌아가도록 작용하기 때문에 때로 '복원력'이라 한다. 식 6.8은 **용수철 식**(spring equation) 또는 **훅 법칙**(Hooke's law)이라는 식으로 x가 크지 않은 한 용수철에서 정확하게 맞는다.

당겨진 용수철의 퍼텐셜 에너지를 구하기 위해 용수철을 당기기 위해 들어간 일을 계산해 보자(그림 6.12b). 용수철에 한 일을 구하는 데 식 6.1을 사용하여 본래 길이로부터 늘어난 길이가 x일 때 $W = Fx$로 생각할 수도 있다. 그러나 그림 6.13에 그래프로 보인 것 같이 힘 $F_{ext}(= kx)$는 일정하지 않고 거리 x에 걸쳐 변하므로(용수철이 많이 늘어날수록 그만큼 더 커진다) 이 식은 옳지 않다. 그래서 평균 힘 $\bar{F}$를 사용하도록 하자. F_{ext}가 늘이지 않은 위치의 영에서 x만큼 늘어날 때의 kx까지 선형으로 변하므로 평균 힘은 $\bar{F} = \frac{1}{2}[0 + kx] = \frac{1}{2}kx$인데, 여기서 x는 늘어난 나중 거리(그림 6.13에는 명확히 보여 주기 위해 x_f로 표시)이다. 따라서 한 일은 다음과 같다.

$$W_{ext} = \bar{F}x = \left(\tfrac{1}{2}kx\right)(x) = \tfrac{1}{2}kx^2$$

그러므로 **탄성 퍼텐셜 에너지**(elastic potential energy) PE_{el}은 늘어난 양의 제곱에 비례한다.

$$\text{PE}_{el} = \tfrac{1}{2}kx^2 \qquad \text{[탄성 용수철]} \quad \mathbf{(6.9)}$$

용수철이 자체 자연(평형) 길이로부터 x만큼 **압축**되면 평균 힘은 역시 $\bar{F} = \frac{1}{2}kx$이고 퍼텐셜 에너지 또한 식 6.9로 주어진다. 따라서 x는 용수철의 본래 길이로부터 압

축되거나 늘어난 양 어느 것이나 될 수 있다.[†] 용수철에서 PE가 영인 기준 점은 용수철의 자연 상태 위치로 잡는다는 점에 유의한다.

저장된 에너지로서 퍼텐셜 에너지

앞에서 든 퍼텐셜 에너지의 예들(높이 y만큼 들어 올린 벽돌과 늘어나거나 압축된 용수철)에서 물체는 아직 실제로 실행하지는 않았지만, 일을 할 수 있는 **잠재 능력**을 갖고 있다. 이들 예는 (용수철의 경우 그림 6.11에서처럼) 에너지가 나중에 쓰일 수 있도록 퍼텐셜 에너지의 형태로 **저장**될 수 있음을 보여 준다.

물체의 병진 운동 에너지는 어느 경우에나 $\frac{1}{2}mv^2$의 일정한 형태로 주어지지만 퍼텐셜 에너지는 일정한 형태가 존재하지 않는다는 점에 유의한다. 퍼텐셜 에너지의 형태는 관련된 힘에 따라 달라진다.

6.5 보존력과 비보존력

중력에 대항하여 한 위치에서 다른 위치로 물체를 옮기는 동안 한 일은 이동 경로와 상관이 없다. 예를 들어 그림 6.4(예제 6.2 참조)에서와 같이 물체를 연직으로 높이 h 만큼 들어 올리는 데 한 일($= mgh$)은 같은 연직 높이의 경사면을 따라 물체를 끌어 올릴 때와 똑같다. 중력처럼 한 일의 양이 이동 경로와 상관이 없고 단지 처음 위치와 나중 위치에만 관련이 있는 힘을 **보존력**(conservative force)이라 한다. $F = -kx$ 인 용수철(또는 다른 탄성 물질)의 탄성력 또한 보존력이다. 보존력하에서 어떤 위치에서 시작하여 동일한 위치로 돌아오는 물체에 한 알짜일은 영이다. 왜냐하면 이와 같은 왕복 운동에서는 시작 위치와 끝나는 위치에서의 퍼텐셜 에너지가 같기 때문이다.

사람이 밀고 끌어당기는 힘이나 마찰력 같은 힘들은 경로에 따라 하는 일이 달라지기 때문에 **비보존력**(nonconservative force)이다. 예를 들어 바닥 위로 끌어서 한 위치에서 다른 위치로 큰 상자를 밀고 갈 때에 하는 일은 똑바른 직선 경로를 취하느냐 아니면 곡선 경로를 취하느냐에 따라 달라진다. 그림 6.14에서 보듯이 상자를 위치 1에서 위치 2로 천천히 밀고 가는 경우 직선 경로를 따를 때보다 더 긴 반원형의 경로를 따를 때 마찰에 대항하여 더 많은 일을 한다. 이동 거리가 더 길고 또 중력과 달리 미는 힘 $\vec{\mathbf{F}}_\mathrm{P}$는 모든 위치에서 운동 방향을 향하기 때문에 곡선 경로일 때 하는 일이 더 많다. 따라서 그림 6.14에서 사람이 하는 일은 단지 위치 1과 위치 2에만 상관이 있는 것이 아니고 어떤 경로를 따르느냐에 따라 달라진다. 그림 6.14에 나타낸 운동 마찰력은 항상 운동의 반대 방향을 향한다. 이 또한 비보존력이고 이 장의 뒷부분(6.9절)에서 이를 어떻게 다루는지 논하도록 한다. 표 6.1에 몇몇 보존력과 비보존력의 예를 들어 놓았다.

표 6.1 보존력과 비보존력

보존력	비보존력
중력	마찰력
탄성력	공기 저항
전기력	실의 장력
	모터나 로켓 추진력
	사람이 밀고 당기는 힘

[†] 식 6.9는 6.2절의 방법을 사용해서도 구할 수 있다. 한 일(따라서 $\Delta\mathrm{PE}$)은 그림 6.13의 F 대 x 그래프의 곡선 아랫부분의 넓이와 같다. 이는 높이 kx, 밑변 x인 삼각형(그림 6.13의 색칠한 부분)의 넓이로 $\frac{1}{2}(kx)(x) = \frac{1}{2}kx^2$이다.

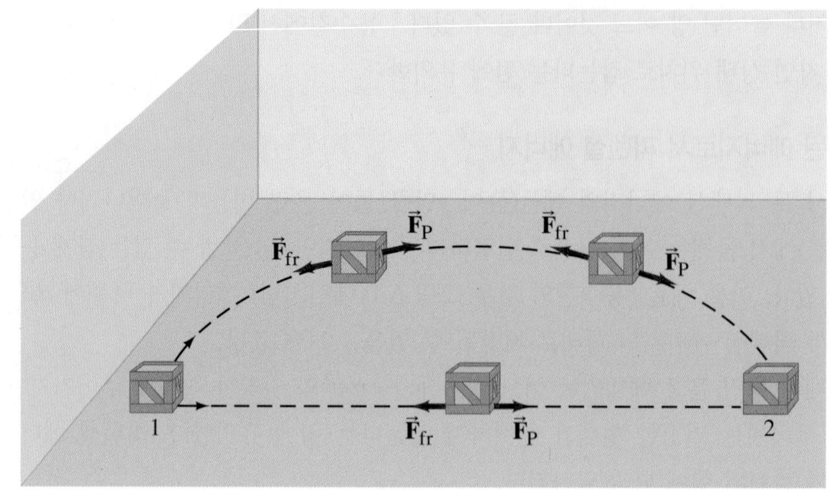

그림 6.14 거친 바닥 위로 위치 1에서 위치 2까지 직선과 곡선 두 경로를 따라 천천히 등속력으로 큰 상자를 밀고 간다. 미는 힘 $\vec{\mathbf{F}}_P$는 모든 위치에서 움직이는 방향을 향한다. (마찰력은 움직이는 반대 방향이다.) 그러므로 미는 힘의 크기가 일정한 경우 한 일은 $W = F_P d$이고 (곡선 경로에서처럼) 움직인 거리 d가 더 크면 한 일도 더 크다. 한 일은 단지 위치 1과 위치 2에만 상관이 있는 것이 아니고 어떤 경로를 따르느냐에 따라 달라진다.

퍼텐셜 에너지는 물체의 위치나 형상과 관련된 에너지이므로 이것이 주어진 위치와 상관하여 고유하게 주어질 수 있을 때에만 의미가 있다. 비보존력에 대해서는 한 일이 (그림 6.14에서처럼) 이동 경로에 따라 달라지므로 이것이 불가능하다. 그러므로 **퍼텐셜 에너지는 보존력에 대해서만 정의할 수 있다.** 따라서 퍼텐셜 에너지는 반드시 어떤 힘과 결부되어 있지만 모든 힘이 퍼텐셜 에너지와 연관되어 있는 것은 아니다. 예를 들면 마찰력에 연관된 퍼텐셜 에너지는 존재하지 않는다.

연습 E 일정한 힘 F가 작용하여 물체가 위치 1에서 위치 2로 움직였다가 다시 되돌아 왔다. 이 왕복 운동에서 힘 F가 한 일이 60 J이다. 이와 같은 사실로부터 F가 보존력인지 아니면 비보존력인지를 알아낼 수 있는가?

일 · 에너지 원리의 확장

(6.3절에서 다룬) **일 · 에너지 원리**(work-energy principle)를 퍼텐셜 에너지를 포함하도록 확장할 수 있다. 병진 운동을 하는 어떤 물체에 여러 힘이 작용하고 있다고 가정해 보자. 그리고 이들 중 몇 가지만 보존력이라 가정하자. 보존력이 한 일 W_C와 비보존력이 한 일 W_{NC}의 합으로 전체(알짜) 일 W_{net}을 나타내자.

$$W_{net} = W_C + W_{NC}$$

그러면 일 · 에너지 원리, 식 6.4로부터

$$W_{net} = \Delta KE$$
$$W_C + W_{NC} = \Delta KE$$

인데, 여기서 $\Delta KE = KE_2 - KE_1$이다. 그러면

$$W_{NC} = \Delta KE - W_C$$

이다. 보존력이 한 일은 중력 퍼텐셜 에너지에 대한 식 6.7b에서와 같이 퍼텐셜 에너지로 나타낼 수 있다.

$$W_C = -\Delta PE$$

이들 두 식을 결합하면

$$W_{NC} = \Delta KE + \Delta PE \qquad (6.10)$$

가 된다. 즉 **물체에 작용하는 비보존력이 한 일 W_{NC}는 운동 에너지와 퍼텐셜 에너지의 전체 변화와 같다.**

식 6.10에는 물체에 작용하는 **모든** 힘이 포함되어야 한다는 사실을 강조할 필요가 있다. 우변의 퍼텐셜 에너지 항에 포함되거나(보존력의 경우) 아니면 좌변의 한 일에 포함되어야 한다(양변에 중복해서 들어가서는 안 된다).

6.6 역학적 에너지와 역학적 에너지 보존

마찰이나 다른 비보존력을 무시할 수 있거나 보존력만 계에 일을 한다면 아주 단순하고 유용한 에너지 관련 식을 끌어낼 수 있다.

비보존력이 하는 일이 없다면 일반화된 일 · 에너지 원리(식 6.10)에서 $W_{NC} = 0$이다. 그러면

$$\Delta KE + \Delta PE = 0 \qquad \text{[보존력만 있을 때]} \qquad (6.11a)$$

즉

$$(KE_2 - KE_1) + (PE_2 - PE_1) = 0 \qquad \text{[보존력만 있을 때]} \qquad (6.11b)$$

이다. 이제 계의 **전체 역학적 에너지**(total mechanical energy) E를 어느 순간의 운동 에너지와 퍼텐셜 에너지의 합으로 정의한다.

$$E = KE + PE$$

식 6.11b를 다시 쓰면

$$KE_2 + PE_2 = KE_1 + PE_1 \qquad \text{[보존력만 있을 때]} \qquad (6.12a)$$

역학적 에너지 보존

즉

$$E_2 = E_1 = \text{일정} \qquad \text{[보존력만 있을 때]} \qquad (6.12b)$$

이다. 식 6.12는 계의 전체 역학적 에너지에 관한 유용하고 심오한 원리를 표현하고 있는 것으로, 전체 역학적 에너지는 **보존량**(conserved quantity)이라는 것이다. 전체 역학적 에너지 E는 비보존력이 일을 하지 않는 한 일정하게 유지된다. 다시 말해 처음 시간 1에서의 KE + PE는 나중 시간 2에서의 값과 동일하다.

이를 다르게 표현하기 위해 식 6.11a를 고쳐 쓰면 $\Delta PE = -\Delta KE$이다. 즉 계의 운동 에너지 KE가 증가했다면 이를 보상하기 위해 같은 양만큼 퍼텐셜 에너지 PE가 감소해야 한다는 것이다. 따라서 전체 에너지 KE + PE는 일정하게 유지된다.

만일 보존력만 일을 한다면 계의 전체 역학적 에너지는 어떤 과정에서도 증가하거나 감소하지 않는다. 이는 일정하게 유지, 즉 보존된다.

이것이 보존력에 관한 **역학적 에너지 보존 원리**(principle of conservation of mechanical energy)이다.

역학적 에너지 보존

다음 절에서 여러 다양한 상황하에서 역학적 에너지 보존 원리가 어떻게 유용하게 쓰이는지, 운동 방정식이나 뉴턴 법칙보다 얼마나 더 사용하기 쉬운지 보게 될 것이다. 그 다음에 마찰과 같은 다른 형태의 에너지가 일반적인 에너지 보존 법칙에 어떻게 포함되는가를 다룬다.

6.7 역학적 에너지 보존을 이용한 문제 풀이

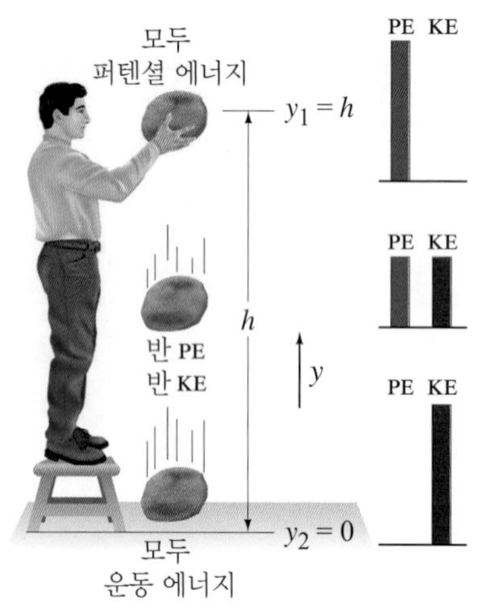

그림 6.15 돌이 낙하함에 따라 퍼텐셜 에너지가 운동 에너지로 바뀐다. 세 지점에서 퍼텐셜 에너지 PE와 운동 에너지 KE를 나타내는 막대그래프를 눈여겨보라.

역학적 에너지 보존의 간단한 예가 그림 6.15에서와 같이 (공기 저항을 무시하고) 지면으로부터 높이 h에서 지구 중력으로 인해 돌이 떨어지는 경우이다. 돌이 정지해 있는 상태에서 시작했다면 처음 에너지는 모두 퍼텐셜 에너지이다. 돌이 떨어짐에 따라(지면으로부터 높이 y가 감소하므로) 퍼텐셜 에너지 mgy는 감소하지만 돌의 운동 에너지는 이를 보상하여 증가하므로 이들 둘의 합은 일정하게 유지된다. 경로의 어느 위치에서나 전체 역학적 에너지는

$$E = \text{KE} + \text{PE} = \tfrac{1}{2}mv^2 + mgy$$

이고 여기서 v는 그 위치에서의 속력이다. 경로를 따라 돌의 어느 위치(예를 들어 처음 위치)를 1로 나타내고 다른 한 위치를 2로 나타내면

위치 1에서의 전체 역학적 에너지 = 위치 2에서의 전체 역학적 에너지

이다. 즉(식 6.12a 참조),

$$\tfrac{1}{2}mv_1^2 + mgy_1 = \tfrac{1}{2}mv_2^2 + mgy_2 \qquad \text{[중력만 있을 때]} \qquad \textbf{(6.13)}$$

이다. $y = 0$으로 잡은 지면에 돌이 부딪치기 바로 직전에 처음 퍼텐셜 에너지가 전부 운동 에너지로 바뀐다.

예제 6.5 낙하하는 돌

그림 6.15에서 돌의 처음 높이가 $y_1 = h = 3.0$ m라고 할 때 돌이 지면으로부터 1.0 m까지 떨어질 때의 속도를 구하라.

접근 중력만이 돌에 작용하는 경우로 역학적 에너지 보존 원리, 식 6.13을 적용한다. 지면을 기준 위치($y = 0$)로 잡는다.

풀이 놓는 순간(위치 1) 돌의 높이는 $y_1 = 3.0$ m이고 정지해 있으므로 $v_1 = 0$이다. 돌의 위치가 $y_2 = 1.0$ m일 때의 v_2를 구하고자 한다. 식 6.13에 의해

$$\tfrac{1}{2}mv_1^2 + mgy_1 = \tfrac{1}{2}mv_2^2 + mgy_2$$

이다. m을 소거하고 $v_1 = 0$이므로

$$gy_1 = \tfrac{1}{2}v_2^2 + gy_2$$

이다. v_2에 대해 풀면

$$v_2 = \sqrt{2g(y_1 - y_2)} = \sqrt{2(9.8\,\text{m/s}^2)[(3.0\,\text{m}) - (1.0\,\text{m})]} = 6.3\,\text{m/s}$$

이고 지면으로부터 1.0 m에서의 돌의 속도는 6.3 m/s로 아래로 향한다.

유의 돌의 속도는 돌의 질량과 무관하다.

식 6.13은 마찰 없이 중력하에서 움직이는 어떤 물체에 대해서도 적용할 수 있다. 예로서 그림 6.16은 정지 상태로 언덕의 꼭대기에 있던 롤러코스터가 마찰 없이 바닥까지 내려갔다가 반대편 언덕으로 올라가는 경우를 보여 주고 있다. 사실 매 순간 중력 외에 다른 힘, 즉 트랙이 가하는 수직 항력이 롤러코스터에 작용하고 있다. 그러나 수직 항력은 모든 위치에서 움직이는 방향과 수직으로 작용하므로 하는 일이 영이다. 열차 바퀴의 회전 운동은 무시하고 열차를 단순히 병진 운동을 하는 입자로 간주한다. 처음에 열차는 퍼텐셜 에너지만 갖고 있다. 열차가 내려옴에 따라 퍼텐셜 에너지는 줄어들고 운동 에너지는 커지지만 둘의 합은 일정하게 유지된다. 언덕의 맨 아래에서 열차의 운동 에너지는 최대가 되고 반대편으로 올라감에 따라 운동 에너지는 다시 퍼텐셜 에너지로 바뀐다. 열차가 맨 처음 시작했던 지점과 같은 높이의 위치에 도달하여 다시 정지하게 되면 열차의 에너지는 모두 퍼텐셜 에너지가 된다. 중력 퍼텐셜 에너지가 높이에 비례한다는 사실에 비추어 보면 에너지 보존에 의해 (마찰이 없는 경우) 열차는 처음 시작할 때와 동일한 높이에서 멈추게 된다. 만일 두 언덕의 높이가 같다면 간신히 두 번째 언덕에 도달할 때 정지하게 된다. 만일 두 번째 언덕이 처음 언덕보다 낮다면 열차의 운동 에너지가 전부 퍼텐셜 에너지로 바뀌지는 않을 것이고 열차는 꼭대기를 넘어서 계속 그 뒤 언덕 아래로 내려가게 된다. 만일 두 번째 언덕이 더 높으면 열차는 최대 처음 언덕의 높이와 같은 위치까지 도달할 것이다. 이런 사실은 퍼텐셜 에너지가 연직 높이에만 상관되므로(식 6.6) (마찰이 없는 경우) 언덕이 얼마나 가파르냐에 관계없이 성립한다.

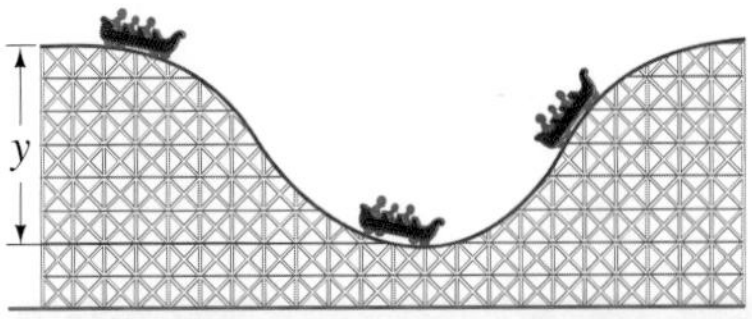

y

그림 6.16 마찰 없이 움직이는 롤러코스터는 역학적 에너지 보존의 한 예이다.

예제 6.6 에너지 보존을 이용한 롤러코스터 속력 구하기

그림 6.16에서 언덕의 높이가 40 m이고 롤러코스터가 꼭대기에서 정지 상태로부터 출발할 때 (a) 언덕 맨 아래에서의 열차의 속력과 (b) 속력이 이 값의 절반이 되는 때의 높이를 구하라. 언덕의 맨 아래를 $y = 0$으로 잡는다.

접근 역학적 에너지 보존을 이용한다. 위치 1을 언덕 꼭대기($y_1 = 40$ m) 정지 상태($v_1 = 0$)에서 열차가 출발한 지점으로 잡는다. (a)에서는 기준 위치로 잡은 언덕의 맨 아래를 위치 2로 잡는다($y_2 = 0$). (b)에서는 y_2가 미지수이다.

풀이 (a) 식 6.13에 $v_1 = 0$과 $y_2 = 0$을 대입하면

$$mgy_1 = \tfrac{1}{2}mv_2^2$$

이고, 따라서 다음과 같이 계산할 수 있다.

$$v_2 = \sqrt{2gy_1} = \sqrt{2(9.8\,\text{m/s}^2)(40\,\text{m})} = 28\,\text{m/s}$$

(b) 여기서는 y_2가 미지수이다. 다시 에너지 보존을 이용하면

$$\tfrac{1}{2}mv_1^2 + mgy_1 = \tfrac{1}{2}mv_2^2 + mgy_2$$

인데, 여기서 $v_2 = \frac{1}{2}(28\,\text{m/s}) = 14\,\text{m/s}$이고 $v_1 = 0$이다. 미지수 y_2에 대해 풀면 다음과 같다.

$$y_2 = y_1 - \frac{v_2^2}{2g} = 40\,\text{m} - \frac{(14\,\text{m/s})^2}{2(9.8\,\text{m/s}^2)} = 30\,\text{m}$$

즉 열차의 속력이 14 m/s가 되는 위치는 왼쪽 언덕을 내려올 때나 오른쪽 언덕을 올라갈 때 모두 가장 낮은 위치에서 연직 높이 30 m일 때이다.

그림 6.17 장대높이뛰기 동안의 에너지 변환. $\text{KE} \rightarrow \text{PE}_{\text{el}} \rightarrow \text{PE}_{\text{G}}$

그림 6.18 선수는 몸을 구부림으로써 자신의 질량 중심이 바 아래를 지나갈 정도로 낮게 유지할 수 있다.

예제 6.6의 롤러코스터 예에서 쓰인 수학은 예제 6.5에서와 거의 동일하다. 하지만 이들 사이에는 중요한 차이가 있다. 예제 6.5에서는 운동이 모두 연직 방향이고 힘, 가속도, 운동 방정식(식 2.11)을 사용하여서도 풀 수 있었을 것이다. 롤러코스터의 예에서는 운동이 연직이 아니고 예제 6.6의 곡선 궤도에서 a가 일정하지 않으므로 식 2.11을 사용할 수 **없다**. 그렇지만 에너지 보존을 이용하면 바로 답을 구할 수 있다.

그림 6.17의 장대높이뛰기처럼 스포츠에는 흥미로운 에너지 보존의 예가 많이 있다. 어느 정도 근사를 취해야 하지만 장대높이뛰기의 대략적인 운동 과정은 기본적으로 다음과 같다. 뛰는 선수의 처음 운동 에너지는 장대가 휘면서 탄성 퍼텐셜 에너지로 바뀌고, 선수가 땅을 박차고 오르면서 (바 위에서 선수의 작은 수평 속력을 무시하면) 전부 중력 퍼텐셜 에너지로 바뀐다. 장대는 어떤 에너지도 공급하지 않지만 에너지를 **저장**하는 기구로서 작용하고 이 과정을 통해 운동 에너지가 중력 퍼텐셜 에너지로 변환하는 최종 결과가 이루어지는 것을 돕는다. 바를 넘는데 필요한 에너지는 선수의 질량 중심(CM)을 얼마나 높이 끌어 올려야 하는가에 달려 있다. 선수는 몸을 구부려 질량 중심이 실제로 바보다 약간 아래를 통과할 수 있도록 질량 중심을 아주 낮게 유지하는데(그림 6.18), 이렇게 함으로써 그렇지 않을 경우보다 더 높은 바를 넘을 수 있다. (질량 중심에 대해서는 7장에서 다룬다.)

역학적 에너지 보존의 다른 예로 질량 m인 물체가 질량을 무시할 수 있고 용수철 상수가 k인 압축된 수평 용수철에 연결된 경우를 생각해 보자(그림 6.11b). 용수철을 놓으면 질량 m은 어느 순간 속력 v가 된다. 당기지 않은 상태의 길이로부터 용수철의 변위를 x라 하면 이 계(물체와 용수철)의 퍼텐셜 에너지는 $\frac{1}{2}kx^2$이다(식 6.9). 마찰이나 다른 힘이 작용하지 않는다면 역학적 에너지 보존에 의해

$$\tfrac{1}{2}mv_1^2 + \tfrac{1}{2}kx_1^2 = \tfrac{1}{2}mv_2^2 + \tfrac{1}{2}kx_2^2 \qquad [\text{탄성 PE만 있을 때}] \quad \textbf{(6.14)}$$

이다. 여기서 아래 첨자 1, 2는 다른 두 순간의 속도와 변위를 가리킨다.

예제 6.7 장난감 다트건

질량이 0.100 kg인 다트가 그림 6.19a에서와 같이 장난감 다트건의 압축된 용수철에 물려 있다. 용수철 상수가 $k = 250$ N/m이고 질량을 무시할 수 있는 용수철이 6.0 cm 압축된 후 발사됐다. 용수철이 본래 길이($x = 0$)에 도달할 때 다트가 용수철에서 분리된다면 다트의 속력은 얼마가 되는가?

접근 다트는 처음에 정지해 있으므로(위치 1) $\text{KE}_1 = 0$이다. 마찰은 무시하고 역학적 에너

지 보존을 이용하는 데 탄성 퍼텐셜 에너지만 관여하고 있다.

풀이 식 6.14를 사용하는 데 위치 1을 용수철이 최대로 압축될 때로 잡으면 $v_1 = 0$(다트가 아직 발사되지 않았다), $x_1 = -0.060$ m이다. 위치 2를 다트가 용수철의 끝에서 떨어져 날아가는 순간으로 잡으면(그림 6.19b) $x_2 = 0$이고 v_2를 구하면 된다. 따라서 식 6.14는 다음과 같이 된다.

$$0 + \tfrac{1}{2}kx_1^2 = \tfrac{1}{2}mv_2^2 + 0$$

따라서

$$v_2^2 = \frac{kx_1^2}{m} = \frac{(250\,\text{N/m})(-0.060\,\text{m})^2}{(0.100\,\text{kg})} = 9.0\,\text{m}^2/\text{s}^2$$

이고 $v_2 = \sqrt{v_2^2} = 3.0\,\text{m/s}$이다.

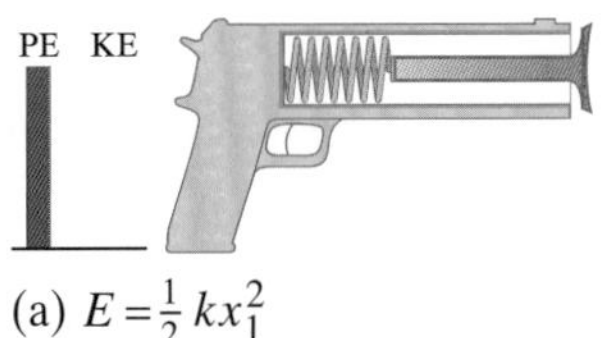

(a) $E = \frac{1}{2}kx_1^2$

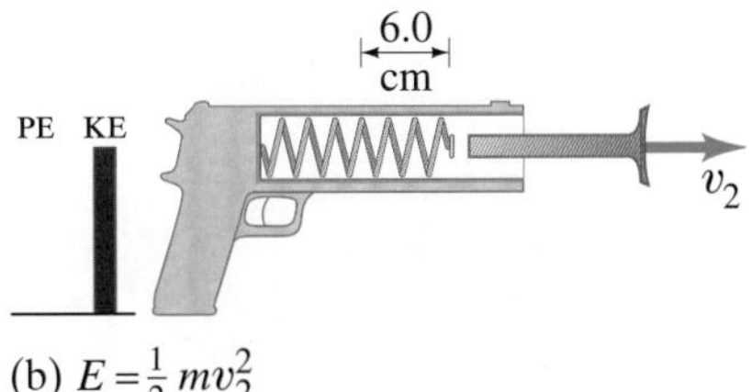

(b) $E = \frac{1}{2}mv_2^2$

그림 6.19 예제 6.7. (a) 다트가 6.0 cm 압축시킨 용수철에 물려 있다. (b) 다트가 발사되면서 다트가 속도 v_2로 용수철에서 튀어나온다.

예제 6.8 두 가지 퍼텐셜 에너지

질량이 $m = 2.60$ kg인 공이 정지 상태로부터 연직거리 $h = 55.0$ cm를 낙하하여 연직으로 서 있는 코일 용수철과 충돌하여 용수철을 $Y = 15.0$ cm만큼 압축시켰다(그림 6.20). 용수철 상수 k를 구하라. 용수철의 질량은 매우 작다고 가정하고 공기 저항은 무시한다. 공이 압축되기 전의 용수철에 처음 부딪치는 위치를 기준점으로 하여 모든 거리를 나타내라.

접근 공에 작용하는 힘은 지구가 잡아당기는 중력과 용수철이 주는 탄성력이다. 두 힘은 모두 보존력이므로 두 가지 퍼텐셜 에너지를 모두 넣어 역학적 에너지 보존을 적용할 수 있다. 이때 조심해야 할 점이 있다. 중력은 낙하하는 전체에 걸쳐 작용하는 반면에(그림 6.20) 탄성력은 공이 용수철에 부딪치기 전까지는 작용하지 않는다(그림 6.20b). 위 방향을 양의 y축으로 잡고 자연(압축되지 않은) 상태 용수철의 끝점을 $y = 0$으로 잡는다.

풀이 해를 두 부분으로 나눈다. (다른 풀이도 덧붙인다.)

부분 1: 먼저 공이 높이 $y_1 = h = 0.550$ m에서 떨어지기 시작하여(그림 6.20a) 용수철에 막 부딪치는 $y_2 = 0$까지 낙하하는(그림 6.20b) 동안의 에너지 변화를 생각해 보자. 이 계는 중력과 용수철(지금까지는 아무런 작용이 없다)의 힘이 공에 작용하는 것으로 구성되어 있다. 따라서

$$\tfrac{1}{2}mv_1^2 + mgy_1 = \tfrac{1}{2}mv_2^2 + mgy_2$$
$$0 + mgh = \tfrac{1}{2}mv_2^2 + 0$$

이고 이를 풀면 $v_2 = \sqrt{2gh} = \sqrt{2(9.80\,\text{m/s}^2)(0.550\,\text{m})} = 3.283\,\text{m/s} \approx 3.28\,\text{m/s}$이다. 이것이 공이 용수철의 맨 꼭대기에 막 부딪치는 순간의(그림 6.20b) 속력이다.

부분 2: 공이 용수철을 압축시키는 과정에서는(그림 6.20의 b에서 c) 공에 두 가지 보존력, 즉 중력과 용수철의 힘이 작용한다. 따라서 에너지 보존 식은 다음과 같다.

$$E_2\ (\text{공이 용수철에 부딪치는 순간}) = E_3\ (\text{용수철이 완전히 압축된 순간})$$
$$\tfrac{1}{2}mv_2^2 + mgy_2 + \tfrac{1}{2}ky_2^2 = \tfrac{1}{2}mv_3^2 + mgy_3 + \tfrac{1}{2}ky_3^2$$

$y_2 = 0$, $v_2 = 3.283$ m/s, $v_3 = 0$ (공이 짧은 순간 정지한다), $y_3 = -Y = -0.150$ m를 대입하면

$$\tfrac{1}{2}mv_2^2 + 0 + 0 = 0 - mgY + \tfrac{1}{2}k(-Y)^2$$

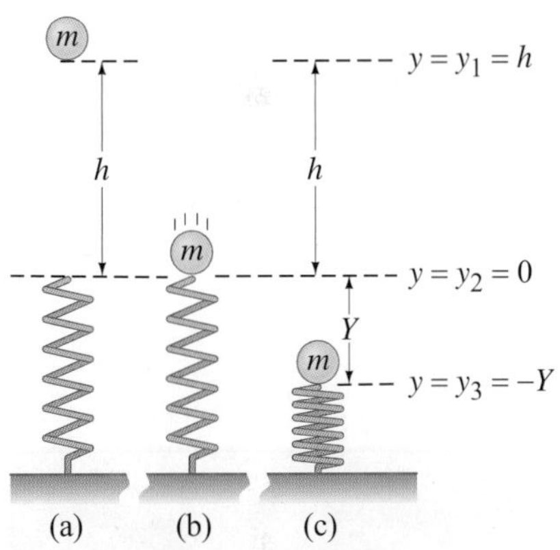

그림 6.20 예제 6.8. 낙하하는 공이 용수철을 압축시킨다.

이다. m, v_2, Y를 알고 있으므로 k에 대해 풀 수 있다.

$$k = \frac{2}{Y^2}\left[\tfrac{1}{2}mv_2^2 + mgY\right] = \frac{m}{Y^2}\left[v_2^2 + 2gY\right]$$
$$= \frac{(2.60\ \text{kg})}{(0.150\ \text{m})^2}\left[(3.283\ \text{m/s})^2 + 2(9.80\ \text{m/s}^2)(0.150\ \text{m})\right] = 1590\ \text{N/m}$$

다른 풀이 두 부분으로 나누어 해를 구하는 대신에 한꺼번에 할 수도 있다. 요점은 에너지 식의 좌변과 우변에 어떤 위치에서의 값을 넣느냐이다. 그림 6.20의 위치 1과 위치 3에서의 에너지 식을 적용해 보자. 위치 1은 공이 낙하를 시작하기 직전이므로(그림 6.20a) $v_1 = 0$, $y_1 = h = 0.550$ m이다. 위치 3은 용수철이 완전히 압축되는 순간이므로(그림 6.20c) $v_3 = 0$, $y_3 = -Y = -0.150$ m이다. 이 과정 동안 공에 작용하는 힘은 중력과 (적어도 일부 시간 동안) 용수철의 힘이다. 따라서 에너지 보존에 의해 다음과 같이 된다.

$$\tfrac{1}{2}mv_1^2 + mgy_1 + \tfrac{1}{2}k(0)^2 = \tfrac{1}{2}mv_3^2 + mgy_3 + \tfrac{1}{2}ky_3^2$$
$$0 + mgh + 0 = 0 - mgY + \tfrac{1}{2}kY^2$$

여기서 위치 1에서는 용수철이 아무 작용을 하지 않고 압축되거나 늘어나지 않았으므로 $y = 0$으로 놓았다. k에 대해 풀면

$$k = \frac{2mg(h+Y)}{Y^2} = \frac{2(2.60\ \text{kg})(9.80\ \text{m/s}^2)(0.550\ \text{m} + 0.150\ \text{m})}{(0.150\ \text{m})^2}$$
$$= 1590\ \text{N/m}$$

로 앞의 해와 같다는 것을 알 수 있다.

6.8 다른 형태의 에너지와 에너지 변환, 에너지 보존 법칙

그림 6.21 요세미티 폭포 꼭대기에 있는 물의 중력 퍼텐셜 에너지는 떨어지면서 운동 에너지로 변환된다. (에너지의 일부는 공기 저항에 의해 열로 바뀌고 일부는 소리 에너지로 바뀐다.)

역학계의 운동 에너지와 퍼텐셜 에너지 외에 다른 형태의 에너지 또한 정의할 수 있다. 여기에는 전기 에너지, 핵에너지, 열에너지, 식품이나 연료에 들어 있는 화학 에너지와 같은 것들이 포함된다. 이들 다른 형태의 에너지는 원자나 분자 수준의 운동 에너지나 퍼텐셜 에너지로 생각할 수 있다. 예를 들어 열에너지는 원자론에 따르면 매우 빠르게 움직이는 분자의 운동 에너지이다. 물체가 가열되면 물체를 구성하고 있는 분자들이 더 빠르게 움직인다. 반면에 식품이나 휘발유 같은 연료에 들어 있는 에너지는 원자 사이의 전기력에 기인한 분자 내 원자들의 상대적인 위치가 달라지는 형태로 저장된 퍼텐셜 에너지로 본다(화학 결합). 화학 결합에 들어 있는 에너지는 화학 반응을 통해 방출된다. 이는 압축된 용수철에 빗댈 수 있는 것으로, 방출되면서 일을 할 수 있다. 전기 에너지, 자기 에너지, 핵에너지 또한 운동 에너지와 퍼텐셜 에너지(또는 저장된 에너지)의 예로 생각할 수 있다. 이들 다른 형태의 에너지는 이후 장들에서 다루게 된다.

에너지는 한 형태에서 다른 형태로 변환될 수 있다. 예를 들어 공중으로 높이 들어 올린 돌은 퍼텐셜 에너지를 갖고 있는데 돌이 낙하함에 따라 퍼텐셜 에너지는 줄어들고 운동 에너지는 늘어나게 된다. 퍼텐셜 에너지가 운동 에너지로 변환되는 것이다.

때로 에너지의 변환은 한 물체에서 다른 물체로의 에너지 이동을 수반하기도 한

다. 그림 6.11b의 용수철에 저장된 퍼텐셜 에너지는 공의 운동 에너지로 변환된다(그림 6.11c). 폭포 꼭대기의 물(그림 6.21)이나 댐의 물은 퍼텐셜 에너지를 갖고 있는데 물이 떨어지면서 운동 에너지로 변환된다. 댐의 바닥에서 물의 운동 에너지는 터빈 날개의 운동 에너지로 바뀌고 그 다음 전기 에너지로 변환되는데, 뒤에 이에 대해 논한다. 구부러진 활에 저장된 퍼텐셜 에너지는 화살의 운동 에너지로 변환된다(그림 6.22).

그림 6.22 구부러진 활의 퍼텐셜 에너지가 화살의 운동 에너지로 바뀌려는 순간

이들 예에서 에너지의 전달은 모두 일을 해주는 현상이 동반된다. 그림 6.11의 용수철은 공에 일을 한다. 물은 터빈 날개에 일을 한다. 활은 화살에 일을 한다. 이와 같은 사실을 통해 일과 에너지의 관계에 대해 보다 깊은 통찰을 얻을 수 있다. 즉 **에너지가 한 물체에서 다른 물체로 전달될 때에는 일이 행해진다.**†

물리학이 알아낸 가장 중요한 결과 중 하나는 에너지가 전달되거나 변환될 때 어느 경우든 항상 그 과정 중에 에너지가 늘어나거나 줄어들지 않는다는 점이다.

에너지 보존 법칙

이것이 물리학의 가장 중요한 법칙 중 하나인 **에너지 보존 법칙**(law of conservation of energy)으로 다음과 같이 기술된다.

> **총에너지는 어떤 과정에서도 증가하거나 감소하지 않는다. 에너지는 한 형태에서 다른 형태로 변환될 수 있고, 한 물체에서 다른 물체로 전달될 수 있지만 전체 에너지는 일정하게 유지된다.**

앞에서 보존력이 작용하는 역학계에서의 에너지 보존을 다루었고 이것이 뉴턴 법칙들로부터 유도될 수 있으며, 따라서 에너지 보존이 이들 법칙과 동등하다는 것을 알아본 바 있다. 그러나 마찰 같은 비보존력을 포함한 모든 종류의 에너지를 아우르는 완전히 일반적인 에너지 보존 법칙이 유효한가는 실험적인 관측으로부터 판명될 수 있다. 비록 뉴턴 법칙이 원자 같은 미시 세계에서는 타당하지 않은 것으로 판명됐지만 에너지 보존 법칙은 지금까지 알려진 모든 실험적 상황에서 성립하는 것으로 밝혀졌다.

6.9 소모성 힘을 포함한 에너지 보존과 문제 풀이

6.7절에서 에너지 보존을 적용할 때에 마찰이나 다른 비보존력은 무시했다. 그러나 많은 경우에 이들을 무시할 수 없다. 예를 들어 그림 6.16의 롤러코스터는 실제 상황에서는 마찰 때문에 두 번째 언덕에서 첫 번째와 동일한 높이까지 올라가지 못한다. 이런 경우, 그리고 다른 자연적인 과정들에서 역학적 에너지(운동 에너지와 퍼텐셜 에너지의 합)는 일정하게 유지되지 않고 감소한다. 마찰력이 역학적 에너지(총에너지가 아닌)를 감소시키기 때문에 이를 **소모성 힘**(dissipative forces)이라 한다. 소모성 힘 때문에 역사적으로 19세기에 들어 선 뒤 한참 후에야 종합적인 에너지 보존 법칙을 수립하는 것이 가능했다. 그때에서야 마찰이 있을 때 항상 생기는 열을 (손

† 물체들이 서로 다른 온도에 있다면 이들 사이에 일이 행해지는 대신 열이 흐를 수도 있다(14, 15장 참조).

을 비벼 보라) 에너지의 관점에서 해석하게 됐다. 19세기 과학자들의 정량적인 연구를 통해(14장과 15장에서 다룬다) 열을 에너지(열에너지)의 전이로 생각하면 어느 과정에서나 에너지가 보존된다는 것을 보일 수 있게 됐다. 예를 들어 그림 6.16의 롤러코스터가 마찰력을 받는다면 열차의 처음 전체 에너지는 이어지는 궤도 상의 어느 위치에서나 열차의 운동 에너지와 퍼텐셜 에너지의 합에 움직이는 과정 중에 발생한 열에너지(마찰이 한 일과 같은 양)를 더한 것과 같다.

일반적인 일 · 에너지 원리, 식 6.10을 되돌려 보자.

$$W_{\text{NC}} = \Delta\text{KE} + \Delta\text{PE}$$

여기서 W_{NC}는 마찰 같은 비보존력이 한 일이다. 롤러코스터의 예처럼, 어떤 물체를 마찰 같은 비보존력이 작용하는 가운데 중력하에서 움직이는 입자라고 생각해 보자. 물체가 어떤 위치 1에서 다른 위치 2로 움직였다면

$$W_{\text{NC}} = \text{KE}_2 - \text{KE}_1 + \text{PE}_2 - \text{PE}_1$$

인데, 이를 다음과 같이 다시 쓸 수 있다.

$$\text{KE}_1 + \text{PE}_1 + W_{\text{NC}} = \text{KE}_2 + \text{PE}_2 \tag{6.15}$$

마찰의 경우는 $W_{\text{NC}} = -F_{\text{fr}}d$이고, 여기서 d는 물체가 위치 1에서 위치 2로 움직이는 동안 마찰(일정하다고 가정)이 작용한 거리이다. ($\vec{\mathbf{F}}$와 $\vec{\mathbf{d}}$는 반대 방향이고 따라서 식 6.1에서 cos 180° = −1이므로 음의 부호가 주어졌다.) $\text{KE} = \frac{1}{2}mv^2$, $\text{PE} = mgy$이고 $W_{\text{NC}} = -F_{\text{fr}}d$를 대입하면 식 6.15는 다음과 같이 된다.

$$\tfrac{1}{2}mv_1^2 + mgy_1 - F_{\text{fr}}d = \tfrac{1}{2}mv_2^2 + mgy_2 \qquad \left[\begin{array}{c}\text{중력과}\\ \text{마찰력 작용}\end{array}\right] \tag{6.16a}$$

즉 역학적 에너지는 처음의 값보다 $F_{\text{fr}}d$만큼 줄어든다. 이 식은 또한 다음과 같이 다시 쓸 수 있다.

또는

$$\begin{aligned}\tfrac{1}{2}mv_1^2 + mgy_1 &= \tfrac{1}{2}mv_2^2 + mgy_2 + F_{\text{fr}}d\\ \text{KE}_1 + \text{PE}_1 &= \text{KE}_2 + \text{PE}_2 + F_{\text{fr}}d\end{aligned} \qquad \left[\begin{array}{c}\text{중력과}\\ \text{마찰력 작용}\end{array}\right] \tag{6.16b}$$

다시 말해 열차의 처음 역학적 에너지(위치 1)는 열차의 (줄어든) 나중 역학적 에너지와 마찰에 의해 열에너지로 변환된 에너지의 합과 동일하다고 기술할 수 있다.

식 6.16은 식 6.13을 마찰 같은 비보존력을 포함하도록 수정한 것으로 볼 수 있다. 이와 같이 이들은 에너지 보존을 기술하는 식이다. 화학 에너지나 전기 에너지 같은 다른 형태의 에너지가 관련될 때도 에너지 전체량은 항상 보존되는 것으로 나타난다. 그러므로 에너지 보존 법칙은 보편적 진리로 간주된다.

연습 F 135쪽 시작 질문으로 가서 다시 답을 해 보라. 처음과 답이 다르다면 그 이유를 설명해 보라.

일 · 에너지 원리와 에너지 보존 법칙의 비교

에너지 보존 법칙은 일 · 에너지 원리보다 좀 더 일반적이고 좀 더 강력한 법칙이다.

실제로 일 · 에너지 원리를 에너지 보존을 기술하는 한 형태로 봐서는 안 된다. 그렇더라도 이 원리는 역학 문제를 다룰 때 유용하며, 이를 사용할 것인지 아니면 좀 더 강력한 에너지 보존 법칙을 사용할 것인지는 대상 **계의 선택**에 달려 있다. 계를 외력에 의해 일이 행해지는 입자나 단단한 물체로 잡는다면 일 · 에너지 원리를 쓸 수 있다. 이 경우 외력이 물체에 한 일의 크기는 물체의 운동 에너지의 변화량과 같다.

반면에 계에 외력이 일을 하지 않는 경우는 에너지 보존을 계에 직접 적용한다.

예로서 마찰이 없는 책상 위에 놓여 있는 블록이 용수철에 연결되어 있는 경우를 생각해 보자(그림 6.23). 블록을 계로 잡으면 용수철이 블록에 한 일은 블록의 운동 에너지의 변화량과 같다. 즉 일 · 에너지 원리가 적용된다. (에너지 보존은 이 계에 적용되지 않는다. 블록의 에너지가 변한다.) 대신에 계를 블록과 용수철로 잡으면 (용수철이 계의 일부이기 때문에) 외력이 한 일은 없다. 이 계에는 에너지 보존 법칙을 적용한다. 용수철을 압축했다가 놓으면 용수철이 블록에 힘† 을 가하지만 이후 운동에 대해서는 운동 에너지($\frac{1}{2}mv^2$)와 퍼텐셜 에너지($\frac{1}{2}kx^2$)의 합으로 기술할 수 있고, 이 값은 일정하다.

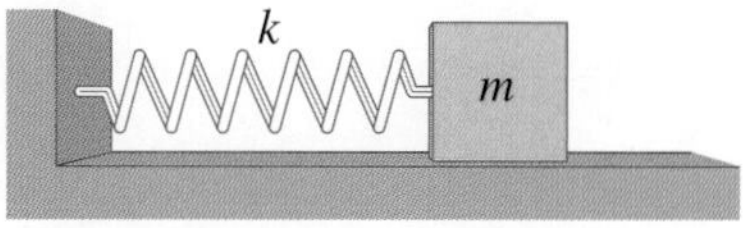

그림 6.23 마찰이 없는 책상 위에 놓인 블록에 용수철이 연결되어 있다. 계를 블록과 용수철의 합으로 잡으면

$$E = \tfrac{1}{2}mv^2 + \tfrac{1}{2}kx^2$$

가 보존된다.

때로 일과 에너지를 사용하여 문제를 풀 것인지, 아니면 뉴턴의 법칙을 사용할 것인지를 결정해야 하는 경우가 있다. 대략적으로 보아 힘이 일정한 경우는 어느 방법이나 무방하다. 힘이 일정하지 않거나 경로가 단순하지 않은 경우는 에너지가 스칼라양이기 때문에 에너지를 사용하는 방법이 더 좋은 접근법이다.

예제 6.9 | 추산 | 마찰이 있을 때의 롤러코스터

예제 6.6의 롤러코스터가 두 번째 언덕에서 연직 높이 25 m까지만 올라가서 정지했다(그림 6.24. 롤러코스터는 전체 400 m를 움직였다. 발생한 열에너지와 질량이 100 kg인 열차의 평균 마찰력(대략적으로 일정하다고 가정)을 구하라.

접근 다음과 같은 단계를 따라 문제를 해결한다.

풀이

1. **그림을 그린다.** 그림 6.24 참조
2. **계를 설정한다.** 계는 롤러코스터와 지구(중력을 가하는)이다. 열차에 작용하는 힘은 중력과 마찰력이다. (열차에 수직 항력도 작용하지만 일을 하지 않기 때문에 에너지에 영향을 주지 않는다.) 중력에 대해서는 퍼텐셜 에너지로 넣어주고 마찰력에 대해서는 $F_{\text{fr}}d$를 넣어준다.
3. **처음과 나중 위치를 잡는다.** 위치 1을 열차가 구르기 시작하는 순간(첫 번째 언덕의 맨 꼭대기)으로 위치 2를 두 번째 언덕의 25 m 위에서 열차가 정지하는 순간으로 잡는다.
4. **기준계를 잡는다.** 움직이는 경로 중 가장 낮은 위치를 $y = 0$으로 잡아 중력 퍼텐셜 에너지의 기준 위치로 삼는다.
5. **역학적 에너지가 보존되는가?** 아니다. 마찰이 있다.
6. **에너지 보존을 적용한다.** 열차에 마찰이 작용하므로 에너지 보존을 식 6.16b 형태로 적용하되 $v_1 = 0$, $y_1 = 40$ m, $v_2 = 0$, $y_2 = 25$ m, $d = 400$ m를 대입한다.

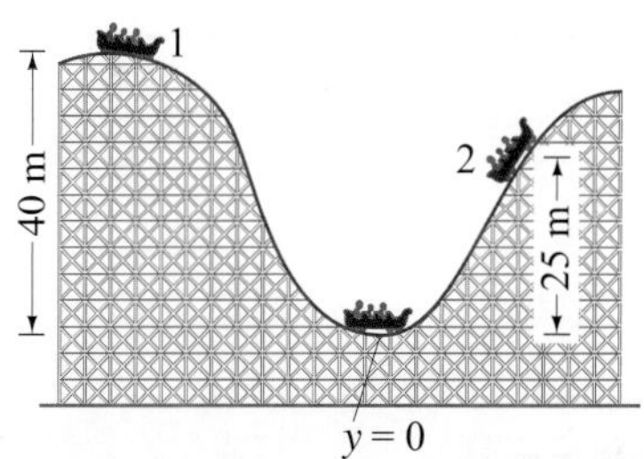

그림 6.24 예제 6.9. 마찰 때문에 롤러코스터는 두 번째 언덕에서 원래 높이만큼 도달하지 못한다(높이는 실제 비율이 아님).

† 용수철이 블록에 가하는 힘과 블록이 용수철에 반대로 가하는 힘은 외력이 아니라 계의 내력이다.

$$0 + (1000\,\text{kg})(9.8\,\text{m/s}^2)(40\,\text{m}) = 0 + (1000\,\text{kg})(9.8\,\text{m/s}^2)(25\,\text{m}) + F_{\text{fr}}d$$

7. 식을 푼다. 위 식을 열에너지로 흩어진 에너지 $F_{\text{fr}}d$에 대해 푼다.

$$F_{\text{fr}}d = mg\,\Delta h = (1000\,\text{kg})(9.8\,\text{m/s}^2)(40\,\text{m} - 25\,\text{m}) = 147{,}000\,\text{J}$$

거리 400 m를 걸쳐 작용한 평균 마찰력은 다음과 같다.

$$F_{\text{fr}} = (1.47 \times 10^5\,\text{J})/400\,\text{m} = 370\,\text{N}$$

유의 이 결과는 대략적인 평균일 뿐이다. 여러 다른 위치에서의 마찰력은 경사도에 따라 달라지는 수직 항력에 의존한다.

6.10 일률

일률은 **시간당 일을 하는 비율**로 정의한다. 평균 일률은 한 일의 양을 그 일을 하는 데 걸린 시간으로 나눈 값과 같다. 또한 일률은 **시간당 에너지가 변환되는 비율**로 정의할 수 있다. 즉

$$\overline{P} = \text{평균 일률} = \frac{\text{일}}{\text{시간}} = \frac{\text{변환된 에너지}}{\text{시간}} \tag{6.17}$$

이다. 엔진의 일률 값은 화학 에너지 또는 전기 에너지가 단위 시간당 얼마나 역학적 에너지로 바뀔 수 있는가를 가리킨다. SI 단위계에서 일률은 초당 줄로 나타내고 이 단위를 별도로 **와트**(W)라고 부른다. 즉 1 W = 1 J/s이다. 와트가 가장 익숙하게 쓰이는 곳은 전기 에너지를 빛에너지나 열에너지로 바꾸어 주는 전구나 전열기 같은 전기 기기에서이다. 그러나 와트는 다른 종류의 에너지 변환에서도 쓰인다.

영국 단위계로 일률의 단위는 초당 피트 · 파운드(ft · lb/s)이다. 실제로는 흔히 더 큰 단위인 **마력**(hp)을 사용한다. 1마력[†](hp)은 550 ft · lb/s로 정의하고 이는 746 W에 해당한다. 엔진의 일률은 보통 hp나 kW로 표시한다.[‡]

주의 일률과 에너지를 구별하라.

에너지와 일률의 차이를 알아보기 위해 다음과 같은 예를 생각해 보자. 어느 사람이 할 수 있는 일은 단지 필요한 총에너지에 의해서만 제한되는 것이 아니고 얼마나 빨리 에너지를 변환시켜줄 수 있는가, 즉 일률에 따라서도 제약을 받는다. 예를 들면 어떤 사람이 더 이상은 지속할 수 없을 정도로 지칠 때까지 먼 거리를 걷거나 또는 많은 층의 계단을 올라갈 수 있다. 반면에 계단을 매우 빨리 뛰어 올라가는 사람은 단 한, 두 층만에 기운이 다 빠지는 것을 느낄 수도 있다. 이 경우는 자신의 몸이 얼마나 빨리 화학 에너지를 역학적 에너지로 변환할 수 있느냐, 즉 일률에 의해 제약을 받는 것이다.

[†] 이 단위는 제임스 와트(James Watt, 1736~1819)가 자신이 새로 개발한 증기기관의 일률을 나타내기 위해 사용했다. 그는 실험을 통해 좋은 말 한 마리가 평균 약 360 ft · lb/s의 일률로 하루 종일 일을 할 수 있음을 알았다. 그런데 그는 자신이 만든 증기기관을 판매할 때 과장했다는 비난을 듣지 않기 위해 이 값에 $1\frac{1}{2}$을 곱해 hp를 정의했다.

[‡] $1\,\text{kW} = (1000\,\text{W})/(746\,\text{W/hp}) \approx 1\frac{1}{3}\,\text{hp}$

예제 6.10 **계단을 올라가는 일률**

60 kg인 사람이 많은 계단을 4.0 s 걸려서 뛰어 올라간다(그림 6.25). 계단의 연직 높이는 4.5 m이다. (a) 이때의 일률을 와트와 마력으로 구하라. (b) 이 경우 필요한 에너지는 얼마인가?

그림 6.25 예제 6.10

접근 이 사람이 한 일은 중력에 대항하여 한 것으로 $W = mgy$이다. 평균 일률을 구하려면 W를 일을 하는 데 걸린 시간으로 나누면 된다.

풀이 (a) 평균 일률은 다음과 같다.

$$\overline{P} = \frac{W}{t} = \frac{mgy}{t} = \frac{(60\,\mathrm{kg})(9.8\,\mathrm{m/s^2})(4.5\,\mathrm{m})}{4.0\,\mathrm{s}} = 660\,\mathrm{W}$$

1 hp는 746 W이므로 이 사람은 1 hp보다 약간 작은 일률로 일을 하고 있다. 사람은 이런 일률로는 오랫동안 일을 할 수 없다.
(b) 필요한 에너지는 $E = \overline{P}t = (660\,\mathrm{J/s})(4.0\,\mathrm{s}) = 2600\,\mathrm{J}$이다. 이는 $W = mgy$와 같다.

유의 이 사람이 변환한 일은 2600 J보다 좀 더 많아야 한다. 사람이나 엔진이 변환하는 전체 에너지에는 항상 약간의 열에너지가 포함된다(계단을 뛰어 올라가면 얼마나 더워지는가 생각해 보라).

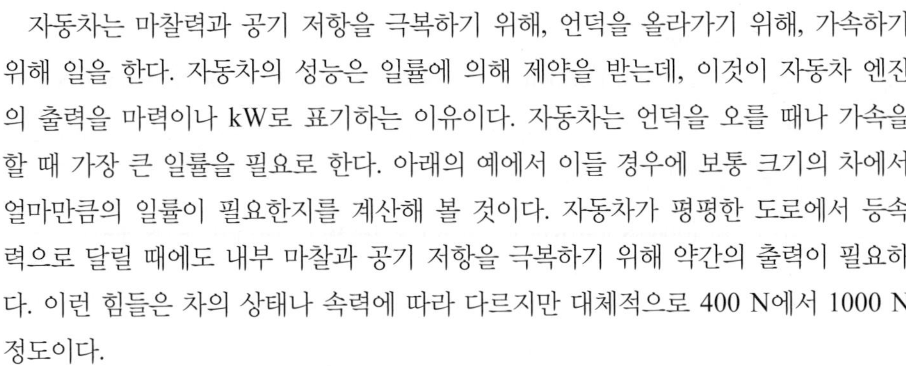

자동차는 마찰력과 공기 저항을 극복하기 위해, 언덕을 올라가기 위해, 가속하기 위해 일을 한다. 자동차의 성능은 일률에 의해 제약을 받는데, 이것이 자동차 엔진의 출력을 마력이나 kW로 표기하는 이유이다. 자동차는 언덕을 오를 때나 가속을 할 때 가장 큰 일률을 필요로 한다. 아래의 예에서 이들 경우에 보통 크기의 차에서 얼마만큼의 일률이 필요한지를 계산해 볼 것이다. 자동차가 평평한 도로에서 등속력으로 달릴 때에도 내부 마찰과 공기 저항을 극복하기 위해 약간의 출력이 필요하다. 이런 힘들은 차의 상태나 속력에 따라 다르지만 대체적으로 400 N에서 1000 N 정도이다.

때로는 일률을 물체에 작용하는 알짜힘 F와 물체의 속력 v로 표시하는 것이 편리하다. 이는 $\overline{P} = W/t$이고 $W = Fd$이므로 금방 구할 수 있다(d는 이동한 거리).

$$\overline{P} = \frac{W}{t} = \frac{Fd}{t} = F\overline{v} \tag{6.18}$$

여기서 $\overline{v} = d/t$는 물체의 평균 속력이다.

예제 6.11 **자동차에 필요한 일률**

1400 kg인 자동차가 (a) 80 km/h로 일정하게 10°의 언덕(상당히 가파른 언덕)을 올라갈 경우, (b) 평평한 도로에서 다른 차를 추월하기 위해 6.0 s 동안에 90 km/h에서 110 km/h로 가속할 경우에 필요한 일률을 구하라. 차의 움직임을 방해하는 힘은 모두 $F_R = 700$ N이라고 가정한다(그림 6.26).

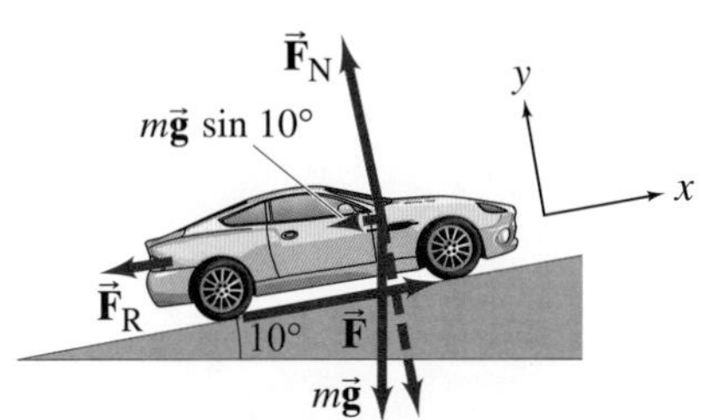

그림 6.26 예제 6.11. 자동차가 언덕을 올라가는 데 필요한 일률 구하기

접근 먼저 차의 움직임을 방해하는 공기 저항과 마찰에 의한 힘 $\vec{\mathbf{F}}_R$와 도로에 의해 타이어에 가해지는 마찰력(엔진에 의해 돌아가는 타이어가 도로에 가하는 힘에 대한 반작용), 즉 차를 가속하는 데 필요한 힘 $\vec{\mathbf{F}}$를 혼동하지 말아야 한다. 일률을 구하기 전에 먼저 힘 F의

크기를 구해야 한다.

풀이 (a) 등속력으로 언덕을 오르려면 뉴턴 제2법칙에 의해, 방해하는 힘 700 N과 중력의 언덕에 나란한 방향 성분 $mg \sin 10°$의 합력에 해당하는 힘 F를 자동차가 가해야 한다(그림 6.26). 따라서

$$\begin{aligned} F &= 700\,\mathrm{N} + mg \sin 10° \\ &= 700\,\mathrm{N} + (1400\,\mathrm{kg})(9.80\,\mathrm{m/s^2})(0.174) = 3100\,\mathrm{N} \end{aligned}$$

이다. $\bar{v}$ = 80 km/h = 22 m/s[†]이고 $\vec{\mathbf{F}}$와 나란하므로 일률은(식 6.18) 다음과 같다.

$$\overline{P} = F\bar{v} = (3100\,\mathrm{N})(22\,\mathrm{m/s}) = 6.8 \times 10^4\,\mathrm{W} = 68\,\mathrm{kW} = 91\,\mathrm{hp}$$

(b) 자동차가 평평한 곳에서 25.0 m/s부터 30.6 m/s까지(90에서 110 km/h) 가속한다. 자동차는 700 N의 방해하는 힘과 다음의 가속을 하는 데 드는 힘을 합한 만큼의 힘이 필요하다.

$$\bar{a}_x = \frac{(30.6\,\mathrm{m/s} - 25.0\,\mathrm{m/s})}{6.0\,\mathrm{s}} = 0.93\,\mathrm{m/s^2}$$

x를 수평 방향의 움직임으로 잡아서(중력의 성분은 없음) 뉴턴 제2법칙을 적용하면

$$ma_x = \Sigma F_x = F - F_\mathrm{R}$$

고, 필요로 하는 힘 F에 대해 풀면 다음이 된다.

$$\begin{aligned} F &= ma_x + F_\mathrm{R} \\ &= (1400\,\mathrm{kg})(0.93\,\mathrm{m/s^2}) + 700\,\mathrm{N} = 1300\,\mathrm{N} + 700\,\mathrm{N} = 2000\,\mathrm{N} \end{aligned}$$

$\overline{P} = F\bar{v}$이므로 필요한 일률은 속력이 커짐에 따라 증가하고, 이 엔진은 이 경우 최대 다음과 같은 일률을 발휘할 수 있어야 한다.

$$\overline{P} = (2000\,\mathrm{N})(30.6\,\mathrm{m/s}) = 6.1 \times 10^4\,\mathrm{W} = 61\,\mathrm{kW} = 82\,\mathrm{hp}$$

유의 엔진 출력의 60~80 % 정도만이 바퀴에 전달된다는 사실을 감안하더라도 위의 결과를 볼 때 75~100 kW(100~130 hp) 정도의 엔진이 실용적인 관점에서 적당하다는 것이 분명하다.

예제 6.11에서 자동차 엔진의 출력 일부만이 바퀴에 전달된다고 했다. 엔진에서 바퀴로 에너지가 전달되는 과정에서 약간의 에너지가 낭비될 뿐만 아니라 엔진 자체 내부에서도 입력 에너지(휘발유나 다른 연료를 태우는 것에서 얻은)가 전부 유효한 일로 바뀌는 것은 아니다. 모든 엔진에서 중요시 되는 특성이 전체적인 **효율**(efficiency) e로, 이는 입력 일률 P_in(예컨대 휘발유의 연소에서 얻어지는) 대비 엔진의 유용한 출력 일률 P_out의 비로 정의된다.

$$e = \frac{P_\mathrm{out}}{P_\mathrm{in}}$$

어떤 엔진도 에너지를 창출해낼 수 없고 한 형태의 에너지에서 다른 형태로 바뀔 때 어느 정도의 에너지가 마찰, 열에너지, 기타 유용하지 않은 형태의 에너지로 빠져나

[†]1 km/h = 1000 m/3600 s = 0.278 m/s임을 상기하라.

가지 않을 수 없으므로 효율은 항상 1.0보다 작다. 예를 들어 자동차 엔진은 휘발유를 연소시켜 얻는 화학 에너지를 피스톤을 움직이고 궁극적으로 바퀴를 돌리는 역학적 에너지로 바꾼다. 그러나 들어가는 에너지의 거의 85 %는 냉각 시스템이나 배기 파이프를 통해 열에너지로 빠져나가거나 움직이는 부품에 발생하는 마찰로 인해 '낭비'된다. 따라서 자동차 엔진은 겨우 약 15 % 정도의 효율을 갖고 있다. 효율에 대해서는 15장에서 좀 더 자세히 다룬다.

종합 문제

객관식

1. 무거운 책상을 움직이려고 힘을 들여 민다. 이때 책상에 일을 하는 경우는?
(a) 움직이는지와 상관없이 책상에 힘을 가하고 있을 때
(b) 책상이 움직이기 시작하는 경우만
(c) 책상이 움직이지 않을 때만
(d) 없다; 책상이 사람에게 일을 해줌
(e) 정답 없음

2. 위성이 등속력으로 원 궤도를 따라 지구 주위를 돌고 있다. 이 궤도는 지구와 위성 사이의 중력에 의해 유지되고 있지만 위성에는 아무런 일도 행해지지 않는다. 이는 왜 그런가?
(a) 물체 사이에 접촉이 없으면 일이 행해지지 않는다.
(b) 우주에는 중력이 없으므로 일이 행해지지 않는다.
(c) 움직이는 방향이 힘에 수직이면 일이 행해지지 않는다.
(d) 물체가 원형으로 움직이면 일이 행해지지 않는다.

3. 속도 v로 달리는 자동차가 정지하는 데 최소 d의 거리가 필요하다. 만일 속도가 $2v$라면 최소 정지거리는 얼마가 되는가?
(a) d
(b) $\sqrt{2}\,d$
(c) $2d$
(d) $4d$
(e) $8d$

4. 공을 연직 위로 던져 올린다. 어느 지점에서 공의 에너지가 가장 큰가? 공기 저항은 무시한다.
(a) 경로의 가장 높은 지점
(b) 공을 처음 던질 때
(c) 공이 지면에 도달하기 직전
(d) 공이 경로의 최대 도달 높이의 절반에 있을 때
(e) 어느 지점에서나; 공의 에너지는 이들 모든 지점에서 같다.

5. 자동차가 정지 상태에서 30 km/h로 가속한다. 그 다음에 고속도로에서 30 km/h에서 60 km/h로 가속한다. 0~30 km/h, 30~60 km/h 중 어느 경우가 더 많은 에너지가 드는가?
(a) 0~30 km/h
(b) 30~60 km/h
(c) 두 경우가 동일하다.

6. 자동차 엔진을 포함하여 엔진의 출력은 마력으로 표시한다. 마력이란 무엇인가?
(a) 엔진의 시동을 거는 데 필요한 힘
(b) 엔진을 일정하게 돌리는 데 필요한 힘
(c) 엔진이 휘발유나 다른 연료로부터 얻어야 하는 에너지
(d) 엔진이 단위 시간당 하는 일
(e) 엔진이 할 수 있는 일의 양

7. 스키어가 그림 6.27의 언덕 꼭대기에서 정지 상태로부터 출발한다. 마찰을 무시한다면 스키어가 바닥에 도달할 때 어느 언덕에서 가장 빠른가?
(a), (b), (c), (d), (e) c와 d(동일)

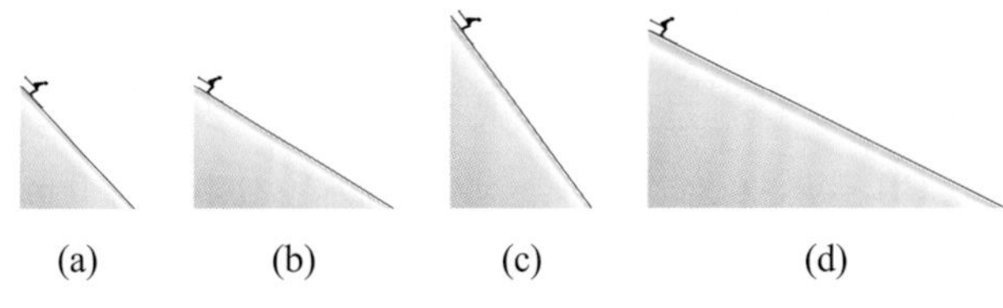

그림 6.27 객관식 7, 8

8. 약간의 마찰이 있다고 가정하고 문제 7에 답하라.

9. 어떤 사람이 블록을 경사면 위로 등속력으로 밀어 올린다. 블록이 경사면 위로 이동함에 따라
   (a) 운동 에너지와 퍼텐셜 에너지 모두 증가한다.
   (b) 운동 에너지는 증가하고 퍼텐셜 에너지는 변함없다.
   (c) 퍼텐셜 에너지는 증가하고 운동 에너지는 변함없다.
   (d) 퍼텐셜 에너지는 증가하고 운동 에너지는 같은 양만큼 감소한다.

10. 공을 연직 위로 던졌다. 공기 저항을 무시할 때 공의 에너지와 관련하여 사실이 아닌 것은?
   (a) 공이 위로 올라가면서 퍼텐셜 에너지는 감소한다.
   (b) 공이 위로 올라가면서 운동 에너지는 감소한다.
   (c) 운동 에너지와 퍼텐셜 에너지의 합은 일정하다.
   (d) 공이 내려올 때 퍼텐셜 에너지는 감소한다.
   (e) 공이 내려올 때 운동 에너지는 증가한다.

주관식

6.1 일정한 힘이 하는 일

1. (I) 75.0 kg인 소방관이 28.0 m 높이의 계단을 올라간다. 소방관이 한 일은 얼마인가?

2. (II) 46.0 kg짜리 큰 상자를 가속하지 않으면서 거친 바닥 위로 10.3 m를 수평으로 옮겨 갔다. 유효 마찰 계수가 0.50이라면 이 사람이 한 일은 얼마인가?

3. (II) 1200 N인 큰 상자가 마루에 놓여 있다. 이를 등속력으로 (a) 230 N의 마찰력에 대항하여 5.0 m를 이동하는 경우, (b) 연직으로 5.0 m 이동하는 경우 얼마의 일이 필요한가?

4. (II) 950 kg짜리 자동차를 9.0°의 경사면을 따라 710 m를 밀어 올리는 데 필요한 일은 얼마인가? 마찰은 무시한다.

5. (II) 어느 도서관의 책장 첫 번째 선반이 지면으로부터 15.0 cm 위에 놓여 있고 그 위로 나머지 네 개의 선반이 38.0 cm의 간격으로 놓여 있다. 책은 평균적으로 질량 1.40 kg, 높이 22.0 cm이고 한 선반에 평균 28권의 책을 꽂을 수 있다면 선반에 책을 모두 채우기 위해 필요한 일은 얼마인가? 애초에 책들은 모두 바닥에 가로 놓여 있다고 가정한다.

6. (II) 질량 4.0 kg인 상자를 정지 상태에서 시작하여 2.0 m/s^{2}의 비율로 7.0 s 동안 방을 가로질러 가속한다. 상자에 한 알짜일의 크기를 구하라.

7. (III) 질량이 16 kg인 식료품 카트를 수평 아래 쪽 17°의 각도로 작용하는 힘 F_P로 12°의 경사로를 따라 밀어 올린다. 경사로의 길이가 7.5 m일 때 각각의 힘($m\vec{\mathbf{g}}$, $\vec{\mathbf{F}}_N$, $\vec{\mathbf{F}}_P$)이 하는 일의 크기를 구하라.

6.2 변하는 힘이 하는 일

8. (II) 입자에 작용하는 x축 방향의 힘이 그림 6.28과 같이 변한다. x축을 따라 입자를 (a) $x = 0.0$에서 $x = 10.0$ m, (b) $x = 0.0$에서 $x = 15.0$ m까지 움직이는 데 이 힘이 하는 일의 크기를 구하라.

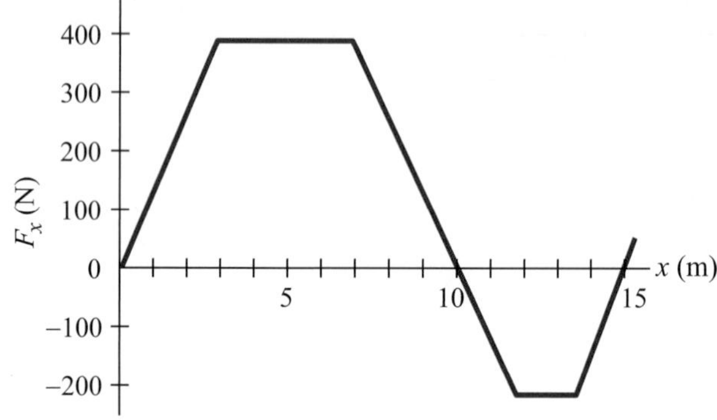

그림 6.28 주관식 8

9. (III) 17,000 kg인 제트기가 항공모함에서 발진 장치의 도움을 받아 이륙한다(그림 6.29a). 제트 엔진에서 분사되는 기체는 제트기에 130 kN의 일정한 힘을 작용한다. 발진 장치에 의해 제트기에 작용하는 힘을 그림 6.29b에 나타냈다. 이때 (a) 제트기가 이륙하는 동안 제트 엔진이 배출한 기체가 제트기에 한 일과 (b) 제트기가 이륙하는 동안 발진 장치가 제트기에 한 일을 구하라.

(a) (b)

그림 6.29 주관식 9

6.3 운동 에너지와 일 · 에너지 원리

10. (I) 상온에서 산소 분자(질량 5.31×10^{-26} kg)의 운동 에너지는 대략 6.21×10^{-21} J이다. 산소 분자는 얼마나 빨리 움직이는가?

11. (I) 1.10×10^6 m/s의 속력으로 움직이는 전자($m = 9.11 \times 10^{-31}$ kg)를 정지시키는 데 필요한 일은 얼마인가?

12. (II) 두 개의 총알이 동일한 운동 에너지를 갖고 동시에 발사됐다. 한 총알의 질량이 다른 총알의 두 배라면 어느 쪽이 얼마만큼 속력이 더 빠른가? 또 어느 쪽이 더 많은 일을 할 수 있는가?

13. (II) 75 cm 거리에 걸쳐 평균적으로 105 N의 힘을 가하는 활로부터 85 g의 화살이 발사됐다. 화살이 활시위를 떠나는 순간의 속력은 얼마인가?

14. (II) 평평한 도로 위에서의 교통사고를 조사하는 과정에서 78 m의 스키드 마크가 보였다. 비가 오는 날이었고 마찰 계수가 0.30 정도로 추정됐다. 이들 자료로부터 운전자가 브레이크를 급하게 밟는 순간(바퀴가 잠기는)의 자동차의 속력을 구하라. (차의 질량은 상관이 없는 이유는 무엇인가?)

15. (III) 265 kg의 화물을 줄에 매달아 $a = 0.160g$의 가속도로 18.0 m를 연직으로 끌어 올린다. 이때 (a) 줄의 장력, (b) 화물에 하는 알짜일, (c) 줄이 화물에 하는 일, (d) 중력이 화물에 하는 일, (e) 화물이 정지 상태에서 시작한 경우 나중 속력을 구하라.

6.4, 6.5 퍼텐셜 에너지

16. (I) 용수철 상수 k가 88.0 N/m인 용수철이 있다. 이 용수철을 45.0 J의 퍼텐셜 에너지를 갖도록 하려면 얼마나 압축해야 하는가?

17. (II) 66.5 kg인 등산객이 고도 1270 m에서 시작하여 높이 2660 m인 봉우리에 올랐다. (a) 등산객의 퍼텐셜 에너지 변화는 얼마인가? (b) 등산객이 해야 하는 최소한의 일은 얼마인가? (c) 실제 하는 일이 이보다 클 수 있는지 설명하라.

18. (II) 키가 1.60 m인 사람이 1.65 kg인 책을 지면에서 2.20 m 높이로 들어올린다. 이때 (a) 지면과 (b) 사람의 머리 꼭대기에 대한 책의 퍼텐셜 에너지를 구하라. (c) 사람이 한 일은 (a)와 (b)의 답과 어떤 연관성이 있는가?

6.6, 6.7 역학적 에너지 보존

19. (I) 초보 스키어가 8.0° 경사의 마찰이 없는 미끄러운 슬로프에서 스키를 타고 정지 상태에서 시작하여 연직 높이 105 m를 내려온다. 바닥에 도달했을 때 스키어는 얼마의 속력으로 움직이는가?

20. (II) 마찰이 없는 23.0° 경사의 언덕 위로 썰매를 밀어 올렸다. 올라간 최대 연직 높이가 처음 시작했던 지점으로부터 1.22 m라면 썰매의 처음 속력은 얼마인가?

21. (II) k = 83 N/m인 용수철이 자의 옆에 연직으로 매달려 있다. 용수철의 끝이 자의 15 cm 눈금에 위치하고 있다. 2.5 kg의 추를 용수철 끝에 매달아 추를 놓으면 추가 최대로 내려가는 위치의 자의 눈금은 얼마인가?

22. (II) 평평한 지면을 달리는 1200 kg짜리 자동차가 수평으로 놓인 코일 용수철에 v = 85 km/h의 속력으로 부딪쳐서 2.2 m만에 정지했다. 이 용수철의 용수철 상수는 얼마인가?

23. (II) 용수철 상수가 875 N/m인 용수철(질량은 무시한다)이 연직으로 책상 위에 놓여 0.160 m만큼 압축되어 있다. (a) 0.360 kg의 공을 그 위에 놓고 용수철을 놓는다면 위로 향하는 공의 속력은 얼마나 되는가? (b) 공은 원래 위치(압축된 용수철)로부터 얼마 높이까지 날아오르는가?

24. (II) 95 km/h의 속력으로 달리는 1200 kg짜리 자동차를 용수철을 사용하여 정지시키는 과정에서 탑승객이 최대 4.0g를 넘지 않는 가속을 받도록 설계하려면 용수철 상수는 얼마여야 하는가?

25. (III) 승강기 축의 바닥에 설치할 용수철을 설계하려고 한다. 용수철의 위쪽 끝으로부터 높이 h의 위치에서 승강기 케이블이 끊어지면서 추락하여 용수철에 의해 멈출 때 탑승객이 겪는 가속도가 최대 5.0g를 넘지 않게 하려면 용수철 상수 k는 얼마로 해야 하는가? 승강기와 탑승객의 전체 질량을 M이라 놓는다.

26. (III) 자전거 선수가 연직 높이 125 m인 7.50°의 경사로를 올라간다. 페달은 지름이 36.0 cm인 원을 그리며 돌린다. 자전거와 선수를 합한 전체 질량은 75.0 kg이다. (a) 중력에 대항하여 해야 할 일의 크기를 구하라. (b) 페달을 한 바퀴 완전히 돌릴 때마다 자전거가 5.10 m씩 움직인다면 원 궤적의 접선 방향으로 페달에 가해야 할 평균 힘은 얼마인가?

6.8, 6.9 에너지 보존 법칙

27. (I) 16.0 kg의 어린이가 높이 2.20 m의 미끄럼 틀 위에서 정지 상태로부터 미끄럼을 타고 내려와 바닥에 도착했을 때 속력이 1.25 m/s였다. 이 과정에서 발생한 열에너지는 얼마인가?

28. (II) 145 g짜리 야구공이 지면으로부터 12.0 m의 나무에서 떨어졌다. (a) 공기 저항을 무시할 수 있다면 땅에 부딪치는 순간 공의 속력은 얼마인가? (b) 실제로 공이 8.00 m/s의 속력으로 땅에 부딪쳤다면 작용한 공기 저항은 평균 얼마인가?

29. (II) 공을 2.0 m 높이에서 떨어뜨려 바닥에서 1.6 m 높이로 다시 튀어 올랐다. (a) 공이 바닥에 부딪쳐 다시 튀어 오르는 과정에서 잃어버린 에너지는 처음 에너지의 얼마만큼인가? (b) 부딪치기 직전과 다시 튀어 오르기 시작하는 순간의 공의 속력은 얼마인가? (c) 잃어버린 에너지는 어디로 갔는가?

30. (II) 66 kg의 스키어가 정상에서 하단까지 전체 표고차가 230 m이고 길이가 1200 m인 슬로프를 정지 상태에서 출발했다. 슬로프 하단에 도달했을 때 스키어는 11.0 m/s의 속력으로 움직이고 있었다. 마찰에 의해 소모된 에너지는 얼마인가?

31. (II) 높이가 135 m인 절벽 위에서 상향 38.0°의 각도로 속력 165 m/s의 포탄이 발사됐다. 포탄이 절벽 아래 땅에 떨어질 때의 속력은 얼마인가? 에너지 보존을 이용한다.

32. (III) 우주 왕복선의 초기 시험 비행을 위해 '글라이더'(조종사 포함 980 kg)가 사용됐다. 3500 m 높이에서 480 km/h로 수평으로 발사된 글라이더는 210 km/h의 속력으로 땅에 착륙했다. (a) 공기 저항이 없다면 글라이더의 착륙 속력은 얼마인가? (b) 지면에 대해 12°의 일정한 활공 각도로 내려온다면 글라이더에 작용하는 공기 저항의 힘은 평균 얼마인가?

6.10 일률

33. (I) 2750 W의 모터로 385 kg인 피아노를 16.0 m 높이의 6층 창문까지 끌어 올리는 데 필요한 시간은 얼마인가?

34. (I) 5.0 m/s로 달리던 85 kg의 미식축구 선수가 1.0 s만에 태클로 저지당했다. (a) 이 선수가 갖고 있던 원래 운동 에너지는 얼마인가? (b) 이 선수를 저지하는 데 소요된 평균 일률은 얼마인가?

35. (II) 모터보트의 출력이 35 hp이다. 보트가 등속력 35 km/h로 달린다면 보트에 작용하는 전체 저항력은 얼마인가?

36. (II) 1080 kg의 자동차가 중립 기어 상태로 평평한 도로에서 95 km/h에서 65 km/h로 감속되는 데 7.0 s가 걸린다. 이 차를 80 km/h로 일정하게 움직이게 하는 데 필요한 일률(W와 hp로)은 대략 얼마인가?

37. (II) 975 kg인 스포츠카를 정지 상태에서 95 km/h로 가속하는 데 6.4 s가 걸린다. 이 차 엔진의 평균 출력은 얼마인가?

38. (II) 펌프가 분당 27.0 kg의 물을 3.50 m 높이로 끌어 올린다. 이 펌프 모터의 출력(W)은 최소 얼마인가?

39. (II) 65 kg인 스키어가 움직이는 케이블에 이끌려 경사도 23°의 슬로프를 등속력으로 올라간다. 스키어가 $x =$ 320 m의 슬로프를 따라 꼭대기로 올라가는 데 2.0분이 걸린다. 눈과 스키 사이의 운동 마찰 계수가 $\mu_k = 0.10$일 때 (최대) 30명의 스키어를 동시에 끌어 올리는 데 필요한 모터의 출력(마력)은 얼마인가?

40. (III) 자전거 선수가 6.0° 경사의 언덕을 4.0 m/s의 등속력으로 내려오고 있다. 전체 질량(자전거와 선수의 합)이 75 kg일 때 이 선수가 같은 언덕을 같은 속력으로 올라가는 데 필요한 일률은 얼마인가?

연습 해답

A: (c)
B: (a) $(20)^2 = 400 < (30)^2 - (20)^2 = 500$이므로 더 작다.
(b) 2.0×10^5 J
C: 없다. 왜냐하면 속력 v가 음수의 제곱근이 되는데, 이는 실수가 아니다.
D: (a) $\sqrt{2}$ (b) 4
E: 그렇다. 보존력에서는 왕복 운동 시에 $W = 0$이기 때문에 이는 비보존력이다.
F: (e), (e); (e), (c)

선운동량 보존 법칙은 물리학의 가장 중요한 보존 법칙 중 하나이다. 당구공의 충돌은 충돌 직전 운동량의 벡터 합은 충돌 직후 운동량의 벡터 합과 같다는 이 법칙을 매우 잘 보여 주고 있다. 이 사진에서, 운동하던 입사공은 정지해 있던 11번 공과 빗겨 맞는 충돌을 한다. 충돌 후 일정한 각을 이루며 운동하는 두 공의 운동량의 벡터 합은 입사공의 처음 운동량 벡터와 같다.
이 장에서는 탄성 충돌(운동 에너지까지 보존되는 충돌)과 비탄성 충돌을 고려한다. 질량 중심의 개념에 대해서도 살펴보고, 질량 중심이 복잡한 운동 연구에 얼마나 유용한지 살펴본다.

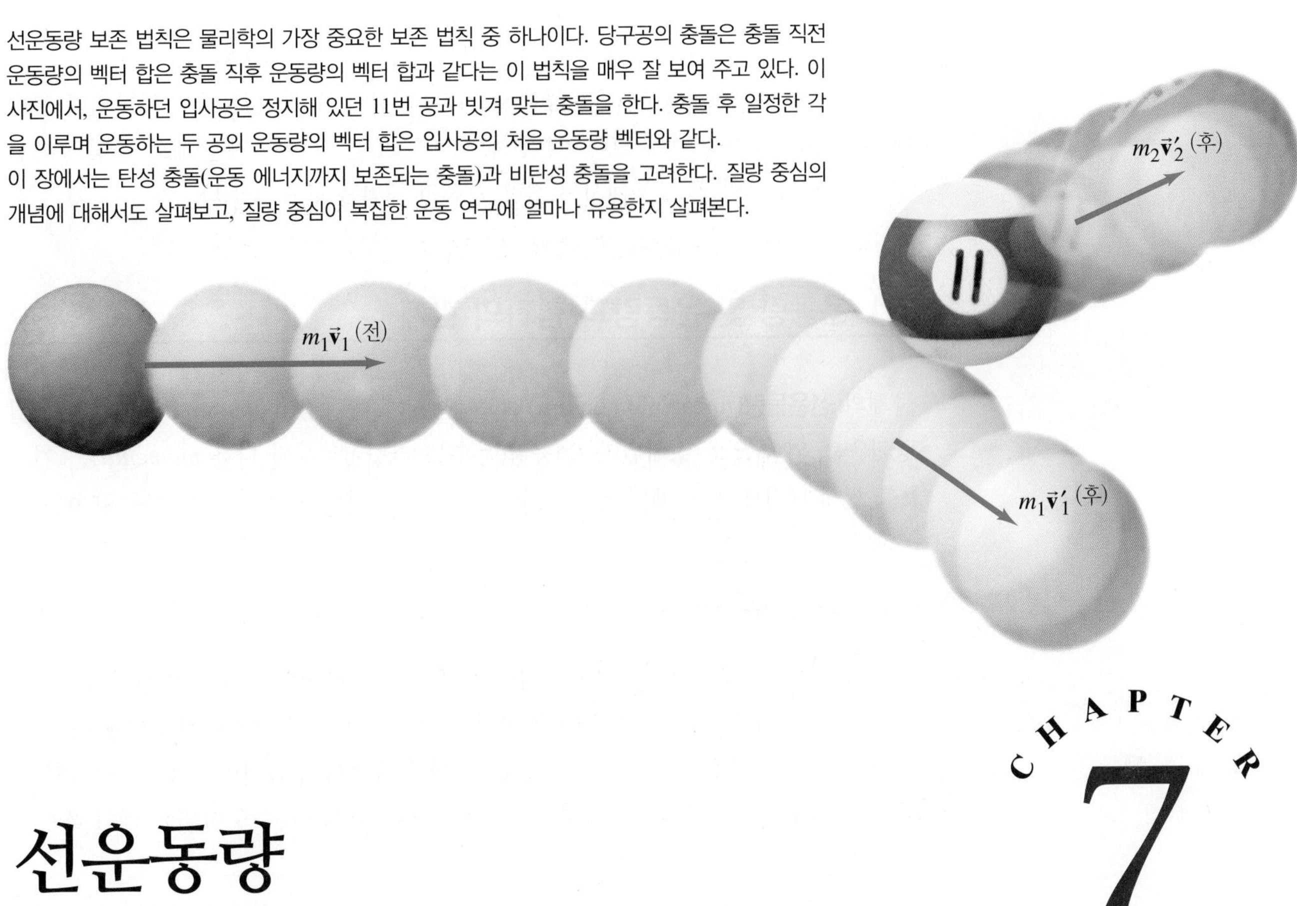

CHAPTER 7

선운동량

시작 질문 추정해 보라!

1. 돌을 실은 기차가 수평 궤도를 따라 마찰 없이 미끄러지고 있다. 차량 뒤쪽에 있는 인부가 돌을 차량 뒤쪽을 향해 수평으로 던지기 시작한다. 어떤 일이 일어날까?

(a) 차량이 느려진다.

(b) 차량이 빨라진다.

(c) 차량이 빨라지다가 느려진다.

(d) 차량은 등속력을 유지한다.

(e) 정답 없음

2. 차량 바닥의 구멍을 통해 돌이 한 번에 하나씩 떨어진다면, 위의 보기 중 어떤 것이 정답일까?

앞 장에서 배운 에너지 보존 법칙은 물리학의 가장 중요한 법칙 중 하나이다. 보존되는 물리량에는 에너지 외에도 선운동량, 각운동량, 전하 등이 있다. 보존 법칙은 과학에서 가장 중요한 개념이므로 이들 모두에 대해 다룰 것이다. 이 장에서는 선운동량과 그 보존에 대해 논의하자. 운동량 보존 법칙은 엄청난 물리적 영감과 문제 해결 능력을 제공하는 뉴턴 운동 법칙과 본질적으로 동등한 또 다른 표현이다.

운동량 보존 법칙은 일상적인 물체들 또는 핵입자들 사이의 충돌과 같이 둘 또는 그 이상의 물체들이 상호작용 하는 계를 다룰 때 특히 유용하다.

지금까지는 회전이나 내부 운동을 무시하는 '입자'로 가정한 물체 하나의 운동에 대해서 주로 초점을 맞춰 왔다. 이 장에서는 둘 또는 그 이상의 물체로 구성된 계를 취급하고, 이 장의 끝 부분에서는 질량 중심의 개념을 다룰 것이다.

7.1 운동량 및 운동량과 힘과의 관계

물체의 **선운동량**(linear momentum) 또는 간단히 '운동량(momentum)'은 물체의 질량과 속도의 곱으로 정의된다. 운동량(복수는 라틴어로부터 나온 *momenta*)은 기호 $\vec{\mathbf{p}}$를 써서 나타낸다. 물체의 질량을 m, 속도를 $\vec{\mathbf{v}}$로 나타날 때, 물체의 운동량 $\vec{\mathbf{p}}$는 다음과 같이 정의된다.

$$\vec{\mathbf{p}} = m\vec{\mathbf{v}} \tag{7.1}$$

속도가 벡터이므로 운동량 또한 벡터이다. 운동량은 방향이 속도의 방향과 같고, 크기는 $p = mv$이다. 속도가 좌표계에 따라서 달라지므로 운동량도 좌표계에 따라 달라진다. 따라서 운동량을 언급할 때에는 먼저 좌표계를 정해야만 한다. 운동량의 단위는 질량 속도의 단위인데, SI 단위계에서는 kg · m/s이다. 이 단위에 대한 특별한 명칭은 없다.

일상생활에서 **운동량**이란 용어는 위의 정의에 부합하는 의미로 사용된다. 식 7.1에 의하면, 빠르게 움직이는 차량은 느리게 움직이는 질량이 같은 차량보다 더 큰 운동량을 가지며, 무거운 트럭은 같은 속력으로 움직이는 소형차보다 더 큰 운동량을 갖는다. 물체의 운동량이 클수록 이 물체를 멈추기가 더 어려우며, 이 물체가 다른 물체와 충돌하여 멈추는 과정에서 다른 물체에 더 큰 영향을 준다. 축구 선수는 가볍거나 느린 선수보다는 무거운 선수가 빠른 속력으로 달려와 태클을 걸 때 더 큰 충격을 받는다. 무겁고 빠른 트럭은 느린 오토바이보다 더 큰 피해를 입힌다.

연습 A 소형 스포츠카가 자신보다 질량이 세 배나 더 큰 SUV와 같은 운동량을 가질 수 있을까? 이에 대해 설명해 보라.

물체의 운동량을 증가시키거나 감소시키거나 또는 방향을 바꾸는 등과 같이 운동량을 변화시키기 위해서는 힘이 필요하다. 뉴턴은 (mv를 '운동의 양'으로 부르기는 했지만) 원래 운동량을 이용하여 운동 제2법칙을 기술했다. **운동 제2법칙**에 대한 뉴턴의 진술을 현대적인 표현으로 바꾸면 다음과 같다.

뉴턴 제2법칙

물체의 운동량의 시간적 변화율은 그 물체에 작용한 알짜힘과 같다.

이를 식으로 표현하면 다음과 같다.

뉴턴 제2법칙

$$\Sigma\vec{\mathbf{F}} = \frac{\Delta\vec{\mathbf{p}}}{\Delta t} \tag{7.2}$$

여기서 $\Sigma\vec{\mathbf{F}}$는 물체에 작용하는 알짜힘(물체에 작용하는 모든 힘들의 벡터 합)이고, $\Delta\vec{\mathbf{p}}$는 시간 간격[†] Δt 동안의 운동량 변화량이다.

주의

운동량 벡터의 변화는 알짜힘 방향으로 일어난다.

질량이 일정한 경우, 식 7.2로부터 제2법칙의 익숙한 형태 $\Sigma\vec{\mathbf{F}} = m\vec{\mathbf{a}}$를 쉽게 유도할 수 있다. 물체의 처음 속도를 $\vec{\mathbf{v}}_1$이라 하고 시간 간격 Δt 후의 속도를 $\vec{\mathbf{v}}_2$라 하면 다음을 얻는다.

$$\Sigma\vec{\mathbf{F}} = \frac{\Delta\vec{\mathbf{p}}}{\Delta t} = \frac{m\vec{\mathbf{v}}_2 - m\vec{\mathbf{v}}_1}{\Delta t} = \frac{m(\vec{\mathbf{v}}_2 - \vec{\mathbf{v}}_1)}{\Delta t} = m\frac{\Delta\vec{\mathbf{v}}}{\Delta t}$$

정의에 의해 $\vec{\mathbf{a}} = \Delta\vec{\mathbf{v}}/\Delta t$이므로

$$\Sigma\vec{\mathbf{F}} = m\vec{\mathbf{a}} \qquad \text{[질량이 일정한 경우]}$$

이다. 식 7.2는 뉴턴 제2법칙에 대한 익숙한 형태인 $\Sigma\vec{\mathbf{F}} = m\vec{\mathbf{a}}$보다 더 일반적인 표현인데, 그 이유는 질량이 변하는 상황도 포함하기 때문이다. 질량의 변화는 연소된 연료를 방출하면서 질량이 감소하는 로켓과 같은 상황에서 일어난다.

예제 7.1 추산 테니스 서브에서의 힘

일류 테니스 선수가 서브할 때 공이 라켓을 떠나는 순간의 속력이 55 m/s이다(그림 7.1). 공의 질량이 0.060 kg이고 공과 라켓의 접촉 시간이 4 ms(4×10^{-3} s)일 때, 공에 작용하는 평균 힘을 추정하라. 이 힘은 60 kg인 사람을 들어올리기에 충분할까?

그림 7.1 예제 7.1

접근 평균 힘에 대한 뉴턴 제2법칙인 식 7.2는 다음과 같이 쓸 수 있다.

$$F_{\text{avg}} = \frac{\Delta p}{\Delta t} = \frac{mv_2 - mv_1}{\Delta t}$$

이때 mv_1과 mv_2는 각각 처음과 나중 운동량이다. 선수가 토스한 공은 정점에서 라켓과 접촉하므로 $v_1 = 0$으로 놓고, $v_2 = 55$ m/s는 수평 방향을 향한다고 가정한다. 라켓이 힘을 작용하는 짧은 시간 간격 동안에는 중력과 같은 다른 모든 힘을 무시한다.

풀이 라켓이 공에 작용하는 힘은

$$F_{\text{avg}} = \frac{\Delta p}{\Delta t} = \frac{mv_2 - mv_1}{\Delta t} = \frac{(0.060\,\text{kg})(55\,\text{m/s}) - 0}{0.004\,\text{s}} \approx 800\,\text{N}$$

이다. 공에 작용하는 힘은 60 kg인 사람의 무게 $mg = (60\,\text{kg})(9.8\,\text{m/s}^2) \approx 600\,\text{N}$보다 더 크다.

유의 테니스공에 작용하는 중력은 $mg = (0.060\ \text{kg})(9.8\text{m/s}^2) = 0.59$ N이므로 라켓이 작용하는 큰 힘에 비해 무시될 만큼 작다는 가정은 타당하다.

유의 힘을 직접 측정하는 것은 현실적으로 어렵다. 공과 라켓의 접촉 시간이나 공이 라켓을 떠날 때의 속력은 고속 촬영이나 레이더를 통해 추산할 수 있으므로, 위의 계산은 실제 세계에서 알려지지 않은 힘을 결정하는 편리한 기법임을 보여준다.

예제 7.2 세차: 운동량 변화와 힘

자동차의 측면을 향해 호스로부터 1.5 kg/s의 비율로 물이 나오고 있다(그림 7.2). 20 m/s

[†] 일반적으로 Δt는 작은 시간 간격을 의미한다. Δt가 작지 않으면, 주어진 시간 간격 동안 $\Sigma\vec{\mathbf{F}}$가 일정하거나 $\Sigma\vec{\mathbf{F}}$가 그 시간 간격 동안의 알짜힘의 평균값일 때에만 식 7.2가 유효하다.

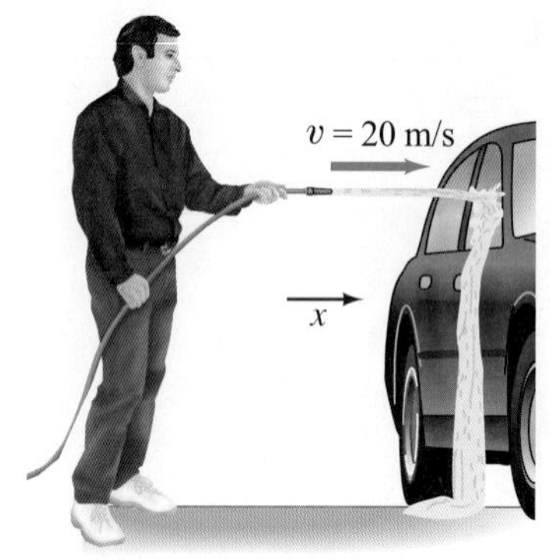

그림 7.2 예제 7.2

의 속력으로 나온 물이 자동차의 측면에 부딪쳐 멈출 때(즉 자동차에서 반사되어 튀어 나오지 않을 때), 물이 자동차에 작용하는 힘은 얼마인가?

접근 호스에서 나오는 물은 질량과 속도를 가지므로 수평(x) 방향의 운동량 p_{initial}을 갖는다. 중력이 물줄기를 아래로 잡아당기는 정도가 크지 않다고 가정하자. 차에 부딪치는 순간, 물은 운동량을 잃는다($p_{\text{final}} = 0$). 운동량 형태의 뉴턴 제2법칙인 식 7.2를 이용하여 물을 멈추기 위해 자동차가 물에 작용하는 힘을 구한다. 뉴턴 제3법칙에 의해, 물이 자동차에 작용하는 힘은 자동차가 물에 작용하는 힘과 크기가 같고 방향은 반대이다. 1 s마다 물 1.5 kg이 호스를 빠져나가므로 $F = \Delta p/\Delta t$에서 $\Delta t = 1.0$ s이고 $mv_{\text{initial}} = (1.5\text{ kg})(20\text{ m/s}) = 30\text{ kg}\cdot\text{m/s}$이다.

풀이 물의 운동량 변화를 위해 자동차가 물에 작용하는 (일정하다고 가정한) 힘은

$$F = \frac{\Delta p}{\Delta t} = \frac{p_{\text{final}} - p_{\text{initial}}}{\Delta t} = \frac{0 - 30\text{ kg}\cdot\text{m/s}}{1.0\text{ s}} = -30\text{ N}$$

이다. 음(−)의 부호는 자동차가 물에 작용한 힘의 방향이 물의 원래 속도의 방향과 반대임을 나타낸다. 자동차는 왼쪽으로 30 N의 힘을 작용하여 물을 멈추게 하고, 뉴턴 제3법칙에 의해, 물은 오른쪽으로 30 N의 힘을 자동차에 작용한다.

유의 상식적으로 당연하더라도 부호를 추적하라. 물이 오른쪽으로 이동하기 때문에 자동차에 작용하는 힘의 방향이 오른쪽이라는 것은 상식이다.

연습 B 예제 7.2에서 물이 자동차에서 튀겨 나오는 경우, 자동차에 작용하는 힘은 위에서 구한 값보다 더 클까 아니면 더 작을까?

7.2 운동량 보존

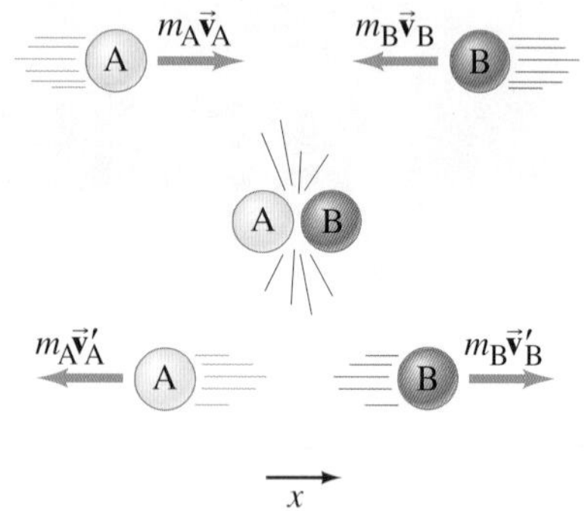

그림 7.3 A와 B로 표시된 두 공의 충돌에서 운동량은 보존된다.

운동량의 개념은 특히 중요한데, 그 이유는 알짜 외력이 작용하지 않을 때 계의 전체 운동량은 보존되기 때문이다. 이는 하나의 물체에 대한 식 7.2에서 표현됐는데, 계에 대해서도 적용됨을 보게 될 것이다.

그림 7.3에 보인 바와 같이, 두 당구공이 정면 충돌하는 경우를 생각해 보자. 두 공으로 이루어진 계에 알짜 외력이 작용하지 않는다고, 즉 충돌 과정에서 두 공에 작용하는 힘은 각각의 공이 서로에게 작용하는 힘뿐이라고 가정한다. 충돌의 결과 두 공의 운동량은 변하지만, 운동량의 **합**은 충돌 전과 후가 서로 같다. 충돌 직전 측정한 공 A와 B의 운동량을 각각 $m_A\vec{\mathbf{v}}_A$와 $m_B\vec{\mathbf{v}}_B$라고 할 때, 충돌 전 두 공의 전체 운동량은 벡터 합 $m_A\vec{\mathbf{v}}_A + m_B\vec{\mathbf{v}}_B$이다. 충돌 직후 두 공의 운동량을 각각 $m_A\vec{\mathbf{v}}'_A$와 $m_B\vec{\mathbf{v}}'_B$라고 하면, 충돌 후 두 공의 전체 운동량은 벡터 합 $m_A\vec{\mathbf{v}}'_A + m_B\vec{\mathbf{v}}'_B$이 된다. 알짜 외력이 작용하지 않는 한, 질량이나 속도에 상관없이, 정면 충돌이든 아니든 상관없이, 충돌 전 전체 운동량은 항상 충돌 후 전체 운동량과 같다.

$$\text{충돌 전 운동량} = \text{충돌 후 운동량}$$

운동량 보존 (두 물체의 충돌)

$$m_A\vec{\mathbf{v}}_A + m_B\vec{\mathbf{v}}_B = m_A\vec{\mathbf{v}}'_A + m_B\vec{\mathbf{v}}'_B \qquad \left[\Sigma\vec{\mathbf{F}}_{\text{ext}} = 0\right] \qquad (7.3)$$

즉 두 개의 충돌하는 공으로 이루어진 계의 전체 운동량 벡터는 보존된다. 즉 전체 운동량 벡터는 일정하게 유지된다. (이런 결과는 이 장의 도입부 사진에서 이미 살펴보았다.)

그림 7.4에 보인 바와 같이, 질량이 각각 m_A와 m_B이고 충돌 전 운동량이 $\vec{\mathbf{p}}_A$ $(= m_A\vec{\mathbf{v}}_A)$와 $\vec{\mathbf{p}}_B$ $(= m_B\vec{\mathbf{v}}_B)$, 충돌 후 운동량이 $\vec{\mathbf{p}}'_A$과 $\vec{\mathbf{p}}'_B$인 두 물체를 생각하자. 충돌하는 동안 물체 A가 물체 B에 작용하는 임의의 순간의 힘을 $\vec{\mathbf{F}}$라고 하자. 그러면 뉴턴 제3법칙에 의해, 물체 B가 물체 A에 작용하는 힘은 $-\vec{\mathbf{F}}$이다. 짧은 충돌 시간 동안 다른 외력이 작용하지 않거나 $\vec{\mathbf{F}}$가 다른 외력보다 매우 크다고 가정한다. 매우 짧은 시간 간격 Δt 동안 두 힘은 다음과 같이 쓸 수 있다.

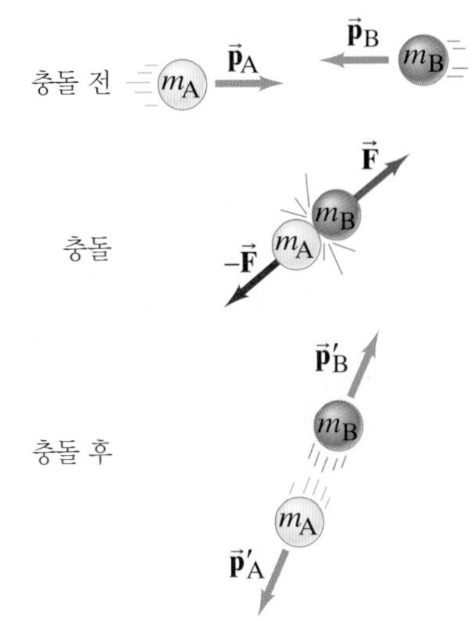

그림 7.4 두 물체의 충돌. 두 물체의 운동량은 충돌 전에는 $\vec{\mathbf{p}}_A$와 $\vec{\mathbf{p}}_B$이고, 충돌 후에는 $\vec{\mathbf{p}}'_A$와 $\vec{\mathbf{p}}'_B$이다. 충돌하는 동안 각각은 서로에게 크기는 같고 방향이 반대인 힘을 작용한다.

$$\vec{\mathbf{F}} = \frac{\Delta\vec{\mathbf{p}}_B}{\Delta t} = \frac{\vec{\mathbf{p}}'_B - \vec{\mathbf{p}}_B}{\Delta t}$$

$$-\vec{\mathbf{F}} = \frac{\Delta\vec{\mathbf{p}}_A}{\Delta t} = \frac{\vec{\mathbf{p}}'_A - \vec{\mathbf{p}}_A}{\Delta t}$$

두 식을 더하면

$$0 = \frac{\Delta\vec{\mathbf{p}}_B + \Delta\vec{\mathbf{p}}_A}{\Delta t} = \frac{(\vec{\mathbf{p}}'_B - \vec{\mathbf{p}}_B) + (\vec{\mathbf{p}}'_A - \vec{\mathbf{p}}_A)}{\Delta t}$$

이고 이 식은

$$\vec{\mathbf{p}}'_B - \vec{\mathbf{p}}_B + \vec{\mathbf{p}}'_A - \vec{\mathbf{p}}_A = 0$$

즉

$$\vec{\mathbf{p}}'_A + \vec{\mathbf{p}}'_B = \vec{\mathbf{p}}_A + \vec{\mathbf{p}}_B$$

를 의미한다. 이 식이 바로 식 7.3이다. 전체 운동량은 보존된다.

충돌 상황에서 위 식을 유도했다. 외력이 작용하지 않는 한 유도 과정은 임의의 시간 간격에 대해서 유효하며, 선택한 계에 외력이 작용하지 않는 한 운동량 보존 법칙은 항상 성립한다. 실제 상황에서는 당구공에 작용하는 마찰이나 테니스공에 작용하는 중력 등과 같은 외력이 작용한다. 따라서 때때로 충돌 전후의 '관찰 시간'이 짧을 필요가 있다. 야구 방망이나 테니스 라켓으로 공을 칠 때, 공은 '충돌' 전후에 중력과 공기 저항의 영향을 받으며 운동한다. 그러나 배트나 라켓이 공과 충돌하는 짧은 시간 동안에는 외력은 배트나 라켓이 공에 작용하는 충격력에 비해 매우 작다. 따라서 충돌 바로 직전의 운동량 $\vec{\mathbf{p}}_A$와 $\vec{\mathbf{p}}_B$, 외력의 영향을 받기 전인 충돌 바로 직후의 운동량 $\vec{\mathbf{p}}'_A$와 $\vec{\mathbf{p}}'_B$를 측정하는 한 운동량은 보존되거나 또는 거의 보존된다(식 7.3). 외력이 $\vec{\mathbf{p}}'_A$와 $\vec{\mathbf{p}}'_B$에 영향을 줄 때까지 기다릴 필요는 없다.

위의 유도 과정은 상호작용하는 물체들을 포함하는 경우에 대해서도 확장할 수 있다. 이를 확인하기 위해, 식 7.2 $\Sigma\vec{\mathbf{F}} = \Delta\vec{\mathbf{p}}/\Delta t$에서 $\vec{\mathbf{p}}$를 계의 전체 운동량, 즉 계에 포함된 모든 물체의 운동량의 벡터 합이라고 하자. (두 물체로 이루어진 계의 경우, $\vec{\mathbf{p}} = m_A\vec{\mathbf{v}}_A + m_B\vec{\mathbf{v}}_B$이다.) 계에 작용하는 알짜힘 $\Sigma\vec{\mathbf{F}}$가 0이면[두 물체로 이루어진 계의 경우 $\vec{\mathbf{F}} + (-\vec{\mathbf{F}}) = 0$인 경우와 같이], 식 7.2로부터 $\Delta\vec{\mathbf{p}} = \Sigma\vec{\mathbf{F}}\,\Delta t = 0$이 성립하기 때문에 전체 운동량은 변하지 않는다. **운동량 보존 법칙**(law of conservation of momentum)의 일반적인 표현은 다음과 같다.

운동량 보존 법칙

고립계의 전체 운동량은 일정하게 유지된다.

계(system)는 우리가 선택한 물체들의 집합을 의미하는데, 물체들은 서로 상호작용을 할 수 있다. **고립계**(isolated system)란 구성 물체들 사이에 작용하는 힘이 유일한 힘인 계를 일컫는다. 뉴턴 제3법칙에 의해 계의 내력(internal force)의 합은 0이다. 계 **외부의** 물체가 계에 작용하는 힘을 의미하는 **외력**(external force)의 합이 0이 아니면, 계의 전체 운동량은 보존되지 않는다. 그러나 외력을 작용하는 물체를 포함하도록 계를 새롭게 정의하면 운동량 보존 원리는 적용될 수 있다. 예를 들어 낙하하는 돌을 하나의 계로 간주하면 지구에 의한 중력이 돌을 가속시켜 운동량을 변화시키기 때문에 운동량이 보존되지 않는다. 그러나 지구를 계에 포함시키면 돌과 지구의 전체 운동량은 보존된다. (이는 지구가 돌을 향해 올라와 돌과 만나는 것을 의미한다. 그러나 지구는 질량이 너무 커서 속도가 매우 작다.)

앞에서 보았듯이 뉴턴 제2법칙으로부터 운동량 보존 법칙이 유도됐지만, 운동량 보존 법칙은 사실 뉴턴 법칙보다 더 일반적인 법칙이다. 원자와 같이 작은 세계에서는 뉴턴 법칙이 성립하지 않지만 중요한 보존 법칙(에너지, 운동량, 각운동량 전하 등의 보존 법칙)은 성립된다는 것이 지금껏 실시된 모든 실험 상황에서 밝혀졌다. 이 때문에 보존 법칙이 뉴턴 법칙보다 더 기본적인 법칙이라고 간주된다.

예제 7.3 객차의 충돌: 운동량 보존

그림 7.5와 같이 10,000 kg의 객차 A가 24.0 m/s의 속력으로 달리다가 정지해 있던 똑같은 객차 B와 충돌한다. 충돌 후 두 객차가 연결되어 움직인다면, 충돌 직후 두 객차의 공통 속력은 얼마인가?

접근 두 객차로 이루어진 계를 택한 후, 마찰과 같은 외력을 무시하기 위해 충돌 직전과 직후의 매우 짧은 시간 간격을 고려한다. 그리고 운동량 보존 법칙을 적용한다.

풀이 처음에는 객차 B가 정지해 있었으므로($v_B = 0$) 처음 전체 운동량은

$$p_{\text{initial}} = m_A v_A + m_B v_B = m_A v_A$$

이다. 운동량의 방향은 $+x$ 방향인 오른쪽 방향이다. 충돌 후 두 객차가 연결되어 움직이므로 같은 속력 v'으로 움직인다. 따라서 충돌 후 전체 운동량은 다음과 같다.

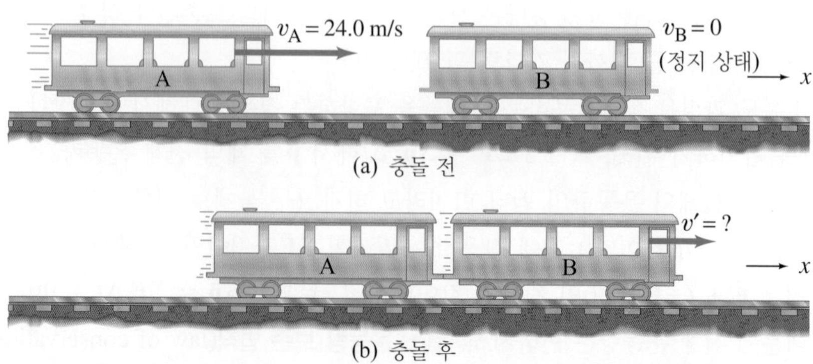

그림 7.5 예제 7.3

$$p_{\text{final}} = (m_A + m_B)v'$$

외력이 작용하지 않는다고 가정했으므로 운동량은 보존된다. 즉

$$p_{\text{initial}} = p_{\text{final}}$$
$$m_A v_A = (m_A + m_B)v'$$

이고 이 식을 v'에 대해서 풀면

$$v' = \frac{m_A}{m_A + m_B} v_A = \left(\frac{10{,}000\ \text{kg}}{10{,}000\ \text{kg} + 10{,}000\ \text{kg}}\right)(24.0\ \text{m/s}) = 12.0\ \text{m/s}$$

이다. 방향은 오른쪽 방향이다. 충돌 후 두 객차의 속력은 객차 A의 처음 속력의 절반이 된다.

유의 풀이의 마지막까지 기호를 사용했기 때문에 이와 관련된 다른 상황에 이용할 수 있는 식을 얻게 됐다.

유의 풀이에서 마찰을 포함시키지 않았다. 왜일까? 그 이유는 매우 짧은 시간 동안의 충돌 바로 직전과 직후의 속력을 구했기 때문이다. 이 짧은 시간 동안에 마찰은 큰 영향을 주지 않으므로 무시할 수 있다. (그러나 곧 마찰로 인해 두 객차의 속력은 감소할 것이다.)

연습 C 예제 7.3에서, $m_A = m_B$이므로 마지막 식에서 $m_A/(m_A + m_B) = \frac{1}{2}$이다. 따라서 $v' = \frac{1}{2}v_A$이다. (a) $m_B = 3m_A$인 경우, (b) m_B가 m_A보다 매우 큰 경우 m_A $(m_B \gg m_A)$, (c) $m_B \ll m_A$인 경우 어떤 결과를 얻을까?

연습 D 50 kg의 아이가 수평 방향으로 2.0 m/s의 속력으로 부두에서 뛰어내려 대기하고 있던 150 kg의 보트에 착지했다. 보트가 부두로부터 멀어지는 속력은 얼마인가?

운동량 보존 법칙은 충돌이나 '폭발'과 같은 비교적 간단한 문제를 취급할 때 아주 편리하게 적용된다. 예를 들어 4장에서 다룬 **로켓의 추진**(rocket propulsion)은 작용 반작용의 개념을 이용하여 이해할 수 있지만, 이 현상을 운동량 보존 법칙을 이용해도 이해할 수 있다. 먼 우주 공간에 놓여 외력이 작용하지 않는 로켓과 연료를 하나의 고립계로 간주할 수 있다. 연료가 분출되기 전의 로켓의 좌표계에서, 로켓과 연료의 전체 운동량은 0이다. 연료가 분출될 때에도 전체 운동량은 변하지 않는다. 즉 방출되는 기체의 뒤쪽 방향의 운동량은 로켓이 얻는 앞쪽 방향의 운동량과 정확하게 균형을 이룬다(그림 7.6). 그러므로 로켓이 텅 빈 우주 공간에서 가속될 수 있다. 종종 잘못 생각하듯이 방출되는 기체가 지구나 공기를 밀 필요는 없다. 운동량이 보존되는 (거의) 고립계에 대한 또 다른 예로는 총알이 발사될 때의 총의 반동(예제 7.4)이나 보트 밖으로 짐을 던진 직후의 보트의 움직임 등이 있다.

물리학의 응용

로켓의 추진

주의

로켓은 지구를 밀지 않는다. 로켓은 연료가 연소될 때 나오는 기체를 밀어서 추진력을 얻는다.

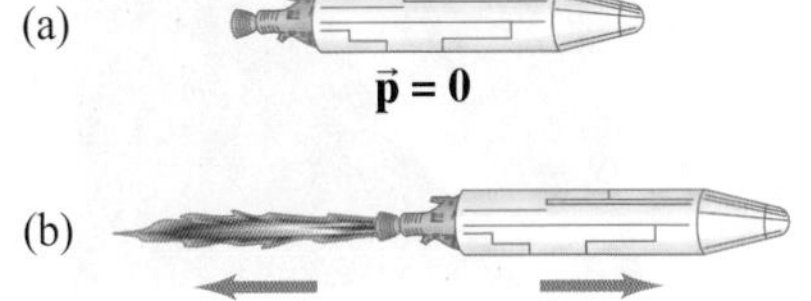

그림 7.6 (a) 연료를 실은 로켓이 어떤 기준계에서 정지해 있다. (b) 같은 기준계에서, 로켓이 발사되고 후미에서 고속으로 기체가 방출되고 있다. 전체 운동량 벡터 $\vec{\mathbf{p}}_{기체} + \vec{\mathbf{p}}_{로켓}$은 0을 유지한다.

예제 7.4 소총의 반동

그림 7.7과 같이 0.020 kg의 총알이 620 m/s의 속력으로 발사될 때 5.0 kg인 소총의 반동 속도를 계산하라.

접근 방아쇠를 당기기 직전 소총과 총알 모두 정지해 있다. 방아쇠를 당기면 탄피 내부에서 폭발이 일어나고, 총알이 총신을 떠날 때, 총알은 오른쪽($+x$)으로 움직이고, 총은 왼

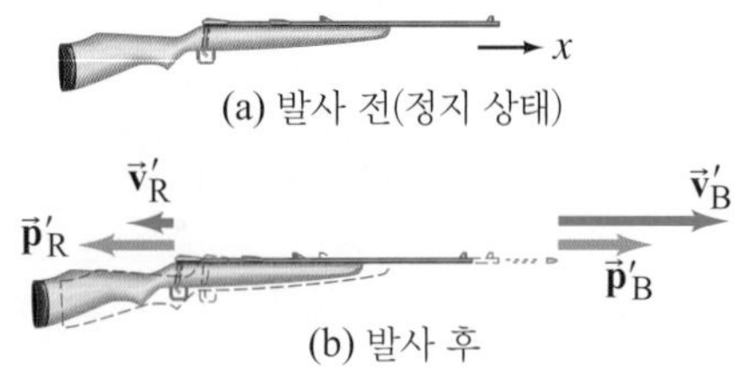

그림 7.7 예제 7.4

쪽으로 되튄다(그림 7.7b). 폭발이 일어나는 짧은 시간 동안에는 외력이 화약의 폭발에 의한 힘보다 작다고 가정할 수 있다. 따라서 근사적으로라도 운동량 보존 법칙을 적용할 수 있다.

풀이 첨자 B와 R를 각각 총알과 소총으로 나타내고, 나중 속도를 프라임(′)으로 표시할 때, x 방향의 운동량 보존 법칙은 다음과 같이 주어진다.

$$\text{발사 전 운동량} = \text{발사 후 운동량}$$
$$m_B v_B + m_R v_R = m_B v'_B + m_R v'_R$$
$$0 + 0 = m_B v'_B + m_R v'_R$$

미지의 값 v'_R에 대해 풀면 다음과 같다.

$$v'_R = -\frac{m_B v'_B}{m_R} = -\frac{(0.020\,\text{kg})(620\,\text{m/s})}{(5.0\,\text{kg})} = -2.5\,\text{m/s}$$

소총의 질량이 훨씬 크므로 소총의 반동 속도는 총알의 속도보다 훨씬 작다. 음(−)의 부호는 소총의 속도와 운동량이 총알과 반대인 $-x$ 방향이라는 것을 의미한다.

연습 E 165쪽 시작 질문으로 가서 다시 답을 해 보라. 처음과 답이 다르다면 그 이유를 설명해 보라.

7.3 충돌과 충격량

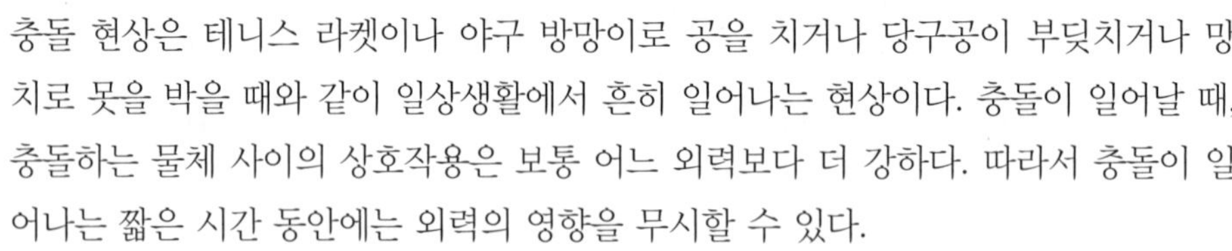

충돌 현상은 테니스 라켓이나 야구 방망이로 공을 치거나 당구공이 부딪치거나 망치로 못을 박을 때와 같이 일상생활에서 흔히 일어나는 현상이다. 충돌이 일어날 때, 충돌하는 물체 사이의 상호작용은 보통 어느 외력보다 더 강하다. 따라서 충돌이 일어나는 짧은 시간 동안에는 외력의 영향을 무시할 수 있다.

그림 7.8 공을 때리는 순간의 테니스 라켓. 서로에게 작용하는 큰 힘 때문에 공과 라켓 줄은 모두가 변형된다.

충돌이 일어나는 동안 물체는 모두 변형되는데, 때로는 아주 심하게 변형된다(그림 7.8). 이는 물체 사이에 작용하는 힘이 매우 크기 때문이다. 충돌이 일어날 때, 힘은 접촉이 시작되는 순간에는 0이지만 매우 짧은 시간 내에 대단히 큰 값이 됐다가 다시 갑작스레 0이 된다. 충돌 과정에서 한 물체가 다른 물체에 작용하는 힘의 크기를 시간에 따라 나타내면 그림 7.9의 붉은 곡선과 같다. 거시적 물체의 충돌 현상에서 시간 간격 Δt는 수 밀리초 정도로 매우 짧다.

뉴턴 제2법칙인 식 7.2에 의하면, 물체에 작용하는 **알짜**힘은 그 물체의 운동량의 시간적 변화율과 같다.

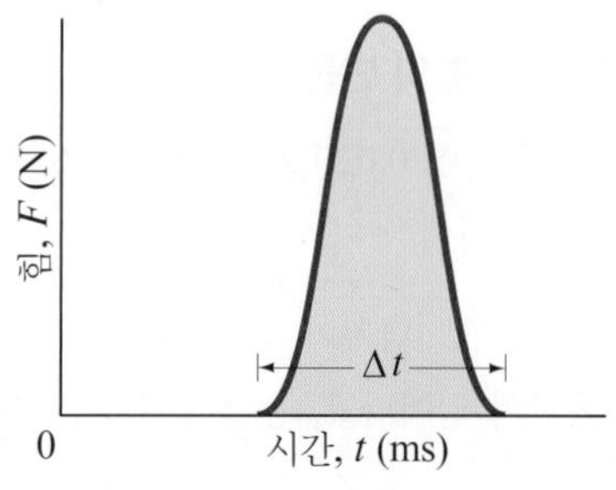

그림 7.9 전형적인 충돌 과정에서 시간에 따른 힘의 크기. 거시적인 물체 사이의 충돌에서는 일반적으로 Δt가 밀리초(ms) 정도로 짧기 때문에 F가 매우 커진다.

$$\vec{\mathbf{F}} = \frac{\Delta\vec{\mathbf{p}}}{\Delta t}$$

(위 식에서 알짜힘을 $\Sigma\vec{\mathbf{F}}$ 대신 $\vec{\mathbf{F}}$로 표시했는데, 이는 충돌하는 동안 작용하는 평균 힘은 짧지만 매우 크다는 것을 가정했기 때문이다.) 이 식은 충돌하는 두 물체의 **각각**에 적용된다. 이 식의 양변에 Δt를 곱하면 다음의 식을 얻는다.

$$\vec{\mathbf{F}}\,\Delta t = \Delta\vec{\mathbf{p}} \tag{7.4}$$

힘 $\vec{\mathbf{F}}$와 힘이 작용한 시간 Δt를 곱한 양인 좌변의 물리량을 **충격량**(impulse)이라 한다.

$$\text{충격량} = \vec{\mathbf{F}}\,\Delta t \tag{7.5}$$

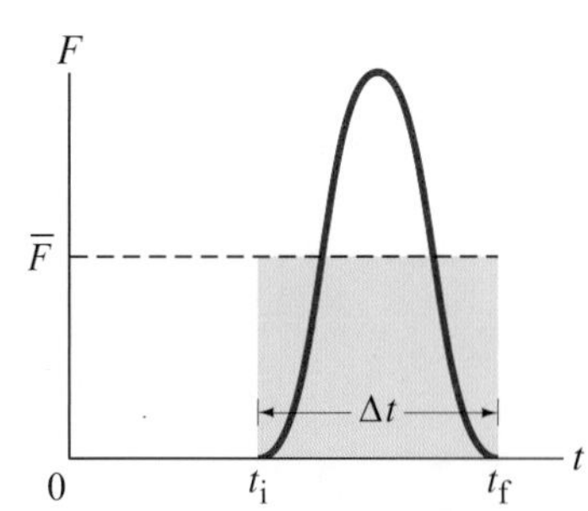

그림 7.10 매우 짧은 시간 간격 Δt 동안 작용하는 평균 힘 $\overline{F}$는 실제 힘과 같은 충격량($\overline{F}\Delta t$)을 준다.

운동량의 전체 변화량은 충격량과 같다. 충격량은 야구 방망이로 공을 칠 때와 같이 매우 짧은 시간 동안 작용하는 힘을 다룰 때 매우 유용한 개념이다. 일반적으로 이런 힘은 일정하지 않으며, 때로는 그림 7.9와 7.10에 주어진 그래프와 같이 시간에 따라 급격히 변한다. 그림 7.10에 점선으로 나타낸 것과 같이, 시간에 따라 변하는 힘을 종종 시간 간격 Δt 동안 작용하는 평균 힘 $\overline{F}$로 근사할 수 있다. $\overline{F}$의 크기는 그림 7.10에 색칠된 넓이($\overline{F} \times \Delta t$와 같음)가 그림 7.9의 $F-t$ 그래프의 실제 곡선 아래의 넓이(실제 충격량을 의미함)와 같도록 택한다.

연습 F 그림 7.9가 골프공이 벽에 부딪히는 짧은 시간 동안 골프공에 작용하는 힘과 시간 그래프라고 하자. 골프공과 질량과 속력이 같지만 더 부드러운 고무공이 벽에 부딪친다면 곡선의 모양은 어떻게 변할까?

예제 7.5 추산 격파

판자를 가격하여 부술 때 전달되는 충격량과 평균 힘을 추정하라(그림 7.11). 판자를 가격할 때 손은 대략 10 m/s로 움직인다고 가정한다.

접근 식 7.4의 운동량–충격량 관계를 이용한다. 대략 1 cm의 거리를 이동하는 동안 손의 속력은 10 m/s에서 0으로 변한다. 손의 질량은 팔의 일부분으로 포함될 수 있으며, 팔의 질량을 대략 $m \approx 1$ kg으로 가정한다.

풀이 충격량이 운동량의 변화량과 같으므로

$$\overline{F}\,\Delta t = \Delta p = m\,\Delta v \approx (1\,\text{kg})(10\,\text{m/s} - 0) = 10\,\text{kg}\cdot\text{m/s}$$

이다. Δt를 알면 힘을 구할 수 있다. 손은 대략 $\Delta x \approx 1$ cm 정도 움직인 후 정지한다. 충격이 가해지는 동안의 평균 속력은 $\bar{v} = (10\,\text{m/s} + 0)/2 = 5\,\text{m/s}$이고, 이는 $\Delta x/\Delta t$와 같다. 따라서 $\Delta t = \Delta x/\bar{v} \approx (10^{-2}\,\text{m})/(5\,\text{m/s}) = 2 \times 10^{-3}$ s 또는 2 ms이다. 그러므로 식 7.4에 의해 평균 힘은 다음과 같다.

$$\overline{F} = \frac{\Delta p}{\Delta t} = \frac{10\,\text{kg}\cdot\text{m/s}}{2 \times 10^{-3}\,\text{s}} \approx 5000\,\text{N} = 5\,\text{kN}$$

그림 7.11 예제 7.5

7.4 충돌 현상에서 에너지와 운동량 보존

대부분의 충돌에서는 작용하는 힘이 시간에 따라 어떻게 변하는지 알 수 없기 때문에 뉴턴 제2법칙을 이용하여 충돌 현상을 분석하는 것이 어렵거나 불가능하다. 그러나 충돌 전의 운동에 대한 정보가 주어지는 경우, 운동량과 에너지 보존 법칙을 이용하면 충돌 후의 운동에 대한 많은 것을 결정할 수 있다. 7.2절에서 당구공과 같은 두 물체가 충돌할 때 전체 운동량이 보존됨을 살펴보았다. 두 물체가 매우 단단하고 충돌 과정에서 열이나 다른 에너지가 발생하지 않는다면 두 물체의 전체 운동 에너지는 충돌 전과 후가 같다. 두 물체가 접촉하는 짧은 시간 동안 에너지의 일부 또는 전부가 잠시 동안 탄성 퍼텐셜 에너지의 형태로 저장된다. 그러나 충돌 직전의 전체 운동 에너지와 충돌 직후의 전체 운동 에너지가 같을 경우, 전체 운동 에너지는 보존된다고 한다. 이런 충돌을 **탄성 충돌**(elastic collision)이라 한다. 아래 첨자 A와 B를 두 물체를 나타내는 기호로 사용할 때 전체 운동 에너지 보존에 대한 식은 다음과 같다.

$$\text{충돌 전 전체 운동 에너지} = \text{충돌 후 전체 운동 에너지}$$

$$\tfrac{1}{2}m_A v_A^2 + \tfrac{1}{2}m_B v_B^2 = \tfrac{1}{2}m_A v_A'^2 + \tfrac{1}{2}m_B v_B'^2 \qquad [\text{탄성 충돌}] \qquad \textbf{(7.6)}$$

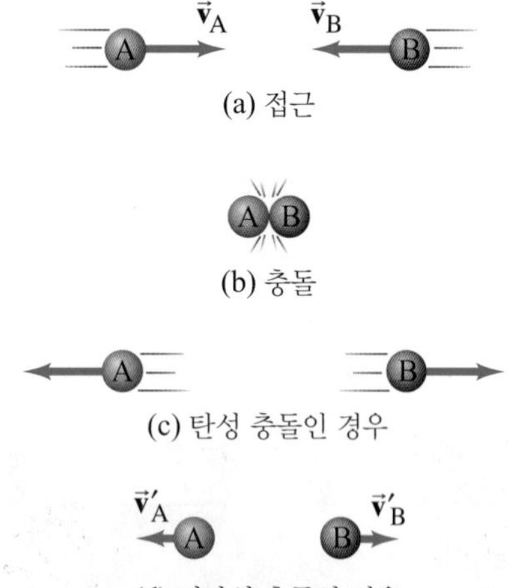

그림 7.12 질량이 같은 두 물체가 (a) 같은 속력으로 서로를 향해 접근하여, (b) 충돌할 때, (c) 탄성 충돌인 경우 서로 같은 속력으로 반대 방향으로 튀어나가고, (d) (운동 에너지의 일부가 소리나 열과 같은 다른 형태의 에너지로 전환되는) 비탄성 충돌인 경우에는 되튀는 정도가 매우 적거나 아예 없다.

운동량 보존에 대한 식 7.3에서와 마찬가지로, 프라임(′)을 붙인 물리량은 충돌 후의 물리량을 의미하며, 프라임을 붙이지 않은 물리량은 충돌 전의 물리량을 의미한다.

원자 규모 수준에서 원자나 분자는 흔히 탄성 충돌을 한다. 그러나 일상적인 거시 세계에서는 탄성 충돌은 결코 일어날 수 없는 이상적인 충돌인데, 그 이유는 충돌하는 동안 최소한 아주 작은 열이라도 발생하거나 소리 또는 다른 형태의 에너지가 발생하기 때문이다. 그러나 당구공과 같이 단단하고 탄성이 큰 공 사이의 충돌은 거의 탄성 충돌에 가깝기 때문에 때때로 탄성 충돌로 취급한다.

운동 에너지(KE)가 보존되지 않는 경우라도 **전체** 에너지는 항상 보존된다는 것을 상기할 필요가 있다.

운동 에너지가 보존되지 않는 충돌은 **비탄성 충돌**(inelastic collision)이라 한다. 손실된 운동 에너지는 다른 형태의 에너지와 열에너지로 전환되기 때문에 전체 에너지는 언제나 보존된다. 이 경우 다음 관계가 성립한다.

$$\text{KE}_A + \text{KE}_B = \text{KE}'_A + \text{KE}'_B + \text{열 및 다른 형태의 에너지}$$

그림 7.12와 이에 대한 자세한 설명을 보라.

7.5 일차원 탄성 충돌

이제 일직선 상에서 운동하는 작은 두 물체가 정면 충돌하는 탄성 충돌에 대해 운동량과 운동 에너지 보존 법칙을 적용해 보자. 충돌 전 x축을 따라 움직이는 두 물체의 속력을 각각 v_A와 v_B(그림 7.13a), 충돌 후의 속력을 각각 v'_A과 v'_B이라고 하자(그림

7.13b). $v > 0$이면 물체는 (x값이 증가하는) 오른쪽으로 움직이고, $v < 0$이면 물체는 (x값이 감소하는) 왼쪽으로 움직인다.

운동량 보존 법칙을 적용하면

$$m_A v_A + m_B v_B = m_A v'_A + m_B v'_B$$

이 된다. 탄성 충돌이어서 운동 에너지도 보존되므로 다음과 같이 쓸 수 있다.

$$\tfrac{1}{2}m_A v_A^2 + \tfrac{1}{2}m_B v_B^2 = \tfrac{1}{2}m_A v_A'^2 + \tfrac{1}{2}m_B v_B'^2$$

방정식이 두 개이므로 두 개의 미지수에 대해 풀 수 있다. 충돌 전 물체의 질량과 속도를 알고 있다면, 두 식을 풀어서 충돌 후의 속도인 v'_A과 v'_B을 얻을 수 있다. 운동량에 대한 식을

$$m_A(v_A - v'_A) = m_B(v'_B - v_B) \qquad \textbf{(i)}$$

로 다시 쓰고, 운동 에너지에 대한 식을

$$m_A(v_A^2 - v_A'^2) = m_B(v_B'^2 - v_B^2)$$

으로 다시 쓰면 매우 유용한 결과를 얻는다. $(a^2 - b^2) = (a - b)(a + b)$를 이용하면 위 식은

$$m_A(v_A - v'_A)(v_A + v'_A) = m_B(v'_B - v_B)(v'_B + v_B) \qquad \textbf{(ii)}$$

가 된다. 식 (ii)를 식 (i)로 나누면($v_A \neq v'_A$과 $v_B \neq v'_B$을 가정한다.)†

$$v_A + v'_A = v'_B + v_B$$

이고 이 식을 다시 쓰면

$$v_A - v_B = v'_B - v'_A$$

즉

$$v_A - v_B = -(v'_A - v'_B) \qquad \text{[일차원 정면 탄성 충돌]} \quad \textbf{(7.7)}$$

이다. 이는 흥미로운 결과이다. 이 식은 모든 정면 탄성 충돌에서는 두 물체의 상대 속력이 물체의 질량에 관계없이 항상 충돌 전과 후가 같고 방향은 반대라는 것을 의미한다.

식 7.7은 탄성 충돌에서의 운동 에너지 보존 법칙으로부터 유도됐으므로 이 식을 에너지 보존 법칙 대신 사용할 수 있다. 식 7.7은 속도에 대한 일차 방정식이므로 운동 에너지 보존 식(식 7.6)에 직접 대입하는 것보다 훨씬 간단하다.

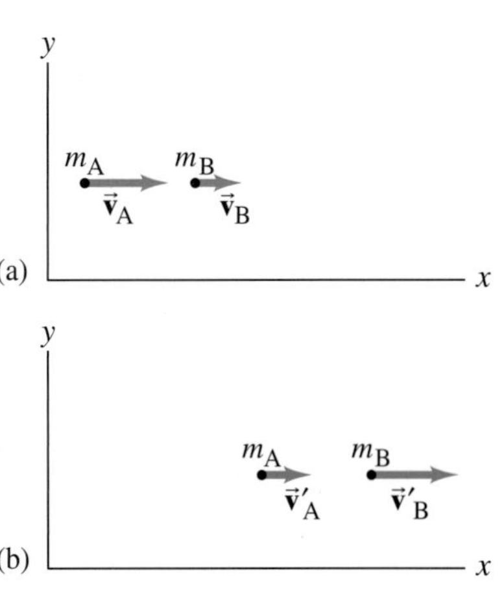

그림 7.13 질량이 m_A와 m_B인 두 물체의 (a) 충돌 전과 (b) 충돌 후의 운동

주의
상대 속력 (일차원에서만 성립)

예제 7.6 질량이 같은 두 물체의 충돌

질량이 m인 당구공 A가 v_A의 속력으로 운동하다가 같은 질량의 당구공 B와 정면으로 충돌한다. 탄성 충돌이라 가정할 때, (a) 충돌 전에 두 공이 각각 v_A와 v_B의 속력으로 움직일 경우, (b) 공 B가 처음에 정지해 있을 경우($v_B = 0$) 충돌 후 두 공의 속력은 얼마인가?

접근 미지수가 v'_A과 v'_B이므로 두 개의 독립된 식이 필요하다. 충돌 직전과 직후의 짧을

† 운동량과 에너지 보존 법칙인 식 (i)과 (ii)는 $v'_A = v_A$와 $v'_B = v_B$도 만족하지만, 이 경우는 충돌이 일어나지 않는 것을 의미하므로 별로 관심이 가는 상황은 아니다.

그림 7.14 질량이 같은 두 공의 정면 충돌에 대한 다중 섬광 사진에서, 흰 입사공은 큐대에 의해 정지 상태로부터 가속된 후 정지해 있던 빨간 공과 충돌한다. 충돌 후, 흰 공은 정지하고 빨간 공은 충돌하기 전 흰 공의 속력과 같은 속력으로 튀어나간다. 예제 7.6의 (b)

시간 간격 동안에는 알짜 외력이 작용하지 않으므로 운동량이 보존된다. (mg와 수직 항력은 상쇄된다.) 탄성 충돌이므로 운동 에너지 또한 보존된다.

풀이 (a) 질량이 동일하므로($m_A = m_B = m$) 운동량 보존 법칙으로부터 다음을 얻는다.

$$v_A + v_B = v'_A + v'_B$$

미지수가 두 개이므로 두 번째 식이 필요하다. 운동 에너지 보존 법칙을 이용하든가 또는 이로부터 유도된 더 간단한 식 7.7

$$v_A - v_B = v'_B - v'_A$$

을 이용한다. 두 식을 더하면

$$v'_B = v_A$$

이고 두 식을 빼면

$$v'_A = v_B$$

이다. 즉 충돌로 인해 두 공은 서로 속도를 교환한다. 공 B는 공 A가 충돌 전에 가지고 있던 속도를 얻으며, 반대 경우도 마찬가지이다.

(b) 충돌 전에 공 B가 정지해 있었으므로($v_B = 0$) 충돌 후 두 물체의 속력은

$$v'_B = v_A$$

이고

$$v'_A = 0$$

이다. 즉 공 A는 충돌에 의해 정지하는 반면 공 B는 공 A의 원래 속도로 움직이게 된다(그림 7.14).

유의 당구 경기에서 간혹 보게 되는 (b)의 결과는 두 공의 질량이 동일하고, 공이 회전하지 않을 때에만 성립한다.

예제 7.7 핵반응에서의 충돌

질량이 1.01 u(u: 원자 질량 단위)인 양성자(p)가 3.60×10^4 m/s의 속력으로 움직이다가 정지해 있던 헬륨(He) 원자핵($m_{He} = 4.00$ u)과 정면 탄성 충돌을 한다. 충돌 후 양성자와 헬륨 원자핵의 속도는 얼마인가? (1장에서 언급했듯이, 1 u = 1.66×10^{-27} kg이지만, 풀이 과정에 이 값이 필요하지는 않다.) 진공에서 충돌이 일어났다고 가정한다.

접근 이 충돌은 예제 7.6과 같은 정면 탄성 충돌이지만, 두 입자는 질량이 같지 않다. 유일한 외력은 지구의 중력인데, 충돌 순간 두 입자 사이에 작용하는 힘에 비하면 무시할 만큼 작다. 따라서 운동량과 운동 에너지 보존 법칙을 두 입자의 충돌에 적용한다.

풀이 첨자 p와 He를 사용하여 양성자와 헬륨 원자핵을 나타낸다. 두 입자의 속력은 각각 $v_{He} = 0$과 $v_p = 3.60 \times 10^4$ m/s이다. 충돌 후의 속력을 v'_p과 v'_{He}이라 할 때, 운동량 보존

법칙으로부터 다음을 얻는다.

$$m_p v_p + 0 = m_p v_p' + m_{He} v_{He}'$$

탄성 충돌이므로 두 입자계의 운동 에너지는 보존되고, 식 7.7로부터

$$v_p - 0 = v_{He}' - v_p'$$

이 된다. 따라서

$$v_p' = v_{He}' - v_p$$

를 위의 운동량 식에 대입하면

$$m_p v_p = m_p v_{He}' - m_p v_p + m_{He} v_{He}'$$

이고 이 식을 v_{He}'에 대해 풀면

$$v_{He}' = \frac{2m_p v_p}{m_p + m_{He}} = \frac{2(1.01\text{ u})(3.60 \times 10^4\text{ m/s})}{(4.00\text{ u} + 1.01\text{ u})} = 1.45 \times 10^4\text{ m/s}$$

이다. 따라서 또 다른 미지수 v_p'을 다음과 같이 구할 수 있다.

$$v_p' = v_{He}' - v_p = (1.45 \times 10^4\text{ m/s}) - (3.60 \times 10^4\text{ m/s}) = -2.15 \times 10^4\text{ m/s}$$

v_p'의 (−) 부호는 충돌로 인해 양성자의 진행 방향이 반대로 바뀐 것을 의미하고, 양성자의 속력은 처음보다 감소했음을 알 수 있다(그림 7.15).

유의 이 결과는 타당하다. 즉 가벼운 양성자는 더 무거운 헬륨 원자핵으로부터 되튀지만, (질량이 매우 크거나 무한대인) 단단한 벽으로부터 되튈 때와는 달리 충돌 전의 속력을 그대로 갖고 되튀지는 못할 것이라고 예상할 수 있다.

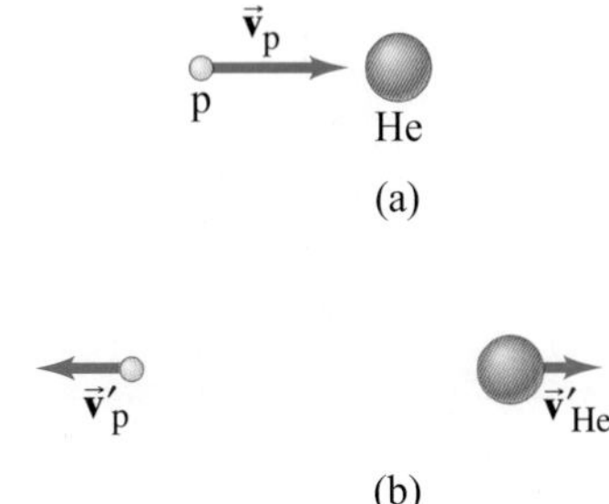

그림 7.15 예제 7.7. (a) 충돌 전 (b) 충돌 후

7.6 비탄성 충돌

운동 에너지가 보존되지 않는 충돌을 **비탄성 충돌**(inelastic collision)이라 한다. 운동 에너지의 일부가 열이나 퍼텐셜 에너지 등과 같은 다른 형태의 에너지로 전환되기 때문에 충돌 후의 전체 운동 에너지는 충돌 전의 전체 운동 에너지보다 작다. 화학 반응이나 핵반응에서와 같이 퍼텐셜 에너지가 방출되는 경우에는 그 역도 성립하는데, 이 경우 상호작용 후의 전체 운동 에너지는 처음 운동 에너지보다 더 커질 수 있다. 폭발이 이 경우에 해당하는 예이다.

거시적인 물체 사이의 전형적인 충돌은 정도의 차이는 있지만 비탄성 충돌이다. 충돌로 인해 두 물체가 붙어버리면, 그 충돌은 **완전 비탄성**(completely inelastic) 충돌이라 부른다. 두 퍼티 공이 충돌 후 서로 달라붙거나 기차의 두 객차가 충돌 후 연결되어 움직이는 경우 등이 완전 비탄성 충돌의 예이다. 비탄성 충돌에서는 운동 에너지가 다른 형태의 에너지로 모두 전환되는 경우도 있고 일부만 전환되는 경우도 있다. 예를 들어 예제 7.3에서는 움직이던 객차가 정지해 있던 객차와 충돌한 후 연결된 두 객차가 줄어든 운동 에너지로 움직이는 것을 살펴보았다. 완전 비탄성 충돌

에서는 다른 형태의 에너지로 전환되는 운동 에너지의 양이 최대가 된다. 비탄성 충돌에서 운동 에너지가 보존되지 않더라도 전체 에너지와 전체 운동량 벡터는 항상 보존된다.

물리학의 응용
탄동 진자

예제 7.8 탄동 진자

탄동 진자(ballistic pendulum)란 총알과 같은 발사체의 속력을 측정하기 위한 장치이다. 진자처럼 매달린 질량이 M인 커다란 물체를 향해 질량이 m인 물체를 발사했다. (일반적으로 M이 m보다 크다.) 충돌 결과 진자와 발사체는 최대 높이 h까지 함께 올라간다(그림 7.16). 발사체의 처음 속력 v와 최대 높이 h 사이의 관계를 구하라.

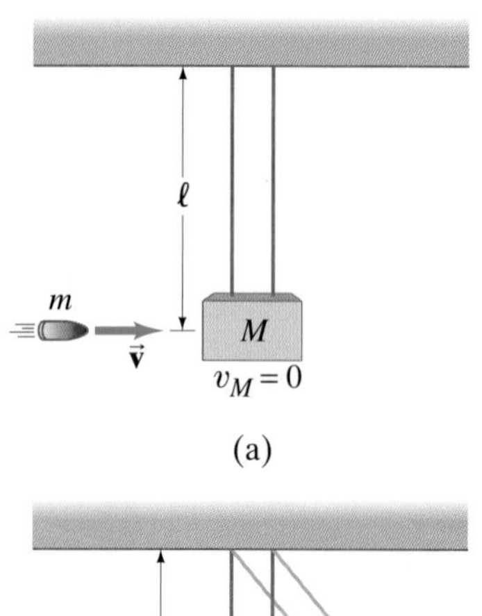

그림 7.16 탄동 진자. 예제 7.8

접근 과정을 두 시간 간격, 즉 (1) 충돌 직전부터 충돌 직후까지의 시간 간격과 (2) 추가 연직으로 매달린 지점으로부터 최대 높이 h까지 움직이는 동안의 시간 간격으로 나누어 분석할 수 있다.

그림 7.16a의 과정 (1)에서, 충돌 시간이 매우 짧아서 물체가 움직이기 전에 발사체가 물체에 박힌다고 가정하자. 따라서 알짜 외력이 작용하지 않으므로 이 완전 비탄성 충돌에 운동량 보존을 적용한다.

그림 7.16b의 과정 (2)에서는 진자가 외력(진자를 연직 위치로 끌어당기는 중력)을 받으며 움직이기 때문에 운동량 보존을 이용할 수 없다. 그러나 중력이 보존력이므로(6장 참조) 역학적 에너지 보존 법칙을 이용할 수 있다. 충돌 직후의 운동 에너지는 진자가 최고 위치 h에 도달할 때 중력 퍼텐셜 에너지로 전부 전환된다.

풀이 과정 (1)에서 운동량이 보존된다. 즉

$$\text{충돌 전 전체 } p = \text{충돌 후 전체 } p$$

$$mv = (m + M)v' \tag{i}$$

이다. 여기서 v'은 충돌 직후 움직이기 시작하는 물체와 물체에 박힌 발사체의 속력이다. 과정 (2)에서는 역학적 에너지가 보존된다. 진자가 연직으로 매달렸을 때를 $y = 0$으로 잡으면, 진자와 발사체로 이루어진 계가 최고 위치에 도달할 때는 $y = h$가 된다. 따라서 역학적 에너지 보존 법칙은 다음과 같다.

$$\text{충돌 직후 (KE + PE)} = \text{전자의 최대 높이에서 (KE + PE)}$$

$$\tfrac{1}{2}(m + M)v'^2 + 0 = 0 + (m + M)gh \tag{ii}$$

이 식을 v'에 대해 풀면 다음과 같다.

$$v' = \sqrt{2gh}$$

이 식을 식 (ii)에 대입하고 v에 대해 풀면 다음의 최종 결과를 얻는다.

$$v = \frac{m + M}{m}v' = \frac{m + M}{m}\sqrt{2gh}$$

유의 풀이 과정을 두 부분으로 나누는 것은 매우 중요하다. 이와 같은 분석은 문제 해결을 위한 효과적인 기법이다. 그런데 어떻게 나누어야 할지를 어떻게 정할 것인가? 보존 법칙들을 고려하라. 이들이 **도구**이다. 주어진 상황에서 보존 법칙을 적용할 수 있는지를 자문하는 것으로 문제 풀이를 시작한다. 위 문제에서 과정 (1)의 짧은 충돌 과정에서는 운동량이 보존되지만 비탄성 충돌이기 때문에 역학적 에너지 보존 법칙은 성립하지 않는다. 반면, 과정 (2)에서는 역학적 에너지 보존 법칙은 성립하지만 운동량 보존 법칙은 성립하지 않는다. 과정 (1)에서 물체 내부에서 발사체가 감속하는 동안 진자의 운동이 현저하게 큰 경우에는 짧은 시간 동안의 충돌일지라도 외력(중력)의 영향을 받기 때문에 운동량 보존 법칙도 성립하지 않음에 주의한다.

예제 7.9 **객차 충돌**

예제 7.3에서 다루었던 두 객차의 완전 비탄성 충돌에서 처음 운동 에너지 중 얼마가 열 또는 다른 형태의 에너지로 전환됐는지 계산하라.

접근 충돌 후 두 객차가 서로 달라붙으므로 완전 비탄성 충돌이다. 충돌 전 전체 운동 에너지로부터 충돌 후 전체 운동 에너지를 빼면 얼마의 에너지가 다른 형태의 에너지로 전환됐는지 알 수 있다.

풀이 충돌 전에는 객차 A만 움직이므로 충돌 전 전체 운동 에너지는 다음과 같다.

$$\tfrac{1}{2}m_A v_A^2 = \tfrac{1}{2}(10{,}000\ \text{kg})(24.0\ \text{m/s})^2 = 2.88 \times 10^6\ \text{J}$$

충돌 후 운동량 보존 법칙에 의해 두 객차는 원래 속도의 절반인 $v' = 12.0\ \text{m/s}$로 움직인다. 따라서 충돌 후의 전체 운동 에너지는

$$\text{KE}' = \tfrac{1}{2}(m_A + m_B)v'^2 = \tfrac{1}{2}(20{,}000\ \text{kg})(12.0\ \text{m/s})^2 = 1.44 \times 10^6\ \text{J}$$

이다. 따라서 다른 형태의 에너지로 전환된 에너지는

$$\left(2.88 \times 10^6\ \text{J}\right) - \left(1.44 \times 10^6\ \text{J}\right) = 1.44 \times 10^6\ \text{J}$$

이고 이는 처음 운동 에너지의 절반에 해당되는 양이다.

7.7 이차원 충돌

운동량과 에너지 보존 법칙은 이차원이나 삼차원 충돌에도 적용할 수 있으며, 이때 운동량의 벡터 성질은 특히 중요하다. 일반적인 비껴 맞는(non-head-on) 충돌의 예는 움직이는 물체(발사체)가 정지해 있는 제2의 물체(표적)와 충돌하는 것이다. 이런 충돌은 당구 경기와 같은 게임이나 원자 및 핵물리학의 실험(그림 7.17과 같이 방사성 붕괴 또는 고에너지 가속기에서 나오는 발사체가 정지해 있는 표적인 핵에 충돌하는 실험)에서 흔히 볼 수 있는 현상이다.

그림 7.17 핵물리학 초창기인 1920년대에 찍은 안개 상자 사진에 최근 색을 입힌 것이다. 초록색 선들은 왼쪽으로부터 오는 헬륨 원자핵(He)의 경로를 나타낸다. 노란색으로 강조한 헬륨 핵이 상자 속 수소 기체의 양성자와 충돌한 후, 두 입자는 산란된다. 산란된 양성자의 경로가 빨간색으로 표시됐다.

그림 7.18은 정지해 있는 질량 m_B인 표적을 향해 x축을 따라 입사하는 질량 m_A인

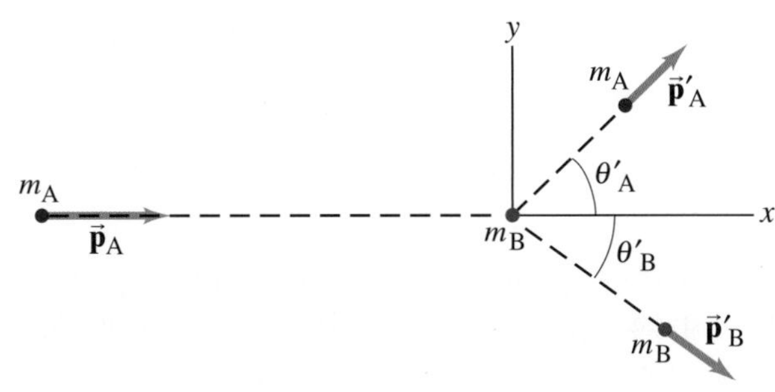

그림 7.18 발사체 A가 표적 B와 충돌한다. 충돌 후, A와 B는 x축에 대해 각 θ'_A와 θ'_A의 방향으로 $\vec{\mathbf{p}}'_A$와 $\vec{\mathbf{p}}'_B$의 운동량으로 운동한다.

발사체를 나타낸다. 두 물체가 당구공이라면, m_A는 m_B와 비껴 맞는 충돌을 한 후 충돌 전 m_A의 처음 운동 방향(x축 방향)에 대해 각각 θ'_A와 θ'_B의 각을 이루는 방향으로 튕겨나간다.†

그림 7.18에서와 같은 충돌에 대해 운동량 보존 법칙을 적용해 보자. 처음 운동량과 나중 운동량이 있는 평면을 xy 평면으로 잡는다. 운동량은 벡터이고 전체 운동량은 보존되기 때문에 운동량의 x와 y 방향 성분도 보존된다. 운동량 보존 법칙의 x 성분 식은

$$p_{Ax} + p_{Bx} = p'_{Ax} + p'_{Bx}$$

인데, $p_{Bx} = m_B v_{Bx} = 0$이므로

$$m_A v_A = m_A v'_A \cos\theta'_A + m_B v'_B \cos\theta'_B \qquad \textbf{(7.8a)}$$

이다. 여기서 프라임(′)은 충돌 **후**의 물리량을 나타낸다. 처음에는 y 방향의 운동이 없으므로 충돌 전 전체 운동량의 y 성분은 0이다. 운동량 보존 법칙의 y 성분 식은 다음과 같다.

$$p_{Ay} + p_{By} = p'_{Ay} + p'_{By}$$

또는

$$0 = m_A v'_A \sin\theta'_A + m_B v'_B \sin\theta'_B \qquad \textbf{(7.8b)}$$

두 개의 독립 방정식이 주어지면 최대한 두 개의 미지수를 구할 수 있다.

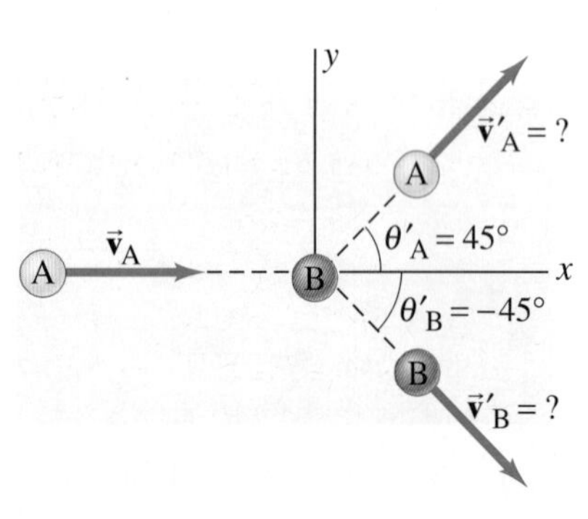

그림 7.19 예제 7.10

예제 7.10 당구공의 이차원 충돌

$v_A = 3.0$ m/s의 속력으로 $+x$ 방향으로 움직이던 당구공 A가 정지해 있던 당구공 B와 충돌한다(그림 7.19). 질량이 같은 두 공은 x축에 대해 45°의 각으로 각각 위와 아래 방향으로 튀어나간다. 즉 그림 7.19에서 $\theta'_A = 45°$, $\theta'_B = -45°$이다. 충돌 후 두 공의 속력은 얼마인가?

접근 중력과 수직 항력이 서로 상쇄되는 수평면 위에서 두 공이 움직인다고 가정하면 두 공으로 구성된 계에 알짜 외력이 작용하지 않는다. 따라서 그림 7.19에 그린 xy 좌표계를 이용하여 운동량의 x 성분과 y 성분에 대해 보존 법칙을 적용하면 두 미지수 v'_A과 v'_B을 구할 수 있는 두 식을 얻는다. 대칭성을 고려하면 충돌 후 두 공의 속력이 같음을 추론할 수 있으나 지금은 그런 가정을 하지 말자. 충돌이 탄성인지 비탄성인지 모르더라도 운동량 보존 법칙을 사용할 수 있다.

풀이 x와 y 성분에 대해 보존 법칙 식 7.8a, b를 적용하고, v'_A과 v'_B에 대해서 푼다. $m_A = m_B = m$이므로

$$(x\text{ 성분}) \quad mv_A = mv'_A \cos(45°) + mv'_B \cos(-45°),$$

$$(y\text{ 성분}) \quad 0 = mv'_A \sin(45°) + mv'_B \sin(-45°)$$

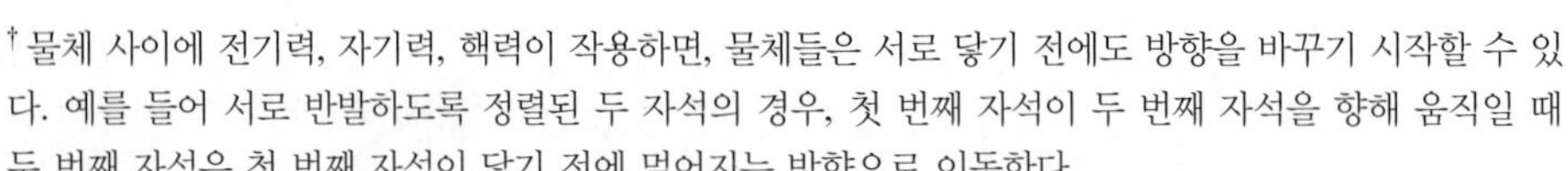
† 물체 사이에 전기력, 자기력, 핵력이 작용하면, 물체들은 서로 닿기 전에도 방향을 바꾸기 시작할 수 있다. 예를 들어 서로 반발하도록 정렬된 두 자석의 경우, 첫 번째 자석이 두 번째 자석을 향해 움직일 때 두 번째 자석은 첫 번째 자석이 닿기 전에 멀어지는 방향으로 이동한다.

이다. $\sin(-\theta) = -\sin\theta$를 이용하면, y 성분에 대한 식으로부터 다음을 얻는다.

$$v'_B = -v'_A \frac{\sin(45°)}{\sin(-45°)} = -v'_A\left(\frac{\sin 45°}{-\sin 45°}\right) = v'_A$$

따라서 앞서 추론했듯이 v'_A과 v'_B은 속력이 같다. $\cos(-\theta) = \cos\theta$를 이용하면 x 성분에 대한 식은

$$v_A = v'_A \cos(45°) + v'_B \cos(45°) = 2v'_A \cos(45°)$$

이고 이로부터 구한 v'_A은 다음과 같다.

$$v'_A = \frac{v_A}{2\cos(45°)} = \frac{3.0\ \text{m/s}}{2(0.707)} = 2.1\ \text{m/s}$$

탄성 충돌인 경우, 운동 에너지 보존 법칙까지 적용할 수 있으므로 식 7.8a, b와 더불어

$$\text{KE}_A + \text{KE}_B = \text{KE}'_A + \text{KE}'_B$$

또는 그림 7.18이나 7.19에서와 같은 충돌($\text{KE}_B = 0$)에 대해서는

$$\tfrac{1}{2}m_A v_A^2 = \tfrac{1}{2}m_A v_A'^2 + \tfrac{1}{2}m_B v_B'^2 \qquad \text{[탄성 충돌]} \quad \textbf{(7.8c)}$$

주의

식 7.7은 일차원에만 적용된다.

으로 주어지는 세 번째 식을 얻는다. 따라서 탄성 충돌의 경우 세 개의 독립된 방정식으로부터 세 개의 미지수를 구할 수 있다. 예를 들어 m_A, m_B, v_A, v_B가 주어지더라도 충돌 후의 네 개의 미지수 v'_A, v'_B, θ'_A, θ'_B 을 예측할 수는 없다. 그러나 예를 들어 θ'_A을 측정한다면, 나머지 세 개의 미지수 v'_A, v'_B, θ'_B 은 식 7.8a, b, c를 이용하여 그 값들을 확정할 수 있다.

주의 사항: 식 7.7은 이차원 충돌에 적용되지 **않는다**. 이 식은 충돌 현상이 일직선상에서 일어날 때만 이용할 수 있다.

7.8 질량 중심(CM)

운동량은 충돌 현상을 분석할 때뿐만 아니라 크기가 있는 물체의 병진 운동을 분석할 때에도 매우 유용한 개념이다. 지금까지는 크기가 있는 물체의 운동을 취급할 때 물체를 점 입자(point particle)로 가정하거나 물체가 병진 운동만 하는 것으로 가정했다. 그러나 크기가 있는 물체는 회전 운동뿐만 아니라 다른 형태의 운동도 가능하다. 예를 들어 그림 7.20a의 다이버는 신체의 모든 부분이 동일한 경로를 따르는 병진 운동만 하고 있는 반면, 그림 7.20b의 다이버는 병진 운동과 동시에 회전 운동을 하고 있다. 순수한 병진 운동이 아닌 운동을 **일반적인 운동**(general motion)이라고 부른다.

물체들의 운동을 관찰해 보면 물체가 회전하거나 계의 여러 부분이 서로에 대해

(a)

(b)

그림 7.20 다이버의 운동은 (a)에서는 순수 병진 운동이지만, (b)에서는 병진 운동과 회전 운동이 결합된 운동이다. 검은 점은 각 순간의 다이버의 질량 중심을 나타낸다.

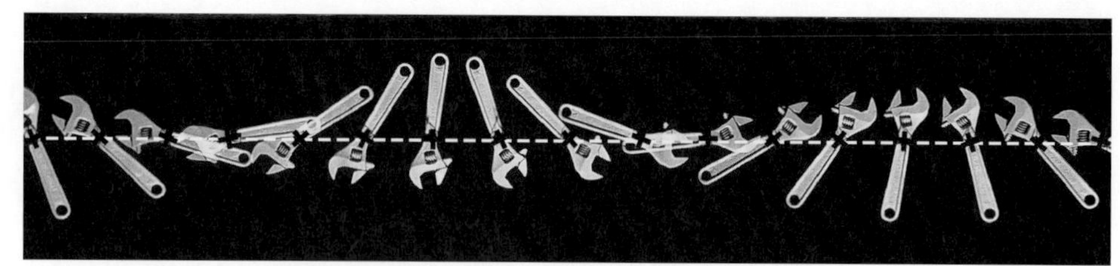

그림 7.21 병진 운동과 회전 운동의 결합: 매끄러운 수평면에서 움직이는 렌치. 렌치에 알짜힘이 작용하지 않기 때문에 빨간 색 십자가로 표시한 질량 중심은 흰 색 점선으로 표시한 직선을 따라 이동한다.

상대적으로 운동하는 경우일지라도 같은 알짜힘을 받는 점 입자가 운동하는 궤적과 같은 궤적을 따라 움직이는 한 점이 존재한다. 이 점을 **질량 중심**(center of mass, 줄여서 CM)이라 부른다. 크기가 있는 물체 또는 물체들로 이루어진 계의 일반적인 운동은 **질량 중심의 병진 운동과 질량 중심에 대한 회전, 진동 또는 다른 형태의 운동의 합**으로 간주할 수 있다.

예를 들어 그림 7.20의 다이버의 질량 중심의 운동을 고려해 보자. 그림 7.20b에 보인 것처럼 다이버가 회전하더라도 질량 중심은 포물선 궤도를 따른다. 이것은 발사된 입자가 중력의 영향만 받을 때 따르는 포물선 궤도와 같은 궤적이다(3장 포물체 운동 참조). 회전하는 다이버의 발이나 머리와 같은 다른 점들은 좀 더 복잡한 궤도를 따른다.

그림 7.21은 알짜힘을 받지 않는 렌치가 수평면을 따라 회전하며 병진 운동을 하는 모습을 나타낸 것이다. 빨간색 십자가로 표시한 렌치의 질량 중심은 흰 색 점선으로 표시한 직선을 따라 이동한다.

질량 중심이 다음과 같은 방식으로 정의될 때 뉴턴 법칙으로부터 질량 중심의 중요한 성질이 유도되는 것을 7.10절에서 보일 것이다. 크기가 있는 물체는 수많은 점 입자로 구성된다고 볼 수 있는데, 일단 질량이 각각 m_A와 m_B인 두 입자(또는 작은 물체)로 구성된 계를 먼저 고려해 보자. 그림 7.22와 같이 x축에 놓인 두 입자의 위치가 각각 x_A와 x_B인 좌표계에서 이 계의 질량 중심의 위치는 다음과 같이 정의된다.

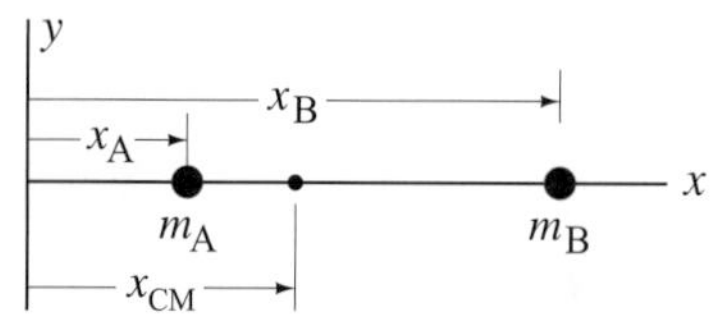

그림 7.22 두 입자 계의 질량 중심은 두 질량을 잇는 선 위에 있다. 그림에서는 $m_A > m_B$이므로 질량 중심은 m_B보다는 m_A에 더 가까이 위치한다.

$$x_{CM} = \frac{m_A x_A + m_B x_B}{m_A + m_B} = \frac{m_A x_A + m_B x_B}{M}$$

여기서 $M = m_A + m_B$는 계의 전체 질량이다. 질량 중심은 m_A와 m_B를 잇는 직선 상에 위치한다. 두 입자의 질량이 같은 경우 ($m_A = m_B = m$),

$$x_{CM} = \frac{m(x_A + x_B)}{2m} = \frac{(x_A + x_B)}{2}$$

이므로 x_{CM}은 두 입자의 중앙에 위치한다. 두 입자의 질량이 다른 경우, 질량 중심은 큰 질량 쪽에 더 가까운 위치에 놓인다.

직선 상에 두 개 이상의 입자가 놓인 경우 질량 중심은 다음과 같이 정의된다.

$$x_{CM} = \frac{m_A x_A + m_B x_B + m_C x_C + \cdots}{m_A + m_B + m_C + \cdots} = \frac{m_A x_A + m_B x_B + m_C x_C + \cdots}{M} \quad \textbf{(7.9a)}$$

여기서 M은 모든 입자들의 전체 질량이다.

예제 7.11 **뗏목 위 세 소년의 질량 중심**

가벼운 바나나 보트 위에 질량이 모두 m인 세 사람이 그림 7.23에서와 같이 왼쪽 끝에서부터 각각 $x_{\mathrm{A}} = 1.0\ \mathrm{m}$, $x_{\mathrm{B}} = 5.0\ \mathrm{m}$, $x_{\mathrm{C}} = 6.0\ \mathrm{m}$인 위치에 앉아 있다. 질량 중심의 위치를 구하라. 보트의 질량은 무시한다.

그림 7.23 예제 7.11

접근 세 사람의 질량과 위치가 주어졌으므로 식 7.9a에서 세 항을 이용한다. 사람을 점 입자로 가정한다. 즉 각자의 위치를 자신들의 질량 중심의 위치로 가정한다.

풀이 식 7.9a에서 세 항을 이용하면 질량 중심의 위치는 다음과 같다.

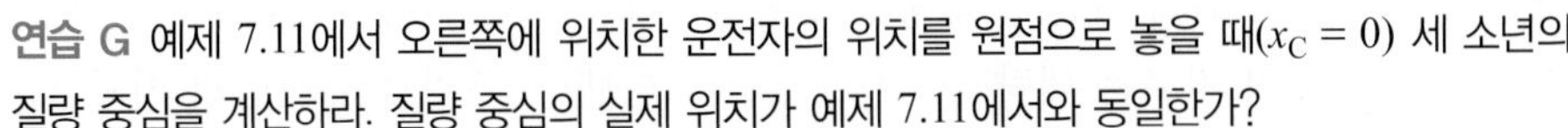

$$x_{\mathrm{CM}} = \frac{mx_{\mathrm{A}} + mx_{\mathrm{B}} + mx_{\mathrm{C}}}{m + m + m} = \frac{m(x_{\mathrm{A}} + x_{\mathrm{B}} + x_{\mathrm{C}})}{3m}$$

$$= \frac{(1.0\ \mathrm{m} + 5.0\ \mathrm{m} + 6.0\ \mathrm{m})}{3} = \frac{12.0\ \mathrm{m}}{3} = 4.0\ \mathrm{m}$$

즉 질량 중심은 보트의 왼쪽 끝으로부터 4.0 m인 위치에 있다.

연습 G 예제 7.11에서 오른쪽에 위치한 운전자의 위치를 원점으로 놓을 때($x_{\mathrm{C}} = 0$) 세 소년의 질량 중심을 계산하라. 질량 중심의 실제 위치가 예제 7.11에서와 동일한가?

질량 중심의 좌표는 어떤 기준틀 또는 좌표계를 선택하느냐에 따라 달라짐에 주의하자. 그러나 질량 중심의 실제 위치는 좌표계의 선택과는 무관하다.

입자들이 이차원 또는 삼차원 상에 분포하는 경우에는 질량 중심의 x 좌표(x_{CM})뿐 아니라 y 및 z 좌표까지 명시해야 하는데, 이들은 식 7.9a와 같은 공식에 의해 주어진다. 예를 들어 질량 중심의 y 좌표는 다음과 같다.

$$y_{\mathrm{CM}} = \frac{m_{\mathrm{A}}y_{\mathrm{A}} + m_{\mathrm{B}}y_{\mathrm{B}} + \cdots}{m_{\mathrm{A}} + m_{\mathrm{B}} + \cdots} = \frac{m_{\mathrm{A}}y_{\mathrm{A}} + m_{\mathrm{B}}y_{\mathrm{B}} + \cdots}{M} \qquad \textbf{(7.9b)}$$

여기서 M은 모든 입자의 전체 질량이다.

무게 중심(center of gravity, CG)은 **질량 중심**과 비슷한 개념이다. 물체의 무게 중심은 중력이 작용하는 곳으로 간주되는 점이다. 실제로 중력은 물체의 **모든** 부분 또는 입자에 작용하지만, 물체의 병진 운동을 결정하기 위해서 (물체를 구성하는 모든 부분의 무게의 합인) 물체의 전체 무게가 무게 중심에 작용한다고 가정할 수 있다. 무게 중심과 질량 중심 사이에는 개념적인 차이가 있기는 하지만, 실용적인 관점에서 두 점은 일치하는 것으로 취급한다.†

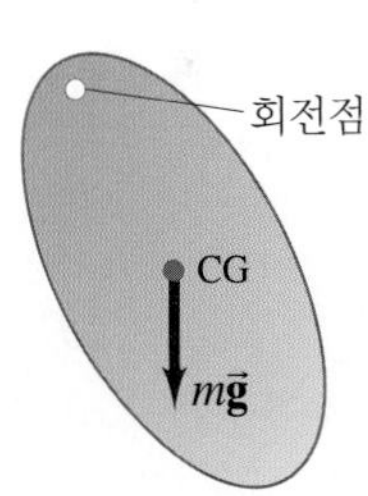

그림 7.24 무게 중심이 고정점의 연직 아래에 있으면 물체는 정지해 있지만, 그렇지 않으면 무게 중심에 작용하는 중력 때문에 물체는 회전한다.

때로는 물체의 질량 중심이나 무게 중심을 이론적으로 계산하는 것보다 실험적으로 결정하는 것이 더 쉬울 때가 있다. 물체가 임의의 한 점에 매달려 있는 경우, 물체의 무게 중심이 물체가 매달린 점 바로 아래의 연직선 상에 있지 않으면 물체는 중력에 의해 흔들린다(그림 7.24). 물체의 차원이 이차원이거나 물체에 평면 대칭성이 있는 경우, 물체를 서로 다른 두 개의 지점에 매달고 각각의 연직선을 그리면 무게 중심은 그림 7.25에서처럼 두 수직선의 교차점에 위치한다. 물체에 평면 대칭성이 없

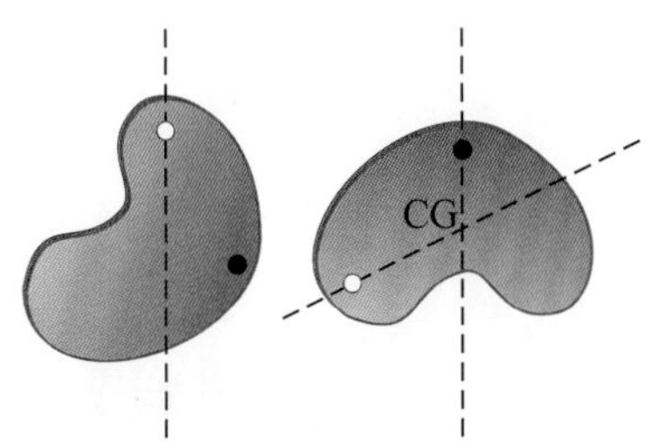

그림 7.25 무게 중심 찾기

† 질량 중심과 무게 중심이 일치하지 않는 경우도 있을 수 있는데, 이것은 물체의 서로 다른 부분에 대한 중력 가속도 g가 서로 다를 정도로 물체가 큰 경우뿐이다.

을 때에는 최소한 각 연직선이 같은 평면에 놓이지 않는 세 점을 택하여 물체를 매달면 무게 중심을 찾을 수 있다.

균일한 원통이나 바퀴, 구, 직사각형 고체와 같이 대칭성이 있는 물체의 경우, 질량 중심은 물체의 기하학적 중심에 위치한다.

크기가 있는 물체들의 집합에 대해서도 식 7.9를 이용하여 질량 중심의 위치를 구할 수 있는데, 이때 질량은 각 물체의 질량을 의미하고, x, y, z는 각 물체의 질량 중심의 좌표를 의미한다.

7.9 인체의 질량 중심

각각의 질량 중심이 알려진 물체들의 집합에 대해서도 식 7.9a, b를 이용하여 질량 중심을 구할 수 있다. 예를 들어 인간의 신체를 고려해 보자. 표 7.1에 표준 체형인 사람의 각 신체 부위에 대한 질량 중심과 관절이 표시되어 있다. 사람마다 체형이 매우 다양하므로 이 자료는 대략적인 평균값을 나타낸다. 숫자들은 사람의 키와 질량에 대한 **퍼센트** 값을 나타낸다. 예를 들어 키가 1.70 m인 사람의 어깨 관절은 바닥으로부터 (1.70 m)(81.2/100) = 1.38 m 위에 있다.

예제 7.12 다리의 질량 중심

키가 1.70 m인 사람이 그림 7.26과 같이 (a) 다리를 곧게 뻗은 경우와 (b) 다리를 90°로 굽힌 경우, 다리 전체의 질량 중심의 위치를 구하라.

접근 계는 세 부분, 즉 허벅지, 종아리, 발로 구성된다. 각 부분의 질량과 질량 중심의 위치는 표 7.1에 주어져 있는데, 이들은 퍼센트 단위로 표시되어 있다. 이 값을 미터 단위로 표시하기 위해서는 퍼센트 값에 (1.70 m/100)를 곱하면 된다. 다리를 곧게 뻗은 경우는 일차원 문제이므로 질량 중심의 x 좌표를 구할 수 있다. 다리를 굽힌 경우는 이차원 문제이므로

표 7.1 전형적인 신체의 부위별 질량 중심 (%로 표기)

바닥에서 관절까지의 거리 (%)	관절(•)		질량 중심(×) (바닥으로부터의 % 높이)		퍼센트 질량
91.2 %	척추 위 두개골 하부		머리	93.5 %	6.9 %
81.2 %	어깨 관절		몸통과 목	71.1 %	46.1 %
		팔꿈치 62.2 %†	위팔(상박)	1.7 %	6.6 %
		손목 46.2 %†	아래팔(하박)	55.3 %	4.2 %
52.1 %	엉덩이 관절		손	3.1 %	1.7 %
			허벅지	42.5 %	21.5 %
28.5 %	무릎 관절				
			종아리	18.2 %	9.6 %
4.0 %	발목 관절		발	1.8 %	3.4 %
			신체의 질량 중심 =	58.0 %	100.0 %

†연직으로 매달린 팔에 대해서

질량 중심의 x, y 좌표를 구해야 한다.

풀이 (a) 표 7.1을 이용하여 엉덩이 관절로부터의 거리들을 결정한 후 그림 7.26a에 표기된 숫자들(%)을 얻는다. 식 7.9a를 이용하여 질량 중심을 구하면 다음과 같다. ($u\ell$은 허벅지, $\ell\ell$은 종아리, f는 발을 의미한다.)

$$x_{CM} = \frac{m_{u\ell}x_{u\ell} + m_{\ell\ell}x_{\ell\ell} + m_f x_f}{m_{u\ell} + m_{\ell\ell} + m_f}$$
$$= \frac{(21.5)(9.6) + (9.6)(33.9) + (3.4)(50.3)}{21.5 + 9.6 + 3.4} = 20.4\text{단위}$$

즉 다리와 발의 질량 중심은 엉덩이 관절로부터 20.4단위만큼 떨어진 곳 또는 발바닥으로부터 52.1 − 20.4 = 31.7단위만큼 떨어진 곳에 위치한다. 이 사람의 키가 1.70 m이므로, 이 점은 발바닥으로부터 (1.70 m) (31.7/100) = 0.54 m인 지점이다.

(b) 그림 7.26b에서와 같은 xy 좌표계를 선택한다. 세 부분을 고려하여 질량 중심이 엉덩이 관절로부터 오른쪽으로 얼마나 떨어져 있는지를 계산하면 다음과 같다.

$$x_{CM} = \frac{(21.5)(9.6) + (9.6)(23.6) + (3.4)(23.6)}{21.5 + 9.6 + 3.4} = 14.9\text{단위}$$

키가 1.70 m인 사람에게 이 점은 엉덩이 관절로부터 (1.70 m)(14.9/100) = 0.25m 떨어진 지점이다. 바닥으로부터 질량 중심의 y성분을 구하면 다음과 같다.

$$y_{CM} = \frac{(3.4)(1.8) + (9.6)(18.2) + (21.5)(28.5)}{3.4 + 9.6 + 21.5} = 23.0\text{단위}$$

이 값은 (1.70 m) (23.0/100) = 0.39 m에 해당한다. 따라서 질량 중심은 바닥으로부터 39 cm 위, 엉덩이 관절로부터 오른쪽으로 25 cm 떨어진 곳에 위치한다.

유의 (b)에서 질량 중심은 신체의 바깥에 위치한다.

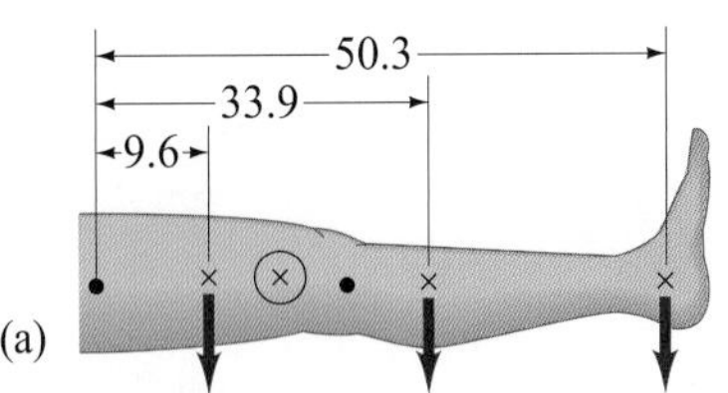

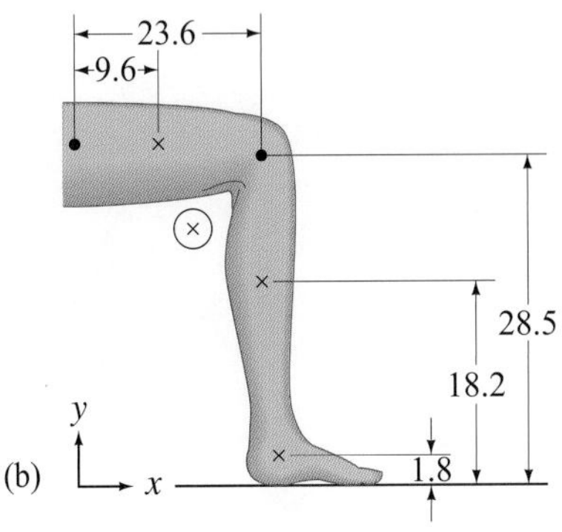

그림 7.26 예제 7.12. 표 7.1의 퍼센트를 이용하여 서로 다른 두 자세에서 다리의 질량 중심 찾기. (⊗는 계산된 질량 중심을 나타낸다.)

다양한 자세에 따른 신체의 질량 중심에 대한 정보는 인체 역학을 연구하는 데 매우 유용하다. 그림 7.27에 운동 경기의 간단한 예를 보였다. 높이뛰기 선수가 그림에 보인 위치에 도달할 때, 이 선수의 질량 중심은 자신이 뛰어넘어야 할 막대의 밑으로 통과할 수 있는데, 이는 도약 속력을 잘 조절하면 더 높은 막대를 넘을 수 있음을 의미한다. 실제로 선수들은 이런 훈련을 한다.

물리학의 응용

높이뛰기

그림 7.27 높이뛰기 선수의 질량 중심은 막대 아래를 지날 수도 있다.

7.10 질량 중심과 병진 운동

7.8절에서 언급했듯이, 질량 중심이 중요한 가장 큰 이유는 입자들로 구성된 계 또는 크기가 있는 물체의 질량 중심의 운동이 계 전체에 작용하는 알짜힘과 직접 관계가 있기 때문이다. 이를 확인하기 위해 세 개의 입자로 구성된 계의 일차원 운동(x 방향)을 고려해 보자. 더 많은 입자로 구성된 계나 삼차원 운동으로의 확장은 같은 논리를 따라가면 된다.

x축 상에서 질량이 각각 m_A, m_B, m_C인 세 입자가 각각 x_A, x_B, x_C인 위치에 놓여

있다고 가정하자. 질량 중심에 대한 식 7.9a로부터 다음을 얻는다.

$$Mx_{CM} = m_A x_A + m_B x_B + m_C x_C$$

여기서 $M = m_A + m_B + m_C$는 계의 전체 질량이다. 입자들이 각각 v_A, v_B, v_C의 속력으로 x축 상에서 운동한다면, 짧은 시간 Δt 동안 각 입자와 질량 중심은 거리 $\Delta x = v\Delta t$만큼 이동하므로

$$Mv_{CM}\,\Delta t = m_A v_A\,\Delta t + m_B v_B\,\Delta t + m_C v_C\,\Delta t$$

양 변에서 Δt를 소거하면 다음을 얻는다.

$$Mv_{CM} = m_A v_A + m_B v_B + m_C v_C \quad \textbf{(7.10)}$$

$m_A v_A + m_B v_B + m_C v_C$는 계를 구성하는 입자들의 운동량의 합이기 때문에 계의 **전체 운동량**을 나타낸다. 따라서 식 7.10으로부터 **입자들로 구성된 계의 전체 선운동량은 계의 전체 질량 M과 계의 질량 중심의 속도를 곱한 것과 같다**는 것을 알 수 있다. 즉 **크기가 있는 물체의 선운동량은 물체의 질량과 물체의 질량 중심의 속도와의 곱이다.**

입자들에 힘이 작용하면, 입자들은 가속될 것이다. 짧은 시간 Δt 동안 각 입자의 속도는 $\Delta v = a\,\Delta t$만큼 변한다. 식 7.10을 유도할 때와 같은 논리를 적용하면 다음을 얻는다.

$$Ma_{CM} = m_A a_A + m_B a_B + m_C a_C$$

뉴턴 제2법칙에 의하면, 입자들에 작용하는 힘 F_A, F_B, F_C와 가속도 사이에는 각각 $m_A a_A = F_A$, $m_B a_B = F_B$, $m_C a_C = F_C$가 성립한다. 따라서 전체 계에 대해서 $Ma_{CM} = F_A + F_B + F_C$, 즉

계에 대한 뉴턴 제2법칙

$$Ma_{CM} = F_{알짜} \quad \textbf{(7.11)}$$

이다. 즉 **계에 작용하는 모든 힘의 합은 계의 전체 질량과 질량 중심의 가속도를 곱한 값과 같다.** 이것이 입자들로 구성된 계에 대한 **뉴턴 제2법칙**(Newton's second law)이다. 이 법칙은 입자들의 집합으로 간주될 수 있는 크기가 있는 물체에 대해서도 성립한다. 그러므로 전체 질량이 M인 입자들로 구성된 계(또는 크기가 있는 물체)의 질량 중심은 마치 계 전체에 작용하는 알짜 외력의 작용을 받는 질량이 M인 입자처럼 운동한다. 다시 말해 계는 모든 질량이 질량 중심에 모여 있고 모든 외력이 질량 중심에 작용하는 것처럼 운동한다. 따라서 임의의 물체 또는 물체들로 구성된 계의 **병진 운동**은 한 입자의 운동으로 취급할 수 있다(그림 7.20과 7.21). 이 결과는 복잡한 계나 크기를 가진 물체의 운동 분석을 단순하게 해준다. 한 계의 여러 부분이 복잡한 운동을 할지라도, 때로는 계의 질량 중심의 운동을 아는 것만으로 충분한 경우도 있다.

연습 H 한 사람이 보트의 한 끝에서 다른 끝까지 걸어간다. 육지에서 볼 때, 보트는 어떻게 움직일까?

흥미로운 응용은 '흔들리는' 것처럼 보이는 근거리별의 발견이다(5.8절 참조). 별이 흔들리는 이유는 무엇일까? 행성이 별 주위를 돌며 각자가 서로에게 중력을 작용하기 때문일 가능성이 있다. 행성들은 망원경으로 직접 관측하기에는 너무 작고 너무 멀리 떨어져 있다. 그러나 별의 운동에 있어서의 작은 흔들림은 행성과 별이 그들의 공통 질량 중심에 대해 돌기 때문임을 시사한다. 별의 운동에서의 불규칙성은 높은 정확도로 측정할 수 있으며, 이를 통해 행성 궤도의 크기나 질량 등에 대한 정보를 얻을 수 있다(5장 그림 5.29 참조).

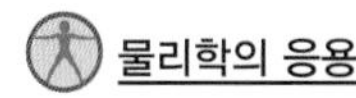

외계 행성의 발견

종합 문제

객관식

1. 15 km/h로 달리던 트럭과 30 km/h로 달리던 소형차가 정면으로 충돌한다. 다음 중 상황을 가장 잘 설명한 것은?
   (a) 트럭의 질량이 더 크기 때문에 트럭의 운동량이 더 많이 변한다.
   (b) 소형차의 속력이 더 빠르기 때문에 소형차의 운동량이 더 많이 변한다.
   (c) 운동량이 보존되기 때문에 트럭과 소형차 모두 운동량이 변하지 않는다.
   (d) 운동량이 보존되기 때문에 트럭과 소형차의 운동량 변화량은 서로 같다.
   (e) 정답 없음

2. 조그만 보트가 등속력으로 다리 아래를 통과하고 있다. 다리로부터 보트 위로 무거운 모래주머니가 떨어진다. 보트의 속력은
   (a) 증가한다.
   (b) 감소한다.
   (c) 변하지 않는다.
   (d) 보트와 모래의 질량을 알아야 답을 할 수 있다.

3. 질량이 같은 두 당구공이 같은 속력으로 달려와 정면으로 충돌한 후 오던 방향으로 되돌아간다. 크기와 속력은 그대로인데 질량이 두 배인 공으로 바꾸면, 되돌아가는 공은 어떻게 달라질까?
   (a) 더 빠른 속력으로 되돌아간다.
   (b) 더 느린 속력으로 되돌아간다.
   (c) 변화 없다.

4. 원 궤도를 따라 지구 주위를 돌던 우주 왕복선과 작은 소행성이 충돌한 후 소행성이 왕복선의 저장실에 박히면서 멈추었다. 이 충돌에서는
   (a) 운동량만 보존된다.
   (b) 운동 에너지만 보존된다.
   (c) 운동량과 운동 에너지 모두 보존된다.
   (d) 운동량과 운동 에너지 모두 보존되지 않는다.

5. 질량이 같은 골프공과 모래주머니가 같은 높이에서 떨어져 바닥에 부딪쳤다. 모래주머니는 바닥에 머물고 골프공은 되튀었다. 바닥으로부터 받은 충격량이 더 큰 것은?
   (a) 골프공
   (b) 모래주머니
   (c) 똑같다.
   (d) 정보가 더 필요하다.

6. 침대에 누운 채로 침실 문을 닫으려고 한다. 질량이 같은 탱탱볼과 진흙덩어리가 있을 때, 이들 중 던져서 방문을 닫는 데 더 효과적인 것은?
   (a) 탱탱볼
   (b) 진흙덩어리
   (c) 똑같다.
   (d) 둘 다 효과가 없다.

7. 홈플레이트를 향해 110 km/h의 속력으로 야구공을 수평으로 던졌다. 다음 중 야구공의 운동량이 가장 크게 변하는 경우는?
   (a) 포수가 볼을 잡는다.
   (b) 공이 110 km/h의 속력으로 곧장 위로 튀어 오른다.
   (c) 공이 110 km/h의 속력으로 투수를 향해 곧장 되돌아간다.
   (d) (a)와 (b)에서 운동량의 변화량은 서로 같다.

(e) (a), (b), (c) 모두에서 운동량의 변화량은 서로 같다.

8. 소형차와 무거운 트럭이 모두 연료가 떨어졌다. 트럭의 질량은 소형차 질량의 두 배이다. 같은 힘으로 같은 시간 동안 소형차와 트럭을 밀었을 때, 소형차와 트럭의 운동량과 운동 에너지(KE)에 대해 설명한 것으로 옳은 것은? 마찰은 무시한다.
   (a) 두 차량 모두 같은 운동량과 운동 에너지를 갖는다.
   (b) 소형차가 트럭보다 더 큰 운동량과 운동 에너지를 갖는다.
   (c) 트럭이 소형차보다 더 큰 운동량과 운동 에너지를 갖는다.
   (d) 두 차량의 운동량은 같지만, 소형차가 트럭보다 더 큰 운동 에너지를 갖는다.
   (e) 두 차량의 운동 에너지는 같지만, 트럭이 소형차보다 더 큰 운동량을 갖는다.

9. 우유를 실은 열차가 수평 궤도를 따라 등속력으로 구르고 있다. 우유가 바닥에서 유출되기 시작한다. 열차의 속력은
   (a) 느려진다.
   (b) 빨라진다.
   (c) 일정하게 유지된다.
   (d) 유출률에 대한 정보가 더 필요하다.

10. 그림 7.28과 같이 볼링공이 길이 1.0 m인 줄에 매달려 있다. (i) 5.0 m/s의 속력으로 입사한 200 g의 퍼티 볼이 충돌하여 볼링공에 달라붙어 볼링공을 위로 움직이게 한다. (ii) 5.0 m/s의 속력으로 입사한 200 g의 고무공이 볼링공과 충돌 후 거의 5.0 m/s의 속력으로 되튀며 볼링공을 위로 움직이게 한다. 다음 중 옳은 것은?
   (a) (i)과 (ii) 모두에서 볼링공의 같은 높이만큼 올라간다.
   (b) (ii)보다 (i)에서 볼링공이 더 높이 올라간다.
   (c) (i)보다 (ii)에서 볼링공이 더 높이 올라간다.
   (d) 정보가 더 필요하다. 고무공과 볼링공 사이의 접촉 시간을 알아야 한다.

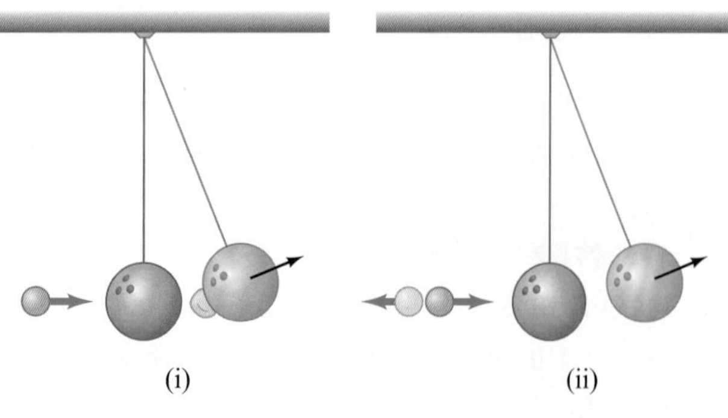

그림 7.28 객관식 10

주관식

7.1, 7.2 운동량 및 운동량 보존

1. (I) 8.4 m/s의 속력으로 날고 있는 28 g의 참새의 운동량의 크기는 얼마인가?

2. (I) 7150 kg의 열차가 마찰이 없는 트랙 위를 15.0 m/s의 속력으로 이동하고 있다. 정지해 있던 3350 kg의 짐이 열차 위로 떨어질 때, 열차의 새로운 속력은 얼마인가?

3. (II) 4.5×10^4 m/s의 속력과 1300 kg/s의 비율로 방출되는 추진 가스가 로켓에 작용하는 힘을 계산하라.

4. (II) 배에 탄 소년이 5.30 kg의 물건을 10.0 m/s의 속력으로 수평 방향으로 던진다(그림 7.29). 소년과 배의 질량은 각각 24.0 kg과 35.0 kg이다. 물건을 던지기 전에 배가 정지해 있었다고 할 때, 물건을 던진 직후 배의 속도를 계산하라.

그림 7.29 주관식 4

5. (II) 정지해 있던 한 물체가 갑자기 폭발해서 두 조각으로 쪼개졌다. 한 조각의 운동 에너지가 다른 조각의 운동 에너지의 두 배일 때, 두 조각의 질량비는 얼마인가?

6. (II) 240 m/s의 속력으로 날아가던 22 g의 총알이 2.0 kg의 나무토막을 관통한 후 150 m/s의 속력으로 나온다. 총알이 관통하기 전에 나무토막은 마찰이 없는 평면에 정지해 있었다. 총알이 관통한 후 나무토막의 속력은 얼마인가?

7. (III) 120 km/h의 바람이 너비 45 m, 높이 75 m인 건물에 정면으로 충돌한 후 멈춘다. 세제곱미터당 공기의 질량이 1.3 kg일 때, 바람이 건물에 작용하는 평균 힘은 얼마인가?

7.3 충돌과 충격량

8. (I) 31.0 m/s의 속력으로 날아오는 질량 0.145 kg인 야구공이 야구방망이에 맞아 직선 타구로 공을 던진 투수를 향해 46.0 m/s의 속력으로 되돌아 날아간다. 공과 야구 방망이의 접촉 시간이 5.00×10^{-3} s일 때, 공과 야구 방망이 사이에 작용하는 힘은 얼마인가? 힘은 일정하다고 가정한다.

9. (II) 7.5 m/s의 속도로 못을 내리치는 질량 12 kg인 망치가 8.0 ms만에 정지했다. (a) 못이 받은 충격량은 얼마인가? (b) 못에 작용하는 평균 힘은 얼마인가?

10. (II) 질량이 $m = 0.060$ kg이고 속력이 $v = 28$ m/s인 테니스공이 45°의 각으로 벽과 충돌한 후 속력이 변하지 않은 채 45°의 각으로 튀어나온다(그림 7.30). 공이 받은 충격량의 크기와 방향을 구하라.

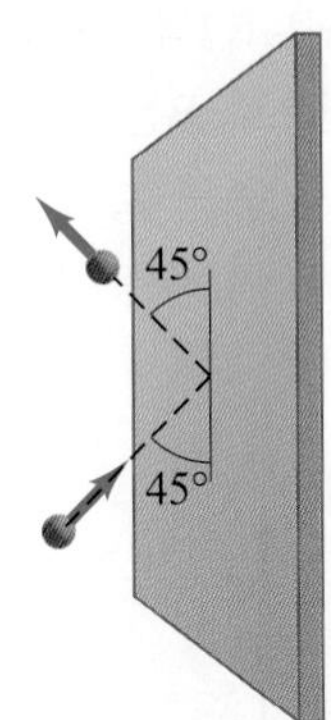

그림 7.30 주관식 10

11. (II) 우주복을 포함한 질량이 125 kg인 우주비행사가 질량 1900 kg인 우주 캡슐을 발로 밀어 2.50 m/s의 속력을 얻었다. (a) 우주 캡슐의 속력 변화량은 얼마인가? (b) 발로 미는 과정이 0.600 s 동안 지속된 경우, 우주인과 우주 캡슐 사이에 작용하는 평균 힘은 얼마인가? 발로 밀기 전의 캡슐의 위치를 좌표계로 사용한다. (c) 발로 민 후 각각의 운동 에너지는 얼마인가?

12. (II) 정지해 있던 0.50 kg의 신문지가 3.0 m/s의 속력으로 던져질 때 받는 충격량은 얼마인가?

13. (III) 0.060 kg의 테니스공에 작용하는 힘은 방향이 $+x$ 방향이고 크기는 그림 7.31의 그래프로 주어진다. (a) 그래프의 사각형 개수를 세는 방법을 이용하여 공이 받는 충격량을 추정하라. (b) 라켓이 공을 때리기 직전에 공이 정지해 있었다고 가정할 때, 라켓에 맞은 직후 공의 속력을 추정하라. [힌트: 6.2절 참조]

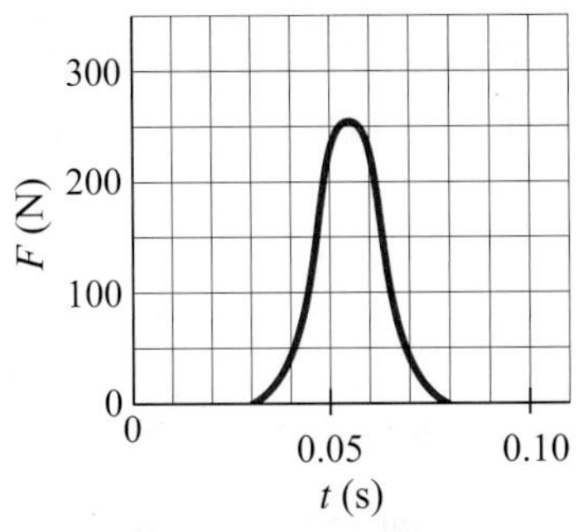

그림 7.31 주관식 13

7.4, 7.5 탄성 충돌

14. (II) 동쪽($+x$ 방향)을 향해 3.80 m/s의 속력으로 운동하던 질량 0.440 kg인 공이 정지해 있던 0.220 kg의 공과 정면으로 충돌한다. 이 충돌이 탄성 충돌일 때, 충돌 직후 두 공의 속력과 운동 방향을 구하라.

15. (II) 5.80 m/s의 속력으로 동쪽으로 움직이던 질량 0.450 kg인 하키 퍽이 정지해 있던 0.900 kg인 퍽과 정면으로 탄성 충돌을 했다. 충돌 직후 두 퍽의 속력과 운동 방향을 구하라.

16. (II) 5.50 m/s의 속력으로 운동하던 0.060 kg의 테니스공이 3.00 m/s의 속력으로 같은 방향으로 운동하던 0.090 kg의 공과 정면으로 충돌한다. 탄성 충돌이라 가정할 때, 충돌 직후 두 공의 속력과 운동 방향을 구하라.

17. (II) 5.5 m/s의 속력으로 입사하던 0.220 kg의 입사공이 정지해 있던 표적공과 정면으로 탄성 충돌을 했다. 입사공은 충돌 직후 3.8 m/s의 속력으로 반대 방향으로 튕겨나갔다. 정지해 있던 표적공의 (a) 충돌 직후 속력과 (b) 질량을 구하라.

7.6 비탄성 충돌

18. (I) 탄동 진자 실험에서, 첫 번째 발사체에 의해 올라간 진자의 최대 높이가 $h = 2.6$ cm이었다. 질량이 같은 두 번째 발사체에 의해 올라간 진자의 최대 높이가 $h_2 = 5.2$ cm일 때, 두 번째 발사체의 속력은 첫 번째 발사체의 속력보다 몇 배 빠른가?

19. (II) 정지해 있던 한 물체가 내부 폭발에 의해 두 조각으로 쪼개졌다. 한 조각의 질량이 다른 조각의 질량의 1.5배이고, 폭발 과정에서 5500 J의 에너지가 소모됐다. 두 조각이 얻은 운동 에너지는 각각 얼마인가?

20. (II) 980 kg의 스포츠카가 빨간 신호등 앞에 정지해 있던 2300 kg의 SUV의 후미를 들이받은 후, 함께 미끄러져 2.6 m의 거리를 이동한 후 멈추었다. 타이어와 도로의 운동 마찰 계수가 0.80일 때, 충돌하는 순간 스포츠카의 속력은 얼마인가?

21. (II) 38 m/s의 속력으로 달려오던 자동차 A가 정지해 있던 질량이 같은 자동차 B와 충돌했다. 충돌 직후, 자동차 B는

15 m/s의 속력으로 앞으로 이동하고, 자동차 A는 정지했다. 충돌로 인해 손실된 운동 에너지는 얼마인가?

22. (II) 28.0 m/s의 속력으로 운동하던 144 g의 야구공이 굴림대 위에 놓여 정지해 있던 5.25 kg의 벽돌과 충돌했다. 충돌 후 야구공은 오던 방향으로 튕겨나가고, 벽돌은 굴림대 위에서 마찰 없이 1.10 m/s의 속력으로 앞으로 이동한다. (a) 충돌 후 야구공의 속력은 얼마인가? (b) 충돌 전과 충돌 후의 전체 운동 에너지는 얼마인가?

23. (III) 길이가 ℓ이고 질량을 무시할 수 있는 막대 끝에 질량 M인 물체가 매달린 진자가 있다. 막대의 위쪽 끝에는 마찰이 없는 회전축이 있다. 질량 m, 속도 v인 물체가 진자에 부딪쳐 박힐 때(그림 7.32), 부딪친 물체를 포함하는 진자가 최고점을 통과할 수 있기 위한 v의 최솟값은 얼마인가?

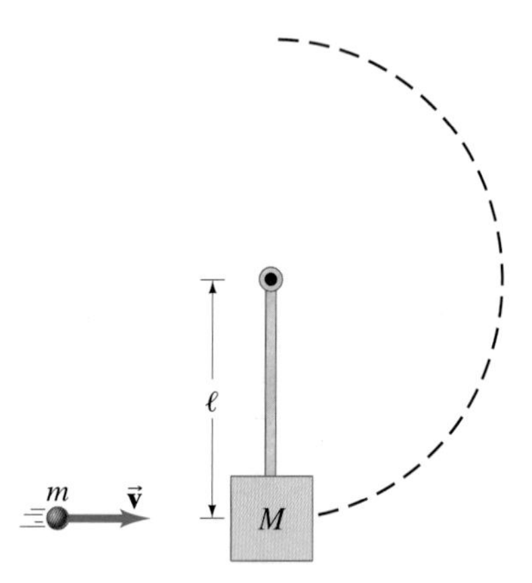

그림 7.32 주관식 23

24. (III) $m = 0.0010$ kg의 총알이 날아와 $M = 0.999$ kg의 나무토막에 박히자, 나무토막은 정지할 때까지 용수철 상수가 $k = 140$ N/m인 용수철을 $x = 0.050$ m만큼 압축시켰다. 나무토막과 테이블 사이의 운동 마찰 계수는 $\mu = 0.50$이다. (a) 총알의 처음 속력은 얼마인가? (수평 방향으로 움직인다고 가정한다.) (b) 나무토막과의 충돌에서 손실된 총알의 운동 에너지는 얼마인가?

7.7 이차원 충돌

25. (II) $v_A = 2.80$ m/s의 속력으로 운동하던 질량 $m_A = 0.120$ kg인 당구공 A가 정지해 있던 질량 $m_B = 0.140$ kg인 공 B와 충돌했다. 충돌 후 공 A는 $v'_A = 2.10$ m/s의 속력으로 원래 방향에서 30.0° 편향된 방향으로 운동한다. (a) 공 A의 원래 운동 방향을 $+x$ 방향으로 잡을 때, x와 y 방향 성분의 운동량 보존 법칙을 나타내는 식을 써보라. (b) (a)에서 쓴 식을 풀어서 충돌 후 공 B의 속력 v'_B과 각 θ'_B을 구하라. 충돌이 탄성 충돌이란 가정은 하지 않는다.

26. (II) 정지해 있던 방사능 핵이 전자, 중성미자를 방출하면서 두 번째 핵으로 붕괴됐다. 서로 수직을 이루며 방출되는 전자와 중성미자의 운동량은 각각 9.6×10^{-23} kg · m/s와 6.2×10^{-23} kg · m/s이다. 두 번째 핵의 운동량의 크기와 방향을 구하라.

27. (III) 서로 수직인 방향으로 운동하던 질량이 같은 당구공 A와 B가 원점에서 만난다(그림 7.33). 충돌 전, A는 y축을 따라 $+2.0$ m/s의 속력으로, B는 x축을 따라 $+3.7$ m/s의 속력으로 운동한다. 탄성 충돌 후, B는 y축을 따라 속력 v'_B으로 운동한다. 충돌 후 A의 운동 방향과 두 공의 속력을 구하라.

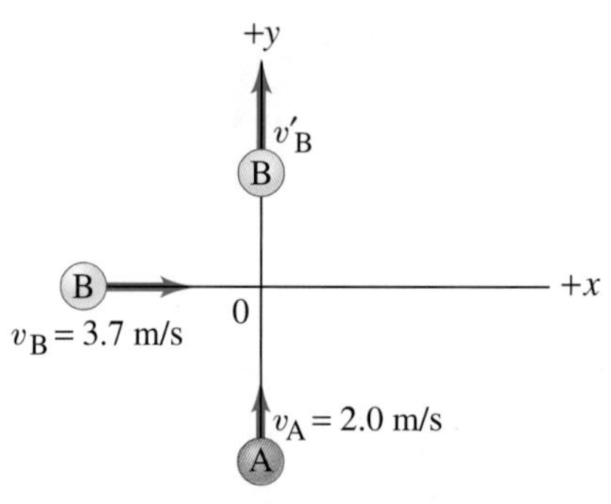

그림 7.33 주관식 27. (그림에는 충돌 후 공 A는 안 보임)

28. (III) 속력 v로 운동하던 질량 m인 원자핵이 정지해 있던 질량 $2m$인 표적 입자와 탄성 충돌을 한 후 90° 방향으로 튀어나간다. (a) 충돌 후 표적 입자가 튕겨나가는 각은 얼마인가? (b) 충돌 후 두 입자의 속력은 얼마인가? (c) 충돌로 인해 처음 운동 에너지 중 얼마가 표적 입자에게 전달됐나?

7.8 질량 중심(CM)

29. (I) CO 분자에서 질량 $m = 12$ u인 탄소 원자와 질량 $m = 16$ u인 산소 원자 사이의 거리는 1.13×10^{-10} m이다. 이 분자의 질량 중심은 탄소 원자로부터 얼마나 떨어져 있나?

30. (I) 그림 7.34와 같이 세 개의 입자로 이루어진 계의 질량 중심을 구하라. 질량 1.00 kg인 입자의 위치를 원점으로 택하라.

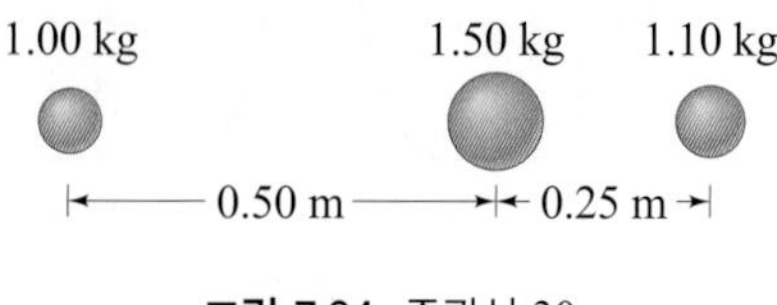

그림 7.34 주관식 30

31. (II) 동일한 재질로 만들어지고, 한 변의 길이가 각각 ℓ_0, $2\ell_0$, $3\ell_0$인 세 개의 정육면체가 그림 7.35와 같이 놓여 있다. 각 정육면체의 중심은 x축 상에 놓여 있다. 세 물체의 질량 중심은 x축 상의 어느 위치에 있나?

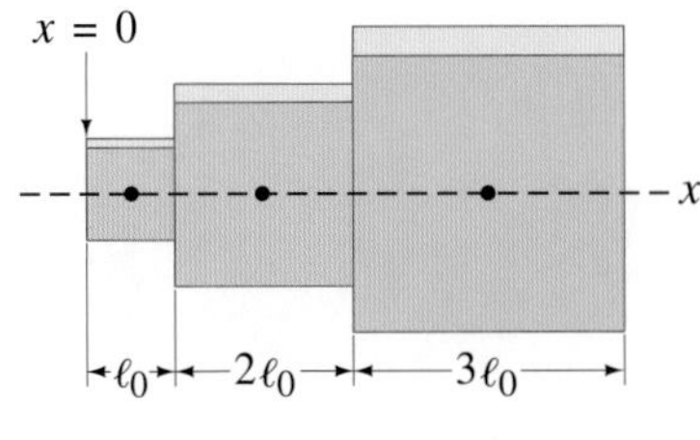

그림 7.35 주관식 31

32. (II) 가벼운 받침대 위에 토마토 반죽이 들어 있는 열 개의 똑같은 상자가 놓여 있다(그림 7.36). 각 상자는 한 변의 길이가 ℓ인 정육면체이다. 평면에서의 무게 중심을 구하라.

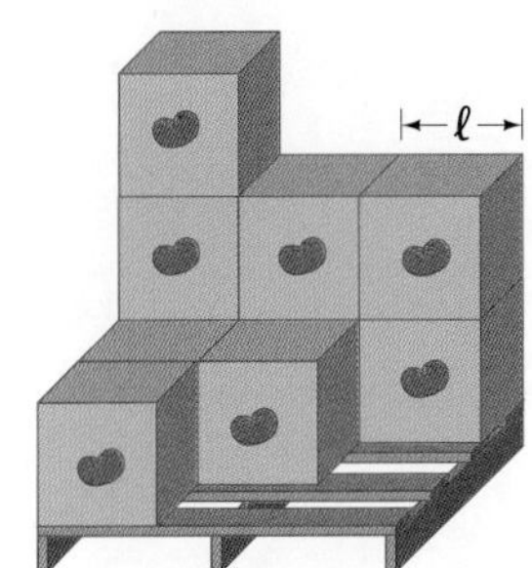

그림 7.36 주관식 32

33. (III) 그림 7.37에 그려진 균일하고 얇은 L자형 버팀기둥의 질량 중심을 구하라.

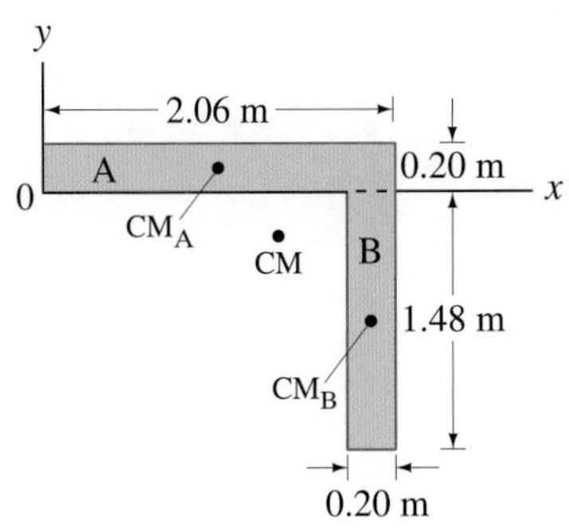

그림 7.37 주관식 33. 밀도가 균일하고 두께가 d인(그림에는 안 보임) L자형 물체

34. (III) 반지름 $2R$인 균일한 원형 판에 반지름 R인 원형 구멍이 뚫려 있다(그림 7.38). 작은 원의 중심 C'은 큰 원의 중심 C로부터 $0.80R$만큼 떨어져 있다. 이 판의 질량 중심은 어디인가? [힌트: 빼기를 한다.]

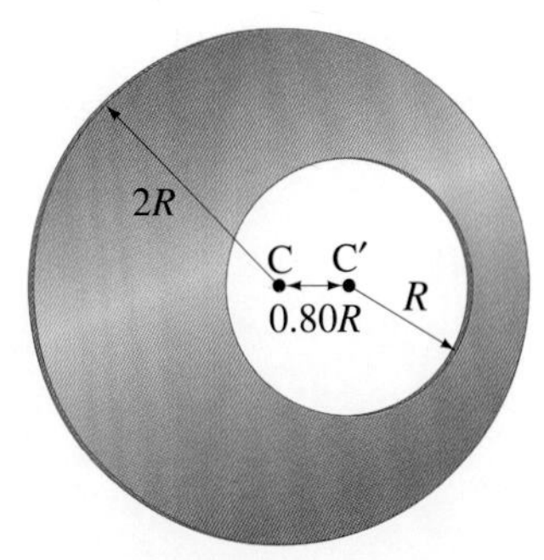

그림 7.38 주관식 34

7.9 인체의 질량 중심

35. (I) 신체 비율이 표 7.1에 주어진 것과 같은 사람의 발 하나의 질량 중심을 구하라.

36. (I) 표 7.1을 이용하여 곧게 뻗은 팔의 질량 중심을 구하라.

37. (II) 높이뛰기 선수가 막대 바로 위에서 자신의 팔과 종아리는 연직으로 늘어뜨리고 허벅지와 몸통 및 머리는 수평인 자세에 취할 때, 이 선수의 질량 중심은 몸통의 중심선으로부터 얼마나 멀리 떨어져 있나? 질량 중심은 신체 밖에 위치할까? 표 7.1을 이용한다.

7.10 질량 중심과 병진 운동

38. (II) 질량 2.30 kg, 지름 0.0800 m인 균일한 원통 모양의 머리와 질량 0.500 kg, 길이 0.240 m인 원통 모양의 손잡이로 구성된 나무망치(그림 7.39)가 공중에서 회전하며 포물선 궤도를 따라 날아가고 있다. 포물선 궤도를 그리는 점은 손잡이의 바닥으로부터 얼마나 떨어진 지점인가?

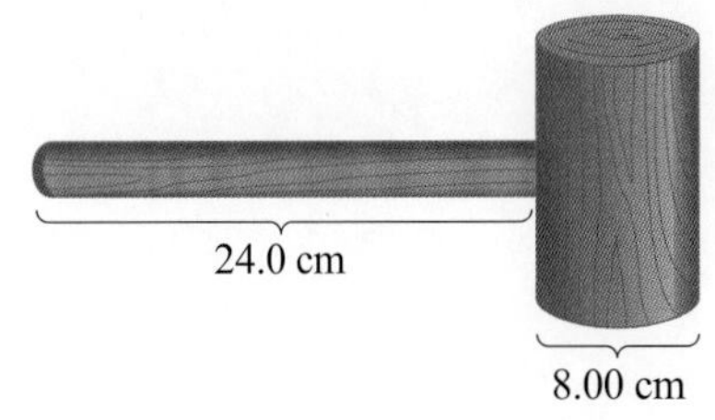

그림 7.39 주관식 38

39. (II) 52 kg인 여자와 72 kg인 남자가 마찰이 없는 얼음 위에서 10.0 m 떨어져 있다. (a) 두 사람의 질량 중심은 여자로부터 얼마나 떨어진 지점인가? (b) 두 사람이 밧줄의 양 끝을 잡고 있는 상태에서 남자가 밧줄을 잡아당겨 2.5 m를 이동했을 때, 남자는 여자로부터 얼마나 떨어져 있나? (c) 두 사람이 충돌할 때까지 남자가 이동한 거리는 얼마인가?

40. (II) 질량이 각각 85 kg과 55 kg인 두 사람이 정지해 있던 보트의 양 끝에 앉아 있었다. 보트의 질량은 58 kg, 길이는 3 m이다. 두 사람이 자리를 서로 바꿀 때, 보트는 어느 방향으로 얼마나 이동하는가?

연습 해답

A: 스포츠카의 속력이 세 배 더 크다면 가능하다.
B: 더 크다. (Δp가 더 크다.).
C: (a) 6.0 m/s (b) 거의 0 (c) 거의 24.0 m/s
D: 0.50 m/s
E: (b); (d)
F: 곡선은 더 넓고 높이는 더 낮을 것이다.
G: $x_{CM} = -2.0$ m, 동일하다.
H: 보트는 반대 방향으로 움직인다.

빠르게 움직이는 놀이 기구의 각속도와 구심 가속도를 견딜 수 있다면 여러분도 빠른 회전을 경험할 수 있다. 그렇지 못하다면, 조금 더 느리게 움직이는 회전목마나 대관람차를 타보라. 회전하는 기구는 각운동량뿐 아니라 회전 운동 에너지도 갖는다. 각가속도는 알짜 돌림힘에 의해 생기며, 회전체는 회전 운동 에너지를 갖는다.

회전 운동

시작 질문 추정해 보라!

단단한 공과 원통이 같은 지점에서 정지 상태로부터 동시에 출발하여 경사면을 따라 굴러 내려간다. 두 물체 중 어느 것이 먼저 바닥에 도달할까?

(a) 두 물체는 동시에 바닥에 도달한다.

(b) 마찰에 의한 차이를 제외하면 두 물체는 거의 동시에 바닥에 도달한다.

(c) 공이 먼저 바닥에 도달한다.

(d) 원통이 먼저 바닥에 도달한다.

(e) 각각의 질량과 반지름을 알아야 답을 할 수 있다.

지금까지는 주로 병진 운동에 대해 논의했다. 병진 운동의 운동학과 동역학(힘의 역할)에 대해 논의했으며, 병진 운동에서의 에너지와 운동량에 대해서도 살펴봤다. 이 장에서는 회전 운동을 다루겠다. 먼저 회전 운동의 운동학에 대해 논의하고, 돌림힘을 수반하는 회전 운동의 동역학에 대한 논의는 물론 회전 운동 에너지와 선운동량에 대응하는 회전 운동에서의 물리량인 각운동량에 대해서도 논의할 것이다. 이를 통해 회전하는 자동차 바퀴와 컴퓨터 디스크에서부터 놀이 동산의 놀이

기구, 회전하는 스케이트 선수, 회전하는 지구, 원심 분리기에 이르기까지, 우리의 주변 세계에 대한 이해의 폭을 넓힐 것이다.

주로 고려할 회전은 고정축에 대한 강체의 회전이다. **강체**(rigid object)란 시간에 따라 변하지 않는 명확한 형태를 가진 물체를 의미하므로, 강체를 구성하는 입자들은 서로에 대해 고정된 위치를 유지한다. 실제 물체는 외력이 가해질 때 진동하거나 형태가 변할 수 있다. 그러나 많은 경우에 이런 효과가 매우 작기 때문에 이상적인 강체 개념은 물체에 대한 좋은 근사로서 매우 유용하다.

8.1 각 물리량

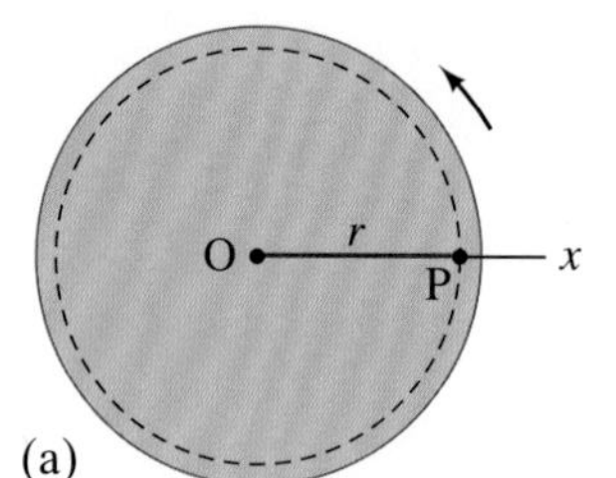

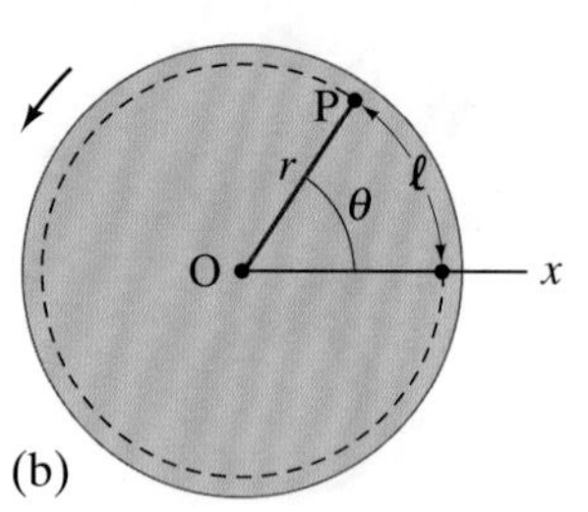

그림 8.1 바퀴의 중심 O를 관통하며 종이면에 수직인 축을 중심으로 시계 반대 방향으로 회전하는 바퀴의 모습. 바퀴 내의 모든 점은 점 P처럼 원 궤도를 따라 움직인다. ℓ은 바퀴가 각 θ만큼 회전할 때 점 P가 이동한 거리이다.

강체의 운동은 물체의 질량 중심의 병진 운동과 질량 중심에 대한 물체의 회전 운동의 합으로 분해할 수 있다(7.8절). 병진 운동은 이미 자세히 취급했으므로 지금부터는 순수한 회전 운동에 대해 집중하자. **순수한 회전 운동**이란, 그림 8.1의 회전하는 바퀴의 점 P와 같이, 물체 내의 모든 점이 원을 그리며 운동하고, 모든 원의 중심이 **회전축**(axis of rotation)이라 불리는 한 직선 위에 존재하는 운동을 의미한다. 그림 8.1에서 회전축은 점 O를 관통하며 지면에 수직인 직선이다.

고정된 하나의 축에 대해 회전하는 물체 내의 모든 점은 그림 8.1의 점 P에 대해 점선으로 표시한 것과 같은 원을 그리며 운동하는데, 원의 중심은 회전축 상에 존재하며, 반지름 r는 회전축으로부터 그 점까지의 거리이다. 회전축에서 물체의 임의의 한 점까지 그은 직선은 같은 시간 간격 동안 같은 각 θ만큼 쓸고 지나간다.

회전체의 **각위치**(angular position) 또는 회전체가 회전한 정도를 나타내기 위해 그림 8.1의 x축과 같은 기준선과 물체 내의 특별한 선(그림 8.1의 빨간색 선) 사이의 각 θ를 사용한다. 그림 8.1의 점 P와 같은 물체의 한 점은 그 점이 원주를 따라 거리 ℓ만큼 이동할 때 각 θ만큼 이동한다. 일상에서는 각의 단위로 도(°)를 사용하지만, **라디안**(radian) 단위를 사용하면 원운동에 대한 수학적 표현이 훨씬 간단해진다. 1라디안(줄여서 rad)은 반지름과 길이가 같은 호에 대응하는 각으로 정의된다. 예를 들어 그림 8.1b에서 회전축으로부터 r만큼 떨어져 있는 점 P가 원호를 따라 거리 ℓ만큼 이동할 때, 호의 길이 ℓ은 각 θ에 '대응한다'고 한다. 라디안 단위를 사용할 때, 임의의 각 θ는

$$\theta = \frac{\ell}{r} \qquad [\text{라디안으로 측정된 } \theta] \qquad \mathbf{(8.1a)}$$

로 주어지는데, 여기서 r는 원의 반지름, ℓ은 라디안으로 명시된 각 θ에 대응하는 호의 길이이다. $\ell = r$이면, $\theta = 1$ rad이다.

주의

도가 아니라 라디안을 사용하라.

라디안은 두 길이의 비이기 때문에 차원이 없는 양이다. 그렇지만 라디안으로 각을 표시할 때에는 도(°)가 아니라는 것을 상기시키기 위해 항상 rad를 언급한다. 간혹 식 8.1a를 다음과 같이 쓰는 것이 유용할 때도 있다.

$$\ell = r\theta \qquad \mathbf{(8.1b)}$$

라디안과 도(°)의 관계는 다음과 같다. 원을 한 바퀴 회전한 각은 360°인데, 이는 원주의 길이 $\ell = 2\pi r$에 해당한다. 그런데 라디안으로 표시한 한 바퀴 돈 원의 각은 $\theta = \ell/r = 2\pi r/r = 2\pi$ rad이므로 다음 식이 성립한다.

$$360° = 2\pi \text{ rad}$$

1라디안은 $360°/2\pi \approx 360°/6.28 \approx 57.3°$이다. 한 바퀴 회전한 물체는 360° 또는 2π rad만큼 회전한 것이므로 다음 식이 성립한다.

$$1 \text{ rev} = 360° = 2\pi \text{ rad}$$

예제 8.1 **자전거 바퀴**

자전거 바퀴가 4.50회전을 했다. 바퀴가 회전한 각을 라디안으로 계산하라.

접근 $1 \text{ rev} = 360° = 2\pi \text{ rad} = 6.28 \text{ rad}$을 이용하여 단위를 변환한다.

풀이 $4.50\text{회전} = (4.50 \text{ rev})\left(2\pi \frac{\text{rad}}{\text{rev}}\right) = 9.00\pi \text{ rad} = 28.3 \text{ rad}$

예제 8.2 **사냥하는 새**

어떤 새의 눈은 3×10^{-4} rad 정도의 각에 대응하는 물체를 분별할 수 있는 시력을 갖고 있다. (a) 이 각은 몇 도(°)인가? (b) 100 m 상공의 이 새가 분별할 수 있는 물체의 크기는 얼마인가(그림 8.2a)?

접근 (a)는 $360° = 2\pi$ rad을 이용하여 계산하고, (b)는 식 8.1b($\ell = r\theta$)를 이용하여 계산한다.

풀이 (a) 3×10^{-4} rad을 도(°)로 환산하면 다음과 같다.

$$(3 \times 10^{-4} \text{ rad})\left(\frac{360°}{2\pi \text{ rad}}\right) = 0.017°$$

(b) 작은 각에 대해 호의 길이는 현의 길이와 거의 같다(그림 8.2b).[†] $r = 100$ m이고 $\theta = 3 \times 10^{-4}$ rad이므로 식 8.1b로부터 다음을 얻는다.

$$\ell = r\theta = (100 \text{ m})(3 \times 10^{-4} \text{ rad}) = 3 \times 10^{-2} \text{ m} = 3 \text{ cm}$$

이 새는 지상 100 m 위에서 길이가 3 cm 정도인 작은 쥐를 분별할 수 있다. 이는 뛰어난 시력이다.

유의 각이 도(°)로 주어지면 먼저 이 값을 라디안으로 변환한 후 계산해야 한다. 식 8.1은 각이 라디안으로 주어진 경우에만 성립한다. 도(°)나 회전(rev)으로 주어질 때에는 성립하지 않는다.

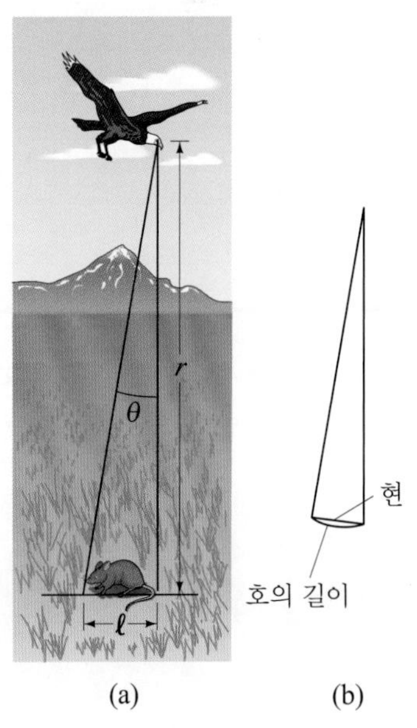

그림 8.2 (a) 예제 8.2. (b) 각이 작을 경우 호의 길이와 현의 길이(직선)는 거의 같다.

회전 운동을 기술하기 위해서는 각속도나 각가속도와 같은 각 물리량을 이용한다. 이 물리량들은 직선 운동에서 정의된 물리량들과 유사한 방식으로 정의되는데, 회전

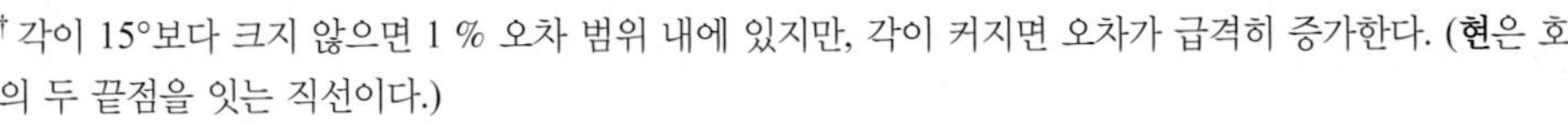

[†] 각이 15°보다 크지 않으면 1 % 오차 범위 내에 있지만, 각이 커지면 오차가 급격히 증가한다. (**현**은 호의 두 끝점을 잇는 직선이다.)

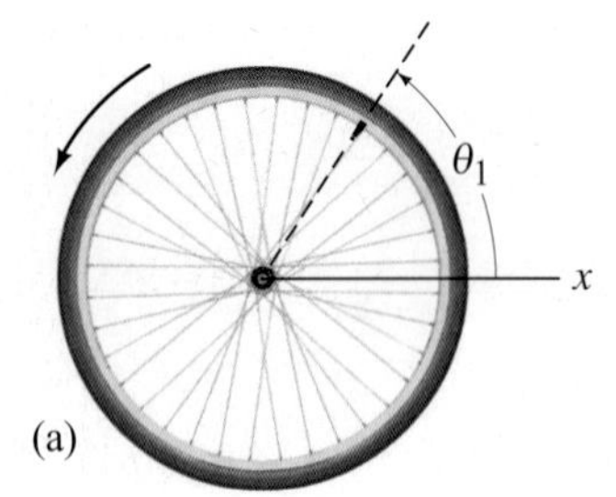

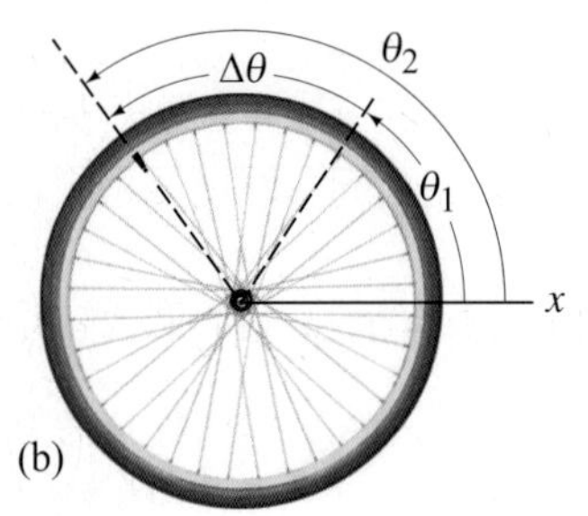

그림 8.3 바퀴가 (a) 처음 위치 θ_1에서 (b) 나중 위치 θ_2까지 회전축을 따라 회전한다. 각변위는 $\Delta\theta = \theta_2 - \theta_1$이다.

체를 전체적으로 기술하기 위해 선택되기 때문에 회전체 내의 모든 점에서 같은 값을 갖는다. 그러나 회전체 내의 모든 점에서 병진 속도와 가속도는 각 점마다 다른 값을 갖는다.

그림 8.3의 자전거 바퀴와 같이, 한 물체가 θ_1로 주어진 처음 위치로부터 θ_2로 주어진 나중 위치까지 회전할 때, 물체의 **각변위**(angular displacement)는 다음과 같이 주어진다.

$$\Delta\theta = \theta_2 - \theta_1$$

그리스어 소문자인 ω로 표시되는 **각속도**(angular velocity)는 2장에서 논의됐던 선(병진) 속도와 유사하게 정의된다. 선 변위 대신에 각변위를 사용한다. 이에 따라 고정축에 대해 회전하는 물체의 **평균 각속도**(average angular velocity)는 다음과 같이 정의된다.

$$\bar{\omega} = \frac{\Delta\theta}{\Delta t} \tag{8.2a}$$

여기서 $\Delta\theta$는 시간 간격 Δt 동안 물체가 회전한 각이다. **순간 각속도**(instantaneous angular velocity)는 Δt가 0으로 접근할 때 식 8.2a의 극한값으로 정의된다. 즉

$$\omega = \lim_{\Delta t \to 0} \frac{\Delta\theta}{\Delta t} \tag{8.2b}$$

이다. 각속도의 단위는 일반적으로 rad/s로 주어진다. 물체 내의 모든 점이 같은 시간 간격 동안 같은 각만큼 회전하므로 **강체 내의 모든 점은 같은 각속도로 회전한다**는 점에 유의하라.

그림 8.3의 바퀴와 같이, 물체는 고정축에 대해 시계 방향 또는 시계 반대 방향으로 회전할 수 있다. 방향은 + 또는 −부호로 정한다. 바퀴가 시계 반대 방향으로 회전할 때 각변위 $\Delta\theta$와 각속도 ω를 양의 값으로 정하는 것이 일반적인 관례이다. 시계 방향으로 회전할 때는 θ가 줄어들기 때문에 $\Delta\theta$와 ω는 음의 값을 갖는다.

선가속도에서와 마찬가지로 **각가속도**(angular acceleration, 그리스어 소문자 α로 표기)는 각속도의 변화량을 회전하는 데 걸린 시간으로 나눈 값으로 정의한다. **평균 각가속도**(average angular acceleration)의 정의는 다음과 같다.

$$\bar{\alpha} = \frac{\omega_2 - \omega_1}{\Delta t} = \frac{\Delta\omega}{\Delta t} \tag{8.3a}$$

여기서 ω_1은 처음 각속도이고, ω_2는 시간 간격 Δt 후의 각속도이다. **순간 각가속도**(instantaneous angular acceleration)는 Δt가 0으로 접근할 때 식 8.3a의 극한값으로 정의된다. 즉

$$\alpha = \lim_{\Delta t \to 0} \frac{\Delta\omega}{\Delta t} \tag{8.3b}$$

이다. 회전체 내의 모든 점에 대해서 ω가 같은 값을 가지므로, 식 8.3은 모든 점에 대해서 α도 동일하다는 것을 알려준다. 따라서 ω와 α는 회전체의 전체적 특성을 나타내는 물리량이다. α의 단위는 rad/s^{2}이다.

회전체 내의 모든 점 또는 입자는 임의의 순간에 선속도 v와 선가속도 a를 가진다. 각 점의 선 물리량인 v와 a는 고정축을 중심으로 회전하는 강체의 각 물리량인 ω와 α와 연계시킬 수 있다. 그림 8.4에서와 같이, 회전축으로부터 거리 r만큼 떨어진 지점에 위치한 점 P를 생각해 보자. 이 물체가 각속도 ω로 회전할 때, P는 원 궤도의 접선 방향을 향하는 선속도를 갖는다. 선속도의 크기는 $v = \Delta\ell/\Delta t$이다. 식 8.1b로부터, 회전 각 $\Delta\theta$와 직선 거리 사이에는 $\Delta\ell = r\Delta\theta$의 관계가 있으므로

$$v = \frac{\Delta\ell}{\Delta t} = r\frac{\Delta\theta}{\Delta t}$$

이고 $\Delta\theta/\Delta t = \omega$를 이용하면 v와 ω 사이에는

$$v = r\omega \tag{8.4}$$

인 관계가 성립한다. 여기서 r는 회전축으로부터 점 P까지의 거리이고 ω의 단위는 rad/s이다. 회전체 내의 모든 점에 대해서 ω가 같더라도 회전축으로부터 멀리 떨어진 점일수록 선속도 v가 크다(그림 8.5). 식 8.4는 평균 속도는 물론 순간 속도에 대해서도 모두 성립함에 유의하라.

회전체의 각속도가 변하면, 물체 전체와 물체 내의 각 점들은 각가속도를 갖는다. 각 점들은 자신들이 그리는 원 궤도에 접선인 방향의 선가속도를 갖는다. 식 8.4 ($v = r\omega$)를 이용하면 회전체의 접선 방향의 선가속도 $a_{\tan}$는 다음과 같다.

$$a_{\tan} = \frac{\Delta v}{\Delta t} = r\frac{\Delta\omega}{\Delta t}$$

식 8.3을 이용하면 각가속도 α와 $a_{\tan}$ 사이에는

$$a_{\tan} = r\alpha \tag{8.5}$$

인 관계가 성립한다. 이 식에서 r는 입자가 그리는 원 궤도의 반지름이고, 첨자 tan은 '접선' 방향을 의미한다.

회전체 내의 한 점의 전체 선가속도는 두 성분의 벡터 합이다. 즉

$$\vec{\mathbf{a}} = \vec{\mathbf{a}}_{\tan} + \vec{\mathbf{a}}_{\mathrm{R}}$$

이다. 여기서 $\vec{\mathbf{a}}_{\mathrm{R}}$은 '구심' 가속도이며, 방향은 원 궤도의 중심을 향하는 방향이다(그림 8.6). 5장의 식 5.1에서 봤듯이, 선속도가 v이고 반지름이 r인 원운동을 하는 입자의 구심 가속도는 $a_{\mathrm{R}} = v^2/r$로 주어진다. 이를 식 8.4를 이용하여 ω로 나타내면 다음과 같다.

$$a_{\mathrm{R}} = \frac{v^2}{r} = \frac{(r\omega)^2}{r} = \omega^2 r \tag{8.6}$$

따라서 구심 가속도는 회전축으로부터 멀리 떨어질수록 커진다. 이 때문에 회전목마에서 가장 먼 쪽의 아이가 가장 큰 가속도를 느낀다.

식 8.1, 8.4, 8.5, 8.6으로부터 물체의 회전을 기술하는 각 물리량과 회전체 내의 각 점의 선 물리량 사이의 관계를 알 수 있다. 이 관계가 표 8.1에 요약되어 있다.

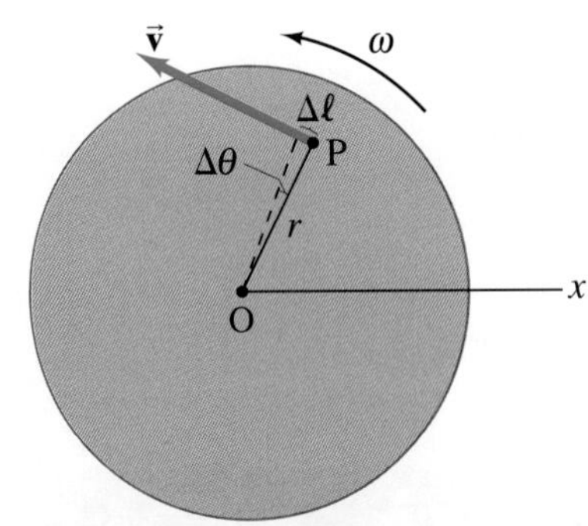

그림 8.4 회전하는 바퀴 위의 점 P는 임의의 순간에 선속도 $\vec{\mathbf{v}}$를 갖는다.

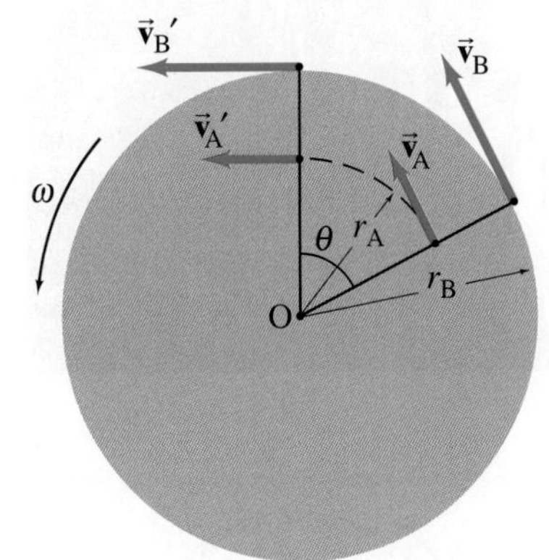

그림 8.5 시계 반대 방향으로 일정하게 회전하는 바퀴. 중심으로부터 거리 r_{A}와 r_{B}만큼 떨어진 바퀴 위의 두 점은 같은 시간 간격 동안 같은 각 θ만큼 회전하므로 같은 각속도 ω를 갖는다. 그러나 두 점은 같은 시간 간격 동안 서로 다른 거리를 이동하기 때문에 다른 선속도를 갖는다. $v = r\omega$이고 $r_{\mathrm{B}} > r_{\mathrm{A}}$이므로 $v_{\mathrm{B}} > v_{\mathrm{A}}$이다.

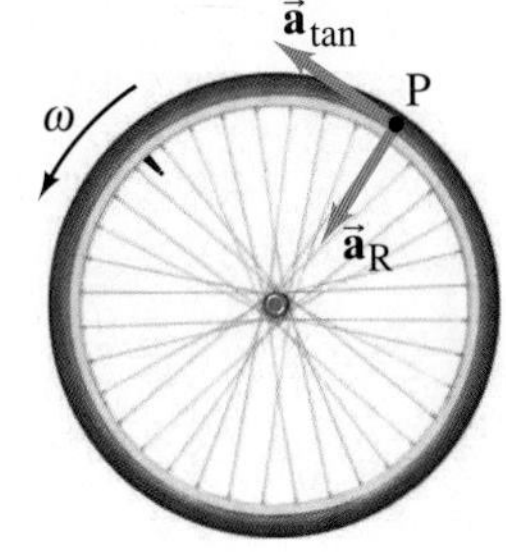

그림 8.6 회전하는 바퀴의 각속력이 증가할 때, 바퀴 위의 점 P는 접선 방향과 구심 방향의 가속도 성분을 갖는다(5장 참조).

표 8.1 선 물리량과 각 물리량

직선	형태	회전	관계[†]
x	변위	θ	$x = r\theta$
v	속도	ω	$v = r\omega$
a_{tan}	가속도	α	$a_{tan} = r\alpha$

[†]라디안을 사용해야 한다.

(a)

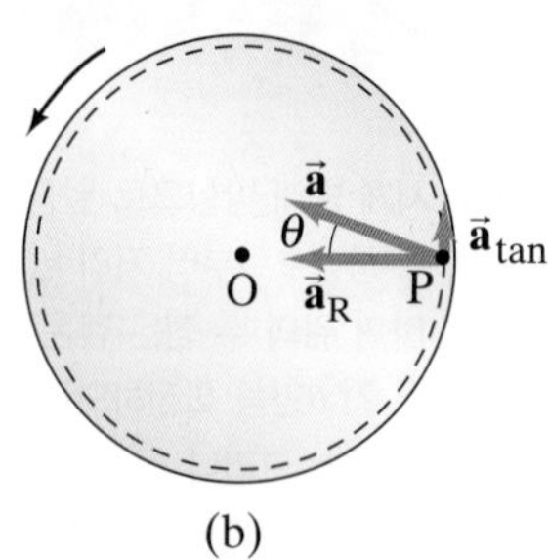

(b)

그림 8.7 예제 8.3과 8.4. $t = 8.0$ s일 때, 전체 가속도 벡터는 $\vec{\mathbf{a}} = \vec{\mathbf{a}}_{tan} + \vec{\mathbf{a}}_R$이다.

예제 8.3 각속도와 선속도

정지해 있던 회전목마가 $t = 0$인 순간부터 $\alpha = 0.060$ rad/s^{2}의 일정한 각가속도로 8.0 s 동안 가속됐다. $t = 8.0$ s인 순간, (a) 회전목마의 각속도와 (b) 중심으로부터 2.5 m 떨어진 위치에 있는 아이(그림 8.7b의 점 P)의 선속도를 계산하라.

접근 각가속도 α가 일정하므로 식 8.3a($\alpha = \Delta\omega/\Delta t$)를 이용하여 $t = 8.0$ s일 때의 각속도 ω를 구할 수 있다. 이 ω와 식 8.4($v = r\omega$)를 이용하여 선속도를 구한다.

풀이 (a) 식 8.3a에 $\Delta t = 8.0$ s, $\overline{\alpha} = 0.060$ rad/s^2, $\omega_1 = 0$을 대입한 후 ω_2에 대해 풀면 다음과 같다.

$$\omega_2 = \omega_1 + \overline{\alpha}\,\Delta t = 0 + (0.060\,\text{rad/s}^2)(8.0\,\text{s}) = 0.48\,\text{rad/s}$$

8.0 s 동안 회전목마는 $\omega_1 = 0$에서 $\omega_2 = 0.48$ rad/s로 가속된다.

(b) 식 8.4를 이용하여 $t = 8.0$ s인 순간 $r = 2.5$ m인 위치에 있는 아이의 선속도를 계산하면 다음과 같다.

$$v = r\omega = (2.5\,\text{m})(0.48\,\text{rad/s}) = 1.2\,\text{m/s}$$

'rad'은 차원이 없기 때문에 마지막 결과에서 생략한 것임에 유의하라.

예제 8.4 각가속도와 선가속도

예제 8.3에서 회전목마에 앉아 있는 아이의 (a) 접선 가속도, (b) 구심 가속도, (c) 전체 가속도를 구하라.

접근 식 8.5와 8.6을 이용한다.

풀이 (a) 식 8.5에 의해 주어지는 아이의 접선 가속도는 다음과 같다.

$$a_{tan} = r\alpha = (2.5\,\text{m})(0.060\,\text{rad/s}^2) = 0.15\,\text{m/s}^2$$

(b) $t = 8.0$ s인 순간 아이의 구심 가속도는 식 8.6에 의해 다음과 같이 구할 수 있다.

$$a_R = \frac{v^2}{r} = \frac{(1.2\,\text{m/s})^2}{(2.5\,\text{m})} = 0.58\,\text{m/s}^2$$

(c) (a)와 (b)에서 계산한 두 가속도 성분은 서로 수직이다. 따라서 $t = 8.0$ s인 순간 전체 가속도의 크기는 다음과 같다.

$$a = \sqrt{a_{tan}^2 + a_R^2} = \sqrt{(0.15\,\text{m/s}^2)^2 + (0.58\,\text{m/s}^2)^2} = 0.60\,\text{m/s}^2$$

유의 주어진 순간의 선가속도는 대부분 구심 가속도이고, 이는 아이가 회전목마와 함께 원운동을 유지하도록 해준다. 원운동을 빠르게 하는 접선 성분은 구심 성분보다 작다.

유의 가속도의 방향은 그림 8.7b의 각 θ의 방향이다.

$$\theta = \tan^{-1}\left(\frac{a_{\tan}}{a_{\mathrm{R}}}\right) = \tan^{-1}\left(\frac{0.15\,\mathrm{m/s^2}}{0.58\,\mathrm{m/s^2}}\right) = 0.25\,\mathrm{rad}$$

이므로 $\theta \approx 15°$이다.

각속도 ω와 회전 진동수 f 사이의 관계를 살펴보자. 5장에서 살펴본 바와 같이, **진동수**(frequency)는 초당 회전(rev) 수로 정의된다. 1회전은 2π rad의 각에 해당되므로 1 rev/s = 2π rad/s이다. 따라서 진동수 f와 각속도 ω 사이의 관계는 다음과 같다.

$$f = \frac{\omega}{2\pi}$$

즉

$$\omega = 2\pi f \tag{8.7}$$

이다. 진동수의 단위는 rev/s이며, 헤르츠(Hz)라는 특별한 명칭으로 불린다. 즉

1 Hz = 1 rev/s

이다. '회전(rev)'은 실제로 단위가 아니기 때문에 1 Hz = $1\mathrm{s}^{-1}$으로 표시한다.

한 바퀴 회전하는 데 걸린 시간을 **주기**(period) T라고 하며, 진동수와의 관계는 다음과 같다.

$$T = \frac{1}{f} \tag{8.8}$$

입자가 초당 3회전의 진동수로 회전하면 한 회전의 주기는 1/3 s이다.

연습 A 예제 8.3에서 8.0 s인 순간 회전목마는 ω = 0.48 rad/s의 각속도로 회전하며, 가속을 멈췄기 때문에 이후로 계속 이 각속도로 회전한다는 것을 알았다. 각속도가 ω = 0.48 rad/s로 일정한 회전목마의 진동수와 주기는 얼마인가?

8.2 등각가속도

2장에서는 일정한 선가속도 운동에 대해 가속도, 속도, 거리, 시간 사이의 관계를 나타내는 유용한 운동학 식(식 2.11)을 유도했다. 이 식은 가속도가 일정하다는 가정하에 선속도와 선가속도의 정의로부터 유도됐다. 각속도와 각가속도의 정의(식 8.2와 8.3)는 θ가 x를, ω가 v를, α가 a를 대신하는 것만 제외하면 선운동량의 정의와 똑같다. 따라서 **등각가속도**(constant angular acceleration)에 대한 식은 x 대신 θ를, v 대신 ω를, a 대신 α를 이용하면 식 2.11과 유사하며, 정확히 동일한 방법으로 유도될 수 있다. 직선 운동 식인 식 2.11에 대응하는 회전 운동 식을 아래에 요약했다. (간단히 하기 위해, 처음 시간 t_0 = 0에서의 각과 위치를 θ_0 = 0과 x_0 = 0으로 가정한다.)

등각가속도에 대한 운동학 식 $[x_0 = 0, \theta_0 = 0]$

회전 운동	직선 운동		
$\omega = \omega_0 + \alpha t$	$v = v_0 + at$	$[\alpha, a$는 일정$]$	**(8.9a)**
$\theta = \omega_0 t + \frac{1}{2}\alpha t^2$	$x = v_0 t + \frac{1}{2}at^2$	$[\alpha, a$는 일정$]$	**(8.9b)**
$\omega^2 = \omega_0^2 + 2\alpha\theta$	$v^2 = v_0^2 + 2ax$	$[\alpha, a$는 일정$]$	**(8.9c)**
$\overline{\omega} = \dfrac{\omega + \omega_0}{2}$	$\overline{v} = \dfrac{v + v_0}{2}$	$[\alpha, a$는 일정$]$	**(8.9d)**

ω_0은 $t_0 = 0$에서의 각속도를 나타내고, θ와 ω는 시간 t에서 각위치와 각속도를 각각 나타낸다. 각가속도가 일정하므로 $\alpha = \overline{\alpha}$이다.

물리학의 응용

원심 분리기

예제 8.5 원심 분리기의 가속도

정지해 있던 원심 분리기가 30 s 동안 20,000 rpm(분당 회전수)으로 가속된다. (a) 평균 각가속도는 얼마인가? (b) 각가속도가 일정하다고 가정할 때, 가속하는 동안 원심 분리기가 회전한 횟수는 얼마인가?

접근 $\overline{\alpha} = \Delta\omega/\Delta t$를 구하기 위해서는 처음 각속도와 나중 각속도가 필요하다. 식 8.9를 이용하여 (b)를 풀 때 1회전은 2π rad에 해당됨을 상기하자.

풀이 (a) 원심 분리기가 정지해 있었으므로 처음 각속도는 $\omega_0 = 0$이다. 원심 분리기의 나중 각속도는 다음과 같다.

$$\omega = 2\pi f = (2\pi\ \text{rad/rev})\frac{(20{,}000\ \text{rev/min})}{(60\ \text{s/min})} = 2100\ \text{rad/s}$$

$\overline{\alpha} = \Delta\omega/\Delta t$이고 $\Delta t = 30$ s이므로

$$\overline{\alpha} = \frac{\omega - \omega_0}{\Delta t} = \frac{2100\ \text{rad/s} - 0}{30\ \text{s}} = 70\ \text{rad/s}^2$$

이다. 즉 원심 분리기는 매초 70 rad/s씩 또는 (70 rad/s)(1 rev/2π rad) = 11 rev/s씩 각속도가 증가한다.

(b) 식 8.9b나 8.9c를 이용하여 θ를 구할 수 있다. 식 8.9b를 이용하면

$$\theta = \omega_0 t + \tfrac{1}{2}\alpha t^2 = 0 + \tfrac{1}{2}(70\ \text{rad/s}^2)(30\ \text{s})^2 = 3.15 \times 10^4\ \text{rad}$$

이다. 이 값을 2π rad/rev로 나누면 전체 회전수는 다음과 같다.

$$\frac{3.15 \times 10^4\ \text{rad}}{2\pi\ \text{rad/rev}} = 5.0 \times 10^3\ \text{rev}$$

유의 식 8.9c를 이용하여 구한 θ는

$$\theta = \frac{\omega^2 - \omega_0^2}{2\alpha} = \frac{(2100\ \text{rad/s})^2 - 0}{2(70\ \text{rad/s}^2)} = 3.15 \times 10^4\ \text{rad}$$

이고, 이 값은 식 8.9b로부터 얻은 값과 정확히 일치한다.

8.3 미끄러짐 없는 굴림 운동

바닥을 가로지르며 구르는 공이나 도로를 따라 구르는 자동차 타이어와 자전거 바

퀴 등의 회전 운동은 일상생활에서 매우 친숙한 운동이다. **미끄러짐 없는 굴림 운동**(rolling motion without slipping)은 구르는 물체와 지면 사이의 정지 마찰에 의존한다. 지면에 맞닿는 회전체의 점은 매 순간 정지한 상태이기 때문에 작용하는 마찰은 정지 마찰이다.

미끄러짐 없는 굴림 운동은 회전 운동과 병진 운동을 모두 포함한다. 회전축의 선속도 v와 회전하는 바퀴나 공의 각속도 ω 사이에는 단순한 관계, 즉 $v = r\omega$이 성립하는데, 이때 r는 반지름이다. 그림 8.8a는 미끄러짐 없이 오른쪽으로 굴러가는 바퀴의 모습이다. 그림과 같은 순간, 지면과 접촉한 바퀴 위의 점 P는 순간적으로 정지해 있다. (P가 정지한 상태가 아니면, 바퀴는 미끄러진다.) 바퀴의 중심 C에서 회전축의 속도는 $\vec{\mathbf{v}}$이다. 그림 8.8b는 바퀴의 좌표계, 즉 지면에 대해서 속도 $\vec{\mathbf{v}}$로 오른쪽으로 움직이는 좌표계에서 본 모습이다. 이 좌표계에서 회전축 C는 정지해 있고, 지면과 점 P가 속도 $-\vec{\mathbf{v}}$로 왼쪽으로 움직인다. 그림 8.8b는 순수한 회전 운동이므로 $v = r\omega$ (식 8.4)가 성립한다. 여기서 r는 바퀴의 반지름이다. 이 식의 v와 그림 8.8a의 v가 같으므로 지면에 대한 회전축의 선속력과 바퀴의 각속도 사이에는

$$v = r\omega \qquad \text{[미끄러짐 없는 굴림]}$$

의 관계가 있음을 알 수 있다.

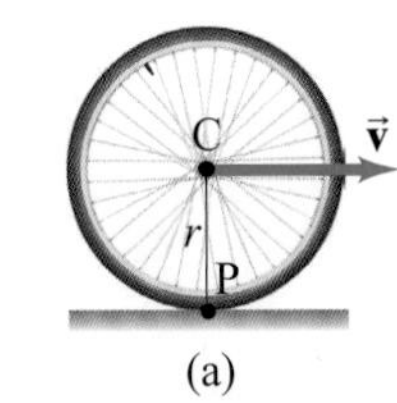

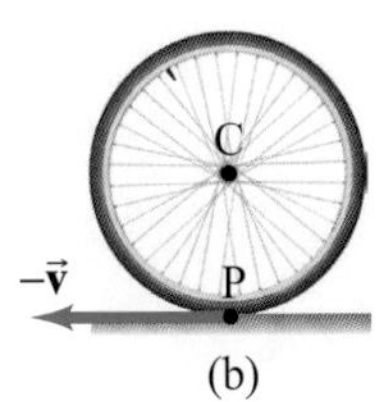

그림 8.8 (a) 오른쪽으로 굴러가는 바퀴. 바퀴의 중심 C는 속도 $\vec{\mathbf{v}}$로 운동한다. 그림과 같은 순간에 점 P는 정지해 있다. (b) 바퀴의 회전축 C가 정지한 좌표계, 즉 지면에 대해 속도 $\vec{\mathbf{v}}$로 오른쪽으로 운동하는 좌표계에서 본 동일한 바퀴. (a)에서 정지해 있던 점 P는 (b)에서는 그림과 같이 $-\vec{\mathbf{v}}$의 속력으로 왼쪽으로 운동한다(상대 속도에 대한 3.8절 참조). 따라서 $v = r\omega$이다.

예제 8.6 자전거

어느 자전거가 속력이 $v_0 = 8.40$ m/s인 순간부터 일정하게 감속하여 정지할 때까지 115 m의 거리를 이동했다(그림 8.9). 바퀴의 지름은 68.0 cm이다. (a) 처음 순간($t = 0$)의 바퀴의 각속도, (b) 정지할 때까지 바퀴가 회전한 횟수, (c) 바퀴의 각가속도, (d) 정지할 때까지 걸린 시간을 구하라.

접근 자전거 바퀴가 미끄러짐 없이 구른다고 가정한다. 자전거의 속력 v와 바퀴의 각속도 ω 사이에는 $v = r\omega$의 관계가 있다. 자전거 속력이 일정하게 줄어들기 때문에 각가속도가 일정하므로 식 8.9를 이용할 수 있다.

풀이 (a) 반지름이 34.0 cm인 바퀴의 처음 각속도는 다음과 같다.

$$\omega_0 = \frac{v_0}{r} = \frac{8.40\ \text{m/s}}{0.340\ \text{m}} = 24.7\ \text{rad/s}$$

(b) 정지할 때까지 자전거는 115 m를 이동했다. 바퀴의 원둘레가 $2\pi r$이므로 바퀴가 1회전 하는 동안 이동한 거리는 $2\pi r = (2\pi)(0.340\ \text{m})$이다. 따라서 정지할 때까지 바퀴의 회전수는 다음과 같다.

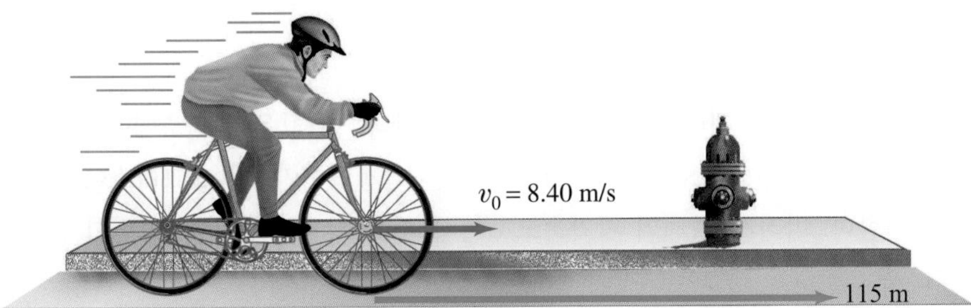

그림 8.9 예제 8.6

$$\frac{115 \text{ m}}{2\pi r} = \frac{115 \text{ m}}{(2\pi)(0.340 \text{ m})} = 53.8 \text{ rev}$$

(c) 1회전은 2π rad에 해당하므로 바퀴가 회전한 각은 $\theta = 2\pi \text{ rad/rev} \times 53.8 \text{ rev}$ (= 338 rad)이다. 이 값과 $\omega_0 = 24.7 \text{ rad/s}$, $\omega = 0$을 식 8.9c에 대입하면 바퀴의 각가속도는 다음과 같다.

$$\alpha = \frac{\omega^2 - \omega_0^2}{2\theta} = \frac{0 - (24.7 \text{ rad/s})^2}{2(2\pi \text{ rad/rev})(53.8 \text{ rev})} = -0.902 \text{ rad/s}^2$$

(d) 식 8.9a, b로부터 정지할 때까지 걸린 시간은 다음과 같다.

$$t = \frac{\omega - \omega_0}{\alpha} = \frac{0 - 24.7 \text{ rad/s}}{-0.902 \text{ rad/s}^2} = 27.4 \text{ s}$$

유의 미끄러지지 않는 한, 바퀴가 1회전할 때 자전거는 원둘레인 $2\pi r$만큼 앞으로 이동한다.

8.4 돌림힘

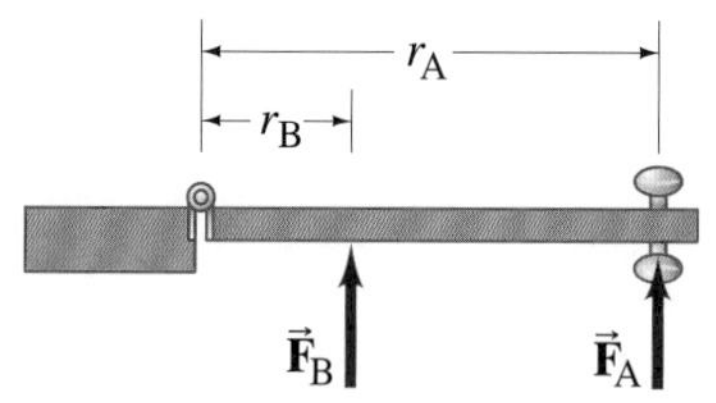

그림 8.10 위에서 내려다본 문의 모습. 두 힘이 지레 팔이 r_A와 r_B인 지점에 작용하고 있다. $r_A = 3r_B$인 경우, 같은 효과(각가속도)를 얻기 위해서는 F_B가 F_A의 세 배여야 한다.

지금까지는 각위치, 각속도, 각가속도를 이용하여 회전 운동을 기술하는 분야인 회전 운동학에 대해 살펴봤다. 이제부터는 회전 운동의 동역학 또는 회전 운동의 원인에 대해 살펴보자. 운동학에서 회전 운동과 병진 운동에서 유사성이 있듯이, 동역학에서도 회전 운동과 병진 운동의 유사성이 존재한다.

물체를 회전시키기 위해서는 힘이 필요하다. 그런데 힘이 가해지는 방향과 힘을 가하는 지점은 모두 중요하다. 위에서 내려다본 문의 모습을 그린 그림 8.10과 같은 상황에 대해 생각해 보자. 그림에서와 같이 문에 수직인 방향으로 힘 $\vec{F}_A$가 작용할 때, 힘의 크기 F_A가 클수록 문은 빨리 열린다. 그러나 $\vec{F}_A$와 크기가 같은 힘 $\vec{F}_B$가 회전축에 가까운 지점에 작용할 때에는 문이 그다지 빨리 열리지 않는다. 힘의 효과가 작은 것이다. 힘의 크기와 방향뿐만 아니라 힘이 **어디에** 작용하는지가 문이 얼마나 빨리 열리는지에 영향을 준다. 실제로 하나의 힘이 작용할 때, 문의 각가속도는 힘의 크기뿐만 아니라 **회전축으로부터 힘의 방향을 따라 그은 선까지의 수직 거리**에도 비례한다. 이 수직 거리를 힘의 **지레 팔**(lever arm) 또는 **모멘트 팔**(moment arm)이라 하고, 그림 8.10의 두 힘에 대해서 각각 r_A와 r_B로 표기했다. 그림 8.10에서, 두 힘의 크기가 같다고 가정할 때, r_A가 r_B보다 세 배 크면 문의 각가속도도 세 배 크다. 달리 표현하면, $r_A = 3r_B$이면 같은 각가속도를 내기 위해서는 F_B가 F_A보다 세 배 커야 함을 의미한다. 그림 8.11은 긴 지레 팔이 매우 효과적인 도구의 두 가지 예를 보여주고 있다.

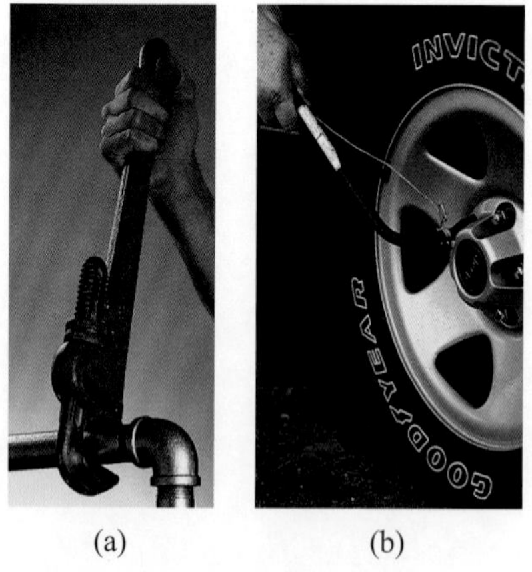

그림 8.11 (a) 지레 팔이 긴 렌치를 이용할수록 배관공은 더 큰 돌림힘을 발휘할 수 있다. (b) 타이어 레버의 경우도 지레 팔이 길다.

각가속도는 **힘과 지레 팔을 곱한 값**에 비례한다. 이 값은 회전축에 대한 **힘의 모멘트** 또는 더 일반적으로 **돌림힘**(torque) 또는 회전력이라 하며, 그리스어 소문자 τ로 표기한다. 따라서 물체의 각가속도 α는 물체에 작용하는 알짜 돌림힘 τ에 비례한다. 즉

$$\alpha \propto \tau$$

이다. 이 식은 직선 운동에 대한 뉴턴 제2법칙인 $a \propto F$에 대응하는 회전 운동의 식이다.

지레 팔은 회전축에서 힘의 작용선까지의 **수직** 거리, 즉 힘의 작용 방향을 따라 그린 가상의 선과 회전축에 모두 수직인 거리로 정의됐다. 지레 팔을 이렇게 정의한 이유는 힘이 작용하는 방향의 효과를 고려하기 위해서이다. 그림 8.12의 $\vec{\mathbf{F}}_C$는 $\vec{\mathbf{F}}_A$처럼 문에 수직 방향으로 작용하는 같은 크기의 힘보다 회전 효과가 작다. $\vec{\mathbf{F}}_D$와 같이 힘이 회전축을 향하도록 문의 끝부분을 밀면 문은 전혀 회전하지 않는다.

$\vec{\mathbf{F}}_C$와 같은 힘의 지레 팔은 $\vec{\mathbf{F}}_C$의 방향을 따라 그린 선(즉 $\vec{\mathbf{F}}_C$의 작용선)에 수직인 동시에 회전축을 지나면서 회전축에 수직인 또 다른 직선을 그려서 구할 수 있다. 그림 8.12b에 r_C로 나타낸 이 직선의 길이가 $\vec{\mathbf{F}}_C$의 지레 팔이다. $\vec{\mathbf{F}}_A$의 지레 팔은 회전축에서 손잡이까지의 전체 길이 r_A이다. r_C는 r_A보다 훨씬 작다.

$\vec{\mathbf{F}}_C$에 의한 돌림힘의 크기는 $r_C F_C$이다. r_C가 작기 때문에 $\vec{\mathbf{F}}_C$에 의한 돌림힘의 크기가 작다는 사실은 $\vec{\mathbf{F}}_C$가 큰 지레 팔을 갖는 $\vec{\mathbf{F}}_A$보다 문을 가속시키는 데 덜 효과적이라는 관찰과 일치한다. 이와 같은 방식으로 지레 팔을 정의하면, 여러 실험을 통해 $\alpha \propto \tau$가 타당하다는 것을 확인할 수 있다. 그림 8.12에서 힘 $\vec{\mathbf{F}}_D$의 작용선은 회전축을 관통하므로 이 힘의 지레 팔은 0이다. 따라서 $\vec{\mathbf{F}}_D$에 의한 돌림힘이 0이므로 각가속도는 생기지 않는다. 이는 회전축을 직접 밀어서는 문을 움직일 수 없다는 일상생활의 경험과 일치한다.

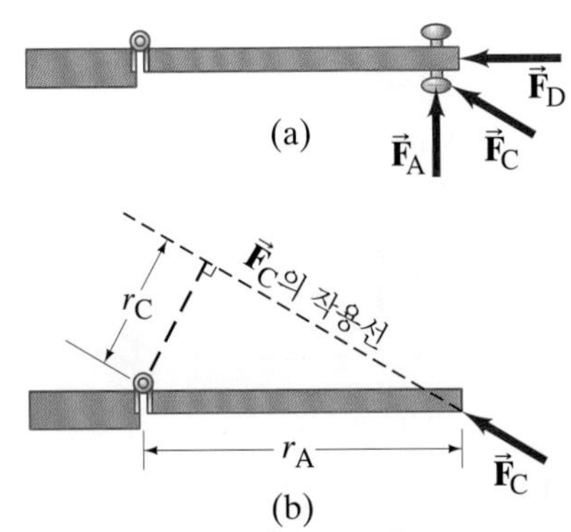

그림 8.12 (a) 문의 손잡이에 서로 다른 방향으로 작용하는 힘들. (b) 지레 팔은 회전축으로부터 힘의 작용선까지의 수직 거리($\vec{\mathbf{F}}_C$의 경우 r_C)로 정의된다.

주어진 축에 대한 돌림힘의 크기는 일반적으로 다음과 같이 정의한다.

$$\tau = r_\perp F \tag{8.10a}$$

여기서 $r_\perp$는 지레 팔인데, 수직 기호(⊥)는 회전축으로부터의 거리가 힘의 작용선과 수직인 거리임을 상기하기 위해 사용됐다(그림 8.13a).

힘에 의한 돌림힘을 결정하는 또 다른 방법은, 그림 8.13b에 그린 것처럼, 회전축과 힘의 작용점을 연결한 직선에 수평인 성분과 수직인 성분으로 힘을 분해하는 방법이다. 회전축을 향하는 $F_\parallel$의 지레 팔은 0이므로 이 힘은 돌림힘을 작용하지 못한다. 따라서 돌림힘은 $F_\perp$와 회전축에서 힘의 작용점까지의 거리 r를 곱한 값과 같다. 즉

$$\tau = rF_\perp \tag{8.10b}$$

이다. 이 값은 식 8.10a의 결과와 같은데, 그 이유는 $F_\perp = F\sin\theta$이고 $r_\perp = r\sin\theta$이기 때문이다. 따라서 두 방식 모두에서

$$\tau = rF\sin\theta \tag{8.10c}$$

가 성립한다. (θ는 $\vec{\mathbf{F}}$의 방향과 회전축으로부터 $\vec{\mathbf{F}}$의 작용점까지의 직선 사이의 각임에 유의하라.)

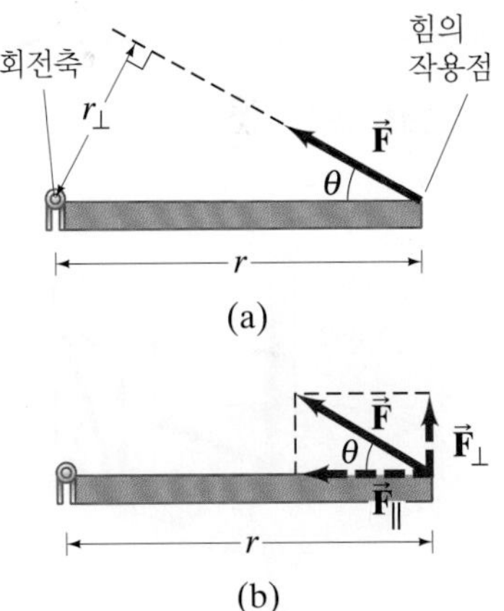

그림 8.13 돌림힘 = $r_\perp F = rF_\perp$

돌림힘은 거리와 힘의 곱이기 때문에 SI 단위[†]에서는 m · N, cgs 단위에서는

[†] 돌림힘의 단위는 에너지의 단위와 같다. 그러나 이 두 물리량은 아주 다르기 때문에 에너지(N · m)와 구별하기 위해서 돌림힘의 단위를 m · N(SI 단위계)으로 표기했다. 줄(1 J = 1 N · m)이라는 특별한 명칭은 에너지(와 일)에 대해서만 사용하고 돌림힘에는 **결코** 사용하지 않는다.

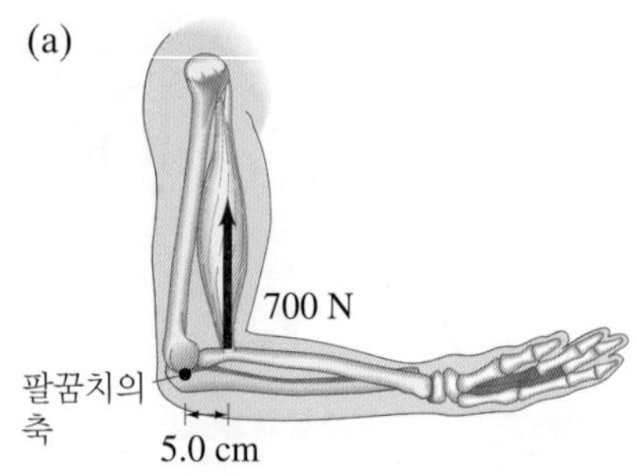

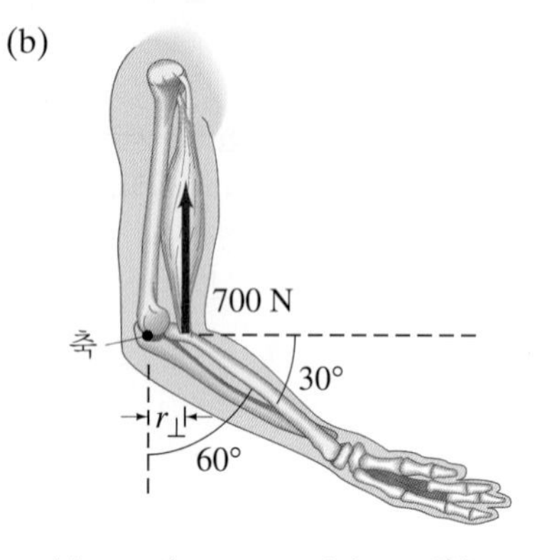

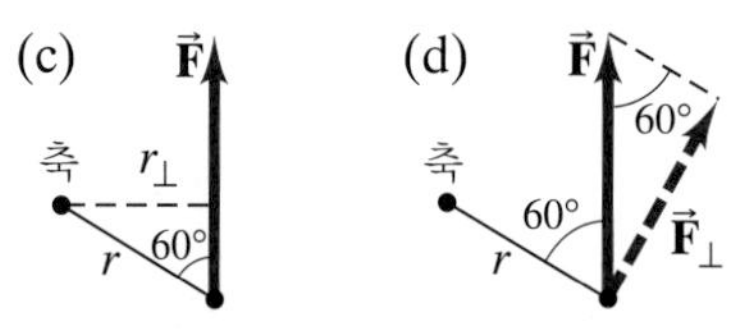

그림 8.14 예제 8.7

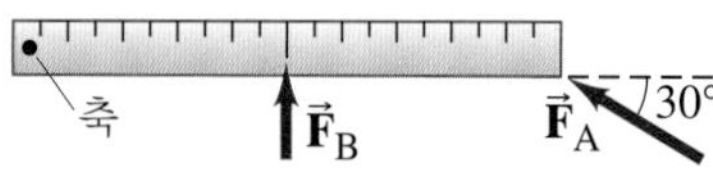

그림 8.15 연습 B

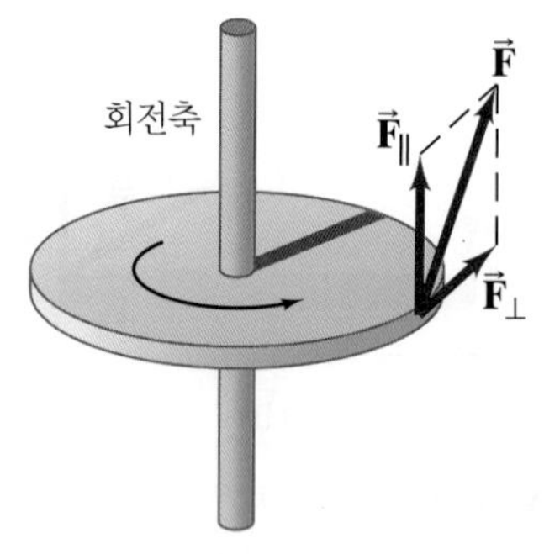

그림 8.16 회전축에 수직인 평면에 작용하는 $\vec{F}$의 유일한 성분인 $\vec{F}_\perp$는 바퀴가 회전축에 대해 가속하도록 한다. 회전축과 평행한 성분인 $\vec{F}_\parallel$는 회전축 자체를 움직이려고 하는데, 회전축은 고정되어 있다고 가정한다.

dyn · cm, 영국 단위에서는 lb · ft를 사용한다.

예제 8.7 이두박근의 돌림힘

이두박근은 그림 8.14처럼 구부린 아래팔(하박)에 수직 방향의 힘을 작용한다. 근육이 팔꿈치로부터 5.0 cm 떨어져 붙어 있다고 가정하고, (a) 그림 8.14a와 (b) 8.14b에 대해 각각 팔꿈치 관절을 관통하는 회전축에 대한 돌림힘을 구하라.

접근 (a)에서는 힘과 지레 팔이 주어진다. (b)에서는 각을 고려하여 지레 팔을 구한다.

풀이 (a) F = 700 N이고 $r_\perp$ = 0.050 m이므로 다음과 같이 구할 수 있다.

$$\tau = r_\perp F = (0.050\ \text{m})(700\ \text{N}) = 35\ \text{m}\cdot\text{N}$$

(b) 팔이 수평선 아래로 각을 이루므로 지레 팔(그림 8.14c)은 (a)에서보다 작다. 즉 $r_\perp$ = (0.050 m)(sin60°)인데, 여기서 $\theta = 60°$는 $\vec{F}$와 r 사이의 각이다. F가 700 N이므로

$$\tau = (0.050\ \text{m})(0.866)(700\ \text{N}) = 30\ \text{m}\cdot\text{N}$$

이다. θ가 90°일 때보다 60°일 때 팔은 더 작은 돌림힘을 작용한다. 체육관의 근력 강화 기구는 각에 따른 돌림힘의 변화를 반영하도록 고안되어 있다.

유의 (b)에서, $\tau = rF_\perp$를 이용할 수도 있다. 그림 8.14d에 보인 것처럼, $F_\perp = F\sin 60°$이다. 따라서 $\tau = rF_\perp = rF\sin\theta = (0.050\ \text{m})(700\ \text{N})(0.866)$이며, 이는 (b)의 결과와 같다.

연습 B 그림 8.15와 같이 왼쪽 끝에 대해서 회전할 수 있는 자에 F_A = 30 N과 F_B = 20 N의 두 힘이 작용한다. 힘 $\vec{F}_B$는 중앙 지점에서 막대에 수직으로 작용한다. F_A와 F_B 중 어느 힘에 의한 돌림힘이 더 클까, 아니면 같을까?

물체에 하나 이상의 돌림힘이 작용할 때, 각가속도 α는 **알짜** 돌림힘에 비례한다. 물체에 작용하는 모든 돌림힘이 고정된 회전축에 대해 같은 방향으로 물체를 회전시키려 한다면, 알짜 돌림힘은 모든 돌림힘의 합이다. 그러나 예를 들어 하나의 돌림힘은 물체를 한 방향으로 돌리도록 작용하고 다른 돌림힘은 물체를 반대 방향으로 돌리도록 작용하는 경우, 알짜 돌림힘은 두 돌림힘의 차이다. 일반적으로 물체를 시계 반대 방향으로 돌리도록 작용하는 돌림힘은 양(+)의 부호를 부여하고, 시계 방향으로 돌리도록 작용하는 돌림힘은 음(−)의 부호를 부여한다.

회전축이 기울어지도록 작용하는 힘

지금까지 고정축에 대한 회전만 고려했기 때문에 회전축에 수직인 평면에 작용하는 힘만을 고려했다. 만약 회전축에 평행인 방향으로 작용하는 힘(또는 힘의 성분)이 존재할 경우, 이 힘은 회전축을 기울이려고 할 것이다. 그림 8.16의 성분 $\vec{F}_\parallel$이 하나의 예이다. 그러나 회전축 방향이 고정되어 있다고 가정하고 있으므로 회전축에 수직인 평면 성분의 힘(그림 8.16의 $\vec{F}_\perp$)만이 회전축에 대한 각가속도에 기여한다.

8.5 회전 동역학; 돌림힘과 회전 관성

8.4절에서는 회전하는 물체의 각가속도 α가 물체에 작용하는 알짜 돌림힘 τ에 비례한다는 사실, 즉

$$\alpha \propto \Sigma\tau$$

임을 살펴봤다. $\Sigma\tau$은 물체에 작용하는 모든 돌림힘의 벡터 합인 **알짜** 돌림힘이다. 이 식은 병진 운동에 대한 뉴턴 제2법칙 $\alpha \propto \Sigma F$에 대응한다. 병진 운동의 경우, 가속도는 알짜힘에 비례할 뿐만 아니라 질량 m인 물체의 관성에 반비례하므로 $a = \Sigma F/m$으로 표현했다. 회전 운동의 경우에 질량의 역할을 하는 것은 무엇인지를 지금부터 살펴보는 동시에 관계식 $\alpha \propto \Sigma\tau$은 뉴턴 제2법칙 $\Sigma F = ma$로부터 직접 유도된다는 사실을 알아보자.

우선 매우 간단한 경우부터 생각해 보자. 그림 8.17에서와 같이 질량을 무시할 수 있는 줄 끝에 매달려 반지름 r인 원운동을 하고 있는 질량 m인 입자가 있다. 입자에는 원의 접선 방향으로 힘 F가 작용하고 있다. 각가속도의 원인이 되는 돌림힘은 $\tau = rF$이다. 직선 운동에 대한 뉴턴 제2법칙 $\Sigma F = ma$와 식 8.5 ($a_{\tan} = r\alpha$)를 이용하면

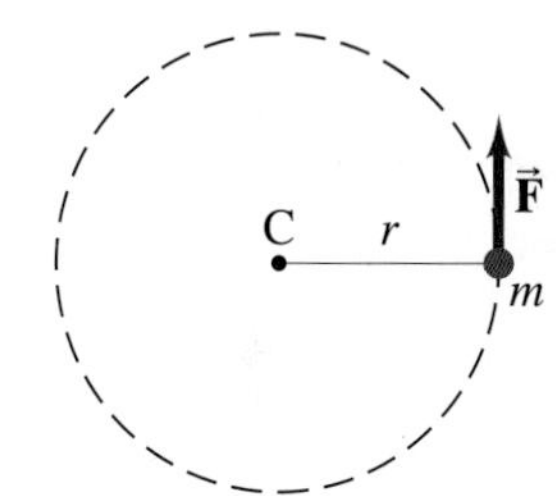

그림 8.17 고정된 점 C를 중심으로 반지름 r인 원 궤도를 따라 회전하는 질량 m인 입자

$$\begin{aligned} F &= ma \\ &= mr\alpha \end{aligned}$$

이다. 이 식의 양 변에 r를 곱하면

$$\tau = rF = r(mr\alpha)$$

즉

$$\tau = mr^2\alpha \qquad \text{[단일 입자]} \quad \textbf{(8.11)}$$

이다. 이 식이 바로 각가속도와 돌림힘 사이의 관계를 나타내는 식이다. mr^2은 입자의 **회전 관성**을 나타내는 양으로 **관성 모멘트**(moment of inertia)라고 한다.

이제 강체의 회전을 고려해 보자. 중심을 관통하는 고정축에 대해 회전하는 바퀴가 좋은 예이다. 바퀴는 회전축으로부터 다양한 거리에 있는 수많은 입자로 구성되어 있다고 간주할 수 있다. 개개의 입자에 식 8.11을 적용하고 모든 입자에 대해 더하면

$$\Sigma\tau = \left(\Sigma mr^2\right)\alpha \qquad \textbf{(8.12)}$$

이다. 여기서 $\Sigma\tau$는 각 입자에 작용하는 돌림힘을 모두 합친 알짜 돌림힘을 의미한다. 강체 내의 모든 입자는 각가속도가 같으므로 α를 괄호 밖으로 빼냈다. 합 Σmr^2은 각 입자의 질량과 회전축으로부터 각 입자까지의 거리의 제곱을 곱한 값을 모두 더한 것이다. 개개의 입자에 번호(1, 2, 3, ⋯)를 붙이면, $\Sigma mr^2 = m_1r_1^2 + m_2r_2^2 + m_3r_3^2 + \cdots$로 쓸 수 있다. 이 합을 물체의 **관성 모멘트**(또는 **회전 관성**)라고 하고 I로 표기한다.

$$I = \Sigma mr^2 = m_1r_1^2 + m_2r_2^2 + \cdots \qquad \textbf{(8.13)}$$

식 8.12와 8.13을 결합하면 다음을 얻는다.

회선에 대한 뉴턴 제2법칙

$$\Sigma\tau = I\alpha \quad (8.14)$$

이 식은 회전 운동에 대한 뉴턴 제2법칙으로, 고정축에 대한 강체의 회전에 대해 성립한다. [I와 α가 모두 물체의 질량 중심에 대해 계산된 값인 동시에 질량 중심을 관통하는 회전축의 방향이 변하지 않는다면, 가속 병진 운동을 하면서 회전 운동을 하는 물체에 대해서도 이 식이 성립한다. 경사면을 따라 굴러 내려오는 공이 하나의 예이다.]

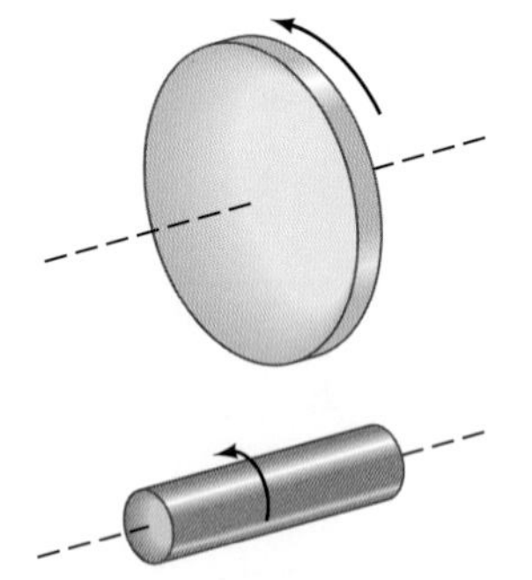

그림 8.18 질량이 같아도 지름이 큰 원통은 지름이 작은 원통보다 더 큰 회전 관성을 갖는다.

물체의 회전 관성을 나타내는 관성 모멘트 I는 병진 운동에서 질량이 하는 역할과 동일한 역할을 한다. 식 8.13에서 볼 수 있듯이, 강체의 회전 관성은 물체의 질량뿐 아니라 질량이 회전축에 대해 어떻게 분포되어 있느냐에 따라 달라진다. 예를 들어 그림 8.18에서처럼 질량이 같을 경우 지름이 큰 원통은 지름이 작은 원통보다 더 큰 회전 관성을 갖는다. 즉 지름이 큰 원통은 지름이 작은 원통보다 회전시키거나 멈추도록 하는 게 더 어렵다. 질량이 회전축으로부터 멀리 분포할수록 회전 관성이 크다. 회전 운동의 경우, 물체의 전체 질량이 그 물체의 질량 중심에 모여 있는 것으로 간주할 수 **없다**.

예제 8.8 막대 위의 두 물체: 축에 따른 관성 모멘트

그림 8.19와 같이, 질량을 무시할 수 있는 막대 위에 5.0 kg과 7.0 kg의 두 물체가 4.0 m 떨어진 지점에 놓여 있다. (a) 두 물체가 중간 지점을 관통하는 축에 대해 회전할 때(그림 8.19a)와 (b) 5.0 kg인 물체의 왼쪽으로 0.50 m 떨어진 축에 대해 회전할 때(그림 8.19b)의 계의 관성 모멘트를 계산하라.

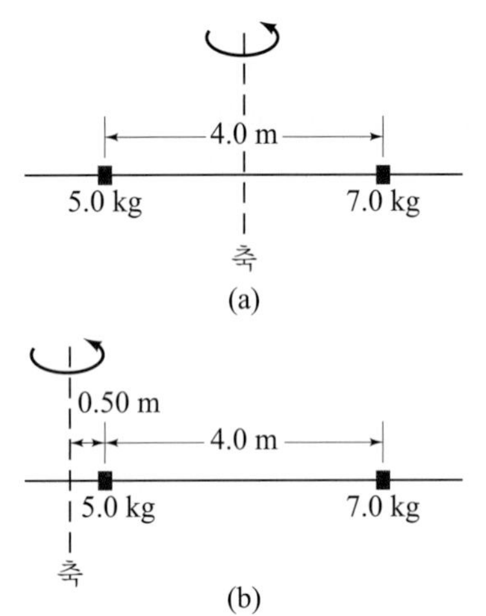

그림 8.19 예제 8.8. 관성 모멘트 계산

접근 각각의 경우 계의 관성 모멘트는 식 8.13을 이용하여 구할 수 있다.

풀이 (a) 두 물체는 회전축으로부터 같은 거리인 2.0 m 떨어져 있다. 따라서 다음과 같이 구할 수 있다.

$$\begin{aligned} I = \Sigma mr^2 &= (5.0\,\text{kg})(2.0\,\text{m})^2 + (7.0\,\text{kg})(2.0\,\text{m})^2 \\ &= 20\,\text{kg}\cdot\text{m}^2 + 28\,\text{kg}\cdot\text{m}^2 = 48\,\text{kg}\cdot\text{m}^2 \end{aligned}$$

(b) 5.0 kg의 물체는 회전축으로부터 0.50 m 떨어져 있고, 7.0 kg의 물체는 회전축으로부터 4.50 m 떨어져 있다. 따라서 다음과 같이 구할 수 있다.

$$\begin{aligned} I = \Sigma mr^2 &= (5.0\,\text{kg})(0.50\,\text{m})^2 + (7.0\,\text{kg})(4.5\,\text{m})^2 \\ &= 1.3\,\text{kg}\cdot\text{m}^2 + 142\,\text{kg}\cdot\text{m}^2 = 143\,\text{kg}\cdot\text{m}^2 \end{aligned}$$

주의

I는 회전축과 질량 분포에 의존한다.

유의 이 예제로부터 두 가지 중요한 사실을 알 수 있다. 첫째, 회전축이 달라지면 계의 관성 모멘트도 달라진다. 둘째, 회전축에 가까운 물체는 전체 관성 모멘트에 거의 기여하지 못한다. (b)에서 5.0 kg의 물체의 기여도는 전체의 1 %도 되지 않는다.

대부분의 일반적인 물체는 질량이 연속적으로 분포하기 때문에 관성 모멘트 Σmr^2을 계산하는 것이 어려울 수 있다. 그러나 대칭성이 있는 물체의 관성 모멘트는 적분을 이용한 계산을 통해 물체의 크기를 나타내는 수치들로 표현할 수 있다. 그림 8.20은 특정한 축에 대해 회전하는 몇몇 물체들의 관성 모멘트 계산 결과를 보여 준다. 유

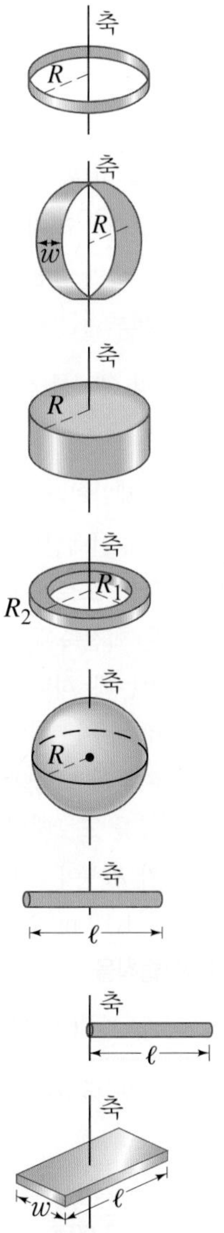

	물체	축의 위치	관성 모멘트
(a)	**얇은 고리,** 반지름 R	중심 통과	MR^2
(b)	**얇은 고리,** 반지름 R 너비 w	중심 지름 통과	$\frac{1}{2}MR^2 + \frac{1}{12}Mw^2$
(c)	**단단한 원통,** 반지름 R	중심 통과	$\frac{1}{2}MR^2$
(d)	**속이 빈 원통,** 안쪽 반지름 R_1 바깥 반지름 R_2	중심 통과	$\frac{1}{2}M(R_1^2 + R_2^2)$
(e)	**균일한 구,** 반지름 R	중심 통과	$\frac{2}{5}MR^2$
(f)	**길고 균일한 막대,** 길이 ℓ	중심 통과	$\frac{1}{12}M\ell^2$
(g)	**길고 균일한 막대,** 길이 ℓ	중심 통과	$\frac{1}{3}M\ell^2$
(h)	**얇은 직사각형 평판,** 길이 ℓ, 너비 w	중심 통과	$\frac{1}{12}M(\ell^2 + w^2)$

그림 8.20 질량 M이 균일하게 분포된 물체들의 관성 모멘트

일하게 결과가 명확한 것은 얇은 굴렁쇠 또는 고리가 그 중심을 지나며, 그 굴렁쇠의 면에 수직인 축 주위로 회전하는 경우이다(그림 8.20a). 이 경우, 모든 질량은 축으로부터 같은 거리 R만큼 떨어진 거리에 위치한다. 따라서 $\Sigma mr^2 = (\Sigma m)R^2 = MR^2$인데, 여기서 M은 고리의 전체 질량이다.

계산하기 어려운 물체의 경우에는, 고정축에 대해 알려진 알짜 돌림힘 $\Sigma\tau$에 의한 각가속도를 실험적으로 측정한 후 뉴턴 제2법칙 $I = \Sigma\tau/\alpha$(식 8.14)을 이용하면 I를 알 수 있다.

8.6 회전 동역학에서 문제 풀이

식 8.14를 이용하여 계산할 때 일관된 단위를 사용하는 것이 중요하다. SI 단위계를 사용할 경우, 각가속도 α는 rad/s^2, 돌림힘 τ는 $m \cdot N$, 관성 모멘트 I는 $kg \cdot m^2$을 사용한다.

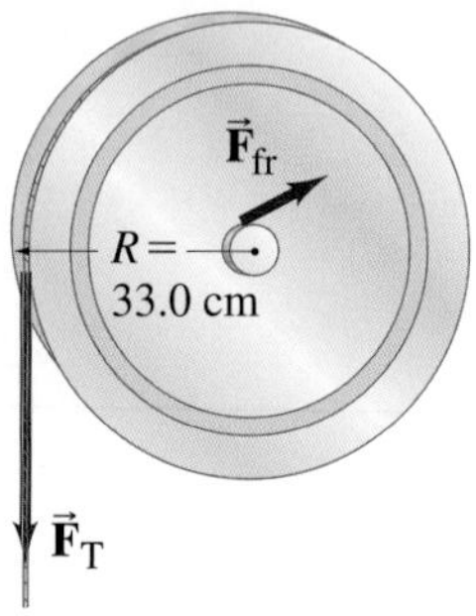

예제 8.9 무거운 도르래

질량이 $M = 4.00$ kg이고 반지름이 $R = 33.0$ cm인 도르래에 감긴 줄에 15.0 N의 힘 $\vec{\mathbf{F}}_T$가 작용하고 있다(그림 8.21). 도르래는 정지 상태로부터 일정하게 가속하며, 3.00 s일 때 도르래의 각속력이 30.0 rad/s이다. 축에 작용하는 마찰 돌림힘이 $\tau_{fr} = 1.10\ m \cdot N$일 때, 도르래의 관성 모멘트는 얼마인가? 도르래는 자신의 중심에 대해 회전하고 있다.

그림 8.21 예제 8.9

접근 다음과 같은 단계를 따라 문제를 해결한다.

풀이

1. **그림을 그린다.** 문제 상황에 해당하는 도르래와 줄의 그림은 그림 8.21과 같다.
2. **계를 선택한다.** 도르래를 계로 선택한다.
3. **자유 물체 도형을 그린다.** 줄이 도르래에 작용하는 힘은 그림 8.21의 $\vec{\mathbf{F}}_T$이다. 그림 8.21에서 $\vec{\mathbf{F}}_{fr}$로 표시한 마찰력은 회전축에 작용하여 운동을 늦춘다. 두 개의 다른 힘을 자유 물체 도형에 포함할 수도 있는데, 하나는 아래 방향의 중력 mg이고 또 다른 하나는 축이 제자리에 유지할 수 있도록 해주는 힘이다. 두 힘은 서로 균형을 이루기 때문에 돌림힘에 기여하지 못하므로 자유 물체 도형에서 생략한다.
4. **돌림힘을 구한다.** 줄이 힘 $\vec{\mathbf{F}}_T$를 도르래의 가장자리에 작용하므로 이 힘의 지레 팔은 R이다. 줄에 의한 돌림힘은 크기가 RF_T이고 방향은 시계 반대 방향인 양(+)의 방향이다. 마찰에 의한 돌림힘은 크기가 $\tau_{fr} = 1.10\ m \cdot N$이고 방향은 운동을 방해하는 음(−)의 방향이다.
5. **회전 운동에 대한 뉴턴 제2법칙을 적용한다.** 계의 알짜 돌림힘은 다음과 같다.

$$\Sigma\tau = RF_T - \tau_{fr} = (0.330\ m)(15.0\ N) - 1.10\ m \cdot N = 3.85\ m \cdot N$$

각가속도 α는 도르래가 정지 상태로부터 $\omega = 30.0$ rad/s로 가속하는 데 3.00 s가 걸린다는 것으로부터 구한다.

$$\alpha = \frac{\Delta\omega}{\Delta t} = \frac{30.0\ rad/s - 0}{3.00\ s} = 10.0\ rad/s^2$$

뉴턴 제2법칙($\Sigma\tau = I\alpha$)을 미지수 I에 대해 정리하면 $I = \Sigma\tau/\alpha$이다.

6. **다른 계산을 한다.** 필요 없다.
7. **미지수를 푼다.** 뉴턴 제2법칙으로부터 I는 다음과 같다.

$$I = \frac{\Sigma\tau}{\alpha} = \frac{3.85\ m \cdot N}{10.0\ rad/s^2} = 0.385\ kg \cdot m^2$$

8. **대략적으로 추산한다.** 도르래를 균일한 원통이라 가정하고 그림 8.20c를 이용하면 도르래의 관성 모멘트는 다음과 같다.

$$I \approx \tfrac{1}{2}MR^2 = \tfrac{1}{2}(4.00\ kg)(0.330\ m)^2 = 0.218\ kg \cdot m^2$$

이 값은 앞의 결과와 크기가 대략적으로 비슷하지만 다소 작은 값이다. 그 이유는 실제 도르래는 균일한 원통이 아니라 바깥 가장자리 쪽으로 질량이 더 많이 몰려 있기 때문이다. 따라서 도르래는 질량이 같은 속이 꽉 찬 원통보다 관성 모멘트가 더 클 것으로 예측할 수 있다. 그림 8.20a의 얇은 고리도 도르래보다 I가 더 클 것으로 예측되는데, 실제로 $I = MR^2 = 0.436\ kg \cdot m^2$이므로 더 크다.

예제 8.10 도르래와 양동이

예제 8.9의 도르래를 다시 고려해 보자. 줄에 15.0 N의 일정한 힘을 가하는 것이 아니라 무게가 $w = 15.0$ N(질량은 $m = w/g = 1.53$ kg)인 양동이를 줄에 매달았다고 하자(그림 8.22a). 줄의 질량은 무시하고, 줄이 늘어나거나 도르래에서 미끄러지지 않는다고 가정하자. 도르래의 각가속도 α와 양동이의 가속도 a를 구하라. 마찰에 의한 돌림힘은 여전히 $\tau_{fr} = 1.10$ m · N이다.

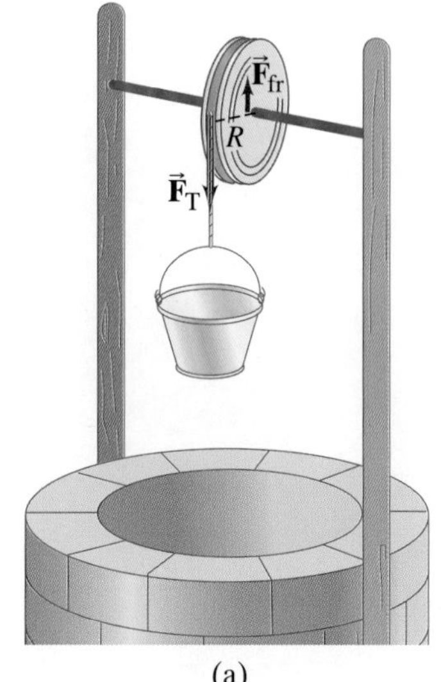

(a)

(b)

그림 8.22 예제 8.10. (a) 도르래와 낙하하는 질량 m인 양동이의 모습. 그림은 도르래의 자유 물체 도형이기도 하다. (b) 양동이의 자유 물체 도형

접근 상황이 예제 8.9의 그림 8.21과 매우 유사해 보이지만 큰 차이가 있다. 이 문제에는 줄의 장력이 얼마인지 주어져 있지 않다. 양동이가 가속하는 경우, 줄의 장력은 더 이상 양동이의 무게와 같지 않다. 계는 두 부분으로 구성되는데, 그중 하나는 병진 운동이 가능한 양동이이고 다른 하나는 도르래이다. 양동이에 대한 자유 물체 도형이 그림 8.22b에 그려져 있다. 도르래는 병진 운동 없이 회전 운동만 할 수 있다. 따라서 회전 운동에 대한 뉴턴 제2법칙인 $\Sigma\tau = I\alpha$는 도르래에 적용하고, 병진 운동에 대한 뉴턴 제2법칙인 $\Sigma F = ma$는 양동이에 적용한다.

풀이 줄의 장력을 F_T라고 하자. F_T는 도르래의 가장자리에 작용하므로 도르래의 회전에 대한 뉴턴 제2법칙인 식 8.14를 적용하면 다음과 같다.

$$I\alpha = \Sigma\tau = RF_T - \tau_{fr} \qquad \text{[도르래]}$$

이제 질량 m인 양동이의 (직선) 운동에 대해 고려하자. 양동이의 자유 물체 도형을 나타낸 그림 8.22b에서 두 힘이 양동이에 작용하고 있다. 하나는 아래로 작용하는 중력 mg이고, 다른 하나는 위쪽으로 작용하는 줄의 장력 F_T이다. 아래 방향을 양(+)의 방향으로 잡고 양동이에 대해 뉴턴 제2법칙 $\Sigma F = ma$을 적용하면 다음과 같다.

$$mg - F_T = ma \qquad \text{[양동이]}$$

도르래의 가장자리에 작용하는 힘인 장력 F_T는 양동이의 무게(= mg = 15.0 N)와 **같지 않다**. 양동이가 가속되면 양동이에 알짜힘이 작용하는 것이므로 $F_T < mg$이다. 이는 바로 위의 식 $F_T = mg - ma$로도 확인할 수 있다.

줄이 늘어나거나 미끄러지지 않는 경우, 도르래 가장자리의 한 점의 접선 가속도는 양동이의 가속도와 같으므로 $a_{tan} = a = R\alpha$(식 8.5)가 성립한다. $F_T = mg - ma = mg - mR\alpha$를 위의 도르래에 대한 식에 대입하면 다음과 같다.

$$I\alpha = \Sigma\tau = RF_T - \tau_{fr} = R(mg - mR\alpha) - \tau_{fr} = mgR - mR^2\alpha - \tau_{fr}$$

이 식을 α에 대해 정리하면 다음과 같다.

$$\alpha = \frac{mgR - \tau_{fr}}{I + mR^2}$$

분자($mgR - \tau_{fr}$)는 알짜 돌림힘을, 분모($I + mR^2$)는 계의 전체 회전 관성을 나타낸다. mg = 15.0 N (m = 1.53 kg), τ_{fr} = 1.10 m · N, 예제 8.10으로부터 얻는 I = 0.385 kg · m²을 위 식에 대입하면 다음을 얻는다.

$$\alpha = \frac{(15.0\,\text{N})(0.330\,\text{m}) - 1.10\,\text{m}\cdot\text{N}}{0.385\,\text{kg}\cdot\text{m}^2 + (1.53\,\text{kg})(0.330\,\text{m})^2} = 6.98\,\text{rad/s}^2$$

각가속도는 예제 8.9의 10.0 rad/s²보다 약간 작다. 왜 그럴까? F_T(= $mg - ma$ = 15.0 N

$- ma$)가 예제 8.9의 15.0 N보다 약간 작기 때문이다. 양동이의 선가속도는 다음과 같다.

$$a = R\alpha = (0.330\text{ m})(6.98\text{ rad/s}^2) = 2.30\text{ m/s}^2$$

유의 양동이가 가속되기 때문에 줄의 장력 F_T는 mg보다 작다.

8.7 회전 운동 에너지

병진 운동하는 물체의 운동 에너지는 $\frac{1}{2}mv^2$이다. 임의의 축에 대해 회전하는 물체는 **회전 운동 에너지**(rotational kinetic energy)를 갖는다. 병진 운동 에너지의 형태로부터 회전 운동 에너지는 $\frac{1}{2}I\omega^2$으로 표현될 것으로 예상할 수 있다. 여기서 I는 물체의 관성 모멘트, ω는 각속도이다. 이것이 참임을 실제로 보일 수 있다.

질량이 m인 입자들로 구성된 강체의 회전을 고려해 보자. 회전축으로부터 한 입자까지의 거리를 r라고 할 때, 이 입자의 선속도는 $v = r\omega$이다. 강체의 전체 운동 에너지는 각 입자의 운동 에너지의 합이므로 다음과 같이 나타낼 수 있다.

$$\text{KE} = \Sigma\left(\tfrac{1}{2}mv^2\right) = \Sigma\left(\tfrac{1}{2}mr^2\omega^2\right)$$
$$= \tfrac{1}{2}\left(\Sigma mr^2\right)\omega^2$$

$\frac{1}{2}$과 ω^2은 강체 내의 모든 입자들에 대해서 같으므로 괄호 밖으로 빼냈다. $\Sigma mr^2 = I$이므로 회전하는 강체의 운동 에너지는 다음과 같다.

$$\text{회전 KE} = \tfrac{1}{2}I\omega^2 \tag{8.15}$$

다른 모든 형태의 에너지와 마찬가지로 회전 운동 에너지의 단위는 줄(J)이다.

질량 중심(CM)이 병진 운동 하는 동안 회전하는 물체는 병진 운동 에너지와 회전 운동 에너지를 모두 갖는다. 식 8.15는 회전축이 고정된 경우의 회전 운동 에너지이다. 언덕을 굴러 내려오는 바퀴처럼, 물체가 움직일 때에도 회전축 방향이 고정되어 있다면 이 식은 유효하다. 따라서 전체 운동 에너지는

$$\text{KE} = \tfrac{1}{2}Mv_{\text{CM}}^2 + \tfrac{1}{2}I_{\text{CM}}\omega^2 \tag{8.16}$$

이다. 여기서 v_{CM}은 질량 중심의 선속도, I_{CM}은 질량 중심을 관통하는 축에 대한 관성 모멘트, ω는 회전축에 대한 각속도, M은 물체의 전체 질량이다.

R
H
H
θ

그림 8.23 경사면을 따라 내려오는 구는 병진 운동 에너지와 회전 운동 에너지를 모두 갖는다. 예제 8.11

예제 8.11 경사면을 굴러 내려가는 구

질량이 M이고 반지름이 R인 속이 꽉 찬 구가 높이 H인 곳에서 정지 상태로부터 출발하여 미끄러짐 없이 경사면을 따라 굴러 내려갈 때(그림 8.23), 경사면 바닥에 도착하는 순간 구의 속력은 얼마인가? (정지 마찰이 충분해서 미끄러짐이 없음을 가정하자. 정지 마찰은 일을 하지 않음을 잠시 후에 알게 될 것이다.) 이 결과를 마찰이 없는 경사면을 따라 미끄러져 내려올 때의 결과와 비교하라.

접근 회전 운동 에너지를 고려한 에너지 보존 법칙을 이용한다.

풀이 경사면 바닥으로부터 높이가 y인 점에서 구의 전체 에너지는 다음과 같다.

$$E = \tfrac{1}{2}Mv^2 + \tfrac{1}{2}I_{\text{CM}}\omega^2 + Mgy$$

여기서 v는 질량 중심의 속력, Mgy는 중력 퍼텐셜 에너지이다. 에너지 보존 법칙에 의하면 꼭대기($y = H$, $v = 0$, $\omega = 0$)에서의 총에너지와 바닥($y = 0$)에서의 총에너지는 서로 같으므로 다음과 같이 쓸 수 있다.

$$E_{\text{top}} = E_{\text{bottom}}$$

$$0 + 0 + MgH = \tfrac{1}{2}Mv^2 + \tfrac{1}{2}I_{\text{CM}}\omega^2 + 0 \qquad \text{[에너지 보존]}$$

질량 중심을 지나는 축에 대한 구의 관성 모멘트는 $I_{\text{CM}} = \tfrac{2}{5}MR^2$이고(그림 8.20e), 구가 미끄러짐 없이 구르기 때문에 $\omega = v/R$이다(그림 8.8을 상기하라). 따라서

$$MgH = \tfrac{1}{2}Mv^2 + \tfrac{1}{2}\left(\tfrac{2}{5}MR^2\right)\left(\frac{v^2}{R^2}\right)$$

이고 이 식에서 M과 R를 소거하면

$$\left(\tfrac{1}{2} + \tfrac{1}{5}\right)v^2 = gH$$

즉

$$v = \sqrt{\tfrac{10}{7}gH} \qquad \text{[구르는 구]}$$

이다. 구르는 구의 속력에 대한 이 결과를 마찰 없이 미끄러져 내려오는 구의 속력에 대한 결과와 비교할 수 있다. 미끄러져 내려오는 구의 경우, $\tfrac{1}{2}mv^2 = mgH$이므로 $v = \sqrt{2gH}$이다. 이 값은 구르는 구에 대한 결과보다 더 크다($2 > 10/7$). 마찰이나 굴림 없이 미끄러지는 물체는 자신의 처음 퍼텐셜 에너지 전부를 병진 운동 에너지로 전환시키기 때문에 질량 중심의 속력이 더 큰 것이다.

유의 놀랍게도 구르는 구에 대한 결과는 v가 M과 R에 무관함을 보여 준다.

앞의 예제에서 구르는 물체와 경사면 사이에 정지 마찰이 매우 작거나 없으면 둥근 물체는 구르기보다는 미끄러지거나 또는 둘의 조합일 것이다. 둥근 물체가 구르기 위해서는 정지 마찰이 반드시 필요하다. 그러나 구르는 물체의 에너지 식에서 마찰을 고려할 필요는 없는데, 이는 **정지** 마찰은 일을 하지 않기 때문이다. 매 순간 구르는 공의 접촉점은 미끄러지지 않고 경사면에 수직하게 움직이므로(그림 8.24에서 보인 것처럼, 처음에는 내려가도 그 다음에는 올라간다) 정지 마찰력과 변위가 수직이기 때문에 정지 마찰이 일을 하지 않는 것이다. 예제 8.11에서 구르는 물체가 미끄러지는 물체보다 천천히 아래로 이동하는 이유는 마찰이 물체를 느리게 내려가도록 하기 때문이 **아니라**, 중력 퍼텐셜 에너지의 일부가 회전 운동 에너지로 전환되어 병진 운동 에너지가 작아졌기 때문이다.

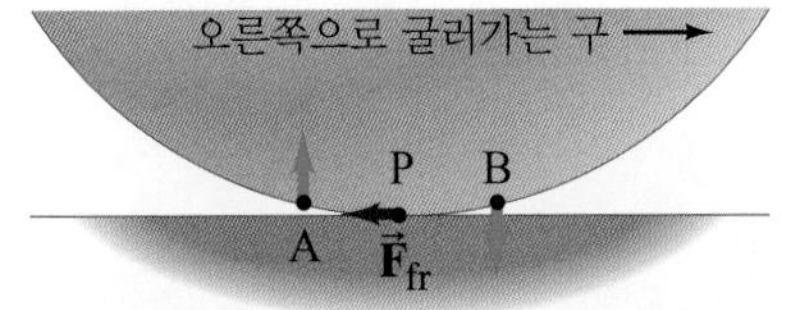

그림 8.24 평면 위에서 오른쪽으로 굴러가는 구. 임의의 순간에 지면과 맞닿는 점 P는 순간적으로 정지 상태에 있다. 점 P의 왼쪽에 있는 점 A는 주어진 순간에 거의 연직 위로 움직이고 점 B는 거의 연직 아래로 움직인다. 다음 순간 점 B가 평면과 맞닿고 순간적으로 정지 상태에 있게 된다. 따라서 정지 마찰력이 한 일은 없다.

연습 C 193쪽 시작 질문으로 가서 다시 답을 해 보라. 처음과 답이 다르다면 그 이유를 설명해 보라.

돌림힘이 한 일

그림 8.21과 8.22의 도르래와 같이 고정축에 대해 회전하는 물체에 한 일을 각 물리

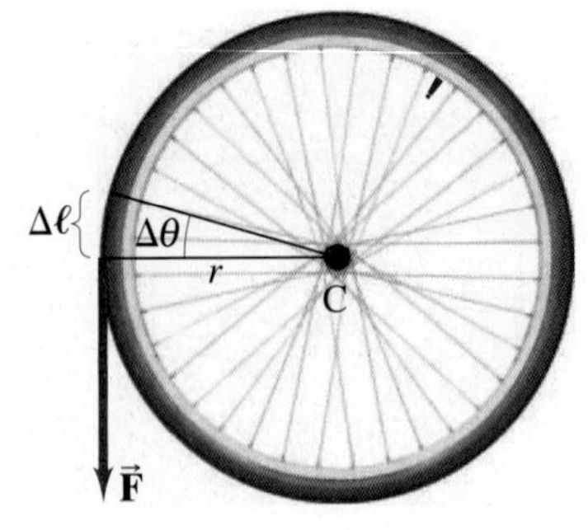

그림 8.25 바퀴를 회전시키는 돌림힘 $\tau = rF$가 한 일은 $W = F\Delta\ell = Fr\Delta\theta = \tau\Delta\theta$와 같다.

량을 이용하여 표현할 수 있다. 그림 8.25에서와 같이, 바퀴에 돌림힘 $\tau = rF$를 주는 힘 F는 바퀴가 $\Delta\ell$의 거리를 이동하는 동안 $W = F\,\Delta\ell$의 일을 한다. 이때 바퀴가 회전한 각은 $\Delta\theta = \Delta\ell/r$이다(식 8.1). 따라서

$$W = F\,\Delta\ell = Fr\,\Delta\theta$$

이다. 그런데 $\tau = rF$이므로

$$W = \tau\,\Delta\theta \tag{8.17}$$

가 바로 바퀴가 $\Delta\theta$ 회전하는 동안 돌림힘 τ가 한 일이다. 한편, 일을 하는 비율인 일률 P는

$$P = W/\Delta t = \tau\,\Delta\theta/\Delta t = \tau\omega$$

로 주어지는데, 이 식은 병진 운동에서의 식 $P = Fv$에 대응하는 식이다(식 6.18 참조).

8.8 각운동량 및 각운동량 보존

지금까지 적절한 각 물리량을 이용하면 회전 운동의 운동학과 동역학 방정식이 병진 운동의 경우와 유사하다는 것을 살펴보았다. 예를 들어 8.7절에서는 회전 운동 에너지가 병진 운동 에너지 $\frac{1}{2}mv^2$과 유사한 형태인 $\frac{1}{2}I\omega^2$으로 표현됨을 알아봤다. 이와 마찬가지로 선운동량 $p = mv$에 대응하는 회전 운동의 양은 **각운동량**(angular momentum) L이라 한다. 질량 중심을 지나는 고정축에 대해 회전하는 대칭성이 있는 물체의 각운동량은

$$L = I\omega \tag{8.18}$$

로 주어지는데, 여기서 I는 관성 모멘트이고 ω는 회전축에 대한 각속도이다. L의 SI 단위는 $\text{kg}\cdot\text{m}^2/\text{s}$이며, 특별한 명칭은 따로 없다.

7.1절에서 뉴턴 제2법칙은 $\Sigma F = ma$로 쓸 수 있을 뿐만 아니라 운동량을 이용하여 보다 일반적인 표현인 $\Sigma F = \Delta p/\Delta t$로도 쓸 수 있음을 살펴봤다. 이와 유사하게, $\Sigma\tau = I\alpha$로 표현되는 회전 운동에 대한 뉴턴 제2법칙은 각운동량을 이용하면

회전에 대한 뉴턴 제2법칙

$$\Sigma\tau = \frac{\Delta L}{\Delta t} \tag{8.19}$$

로 표현할 수 있다. 여기서 $\Sigma\tau$는 회전하는 물체에 작용하는 알짜 돌림힘이고, ΔL은 시간 간격 Δt 동안의 각운동량 변화이다. 관성 모멘트가 일정할 때 성립하는 식 8.14 ($\Sigma\tau = I\alpha$)는 식 8.19의 특별한 경우에 해당된다. 이런 사실은 다음과 같이 확인할 수 있다. 한 물체의 각속도가 시간 $t = 0$에서 ω_0이고 시간 간격 Δt 후에 ω라면, 이 물체의 각가속도(식 8.3)는

$$\alpha = \frac{\Delta\omega}{\Delta t} = \frac{\omega - \omega_0}{\Delta t}$$

이다. 그런데 식 8.19로부터 다음을 얻는다.

$$\Sigma\tau = \frac{\Delta L}{\Delta t} = \frac{I\omega - I\omega_0}{\Delta t} = \frac{I(\omega - \omega_0)}{\Delta t} = I\frac{\Delta\omega}{\Delta t} = I\alpha$$

이 식은 식 8.14와 동일하다.

각운동량은 물리학에서 중요한 개념인데, 그 이유는 특정 조건에서 보존되는 물리량이기 때문이다. 물체에 작용하는 알짜 돌림힘 $\Sigma\tau$가 0이면 $\Delta L/\Delta t$도 0임을 식 8.19로부터 알 수 있다. 즉 $\Delta L = 0$이므로 L이 변하지 않는다. 이것이 회전체에 대한 **각운동량 보존 법칙**(law of conservation of angular momentum)이다.

회전하는 물체의 알짜 돌림힘이 영이면 물체의 전체 각운동량은 일정하게 유지된다.

각운동량 보존 법칙

각운동량 보존 법칙은 에너지 및 선운동량 보존 법칙과 더불어 물리학의 중요한 보존 법칙 중 하나이다.

물체에 작용하는 알짜 돌림힘이 0일 때나 물체가 그 방향이 변하지 않도록 고정축이나 질량 중심을 지나는 축 주위를 회전하고 있을 때에는 다음과 같이 쓸 수 있다.

$$I\omega = I\omega_0 = \text{일정} \qquad \textbf{(8.20)}$$

여기서 I_0과 ω_0은 각각 처음 시간($t = 0$)에서 축에 대한 관성 모멘트와 각속도이며, I와 ω는 임의의 시간에서의 값이다. 물체 내의 각 부분끼리의 상대 위치가 변할 경우 I도 변한다. 그러나 이때 ω도 같이 변하기 때문에 $I\omega$는 일정하게 유지된다.

각운동량 보존 법칙을 통해 다양한 흥미로운 현상들을 이해할 수 있다. 그림 8.26과 같이 스케이트 날 끝으로 서서 회전하는 스케이트 선수를 생각해 보자. 팔을 펼치고 있을 때 스케이트 선수는 비교적 천천히 회전하다가 팔을 오므리면 갑자기 빠르게 회전하게 된다. 관성 모멘트의 정의 $I = \Sigma mr^2$에 의해, 팔을 회전축에 가까이 오므리면 팔에 대한 r가 줄어들기 때문에 스케이트 선수의 관성 모멘트가 감소한다. 마찰에 의한 돌림힘을 무시하면 각운동량 $I\omega$는 일정하게 유지되어야 하므로, I가 감소하면 ω가 증가해야만 한다. 스케이트 선수의 관성 모멘트가 절반으로 줄면, 스케이트 선수는 두 배 빠른 각속도로 회전하게 된다.

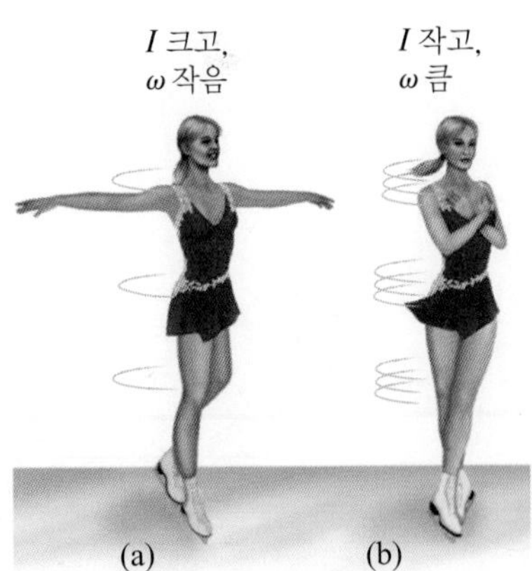

그림 8.26 빙판 위에서 회전하는 스케이트 선수. 각운동량 보존의 예. (a) I가 크고, ω는 작다. (b) I가 작고, ω는 크다.

연습 D 회전하는 피겨 스케이트 선수가 팔을 오므리면 관성 모멘트가 줄어들기 때문에 각운동량이 보존되기 위해 각속도가 증가하게 된다. 스케이트 선수의 회전 운동 에너지도 증가할까? 증가한다면 그 에너지는 어디에서 오는 것인가?

그림 8.27에 보인 다이버의 예도 이와 유사하다. 다이버가 보드에서 출발할 때 보드가 밀어주는 힘에 의해 다이버의 질량 중심에 대한 처음 각운동량이 주어진다. 몸을 말아 웅크리는 동작을 취하면서 다이버는 한 번 또는 여러 번 빠르게 회전한다. 그리고는 몸을 다시 펼쳐 관성 모멘트를 크게 해서 각속도를 줄인 후 입수한다. 몸을 곧게 편 자세에서 웅크린 자세로 바꿀 때 관성 모멘트의 변화량은 $3\frac{1}{2}$배까지 될 수도 있다.

그림 8.27 다이버는 팔과 다리를 펼칠 때보다 오므릴 때 더 빨리 회전한다. 각운동량은 보존된다.

각운동량이 보존되기 위해서는 알짜 돌림힘이 0이어야 하지만 알짜힘이 반드시 0일 필요는 없음에 유의하자. 예를 들어 그림 8.27의 다이버에게는 중력이 작용하기 때문에 알짜힘이 0은 아니다. 그러나 중력이 다이버의 질량 중심에 작용하기 때문에 다이버의 질량 중심에 대한 알짜 돌림힘은 0이다.

예제 8.12 자동차 클러치

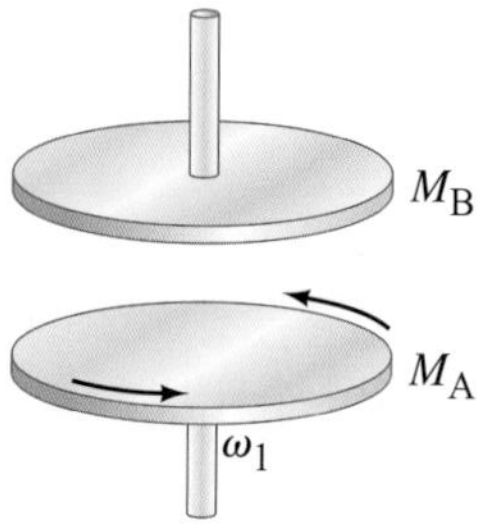

M_B M_A ω_1

그림 8.28 예제 8.12

간단한 클러치는 두 개의 원통형 판으로 구성되어 있는데, 이는 축의 두 단면을 연결하기 위해 서로 압축할 수 있도록 되어 있다. 반지름이 $R = 0.60$ m이고 질량이 각각 $M_A = 6.0$ kg, $M_B = 9.0$ kg인 두 판은 처음에는 분리되어 있다(그림 8.28). 정지 상태에서 가속된 판 A의 각속도는 시간 간격 $\Delta t = 2.0$ s 후에 $\omega_1 = 7.2$ rad/s가 된다. (a) 판 A의 각운동량과 (b) 판 A가 정지 상태로부터 ω_1까지 가속되는 데 필요한 돌림힘을 계산하라. (c) 처음에 정지 상태에 있지만 마찰 없이 자유롭게 회전할 수 있는 판 B가 자유롭게 회전하고 있는 판 A와 단단히 접촉하여 두 판이 일정한 각속도 ω_2로 함께 회전한다. ω_2는 ω_1보다 상당히 작다. 왜 이런 일이 벌어지며, ω_2는 얼마인가?

접근 각운동량 $L = I\omega$ (식 8.18)와 회전 운동에 대한 뉴턴 제2법칙(식 8.19)을 이용한다.

풀이 (a) 원판 A의 각운동량은 다음과 같다.

$$L_A = I_A\omega_1 = \tfrac{1}{2}M_A R^2\omega_1 = \tfrac{1}{2}(6.0\,\text{kg})(0.60\,\text{m})^2(7.2\,\text{rad/s}) = 7.8\,\text{kg}\cdot\text{m}^2/\text{s}$$

(b) 판이 정지 상태에서 회전하기 시작했으므로, 일정하다고 가정한 돌림힘은 다음과 같다.

$$\tau = \frac{\Delta L}{\Delta t} = \frac{7.8\,\text{kg}\cdot\text{m}^2/\text{s} - 0}{2.0\,\text{s}} = 3.9\,\text{m}\cdot\text{N}$$

(c) 접촉하기 전에 A는 일정한 각속도 ω_1으로 회전하고 있었다. (마찰은 무시한다.) 판 B가 접촉하게 되면 왜 이 둘의 공동 회전 속력이 줄어들까? 여러분은 접촉한 각각의 판이 서로에게 작용하는 돌림힘을 이용해서 생각하려 할 것이다. 그러나 외부 돌림힘이 작용하지 않는다고 가정했으므로, 정량적으로 취급할 때에는 각운동량 보존(식 8.20)을 이용하는 것이 더 쉽다. 즉

$$\text{접촉 전 각운동량} = \text{접촉 후 각운동량}$$
$$I_A\omega_1 = (I_A + I_B)\omega_2$$

이다. ω_2에 대해서 풀고 R^2을 소거하면 다음을 얻는다.

$$\omega_2 = \left(\frac{I_A}{I_A + I_B}\right)\omega_1 = \left(\frac{M_A}{M_A + M_B}\right)\omega_1 = \left(\frac{6.0\,\text{kg}}{15.0\,\text{kg}}\right)(7.2\,\text{rad/s}) = 2.9\,\text{rad/s}$$

예제 8.13 추산 중성자별

물리학의 응용

중성자별

천문학자들은 중성자별로 알려진 매우 빠르게 회전하는 별을 검출한다. 중성자별은 자체 중력 붕괴에 의해 반지름은 매우 작고 밀도는 매우 높게 된 거대한 별의 내핵으로부터 형성된 별로 알려져 있다. 붕괴되기 전, 별의 핵은 크기가 우리 태양의 크기($R \approx 7 \times 10^5$ km) 정도이고, 질량은 태양의 2배이며, 100일마다 1회전하는 진동수로 회전한다고 가정하자. 이 별이 중력 붕괴를 겪어 반지름 10 km인 중성자별이 됐을 때, 회전 진동수는 얼마인가? 별이 항상 균일한 구이고, 질량 손실은 없다고 가정한다.

접근 별이 고립되어서 외력이 작용하지 않는다고 가정하고, 붕괴 과정에 대해 각운동량 보존 법칙을 이용한다.

풀이 각운동량 보존 법칙(식 8.20)으로부터

$$I_1\omega_1 = I_2\omega_2$$

이다. 여기서 첨자 1과 2는 각각 처음(정상 별)과 나중(중성자별)을 의미한다. 붕괴 과정에서 질량 손실이 없으므로($M_1 = M_2$)

$$\omega_2 = \left(\frac{I_1}{I_2}\right)\omega_1 = \left(\frac{\frac{2}{5}M_1 R_1^2}{\frac{2}{5}M_2 R_2^2}\right)\omega_1 = \frac{R_1^2}{R_2^2}\omega_1$$

이다. 진동수는 $f = \omega/2\pi$이므로

$$f_2 = \frac{\omega_2}{2\pi} = \frac{R_1^2}{R_2^2}f_1$$

$$= \left(\frac{7\times10^5\,\text{km}}{10\,\text{km}}\right)^2\left(\frac{1.0\,\text{rev}}{100\,\text{d}\,(24\,\text{h/d})(3600\,\text{s/h})}\right) \approx 6\times10^2\,\text{rev/s}$$

이다. 이 값은 600 Hz 또는 (600 rev/s)(60s/min) = 36,000 rpm에 해당한다.

8.9 각 물리량의 벡터 특성

지금까지 ω, α, L과 같은 각 물리량의 크기만 고려했다. 그러나 이들은 벡터의 특성도 갖고 있으므로 지금부터는 방향에 대해 고려해 보자. 사실 회전 물리량의 방향은 **정의**해야만 한다. 먼저 각속도 $\vec{\omega}$에 대해 고려해 보자.

그림 8.29a에 보인 바퀴의 회전을 생각해 보자. 바퀴 내 모든 입자의 선속도는 모두 다른 방향을 가리킨다. 회전과 관련된 공간상의 유일한 고유 방향은 회전축을 따르는 방향이다. 따라서 회전축을 각속도 벡터 $\vec{\omega}$의 방향으로 선택한다. 그러나 $\vec{\omega}$는 회전축을 따라 위 또는 아래 방향을 가리킬 수 있기 때문에 여전히 모호한 점이 있다. 일반적으로 사용하는 법칙은 **오른손 규칙**(right-hand rule)으로 다음과 같다. 오른손을 그림 8.29b와 같이 회전축 중심으로 말아 쥐었을 때 엄지손가락이 가리키는 방향이 $\vec{\omega}$의 방향이다. $\vec{\omega}$의 방향은 오른 나사를 돌릴 때의 진행 방향과 같다는 점에 유의하자. 그렇기 때문에, 그림 8.29a에서 바퀴가 시계 반대 방향으로 회전하면 $\vec{\omega}$의 방향은 그림 8.29b에 보인 것처럼 위로 향하고, 바퀴가 시계 방향으로 회전하면 $\vec{\omega}$는 반대 방향인 아래로 향한다. 회전체의 어느 부분도 $\vec{\omega}$의 방향으로 움직이지 않는다는 점에 유의하라.

회전축이 고정되면 $\vec{\omega}$는 크기만 바뀔 수 있으므로 $\vec{\alpha} = \Delta\vec{\omega}/\Delta t$ 역시 회전축을 따르는 방향이어야만 한다. 그림 8.29a와 같이 시계 반대 방향으로 회전하는 경우, ω가 증가하면 $\vec{\alpha}$는 위쪽을 가리키고 ω가 감소하면(바퀴의 속력이 줄어들면) $\vec{\alpha}$는 아래쪽을 가리킨다. 회전 방향이 시계 방향인 경우, ω가 증가하면 $\vec{\alpha}$는 아래쪽을 가리키고 ω가 감소하면 $\vec{\alpha}$는 위쪽을 가리킨다.

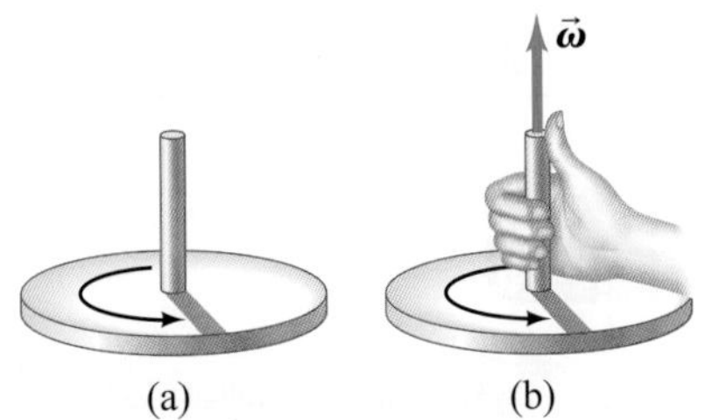

그림 8.29 (a) 회전하는 바퀴 (b) $\vec{\omega}$의 방향을 구하기 위한 오른손 규칙

선운동량과 같이 각운동량도 벡터 물리량이다. 대칭축을 중심으로 회전하는 대칭성을 갖는 물체들(바퀴, 원통, 고리, 구 등과 같은 물체들)에 대한 각운동량 벡터는 다음과 같이 표현된다.

$$\vec{\mathbf{L}} = I\vec{\boldsymbol{\omega}} \tag{8.21}$$

각속도 벡터 $\vec{\boldsymbol{\omega}}$와 각운동량 벡터 $\vec{\mathbf{L}}$은 오른손 규칙(그림 8.29b)에 의해 주어지는 회전축의 방향을 가리킨다.

각운동량의 벡터 성질을 이용하면 수많은 재미 있고 때로는 놀라운 현상들을 설명할 수 있다. 예를 들어 중심축을 중심으로 마찰 없이 회전할 수 있는 원판(즉 단순화된 회전목마) 위에 한 사람이 정지한 채 서 있는 것을 생각해 보자. 이 사람이 원판의 가장자리를 따라 걷기 시작하면(그림 8.30a), 원판은 사람과 반대 방향으로 회전하기 시작한다. 왜 그럴까? 하나의 설명은 이 사람의 발이 원판에 힘을 작용한다는 것이다. 또 다른 설명이자 최상의 분석은 이 현상은 각운동량이 보존되는 하나의 예라는 것이다. 사람이 시계 반대 방향으로 걷기 시작하면 이 사람의 각운동량은 회전축을 따라 위쪽을 가리킬 것이다(오른손 규칙을 사용해 $\vec{\boldsymbol{\omega}}$의 방향을 어떻게 결정하는지 기억해야 한다). 사람의 각운동량 크기는 $L = I\omega = (mr^2)(v/r)$인데, 여기서 v는 (원판이 아니라 지구에 대한) 사람의 속력이고 r는 회전축으로부터 사람까지의 거리이며, m은 사람의 질량, mr^2은 사람을 하나의 입자로 가정할 때 이 사람의 관성 모멘트이다(한 점에 질량에 있음, 식 8.11). 원판은 반대 방향으로 회전하므로 각운동량은 아래쪽을 가리킨다. 사람과 원판 모두 처음에는 정지해 있으므로 처음 계의 전체 각운동량은 0이며, 사람이 걷기 시작한 이후에도 0을 유지할 것이다. 즉 위쪽을 향하는 사람의 각운동량과 아래쪽을 향하는 원판의 각운동량은 정확히 균형을 이루어서(그림 8.30b) 전체 각운동량 벡터는 0을 유지한다. 사람이 원판에 힘(과 돌림힘)을 주더라도 원판 또한 사람에게 크기가 같고 방향이 반대인 힘(과 돌림힘)을 작용하기 때문에, 마찰을 무시하면, 사람과 원판으로 이루어진 계의 알짜 돌림힘은 0이며, 전체 각운동량은 일정하게 유지된다.

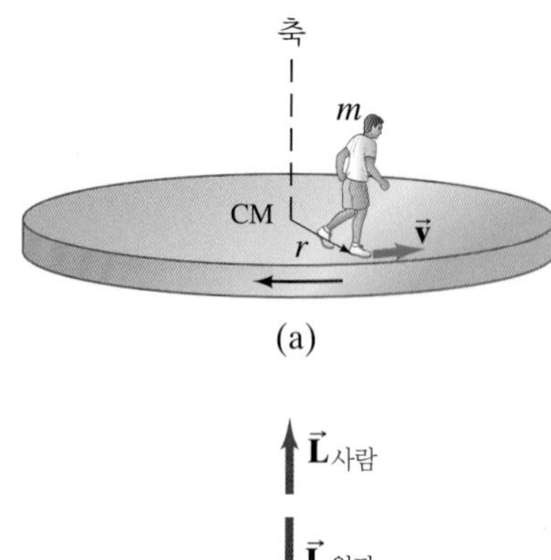

그림 8.30 (a) 정지한 원판 위에 서 있던 사람이 v의 속력으로 원판의 가장자리를 따라 걷기 시작한다. 마찰이 거의 없는 지지대에 고정된 원판은 반대 방향으로 회전하기 시작한다. (b) 전체 각운동량은 0을 유지한다. ($\vec{\mathbf{L}}_{원판} = -\vec{\mathbf{L}}_{사람}$)

> 연습 E 자유롭게 회전할 수 있는 커다란 턴테이블의 가장자리에 한 사람이 서 있다고 가정해보자. 이 사람이 중심을 향해 걸을 때, 턴테이블에 대한 설명으로 옳은 것은? (a) 속력이 줄어든다. (b) 속력이 증가한다. (c) 속력에 변화가 없다. (d) 사람이 걷는 속력을 알기 전에는 답을 할 수 없다.

마지막 유의: **회전 기준틀**에서 입자와 물체의 운동은 다소 고급 수준의 문제이지만 매우 흥미롭기 때문에 이 책의 부록 C에서 다룬다.

종합 문제

객관식

1. 보니(Bonnie)는 회전목마의 바깥쪽 가장자리에, 질(Jill)은 회전목마의 중심과 가장자리의 중간 지점에 각각 앉아있다. 회전목마가 2 s마다 한 바퀴씩 회전할 때, 질의 선속도는

(a) 보니의 속력과 같다.
(b) 보니의 속력의 두 배이다.
(c) 보니의 속력의 절반이다.
(d) 보니의 속력의 1/4이다.
(e) 보니의 속력의 네 배이다.

2. 정지해 있던 물체가 일정한 각가속도로 회전하기 시작한다. 물체가 시간 t 동안 회전한 각이 θ라면 처음 $\frac{1}{2}t$ 동안에는 얼마나 회전했을까?

(a) $\frac{1}{2}\theta$ (b) $\frac{1}{4}\theta$ (c) θ
(d) 2θ (e) 4θ

3. 자동차 속도계는 자동차의 선속력을 나타내리라 예상과는 달리, 실제로는 타이어의 각속력을 측정하는 장치이다. 자동차에 원래보다 지름이 더 큰 타이어를 장착했다면, 속도계에 어떤 영향을 줄까?

(a) 속도계는 여전히 정확한 속도를 인식한다.
(b) 속도계는 속도를 낮게 인식한다.
(c) 속도계는 속도를 높게 인식한다.

4. 그림 8.31의 검은 점은 판자의 회전축을 나타낸다. 그림에 표시된 힘들 중에서 판자에 가장 큰 돌림힘을 작용하는 힘은?

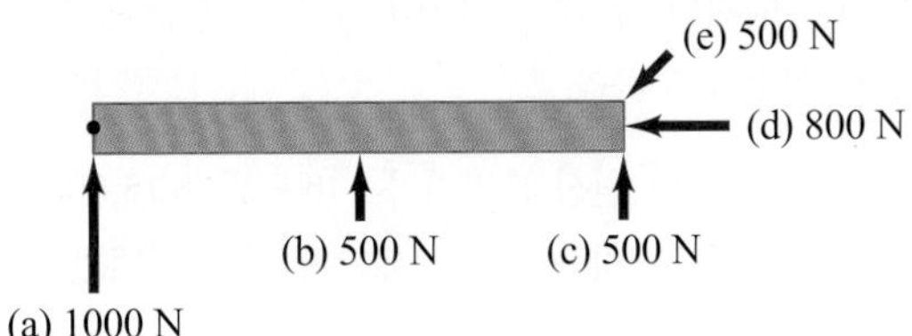

그림 8.31 객관식 4

5. 그림 8.32의 막대에 $F = 80$ N 힘이 작용하고 있다. 막대의 길이는 $\ell = 5.0$ m이고, $\theta = 37°$, $x = 3.0$ m, $y = 4.0$ m이다. 다음 중 힘 $\vec{\mathbf{F}}$에 의한 돌림힘으로 옳은 것은?

(a) 80 N
(b) (80 N)(5.0 m)
(c) (80 N)(5.0 m)(sin 37°)
(d) (80 N)(4.0 m)
(e) (80 N)(3.0 m)
(f) (48 N)(5.0 m)
(g) (48 N)(5.0 m)(sin 37°)

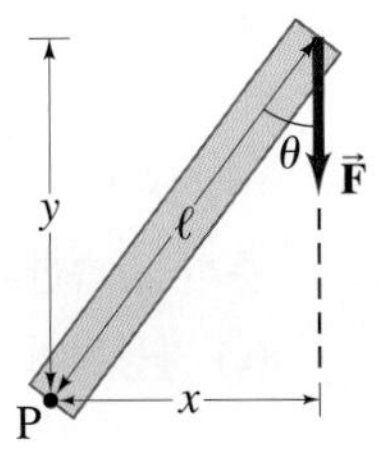

그림 8.32 객관식 5

6. 질량과 반지름이 같은 두 개의 바퀴가 같은 각속도로 회전하고 있다(그림 8.33). 한 바퀴는 바퀴살로 이루어져 거의 모든 질량이 가장자리에 몰려 있고, 다른 바퀴는 속이 꽉 찬 원반이다. 두 바퀴의 회전 운동 에너지를 비교한 것으로 옳은 것은?

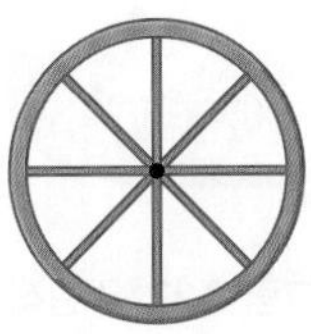
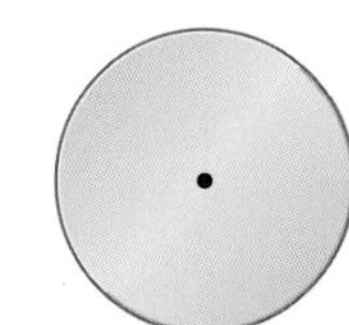

그림 8.33 객관식 6

(a) 둘 다 같은 운동 에너지를 갖는다.
(b) 바퀴살로 이루어진 바퀴의 운동 에너지가 거의 두 배 정도 크다.
(c) 바퀴살로 이루어진 바퀴의 운동 에너지가 더 크지만 두 배만큼 크지는 않다.
(d) 원반의 운동 에너지가 거의 두 배 정도 크다.
(e) 원반의 운동 에너지가 더 크지만 두 배만큼 크지는 않다.

7. 속이 꽉 찬 작은 공과 작고 얇은 고리가 수평면에서 같은 선속력으로 구르다가 경사각이 20°인 경사면을 만나 미끄러짐 없이 굴러 올라갈 때, 어느 것이 더 높이 오를까?

(a) 공
(b) 고리
(c) 두 물체는 같은 높이까지 올라간다.
(d) 두 물체의 질량과 지름에 대한 정보가 더 필요하다.

8. 줄에 매달린 작은 물체 m이 마찰 없이 원 궤도를 따라 회전하고 있다. 그림 8.34와 같이 회전축을 통해 외부 돌림힘 없이 실을 잡아당겨 실의 길이를 짧게 할 때, 이 물체의 각속도는 어떻게 될까?

(a) 증가한다.
(b) 감소한다.
(c) 변하지 않는다.

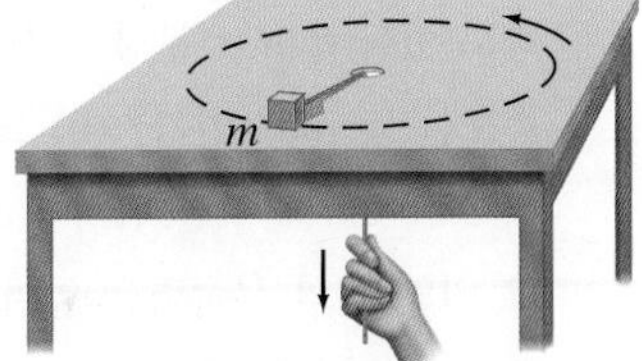

그림 8.34 객관식 8, 9

9. 줄에 매달린 작은 물체 m이 마찰 없이 원 궤도를 따라 회전하고 있다. 그림 8.34와 같이 회전축을 통해 외부 돌림힘 없이 실을 잡아당겨 실의 길이를 짧게 할 때, 이 물체의 접선 속도는 어떻게 될까?

(a) 증가한다.
(b) 감소한다.
(c) 변하지 않는다.

10. 사람들이 지구의 적도를 향해 대규모로 이동하면 하루의 길이는 어떻게 될까?

(a) 각운동량 보존 때문에 증가한다.
(b) 각운동량 보존 때문에 감소한다.
(c) 에너지 보존 때문에 감소한다.
(d) 에너지 보존 때문에 증가한다.
(e) 영향을 받지 않는다.

주관식

8.1 각 물리량

1. (I) 다음 각들을 라디안으로 표시하라. (a) 45.0° (b) 60.0° (c) 90.0° (d) 360.0° (e) 445°

2. (I) 지구로부터 38만 km 떨어진 달을 향해 레이저빔을 쏜다. 빔은 그림 8.35와 같이 $\theta = 1.4 \times 10^{-5}$ rad의 각으로 퍼져 나간다. 빔이 달 표면에 만드는 반점의 지름은 얼마인가?

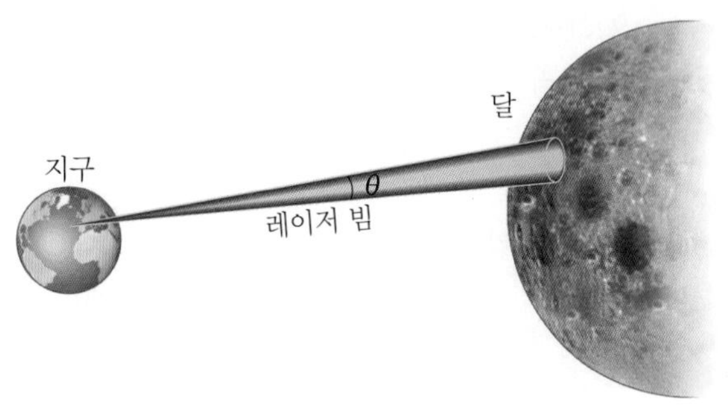

그림 8.35 주관식 2

3. (II) 컴퓨터 **하드 드라이브**의 디스크가 7200 rpm으로 회전하고 있다(rpm = 분당 회전수 = rev/min). (a) 디스크의 각속도는 몇 rad/s인가? (b) 드라이브의 탐침이 회전축으로부터 3.00 cm 떨어진 위치에 있을 때, 탐침 바로 아래의 디스크 위의 점의 선속력은 얼마인가? (c) 1비트(bit)의 정보 기록에 필요한 길이가 0.50 μm이라면, 축에서 3.00 cm 떨어진 위치의 탐침은 초당 몇 비트를 기록할 수 있을까?

4. (II) (a) 지름이 0.35 m인 숫돌바퀴가 2200rpm으로 회전하고 있다. 이 바퀴의 각속도는 몇 rad/s인가? (b) 바퀴의 가장자리에 있는 점의 선속력과 가속도는 각각 얼마인가?

5. (II) 시계의 (a) 초침, (b) 분침, (c) 시침의 각속도를 계산하라. (d) 각각의 각가속도는 얼마인가?

6. (II) 4.0 s에 한 바퀴씩 회전하는 회전목마가 있다(그림 8.36). (a) 중심에서 1.2 m 떨어진 곳에 앉아 있는 아이의 선속력은 얼마인가? (b) 아이의 가속도는 얼마인가? (가속도의 성분들을 구하라.)

그림 8.36 주관식 6

7. (II) 중심축에 대해 120 rpm으로 회전하던 지름 61 cm인 바퀴가 4.0 s 후에 280 rpm으로 회전한다. (a) 바퀴가 일정하게 가속된다고 할 때, 바퀴의 각가속도는 얼마인가? (b) 가속을 시작한지 2.0 s 뒤, 바퀴 가장자리에 있는 점의 선가속도의 구심 성분과 접선 성분은 각각 얼마인가?

8. (II) 반지름 R_1인 원판이 반지름 R_2인 원형 고무 밀대의 가장자리에 접촉한 상태로 회전하고 있다. 두 물체의 각속도의 비 ω_1/ω_2는 얼마인가?

8.2, 8.3 등각가속도; 굴림 운동

9. (I) 자동차 엔진의 각속력이 2.5 s 동안에 3500 rpm에서 1200 rpm으로 줄어들었다. 각가속도가 일정하다고 가정할 때, (a) 엔진의 각가속도와 (b) 이 시간 동안 엔진이 회전한 전체 횟수를 구하라.

10. (I) 정지해 있던 원심 분리기가 240 s 동안 15,000 rpm까지 일정하게 가속됐다. 이 시간 동안 원심 분리기가 회전한 횟수는 얼마인가?

11. (II) 850 rev/min으로 회전하던 냉각팬을 껐더니, 완전히 정지할 때까지 팬이 회전한 횟수가 1250번이었다. 팬의 각가속도가 일정하다고 가정할 때, (a) 팬의 각가속도와 (b) 팬이 완전히 정지할 때까지 걸린 시간을 구하라.

12. (II) 자동차의 속력이 95 km/h에서 55 km/h로 일정하게 감소하는 동안 지름이 0.80 m인 타이어가 75번 회전했다. (a) 이 타이어의 각가속도는 얼마인가? 자동차가 이 비율로 꾸준히 감속한다면, (b) 자동차가 멈추는 데 필요한 시간과 (c) 자동차가 진행한 거리는 얼마인가?

8.4 돌림힘

13. (II) 그림 8.37에 보인 바퀴의 회전축에 대한 알짜 돌림힘을 계산하라. 0.60 m · N의 마찰 돌림힘이 운동을 방해한다고 가정한다.

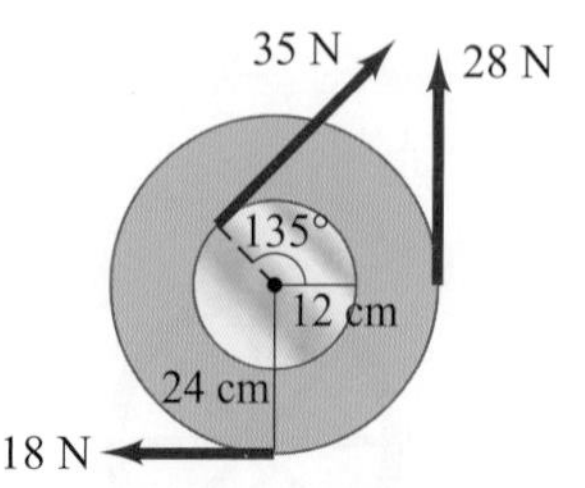

그림 8.37 주관식 13

14. (II) 그림 8.38과 같이, 질량이 각각 m인 두 물체가 질량을 무시할 수 있는 막대의 양 끝에 붙어 있다. 막대가 수평을 유지하도록 잡고 있던 손을 놓았을 때, 이 계에 작용하는 알짜 돌림힘의 크기와 방향을 구하라.

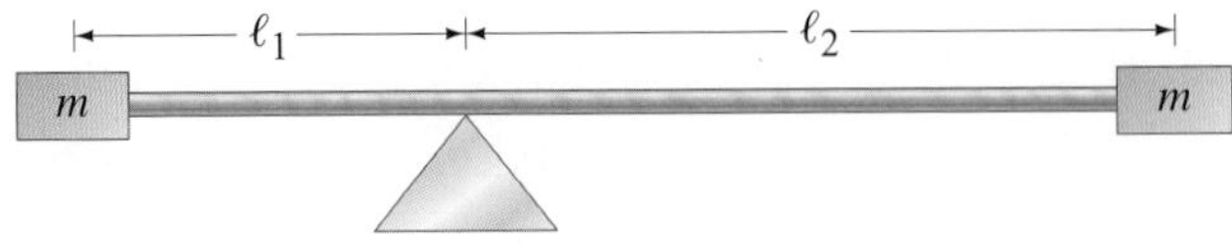

그림 8.38 주관식 14

15. (II) 그림 8.39는 길이가 2.0 m인 균일한 막대에 세 힘이 작용하는 모습을 나타낸 것이다. (a) 질량 중심인 점 C에 대한 알짜 돌림힘과 (b) 막대의 한쪽 끝인 점 P에 대한 알짜 돌림힘을 구하라.

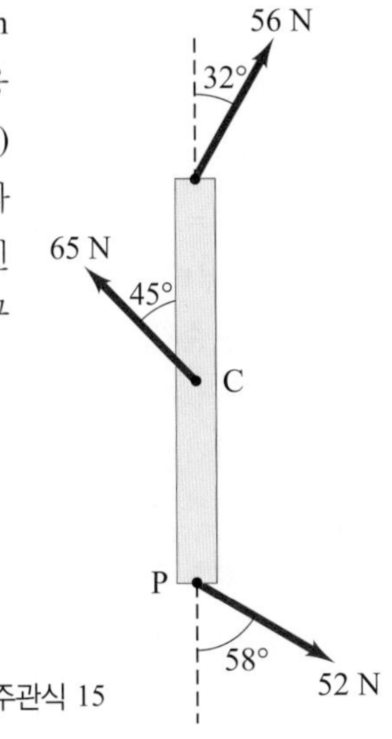

그림 8.39 주관식 15

8.5, 8.6 회전 동역학

16. (I) 질량 10.8 kg, 반지름 0.648 m인 속이 꽉 찬 공이 자신의 중심을 지나는 축에 대해 회전할 때, 이 공의 관성 모멘트를 구하라.

17. (II) 산소 분자는 두 개의 산소 원자로 구성된다. 산소 분자의 질량은 5.3×10^{-26} kg이고, 두 원자의 질량 중심을 수직으로 관통하는 축에 대한 산소 분자의 관성 모멘트는 1.9×10^{-46} kg · m^{2}이다. 이 자료로부터 두 원자 사이의 실효 거리를 추정하라.

18. (II) 그림 8.40의 팔뚝이 삼두박근을 이용하여 3.6 kg의 공을 7.0 m/s^{2}으로 가속시킨다. (a) 필요한 돌림힘과 (b) 삼두박근이 작용하는 힘을 구하라. 팔의 질량은 무시한다.

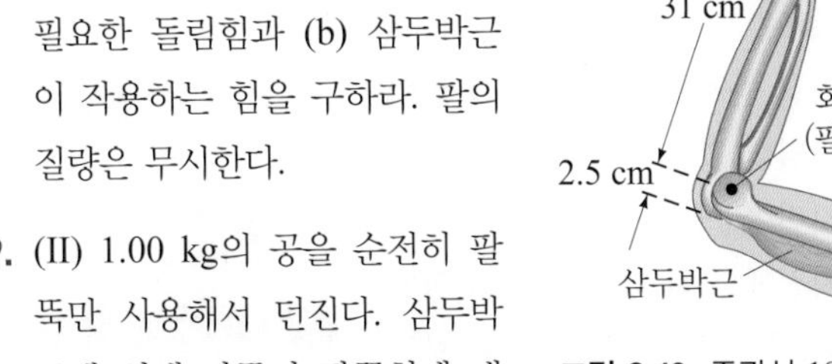
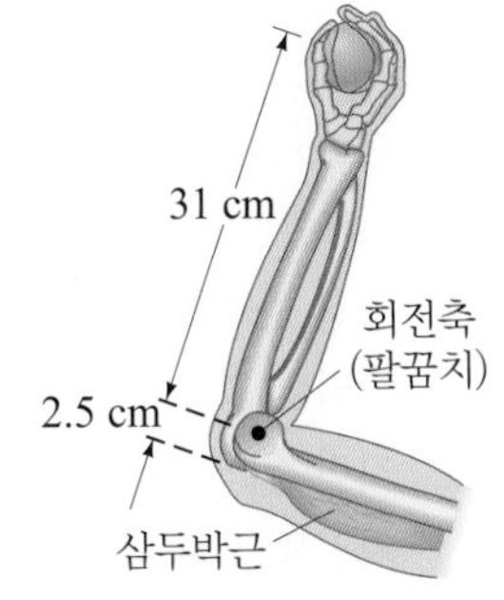

그림 8.40 주관식 18, 19

19. (II) 1.00 kg의 공을 순전히 팔뚝만 사용해서 던진다. 삼두박근에 의해 팔뚝이 팔꿈치에 대해서 회전한다(그림 8.40). 공은 0.38 s 동안 정지 상태로부터 8.5 m/s까지 균일하게 가속되다가, 8.5 m/s가 되는 순간 손에서 떠난다. (a) 팔의 각가속도와 (b) 삼두박근의 힘을 계산하라. 질량이 3.7 kg인 팔뚝은 막대 끝에 있는 축에 대해 회전하는 균일한 막대와 같다고 가정한다.

20. (II) 소프트볼 선수가 정지해 있던 방망이를 0.20 s 후에 2.6 rev/s의 속력이 되도록 휘두른다. 방망이를 질량이 0.90 kg, 길이가 0.95 m인 균일한 막대로 가정할 때, 이 선수가 방망이 끝에 가하는 돌림힘을 구하라.

21. (II) 그림 8.41에 나타낸 점 입자들의 배열에 대해 (a) y축에 대한, (b) x축에 대한 관성 모멘트를 계산하라. m = 2.2 kg, M = 3.4 kg이고, 물체들은 매우 가늘고 단단한 줄에 의해 묶여 있다고 가정한다. 배열은 직사각형이어서 x축에 의해 양분된다. (c) x축과 y축 중 이 배열을 가속시키기가 더 어려운 축은?

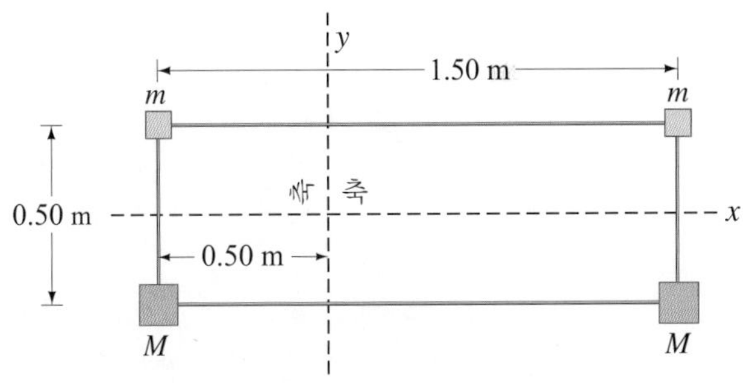

그림 8.41 주관식 21

22. (II) 도공이 각속도가 1.6 rev/s로 일정한 회전 원반 위에서 그릇의 모양을 다듬으려 한다(그림 8.42). 도공의 손과 점토 사이의 마찰력은 1.5 N이다. (a) 그릇의 지름이 9.0 cm일 때, 도공이 회전 원반에 작용하는 돌림힘은 얼마인가? (b) 회전 원반에 작용하는 유일한 돌림힘이 도공의 손에 의한 것일 때, 회전 원반이 멈추기까지 걸리는 시간은 얼마인가? 회전 원반과 그릇의 관성 모멘트는 0.11 kg · m^{2}이다.

그림 8.42 주관식 22

23. (II) 지름 0.72 m인 속이 꽉 찬 공에 10.8 m · N인 돌림힘이 작용하여 공을 자신의 중심을 지나는 축에 대해 회전시킨다. 공이 정지 상태로부터 일정하게 가속되며 15.0 s만에 160회전을 할 때, 이 공의 질량은 얼마인가?

24. (II) 스위치를 *끄*자 9200 rpm으로 회전하던 원심 분리기의 회전자가 1.20 m · N의 마찰 돌림힘을 받아 일정하게 감속되다가 정지했다. 회전자를 질량 3.10 kg, 반지름 0.0710 m인 속이 꽉 찬 원통으로 근사할 때, 회전자가 멈출 때까지 회전한 횟수와 경과한 시간을 각각 구하라.

25. (III) 반지름이 0.15 m이고 관성 모멘트가 I인 도르래를 지나는 가벼운 줄에 의해 연결된 두 물체가 마찰이 없는 경사면을 따라 1.00 m/s^{2}의 가속도로 움직이고 있다(그림 8.43). (a) 두 물체와 도르래에 대한 자유 물체 도형을 각각 그려라. (b) 줄의 두 부분에 걸리는 장력 F_{TA}와 F_{TB}를 구하라. (c) 도르래에 작용하는 알짜 돌림힘과 도르래의 알짜 모멘트 I를 구하라.

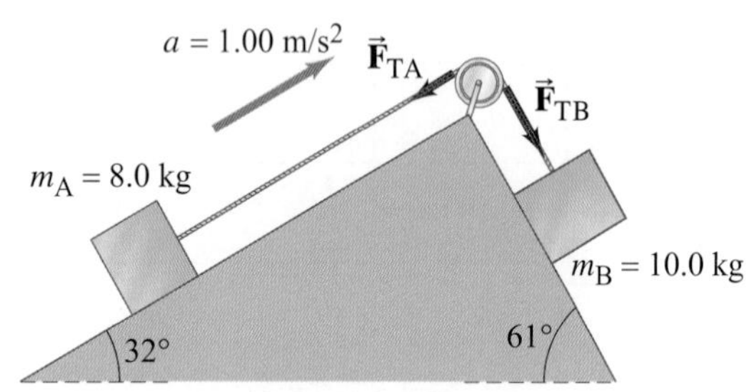

그림 8.43 주관식 25

26. (III) 질량이 서로 다른 두 물체(m_A = 65 kg, m_B = 75 kg)가 질량이 없고 탄성도 없는 줄에 연결되어 자유롭게 회전할 수 있는 도르래에 매달려 있다. 이런 장치를 애트우드 기계(Atwood machine)라 한다(그림 8.44). 도르래는 질량이 6.0 kg이고 반지름이 R = 0.45 m인 속이 꽉 찬 원통이다. (a) 두 물체 A, B의 가속도를 구하라. (b) 도르래의 관성 모멘트를 무시할 때 생기는 오차는 몇 %인가? [힌트: 두 장력 F_{TA}와 F_{TB}는 같지 않다. 예제 4.9에서는 도르래의 관성 모멘트를 I = 0으로 가정하고 애트우드 기계에 대해 논의했다.]

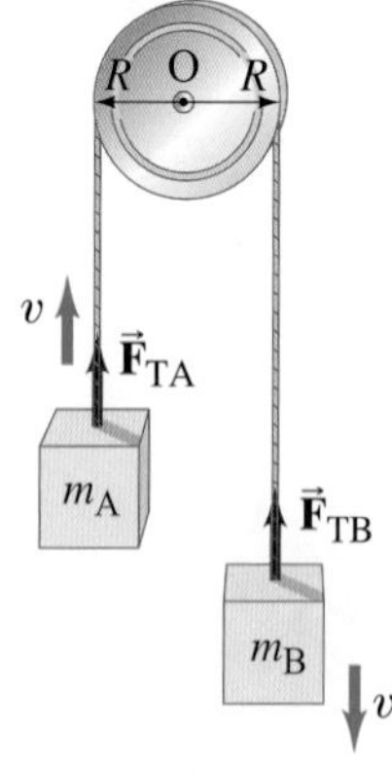

그림 8.44 주관식 26

8.7 회전 운동 에너지

27. (I) 어느 원심 분리기 날개의 관성 모멘트가 3.25 × 10^{-2} kg · m^{2}이다. 이 날개를 정지 상태로부터 8750 rpm까지 가속시키는 데 필요한 에너지는 얼마인가?

28. (I) 높이 7.20 m의 경사면 위에 정지해 있던 원통이 미끄러짐 없이 구르기 시작한다. 경사면 바닥에 도달하는 순간 원통의 병진 속력은 얼마인가?

29. (II) 질량 7.25 kg, 반지름 10.8 cm인 볼링공이 레인을 따라 3.10 m/s의 속력으로 미끄러짐 없이 구르고 있다. 볼링공의 전체 운동 에너지를 구하라.

30. (II) 경사각이 30.0°이고 길이가 10.0 m인 경사면을 따라 질량이 m = 1.80 kg이고 반지름이 r = 34.5 cm인 공이 정지 상태로부터 미끄러짐 없이 구르기 시작한다. (a) 바닥에 도착하는 순간, 공의 선속력과 각속력은 각각 얼마인가? (b) 바닥에서 운동하는 공의 회전 운동 에너지에 대한 병진 운동 에너지의 비를 구하라. 답을 낼 때 마지막까지 숫자를 대입하지는 말라. (c) (a)와 (b)에서 구한 답은 공의 반지름이나 질량에 따라 변하는가?

31. (II) 반지름이 r인 공이 반지름이 R인 트랙의 안쪽에서 구르고 있다(그림 8.45). 공이 트랙의 수직 가장자리에서 정지 상태로부터 출발하여 미끄러짐 없이 구를 때, 트랙의 가장 낮은 지점에 도달하는 순간의 속력은 얼마인가?

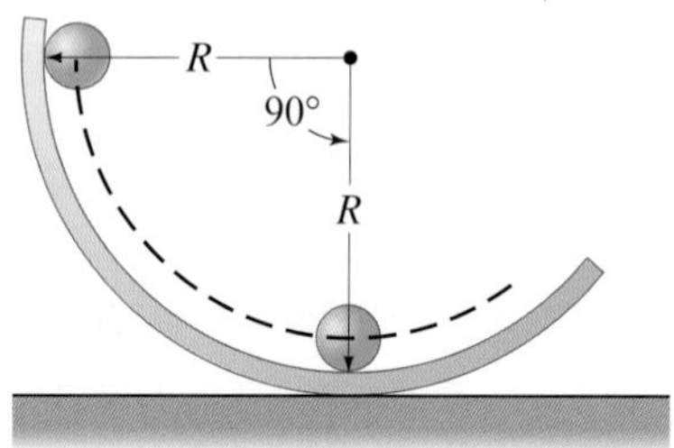

그림 8.45 주관식 31

32. (II) 두 질량 m_A = 32.0 kg과 m_B = 38.0 kg이 줄에 연결되어 도르래에 걸려 있다(그림 8.46). 도르래는 질량이 3.1 kg이고 반지름이 R = 0.311 m인 균일한 원통이다. 처음에 m_A는 지면 위에, m_B는 지상 2.5 m 지점에 잡혀 있었다. 잡혀 있던 m_B가 놓였을 때, 에너지 보존 법칙을 이용하여 m_B가 지면에

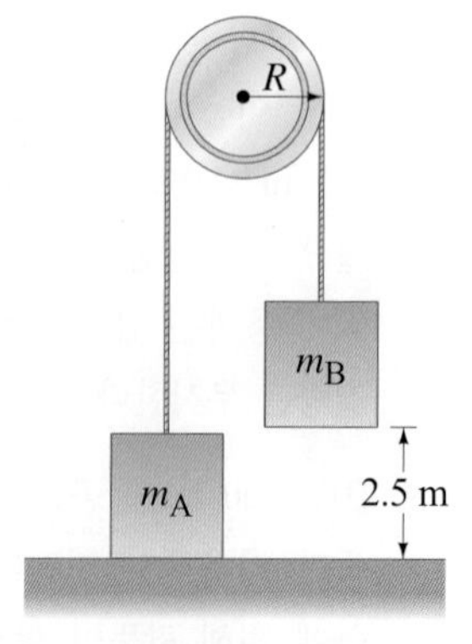

그림 8.46 주관식 32

닿는 순간의 속력을 구하라. 도르래 베어링은 마찰이 없다고 가정한다.

8.8 각운동량

33. (I) 질량 0.270 kg인 공이 얇은 줄 끝에 매달려 반지름 1.35 m인 원운동을 하고 있다. 각속력이 10.4 rad/s일 때, 이 공의 각운동량은 얼마인가?

34. (I) (a) 질량 2.8 kg, 반지름 28 cm인 균일한 원통형 숫돌바퀴가 1300 rpm으로 회전하고 있다. 이 숫돌바퀴의 각운동량은 얼마인가? (b) 이 숫돌바퀴를 6.0 s만에 멈추기 위해서 필요한 돌림힘의 크기는 얼마인가?

35. (II) 0.90 rev/s의 속력으로 회전하는 원판 위에서 차려 자세로 서 있던 한 남자가 양 팔을 수평하게 들어 올리자 회전 속력이 0.60 rev/s로 줄어들었다(그림 8.47). (a) 속력이 줄어든 이유는 무엇인가? (b) 이 사람의 관성 모멘트는 몇 배나 변했는가?

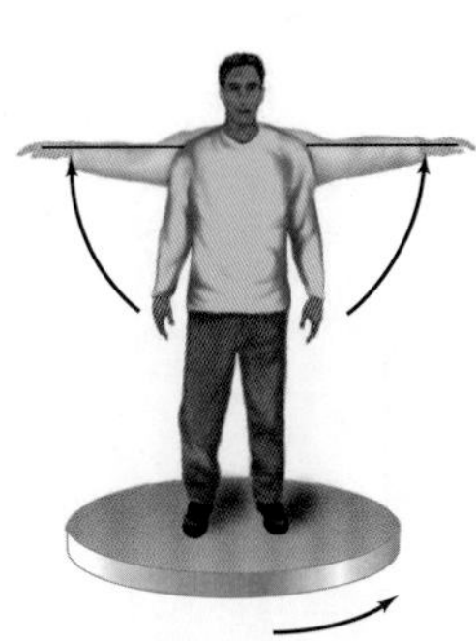

그림 8.47 주관식 35

36. (II) (a) 양 팔을 오므린 한 채 3.0 rev/s로 회전하는 피겨 스케이트 선수가 있다. 스케이트 선수를 높이 1.5 m, 반지름 15 cm, 질량 48 kg인 균일한 원통이라 가정할 때, 이 선수의 각운동량은 얼마인가? (b) 회전 속도를 줄여 4.0 s 만에 이 선수를 정지하게 하기 위해서 필요한 돌림힘은 얼마인가? 스케이트 선수는 팔을 움직이지 않는다고 가정한다.

37. (II) 지름이 4.2 m인 회전목마가 0.80 rad/s의 각속도로 자유롭게 회전하고 있다. 회전목마의 전체 관성 모멘트는 1360 kg · m^{2}이다. 질량이 각각 65 kg인 네 사람이 지면에서부터 회전목마의 가장자리로 갑자기 뛰어 올라왔다. (a) 회전목마의 새로운 각속도는 얼마인가? (b) 회전목마 위에 있던 네 사람이 회전축에서 멀어지는 방향으로 뛰어 내린다면 회전목마의 각속도는 얼마가 될까?

38. (II) 질량 M, 길이 ℓ인 균일한 막대가 자신의 중심을 관통하는 수직축에 대해 각속도 ω로 수평면 상에서 회전하고 있다. 막대의 양 끝에는 질량 m인 물체가 달려 있다. 회전축에 대한 이 계의 각운동량을 구하라.

39. (II) 균일한 원판이 마찰 없이 중심 축 주위를 3.3 rev/s의 속도로 회전하고 있다. 질량이 원판과 같고 길이가 원판의 지름과 같은 막대가 회전하지 않는 상태로 원판 위로 떨어지고(그림 8.48), 둘은 각자의 중심이 겹친 상태에서 회전한다. 합체된 두 물체의 각진동수는 몇 rev/s인가?

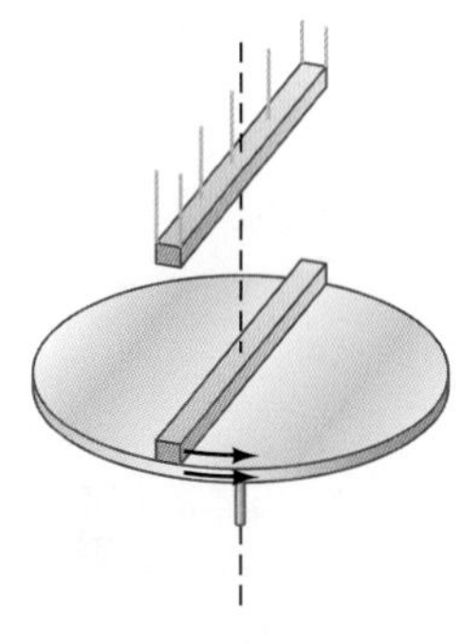

그림 8.48 주관식 39

8.9 각 물리량의 벡터 특성

40. (III) 질량 65 kg인 사람이 정지해 있는 지름 5.5 m인 원판의 가장자리에 서 있다. 원판 중심에 놓인 받침점과 원판 사이의 마찰이 없고, 원판의 관성 모멘트는 1850 kg · m^{2}이다. 이 사람이 원판에 대해 4.0 m/s의 속력으로 가장자리를 따라 달리기 시작하자 원판은 반대 방향으로 회전하기 시작했다. 원판의 각속도를 구하라.

연습 해답

A: $f = 0.076$ Hz; $T = 13$ s

B: $\vec{\mathbf{F}}_A$

C: (c)

D: 증가한다. 그녀는 자신의 팔을 잡아당길 때 일을 한다.

E: (b)

최신 다리로부터 고층빌딩까지 전체적인 건축 환경은 건축가와 엔지니어가 이런 구조물 내에서의 힘과 변형력의 결정을 요구한다. 그 목적은 이런 구조물들이 버티고 있도록 또는 '정적', 즉 움직이지 않고 특히 쓰러지지 않도록 유지하는 것이다.
정역학의 연구는 인간의 신체에도 잘 적용되고 균형과 근육, 관절, 뼈에서의 힘 그리고 궁극적으로는 균열 가능성도 포함한다.

정적 평형; 탄성과 균열

시작 질문 추정해 보라!

그림의 다이빙대는 A와 B에 있는 두 개의 지지대에 의해 지탱되고 있다. A와 B에서 다이빙대에 작용하는 힘에 대한 설명으로 옳은 것은?

(a) $\vec{\mathbf{F}}_A$는 아래, $\vec{\mathbf{F}}_B$는 위 방향이고, F_B는 F_A보다 더 크다.
(b) 두 힘은 위 방향이고 F_B는 F_A보다 더 크다.
(c) $\vec{\mathbf{F}}_A$는 아래, $\vec{\mathbf{F}}_B$는 위 방향이고, F_A는 F_B보다 더 크다.
(d) 두 힘은 아래 방향이고 근사적으로 같다.
(e) $\vec{\mathbf{F}}_B$는 아래, $\vec{\mathbf{F}}_A$는 위 방향이고, 둘은 같다.

이번 장에서는 역학에서 특별한 경우, 즉 한 물체 또는 물체들로 이루어진 계에 작용하는 알짜힘과 알짜 돌림힘(또는 회전력)이 모두 영인 경우에 대해서 다룰 것이다. 이런 경우 물체 또는 계의 선가속도와 각가속도는 영이다. 물체는 정지해 있거나, 또는 질량 중심이 등속도로 움직인다. 주로 첫 번째 경우, 즉 물체 또는 물체들이 정지해 있는 **정적 상태**(= 움직이지 않는)에 주로 관심을 둘 것이다.

알짜힘과 알짜 돌림힘이 영이라 해도, 물체에 힘이 전혀 작용하지 않는다는 것은 아니다. 사실 힘이 작용하지 않는 물체를 발견한다는 것은 사실상 불가능하다. 이런

그림 9.1 1981년 캔자스시티 호텔에서 고가 통로의 붕괴

힘이 어떻게 그리고 어디에서 작용하는 지는 건물과 다른 구조물, 그리고 인체 모두에 있어 매우 중요할 수 있다.

때때로 이번 장에서 접하게 되겠지만, 힘은 너무 커서 물체가 심히 **변형**되기도 하거나, 또는 **균열**(파괴)되기조차 한다. 그러한 문제들을 피하기 위해서라도 **정역학** 분야는 대단히 중요하다.

정역학(statics)은 **평형** 상태에 있는 구조물과 구조물 내에 작용하는 힘을 계산하는 것에 관계가 있다. 이 장의 전반부를 차지하게 될 이런 힘을 구함으로써 이 장의 후반부에 다루게 될 구조물의 심각한 변형이나 균열 없이 구조물이 그 힘을 지탱할 수 있을지를 결정하게 한다. 이런 기법은 넓은 분야에 적용할 수 있다. 건축가와 공학자는 건물, 교량, 기계, 차량 그리고 다른 구조물의 구조 성분에 작용하는 힘을 계산할 수 있어야만 한다. 어떤 물질도 너무 큰 힘이 가해지면 휘거나 부서지게 될 것이기 때문이다(그림 9.1). 인체에서 근육과 관절에서 작용하는 힘에 대해 아는 것은 의사, 물리 치료사 및 운동선수에게 대단히 중요하다.

9.1 평형 조건

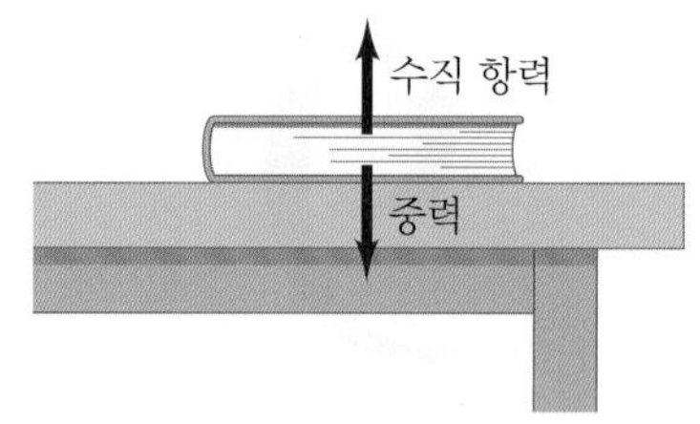

그림 9.2 책은 평형 상태에 있다. 따라서 책에 작용하는 알짜힘은 영이다.

일상생활에서 물체에는 적어도 한 힘(중력)이 작용한다. 만약 물체가 정지해 있다면, 알짜힘을 영으로 만들기 위해 물체에 작용하는 다른 힘이 있어야만 한다. 예를 들어 책상 위에 정지한 상태로 놓여 있는 책은 두 개의 힘이 작용하는데, 아래 방향으로 향하는 중력과 책상이 물체에 위 방향으로 작용하는 수직 항력이다(그림 9.2). 책은 정지해 있기 때문에, 뉴턴 제2법칙을 통해 그것에 작용하는 알짜힘이 영임을 안다. 그래서 책에 책상이 가하는 위 방향의 힘은 책에 아래 방향으로 작용하는 중력과 크기가 같아야 한다. 이 경우 물체는 두 힘의 작용 아래서 **평형 상태**(equilibrium, 라틴어로 '같은 힘' 또는 '균형'이라는 뜻)에 있다고 말한다.

뉴턴 제3법칙에서 서로 다른 두 물체에 작용하는 크기는 같고 방향이 반대인 힘들을 그림 9.2에서의 한 물체에 작용하는 두 힘과 혼동해서는 안 된다. 그 힘은 합성하면 영이 된다.

예제 9.1 **치아 교정**

그림 9.3a와 같은 치열교정용 철사는 그것을 따라 2.0 N의 장력 F_T를 갖는다. 그것은 양쪽 방향으로 치아(옆에 붙어 있는)에 2.0 N의 힘을 가한다. 철사에 의한 치아에 작용하는 합력 F_R를 계산하라.

접근 두 힘 F_T가 같기 때문에 두 힘이 이루는 각은 이등분하는 선을 따르는 방향, 즉 합은 y축으로 선택한 방향이 될 것이다. 두 힘의 x 성분은 더하면 영이 된다.

풀이 각 힘의 y 성분은 (2.0 N)(cos70°) = 0.68 N이다. 둘을 함께 더하면 그림 9.3b와 같이 합력 F_R = 1.4 N을 얻는다. 잇몸은 거의 동일한 크기의 힘을 반대 방향으로 가하기 때문에 치아는 평형 상태에 있다고 가정한다. 사실 치아는 매우 천천히 움직이기 때문에 치아가 평형 상태에 있는 것은 아니다.

물리학의 응용
치아 교정기

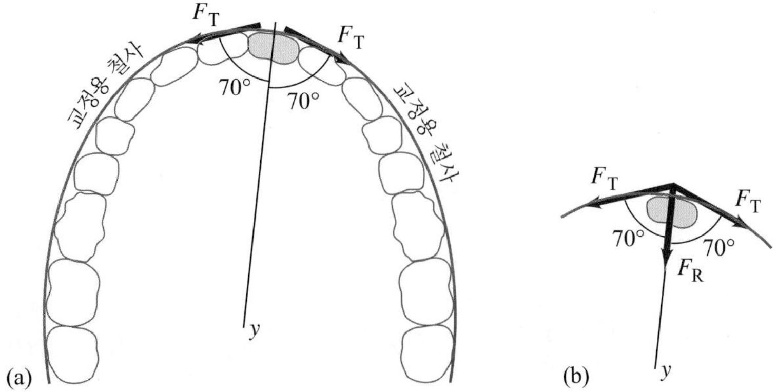

그림 9.3 치아에 작용하는 힘. 예제 9.1

유의 철사가 치아에 단단히 밀착되어 있다면 오른쪽으로 작용하는 장력은 왼쪽으로 작용하는 것보다 더 커져서 그 결과 합력은 그만큼 오른쪽으로 더 향하게 될지 모른다.

평형의 제1조건

물체가 정지해 있으려면 뉴턴 제2법칙에 따라 물체에 작용하는 힘의 합이 영이 되어야 한다. 힘은 벡터이기 때문에 알짜힘의 성분은 각각 영이어야만 한다. 그래서 평형에 대한 조건은

$$\Sigma F_x = 0, \qquad \Sigma F_y = 0, \qquad \Sigma F_z = 0 \tag{9.1}$$

이다. 한 평면에서 작용하는 힘을 주로 다루므로, 보통 x와 y 성분만이 필요하다. 만약 특정한 힘의 성분이 음의 x축 또는 y축을 따르는 방향을 향하고 있으면, 성분은 음의 부호를 가져야만 한다. 식 9.1은 **평형의 제1조건**(first condition for equilibrium)을 나타낸다.

힘을 포함한 문제를 풀기 위해서는 4장에서 봤듯이 주어진 물체에 작용하는 모든 힘들을 **자유 물체 도형**으로 그려 표시하는 것이 필요하다(4.7절 참조).

예제 9.2 샹들리에 줄 장력

그림 9.4에서 200 kg의 샹들리에를 지탱하는 연직의 줄에 연결된 두 줄에 작용하는 장력 $\vec{\mathbf{F}}_A$와 $\vec{\mathbf{F}}_B$를 계산하라. 줄의 질량은 무시한다.

접근 대상을 선택하여 자유 물체 도형을 그린다. 샹들리에를 선택한다면 그것을 지탱하는 줄은 샹들리에의 무게 $mg = (200\,\text{kg})(9.80\,\text{m/s}^2) = 1960\,\text{N}$과 같은 힘이 작용해야만 한다. 그러나 $\vec{\mathbf{F}}_A$와 $\vec{\mathbf{F}}_B$는 관련이 없다. 대신 대상을 세 줄이 만나는 점(매듭일수도 있음)을 선택해 보자. 그러면 자유 물체 도형는 그림 9.4a와 같다. 세 힘 $\vec{\mathbf{F}}_A$, $\vec{\mathbf{F}}_B$와 200 kg의 샹들리에의 무게와 같은 연직 방향의 줄에서의 장력은 세 줄이 만나는 점에 작용한다. 문제가 이차원 상에 놓여 있기 때문에, 이 교차점에 대해 $\Sigma F_x = 0$과 $\Sigma F \ = 0$으로 쓸 수 있다. $\vec{\mathbf{F}}_A$와 $\vec{\mathbf{F}}_B$의 방향은 알려져 있는데, 이는 줄에 작용하는 장력이 줄을 따라서만 작용하기 때문이다. 4장에서 이미 배운 바와 같이 다른 방향은 줄을 휘게 한다. 그래서 미지의 양은 크기 F_A와 F_B이다.

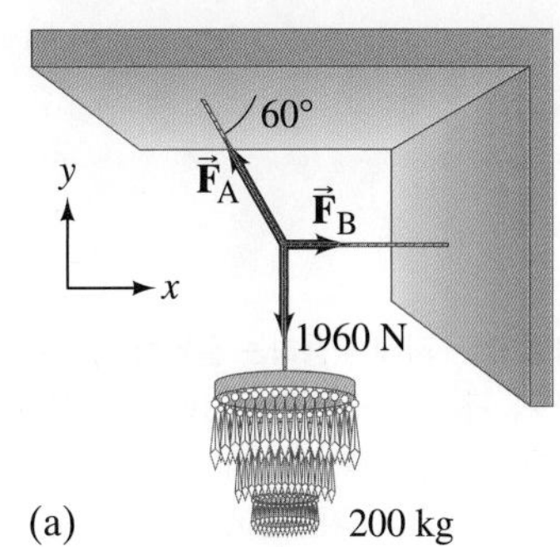

그림 9.4 예제 9.2

풀이 먼저 $\vec{\mathbf{F}}_A$를 수평(x)과 연직(y) 성분으로 분해한다. F_A의 값은 모를지라도, $F_{Ax} = -F_A \cos 60°$와 $F_{Ay} = F_A \sin 60°$로 쓸 수 있고(그림 9.4b), $\vec{\mathbf{F}}_B$는 x 성분만 갖는다. 연직 방향에서는 샹들리에의 무게 $mg = (200\text{ kg})(g)$와 같은 연직 줄에 의해 가해지는 아래 방향의 힘이 있고, $\vec{\mathbf{F}}_A$의 연직 성분은

$$\begin{aligned} \Sigma F_y &= 0 \\ F_A \sin 60° - (200\text{ kg})(g) &= 0 \end{aligned}$$

이므로

$$F_A = \frac{(200\text{ kg})g}{\sin 60°} = (231\text{ kg})g = (231\text{ kg})(9.80\text{ m/s}^2) = 2260\text{ N}$$

이다. 수평 방향에서는 $\Sigma F_x = 0$으로

$$\Sigma F_x = F_B - F_A \cos 60° = 0$$

이다. 그래서

$$F_B = F_A \cos 60° = (231\text{ kg})(g)(0.500) = (115\text{ kg})g = 1130\text{ N}$$

이다. $\vec{\mathbf{F}}_A$와 $\vec{\mathbf{F}}_B$의 크기는 사용될 줄 또는 철사의 강도를 결정한다. 이 경우에 줄은 230 kg 이상의 질량을 지탱할 수 있어야 한다.

유의 끝까지 중력 가속도 g의 값을 사용하지 않았다. 이렇게 하여 힘의 크기를 g에 킬로그램 단위의 수(이것은 뉴턴 단위보다 더 익숙한 양일 수도 있다)를 곱한 값임을 알게 됐다.

연습 A 예제 9.2에서 F_A는 샹들리에의 무게 mg보다 더 커야 한다. 그 이유는?

평형의 제2조건

식 9.1은 평형 상태에 있는 물체에 대해서는 필요 조건이지만 항상 충분 조건은 아니다. 그림 9.5는 알짜힘이 영인 물체를 보여 준다. 비록 $\vec{\mathbf{F}}$로 표시한 두 힘을 합성하여 물체에 작용하는 알짜힘이 영이 될지라도, 그 힘들은 물체를 회전시키는 알짜 돌림힘을 유발할 것이다. 식 8.14($\Sigma\tau = I\alpha$)를 참고하면, 물체가 정지 상태를 유지한다면. 그것에 작용하는 알짜 돌림힘(임의의 축에 대해 계산한)은 영이어야만 한다. 그러므로 **평형의 제2조건**(second condition for equilibrium)은 물체에 작용하는 임의의 축에 대해 계산한 돌림힘의 합은 영이어야 한다는 것이다.

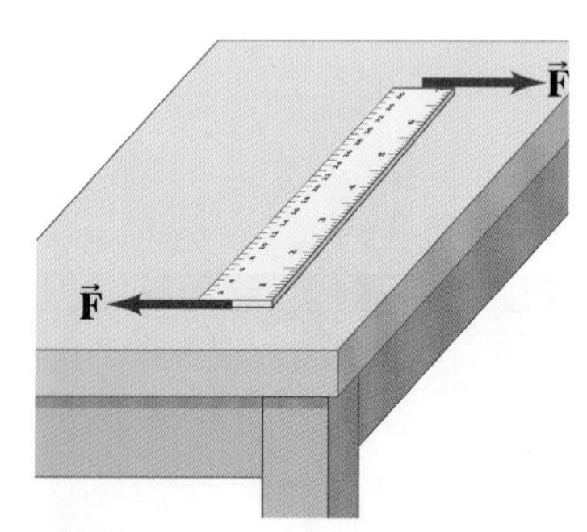

그림 9.5 자에 작용하는 알짜힘이 영일지라도, 자는 움직(회전)일 것이다. (여기서 보여 주는 것처럼) 크기가 같고 방향이 반대이며, 물체의 다른 점에 작용하는 한 쌍의 힘을 짝힘이라고 한다.

$$\Sigma\tau = 0 \qquad \textbf{(9.2)}$$

이 조건은 임의의 축에 대한 각가속도가 영이 될 것임을 확신시킬 것이다. 물체가 처음에 회전하고 있지 않다면($\omega = 0$), 물체는 회전을 시작하지 않을 것이다. 식 9.1과 9.2는 물체가 평형 상태에 있기 위한 두 가지 조건이다.

앞으로 힘들은 모두 한 평면(xy 평면)에서 작용하는 경우를 주로 다룰 것이다. 이 경우에 돌림힘은 xy 평면에 수직인 한 축에 대해 계산한다. **이 축의 선택은 임의적이다.** 만약 물체가 정지해 있다면, $\Sigma\tau = 0$은 어떤 축에 대해서도 성립한다. 그러므로 계산을 더 쉽게 하는 축을 선택할 수 있다. 한번 이러한 축을 선택하면, 모든 돌림힘

주의

$\Sigma\tau = 0$이 되는 축의 선택은 임의적이다. 모든 토크는 같은 축에 대해 계산해야 한다.

은 그 축에 대해 계산해야만 한다.

9.2 정역학 문제 풀이

정역학의 주제는 중요한데, 그것은 한 구조물에 작용하는 일부의 힘을 이미 알고 있을 때 물체에 작용하는 (또는 내부에서 작용하는) 어떤 힘을 계산할 수 있도록 하기 때문이다. 모든 힘은 한 평면에서 작용하는 상황을 주로 고려할 것이고, 그래서 두 개의 힘의 방정식(x 성분과 y 성분)과 한 개의 돌림힘 방정식, 즉 전체 세 개의 방정식을 가질 수 있다. 물론 그것들이 필요하지 않으면 세 방정식을 모두 사용할 필요는 없다. 돌림힘 방정식을 사용할 때는, 물체를 시계 반대 방향으로 회전하려는 돌림힘을 보통 양으로 정하면, 시계 방향으로 회전하려는 돌림힘을 음으로 간주해야 한다(그러나 반대의 관례도 또한 가능하다).

물체에 작용하는 힘 중에 하나는 중력이다. 7.8절에서 논의했던 바와 같이, 물체에 작용하는 중력은 중력 중심(CG) 또는 실제로는 동일한 점인 질량 중심(CM)에서 작용하는 것으로 고려할 수 있다. 균일한 대칭적 모양의 물체에 대해 CG는 기하 중심이다. 더욱 복잡한 물체에 대해서는 7.8절에서 다뤘던 것처럼 CG를 결정할 수 있다.

예제 9.3 시소 균형 잡기

그림 9.6a와 같이 질량 M = 4.0 kg인 널빤지 위에 앉아 두 아이가 시소를 타고 있다. 아이 A는 질량이 30 kg이고 중심점 P로부터 2.5 m(아이의 무게 중심은 중심점으로부터 2.5 m이다)에 앉아 있다. 시소가 균형을 잡기 위해서는 질량이 25 kg인 아이 B는 중심점으로부터 얼마의 거리 x에 있어야 하는가? 널빤지는 균일하고 중심은 중심점에 있다고 가정한다.

접근 다음과 같은 단계를 따라 문제를 해결한다.

풀이

1. **자유 물체 도형.** 널빤지를 대상으로 선택하고 널빤지가 수평이라고 가정한다. 널빤지의 자유 물체 도형은 그림 9.6b와 같다. 널빤지에 작용하는 힘은 각각의 아이에 의해 아래로 작용하는 힘 $\vec{\mathbf{F}}_A$와 $\vec{\mathbf{F}}_B$, 중심점에 의해 가해지는 위 방향의 힘 $\vec{\mathbf{F}}_N$, 그리고 균일한 널빤지의 중심에서 작용하는 널빤지의 중력(= $M\vec{\mathbf{g}}$)이다.
2. **좌표계.** 중심점을 원점으로 하고, 연직의 위 방향을 y축, 수평의 오른쪽 방향을 x축으로

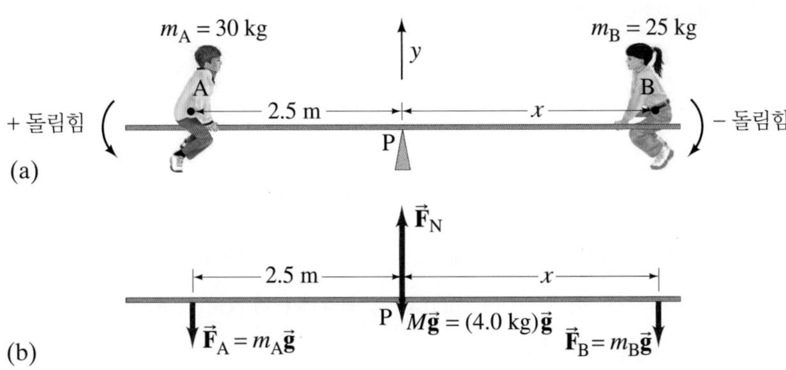

그림 9.6 (a) 시소 위에 있는 두 아이. 예제 9.3 (b) 널빤지의 자유 물체 도형

선택한다.

3. **힘 방정식.** 모든 힘은 y(연직) 방향이므로

$$\begin{aligned} \Sigma F_y &= 0 \\ F_N - m_A g - m_B g - Mg &= 0 \end{aligned}$$

이고 $F_A = m_A g$, $F_B = m_B g$이다.

4. **돌림힘 방정식.** 중심점 P에 널빤지를 관통하는 축에 대해 돌림힘을 계산해 보자. F_N과 널빤지의 무게에 대한 지레 팔 길이는 영이고, 점 P에 대한 돌림힘도 영일 것이다. 그래서 돌림힘 방정식은 아이들의 무게와 같은 힘 $\vec{\mathbf{F}}_A$와 $\vec{\mathbf{F}}_B$만 포함할 것이다. 각각의 아이에 의해 가해지는 돌림힘은 mg에 적정한 지레 팔 길이, 즉 여기서는 중심점으로부터 각각의 아이까지의 거리를 곱한 값이다. $\vec{\mathbf{F}}_A$는 널빤지를 시계 반대 방향(+)으로, $\vec{\mathbf{F}}_B$는 시계 방향(−)으로 회전시키려 할 것이므로

$$\begin{aligned} \Sigma\tau &= 0 \\ m_A g(2.5\,\text{m}) - m_B g x + Mg(0\,\text{m}) + F_N(0\,\text{m}) &= 0 \end{aligned}$$

즉

$$m_A g(2.5\,\text{m}) - m_B g x = 0$$

이고 여기서 두 항은 지레 팔 길이가 영이기 때문에 상쇄됐다.

5. **풀이.** x에 대해 돌림힘 방정식을 풀면

$$x = \frac{m_A}{m_B}(2.5\,\text{m}) = \frac{30\,\text{kg}}{25\,\text{kg}}(2.5\,\text{m}) = 3.0\,\text{m}$$

을 얻는다. 시소가 균형을 잡기 위해서, 아이 B는 CG가 중심점으로부터 3.0 m이 되도록 앉아야 한다. 이것은 의미가 있다. 아이 B가 더 가볍기 때문에, 동일한 크기의 돌림힘을 주기 위해서는 더 무거운 아이에 비해 중심점에서 더 멀리 앉아야 한다.

연습 B 원점을 중심점으로 택했으므로 예제 9.3을 풀기 위해 힘 방정식을 사용할 필요가 없었다. 힘 방정식을 사용해서 중심점에 의해 작용하는 힘을 구하라.

예제 9.4 보와 지지대에 작용하는 힘

길이가 20.0 m인 균일한 1500 kg의 보가 오른쪽 지지기둥으로부터 5.0 m 떨어진 15,000 kg의 인쇄기를 지탱한다(그림 9.7). 연직의 지지기둥 각각에 작용하는 힘을 계산하라.

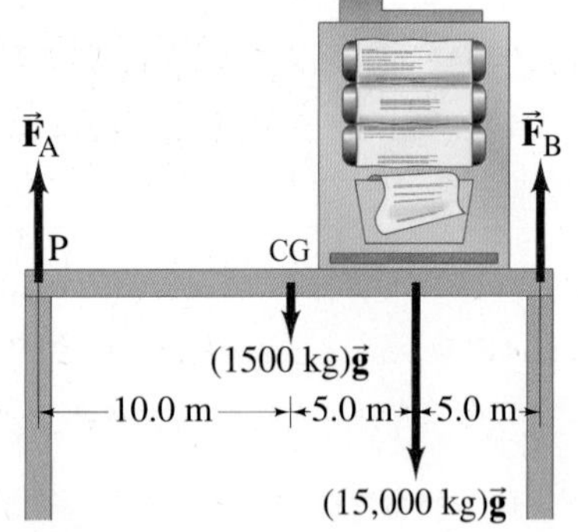

그림 9.7 1500 kg의 들보가 15,000 kg의 기계를 받치고 있다. 예제 9.4

접근 보에 작용하는 힘(보가 각 기둥에 가하는 힘은 기둥에 의해 보에 작용하는 힘과 크기는 같고 방향은 반대이다)을 분석한다. 그림 9.7과 같이 이 힘을 $\vec{\mathbf{F}}_A$와 $\vec{\mathbf{F}}_B$로 표기한다. 보 자체의 무게는 양 끝으로부터 10.0 m인 중력 중심에서 작용한다. 돌림힘 방정식을 적기 위해 편리한 축, $\vec{\mathbf{F}}_A$의 작용점(P로 표기함)을 선택한다. 그래서 $\vec{\mathbf{F}}_A$는 (그것의 지레 팔 길이가 영이 될 것이다) 방정식에 들어가지 않고 단지 한 개의 미지의 힘 $\vec{\mathbf{F}}_B$만이 방정식에 있을 것이다.

풀이 돌림힘 방정식 $\Sigma\tau = 0$은 시계 반대 방향을 양으로 하고

$$\Sigma\tau = -(10.0\,\text{m})(1500\,\text{kg})g - (15.0\,\text{m})(15{,}000\,\text{kg})g + (20.0\,\text{m})F_B = 0$$

이 된다. F_B에 대해 풀면, $F_B = (12{,}000\,\text{kg})g = 118{,}000\,\text{N}$이다. F_A를 구하기 위해, $+y$를 위쪽으로 하고 $F_y = 0$을 사용한다.

$$\Sigma F_y = F_A - (1500\,\text{kg})g - (15{,}000\,\text{kg})g + F_B = 0$$

$F_B = (12{,}000\ \text{kg})g$에 대입하면, $F_A = (4{,}500\ \text{kg})g = 44{,}100\ \text{N}$이 된다.

그림 9.8은 다이빙대와 같이 지지대를 넘어 뻗쳐 있는 균일한 보를 보여 주고 있다. 그런 보를 **캔틸레버**(cantilever)라 한다. 그림 9.8에서 보에 작용하는 힘은 지지대에 의한 힘 $\vec{\mathbf{F}}_A$와 $\vec{\mathbf{F}}_B$ 그리고 오른쪽 지지대로부터 오른쪽으로 5.0 m 떨어진 중력 중심에 작용하는 중력이 있다. 만약 예제 9.4와 같은 과정을 거쳐 그림 9.8과 같이 위쪽으로 향한다고 가정하는 F_A와 F_B를 계산하게 되면, F_A가 음의 값으로 나오는 것을 알게 될 것이다. 보의 질량이 1200 kg이고 무게가 $mg = 12{,}000$ N이라면, $F_B = 15{,}000$ N이고 $F_A = -3000$ N이 된다. 미지의 힘이 음의 값으로 나올 때는 언제나 그것은 단순히 힘의 방향이 예상한 것과 반대 방향이라는 것을 의미한다. 그래서 그림 9.8에서 $\vec{\mathbf{F}}_A$는 실제로 (볼트, 나사, 잠금장치 또는 접착제에 의해) 아래쪽으로 끌어당기는 힘이어야 한다. 왜 $\vec{\mathbf{F}}_A$가 아래쪽으로 작용해야만 하는지를 보기 위해서는, 그렇지 않으면 CG에 작용하는 널빤지의 무게가 지지대 B을 중심으로 널빤지를 시계 방향으로 회전시키려 할 것임에 주목하자.

물리학의 응용
캔틸레버

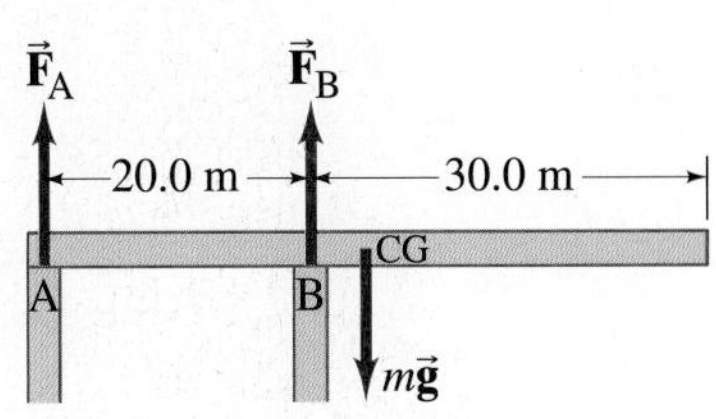

그림 9.8 캔틸레버

연습 C 223쪽 시작 질문으로 가서 다시 답을 해 보라. 처음과 답이 다르다면 그 이유를 설명해 보라.

다음 예제 9.5는 경첩으로 벽에 고정하고 선이나 끈을 통해 지탱하고 있는 보에 대한 것이다(그림 9.9). 유연한 선은 길이를 따라서만 작용하는 힘을 지탱할 수 있다는 것을 기억하는 것이 중요하다. (만약 선에 수직 힘의 성분이 존재한다면, 선은 유연하기 때문에 휠 것이다.) 그러나 그림 9.9에서 경첩과 같은 강체 소자에 대해 힘은 임의의 방향이 될 수 있고 방정식을 푼 후에야 힘의 방향을 알 수 있다. (경첩은 작고 매끄럽다고 가정해서 보에 내부의 돌림힘이 작용하지 않을 것이다.)

예제 9.5 경첩이 달린 보와 선

질량 $m = 25.0$ kg이고 길이가 2.20 m인 균일한 보가 그림 9.9와 같이 벽에 작은 경첩으로 설치되어 있다. 보는 각도 $\theta = 30°$를 이루는 줄에 의해 수평 상태를 유지하고 있다. 보는 끝에 매달린 질량 $M = 28.0$ kg의 명패를 지탱한다. (매끄러운) 경첩이 보에 가하는 힘 $\vec{\mathbf{F}}_H$의 성분과 그 지지 줄에 작용하는 장력 F_T를 결정하라.

접근 그림 9.9은 보에 대한 자유 물체 도형이고, 보에 작용하는 모든 힘을 보여 준다. 그것은 또한 $\vec{\mathbf{F}}_T$의 성분과 $\vec{\mathbf{F}}_H$의 방향에 대한 추측을 보여 준다. 미지수가 F_{Hx}, F_{Hy}, F_T 셋이므로 (θ는 주어짐), 모두 세 개의 방정식, $\Sigma F_x = 0$, $\Sigma F_y = 0$, $\Sigma\tau = 0$이 필요하다.

풀이 연직(y) 방향에서 힘의 합성은

$$\Sigma F_y = 0$$

$$F_{Hy} + F_{Ty} - mg - Mg = 0 \qquad \text{(i)}$$

이다. 수평(x) 방향에서 힘의 합성은

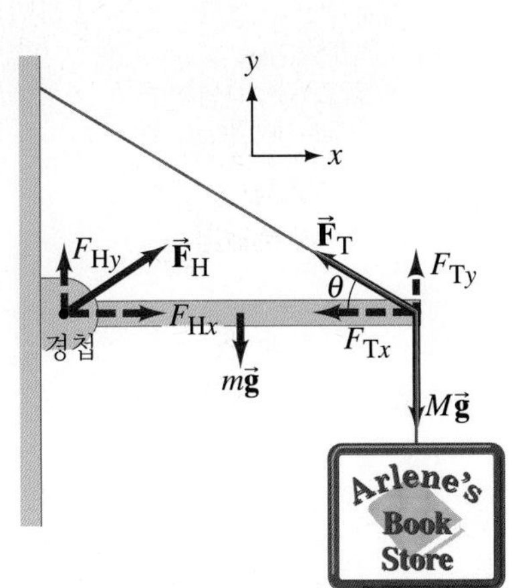

그림 9.9 예제 9.5

$$\Sigma F_x = 0$$
$$F_{Hx} - F_{Tx} = 0 \qquad \textbf{(ii)}$$

이다. 돌림힘 방정식을 위해, $\vec{\mathbf{F}}_T$와 $M\vec{\mathbf{g}}$가 작용하는 점을 축으로 선택한다. 그러면 돌림힘 방정식은 단지 한 개의 미지수 F_{Hy}만 포함할 것이고, 이는 $\vec{\mathbf{F}}_T$와 $M\vec{\mathbf{g}}$ 그리고 F_{Hx}에 대한 지레 팔 길이가 영이기 때문이다. 보를 시계 반대 방향으로 회전시키려는 돌림힘을 양으로 선택한다. (균일한) 보의 무게 mg는 보의 중심에서 작용하므로

$$\Sigma\tau = 0$$
$$-(F_{Hy})(2.20\,\text{m}) + mg(1.10\,\text{m}) = 0$$

이다. F_{Hy}에 대해 푼다.

$$F_{Hy} = \left(\frac{1.10\,\text{m}}{2.20\,\text{m}}\right)mg = (0.500)(25.0\,\text{kg})(9.80\,\text{m/s}^2) = 123\,\text{N} \qquad \textbf{(iii)}$$

다음으로 줄에 작용하는 장력 $\vec{\mathbf{F}}_T$는 줄($\theta = 30.0°$)을 따라 작용하기 때문에, 그림 9.9로부터 $\tan\theta = F_{Ty}/F_{Tx}$

$$F_{Ty} = F_{Tx}\tan\theta = F_{Tx}(\tan 30.0°) \qquad \textbf{(iv)}$$

이다. 위의 식 (i)로부터

$$F_{Ty} = (m + M)g - F_{Hy} = (53.0\,\text{kg})(9.80\,\text{m/s}^2) - 123\,\text{N} = 396\,\text{N}$$

을 얻는다. 식 (iv)와 (ii)로부터

$$F_{Tx} = F_{Ty}/\tan 30.0° = 396\,\text{N}/\tan 30.0° = 686\,\text{N}$$
$$F_{Hx} = F_{Tx} = 686\,\text{N}$$

을 얻는다. $\vec{\mathbf{F}}_H$의 성분은 $F_{Hy} = 123$ N, $F_{Hx} = 686$ N이다. 줄의 장력은 $F_T = \sqrt{F_{Tx}^2 + F_{Ty}^2} = \sqrt{(686\,\text{N})^2 + (396\,\text{N})^2} = 792\,\text{N}$[†]이다.

다른 풀이 돌림힘을 계산하는 데 있어 다른 축, 예를 들어 경첩을 관통하는 축을 선택하여 그 결과를 보자. 그러면 F_H에 대한 지레 팔 길이는 영이고 돌림힘 방정식($\Sigma\tau = 0$)은

$$-mg(1.10\,\text{m}) - Mg(2.20\,\text{m}) + F_{Ty}(2.20\,\text{m}) = 0$$

이 된다. 이것을 F_{Ty}에 대해 풀면

$$F_{Ty} = \frac{m}{2}g + Mg = (12.5\,\text{kg} + 28.0\,\text{kg})(9.80\,\text{m/s}^2) = 397\,\text{N}$$

을 얻는다. 유효 숫자의 정확도 내에서 동일한 결과를 얻는다.

유의 $\Sigma\tau = 0$에 대해 어떤 축을 선택하든 상관이 없다. 두 번째 축의 선택은 점검 차원에서 이해할 수 있다.

예제 9.6 사다리

길이 5.0 m인 사다리가 그림 9.10과 같이 시멘트 바닥으로부터 높이 4.0 m 지점에 기대어 있다. 사다리는 균일하고 질량 $m = 12.0$ kg이다. 벽은 마찰이 없지만 바닥은 그렇지 않다

[†] 우리의 계산은 반올림하여 유효 숫자를 세 개로 했다. 계산기에서 자릿수를 더 유지하면 $F_{Ty} = 396.5$ N, $F_{Tx} = 686.8$ N, $F_T = 793$ N을 얻게 된다. 이는 모두 예상되는 정밀도 범위 안에 들어온다(1.4절 참조).

고 가정하면서 바닥과 벽에 의해 사다리에 가해지는 힘을 결정하라.

접근 그림 9.10은 사다리에 작용하는 모든 힘을 보여 주는 자유 물체 도형이다. 벽은 마찰이 없기 때문에, 벽은 벽에 수직으로 작용하는 힘만을 가할 수 있고, 그 힘을 $\vec{\mathbf{F}}_W$로 표기한다. 시멘트 바닥은 힘 $\vec{\mathbf{F}}_C$를 가하는데, 그 힘은 수평 성분과 연직 성분 둘 다 갖는다. F_{Cx}는 마찰력이고 F_{Cy}는 수직 항력이다. 끝으로 사다리는 균일하기 때문에, 중력은 사다리에 힘 $mg = (12.0 \text{ kg})(9.8 \text{ m/s}^2) = 118$ N을 그것의 중심에 가한다.

풀이 다시 평형 조건 $\Sigma F_x = 0$, $\Sigma F_y = 0$, $\Sigma\tau = 0$을 사용한다. 세 개의 미지수 F_W, F_{Cx}, F_{Cy}가 있기 때문에 세 조건 모두 필요할 것이다. 힘의 방정식의 y 성분은

$$\Sigma F_y = F_{Cy} - mg = 0$$

이며 곧바로

$$F_{Cy} = mg = 118 \text{ N}$$

이다. 힘의 방정식의 x 성분은

$$\Sigma F_x = F_{Cx} - F_W = 0$$

이다. F_{Cx}와 F_W 둘 다 결정하기 위해서, 돌림힘 방정식이 필요하다. 사다리가 시멘트 바닥에 닿는 지점을 관통하는 축에 대한 돌림힘을 계산하면, 이 지점에서 작용하는 힘 $\vec{\mathbf{F}}_C$는 영의 지레 팔 길이를 갖게 되어 방정식에 들어가지 않을 것이다. 사다리는 벽(직각 삼각형 $c^2 = a^2 + b^2$)으로부터 거리 $x_0 = \sqrt{(5.0 \text{ m})^2 - (4.0 \text{ m})^2} = 3.0 \text{ m}$의 지점에서 바닥에 닿는다. mg에 대한 지레 팔 길이는 이것의 반, 즉 1.5 m이고, F_W에 대한 지레 팔 길이는 4.0 m이다(그림 9.10). 시멘트 위에서 사다리의 접촉점에 대한 돌림힘 방정식은

$$\Sigma\tau = (4.0 \text{ m})F_W - (1.5 \text{ m})mg = 0$$

$$F_W = \frac{(1.5 \text{ m})(12.0 \text{ kg})(9.8 \text{ m/s}^2)}{4.0 \text{ m}} = 44 \text{ N}$$

이다. 그래서 힘의 방정식의 x 성분으로부터

$$F_C = F_W = 44 \text{ N}$$

이다. $\vec{\mathbf{F}}_C$의 성분은 $F_{Cx} = 44$ N이고 $F_{Cy} = 118$ N이기 때문에, 힘은

$$F_C = \sqrt{(44 \text{ N})^2 + (118 \text{ N})^2} = 126 \text{ N} \approx 130 \text{ N}$$

(유효 숫자가 두 개가 되도록 반올림)이고, 바닥과

$$\theta = \tan^{-1}(118 \text{ N}/44 \text{ N}) = 70°$$

의 각도로 작용한다.

유의 힘 $\vec{\mathbf{F}}_C$는 사다리가 선이나 줄과 달리 강체이고 유연하지 않기 때문에, 사다리를 따라 작용할 필요가 없다.

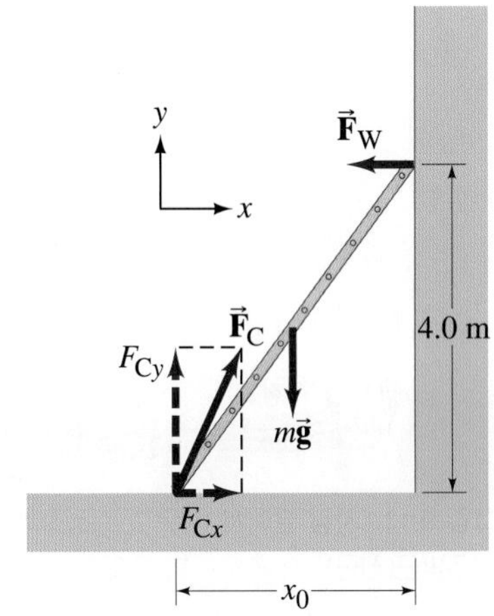

그림 9.10 벽에 기댄 사다리. 예제 9.6. 시멘트 바닥이 사다리에 가하는 힘 $\vec{\mathbf{F}}_C$는 (줄과는 다르게) 단단한 사다리를 따를 필요가 없다.

9.3 근육과 관절에의 적용

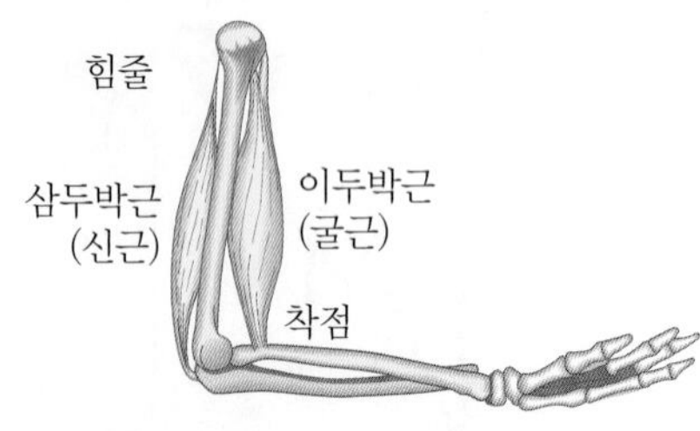

그림 9.11 사람 팔에서 이두박근(굴근)과 삼두박근(신근)

물리학의 응용

근육과 관절 내의 힘

평형 상태에 있는 물체들에 작용하는 힘을 계산하기 위해 논의했던 기법들은 인체(또는 동물)에 적용할 수 있고, 움직이거나 정지한 유기체의 근육, 뼈, 관절에 작용하는 힘을 연구하는 데 유용하다. 일반적으로 근육은 그림 9.11과 같이 힘줄에 의해 두 개의 다른 뼈에 붙어 있다. 이렇게 붙어 있는 점을 **착점**(insertion)이라 한다. 두 뼈는 팔꿈치나 무릎, 엉덩이와 같은 관절에 유연하게 연결되어 있다. 근육은 신경에 의한 자극을 받은 섬유 조직이 수축할 때 끌어당기는 힘을 작용할 수 있지만 근육은 미는 힘을 작용할 수는 없다. 두 팔이나 다리를 서로 끌어당기게 하는 근육, 예를 들어 그림 9.11에서 팔뚝에서의 이두박근은 **굴근**(flexor)이라 하며 팔이나 다리를 밖으로 뻗게 작용하는 근육, 예를 들어 그림 9.11에서 삼두박근은 **신근**(extensor)이라 한다. 손으로 물건을 들어올릴 때는 팔죽지에서 굴근을 사용하며 공을 던질 때는 신근을 사용한다.

예제 9.7 이두박근에 의한 힘

(a) 그림 9.12a와 같이 질량이 5.0 kg인 공을 손으로 들고 있다. 팔을 수평으로 한 상태와 (b) 그림 9.12b와 같이 팔이 수평과 45°를 이루는 경우 이두박근이 작용하는 힘은 얼마인가? 이두박근은 팔꿈치 관절로부터 5 cm의 위치에 붙은 심줄에 의해 팔뚝에 연결되어 있다. 팔뚝과 손의 질량은 2.0 kg이고 그들의 CG는 보여 주는 바와 같다고 가정한다.

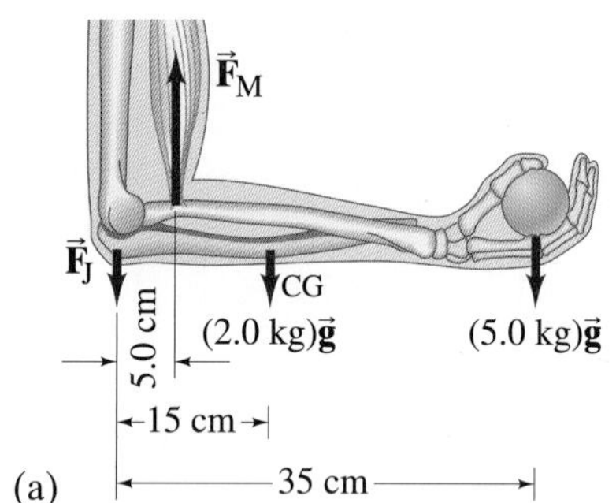

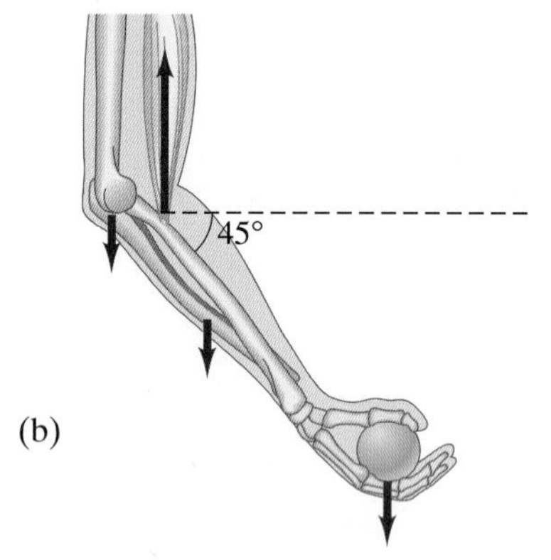

그림 9.12 예제 9.7. 팔뚝에 작용하는 힘

접근 팔뚝에 대한 자유 물체 도형은 그림 9.12와 같다. 여기 힘에는 팔과 공의 무게, 근육이 작용하는 위 방향의 힘 $\vec{\mathbf{F}}_M$, 팔죽지에서 뼈가 관절에 작용하는 힘 $\vec{\mathbf{F}}_J$(모두 연직 방향으로 작용한다고 가정)가 있다. $\vec{\mathbf{F}}_M$의 크기를 구하고자 하는데, 이것은 돌림힘 방정식을 사용하고 $\vec{\mathbf{F}}_J$가 영인 돌림힘이 되도록 축을 선택함으로써 가능하다.

풀이 (a) $\vec{\mathbf{F}}_J$가 그림 9.12a에서 작용하는 점에 대한 돌림힘을 계산한다. 방정식 $\Sigma\tau = 0$으로부터

$$(0.050\text{ m})F_M - (0.15\text{ m})(2.0\text{ kg})g - (0.35\text{ m})(5.0\text{ kg})g = 0$$

이다. F_M에 대해 풀면

$$F_M = \frac{(0.15\text{ m})(2.0\text{ kg})g + (0.35\text{ m})(5.0\text{ kg})g}{0.050\text{ m}} = (41\text{ kg})g = 400\text{ N}$$

이다.

(b) 관절에 대해서 계산한 지레 팔 길이는 세 힘 모두에 대해 cos 45°만큼 줄어든다. 지금의 돌림힘 방정식은 각 항이 상쇄될 동일한 인자만큼 지레 팔 길이가 줄어든 것만 제외하면, 위의 경우와 같아 보일 것이다. 동일한 결과 $F_M = 400$ N을 얻는다.

유의 근육이 필요한 힘(400 N)은 들어 올린 물체의 무게($= mg = 49$ N)에 비해 꽤 크다. 실제로 신체의 근육과 관절은 대개 꽤 큰 힘에 시달린다.

유의 근육에 작용하는 힘은 크고 고통스럽기도 하고 또는 손상을 줄 수도 있다. $\Sigma F_y = 0$을 사용해서, 이 경우에 대해 $F_J = F_M - (2.0\text{ kg})g - (5.0\text{ kg})g = 330$ N으로 계산한다.

근육의 착점은 사람마다 다르다. 관절로부터 이두박근의 착점까지의 거리가 5.0 ~ 5.5 cm로 약간 증가하더라도 들어 올리고 던지는 데 있어서 상당한 이득이 될 수 있다. 정상급 운동선수는 보통 사람들보다 근육의 착점이 관절로부터 더 먼 곳에 있음을 흔히 볼 수 있는데 이는 한 근육에 적용되면 보통 다른 모든 근육에도 적용된다.

물리학의 응용

근육 착점과 지레 팔 길이

인체 내에 작용하는 큰 힘의 또 다른 예로서 사람이 앞으로 구부리고 있을 때 몸통을 지탱하는 데 사용하는 근육을 들 수 있다(그림 9.13a). 척추에서 가장 낮은 등뼈(다섯 번째 요추)는 이 구부리는 자세에 있어 받침점으로 작용한다. 몸통을 지탱하는 등에 있는 '척추 세움근'은 척추의 축에 대해 약 12°의 유효 각도에서 작용한다. 몸통이 수평과 30°의 각도를 이루고 있다고 가정해 보자. 그림 9.13b는 상체에 작용하는 힘을 나타내는 단순화한 모식도이다. 등 근육에 의해 가해지는 힘이 $\vec{\mathbf{F}}_{\mathrm{M}}$, 가장 아래쪽 등뼈에서 척추의 맨 아래 부분에 작용하는 힘이 $\vec{\mathbf{F}}_{\mathrm{V}}$이다. $\vec{\mathbf{w}}_{\mathrm{H}}$, $\vec{\mathbf{w}}_{\mathrm{A}}$, $\vec{\mathbf{w}}_{\mathrm{T}}$는 머리, 자유롭게 매달린 팔, 몸통의 무게를 나타낸다. 보여준 값들은 근사한 것이다. 모든 거리(cm 단위)는 키가 180 cm인 사람을 기준으로 하지만 근사적으로 사람에 대해 1 : 2 : 3의 동일한 비율로 적용되므로, 다음 예제의 결과는 사람의 키와는 무관하다.

물리학의 응용

척추에 작용하는 힘과 요통

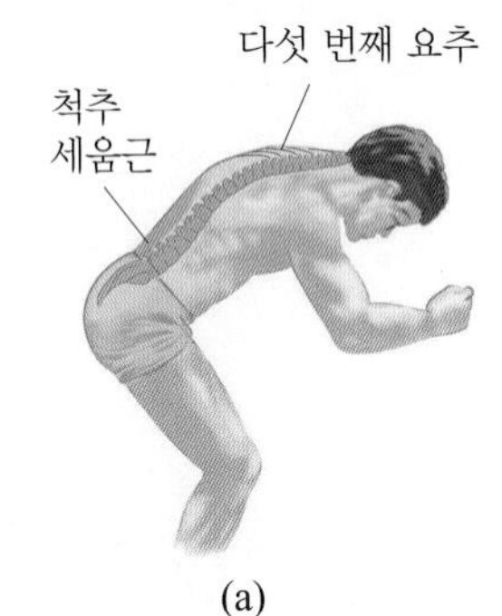

(a)

예제 9.8 등에 작용하는 힘

그림 9.13b에 나타낸 것처럼 다섯 번째 요추에 작용하는 힘 $\vec{\mathbf{F}}_{\mathrm{V}}$의 크기와 방향을 계산하라.

접근 위에서 기술하고 그림 9.13b에서 보인 상체의 모형을 사용한다. 척추의 맨 아래 부분(점 S)에 축을 선택하면 돌림힘의 방정식을 사용해서 F_{M}을 계산할 수 있다. 이런 선택으로 다른 미지수 F_{V}는 그것의 지레 팔 길이가 영이기 때문에 방정식에 나타나지 않는다. 지레 팔 길이를 계산하기 위해서는 삼각 함수를 이용해야 한다.

풀이 $\vec{\mathbf{F}}_{\mathrm{M}}$에 대해 지레 팔 길이(축으로부터 힘의 작용선까지의 수직 거리)는 그림 9.13c와 같이 힘이 작용하는 실제 거리(48 cm)에 sin 12°를 곱하는 것이다. $\vec{\mathbf{w}}_{\mathrm{H}}$, $\vec{\mathbf{w}}_{\mathrm{A}}$, $\vec{\mathbf{w}}_{\mathrm{T}}$에 대한 지레 팔 길이는 그림 9.13b에 보인 바와 같이 S로부터 각각의 거리에 sin 60°를 곱한 것임을 알 수 있다. F_{M}은 몸통을 시계 반대 방향으로 회전시키려고 하고, 이것은 양으로 택한다. 그러면 $\vec{\mathbf{w}}_{\mathrm{H}}$, $\vec{\mathbf{w}}_{\mathrm{A}}$, $\vec{\mathbf{w}}_{\mathrm{T}}$는 음의 돌림힘으로 일조할 것이다. 그래서 $\Sigma\tau = 0$은

$$\begin{aligned}(0.48\,\mathrm{m})(\sin 12°)(F_{\mathrm{M}}) - (0.72\,\mathrm{m})(\sin 60°)(w_{\mathrm{H}})&\\ - (0.48\,\mathrm{m})(\sin 60°)(w_{\mathrm{A}}) - (0.36\,\mathrm{m})(\sin 60°)(w_{\mathrm{T}}) &= 0\end{aligned}$$

이 된다. F_{M}에 대해 풀고 그림 9.13b에서 주어진 $\vec{\mathbf{w}}_{\mathrm{H}}$, $\vec{\mathbf{w}}_{\mathrm{A}}$, $\vec{\mathbf{w}}_{\mathrm{T}}$에 대한 값들을 대입하면

$$\begin{aligned}F_{\mathrm{M}} &= \frac{(0.72\,\mathrm{m})(0.07w) + (0.48\,\mathrm{m})(0.12w) + (0.36\,\mathrm{m})(0.46w)}{(0.48\,\mathrm{m})(\sin 12°)}(\sin 60°)\\ &= 2.37w \approx 2.4w\end{aligned}$$

을 얻는다. w는 신체의 전체 무게이다. $\vec{\mathbf{F}}_{\mathrm{V}}$의 성분을 얻기 위해, 힘의 방정식의 x 성분과 y 성분을 사용한다(30° − 12° = 18° 참고).

$$\Sigma F_y = F_{\mathrm{V}y} - F_{\mathrm{M}}\sin 18° - w_{\mathrm{H}} - w_{\mathrm{A}} - w_{\mathrm{T}} = 0$$

그래서

$$F_{\mathrm{V}y} = 1.38w \approx 1.4w$$

이고

$$\Sigma F_x = F_{\mathrm{V}x} - F_{\mathrm{M}}\cos 18° = 0$$

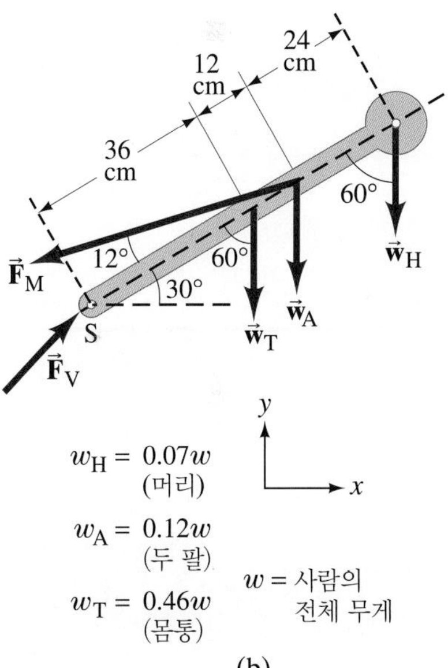

(b)

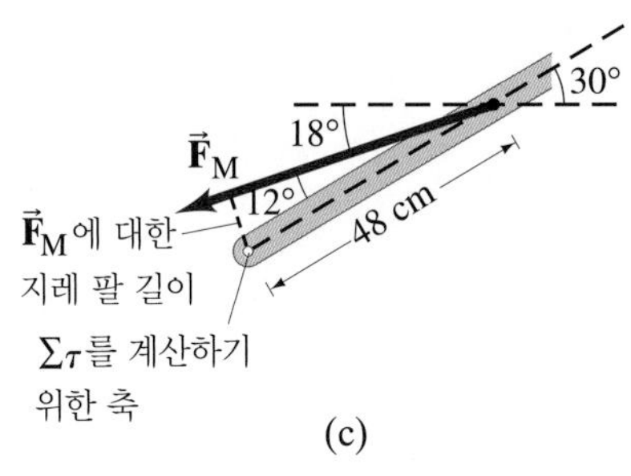

(c)

그림 9.13 (a) 허리를 구부리는 사람 (b) 사람이 등을 구부릴 때 등근육에 작용하는 힘($\vec{\mathbf{F}}_{\mathrm{M}}$)과 척추에 의해 등에 작용하는 힘($\vec{\mathbf{F}}_{\mathrm{V}}$) (c) $\vec{\mathbf{F}}_{\mathrm{M}}$에 대한 지레 팔 길이 구하기

이므로

$$F_{Vx} = 2.25w \approx 2.3w$$

여기서 계산 과정에서 유효 숫자를 세 개로 유지했지만, 답을 낼 때는 반올림하여 두 개로 만든다. 그러면

$$F_V = \sqrt{F_{Vx}^2 + F_{Vy}^2} = 2.6w$$

이다. F_V가 수평과 이루는 각도 θ는 $\tan\theta = F_{Vy}/F_{Vx} = 0.61$로부터 얻는다. 따라서 $\theta = 32°$이다.

유의 가장 아래 부분의 등뼈에 작용하는 힘은 전체 몸무게의 $2\frac{1}{2}$배를 넘는다! 이 힘은 척추의 맨 아래 부분에 있는 '천골'에 의해 약간 유연한 추간판을 통해 가해진다. 척추의 맨 아래 부분에 있는 디스크는 매우 큰 힘을 받아 명확히 눌린다. [만약 신체를 덜 구부려 그림 9.13b에서 30°의 각도가 40° 또는 50°라면), 더 아래쪽 등에 작용하는 압박은 덜 할 것이다(주관식 26 참조).]

만약 그림 9.13에서 질량이 90 kg인 사람이 손에 20 kg을 들고 있다면 (이것은 w_A를 $0.34w$로 증가시킨다), F_V는 그 사람의 무게의 거의 네 배($3.7w$)로 늘어난다. 200파운드인 사람의 경우, 추간판에 작용하는 힘은 700파운드 이상 될는지 모른다! 그러한 강한 힘이 작용하면 많은 사람들이 한때 또는 종종 요통으로 고생하는 것이 전혀 이상하지 않다.

9.4 안정성과 균형

정적 평형 상태, 즉 어떤 방해도 받지 않는 상태로 남아 있다면, 물체는 그것에 작용하는 모든 힘의 합과 모든 돌림힘의 합이 영이기 때문에 병진이나 회전 가속도를 느끼지 않을 것이다. 그러나 물체가 약간만 이동해도 세 가지 결과가 나타날 가능성이 있다. (1) 물체가 원래의 위치로 돌아오면, 이 경우를 **안정 평형**(stable equilibrium)이라고 한다. (2) 물체가 원래 위치로부터 더 멀리 움직이면, 이것을 **불안정 평형**(unstable equilibrium)이라고 한다. (3) 물체가 새로운 위치에 머물게 되는 경우, 이것을 **중립 평형**(neutral equilibrium)이라고 한다.

다음 예를 고려하자. 끈에 자유롭게 매달린 공을 한쪽으로 이동시키면 그것에 작용하는 알짜힘과 알짜 돌림힘에 의해 원래 위치(그림 9.14a)로 돌아오기 때문에 안

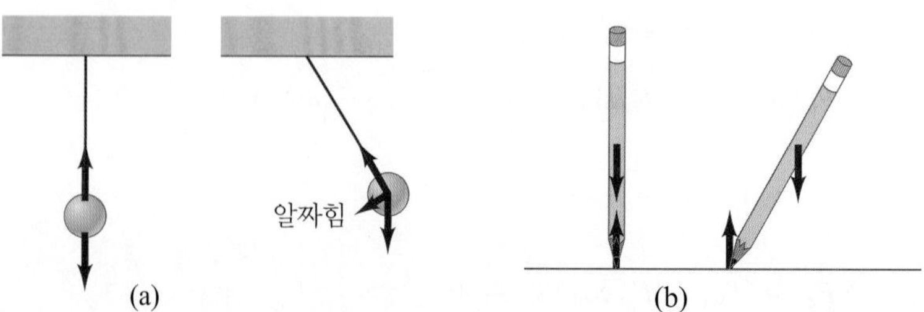

그림 9.14 (a) 안정 평형과 (b) 불안정 평형

정 평형 상태에 있다. 한편 끝으로 세워져 있는 연필은 불안정 평형 상태에 있다. 연필의 중력이 연필 끝을 직접 지난다면(그림 9.14b), 그것에 작용하는 알짜힘과 알짜 돌림힘은 영이 될 것이다. 그러나 보인 바와 같이 약간 이동시키면 즉 약간의 진동이나 아주 작은 공기 흐름에 의해서 그것에 돌림힘이 발생하여 이 돌림힘이 연필에 계속 작용하여 원래 움직이던 방향으로 쓰러지게 만든다. 끝으로, 중립 평형 상태에 있는 물체의 예는 책상 윗면에 정지해 있는 구의 경우이다. 만약 구를 한쪽으로 약간 움직인다하더라도 새로운 위치에서 평행 상태가 될 것이며, 알짜 돌림힘은 구에 작용하지 않는다.

대부분의 상황에서, 예를 들어 구조물을 설계하거나 신체를 사용해 일을 하는 경우에 안정 평형 상태, 즉 종종 말하는 것처럼 **균형**을 유지하는 것에 관심이 있다. 일반적으로 중력 중심(CG)이 지지점보다 아래에 있는 물체, 예를 들어 실에 매달린 공은 안정적 평형 상태에 있을 것이다. 만약 CG가 지지 면보다 위에 있다면 더욱 복잡한 상황이 된다. 세워 놓은 냉장고(그림 9.15a)를 고려하자. 만약 이것을 살짝 기울이면 그림 9.15b에서 보여 주는 바와 같이 돌림힘으로 인해 원래의 위치로 돌아갈 것이다. 그러나 그것을 너무 많이 기울이면(그림 9.15c), 넘어질 것이다. CG가 중심점의 한쪽에서 다른 쪽으로 옮겨갈 때 임계점에 도달한다. CG가 한쪽에 있을 때, 돌림힘은 원래의 지지 면으로 되돌아간다(그림 9.15b). 물체를 더 기울이면 CG는 중심점을 지나게 되어 돌림힘으로 인해 물체가 넘어진다(그림 9.15c). 일반적으로 **CG로부터 아래 방향으로 투사된 연직선이 지지 면 안에 있으면 중력중심이 지지 면보다 위에 있는 물체는 안정될 것이다.** 이것은 물체에 작용하는 위 방향의 (중력과 균형이 잡히는) 수직 항력이 접촉 영역 내에서만 작용할 수 있기 때문이고, 만약 중력이 이 영역을 벗어나 작용하면 알짜 돌림힘이 작용해 물체를 넘어뜨릴 것이다.

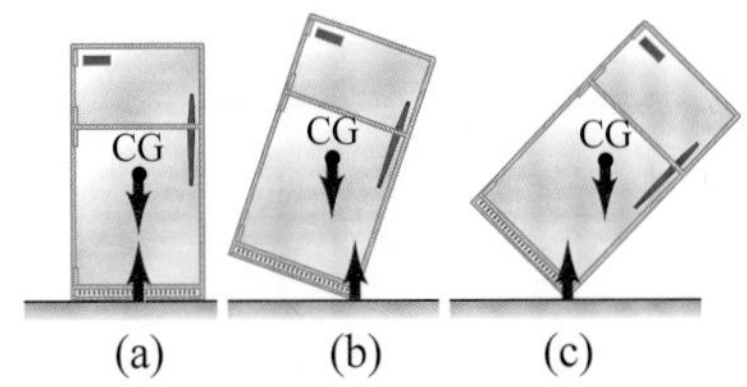

그림 9.15 평평한 바닥에 놓인 냉장고의 평형

안정성은 상대적일 수 있다. 가장 넓은 면으로 눕혀 있는 벽돌은 모로 세운 벽돌보다 더 안정되는데, 이것은 그것을 넘어뜨리는 데 더 많은 노력이 필요하기 때문이다. 극단적으로 그림 9.14b의 경우, 받침 면이 사실상 한 점이므로 매우 작은 교란으로도 연필은 넘어질 것이다. 일반적으로 받침 면이 더 크고 CG가 더 낮을수록 물체는 더 안정적이다.

그림 9.16 사람은 짐을 나를 때 안정성을 얻기 위해 자세를 취한다.

이런 의미에서, 사람은 네발 달린 포유동물, 즉 네발 때문에 더 큰 지지 면을 갖고 또한 대부분 더 낮은 중력 중심을 갖는 동물보다 덜 안정적이다. 걷거나 다른 움직임을 행할 때 사람은 비록 정상적인 성인은 무의식중에 계속해서 CG가 발 위에 오도록 몸을 움직인다. 허리를 구부리는 단순한 움직임조차도 엉덩이를 뒤로 빼서 CG가 발 위에 있도록 하며 이런 자세는 무의식중에 취한다. 이것을 보이기 위해 뒤꿈치와 등을 벽에 붙인 채로 발가락을 잡으려고 시도해 보라. 넘어지지 않고는 그렇게 할 수 없을 것이다. 무거운 짐을 나르는 사람은 전체 질량의 CG가 발 위에 오도록(그림 9.16), 자동적으로 자세를 취한다.

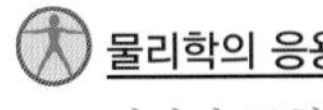
물리학의 응용

사람과 균형

9.5 탄성; 변형력과 변형

이 장의 전반부에서 평형 상태에 있는 물체에 작용하는 여러 힘을 계산하는 방법을 배웠다. 이 절에서는 이런 힘의 결과에 대해 배울 것이다. 물체는 가해진 힘의 작용에 의해 모양을 바꾼다. 만약 힘이 충분히 크다면 물체는 깨지거나, **균열**이 생길 것이다. 이는 9.6절에서 다룬다.

탄성과 훅 법칙

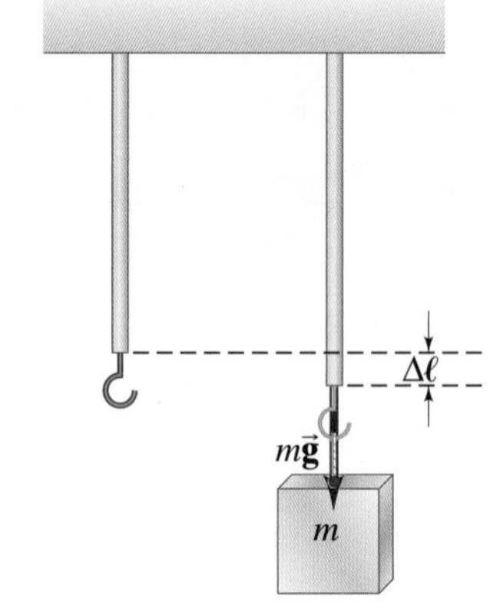

그림 9.17 훅 법칙: $\Delta\ell \propto$ 가한 힘

그림 9.17에서처럼 연직으로 매달린 금속 막대와 같은 물체에 힘이 가해지면 물체의 길이가 변한다. 늘어난 길이 $\Delta\ell$이 물체의 길이에 비해 작다면 $\Delta\ell$은 물체에 가해지는 힘에 비례한다는 것을 실험적으로 알 수 있다. 이런 비례 법칙은 식으로 표현할 수 있다.

$$F = k\,\Delta\ell \tag{9.3}$$

여기서 F는 물체를 끌어당기는 힘이고, $\Delta\ell$은 길이의 변화이고, k는 비례 상수이다. 식 9.3은 때때로 처음으로 언급한 훅[Robert Hooke(1635~1703)]을 기려서 **훅 법칙**(Hooke's law)[†]이라고 하는데, 이것은 철부터 뼈에 이르기까지 거의 모든 고체 물질에 대해서도 성립하는 것으로 알려져 있다. 그러나 어떤 한 점에 이를 때까지만 유효하다. 왜냐하면 힘이 너무 커지면 물체는 지나치게 늘어나 결국 부서진다.

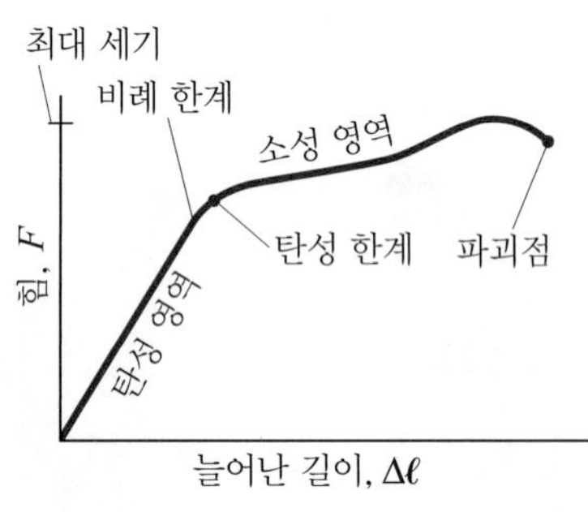

그림 9.18 장력을 받는 전형적인 금속에 대해 가한 힘 대 늘어난 길이

그림 9.18은 늘어난 길이 대 가한 힘의 전형적인 그래프를 보여 준다. **비례 한계**(proportional limit)라고·하는 한 점까지 식 9.3은 많은 보통의 물질에 대해 좋은 근사식이며, 그 그래프는 직선이 된다. 이 점을 넘어서면 그래프는 직선에서 벗어나 F와 $\Delta\ell$ 사이에는 더 이상 단순한 관계식이 존재하지 않는다. 그럼에도 불구하고, 곡선을 따라서 먼 쪽의 **탄성 한계**(elastic limit)라는 점까지는 가한 힘을 제거한다면 물체는 원래의 길이로 돌아올 것이다. 원점으로부터 탄성 한계까지의 영역을 **탄성 영역**(elastic region)이라 한다. 만약 물체가 탄성 한계를 넘어 늘어나면 **소성 영역**(plastic region)에 들어가게 된다. 여기서는 외력을 제거해도 원래의 길이로 돌아가지 않고 영구히 변형된 상태(예를 들어 구부러진 종이 클립)로 남아 있다. 최대 늘어난 길이는 **파괴점**(breaking point)에 도달한다. 파괴되는 것 없이 가할 수 있는 최대 힘을 물질의 **극한 강도**(ultimate strength)(실제로는 단위 넓이당 힘인데 9.6절에서 다룬다)라 한다.

영 율

그림 9.17에서 보인 막대와 같이 물체가 늘어난 길이는 그것에 가해진 힘뿐만 아니라 물체의 재료와 크기에 따라서도 달라진다. 즉 식 9.3에서 상수 k는 이런 인자의 함수로 쓸 수 있다.

[†] 이 관계식에 사용된 '법칙'이라는 용어는 역사적이긴 하지만, 오늘날에는 적절하지 않다. 무엇보다도 이는 단지 근사적이고, 둘째는 이는 제한된 현상만을 의미한다. 오늘날 대부분의 물리학자들은 뉴턴 운동 법칙이나 에너지 보존 법칙과 같이 더 심오하고 포괄적인 관계식에 '법칙'이라는 용어를 사용한다.

표 9.1 탄성률

물질	영 율 E (N/m²)	층밀림 탄성률 G (N/m²)	부피 탄성률 B (N/m²)
고체			
철, 주물	100×10^9	40×10^9	90×10^9
강철	200×10^9	80×10^9	140×10^9
황동	100×10^9	35×10^9	80×10^9
알루미늄	70×10^9	25×10^9	70×10^9
콘크리트	20×10^9		
벽돌	14×10^9		
대리석	50×10^9		70×10^9
화강암	45×10^9		45×10^9
나무(소나무) (나뭇결에 나란)	10×10^9		
(나뭇결에 수직)	1×10^9		
나일론	$\approx 3 \times 10^9$		
뼈(팔 다리)	15×10^9	80×10^9	
액체			
물			2.0×10^9
에틸알코올			1.0×10^9
수은			2.5×10^9
기체†			
공기, H_2, He, CO_2			1.01×10^5

† 정상 대기압에서; 측정 중 온도 변화 없음.

동일한 물질로 만들었지만 길이와 단면적이 다른 막대를 비교하면 동일하게 가한 힘에 대해 늘어난 양(전체 길이에 비해 작다고 다시 가정하면)은 원래의 길이에 비례하고 단면적에 반비례한다. 즉 물체가 더 길수록 주어진 힘에 대해 더 많이 늘어나고 물체가 굵을수록 덜 늘어난다. 이런 발견은 식 9.3과 조합하여

$$\Delta\ell = \frac{1}{E}\frac{F}{A}\ell_0 \tag{9.4}$$

을 얻는다. 여기서 ℓ_0은 물체의 원래 길이이고, A는 단면적, $\Delta\ell$는 가한 힘 F로 인해 변한 길이이다. E는 **탄성률**(elastic modulus) 또는 **영 율**(Young's modulus)로 알려진 비례 상수†이며, 그 값은 물질에만 관계된다. 다양한 물질에 대한 영 율의 값이 표 9.1에 있다(표에서 층밀림 탄성률과 부피 탄성률은 이 절의 후반부에서 다룬다). E는 물질만의 특성이고 물체의 크기나 모양에는 무관하기 때문에, 식 9.4는 식 9.3보다 실제적인 계산에서 훨씬 더 유용하다.

예제 9.9 피아노 줄의 장력

1.60 m 길이의 강철 피아노 줄의 지름이 0.20 cm이다. 만약 줄이 팽팽한 상태에서 0.25 cm로 늘어났다면 줄의 장력은 얼마나 커지는가?

†E가 분모에 있다는 사실은 단지 관례에 따른 것이며, 그러므로 $1/E$는 실제의 비례 상수이다. 식 9.4를 변형시켜 식 9.5를 얻으면, E는 분자에 있음을 알 수 있다.

접근 훅 법칙이 성립한다고 가정하고, 표 9.1에서 강철에 대한 E를 찾아 식 9.4의 형태를 사용한다.

풀이 식 9.4에서 F에 대해 풀면 줄의 넓이는 $A = \pi r^2 = (3.14)(0.0010\text{ m})^2 = 3.14 \times 10^{-6}\text{ m}^2$이다. 그러면

$$\begin{aligned} F &= E\frac{\Delta \ell}{\ell_0}A \\ &= (2.0 \times 10^{11}\text{ N/m}^2)\left(\frac{0.0025\text{ m}}{1.60\text{ m}}\right)(3.14 \times 10^{-6}\text{ m}^2) \\ &= 980\text{ N} \end{aligned}$$

이다.

유의 피아노 줄의 장력을 모두 크게 하려면 강한 프레임으로 단단히 지탱해야 한다.

연습 D 길이가 같고 동일한 장력을 받는 두 개의 강철 줄이 있다. 그러나 줄 A는 줄 B의 지름의 두 배이다. 다음 중 옳은 것은? (a) 줄 B는 줄 A보다 두 배 늘어난다. (b) 줄 B는 줄 A보다 네 배 늘어난다. (c) 줄 A는 줄 B보다 두 배 늘어난다. (d) 두 줄은 똑같이 늘어난다.

변형력과 변형

식 9.4로부터 물체의 길이 변화는 물체의 길이 ℓ_0과 물체에 가한 단위 넓이당 힘 F/A의 곱에 정비례한다. 단위 넓이당 힘을 **변형력**(stress)으로 정의하는 것이 일반적인 관행이다.

$$\text{변형력} = \frac{\text{힘}}{\text{넓이}} = \frac{F}{A}$$

SI 단위로는 N/m^2이다. 또한 **변형**(strain)은 원래 길이 대 길이의 변화량의 비로 정의한다.

$$\text{변형} = \frac{\text{길이의 변화량}}{\text{원래 길이}} = \frac{\Delta \ell}{\ell_0}$$

이고 단위는 없다. 변형은 그래서 물체의 길이의 분수 변화량이고, 물체가 얼마나 변형됐는지 알아보는 척도이다. 변형력은 외부 요인에 의해 물질에 작용하는 반면, 변형은 변형력에 대한 물질의 반응이다. 식 9.4는

$$\frac{F}{A} = E\frac{\Delta \ell}{\ell_0} \tag{9.5}$$

즉

$$E = \frac{F/A}{\Delta \ell/\ell_0} = \frac{\text{변형력}}{\text{변형}}$$

로 쓸 수 있다. 그래서 변형은 변형력과 그림 9.18의 선형(탄성) 영역에서 정비례한다.

장력, 압축력, 그리고 층밀림 변형력

그림 9.19a의 막대는 **장력** 또는 **인장 변형력**(tensile stress)을 받고 있다고 말한다. 아

래쪽 끝에 막대를 끌어 내리는 힘이 있을 뿐만 아니라, 막대가 평형 상태에 있기 때문에 맨 위쪽 지지대는 위쪽 끝(그림 9.19a)에서 막대에 동일한† 위 방향의 힘을 가하고 있다. 사실 인장 변형력은 재료 전체에 걸쳐 존재한다. 예를 들어 그림 9.19b에 보인 바와 같이 매달린 막대의 아래쪽 절반을 고려해 보자. 이 아래쪽 절반은 평형 상태에 있어, 아래쪽 끝에 작용하는 아래 방향의 힘과 균형을 맞추기 위해 위 방향으로 작용하는 힘이 있어야만 한다. 무엇이 이런 위 방향의 힘을 가하는가? 그것은 막대의 위쪽 부분임에 틀림없다. 그래서 한 물체에 작용하는 외력은 내력, 즉 재료 자체 내부에 변형력을 유발한다.

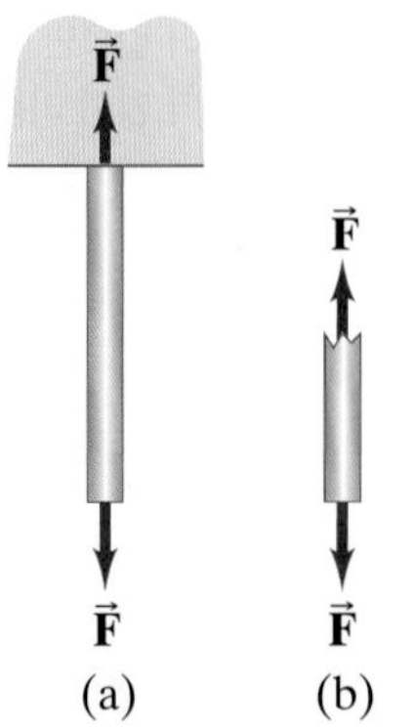

그림 9.19 물질 내부에 변형력이 존재한다.

인장 변형력에 의한 변형은 재료가 받을 수 있는 변형력의 한 형태일 뿐이다. 일반적으로 두 가지 다른 형태의 변형력, 압축 변형력과 층밀림 변형력이 있다. **압축 변형력**(compressive stress)은 인장 변형력과 정확히 반대이다. 늘어나는 대신 재료는 압축된다. 힘은 물체에 안쪽으로 작용한다. 그리스 신전(그림 9.20)의 기둥의 예처럼 무게를 지탱하는 기둥은 압축 변형력을 받는다. 식 9.4와 9.5는 압축과 인장에 대해 똑같이 잘 적용되고 탄성률 E에 대한 값도 보통 동일하다.

그림 9.20 2500년 전에 세워진 시실리 섬 아그리젠토에 있는 그리스 신전으로 기둥–보 구조를 보여 준다. 기둥들은 압축 변형력을 받고 있다.

그림 9.21에 세 번째 형태인 층밀림 변형력뿐만 아니라 인장 및 압축 변형력을 비교해 놓았다. **층밀림 변형력**(shear stress)을 받는 물체는 반대면을 가로질러 작용하는 크기는 같고 방향이 반대인 힘을 갖는다. 간단한 예로는 책상 위에 책이나 벽돌을 올려놓고 윗면에 나란하게 힘을 작용하는 경우를 들 수 있다. 책상은 아랫면을 따라 크기는 같고 방향이 반대인 힘을 가한다. 물체의 크기는 크게 변하지 않을지라도, 물체의 모양은 변한다(그림 9.21c). 식 9.4와 유사한 식을 적용하여 층밀림 변형력을 계산할 수 있다.

$$\Delta\ell = \frac{1}{G}\frac{F}{A}\ell_0 \qquad (9.6)$$

그러나 $\Delta\ell$, ℓ_0, A는 그림 9.21c에서와 같이 재해석해야만 한다. A는 가해진 힘에 나란한 면(인장과 압축과는 달리 수직이 아닌)의 넓이이고, $\Delta\ell$은 ℓ_0과 **수직**이라는 것

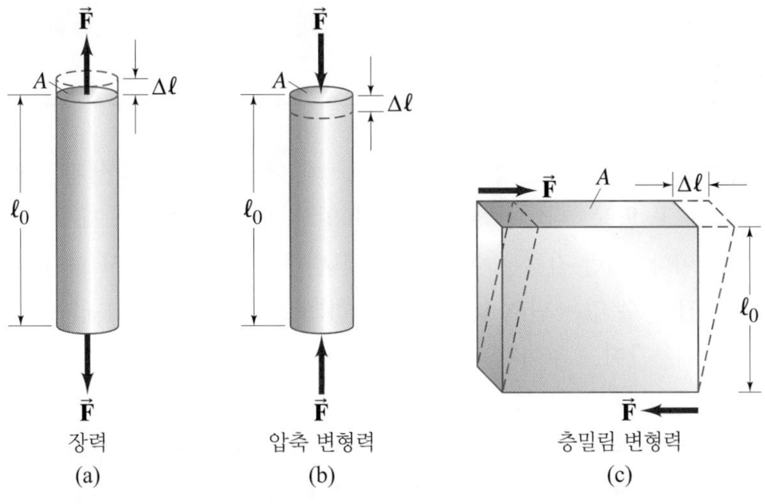

그림 9.21 견고한 물체에 대한 변형력의 세 가지 형태

† 또는 막대의 무게가 F에 비해 무시할 수 없다면 더 큰 힘

(a)

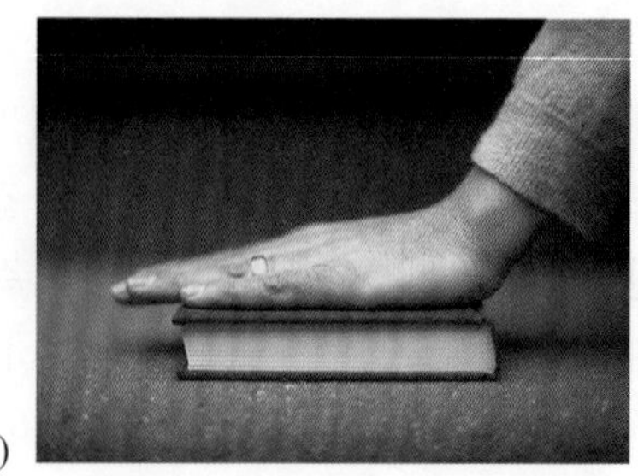
(b)

그림 9.22 층밀림 힘이 같으면 두꺼운 책(a)이 얇은 책(b)보다 더 많이 이동한다.

이다. 비례 상수 G는 **층밀림 탄성률**(shear moulus)라 하고 일반적으로 영 율 E의 값의 1/2~1/3이다(표 9.1 참조). 그림 9.22는 $\Delta\ell \propto \ell_0$인 이유를 제시한다. 동일한 층밀림 힘에 대해 더 두꺼운 책이 더 많이 밀린다.

부피 변화–부피 탄성률

만약 한 물체가 모든 방향으로부터 안쪽 방향으로 힘을 받는다면, 그것의 부피는 감소할 것이다. 일반적 상황으로는 유체에 잠긴 물체를 들 수 있다. 이 경우에, 유체는 모든 방향에서 물체에 압력을 가한다(10장 참조). **압력**은 단위 넓이당 힘으로 정의하므로 변형력과 동일하다. 이런 상황에 대해 부피 변화 ΔV는 원래의 부피 V_0와 압력 변화 ΔP에 비례한다. 그래서 식 9.4와 동일한 형태의 관계식을 얻는다. 비례 상수는 **부피 탄성률**(bulk modulus) B라 한다.

$$\frac{\Delta V}{V_0} = -\frac{1}{B}\Delta P \tag{9.7}$$

즉

$$B = -\frac{\Delta P}{\Delta V/V_0}$$

이다. 음의 부호는 압력이 증가함에 따라 부피가 감소함을 의미한다.

부피 탄성률에 대한 값은 표 9.1에서 볼 수 있다. 액체와 기체는 고정된 모양을 갖지 않기 때문에, (영 율이나 층밀림 탄성률이 아닌) 부피 탄성률만이 적용된다.

9.6 균열

만약 딱딱한 물체에 가해지는 변형력이 너무 크면, 물체는 균열이 생기거나 부서진다(그림 9.23). 표 9.2는 다양한 물질에 대한 인장, 압축, 층밀림에 대한 극한 강도를 나열한 것이다. 이런 값들은 이들 세 가지 변형력의 작용하에서 다양한 물질에 대해 물체가 견딜 수 있는 단위 넓이당 최대 힘 또는 변형력을 나타낸다. 그러나 그것들은 단지 대푯값이고 주어진 표본에 대한 실제 값은 상당히 다를 수 있다. 그러므로 3~10 또는 그 이상까지의 **안전 인자**(safety factor)를 유지하는 것이 필요하다. 즉 한 구조물에 작용하는 실제 변형력은 표에서 주어진 값의 1/10부터 1/3를 초과해서는 안 된다. 적정한 안전 인자를 이미 포함한 '허용 변형력'에 관한 표를 접할지도 모른다.

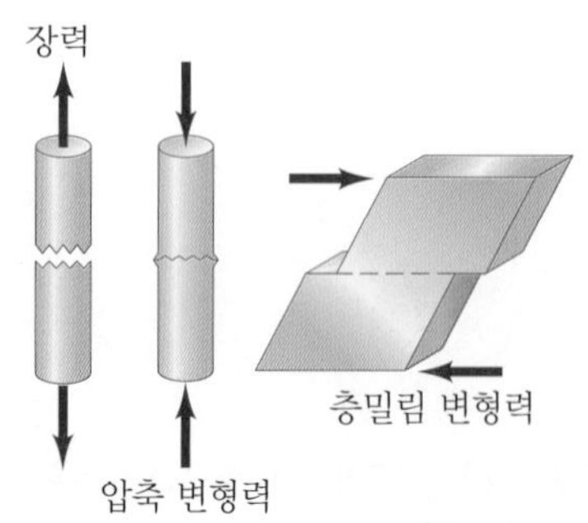

그림 9.23 균열을 이끄는 세 가지 형태의 변형력

표 9.2 소재들의 극한 강도 (힘/넓이)

물질	인장력 강도 (N/m²)	압축 강도 (N/m²)	층밀림 세기 (N/m²)
철, 주물	170×10^6	550×10^6	170×10^6
강철	500×10^6	500×10^6	250×10^6
황동	250×10^6	250×10^6	200×10^6
알루미늄	200×10^6	200×10^6	200×10^6
콘크리트	2×10^6	20×10^6	2×10^6
벽돌		35×10^6	
대리석		80×10^6	
화강암		170×10^6	
나무 (소나무) (나뭇결에 나란)	40×10^6	35×10^6	5×10^6
(나뭇결에 수직)		10×10^6	
나일론	500×10^6		
뼈 (팔 다리)	130×10^6	170×10^6	

예제 9.10 추산 피아노 줄 끊김

예제 9.9에서 논의한 강철 피아노 줄은 길이가 1.60 m이고 지름이 0.20 cm이었다. 근사적으로 얼마의 힘으로 그것을 끊을 수 있을까?

접근 인장 변형력 F/A은 표 9.2에서 주어진 강철의 인장력 강도와 같다고 가정한다.

풀이 줄의 넓이는 $A = \pi r^2$이고, 여기서 $r = 0.10\text{ cm} = 1.0 \times 10^{-3}\text{ m}$이다. 표 9.2로부터 임을 안다. 만약 힘이

$$\frac{F}{A} = 500 \times 10^6\,\text{N/m}^2$$

을 초과한다면 줄은 끊어질 것이다.

$$F = (500 \times 10^6\,\text{N/m}^2)(\pi)(1.0 \times 10^{-3}\,\text{m})^2 = 1600\,\text{N}$$

표 9.2에서 볼 수 있는 것과 같이 (돌이나 벽돌과 같이) 콘크리트는 압축에 대해서는 상당히 강하지만, 인장에 대해서는 극도로 약하다. 그래서 콘크리트는 압축 변형력을 받는 연직 기둥으로 사용할 수 있지만, 들보로서는 거의 가치가 없다. 왜냐하면 빔의 아래쪽 모서리의 보이지 않는 처짐의 결과로 인한 장력을 견딜 수 없기 때문이다(그림 9.24).

콘크리트에 철근을 넣은 **강화 콘크리트**(그림 9.25)는 훨씬 강도가 세다. 그러나 하중을 받는 들보의 아래쪽 콘크리트는 인장에 대해 약하기 때문에 여전히 균열이 생기곤 한다. 이런 문제는 **프리스트레스트 콘크리트**로 해결하는데, 내부에 철골이나 철망을 또한 포함하고 있으며 철근이나 철망에 인장력을 준 상태에서 콘크리트를 타설한다. 콘크리트가 경화된 후, 철근에는 큰 인장 변형력이 발생되고 콘크리트에는 그에 해당하는 압축 변형력이 발생하게 된다. 압축 변형력의 총량은 하중이 들보에 가해질 때 아래쪽 모서리에 작용하는 압축력이 콘크리트가 당김 상태에 있는 한 결코 줄어들지 않도록 사전에 미리 결정한다.

그림 9.24 보는 자체 무게에 의해서도 적어도 약간은 (그러나 여기서는 과장되게) 처진다. 따라서 보는 모양이 바뀐다. 위쪽 언저리는 압축되고 아래쪽 언저리는 장력(늘어남)을 받고 있다. 또한 보 내부에서 층밀림 변형력이 발생한다.

그림 9.25 타설되는 콘크리트 주위의 강화용 철근들

그림 9.26 (a) 2000년 된 로마 포럼에 있는 둥근 아치. 뒤 배경에 있는 것은 티투스 개선문이다. (b) 아치는 캘리포니아 해안가에 있는 협곡에 걸쳐 교량으로서 역할을 훌륭히 하고 있다.

9.7 공간 늘이기: 아치와 돔

예술과 인류가 과학을 공통으로 하는 아주 많은 분야가 있는데, 특히 건축학에서 명료하다. 여기서 지나친 변형과 붕괴를 피하기 위해 건축물을 이루는 물질에 작용하는 힘에 대해 이해할 필요가 있다. 과거의 건축에 감탄하게 하는 많은 특징들은 단순히 장식적인 결과에 있지 않고 기술적인 근거에서 찾는다. 한 예로 기둥에 의해 지탱되는 단순한 들보에서부터 아치와 돔에 이르기까지 공간을 늘리는 방법의 개발을 들 수 있다.

최초의 중요한 건축학의 창조물은 두 직각인 기둥이 수평의 들보를 지지하는 기둥–들보(또는 기둥–상인방) 구조물이다. 19세기에 강철이 도입되기 이전에는 가장 튼튼한 건축 소재가 돌과 벽돌이었기 때문에 들보의 길이는 제약이 있었다. 그래서 경간의 폭이 이용 가능한 돌의 크기에 따라 제한되어 있었다. 중요한 사실은 돌이나 벽돌을 압축 변형력에 있어서는 강할지라도 장력과 층밀림 변형력에서는 매우 취약하다는 것이다(그림 9.24). 돌을 사용해 늘릴 수 있는 경간은 한계가 있는데 그리스 대신전(그림 9.20)에서 빽빽이 들어선 기둥을 보면 알 수 있다.

반원형 **아치**(arch)(그림 9.26a와 b)는 2000년 전 고대 로마인에 의해 도입됐다. 심미적 매력은 차치하고라도 반원형 아치는 어마 어마한 기술적 혁신이었다. '진짜' 또는 반원형의 아치의 이점은 설계만 잘 한다면 쐐기 모양의 돌들로 대성당의 벽이나 지붕과 같이 큰 하중을 지탱할 때조차도 주로 압축성 변형력을 받는다는 것이다. 돌들은 서로 압착되기 때문에 주로 압축력을 받는다(그림 9.27). 많은 잘 더듬어진 돌들로 이루어진 둥근 아치는 매우 넓은 공간을 늘릴 수 있었다. 그러나 아치는 연직 힘뿐만 아니라 수평 힘도 지지대에 전달하기 때문에 양쪽에 상당한 버팀벽이 필요하다.

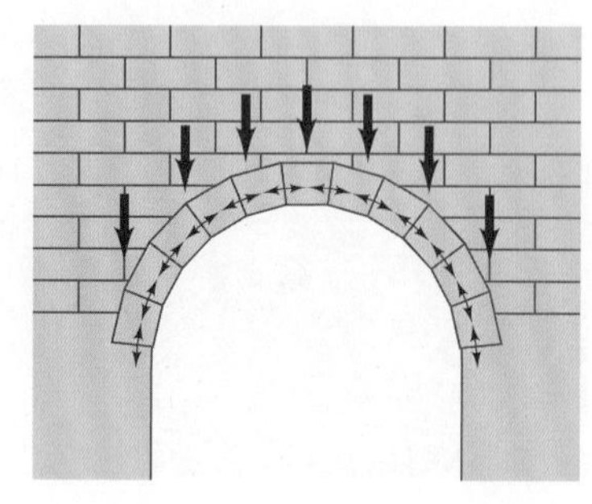

그림 9.27 둥근 아치(그림 9.26a)에 있는 돌은 주로 압축력을 받는다.

서기 약 1100년에 사용되기 시작한 뾰족 아치는 거대한 고딕 대성당의 상징이 됐다. 그것은 또한 중요한 기술적 혁신이었고, 무거운 하중, 예를 들어 대성당의 탑이나 중앙 아치를 지지하는 데 최초로 사용됐다. 명확히 건축업자는 뾰족 아치의 가파름 때문에 위에 있는 무게에 기인한 힘은 거의 연직으로 작용해서 수평 방향의 버팀

벽은 필요하지 않다는 것을 알아차렸다. 뾰족 아치는 벽에 작용하는 하중을 줄여서 더 많은 창문과 채광을 확보할 수 있도록 했다. 버팀벽의 크기가 줄어듦에 따라 우아한 플라잉 버트레스(flying buttress)가 외부 버팀벽으로 사용됐다(그림 9.28).

뾰족 아치의 기술적 혁신은 계산을 통해서가 아니고 경험과 직관을 통해서 얻었다. 이 장의 전반부에서 제시했던 정밀한 계산이 활용되기까지는 많은 시간이 걸리지 않았다.

석조 아치에 대해 정확한 분석을 하는 것은 실제로 꽤 어렵다. 그러나 약간 단순화하는 가정을 하면, 왜 바닥에서 힘의 수평 성분이 둥근 아치보다 뾰족 아치에서 더 작은지를 밝힐 수 있다. 그림 9.29는 둥근 아치와 뾰족 아치인데, 각각의 너비는 8.0 m이다. 둥근 아치의 높이는 4.0 m이고, 반면 뾰족 아치는 더 높은 8.0 m로 선택했다. 각 아치는 12.0×10^4 N (= 12,000 kg × g)의 무게를 지탱하고, 단순화하기 위해, 그림에서처럼 무게를 절반(각 6.0×10^4 N)으로 나누어 작용한다. 평형 상태에 있기 위해, 지지대의 각각은 위 방향으로 6.0×10^4 N의 힘을 가해야만 한다. 회전 평형을 위해, 각 지지대는 또한 아치의 밑부분에 수평 힘 F_H를 가하는데, 이것이 지금 계산하려고 하는 것이다. 각 아치의 오른쪽 절반에만 집중하자. 절반의 아치에 가해진 세 힘에 의한 전체 돌림힘을 아치의 정점을 축으로 하여 계산한 값을 영으로 놓는다. 돌림힘 방정식($\Sigma\tau = 0$)은 세 개의 항을 포함한다. 위에서 가해지는 무게, 아래에서 떠받쳐 주는 힘 F_V, 그리고 수평 힘 F_H, 이것은 둥근 아치에 대해(그림 9.29a)

$$-(2.0\,\text{m})(6.0 \times 10^4\,\text{N}) + (4.0\,\text{m})(6.0 \times 10^4\,\text{N}) - (4.0\,\text{m})(F_H) = 0$$

이다. 그래서 둥근 아치에 대해 $F_H = 3.0 \times 10^4$ N이다. 뾰족 아치에 대해서 돌림힘 방정식은

$$-(2.0\,\text{m})(6.0 \times 10^4\,\text{N}) + (4.0\,\text{m})(6.0 \times 10^4\,\text{N}) - (8.0\,\text{m})(F_H) = 0$$

이다(그림 9.29b). 풀면 $F_H = 1.5 \times 10^4$ N임을 알게 된다. 이는 둥근 아치에 대한 것보다 절반 정도 값이다. 이런 계산으로부터 뾰족 아치에서 필요한 수평 버팀 힘은 아치가 더 높기 때문에 더 작고, 그래서 이 힘에 대해 지레 팔 길이가 더 길다. 사실, 아치가 더 가파르면 가파를수록 필요한 수평 힘은 더 적어지고 더더욱 연직 힘만이 아치의 아래 부분에서 작용한다.

그림 9.28 (파리 노트르담의 대성당에 있는) 플라잉 버트레스

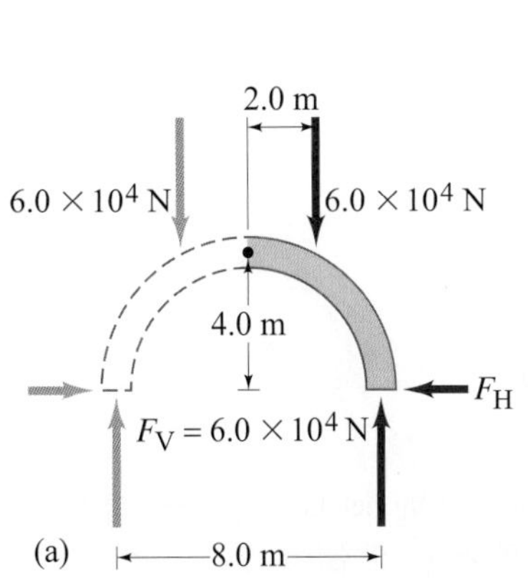

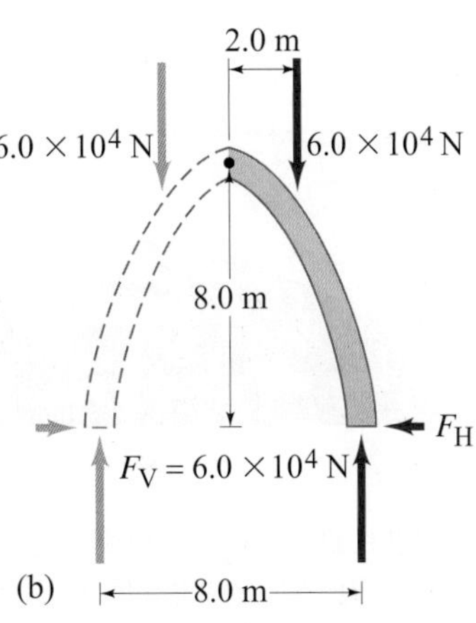

그림 9.29 (a) 둥근 아치에서의 힘과 (b) 뾰족 아치에서 힘의 비교

그림 9.30 거의 2000년 전에 세워진 로마 판테온의 내부. 거대한 돔과 채광을 위한 중앙의 구멍을 보여주는 이 그림은 파니니가 약 1740년경에 그린 것이다. 카메라는 이 그림이 담고 있는 만큼의 장엄함을 잡지는 못한다.

그림 9.31 대성당의 브루넬레스키 돔이 포함된 플로렌스의 스카이라인

아치가 이차원 공간을 걸쳐 있는 반면, **돔**(dome)은 아치를 연직축에 대해 회전한 것으로 삼차원 공간에 걸쳐 있다. 로마인은 최초의 큰 돔들을 건설했다. 그것들의 모양은 반구형이었고 몇몇은 여전히 건재하고 있는데, 예를 들어 로마에 있는 판테온(그림 9.30)의 그 돔은 거의 2000년 전에 세워졌다.

14세기가 지나 새로운 대성당이 플로렌스에 세워졌다. 그것은 판테온의 돔과 필적하는 지름이 43 m인 돔을 갖고 있는데, 그것의 건축은 미스터리로 남아 있다. 그 새로운 돔은 외부의 교대가 없는 '드럼(drum)'에 얹혀 있다. 브루넬레스키(Filippo Brunelleschi, 1377~1446)는 뾰족 돔(그림 9.31)을 고안했는데, 뾰족 아치처럼 뾰족 돔은 밑바닥에서 더 작은 측면 밀기가 가해지기 때문이다. 아치처럼 돔은 모든 돌이 제자리에 있지 않으면 불안정하다. 건설 중에 더 작은 돔들을 지지하기 위해 나무틀이 사용됐다. 그러나 필요로 하는 43 m의 공간을 걸칠만한 충분히 크거나 튼튼한 나무를 찾을 수는 없었다. 브루넬레스키는 수평층들로 층층이 돔을 세우기로 결정하고 원형의 마지막 돌이 제자리에 위치할 때까지 각 층은 이전 층 위에 겹치게 했다. 각각의 닫힌 고리는 다음 층을 지지하기 충분히 튼튼해야 했다. 그것은 놀라운 솜씨였다. 20세기에 와서야 더 큰 돔을 세웠고, 1975년에 완성된 뉴올리언스에 있는 슈퍼돔이 가장 크다. 그것의 200 m 지름의 돔은 강철과 콘크리트로 만들어졌다.

예제 9.11 현대식 돔

로마에 있는 작은 경기장의 돔(Small Sports Palace)의 1.2×10^6 kg의 돔(그림 9.32a)은 돔과 부드럽게 연결된 38°의 각도에 위치한 36개의 지지대들에 의해 지탱하고 있다. 각 지지대가 돔에 가하는 힘, 즉 그 힘이 38°의 각도(그림 9.32b)로 순전히 압축력으로만 작용하도록 하는 힘의 성분 F_H와 F_V를 계산하라.

접근 각 지지대가 돔의 무게의 1/36을 지탱하기 때문에 지지대에 의해 위 방향으로 가해지는 연직 성분 F_V를 찾을 수 있다. $\vec{\mathbf{F}} = \vec{\mathbf{F}}_V + \vec{\mathbf{F}}_H$가 38°의 각도에서 작용하도록 지지대가 압축을 받을 필요가 있다는 것을 이해하면서 F_H를 구한다.

풀이 각 지지대에 작용하는 연직 하중은 전체 무게의 $\frac{1}{36}$이다. 그래서

$$F_V = \frac{mg}{36} = \frac{(1.2 \times 10^6\,\mathrm{kg})(9.8\,\mathrm{m/s^2})}{36} = 330{,}000\,\mathrm{N}$$

이다. 힘은 순수한 압축력이 되도록 돔의 밑부분에서 38°의 각도에서 작용해야만 한다. 그

(a)

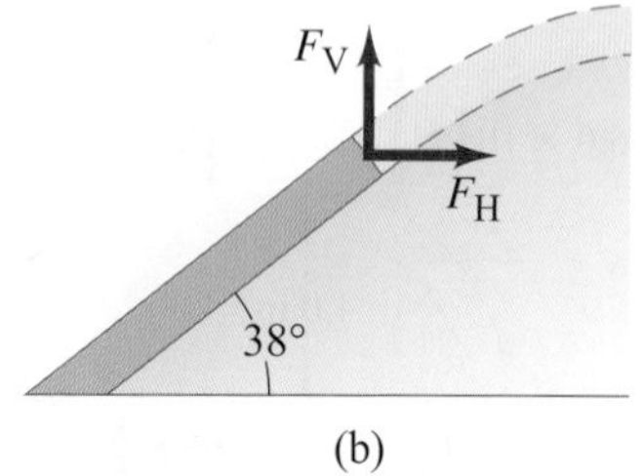

(b)

그림 9.32 예제 9.11. (a) 1960년 올림픽을 위해 네르비(Pier Luigi Nervi)가 설계한 로마에 있는 작은 경기장의 돔 (b) 각 지지대가 돔에 가하는 힘 성분들

러므로 다음과 같이 구할 수 있다.

$$\tan 38° = \frac{F_V}{F_H}$$

$$F_H = \frac{F_V}{\tan 38°} = \frac{330{,}000\text{ N}}{\tan 38°} = 420{,}000\text{ N}$$

유의 420,000 N의 수평 힘을 가하는 각 지지대에 대해 프리스트레스트 콘크리트 장력 고리는 지면 아래 지지대의 밑부분을 감싸고 있다.

종합 문제

객관식

1. 60 kg의 여자가 길이가 ℓ인 균일한 널빤지의 끝자락에 서 있고, 한쪽 끝으로부터 1/4에서 떠받치며 균형을 맞추고 있다(그림 9.33). 널빤지의 질량은 얼마일까?

(a) 15 kg (b) 20 kg (c) 30 kg
(d) 60 kg (e) 120 kg

그림 9.33 객관식 1

2. 평형 상태에 있는 물체에 돌림힘 방정식 $\Sigma\tau = 0$을 적용할 때, 돌림힘을 계산하는 축은

(a) 선회점에 위치해야 한다.
(b) 물체의 중력중심에 위치해야 한다.
(c) 물체의 가장자리에 위치해야 한다.
(d) 아무 곳에나 위치해도 된다.

3. 그림 9.34에서 보인 바와 같이 균일한 막대가 한쪽에 경첩이 달려 있고 줄로 수평 위치를 잡고 있다. 줄의 장력은

(a) 줄의 각도에 상관없이 적어도 막대 무게의 절반이어야 한다.
(b) 어떤 각도에 대해서는 막대 무게의 절반이 안 될 수 있다.
(c) 모든 각도에 대해 막대 무게의 절반일 것이다.
(d) 모든 각도에 대해 막대 무게와 같을 것이다.

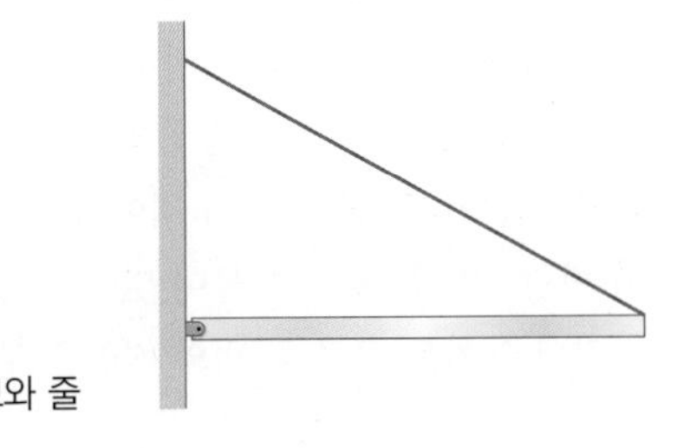

그림 9.34 객관식 3. 보와 줄

4. 케이블에 매달린 무거운 공을 그림 9.35에서와 같이 수평력 $\vec{\mathbf{F}}$를 인가하여 옆으로 잡아당긴다. 각도 θ가 작다면, 힘 F의 크기는 다음 중 어떤 이유 때문에 공의 무게보다 작을 수 있겠는가?

(a) 힘은 공 무게의 일부만을 잡아준다.
(b) 공이 정지 상태에 있을지라도, 실제는 평형 상태가 아니다.
(c) $\vec{\mathbf{F}}$는 케이블에서 단지 장력의 x 성분과 같다.
(d) 원래의 명제가 틀리다. 공을 움직이기 위해서는 $\vec{\mathbf{F}}$는 최소한 공의 무게와 같아야 한다.

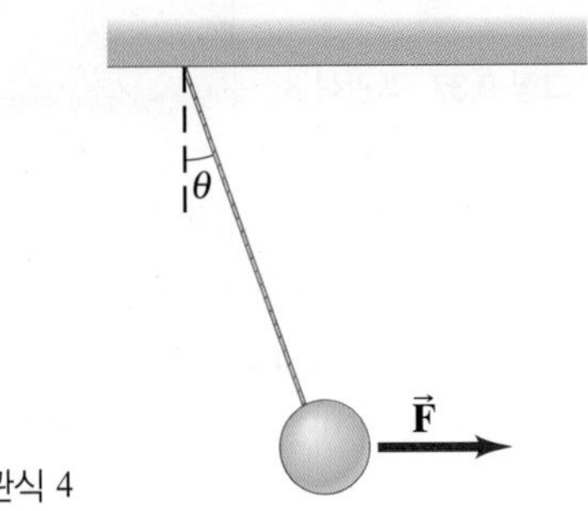

그림 9.35 객관식 4

5. 두 아이가 시소의 맞은편에서 균형을 이룬다. 만약 한 아이가 중심점 쪽으로 기댄다면, 그녀 쪽은

(a) 올라간다. (b) 내려간다.
(c) 올라가지도 내려가지도 않는다.

6. 10.0 N인 물체가 그림 9.36에서와 같이 두 개의 줄에 의해 지

지되어 있다. 두 줄에서의 장력에 대한 설명 중 옳은 것은?
(a) 두 줄에서의 장력은 5.0 N이다.
(b) 두 줄에서의 장력은 같지만 5.0 N은 아니다.
(c) 줄 A에서의 장력은 줄 B에서보다 더 크다.
(d) 줄 B에서의 장력은 줄 A에서보다 더 크다.

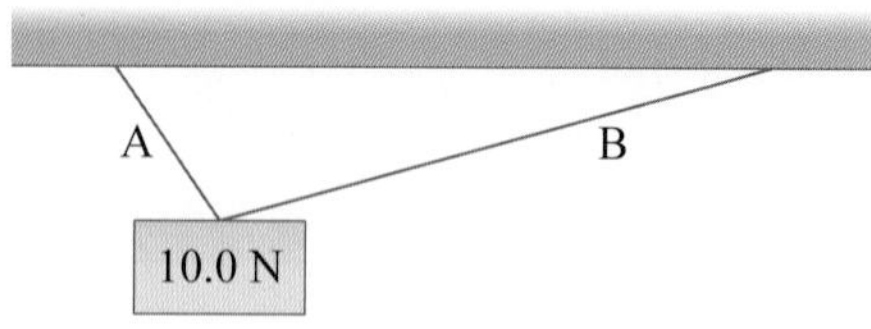

그림 9.36 객관식 6

7. 줄을 잡아당기는 동안 가하는 힘을 증가시킬 때, 다음 중 영향을 받지 않는 것은?
(a) 줄의 변형력 (b) 줄의 변형
(c) 줄의 영 율 (d) 위 보기 모두
(e) 정답 없음

8. 그림 9.37에서와 같이 어떤 여자가 탄탄하게 묶여 있는 높은 곳의 줄 위에서 균형을 이루고 있다. 줄에서의 장력은?
(a) 대략 여자 무게의 반이다.
(b) 대략 여자 무게의 두 배이다.
(c) 거의 여자 무게와 같다.
(d) 여자 무게보다 훨씬 작다.
(e) 여자 무게보다 훨씬 크다.

그림 9.37 객관식 8

9. 2층으로 설계된 주차장이 있다. 돈을 벌기 위해, 주인은 주차장의 모든 치수(길이, 너비, 층수)을 두 배로 늘리기로 결정한다. 2층 대신 4층을 떠받치는 지지기둥에 대해 기둥의 지름을 어떻게 바꾸어야만 하는가?
(a) 기둥의 지름을 두 배로 늘려 기둥의 넓이가 두 배가 되도록
(b) 기둥의 지름을 $\sqrt{2}$ 배로 늘려 기둥의 넓이가 두 배가 되도록
(c) 기둥의 지름을 두 배로 늘려 기둥의 넓이가 네 배가 되도록
(d) 기둥의 지름을 $2\sqrt{2}$ 배로 늘려 기둥의 넓이를 8배로 증가시킨다.
(e) 기둥의 지름을 늘릴 필요가 없다.

10. 고무줄의 끝에 0.35 N의 힘을 작용하여 1.0 cm 늘린다. 이번에는 고무줄 끝에 0.70 N의 힘을 인가한다면, 고무줄이 평형 위치로부터 얼마나 늘어나는가?
(a) 0.25 cm (b) 0.5 cm (c) 1.0 cm
(d) 2.0 cm (e) 4.0 cm

주관식

9.1, 9.2 평형

1. (I) 그림 9.38과 같이 나무 묘목을 정착시키기 위해 세 힘이 작용한다. $\vec{\mathbf{F}}_A = 385$ N이고 $\vec{\mathbf{F}}_B = 475$ N일 때 $\vec{\mathbf{F}}_C$의 크기와 방향을 구하라.

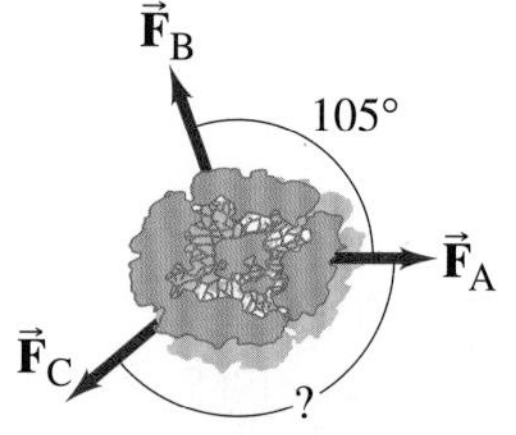

그림 9.38 주관식 1

2. (I) 그림 9.39에서와 같이 발을 매달기 위해 필요한 질량 m을 계산하라. 깁스한 발의 질량은 15.0 kg이고 이의 CG는 고관절로부터 35.0 cm에 있다. 멜빵을 잡고 있는 줄은 고관절로부터 78.0 cm에 있다.

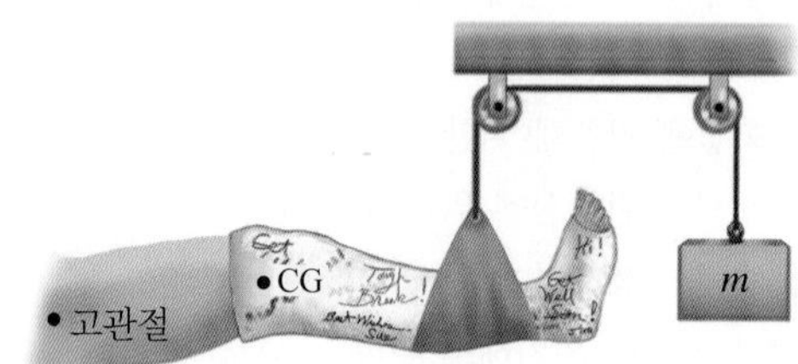

그림 9.39 주관식 2

3. (I) 타워 크레인(그림 9.40a)은 기울어지려는 알짜 돌림힘이 없도록 늘 꼼꼼히 평형을 잡고 있어야만 한다. 어느 건축 부지에 있는 크레인은 2800 kg의 냉방 장치를 막 들어 올리려고 한다. 크레인의 크기는 그림 9.40b에서 보여 주고 있다. (a) 크레인의 9500 kg의 평형추는 짐을 지상에서 들어 올릴 때 어디에 놓여야 하는가? (평형추는 보통 자동으로 센서와 모터를 통해 자동으로 움직여 정확히 그 짐을 보상한다.) (b) 평형추가 끝 지점에 놓여 있을 때 들어 올릴 수 있는 최대 짐의 크기를 구하라. 빔의 질량은 무시한다.

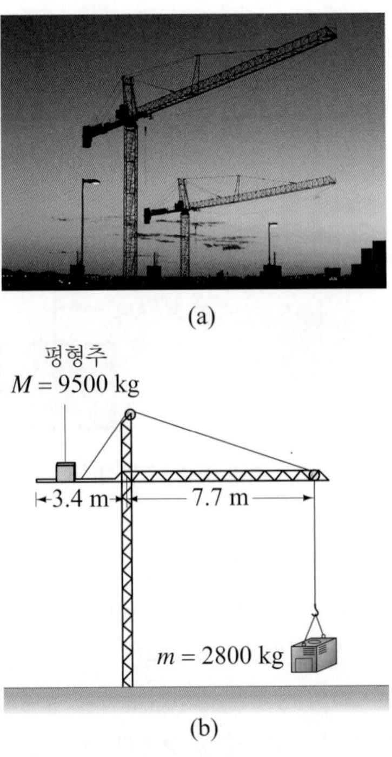

그림 9.40 주관식 3

4. (I) 그림 9.41에서와 같이 선수가 왼쪽 지지점(A)에 대해 다이빙대에 1800 m · N의 돌림힘을 작용한다면 선수의 질량은 얼마인가?

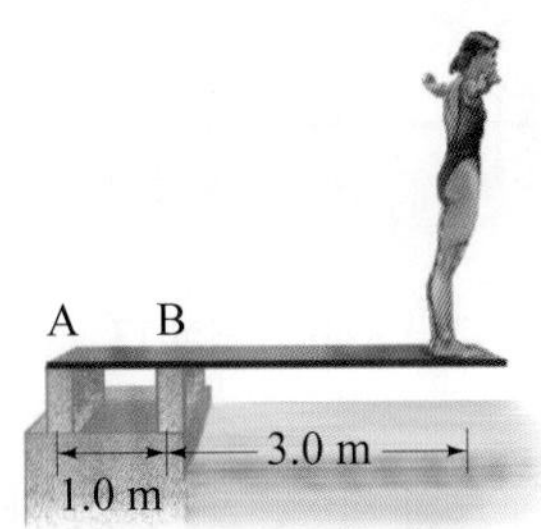

그림 9.41 주관식 4, 5

5. (II) (a) 52 kg인 사람이 끝에 서 있는 그림 9.41의 다이빙대에 지지대가 작용하는 힘 F_A와 F_B를 계산하라. 널빤지의 무게는 무시한다. (b) 널빤지의 질량을 28 kg으로 해서 (a)를 다시 계산하라. 널빤지의 CG는 널빤지의 중앙에 있다.

6. (II) 그림 9.42는 얇은 플라스틱 막대를 견고하게 잡을 때 사용하는 집게를 보여 주고 있다. 엄지와 손가락이 $F_T = F_F$ = 11.0 N의 힘으로 눌러주면, 집게 턱은 플라스틱 막대에 얼마의 힘을 작용하는가?

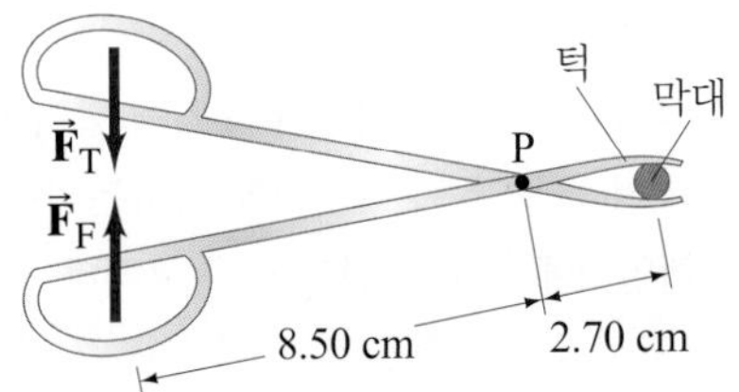

그림 9.42 주관식 6

7. (II) 위쪽 끈이 천장과 45°의 각도를 이루는 것을 제외하고 그림 9.4의 방식으로 샹들리에를 두 개의 끈이 지탱하고 있다. 끈이 끊어지지 않고 1660 N의 힘을 버틸 수 있다면, 지탱될 수 있는 샹들리에의 최대 무게는 얼마인가?

8. (II) 110 kg의 수평 보가 양 끝에 지지되고 있다. 320 kg의 피아노가 한쪽으로부터 1/4지점에 놓여 있다. 지지대의 각각에 작용하는 연직 힘은 얼마인가?

9. (II) 그림 9.8에서의 균일한 캔틸레버에서의 F_A와 F_B를 계산하라. 질량은 1200 kg이다.

10. (II) 75 kg인 어른이 길이 9.0 m의 널빤지의 한쪽 끝에 앉아 있다. 25 kg의 아이가 다른 쪽 끝에 앉아 있다. (a) 널빤지의 질량은 무시하고 널빤지가 균형을 잡기 위해서는 중심점은 어디에 놓여 있어야 하는가? (b) 널빤지가 균일하고 질량이 15 kg이라고 할 때, 중심점의 위치를 찾으라.

11. (II) 그림 9.43의 신호등을 지탱하는 철사 줄의 장력을 구하라.

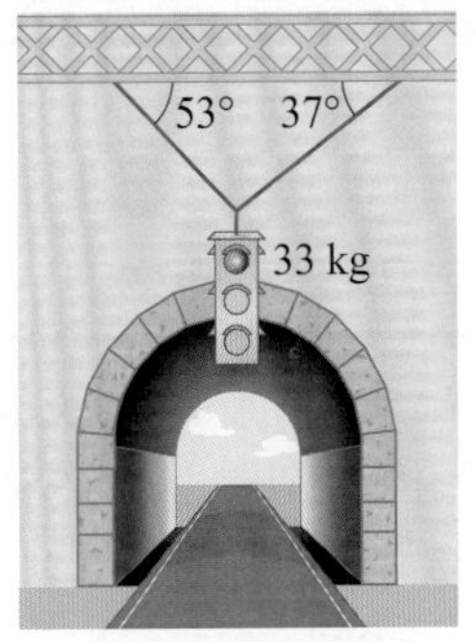

그림 9.43 주관식 11

12. (II) 그림 9.44에서와 같이 66.0 kg인 사람이 책상을 넘어뜨리지 않으면서 24.0 kg인 책상의 가장자리 쪽으로 얼마나 가까이 갈 수 있는가?

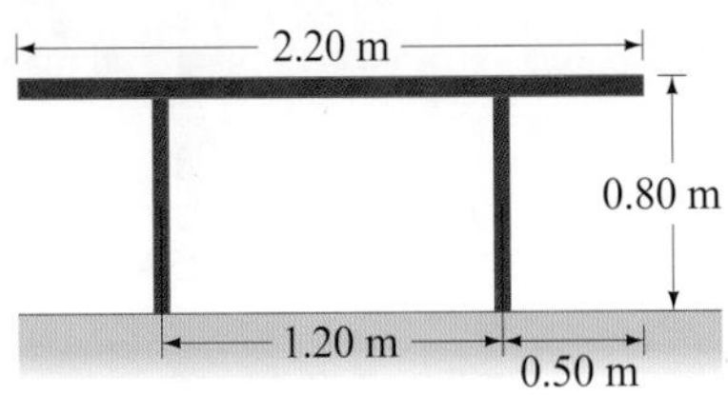

그림 9.44 주관식 12

13. (II) 포도주병의 입구에서 코르크를 빼기 위한 힘은 200~400 N의 범위에 있다. 그림 9.45와 같은 병따개로 포도주병

을 따는 데 필요한 힘의 범위는 얼마인가?

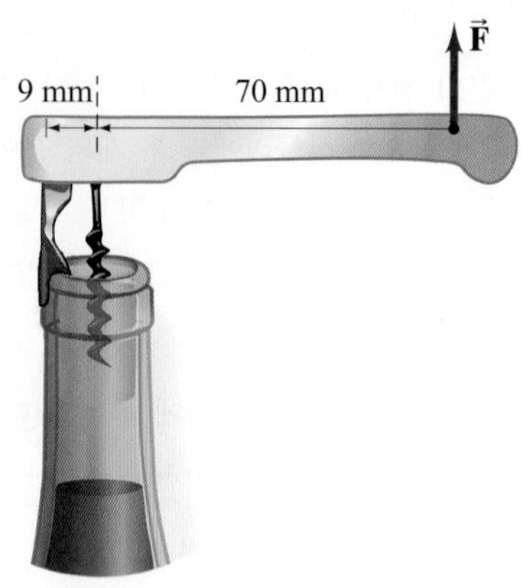

그림 9.45 주관식 13

14. (II) 그림 9.46에 있는 보에 대해 F_A와 F_B를 계산하라. 아래 방향의 힘들은 보에 작용하는 기계 부품들의 무게를 나타낸다. 보는 균일하고 질량은 280 kg이다.

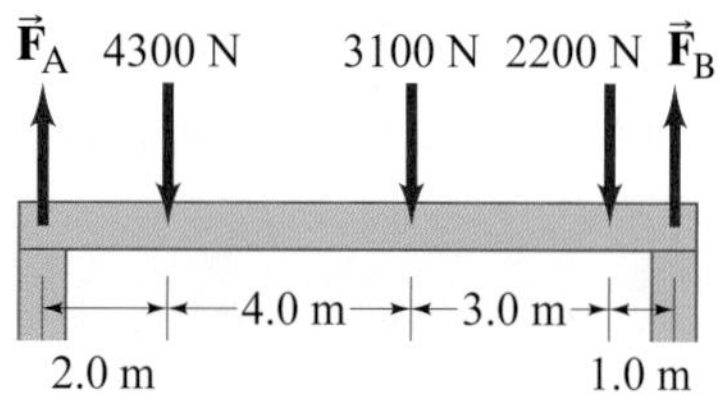

그림 9.46 주관식 14

15. (II) 세 아이가 한 시소 위에서 균형을 잡으려고 하고, 그 시소는 중앙에 받침대 바위를 중심점으로 하고 매우 가벼운 3.2 m의 널빤지로 이루어져 있다(그림 9.47). 두 친구는 이미 양쪽 끝에 각각 있다. 소년 A의 질량은 45 kg이고 소년 B의 질량은 35 kg이다. 시소가 균형을 잡기 위해서 질량 25 kg의 소녀는 어디에 있어야 하는가?

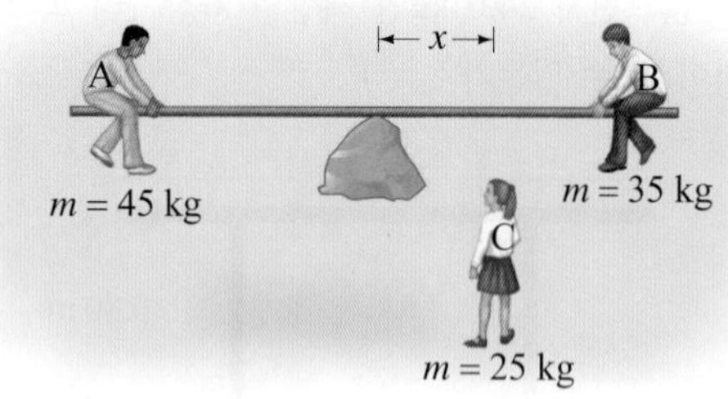

그림 9.47 주관식 15

16. (II) 무게가 215 N인 가게 간판이 그림 9.48에서와 같이 155 N인 균일한 보의 끝에 매달려 있다. 지지하는 줄(35.0°)에 걸리는 장력과 경첩이 빔에 작용하는 수평 힘과 연직 힘을 구하라. [힌트: 자유 물체 도형을 그린다.]

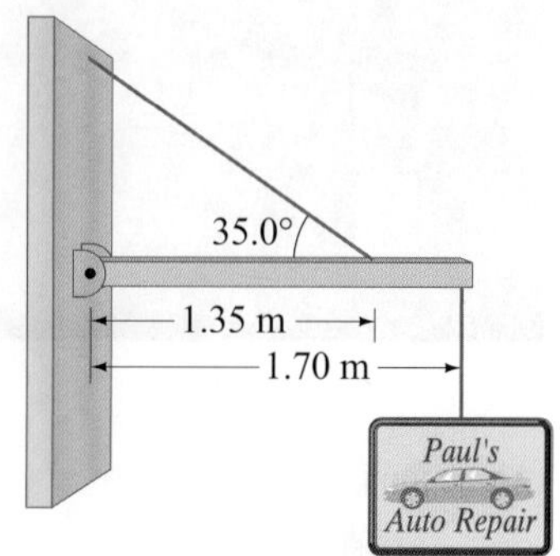

그림 9.48 주관식 16

17. (II) 그림 9.49와 같이 신호등이 장대에 매달려 있다. 균일한 알루미늄 장대 AB의 길이는 7.20 m이고 질량은 12.0 kg이다. 신호등의 질량은 21.5 kg이다. (a) 수평 방향의 질량이 없는 선 CD의 장력을, (b) 알루미늄 장대 위의 회전축 A에 의해 가해지는 힘의 수평 성분과 수직 성분을 구하라.

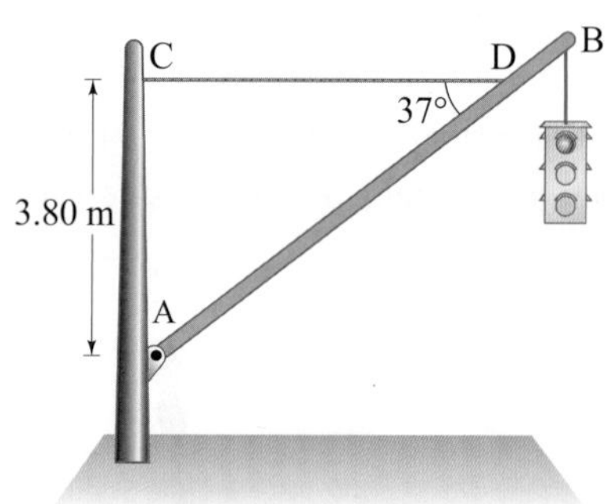

그림 9.49 주관식 17

18. (II) 균일한 강철 보의 질량은 940 kg이다. 동일한 보의 반이 그림 9.50과 같이 위에 놓여 있다. 각각의 끝에서 연직 방향의 버팀 힘은 얼마인가?

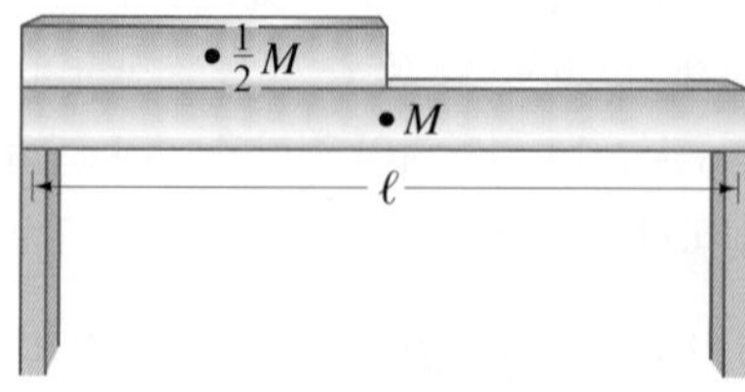

그림 9.50 주관식 18

19. 2500 kg의 트레일러가 점 B에서 정지한 트럭에 붙어 있다(그림 9.51). 점 A에서 도로가 뒤 타이어에 가하는 수직 항력과 받침 B가 트레일러에 가하는 연직 힘을 구하라.

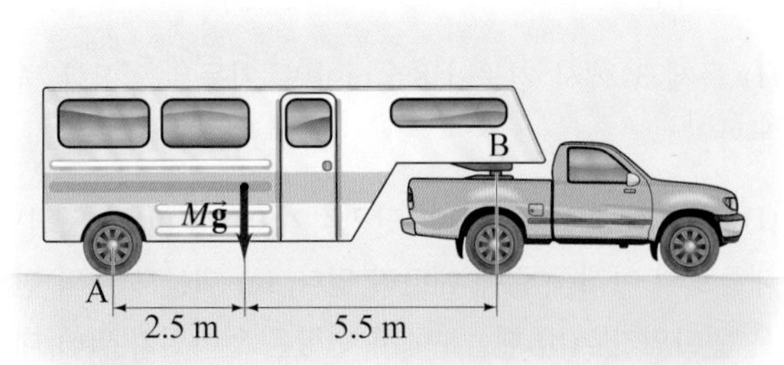

그림 9.51 주관식 19

20. (II) 길이가 20.0 m이고 무게가 650 N인 균일한 보가 그림 9.52에서와 같이 벽 A와 B 위에 놓여 있다. (a) 보가 뒤집히지 않고 끝 지점 D까지 걸어갈 수 있는 사람의 최대 무게를 구하라. 사람이 (b) D, (c) A의 오른쪽 2.0 m 위치에 있을 때, 벽 A와 B가 빔에 작용하는 힘들을 구하라.

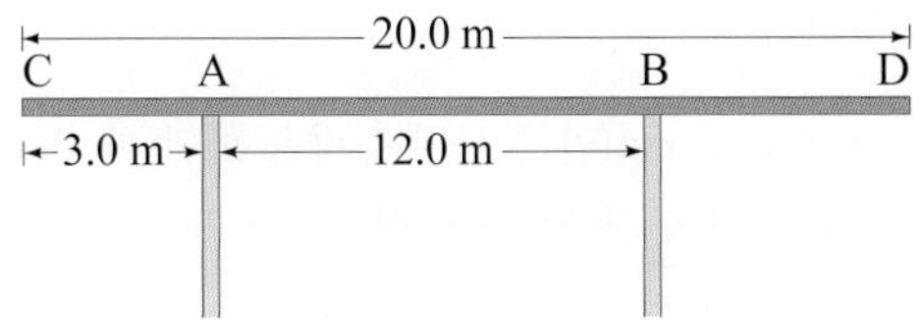

그림 9.52 주관식 20

21. (II) 0.75 kg인 얇은 천이 그림 9.53과 같이 빨랫줄의 중앙에 위치해 있다. 매달린 천의 양쪽에서 빨랫줄은 수평과 3.5°의 각도를 이룬다. 천의 양쪽 끝에서 빨랫줄(질량 무시)의 장력을 계산하라. 장력이 천의 무게에 비해 훨씬 큰 이유는 무엇인가?

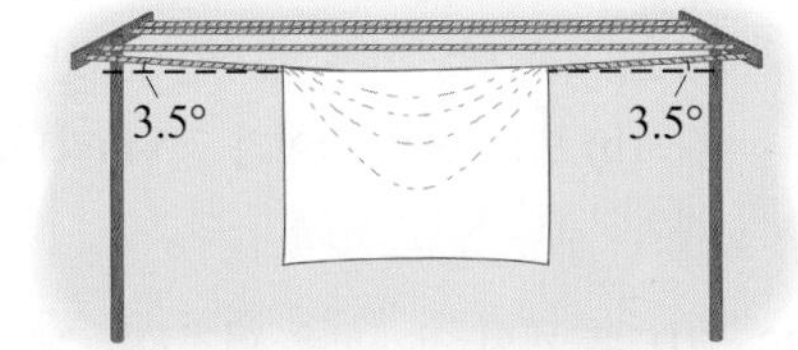

그림 9.53 주관식 21

22. (II) 질량이 m = 68 kg인 사람이 팔굽혀 펴기를 하다가 그림 9.54와 같은 자세로 멈춰 있다. 바닥에 의해 가해지는 수직 항력을 (a) 각 손에서 (b) 각 다리에서 구하라.

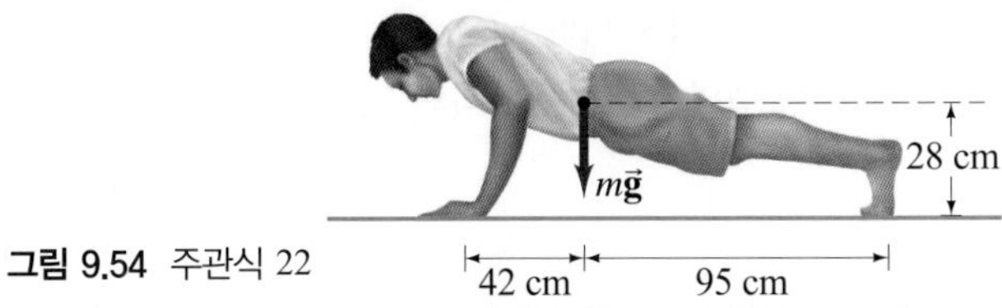

그림 9.54 주관식 22

23. (III) 길이가 5.0 m이고 질량이 M = 3.8 kg인 균일한 막대 AB가 그림 9.55와 같이 A 지점에 경첩이 달려 있고 가벼운 끈에 의해 평형을 잡고 있다. 끈의 장력이 85 N이 되도록 하중 W = 22 N이 거리 d의 위치에서 막대에 달려 있다. (a) 막대에 대한 자유 물체 도형을 그리라. (b) 경첩에 의해 가해지는 연직 및 수평 성분의 힘을 구하라. (c) 적당한 돌림힘 방정식으로부터 d를 구하라.

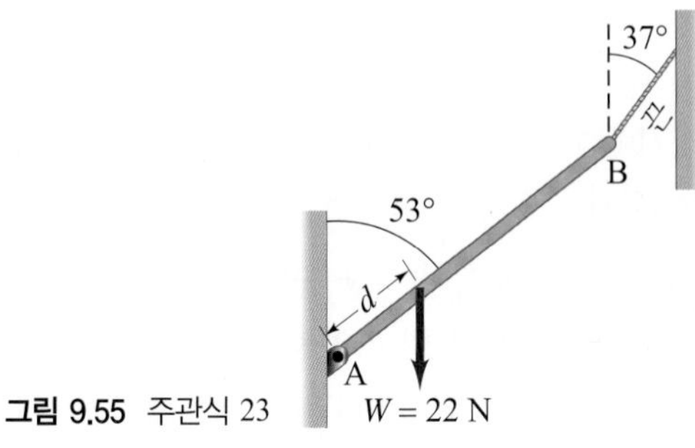

그림 9.55 주관식 23

24. (III) 높이 2.30 m이고 너비 1.30 m인 문의 질량이 13.0 kg이다. 위쪽으로부터 0.40 m에 있는 경첩과 바닥으로부터 0.40 m에 있는 다른 경첩이 각각 문 무게의 절반씩 지탱한다(그림 9.56). 중력중심은 문의 중앙에 있다고 가정하고, 각 경첩에 의해 문에 작용하는 수평 및 연직 성분의 힘을 구하라.

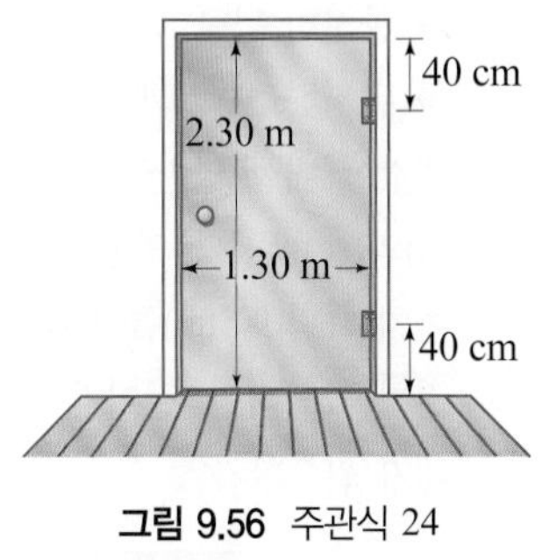

그림 9.56 주관식 24

9.3 근육과 관절

25. (I) 그림 9.12a(예제 9.7)에서와 같이 하부 팔에 이두박근을 삽입하는 지점이 5.0 cm 대신 6.0 cm라 가정하자. 그 사람이 450 N의 근육 활동으로 얼마의 질량을 잡을 수 있을까?

26. (II) 그림 9.13b에서 30° 대신 45°가 되도록 그 사람이 덜 구부린다고 가정할 때, 예제 9.8을 다시 풀라.

27. (II) 그림 9.57과 같이 팔꿈치에서 팔이 105°의 각도를 취할 때 사람이 손에 잡을 수 있는 최대 질량이 25 kg이라면, 이두박근이 팔뚝에 가하는 최대 힘 F_{max}는 얼마인가? 팔뚝과

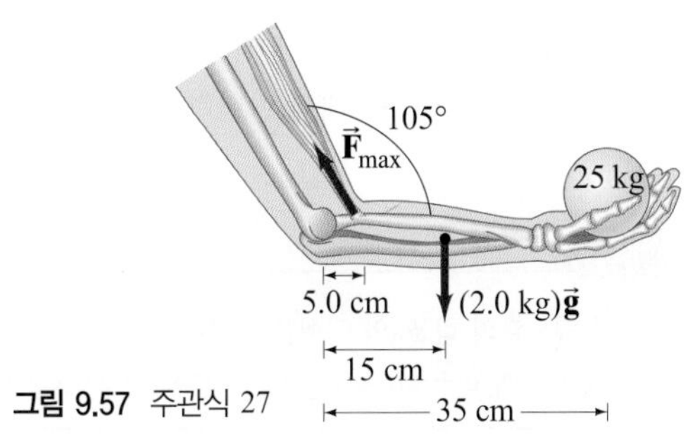

그림 9.57 주관식 27

손은 2.0 kg의 질량과 팔꿈치에서 15 cm에 CG를 갖고 이두박근은 팔꿈치에서 5.0 cm에 붙어 있다고 가정한다.

9.4 안정성과 균형

28. (II) 피사의 사탑은 높이가 55 m이고 반지름이 약 7.7 m이다. 꼭대기는 중심에서 4.5 m 옆에 있다. 이 탑은 안정한 평형 상태일까? 그렇다면 이 탑이 불안정해지기 전에 얼마나 더 기울어질 수 있겠는가? 탑은 균일한 재질로 되어 있다고 가정한다.

29. (III) 네 개의 벽돌이 책상 끝에 쌓여 있다. 벽돌은 조금씩 돌출되어 쌓이다가 맨 위의 벽돌은 책상 끝을 넘어서 뻗어 있다. (a) 이를 성공시키려면, 벽돌을 쌓을 때 (꼭대기에서 시작해) 벽돌 길이의 $\frac{1}{2}$, $\frac{1}{4}$, $\frac{1}{6}$, $\frac{1}{8}$만큼만 벗어나 있어야 한다는 것을 보이라(그림 9.58). (b) 맨 위의 벽돌은 맨 아래 벽돌을 완전히 넘을 수 있을까? (c) 만약 벽돌들이 안정한 상태를 유지하려면 n개의 벽돌이 펼칠 수 있는 전체 길이의 최댓값에 대한 일반적인 공식을 구하라. (d) 건축업자는 위의 (a)와 (c)에서 논의한 안정성 원리를 기반으로 하여 까치발 아치(그림 9.58b)를 세우기를 원한다. 만약 아치가 1.0 m에 걸쳐 있으려면, 길이가 0.30 m이고 균등한 벽돌이 최소 몇 개가 필요한가?

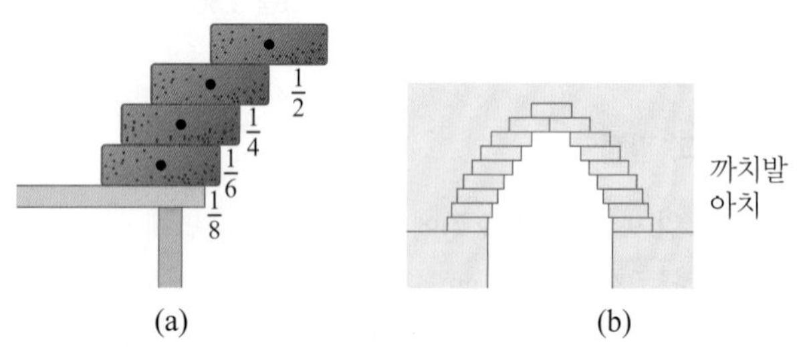

그림 9.58 주관식 29

9.5 탄성; 변형력과 변형

30. (I) 테니스 라켓의 나일론 줄이 275 N의 장력을 받는다. 이의 지름이 1.00 mm라면, 장력을 받지 않는 줄이 30.0 cm일 때로부터 얼마나 늘어나는가?

31. (I) 단면적이 1.4 m^{2}인 대리석 기둥이 25,000 kg의 질량을 지탱하고 있다. (a) 기둥 내의 변형력은 얼마인가? (b) 변형은 얼마인가?

32. (I) 문제 31에서 기둥이 8.6 m이면, 기둥은 얼마나 줄어드는가?

33. (I) 간판(질량 1700 kg)이 단면적이 0.012 m^{2}인 연직 강철 대들보의 아래쪽 끝에 매달려 있다. (a) 대들보 내의 변형력은 얼마인가? (b) 대들보에서 변형은 얼마인가? (c) 대들보의 길이가 9.50 m라면, 대들보는 얼마나 늘어나는가? 대들보 자체의 질량은 무시한다.

34. (II) 유연한 용기에 알코올 1 L(1000 cm^3)를 넣어 해저로 옮긴다. 여기서의 압력은 2.6×10^6 N/m^{2}이다. 여기서 알코올의 부피는 얼마가 되는가?

35. (II) 철재의 부피를 0.10 %만큼 압축하는 데 필요한 압력은 얼마인가? N/m^{2}의 단위로 답하고, 대기압(1.0×10^5 N/m^2)과 비교하라.

36. (II) 지름이 2.3 mm인 철사에 질량을 매달 때 0.03 %만큼 늘어난다. 철사의 질량은 얼마인가?

9.6 균열

37. (II) (a) 지름이 1.00 mm인 나일론 테니스 라켓 줄의 가능한 최대 장력은 얼마인가? (b) 끈을 조이려고 할 때, 끊어지지 않게 하려면 가는 줄과 굵은 줄 중 어느 것을 사용해야 하는가? 그 이유는 무엇인가? 공을 칠 때 줄이 끊어지는 원인은 무엇인가?

38. (II) (a) 270 kg의 샹들리에를 매단 연직 강철 줄이 필요로 하는 최소 단면적은 얼마인가? 안전율은 7.0이라고 가정한다. (b) 만약 줄의 길이가 7.5 m라면, 그것은 얼마나 길어질까?

39. (II) 두 개의 철재판을 연결하는 데 철로 된 볼트를 사용한다. 볼트는 약 3300 N까지 층밀림힘을 버텨야 한다. 안전율 7.0을 기반으로 볼트의 최소 지름을 구하라.

9.7 아치와 돔

40. (II) 뾰족 아치의 너비가 8.0 m를 이루고 밑면에서 둥근 아치의 수평 힘의 $\frac{1}{3}$이 가해진다면 얼마나 높아야 하는가?

연습 해답

A: F_A 또한 옆으로의 힘 F_B와 균형을 이루는 성분을 갖고 있다.

B: $F_N = m_A g + m_B g + Mg = (30\text{ kg} + 25\text{ kg} + 4.0\text{ kg})g = 560\text{ N}$

C: (a)

D: (b)

유리잔이나 호수의 물과 같은 정지 유체에 대해 공부를 시작한다. 유체 내의 압력은 깊이에 따라 증가하기 때문에 유체 하부의 압력이 상부의 압력보다 높아 밀도가 낮은 물체는 뜨게 된다. 물이나 공기와 같은 유체가 흐를 때, 유체의 속도가 높은 곳에서 압력이 낮기(베르누이 원리) 때문에 흥미로운 결과들이 일어난다. 질량이 엄청난 빙하의 얼음(사진)이 점성을 가진 액체처럼 서서히 움직인다. 어두운 선들은 움직이는 얼음에 의해 암벽에서 떨어져 나온 암석으로 이루어진 '모레인'의 유선을 나타낸다. (오른쪽 저 멀리에 있는) K2를 탐험한 이탈리아 탐험대가 1929년과 2009년 두 차례에 걸쳐 찍은 사진은 아마도 지구 온난화로 인해 동일한 빙하가 더 얇아진 것을 보여 주고 있다.

CHAPTER 10

유체

시작 질문 추정해 보라!

1. 다음 중 바닥에서 압력이 가장 높은 용기는 어느 것인가? 각 용기에 담긴 물의 부피는 같다고 가정한다.

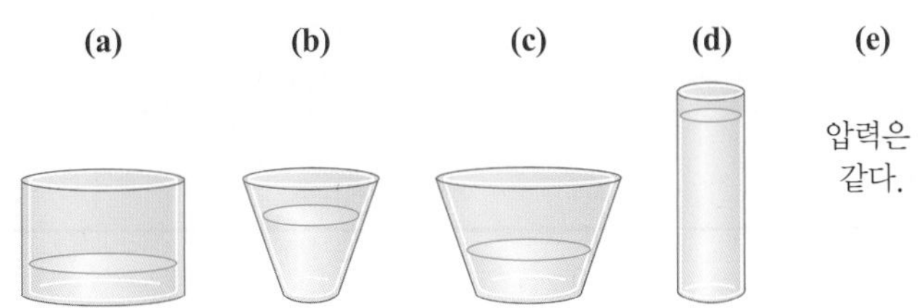

2. 두 개의 풍선이 가장 가까운 끝이 서로 3 cm 떨어진 곳에 매달려 있다. 만약 여러분이 풍선 사이(풍선이 아니라 풍선 사이 열린 부분)를 불면 어떤 일이 일어날까?

(a) 아무 일도 일어나지 않는다.

(b) 풍선이 서로 가까이 다가갈 것이다.

(c) 풍선이 서로 멀어질 것이다.

이전 장에서는 단단하고 작은 탄성 변형을 제외하고 형태가 유지된다고 가정하는 물체를 고려했다. 우리는 종종 물체를 점 입자로 다뤘다. 이제부터 우리는 변형이 잘 되고 흐를 수 있는 물질에 관심을 둘 것이다. 그런 '유체'는 액체와 기체를 포함한다. 우리는 정지 유체(유체 정역학)와 운동 유체(유체 동역학) 모두를 살펴볼 것이다.

10.1 물질의 상태

물질의 일반적인 세 가지 **상태**(phase, state)는 고체, 액체, 기체이다. 이런 세 가지 상태를 구별하는 간단한 방법은 다음과 같다. **고체**(solid)는 일반적으로 일정한 크기와 형태를 유지한다. 통상적으로 고체는 (비록 얇은 물체는 휘어질지라도) 부피나 형태를 변화시키기 위해서는 큰 힘이 필요하다. **액체**(liquid)는 일정한 형태를 유지하지 않는다. 액체는 용기에 따라 모양이 달라지고, 흐를 수도 있다. 그러나 고체와는 달리 쉽게 압축되지 않으며 부피는 매우 큰 힘을 가해야만 현저히 변할 수 있다. **기체**(gas)는 일정한 형태나 부피를 갖지 않는다. 기체는 용기를 채울 때까지 팽창할 것이다. 예를 들어 자동차 타이어에 공기를 주입할 때, 공기는 액체처럼 타이어 바닥에서부터 차오르지 않는다. 기체는 타이어 전체로 부피를 채우며 퍼져 나간다.

액체와 기체는 일정한 형태를 유지하지 않기 때문에, 둘 다 유동성을 갖는다. 그래서 그 둘을 총괄하여 **유체**(fluid)라고 지칭한다.

물질을 세 상태로 분류하는 것이 항상 간단하지만은 않다. 예를 들어 버터는 어디로 분류해야 하는가? 더욱이, 물질의 네 번째 형태에는 **플라스마**(plasma) 상태로 분류할 수 있는데, 이것은 매우 높은 온도에서만 나타나고 이온화된 원자들(핵으로부터 분리된 전자들)로 이루어진다. 일부 과학자들은 **콜로이드**(액체 내에 분산되어 있는 미세 입자들)가 물질의 또 다른 형태로 간주되어야 한다고 믿는다. TV, 휴대전화와 컴퓨터 모니터에 사용되는 **액정**(liquid crystal)도 고체와 액체 사이의 중간물질 상태로 생각할 수 있다. 현재로는 물질의 세 가지 기본 형태에만 관심을 가질 것이다.

10.2 밀도와 비중

종종 철은 나무보다 '더 무겁다'고 말한다. 이것은 큰 통나무는 명백히 쇠못보다 더 무게가 많이 나가기 때문에 실제로는 참일 수 없다. 철은 나무보다 밀도가 **높다**고 말해야 한다.

물질의 **밀도**(density), ρ(그리스어 소문자 로)는 단위 부피당 질량으로 정의한다.

$$\rho = \frac{m}{V} \tag{10.1}$$

여기서 m은 시료 물질의 질량이고 V는 부피이다. 밀도는 순물질의 고유 속성이다. 가령 순금과 같은 순물질로 만들어진 물체는 크기나 질량이 다를 수 있지만, 밀도는 모두 동일할 것이다.

밀도의 개념인 식 10.1을 사용해서 물체의 질량은

$$m = \rho V$$

로, 그리고 물체의 무게는

$$mg = \rho V g$$

로 적을 수 있다.

밀도의 SI 단위는 kg/m^{3}이다. 종종 밀도는 g/cm^{3}로 주어진다. g/cm^{3}로 주어진 밀도는 1000을 곱해야 kg/m^3 [1 kg/m^3 = 1000 g/(100 cm)^3 = 10^3 g/10^6 cm^3 = 10^{-3} g/cm^3]로 변환됨을 참고하라. 예를 들어 알루미늄의 밀도가 ρ = 2.70 g/cm^{3}이면, 이것은 2700 kg/m^{3}과 같다. 다양한 물질의 밀도를 표 10.1에 나타냈다. 표는 온도와 기압을 명시하고 있는데, 이는 온도와 기압이 밀도에 영향을 주기 때문이다(액체와 고체에 대해서는 그 영향이 경미하다). 참고로 물은 공기보다 약 1000배 밀도가 높다.

표 10.1 물질의 밀도

물질	밀도† ρ (kg/m^3)
고체	
알루미늄	2.70×10^3
철과 강철	7.8×10^3
구리	8.9×10^3
납	11.3×10^3
금	19.3×10^3
콘크리트	2.3×10^3
화강암	2.7×10^3
나무(보통)	$0.3\sim0.9 \times 10^3$
일반 유리	$2.4\sim2.8 \times 10^3$
얼음(H_2O)	0.917×10^3
뼈	$1.7\sim2.0 \times 10^3$
액체	
물(4 °C)	1.000×10^3
바닷물	1.025×10^3
혈액, 혈장	1.03×10^3
혈액, 전체	1.05×10^3
수은	13.6×10^3
에틸알코올	0.79×10^3
휘발유	$0.7\sim0.8 \times 10^3$
기체	
공기	1.29
헬륨	0.179
이산화탄소	1.98
물(증기, 100 °C)	0.598

† 밀도는 특별히 명시되지 않으면 0 °C와 1기압에서의 값이다.

예제 10.1 질량, 주어진 부피와 밀도

반지름이 18 cm인 레킹 볼(wrecking ball; 공사장에서 건물을 부술 때 쓰는 쇠공)의 질량은 얼마인가?

접근 먼저 기본 식 $V = \frac{4}{3}\pi r^3$ (부록 G 참조)를 사용해서 구의 부피를 얻는다. 그 다음 식 10.1과 표 10.1로부터 질량 m을 구한다.

풀이 구의 부피는

$$V = \tfrac{4}{3}\pi r^3 = \tfrac{4}{3}(3.14)(0.18\,\text{m})^3 = 0.024\,\text{m}^3$$

이다. 표 10.1로부터 철의 밀도는 ρ = 7,800 kg/m^{3}이고, 식 10.1로부터

$$m = \rho V = (7800\,\text{kg/m}^3)(0.024\,\text{m}^3) = 190\,\text{kg}$$

을 얻는다.

물질의 **비중**(specific gravity)은 4.0 °C 물의 밀도에 대한 물질의 밀도의 비로 정의한다. 비중은 비율이기 때문에 차원이나 단위가 없는 단순한 숫자이다. 예를 들어(표 10.1), 납의 비중은 11.3[(11.3×10^3 kg/m^3)/(1.00×10^3 kg/m^3)]이다. 알코올의 비중은 0.79이다.

우리가 항상 정해진 부피나 질량을 다루는 것은 아니므로 밀도와 비중의 개념은 유체 연구에 있어서 특히 유용하다.

10.3 유체 압력

압력과 힘은 관련이 있지만 같은 것은 아니다. **압력**(pressure)은 단위 넓이당 힘으로 정의하는데, 여기서 힘 F는 표면적 A에 수직으로 작용하는 힘의 크기로 이해하

면 된다.

$$압력 = P = \frac{F}{A} \tag{10.2}$$

주의
압력은 벡터가 아닌 스칼라이다.

힘은 벡터이지만, 압력은 스칼라이다. 압력은 크기만을 갖는다. 압력의 SI 단위는 N/m^{2}이다. 이 단위는 파스칼(Blaise Pascal, 10.5절 참조)을 기리기 위해 **파스칼**(Pa)이라는 공식 이름이 있다. 즉 1 Pa = 1 N/m^{2}이다. 그러나 우리는 간단히 N/m^{2}을 사용할 것이다. 가끔 사용하는 다른 단위들로는 dyn/cm^{2}과 lb/in.^{2}이 있다(제곱인치당 파운드, 줄여서 'psi'). 압력에 대한 여러 다른 단위들에 대해서는 단위 사이의 변환과 함께 10.4와 10.6절에서 논의한다(부록 F 참조).

예제 10.2 압력 계산하기

60 kg인 사람의 두 발이 500 cm^{2}의 넓이를 차지한다. (a) 지면 위에서 두 발이 가하는 압력을 구하라. (b) 만약 그 사람이 한 발로 서 있다면 발밑의 압력은 얼마인가?

접근 그 사람은 정지해 있다고 가정하자. 그러면 지면은 그녀의 몸무게 mg와 같은 힘으로 그녀를 위로 밀고, 그녀는 발과 접촉한 지면에 힘 mg를 가한다. $1\ \text{cm}^2 = (10^{-2}\ \text{m})^2 = 10^{-4}\ \text{m}^2$이기 때문에 $500\ \text{cm}^2 = 0.050\ \text{m}^2$이다.

풀이 (a) 두 발이 지면에 가하는 압력은 다음과 같이 계산할 수 있다.

$$P = \frac{F}{A} = \frac{mg}{A} = \frac{(60\ \text{kg})(9.8\ \text{m/s}^2)}{(0.050\ \text{m}^2)} = 12 \times 10^3\ \text{N/m}^2$$

(b) 만약 그 사람이 한 발로 서 있다면, 힘은 여전히 그 사람의 몸무게와 같고, 넓이는 절반과 같게 되어 압력은 두 배, 즉 $24 \times 10^3\ \text{N/m}^2$로 증가할 것이다.

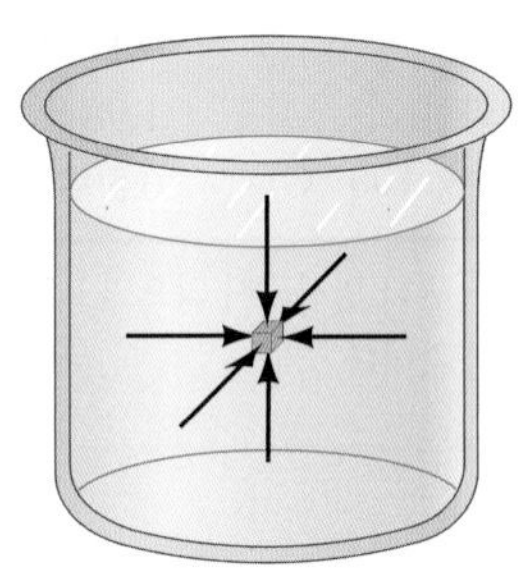

그림 10.1 정해진 깊이에서 움직이지 않는 유체의 압력은 모든 방향에서 동일하다. 만약 이것이 사실이 아니면, 유체는 움직인다.

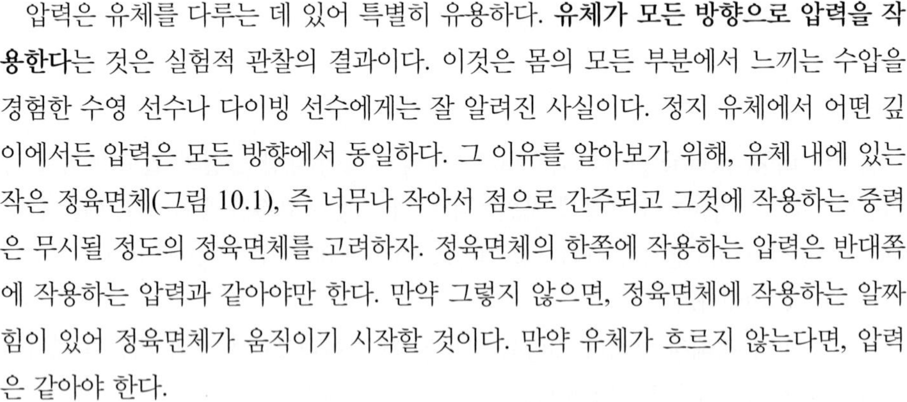

압력은 유체를 다루는 데 있어 특별히 유용하다. **유체가 모든 방향으로 압력을 작용한다**는 것은 실험적 관찰의 결과이다. 이것은 몸의 모든 부분에서 느끼는 수압을 경험한 수영 선수나 다이빙 선수에게는 잘 알려진 사실이다. 정지 유체에서 어떤 깊이에서든 압력은 모든 방향에서 동일하다. 그 이유를 알아보기 위해, 유체 내에 있는 작은 정육면체(그림 10.1), 즉 너무나 작아서 점으로 간주되고 그것에 작용하는 중력은 무시될 정도의 정육면체를 고려하자. 정육면체의 한쪽에 작용하는 압력은 반대쪽에 작용하는 압력과 같아야만 한다. 만약 그렇지 않으면, 정육면체에 작용하는 알짜 힘이 있어 정육면체가 움직이기 시작할 것이다. 만약 유체가 흐르지 않는다면, 압력은 같아야 한다.

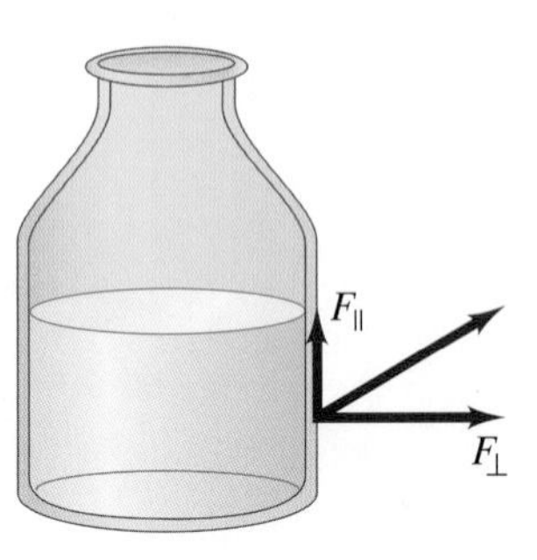

그림 10.2 만약 용기의 단단한 표면과 나란한 힘의 성분이 존재하게 되면, 액체는 그것에 반응해서 움직일 것이다. 정지 액체에 대해, $F_\parallel = 0$이다.

정지 유체에 있어 유체 압력에 기인한 힘은 접하고 있는 고체 표면과 항상 **수직으로** 작용한다. 만약 그림 10.2와 같이 표면에 나란한 힘의 성분이 존재한다면, 뉴턴 제3법칙에 따라 고체 표면은 유체에 역으로 작용하는 힘, 즉 유체의 흐름을 유발하는 힘이 작용해야 한다. 유체가 정지해 있다는 가정에 모순된다. 그래서 정지 유체에서 압력에 기인한 힘은 항상 표면에 수직이다.

이제 밀도가 균일한 액체 내에서 깊이에 따라 압력이 어떻게 변하는지를 정량적으로 계산한다. 그림 10.3과 같이 액체의 표면 아래로 깊이 h(즉 h만큼 올라가면 액체의 맨 윗면이 나온다)에서 살펴보자. 이 깊이 h에서 액체에 의한 압력은 바로 위에 있는 액체 기둥의 무게로부터 비롯되는 것이다. 그래서 넓이 A에 작용하는 액체의 무게에 기인한 힘은 $F = mg = (\rho V)g = \rho Ahg$이고, 여기서 Ah는 액체 기둥의 부이고 ρ는 액체의 밀도(일정할 것으로 예상), 그리고 g는 중력 가속도이다. 액체 무게에 의한 압력 P는

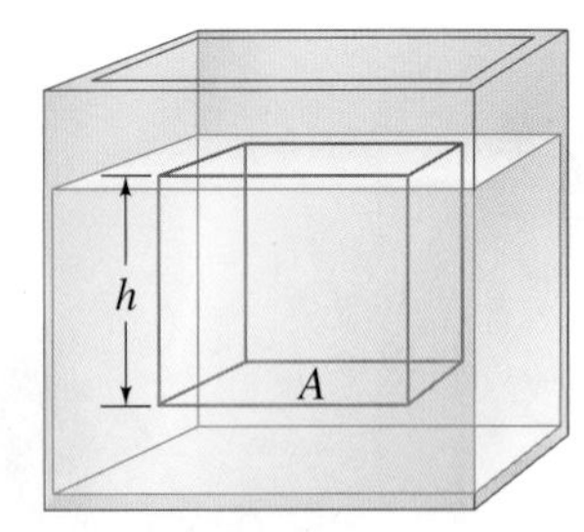

그림 10.3 바로 위 액체의 무게에 의한 액체 내의 깊이 h에서 압력 계산하기

$$P = \frac{F}{A} = \frac{\rho Ahg}{A}$$

$$P = \rho gh \qquad \text{[액체]} \qquad \textbf{(10.3a)}$$

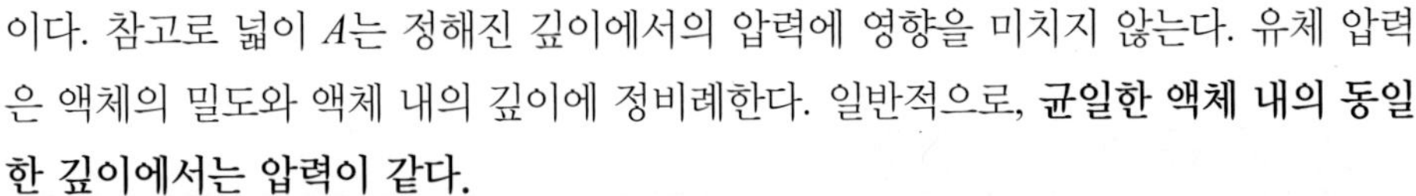

이다. 참고로 넓이 A는 정해진 깊이에서의 압력에 영향을 미치지 않는다. 유체 압력은 액체의 밀도와 액체 내의 깊이에 정비례한다. 일반적으로, **균일한 액체 내의 동일한 깊이에서는 압력이 같다.**

> **연습 A** 251쪽 시작 질문 1로 가서 다시 답을 해 보라. 처음과 답이 다르다면 그 이유를 설명해 보라.

식 10.3a는 매우 유용하다. 그것은 밀도가 일정하고 깊이에 따라 변하지 않는 유체 즉 만약 유체가 **비압축성**이라면—에 대해 타당하다. 이것은 (바닷속 매우 깊은 곳에서는 바로 위 물의 엄청난 무게로 인한 압축에 의해 물의 밀도는 증가할지라도) 보통 액체에 대해 잘 맞는 근사이다.

만약 유체의 밀도가 변한다면, $\Delta h = h_2 - h_1$의 두께를 갖는 유체의 얇은 수평 평판을 고려하면 유용한 관계식이 나온다. 깊이 h_1에서 유체 평판의 위쪽 압력은 $P_1 = \rho gh_1$이다. 깊이 h_2에서 (위쪽으로 미는) 판 아래의 압력은 $P_2 = \rho gh_2$이다. 압력차는

$$\Delta P = P_2 - P_1 = \rho g(h_2 - h_1)$$

즉

$$\Delta P = \rho g\,\Delta h \qquad [\rho \approx \Delta h\text{에서 일정}] \qquad \textbf{(10.3b)}$$

이다. 식 10.3b는, 비록 압축성일지라도 유체 내의 깊이(Δh)의 작은 변화에 따라 압력이 어떻게 변화는지를 알려준다.

기체는 매우 압축성이 뛰어나서 깊이에 따라 밀도가 크게 변할 수 있다. ρ가 변하는 좀 더 일반적인 경우에는 ρ가 깊이(또는 높이)에 따라 크게 변하면 Δh는 작아야 한다는 식 10.3b을 사용할 필요가 있다.

예제 10.3 수도꼭지에서 압력

어느 집 부엌에 있는 수도꼭지로부터 30 m 높이에 저장 탱크의 수면이 있다(그림 10.4). 수도꼭지와 물탱크의 수면 사이 수압의 차이를 계산하라.

물리학의 응용

물 공급

접근 물은 사실상 비압축성이라서, 식 10.3b에서 사용될 때 Δh = 30 m에서조차 ρ는 일정하다. 오로지 Δh만이 중요하다. 관의 '경로'와 굽은 정도는 무시할 수 있다.

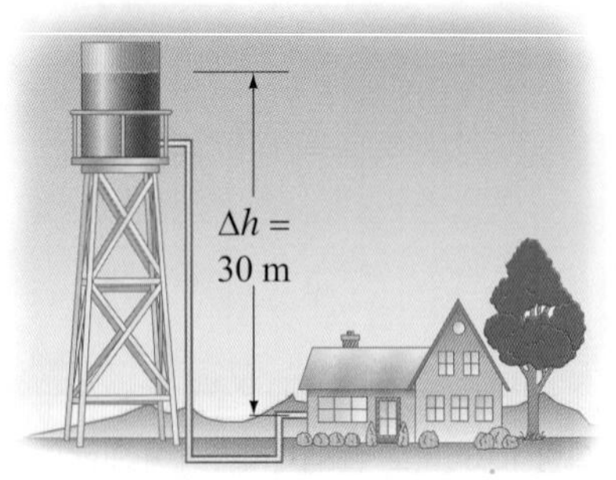

그림 10.4 예제 10.3

풀이 대기압은 저장 탱크의 수면에서와 수도꼭지에서 같다고 가정한다. 그래서 수도꼭지와 물탱크 내 수면에서 수압의 차이는 다음과 같다.

$$\Delta P = \rho g\, \Delta h = (1.0 \times 10^3\,\mathrm{kg/m^3})(9.8\,\mathrm{m/s^2})(30\,\mathrm{m}) = 2.9 \times 10^5\,\mathrm{N/m^2}$$

유의 높이 Δh는 종종 **압력 수두**(pressure head)라고 한다. 이번 예제에서, 압력 수두는 수도꼭지에서 30 m이다. 탱크와 수도꼭지 간 상당한 지름 차는 결과에 영향을 주지 않는다. 단지 높이만이 영향을 준다.

연습 B 댐에서의 깊이가 85 m인 호수를 지탱하고 있는 댐이 있다. 만약 호수의 길이가 20 km라면, 단지 1.0 km인 더 작은 호수에 비해 댐은 얼마나 더 두꺼워야 하는가?

10.4 대기압과 계기 압력

대기압

어느 유체와 마찬가지로 지구의 대기압은 깊이에 따라 변한다. 그러나 지구의 대기는 다소 복잡하다. 공기의 밀도는 고도에 따라 크게 변할 뿐만 아니라 h(식 10.3a에서)을 측정하는 기준 높이가 될 수도 있는 대기의 명확한 상단 표면이 존재하지 않는다. 식 10.3b를 사용해서 지표면 위의 두 고도 사이의 근사적인 압력차를 계산할 수 있다.

어떤 정해진 곳에서 공기의 압력은 날씨에 따라 다소 변한다. 해발 고도에서 평균 대기압은 $1.013 \times 10^5\ \mathrm{N/m^2}$(또는 14.7 lb/in.^{2})이다. 이 값은 통용되는 압력의 단위로 **대기압**(atmosphere, 약자로 atm)을 정의하는 데 사용한다.

$$1\,\mathrm{atm} = 1.013 \times 10^5\,\mathrm{N/m^2} = 101.3\,\mathrm{kPa}$$

(기상학 또는 기상도에서) 사용하는 또 다른 단위는 **바**(bar)인데, 이것은

$$1\,\mathrm{bar} = 1.000 \times 10^5\,\mathrm{N/m^2}$$

로 정의한다. 그래서 표준 대기압은 1 bar보다 약간 더 높다.

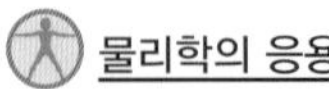
물리학의 응용
생체 세포에 작용하는 압력

대기의 무게로 인한 압력은 우리의 몸을 포함해서 공기라는 거대한 바다 속에 담겨 있는 모든 물체에 작용한다. 인체는 어떻게 표면에 작용하는 엄청난 압력을 견딜까? 그 답은 살아있는 세포가 외부 압력과 거의 같은 내부 압력을 유지하고 있다는 것이다. 마치 풍선 내부의 압력이 바깥쪽 대기의 압력에 대응되는 것과 같은 이치이다. 자동차 타이어는 견고하기 때문에 외부 압력보다 훨씬 높은 내부 압력을 유지할 수 있다.

계기 압력

타이어 압력계와 대부분의 다른 압력계는 대기압을 초과하는 만큼의 압력을 읽는다는 사실에 유의하는 것은 중요하다. 이것을 **계기 압력**(gauge pressure)이라고 한다.

그래서 **절대 압력**(absolute pressure) P를 얻기 위해서는 계기 압력 P_G에 대기압 P_0을 더해 주어야 한다.

$$P = P_G + P_0$$

타이어 압력계가 220 kPa를 가리킨다면, 타이어 내의 절대 압력은 220 kPa + 101 kPa = 321 kPa, 즉 약 3.2 atm(계기 압력 2.2 atm)과 같다.

10.5 파스칼 원리

지구의 대기는 지구와 접하고 있는 다른 유체를 포함한 모든 물체에 압력을 가한다. 유체에 작용하는 외부 압력은 그 유체에 골고루 전해진다. 예를 들어 식 10.3a에 따르면, 호수의 수면 아래 100 m 깊이에 있는 물에 기인한 압력은 $P = \rho g \Delta h = (1000\ \text{kg/m}^3)(9.8\ \text{m/s}^2)(100\ \text{m}) = 9.8 \times 10^5\ \text{N/m}^2$, 즉 9.7 atm이다. 그러나 이 지점에서 전체 압력은 물의 압력과 그 위의 공기의 압력을 더한 것에 기인한다. 그래서 전체 압력은 (만약 호수가 해수면 근처라면) 9.7 atm + 1.0 atm = 10.7 atm이다. 이것은 프랑스 철학자이자 과학자인 파스칼(Blaise Pascal, 1623~1662)의 업적으로 일반 원리의 한 사례이다. **파스칼 원리**(Pascal's principle)는 **밀폐된 용기에 담긴 유체에 어떤 외부 압력이 작용하면 유체 내 모든 점에서의 압력은 그만큼 증가한다**는 것이다.

물리학의 응용

유압 승강기

많은 실제 기기들은 파스칼 원리를 응용한 것이다. 하나의 예가 그림 10.5a에서 설명하는 유압 승강기로서 입력 피스톤의 넓이보다 출력 피스톤의 넓이를 크게 만들어서 작은 힘을 입력해도 큰 힘이 출력되도록 작동한다. 이것이 어떻게 작동하는지를 보기 위해 (적어도 근사적으로는) 동일한 높이에 입력 및 출력 피스톤이 있다고 가정한다. 그러면 외부 입력의 힘 F_{in}은, 파스칼 원리에 의해서, 전체적으로 동일한 압력이 증가한다. 그러므로 동일한 높이에서(그림 10.5a)

$$P_{out} = P_{in}$$

이고, 여기서 입력은 첨자 'in'으로 출력은 첨자 'out'으로 표기한다. $P = F/A$이기 때문에, 위의 양은

$$\frac{F_{out}}{A_{out}} = \frac{F_{in}}{A_{in}}$$

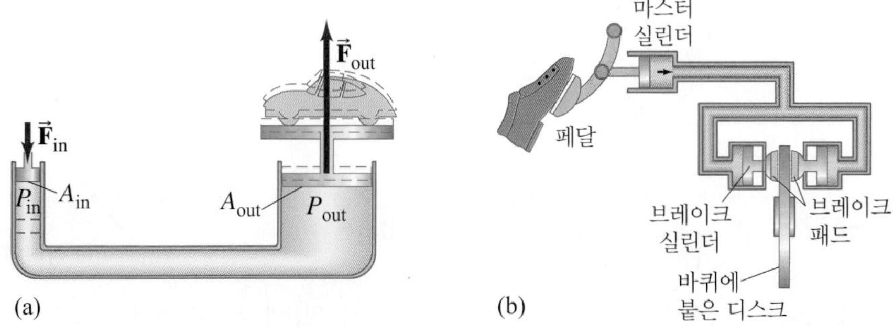

그림 10.5 파스칼 원리의 응용. (a) 유압 승강기 (b) 자동차에서 유압 브레이크

즉

$$\frac{F_{\text{out}}}{F_{\text{in}}} = \frac{A_{\text{out}}}{A_{\text{in}}}$$

로 쓴다.

$F_{\text{out}}/F_{\text{in}}$ 양은 유압 승강기의 **역학적 이점**(mechanical advantage)이라고 하고, 그것은 넓이의 비와 같다. 예를 들어 만약 출력 피스톤의 넓이가 입력 실린더의 20배라면, 그 힘도 20배이다. 그래서 200 lb의 힘으로 4000 lb의 자동차를 들어 올릴 수 있다.

그림 10.5b는 자동차의 제동 시스템을 보여 주고 있다. 운전자가 브레이크 페달을 밟으면, 마스터 실린더에서의 압력이 증가한다. 유압은 브레이크 액 전체에 걸쳐 발생하여 자동차 바퀴에 붙은 디스크에 대항하여 브레이크 패드를 밀게 된다.

10.6 압력 측정; 압력계와 기압계

그림 10.6에서 몇몇을 보여 주는 것처럼 압력을 측정하기 위해 수많은 장치가 고안됐다. 가장 간단한 것은 액체를 부분적으로 채운 U자 형 열린관 **압력계**(manometer)가 있다(그림 10.6a). 측정한 압력 P는 두 액체의 높이차 Δh와 관련이 있으며 관계식은 (식 10.3b에 따르면) 다음과 같다.

$$P = P_0 + \rho g \, \Delta h \qquad \text{[압력계]} \qquad \textbf{(10.3c)}$$

여기서 P_0은 (왼쪽 관에 있는 액체의 꼭대기에 작용하는) 대기압이고, ρ는 액체의 밀도이다. 양 $\rho g \, \Delta h$는 계기 압력—P는 대기압 P_0을 초과하는 양—임에 유의해야 한다. 만약 왼쪽 기둥에 있는 액체가 오른쪽 기둥에 있는 액체보다 낮으면, P는 대기압(그리고 Δh는 음의 값일 수 있다)보다 낮아야만 할 것이다.

$\rho g \, \Delta h$를 계산하는 대신에, 때때로 높이 변화 Δh만을 명시하기도 한다. 사실 압

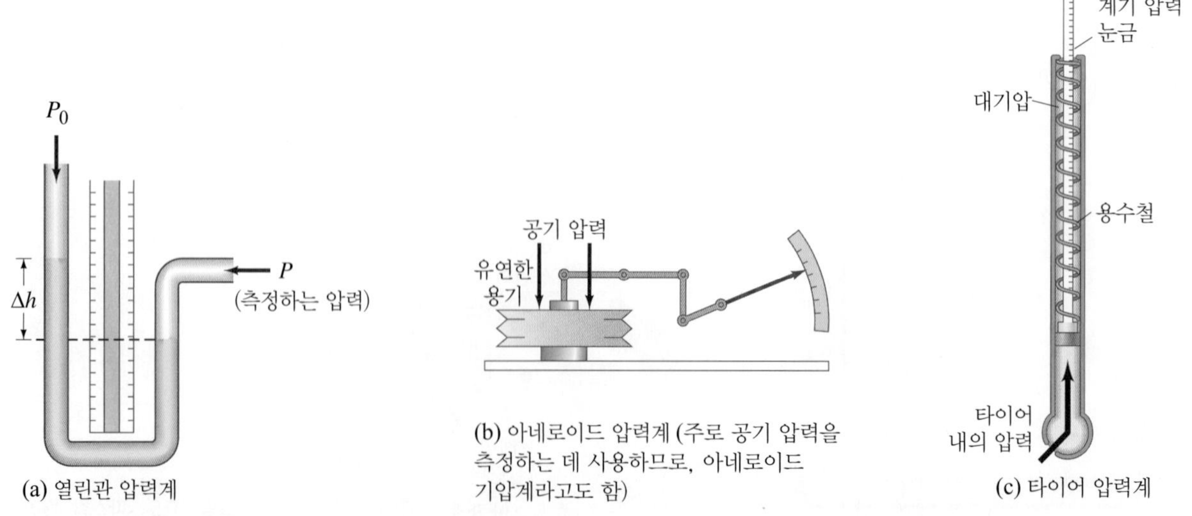

그림 10.6 압력계. (a) 열린관 압력계 (b) 아네로이드 압력계와 (c) 일상의 타이어 압력계

표 10.2 압력과 다른 단위 사이의 바꿈 인자

1 Pa = 1 N/m²로 표현	1 atm을 여러 단위로 표현
1 atm $= 1.013 \times 10^5$ N/m²	1 atm $= 1.013 \times 10^5$ N/m²
$= 1.013 \times 10^5$ Pa $=$ 101.3 kPa	
1 bar $= 1.000 \times 10^5$ N/m²	1 atm $=$ 1.013 bar
1 dyne/cm² $=$ 0.1 N/m²	1 atm $= 1.013 \times 10^6$ dyn/cm²
1 lb/in.² $= 6.90 \times 10^3$ N/m²	1 atm $=$ 14.7 lb/in.²
1 lb/ft² $=$ 47.9 N/m²	1 atm $= 2.12 \times 10^3$ lb/ft²
1 cm-Hg $= 1.33 \times 10^3$ N/m²	1 atm $=$ 76.0 cm-Hg
1 mm-Hg $=$ 133 N/m²	1 atm $=$ 760 mm-Hg
1 torr $=$ 133 N/m²	1 atm $=$ 760 torr
1 mm-H_2O (4°C) $=$ 9.80 N/m²	1 atm $= 1.03 \times 10^4$ mm-H_2O (4°C) $\approx$ 10 m 의 물

력을 때때로 mmHg[수은(Hg) 기둥의 높이를 mm 스케일로 표시] 또는 mmH_2O[물(H_2O) 기둥의 높이를 mm 스케일로 표시]와 같이 나타낸다. 단위 mmHg는 133 N/m²의 압력과 같다. 왜냐하면 수은 1 mm($= 1.0 \times 10^{-3}$ m)에 대한 $\rho g\,\Delta h$는

$$\begin{aligned}\rho g\,\Delta h &= (13.6 \times 10^3\,\mathrm{kg/m^3})(9.80\,\mathrm{m/s^2})(1.00 \times 10^{-3}\,\mathrm{m}) \\ &= 1.33 \times 10^2\,\mathrm{N/m^2}\end{aligned}$$

이기 때문이다. 단위 mmHg는 갈릴레오의 제자로 기압계를 고안한 토리첼리(Evangelista Torricelli, 1608~1647)를 기려서 **토르**(torr)라 한다. 압력의 다양한 단위 중에 바꿈 인자(엄청난 골칫거리!)는 표 10.2에서 얻을 수 있다. SI 단위계로 표시하는 다른 양들을 포함한 계산에서 단지 고유의 SI 단위인 N/m² = Pa만이 사용한다는 것이 중요하다.

압력 측정기의 또 다른 형태로는 얇은 금속 용기의 유연한 끝에 바늘이 연결되어 있는 **아네로이드 기압계**(aneroid gauge)가 있다(그림 10.6b). 이는 얇은 금속 진동판이 압력에 의해 변형되면 전기 신호로 변환되어 압력을 측정하는 장치이다. 보통의 타이어 압력계는 그림 10.6c와 같이 용수철을 사용한다.

기압은 수은 **기압계**(barometer, 그림 10.7)라 하는 한쪽 끝이 막힌 개량된 수은 압력계로 측정한다. 유리관에 수은으로 가득 채운 다음 수은 그릇 속에 뒤집어 세운다. 만약 관이 충분히 길면, 수은의 준위가 떨어져 기압은 수은 기둥을 76 cm(정확히는 표준 대기압에서 76.0 cm)의 높이만 지탱할 수 있기 때문에 관의 꼭대기는 진공 상태가 된다. 즉 76 cm 높이의 수은 기둥은 대기와 동일한 압력을 가한다.†

$$\begin{aligned}P = \rho g\,\Delta h &= (13.6 \times 10^3\,\mathrm{kg/m^3})(9.80\,\mathrm{m/s^2})(0.760\,\mathrm{m}) \\ &= 1.013 \times 10^5\,\mathrm{N/m^2} = 1.00\,\mathrm{atm}\end{aligned}$$

가정용 기압계는 (다이얼이 있는) 기계식 또는 전자식의 아레노이드형(그림 10.6)이 보통이다.

바로 앞에서 했던 것과 유사한 계산으로 기압은 꼭대기가 진공 상태인 관(그림

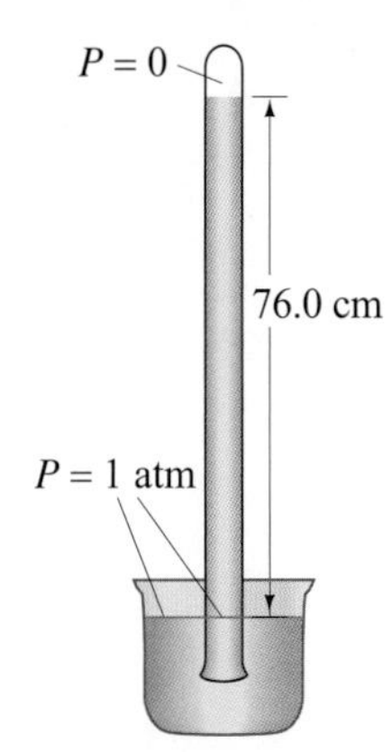

그림 10.7 토리첼리가 고안한 수은 기압계로 표준 대기압 76.0 cmHg을 나타내고 있다.

† 표 10.2에 있는 1 atm = 76.0 cmHg임을 확인하는 계산이다.

10.8)에서 물기둥이 10.3 m 높이를 유지하는 것을 보일 것이다. 아무리 좋은 진공 펌프라도 물을 정상 기압에서 약 10 m 높이 이상으로 끌어올릴 수 없다. 깊은 갱도 밖으로 물을 빼내기 위해서는 대략 10 m마다 단계적으로 진공 펌프를 설치하는 과정이 필요하다. 갈릴레오가 이 문제를 연구했고 그의 제자인 토리첼리가 처음으로 그것을 설명했다. 핵심은 펌프가 실제로는 관의 물을 빨아올리는 것이 아니라는 것이다—그것은 단지 관의 꼭대기의 압력을 낮출 뿐이다. 만약 꼭대기가 낮은 압력(진공)상태로 있다면, 마치 기압계에서 공기 압력이 수은을 76 cm 높이로 밀어 올리는(또는 유지하는) 것처럼, 대기압이 물을 **밀어 올릴 것이다.**

능동적으로 행하는 것으로 흡입을 종종 잘못 생각한다. 예를 들어 빨대를 통해 탄산음료를 밀어 올린다고 직관적으로 생각한다. 대신, 실제로 하는 것은 빨대의 꼭대기의 압력을 낮추어 대기가 탄산음료를 빨대에 **밀어 올리게** 하는 것이다.

그림 10.8 물 기압계. 위쪽은 막혀 있는 물로 가득 찬 (길이 10 m가 넘는) 관이 물통에 담겨 있다. 관의 잠긴 아래쪽 끝을 살짝 들면, 약간의 물이 관 밖으로 흘러나와 물통으로 들어가고 수면 위 관의 위쪽 끝은 진공 상태가 된다. 왜 그럴까? 대기압은 단지 10 m 높이의 물기둥만을 지탱할 수 있기 때문이다.

10.7 부력과 아르키메데스 원리

유체에 잠긴 물체는 유체 밖에 있을 때보다 덜 무거운 것으로 나타난다. 예를 들어 지면에서는 들어올리기 힘든 큰 바위를 종종 냇물 바닥에서는 쉽게 들어 올릴 수 있다. 그러나 수면 위로 바위를 들어 올리면, 갑자기 훨씬 무거워지는 듯하다. 나무와 같은 많은 물체들은 수면 위로 떠오른다. 이런 것들은 부력의 두 가지 예이다. 각 예에서 중력은 아래로 작용하고 있다. 그러나 부가적으로, 위 방향의 **부력**(buoyancy)이 액체에 의해 작용된다. 물고기와 잠수부에 작용하는 부력은 거의 정확히 아래 방향의 중력과 균형을 맞추고 그것들을 평형 상태에 '머물게' 한다.

부력은 유체 내의 압력이 깊이에 따라 증가하기 때문에 생긴다. 그래서 잠긴 물체의 바닥 면에 작용하는 위 방향의 압력은 그것의 위쪽 면에 작용하는 아래 방향의 압력보다 더 크다. 이 영향을 보기 위해, 그림 10.9와 같이 높이가 Δh이고 윗면과 아랫면의 넓이가 각각 A인 원통이 밀도 ρ_F인 유체에 완전히 잠겨 있다고 생각하자. 유체는 원통의 위 표면(식 10.3a)에 압력 $P_1 = \rho_F g h_1$을 가한다. 원통 윗면에 작용하는 압력에 의한 힘은 $F_1 = P_1 A = \rho_F g h_1 A$이고, 아래쪽을 향한다. 유사하게, 유체는 원통의 바닥에 작용하는 $F_2 = P_2 A = \rho_F g h_2 A$의 힘을 위 방향으로 가한다. 유체의 압력에 의해 원통에 작용하는 알짜힘, 즉 **부력**(buoyant force) $\vec{\mathbf{F}}_B$는 위 방향으로 작용하고 크기는

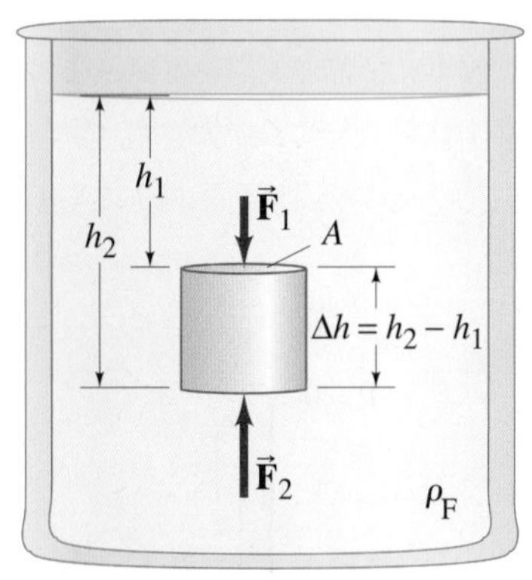

그림 10.9 부력 결정

$$\begin{aligned} F_B = F_2 - F_1 &= \rho_F g A (h_2 - h_1) \\ &= \rho_F g A \, \Delta h \\ &= \rho_F V g \\ &= m_F g \end{aligned}$$

이다. 여기서 $V = A\,\Delta h$는 원통의 부피이다. $\rho_F V$는 옮겨진 유체의 질량이고 $\rho_F V g = m_F g$는 원통의 부피에 해당하는 부피를 가지는 유체의 무게이다. 그래서 원통에 작용하는 부력은 원통이 차지한 부피에 상당하는 유체의 무게와 같다.

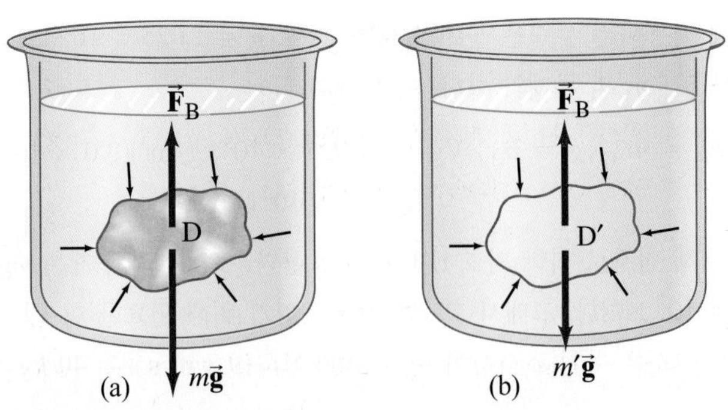

그림 10.10 아르키메데스 원리

이 결과는 물체의 모양이 어떤지에 상관없이 성립한다. 아르키메데스(Archimedes, 287?~212 B.C.)가 발견했다고 하여 **아르키메데스 원리**(Archimedes' principle)라고 한다.

유체에 잠겨 있는 물체에 작용하는 부력은 그 물체가 차지한 부피에 상당하는 유체의 무게와 같다.

'차지한 부피에 상당하는 유체'로부터 유체의 부피는 물체의 잠긴 부피(또는 잠겨 있는 물체의 부분)와 동일하다는 것을 알 수 있다. 만일 물을 가득 채운 유리잔이나 관에 물체를 놓을 때, 흘러넘친 물은 물체가 차지한 부피에 상응하는 물에 해당한다.

다음의 간단하지만 명쾌한 논리로 아르키메데스 원리를 유도할 수 있다. 그림 10.10과 같이 불규칙한 모양의 물체 D에 중력(그것의 무게 $m\vec{g}$, 아래 방향)과 위 방향의 부력 $\vec{F}_B$가 작용한다. F_B를 결정하려고 한다. 그래서 이번에는 원래 물체와 동일한 모양과 크기를 가진 유체로 이루어진 물체(그림 10.10b에서 D′)를 원래 물체가 있던 동일한 깊이에 위치하고 있다고 생각해 보자. 이 유체로 만든 물체가 가상의 막에 의해 유체의 나머지 부분과 분리되어 있다고 생각하자. F_B로 작용하는 주변의 유체가 정확히 똑같은 상황에 있기 때문에 유체로 만든 물체에 작용하는 부력 F_B는 원래 물체에 작용하는 부력과 정확히 같다. 이런 유체로 만든 물체 D′은 평형 상태(전체적으로 유체는 정지해 있다)에 있다. 그러므로 $F_B = m'g$이고, $m'g$는 유체로 만든 물체 D′의 무게이다. 그래서 부력 F_B는 유체 물체의 무게와 같고, 물체의 부피는 원래 잠겨 있는 물체의 부피와 같은데, 이것이 아르키메데스 원리이다.

아르키메데스의 발견은 실험에 의해 이루어졌다. 이제는 아르키메데스 원리가 뉴턴 법칙으로부터 유도가 됨을 보일 것이다.

예제 10.4 잠긴 조각상 복구하기

70 kg인 고대 조각상이 바다 밑으로 가라앉았다. 조각상의 부피는 $3.0 \times 10^4\ \text{cm}^3$이다. 조각상을 (가속도 없이) 들어올리기 위해 필요한 힘은 얼마인가?

접근 조각상을 들어올리기 위해 필요한 힘 F는 조각상의 무게 mg에서 부력 F_B를 뺀 것과 같다. 그림 10.11는 자유 물체 도형이다.

풀이 뉴턴 제2법칙 $\Sigma F = ma = 0$을 적용하면 $F + F_B - mg = 0$, 즉 다음과 같다.

$$F = mg - F_B$$

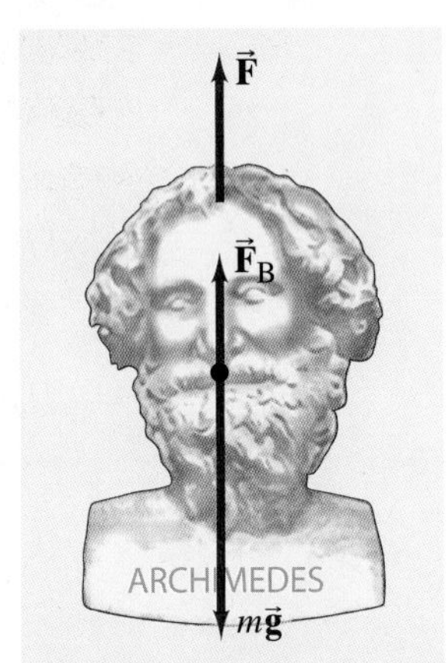

그림 10.11 예제 10.4. 조각상을 들어올리기 위해 필요한 힘은 $\vec{F}$이다.

물이 조각상에 작용하는 부력은 물(바닷물의 경우, $\rho = 1.025 \times 10^3\ \text{kg/m}^3$)의 $3.0 \times 10^4\ \text{cm}^3 = 3.0 \times 10^{-2}\ \text{m}^3$의 무게와 같다.

$$F_B = m_{H_2O}\,g = \rho_{H_2O}\,Vg = (1.025 \times 10^3\,\text{kg/m}^3)(3.0 \times 10^{-2}\,\text{m}^3)(9.8\,\text{m/s}^2)$$
$$= 3.0 \times 10^2\,\text{N}$$

여기서 물에 대해 첨자로 화학 기호 H_2O을 사용한다. 조각상의 무게는 $mg = (70\ \text{kg})\ (9.8\ \text{m/s}^2) = 6.9 \times 10^2$ N이다. 그래서 그것을 들어올리기 위해 필요한 힘 F는 690 N − 300 N = 390 N이다. 이것은 마치 조각상이 단지 $(390\ \text{N})/(9.8\ \text{m/s}^2) = 40$ kg의 질량만을 갖는 것 같다.

유의 여기서 $F = 390$ N는 조각상이 물속에 있을 때 가속도 없이 그것을 들어올리는 데 필요한 힘이다. 조각상이 물 밖으로 나오면서 힘 F는 증가하여 조각상이 물 밖으로 완전히 나올 때 690 N에 도달한다.

아르키메데스는 왕의 새 왕관이 순금인지 가짜인지를 어떤 식으로 알아내야 할지를 골몰하는 동안 욕조에서 그의 원리를 발견했다고 전해지고 있다. 금의 비중은 19.3인데 이것은 대부분의 금속에 비해 약간 크지만 비중이나 밀도를 손쉽게 결정하기는 어렵다. 왜냐하면 질량이 알려져 있을지라도 불규칙한 모양을 한 물체의 부피를 쉽게 계산할 수 없기 때문이다. 그 물체가 대기에서는 무게($= w$)가 나가고 물속에서도 또한 '무게($= w'$)'가 나간다면, 그것의 밀도를 다음 예제에서처럼 아르키메데스 원리를 사용해서 결정할 수 있다. 물속에서의 **겉보기 무게**(apparent weight)를 w'이라 하면 이것은 물속에 물체가 잠겨 있을 때 눈금이 가리키는 값이다(그림 10.12). w'은 실제 무게($w = mg$)에서 부력을 뺀 값과 같다.

예제 10.5 아르키메데스, 왕관은 금일까?

질량 14.7 kg인 왕관이 물속에 잠겨 있을 때 정확한 저울은 단지 13.4 kg을 가리킨다. 왕관은 금으로 만들어졌을까?

접근 만일 왕관이 금이라면, 그것의 밀도와 비중은 매우 높아야만 한다. SG = 19.3(10.2절 및 표 10.1 참조). 아르키메데스 원리와 그림 10.11의 두 자유 물체 도형을 이용하여 비중을 결정한다.

풀이 잠긴 물체(왕관)의 **겉보기 무게**는 w'(저울이 가리키는 것)이며, 저울 고리로부터 아래로 잡아당기는 힘이다. 뉴턴 제3법칙에 의해, w'은 그림 10.12b에서 저울이 왕관에 가하는 힘 F'_T와 같다. 왕관에 작용하는 힘의 합은 0이며 w'은 실제 무게 $w(= mg)$에서 부력 F_B을 뺀 값과 같다.

$$w' = F'_T = w - F_B$$
$$w - w' = F_B$$

완전히 잠긴 물체의 부피를 V, ρ_O를 물체의 밀도(따라서 $\rho_O V$는 물체의 질량이다), 그리고 ρ_F를 유체(물)의 밀도라 하자. 그러면 $(\rho_F V)g$는 차지한 부피의 유체의 무게($= F_B$)이다.

$$w = mg = \rho_O Vg$$
$$w - w' = F_B = \rho_F Vg$$

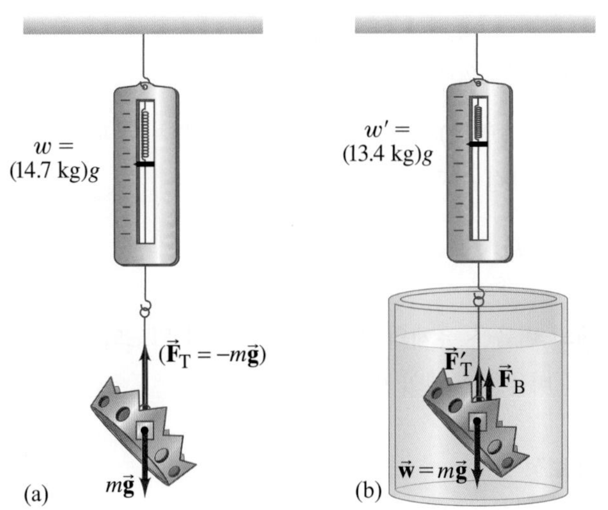

그림 10.12 (a) 저울은 공기 중에 있는 물체 이 경우에는 예제 10.5의 왕관—의 질량을 가리키고 있다. 모든 물체는 정지해 있어, 연결된 줄에 작용하는 장력 F_T는 물체의 무게 w와 같다. 즉 $F_T = mg$이다. 왕관의 자유 물체 도형으로부터 F_T가 저울의 눈금을 유발함을 알 수 있다(뉴턴 제3 법칙에 의해 그것은 저울에 작용하는 아래 방향의 알짜힘과 같다). (b) 잠겨 있을 때 왕관에 추가적으로 부력 F_B가 작용한다. 알짜힘은 영이므로 $F'_T + F_B = mg\ (= w)$이다. 이때 저울은 $m' = 13.4$ kg을 가리키는데, m'은 $w' = m'g$에 의해 유효 질량과 관련된다. 그래서 $F'_T = w' = w - F_B$이다.

이 두 식을 나누면

$$\frac{w}{w - w'} = \frac{\rho_O Vg}{\rho_F Vg} = \frac{\rho_O}{\rho_F}$$

을 얻는다. 만약 물체가 잠긴 유체가 물($\rho_F = 1.00 \times 10^3$ kg/m^3)이라면, $w/(w - w')$은 물체(왕관)의 비중과 같다. 그래서

$$\frac{\rho_O}{\rho_{H_2O}} = \frac{w}{w - w'} = \frac{(14.7\,\text{kg})g}{(14.7\,\text{kg} - 13.4\,\text{kg})g} = \frac{14.7\,\text{kg}}{1.3\,\text{kg}} = 11.3$$

이다. 이것은 11,300 kg/m^{3}의 밀도에 해당한다. 왕관은 금이 아니고 납(표 10.1 참조)으로 만들어진 것 같다.

아르키메데스 원리는 나무와 같이 떠 있는 물체에 동일하게 적용된다. 일반적으로, **물체의 밀도(ρ_O)가 유체의 밀도(ρ_F)보다 낮으면 물체는 유체 위에 떠 있게 된다.** 이것은 그림 10.13에서 쉽게 볼 수 있는데, 만약 $F_B > m_O g$이면, 즉 $\rho_F Vg > \rho_O Vg$ 그러니까 $\rho_F > \rho_O$라면, 질량 m_O인 잠긴 통나무는 위 방향의 알짜힘을 느끼고 수면에 뜨게 될 것이다. 평형 상태, 즉 떠 있을 때 물체에 작용하는 부력은 물체의 무게와 같은 크기를 갖는다. 예를 들어 비중이 0.60이고 부피가 2.0 m^{3}인 통나무의 질량은

$$m_O = \rho_O V = \left(0.60 \times 10^3\,\text{kg/m}^3\right)\left(2.0\,\text{m}^3\right) = 1200\,\text{kg}$$

이다. 만약 나무가 완전히 잠기면, 통나무는 물의 질량

$$m_F = \rho_F V = \left(1000\,\text{kg/m}^3\right)\left(2.0\,\text{m}^3\right) = 2000\,\text{kg}$$

을 대체할 것이다. 그래서 통나무에 작용하는 부력은 그것의 무게보다 크고 수면 위로 떠오를 것이다(그림 10.13). 통나무가 1200 kg의 물을 대체할 때, 통나무는 평형에 이르게 되고, 이것은 부피 1.2 m^{3}의 통나무가 잠겨 있는 것을 의미한다. 이 부피 1.2 m^{3}은 통나무의 부피(= 1.2/2.0 = 0.60)의 60 %에 해당하고, 통나무의 60 %가 잠기게 된다는 것을 의미한다.

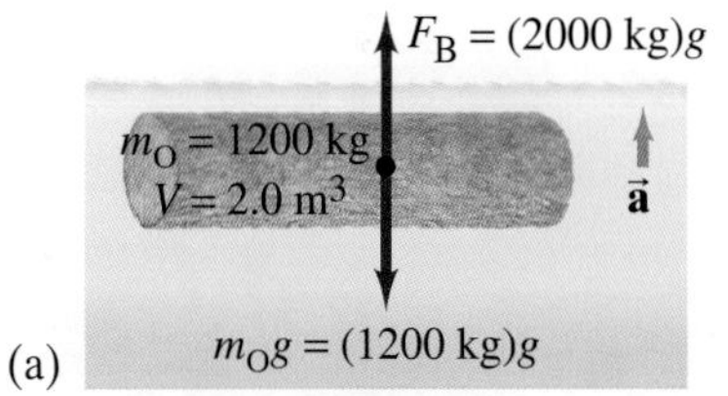

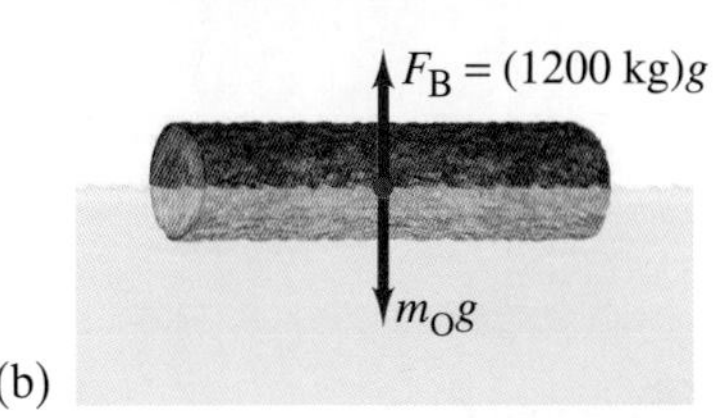

그림 10.13 (a) 완전히 잠긴 통나무가 $F_B > m_O g$ 때문에 위쪽으로 가속된다. (b) $\Sigma F = 0$일 때, 그것은 평형에 도달하여, $F_B = m_O g = (1200\ \text{kg})g$가 된다. 그러면 1200 kg 또는 1.2 m^{3}의 물이 밀려난다.

일반적으로 물체가 뜰 때 $F_B = m_O g$이고, 이것은

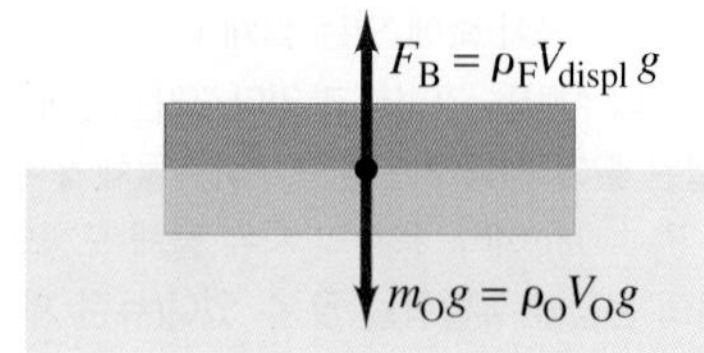

그림 10.14 평형 상태에서 떠 있는 물체. $F_B = m_O g$

$$F_B = m_O g$$
$$\rho_F V_{displ}\, g = \rho_O V_O\, g$$

와 같이 쓸 수 있다(그림 10.14). 여기서 V_O는 물체의 전체 부피이고 V_{displ}은 물체가 차지한 유체의 부피(= 잠긴 부피)이다. 그래서

$$\frac{V_{displ}}{V_O} = \frac{\rho_O}{\rho_F}$$

이다. 즉 잠긴 물체의 비율은 유체의 밀도 대비 물체의 밀도의 비로 주어진다. 만약 유체가 물이라면, 이 비율은 물체의 비중과 같다.

예제 10.6 비중계 보정

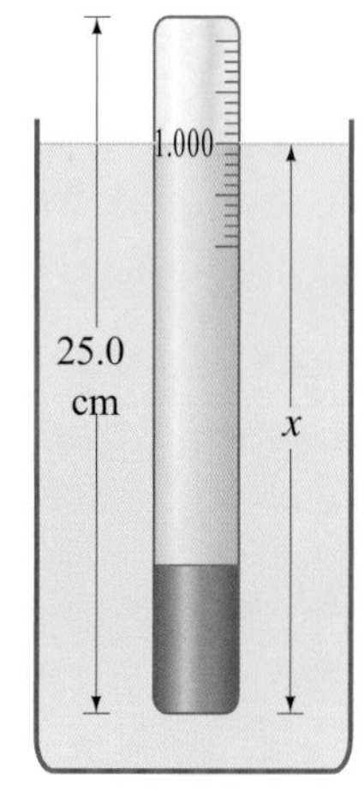

그림 10.15 비중계. 예제 10.6

비중계(hydrometer)는 기기가 액체에 얼마나 깊이 가라앉는가를 보고 액체의 비중을 측정하는 데 사용되는 간단한 장치이다. 어떤 특별한 비중계(그림 10.15)가 밑이 무거운 유리관으로 구성되어 있는데 길이는 25.0 cm, 단면적이 2.00 cm^2 그리고 질량이 45.0 kg이다. 1.000의 표시는 무거운 끝으로부터 얼마나 떨어져 있어야만 할까?

접근 만약 비중계의 밀도 ρ가 물의 밀도 $\rho_{H_2O} = 1.000\ g/cm^3$보다 낮으면 비중계는 물에 떠 있을 것이다. 비중계의 잠긴 비율($V_{displaced}/V_{total}$)이 밀도비 ρ/ρ_{H_2O}와 같다.

풀이 비중계의 전체 밀도는

$$\rho = \frac{m}{V} = \frac{45.0\ g}{(2.00\ cm^2)(25.0\ cm)} = 0.900\ g/cm^3$$

이다. 그래서 비중계를 물에 놓을 때, 전체 부피의 0.900이 잠길 때에 평형에 이르게 될 것이다. 비중계는 균일한 단면으로 이루어져 있기 때문에 전체 길이의 (0.900)(25.0 cm) = 22.5 cm가 잠길 것이다. 물의 비중은 1.000으로 정의하므로, 그 표시는 무거운 끝으로부터 22.5 cm에 위치해야 한다.

유의 비중계는 자동차 부동액, 자동차 배터리 액(전하 측정), 통에서 발효되고 있는 포도주와 많은 다른 것들과 같은 액체의 밀도를 측정하는 데 사용할 수 있다.

연습 C 물에 잠긴 다음 물체 중 부력의 크기를 가장 크게 느끼는 것은 어느 것인가? (a) 1 kg의 헬륨 풍선 (b) 나무 1kg (c) 얼음 1 kg (d) 철 1 kg (e) 모두 동일

연습 D 물에 잠긴 다음 물체 중 부력의 크기기를 가장 크게 느끼는 것은 어느 것인가? (a) 1 m^{3}의 헬륨 풍선 (b) 나무 1 m^3 (c) 얼음 1 m^3 (d) 철 1 m^3 (e) 모두 동일

물리학의 응용
대륙 이동설–판 구조론

아르키메데스 원리는 또한 지질학에서도 유용하다. 판구조론과 대륙 이동설에 따르면, 대륙은 다소 변형 가능한 암석(맨틀 암석)의 유체 '바다' 위에 떠 있다. 매우 간단한 모형을 이용해서 흥미 있는 계산을 할 수 있다. 종합 문제에서 이런 것을 고려할 것이다.

공기는 유체이고, 그것은 또한 부력이 작용한다. 보통 물체는 진공에서보다 공기에서 무게가 덜 나간다. 공기 밀도는 매우 작기 때문에, 보통의 고체들에 대해 그 효과는 미미하다. 그러나 공기에 떠 있는 물체들, 예를 들어 헬륨으로 채워진 풍선이

있는데, 헬륨의 밀도는 공기의 밀도보다 낮기 때문이다.

예제 10.7 **헬륨 풍선**

헬륨 풍선이 180 kg(빈 풍선의 무게도 포함)의 짐을 들어 올리려면 헬륨의 부피 V가 얼마나 되어야 하는가?

접근 밀려난 공기의 무게와 같은 헬륨 풍선의 부력 F_B는 적어도 헬륨의 무게와 풍선의 무게 그리고 짐(그림 10.16)을 더한 것과 같아야 한다. 표 10.1로부터 헬륨의 밀도는 0.179 kg/m^{3}이다.

풀이 부력은 최솟값이

$$F_B = (m_{He} + 180\ \text{kg})g$$

이다. 이 식은 아르키메데스 원리를 사용하여 밀도로 표현할 수 있다.

$$\rho_{air} Vg = (\rho_{He} V + 180\ \text{kg})g$$

V에 대해 풀면 다음을 얻는다.

$$V = \frac{180\ \text{kg}}{\rho_{air} - \rho_{He}} = \frac{180\ \text{kg}}{(1.29\ \text{kg/m}^3 - 0.179\ \text{kg/m}^3)} = 160\ \text{m}^3$$

유의 이것은 $\rho_{air} = 1.29\ \text{kg/m}^3$인 지표면에서 필요한 최소한의 부피이다. 높은 고도에 도달하기 위해서는 공기 밀도가 고도에 따라 감소하기 때문에 더 큰 부피가 필요하다.

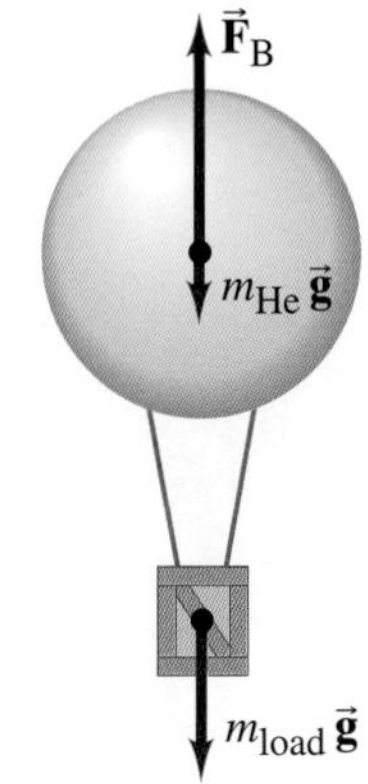

그림 10.16 예제 10.7

연습 E 평평한 60 kg의 알루미늄 판을 물에 던지면, 이 판은 가라앉는다. 그러나 이 알루미늄 판을 노 젓는 배 모양으로 만들면, 이는 물에 뜬다. 그 이유는 무엇인가?

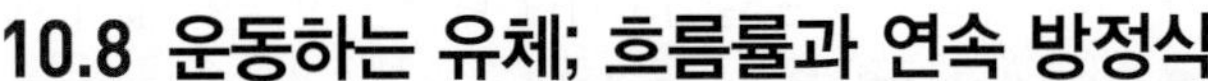

10.8 운동하는 유체; 흐름률과 연속 방정식

유체 동역학(fluid dynamics) 또는 (특히 유체가 물이라면) **유체 역학**(hydrodynamics)이라고 하는 운동 유체에 관한 주제로 옮겨보자.

유체 흐름을 두 가지 주요 형태로 구별할 수 있다. 흐름이 매끄러우면, 그래서 유체의 인접한 층이 서로 매끄럽게 미끄러지면, 그 흐름을 **유선**(streamline) 또는 **층흐름**(laminar flow)이라고 한다. 유선 흐름에서 유체의 각 입자는 매끄러운 **유선형 흐름**(streamline flow)의 경로를 따르고, 이 경로들은 서로 교차하지 않는다(그림 10.17a). 특정 속력 이상에서 유체의 흐름은 난류가 된다. **난류**(turbulent flow)는 **맴돌이나 소용돌이**라고 하는 작은 원형 흐름으로 특징지을 수 있다(그림 10.17b). 맴돌이는 많은 에너지를 흡수하고, 유선 흐름 중에서도 **점성**(viscosity)이라고 하는 내부 마찰이 어느 정도 존재할 지라도, 흐름이 난류일 때 맴돌이가 훨씬 더 크다. 색깔이 있는 잉크나 식품 착색제를 운동하는 액체에 몇 방울 떨어뜨리면 그 흐름이 유선 흐름인지 난류인지 바로 드러난다.

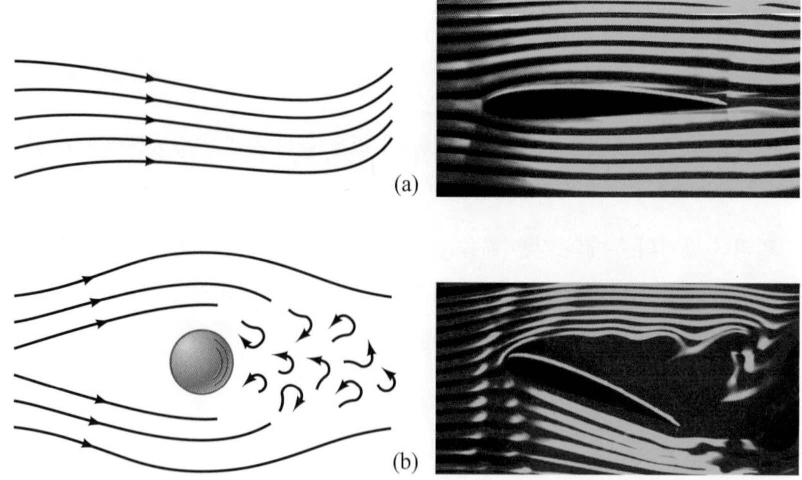

그림 10.17 (a) 유선형 흐름 또는 층흐름 (b) 난류. 사진은 비행기 날개(10.10절 참고) 근처에서 공기 흐름을 보여 준다.

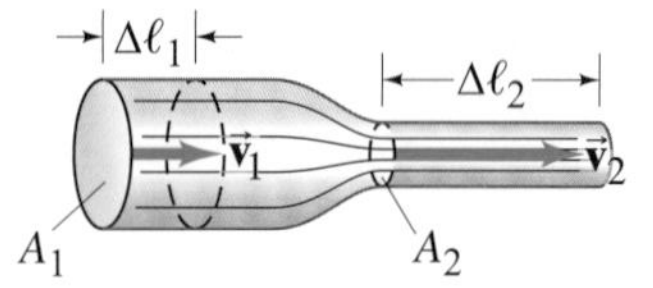

그림 10.18 지름이 변하는 파이프를 지나는 유체 흐름

그림 10.18의 닫힌 관이나 파이프를 통한 유체의 정상 층흐름을 생각해 보자. 먼저 관의 지름이 변할 때 유체의 속력이 얼마나 변하는지를 결정한다. 질량 **흐름률**(flow rate)은 단위 시간 Δt당 정해진 점을 지나는 유체의 질량 Δm으로 정의한다.

$$\text{질량 흐름률} = \frac{\Delta m}{\Delta t}$$

그림 10.18에서 시간 Δt에서 (넓이 A_1을 통과하여) 점 1을 지나는 유체의 부피는 $A_1 \Delta\ell_1$이다. 여기서 $\Delta\ell_1$는 유체가 시간 Δt 동안 움직인 거리이다. 점 1이 지나는 유체(밀도 ρ_1)의 속도[†]는 $v_1 = \Delta\ell_1/\Delta t$이다. 그러면 넓이 A_1을 통과하는 질량 흐름률은

$$\frac{\Delta m_1}{\Delta t} = \frac{\rho_1 \Delta V_1}{\Delta t} = \frac{\rho_1 A_1 \Delta\ell_1}{\Delta t} = \rho_1 A_1 v_1$$

이고 $\Delta V_1 = A_1 \Delta\ell_1$은 질량 Δm_1의 부피이다. 유사하게 (넓이 A_2을 통과한) 점 2에서 흐름률은 $\rho_2 A_2 v_2$이다. 유체가 관의 옆쪽으로는 들어오거나 나가는 흐름이 없기 때문에 A_1과 A_2를 통과하는 흐름률은 같아야만 한다. 그래서

$$\frac{\Delta m_1}{\Delta t} = \frac{\Delta m_2}{\Delta t}$$

이고

$$\rho_1 A_1 v_1 = \rho_2 A_2 v_2 \qquad \textbf{(10.4a)}$$

이다. 이 식을 **연속 방정식**(equation of continuity)이라고 한다.

만약 유체가 대부분의 상황에서 액체(그리고 때때로 기체에 대해서도)에 대해 잘 맞는 근사인 비압축성(ρ는 압력에 관계없이 변하지 않는다)인 경우라면, $\rho_1 = \rho_2$이고, 연속 방정식은

$$A_1 v_1 = A_2 v_2 \qquad [\rho = \text{일정}] \qquad \textbf{(10.4b)}$$

[†] 점성이 없다면, 속도는 관의 단면을 따라서 같을 것이다. 실제로 유체는 점성이 있으며, 내부 마찰이 생기므로 유체의 서로 다른 층에서 서로 다른 속력으로 흐르게 한다. 이 경우 v_1과 v_2는 각 단면에서의 평균 속력을 나타낸다.

이 된다. Av는 유체의 **부피 흐름률**(초당 정해진 한 점을 지나는 유체의 부피)을 나타내는데, 그것은 $\Delta V/\Delta t = A\,\Delta\ell/\Delta t = Av$이기 때문이다. SI 단위로 m^3/s이다. 식 10.4b는 단면적이 큰 곳에서는 속도가 느리고 넓이가 작은 곳에서는 속도가 빠르다는 것을 알려준다. 강물을 보고 있으면 이것이 타당한 이유를 알 수 있다. 강물은 넓은 목초지에서는 천천히 흐르지만, 좁은 협곡을 지날 때는 급류 속력까지 흐름이 빨라진다.

예제 10.8 추산 혈류

인체에서 혈액은 심장에서 대동맥으로 흘러 들어가 그것을 지나 간선동맥으로 흐른다(그림 10.19). 이런 것들은 소동맥으로 갈라지고 결국 미세한 모세혈관으로 무수히 갈라진 후, 혈액은 정맥을 통해 심장으로 되돌아온다. 대동맥의 반지름은 약 1.2 cm이고, 그것을 지나가는 혈액의 속력은 약 40 cm/s이다. 전형적인 모세혈관은 약 4×10^{-4} cm이고, 혈액은 약 5×10^{-4} m/s의 속력으로 지나간다. 신체 내에 있는 모세혈관의 수를 추정해 보라.

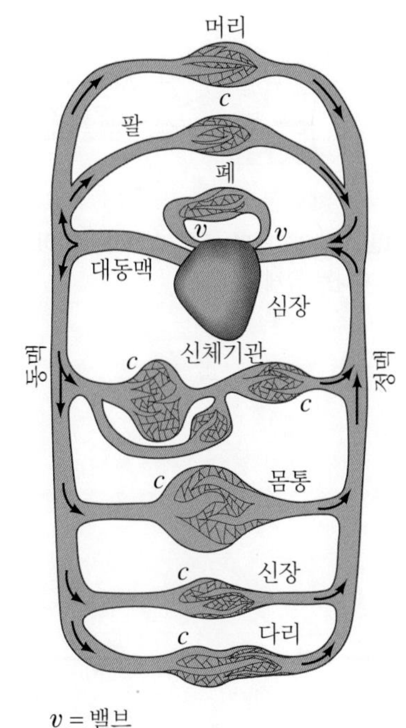

그림 10.19 인체의 순환계

접근 혈액의 밀도는 대동맥에서 모세혈관까지 크게 변하지 않는다고 가정한다. 연속 방정식에 의해, 대동맥에서 부피 흐름률은 모든 모세혈관을 통과하는 부피 흐름률과 같아야만 한다. 모든 모세혈관의 전체 넓이는 전형적인 모세혈관의 넓이에 전체 모세혈관의 수 N을 곱하여 얻는다.

풀이 대동맥의 넓이를 A_1이라고 하고, 혈액이 흐르는 모든 모세혈관의 넓이를 A_2라고 하자. 그러면 $A_2 = N\pi r_{\text{cap}}^2$이다. 여기서 $r_{\text{cap}} \approx 4 \times 10^{-4}$ cm는 하나의 모세혈관에서 추정한 평균 반지름이다. 연속 방정식(식 10.4b)으로부터

$$\begin{aligned} v_2 A_2 &= v_1 A_1 \\ v_2 N\pi r_{\text{cap}}^2 &= v_1 \pi r_{\text{aorta}}^2 \end{aligned}$$

이고

$$N = \frac{v_1}{v_2}\frac{r_{\text{aorta}}^2}{r_{\text{cap}}^2} = \left(\frac{0.40\,\text{m/s}}{5 \times 10^{-4}\,\text{m/s}}\right)\left(\frac{1.2 \times 10^{-2}\,\text{m}}{4 \times 10^{-6}\,\text{m}}\right)^2 \approx 7 \times 10^9$$

이므로 모세혈관 수는 대략 100억 개 정도이다.

예제 10.9 난방 배관

3.0 m/s로 난방 배관을 따라 움직이는 공기로 부피 300 m^3의 방에 매 15분마다 보충하려면 배관의 넓이는 얼마여야 하는가? 공기 밀도는 균등하다고 가정한다.

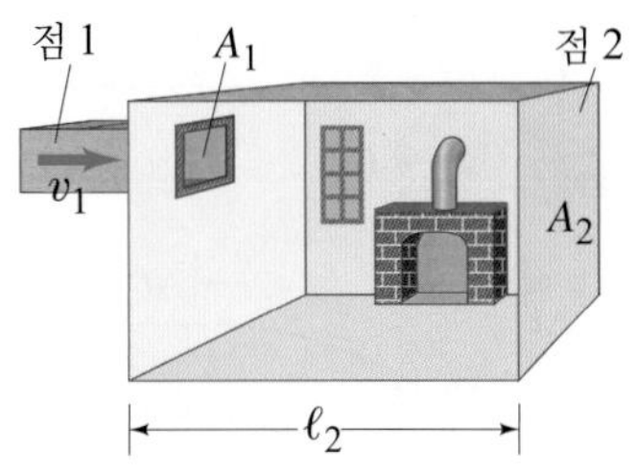

그림 10.20 예제 10.9

접근 배관(그림 10.20에서 점 1)을 통해 흘러 방(점 2)으로 들어가는 공기에 대해 균일한 밀도에서의 연속 방정식(식 10.4b)을 적용한다. 방에서의 부피 흐름률은 방의 부피를 보충 시간 15분으로 나눈 것과 같다.

풀이 배관의 큰 단면으로서 방(그림 10.20)을 고려해 보고, $t = 15$ min $= 900$ s 안에 점 2를 지나는 방의 부피와 같은 공기를 생각해 보자. (Δt를 t로 바꾼) 식 10.4a을 얻기 위해 했던 동일한 논리 방식으로 $v_2 = \ell_2/t$이고 $A_2 v_2 = A_2\ell_2/t = V_2/t$로 쓴다. 여기서 V_2는 방의 부피이다. 그러면 연속 방정식은 $A_1 v_1 = A_2 v_2 = V_2/t$이고

$$A_1 = \frac{V_2}{v_1 t} = \frac{300\,\text{m}^3}{(3.0\,\text{m/s})(900\,\text{s})} = 0.11\,\text{m}^2$$

이다.

유의 배관이 정사각형이면, 각 변이 길이 $\ell = \sqrt{A} = 0.33$ m 또는 33 cm이다. 20 cm × 55 cm의 직사각형 배관 또한 그럴 것이다.

10.9 베르누이 방정식

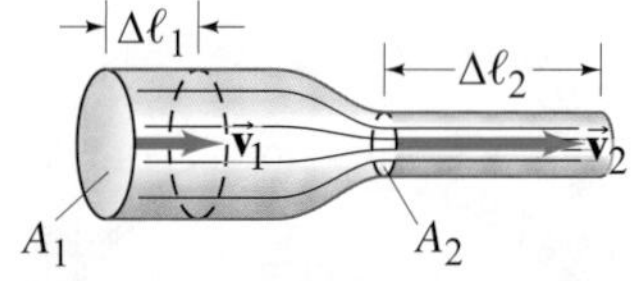

그림 10.18 (반복) 지름이 변하는 파이프를 지나는 유체 흐름

비행기가 어떻게 날 수 있고 맞바람을 맞으며 범선이 어떻게 나아갈 수 있는지 의문을 가진 적이 있는가? 이것들은 베르누이(Daniel Bernoulli, 1700~1782)가 발견한 원리의 예이다. **베르누이 원리**(Bernoulli's principle)의 핵심은 **유체의 속도가 높은 곳에서 압력이 낮고, 속도가 낮은 곳에서 압력이 높다는 것이다.** 예를 들어 유체 압력을 그림 10.18의 점 1과 2에서 측정한다면, 속도가 더 큰 점 2에서 속도가 낮은 점 1에서보다 압력이 낮다. 언뜻 보기에, 이것은 좀 이상한 것처럼 보이다. 점 2의 더 큰 속력이 더 높은 압력을 암시할 것으로 예상할 수 있다. 그러나 이는 그렇지 않다. 만약 점 2의 유체 압력이 점 1에서보다 더 높다면, 이 더 높은 압력은 유체를 느리게 했을 테지만, 실제로는 점 1에서 점 2로 가면서 속력이 가속된다. 그래서 점 2에서의 압력은 점 1에서보다 낮고, 이것은 유체가 가속된다는 사실과 일치한다.

오개념을 명확히 하기 위해, 더 빠른 유체는 경로에 놓인 장애물에 되튀어 나오면서 더 큰 힘을 작용할는지도 모른다. 그러나 그것은 유체 압력에 의해서라는 것을 의미하는 것은 아니다. 우리는 흐름을 방해하는 장애물이 없는 매끄러운 유선 흐름을 검토할 것이다. 유체 압력은 관이나 파이프의 벽에 작용하거나 유체가 피해간 물질의 표면에 작용한다.

베르누이는 이 원리를 정량적으로 표현하는 방정식을 개발했다. 베르누이 방정식을 유도하기 위해, 흐름이 정상 흐름과 층흐름이라고 가정하면, 유체는 비압축성이고 점도는 무시할 정도로 충분히 작다. 일반적으로 유체가 어떤 기준 이상의 높이에서 변하는 단면이 균일하지 않은 관에서 흐른다고 가정한다(그림 10.21). 색칠된 부분의 유체의 부피를 고려하고 그림 10.21a에서 보여 주는 위치로부터 그림 10.21b에서 보여 주는 위치까지 움직이기 위해 한 일을 계산한다. 이 과정에서 넓이 A_1로 들어가는 유체는 거리 $\Delta\ell_1$만큼 흐르고 넓이 A_2에 있는 유체에 힘을 가해 거리 $\Delta\ell_2$만큼 움직이게 한다. 넓이 A_1의 왼쪽에 있는 유체는 유체의 단면에 압력 P_1을 가하고

$$W_1 = F_1\,\Delta\ell_1 = P_1 A_1\,\Delta\ell_1$$

양의 일을 한다($P = F/A$이므로). 점 2에서 유체의 단면에 한 일은

$$W_2 = -P_2 A_2\,\Delta\ell_2$$

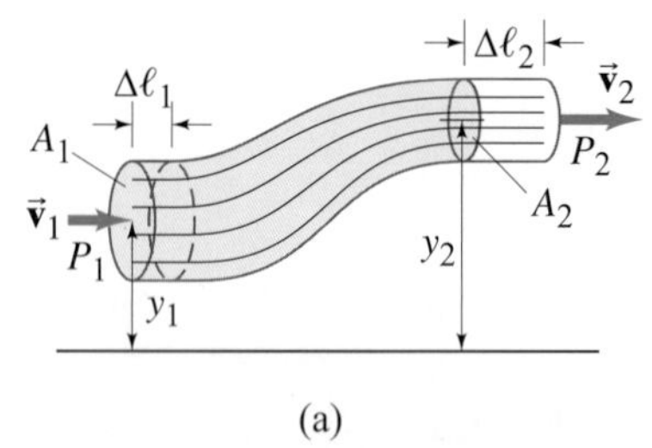

(a)

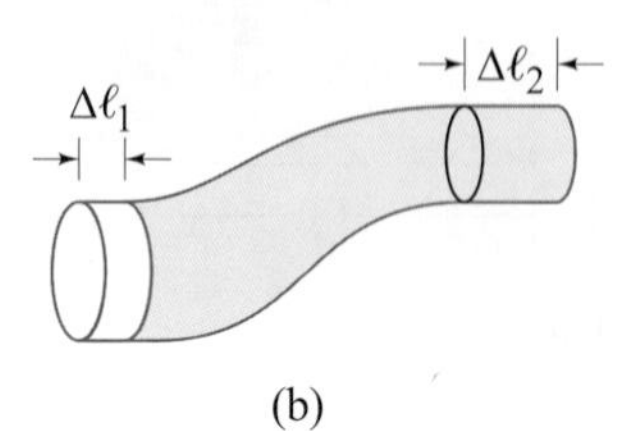

(b)

그림 10.21 유체 흐름. 베르누이 방정식을 유도하기 위한 그림

이다. 음의 부호를 표시되 있는데, 이것은 유체에 작용하는 힘이 변위와 반대 방향이기 때문이다. 일은 또한 중력에 의해 유체에 한 일이다. 그림 10.21과 같은 과정의 알

짜 효과는 부피 $A_1\Delta\ell_1(=A_2\Delta\ell_2$, 유체는 비압축성이므로)의 질량을 점 1에서 점 2로 움직이게 해서, 중력이 한 일은

$$W_3 = -mg(y_2 - y_1)$$

이고, 여기서 y_1과 y_2는 어떤 기준 높이 이상에 대한 관의 중심 높이이다. 그림 10.21에서처럼 이 항은 운동이 중력에 반하여 위로 올라가는 방향이기 때문에 음의 부호이다. 유체에 한 알짜일 W는 그래서

$$W = W_1 + W_2 + W_3$$
$$W = P_1A_1\Delta\ell_1 - P_2A_2\Delta\ell_2 - mgy_2 + mgy_1$$

이다. 일 · 에너지 원리(6.3절 참조)에 따르면, 한 계에 대해 한 일은 운동 에너지의 변화량과 같다. 그래서

$$\tfrac{1}{2}mv_2^2 - \tfrac{1}{2}mv_1^2 = P_1A_1\Delta\ell_1 - P_2A_2\Delta\ell_2 - mgy_2 + mgy_1$$

이다. 질량 m은 비압축성 유체에 대해 부피 $A_1\Delta\ell_1 = A_2\Delta\ell_2$를 갖는다. 그래서 $m = \rho A_1\Delta\ell_1 = \rho A_2\Delta\ell_2$로 대치할 수 있어서 $A_1\Delta\ell_1 = A_2\Delta\ell_2$로 전체를 나누면

$$\tfrac{1}{2}\rho v_2^2 - \tfrac{1}{2}\rho v_1^2 = P_1 - P_2 - \rho g y_2 + \rho g y_1$$

을 얻고 다시 재정렬하면

$$P_2 + \tfrac{1}{2}\rho v_2^2 + \rho g y_2 = P_1 + \tfrac{1}{2}\rho v_1^2 + \rho g y_1 \qquad \textbf{(10.5)}$$

베르누이 방정식

을 얻는다. 이것이 **베르누이 방정식**(Bernoulli's equation)이다. 점 1과 점 2는 흐름관을 따르는 임의의 두 점이기 때문에, 베르누이 방정식은 유체의 모든 점에서

$$P + \tfrac{1}{2}\rho v^2 + \rho g y = \text{일정}$$

로 쓸 수 있고, 여기서 y는 고정된 기준 높이 이상에서 관의 중심 높이이다. [만약 흐름이 없다면($v_1 = v_2 = 0$), 식 10.5는 유체 정역학 방정식(식 10.3b 또는 c)으로 줄어든다. 즉 $P_1 - P_2 = \rho g(y_2 - y_1)$이다.]

베르누이 방정식은 에너지 보존 법칙의 한 표현이다, 왜냐하면 그것은 일 · 에너지 원리로부터 유도했기 때문이다.

연습 F 연결관에서 물이 파이프의 좁은 단면으로부터 더 넓은 단면으로 지나가면, 벽에 대한 압력은 어떻게 변하는가?

예제 10.10 온수 가열 장치에서 흐름과 압력

물리학의 응용

온수 가열 장치

온수 가열 장치에 있는 물이 집안 곳곳을 순환한다. 3.0 atm의 압력하에 지하실에 있는 지름 4.0 cm인 파이프를 통해 0.50 m/s의 속력으로 물을 펴 올린다면, 5.0 m 높이의 이층에 있는 지름 2.6 cm인 파이프에서 흐름속력과 압력은 얼마일까? 파이프는 지류들로 갈라지지 않는다고 가정한다.

접근 일정한 밀도에서의 연속 방정식을 사용해서 이층에서의 흐름 속력을 결정하고, 베르누이 방정식을 이용해 압력을 구한다.

풀이 연속 방정식(식 10.4)에서 이층에서의 흐름 속력을 v_2로, 지하실에서의 흐름 속력을 v_1로 택한다. 넓이는 반지름의 제곱($A = \pi r^2$)에 비례하므로

$$v_2 = \frac{v_1 A_1}{A_2} = \frac{v_1 \pi r_1^2}{\pi r_2^2} = (0.50\,\mathrm{m/s})\frac{(0.020\,\mathrm{m})^2}{(0.013\,\mathrm{m})^2} = 1.2\,\mathrm{m/s}$$

을 얻는다. 이층에서의 압력을 구하기 위해, 베르누이 방정식(식 10.5)을 사용한다.

$$\begin{aligned} P_2 &= P_1 + \rho g(y_1 - y_2) + \tfrac{1}{2}\rho(v_1^2 - v_2^2) \\ &= (3.0 \times 10^5\,\mathrm{N/m^2}) + (1.0 \times 10^3\,\mathrm{kg/m^3})(9.8\,\mathrm{m/s^2})(-5.0\,\mathrm{m}) \\ &\quad + \tfrac{1}{2}(1.0 \times 10^3\,\mathrm{kg/m^3})\left[(0.50\,\mathrm{m/s})^2 - (1.2\,\mathrm{m/s})^2\right] \\ &= (3.0 \times 10^5\,\mathrm{N/m^2}) - (4.9 \times 10^4\,\mathrm{N/m^2}) - (6.0 \times 10^2\,\mathrm{N/m^2}) \\ &= 2.5 \times 10^5\,\mathrm{N/m^2} = 2.5\,\mathrm{atm} \end{aligned}$$

유의 이 경우에 속도 항은 기여가 매우 적다.

10.10 베르누이 원리의 응용: 토리첼리, 비행기, 야구공, 혈류

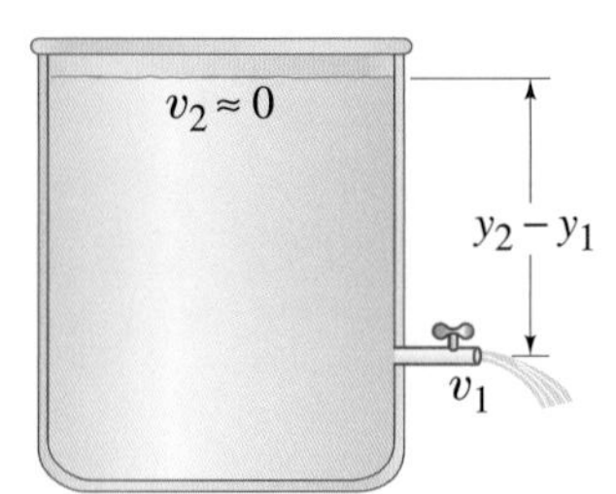

그림 10.22 토리첼리 정리. $v_1 = \sqrt{2g(y_2 - y_1)}$

베르누이 방정식은 많은 상황에 적용할 수 있다. 한 예로 저수조(그림 10.22)의 바닥에 있는 수도꼭지에서 밖으로 흘러나오는 액체의 속도 v_1을 계산해 보자. 액체의 위쪽 표면으로 식 10.5에서의 점 2를 선택한다. 저수조의 지름을 수도꼭지의 지름에 비교해 크다고 가정하면, v_2는 거의 0일 것이다. 점 1(수도꼭지)와 점 2(위 표면)는 대기에 노출되어 있어 두 점에서의 압력은 대기압과 같다. 즉 $P_1 = P_2$이다. 그러면 베르누이 방정식은

$$\tfrac{1}{2}\rho v_1^2 + \rho g y_1 = \rho g y_2$$

즉

$$v_1 = \sqrt{2g(y_2 - y_1)} \tag{10.6}$$

이 된다. 이 결과를 **토리첼리 정리**(Torricelli's theorem)라 한다. 그것은 베르누이 방정식의 특수한 경우로 보일지라도, 토리첼리(Evangelista Torricelli)에 의해 한 세기 전에 발견됐다. 식 10.6은 동일한 높이에서 물체가 떨어질 때 자유 낙하 물체의 속력과 같은 속력으로 액체가 수도꼭지를 떠난다는 것을 말해 준다. 이것은 베르누이 방정식의 유도가 에너지 보존에 의존하기 때문에 그리 놀라운 일은 아니다.

베르누이 방정식의 또 다른 특수한 경우는 유체가 높이에 있어서는 이렇다 할 변화 없이 수평 방향으로 흐를 때 일어난다. 즉 $y_1 = y_2$이다. 그러면 식 10.5는

$$P_1 + \tfrac{1}{2}\rho v_1^2 = P_2 + \tfrac{1}{2}\rho v_2^2 \tag{10.7}$$

가 되고, 이것은 속력이 빠른 곳에서 압력이 낮고, 속력이 느린 곳에서 압력이 높다는 것을 정량적으로 말해 준다. 그것은 많은 일반적인 현상을 설명하고, 몇몇은 그림 10.23부터 10.29까지에서 설명하고 있다. 향수 분무기(그림 10.23a)의 수직관의 꼭대기를 가로지르는 높은 속력으로 부는 공기 압력은 사발에 담긴 액체 표면에 작용

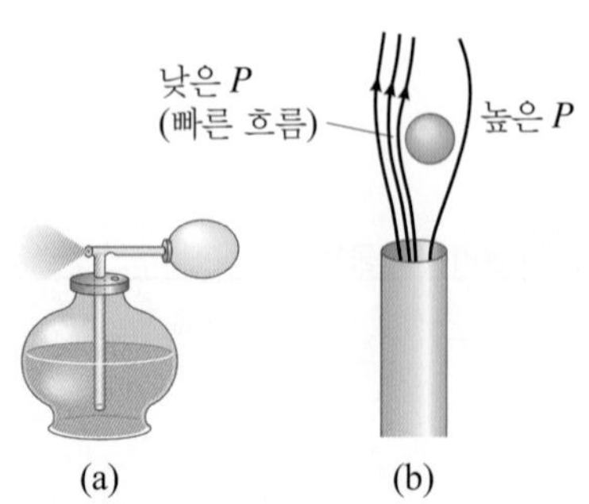

그림 10.23 베르누이 원리의 예. (a) 분무기 (b) 공기 분사 위의 탁구공

하는 정상 기압보다 낮다. 그래서 사발에서의 대기압은 꼭대기에서의 낮은 압력 때문에 향수를 관속으로 밀어 올린다. 탁구공은 공기가 부는 분사(또는 공기를 불 수 있는 헤어드라이어나 진공청소기) 위에 떠 있게 만들 수 있다, 그림 10.23b. 만약 공이 공기의 분사로부터 벗어나기 시작하면, 분사 밖의 정지한 공기의 더 높은 압력이 공을 제자리로 밀어 들인다.

연습 G 251쪽 시작 질문 2로 가서 다시 답을 해 보라. 처음과 답이 다르다면 그 이유를 설명해 보라.

비행기 날개와 동적 양력

만약 비행기가 공기에 대해 충분히 높은 속력으로 움직이고 날개가 작은 각(공격각)으로 위쪽으로 기울어져 있다면, 비행기는 날개에 '양력'을 느낀다. 그림 10.24는 (마치 날개 위에 앉아 있는 것처럼 날개의 기준계에서 볼 때) 공기의 유선이 날개 옆을 쇄도하고 있는 것을 보여 준다. 날개의 둥근 위쪽 표면뿐만 아니라 위쪽으로 기울진 것은 유선을 위 방향으로 힘을 가하게 하고 날개 위쪽에 밀집되게 한다. 임의의 두 유선 사이에 흐르는 공기 넓이는 유선들이 서로 가까워지면서 더 작아져 연속 방정식($A_1v_1 = A_2v_2$)으로부터 공기 속력은 유선들이 서로 찌그러지는 날개의 위쪽에서 증가한다. [파이프 수축(그림 10.18)에서 밀집한 유선들은 수축 부분에서 속도가 더 높다는 것을 보여 주고 있음을 상기하라.] 그래서 공기 속력은 날개 아래쪽보다 위쪽에서 더 커서, 날개 위쪽의 압력이 날개 아래쪽의 압력보다 낮다(베르누이 원리). 그러므로 **동적 양력**(dynamic lift)이라 불리는 날개의 위쪽으로 작용하는 알짜힘이 존재한다. 실험은 날개 위쪽의 공기 속력이 날개 아래쪽의 공기 속력보다 배 이상 될 수 있음을 보여 준다. (공기와 날개 사이의 마찰은 **끌림힘**, 즉 뒤쪽 방향이고 비행기의 엔진에 의해 이겨내야 하는 힘을 가한다.)

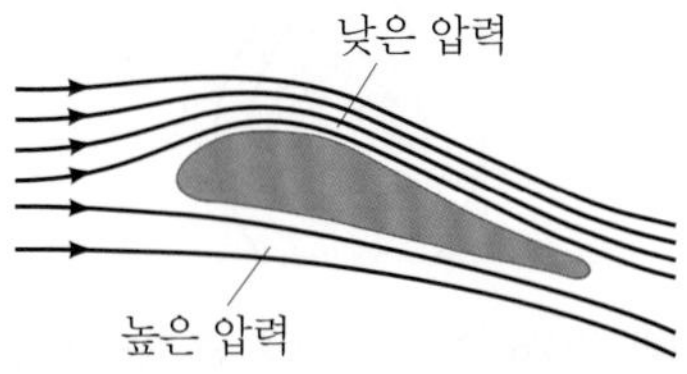

그림 10.24 비행기 날개 위의 양력. 날개의 기준 좌표계에서 날개 옆의 공기 흐름을 보여 주고 있다.

평평한 날개 또는 대칭인 단면을 갖는 날개는 날개의 앞쪽이 위쪽으로 기울어져 (공격각) 있기만 하면 양력을 느낄 것이다. 그림 10.24의 날개는 비록 공격각이 영일지라도 양력을 느낄 수 있다. 왜냐하면 둥근 위쪽의 표면이 공기를 위로 휘게 해서 유선들을 찌그러뜨리기 때문이다. 비행기는 만약 공격각이 유선을 위로 휘게 하고 밀집시키기에 충분하면 양력을 느끼며 뒤집혀 날아갈 수 있다.

유선을 생각해 본다. 그러나 만약 공격각이 약 15° 보다 크다면 난류(그림 10.17b)가 생겨 더 큰 끌림힘과 더 작은 양력을 이끌어 비행기를 '멎게' 하고 추락하는 원인이 된다.

다른 관점에서 날개는 약간 위쪽이 기울어져 있어 날개 앞에서 수평으로 움직이는 공기는 아래쪽으로 휘어지게 하는 것을 의미한다. 되튀는 공기 분자의 운동량 변화가 날개에 위 방향의 힘을 준다(뉴턴 제3법칙).

범선

그림 10.25와 같이 범선은 한 각도로 돛을 맞춤으로서 베르누이 효과의 도움으로 '맞바람'을 맞으며 앞으로 나아갈 수 있다. 주돛의 부풀은 앞쪽 면을 걸쳐 빠르게 이

(a)

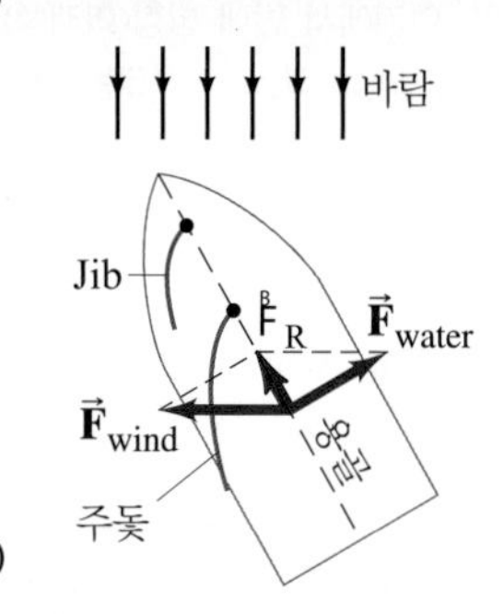

(b)

그림 10.25 (a) 맞바람을 맞으며 항해하는 범선과 (b) 분석

동하는 공기는 돛의 뒤쪽에 있는 상대적으로 정지한 공기보다 작은 압력을 작용한다. 그 결과 그림 10.25b와 같이 돛에 작용하는 알짜힘 $\vec{\mathbf{F}}_{\text{wind}}$가 생긴다. 이 힘은 만약 수면 밑에서 수직 아래 방향으로 펴져 있는 용골이 없었다면 배를 옆으로 나아가게 했을 것이다. 물은 용골에 거의 직각인 힘($\vec{\mathbf{F}}_{\text{water}}$)을 용골에 작용한다. 이 두 힘의 합력($\vec{\mathbf{F}}_{\text{R}}$)은 보이는 바와 같이 거의 앞으로 진행하는 방향이다.

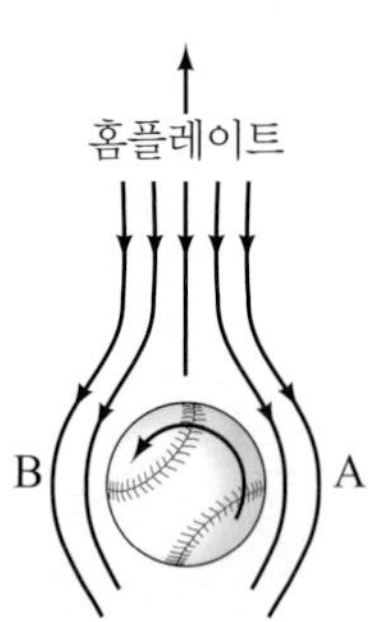

그림 10.26 홈플레이트로 향하는 야구공을 위에서 내려다 봄. 기준 좌표계는 야구공이고 옆의 공기 흐름을 보여 주고 있다.

야구공 곡선

회전을 주며 던진 야구공(또는 테니스공)이 곡선을 그리는 이유를 또한 베르누이 원리를 이용해 설명할 수 있다. 마치 비행기 날개에 대해 했던 것처럼 옆으로 빠르게 움직이는 공기와 함께 공을 기준 좌표계로 삼는다면 설명이 가장 간단하다. 위에서 보는 것(그림 10.26)과 같이 공이 시계 반대 방향으로 회전하고 있다고 가정하자. 공기의 얇은 층(경계층)이 공에 의해 끌려간다. 공을 아래로 내려다보면, 그림 10.26에서 점 A에서, 이 경계층은 다가오는 공기를 느리게 한다. 점 B에서는 공과 함께 회전하는 공기는 다가오는 공기의 속력에 속력이 더해져서, 공기의 속력은 A에서보다 B에서 더 높다. B에서 더 높은 속력은 압력이 A에서보다 B에서 더 낮다는 것을 의미하고, 결과적으로 B로 향하는 알짜힘이 생긴다. 공의 경로는 (던진 사람이 봤을 때) 왼쪽 방향으로 휜다.

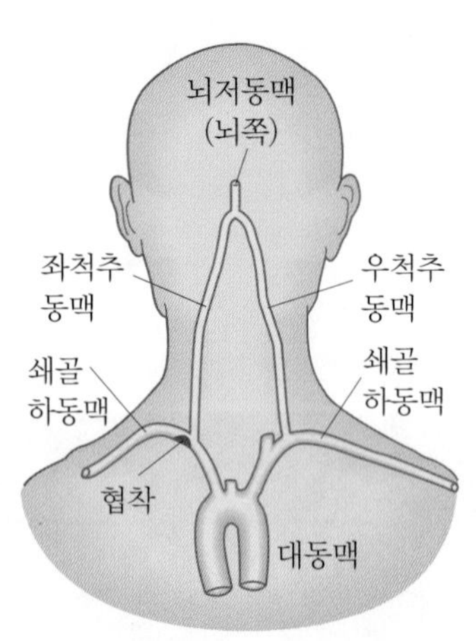

그림 10.27 머리와 어깨의 뒷부분에 뇌와 팔로 이어지는 동맥이 있다. 왼쪽 쇄골하동맥에 있는 협착을 지난 높은 혈액 속도가 왼쪽의 척추동맥에서 낮은 압력을 유발하여, 여기에서 반대 방향(아래쪽)의 혈액흐름이 발생하여 뇌로 흐르는 혈액이 부족해지는 TIA의 결과가 일어날 수 있다.

일과성 뇌허혈 발작 TIA

의학에서, 베르누이 원리의 많은 응용 중에 하나가 일과성 뇌허혈 발작(TIA, transient ischemic attack; 즉 뇌로 공급되는 혈액의 일시적 부족을 의미)을 설명하는 것이다. TIA로 고생하는 사람은 가령 현기증, 복시, 두통, 그리고 팔 다리의 허약과 같은 증상을 경험하곤 한다. 혈액은 정상적으로 목의 양쪽으로 지나가는, 즉 그림 10.27에서 보여 주는 것과 같이 뇌 바로 밑에 있는 뇌저정맥을 만나서 형성하는 두 개의 동맥을 통해 머리 뒤에 있는 뇌로 흘러 올라간다. 각각의 척추동맥은 혈액이 팔로 가기 전에 쇄골하동맥과 연결된다. 팔이 격렬하게 운동할 때, 혈액의 흐름은 팔의 근육에 필요한 것들을 충족하도록 증가한다. 신체의 한쪽에 있는 뇌저동맥이 부분적으로 막히면, 동맥 경화증에서처럼 혈액의 속도는 필요한 혈액을 공급하는 쪽에서 더 높아져야만 할 것이다. (연속 방정식을 상기하라. 더 작은 넓이는 동일한 흐름률에 대해서 더 큰 속도를 의미한다. 그림 10.4 참조) 척추동맥의 시작 부분을 지나는 증가한 혈액의 속도는 결과적으로 더 낮은 압력을 만든다(베르누이 원리). 그래서 정상 압력에 있는 '양호한' 쪽의 척추동맥에서 상승하는 혈액은 뇌로 올라가는 경로 대신 다른 쪽의 낮은 압력 때문에 다른 척추동맥 속으로 돌려질 수 있다. 그래서 뇌로 공급하는 혈액이 줄어든다.

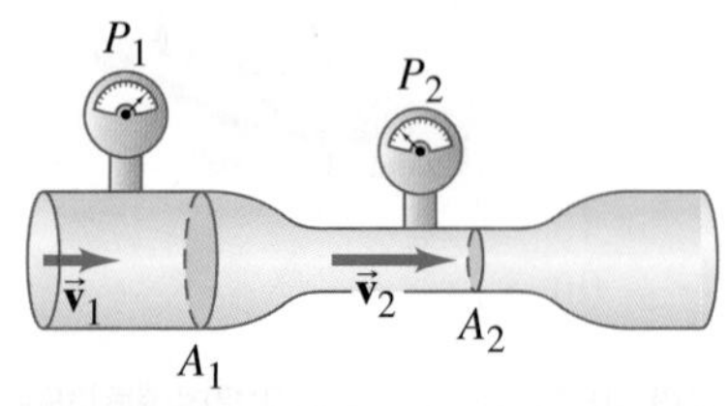

그림 10.28 벤투리계

다른 응용

벤투리관(venturi tube)은 좁은 부분(목)을 갖는 파이프이다. 흐르는 유체가 좁은 목을 통과할 때 속력은 빨라지고 압력은 낮아진다. **벤투리계**(venturi meter, 그림 10.28)는 동맥에서 혈액의 속도를 포함해서 기체와 액체의 흐름 속력을 측정하기 위해 사용한다. 속도 v_1은 유체의 밀도뿐만 아니라 압력 P_1과 P_2, 넓이 A_1과 A_2를 측정하여 결정할 수 있다.

연기는 왜 굴뚝을 따라 올라갈까? 그것은 부분적으로 뜨거운 공기는 밀도가 낮고 뜨게 되어 올라가기 때문이다. 또한 베르누이 원리도 역할을 한다. 바람이 굴뚝 꼭대기를 가로질러 불 때, 그곳의 압력은 집안에서보다 낮다. 그래서 공기와 연기는 더 높은 실내 압력에 의해 굴뚝으로 밀려 올라간다. 확실히 조용한 밤조차도 굴뚝 꼭대기에 충분한 주변의 공기 흐름이 존재하면 연기의 흐름은 위로 향하게 된다.

물리학의 응용

굴뚝 위로의 연기

지하 공기 순환

땅다람쥐, 프레리도그, 토끼와 땅속에 사는 다른 동물들이 질식하지 않기 위해서는, 공기가 굴속에서 순환해야만 한다. 굴은 항상 적어도 두 개의 입구가 있다(그림 10.29). 서로 다른 두 구멍을 가르는 공기의 속력은 보통 약간의 차이가 있을 것이다. 이것은 베르누이 원리에 의해 굴을 통하는 공기의 흐름을 강제하는 약간의 압력 차를 만든다. 동물들은 종종 언덕을 쌓는데, 만약 한쪽 구멍이 다른 쪽 구멍보다 더 높으면 바람의 속력이 높이에 따라 증가하는 경향이 있기 때문에 공기의 흐름은 향상된다.

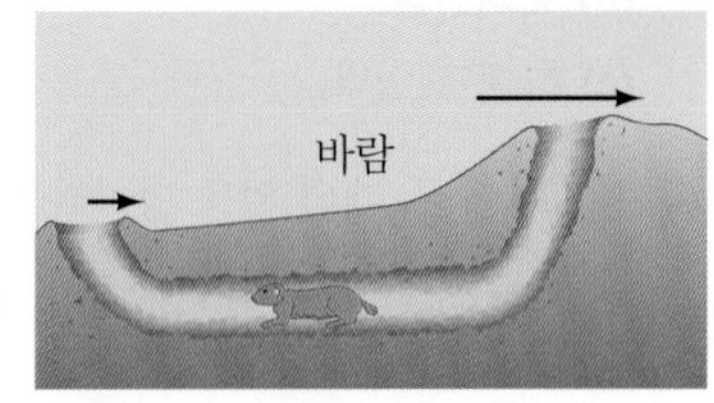

그림 10.29 땅속 굴에서 공기 흐름은 베르누이 원리로 설명할 수 있다.

베르누이 방정식은 유체의 마찰(점성)의 효과와 압축성을 고려하지 않고 있다. 압축에 의한 내부(또는 위치) 에너지와 마찰에 의한 열에너지로 변환하는 에너지는 식 10.5에 항을 추가함으로써 설명할 수 있다. 이런 항들은 이론적으로 계산하기 어렵고 보통 주어진 상황에서 실험에 근거하여 결정해야 한다. 이런 것들은 위에서 기술한 현상들에 대한 설명을 현격하게 바꾸지는 않는다.

종합 문제

객관식

1. 한 손에는 나무 한 조각을 다른 손에는 쇠 한 조각을 잡고 있다. 두 조각의 부피는 같고, 같은 깊이의 물속에서 잡고 있다. 그것들을 놓는 순간, 어느 것이 더 큰 부력을 느낄까?
(a) 나뭇조각
(b) 쇠 조각
(c) 둘 다 동일한 부력을 느낀다.
(d) 정보가 더 필요하다.

2. 세 개의 용기에 같은 높이로 물이 채워져 있다. 이 용기들의 밑바닥 넓이는 모두 같지만 물의 전체 무게는 다르다 (그림 10.30). 어느 용기에 있는 물이 바닥에 가장 큰 힘을 작용하는가?
(a) 용기 A　　(b) 용기 B
(c) 용기 C　　(d) 모두 같다.

그림 10.30 객관식 2

3. 비커 A는 물이 넘치도록 채워져 있다. 비커 B는 동일한 크기이고 물이 넘치도록 채워진 상태에서 나무토막이 떠 있다. 어떤 비커가 더 무거울까?
(a) 비커 A
(b) 비커 B
(c) 둘 다 같음

4. 원양 정기선이 떠 있는 이유를 설명한 것으로 옳은 것은?
(a) 강철로 만들어져서 뜬다.
(b) 매우 커서 물이 배를 지탱해주는 방법이 다르게 된다.
(c) 큰 스티로폼 객실에 의해 물에 견딘다.

(d) 원양 정기선의 평균 밀도가 해수보다 작다.
(e) 타이타닉을 기억하라. 원양 정기선은 뜨지 않는다.

5. 노 젓는 배가 수영장에 떠 있고, 수영장 가장자리에 물의 수위가 표시되어 있다. 다음의 상황에 대해 고려하라. (i) 배를 물에서 제거한다. (ii) 물에 있는 배에서 닻을 빼서 수영장 옆에 놓는다. 각 경우에 물의 수위는?
(a) 올라간다.
(b) 내려간다.
(c) 그대로 있다.

6. 유리잔에 두 개의 얼음 덩어리를 넣고 물로 가득 채운다. 얼음이 녹으면서, 물의 수위는?
(a) 낮아진다.
(b) 상승하여 물이 유리잔 바깥으로 넘친다.
(c) 변함없다.
(d) 처음에는 낮아지다가, 물이 약간 넘칠 정도로 상승한다.

7. 뜨거운 공기는 차가운 공기보다 밀도가 낮다. 뜨거운 공기의 풍선이 대기가 없는 달에서 떠 있을 수 있을까?
(a) 아니오, 대체할 차가운 공기가 없어 부력이 존재하지 않는다.
(b) 예, 따뜻한 공기는 항상 올라가고, 특히 달의 중력과 같은 약한 중력장에서는 그렇다.
(c) 예, 그러나 풍선은 뜨거운 공기 대신 헬륨으로 채워야만 할 것이다.

8. 물과 기름(기름의 밀도는 물의 밀도보다 작다)에 모두 뜨는 어떤 물체의 부력은
(a) 물보다 기름에 뜰 때 더 크다.
(b) 기름보다 물에 뜰 때 더 크다.
(c) 기름과 물에서 모두 같다.

9. 지름이 변하는 관을 따라 물이 낮은 곳에서 높은 곳으로 흐를 때
(a) 수압이 증가할 것이다.
(b) 수압이 감소할 것이다.
(c) 수압은 변함없다.
(d) 수압이 어떻게 변하는지 알기 위해서는 정보가 더 필요하다.

10. 커브볼을 던져 야구공이 오른쪽으로 휠 때, 공기는 어떻게 흐르는가?
(a) 오른쪽보다 왼쪽에서 더 빠르게
(b) 왼쪽보다 오른쪽에서 더 빠르게
(c) 밑에서보다 위쪽에서 더 빠르게
(d) 야구공 둘레에서는 모두 같게, 그러나 공은 운동장에 부는 바람의 방식에 따라 휘어진다.

주관식

10.2 밀도와 비중

1. (I) 요세미티 국립공원에 있는 화강암 단일 암체인 엘캐피탠(그림 10.31)의 개략적인 부피는 약 10^8 m^3이다. 개략적인 질량은 얼마인가?

그림 10.31 주관식 1

2. (I) 크기가 5.6 m × 3.6 m × 2.4 m인 거실에 있는 공기의 질량은 대략 얼마인가?

3. (I) 만약 크기가 54 cm × 31 cm × 22 cm인 백팩에 채워 금괴를 밀수하려고 하면, 그것의 질량은 얼마일까?

4. (I) 여러분의 질량을 말하고, 여러분의 부피가 대략 어느 정도인지 추정해 보라. [힌트: 여러분은 수영장에서 수면 바로 위 또는 아래에서 수영을 할 수 있기 때문에, 여러분의 밀도가 어느 정도인지 대략 알 수 있을 것이다.]

5. (II) 병이 비어 있을 때의 질량이 35.00 g이고 물로 채웠을 때의 질량이 98.44 g이다. 다른 유체를 채웠을 때 그 질량은 89.22 g이다. 이 유체의 비중은 얼마인가?

6. (II) 부동액(비중 = 0.80) 4.0 L를 물 5.0 L에 넣어 9.0 L의 혼합액을 만들면, 혼합액의 비중은 얼마인가?

7. (III) 지구는 완전한 구형이 아니고 밀도가 변하는 영역이 있다. 지구를 세 영역, 즉 내핵, 외핵, 맨틀로 나누는 간단한 모형을 생각하자. 각 영역에 대해 고유의 일정한 밀도, 실제 지구의 영역에서는 평균 밀도를 취한다.

영역	반지름(km)	밀도(kg/m³)
내핵	0~1220	13,000
외핵	1220~3480	11,100
맨틀	3480~6380	4400

(a) 이 모형을 사용해서 전체 지구의 평균 밀도를 예측하라. (b) 만약 지구의 반지름이 6380 km이고 질량이 5.98×10^{24} kg이라면, 지구의 실제 평균 밀도를 결정하고 (a)에서 결정한 것과 비교하라.

10.3~10.6 압력; 파스칼 원리

8. (I) 물기둥을 높이 46 m인 소나무와 같은 높이까지 올리는 데 필요한 압력을 추정해 보라.

9. (I) 다음 경우에 의해 바닥에 작용하는 압력을 구하라. (a) 넓이 = 0.45 cm²인 뾰족한 뒷굽, (b) 넓이 = 16 cm²인 넓은 뒷굽(그림 10.32). 신을 신은 사람의 질량은 56 kg이다.

그림 10.32 주관식 9

10. (I) 키가 1.75 m인 사람이 똑바로 서 있을 때, 머리끝과 발끝 사이의 혈압(mmHg) 차는 얼마인가?

11. (I) (a) 1.7 m × 2.6 m로 측정되는 책상의 위쪽에 작용하고 있는 대기의 전체 힘을 계산하라. (b) 책상 아래쪽에 위 방향으로 작용하고 있는 전체 힘은 얼마인가?

12. (II) 정상 대기압에서 알코올 기압계의 높이는 얼마가 되는가?

13. (II) 영화에서 타잔은 물속에서 수 분 동안 길고 얇은 갈대를 통해 숨 쉬면서 포획자를 피한다. 그의 폐가 조절하고 숨 쉴 수 있는 최대 압력차가 −85 mmHg라고 가정하면, 그가 있을 수 있는 가장 깊은 곳의 깊이를 계산하라.

14. (II) 유압 승강기에서 최대 계기 압력은 17.0 atm이다. 리프트 출구 쪽의 지름이 25.5 cm이면, 들어올릴 수 있는 가장 큰 자동차는 몇 kg 인가?

15. (II) 자동차의 네 타이어의 각각의 계기 압력이 240 kPa이다. 만약 각 타이어가 190 cm²의 '발자국'(지면과 맞닿는 넓이)을 가질 때, 자동차의 질량을 계산하라.

16. (II) (a) 크기가 가로 28.0 m, 세로 8.5 m, 깊이가 균일하게 1.8 m인 수영장의 바닥에 작용하는 전체 힘과 절대 압력을 구하라. (b) 바닥 근처에서 수영장 옆면에 작용하는 압력을 얼마인가?

17. (II) 언덕 아래에 있는 집이 깊이 6.0 m만큼 물로 가득 채운 물탱크에서 물을 공급 받는다. 물탱크는 수평과 61°의 각도로 길이 75 m인 파이프에 의해 집과 연결되어 있다(그림 10.33). (a) 집에서 물의 계기 압력을 구하라. (b) 만약 물이 집 앞에서 깨진 파이프로부터 연직으로 나온다면 물은 얼마나 높이 올라갈까?

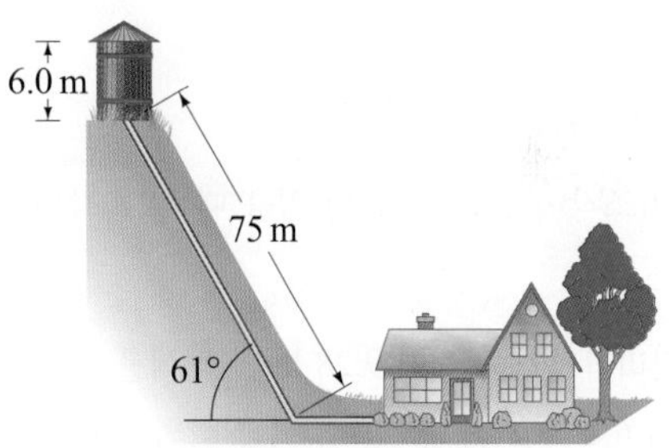

그림 10.33 주관식 17

18. (II) 양쪽이 모두 열린 U자 관에 물을 넣은 다음 기름을 붓는다. 이들은 서로 섞이지 않는다. 이들은 그림 10.34에서와 같이 평형 상태에 도달한다. 기름의 밀도는 얼마인가? [힌트: a와 b 지점에서 압력은 같다. 왜 그럴까?]

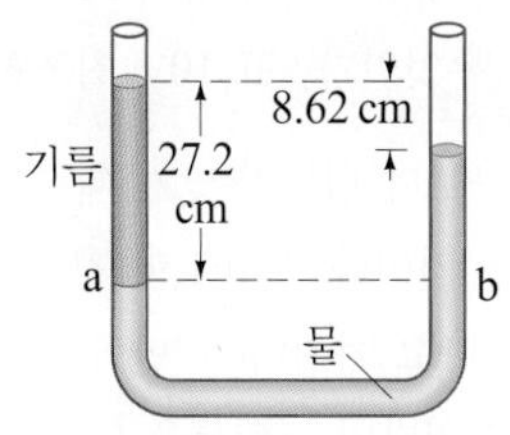

그림 10.34 주관식 18

19. (II) 만약 대기가 전체적으로 균일하고 해수면에서 현재의 밀도의 절반이 된다면, 대기는 얼마의 높이로 늘어나야 하는가?

20. (II) 건물의 14층에 있는 수도에서 물이 나오도록 할 때, 수도관에서 필요한 최소 계기 압력을 구하라. 14층은 이 수도관으로부터 44 m 위에 있다.

21. (II) 큰 원통의 지름이 10.0 cm이고 작은 원통의 지름이 2.0 cm인 분말을 압착시키는 수압기가 있다(그림 10.35). 작은 원통에 레버가 붙어 있으며, 큰 원통에 놓여 있는 시료의 넓이는 4.0 cm^2이다. 만약 320 N이 레버에 가해지면 시료에서의 압력은 얼마인가?

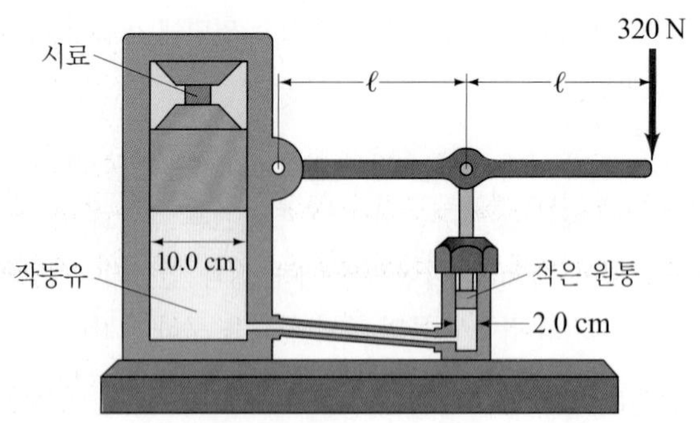

그림 10.35 주관식 21

10.7 부력과 아르키메데스 원리

22. (II) 철 조각이 수은 위에 떠 있을 때 철 조각의 잠긴 부분의 비율은?

23. (II) 지리학자가 질량이 9.28 kg인 월석을 물에 넣어 겉보기 질량이 6.18 kg임을 알았다. 이 월석의 밀도는 얼마인가?

24. (II) 기중기가 18,000 kg인 침몰선의 철로 된 선체를 물 밖으로 끌어 올린다. (a) 선체가 물에 완전히 잠겨 있을 때 기중기의 줄의 장력을 구하고, (b) 선체가 물 밖으로 완전히 나왔을 때 장력을 구하라.

25. (II) 어떤 금속이 공기에서 측정했을 때 질량이 63.5 g이고 물에 잠겨 있을 때 겉보기 질량이 55.4 g이면 그 금속의 예상되는 정체는 무엇인가? 표 10.1 참조하라.

26. (II) 휘발유는 물보다 밀도가 낮기 때문에 휘발유를 담은 드럼통은 물에 뜰 것이다. 210 L의 강철 드럼통에 휘발유가 가득 채워져 있다고 가정하자. 만약 휘발유로 채워진 드럼통이 민물에 떠 있다면 드럼통을 만드는 데 사용된 강철의 전체 부피는 얼마인가?

27. (II) 얼음의 비중은 0.917인 반면, 바닷물의 비중은 1.025이다. 빙하의 몇 퍼센트가 수면 위에 있을까?

28. (II) 32 kg인 아이가 1.0 L의 빈 탄산수병과 덕트 테이프로 뗏목을 만들기로 마음먹었다. 덕트 테이프와 병의 플라스틱의 질량은 무시하고, 아이가 뗏목 위에서 젖지 않고 안전하게 있기 위해 탄산수병은 최소 몇 개나 필요한가?

29. (II) 0.48 kg의 나무 조각이 물에는 떠 있지만 알코올(SG = 0.79)에는 가라앉는다고 알려져 있다. 알코올에서 나뭇조각의 겉보기 질량이 0.047 kg이면, 나무의 SG는 얼마인가?

30. (II) 마른 땅에서, 운동선수는 70.2 kg이다. 동일한 운동선수가 물속에 잠수한 상태로 저울에 매달려 있을 때 3.4 kg의 '겉보기 무게'가 나간다. 예제 10.5를 지침 삼아, (a) 잠수한 운동선수의 전체 부피를 구하라. (b) 잠수한 상태에서 운동선수의 몸(주로 폐)에서 공기의 잔기량이 $V_R = 1.3 \times 10^{-3}\ m^3$이라고 가정하자. 선수의 몸의 실제 부피를 $V - V_R$라 하고, 몸의 비중 SG를 구하라. (c) 체지방이 (495/SG) − 450의 식으로 주어진다고 가정하면 선수의 체지방은 몇 퍼센트인가?

31. (III) 스쿠버 통이 완전히 잠겨 있을 때 15.7 L의 바닷물을 밀어낸다. 통 자체는 14.0 kg의 질량을 갖고, '가득' 채우면 3.00 kg의 공기가 들어간다. 통에는 자체 무게와 부력만이 작용한다고 가정하면서, 잠수를 시작하는 순간(통이 공기로 가득 차 있을 때)과 잠수를 끝내는 순간(통에 공기가 전혀 없을 때)에 완전히 잠긴 통에 작용하는 알짜힘(크기와 방향)을 구하라.

10.8~10.10 유체 흐름, 베르누이 방정식

32. (I) 12 cm 반지름의 통풍관이 8.2 m × 5.0 m × 3.5 m의 방의 공기를 매 12분마다 보충하는 데 사용한다. 관에서의 공기 흐름은 얼마나 빠른가?

33. (I) 매우 넓고 깊이가 4.7 m인 저장 탱크가 물로 가득 차 있다. 탱크 바닥에 있는 구멍에서 흘러나오는 물의 속력을 구하라.

34. (II) 압력 수두가 12.0 m일 때 지름 1.85 cm인 수도꼭지에서 물의 부피 흐름률은 얼마인가?

35. (II) 소방 호스가 16 m의 높이까지 물을 뿌린다면 송수관에서 필요한 계기 압력은 얼마인가?

36. (II) 어떤 집의 평평한 지붕 위로 부는 180 km/h의 바람 때문에 지붕이 솟아올랐다. 집의 크기가 6.2 m × 12.4 m일 때, 지붕의 무게를 구하라. 지붕은 고정되어 있지 않다고 가정한다.

37. (II) 바람 속력이 300 km/h인 5등급 허리케인(그림 10.36) 내의 기압을 구하라.

그림 10.36 주관식 37

38. (II) 지상에서 3.8 atm의 계기 압력에 있는 물이 지름이 5.0 cm인 파이프를 통해 0.78 m/s의 속력으로 사무실 건물로 흘러 들어간다. 파이프는 위로 16 m인 꼭대기 층으로 가면서 지름이 2.8 cm로 가늘어지고 꼭지가 열린 상태로 있다 (그림 10.37). 유체의 속도와 꼭대기 층에서의 계기 압력을 구하라.

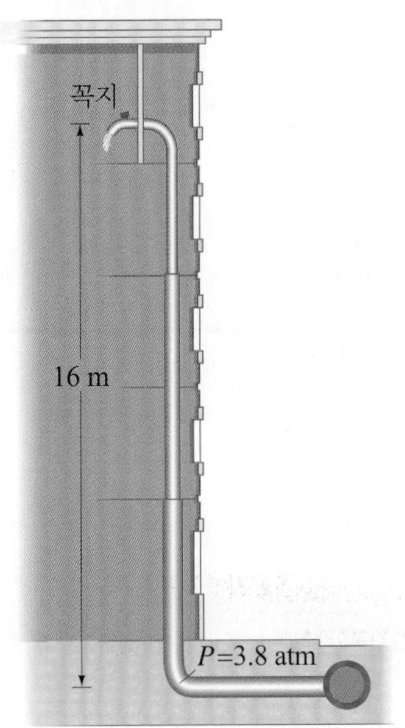

그림 10.37 주관식 38

39. (III) 그림 10.38에서 탱크의 위쪽 표면의 속력을 참작하여 바닥에 있는 구멍에서 흘러나오는 유체의 속력이

$$v_1 = \sqrt{\frac{2gh}{(1 - A_1^2/A_2^2)}}$$

임을 보이고, 여기서 $h = y_2 - y_1$, A_1과 A_2는 각각 구멍과 위쪽 표면의 넓이이다. 흐름이 거의 정상이고 층흐름이 되도록 $A_1 \ll A_2$라고 가정하라.

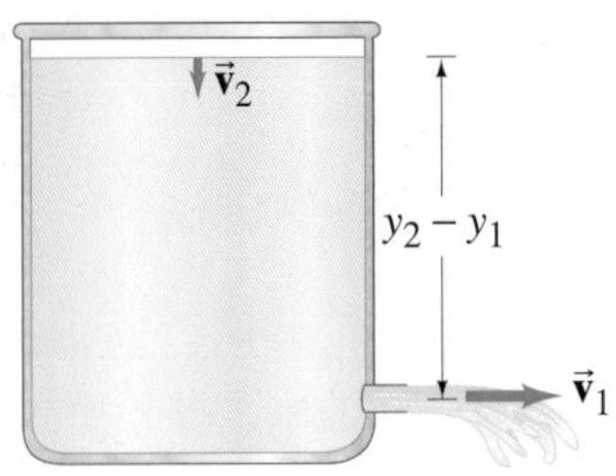

그림 10.38 주관식 39

40. (III) 소방 호스는 그것을 잡고 있는 사람에게 힘을 가한다. 이것은 물이 호스로부터 노즐로 가면서 가속되기 때문이다. 지름이 0.75 mm인 노즐을 420 L/min으로 통과하는 지름 7.0 cm의 호스를 잡는 데 필요한 힘은 얼마인가?

연습 해답

A: (d)
B: 같다. 압력은 길이가 아니라 깊이에 의존한다.
C: (a)
D: (e)
E: 배는 공기로 채워진 빈 공간이 많도록 만들면, 평균 밀도는 물보다 훨씬 작다(배에 물이 꽉차면 가라앉는다). 알루미늄 배도 같은 이유로 뜬다.
F: 증가한다.
G: (b)

코일 용수철에 붙은 물체가 진동 운동을 하고 있다. 많은 종류의 진동 운동은 시간적으로는 (거의) 사인꼴로서 이를 단조화 운동이라고 한다. 실제 계는 일반적으로 약간이라도 마찰이 있기 때문에 운동이 감쇠된다. 여기 보이는 자동차 용수철에는 충격 흡수기(노란색)가 있어 의도적으로 충격을 줄이므로 승차감을 부드럽게 만든다. 진동이 일어나는 계에 사인꼴 외부 힘이 가해질 때 구동력이 자연 진동수와 (거의) 같으면 공명이 일어난다.

진동이 일으킨 파동은 물결파나 줄을 따라 진행하는 파동처럼 파원으로부터 바깥을 향해 뻗어나간다.

CHAPTER 11

진동과 파동

시작 질문 추정해 보라!

1. 질량이 m이고 길이가 ℓ인 단진자가 질량을 무시할 수 있는 가는 줄 끝에 매달려 있다. 단진자를 줄과 연직선의 각도가 $5.0°$가 되도록 옆으로 밀었다가 놓으면 진동수 f로 앞뒤로 진동한다. 단진자가 $10.0°$에서 출발했다면 진동수는 어떻게 될까?

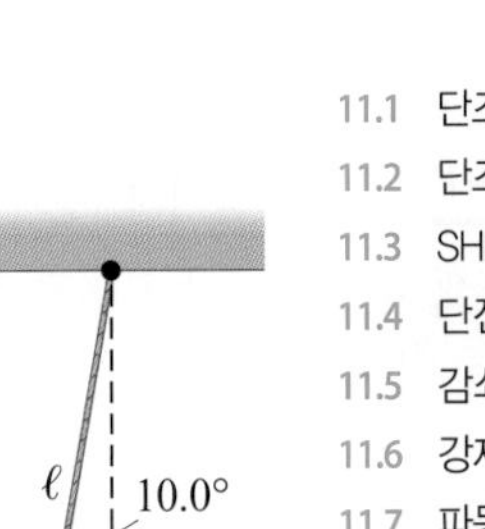

(a) 두 배로 된다.
(b) 반으로 된다.
(c) 같거나 거의 같다.
(d) 정확히 두 배는 아니다.
(e) 반보다는 약간 크다.

2. 돌을 연못에 떨어뜨리면 물결파가 원을 그리며 퍼져 나간다. 다음 설명 중 옳은 것은?

(a) 파동은 물을 돌이 떨어진 곳으로부터 바깥쪽으로 멀리 운반한다. 이동하는 물은 에너지를 바깥쪽으로 운반한다.
(b) 파동은 물을 위아래로만 움직이게 한다. 에너지는 돌이 떨어진 곳으로부터 바깥쪽으로 운반되지 않는다.
(c) 파동은 물을 위아래로만 움직이게 하지만, 에너지를 돌이 떨어진 곳으로부터 바깥쪽으로 멀리 운반한다.

많은 물체는 진동한다. 예를 들어 용수철의 한쪽 끝에 매달린 물체, 소리굽쇠, 구식 태엽 시계의 평형 바퀴, 진자, 탁자 끝에서 한쪽 끝을 단단히 누른 채로 살짝 튕겨준 플라스틱 자, 기타나 피아노 줄 등이 있다. 거미는 거미줄의 진동으로 먹이가 걸린 것을 알고, 자동차는 과속방지턱을 지나면 위아래로 흔들린다. 건물이나 다리는 무거운 트럭이 지나가거나 강한 바람이 불면 진동한다. 실제로 대부분의 고체는 탄성체이므로(9.5절 참조), 충격을 받으면 조금이나마 진동한다. 라디오나 텔레비전에서는 전기적 진동이 일어난다. 원자 수준에서는 분자 안의 원자가 진동하고 고체 안의 원자는 상대적인 고정 위치를 중심으로 진동한다. 진동 운동은 일상생활에서 매우 흔하고 물리학의 많은 영역에서 일어나므로 대단히 중요하다. 역학적 진동은 뉴턴 역학으로 완전히 설명된다.

진동과 파동 운동은 밀접한 관계가 있다. 파동은—바다의 파동이든, 줄의 파동이든, 지진파이든, 공기 중의 음파이든—파동의 근원이 있다. 음파의 경우 음원뿐만 아니라 검출기(고막 또는 마이크의 막)도 진동한다. 실제로 파동이 매질을 통해 이동하면 매질(음파의 경우 공기)이 진동한다. 진동을 논의한 후 이 장의 후반부에서 물이나 줄의 파동과 같은 간단한 파동을 논의할 것이다. 12장에서는 음파를 공부하고, 그 뒤의 장에서는 전자기파와 빛을 포함한 다른 종류의 파동 운동을 다룰 것이다.

11.1 단조화 운동–용수철 진동

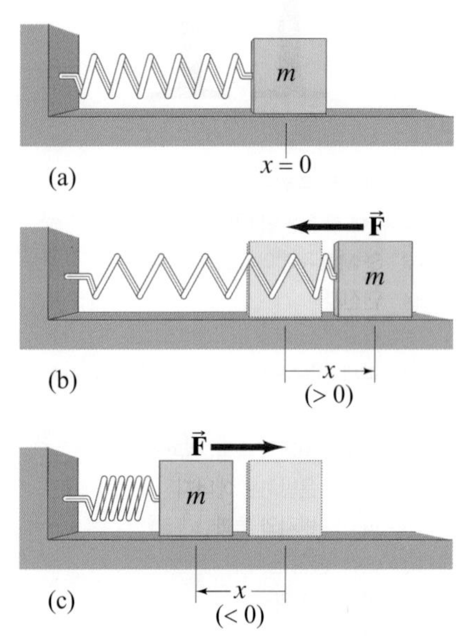

그림 11.1 균일한 용수철 끝에서 진동하는 질량 m인 물체. 다른 위치에서 물체에 작용하는 힘 $\vec{\mathbf{F}}$를 물체 **위에** 표시한다.

물체가 같은 경로에서 앞뒤로 **진동**(vibration 또는 oscillation)이나 왕복 운동을 할 때 각 진동에 걸리는 시간이 같으면 **주기**(periodic) 운동을 한다고 한다. 가장 간단한 형태의 주기 운동은 균일한 코일 용수철의 한쪽 끝에 매달려 진동하는 물체를 들 수 있다. 다른 많은 형태의 진동 운동이 이 계와 매우 유사하므로 이것을 자세히 논의할 것이다. 용수철의 질량은 무시할 수 있고, 그림 11.1a와 같이 질량을 무시할 수 있는 용수철이 수평으로 놓여 있으며 질량 m인 물체가 수평면에서 마찰 없이 미끄러진다고 가정한다. 용수철이 질량 m인 물체에 힘을 미치지 않는 고유 길이를 가지고 있다. 이 위치를 **평형 위치**(equilibrium position)라고 한다. 물체가 왼쪽으로 움직여 용수철이 압축되거나, 오른쪽으로 움직여 늘어나면 용수철이 물체를 평형 위치로 되돌리는 방향으로 힘을 가한다. 그래서 이 힘을 **복원력**이라고 한다. 복원력 F는 용수철이 평형 위치에서 늘어나거나(그림 11.1b), 압축된(그림 11.1c) 변위 x에 비례한다고 가정할 수 있는 일반적인 상황을 생각한다. 즉

$$F = -kx \qquad \text{[용수철이 작용하는 힘]} \qquad \textbf{(11.1)}$$

이다. 평형 위치를 $x = 0$으로 정하고, 식 11.1의 음의 부호는 복원력이 항상 변위 x와 반대 방향이라는 것을 의미함을 주목하라. 예를 들면 그림 11.1의 오른쪽을 양의 방향으로 정하면 용수철이 늘어날 때(그림 11.1b), x는 양이지만 복원력의 방향은 왼쪽(음의 방향)이다. 용수철이 압축되면 x는 음이지만(왼쪽 방향), 복원력 F는 오른쪽을 향한다(그림 11.1c).

식 11.1을 종종 훅 법칙(6.4절과 9.5절)이라고 부르는데, 용수철이 탄성 영역(그림 9.18) 이상으로 압축되거나 늘려지지 않을 때만 정확하다. 훅 법칙은 비록 F와 x의 특정 범위에서만 성립하지만 용수철 외에도 진동하는 다른 고체에도 잘 적용되므로

폭넓게 응용된다.

식 11.1의 비례 상수 k를 **용수철 상수**라고 한다(단위 = N/m). 용수철을 길이 x만큼 늘이려면 용수철 끝에 크기가 최소한

$$F_{ext} = +kx \qquad \text{[용수철에 작용하는 외력]}$$

인 외력을 가해야 한다. k가 클수록 용수철을 늘이는 데 큰 힘이 필요하다. 즉 용수철이 빡빡할수록 비례 상수 k가 크다.

식 11.1의 F는 **일정하지 않고** 위치에 따라 변한다는 점에 주목하라. 그러므로 질량 m의 가속도가 일정하지 않으므로 2장에서 공부한 등가속도 식을 쓸 수 **없다.**

 주의

등가속도에 대한 식 2.11은 용수철에 적용되지 않는다.

그림 11.2a와 같이 균일한 용수철을 길이 $x = -A$만큼 압축했다가 질량 m인 물체를 마찰 없는 면 위에서 놓으면 무슨 일이 일어나는지 조사해 보자. 용수철은 질량에 힘을 가해서 평형점으로 가속시킨다. 질량은 관성이 있으므로 상당한 속력으로 평형 위치를 지나간다. 실제로 질량이 평형점에 도달함에 따라 가해진 힘은 0으로 줄어들지만 속력은 최대인 v_{max}이다(그림 11.2b). 질량이 오른쪽으로 더 움직일수록 힘 때문에 느려져서 $x = A$에서 순간적으로 멈춘다(그림 11.2c). 그리고 반대 방향으로 움직여서 평형 위치를 지날 때까지 가속됐다가(그림 11.2d) 다시 느려져서 출발점 $x = -A$에서 속력이 0이 된다(그림 11.2e). 그리고는 $x = A$와 $x = -A$ 사이에서 앞뒤로 대칭적으로 운동을 반복한다.

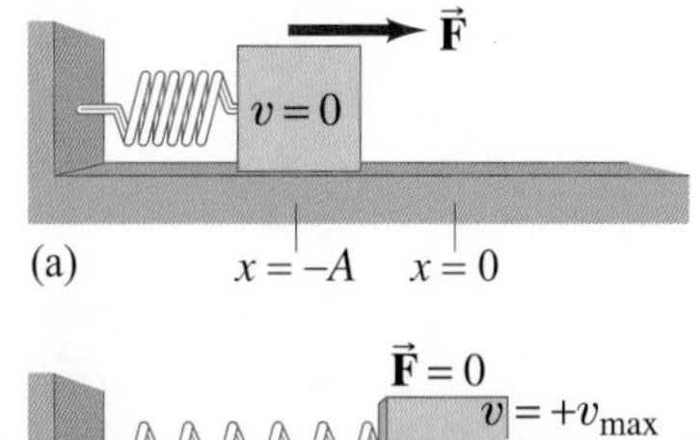

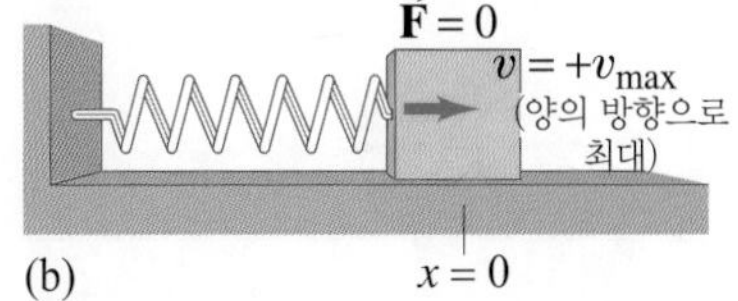

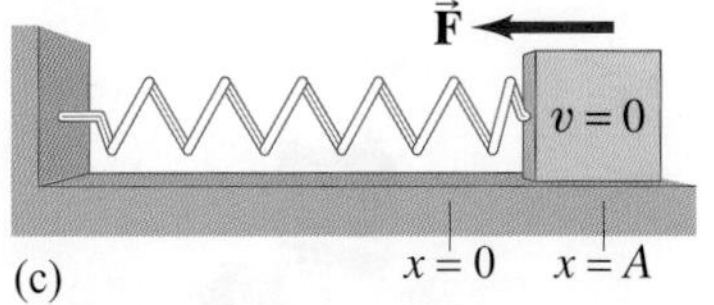

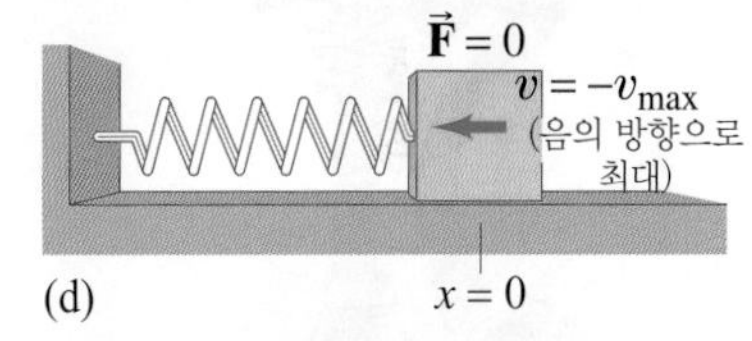

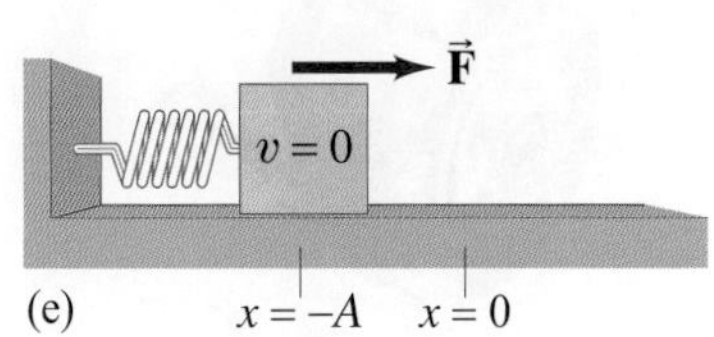

그림 11.2 마찰 없는 면 위에서 진동하는 물체. 물체에 작용하는 힘과 진동의 여러 위치에서의 속도를 나타냈다.

연습 A 그림 11.2와 같이 수평 용수철 끝에 매달려 어떤 물체가 마찰 없는 면 위에서 진동한다. 물체의 가속도는 어디서 0이 되는가? (a) $x = -A$ (b) $x = 0$ (c) $x = +A$ (d) $x = -A$와 $x = +A$ 모두 (e) 어디에서도 0이 아니다.

진동 운동을 논의하기 위해 용어를 몇 개 정의해야 한다. 임의의 순간 평형 위치로부터의 질량의 거리 x를 (+ 또는 − 부호를 가진) **변위**(displacement)라 한다. 최대 변위—평형점으로부터 가장 먼 변위—를 **진폭**(amplitude) A라고 한다. 한 **사이클**(cycle)이란 출발점 $x = -A$에서 $x = +A$로 갔다가 다시 $x = -A$로 돌아가는 완전한 왕복 운동을 의미한다. **주기**(period) T는 한 사이클에 필요한 시간으로 정의한다. 마지막으로 **진동수**(frequency) f는 초당 완전한 사이클의 수이다. 진동수는 일반적으로 헤르츠(Hz)로 표시하는데, 1 Hz = 1사이클/s이다. 이 정의에 의해, 전에 봤듯이(식 5.2와 8.8) 진동수와 주기는 역수 관계에 있다. 즉

$$f = \frac{1}{T} \quad \text{그리고} \quad T = \frac{1}{f} \tag{11.2}$$

이다. 예를 들면 진동수가 초당 2사이클이면, 한 사이클의 주기는 $\frac{1}{2}$초가 소요된다.

연습 B 진동하는 질량의 진동수가 1.25 Hz라면 100번 진동하는 시간은 (a) 12.5 s, (b) 125 s, (c) 80 s, (d) 8.0 s이다.

연직으로 매달린 용수철의 진동은 수평 용수철의 진동과 비슷하지만, 중력 때문에 질량 m이 매달린 연직 용수철의 길이는 같은 용수철이 수평일 때보다 길다(그림 11.3). $\Sigma F = 0 = mg - kx_0$일 때 용수철이 평형이므로, 용수철이 $x_0 = mg/k$만큼

주의

연직 용수철의 경우, 변위(x 또는 y)는 연직 평형 위치로부터 측정한다.

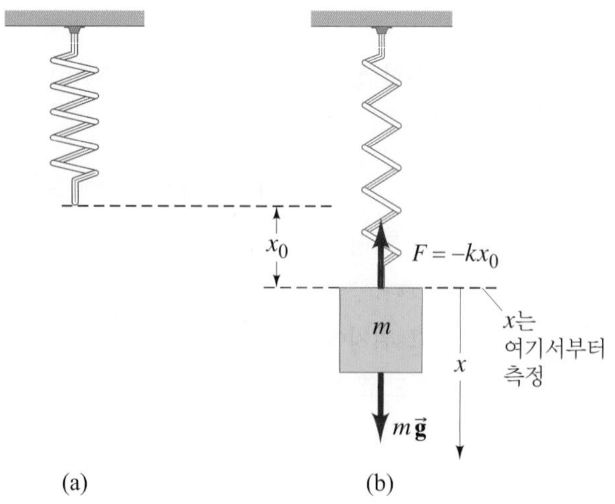

그림 11.3 (a) 연직으로 매달린 자유로운 용수철 (b) $\Sigma F = 0 = mg - kx_0$일 때 새로운 평형 위치에 놓인 용수철에 매달린 질량 m

늘어나야 평형이다. 새로운 평형 위치로부터의 거리를 x라 하면 식 11.1을 같은 값 k로 바로 쓸 수 있다.

예제 11.1 자동차 용수철

물리학의 응용
자동차 용수철

전체 질량이 200 kg인 네 사람이 1200 kg인 자동차에 탈 때 자동차의 용수철이 3.0 cm 압축된다. (a) 단일 용수철이라고 가정하면 자동차의 용수철(그림 11.4)의 용수철 상수는 얼마인가? (b) 200 kg이 아니라 300 kg이 타면 차는 얼마나 내려앉는가?

접근 훅 법칙을 사용한다. 사람의 무게 mg는 3.0 cm의 변위를 일으킨다.

풀이 (a) 용수철에 가해진 힘 $(200\text{ kg})(9.8\text{ m/s}^2) = 1960\text{ N}$이 용수철을 3.0×10^{-2} m 압축한다. 그러므로 식 11.1에서 용수철 상수는 다음과 같다.

$$k = \frac{F}{x} = \frac{1960\text{ N}}{3.0 \times 10^{-2}\text{ m}} = 6.5 \times 10^4\text{ N/m}$$

(b) 자동차에 300 kg이 타면 훅 법칙에 의해

$$x = \frac{F}{k} = \frac{(300\text{ kg})(9.8\text{ m/s}^2)}{(6.5 \times 10^4\text{ N/m})} = 4.5 \times 10^{-2}\text{ m}$$

즉 4.5 cm이다.

유의 (b)에서 k에 대해 풀지 않고도 x를 얻을 수 있다. x는 F에 비례하므로 200 kg이 용수철을 3.0 cm 압축하면 1.5배 큰 힘은 용수철을 1.5배, 즉 4.5 cm 압축할 것이다.

그림 11.4 자동차 용수철 사진(충격 흡수기(파란색)도 보인다. 11.5절 참조)

알짜 복원력이 변위의 음(−)의 값으로 비례하는 (식 11.1의 $F = -kx$와 같이) 모든 진동하는 계는 **단조화 운동**(SHM; simple harmonic motion)을 한다고 한다.[†] 이런 계를 **단조화 진동자**(SHO; simple harmonic oscillator)라고 한다. 9.5절에서 대부분의 고체 물질들은 변위가 그리 크지 않으면 식 11.1에 따라 압축되거나 늘어난다

[†] '조화'라는 말은 운동이 사인꼴이라는 의미이다(이는 11.3절에서 논의할 것이다). '단순'이라는 말은 단일 사인꼴임을 의미한다. 이것은 마찰이나 다른 힘이 없을 때만 일어날 수 있다.

는 것을 공부했다. 이 때문에 자연계에서의 많은 진동은 단조화 또는 그에 매우 가까워서 SHM 모형으로 다룰 수 있다.

11.2 단조화 운동의 에너지

단조화 운동과 같이 힘이 일정하지 않으면 6장에서 논의한 에너지 접근법을 사용하는 것이 편리하고 유용하다.

용수철을 늘이거나 압축하려면 일을 해주어야 한다. 따라서 늘어나거나 압축된 용수철에는 퍼텐셜 에너지가 저장된다. 6.4절에서 논의했듯이 탄성 퍼텐셜 에너지는

$$\text{PE} = \tfrac{1}{2}kx^2$$

이다. 전체 역학적 에너지 E는 운동 에너지와 퍼텐셜 에너지의 합이므로

$$E = \tfrac{1}{2}mv^2 + \tfrac{1}{2}kx^2 \tag{11.3}$$

인데, 여기서 v는 질량 m인 물체가 평형 위치로부터 거리 x만큼 떨어져 있을 때의 속력이다. SHM은 마찰을 무시할 수 있는 경우에만 일어나므로 전체 역학적 에너지 E는 일정하다. 질량이 앞뒤로 진동할 때 에너지는 퍼텐셜 에너지에서 운동 에너지로, 그리고 다시 반대로 연속적으로 변한다(그림 11.5). 끝점인 $x = -A$와 $x = +A$에서(그림 11.5a, c) 에너지는 모두 퍼텐셜 에너지로서 용수철에 저장되며 용수철이 최대 진폭으로 압축되든 늘어나든 동일하다. 이 끝점에서는 질량이 방향을 바꾸면서 순간적으로 정지해서 $v = 0$이므로

$$E = \tfrac{1}{2}m(0)^2 + \tfrac{1}{2}kA^2 = \tfrac{1}{2}kA^2 \tag{11.4a}$$

이다. 그러므로 **단조화 진동자의 전체 역학적 에너지는 진폭의 제곱에 비례한다.** 평형점 $x = 0$에서(그림 11.5b), 에너지는 모두 운동 에너지, 즉

$$E = \tfrac{1}{2}mv_{\text{max}}^2 + \tfrac{1}{2}k(0)^2 = \tfrac{1}{2}mv_{\text{max}}^2 \tag{11.4b}$$

인데, 여기서 v_{max}는 운동 중의 최대 속력이다($x = 0$에서 일어난다). 중간점에서는(그림 11.5d) 일부는 운동 에너지이고 일부는 퍼텐셜 에너지이다. 전체 에너지는 보존되므로 식 11.3과 11.4a를 쓰면 다음과 같다.

$$\tfrac{1}{2}mv^2 + \tfrac{1}{2}kx^2 = \tfrac{1}{2}kA^2 \tag{11.4c}$$

이 에너지 보존 식에서 속도를 위치의 함수로 얻을 수 있다. v^2에 대해 풀면

$$v^2 = \frac{k}{m}(A^2 - x^2) = \frac{k}{m}A^2\left(1 - \frac{x^2}{A^2}\right)$$

이다. 식 11.4a와 11.4b로부터 $\tfrac{1}{2}mv_{\text{max}}^2 = \tfrac{1}{2}kA^2$이므로 $v_{\text{max}}^2 = (k/m)A^2$ 또는

$$v_{\text{max}} = \sqrt{\frac{k}{m}}A \tag{11.5a}$$

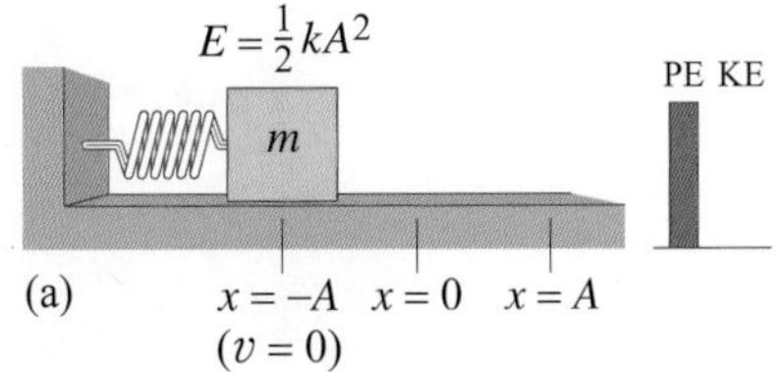

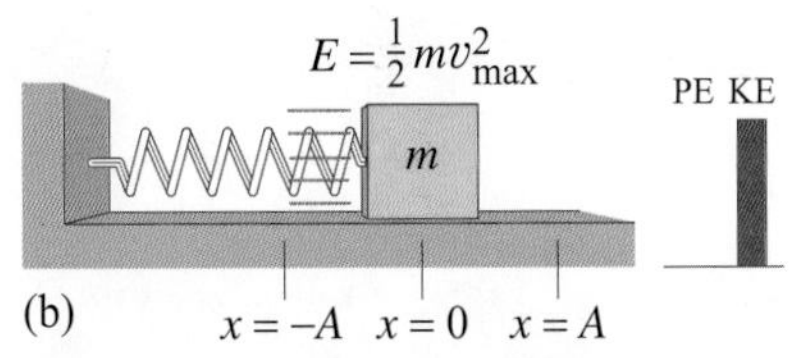

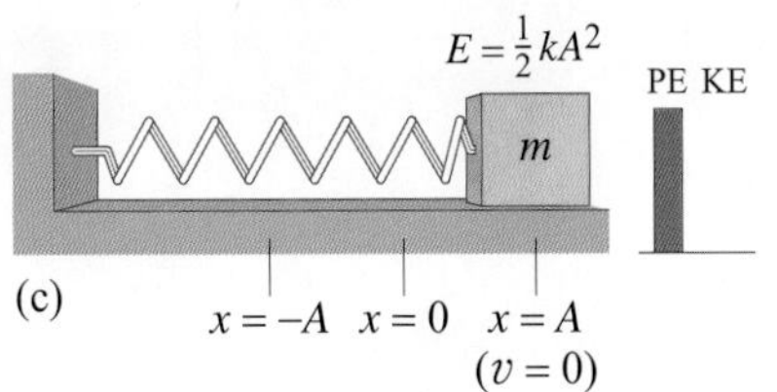

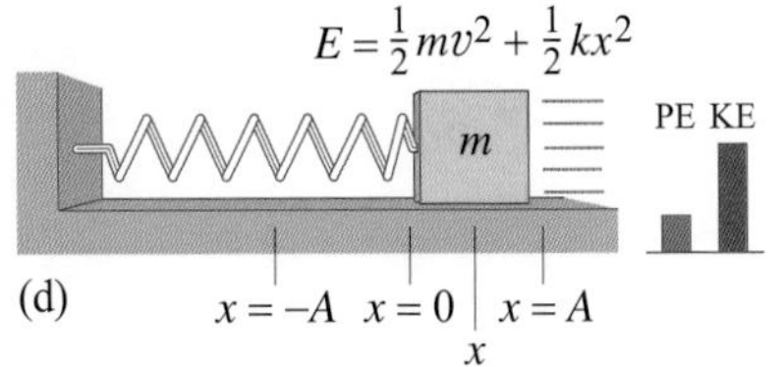

그림 11.5 용수철이 진동함에 따라 에너지는 퍼텐셜 에너지에서 운동 에너지로, 다시 그 반대로 변한다. 오른쪽의 에너지 막대그래프는 6.7절에서 사용됐다.

이다. 이 식을 위 식에 대입하고 제곱근을 취하면

$$v = \pm v_{max}\sqrt{1 - \frac{x^2}{A^2}} \quad \textbf{(11.5b)}$$

이다. 이것이 임의의 위치 x에서의 물체의 속도이다. 물체는 앞뒤로 운동하므로 속도가 + 방향일 수도 − 방향일 수도 있지만 크기는 위치 x에만 좌우된다.

연습 C 그림 11.5에서 용수철을 $x = -A$로 압축했다가 오른쪽으로 밀어 질량 m의 처음 속력이 v_0이 됐다고 하자. 이런 경우 (a) 계의 에너지, (b) 최대 속도, (c) 최대 가속도는 가만히 놓았을 때에 비해 어떻게 될까?

예제 11.2 용수철 계산

그림 11.3b에서 보듯이 질량이 0.300 kg인 물체가 정지 상태로 걸려 있을 때 용수철이 0.150 m 늘어난다. 그 용수철을 수평으로 놓고 0.300 kg의 질량을 마찰 없는 탁자에 그림 11.5와 같이 놓는다. 질량을 당겨서 용수철이 늘어나 평형점에서 0.100 m 되도록 한 후 정지 상태에서 놓는다. 이때 (a) 용수철 상수 k, (b) 수평 진동의 진폭 A, (c) 최대 속도 v_{max}의 크기, (d) 질량이 평형점으로부터 0.050 m에 있을 때의 속도 v의 크기, (e) 질량의 최대 가속도 a_{max}의 크기를 구하라.

접근 문제는 많지만 하나씩 할 수 있다. 그림 11.3b에서 보듯이 질량 0.300 kg인 물체가 매달려 정지 상태에 있을 때 연직 힘에 대해 뉴턴 법칙을 적용한다. $\Sigma F = 0 = mg - kx_0$이므로 $k = mg/x_0$이다. 수평 진동에 대해서는 진폭이 주어졌으므로 에너지 보존 법칙을 써서 속도를 구하고, $F = ma$에서 가속도를 구한다.

풀이 (a) 질량 0.300 kg에 용수철이 0.150 m 늘어나므로 다음과 같이 계산한다.

$$k = \frac{F}{x_0} = \frac{mg}{x_0} = \frac{(0.300\ \text{kg})(9.80\ \text{m/s}^2)}{0.150\ \text{m}} = 19.6\ \text{N/m}$$

(b) 이제 용수철이 탁자 위에서 수평이다. 평형점에서 0.100 m 늘어났고 처음 속력이 없으므로 $A = 0.100$ m이다.

(c) 질량이 평형점을 지날 때 최대 속도 v_{max}를 얻으며 에너지는 모두 운동 에너지가 된다. 평형점에서의 전체 에너지(식 11.3 참조)를 진폭이 최대일 때의 에너지와 비교하면 에너지 보존 법칙에 의해

$$\tfrac{1}{2}mv_{max}^2 + 0 = 0 + \tfrac{1}{2}kA^2$$

이다. 여기서 $A = 0.100$ m이다. v_{max}에 대해 풀면 (또는 식 11.5a 사용) 다음을 얻는다.

$$v_{max} = A\sqrt{\frac{k}{m}} = (0.100\ \text{m})\sqrt{\frac{19.6\ \text{N/m}}{0.300\ \text{kg}}} = 0.808\ \text{m/s}$$

(d) 에너지 보존 또는 거기서 유도된 식 11.5b를 사용하면 다음과 같다.

$$v = v_{max}\sqrt{1 - \frac{x^2}{A^2}} = (0.808\ \text{m/s})\sqrt{1 - \frac{(0.050\ \text{m})^2}{(0.100\ \text{m})^2}} = 0.700\ \text{m/s}$$

(e) 뉴턴 제2법칙에 의하면 $F = ma$이다. 따라서 최대 가속도는 힘이 최대인 곳, 즉 $x = A$

= 0.100 m인 곳에서 일어나므로 다음과 같이 구할 수 있다.

$$a_{\max} = \frac{F_{\max}}{m} = \frac{kA}{m} = \frac{(19.6\,\mathrm{N/m})(0.100\,\mathrm{m})}{0.300\,\mathrm{kg}} = 6.53\,\mathrm{m/s^2}$$

유의 SHM에서는 가속도가 일정하지 않으므로 운동학 식 2.11을 사용할 수 없다.

예제 11.3 에너지 계산

예제 11.2의 단조화 진동에서, (a) 전체 에너지, (b) 진폭의 반인 곳에서($x = \pm A/2$) 운동 에너지와 퍼텐셜 에너지를 구하라.

접근 질량–용수철 계의 에너지 보존 법칙 식 11.3과 11.4를 사용한다.

풀이 (a) $k = 19.6$ N/m, $A = 0.100$ m이므로 식 11.4a에서 전체 에너지는 다음과 같다.

$$E = \tfrac{1}{2}kA^2 = \tfrac{1}{2}(19.6\,\mathrm{N/m})(0.100\,\mathrm{m})^2 = 9.80 \times 10^{-2}\,\mathrm{J}$$

(b) $x = (1/2)A = 0.050$ m에서

$$\mathrm{PE} = \tfrac{1}{2}kx^2 = \tfrac{1}{2}(19.6\,\mathrm{N/m})(0.050\,\mathrm{m})^2 = 2.45 \times 10^{-2}\,\mathrm{J}$$

이다. 에너지 보존에 의해 운동 에너지는 다음과 같다.

$$\mathrm{KE} = E - \mathrm{PE} = 7.35 \times 10^{-2}\,\mathrm{J}$$

11.3 SHM의 주기와 단조화 특성

단조화 진동자의 주기는 용수철의 빳빳함 외에 진동하는 질량 m에도 좌우된다고 알려졌다. 그러나—이상하게 보일 수도 있지만—**주기는 진폭과는 관련이 없다.** 이것은 시계로 작은 진폭과 큰 진폭으로 진동하는 용수철의 10 또는 20사이클 주기를 재보면 확인할 수 있다.

주기 T는

$$T = 2\pi\sqrt{\frac{m}{k}} \tag{11.6a}$$

이다. 질량이 클수록 주기가 길어지고, 용수철이 빳빳할수록(k가 클수록) 주기가 짧아진다. 질량이 커지면 관성이 커져서 반응이 느려지므로(가속도가 작다), 이는 그럴 듯하다. k가 클수록 힘이 커져서 반응이 빨라진다(가속도가 크다). 식 11.6a가 비례식이 아닌 것에 주목하라. 주기는 **m/k의 제곱근에 비례**한다. 예를 들면 주기가 두 배가 되려면 질량은 네 배가 돼야 한다. 식 11.6a는 실험과 완전히 일치하고 용수철뿐만 아니라 모든 종류의 단조화 운동, 즉 변위에 복원력이 비례하는 식 11.1을 따르는 운동에 대해 성립한다. 식 11.2의 $f = 1/T$에 의해 진동수는 다음과 같다.

$$f = \frac{1}{T} = \frac{1}{2\pi}\sqrt{\frac{k}{m}} \tag{11.6b}$$

연습 D 진동수를 반으로 줄이려면 용수철 끝의 질량은 얼마여야 하는가? (a) 변화 없다. (b) 2배 (c) 4배, (d) 1/2 (e) 1/4

그림 11.6 예제 11.4. 거미가 왼쪽에 있는 먹이를 기다린다.

예제 11.4 추산 거미줄

질량 0.30 g인 거미가 질량을 무시할 수 있는 거미줄에서 먹이를 기다린다(그림 11.6). 작은 움직임도 15 Hz의 진동수로 진동한다. (a) 거미줄에 대한 용수철 상수 k를 추정하라. (b) 거미 외에 질량 0.10 g인 곤충이 추가로 걸리면 거미줄의 진동수는 얼마인가?

접근 거미줄은 매우 복잡하고 여러 진동수가 혼합되어 진동하므로 개략적인 추정만 할 수 있다. SHM을 근사 모형으로 사용한다.

풀이 (a) SHM의 진동수는 식 11.6b에 의해

$$f = \frac{1}{2\pi}\sqrt{\frac{k}{m}}$$

이다. k에 대해 풀면

$$\begin{aligned} k &= (2\pi f)^2 m \\ &= (2\pi)^2 (15\ \mathrm{s}^{-1})^2 (3.0 \times 10^{-4}\ \mathrm{kg}) = 2.7\ \mathrm{N/m} \end{aligned}$$

이다.

(b) 이제 전체 질량은 $0.10\ \mathrm{g} + 0.30\ \mathrm{g} = 4.0 \times 10^{-4}\ \mathrm{kg}$이다. $m = 4.0 \times 10^{-4}\ \mathrm{kg}$을 식 11.6b에 대입할 수 있었다. 대신 진동수는 질량의 제곱근에 따라 감소한다는 점에 주목한다. 새로운 질량은 처음 질량의 4/3배이므로 진동수는 $1/\sqrt{4/3} = \sqrt{3/4}$으로 변한다. 그러므로 $f = (15\ \mathrm{Hz})(\sqrt{3/4}) = 13\ \mathrm{Hz}$이다.

유의 이 결과를 (a)에서 구한 k와 새로운 질량 m을 식 11.6b에 직접 대입한 값으로 확인하라.

예제 11.5 추산 진동하는 바닥

공장의 큰 모터가 진동수 10 Hz로 바닥을 위아래로 진동시킨다. 모터 근처의 바닥 진동의 진폭은 3.0 mm이다. 모터 근처의 바닥 진동의 최대 가속도를 추정하라.

접근 바닥의 진동을 근사적으로 SHM이라고 가정하면 $F = ma$와 식 11.6b를 사용하여 최대 가속도를 추정할 수 있다.

풀이 최대 가속도는 힘($F = kx$)이 최대일 때, 즉 $x = A$에서 일어난다. 그러므로 $a_{\max} = F_{\max}/m = kA/m = (k/m)A$이다. 식 11.6b에서 $(k/m) = (2\pi f)^2$이므로 다음과 같다.

$$\begin{aligned} a_{\max} &= \frac{F_{\max}}{m} = \left(\frac{k}{m}\right)A = (2\pi f)^2 A \\ &= (2\pi)^2 (10\ \mathrm{s}^{-1})^2 (3.0 \times 10^{-3}\ \mathrm{m}) = 12\ \mathrm{m/s^2} \end{aligned}$$

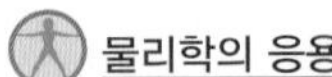
물리학의 응용

원하지 않는 바닥의 진동

유의 최대 가속도는 g보다 약간 크므로, 바닥이 아래로 가속되면 바닥에 있는 물체는 순간적으로 바닥과 떨어져서 소음과 심각한 마모를 일으킨다.

주기와 진동수-유도

단조화 운동(SHM)을 원에서 일정하게 회전하는 물체와 비교함으로써 SHM의 주기에 대한 식을 유도할 수 있다. 이 '기준 원'으로부터 두 번째 유용한 결과—진동하는 질량의 위치를 시간의 함수로 나타낸 식—를 얻을 수 있다. 용수철이 선형으로 진동하면 실제로는 원에서 어떤 회전도 일어나지 않지만, 수학적으로는 비슷하다는 점이 유용하다.

그림 11.7에서 보듯이 탁자 위에서 반지름 A와 등속력 v_{max}로 시계 반대 방향으로 회전하는 질량 m인 작은 물체를 생각하라. 위에서 보면 xy 평면에서의 원운동이다. 그러나 탁자 옆에서 보면 앞뒤로 진동하는 운동으로 보이고, 이 일차원 운동은 아래 보이는 바와 같이 단조화 운동과 정확히 일치한다.

옆에서 보는 것, 즉 우리의 관심사는 원운동을 하는 물체의 x축으로의 투사이다(그림 11.7b). 이 x축 운동이 SHM과 비슷한지 확인하기 위해, 그림 11.7에서 v로 표시된 속도 v_{max}의 x 성분의 크기를 계산해 보자. 그림 11.7a에서 θ가 들어간 두 삼각형은 닮은꼴이므로

$$\frac{v}{v_{max}} = \frac{\sqrt{A^2 - x^2}}{A}$$

또는

$$v = v_{max}\sqrt{1 - \frac{x^2}{A^2}}$$

이다. 이것은 정확히 식 11.5b에서 봤던 SHM으로 진동하는 질량의 속력에 대한 식이다. 그러므로 원에서 회전하는 물체의 x축으로의 투사는 SHM으로 진동하는 질량과 동일한 운동을 한다.

SHM의 주기를 이제 구할 수 있는데, 원에서 회전하는 물체가 완전히 한 번 운동하는 시간과 같기 때문이다. 먼저 속도 v_{max}는 원둘레를 주기 T 로 나눈 것임에 주목하면

$$v_{max} = \frac{2\pi A}{T} = 2\pi A f \qquad \textbf{(11.7)}$$

이다. T를 A로 풀면

$$T = \frac{2\pi A}{v_{max}}$$

이다. 식 11.5a에서 $A/v_{max} = \sqrt{m/k}$이다. 그러므로

$$T = 2\pi\sqrt{\frac{m}{k}}$$

인데, 우리가 찾던 공식인 식 11.6a이다. 주기는 질량 m과 용수철 상수 k에 좌우되지만 진폭 A에는 좌우되지 않는다.

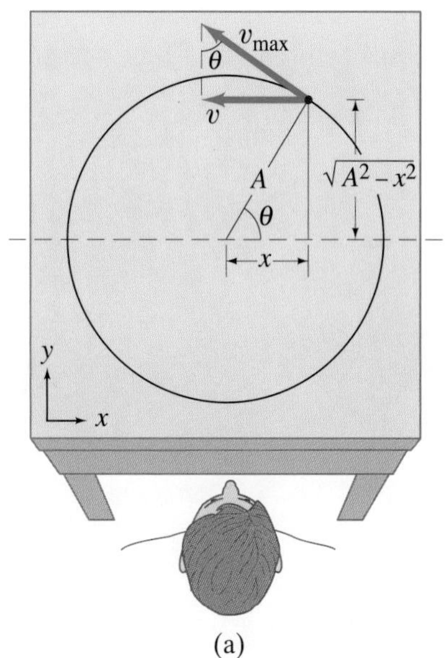

(a)

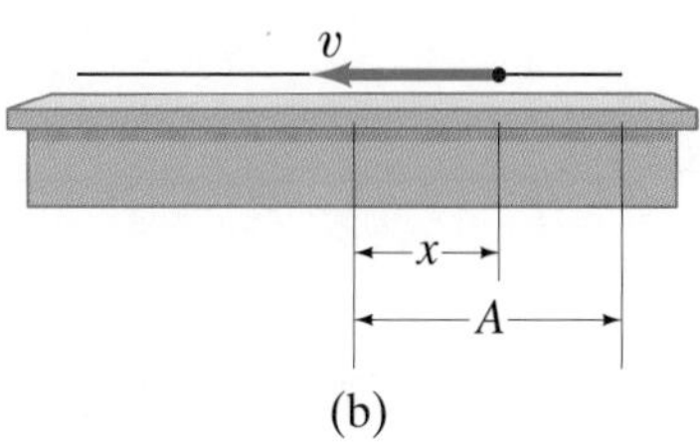

(b)

그림 11.7 (a) 작은 물체(빨간색)의 원운동 (b) 옆에서 보면 원운동(x 성분)은 단조화 운동이다.

시간의 함수로서 위치

이제 기준 원을 써서 단조화 운동을 하는 질량의 위치를 시간의 함수로 구한다. 그림 11.7b에서 $\cos\theta = x/A$이므로

$$x = A\cos\theta$$

이다. 기준 원 안의 질량(그림 11.7b)은 일정한 각속도 ω로 회전한다. θ가 라디안이면 $\theta = \omega t$로 쓸 수 있다(8.1절 참조). 그러므로

$$x = A\cos\omega t \quad \textbf{(11.8a)}$$

이다. 더욱이 각속도 ω(초당 라디안으로 표시)는 $\omega = 2\pi f$로 쓸 수 있으므로,(여기서 f는 식 8.7의 진동수이다.) 이를 대입하면

$$x = A\cos(2\pi f t) \quad \textbf{(11.8b)}$$

로 쓸 수 있다. 또는 주기 T에 대해 표현하면

$$x = A\cos(2\pi t/T) \quad \textbf{(11.8c)}$$

주의

t는 변수(시간)이고 T는 주어진 상황에서 상수이다.

이다. 식 11.8c에서 $t = T$이면 (즉 주기와 같은 시간) $x = A\cos 2\pi$(또는 $\cos 360°$)가 되는데 이것은 $x = A\cos 0°$와 같은 것에 주목하라. $t = T$ 후에는 운동이 반복되므로 이것은 맞는 말이다.

코사인 함수는 1과 −1 사이에서 변하므로 식 11.8에 의하면 x는 예측대로 A와 $-A$ 사이에서 변한다. 진동하는 물체에 펜을 달고 그 아래로 종이가 일정한 속도로 움직이면(그림 11.8), 식 11.8을 정확히 따르는 사인꼴 곡선이 그려진다.

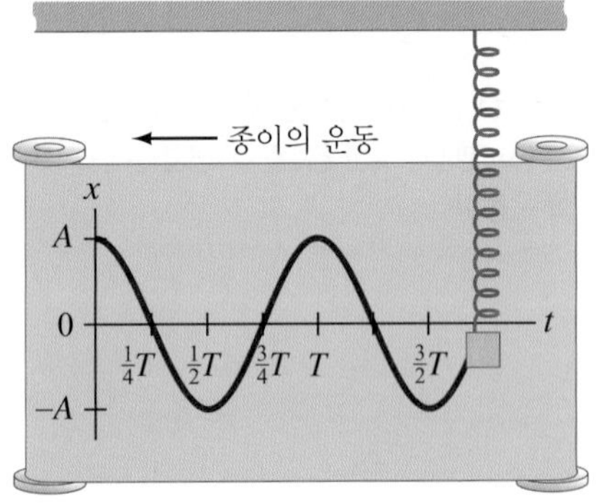

그림 11.8 시간의 함수로서 단조화 진동자의 위치, $x = A\cos(2\pi t/T)$

예제 11.6 $x = A\cos\omega t$로 시작하기

물체의 변위는 다음 식으로 기술되는데, 여기서 x의 단위는 m이고, t의 단위는 s이다.

$$x = (0.30\,\text{m})\cos(8.0\,t)$$

진동하는 물체의 (a) 진폭, (b) 진동수, (c) 주기, (d) 최대 속력, (e) 최대 가속도를 구하라.

접근 x에 대해 주어진 식을 식 11.8b, $x = A\cos(2\pi f t)$와 비교함으로써 시작한다.

풀이 $x = A\cos(2\pi f t)$에서 (a) 진폭은 $A = 0.30\,\text{m}$, (b) $2\pi f = 8.0\,\text{s}^{-1}$; $f = (8.0\,\text{s}^{-1}/2\pi) = 1.27\,\text{Hz}$임을 알 수 있다. 그러면 (c) 그러면 $T = 1/f = 0.79\,\text{s}$이다. (d) 최대 속력은 (식 11.7 참조) 다음과 같다.

$$v_{\max} = 2\pi A f = (2\pi)(0.30\,\text{m})(1.27\,\text{s}^{-1}) = 2.4\,\text{m/s}$$

(e) x가 최대일 때 $F(= kx)$도 최대이므로 최대 가속도는 뉴턴의 제2법칙에 의해 $a_{\max} = F_{\max}/m = kA/m$이다. 식 11.6b에서 $k/m = (2\pi f)^2$을 알 수 있다. 그러므로 최대 가속도는 다음과 같다.

$$a_{\max} = \frac{k}{m}A = (2\pi f)^2 A$$
$$= (2\pi)^2(1.27\,\text{s}^{-1})^2(0.30\,\text{m}) = 19\,\text{m/s}^2$$

사인꼴 운동

식 11.8a, $x = A\cos\omega t$는 진동하는 물체는 $t = 0$에서, 최대 변위($x = A$)를 갖는 정지 상태에서($v = 0$) 출발한다고 가정한다. 처음 조건(언제 t가 0인지 선정)에 따라 다르게 주어지는 SHM에 대한 다른 식이 있을 수 있다. 예를 들면 $t = 0$에서 평형 위치에 있고 물체를 오른쪽으로($+x$) 밀어서 진동이 시작되면, 식은

$$x = A\sin\omega t = A\sin(2\pi t/T)$$

이 될 것이다. 그림 11.9에 보이는 이 곡선은 오른쪽으로 1/4주기만큼 이동한 것을 제외하면 그림 11.8에 보이는 코사인 곡선과 동일하다. 따라서 $t = 0$에서 $x = A$가 아닌 $x = 0$에서 출발한다.

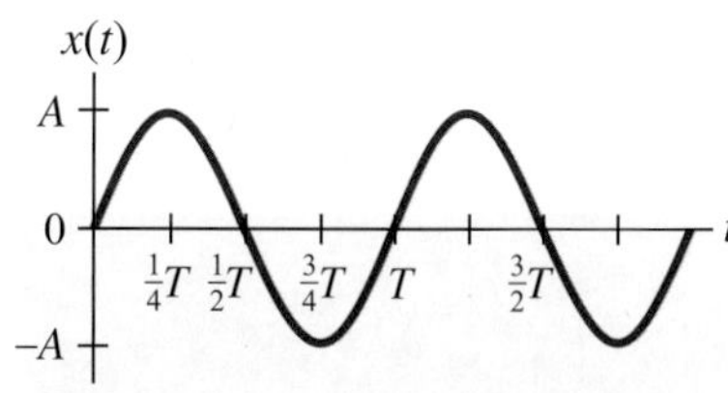

그림 11.9 시간의 함수로서 위치를 나타낸 SHM으로 사인 곡선 모양을 띤다. 이 경우 $t = 0$에서 질량은 평형 위치 $x = 0$에 있으므로 $x = A\sin(2\pi t/T)$이다. 그러나 질량은 $t = 0$에서 처음 속력을 가지므로 $t = \frac{1}{4}T$일 때 $x = A$로 이동한다.

사인이든 코사인이든 곡선 모두를 **사인꼴**(sinusoidal)이라고 한다. 그러므로 위치가 시간의 사인꼴 함수로 변하므로 단조화 운동[†]은 사인꼴이라고 한다.

시간의 함수로서 속도와 가속도

그림 11.10a에는 그림 11.8과 같이 식 11.8의 변위 x대 시간 t의 그래프가 나와 있다. 또한 그림 11.7a에서 시간의 함수로서 속도 v도 알 수 있다. 그림에 보이는 위치에서(그림 11.7a의 빨간 점), v의 크기는 $v_{max}\sin\theta$이지만, $\vec{\mathbf{v}}$가 왼쪽을 향하므로 $v = -v_{max}\sin\theta$이다. 다시 $\theta = \omega t = 2\pi ft = 2\pi t/T$으로 놓으면

$$v = -v_{max}\sin\omega t = -v_{max}\sin(2\pi ft) = -v_{max}\sin(2\pi t/T) \quad \textbf{(11.9)}$$

이다. $t = 0$ 직후 속도는 음이고(왼쪽을 향함), $t = \frac{1}{2}T$까지($\theta = 180° = \pi$ rad에 해당) 그대로이다. $t = \frac{1}{2}T$에서 $t = T$까지는 속도가 양이다. 시간의 함수로서 속도(식 11.9)는 그림 11.10b에 나와 있다. 식 11.6b와 11.7에서

$$v_{max} = 2\pi Af = A\sqrt{\frac{k}{m}}$$

이다. 주어진 용수철–질량 계에서 최대 속력 v_{max}는 진폭이 클수록 더 크고, 항상 질량이 평형점을 지날 때 일어난다.

뉴턴 제2법칙과 식 11.8에 의해 시간의 함수로서 가속도는

$$a = \frac{F}{m} = \frac{-kx}{m} = -\left(\frac{kA}{m}\right)\cos\omega t = -a_{max}\cos(2\pi t/T) \quad \textbf{(11.10)}$$

인데, 여기서 최대 가속도는

$$a_{max} = kA/m$$

이다. 식 11.10은 그림 11.10c에 나와 있다. SHM의 가속도는 일정하지 **않으므로** 등가속도에 대한 운동학 식은 SHO에는 적용되지 **않는다**.

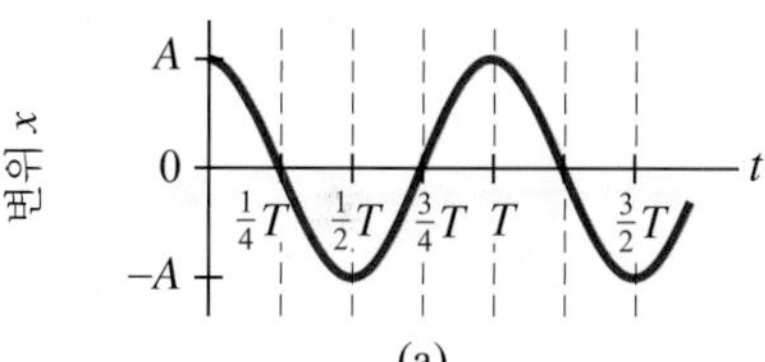

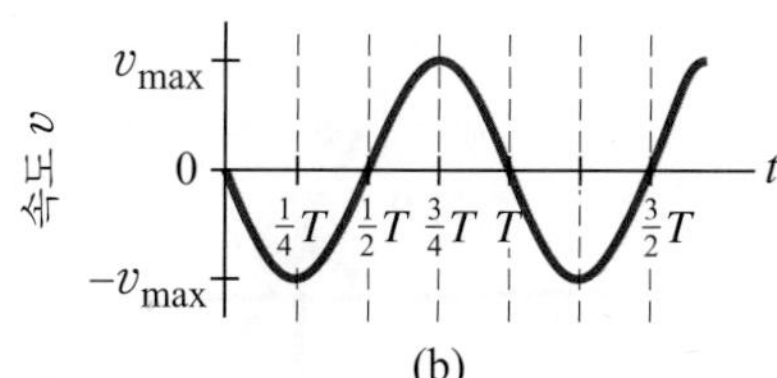

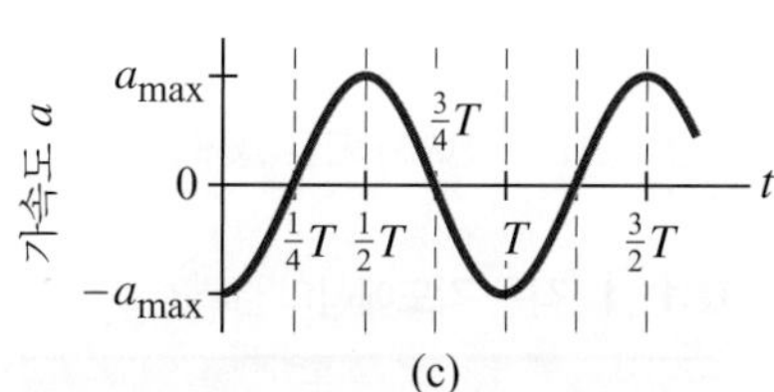

그림 11.10 (a) 시간 t의 함수로서 변위 x, $x = A\cos(2\pi t/T)$ (b) 시간의 함수로서 속도, $v = -v_{max}\sin(2\pi t/T)$ (여기서 $v_{max} = A\sqrt{k/m}$) (c) 시간의 함수로서 가속도, $a = -a_{max}\cos(2\pi t/T)$ (여기서 $a_{max} = Ak/m$) 그래프

[†] 단조화 운동은 사인꼴인 운동으로 **정의**할 수 있다. 이 정의는 11.1절에서 정의한 것과 완전히 일치한다.

11.4 단진자

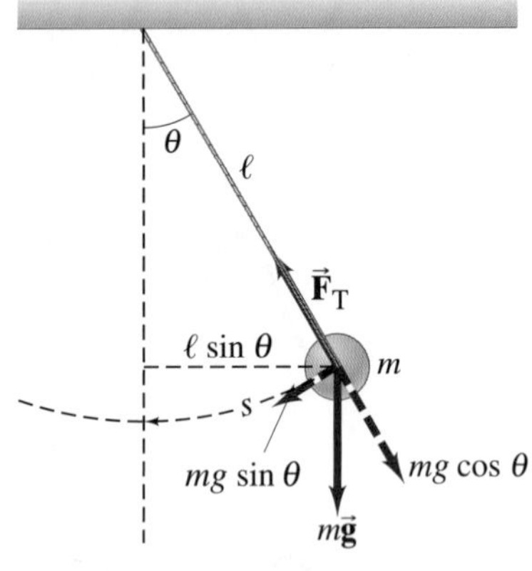

그림 11.11 진동하는 진자를 동일한 시간 간격으로 찍은 섬광 사진

그림 11.12 단진자와 자유 물체 도형

표 11.1 작은 각도에서의 $\sin\theta$

θ (도)	θ (라디안)	$\sin\theta$	% 차이
0	0	0	0
1°	0.01745	0.01745	0.005 %
5°	0.08727	0.08716	0.1 %
10°	0.17453	0.17365	0.5 %
15°	0.26180	0.25882	1.1 %
20°	0.34907	0.34202	2.0 %
30°	0.52360	0.50000	4.5 %

단진자(simple pendulum)는 그림 11.11에서 보듯이 가벼운 줄 끝에 매달린 작은 물체(진자 추)로 되어 있다. 줄은 늘어나지 않고 질량은 물체에 비해 무시할 수 있다고 가정한다. 마찰이 거의 없이 앞뒤로 움직이는 단진자의 운동은 단조화 운동과 닮았다. 단진자는 평형점 양쪽에서 같은 진폭으로 원호를 따라 진동하고 평형점을 지날 때(연직으로 매달려 있을 때), 속력이 최대이다. 그러나 실제로 단진자는 SHM을 할까? 즉 복원력이 변위에 비례할까? 그에 대해 알아보자.

원호를 따르는 진자의 변위 s는 $s = \ell\theta$인데, 여기서 θ는 줄과 연직선 사이의 각도이고 ℓ은 줄의 길이이다(그림 11.12). 복원력이 s 또는 θ에 비례하면 운동은 단조화 운동일 것이다. 복원력은 물체에 미치는 알짜힘이며 무게(mg)의 원호에 접하는 성분인데

$$F = -mg\sin\theta$$

이다. 여기서 g는 중력 가속도이다. 음의 부호는 식 11.1에서와 같이 힘이 각변위 θ와 반대 방향이라는 것을 의미한다. F가 θ 자체가 아니라 $\sin\theta$에 비례하므로 이 운동은 SHM이 **아니다**. 그러나 각도를 라디안으로 표현할 때 θ가 작으면 $\sin\theta$는 θ와 거의 같다. 그림 11.12에서 θ가 작으면 원호의 길이 $s(=\ell\theta)$는 수평 점선으로 나타낸 길이 $(=\ell\sin\theta)$와 거의 같은 것을 보면 알 수 있다. 각도가 15° 이하일 때 θ(rad)와 $\sin\theta$의 차이는 1 % 이내이다(표 11.1). 그러므로 작은 각도에서는 근사적으로

$$F = -mg\sin\theta \approx -mg\theta$$

이다. $s = \ell\theta$ 또는 $\theta = s/\ell$을 대입하면

$$F \approx -\frac{mg}{\ell}s$$

이다. 그러므로 작은 변위에서는 이 근사식이 훅 법칙($F = -kx$)과 같은 형태이므로 운동을 근사적으로 단조화 운동이라고 볼 수 있다. 여기서는 x 대신 원호의 길이 s로 놓았다. 실제 힘상수는 $k = mg/\ell$이다. 식 11.6a에 $k = mg/\ell$을 대입하면 단진자의 주기를 얻을 수 있다. 즉

$$T = 2\pi\sqrt{\frac{m}{k}} = 2\pi\sqrt{\frac{m}{mg/\ell}}$$

또는

$$T = 2\pi\sqrt{\frac{\ell}{g}} \qquad [\text{작은 } \theta] \qquad \textbf{(11.11a)}$$

이다. 진동수는 $f = 1/T$이므로

$$f = \frac{1}{2\pi}\sqrt{\frac{g}{\ell}} \qquad [\text{작은 } \theta] \qquad \textbf{(11.11b)}$$

이다. 위의 T와 f에 대한 식에서 진자의 질량은 보이지 않는다. 그러므로 단진자의

주기와 진동수는 진자의 질량과는 관련이 없다는 놀라운 결과를 얻었다. 같은 그네에서 작은 아이와 큰 아이를 밀어보면 알 수 있을 것이다.

또한 진폭 θ가 작으면 식 11.11a에서 진자의 주기는 진폭과 관련이 없다는 것을 알 수 있다(11.3절의 SHM처럼). 갈릴레오는 피사의 성당에서 등이 흔들리는 것을 보면서 이 사실에 처음 주목했다고 한다(그림 11.13). 이 발견으로 최초의 정밀한 시계인 진자시계가 발명됐는데, 수백 년 동안 표준이 됐다.

그림 11.13 갈릴레오는 피사의 성당 천정에 매달린 이 정교한 등의 왕복 운동을 보고 영감을 얻어서 진자의 주기는 진폭과 관련이 없다는 결론을 내렸다고 한다.

연습 E 279쪽 시작 질문 1로 가서 다시 답을 해 보라. 처음과 답이 다르다면 그 이유를 설명해 보라.

연습 F 단진자를 해수면에서 높은 산꼭대기로 옮겨서 같은 각도 5°에서 시작하면 어떻게 진동하는가? (a) 약간 느리게 (b) 약간 빠르게 (c) 정확히 같은 진동수로 (d) 전혀 진동하지 않고 정지한다. (e) 정답 없음

진자는 **정확한** SHM이 아니므로 주기가 진폭과 약간 관련이 있다. 진폭이 크면 관련이 더 크다. 진자시계는 여러 번 진동하면 마찰에 의해 진폭이 감소해서 정밀도에 영향을 받는다. 그러나 진자시계의 태엽이 (또는 대형 괘종시계의 낙하 추) 에너지를 공급하기 때문에, 마찰에 대해 보정하고 진폭을 일정하게 유지해서 정확한 시간을 유지한다.

 물리학의 응용

진자시계

예제 11.7 g 측정하기

어떤 지질학자가 길이가 37.10 cm이고 지구의 특정한 장소에서 진동수가 0.8190 Hz인 단진자를 사용하고 있다. 그 장소에서 중력 가속도는 얼마인가?

접근 미지수 g를 포함한 식 11.11b에서 진자의 길이 ℓ과 진동수 f를 쓸 수 있다.

풀이 식 11.11b를 g에 대해 풀면 다음과 같다.

$$g = (2\pi f)^2\ell = (2\pi)^2(0.8190\ \mathrm{s}^{-1})^2(0.3710\ \mathrm{m}) = 9.824\ \mathrm{m/s^2}$$

11.5 감쇠 조화 운동

실제 진동하는 용수철이나 진자는 진동이 멈출 때까지 시간에 따라 진폭이 서서히 감소한다. 그림 11.14에 시간의 함수로서 나타낸 변위의 전형적인 그래프가 나와 있다. 이것을 **감쇠 조화 운동**(damped harmonic motion)이라 한다. 일반적으로 공기의 저항과 진동계의 내부 마찰에 의해 감쇠†가 일어난다. 에너지가 열에너지로 소모되어서 진동의 진폭이 감소한다.

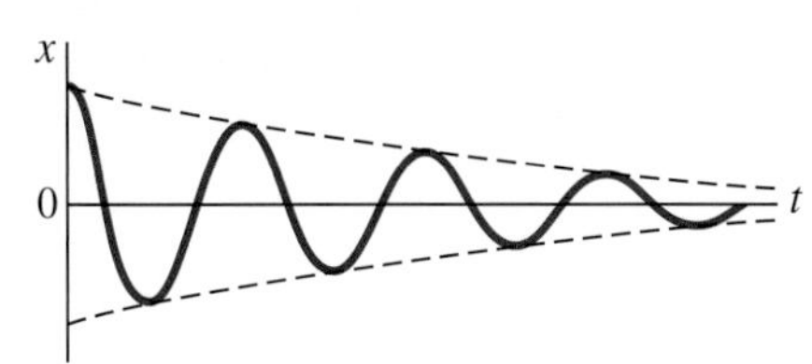

그림 11.14 감쇠 조화 운동

자연적인 진동계는 일반적으로 감쇠하는데, 왜 (감쇠하지 않는) 단조화 운동을 언급하는가? 답은 SHM이 수학적으로 다루기가 훨씬 더 쉽다는 것이다. 그리고 감쇠

† '감쇠'는 '기를 꺾다'와 같이 줄어들다, 저지하다, 또는 끝내다를 의미한다.

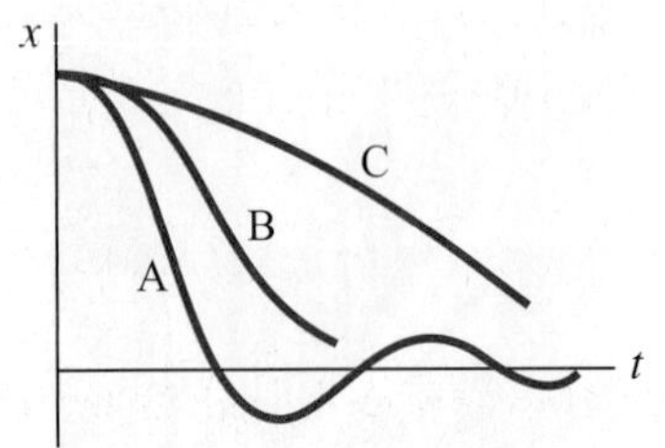

그림 11.15 (A) 작은 감쇠, (B) 임계 감쇠, (C) 큰 감쇠의 그래프

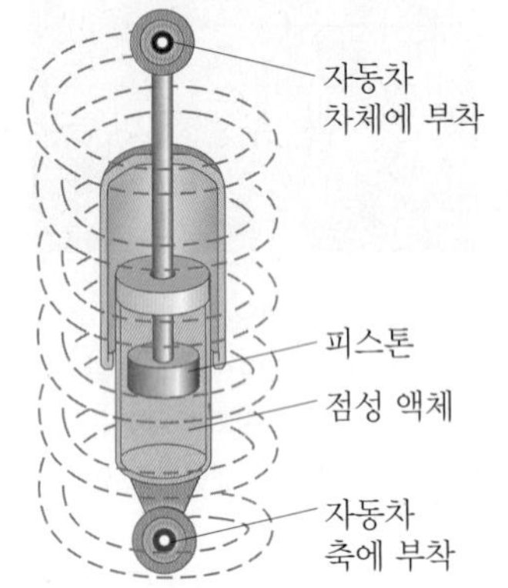

그림 11.16 자동차에서 용수철과 충격 흡수기는 충격을 완화하기 위한 감쇠 작용을 한다.

그림 11.17 건물에 설치된 이 거대한 감쇠기는 자동차의 충격 흡수기와 같은 역할을 한다. 지진이 발생하여 충격이 가해질 때 운동의 진폭과 가속도를 감소시킨다.

가 크지 않으면 진동은 그림 11.14에 점선으로 표시되어 있는 감쇠가 중첩된 단조화 운동으로 생각할 수 있다. 감쇠가 진동의 진동수를 바꾸기는 하지만, 감쇠가 작으면 영향이 작다. 그러면 식 11.6은 여전히 유용한 근사식일 수 있다.

그러나 가끔은 감쇠가 너무 커서 운동이 단조화 운동과 비슷하지 않은 경우가 있다. **감쇠가 큰** 계의 흔한 세 가지 경우가 그림 11.15에 나와 있다. 곡선 A는 **저감쇠**(underdamped) 상황이며, 몇 차례 진동한 후 정지한다. 그림 11.14에서 감쇠가 더 커진 경우에 해당한다. 곡선 C는 **과감쇠**(overdamped) 상황이며, 감쇠가 너무 커서 계는 진동하지 않고 한참 후에 정지한다(평형 상태에 도달한다). 곡선 B는 **임계 감쇠**(critical damping)이며, 가장 짧은 시간에 변위가 0이 된다. 이 용어들은 모두 문 닫힘 장치나 자동차의 **충격 흡수기**(그림 11.16)와 같은 일상생활에서 사용하는 감쇠계에서 나온 것인데, 보통 임계 감쇠로 설계한다. 그러나 장치가 마모되면서 저감쇠로 된다. 문이 세게 닫히고 자동차가 턱을 넘을 때마다 여러 번 위아래로 진동한다.

시계나 악기와 같은 대부분의 계에서 진동 운동이 중요하므로 감쇠가 최소화 될 필요가 있다. 한편 자동차 용수철과 같은 다른 계에서는 진동이 문제가 된다. 그래서 적절한 양의 임계 감쇠가 요구된다. 모든 종류의 응용에 대해 잘 설계된 감쇠가 필요하다. 큰 건물들, 특히 캘리포니아 지역에 있는 것들은 지진의 피해를 가능한 줄이기 위해 거대한 감쇠기를 설치한다(그림 11.17).

11.6 강제 진동; 공명

진동계가 운동을 시작하면, 자연 진동수로 진동한다(식 11.6b와 11.11b). 그러나 특정한 진동수를 가진 외력이 계에 가해질 수 있다. 그러면 **강제 진동**(forced oscillation)이 된다.

예를 들면 그림 11.1의 용수철에 매달린 질량에 외부에서 진동수 f를 가하여 앞뒤로 진동하게 할 수 있다. 그러면 질량은 f가 **자연 진동수**(natural frequency) f_0과 다르더라도 외력의 외부 진동수로 진동한다. f_0은 다음과 같다.

$$f_0 = \frac{1}{2\pi}\sqrt{\frac{k}{m}}$$

저감쇠 강제 진동에 대해서는, 진동의 진폭이 f와 f_0의 차이에 좌우되고 외력의 진동수와 계의 자연 진동수가 같을 때, 즉 $f = f_0$일 때 최대가 된다. 외부 진동수 f의 함수로 나타낸 진폭이 그림 11.18에 나와 있다. 곡선 A는 작은 감쇠 진동을 곡선 B는 큰 감쇠 진동을 표시한다. 외부 구동 진동수와 자연 진동수가 비슷할 때, 즉 $f \approx f_0$일 때, 감쇠가 작으면 진폭이 커질 수 있다. $f = f_0$에서 진폭이 커지는 이런 효과를 **공명**(resonance)이라 한다. 계의 자연 진동수 f_0을 또한 **공명 진동수**(resonant frequency)라고 한다.

공명의 간단한 예가 그네에 탄 아이를 미는 것이다. 그네는 진자처럼 자연 진동수

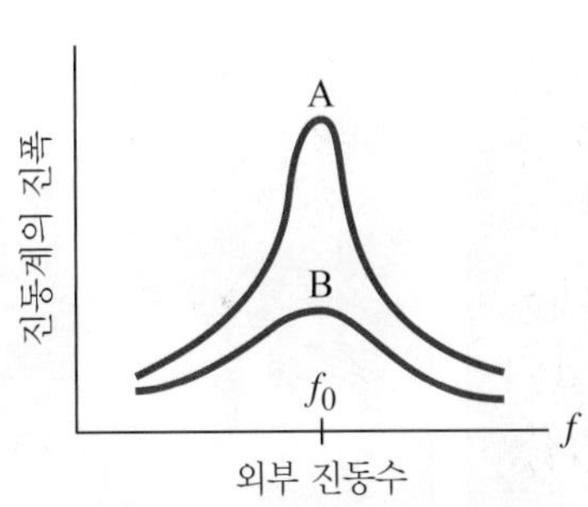

그림 11.18 (A) 작은 감쇠와 (B) 큰 감쇠의 경우, 구동 진동수 f의 함수로 나타낸 진폭이 공명을 보여 준다.

그림 11.19 트럼펫 소리와 공명 진동을 일으켜 유리잔이 깨진다.

를 가진다. 그네를 아무렇게나 밀면 밑에서 조금만 움직이고 진폭이 커지지 않는다. 그러나 그네의 자연 진동수와 같은 진동수로 밀면 진폭이 매우 커진다. 공명 조건에서는 아주 작은 노력으로도 큰 진폭을 얻고 유지할 수 있다.

위대한 테너 카루소(Enrico Caruso)는 최대 성량에서 공명 진동수에 이르면 한 소절만 불러도 유리잔을 깰 수 있다고 알려졌다. 이것은 공명의 한 예로서, 목소리에서 나온 음파가 유리잔에 강제 진동으로 작용한다. 공명에서는 유리잔 진동의 진폭이 충분히 커서 유리잔의 탄성 한계를 넘어 깨진다(그림 11.19).

일반적으로 물체는 탄성이 있으므로 공명은 다양한 상황에서 중요한 현상이다. 예측이 항상 쉽지는 않지만 건설에서 특히 중요하다. 예를 들면 다리를 건너는 기차 바퀴 하나에 있는 홈이 다리에 공명 진동을 일으켜서 철교가 붕괴했다는 보고가 있었다. 행진하는 군대가 다리를 건널 때는 발을 맞추지 않는데, 이는 행진의 리듬이 다리의 공명 진동수와 일치할 가능성을 피하기 위해서이다. 1940년의 유명한 타코마 다리의 붕괴는(그림 11.20a) 기둥 사이를 큰 진폭으로 진동시키는 거센 바람 때문에 일어났다. 오늘날 다리와 높은 건물들은 고유의 감쇠를 고려해서 설계한다. 1989년 캘리포니아 지진에 의한 오클랜드 고속도로 붕괴는(그림 11.20b) 공명 진동을 쉽게 전달하는 진흙으로 채워진 지반에 건설된 부분의 공명 진동에 의한 것이다.

 물리학의 응용

공명 붕괴

공명은 매우 유용하기도 해서 후에 악기와 라디오 조율과 같은 중요한 예제를 다룰 것이다. 진동하는 물체는 하나가 아닌 여러 진동수를 가진다는 것도 알게 될 것이다.

(a)

(b)

그림 11.20 (a) 거센 바람에 의해 타코마 다리가 큰 진폭으로 진동하여 붕괴했다(1940년 11월 7일). (b) 1989년 지진에 의한 캘리포니아 고속도로의 붕괴

그림 11.21 파원으로부터 바깥쪽으로 퍼져나가는 물결파. 이 경우 파원은 돌이 떨어져서 짧게 위아래로 진동하는 물의 작은 점이다(왼쪽 사진).

11.7 파동 운동

연못이나 풀장에 돌을 던지면 원형의 파동이 만들어져 밖으로 퍼져 나간다(그림 11.21). 그림 11.22와 같이 탁자 위에 놓인 줄의 한쪽 끝을 잡고 위아래로 진동시키면 파동은 줄을 따라서도 이동한다. 물결파와 줄의 파동은 **역학적 파동**(mechanical waves)의 흔한 두 예이며, 매질의 진동으로 전파된다. 전자기파와 빛을 포함한 다른 종류의 파동은 뒤의 장에서 논의할 것이다.

해변을 향해 밀려와 부서지는 바다의 파도를 본 적이 있으면, 파도가 물을 먼 바다에서 해변으로 운반하는 것인지 궁금했을 것이다. 아니다.[†] 물결파는 눈에 띄는 속도로 이동하지만, 물의 각 입자(또는 분자)는 단지 평형점 주위에서 진동할 뿐이다. 이것은 연못 위에 떨어진 잎 주위로 물결파가 나아가는 것을 관측하면 명확히 볼 수 있다. 잎은 파동을 따라 앞으로 나아가는 것이 아니고, 평형점 주위에서 위아래로 약간 진동한다. 이것은 물 자체의 운동이 그와 같기 때문이다.

파동은 먼 거리를 이동할 수 있지만, 매질(물이나 줄) 자체는 평형점 주위에서 진동하는 단조화 운동에서처럼 제한적으로만 움직인다. 그러므로 파동 자체는 물질이 아니지만 파동의 모양은 물질에서 이동할 수 있다. 파동은 물질을 운반하지 않고 이

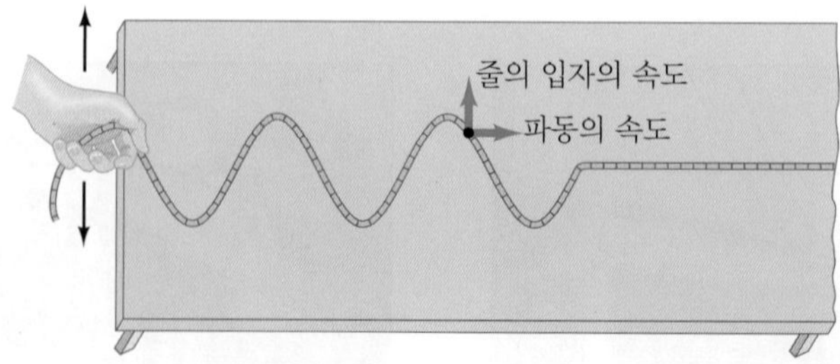

그림 11.22 줄을 따라 진행파. 파동은 줄을 따라 오른쪽으로 이동한다. 줄의 입자들은 탁자 위에서 위아래로 진동한다.

[†] 파도가 '부서진다는' 말에 혼란스러워 하지 말라. 이것은 파동이 얕은 바닥과 상호작용할 때 일어나므로 단순한 파동이 아니다.

동하는 진동으로 되어 있다.

파동은 한 장소에서 다른 장소로 에너지를 운반한다. 예를 들면 물에 돌을 던지거나 멀리서 바다에 바람이 불면 에너지가 물결파에 전달된다. 파동은 에너지를 해변으로 전달한다. 그림 11.22에서 진동하는 손이 에너지를 줄에 전달하면, 그 에너지는 줄을 통해 다른 쪽 끝에 있는 물체로 전달될 수 있다. 모든 진행파는 에너지를 전달한다.

연습 G 279쪽 시작 질문 2로 가서 다시 답을 해 보라. 처음과 답이 다르다면 그 이유를 설명해 보라.

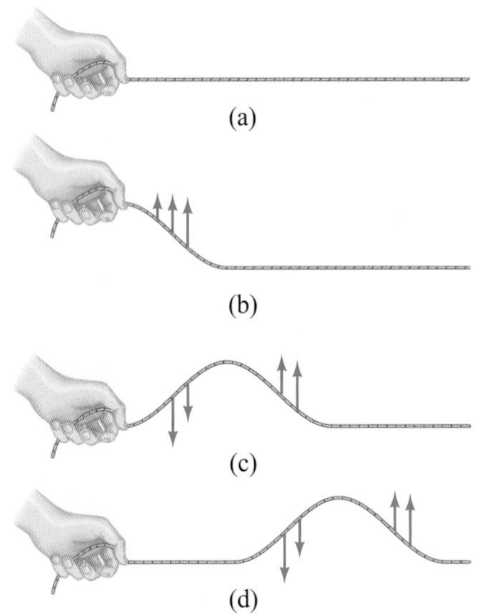

그림 11.23 손으로 줄 끝을 쥐고 위아래로 움직이면 파동 펄스가 발생한다. 파동 펄스의 이동은 오른쪽이다. 화살표는 줄 입자의 속도를 나타낸다.

어떻게 파동이 형성되고 '이동'하게 되는지 자세히 알아보자. 먼저 단일파인 **펄스**(pulse)를 살펴보자. 단일 펄스는 손을 위아래로 빠르게 움직이면 줄에서 형성될 수 있다(그림 11.23). 손이 줄의 한쪽 끝을 위로 당긴다. 끝부분은 이웃하는 부분과 연결되어 있으므로 이것도 위 방향의 힘을 받아 위로 움직이기 시작한다. 이어지는 줄의 다음 부분들이 위로 움직이면서 파동의 마루가 밖으로 줄을 따라 이동한다. 그러는 동안 줄의 끝부분은 손에 의해 원래 위치로 돌아온다. 이어지는 줄의 다음 부분들이 마루의 위치에 이르면 그들도 줄의 이웃하는 부분의 장력에 의해 다시 아래로 당겨진다. 그러므로 진행파 펄스의 원인은 교란(또는 진동)이며, 줄의 이웃하는 부분끼리의 응집력이 펄스를 이동시킨다. 다른 매질에서의 파동도 유사하게 만들어지고 밖으로 전파된다. 파동 펄스의 극적인 예가 해양 지각에서 발생된 지진 해일인 쓰나미이다. 문을 세게 닫을 때 나는 큰 소리는 음파 펄스이다.

그림 11.22의 **연속적**(continuous) 또는 **주기적 파동**(periodic wave)의 근원은 연속적으로 진동하는 교란이다. 즉 근원은 **진동**이다. 그림 11.22에서 손은 줄의 한쪽 끝을 진동시킨다. 물결파는 수면에서 손이나 다른 물체를 진동시켜서 만들 수 있다. 또는 바람이 불거나 돌이 떨어지면 물 자체가 진동한다. 진동하는 소리굽쇠나 북의 막은 공기 중에 음파를 만든다. 진동하는 전하가 광파를 만든다는 것을 뒤에서 보게 될 것이다. 실제로 대부분의 진동하는 물체는 파동을 내보낸다.

모든 파동의 근원은 진동이다. 밖으로 전파되어 파동을 이루는 것도 **진동**이다. 파원이 SHM에서처럼 사인꼴로 진동하고 매질이 탄성적이면, 파동 자체가 시간적으로도 공간적으로도 사인꼴일 것이다. (1) 공간적으로는, 어느 순간 파동을 찍는다면 파동은 위치의 함수로서 사인이나 코사인 모양일 것이다. (2) 시간적으로는, 한 위치에서 오랫동안 매질의 운동을 보면—예를 들면 부두의 가까운 두 지점 사이나 배의 창밖으로 파도가 지나가는 것을 보면—물의 작은 부분의 위아래 운동은 단조화 운동이다. 물은 시간에 따라 위아래로 사인꼴로 움직인다.

주기적인 사인꼴 파동을 설명하는 데 사용되는 몇 가지 중요한 물리량이 그림 11.24에 나와 있다. 파동의 높은 곳을 **마루**라 하고, 낮은 곳을 **골**이라 한다. **진폭**(amplitude) A는 정상(또는 평형) 위치에 대해 상대적으로 마루의 높이 또는 골의 깊이이다. 마루에서 골까지의 전체 거리는 $2A$(진폭의 두 배)이다. 두 마루 사이의 거리를 **파장**(wavelength)(λ, 그리스 문자 람다)이라 하며, 파장은 파동에서 연속하는 두 개의 동일한 점들 사이의 거리이다. **진동수**(frequency) f는 단위 시간에 어떤 점을 지

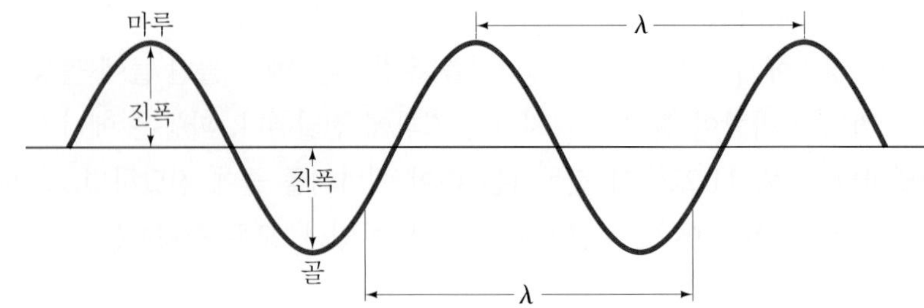

그림 11.24 공간을 지나는 단일 진동수의 연속적 파동의 특징

나는 마루(또는 완전한 사이클)의 수이다. **주기**(period) T는 $1/f$이고 공간상의 한 점에서 연속하는 두 마루가 지나는 데 걸리는 시간이다.

파동의 속력(wave speed) v는 파동의 마루(또는 파동의 다른 고정점)가 앞으로 움직이는 속력이다. 파동의 속력은 매질 자체의 입자 속력과 구별해야 한다.

파동의 마루는 한 주기 T 동안 한 파장 λ의 거리를 이동한다. 그러므로 파동의 속력은 $v = \lambda/T$이다. 그러면 $1/T = f$이므로

$$v = \lambda f \tag{11.12}$$

이다. 예를 들면 파장이 5 m이고 진동수가 3 Hz인 파동이 있다고 하자. 초당 한 점을 세 개의 마루가 지나가고 마루 사이의 거리는 5 m이므로 첫 번째 마루는 1초 동안 15 m의 거리를 이동해야 한다. 따라서 파동의 속력은 15 m/s이다.

연습 H 물결파가 부두 끝을 지나가는 것을 보니 마루 사이가 0.5 s이다. 다음 중 옳은 것은? (a) 진동수는 0.5 Hz이다. (b) 속도는 0.5 m/s이다. (c) 파장은 0.5 m이다. (d) 주기는 0.5 s이다.

11.8 파동의 형태와 속력; 횡파와 종파

그림 11.22와 같이 파동이 줄을 따라 왼쪽에서 오른쪽으로 이동할 때 줄의 입자는 파동의 방향에 횡(수직)으로 진동한다. 이런 파동을 **횡파**(transverse wave)라고 한다(그림 11.25a). **종파**(longitudinal wave)라고 알려진 다른 형태의 파동이 있다. 종파에서는 매질의 입자의 진동 방향이 파동의 이동 방향이다. 종파는 펼쳐진 용수철을

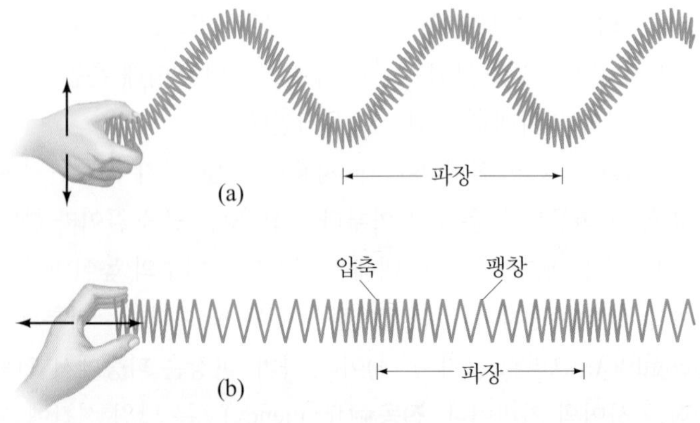

그림 11.25 (a) 횡파 (b) 종파

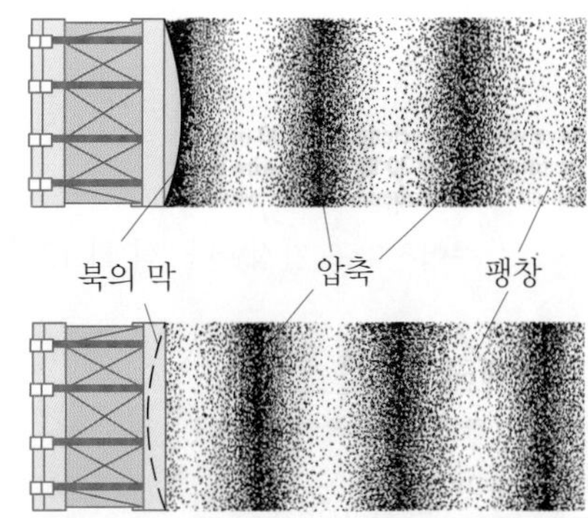

그림 11.26 종파인 음파의 생성. 반 주기($\frac{1}{2}T$) 떨어진 두 순간에서 표시

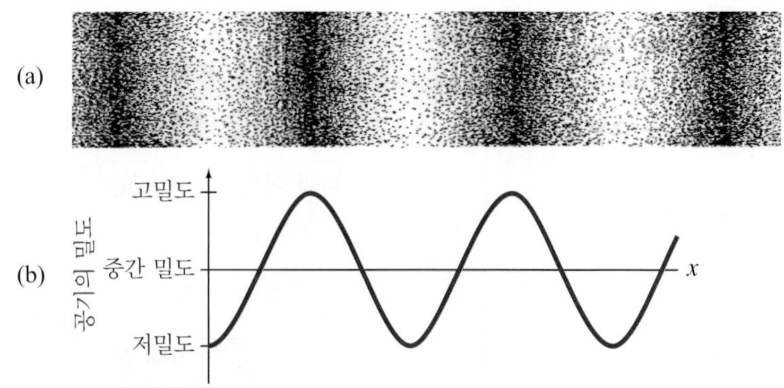

그림 11.27 (a) 공기 중의 종파 (b) 특정한 순간에서의 그래프 표현

교대로 압축하고 늘여서 쉽게 만들 수 있다. 이것이 그림 11.25b에 나와 있으며, 그림 11.25a의 횡파와 비교할 수 있다. 계속되는 압축과 팽창이 용수철을 따라 이동한다. **압축**은 코일들이 순간적으로 가까이 모이는 영역이다. **팽창**은 코일들이 순간적으로 멀어지는 영역이다. 압축과 팽창은 횡파에서 마루와 골에 해당된다.

종파의 중요한 예로 공기 중의 음파가 있다. 예를 들면 진동하는 북 가죽은 접촉하는 공기를 교대로 압축하고 팽창시켜서 그림 11.26과 같이 종파를 만들어 공기 중으로 내보낸다.

횡파의 경우와 같이 종파가 지나가는 매질의 각 부분은 매우 짧은 거리에서만 진동하는 반면에, 파동 자체는 먼 거리를 이동할 수 있다. 파장, 진동수, 파동의 속력 모두 종파에서 의미가 있다. 파장은 다음 압축(또는 팽창)과의 거리이고, 진동수는 초당 한 점을 지나는 압축의 수이다. 파동의 속력은 압축이 이동하는 속력이며, 파장과 진동수의 곱, 즉 $v = \lambda f$ (식 11.12)이다.

그림 11.27과 같이 종파는 임의의 순간 공기 분자(또는 용수철의 코일)의 밀도 대 위치의 그래프를 그려서 나타낼 수 있다. 이런 그래프 표현으로 실제 상황을 보다 쉽게 볼 수 있다. 그래프가 횡파와 아주 비슷하다는 것을 알 수 있다.

횡파의 속력

파동의 속력은 파동이 진행하는 매질의 특성에 좌우된다. 예를 들면 줄을 따라가는 횡파의 속력은 줄의 장력 F_T와 줄의 단위 길이당 질량 μ(그리스 문자 뮤)에 좌우된다. 길이가 ℓ인 줄의 질량이 m이라면 $\mu = m/\ell$이다. 진폭이 작은 파동의 경우 파동의 속력은

$$v = \sqrt{\frac{F_T}{\mu}} \qquad \text{[줄의 횡파]} \quad \textbf{(11.13)}$$

이다. 뉴턴 역학 입장에서 이 식은 정성적으로 합리적이다. 즉 장력이 분자이고 단위 길이당 질량이 분모인 것이 합리적이다. 왜 그럴까? 장력이 클수록 줄의 각 부분이 인접 부분과 강하게 접촉했으므로 속력이 클 것으로 기대한다. 또한 단위 길이당 질량이 클수록 줄의 관성이 커서 파동이 더 천천히 이동할 것으로 기대한다.

예제 11.8 줄의 파동

파장이 0.30 m인 파동이 전체 질량이 15 kg이고 길이가 300 m인 줄을 따라 이동한다. 줄의 장력이 1000 N이면 이 파동의 속력과 진동수는 얼마인가?

접근 줄을 따라 이동하는 이 파동의 속도가 식 11.13으로 주어진다고 가정한다. 식 11.12, $f = v/\lambda$에서 진동수를 구한다.

풀이 식 11.13으로부터 속도는 다음과 같다.

$$v = \sqrt{\frac{1000\ \text{N}}{(15\ \text{kg})/(300\ \text{m})}} = \sqrt{\frac{1000\ \text{N}}{(0.050\ \text{kg/m})}} = 140\ \text{m/s}$$

진동수는 다음과 같다.

$$f = \frac{v}{\lambda} = \frac{140\ \text{m/s}}{0.30\ \text{m}} = 470\ \text{Hz}$$

유의 장력이 크면 v와 f 모두 증가하고 줄이 굵고 무거우면 v와 f 모두 감소한다.

종파의 속력

종파 속력의 형태는 줄의 횡파의 속력(식 11.13)과 비슷하다. 즉

$$v = \sqrt{\frac{\text{탄성력 인자}}{\text{관성 인자}}}$$

이다. 특히 긴 고체 막대를 따라가는 종파의 경우

$$v = \sqrt{\frac{E}{\rho}} \qquad \text{[긴 막대의 종파]} \qquad \textbf{(11.14a)}$$

인데, 여기서 E는 물질의 탄성률(9.5절)이고, ρ는 밀도이다. 액체나 기체에서 이동하는 종파의 경우

$$v = \sqrt{\frac{B}{\rho}} \qquad \text{[액체에서의 종파]} \qquad \textbf{(11.14b)}$$

인데, 여기서 B는 부피 탄성률(9.5절)이고, ρ는 밀도이다.

예제 11.9 반향 위치 결정법

물리학의 응용
음파를 이용한 동물의 공간 인지

반향 위치 결정법은 박쥐, 돌고래, 이빨 고래(그림 11.28) 등의 동물들이 사용하는 감각인식의 형태이다. 이 동물들은 음파 펄스(종파)를 방출해서 물체에 반사되어 되돌아오면 음파를 분석한다. 반향 위치 결정 파동의 진동수는 약 100,000 Hz이다. (a) 바다 동물의 반향 위치 측정 파동의 파장을 추정하라. (b) 동물에서 100 m 거리에 장애물이 있으면, 동물이 파동을 방출한 후 얼마 지나서 반사 파동을 검출하는가?

접근 먼저 종파(음파)의 속력을 식 11.14b, 표 9.1과 10.1을 사용해서 계산한다. 파장은 $\lambda = v/f$이다.

풀이 (a) 순수한 물보다 밀도가 약간 더 큰 바닷물에서의 종파의 속력은 (표 9.1과 10.1

참조)

$$v = \sqrt{\frac{B}{\rho}} = \sqrt{\frac{2.0 \times 10^9\,\mathrm{N/m^2}}{1.025 \times 10^3\,\mathrm{kg/m^3}}} = 1.4 \times 10^3\,\mathrm{m/s}$$

이다. 그러면 식 11.12로부터 다음을 얻는다.

$$\lambda = \frac{v}{f} = \frac{(1.4 \times 10^3\,\mathrm{m/s})}{(1.0 \times 10^5\,\mathrm{Hz})} = 14\,\mathrm{mm}$$

(b) 동물과 물체를 왕복하는 데 필요한 시간은 다음과 같다.

$$t = \frac{\text{거리}}{\text{속력}} = \frac{2(100\,\mathrm{m})}{1.4 \times 10^3\,\mathrm{m/s}} = 0.14\,\mathrm{s}$$

유의 물체의 크기가 파장과 비슷하거나 크면 파동은 물체를 '구별'하거나 감지하는 데 사용할 수 있음을 후에 알게 될 것이다. 그러므로 돌고래는 센티미터 정도의 물체를 구별할 수 있다.

그림 11.28 이빨 고래. 예제 11.9

다른 파동들

물리학의 응용

지진파

지진(earthquake)이 일어나면 횡파와 종파가 모두 만들어진다. 땅속을 통과해 이동하는 횡파를 S파(shear의 머리글자)라 하고, 종파는 P파(pressure의 머리글자) 또는 **압축**파라 한다. 원자와 분자는 상대적으로 고정된 위치를 중심으로 어느 방향으로든 진동할 수 있으므로 횡파와 종파 모두 고체 내부를 통과해 이동할 수 있다. 그러나 액체는 쉽게 형태가 무너지므로 횡적인 운동은 복원력을 받지 못하기 때문에, 종파만 액체를 통해 이동할 수 있다. 이런 사실은 지구물리학자들이 지구의 외핵이나 내핵의 일부가 틀림없이 액체라고 추론하는 데 사용한다. 지진이 일어난 후 지구 중심 반대쪽에 종파는 검출되지만 횡파는 검출되지 않는다.

땅속(또는 다른 물체)을 통과해 이동할 수 있는 이 두 종류의 파동 외에도 두 물질 사이의 경계를 따라서 이동하는 **표면파**가 있을 수 있다. 물 위의 파동은 사실은 물과 공기 사이의 경계를 따라서 이동하는 표면파이다. 표면에서 물의 각 입자의 운동은 원형이나 타원형(그림 11.29)이므로 연직 운동과 수평 운동의 조합이다. 수면 아래에서는 그림에서 보듯이 연직 운동과 수평 운동이 조합되어 있지만 바닥에서는 수평 운동뿐이다. 파동이 해변가 가까이 오게 되면, 물은 바닥에서 끌리게 되어 속력이 느려지는 반면에, 마루는 빠르게 앞으로 진행하게 되어 그림 11.30에서와 같이 된다.

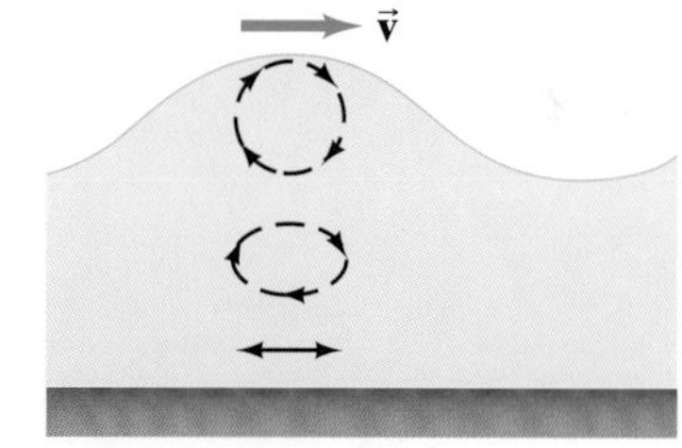

그림 11.29 얕은 물결파는 횡파와 종파 운동의 조합인 **표면파**의 예이다.

표면파는 지진이 일어날 때 지면에서도 만들어진다. 지진에 의한 피해는 주로 지표면을 따라 이동하는 표면파 때문에 생긴다.

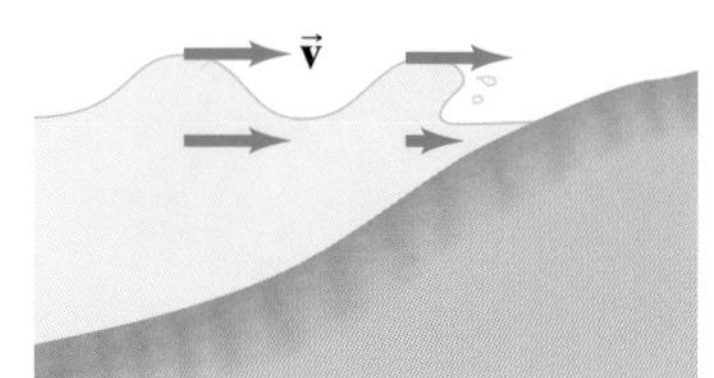

그림 11.30 물결파가 어떻게 부서지는가? 초록색 화살표는 각위치에서의 물 분자의 속도를 나타낸다.

줄의 횡파나 막대나 액체를 채운 관의 종파와 같은, 일차원에서 선을 따라가는 파동을 **일차원 파동**이라 한다. 물결파(그림 11.21)와 같은 표면파를 **이차원 파동**이라 한다. 마지막으로 스피커에서 나오는 음파나 지구를 통과하는 지진파와 같이 파원에서 모든 방향으로 퍼져 나가는 파동을 **삼차원 파동**이라 한다.

11.9 파동이 운반하는 에너지

파동은 한 곳에서 다른 곳으로 에너지를 운반한다. 파동이 매질을 통해 이동할 때 에너지는 진동 에너지 형태로 매질의 입자에서 입자로 운반된다. 진동수 f의 사인꼴 파동의 경우, 파동이 지나감에 따라 입자는 SHM으로 운동하므로 각 입자의 운동 에너지는 $E = \frac{1}{2}kA^2$인데, 여기서 A는 횡파이든 종파이든 운동의 진폭이다. 식 11.4a를 참조하라.

그러므로 **파동이 운반하는 에너지는 진폭의 제곱에 비례한다**는 중요한 결과를 얻는다. 파동의 **세기** I는 에너지가 흐르는 방향에 수직인 단위 넓이를 통과하는 일률(단위 시간당 에너지)로 정의된다. 즉

$$I = \frac{\text{에너지/시간}}{\text{넓이}} = \frac{\text{일률}}{\text{넓이}}$$

이다. 세기의 국제 표준 단위는 제곱미터당 와트(W/m^2)이다. 에너지가 파동 진폭의 제곱에 비례하므로, 세기도

$$I \propto A^2 \tag{11.15}$$

이다.

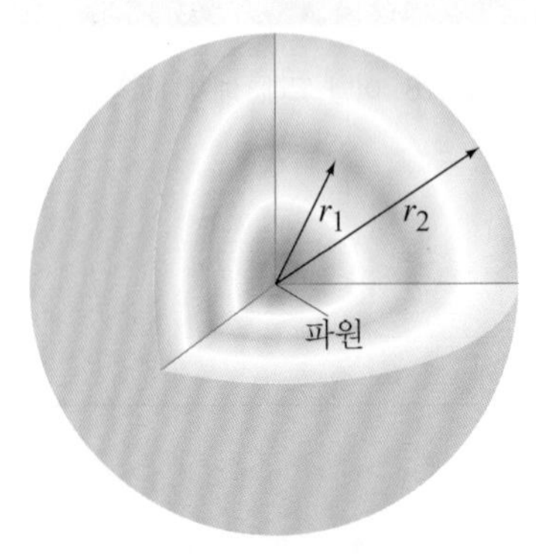

그림 11.31 파원에서 균일하게 밖으로 이동하는 삼차원 파동은 구면파이다. 반지름 r_1, r_2인 두 마루(또는 압축)이 나와 있다.

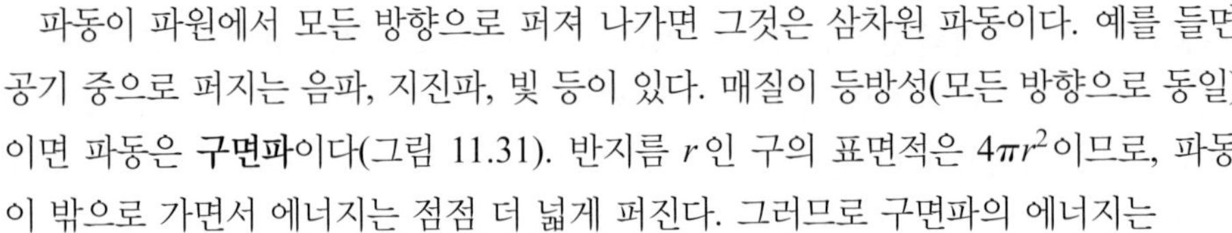

파동이 파원에서 모든 방향으로 퍼져 나가면 그것은 삼차원 파동이다. 예를 들면 공기 중으로 퍼지는 음파, 지진파, 빛 등이 있다. 매질이 등방성(모든 방향으로 동일)이면 파동은 **구면파**이다(그림 11.31). 반지름 r인 구의 표면적은 $4\pi r^2$이므로, 파동이 밖으로 가면서 에너지는 점점 더 넓게 퍼진다. 그러므로 구면파의 에너지는

$$I = \frac{\text{일률}}{\text{넓이}} = \frac{P}{4\pi r^2} \qquad \text{[구면파]} \tag{11.16a}$$

이다. 파원에서 나오는 일률 P가 일정하면 세기는 파원으로부터의 거리의 역제곱에 따라 감소한다. 즉

$$I \propto \frac{1}{r^2} \qquad \text{[구면파]} \tag{11.16b}$$

이다. 이것을 **역제곱 법칙**(inverse square law) 또는 'r^2분의 1 법칙'이라고 한다. 그림 11.31과 같이 파원으로부터의 거리가 r_1과 r_2인 두 점을 생각하면 $I_1 = P/4\pi r_1^2$, $I_2 = P/4\pi r_2^2$이므로

$$\frac{I_2}{I_1} = \frac{r_1^2}{r_2^2} \qquad \text{[구면파]} \tag{11.16c}$$

이다. 그래서 예를 들어 거리가 두 배($r_2/r_1 = 2$)이면 세기는 처음 값의 $\frac{1}{4}$로 감소한다. 즉 $I_2/I_1 = \left(\frac{1}{2}\right)^2 = \frac{1}{4}$이다.

파동의 진폭도 거리에 따라 감소한다. 세기는 진폭의 제곱에 비례하므로(식 11.15), $I \propto A^2$이 $1/r^2$에 비례하려면(식 11.16b 참조) 진폭 A는 $1/r$에 따라 감소해야 한다.

그래서

$$A \propto \frac{1}{r}$$

이다. 파원으로부터의 두 거리 r_1과 r_2를 다시 생각하면

$$\frac{A_2}{A_1} = \frac{r_1}{r_2} \qquad \text{[구면파]}$$

이다. 파원으로부터 파동이 두 배 멀면, (마찰에 의한 감쇠를 무시하면) 진폭은 반이다.

예제 11.10 지진의 세기

지구를 통해 진행해서 파원으로부터 100 km인 곳에서 검출되는 지진 P파의 세기가 $1.0 \times 10^6\ \mathrm{W/m^2}$이다. 파원으로부터 400 km인 곳에서 검출되는 이 파동의 세기는 얼마인가?

접근 파동을 구면파로 가정하므로 세기는 파원으로부터의 거리의 제곱에 따라 감소한다.

풀이 거리 400 km는 100 km의 네 배이므로 세기는 100 km에서 값의 $\left(\frac{1}{4}\right)^2 = \frac{1}{16}$ 또는 $(1.0 \times 10^6\ \mathrm{W/m^2})/16 = 6.3 \times 10^4\ \mathrm{W/m^2}$이다.

유의 식 11.16c로부터 다음을 얻는다.

$$\begin{aligned} I_2 &= I_1 r_1^2/r_2^2 = (1.0 \times 10^6\ \mathrm{W/m^2})(100\ \mathrm{km})^2/(400\ \mathrm{km})^2 \\ &= 6.3 \times 10^4\ \mathrm{W/m^2} \end{aligned}$$

줄의 횡파나 가늘고 균일한 금속 막대를 따라가는 종파와 같은 일차원의 경우 상황이 다르다. 넓이가 일정하므로 마찰을 무시하면 진폭 A도 일정하다. 그러므로 진폭과 세기가 거리에 따라 감소하지 않는다.

실제로는 마찰에 의한 감쇠가 일반적으로 존재해서 에너지의 일부가 열에너지로 변환된다. 그러므로 일차원 파동의 진폭과 세기가 근원으로부터의 거리에 따라 감소할 것이다. 삼차원 파동의 경우 비록 영향은 작지만 진폭과 세기의 감소가 위에서 논의한 $1/r^2$ 보다 더 클 것이다.

진폭과 진동수와 관련된 세기

진동수 f의 사인꼴 파동의 경우, 파동이 지나감에 따라 입자가 SHM으로 운동하므로, 각 입자의 에너지는 $E = \frac{1}{2}kA^2$이다. 여기서 A는 운동의 진폭이다. 식 11.6b를 사용하면 k를 진동수로 표현할 수 있다. 즉 $k = 4\pi^2 mf^2$인데, 여기서 m은 매질의 입자(또는 작은 부피)의 질량이다. 그러면

$$E = \frac{1}{2}kA^2 = 2\pi^2 mf^2 A^2$$

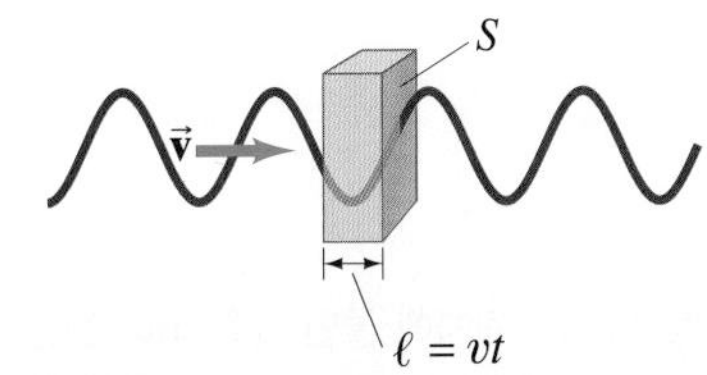

그림 11.32 속도 v인 진행파가 운반하는 에너지 계산하기

이다. 질량은 $m = \rho V$인데, 여기서 ρ는 매질의 밀도이고 V는 그림 11.32에서 보듯이 매질의 작은 부분의 부피이다. 부피는 $V = S\ell$인데, 여기서 S는 파동이 이동하는 단면적이다. (진폭을 A라 표시했으므로 넓이에 A 대신 S를 쓴다.) 시간 t 동안 파동이 이동하는 거리가 ℓ이라면 $\ell = vt$인데, 여기서 v는 파동의 속력이다. 그러므로

$m = \rho V = \rho S\ell = \rho Svt$이고

$$E = 2\pi^2\rho Svtf^2A^2 \tag{11.17a}$$

이다. 이 식에서 파동이 운반하는 에너지는 진폭의 제곱에 비례한다는 중요한 결과를 다시 얻었다. 운반되는 평균 일률 $\overline{P} = E/t$는 다음과 같다.

$$\overline{P} = \frac{E}{t} = 2\pi^2\rho Svf^2A^2 \tag{11.17b}$$

마지막으로 파동의 **세기**(intensity) I는 에너지 흐름의 방향에 수직인 단위 넓이를 지나 운반되는 평균 일률이다. 즉

$$I = \frac{\overline{P}}{S} = 2\pi^2\rho vf^2A^2 \tag{11.18}$$

이다. 이 식은 파동의 세기는 모든 점에서 파동의 진폭 A의 제곱에도 비례하고 진동수 f의 제곱에도 비례한다는 것을 확실히 보여준다.

11.10 파동의 반사와 투과

파동이 장애물에 부딪치거나 이동하는 매질의 끝에 닿으면 최소한 파동의 일부는 반사한다. 물결파가 바위나 수영장 벽에서 반사되는 것을 본 적이 있을 것이다. 그리고 먼 절벽에서 소리쳤을 때 반사되어 돌아온 '메아리'도 들어본 적이 있을 것이다.

줄을 따라가는 파동 펄스는 그림 11.33(a와 b 모두 아래로 가면서 시간이 증가)에서 보듯이 반사된다. 줄의 한 끝이 고정되어 있으면 그림 11.33a에서 보듯이 반사 펄스는 뒤집힌다. 줄의 한 끝이 자유로우면 그림 11.33b에서 보듯이 그대로 돌아온다.

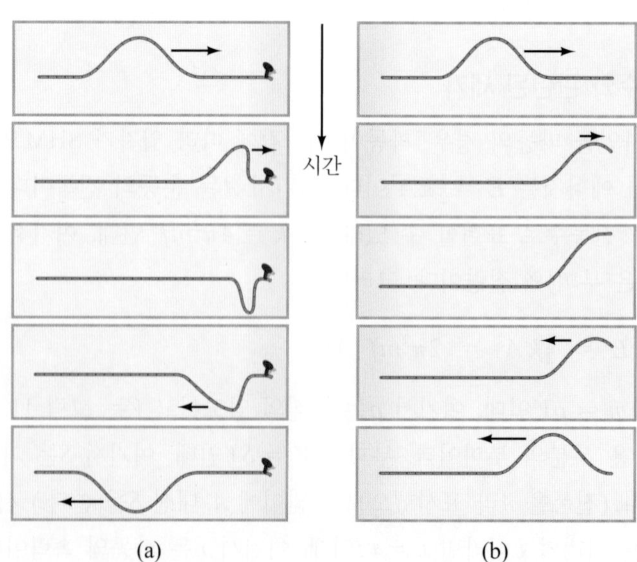

그림 11.33 탁자에 놓인 줄을 따라 진행파 펄스의 반사(아래로 가면서 시간이 증가) (a) 줄 끝이 못에 고정됐다. (b) 줄 끝이 자유롭게 움직인다.

그림 11.33a에서 보듯이 줄의 끝이 지지대에 고정되어 있다면 그 고정된 끝에 이른 펄스는 지지대에 힘을 위로 작용한다. 지지대는 줄에 크기는 같고 반대인 힘을 아래로 미친다(뉴턴 제3법칙). 줄에 작용하는 아래 방향의 힘은 뒤집힌 반사 펄스를 만든다.

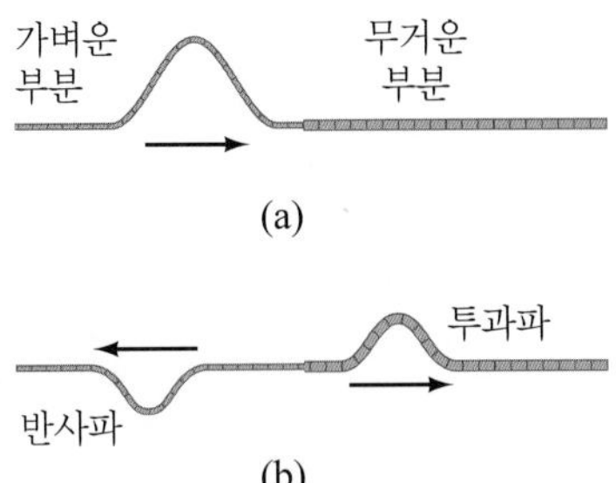

그림 11.34 가는 줄을 따라 오른쪽으로 진행파 펄스가 (a) 줄이 굵고 무거워지는 경계에 이르면 (b) 일부는 반사되고 일부는 투과된다.

다음으로 그림 11.34에서 보듯이 가는 줄과 굵은 줄을 이어 만든 줄을 따라 이동하는 펄스를 생각하라. 파동 펄스가 두 부분의 경계에 이르면 펄스의 일부는 반사되고 일부는 투과된다. 줄의 두 번째 부분이 무거울수록 투과되는 에너지가 적다. 두 번째 부분이 벽이거나 단단한 지지대라면 그림 11.33a에서 보듯이 거의 투과되지 않고 대부분이 반사된다. 사인꼴 파동의 경우, 경계점이 그 진동수로 진동하므로 투과파의 진동수는 경계를 넘어서도 변하지 않는다. 그러므로 투과파의 속력이 낮으면 파장도 짧다($\lambda = v/f$).

물결파와 같은 이차원 또는 삼차원 파동의 경우, 파동의 마루를 연결하는 모든 점을 의미하는 **파면**(wave fronts)에 관심이 있다. (이것을 해변에서 보통 단순히 '파도'라고 한다.) 그림 11.35에서 보듯이 파면에 수직하게 파동의 운동 방향으로 그은 직선을 **광선**(ray)이라고 한다. 파원에서 먼 파동은 곡면의 특성을 거의 잃고(그림 11.35b) 바다의 파도처럼 거의 직선이다. 이것을 **평면파**(plane waves)라 한다.

그림 11.36에서 보듯이 이차원 또는 삼차원 평면파의 반사의 경우, **입사 광선이** 반사면과 이루는 각도는 반사 광선이 반사면과 이루는 각도와 같다. 이것이 **반사 법칙**(law of reflection)이다. 즉

반사각은 입사각과 같다.

입사각(angle of incidence)은 입사 광선과 반사면의 법선(점선) 사이의 각도(또는 파면과 반사면 사이의 각도) θ_i로 정의된다. **반사각**(angle of reflection)은 반사 광선과 법선 사이의 각도 θ_r로 정의된다.

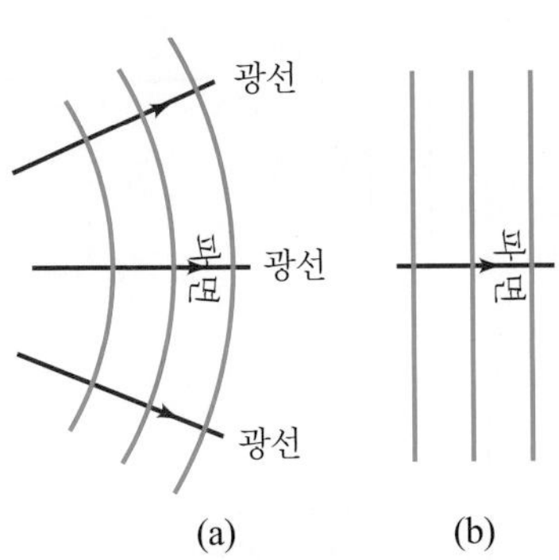

그림 11.35 파동의 운동 방향을 표시하는 광선들은 항상 파면(파동의 마루들)에 수직이다. (a) 파원 근처의 원형 또는 구면파, (b) 파원에서 멀어지면 파면은 거의 직선 또는 평면이므로 평면파라 한다.

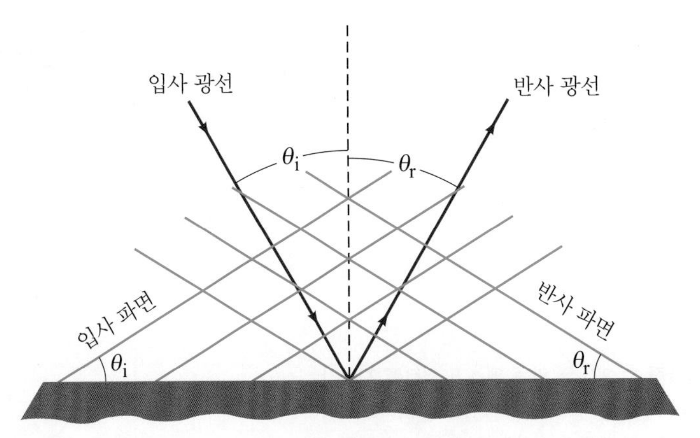

그림 11.36 반사 법칙, $\theta_r = \theta_i$

11.11 간섭; 중첩 원리

간섭(interference)은 두 파동이 동시에 같은 시간에 같은 공간 영역을 지날 때 일어난다. 예를 들면 그림 11.37(아래로 가면서 시간이 증가)에서 보듯이 줄을 따라서 서로 다가가는 두 파동 펄스가 있다. 그림 11.37a에서 두 펄스는 진폭이 같지만 하나는 마루이고 하나는 골이다. 그림 11.37b에서는 둘 다 마루이다. 두 경우 모두 파동이 만나서 서로를 지나간다. 그러나 서로 중첩되는 영역에서 **변위는 개별 변위의 대수합**이다(마루는 양으로 골은 음으로 생각한다). 이것이 **중첩 원리**(principle of superposition)이다. 그림 11.37a에서 두 파동은 서로 지나가는 순간 변위가 반대이므로 합치면 0이 된다. 이 결과를 **상쇄 간섭**(destructive interference)이라 한다. 그림 11.37b에서는 두 펄스가 겹치는 순간 변위가 개별 변위보다 커지는데, 이 결과를 **보강 간섭**(constructive interference)이라 한다.

그림 11.37a에서 상쇄 간섭이 일어나는 찰나에 에너지가 어디에 있는지 의아할 것이다. 이 순간 줄은 직선이 되나, 줄의 중앙 부분들은 여전히 위아래로 이동하고 있다(운동 에너지).

두 개의 바위를 동시에 연못에 던지면, 두 원형 파동이 바깥쪽으로 퍼져 나가 그림 11.38a에서 보듯이 서로 간섭한다. 그림 11.38b에서 일부 겹치는 부분에서는 마루가 다른 파동의 마루와 반복해서 만난다(그리고 골은 골과 만난다). 이들 점에서는 보강 간섭이 일어나서 물이 위아래로 연속적으로 개별 파동보다 더 큰 진폭으로 진동한다. 다른 부분에서는 상쇄 간섭이 일어나서 물이 위아래로 전혀 움직이지 않는다. 여기서는 마루가 다른 파동의 골과 만나고, 골은 마루와 만난다. 그림 11.39a는 보강 간섭의 경우에 대해 동일한 두 파동의 변위와 그 합을 시간의 함수로 나타냈다. 임의의 두 파동에 대해 **위상**(phase)이라는 용어를 사용해서 마루들 사이의 상대적 위치를 설명한다. 마루와 골의 배열이 그림 11.39a와 같으면, 보강 간섭이며 두 파동은 **위상이 일치한다**(in phase). 상쇄 간섭이 일어나는 부분에서는(그림 11.39b), 마루가 다른 파동의 골과 만나서 두 파동은 완전히 **위상이 어긋난다**(out of phase).

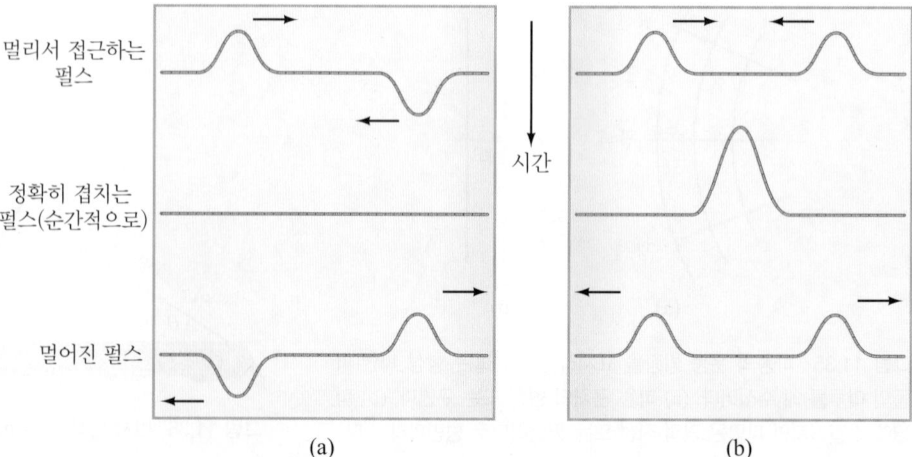

그림 11.37 두 파동 펄스가 서로를 지나간다. 겹치는 영역에서 간섭이 일어난다. (a) 보강 간섭과 (b) 상쇄 간섭. (a)와 (b)는 아래로 갈수록 시간이 증가한다.

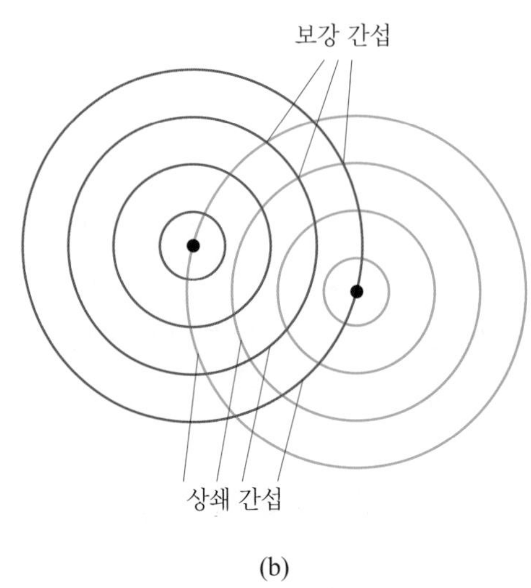

(a) (b)

그림 11.38 (a) 물결파의 간섭 (b) 한 파동의 최대(마루)가 다른 파동의 최대와 만나는 부분에서 보강 간섭이 일어난다. 한 파동의 최대(마루)가 다른 파동의 최소(골)과 만나는 부분에서 상쇄 간섭('평평한 물')이 일어난다.

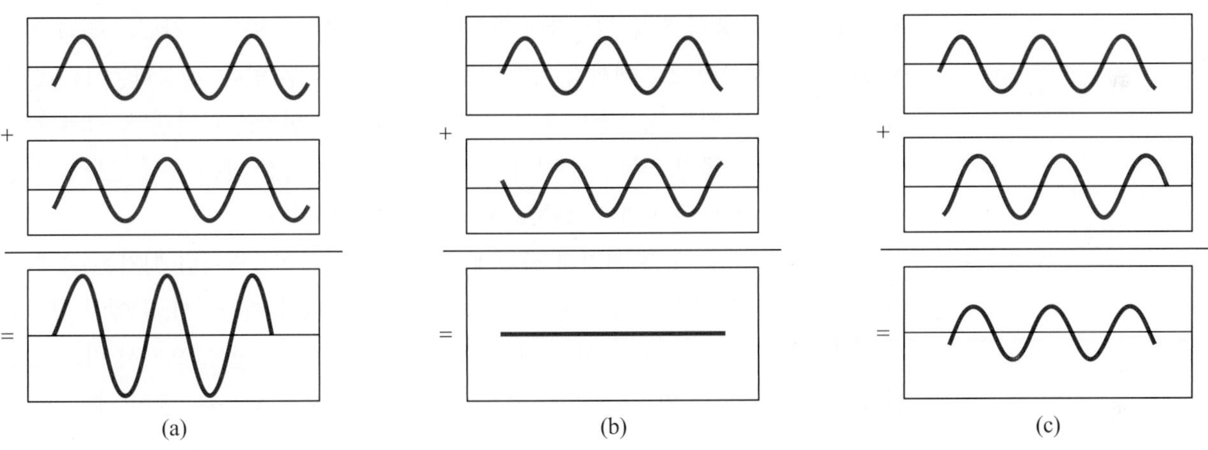

그림 11.39 동일한 두 파동과 그 합을 세 곳에서 시간의 함수로 표시한 그래프. (a) 보강 간섭 (b) 상쇄 간섭 (c) 부분적 상쇄 간섭

더 정확히 말하면 위상이 반 파장(180°) 어긋난다.† 즉 파동의 마루가 다른 파동의 마루에 반 파장 뒤진다. 그림 11.38에서 두 물결파의 상대적 위상은 대부분의 영역에서 보강 간섭과 상쇄 간섭의 사이이고 그림 11.39c에서 보듯이 **부분적**으로 상쇄 간섭이다. 두 간섭 파동의 진폭이 다르면, 그림 11.39b와 같은 완전한 상쇄 간섭은 일어나지 않는다.

11.12 정상파; 공명

줄의 한쪽은 고정시키고 한쪽을 흔들면 연속적인 파동이 고정된 쪽으로 이동해서 그림 11.33a에서 보듯이 뒤집혀 반사되어 온다. 줄을 계속 흔들면 파동이 양 방향으

† 완전한 진동의 한 파장은 360°에 해당한다. 11.3절에서 식 11.8c 바로 뒤와 그림 11.7 참조.

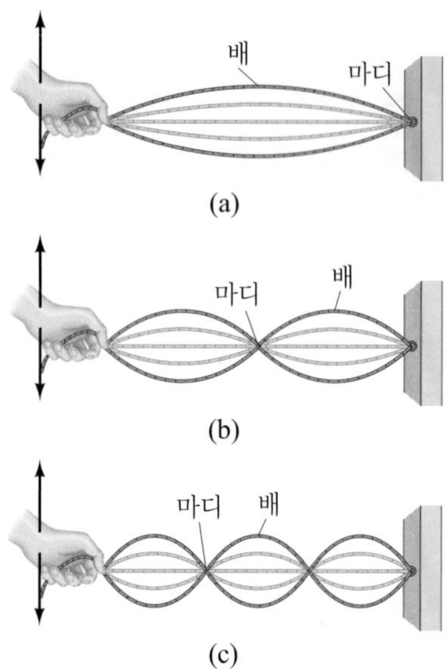

그림 11.40 세 가지 공명 진동수에 해당하는 정상파

로 이동해서 줄을 따라 손에서 멀어지는 파동이 돌아오는 반사파와 간섭을 일으킨다. 보통 꽤 무질서해진다. 그러나 적절한 진동수로 줄을 흔들면 두 파동이 간섭을 일으켜 진폭이 큰 **정상파**(stationary wave)가 발생한다(그림 11.40). 이 파동은 진행하지 않고 정지한 것처럼 보여 정지파(停止波)라고도 한다. 줄은 단순히 고정된 형태로 위아래로 진동하는 것으로 보인다. 상쇄 간섭이 일어나서 줄이 정지해 있는 곳을 **마디**(node)라 한다. 보강 간섭이 일어나서 줄이 최대 진폭으로 진동하는 곳을 **배**(antinode)라 한다. 마디와 배의 위치는 특정 진동수에 따라 고정된다.

정상파는 하나 이상의 진동수에서 일어난다. 정상파를 만드는 가장 낮은 진동수는 그림 11.40a의 형태를 만든다. 줄의 장력이 동일하다고 가정하면, 그림 11.40b와 11.40c의 정상파는 각각 가장 낮은 진동수의 정확히 두 배와 세 배에서 일어난다. 줄은 또한 가장 낮은 진동수의 네 배에서는 고리 네 개로, 다섯 배에서는 고리 다섯 개 등으로 진동할 수 있다.

정상파가 일어나는 진동수를 줄의 **자연 진동수**(natural frequencies) 또는 **공명 진동수**(resonant frequencies)라 하고, 그림 11.40의 여러 정상파 형태는 다른 '진동의 공명 모드'이다. 줄의 정상파는 반대 방향으로 이동하는 두 파동의 간섭의 결과이다. 정상파는 또한 공명 조건에서 진동하는 물체로 생각할 수 있다. 정상파는 11.6절에서 논의했던 진동하는 용수철이나 진자의 공명과 같은 현상을 나타낸다. 그러나 용수철이나 진자는 공명 진동수가 하나뿐인 반면에, 줄은 가장 낮은 공명 진동수의 정수배인 진동수가 모두 공명 진동수로서 그 수가 무한대이다.

그림 11.41a와 같이 두 지지대 사이에 걸린 기타나 바이올린처럼 튕기는 줄에 대해 살펴보자. 많은 진동수의 파동이 양 방향으로 줄을 따라 이동해서, 끝에서 반사되어 반대 방향으로 돌아간다. 이들 대부분의 파동은 서로 간섭을 일으켜서 바로 소멸된다. 그러나 줄의 공명 진동수에 해당하는 파동들은 오래 남는다. 줄의 양 끝은 고정되어 있으므로 마디이다. 다른 마디도 있을 수 있다. 진동의 공명 모드(정상파) 몇 개가 그림 11.41b에 나와 있다. 일반적으로 운동은 여러 공명 모드의 조합이지만, 공

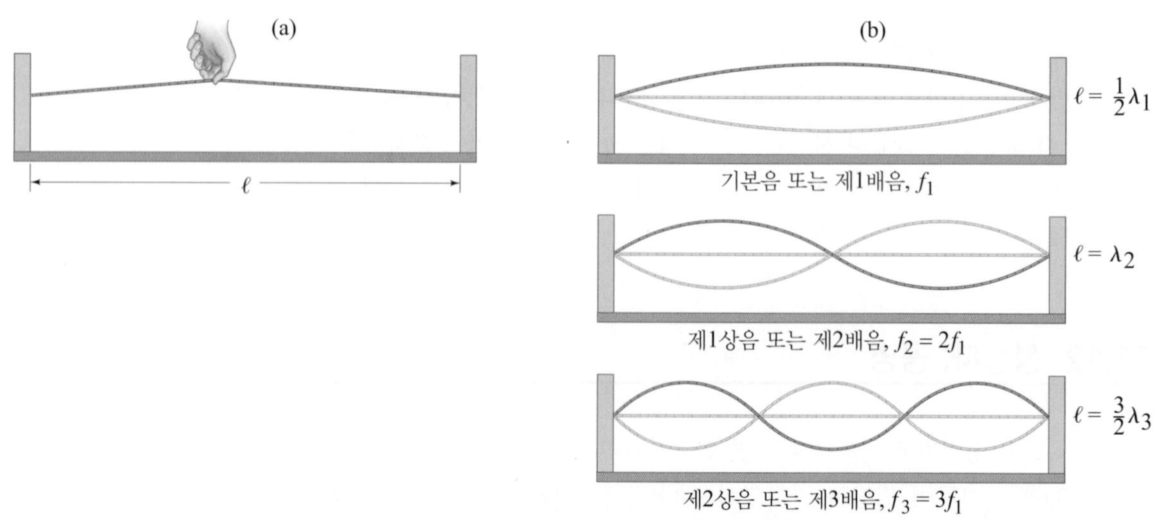

그림 11.41 (a) 줄을 튕긴다. (b) 공명 진동수에 해당하는 정상파만 오래 남는다.

명 진동수에 해당하는 진동수만 남는다.

공명 진동수를 결정하기 위해, 먼저 정상파의 파장과 줄의 길이 ℓ 사이에 간단한 관련이 있다는 점에 주목한다. **기본 진동수**(fundamental frequency)라 부르는 가장 낮은 진동수는 배(또는 고리) 하나에 해당한다. 그림 11.41b에서 볼 수 있듯이 전체 길이가 반 파장에 해당된다. 그러므로 $\ell = \frac{1}{2}\lambda_1$인데, 여기서 λ_1은 기본 진동수의 파장을 의미한다. 기본 진동수 외의 다른 공명 진동수는 **상음**(overtones)이라 한다. 기본 진동수의 정수배에 해당하는 진동수를 **배음**(harmonics)이라 하는데, 기본음을 **제1배음**(first harmonic)[†]이라 한다. 기본음 다음의 모드는 고리가 둘이며 **제2배음**(제1상음)(second harmonic)이라 한다(그림 11.41b). 제2배음에서 줄의 길이 ℓ은 한 파장에 해당한다. 즉 $\ell = \lambda_2$이다. 제3, 4배음 등은 각각 $\ell = \frac{3}{2}\lambda_3$, $\ell = \frac{4}{2}\lambda_4 = 2\lambda_4$ 등이다. 일반적으로 다음과 같이 쓸 수 있는데,

$$\ell = \frac{n\lambda_n}{2} \quad \text{여기서} \quad n = 1, 2, 3, \cdots$$

이다. 정수 n은 배음의 수를 표시하는데, 기본 진동수는 $n = 1$, 제2배음은 $n = 2$ 등이다. λ_n에 대해 풀면

$$\lambda_n = \frac{2\ell}{n} \quad \text{여기서} \quad n = 1, 2, 3, \cdots \quad [\text{양 끝이 고정된 줄}] \qquad \textbf{(11.19a)}$$

이다. 각 진동의 진동수 f를 구하기 위해 식 11.12, $f = v/\lambda$를 쓰면

$$f_n = \frac{v}{\lambda_n} = n\frac{v}{2\ell} = nf_1 \quad \text{여기서} \quad n = 1, 2, 3, \cdots \qquad \textbf{(11.19b)}$$

인데, 여기서 $f_1 = v/\lambda_1 = v/2\ell$은 기본 진동수이다. 진동하는 줄에서 각 공명 진동수는 기본 진동수의 정수배라는 것을 알 수 있다.

정상파는 반대 방향으로 이동하는 두 개의 진행파를 말하므로 파동의 속도 개념은 여전히 의미가 있으며, 식 11.13에 줄의 장력 F_T와 단위 길이당 질량 ($\mu = m/\ell$)으로 정의되어 있다. 즉 어느 방향으로든 진행파의 속력은 $v = \sqrt{F_T/\mu}$이다.

예제 11.11 피아노 줄

어떤 피아노 줄의 길이가 1.10 m이고 피아노 줄의 질량이 9.00 g이다. (a) 이 줄이 기본 진동수 131 Hz로 진동하려면 줄의 장력은 얼마여야 하는가? (b) 처음 네 배음의 진동수는 얼마인가?

접근 장력을 구하기 위해 식 11.12($v = \lambda f$)를 써서 파동의 속력을 구하고 나서, 식 11.13을 써서 F_T에 대해 푼다.

풀이 (a) 기본음의 파장은 $\lambda = 2\ell = 2.20$ m(식 11.19a에서 $n = 1$)이다. 줄의 파동의 속력은 $v = \lambda f = (2.20\,\text{m})(131\,\text{s}^{-1}) = 288\,\text{m/s}$이다. 그러면 식 11.13으로부터 다음을 얻는다.

$$F_T = \mu v^2 = \frac{m}{\ell}v^2 = \left(\frac{9.00 \times 10^{-3}\,\text{kg}}{1.10\,\text{m}}\right)(288\,\text{m/s})^2 = 679\,\text{N}$$

[†] '배음'이라는 용어는 음악에서 나온 것으로 진동수의 정수배가 서로 잘 '어울리기' 때문이다.

(b) 제1배음(기본음)의 진동수는 f_1 = 131 Hz이다. 제2, 3, 4배음의 진동수는 각각 기본 진동수의 2, 3, 4배인 262, 393, 524 Hz이다.

유의 줄의 파동의 속력은 피아노 줄이 공기 중에서 발생하는 음속과 **같지 않다.**

정상파는 한 위치에 정지해 있는 것처럼 보이고, 진행하는 파동은 움직이는 것처럼 보인다. '정상파'라는 용어는 에너지의 관점에서도 의미가 있다. 줄이 마디에서 정지해 있으므로 에너지가 이 점들을 흘러 지나가지 않는다. 그래서 에너지는 줄을 따라 이동하지 않고 줄의 한 위치에 '정지'해 있다.

정상파는 줄에서만 생기는 것이 아니라, 북의 막, 금속이나 나무로 된 물체 등의 충격을 받은 모든 물체에서도 발생한다. 공명 진동수는 줄이 길이에 좌우되듯이 물체의 경우 크기에 좌우된다. 큰 물체는 작은 물체보다 공명 진동수가 낮다. 현악기, 공기 기둥이 정상파로 진동하는 관악기, 북, 기타 타악기 등의 모든 악기들은 특정한 음을 내는 데 정상파에 좌우되는데, 이는 12장에서 논의한다.

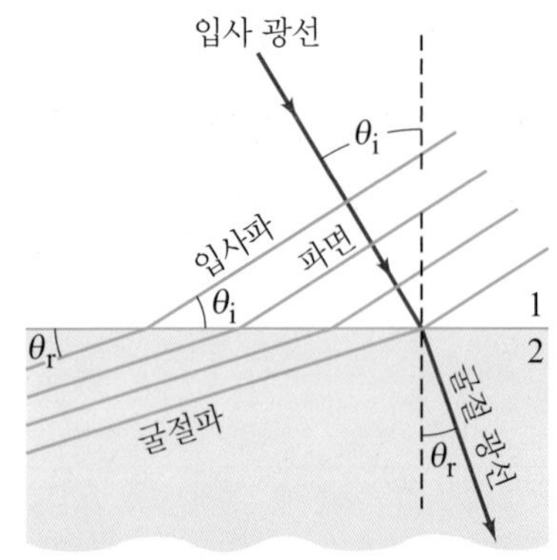

그림 11.42 경계를 지나는 파동의 굴절

11.13 굴절[†]

파동이 경계면에 이르면 에너지의 일부는 반사되고 일부는 투과되거나 흡수된다. 이차원이나 삼차원 파동이 한 매질에서 경계를 지나 파동의 속력이 다른 매질로 이동하면 투과된 파동은 그림 11.42에서 보듯이 입사파와는 다른 방향으로 이동할 수 있다. 이 현상을 **굴절**(refraction)이라 한다. 한 예가 물결파로서 얕은 물에서는 속도가 감소하고, 그림 11.43과 같이 굴절된다. 그림 11.43과 같이 뚜렷한 경계 없이 파동의 속도가 점진적으로 감소하면, 파동의 방향이 점진적으로 변한다(굴절된다).

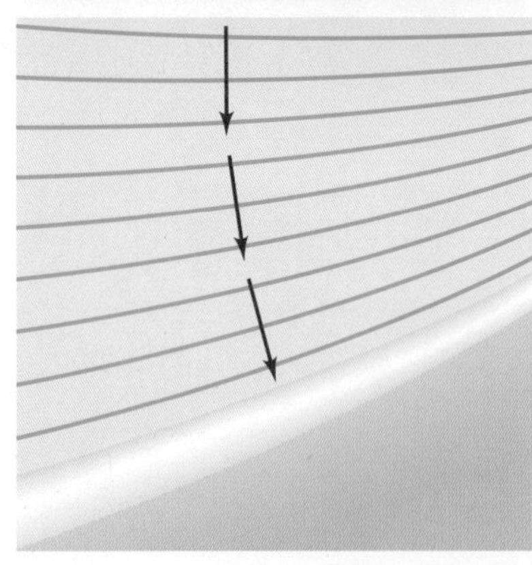

그림 11.43 물결파가 해변에 접근하면 속도가 감소해서 점진적으로 굴절된다. 파동의 속도가 점진적으로 변하기 때문에 그림 11.42에서와 같은 뚜렷한 경계가 없다.

그림 11.42에서 매질 2에서 파동의 속도는 매질 1에서보다 작다. 이 경우 파면의 방향이 꺾여 좀 더 경계에 평행하게 진행한다. 즉 **굴절각** θ_r이 **입사각** θ_i보다 작다. 그 이유를 알아보고 θ_r과 θ_i 사이의 관계를 얻기 위해, 각 파면을 병사들의 행렬이라고 생각하자. 병사들이 단단한 땅(매질 1)에서 진흙(매질 2)으로 행진하면 경계를 지나면서 속력이 감소한다. 진흙에 먼저 이른 병사들의 속력이 먼저 감소해서 행렬이 그림 11.44a에서 보듯이 휘어진다. 그림 11.44b에 A로 표시된 파면(또는 병사들의 행렬)을 살펴보자. A_1이 $\ell_1 = v_1 t$를 이동하는 동일한 시간 t 동안에 A_2는 $\ell_2 = v_2 t$를 이동한다. 그림 11.44b에서 노란색과 초록색으로 나타낸 두 삼각형은 a로 표시된 변을 공통으로 가진다. 그러므로

$$\sin\theta_1 = \frac{\ell_1}{a} = \frac{v_1 t}{a}$$

인데, a는 빗변이므로

$$\sin\theta_2 = \frac{\ell_2}{a} = \frac{v_2 t}{a}$$

[†] 이 절과 다음 절은 23장과 24장 광학에서 자세히 다룬다.

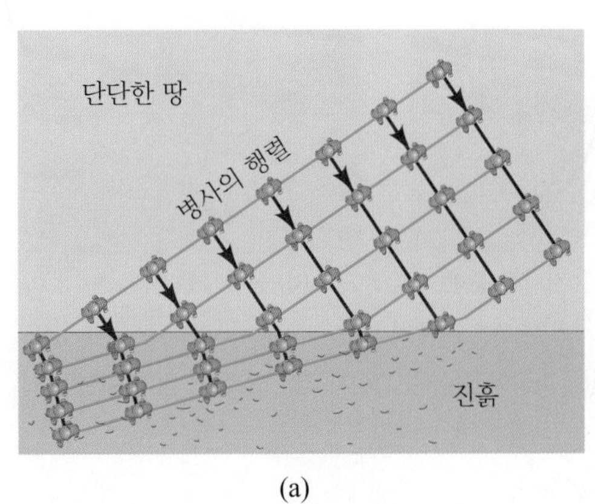

(a)

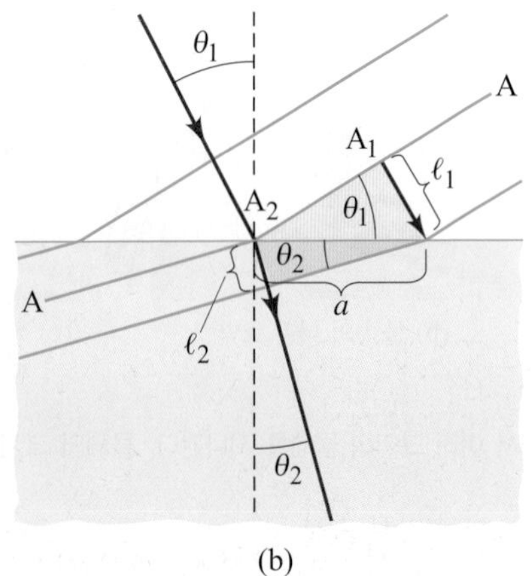

(b)

그림 11.44 (a) 행진하는 병사들에 빗대어 (b) 굴절 법칙을 유도한다.

이다. 이 두 식을 나누면 **굴절 법칙**(law of refraction)을 얻는데, 즉

$$\frac{\sin\theta_2}{\sin\theta_1} = \frac{v_2}{v_1} \quad \textbf{(11.20)}$$

이다. θ_1은 입사각(θ_i)이고 θ_2는 굴절각(θ_r)이므로 식 11.20은 둘 사이의 정량적인 관계를 알려준다. 파동이 반대 방향으로 이동해도 상황이 변하지 않는다. θ_1과 θ_2만 역할이 바뀐다. θ_2가 입사각이 되고 θ_1이 굴절각이 된다. 그러므로 파동이 속도가 더 큰 매질로 들어가면 반대로 휘어서 $\theta_r > \theta_i$가 된다. 식 11.20에서 속도 v_2가 크면 각도 θ_2가 크고, 역도 성립한다.

 물리학의 응용

지진파의 굴절

지진파는 물결파처럼 지각 내의 밀도가 다른(따라서 지진파의 속도가 다르다.) 암반 층을 지날 때 굴절된다. 광파도 굴절되므로 빛을 논의할 때 식 11.20이 매우 유용함을 알게 될 것이다.

11.14 회절

파동은 진행함에 따라 퍼진다. 파동이 장애물을 만나면 그림 11.45의 물결파와 같이 빙 돌아서 뒤로 간다. 이 현상을 **회절**(diffraction)이라 한다.

회절의 양은 그림 11.46에서 보듯이 파동의 파장과 장애물의 크기에 좌우된다. 그림 11.46a의 풀잎 같이 파장이 물체보다 훨씬 크면 파동은 물체가 없는 것처럼 빙 돌아서 지나간다. (b)와 (c) 같이 물체가 클 경우 장애물 뒤의 그림자 영역이 커지는데 물체 뒤에는 파동이 통과하지 못할 것이라 예상하겠지만 실제는 적어도 조금은 통과한다. 그리고 장애물의 크기는 (c)와 동일한데 파장이 더 긴 (d)의 경우에는, 그림자 영역으로 더 많이 회절 된다. 경험으로 보건데 **파장이 물체의 크기보다 작을 때에만 상당한 그림자 영역이 생긴다.** 이 법칙은 물체에서의 반사에도 적용된다. 파장이 장애물 크기보다 작지 않으면 반사가 거의 일어나지 않는다.

개략적인 회절의 양은

(a)

(b)

그림 11.45 파동의 회절. (a) 파동이 실틈을 지나 뒤의 '그림자 영역'으로 간다. (b) 파동이 왼쪽 위에서 온다. 장애물을 돌아 뒤의 그림자 영역으로 간다.

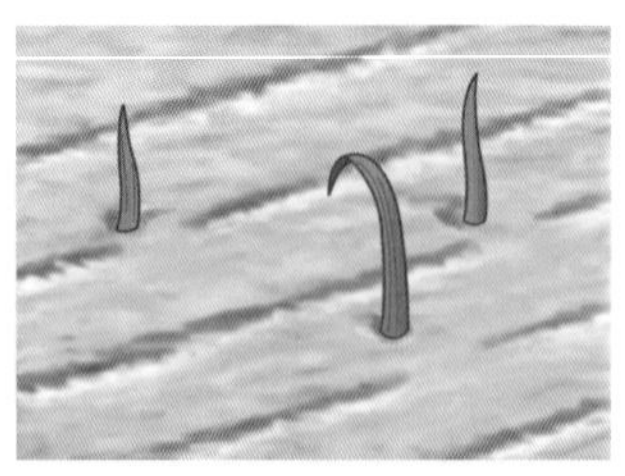
(a) 풀잎을 지나는 물결파

(b) 물속의 나무토막

(c) 통나무를 지나는 짧은 파장의 파동

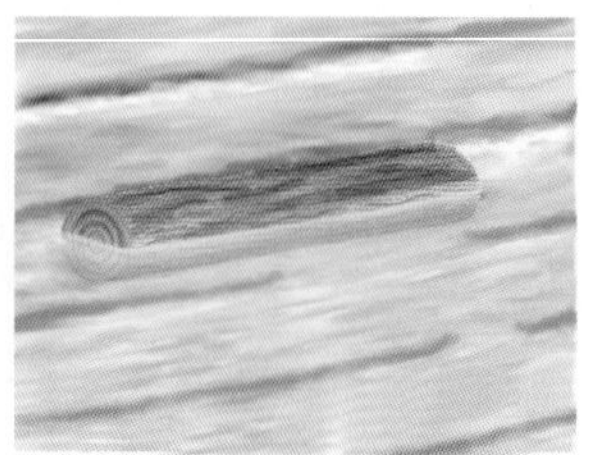
(d) 통나무를 지나는 긴 파장의 파동

그림 11.46 물결파가 왼쪽 위에서 와서 여러 크기의 물체를 지나간다. 물체의 크기에 비해 파장이 길수록 '그림자 영역'으로 더 많이 회절이 되는 것에 주목하라.

$$\theta(\text{라디안}) \approx \frac{\lambda}{\ell}$$

인데, 여기서 θ는 파동이 너비 ℓ의 구멍이나 장애물을 지난 후 퍼지는 대략적인 각도이다.

파동은 장애물을 돌아서 장애물 뒤의 영역으로 에너지를 운반할 수 있는데, 물체의 입자가 운반하는 에너지와는 다르다. 확실한 예는 다음과 같다. 건물의 모서리를 돌아 서 있으면 건물의 다른 쪽에서 던진 야구공에 맞지 않지만, 음파는 건물의 끝을 돌아서 회절되므로 외치는 소리 또는 다른 소리는 들을 수 있다.

11.15 진행파의 수학적 표현

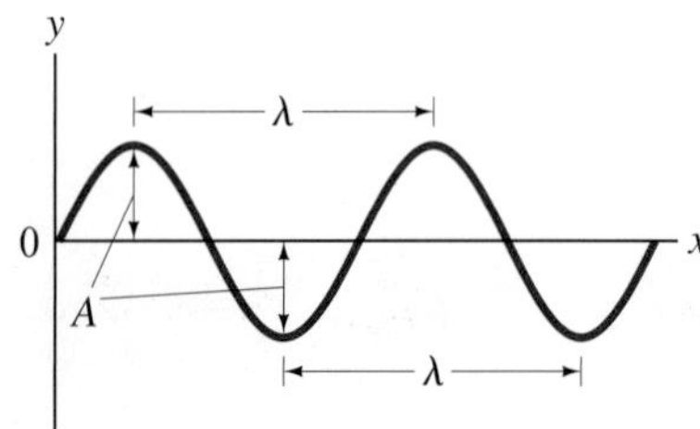

그림 11.47 $t = 0$일 때 단일 진동수 파장의 특징. 그림 11.24와 동일

그림 11.47에 나와 있는 간단한 단일 진동수의 파동은 사인꼴이다. 이런 파동을 수학적으로 표현하기 위해, 파장 λ, 진동수 f를 갖는다고 가정한다. $t = 0$에서 파동의 모양은

$$y = A\sin\frac{2\pi}{\lambda}x \tag{11.21}$$

인데, 여기서 y는 위치 x에서의 파동(횡파이든 종파이든)의 **변위**(displacement), λ는 파장, A는 **진폭**(amplitude)이다. (식 11.21은 x가 λ일 때 $y = \sin 2\pi = \sin 0$으로 파장마다 반복되므로 성립한다.)

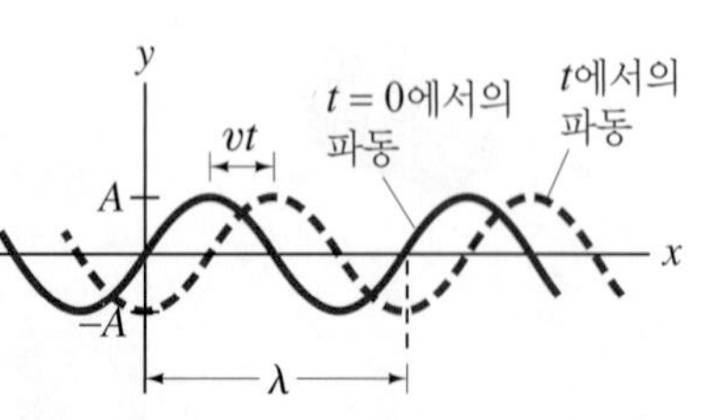

그림 11.48 진행파. 시간 t가 지난 후, 파동은 거리 vt를 움직인다.

파동이 오른쪽으로 속력 v로 이동한다고 생각하라. 시간 t가 지난 후 파동의 각 부분(실제로는 파동의 전체 '모양')은 오른쪽으로 vt 만큼 이동한다. 그림 11.48에 $t = 0$에서의 파동은 굵은 선으로, 시간 t가 지난 후는 점선으로 표시했다. $t = 0$에서 위치 x의 마루를 생각하라. 시간 t가 지난 후, 마루는 원위치에서 거리 x를 이동했으므로. 새 위치는 원위치보다 거리가 vt 만큼 멀다. 이 마루(또는 파동 모양의 다른 점)을 기술하려면, 사인 함수가 동일한 값을 가져야하므로 식 11.21에서 x를 $(x - vt)$로 대치하면

$$y = A\sin\left[\frac{2\pi}{\lambda}(x - vt)\right] \tag{11.22}$$

이다. 다시 말하면 마루 위에 있을 때 t가 증가하면 x도 동일한 비율로 증가해서 $(x - vt)$는 일정하게 유지된다.

x축을 따라 왼쪽으로 x가 감소하는 방향으로 진행하는 파동은, v가 $-v$로 되므로

$$y = A \sin\left[\frac{2\pi}{\lambda}(x + vt)\right]$$

이다.

종합 문제

객관식

1. SHM(그림 11.1)인 용수철의 질량의 진폭이 A이고, 주기가 T이다. 운동의 어느 점에서 속도와 가속도가 동시에 0이 되는가?
(a) $x = A$ (b) $x > 0$이지만, $x < A$
(c) $x = 0$ (d) $x < 0$
(e) 정답 없음

2. 물체가 용수철 끝에서 앞뒤로 진동한다. 진동 중 임의의 순간에 대한 설명으로 옳은 것은?
(a) 물체의 속도가 0인 동시에 가속도는 0이 아닐 수 있다.
(b) 물체의 속도와 가속도가 동시에 0이 될 수 있다.
(c) 물체의 가속도가 0인 동시에 속도는 0이 아닐 수 있다.
(d) 물체의 속도와 가속도가 동시에 0이 아닐 수 있다.

3. 질량 M인 물체가 용수철 끝에서 진동한다. 주기가 두 배가 되려면 질량은 얼마가 되어야 하는가?
(a) $2M$ (b) $M/2$ (c) $4M$
(d) $M/4$ (e) 정답 없음

4. 진자에서 근사식 $\sin\theta \approx \theta$를 쓰려면 각도 θ를 어떻게 표시해야 하는가?
(a) 라디안으로만 (b) 도로만
(c) 회전수 또는 라디안으로 (d) 도 또는 라디안으로

5. 단진자를 한쪽으로 5° 끌었다가 놓은 후 진동의 주기를 측정한다고 생각하자. 그리고 진동을 정지시킨 후 10° 끌었다가 놓는다. 진동수는 처음 진동수의 몇 배인가?
(a) 네 배 (b) 두 배 (c) 1/2
(d) 1/4 (e) 같다.

6. 진자가 너무 느리게 움직여서 괘종시계가 느리다. 진자는 줄 끝에 매달린 물체라고 가정하자. 이 진자의 운동을 빠르게 할 수 있는 방법을 모두 고르라.
(a) 줄의 길이 감소 (b) 줄의 길이 증가
(c) 진자의 질량 증가 (d) 진자의 질량 감소

7. 줄을 따라가는 파동과 줄의 작은 부분의 횡적 운동을 생각하자. 다음 설명 중 옳은 것은?
(a) 파동의 속력은 줄의 작은 부분의 속력과 같아야 한다.
(b) 파동의 진동수는 줄의 작은 부분의 진동수와 같아야 한다.
(c) 파동의 진폭은 줄의 작은 부분의 진폭과 같아야 한다.
(d) 위 보기 모두
(e) (b)와 (c)

8. 다음 중 팽팽한 탄성 줄 위의 파동의 속력을 증가시키는 요소를 모두 고르라.
(a) 파동의 진폭 증가 (b) 파동의 진동수 증가
(c) 파동의 파장 증가 (d) 탄성 줄을 더 잡아당기기

9. 그림 11.49와 같이 줄에서 오른쪽으로 이동하는 진행파를 생각하라. 점 B에서 줄의 입자의 속도의 방향은 어느 것인가?
(a) →
(b) ↘
(c) ↓
(d) ↑
(e) $\vec{\mathbf{v}} = 0$이므로 방향이 없다.

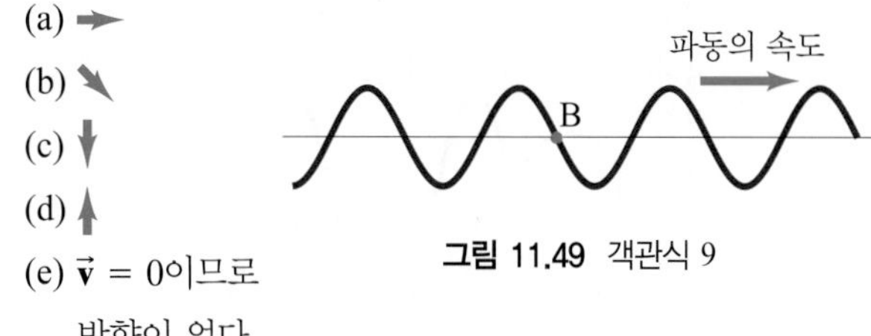

그림 11.49 객관식 9

10. 파동이 운반하는 것은 무엇인가?
(a) 에너지는 운반하지만 물체는 운반하지 못 한다.
(b) 물체는 운반하지만 에너지는 운반하지 못 한다.
(c) 에너지와 물체를 모두 운반한다.

주관식

11.1~11.3 단조화 운동

1. (I) 입자가 진폭 0.21 m로 SHM을 하면 한 주기 동안 이동하는 전체 거리는 얼마인가?

2. (I) 66 kg인 운전수가 운전석에 앉을 때 1700 kg인 자동차의 용수철이 5.0 mm 압축된다. 자동차가 도로의 요철을 지날 때, 진동하는 진동수는 얼마인가? 감쇠는 무시한다.

3. (II) 탄성 줄에 75 N의 무게를 걸면 길이가 61 cm인데, 210 N의 무게를 걸면 85 cm가 된다. 이 탄성 줄의 용수철 상수 k는 얼마인가?

4. (II) 스카이콩콩(pogostick)을 질량이 32 kg인 어린이가 타고 있고 2.0 s마다 한 번씩 뛴다고 하면, 스카이콩콩에 있는 용수철의 용수철 상수는 얼마인가?

5. (II) 어부의 저울에 2.4 kg의 생선을 걸면 3.6 cm 늘어난다. (a) 용수철 상수는 얼마인가? (b) 생선을 2.1 cm 더 끌어당겼다가 놓아서 진동시키면 진폭과 진동수는 얼마인가?

6. (II) 용수철 끝에 있는 질량 m이 진동수 0.83 Hz로 진동한다. 질량 780 g을 더하면 진동수가 0.60 Hz이다. 질량 m은 얼마인가?

7. (II) 용수철 상수가 305 N/m인 용수철이 연직 방향으로 진동하는데, 0.235 kg인 질량이 매달려 있을 때 28.0 cm의 진폭을 갖는다. 이 질량이 $t = 0$에서 평형점($y = 0$)을 지날 때 양의 속도를 갖는다. (a) 이 운동을 시간의 함수로 나타낸 식은 무엇인가? (b) 용수철이 가장 길 때와 가장 짧을 때의 시간은 언제인가?

8. (II) 그림 11.50에 A와 B로 표시된 두 SHM이 나와 있다. 각각의 (a) 진폭, (b) 진동수, (c) 주기는 얼마인가?

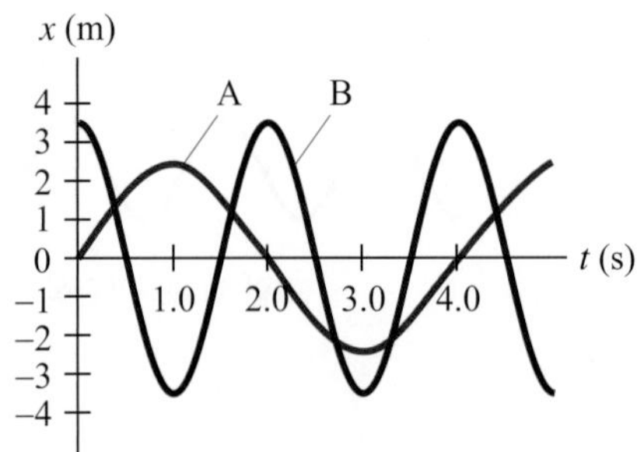

그림 11.50 주관식 8

9. (II) SHO의 변위가 얼마일 때 에너지의 절반이 운동 에너지이고 나머지 반이 퍼텐셜 에너지인가?

10. (II) 1.65 kg의 질량이 연직 용수철을 0.215 m 늘인다. 용수철을 추가로 0.130 m 늘인 후 놓으면, 새 평형 위치에 도달하는 데 걸리는 시간은 얼마인가?

11. (II) 1.15 kg인 질량이 $x = 0.650\cos(8.40t)$의 식을 만족하면서 진동한다. 여기서 x와 t의 단위는 각각 m와 s이다. 이때 (a) 진폭, (b) 진동수, (c) 전체 에너지, (d) $x = 0.360$ m일 때 운동 에너지와 퍼텐셜 에너지를 구하라.

12. (II) 용수철 끝에 매달린 0.25 kg의 질량이 진폭 0.15 m로 초당 2.2번 진동한다. 이때 (a) 평형점을 지날 때의 속력, (b) 평형점에서 0.10 m일 때의 속도, (c) 계의 전체 에너지, (d) $t = 0$에서 x가 최대라고 가정하고, 질량의 운동을 기술하는 식을 구하라.

13. (II) 한 진동의 에너지가 진동수와 질량이 동일한 다른 진동의 3.0배이면 진폭의 비는 얼마인가?

14. (II) 마찰 없는 수평면에 놓인 질량이 용수철의 한쪽 끝에 붙어 있다. 다른 쪽 끝은 벽에 고정됐다. 용수철을 0.13 m 압축하는 데 3.6 J의 일이 든다. 용수철이 압축된 후 정지 상태에서 질량을 놓으면 최대 가속도가 12 m/s^{2}이다. (a) 용수철 상수와 (b) 질량을 구하라.

15. (II) 질량이 2.7 kg인 물체가 용수철 상수가 $k = 310$ N/m인 용수철에 매달려 단조화 운동을 한다. 물체가 평형 위치로부터 0.020 m에 있을 때의 속력은 0.55 m/s이다. (a) 운동의 진폭과 (b) 물체가 갖는 최대 속력을 계산하라.

16. (II) $t = 0$에서 수평 용수철($k = 184$ N/m)의 한쪽 끝에 정지해 있는 885 g의 질량을 망치로 쳐서 처음 속력이 2.26 m/s가 됐다. 이때 (a) 운동의 주기와 진동수, (b) 진폭, (c) 최대 가속도, (d) 전체 에너지, (e) A가 진폭이고 $x = 0.40A$일 때의 운동 에너지를 구하라.

17. (III) 질량 65.0 kg인 번지 점프하는 사람이 높은 다리에서 뛰어 내린다. 최저 위치에 도달한 후, 진동해서 43 s만에 최저 위치에 일곱 번 더 도달한다. 마침내 다리 아래 25.0 m에 정지한다. SHM으로 가정하고, 용수철 상수와 번지 줄의 원래의 길이를 구하라.

18. (III) 질량 m인 블록이 두 개의 동일한 연직 방향의 용수철에 매달려 있다. 각각의 용수철 상수는 k이다(그림 11.51). 이 연직 운동의 진동수는 얼마인가?

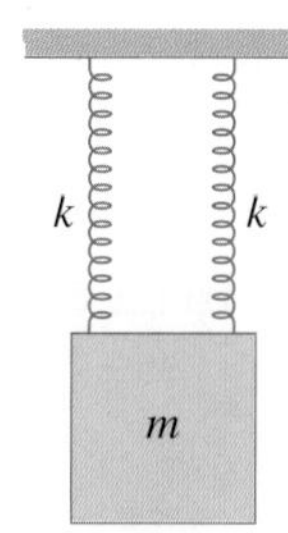

그림 11.51 주관식 18

19. (III) 1.60 kg인 물체가 연직으로 매달린 가벼운 용수철 끝에서 0.45 s에 한 번 진동한다. (a) 위치 y (위가 +)를 시간 t의 함수로 나타내는 식을 쓰라. 물체가 평형 위치($y = 0$인 곳)에서 16 cm 압축된 후 놓여서 출발했다고 가정한다. (b) 처음 평형 위치에 도달하는 데 걸리는 시간은 얼마인가? (c) 최대 속력은 얼마인가? (d) 물체의 최대 가속도는 얼마이고, 어디에서 처음으로 도달하는가?

11.4 단진자

20. (I) 지구에서 진자의 주기가 1.85 s이다. 중력 가속도가 지구의 0.37배인 화성에서의 주기는 얼마인가?

21. (I) 단진자가 정확히 2.0 s에 한 번 진동하도록 하려면 길이는 얼마여야 하는가?

22. (I) 진자가 50 s에 28번 진동한다. (a) 주기와 (b) 진동수는 얼마인가?

23. (II) 괘종시계 진자의 길이가 0.9930 m이다. 시계가 천천히 가서 하루에 21 s 늦으면 진자의 길이를 어떻게 조정해야 하는가?

24. (III) 단진자가 진폭 10.0°로 진동한다. +5.0°와 −5.0° 사이에서 소비하는 시간의 비율은 얼마인가? SHM이라고 가정한다.

11.7, 11.8 파동

25. (I) 파동의 마루가 닻을 내린 뱃머리를 3.0 s에 한 번씩 치는 것을 어부가 봤다. 측정해 보니 두 마루 사이의 거리가 7.0 m이다. 파동의 속력은 얼마인가?

26. (I) 공기 중 음파의 진동수가 282 Hz이고 343 m/s의 속력으로 진행한다. 이 파동의 마루 (압축 영역) 사이의 거리는 얼마인가?

27. (I) (a) 물, (b) 흑연, (c) 강철에서의 종파의 속력을 계산하라.

28. (II) 지진의 P파와 S파는 다른 속력으로 진행하는데, 이 차이가 '진앙'(지진이 발생한 곳)의 위치를 정하는 데 도움이 된다. (a) P파와 S파의 전형적인 속력을 각각 8.5 km/s와 5.5 km/s로 가정하고, 특정한 지진 관측소가 두 파동의 도달을 1.5분 차이로 검출했다면, 지진이 일어난 거리는 얼마인가? (b) 진앙의 위치를 정하는 데 지진 관측소가 하나면 충분한가? 설명하라.

29. (II) 0.40 kg인 줄이 8.7 m 떨어진 두 지지대 사이에 걸려 있다. 한 지지대를 망치로 치면, 횡파가 줄을 따라 이동해서 다른 지지대에 0.85 s만에 도달한다. 줄의 장력은 얼마인가?

30. (II) 두 아이가 질량이 0.50 kg이고 주석 깡통 사이에 35 N의 장력으로 걸린 줄을 따라 신호를 보낸다. 줄의 진동이 한 아이에서 다른 아이로 가는데 0.55 s 걸린다. 두 아이의 거리는 얼마인가?

11.9 파동이 운반하는 에너지

31. (II) 지구를 통과하는 지진파의 세기가 근원에서 54 km인 곳에서 3.0×10^6 J/m$^2 \cdot$s로 측정됐다. (a) 근원에서 1.0 km인 점을 통과할 때 지진파의 세기는 얼마였나? (b) 에너지가 1.0 km에서 2.0 m^{2}의 넓이를 통과하는 비율은 얼마인가?

32. (II) 동일한 진동수의 두 지진파가 지구의 동일한 부분을 통과하지만, 한 파의 에너지가 다른 파의 5.0배이다. 두 파동의 진폭의 비는 얼마인가?

11.11 간섭

33. (I) 그림 11.52에 두 펄스가 서로를 향해 다가오고 있다. (a) 겹치는 순간, (b) 그 이후의 줄의 형태를 그리라. (c) 그림 11.37a에서 두 펄스가 겹치는 순간, 줄이 일직선으로 된다. 이 순간 에너지는 어떻게 되는가?

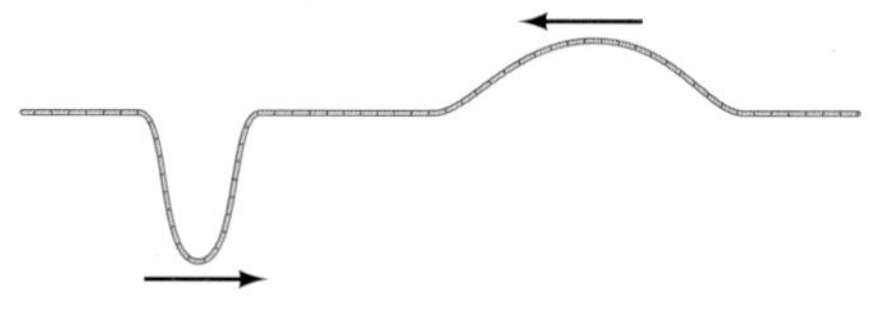

그림 11.52 주관식 33

11.12 정상파: 공명

34. (I) 바이올린 줄이 기본 진동수인 440 Hz로 진동하면, 처음 네 배음의 진동수는 얼마인가?

35. (I) 특정한 줄이 네 고리에서 진동수 240 Hz로 공명을 일으

킨다. 공명을 일으킬 다른 주파수를 최소 세 가지 제시하라. 이들을 각각 무엇이라 하는가?

36. (II) 진동하는 줄의 두 인접한 상음이 280 Hz와 350 Hz라면 기본 진동수는 얼마인가?

37. (II) 수평인 줄의 한쪽 끝에 작은 진폭의 기계식 60.0 Hz 진동자가 매달려 있다. 단위 길이당 줄의 질량은 3.5×10^{-4} kg/m이다. 그림 11.53에서 보듯이 줄은 ℓ = 1.50 m 떨어진 도르래에 걸쳐 있고, 이 끝에 무게가 걸려 있다. (a) 고리 하나, (b) 고리 둘, (c) 고리 다섯의 정상파를 발생하려면 이 끝의 줄에 걸린 질량 m은 얼마여야 하는가? 진동자 위치에서 줄은 거의 마디를 형성한다고 가정한다.

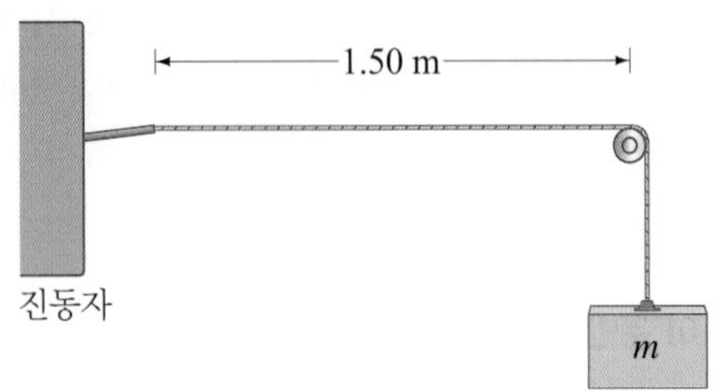

그림 11.53 주관식 37

38. (II) 물통의 물을 적절한 진동수로 이리저리 흔들면 물은 양 끝에서 교대로 올라왔다 내려갔다 하면서 중앙에서는 상대적으로 조용하다. 너비 75 cm인 물통에서 이런 정상파를 만드는 진동수가 0.85 Hz라고 하자. 물의 파동의 속력은 얼마인가?

11.13 굴절

39. (II) 음파가 따뜻한 공기 중에서 이동하다가 차고 밀도가 높은 공기층과 만난다. 음파가 찬 공기의 경계와 25°의 각도로 만난다면, 굴절각은 얼마인가? 찬 공기의 온도는 −15 °C이고 따뜻한 공기의 온도는 +15 °C라고 가정한다. 온도의 함수로서 음속은 근사적으로 v = (331 + 0.60 T) m/s이다.

11.14 회절

40. (II) 너비 0.75 m인 창문과 동일한 파장을 가진 음파의 진동수는 얼마인가? 음속은 20 °C에서 344 m/s이다. 창문에서 회절되는 진동수는 얼마인가?

연습 해답

A: (b)
B: (c)
C: (a) 증가 (b) 증가 (c) 증가
D: (c)
E: (c)
F: (a)
G: (c)
H: (d)

'음악이 물리학을 살을 찌우는 음식이라면, 계속 연주하거라' [셰익스피어의 **십이야**의 대사 1행 개사]
현악기는 횡파인 줄의 정상파로 화음을 낸다. 관악기의 소리는 종파인 공기 기둥의 정상파에서 나온다. 타악기는 더 복잡한 정상파를 만든다.
소리의 근원을 조사하는 외에도 소리 준위의 데시벨 척도, 음파의 간섭과 맥놀이, 도플러 효과, 충격파와 충격파음, 초음파 영상 등을 공부한다.

CHAPTER 12

소리

시작 질문 추정해 보라!

피아노 연주자가 '중간 다 음'을 연주한다. 그 소리는 피아노 줄의 진동에 의해 만들어지고, 공기의 진동에 의해 밖으로 전파되어 귀에 도달한다. 줄의 진동과 공기의 진동을 비교하면 어떠한가?

(a) 줄의 진동과 공기의 진동은 파장이 같다.

(b) 진동수가 같다.

(c) 속력이 같다.

(d) 파장도 진동수도 속력도 같지 않다.

소리는 우리의 청각과 관련되므로, 귀의 생리학 그리고 귀에 도달하는 감각을 해석하는 뇌의 심리학과도 관련된다. **소리**라는 용어는 또한 귀를 자극하는 물리적인 감각, 즉 종파인 압력파를 의미한다.

소리는 세 가지 특성으로 구별할 수 있다. 첫째 **음원**이 있어야 한다. 모든 역학적 파동에서와 같이 음원은 진동하는 물체이다. 둘째 에너지는 음원으로부터 공기 또는 다른 매질을 통해 종파인 음파의 형태로 전달된다. 셋째 음파는 보통 귀나 마이크로폰 등으로 감지된다. 음파 자체를 조사하는 것으로 출발해 보자.

12.1 소리의 특성

11장 그림 11.26에서 진동하는 북 가죽이 공기 중으로 어떻게 음파를 발생하는지 논의했다. 실제로 고막을 진동시키는 힘은 보통 공기의 진동이므로 우리는 음파가 공기를 통해 이동한다고 생각한다. 그러나 음파는 다른 물체를 통해서도 이동할 수 있다.

물속에서 두 돌이 부딪치는 소리를 물 밑에서 수영하는 사람이 들을 수 있다. 물을 통해서 진동이 귀로 전달되기 때문이다. 귀를 땅에 바짝 대면 기차나 트럭이 접근하는 것을 들을 수 있다. 이 경우 땅이 실제로는 고막을 건드리지는 않지만 땅에 의해 전달된 종파는 앞에서와 마찬가지로 음파라고 한다. 왜냐하면 진동이 외이를 자극해서 그 안의 공기를 진동시키기 때문이다. 물체가 없으면 소리는 이동할 수 없다. 예를 들면 진공 통 속에서 울리는 종소리는 들리지 않는데, 진공 상태에서는 소리가 진행할 수 없어 바깥 공간으로 전파되지 못 한다.

표 12.1 여러 물질에서의 음속 (20 ℃, 1기압)

물질	속력(m/s)
공기	343
공기(0 ℃)	331
헬륨	1005
수소	1300
물	1440
바다 물	1560
철과 강철	≈ 5000
유리	≈ 4500
알루미늄	≈ 5100
견목	≈ 4000
콘크리트	≈ 3000

주의

초음파(고진동수)와 초음속(고속)을 혼동하지 말라.

음속(speed of sound)은 물질에 따라 다르다. 0 ℃, 1기압의 공기에서 소리는 331 m/s의 속력으로 이동한다. 여러 물질에서의 음속이 표 12.1에 나와 있다. 특히 기체의 경우 그 값은 온도에 좌우된다. 예를 들면 실온 근처의 공기 중에서는 섭씨 1 ℃에 대략 0.60 m/s 증가한다. 즉

$$v \approx (331 + 0.60T)\ \text{m/s} \qquad \text{[공기 중에서 음속]}$$

이다. 여기서 T는 섭씨 온도이다. 특별한 언급이 없는 경우 이 장에서는 T = 20 ℃로 가정하므로 $v = [331 + (0.60)(20)]$ m/s = 343 m/s이다.

인간은 소리의 두 가지 특성, 즉 소리의 '크기'와 '고저'를 듣는 즉시 감지한다. 소리 크기 및 고저는 인간의 감각으로 지각되기 때문이다. 그러나 이들 주관적 감각에 물리적으로 측정 가능한 양이 대응된다. **소리 크기**(loudness)는 음파의 세기(intensity, 단위 넓이를 통과하는 단위 시간당 에너지)에 관련되는데, 다음 절에서 논의한다.

소리 고저(pitch)는 피콜로나 바이올린과 같이 고음인지, 아니면 베이스 드럼이나 콘트라베이스와 같이 저음인지에 관련된다. 음저를 결정하는 물리량은 진동수로서 이는 갈릴레오가 처음 언급했다. 진동수가 낮을수록 저음이고, 진동수가 높을수록 고음이다.† 가장 예민한 사람의 귀는 20 Hz에서 20,000 Hz까지의 진동수에 반응

† 소리의 고저는 주로 진동수에 의해 결정되지만, 세기에도 약간 좌우된다. 예를 들면 매우 큰 소리는 동일한 진동수의 조용한 소리보다 약간 낮게 들릴 수 있다.

할 수 있다. 1 Hz는 초당 1사이클이라는 것을 기억하라. 이 진동수 영역을 **가청 영역**(audible range)이라고 한다. 이 한계는 사람마다 약간 다르다. 사람은 나이가 들수록 높은 진동수를 잘 들을 수 없는 경향이 있어 높은 진동수 쪽의 한계가 10,000 Hz 이하일 수 있다는 것이다.

진동수가 가청 영역 밖인 음파는 귀에 도달하더라도 인식하지 못한다. 20,000 Hz 이상의 진동수를 **초음파**(ultrasonic)라고 한다[음속보다 빠른 속력으로 움직이는 물체에 사용하는 **초음속**(supersonic)과 혼동하지 말라]. 많은 동물들은 초음파 진동수를 들을 수 있는데, 예를 들면 개는 50,000 Hz, 박쥐는 100,000 Hz를 감지할 수 있다. 초음파는 의학이나 여러 분야에서 유용하게 응용되는데, 이 장의 후반부에서 논의한다.

예제 12.1 음파로 자동 초점 조절하기

그림 12.1에서 보듯이 자동 초점 조절 카메라는 매우 높은 진동수(초음파) 소리의 펄스를 피사체로 방출하고, 돌아오는 반사음을 센서로 감지한다. 센서의 시간 감도를 알기 위해, (a) 1.0 m, 그리고 (b) 20 m 거리의 물체에 대해 펄스의 이동 시간을 계산하라.

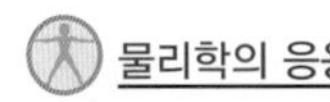

자동 초점 조절 카메라

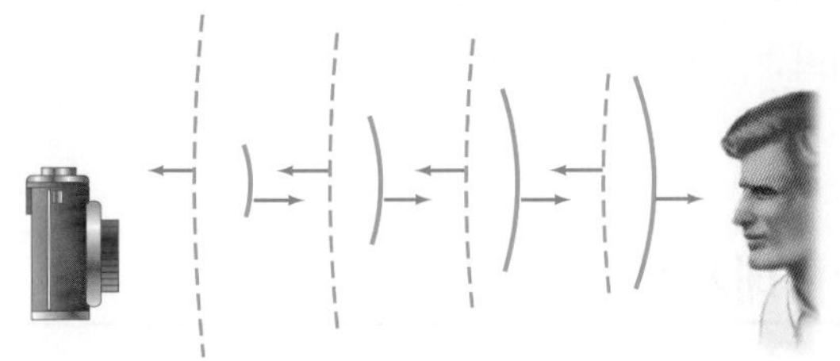

그림 12.1 예제 12.1. 자동 초점 조절 카메라에서 초음파 펄스가 방출된다. 실선은 오른쪽으로 퍼져 나가는 파면을 나타낸다. 점선은 사람 얼굴에서 반사되어 카메라로 돌아오는 파면을 나타낸다. 카메라는 이들 파동이 방출되어 감지된 시간을 측정하여 적절한 거리에 초점이 맞도록 렌즈를 자동으로 조절한다.

접근 온도가 20 ℃라고 가정하면, 음속은 343 m/s이다. 각 경우에서 이 속력 v와 왕복 거리 d를 사용해서 시간 ($t = d/v$)을 구할 수 있다.

풀이 (a) 펄스는 물체까지 1.0 m를 갔다가 1.0 m 돌아오므로, 전체 2.0 m 이동한다. $t = d/v$에서 t를 구하면

$$t = \frac{d}{v} = \frac{2.0\ \text{m}}{343\ \text{m/s}} = 0.0058\ \text{s} = 5.8\ \text{ms}$$

이다.

(b) 전체 거리는 2×20 m = 40 m이므로 t는 다음과 같다.

$$t = \frac{40\ \text{m}}{343\ \text{m/s}} = 0.12\ \text{s} = 120\ \text{ms}$$

유의 최신 자동 초점 조절 카메라는 초음파 또는 렌즈가 자동으로 앞뒤로 움직이면서 최대 세기 차이(가장 선명한 초점)를 내는 렌즈의 위치를 선정하여 인접한 센서 사이의 빛의 세기 차이를 감지하는 디지털 센서 어레이 대신 적외선($v = 3 \times 10^8$ m/s)을 사용한다.

음파는 종종 음파가 이동하는 매질의 분자의 진동, 즉 분자의 운동이나 변위로 기술된다. 또한 음파를 압력의 관점에서 분석할 수 있다. 실제로 종파는 종종 **압력파**(pressure waves)라고 한다. 압력의 변화는 변위보다 측정하기 쉽다. 그림 12.2에서 보듯이, 파동의 '압축'(분자들이 서로 가까운 곳)에서는 압력이 정상보다 높은 반면

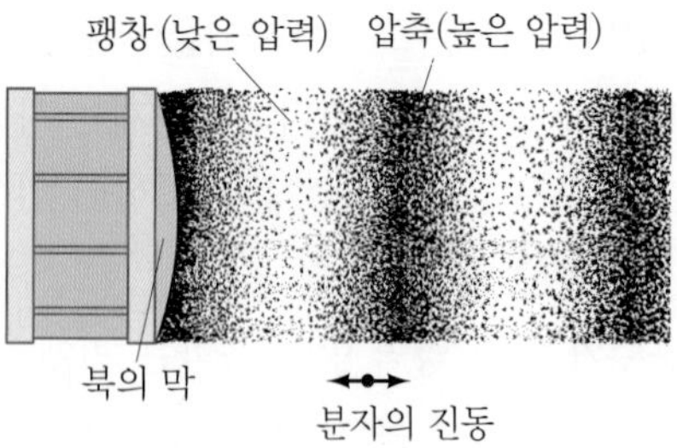

그림 12.2 북의 막이 진동하면서 공기를 압축하고, 왼쪽으로 물러나면서 공기가 팽창한다. 그림 11.26도 참조하라.

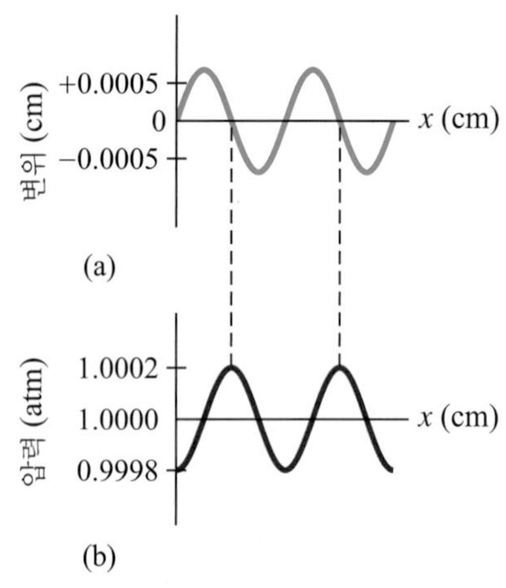

그림 12.3 주어진 순간에서 음파의 (a) 변위와 (b) 압력의 공간적 표현

에, 팽창에서는 압력이 정상보다 낮다. 그림 12.3에 공기 중의 음파를 (a) 변위와 (b) 압력의 그래프로 나타냈다. 변위 파동은 압력 파동과 위상이 1/4파장 어긋난다. 압력이 최대나 최소인 곳에서, 평형으로부터의 변위는 0이다. 압력의 변화가 0인 곳에서는 변위가 최대이거나 최소이다.

진동수가 가청 영역 아래(즉 20 Hz 이하)인 음파를 **초저주파**(infrasonic)라 한다. 초저주파의 원천으로는 지진, 천둥, 화산, 무거운 기계의 진동에 의해 발생하는 파동 등이 있다. 특히 무거운 기계의 진동에 의한 파동은 골칫거리인데, 초저주파는 작업자에게 들리지는 않지만 인체에 해를 끼칠 수 있기 때문이다. 이들 저주파 파동들은 공명을 일으켜 인체의 기관의 이동과 자극을 야기한다.

12.2 소리 세기; 데시벨

소리 크기(loudness)는 인간이 지각할 수 있으며, 물리적으로 측정 가능한 양인 파동의 **세기**(intensity)에 관련된다. 파동의 세기는 에너지 흐름에 수직인 단위 넓이를 통과하는 파동이 단위 시간당 운반하는 에너지로 정의된다. 11장에서 봤듯이, 파동의 세기는 음파의 진폭의 제곱에 비례한다. 파동의 세기의 단위는 단위 넓이당 일률, 또는 와트/제곱미터(W/m^2)이다.

평균적인 사람의 귀는 10^{-12} W/m^2에서 1 W/m^2의 세기까지를 감지할 수 있다. 그 이상의 세기는 듣기에 고통스럽다. 이는 믿을 수 없을 정도로 넓은 세기의 영역으로 최저에서 최고까지 10^{12}의 범위이다. 아마도 이와 같이 넓은 영역 때문에 사람이 감지하는 소리 크기가 음파의 세기에 비례하지 않는듯하다. 두 배 크기의 소리를 내려면 소리 세기는 약 10배 증가시켜야 한다. 이것은 가청 영역의 중간 정도의 진동수에 대해서는 대략 성립한다. 예를 들면 보통 사람에게 세기가 10^{-2} W/m^2인 음파는 10^{-3} W/m^2인 음파의 두 배 크기로 들리고, 10^{-4} W/m^2인 음파의 네 배 크기로 들린다.

소리 준위

소리 크기에 대한 주관적인 감각과 물리적으로 측정 가능한 양인 '세기' 사이의 이와 같은 관련성 때문에 소리 세기의 준위는 보통 로그 척도로 표시된다. 이 척도의 단위는 발명자인 벨(Alexander Graham Bell)의 이름을 딴 **벨**(bel)로서, 흔히 **데시벨**

(decibel, dB)을 쓰는데 이는 (1/10)벨이다(10 dB = 1벨).[†] **소리 준위**(sound level) β는 세기 I로 다음과 같이 정의한다.

$$\beta \text{ (in dB)} = 10 \log \frac{I}{I_0} \tag{12.1}$$

여기서 I_0은 기준으로 잡은 세기 준위이고 로그 함수의 밑은 10이다. 보통 I_0은 청력이 좋은 사람이 들을 수 있는 최저 가청 세기인 '최소 가청치'로 잡는데, $I_0 = 1.0 \times 10^{-12}$ W/m^{2}이다. 그러므로 예를 들면 세기가 $I = 1.0 \times 10^{-10}$ W/m^{2}인 소리의 소리 준위는

$$\beta = 10 \log\left(\frac{1.0 \times 10^{-10}\,\text{W/m}^2}{1.0 \times 10^{-12}\,\text{W/m}^2}\right) = 10 \log 100 = 20\,\text{dB}$$

이다. (log 100 = 2.0 부록 A에 로그의 개략적인 설명이 나와 있다.) 최소 가청치의 소리 준위는 0 dB임에 주목하라. 즉 log 1 = 0이므로 $\beta = 10 \log 10^{-12}/10^{-12} = 10 \log 1 = 0$이다. 또한 세기가 10배 증가하면 소리 준위는 10 dB 증가하는 것에 주목하라. 세기가 100배 증가하면 소리 준위는 20 dB 증가한다. 그러므로 50 dB는 30 dB보다 세기가 100배 크다.

소리 세기와 소리 준위가 표 12.2에 나와 있다.

주의

0 dB이 세기가 0을 의미하는 것은 아니다.

표 12.2 몇몇 소리 세기

음원	소리 준위 (dB)	세기 (W/m^2)
제트기에서 30 m 떨어진 곳	140	100
고통의 한계	120	1
시끄러운 록 콘서트	120	1
사이렌에서 30 m 떨어진 곳	100	1×10^{-2}
복잡한 도로 교통	80	1×10^{-4}
시끄러운 식당	70	1×10^{-5}
50 cm 떨어져 대화	65	3×10^{-6}
조용한 라디오	40	1×10^{-8}
속삭임	30	1×10^{-9}
나뭇잎의 바스락 거리는 소리	10	1×10^{-11}
청력의 한계	0	1×10^{-12}

예제 12.2 거리에서의 소리 세기

복잡한 도로에서 소리 준위가 75 dB이다. 소리의 세기는 얼마인가?

접근 $I_0 = 1.0 \times 10^{-12}$ W/m^{2}를 기억하면서 식 12.1을 풀어서 세기 I를 구한다.

풀이 식 12.1로부터 다음을 얻는다.

$$\log \frac{I}{I_0} = \frac{\beta}{10}$$

$x = \log y$는 $y = 10^x$과 동일하다는 것을 기억하면

$$\frac{I}{I_0} = 10^{\beta/10}$$

이다. $\beta = 75$ dB로 놓으면

$$I = I_0 10^{\beta/10} = (1.0 \times 10^{-12}\,\text{W/m}^2)(10^{7.5}) = 3.2 \times 10^{-5}\,\text{W/m}^2$$

이다.

예제 12.3 스피커 반응

광고에 의하면 고성능 스피커가 최대 볼륨에서 30 Hz에서 18,000 Hz까지의 진동수를 ±3 dB의 균일한 소리 준위로 재생한다. 즉 이 진동수 영역에서는 주어진 입력 준위에 대해서 소리 준위 출력이 3 dB 이상 변하지 않는다. 세기가 얼마 변하면 출력의 준위가 3 dB 변하는가?

물리학의 응용

고성능 스피커의 반응(±3dB)

[†] dB는 차원이 없으므로 계산에 넣을 필요가 없다.

접근 평균 세기를 I_1, 평균 소리 준위를 β_1이라고 하자. 그러면 최대 세기 I_2는 $\beta_2 = \beta_1 +$ 3 dB에 해당한다. 그리고는 세기와 소리 준위 사이의 관계식인 식 12.1을 사용한다.

풀이 식 12.1에 의해

$$\beta_2 - \beta_1 = 10 \log \frac{I_2}{I_0} - 10 \log \frac{I_1}{I_0}$$

$$3 \text{ dB} = 10\left(\log \frac{I_2}{I_0} - \log \frac{I_1}{I_0}\right) = 10 \log \frac{I_2}{I_1}$$

이다. 부록 A.8에서 논의했듯이 $(\log a - \log b) = \log a/b$이기 때문이다. 이 마지막 식에서

$$\log \frac{I_2}{I_1} = 0.30$$

또는

$$\frac{I_2}{I_1} = 10^{0.30} = 2.0$$

이다. 그러므로 3 dB는 세기의 두 배 또는 반에 해당한다.

유의 이 마지막 식에서 log 2.0 = 0.30이다. 부록 A.8에서 로그표를 참조하라.

연습 A 3 dB이 두 배의 세기를 의미한다면 6 dB은 몇 배의 세기를 의미하는가?

소리 준위의 차 3 dB(앞에서 봤듯이 두 배의 세기에 해당한다)은 주관적으로 감지되므로 실제 소리 크기 변화는 매우 적다는 것에 주목할 필요가 있다. 실제로 보통 사람이 구별할 수 있는 소리 준위의 차이는 약 1 또는 2 dB 정도이다.

일반적으로 소리 크기나 세기는 음원에서 멀어질수록 감소한다. 실내에서는 이 효과가 달라지는데, 벽으로부터 반사 때문이다. 그러나 음원이 열린 공간에 있어서 소리가 모든 방향으로 나갈 수 있다면, 11.9절에서 봤듯이 세기는 거리의 제곱에 반비례한다. 즉

$$I \propto \frac{1}{r^2}$$

이다. 거리가 멀어지면 에너지의 일부가 공기 분자의 불규칙한 운동으로 이전되므로 세기는 $1/r^2$보다 빠르게 감소한다. 이 손실은 진동수가 높을수록 더 심해져 진동수가 섞여 있는 소리는 선명도가 떨어지게 된다. 멀리서 연주하는 밴드 음악 소리를 들으면 드럼이 쿵쿵대는 소리만 들린다.

연습 B 표 12.2에서 보면, 일상의 대화의 소리 준위는 65 dB에 해당한다. 두 사람이 동시에 말하면 소리 준위는 어떻게 될까? (a) 65 dB (b) 68 dB (c) 75 dB (d) 130 dB (e) 62 dB

예제 12.4 비행기 굉음

제트기로부터 30 m 떨어진 곳에서 측정한 소리 준위는 140 dB이다. 300 m 떨어진 곳에서의 소리 준위를 추정하라. 지면으로부터의 반사는 무시한다.

접근 소리 준위가 주어지면, 식 12.1을 사용하여 30 m 떨어진 곳에서의 세기를 구할 수

있다. 세기는 거리의 제곱에 따라 감소하므로, 반사를 무시하면 300 m 떨어진 곳에서의 I를 구할 수 있고, 식 12.1을 적용해서 소리 준위를 구한다.

풀이 30 m 떨어진 곳에서의 세기 I는

$$140\ \text{dB} = 10\log\left(\frac{I}{10^{-12}\ \text{W/m}^2}\right)$$

또는 양변을 10으로 나누면

$$14 = \log\left(\frac{I}{10^{-12}\ \text{W/m}^2}\right)$$

이다. $y = \log x$는 $10^y = x$임을 기억하면(부록 A.8)

$$10^{14} = \frac{I}{10^{-12}\ \text{W/m}^2}$$

이므로 $I = (10^{14})(10^{-12}\ \text{W/m}^2) = 10^2\ \text{W/m}^2$이다. 세기는 $1/r^2$로 감소하므로 10배 먼 300 m에서는 $\frac{1}{100}$인 1 W/m^{2}이다. 따라서 소리 준위는

$$\beta = 10\log\left(\frac{1\ \text{W/m}^2}{10^{-12}\ \text{W/m}^2}\right) = 120\ \text{dB}$$

이다. 300 m에서도 소리 준위는 고통의 문턱 값이다. 이것이 공항에서 일하는 근로자가 청력을 보호하기 위해 귀마개를 하는 이유이다(그림 12.4).

유의 식 12.1을 사용하지 않아도 되는 더 간단한 방법이 있다. 세기는 거리의 제곱에 따라 감소하므로, 거리가 10배가 되면 세기는 $\left(\frac{1}{10}\right)^2 = \frac{1}{100}$로 감소한다. 10 dB이 세기의 10배 변화에 해당한다는 결과를 사용할 수 있다(예제 12.2 참조). 그러면 세기의 100배 변화는 (2)(10 dB) = 20 dB의 소리 준위 변화에 해당한다. 이는 위의 결과를 확인해 준다. 즉 140 dB − 20 dB = 120 dB이다.

그림 12.4 예제 12.4. 고성능 귀마개(헤드폰)를 착용한 공항의 작업자

세기와 진폭의 관계

파동의 세기 I는 11.9절에서 다룬 것처럼 진폭 A의 제곱에 비례한다. 그러므로 다음 예제에서 보듯이 세기 I나 소리 준위 β에 관련하여 정량적으로 진폭을 구할 수 있다.

예제 12.5 변위가 얼마나 작은가?

진동수가 1000 Hz이고 최소 가청치인 파동에 대해 공기 분자의 변위를 계산하라.

물리학의 응용

귀의 민감도

접근 11.9절에서, 파동의 세기 I와 변위 진폭 A의 관계인 식 11.18을 알아냈다. 세기가 주어졌을 때 공기 분자의 진동의 진폭을 풀어보려 한다. 온도는 20 ℃로 가정하므로 음속은 343 m/s이다.

풀이 최소 가청치에서 $I = 1.0 \times 10^{-12}$ W/m^{2}이다(표 12.2). 식 11.18을 A에 대해 풀면

$$A = \frac{1}{\pi f}\sqrt{\frac{I}{2\rho v}}$$
$$= \frac{1}{(3.14)(1.0 \times 10^3\ \text{s}^{-1})}\sqrt{\frac{1.0 \times 10^{-12}\ \text{W/m}^2}{(2)(1.29\ \text{kg/m}^3)(343\ \text{m/s})}} = 1.1 \times 10^{-11}\ \text{m}$$

이다. 여기서 공기의 밀도를 1.29 kg/m^3 (표 10.1)으로 잡았다.

유의 사람의 귀가 믿을 수 없을 정도로 예민하다는 것을 알았다. 원자의 지름(약 10^{-10} m)보다 작은 공기 분자의 변위를 감지할 수 있다.

12.3 소리의 근원; 진동하는 줄과 공기 기둥

표 12.3 평균율 반음계

음	음계	진동수 (Hz)
C	도	262
C♯ 또는 D♭		277
D	레	294
D♯ 또는 E♭		311
E	미	330
F	파	349
F♯ 또는 G♭		370
G	솔	392
G♯ 또는 A♭		415
A	라	440
A♯ 또는 B♭		466
B	시	494
C′	도	524

† 한 옥타브만 수록

모든 소리의 원천은 진동하는 물체이다. 대부분의 물체는 진동할 수 있으므로 음원이 될 수 있다. 몇 개의 간단한 음원, 특히 악기에 대해 논의해 보자. 악기에서는 치거나, 퉁기거나, 휘거나, 불어서 음원을 진동시킨다. 이때 정상파가 만들어져 음원은 자연 공명 진동수로 진동하게 된다. 공기(또는 다른 매질)와 접촉하고 있는 진동하는 음원은 공기를 밀어내어 음파를 만들고 바깥으로 퍼져 나간다. 파동의 진동수는 음원의 진동수와 같지만 속력과 파장은 다를 수 있다. 북은 팽팽하게 당겨진 막을 진동하게 한다. 실로폰과 마림바는 금속이나 나무 막대를 진동하게 한다. 종, 심벌즈, 징 또한 진동하는 금속을 사용한다. 바이올린, 기타, 피아노와 같은 많은 악기들은 진동하는 줄을 사용하고, 플루트, 트럼펫, 파이프 오르간 등은 진동하는 공기 기둥을 사용한다. 순수한 음의 음조는 진동수에 의해 결정된다는 것을 이미 공부했다. 가온 다음으로 시작하는 **옥타브**에 대해서 '평균율 반음계' 음조에 대한 전형적인 진동수가 표 12.3에 나와 있다. 한 **옥타브**(octave)는 두 배의 진동수에 해당한다는 것에 주목하라. 예를 들면 중간 다 음의 진동수는 262 Hz인 반면에, C′(중간 다 음 위의 다 음)는 두 배인 524 Hz이다. 중간 다 음은 피아노 건반 중간의 C 또는 '도'음이다.

현악기

물리학의 응용: 현악기

11장 그림 11.41에서 줄에서 어떻게 정상파가 만들어지는지 논의했으며 그림 12.5에 다시 나타냈다. 이런 정상파는 모든 현악기의 기본 원리이다. 음조는 보통 마디가 양끝에만 있는 최저 공명 진동수인 **기본 진동수**(fundamental)에 의해 결정된다. 전체가 위아래로 진동하는 줄은 그림 12.5의 맨 위에서 보듯이 반 파장에 해당한다. 따라서 줄의 기본 진동수의 파장은 줄의 길이 ℓ의 두 배이다. 그러므로 줄의 기본 진동수는 $f_1 = v/\lambda = v/2\ell$이다. 여기서 v는 (공기 중이 아닌) 줄의 파동의 속력이다.

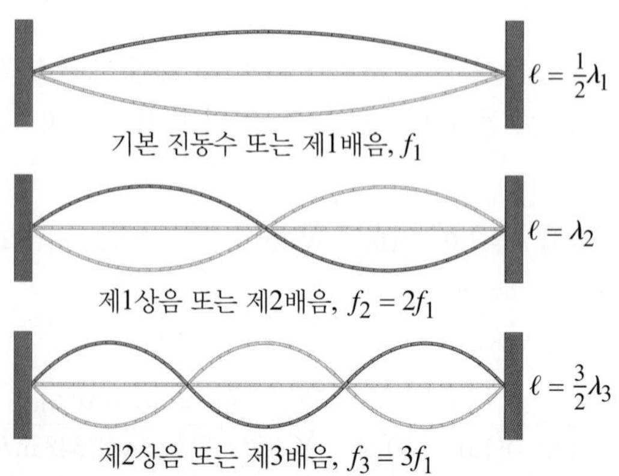

그림 12.5 줄의 정상파—가장 낮은 세 진동수만 나타냈다.

팽팽한 줄에서 정상파의 가능한 진동수는 기본 진동수의 정수 배로 나타낼 수 있다. 즉 식 11.19b에서와 같이

$$f_n = nf_1 = n\frac{v}{2\ell}, \quad n = 1, 2, 3, \cdots$$

이다. 여기서 $n = 1$은 기본 진동수를 의미하고 $n = 2, 3, \cdots$은 상음들이다. 모든 정상파($n = 1, 2, 3, \cdots$)를 11.12절에서 봤듯이 배음이라 한다.†

기타나 바이올린 줄에 손가락을 올려놓으면 진동하는 줄의 실질적인 길이가 짧아진다. 따라서 기본음의 파장이 짧아져서 기본 진동수와 음조가 높아진다(그림 12.6). 기타나 바이올린 줄의 길이는 모두 같다. 줄마다 음조가 다른 이유는 단위 길이당 질량 $\mu = m/\ell$이 달라서 식 11.13에 의해 줄에서의 속도가 다음과 같이 달라지기 때문이다.

$$v = \sqrt{F_T/\mu} \qquad \text{[팽팽한 줄]}$$

따라서 무거운 줄에서는 속도가 느리므로 파장이 같아도 진동수는 줄어든다. 장력 F_T도 영향을 준다. 실제로 장력을 조절하는 것이 줄의 음조를 조율하는 방법이다. 피아노와 하프는 줄의 길이가 다르다. 낮은 음은 줄이 길뿐만 아니라 무겁기도 한데, 그 이유를 다음 예제에서 설명한다.

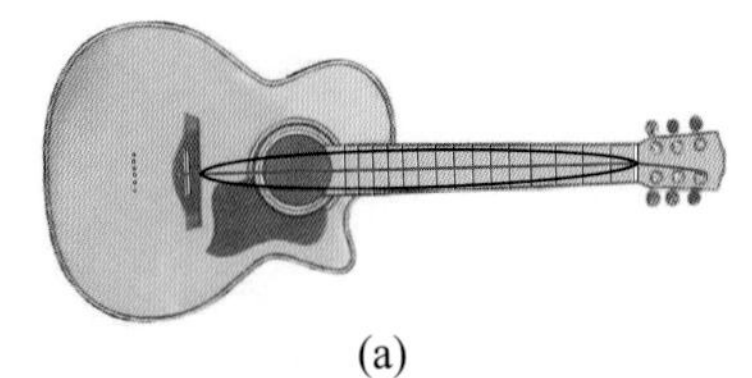

(a)

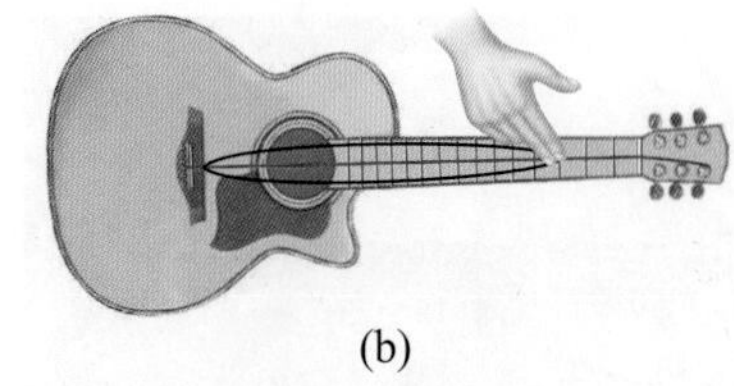

(b)

그림 12.6 (a) 손가락을 올리지 않은 줄의 파장이 (b) 손가락을 올린 줄의 파장보다 길다. 따라서 손가락을 올린 줄의 진동수가 높다. 줄 하나만 표시했고, 가장 간단한 정상파인 기본 진동수만 나타냈다.

예제 12.6 피아노 줄

피아노의 가장 높은 음을 내는 건반의 진동수는 가장 낮은 음을 내는 건반의 150배에 해당한다. 가장 높은 음의 줄의 길이가 5.0 cm라면, 단위 길이당 질량과 장력이 같을 경우 가장 낮은 음의 줄의 길이는 얼마여야 하는가?

접근 $v = \sqrt{F_T/\mu}$이므로 속도는 두 줄이 모두 같다. 따라서 진동수는 줄의 길이 ℓ에 반비례한다($f = v/\lambda = v/2\ell$).

풀이 각 줄의 기본 진동수에 대해 다음의 비율, 즉

$$\ell_L/\ell_H = f_H/f_L$$

이 성립하는데, 여기서 L과 H는 각각 가장 낮은 음과 가장 높은 음을 의미한다. 그러므로 $\ell_L = \ell_H(f_H/f_L) = (5.0\,\text{cm})(150) = 750\,\text{cm}$이다. 이것은 피아노 줄로서는 너무 길다.

유의 낮은 진동수를 위한 긴 줄은 무거운(단위 길이당 큰 질량) 줄로 만든다. 따라서 그랜드 피아노도 줄의 길이는 3 m를 넘지 않는다.

연습 C 예제 12.6의 피아노는 몇 옥타브를 갖는가?

예제 12.7 바이올린의 진동수와 파장

0.32 m 길이의 바이올린 줄을 중간 C음 위의 A음인 440 Hz로 조율한다. (a) 줄의 기본 진동의 파장은 얼마인가? (b) 발생한 음파의 진동수와 파장은 얼마인가? (c) 왜 차이가 나는가?

† 기본 진동수 위의 공명 진동수가 기본 진동수의 정수 배일 때, 공명 진동수를 배음이라 한다. 그러나 진동하는 북가죽의 경우처럼 정수 배가 아니라면 공명 진동수는 배음이 아니다.

접근 줄의 기본 진동의 파장은 줄의 길이의 두 배이다(그림 12.5). 줄이 진동하면서 공기를 밀어서, 줄과 같은 진동수로 진동시킨다.

풀이 (a) 그림 12.5에서 기본 진동의 파장은

$$\lambda = 2\ell = 2(0.32\ \text{m}) = 0.64\ \text{m} = 64\ \text{cm}$$

이다. 이것은 줄의 정상파의 파장이다.
(b) 공기 중에서 밖으로 이동해서 귀에 도달하는 음파의 진동수는 440 Hz이다. 파장은

$$\lambda = \frac{v}{f} = \frac{343\ \text{m/s}}{440\ \text{Hz}} = 0.78\ \text{m} = 78\ \text{cm}$$

이다. 여기서 v는 12.1절에서 정의한 대로 공기 중에서 음속이다(20 ℃라고 가정).
(c) 음파의 파장은 줄의 정상파의 파장과는 다른데 그 이유는 공기 중에서 음속(20 ℃에서 343 m/s)이 줄의 장력과 단위 길이당 질량에 비례하는 줄에서의 파동의 속력($= f\lambda = 440\ \text{Hz} \times 0.64\ \text{m} = 280\ \text{m/s}$)과 다르기 때문이다.

유의 줄에서나 공기 중에서나 진동수는 같다. 줄과 공기는 접촉해 있으므로 줄이 공기를 동일한 진동수로 '강제' 진동시킨다. 그러나 줄에서와 공기 중에서 파동의 속력은 다르기 때문에 파장이 다르다.

연습 D 315쪽 시작 질문으로 가서 다시 답을 해 보라. 처음과 답이 다르다면 그 이유를 설명해 보라.

(a)

(b)

그림 12.7 (a) 줄이 부착된 피아노의 공명판 (b) 기타의 공명판

현악기는 줄이 많은 공기를 압축, 팽창시키기에는 너무 가늘어서 진동하는 줄만으로 내는 소리는 그리 크지 않다. 그러므로 현악기는 **공명판**이라고 하는 일종의 역학적 증폭기를 활용하는데 더 큰 넓이를 공기와 접촉시킴으로써 소리를 증폭시킨다(그림 12.7). 줄이 진동하면 공명판도 진동한다. 공명판은 공기와 접촉하는 넓이가 크기 때문에 더 큰 음파를 발생시킬 수 있다. 전기기타는 줄의 진동을 전기적으로 증폭시키므로 공명판이 그리 중요하지 않다.

관악기

목관 악기, 금관 악기, 파이프 오르간 등의 악기는 관 안에 들어 있는 공기 기둥에서 만들어진 정상파의 진동으로 소리를 발생시킨다(그림 12.8). 정상파는 사람의 목을 포함한 어떤 형태의 공동 속의 공기에서도 일어날 수 있다. 그러나 플루트나 파이프 오르간의 균일하고 좁은 매우 단순한 형태의 관이 아니라면 진동수가 복잡하다. 어떤 악기에서는 진동하는 리드나 연주자의 진동하는 입술이 공기 기둥을 진동하도록 한다. 다른 악기에서는 공기의 흐름이 열린 쪽 끝이나 마우스피스의 반대쪽으로 향해서 난류를 발생시켜서 진동을 일으킨다. 음원이 무엇이든 난류 때문에 관 안의 공기는 여러 진동수로 진동한다. 그러나 정상파에 해당하는 진동수만 남는다.

그림 12.8 관악기. 플루트(왼쪽)와 클라리넷

그림 12.5와 같이 양쪽 끝이 고정된 줄의 경우에 정상파는 양쪽 끝에(움직임이 없는) 마디가 있고 그 사이에 하나 이상의 (진동의 진폭이 큰) 배가 있다. 마디는 연속하는 배 사이사이에 있다. 가장 낮은 진동수의 정상파, **기본 진동수**는 하나의 배에 해당한다. 높은 진동수의 정상파는 11.12절에서 봤듯이 **상음**(overtones) 또는 **배음**

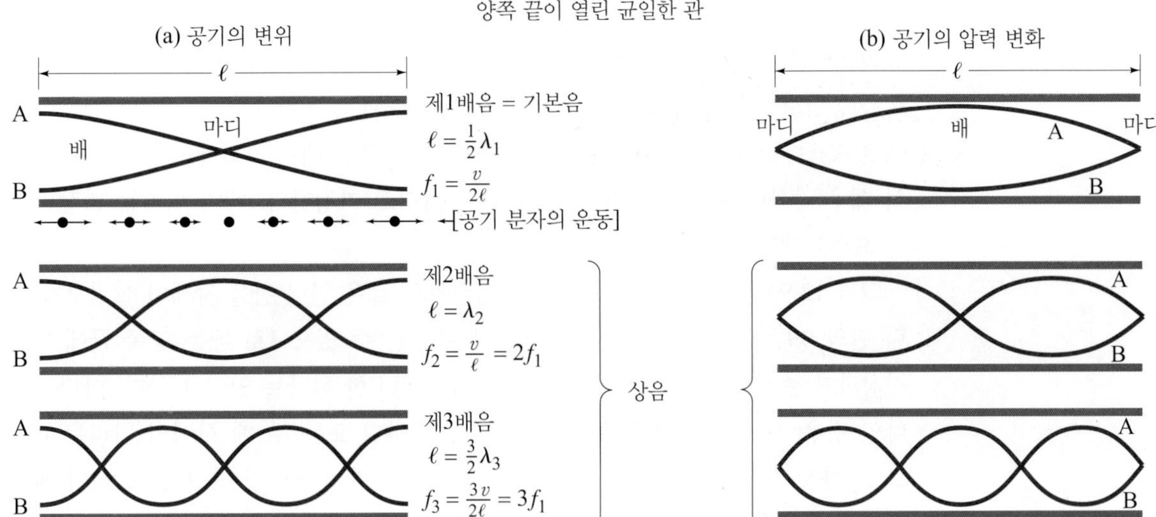

그림 12.9 양쪽 끝이 열린 균일한 관('열린 관')의 세 가지 간단한 진동 모드(정상파)의 그래프. 이들 간단한 진동 모드들은 왼쪽 (a)에 공기의 운동(변위)으로, 오른쪽 (b)에는 공기의 압력으로 그래프로서 나타내었다. 각 그래프는 반 주기 떨어진 두 시기 A와 B에서의 파동의 형태를 보여준다. 기본음 경우에 대해 분자의 실제 운동이 왼쪽 위 관 아래에 나타나 있다.

(harmonics)이라 한다. 특히 첫 번째 배음은 기본음이고, 두 번째 배음(첫 번째 상음)은 기본음 진동수의 두 배이다.

지름이 일정한 관 안의 공기 기둥에서도 상황은 비슷하지만 이 경우에는 공기 자체가 진동한다는 것을 기억해야 한다. 파동을 공기의 흐름(공기의 **변위**)이나 공기의 **압력**으로 기술할 수 있다(그림 12.2, 12.3 참조). 변위 측면에서 관의 닫힌 끝에서는 공기가 움직일 수 없으므로, 관의 닫힌 끝에서의 공기의 변위는 마디인 반면, 관의 열린 끝에서는 공기가 자유롭게 드나들 수 있으므로 배이다. 관 안의 공기는 종파의 정상파 형태로 진동한다. 양쪽 끝이 열린 관(열린 관이라 하자)에서 발생 가능한 진동 모드 몇 개를 그림 12.9에 그래프로 나타냈다. 한쪽 끝은 열리고 한쪽 끝은 닫힌 관(닫힌 관이라 하자)에서 발생 가능한 진동 모드를 그림 12.10에 나타냈다. [양쪽 끝이 닫혀서 밖의 공기와 접촉이 없으면 악기로서는 쓸모가 없다.] 각 그림의 (a)(왼쪽)

물리학의 응용

관악기

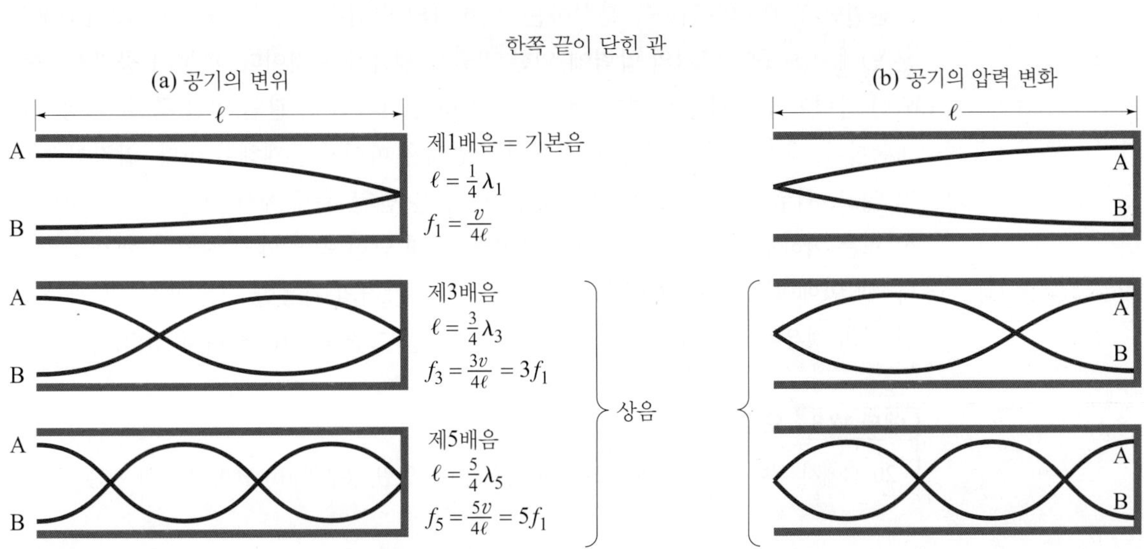

그림 12.10 한쪽 끝이 닫힌 관('닫힌 관')의 진동 모드(정상파). 그림 12.9의 설명 참조

는 관 안에서 진동하는 공기의 변위 진폭을 나타낸 것이다. 공기 분자 자체는 그림 12.9a의 맨 위 그림의 작은 화살표에서 보듯이, 관의 길이 방향에 평행하게 **수평으로** 진동한다는 것에 주목하라. 관의 열린 끝 근처에서 정확한 배의 위치는 관의 지름에 따라 달라지지만, 지름이 관의 길이에 비해 작으면 배는 그림에서 보듯이 관 끝에서 매우 가까운 곳에 생긴다.† 앞으로는 그렇다고 가정한다. 배의 위치는 파장과 다른 요인들에도 조금은 좌우된다.

그림 12.9a에서 파이프 오르간이나 플루트와 같은 열린 관을 자세히 살펴보자. 열린 관의 양쪽 끝에서는 공기가 자유롭게 움직일 수 있으므로 배는 양쪽 끝에 있다. 정상파가 존재하려면 열린 관 안에는 마디가 최소한 하나는 있어야 한다. 마디가 하나인 경우, 이는 **기본 진동수**에 해당한다. 두 마디 또는 두 배 사이의 거리는 $\frac{1}{2}\lambda$이므로, 가장 간단한 기본음의 경우 관 안에 파장의 반이 들어간다(그림 12.9a의 맨 위의 그림). 즉 $\ell = \frac{1}{2}\lambda$, $\lambda = 2\ell$이다. 따라서 기본 진동수 $f_1 = v/\lambda = v/2\ell$이다. 여기서 v는 관 속 공기에서의 음속이다. 마디가 둘인 정상파는 **제2배음**이고 한 파장이며($\ell = \lambda$), 기본 진동수의 두 배이다. 실제로 양쪽 끝이 열린 균일한 관에서는 배음의 진동수는 그림 12.9a에서 보듯이 기본 진동수의 정수 배이다. 이것은 줄에서 확인된 것이다.

그림 12.10a의 파이프 오르간과 같은 닫힌 관의 경우에 닫힌 쪽 끝에서는 공기가 자유롭게 움직일 수 없으므로 항상 마디가 있고, 열린 쪽 끝에서는 공기가 자유롭게 움직일 수 있으므로 배가 있다. 마디와 배의 거리가 $\frac{1}{4}\lambda$이므로 닫힌 관의 기본 진동수는 관의 길이가 (1/4)파장에 해당한다. 즉 $\ell = \lambda/4$, $\lambda = 4\ell$이다. 그러므로 기본 진동수는 $f_1 = v/4\ell$ 또는 같은 길이의 열린 관의 반이다. 그림 12.10a에서 볼 수 있듯이, 또 하나의 차이는 닫힌 관에서는 홀수 배의 배음만 존재한다는 것이다. 즉 배음의 진동수가 기본 진동수의 3, 5, 7, …배이다. 기본 진동수의 2, 4, 6, …배의 파동이 한쪽 끝에는 마디를 다른 쪽 끝에는 배를 가질 수 있는 방법은 없다. 그러므로 닫힌 관에서는 그들이 정상파로서 존재할 수 없다.

균일한 관에서의 진동을 분석하는 또 하나의 방법은 그림 12.9와 12.10의 (b)(오른쪽)에서 보듯이 공기의 **압력**에 의한 기술을 생각하는 것이다. 파동의 공기가 압축되면 압력이 높아지는 반면에 팽창되면 압력이 낮아진다. 관의 열린 쪽 끝은 공기와 접촉한다. 따라서 관의 열린 쪽 끝에서는 압력은 **마디**가 존재해야 한다. 압력이 변하지 않고, 외부 대기압으로 유지된다. 닫힌 관은 닫힌 쪽 끝에서의 압력이 대기압 이상 또는 이하로 쉽게 변할 수 있다. 따라서 관의 닫힌 쪽 끝에서는 압력 **배**가 존재한다. 관 안에 압력 마디와 배가 존재할 수 있다. 압력의 가능한 진동 모드 몇 개가 열린 관의 경우는 그림 12.9b에, 닫힌 관의 경우는 그림 12.10b에 나와 있다.

예제 12.8 **오르간 파이프**

20 ℃에서 길이가 26 cm인 오르간 파이프가 (a) 열린 경우와 (b) 닫힌 경우의 기본 진동수

† 관의 지름 D는 관의 열린 쪽 끝에서 배에 영향을 준다. 끝 보정은 ℓ에 $D/3$을 더해서 유효 길이를 계산하면 개략적인 근삿값을 얻을 수 있다.

와 처음 세 상음은 얼마인가?

접근 모든 계산은 그림 12.9a와 12.10a에 기반을 둘 수 있다.

풀이 (a) 그림 12.9a의 열린 관의 경우

$$f_1 = \frac{v}{2\ell} = \frac{343\ \text{m/s}}{2(0.26\ \text{m})} = 660\ \text{Hz}$$

이다. 속력 v는 관에서 진동하는 공기 중에서 음속이다. 상음은 1320 Hz, 1980 Hz, 2640 Hz 등등이다.

(b) 그림 12.10a의 닫힌 관의 경우

$$f_1 = \frac{v}{4\ell} = \frac{343\ \text{m/s}}{4(0.26\ \text{m})} = 330\ \text{Hz}$$

이다. 홀수 배음만 존재한다. 처음 세 상음은 990 Hz, 1650 Hz, 2310 Hz이다.

유의 닫힌 관은 표 12.3에 의하면 중간 C음 위의 E음인 330 Hz를 연주하는 반면에, 같은 길이의 열린 관은 한 옥타브 높은 660 Hz를 연주한다.

파이프 오르간은 길이가 수 cm에서 5 m 이상까지의 열린 관과 닫힌 관을 모두 사용한다. 플루트는 부는 쪽뿐만 아니라 반대쪽도 열려 있으므로 열린 관으로서 작동한다. 플루트는 관의 구멍을 열어서 진동하는 공기 기둥의 길이를 줄여서 음을 조절한다. 따라서 배가 구멍 안에서 일어날 수 있다. 진동하는 공기 기둥의 길이가 짧을수록 기본 진동수가 높아진다.

예제 12.9 플루트

플루트는 모든 구멍이 닫힌 경우 기본 진동수가 중간 C음(262 Hz)이 되도록 설계되어 있다. 마우스피스에서 플루트 끝까지의 거리는 대략 얼마여야 하는가? 배가 정확히 마우스피스에서 일어나는 것은 아니므로 이것은 단지 근삿값이다. 온도는 20 ℃라고 가정한다.

접근 모든 구멍을 막으면 진동하는 공기 기둥의 길이는 전체 길이이다. 20 ℃인 공기 중에서 음속은 343 m/s이다. 플루트는 양쪽 끝이 열렸으므로 그림 12.9를 이용한다. 기본 진동수 f_1은 $f = v/2\ell$에 의해 진동하는 공기 기둥의 길이 ℓ과 관련된다.

풀이 ℓ에 대해 풀면

$$\ell = \frac{v}{2f} = \frac{343\ \text{m/s}}{2(262\ \text{s}^{-1})} = 0.655\ \text{m}$$

이다.

연습 E 관악기의 연주자가 조율할 때 악기를 '데우는' 이유를 알기 위해, 10 ℃의 온도에서 모든 구멍을 닫았을 때 예제 12.9의 플루트의 기본 진동수를 구하라.

예제 12.10 추산 바람 소리 진동수

나뭇가지가 흔들리는 소리, 굴뚝에서 나는 울림 소리 등 바람은 시끄러울 수 있다. 소음의 원천은 무엇이고, 진동수 영역은 얼마인가?

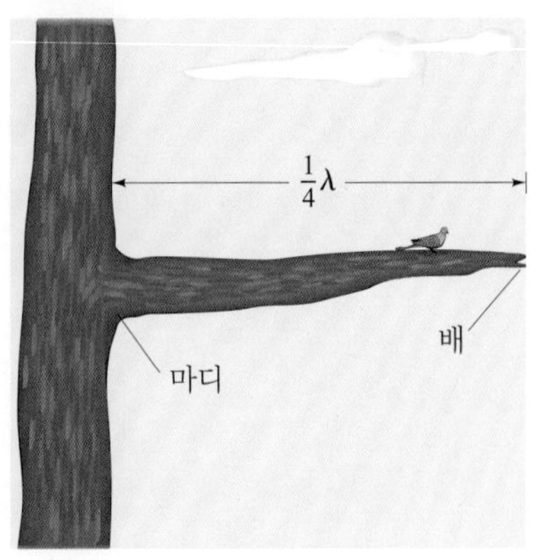

그림 12.11 예제 12.10

접근 바람에서 공기의 돌풍이 나뭇가지나 굴뚝 공기 기둥의 진동을 일으켜서, 같은 진동수의 음파를 발생시킨다. 나무 몸체에 고정된 나뭇가지 끝은 마디인 반면에, 다른 끝은 자유롭게 움직이므로 배이다. 나뭇가지는 대략 $\frac{1}{4}\lambda$이다(그림 12.11).

풀이 나무에서의 음속을 $v \approx 4000$ m/s(표 12.1)로 추정한다. 나뭇가지의 길이가 $\ell \approx 2$ m라면 $\lambda = 4\ell = 8$ m이고 $f = v/\lambda = (4000\,\text{m/s})/(8\,\text{m}) \approx 500\,\text{Hz}$이다.

유의 바람은 오르간 파이프나 플루트와 마찬가지로 굴뚝 안에서 공기 진동을 일으킬 수 있다. 굴뚝은 길이 3 m 정도의 꽤 긴 관이고, 한쪽 또는 심지어는 양쪽이 열린 관과 같이 행동한다. 양쪽 관이 열린 경우, $(\lambda = 2\ell)$, $v \approx 340$ m/s이므로 $f_1 \approx v/2\ell \approx 57\,\text{Hz}$인데, 꽤 낮은 음이다. 당연하다. 굴뚝은 그저 울릴 뿐이다.

12.4 음질과 소음; 중첩

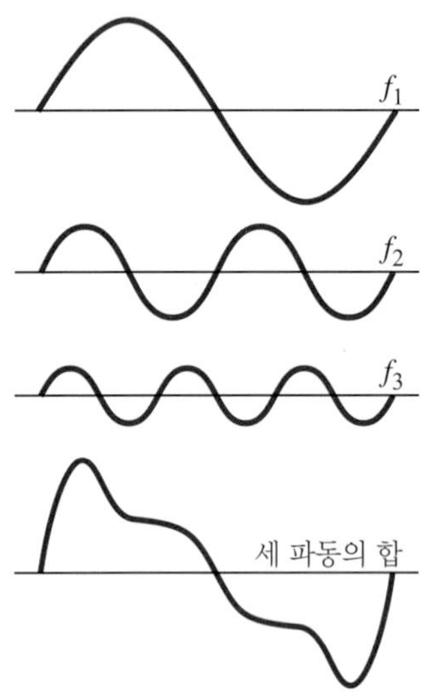

그림 12.12 기본음과 처음 두 상음의 진폭이 각 점에서 합쳐져서 복합 파형을 이룬다.

소리 특히 음악 소리를 들을 때마다 크기, 음조 그리고 제3의 특성이라 부르는 '음질'까지도 알 수 있다. 예를 들면 피아노와 플루트가 같은 크기와 음조 (예, 중간 C음)의 음을 연주할 때, 전체적인 음에는 명백한 차이가 난다. 피아노와 플루트 음을 혼동하는 일은 없다. 이것이 **음질**(quality)이 의미하는 것이다. 악기에서는 **음색**이라는 용어를 사용하기도 한다.

크기와 음조가 물리적으로 측정 가능한 양에 관련되는 것과 마찬가지로 음질도 그렇다. 음질은 배음의 존재—배음의 수와 배음의 상대적인 진폭—에 좌우된다. 일반적으로 악기로 음을 연주하면 기본음뿐만 아니라 상음도 동시에 존재한다. 그림 12.12는 각각 특정 진폭을 지닌 기본음과 처음 두 상음에 **중첩 원리**가 어떻게 적용되는지 보여 준다(11.11절 참조). 각 점에서 합쳐져서 복합 **파형**(waveform)을 이룬다. '파형'은 어느 순간의 파동의 공간적 형태를 의미한다. 보통 둘 이상의 상음이 존재한다. [어떤 복잡한 파동이라도 적절한 진폭, 파장, 진동수의 사인꼴 파동의 중첩으로 분석할 수 있다. 이런 분석을 **푸리에 분석**이라고 한다.]

한 음에 대해 상음들의 상대적 진폭은 악기마다 다르고, 이것이 각 악기의 고유한 음질 또는 음색이 된다. 한 음에 대한 배음의 상대적 진폭을 나타내는 막대 그래프를 **소리 스펙트럼**이라고 한다. 몇 개의 악기들에 대한 전형적인 예가 그림 12.13에 나와 있다. 보통은 기본음의 진폭이 가장 크고, 이것의 진동수가 음조로 들린다.

악기를 연주하는 방식이 음질에 강한 영향을 준다. 예를 들면 바이올린 줄을 퉁길 때와 활로 켤 때는 매우 다른 소리를 낸다. 망치로 피아노 줄을 칠 때와 같이 음의 시

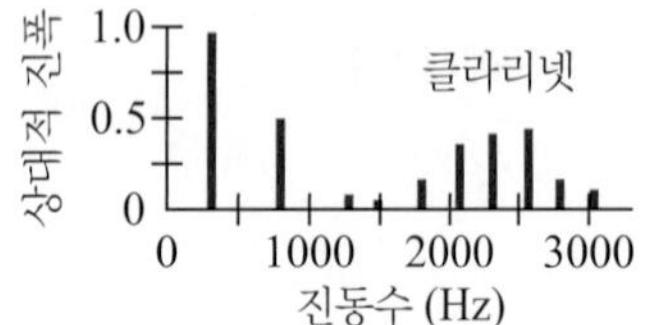

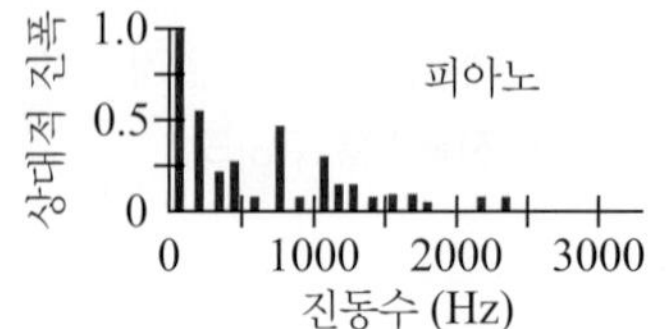

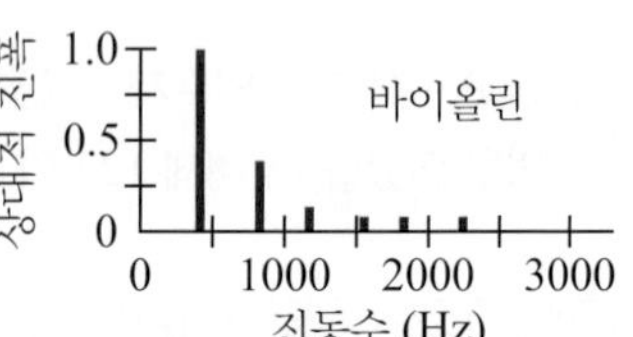

그림 12.13 악기들의 소리 스펙트럼. 악기가 다른 음을 연주하면 스펙트럼이 달라진다. 클라리넷이 좀 복잡하다. 낮은 진동수에서는 닫힌 관으로 동작해서 홀수 배음만 있고, 높은 진동수에서는 열린 관처럼 모든 배음이 일어난다.

작(또는 끝)에서는 뒤에 이어지는 음과 소리 스펙트럼이 다르다. 이것도 악기의 주관적인 음질에 영향을 준다.

두 돌이 부딪칠 때 나는 소리와 같은 보통의 소리는 특정한 음질을 가진 소음이지만 분명한 음조는 구별할 수 없다. 이런 소음은 서로 관련이 없는 많은 진동수가 혼합된 것이다. 소음의 소리 스펙트럼은 그림 12.13과 같은 분명한 선이 보이지 않는다. 대신 연속적인 또는 거의 연속적인 진동수의 스펙트럼이 보인다. 이런 소리를 기본음의 간단한 정수 배의 진동수를 포함하는 더 조화로운 소리와 대비하여 '소음'이라고 한다.

12.5 음파의 간섭; 맥놀이

공간적인 간섭

11.11절에서 두 파동이 동시에 동일한 공간 영역을 지나면 서로 간섭을 일으킨다는 것을 공부했다. 간섭은 음파에서도 일어난다.

그림 12.14의 공연장 무대에 있는 거리가 d만큼 떨어진 두 대형 스피커 A와 B를 생각하자. 두 스피커가 음파를 방출한다고 가정하자. 두 음파는 진동수가 동일하고 위상이 일치한다. 즉 한 스피커가 압축하면 다른 스피커도 압축한다. 벽, 마루 등에서의 반사는 무시한다. 그림의 곡선은 어느 순간 두 스피커에서 나오는 음파의 마루를 나타낸다. 음파의 경우 마루는 공기가 압축된 곳인 반면에 두 마루 사이의 골은 공기가 희박한 곳이라는 것을 기억해야 한다. 두 스피커에서 같은 거리인 C에 있는 사람이나 검출기는 그 점에서 큰 소리를 듣는다. 간섭이 보강 간섭이므로 두 마루가 도달했다가 조금 후에는 두 골이 도달한다. 반면에 D에서는 소리가 거의 들리지 않는다. 한 파동의 마루가 다른 파동의 골과 만나서 상쇄 간섭이 일어나기 때문이다. 그림 11.38과 11.11절의 물결파와 관련된 논의를 참조하라.

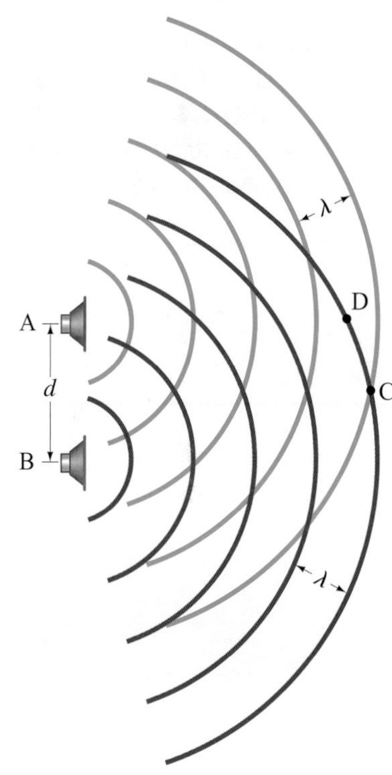

그림 12.14 두 스피커에서 나온 음파의 간섭

파형을 그림 12.15와 같이 그래프로 나타내면 상황 분석을 보다 명확히 할 수 있을 것이다. 그림 12.15a에서 두 파동이 C에 동시에 마루이거나 동시에 골로 도달하므로 점 C에서는 보강 간섭이 일어난다는 것을 알 수 있다. 그림 12.15b에서 D에 도달하기 위해서는 스피커 B에서 나오는 음파가 A에서 나오는 음파보다 더 먼 거리를 이동해야 한다는 것을 알 수 있다. 그러므로 B에서 나온 음파가 A에서 나온 음파에 뒤처진다. 이 그림에서 거리 ED와 AD가 같도록 E를 선정했다. 그러므로 거리 BE가 음파의 반 파장과 정확히 같다면, 두 파동이 D에 도달할 때 위상이 완전히 어긋나서 상쇄 간섭이 일어난다는 것을 알 수 있다. 따라서 이것이 어느 점에서 상쇄 간섭이 일어나는지 결정하는 기준이 된다. 한 스피커에서의 거리가 다른 스피커에서의 거리보다 반 파장만큼 긴 모든 점에서 상쇄 간섭이 일어난다. 이 거리의 차이(그림 12.15b의 BE)가 한 파장(또는 2, 3, ⋯ 파장)이라면 두 파동은 위상이 완전히 일치해서 **보강 간섭**이 일어난다는 것에 주목하라. 거리 BE가 $\frac{1}{2}$, $1\frac{1}{2}$, $2\frac{1}{2}$, ⋯ 파장이라면 **상쇄 간섭**이 일어난다.

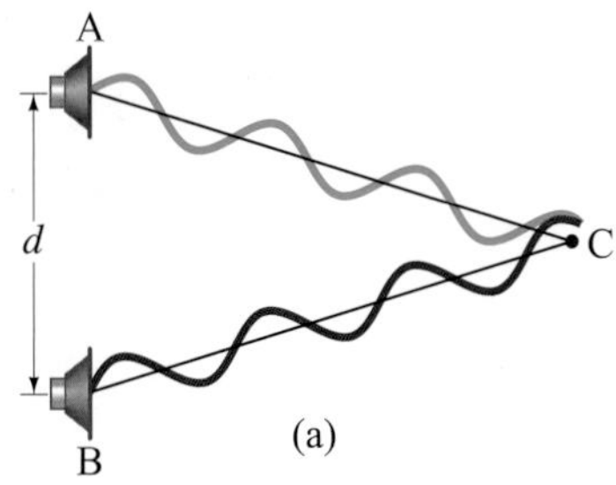

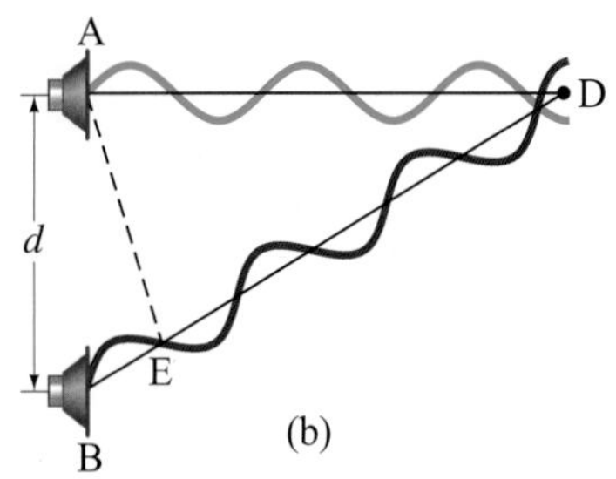

그림 12.15 두 스피커 A와 B에서 온 단일 진동수의 음파가 C에서는 보강 간섭이 일어나고, D에서는 상쇄 간섭이 일어난다(그림 12.14 참조). (여기서는 그래프로만 표시했고 실제 종파 음파는 아니다.

그림 12.14나 그림 12.15의 D에 앉아있는 사람은 아무것도 들리지 않지만 소리는 여전히 두 스피커에서 오고 있다는 것을 실감하는 것이 중요하다. 실제로 스피커 하나를 끄면 다른 스피커에서 오는 소리가 잘 들린다. 스피커가 모든 영역의 진동수를 방출하면 특정한 파장만 주어진 점에서 완전히 상쇄 간섭이 일어난다.

예제 12.11 스피커의 간섭

두 스피커가 거리 1.00 m만큼 떨어져 있다. 사람이 한 스피커에서 4.00 m 거리에 있다. 두 스피커가 1150 Hz의 소리를 방출한다면, 상쇄 간섭이 일어나려면 사람과 다른 스피커와의 거리는 얼마여야 하는가? 온도는 20 ℃라고 가정한다.

접근 상쇄 간섭을 느끼려면, 사람이 한 스피커에서 다른 스피커보다 반 파장 멀거나 가까워야 한다. 즉 거리가 $4.00\text{ m} \pm \lambda/2$이다. f와 v를 알기 때문에 는 알 수 있다.

풀이 20 ℃에서의 음속은 343 m/s이므로, 이 소리의 파장은

$$\lambda = \frac{v}{f}$$

$$= \frac{343\text{ m/s}}{1150\text{ Hz}} = 0.30\text{ m}$$

이다. 상쇄 간섭이 일어나려면 사람이 한 스피커에서 다른 스피커보다 반 파장 또는 0.15 m 멀어야 한다. 그러므로 사람은 두 번째 스피커에서 3.85 m 또는 4.15 m 거리에 있어야 한다.

유의 두 스피커 사이의 거리가 0.15 m 이하라면, 한 스피커에서 다른 스피커보다 0.15 m 먼 곳은 없으므로 상쇄 간섭이 일어날 수 있는 곳은 없다.

맥놀이–시간적인 간섭

공간에서 일어나는 음파의 간섭에 대해 논의했다. 시간적으로 일어나는 간섭의 흥미롭고 중요한 예가 **맥놀이**(beats)라고 알려진 현상이다. 두 음원(예, 소리굽쇠)의 진동수가 정확히 같지는 않지만 서로 근접하다면, 두 음원에서 오는 음파는 서로 간섭을 일으킨다. 주어진 점에서의 소리의 크기는 시간에 따라 교대로 커졌다 작아졌다 한다. 파장이 달라서 두 파동의 위상이 일치했다 어긋났다하기 때문이다. 규칙적인 간격으로 음의 크기가 변하는 현상을 맥놀이라 한다.

맥놀이가 어떻게 일어나는지 알아보기 위해, 진동수가 각각 50 Hz와 60 Hz인 동일한 진폭의 두 음파를 생각하자. 1.00 s에 첫 번째 음원은 50번 진동하고, 두 번째는 60번 진동한다. 두 음원으로부터 거리가 같은 위치에서 파동을 조사해 보자. 고정된 점에서 각 파동의 시간의 함수로서의 파형이 그림 12.16에 나와 있다. 빨간 선은 50 Hz 파동을 나타내고, 파란 선은 60 Hz 파동을 나타낸다. 그림 12.16에서 아래의 그림은 두 파동의 합을 시간의 함수로 보여준다. 시간 $t = 0$에서 두 파동은 위상이 일치해서 보강 간섭이 일어난다. 두 파동은 다른 진동수로 진동하므로, 시간 $t = 0.05$ s에서 위상이 완전히 어긋나서 상쇄 간섭이 일어난다. $t = 0.10$ s에서는 다시 위상이 일치해서 진폭의 합이 다시 최대가 된다. 그러므로 진폭의 합은 0.10 s마다 커지고,

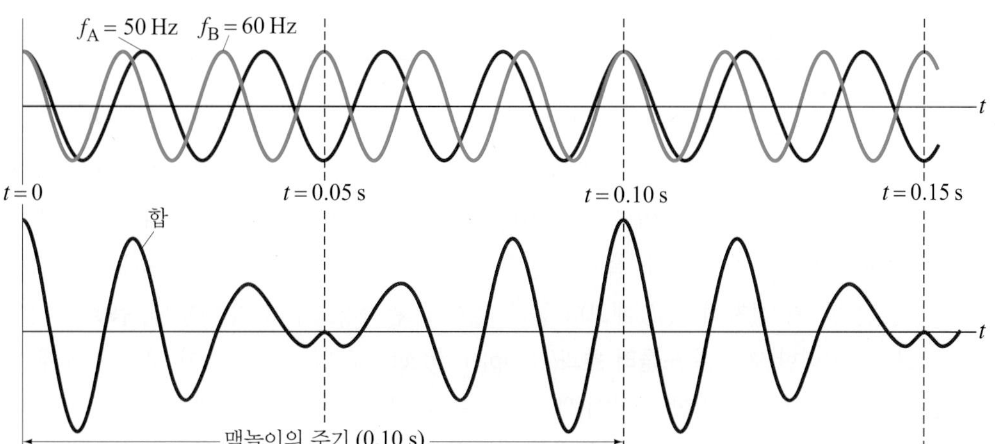

그림 12.16 진동수가 약간 다른 두 음파가 중첩된 결과 맥놀이가 일어난다.

그 사이에서 작아진다. 이 크기의 상승과 하강이 맥놀이로 들린다.† 이 경우 맥놀이의 간격은 0.10 s이다. 즉 **맥놀이 진동수**(beat frequency)는 초당 10회 또는 10 Hz이다. 맥놀이 진동수는 두 파동의 진동수 차와 같다는 결과는 일반적으로 성립한다.

맥놀이 현상은 모든 종류의 파동에서 일어날 수 있으며, 진동수를 비교하는 매우 정밀한 방법이다. 예를 들면 피아노를 조율하기 위해 피아노 조율사는 표준 소리굽쇠와 피아노의 특정한 줄의 진동수 사이에서 발생한 맥놀이를 듣고 맥놀이가 사라지면 조율됐다는 것을 안다. 오케스트라 단원들은 그들의 악기를 피아노나 오보에가 내는 표준 음(보통 중간 C음 위의 A음, 440 Hz) 사이의 맥놀이를 듣고 조율한다. 사람은 초당 일어나는 맥놀이가 몇 개 밖에 되지 않으면 각각 맥놀이를 들을 수 있다. 진동수가 높아지면 맥놀이들이 서로 섞이고, 약 20 Hz까지는 세기의 변조(큰 소리와 작은 소리 사이의 변화)를 듣는다. 20 Hz이상에서는 별개의 낮은 음을 듣는다(음이 충분히 크면 들을 수 있다).

물리학의 응용

피아노 조율

예제 12.12 맥놀이

소리굽쇠가 안정적인 400 Hz의 음을 낸다. 이 소리굽쇠를 친 후에 진동하는 기타 줄 근처에 놓으면 5 s에 20개의 맥놀이가 들린다. 기타 줄이 만들어낼 수 있는 진동수는 얼마인가?

접근 맥놀이가 일어나려면 기타 줄은 400 Hz에서 맥놀이의 진동수만큼 다른 진동수로 진동해야 한다.

풀이 맥놀이의 진동수는

$$f_{\text{맥놀이}} = 20\text{진동}/5\ \text{s} = 4\ \text{Hz}$$

이다. 이것은 두 파동의 진동수의 차이다. 한 파동이 400 Hz이므로 다른 파동은 404 Hz 또는 396 Hz이어야 한다.

† 진폭이 같지 않아도 진폭의 차가 크지 않으면 맥놀이가 일어난다.

12.6 도플러 효과

빠르게 달려오던 소방차가 지나가면서 사이렌의 음조가 급격히 떨어지는 것을 들은 적이 있을 것이다. 또는 빠르게 움직이는 차가 지나가면서 내는 시끄러운 경적 소리의 음조 변화를 느낀 적이 있을 것이다. 경주용 자동차가 관측자를 지나감에 따라 엔진 소리의 음조가 변한다. 음원이 관측자를 향해 움직일 때, 관측자에게 들리는 음조는 관측자가 정지해 있을 때보다 높다. 음원이 관측자로부터 멀어질 때, 음조는 낮아진다. 이러한 현상은 **도플러 효과**(Doppler effect)† 로 알려져 있으며, 모든 파동에 대해서 일어난다. 이러한 현상이 왜 일어나는지 알아보고, 음원과 관측자 사이에 상대적 운동이 있을 때 느끼는 진동수와 음원의 진동수와의 차이를 계산해 보자.

그림 12.17a에서 정지해 있는 소방차로부터 모든 방향으로 특정 진동수의 음을 방출하는 사이렌을 생각하라. 음파는 음원이나 관측자의 속도와는 관계없는 공기 중에서 음속 v_{snd}로 움직인다. 음원이 고정된 소방차가 움직여도 사이렌은 정지해 있을 때와 동일한 진동수로 소리를 방출한다. 그러나 전방으로 방출한 소리의 파면은 그림 12.17b에서 보듯이, 소방차가 정지해 있을 때보다 서로 가깝다. 소방차가 움직이면서 이전에 방출한 파면을 부분적으로 '따라잡아서', 이전 파면에 가깝게 파면을 방출한다. 따라서 소방차 앞의 보도에 있는 관측자는 초당 더 많은 파동의 마루가 지나간다고 느끼므로 진동수가 높다고 느낀다. 반면에 소방차 뒤로 방출된 파면들은 소방차가 정지해 있을 때보다 서로 멀다. 소방차가 파면들로부터 멀어지기 때문이다. 방출된 새 파면은 소방차가 정지해 있을 때보다 이전 파면에서 더 멀다. 따라서 움직이는 소방차 뒤에서는 관측자가 느끼는 초당 파동의 마루가 적어서(그림 12.17b) 음조가 낮게 들린다.

그림 12.18을 활용하여 진동수의 이동을 계산할 수 있다. 우리의 기준틀에서 공기(또는 다른 매질)는 정지 상태에 있다고 가정한다. 먼저 그림 12.17에서, 관측자는 정지 상태에 있고 음원이 오른쪽으로 출발하는 상황을 생각한다. 그림 12.18a에서 음원이 빨간 점으로 표시됐고 정지 상태에 있다. 연이은 두 개의 파동의 마루가 표시됐는데, 두 번째 마루는 이제 막 방출되어서 아직 음원 근처에 있다. 마루들 사이의 거리는 파장 λ이다. 음원의 진동수가 f라면, 방출된 두 개의 파동의 마루들 사이의 시간은

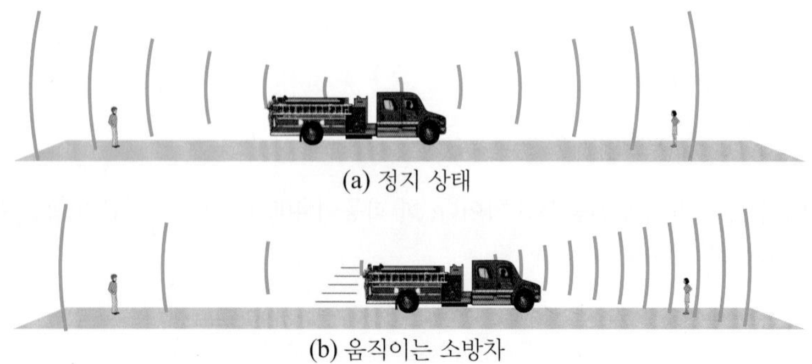

그림 12.17 (a) 보도 위에 있는 두 관측자가 정지해 있는 소방차에서 동일한 진동수를 듣는다. (b) 도플러 효과: 소방차가 다가오는 쪽의 관측자는 더 높은 진동수의 소리를 듣고, 소방차 뒤에 있는 관측자는 더 낮은 진동수의 소리를 듣는다.

† 도플러(J. C. Doppler, 1803~1853)의 이름을 딴 것이다.

$$T = \frac{1}{f} = \frac{\lambda}{v_{snd}}$$

이다. 그림 12.18b에서, 음원이 속도 v_{source}로 관측자를 향해 움직인다. 시간 T에서 첫 번째 파동의 마루는 거리 $d = v_{snd}T = \lambda$만큼 이동했다. 여기서 v_{snd}는 공기 중에서 음속이다(음원이 움직이든 아니든 동일하다). 동일한 시간 동안 음원은 거리 $d_{source} = v_{source}T$를 이동했다. 연이은 파동의 마루 사이의 거리, 즉 오른쪽의 관측자가 느끼는 파장 λ'은

$$\begin{aligned}\lambda' &= d - d_{source} \\ &= \lambda - v_{source}T \\ &= \lambda - v_{source}\frac{\lambda}{v_{snd}} \\ &= \lambda\left(1 - \frac{v_{source}}{v_{snd}}\right)\end{aligned}$$

이다. 이 식의 양변에서 λ를 빼면 파장의 이동 $\Delta\lambda$는

$$\Delta\lambda = \lambda' - \lambda = -\lambda\frac{v_{source}}{v_{snd}}$$

이다. 따라서 파장의 이동은 음원이 속력 v_{source}에 비례한다. 정지해 있는 관측자가 느끼는 진동수 f'은 식 11.12에 의해

$$f' = \frac{v_{snd}}{\lambda'} = \frac{v_{snd}}{\lambda\left(1 - \frac{v_{source}}{v_{snd}}\right)}$$

이다. $v_{snd}/\lambda = f$이므로

$$f' = \frac{f}{\left(1 - \frac{v_{source}}{v_{snd}}\right)} \quad \text{[정지해 있는 관측자로 향하는 음원]} \quad \textbf{(12.2a)}$$

이다. 분모가 1보다 작으므로 관측된 진동수 f'은 음원의 진동수 f보다 높다. 즉 $f' > f$이다. 예를 들면 음원이 정지해 있을 때 진동수 400 Hz의 소리를 방출한다면, 음원이 관측자를 향해 30 m/s의 속력으로 이동하면 관측자가 듣는 진동수는 (20 ℃에서)

$$f' = \frac{400\text{ Hz}}{1 - \frac{30\text{ m/s}}{343\text{ m/s}}} = 438\text{ Hz}$$

이다.

정지해 있는 관측자에서 v_{source}의 속력으로 **멀어지는** 음원을 생각하라(그림 12.17의 왼쪽의 관측자). 위와 동일한 논의를 사용하면, 관측자가 감지한 파장 λ'은 d_{source}의 음부호를 양부호로 바꾸면

$$\lambda' = d + d_{source} = \lambda\left(1 + \frac{v_{source}}{v_{snd}}\right)$$

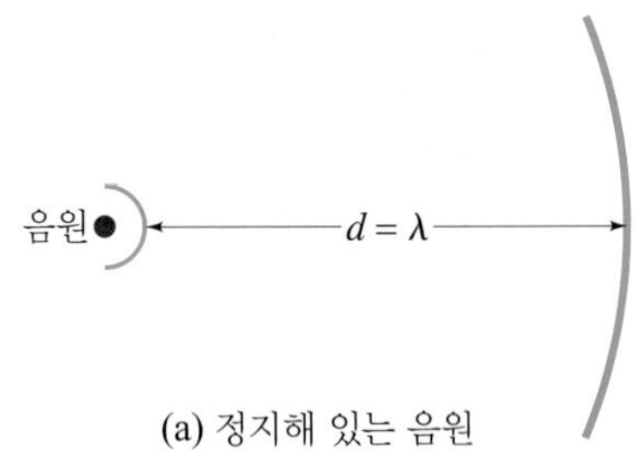

(a) 정지해 있는 음원

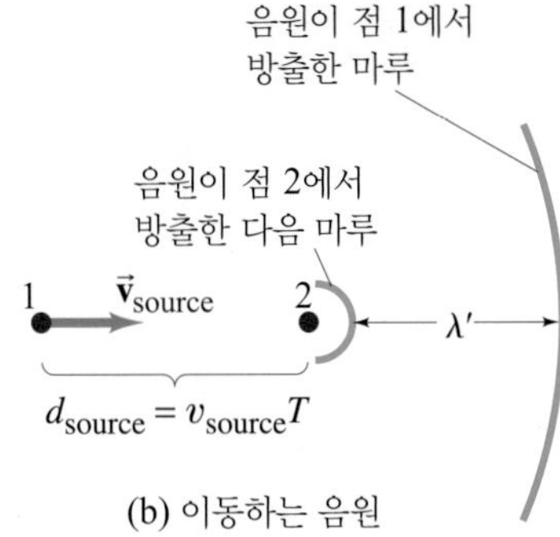

(b) 이동하는 음원

그림 12.18 도플러 효과에서 진동수 이동의 결정. 빨간 점이 음원이다.

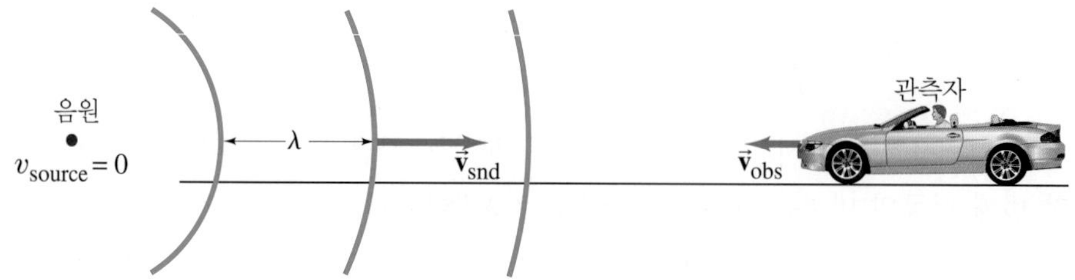

그림 12.19 v_{obs}의 속력으로 정지해 있는 음원을 향해 움직이는 관측자는 $v' = v_{snd} + v_{obs}$의 속력으로 지나가는 파동 마루를 감지한다. 여기서 v_{snd}는 공기 중에서 음속이다.

이다. 관측된 파장과 방출된 파장의 차이는 $\Delta\lambda = \lambda' - \lambda = +\lambda(v_{source}/v_{snd})$이다. 파동의 관측된 진동수 $f' = v_{snd}/\lambda'$은

$$f' = \frac{f}{\left(1 + \dfrac{v_{source}}{v_{snd}}\right)} \quad \left[\begin{array}{l}\text{정지해 있는 관측자로부터} \\ \text{멀어지는 음원}\end{array}\right] \quad \textbf{(12.2b)}$$

이다. 400 Hz를 방출하는 음원이 관측자에서 30 m/s의 속력으로 멀어지면 관측자가 느끼는 진동수는 $f' = (400\text{ Hz})/[1 + (30\text{ m/s})/(343\text{ m/s})] = 368\text{ Hz}$이다.

음원이 정지해 있고 관측자가 움직일 때도 도플러 효과가 일어난다. 관측자가 음원으로 **향하면** 방출된 음원의 진동수보다 음조가 높게 들린다. 관측자가 음원으로부터 멀어지면 음조가 낮게 들린다. 정량적인 진동수 변화는 움직이는 음원의 경우와는 다르다. 음원이 정지해 있고 관측자가 움직이면 파동의 마루 사이의 거리, 즉 파장 λ는 변하지 않는다. 그러나 관측자에 대한 파동의 마루의 속도가 변한다. 관측자가 음원으로 향하면(그림 12.19), 관측자에 대한 파동의 상대 속도 v은 단순한 속도의 합으로 $v' = v_{snd} + v_{obs}$이다. 여기서 v_{snd}는 공기 중에서의 음속이고, v_{obs}는 관측자의 속도이다. 따라서 들리는 진동수는

$$f' = \frac{v'}{\lambda} = \frac{v_{snd} + v_{obs}}{\lambda}$$

이다. $\lambda = v_{snd}/f$이므로

$$f' = \frac{(v_{snd} + v_{obs})f}{v_{snd}}$$

또는

$$f' = \left(1 + \frac{v_{obs}}{v_{snd}}\right)f \quad [\text{정지해 있는 음원으로 향하는 관측자}] \quad \textbf{(12.3a)}$$

이다. 관측자가 음원에서 멀어지면 상대 속도는 $v' = v_{snd} - v_{obs}$이므로

$$f' = \left(1 - \frac{v_{obs}}{v_{snd}}\right)f \quad [\text{음원으로부터 멀어지는 관측자}] \quad \textbf{(12.3b)}$$

이다.

예제 12.13 움직이는 사이렌

정지해 있는 경찰차가 진동수 1600 Hz의 사이렌을 울린다. 사람은 정지해 있고 경찰차가 25.0 m/s의 속력으로 (a) 다가오거나 (b) 멀어지면, 사람이 듣는 진동수는 얼마인가?

접근 관측자는 정지해 있고 음원이 움직이므로, 식 12.2를 사용한다. 관측자가 듣는 진동수는 방출된 진동수를 $(1 \pm v_{\text{source}}/v_{\text{snd}})$로 나눈 것인데, 여기서 v_{source}는 경찰차의 속력이다. 경찰차가 관측자로 향하면 음부호를 사용하고(높은 진동수), 경찰차가 관측자로부터 멀어지면 (+) 부호를 사용하자(낮은 진동수).

풀이 (a) 차가 관측자로 향하므로 식 12.2a로부터 다음을 얻는다.

$$f' = \frac{f}{\left(1 - \dfrac{v_{\text{source}}}{v_{\text{snd}}}\right)} = \frac{1600\ \text{Hz}}{\left(1 - \dfrac{25.0\ \text{m/s}}{343\ \text{m/s}}\right)} = 1726\ \text{Hz} \approx 1730\ \text{Hz}$$

(b) 차가 관측자에서 멀어지므로 식 12.2b로부터 다음을 얻는다.

$$f' = \frac{f}{\left(1 + \dfrac{v_{\text{source}}}{v_{\text{snd}}}\right)} = \frac{1600\ \text{Hz}}{\left(1 + \dfrac{25.0\ \text{m/s}}{343\ \text{m/s}}\right)} = 1491\ \text{Hz} \approx 1490\ \text{Hz}$$

연습 F 예제 12.13의 경찰차가 정지해 있고 1600 Hz를 방출한다고 생각하자. 사람이 25.0 m/s의 속력으로 (a) 다가오거나 (b) 멀어지면, 사람이 듣는 진동수는 얼마인가?

음파가 움직이는 장애물에 의해서 반사되면, 도플러 효과 때문에 반사파의 진동수는 입사파의 진동수와 다르다. 다음 예제에서 설명한다.

예제 12.14 두 도플러 편이

정지해 있는 음원으로부터 5000 Hz의 음파가 방출된다. 이 음파는 3.50 m/s의 속력으로 음원을 향해 움직이는 물체에서 반사된다(그림 12.20). 움직이는 물체에서 반사되는 파동이 음원 근처에 정지해 있는 검출기에서 검출되는 진동수는 얼마인가?

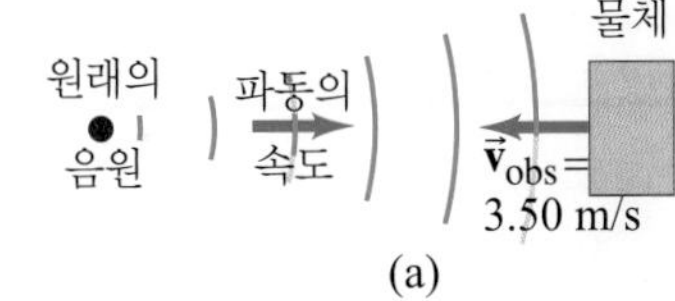

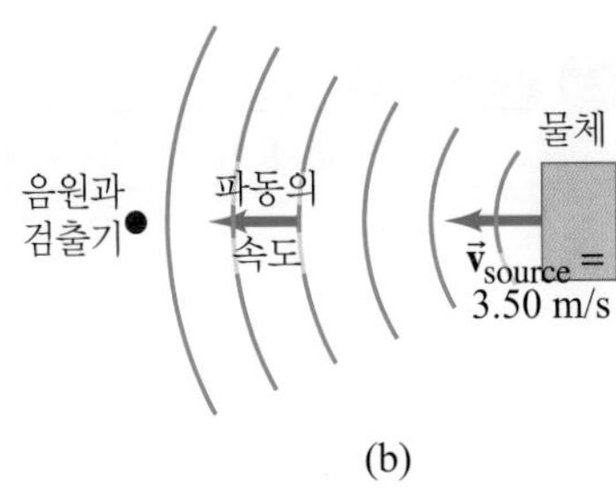

그림 12.20 예제 12.14

접근 이 경우 실제로는 두 번의 도플러 편이가 존재한다. 먼저 움직이는 물체는 v_{obs} = 3.50 m/s의 속력으로 음원으로 향하는 관측자처럼 행동한다(그림 12.20a). 따라서 진동수 $f' = f[1 + (v_{\text{obs}}/v_{\text{snd}})]$의 음파를 감지한다(식 12.3a). 두 번째로 움직이는 물체에서의 파동의 반사는 동일한 진동수로 파동을 방출하는 물체와 동등하다. 그러므로 실제적으로는 v_{source} = 3.50 m/s의 속력으로 움직이는 음원처럼 행동한다(그림 12.20b). 감지되는 나중 진동수 f''은 식 12.2a에 의해 $f'' = f'/[1 - (v_{\text{source}}/v_{\text{snd}})]$이다.

풀이 움직이는 물체에 의해 감지되는 진동수 f'은 식 12.3a에 의해

$$f' = \left(1 + \frac{v_{\text{obs}}}{v_{\text{snd}}}\right) f = \left(1 + \frac{3.50\ \text{m/s}}{343\ \text{m/s}}\right)(5000\ \text{Hz}) = 5051\ \text{Hz}$$

이다. 움직이는 물체가 방출(반사)하는 음파의 진동수는

$$f'' = \frac{f'}{\left(1 - \dfrac{v_{\text{source}}}{v_{\text{snd}}}\right)} = \frac{5051\ \text{Hz}}{\left(1 - \dfrac{3.50\ \text{m/s}}{343\ \text{m/s}}\right)} = 5103\ \text{Hz}$$

이다. 그러므로 진동수 이동은 103 Hz이다.

유의 박쥐는 이와 같은 기술로 주위를 알 수 있다. 이것은 또한 자동차, 야구 공, 테니스 서브, 토네이도와 같은 폭풍 그리고 다른 물체들의 속력 측정 장치인 도플러 레이더의 원리이다.

물리학의 응용

도플러 혈류계와 여러 의학적 이용

예제 12.14의 방출된 파동과 반사되는 파동이 서로 합쳐지면 서로 간섭을 일으켜서 맥놀이가 발생한다. 맥놀이 진동수는 두 진동수의 차인 103 Hz이다. 이 도플러 기술은 다양한 의학 분야에 사용되는데, 보통은 MHz의 진동수 영역의 초음파를 사용한다. 예를 들면 적혈구 세포에서 반사된 초음파는 혈류 속도를 측정하는 데 사용된다. 마찬가지로 이 기술은 태아의 가슴의 움직임을 측정하고 심장 박동을 관찰하는 데 사용된다.

편의상 식 12.2와 12.3을 음원과 관측자 모두가 움직이는 경우를 포함하는 한 식으로 쓸 수 있다. 즉

$$f' = f\left(\frac{v_{\mathrm{snd}} \pm v_{\mathrm{obs}}}{v_{\mathrm{snd}} \mp v_{\mathrm{source}}}\right) \qquad \text{[음원과 관측자 모두 움직임]} \qquad \mathbf{(12.4)}$$

이다. 부호를 올바르게 선택하기 위해 관측자와 음원이 서로 접근하면 진동수가 높아지고, 서로 멀어지면 낮아진다는 경험을 기억하라. 그러므로 분모와 분자의 위의 부호는 관측자와 음원이 서로 접근할 때 적용되고, 아래의 부호는 서로 멀어질 때 적용된다.

연습 G 관측된 진동수가 원래 진동수보다 한 옥타브 높으려면(진동수가 두 배로 되려면), 정지해 있는 관측자에 접근하는 음원의 속력은 얼마여야 하는가? (a) $\frac{1}{2}v_{\mathrm{snd}}$ (b) v_{snd} (c) $2v_{\mathrm{snd}}$ (d) $4v_{\mathrm{snd}}$

빛의 도플러 효과

물리학의 응용

전자기파와 일기예보에서의 도플러 효과

도플러 효과는 음파 이외에 다른 파동에서도 일어난다. 빛이나 다른 종류의 전자파(레이더 등)도 도플러 효과를 나타내는데, 이 경우에 진동수 이동의 식은 식 12.2와 12.3과는 다르지만 효과는 비슷하다(31장 참조). 하나의 중요한 응용은 레이더를 사용하는 일기예보이다. 레이더 펄스가 방출되고 빗방울에서 반사된 다음 검출되기 전까지 시간 지연으로 강우의 위치를 알 수 있다. 진동수의 도플러 편이를 측정하면(예제 12.14에서와 같이), 폭풍의 이동 속력과 방향을 알 수 있다. 경찰이 사용하는 '레이더 총'도 비슷하게 동작하는데, 전자파의 도플러 편이로 차의 속력을 측정한다.

물리학의 응용

우주론에서 적색 편이 현상

또 하나의 중요한 응용은 천문학에서 쓰이는데, 도플러 편이로 은하의 속도를 추정할 수 있다. 먼 은하에서 오는 빛은 낮은 진동수로 이동하는데, 이는 은하들이 우리로부터 멀어진다는 것을 의미한다. 빨간색이 가시광선 중에서 진동수가 가장 낮으므로 이것을 **적색 편이**(redshift)라고 한다. 진동수 이동이 클수록, 후퇴 속도가 크다. 은하가 우리로부터 멀수록 더 빨리 멀어진다는 것이 알려져 있다. 이러한 관측은 우주 팽창 이론과 우주 탄생 이론인 '빅뱅'의 기초를 이루고 있다(31장 참조).

12.7 충격파; 충격파음

비행기와 같은 물체가 음속보다 빠르게 움직일 때 **초음속**(supersonic speed)을 갖는다고 한다. 이런 속력에는 **마하수**[†](Mach number)가 주어지는데, 이는 물체의 속력과 주위 매질에서 음속과의 비로 정의된다. 예를 들면 음속이 300 m/s인 대기층을 600 m/s의 속력으로 이동하는 비행기의 속력은 마하 2이다.

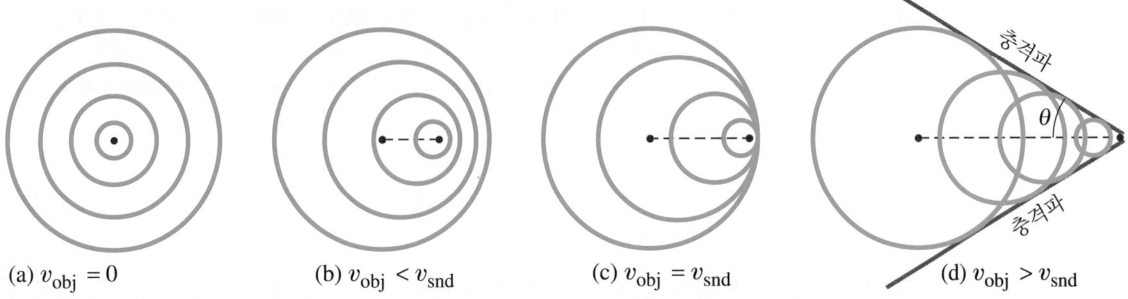

그림 12.21 (a) 정지해 있거나 또는 (b, c, d) 움직이는 물체에 의해 방출된 음파. (b) 물체의 속도가 음속보다 작으면 도플러 효과가 일어난다. (c) $v_{obj} = v_{snd}$이면, 파동이 앞에 쌓여서 '소리 장벽'을 형성한다. (d) 물체의 속도가 음속보다 크면 충격파가 일어난다.

음원이 음속 이하로 이동하면 소리의 음조는 앞에서 논의한 도플러 효과에 의해서 변한다(그림 12.21a, b). 그러나 음원이 음속 이상으로 이동하면 **충격파**(shock wave)라고 알려진 더 극적인 효과가 일어난다. 이 경우 음원은 자신이 만들어낸 파동을 앞지른다. 그림 12.21c에서 보듯이 음원이 **음속으로** 이동하면 음원이 내보낸 파면들이 바로 앞에 쌓인다. 물체가 초음속으로 이동하면 파면들이 그림 12.21d와 같이 겹쳐서 쌓인다. 다른 파동의 마루들이 서로 중첩되어 하나의 매우 큰 마루를 형성하는데, 이것이 충격파이다. 이와 같이 매우 큰 마루 뒤에는 보통 매우 큰 골이 있다. 충격파는 본질적으로 매우 많은 파면들의 보강 간섭의 결과이다. 공기 중에서의 충격파는 자신이 만들어낸 물의 파동보다 빠르게 이동하는 배의 선수파와 비슷하다(그림 12.22).

(a)

(b)

그림 12.22 (a) 배 (b) 오리가 만드는 선수파

비행기가 공기 중에서 음속보다 빠른 초음속으로 이동하면 소리와 공기의 교란으로 막대한 음파 에너지를 포함하는 충격파를 형성한다. 충격파는 큰 **충격파음**(sonic boom)으로 들린다. 충격파음은 1초보다 짧은 시간 동안만 유지되지만 포함된 에너지가 매우 커서 어떤 때는 창문을 깨고 손상을 일으키기도 한다. 실제로 큰 충격파는 비행기의 앞과 뒤뿐만 아니라(그림 12.23), 날개와 다른 부분에서도 일어나므로 충격파음은 두 번 이상으로 일어난다. 배의 선수파도 그림 12.22a에서 보듯이 여러 개이다.

물리학의 응용
충격파음

비행기가 음속에 가까운 속도로 가속되면 전면에 소리 장벽을 만난다(그림 12.21c 참조). 음속을 넘어서려면 비행기는 이 **소리 장벽**(sound barrier)을 통과하기 위해 추가적인 추진력을 필요로 한다. 이것을 '소리 장벽 돌파하기'라고 한다. 일단 초음속이

[†] 오스트리아 물리학자 마흐(Ernst Mach, 1838~1916)의 이름을 딴 것이다.

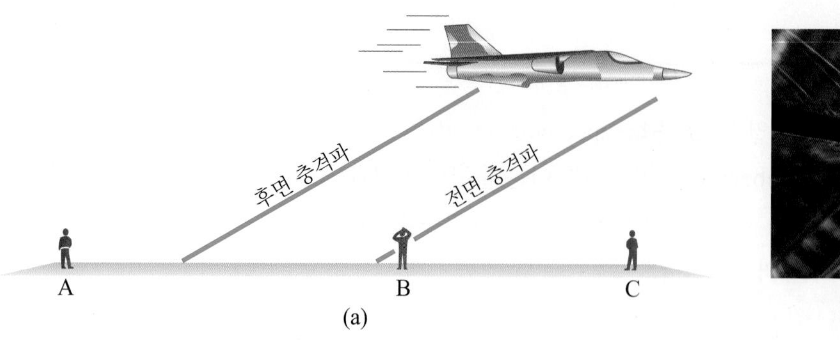

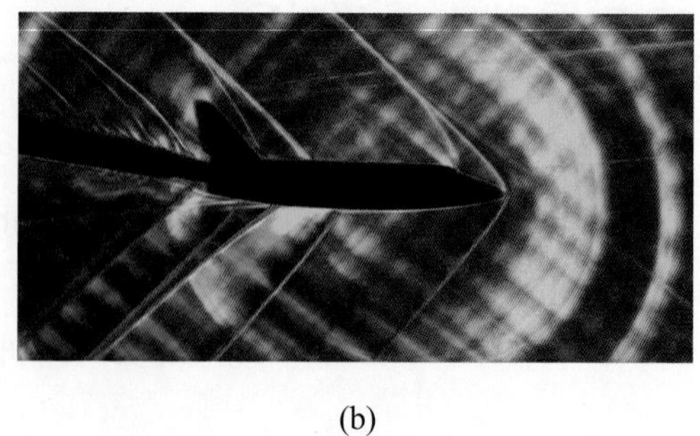

그림 12.23 (a) 왼쪽에 있는 사람 A는 이미 (이중) 충격파음을 들었다. 가운데 있는 사람 B가 전면 충격파를 막 들었다. 오른쪽에 있는 사람 C는 곧 이중 충격파음을 들을 것이다. (b) 공기 중에서 발생한 충격파를 보여주는 초음속 비행기의 특수 사진. (비행기의 다른 부분에서 몇 개의 좁은 간격의 충격파가 발생된다.)

되면 이 장벽은 더 이상 운동을 방해하지 못한다. 충격파음은 비행기가 소리 장벽을 통과하는 순간에만 발생한다고 잘못 생각하는 경우가 종종 있다. 실제로는 초음속으로 이동하는 동안 내내 충격파는 비행기를 따라다닌다. 지상의 관측자들은 충격파가 지나갈 때(그림 12.23) '폭음'을 듣는다. 충격파는 비행기를 정점으로 하는 원뿔을 이룬다. 원뿔의 각도 θ는 (그림 12.21d 참조),

$$\sin\theta = \frac{v_{\text{snd}}}{v_{\text{obj}}} \tag{12.5}$$

이다. 여기서 v_{obj}는 물체(비행기)의 속도이고, v_{snd}는 매질(비행기의 경우는 공기)에서 음속이다.

12.8 응용: 수중 음파 탐지기, 초음파, 의료 영상

수중 음파 탐지기

물리학의 응용

음파 탐지기: 수심 측정, 지구 탐사

많은 분야에서 거리를 구하기 위해 소리의 반사가 사용되고 있다. **수중 음파 탐지기**(sonar)† 또는 **펄스 에코 기법**(pulse-echo technique)은 수면 아래 물체의 위치를 찾는 데 사용된다. 송신기가 물속으로 음파 펄스를 보내면, 잠시 후에 수신기가 반사파 또는 메아리를 수신한다. 이 시간 간격을 정밀하게 측정하면, 물속에서의 음속을 알기 때문에 반사 물체까지의 거리를 구할 수 있다. 이와 같은 방법으로 바다의 깊이, 암초, 침몰선, 잠수함, 물고기 무리의 위치를 구할 수 있다. 지구 내부의 구조를 연구하는 데에도 이와 비슷한 방법인 지구를 통과하는 반사파를 측정함으로써 이루어지는데, 이 반사파는 '수심 측정'이라 부르는 의도적인 폭발에 의한 것이다. 지구 내부의 다양한 구조와 경계에서 반사된 파를 분석하여 석유와 광물의 탐사에도 유용한 특징적인 패턴을 구한다. 공항에서 비행기를 추적하기 위해 사용하는 **레이더**는 비슷한 펄스 에코 기법을 사용하는데, 가시광선과 같이 3×10^8 m/s의 속력으로 이동하

† Sonar는 *so*und *na*vigation *r*anging(음파 탐지법)의 약자이다.

는 전자파(EM)를 사용한다.

수중 음파 탐지기(sonar)는 일반적으로 **초음파**(ultrasonic) 영역의 진동수, 즉 사람의 감지 영역 밖인 20 kHz 이상의 진동수를 사용한다. 수중 음파 탐지기의 진동수는 일반적으로 20 kHz에서 100 kHz 사이이다. 초음파를 사용하는 이유는 초음파가 들리지 않는다는 점 외에도 파장이 짧아서 회절이 잘 일어나지 않으므로(11.14절 참조) 빔이 덜 퍼져서 더 작은 물체를 검출할 수 있기 때문이다.

초음파 의료 영상

의학에서 초음파 영상을 진단용으로 사용하는 것은 물리적 원리의 중요하고 흥미로운 응용이다. 수중 음파 탐지기(sonar)와 같이 **펄스 에코 기법**(pulse-echo technique)을 사용하는데, 진동수는 1에서 10 MHz(1 MHz = 10^6 Hz) 사이이다. 높은 진동수의 음파 펄스가 몸속으로 조사되어 경계면이나 기관들과 다른 조직 사이의 접점과 몸속의 병변으로부터 반사되어 검출된다. 종양과 다른 비정상인 혹, 유체의 주머니를 구별할 수 있다. 심장 판막의 운동이나 태아의 발육 상태(그림 12.24)를 검사할 수 있다. 뇌, 심장, 간, 신장 등의 다양한 기관에 대한 정보를 얻을 수 있다. 초음파가 X선을 대치하지는 못하지만 특별한 진단의 경우에는 더 유용하다. 어떤 종류의 조직이나 체액은 X선 사진에는 나오지 않지만 초음파는 경계에서 반사된다. '실시간' 초음파 영상은 인체 내부의 단면을 찍은 영화와 같다.

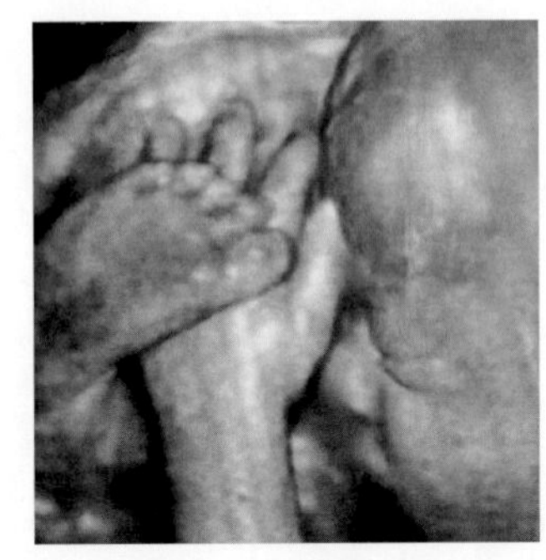

그림 12.24 자궁 속 태아의 초음파 영상

물리학의 응용

초음파 의료 영상

의료 영상에서의 펄스 에코 기법은 다음과 같이 작동한다. 전기 펄스를 음파 펄스로 변환하는 음향 변환기가 짧은 초음파 펄스를 방출한다. 펄스의 일부가 인체 내부의 경계에서 반사되지만 펄스의 대부분은 그림 12.25a에서 보듯이 계속 진행한다.

동일한 음향 변환기로 검출한 반사 펄스는 모니터에 표시된다. 펄스가 방출된 후 반사파(메아리)가 수신되기까지 경과한 시간은 반사면까지의 거리에 비례한다. 예를 들면 음향 변환기에서 척추까지의 거리가 25 cm라면 펄스가 이동하는 왕복 거리는 2 × 25 cm = 0.50 m이다. 인체 조직에서의 음속은 바닷물에서의 음속과 비슷한 약

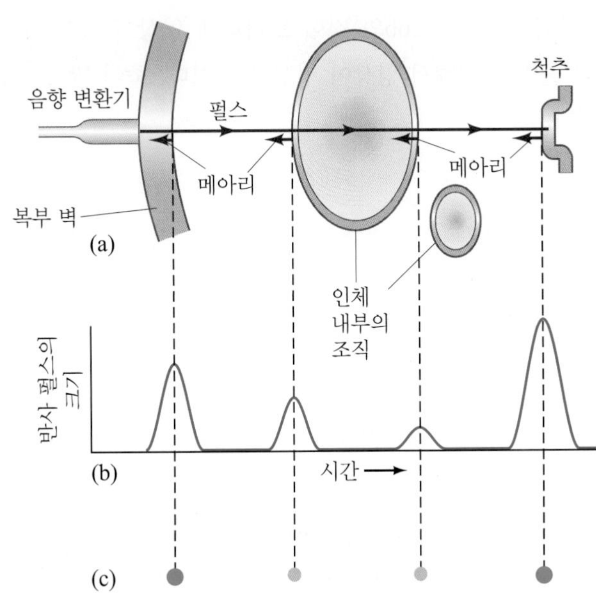

그림 12.25 (a) 복부를 통과하는 초음파 펄스와 경로 상의 면들에서 반사되는 펄스 (b) 음향 변환기에 수신된 반사 펄스는 시간의 함수로 나타났다. 수직 점선은 어떤 반사 펄스가 어떤 면에서 반사된 것인지 보여 준다. (c) 동일한 메아리에 대한 '점 표시'; 각 점의 밝기는 신호의 크기와 관계가 있다.

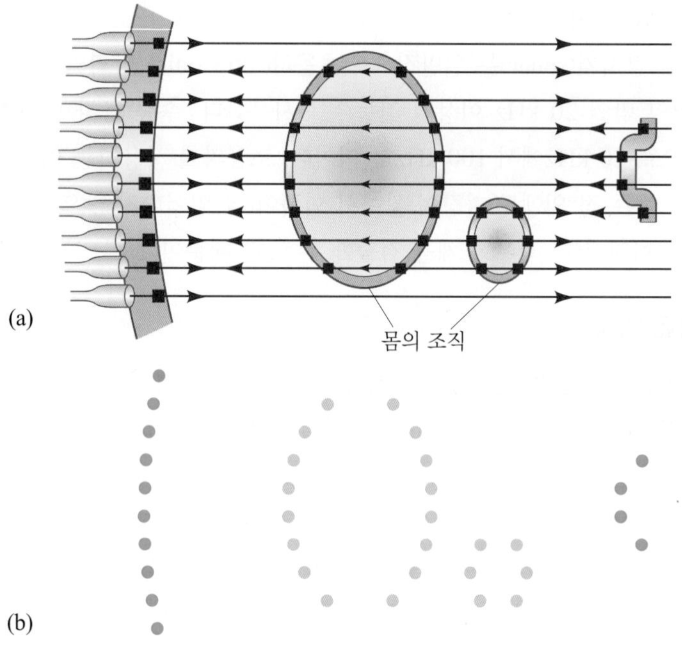

그림 12.26 (a) 음향 변환기가 이동하거나 음향 변환기를 여러 대 일렬로 사용하여 10번의 궤적을 얻는다. (b) 조직의 경계에서 오는 메아리를 점으로 표시하면 몸의 조직 영상이 형성된다. 줄의 간격을 좁히면 더 자세한 영상을 얻을 수 있다.

1540 m/s이므로, 경과한 시간은

$$t = \frac{d}{v} = \frac{(0.50\,\text{m})}{(1540\,\text{m/s})} = 320\,\mu\text{s}$$

이다.

반사 펄스의 세기는 주로 경계면 양쪽에 있는 두 물질의 밀도 차에 의해 좌우되며, 펄스나 점으로(그림 12.25b, c) 표시할 수 있다. 각각의 메아리 점(그림 12.25c)은 점으로 나타낼 수 있는데, 이의 위치는 시간 지연을 나타내고 밝기는 메아리의 세기에 의해 좌우된다. 여러 번 주사해서 얻은 점들로 이차원 영상을 얻을 수 있다. 음향 변환기를 이동하거나 음향 변환기의 배열을 이용하여 그림 12.26a와 같이 각각의 위치에서 펄스를 보내고 메아리를 받는다. 각각의 기록을 아래로 내려가면서 간격을 적절히 하여 배치하면, 그림 12.26b와 같이 모니터에 영상이 형성된다. 그림 12.26에는 단지 열 개의 줄만 표시해서 영상이 엉성한 편이다. 줄이 많을수록 더 정밀한 영상을 얻을 수 있다.

종합 문제

객관식

1. 더운 날과 추운 날 중 어떤 날에 메아리가 더 빨리 돌아올 것으로 기대할 수 있는가?
   (a) 더운 날
   (b) 추운 날
   (c) 두 날 모두 동일하다.

2. 음파는
   (a) 공기 분자의 변위가 횡파
   (b) 공기 분자의 변위가 종파

(c) 압력 차의 종파이다.
(d) (b), (c)
(e) (a), (b), (c)

3. 어떤 시끄러운 에어컨의 소리 준위는 70 dB이다. 이러한 에어컨 두 대가 가까이서 동시에 동작하면 소리 준위는 어떻게 되는가?
(a) 70 dB (b) 73 dB
(c) 105 dB (d) 140 dB

4. 소리를 두 배 크게 하려면, 연주자는 소리의 세기를 얼마나 바꾸어야 하는가?
(a) 세기를 두 배로 (b) 세기를 1/2으로
(c) 세기를 네 배로 (d) 세기를 1/4로
(e) 세기를 열 배로 증가시킨다.

5. 두 번째 음표보다 두 옥타브 높은 음표는
(a) 진동수가 두 번째 음표의 두 배이다.
(b) 진동수가 두 번째 음표의 네 배이다.
(c) 진폭이 두 번째 음표의 두 배이다.
(d) 두 번째 음표보다 3 dB 크다.
(e) 정답 없음

6. 다음 중 최소 진동 모드의 파장이 줄이나 관의 길이와 같은 것은?
(a) 줄 (b) 열린 관
(c) 한쪽 끝이 막힌 관 (d) 위 보기 모두
(e) 정답 없음

7. 음파가 공기에서 물로 들어갈 때 파동의 어떤 특성이 변하는가?
(a) 진동수 (b) 파장
(c) 파동의 속력 (d) 진동수와 파장 모두
(e) 파동의 속력과 파장 모두

8. 기타 줄이 진동수 330 Hz, 파장 1.40 m로 진동한다. 이 소리가 귀에 들어올 때 공기(20 ℃) 중에서 진동수와 파장은
(a) 동일한 진동수, 동일한 파장이다.
(b) 더 높은 진동수, 동일한 파장이다.
(c) 더 낮은 진동수, 동일한 파장이다.
(d) 동일한 진동수, 더 긴 파장이다.
(e) 동일한 진동수, 더 짧은 파장이다.

9. 기타 연주자가 프렛 쪽으로 줄을 눌러서 진동하는 기타 줄의 길이를 줄인다. 기타가 높은 음조의 음을 내는 이유는
(a) 줄의 장력이 극적으로 증가했기 때문이다.
(b) 줄이 더 큰 진폭으로 진동할 수 있기 때문이다.
(c) 줄이 더 높은 진동수로 진동하기 때문이다.

10. 기본 진동수가 f인 파이프 오르간의 양쪽 끝이 열려 있다. 한쪽 끝을 닫으면 기본 진동수는
(a) 1/2로 준다. (b) 변하지 않는다.
(c) 두 배로 된다.

주관식

[따로 표시하지 않으면, T = 20 ℃이고 공기 중에서 v_{sound} = 343 m/s라고 가정한다.]

12.1 소리의 특성

1. (I) 한 등산가가 호수의 반대쪽 끝에 있는 절벽에서 반사되는 메아리를 듣고 호수의 길이를 구한다. 외치고 2.5 s 후에 메아리를 듣는다. 호수의 길이를 추정하라.

2. (I) 선원이 수면 바로 아래에 있는 배의 옆면을 한 번 두드린다. 그는 바로 아래에 있는 해저로부터 반사되는 메아리 소리를 2.0 s 후에 듣는다. 이 지점에서 바다는 얼마나 깊은가? 해수에서 음속은 1560 m/s이고 (표 12.1) 깊이에 따라 크게 변하지 않는다고 가정한다.

3. (I) (a) 20 ℃ 공기 중에서, 사람의 최대 가청 영역인 20~20,000 Hz의 소리의 파장을 계산하라. (b) 18 MHz 초음파의 파장은 얼마인가?

4. (II) 고깃배가 안개 낀 날에 참치 무리 바로 위에서 이동하고 있다. 1.55 km 떨어진 다른 배(그림 12.27)에서 예고 없이 엔진 폭발이 일어났다. (a) 물고기와 (b) 어부에게는 시간이 얼마 지난 후에 엔진 폭발 소리가 들리는가?

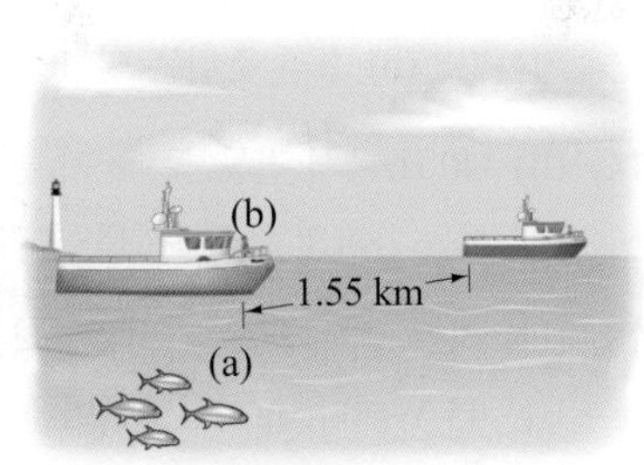

그림 12.27 주관식 4

5. (III) 돌이 절벽에서 떨어진다. 2.7 s 후에 돌이 물에 떨어지는 소리가 들린다. 절벽의 높이는 얼마인가?

12.2 소리 세기: 데시벨

6. (I) 고통 준위인 120 dB에서 소리의 세기는 얼마인가? 이를 20 dB인 휘파람의 세기와 비교하라.

7. (I) 세기가 1.5×10^{-6} W/m^{2}인 소리의 소리 준위는 얼마인가?

8. (II) 두 개의 새 스테레오 증폭기를 놓고 어느 것을 구매할지 결정하려고 한다. 하나는 채널당 75 W이고 다른 것은 채널당 120 W이다. 이들 두 증폭기에서 소리를 최대로 나오게 할 때, 더 강한 증폭기는 다른 것보다 몇 dB 더 값이 큰가?

9. (II) 어느 곳에서 두 개의 폭죽이 동시에 터지면 85 dB의 소리 준위를 낸다. 하나만 터질 때의 소리 준위는 얼마인가? [힌트: dB이 아니라 세기를 더한다.]

10. (II) 사람이 비행기로부터 적당히 떨어져 서 있는데, 이 비행기에서는 네 개의 시끄러운 제트 엔진이 140 dB의 소리 준위로 작동하고 있다. 조종사가 이들 엔진을 하나만 남기고 모두 끈다면, 사람이 듣는 소리 준위는 얼마가 되는가?

11. (II) 두 CD 플레이어의 신호 대 잡음 비(SNR)가 각각 82 dB와 98 dB이다. 각 CD 플레이어의 신호와 잡음의 세기의 비는 얼마인가?

12. (II) 록 콘서트에서, 무대의 스피커 앞에서 2.5 m 떨어진 곳에서 dB 계기가 130 dB을 나타낸다. (a) 소리가 균일하게 구형으로 퍼진다고 가정하고 공기 중에서 흡수를 무시하면 스피커의 출력은 얼마인가? (b) 소리 준위가 85 dB이 되려면 얼마나 떨어져야 하는가?

13. (II) 음파의 진폭이 3.5배로 커지면, (a) 세기는 몇 배로 커지는가? (b) 소리 준위는 몇 dB 증가하는가?

14. (II) 440 Hz에서 진동하는 공기 분자의 변위 진폭 0.13 mm에 해당하는 음파의 소리 준위는 공기 중에서 dB로 얼마인가?

15. (III) 비싼 증폭기 A의 최대 출력은 220 W이고, 싼 증폭기 B는 45 W이다. (a) 각 증폭기에 차례로 연결되는 스피커로부터 3.5 m 떨어진 점에서 기대되는 소리 준위는 각각 몇 dB로 추정되는가? (b) 비싼 증폭기가 싼 증폭기보다 2배 크게 소리가 나는가?

12.3 소리의 근원: 진동하는 줄과 공기 기둥

16. (I) 사람의 가청 영역인 20~20,000 Hz에는 몇 옥타브가 들어가는지 추정하라.

17. (I) 바이올린 줄 A의 기본 진동수는 440 Hz이다. 진동하는 부분의 길이는 32 cm이고, 질량은 0.35 g이다. 줄의 장력은 얼마인가?

18. (I) 오르간 파이프의 길이가 116 cm이다. 기본 진동과 들을 수 있는 처음 세 개의 배음을 파이프가 (a) 한쪽이 닫힌 경우와 (b) 양쪽이 열린 경우에 대해 구하라.

19. (I) (a) 깊이 24 cm인 빈 콜라병을 닫힌 관으로 가정하고 입으로 불면 공명 진동수는 얼마인가? (b) 콜라가 1/3 차 있다면 공명 진동수는 얼마가 되는가?

20. (II) 팽팽한 기타 줄의 제3배음의 진동수가 540 Hz이다. 원래 길이의 70 % 되는 곳을 누를 때의 기본 진동수는 얼마인가?

21. (II) 그림 12.28에서와 같이 지름이 15 cm인 바다 조개를 여러분의 귀 가까이에 댈 때 들리는 바다 소리의 진동수를 추정하라.

그림 12.28 주관식 21

22. (II) 길이 0.68 m의 기타 줄이 중간 C음 위의 E음(330 Hz)을 내도록 조율된다. (a) 중간 C음 위의 A음(440 Hz)을 내려면 끝에서 얼마 떨어진 곳에 프렛(과 손가락)을 놓아야 하는가? (b) 440 Hz파의 줄에서의 파장은 얼마인가? (c) 22 ℃에서 손가락으로 줄을 눌러 만들어낸 음파의 진동수와 파장을 구하라.

23. (II) 22.0 ℃에서 오르간을 조율했다. 11 ℃에서는 진동수가 몇 % 벗어나는가?

24. (II) (a) T = 22 ℃에서 기본 진동수가 294 Hz이려면 열린 오르간 파이프의 길이는 얼마인가? (b) 이 파이프를 헬륨으로 채우면 기본 진동수는 얼마인가?

25. (II) 길이 1.70 m인 좁은 관의 양쪽 끝이 열려 있다. 275 Hz와 330 Hz의 두 연속적인 배음에서 공명이 일어난다. (a) 기본 진동수와 (b) 관 안의 기체에서 음속은 얼마인가?

26. (II) 20 ℃에서 길이 2.18 m인 오르간 파이프의 가청 영역에는 몇 개의 상음이 있는가? (a) 열린 경우 (b) 닫힌 경우

27. (III) 연주자가 프렛 쪽으로 기타 줄을 누르면 줄의 진동하는 부분의 길이가 짧아져서, 기본 진동수가 증가한다(그림 12.29). 줄의 장력과 단위 길이당 질량은 변하지 않는다. 줄의 원래의 길이가 ℓ = 75.0 cm라면, 각 프렛이 옆의 프렛보다 기본 진동수의 음조를 한 음표 증가시킬 때 처음 여섯 프렛의 위치 x를 구하라. 평균율 반음계에서 인접 음표와의 진동수 비는 $2^{1/12}$이다.

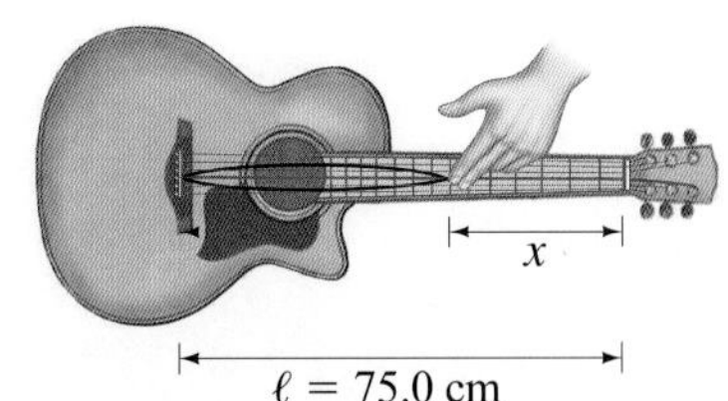

그림 12.29 주관식 27

12.4 음질과 소음; 중첩

28. (II) 바이올린의 기본 진동수에 비해 처음 두 상음의 세기는 근사적으로 얼마인가? 제1상음과 제2상음은 기본 진동수에 비해 몇 데시벨 약한가? (그림 12.13 참조)

12.5 음파의 간섭; 맥놀이

29. (I) 한 호루라기가 23.5 kHz로 동작하는 반면에, 상표 X인 다른 호루라기는 모르는 진동수로 동작한다. 둘이 따로 동작하면 사람이 들을 수 없지만, 동시에 동작하면 진동수 5000 Hz의 날카로운 소리가 들린다고 할 때, 상표 X의 동작 진동수를 추정하라.

30. (II) 기타 줄이 350 Hz의 소리굽쇠와는 초당 3번의 맥놀이를 내지만, 355 Hz의 소리굽쇠와는 초당 8번의 맥놀이를 낸다. 줄의 진동수는 얼마인가? 그 이유를 설명하라.

31. (II) 그림 12.14의 두 음원이 서로 마주보고 진폭과 진동수(305 Hz)는 같지만 위상이 180° 다른 소리를 낸다. (a) 완전한 보강 간섭, (b) 완전한 상쇄 간섭이 일어나기 위해 필요한 두 스피커의 최소 간격은 얼마인가? $T = 20$ ℃로 가정한다.

32. (III) 두 스피커가 1.60 m 떨어져 있다. 사람이 한 스피커에서는 3.00 m, 다른 스피커에서는 3.50 m 떨어져 있다. (a) 두 스피커의 위상이 일치할 때 이 점에서 상쇄 간섭이 일어나는 최소 진동수는 얼마인가? (b) 이 점에서 상쇄 간섭이 일어나는 두 다른 진동수를 계산하라. $T = 20$ ℃로 가정한다.

33. (III) 공기 중에서 음원이 파장 2.54 m와 2.72 m의 소리를 낸다. (a) 초당 몇 번의 맥놀이가 들리는가? $T = 20$ ℃로 가정한다. (b) 세기가 최대인 영역들은 공간적으로 얼마나 떨어져 있는가?

12.6 도플러 효과

34. (II) 정지해 있는 박쥐가 50.0 kHz의 초음파를 내고 27.5 m/s로 멀어져 가는 물체에서 반사되는 파를 받는다. 받은 파의 진동수는 얼마인가?

35. (II) 박쥐가 벽을 향해 6.0 m/s의 속력으로 날면서 30.0 kHz의 초음파를 낸다. 박쥐가 듣는 반사파의 진동수는 얼마인가?

36. (II) 해수면 위에서 파장 44 m인 파동이 동쪽으로 해저에 대해 18 m/s의 상대 속력으로 이동한다. 이 지역에서 모터보트가 해저에 대해 14 m/s의 상대 속력으로 (a) 서쪽과, (b) 동쪽으로 이동한다면, 모터보트는 파동의 마루를 얼마나 자주 만나는가?

37. (III) 2.25×10^6 Hz의 초음파를 사용하는 도플러 효과는 태아의 심장 박동을 검사하는 데 사용된다. 박동의 최대 진동수가 240 Hz로 관측됐다. 조직에서 음속을 1540 m/s로 가정하고, 움직이는 심장 표면의 최대 속도를 계산하라.

12.7 충격파; 충격파음

38. (I) 물의 파동의 속력이 2.2 km/h인 호수에서 쾌속정의 흔적이 12°이다. 쾌속정의 속력은 얼마인가?

39. (II) 탐사용 로켓이 음속이 겨우 42 m/s인 행성으로 들어간다. (a) 탐사용 로켓의 처음 속력이 15,000 km/h라면, 마하수는 얼마인가? (b) 운동 방향에 대한 충격파의 각도는 얼마인가?

40. (III) 바로 위를 보니 지상 1.45 km에서 음속보다 빠르게 나는 비행기가 보인다. 충격파음이 들릴 때는 비행기는 이미 수평 거리 2.0 km를 이동했다. 그림 12.30을 참조하여 (a) 충격 원뿔의 각도 θ, (b) 비행기의 속력과 마하수 구하라. 음속은 330 m/s라고 가정한다.

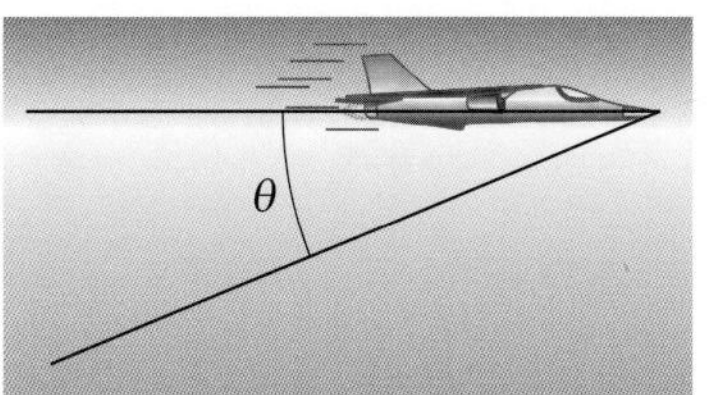

그림 12.30 주관식 40

연습 해답

A: 네 배 강하다.
B: (b)
C: 7옥타브 이상 [유의: 이진수 세기와 같다. 즉 $2^7 = 128$이다. 자세한 것은 17.10절을 참조하라.]
D: (b)
E: 257 Hz
F: (a) 1717 Hz (b) 1483 Hz
G: (a)

모뉴먼트 계곡, 애리조나

열을 가해 열기구 속 공기의 온도를 높이면, 공기는 팽창되고 일부는 힘을 받아 아래의 열린 부분으로 빠져나간다. 내부의 공기 양이 줄어서 외부 공기보다 밀도가 작아지므로, 풍선에 위로 작용하는 알짜 양력이 생긴다(10장 참조). 이 장에서는 온도와 물질에 대한 온도의 효과, 즉 열팽창과 기체 법칙을 공부한다. 지속적으로 운동하는 원자나 분자 등 물질의 미시적 이론인 운동론을 공부한다. 기체의 온도는 공기 분자의 평균 병진 운동 에너지에 직접적으로 관련된다. 이상 기체를 생각하겠지만, 실제 기체도 다룰 것이며 증발, 증기압, 습도를 포함하여 상전이도 다룰 것이다.

CHAPTER 13

온도와 운동론

시작 질문 추정해 보라!

뜨거운 공기를 채운 한쪽이 열린 기구(위의 사진 참조)는 불꽃으로 내부 공기를 가열하면 떠올라 간다. 풍선 속의 공기는 풍선 밖의 공기에 비해 다음의 성질이 높은가, 낮은가, 같은가?

(i) 온도 **(ii)** 압력 **(iii)** 밀도

이번 장은 온도, 열, 열역학을 다루는 세 장(13, 14, 15장)의 첫 번째 장이다. 이 장의 많은 부분은 원자로 이루어진 물질의 이론과 연속적인 무작위 운동을 하는 원자에 대해 논의한다. 이 이론을 **운동론**(kinetic theory)이라 한다. 'kinetic'은 6장을 기억하면 '운동'이라는 그리스어이다.

아울러 운동론의 기본이 되는 것으로 실험적으로 측정된 기체의 특성뿐만 아니라, 온도의 개념과 측정법까지 논의한다.

13.1 물질의 원자론

물질이 원자로 이루어졌다는 생각은 고대 그리스로 거슬러 올라간다. 그리스 철학자 데모크리토스(Democritus)에 의하면 순수한 물질(예, 철 한 조각)을 점점 작은 부분으로 나누면 더 이상 나눌 수 없는 그 물질의 가장 작은 덩어리가 된다. 이 가장 작은 덩어리를 **원자**(atom)라고 불렀는데, 그리스어로 나눌 수 없다는 의미이다. 오늘날 원자는 여전히 물질의 가장 작은 덩어리이지만 더 이상 나눌 수 없다고는 생각하지 않는다. 원자는 중앙의 핵(양성자와 중성자 포함)을 전자들이 둘러싼 것으로 생각된다(27장 참조).

원자론은 오늘날 폭넓게 받아들여지고 있다. 그러나 실험적으로 유리한 증거는 주로 18, 19, 20세기에 얻어졌고, 그중 많은 부분이 화학 반응을 분석하여 얻어졌다.

우리는 종종 **원자 질량**(atomic mass)과 **분자 질량**(molecular mass)이라 하는, 개별 원자와 분자의 상대 질량을 언급한다. (**원자량**과 **분자량**이라는 용어도 가끔 쓰인다.) 이 질량들은 자연에 가장 많이 존재하는 형태의 탄소 원자인 ^{12}C에 12.0000 u[u는 **통일된 원자 질량 단위**(unified atomic mass units)를 나타냄]라는 임의의 원자 질량을 지정한 것에 기반을 둔다. 킬로그램으로는

$$1\ u = 1.6605 \times 10^{-27}\ kg$$

이다. 수소의 평균 원자 질량은 1.0079 u이고, 다른 원자들의 값은 부록 B[†]와 주기율표에 수록되어 있다. 화합물의 분자량은 그 분자를 구성하는 원자량의 합이다.

[네온, 금, 철, 구리와 같은 **원소**(element)는 화학적 수단으로는 더 이상 작은 물질로 분해할 수 없는 물질이다. **화합물**(compounds)은 원소로 구성된 물질이고, 원소로 분해할 수 있는데, 이산화탄소와 물이 그 예이다. 원소의 가장 작은 덩어리가 원자이고, 화합물의 가장 작은 덩어리가 **분자**(molecule)이다. 분자는 원자로 구성된다. 예를 들면 물 분자는 수소 원자 둘과 산소 원자 하나로 구성된다. 화학식은 H_2O이다.]

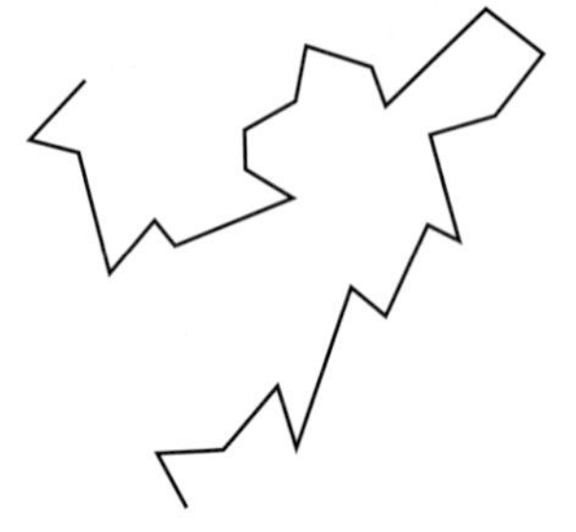

그림 13.1 물 위에 떠 있는 작은 입자(예, 꽃가루 입자)의 경로. 직선들은 동일한 시간 간격에 관측된 입자의 위치를 연결한 것이다.

원자론의 중요한 증거 중 하나가 **브라운 운동**(Brownian motion)인데, 1827년에 이를 발견한 생물학자 브라운(Robert Brown)의 이름에서 왔다. 그가 현미경으로 물 위에 떠 있는 작은 꽃가루 입자를 관측하는 동안, 물이 완벽하게 고요해 보임에도 불구하고 작은 입자가 불규칙적인 경로를 따라(그림 13.1) 돌아다니는 것을 발견했다. 어떤 물질의 원자들도 끊임없이 움직이고 있다고 가정하면 원자론으로 브라운 운동

[†] 원자들의 상대 질량은 화학 반응의 분석과 **일정 성분비 법칙**(law of definite proportions)에 의한 것이다. 이 법칙에 의하면, 둘 이상의 원소로 이루어진 화합물에서 각 성분 원소의 질량비는 항상 일정하다는 것이다. 예를 들면 식탁의 소금은 항상 나트륨 23과 염소 35의 비율로 형성되고 물은 수소 1과 산소 8의 비율로 형성된다. 물질의 연속 이론은 일정 성분비 법칙을 설명할 수 없었으나 원자론은 설명할 수 있었다. 화합물을 형성하는 각 성분 원소의 비율은 결합하는 원자들의 상대 질량에 대응한다. 나트륨(Na) 원자 하나는 염소(Cl) 원자 하나와 결합하여 소금(NaCl) 분자를 형성하는데, 나트륨 원자 하나의 질량은 염소 원자의 23/35배이다. 가장 가벼운 원자인 수소는 임의로 상대 질량을 1로 지정했다. 이 척도로는 탄소는 12, 산소는 16, 나트륨은 23 등등이다. 이것이 가끔은 더 복잡했다. 예를 들면 산소가 형성하는 다양한 화합물 중에서 상대 질량이 16으로 판정됐는데, 이는 물의 산소와 수소의 비율이 8 대 1인 것과 일치하지 않았다. 이것은 수소 원자 둘이 산소 원자 하나와 결합하여 물 분자를 형성한다고 가정함으로써 설명됐다.

을 쉽게 설명할 수 있다. 즉 브라운 운동에서 작은 꽃가루 입자들은 빠르게 움직이는 물 분자에 의해 떠밀린다.

1905년에 아인슈타인(Albert Einstein)은 브라운 운동을 이론적 관점에서 연구해서, 실험 데이터로부터 원자와 분자의 근사적인 크기와 질량을 계산할 수 있었다. 그의 계산에 의하면 전형적인 원자의 지름은 약 10^{-10} m이다.

10장 첫 부분에서, **거시적**(macroscopic)인 성질에 기반을 둔 물질의 삼상(또는 세 가지 상태)—고체, 액체, 기체—를 구별했다. 이제 이 물질의 삼상이 어떻게 다른지 원자의 관점 또는 **미시적**(microscopic) 관점에서 알아보자. 우선 원자와 분자는 서로 인력을 미쳐야 하는데, 이것만이 벽돌이나 알루미늄 덩어리가 형태를 유지하고 있는 것을 설명할 수 있기 때문이다. 분자들 사이의 인력은 전기적인 것이다(자세한 것은 뒤 절에서). 한편 분자들이 너무 가깝게 접근하면 힘은 외부 전자들 사이의 전기적 척력으로 바뀐다. 물질이 공간을 차지하는 것을 설명하려면 이 가정이 필요하다. 그러므로 분자들은 서로 최소한의 거리를 유지한다. 고체는 인력이 충분히 커서 그림 13.2a에서 보듯이 원자나 분자는 결정 격자라고 부르는 틀을 유지하면서 상대적으로 고정된 위치를 중심으로 약간만 진동한다. 이에 비해 액체에서는 원자나 분자가 더 빨리 운동하거나 그들 사이의 힘이 약해서, 그림 13.2b에서 보듯이 서로 주위를 지나갈 정도로 자유롭다. 기체는 힘이 너무 약하거나, 속력이 너무 빨라서 분자들이 서로 가깝게 머무르지도 않는다. 기체는 그림 13.2c에서 보듯이 모든 방향으로 빠르게 운동해서 용기를 채우고 때때로 서로 충돌한다. 기체에서는 평균적으로 속력이 매우 빨라서 두 분자가 충돌하면 이들을 묶어둘 만큼 인력이 강하지 못해서 새로운 방향으로 흩어져 날아간다.

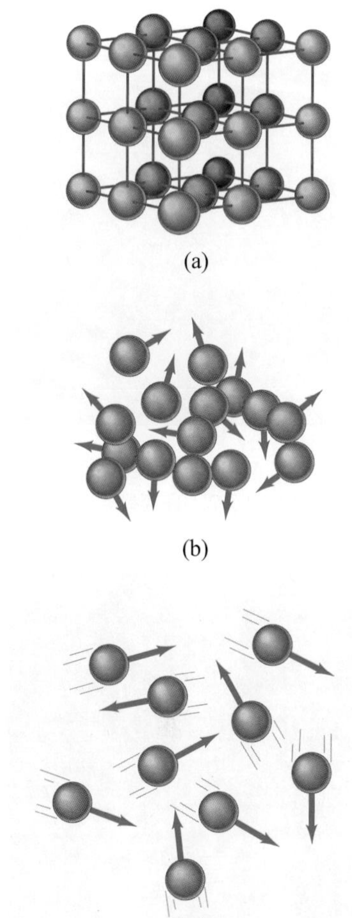

그림 13.2 원자 배열. (a) 고체 결정 (b) 액체 (c) 기체

예제 13.1 | 추산 | 원자 사이의 거리

구리의 밀도는 8.9×10^3 kg/m^{3}이고, 각 구리 원자의 질량은 63 u이다. 인접한 구리 원자들 중심 사이의 평균 거리를 추정하라.

접근 한 변의 길이가 1 m인 구리 육면체를 생각하자. 주어진 밀도 ρ로부터 부피가 $V = 1\ \text{m}^3$ $(m = \rho V)$인 육면체의 질량 m을 계산할 수 있다. 이 질량 m을 원자 하나의 질량(63 u)으로 나누면 1 m^3 안의 원자의 수를 얻는다. 원자들은 균일한 배열을 이룬다고 가정하고 길이 1 m에 N개의 원자가 있다면 1 m^3 안에 있는 전체 원자 수는 $(N)(N)(N) = N^3$과 같다.

풀이 구리 원자 하나의 질량은 $63\ \text{u} = 63 \times 1.66 \times 10^{-27}\ \text{kg} = 1.05 \times 10^{-25}\ \text{kg}$이다. 즉 한 변의 길이가 1 m인 구리 육면체 (부피 = 1 m^3) 안에 있는 원자의 수는

$$\frac{8.9 \times 10^3\ \text{kg}}{1.05 \times 10^{-25}\ \text{kg/atom}} = 8.5 \times 10^{28}\ \text{atoms}$$

이다. 한 변의 길이가 ℓ인 육면체의 부피는 $V = \ell^3$이므로, 육면체의 1 m 길이에는 $(8.5 \times 10^{28})^{\frac{1}{3}} = 4.4 \times 10^9$개의 원자가 있다. 따라서 인접한 원자들 사이의 거리는 다음과 같다.

$$\frac{1\ \text{m}}{4.4 \times 10^9\ \text{atoms}} = 2.3 \times 10^{-10}\ \text{m}$$

유의 단위에 주의하자. 'atoms'가 단위는 아니지만 정확히 계산하기 위해 넣는 것이 도움이 된다.

유의 원자 사이의 거리는 본질적으로 원자의 크기나 지름을 말할 때를 의미하는 것이다. 따라서 우리는 구리 원자의 크기를 계산한 것이다.

그림 13.3 다리 상판의 팽창 연결 부위. 고속도로의 흰 중앙선을 주목하라.

13.2 온도와 온도계

일상생활에서 **온도**(temperature)는 어떤 물체가 얼마나 뜨겁거나 차가운지의 척도이다. 뜨거운 오븐은 온도가 높다고 하는 반면에, 언 호수의 얼음은 온도가 낮다고 한다.

물질의 많은 특성들은 온도에 따라 변한다. 예를 들면 대부분의 물질들은 온도가 증가하면 팽창한다.† 쇠막대는 차가울 때보다 뜨거울 때 길다. 콘크리트 도로와 보도는 온도에 따라 약간 팽창하거나 수축하므로, 압축성 격판이나 팽창 연결 부위(그림 13.3)가 일정한 간격으로 설치된다. 물질의 전기 저항은 온도에 따라 변한다(18장 참조). 물체가 내는 색도 (최소한 고온에서는) 온도에 따라 변한다. 전기난로의 전열선이 뜨거울 때는 빨간색으로 빛나는 것을 봤을 것이다. 고온에서는 철과 같은 고체는 주황색이나 흰색으로 빛나기도 한다. 백열전구의 흰 빛은 매우 뜨거운 텅스텐 전선에서 나온다. 태양과 별들의 표면 온도는 방출하는 빛의 주된 색깔(엄밀하게는 파장)로 측정할 수 있다.

그림 13.4 최초라고 알려진 이탈리아 플로렌스의 실험 학술원(Accademia del Cimento, 1657~1667)에서 만든 온도계들. 이 예민하고 정교한 장치들에는 알코올이 들어 있는데, 오늘날의 많은 온도계들처럼 알코올에 색을 넣기도 했다.

온도를 측정하기 위해 설계된 장비를 **온도계**(thermometer)라 한다. 많은 종류의 온도계가 있지만, 그들의 동작은 온도에 따라 변하는 물질의 어떤 특성에 항상 의존한다. 보통 쓰는 많은 온도계들은 온도 증가에 따른 물질의 팽창을 이용한다. 갈릴레오가 만든 온도계의 첫 번째 아이디어는 기체의 팽창을 활용했다. 오늘날 일반적인 온도계는 최초의 상용 온도계(그림 13.4)가 그랬듯이, 속이 빈 유리관에 수은이나 빨간 염료로 색을 낸 알코올을 넣어 만들었다.

유리 속에 액체를 채운 일반적인 온도계에서는 온도가 증가하면 유리보다 액체가 더 많이 팽창하므로, 관의 액체 눈금이 올라간다(그림 13.5a). 금속도 온도에 따라 팽창하지만, 금속 막대 길이의 변화가 너무 작아서 보통의 온도 변화를 정밀하게 측정하기는 일반적으로 어렵다. 그러나 팽창률이 다른 두 금속을 결합하면 유용한 온도계를 만들 수 있다(그림 13.5b). 온도가 증가하면 팽창에 의해 **바이메탈 판**(bimetallic strip)이 휜다. 종종 바이메탈 판은 코일 형태로 되는데, 그림 13.6에 보듯이 한쪽 끝은 고정되고 다른 쪽 끝은 바늘에 연결된다. 이런 온도계들은 공기 온도계, 오븐 온도계, 전기 커피포트의 자동 스위치, 냉방기와 난방기를 켤지 끌지를 결정하는 실내 온도계에 사용된다. 저항 온도계, 열전쌍, 서미스터 등의 매우 정밀한 온도계는 전기적 특성을 활용하며 종종 디지털 표시기를 갖춘다.

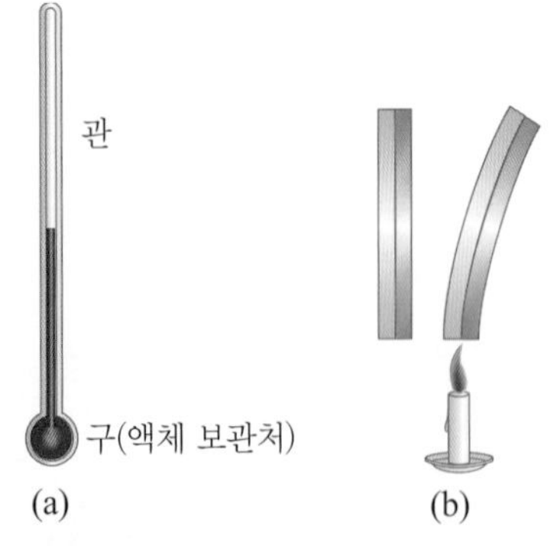

그림 13.5 (a) 유리에 수은이나 알코올을 채운 온도계 (b) 바이메탈 판

† 대부분의 물질들은 온도가 증가하면 팽창하지만, 전부는 아니다. 예를 들면 0 °C에서 4 °C 사이의 물은 온도가 증가하면 수축한다.

온도의 눈금

온도를 정량적으로 측정하기 위해서는 수치적 눈금을 정의해야 한다. 오늘날 가장 일반적인 눈금은 **섭씨**(Celsius 또는 centigrade)이다. 미국에서는 **화씨**(Fahrenheit)가 일반적이다. 과학에서 가장 중요한 눈금은 절대 온도이며, 이 장의 후반에서 논의한다.

온도의 눈금을 정의하는 한 가지 방법은 쉽게 재현할 수 있는 두 온도에 임의의 값을 지정하는 것이다. 섭씨와 화씨 모두 물의 어는점과 끓는점†을 두 온도로 선정했는데, 둘 모두 표준 대기압에서 정했다. 섭씨에서는 어는점을 0 °C로, 끓는점을 100 °C로 정한다. 화씨에서는 어는점을 32 °F로, 끓는점을 212 °F로 정한다. 실질적인 온도계는 이 각각의 두 온도에서 주의 깊게 준비한 환경에서 액체의 위치를 표시한 후 눈금을 매긴다. 섭씨에서는 두 표시 사이의 거리를 100등분하여 0 °C 와 100 °C 사이에서 온도를 나타낸다. 화씨에서는 두 점을 32 °F와 212 °F로 표시하고, 그 사이를 180등분한다. 물의 어는점 아래와 끓는점 위의 온도는 동일한 간격으로 척도를 연장한다. 그러나 자체의 한계 때문에, 예를 들면 유리관에 알코올을 채운 온도계는 알코올이 증발하는 온도 이상에서는 쓸모없어지므로, 온도계는 제한된 온도 영역에서만 사용할 수 있다. 매우 낮거나 높은 온도에서는 특별한 온도계가 필요한데, 뒤에 언급한다.

모든 섭씨 온도는 특정한 화씨 온도에 대응한다(그림 13.7). 서로 변환하기 위해, 섭씨의 0 °C가 화씨의 32 °F에, 섭씨의 온도 간격 100 °C는 화씨의 온도 간격 180 °F에 해당한다는 것을 기억하라. 그러므로 화씨 1도(1 °F)는 섭씨 1도(1 °C)의 100/180 = $\frac{5}{9}$에 해당한다. 즉 1 °F = $\frac{5}{9}$ °C이다. 두 온도의 변환은

$$T(°\mathrm{C}) = \tfrac{5}{9}[T(°\mathrm{F}) - 32]$$

또는

$$T(°\mathrm{F}) = \tfrac{9}{5}T(°\mathrm{C}) + 32$$

이다. 이 식을 기억하기보다는 0 °C = 32 °F이고, 5 °C의 변화는 9 °F의 변화라는 것을 기억하기는 것이 간단하다.

그림 13.6 바이메탈 판 코일을 사용한 온도계의 사진

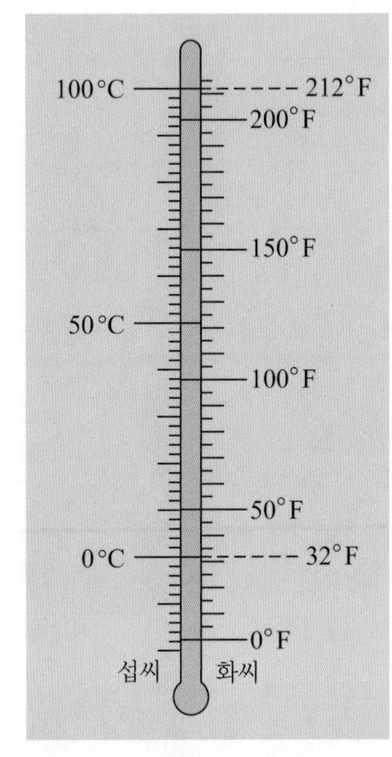

그림 13.7 섭씨 온도와 화씨 온도의 눈금 비교

예제 13.2 **체온 측정하기**

정상 체온은 98.6 °F이다. 섭씨로는 몇 도인가?

접근 0 °C = 32 °F이고, 5 °C의 변화는 9 °F의 변화라는 것을 기억하자.

풀이 먼저 주어진 온도를 물의 어는점(0 °C)과 연결시킨다. 즉 98.6 °F는 98.6 − 32.0 = 66.6 °F만큼 물의 어는점보다 높다. 1 °F = $\frac{5}{9}$ °C이므로 이것은 어는점 위로 66.6 × $\frac{5}{9}$ = 37.0에 해당한다. 물의 어는점은 0 °C이므로 정상 체온은 37.0 °C이다.

 **주의**

0 °C = 32 °F이고 5 °C 변화 = 9 °F 변화임을 기억하고 온도를 변환하라.

† 물질의 어는점은 고체와 액체가 평형을 이루고 공존하는, 즉 고체가 액체로 바뀌거나 액체가 고체로 바뀌지 않는 온도로 정의한다. 이것은 압력이 주어졌을 때 특정한 한 온도에서만 일어난다는 것이 실험적으로 밝혀졌다. 마찬가지로 끓는점은 기체와 액체가 평형을 이루는 온도로 정의한다. 이 점들은 이렇게 압력에 따라 변하므로, 압력을 명시해야 한다(보통은 1기압).

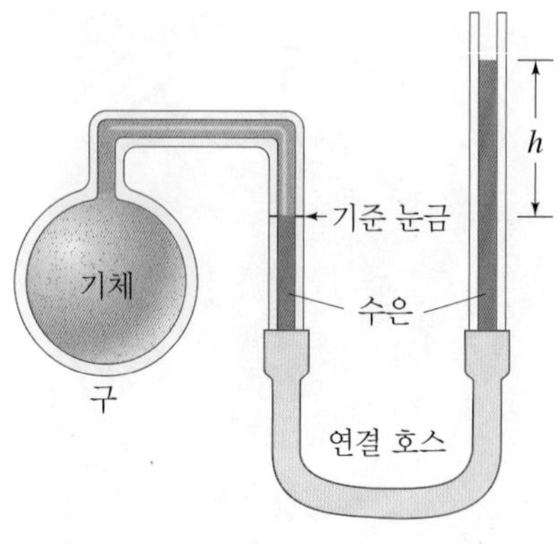

그림 13.8 등적 기체 온도계

표준 온도 눈금

다른 물질은 넓은 온도 영역에서 동일하게 팽창하지 않는다. 따라서 다른 종류의 온도계들을 정확히 위와 같이 눈금을 매기면 서로 정밀하게 일치하지는 않는다.

이런 불일치 때문에 모든 온도를 정밀하게 정의할 수 있도록 표준 온도계를 선정해야 한다. 이 목적으로 선정된 표준이 **등적 기체 온도계**(constant-volume gas thermometer)이다. 그림 13.8에서 보듯이 이 온도계에는 저압 기체가 채워진 구가 있는데, 구는 가는 관을 통해 수은 압력계에 연결되어 있다(10.6절 참조). 왼쪽 관의 수은이 기준 눈금과 일치하도록 오른쪽 관을 올리거나 내려서 기체의 부피를 일정하게 유지한다. 온도가 증가하면 구 안의 압력이 비례해서 증가한다. 그러므로 기체의 부피를 일정하게 유지하기 위해, 관을 높이 올려야 한다. 그러면 오른쪽 기둥의 수은의 높이가 온도의 척도가 된다. 구 안의 기체의 압력이 0으로 줄어드는 극한 내에서 이 온도계는 사용된 모든 기체에 대해 동일한 결과를 준다. 이 눈금이 **표준 온도 눈금**(standard temperature scale)의 기본이 된다.

13.3 열평형과 열역학 제0법칙

우리는 서로 다른 온도를 가진 두 물체를 열적으로 접촉(열에너지가 하나에서 다른 하나로 이동하도록)시키면, 두 물체는 결국 같은 온도에 도달한다는 사실을 잘 알고 있다. 이때 둘은 **열평형**(thermal equilibrium)에 있다고 한다. 예를 들어 당신은 체온계가 주변과 열평형에 이른 후에야 당신의 입에서 체온계를 빼내 눈금을 읽을 것이다. 두 물체가 열적으로 접촉했을 때 한쪽에서 다른 쪽으로 알짜 에너지 이동이 없고 둘의 온도가 변하지 않으면 두 물체는 열평형 상태에 있다고 정의한다.

열역학 제0법칙

실험에 따르면

> **만약 두 계가 제3의 계와 열평형 상태에 있으면, 그 두 계는 서로 열평형 상태에 있다.**

이 가정은 때로는 **열역학 제0법칙**(zeroth law of thermodynamics)이라고 한다[이 다소 이상한 이름은 열역학 제1법칙이나 제2법칙(15장 참조)이 만들어진 다음에야 과학자들이 이 분명한 가정을 먼저 서술할 필요를 느꼈기 때문이었다.].

온도는 한 계가 다른 계들과 열평형이 될지를 결정하는 계의 성질이다. 두 계가 열평형 상태에 있으면 그들의 온도는 정의에 의해 같으며, 그들 사이에 어떤 알짜열에너지도 교환되지 않는다. 이것은 일상생활의 온도 개념과 일치하는데, 뜨거운 물체가 차가운 물체와 접촉하면 결국 같은 온도로 되기 때문이다. 그러므로 열역학 제0법칙의 중요성은 이것이 온도에 대한 유용한 정의를 준다는 데 있다.

13.4 열팽창

대부분의 물질은 가열하면 팽창하고 냉각하면 수축한다. 그러나 팽창이나 수축의 양은 물질에 따라 다르다.

선팽창

실험에 의하면 대부분의 고체에서 길이의 변화 $\Delta\ell$은 온도의 변화 ΔT가 그리 크지 않는 한 ΔT에 정비례한다. 길이의 변화는 물체의 원래 길이 ℓ_0에도 비례한다. 즉 동일한 온도 변화에 대해서 4 m 길이의 쇠막대는 2 m 길이의 쇠막대에 비해 길이가 두 배 증가한다. 이것을 식으로 표현하면

$$\Delta\ell = \alpha\ell_0\,\Delta T \tag{13.1a}$$

인데, 여기서 비례 상수 α는 특정한 물질의 **선팽창 계수**(coefficient of linear expansion)라 하고, 단위는 $(°\mathrm{C})^{-1}$이다. 그림 13.9에서 $\ell = \ell_0 + \Delta\ell$이고, 이것을 다시 쓰면

$$\ell = \ell_0(1 + \alpha\,\Delta T) \tag{13.1b}$$

인데, 여기서 ℓ_0는 온도 T_0에서의 처음 길이이고, ℓ은 가열이나 냉각된 후 온도 T에서의 길이이다. 온도 변화 $\Delta T = T - T_0$가 음수이면 $\Delta\ell = \ell - \ell_0$도 음수이다. 온도가 내려가면 길이는 짧아진다.

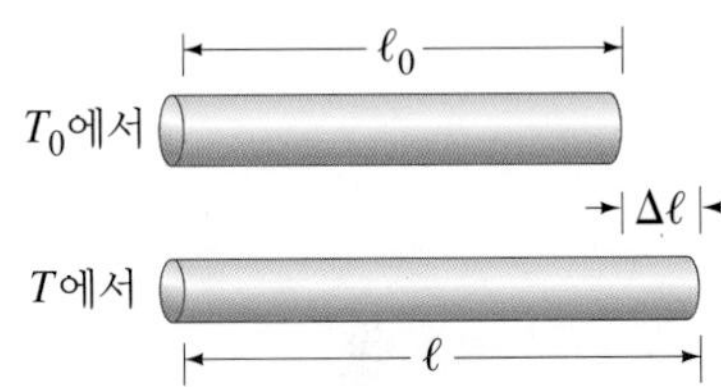

그림 13.9 온도 T_0에서 길이 ℓ_0인 막대가 가열되어 새 온도 T에서 길이 ℓ이 되는데, 여기서 $\ell = \ell_0 + \Delta\ell$이다.

20 °C에서 다양한 물질의 α 값이 표 13.1에 나와 있다. 실제로는 α는 온도에 따라

표 13.1 20 °C 근처에서의 팽창 계수

물질	선팽창 계수 $\alpha(°\mathrm{C})^{-1}$	부피 팽창 계수 $\beta(°\mathrm{C})^{-1}$
고체		
알루미늄	25×10^{-6}	75×10^{-6}
황동	19×10^{-6}	56×10^{-6}
구리	17×10^{-6}	50×10^{-6}
금	14×10^{-6}	42×10^{-6}
철 또는 강철	12×10^{-6}	35×10^{-6}
납	29×10^{-6}	87×10^{-6}
유리 (파이렉스)	3×10^{-6}	9×10^{-6}
유리 (보통)	9×10^{-6}	27×10^{-6}
석영	0.4×10^{-6}	1×10^{-6}
콘크리트와 벽돌	$\approx 12 \times 10^{-6}$	$\approx 36 \times 10^{-6}$
대리석	$1.4\sim3.5 \times 10^{-6}$	$4\sim10 \times 10^{-6}$
액체		
휘발유		950×10^{-6}
수은		180×10^{-6}
에틸알코올		1100×10^{-6}
글리세린		500×10^{-6}
물		210×10^{-6}
기체		
공기(와 대기압하에서의 대부분의 기체)		3400×10^{-6}

약간 변한다(그래서 다른 물질로 된 온도계들이 정확히 일치하지 않는다). 그러나 온도 영역이 그리 크지 않으면 그 차이는 보통 무시된다.

예제 13.3 다리의 팽창

현수교의 강철 바닥의 길이가 20 °C에서 200 m이다. 견뎌야 할 온도의 한계가 −30 °C에서 +40 °C라면, 바닥은 얼마나 수축하고 팽창하는가?

접근 강철 바닥이 온도에 따라 식 13.1a에 의해 선형적으로 수축하고 팽창한다고 가정한다.

풀이 표 13.1에서 강철은 $\alpha = 12 \times 10^{-6}(°\mathrm{C})^{-1}$이다. 40 °C에서 길이는

$$\Delta \ell = \alpha \ell_0 \Delta T = (12 \times 10^{-6}/°\mathrm{C})(200\,\mathrm{m})(40°\mathrm{C} - 20°\mathrm{C}) = 4.8 \times 10^{-2}\,\mathrm{m}$$

즉 4.8 cm 증가한다. 온도가 −30 °C로 내려가면, $\Delta T = -50$ °C이다. 그러면

$$\Delta \ell = (12 \times 10^{-6}/°\mathrm{C})(200\,\mathrm{m})(-50°\mathrm{C}) = -12.0 \times 10^{-2}\,\mathrm{m}$$

즉 길이는 12 cm 감소한다. 신축 이음부가 수용해야 할 전체 범위는 12 cm + 4.8 cm ≈ 17 cm이다(그림 13.3 참조).

예제 13.4 막대 위의 고리

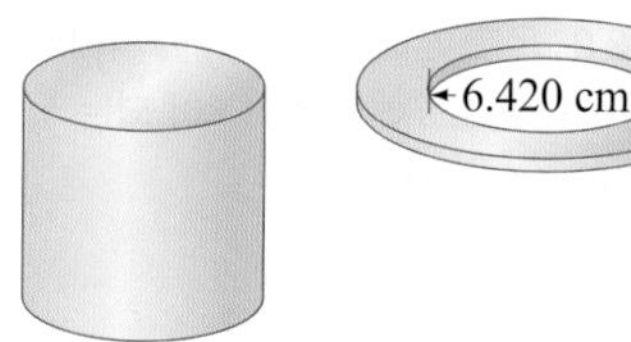

그림 13.10 예제 13.4

쇠고리를 원통형 쇠막대에 꽉 맞추려고 한다(그림 13.10). 20 °C에서 막대의 지름은 6.445 cm이고 고리의 안지름은 6.420 cm이다. 고리에 막대를 끼우려면 고리는 막대의 지름보다 0.008 cm만큼 약간 커야 한다. 막대에 끼울 만큼 고리가 커지려면 고리의 온도는 얼마여야 하는가?

접근 고리 구멍의 지름은 6.420 cm에서 6.445 cm + 0.008 cm = 6.453 cm로 커져야 한다. 구멍은 온도에 따라 증가하므로 고리를 가열해야 한다. 고리의 팽창은 속이 찬 원판의 팽창에서 유추하면 된다.

풀이 식 13.1a를 ΔT에 대해 풀면

$$\Delta T = \frac{\Delta \ell}{\alpha \ell_0} = \frac{6.453\,\mathrm{cm} - 6.420\,\mathrm{cm}}{(12 \times 10^{-6}/°\mathrm{C})(6.420\,\mathrm{cm})} = 430\,°\mathrm{C}$$

이다. 따라서 고리의 온도는 최소한 $T = (20\,°\mathrm{C} + 430\,°\mathrm{C}) = 450\,°\mathrm{C}$로 올려야 한다.

유의 문제를 풀면서 처음 온도(여기서는 20 °C)에 더하는 마지막 단계를 잊으면 안 된다.

부피 팽창

온도가 변하는 물질의 **부피** 팽창은 식 13.1a와 비슷하게 주어지는데,

$$\Delta V = \beta V_0 \Delta T \tag{13.2}$$

이다. 여기서 V_0은 원래의 부피, ΔV는 온도 변화 ΔT에 의한 부피 변화, β는 **부피 팽창 계수**(coefficient of volume expansion)이다. β의 단위는 $(°\mathrm{C})^{-1}$이다.

여러 물질들의 β 값은 표 13.1에 나와 있다. 고체에서는 일반적으로 β가 3α임에 주목하라. 또한 액체와 기체는 고정된 형태가 없으므로 선팽창은 의미가 없음에 주

목하라.

식 13.1과 13.2는 $\Delta\ell$(또는 ΔV)이 ℓ_0(또는 V_0)에 비해 작을 때에만 정확하다. 이것은 특히 액체에서 중요하며, β 값이 큰 기체에서는 더 중요하다. 더욱이 기체의 온도에 따라 β 값 자체가 상당히 변한다. 그러므로 기체를 다루는 더 편리한 방법이 필요하며, 여기에 대해서는 13.5절에서부터 논의한다.

예제 13.5 땡볕 아래 놓인 가스탱크

자동차의 70 L들이 강철 가스탱크가 20 °C에서 휘발유로 가득 차 있다. 차를 땡볕에 세워 놓았더니 탱크의 온도가 40 °C에 이르렀다. 탱크에서 넘쳐흐르는 휘발유의 양은 얼마인가?

물리학의 응용
가스 탱크 범람

접근 온도가 증가하면 휘발유와 탱크 모두 팽창하는데, 식 13.2에 의해 선형적으로 증가한다고 가정한다. 넘쳐흐르는 휘발유의 양은 휘발유 부피의 증가 빼기 탱크 부피의 증가이다.

풀이 휘발유는

$$\Delta V = \beta V_0 \Delta T = (950 \times 10^{-6}/°\mathrm{C})(70\,\mathrm{L})(40°\mathrm{C} - 20°\mathrm{C}) = 1.3\,\mathrm{L}$$

만큼 팽창한다. 탱크도 팽창한다. 탱크를 $\beta = 35 \times 10^{-6}/°\mathrm{C} \approx 3\alpha$로 부피 팽창하는 강철 껍데기로 생각할 수 있다. 탱크가 고체라면 껍데기 표면층은 동일하게 팽창할 것이다. 따라서 탱크 부피의 증가는

$$\Delta V = (35 \times 10^{-6}/°\mathrm{C})(70\,\mathrm{L})(40°\mathrm{C} - 20°\mathrm{C}) = 0.049\,\mathrm{L}$$

이므로 탱크의 팽창은 거의 영향이 없다. 휘발유 1 L 이상이 넘친다.

4 °C 이하에서 물의 이례적인 행동

대부분의 물질들은 온도가 증가하면 상전이가 일어나지 않는 한 어느 정도 균일하게 팽창한다. 그러나 물은 일반적인 방식을 따르지 않는다. 물을 0 °C에서 가열하면 4 °C까지는 부피가 **감소**한다. 4 °C 이상에서는 물은 정상적으로 행동해서 온도가 증가하면서 부피가 팽창한다(그림 13.11). 그러므로 물은 4 °C에서 밀도가 최대이다. 이런 물의 이례적인 행동은 추운 겨울에 수중 생물의 생존에 극히 중요하다. 호수(또는 강)의 물이 4 °C 이상일 때 찬 공기와 접촉하여 온도가 더 내려가기 시작하면, 표면의 물은 밀도가 커져서 가라앉고 아래의 따뜻한 물이 올라와 교체된다. 호수 전체의 온도가 4 °C에 이를 때까지 이 혼합은 계속된다. 물 표면의 온도가 더 내려가면 아래의 4 °C 물보다 밀도가 작아서 표면에 그대로 머무른다. 그러므로 물은 표면에서 먼저 냉각되어, 비중이 0.917인 얼음은 물보다 밀도가 작아서 표면에 머무른다. 너무 추워서 물 전체가 얼기 전까지는 아래의 물은 액체로 남아 있다. 물이 대부분의 물질과 같다면 온도가 내려감에 따라 밀도가 커져서 호수의 바닥에 있는 물이 먼저 얼 것이다. 대류로 인해 따뜻한 물이 표면으로 올라와 효율적으로 냉각될 것이므로 호수는 더 쉽게 꽁꽁 얼 것이다. 호수가 완전히 얼면 호수의 식물과 동물에 심각한 타격이 올 것이다. 4 °C 이하에서 물의 이례적인 행동 덕분에 크고 깊은 물 전체

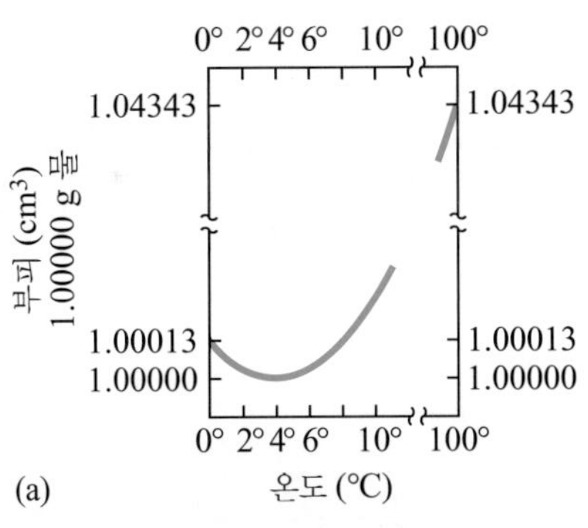

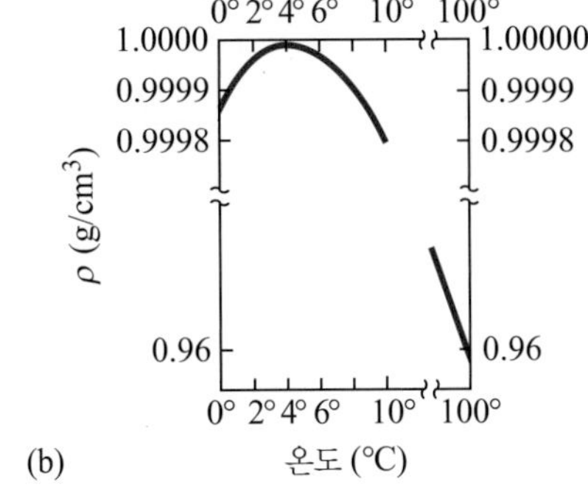

그림 13.11 4 °C 근처에서 온도의 함수로서의 물의 행동. (a) 온도의 함수로서 물 1.00000 g의 부피 (b) 밀도 대 온도 [축이 끊어진 것에 주목하라.]

가 완전히 어는 일이 드문데, 이것은 표면의 얼음 층이 절연체로 작용해 물의 열이 위의 찬 공기로 나가는 것을 줄여주기 때문이다. 이상하지만 놀라운 물의 이런 성질이 없었다면 우리가 아는 지구의 생명은 불가능했을 것이다.

물은 온도가 4 °C에서 0 °C로 내려갈 때뿐만 아니라, 얼음으로 얼 때 더 많이 팽창한다. 얼음 덩어리가 물 위에 뜨고 수도관이 얼면 동파되는 것도 이 때문이다.

열변형력

건물이나 도로와 같은 여러 경우에서, 물질로 된 기둥이나 판의 양쪽 끝은 단단히 고정되어 있기 때문에 팽창이나 수축이 크게 제한된다. 온도가 변하면 물질에는 큰 압축력과 장력이 작용하는데 이를 **열변형력**(thermal stresses)이라 한다. 이 변형력의 크기는 9장에서 논의한 탄성률의 개념을 사용하여 계산할 수 있다. 기둥의 내부 변형력을 계산하기 위해 이 변형력이 두 단계로 일어난다고 생각하자. (1) 기둥이 식 13.1에 의해 $\Delta\ell$ 만큼 팽창(또는 수축)되려고 한다. (2) 접촉한 고체가 힘을 작용하여 기둥을 수축(또는 팽창)시켜서 원래의 길이로 유지시킨다. 필요한 F는 식 9.4로부터

$$\Delta\ell = \frac{1}{E}\frac{F}{A}\ell_0$$

인데, 여기서 E는 물질의 영 율이다. 내부 변형력 F/A를 계산하기 위해 식 13.1a의 $\Delta\ell$을 위의 식의 $\Delta\ell$과 같다고 하면

$$\alpha\ell_0\,\Delta T = \frac{1}{E}\frac{F}{A}\ell_0$$

이다. 따라서 변형력은

$$\frac{F}{A} = \alpha E\,\Delta T$$

이다. 예를 들면 여러분이 공원을 설계하는데 10 m 길이의 콘크리트 판들을 나란히 놓아둘 경우, 온도가 30 °C 증가하면 $F/A = \alpha E\,\Delta T = (12 \times 10^{-6}/°\mathrm{C})(20 \times 10^9\,\mathrm{N/m^2})(30\,°\mathrm{C}) = 7.2 \times 10^6\,\mathrm{N/m^2}$의 변형력이 생긴다. 이 변형력은 콘크리트의 층 밀림 세기(표 9.2)를 초과하므로 틀림없이 균열이나 틈이 생긴다. 유연한 간격재(또는 신축 이음부)를 보도나 고속도로의 사이에 넣는 것은 이 때문이다.

13.5 기체 법칙과 절대 온도

식 13.2는 기체의 팽창을 설명하기에는 유용하지 않은데, 팽창이 너무 큰 것이 하나의 이유이고, 기체는 일반적으로 팽창해서 어떤 통이든지 꽉 채우는 것도 또 다른 이유이다. 실제로 식 13.2는 압력이 일정할 때에만 의미가 있다. 기체의 부피는 압력뿐만 아니라 온도에도 좌우된다. 그러므로 기체의 양, 부피, 압력, 온도 사이의 관계를 정할 필요가 있다. 이 관계를 **상태 방정식**(equation of state)이라 한다. (**상태**라는 단어는 계의 물리적 조건을 의미한다.)

계의 상태가 변하면 항상 압력과 온도가 일정해질 때까지 기다려야 한다. 그래서 계를 설명하는 변수(온도와 압력과 같은)들이 계 전체에 걸쳐서 동일하고 시간에 따라 변하지 않는 **평형 상태**(equilibrium states)만 생각한다. 또한 이 절의 결과가 밀도가 너무 높지 않고(압력이 1기압이나 그 이하로서 너무 높지 않고), 액화점(끓는점)에 가깝지 않은 기체에 대해서만 정확하다는 점에 주목해야 한다.

기체의 양이 주어졌을 때 기체의 **온도가 일정하게 유지되면 부피는, 좋은 근사로, 가해진 절대 압력에 반비례한다**는 것이 실험적으로 밝혀졌다. 즉

$$V \propto \frac{1}{P} \qquad [\text{일정한 } T]$$

이다. 여기서 P는 절대 압력('계기 압력'이 **아니다.** 10.4절 참조)이다. 예를 들면 기체의 압력이 두 배로 되면 부피는 원래 부피의 반으로 감소한다. 이 식을, 자신의 실험에 기반을 두고 처음 발표한 영국의 보일(Robert Boyle, 1627~1691)의 이름을 따서, **보일 법칙**(Boyle's law)이라 한다. 고정된 온도에서 V에 대한 P의 그래프가 그림 13.12에 나와 있다. 일정한 온도와 고정된 기체의 양에 대해서 보일 법칙은

$$PV = \text{일정} \qquad [\text{일정한 } T]$$

으로 다시 쓸 수 있다. 고정된 양의 기체에서 압력 또는 부피가 변하면 다른 변수도 따라서 변하므로 PV의 곱은 일정하게 유지된다.

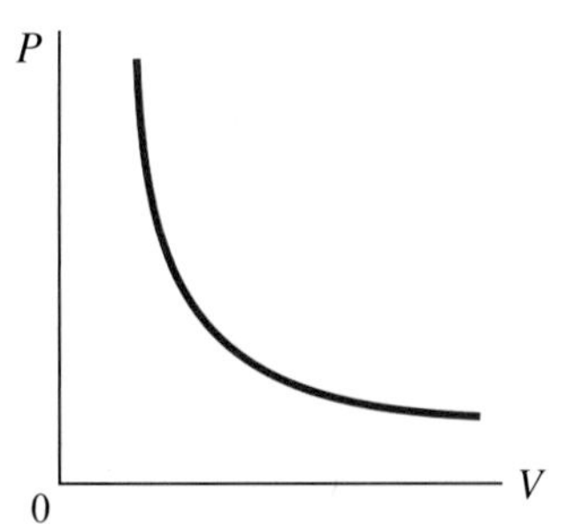

그림 13.12 보일 법칙에 의해 일정한 온도와 고정된 기체의 양에 대해 반비례 관계를 나타낸 부피 대 압력 그래프. 압력이 감소하면 부피는 증가한다.

온도도 기체의 부피에 영향을 주지만 V와 T 사이의 관계는 보일의 연구 이후 한 세기 이상 밝혀지지 않았다. 프랑스의 샤를(Jacques Charles, 1746~1823)은 압력이 너무 높지 않고 일정하게 유지되면 기체의 부피는 그림 13.13a에서 보듯이 온도에 따라 거의 선형적으로 증가한다는 것을 밝혔다. 그러나 모든 기체는 저온에서 액화되므로(예를 들면 산소는 −183 °C에서 액화된다.) 그래프는 액화점 이하로는 내려갈 수 없다. 그럼에도 불구하고 그래프는 기본적으로 직선이며, 이를 더 낮은 온도로 연장하면 점선과 같이 −273 °C에서 축과 만난다.

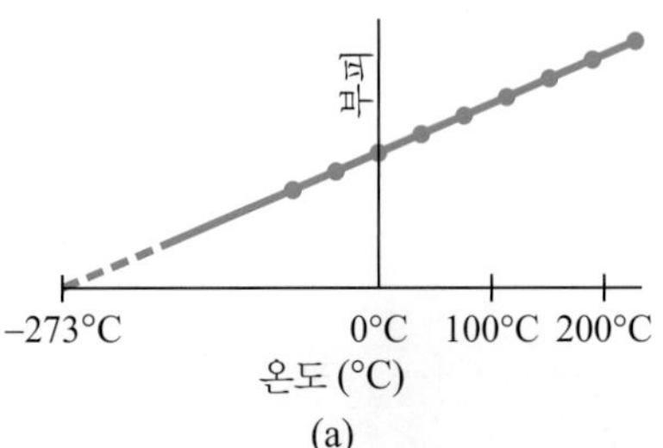

(a)

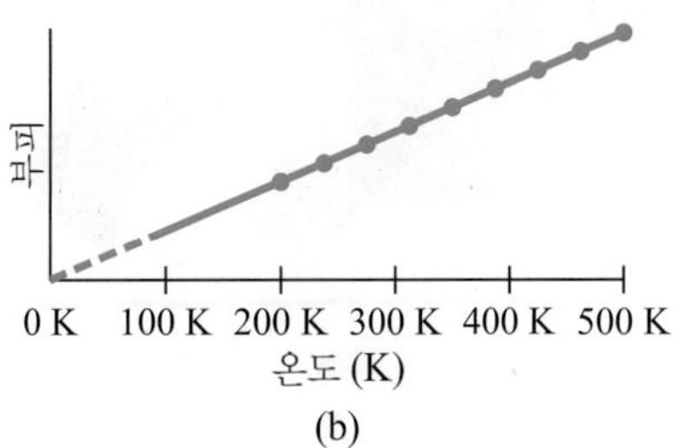

(b)

그림 13.13 기체의 양이 일정할 경우 압력이 일정하게 유지될 때 (a) 섭씨 온도와 (b) 절대 온도의 함수로서의 기체의 부피

이런 그래프는 모든 기체에 대해 그릴 수 있고, 모든 직선은 항상 부피가 0일 때 −273 °C에서 만난다. 이것은 기체를 −273 °C로 냉각할 수 있으면 부피가 0이 되고 더 낮은 온도에서는 부피가 마이너스가 된다는 것을 의미한다고 보이는데, 말도 안 되는 소리이다. −273 °C는 최저 가능 온도라고 주장할 수 있다. 실제로 최신의 다른 많은 실험들이 이를 입증하고 있다. 이 온도를 **절대 영도**(absolute zero)라고 한다. 그 값은 −273.15 °C로 확정됐다.

절대 영도는 **절대 온도 눈금**(absolute scale 또는 Kelvin scale)의 기본을 이루는데 과학계에서 광범위하게 사용된다. 이 눈금의 온도는 K(kelvin)로 나타낸다. 간격은 섭씨 눈금과 같다. 따라서 물의 어는점(0 °C)은 273.15 K이고, 물의 끓는점(100 °C)은 373.15 K이다. 실제로 모든 섭씨 온도는 273.15를 더하면 절대 온도로 변환된다. 즉

$$T(\text{K}) = T(°\text{C}) + 273.15$$

이다. 그림 13.13b를 보자. 기체의 절대 온도 대 부피의 그래프는 원점을 지나는 직선이다. 그러므로 근사적으로 **압력이 일정하게 유지될 때 양이 고정된 기체의 부피**

는 절대 온도에 비례한다. 이것이 **샤를 법칙**(Charles's law)으로 알려졌으며

$$V \propto T \qquad [\text{일정한 } P]$$

으로 쓸 수 있다. 세 번째 기체 법칙인 게이뤼삭(Joseph Gay-Lussac, 1178~1850)이 만든 게이뤼삭 법칙(Gay-Lussac's law)에 의하면 **일정한 부피에서 양이 고정된 기체의 절대 압력은 절대 온도에 비례한다.** 즉

$$P \propto T \qquad [\text{일정한 } V]$$

이다.

보일, 샤를, 게이뤼삭 법칙들은 실제로는 오늘날 우리가 쓰는 용어로서의 법칙(정밀하고, 깊고, 넓은 범위에서 적용된다는 의미에서)은 아니다. 그들은 단지 기체의 압력과 밀도가 그리 높지 않고, 액화(응축)에 가깝지 않은 실제 기체에 대해서만 정확한 근사일 뿐이다. 이 세 식에 적용된 **법칙**이라는 용어는 오랫동안 써왔으므로 계속 사용할 것이다.

13.6 이상 기체 법칙

그림 13.14 풍선을 부풀리는 것은 풍선 안에 공기를 집어넣어 부피를 증가시키는 것을 의미한다. 풍선의 탄성이 끼치는 미미한 영향을 제외한다면 풍선의 압력은 대기압과 거의 같다.

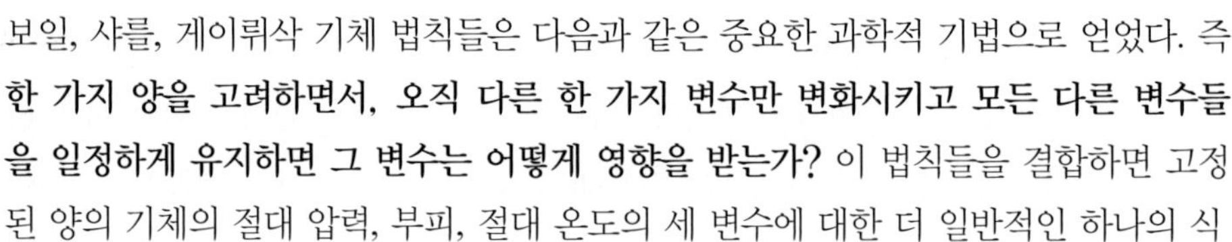

보일, 샤를, 게이뤼삭 기체 법칙들은 다음과 같은 중요한 과학적 기법으로 얻었다. 즉 **한 가지 양을 고려하면서, 오직 다른 한 가지 변수만 변화시키고 모든 다른 변수들을 일정하게 유지하면 그 변수는 어떻게 영향을 받는가?** 이 법칙들을 결합하면 고정된 양의 기체의 절대 압력, 부피, 절대 온도의 세 변수에 대한 더 일반적인 하나의 식

$$PV \propto T$$

을 얻는다. 이 식은 P, V, T 중 두 양이 변할 때 나머지 양이 어떻게 변하는지 알려준다. 이 식에서 T, P, V가 각각 일정하게 유지하면 보일, 샤를, 게이뤼삭 법칙을 얻는다.

마지막으로 기체의 양의 영향을 넣어야 한다. 예를 들면 풍선에 공기를 더 넣으면 풍선은 더 커진다(그림 13.14). 실제로 주의 깊은 실험에 의하면 일정한 온도와 압력에서 풍선 안의 기체의 부피 V는 기체의 질량 m에 비례한다. 그러므로

$$PV \propto mT$$

이다. 이 비례에 비례 상수를 넣으면 식을 만들 수 있다. 실험에 의하면 이 상수는 기체마다 값이 다르다. 그러나 비례 상수는 질량 m 대신에 **몰수**를 쓰면 모든 기체에 대해 동일하다는 것이 밝혀졌다.

'몰'은 물질의 양에 대한 공식적인 SI 단위이다. 1**몰**(mole)은 물체(보통 원자, 분자, 이온 등) 6.02×10^{23}개를 가진 양이다. 13.8절에서 논의하겠지만, 이 수를 **아보가드로 수**라고 한다. 그 값은 측정에서 얻었다. 몰의 정밀한 정의는 정확히 12 g의 탄소-12에 들어 있는 원자의 수이다(346쪽).

마찬가지로 1몰은 그램 단위로 표시한 질량의 숫자가 물질의 분자량(13.1절 참조)과 같은 물질의 양이다. 예를 들면 탄소의 원자량은 12이고 산소는 16이므로 CO_2 1몰의 질량은 $[12 + (2 \times 16)] = 44\,\text{g}$이다(부록 H 주기율표 참조).

일반적으로 순수한 물질의 몰수 n은 물질의 질량을 분자 질량으로 나눈 값이다. 즉

$$n\,(\text{mole}) = \frac{\text{질량 (g)}}{\text{분자 질량 (g/mol)}}$$

이다. 예를 들면 132 g의 CO_2 (분자량 44 u)의 몰수는

$$n = \frac{132\,\text{g}}{44\,\text{g/mol}} = 3.0\,\text{mol}$$

이다.

위의 비례 식($PV \propto mT$)을 방정식으로 쓰면

$$PV = nRT \tag{13.3}$$

이상 기체 법칙

이다. 여기서 n은 몰수이고 R은 비례 상수이다. R의 값은 실험적으로 모든 기체에 대해 동일하다는 것이 밝혀졌으므로 R를 **보편 기체 상수**(universal gas constant)라고 한다. 몇 개의 단위로 표시한 R의 값(첫 번째만 SI 단위)은

$$\begin{aligned} R &= 8.314\,\text{J/(mol}\cdot\text{K)} && \text{[SI 단위]} \\ &= 0.0821\,(\text{L}\cdot\text{atm})/(\text{mol}\cdot\text{K}) \\ &= 1.99\,\text{calories/(mol}\cdot\text{K)}^{\dagger} \end{aligned}$$

이다. 식 13.3을 **이상 기체 법칙** 또는 **이상 기체 상태 방정식**(ideal gas law, 또는 the equation of state for an ideal gas)라 한다. '이상'이라는 용어를 쓰는 이유는 실제 기체는 식 13.3을 정밀하게 따르지는 않기 때문인데, 특히 압력(또는 밀도)가 높거나 액화점(= 끓는점) 근처에서 더 그렇다. 그러나 압력이 대기압 근처이거나 더 낮을 때, 그리고 T가 기체의 액화점에 가깝지 않을 때에는 식 13.3은 실제 기체에 대해 꽤 정확하고 유용하다.

이상 기체 법칙을 사용할 때 온도는 절대 온도(K)여야 하고, 압력 P는 계기 압력이 아닌 **절대 압력**이어야 한다는 것을 항상 기억하라(10.4절 참조).

 주의

항상 T는 절대 온도로 P는 절대 압력을 표시한다.

연습 A 345쪽 시작 질문으로 가서 다시 답을 해 보라. 처음과 답이 다르다면 그 이유를 설명해 보라.

연습 B 강철 공 안에 들어 있는 이상 기체의 온도는 27.0 °C이고 절대 압력은 1.00기압이다. 기체가 밖으로 못 나가고 온도는 127 °C로 올라가면 새 압력은 얼마인가? (a) 0.21기압 (b) 0.75기압 (c) 1.00기압 (d) 1.33기압 (e) 4.7기압

13.7 이상 기체 법칙의 문제 풀이

이상 기체 법칙은 매우 유용한 도구인데 다음 몇 개의 예제를 생각해 보자. 종종 '표준 상태' 또는 **표준 온도와 압력(STP**; standard temperature and pressure)을 언급할 텐데, 그 의미는 다음과 같다.

† 가끔 R를 칼로리로 표시하는 것이 유용하다. 칼로리는 14.1절에서 정의한다.

$$T = 273\text{ K}\ \ (0°\text{C})\text{ 와 } P = 1.00\text{ atm} = 1.013 \times 10^5\text{ N/m}^2 = 101.3\text{ kPa}$$

예제 13.6 STP에서 1몰의 부피

이상 기체로 행동한다고 가정하고 STP에서 어떤 기체의 1.00몰의 부피를 구하라.

접근 이상 기체 법칙을 써서 n = 1.00몰의 V를 구한다.

풀이 식 13.3에서 V를 구하면

$$V = \frac{nRT}{P} = \frac{(1.00\text{ mol})(8.314\text{ J/mol}\cdot\text{K})(273\text{ K})}{(1.013 \times 10^5\text{ N/m}^2)} = 22.4 \times 10^{-3}\text{ m}^3$$

이다. 1 L = 1000 cm^3 = 1.00 × 10^{-3} m^3이므로, STP에서 (이상) 기체의 1.00몰의 부피는 어떤 종류든 V = 22.4 L이다.

STP에서 이상 기체 1.00몰의 부피가 22.4 L라는 사실을 기억할 필요가 있는데, 계산이 간편해지기 때문이다.

연습 C 546 K (= 2 × 273 K)과 절대 압력 2.0기압에서 이상 기체의 1.00몰의 부피는 얼마인가? (a) 11.2 L (b) 22.4 L (c) 44.8 L (d) 67.2 L (e) 89.6 L

예제 13.7 헬륨 풍선

지름 18.0 cm의 파티용 헬륨 풍선을 완전한 공으로 가정한다. 실온(20 °C)에서 내부 압력이 1.05기압이다. 풍선 안의 헬륨의 몰수와 이 값으로 풍선을 키우는 데 필요한 헬륨의 질량을 구하라.

접근 P와 T가 주어졌으므로 이상 기체 법칙을 써서 n을 구하고 주어진 반지름에서 V를 구한다.

풀이 공의 식에서 부피 V를 구하면

$$\begin{aligned} V &= \tfrac{4}{3}\pi r^3 \\ &= \tfrac{4}{3}\pi\,(0.180\text{ m})^3 = 0.0244\text{ m}^3 \end{aligned}$$

이다. 압력은 1.05 atm = 1.064 × 10^5 N/m이다. 온도는 절대 온도로 표시해야 하므로 20 °C를 (20 + 273) K = 293 K로 바꾼다. 마지막으로 SI 단위를 사용하고 있으므로 R 값을 8.314 J/(mol · K)으로 사용한다. 그러므로

$$n = \frac{PV}{RT} = \frac{(1.064 \times 10^5\text{ N/m}^2)(0.0244\text{ m}^3)}{(8.314\text{ J/mol}\cdot\text{K})(293\text{ K})} = 1.066\text{ mol}$$

이다. 헬륨의 질량(주기율표나 부록 B에서 원자량 = 4.00 g/mol)은 다음의 계산

$$\text{질량} = n \times \text{분자 질량} = (1.066\text{ mol})(4.00\text{ g/mol}) = 4.26\text{ g}$$

에서 얻을 수 있으며, 또는 4.26 × 10^{-3} kg이다.

예제 13.8 추산 방 안의 공기의 질량

크기가 5 m × 3 m × 2.5 m인 방 안의 공기의 질량을 STP에서 추정하라.

접근 먼저 주어진 부피로 몰수 n을 구한다. 그리고는 1몰의 질량을 곱하면 전체 질량을 구할 수 있다.

풀이 예제 13.6에 의하면 0 °C에서 기체 1몰의 부피는 22.4 L = 22.4×10^{-3} m^3이다. 방의 부피는 5 m × 3 m × 2.5 m이므로

$$n = \frac{(5\,\text{m})(3\,\text{m})(2.5\,\text{m})}{22.4 \times 10^{-3}\,\text{m}^3/\text{mol}} \approx 1700\,\text{mol}$$

이다. 공기는 산소(O_2) 약 20 %와 질소(N_2) 80 %의 혼합물이다. 각각의 분자량은 2 × 16 u = 32 u 및 2 × 14 u = 28 u이며, 그래서 평균은 약 29 u이다. 그러므로 1몰의 공기의 질량은 약 29 g = 0.029 kg이고, 방 안의 공기의 질량은

물리학의 응용
방 안의 공기 질량이 중요하다.

$$m \approx (1700\,\text{mol})(0.029\,\text{kg/mol}) \approx 50\,\text{kg}$$

이다.

연습 D 20 °C에서의 방 안 공기의 질량은 0 °C에서의 방 안의 공기 질량보다 (a) 크다. (b) 작다. (c) 같다.

때로는 부피를 리터로, 압력은 기압으로 나타낸다. 이들을 SI 단위로 바꾸기보다 13.6절의 R 값을 0.0821 L · atm/mol · K로 쓰면 된다.

많은 상황에서 R 값을 쓸 필요는 전혀 없다. 예를 들면 많은 문제에서 양이 고정된 기체의 압력, 온도, 부피가 변한다. 이 경우 n과 R는 일정하므로 $PV/T = nR$ = 일정하다. P_1, V_1, T_1이 처음의 변수이고, P_2, V_2, T_2가 변화가 일어난 후의 변수라면

$$\frac{P_1 V_1}{T_1} = \frac{P_2 V_2}{T_2} \qquad [\text{고정된 } n]$$

로 쓸 수 있다. 이 식에서 다섯 개의 양을 안다면 나머지를 구할 수 있다. 또는 세 변수 중 하나가 일정하면($V_1 = V_2$, 또는 $P_1 = P_2$, 또는 $T_1 = T_2$), 네 개의 양 중에서 세 양이 주어진 경우 이 식으로 나머지 하나의 미지수를 구할 수 있다.

예제 13.9 차가울 때 타이어 점검하기

자동차 타이어를 10 °C에서 계기 압력 210 kPa (= 30 psi)로 채운다(그림 13.15). 100 km 주행 후 타이어 내부 온도가 40 °C로 올랐다. 이때 타이어 내부의 압력은 얼마인가?

접근 기체의 몰수나 타이어의 부피를 모르지만, 일정하다고 가정한다. 이상 기체 법칙의 비례 형태를 사용한다.

풀이 $V_1 = V_2$이므로

$$\frac{P_1}{T_1} = \frac{P_2}{T_2}$$

이다. 이것은 우연히도 게이뤼삭 법칙이다. 주어진 압력이 계기 압력(10.4절 참조)이므로, 대기압(= 101 kPa)을 더해야 절대 압력 P_1 = (210 kPa + 101 kPa) = 311 kPa을 얻는다. 온도에 273을 더해 절대 온도로 바꾸고 P_2에 대해 풀면

그림 13.15 예제 13.9

$$P_2 = P_1\left(\frac{T_2}{T_1}\right) = (3.11 \times 10^5\,\text{Pa})\left(\frac{313\,\text{K}}{283\,\text{K}}\right) = 344\,\text{kPa}$$

이다. 여기서 대기압을 빼면 계기 압력은 243 kPa이고, 16 %(35 psi) 증가했다.

유의 이 예제는 자동차 설명서에서 타이어가 차가울 때 압력을 점검할 것을 강조하는 이유를 알려준다.

13.8 분자 수준에서 이상 기체 법칙: 아보가드로 수

모든 기체에 대해 기체 상수 R의 값이 동일하다는 사실은 자연의 단순성을 잘 반영한 것이다. 약간 다른 형태이긴 하지만, 이탈리아 과학자 아보가드로(Amedeo Avogadro, 1776~1856)가 처음으로 알아냈다. 아보가드로는 **동일한 압력과 온도에서 동일한 부피의 기체에는 동일한 수의 분자가 들어 있다**는 것을 밝혔다. 이것을 **아보가드로 가설**(Avogadro's hypothesis)이라고 한다. 이 가설과 모든 기체에 대해 R가 동일하다는 것이 서로 일치한다는 것은 다음에서 알 수 있다. 우선, 식 13.3의 $PV = nRT$에서 몰수 n, 압력, 온도가 동일하면, R가 동일한 한, 부피도 모든 기체에 대해 동일하다는 것을 알 수 있다. 두 번째로, 1몰의 분자의 수는 모든 기체에 대해 동일하다. 그러므로 아보가드로의 가설은 모든 기체에 대해 R가 동일하다는 것을 의미한다.

순수한 모든 물질 1몰의 분자 수를 **아보가드로 수**(Avogadro's number) N_A라고 한다. 아보가드로는 그 개념을 인지하기는 했지만 N_A의 값을 실제로 결정하지는 못했다. 사실 정밀한 측정은 20세기 들어서야 이루어졌다.

N_A를 측정하는 방법들이 고안됐으며, 오늘날 인정되는 값은(정밀한 값은 부록 F 참조)

아보가드로 수

$$N_A = 6.02 \times 10^{23} \quad \text{[분자/몰]}$$

이다. 기체 분자의 전체 수 N은 N_A와 몰수의 곱($N = nN_A$)이기 때문에 이상 기체 법칙인 식 13.3을 분자 수로 쓰면

$$PV = nRT = \frac{N}{N_A}RT$$

또는

이상 기체 법칙 (분자 수준에서)

$$PV = NkT \tag{13.4}$$

이다. 여기서 $k = R/N_A$는 **볼츠만 상수**(Boltzmann constant)라 하며, 그 값은

$$k = \frac{R}{N_A} = \frac{8.314\,\text{J/mol}\cdot\text{K}}{6.02 \times 10^{23}/\text{mol}} = 1.38 \times 10^{-23}\,\text{J/K}$$

이다.

예제 13.10 **수소 원자의 질량**

아보가드로 수를 써서 수소 원자의 질량을 구하라.

접근 원자 하나의 질량은 1몰의 질량을 1몰당 원자의 수 N_A로 나눈 것이다.

풀이 수소 원자 1몰(원자 질량 = 1.008 u, 13.1절 또는 부록 B)의 질량은 1.008×10^{-3} kg 이고 6.02×10^{23}개의 원자가 있다. 그러므로 원자 하나의 질량은

$$m = \frac{1.008 \times 10^{-3}\ \text{kg}}{6.02 \times 10^{23}} = 1.67 \times 10^{-27}\ \text{kg}$$

이다.

유의 역사적으로 보면 거꾸로 진행한 것이다. 수소 원자 질량의 정밀한 측정으로부터 N_A의 정밀한 값이 얻어졌다.

예제 13.11 **추산** **한 번 들이쉬는 숨 안의 분자의 수**

물리학의 응용
한 번 들이쉬는 숨 안의 분자의 수

1.0 L의 공기를 들이마실 때 숨 안의 분자의 수를 추정하라.

접근 1.0 L가 몇 몰인지 알아본다. 예제 13.6의 결과에서 1몰의 부피는 STP에서 22.4 L 이고, N_A를 곱하면, 이 몰수의 분자의 수를 구할 수 있다.

풀이 STP에서 1몰은 22.4 L이므로 1.0 L의 공기는 (1.0 L)/(22.4 L/mol) = 0.045몰이다. 그러면 1.0 L의 공기 안의 분자의 수는

$$(0.045\ \text{mol})\left(6.02 \times 10^{23}\ \text{molecules/mole}\right) \approx 3 \times 10^{22}\ \text{molecules}$$

이다.

13.9 운동론과 온도의 분자적 해석

지속적으로 무작위 운동을 하는 원자의 관점에서 물질을 분석하는 이론을 **운동론**(kinetic theory)이라 한다. 기체의 성질을 고전물리학의 법칙들에 기반을 둔 운동론의 관점에서 조사해 보자. 막대한 수의 기체 분자(STP에서 $10^{25}/\text{m}^3$보다 많은) 각각에 뉴턴 법칙을 적용하는 것은 현재의 컴퓨터의 능력 밖이다. 대신 통계적 접근을 취해서 특정한 양들의 평균을 구하고 이 평균들을 거시적 변수와 연결시킨다. 미시적 묘사가 기체의 거시적 성질에 대응되도록 요구하자. 그렇지 않으면 그 이론은 가치가 없을 것이다. 가장 중요한 것으로, 기체 분자의 평균 운동 에너지와 절대 온도 사이의 중요한 식에 도달할 것이다.

기체 분자에 대해서 다음과 같이 가정한다. 이 가정들은 기체의 단순한 관점을 반영하지만, 그럼에도 불구하고 예측되는 결과들은 저온의, 그리고 액화점에서 먼 실제 기체의 본질적 특성에 잘 대응된다. 이런 조건하에서 실제 기체는 이상 기체와 매우 유사하고, 실제로 우리가 설명하는 기체를 **이상 기체**(ideal gas)라고 한다. 이상 기체 운동론의 기본 가설을 나타내는 가정은 다음과 같다.

1. 기체는 각각 질량이 m이며, 다양한 속력과 무작위로 운동하고 있는 N개의 수많은 분자로 되어 있다. 이 가정은 기체는 통을 가득 채우고, 지구 공기의 경우 중력에 의해 탈출하지 못하고 있다는 우리의 관측과 일치한다.
2. 분자들은 평균적으로 서로 멀리 떨어져 있다. 즉 평균 거리는 각 분자의 지름보다 훨씬 크다.
3. 분자들은 고전물리학의 법칙들을 따르며, 서로 충돌할 때만 상호작용한다고 가정한다. 분자들이 충돌하면서 서로 약한 힘을 미치기는 하지만, 이 힘에 의한 퍼텐셜 에너지는 운동 에너지에 비해 작다.
4. 다른 분자들이나 용기의 벽과의 충돌은 당구공의 완전 탄성 충돌처럼(7장 참조) 완전 탄성이라고 가정한다. 충돌 지속 시간은 충돌 사이의 시간에 비해 매우 짧다고 가정한다. 그러면 충돌 때의 퍼텐셜 에너지는 충돌 사이의 운동 에너지에 비해 무시할 수 있다.

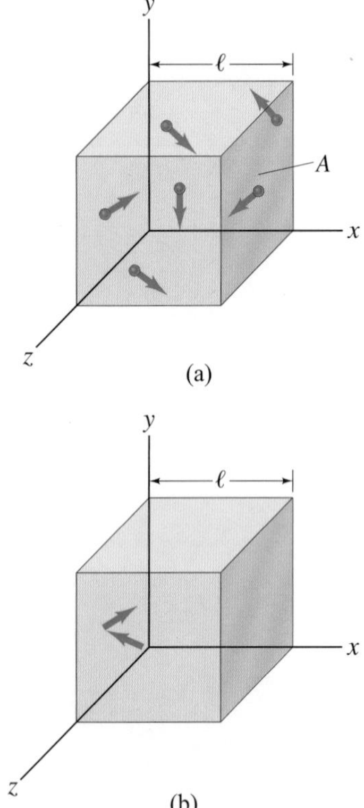

그림 13.16 (a) 육면체 용기에서 움직이는 기체 분자 (b) 화살표는 분자 하나가 벽에서 반사할 때의 운동량을 나타낸다.

이제 기체 분자 운동론의 관점에서 보일 법칙(13.5절 참조)을 어떻게 설명할 수 있는지 알 수 있다. 기체 용기 벽에 미치는 힘은 분자들의 지속적 충돌에 의한 것이다. 부피가 반으로 감소하면 분자들은 서로 가까워지고, 벽면에 초당 두 배 많은 충돌이 생길 것이다. 따라서 압력이 두 배로 커지고, 이것은 보일 법칙과 일치한다.

기체가 용기에 미치는 힘을 미시적 관점에서 정량적으로 계산해 보자. 그림 13.16a에서 보듯이 분자들이 정지해 있는 넓이가 A이고 길이가 ℓ인 육면체 용기 안에 있다고 상상한다. 기체가 용기의 벽에 미치는 압력은, 우리의 모형에 따르면, 분자와 벽의 충돌에 의한 것이다. 그림 13.16b의 용기 왼쪽에 있는 넓이가 A인 벽에 집중하고, 분자 하나가 이 벽과 충돌할 때 어떤 일이 일어나는지 조사해 보자. 이 분자는 벽에 힘을 작용하고, 뉴턴 제3법칙에 의해, 벽은 분자에 크기는 같고 방향이 반대인 힘을 작용한다. 분자에 미치는 이 힘의 크기는, 뉴턴 제2법칙에 의해, 분자의 운동량의 변화율 $F = \Delta(mv)/\Delta t$ (식 7.2 참조)와 같다. 충돌이 탄성이라고 가정하면 분자의 운동량의 x성분만 변해서, $-mv_x$ ($-x$ 방향으로 운동)에서 $+mv_x$로 변한다. 그러므로 나중 운동량에서 처음 운동량을 뺀 분자의 운동량의 변화 $\Delta(mv)$는 한 번 충돌에 대해

$$\Delta(mv) = mv_x - (-mv_x) = 2mv_x$$

이다. 분자가 용기를 왕복하는 거리인 2ℓ (x 성분)을 이동하는 시간인 Δt마다 벽과 한 번씩 충돌한다. 그러므로 $2\ell = v_x \Delta t$, 즉

$$\Delta t = \frac{2\ell}{v_x}$$

이다. 벽과의 충돌 사이의 시간 Δt는 매우 짧으므로 초당 충돌수는 매우 크다. 그러므로 많은 충돌에 대해 평균한 평균 힘은 한 번 충돌하는 동안 운동량의 변화를 충돌 사이의 시간(뉴턴 제2법칙, 식 7.2)으로 나눈 값이다. 즉

$$F = \frac{\Delta(mv)}{\Delta t} = \frac{2mv_x}{2\ell/v_x} = \frac{mv_x^2}{\ell} \qquad \text{[분자 한 개에 의한 힘]}$$

이다. 용기 안을 왕복하는 동안 용기의 윗면과 옆면과도 충돌하겠지만, 이것이 운동량의 x 성분을 바꾸지는 않으므로 결과가 바뀌지는 않는다. [다른 분자와 충돌해서 v_x가 바뀌기는 한다. 그러나 손실된(또는 증가한) 운동량은 다른 분자로 이전되고, 또 모든 분자에 대해 합하기 때문에 이 효과는 포함될 것이다. 따라서 위의 결과는 바뀌지 않는다.]

분자 하나에 의한 실제 힘은 간헐적으로 작용하지만 초당 막대한 수의 분자가 벽을 때리므로 평균적으로 힘은 거의 일정하게 작용된다. 용기 안의 **모든** 분자에 의한 힘을 계산하려면 각각의 힘을 더해야 한다. N개의 분자의 질량이 모두 m이라면 벽에 대한 알짜힘은

$$F = \frac{m}{\ell}\left(v_{x1}^2 + v_{x2}^2 + \cdots + v_{xN}^2\right)$$

이다. 여기서 v_{x1}은 1번 분자의 v_x를 의미하고, 용기 안에 있는 N개의 모든 분자에 대해서 합한다. 속도의 x 성분의 제곱의 평균값은

$$\overline{v_x^2} = \frac{v_{x1}^2 + v_{x2}^2 + \cdots + v_{xN}^2}{N} \tag{13.5}$$

이다. 여기서 위의 막대 (¯)는 '평균'을 의미한다. 그러므로 힘을

$$F = \frac{m}{\ell} N\overline{v_x^2} \tag{i}$$

으로 쓸 수 있다. 벡터의 제곱은 성분 각각의 제곱의 합이다(피타고라스 정리). 그러므로 임의의 속도 v에 대해 $v^2 = v_x^2 + v_y^2 + v_z^2$이다. 평균을 취하면

$$\overline{v^2} = \overline{v_x^2} + \overline{v_y^2} + \overline{v_z^2} \tag{ii}$$

이다. 기체 분자의 속도는 무작위라고 가정하기 때문에 특정 방향에 대한 선호도는 없다. 따라서

$$\overline{v_x^2} = \overline{v_y^2} = \overline{v_z^2} \tag{iii}$$

이다. 식 (ii)와 (iii)을 결합하면

$$\overline{v^2} = 3\overline{v_x^2} \tag{iv}$$

이다. 식 (iv)를 식 (i)에 대입하여 알짜힘 F를 구하면

$$F = \frac{m}{\ell} N \frac{\overline{v^2}}{3}$$

이다. 그러면 벽에 작용하는 압력은

$$P = \frac{F}{A} = \frac{1}{3}\frac{Nm\overline{v^2}}{A\ell}$$

즉

$$P = \frac{1}{3}\frac{Nm\overline{v^2}}{V} \qquad \text{[이상 기체의 압력]} \tag{13.6}$$

이다. 여기서 $V = \ell A$는 용기의 부피이다. 이것은 기체가 용기에 미치는 압력을 분자

의 특성으로 표현한 것으로 우리가 원하던 결과이다.

식 13.6은 양변에 V를 곱하고 우변을 정리하면 더 명확한 형태로 다시 쓸 수 있다. 즉

$$PV = \tfrac{2}{3}N\left(\tfrac{1}{2}m\overline{v^2}\right) \tag{13.7}$$

이다. $\frac{1}{2}m\overline{v^2}$이라는 양은 기체 분자의 평균 병진 운동 에너지($\overline{\text{KE}}$)이다. 식 13.7과 이상 기체 법칙인 식 13.4($PV = NkT$)를 비교하면

$$\tfrac{2}{3}\left(\tfrac{1}{2}m\overline{v^2}\right) = kT$$

이고 그래서

분자의 평균 운동 에너지와 관련된 온도

$$\overline{\text{KE}} = \tfrac{1}{2}m\overline{v^2} = \tfrac{3}{2}kT \qquad \text{[이상 기체]} \tag{13.8}$$

이면 두 식이 일치하는 것을 알 수 있다. 이 식의 의미는 다음과 같다.

무작위 운동을 하는 이상 기체 분자의 평균 병진 운동 에너지는 기체의 절대 온도에 비례한다.

운동론에 의하면 온도가 높을수록 분자는 평균적으로 더 빠르게 움직인다. 이 식은 운동론의 업적 중 하나이다.

예제 13.12 분자의 운동 에너지

37 °C에서 이상 기체 분자의 평균 병진 운동 에너지는 얼마인가?

접근 식 13.8의 절대 온도를 사용한다.

풀이 37 °C를 310 K으로 바꾸어 식 13.8에 대입하면

$$\overline{\text{KE}} = \tfrac{3}{2}kT = \tfrac{3}{2}(1.38 \times 10^{-23}\ \text{J/K})(310\ \text{K}) = 6.42 \times 10^{-21}\ \text{J}$$

이다.

유의 1몰의 분자의 전체 병진 운동 에너지는 $(6.42 \times 10^{-21}\ \text{J})(6.02 \times 10^{23}) = 3860\ \text{J}$이며, 거의 90 m/s로 이동하는 1 kg짜리 돌의 운동 에너지와 같다.

연습 E 실온에서 수소 기체와 산소 기체 분자가 동일한 풍선 안에 있을 때 분자의 평균 운동 에너지를 비교하면 어떠한가? (a) 동일하다. (b) 수소 분자의 운동 에너지가 더 크다. (c) 산소 분자의 운동 에너지가 더 크다. (d) 정보가 더 필요하다.

식 13.8은 기체뿐만 아니라 액체와 고체에서도 상당히 정확하게 성립한다. 그러므로 예제 13.12의 결과는 체온 37 °C인 생체 세포 내의 분자에서도 성립한다.

분자들이 평균적으로 얼마나 빨리 움직이고 있는가를 계산하기 위해 식 13.8을 쓸 수 있다. 식 13.5부터 13.8까지에서 평균은 속력의 **제곱**에 대한 것임을 주목하라. $\overline{v^2}$의 제곱근은 **rms 속력**(root-mean-square speed) v_{rms}라고 하며 다음과 같다.

$$v_{\text{rms}} = \sqrt{\overline{v^2}} = \sqrt{\frac{3kT}{m}} \tag{13.9}$$

예제 13.13 **공기 분자의 속력**

실온(20 °C)에서 공기 분자(O_2와 N_2)의 rms 속력은 얼마인가?

접근 v_{rms}를 구하기 위해 O_2와 N_2 분자의 질량을 구하고, 산소와 질소는 질량이 다르므로 식 13.9를 따로 적용한다.

풀이 O_2(분자량은 32 u) 분자 하나와 N_2 (분자량은 28 u) 분자 하나의 질량은 (여기서 1 u = 1.66×10^{-27} kg)

$$m(O_2) = (32)(1.66 \times 10^{-27}\,\text{kg}) = 5.3 \times 10^{-26}\,\text{kg}$$
$$m(N_2) = (28)(1.66 \times 10^{-27}\,\text{kg}) = 4.6 \times 10^{-26}\,\text{kg}$$

이다. 그러므로 산소는

$$v_{rms} = \sqrt{\frac{3kT}{m}} = \sqrt{\frac{(3)(1.38 \times 10^{-23}\,\text{J/K})(293\,\text{K})}{(5.3 \times 10^{-26}\,\text{kg})}} = 480\,\text{m/s}$$

이고, 질소는 $v_{rms} = 510\,\text{m/s}$이다.

유의 이들 속력은 1700 km/h 이상이고, 20 °C에서의 음속(≈ 340 m/s)보다 훨씬 빠르다 (12장 참조).

연습 F v_{rms}가 두 배가 되려면 절대 온도는 몇 배가 되어야 하는가?
(a) $\sqrt{2}$ (b) 2 (c) $2\sqrt{2}$ (d) 4 (e) 16

절대 온도 근처에서의 운동론

식 13.8, $\overline{\text{KE}} = \frac{3}{2}kT$는 온도가 절대 영도에 접근하면 분자의 운동 에너지가 0으로 접근한다는 의미이다. 그러나 현대 양자론에 의하면 그렇지 않다. 절대 영도에 접근하면 운동 에너지가 0이 아닌 매우 작은 최솟값에 접근한다. 모든 실제 기체는 0 K 가까이에서 액체나 고체가 되더라도, 심지어 절대 영도에서도, 분자 운동을 멈추지 않는다.

13.10 분자의 속력 분포

기체 분자는 무작위 운동을 한다고 가정하는데, 이것은 많은 분자들은 속력이 rms 속력보다 작고 다른 분자들은 더 크다는 의미이다. 1859년에 맥스웰(James Clerk Maxwell, 1831~1879)은 운동론에 기반을 두고 기체 분자의 속력은 그림 13.17의 그래프의 분포를 가진다는 것을 유도했다. 이것을 **맥스웰 속력 분포**(Maxwell distribution of speeds)라고 한다.† 속력은 0에서부터 rms 속력의 몇 배까지 변하지만, 그래프에서 보듯이 대부분의 분자들의 속력은 평균에서 멀지 않다. 1 % 이하의 분자들이 v_{rms}의 네 배를 넘는다.

1920년대에 시작한 이상 기체 분자의 속력 분포를 구하는 실험으로부터 맥스웰

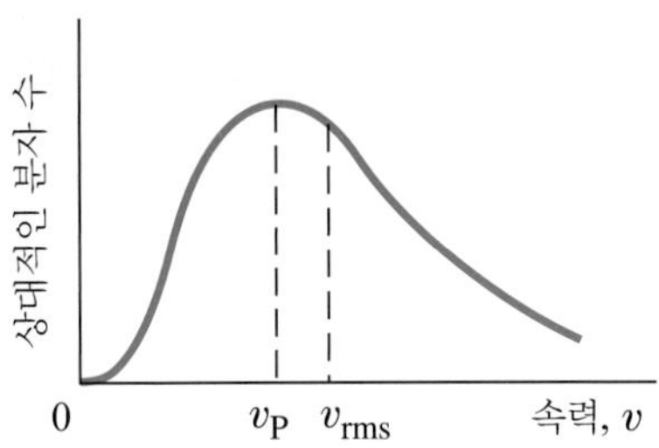

그림 13.17 이상 기체 분자의 속력 분포. v_{rms}가 곡선의 봉우리 v_P와 다르다는 점에 주목하라. 이것은 곡선이 대칭이 아니고 오른쪽으로 비스듬하기 때문이다.

† 수학적으로, 분포는 $\Delta N = Cv^2 \exp(-\frac{1}{2}mv^2/kT)\Delta v$으로 주어지는데, ΔN은 속도가 v와 $v + \Delta v$의 사이인 분자의 수, C는 상수, exp는 괄호 안의 값으로 $e = 2.718\ldots$의 자연지수를 취한다는 의미이다.

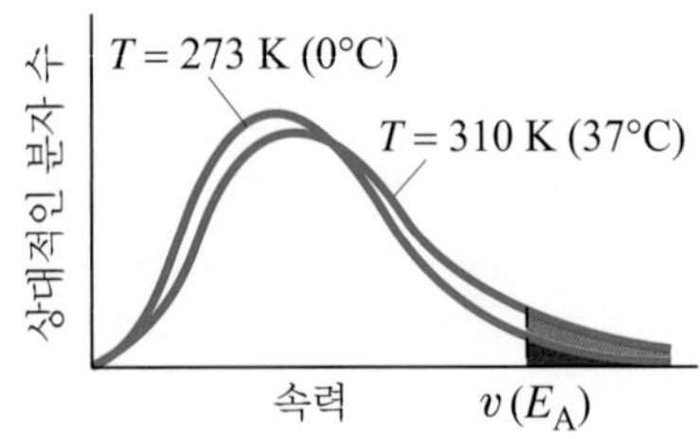

그림 13.18 서로 다른 두 온도에서 분자의 속력 분포. 색칠한 부분은 특정한 속력(활성화 에너지 $E_A = \frac{1}{2}mv^2$에 해당) 이상인 분자가 차지하는 비율을 나타낸다.

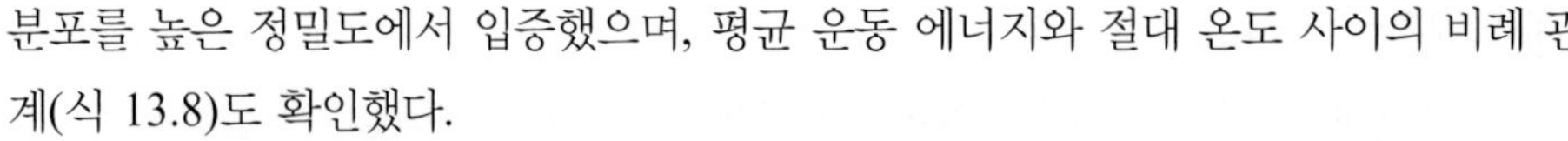

분포를 높은 정밀도에서 입증했으며, 평균 운동 에너지와 절대 온도 사이의 비례 관계(식 13.8)도 확인했다.

그림 13.18은 서로 다른 두 온도에서의 맥스웰 분포를 보여 준다. 온도에 따라 v_{rms}가 증가하듯이, 전체 분포 곡선도 높은 온도에서는 오른쪽으로 이동한다. 운동론은 액체와 고체에 근사적으로 적용할 수 있다. 그림 13.18은 생체 세포를 포함해서 많은 화학 반응이 왜 높은 온도에서 더 빨리 일어나는지를 운동론이 잘 설명할 수 있다는 것을 보여 준다. 대부분의 화학 반응들은 액체 용액에서 일어나므로, 분자들의 속력 분포는 맥스웰 분포에 가깝다. 두 분자가 충돌할 때 서로 어느 정도 침투할 수 있을 만큼 운동 에너지가 어느 최솟값(**활성화 에너지**라고 함) E_A보다 클 때에만 화학 반응이 생긴다. 그림 13.18은 높은 온도에서는 많은 분자들의 속력과 운동 에너지 KE가 임계값 E_A보다 크다는 것을 보여 준다.

13.11 실제 기체와 상전이

이상 기체 법칙($PV = NkT$)은 압력이 그리 높지 않고 온도가 액화점에서 멀면 실제 기체의 행동을 정확히 기술할 수 있다. 그러나 이 두 조건이 충족되지 않으면 어떤 일이 일어나는가? 먼저 이상 기체의 행동을 논의하고, 이 행동을 이해하는 데 운동론이 어떻게 도움을 줄 수 있는지 조사해 보자.

양이 주어진 기체의 부피 대 압력 그래프를 보자. 그림 13.19의 ***PV* 도표**(*PV* diagram)에서 각 점은 주어진 물질의 평형 상태에서 압력과 부피를 나타낸다. 다양한 곡선들(A, B, C, D로 표시)은 부피의 함수로서 압력의 변화를 네 가지 다른 일정한 온도 T_A, T_B, T_C, T_D에서 보여 준다. 빨간 점선 A′은 이상 기체 법칙, 즉 PV = 일정이 예측하는 기체의 행동을 나타낸다. 실선 A는 같은 온도에서의 실제 기체의 행동을 나타낸다. 높은 압력에서는 실제 기체의 부피가 이상 기체 법칙의 예측보다 작다는 점에 주목하라. 그림 13.19의 곡선 B와 C는 차례로 온도가 더 낮은 기체를 표시하는데, 그 행동이 이상 기체 법칙의 예측(예를 들어 B′)에서 더 벗어나고, 기체가 액화점에 가까울수록 더 벗어나는 것을 알 수 있다.

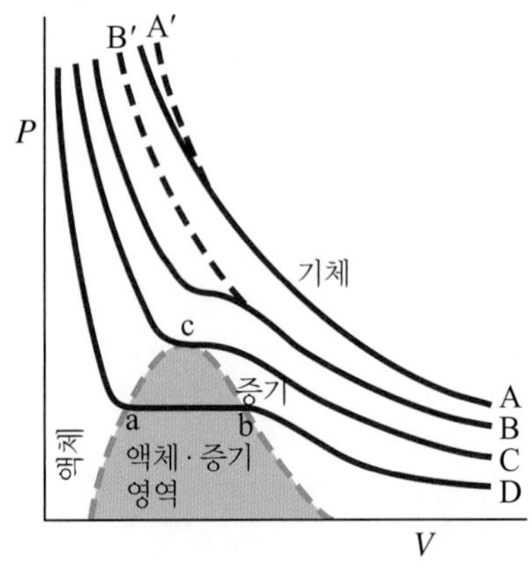

그림 13.19 실제 물질에 대한 *PV* 도표. 곡선 A, B, C, D는 다른 온도($T_A > T_B > T_C > T_D$)에 있는 같은 물질을 나타낸다.

이 행동을 설명하기 위해, 높은 압력에서는 분자들이 더 가까워질 것으로 예측한다. 전에는 무시했던 분자 사이의 인력에 관련된 퍼텐셜 에너지를 낮은 온도에서는 더 이상 무시할 수 없다. 이 인력들은 분자들을 가깝게 끌어당기는 경향이 있으므로 부피가 이상 기체로 예측한 것보다 작다.

곡선 D는 액화가 일어나는 상황을 나타낸다. 곡선 D의 저온에서(그림 13.19의 오른쪽) 물질은 기체이며 큰 공간을 차지한다. 압력이 증가하면 부피가 감소하여 점 b에 이른다. 점 b에서 점 a까지는 부피는 감소하고 압력은 변화가 없으며, 물질은 점점 기체에서 액체 상태로 변한다. 점 a에서는 모든 물질이 액체로 변했다. 압력이 더 증가하면 부피는 약간만 감소하므로 (액체는 거의 압축되지 않는다.) 보다시피 곡선은 왼쪽에서 매우 가파르다. 노란색 점선 아래의 색칠된 부분은 기체와 액체 상태가 평형 상태에서 공존하는 영역을 나타낸다.

그림 13.19의 곡선 C는 **임계 온도**(critical temperature)에서의 물질의 행동을 나타낸다. 점 c(곡선 C가 수평인 한 점)을 **임계점**(critical point)이라고 한다. 임계 온도 이하에서는 기체는 충분한 압력이 가해지면 액체 상태로 변한다. 임계 온도 이상(이것이 용어의 정의이다)에서는 압력을 가해도 기체가 액체로 되지 않는다. (그러므로 곡선 A, B는 기체로만 존재할 수 있는 온도에서의 물질을 나타낸다.) 여러 기체의 임계 온도가 표 13.2에 나와 있다. 여러 해 동안 과학자들은 산소를 액화하려고 시도했으나 성공하지 못 해서, 임계점이 있어야 한다는 생각에 이르렀다. 산소는 먼저 임계 온도인 −118 °C로 냉각해야 액화될 수 있다.

표 13.2 임계 온도와 압력

물질	임계 온도 °C	임계 온도 K	임계 압력 (atm)
물	374	647	218
CO_2	31	304	72.8
산소	−118	155	50
질소	−147	126	33.5
수소	−239.9	33.3	12.8
헬륨	−267.9	5.3	2.3

종종 '기체'와 '증기'라는 용어를 구별한다. 임계 온도 이하에서 기체 상태인 물질을 **증기**(vapor)라고 하고 임계 온도 이상에서는 **기체**(gas)라고 한다.

물질의 행동은 *PV* 도표뿐만 아니라 *PT* 도표로도 그릴 수 있다. 종종 **상도표**(phase diagram)라고 하는 ***PT* 도표**(*PT* diagram)는 물질의 상태를 비교하는 데 특히 편리하다. 그림 13.20은 물의 상도표이다. *ℓ-v*로 표시된 곡선은 액체와 증기 상태가 평형인 점들을 표시하므로 끓는점 대 압력의 그래프이다. 곡선은 압력이 1기압일 때 끓는점이 100 °C이고 압력이 감소하면 끓는점이 낮아진다는 것을 정확하게 보여 준다는 점에 주목하라. *s-ℓ* 곡선은 고체와 액체가 평형 상태로 존재하는 점들을 표시하므로 어는점 대 압력의 그래프이다.

보다시피 1기압일 때 물의 어는점이 0 °C이다. 또한 그림 13.20에서 압력이 1기압일 때 온도가 0 °C와 100 °C 사이라면 물질이 액체 상태이지만, 0 °C 이하이거나 100 °C 이상이라면 고체나 증기 상태인 것에 주목하라. *s-v*로 표시된 곡선은 **승화점** 대 압력의 곡선이다. **승화**(sublimation)는 저온에서 고체가 액체 상태를 거치지 않고 바로 증기 상태로 가는 과정을 의미한다. 물의 경우, 수증기의 압력이 0.0060기압 이하일 때 승화가 일어난다. 드라이아이스라고 하는 고체 상태의 이산화탄소는 대기압에서도 승화가 일어난다(그림 13.21).

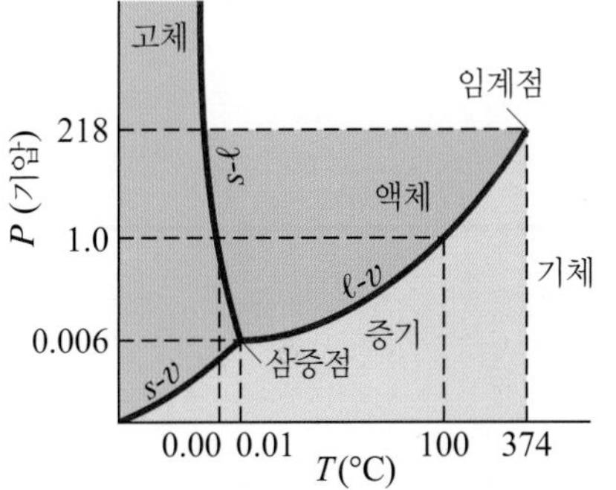

그림 13.20 물의 상도표(눈금이 선형이 아니라는 점에 주목하라.)

세 곡선의 교차점(그림 13.20)이 **삼중점**(triple point)이다. 물의 경우, 삼중점은 $T = 273.16$ K, $P = 6.03 \times 10^{-3}$ atm에서 일어난다. 세 상태가 평형 상태로 공존하는 것은 이 삼중점뿐이다. 삼중점은 특정한 온도와 압력의 값에 해당하므로 정밀한 재현이 가능해서 종종 기준점으로 사용된다. 예를 들면 온도의 표준은 1기압에서 물의 어는점을 273.15 K로 하는 것이 아니라 물의 삼중점을 정확히 273.16 K으로 명시하는 것으로 한다.

물의 고체−액체(*s-ℓ*) 곡선(그림 13.20)은 위로 가면 왼쪽으로 경사진다는 것을 주목하라. 이것은 얼면서 팽창하는 물질의 경우에만 성립한다. 압력이 높을수록 액체를 얼리기 위해서 더 낮은 온도가 필요하다. 더 일반적으로는 물질은 얼면서 수축하므로 *s-ℓ* 곡선은 그림 13.21의 이산화탄소(CO_2)에서 보듯이 위와 오른쪽으로 경사진다.

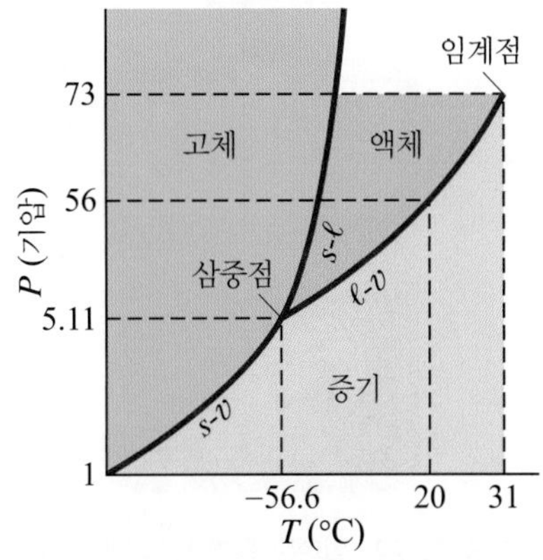

그림 13.21 이산화탄소의 상도표

우리가 논의한 상전이는 일반적인 것이다. 그러나 어떤 물질들은 고체 상태에서 몇 가지 형태로 존재할 수 있다. 한 상태에서 다른 상태로의 전이는 보통의 상전이와 마찬가지로 특정한 온도와 압력에서 일어난다. 예를 들면 얼음은 매우 높은 압력에서 최소한 여덟 형태가 관측됐다. 보통의 헬륨은 헬륨 I과 II라고 하는 두 개로 구별되는 액체 상태를 가진다. 그들은 절대 영도 부근에서만 존재한다. 헬륨 II는 **초유동성**(superfluidity)이라고 하는 매우 이례적인 특성을 보여 준다. 그것은 기본적으로 점성이 없고 열린 용기의 벽을 타고 오르는 등 이상한 특성을 보여 준다. 또한 액체와 고체 중간이라고 생각할 수 있는 **액정**(liquid crystals; 컴퓨터와 TV 모니터에 사용된다. 24.11절 참조)도 흥미롭다.

13.12 증기압과 습도

증발

한 잔의 물을 밤새 두면 아침에는 수위가 낮아진다. 이때 물이 증발했다고 하는데, 물의 일부가 증기나 기체 상으로 변했다는 의미이다.

이런 **증발**(evaporation) 과정은 운동론을 기반으로 설명할 수 있다. 액체 내의 분자들은 근사적으로 맥스웰 분포를 따르는 다양한 속력으로 서로 지나쳐 간다. 분자들 사이에는 강한 인력이 있어서 액체 상태로 유지한다. 액체 표면 근처의 분자는 속력 때문에 순간적으로 액체를 떠난다. 그러나 공중으로 던진 바위가 지면으로 돌아오듯이, 다른 분자들의 인력이 방랑자 분자를 다시 액체 표면으로 끌 수 있다. 속도가 그리 크지 않은 경우이다. 그러나 속력이 충분히 큰 입자는 지구를 탈출하는 로켓처럼 액체를 완전히 떠나서 기체 상태의 일부가 될 것이다. 특정한 값 이상의 운동 에너지를 가진 분자들만 기체 상태로 탈출할 수 있다. 운동론은 특정한 값(그림 13.18의 E_A와 같은) 이상의 분자의 상대적 수가 온도에 따라 증가한다고 예측한다는 것을 우리는 이미 논의했다. 이것은 온도가 높을수록 증발률이 높다는 잘 알려진 관측과 일치한다.

표면을 탈출하는 것은 가장 빠른 분자이므로 남은 분자의 평균 속력은 작아진다. 평균 속력이 작아지면 절대 온도가 낮아진다. 그러므로 운동론에서 **증발은 냉각 과정**이라고 예측한다. 더운 샤워 실 밖으로 나가서 몸의 물이 마르기 시작할 때 시원하게 느끼고, 더운 날 땀을 낸 후 약간의 바람만 불어도 증발에 의해 시원하게 느낄 때 이 효과를 주목했을 것이다. 손가락을 빤 다음 바람을 불어 보자.

증기압

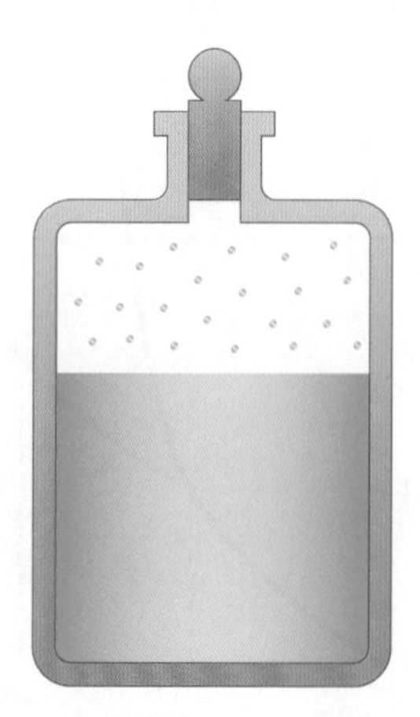

그림 13.22 밀폐된 용기 안의 액체 위에 증기가 생긴다.

공기는 보통 수증기(기체 상태의 물)를 포함하는데, 주로 증발에서 온 것이다. 이 과정을 좀 더 자세히 보기 위해, 공기를 제거한 물을 부분적으로 채운 밀폐된 용기를 생각하라(그림 13.22). 가장 빠르게 움직이는 분자는 액체 표면의 빈 공간으로 빠르게 증발한다. 이들은 움직이면서 일부가 액체 표면과 충돌하여 다시 액체 상의 일부가 된다. 이것을 **응축**(condensation)이라 한다. 증기 안의 분자의 수는 액체로 돌아가는 분자의 수가 동일한 시간 동안 액체를 떠나는 분자의 수와 같아질 때까지 증가한다. 평형이 이루어지면 액체 표면 위의 공간은 **포화됐다**고 한다. 포화됐을 때의 증기압을 **포화 증기압**(saturated vapor pressure; 또는 단순히 증기압)이라고 한다.

물질의 포화 증기압은 온도에 좌우된다. 온도가 높을수록 분자들이 액체 표면을 떠나 증기 상으로 가기에 충분한 운동 에너지를 더 많이 갖는다. 따라서 더 높은 증기압에서 평형에 도달한다. 여러 온도에 대한 물의 포화 증기압이 표 13.3에 나와 있다. 심지어 고체(예, 얼음)도 측정 가능한 포화 증기압을 갖는다는 것에 주목하라.

일상의 상황에서 액체는 진공이 아닌 공기 중으로 증발한다. 이것이 그림 13.22로 설명한 위의 논의를 크게 바꾸지는 않는다. 기체 상태에 충분한 분자들이 있어서, 액체로 되돌아오는 분자 수와 떠나는 분자 수가 같을 때 평형에 도달할 것이다. 기체 상에 있는 특정한 분자는 공기와의 충돌로 평형에 도달하는 시간이 길어질 수는 있지만, 농도 자체는 공기의 존재에 의해 영향을 받지 않는다. 그러므로 평형은 마치 공기가 없는 것처럼 동일한 증기압 값에서 일어난다.

용기가 크거나 밀폐되어 있지 않으면 포화에 이르기 전에 모든 액체는 증발한다. 그리고 예를 들어 집의 방과 같이 용기가 밀폐되지 않았으면 공기가 수증기로 포화될 가능성은 없다(물론 밖에 비가 오지 않는 경우이다).

표 13.3 물의 포화 증기압

온도 (°C)	포화 증기압 torr (= mm-Hg)	포화 증기압 Pa (= N/m²)
−50	0.030	4.0
−10	1.95	2.60×10^2
0	4.58	6.11×10^2
5	6.54	8.72×10^2
10	9.21	1.23×10^3
15	12.8	1.71×10^3
20	17.5	2.33×10^3
25	23.8	3.17×10^3
30	31.8	4.24×10^3
40	55.3	7.37×10^3
50	92.5	1.23×10^4
60	149	1.99×10^4
70†	234	3.12×10^4
80	355	4.73×10^4
90	526	7.01×10^4
100‡	760	1.01×10^5
120	1489	1.99×10^5
150	3570	4.76×10^5

† 에베레스트 정상에서의 끓는점
‡ 해수면에서의 끓는점

비등

액체의 포화 증기압은 온도에 따라 증가한다. 포화 증기압이 외부 압력과 같은 온도까지 온도가 올라가면 **비등**(boiling)이 일어난다(그림 13.23). 끓는점에 가까워지면 액체 내에 작은 기포가 형성되는 경향이 있는데, 액체에서 기체 상으로 변하는 것을 의미한다. 그러나 기포 내의 증기압이 외부 압력보다 작으면 기포는 즉시 터진다. 온도가 증가하면 기포 안의 증기압은 결국 외부 압력과 같거나 커진다. 그러면 기포는 터지지 않고 표면까지 오를 수 있다. 그러면 비등이 시작된다. **액체는 포화 증기압이 외부 압력과 같으면 끓는다.** 물의 경우, 표 13.3에서 볼 수 있듯이 100 °C 1기압(760 torr)에서 일어난다.

액체의 끓는점은 외부 압력에 좌우된다. 높은 곳에서는 기압이 낮아서 물의 끓는점이 해수면보다 낮다. 예를 들면 에베레스트 정상(8850 m)에서는 기압이 해수면의 3분의 1이기 때문에, 표 13.3에서 보듯이 물은 약 70 °C에서 끓는다는 것을 알 수 있다. 높은 곳에서 요리를 하려면 시간이 더 걸리는데, 끓는 온도가 낮기 때문이다. 압력밥솥은 압력을 2기압까지 높여서 끓는 온도를 높이기 때문에 요리 시간을 줄여준다.

그림 13.23 비등: 수증기의 기포가 온도가 가장 낮은 밑바닥에서 위로 떠오른다.

부분 압력과 습도

날씨가 건조하거나 습하다고 말할 때는 공기 중 수증기의 함유량을 가지고 말한다. 여러 기체가 혼합된 공기와 같은 기체에서, 전체 압력은 각 성분 기체의 **부분 압력**의 합이다.[†] **부분 압력**(partial pressure)이란 각 성분 기체가 혼자 있을 때 가하는 압력을 의미한다. 공기 중 물의 부분 압력은 0으로 낮을 수도 있고, 주어진 온도에서의 물의 포화 증기압과 같은 최대까지 변할 수 있다. 그러므로 20 °C에서 물의 부분 압력

† 예를 들면 공기 분자는 (부피로) 78 %가 질소, 21 %가 산소, 소량의 수증기, 아르곤, 이산화탄소 등이다. 1기압에서 산소는 0.21기압, 질소는 0.78기압의 부분 압력을 작용한다.

은 17.5 torr(표 13.3) 또는 0.02기압을 초과할 수 없다. **상대 습도**(relative humidity)는 포화 증기압에 대한 수증기의 부분 압력의 비로 정의된다. 이것은 보통 %로 나타낸다. 즉

$$\text{상대 습도} = \frac{\text{물의 부분 압력}}{\text{물의 포화 증기압}} \times 100\ \%$$

이다. 그러므로 습도가 100 %에 가까우면 공기는 가능한 거의 최대 수증기를 갖는다.

예제 13.14 **상대 습도**

어느 더운 날 온도는 30 °C이고 공기 중 수증기의 부분 압력은 21.0 torr이다. 상대 습도는 얼마인가?

접근 표 13.3에서 30 °C에서의 물의 포화 증기압이 31.8 torr임을 알 수 있다.

풀이 따라서 상대 습도는 다음과 같다.

$$\frac{21.0\ \text{torr}}{31.8\ \text{torr}} \times 100\ \% = 66\ \%$$

물리학의 응용

습도와 쾌적함

사람은 습도에 민감하다. 일반적으로 건강과 쾌적함 모두에 최적인 상대 습도는 40~50 %이다. 특히 더운 날의 높은 습도는 체온을 조절하는 몸의 중요한 기능의 하나인 피부의 수분 증발을 감소시킨다. 반면에 매우 낮은 습도는 피부와 점막을 건조하게 할 수 있다.

공기는 공기 중 물의 부분 압력이 그 온도에서의 포화 증기압과 같을 때 수증기로 포화된다. 물의 부분 압력이 포화 증기압을 초과하면 공기가 **과포화**(supersaturated)됐다고 한다. 이런 상황은 온도가 내려가면 일어날 수 있다. 예를 들면 온도가 30 °C이고 물의 부분 압력이 21 torr라고 하면, 예제 13.14에서 보듯이 습도가 66 %이다. 이제 밤이 되어 온도가 20 °C로 내려갔다고 생각하자. 표 13.3에서 30 °C에서 20 °C의 포화 증기압이 17.5 torr임을 알 수 있다. 따라서 상대 습도가 100 %를 넘어서 과포화된 공기는 이처럼 많은 수증기를 유지할 수 없다. 여분의 물은 응축되어 이슬, 구름, 안개, 비로 나타난다(그림 13.24).

(a)

(b)

(c)

그림 13.24 (a) 이슬점 아래로 온도가 내려간 계곡의 안개인 운해 (b) 나뭇잎의 이슬방울 (c) 맑은 날 해변의 구름은 거의 포화된 공기가 이슬점 온도가 낮은 고도에 올라가면서 형성된다.

주어진 양의 물을 포함한 공기가 냉각되면, 물의 부분 압력이 포화 증기압과 같은 온도에 이른다. 이 온도를 **이슬점**(dew point)이라 한다. 이슬점의 측정은 상대 습도를 구하는 가장 정확한 수단이다. 한 가지 방법은 잘 닦은 금속 표면을 공기와 접촉시킨 다음, 금속 표면의 온도를 점진적으로 낮추는 것이다. 표면에 습기가 나타나기 시작하는 온도가 이슬점이고, 물의 부분 압력은 포화 증기압 표에서 얻을 수 있다. 예를 들면 어느 날 온도가 20 °C이고, 이슬점이 5 °C라면, 20 °C에서의 물의 부분 압력(표 13.3)은 6.54 torr인 반면 포화 증기압은 17.5 torr이다. 따라서 상대 습도는 6.54/17.5 = 37 %이다.

종합 문제

객관식

1. 막대 A는 지름이 막대 B의 두 배이고, 둘 다 철로 되어 있으며 처음 길이가 같다. 두 막대의 온도 변화가 동일하고 고체 상태로 유지된다. 두 막대 길이의 변화는 어떠한가?
(a) 막대 A > 막대 B
(b) 막대 B > 막대 A
(c) 막대 A = 막대 B
(d) 막대가 냉각되는지 가열되는지에 따라 다르다.

2. 물질의 선형 팽창은 다음 어느 것에 좌우되는가?
(a) 물질의 길이 (b) 물질의 온도 변화
(c) 물질의 유형 (d) 위 보기 모두
(e) (b), (c)

3. 밀봉된 단단한 용기 안에 있는 1몰의 이상 기체의 처음 온도가 100 °C이다. 온도가 200 °C로 증가한다. 기체의 압력은
(a) 일정하게 유지된다. (b) 25 % 증가한다.
(c) 두 배로 된다. (d) 세 배로 된다.

4. 이상 기체를 20 °C에서 40 °C로 가열하면 이상 기체 법칙의 기체 온도 T는 얼마나 증가하는가?
(a) 두 배
(b) 1.07배
(c) 사용하는 온도 눈금에 따라 다르다.

5. 동일한 두 개의 병에 동일한 온도의 동일한 기체가 들어 있다. 병 B는 부피가 병 A의 두 배인데 들어 있는 기체의 몰수는 반이라면, 병 B와 병 A의 압력은 어떤가?
(a) $P_B = \frac{1}{2}P_A$ (b) $P_B = 2P_A$
(c) $P_B = \frac{1}{4}P_A$ (d) $P_B = 4P_A$
(e) $P_B = P_A$

6. 이상 기체의 온도가 증가할 때 다음 중 옳은 것은?
(a) 압력은 감소해야 한다.
(b) 압력은 증가해야 한다.
(c) 압력은 증가해야 하는 반면에 부피는 감소해야 한다.
(d) 부피는 증가해야 하는 반면에 압력은 감소해야 한다.
(e) 압력, 부피 또는 모두 증가할 수 있다.

7. 이상 기체가 밀폐된 단단한 용기 안에 들어 있다. 기체 분자의 평균 운동 에너지는 다음 중 어느 것에 가장 많이 좌우되는가?
(a) 용기의 크기 (b) 용기 안의 분자의 수
(c) 기체의 온도 (d) 분자의 질량

8. 이상 기체 A와 B의 온도가 동일하다. 기체 A의 분자량이 기체 B의 분자량의 두 배라면 분자의 rms 속력은?
(a) 두 기체가 동일하다. (b) A가 두 배 크다.
(c) A가 1.4배 크다. (d) B가 두 배 크다.
(e) B가 1.4배 크다.

9. 다음 중 이상 기체에 대한 설명으로 옳지 않은 것은?
(a) 기체 분자의 평균 운동 에너지는 온도에 따라 증가한다.
(b) 압력이 일정하면 이상 기체의 부피는 온도에 따라 증가한다.
(c) 부피가 일정하면 이상 기체의 압력은 온도에 따라 증가한다.

(d) 특정한 온도에서 모든 기체 분자의 속도는 동일하다.
(e) 분자들은 크기에 비해 멀리 떨어져 있다고 가정한다.

10. 이상 기체 법칙을 사용할 때 다음 중 어떤 규칙을 따라야 하는가?
(a) 항상 절대 온도와 절대 압력을 사용한다.
(b) 항상 절대 온도와 m^3 단위의 부피를 사용한다.
(c) 항상 섭씨 온도와 계기 압력을 사용한다.
(d) 항상 절대 온도와 계기 압력을 사용한다.
(e) 항상 계기 압력과 m^3 단위의 부피를 사용한다.

주관식

13.1 원자론

1. (I) 27.5 g의 금 고리와 같은 질량을 가진 은 고리 안의 원자의 수를 비교하라.

2. (I) 구리 동전 3.4 g에는 얼마나 많은 원자가 있을까?

13.2 온도와 온도계

3. (I) (a) '실온'은 보통 68 °F로 한다. 섭씨로는 얼마인가? (b) 전구 안의 필라멘트의 온도는 대략 1900 °C이다. 화씨로는 얼마인가?

4. (I) 자연적인 상태에서 공기 온도가 가장 높은 곳은 리비아 사막의 136 °F이고 가장 낮은 온도는 남극 대륙의 −129 °F이다. 이들은 섭씨 온도로 몇 도인가?

5. (I) 온도계로 잰 체온이 38.9 °C이다. 화씨로는 얼마인가?

6. (I) (a) 섭씨 온도로 영하 18 °C는 화씨 온도로는 얼마인가? (b) 화씨 온도로 영하 18 °F는 섭씨 온도로는 얼마인가?

7. (II) 섭씨 온도와 화씨 온도가 같은 온도($T_C = T_F$)를 구하라.

8. (II) 유리관에 담긴 알코올 온도계에서 알코올 기둥은 0.0 °C에서 12.61 cm이고 100.0 °C에서 22.79 cm이다. 기둥의 길이가 (a) 18.70 cm, (b) 14.60 cm일 때의 온도는 얼마인가?

13.4 열팽창

9. (I) 에펠탑(그림 13.25)은 대략 300 m 높이의 연철로 건설됐다. 1월(평균 온도 2 °C)과 7월(평균 온도 25 °C) 사이의 높이의 변화를 추정하라. 철 빔의 각도는 무시하고 탑을 수직 빔으로 취급한다.

그림 13.25 주관식 9. 파리의 에펠탑

10. (I) 12 m 길이(15 °C)의 판으로 만들어진 콘크리트 고속도로가 있다. 온도 범위가 −30 °C에서 +50 °C에서 팽창에 의해 좌굴(buckling)이 일어나지 않으려면 판 사이의 거리를 15 °C에서 얼마나 떨어뜨려 놓아야 하는가?

11. (I) 철과 니켈의 합금인 슈퍼 인바(Super Invar™)는 열팽창계수가 매우 작은(0.20×10^{-6}/°C) 강한 물질이다. 이 합금으로 만든 1.8 m 길이의 테이블 윗면에서 매우 높은 정밀도가 요구되는 민감한 레이저를 측정하고 있다. 온도가 6.0 °C 증가하면 이 합금 테이블의 길이는 얼마나 팽창하는가? 강철로 된 테이블 윗면과 비교하라.

12. (II) 놋쇠 막대의 길이가 25 °C에서보다 1.5 % 늘어나게 하려면, 몇 도까지 열을 가해야 하는가?

13. (II) 정확히 맞추기 위해 리벳 구멍보다 큰 리벳이 종종 사용되며, 리벳은 구멍에 넣기 전에 냉각(보통은 드라이아이스로) 된다. 지름이 1.872 cm인 강철 리벳을 22 °C 금속의 지름이 1.870 cm인 구멍에 넣는다. 몇 도로 냉각하면 리벳이 구멍에 맞을까?

14. (II) 일반적인 유리잔에 100.0 °C에서 450.0 mL의 물을 가득 담는다. 유리와 물의 온도를 20.0 °C까지 내리면, 얼마나 많은 물을 유리잔에 더 넣을 수 있는가?

15. (II) 지름이 8.75 cm인 알루미늄 구가 있다. 30 °C에서 160 °C로 가열하면 부피는 몇 % 변하는가?

16. (II) 놋쇠 플러그를 철재 고리에 끼우려고 한다. 15 °C에서 플러그의 지름이 8.755 cm이고 고리의 안쪽 지름이 8.741 cm이다. 꼭 맞게 하려면 둘의 공통 온도는 몇 도여야 하는가?

17. (II) 12 °C에서 알루미늄 막대는 원하는 길이를 갖는다. 온도가 35 °C로 증가해도 이 길이를 유지하려면 얼마의 응력이 요구되는가? (표 9.1 참조)

13.5 기체 법칙; 절대 온도

18. (I) 절대 영도는 화씨로 몇 도인가?

13.6, 13.7 이상 기체 법칙

19. (I) 처음에 STP에서 3.50 m^3인 기체가 3.20기압의 압력에 놓여 온도가 38.0 °C로 증가한다. 부피는 얼마인가?

20. (II) 16.00몰의 헬륨 기체가 10.0 °C와 계기 압력 0.350기압에 놓여 있다. (a) 이 조건에서의 헬륨 기체의 부피와 (b) 계기 압력 1.00기압에서 부피가 반으로 줄었을 때 기체의 온도를 계산하라.

21. (II) 저장 탱크가 STP에서 28.5 kg의 질소(N_2)를 저장한다. (a) 탱크의 부피는 얼마인가? (b) 온도 변화 없이 32.2 kg의 질소를 추가할 때 압력은 얼마인가?

22. (II) 21.6 °C에서 105.0 kg의 아르곤 기체가 들어 있는 38.0 L의 컨테이너 내부의 압력은 얼마인가?

23. (II) 타이어에 공기를 15 °C에서 계기 압력 230 kPa로 채운다. 타이어의 온도가 38 °C로 되면 원래 압력 230 kPa을 유지하기 위해 빼야 할 공기는 얼마인가?

24. (II) 해수면에서 포장된 '진공 포장' 감자 칩 봉지를 사서 비행기에 탄다. 들고 탄 가방에서 감자 칩을 꺼내면 부풀어 오른다. 비행기 실내의 압력은 전형적으로 0.75기압이고, 비행기 실내 온도가 감자 칩 생산 공장 내부 온도와 같다고 가정하면, 포장된 상태에 비해 몇 %나 부풀어 오르는가?

25. (II) 정확히 100 °C와 1기압에서의 수증기의 밀도(표 10.1)를 이상 기체 법칙으로 예측한 값과 비교하라. 차이가 나는 이유는 무엇인가?

26. (III) 41.0 m 깊이의 호수 바닥에서 공기 기포의 부피가 1.00 cm^3이다. 온도가 바닥에서는 5.5 °C이고 위에서는 18.5 °C라면 기포가 수면에 닿기 직전의 반지름은 얼마인가?

13.8 분자 수준에서 이상 기체 법칙: 아보가드로 수

27. (I) STP에서 물 1.000 L 안에 몇 몰의 물이 있는가? 분자의 수는 얼마인가?

28. (II) 최고의 진공 기술로 얻을 수 있는 최소 압력은 대략 10^{-12} N/m^2이다. 이 압력과 0 °C에서 cm^3당 분자의 수는 얼마인가?

13.9 온도의 분자적 해석

29. (I) (a) STP에서 질소 분자의 평균 병진 운동 에너지는 얼마인가? (b) 25 °C에서 N_2 분자 1.0몰의 전체 병진 운동 에너지는 얼마인가?

30. (I) 온도가 20 °C에서 160 °C로 증가하면 기체 분자의 rms 속력은 얼마나 증가하는가?

31. (I) 1.0 g의 종이 클립의 운동 에너지가 22 °C에서의 분자의 운동 에너지와 같다면 속력은 얼마인가?

32. (II) 기체의 부피가 일정하게 유지되면서 압력이 세 배로 되면 v_{rms}는 얼마나 변하는가?

33. (II) 동일한 온도인 두 기체의 혼합물에서 rms 속력의 비는 $v_1/v_2 = \sqrt{M_2/M_1}$임을 보이라.

34. (II) 우라늄의 두 동위 원소 ^{235}U와 ^{238}U(위첨자는 원자량을 표시)는 플루오린과 결합하여 기체 화합물 UF_6를 만들어 기체 확산 과정으로 분리할 수 있다. 일정한 온도 T에서 이 두 동위 원소 분자들의 rms 속력의 비를 계산하라. 질량은 부록 B를 참조한다.

13.11 실제 기체; 상전이

35. (I) 압력 35기압, 온도 35 °C에서 CO_2는 어떤 상태로 존재하는가? (그림 13.21 참조)

36. (I) 압력이 0.01기압이고 온도가 (a) 90 °C와 (b) −20 °C일 때, 물은 어떤 상태로 존재하는가?

13.12 증기압과 습도

37. (I) 습도가 75 %라면 30 °C에서 수증기의 부분 압력은 얼마인가?

38. (II) 기온이 25 °C인 날, 습도가 65 %라면 이슬점은 몇 도인가?

39. (II) 온도가 25 °C이고 상대 습도가 55 %일 때, 5.0 m × 6.0 m × 2.4 m의 밀폐된 방 안에 있는 물의 질량은 얼마인가?

40. (II) 20 °C에서 부피 420 m^3인 밀폐된 방 안의 습도가 65 %라면, 열린 냄비에서 더 증발할 수 있는 물의 질량은 얼마인가?

연습 해답

A: (i) 더 높다. (ii) 동일하다. (iii) 더 낮다.
B: (d)
C: (b)
D: (b) 더 작다.
E: (a)
F: (d)

추울 때 따뜻한 옷은 단열재로 작용해서 몸에서 주위 환경으로 전도와 대류에 의한 열손실을 줄인다. 모닥불에서 나오는 열복사는 사람과 옷을 따뜻하게 할 수 있다. 불은 또한 열대류와 전도에 의해 요리하는 음식에 에너지를 직접 전달할 수 있다. 열은, 일과 마찬가지로 에너지 전달을 나타낸다. 열은 온도차에 의한 에너지 전달로 정의한다. 내부 에너지 U는 계의 모든 분자들의 에너지의 합이다.

CHAPTER 14

열

시작 질문 추정해 보라!

5 kg의 따뜻한(60 °C) 쇳덩이를 10 kg의 차가운(15 °C) 쇳덩이와 열접촉시킬 때 다음 중 옳은 것은?

(a) 열은 따뜻한 쇳덩이에서 차가운 쇳덩이로 두 쇳덩이의 열량이 같아질 때까지 자발적으로 흐른다.

(b) 열은 따뜻한 쇳덩이에서 차가운 쇳덩이로 두 쇳덩이의 온도가 같아질 때까지 자발적으로 흐른다.

(c) 열은 따뜻한 쇳덩이에서 차가운 쇳덩이로 자발적으로 흐르지만, 차가운 쇳덩이에서 따뜻한 쇳덩이로도 자발적으로 흐를 수 있다.

(d) 쇳덩이가 클수록 더 많은 내부 에너지를 가지므로 열은 큰 쇳덩이에서 작은 쇳덩이로 흐른다.

찬물 한 주전자를 뜨거운 난로 위에 놓으면 물의 온도가 올라간다. 우리는 열이 뜨거운 난로에서 찬물로 '흐른다'고 말한다. 온도가 서로 다른 두 물체가 접촉하면 열은 따뜻한 물체에서 차가운 물체로 자발적으로 흐른다. 열의 자발적인 흐름은 온도차를 줄이는 방향이다. 온도가 같아질 만큼 충분히 오래 두 물체의 접촉이 유지되면 두 물체는 열평형을 이룬다고 말하고 더 이상의 열흐름은 일어나지 않는다. 예를 들면 입에 체온계를 꽂으면 열이 입에서 체온계로 흐른다. 체온계의 온도가 입 안의 온도와 같아지면 체온계와 입은 열평형에 이르고 더 이상 열은 흐르지 않는다.

열과 온도는 종종 혼동된다. 이 두 개념은 매우 다르며, 이 장에서는 열과 온도를 명확히 구분할 것이다. 먼저 열의 개념을 정의하고 사용하는 것으로 시작할 것이다. 또한 열량 측정에서 열이 어떻게 사용되는지, 물질의 상변화에 어떻게 관련되는지, 그리고 열전달의 과정(전도, 대류, 복사)을 논의한다.

14.1 에너지 전달로서 열

우리는 일상생활에서 '열'이라는 용어를 의미를 아는 듯이 사용한다. 그러나 이 용어는 종종 잘못 사용되므로 열을 명확하게 정의하고, 열과 관련된 현상과 개념을 분명하게 하는 것이 중요하다.

우리는 흔히 열의 흐름에 대해 말한다. 열은 난로에서 주전자로, 태양으로부터 지구로, 사람의 입에서 체온계로 흐른다. 열은 온도가 높은 물체에서 온도가 낮은 물체로 자발적으로 흐른다. 실제로 열의 18세기 모형은 열의 흐름을 **열소**(caloric)라는 유체 물질의 이동으로 설명했다. 그러나 열소라는 유체는 검출될 수 없었다. 19세기에 열과 관련된 다양한 현상들이, 곧 설명하듯이, 열을 일과 비슷하게 보는 새 모형을 사용하면 일관되게 설명할 수 있다는 것이 밝혀졌다. 우선 오늘날에도 쓰이는 일반적인 열의 단위가 칼로릭(caloric)에서 온 것이라는 점에 주목하라. 그것은 **칼로리**(cal)이며, **1 g의 물의 온도를 1 °C 올리는 데 필요한 열의 양**으로 정의된다. [정확하게는, 필요한 열은 온도에 따라 약간 다르므로 14.5 °C에서 15.5 °C의 특정한 온도 영역이 명시된다. 그 차이는 0 °C와 100 °C 사이에서 1 % 이내이므로 무시하자.] 칼로리보다 더 자주 사용되는 것은 킬로칼로리(kcal)로서, 1000칼로리이다. 그러므로 **1 kcal는 1 kg의 물의 온도를 1 °C 올리는 데 필요한 열의 양**이다. 종종 킬로칼로리를 대문자로 Calorie로 쓰며 이 Calorie(또는 kJ)는 음식의 에너지 함량을 명시하는 데 사용된다. 영국 단위 체계로는 열은 Btu(British thermal unit)로 측정된다. 1 Btu는 **1 lb의 물의 온도를 1 °F 올리는 데 필요한 열의 양**으로 정의된다. 1 Btu = 0.252 kcal = 1056 J이다.

⚠ 주의

열은 유체가 아니다.

열이 에너지 전달과 관련된다는 생각은 1800년대의 수많은 과학자들 사이에 팽배해 있었으며, 특히 영국의 맥주 양조업자인 줄(James Prescott Joule, 1818~1889)이 이런 생각에 기반한 연구를 수행했다. 줄 등은 열이 일과 같이 에너지 전달을 나타낸다는 오늘날의 관점을 만드는 데 중요했던 많은 실험들을 했다. 줄의 실험 중 하나가 그림 14.1에 간략하게 나와 있다. 떨어지는 물체가 날개판을 돌린다. 물과 날개판 사이의 마찰이 물의 온도를 약간 올린다. 물을 난로로 데워서도 동일한 온도로 올릴 수 있다. 이런 많은 실험들(일부는 전기 에너지 사용)을 통해, 주어진 양의 일을 하는 것은 특정한 양의 열을 투입하는 것과 동등하다는 것을 밝혔다. 정량적으로 4186

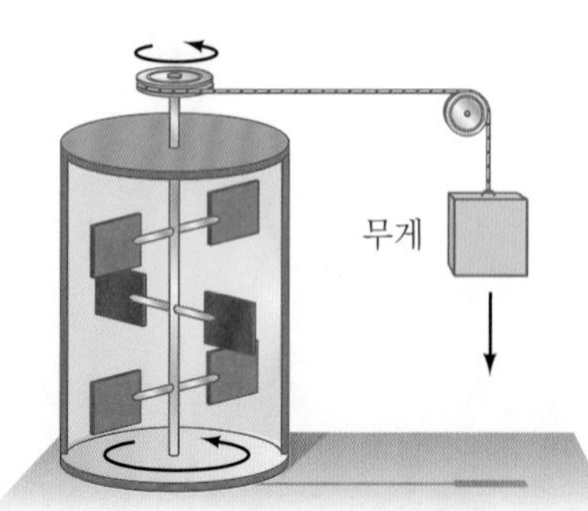

그림 14.1 열의 일당량에 대한 줄의 실험 [일은 내부 에너지로 변환된다(14.2절 참조).]

J의 일은 1 cal의 열과 동등하다는 것이 밝혀졌다. 이것을 **열의 일해당량**(mechanical equivalent of heat)이라 한다.

$$4186\ \text{J} = 1\ \text{cal}$$
$$4186\ \text{kJ} = 1\ \text{kcal}$$

이런 실험들의 결과로 과학자들은 열을 물질이 아니고 정확히 에너지의 형태도 아니라고 해석하게 됐다. 오히려 **열은 에너지 전달**을 의미한다. 뜨거운 물체에서 차가운 물체로 열이 흐를 때, 뜨거운 물체에서 차가운 물체로 전달되는 것은 에너지이다. 그러므로 **열**(heat)은 **온도차에 의해 한 물체에서 다른 물체로 전달되는 에너지**이다. 열의 SI 단위는 다른 에너지와 마찬가지로 줄이다. 그럼에도 불구하고, 칼로리와 킬로칼로리는 여전히 쓰인다. 오늘날 칼로리는 앞에서 언급했던 물의 성질이 아닌 줄로(열의 일당량으로) **정의된다**. 물의 성질로 기억하기 간편한데, 1 cal는 1 g의 물을 1 °C 또는 1 kcal는 1 kg의 물을 1 °C 올린다.

주의

열은 ΔT 때문에 전달되는 에너지이다.

예제 14.1 추산 남는 칼로리 빼기

큰맘 먹고 500 kcal의 아이스크림과 케이크를 먹는다. 칼로리를 소모하려고 계단이나 산을 올라서 동등한 양의 일을 하려 한다. 얼마나 높이 올라야 하는가?

물리학의 응용

칼로리 빼기

접근 계단을 오르면서 해야 할 일 W는 중력 퍼텐셜 에너지의 변화와 같으므로, $W = \Delta\text{PE} = mgh$이다. 여기서 h는 올라간 연직 높이이다. 이 예제에서 질량을 $m \approx 60$ kg이라고 하자.

풀이 500 kcal는 줄로

$$(500\ \text{kcal})(4.186 \times 10^3\ \text{J/kcal}) = 2.1 \times 10^6\ \text{J}$$

이다. 연직 높이 h를 오르면서 한 일은 $W = mgh$이다. h에 대해 풀면

$$h = \frac{W}{mg} = \frac{2.1 \times 10^6\ \text{J}}{(60\ \text{kg})(9.80\ \text{m/s}^2)} = 3600\ \text{m}$$

이다. 이것은 큰 고도 차이이다.

유의 인체는 음식 에너지를 100 %의 효율로 변환하지 못한다. 효율은 20 % 정도이다. 다음 장에서 논의하겠지만 에너지의 일부는 항상 '버려진다'. 따라서 (0.2)(3600 m) ≈ 700 m만 오르면 되는데, 이것은 가능해 보인다.

14.2 내부 에너지

물체의 모든 분자들의 모든 에너지의 전체 합을 **내부 에너지**(internal energy)라 한다. [가끔 동일한 의미로 **열에너지**(thermal energy)라고도 한다.] 열에 대한 개념을 명확하게 하기 위해 내부 에너지라는 개념을 도입한다.

온도, 열, 내부 에너지 구별하기

운동론을 사용하면 온도, 열, 내부 에너지를 명확하게 구별할 수 있다. 온도(절대 온도)는 개별 분자들의 **평균** 운동 에너지의 척도이다(식 13.8 참조). 내부 에너지는 물

주의

열과 내부 에너지, 열과 온도를 구별하라.

체 내부 분자들의 **전체** 에너지를 의미한다. 그러므로 동일한 질량의 뜨거운 두 쇠 덩어리는 온도가 동일하지만, 둘의 내부 에너지는 하나의 내부 에너지의 두 배이다. 마지막으로 열은 **온도차에 의한 한 물체에서 다른 물체로의 에너지 전달**이다.

주의

열이 흐르는 방향은 내부 에너지의 양이 아니라 온도에 좌우된다.

두 물체 사이에서 열이 흐르는 방향은 온도에 좌우되고 각자의 내부 에너지양과는 관련이 없다는 점에 주목하라. 그러므로 30 °C인 50 g의 물을 25 °C인 200 g의 물과 섞으면 25 °C인 물의 양이 많아서 내부 에너지가 훨씬 많지만 열은 30 °C인 물에서 25 °C인 물로 흐른다.

이상 기체의 내부 에너지

n몰의 단원자(분자당 원자 하나) 기체의 내부 에너지를 계산하자. 내부 에너지 U는 모든 원자의 병진 운동 에너지의 합이다. 이 합은 분자당 평균 운동 에너지와 분자의 전체 수 N을 곱한 값이다. 즉

$$U = N\left(\tfrac{1}{2}m\overline{v^2}\right)$$

이다. 식 13.8의 $\overline{\mathrm{KE}} = \frac{1}{2}m\overline{v^2} = \frac{3}{2}kT$을 사용하면

$$U = \tfrac{3}{2}NkT$$

또는 (13.8절 참조)

$$U = \tfrac{3}{2}nRT \qquad \text{[단원자 이상 기체의 내부 에너지]} \qquad \textbf{(14.1)}$$

이다. 여기서 n은 몰수이다. 그러므로 이상 기체의 내부 에너지는 기체의 온도와 몰수에만 좌우된다.

기체 분자가 하나 이상의 원자를 가지면, 분자들의 회전 에너지와 진동 에너지도 고려해야 한다(그림 14.2). 내부 에너지는 주어진 온도에서 단원자 기체보다 크지만, 역시 이상 기체의 온도만의 함수이다.

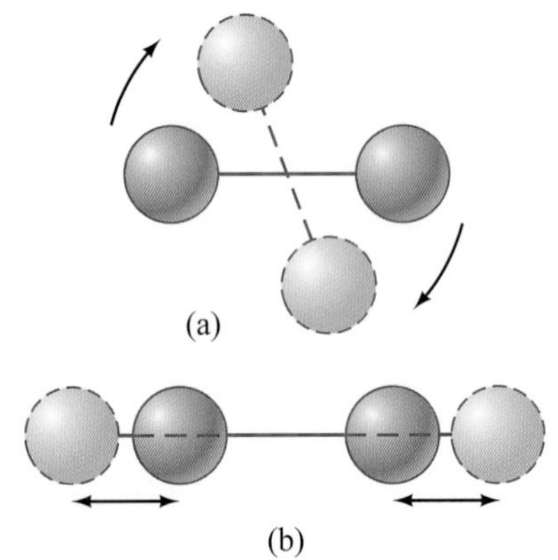

그림 14.2 병진 운동 에너지 이외에도 분자는 (a) 회전 에너지와 (b) 진동 에너지(운동 에너지와 퍼텐셜 에너지)도 가질 수 있다.

실제 기체의 내부 에너지도 주로 온도에 좌우되지만, 실제 기체가 이상 기체의 행동에서 벗어나면 내부 에너지는 (원자의 퍼텐셜 에너지에 의해) 압력과 부피에도 약간은 의존한다.

액체와 고체는 원자와 분자들 사이의 힘(또는 '화학적 결합')과 관련된 전기적 퍼텐셜 에너지도 있어서 내부 에너지는 매우 복잡하다.

14.3 비열

열이 물체 안으로 흐르면 (상변화가 없다고 가정하면) 물체의 온도가 올라간다. 그렇다면 온도는 얼마나 올라갈까? 이는 경우에 따라 다르다. 일찍이 18세기에 실험자들은 주어진 물질의 온도를 올리는 데 필요한 열의 양 Q가 물질의 질량 m과 온도차 ΔT에 비례한다는 것을 알았다. 자연의 이 대단한 단순성을 식으로 표현하면

$$Q = mc\,\Delta T \qquad \textbf{(14.2)}$$

이다. 여기서 c는 물질의 특성으로 **비열**(specific heat)이라 한다. $c = Q/(m\Delta T)$이므로 비열을 나타내는 단위는 J/kg · °C† (SI 단위), 또는 kcal/kg · °C이다. 15 °C, 1기압인 물의 경우, $c = 4.186 \times 10^3$ J/kg · °C 또는 1.00 kcal/kg · °C인데, 칼로리와 줄의 정의에 의해 1 kg의 물을 1 °C 올리는 데 1 kcal의 열이 필요하기 때문이다. 표 14.1에 20 °C에서의 여러 물질의 비열이 나와 있다. c의 값은 어느 정도는 온도에 (약간은 압력에도) 좌우되지만, 온도 변화가 크지 않으면 c는 일정하다고 생각할 수 있다.

표 14.1 비열(달리 언급이 없으면 20 °C, 1기압)

	비열, c	
물질	J/kg·°C	kcal/kg·°C (= cal/g·°C)
알루미늄	900	0.22
에틸알코올	2400	0.58
구리	390	0.093
유리	840	0.20
철 또는 강철	450	0.11
납	130	0.031
대리석	860	0.21
수은	140	0.033
은	230	0.056
나무	1700	0.4
물		
얼음(−5 °C)	2100	0.50
액체(15 °C)	4186	1.00
증기	2010	0.48
(110 °C)	3470	0.83
인체(평균)	1700	0.4
단백질		

예제 14.2 **전달되는 열은 비열에 따라 어떻게 다른가?**

(a) 철로 만든 20 kg 짜리 빈 통을 10 °C에서 90 °C로 올리는 데 필요한 입력 열은 얼마인가? (b) 통에 물 20 kg을 채우면 어떻게 되는가?

접근 식 14.2를 각 물질들에 적용한다.

풀이 (a) 계는 철재 통뿐이다. 표 14.1에서 철의 비열은 450 J/kg · °C이다. 온도 변화가 (90 °C − 10 °C) = 80 °C이므로 다음과 같이 계산할 수 있다.

$$Q_{통} = mc\,\Delta T = (20\,\text{kg})(450\,\text{J/kg}\cdot°\text{C})(80\,°\text{C})$$
$$= 7.2 \times 10^5\,\text{J} = 720\,\text{kJ}$$

(b) 계는 통과 물이다. 물이 필요로 하는 열의 양은

$$Q_{물} = mc\,\Delta T = (20\,\text{kg})(4186\,\text{J/kg}\cdot°\text{C})(80\,°\text{C})$$
$$= 6.7 \times 10^6\,\text{J} = 6700\,\text{kJ}$$

또는 같은 질량의 철의 약 10배이다. 통과 물 전체로는 720 kJ + 6700 kJ = 7400 kJ이다.

유의 (b)에서 철재 통과 물은 온도 변화가 ΔT = 80 °C로 동일하지만, 비열이 다르다.

예제 14.2의 (a)에서 철로 만든 통을 90 °C에서 10 °C로 냉각시키면 720 kJ의 열이 철에서 **흘러 나갈** 것이다. 다시 말하면 식 14.2는 열이 들어가거나 나갈 때 모두 성립하며 그에 따라 온도가 올라가거나 내려간다.

예제 14.2의 (b)에서 물은 동일한 온도 변화에 대해 질량이 같은 철의 약 10배의 열을 필요로 한다는 것을 알았다. 물은 모든 물질 중에서 비열이 가장 높으므로 주어진 양의 열전달에 의한 온도 감소가 최소화되어야 하는 온수 급탕/난방 시스템 등에 이상적인 물질이다. 또한 뜨거운 사과 파이를 먹을 때 혀를 데는 것은 파이 껍질 때문이 아니라 사과에 포함된 물로부터의 열전달 때문이다.

물리학의 응용
비열이 높은 물의 실제적 효과

연습 A 375쪽 시작 질문으로 가서 다시 답을 해 보라. 처음과 답이 다르다면 그 이유를 설명해 보라.

† J/kg · °C는 J/(kg · °C)이지, (J/kg) · °C = J · °C/kg가 아님에 주목하자. 잘못하면 틀릴 수 있다.

표 14.2 기체의 비열(kcal/kg · °C)

기체	c_P (일정 압력)	c_V (일정 부피)
증기(100°C)	0.482	0.350
산소	0.218	0.155
헬륨	1.15	0.75
이산화탄소	0.199	0.153
질소	0.248	0.177

기체의 비열

온도가 변해도 부피 변화가 작은 고체나 액체보다 기체의 비열은 훨씬 더 복잡하다. 13장의 기체의 법칙에서 봤듯이 기체는 일정 압력에서 온도가 변하면 부피 변화가 매우 크다. 또는 부피가 일정하게 유지되면 기체의 압력은 온도에 따라 크게 변한다. 기체의 비열은 온도의 변화 과정에 크게 좌우된다. 대부분 비열을 (a) 일정 압력(c_P) 또는 (b) 일정 부피(c_V)에서 다룬다. 표 14.2에 몇 개의 비열 값이 나와 있는데, c_P가 c_V보다 항상 크다는 것을 알 수 있다. 액체와 고체에서는 이런 차이를 무시할 수 있다. 더 자세한 것은 부록 D의 분자 비열과 에너지 등분배에 나와 있다.

14.4 열량 측정–문제 풀이

열과 열역학 논의에서 종종 특정한 **계**(system)를 생각하는데, 물체일 수도, 물체의 집합일 수도 있다. 우주의 모든 것들이 '환경'이다. 계는 몇 종류가 있다. **닫힌계**(closed system)는 질량이 들어가지도 나오지도 않는다. (그러나 에너지는 환경과 교환할 수 있다.) **열린계**(open system)는 질량이(에너지도) 들어가거나 나온다. 물리학에서 연구하는 많은 이상적인 계는 닫힌계이다. 그러나 식물이나 동물을 포함한 많은 계는 물질(음식, 산소 폐기물)을 환경과 교환하므로 열린계이다. 닫힌계는 어떤 형태의 에너지(질량도 포함)도 경계를 통과하지 않으면 **고립계**(isolated system)라고 한다. 그렇지 않으면 고립된 게 아니다.

완벽한 고립계는 이상적이지만, 종종 고립계라고 볼 수 있는(다루기 쉬운) 계를 만들려고도 시도한다. 고립계의 부분들이 온도가 다르면 계 내부에서 온도가 높은 부분에서 온도가 낮은 부분으로 열이 흐른다(에너지가 전달된다). 그래서 **열평형**(thermal equilibrium)이 된다. 즉 계 전체의 온도가 같아진다. 고립계는 에너지가 들어가지도 나오지도 않는다. 따라서 고립계에는 **에너지 보존**을 적용할 수 있다. 에너지 보존을 이해하는 간단하고 직관적인 방법은 계의 어느 부분에서 손실된 열은 다른 부분이 얻은 열과 같다고 기억하는 것이다. 즉

손실된 열 = 얻은 열 [고립계]

또는

어느 부분에서 **나간** 에너지 = 다른 부분이 **얻은** 에너지 [고립계]

이다.

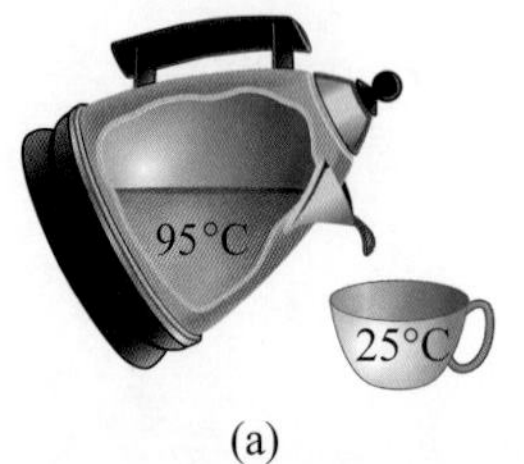

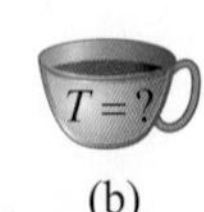

그림 14.3 예제 14.3

예제 14.3 잔이 차를 식힌다

95 °C인 200 cm^{3}의 차를 25 °C인 150 g의 유리잔에 부을 때(그림 14.3), 열이 주위 환경으로 나가지 않는다고 가정하면 열평형이 될 때의 차와 잔의 최종적인 온도 T는 얼마인가?

접근 차와 잔으로 된 계를 고립계라고 가정하고 에너지 보존을 적용한다. 차에서 나간 모든 열은 잔으로 흘러 들어간다. 비열 식(식 14.2)을 써서 열흐름과 온도 변화의 관계를 구

한다.

풀이 차는 주로 물이므로 비열은 4186 J/kg · °C이고, 질량 m은 밀도와 부피의 곱, 즉 $(V = 200\,\text{cm}^3 = 200 \times 10^{-6}\,\text{m}^3)$: $m = \rho V = (1.0 \times 10^3\,\text{kg/m}^3)(200 \times 10^{-6}\,\text{m}^3) = 0.20\,\text{kg}$ 이다. 식 14.2를 쓰고, 에너지 보존을 적용하여, T를 나중 온도로 하면

$$\begin{aligned} \text{차에서 손실된 열} &= \text{잔이 얻은 열} \\ m_{\text{tea}}\,c_{\text{tea}}(95°\text{C} - T) &= m_{\text{cup}}\,c_{\text{cup}}(T - 25°\text{C}) \end{aligned}$$

이다. 숫자를 대입하고 표 14.1의 유리의 비열(c_{cup} = 840 J/kg · °C)을 사용하여 T에 대해 풀면

$$\begin{aligned} (0.20\,\text{kg})(4186\,\text{J/kg}\cdot°\text{C})(95°\text{C} - T) &= (0.15\,\text{kg})(840\,\text{J/kg}\cdot°\text{C})(T - 25°\text{C}) \\ 79{,}500\,\text{J} - (837\,\text{J/°C})T &= (126\,\text{J/°C})T - 3150\,\text{J} \\ T &= 86°\text{C} \end{aligned}$$

이다. 차의 온도는 9 °C 내려가서 잔과 평형을 이룬다.

유의 잔의 온도는 86 °C − 25 °C = 61 °C 증가한다. 차에 비해 큰 온도 차이는 비열이 훨씬 작기 때문이다.

유의 이 계산에서 ΔT(식 14.2의 $Q = m\,c\Delta T$)는 에너지 보존 식의 양변 모두 양이다. 좌변은 '손실된 열'이고 ΔT는 처음 온도에서 나중 온도를 뺀 값(95 °C − T)인 반면에, 우변은 '얻은 열'로서 ΔT는 나중 온도에서 처음 온도를 뺀 값이다.

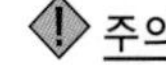
주의

'손실된 열 = 얻은 열'에서 양변의 ΔT는 양수이다.

고립계 내부에서 열전달에 대한 에너지 보존을 이해하는 더 일반적인 방법은 계 내부에서의 내부 열전달의 합을 0 이라고 기억하는 것이다. 즉

$$\Sigma Q = 0 \qquad \text{[고립계]} \quad \textbf{(14.3)}$$

이다. 각 Q는 어느 부분으로 들어가거나 나오는 열을 나타낸다. 각 항은 $Q = mc(T_f - T_i)$이며, $\Delta T = T_f - T_i$는 항상 나중 온도에서 처음 온도를 뺀 값이다. ΔT는 열이 그 부분으로 들어가는지 나오는지에 따라 양 또는 음이 된다. $\Sigma Q = 0$을 써서 예제 14.3을 다시 풀어보자.

예제 14.3′ 다른 풀이, $\Sigma Q = 0$

접근 식 14.3의 $\Sigma Q = 0$을 사용한다.

풀이 각 항에 대해서 $\Delta T = T_f - T_i$이다. $T_f < T_i$이면 $\Delta T < 0$이다. 식 14.3의 $\Sigma Q = 0$은

$$m_{\text{cup}}\,c_{\text{cup}}(T - 25°\text{C}) + m_{\text{tea}}\,c_{\text{tea}}(T - 95°\text{C}) = 0$$

이다. T가 95 °C보다 작으므로 두 번째 항은 음이다. 식을 풀면 같은 결과인 T = 86 °C이다.

어느 방법을 써도 된다. 수학적으로 완전히 동일하다. 예를 들면 예제 14.3′의 식의 첫 번째 항을 우변으로 옮기면, 예제 14.3의 첫 번째 식인 '손실된 열 = 얻은 열'을 얻는다.

예제 14.3에 나온 에너지 교환을 **열량 측정**(calorimetry)이라 하며, 열 교환의 정

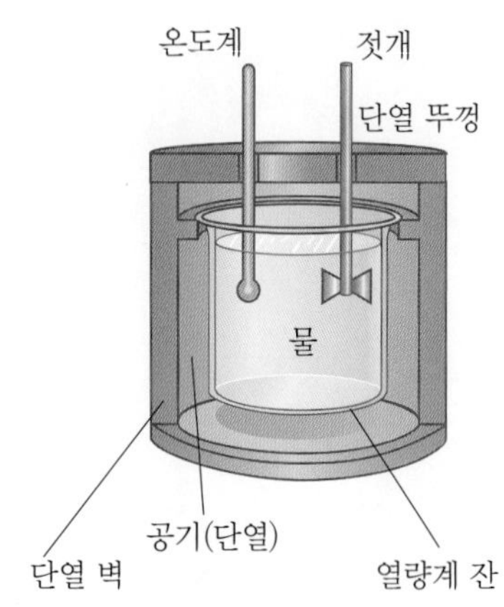

그림 14.4 간단한 물 열량계

량적인 측정 기술의 기본이다. 이런 측정을 하기 위해 **열량계**(calorimeter)를 사용한다. 간단한 물 열량계가 그림 14.4에 나와 있다. 열량계는 주위 환경과의 열 교환이 없도록 잘 단열되는 것이 중요하다. 열량계의 중요한 용도 중 하나는 물질의 비열을 결정한다는 것이다. '혼합법'이라는 기술에서는, 물질의 표본을 높은 온도로 가열해서 정확하게 측정하고, 열량계의 찬물에 재빨리 담근다. 표본에서 손실된 열은 물과 열량계의 잔으로 간다. 혼합물의 나중 온도를 측정하여 다음 예제에서 보듯이 비열을 계산할 수 있다.

예제 14.4 열량계로 비열 측정하기

기술자가 새로운 금속 합금의 비열을 측정하려 한다. 0.150 kg인 합금 표본을 540 °C로 가열한다. 그리고 0.200 kg의 알루미늄 열량계 잔에 든 10.0 °C인 0.400 kg의 물에 신속히 담근다. 계의 나중 온도는 30.5 °C이다. 합금의 비열을 계산하라.

접근 합금 표본, 물, 열량계 잔으로 된 계에 에너지 보존을 적용한다. 고립계라고 가정하고 식 14.3의 $\Sigma Q = 0$을 적용한다.

풀이 각 항은 $Q = mc(T_\mathrm{f} - T_\mathrm{i})$의 형태이다. 그러므로 $\Sigma Q = 0$에서

$$m_\mathrm{a} c_\mathrm{a}\, \Delta T_\mathrm{a} + m_\mathrm{w} c_\mathrm{w}\, \Delta T_\mathrm{w} + m_\mathrm{cal} c_\mathrm{cal}\, \Delta T_\mathrm{cal} = 0$$

이다. 여기서 첨자 a, w, cal은 합금, 물, 열량계를 의미하고, ΔT는 각 물체의 나중 온도(30.5 °C)에서 처음 온도를 뺀 값이다. 값을 대입하고 표 14.1을 사용하면 이 식은

$$(0.150\,\mathrm{kg})(c_\mathrm{a})(30.5^\circ\mathrm{C} - 540^\circ\mathrm{C}) + (0.400\,\mathrm{kg})(4186\,\mathrm{J/kg\cdot{}^\circ C})(30.5^\circ\mathrm{C} - 10.0^\circ\mathrm{C}) + (0.200\,\mathrm{kg})(900\,\mathrm{J/kg\cdot{}^\circ C})(30.5^\circ\mathrm{C} - 10.0^\circ\mathrm{C}) = 0$$

즉

$$-(76.4\,\mathrm{kg\cdot{}^\circ C})c_\mathrm{a} + 34{,}300\,\mathrm{J} + 3690\,\mathrm{J} = 0$$

가 된다. c_a에 대해 풀면 다음과 같다.

$$c_\mathrm{a} = 497\,\mathrm{J/kg\cdot{}^\circ C} \approx 500\,\mathrm{J/kg\cdot{}^\circ C}$$

유의 온도계와 젓개로 전달된 열을 무시했으므로 반올림했다. 젓개는 열전달 과정을 빠르게 해서 밖으로의 열 손실을 줄인다. 그것들도 고려하면 식에 항을 추가해야 한다.

이런 종류의 모든 예제와 문제에서 열을 얻거나 잃을 것으로 추론되는 모든 물체를 포함하는지 확인하라. 간단하게 하기 위해 에너지 균형에 영향을 약간만 주는 온도계와 젓개와 같은 작은 질량은 무시했다.

봄베 열량계

물리학의 응용

칼로리 양 측정

봄베 열량계(bomb calorimeter)는 물체를(음식 포함) 연소시킬 때 방출된 열에너지를 측정하기 위해 사용하는 것으로 칼로리 양을 결정하는 데 사용된다. 여분의 산소와 함께 물체의 질량을 주의 깊게 잰 후, 용기('봄베') 안에 넣고 밀폐시킨다. 용기를 열량계 물속에 넣고 용기를 통과하는 가는 전선을 가열하여 혼합물을 점화시킨다. 이런 방법으로 구한 음식의 칼로리 양은 신뢰할 수 없는데, 인체는 가용한 모든 에너

지를 대사 작용에 쓸 수 없기 때문이다(배설되기도 한다). 이 점을 고려하여 주의 깊게 측정과 계산을 해야 한다.

14.5 잠열

물질이 고체에서 액체로 또는 액체에서 기체로 상이 바뀔 때(13.11절 참조), 특정한 양의 에너지가 **상변화**(change of phase)에 관련된다. 예를 들면 −40 °C인 1.0 kg의 얼음 조각을 1기압에서 모든 얼음이 물로 될 때까지 천천히 가열하고, 100 °C까지 더 가열하여 물이 증기가 되고, 100 °C 이상으로 더 가열할 때 어떤 일이 일어나는지 알아보자. 그림 14.5의 그래프에서 보듯이, −40 °C에서 얼음을 가열하면 온도가 더해진 열 2 °C/kcal의 비율로 올라간다(얼음의 경우, $c \approx 0.50$ kcal/kg · °C이므로). 그러나 0 °C가 되면 열을 계속 가해도 온도는 올라가지 않는다. 얼음이 점점 액체 상태의 물로 변해도 온도 변화는 없다. 0 °C에서 약 40 kcal가 더해진 후 얼음의 반은 남고 반은 물로 변한다. 약 80 kcal 또는 330 kJ이 더해진 후 여전히 0 °C에서 얼음은 모두 물로 변한다. 열을 계속 가하면 다시 물의 온도가 이제는 1 °C/kcal의 비율로 올라간다. 100 °C가 되면 더해진 열이 액체 상태의 물을 수증기로 변화시키므로 온도는 올라가지 않는다. 1.0 kg의 물을 완전히 수증기로 변화시키는 데 약 540 kcal(2260 kJ)가 필요하다. 그 후 그래프는 다시 올라가는데, 열을 가하면 수증기의 온도가 올라간다는 의미이다.

1.0 kg의 물질을 고체 상태에서 액체 상태로 변화시키는 데 필요한 열을 **융해열**(heat of fusion)이라 하며 L_F로 나타낸다. 물의 융해열은 79.7 kcal/kg 또는 SI 단위로 333 kJ/kg(= 3.33×10^5 J/kg)이다. 물질을 액체 상태에서 기체 상태로 변화시키는 데 필요한 열을 **기화열**(heat of vaporization) L_V라 한다. 물의 경우 539 kcal/kg (2260 kJ/kg)이다. 다른 물질들도 그림 14.5와 비슷한 그래프를 따르는데, 비열, 융해열, 기화열과 마찬가지로 녹는점 온도와 끓는점 온도는 다르다. 융해열과 기화열

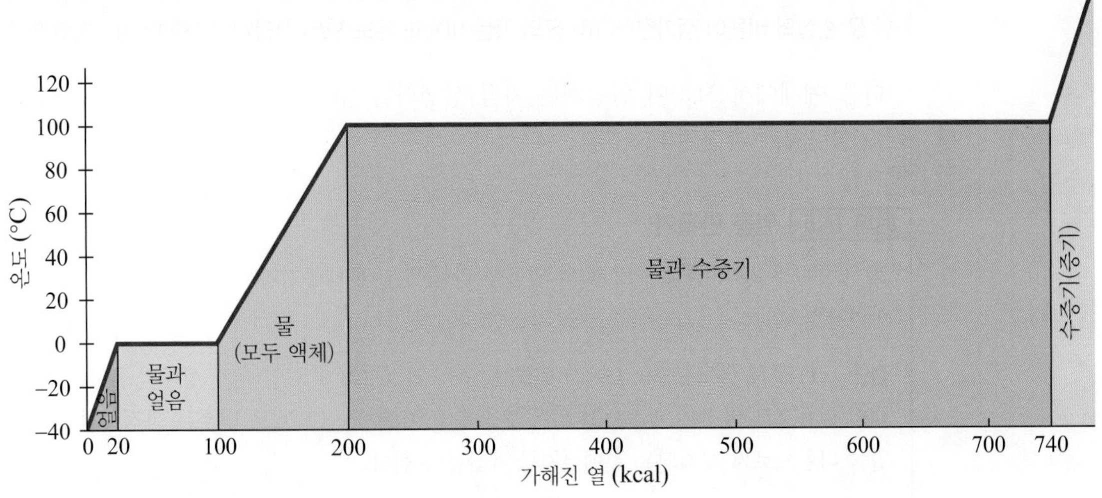

그림 14.5 −40 °C인 1.0 kg의 얼음을 100 °C 이상의 수증기로 만들기 위해 가해진 열의 함수로서 온도

표 14.3 잠열(1기압에서)

물질	녹는점 (°C)	융해열		끓는점 (°C)	기화열	
		kJ/kg	kcal/kg†		kJ/kg	kcal/kg†
산소	−218.8	14	3.3	−183	210	51
질소	−210.0	26	6.1	−195.8	200	48
에틸알코올	−114	104	25	78	850	204
암모니아	−77.8	33	8.0	−33.4	137	33
물	0	333	79.7	100	2,260	539
납	327	25	5.9	1,750	870	208
은	961	88	21	2,193	2,300	558
철	1,538	289	69.1	3,023	6,340	1,520
텅스텐	3,410	184	44	5,900	4,800	1,150

†kcal/kg으로 나타낸 값은 cal/g으로 나타낸 값과 같다.

을 **잠열**(latent heats)이라고도 하는데 표 14.3에 여러 물질들에 대한 잠열이 나와 있다.

기화열과 융해열은 물질이 기체 상태에서 액체 상태로 또는 액체 상태에서 고체 상태로 변할 때 물질이 **방출하는** 열의 양을 의미하기도 한다. 그러므로 수증기는 물로 변할 때 2260 kJ/kg을 방출하고, 물은 얼음이 될 때 333 kJ/kg을 방출한다. [이 열 방출의 경우 식 14.3의 $\Sigma Q = 0$을 사용하면 $Q < 0$이다.]

상변화에 관련된 열은 잠열만이 아니라 물질의 전체 질량에도 좌우된다. 즉

$$Q = mL \tag{14.4}$$

이다. 여기서 L은 물질의 잠열, m은 물질의 질량, Q는 상변화 중 가해지거나 방출된 열이다. 예를 들면 5.00 kg의 물이 0 °C에서 얼면 (5.00 kg)(3.33×10^5 J/kg) = 1.67×10^6 J의 에너지를 방출한다.

연습 B 물 한 주전자가 가스난로 위에서 끓는데, 가스를 더 키운다. 어떤 일이 일어나는가? (a) 물의 온도가 올라가기 시작한다. (b) 증발에 의한 물 손실의 비율이 약간 감소한다. 증발에 의한 물 손실의 비율이 증가한다. (d) 물의 끓는 비율과 온도 모두 상당히 증가한다. (e) 정답 없음

다음 예제에서 보듯이 열량계는 가끔 상변화를 내포하기도 한다. 실제로 잠열은 종종 열량계로 측정된다.

예제 14.5 얼음 만들기

20 °C인 1.5 kg의 물로 −12 °C의 얼음을 만들기 위해 냉동기가 제거해야 할 에너지는 얼마인가?

접근 (1) 물의 온도를 20 °C에서 0 °C 낮추는 과정, (2) 0 °C인 액체 상태의 물을 고체 상태의 얼음으로 바꾸는 과정, (3) 얼음 온도를 0 °C에서 −12 °C로 낮추는 과정에서 나가는 열을 더함으로써 제거되는 총에너지를 계산해야 한다.

풀이 1.5 kg의 물에서 제거해야 할 Q는

$$
\begin{aligned}
Q &= mc_w(20°C - 0°C) + mL_F + mc_{ice}[0° - (-12°C)] \\
&= (1.5\,kg)(4186\,J/kg\cdot°C)(20\,°C) + (1.5\,kg)(3.33 \times 10^5\,J/kg) \\
&\quad + (1.5\,kg)(2100\,J/kg\cdot°C)(12\,°C) \\
&= 6.6 \times 10^5\,J = 660\,kJ
\end{aligned}
$$

이다.

연습 C 예제 14.5의 과정 중 어느 과정에서 열 손실이 가장 큰가?

예제 14.6 추산 얼음이 전부 얼까?

−10 °C인 0.50 kg의 얼음 덩어리를 20 °C인 3.0 kg의 차에 넣는다. 최종 혼합물의 온도와 상을 구하라. 차는 물로 생각할 수 있다. 용기를 포함한 주위 환경으로의 열 손실은 무시한다.

접근 에너지 보존을 적용하여 식을 쓰기 전에 최종 상태가 모두 얼음인지, 0 °C인 얼음과 물의 혼합물인지, 모두 물인지를 먼저 확인해야 한다. 20 °C인 3.0 kg의 물을 0 °C로 내리는 데는

$$m_w c_w(20°C - 0°C) = (3.0\,kg)(4186\,J/kg\cdot°C)(20\,°C) = 250{,}000\,J$$

의 에너지가 방출되어야 한다. 반면에 얼음을 −10 °C에서 0 °C로 올리는 데는

$$
\begin{aligned}
m_{ice}\,c_{ice}[0°C - (-10°C)] &= (0.50\,kg)(2100\,J/kg\cdot°C)(10\,°C) \\
&= 10{,}500\,J
\end{aligned}
$$

의 에너지가 필요하다. 또한 0 °C의 얼음을 물로 바꾸는 데는

$$m_{ice}L_F = (0.50\,kg)(333\,kJ/kg) = 167{,}000\,J$$

의 에너지가 필요하다. 두 값을 더하면 10.5 kJ + 167 kJ = 177 kJ이다. 이 에너지는 20 °C인 3.0 kg의 물을 0 °C로 내리는 데는 충분하지 않으므로, 혼합물은 모두 0 °C와 20 °C 사이의 물로 되어야 한다.

풀이 나중 온도를 구하기 위해 에너지 보존을 적용한다. 14.4절에서 논의했던 두 방법을 모두 제시한다.

방법 1: $\Sigma Q = 0$에서

$$\begin{pmatrix}\text{0.50 kg의 얼음을}\\ \text{−10°C에서 0°C로}\\ \text{올리는 열}\end{pmatrix} + \begin{pmatrix}\text{0.50 kg의}\\ \text{얼음을 물로}\\ \text{바꾸는 열}\end{pmatrix} + \begin{pmatrix}\text{0.50 kg의 물을}\\ \text{0°C에서 }T\text{로}\\ \text{올리는 열}\end{pmatrix} + \begin{pmatrix}\text{3.0 kg의 물을}\\ \text{20°C에서 }T\text{로}\\ \text{내리는 열}\end{pmatrix} = 0$$

이다. 위의 방법에서 나온 결과를 사용하면

$$
\begin{aligned}
&10{,}500\,J + 167{,}000\,J + (0.50\,kg)(4186\,J/kg\cdot°C)(T - 0°C) \\
&\qquad + (3.0\,kg)(4186\,J/kg\cdot°C)(T - 20°C) = 0
\end{aligned}
$$

이다. T에 대해 풀면

$$T = 5.0\,°C$$

이다.

방법 2: '얻은 열 = 손실된 열'에서 위와 같은 식이 나온다. 즉

$$10{,}500\,\text{J} + 167{,}000\,\text{J} + (0.50\,\text{kg})(4186\,\text{J/kg}\cdot{}^\circ\text{C})(T - 0^\circ\text{C}) = (3.0\,\text{kg})(4186\,\text{J/kg}\cdot{}^\circ\text{C})(20^\circ\text{C} - T)$$

이다. 우변의 항은 3.0 kg의 물을 20 °C에서 T로 내리는 데 손실된 열이다. 이 방법에서 $\Delta T = T_i - T_f = 20\,^\circ\text{C} - T$이다. 수학적으로 이 식은 첫 번째 방법과 동일하다.†

연습 D 예제 14.6에서 모든 얼음을 녹이면서 차를 0 °C로 내리기 위해서는 −10 °C의 얼음이 얼마나 더 필요한가?

증발

액체를 기체로 바꾸는 잠열은 끓는점에서만 필요한 것이 아니다. 물은 실온에서도 액체 상태에서 기체 상태로 변할 수 있다. 이 과정을 **증발**(evaporation)이라 한다(13.12절 참조). 물의 기화열은 온도가 감소하면 약간 증가한다. 예를 들면 20 °C에서는 2450 kJ/kg(585 kcal/kg)인 반면에 100 °C에서는 2260 kJ/kg(= 539 kcal/kg)이다. 물이 증발할 때, 필요한 에너지(증발의 잠열)는 물 자체에서 나오기 때문에 남은 물은 식는다. 따라서 내부 에너지, 즉 온도는 내려가야 한다.‡

물리학의 응용

체온

피부로부터 물이 증발하는 것은 몸이 온도를 조절하는 가장 중요한 방법 중 하나이다. 혈액의 온도가 정상보다 약간 증가하면 뇌의 시상하부 영역이 온도 증가를 감지해서 땀샘에 신호를 보내 땀의 생산을 늘린다. 이 물을 증발시키는 데 필요한 에너지(잠열)는 몸에서 나오기 때문에 몸이 냉각된다.

잠열의 운동론

물질을 녹이거나 증발시키는 데 왜 에너지가 필요한지 알기 위해 운동론을 활용할 수 있다. 녹는점에서 융해열은 고체 분자의 평균 운동 에너지(온도)를 증가시키지 않는다. 대신 분자들 사이의 힘에 관련된 퍼텐셜 에너지를 극복하는 데 사용된다. 즉 고체 분자들의 상대적으로 고정된 위치를 느슨하게 하려면 인력에 맞서는 일이 필요하다. 그래야 분자들이 액체 상태에서 자유롭게 서로 뒹굴 수 있다. 마찬가지로 액체 상태에서 가깝게 묶여 있는 분자들이 서로 멀리 떨어진 기체 상태로 바뀌는 데에도 에너지가 필요하다. 이는 용해보다 더 격렬한 재배열 과정이므로 분자들 사이의 평균 거리가 훨씬 더 증가한다. 일반적으로 증발 물질의 기화열은 융해열보다 훨씬 더 크다.

† 대수학에서, 양변에서 B를 빼서 $A - B = B - B = 0$ 또는 $A - B = 0$이면 $A = B$이다. 그러므로 어느 항을 =의 반대쪽으로 넘기면 부호 (+ 또는 −)가 바뀐다.

‡ 운동론의 관점에서도 표면에서 탈출하는 분자는 가장 빨리 움직이므로 (13.12절 참조) 증발은 냉각 과정이다. 따라서 남은 분자의 평균 속력은 작아지므로 식 13.8에 의해 온도가 낮아진다.

14.6 열전달: 전도

열은 세 종류의 방법, 즉 **전도**, **대류**, **복사**를 통해 한 곳에서 다른 곳으로 전달된다. 이들을 차례대로 논의한다. 그러나 실제 상황에서는 둘 이상의 방법이 동시에 작용한다. 이 절은 전도에 대해 설명한다.

금속 부지깽이를 뜨거운 불에 넣거나, 은 숟가락을 뜨거운 국그릇에 넣으면, 열원에 직접 닿지 않은 부분도 곧 뜨거워진다. 열은 뜨거운 쪽에서 차가운 쪽으로 전도된다고 말한다.

많은 물질에서 **열전도**(heat conduction)는 분자의 충돌에 의해 일어난다고 생각할 수 있다. 물체의 한쪽을 가열하면 분자들이 더 빨리 움직인다(= 높은 온도). 이 빠른 분자들이 이웃 분자들과 충돌하면서 운동 에너지의 일부를 전달하고 차례대로 멀리 있는 분자들에게도 충돌에 의해 그중 일부를 전달한다. 그러므로 분자의 충돌에 의해 열운동의 운동 에너지는 물체에 전달된다. 금속에서는 자유 전자의 충돌이 전도에 가장 중요하다. 물리적으로 접촉된 물체 사이의 전도도 비슷하게 일어난다.

한 점에서 다른 점으로의 열전도는 두 점 사이에 온도차가 있을 때에만 일어난다. 실제로 물질 속에서 열흐름의 속도는 양끝 사이의 온도차에 비례한다는 것이 실험적으로 밝혀졌다. 열흐름의 속도는 물체의 크기와 모양에도 좌우된다. 이것을 정량적으로 조사하기 위해 그림 14.6의 균일한 원통 안의 열흐름을 생각하자. 시간 간격 t에서 Q는

$$\frac{Q}{t} = kA\frac{T_1 - T_2}{\ell} \tag{14.5}$$

의 관계로 주어진다는 것이 실험적으로 밝혀졌다. 여기서 A는 물체의 단면적, ℓ은 온도가 T_1, T_2인 두 점 사이의 거리, k는 비례 상수로 물질의 고유 특성인 **열전도도**(thermal conductivity)이다. 식 14.5에서 열흐름의 속도(J/s)는 단면적과 온도 기울기 $(T_1 - T_2)/\ell$에 비례한다는 것을 알 수 있다.

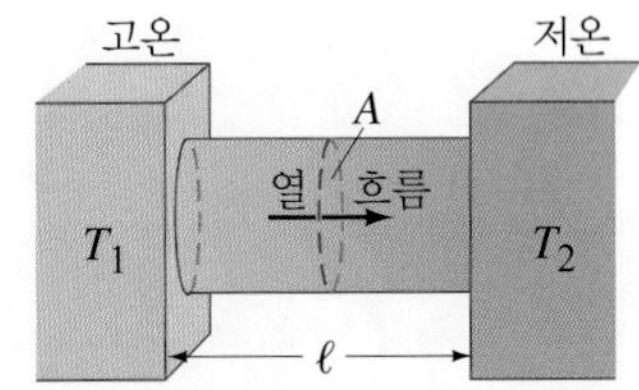

그림 14.6 온도가 T_1, T_2인 두 영역 사이의 열전도. $T_1 > T_2$이면 열은 오른쪽으로 흐르고, 열흐름의 속도는 식 14.5로 주어진다.

표 14.4 열전도도

물질	열전도도, k	
	$\frac{\text{J}}{(\text{s}\cdot\text{m}\cdot{}^\circ\text{C})}$	$\frac{\text{kcal}}{(\text{s}\cdot\text{m}\cdot{}^\circ\text{C})}$
은	420	10×10^{-2}
구리	380	9.2×10^{-2}
알루미늄	200	5.0×10^{-2}
강철	40	1.1×10^{-2}
얼음	2	5×10^{-4}
유리	0.84	2.0×10^{-4}
벽돌	0.84	2.0×10^{-4}
콘크리트	0.84	2.0×10^{-4}
물	0.56	1.4×10^{-4}
인체 조직	0.2	0.5×10^{-4}
나무	0.1	0.3×10^{-4}
섬유유리	0.048	0.12×10^{-4}
코르크	0.042	0.10×10^{-4}
양털	0.040	0.10×10^{-4}
거위 털	0.025	0.060×10^{-4}
폴리우레탄	0.024	0.057×10^{-4}
공기	0.023	0.055×10^{-4}

표 14.4에 여러 물질들의 열전도도 k를 나타냈다. k가 큰 물질은 열을 신속히 전도하므로 **열도체**(thermal conductors)이다. 같은 국그릇에 담근 은 숟가락과 스테인리스 스틸 숟가락을 잡아보면 알 수 있듯이 대부분의 금속들은 비록 정도의 차이는 있지만 열도체에 속한다. 양털, 섬유 유리, 폴리우레탄, 거위 털과 같이 k가 작은 물질은 열등한 열도체이고, 따라서 우수한 **단열재**(thermal insulators)이다. k의 상대적 크기는 같은 온도에서 양탄자를 깐 바닥보다 타일 바닥이 왜 발에 훨씬 더 차가운 느낌을 주는지 등의 간단한 현상을 설명할 수 있다. 타일은 양탄자보다 우수한 열도체이다. 발에서 양탄자로 흐르는 열은 쉽게 전도되어 사라지지 않으므로 양탄자 표면은 발 온도로 쉽게 데워져서 발이 편하게 느껴진다. 그러나 타일은 열을 빠르게 전도를 통해 보내므로 발에서 더 많은 열이 빠르게 빠져나가서 발바닥 온도가 내려간다.

예제 14.7 창문을 통한 열손실

추운 겨울 집으로부터 열손실은 주로 창문을 통해 일어난다. 내부와 외부 표면의 온도가 각

물리학의 응용

창문을 통한 열 손실

각 15.0 °C와 14.0 °C일 때 넓이가 2.0 m × 1.5 m이고 두께가 3.2 mm인 유리창을 통한 열흐름의 속도를 계산하라(그림 14.7).

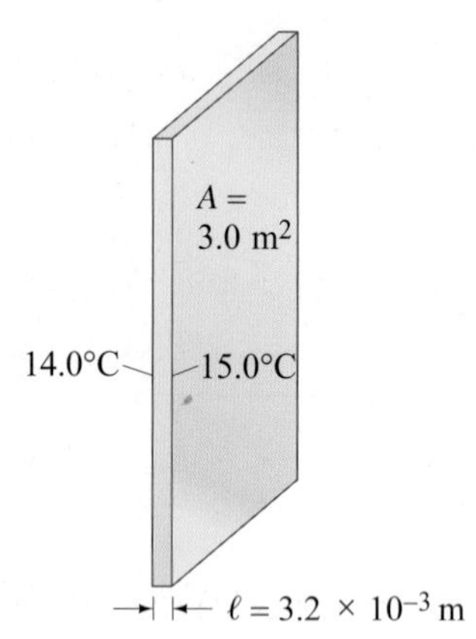

그림 14.7 예제 14.7

접근 열은 전도에 의해 두께가 3.2 mm인 유리를 통해 내부의 높은 온도에서 외부의 낮은 온도로 흐른다. 식 14.5의 열전도 식을 사용한다.

풀이 $A = (2.0\ \text{m})(1.5\ \text{m}) = 3.0\ \text{m}^2$이고 $\ell = 3.2 \times 10^{-3}$ m이다. 표 14.4의 k를 사용하면 다음을 얻는다.

$$\begin{aligned}\frac{Q}{t} &= kA\frac{T_1 - T_2}{\ell} \\ &= \frac{(0.84\ \text{J/s}\cdot\text{m}\cdot\text{C}^\circ)(3.0\ \text{m}^2)(15.0^\circ\text{C} - 14.0^\circ\text{C})}{(3.2 \times 10^{-3}\ \text{m})} \\ &= 790\ \text{J/s}\end{aligned}$$

유의 이 열흐름의 속도는 $(790\ \text{J/s})/(4.19 \times 10^3\ \text{J/kcal}) = 0.19\ \text{kcal/s}$, $(0.19\ \text{kcal/s}) \times (3600\ \text{s/h}) = 680\ \text{kcal/h}$과 같다.

예제 14.7에서 집 안 거실 온도로 15 °C는 따뜻하지 않다고 생각했을 것이다. 실제로 방 자체는 훨씬 더 따뜻할 것이고 외부는 14 °C보다 추울 것이다. 그러나 창문 표면의 온도로 15 °C와 14 °C를 표시했고, 보통 창문 내부와 외부 근처에는 공기 온도가 상당히 내려간다. 즉 창문 양쪽의 공기층이 단열재로 작용하고, 집 내부와 외부 사이의 온도 강하의 대부분은 공기층을 통해 일어난다. 바람이 세게 불면 창문 외부의 공기는 지속적으로 차가운 공기로 교체된다. 유리를 통한 온도 기울기가 커지면서 열손실의 속도는 훨씬 더 커진다. 공기층을 사이에 둔 두 장의 판유리에서 공기층의 너비를 늘리면 단지 유리 두께를 늘리는 것보다 열손실이 훨씬 감소한다. 유리보다 공기의 열전도도가 훨씬 작기 때문이다. 이런 '이중창'을 **열 창문**이라 한다.

물리학의 응용

열 창문

옷의 단열성은 공기의 단열성에서 온다. 옷이 없으면 몸은 피부와 닿은 공기를 데우는데, 공기는 우수한 단열재이므로 곧 적절히 편안해진다. 그러나 공기는 움직이므로—미풍이나 찬바람이 불고 사람은 돌아다니고—더운 공기는 차가운 공기로 대치되면 온도차가 생기고 몸에서도 열손실이 증가한다. 옷은 공기를 쉽게 움직이지 못하도록 가두어서 몸을 따뜻하게 유지한다. 몸을 단열시키는 것은 옷이 아니라 옷이 잡아둔 공기이다. 거위 털은 아주 적은 양이라도 크게 부풀어서 많은 공기를 잡아두므로 매우 우수한 단열재이다.

물리학의 응용

옷은 공기층을 가둬둠으로써 단열이 된다.

연습 E 창문 앞의 커튼이 왜 집의 열손실을 줄이는지 설명하라.

건축 자재의 *R* 값

물리학의 응용

단열의 *R* 값

건축 자재의 단열 특성은 종종 R 값(또는 '열저항')으로 나타낸다. 이것은 두께가 ℓ인 물질에 대해 다음과 같이 정의한다.

$$R = \frac{\ell}{k}$$

물질 조각의 R 값은 두께 ℓ과 열전도도 k를 조합하여 하나의 수치로 나타낸다. R 값이 클수록 열이나 추위로부터 단열 능력이 우수함을 의미한다. 미국에서는 R 값을 영국 단위 $ft^2 \cdot h \cdot °F/Btu$로 사용한다. 예를 들면 R19는 $R = 19\ ft^2 \cdot h \cdot °F/Btu$이다. 표 14.5에 일반적인 몇몇 건축 자재의 R 값을 나타냈다. R 값은 물질의 두께에 비례한다. 예를 들면 2인치의 섬유 유리는 R6이고 4인치는 R12이다.

표 14.5 R 값

물질	두께(in.)	R 값 ($ft^2 \cdot h \cdot °F/Btu$)
유리	$\frac{1}{8}$	1
벽돌	$3\frac{1}{2}$	0.6~1
합판	$\frac{1}{2}$	0.6
단열 섬유 유리	4	12

14.7 열전달: 대류

일반적으로 액체와 고체는 아주 우수한 열도체는 아니지만, 대류를 통해 열을 쉽게 전달할 수 있다. **대류**(convection)는 한 곳에서 다른 곳으로 분자들이 대거 이동함으로써 열이 흐르는 과정이다. 전도가 짧은 거리를 움직여 충돌하는 분자들(그리고/또는 전자들)과 관련된 반면에 대류는 많은 분자들의 장거리 움직임과 관련된다.

공기를 가열하여 팬으로 방에 공기를 불어넣는 난방기는 **강제 대류**의 예이다. **자연 대류**도 일어나는데 익숙한 예는 뜨거운 공기가 올라가는 것이다. 예를 들면 난로 위의 공기는 가열되면서 팽창하므로(13장 참조), 밀도가 작아진다. 주위의 차가운 공기보다 밀도가 작으므로, 물에 잠긴 나무의 밀도는 물보다 작아서 물 위에 떠오르는 것처럼, 부력에 의해 올라간다. 온화한 멕시코 만류와 같은 난류나 한류는 지구 규모의 자연 대류이다. 바람은 대류의 또 하나의 예이며, 날씨는 일반적으로 대류에 의한 공기의 흐름에 영향을 받는다.

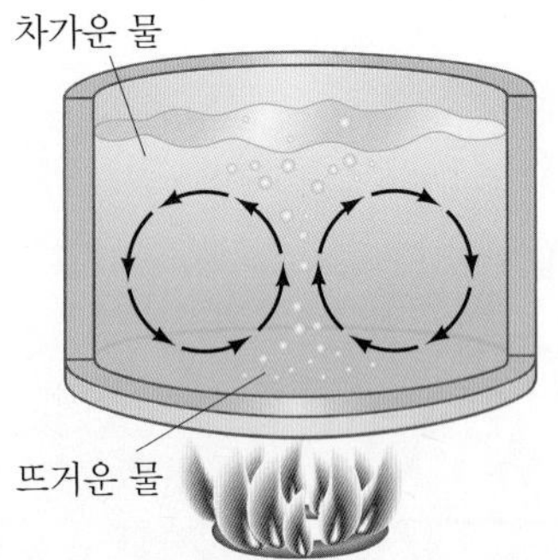

그림 14.8 난로에 의해 가열되는 물 주전자 안의 대류

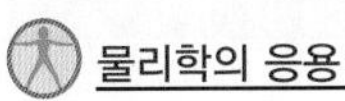
물리학의 응용

해류와 바람

물 한 주전자를 가열하면(그림 14.8), 주전자 바닥의 데워진 물이 작은 밀도 때문에 올라가면서 대류가 일어난다. 뜨거운 물은 위에서 온 차가운 물로 대치된다. 이 원리는 그림 14.9에서 보듯이 온수 난방기와 같은 많은 난방 계통에서 사용한다. 물이 보일러에서 가열되면 온도가 오르고 팽창하여 위로 올라간다. 이렇게 해서 난방 계통에 물이 순환한다. 뜨거운 물이 난방기로 들어가서, 열이 대류에 의해 공기로 전달되고, 식은 물이 보일러로 되돌아간다. 그러므로 물은 대류에 의해 순환한다. 가끔 순환을 돕기 위해 펌프를 사용한다. 방 전체의 온도도 대류의 결과로 따뜻해진다. 난방기로 데워진 공기는 올라가면서 차가운 공기로 대치되어 그림 14.9의 초록색 화살표로 표시한 대류에 의한 공기의 흐름이 된다.

물리학의 응용

대류에 의한 주택 난방

다른 종류의 보일러도 대류를 활용한다. 바닥 근처에 통풍 조절 장치(구멍)가 있는 열풍 난방기는 팬 없이 자연 대류를 활용하기도 하는데 주목할 만하다. 다른 종류는 팬을 사용한다. 어느 경우든 차가운 공기가 보일러로 되돌아가서 방 전체를 균일하게 난방하도록 대류가 방 전체를 순환할 수 있는 것이 중요하다.

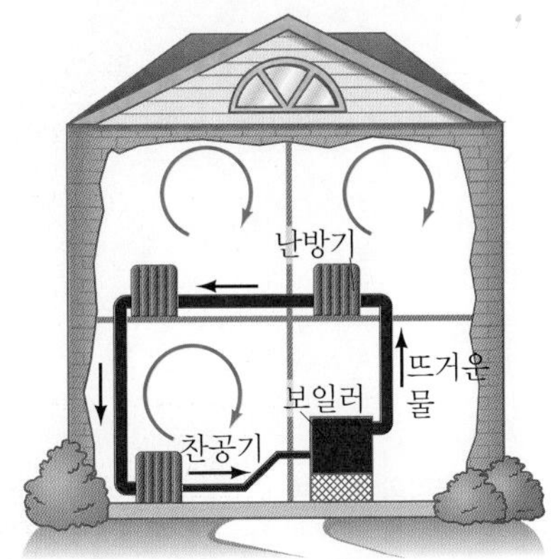

그림 14.9 대류는 주택 난방에 중요하다. 둥근 화살표는 방 안의 대류에 의한 공기의 흐름을 나타낸다.

인체는 많은 열에너지를 발생한다. 몸 안에서 변환된 음식 에너지 중 기껏해야 20 %만이 일을 하는 데 사용되므로 80 % 이상은 열에너지로 나온다. 예를 들면 가벼운 활동을 할 때 이 열에너지가 소모되지 않으면 체온이 하루에 3 °C 정도 오른다. 분명히 인체에서 발생한 열은 외부로 전달되어야 한다. 열은 전도에 의해 전달

물리학의 응용

인체의 열:
혈액에 의한 대류

되는가? 안락한 환경에 있는 피부의 온도는 33~35 °C인 반면에 인체 내부의 온도는 37 °C이다. 계산에 의하면 이 작은 온도차와 조직의 낮은 열전도 때문에 인체에서 나가야 할 열의 극히 일부분만이 전도와 직접적으로 관련된다. 대신 열은 혈액에 의해 피부로 전달된다. 모든 중요한 기능 외에도 혈액은 대류 액체로서 열을 피부 표면 바로 아래까지 전달한다. 그러면 열은 매우 짧은 거리인 표면까지 전도된다. 일단 표면에 도달하면, 열은 대류, 증발, 복사에 의해 환경으로 전달된다(14.8절 참조).

14.8 열전달: 복사

그림 14.10 태양 표면은 지구 표면보다 훨씬 높은 6000 K에서 복사한다.

대류와 전도는 열을 더운 곳에서 차가운 곳으로 전달할 물질인 매질이 필요하다. 그러나 세 번째 종류의 열전달은 매질이 전혀 없이도 일어난다. 지상의 모든 생물들은 태양에서 전달되는 에너지에 의존하고 이 에너지는 지구까지 진공을 통해 전달된다. 태양 표면의 온도(6000 K)는 지구 표면의 온도(≈ 300 K)보다 훨씬 높으므로 이런 종류의 에너지 전달은 열이며, 이를 **복사**(radiation)라 한다(그림 14.10). 불에서 받는 따뜻함은 주로 복사 에너지이다.

뒤의 장들에서 보게 되겠지만 복사는 본질적으로 전자기파이다. 태양에서 오는 복사에는 가시광선 외에도 적외선(IR)을 포함하여 눈이 감지할 수 없는 다른 많은 파장들이 들어 있는데, 적외선은 주로 지구를 덥히는 것에 관련이 있다.

물체가 에너지를 복사하는 비율은 절대 온도 T의 네 제곱에 비례한다는 것이 밝혀졌다. 즉 2000 K의 물체는 1000 K의 물체에 비해 $2^4 = 16$배의 비율로 에너지를 복사한다. 복사의 비율은 복사하는 물체의 넓이 A에도 비례하므로 물체에서 에너지가 나오는 비율 Q/t는

$$\frac{Q}{t} = \epsilon\sigma AT^4 \tag{14.6}$$

이다. 이것은 **슈테판 · 볼츠만 식**(Stefan-Boltzmann equation)이라 하며, σ는 **슈테판 · 볼츠만 상수**(Stefan-Boltzmann constant)라고 하는 보편 상수이고, 값은

$$\sigma = 5.67 \times 10^{-8}\ \mathrm{W/m^2 \cdot K^4}$$

이다. **방출률**(emissivity) ϵ은 복사 물질의 표면의 특성으로 0 에서 1 사이의 값을 갖는다.† 숯과 같은 새까만 표면의 방출률은 1에 가까운 반면에 빛나는 금속 표면의 ϵ은 0에 가까워서 덜 복사한다. ϵ의 값은 어느 정도 물질의 온도에 따라 다르다.

물리학의 응용

어두운 옷과 밝은 옷

빛나는 표면은 덜 복사하기도 하지만, 다른 물체로부터 오는 복사도 거의 흡수하지 않는다(대부분 반사한다). 까맣고 매우 어두운 물체는 우수한 복사체이다($\epsilon \approx 1$). 이것은 오는 복사를 거의 흡수한다. 그래서 더운 날에는 어두운 옷보다 밝은 색 옷을 선호한다. 그러므로 **우수한 흡수체는 우수한 복사체이기도 하다.**

† ϵ은 그리스 문자 엡실론이다.

어떤 물체이든 복사에 의해 에너지를 방출할 뿐만 아니라, 다른 물체가 복사한 에너지를 흡수도 한다. 방출률 ϵ, 넓이 A인 물체의 온도가 T_1이라면, $\epsilon\sigma AT_1^4$의 비율로 에너지를 복사한다. 물체가 온도 T_2인 환경으로 둘러싸였다면, 환경이 에너지를 복사하는 비율은 T_2^4에 비례한다. 그러면 물체가 에너지를 **흡수**하는 비율은 T_2^4에 비례한다. 물체로부터 흘러나오는 **알짜** 열복사 흐름률은

$$\frac{Q}{t} = \epsilon\sigma A(T_1^4 - T_2^4) \tag{14.7}$$

이다. 여기서 A는 물체의 표면적이고, T_1은 물체의 온도, ϵ은 온도 T_1에서의 물체의 방출률, T_2는 환경의 온도이다. 이 식은 물체와 환경 사이 온도가 같을 때 평형에 도달한다는 실험 사실과 일치한다. 즉 $T_1 = T_2$일 때 Q/t는 0이어야 하므로, ϵ은 복사와 흡수 모두 동일해야 한다. 이로써 우수한 흡수체는 우수한 복사체라는 생각을 확인할 수 있다. 물체와 환경 모두 에너지를 복사하므로 온도가 동일하지 않으면 둘 사이에 알짜 에너지 전달이 일어난다. 식 14.7에서 $T_1 > T_2$이면 알짜 열흐름이 물체에서 환경 쪽이므로 물체가 냉각되는 것이 명확하다. 그러나 $T_1 < T_2$이면 알짜 열흐름이 환경에서 물체 쪽이므로 물체의 온도가 올라간다. 환경의 온도가 부분마다 다르다면 식 14.7은 더 복잡해진다.

예제 14.8 추산 복사에 의한 냉각

물리학의 응용
인체의 복사 열손실

운동선수가 온도가 15 °C인 어두운 벽의 탈의실에 옷을 벗고 앉아 있다. 피부 온도는 34 °C이고 $\epsilon = 0.70$이라고 가정하고, 복사에 의한 몸의 열손실률을 추정하라. 의자에 닿지 않은 몸의 표면적은 1.5 m²이다.

접근 식 14.7은 절대 온도를 쓴다.

풀이 다음과 같이 계산하여 답을 구할 수 있다.

$$\begin{aligned}\frac{Q}{t} &= \epsilon\sigma A(T_1^4 - T_2^4)\\ &= (0.70)(5.67 \times 10^{-8}\,\mathrm{W/m^2\cdot K^4})(1.5\,\mathrm{m^2})[(307\,\mathrm{K})^4 - (288\,\mathrm{K})^4]\\ &= 120\,\mathrm{W}\end{aligned}$$

유의 이 사람의 '출력'은 100 W 전구를 조금 넘는다.

유의 흔한 실수를 피하라. $(T_1^4 - T_2^4) \neq (T_1 - T_2)^4$ 이다.

15.3절에서 보게 되듯이 쉬고 있는 사람은 열을 내부적으로 100 W의 비율로 자연스럽게 발생하는데, 예제 14.8에서 계산했던 복사에 의한 열손실보다 작다. 따라서 사람의 체온은 내려가서 상당한 불편을 초래한다. 몸은 신진대사의 비율을 높여서 열손실에 반응하는데, 떠는 것은 몸이 신진대사를 높이는 방법 중 하나이다. 자연히 옷은 많은 도움이 된다. 예제 14.8은 기온이 25 °C인 꽤 따뜻한 방에서도 불편할 수도 있다는 것을 보여 준다. 공기가 따뜻하더라도 벽이나 바닥이 차가우면 복사가 일어난다. 실제로 보통 방에서 앉아서 일하는 사람의 열손실은 50 %가 복사에 의한 것

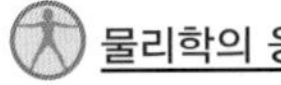
물리학의 응용
쾌적한 방

물리학의 응용
따뜻한 벽, 시원한 공기를 선호

으로 추정된다. 벽이나 바닥은 따뜻하고 공기는 그리 따뜻하지 않을 때 방이 가장 쾌적하다. 벽이나 바닥은 온수관이나 전열선으로 난방할 수 있다. 오늘날 이런 1급 난방계는 일반화되고 있으며, 2000년 전 로마 사람들이 멀리 떨어진 영국 지역의 주택에서도 바닥에 온수관과 증기도관을 이용하여 주택 난방을 했다는 사실이 흥미롭다.

예제 14.9 추산 두 개의 차 주전자

세라믹 차 주전자($\epsilon = 0.70$)와 반짝이는 차 주전자($\epsilon = 0.10$)에 각각 95 °C의 차 0.75 L가 들어 있다. (a) 각각으로부터의 열손실을 추정하라. (b) 30분 후 각각 떨어진 온도를 추정하라. 복사만 생각하고 주변은 20 °C라고 가정한다.

접근 넓이를 제외하고는 복사에 의한 열손실의 계산에 필요한 모든 정보가 주어졌다. 차 주전자에 0.75 L가 들어 있으므로 한 변이 10 cm인 육면체(부피 = 1.0 L) 중 다섯 면으로 복사한다고 가정한다. (b)에서 떨어진 온도를 추정하기 위해 비열의 개념을 사용한다. 물에 비해 주전자의 영향은 무시한다.

풀이 (a) 다섯 면으로 복사하는 한 변이 10 cm인 육면체인 차 주전자의 표면적은 $5 \times (0.1\ \text{m}^2) = 5 \times 10^{-2}\ \text{m}^2$이다. 열손실률은 다음과 같다.

$$\begin{aligned}\frac{Q}{t} &= \epsilon\sigma A\left(T_1^4 - T_2^4\right) \\ &= \epsilon\left(5.67 \times 10^{-8}\ \text{W/m}^2\cdot\text{K}^4\right)\left(5 \times 10^{-2}\ \text{m}^2\right)\left[(368\ \text{K})^4 - (293\ \text{K})^4\right] \\ &\approx \epsilon(30)\ \text{W}\end{aligned}$$

즉 세라믹 차 주전자($\epsilon = 0.70$)는 약 20 W, 빛나는 차 주전자($\epsilon = 0.10$)는 약 3 W이다.
(b) 떨어진 온도를 추정하기 위해, 물의 비열을 사용하고 주전자의 영향은 무시한다. 물 0.75 L의 질량은 0.75 kg이다. ($1.0\ \text{L} = 1000\ \text{cm}^3 = 1 \times 10^{-3}\ \text{m}^3$과 $\rho = 1000\ \text{kg/m}^3$을 기억하자.) 식 14.2와 표 14.1을 사용하면

$$\frac{Q}{t} = mc\frac{\Delta T}{t}$$

이다. 그러면

$$\frac{\Delta T}{t} = \frac{Q/t}{mc} \approx \frac{\epsilon(30)\ \text{J/s}}{(0.75\ \text{kg})(4186\ \text{J/kg}\cdot{}^\circ\text{C})} \approx \epsilon(0.01)\ {}^\circ\text{C/s}$$

이다. 30분(1800 s) 후, 세라믹 차 주전자($\epsilon = 0.70$)는 $\Delta T = \epsilon(0.01\ {}^\circ\text{C/s})t = \epsilon(0.01\ {}^\circ\text{C/s})(1800\ \text{s}) \approx 18\epsilon\ {}^\circ\text{C}$ 또는 약 12 °C이고, 빛나는 차 주전자($\epsilon = 0.10$)는 약 2 °C이다. 빛나는 차 주전자가 최소한 복사의 면에서는 유리하다.

유의 대류와 전도가 복사보다 큰 영향을 미친다.

물리학의 응용
태양으로부터의 복사

태양으로부터 복사되는 열에 의해 물체가 받는 열은 식 14.7로는 계산할 수 없다. 이 식은 물체를 둘러싼 환경의 온도 T_2가 균일하다고 가정하는데, 태양은 점광원이기 때문이다. 따라서 태양은 별개의 점 에너지원으로 처리해야 한다. 태양광선에 수직인 1 m²의 넓이에 태양으로부터 초당 약 1350 J의 에너지가 지구의 대기층에 도달한다. 이 숫자 1350 W/m²는 **태양 상수**(solar constant)라 한다. 이 에너지가 지면에 도달하기 전에, 구름의 양에 따라 약 70 %까지 대기층에서 흡수된다. 맑은 날에

는 약 1000 W/m^{2}가 지면에 도달한다. 방출률 ϵ, 태양을 향하고 있는 넓이 A인 물체가 태양으로부터 받는 에너지 비율은 약

$$\frac{Q}{t} = (1000\ \mathrm{W/m^2})\epsilon A\cos\theta \qquad \textbf{(14.8)}$$

이다. 여기서 θ는 태양광선과 면 A에 수직인 선 사이의 각도이다(그림 14.11). 즉 $A\cos\theta$는 태양광선에 수직인 '유효' 넓이이다.

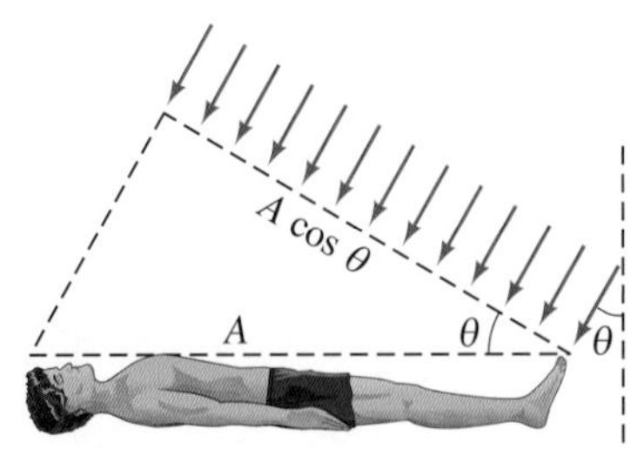

그림 14.11 θ의 각도로 몸에 도달하는 복사 에너지

계절과 극관 얼음(그림 14.12)에 대한 설명도 식 14.8의 $\cos\theta$ 인자에 달려 있다. 계절은 지구와 태양 사이의 거리와는 **관계없다**. 실제로 북반구에서 여름은 지구가 태양으로부터 가장 멀 때 온다. 실제로 중요한 것은 각(즉 $\cos\theta$)이다. 더욱이 태양이 새벽이나 석양이 아닌 한낮에 지구를 더 데우는 것도 이 $\cos\theta$와 관련이 있다.

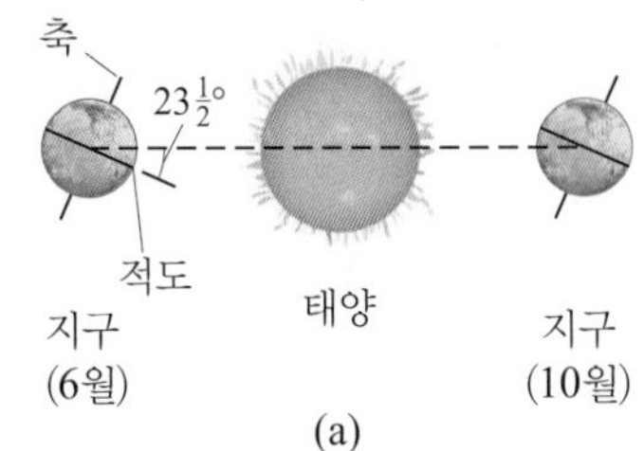

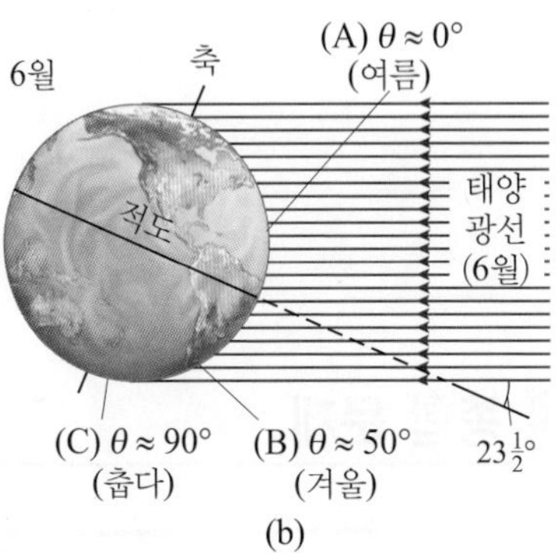

그림 14.12 (a) 지구의 계절은 태양 주위의 궤도에 대한 지축의 상대적인 기울어짐 때문에 생긴다. (b) 6월의 햇빛은 적도와 23.5°의 각을 이룬다. 그러므로 미국 남부(A)에서는 거의 0°(여름 직사광선)이지만, 남반구(B)에서는 θ가 50°에서 60° 이므로 열이 덜 흡수되어 겨울이 온다. 극(C) 근처에는 강한 직사광선이 올 수 없다. $\cos\theta$는 여름의 $\frac{1}{2}$에서 겨울의 0까지 변한다. 따라서 열이 적어 얼음이 생긴다.

예제 14.10 추산 선탠 하기—에너지 흡수

태양이 수직과 30°의 각도를 이룰 때, 맑은 날 해변에 누워 있는 사람이 태양으로부터 흡수하는 에너지율은 얼마인가? $\epsilon = 0.70$이고, 1000 W/m^{2}가 지면에 도달한다고 가정한다.

접근 식 14.8을 사용하고 보통의 사람의 키가 2 m, 너비가 0.4 m라고 추정하므로, $A \approx (2\ \mathrm{m})(0.4\ \mathrm{m}) = 0.8\ \mathrm{m^2}$이다(그림 14.11).

풀이 $\cos 30° = 0.866$이므로

$$\begin{aligned}\frac{Q}{t} &= (1000\ \mathrm{W/m^2})\epsilon A\cos\theta \\ &= (1000\ \mathrm{W/m^2})(0.70)(0.8\ \mathrm{m^2})(0.866) = 500\ \mathrm{W}\end{aligned}$$

이다.

유의 사람이 밝은 색 옷을 입으면, ϵ이 훨씬 더 작아져서 흡수되는 에너지도 작아진다.

진단 의학에서 열복사의 흥미로운 응용은 **온도 측정법**(thermography)이다. 온도 기록계라는 특수 장비로 몸을 훑어, 많은 점에서 나오는 적외선[†] 복사의 세기를 측정하고, X선과 비슷한 영상(그림 14.13)을 만든다. 종양과 같은 신진대사 활동이 높은 곳은 종종 온도가 높고 복사가 강해서 온도 기록도로 검출할 수 있다.

[†]적외선 복사는 파장이 가시광선보다 긴 광선이다(그림 22.8 참조).

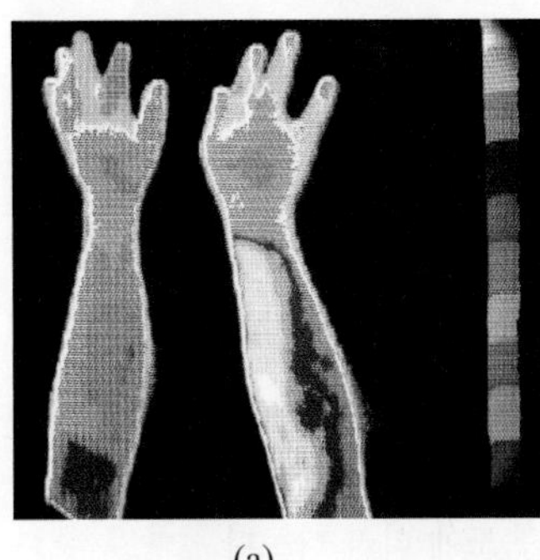

(a)

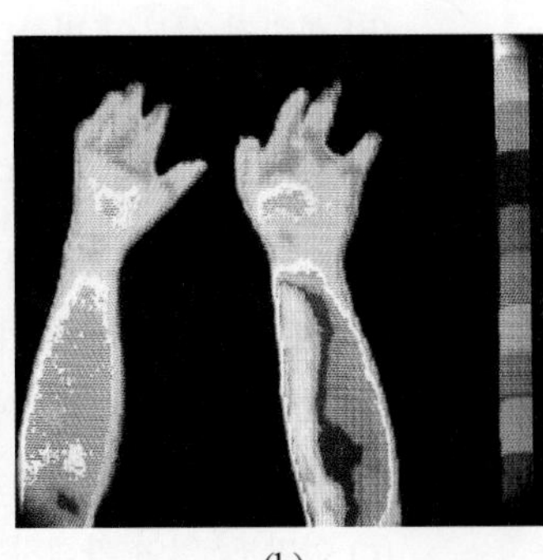

(b)

물리학의 응용
온도 측정법

그림 14.13 (a) 담배를 피우기 전과 (b) 후의 건강한 사람의 팔의 온도 기록도는 흡연과 관련된 혈액 순환의 손상에 의한 온도 하락을 보여 준다. 온도 기록도는 온도에 따라 색을 입혔다. 오른쪽 척도에서 보듯이 가장 뜨거운 영역이 가장 밝게(흰색) 나타난다.

물리학의 응용

천문학–별의 크기

예제 14.11 추산 별의 반지름

거성 베텔게우스가 태양의 10^4배의 비율로 복사 에너지를 방출하는데, 표면 온도는 태양 온도의 반(2900 K)이다. $\epsilon = 1$이라고 가정하고 베텔게우스의 반지름을 추정하라. 태양의 반지름은 $r_S = 7 \times 10^8$ m이다.

접근 두 별 모두 표면적이 $4\pi r^2$인 공 모양이라고 가정한다.

풀이 식 14.16을 A에 대해 풀면

$$4\pi r^2 = A = \frac{(Q/t)}{\epsilon \sigma T^4}$$

이다. 그러면

$$\frac{r_B^2}{r_S^2} = \frac{(Q/t)_B}{(Q/t)_S} \cdot \frac{T_S^4}{T_B^4} = (10^4)(2^4) = 16 \times 10^4$$

이다. 따라서 $r_B = \sqrt{16 \times 10^4}\, r_S = (400)(7 \times 10^8 \text{ m}) \approx 3 \times 10^{11}$ m이다. 베텔게우스가 우리의 태양이라면 우리는 파묻힐 것이다. 지구와 태양 사이의 거리는 1.5×10^{11} m이다.

연습 F 더운 날 부채를 부치면 시원한 이유는 다음 중 어느 것인가? (a) 피부의 방출률의 증가 (b) 전도도의 증가 (c) 공기의 평균 자유 경로의 감소 (d) 땀의 증발의 증가 (e) 정답 없음

종합 문제

객관식

1. 따뜻한 차가 담긴 유리잔에 얼음 조각을 넣을 때 일어나는 현상으로 옳은 것은?
   (a) 냉기가 얼음 조각에서 차로 흐른다.
   (b) 냉기가 얼음 조각에서 차로 흐르고 열은 차에서 얼음 조각으로 흐른다.
   (c) 열이 차에서 얼음 조각으로 흐른다.
   (d) 열도 냉기도 흐르지 않는다. 온도만 얼음과 차 사이에 흐른다.

2. 그림 14.14의 두 비커 A와 B에 든 얼음과 물의 혼합물이 평형을 이루고 있다. 어느 비커가 더 차가운가? 또는 온도가 같은가?
   (a) 비커 A
   (b) 비커 B
   (c) 같다.

그림 14.14 객관식 2 A B

3. 다음 중 열평형을 이룬 물체들에 대한 설명으로 옳은 것은?
   (a) 온도가 모두 동일하다.
   (b) 내부 에너지가 모두 동일하다.
   (c) 열이 모두 동일하다.
   (d) 위 보기 모두
   (e) 정답 없음

4. 다음 중 물질이 상변화 할 때 일어나는 현상으로 옳은 것은?
   (a) 온도가 변한다.
   (b) 화학적 성분이 변한다.
   (c) 열이 물질로 흘러 들어가거나 흘러나온다.
   (d) 분자가 원자로 깨진다.

5. 열이 물에 가해질 때, 물속에서 온도계로 측정한 온도가 일정하게 유지되는 것이 가능한가?
   (a) 그렇다, 물이 상변화할 수 있다.
   (b) 아니다, 열을 가하면 항상 온도가 올라간다.
   (c) 아마도, 열이 가해지는 속도에 따라 다르다.

(d) 아마도, 물의 처음 온도에 따라 다르다.

6. 전형적인 보온병 안에, 빛나는 내부 통(액체를 담는)과 보통 스테인리스 스틸로 된 빛나는 외부 통 사이에 진공 층이 있다. 진공 층은 다음 중 어느 것을 방지하는 데 좋은가?
(a) 전도 (b) 대류
(c) 복사 (d) 전도와 대류
(e) 전도, 대류, 복사, 모두

7. 열은
(a) 칼로릭이라는 액체이다.
(b) 원자의 평균 운동 에너지의 척도이다.
(c) 온도차의 결과로 물체 사이에서 전달되는 에너지양이다.
(d) 보이지 않고, 냄새가 없고, 무게가 없는 물질이다.
(e) 이상 기체의 전체 운동 에너지이다.

8. 복사는 다음 중 어느 것이 방출하는가?
(a) 태양과 같이 빛을 내는 물체만
(b) 온도가 환경보다 큰 물체만
(c) 칼로릭이 환경보다 큰 물체만
(d) 0 K가 아닌 모든 물체
(e) 비열이 큰 물체만

9. 단열 용기의 안에 있는 10 g의 얼음에 10 g의 물을 붓는다. 모든 얼음이 녹는가?
(a) 그렇다.
(b) 아니다.
(c) 정보가 더 필요하다.

10. 두 물체가 동일한 물질로 만들어졌지만, 질량과 온도가 다르다. 물체들을 열접촉시킬 때 다음 중 온도 변화가 가장 큰 것은?
(a) 처음 온도가 높은 물체
(b) 처음 온도가 낮은 물체
(c) 질량이 큰 물체
(d) 질량이 작은 물체
(e) 비열이 큰 물체
(f) 정보가 더 필요하다.

주관식

14.1 에너지 전달로서 열

1. (I) 처음 온도가 10.0 °C인 3.0 kg의 물에 8200 J의 열을 가하면 온도가 몇 도까지 올라가는가?

2. (I) 물 34.0 kg의 온도를 15 °C에서 95 °C로 올리는 데 필요한 열은 줄 단위로 얼마인가?

3. (II) 다이빙 선수가 바다로 뛰어들 때 피부와 수영복 사이의 틈으로 물이 스며들어 0.5 mm 두께의 수막이 형성된다. 수영복의 전체 표면적이 약 1.0 m^2이고 10 °C인 바닷물이 수영복으로 들어가서 체온이 35 °C로 오른다고 가정하고, 이 가열 과정에 필요한 에너지는 얼마인지 추정하라. 막대 사탕 하나가 300 kcal일 때, 이 에너지는 막대 사탕 몇 개에 해당할까?

4. (II) 일반적으로 활동하는 사람은 하루에 약 2500 Cal를 소모한다. (a) 이것은 J 단위로 얼마인가? (b) kWh 단위로는 얼마인가? (c) 전기 회사에서 kWh당 약 10센트의 요금을 받는다면, 하루에 지불해야 할 전기세는 얼마인가? 여러분은 하루에 이만한 요금을 지불할 의향이 있는가?

5. (II) Btu는 1 lb의 물을 1°F 올리는 데 필요한 열로 정의되는 영국 단위이다. 1 Btu = 0.252 kcal = 1056 J임을 보이라.

6. (II) 1300 kg의 자동차를 브레이크를 밟아 95 km/h의 속력으로부터 멈추게 할 때 발생되는 에너지는 J과 kcal 단위로 얼마인가?

7. (II) 급탕 장치가 32,000 kJ/h를 발생할 수 있다. 시간당 12 °C에서 42 °C로 가열할 수 있는 물의 양은 얼마인가?

8. (II) 작은 수중 히터의 용량이 375 W이다. 수프 한 컵을 15 °C에서 75 °C로 가열하는 데 걸리는 시간을 추정하라.

14.3, 14.4 비열; 열량 측정

9. (I) 자동차 냉각 장치에 18 L의 물이 들어 있다. 15 °C에서 95 °C로 온도를 올릴 때 흡수되는 열은 얼마인가?

10. (I) 어떤 금속 4.1 kg을 18.0 °C에서 37.2 °C로 온도를 올리는 데 135 kJ의 열이 필요하다면, 이 금속의 비열은 얼마인가?

11. (II) (a) 1.0 L의 물 주전자를 20 °C에서 100 °C로 올리는 데 필요한 에너지는 얼마인가? (b) 이 에너지는 60 W 전구를 얼마 동안 유지시키는가?

12. (II) 구리, 알루미늄, 물이 동일한 양의 열을 받아 같은 온도만큼 상승한다면, 이들의 질량 비율은 얼마인가? [힌트: 표 14.1 참조]

13. (II) 750 W의 커피포트가 11 °C의 물 0.75 L를 끓이는 데 걸리는 시간은 얼마인가? 물과 함께 가열되는 포트는 280 g

의 알루미늄으로 만들어졌고 물은 끓어서 없어지지 않는다고 가정한다.

14. (II) 온도가 245 °C인 구리 265 g을 12.0 °C에서 물 825 g을 담고 있는 145 g의 알루미늄 열량계에 넣는다면, 평형 온도는 얼마가 되는가?

15. (II) 31.5 g의 유리 온도계를 135 mL의 물에 넣기 전에는 23.6 °C였다. 물과 온도계가 평형을 이룰 때 온도계는 41.8 °C로 됐다. 물의 처음 온도는 얼마인가? 유리 온도계 내부의 액체의 질량은 무시한다.

16. (II) 방금 연마한 0.40 kg인 매우 뜨거운 철 말굽 편자(그림 14.15)를 처음에 20.0 °C에서 물 1.25 L가 담겨 있는 0.30 kg의 철재 용기에 담갔다. 나중 평형 온도가 25.0 °C라 할 때, 뜨거운 말굽 편자의 처음 온도를 추정하라.

그림 14.15 주관식 16

17. (II) 180 °C인 철 조각 290 g을 10 °C인 250 g의 글리세린이 들어 있는 95 g의 알루미늄 잔에 넣을 때, 나중 온도가 38 °C로 관측됐다. 글리세린의 비열을 추정하라.

18. (II) 어떤 물체의 **열용량** C는 그 물체의 온도를 1 °C 올리는 데 필요한 열량으로 정의한다. 따라서 온도를 ΔT 올릴 때 필요한 열 Q는 다음과 같다.

$$Q = C\Delta T$$

(a) 열용량 C를 그 물질의 비열 c로 나타내라. (b) 물 1.0 kg과 (c) 45 kg의 열용량은 각각 얼마인가?

19. (II) 1.20 kg인 망치의 속도가 못에 닿기 전에(그림 14.16) 7.5 m/s이었다가 멈춘다. 망치로 빠르게 연달아 8번 쳤을 때 14 g인 쇠못의 상승하는 온도를 추정하라. 못은 모든 에너지를 흡수한다고 가정한다.

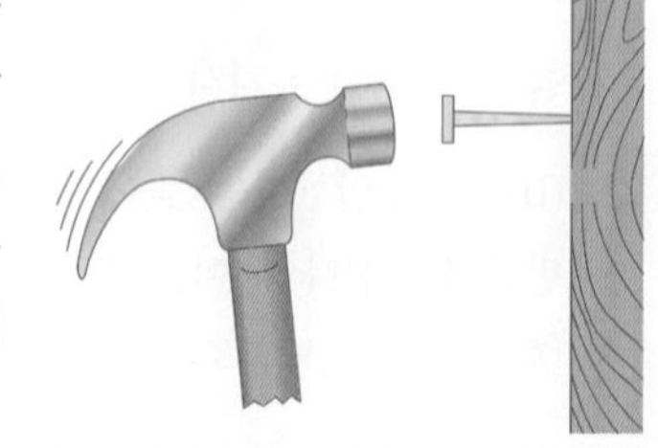

그림 14.16 주관식 19

20. (II) 어떤 물질 215 g을 330 °C로 가열한 후, 이를 10.5 °C에서 물 185 g과 17 g의 유리 온도계가 담겨 있는 105 g의 알루미늄 열량계에 넣는다. 나중 온도가 35.0 °C일 때, 이 물질의 비열은 얼마인가? 물이 증발하지 않는다고 가정한다.

21. (II) 0.095 kg인 알루미늄 공을 55 m 높이의 건물 지붕에서 떨어뜨렸다. 공이 땅에 도달할 때 발생한 열에너지의 65 %를 흡수한다면 온도는 얼마나 올라가는가?

22. (II) 다음의 측정에서 카렌의 퍼지 과자 100 g에 들어 있는 에너지를 구하라. 10 g의 과자 샘플을 **봄베 열량계** 안에 넣기 전에 건조시킨다. 질량 0.615 kg인 알루미늄 봄베를 질량 0.524 kg인 알루미늄 열량계 잔에 들어 있는 2.00 kg의 물에 넣는다. 계의 처음 온도는 15.0 °C이고, 폭발 후의 온도는 36.0 °C이다.

14.5 잠열

23. (I) −183 °C인 액체 산소 용기에 3.40×10^5 J의 에너지가 공급되면, 얼마나 많은 산소가 증발할 수 있는가?

24. (II) 처음 온도가 25 °C인 23.50 kg의 은을 녹이는 데 필요한 열은 얼마인가?

25. (II) 사람이 운동하는 동안, 피부로부터 물(20 °C에서)이 증발되어 25분에 185 kcal를 방출한다. 손실된 물은 얼마나 되는가?

26. (II) 0 °C인 1.00 kg의 얼음을 30 °C의 물로 만들기 위해 가해야 할 100 °C인 증기의 질량은 얼마인가?

27. (II) 녹는점에 있는 28 g의 얼음 조각을 단열되어 있는 액체 질소 용기에 떨어뜨린다. 액체 질소가 77 K의 끓는점에 있고 기화열이 200 kJ/kg이면, 얼마나 많은 질소가 증발하는가? 얼음의 비열은 일정하고 녹는점 근처에서의 값과 같다고 가정한다.

28. (II) 높은 산 등반가가 눈을 먹지 않고 먼저 녹인다. 이유를 알기 위해 몸에서 빠져나가는 에너지를 계산하라. (a) −15 °C인 1.0 kg의 눈을 먹고, 37 °C의 체온으로 데운다. (b) −15 °C인 1.0 kg의 눈을 난로로 녹여서 2 °C인 1.0 kg의 물을 마시고 37 °C의 체온으로 데운다.

29. (II) 질량이 180 kg인 철 보일러에 18 °C의 물 730 kg이 있다. 히터는 58,000 kJ/h의 비율로 에너지가 공급된다. 물이 (a) 끓는점에 도달할 때까지와 (b) 모두 증기로 변환될 때까지 걸리는 시간은 얼마인가?

30. (II) 다음의 열량계 자료로 수은의 융해열을 구하라. 녹는점이 −39.0 °C인 1.00 kg의 고체 수은을 12.80 °C인 0.400 kg의 물이 들어 있는 0.620 kg의 알루미늄 열량계에 넣는다. 평형 온도는 5.06 °C이다.

31. (II) 7.5 m/s로 달리는 64 kg인 스케이트 선수가 멈춘다. 얼음이 0 °C이고 마찰에 의해 발생한 열의 50 %를 얼음이 흡수한다고 가정할 때 녹는 얼음의 양은 얼마나 되는가?

32. (II) 얼음 덩어리를 −8.5 °C인 냉동고에서 꺼내 20.0 °C에서 310 g의 물이 담겨 있는 85 g의 알루미늄 열량계에 넣는다. 나중 상황은 물이 모두 17.0 °C가 된다. 얼음 덩어리의 질량은 얼마인가?

33. (II) 속력이 250 m/s인 55 g의 총알이 0 °C인 얼음 덩어리 속에서 정지한다. 총알의 온도는 그리 변하지 않는다고 가정할 때 충돌 결과 녹는 얼음은 얼마인가?

14.6~14.8 전도, 대류, 복사

34. (I) 예제 14.7의 창문을 통한 열전도율을 계산하라. 강한 돌풍이 불고 외부 온도는 −5 °C라고 가정한다.

35. (I) 지름 2.0 cm, 길이 56 cm인 구리 막대의 한쪽의 온도를 460 °C로 유지하고 다른 쪽은 22 °C인 물에 담근다. 막대의 열전도 속력을 계산하라.

36. (II) (a) 25 °C의 온도에서 반지름이 19 cm인 텅스텐 구(방출률 $\epsilon = 0.35$)에서 복사되는 일률은 얼마인가? (b) 벽이 −5 °C로 유지되는 방에 구가 있다면, 구 밖으로 나오는 알짜 에너지 흐름률은 얼마인가?

37. (II) 태양이 수평 넓이 1.0 m^2, 두께 1.0 cm, 온도 0 °C인 얼음 덩어리를 녹이는 데 걸리는 시간은 얼마인가? 태양광선과 연직선과의 각은 35°이고 얼음의 방출률은 0.050이라고 가정한다.

38. (II) 한 변이 4.0 m인 육면체인 두 방이 두께 14 cm 벽돌 벽을 같이 쓰고 있다. 한 방은 많은 100 W 전구 때문에 공기가 30 °C인 반면에 다른 방은 10 °C이다. 벽 사이의 온도차를 유지하기 위해 필요한 전구의 수는 얼마인가?

39. (III) 0 °C인 8.2 kg의 얼음을 두께가 1.5 cm이고, 크기가 25 cm × 35 cm × 55 cm인 잘 밀봉된 스티로폼 얼음 상자에 넣으면 녹는 데 시간이 얼마나 걸리는가? 스티로폼의 전도도는 공기의 두 배이고 외부 온도는 34 °C라고 가정한다.

40. (III) 주택 벽의 단열 품질은 그림 14.17에서 보듯이 주로 4.0인치의 벽돌 층과 R19인 단열재 층에 달렸다. 벽의 전체 넓이가 195 ft^{2}이고 온도차가 35 °F라면, 벽을 통한 열손실의 속도는 얼마인가?

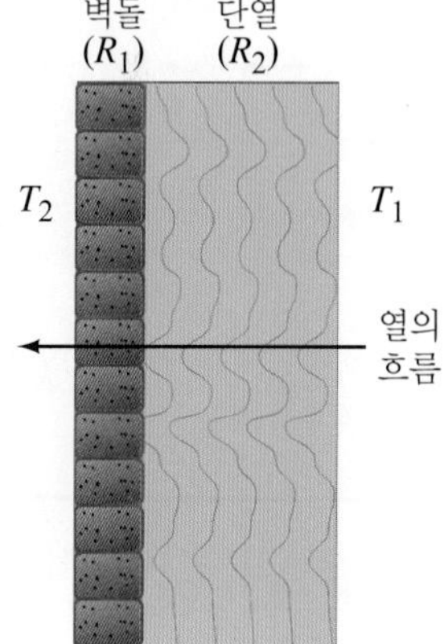

그림 14.17 주관식 40. 벽의 두 단열 층

연습 해답

A: (b)
B: (c)
C: 상이 변한다. 액체가 얼음으로 (두 번째 과정)
D: 0.21 kg
E: 커튼이 창문 안쪽과 방 사이의 공기층을 우수한 단열재 작용을 하도록 가둔다.
F: (d)

열역학은 열과 일을 다루는 학문이다. 열은 온도차에 의해 에너지로 전달된다. 일은 온도차가 아니라 역학적 수단에 의해 에너지를 전달한다. 열역학 제1법칙은 열과 일을 에너지 보존 법칙이라는 일반적인 표현으로 연결시킨다. 계의 내부 에너지의 변화 ΔU는 계에 더해진 열 Q에서 계가 한 알짜일 W를 뺀 값과 같다. 즉 $\Delta U = Q - W$이다.

근대의 석탄 연소 발전소나 증기 기관차와 같은 열기관의 용도는 다양하다. 사진에 보이는 증기 기관차는 증기를 만들어 피스톤에 일을 하여 연결 장치를 움직여 기관차 바퀴를 돌린다. 어떤 엔진이라도 열역학 제2법칙으로 설명되는 본성에 따라 효율이 제한된다. 이 위대한 법칙은 엔트로피라는 양으로 가장 잘 설명되는데, 엔트로피는 실제 과정에서는 **보존되지 않고** 항상 증가한다. 엔트로피는 무질서의 척도이다. 열역학 제2법칙에 의하면 우주의 무질서는 시간이 경과함에 따라 증가한다. 열기관, 열펌프, 냉장고, 에어컨과 같은 실용적인 문제도 논의할 것이다.

CHAPTER 15

열역학 법칙

시작 질문 추정해 보라!

화석 연료 발전소는 '열 오염'을 발생시킨다. 연료가 연소되면서 발생한 열의 일부가 전기 에너지로 변환되지 않는다. 이런 낭비가 발생되는 이유는 무엇인가?

(a) 열의 일부가 새어나가면 효율이 더 높다.
(b) 아직 공학 기술이 폐열을 100 % 회수할 만한 수준에 이르지 못 했다.
(c) 어느 정도의 폐열이 발생하는 것은 불가피하다. 열이 유용한 일로 변환될 때 폐열이 발생되는 것은 자연의 기본 특성이다.
(d) 발전소에서 핵연료를 사용하지 않고 화석 연료에 의존하기 때문이다.
(e) 정답 없음

열**역학**(thermodynamics)은 에너지가 열이나 일로 전달되는 과정을 다루는 학문이다.

6장에서 에너지가 역학적 수단에 의해 한 물체에서 다른 물체로 전달될 때 일을 행한다는 것을 공부했다. 14장에서는 열은 한 물체에서 온도가 낮은 물체로 에너지가 전달되는 것이라는 것을 공부했다. 그래서 열과 일은 매우 흡사하다. 차이점은 **열은 온도차에 의해 에너지가 전달되는 것**으로 정의되지만, 일은 온도차에 의하지 않는 에너지의 전달이다.

열역학 논의에서는 특정한 계를 다룬다. **계**(system)라는 것은 우리가 논의하려는 어떤 한 물체나 물체들의 집합을 말한다(14.4절 참조). 우주에 있는 나머지 모든 것들은 '환경' 또는 '주위'라고 한다.

이 장에서는 위대한 두 열역학 법칙을 공부한다. 열역학 제1법칙은 열과 일의 전달을 계의 내부 에너지 변화와 연결시켜주고, 에너지 보존을 일반적으로 설명해준다. 열역학 제2법칙은 유용한 일을 하는 능력에 한계가 있음을 설명하고, 무질서의 척도인 **엔트로피**를 사용하여 설명한다. 이 위대한 두 법칙 외에도 열기관, 냉장고, 열펌프, 에어컨과 같은 실용적인 장치에 대해서도 논의한다.

15.1 열역학 제1법칙

14.2절에서 계의 내부 에너지를 계 내부의 분자들이 가지고 있는 에너지의 합으로 정의했다. 그러면 계에 일을 하거나 열을 공급하면 계의 내부 에너지는 증가할 것으로 예상할 수 있다. 마찬가지로 열이 계 밖으로 흘러나가거나 계가 주위의 물체에 일을 하면 계의 내부 에너지는 감소할 것이다.

그러므로 다음과 같이 에너지 보존을 확장시키고 중요한 법칙을 제안하는 것이 타당하다. 즉 닫힌계의 내부 에너지 변화 ΔU는 열에 의해 계에 더해진 에너지에서 계가 주위에 한 일을 뺀 값과 같다. 식으로는

열역학 제1법칙

$$\Delta U = Q - W \tag{15.1}$$

주의

계로 들어온 열은 +
계에서 나간 열은 −
계에 해준 일은 −
계가 한 일은 +

이다. 여기서 Q는 계로 **들어온** 알짜열이고 W는 계가 **한** 알짜일이다. Q와 W의 부호에 주의해야 하고 일관성이 있어야 한다. 식 15.1에서 W는 계가 한 일이므로 계에 일을 해주면 W는 음수이고 U는 증가한다. 마찬가지로 열이 계에 더해지면 Q는 양수이고, 열이 계에서 빠져나가면 Q는 음수이다. [어떤 경우에는 W의 부호가 반대인 경우도 있는데, 이때는 W가 계에 한 일로 정의된다. 이 경우 식 15.1은 $\Delta U = Q + W$로 표현된다.]

식 15.1을 **열역학 제1법칙**(first law of thermodynamics)이라 한다. 이것은 물리학의 위대한 법칙들 중 하나이며 실험에서 예외가 발견되지 않아 그 유효성이 인정되고 있다. Q와 W는 계의 외부나 내부로 전달되는 에너지를 나타내기 때문에 내부 에너지는 그에 따라서 변한다. 따라서 열역학 제1법칙은 **에너지 보존 법칙**의 일반적인 표현이다.

에너지 보존 법칙은 열을 에너지 전달로 해석해야만 성립될 수 있는 것이기 때문에 1800년대에 와서야 완성됐다.

한 계가 일정양의 열과 일을 '가지고' 있는 것은 아니다. 열과 일은 계의 상태를 바

꿀 수 있는 **열역학** 과정과 관련된 것으로 상태 자체의 특성은 아니다. 내부 에너지 U, 압력 P, 부피 V, 온도 T, 질량 m, 몰수 n과 같이 계의 상태를 기술하는 양들을 **상태 변수**(state variables)라 한다. Q와 W는 상태 변수가 **아니다**.

주의
P, V, T, U, m, n은 상태 변수이지만, W와 Q는 아니다. 계의 열과 일의 양은 고정된 것이 아니다.

예제 15.1 제1법칙의 사용

2500 J의 열이 계로 들어가고, 계에 1800 J의 일을 했다. 계의 내부 에너지 변화는 얼마인가?

접근 열역학 제1법칙 식 15.1을 계에 적용한다.

풀이 계로 들어간 열은 $Q = 2500$ J이다. 계가 한 일 W는 -1800 J이다. 왜 음수인가? 계에 한 1800 J은 계가 -1800 J의 일을 한 것과 같으므로 식 15.1에 필요한 부호는 음수이다. 따라서

$$\Delta U = 2500\,\mathrm{J} - (-1800\,\mathrm{J}) = 2500\,\mathrm{J} + 1800\,\mathrm{J} = 4300\,\mathrm{J}$$

이다.

유의 부호에 주의해서 따라가는 것이 중요함을 강조하기 위해 계산을 자세하게 했다. 열과 일 모두 계로 들어가므로 ΔU는 둘 모두에 의해 증가할 것으로 예측된다.

연습 A 예제 15.1에서 2500 J의 열이 계에 더해지고 계가 1800 J의 일을 했다면 내부 에너지 변화는 얼마가 될까?

확장된 열역학 제1법칙

열역학 제1법칙을 더 완전한 형태로 쓰기 위해 움직이는 계의 운동 에너지를 KE라 하고 퍼텐셜 에너지는 PE라 하자. 그러면 열역학 제1법칙에는 이 항들이 들어가서 다음과 같이 쓸 수 있다.

$$\Delta \mathrm{KE} + \Delta \mathrm{PE} + \Delta U = Q - W \qquad (15.2)$$

예제 15.2 열에너지로 변환된 운동 에너지

속력 400 m/s로 움직이는 3.0 g의 총알이 나무를 관통해 200 m/s의 속력으로 반대편으로 나온다. 총알의 손실된 KE는 어디로 갔으며, 얼마의 에너지가 전달됐는가?

접근 총알과 나무를 계로 생각한다. 퍼텐셜 에너지는 개입되지 않았다. 외부 힘에 의한 일의 출입도 없고, 외부에서 또는 외부 온도차에 의한 에너지의 전달이 없으므로 열도 더해지지 않았다. 그래서 운동 에너지는 총알과 나무의 내부 에너지로 변환된다. 이것이 첫 번째 문제의 답이다.

풀이 식 15.2의 열역학 제1법칙에서 $Q = W = \Delta \mathrm{PE} = 0$이므로

$$\Delta \mathrm{KE} + \Delta U = 0$$

이거나, 처음 속도와 나중 속도에 첨자 i와 f를 사용하면 다음과 같다.

$$\Delta U = -\Delta \text{KE} = -(\text{KE}_f - \text{KE}_i) = \tfrac{1}{2}m(v_i^2 - v_f^2)$$
$$= \tfrac{1}{2}(3.0 \times 10^{-3}\,\text{kg})[(400\,\text{m/s})^2 - (200\,\text{m/s})^2] = 180\,\text{J}$$

유의 총알과 나무 모두 온도가 올라가므로 내부 에너지가 증가한다. 총알만 계로 선정했다면 계에 일을 해준 게 되고 열전달이 일어났을 것이다.

15.2 열역학 과정과 제1법칙

열역학 제1법칙의 관점에서 열역학적 과정을 분석하자.

등온 과정($\Delta T = 0$)

그림 15.1과 같이 가동 피스톤이 달린 용기에 고정된 질량의 이상 기체가 들어 있는 매우 단순한 계를 선정하여 시작한다.

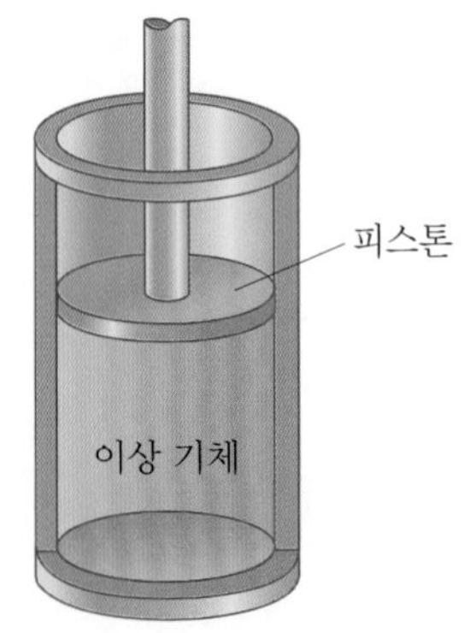

그림 15.1 가동 피스톤이 달린 용기에 들어 있는 이상 기체

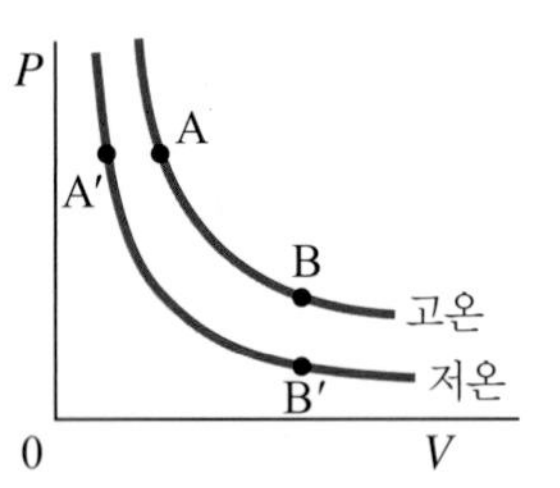

그림 15.2 서로 다른 두 온도에서 등온 과정을 진행 중인 이상 기체의 PV 도표

일정한 온도에서 수행되는 가열이나 일하기와 같은 이상적인 과정을 우선 생각한다. 이런 과정을 **등온**(isothermal; 같은 온도라는 그리스어에서 나옴) **과정**이라 한다. 계가 이상 기체라면 $PV = nRT$ (식 13.3)이므로, 일정 온도로 유지되는 고정된 양의 기체에 대해서는 PV = 상수이다. 따라서 부피 V에 대한 압력 P의 그래프인 ***PV* 도표**(PV diagram)는 등온 과정에서 그림 15.2의 AB와 같은 곡선을 따라간다. A와 같은 곡선 위의 각 점은 어느 순간의 계의 상태, 즉 압력 P와 부피 V를 나타낸다. 저온에서는 그림 15.2의 A′B′과 같은 곡선을 나타낼 것이다(저온에서는 $PV = nRT$ = 상수가 더 작다). 그림 15.2의 곡선을 **등온선**이라 한다.

기체가 **열저장체**(heat reservoir; 질량이 매우 커서 우리 계와 열을 교환해도 온도가 거의 변하지 않는 물체)와 접촉하고 있다고 가정한다. 압축(부피 감소)이나 팽창(부피 증가)과정이 매우 느리게 진행되어서, 이 과정을 일정한 온도에서의 **일련의 평형 상태**로 간주할 수 있다고도 가정한다.† 처음에 기체가 그림 15.2의 A로 표시되는 상태에 있고 계에 열 Q가 더해지면, 압력과 부피가 변해서 계의 상태는 도표의 다른 점 B로 표시될 것이다. 온도가 일정하게 유지되려면 기체는 팽창하여 주위에 W만큼의 일을 해야 한다(그림 15.1의 피스톤에 힘을 가해 일정한 거리를 이동시킨다). 온도와 질량이 일정하게 유지되므로 식 14.1에서 내부 에너지는 변하지 않는다. 즉 $\Delta U = \frac{3}{2}nR\,\Delta T = 0$이다. 따라서 식 15.1의 열역학 제1법칙에 의해 $\Delta U = Q - W = 0$이므로 $W = Q$이다. 등온 과정에서 기체가 한 일은 기체에 더해진 열과 같다.

단열 과정($Q = 0$)

단열 과정(adiabatic process)에서는 열이 계의 안이나 밖으로 이동하지 않는다. 즉 $Q = 0$이다. 이 과정이 일어날 수 있는 상황은 계가 단열이 극히 잘 되거나, 과정이

† 기체가 빠르게 팽창, 또는 압축되면 난류가 생겨서 용기에 들어 있는 기체의 다른 부분의 압력과 온도가 변한다.

너무 빨리 진행되어서 천천히 흐르는 열이 계의 안이나 밖으로 이동할 시간이 없는 경우이다. 내연 기관에서 일어나는 내부 기체의 매우 급속한 팽창은 단열 과정과 매우 흡사한 과정의 한 예이다. 이상 기체가 서서히 단열 팽창할 때에는 그림 15.3에 나타낸 AC와 같은 곡선을 따라 진행한다. $Q = 0$이므로 식 15.1에서 $\Delta U = -W$이다. 기체가 팽창하면 일을 하니까 W가 양수이므로 내부 에너지는 감소한다. 따라서 온도도 낮아진다($\Delta U = \frac{3}{2}nR\,\Delta T$이므로). 그림 15.3에서 보듯이 $PV(= nRT)$의 값은 B보다 C에서 더 작다. ($\Delta U = 0$, $\Delta T = 0$인 등온 과정의 곡선 AB와 비교해 보자.) 역과정인 단열 압축(C에서 A로 가는 경우)에서는 일이 기체에 가해지므로 내부 에너지가 증가하고 온도가 올라간다. 디젤 기관에서는 연료–공기 혼합물이 단열적으로 15분의 1 이상의 비율로 급속히 압축된다. 온도 상승이 너무 급속해서 점화 플러그가 없어도 혼합물이 자발적으로 점화된다.

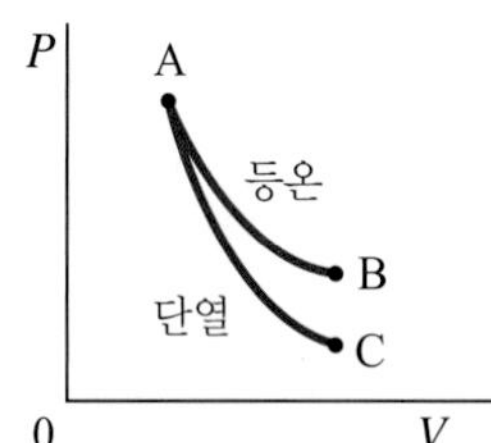

그림 15.3 이상 기체의 단열 과정(AC)과 등온 과정(AB)의 PV 도표

등압 과정과 등적 과정

등압 과정과 등적 과정은 실제로 일어날 수 있는 두 가지 과정일 뿐이다. 그림 15.4의 PV 도표에 두 가지 간단한 열역학 과정이 나타나 있다. **등압 과정**(isobaric process)에서는 압력이 일정하게 유지되므로 PV 도표에서 수평 직선으로 표시된다(그림 15.4a). **등적 과정**(isovolumetric process)에서는 부피가 변하지 않는다(그림 15.4b). 이 과정과 다른 모든 과정에서도 열역학 제1법칙은 성립한다.

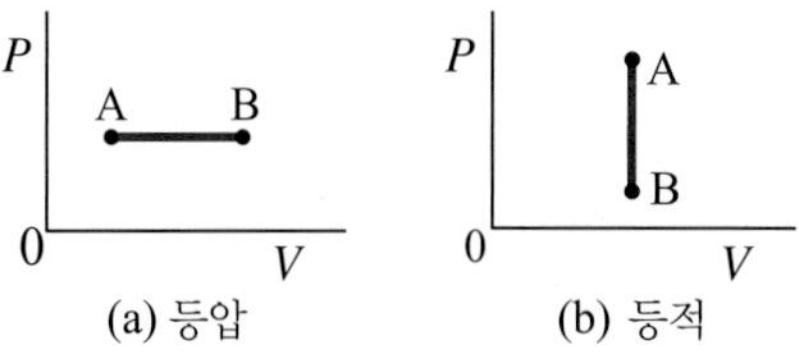

그림 15.4 (a) 등압(같은 압력) 과정 (b) 등적(같은 부피) 과정

부피 변화에서 한 일

어떤 과정에서 한 일의 계산이 필요할 때가 있다. 그 과정에서 압력이 일정하게 유지되면(등압) 한 일을 쉽게 계산할 수 있다. 예를 들면 그림 15.5에서 기체를 피스톤에 대해 다시 매우 천천히 팽창시킨다면, 기체가 피스톤을 밀어 올리면서 행한 일은 힘 F에 거리 d를 곱한 값이 된다. 그런데 힘은 기체의 압력에 피스톤의 넓이 A를 곱한 $F = PA$이다. 그러므로

$$W = Fd = PAd$$

가 된다. 여기서 주목할 것은 기체 부피의 변화가 $Ad = \Delta V$이므로

$$W = P\,\Delta V \qquad \text{[등압]} \quad \textbf{(15.3)}$$

이다. 식 15.3은 기체가 일정한 압력에서 **압축**되어서 ΔV가 음수(V가 감소하므로)일 때도 성립한다. 그러면 W도 음수가 되고 기체에 일이 가해지는 것을 의미한다. 식 15.3은 전 과정을 통해 압력이 일정하면 액체나 고체에서도 성립한다.

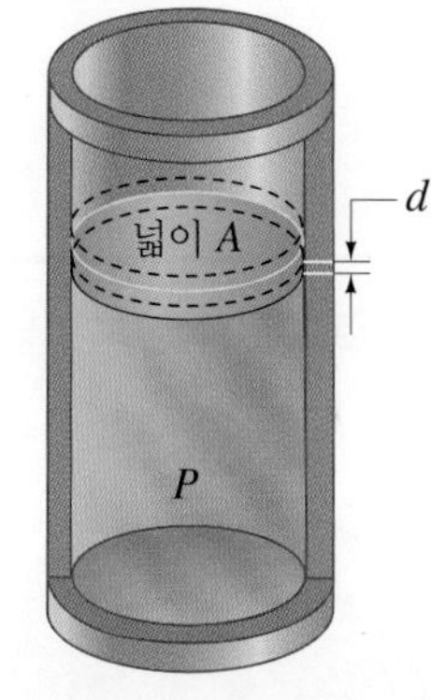

그림 15.5 기체가 팽창해서 피스톤을 거리 d만큼 밀어 올리면 피스톤에 일을 한다.

등적 과정(그림 15.4b)에서는 부피가 변하지 않으므로 일이 발생되지 않아서 $W = 0$이다.

그림 15.6에서 그림 15.2의 등온선 AB와 또 하나의 가능한 과정인 경로 ADB를 볼 수 있다. A에서 D로 갈 때 부피가 변하지 않으므로 일을 하지 않는다. 그러나 D에서 B로 갈 때는 기체가 한 일은 $P_B(V_B - V_A)$이고, 이것이 ADB 과정에서 한 일의 전부이다.

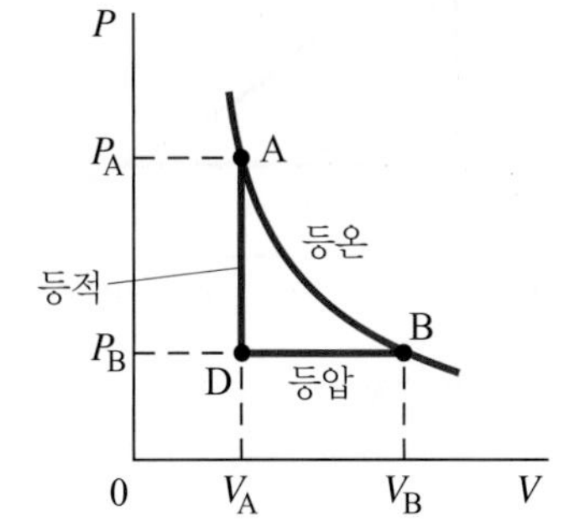

그림 15.6 A에서 B로 계가 변하는 과정들의 PV 도표

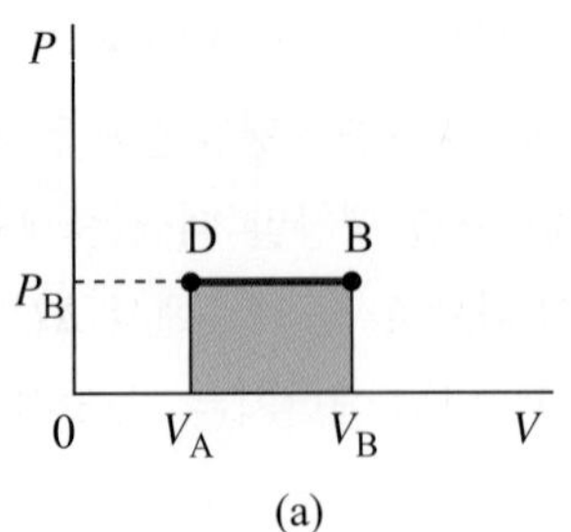

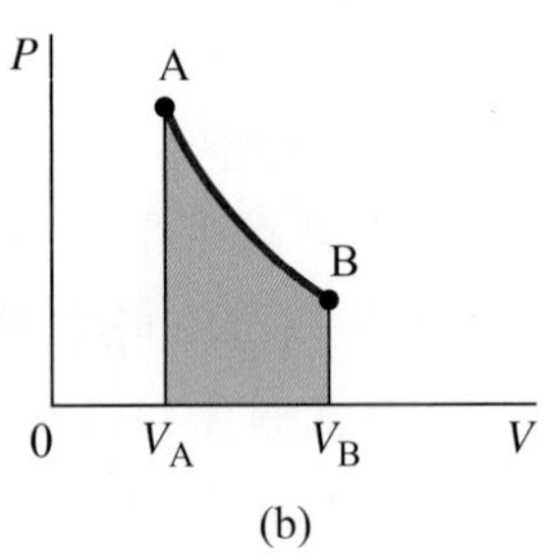

그림 15.7 기체가 한 일은 *PV* 곡선 아래의 넓이와 같다.

그림 15.6(과 그림 15.2)의 등온 과정 AB와 같이 압력이 변하면 식 15.3으로는 직접 일을 계산할 수 없다. 그러나 식 15.3에 P의 '평균값'을 사용하면 대략의 추정 값을 얻을 수는 있다. 더 정확히 말하면, 한 일은 PV 곡선 아래의 넓이이다. 압력이 일정하면 명확하다. 그림 15.7a에서 보듯이 색칠된 부분의 넓이가 $P_B(V_B - V_A)$이고, 이것이 한 일이다. 마찬가지로 등온 과정에서 한 일은 그림 15.7b의 색칠된 부분의 넓이와 같다. 이 경우 한 일은 적분을 하거나 모눈종이로 넓이를 추정하여 계산할 수 있다.

연습 B 그림 15.6의 ADB 과정에서 기체가 한 일은 등온 과정 AB에서 한 일보다 큰가, 작은가, 아니면 같은가?

표 15.1에 우리가 논의한 과정들을 간략히 요약했다. 다른 여러 형태의 과정들이 일어날 수 있으나, 표에 제시한 '간단한' 과정들은 유용하며 다루기가 매우 쉽다.

표 15.1 간단한 열역학 과정과 제1법칙

과정	일정한 양	제1법칙($\Delta U = Q - W$)의 예측
등온	$T =$ 상수	$\Delta T = 0$이므로, $\Delta U = 0$이어서, $Q = W$
등압	$P =$ 상수	$Q = \Delta U + W = \Delta U + P\Delta V$
등적	$V =$ 상수	$\Delta V = 0$이므로, $W = 0$이어서, $Q = \Delta U$
단열	$Q = 0$	$\Delta U = -W$

예제 15.3 등압 과정과 등적 과정에서의 제1법칙

2.0기압으로 일정한 압력에서 10.0 L의 이상 기체를 2.0 L로 천천히 압축한다. 이 과정은 그림 15.8에서 경로 B → D이다. (이 과정에서 기체 밖으로 열이 조금 나가서 온도가 낮아진다.) 일정한 부피에서 열이 들어와서 온도가 원래 온도($T_A = T_B$)로 높아진다(직선 DA). BDA 과정에서 (a) 기체가 한 전체 일을 구하고, (b) 기체로 들어간 전체 열을 계산하라.

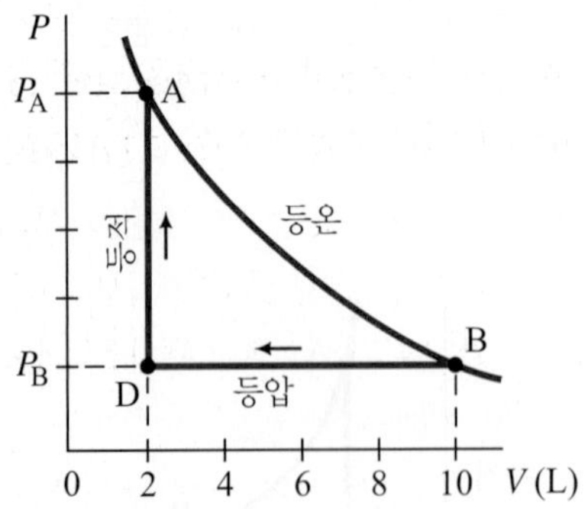

그림 15.8 예제 15.3

접근 (a) 압축 과정 BD에서만 일을 한다. DA 과정에서는 부피가 일정($\Delta V = 0$)하므로 한 일이 없다(식 15.3). (b) 식 15.1의 열역학 제1법칙을 사용한다.

풀이 (a) BD로 압축하는 동안 압력은 2.0기압 $= 2 \times (1.01 \times 10^5\ \text{N/m}^2)$이고 $1\ \text{L} = 10^3\ \text{cm}^3 = 10^{-3}\ \text{m}^3$이므로 한 일은

$$\begin{aligned} W &= P\,\Delta V \\ &= \left(2.02 \times 10^5\ \text{N/m}^2\right)\left[\left(2.0 \times 10^{-3}\ \text{m}^3\right) - \left(10.0 \times 10^{-3}\ \text{m}^3\right)\right] \\ &= -1.6 \times 10^3\ \text{J} \end{aligned}$$

이다. 기체가 한 전체 일은 -1.6×10^3 J이다. 여기서 (−) 부호는 기체에 $+1.6 \times 10^3$ J의

일을 해주었음을 의미한다.

(b) BDA 과정에서 처음과 나중 온도가 같으므로 내부 에너지의 변화는 없다. 즉 $\Delta U = 0$이다. 열역학 제1법칙에서

$$0 = \Delta U = Q - W$$

또는

$$Q = W = -1.6 \times 10^3 \text{ J}$$

이다. Q가 음수이므로 BDA 과정에서 1600 J의 열이 기체 밖으로 빠져나간다.

연습 C 예제 15.3의 BD 과정에서 기체 밖으로 나간 열이 8.4×10^3 J이라면, BD 과정에서 기체의 내부 에너지는 얼마나 변하는가?

예제 15.4 엔진 안에서 한 일

엔진에서 실린더 내부의 0.25몰의 단원자 이상 기체가 빠르게 단열 팽창한다. 이 과정에서 기체의 온도가 1150 K에서 400 K로 낮아졌다. 기체가 한 일은 얼마인가?

접근 기체를 계로 택한다(피스톤은 주위의 일부이다). 압력이 일정하지 않으므로 식 15.3 ($W = P\Delta V$)을 쓸 수 없다. 대신, ΔU를 알 수 있고(ΔT에서) $Q = 0$(단열 과정)이므로 열역학 제1법칙을 써서 W를 구할 수 있다.

풀이 식 14.1에서 나중과 처음 상태를 첨자 f와 i로 구별하여 단원자 이상 기체의 내부 에너지 ΔU를 구한다.

$$\begin{aligned}\Delta U &= U_\text{f} - U_\text{i} = \tfrac{3}{2}nR(T_\text{f} - T_\text{i}) \\ &= \tfrac{3}{2}(0.25\text{ mol})(8.314\text{ J/mol}\cdot\text{K})(400\text{ K} - 1150\text{ K}) \\ &= -2300\text{ J}\end{aligned}$$

그러면 열역학 제1법칙 식 15.1에서 기체가 한 일은

$$W = Q - \Delta U = 0 - (-2300\text{ J}) = 2300\text{ J}$$

이다.

예제 15.5 수증기로 될 때 끓는 물의 ΔU

100 °C의 액체인 물 1.00 L(질량 1.00 kg)를 완전히 끓어서 1671 L의 100 °C 수증기가 됐을 때 내부 에너지의 변화를 구하라. 이 과정은 대기압에서 일어났다고 가정한다.

접근 우리의 계는 물이다. 여기에서 요구되는 열은 온도 변화를 일으키지 않고 상변화를 일으킨다. 요구되는 열 Q는 14.5절에서와 같이 물의 잠열을 이용하여 구할 수 있다. 일($W = P\Delta V$)도 가해질 수 있다. 열역학 제1법칙에서 ΔU를 구한다.

풀이 물의 기화열은(표 14.3) $L_\text{V} = 22.6 \times 10^5$ J/kg이다. 따라서 이 과정에서 필요한 열은 (식 14.4)에서

$$Q = mL = (1.00\text{ kg})(22.6 \times 10^5\text{ J/kg}) = 22.6 \times 10^5\text{ J}$$

이고, 물이 한 일은 (P가 일정하므로 식 15.3)

$$W = P\Delta V = (1.01 \times 10^5\,\text{N/m}^2)[(1671 \times 10^{-3}\,\text{m}^3) - (1 \times 10^{-3}\,\text{m}^3)] = 1.69 \times 10^5\,\text{J}$$

이다. 여기서 1 atm = 1.01×10^5 N/m^2이고 1 L = 10^3 cm^3 = 10^{-3} m^3이다. 그러면 다음을 얻는다.

$$\Delta U = Q - W = (22.6 \times 10^5\,\text{J}) - (1.7 \times 10^5\,\text{J}) = 20.9 \times 10^5\,\text{J}$$

유의 대부분의 열은 물의 내부 에너지를 증가시키는 데(액체 상태에서 분자들을 가깝게 묶는 인력을 극복하기 위해 분자 에너지를 증가시키는 데) 사용된다. 단지 일부만(< 10 %) 일을 하는 데 사용된다.

유의 식 14.1에서 여기서는 $\Delta T = 0$이므로 $U = \frac{3}{2}nRT$에서 $\Delta U = 0$이다. 그런데 우리가 구한 것은 $\Delta U = 21 \times 10^5$ J이다. 무엇이 잘못 됐는가? 식 14.1은 액체 상태의 물이 아니라 단원자 이상 기체에만 적용된다.

15.3 인간의 신진대사와 제1법칙

인간과 동물은 일을 한다. 우리가 걷거나, 뛰거나, 무거운 물체를 들어 올릴 때 일을 한다. 일을 하려면 에너지가 필요하다. 에너지는 새로운 세포를 만들고 죽은 세포를 제거하며 성장하는 데에도 필요하다. 다양한 에너지-변환 과정이 유기체 내에서 일어나는데 이것을 **신진대사**라고 한다.

유기체, 즉 인체에 열역학 제1법칙

$$\Delta U = Q - W$$

을 적용할 수 있다. 몸은 다양한 활동을 통해 일 W를 한다. 이것으로 몸의 내부 에너지(와 체온)가 줄어들지 않으려면 어떻게든 에너지를 채워야 한다. 그러나 몸의 내부 에너지는 열 Q가 몸 안으로 유입되어 유지되는 것은 아니다. 정상적이라면 체온이 주위보다 높아서 열이 몸에서 빠져나간다. 심지어 매우 더운 날, 열이 몸에 흡수되어도 이 열을 대사 작용에 활용할 방법이 없다. 그러면 우리가 일을 하는 데 필요한 에너지는 어디서 오는가? 바로 음식에 저장된 내부 에너지(화학적 퍼텐셜 에너지)이다(그림 15.9). 닫힌계에서 내부 에너지는 열의 흐름이나 일에 의해서만 변한다. 인체와 같은 열린계에서는 내부 에너지가 계의 안이나 밖으로 이동할 수 있다. 음식을 먹으면 음식의 내부 에너지가 몸에 직접 들어와서 몸의 전체 내부 에너지 U가 증가한다. 결국 이 에너지는 제1법칙에 따라 일이 열의 형태로 방출된다.

그림 15.9 자전거 타는 사람이 에너지를 섭취한다.

몸 안에서 내부 에너지가 변환되는 비율을 신진 대사율이라 한다. 이는 보통 kcal/h, 또는 와트로 나타낸다. 평균 몸무게가 65 kg인 성인의 다양한 활동에 필요한 전형적인 신진 대사율이 표 15.2에 나와 있다.

예제 15.6 **몸 안에서 변환되는 에너지**

8.0시간 자고 1.0시간 적당한 육체 노동을 하고 4.0시간 가벼운 활동을 하고, 11.0시간 책상에서 일을 하거나 휴식을 하는 65 kg인 성인이 24시간 동안 변환해야 하는 에너지는 얼

마인가?

접근 각 활동 별 변환해야 하는 에너지는 신진대사율(표 15.2)과 시간을 곱한 값이다.

풀이 표 15.2에는 신진대사율이 W(J/s)로 나와 있다. 한 시간은 3600 s이므로 변환되는 총에너지는 다음과 같다.

$$\begin{bmatrix}(8.0\,\text{h})(70\,\text{J/s}) + (1.0\,\text{h})(460\,\text{J/s}) \\ + (4.0\,\text{h})(230\,\text{J/s}) + (11.0\,\text{h})(115\,\text{J/s})\end{bmatrix}(3600\,\text{s/h}) = 1.15 \times 10^7\,\text{J}$$

유의 4.186×10^3 J = 1 kcal이므로 2800 kcal의 음식을 섭취하면 에너지 배출이 상쇄된다. 살을 빼려는 65 kg 성인은 하루에 2800 kcal보다 적게 먹거나, 활동 강도를 높여야 한다. 다이어트의 최고 성공 비법은 운동이다.

표 15.2 신진대사율(65 kg 성인)

활동	신진대사율 (근삿값) kcal/h	W
수면	60	70
바로 앉기	100	115
가벼운 활동 (식사, 옷 입기, 가사)	200	230
적당한 운동 (테니스, 산책)	400	460
달리기(15km/h)	1000	1150
자전거 타기(경주)	1100	1270

15.4 열역학 제2법칙–개요

열역학 제1법칙에 의하면 에너지는 보존된다. 그러나 에너지가 보존되는 것이 분명한데도 많은 과정들이 자연에서 결코 관측되지 않고 있다. 예를 들면 뜨거운 물체와 찬 물체가 접촉되면 뜨거운 물체에서 찬 물체로 열이 전달되지만 반대로 찬 물체에서 뜨거운 물체로 열이 자발적으로 흐르지는 않는다. 열이 찬 물체를 떠나 뜨거운 물체로 가더라도 에너지는 여전히 보존된다. 그러나 이런 일은 자발적으로는 일어나지 않는다.† 두 번째 예로, 바위를 떨어뜨려서 땅에 부딪치면 어떤 일이 일어나는지 생각해 보자. 바위가 떨어지면서 바위의 처음 퍼텐셜 에너지는 운동 에너지로 바뀐다. 바위가 땅에 부딪치면 이번에는 이 에너지가 바위와 충격을 받은 주위의 땅의 내부 에너지로 변환된다. 분자들이 더 빠르게 움직이고 온도는 조금 올라간다. 그러나 이런 일이 거꾸로 일어나는 것을—분자들의 열에너지가 바위의 운동 에너지로 통째로 변환되어 땅 위에 쌓여 있던 바위가 공중으로 솟는 것—본 적이 있는가? 이 과정에서도 에너지는 보존되지만 이런 일은 결코 일어나지 않는다.

자연에서 어떤 과정이 일어나지만 그 역과정은 일어나지 않는 예는 많이 있다. 예를 두 가지 더 들어 본다. (1) 소금 위에 같은 굵기의 고춧가루를 얹고 흔들어 잘 섞는다. 그러나 아무리 흔들어도 소금과 고춧가루가 다시 두 층으로 분리되지는 않는다. (2) 커피 잔이나 유리컵을 떨어뜨리면 자연스럽게 깨진다. 그러나 자발적으로 되돌아가지 않는다(그림 15.10).

역과정이 일어나더라도 열역학 제1법칙(에너지 보존)은 깨지지 않는다. 이런 비가역성을 설명하기 위해 과학자들은 19세기 후반에 열역학 제2법칙이라는 새 원리를 정립했다.

열역학 제2법칙(second law of thermodynamics)은 자연에서 일어나는 과정과 일어나지 않는 과정이 어떤 것들인가에 대해 설명한다. 이것은 다양한 방법으로 표현

† 자발적이라는 것은 어떤 종류의 일이 가해지지 않아도 스스로라는 의미이다. (냉장고는 열을 찬 환경에서 더운 환경으로 보내지만, 이는 모터가 일을 했기 때문이다. 15.6절 참조)

그림 15.10 깨진 컵이 자발적으로 재조립되어 테이블 위로 올라가는 것을 본 적이 있는가?

(a) 처음 상태 (b) 조금 후 컵이 조립되어 책상 위로 올라간다 (c) 더 지나면 컵이 책상 위에 놓인다

할 수 있지만 모두 동일하다. 그중 클라우지우스(R. J. E. Clausius, 1822~1888)의 표현은 다음과 같다.

열역학 제2법칙 (클라우지우스 표현)

열은 뜨거운 물체에서 찬 물체로 자연스럽게 흐른다. 열은 찬 물체에서 뜨거운 물체로 자발적으로 흐르지 않는다.

특별한 어느 한 과정에서 이 표현이 적용된다고 다른 과정에서는 어떻게 적용되는지는 명확하지 않다. 다른 과정들도 명확하게 포함하는 표현이 필요하다.

열역학 제2법칙은 일반적으로 열기관을 연구하면서부터 일부 발전하기 시작했다. **열기관**(heat engine)은 증기 기관이나 자동차 엔진처럼 열에너지를 역학적 에너지로 변환시키는 장치이다. 이제 실용적 관점뿐만 아니라 열역학 제2법칙의 발전이라는 관점에서 열기관을 조사해 보자.

15.5 열기관

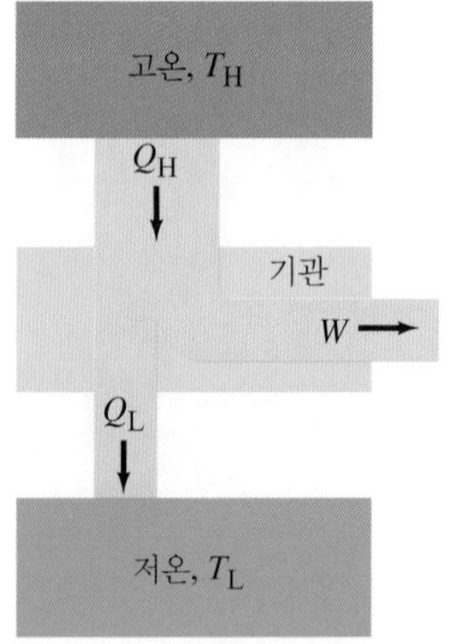

그림 15.11 열기관의 열전달 개략도

일을 해서 열에너지를 발생시키는 것은 쉽다. 예를 들면 손을 빠르게 비비거나 마찰을 통해 열에너지를 만들 수 있다. 그러나 열에너지에서 일을 얻는 것은 어려워서, 1700년경 증기 기관이 개발되면서 그 일을 하는 실질적인 장치가 발명됐다.

열기관의 기본적인 개념은 열이 고온에서 저온으로 흐를 때만 열에너지로부터 역학적 에너지를 얻을 수 있다는 것이다. 그림 15.11에서 보듯이 그 과정에서 열의 일부가 역학적인 일로 변환될 수 있다. 유용한 열기관은 재순환 과정을 따라 작동된다. 즉 계가 반복적으로 처음 상태로 되돌아 와서 연속적으로 작동할 수 있다. 처음 상태로 되돌아오기 때문에 각 주기에서 계의 내부 에너지의 변화 $\Delta U = 0$이다. 그래서 고온 T_H에서의 들어온 열 Q_H의 일부는 일 W로 변환되고, 일부는 저온 T_L에서 열 Q_L로 배출된다(그림 15.11). 에너지 보존에 의해 $Q_H = W + Q_L$이다. 고온 T_H와 저온 T_L을 기관의 **운전 온도**(operating temperatures)라고 한다. 열기관에 대해 새로운 (그리고 직관적인) 부호 규약을 사용하고 있음을 주목하라. Q_H, Q_L, W는 항상 양수이다. 에너지 전달의 방향이 그림 15.11과 같은 도표에 화살표로 표시된다.

주의

열기관의 부호 규약 $Q_H > 0$, $Q_L > 0$, $W > 0$

증기 기관과 내연 기관

물리학의 응용

기관

증기 기관의 작동이 그림 15.12에 보인다. 증기 기관은 두 종류가 있으며 석탄, 석유, 가스, 핵에너지로 가열된 증기를 이용한다. 그림 15.12a의 왕복 기관 내부에서 가열

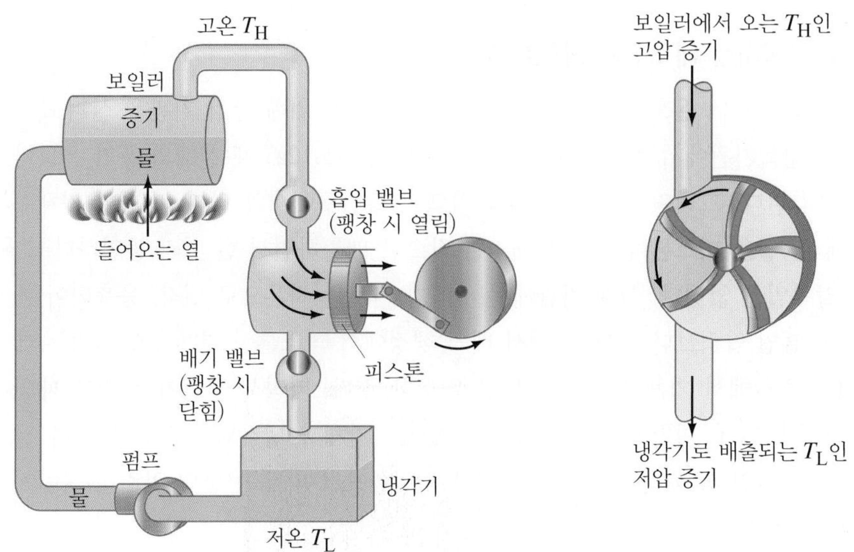

그림 15.12 증기 기관

된 증기는 흡입 밸브를 지나 팽창하면 피스톤을 움직인다. 피스톤이 제자리로 돌아오면서 열려 있는 배기 밸브 밖으로 기체를 배출한다. 그림 15.12b의 증기 터빈은 왕복 피스톤 대신 날이 많은 외륜을 닮은 회전 터빈으로 바뀐 것을 제외하고는 비슷하다. 오늘날 전기의 대부분은 증기 터빈으로 발전한다.† 가열되고 냉각되는 물체를, 이 경우는 증기, **작업 물질**(working substance)이라 한다. 옛날 증기 기관에서는 석탄, 석유나 다른 연료를 태워서 증기를 가열하여 고온을 얻는다.

그림 15.13에서 보듯이 내연 기관(대부분의 자동차에서 사용되는)에서는, 실린더 자체 내부에서 휘발유–공기 혼합물을 연소시켜서(점화 플러그로 점화시켜) 고온을

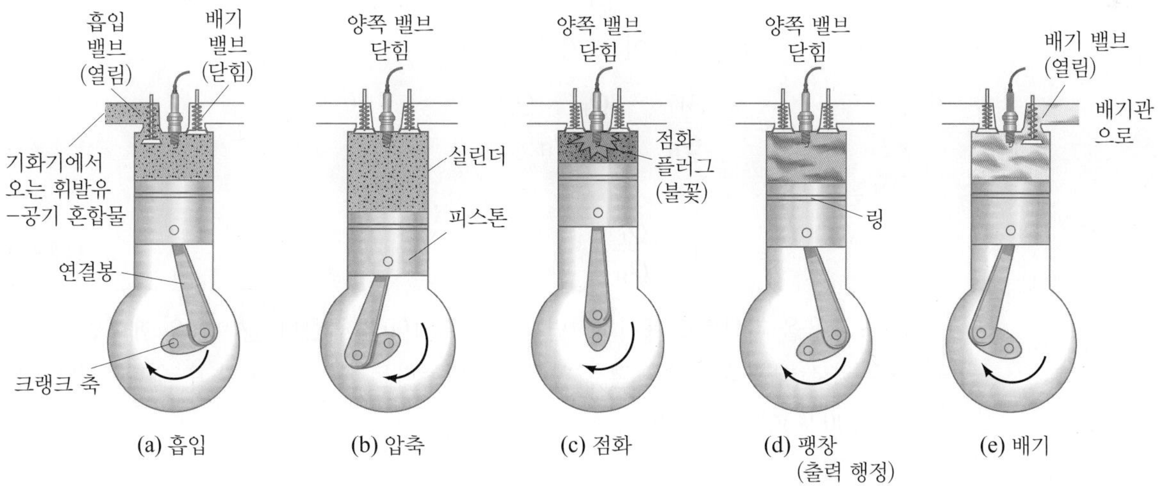

그림 15.13 4행정 사이클 내연 기관. (a) 피스톤이 아래로 움직이면 휘발유–공기 혼합물이 실린더로 들어간다. (b) 피스톤이 위로 움직여서 기체를 압축한다. (c) 점화 플러그의 불꽃이 고압축 휘발유–공기 혼합물을 점화시켜 고온으로 올리는 짧은 순간. (d) 이 출력 행정에서 이제는 고온, 고압 상태인 기체가 피스톤을 향해 팽창한다. (e) 연소된 기체는 배기관으로 밀려 나간다. 피스톤이 위에 도달하면 배기 밸브가 닫히고 흡입 밸브가 열려서, 전 사이클이 반복된다. (a), (b), (d), (e)가 4행정 사이클이다.

† 핵발전소까지도 증기 터빈을 이용한다. 핵연료인 우라늄은 증기를 가열하는 연료가 된다.

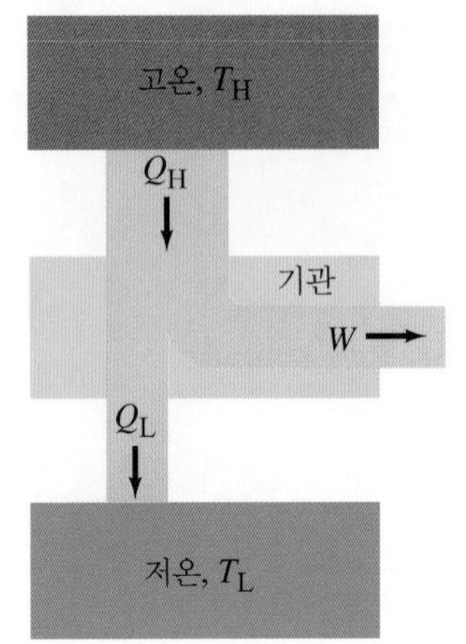

그림 15.11 (반복) 열기관의 열전달 개략도

얻는다.

열기관을 구동하는 데 ΔT가 필요한 이유

엔진을 구동하는 데 **온도차**가 필요한 이유를 알아보기 위해 증기 기관을 살펴보자. 예를 들면 왕복기관에서 기화기나 펌프가 없고(그림 15.12a) 계 전체의 증기 온도가 같다고 생각한다. 그러면 배출될 기체의 압력이 흡입구에서와 같다. 팽창한 기체가 **피스톤에** 한 일은 **피스톤이** 증기를 배기관 밖으로 배출하면서 한 일과 동일하다. 그러므로 알짜일은 없었다. 실제 기관에서는 배기 기체는 저온으로 냉각, 응축되어 배기 압력이 흡입 압력보다 작다. 그래서 배기 행정에서 피스톤이 기체를 밀어내는 데 드는 일은 흡입에서 기체가 피스톤에 한 일보다 적다. 따라서 온도차가 있을 때만 알짜일이 얻어진다. 마찬가지로 가스 터빈에서는 기체가 냉각되지 않으면 양쪽 날의 압력이 같아진다. 배기구 쪽에서 기체를 냉각함으로써 뒤쪽 날의 압력이 작아져서 터빈이 돈다.

효율

열기관의 **효율**(efficiency) e는 고온 Q_H에서 들어온 열에 대한 기관이 한 일 W의 비율로 정의된다(그림 15.11).

$$e = \frac{W}{Q_H} \tag{15.4a}$$

W가 출력(기관에서 얻는 것)인 반면, Q_H는 연료 연소로 지불하는 것이므로 이 정의는 그럴듯하다. 에너지는 보존되므로 들어온 열 Q_H는 한 일과 저온 Q_L에서 흘러나가는 열의 합과 같아야 한다.

$$Q_H = W + Q_L$$

그래서 $W = Q_H - Q_L$이고, 기관의 효율은

$$e = \frac{W}{Q_H} = \frac{Q_H - Q_L}{Q_H}$$

또는

$$e = 1 - \frac{Q_L}{Q_H} \tag{15.4b}$$

이다. 효율을 퍼센트로 표시하려면 식 15.4에 100을 곱한다. Q_L이 0일 때에만, 즉 열이 주위로 배출되지 않을(결코 일어나지 않는다는 것을 쉽게 알 수 있다) 때만 e가 1.0 (100 %)이 될 수 있다.

예제 15.7 자동차 효율

자동차 엔진의 효율은 20 %이고 작동 중 매초 평균 23,000 J의 역학적 일을 생산한다. (a) 얼마나 많은 열이 들어와야 하는가? (b) 이 엔진에서 매초 폐열이 얼마나 방출되는가?

접근 매초 W가 23,000 J이고 효율 e가 0.20일 때 들어온 열 Q_H와 나가는 열 Q_L을 모두 구한다. 다양한 형태로 된 식 15.4의 효율의 정의를 사용하여 먼저 Q_H를, 다음으로 Q_L을

구할 수 있다.

풀이 (a) 식 15.4a의 $e = W/Q_H$에서 Q_H에 대해 풀면

$$Q_H = \frac{W}{e} = \frac{23{,}000\ \text{J}}{0.20}$$
$$= 1.15 \times 10^5\ \text{J} = 115\ \text{kJ}$$

이다. 엔진에 115 kJ/s = 115 kW의 열이 들어와야 한다.

(b) 식 15.4b의 $e = 1 - Q_L/Q_H$를 사용하고 나서 Q_L에 대해 풀면

$$\frac{Q_L}{Q_H} = 1 - e$$

이므로

$$Q_L = (1 - e)Q_H = (0.80)115\ \text{kJ}$$
$$= 92\ \text{kJ}$$

이다. 엔진은 92 kJ/s = 92 kW의 비율로 주위로 열을 방출한다.

유의 매초 엔진으로 들어가는 115 kJ 중 단지 23 kJ(20 %)만 유용하고, 92 kJ(80 %)은 열로 방출된다.

유의 문제를 단위 시간당 에너지로 기술했다. 1 J/s = 1 W이므로 일률로 기술할 수도 있다.

카르노 기관

효율을 증가시키는 방법을 알아보기 위해 프랑스 과학자 카르노(Sadi Carnot, 1796~1832)는 지금은 **카르노 기관**(Carnot engine)이라 부르는 이상적인 기관의 특성을 연구했다. 카르노 기관이 실제로는 존재하지 않지만 이론적인 개념으로 열역학 제2법칙의 발달과 이해에 중요한 역할을 했다.

이상적인 카르노 기관은 한 사이클이 네 과정으로 이루어지는데 두 과정은 단열적이고 ($Q = 0$) 다른 두 과정은 등온적이다($\Delta T = 0$). 그림 15.14에 이 이상화된 사이클이 나와 있다. 각 과정은 **가역적**(reversibly)이라고 간주된다. 즉 각 과정(예를 들면 기체가 피스톤을 향해 팽창하는)은 매우 느리게 진행되어 평형 상태의 연속이어서, 일이 행해지지 않고 열교환이 없어도 전 과정이 거꾸로 일어날 수 있다고 생각할 수 있다. 반면 실제 과정은 훨씬 빠르게 진행된다. 기체 내 난류가 발생할 수 있고 마찰력도 존재할 수 있다. 이런 요인들 때문에 실제 과정은 정확히 거꾸로 일어날 수 없다. 난류는 달라질 것이고 마찰에 의한 열손실은 회복되지 않는다. 그러므로 실제 과정은 **비가역적**(irreversible)이다.

열 Q_H와 Q_L이 전달되는 카르노 기관의 등온 과정은 일정 온도 T_H와 T_L에서 일어난다고 가정한다. 즉 Q_H와 Q_L이 전달되어도 크기가 매우 커서 온도가 의미 있을 정도로는 변하지 않는 이상적인 **열저장체**와 계가 접촉하고 있다고 가정한다.

카르노는 이상적인 가역 기관에서는 열 Q_H와 Q_L이 운전 온도 T_H와 T_L(절대 온도)에 비례한다($Q_H/Q_L = T_H/T_L$)는 것을 밝혔다. 그래서 효율은 다음과 같다.

$$e_{\text{ideal}} = \frac{T_H - T_L}{T_H} = 1 - \frac{T_L}{T_H} \qquad \text{[(이상적인) 카르노 효율]} \quad \textbf{(15.5)}$$

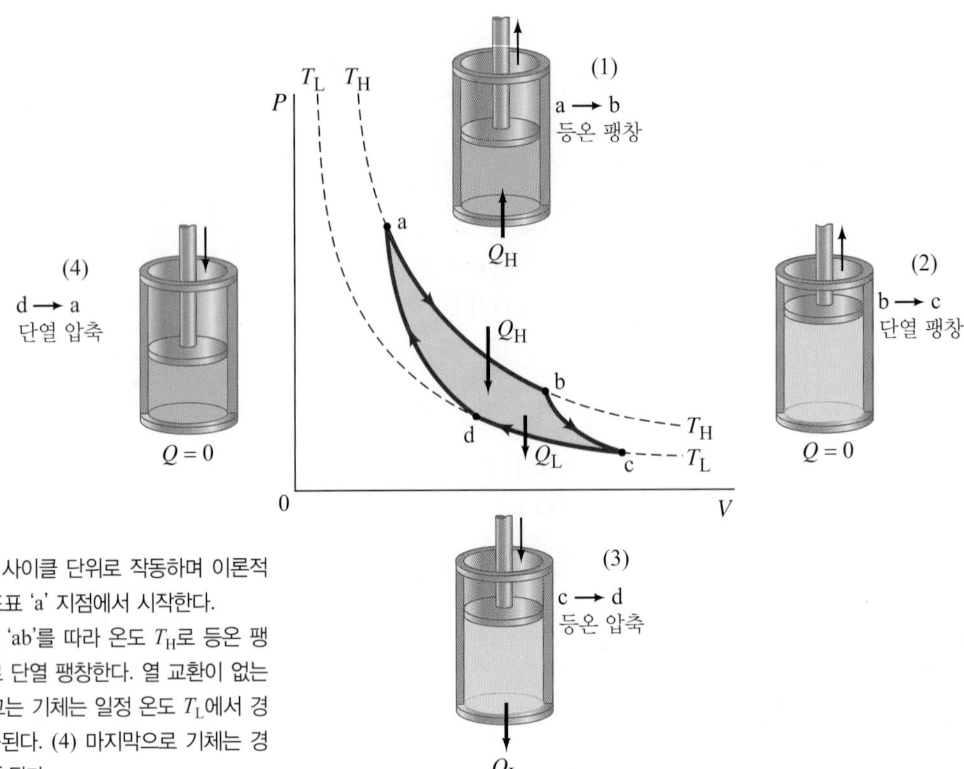

그림 15.14 카르노 사이클. 열기관은 사이클 단위로 작동하며 이론적 카르노 기관은 이상 기체의 경우 PV 도표 'a' 지점에서 시작한다. (1) 기체는 처음에 열 Q_H를 받아 경로 'ab'를 따라 온도 T_H로 등온 팽창한다. (2) 다음에 기체는 'b'에서 'c'로 단열 팽창한다. 열 교환이 없는데도 온도가 T_L로 낮아진다. (3) 그러고는 기체는 일정 온도 T_L에서 경로 'cd'를 따라 압축되고 열 Q_L이 배출된다. (4) 마지막으로 기체는 경로 'da'를 따라 원래의 상태로 단열 압축된다.

식 15.5는 어떤 열기관에 대해 그 효율의 근본적인 상한을 나타낸다. 효율이 더 높으면 열역학 제2법칙에 위배된다.† 실제 기관은 마찰 등에 의한 손실 때문에 항상 효율이 이보다 낮다. 잘 설계한 실제 기관의 효율은 카르노 효율의 60~80 %에 이른다.

예제 15.8 증기 기관 효율

어떤 증기 기관이 500 °C와 270 °C 사이에서 동작한다. 이 기관의 최대 효율은 얼마인가?

접근 최대 효율은 식 15.5의 이상적인 카르노 기관의 효율이다. 절대 온도를 사용해야 한다.

풀이 먼저 섭씨에 273을 더하면 절대 온도는 $T_H = 773$ K, $T_L = 543$ K이다. 그러면

$$e_{\text{ideal}} = 1 - \frac{543}{773} = 0.30$$

이고, 효율을 퍼센트로 구하려면 100을 곱해야 한다. 그래서 최대(카르노) 효율은 30 %이다. 현실적으로 얻을 수 있는 기관의 효율은 이것의 0.7배(21 %)이다.

유의 이 예제의 배기 온도 270 °C는 꽤 높다. 증기 기관은 직렬로 연결되어 한 기관의 배기관이 다음 기관의 흡입구가 된다.

†기관의 효율이 식 15.5보다 높으면 냉장고처럼 거꾸로 작동하는 카르노 기관과 함께 사용할 수 있다. 양쪽의 W가 같으면, 일을 하지 않아도 저온에서 고온으로 알짜 열흐름이 일어난다. 그러면 제2법칙에 대한 클라우지우스 표현에 어긋난다.

예제 15.9 **허위 주장?**

기관 제작사가 다음과 같이 주장한다. 초당 들어오는 열이 435 K에서 9.0 kJ이고, 초당 나가는 열은 285 K에서 4.0 kJ이다. 제작사의 주장을 믿을 수 있는가?

접근 기관의 효율은 식 15.4의 정의로 계산할 수 있다. 식 15.5의 최대 효율보다 작아야 한다.

풀이 주장하는 기관의 효율은 식 15.4에서

$$e = \frac{Q_H - Q_L}{Q_H} = \frac{9.0\,\text{kJ} - 4.0\,\text{kJ}}{9.0\,\text{kJ}} = 0.56$$

즉 56 %이다. 최대 효율은 식 15.5에서

$$e_{\text{ideal}} = \frac{T_H - T_L}{T_H} = \frac{435\,\text{K} - 285\,\text{K}}{435\,\text{K}} = 0.34$$

즉 34 %이다. 제조사의 주장은 열역학 제2법칙에 위배되어 믿을 수 없다.

연습 D 모터가 흡기 온도 $T_H = 400$ K와 배기 온도 $T_L = 300$ K로 돌고 있다. 기관으로서 불가능한 효율은 다음 중 어느 것인가? (a) 0.10 (b) 0.16 (c) 0.24 (d) 0.30 (e) 0.33

상온에서는 효율 100 %인 기관은 불가능함을 식 15.5에서 알 수 있다. 배기온도 T_L이 절대 온도로 0일 때만 100 % 효율이 달성될 수 있다. 그러나 절대 온도 0은 실제적으로(이론적으로도) 불가능하다. [정밀한 실험에 의하면 절대 온도 0을 얻을 수 없다. 이 결과는 **열역학 제3법칙**(third law of thermodynamics)으로 알려졌다.] 기관의 효율이 100 %일 수 없으므로 다음과 같이 말할 수 있다.

주어진 열을 몽땅 일로 변환하는 것이 유일한 효과인 장치를 만드는 것은 불가능하다.

열역학 제2법칙의 켈빈 · 플랑크의 표현

이것은 **열역학 제2법칙에 대한 켈빈 · 플랑크의 표현**(Kelvin-Planck statement of second law of thermodynamics)이라고 알려져 있다. 그림 15.15는 이상적인 완전 열기관의 개략도인데, 실제로는 존재할 수는 없다.

제2법칙이 옳지 않아서 완전 기관을 만들 수 있다면 엄청난 일이 벌어질 수 있다. 예를 들어 만약 배의 기관이 폐열을 보낼 저온 열저장체가 필요 없다면 바닷물의 막대한 내부 에너지 자원을 사용하여 바다를 건너는 항해를 할 수 있다. 연료 문제는 결코 없을 것이다!

연습 E 399쪽 시작 질문으로 가서 다시 답을 해 보라. 처음과 답이 다르다면 그 이유를 설명해 보라.

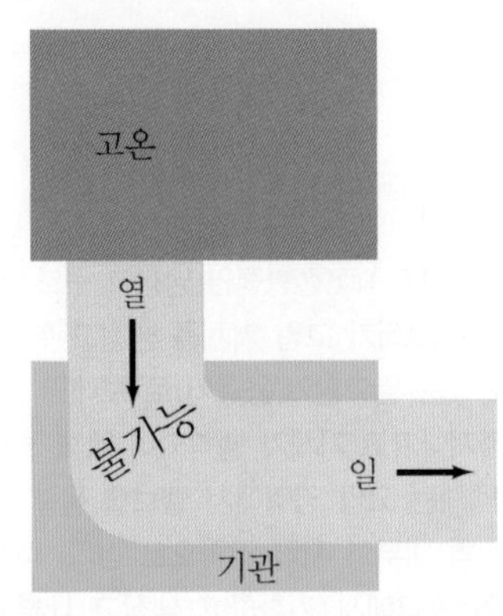

그림 15.15 들어온 열이 모두 일로 사용되는 완전 열기관의 그림. 이런 열기관은 존재하지 않는다.

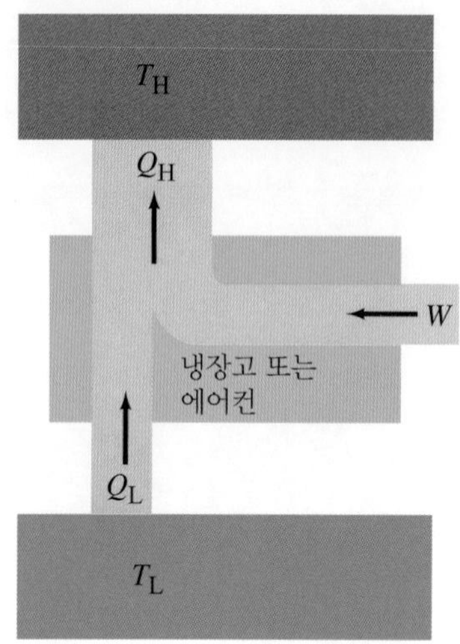

그림 15.16 냉장고나 에어컨의 에너지 전달 개략도

15.6 냉장고, 에어컨, 열펌프

냉장고, 에어컨, 열펌프의 동작 원리는 열기관과 반대이다. 모두 찬 환경에서 따뜻한 환경으로 열을 전달한다. 그림 15.16에서 보듯이 일 W를 해서 열을 저온 영역(예, 냉장고 내부) T_L에서 취해서 더 많은 열을 고온 영역(예, 실내) T_H로 보낸다. 즉 냉장고 **내부**의 냉각 코일에 있는 열 Q_L을 뽑아서 열 Q_H를 냉장고 뒤 판 **밖에 있는** 코일로 보낸다(그림 15.17). 종종 더운 공기가 냉장고 아래에서 나오는 것을 느낄 수 있다. 그림 15.17에서 보듯이, 일 W는 보통 액체를 압축하는 전기 모터가 한다. (15.5절에서와 같이 Q_L, Q_H, W는 양수로 가정한다.)

열을 저압 영역에서 고압 영역으로 보내는 데 일이 필요 없는 완전 **냉장고**(refrigerator)를 만드는 것은 불가능하다. 이것이 15.4절에서 이미 언급한 **열역학 제2법칙에 대한 클라우지우스 표현**(Clausius statement of the second law of thermodynamics)이다. 공식적으로는 다음과 같이 설명한다.

열역학 제2법칙의 클라우지우스 표현

열을 저온 T_L인 계에서 고온 T_H인 계로 전달하는 것이 유일한 효과인 장치를 만드는 것은 불가능하다.

열을 저온 물체 (또는 계)에서 고온 물체로 보내려면 반드시 일이 필요하다. 그래서 **완전 냉장고는 불가능하다.**

냉장고의 **성능 계수**(COP; coefficient of performance)는 저온 영역 (냉장고 내부)에서 빠져나온 열 Q_L을 열을 제거하는 데 사용된 일 W로 나눈 것으로 정의된다(그림 15.16).

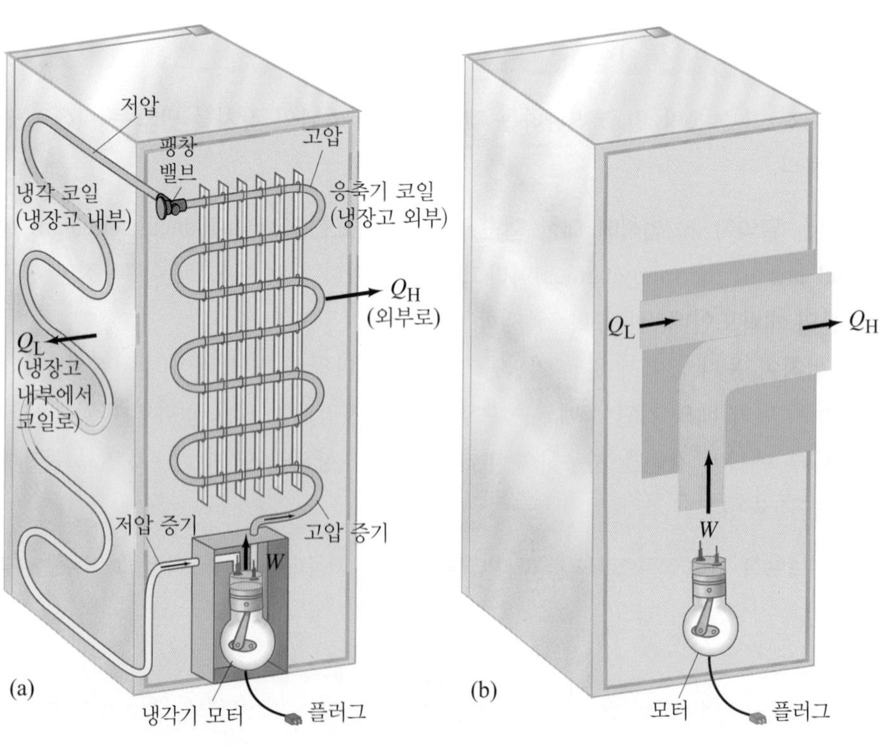

그림 15.17 (a) 전형적인 냉장고 구조. 전기 압축 모터가 고압 기체를 냉장고 뒤 판 밖에 있는 열교환기(응축기)로 보내면 Q_H가 빠져나가고 기체가 냉각되어 액체가 된다. 액체는 고압 영역에서 밸브를 통해 냉장고 벽 내부의 저압 영역으로 간다. 액체는 이 저압에서 기화하고 냉장고 내부에서 열 Q_L을 흡수한다. 액체는 냉각기로 돌아오고 순환이 다시 시작된다. (b) 그림 15.16과 같은 개략도

$$\text{COP} = \frac{Q_L}{W} \qquad \text{[냉장고와 에어컨]} \quad \textbf{(15.6a)}$$

이다. Q_L을 사용하는 이유는 그 안에서 제거된 열이 실용적인 관점에서 중요하기 때문이다. 이 말이 그럴 듯한 것은, 같은 일의 양으로 냉장고 내부에서 더 많은 열 Q_L을 제거할수록 더 좋은 (더 효율이 높은) 냉장고이기 때문이다. 에너지는 보존되므로 열역학 제1법칙에 의해 $Q_L + W = Q_H$, 또는 $W = Q_H - Q_L$이다(그림 15.16). 그러면 식 15.6a는 다음과 같다.

$$\text{COP} = \frac{Q_L}{W} = \frac{Q_L}{Q_H - Q_L} \qquad \text{[냉장고와 에어컨]} \quad \textbf{(15.6b)}$$

이상적인 냉장고(만들 수 없는 완전 냉장고가 아닌)로서, 우리가 할 수 있는 최선은 다음과 같이 완전(카르노) 기관과 비슷하게 (식 15.5) 만드는 것이다.

$$\text{COP}_{\text{ideal}} = \frac{T_L}{T_H - T_L} \qquad \text{[냉장고와 에어컨]} \quad \textbf{(15.6c)}$$

이다.

에어컨(air conditioner)은 실제 세부 구조는 다르지만 냉장고와 매우 비슷하게 동작한다. 에어컨은 저온인 방이나 건물에서 열 Q_L을 빼앗아 열 Q_H를 고온인 바깥 주위로 버린다. 식 15.6은 에어컨의 성능 계수이기도 하다.

물리학의 응용

에어컨

예제 15.10 얼음 얼리기

냉장고의 성능 계수가 2.8이고 소비 전력이 200 W이다. 0 °C의 물 600 g이 들어 있는 얼음 조각 통을 얼리는 데 걸리는 시간은 얼마인가?

접근 식 15.6b에서 Q_L은 물이 얼음이 되도록 물 밖으로 나가야 할 열이다. Q_L을 구하기 위해 물의 융해 잠열 L과 식 14.4의 $Q = mL$을 사용한다.

풀이 표 14.3에서 물의 융해열 $L = 333$ kJ/kg이므로

$$Q_L = mL = (0.600\,\text{kg})(3.33 \times 10^5\,\text{J/kg}) = 2.0 \times 10^5\,\text{J}$$

이 물 밖으로 나가야 할 전체 에너지이다. 냉장고는 200 W = 200 J/s = W/t의 비율로 일을 한다. 여기서 W는 t초 동안 한 일이다. t에 대해 풀면 $t = W/(200\,\text{J/s})$이다. 식 15.6a를 풀면 $W = Q_L/\text{COP}$이므로

$$t = \frac{W}{200\,\text{J/s}} = \frac{Q_L/\text{COP}}{200\,\text{J/s}} = \frac{2.0 \times 10^5\,\text{J}}{(2.8)(200\,\text{J/s})} = 360\,\text{s}$$

즉 6분이다.

열은 자연적으로 고온에서 저온으로 흐른다. 냉장고와 에어컨은 열이 저온에서 고온으로 흐르도록 하기 위해 일을 한다. 열이 더운 데서 찬 데로 흐르는 자연적인 경향을 거슬러, 냉장고와 에어컨은 차가운 영역에서 더운 영역으로 열을 '펌프질'한다

물리학의 응용

열펌프

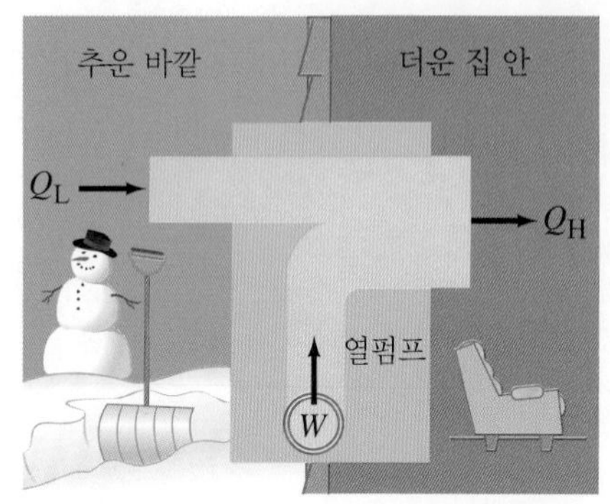

그림 15.18 열펌프는 전기 모터를 사용하여 집 밖의 추운 곳에서 더운 집 안으로 열을 '펌프질'한다.

고 말할 수 있다. 이는 마치 물이 아래로 흐르는 자연적인 경향을 거슬러, 물을 위로 펌프질하는 것과 같다. **열펌프**(heat pump)라는 용어는 겨울에 전기 모터를 사용하는 주택 난방 기구를 말한다. 이것은 추운 밖에서 열 Q_L을 뽑아서 따뜻한 집 안에 열 Q_H를 제공한다(그림 15.18). 냉장고처럼 동작하는 것으로 실내와 실외 열교환기(냉장고의 코일)와 전기 압축 모터가 있다. 동작 원리는 냉장고나 에어컨과 같다. 그러나 열펌프의 목적이 냉방(열 제거 Q_L)이 아니라 난방(열 공급 Q_H)이다. 그래서 열펌프의 성능 계수는 에어컨과 다르게 정의한다. 그 이유는 집 안에 공급되는 것이 열 Q_H이기 때문이다.

$$\text{COP} = \frac{Q_H}{W} \qquad \text{[열펌프]} \quad \textbf{(15.7)}$$

COP는 1보다 커야 한다. 오늘날 전형적인 열펌프의 COP는 대략 2.5에서 3이다. 대부분의 열펌프는 여름에 에어컨으로 '전환'할 수 있다.

예제 15.11 열펌프

성능 계수가 3.0이고 1500 W의 전력을 사용하는 열펌프가 있다. (a) 초당 방에 제공되는 열은 얼마인가? (b) 열펌프를 여름에 에어컨으로 전환했다. 다른 조건이 같다면 성능 계수가 얼마로 예상되는가?

접근 (a)와 (b)의 두 장치는 서로 다른 성능 계수를 사용한다.

풀이 (a) 열펌프에 식 15.7을 사용하면, 초당 1500 J의 일을 하므로 초당 방에 공급되는 열의 비율은

$$Q_H = \text{COP} \times W = 3.0 \times 1500\,\text{J} = 4500\,\text{J}$$

즉 4500 W[$\approx$ 4 Btu/s]이다.

(b) 이 장치가 여름에 에어컨으로 전환되면, 집 안에서 열 Q_L을 뽑아서 1500 J의 일을 해서 집 밖으로 초당 $Q_H = 4500$ J을 내보낸다. 에너지는 보존되므로 $Q_L + W = Q_H$ (그림 15.18을 방 안팎을 거꾸로 하여 참조)이다. 그러면

$$Q_L = Q_H - W = 4500\,\text{J} - 1500\,\text{J} = 3000\,\text{J}$$

이다. 따라서 에어컨의 성능 계수는(식 15.6a)

$$\text{COP} = \frac{Q_L}{W} = \frac{3000\,\text{J}}{1500\,\text{J}} = 2.0$$

이다.

유의 열펌프와 에어컨에서 성능 계수는 다르게 정의된다.

주의

열펌프와 에어컨의 COP는 다르게 정의된다.

연습 F 예제 15.11의 열펌프는 1500 W의 전력으로 4500 W의 열을 얻는다. 우리가 무엇인가를 얻는가, 아닌가? (a) 왜 아닌지를 설명하라. (b) 예제 15.10의 냉장고와 비교해 보라. 모터는 200 W를 써서 얼마의 열을 뽑는가?

좋은 열펌프는 장치의 가격과 설치비 등에 따라 돈과 에너지를 절약해 준다. 예를 들어 예제 15.11의 열펌프를 1500 W의 전기난로와 비교해 보라. 전기난로를 콘센

트에 꼽아 1500 W의 전기를 써서 방에 1500 W의 열을 공급한다. 1500 W의 전기를 쓰기 위해 열펌프를 콘센트에 꼽아 (그만큼 돈을 낸다) 4500 W의 열을 공급한다!

SEER 등급

냉장고와 에어컨 같은 냉각 장치는 SEER(Seasonal Energy Efficiency Ratio) 등급으로 표시하는데, SEER은 다양한 계절 조건을 평균하여 다음과 같이 정의한다.

물리학의 응용
SEER 등급

$$\text{SEER} = \frac{\text{제거된 열(Btu)}}{\text{입력 전기(W}\cdot\text{h)}}$$

SEER의 정의는 기본적으로 COP와 같은데 SI 단위가 아닌 단위가 섞여 있다. 1 Btu = 1056 J이어서 (14.1절과 14장의 주관식 5번 문제 참조), SEER = 1은 COP (1 Btu/W · h = (1056 J)/(1 J/s × 3600 s) = 0.29와 같다. COP = 1은 SEER = 1/0.29 = 3.4이다.

15.7 엔트로피와 열역학 제2법칙

이제까지 특정한 상황에서 열역학 제2법칙을 설명했다. 우리가 필요한 것은 15장 초반에 언급했던 열역학 제1법칙을 위배하지 않음에도 자연에서 관측되지 않는 과정을 포함한 모든 상황에서 성립하는 일반적인 열역학 제2법칙이다. 19세기 후반이 되어서야 열역학 제2법칙은 일반적으로—즉 클라우지우스가 1860년대에 도입한 **엔트로피**(entropy)라는 양으로 표현됐다. 엔트로피는 열과 달리 계의 상태 함수이다. 즉 어느 상태에 있는 계는 한 값의 온도, 부피, 압력, 질량 그리고 특정한 엔트로피를 갖는다. 다음 절에서 엔트로피가 계의 질서 또는 무질서의 척도라는 것을 알게 될 것이다.

퍼텐셜 에너지와 마찬가지로 엔트로피를 다룰 때 중요한 것은 절대적인 양이 아니라 과정이 진행되는 동안 엔트로피 **변화**이다. 클라우지우스에 의하면, 일정 온도에서 가역† 과정에 의해 열량 Q가 더해질 때 계의 엔트로피 S의 변화는 다음과 같다.

$$\Delta S = \frac{Q}{T} \tag{15.8}$$

여기서 T는 절대 온도이다. (만약 열을 잃었다면, 부호 규약에 의해 이 식에서 Q는 음수이다.)

예제 15.12 융해에서의 엔트로피 변화

질량 56 g의 얼음덩이를 0 °C의 보관 통에서 꺼내 종이컵에 넣는다. 몇 분 후 얼음덩이 질량의 반이 녹아서 0 °C의 물이 됐다. 얼음/물의 엔트로피의 변화를 구하라.

접근 처음에 얼음 형태인 56 g의 물을 우리의 계로 생각한다. 엔트로피의 변화를 구하기 위해서는 물의 융해 잠열 L = 333 kJ/kg(14.5절)을 사용하여 얼음을 녹이는 데 필요한 열

† 실제 과정은 비가역적이다. 엔트로피는 상태 변수이므로 비가역 과정의 엔트로피 변화 ΔS는 동일한 두 상태 사이에서의 가역 과정의 ΔS를 계산해서 구한다.

을 먼저 구해야 한다. 필요한 열 Q는 주위에서 온다.

풀이 28 g의 얼음(56 g의 얼음덩이의 반)을 녹이는 데 필요한 열은

$$Q = mL = (0.028\,\text{kg})(333\,\text{kJ/kg}) = 9.3\,\text{kJ}$$

이다. 과정이 진행되는 동안 온도는 일정하게 유지되므로 식 15.8에서 엔트로피 변화를 구할 수 있다.

$$\Delta S = \frac{Q}{T} = \frac{9.3\,\text{kJ}}{273\,\text{K}} = 34\,\text{J/K}$$

유의 주위(컵, 공기)의 엔트로피 변화는 계산하지 않았다.

예제 15.12에서는 온도가 일정하므로 계산이 간단했다. 과정이 진행되는 동안에 온도가 변하면, 온도 변화에 따른 열흐름의 합은 적분이나 컴퓨터로 구할 수 있다. 그러나 온도 변화가 그리 크지 않으면 다음 예제에서 보듯이 온도의 평균값을 사용하여 적절한 근삿값을 구할 수 있다.

예제 15.13 추산 온도가 다른 물이 섞일 때의 엔트로피 변화

20.00 °C인 50.0 kg의 물이 24.00 °C인 50.0 kg의 물과 섞인다. 엔트로피의 변화를 추정하라.

접근 같은 양의 물로 시작했으므로 섞인 물의 나중 온도는 22.00 °C이다. 물의 비열과 열량 측정법을 사용하여(14.3, 14.4절) 전달된 열을 구한다. 그리고는 물 각각의 평균 온도를 사용하여 엔트로피의 변화($\Delta Q/T$)를 추정한다.

풀이 더운 물이 24 °C에서 22 °C로 식을 때 더운 물에서

$$Q = mc\,\Delta T = (50.0\,\text{kg})(4186\,\text{J/kg}\cdot{}^\circ\text{C})(2.00\,{}^\circ\text{C}) = 4.186 \times 10^5\,\text{J}$$

의 열량이 흘러나오고 이 열이 찬물로 들어가 찬물이 20 °C에서 22 °C로 따뜻해진다. 엔트로피의 전체 변화 ΔS는 더운 물의 엔트로피 변화 ΔS_H와 찬물의 엔트로피 변화 ΔS_C의 합이다.

$$\Delta S = \Delta S_\text{H} + \Delta S_\text{C}$$

$\Delta S = Q/T_\text{av}$(여기서 T_av는 각 과정의 '평균' 온도)라고 써서 엔트로피의 변화를 추정하는데, 온도 변화가 작아서 적절한 값이 나온다. 더운 물의 평균 온도는 23 °C(296 K), 찬 물의 평균 온도는 21 °C(294 K)를 사용한다. 그래서

$$\Delta S_\text{H} \approx -\frac{4.186 \times 10^5\,\text{J}}{296\,\text{K}} = -1414\,\text{J/K}$$

인데, 열이 흘러나가기 때문에 음수이다. 반면에 찬물에는 열이 더해지기 때문에

$$\Delta S_\text{C} \approx \frac{4.186 \times 10^5\,\text{J}}{294\,\text{K}} = 1424\,\text{J/K}$$

이다. 열이 더운 물에서 흘러나가므로 더운 물의 엔트로피(ΔS_H)는 감소한다. 그러나 찬 물의 엔트로피 (ΔS_C)는 크게 증가한다. 엔트로피의 전체 변화는 다음과 같다.

$$\Delta S = \Delta S_\text{H} + \Delta S_\text{C} \approx -1414\,\text{J/K} + 1424\,\text{J/K} \approx 10\,\text{J/K}$$

예제 15.13에서, 계의 일부의 엔트로피가 감소하더라도 나머지 다른 부분의 엔트로피는 크게 증가한다는 것을 봤다. 따라서 계 전체의 엔트로피의 알짜 변화는 양수이다. 예제 15.13은 특정한 경우에 대해서 계산한 결과지만 시험을 해본 다른 모든 경우에도 성립함이 밝혀졌다. 즉 모든 자연적인 과정에서 고립계의 전체 엔트로피는 증가하는 것으로 밝혀졌다. 엔트로피를 사용하면 열역학 제2법칙을 다음과 같이 표현할 수 있다. **고립계의 엔트로피는 결코 감소하지 않는다. 오로지 변하지 않거나 증가할 수만 있다.** 엔트로피는 이상적인(가역) 과정에서만 동일하게 유지될 수 있다. 실제 과정에서는 엔트로피의 변화 ΔS는 0보다 크다.

$$\Delta S > 0 \qquad \text{[실제 과정]} \qquad \textbf{(15.9)}$$

계가 고립되지 않았다면 계의 엔트로피의 변화 ΔS_{sys}와 주위의 엔트로피의 변화 ΔS_{env}의 합은 0보다 크거나 같아야 한다.

$$\Delta S = \Delta S_{sys} + \Delta S_{env} \geq 0 \qquad \textbf{(15.10)}$$

이상적인 과정에서만 $\Delta S = 0$이다. 이것이 **열역학 제2법칙의 일반적인 표현**이다.

어떤 자연적인 과정의 결과에서도 계의 엔트로피에 주위의 엔트로피를 더하면 전체 엔트로피는 증가한다.

열역학 제2법칙의 일반적인 표현

자연적인 과정에서 우주 일부의 엔트로피가 감소하더라도(예제 15.13 참조) 우주 다른 부분의 엔트로피가 크게 증가하므로 전체 엔트로피는 항상 증가한다.

이제는 정량적이고 일반적인 열역학 제2법칙의 설명을 얻기는 했지만, 특이한 법칙임을 알 수 있다. 대표적인 식($F = ma$와 같은)이나 보존 법칙(에너지와 운동량 등)과 같은 물리학의 법칙들과는 매우 다르다. 열역학 제2법칙은 엔트로피 S라는 새로운 양을 도입하지만 보존된다고 하지는 않았다. 자연적인 과정에서는 엔트로피는 보존되지 **않는다.** 실제 과정에서는 엔트로피가 시간이 지남에 따라 항상 증가한다.

15.8 질서에서 무질서로

지금까지 논의한 바에 따르면 엔트로피의 개념은 좀 추상적일 수 있다. 그렇다면 질서와 무질서라는 더 일상적인 개념과 연결시켜 보자. 사실 계의 엔트로피는 **계의 무질서의 척도**라고 생각할 수 있다. 그러면 열역학 제2법칙은 다음과 같이 간단하게 설명할 수 있다.

자연적인 과정은 더 무질서한 상태로 향하는 경향이 있다.

열역학 제2법칙의 일반적인 표현

무질서(disorder)가 정확히 무엇을 의미하는지 명확하지 않으므로 몇 가지 예를 생각해 보자. 그러면 열역학 제2법칙의 이런 매우 일반적인 표현이 우리가 열역학이라고 생각하는 것 이상의 범위로 적용된다는 것을 알 수 있을 것이다.

15.4절에서 언급했던 단순한 과정을 보자. 먼저 통 안에 소금과 고춧가루가 섞이지 않고 소금 위에 고춧가루가 덮여 있다고 하자. 통을 흔들면 소금과 고춧가루가 섞

이지만 아무리 더 흔들어도 다시 전 상태로 되돌아가지는 않는다. 자연적인 과정은 상대적으로 질서 있는 (분리된) 상태에서 무질서한 (섞인) 상태로 가지 거꾸로 가지는 않는다. 즉 무질서가 증가한다. 두 번째로, 부서진 잔의 조각보다 단단한 커피 잔은 더 '질서 있고' 유용한 물체이다. 잔은 떨어지면 깨지지만, 자발적으로(그림 15.10과 같이) 다시 붙지는 않는다. 다시 말하면 사건의 정상적인 전개는 무질서의 증가이다.

우리가 실제로 엔트로피 변화를 계산했던 과정들을 생각하고 엔트로피가 증가하면 무질서도 증가했는지(또는 반대인지) 알아보자. 얼음이 녹아서 0 °C의 물이 되면, 물의 엔트로피는 증가한다(예제 15.12). 직관적으로 고체 상태의 물인 얼음이 여기저기로 흘러 다니는 액체 상태보다 더 질서 있다고 생각할 수 있다. 질서에서 무질서로의 이 변화는 분자의 관점에서 보면 더 명확하다. 얼음 결정 안에 질서 있게 배열된 물 분자의 운동이 액체 상태에서는 무질서하고 제멋대로가 된다.

뜨거운 물체가 찬 물체와 접촉하면 두 물체가 중간의 같은 온도가 될 때까지 열이 고온에서 저온으로 흐른다. 예제 15.13에서 보았듯이 엔트로피는 증가한다. 과정 초기에는 큰 운동 에너지를 가진 물체(뜨거운 물체)와 작은 운동 에너지를 가진 물체(찬 물체)가 구별된다. 열이 흘러서 과정이 끝나면 모든 분자들은 평균적으로 동일한 운동 에너지를 가진 한 종류가 된다. 두 종류로 된 더 질서 있는 분자들의 배열은 더 이상 없다. 질서가 무질서로 변했다. 게다가 뜨거운 물체와 찬 물체가 분리되어 있을 때에는 열기관의 뜨거운 영역과 찬 영역으로 공급되어 유용한 일을 얻는 데 사용된다. 그러나 두 물체가 일단 접촉해서 같은 온도에 도달하면 아무런 일도 얻을 수 없다. 무질서가 증가한 것이다. 일을 할 수 있는 능력이 있는 계는 능력이 없는 계보다 더 질서 있다고 간주되어야 하기 때문이다.

돌이 땅으로 떨어지면 거시적 운동 에너지는 열에너지로 변환된다. (거꾸로는 절대로 일어나지 않는다. 돌이 열에너지를 흡수하여 전에 공중에 있던 제 자리로 다시 돌아가지 않는다는 점에 주목한 적이 있다.) 이것이 질서에서 무질서로 가는 변화의 또 하나의 예이다. 열에너지는 무질서하고 제멋대로인 분자들의 운동과 관련되어 있지만, 떨어지는 돌의 분자 운동 에너지는 원래 제멋대로인 속도 외에 전부 아래로 동일한 속도를 가진다. 그러므로 돌이 땅으로 떨어질 때 전체적으로 더 큰 질서 있는 운동 에너지가 무질서한 열에너지로 변환 된다. 이 과정에서, 자연에서 일어나는 모든 과정과 같이 무질서가 증가한다.

생물 개발

물리학의 응용

생물 개발

생물학적 발달과 생물의 성장과 관련하여 엔트로피 증가에 대한 흥미 있는 예가 있다. 분명히 인간은 고도로 질서 있는 생명체이다. 단일 세포로부터 성인까지의 개인의 성장은 질서가 증가하는 과정이다. 진화 또한 질서가 증가하는 것으로 볼 수 있다. 이 과정들이 열역학 제2법칙에 위배되는가? 아니다, 그렇지 않다. 성장과 진화 과정, 그리고 개인이 다 자란 후의 생활에서 조차 폐기물이 배출된다. 신진 대사의 결과로 남은 이런 작은 분자들은 무질서한 단순한 분자들이다. 그러므로 그들은 상대적으로 더 무질서하다거나 엔트로피가 더 높다고 표현된다. 사실, 개발과 성장 과정에서 생명체에서 버려진 분자들의 전체 엔트로피는 성장하는 개인이나 진화하는 종에 관련된 엔트로피의 감소보다 더 크다.

시간의 화살

열역학 제2법칙의 또 다른 면은 과정이 **어느 방향**으로 진행하는지 알려준다는 점이다. 거꾸로 돌고 있는 필름을 보면 틀림없이 바로 알아챌 수 있을 것이다. 왜냐하면 깨진 커피 잔이 바닥에서 탁자 위로 올라가서 다시 붙는다든지, 터진 풍선이 갑자기 원 상태로 돌아가 공기가 채워지는 기이한 현상을 보게 될 것이기 때문이다. 우리는 이런 일은 실제 생활에서 일어나지 않는다는 것을 알고 있다. 이 과정들에서는 질서가 증가하거나, 또는 엔트로피가 감소한다. 이는 열역학 제2법칙에 위배된다. 영화를 볼 때(또는 시간이 거꾸로 간다고 생각할 때) 엔트로피(또는 무질서)가 증가하고 있는지, 아니면 감소하고 있는지 관찰함으로써 시간의 반전을 알아챌 수 있다. 시간이 흐르는 방향을 가르쳐 주기 때문에 엔트로피를 **시간의 화살**(time's arrow)이라고 불러 왔다.

15.9 에너지의 비가동률; 열죽음

뜨거운 물체로부터 찬 물체로 열이 전도되는 과정에서 엔트로피가 증가하고 질서는 무질서하게 된다는 것을 알았다. 분리된 뜨거운 물체와 찬 물체는 열기관의 뜨거운 영역과 찬 영역 역할을 할 수 있으므로 유용한 일을 얻는 데 사용할 수 있다. 그러나 두 물체가 서로 접촉하여 동일한 균일한 온도에 이른 후에는 그로부터 유용한 일을 얻을 수 없다. 유용한 일을 얻는 능력과 관련해서는 이 과정에서 질서가 무질서로 변한다.

땅에 떨어진 돌멩이에 대해서도 똑같이 말할 수 있다. 땅에 떨어지기 전에는 돌멩이의 모든 운동 에너지가 유용한 일을 하는 데 사용될 수 있다. 그러나 일단 돌멩이의 역학적 운동 에너지가 열에너지로 되면 유용한 일을 하는 것은 불가능하다.

이 두 예는 열역학 제2법칙의 또 다른 중요한 면을 알려준다.

> **어떤 자연적 과정에서도 에너지의 일부는 유용한 일을 할 수 없는 무용한 것으로 된다.**

어떤 과정에서도 에너지 손실은 없다(에너지는 항상 보존된다). 단지 에너지가 점점 더 유용하지 않은 것으로 되는 것이다. 유용한 일을 할 수 있는 것이 줄어드는 것이다. 시간이 지나면서 에너지의 형태가 더 질서 있는 형태(역학적 에너지)에서 궁극적으로 가장 질서 없는 형태(내부 에너지 또는 열에너지)로 가버린다는 의미로 볼 때 에너지는 질이 떨어진다. 일을 할 수 없는 무용한 에너지의 양은 어떤 과정에서 엔트로피 변화에 비례하기 때문에 엔트로피가 한 요인이 된다.

자연적인 에너지 저하의 결과로, 시간이 지나면서 우주는 최대로 무질서한 상태로 접근할 것이 예측된다. 물체는 균일한 혼합물이 되고, 열은 고온 영역에서 저온 영역

(a)

(b)

(c)

그림 15.19 (a) 화력 발전소(이 발전소는 임산 폐기물을 사용한다. = 바이오매스를 사용) (b) 태양광 발전소에 배열된 거울이 태양광을 보일러로 집중시켜 증기를 만든다. (c) 발전소의 대형 냉각탑

으로 흘러서 전 우주가 동일한 온도로 될 것이다. 이후에는 더 이상 일을 할 수 없게 된다. 우주의 모든 에너지는 열에너지로 저하될 것이다. **열죽음**(heat death)이라 부르는 이 예측은 많이 논의되어 왔으나, **매우 먼** 미래의 이야기이다. 이것은 복잡한 주제이고, 어떤 과학자들은 우리가 이해하고 있는 열역학이 거대한 스케일의 전체 우주에서도 실제로 적용될지 의문을 가지고 있다.†

15.10 열 공해, 지구 온난화 그리고 에너지 자원

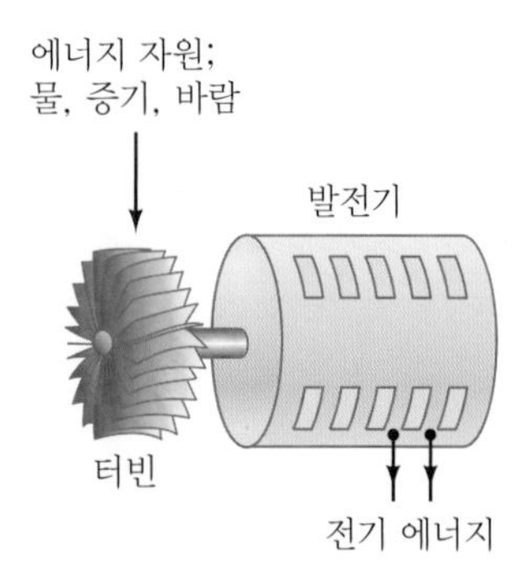

그림 15.20 터빈이나 발전기를 이용해 역학적 에너지가 전기 에너지로 변환된다.

우리가 일상생활에서 사용하는 대부분의 에너지(자동차에서부터 발전소에서 생산되는 대부분의 전기 포함)는 열기관을 사용하여 생산한다. 미국에서 생산되는 전기의 $\frac{2}{3}$ 이상이 화력 발전소(석탄, 석유, 가스; 그림 15.19a)에서 발전되는데, 여기서도 열기관(증기 기관)을 사용한다. 발전소에서는 증기가 터빈이나 발전기를 돌려(그림 15.20) 전기 에너지를 출력한다. 표 15.3에 터빈을 돌리는 다양한 방법과 각각의 장단점이 나와 있다. 핵발전소까지도 핵연료로 구동하는 열기관을 사용한다. 수력 발전, 풍력 발전, 태양 전지는 열기관을 사용하지 않는다(그림 15.19b).

물리학의 응용

열기관과 열 오염

발전소와 자동차를 포함한 모든 열기관에서 나오는 열 Q_L은 **열 오염**(thermal pollution)를 유발한다. 왜냐하면 이 열 Q_L을 강이나 호수의 물, 대형 냉각탑에서 사용하는 공기 등의 환경에서 흡수해야 하기 때문이다. 물이 냉각수로 사용된다면 이 열은 물의 온도를 높여서 배출하므로 수중 생물의 자연 생태를 변화시킨다(주로 온도가 높은 물은 산소가 적기 때문에). 냉각탑의 경우 배출되는 열 Q_L은 공기의 온도를 높여 날씨에 영향을 준다.

자동차, 발전소, 산업용 용광로에서 화석 연료를 태울 때 나오는 화학 물질이 유발하는 **대기 오염**(air pollution)은 스모그 등의 문제를 일으킨다. 또 다른 쟁점은 화석

† 태양과 같은 별이 복사에 의해 에너지를 잃으면 차가워지지 않고 **뜨거워진다.** 에너지를 잃으면 중력이 태양을 이루고 있는 기체를 압축하는데 더 작아지고 밀도가 높아진다는 것은 태양이 더 뜨거워짐을 의미한다. 천체는 열이 뜨거운 물체에서 찬 물체로 흐르면 뜨거운 물체는 더 뜨거워지고 찬 물체는 더 차가워진다. 즉 온도차가 더 **커진다.**

표 15.3 전기 에너지 자원

전기 에너지 발전 형태	발전 비율(%)		장점	단점
	미국	세계		
화력 발전: 석탄, 석유, 천연가스를 태워 물을 끓여 발생한 고압 증기가 발전기의 터빈을 돌린다(그림 15.12b,15.20); 열기관 사용	72	66	건설 방법 확립; 현재는 상대적으로 저렴	대기 오염; 열 오염; 한정된 효율; 천연 자원 추출(채굴)로 인한 대대적 파괴; 지구 온난화; 해상 석유 유출 사고; 한정된 연료 공급(몇 십 년에서 몇 백 년 추정)
핵에너지				
핵분열: 우라늄이나 플루토늄 원자핵이 깨지면서('분열') 발생된 에너지가(31장) 증기를 가열한다; 열기관 사용	20	17	정상적으로는 대기 오염 거의 없음; 지구 온난화 영향 적음; 상대적으로 저렴	열 공해; 사고 시 방사능 피해; 핵폐기물 처리 어려움; 테러리스트에 의한 핵물질 확산 가능성; 한정된 연료 공급
핵융합: 수소 동위 원소(또는 다른 작은 핵)가 결합 또는 '융합'할 때 에너지 발생(30장)	0	0	상대적으로 '청정'; 막대한 연료 공급(바닷물 분자 안의 수소); 지구 온난화 영향 적음	아직 상용화 안 됨
수력: 떨어지는 물이 댐 하부의 터빈을 돌린다.	7	16	열기관 불필요; 대기 오염, 수질 오염, 열 오염 없음; 상대적으로 저렴; 고효율; 댐은 홍수 조절 가능	댐 상류 호수에 명승지와 거주지 수몰; 댐이 연어 등 산란 목적의 물고기 이동 방해; 새 댐 건설 후보지 희소; 가뭄
지열: 지구 내부에서 천연증기가 지면으로 나온다.	<1	<1	열기관 불필요; 대기 오염 적음; 좋은 효율; 상대적으로 저렴하고 '청정'	적절한 후보지 희소; 적은 발전량; 사용된 더운 물속의 광물 성분이 오염 유발 가능
풍력: 3 kW에서 5 MW까지의 풍차(날개 길이 50 m 이상)가 발전기를 돌린다.	≈1	<1	열기관 불필요; 대기 오염, 수질 오염, 열 오염 없음; 상대적으로 저렴	대규모로 큰 풍차를 배열하는 것은 날씨에 영향 주고 경관을 해침; 자연 바람의 속도 낮춤; 철새 방해; 바람이 항상 강하지 않음
태양 에너지	<1	<1		
능동적 태양 난방: 지붕 위의 판이 태양열을 흡수하여 관 안의 물을 데워서 주택 난방이나 온수 공급에 사용			열기관 불필요; 대기 오염, 수질 오염, 열 오염 없음; 연료 공급 무한	공간 제한; 예비 전원 필요; 상대적으로 고가; 구름 끼면 효율 저하
수동적 태양 난방: 건축 설비 – 남향 창문, 여름 햇빛 차단용 가리개			열기관 불필요; 대기 오염, 수질 오염. 열 공해 없음; 상대적으로 저렴	공간 제한 거의 없으나 다른 방법도 함께 필요
태양 전지(광전지): 열기관 없이 태양광을 직접 전기로 변환			열기관 불필요; 대기 오염, 수질 오염, 열 오염 매우 적음; 고효율(>30 %이며 개선 중)	고가; 제조 과정에서 화학적 오염; 태양 에너지가 집중되지 않으므로 넓은 토지 필요; 재방출 없는 흡수(검정색) = 지구 온난화

연료의 연소에 의한 대기 중 CO_2의 축적이다. 화석 연료 내의 탄소가 공기의 O_2와 결합하여 CO_2를 만든다. 이 CO_2는 지표면에서 자연적으로 방사하는 적외선을 흡수하여(14.8절 참조) **지구 온난화**(global warming)에 기여한다. 가전제품, 제철, 상품 생산, 교통 등에 의한 **탄소 발자국**(carbon footprint)은 대기 중으로 CO_2(기타 유독 물질 포함)를 배출하는 화석 연료의 연소로 인해 환경에 부정적인 영향을 주고 있다. 탄소 발자국은 CO_2 내에 있는 탄소 몇 kg이나 몇 톤으로 나타낼 수 있다. 화석 연료의 연소를 제한하는 것은 이 문제의 축소에 도움을 줄 수 있다.

그러나 열 공해는 피할 수 없다. 공학자들은 효율이 더 높은 기관을 설계, 제작하려고 시도할 수 있지만, 카르노 효율을 넘어설 수 없고 최대로 노력하더라도 T_L은 우리 주위에 있는 일반적인 물이나 공기의 온도 정도가 된다. 열역학 제2법칙은 자연이 주어지는 한계를 알려준다. 풍력이나 태양 전지와 같은 대체 에너지 자원은 지구 온난화에 기여할 수 있다(풍차는 시원한 바람의 속력을 줄이고 태양 전지는 '검어서' 입사 에너지를 더 많이 흡수한다). 열역학 제2법칙을 고려하면 우리가 할 수 있는 것은 에너지를 적게 쓰고 연료 자원을 보존하는 것이다. 다른 해결책은 없다.

종합 문제

객관식

1. 이상 기체의 등압 압축에서
(a) 기체 내부로 열이 흐르지 않는다.
(b) 기체의 내부 에너지는 일정하게 유지된다.
(c) 기체에 일을 하지 않는다.
(d) 기체에 일을 한다.
(e) 기체가 일을 한다.

2. 다음 중 어느 것이 가능한가? (i) 100 J의 일이 몽땅 100 J의 열로 변한다. (ii) 100 J의 열이 모두 100 J의 일로 변한다.
(a) (i)만 가능
(b) (ii)만 가능
(c) (i), (ii) 모두 가능
(d) (i), (ii) 모두 불가능

3. 이상 기체가 등압 압축을 하고, 등적 과정을 거쳐 처음 온도로 돌아간다. 대신 **한 번의 등온 과정**을 거쳤다면
(a) 기체에 한 일은 동일하다.
(b) 기체에 한 일은 더 작다.
(c) 기체에 한 일은 더 크다.
(d) 등온 과정의 온도를 알아야 한다.

4. 이상 기체가 상태 A에서 상태 B로 등온 팽창을 한다. 이 과정에서 (부호 규약 사용)
(a) $Q = 0, \Delta U = 0, W > 0$
(b) $Q > 0, \Delta U = 0, W < 0$
(c) $Q = 0, \Delta U > 0, W > 0$
(d) $Q > 0, \Delta U = 0, W > 0$
(e) $Q = 0, \Delta U < 0, W < 0$

5. 이상 기체가 등온 과정을 거친다. 다음 설명 중 옳은 것은? (i) 열이 기체로 들어가지도 않고, 나오지도 않는다. (ii) 기체의 내부 에너지는 변하지 않는다. (iii) 분자들의 평균 운동 에너지는 변하지 않는다.
(a) (i)만
(b) (i), (ii)만
(c) (i), (iii)만
(d) (ii), (iii)만
(e) (i), (ii), (iii) 모두
(f) 정답 없음

6. 이상 기체가 단열 팽창을 해서 열이 기체로 들어가지도 않

고, 나오지도 않는다. 결과적으로

(a) 기체의 온도는 일정하게 유지되고 압력은 감소한다.

(b) 기체의 온도와 압력 모두 감소한다.

(c) 기체의 온도는 감소하고 압력은 증가한다.

(d) 기체의 온도와 부피 모두 증가한다.

(e) 기체의 온도와 압력 모두 증가한다.

7. 열기관이 600 °C의 고온체와 300 °C의 저온체 사이에서 동작한다. 이 기관의 최대 이론적 효율은 얼마인가?

(a) = 100 % (b) ≈ 66 % (c) ≈ 50 % (d) ≈ 34 %

(e) 주어진 정보로는 알 수 없다.

8. 매우 더운 날, 냉장고 문을 열어서 부엌을 냉방할 수 있을까?

(a) 네, 그러나 매우 비쌀 것이다.

(b) 네, 그러나 습도가 50 % 이하일 때만

(c) 아니오, 냉장고는 방에서 뺏는 열과 동일한 양의 열을 방에 배출한다.

(d) 아니오, 냉장고가 방에 배출한 열이 냉장고가 방에서 뺏는 열보다 크다.

9. 다음 중 열기관이나 내연 기관의 효율을 높일 수 있는 것은?

(a) 계의 고온 부분의 온도를 높이고 배기구의 온도를 낮춘다.

(b) 계의 고온 부분과 배기구의 온도를 모두 같은 양만큼 높인다.

(c) 계의 고온 부분과 배기구의 온도를 모두 같은 양만큼 낮춘다.

(d) 계의 고온 부분의 온도를 낮추고 배기구의 온도를 같은 양만큼 높인다.

(e) 정답 없음. 기관을 다시 설계하거나 더 좋은 기체를 쓰는 것만이 기관의 효율을 높일 수 있다.

10. 전형적인 자동차에서 휘발유를 연소시켜서 나오는 열의 몇 퍼센트가 유용한 일로 변환되는가?

(a) 20 % (b) 50 % (c) 80 % (d) 90 % (e) 거의 100 %

주관식

15.1, 15.2 열역학 제1법칙

[부호 규약을 상기하자.]

1. (I) 이상 기체가 등온 팽창을 하여, 그 과정에서 4.30×10^3 J의 일을 한다. 이때 (a) 이상 기체의 내부 에너지의 변화와 (b) 이 팽창에서 흡수된 열을 계산하라.

2. (I) 공기 1 L를 일정한 압력에서 부피가 반으로 될 때까지 냉각한 후, 원래 부피로 등온 과정을 거쳐 팽창하도록 한다. *PV* 도표를 그리라.

3. (II) 다음 과정의 *PV* 도표를 그리라. 대기압하에 있는 2.5 L의 이상 기체가 일정한 압력에서 냉각되어 부피가 1.0 L로 줄어든 후 다시 2.5 L로 등온 팽창하는데, 압력은 일정한 부피에서 원래의 압력에 도달한다.

4. (II) 마찰이 없는 가벼운 피스톤이 달린 원통에 담겨 있는 기체가 대기압을 유지하고 있다. 이 기체에 254 kcal의 열이 유입될 때, 부피가 12.0 m^3에서 16.2 m^3으로 천천히 늘어나는 것이 관찰됐다. (a) 기체가 한 일과 (b) 기체의 내부 에너지 변화를 계산하라.

5. (II) 처음에 3.5기압이고 부피가 1.0 L인 공기가 등온 팽창하여 압력이 1.0기압이 된다. 그리고는 일정 압력에서 원래의 부피로 압축되어, 나중에는 일정 부피에서 가열되어 원래 압력으로 돌아간다. 이 과정에 대한 *PV* 도표를 그리라. 이때 축에 숫자와 이름을 함께 표기하라.

6. (II) 단단한 벽으로 되어 있는 용기에 있는 이상 기체의 압력을 서서히 반으로 줄인다. 이 과정에서 465 kJ의 열이 기체로부터 나온다. (a) 이 과정에서 한 일은 얼마인가? (b) 이 과정에서 기체의 내부 에너지 변화는 얼마인가?

7. (II) 기관에서 거의 이상적인 기체가 단열 압축되어 부피가 반이 된다. 그러면서 2630 J의 일을 기체에 한다. (a) 기체로 흘러 들어가거나 나온 열은 얼마인가? (b) 기체의 내부 에너지 변화는 얼마인가? (c) 온도는 오르는가, 내리는가?

8. (II) 3.0기압의 일정한 압력에서 이상 기체가 410 mL에서 690 mL로 팽창한다. 이때 열은 일정한 부피에서 기체로부터 나오고, 온도가 처음의 값에 도달할 때까지 압력과 온도는 떨어지도록 놔둔다. (a) 이 과정에서 기체가 한 전체 일과 (b) 기체로 들어간 전체 열을 계산하라.

9. (II) 8.5몰의 이상 단원자 기체가 단열 팽창하며, 이 과정에서 8300 J의 일을 한다. 이 팽창에서 기체의 온도 변화는 얼마인가?

10. (II) 다음의 두 단계를 고려하자. 열이 일정한 압력에서 이상 기체로부터 나와서 압력이 2.2기압에서 1.4기압으로 떨어진다. 그러고 나서 기체는 일정한 압력하에서 5.9 L에서 9.3 L로 팽창하며, 이때 온도는 처음의 값에 도달한다(그림 15.21). 이 과정에서 (a) 기체가 한 전체 일과 (b) 기체의 내부 에너지 변화, (c) 기체로부터 나오거나 들어간 전체 열을

계산하라.

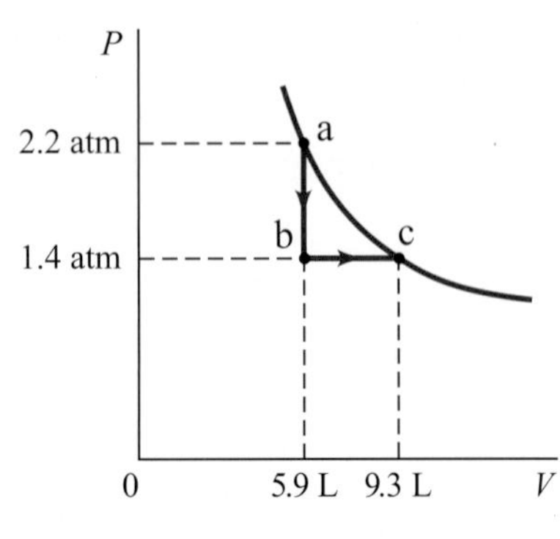

그림 15.21 주관식 10

11. (II) 에너지 보존 법칙을 사용하여 잘 밀봉된 기체를 피스톤으로 압축하면 온도가 오르고 팽창시키면 온도가 내리는 이유를 설명하라. 추론 과정을 보이라.

12. (III) 그림 15.22의 *PV* 도표는 1.75몰의 단원자 이상 기체를 가진 계에서 가능한 두 가지 상태를 보이고 있다. ($P_1 = P_2 = 425\ \text{N/m}^2$, $V_1 = 2.00\ \text{m}^3$, $V_2 = 8.00\ \text{m}^3$) (a) 상태 1에서 상태 2로 등압 팽창하는 과정을 그리라. 그리고 이 과정을 A라고 하자. (b) 과정 A에서 기체가 한 일과 기체의 내부 에너지 변화를 구하라. (c) 상태 1로부터 부피 V_2로 등온 팽창하고 이어서 상태 2로 등적 과정으로 온도가 증가하는 두 단계 과정을 그리라. 이를 과정 B라고 하자. (d) 두 단계 과정 B에서 기체의 내부 에너지 변화를 구하라.

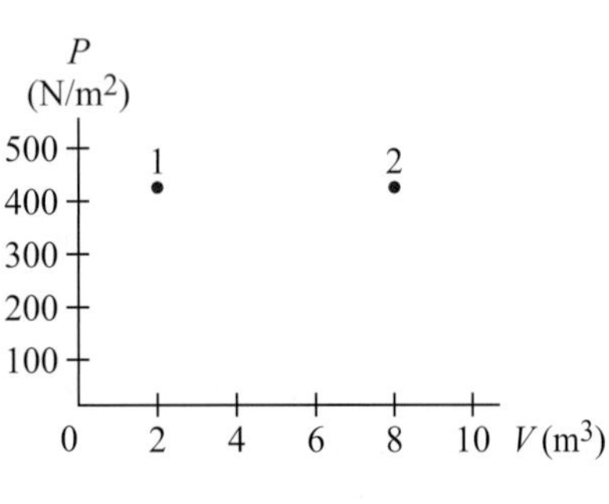

그림 15.22 주관식 12

13. (III) 기체가 그림 15.23의 곡선 경로를 따라 a에서 c로 갈 때 기체가 한 일은 $W = -35$ J이고 기체에 한 열은 $Q = -175$ J이다. abc 경로를 따르면 기체가 한 일은 $W = -56$ J이다. (즉 56 J의 일을 기체에 한다.) (a) abc 경로의 Q는 얼마인가? (b) $P_c = \frac{1}{2}P_b$라면 cda 경로의 W는 얼마인가? (c) cda 경로의 Q는 얼마인가? (d) $U_a - U_c$는 얼마인가? (e) $U_d - U_c$가 42 J이라면 da 경로의 Q는 얼마인가?

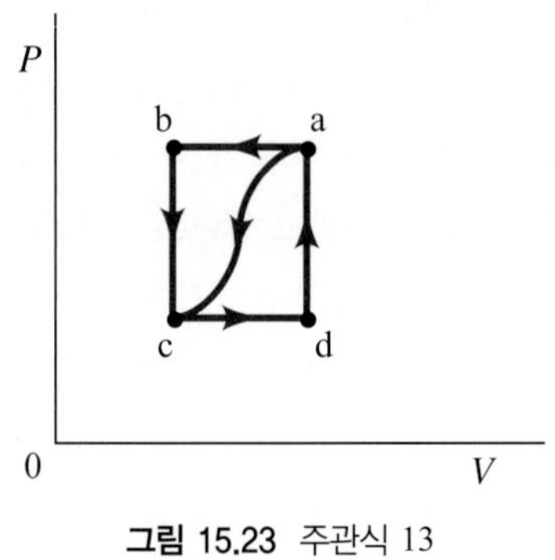

그림 15.23 주관식 13

15.3 인간의 신진대사

14. (I) 예제 15.6의 사람은 11.0시간을 일하는 대신 점심 휴식을 갖고 15 km/h로 1.0시간 동안 달린다면, 얼마나 많은 에너지를 변환하는가?

15. (I) 하루에 8.0시간 자고, 6.0시간 책상에 앉고, 6.0시간 가벼운 활동을 하고, 2.0시간 TV 보고, 1.5시간 테니스 하고, 0.50시간 걷는 65 kg인 사람의 평균 신진 대사율을 계산하라.

16. (II) 65 kg인 사람이 하루에 한 시간씩 적게 자면서 이 시간에 가볍게 활동을 하면서 체중을 줄이려고 한다. 음식 섭취량은 그대로라고 가정할 때, 이 사람은 1년에 얼마의 체중(또는 질량)이 줄 것으로 예상하는가? 1 kg의 지방을 약 40,000 kJ의 에너지를 저장한다고 가정한다.

17. (II) (a) 일주일에 매일 시속 15 km로 30분을 뛰는(표 15.2) 전형적인 65 kg인 사람에게서는 얼마나 많은 에너지가 변환되는가? (b) 이 에너지 손실을 복구하려면 얼마나 많은 칼로리를 먹어야 하는가?

15.5 열기관

18. (I) 어떤 열기관이 2600 J의 유용한 일을 하는 동안 8200 J의 열을 내보낸다. 이 기관의 효율은 얼마인가?

19. (I) 동작 온도가 560 °C와 345 °C인 열기관의 최대 효율은 얼마인가?

20. (I) 열기관의 배기 온도가 230 °C이다. 카르노 효율이 34 %라면 높은 온도는 얼마인가?

21. (I) 열기관이 고온 열저장체에서 25.0 kcal를 흡수하면서 사이클 당 9200 J의 일을 한다. 이 기관의 효율은 얼마인가?

22. (I) 어떤 열기관의 높은 온도 T_H는 대기 온도일 것이다. 왜냐하면 77 K의 액체 질소는 T_L이고 값이 싸기 때문이다. 실

온에서(293 K) 공기로부터 전달된 열을 액체 질소 연료에 (그림 15.24) 변환하여 사용하는 카르노 엔진의 효율은 얼마가 되는가?

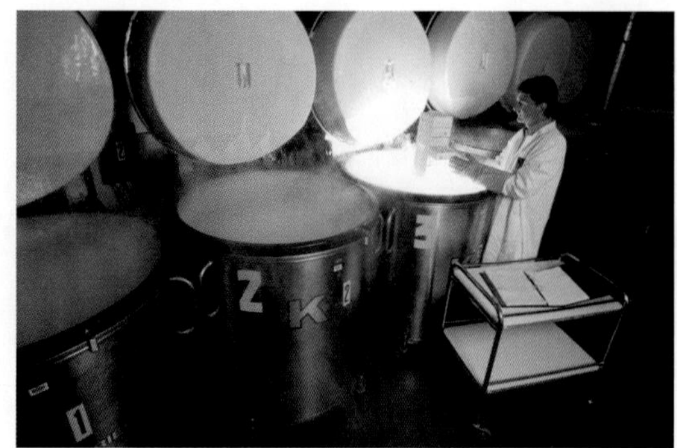

그림 15.24 주관식 22

23. (II) 고온 열저장체의 10 °C 증가 또는 저온 열저장체의 10 °C 감소 중 어느 것이 카르노 기관의 효율을 더 높이는가? 결과를 자세히 설명하라. 일반화할 수 있는가?

24. (II) 어떤 발전기는 580 MW의 전력을 내보낸다. 이 발전기의 효율이 32 %라고 가정할 때, 초당 방출되는 열을 추정하라.

25. (II) 핵발전소는 온도 660 °C와 330 °C 사이에서 이론적 최대(카르노) 효율의 65 %로 동작한다. 발전소가 전기 에너지를 1.4 GW의 비율로 생산한다면, 시간당 배출되는 폐열은 얼마인가?

26. (II) 어떤 기관은 340 °C에서 열을 내보내고 카르노 효율은 36 %이다. 카르노 효율이 42 %가 되려면 배기 온도는 얼마여야 하는가?

27. (II) 카르노 기관의 동작 온도는 210 °C와 45 °C이다. 기관의 출력은 910 W이다. 열의 배출 비율을 계산하라.

28. (II) 카르노 기관이 초당 950 kcal의 열을 받아서 520 kW의 일을 한다. 열저장체의 온도가 520 °C라면 폐열의 배출 온도는 몇 도인가?

29. (II) 어떤 열기관은 580 °C의 열원을 사용하고 이상(카르노) 효율은 22 %이다. 이상적인 효율을 42 %로 높이려면, 열원의 온도는 얼마여야 하는가?

30. (III) 전형적인 소형차가 시속 55마일에서 350 N의 저항을 느낀다. 이 속도에서 휘발유 1갤런당 32마일 달리고 휘발유 1 L(1갤런 = 3.8 L) 연소에 3.2×10^7 J을 낸다면 차의 효율은 얼마인가?

15.6 냉장고, 에어컨, 열펌프

31. (I) 냉장고 냉각 코일의 저온은 −8 °C이고 배출 온도는 33 °C이다. 이론적 최대 성능 계수는 얼마인가?

32. (II) 열펌프로 집을 22 °C로 유지한다. 다음의 실외 온도에서 집 안으로 3100 J의 열을 보내려면, 펌프가 해야 할 일은 얼마인가? (a) 0 °C (b) −15 °C. COP는 3.0으로 가정한다. (c) 이상적 (카르노) 성능 계수 COP = $T_H/(T_H - T_L)$라고 가정하고, 두 온도에서 다시 계산하라.

33. (II) 냉각 장치의 성능 계수가 6.0이고 입력이 1.2 kW일 때, 1.0시간 동안 냉장고가 얼음 덩어리로 만들 수 있는 0 °C 물의 부피는 얼마인가?

15.7 엔트로피

34. (I) 100 °C, 320 g의 증기가 100 °C의 물로 냉각될 때 엔트로피의 변화는 얼마인가?

35. (I) 0 °C, 1.00 m^3의 물이 0 °C 얼음으로 냉각될 때 엔트로피의 변화는 얼마인가?

36. (II) 0 °C, 1.00 m^3의 물이 얼어서 −8.0 °C의 매우 큰 얼음과 접촉해 −8.0 °C로 냉각될 때, 이 과정에서의 전체 엔트로피의 변화를 추정하라.

37. (II) 28.5 °C인 2.8 kg의 알루미늄 조각이 실온(20.0 °C)에서 스티로폼 통 안의 물에 들어있다. 이 계의 엔트로피의 알짜 변화를 추정하라.

38. (II) 35 °C인 1.0 kg의 물이 45 °C인 1.0 kg의 물과 잘 단열된 통에서 섞인다. 이 계의 엔트로피의 알짜 변화를 추정하라.

15.10 에너지 자원

39. (I) 태양 전지(그림 15.25)는 태양을 직접 받으면 지표면 1 m^2 당 40 W의 전기를 생산할 수 있다. 하루에 24 kWh를 쓴다면 집 넓이는 얼마나 되어야 하는가? 평균적인 집의 지붕에 맞는가? 태양이 하루에 9시간 비친다고 가정한다.

그림 15.25 주관식 39

40. (II) 댐으로 만든 인공 호수에 물을 저장한다(그림 15.26). 댐의 수심은 48 m이고, 댐의 하부에 설치된 수력 터빈에 32 m^3/s의 일정한 유량이 유지된다. 생산되는 전력은 얼마인가?

그림 15.26 주관식 40: 유타 주의 그린 강에 있는 플레이밍 고지 댐

연습 해답

A: 700 J

B: 더 적다.

C: -6.8×10^3 J

D: (d), (e)

E: (c)

F: (a) 에너지가 보존되려면 열 Q_L이 밖에서 들어온다. (b) 560 W

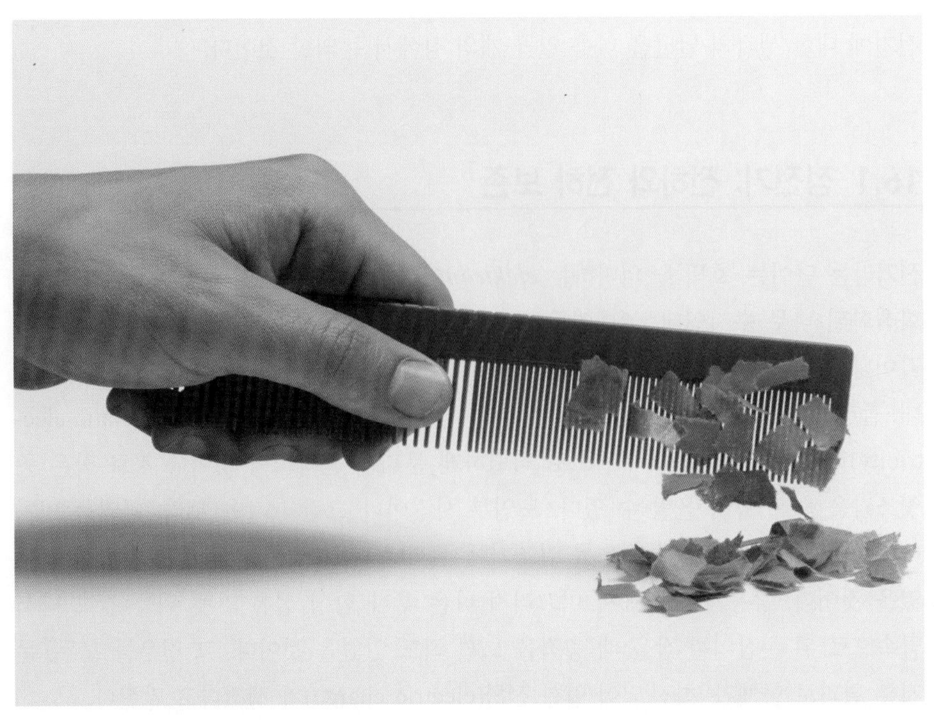

이 빗은 머리를 빗거나 천이나 종이 수건으로 문질러서 정전하를 얻었다. 빗의 전하는 종잇조각에 편극(전하의 분리)을 유도해 종이를 끌어당긴다.
전기를 소개하는 이 장에서는 도체와 절연체, 두 점전하 사이의 힘을 떨어진 거리의 함수로 연결시키는 쿨롱 법칙을 다룬다. 또한 전기장이라는 강력한 개념을 소개한다.

CHAPTER 16

전하와 전기장

시작 질문 추정해 보라!

똑같은 작은 두 구의 전하를 같다. 둘 사이의 거리가 두 배가 되면 서로가 상대에게 작용하는 힘은 어떻게 바뀔까?

(a) 1/2 **(b)** 2배 **(c)** 1/4 **(d)** 변함없다.

'전기'라는 단어는 빛, 모터, 전자 공학, 컴퓨터와 같은 복잡한 현대 기술을 떠오르게 한다. 그러나 전기력은 우리 생활에서 더 깊은 역할을 한다. 원자론에 의하면 전기력은 원자, 분자들을 결합하여 액체와 고체를 형성하기도 하고, 또한 우리 몸 안에서 일어나는 신진대사 과정에 관련되기도 한다. 탄성력, 수직 항력, 마찰력, 접촉력(밀기, 당기기) 등 이제까지 우리가 다룬 많은 힘들은 이제는 원자 수준에서 행동하는 전기력에서 나온다고 생각된다. 반면에 중력은 별개의 힘이다.†

전기에 대한 최초의 연구는 고대로까지 거슬러 올라가지만, 1700년대 이후에서야 전기가 세부적으로 연구되어 왔다. 실제적인 장치들과 자기와의 관련을 포함하여,

†5.9절에서 논의했듯이, 19세기의 물리학자들은 자연에서 네 가지 근본적인 힘을 인지하게 됐다. (1) 중력, (2) 전자기력(전기력과 자기력이 밀접하게 관련된다는 것을 후에 알게 될 것이다), (3) 강한 핵력, 그리고 (4) 약한 핵력. 마지막 두 힘은 원자의 핵 수준에서 작동한다. 최신 이론은 전기력과 약한 핵력을 결합해서 전자기 약력이라는 같은 근원을 가진다고 생각된다. 다른 힘들은 뒤의 장에서 논의한다.

전기에 대한 생각의 발달을 다음 일곱 개의 장에서 논의할 것이다.

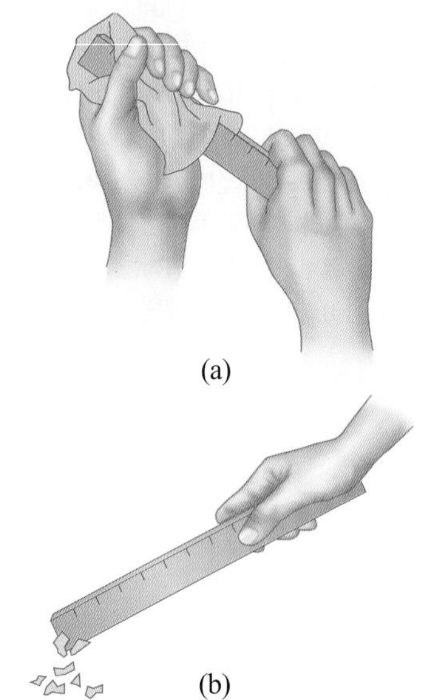

그림 16.1 (a) 플라스틱 자를 종이 수건으로 문지르고, (b) 작은 종잇조각에 접근시킨다.

16.1 정전기: 전하와 전하 보존

전기라는 단어는 '호박'을 의미하는 ***elektron***이라는 그리스 단어에서 나왔다. 호박은 화석화된 나무 수지인데, 고대인들은 호박을 천으로 문지르면 호박이 작은 낙엽 조각이나 먼지를 끌어들인다는 것을 알았다. 천으로 문지른 단단한 고무 조각, 유리 막대, 플라스틱 자도 이런 '호박 효과'가 나타나며, 이는 우리가 현재 **정전기**(static electricity)라고 부른다. 종이 수건으로 격렬하게 문지른 플라스틱 빗이나 자로 작은 종잇조각을 쉽게 들어 올릴 수 있다. 도입부 사진이나 그림 16.1을 보라. 머리를 빗거나 합성 섬유 블라우스나 셔츠를 건조기에서 꺼낼 때, 아마도 정전기를 경험한 적이 있을 것이다. 승용차 좌석에서 미끄러져 나온 후나 합성 섬유 카펫 위를 걷고 나서 금속으로 된 손잡이를 잡을 때 충격을 느낀 적도 있었을 것이다. 그 경우들 모두, 문지른 결과로 물체가 '하전'되어 알짜 **전하**(electric charge)가 생겼다고 말한다.

전하는 모두 같은 종류일까? 아니면 여러 종류일까? 사실 다음의 간단한 실험에서 보듯이 **두** 종류의 전하가 있다. 실에 매달린 플라스틱 자를 천으로 격렬하게 문질러서 대전시킨다. 같은 방법으로 대전된 다른 플라스틱 자를 가까이 접근시키면 서로 밀어낸다. 이것이 그림 16.2a에 나와 있다. 마찬가지로 문지른 유리 막대를 대전된 다른 유리 막대에 접근시키면 그림 16.2b에 보인 척력이 다시 나타난다. 그러나 대전된 유리 막대를 대전된 플라스틱 자에 접근시키면 서로 **끌어당긴다**(그림 16.2c). 따라서 유리의 전하는 플라스틱의 전하와 달라야 한다. 실제로 모든 대전체는 두 종류 중 하나에 속한다는 것이 실험적으로 입증됐다. 전하는 플라스틱으로 끌리든지 유리에서 밀려난다. 또는 플라스틱에서 밀려나든지 유리로 끌린다. 그래서 단지 두 종류의 전하만 있다고 생각된다. 각 전하는 같은 종류의 전하는 밀어내지만, 다른 종류의 전하는 끌어당긴다. 즉 다른 종류의 전하끼리는 끌어당기고 같은 종류의 전하끼리는 밀어낸다.

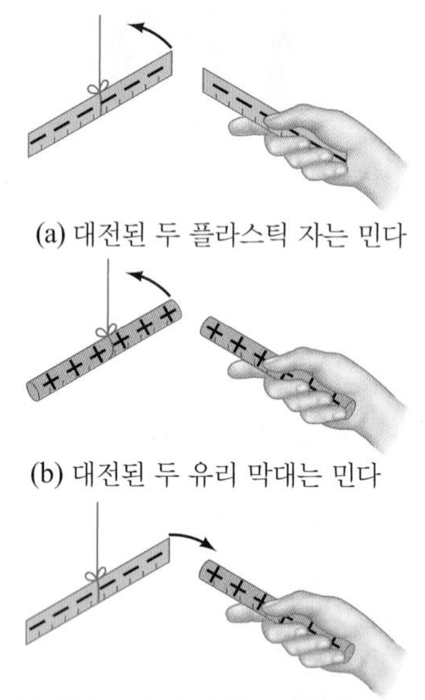

그림 16.2 같은 전하끼리는 밀어내고, 다른 전하끼리는 끌어당긴다. (색 표현에 주의: 양전하 물체는 핑크나 빨강으로, 음전하는 청록으로 표시한다.)

두 종류의 전하를 미국의 정치가, 철학자이자 과학자인 프랭클린(Benjamin Franklin, 1706~1790)은 양전하와 음전하라고 불렀다. 어느 종류를 어느 것으로 부를지의 선택은 우연이었다. 프랭클린의 선택은 문지른 유리 막대의 전하를 양전하라고 했으므로 문지른 플라스틱 자(또는 호박)의 전하는 음전하라고 불렀다. 오늘날도 우리는 이 규약을 따른다.

프랭클린은 한 물체에 전하가 어느 정도 만들어지면 다른 물체에는 같은 양의 반대 종류의 전하가 만들어진다고 주장했다. **양전하**(positive charge)와 **음전하**(negative charge)는 **대수적**으로 처리되므로, 어느 과정에서도 만들어진 전하의 알짜 변화는 0이다. 예를 들면 플라스틱 자를 종이 수건으로 문지르면 플라스틱은 음전하를 얻고 수건은 같은 양의 양전하를 얻는다. 전하가 분리는 되지만 둘의 합은 0이다.

이것은 현재 잘 확립된 법칙의 예로서 **전하 보존 법칙**(law of conservation of

electric charge)은 다음과 같다.

어느 과정에서도 생산된 알짜 전하의 양은 0이다.

또는 다른 표현으로

전하 보존 법칙

알짜 전하는 만들 수도 없앨 수도 없다.

한 물체가 (또는 공간 영역이) 양전하를 얻으면 같은 양의 음전하가 이웃 영역이나 물체에서 발견된다. 아직까지 예외가 발견된 적이 없어서 전하 보존 법칙은 에너지와 운동량 보존 법칙과 마찬가지로 굳게 확립됐다.

16.2 원자의 전하

지난 세기에 와서야 전기가 원자 자체의 내부에서 기원한다는 것이 명확히 이해됐다. 뒤의 장에서 원자 구조와 현재의 원자에 대한 시각으로 이끈 생각들을 논의할 것이다. 그러나 여기서 간단하게라도 논의하는 것이 도움이 될 것이다.

단순화된 모형에 의하면 원자는 작지만 질량이 크고 양으로 대전된 핵을 하나 이상의 음으로 대전된 전자로 둘러싼 구조로 되어 있다(그림 16.3). 핵은 양으로 대전된 양성자와 알짜 전하가 없는 중성자로 되어있다. 양성자와 전자가 가진 전하의 크기는 정확히 같지만 부호는 반대이다. 그러므로 전하가 없는 중성 원자에 있는 양성자와 전자의 수는 같다. 가끔 원자는 하나 이상의 전자를 잃거나 여분의 전자를 얻을 수 있는데, 그 경우 원자는 **이온**(ion)이 되어 알짜 양전하나 음전하를 띠게 된다.

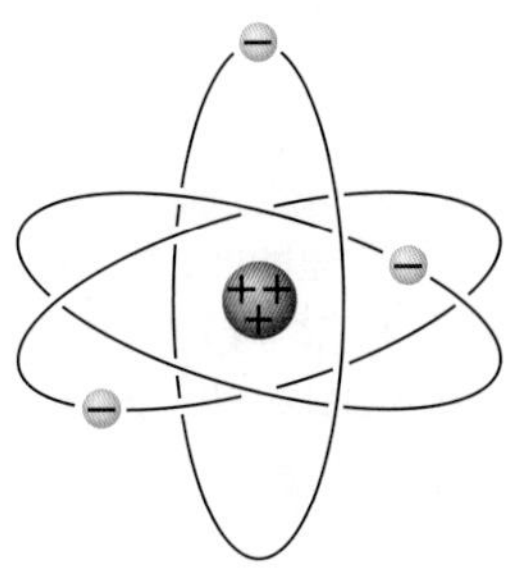

그림 16.3 단순화된 원자 모형

고체에서는 핵들이 고정된 위치에 있는 반면에 전자의 일부는 꽤 자유롭게 움직인다. 물체가 **중성**이면 같은 양의 양전하와 음전하를 가진다. 문지르면 고체가 대전되는 것은 한 물체에서 다른 물체로의 전자 이동으로 설명할 수 있다. 플라스틱 자를 종이 수건으로 문질러서 음으로 대전될 때 수건에서 플라스틱으로 전자가 이동하여, 플라스틱이 얻은 음전하와 같은 양의 양전하가 수건에 남는다. 액체와 기체에서는 핵이나 이온이 전자와 마찬가지로 이동할 수 있다.

물체를 문질러서 대전되면 정상적으로는 전하는 한정된 시간만 유지되고 물체는 결국 중성 상태로 되돌아간다. 전하는 어디로 가는 것일까? 보통 여분의 전자는 공기 중의 물 분자로 '새어나간다'. 이것은 물 분자가 **극성**(polar)이기 때문이다. 즉 물 분자는 중성이지만 전하의 분포가 균일하지 않다(그림 16.4). 그러므로 대전된 플라스틱 자의 여분의 전자는 물 분자의 양전하 쪽으로 끌려서 공기로 '새어나갈 수 있다.' 반면에 양으로 대전된 물체는 공기 중의 물 분자에 느슨하게 붙은 전자의 이동으로 중성화될 수 있다. 건조한 날에는 공기 중에 전자가 샐 물 분자가 적어서 정전기가 훨씬 심하다. 습하거나 비 오는 날에는 물체가 알짜 전하를 오래 유지하기가 어렵다.

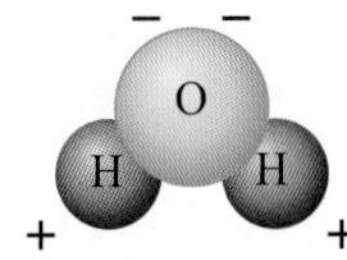

그림 16.4 물 분자의 구조. 아래와 위의 전하가 반대라서 '극성' 분자라고 한다.

16.3 절연체와 도체

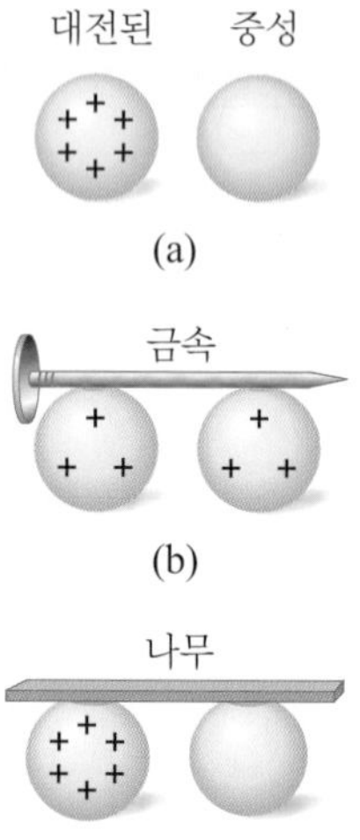

대전된 중성

(a)

금속

(b)

나무

(c)

그림 16.5 (a) 대전된 금속 구와 중성 금속 구 (b) 한 구로부터 다른 구로 전하를 호송하는 도체(금속 못)로 연결된 두 구 (c) 전하가 전달되지 않는 절연체(나무)에 연결된 원래의 두 구

대전이 아주 잘 된 금속 구와 전기적으로 중성인 금속 구가 있다(그림 16.5a). 못과 같은 금속 물체를 양쪽 구에 닿게 하면(그림 16.5b), 대전되지 않았던 구가 곧 대전된다. 대신 두 구를 나무막대나 고무로 연결하면(그림 16.5c), 대전되지 않았던 구는 대전되지 않는다. 쇠못과 같은 물체를 전기 도체라 하고, 나무나 고무와 같은 물체를 **부도체**(non conductor) 또는 **절연체**(insulator)라 한다.

금속은 일반적으로 좋은 도체인 반면에 대부분의 다른 물체는 절연체이다(비록 절연체도 매우 조금은 전기적으로 도체이지만). 거의 모든 자연의 물체들은 이 두 종류 중 하나에 속한다. 그러나 일부의 물체(실리콘이나 저마늄)는 **반도체**(semiconductor)라는 중간 영역에 속한다.

원자의 시각에서 보면 절연체의 전자들은 핵에 매우 단단하게 묶여 있다. 반면에 좋은 금속 도체에서는 전자의 일부가 매우 느슨하게 묶여 있어 금속 안에서 거의 자유롭게 움직일 수 있어서 (비록 금속을 **떠날 수는** 없지만) **자유 전자**(free electron) 또는 **전도 전자**(conduction electron)라 한다. 양으로 대전된 물체가 도체에 가까이 가거나 닿으면 도체 안의 자유 전자는 양으로 대전된 물체에 끌려서 급히 그쪽으로 이동한다. 음으로 대전된 물체가 도체에 가까이 가면 도체 안의 자유 전자는 재빨리 멀어진다. 반도체에는 자유 전자가 매우 적고 절연체에는 거의 없다.

16.4 유도 전하; 검전기

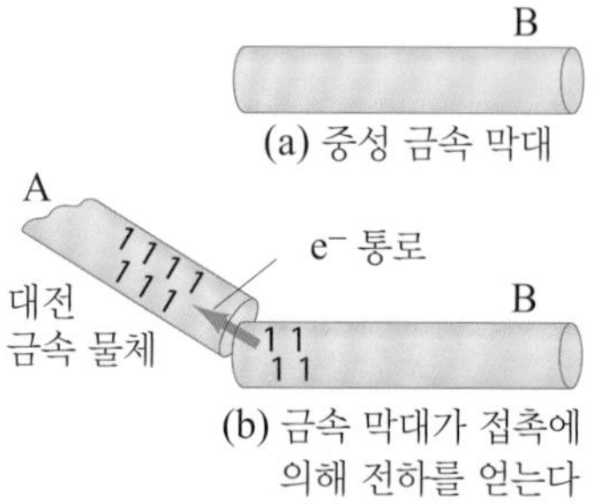

B

(a) 중성 금속 막대

A

e^- 통로

대전 금속 물체

B

(b) 금속 막대가 접촉에 의해 전하를 얻는다

그림 16.6 (a)의 중성 금속 막대는 양으로 대전된 물체와 닿으면(b) 양전하를 얻는다. (전자는 초록색 화살표를 따라 이동한다.) 이것을 전도에 의한 대전이라 한다.

양으로 대전된 물체 A가 대전되지 않은 물체 B에 가까이 간다고 하자. 둘이 닿으면 중성 물체의 자유 전자는 양으로 대전된 물체에 끌려서 일부가 A로 넘어간다(그림 16.6). 원래 중성이었던 물체 B는 음전하를 잃었기 때문에 알짜 양전하를 가진다. 이 과정을 **전도** 또는 **접촉에 의한 대전**(charging by conduction)이라 하고, 두 물체 전하는 부호가 같아진다.

양으로 대전된 물체가 중성 금속 막대에 가까이 가지만 닿지는 않는다고 하자. 금속 막대의 자유 전자가 막대를 떠나지는 않지만, 금속 안에서 외부의 양전하 쪽으로 움직여서 막대의 반대쪽 끝에는 양전하만 남는다(그림 16.7b). 금속 막대의 양쪽 끝에 전하가 유도된다. 막대에 알짜 전하는 생성되지 않는다. 단지 전하가 **분리**된다. 금속 막대의 알짜 전하는 여전히 0이다. 그러나 금속이 두 조각으로 분리되면 하나는 양으로 대전되고, 나머지 하나는 음으로 대전된 두 개의 대전된 물체가 생긴다. 이것이 **유도에 의한 대전**(charging by induction)이다.

금속 물체에 알짜 전하를 유도하는 다른 방법은 먼저 전선을 지면 (또는 지면으로 가는 도체 관)에 그림 16.8a와 같이 연결하는 것이다(표시 ⏚는 '지면'에 연결을 의미). 물체를 **접지시킨다**(grounded)고 한다. 지구는 매우 큰 도체이므로 쉽게 전자를 받거나 내보내므로 전하 저장소처럼 행동한다. 음으로 대전된 물체가 금속 물체

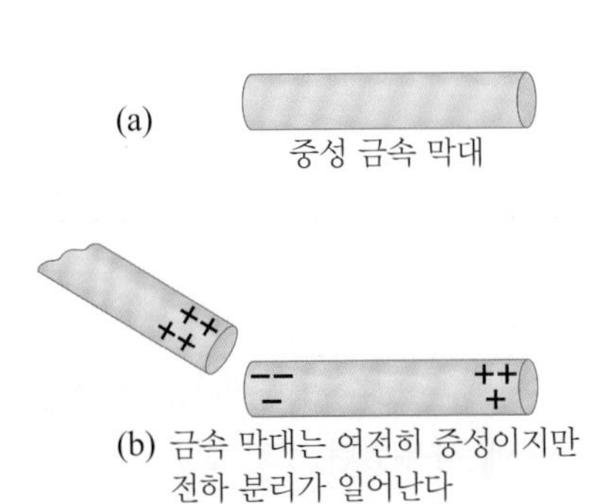

그림 16.7 유도에 의한 대전. (b)의 막대가 두 부분으로 분리되면 각 부분은 알짜 전하를 띤다.

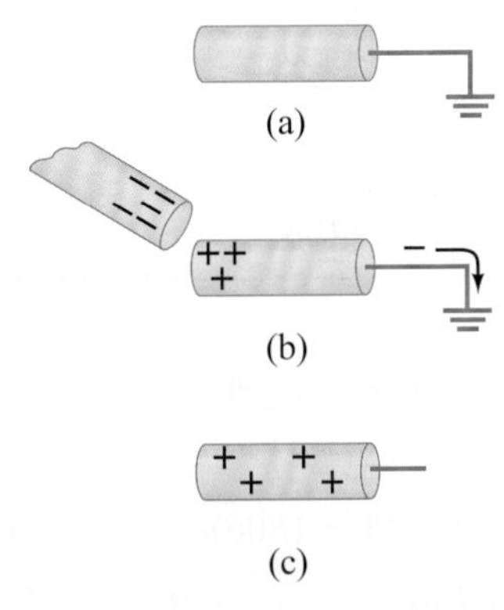

그림 16.8 지면에 연결된 물체에 유도 대전하기

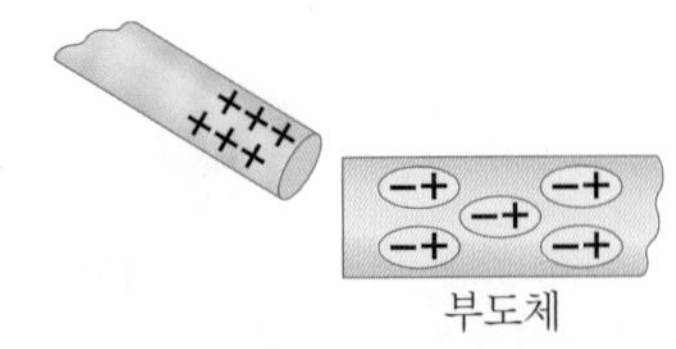

그림 16.9 부도체에 가까이 간 대전된 물체가 부도체 분자 안에서 전하 분리를 일으킨다.

에 가까이 가면 금속의 자유 전자가 밀려나서 전선을 따라 지면으로 내려간다(그림 16.8b). 그래서 금속이 양으로 대전된다. 전선이 절단되면 금속 물체는 양의 유도 전하를 가진다(그림 16.8c). 음으로 대전된 물체를 제거한 **후에** 전선을 절단하면 전자는 모두 지면에서 금속 물체로 되돌아 와서 다시 중성이 된다.

전하 분리는 부도체에서도 일어날 수 있다. 양으로 대전된 물체를 그림 16.9와 같이 중성 부도체에 가까이 가면 부도체 안에서는 전자가 자유롭게 움직이지 못하지만 자신들의 원자나 분자 안에서는 약간 움직일 수 있다. 그림 16.9의 타원형은 분자를 표현한 것이다(실제 크기는 아님). 음전하인 전자는 외부 양전하에 끌려서 분자 안에서 그쪽으로 이동한다. 부도체의 음전하가 외부 양전하에 가깝기 때문에 부도체는 전체적으로 외부 양전하로 끌린다(이 장의 도입부 참조).

전하를 검출하는 데 사용되는 장치로 **검전기**(electroscope)가 있다. 그림 16.10에서 보듯이 통 안에 움직일 수 있는 두 금속편이 들어 있는데, 금박이고 밖의 금속 손잡이에 연결됐다(하나만 움직이는 경우도 있다). 양으로 대전된 물체를 손잡이 가까이에 가져가면 전하 분리가 유도된다. 전자가 손잡이로 끌려서 금속편이 양으로 대전된다(그림 16.11a). 두 금속편은 둘 다 양으로 대전되기 때문에 서로 밀어낸다. 대신에 손잡이가 전도(접촉)에 의해 대전되면 그림 16.11b에서 보듯이 검전기 전체로 알짜 전하가 고루 분포된다. 두 경우 모두 전하의 양이 많을수록 금속편이 더 많이 벌어진다.

음전하도 양전하와 같은 정도로 금속편을 분리시키므로 이 방법으로는 전하의 부호를 알 수 없다. 두 경우 모두 금속편은 서로를 밀어낸다. 그러나 먼저 검전기를 그림 16.12a와 같이 전도에 의해 대전시키면 전하의 부호를 정하는 데 사용할 수 있다. 음으로 대전된 물체를 가까이 가져가면 그림 16.12b와 같이 더 많은 전자가 금속편으로 내려가서 금속편이 더 벌어진다. 대신에 양으로 대전된 물체를 가까이 가져가면 전자가 올라가서 금속편의 음전하가 줄어들어서 금속편은 오므라든다(그림 16.12c).

이와 같은 간단한 검전기는 초기의 전기 연구에서 사용됐으며, 전자공학의 발전과 더불어 지극히 적은 양전하도 측정할 수 있는 현대의 **전위계**(electrometer)에도 같은

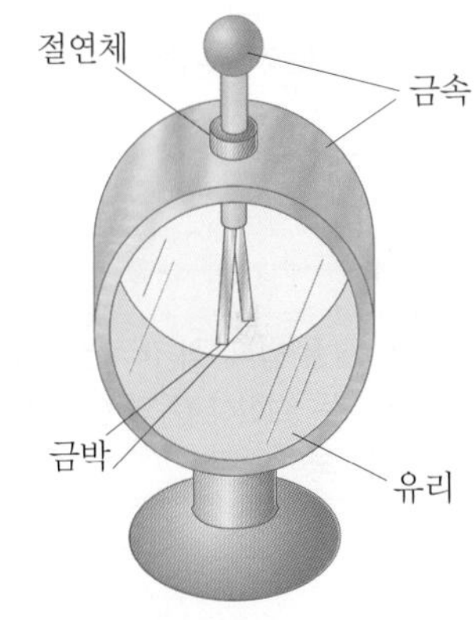

그림 16.10 검전기

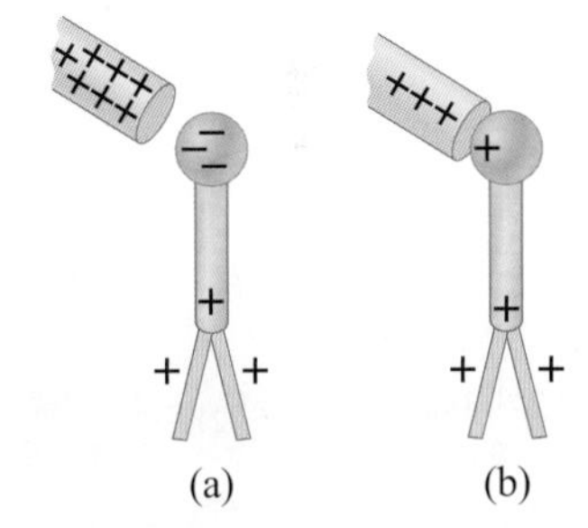

그림 16.11 대전된 검전기. (a) 유도 (b) 전도

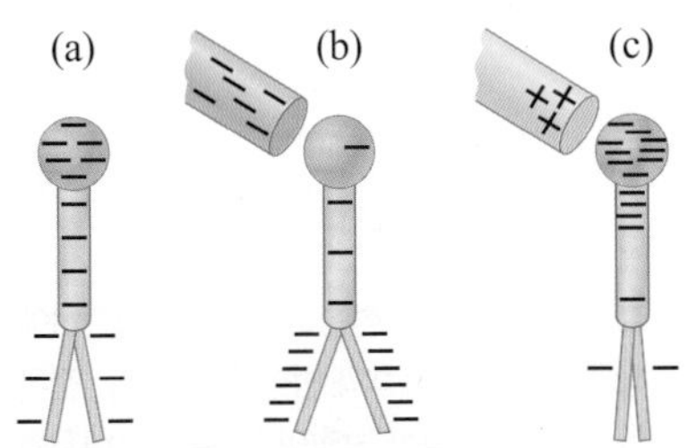

그림 16.12 미리 대전된 검전기로 대전된 물체의 부호를 결정할 수 있다.

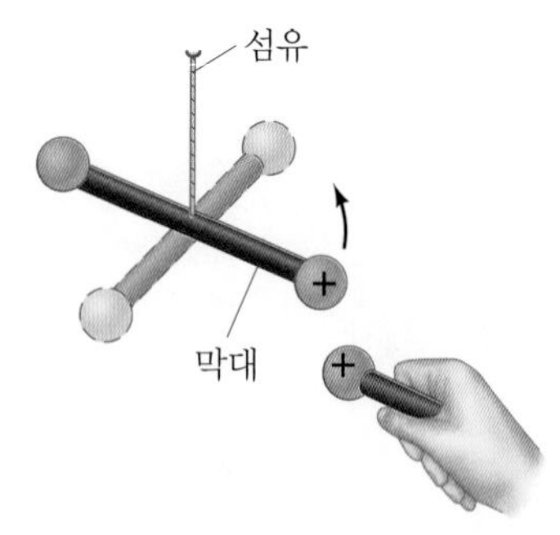

그림 16.13 쿨롱의 실험 장치: 매달린 막대 위에 있는 전하에 외부의 대전된 물체를 가까이 가져가면 막대가 약간 회전한다. 줄은 회전에 저항하는데, 비틀림각이 가해진 힘에 비례한다. 이 장치로 쿨롱은 전하의 크기와 전하 사이의 거리에 따라 전기력이 어떻게 변하는지 조사했다.

원리가 사용되고 있다.

16.5 쿨롱 법칙

한 전하가 다른 전하에 인력이나 척력을 미친다는 것을 알았다. 이 힘의 크기에 영향을 주는 요인은 무엇인가? 이 답을 구하기 위해 프랑스의 과학자 쿨롱(Charles Coulomb, 1736~1806)은 캐번디시가 중력 연구에 사용했던 것과 같은 비틀림 저울(5장 참조)을 사용해 1780년대에 전기력을 조사했다(그림 16.13).

쿨롱의 시대에는 전하를 측정하는 정밀한 장비가 없었다. 그럼에도 쿨롱은 전하의 **비율**이 알려지기는 했지만 크기가 다른 전하가 들어 있는 작은 구들을 준비할 수 있었다.[†] 유도 전하로 곤란을 겪기는 했지만, 쿨롱은 적게 대전된 물체가 다른 대전된 물체에 작용하는 힘은 각각의 전하에 정비례한다는 것을 입증할 수 있었다. 즉 한 물체의 전하가 두 배가 되면 힘도 두 배가 되고, 양쪽 물체의 전하가 두 배가 되면 힘은 원래 값의 네 배로 증가한다. 이것은 두 물체 사이의 거리가 동일하게 유지될 경우이다. 거리가 증가하면 힘이 **거리의 제곱**으로 감소한다는 것을 알았다. 즉 거리가 두 배가 되면 힘은 원래의 값의 4분의 1로 감소한다. 그래서 쿨롱은 적게 대전된 물체가 다른 대전된 물체에 작용하는 힘 F는 한 물체의 전하량 Q_1과 다른 물체의 전하량 Q_2의 곱에 비례하고, 두 물체 사이의 거리 r의 제곱에 반비례한다고 결론을 내렸다(그림 16.14). **쿨롱 법칙**(Coulomb's law)을 식으로 다음과 같이 쓸 수 있다.

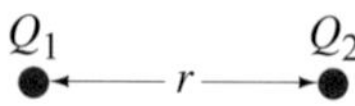

그림 16.14 쿨롱 법칙, 식 16.1은 거리가 r만큼 떨어진 두 점전하 Q_1과 Q_2 사이에 작용하는 힘을 보여 준다.

쿨롱 법칙

$$F = k\frac{Q_1Q_2}{r^2} \qquad \text{[크기]} \quad \mathbf{(16.1)}$$

여기서 k는 비례 상수이다.[‡]

방금 보았듯이 식 16.1의 쿨롱 법칙

$$F = k\frac{Q_1Q_2}{r^2} \qquad \text{[크기]} \quad \mathbf{(16.1)}$$

은 한 전하가 다른 전하에 작용하는 전기력의 **크기**를 보여 준다. 전기력의 **방향**은 **항상 두 전하를 연결하는 직선 방향**이다. 두 전하의 부호가 같다면 한 전하에 작용하는 힘은 다른 전하로부터 멀어지는 방향이다(서로 민다). 두 전하의 부호가 반대라면 한 전하에 작용하는 힘은 다른 전하로 향하는 방향이다(서로 당긴다). 그림 16.15를 보라. 한 전하가 다른 전하에 작용하는 힘은 뉴턴 제3법칙에 따라 다른 전하가 그 전하에 작용하는 힘과 같지만 방향이 반대이다.

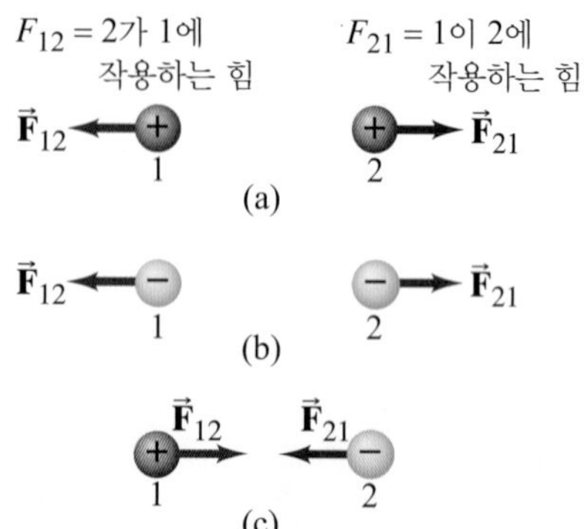

그림 16.15 한 점전하가 다른 점전하에 작용하는 정전기력의 방향은 항상 두 전하를 연결하는 직선 방향이고, (a)와 (b)처럼 전하의 부호가 같은지 (c)처럼 반대인지에 따라 다르다.

전하의 국제 표준(SI) 단위는 **쿨롬**(C; coulomb)이다. 오늘날 쿨롬은 전류와 자기장의 항으로 정의되는데 후에 20.6절에서 논의할 것이다. SI 단위로 쿨롱 법칙의 상

[†] 쿨롱은 대전된 도체 구가 대전되지 않은 동일한 구에 닿으면 대칭 때문에 전하가 두 물체에 동일하게 나누어진다고 추론했다. 그래서 그는 원래 값의 $\frac{1}{2}$, $\frac{1}{4}$ 등등인 전하를 만들 수 있었다.

[‡] 오늘날 쿨롱 법칙의 타당성은 쿨롱의 원래 실험보다 훨씬 더 정교한 정밀 측정으로 뒷받침되고 있다. 쿨롱 법칙에서 r^2은 $1/10^{16}$의 정밀도 [즉 $2 \pm (1 \times 10^{-16})$]로 알려졌다.

수 k 값은

$$k = 8.988 \times 10^9\,\mathrm{N \cdot m^2/C^2}$$

또는 두 자리 유효 숫자로는

$$k \approx 9.0 \times 10^9\,\mathrm{N \cdot m^2/C^2}$$

이다. 그래서 1 C은 1.0 m 떨어진 두 점 물체 사이에 작용하는 전하량으로 $(9.0 \times 10^9\,\mathrm{N \cdot m^2/C^2})(1.0\,\mathrm{C})(1.0\,\mathrm{C})/(1.0\,\mathrm{m})^2 = 9.0 \times 10^9\,\mathrm{N}$이다. 이것은 100만 톤의 무게와 동일한 대단한 힘이다. 1쿨롬 정도의 큰 전하를 만나는 경우는 드물다.†

보통의 물체(빗이나 플라스틱 자)를 문질러서 만든 전하는 보통 마이크로쿨롬($1\,\mu\mathrm{C} = 1 \times 10^{-6}\,\mathrm{C}$) 이하이다. 양전하를 가진 물체는 전자가 부족하고, 반면에 음으로 대전된 물체는 전자가 남는다. 전자 하나가 가진 전하의 크기는 1.6022×10^{-19} C이고, 음이다. 이것이 자연에서 관측된 가장 작은 전하이며,‡ 근본적인 양이기 때문에 e로 표시하고 **기본 전하**(elementary charge)라고 한다.

$$e = 1.6022 \times 10^{-19}\,\mathrm{C} \approx 1.6 \times 10^{-19}\,\mathrm{C}$$

e는 양수로 정의되므로 전자의 전하는 $-e$임에 주의하라. (양성자의 전하는 $+e$이다.) 물체는 한 개 전자의 일부만을 얻거나 잃을 수 없으므로 물체의 알짜 전하는 이것의 정수 배여야 한다. 그래서 전하는 **양자화되어 있다**(quantized) ($1e$, $2e$, $3e$ 등 불연속적인 값만 존재한다)고 한다. 그러나 e는 너무 작아서 보통은 거시적 전하 ($1\,\mu$C은 10^{13}개의 전자가 필요)에서 이 차이를 알 수 없어서 연속적으로 보인다.

쿨롱 법칙은 m_1이 m_2에 작용하는 중력의 크기를 표현하는 만유인력 법칙 $F = Gm_1m_2/r^2$과 똑같아 보인다(식 5.4). 둘 다 **역제곱 법칙**(inverse square laws) ($F \propto 1/r^2$)이다. 또한 둘 다 각 물체의 특성—중력에서는 질량, 전기에서는 전하—에 비례한다. 그리고 둘 다 힘이 멀리 미친다(즉 접촉할 필요가 없다). 두 법칙 사이의 큰 차이는 '중력은 항상 인력인 반면에 전기력은 인력일 수도 척력일 수도 있다' 이다. 또한 전하는 양과 음 두 종류인데 중력의 질량은 양만 있다.

식 16.1의 상수 k는 **자유 공간의 유전율**(permittivity of free space)이라는 다른 상수 ϵ_0으로 표현하기도 한다. 둘의 관계는 $k = 1/4\pi\epsilon_0$이다. 쿨롱 법칙은 다음과 같이 쓸 수 있는데

$$F = \frac{1}{4\pi\epsilon_0}\frac{Q_1Q_2}{r^2} \qquad \textbf{(16.2)}$$

쿨롱 법칙 (ϵ_0으로 나타낸 식)

여기서

$$\epsilon_0 = \frac{1}{4\pi k} = 8.85 \times 10^{-12}\,\mathrm{C^2/N \cdot m^2}$$

† 전에 많이 쓰였던 cgs 단위에서는 $k = 1$이고 전하의 단위는 정전 단위(esu)이다. 1 esu는 1 cm 떨어진 두 점전하 사이에 작용하는 힘이 1 dyn일 때의 전하로 정의된다.

‡ 소립자 물리학의 표준 모형에 따르면 쿼크라고 부르는 소립자는 전자보다 작은 $\frac{1}{3}e$ 또는 $\frac{2}{3}e$의 전하를 갖는다. 쿼크는 독립된 물체로 직접 검출된 적이 없으며, 이론적으로는 자유 쿼크들이 검출되지 않을 것으로 예상하고 있다.

이다.

식 16.2는 식 16.1보다 복잡해 보이지만 우리가 아직 다루지 않은 기본 식들은 k보다 ϵ_0으로 쓰는 것이 간단하다. 식 16.1과 16.2는 같기 때문에 어느 것을 써도 관계없다. (e와 ϵ_0의 정밀한 값은 부록 F에 있다).†

식 16.1과 16.2는 물체들 사이의 거리보다 크기가 매우 작은 물체에 적용된다. 이상적으로는 **점전하**(point charge)(공간적인 크기가 다른 거리에 비해 무시할 만한)에 대해 정확하다. 크기가 유한한 물체에 대해서는 전하가 물체에 균일하게 분포되지 않을 수 있으므로 특히 r에 대해 어떤 값을 써야할지 항상 분명하지 않다. 두 물체가 구이고 전하가 물체에 균일하게 분포됐다면 r는 중심 사이의 거리이다.

쿨롱 법칙은 정지해 있는 두 전하 사이의 힘을 설명한다. 전하가 운동을 하면 추가적인 힘이 작용하며 뒤의 장들에서 논의할 것이다. 이 장에서는 정지해 있는 전하의 현상을 다루는 **정전기학**(electrostatics)에 대해 논의할 것이다. 쿨롱 법칙은 **정전기력**(electrostatic force)을 다룬다.

쿨롱 법칙으로 계산할 때 부호는 무시하고 주로 크기만 사용하고 힘의 방향은 인력인가 척력인가로 정한다.

> 연습 A 429쪽 시작 질문으로 가서 다시 답을 해 보라. 처음과 답이 다르다면 그 이유를 설명해 보라.

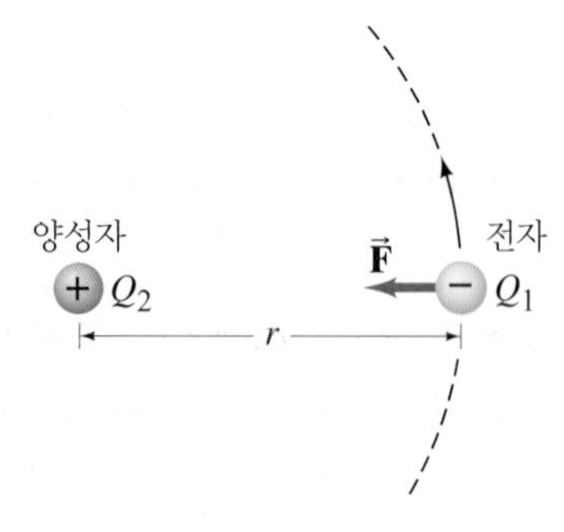

그림 16.16 예제 16.1

예제 16.1 양성자가 전자에 작용하는 힘

수소 원자의 핵인 양성자($Q_2 = +e$)가 전자에 작용하는 전기력의 크기와 방향을 구하라. 양성자와 자전하는 전자의 평균 거리는 $r = 0.53 \times 10^{-10}$ m라고 가정한다(그림 16.16).

접근 힘의 크기를 구하기 위해 쿨롱 법칙 $F = k\,Q_1Q_2/r^2$ (식 16.1)을 사용한다. 전자와 양성자는 전하의 크기가 같이 e이므로 $Q_1 = Q_2 = 1.6 \times 10^{-19}$ C이다.

풀이 힘의 크기는

$$F = k\frac{Q_1Q_2}{r^2} = \frac{(9.0 \times 10^9\,\mathrm{N\cdot m^2/C^2})(1.6 \times 10^{-19}\,\mathrm{C})(1.6 \times 10^{-19}\,\mathrm{C})}{(0.53 \times 10^{-10}\,\mathrm{m})^2}$$
$$= 8.2 \times 10^{-8}\,\mathrm{N}$$

이다. 전하의 부호가 반대라서 힘이 인력이므로 전자에 작용하는 힘의 방향은 양성자 쪽이다.

쿨롱 법칙, 식 16.1 또는 16.2은 전하에 다른 **하나의** 전하가 작용하는 힘을 설명한다는 것을 명심하라. 몇 개 (또는 많은) 전하가 있다면 **그들 중 하나에 작용하는 알짜힘은 다른 전하들이 작용하는 힘의 벡터 합이 될 것**이다. 이 **중첩 원리**(principle of superposition)는 실험에 기반을 둔 것이며 전기력 벡터는 다른 벡터와 똑같이 더한다는 것을 알 수 있다. 예를 들면 전하가 네 개라면 전하 1에 작용하는 힘은 전하 2, 3, 4가 작용하는 힘의 합이다. 이 힘들의 크기는 쿨롱 법칙으로 구해서 벡터적으로 더한다.

†ϵ_0을 $\mathrm{C^2/N\cdot m^2}$으로 표현할 때 $\mathrm{m^2}$은 분모를 의미한다. 즉 $\mathrm{C^2/N\cdot m^2}$은 $\mathrm{(C^2/N)\cdot m^2 = C^2\cdot m^2/N}$이 아니라 $\mathrm{C^2/(N\cdot m^2)}$을 의미한다.

16.6 쿨롱 법칙 관련 문제 풀이와 벡터

정지한 대전 입자 사이의 **전기력**[electrostatic force; 정전기력, 또는 **쿨롱 힘**(Coulomb force)이라고도 한다]은 모든 힘들과 마찬가지로 벡터다. 즉 크기와 방향 둘 다 가진다. 몇 개의 힘이 물체에 미치면 ($\vec{\mathbf{F}}_1$, $\vec{\mathbf{F}}_2$ 등) 물체에 작용하는 알짜힘 $\vec{\mathbf{F}}_{\text{net}}$은 다음과 같이 물체에 작용하는 모든 힘들의 벡터 합이다.

$$\vec{\mathbf{F}}_{\text{net}} = \vec{\mathbf{F}}_1 + \vec{\mathbf{F}}_2 + \cdots$$

이것이 힘들의 중첩 원리이다. 3장에서 벡터의 덧셈을 공부했다. 그리고 4장에서 벡터의 덧셈 규칙을 사용해서 벡터들을 더해서 물체에 작용하는 알짜힘을 구했다. 여기서 3.2, 3.3, 3.4절의 복습이 유용할 것이다. 다음은 벡터의 간략한 복습이다.

벡터의 덧셈 복습

물체에 작용하는 두 벡터 힘 $\vec{\mathbf{F}}_1$과 $\vec{\mathbf{F}}_2$가 있다(그림 16.17a). 3.2절에서 논의했듯이 삼각형법(그림 16.17b)이나 평행사변형법(그림 16.17c)을 사용해서 둘을 더한다. 이 두 방법은 주어진 문제를 **이해**하는(마음속에 전체 내용의 그림을 심는) 데 유용하다. 그러나 더해진 벡터의 크기와 방향을 계산하기 위해서는 성분들끼리의 합을 사용하는 것이 더 정확하다. 그림 16.17d와 같이 힘 $\vec{\mathbf{F}}_1$과 $\vec{\mathbf{F}}_2$를 x축과 y축을 따라 성분별로 분해한다(더 자세한 것은 3.4절 참조). 삼각 함수의 정의로부터(그림 3.11과 3.12)

$$\begin{aligned} F_{1x} &= F_1 \cos\theta_1 \qquad & F_{2x} &= F_2 \cos\theta_2 \\ F_{1y} &= F_1 \sin\theta_1 \qquad & F_{2y} &= -F_2 \sin\theta_2 \end{aligned}$$

이므로, x 성분과 y 성분을 각각 더해서 합력 $\vec{\mathbf{F}}$의 성분을 구하면

$$\begin{aligned} F_x &= F_{1x} + F_{2x} = F_1 \cos\theta_1 + F_2 \cos\theta_2 \\ F_y &= F_{1y} + F_{2y} = F_1 \sin\theta_1 - F_2 \sin\theta_2 \end{aligned}$$

이다. 따라서 합력(또는 알짜힘) $\vec{\mathbf{F}}$의 크기는

$$F = \sqrt{F_x^2 + F_y^2}$$

이고, $\vec{\mathbf{F}}$의 방향은 $\vec{\mathbf{F}}$가 x축과 이루는 각도 θ로 주어지며 다음과 같다.

$$\tan\theta = \frac{F_y}{F_x}$$

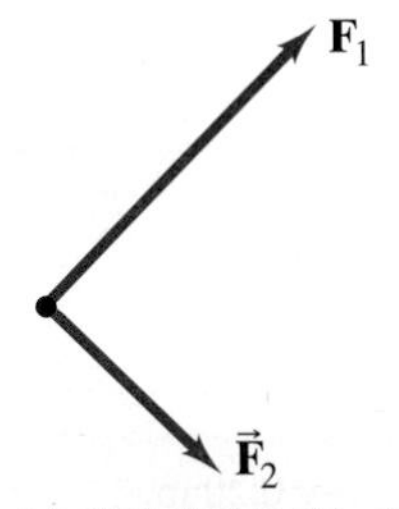

(a) 물체에 작용하는 두 힘

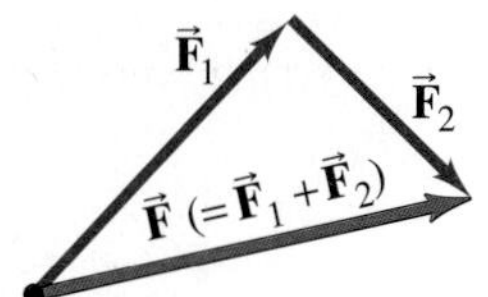

(b) 벡터의 덧셈 중 삼각형법에 의한 전체(또는 알짜) 힘은 $\vec{\mathbf{F}} = \vec{\mathbf{F}}_1 + \vec{\mathbf{F}}_2$이다

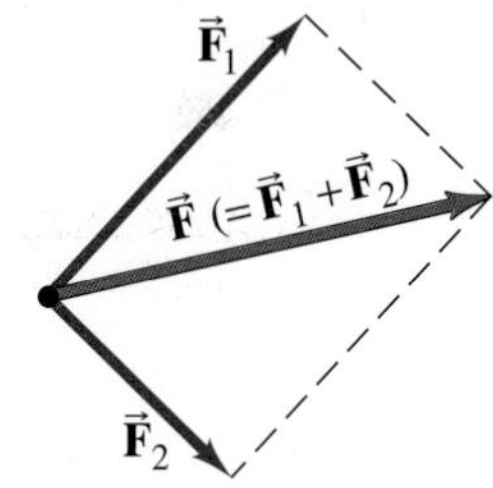

(c) 평행사변형법에 의한 $\vec{\mathbf{F}} = \vec{\mathbf{F}}_1 + \vec{\mathbf{F}}_2$

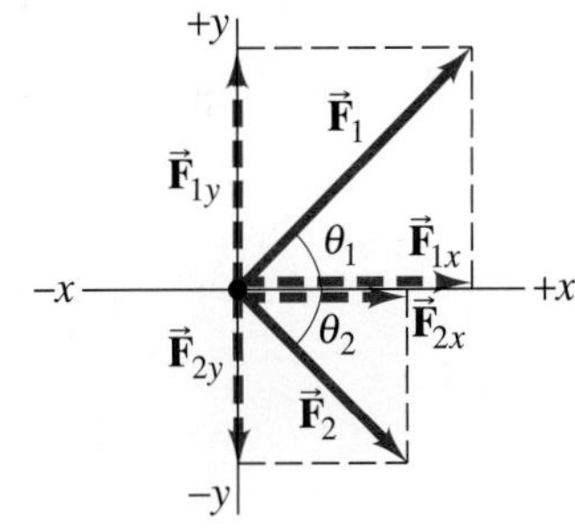

(d) $\vec{\mathbf{F}}_1$과 $\vec{\mathbf{F}}_2$는 x 성분과 y 성분으로 분해된다

그림 16.17 벡터의 덧셈 복습

전기력의 합; 중첩 원리

여러 개의 전하를 다룰 때는 힘에 아래 첨자를 여러 개 쓰는 것이 유용하다. 첫 번째 첨자는 힘을 받는 입자를 의미하고, 두 번째 첨자는 힘을 작용하는 입자를 의미한다. 예를 들면 $\vec{\mathbf{F}}_{31}$은 입자 1이 입자 3에 작용하는 힘을 의미한다.

모든 문제 풀이에서와 마찬가지로, 각 물체에 대해 작용하는 모든 힘을 보여 주는 도표 특히 자유 물체 도형(4장 참조)을 그리는 것이 매우 중요하다. 쿨롱 법칙을 적

용할 때 각 힘의 크기를 구하기 위해서는 전하의 크기만(음의 부호는 제외하고) 다룰 수 있다. 그리고 힘의 방향을 따로 물리적으로(두 입자를 연결하는 선을 따라 같은 전하는 인력, 다른 전하는 척력) 구하고, 도표에 힘을 그린다. (원하면 방향을 먼저 구할 수 있다.) 마지막으로 모든 힘을 한 물체에 벡터로 더해서 물체에 작용하는 알짜힘을 구한다.

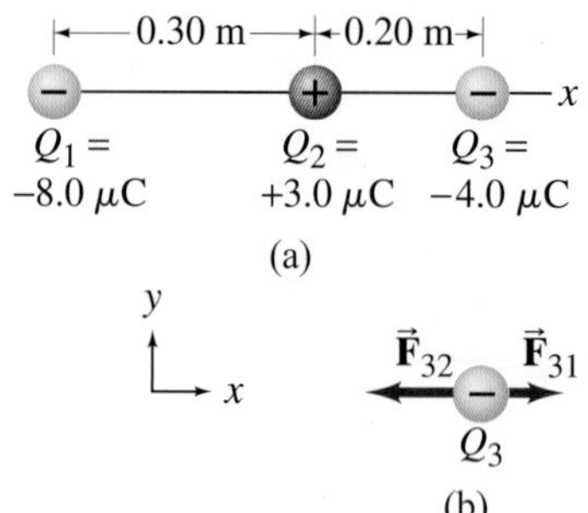

그림 16.18 예제 16.2

예제 16.2 직선 위에 있는 세 전하

세 대전 입자가 그림 16.18a에서 보듯이 직선 위에 놓여 있다. 다른 두 전하가 입자 3(오른쪽 $-4.0\ \mu C$)에 작용하는 알짜 전기력을 계산하라.

접근 입자 3에 작용하는 알짜힘은 입자 1이 입자 3에 작용하는 힘 $\vec{F}_{31}$과 입자 2가 입자 3에 작용하는 힘 $\vec{F}_{32}$의 합이다. 이를 수식으로 표현하면 다음과 같다.

$$\vec{F} = \vec{F}_{31} + \vec{F}_{32}$$

풀이 이 두 힘의 크기는 식 16.1의 쿨롱 법칙을 사용해서 구한다.

$$F_{31} = k\frac{Q_3 Q_1}{r_{31}^2}$$
$$= \frac{(9.0\times10^9\ \mathrm{N\cdot m^2/C^2})(4.0\times10^{-6}\ \mathrm{C})(8.0\times10^{-6}\ \mathrm{C})}{(0.50\ \mathrm{m})^2} = 1.2\ \mathrm{N}$$

여기서 $r_{31} = 0.50$ m는 Q_3과 Q_1 사이의 거리이다. 마찬가지로

$$F_{32} = k\frac{Q_3 Q_2}{r_{32}^2}$$
$$= \frac{(9.0\times10^9\ \mathrm{N\cdot m^2/C^2})(4.0\times10^{-6}\ \mathrm{C})(3.0\times10^{-6}\ \mathrm{C})}{(0.20\ \mathrm{m})^2} = 2.7\ \mathrm{N}$$

이다. 힘의 크기를 계산하므로 전하의 부호를 생략했다. 그러나 각 힘의 방향을 구하려면 전하의 부호를 알아야 한다. 입자들을 연결하는 선을 x축이라 하고, 오른쪽을 양으로 한다. 그러면 $\vec{F}_{31}$은 척력이고 $\vec{F}_{32}$는 인력이므로 힘의 방향은 그림 16.18b와 같다. $\vec{F}_{31}$은 $+x$축 방향이고(Q_1에서 멀어지는), $\vec{F}_{32}$은 $-x$축 방향(Q_1로 향하는)이다. 입자 3에 작용하는 알짜힘은

$$F = -F_{32} + F_{31}$$
$$= -2.7\ \mathrm{N} + 1.2\ \mathrm{N} = -1.5\ \mathrm{N}$$

이다. 즉 알짜힘의 크기는 1.5 N이고 방향은 왼쪽으로 향한다.

유의 전하 Q_1은 마치 Q_2가 없는 것처럼 Q_3에 힘을 미친다(이것이 중첩 원리이다). 즉 중간에 있는 Q_2는 전하 Q_3이 Q_1에 작용하는 영향을 절대로 막지 못 한다. 자연히 Q_2는 Q_3에 자신의 힘을 미친다.

주의
각각의 전하는 자신의 힘을 작용한다. 어떤 전하도 다른 전하의 효과를 막지 못한다.

연습 B 그림 16.18a에서 전하 Q_2에 작용하는 알짜힘을 구하라.

예제 16.3 벡터의 성분을 이용한 전기력

그림 16.19a에서 전하 Q_1과 Q_2가 Q_3에 작용하는 알짜힘을 계산하라.

접근 쿨롱 법칙을 사용해서 각 힘들의 크기를 구한다. 각 힘들의 방향은 Q_3과 Q_1 또는 Q_2를 연결하는 선을 따른다. Q_3에 Q_1은 인력을, Q_2는 척력을 미치므로 $\vec{\mathbf{F}}_{31}$과 $\vec{\mathbf{F}}_{32}$의 방향은 그림 16.19a와 같다. $\vec{\mathbf{F}}_{31}$과 $\vec{\mathbf{F}}_{32}$는 동일한 선 위에 있지 않으므로 Q_3에 작용하는 전체 힘을 구하려면, $\vec{\mathbf{F}}_{31}$과 $\vec{\mathbf{F}}_{32}$를 x성분과 y 성분으로 분해해서 벡터 합을 구한다.

풀이 $\vec{\mathbf{F}}_{31}$과 $\vec{\mathbf{F}}_{32}$의 크기는 (방향을 알기 때문에 전하의 부호를 무시하면)

$$F_{31} = k\frac{Q_3Q_1}{r_{31}^2} = \frac{(9.0\times10^9\,\mathrm{N\cdot m^2/C^2})(6.5\times10^{-5}\,\mathrm{C})(8.6\times10^{-5}\,\mathrm{C})}{(0.60\,\mathrm{m})^2} = 140\,\mathrm{N}$$

$$F_{32} = k\frac{Q_3Q_2}{r_{32}^2} = \frac{(9.0\times10^9\,\mathrm{N\cdot m^2/C^2})(6.5\times10^{-5}\,\mathrm{C})(5.0\times10^{-5}\,\mathrm{C})}{(0.30\,\mathrm{m})^2} = 325\,\mathrm{N}$$

이다. (마지막까지 세 자리 유효 숫자를 유지하고, 그리고는 두 자리만 주어졌기 때문에 두 자리만 유지한다.) 그림 16.19a와 같이 $\vec{\mathbf{F}}_{31}$을 x 성분과 y 성분으로 분해한다.

$$F_{31x} = F_{31}\cos30^\circ = (140\,\mathrm{N})\cos30^\circ = 120\,\mathrm{N}$$
$$F_{31y} = -F_{31}\sin30^\circ = -(140\,\mathrm{N})\sin30^\circ = -70\,\mathrm{N}$$

여기서 힘 $\vec{\mathbf{F}}_{32}$는 y 성분만 가지므로 Q_3에 작용하는 알짜힘의 성분은

$$F_x = F_{31x} = 120\,\mathrm{N}$$
$$F_y = F_{32} + F_{31y} = 325\,\mathrm{N} - 70\,\mathrm{N} = 255\,\mathrm{N}$$

이므로, 알짜힘의 크기는

$$F = \sqrt{F_x^2 + F_y^2} = \sqrt{(120\,\mathrm{N})^2 + (255\,\mathrm{N})^2} = 280\,\mathrm{N}$$

이다. 그리고 각도 θ는(그림 16.19b)

$$\tan\theta = \frac{F_y}{F_x} = \frac{255\,\mathrm{N}}{120\,\mathrm{N}} = 2.13$$

으로 주어지므로 $\theta = \tan^{-1}(2.13) = 65^\circ$이다.

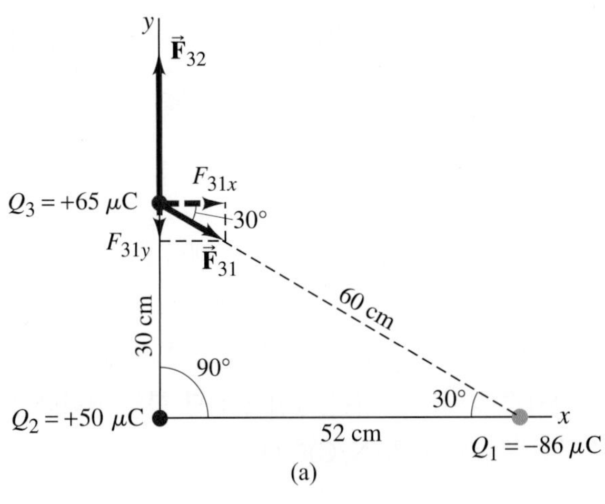

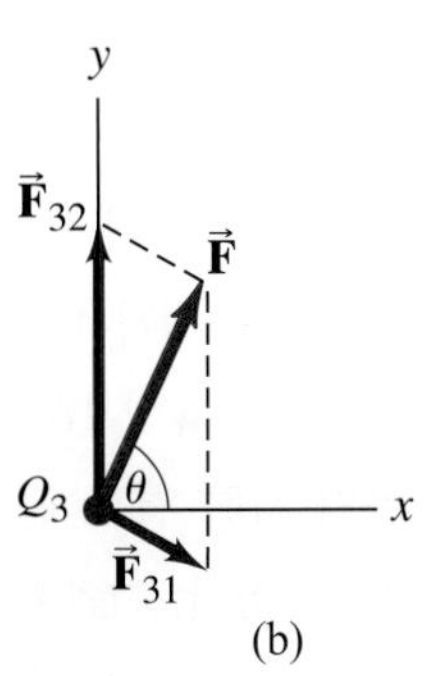

그림 16.19 예제 16.3의 힘을 구할 때, (a) $\vec{\mathbf{F}}_{32}$가 척력이고(Q_3과 Q_2가 둘 다 양이므로 Q_3에 작용하는 힘은 Q_2에서 멀어지는 방향이다), 반면에 $\vec{\mathbf{F}}_{31}$은 인력(Q_3과 Q_1은 반대 부호이므로)이기 때문에 $\vec{\mathbf{F}}_{31}$은 Q_1을 향하므로 각 힘들의 방향은 그림과 같다. (b) $\vec{\mathbf{F}}_{32}$와 $\vec{\mathbf{F}}_{31}$을 더해서 알짜힘 $\vec{\mathbf{F}}$를 구한다.

유의 $\vec{\mathbf{F}}_{31}$과 $\vec{\mathbf{F}}_{32}$는 동일한 선 위에 있지 않으므로 $\vec{\mathbf{F}}_3$의 크기는 각 힘의 합(또는 예제 16.2의 차)과 같지 않다. 즉 F_3은 $F_{31} + F_{32}$도 아니도, $F_{31} - F_{32}$도 아니다. 따라서 벡터의 덧셈을 해야 한다.

연습 C (a) 거리가 d만큼 떨어진 두 점전하 $+Q$와 $-Q$가 있다. 세 번째 양전하 Q에 작용하는 알짜 전기력이 0이 되는 위치를 구할 수 있는가? (b) 처음 두 전하가 $+Q$라면 어떻게 되는가?

16.7 전기장

손으로 수레를 끌거나 밀 때, 테니스 라켓으로 테니스 공을 칠 때와 같이 많은 경우 '접촉력'이 작용한다.

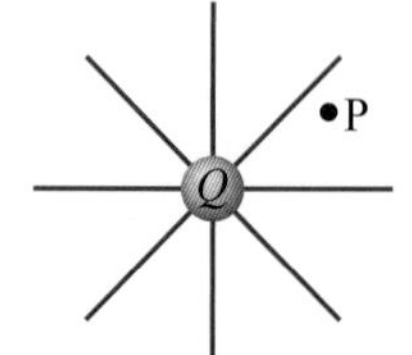

그림 16.20 전하 주위의 전기장. 빨간 직선은 Q로부터 뻗어나가는 전기장을 표시하고, P는 임의의 점이다.

반대로 중력이나 전기력은 둘 다 멀리 떨어져 있더라도 힘을 미친다. 물체들이 접촉하지 않아도 힘이 작용한다. **멀리서 작용하는 힘**이라는 개념은 초기 연구자들에게는 어려운 생각이었다. 뉴턴 자신도 만유인력 법칙을 출판할 때 이런 개념이 쉽지만은 않았다. 영국 과학자 패러데이(Michael Faraday, 1791~1867)가 개발한 **장**(field)이라는 개념이 이 상황을 처리하는 데 도움이 된다. 패러데이에 의하면 전기의 경우 전하로부터 **전기장**이 바깥으로 뻗어나가 전 공간에 퍼져 있다고 제안했다(그림 16.20). 두 번째 전하(Q_2라고 부르는)가 첫 번째 전하 근처에 놓이면, 그림 16.20의 점 P의 전기장에 의한 힘을 느낀다. 점 P에서의 전기장이 전하 Q_2와 직접 상호작용해서 Q_2에 힘을 미친다고 생각된다.

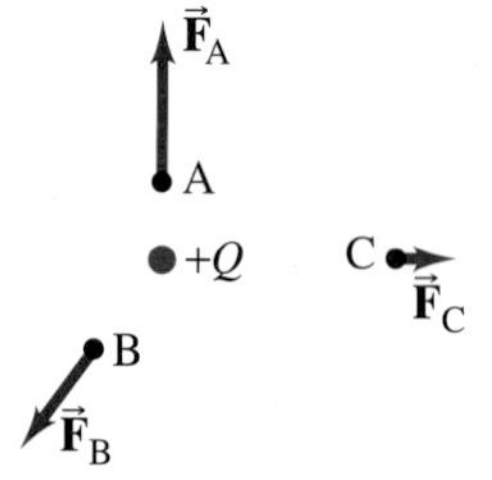

그림 16.21 전하 $+Q$가 A, B, C에 놓인 작은 시험 전하 q에 작용하는 힘

정지해 있는 작은 양의 **시험 전하**(test charge)에 작용하는 힘을 측정함으로써 전하나 전하들 주위의 전기장을 원리적으로 조사할 수 있다. 시험 전하라는 것은 전기장을 만든 전하에 영향을 줄 수 없을 정도로 작은 전하라는 의미이다. 그림 16.21에서 보듯이 작은 양의 시험 전하 q가 양전하 Q의 근처 여러 곳(점 A, B, C)에 놓이면, q에 작용하는 힘은 그림과 같다. Q로부터의 거리 B가 멀기 때문에 B에서의 힘은 A에서의 힘보다 작다(쿨롱 법칙). 그리고 C에서의 힘은 더 작다. 각 경우에서 q에 작용하는 힘은 Q로부터 방사상으로 뻗어나간다. 전기장은 양의 시험 전하에 작용하는 힘으로 정의된다. 특히 공간의 어느 점에서의 **전기장**(electric field) $\vec{\mathbf{E}}$는 그 점에 놓인 작은 양의 시험 전하에 작용하는 힘 $\vec{\mathbf{F}}$를 시험 전하 q의 크기로 나눈 값으로 정의된다. 즉

$$\vec{\mathbf{E}} = \frac{\vec{\mathbf{F}}}{q} \tag{16.3}$$

이다. 더 정확하게 말하면 $\vec{\mathbf{E}}$는 q가 자꾸 자꾸 작아져 0으로 갈 때의 $\vec{\mathbf{F}}/q$의 극한으로 정의된다. 즉 q가 너무 작아서 장을 만드는 다른 전하에 실질적으로 힘을 미치지 않는다. 이 정의(식 16.3)에서 공간의 어느 점에서의 전기장은 방향이 그 점에 놓인 작은 양의 시험 전하에 작용하는 힘의 방향이고 크기는 **단위 전하당 힘**인 벡터라는 것을 알 수 있다. 그래서 $\vec{\mathbf{E}}$의 SI 단위는 뉴턴/쿨롬(N/C)이다.

$\vec{\mathbf{E}}$를 $\vec{\mathbf{F}}/q(q \to 0)$로 정의하는 이유는 $\vec{\mathbf{E}}$가 시험 전하 q의 크기에 좌우되지 않도록 하기 위해서이다. 이 말은 $\vec{\mathbf{E}}$는 그 점에 전기장을 만드는 전하에만 영향을 받는다는 의미이다.

어느 점에서의 전기장은 정의(식 16.3)에 따라 측정될 수 있다. 전하가 하나이거나 몇 개인 단순한 경우, $\vec{\mathbf{E}}$를 계산할 수 있다. 예를 들면 점전하 Q에서 거리가 r인 곳에서의 전기장의 크기는 다음과 같다.

$$E = \frac{F}{q} = \frac{kqQ/r^2}{q}$$

$$E = k\frac{Q}{r^2}; \qquad \text{[단일 점전하 경우]} \quad \textbf{(16.4a)}$$

또는 식 16.2와 같이 ϵ_0으로는 $(k = 1/4\pi\epsilon_0)$

$$E = \frac{1}{4\pi\epsilon_0}\frac{Q}{r^2} \qquad \text{[단일 점전하 경우]} \quad \textbf{(16.4b)}$$

이 된다. 주목할 것은 E는 시험 전하 q와 무관하다. 즉 전기장을 만드는 전하 Q에만 관련이 있고 시험 전하 q의 값에는 관련이 없다. 식 16.4는 전기장으로 표시한 쿨롱 법칙이라고 한다.

공간의 어느 점에서 전기장 $\vec{\mathbf{E}}$가 주어지면 그 점에 놓인 전하에 작용하는 힘 $\vec{\mathbf{F}}$를 식 16.3을 써서 다음과 같이 계산할 수 있다.

$$\vec{\mathbf{F}} = q\vec{\mathbf{E}} \qquad \textbf{(16.5)}$$

q가 $\vec{\mathbf{E}}$를 만드는 전하를 움직이지 않는 한 q가 작지 않더라도 이것은 성립한다. q가 양이라면 $\vec{\mathbf{E}}$와 $\vec{\mathbf{F}}$는 같은 방향이다. q가 음이라면 $\vec{\mathbf{E}}$와 $\vec{\mathbf{F}}$는 반대 방향이다(그림 16.22).

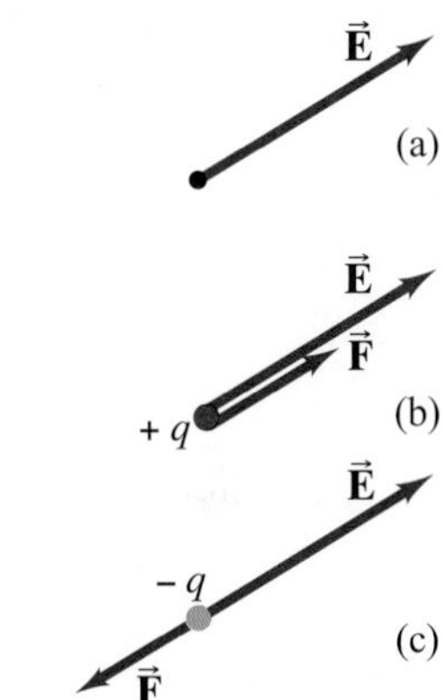

그림 16.22 (a) 공간의 주어진 점에서의 전기장, (b) 그 점에 있는 양전하에 작용하는 힘, (c) 그 점에 있는 음전하에 작용하는 힘

예제 16.4 복사기

복사기는 드럼 위에 양전하를 배열(복사할 패턴으로)하고, 그리고는 드럼 위에 음으로 대전된 건조한 토너(잉크) 입자를 부드럽게 뿌림으로써 작동한다. 토너 입자는 일시적으로 드럼 위의 패턴에 붙었다가(그림 16.23), 후에 종이로 이전되어 '녹아서' 복사가 된다. 각 토너 입자의 질량이 9.0×10^{-16} kg이고 전자 20개의 전하를 가진다고 생각하자. 충분한 인력을 보장하려면 토너 입자에 작용하는 전기력이 무게의 두 배를 넘어야 한다고 가정하고, 드럼 표면 근처에서의 전기장의 크기를 계산하라.

접근 전하 $q = 20e$인 토너 입자에 작용하는 전기력은 $F = qE$인데, 여기서 E는 필요한 전기장이다. 이 힘은 최소한 입자 무게(mg)의 두 배여야 한다.

풀이 전기장의 최솟값은 다음 식을 만족한다.

$$qE = 2mg$$

여기서 $q = 20e$이다. 그러므로

$$E = \frac{2mg}{q} = \frac{2(9.0 \times 10^{-16}\,\text{kg})(9.8\,\text{m/s}^2)}{20(1.6 \times 10^{-19}\,\text{C})} = 5.5 \times 10^3\,\text{N/C}$$

이다.

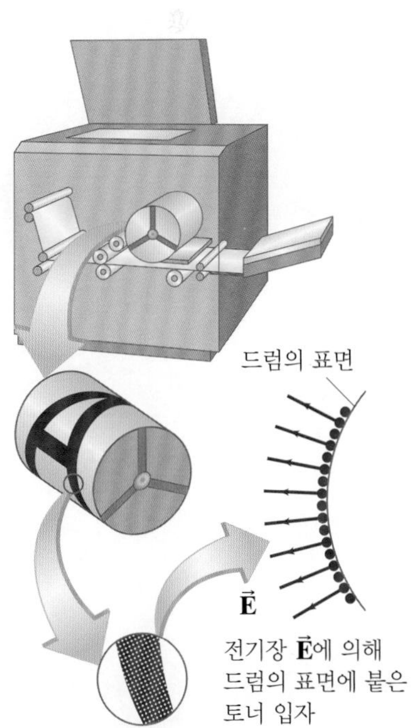

그림 16.23 예제 16.4

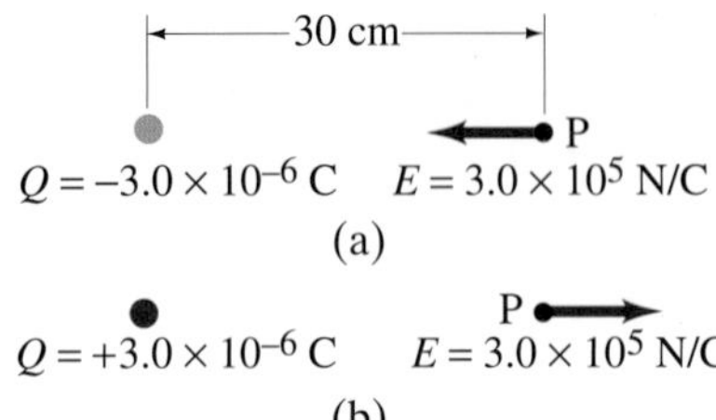

그림 16.24 예제 16.5. (a) 음전하 Q에 의한, (b) 양전하 Q에 의한 점 P에서의 전기장. 각 전하는 점 P에서 30 cm 떨어져 있다.

예제 16.5 단일 점전하의 전기장

점전하 $Q = -3.0 \times 10^{-6}$ C의 오른쪽 30 cm 거리에 있는 점 P에서의 전기장의 크기와 방향을 계산하라.

접근 하나의 점전하에 의한 전기장의 크기는 식 16.4로 표현된다. 방향은 전하 Q의 부호로 알 수 있다.

풀이 전기장의 크기는

$$E = k\frac{Q}{r^2} = \frac{(9.0 \times 10^9\,\mathrm{N \cdot m^2/C^2})(3.0 \times 10^{-6}\,\mathrm{C})}{(0.30\,\mathrm{m})^2} = 3.0 \times 10^5\,\mathrm{N/C}$$

이다. 방향을 양의 시험 전하에 작용하는 힘의 방향으로 정의했으므로 여기서는 인력이다. 전기장의 방향은 전하 Q를 향하고 그림 16.24a에서 보듯이 왼쪽이다. Q가 양이라면 그림 16.24b에서 보듯이 전기장의 방향은 멀어지는 방향이다.

유의 점 P에서는 전하가 없다. 그러나 전기장은 있다. 실제 전하는 Q뿐이다.

이 예제는 일반적인 결과를 설명한다. 양전하에 의한 전기장 $\vec{\mathbf{E}}$는 전하로 부터 멀어지는 방향이고, 반면에 음전하에 의한 전기장 $\vec{\mathbf{E}}$는 전하로 향한다.

연습 D 50 cm 아래에 있는 $-2.5\ \mu$C의 전하에 의한 전기장의 크기와 방향을 구하라.

공간의 주어진 점에서의 전기장이 하나 이상의 전하에 의한 것이라면, 각 전하에 의한 각각의 전기장($\vec{\mathbf{E}}_1$, $\vec{\mathbf{E}}_2$ 등)을 더해서 그 점에서의 전체 전기장을 구한다.

$$\vec{\mathbf{E}} = \vec{\mathbf{E}}_1 + \vec{\mathbf{E}}_2 + \cdots$$

이다. 전기장에 대한 **중첩 원리**(superposition principle)의 타당성은 실험으로 완전히 확인됐다.

예제 16.6 두 전하 사이의 점에서의 $\vec{\mathbf{E}}$

두 점전하 사이의 거리가 10.0 cm이다. 하나는 전하가 $-25\ \mu$C이고, 다른 하나는 $+50\ \mu$C이다. (a) 두 전하 사이에 있고 음전하에서 2.0 cm 떨어진 점 P에서의 전기장의 크기와 방향을 구하라(그림 16.25a). (b) 전자(질량 $= 9.11 \times 10^{-31}$ kg)를 정지시켰다가 놓으면 처음 가속도(크기와 방향)는 얼마인가?

접근 P에서의 전기장은 Q_1과 Q_2에 의해 각각 만들어진 장의 벡터 합이다. 음전하 Q_1에 의한 전기장은 Q_1을 향하고, 양전하 Q_2에 의한 전기장은 Q_2에서 멀어진다. 그래서 그림

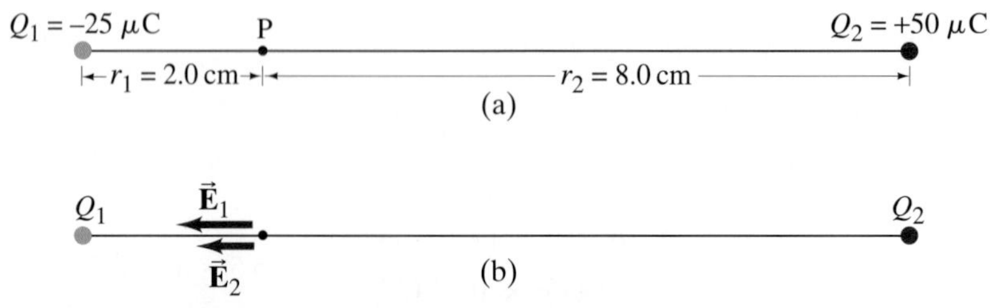

$Q_1 = -25\ \mu$C　P　$Q_2 = +50\ \mu$C
$r_1 = 2.0$ cm　$r_2 = 8.0$ cm
(a)

Q_1　$\vec{\mathbf{E}}_1$　$\vec{\mathbf{E}}_2$　Q_2
(b)

그림 16.25 예제 16.6. (b)에서 계산하기 전까지는 $\vec{\mathbf{E}}_1$과 $\vec{\mathbf{E}}_2$의 상대적 길이를 알 수 없다.

16.25b에서 보듯이 두 전기장 모두 왼쪽을 향하고, 두 전기장의 크기는 전하의 부호를 무시하고 대수적으로 더할 수 있다. (b)에서 뉴턴 제2법칙($\Sigma\vec{\mathbf{F}} = m\vec{\mathbf{a}}$)을 써서 가속도를 구하는데, 여기서 $\Sigma\vec{\mathbf{F}} = q\Sigma\vec{\mathbf{E}}$이다.

풀이 (a) 점전하에 의한 각 전기장은 $E = kQ/r^2$(식 16.4)으로 구한다. 전체 전기장은 왼쪽을 향하고 크기는

$$\begin{aligned} E &= k\frac{Q_1}{r_1^2} + k\frac{Q_2}{r_2^2} = k\left(\frac{Q_1}{r_1^2} + \frac{Q_2}{r_2^2}\right) \\ &= (9.0 \times 10^9\,\mathrm{N\cdot m^2/C^2})\left(\frac{25 \times 10^{-6}\,\mathrm{C}}{(2.0 \times 10^{-2}\,\mathrm{m})^2} + \frac{50 \times 10^{-6}\,\mathrm{C}}{(8.0 \times 10^{-2}\,\mathrm{m})^2}\right) \\ &= 6.3 \times 10^8\,\mathrm{N/C} \end{aligned}$$

이다.

(b) 전기장이 왼쪽을 향하므로 전자는 음전하이기 때문에 **오른쪽으로** 힘을 느낄 것이다. 그러므로 가속도 $a = F/m$(뉴턴 제2법칙)는 오른쪽이다. 전기장 E가 전하 q에 작용하는 힘은 $F = qE$이다(식 16.5 참조). 그래서 전자의 처음 가속도는

$$a = \frac{F}{m} = \frac{qE}{m} = \frac{(1.60 \times 10^{-19}\,\mathrm{C})(6.3 \times 10^8\,\mathrm{N/C})}{9.11 \times 10^{-31}\,\mathrm{kg}} = 1.1 \times 10^{20}\,\mathrm{m/s^2}$$

이다.

유의 계산하기 전에 각 전기장($\vec{\mathbf{E}}_1$과 $\vec{\mathbf{E}}_2$)의 크기를 생각함으로써 계산을 간단하고 정확하게 할 수 있다는 확신을 가졌다.

연습 E 크기는 같지만 부호는 다를 수 있는 네 전하가 사각형의 네 구석에 각각 놓여 있다. 어떤 전하 배열이 사각형의 중심에서 최대 크기의 전기장을 만드는가? (a) 모두 양전하 (b) 모두 음전하 (c) 양전하 세 개와 음전하 하나 (d) 두 양전하와 두 음전하 (e) 음전하 세 개와 양전하 하나

예제 16.7 두 점전하 위의 $\vec{\mathbf{E}}$

그림 16.26의 점 A에서의 Q_1과 Q_2에 의해 만들어지는 전체 전기장을 계산하라.

접근 힘 대신에 전기장을 다룬다는 점 외에는 예제 16.3과 계산이 같다. 점 A에서의 전기장은 Q_1에 의한 전기장 $\vec{\mathbf{E}}_{A1}$과 Q_2에 의한 전기장 $\vec{\mathbf{E}}_{A2}$의 벡터 합이다. 각 점전하에 의한 전기장의 크기를 구하고, 성분들을 더해 점 A에서의 전체 전기장을 구한다.

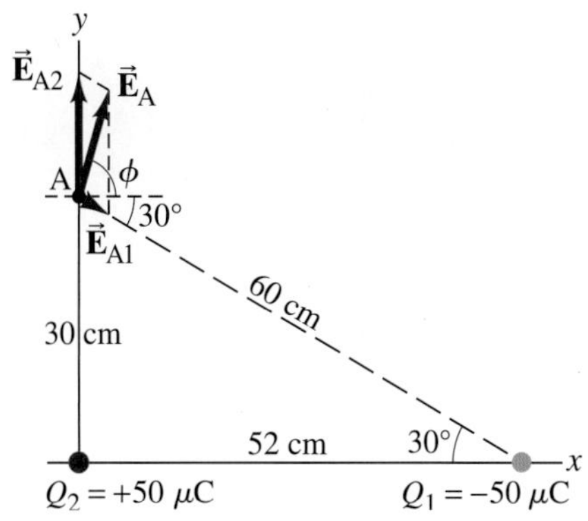

그림 16.26 점 A에서의 전기장 계산하기. 예제 16.7

풀이 전하 Q_1과 Q_2에 의해 만들어지는 점 A에서의 전기장은 $E = kQ/r^2$이므로

$$E_{A1} = \frac{(9.0 \times 10^9\,\mathrm{N\cdot m^2/C^2})(50 \times 10^{-6}\,\mathrm{C})}{(0.60\,\mathrm{m})^2} = 1.25 \times 10^6\,\mathrm{N/C}$$

$$E_{A2} = \frac{(9.0 \times 10^9\,\mathrm{N\cdot m^2/C^2})(50 \times 10^{-6}\,\mathrm{C})}{(0.30\,\mathrm{m})^2} = 5.0 \times 10^6\,\mathrm{N/C}$$

이다. 그림에서 보듯이 E_{A1}의 방향은 A에서 음전하인 Q_1을 향하고, 반면에 E_{A2}는 A에서 Q_2로부터 멀어진다. A에서의 전기장 $\vec{\mathbf{E}}_A$의 성분은

$$\begin{aligned} E_{Ax} &= E_{A1}\cos 30° = 1.1 \times 10^6\,\mathrm{N/C} \\ E_{Ay} &= E_{A2} - E_{A1}\sin 30° = 4.4 \times 10^6\,\mathrm{N/C} \end{aligned}$$

이므로 $\vec{\mathbf{E}}_\mathrm{A}$의 크기는

$$E_\mathrm{A} = \sqrt{(1.1)^2 + (4.4)^2} \times 10^6\,\mathrm{N/C} = 4.5 \times 10^6\,\mathrm{N/C}$$

이고, 방향 ϕ(그림 16.26)는 $\tan\phi = E_{\mathrm{A}y}/E_{\mathrm{A}x} = 4.4/1.1 = 4.0$이므로 $\phi = 76°$이다.

예제 16.8 두 점전하 위로 같은 거리에 있는 $\vec{\mathbf{E}}$

그림 16.27은 그림 16.26과 같지만, Q_1과 Q_2에서 같은 거리(40 cm)에 있는 점 B가 있다. 그림 16.27의 점 B에서의 Q_1과 Q_2에 의해 만들어지는 전체 전기장을 계산하라.

접근 예제 16.7의 방법을 따른다.

풀이

1. **자유 물체 도형**을 주의 깊게 **그린다.** 알짜 전기장 $\vec{\mathbf{E}}_\mathrm{B}$뿐만 아니라 각 전기장 $\vec{\mathbf{E}}_\mathrm{B1}$과 $\vec{\mathbf{E}}_\mathrm{B2}$의 방향이 그림 16.27에 나와 있다. $\vec{\mathbf{E}}_\mathrm{B2}$는 양전하 Q_2에서 멀어지고, $\vec{\mathbf{E}}_\mathrm{B1}$은 음전하 Q_1로 향한다.
2. **쿨롱 법칙을 적용**해서 각 전기장의 크기를 구한다. 점 B가 두 점전하에서 같은 거리(피타고라스 정리에 의해 40 cm)에 있으므로, $\vec{\mathbf{E}}_\mathrm{B1}$과 $\vec{\mathbf{E}}_\mathrm{B2}$의 크기는 같다. 즉

$$E_\mathrm{B1} = E_\mathrm{B2} = \frac{kQ}{r^2} = \frac{(9.0 \times 10^9\,\mathrm{N\cdot m^2/C^2})(50 \times 10^{-6}\,\mathrm{C})}{(0.40\,\mathrm{m})^2}$$
$$= 2.8 \times 10^6\,\mathrm{N/C}$$

이다.

3. **벡터의 덧셈**을 하고 가능하면 **대칭**을 이용한다. $\vec{\mathbf{E}}_\mathrm{B1}$과 $\vec{\mathbf{E}}_\mathrm{B2}$의 y 성분은 같고 방향은 반대이다. 대칭에 의해 전체 전기장 $\vec{\mathbf{E}}_\mathrm{B}$는 수평 방향의 성분만 있으며, 그 크기는 $E_\mathrm{B1}\cos\theta + E_\mathrm{B2}\cos\theta = 2\,E_\mathrm{B1}\cos\theta$이다. 그림 16.27에서 $\cos\theta = 26\,\mathrm{cm}/40\,\mathrm{cm} = 0.65$이다. 그러면

$$E_\mathrm{B} = 2E_\mathrm{B1}\cos\theta = 2(2.8 \times 10^6\,\mathrm{N/C})(0.65) = 3.6 \times 10^6\,\mathrm{N/C}$$

이다. 그리고 $\vec{\mathbf{E}}_\mathrm{B}$의 방향은 $+x$축 방향이다.

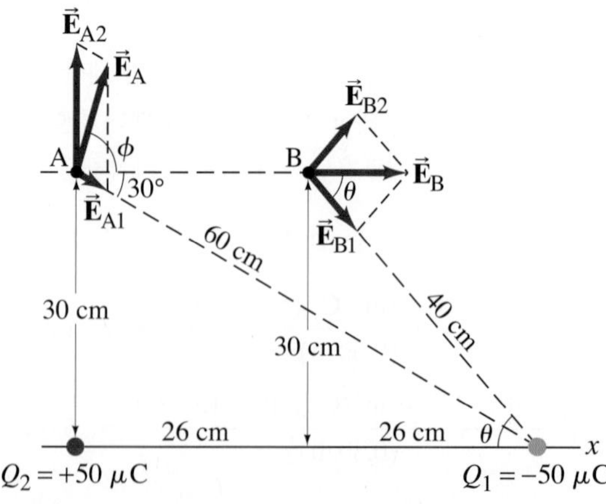

그림 16.27 그림 16.26과 같지만 점 B가 추가됐다. 예제 16.7과 예제 16.8에서 점 A와 점 B에서의 전기장 계산

16.8 전기력선

전기장은 벡터이므로 **벡터장**이라고도 한다. 주어진 상황에서 전기장을 그림 16.28의 A, B, C와 같은 여러 점에서 화살표로 나타낼 수 있다. $\vec{\mathbf{E}}_A$, $\vec{\mathbf{E}}_B$, $\vec{\mathbf{E}}_C$의 방향은 그림 16.21의 힘의 방향과 같지만, $\vec{\mathbf{E}}$를 얻으려면 $\vec{\mathbf{F}}$를 q로 나누기 때문에 크기(화살표 길이)는 다르다. 그러나 $\vec{\mathbf{E}}_A$, $\vec{\mathbf{E}}_B$, $\vec{\mathbf{E}}_C$의 상대적 길이는 매번 같은 q로 나누므로 힘의 상대적인 길이와 같다. 많은 점에서 전기장을 이런 식으로 표시하는 것은 많은 화살표를 그려야 해서 어수선하고 혼란스러워진다. 이것을 피하기 위해 전기력선이라는 새로운 방법을 사용한다.

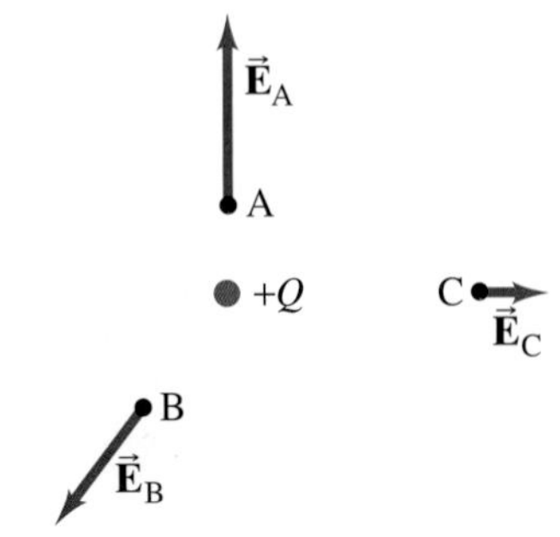

그림 16.28 세 점에 표시한 단일 점전하 Q에 의한 전기장 벡터(그림 16.21과 비교하라.)

전기장을 시각화하기 위해, 선들을 그려서 공간의 여러 점에서의 전기장의 방향을 표시한다. 전기장이 양의 시험 전하에 작용하는 힘의 방향을 표시하기 위해 그린 선을 **전기력선**(electric field lines)이라 한다. 고립된 하나의 양의 시험 전하에 의한 전기력선은 그림 16.29a에, 고립된 하나의 음의 시험 전하에 의한 전기력선은 그림 16.29b에 나와 있다. (a)에서는 선들이 전하에서 방사상으로 멀어지고 (b)에서는 방사상으로 전하 쪽으로 향하는데, 그 이유는 양의 시험 전하에 작용하는 힘의 방향이 그렇기 때문이다(그림 16.24 참조). 몇 개의 대표적인 선들만 그렸다. 이 선들 사이에도 전기장은 존재하므로 선들을 그린다. **양전하에서 출발하거나 음전하에서 끝나는 선들의 수가 전하의 크기에 비례하도록** 선들을 그릴 수 있다. 전하에 가까울수록 전기장이 강하고($F \propto 1/r^2$), 선들이 가까워진다는 점에 주목하자. 이것이 전기력선의 일반적인 특성이다. **선들이 가까울수록 그 부분의 전기장이 강하다.** 사실 $\vec{\mathbf{E}}$에 수직한 단위 넓이를 지나는 선들의 수가 전기장의 크기에 비례하도록 전기력선을 그릴 수 있다.

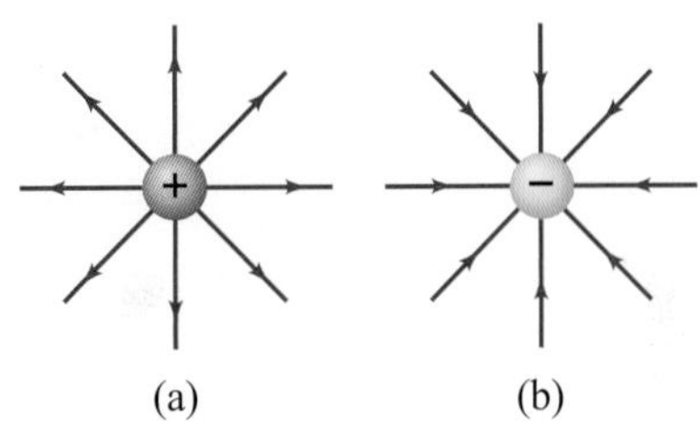

그림 16.29 전기력선. (a) 양전하 근처 (b) 음전하 근처

그림 16.30에서 크기가 같고 부호가 반대인 두 전하, 즉 **전기 쌍극자**(electric dipole)에 의한 전기력선을 볼 수 있다. 이 경우 전기력선은 곡선이고 양전하에서 음전하로 향한다. 한 점에서의 전기장의 방향은 점 P에서 벡터 $\vec{\mathbf{E}}$ 화살표로 표시한대로 그 점에서의 전기력선의 접선 방향이다. 이것이 전기력선의 정확한 모양인지 확인하려면 예제 16.7과 16.8에서 했던 몇 가지 계산을 이 경우에 해볼 수 있다(그림 16.27 참조). 그림 16.30b에는 두 양전하의 전기력선이, 그림 16.30c에는 다른 전하 $-Q$와 $+2Q$의 전기력선이 나와 있다. $+2Q$에서 나오는 선의 수가 $-Q$로 들어가는 선의 두

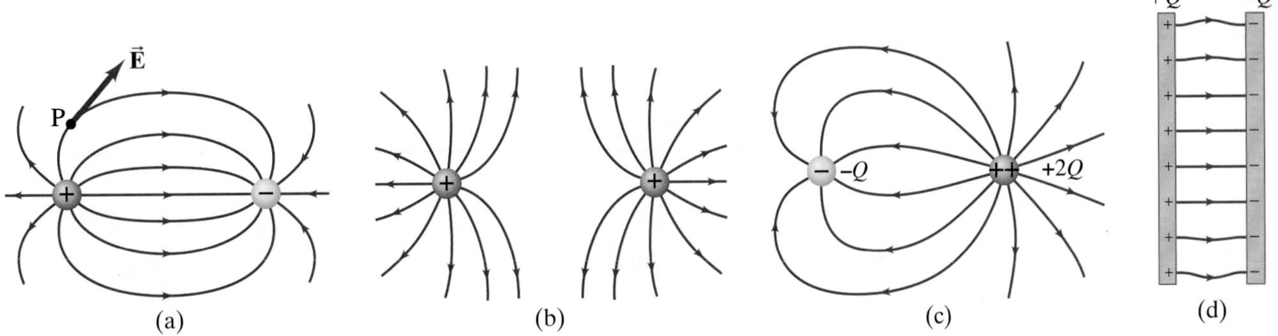

그림 16.30 전하 배치가 다른 네 경우의 전기력선

배(선의 수는 Q의 크기에 비례)임에 주목하라. 마지막으로 그림 16.30d에, 크기는 같고 부호가 반대인 전하를 가진 두 평행판 사이의 전기력선의 단면이 나와 있다. 두 판 사이의 전기력선이 금속판의 표면에 수직하게 출발해서(이유는 다음 절에서 알게 된다) 이쪽 판에서 반대 쪽 판으로 똑바로 가는데, 두 판 사이에 있는 양의 시험 전하가 양의 판에서는 강한 척력을, 음의 판에서는 강한 인력을 느낄 것이므로 우리의 예상과 일치한다. 가까운 두 판 사이의 전기력선은 중앙에서는 평행이고 간격도 같지만, 끝에서는 밖으로 휘었다. 그러므로 중앙에서는 모든 점에서 전기장의 크기가 같고, 다음과 같이 쓸 수 있다.

$$E = \text{상수 [거리가 가깝고, 반대의 전하를 가진 두 평행판 사이]} \quad \textbf{(16.6)}$$

판 사이의 거리가 높이와 폭에 비해 작을 때는 끝에서 전기장이 휘는 것은 무시할 수 있다.† 전기력선의 특성을 다음과 같이 요약한다.

1. 전기력선은 전기장의 방향을 나타낸다. 어느 점에서나 전기장의 방향은 전기력선의 접선 방향이다.
2. 전기력선을 전기장의 크기 E가 선에 수직인 단위 넓이를 지나는 선의 수에 비례하도록 그린다.
3. 전기력선은 양전하에서 출발해 음전하에서 끝난다. 그리고 출발하거나 끝나는 선의 수는 전하의 크기에 비례한다.

또한 전기력선은 교차하지 않는다는 점에 주목하라. 왜 안 되나? 한 점에서 전기장이 두 값을 갖는다는 것은 비합리적이기 때문이다.

중력장

장의 개념을 중력에도 적용할 수 있다(5장 참조). 그러므로 질량을 가진 모든 물체에 **중력장**(gravitational field)이 존재한다고 말할 수 있다. 한 물체는 다른 물체를 중력장으로 끌어당긴다. 예를 들면 지구는 물체에 중력을 작용하는 중력장을 가진다(그림 16.31)고 할 수 있다. **중력장**은 **단위 질량당 힘**으로 정의된다. 지면 위 어느 점에서의 지구 중력장의 크기는 GM_E/r^2인데, 여기서 M_E는 지구의 질량이고, r는 지구 중심으로부터의 거리이고, G는 만유인력 상수이다(5장 참조). 지면에서는 r는 지구 반지름이고, 중력장은 중력 가속도 g와 같다. 지구를 벗어나서는 어느 점에서의 중력장은 지구, 태양, 달, 그리고 중요한 천체들의 중력장의 합이다.

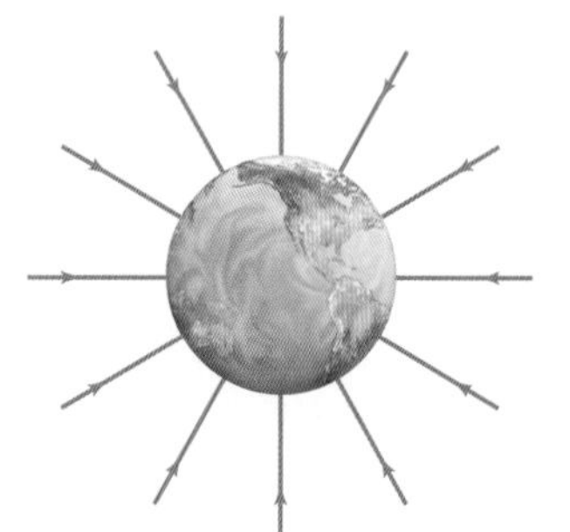

그림 16.31 지구의 중력선. 모든 점에서 지구 중심으로 향한다(모든 질량에 작용하는 힘이 지구 중심으로 향한다).

16.9 전기장과 도체

도체의 몇몇 특성들을 논의하자. 첫 번째로 **정적인(전하가 정지해 있는) 상태에서는 도체 내부에서 전기장이 0**이다. 도체 내부에 전기장이 있다면 자유 전자에 힘이 미

† 두 평행판 사이에서 일정한 전기장의 크기는 $E = Q/\epsilon_0 A$인데, 여기서 Q는 각 판의 전하의 크기이고 A는 판의 넓이이다. 이것은 16.12절의 가우스 법칙에서 알게 될 것이다.

칠 것이다. 전자는 자기에게 작용하는 전기장과 힘이 0이 될 때까지 움직일 것이다.

이 추론에서 흥미로운 결과가 몇 가지 나온다. 그중 하나는, **도체의 알짜 전하는 표면에만 균일하게 분포된다.** 음전하를 가진 도체에서는 음전하들이 서로 밀어서 가능한 한 서로에게서 멀리 떨어지려고 표면으로 가게 되는 것이다. 다음은 또 다른 결과이다. 전하가 없는 구 껍질 형태의 고립된 도체가 양전하 $+Q$를 둘러싸고 있다고 생각하자(그림 16.32). 금속 내부에는 전기장이 있을 수 없으므로 중심의 양전하를 떠난 선은 금속의 안쪽 표면이 있는 음전하에서 멈추어야 한다. 즉 둘러싸인 전하 $+Q$는 구 껍질 안쪽 표면에 같은 양의 음전하 $-Q$를 유도한다. 구 껍질은 중성이므로 같은 양의 양전하 $+Q$가 구 껍질 바깥 쪽 표면에 있어야 한다. 그러므로 금속 자체에는 전기장이 없더라도 그림 16.32에서 보듯이 마치 금속이 없는 것처럼 외부에는 전기장이 존재한다.

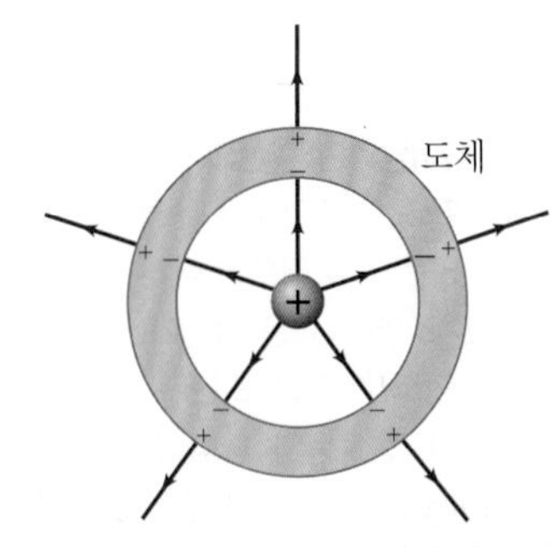

그림 16.32 중성 금속 구 껍질 내부의 전하가 금속 표면에 전하를 유도한다. 전기장은 구 껍질 외부에는 존재하지만, 도체 자체의 내부에는 존재하지 않는다.

이와 관련된 정전기장과 도체의 특성은 **전기장은 도체 외부의 표면에 항상 수직**이라는 점이다. 표면에 평행한 $\vec{\mathbf{E}}$의 성분이 있다면(그림 16.33) 표면의 자유 전자에 힘을 미칠 것이고 자유 전자는 면을 따라 움직여서 표면에 평행한 알짜힘을 느끼지 않게 된다. 즉 전기장이 표면에 수직으로 된다.

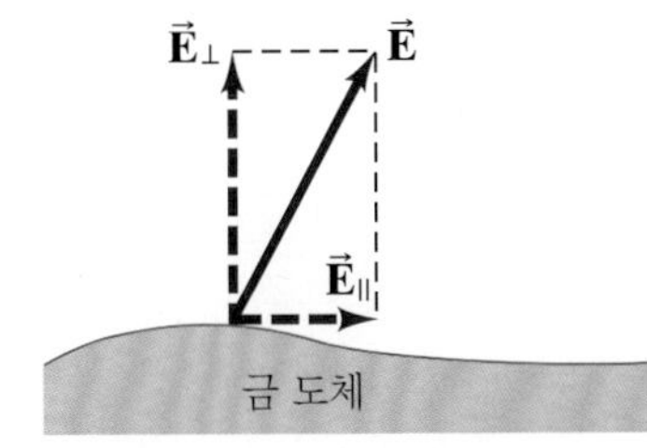

그림 16.33 도체 표면에서의 전기장 $\vec{\mathbf{E}}$가 표면에 평행한 성분 $\vec{\mathbf{E}}_\parallel$을 갖는다면, 이 성분은 전자를 움직이도록 가속시킨다. 따라서 정지 상태에서 전기장은 반드시 도체 표면에 수직이다.

이 특성들은 도체에만 적용된다. 자유 전자가 없는 부도체의 내부에는 다음 장에서 보듯이 정전기장이 존재한다. 또한 부도체의 외부의 전기장은 반드시 표면과의 각도가 90°일 필요는 없다.

16.10 분자 생물학에서 전기력; DNA 구조와 복제

분자 수준에서의 생세포의 구조와 기능에 대해 연구하는 학문을 분자 생물학이라 한다. 이것은 물리학 응용의 중요한 분야이다. 모든 생물학적 세포의 내부는 주로 물로 구성되어 있기 때문에, 세포는 계속 움직이면서 다양한 운동 에너지를 가지고 서로 충돌하는(13장의 운동론) 분자들의 걸죽한 수프(soup)라고 상상할 수 있다. 분자들 사이의 정전기력 때문에 이들은 서로 상호작용을 한다. 실제로 세포 과정은 현재 **무작위의 ('열적') 분자 운동과 정전기력에 의한 질서 효과에 기인한** 결과라고 여겨진다. 예를 들어 DNA 구조와 복제를 보자. 여기 나오는 묘사는 물리학 이론과 실험에 기반을 둔 모형이다.

물리학의 응용

세포 내부: 운동론과 정전기력의 결합

모든 생체 세포에서 세대에서 세대로 전달되는 유전 정보는 유전자로 만들어진 염색체에 들어 있다. 각 유전자에는 특정한 형태의 단백질 분자를 만드는 데 필요한 정보가 들어 있는데, 그 정보는 그림 16.34에서 볼 수 있는 염색체의 주 분자 DNA (deoxyribonucleic acid)에 내장된다. DNA 분자는 전자를 균일하게 공유하지 않아서 **극성**(16.2절 참조)인 뉴클레오티드 염기라고 알려진 많은 작은 분자로 되어 있다. DNA에는 아데닌(A), 시토신(C), 구아닌(G), 티민(T) 네 종류의 뉴클레오티드 염기가 있다.

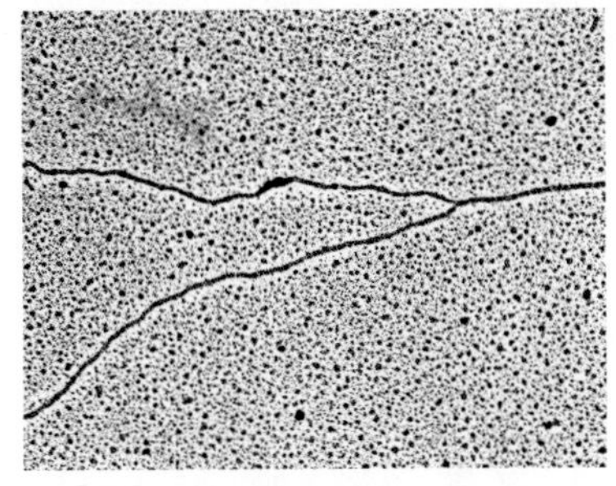
그림 16.34 투과 전자 현미경으로 얻은 DNA 복제 영상

염색체의 DNA는 일반적으로 '이중 나선'의 형태로 서로 감싸 안은 두 개의 긴

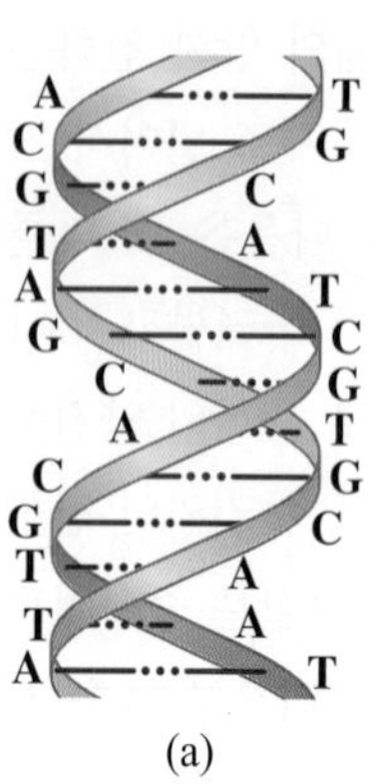

(a)

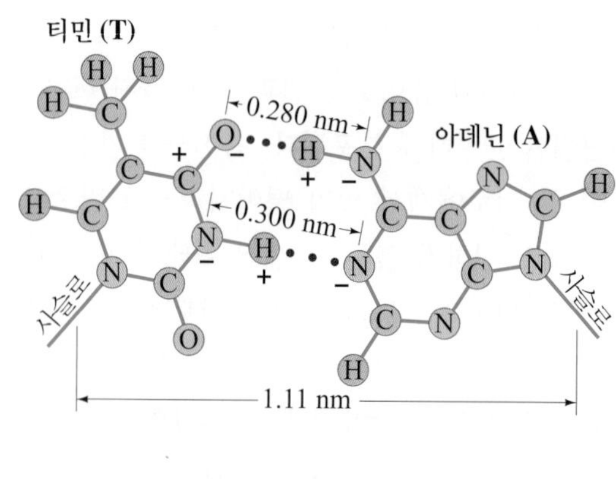

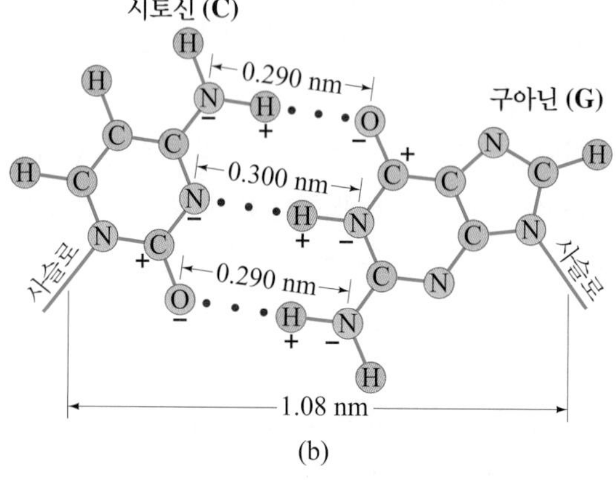

(b)

그림 16.35 (a) DNA 이중 나선 단면의 개략도. (b) A는 T, G와 C가 정전기력으로 서로 끌어당기는 나선의 근접 영상. 원자 위에 표시된 (+)와 (−) 부호는 전자의 균일하지 않은 공유 때문에 생긴 알짜 전하를 표시한다. 빨간 점은 정전기 인력을 표시한다(종종 '약한 결합' 또는 '수소 결합'이라고 함. 29.3절). A와 T 사이에는 둘, G와 C 사이에는 세 개의 약한 결합이 존재함에 주목하라.

물리학의 응용

DNA 구조

DNA 가닥으로 되어 있다. 유전 정보는 각 가닥을 따라서 네 염기(A, C, G, T)가 특정한 순서로 들어 있다. 그림 16.35에서 보듯이 두 가닥들은 정전기력(분자에 포함된 양전하와 음전하의 인력)으로 끌어당긴다. 그림 16.35a에서 보듯이, 한쪽 가닥에 있는 A는 다른 쪽의 T와 항상 반대편에 위치한다. 마찬가지로 G는 C와 반대편에 있다. 이 중요한 질서 효과는 A, T, C, G의 모양이 A는 T와만 결합하고, C는 G와만 결합하기 때문에 일어난다. 전하가 있는 부분이 이렇게 매우 가까운 경우에만 정전기력이 충분히 커지며, 두 분자를 짧은 시간 동안이나마 묶어 놓는(그림 16.35b) '약한 결합'을 형성한다.

A와 T 사이, G와 C 사이에 정전기력이 존재하는 이유는 이 분자들에 전하를 가진 부분이 있기 때문이다. 이 전하는 분자 안의 몇몇 전자들이 다른 원자들보다 한 원자 궤도에 더 오래 머물기 때문에 존재한다. 예를 들면 보통 아데닌의 수소 원자에 있는 전자(그림 16.35b의 윗부분)는 인접한 질소 원자 주위를 도는 데 시간을 얼마간 사용하므로 질소는 알짜 음전하를 띠고 수소는 알짜 양전하를 띤다(29장에서 자세히). 이 아데닌의 H^+ 원자는 티민의 O^- 원자에 이끌린다. 이 알짜 양전하와 음전하의 크기는 $0.2e$나 $0.4e$ 등으로 전자의 전하 e보다 작다. (이로써 '극성' 분자가 된다.)

[H^+가 관여하게 되면 근처의 O^-와 같은 음전하와 상호작용하는 약한 결합이 비교적 강해지며(H^+가 너무 작은 것이 이유의 일부), 이를 **수소 결합**(hydrogen bond)이라 한다(29.3절 참조).]

유전 정보가 정확히 다음 세대로 전달되려면 세포 분열 바로 전에 DNA가 자기

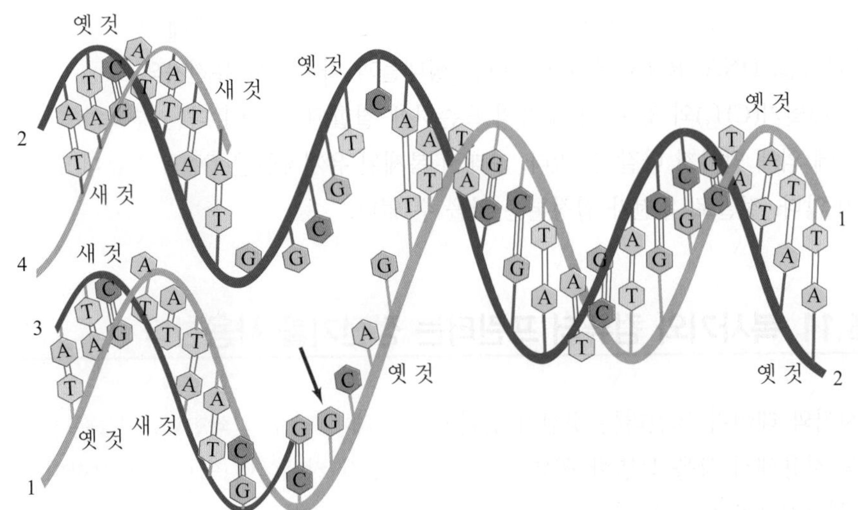

그림 16.36 DNA 복제

물리학의 응용
DNA 복제

복제할 때 A의 반대편은 T, G의 반대편은 C로 배열되는 것이 매우 중요하다(그림 16.36). 두 가닥의 DNA 염기의 전하가 있는 부분이 노출되면서 분리된다(역시 정전기력으로 동작하는 효소의 도움으로).

그림 16.36에 빨간 화살표로 표시된 G 분자를 보면서, 일단 복제가 시작되면 염기의 정확한 순서가 어떻게 만들어지는지 알아보자. 모두 네 종류의 결합되지 않은 많은 뉴클레오티드 염기가 세포액 안에서 이리저리 돌아다니는데, G 가까이 갈 때 인력을 느끼는 유일한 종류가 C이다. 다른 세 염기의 전하는 G의 전하에 충분히 가깝게 갈 수 없어서 적절한 인력이 생기지 않는다. 정전기력(쿨롱 힘)은 거리가 멀어지면 급격히 감소($\propto 1/r^2$) 한다는 것을 기억하라. G가 A, T 또는 G를 감지할 만큼 끌지 못하므로, 효소가 G를 성장하는 띠(그림 16.36에서 3번)에 결합하기도 전에 A, T 또는 G는 다른 분자와 충돌하면서 떨어져 나간다. 그러나 정전기력에 의해 C가 G의 반대편에 충분한 시간 동안 머무르게 되면 효소는 새로운 사슬의 성장 부분을 C에 결합시키게 된다. 그러므로 정전기력은 복제 과정에서 염기가 적절한 순서로 선택되도록 해준다. 그림 16.36에서 새로운 4번 가닥이 복제 전의 1번 가닥과 염기의 순서가 같고, 새로운 3번 가닥이 복제 전의 2번 가닥과 염기의 순서가 같은 점에 주목하라. 그러므로 새로운 이중 나선 1−3과 2−4가 원래의 나선 1−2와 동일하다. 그래서 유전 정보가 정확히 다음 세대로 전달된다.

이 DNA 복제 과정은 마치 태엽에 의해 동작되는 시계 장치처럼 각 분자는 그들의 역할과 있어야 할 곳을 알고 있는 것처럼 규칙적으로 일어나는 듯하다. 그러나 이것은 사실이 아니다. 인력이 매우 약해서 분자 내 전하 사이에 '상호 보완적인 형태'를 가질 때만 의미가 있는데, 다시 말하면 약한 결합을 이룰 만큼 정전기력이 충분히 강하도록 가까워 져야 한다($\propto 1/r^2$). 분자의 형태가 맞지 않으면 정전기력이 거의 없는 것이 오류가 드문 이유이다. 그러므로 분자들의 무작위 운동의 와중에도 정전기력은 혼돈에서 질서를 이끌어낸다.

세포 안에서 분자들의 무작위적(열적)인 속도는 클로닝에 영향을 준다. 박테리아 세포가 분열할 때 새로운 두 박테리아는 거의 동일한 DNA를 가진다. 하지만, DNA

가 완벽하게 동일할지라도 새로운 두 박테리아는 정확히 동일하게 행동하지 않는다. 긴 단백질, DNA, RNA 분자들은 다른 형태들과 마주쳐서 유전자의 표현이 달라진다.† 메틸기(CH_3)와 같은 큰 분자의 느슨하게 결합된 부분이 다른 분자와의 강력한 충돌에 의해 떨어져 나갈 수 있다. 그래서 복제된 유기체들은 DNA가 같더라도 동일하지 않다. 정말로 유전자 결정론은 있을 수 없다.

16.11 복사기와 컴퓨터 프린터는 정전기를 사용한다

복사기와 레이저 프린터는 정전기 인력을 사용해서 상을 인쇄한다. 이들은 다른 기술을 사용해서 상을 특별한 원통형 드럼이나 회전 컨베이어 벨트에 투사한다. 드럼은 일반적으로 좋은 도체인 알루미늄으로 만든다. 표면은 얇은 셀레늄 층으로 코팅하는데 셀레늄은 '광전도'라는 흥미로운 특성이 있어서 어두우면 부도체이지만 빛을 비추면 도체가 된다.

물리학의 응용

복사기

복사기(photocopier)는 렌즈와 거울이 복사하려는 종이의 상을 드럼에 초점을 맞추는데, 카메라 렌즈가 상을 전자식 검출기나 필름에 초점을 맞추는 것과 같다. 1단계에서는 어두운 곳에서 전하를 가진 롤러나 봉으로 드럼의 셀레늄 층에 양전하를 입힌다(그림 16.37).

2단계에서는 복사할 상을 드럼에 초점을 맞춘다. 그림 16.37에서 보듯이 간단하게 상이 책과 같은 흰색 종이 위의 까만 A 자라고 가정하자. 드럼 위의 A 자는 검고 주위는 모두 밝다. 밝은 곳에서는 셀레늄이 도체가 되어서 아래의 알루미늄에서 전자가 흘러와 양전하를 중성화한다. A 자가 있는 어두운 곳에는 셀레늄이 부도체이므로 양전하가 그대로 남아 있다(그림 16.37). 3단계에서는 **토너**라 부르는 고운 검은 입자에 음전하를 입혀서 회전하는 드럼에 칠한다. 음전하를 띠는 토너 입자는 드럼 위의 양전하가 있는 부분(여기서는 A 자)로 끌려서 거기에만 들어붙는다. 4단계에서는 회전하는 드럼이 셀레늄보다 양전하를 가진 종이에 더 강하게 압착되므로 토너 입자가 종이에 붙어서 최종 상이 형성된다. 마지막으로 5단계에서는 종이를 가열해서 토너 입자를 종이에 단단히 고정시킨다.

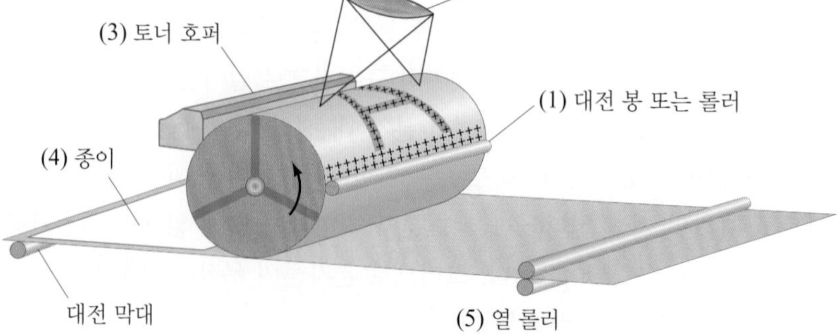

그림 16.37 복사기의 내부. (1) 셀레늄 드럼에 양전하를 입힌다. (2) 렌즈가 상을 드럼에 초점을 맞춘다. 검은 점들에만 전하가 남는다. (3) 음전하를 가진 토너 입자가 드럼의 양전하로 끌린다. (4) 상이 종이에 복사된다. (5) 열로 상을 종이에 고정시킨다.

†DNA 이중 나선의 각각의 유전자는 '표현'되지 않도록 단백질 분자에 의해 보호될 수 있다. 즉 단백질 안으로 암호화될 수 있다.

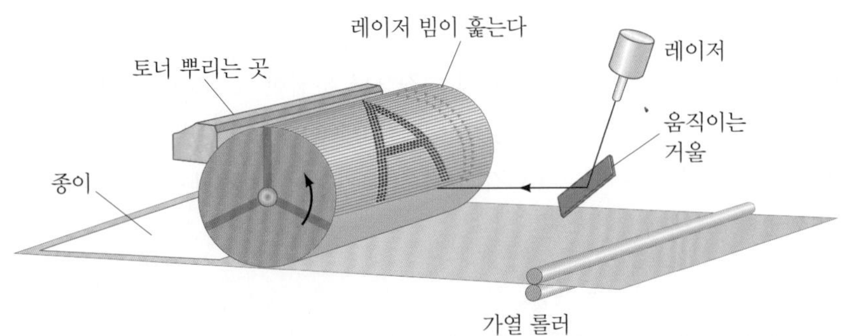

그림 16.38 레이저 프린터의 내부. 움직이는 거울로 레이저 빔이 드럼을 수평으로 한 줄씩 훑는다.

컬러 복사기나 컬러 프린터에서는 이 과정이 검정, 청록(파랑), 마젠타(빨강), 노랑의 각 색에 대해서 반복된다. 이 네 색을 다른 비율로 혼합하여 원하는 색을 낸다.

물리학의 응용
레이저 프린터

레이저 프린터(laser printer)는 그림 16.38의 셀레늄이 코팅된 드럼에 레이저 빔의 세기를 조절하는 데 컴퓨터를 활용한다. 레이저에서 나오는 얇은 빔의 빛이 드럼 한 쪽에서 다른 쪽으로 수평의 선을 따라 한 줄씩 움직이는 거울로 주사한다. 빔이 드럼을 훑을 때 빔의 세기는 컴퓨터 출력으로 조절하는데, 희거나 밝은 점은 강하고 어두운 곳은 약하거나 0이다. 한 번 훑고 나면 드럼이 약간 회전하여(그림 16.38), 다시 훑어서 전체 상이 형성된다. 셀레늄의 밝은 부분은 도체가 되어 원래 있던 양전하를 잃고 토너는 전하가 있는 어두운 부분에만 달라붙는다. 그러면 드럼은 복사기에서와 같이 상을 종이에 복사한다.

물리학의 응용
잉크젯 프린터

잉크젯 프린터(inkjet printer)는 드럼을 쓰지 않는다. 대신 분사구에서 미세 잉크 방울을 종이에 직접 뿌린다. 분사구가 종이를 훑을 때 종이가 아래로 움직여서 다음 줄은 바로 위에 분사된다. 훑을 때마다 컴퓨터가 지시하는 대로 종이 위에 점을 만든다. 상은 수많은 작은 점들로 이루어진다. 프린터의 품질 또는 분해능은 보통 인치당 점의 수(dpi)로 표시한다.

16.12 가우스 법칙

전기에서의 중요한 법칙인 가우스 법칙은 위대한 수학자 가우스(Karl Friedrich Gauss, 1777~1855)가 개발했다. 이 식은 전하와 전기장의 관계를 알려주며 쿨롱 법칙의 형태보다 더 일반적이고 우아하다.

가우스 법칙은 **전기 선속**(electric flux)의 개념을 다루는데, 이는 주어진 넓이를 통과하는 전기장을 의미한다. 그림 16.39a에서 넓이 A를 통과하는 균일한 전기장 $\vec{\mathbf{E}}$의 경우, 전기 선속 Φ_E는 다음과 같이 정의된다.

$$\Phi_E = EA\cos\theta$$

여기서 θ는 전기장의 방향과 면에 수직인 선 사이의 각도이다. 선속은 다음과 같이도 쓸 수 있다.

$$\Phi_E = E_\perp A = EA_\perp = EA\cos\theta \tag{16.7}$$

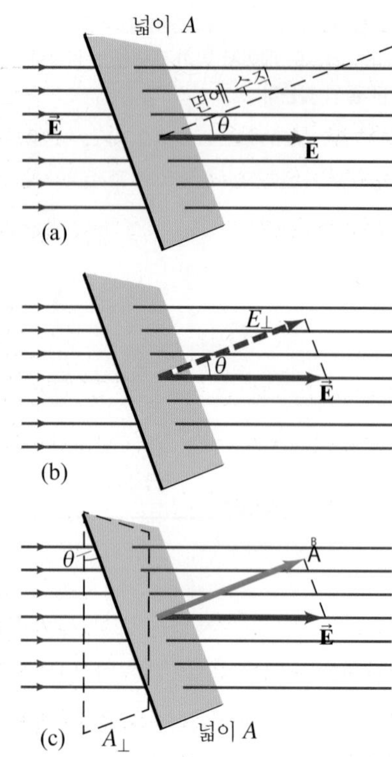

그림 16.39 (a) 넓이가 A인 정사각형을 통과하는 균일한 전기장 $\vec{\mathbf{E}}$ (b) $E_\perp = E\cos\theta$은 평면 A에 수직인 $\vec{\mathbf{E}}$의 성분 (c) $A_\perp = \cos\theta$은 전기장 $\vec{\mathbf{E}}$에 수직인 넓이 A의 투사(점선)

여기서 $E_\perp = E\cos\theta$은 면에 수직인 $\vec{\mathbf{E}}$의 성분이고(그림 16.39b), 마찬가지로 $A_\perp = A\cos\theta$은 넓이 A를 전기장 $\vec{\mathbf{E}}$에 수직으로 투사한 것이다(그림 16.39c).

전기 선속은 전기력선으로 설명할 수 있다. 16.8절에서 전기력선은 전기장에 수직인 단위 넓이($A_\perp$)을 지나는 수(N)가 전기장(E)의 크기에 비례하도록 그릴 수 있다고 설명했었다. 그래서

$$N \propto EA_\perp = \Phi_E \tag{16.8}$$

이므로 면을 통과하는 선속은 그 면을 통과하는 선의 수에 비례한다.

가우스 법칙은 폐곡면(공간을 둘러싼 모든 형태의 면)을 통과하는 **전체 선속**을 다룬다. 그림 16.40에 보이는 모든 면을 많은 작은 면, ΔA_1, ΔA_2, ΔA_3 등으로 나눌 수 있다. 각 ΔA는 매우 작아서 평면이고 전기장은 ΔA에서 일정하다고 간주할 수 있다. 그러면 전 표면을 통과하는 **전체** 선속은 작은 면들을 통과하는 개별 선속들의 합이다.

$$\begin{aligned}\Phi_E &= E_1\,\Delta A_1\cos\theta_1 + E_2\,\Delta A_2\cos\theta_2 + \cdots \\ &= \sum E\,\Delta A\cos\theta = \sum E_\perp\,\Delta A\end{aligned}$$

여기서 Σ는 '합'을 의미한다. 16.8절에서 양전하에서 출발하거나 음전하로 들어가는 전기력선의 수는 전하의 크기에 비례한다는 것을 알았다. 그래서 폐곡면의 밖으로 향하는 전기력선의 알짜 수 N(밖으로 향하는 수와 안으로 향하는 수의 차이)는 폐곡면 안의 알짜 전하 Q_{encl}에 비례해야 한다. 그러나 식 16.8에서 전기력선의 알짜 수 N은 전체 선속 Φ_E에 비례한다. 따라서

$$\Phi_E = \sum_{\substack{\text{closed}\\\text{surface}}} E_\perp\,\Delta A \propto Q_{\text{encl}}$$

이 된다. 쿨롱 법칙에 맞춘 비례 상수는 $1/\epsilon_0$이므로

가우스 법칙

$$\sum_{\substack{\text{closed}\\\text{surface}}} E_\perp\,\Delta A = \frac{Q_{\text{encl}}}{\epsilon_0} \tag{16.9}$$

이다. 여기서 합 Σ는 폐곡면 전체에 대한 것이고 Q_{encl}은 폐곡면 안의 알짜 전하이다. 이것이 **가우스 법칙**(Gauss's law)이다.

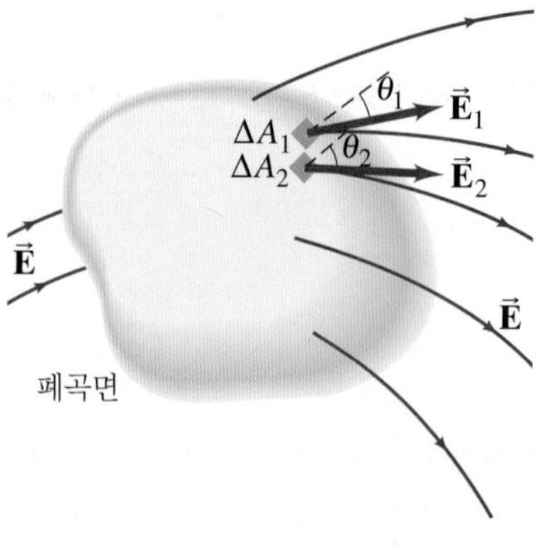

쿨롱 법칙과 가우스 법칙은 정전하 분포에 의한 전기장을 구하는 데 사용할 수 있다. 가우스 법칙은 전하 분포가 단순하고 대칭일 때 유용하다. 그러나 닫힌 '가우스' 면을 매우 조심해서 선정해야 전기장 $\vec{\mathbf{E}}$를 구할 수 있다. 보통은 면의 모든 부분에서 E가 일정하도록 **대칭**(symmetry)이 되는 면을 선정한다.

그림 16.40 폐곡면을 통과하는 전기력선. 면이 많은 작은 면, ΔA_1, ΔA_2 등으로 나뉘는데 그중 둘만 표시됐다.

예제 16.9 전하를 가진 도체 구 껍질

반지름 r_0인 얇은 구 껍질에 전체 알짜 전하 Q가 균일하게 분포됐다(그림 16.41). (a) 구 껍질 안에서의, 그리고 (b) 구 껍질 밖에서의 전기장을 구하라.

접근 전하 분포가 대칭이므로 전기장도 **대칭**이어야 한다. 그래서 구 껍질 밖에서의 전기

장은 방사상으로 밖으로(Q가 음이면 안으로) 향해야 하고 r에만 의존해야 한다.

풀이 (a) 그림 16.41에 점선으로 표시된 반지름이 $r(r > r_0)$이고 구 껍질과 중심이 같은 구 A_1을 가상의 가우스 면으로 선정한다. 그러면 대칭에 의해서 가우스 면의 모든 점에서 전기장의 크기가 같다. 가우스 면과 $\vec{\mathbf{E}}$는 수직이므로 가우스 법칙은 다음과 같다(식 16.9에서 Q_{encl}을 Q로).

$$\sum E_{\perp}\,\Delta A = E\sum \Delta A = E(4\pi r^2) = \frac{Q}{\epsilon_0}$$

여기서 $4\pi r^2$은 반지름이 r인 구(가우스 면)의 표면적이다. 그러므로

$$E = \frac{1}{4\pi\epsilon_0}\frac{Q}{r^2} \qquad [r > r_0]$$

이다. 균일한 전하를 가진 구 껍질 밖의 전기장은 모든 전하가 중심에 점전하로 집중된 것과 동일하다.

(b) 구 껍질 안에서도 전기장은 대칭이어야 한다. 그러므로 여기서도 구 껍질과 중심이 같은 가우스 구면의 모든 점에서 전기장의 크기가 같아야 한다(그림 16.41의 A_2). A_2 안의 전하는 0이므로($Q_{\text{encl}} = 0$)이고 E를 인수 분해하면

$$\sum E_{\perp}\,\Delta A = E\sum \Delta A = E(4\pi r^2) = \frac{Q_{\text{encl}}}{\epsilon_0} = 0$$

이다. 따라서 균일한 전하를 가진 구 껍질 안에서는(16.9절에서 주장했듯이)

$$E = 0 \qquad [r < r_0]$$

이다.

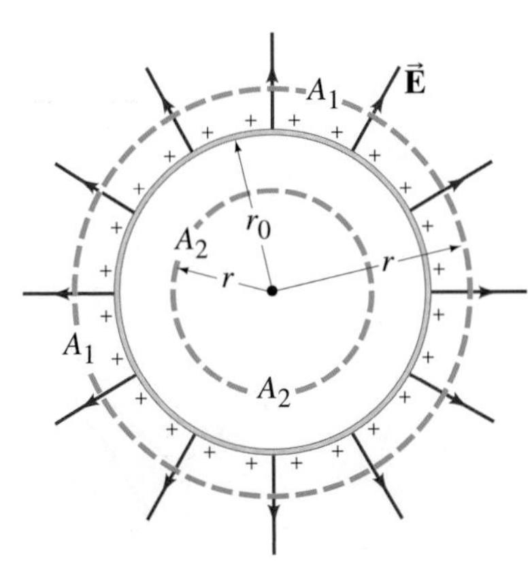

그림 16.41 알짜 전하 Q가 균일하게 분포된 반지름 r_0인 얇은 구 껍질(회색)의 단면적. 초록색 원 A_1과 A_2는 전기장 $\vec{\mathbf{E}}$를 구하는 두 가우스 면을 표시한다. 예제 16.9

예제 16.8의 결과는 균일한 전하를 가진 **속이 찬** 도체 구에도 적용되는데, 그 이유는 모든 전하가 면의 얇은 층에 모이기 때문이다(16.9절). 특히 도체 구 밖에서는

$$E = \frac{1}{4\pi\epsilon_0}\frac{Q}{r^2}$$

이다. 그래서 구 대칭 전하 분포 밖의 전기장은 구 중심에 있는 같은 크기의 점전하의 경우와 동일하다. 이 결과는 균일한 전하를 가진 부도체 밖에서도 적용되는데, 그 이유는 동일한 가우스 면 A_1(그림 16.41)과 동일한 **대칭** 논리를 사용하기 때문이다. 우리는 또한 이것을 완벽한 $1/r^2$ 힘인 5장에서의 **중력**(gravitational force)의 설명에 대한 실증으로 생각할 수 있다. 균일한 구가 작용하는 힘은 118쪽에서 설명했듯이 모든 질량이 중심에 있는 같은 경우와 동일하다.

예제 16.10 도체 표면 근처의 E

어떤 형태라도 좋은 도체는 바로 밖에서의 전기장의 크기가 다음과 같음을 보이라.

$$E = \frac{\sigma}{\epsilon_0}$$

여기서 σ는 도체 표면 위 바로 그 점에서의 전하 밀도 Q/A로 정의된다.

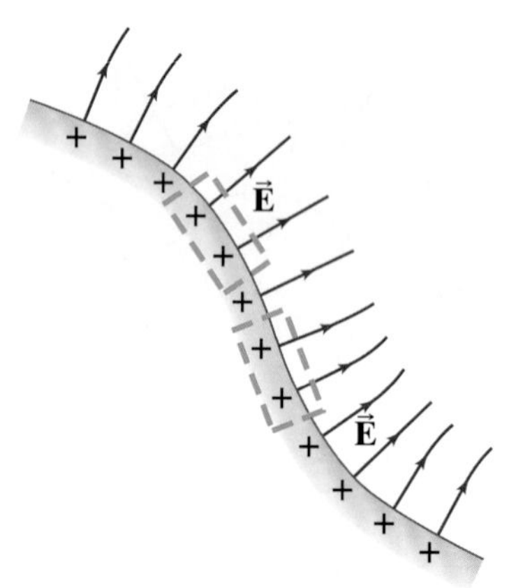

그림 16.42 도체 표면 근처의 전기장. 두 작은 원통형 상자가 점선으로 보인다. 둘 다 가우스 면으로 작용한다. 예제 16.10

접근 작은 원통형 상자를 가우스 면으로 선정하는데, 높이가 매우 낮아서 한쪽 끝의 원이 도체 바로 위이다(그림 16.42). 반대쪽은 도체 표면 바로 아래고 매우 짧은 옆면은 수직이다.

풀이 도체 내부에서는 전기장이 0이고 바로 밖에서는 표면에 수직이므로(16.9절 참조) 전기 선속은 원통형 상자의 바깥 쪽 끝만을 통과한다. 선속은 매우 짧은 옆면이나 가우스 상자의 안쪽 끝은 통과하지 못한다. 전기장이 균일하도록 도체 표면 위의 평평한 끝의 넓이 A를 매우 작게 선정한다. 그러면 가우스 법칙은 다음과 같고

$$\sum E_{\perp}\,\Delta A = EA = \frac{Q_{\text{encl}}}{\epsilon_0} = \frac{\sigma A}{\epsilon_0}$$

따라서

$$E = \frac{\sigma}{\epsilon_0} \qquad \text{[도체 표면에서]}$$

이다. 이 유용한 결과는 균일한 전하를 가진 큰 평판을 포함한 모든 형태의 도체에 적용된다. 전기장은 일정하고 값이 σ/ϵ_0이다.

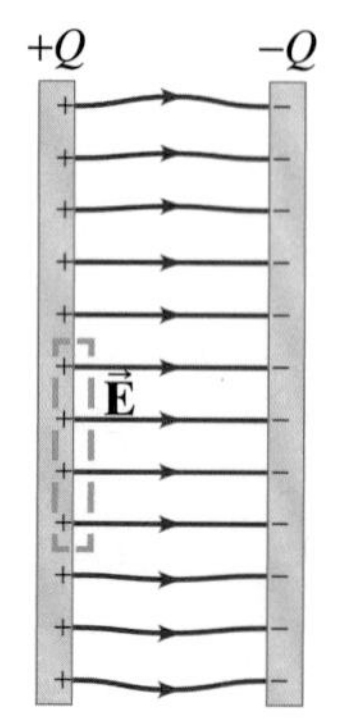

그림 16.43 간격이 좁은 두 평행판 사이에서의 전기장은 균일하고 $E = \sigma/\epsilon_0$이다.

이 마지막 예제는 그림 16.30d에서 논의했던 두 평행판 사이에서의 전기장을 알려준다. 판의 크기가 간격에 비해서 커서 전기력선이 판에 수직이고, 판의 가장자리 근처를 제외하고는 서로 평행하다. 그러므로 전기장은(그림 16.42의 매우 얇은 가우스 면과 비슷한 그림 16.43 참조)

$$E = \frac{\sigma}{\epsilon_0} = \frac{Q/A}{\epsilon_0} = \frac{Q}{\epsilon_0 A} \qquad \textbf{(16.10)}$$

이다. 여기서 $Q = \sigma A$는 한쪽 판의 전하이다.

종합 문제

객관식

1. $Q_1 = -0.10\ \mu\text{C}$은 원점에, $Q_2 = +0.10\ \mu\text{C}$은 x축 위 $x = 1.0$ m에 있다. 다음 중 Q_2가 Q_1에 작용하는 힘으로 옳은 것은?
   (a) 인력, $+x$ 방향
   (b) 인력, $-x$ 방향
   (c) 척력, $+x$ 방향
   (d) 척력, $-x$ 방향

2. 문제 1에서 Q_1과 Q_2의 위치를 바꾼다. 다음 중 Q_1이 Q_2에 작용하는 힘으로 옳은 것은?
   (a) 변하지 않는다.
   (b) 인력에서 척력으로 바뀐다.
   (c) 척력에서 인력으로 바뀐다.
   (d) $+x$ 방향에서 $-x$ 방향으로 바뀐다.
   (e) $-x$ 방향에서 $+x$ 방향으로 바뀐다.

3. 그림 16.44는 한 점전하에 의한 전기력선을 보여주고 있다. 점 1에서의 전기장과 점 2에서의 전기장에 대해 어떻게 비교 설명할 수 있는가?
   (a) 점 2에서의 전기장이 더 크다. 왜냐하면 점 2는 전기력선 위에 있기 때문이다.
   (b) 점 1에서의 전기장이 더 크다. 왜냐하면 점 1은 전기력

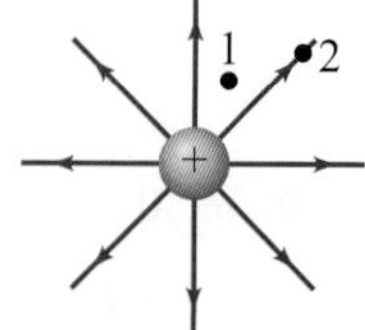

그림 16.44 객관식 3

선 위에 있지 않기 때문이다.

(c) 점 1에서의 전기장은 0이다. 왜냐하면 점 1은 전기력선 위에 있지 않기 때문이다.

(d) 점 1에서의 전기장이 더 크다. 왜냐하면 전기력선들이 이 영역에서 더 가까이 있기 때문이다.

4. 양의 점전하가 만드는 전기장 안에 음의 점전하가 있다. 다음 중 옳은 것은?

(a) 전기장은 양전하 쪽으로 향하고, 음전하에 작용하는 힘은 전기장과 같은 방향이다.

(b) 전기장은 양전하 쪽으로 향하고, 음전하에 작용하는 힘은 전기장과 반대 방향이다.

(c) 전기장은 양전하 쪽에서 멀어지고, 음전하에 작용하는 힘은 전기장과 같은 방향이다.

(d) 전기장은 양전하 쪽에서 멀어지고, 음전하에 작용하는 힘은 전기장과 반대 방향이다.

5. 물체가 양전하를 얻으면 질량은

(a) 감소한다. (b) 증가한다.

(c) 동일하다. (d) 음으로 된다.

6. 그림 16.30d를 참조하라. 전하의 변동 없이 두 판의 간격을 반으로 줄이면 판의 중심 근처의 전기장은

(a) 거의 동일하게 유지된다.

(b) 두 배로 증가한다.

(c) 증가는 하지만 두 배는 아니다.

(d) 두 배로 감소한다.

(e) 감소는 하지만 두 배는 아니다.

7. 보통은 흔히 보는 두 물체 사이에 작용하는 전기장을 의식하지 못하는데, 이유는

(a) 전기장은 자연에서 가장 약한 힘 중의 하나이다.

(b) 전기장은 전자나 양성자와 같은 아주 작은 입자에 의한 것이다.

(c) 전기장은 보이지 않는다.

(d) 대부분의 흔히 보는 물체들은 양전하와 음전하의 수가 같다.

8. 번개 칠 때 안전하려면 가장 안전한 장소는 다음 중 어디인가?

(a) 풀밭 가운데

(b) 금속 자동차 안

(c) 숲의 큰 나무 옆

(d) 금속 관측 탑 위

9. 앞의 문제 8에서 가장 위험한 장소는 어디인가?

10. 작은 금속 구가 천정에 절연 실로 매달려 있다. 구 근처에 있는 전하를 가진 막대에 구가 끌린다. 구의 전하는

(a) 양 (b) 음

(c) 중성 (d) 양 또는 중성

(e) 음 또는 중성

주관식

16.5, 16.6 쿨롱 법칙

[$1\ \text{mC} = 10^{-3}\ \text{C}$, $1\ \mu\text{C} = 10^{-6}\ \text{C}$, $1\ \text{nC} = 10^{-9}\ \text{C}$]

1. (I) 철의 핵($q = +26e$)과 가장 안쪽에 있는 전자의 거리가 1.5×10^{-12} m일 때 둘 사이의 전기적 인력의 크기는 얼마인가?

2. (I) $-48.0\ \mu\text{C}$에는 얼마나 많은 전자가 모여 있는가?

3. (I) $+25\ \mu\text{C}$의 전하가 16 cm 떨어진 $+2.5$ mC의 전하에 작용하는 힘의 크기는 얼마인가?

4. (I) 원자핵에서 4.0×10^{-15} m 떨어져 있는 두 양성자 사이의 전기적인 척력은 얼마인가?

5. (II) 플라스틱 빗과 같은 물체를 천으로 문지르면 생기는 알짜 전하는 보통 수 마이크로 쿨롬이다. 그 전하가 $3.0\ \mu\text{C}$라면, 질량이 9.0 g인 빗의 질량은 몇 퍼센트가 변하는가?

6. (II) 두 개의 대전된 먼지 입자가 서로 4.2×10^{-2} N의 힘을 작용하고 있다. 이 입자 사이의 거리를 1/8로 줄이면 힘은 얼마가 되는가?

7. (II) 전하를 띠는 두 작은 구가 6.52 cm 떨어져 있다. 두 구가 옮겨져서 서로 작용하는 힘이 세 배가 됐다. 두 구 사이의 거리가 얼마인가?

8. (II) 양털 카펫 위에서 발을 질질 끄는 사람이 건조한 날 $-28\ \mu\text{C}$의 알짜 전하를 축적한다. 이 사람이 모은 여분의 전자는 몇 개인가, 그리고 이 사람의 질량은 얼마나 늘어나는가?

9. (II) 12 kg인 금 막대에 있는 모든 전자의 전체 전하는 얼마인가? 막대의 알짜 전하는 얼마인가? 금의 원자당 전자 수는 79개이고, 원자 질량은 197 u이다.

10. (II) 수소 원자에서 양성자 핵 주위로 공전하고 있는 전자($r = 0.53 \times 10^{-10}$ m)를 붙들고 있는 전기력과 같은 전자와 양성자 사이의 중력을 비교하라. 이들 두 힘의 비는 얼마인가?

11. (II) +65 μC, +48 μC, −95 μC인 전하들이 한 줄로 놓여 있다(그림 16.45). 가운데 전하와 양쪽 전하와의 거리는 0.35 m이다. 다른 두 전하가 각 전하에 작용하는 알짜힘을 계산하라.

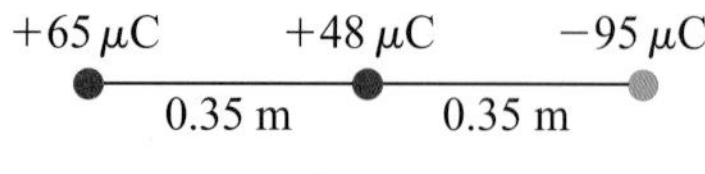

그림 16.45 주관식 11

12. (II) 전하가 +17.0 μC인 동일한 세 개의 입자가 변의 길이가 15.0 cm인 이등변삼각형의 모서리에 위치하고 있다(그림 16.46). 다른 두 입자에 의해 각 입자에 작용하는 알짜힘의 크기와 방향을 계산하라.

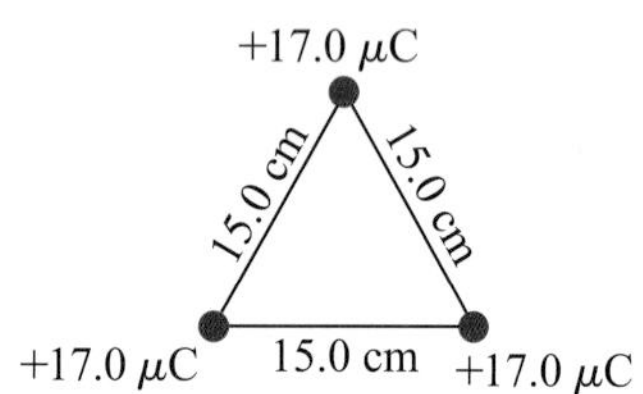

그림 16.46 주관식 12

13. (II) 대전되지 않은 플라스틱 구에서 전하 Q가 24 cm 떨어진 동일한 구로 이전된다. 그 후 인력이 17 mN이 생겼다. 이전된 전자의 수는 얼마인가?

14. (II) 6.15 mC인 전하가 변의 길이가 0.100 m인 정사각형의 모서리에 위치하고 있다. 각 입자에 작용하는 힘의 크기와 방향을 결정하라.

15. (II) 길이 ℓ인 정사각형의 각 모서리에 Q, $2Q$, $3Q$, $4Q$ 크기의 점전하가 있다(그림 16.47). 전하 $2Q$가 받는 힘의 크기와 방향을 구하라.

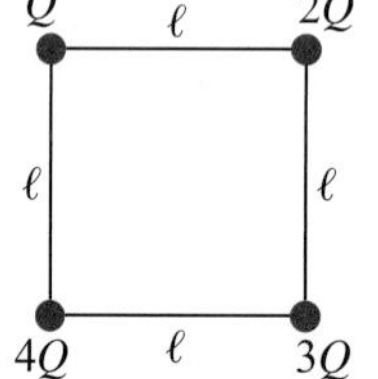

그림 16.47 주관식 15

16. (III) 두 개의 작은 부도체 구가 가진 전체 알짜 전하가 90.0 μC이다. (a) 이들 사이의 거리가 28.0 cm라면 서로가 작용하는 힘은 12.0 N의 척력이다. 각 각의 전하는 얼마인가? (b) 만약 인력이 미친다면?

16.7, 16.8 전기장, 전기력선

17. (I) 동쪽 방향의 2460 N/C의 균일한 전기장이 전자에 작용하는 전기력의 크기와 방향을 구하라.

18. (I) 균일한 전기장 내에서 양성자 하나를 가만히 놓으면 남쪽으로 1.86×10^{-14} N의 전기력을 받는다. 전기장의 크기와 방향을 구하라.

19. (I) 고립된 33.0×10^{-6} C 전하 바로 위 21.7 cm에서 전기장의 크기와 방향을 구하라.

20. (I) −7.3 μC의 전하에 6.4 N의 전기력이 아래로 작용한다. 이 전하의 위치에서 전기장의 크기와 방향을 구하라.

21. (II) 756 N/C의 전기장 안에 있는 전자의 가속도의 크기를 구하라.

22. (II) 6.0 cm 떨어져 있는 두 전하 −8.0 μC과 +5.8 μC 사이의 중간 지점에서 전기장의 크기와 방향을 결정하라.

23. (II) 거리가 ℓ인 두 점전하 $+Q$와 $-3Q$의 전기장을 대략적으로 그려라.

24. (II) 양성자가 24,000,000g의 가속도를 받는 공간의 지점에서 전기장의 세기는 얼마인가?

25. (II) 정지 상태의 전자가 균일한 전기장으로 들어가 북쪽으로 105 m/s^{2}의 가속도를 가진다. 전기장의 크기와 방향을 구하라.

26. (II) 16.0 cm 떨어져 있는 부호가 반대인 두 점전하의 중간 지점에서 전기장은 386 N/C이다. 이들 전하의 크기는 얼마인가?

27. (II) 한 변이 1.22 m인 정사각형의 세 모서리에 3.25×10^{-6} C의 전하가 있을 때 나머지 모서리에서의 전기장을 계산하라.

28. (II) 변의 길이가 42.5 cm인 정사각형의 한 모서리에는 −38.6 μC이 있고 다른 세 모서리에는 −27.0 μC이 있다. 이 정사각형 중심에서의 전기장을 계산하라.

29. (II) 그림 16.48의 점 P에서의 전기장의 크기와 방향을 구하라. 전하 사이의 거리는 $2a$이고 점 P는 두 전하의 중간에서 x만큼 떨어져 있다. 답을 Q, x, a, k로 표시하라.

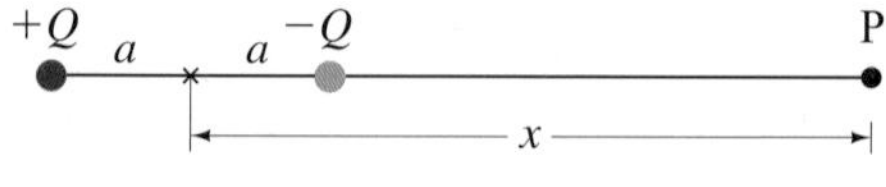

그림 16.48 주관식 29

30. (II) 두 점전하 $Q_1 = -32$ μC과 $Q_2 = +45$ μC이 12 cm 떨어져 있다. 점 P에서의 전기장은 0이다. Q_1은 P에서 얼마나 떨어져 있는가?

x Q_1 12 cm Q_2
P −32 μC +45 μC

그림 16.49 주관식 30

31. (II) 그림 16.50에서 A와 B의 두 전하에 의한 원점에서의 전기장 $\vec{\mathbf{E}}$를 구하라.

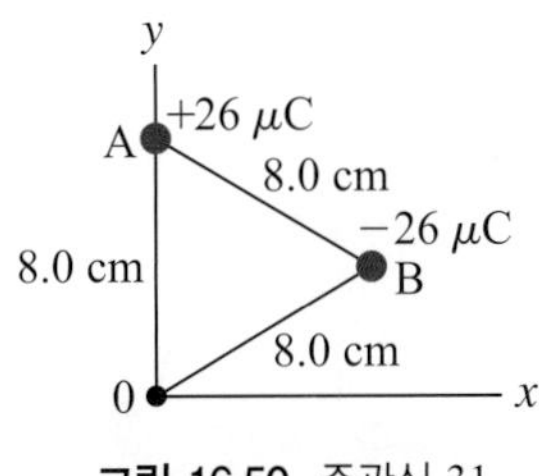

그림 16.50 주관식 31

32. (II) 값을 모르는 두 점전하 Q_1과 Q_2가 있다. 두 전하를 연결한 선 상에서 Q_1에서 Q_2로 1/3되는 지점의 전기장은 0이다(그림 16.51). Q_1/Q_2의 비는 얼마인가?

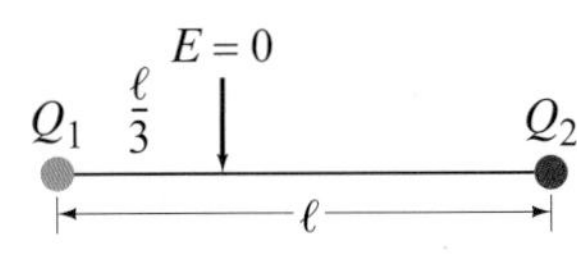

그림 16.51 주관식 32

33. (III) 쿨롱 법칙을 써서 그림 16.52의 점 A와 B에서 두 양전하(Q = 4.7 μC)에 의한 전기장의 크기와 방향을 구하라.

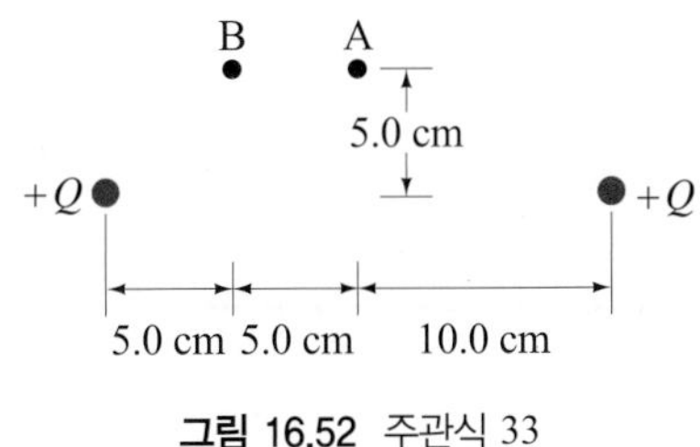

그림 16.52 주관식 33

16.10 DNA

34. (III) 그림 16.35에서 보듯이 나선 모양의 두 가닥 DNA 분자가 전기력으로 유지된다. H와 N으로 표시된 원자의 전하 공유에 의한 알짜 평균 전하의 크기가 0.2e이고 C와 O로 표시된 원자는 0.4e라고 가정한다. 또한 각 분자의 원자들의 간격은 1.0×10^{-10} m라고 가정한다. (a) 티민과 아데닌 사이, (b) 시토신과 구아닌 사이에서 알짜힘을 추정하라. 각 결합(빨간 점)에서 한 줄에 있는 세 원자(두 원자는 한 분자에, 한 원자는 다른 분자에)만 생각한다. (c) 이런 분자들 10^5 쌍으로 된 DNA 분자의 전체 힘을 추정하라. 반은 A−T 쌍이고 반은 C−G 쌍이라고 가정하라.

16.12 가우스 법칙

35. (I) 변의 길이가 28.0 cm인 정육면체로부터 나오는 전체 전기 선속이 1.85×10^3 N·m^2/C이다. 이 육면체 내에 있는 전하는 얼마인가?

36. (II) 그림 16.53에서 두 물체 O_1과 O_2의 전하가 각각 +1.0 μC과 −2.0 μC이고, 세 번째 물체 O_3은 전기적으로 중성이다. (a) 세 물체를 둘러싸는 표면 A_1을 통과하는 전기 선속은 얼마인가? (b) 세 번째 물체 O_3만을 둘러싸는 표면 A_2를 통과하는 전기 선속은 얼마인가?

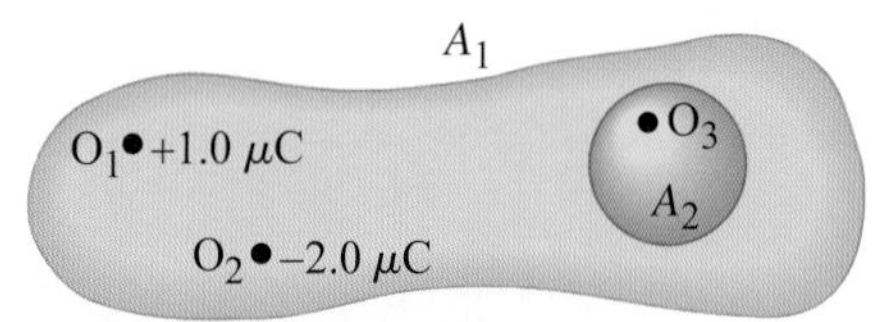

그림 16.53 주관식 36

37. (II) 변의 길이가 8.50 cm인 정육면체가 균일한 전기장 $E = 7.50 \times 10^3$ N/C 내에 놓여 있다. 이때 전기장은 변의 길이 방향과 평행하다. (a) 이 육면체를 통과하는 알짜 선속은 얼마인가? (b) 여섯 개의 면을 통과하는 선속은 각각 얼마인가?

38. (II) 평행한 두 사각 금속 판 사이의 전기장이 130 N/C이다. 판의 한 변은 0.85 m이고, 간격은 3.0 cm이다. 각 판의 전하(크기는 같고 부호는 반대라고 가정한다)는 얼마인가? 판의 가장자리 근처 현상은 무시한다.

39. (II) 반지름이 3.50 cm인 금속 공 바로 바깥의 전기장의 크기는 3.75×10^2 N/C이고 방향은 공을 향한다. 공 표면에 있는 전하량은 얼마인가?

40. (III) 점전하 Q가 전하가 없는 얇은 도체 구 껍질의 중심에 정지해 있다(그림 16.32 참조). 다음의 경우 r의 함수로서의 전기장 E는 얼마인가? (a) 구 껍질의 안쪽 반지름 보다 작은 r, (b) 구 껍질 내부, (c) 구 껍질 밖, (d) Q 만에 의한 전기장에 구 껍질은 어떤 영향을 작용하는가? 전하 Q는 구 껍질에 어떤 영향을 작용하는가?

연습 해답

A: (d)
B: 0.3 N, 오른쪽
C: (a) 아니다. (b) 그렇다. 중간 지점
D: 9.0×10^4 N/C. 수직 위쪽
E: (d), 두 양전하가 반대쪽 모서리에 있지 않으면 (대칭을 사용)

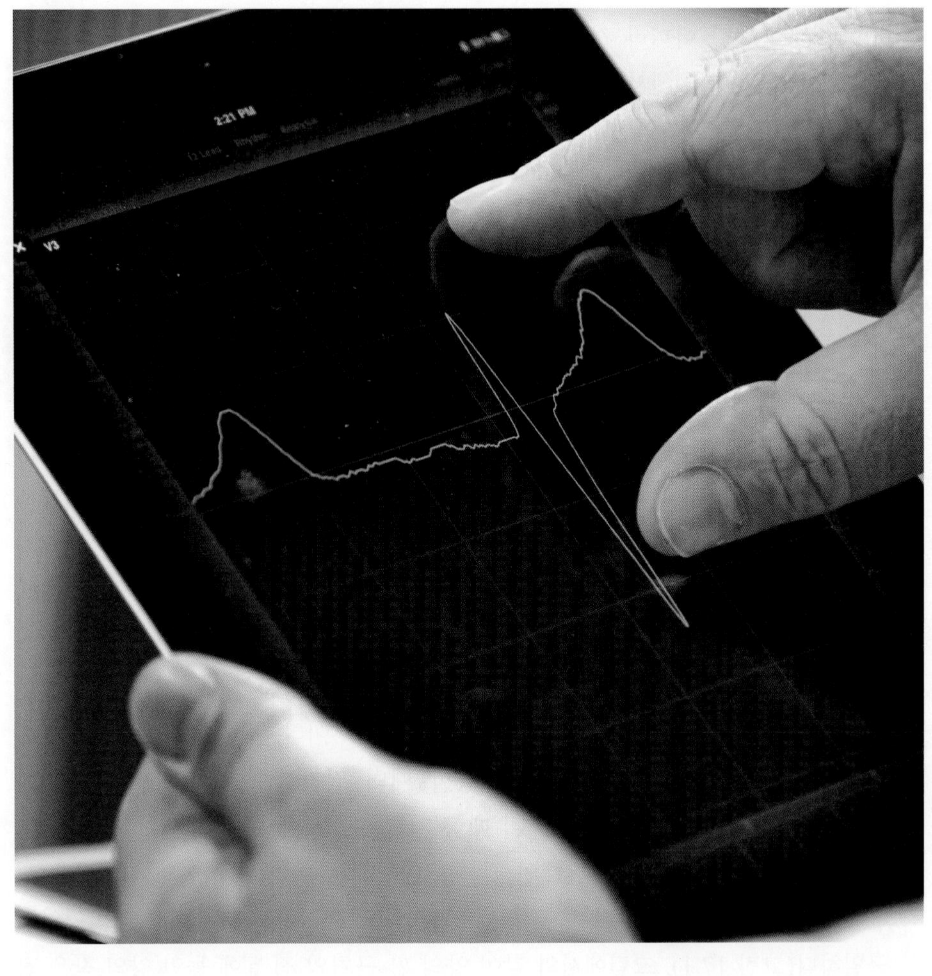

우리는 일상생활에서 전압에 익숙하다. 12 V 자동차 전지, 110 V나 220 V인 가정 전원, 1.5 V 플래시 전지 등등. 사진은 심장의 활동에 따라 생기는 활동 전압을 기록하는 심전도이다. 전압은 두 점 사이의 전위차와 동일하다. 전위는 단위 전하당 퍼텐셜 에너지로 정의된다.
전압과 전기장, 전기 에너지 저장, 축전기와의 관계 등을 논의한다.

CHAPTER 17

전위

시작 질문 추정해 보라!

양전하를 띠는 작은 두 공을 서로 접근시키면 퍼텐셜 에너지는 어떻게 되는가?

(a) 변하지 않는다.

(b) 감소한다.

(c) 증가한다.

(d) 이 경우에는 퍼텐셜 에너지가 없다.

6장에서 에너지라는 개념이 역학이라는 주제를 다룰 때 매우 유용한 것임을 공부했다. 그중 하나로 에너지는 보존되는 양이고, 따라서 자연을 이해하는 데 매우 중요한 도구이다. 더구나 힘에 대한 자세한 지식이 없거나 뉴턴 법칙의 계산이 너무 어려울 때에도 에너지 개념을 사용하면 많은 문제들을 풀 수 있다는 것을 봤다.

에너지 관점은 전기에서도 사용할 수 있으며 또한 특히 유용하다. 에너지 보존 법칙을 연장시킬 뿐만 아니라 전기 현상을 다른 각도에서 볼 수 있게 해준다. 에너지 개념은 또한 많은 경우에서 힘과 전기장을 사용하는 것보다 문제를 더 쉽게 해결할 수 있다.

17.1 전기적 퍼텐셜 에너지와 전위차

전기적 퍼텐셜 에너지

에너지 보존 법칙을 적용하기 위해서는 다른 종류의 퍼텐셜 에너지(또는 위치 에너지) 그랬듯이 전기적 퍼텐셜 에너지를 정의해야 한다. 6장에서 봤듯이 퍼텐셜 에너지는 보존력에 대해서만 정의할 수 있다. 물체를 한 위치에서 다른 위치로 이동할 때 보존력이 한 일은 경로에 무관하다. 두 전하 사이의 정전기력 $F = kQ_1Q_2/r^2$(식 16.1)은 중력(식 5.4)과 똑같이 위치에 무관하므로 보존력이다. 그래서 정전기력에 대해서 퍼텐셜 에너지 PE를 정의할 수 있다.

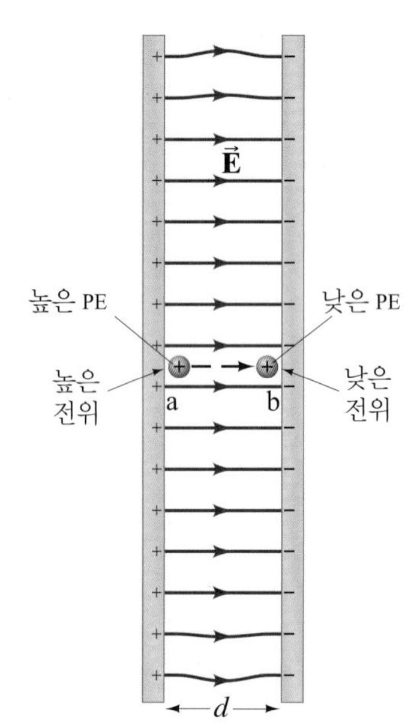

그림 17.1 점 a에서 b로 양전하를 옮길 때 전기장 $\vec{\mathbf{E}}$가 한 일

6장에서 물체가 점 a에서 b로 이동할 때 두 점 사이의 퍼텐셜 에너지의 변화는 보존력이 물체에 한 음(−)의 일임을 봤다. 즉 $\Delta\text{PE} = -W$이다.

그래서 점전하 q가 점 a에서 b로 이동할 때의 전기적 퍼텐셜 에너지의 변화 $\text{PE}_\text{b} - \text{PE}_\text{a}$를 전하를 점 a에서 b로 옮길 때 전기력이 전하에 한 음의 일로 정의한다. 예를 들면 크기는 같고 부호는 반대인 전하로 대전된 두 평행판 사이의 전기장을 생각하자. 판의 간격이 판의 넓이보다 작다고 가정하므로 전기장 $\vec{\mathbf{E}}$는 대부분의 영역에서 균일하다(그림 17.1). 그림에서와 같이 양의 판 근처의 점 'a'에 놓인 양의 작은 점전하 q를 생각하자. 이 전하 q는 매우 작아서 $\vec{\mathbf{E}}$에 영향이 없다. 점 a에 있는 이 전하 q를 놓아 주면 전기력이 전하에 작용해서 음의 판 쪽으로 가속시킨다. 전기장 E가 전하 q를 거리 d만큼 옮기는 데 한 일 W는 $F = qE$(식 16.5)를 사용하여

$$W = Fd = qEd \qquad [\text{균일한 } \vec{\mathbf{E}}]$$

이다. 균일한 전기장 $\vec{\mathbf{E}}$의 경우 전기적 퍼텐셜 에너지의 변화는 다음과 같이 전기장이 한 음의 일이다.

$$\text{PE}_\text{b} - \text{PE}_\text{a} = -qEd \qquad [\text{균일한 } \vec{\mathbf{E}}] \quad \textbf{(17.1)}$$

이 경우 퍼텐셜 에너지는 감소한다(ΔPE가 음). 그리고 그림 17.1과 같이 전하 입자가 점 a에서 b로 가속되면서 입자의 운동 에너지 KE가 같은 양만큼 증가한다. 전기적 퍼텐셜 에너지는 운동 에너지로 변환되고 에너지 보존 법칙을 만족하므로 전체 에너지는 보존된다. 양전하 q는 양의 판 근처인 점 a에서 퍼텐셜 에너지가 최대라는 것을 주목하라.† 음전하는 반대이다. 퍼텐셜 에너지는 음의 판 근처에서 최대이다.

전위와 전위차

16장에서 전기장을 단위 전하당 힘으로 정의하는 것이 유용하다는 것을 알았다. 마

†점 a에서 양전하 q는 다른 물체나 계에 가장 많은 일을 할 수 있다.

찬가지로 **전위**(electric potential)를 단위 전하당 전기적 퍼텐셜 에너지로 정의하는 것이 유용하다. 전위는 기호 V로 나타낸다. 전기장 안의 어느 점 a에서 양의 시험 전하 q의 전기적 퍼텐셜 에너지가 PE_a라면 이 점에서의 전위 V_a는

$$V_\text{a} = \frac{\text{PE}_\text{a}}{q} \tag{17.2a}$$

이다. 6장에서 논의했듯이 물리적 의미를 갖는 것은 전위차이다. 그러므로 두 점 a와 b 사이의 **전위차**(difference in potential 또는 potential difference)만 측정이 가능하다(그림 17.1). 전기력이 전하에 양의 일을 하면 운동 에너지가 증가하고 전기적 퍼텐셜 에너지는 감소한다. 퍼텐셜 에너지의 차 $\text{PE}_\text{b} - \text{PE}_\text{a}$는 전기장이 전하 q를 점 a에서 b로 옮기는 데 한 음의 일인 W_ba와 같다. 그러므로 전위차 V_ba는

$$V_\text{ba} = V_\text{b} - V_\text{a} = \frac{\text{PE}_\text{b} - \text{PE}_\text{a}}{q} = -\frac{W_\text{ba}}{q} \tag{17.2b}$$

이다. 전위는 전기장과 마찬가지로 시험 전하 q에 무관함에 주목하자. V는 시험 전하 q가 아닌 전기장을 만드는 다른 전하에 관련된다. q는 다른 전하가 만들어주는 전위 V 안에 있으므로 퍼텐셜 에너지를 얻는다.

그림 17.1의 정의로부터 양의 판이 음의 판보다 전위가 높다는 것을 알 수 있다. 그러므로 양으로 대전된 물체는 자연히 높은 전위에서 낮은 전위로 이동한다. 음전하는 반대이다.

전위와 전위차의 단위는 줄/쿨롬이고, 볼타(Alessandro Volta, 1745~ 1827)의 이름을 따 특별히 **볼트**(volt)라고 한다. 볼타는 전지를 발명한 것으로 잘 알려져 있다. 볼트는 V로 표기하며 1 V = 1 J/C이다. V는 볼트이고 이탤릭체인 V는 **전압**(voltage)임을 혼동하지 않도록 주의하자.

어떤 점 a에서의 전위 V_a를 다룰 때는 전위가 0인 점이 어디인지를 알아야 한다. 주어진 상황에서 전위가 0인 점은 퍼텐셜 에너지와 마찬가지로 임의로 정할 수 있다. 퍼텐셜 에너지의 차이만 측정 가능하기 때문이다. 종종 지면 또는 지면에 직접 연결된 도체를 전위 0으로 놓고 이를 기준으로 다른 곳의 전위를 결정한다. 그러므로 전압이 50 V인 점은 지면과의 전위차가 50 V이다. 앞으로 볼 다른 경우에서는 무한대 거리에서 전위가 0이 되도록 정할 수 있다.

전위차는 단위 전하당 전기적 퍼텐셜 에너지 차로 정의되기 때문에 전하 q가 점 a에서 b로 이동할 때 전하 q의 퍼텐셜 에너지의 변화는

$$\Delta\text{PE} = \text{PE}_\text{b} - \text{PE}_\text{a} = q(V_\text{b} - V_\text{a}) = qV_\text{ba} \tag{17.3}$$

이다. 즉 전하 q를 가진 물체가 전위차 V_ba를 통해 이동하면 퍼텐셜 에너지는 qV_ba만큼 변한다. 예를 들면 그림 17.1의 두 판 사이의 전위차가 6 V이므로 점 b에서 a로 이동한 +1 C의 전하는 (1 C)(6 V) = 6 J의 전기적 퍼텐셜 에너지를 얻는다. (만약 점 a에서 b로 이동하면 6 J의 전기적 퍼텐셜 에너지를 잃는다.) 마찬가지로 +2 C의 전하는 ΔPE = (2 C)(6 V) = 12 J을 얻는다. 그러므로 전위차는 주어진 상황에서 전하가 얻을 수 있는 에너지의 양의 척도가 된다. 에너지는 일을 할 수 있는 능력이므

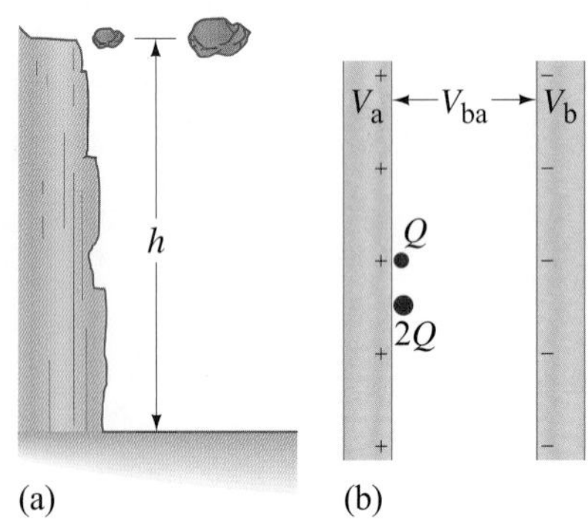

그림 17.2 (a) 같은 높이에 있는 두 바위. 큰 바위의 퍼텐셜 에너지가 더 크다. (b) 같은 전위에 있는 두 전하. 전하 $2Q$의 퍼텐셜 에너지가 더 크다.

표 17.1 전형적인 전위차(전압)

전원	전압 (대략적임)
번개 구름에서 지면까지	10^8 V
고압선	$10^5 \sim 10^6$ V
자동차 점화	10^4 V
가정용 전기 콘센트	10^2 V
자동차 축전지	12 V
건전지(AA, AAA, C, D)	1.5 V
휴지 시 신경 막 전위	10^{-1} V
피부에서의 전위 변화 (ECG, EEG)	10^{-4} V

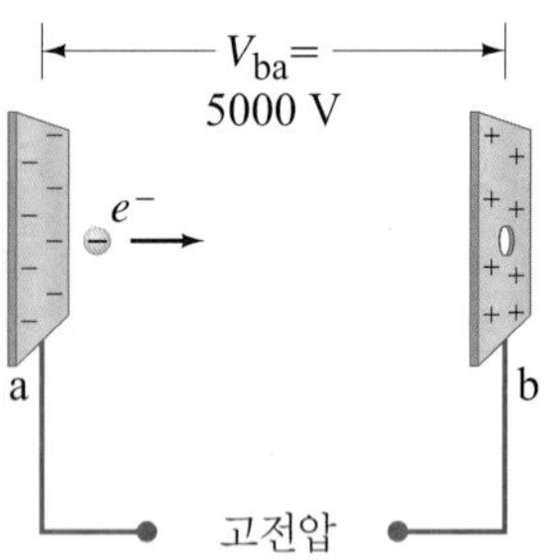

그림 17.3 가속되는 전자. 예제 17.1

로 전위차 또한 전하가 **일**을 할 수 있는 에너지의 양의 척도이다. 에너지나 일의 정확한 양은 전위차와 전하에 따라 정해진다.

전위를 더 정확히 이해하기 위해 바위가 절벽 위에서 떨어질 때의 중력의 경우와 비교해 보자. 절벽의 높이 h가 높을수록 절벽 아래보다 절벽 위에 있는 바위의 퍼텐셜 에너지($= mgh$)가 더 크다. 또한 아래에 도달하면 운동 에너지가 가장 크다. 얻을 수 있는 운동 에너지의 실제 양과 할 수 있는 일의 양은 절벽의 높이 h와 바위의 질량 m에 따라 정해진다. 같은 높이 h(그림 17.2a)에 있는 큰 바위와 작은 바위의 '중력 퍼텐셜'은 똑같지만 퍼텐셜 에너지는 큰 바위가 더 크다(질량이 더 크다). 전기의 경우도 마찬가지이다(그림 17.2b). 퍼텐셜 에너지의 변화 또는 할 수 있는 일의 양은 전위차(절벽의 높이에 해당)와 전하(질량에 해당)에 따라 정해진다(식 17.3). 그러나 의미 있는 차이에 주목하자. 전하는 +와 −의 두 종류이고, 반면에 질량은 항상 +이다.

축전지나 발전기와 같은 전기 에너지의 공급원은 전위차를 유지하는 데 사용된다. 이런 장비로 변환된 에너지의 실제 양은 전위차 외에도 전하의 흐름에 따라 달라진다(식 17.3). 예를 들면 12.0 V 축전지에 연결된 자동차 전조등을 생각하라. 빛이나 열로 변환되는 에너지의 양은 전하의 흐름에 비례한다. 다시 말하면 전조등이 얼마나 오래 켜 두는가에 따라 달라진다. 주어진 시간 동안 5.0 C의 전하가 전조등으로 흐르면 변환된 총에너지는 (5.0 C)(12.0 V) = 60 J이다. 전조등을 두 배 오래 켜 두면 10.0 C의 전하가 흐르고 변환된 총에너지는 (10.0 C)(12.0 V) = 120 J이다. 표 17.1에 전형적인 전압이 몇 개 나와 있다.

예제 17.1 브라운관 내의 전자

전자가 정지 상태에서 전위차 $V_b - V_a = V_{ba} = +5000$ V(그림 17.3)로 가속된다고 생각하자. (a) 전자의 전기적 퍼텐셜 에너지의 변화는 얼마인가? (b) 전자의 운동 에너지의 변화는 얼마인가? (c) 가속된 후 전자의 속력은 얼마인가($m = 9.1 \times 10^{-31}$ kg)?

접근 양의 판 쪽으로 가속된 전자의 퍼텐셜 에너지의 변화는 $\Delta\text{PE} = qV_{ba}$(식 17.3)이다. 퍼텐셜 에너지의 감소는 운동 에너지의 증가와 같다(에너지 보존 법칙).

풀이 (a) 전자의 전하 $q = -e = -1.6 \times 10^{-19}$ C이다. 그러므로 퍼텐셜 에너지의 변화는

$$\Delta\text{PE} = qV_{ba} = (-1.6 \times 10^{-19}\,\text{C})(+5000\,\text{V}) = -8.0 \times 10^{-16}\,\text{J}$$

이다. 여기서 음의 부호는 퍼텐셜 에너지의 감소를 의미한다. 나중 전위 V_b가 처음 전위 V_a보다 높으므로 전위차 V_{ba}는 양의 부호이다. 음전하인 전자는 양극(또는 양의 판)으로 끌리고 음극으로부터 밀려난다.

(b) 전자가 잃은 퍼텐셜 에너지는 운동 에너지 KE로 된다. 에너지 보존 법칙(식 6.11a)에서 $\Delta\text{KE} + \Delta\text{PE} = 0$이므로

$$\begin{aligned} \Delta\text{KE} &= -\Delta\text{PE} \\ \tfrac{1}{2}mv^2 - 0 &= -q(V_b - V_a) = -qV_{ba} \end{aligned}$$

이다. 여기서 전자가 정지 상태에서 출발했으므로 처음 운동 에너지는 0이다. 그러므로 나중 운동 에너지는 $\text{KE} = -qV_{ba} = 8.0 \times 10^{-16}$ J이다.

(c) 위의 식을 속력 v에 대해 풀면 다음과 같다.

$$v = \sqrt{-\frac{2qV_{ba}}{m}} = \sqrt{-\frac{2(-1.6\times10^{-19}\,\mathrm{C})(5000\,\mathrm{V})}{9.1\times10^{-31}\,\mathrm{kg}}} = 4.2\times10^{7}\,\mathrm{m/s}$$

유의 전기적 퍼텐셜 에너지는 질량과는 관계없고 전하와 전압에만 관련된다. 속력은 질량 m에 좌우된다.

연습 A 예제 17.1의 전자 대신 양성자($m = 1.67 \times 10^{-27}$ kg)가 정지 상태에서 전위차 $V_{ba} = -5000$ V로 가속된다고 생각하자. (a) 양성자의 PE의 변화와 (b) 나중 속력은 얼마인가?

17.2 전위와 전기장의 관계

전하 분포의 변화에 따른 효과는 전기장 또는 전위로 설명할 수 있다. 전위는 스칼라이고 전기장은 벡터이므로 전위가 사용하기 쉽다. 전위와 전기장 사이에는 밀접한 관련이 있다. 그림 17.1과 같이 두 평행판 사이의 전위차가 V_{ba}이고 두 판 사이의 전기장이 같다고 하자. q를 점 a에서 b로 이동하는 데 전기장이 한 일은 음의 퍼텐셜 에너지 변화이다(식 17.2b). 따라서

$$W = -q(V_b - V_a) = -qV_{ba}$$

이다. 일을 힘과 거리의 곱으로도 표현할 수 있는데, 여기서 q에 작용하는 힘은 $F = qE$이므로

$$W = Fd = qEd$$

인데, 여기서 d는 점 a와 b 사이의 (전기장에 평행한) 거리이다. W에 대한 두 식을 같다고 놓으면 $qV_{ba} = -qEd$ 또는

$$V_{ba} = -Ed \qquad [\text{균일한 } \vec{\mathbf{E}}] \quad \mathbf{(17.4a)}$$

이다. E에 대해 풀면

$$E = -\frac{V_{ba}}{d} \qquad [\text{균일한 } \vec{\mathbf{E}}] \quad \mathbf{(17.4b)}$$

임을 알 수 있다. 식 17.4b에서 전기장의 단위는 미터당 볼트(V/m)로도, 또는 쿨롬당 뉴턴(N/C)으로도 쓸 수 있다($E = F/q$에서 N/C). 식 17.4b의 음의 부호는 $\vec{\mathbf{E}}$가 전위 V가 감소하는 방향으로 향한다는 것을 보여준다.

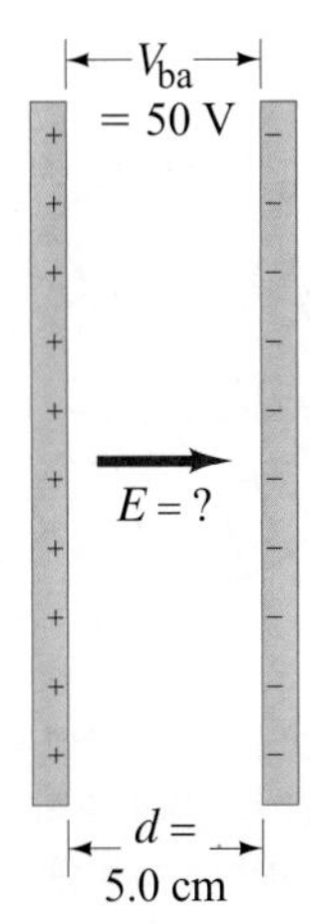

그림 17.4 예제 17.2

예제 17.2 **전위로부터 전기장 구하기**

전하를 가진 두 평행판이 50 V의 전위차를 만든다. 두 판 사이의 간격이 0.050 m라면 두 판 사이의 공간에서 전기장의 크기를 구하라(그림 17.4).

접근 식 17.4b를 적용하여 균일하다고 가정한 E의 크기를 구한다.

풀이 전기장의 크기는 다음과 같이 구할 수 있다.

$$E = V_{ba}/d = (50\text{ V}/0.050\text{ m}) = 1000\text{ V/m}$$

유의 식 17.4는 균일한 전기장에만 적용된다. $\vec{\mathbf{E}}$와 V의 일반적인 관계는 더 복잡하다.

$\vec{\mathbf{E}}$와 V의 일반적인 관계

$\vec{\mathbf{E}}$가 균일하지 않은 영역에서는 $\vec{\mathbf{E}}$와 V 사이가 식 17.4와는 다른 형태를 취한다. 일반적으로 공간의 어느 점에서 주어진 방향으로의 전기장은 **그 방향으로의 거리에 대한 전위의 감소 비율**이라는 것을 입증할 수 있다. 예를 들면 전기장의 x 성분은 $E_x = -\Delta V/\Delta x$인데, 여기서 ΔV는 매우 짧은 거리 Δx에 대한 전위의 변화이다.

파괴 전압

매우 높은 전압이 있으면, 높은 전기장 때문에 공기가 이온화될 수 있다. 특이한 전자가 가속되어 공기 중의 O_2와 N_2 분자의 전자들을 몰아낼 정도로 충분한 운동 에너지를 가질 수 있다. 이런 공기의 **절연 파괴**(breakdown)는 전기장이 3×10^6 V/m를 초과하면 발생한다. 전자가 분자와 재결합하면 빛을 방사한다. 이런 공기의 절연 파괴는 번개, 자동차 점화 플러그의 점화, 그리고 심지어는 합성수지로 된 양탄자 위를 걷거나 자동차 좌석에서 일어나 손잡이를 만질 때 손과 손잡이 사이에서 일어나는 짧은 불꽃의 (상당한 전하가 손에 이전된다) 원인이기도 하다.

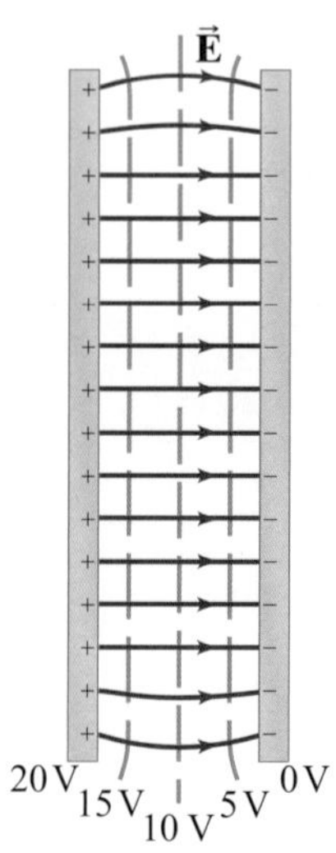

그림 17.5 대전된 두 평행판 사이의 등전위선(초록색 점선)은 항상 전기장(빨간색 선)에 수직이다.

17.3 등전위선과 등전위면

전위는 **등전위선**(equipotential lines) 또는 삼차원에서는 **등전위면**(equipotential surfaces)을 그려서 표현할 수 있다. 등전위면의 모든 점은 전위가 같다. 즉 등전위면 상의 어떤 두 점 사이에서도 전위차가 0이므로 한 점에서 다른 점으로 전하를 이동시킬 때 일이 필요하지 않다. **등전위면은 모든 점에서 전기장에 수직이어야 한다.** 그렇지 않으면, 즉 등전위면에 평행한 $\vec{\mathbf{E}}$의 성분이 존재한다면, 등전위면 위에서 $\vec{\mathbf{E}}$의 성분을 따라 전하를 이동시키는 데 일이 필요하게 된다. 이는 등전위면이라는 개념에 모순된다.

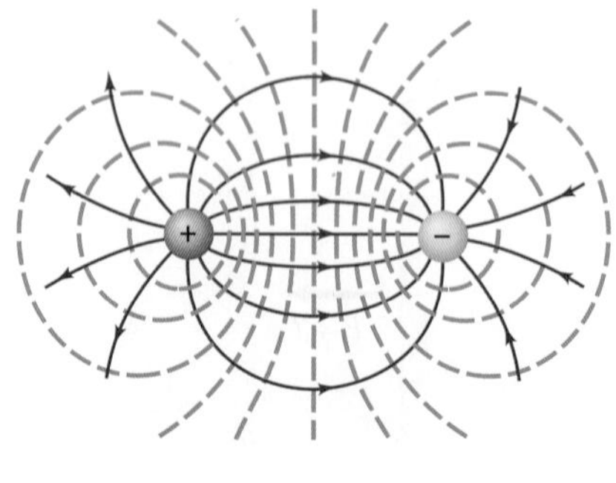

그림 17.6 등전위선(초록색 점선)은 항상 전기력선(빨간색 선)에 수직이다. 여기서는 크기는 같고 부호가 반대인 두 대전 입자('쌍극자')에 대해 표시했다.

전기력선과 등전위면이 서로 수직이라는 사실로부터 전기력선을 알고 있을 때 등전위면의 위치를 정할 수 있다. 정상의 이차원 도면에서 등전위선은 등전위면과 도면과의 교차 지점이다. 그림 17.5에 전위차가 20 V인 두 평행판 사이의 전기력선(빨간색 선)에 대한 등전위선(초록색 점선)이 몇 개 보인다. 음의 판을 임의로 0 V로 정했고 각 등전위선에는 전위를 표시했다. $\vec{\mathbf{E}}$가 낮은 V로 향한다는 점에 주목하자. 크기는 같고 부호가 반대인 두 대전 입자에 의해 형성되는 등전위선이 그림 17.6에 초록색 점선으로 표시됐다. 크기는 같고 부호가 반대인 두 전하의 조합을 '쌍극자'라고 하는데 16.8절의 그림 16.30a를 참조하라.

전하에서 출발해 전하로 들어가는 전기력선과는 달리 등전위선(등전위면)은 항

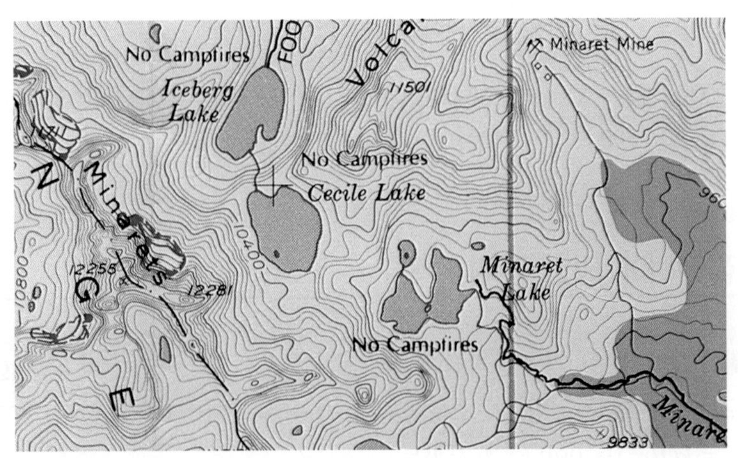

그림 17.7 지형도(여기서는 캘리포니아의 시에라네바다의 일부)에 연속적인 등고선이 보이는데, 각 등고선에서는 해발 고도가 일정하다. 등고선 간격은 80 ft(25 m)이다. 어느 한 등고선을 따라 걸으면 올라가지도 않고 내려가지도 않는다. 등고선을 건너면, 특히 등고선과 수직으로 오르면 중력 퍼텐셜 에너지가(등고선이 서로 가까우면 급하게) 변한다.

상 연속적이고 결코 끝나지 않는데 심지어 그림 17.5와 그림 17.6의 경계 넘어서도 연속이다. 등전위선과 비슷한 것은 지형도이다. 등고선은 중력 등전위선이다(그림 17.7).

16.9절에서 정적 상태인 경우 도체 내에서는 전기장이 존재하지 않는다는 사실을 공부했다. 전기장이 존재한다면 자유 전자가 힘을 받아 움직일 것이다. 실제로 **정적인 경우 도체 전체에서 전위는 동일해야 한다.** 따라서 도체 표면은 등전위면이다. 그렇지 않으면 표면에서 자유 전자가 움직이는데, 이유는 두 점 사이에 전위차가 존재하면 자유 전자는 움직이기 때문이다. 이것은 도체 표면의 전기장은 표면에 수직이라는 16.9절의 결과와 완전히 일치한다.

17.4 전자볼트, 에너지의 단위

줄(J)은 전자, 원자, 분자의 에너지를 다루기에는 매우 큰 단위이다. 따라서 이 목적으로 **전자볼트**(electron volt; eV)라는 단위를 사용한다. 1 eV는 전자와 동일한 크기의 전하 ($q = e$)를 가진 입자가 1 V의 전위차를 이동할 때 얻는 에너지로 정의된다. 전자의 전하 크기는 1.6022×10^{-19} C이고 퍼텐셜 에너지의 변화는 qV이므로 1 eV는 $(1.6022 \times 10^{-19}\,\text{C})(1.00\,\text{V}) = 1.6022 \times 10^{-19}\,\text{J}$이므로

$$1\,\text{eV} = 1.6022 \times 10^{-19} \approx 1.60 \times 10^{-19}\,\text{J}$$

전자볼트

이다. 1000 V의 전위차로 가속되는 전자는 1000 eV의 퍼텐셜 에너지를 잃고 1000 eV (1 keV)의 운동 에너지를 얻는다. 반면에 전자의 두 배 크기의 전하(= $2e$ = 3.2×10^{-19} C)를 가진 입자가 1000 V의 전위차를 이동하면 운동 에너지는 2000 eV = 2 keV 증가한다.

전자볼트가 분자와 소립자의 에너지를 설명할 때 편리하기는 해도 SI 단위로는 적절하지는 않다. 계산에서 바꿈 인자를 사용하여 전자볼트를 줄로 변환해야 한다. 예를 들면 예제 17.1에서 전자는 8.0×10^{-16} J의 운동 에너지를 얻는다. 이 에너지를 5000 eV(= 8.0×10^{-16} J/1.6×10^{-19} J/eV)로 쓸 수 있지만 입자의 속력을 SI 단위

로 구할 때는 운동 에너지를 J로 써야 한다.

연습 B 정지 상태에서 2.5 kV의 전위차로 가속된 He^{2+} 이온의 운동 에너지는 얼마인가? (a) 2500 eV (b) 500 eV (c) 5000 eV (d) 10,000 eV (e) 250 eV

17.5 점전하에 의한 전위

단일 점전하 Q에서 거리가 r인 지점에서의 전위는 전기장을 구하는 식 $E = kQ/r^2$ (식 16.4)으로부터 구할 수 있다. 이 경우 전위는 보통 무한대를 0으로 한다. 무한대에는 전기장($E = kQ/r^2$)도 0이다. 그 결과는

$$V = k\frac{Q}{r} = \frac{1}{4\pi\epsilon_0}\frac{Q}{r} \qquad [\text{단일 점전하, } r = \infty\text{일 때 } V = 0] \qquad \textbf{(17.5)}$$

인데, 여기서 $k = 8.99 \times 10^9\ \text{N}\cdot\text{m}^2/\text{C}^2 \approx 9.0 \times 10^9\ \text{N}\cdot\text{m}^2/\text{C}^2$이다. 여기서 V를 $r = \infty$일 때 $V = 0$인 상황에서 전하 Q에서 거리가 r인 점에서의 전위의 절댓값으로 생각할 수 있다. ∞ 기호는 거리가 무한대로 멀다는 것을 의미한다. 전기장(식 16.4)은 거리의 **제곱**에 반비례하는 반면, 전위 V는 거리에 반비례한다는 것에 주목하자. 양전하 근처의 전위는 높고 양이며 거리가 멀어지면 0으로 감소한다(그림 17.8a). 음전하 근처의 전위는 음이며 거리가 멀어지면 0으로 증가한다(그림 17.8b). 식 17.5는 쿨롱의 법칙에서 왔으므로 **쿨롱 전위**(Coulomb potential)라고 한다.

 주의

점전하의 경우

$V \propto \frac{1}{r}$, $E \propto \frac{1}{r^2}$

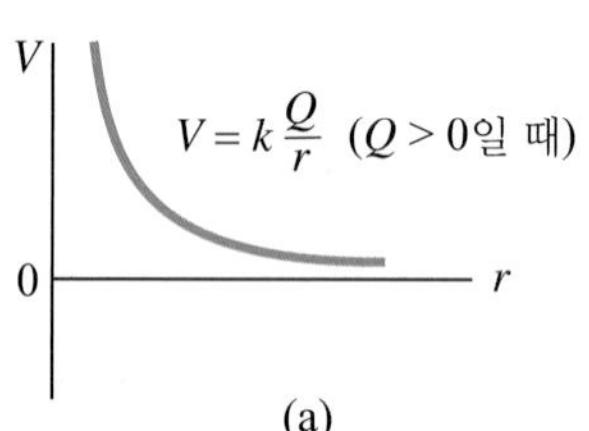

(a)

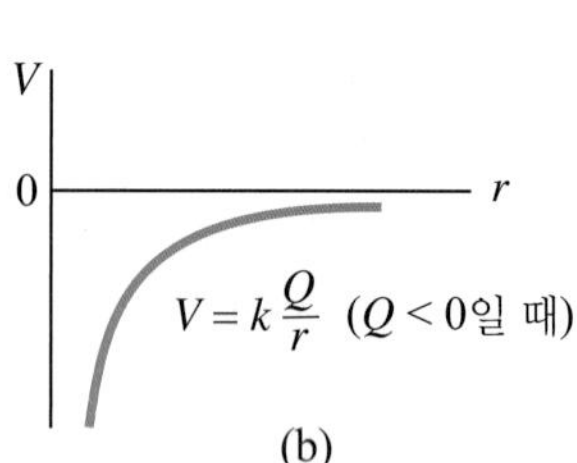

(b)

그림 17.8 단일 점전하 Q에서의 거리 r의 함수로서의 전위 V. (a) 양전하 (b) 음전하

예제 17.3 양전하 또는 음전하에 의한 전위

다음의 점전하에서 0.50 m 떨어진 점에서의 전위를 구하라. (a) +20 μC (b) −20 μC

접근 점전하에 의한 전위는 식 17.5의 $V = kQ/r$이다.

풀이 (a) 20 μC의 양전하에서 0.50 m 떨어진 점에서의 전위는

$$V = k\frac{Q}{r} = (9.0 \times 10^9\ \text{N}\cdot\text{m}^2/\text{C}^2)\left(\frac{20 \times 10^{-6}\ \text{C}}{0.50\ \text{m}}\right) = 3.6 \times 10^5\ \text{V}$$

이다.

(b) 음전하의 경우 다음과 같이 구한다.

$$V = (9.0 \times 10^9\ \text{N}\cdot\text{m}^2/\text{C}^2)\left(\frac{-20 \times 10^{-6}\ \text{C}}{0.50\ \text{m}}\right) = -3.6 \times 10^5\ \text{V}$$

유의 전위는 양이나 음일 수 있어서, 전위를 구할 때는 전하의 부호를 명시해야 한다.

예제 17.4 두 양전하를 접근시키는 데 필요한 일

외부 힘이 전하 $q = 3.00\ \mu C$을 멀리서($r = \infty$)부터 전하 $Q = 20.0\ \mu C$에서 0.500 m 떨어진 점까지 옮기는 데 필요한 최소한의 일은 얼마인가?

접근 단순히 힘과 거리만 곱해 일을 구할 수는 없다. 힘은 $1/r^2$에 비례하기 때문에 일정하지 않다. 하지만 대신 퍼텐셜 에너지의 변화와 필요한 일을 같게 놓을 수 있다(식 6.7a). 식 17.3에서 $W_{ext} = \Delta PE = q(V_b - V_a)$이다. 식 17.5를 사용하여 전위 V_b와 V_a를 얻는다.

주의
F가 일정하지 않으면 $W = Fd$를 사용할 수 없다.

풀이 필요한 외부 일은 퍼텐셜 에너지의 변화와 같다.

$$W_{ext} = q(V_b - V_a) = q\left(\frac{kQ}{r_b} - \frac{kQ}{r_a}\right)$$

인데, 여기서 $r_b = 0.500$ m이고 $r_a = \infty$이다. 괄호 안의 두 번째 항은 $0(1/\infty = 0)$이므로 다음과 같이 계산한다.

$$W_{ext} = (3.00 \times 10^{-6}\ C)\frac{(8.99 \times 10^9\ N\cdot m^2/C^2)(2.00 \times 10^{-5}\ C)}{(0.500\ m)} = 1.08\ J$$

유의 식 17.4는 균일한 전기장에만 적용되므로 여기서는 쓸 수 없지만 식 17.3은 항상 성립하는 식이다.

연습 C 전하 $q = 3.00\ \mu C$를 전하 $Q = 20.0\ \mu C$에서 1.50 m 떨어진 점에서 0.50 m 떨어진 점까지 옮기는 데 필요한 일은 얼마인가?

둘 이상의 점전하 무리 근처에서 전기장을 구하려면 각 전하에 의한 전기장을 더해야 한다. 전기장은 벡터이므로 시간이 걸리고 복잡하다. 따라서 둘 이상의 점전하 무리 근처에서는 전위를 구하는 것이 훨씬 쉽다. 전위는 스칼라이기 때문인데, 따라서 방향은 필요 없고 부호를 잘 맞추어서 숫자만 더하면 된다.

예제 17.5 두 전하 위의 전위

그림 17.9의 (a) 점 A와 (b) 점 B인 경우 두 전하에 의한 전위를 계산하라. [이것은 예제 16.7과 예제 16.8, 그리고 그림 16.27과 동일한 상황인데, 거기서는 전기장을 계산했었다.]

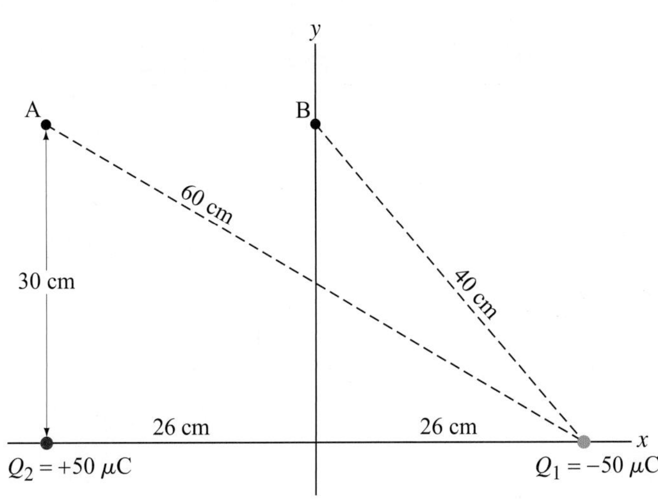

그림 17.9 예제 17.5. (예제 16.7, 예제 16.8, 그리고 그림 16.27도 참조하라.)

주의

전위는 스칼라라서 성분을 갖지 않는다.

접근 점 A(또는 점 B)에서의 전체 전위는 두 전하 Q_1, Q_2에 의한 그 점들에서의 전위의 대수합이다. 하나의 전하에 의한 전위는 식 17.5이다. 전위는 스칼라양이기 때문에 방향에 대해서는 걱정할 필요 없다. 그러나 전하의 부호는 조심해야 한다.

풀이 (a) 전하 Q_1과 Q_2에 의한 점 A에서의 전위를 더하고 식 17.5를 사용하면

$$\begin{aligned} V_A &= V_{A2} + V_{A1} \\ &= k\frac{Q_2}{r_{2A}} + k\frac{Q_1}{r_{1A}} \end{aligned}$$

인데, 여기서 $r_{1A} = 60$ cm이고 $r_{2A} = 30$ cm이다. 그러면 다음을 얻는다.

$$\begin{aligned} V_A &= \frac{(9.0 \times 10^9\,\mathrm{N \cdot m^2/C^2})(5.0 \times 10^{-5}\,\mathrm{C})}{0.30\,\mathrm{m}} + \frac{(9.0 \times 10^9\,\mathrm{N \cdot m^2/C^2})(-5.0 \times 10^{-5}\,\mathrm{C})}{0.60\,\mathrm{m}} \\ &= 1.50 \times 10^6\,\mathrm{V} - 0.75 \times 10^6\,\mathrm{V} \\ &= 7.5 \times 10^5\,\mathrm{V} \end{aligned}$$

(b) 점 B에서 $r_{1B} = r_{2B} = 0.40$ m이므로

$$\begin{aligned} V_B &= V_{B2} + V_{B1} \\ &= \frac{(9.0 \times 10^9\,\mathrm{N \cdot m^2/C^2})(5.0 \times 10^{-5}\,\mathrm{C})}{0.40\,\mathrm{m}} + \frac{(9.0 \times 10^9\,\mathrm{N \cdot m^2/C^2})(-5.0 \times 10^{-5}\,\mathrm{C})}{0.40\,\mathrm{m}} \\ &= 0\,\mathrm{V} \end{aligned}$$

이다.

유의 (b)에서 두 항을 더하면 Q_1과 Q_2에서 같은 거리에 있는 점($r_{1B} = r_{2B}$)에서는 상쇄된다. 그러므로 두 반대 전하에서 같은 거리에 있는 평면 위의 모든 점에서 전위는 0이다. 이 면이 $V = 0$인 등전위면이다.

점전하의 수에 관계없이 이와 같이 간단한 계산을 할 수 있다.

연습 D 459쪽 시작 질문으로 가서 다시 답을 해 보라. 처음과 답이 다르다면 그 이유를 설명해 보라.

17.6 전기 쌍극자에 의한 전위; 쌍극자 모멘트

거리가 ℓ만큼 떨어져 있으며 크기는 같고 부호가 반대인 두 점전하를 **전기 쌍극자**(electric dipole)라 한다. 그림 17.6에 전기 쌍극자의 전기력선과 등전위면을 나타냈다. 전기 쌍극자는 물리학뿐만 아니라 분자생물학 등의 다른 분야에서도 종종 다루고 있으므로 이에 대해 더 자세히 공부해 보는 것이 유용할 것이다.

그림 17.10의 전기 쌍극자에 의한 임의의 점 P에서의 전위는 두 전하에 의한 각 전위의 합이다.

$$V = \frac{kQ}{r} + \frac{k(-Q)}{r + \Delta r} = kQ\left(\frac{1}{r} - \frac{1}{r + \Delta r}\right) = kQ\frac{\Delta r}{r(r + \Delta r)}$$

이다. 여기서 r는 P에서 양전하까지의 거리이고 $r + \Delta r$는 음전하까지의 거리이다. 쌍극자로부터 점 P까지의 거리가 두 전하 사이의 거리보다 훨씬 더 크면($r \gg$ l), 이 식은 더 간단해진다. 그림 17.10에서 $\Delta r = \ell \cos\theta$인데 $r \gg \Delta r = \ell \cos\theta$이므로 분모에서 r에 비해 Δr를 무시할 수 있다. 그러면

$$V \approx \frac{kQ\ell \cos\theta}{r^2} \qquad [\text{쌍극자},\ r \gg \ell] \quad \textbf{(17.6a)}$$

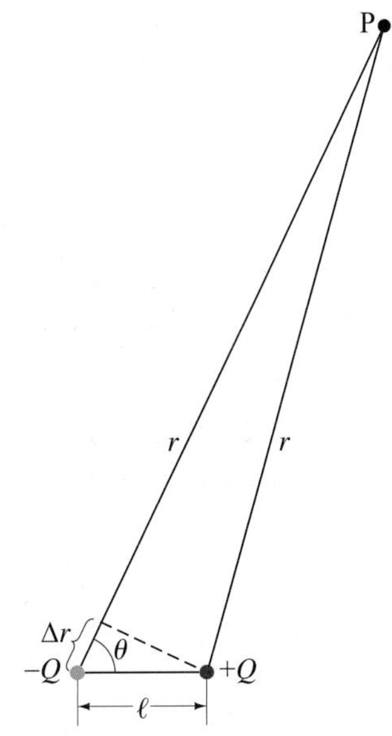

그림 17.10 전기 쌍극자. 점 P에서 전위 V의 계산

이 된다. 단일 점전하의 경우 전위가 거리에 반비례하는(식 17.5) 반면에 쌍극자의 경우는 전위가 쌍극자로부터 거리의 **제곱**으로 감소한다는 것을 알 수 있다. 쌍극자에 의한 전위가 더 빨리 감소한다는 것은 그리 놀라운 일이 아니다. 쌍극자에서 멀어지면 크기는 같고 부호가 반대인 두 전하는 매우 가까워져서 서로 상쇄하는 경향이 있기 때문이다.

식 17.6a에서 $Q\ell$의 값을 쌍극자의 **쌍극자 모멘트**(dipole moment) p라 한다. 식 17.6a는 쌍극자 모멘트로 표시하면

$$V \approx \frac{kp \cos\theta}{r^2} \qquad [\text{쌍극자},\ r \gg \ell] \quad \textbf{(17.6b)}$$

이 된다. 쌍극자 모멘트의 단위는 쿨롬 · 미터(C · m)인데 분자에서는 **데바이**(debye)라는 더 작은 단위가 사용되기도 한다. 1 데바이 = 3.33×10^{-30} C · m이다.

물리학의 응용

분자 생물학에서의 쌍극자

많은 분자들은 전기적으로 중성일지라도 전자들이 다른 원자들보다 어느 한 원자 근처에 오래 머무는 경우가 있어서 전하 분리의 효과가 있다. 이런 분자들은 쌍극자 모멘트를 가지며 **극성 분자**(polar molecules)라고 한다. 물이 극성 분자라는 것(그림 16.4)을 이미 봤으며, 다른 분자들도 분자 생물학(16.10절 참조) 논의 중에 만났다. 표 17.2에 몇몇 분자의 쌍극자 모멘트 값이 나와 있다. (+)와 (−) 부호는 어느 원자에 전하가 있는지 보여 준다. 마지막 둘은 많은 유기 분자들의 일부이며, 분자 생물학에서 중요한 역할을 한다.

표 17.2 몇몇 분자들의 쌍극자 모멘트

분자	쌍극자 모멘트 (C · m)
$H_2^{(+)}O^{(-)}$	6.1×10^{-30}
$H^{(+)}Cl^{(-)}$	3.4×10^{-30}
$N^{(-)}H_3^{(+)}$	5.0×10^{-30}†
$>N^{(-)}-H^{(+)}$	$\approx 3.0 \times 10^{-30}$†
$>C^{(+)}=O^{(-)}$	$\approx 8.0 \times 10^{-30}$

†마지막 둘은 종종 큰 분자들에 나타난다. 그래서 분자의 나머지 부분에 따라서 쌍극자 모멘트의 값이 달라진다.

17.7 전기 용량

축전기(capacitor)는 전하를 저장하는 장치로, 두 전도 물체(보통은 판)로 이루어지며 둘은 서로 닿지 않을 정도로 가까이 놓여 있다. 축전기는 전자 회로에 널리 쓰이며 가끔 **콘덴서**(condenser)라고도 한다. 축전기는 카메라 플래시와 같이 어두운 곳에서 사용하기 위해 또는 컴퓨터와 같이 전원이 꺼졌을 때 에너지 백업용으로 전하를 저장한다. 축전기는 또한 전하와 에너지의 서지를 차단하여 회로를 보호한다. 매우 작은 축전기는 컴퓨터나 다른 전자 장치의 램에서 이진 코드의 '1'과 '0'의 메모리로 쓰인다. 축전기는 많은 다른 용도로도 쓰이는데, 그중 일부를 논의할 것이다.

물리학의 응용

축전기의 이용

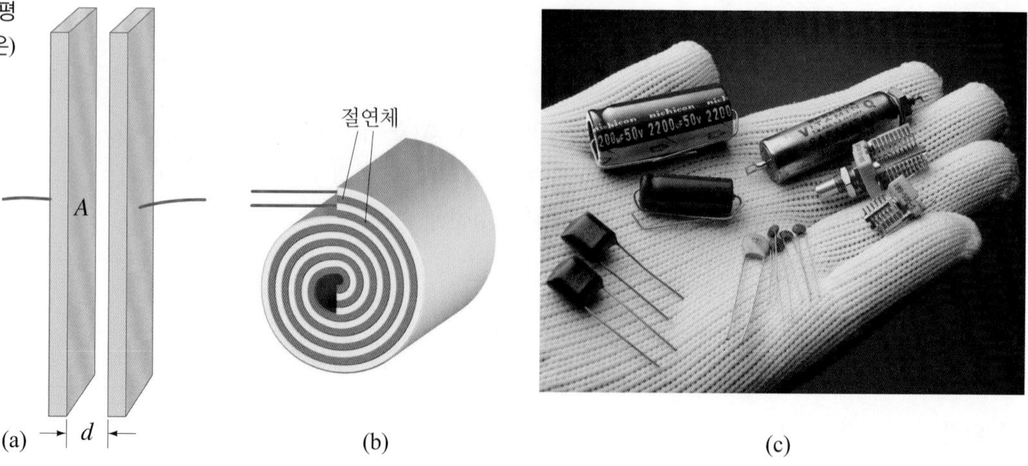

그림 17.11 축전기의 구조. (a) 평행판, (b) (평행판을 둥글게 말은) 원통형, (c) 실제 축전기의 사진

단순한 축전기는 넓이가 A이고 작은 간격 d 만큼 떨어진 한 쌍의 평행판으로 되어 있다(그림 17.11a). 종종 두 판을 둥글게 말아서 원통형으로 만들고 그 사이에는 종이나 다른 절연체를 넣어 분리시킨다(그림 17.11b). 그림 17.11c는 여러 용도로 사용되는 실제 축전기의 사진이다. 회로도에서 다음 기호들은 축전기를 표시한다.

⊣⊢ 또는 ⊣([축전기 기호]

전압을 제공하는 전지는 양쪽의 길이가 다른 다음 기호로 표시한다.

+⊣⊢− [전지 기호]

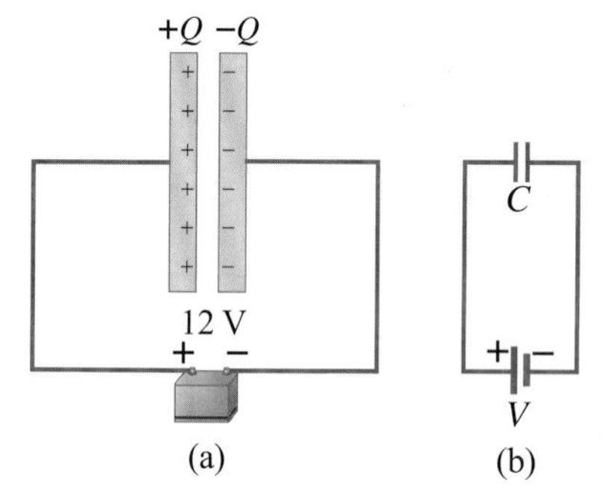

그림 17.12 (a) 전지에 연결된 평행판 축전기 (b) 기호를 사용한 동일한 회로

주의

V = 여기서부터는 전위차

그림 17.12와 같이 축전기를 전선으로 전지에 연결하여 축전기 양단에 전압을 걸면 전지에서 판으로 전하가 흐른다. 판 하나는 음전하를 얻고 다른 판은 양전하를 얻는다. 전지의 단자와 거기 연결된 축전기의 판은 전위가 같으므로 전지의 전체 전압이 축전기에 걸린다. 축전기에서 각 판이 얻은 전하의 양 Q는 다음과 같이 판 사이의 전위차의 크기에 비례한다는 것이 밝혀졌다.

$$Q = CV \tag{17.7}$$

식 17.7에서 비례 상수 C는 축전기의 **전기 용량**(capacitance)이라 한다. 전기 용량의 단위는 쿨롬/미터이고, 이 단위를 **패럿**(F; farad)이라 한다. 보통의 축전기의 용량은 1 pF(pF = 10^{-12} F)에서 10^3 μF(μF = 10^{-6} F)이다. 식 17.7은 19세기 후반에 볼타가 처음 제안했다.

이제부터는 전위차를 나타낼 때 $V_{\rm ba}$, ΔV, 또는 $V_{\rm b} - V_{\rm a}$가 아니라 간단히 V(이탤릭체)로 표기한다.

또한 전압과 전기 용량을 나타내는 이탤릭체 V와 C를 단위인 볼트와 쿨롬을 나타내는 정자체인 V, C와 혼동하지 않도록 한다.

일반적으로 전기 용량 C는 Q나 V와 관련이 없다. C의 값은 두 도체의 크기, 모양, 상대적 위치, 그리고 판 사이의 물체에 따라 정해진다. 넓이가 A이고 공기로 채워진 간격이 d인 평행판 축전기의 경우(그림 17.11a), 전기 용량은

$$C = \epsilon_0 \frac{A}{d} \qquad \text{[평행판 축전기]} \quad \mathbf{(17.8)}$$

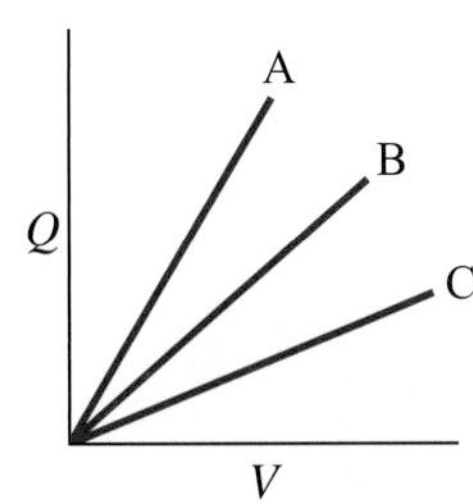

그림 17.13 연습 E

이다. C는 기하학적 요소인 A와 d에만 의존하고 Q나 V와는 관련이 없다. 이 유용한 식을 이 절의 후반에서 유도할 것이다. 상수 ϵ_0는 **자유 공간의 유전율**이며, 16장에서 봤듯이 $8.85 \times 10^{-12}\ \mathrm{C^2/N \cdot m^2}$의 값을 갖는다.

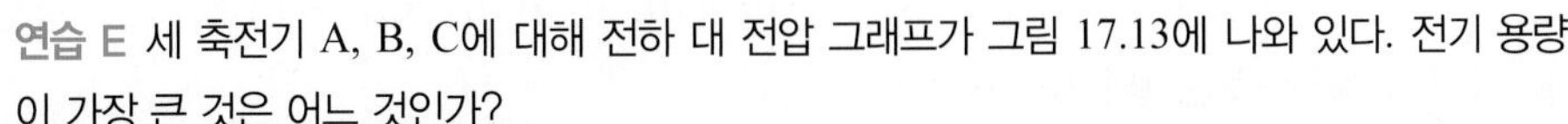
연습 E 세 축전기 A, B, C에 대해 전하 대 전압 그래프가 그림 17.13에 나와 있다. 전기 용량이 가장 큰 것은 어느 것인가?

예제 17.6 축전기 계산

(a) 넓이가 20 cm × 3.0 cm이고 공기로 채워진 간격이 1.0 mm인 평행판 축전기의 전기 용량을 계산하라. (b) 두 판에 12 V 전지가 연결되면 각 판의 전하는 얼마인가? (c) 판 사이의 전기장은 얼마인가? (d) 간격이 100분의 1인 10마이크론(1마이크론 = 1 μm = 10^{-6} m)로 줄었다고 가정하고 1 F의 전기 용량을 만드는 데 필요한 판의 넓이를 추정하라.

접근 전기 용량은 $C = \epsilon_0 A/d$ (식 17.8)를 사용하여 구한다. 각 판의 전하는 전기 용량의 정의인 $Q = CV$(식 17.7)로부터 구한다. 전기장이 균일하므로 식 17.4b를 사용하여 크기 $E = V/d$를 구한다. (d)에서는 다시 식 17.8을 사용한다.

풀이 (a) 넓이는 $A = (20 \times 10^{-2}\ \mathrm{m})(3.0 \times 10^{-2}\ \mathrm{m}) = 6.0 \times 10^{-3}\ \mathrm{m^2}$이다.
전기 용량 C는

$$C = \epsilon_0 \frac{A}{d} = (8.85 \times 10^{-12}\ \mathrm{C^2/N \cdot m^2}) \frac{6.0 \times 10^{-3}\ \mathrm{m^2}}{1.0 \times 10^{-3}\ \mathrm{m}} = 53\ \mathrm{pF}$$

이다.
(b) 각 판의 전하는

$$Q = CV = (53 \times 10^{-12}\ \mathrm{F})(12\ \mathrm{V}) = 6.4 \times 10^{-10}\ \mathrm{C}$$

이다.
(c) 식 17.4b에서 균일한 전기장에서는 E의 크기는

$$E = \frac{V}{d} = \frac{12\ \mathrm{V}}{1.0 \times 10^{-3}\ \mathrm{m}} = 1.2 \times 10^4\ \mathrm{V/m}$$

이다.
(d) 식 17.8에서 A를 풀고 $C = 1.0\ F$과 $d = 1.0 \times 10^{-5}$ m를 대입하면 필요한 판의 넓이는

$$A = \frac{Cd}{\epsilon_0} \approx \frac{(1\ \mathrm{F})(1.0 \times 10^{-5}\ \mathrm{m})}{(8.85 \times 10^{-12}\ \mathrm{C^2/N \cdot m^2})} \approx 10^6\ \mathrm{m^2}$$

이다.

유의 이 사각형은 한 변이 1000 m(1 km)이다. 이것은 너무 커서 불편하다. 대용량의 축전기는 단순한 평행판이 아닐 것이다.

얼마 전까지만 해도 mF보다 더 큰 전기 용량은 드물었다. 오늘날에는 한 변이 몇 cm밖에 되지 않아도 1~2 F이 되는 축전기도 있다. 이런 축전기들은 작은 전하 흐름으로 시간과 날짜를 유지할 수 있는 컴퓨터 메모리나 전자 장치에서 백업 전원 공급

물리학의 응용
축전기는 전원 백업 장치, 콘덴서 마이크, 컴퓨터 키보드에 사용

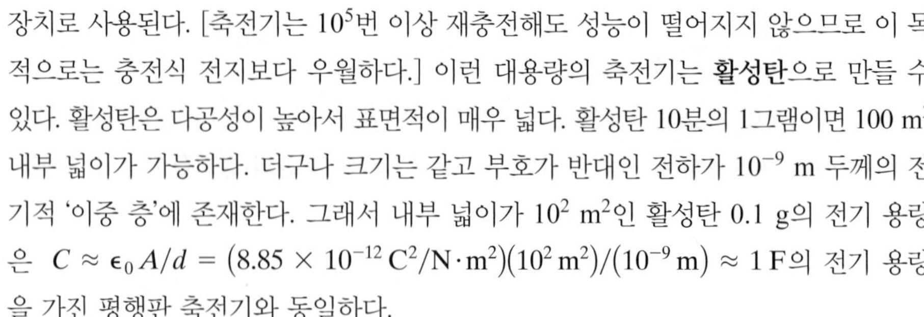
장치로 사용된다. [축전기는 10^5번 이상 재충전해도 성능이 떨어지지 않으므로 이 목적으로는 충전식 전지보다 우월하다.] 이런 대용량의 축전기는 **활성탄**으로 만들 수 있다. 활성탄은 다공성이 높아서 표면적이 매우 넓다. 활성탄 10분의 1그램이면 100 m^2 내부 넓이가 가능하다. 더구나 크기는 같고 부호가 반대인 전하가 10^{-9} m 두께의 전기적 '이중 층'에 존재한다. 그래서 내부 넓이가 10^2 m^2인 활성탄 0.1 g의 전기 용량은 $C \approx \epsilon_0 A/d = (8.85 \times 10^{-12}\,\mathrm{C^2/N\cdot m^2})(10^2\,\mathrm{m^2})/(10^{-9}\,\mathrm{m}) \approx 1\,\mathrm{F}$의 전기 용량을 가진 평행판 축전기와 동일하다.

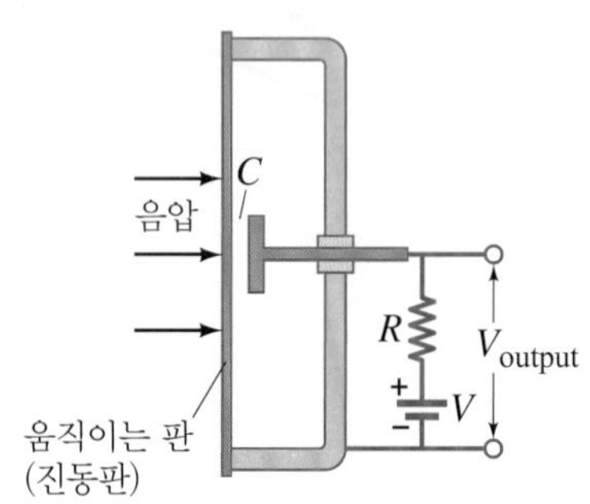

그림 17.14 콘덴서 마이크의 도해

식 17.8의 비례 상수 $C \propto A/d$는 평행판 축전기를 그림 17.11b에서와 같이 둥글게 원통형으로 만들어도 성립한다. 그러나 다음 절에서 논의하겠지만 판 사이에 종이와 같은 절연체를 넣으면 상수 ϵ_0은 달라진다.

그림 17.14에 나온 마이크는 **콘덴서**(condenser) **마이크** 또는 **축전기 마이크**(microphone)이다. 음파에서 공기의 압력이 변하면 축전기의 한쪽 판이 앞뒤로 흔들린다. 축전기의 전압이 음파와 같은 진동수로 변한다.

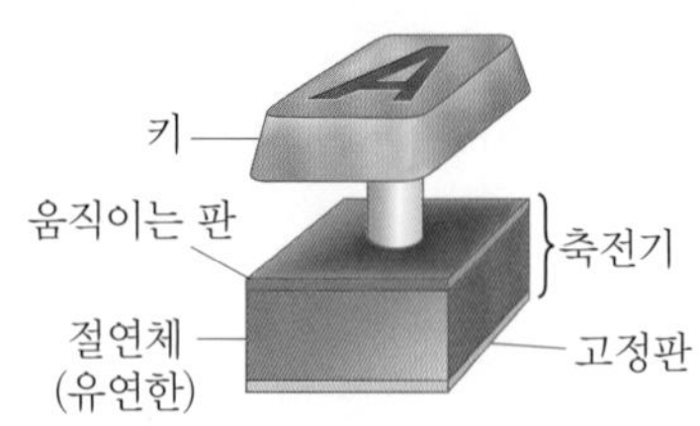

그림 17.15 컴퓨터 키보드의 키. 키를 누르면 판의 간격이 줄어들고 전기 용량이 증가한다.

어떤 컴퓨터 키보드는 전기 용량으로 작동한다. 그림 17.15에서 보듯이 각 키는 축전기의 위 판에 연결된다. 키를 누르면 위 판이 아래로 움직여서 축전기의 판 사이의 간격이 줄어들고 전기 용량이 증가한다(식 17.8, d가 줄어들면 C가 커진다). 전기 용량이 **변하면** 전기 신호가 변하기 때문에 전자 회로에서 감지된다.

평행판 축전기의 전기 용량 유도

식 17.8은 16.12절의 가우스 법칙 결과로부터 유도된다. 즉 평행판 사이의 전기장은 식 16.10으로 주어진다.

$$E = \frac{Q/A}{\epsilon_0}$$

$V = Ed$를 사용해서 이것을 식 17.4a와 결합하면

$$V = \left(\frac{Q}{A\epsilon_0}\right)d$$

을 얻는다. 그러면 전기 용량의 정의인 식 17.7에서

$$C = \frac{Q}{V} = \frac{Q}{(Q/A\epsilon_0)d} = \epsilon_0\frac{A}{d}$$

인데 이것이 식 17.8이다.

그림 17.16 판 사이의 유전체를 보이기 위해 케이스를 벗긴 원통형 축전기. 그림 17.11b 참조

17.8 유전체

대부분의 축전기에는 판 사이에 종이나 플라스틱 같은 **유전체**(dielectric)라고 하는 절연 판이 들어 있다(그림 17.16). 유전체를 넣는 데에는 몇 가지 목적이 있다. 첫째, 유전체는 공기보다 전압 파괴가 잘 일어나지 않기 때문에 높은 전압을 걸어도 전하

가 잘 흐르지 않는다. 둘째, 유전체가 들어가 있기 때문에 판의 간격을 줄여도 닿지 않으므로 식 17.8에서 d가 작아져서 전기 용량이 커진다. 셋째, 유전체가 두 도체 사이의 간격을 채우면 유전 상수 K배만큼 **전기 용량**(dielectric constant)이 커진다는 것이 실험적으로 밝혀졌다. 그래서 평행판 축전기의 경우

$$C = K\epsilon_0 \frac{A}{d} \tag{17.9}$$

인데, 이것을 다시 쓰면

$$C = \epsilon \frac{A}{d}$$

이다. 여기서 $\epsilon = K\epsilon_0$은 물체의 **유전율**(permittivity)이라고 한다.

여러 물질의 유전상수가 표 17.3에 나와 있다. 표 17.3에는 파괴(전하의 흐름)가 일어나는 최소 전기장인 **유전 강도**(dielectric strength)도 나와 있다.

표 17.3 유전 상수(20 °C)

물질	유전 상수 K	유전 강도 (V/m)
진공	1.0000	
공기(1기압)	1.0006	3×10^6
파라핀	2.2	10×10^6
폴리스티렌	2.6	24×10^6
비닐(플라스틱)	2~4	50×10^6
종이	3.7	15×10^6
석영	4.3	8×10^6
기름	4	12×10^6
파이렉스, 유리	5	14×10^6
네오프렌 고무	6.7	12×10^6
포르셀린	6~8	5×10^6
마이카	7	150×10^6
물(액체)	80	
티탄산 스트론튬	300	8×10^6

유전체의 분자적 서술

판 사이에 유전체가 있으면 왜 축전기의 전기 용량이 커지는지 분자적 관점에서 조사해 보자. 판 사이는 공기로 채워져 있고 한쪽 판에는 전하 $+Q$가 있고 다른 판에는 전하 $-Q$가 있는 축전기 C_0이 있다(그림 17.17a). 축전기는 전지에 연결되지 않고 고립됐다고 가정하므로 전하는 판으로 들어가거나 판에서 나올 수 없다. 판 사이의 전위차 V_0는 식 17.7에서

$$Q = C_0 V_0$$

인데, 여기서 아래 첨자는 판 사이의 공기를 의미한다. 이제 판 사이에 유전체를 넣는다(그림 17.17b). 축전기 판 사이의 전기장 때문에 유전체 분자들이 그림 17.17b와 같이 회전한다. 유전체 분자가 **극성**이라면 양전하는 음의 판으로 끌리고 음전하는 반대로 된다. 유전체 분자가 **극성**이 아니더라도 분자 안의 전자가 양의 축전기 판으로 약간 이동해서 효과는 같다. 정렬된 쌍극자의 알짜 효과로 음전하는 유전체의 양의 판 쪽에 있고 양전하는 반대쪽에 있게 된다(그림 17.17c).

그러면 전기력선의 일부는 그림 17.17c와 같이 유전체를 통과하지 못하고 면에 유도된 전하에서 멈춘다. 그러므로 유전체 안에서는 전기장이 공기에서보다 작다. 즉 축전기 판 사이를 유전체로 채운다면 전기장이 K배만큼 감소한다. $V = Ed$ (식 17.4)이므로 축전기의 전압도 K배만큼 감소해서 $Q = CV$ (식 17.7)에서 Q를 일정하게 유지하기 위해 전기 용량 C는 동일하게 K배만큼 증가해야 한다.

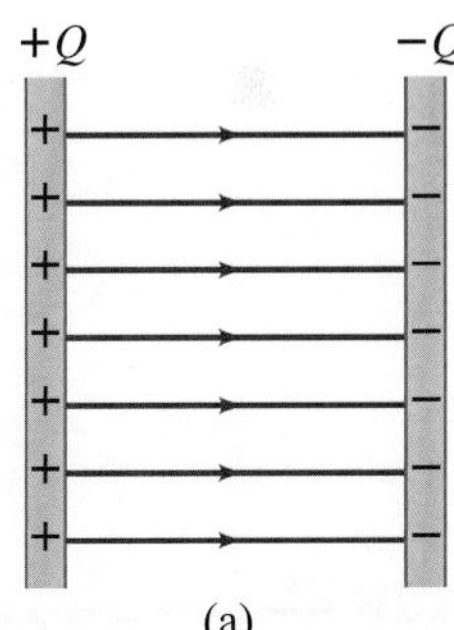

(a)

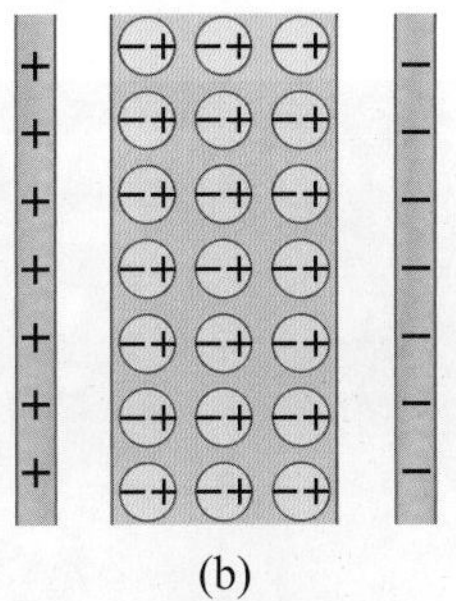
(b)

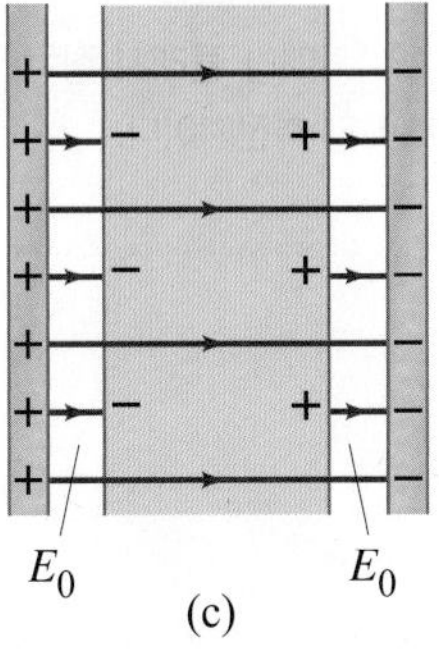

(c)

그림 17.17 분자적 관점에서 본 유전체 효과

17.9 전기 에너지의 저장

전하를 가진 축전기는 (+)전하와 (−)전하를 분리함으로써 전기 에너지를 저장한다. 축전기에 저장된 에너지는 충전시키면서 한 일과 동일하다. 축전기 충전의 알짜 효과는 전하를 한쪽 판에서 가져다가 다른 판으로 옮기는 것이다. 이것이 축전기에 연

결된 전지가 하는 일이다. 전지에 연결되어도 축전기는 즉시 충전되지는 않는다. 가끔 금세 충전될 때도 있기는 하지만, 보통 시간이 걸린다(19.6절 참조). 처음에 충전되기 전에는 전압 V를 높이는 방향으로 전하를 옮기는 데 일이 필요하지 않다. 전하가 이동할수록 전압 V를 높이는 방향으로 전하를 옮기는 데 일이 필요해진다. 두 판 사이의 전위차가 V일 때 작은 양의 전하 Δq를 옮기는 데 필요한 일은 $\Delta W = V\,\Delta q$이다. 전체 전하 Q를 옮기는 데 필요한 전체 일은 모든 전하 Q를 이 과정 동안 평균 전압과 같은 전압을 거슬러 옮기는 것과 같다. (이는 6.4절에서 용수철을 압축할 때 일을 계산한 것과 유사하다.) 평균 전압은 $(V_{\mathrm{f}} - 0)/2 = V_{\mathrm{f}}/2$이며, 여기서 V_{f}는 나중 전압이다. 그래서 전체 전하 Q를 한쪽 판에서 다른 쪽 판으로 옮기는 데 필요한 일은

$$W = Q\frac{V_{\mathrm{f}}}{2}$$

이다. 그래서 축전기에 저장된 전기적 퍼텐셜 에너지 PE는

$$\text{PE} = \text{에너지} = \tfrac{1}{2}QV$$

이라고 말할 수 있는데, 여기서 V는 판 사이의 전위차이고(첨자 f를 지웠다), Q는 각 판의 전하이다. $Q = CV$이므로 다음과 같이도 쓸 수도 있다.

$$\text{PE} = \tfrac{1}{2}QV = \tfrac{1}{2}CV^2 = \tfrac{1}{2}\frac{Q^2}{C} \tag{17.10}$$

물리학의 응용

카메라 플래시

그림 17.18 카메라 플래시 장치. 검은 원통이 660 μF의 축전기이다.

예제 17.7 축전기에 저장된 에너지

그림 17.18과 같은 카메라 플래시 장치가 330 V에서 660 μF의 축전기에 에너지를 저장한다. (a) 저장할 수 있는 전기 에너지는 얼마인가? (b) 1.0 ms 안에 이 에너지가 모두 방출된다면 출력은 얼마인가?

접근 C와 V 주어졌으므로 $\text{PE} = \frac{1}{2}CV^2$ 형태의 식 17.10을 사용한다.

풀이 (a) 저장된 에너지는 다음과 같다.

$$\text{PE} = \tfrac{1}{2}CV^2 = \tfrac{1}{2}(660 \times 10^{-6}\,\text{F})(330\,\text{V})^2 = 36\,\text{J}$$

(b) $\frac{1}{1000}$초 $(= 1.0\text{ ms} = 1 \times 10^{-3}\text{ s})$ 안에 이 에너지가 모두 방출된다면 출력은 $P = \text{PE}/t = (36\,\text{J})/(1.0 \times 10^{-3}\,\text{s}) = 36{,}000\,\text{W}$이다.

연습 F 9.0 V에서 0.50 J의 에너지를 저장하는 축전기가 있다. 전기 용량은 얼마인가?

축전기에 저장된 에너지를 판 사이의 전기장에 저장된 것으로 생각하는 것이 유용하다. 예를 들면 평행판 축전기에 저장된 에너지를 전기장으로 계산해 보자.

가까운 두 평행판 사이의 전기장 $\vec{\mathbf{E}}$는 균일하고 크기가 전위차와 $V = Ed$ (식 17.4, 여기서 d는 간격)의 관계가 있다는 것을 알고 있다. 또한 식 17.8에 의하면 평행판 축전기의 경우 $C = \epsilon_0 A/d$이므로

$$\begin{aligned} \text{PE} &= \frac{1}{2}CV^2 = \frac{1}{2}\left(\frac{\epsilon_0 A}{d}\right)(E^2d^2) \\ &= \frac{1}{2}\epsilon_0 E^2 Ad \end{aligned}$$

이다. Ad라는 양은 전기장 E가 존재하는 판 사이의 부피이다. 양변을 이 부피로 나누면 다음과 같이 단위 부피당 에너지, 즉 **에너지 밀도**(energy density)의 식을 얻는다.

$$\text{에너지 밀도} = \frac{\text{PE}}{\text{부피}} = \frac{1}{2}\epsilon_0 E^2 \quad \textbf{(17.11)}$$

어떤 공간 영역의 단위 부피당 저장된 에너지는 전기장의 제곱에 비례한다. 식 17.11을 평행판 축전기의 특별한 경우에 유도했다. 그러나 이것이 전기장이 존재하는 모든 영역에서 성립한다는 것은 쉽게 알 수 있다. 실제로 전자기 복사를 논의할 때(22장 참조) 이 결과를 사용할 것이다.

건강 효과

 물리학의 응용

심장 마비, 화상, 제세동기

대형 축전기에 저장된 에너지에 의해 화상이나 충격을 받을 수 있다. 회로를 만지거나 전자 장비를 열지 말라고 경고하는 이유 중 하나는 전원이 꺼지더라도 축전기에 전하가 남아 있을 수 있기 때문이다.

반면에 심장 **제세동기**는 기본적으로 고압으로 충전된 축전기이다. 심장 마비의 특징은 심장 박동이 빠르고 불규칙한 **심실**(또는 **심장**) **세동**이다. 심실 세동이 발생하면 심장은 몸의 다른 부분으로 혈액을 적절히 보내지 못하게 되며, 피가 멈춘 상태가 오래 지속되면 사망에 이른다. 제세동기로 심장에 갑작스러운 짧은 전하 충격을 주면 심장이 완전 정지했다가 정상 박동을 회복할 수 있다. 제세동기 축전기는 수 천 볼트의 고압으로 충전되어 있으며 가슴 부위에 부착한 패들을 통해 심장으로 전류를 매우 빠르게 방출한다(그림 17.19).

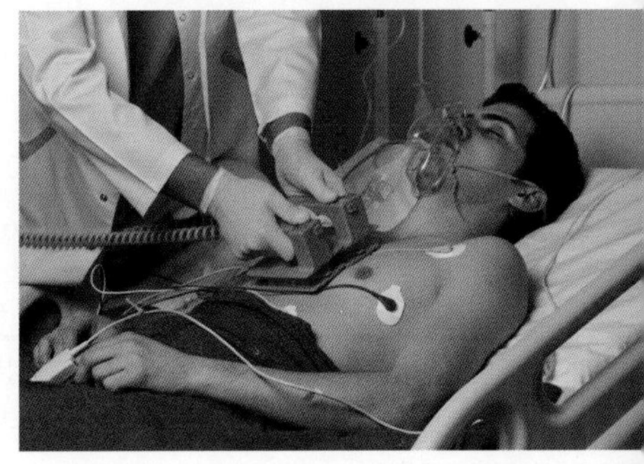

그림 17.19 심장 제세동기

종합 문제

객관식

1. +0.2 μC의 전하가 전기장 안에 있다. 이것을 +0.4 μC의 전하로 바꾸면 어떤 일이 일어날까?
   (a) 전위차는 두 배로 되고 전기적 퍼텐셜 에너지는 동일하다.
   (b) 전위차는 동일하고 전기적 퍼텐셜 에너지는 두 배로 된다.
   (c) 전위차와 전기적 퍼텐셜 에너지 모두 두 배로 된다.
   (d) 전위차와 전기적 퍼텐셜 에너지 모두 동일하다.

2. 동일한 두 양전하가 가깝게 놓여 있다. 두 양전하의 중간 지점에서
   (a) 전기장은 0이고 전위는 양이다.
   (b) 전기장은 0이고 전위도 0이다.
   (c) 전기장은 0이 아니고 전위는 양이다.
   (d) 전기장은 0이 아니고 전위는 0이다.
   (e) 정답 없음

3. 동일한 네 점전하가 사각형 모서리에 놓여 있다[힌트: 그림을 그린다]. 사각형의 중심에서 전기장 E와 전위 V는 어떠

한가?

(a) $E = 0,\ V = 0$

(b) $E = 0,\ V \neq 0$

(c) $E \neq 0,\ V \neq 0$

(d) $E \neq 0,\ V = 0$

(e) 값과 관계없이 $E = V$

4. 다음 중 옳은 것은?

(a) 특정한 점에서 전위가 0이면 그 점에서 전기장은 반드시 0이다.

(b) 특정한 점에서 전기장이 0이면 그 점에서 전위는 반드시 0이다.

(c) 특정한 영역 전체에서 전기장이 상수이면 그 영역 전체에서 전위는 반드시 0이다.

(d) 특정한 영역 전체에서 전위가 상수이면 그 영역 전체에서 전기장은 반드시 0이다.

5. 두 점전하 $+q$를 무한대에서 서로의 거리가 d가 되도록 옮기는 데 W의 일이 필요하다면 세 점전하 $+q$를 무한대에서 서로의 거리가 d가 되도록 옮기는 데 필요한 일은 얼마인가?

(a) $2W$ (b) $3W$

(c) $4W$ (d) $6W$

6. 양성자($Q = +e$) 하나와 전자($Q = -e$) 하나가 반대의 전하를 가진 두 판으로 만들어진 일정한 전기장 안에 놓여 있다. 양성자를 양의 판에서 전자를 음의 판에서 놓아 준다. 어느 것이 더 큰 전기력을 느끼는가?

(a) 양성자

(b) 전자

(c) 힘이 존재하지 않는다.

(d) 힘의 크기는 같고 방향도 같다.

(e) 힘의 크기는 같고 방향은 반대이다.

7. 문제 6에서 양성자와 전자가 반대 쪽 판에 닿으면 어느 것의 운동 에너지가 더 큰가?

(a) 양성자

(b) 전자

(c) 둘의 운동 에너지가 같다.

(d) 운동 에너지의 변화가 없다.

(e) 둘은 운동 에너지는 같고 부호만 반대이다.

8. 다음 중 전기 용량에 영향을 주지 않는 것은?

(a) 판의 넓이

(b) 판의 간격

(c) 판 사이의 물질

(d) 판의 전하

(e) 축전기에 저장된 에너지

9. 전지가 평행판 축전기에 전압 V를 건다. 전지를 제거한 뒤 전하 손실 없이 판 사이의 간격이 두 배로 된다. 따라서 전기 용량은 ________ 그리고 판 사이의 전압은 ________.

(a) 증가한다. 감소한다.

(b) 감소한다. 증가한다.

(c) 증가한다. 증가한다.

(d) 감소한다. 감소한다.

(e) 동일하다. 동일하다.

10. 다음 중 벡터인 것은?

(a) 전위 (b) 전기적 퍼텐셜 에너지

(c) 전기장 (d) 등전위선

(e) 전기 용량

주관식

17.1~17.4 전위

1. (I) $-7.7\ \mu$C의 전하를 지면에서 전위가 +65 V인 곳까지 옮기는 데 전기장이 하는 일은 얼마인가?

2. (I) 양성자를 +125 V인 지점에서 −45 V인 지점으로 이동할 때 전기장이 하는 일은 얼마인가? 답을 J과 eV 단위로 나타내라.

3. (I) 처음 속도 $v = 6.0 \times 10^5$ m/s인 전자를 정지시키는 데 필요한 전위차는 얼마인가?

4. (I) 전자가 18,500 V의 전위차에 의해 가속될 때, 전자가 얻는 운동 에너지(J과 eV)는 얼마가 될까?

5. (I) 전자가 판 A에서 B까지 가속되어 6.45×10^{-16} J의 운동 에너지를 얻는다. 두 판 사이의 전위차는 얼마이고 전위가 높은 판은 어느 것인가?

6. (I) 거리가 6.8 mm 떨어진 두 평행판 판 사이에 220 V의 전위차가 걸리면, 전기장은 얼마인가?

7. (I) 간격이 11.0 mm인 평행판 사이에서 525 V/m의 전기장이 필요하다. 얼마나 큰 전압을 걸어야 하는가?

8. (I) 45 V가 걸려 있는 두 평행판 사이의 전기장이 1900 V/m이다. 이들 판 사이의 거리는 얼마인가?

9. (I) 헬륨 핵($Q = 2e$)에 85.0 keV의 운동 에너지를 주는 데

필요한 전위차는 얼마인가?

10. (II) 45 V의 전원에 연결되어 있는 두 평행판 사이는 공기로 채워져 있다. 유전 강도 $E = 3 \times 10^6$ V/m를 견딜 수 있는 최소 간격은 얼마인가?

11. (II) −6.50 μC의 전하를 점 A에서 B까지 옮기는 데 외부 힘이 한 일이 15.0×10^{-4} J이다. 전하가 정지 상태에서 출발하고 B에 도달할 때 운동 에너지가 4.82×10^{-4} J이라면 A와 B 사이의 전위차는 얼마인가?

12. (II) 운동 에너지가 (a) 850 eV와 (b) 0.50 keV인 전자의 속력은 얼마인가?

13. (II) KE가 4.2 keV인 양성자의 속도는 얼마인가?

14. (II) 방사능 붕괴에서 알파 입자($Q = +2e$, $m = 6.64 \times 10^{-27}$ kg인 헬륨 핵)가 KE = 5.53 MeV로 방출된다. 이의 속력은 얼마인가?

15. (II) 3×10^6 V/m 이상인 전기장은 공기를 파괴시킨다(전자가 원자에서 분리된 후 재결합하면서 빛을 방사한다). 17.2절과 표 17.3을 참조하라. 카펫 위를 걷다가 문고리를 잡으면 손가락과 문고리 사이의 1 mm 정도의 간격에서 스파크가 일어난다. 손가락과 문고리 사이의 전압을 추정하라.

16. (II) 직사각형 모양의 도체를 그리라. 도체는 $-Q$의 알짜 전하를 갖는다. 10여 개의 전기력선과 등전위선을 그리라.

17.5 점전하에 의한 전위

[$x = \infty$에서 $V = 0$이다.]

17. (I) 3.00 μC의 점전하로부터 15.0 cm 떨어진 지점의 전위는 얼마인가?

18. (I) 점전하 Q가 15 cm 떨어진 곳에 +165 V의 전위를 만든다. Q는 얼마인가?

19. (II) +35 μC의 점전하가 동일한 +35 μC의 전하와 46 cm 떨어져 있다. +0.50 μC의 시험 전하를 이들의 중간으로부터 한쪽 전하에 12 cm 더 가까운 곳까지 이동하는 데 필요한 일은 얼마인가?

20. (II) (a) 양성자 (전하 $+e$)에서 2.5×10^{-15} m 떨어진 곳에서의 전위는 얼마인가? (b) 2.5×10^{-15} m 떨어진 두 양성자로 된 계의 전기적 퍼텐셜 에너지는 얼마인가? [전형적인 핵 내부에서 발생 가능]

21. (II) 세 점전하가 그림 17.20에 있는 변의 길이가 ℓ인 정사각형의 모서리에 위치하고 있다. 네 번째 모서리(점 A)에서의 전위는 얼마인가?

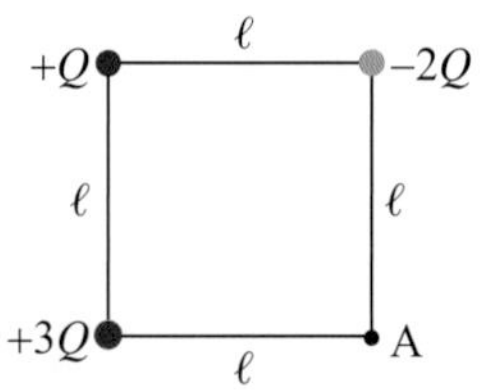

그림 17.20 주관식 21

22. (II) 전자가 $Q = -6.50$ nC의 점전하로부터 24.5 cm 떨어진 곳에서 정지 상태에서 출발한다. 매우 먼 곳에서 전자의 속도는 얼마인가?

23. (II) 3.0 μC과 −2.0 μC의 두 점전하가 x축 위에 4.0 cm 떨어져서 놓여 있다. x축 위의 어느 곳에서 (a) 전기장이 0이고 (b) 전위가 0인가?

24. (II) 점 a는 −3.8 μC인 점전하에서 북쪽으로 62 cm이고, 점 b는 서쪽으로 88 cm이다(그림 17.21). (a) $V_b - V_a$, (b) $\vec{\mathbf{E}}_b - \vec{\mathbf{E}}_a$(크기와 방향)을 구하라.

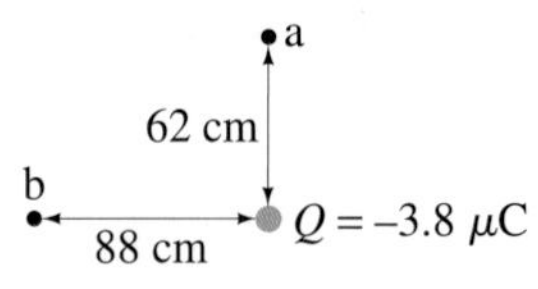

그림 17.21 주관식 24

25. (III) 양성자(반지름 1.2×10^{-15} m)가 실리콘 핵에 거의 도달하기에 충분한 에너지를 가지도록 가속하는 데 필요한 전압은 얼마인가? 실리콘 핵은 전하량이 $+14e$이고 반지름은 약 3.6×10^{-15} m이다. 전위는 점전하들에 의한 것으로 가정한다.

26. (III) 수소 원자의 보어 모형에서 전자는 양성자(핵) 주위를 반지름 0.53×10^{-10} m인 원 궤도로 회전한다. (a) 전자 궤도에서 양성자에 의한 전위는 얼마인가? (b) 전자의 운동 에너지는 얼마인가? (c) 궤도 위의 전자의 총에너지는 얼마인가? (d) 이온화 에너지, 즉 전자를 원자에서 분리하여 $r = \infty$인 무한대로 보내 정지시키는 데 필요한 에너지는 얼마인가? (b), (c), (d)의 결과를 J과 eV로 나타내라.

17.6 전기 쌍극자

27. (II) 2.4×10^{-9} m 떨어진 점에서 쌍극자 모멘트가 4.2×10^{-30} C·m인 쌍극자에 의한 전위를 계산하라. 이 점은 (a) 쌍극자 축에 있고 양전하에 가깝다, (b) 축 위 45°에 있고 양전하

에 가깝다, (c) 쌍극자 축에 있고 양전하에 가깝다, (b) 축 위 45° 에 있고 음전하에 가깝다.

17.7 전기 용량

28. (I) 축전기의 두 판에 +2500 μC와 −2500 μC의 전하가 있을 때 전위차가 960 V이다. 전기 용량은 얼마인가?

29. (I) 8500 pF인 축전기가 16.5×10^{-8} C의 양전하와 음전하를 갖고 있다. 이 축전기 양단의 전압은 얼마인가?

30. (I) 12.0 V의 전지를 5.00 μF의 축전기에 연결할 때 전지의 단자에서 흘러나오는 전하는 얼마인가?

31. (II) 축전기의 전압이 97 V에서 121 V로 증가할 때 전하는 15 μC 증가한다. 축전기의 전기 용량은 얼마인가?

32. (II) 축전기의 판에 4.2 μC의 전하가 있고 판 사이에서 2.0 kV/mm의 전기장이 필요하다면 판의 넓이는 얼마여야 하는가?

33. (II) 패럿이 얼마나 큰지 알기 위해, 제작하는 회로에 공기를 채운 1 F의 평행판 축전기를 만든다고 생각하자. 적절한 크기로 만들기 위해 판의 넓이를 1.0 cm^2으로 제한한다고 생각하자. 판 사이의 간격은 얼마여야 하는가? 현실적으로 가능한가?

34. (III) 2.50 μF의 축전기를 746 V로 충전하고 6.80 μF의 축전기를 562 V로 충전한다. 그리고는 이 축전기들을 전지에서 분리한다. 다음에 양의 판은 양의 판과, 음의 판은 음의 판과 연결한다. 각 축전기의 전압과 전하는 얼마인가? [힌트: 전하는 보존된다.]

17.8 유전체

35. (I) 한 변이 6.6 cm이고 간격 1.8 mm가 파라핀으로 채워진 두 사각형 평행판 축전기의 전기 용량은 얼마인가?

36. (II) 충전되지 않은 축전기를 21.0 V의 전지에 연결하여 완전히 충전한 후 전지를 분리한다. 그리고 판 사이에 파라핀을 채운다. 판 사이의 전압은 얼마인가?

37. (II) 종이(K = 3.75)로 채운 판 사이의 전기장이 8.24×10^4 V/m이다. 판 사이의 간격은 1.95 mm이고 판의 전하는 0.675 μC이다. 이 축전기의 전기 용량과 판의 넓이를 구하라.

17.9 전기 에너지 저장

38. (I) 심장 제세동기는 부정맥이 발생한 심장에 충격을 주기 위해 사용하는 장치이다. 이 장치 안에 있는 축전기는 5.0 kV로 충전하고 1200 J의 에너지를 저장한다. 전기 용량은 얼마인가?

39. (II) 집에서 두 개의 9인치 프라이팬을 4 cm 간격으로 놓고 9 V 전지에 연결하여 축전기를 만든다. (a) 전기 용량, (b) 판의 전하, (c) 판 중간의 전기장, (d) 충전시키는 데 전지가 한 일을 추정하라. (e) 유전체를 삽입하면 위에서 어느 것이 변하는가?

40. (II) 지표면 근처에 크기가 150 V/m인 전기장이 있다. 1 m^3 당 이 전기장에 저장된 에너지는 얼마인가?

연습 해답

A: (a) -8.0×10^{-16} J (b) 9.8×10^5 m/s
B: (c)
C: 0.72 J
D: (c)
E: A
F: 12 mF

백열등 전구의 가는 필라멘트가 빛을 내는 이유는 필라멘트를 통과하는 전류 때문이다. 전기 에너지는 열에너지로 변환되고(움직이는 전자와 필라멘트 원자의 충돌에 의해), 필라멘트의 온도가 매우 높아져서 빛을 내게 된다. 오른쪽에 보이는 할로젠램프(텅스텐–할로젠)에서는 투명한 관 안에 텅스텐 필라멘트가 브로민이나 아이오딘과 같은 할로젠 기체에 둘러싸여 있다. 할로젠은 화학 반응을 거쳐 뜨거운 필라멘트에서 증발된 많은 텅스텐 원자를 저장하여 수명이 오래가고, 높은 온도(보통 2900 K 대 2700 K)를 내고, 효율이 높고, 흰 빛을 낸다.
전자 회로의 전류와 전력은 일상생활에서 매우 중요하다. 이 장에서는 직류와 교류를 모두 다루고 전류를 자세히 공부한다.

CHAPTER 18

전류

시작 질문 추정해 보라!

그림의 도체는 모두 구리로 만들어졌고 온도가 같다. 왼쪽에서 오는 전하의 흐름에 대해 어느 것의 저항이 가장 높은가? 어느 것의 저항이 가장 낮은가?

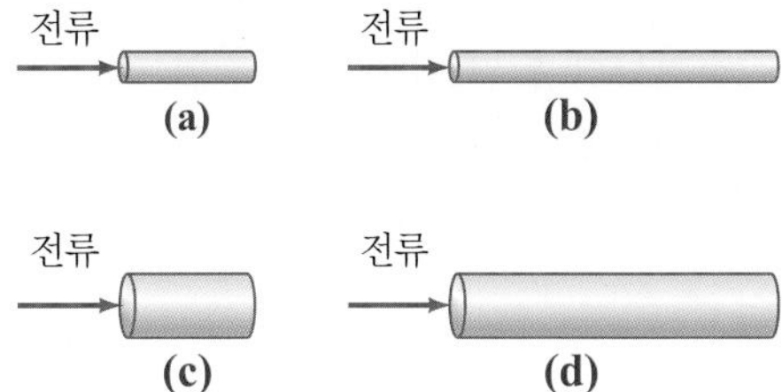

앞의 두 장에서 정지 상태의 전하를 다루는 정전기에 대해 공부했다. 이 장에서는 운동하는 전하에 대한 공부를 시작할 것이다. 전하의 흐름을 전류라 한다.

일상생활에서 우리는 도선이나 다른 도체의 전류에 대해 익숙하다. 대부분의 실제 전기 장치는 전구의 전류, 전기난로나 헤어드라이어의 전류, 전자 장비의 전류 등과 같이 전류와 관련이 깊다. 전류는 도선과 같은 도체에서 존재할 수 있는데, 반도체 장비, 사람 세포와 세포막, 진공에서도 존재할 수 있다.

정전기 상황에서는 16.9절에서 도체 안에서 전기장이 0이어야한다는 것을 알았다(전기장이 0이 아니면 전하가 이동한다). 그러나 전하가 도체를 따라 이동하려면 전기장이 전하를 움직이게 하고 정상적인 도체의 작은 저항을 뚫고 이동을 유지하게 해야 한다. 우리가 논의했던 전기장과 전위(전압)를 사용해서 전하의 흐름을 조절할 수 있다. 도선에 전류를 흐르게 하려면 전지 등에 의한 전위차가 필요하다.

먼저 거시적 관점에서 전류를 살펴보자. 그리고 이번 장의 후반에서 미시적 관점에서 도선에서의 전자의 흐름으로서 전류를 살펴보자.

18.1 전지

그림 18.1 볼타. 이 그림에서 볼타는 1801년 나폴레옹에게 그의 전지를 설명하고 있다.

1800년까지는 전기의 기술 개발은 주로 마찰에 의한 정전하 생산이었다. 1800년에 볼타(Alessandro Volta, 1745~1827, 그림 18.1)가 전지를 발명하고 최초의 정상 전류를 생산하면서 모든 것이 변했다.

전지의 발견으로 이끈 사건은 흥미롭다. 이것은 중요한 발견이기도 했지만 과학적 논쟁을 일으키기도 했다.

1780년대에 볼로냐 대학교의 교수로 재직 중이던 갈바니(Luigi Galvani, 1737~1798)는 정전기를 사용해서 개구리 다리 근육 수축에 대한 일련의 실험을 했다. 갈바니는 개구리 다리에 다른 금속들을 삽입해도 근육이 수축한다는 것을 알아냈다. 갈바니는 전하의 원천이 개구리의 근육이나 신경 자체에 있고, 금속은 단지 전하를 적절한 지점까지 이동시킨다고 믿었다. 1791년에 그가 논문을 발표했을 때 그는 이 전하를 '동물 전기'라고 불렀다. 갈바니를 포함해서 많은 사람들이 오랫동안 찾아온 '생명의 힘'을 찾은 것으로 생각했다.

200 km 떨어진 파비아 대학 교수였던 볼타는 갈바니의 결과에 대해 회의적이어서 전기의 원천은 동물 자체에 있는 것이 아니라 **다른 금속들의 접촉**에 있다고 믿게 됐다. 회로를 형성하기 위해서는 두 다른 금속들의 접촉점에 있는 개구리 근육이나 습기와 같은 젖은 도체가 필요하다는 것을 볼타는 깨달았다. 또한 그는 수축되는 개구리 근육은 그들이 개발한 검전기보다 훨씬 더 민감한 전압 측정 장치라는 것을 알았다.[†]

볼타는 어떤 금속 조합이 다른 것에 비해 훨씬 더 효율적인지 알아내서, 측정값을 사용해 효율성 순으로 정리했다. 또한 그는 금속 중 어느 하나 대신 탄소를 사용할 수 있다는 것을 알아냈다.

볼타는 과학에 있어 위대한 공적을 남기게 된다. 아연과 은 원반 사이에 소금 용액이나 묽은 산에 적신 천이나 종이를 넣고 그림 18.2와 같이 차곡차곡 쌓았다. 이렇

[†]볼타의 가장 민감한 검전기(16.4절 참조)는 금속 박 간격 1도당 40 V를 측정했다. 그럼에도 불구하고 그는 다른 금속들의 접촉에 의해 만들어진 전위차를 추정할 수 있었다. 은–아연 접촉으로 0.7 V를 얻었는데, 이는 오늘날의 0.78 V에 기막히게 가까운 값이다.

게 쌓으면 훨씬 더 큰 전위차를 만들었다. 실제로 이것의 양쪽 끝에 연결된 금속 띠를 접근시키면 방전이 일어났다. 볼타는 최초의 전지를 설계 제작했다. 그는 1800년에 이 결과를 발표했다.

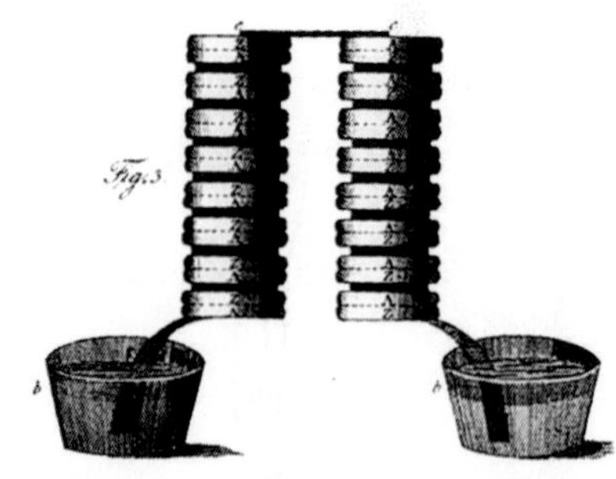

그림 18.2 전지. 볼타의 논문 원본에서 발췌

전지

전지는 화학 에너지를 전기 에너지로 변환하여 전기를 만든다. 오늘날 전지는 손전등에서 자동차 축전지에 이르기까지 매우 다양하게 사용된다. 가장 간단한 전지에는 **전극**(electrode)이라고 부르는 다른 금속으로 된 두 개의 판이나 막대가 들어 있다. 전극은 **전해질**(electrolyte)이라는 묽은 산과 같은 용액이나 반죽에 담겨져 있다. 이런 장치를 하나 또는 여럿을 연결하여 **전지**(battery)로 사용한다. 대부분의 전지에서 화학 반응은 매우 복잡하다. 여기서는 물리적인 면에서 매우 간단한 전지의 동작 원리를 설명한다.

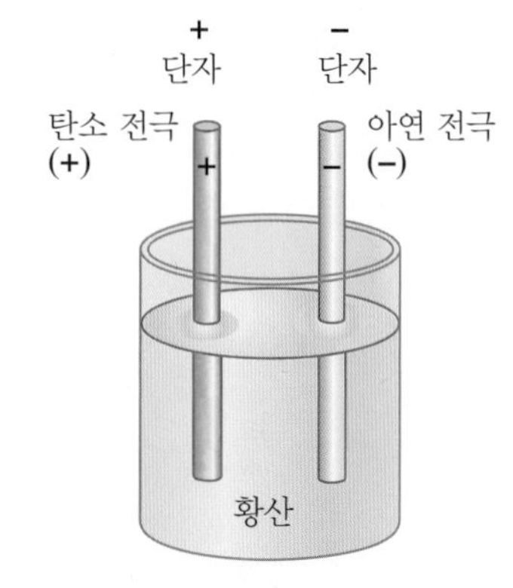

그림 18.3 간단한 전지

그림 18.3에 보이는 전지는 전해질로 묽은 황산을 사용한다. 전극 하나는 탄소이고 다른 하나는 아연이다. 용액 밖의 전극을 **단자**(terminal)라 하며 도선을 단자에 연결하면 회로가 형성된다. 산은 아연 전극을 용해시키는 경향이 있다. 아연 원자는 전자 두 개를 전극에 남기고 양이온으로 용액에 들어간다. 그래서 아연 전극은 음전하를 가지게 된다. 전해질은 양으로 대전되어 탄소 전극에서 전자를 끌어낼 수 있다. 그래서 탄소 전극은 양으로 대전된다. 두 전극에 반대의 전하가 있으므로 두 단자 사이에 전위차가 존재한다.

단자가 연결되지 않은 전지 내부에는 적은 양의 아연이 녹아 있는데, 이는 아연 전극이 점점 음이 되면 새로 만들어진 양의 아연 이온은 다시 전극으로 끌려가기 때문이다. 그러므로 두 전극 사이에는 특정한 전위차(또는 전압)가 유지된다. 도선(또는 전구) 등으로 단자 사이에 전하가 흐를 수 있게 되면 더 많은 아연이 용해될 수 있다. 시간이 지나면 어느 한 쪽의 전극이 소모되고 전지는 수명을 다하게 된다.

전지 단자 사이에 존재하는 전압은 전극의 재료와 그것들이 상대적으로 얼마나 잘 용해되는지, 즉 전자를 얼마나 잘 잃는지에 좌우된다.

둘 이상의 전지를 연결할 때 양의 단자를 다음 전지의 음의 단자에 연결되면 **직렬** 연결이라 하며 전압은 더해진다. 그래서 1.5 V AA 전지 두 개를 직렬 연결하면 3 V가 되고 2 V 자동차 전지 6개를 직렬 연결하면 12 V가 된다. 그림 18.4a에는 손전

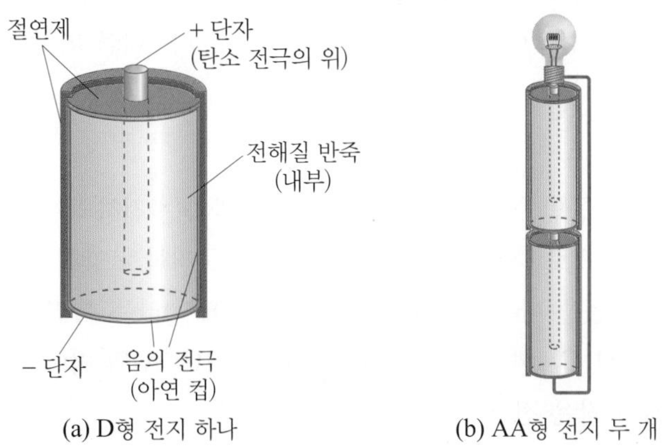

그림 18.4 (a) 보통 건전지 (D형 전지 또는 AA형)의 개략도. 원통형 아연 컵 측면이 덮여 있다. 평평한 바닥이 음의 단자이다. (b) 직렬 연결된 두 건전지(AA형). 한 건전지의 양의 단자가 다음 건전지의 음의 단자에 대고 밀고 있다.

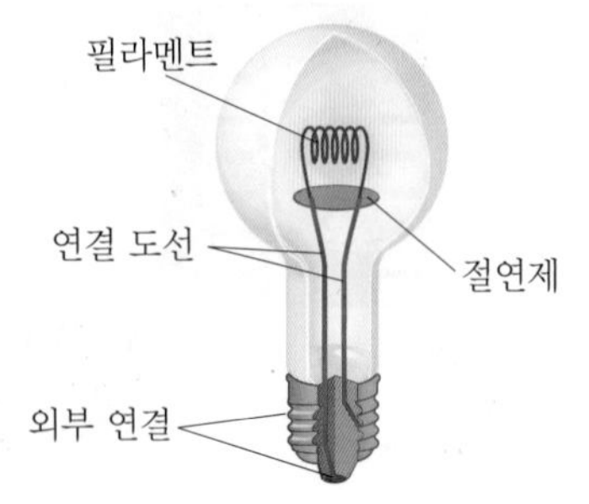

그림 18.5 일반 백열등 전구. 필라멘트의 가는 도선이 매우 뜨거워져서 빛을 낸다. 백열할로젠등은 할로젠 기체를 채운 작은 석영 관 안에 필라멘트가 들어있는데, 할로젠 기체가 필라멘트의 수명을 늘이고 필라멘트의 온도를 높여서 효율을 증가시키고 더욱 흰 빛을 내도록 한다.

등 외에도 많은 휴대용 전자 장비에 사용되는 일반 건전지의 개략도가 나와 있고, 그림 18.4b에는 전구에 직렬 연결된 작은 건전지가 나와 있다. 백열등에는 그림 18.5와 479쪽 시작 질문의 사진에 나와 있듯이 작은 유리 전구 안에 꼬여 있는 가는 도선이 들어 있다. 전하가 필라멘트를 통과하면 매우 뜨거워져서(≈ 2800 K) 빛을 낸다. 형광등과 같은 다른 종류의 전구들은 동작 원리가 다르다.

전기 자동차

전기 자동차와 하이브리드용(휘발유 내연기관과 전기 모터를 동시에 사용) 전지를 개선하기 위해 상당한 연구가 진행되고 있다. 그중 하나가 리튬–이온으로서 양극은 리튬이고 음극은 탄소이다. 전기 자동차는 기어 변환을 할 필요가 없고 정지 상태에서 출발하여 최대 출력을 낼 수 있어 빠르고 부드럽게 가속할 수 있다. 다음 번 전지 충전까지 전기 자동차가 갈 수 있는 거리는 중요한 사항인데 전기 자동차는 휘발유를 주유할 때와는 달리 충전하는 데 몇 분이 아니라 몇 시간이 걸리기 때문이다. 전기 자동차는 여러 시간 동안 큰 전류를 사용하므로 작은 교외 지역에서 많은 전기 자동차가 한꺼번에 충전할 경우 불편하지 않도록 전력 회사들은 전력망을 향상시켜야 한다.

18.2 전류

(a)

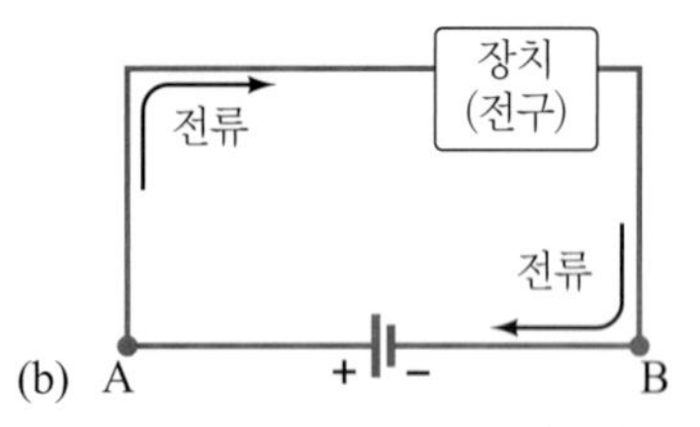

(b)

그림 18.6 (a) 간단한 전기 회로 (b) 전지, 연결 도선(굵은 회색 선), 전구 등으로 구성된 같은 회로의 회로도

전지의 목적은 전하가 이동할 수 있도록 전위차를 만드는 것이다. 연속적인 전도 경로가 전지의 단자에 연결되면 그림 18.6a의 전기 **회로**(circuit)가 된다. 그림 18.6b와 같이 회로에서는 다음과 같은 기호를 사용하여

+||– 또는 || [전지 기호]

전지를 표시한다. 전지에 연결되는 장치는 전구, 히터, 라디오 등이 될 수 있다. 이런 회로가 형성되면 경로가 단절되지 않는 회로의 도선을 통해 전하가 전지의 한 단자에서 다른 단자로 이동할 수 있다. 이와 같은 전하의 흐름을 **전류**(electric current)라 한다.

더 정밀하게 하자면 도선 안의 전류는 단위 시간에 어느 점에서 도선의 단면을 통과하는 전하의 알짜 양으로 정의된다. 그러므로 전류 I는 다음과 같이 정의되는데,

$$I = \frac{\Delta Q}{\Delta t} \tag{18.1}$$

여기서 ΔQ는 Δt 동안 어느 지점에서 도체를 통과하는 전하의 양이다.

전류는 초당 쿨롬으로 측정되는데 여기에 프랑스 물리학자 앙페르(André Ampère, 1775~1836)의 이름을 따서 **암페어**(ampere; A로 표시)라는 특별한 이름이 주어진다. 그래서 1 A = 1 C/s이다. 밀리암페어(1 mA = 10^{-3}A)와 마이크로암페어(1 μA = 10^{-6} A)와 같은 작은 전류 단위가 종종 사용된다.

연속적인 경로가 존재할 때만 회로에서 전류가 흐를 수 있다. 이제 **완성 회로**(complete circuit)가 형성됐다. 도선이 끊어지는 것과 같은 회로 단절이 일어나면 **열린 회로**(open circuit)가 되어 전류는 흐르지 않는다. 그림 18.6b와 같이 전류가 흐를 수 있는 경로가 하나 뿐인 회로에서는 어느 순간의 정상 전류가 점 A이나 B를 포함한 모든 점에서 동일하다. 이것은 전하 보존 법칙에서 나온다. 전하는 사라지지 않는다. 전지는 알짜 전하를 만들지도 없애지도 않는다. 전구도 전하를 흡수하지도 없애지도 않는다.

주의

전지는 전하를 생성하지 않는다: 전구는 전하를 흡수하지 않는다.

예제 18.1 전류는 전하의 흐름

도선에 4.0분 동안 2.5 A의 정상 전류가 흐른다. (a) 4.0분 동안 어떤 점을 통과하는 전하의 양은 얼마인가? (b) 전자 수는 얼마인가?

접근 (a) 전류는 단위 시간당 전하의 흐름이므로(식 18.1), 한 점을 통과하는 전하의 양은 전류와 시간 간격의 곱이다. (b) 전자 수를 구하기 위해 전체 전하를 전자의 전하로 나눈다.

풀이 (a) 전류가 2.5 A 또는 2.5 C/s이므로 4.0분 (= 240 s) 동안 도선의 한 점을 통과한 전체 전하는 식 18.1로부터 다음과 같이 구할 수 있다.

$$\Delta Q = I\,\Delta t = (2.5\ \text{C/s})(240\ \text{s}) = 600\ \text{C}$$

(b) 전자 하나의 전하는 1.60×10^{-19} C이므로 600 C에 들어 있는 전자는 다음과 같다.

$$\frac{600\ \text{C}}{1.6 \times 10^{-19}\ \text{C/전자}} = 3.8 \times 10^{21}\ \text{전자}$$

연습 A 1초에 백만 개의 전자가 도선의 한 점을 통과하면 전류는 얼마인가?

많은 실제 회로에서 도선은 연속성을 제공하는 공통 단자에 연결된다. 이 공통 단자를 **접지**(ground)라 부르는데 보통 ⏚ 또는 ⏚의 접지 기호로 나타내며 실제로 건물이나 대지에 연결된다. 자동차에서는 전지의 한 끝을 접지하는데, 땅에 연결하는 것이 아니라 자동차 차체에 연결하는 것이다. 전지의 다른 끝은 전구나 장치 등에 연결된다. 그러므로 차체는 회로에서 도체 역할을 해서 전하 흐름을 위한 연속적 경로를 보장하고 자동차 회로에서 '접지'됐다고 한다. (차체는 고무바퀴로 대지로부터 잘 절연된다는 점을 주목하라.)

도체에는 많은 자유 전자가 있다는 것을 16장에서 공부했다. 그러므로 연속적인 전도 도선이 전지 단자에 연결되면 음전하인 전자가 도선에 흐른다. 도선이 연결되면 전지의 단자 사이의 전위차가 도선 안에 평행하게 전기장을 만든다. 도선의 한쪽 끝에 있는 자유 전자들은 양의 단자로 끌리고 동시에 다른 전자들은 전지의 음의 단자가 연결된 다른 쪽 도선으로 들어간다. 도선이 **양쪽** 단자에 연결되자마자 도선을 따라 연속적인 전자의 흐름이 시작된다.

두 세기 전에 양전하와 음전하의 규약을 정할 때 양전하가 도선 안에 흐른다고 가정했다. 그림 18.7에서 보듯이 실제로 한쪽 방향으로 흐르는 양전하는 반대쪽 방향

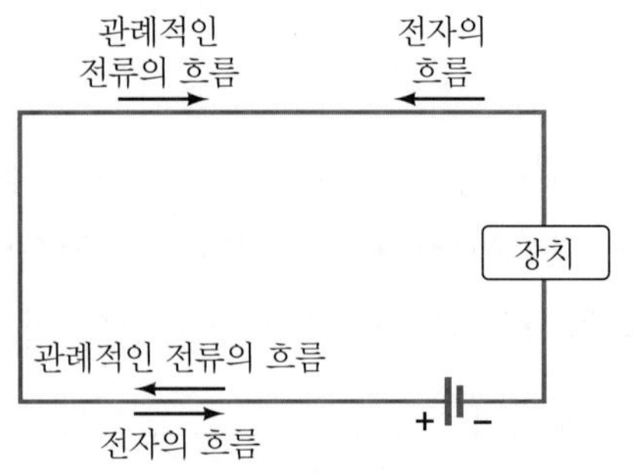

그림 18.7 +에서 −로 흐르는 전류는 −에서 +로의 전자의 흐름과 동일하다.

으로 흐르는 음전하와 정확하게 동일하다. 오늘날에도 전류의 방향을 말할 때 양전하가 흐른다는 규약을 아직도 쓰고 있다. 따라서 회로에서 전류의 방향은 양전하가 흐르는 방향을 의미한다. 액체와 기체는 양전하, 음전하(이온) 모두 흐를 수 있다.

자동차 전지의 전체 전하 평가와 같은 실생활에서는 식 18.1 $\Delta Q = I\,\Delta t$에서 **암페어·시**(ampere-hour; A·h)라는 단위를 사용한다.

연습 B 1.00 A·h는 몇 쿨롬인가?

18.3 옴 법칙; 저항과 저항기

회로에서 전류를 만들기 위해서는 전위차가 필요하다. 도선을 따라 전위차를 만드는 방법 중 하나는 전지의 양쪽 단자에 연결하는 것이다. 금속 도선 안의 전류는 양쪽 끝에 걸린 전위차 V에 비례한다는 것을 옴(Georg Simon Ohm, 1787~1854)이 실험적으로 입증했다.

$$I \propto V$$

예를 들어 도선을 6 V 전지의 양쪽 단자에 연결하면 3 V 전지에 연결할 때에 비해 두 배의 전류가 흐르게 된다. 또한 전압의 방향을 바꾸어도 전류의 크기는 변하지 않는다는 것도 입증했다.

도선에 흐르는 전류의 정확한 크기는 전압 외에도 전자의 흐름을 방해하는 도선의 저항에도 좌우된다. 전자의 흐름은 도선 원자와의 충돌 때문에 방해를 받는다. 전기 **저항**(resistance) R는 도선의 양쪽 끝의 전압 V와 도선을 통과하는 전류 I의 비례 인자로 정의된다.

옴 법칙

$$V = IR \tag{18.2}$$

옴은 금속 도체에서 R는 V와 관계없이 일정하다는 것을 실험적으로 입증하여 **옴 법칙**(Ohm's law)이라 한다. R가 V와 관계없이 일정한 물질이나 장치를 언급할 때에는, $V = IR$ (식 18.2)을 가끔 자체로 옴 법칙이라 한다. 그러나 R는 금속을 제외한 많은 물질, 그리고 다이오드, 진공관, 트랜지스터 등의 장치에서는 일정하지 않다. 금속에서도 온도 변화가 크면 R는 일정하지 않다. 전구 필라멘트는 전류가 작으면 저항이 작지만, 필라멘트의 정상 작동 전류에서는 빛을 낼 정도로 온도가 높아져서 (≈ 3000 K) 저항이 훨씬 더 커진다. 그래서 옴 '법칙'은 자연의 근본적인 법칙이 아니라 온도가 많이 변하지 않는 금속 도체와 같은 어떤 종류의 물질들에 대한 기술이다(그림 18.8).

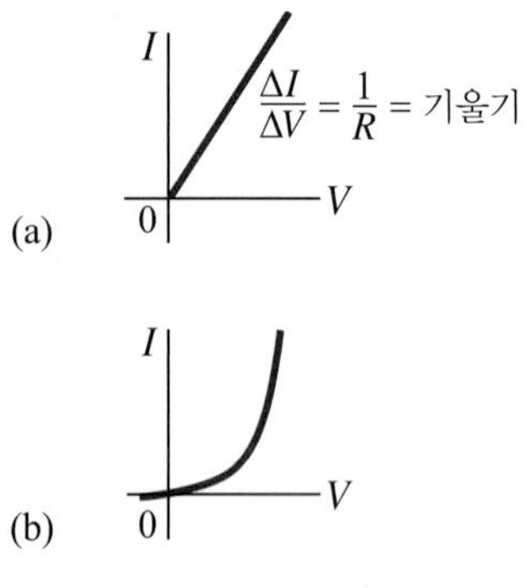

(a) I, V, 0, $\frac{\Delta I}{\Delta V} = \frac{1}{R}$ = 기울기

(b) I, V, 0

그림 18.8 전류 대 전압 그래프. (a) 옴 법칙을 따르는 금속 도체 (b) 반도체 다이오드와 같이 옴의 법칙을 따르지 않는 물질

저항의 단위는 **옴**(ohm)으로 Ω(오메가의 그리스어 대문자)라고 쓴다. $R = V/I$이므로 1.0 Ω은 1.0 V/A와 동일하다.

예제 18.2 손전등 전구의 저항

작은 손전등 전구(그림 18.9)가 1.5 V 전지에서 300 mA의 전류가 흐른다. (a) 전구의 저항은 얼마인가? (b) 전지가 약해져서 1.2 V로 떨어지면 전류는 얼마나 변하는가? 전구가 옴 법칙을 따른다고 가정한다.

접근 전구에 걸린 전압은 전지 전압이고 전구에 옴 법칙을 적용한다.

풀이 (a) 300 mA를 0.30 A로 바꾸고 식 18.2를 사용하면

$$R = \frac{V}{I} = \frac{1.5\text{ V}}{0.30\text{ A}} = 5.0\ \Omega$$

이다.

(b) 저항이 동일하면 전류는

$$I = \frac{V}{R} = \frac{1.2\text{ V}}{5.0\ \Omega} = 0.24\text{ A} = 240\text{ mA}$$

이며 60 mA 감소한다.

유의 (b)에서 전류가 감소하면 전구 필라멘트의 온도가 낮아져서 전구가 어두워진다. 또한 저항은 온도에 좌우되므로(18.4절 참조), 위의 계산은 단지 근삿값이다.

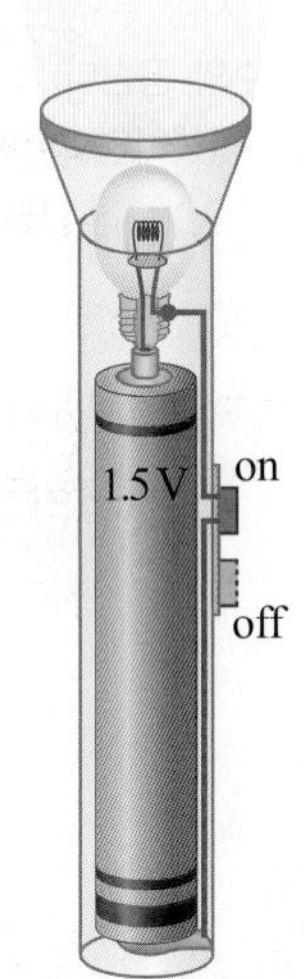

그림 18.9 플래시(예제 18.2). 회로가 측면의 띠를 따라 형성된 것에 주목하라.

연습 C 120 V가 걸렸을 때 0.50 A가 흐른다면 전구의 저항은 얼마인가?

히터, 전구, 스테레오 증폭기를 포함한 모든 전기 장치는 전류가 흐를 때 저항이 있다. 전구의 필라멘트(그림 18.5 참조)와 전기 히터는 저항 때문에 매우 뜨거워지는 특별한 종류의 도선이다. 일반적으로 도선의 저항은 필라멘트나 코일에 비해 저항이 매우 낮으므로 보통 도선은 전류 크기에 거의 영향을 미치지 않는다.†

전자 장치 안의 많은 회로에서 전류의 양을 조절하기 위해 **저항기**(resistor)를 사용한다. 저항기의 저항은 1옴 이하에서부터 수백만 옴까지이다(그림 18.10, 18.11). 가장 많은 종류는 가는 도선의 코일로 된 '도선 감기' 저항기, 보통 탄소로 만든 '복합' 저항기, 얇은 탄소나 금속으로 만든 저항기, 작은 IC 칩 위의 도핑하지 않은 반도체 등이다.

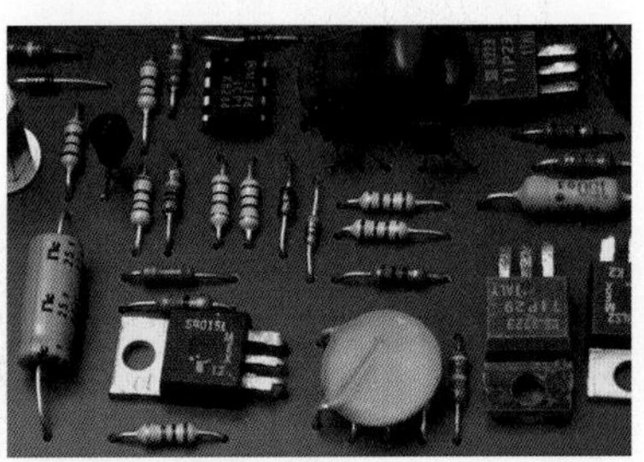

그림 18.10 회로 판 위의 줄무늬 표시 저항기와 여러 장비

회로도를 그릴 때 다음의 기호를 사용해서

 [저항기 기호]

저항을 표기한다. 저항이 무시할 만큼 작은 도선은 직선으로 표시한다. 그림 18.11과 표에 저항기의 저항을 표시하는 방법이 나와 있다.

† 도선에서 전하의 흐름은 중력을 받는 강이나 관에서 물의 흐름에 비유하는 것이 유용하다. 강 (또는 관)이 거의 수평이면 유량이 적다. 그러나 한쪽 끝이 높으면 유량(또는 흐름)이 커진다. 더 높을수록 흐름이 빨라진다. 17장에서 전위가 중력의 영향을 받는 절벽의 높이와 비슷한 것을 공부했다. 높아질수록 유량이 커지는 것과 완전히 동일하게 전위차 또는 전압이 커질수록 전류가 커진다. 도선의 저항은 물의 흐름을 방해하는 강의 바위와 비슷하다.

그림 18.11 저항기의 저항 값은 외부에 표시하거나 아래 그림과 표에서 보듯이 색 코드로 표시한다. 처음 두 색은 저항 값의 처음 두 숫자를 표시한다. 세 번째 색은 10의 거듭제곱으로 수와 곱한다. 네 번째 색은 오차이다. 예를 들면 저항기의 색 코드가 빨강, 초록, 노랑, 회색이면 $25 \times 10^4\ \Omega = 250{,}000\ \Omega = 250\ \mathrm{k\Omega}\ \pm 10\ \%$이다. [대체 코드 104는 $R = 1.0 \times 10^4\ \Omega$을 의미한다.

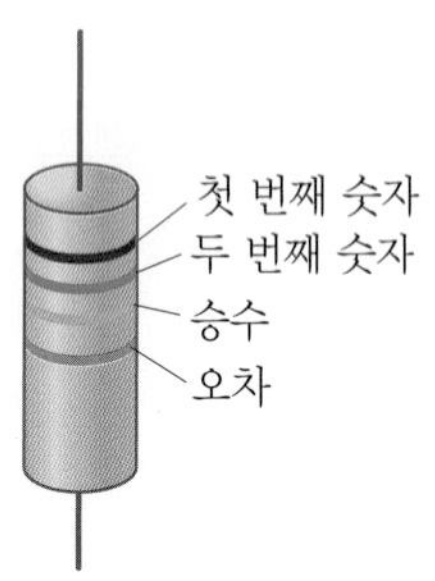

저항기 색 코드

색	숫자	승수	오차
검정	0	1	
갈색	1	10^1	1 %
빨강	2	10^2	2 %
주황	3	10^3	
노랑	4	10^4	
초록	5	10^5	
파랑	6	10^6	
보라	7	10^7	
회색	8	10^8	
흰색	9	10^9	
금색		10^{-1}	5 %
은색		10^{-2}	10 %
무색			20 %

몇몇 유용한 설명

여기서 몇몇 오해하기 쉬운 내용과 그에 대한 설명을 간략하게 요약한다. 전지는 일정한 전류를 방출하지 않는다. 대신 전지는 일정한 전위차를 유지하는 경향이 있다(자세한 내용은 다음 장에). 그래서 전지는 전압의 원천이라고 생각해야 한다. 전압은 도선이나 장비의 **양단에** 걸린다.

주의
전압을 소자에 인가하고, 전류는 소자에 흐른다.

전류는 전지에 연결된 도선이나 장비를 **통과**하고 크기는 장비의 저항에 좌우된다. 저항은 도선이나 장비의 **특성**이다. 반면에 전압은 도선이나 장비의 외부에 있고, 도선이나 장비의 양쪽 끝에 걸린다. 장비를 통과하는 전류는 '반응'이라고도 한다. $I = V/R$로 전압이 증가하거나 저항이 감소하면 전류는 증가한다.

전류는 방향이 있지만 벡터가 아니다. 가는 도선에서는 전류의 방향은 관에서 물이 곡선인 것과 마찬가지로 도선이 곡선이더라도 항상 도선에 평행하다. 전류의 방향은 높은(+) 전위에서 낮은(−) 전위로 향한다.

주의
전류는 소모되지 않는다.

전류와 전하는 도선이나 다른 장치를 통해 흐를 때 증가하거나 감소하지 않고, '소모되지' 않는다. 한쪽 끝으로 들어간 전하량은 다른 쪽 끝으로 나온다.

18.4 비저항

균일한 도선의 저항 R가 길이 ℓ에 비례하고 단면적 A에 반비례한다는 것이 실험적으로 입증됐다. 즉

$$R = \rho \frac{\ell}{A} \tag{18.3}$$

이다. 여기서 비례 상수 ρ는 **비저항**(resistivity)이라 하며, 물질에 따라 달라진다. 표 18.1의 가운뎃줄에 여러 물질에 대해 단위가 $\Omega \cdot \mathrm{m}$ (식 18.3)인, 전형적인 ρ의 값이

표 18.1 비저항과 온도 상수(20 °C)

물질	비저항 $\rho\,(\Omega \cdot \mathrm{m})$	온도 상수 $\alpha\,(°\mathrm{C})^{-1}$
도체		
은	1.59×10^{-8}	0.0061
구리	1.68×10^{-8}	0.0068
금	2.44×10^{-8}	0.0034
알루미늄	2.65×10^{-8}	0.00429
텅스텐	5.6×10^{-8}	0.0045
철	9.71×10^{-8}	0.00651
백금	10.6×10^{-8}	0.003927
수은	98×10^{-8}	0.0009
니크롬(니켈, 철 , 크로뮴 합금)	100×10^{-8}	0.0004
반도체†		
탄소(흑연)	$(3\sim60) \times 10^{-5}$	−0.0005
저마늄	$(1\sim500) \times 10^{-3}$	−0.05
실리콘	$0.1\sim60$	−0.07
절연체		
유리	$10^{9}\sim10^{12}$	
단단한 고무	$10^{13}\sim10^{15}$	

†적은 양의 불순물에 의해서도 값은 크게 달라진다.

나와 있다. 표는 **도체**, **절연체**, **반도체**에 따라 구분되어 있다(16.3절 참조). 값은 순도, 열처리, 온도, 그리고 다른 요인들에 따라 어느 정도 다르다. 은은 비싸긴 해도 비저항이 가장 낮아서 최상의 도체인 것에 주목하라. 구리는 비저항은 비슷한데 훨씬 더 싸서 대부분의 도선은 구리로 만들어진다. 알루미늄은 비저항은 높지만 구리보다 밀도가 훨씬 낮다. 그래서 같은 무게라면 구리보다 저항이 작으므로 전송선과 같은 경우 선호된다.‡

연습 D 479쪽 시작 질문으로 가서 다시 답을 해 보라. 처음과 답이 다르다면 그 이유를 설명해 보라.

연습 E 구리 도선의 저항은 10 Ω이다. 지름은 동일하고 길이가 반이라면 저항은 얼마인가? (a) 20 Ω (b) 10 Ω (c) 5 Ω (d) 1 Ω (e) 정답 없음

예제 18.3 스피커 도선

스테레오를 스피커에 연결한다고 생각하라(그림 18.12). (a) 도선의 길이가 20 m일 때, 도선 하나의 저항이 0.10 Ω 이하가 되려면 구리 도선의 지름은 얼마여야 하는가? (b) 스피커로 가는 전류가 4.0 A이면 각 도선 양단의 전위차 또는 전압 강하는 얼마인가?

접근 식 18.3을 풀어서 넓이 A를 구하고 $A = \pi r^2$에서 도선의 반지름을 계산한다. 지름은 $2r$이다. (b)에서는 옴 법칙 $V = IR$를 쓴다.

풀이 (a) 식 18.3을 풀어서 넓이 A를 구하고 표 18.1에서 구리의 ρ를 구한다.

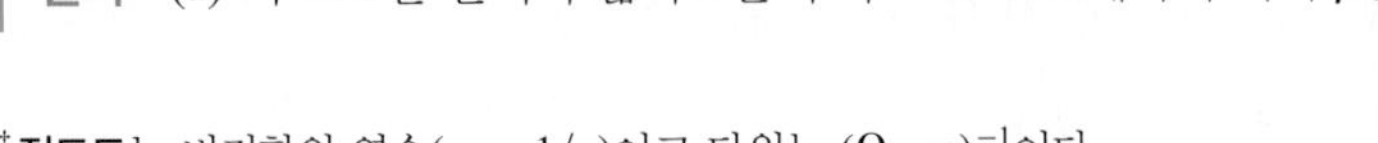

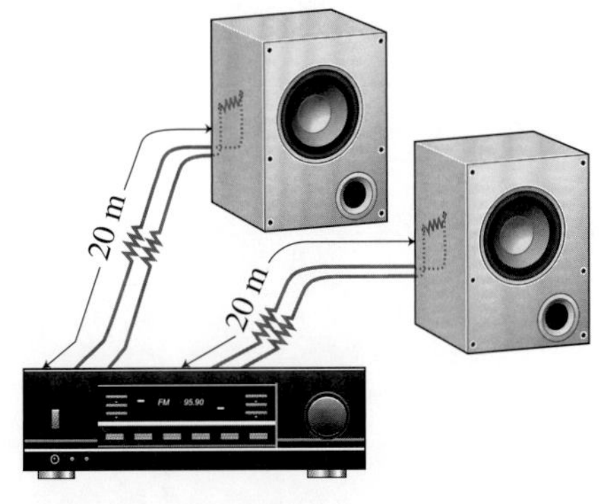

그림 18.12 예제 18.3

‡**전도도**는 비저항의 역수($\sigma = 1/\rho$)이고 단위는 $(\Omega \cdot \mathrm{m})^{-1}$이다.

$$A = \rho\frac{\ell}{R} = \frac{(1.68 \times 10^{-8}\,\Omega\cdot\text{m})(20\,\text{m})}{(0.10\,\Omega)} = 3.4 \times 10^{-6}\,\text{m}^2$$

원형 도선의 단면적 A는 $A = \pi r^2$이다. 반지름의 최솟값은

$$r = \sqrt{\frac{A}{\pi}} = 1.04 \times 10^{-3}\,\text{m} = 1.04\,\text{mm}$$

이다. 지름은 반지름의 두 배이므로 최소한 $2r = 2.1$ mm이다.

(b) $V = IR$에서 도선 양단의 전압 강하는

$$V = IR = (4.0\,\text{A})(0.10\,\Omega) = 0.40\,\text{V}$$

이다.

유의 도선 양단의 전압 강하는 스테레오 증폭기에서 스피커로 가는 전압을 떨어뜨린다. 그래서 소리의 크기가 조금 줄어든다.

연습 F 가정용 일반 구리 도선의 지름은 약 1.5 mm이다. 저항이 1.0 Ω인 도선의 길이는 얼마인가?

비저항의 온도 의존성

물질의 비저항은 온도에 따라 조금씩 달라진다. 일반적으로 금속의 저항은 온도에 따라 증가한다. 높은 온도에서는 원자가 더 빨리 움직이고 무질서하게 배열되므로 이는 놀랄 일이 아니다. 따라서 원자들이 전자의 흐름을 방해한다. 온도 변화가 크지 않으면 금속의 저항은 보통 온도에 비례해서 증가한다. 즉

$$\rho_T = \rho_0[1 + \alpha(T - T_0)] \qquad \textbf{(18.4)}$$

인데 여기서 ρ_0은 기준 온도 T_0(0 °C나 20 °C 등)에서의 비저항이고, ρ_T는 온도 T에서의 비저항이고, α는 **비저항의 온도 계수**(temperature coefficient of resistivity)이다. α의 값은 표 18.1에 나와 있다. 반도체의 온도 계수는 음일 수 있음에 주목하라. 왜? 반도체에서 보통은 자유 전자가 아닌 전자들의 일부가 높은 온도에서는 자유 전자가 되어서 전류에 기여한다고 보인다. 그러므로 온도가 증가하면 반도체의 저항은 감소할 수 있다.

예제 18.4 저항 온도계

온도에 따라 전기 저항이 변한다는 사실로부터 정밀한 온도 측정을 할 수 있다. 백금이 흔히 사용되는데 상대적으로 부식되지 않고 녹는점이 높기 때문이다. 20.0 °C에서 백금 저항 온도계의 저항이 164.2 Ω이라고 하자. 특정한 용액에 넣으면 저항이 187.4 Ω이다. 이 용액의 온도는 얼마인가?

접근 저항 R가 비저항 ρ에 비례하므로 식 18.3과 식 18.4를 결합하면 R를 온도 T의 함수로 구할 수 있고, 그 식을 T에 대해서 푼다.

풀이 식 18.3에서 $R = \rho\ell/A$이므로 식 18.4에 (ℓ/A)를 곱하면

$$R = R_0[1 + \alpha(T - T_0)]$$

이다. 여기서 $R_0 = \rho_0\ell/A$은 $T_0 = 20.0$ °C에서의 도선의 저항이다. 이 식을 T에 대해서 풀면(표 18.1의 α 참조) 다음과 같다.

$$T = T_0 + \frac{R - R_0}{\alpha R_0} = 20.0°\text{C} + \frac{187.4\,\Omega - 164.2\,\Omega}{(3.927 \times 10^{-3}(°\text{C})^{-1})(164.2\,\Omega)}$$
$$= 56.0°\text{C}$$

유의 저항 온도계는 기체나 액체 온도계를 쓸 수 없는 매우 높거나 낮은 온도에서도 사용할 수 있는 장점이 있다.

유의 어떤 경우에는 더 편리한 것이 **서미스터**(thermistor; 그림 18.13)이다. 이것은 저항이 온도에 따라 반복적으로 변하는 산화 금속이나 반도체로 구성된다. 서미스터는 아주 작고 온도 변화에 매우 빠르게 반응하도록 만들 수 있다.

그림 18.13 밀리미터 자 옆에 보이는 길이가 겨우 13 mm인 서미스터

연습 G 흔한 백열등 전구의 텅스텐 필라멘트의 저항은 운전 온도 2800 K에서는 실온에서보다 몇 배 더 큰가? (a) 1 % 이하 더 크다. (b) 약 10 % 더 크다. (c) 약 두 배 더 크다. (d) 약 10배 더 크다. (e) 100배 이상 더 크다.

식 18.4의 α값 자체가 온도에 따라 달라지므로 온도 적용 영역을 확인 하는 것이 중요하다. 온도 영역이 넓으면 식 18.4는 적절하지 않고, 온도의 제곱이나 세제곱에 비례하는 항이 필요하다. 그러나 이 항들은 $T - T_0$이 크지 않으면 일반적으로 매우 작다.

18.5 전력

전기 에너지는 다른 형태의 에너지로 쉽게 변환될 수 있어서 유용하다. 모터는 전기 에너지를 역학적 에너지로 변환하며 20장에서 설명한다.

전기 히터, 난로, 토스터, 헤어드라이어 등의 장치들은 전기 에너지를 '전열선'이라는 도선의 저항을 이용해 열에너지로 변환한다. 작은 전구에서는 도선의 필라멘트가 매우 뜨거워져서 빛을 낸다(그림 18.5와 시작 질문의 사진 참조). 에너지의 몇 %만이 빛으로 변환되고 나머지 90 % 이상은 열에너지로 변환된다. 전구 필라멘트와 전열선 (그림 18.14)의 저항은 몇 옴에서 몇 백 옴이다.

그림 18.14 전류에 의해 변환된 에너지 때문에 뜨거운 전기 버너가 빛을 낸다.

이런 장치들에서는 전기 에너지가 열에너지나 빛으로 변환되고, 움직이는 전자와 도선의 원자 사이에 많은 충돌이 일어난다. 충돌 과정에서 전자의 운동 에너지 일부가 충돌한 원자에 이전된다. 그 결과로 도선 원자의 운동 에너지가 증가해서 도선의 온도가 올라간다(13.9절 참조). 증가한 열에너지는 열로서 전도와 대류를 통해 히터나 냄비 안의 음식 속에 있는 공기로 이전되고, 토스터의 빵에는 복사에 의해 이전되고, 빛으로 방사도 된다.

전기 장치에 의해 변환된 전력을 구하기 위해, 전하 Q가 전위차 V를 이동할 때 변환되는 에너지는 QV라는 것을 기억하라(식 17.3 참조). 그러면 에너지가 변환되는 비율인 전력 P는

$$P = \frac{\text{변환된 에너지}}{\text{시간}} = \frac{QV}{t}$$

이다. 초당 흐르는 전하 Q/t가 전류 I이다. 그래서

$$P = IV \tag{18.5}$$

이다. 여기서 I는 장치를 지나는 전류이고 V는 장치 양단의 전위차인데, 이 일반식에서 장치에 의해 변환되는 전력을 알 수 있다. 또한 전지 등의 전원에 의해 전달되는 전력도 알 수 있다. 전력의 SI 단위는 다른 종류의 일률과 같은 **와트**(1 W = 1 J/s)이다.

저항 R에서 에너지가 변환되는 비율의 표시 방법은 둘인데, 일반적인 식 $P = IV$에서 출발해서 옴의 법칙 $V = IR$를 대입하면

$$P = IV = I(IR) = I^2R \tag{18.6a}$$

$$P = IV = \left(\frac{V}{R}\right)V = \frac{V^2}{R} \tag{18.6b}$$

이다. 식 18.6a와 b는 저항기에만 적용되는 반면에 식 18.5 $P = IV$는 더 일반적이어서 모든 장치에 적용된다.

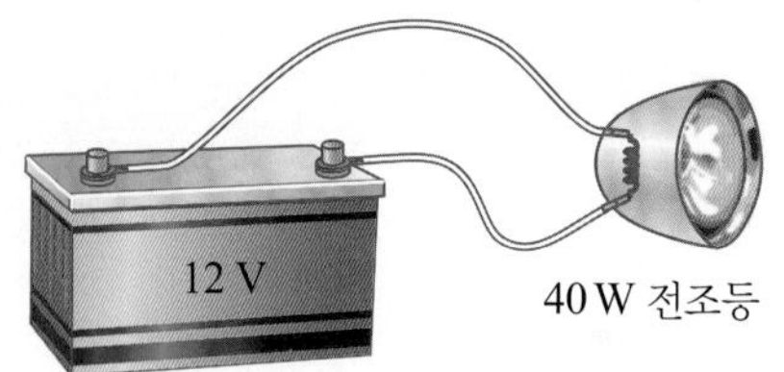

그림 18.15 예제 18.5

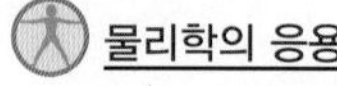

물리학의 응용

처음에 전구를 켤 때 끊어지는 이유는 무엇일까?

예제 18.5 전조등

12 V, 40 W 자동차 전조등의 저항을 계산하라(그림 18.15).

접근 식 18.6b를 R에 대해 푼다.

풀이 식 18.6b로부터 다음과 같이 구할 수 있다.

$$R = \frac{V^2}{P} = \frac{(12\text{ V})^2}{(40\text{ W})} = 3.6\,\Omega \tag{18.6b}$$

유의 이것은 40 W에서 전구가 밝게 빛날 때의 저항이다. 전구가 차가우면, 식 18.4와 연습 G에서 보듯이 저항은 훨씬 작다. 저항이 작을 때 전류는 크므로 전구는 처음 켤 때 대부분 끊어진다.

주의

여러분은 전력이 아니라 에너지(= 전력 × 시간)에 대한 요금을 지불한다.

전기 요금은 전력이 아니라 에너지에 대한 요금이다. 전력은 에너지가 변환되는 **비율**이므로 장치가 사용한 전체 에너지는 단순히 소비 전력과 사용 시간의 곱이다. 전력의 단위는 와트이고 시간의 단위는 초라면 1 W = 1 J/s이므로 에너지의 단위는 줄이다. 보통 전기 회사는 에너지를 더 큰 단위인 **킬로와트시**(kilowatt-hour; kWh)로 표시한다. 1 kWh = 1000 W × 3600 s = 3.60×10^6 J이다.

예제 18.6 전기 히터

전기 히터가 120 V, 15.0 A를 쓴다. 하루에 세 시간 동작하고 요금이 kWh당 9.2센트라면 필요한 전력은 얼마이고 한 달(30일) 요금은 얼마인가?

접근 식 18.5 $P = IV$를 사용하여 전력을 구한다. 전력(kW)과 한 달 동안 사용한 시간(h)

을 곱하고 kWh당 0.092달러를 곱하여 한 달 요금을 구한다.

풀이 전력은

$$P = IV = (15.0\text{ A})(120\text{ V}) = 1800\text{ W} = 1.80\text{ kW}$$

이다. 한 달 히터 사용 시간은 (3.0 h/d)(30 d) = 90 h이고, 9.2센트/kWh이면 요금은 이 히터에만 (1.80 kW)(90 h)($0.092/kWh) = $15이다.

유의 실제로는 가정 전류는 교류(ac)이지만 V와 I를 18.7절에서 논의할 적절한 평균값(rms)으로 여기면 유효하다.

예제 18.7 추산 번개

 물리학의 응용

번개

번개는 자연 현상 중 전류의 멋진 예이다(그림 18.16). 많은 유형의 번개가 있지만 전형적인 유형은 약 0.2 s 동안 10^9 J의 에너지를 5×10^7 V의 전위차를 건너 전달한다. 이 정보를 사용해서 (a) 구름에서 지면으로 전달되는 전하의 총량, (b) 번개의 전류, (c) 0.2 s 동안 전달되는 평균 전력을 추정하라.

접근 퍼텐셜 에너지의 변화는 식 17.3으로부터 전위차 ΔV와 전하 Q의 곱임을 기억하면서 전하 Q를 추정한다. ΔPE와 전달된 에너지를 같이 놓으면 $\Delta\text{PE} \approx 10^9$ J이다. 다음에 전류 $I = Q/t$(식 18.1)이고 전력 P는 에너지/시간이다.

풀이 (a) 식 17.3에서 변환된 에너지는 $\Delta\text{PE} = Q\,\Delta V$이다. Q에 대해 풀면

$$Q = \frac{\Delta\text{PE}}{\Delta V} \approx \frac{10^9\text{ J}}{5 \times 10^7\text{ V}} = 20\text{ C}$$

이다.

(b) 0.2 s 동안의 전류는

$$I = \frac{Q}{t} \approx \frac{20\text{ C}}{0.2\text{ s}} = 100\text{ A}$$

이다.

(c) 전달되는 평균 전력을 계산하면 다음과 같다.

$$P = \frac{\text{에너지}}{\text{시간}} = \frac{10^9\text{ J}}{0.2\text{ s}} = 5 \times 10^9\text{ W} = 5\text{ GW}$$

식 18.5를 써도 다음과 같이 구할 수 있다.

$$P = IV = (100\text{ A})(5 \times 10^7\text{ V}) = 5\text{ GW}$$

유의 대부분의 번개는 몇 단계로 일어나는데 각 부분이 위에서 계산한 100 A보다 훨씬 더 큰 전류를 운반할 수 있다.

그림 18.16 예제 18.7

연습 H 1 kWh = 3.6×10^6 J이므로 동일한 양의 일을 하려면 얼마의 질량이 중력에 반하여 1미터를 상승해야 하는가?

18.6 가정용 회로의 전력

물리학의 응용
안전-도선이 뜨거워진다.

물리학의 응용
퓨즈, 회로 차단기, 합선

집이나 건물에서 등이나 가전제품에 전기를 운반하는 도선의 저항은 매우 작다. 그럼에도 불구하고 전류가 충분히 크면 도선이 뜨거워져서 저항이 R이면 I^2R의 비율로 열에너지를 생산한다. 따라서 건물 벽 속에 매설된 도선이 전류에 의해 뜨거워져서 화재가 날 위험성이 도사린다. 굵은 도선은 저항이 작아서(식 18.3) 전류가 커도 그리 뜨거워지지 않는다. 도선의 전류가 안전 기준을 넘으면 '과부하'가 걸렸다고 한다. 과부하를 방지하기 위해 회로에 **퓨즈**(fuse)나 **회로 차단기**(circuit breaker)가 설치된다. 이것들은 기본적으로 전류가 안전 기준을 넘으면 회로를 개방하는 스위치이다(그림 18.17). 예를 들면 20 A의 퓨즈나 회로 차단기는 전류가 20 A를 넘으면 개방시킨다. 회로에서 반복적으로 퓨즈가 타거나 차단기를 개방하여 20 A 이상을 요구하는 장비에 연결되지 않으면 두 가지 가능성이 있다. 전류를 쓰는 장치가 너무 많이 회로에 연결되어 있거나, '합선'과 같은 무슨 문제가 생긴 것이다. 합선의 의미는 닿으면 안 될 두 도선이 닿아서 (절연체가 닳는 등의 이유로) 전류의 경로가 저항이 작은 쪽으로 단축되는 것이다. 저항이 작아지면 전류가 매우 커지고 도선이 충분히 뜨거워져서 화재가 발생한다. 합선은 즉시 해결해야 한다.

가정용 회로는 연결된 다양한 장치들이 전기 회사에서 표준 전압(한국의 경우 120 V)에 맞추어 설계된다(그림 18.18). 연결된 장치들이 그림 18.18과 같이 배열된 회로를 **병렬 회로**라고 하며 다음 장에서 논의한다. 퓨즈가 타거나 회로 차단기가 열리면 각 장치들이 쓰는 전류의 합인 전체 전류를 검사하는 것이 중요하다.

예제 18.8 **퓨즈가 터질까?**

그림 18.18에서 회로의 장치들이 쓰는 전체 전류를 구하라.

접근 각 장치에는 동일한 120 V가 걸린다. 전원에서 각 장치에 공급되는 전류는 $I = P/V$ (식 18.5)에서 구한다.

풀이 그림 18.18의 회로가 쓰는 전류는 다음과 같다. 전구 $I = P/V = 100\text{ W}/120\text{ V} = 0.8\text{ A}$, 히터 1800 W/120 V = 15.0 A, 증폭기 175 W/120 V = 1.5 A, 헤어드라이어 1500 W/120 V = 12.5 A 장치들이 동시에 쓰는 전체 전류는 다음과 같다.

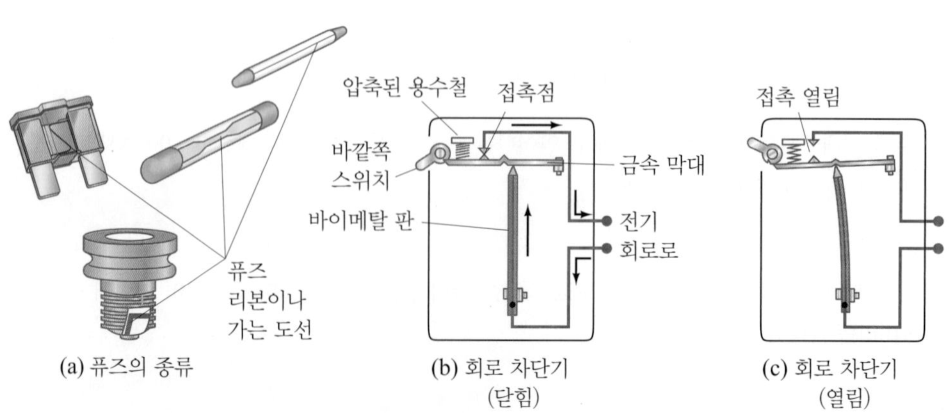

그림 18.17 (a) 퓨즈들. 전류가 특정한 값을 넘으면 안쪽의 금속 리본이나 도선이 녹아서 회로를 개방시킨다. 퓨즈는 교체해야 한다. (b) 회로 차단기의 한 종류. 전류가 바이메탈 판을 지난다. 전류가 안전 기준을 넘으면 뜨거워진 바이메탈 판이 왼쪽으로 휘어서 용수철이 연결된 금속 막대의 노치(홈)이 바이메탈 판의 끝으로 떨어진다. (c) 그래서 회로가 접촉점(하나는 막대에 달려있다)에서 개방되고 바깥쪽 스위치도 내려간다. 바이메탈 판이 식으면 바깥쪽 스위치를 다시 올린다. 더 나은 자석형 회로 차단기가 20장과 21장에서 논의된다.

$$0.8\text{ A} + 15.0\text{ A} + 1.5\text{ A} + 12.5\text{ A} = 29.8\text{ A}$$

유의 히터는 100 W 전구 18개와 같은 전류를 쓴다. 안전을 위해서 히터는 따로 써야할 것이다.

그림 18.18의 회로에 20 A의 퓨즈를 쓰면 퓨즈는 터져야 한다. 도선이 뜨겁게 과열되어 화재가 일어나는 것을 예방하기 위해서이다. 이 회로가 20 A 이하가 되도록 무엇인가를 꺼야 한다. 집이나 아파트에는 보통 몇 개의 회로가 있고 각 회로마다 퓨즈 또는 회로 차단기가 있다. 장치 중의 일부를 다른 회로로 옮겨 보자. 회로가 굵은 도선과 30 A 퓨즈를 쓰면 퓨즈는 터지지 않는다. 만약 터진다면 합선 때문일 것이다. 합선이 일어날 가능성이 가장 높은 곳은 장치에 달린 줄이다. 전류를 공급하는데 사용된 도선에 따라 적절한 규격의 퓨즈를 선택한다. 자동차에서도 퓨즈 규격을 **절대로** 올리면 안 된다. 퓨즈가 터지거나 회로 차단기가 열리는 것은 스위치를 열어서 '열린 회로'를 만드는 것과 같다. 열린 회로라는 것은 완전한 전도 경로가 없어서 마치 $R = \infty$인 것처럼 전류가 더 이상 흐르지 않는다는 것을 의미한다.

연습 I 20 A의 도선으로 60 W, 120 V 전구 몇 개를 쓸 수 있는가?
(a) 2 (b) 3 (c) 6 (d) 20 (e) 40

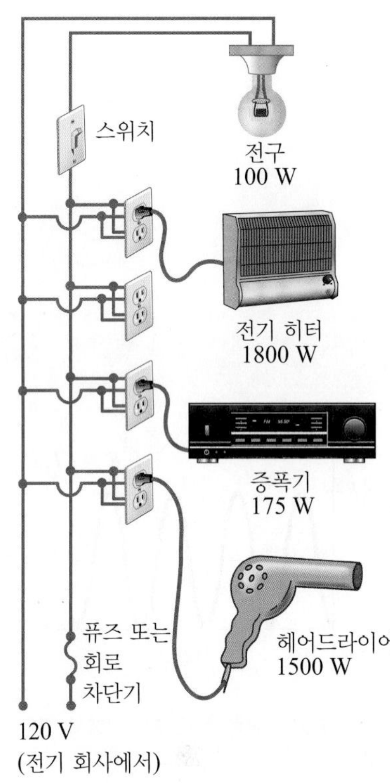

그림 18.18 가전제품의 연결

18.7 교류

전지를 회로에 연결하면 전류는 한 방향으로 흐른다. 이것을 **직류**(direct current, **dc**)라고 한다. 그러나 발전소의 발전기는 **교류**(alternating current, **ac**)를 생산한다. (대문자 DC와 AC를 쓰기도 한다.) 교류는 방향이 변하고 일반적으로 사인꼴이다(그림 18.19). 도선의 전자는 먼저 한 방향으로 흐르고는 다른 방향으로 흐른다. 전기 회사에서 집이나 영업장에 공급하는 전류는 사실상 전 세계적으로 ac이다. 21장에서 교류 회로를 자세히 논의할 것이다. 그러나 교류 회로는 실생활에서 일반적이므로 여기서 교류 회로의 기본적인 특성을 논의한다.

발전기가 생산한 전압은 뒤에서 보듯이 사인꼴이다. 따라서 전류도 사인꼴이다(그림 18.19b). 전압을 시간의 함수로 다음과 같이 쓸 수 있다.

$$V = V_0 \sin 2\pi f t = V_0 \sin \omega t \tag{18.7a}$$

전위 V는 $+V_0$과 $-V_0$ 사이에서 진동하며 V_0을 **봉우리 전압**(peak voltage)이라 한다. 진동수 f는 초당 완전한 진동이 이루어지는 횟수이며 $\omega = 2\pi f$이다. 대한민국에서는 f는 60 Hz이다('헤르츠'라는 단위는 8장과 11장에서 보듯이 초당 사이클을 의미). 많은 나라에서 50 Hz를 사용한다.

식 18.2($V = IR$)는 **ac**에서도 성립한다. 전압 V가 저항 R 양단에 걸리면 저항을 통과하는 전류 I는

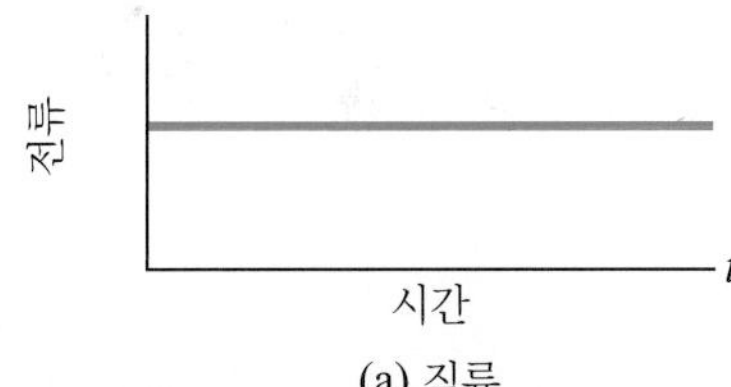

(a) 직류

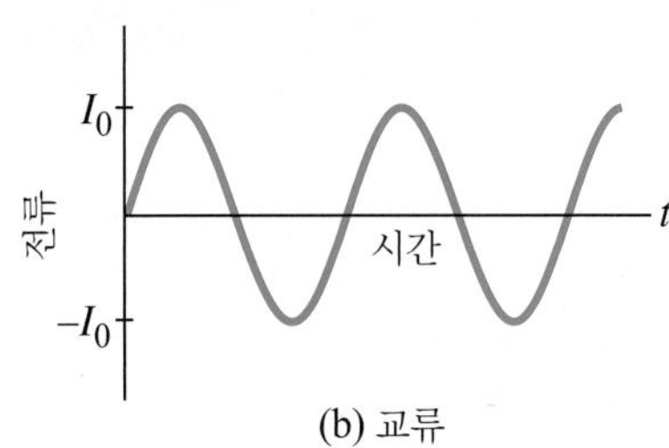

(b) 교류

그림 18.19 (a) 직류 전류 (b) 시간의 함수로서의 교류 전류

$$I = \frac{V}{R} = \frac{V_0}{R}\sin\omega t = I_0 \sin\omega t \tag{18.7b}$$

이다. $I_0 = V_0/R$이 **봉우리 전류**(peak current)이다. 전자가 한 방향으로 흐르면 전류는 양이고 반대 방향으로 흐르면 음이다. 그림 18.19b에서 교류는 양인만큼 음이기도 하다는 것이 분명하다. 그래서 평균 전류는 0이다. 그렇다고 전력이 필요 없거나 저항기에 열이 발생하지 않는다는 의미는 아니다. 전자는 앞뒤로 움직여서 열이 발생한다. 실제로 저항 R에서 어느 순간 변환되는 전력은 식 18.7b를 대입하면

$$P = I^2R = I_0^2 R \sin^2 \omega t$$

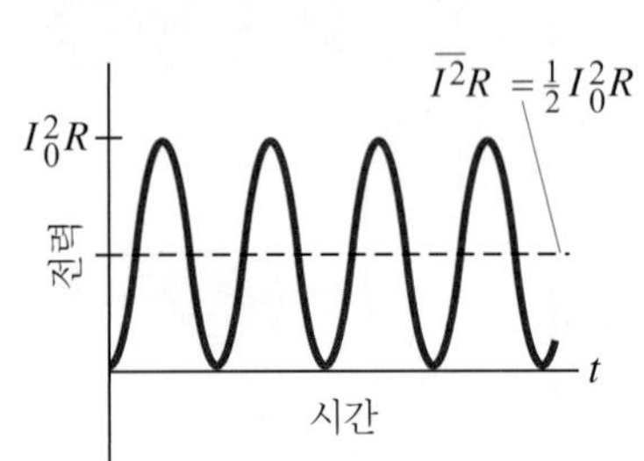

그림 18.20 교류 회로 저항기에서 변환되는 전력

이다. 전류를 제곱하기 때문에 그림 18.20에서 보듯이 전력은 항상 양이다. $\sin^2 \omega t$라는 양은 0과 1 사이에서 변하며 그림 18.20에서 보듯이 평균값은 $\frac{1}{2}$이다.† 그래서 변환되는 **평균 전력** $\overline{P}$는

$$\overline{P} = \tfrac{1}{2}I_0^2R$$

이다. 또한 전력은 $P = V^2/R = \left(V_0^2/R\right)\sin^2 \omega t$으로도 쓸 수 있으므로 평균 전력은

$$\overline{P} = \tfrac{1}{2}\frac{V_0^2}{R}$$

이기도 하다. 전류나 전압의 제곱의 평균값은 평균 전력의 계산에 중요하다. $\overline{I^2} = \frac{1}{2}I_0^2$과 $\overline{V^2} = \frac{1}{2}V_0^2$. 이 값들의 제곱근이 **rms**(제곱평균제곱근) 값이다.

$$I_{\text{rms}} = \sqrt{\overline{I^2}} = \frac{I_0}{\sqrt{2}} = 0.707\, I_0 \tag{18.8a}$$

$$V_{\text{rms}} = \sqrt{\overline{V^2}} = \frac{V_0}{\sqrt{2}} = 0.707\, V_0 \tag{18.8b}$$

V와 I의 rms 값은 가끔 **유효값**이라고 한다. 이들이 유용한 이유는 식 18.5와 18.6의 전력 식에 바로 넣어서 평균 전력을 구할 수 있기 때문이다.

$$\overline{P} = I_{\text{rms}} V_{\text{rms}} \tag{18.9a}$$

$$\overline{P} = \tfrac{1}{2}I_0^2 R = I_{\text{rms}}^2 R \tag{18.9b}$$

$$\overline{P} = \tfrac{1}{2}\frac{V_0^2}{R} = \frac{V_{\text{rms}}^2}{R} \tag{18.9c}$$

따라서 직류 V와 I는 교류 V와 I의 rms 값과 동일한 전력을 낸다. 그래서 보통 교류는 rms 값으로 표시하거나 측정한다. 예를 들면 한국에서는 전압이 교류 220 V이

†$\cos^2 \omega t$와 시간의 그래프는 그림 18.20의 $\sin^2 \omega t$ 그래프와 시간 축에서 $\frac{1}{4}$주기 이동한 것을 제외하면 동일하다. 그래서 $\sin^2$과 $\cos^2$을 하나 이상의 완전한 주기에서 평균하면 값이 같다. 삼각함수 항등식 $\sin^2\theta + \cos^2\theta = 1$에서

$$\overline{(\sin^2 \omega t)} + \overline{(\cos^2 \omega t)} = 2\overline{(\sin^2 \omega t)} = 1$$

이다. 그래서 $\sin^2 \omega t$의 평균값은 $\frac{1}{2}$이다.

다. 220 V는 V_{rms}이고 봉우리 전압 V_0은 $220 \times \sqrt{2} = 311$ V이다. 미국과 캐나다에서는 교류 120 V, 봉우리 전압 170 V이며 유럽, 호주, 아시아에서는 교류 240 V, 봉우리 전압 340 V이다. 전압은 부하에 따라 변한다. 진동수는 50 Hz 또는 60 Hz인데 매우 안정하다.

예제 18.9 **헤어드라이어**

(a) 120 V 교류에 연결된 1500 W 헤어드라이어(그림 18.21)에서 저항과 봉우리 전류를 계산하라. (b) 이것을 영국에서 240 V에 연결하면 무슨 일이 일어나는가?

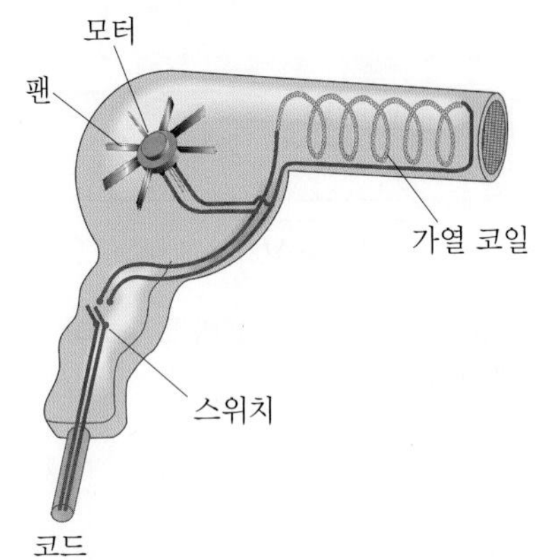

그림 18.21 헤어드라이어. 대부분의 전류는 순수 저항인 전열선 코일을 통해 흐르고, 약간의 전류가 팬을 돌리는 모터로 간다. 예제 18.9

접근 $\overline{P}$와 V_{rms}가 주어졌으므로 $I_{rms} = \overline{P}/V_{rms}$ (식 18.9a 또는 18.5)이고, $I_0 = \sqrt{2}\, I_{rms}$이다. 그리고는 $V = IR$에서 R를 구한다.

풀이 (a) 식 18.9a를 풀어서 rms 전류를 구하면

$$I_{rms} = \frac{\overline{P}}{V_{rms}} = \frac{1500\text{ W}}{120\text{ V}} = 12.5\text{ A}$$

이다. 그러면

$$I_0 = \sqrt{2}\, I_{rms} = 17.7\text{ A}$$

이다. 저항은

$$R = \frac{V_{rms}}{I_{rms}} = \frac{120\text{ V}}{12.5\text{ A}} = 9.6\ \Omega$$

이다. 저항은 봉우리 값으로도 잘 계산할 수 있어서 다음과 같이 구할 수 있다.

$$R = \frac{V_0}{I_0} = \frac{170\text{ V}}{17.7\text{ A}} = 9.6\ \Omega$$

(b) 240 V에 연결하면 전류가 커지고 온도가 올라가 저항이 변한다(18.4절 참조). 그러나 변환되는 전력을 동일한 9.6 Ω 저항에서 추정해 보자. 평균 전력은

$$\overline{P} = \frac{V_{rms}^2}{R} = \frac{(240\text{ V})^2}{(9.6\ \Omega)} = 6000\text{ W}$$

이다. 이것은 헤어드라이어의 전력 규격의 네 배라서 전열선이나 모터의 도선을 바로 녹일 것이다.

이 절에서는 교류의 기본적 특성에 대해서 간략히 소개했다. 21장에서 교류 회로에 대해 자세히 논의할 것이다. 19장에서는 직류 회로만 다룰 것이다.

18.8 전류의 미시적 관점

전류의 간단한 모형을 원자와 전자의 미시적 관점에서 분석하는 것이 유용할 수 있다. 예를 들면 도선에서 자유 전자가 고속으로 이리저리 움직이고 도선의 원자와 충돌(13.8~13.10절 기체 분자처럼)한다고 생각할 수 있다. 도선에 전기장이 있으면(그림 18.22), 전자는 힘을 받아 가속되기 시작한다. 그러나 곧 일정한 평균 속도, 즉 **유**

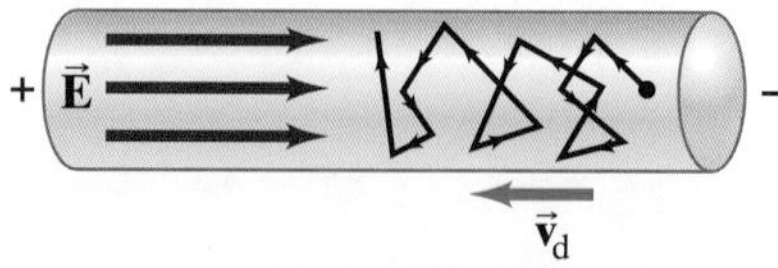

그림 18.22 도선의 전기장 $\vec{\mathbf{E}}$는 마구잡이 운동하는 전자에 유동 속도 $\vec{\mathbf{v}}_d$를 더해 준다. 전자는 음전하이므로 $\vec{\mathbf{v}}_d$는 $\vec{\mathbf{E}}$의 방향에 반대인 점에 주목하라($\vec{\mathbf{F}} = q\vec{\mathbf{E}}$).

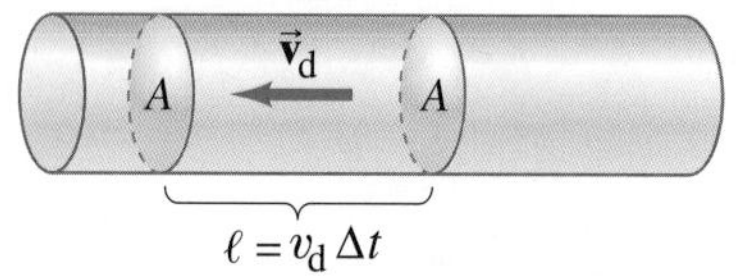

그림 18.23 부피 $A\ell$ 안의 전자는 Δt 동안 표시된 단면적 A를 통과한다. 여기서 $\ell = v_d \Delta t$이다.

동 속도(drift velocity) v_d에 도달한다(도선의 원자와의 충돌로 더 이상 가속되지 않는다). 유동 속도는 보통 전자의 평균 마구잡이 속력보다 매우 느리다.

v_d를 도선의 거시적 전류 I와 연결시킬 수 있다. Δt 동안 전자는 평균적으로 거리 $\ell = v_d \Delta t$를 이동한다. 도선의 단면적은 A라고 생각하라. 그러면 Δt 동안 부피 $V = A\ell = Av_d \Delta t$ 안의 전자는 그림 18.23에서 보듯이 도선의 단면적 A를 통과한다. 단위 부피당 n개의 자유 전자(전하의 크기 e)가 있으면 전자의 전체 개수는 $N = nV$(V는 전압이 아니라 부피)이고, Δt 동안 넓이 A를 통과하는 전체 전하 ΔQ는

$$\begin{aligned}\Delta Q &= (\text{전하의 수}, N) \times (\text{입자당 전하}) \\ &= (nV)(e) = (nAv_d \,\Delta t)(e)\end{aligned}$$

이다. 그래서 도선의 전류 I의 크기는

$$I = \frac{\Delta Q}{\Delta t} = neAv_d \tag{18.10}$$

이다.

예제 18.10 도선 안의 전자 속력

지름 3.2 mm의 구리 도선에 5.0 A의 전류가 흐른다. 자유 전자의 유동 속도를 구하라. 구리 원자당 전자 하나가 자유롭게 움직인다고 가정하라(나머지는 원자에 묶여 있다).

접근 단위 부피당 자유 전자의 수 n을 구할 수 있으면 식 18.10을 적용하여 유동 속도 v_d를 구한다. 원자당 자유 전자가 하나라고 가정하므로 전자의 밀도 n은 단위 부피당 구리 원자의 밀도와 동일하다. 구리의 원자 질량은 63.5 u(부록 H 주기율표 참조)이므로 63.5 g의 구리 원자에는 1몰 또는 6.02×10^{23}개의 자유 전자가 있다. $n = N/V$에서 이만한 양의 구리의 부피 V를 구하려면 구리의 질량 밀도를 사용한다(표 10.1). $\rho_D = m/V = 8.9 \times 10^3\ \text{kg/m}^3$이다. 비저항의 ρ와 구별하기 위해 여기서는 ρ_D를 사용한다.

풀이 단위 부피당 자유 전자의 수 $n = N/V$는 (여기서 V = 부피 = m/ρ_D)

$$n = \frac{N}{V} = \frac{N}{m/\rho_D} = \frac{N(1\text{ mole})}{m(1\text{ mole})}\rho_D$$

$$n = \left(\frac{6.02 \times 10^{23}\text{ 전자}}{63.5 \times 10^{-3}\text{ kg}}\right)(8.9 \times 10^3\text{ kg/m}^3) = 8.4 \times 10^{28}\text{ m}^{-3}$$

이다. 도선의 단면적은 $A = \pi r^2 = \pi(1.6 \times 10^{-3}\text{ m})^2 = 8.0 \times 10^{-6}\text{ m}^2$이다. 그러면 식 18.10에 의해 유동 속도의 크기는

$$\begin{aligned}v_d &= \frac{I}{neA} = \frac{5.0\text{ A}}{(8.4 \times 10^{28}\text{ m}^{-3})(1.6 \times 10^{-19}\text{ C})(8.0 \times 10^{-6}\text{ m}^2)} \\ &= 4.6 \times 10^{-5}\text{ m/s} \approx 0.05\text{ mm/s}\end{aligned}$$

이다.

유의 금속 안에서 돌아다니는 전자의 실제 속력은 20 °C에서 1.6×10^6 m/s로 추정되며 유동 속도보다 매우 빠르다.

도선의 전자의 유동 속도는 예제 18.10에서 겨우 0.05 mm/s이며 전자가 1 m를 이동하는 데 20×10^3 s 또는 5시간 반 걸린다는 의미이다. 이것이 '전기가 이동하는 속도'는 아니다. 스위치를 올리면 몇 미터 떨어져 있어도 불은 순간적으로 켜진다. 왜? 전기장은 본질적으로 빛의 속력(3×10^8 m/s)으로 이동하기 때문이다. 도선의 전자를 물이 가득 찬 관으로 생각할 수 있다. 한쪽 끝에 물이 조금 들어가면 다른 쪽에서 물이 즉시 나온다.

18.9 초전도 현상

0 °C보다 훨씬 낮은 온도에서, 특정 금속과 화합물 또는 합금의 비저항(18.4절)이 가장 정밀한 기술로 측정한 결과 0이 된다. 이런 물질을 **초전도체**(superconducting)라고 한다. 이 현상은 1911년에 수은을 4.2 K(−269 °C) 이하로 냉각시키면서 온즈(H. K. Onnes, 1853~1926)에 의해 처음으로 관측됐는데 수은의 저항이 갑자기 0으로 떨어졌다. 일반적으로 초전도 현상은 보통 절대 온도 0 K에서 몇 도 이내인 **전이 온도** 또는 **임계 온도** T_C 이하에서 나타난다. 반지 모양의 초전도체의 전류는 전위차가 없어도 측정될 정도의 감소 없이 몇 년 동안 흐르는 것이 관측됐다. 측정에 의하면 초전도체의 비저항 ρ는 4×10^{-25} Ω · m 이하인데 구리의 10^{16}분의 1이고 실제적으로 0이라고 생각된다(그림 18.24).

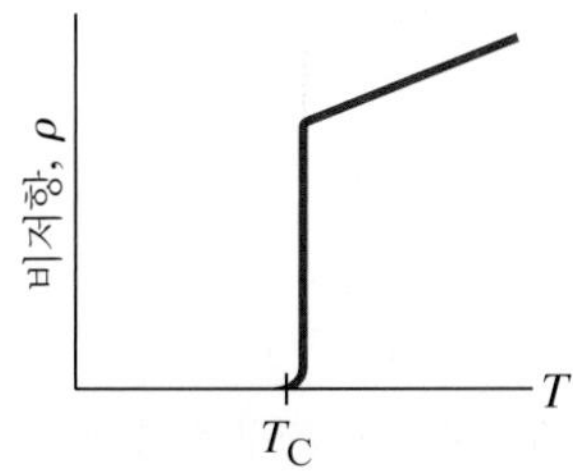

그림 18.24 온도가 임계 온도인 T_C 이하가 되면 초전도체의 비저항은 0이 된다. T_C 이상에서는 비저항이 '정상적'인 값으로 점프하여 대부분의 물질들처럼 온도가 높아지면 증가한다(식 18.4).

1986년 이전에는 초전도체가 되는 가장 높은 온도가 23 K였고, 액체 헬륨으로 냉각시켜야 했다. 1987년에 90 K에서 초전도체가 되는 이트륨, 바륨, 구리, 산소의 화합물(YBCO)이 개발됐다. 이 온도는 액체 질소의 끓는점 77 K 이상이므로 액체 질소로 냉각시켜도 물질이 충분히 초전도체가 된다. 액체 질소는 처음 초전도체에 필요했던 액체 헬륨보다 훨씬 더 쉽고 값싸게 얻을 수 있으므로 이것은 중요한 돌파구였다. 화합물이 깨지기 쉽기는 해도 온도 160 K에서 초전도 현상이 보고된 적도 있다.

도선으로 사용할 높은 T_C 초전도체(20.7절 '초전도체 전자석'의 도선과 같은)를 개발하기 위해 오늘날 많은 분야에서 산화비스무트 · 스트론튬 · 칼슘 · 구리(BSCCO)를 사용한다. 핵심 과제는 잘 부러지는 BSCCO로 사용할 수 있고 휘어질 수 있는 도선을 만드는 것이다. 해결책 중 하나는 높은 T_C의 초전도체로 만든 작은 필라멘트를 저항이 있기는 하지만 보통의 구리 도선보다는 훨씬 작은 합금에 끼워 넣는 것이다.

종합 문제

객관식

1. 전구를 전지에 연결하면 밝게 빛난다. 전지의 극을 바꾸어 전구에 다시 연결하면 빛은 어떻게 되는가?
   (a) 더 밝아진다. (b) 어두워진다.
   (c) 동일하다. (d) 꺼진다.

2. 전지를 전구에 적절히 연결하면 전구를 통해 전류가 흘러서 빛을 낸다. 전구와 비교해 전지를 통해 흐르는 전류는 어떤가?
   (a) 더 많다.
   (b) 더 적다.
   (c) 같다.
   (d) 전류가 전구를 통해 흐르지 않는다.

3. 다음 중 옴 법칙에 대한 설명으로 옳은 것은?
   (a) 옴 법칙은 도선을 통해 흐르는 전류와 도선 양단의 전압과의 관계이다.
   (b) 옴 법칙은 모든 물질에 대해 성립한다.
   (c) 옴 법칙이 성립하는 모든 물질은 온도와 관계없다.
   (d) 옴 법칙은 물리학의 기본 법칙이다.
   (e) 옴 법칙은 초전도체에 대해 성립한다.

4. 전자는 전지에서 전구로 에너지를 운반한다. 전자가 전지에 도달하면 어떤 일이 일어나는가?
   (a) 소모된다.
   (b) 전구에 남는다.
   (c) 빛으로 방사된다.
   (d) 들어온 전자보다 작은 수의 전자가 전구를 떠난다.
   (e) 정답 없음

5. 그림 18.25에서 전류가 최대인 곳은 어디인가?
   (a) (b) (c) (d) (e) 모두 같다.

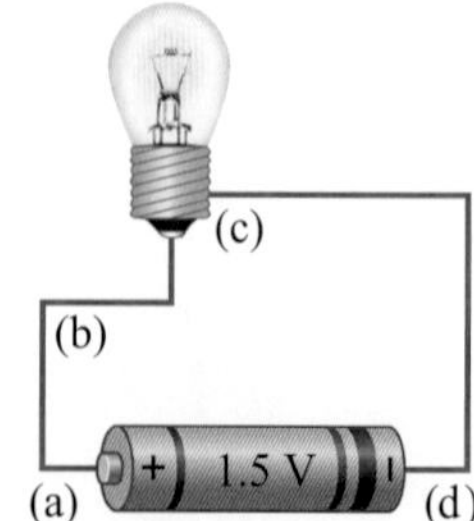

그림 18.25 객관식 5

6. 어떤 물질이나 장치 양단의 전압을 두 배로 하면 전류가 세 배로 증가한다. 어떤 결론을 내릴 수 있는가?
   (a) 전류가 증가할 때 전압도 증가하므로 옴 법칙이 성립한다.
   (b) 이 경우 옴 법칙은 성립하지 않는다.
   (c) 이 상황은 옴 법칙과 관계없다.

7. 전류가 저항기를 통해 흐르면
   (a) 전하의 일부가 저항기에서 소모된다.
   (b) 전류의 일부가 저항기에서 소모된다.
   (c) (a)와 (b) 모두 참이다.
   (d) (a)와 (b) 모두 참이 아니다.

8. 킬로와트시는 무엇의 단위인가?
   (a) 에너지가 변환되는 비율
   (b) 전력
   (c) 에너지의 양
   (d) 초당 사용되는 전력의 양

9. 단일 회로에서 너무 많은 전기 장치를 사용할 때 회로 차단기가 작동하는 이유는?
   (a) 전압이 너무 높아지기 때문에
   (b) 전류가 너무 높아지기 때문에
   (c) 저항이 너무 높아지기 때문에
   (d) 회로에 아무리 많은 전기 장치를 사용해도 회로 차단기는 작동하지 않는다.

10. 새가 고압선에 앉아도 아무 일도 일어나지 않는데, 사람은 사다리가 고압선에 닿지 않도록 경고한다. 이 차이는 무엇인가?
   (a) 사람에 비해 새는 내부 저항이 극히 크다.
   (b) 새의 두 다리 사이에는 전압 강하가 거의 없지만, 고압선에 닿는 사다리 꼭대기와 지면 위의 사다리 바닥 사이에는 전압 강하가 매우 크다.
   (c) 위험한 전류는 땅에서만 온다.
   (d) 대부분의 새는 상황을 이해한다.

주관식

18.2, 18.3 전류, 저항, 옴 법칙

(Note: 전자 하나의 전하는 1.60×10^{-19} C이다.)

1. (I) 1.60 A의 전류가 도선에 흐른다. 초당 도선의 어떤 점을 지나 흐르는 전자의 수는 얼마인가?

2. (I) 전기 충전소에서는 전지를 이용하여 6.7 A의 전류를 5.0 시간 동안 충전한다. 이 전지를 통과하는 전하량은 얼마인가?

3. (I) 1200개 Na^+ 원자가 3.1 μs 동안 세포막을 지나가면 전류는 얼마인가? 나트륨의 전하는 전자의 전하와 같으나 양이다.

4. (I) 120 V로 4.6 A가 흐르는 토스터기의 저항은 얼마인가?

5. (I) 4800 Ω의 저항기를 지나는 0.25 A의 전류가 만드는 전압은 얼마인가?

6. (I) 75 A·h인 자동차 전지에는 얼마나 많은 쿨롬이 있는가?

7. (II) (a) 저항이 8.6 Ω이고 240 V에 연결된 전기 의복 건조기를 지나는 전류는 얼마인가? (b) 50분 동안 건조기를 지나는 전하는 얼마인가? 직류로 가정한다.

8. (II) 새 한 마리가 4100 A가 흐르는 dc 전기 수송선에 앉아 있다(그림 18.26). 이 선의 단위 길이당 저항은 2.5×10^{-5} Ω 이고 새의 두 발은 4.0 cm 떨어져 있다. 이 새 발 사이의 전위차는 얼마인가?

그림 18.26 주관식 8

9. (II) 헤어드라이어가 120 V에서 13.5 A를 쓴다. (a) 저항은 얼마인가? (b) 15분 동안 지나는 전하는 얼마인가? 직류로 가정한다.

10. (II) 4.5 V 전지가 저항이 1.3 Ω인 전구에 연결되어 있다. 전지에서 나오는 전자의 수는 분당 몇 개인가?

11. (II) 전기 장치가 240 V에서 5.60 A를 쓴다. (a) 다른 것은 변하지 않고 전압이 15 % 떨어지면 전류는 얼마인가? (b) 장치의 저항이 15 % 떨어지면 240 V에서 전류는 얼마인가?

18.4 비저항

12. (I) 길이가 5.4 m이고 지름 1.5 mm인 구리 도선의 저항은 얼마인가?

13. (II) 지름이 2.2 mm이고 길이가 10.0 m인 알루미늄 도선의 저항과 지름이 1.8 mm이고 길이가 24.0 m인 구리 도선의 저항 비율을 계산하라.

14. (II) 지름 2.2 mm인 구리 도선의 저항이 같은 길이의 텅스텐 도선의 저항과 같을 수 있는가? 자세한 수치를 제시하라.

15. (II) 어떤 구리 도선의 저항이 15.0 Ω이다. 이 도선을 적절한 지점에 서 잘라, 그중 한 도선의 저항이 다른 것의 4.0배가 되도록 하려고 한다. 도선을 자르는 지점은 어디가 되겠는가? 각 도선의 저항은 얼마인가?

16. (II) 길이 21 m인 가정용 14 구리 도선(15 A 회로에서 사용되는)의 전압 강하를 계산하라. 도선의 지름은 1.628 mm이고 12 A의 전류가 흐른다.

17. (II) 두 개의 알루미늄 도선의 저항은 같다. 한 도선의 길이가 다른 것의 두 배라면, 긴 도선의 지름과 짧은 도선의 지름의 비는 얼마인가?

18. (II) 탄소로 만든 육면체의 변의 길이가 x, y, z축으로 각각 1.0 cm, 2.0 cm, 4.0 cm이다(그림 18.27). 육면체를 (a) x축, (b) y축, (c) z축의 방향으로 지나는 전류의 저항을 구하라. 비저항 $\rho = 3.0 \times 10^{-5}\ \Omega \cdot \text{m}$라고 가정한다.

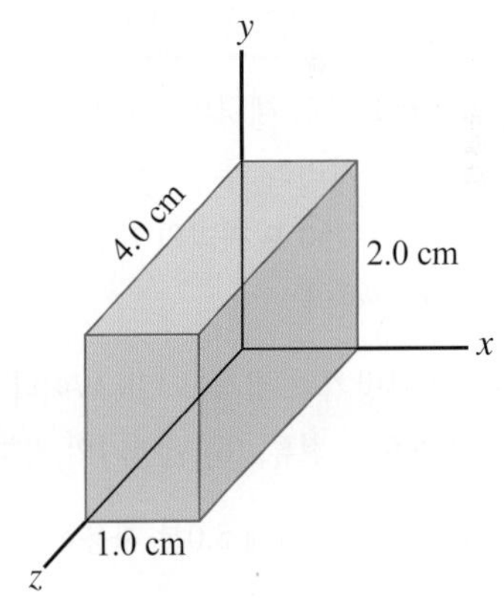

그림 18.27 주관식 18

19. (II) 한 도선의 길이를 반으로 자른 후, 두 길이를 두꺼운 도선으로 만들기 위해 옆으로 놓고 서로 감싼다. 이 새로 만든 도선의 저항을 원래 도선의 저항과 비교해 보라.

20. (II) 20°C인 구리 도선의 저항을 12 % 높이려면 온도를 얼마나 올려야 하는가?

21. (II) 어떤 온도에서 알루미늄의 비저항이 20 °C에서 텅스텐의 비저항과 같아지는지 결정하라.

22. (II) 100 W 전구의 저항이 찰 때(20 °C)는 12 Ω이고 뜨거울 때는 140 Ω이다. 비저항의 온도 계수 $\alpha = 0.0045(°C)^{-1}$라고 가정하고 뜨거울 때의 필라멘트의 온도를 추정하라.

23. (III) 어떤 경우에서는 온도가 변해도 저항은 변하지 않는 것이 중요하다. 예를 들면 탄소 저항기로 3.20 kΩ의 저항기를 만들고 니크롬 선륜 저항기를 만든 다음에 전체 저항이 개별 저항의 합이 되도록 둘을 연결한다고 생각하라. 결합이 온도와 무관하려면 0 °C에서 각각의 저항은 얼마여야 하는가?

18.5, 18.6 전력

24. (I) 240 mA의 최대 전류를 쓰는 3.0 V 휴대용 CD 플레이어의 최대 전력 소모는 얼마인가?

25. (I) 전기 오븐의 가열 히터는 240 V에 연결했을 때 3.3 kW의 열을 발생하도록 설계되어 있다. 이 히터의 저항은 얼마인가?

26. (I) $\frac{1}{4}$ W 정격의 3.9 kΩ 저항기의 양단에 걸 수 있는 최대 전압은 얼마인가?

27. (I) 전기 자동차의 전지가 16 kWh (약 6×10^7 J)의 에너지를 유지할 수 있다. 전지가 340 V에서 동작하도록 설계된다면 340 V에서 전지를 떠나 전지에 저장된 에너지와 같도록 0 V에 돌아오는 데 필요한 전하의 양은 얼마인가?

28. (II) 950 W와 1450 W로 세팅된 120 V 헤어드라이어가 있다. (a) 저항이 높아지리라 추정되는 헤어드라이어는 어느 것인가? (b) 추정 후 950 W짜리의 저항을 구하라. (c) 1450 W짜리의 저항을 구하라.

29. (II) 120 V 수조 난방기의 정격이 130 W이다. 이때 (a) 동작하는 난방기에 흐르는 전류, (b) 난방기의 저항을 계산하라.

30. (II) 550 W 토스터를 아침에 5.0분 사용하면 소요되는 에너지는 몇 kWh인가?

31. (II) 12 V, 65 A · h의 자동차 전지를 완전히 충전하면 저장된 에너지의 총량은 얼마인가?

32. (II) 120 V에 연결해도(그림 18.20) 15 A 퓨즈가 터지지 않는 75 W 전구는 최대 몇 개인가?

33. (II) 1.5 V 전지로 동작하는 휴대용 전기담요를 설계한다. 열선으로 지름이 0.50 mm인 구리 도선을 사용하면 18 W의 난방 성능을 내기 위한 도선의 길이는 얼마인가? 담요를 9.0 V 전지에 갑자기 연결하면 어떻게 되는가?

34. (III) 자동차 안에서 한 잔의 커피나 차를 위해 물을 데우는 데 작은 수중 히터를 쓸 수 있다. 히터가 120 mL의 물을 8.0분 안에 25 °C에서 95 °C로 데울 수 있다. (a) 자동차의 12 V 전지에서 나오는 전류는 대략 얼마인가? (b) 저항은 얼마인가? 제조사는 효율이 85 %라고 주장한다고 가정한다.

18.7 교류

35. (I) 220 V rms 교류 전원에 연결된 2.7 kΩ의 저항기에 흐르는 봉우리 전류를 계산하라.

36. (II) 다음의 경우에서 120 V_{rms} 회로의 저항을 추정하라. (a) 전기를 전혀 사용하지 않는다. (b) 75 W 전구를 2개 사용한다.

37. (II) 1800 W 아크 용접기가 660 V_{rms} 교류에 연결된다. (a) 봉우리 전압과 (b) 봉우리 전류를 계산하라.

38. (II) (a) 240 V_{rms} 교류 전원에 연결된 2.2마력 펌프에서 소모되는 최대 순간 전력과 (b) 펌프를 지나는 최대 전류를 구하라.

18.8 전류의 미시적 관점

39. (II) 지름 0.65 mm인 구리 도선에 2.7 μA의 작은 직류 전류가 흐른다. 전자의 유동 속도를 추정하라.

40. (III) 지구 대기권 높은 곳에 농도가 $2.4 \times 10^{12}/m^3$인 He^{2+} 이온이 북쪽으로 2.0×10^6 m/s의 속력으로 움직이고 있다. 또한 농도가 $7.0 \times 10^{11}/m^3$인 O_2^- 이온이 남쪽으로 6.2×10^6 m/s의 속력으로 움직이고 있다. 단위 넓이를 지나는 알짜 전류의 크기(A/m^2)와 방향을 구하라.

연습 해답

A: 1.6×10^{-13} A
B: 3600 C
C: 240 Ω
D: (b), (c)
E: (c)
F: 110 m
G: (d)
H: 370,000 kg 또는 약 5000명
I: (e) 40

휴대 전화에 부가 장치를 달아 혈당량을 측정하여 그래프로 보여 주고 있다. 모든 전자 장비에는 일부나마 직류 회로가 들어 있다. 아래의 회로도에 (휴대 전화의 이어폰에 연결되는) 음성 출력 부분의 증폭기 회로가 보인다. 두 종류의 회로 요소 저항기와 축전기를 논의한 적이 있는데, 이 장에서는 이들을 회로와 연결해서 다룬다. 큰 삼각형은 트랜지스터가 들어 있는 증폭기 칩이다. 또한 전압계와 전류계가 어떻게 작동하는지, 그리고 어떤 측정법이 측정 양에 영향을 미치는지 논의한다.

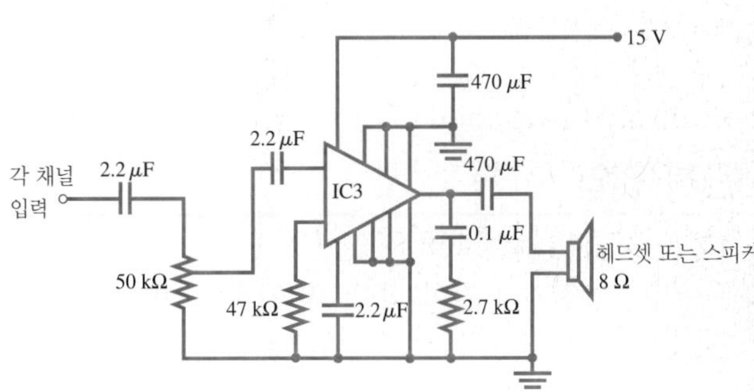

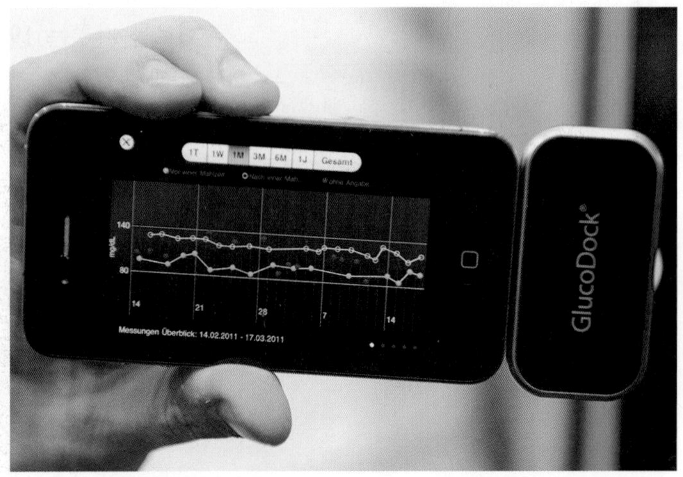

CHAPTER 19

직류 회로

시작 질문 추정해 보라!

회로에 보이는 자동차 전조등이 같을 때 밝은 빛을 내는 전지 연결은

(a) 회로 1이다.
(b) 회로 2이다.
(c) 같다.
(d) 정보가 더 필요하다.

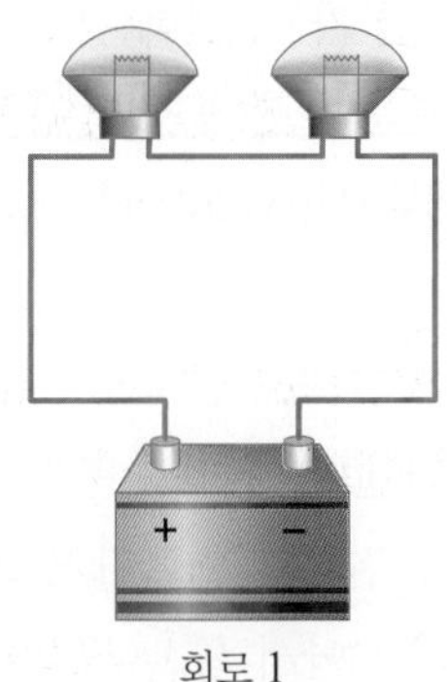

회로 1

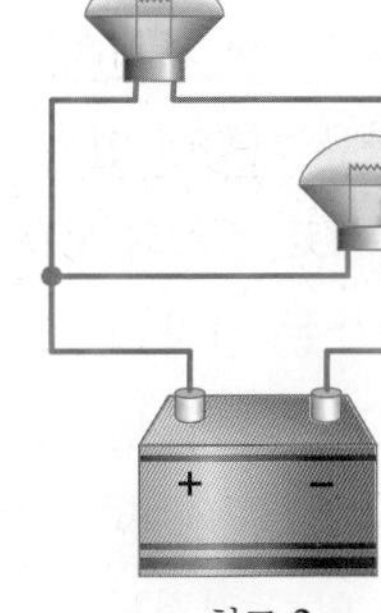

회로 2

전기 회로는 휴대 전화와 TV에서부터 컴퓨터와 자동차까지 모든 전자 장비의 기본이다. 과학적인 측정은 물리학에서든 생물학에서든 의학에서든 전기 회로를 사용한다. 18장에서 전기 회로의 기본 원리들을 논의했다. 이제 이 원리들을 전지, 저항기, 축전기가 연결된 직류 회로를 분석하는 데 적용한다. 또한 몇 몇 유용한 기기들의 동작에 대해 공부한다.†

회로도를 그릴 때 전지, 저항기, 축전기를 표 19.1의 기호로 나타낸다. 다른 요소들에 비해 저항이 무시할 만한 전선은 직선으로 나타낸다. 접지 기호(⏚ 또는 ⏚)는

표 19.1 회로 요소들의 기호

기호	장치
─┤├─	전지
─┤├─ 또는 ─┤(─	축전기
─/\/\/─	저항기
────	무시할 만한 저항을 가진 전선
─⁄ ─	스위치
⏚ 또는 ⏚	접지

† 전원과 저항기만 있는 교류 회로는 직류 회로와 동일하게 분석할 수 있다. 그러나 축전기 등의 다른 회로 요소가 있는 교류 회로는 더 복잡해서 21장에서 논의할 것이다.

금속관을 통한 지면으로의 실제 연결이나 자동차 차체와 같은 공통 접지로의 연결을 의미한다.

교류 회로를 다루는 19.6절을 제외한 이 장의 대부분에서는 정상 상태로 동작하는 회로에 관심을 가질 것이다. 전지나 저항기를 연결하거나 분리할 때와 같이 변하는 순간의 회로에 대해서는 다루지 않을 것이고 전류가 안정된 값에 도달한 경우만 다룰 것이다.

19.1 EMF(기전력)와 단자 전압

전기 회로에 전류가 흐르려면 전지나 발전기와 같이 화학, 역학 및 빛 에너지 등을 전기 에너지로 변환하는 장치가 필요하다. 이런 장치들을 **기전력원**(source of electromotive force)[†] 또는 **emf원**이라 한다. 외부 회로로 전류가 흐르지 않을 때 기전력원의 단자들 사이의 **전위차**를 **emf**라고 한다. 보통 emf는 기호 $\mathscr{E}$를 사용하고 단위는 볼트이다. 전기장 E와 혼동하지 말라.

전지는 일정한 전류원이 아니다. 전지에서 나오는 전류는 회로의 저항에 따라 변한다. 그러나 전지는 거의 일정한 전압원이지만 완전하게 일정하지는 않은데 후에 논의한다. 예를 들면 전조등을 켜고 자동차 시동을 걸면 전조등이 흐리다. 이는 시동장치가 큰 전류를 써서 전지의 전압이 정격 emf 이하로 강하하기 때문이다. 전압 강하는 전지 안에서의 화학 반응이 최대 emf를 유지할 만큼 전하를 충분히 빠르게 공급할 수 없어서 일어난다. 한 가지, 전하는(전해질 안에서) 전지의 전극 사이를 이동해야 하므로 완전히 자유로운 흐름에 항상 장애가 있기 마련이다. 그래서 전지 자체에 작은 저항이 있는데, **내부 저항**(internal resistance)이라 하며 r로 나타낸다.

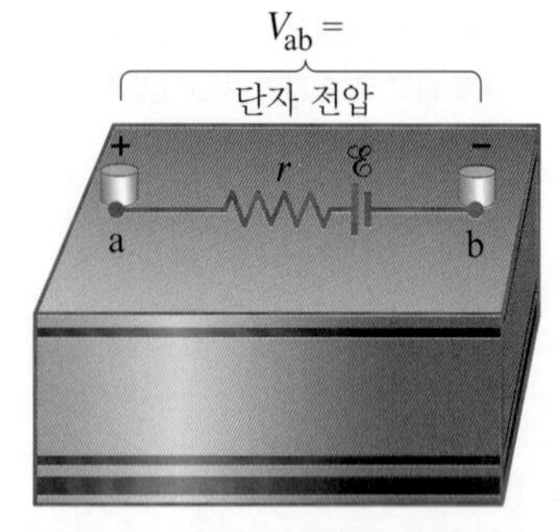

그림 19.1 전지의 회로도

실제로 전지의 모형은 그림 19.1과 같이 완전 emf $\mathscr{E}$와 저항 r의 직렬 연결로 생각한다. r는 전지 내부의 저항이므로 전지에서 분리할 수 없다. 그림 19.1의 두 점 a와 b는 전지의 두 단자를 나타낸다. 우리가 측정하는 것은 **단자 전압**(terminal voltage) $V_{ab} = V_a - V_b$이다. 전지에 전류가 흐르지 않으면 단자 전압은 전지 내부의 화학 반응에 의해 결정되는 emf와 같아서 $V_{ab} = \mathscr{E}$이다. 그러나 전류 I가 흐르면 내부 전압강하는 Ir이다. 그러므로 단자 전압(회로에 공급되는 실제 전압)은

$$V_{ab} = \mathscr{E} - Ir \qquad \text{[전류 } I\text{가 전지에서 나온다]} \qquad \textbf{(19.1)}$$

이다. 예를 들면 12 V 전지의 내부 저항이 0.1 Ω이면, 10 A가 전지에서 흐를 때 단자 전압은 12 V − (10 A)(0.1 Ω) = 11 V이다. 전지의 내부 저항은 보통 작다. 예를 들면 보통 갓 생산한 전조등의 내부 저항은 0.05 Ω이다. 그러나 오래되면 전해질이 말라서 내부 저항이 수 Ω까지 증가한다.

[†] '기전력'이라는 용어는 부적절한 명칭이다. 뉴턴 단위로 측정되는 '힘'이 아니다. 혼동을 피하기 위해 약자 emf를 사용한다.

예제 19.1 **전지의 내부 저항**

65.0 Ω의 저항기가 emf가 12.0 V이고 내부 저항이 0.5 Ω인 전지의 단자에 연결되어 있다(그림 19.2). 이때 (a) 회로의 전류, (b) 전지의 단자 전압 V_{ab}, (c) 저항기 R와 전지의 내부 저항 r에서 소모되는 전력을 계산하라.

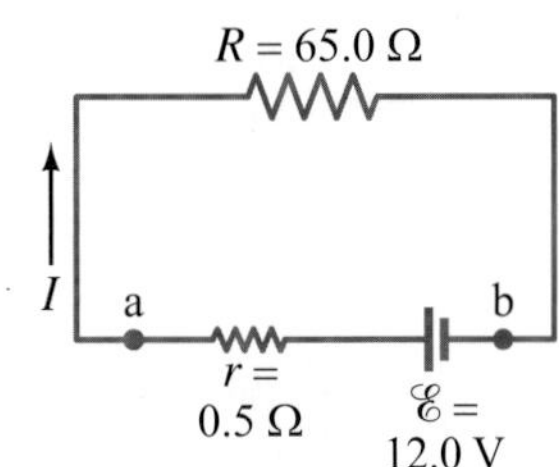

그림 19.2 예제 19.1

접근 먼저 그림 19.2의 전지 전체를 기전력 ℰ와 점 a와 b 사이의 내부 저항 r로 생각한다. 그리고 회로에 $V = IR$를 적용한다.

풀이 (a) 식 19.1에서 $V_{ab} = \mathscr{E} - Ir$이다. 옴 법칙(식 18.2)을 이 전지와 저항 R에 적용하면 $V_{ab} = IR$이므로

$$\mathscr{E} - Ir = IR$$

또는 $\mathscr{E} = I(R + r)$이다. 따라서

$$I = \frac{\mathscr{E}}{R + r} = \frac{12.0\,\text{V}}{65.0\,\Omega + 0.5\,\Omega} = \frac{12.0\,\text{V}}{65.5\,\Omega} = 0.183\,\text{A}$$

이다.

(b) 단자 전압은

$$V_{ab} = \mathscr{E} - Ir = 12.0\,\text{V} - (0.183\,\text{A})(0.5\,\Omega) = 11.9\,\text{V}$$

이다.

(c) R에서 소모되는 전력(식 18.6)은

$$P_R = I^2R = (0.183\,\text{A})^2(65.0\,\Omega) = 2.18\,\text{W}$$

이고, 전지의 저항 r에서는

$$P_r = I^2r = (0.183\,\text{A})^2(0.5\,\Omega) = 0.02\,\text{W}$$

이다.

따로 설명이 없으면 전지의 내부 저항은 무시할 만하고 전지의 전압은 단자 전압이라고 가정한다. 단자 전압은 보통 V_{ab} 대신 V로 나타낸다. 전압 V(이탤릭체)와 전압 단위 V(직립체)를 혼동하지 말라.

19.2 저항기의 직렬 연결과 병렬 연결

그림 19.3a와 같이 둘 이상의 저항기가 하나의 경로를 따라 연결되면 **직렬 연결**이라고 한다. 저항기는 그림 18.10의 단순한 저항기일 수도 있고, 전구(그림 19.3b), 전열선, 또는 다른 저항성 장치일 수도 있다. 그림 19.3a에서 R_1을 지나는 모든 전하는 R_2와 R_3도 지난다. 그래서 동일한 전류 I가 각 저항기를 지난다. (그렇지 않으면 전하가 보존되지 않거나 회로의 어느 점에 쌓인다는 의미인데 정상 상태에서는 일어나지 않는다.)

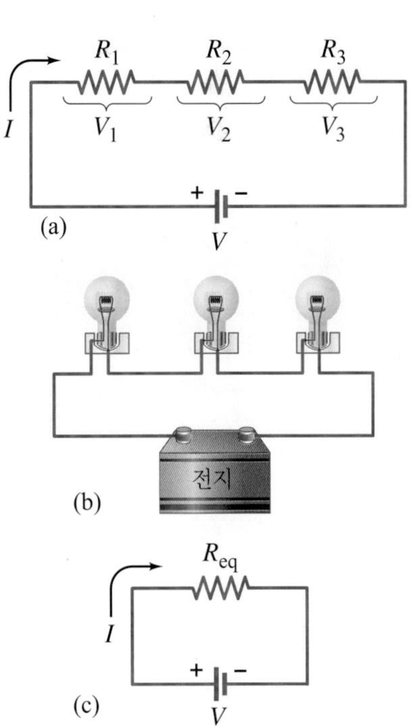

그림 19.3 (a) 직렬 연결된 저항 (b) 저항은 전구나 다른 형태의 저항일 수 있다. (c) 단일 등가 저항: $R_{eq} = R_1 + R_2 + R_3$

V는 그림 19.3a에서 세 저항기 전체의 양단에 걸리는 전위차(전압)이다. 회로의 다른 저항은 모두 무시할 수 있으므로 V가 전지가 공급하는 단자 전압이라고 가정한다. V_1, V_2, V_3을 각각 R_1, R_2, R_3의 양단의 전위차라고 하자. 옴 법칙 $V = IR$에서

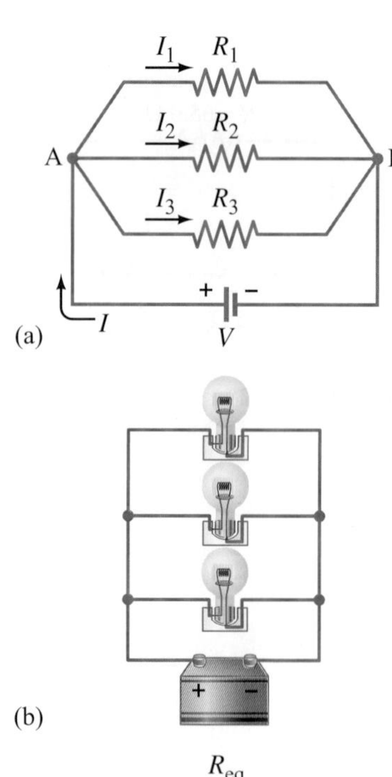

R_{eq}

+ −

I V

(c)

그림 19.4 (a) 병렬 연결된 저항 (b) 저항이 전구일 수도 있다. (c) 식 19.4로 얻은 R_{eq}의 등가 회로

$$\frac{1}{R_{eq}} = \frac{1}{R_1} + \frac{1}{R_2} + \frac{1}{R_3}$$

$V_1 = IR_1$, $V_2 = IR_2$, $V_3 = IR_3$으로 쓸 수 있다. 저항기들이 꼬리를 물고 연결되어 있으므로, 에너지 보존에 의해 전체 전압 V는 각 저항기 양단의 전압이므로 다음과 같이 쓸 수 있다.

$$V = V_1 + V_2 + V_3 = IR_1 + IR_2 + IR_3 \qquad [직렬] \quad \mathbf{(19.2)}$$

그림 19.3c와 같이 직렬 연결된 저항기와 동일한 전류 I가 흐르는 단일 등가 저항을 구하자. 이런 단일 등가 저항 R_{eq}와 V와의 관계는

$$V = IR_{eq}$$

이다. 이 식을 식 19.2 $V = I(R_1 + R_2 + R_3)$와 같이 놓으면

$$R_{eq} = R_1 + R_2 + R_3 \qquad [직렬] \quad \mathbf{(19.3)}$$

이 된다. 여러 저항기를 직렬 연결하면 전체 또는 등가 저항은 각 저항의 합이다('알짜 저항'이라고도 한다). 이는 아무리 많은 수의 저항을 직렬 연결해도 항상 적용된다. 회로의 저항이 클수록 전류가 감소하는 것에 주목하자. 예를 들면 12 V 전지와 4 Ω 저항기를 연결하면 전류는 3 A이다. 그러나 12 V 전지와 4 Ω 저항기 셋을 직렬 연결하면 전체 저항은 12 Ω이고 회로 전체를 지나는 전류는 단지 1 A이다.

저항기를 연결하는 또 다른 방법은 **병렬 연결**(parallel connection)인데 전원에서 오는 전류가 각 경로로 갈라진다(그림 19.4a). 가정이나 건물의 배선은 그림 18.18에서 보듯이 모든 전자 장치가 병렬로 연결된다. 병렬 배선에서는 그림 19.4a의 R_1과 같은 어느 장치를 분리해도 다른 장치로 가는 전류는 차단되지 않는다. 그림 19.3a의 R_1과 같은 어느 장치를 분리하면 회로 전체의 전류가 차단되는 직렬 회로와 비교해 보자.

그림 19.4a의 병렬 회로에서, 전지에서 나온 전체 전류 I는 세 경로로 갈라진다. 저항기 R_1, R_2, R_3을 지나는 전류를 각각 I_1, I_2, I_3이라고 하자. **전하는 보존**되므로, 그림 19.4a의 다른 전선이나 도체가 만나는 분기점 A로 들어가는 전류와 분기점에서 나오는 전류는 같아야 하므로

$$I = I_1 + I_2 + I_3 \qquad [병렬]$$

이다. 저항기들이 병렬로 연결되면 각각에 걸리는 전압은 같다. (회로에서 저항이 무시할만한 전선으로 연결된 두 점의 전위는 동일하다.) 그래서 그림 19.4a의 각 저항기에 전지의 최대 전압이 걸린다. 각 저항기에 옴 법칙을 적용하면

$$I_1 = \frac{V}{R_1}, \quad I_2 = \frac{V}{R_2}, \quad I_3 = \frac{V}{R_3}$$

이다. 병렬로 연결된 세 저항들과 같은 전류 I를 쓰는 단일 저항기의 R_{eq}(그림 19.4c)를 구하자. 등가 저항 R_{eq}도 옴 법칙을 만족해야 하므로

$$I = \frac{V}{R_{eq}}$$

이다. 위의 식들을 결합하면

$$I = I_1 + I_2 + I_3$$

$$\frac{V}{R_{eq}} = \frac{V}{R_1} + \frac{V}{R_2} + \frac{V}{R_3}$$

이다. 각 항을 V로 나누면

$$\frac{1}{R_{eq}} = \frac{1}{R_1} + \frac{1}{R_2} + \frac{1}{R_3} \quad \text{[병렬]} \quad \mathbf{(19.4)}$$

이다. 예를 들면 4 Ω짜리 스피커 두 대를 증폭기 출력 단자 세트에 병렬로 연결한다고 생각하라. 병렬로 연결된 4 Ω짜리 두 '저항기'의 등가 저항은

$$\frac{1}{R_{eq}} = \frac{1}{4\,\Omega} + \frac{1}{4\,\Omega} = \frac{2}{4\,\Omega} = \frac{1}{2\,\Omega}$$

이므로 $R_{eq} = 2\ \Omega$이다. 그래서 알짜(또는 등가) 저항은 개별 저항보다 **작다**. 이것은 처음에는 놀라워 보인다. 그러나 저항기를 병렬로 연결하면 전류에 추가적인 경로를 제공한다는 것을 기억하라. 그래서 알짜 저항이 감소한다.†

식 19.3과 19.4는 의미가 깊다. 비저항에 대한 식 18.3 $R = \rho\ell/A$을 떠올리면, 저항기를 직렬로 연결하면 길이가 늘어나는 효과가 생겨서 저항이 늘어나고, 병렬로 연결하면 전류가 흐르는 단면적이 늘어나서 저항이 감소한다는 것을 알 수 있다.

여러 저항기들을 등가 저항으로 교체해도 회로의 나머지 부분의 전류, 전압, 전력은 영향을 받지 않는다는 점에 주목하자.

연습 A 10 Ω과 15 Ω짜리 저항기가 있다. 이 저항기들로 만들 수 있는 등가 저항의 최소와 최대는 얼마인가?

연습 B 501쪽 시작 질문으로 가서 다시 답을 해 보라. 처음과 답이 다르다면 그 이유를 설명해 보라.

예제 19.2 직렬과 병렬 저항기

100 Ω짜리 저항기 두 개를 (a) 직렬과 (b) 병렬로 24.0 V 전지에 연결한다(그림 19.5). 각 저항기를 지나는 전류와 각 회로의 등가 저항을 구하라.

접근 옴 법칙과 위에서 논의한 직렬과 병렬 연결에 대한 개념을 사용해서 각 경우의 저항을 구한다. 식 19.3과 19.4도 쓸 수 있다.

풀이 (a) 모든 전하(또는 전자)는 그림 19.5a의 두 저항기 중 하나로만 흐를 수 있다. 섬 주위로 강이 흐를 때 두 줄기로 갈라지듯이 여기서도 전지(그림 19.5a)에서 오는 전체 전류 I가 갈라져서 각 저항기를 지나므로 I는 두 저항기를 지나는 전류의 합과 같다. 따라서

$$I = I_1 + I_2$$

이다. 각 저항기 양단의 전위차는 전지 전압 $V = 24.0$ V이다. 각 저항기에 옴 법칙을 적용

† 비유를 들어보자. 댐의 꼭대기 근처에서 물을 받아서 바닥으로 방출하는 오른쪽 그림의 두 동일한 관을 보자. 관을 둘 다 열면 하나만 열 때보다 물이 두 배 흐른다. 즉 동일한 관을 둘 다 열면 물의 흐름에 대한 알짜 저항이 병렬로 연결된 전기 저항기에서처럼 반으로 감소한다.

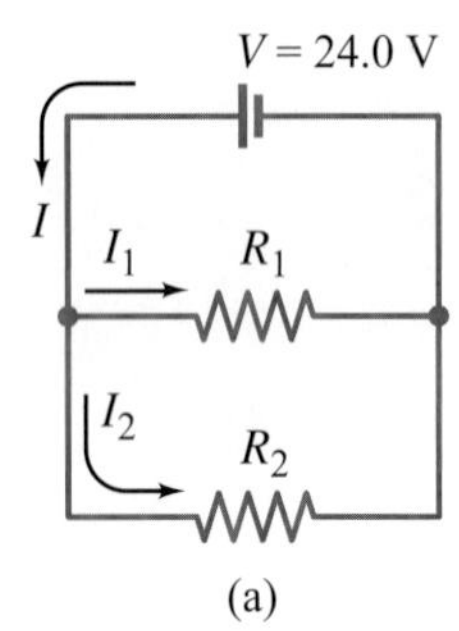

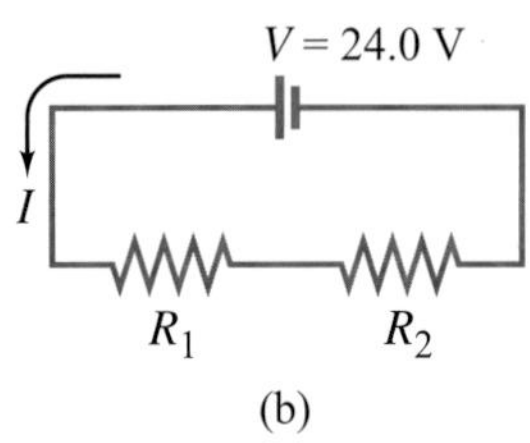

그림 19.5 예제 19.2

하면

$$I = I_1 + I_2 = \frac{V}{R_1} + \frac{V}{R_2} = \frac{24.0\ \text{V}}{100\ \Omega} + \frac{24.0\ \text{V}}{100\ \Omega}$$
$$= 0.24\ \text{A} + 0.24\ \text{A} = 0.48\ \text{A}$$

이다. 등가 저항은

$$R_{\text{eq}} = \frac{V}{I} = \frac{24.0\ \text{V}}{0.48\ \text{A}} = 50\ \Omega$$

이다. 식 19.4로도 이 결과를 구할 수 있었다.

$$\frac{1}{R_{\text{eq}}} = \frac{1}{100\ \Omega} + \frac{1}{100\ \Omega} = \frac{2}{100\ \Omega} = \frac{1}{50\ \Omega}$$

이므로 $R_{\text{eq}} = 50\ \Omega$이다.

(b) 전지에서 나오는 모든 전류는 두 저항이 한 경로에 있으므로 먼저 R_1을 지나고 다음에 R_2를 지난다(그림 19.5b). 따라서 두 저항기를 지나는 전류는 같다. 전지 양단의 전위차 V는 두 저항기 양단의 전위의 합과 같으므로

$$V = V_1 + V_2$$

이다. 옴 법칙을 적용하면 $V = IR_1 + IR_2 = I(R_1 + R_2)$이다. 따라서

$$I = \frac{V}{R_1 + R_2} = \frac{24.0\ \text{V}}{100\ \Omega + 100\ \Omega} = 0.120\ \text{A}$$

이다. 등가 저항은 식 19.3을 사용하면 $R_{\text{eq}} = R_1 + R_2 = 200\ \Omega$이다. 전지의 관점에서 생각해서도 R_{eq}를 구할 수 있다. 전체 저항 R_{eq}는 전지 전압을 전류로 나눈 것과 같아야 하므로

$$R_{\text{eq}} = \frac{V}{I} = \frac{24.0\ \text{V}}{0.120\ \text{A}} = 200\ \Omega$$

이다.

유의 R_1 양단의 전압은 $V_1 = IR_1 = (0.120\ \text{A})(100\ \Omega) = 12.0\ \text{V}$이고, R_2 양단의 전압은 $V_2 = IR_2 = 12.0\ \text{V}$이며 각각 전지 전압의 반이다. 그림 19.5b와 같은 간단한 회로를 **전압 분배기**(voltage divider)라고 한다.

그림 19.6 (a) 예제 19.3과 19.4의 회로 (b) (a)의 두 병렬 저항기의 등가 저항을 보여주는 등가 회로

예제 19.3 직렬과 병렬 저항기를 가진 회로

그림 19.6a의 전지에서 나오는 전류는 얼마인가?

접근 전지에서 나오는 전류 I는 400 Ω 저항기를 지나고는, 500 Ω과 700 Ω 저항기를 지나는 I_1, I_2로 갈라진다. 뒤의 두 저항기는 병렬이다. 이미 공부했던 처리 방법을 찾아보자. 병렬 저항기 500 Ω과 700 Ω의 등가 저항 R_{eq}를 구하면서 시작해 보자. 그러면 이 R_{eq}가 400 Ω 저항기와 직렬로 연결됐다고 생각할 수 있다.

풀이 병렬 연결된 500 Ω과 700 Ω 저항기의 등가 저항 R_{eq}는

$$\frac{1}{R_{\text{eq}}} = \frac{1}{500\ \Omega} + \frac{1}{700\ \Omega} = 0.0020\ \Omega^{-1} + 0.0014\ \Omega^{-1} = 0.0034\ \Omega^{-1}$$

이다. 이것은 $1/R_{\text{eq}}$이므로 역수를 취하면 R_{eq}가 된다. 역수를 취하는 것을 잊는 실수가 자

주 나온다. 옴의 역수의 단위는 Ω^{-1}임을 기억하라. 따라서

$$R_{\text{eq}} = \frac{1}{0.0034\ \Omega^{-1}} = 290\ \Omega$$

이다. 이 290 Ω은 두 병렬 저항기의 등가 저항이고 400 Ω 저항기와 직렬 연결됐다(그림 19.6b 등가 회로 참조). 전체 등가 저항 R_{eq}는 직렬인 400 Ω과 290 Ω 저항을 더하면

$$R_{\text{eq}} = 400\ \Omega + 290\ \Omega = 690\ \Omega$$

이다. 전지에서 나오는 전체 전류는

$$I = \frac{V}{R_{\text{eq}}} = \frac{12.0\ \text{V}}{690\ \Omega} = 0.0174\ \text{A} \approx 17\ \text{mA}$$

이다.

유의 이 I는 400 Ω 저항기를 지나는 전류이기도 하지만, 500 Ω과 700 Ω 저항기를 지나지는 않는다. 두 전류는 더 작다(다음 예제 참조).

예제 19.4 경로가 하나인 전류

그림 19.6a의 500 Ω 저항기를 지나는 전류 I_1은 얼마인가?

접근 500 Ω 저항기의 양단의 전압, 즉 그림 19.6a의 점 b와 c 사이의 전압 V_{bc}가 필요하다. V_{bc}를 알면 옴 법칙 $V = IR$를 적용하여 전류를 구할 수 있다. 먼저 17.4 mA가 지나는(예제 19.3) 400 Ω 저항기의 양단의 전압 V_{ab}를 구한다.

풀이 V_{ab}는 $V = IR$로 구할 수 있으므로

$$V_{\text{ab}} = (0.0174\ \text{A})(400\ \Omega) = 7.0\ \text{V}$$

이다. 저항기 전체의 전체 전압 $V_{\text{ac}} = 12.0$ V이므로 V_{bc}는 12.0 V − 7.0 V = 5.0 V여야 한다. 옴 법칙에 의해 500 Ω 저항기를 지나는 전류 I_1은

$$I_1 = \frac{5.0\ \text{V}}{500\ \Omega} = 1.0 \times 10^{-2}\ \text{A} = 10\ \text{mA}$$

이다. 이것이 우리가 원하는 답이다. 700 Ω 저항기 양단의 전압도 5.0 V이므로 그것을 지나는 전류 I_2도 다음과 같이 계산할 수 있다.

$$I_2 = \frac{5.0\ \text{V}}{700\ \Omega} = 7\ \text{mA}$$

유의 I_1과 I_2가 그림 19.6a의 점 c에서 만나서 전체 전류 I가 되면 합은 10 mA + 7mA = 17mA이다. 이것은 예제 19.3에서 계산했던 전체 전류 I와 당연히 같다.

연습 C 100 W, 120 V 전구와 60 W, 120 V 전구가 그림 19.7과 같이 두 가지 방법으로 연결된다. 각 경우에서 어느 전구가 더 밝은가? 전류와 온도에 의한 필라멘트 저항의 변화는 무시한다.

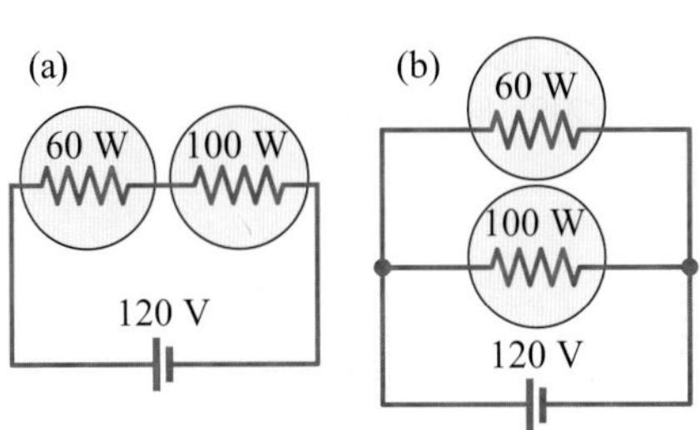

그림 19.7 연습 C

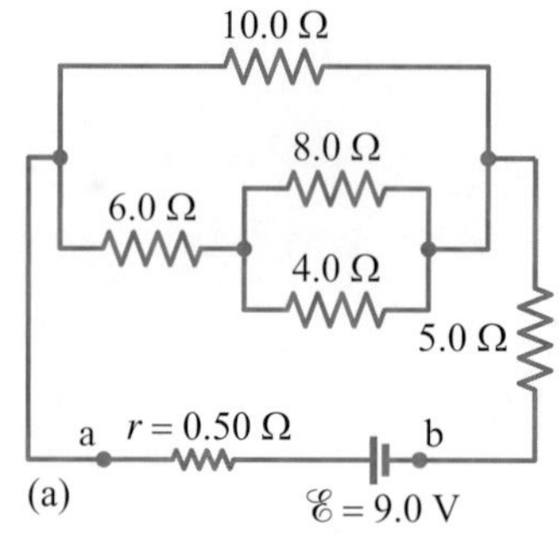

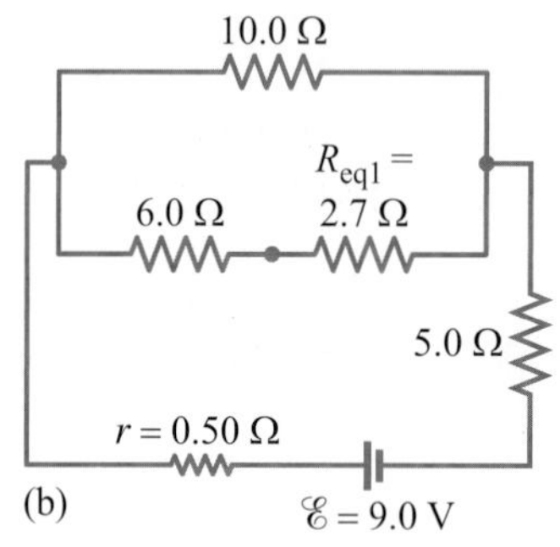

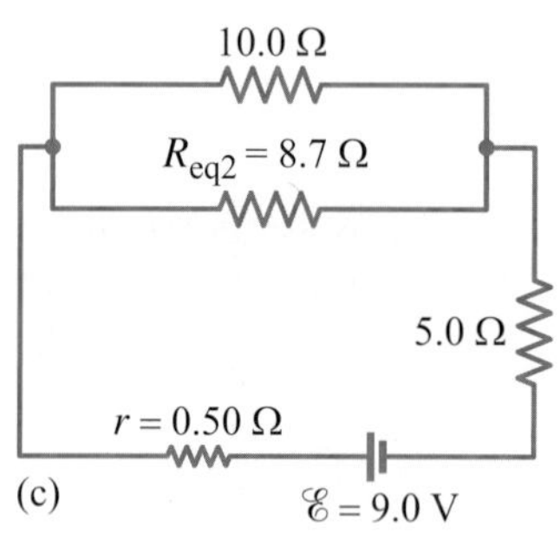

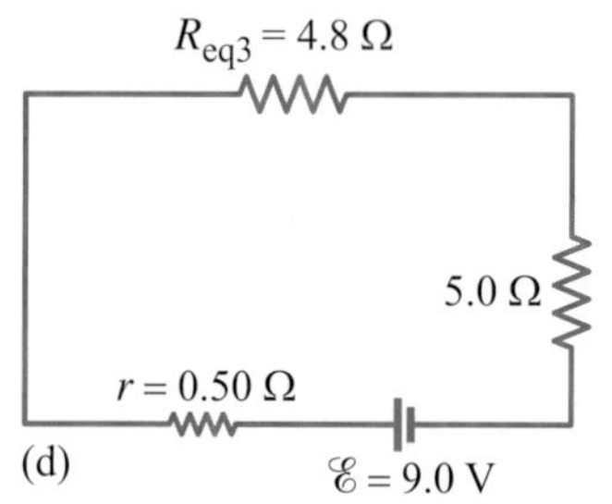

그림 19.8 예제 19.5의 회로. 여기서 r는 전지의 내부 저항이다.

예제 19.5 회로 분석하기

내부 저항 r가 0.50 Ω인 9.0 V 전지가 그림 19.8a와 같이 회로에 연결된다. (a) 전지에서 나오는 전류는 얼마인가? (b) 전지의 단자 전압은 얼마인가? (c) 6.0 Ω인 저항기의 전류는 얼마인가?

접근 전지에서 나오는 전류를 구하기 위해 먼저 r를 포함한 전체 회로의 등가 저항 R_{eq}를 구해야 하는데, 저항의 직렬과 병렬의 조합을 분리하면 된다. 옴 법칙 $I = \mathscr{E}/R_{eq}$에서 I를 구한 후, $V_{ab} = \mathscr{E} - Ir$를 사용해서 단자 전압을 구한다. (c)에서는 옴 법칙을 6.0 Ω인 저항기에 적용한다.

풀이 (a) 회로의 등가 저항을 구하려 한다. 그러나 어디서 시작할까? 우리가 주목하는 것은 4.0 Ω과 8.0 Ω 저항기가 병렬이므로 등가 저항 R_{eq1}은

$$\frac{1}{R_{eq1}} = \frac{1}{8.0\,\Omega} + \frac{1}{4.0\,\Omega} = \frac{3}{8.0\,\Omega}$$

이다. 따라서 $R_{eq1} = 2.7$ Ω이다. 이 2.7 Ω은 등가 회로 그림 19.8b에서 보듯이 6.0 Ω인 저항기에 직렬 연결된다. 그러면 회로 아랫부분의 알짜 저항은 그림 19.8c와 같이

$$R_{eq2} = 6.0\,\Omega + 2.7\,\Omega = 8.7\,\Omega$$

이다. 병렬인 8.7 Ω과 10.0 Ω 저항기의 등가 저항 R_{eq3}은

$$\frac{1}{R_{eq3}} = \frac{1}{10.0\,\Omega} + \frac{1}{8.7\,\Omega} = 0.21\,\Omega^{-1}$$

이므로 $R_{eq3} = (1/0.21\ \Omega^{-1}) = 4.8$ Ω이다. 이 4.8 Ω은 그림 19.8d와 같이 5.0 Ω 저항기와 전지의 내부 저항 0.50 Ω에 직렬 연결되므로 회로의 전체 등가 저항 $R_{eq} = 4.8\ \Omega + 5.0\ \Omega + 0.50\ \Omega = 10.3$ Ω이 된다. 그러므로 전지에서 나오는 전류는

$$I = \frac{\mathscr{E}}{R_{eq}} = \frac{9.0\,\text{V}}{10.3\,\Omega} = 0.87\,\text{A}$$

이다. (b) 전지의 단자 전압은

$$V_{ab} = \mathscr{E} - Ir = 9.0\,\text{V} - (0.87\,\text{A})(0.50\,\Omega) = 8.6\,\text{V}$$

이다.

(c) 이제 돌아가서 6.0 Ω 저항기의 전류를 구할 수 있다. 이것은 그림 19.8b에서 보듯이 8.7 Ω에 흐르는 전류와 같아야 한다. 왜냐하면 8.7 Ω 양단의 전압은 전지의 emf에서 r와 5.0 Ω에서의 전압 강하를 뺀 값, 즉 $V_{8.7} = 9.0\ \text{V} - (0.87\ \text{A})(0.50\ \Omega + 5.0\ \Omega)$이기 때문이다. 옴 법칙을 적용하면 전류 I'은

$$I' = \frac{9.0\,\text{V} - (0.87\,\text{A})(0.50\,\Omega + 5.0\,\Omega)}{8.7\,\Omega} = 0.48\,\text{A}$$

이다. 이것은 6.0 Ω 저항기를 지나는 전류이다.

19.3 키르히호프 법칙

지난 몇 개의 예제에서 회로의 전류를 직렬과 병렬을 조합하고 옴 법칙을 적용하여 구할 수 있었다. 이 방법은 많은 회로에 쓸 수 있다. 그러나 어떤 회로는 너무 복잡하

여 이와 같은 분석으로 접근하기 어렵기도 하다. 예를 들면 그림 19.9의 회로 각 부분의 전류를 이와 같이 단순히 저항을 조합해서는 구할 수 없다.

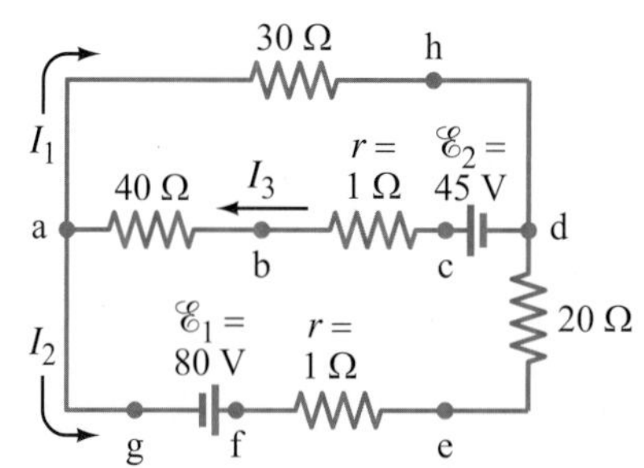

그림 19.9 전류를 키르히호프 법칙으로 계산할 수 있다.

복잡한 회로를 다루기 위해서는 19세기 중반에 키르히호프(G. R Kirchhoff, 1824~1878)가 만든 키르히호프 법칙을 쓴다. 법칙은 둘인데, 단순히 전하와 에너지 보존 법칙을 편리하게 적용할 것이다.

키르히호프 제1법칙(Kirchhoff's first rule) 또는 **분기점 법칙**(junction rule)은 전하의 보존에 기반을 둔다. (병렬 저항기의 식을 유도하는 데 이미 사용한 적이 있다.) 그 내용은

분기점 법칙(전하 보존)

모든 분기점에서, 분기점으로 들어가는 모든 전류의 합은 분기점에서 나오는 모든 전류의 합과 같아야 한다.

즉 들어가는 전하는 반드시 나와야 한다. 예를 들면 그림 19.9의 분기점 a에서 I_3은 들어가고 I_1과 I_2는 나온다. 따라서 키르히호프의 분기점 법칙에 의해 $I_3 = I_1 + I_2$이다. 이 예를 이미 예제 19.4에서 봤다.

키르히호프 제2법칙(Kirchhoff's second rule) 또는 **고리 법칙**(loop rule)은 에너지 보존에 기반을 둔다. 그 내용은

고리 법칙(에너지 보존)

모든 닫힌 고리를 한 바퀴 돌 때 전위 변화의 합은 0이다.

이 법칙이 성립하는 이유를 알기 위해서는, 트랙 위를 달리는 롤러코스터의 퍼텐셜 에너지와의 유사성을 생각하자. 롤러코스터가 역에서 출발할 때 어떤 퍼텐셜 에너지를 가진다. 첫 번째 경사로를 오르면서 중력 퍼텐셜 에너지가 증가해서 꼭대기에서 최댓값에 이른다. 반대쪽을 내려가면서 중력 퍼텐셜 에너지가 감소해서 언덕의 부분 최솟값에 이른다. 롤러코스터가 경로를 따라 오르내리면서 퍼텐셜 에너지는 여러 번 변한다. 그러나 출발점으로 돌아오면 퍼텐셜 에너지는 처음과 완전히 동일하다. 달리 말하면 오르막만큼 내리막이 있었다.

비슷한 추론을 전기 회로에도 적용할 수 있다. 그림 19.9의 회로를 곧 분석하기 전에 먼저 더 간단한 그림 19.10의 회로를 생각한다. 이것은 전에 논의했던 그림 19.6b의 등가 회로와 동일하다. 이 회로의 전류는 예제 19.3에서 계산한 대로 $I = (12.0\text{ V})/(690\ \Omega) = 0.0174\text{ A}$이다(반올림 오차를 줄이기 위해 I의 끝수를 유지한다). 전지의 양의 방향인 그림 19.10a의 점 e는 전지의 음의 방향인 점 d에 비해 전위가 높다. 즉 점 e는 롤러코스터 언덕의 꼭대기와 같다. 이 점에서 출발하여 전류를 따라 회로를 돈다. 따라가다 보면 전위가 계속 변한다. 시험 전하가 점 d로 돌아오면 전위는 출발할 때와 동일하다(회로를 한 번 돌면 전체 전위의 변화는 0이다). 회로를 한 번 돌면 전체 전위의 변화는 그림 19.10b와 같다. 점 d는 임의로 0으로 잡았다.

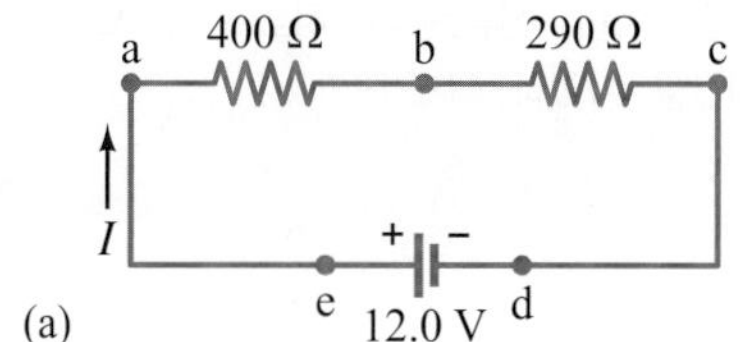

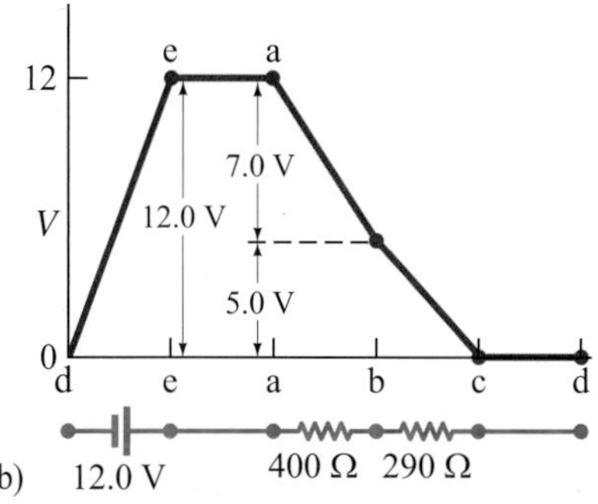

그림 19.10 (a)의 회로를 한 번 돌면 전위의 변화는 (b)와 같다.

양의 시험 전하가 전지의 음의 방향, 또는 낮은 전위 방향인 점 d에서 전지의 양의 단자(높은 전위 방향)인 점 e로 가면, 전위가 12.0 V 증가한다. 이것은 롤러코스터가 첫 번째 언덕을 오르는 것과 같다. 즉

$$V_{ed} = +12.0\text{ V}$$

이다. 시험 전하가 점 e에서 점 a로 가면 전기력원이 없고 전선에는 저항이 무시할만하므로 전위의 변화가 없다.

다음으로 전하가 400 Ω 저항기를 지나 점 b로 가면 전위는 $V = IR = (0.0174\text{ A})(400\ \Omega) = 7.0\text{ V}$ 감소한다. 시험 전하는 그림 19.10b의 그래프에서 보듯이 전지의 음의 단자로 향하므로 '내리막길'을 간다. 이것은 전위의 **감소**이므로 **음의 부호**를 써서

$$V_{\text{ba}} = V_{\text{b}} - V_{\text{a}} = -7.0\text{ V}$$

이다. 전하가 점 b에서 c로 가면 전위가 또 $(0.0174\text{ A})(290\ \Omega) = 5.0\text{ V}$ 감소('전압 강하') 한다. 그리고 이것도 전위의 감소이므로

$$V_{\text{cb}} = -5.0\text{ V}$$

이다. 시험 전하가 점 c에서 d로 가면 전선의 저항이 무시할 만하다고 가정했으므로 전위의 변화가 없다.

그림 19.10의 회로를 돈 후 전위의 모든 변화의 합은

$$+12.0\text{ V} - 7.0\text{ V} - 5.0\text{ V} = 0$$

이다. 이것은 키르히호프 고리 법칙의 예상대로이다.

예제 19.6 키르히호프 법칙의 사용

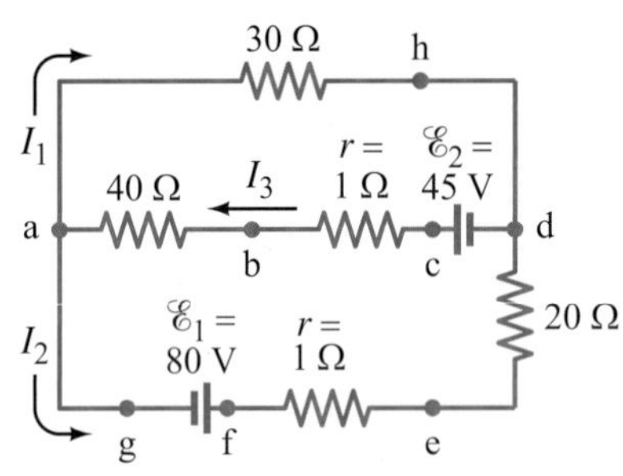

그림 19.11 전류는 키르히호프 법칙으로 계산할 수 있다. 예제 19.6

그림 19.11(그림 19.9와 같음)의 회로의 세 경로에서 전류 I_1, I_2, I_3을 계산하라.

접근 및 풀이

1. **전류와 방향에 표시를 한다.** 그림 19.11에서는 세 경로에서의 전류를 I_1, I_2, I_3으로 나타낸다. 양의 전하는 전지의 양의 단자에서 멀어지므로 I_2와 I_3의 방향을 그림 19.11과 같이 정한다. I_1의 방향은 아직 분명하지 않으므로 그림대로 임의로 정한다. 실제 전류가 반대 방향으로 흐르면 답이 음수가 된다.
2. **미지수를 구한다.** 미지수가 셋(I_1, I_2, I_3)이므로 세 식이 필요한데, 키르히호프 분기점 법칙과 고리 법칙으로 만든다.
3. **분기점 법칙.** 키르히호프 분기점 법칙을 점 a의 전류에 적용한다. 여기서 I_3은 들어가고 I_1과 I_2는 나가므로

$$I_3 = I_1 + I_2 \tag{i}$$

이다. 이 식은 점 d에서도 동일하므로 점 d에서는 식을 만들어도 추가 정보가 없다.

4. **고리 법칙.** 두 고리에 키르히호프 법칙을 적용한다. 먼저 위의 닫힌 고리 ahdcba에 적용한다. 점 a에서 출발하고 종료한다. a에서 h까지의 전위 감소는 $V_{\text{ha}} = -(I_1)(30\ \Omega)$이다. h에서 d까지는 변화가 없다. 그러나 d에서 c까지는 전위가 45 V 증가한다. 즉 $V_{\text{cd}} = +45\text{ V}$이다. c에서 a까지는 전위가 두 저항기를 통해 $V_{\text{ac}} = -(I_3)(40\ \Omega + 1\ \Omega) = -(41\ \Omega)I_3$ 만큼 감소한다. 그러므로 $V_{\text{ha}} + V_{\text{cd}} + V_{\text{ac}} = 0$ 또는

$$-30I_1 + 45 - 41I_3 = 0 \tag{ii}$$

이다. $V_{\text{ha}} = -(I_1)(30\ \Omega)$을 더 쉽게 볼 수 있도록 여기서 볼트와 암페어의 단위는 생략했다. 두 번째 고리로 외부 고리 ahdefga를 택한다. (아래 고리 abcdefga를 택할 수도 있었다.) 다시 a에서 출발하여 h로 가면 $V_{\text{ha}} = -(I_1)(30\ \Omega)$이다. 다음 $V_{\text{dh}} = 0$이다. 그러나

양의 시험 전하가 d에서 e로 가면 **가정**한 전류 방향을 거스르는 오르막길을 오른다. 그것이 이 계산에 반영된다. 그러므로 $V_{ed} = +I_2(20\ \Omega)$은 **양**의 부호이다. 비슷하게 $V_{fe} = +I_2(1\ \Omega)$이다. f에서 g까지는 전지의 높은 전압 단자에서 낮은 단자로 가므로 전위 감소가 80 V이다. 그러므로 $V_{gf} = -80$ V이다. 마지막으로 $V_{ag} = 0$이므로 고리를 한 번 돌 때 전위 변화의 합은

$$-30I_1 + (20 + 1)I_2 - 80 = 0 \qquad \textbf{(iii)}$$

이다. 중요한 작업은 끝났다. 나머지는 더하기 빼기이다.

5. 방정식을 푼다. 식이 (i), (ii), (iii) 셋이고 미지수도 셋이다. 식 (iii)에서

$$I_2 = \frac{80 + 30I_1}{21} = 3.8 + 1.4I_1 \qquad \textbf{(iv)}$$

이다. 식 (ii)에서

$$I_3 = \frac{45 - 30I_1}{41} = 1.1 - 0.73I_1 \qquad \textbf{(v)}$$

이다. 식 (iv)와 (v)를 식 (i)에 대입하면

$$I_1 = I_3 - I_2 = 1.1 - 0.73I_1 - 3.8 - 1.4I_1$$

이다. I_1에 대해 풀면

$$\begin{aligned} 3.1I_1 &= -2.7 \\ I_1 &= -0.87\ \text{A} \end{aligned}$$

이다. 음의 부호는 I_1의 방향이 실제로는 그림 19.11에서 처음에 가정했던 방향과 반대라는 것을 의미한다. 전압과 저항이 볼트와 옴이므로 전류는 자동적으로 암페어가 된다. 식 (iv)에서

$$I_2 = 3.8 + 1.4I_1 = 3.8 + 1.4(-0.87) = 2.6\ \text{A}$$

이고 식 (v)에서

$$I_3 = 1.1 - 0.73I_1 = 1.1 - 0.73(-0.87) = 1.7\ \text{A}$$

이다. 풀이가 완성됐다.

유의 다른 상황에서는 미지수가 전류가 아닐 수도 있다. 전류가 주어지고 미지의 전압이나 저항을 풀 수도 있다. 변수는 달라도 방법은 동일하다.

연습 D 예제 19.6에서 아래 고리 abcdefga에 대해 키르히호프 식을 세우고, 이 예제에서 계산한 전류를 가정하고 이 아래 고리에서 전위의 합이 0임을 보이라.

19.4 EMF(기전력)의 직렬 연결과 병렬 연결; 전지의 충전

둘 이상의 전지 등의 기전력원이 그림 19.12a와 같이 직렬로 연결된다. 전체 전압은 각 전압의 합이다. 반면에 20 V와 12 V 전지가 그림 19.12b와 같이 반대로 연결되

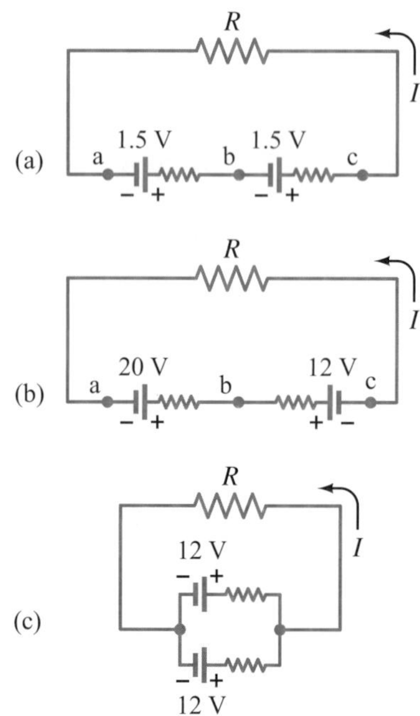

그림 19.12 (a)와 (b) 전지의 직렬 연결 (c) 병렬 연결

면 내부 저항에 의한 알짜 전압 강하를 무시하면 V_{ca} = 8 V이다. 즉 양의 시험 전하가 a에서 b로 이동하면 전위가 20 V 증가하지만 b에서 c로 이동하면 12 V 감소한다. 따라서 알짜 변화는 20 V − 12 V = 8 V이다. 이렇게 전지를 반대로 연결하는 것은 낭비라고 생각할지도 모른다. 대부분의 경우 사실이다. 그러나 반대로 연결하면 전지 충전기가 어떻게 작동하는지 알 수 있다. 그림 19.12b에서 20 V 전원이 12 V 전지를 충전하고 있다. 20 V 전원이 전압이 더 높아서 12 V 전지에 전하를 밀어 넣고 있다. 전자는 음의 단자로 끌리고 양의 단자에서는 밀려난다.

자동차 교류 발전기는 위와 같은 방법으로 자동차 전지를 충전 상태로 유지한다. 엔진이 매우 빠르게 회전하는 자동차의 12 V 전지 단자의 양단에 놓인 전압계를 보면 교류 발전기가 전지를 충전하는지 아닌지 알 수 있다. 충전 중이면 전압계는 13이나 14 V이다. 충전 중이 아니면 전압은 12 V이고 방전 중이면 그 이하이다. 자동차 전지는 재충전할 수 있지만 다른 전지들은 화학 반응이 역으로 진행되지 않기 때문에 재충전이 안 될 수도 있다. 이런 경우 그림 19.12b의 연결은 에너지 낭비이다.

기전력원은 그림 19.12c와 같이 병렬로 연결할 수도 있는데, 큰 전류가 필요한 경우 같은 기전력으로 더 큰 에너지를 공급할 수 있다. 병렬로 연결된 전지는 전체 전류의 일부만 생산하므로 내부 저항에 의한 에너지 손실이 단일 전지보다 작다. 따라서 전지 소모가 천천히 일어난다.

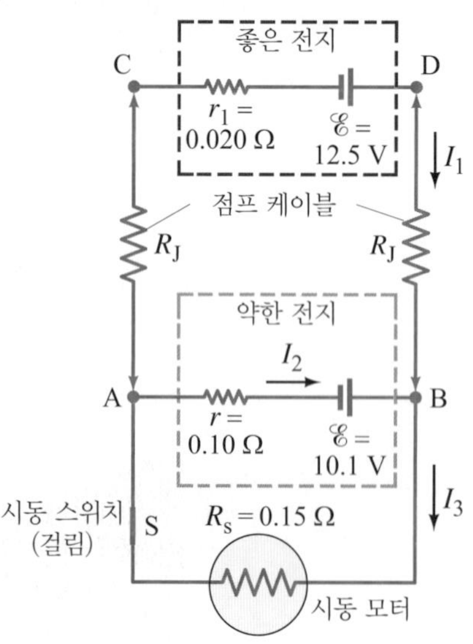

그림 19.13 예제 19.7, 점프 케이블로 시동 걸기

예제 19.7 점프 케이블로 시동 걸기

방전 차량과 정상 차량을 점프 케이블을 이용하여 시동을 걸 수 있다. 정상 전지는 기전력이 12.5 V이고 내부 저항이 0.020 Ω이다. 약한 전지는 기전력이 10.1 V이고 내부 저항이 0.10 Ω이라고 생각하라. 구리 점프 케이블은 길이가 3.0 m이고 지름이 0.50 cm라고 가정하며, 그림 19.13과 같이 연결한다. 시동 모터는 R_s = 0.15 Ω인 저항기로 나타낸다. 다음의 경우, 시동 모터를 흐르는 전류를 구하라. (a) 약한 전지만 연결한다. (b) 그림 19.13과 같이 좋은 전지도 함께 연결한다.

접근 키르히호프 법칙을 적용하는데, (b)에서는 먼저 점프 케이블의 저항을 18.4절에서 논의한 대로 케이블의 크기와 비저항($\rho = 1.68 \times 10^{-8}\ \Omega \cdot \mathrm{m}$)으로 구해야 한다.

풀이 (a) 점프 케이블 없이 약한 전지만 있는 회로는 간단하다. 10.1 V의 기전력이 직렬 연결된 두 저항 0.10 Ω + 0.15Ω = 0.25 Ω에 연결된다. 따라서 전류는 $I = V/R = (10.1\,\mathrm{V})/(0.25\,\Omega) = 40\,\mathrm{A}$이다.

(b) 좋은 전지와 약한 전지를 연결하는 케이블의 저항을 구해야 한다. 식 18.3에서 케이블의 저항은

$$R_J = \frac{\rho \ell}{A} = \frac{(1.68 \times 10^{-8}\,\Omega\cdot\mathrm{m})(3.0\,\mathrm{m})}{(\pi)(0.25 \times 10^{-2}\,\mathrm{m})^2} = 0.0026\,\Omega$$

이다. 전체 외부 고리의 키르히호프 고리 법칙에 의하면 $(2R_J + r) = (0.0052\,\Omega + 0.020\,\Omega) = 0.025\,\Omega$이므로

$$12.5\,\mathrm{V} - I_1(2R_J + r_1) - I_3 R_S = 0$$
$$12.5\,\mathrm{V} - I_1(0.025\,\Omega) - I_3(0.15\,\Omega) = 0 \qquad \text{(i)}$$

이다. 약한 전지와 시동 모터가 포함된 아래 고리의 고리 법칙에 의해

$$10.1\text{ V} - I_3(0.15\,\Omega) - I_2(0.10\,\Omega) = 0 \qquad \textbf{(ii)}$$

이다. 점 B에서의 분기점 법칙에 의해

$$I_1 + I_2 = I_3 \qquad \textbf{(iii)}$$

이다. 식 셋에 미지수 셋이다. 식 (iii)에서

$$I_1 = I_3 - I_2$$

이고, 이것을 식 (i)에 대입하면

$$12.5\text{ V} - (I_3 - I_2)(0.025\,\Omega) - I_3(0.15\,\Omega) = 0$$
$$12.5\text{ V} - I_3(0.175\,\Omega) + I_2(0.025\,\Omega) = 0$$

이다. 이 마지막 식을 식 (ii)와 연립하면

$$12.5\text{ V} - I_3(0.175\,\Omega) + \left(\frac{10.1\text{ V} - I_3(0.15\,\Omega)}{0.10\,\Omega}\right)(0.025\,\Omega) = 0$$

또는

$$I_3 = \frac{12.5\text{ V} + 2.5\text{ V}}{(0.175\,\Omega + 0.0375\,\Omega)} = 71\text{ A}$$

이다. (a)에서보다 상당히 더 좋다.

다른 전류 $I_2 = -5$ A이고 $I_1 = 76$ A이다. $I_2 = -5$ A가 그림 19.13에서의 가정과 반대 방향인 점에 주목하자. 약한 10.1 V 전지를 충전하면 단자 전압은 다음과 같다.

$$V_{BA} = 10.1\text{ V} - (-5\text{ A})(0.10\,\Omega) = 10.6\text{ V}$$

유의 시동 모터가 없는 그림 19.13의 회로로 전지를 충전할 수 있다. 강한 전지는 약한 전지에 전하를 밀어 넣는다.

연습 E 예제 19.7의 점프 케이블이 거꾸로 잘못 연결되면 각 전지의 양의 단자가 다른 전지의 음의 단자에 연결된다(그림 19.14). 시동 모터를 돌리기 전에 전류 I는 어떻게 되는가(그림 19.14의 스위치 S가 열려 있다) 왜 전지가 폭발하는가?

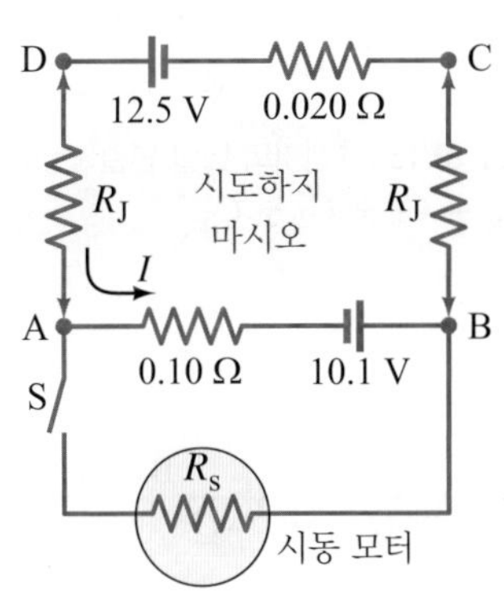

그림 19.14 연습 E

점프 케이블로 시동을 걸 때의 안전

방전 차량의 전지를 점프 케이블을 이용하여 시동을 걸기 전에 두 전지가 12 V인지 확인하고 두 전지의 극성을 확인한다. 다음으로 음의 (−) 단자가 차의 금속 차체나 모터에 케이블로 연결되어 접지되고, 전류가 흐르고 있는 '활선'은 두 전지의 양 (+)의 단자(대부분의 현대식 자동차와 마찬가지로)이다. (+) 단자는 보통 빨간색으로 표시하는데 종종 빨간 모자를 씌우기도 한다. 가장 안전한 절차로는 먼저 방전 차량 전지의 (+) 단자를 빨간 클램프의 케이블을 사용하여 정상 차량 전지의 (+) 단자에 연결한다. 클램프의 핸들을 벌려서 접촉점을 단단히 조인다. 그리고는 검은 케이블을 먼저 정상 차량 전지의 접지 단자에 연결하고 다른 쪽 끝을 방전 차량 전지의 노출된 깨끗한 금속 부분(즉 접지)에 연결한다. 이 마지막 연결은 전지에 너무 가까우

면 안 된다. 드문 경우지만 수소 기체가 누출되어 마지막 연결에서 스파크가 점화되기도 한다. 이것이 직접 접지 단자에 연결하는 것보다 더 안전하다. 문제의 차를 시동 걸 준비가 되면 정상 차량의 전지가 완전히 충전된 상태를 유지하도록 시동을 걸어 놓는 것이 좋다. 방전 차량은 시동이 걸리자마자 접지 케이블을 시작으로 해서 케이블을 완전히 반대 순서로 즉시 분리한다.

그림 19.13의 사진은 위의 절차를 따르지 않은 것이다. 안전사고에 주의하라. 접지 단자가 연결된 상태에서 빨간 클램프(+12 V)가 금속 부분(= 접지)에 닿으면, 몇 백 암페어의 위험한 높은 전류를 동반한 합선이 일어날 수 있다.

19.5 축전기가 직렬과 병렬로 연결된 회로

회로에서 저항기를 직렬이나 병렬로 연결할 수 있는 것과 같이 축전기도 마찬가지다(17장). 우리는 먼저 그림 19.15의 **병렬**(parallel) 연결을 먼저 생각한다. 전지가 전위차 V를 점 a와 b에 공급하면 동일한 전위차 $V = V_{ab}$가 각 저항기 양단에 걸린다. 즉 모든 축전기의 왼쪽 판이 도체에 연결되므로 전지에 연결하면 동일한 전위 V_a를 가지고 오른쪽 판은 V_b를 가진다. 각 축전기의 판은 $Q_1 = C_1 V$, $Q_2 = C_2 V$, $Q_3 = C_3 V$의 전하를 얻는다. 전지를 떠나야 할 전체 전하 Q는

$$Q = Q_1 + Q_2 + Q_3 = C_1V + C_2V + C_3V$$

이다. 동일한 전압 $V = V_{ab}$에서 동일한 전하 Q를 가진 단일 등가 축전기를 구해 보자. 전기 용량 C_{eq}는

$$Q = C_{eq}V$$

이다. 앞의 두 식을 결합하면

$$C_{eq}V = C_1V + C_2V + C_3V = (C_1 + C_2 + C_3)V$$

또는

$$C_{eq} = C_1 + C_2 + C_3 \qquad \text{[병렬]} \quad \textbf{(19.5)}$$

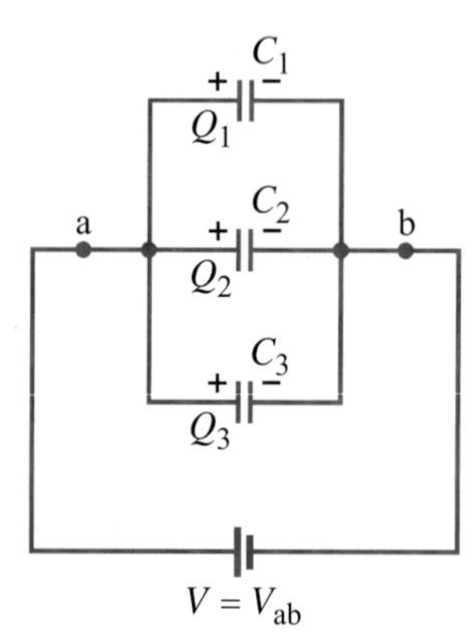

그림 19.15 축전기의 병렬 연결: $C_{eq} = C_1 + C_2 + C_3$

이다. 그러므로 축전기의 병렬 연결의 알짜 효과는 전기 용량의 **증가**이다. 축전기의 병렬 연결은 판의 전하가 쌓이는 넓이를 증가시킨다(식 17.8 참조).

축전기는 직렬로도 즉 그림 19.16과 같이 꼬리를 물고 연결할 수 있다. 전하 $+Q$는 전지에서 C_1의 한쪽 판으로 흐르고, $-Q$는 C_3의 한쪽 판으로 흐른다. 축전기 사이의 영역 A와 B는 원래 중성이므로 알짜 전하는 0이어야 한다. C_1의 왼쪽 판의 $+Q$는 반대쪽 판의 $-Q$를 끌어당긴다. 영역 A에서는 알짜 전하가 0이어야 하므로 C_2의 왼쪽 판에 $+Q$가 있다. 다른 축전기에도 동일한 원리가 적용되므로 각 축전기 판의 전하의 크기는 동일하게 Q이다. 회로의 Q와 V에 영향을 주지 않고 직렬로 연결된 이 세 축전기를 대치하는 단일 축전기의 전기 용량 C_{eq}는

$$Q = C_{eq}V$$

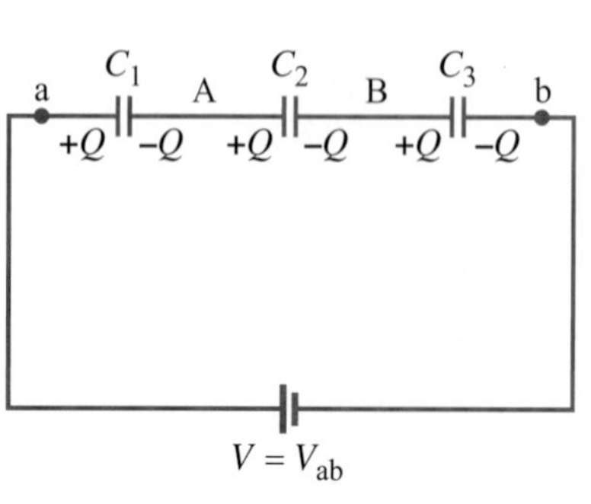

그림 19.16 축전기의 직렬 연결
$\frac{1}{C_{eq}} = \frac{1}{C_1} + \frac{1}{C_2} + \frac{1}{C_3}$

이다. 직렬 연결된 세 축전기의 양단의 전체 전압 V는 각 축전기 양단의 전압의 합과 같아야 한다. 즉

$$V = V_1 + V_2 + V_3$$

이다. 또한 각 축전기에서 $Q = C_1 V_1$, $Q = C_2 V_2$, $Q = C_3 V_3$이므로 마지막 식에 V_1, V_2, V_3, V를 대입하면

$$\frac{Q}{C_{eq}} = \frac{Q}{C_1} + \frac{Q}{C_2} + \frac{Q}{C_3} = Q\left(\frac{1}{C_1} + \frac{1}{C_2} + \frac{1}{C_3}\right)$$

또는

$$\frac{1}{C_{eq}} = \frac{1}{C_1} + \frac{1}{C_2} + \frac{1}{C_3} \qquad \text{[직렬]} \quad \textbf{(19.6)}$$

이다. 등가 전기 용량 C_{eq}는 가장 **작은** 전기 용량보다 **작다**는 점에 주목하자. 또한 축전기의 직렬이나 병렬 연결의 식 형태가 저항과는 반대라는 점에도 주목하자. 즉 축전기의 직렬 연결의 식이 저항기의 병렬 연결의 식과 비슷하다.

주의
축전기 직렬 연결의 식은 저항기 병렬 연결의 식과 유사하다.

예제 19.8 등가 전기 용량

그림 19.17a의 조합과 동일한 효과를 갖는 단일 축전기의 전기 용량을 구하라. $C_1 = C_2 = C_3 = C$이다.

접근 먼저 병렬인 C_2와 C_3의 등가 전기 용량을 구하고 그것이 C_1과 직렬 연결된다고 생각한다.

풀이 C_2와 C_3은 병렬이므로 둘의 등가 전기 용량은

$$C_{23} = C_2 + C_3 = C + C = 2C$$

이다. 이 C_{23}은 C_1과 직렬 연결되므로(그림 19.17b), 전체 회로의 등가 전기 용량 C_{eq}는

$$\frac{1}{C_{eq}} = \frac{1}{C_1} + \frac{1}{C_{23}} = \frac{1}{C} + \frac{1}{2C} = \frac{3}{2C}$$

이다. 그러므로 전체 조합의 등가 전기 용량 $C_{eq} = \frac{2}{3}C$이다. 이것은 $C_1 = C_2 = C_3 = C$의 어느 것보다도 작다.

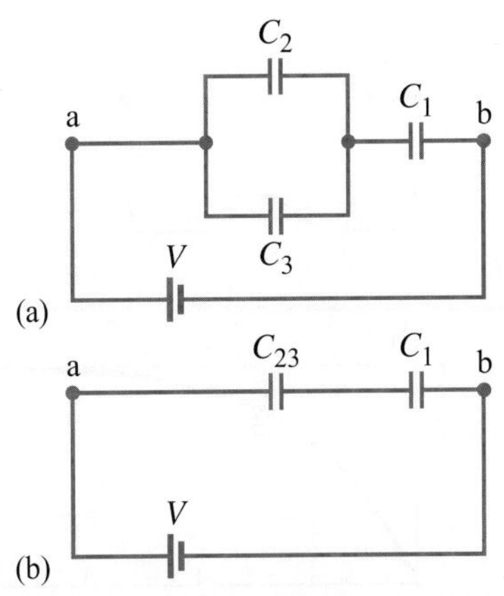

그림 19.17 예제 19.8, 19.9

연습 F $C_1 = C_2 = 10\ \mu$F인 동일한 두 축전기를 생각하라. 이들을 직렬이나 병렬로 연결하여 얻을 수 있는 최소와 최대 전기 용량은 얼마인가? (a) 0.2 μF, 5 μF (b) 0.2 μF, 10 μF (c) 0.2 μF, 20 μF (d) 5 μF, 10 μF (e) 5 μF, 20 μF (f) 10 μF, 20 μF

예제 19.9 축전기의 전하와 전압

예제 19.8의 그림 19.17a에서 각 축전기의 전하를 구하고 양단의 전압을 구하라. $C = 3.0\ \mu$F, 전지 전압은 $V = 4.0$ V라고 가정한다.

접근 예제 19.8의 작업을 '거꾸로' 해야 한다. 즉 등가 전기 용량을 사용해서 전지에서 나오는 전하 Q를 구한다. 그리고는 각 축전기의 전하와 양단의 전압을 구한다. 각 단계에서

$Q = CV$(식 17.7)를 사용한다.

풀이 4.0 V 전지는 전기 용량 $C_{eq} = \frac{2}{3}C = \frac{2}{3}(3.0\,\mu\text{F}) = 2.0\,\mu\text{F}$에 연결된 것과 같이 행동한다. 그러므로 전지에서 나오는 전하 Q는 식 17.7에 의해

$$Q = CV = (2.0\,\mu\text{F})(4.0\,\text{V}) = 8.0\,\mu\text{C}$$

이다. 그림 19.17a에서 이 전하는 C_1의 음의 판에 도달하므로 $Q_1 = 8.0\,\mu\text{C}$이다. 전지의 양의 판에서 나오는 전하 Q는 C_2와 C_3으로 반으로 갈라지므로(대칭에 의해 $C_2 = C_3$), $Q_2 = Q_3 = \frac{1}{2}Q = 4.0\,\mu\text{C}$이다. 다음으로 C_2와 C_3의 양단의 전압은 같아야 한다. 각 축전기 양단의 전압은 $V = Q/C$로 구하므로

$$V_1 = Q_1/C_1 = (8.0\,\mu\text{C})/(3.0\,\mu\text{F}) = 2.7\,\text{V}$$
$$V_2 = Q_2/C_2 = (4.0\,\mu\text{C})/(3.0\,\mu\text{F}) = 1.3\,\text{V}$$
$$V_3 = Q_3/C_3 = (4.0\,\mu\text{C})/(3.0\,\mu\text{F}) = 1.3\,\text{V}$$

이다.

19.6 *RC* 회로–저항기와 축전기의 직렬 연결

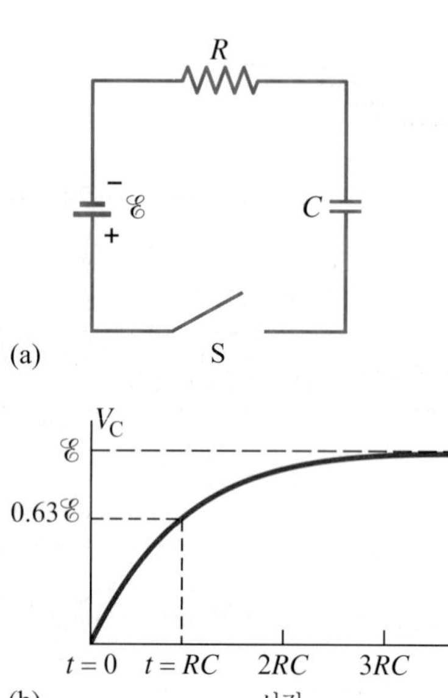

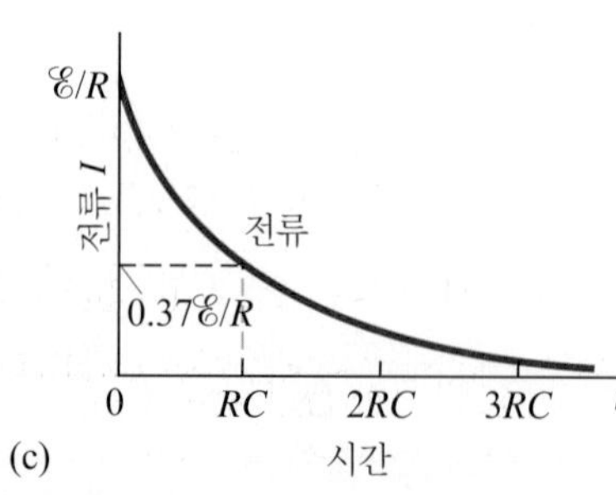

그림 19.18 (a) *RC* 회로에서 스위치 S를 닫으면 축전기 양단의 전압 V_C가 시간에 따라 (b)와 같이 증가하고 저항기를 지나는 전류는 시간에 따라 (c)와 같이 감소한다.

축전기의 충전

축전기와 저항기는 종종 회로에 함께 등장한다. 일상생활에서 이런 ***RC* 회로**(*RC* circuits)는 흔하다. 자동차 와이퍼의 속력이나 교통 신호등의 시간을 조절한다. 카메라 플래시, 심장 박동 조절, 기타 많은 전자 장비에 사용된다. *RC* 회로에서 마지막 '정상 상태'의 전압과 전하에는 별로 흥미가 없다. 오히려 이 변수들의 시간에 따른 변화에 관심이 있다.

그림 19.18에 간단한 *RC* 회로가 나와 있다. 스위치 S를 닫으면 회로에 전류가 즉시 흐르기 시작한다. 전자는 전지의 음의 단자에서 흘러나와서 저항기 R를 지나고 축전기의 위 판에 쌓인다. 또한 전자는 전지의 양의 단자로 흘러들어가서 축전기의 아래 판에 양전하를 남겨둔다. 전하가 축전기에 쌓이면서 양단의 전위차는 증가하고 ($V_C = Q/C$), 결국 축전기의 양단의 전압이 회로의 기전력 $\mathscr{E}$와 같아질 때까지 전류는 감소한다. 그리고 전류의 흐름과 저항기의 양단의 전위차는 더 이상 없다. 전하에 비례하는 축전기의 양단의 전위차 V_C($V_C = Q/C$, 식 17.7)는 시간에 따라 그림 19.18b와 같이 증가한다. 이 곡선은 지수 형이고 식은†

$$V_C = \mathscr{E}\left(1 - e^{-t/RC}\right) \tag{19.7a}$$

이다. 여기서 첨자 C는 V_C가 축전기의 양단의 전압이라는 의미이며 시간 t의 함수이다. [자연 로그의 밑 e의 값은 2.718⋯이다. 이 e와 전자의 전하인 e를 혼동하지 말라.]

축전기의 전하 $Q(= CV_C)$에 대한 비슷한 식은

† 미적분으로 유도한다.

$$Q = Q_0\left(1 - e^{-t/RC}\right) \tag{19.7b}$$

이다. 여기서 Q_0은 최대 전하를 의미한다.

지수에 보이는 저항 R와 전기 용량 C의 곱은 회로의 **시간 상수**(time constant) τ라 하며

$$\tau = RC \tag{19.7c}$$

이다. 시간 상수는 축전기가 얼마나 빨리 충전되느냐의 척도이다. [RC의 단위는 $\Omega\cdot\text{F} = (\text{V/A})(\text{C/V}) = \text{C/(C/s)} = \text{s}$이다.] 구체적으로 말하면 RC는 축전기의 전압과 전하가 최대의 63 %에 도달하는 데 필요한 시간이다. 이것은 e^x 키가 있는 계산기로 확인할 수 있다.† $t = RC$이면 $e^{-1} = 0.37$이므로 $\left(1 - e^{-t/RC}\right) = \left(1 - e^{-1}\right) = (1 - 0.37) = 0.63$이다. 예를 들면 $R = 200\ \text{k}\Omega$이고 $C = 3.0\ \mu\text{F}$인 회로에서 시간 상수는 $\left(2.0 \times 10^5\ \Omega\right)\left(3.0 \times 10^{-6}\ \text{F}\right) = 0.60\ \text{s}$이다. 저항이 작으면 시간 상수가 작아져서 축전기가 빠르게 충전된다. 저항이 작으면 전하의 흐름을 덜 방해하므로 그럴듯한 말이다. 모든 회로에 (전선일지라도) 얼마간의 저항이 있으므로 축전기를 전지에 연결해도 즉시 충전되는 일은 없다.

마지막으로 그림 19.18a의 저항기 양단의 전압 V_R은 얼마인가? 전지의 전압이 $\mathscr{E}$이므로

$$V_R = \mathscr{E} - V_C = \mathscr{E}\left(1 - 1 + e^{-t/RC}\right) = \mathscr{E}e^{-t/RC}$$

이다. 이것을 **지수형 감쇠**(exponential decay)라고 한다. 회로에 흐르는 전류는 저항기를 지나므로 역시 지수형으로 감쇠하며

$$I = \frac{V_R}{R} = \frac{\mathscr{E}}{R}e^{-t/RC} \tag{19.7d}$$

이다. 그림 19.18a의 회로에서 스위치 S를 닫으면, 처음에 축전기의 전하가 방해하지 않으므로 전류가 최대이다. 축전기에 전하가 쌓이면서 전류는 시간에 따라 감소한다. 그것이 식 19.7d와 그림 19.18c의 정확한 의미이다.

예제 19.10 기전력이 있는 *RC* 회로

그림 19.18a의 회로에서 전기 용량 $C = 0.30\ \mu\text{F}$, 전체 저항 $R = 20\ \text{k}\Omega$, 전지의 기전력은 12 V이다. 이때 (a) 시간 상수, (b) 축전기에 모일 수 있는 최대 전하, (c) 전하가 이 값의 99 %에 도달하는 시간, (d) 최대 전류를 구하라.

접근 그림 19.18과 식 19.7a, b, c, d를 사용한다.

풀이 (a) 시간 상수는 다음과 같다.

$$RC = \left(2.0 \times 10^4\ \Omega\right)\left(3.0 \times 10^{-7}\ \text{F}\right) = 6.0 \times 10^{-3}\ \text{s} = 6.0\ \text{ms}$$

(b) 전류가 더 이상 흐르지 않을 때 전하가 최대이므로 다음과 같이 계산한다.

† 더 간단하게 말하자면 $e = 2.718\cdots$이므로 $e^{-1} = 1/e = 1/2.718 = 0.37$이다. e는 자연 로그 ln의 역연산임에 주목하자. $\ln(e) = 1$이고 $\ln(e^x) = x$이다.

$$Q_0 = C\mathscr{E} = (3.0 \times 10^{-7}\,\text{F})(12\,\text{V}) = 3.6\,\mu\text{C}$$

(c) 식 19.7b에서 $Q = 0.99C\mathscr{E}$으로 하면

$$0.99C\mathscr{E} = C\mathscr{E}(1 - e^{-t/RC})$$

또는

$$e^{-t/RC} = 1 - 0.99 = 0.01$$

이다. $\ln(e^x) = x$를 기억하고 양변에 자연 로그를 취하면(부록 A.8)

$$\frac{t}{RC} = -\ln(0.01) = 4.6$$

이므로

$$t = 4.6RC = (4.6)(6.0 \times 10^{-3}\,\text{s}) = 28 \times 10^{-3}\,\text{s}$$

또는 28 ms, 즉 $(\frac{1}{30})$초 이하이다.

(d) 스위치를 닫는 $t = 0$에서 전류는 최대이고, 축전기에 전하는 아직 없다($Q = 0$). 즉

$$I_{\text{max}} = \frac{\mathscr{E}}{R} = \frac{12\,\text{V}}{2.0 \times 10^4\,\Omega} = 600\,\mu\text{A}$$

이다.

축전기의 방전

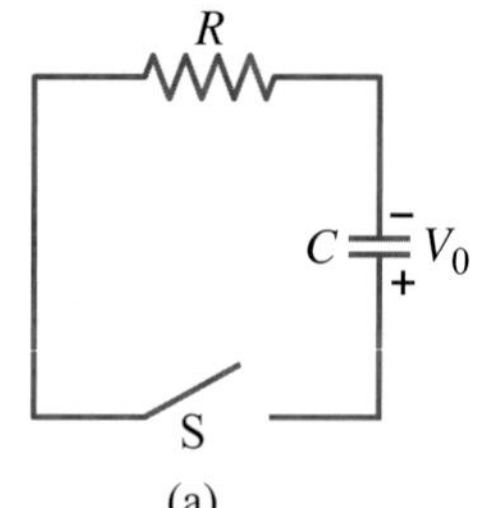

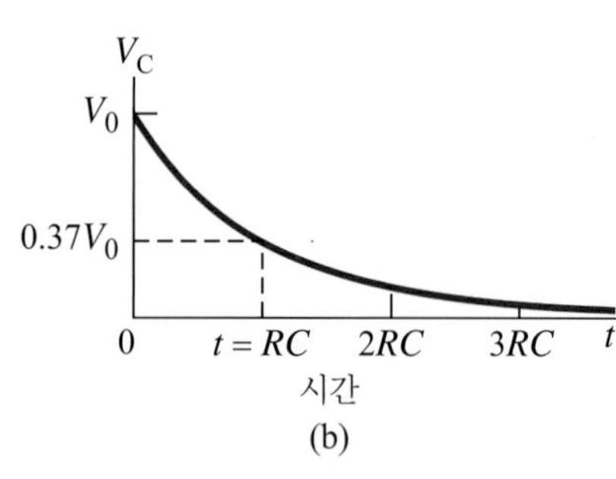

그림 19.19 (a)의 RC 회로에서 $t = 0$에서 스위치 S를 닫으면, 축전기 양단의 전압 V_C는 (b)에서 보듯이 시간에 따라 감소한다. $Q \propto V_C$이므로, 축전기의 전하는 같은 곡선을 따른다.

위에서 논의한 회로는 전지로 저항을 통해서 축전기를 **충전**하는 것을 다뤘다. 이제 다른 상황을 보자. 축전기가 전압 V_0과 전하 Q_0으로 이미 충전됐다. 그리고 그림 19.19a와 같이 저항 R를 통해서 **방전**된다. 이 경우 전지는 분리한다. 스위치 S를 닫으면 축전기가 완전히 방전될 때까지 전하가 축전기의 한쪽에서 반대쪽으로 저항기 R를 통해서 흐르기 시작한다. 축전기 양단의 전압은 그림 19.19b와 같이 감소한다. 이 '지수형 감쇠' 곡선은

$$V_C = V_0 e^{-t/RC}$$

이다. 여기서 V_0은 축전기 양단의 처음 전압이다. 전압은 시간 $\tau = RC$ 동안 63 % (0.37 V_0으로) 감소한다. 축전기의 전하는 $Q = CV$(그리고 $Q_0 = CV_0$)이므로 방전되는 축전기에서는

$$Q = Q_0 e^{-t/RC}$$

이다. 여기서 Q_0은 처음 전하이다.

저항기 양단의 전압의 크기는 매 순간 축전기 양단의 전압과 같다. 그러나 기전력이 없으므로 부호는 반대이다. $V_C + V_R = 0$이므로, $V_R = -V_C = -V_0\,e^{-t/RC}$이다. V_R와 시간의 그래프는 그림 19.19b의 거꾸로이다. 전류는 $I = V_R/R = -(V_0/R)e^{-t/RC} = -I_0\,e^{-t/RC}$이다. 전류의 크기는 $t = 0$일 때 최대이고 시간에 따라 지수형으로 감소한다. 전류가 음(−)인 이유는 그림 19.19a에서는 그림 19.18a와 전류의 방향이 반대이기 때문이다.

예제 19.11 ***RC* 회로의 방전**

$C = 35\ \mu$F의 충전된 축전기가 그림 19.19a와 같이 $R = 120\ \Omega$의 저항기에 연결되면 전압이 원래 값(최댓값)의 10 %로 떨어지는 데 걸리는 시간은 얼마인가?

접근 축전기 양단의 전압은 $V_C = V_0 e^{-t/RC}$에 따라 감소한다. $V_C = 0.10V_0$으로 놓지만 먼저 $\tau = RC$를 계산해야 한다.

풀이 회로의 시간 상수는

$$\tau = RC = (120\,\Omega)(35 \times 10^{-6}\,\text{F}) = 4.2 \times 10^{-3}\,\text{s}$$

이다. 시간 t가 지난 후 축전기 양단의 전압은

$$V_C = V_0 e^{-t/RC}$$

이다. $V_C = 0.10\ V_0$이 되는 시간을 알기 위해 위 식에 대입하면

$$0.10V_0 = V_0 e^{-t/RC}$$

이므로

$$e^{-t/RC} = 0.10$$

이다. 지수 e의 역연산은 자연 로그 ln이다. 그러므로

$$\ln\left(e^{-t/RC}\right) = -\frac{t}{RC} = \ln 0.10 = -2.3$$

이다. t에 대해 풀면 다음과 같다.

$$t = 2.3(RC) = (2.3)\left(4.2 \times 10^{-3}\,\text{s}\right) = 9.7 \times 10^{-3}\,\text{s} = 9.7\,\text{ms}$$

유의 축전기 양단의 특정한 전압에 대한 시간을 $t = RC\ln\left(V_0/V_C\right)$으로 구할 수 있다.

RC 회로의 의학 및 다른 분야에의 응용

RC 회로의 충전과 방전은 일정한 진동수의 전압 펄스를 만드는 데 사용할 수 있다. 축전기의 전하는 특정한 전압까지 증가했다가 방전된다. 축전기를 방전시키는 방법 중 하나는 기체를 채운 관의 활용인데, 이 관은 전압이 특정한 전압 V_0을 초과하면 전기 파괴가 일어난다. 방전이 끝나면, 관에는 더 이상 전류가 흐르지 않고 낮은 전압 V_0에서 시작해 충전 과정이 반복된다. 그림 19.20에 회로와 이 회로가 만드는 **톱니 전압**(sawtooth voltage)이 나와 있다.

 물리학의 응용

톱니 전압

 물리학의 응용

깜박이 장치

간단한 깜박이 등은 톱니 진동자 회로의 한 예이다. 기전력은 전지가 공급한다. 네온관이 매초 한 번 정도 깜박인다. '깜박이 장치'의 주 부품은 적절한 크기의 축전기

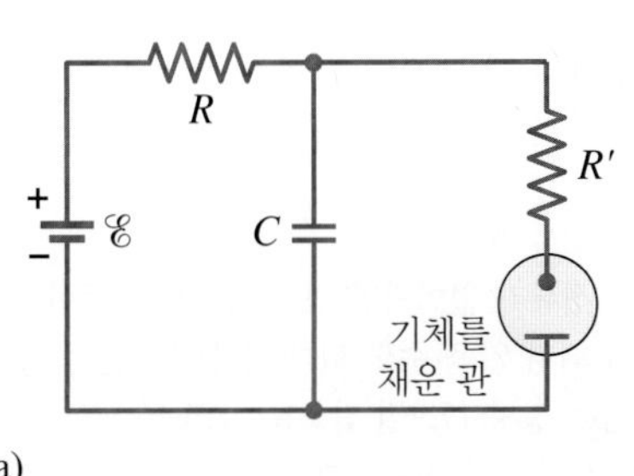

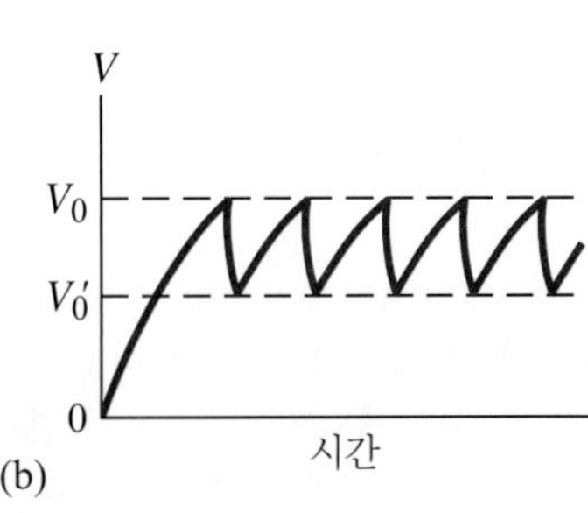

그림 19.20 (a) 기체를 채운 관을 스위치로 활용한 *RC* 회로는 (b)의 반복되는 '톱니' 전압을 만든다.

이다.

물리학의 응용
연속 작동하는 자동차의 와이퍼

연속 작동하는 자동차의 와이퍼도 *RC* 회로를 사용할 수 있다. *C*는 고정시키고 스위치로 *R*를 바꾸면 *RC* 시간 상수를 변하게 되어 와이퍼의 동작 속도를 조절할 수 있다.

연습 G 전형적인 방향 지시등은 1초에 두 번 깜박이므로 시간 상수는 0.5 s이다. 축전기는 $C = 1\ \mu\mathrm{F}$의 중간 크기라고 가정하고 회로의 저항을 추정하라.

물리학의 응용
심장 박동 조절

RC 회로의 중요한 의학적 활용은 전자식 심장 박동 조절 장치이며, 가슴에 부착한 전극을 통해 전기 자극을 가해 멈춰진 심장을 다시 뛰게 만든다. 필요하다면 자극은 정상 심장 박동에 맞추어 반복시킬 수 있다. 심장 자체에 **박동 조절** 세포가 있어서 작은 전기 펄스를 분당 60~80회 내보낸다. 이 신호가 심장 박동을 일으킨다. 심장 질환에 따라 자체 맥박 조절 장치가 적절히 작동하지 못해 심장 박동이 멈춘다. 이런 환자는 심장 박동의 진동수를 시작하고 조절하는 정규적인 전압 펄스를 만들어 주는 **전자식 박동 조절 장치**를 사용한다. 전극은 심장 내부나 근처에 심고(그림 19.21), 회로에는 축전기와 저항기가 들어있다. 축전기의 전하는 어느 점까지 증가하다가 심장에 펄스를 가한다. 그리고 충전을 다시 시작한다. 분당 펄스 수는 시간 상수로 조절한다.

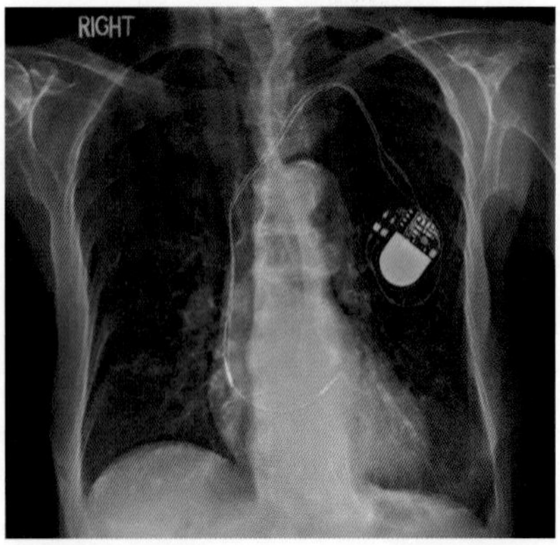

RIGHT

그림 19.21 엑스선으로 촬영한 가슴 사진에서 전지로 작동하는 전자식 심장 박동 조절 장치가 보인다(색을 넣음).

19.7 전기 위험

물리학의 응용
전기의 위험 요소들

18.6절에서 논의했듯이, 너무 큰 전류는 건물의 전선을 과열시켜서 화재를 일으킬 수 있다. 전류는 또한 인체를 손상시키거나 치명적일 수 있다. 인체를 통과하는 전류는 두 가지 측면에서 위험하다. (1) 열에 의해 조직이 화상을 입을 수 있으며, (2) 신경과 근육을 자극하여 '쇼크'를 일으킨다. 쇼크의 정도는 전류의 크기, 지속 시간, 통과 부위에 좌우된다. 심장이나 뇌와 같은 중요 기관을 통과하는 전류는 특히 손상이 크다.

1 mA 이상의 전류는 감지할 수 있으며 고통이 따르기도 한다. 10 mA 이상의 전류는 심각한 근육 수축을 일으켜서, 사람이 전류원(잘못 잡은 기기나 전선 등)을 놓지 못 하기도 한다. 호흡기 마비에 의한 사망도 일어날 수 있다. 인공호흡으로 희생자를 소생시키기도 한다. 80~100 mA 이상의 전류가 몸통을 통과해서 일부가 심장을 1이나 2초 이상 통과하면, 심장 근육이 불규칙적으로 수축하기 시작해서 혈액을 적절히 뿜어내지 못한다. 이 상황을 **심실세동**(ventricular fibrillation)이라고 한다. 이 상황이 오래 지속되면 사망에 이른다. 전류가 1 A 정도로 훨씬 더 커지면 이상하게도 심부전에 의한 사망 가능성이 줄어든다.† 그러나 이런 전류는 인체의 작은 부위에

† 큰 전류는 심장 전체의 정지를 일으킴에 분명하지만 전류가 없어지면 정상 박동으로 돌아온다. 그렇지만 심실세동은 시작하면 정지시키기 어려워서 그렇게 되지 않을 수도 있다. 심실세동은 심장 마비의 결과로도, 심장 수술 중에도 일어날 수 있다. 제세동기라는 장치(17.9절 참조)는 심장에 짧고 큰 전류를 가하여 심장이 완전히 멈추게 한 후 정상 박동으로 회복시키는 데 사용한다.

집중되면 심각한 화상을 야기한다.

손상을 주는 것은 전류지만, 전류를 흐르게 하는 것은 전압이다. 전기 충격의 심각한 정도는 전류에 좌우되므로 따라서 전압과 인체의 유효 저항에 좌우된다. 세포의 액체는 전기가 꽤 잘 통하는 이온을 포함하므로 생체 조직은 저항이 작다. 그러나 피부의 바깥층은 건조할 때는 저항이 커서 보호가 된다. 몸 반대쪽에 있는 두 점 사이의 유효 저항은 건조할 때는 저항이 $10^4 \sim 10^6\ \Omega$이다. 그러나 피부가 습하면 저항이 $10^3\ \Omega$ 이하이다. 맨발이나 바닥이 얇은 신을 신은 사람은 지면과 잘 접촉되어 있어서 젖은 손으로 120 V 선을 만지면

$$I = \frac{120\,\text{V}}{1000\,\Omega} = 120\,\text{mA}$$

의 전류가 흐를 수 있다. 위에서 본대로 이것은 치명적이다.

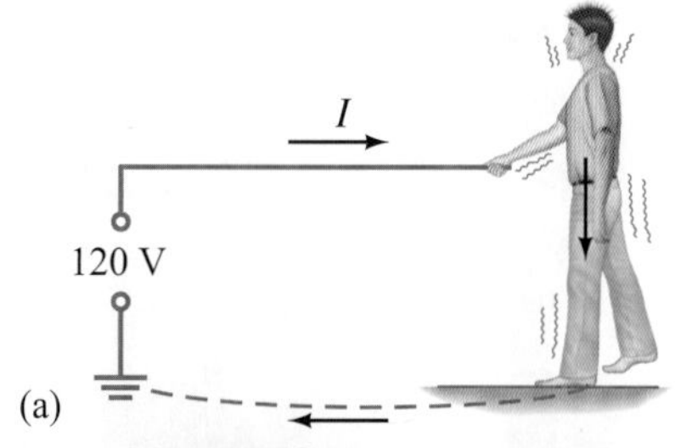

그림 19.22 회로가 완성되면 쇼크를 받을 수 있다.

회로의 일부가 되어 쇼크를 일으킬 수 있다. 우연히 '고압' 전선을 만질 때 회로가 완성되는 두 가지 경우가 그림 19.22에 나와 있다. 고압이란 120 V나 240 V와 같이 지면에 비해 전압이 상대적으로 높다는 의미이다. 건물 배선의 다른 전선은, 묻힌 도체에 연결된 전선에 의해서든 지면으로 들어간 금속 수도관에 의해서든 대지에 연결되어 있다. 그림 19.22a의 전류는 고전압 전선에서 사람을 통과해서 맨발을 지나 땅으로 들어가서, 다시 훌륭한 도체인 땅을 통해 전원의 접지 단자로 간다. 두꺼운 고무바닥으로 된 신이나 건조한 나무 마루와 같은 좋은 절연체 위에 서 있다면, 회로의 저항이 훨씬 더 커져서 훨씬 작은 전류가 사람을 통과한다. 맨발로 땅 위나 욕조 안에 서 있다면 저항이 매우 작고 전류가 커서 치명적인 위험이 도사린다. 욕조나 수영장 안에서는 사람이 젖어 있어 저항이 작을 뿐더러 금속 배수관을 통해 물이 지면에까지 이르기 때문이다. 젖은 상태에서나 맨발로는 아무것도 만지지 말라고 강력히 권고한다. 비금속관을 사용하는 것이 안전하다.

그림 19.22b에서 사람이 한 손으로 '활선'을 잘못 만지고, 다른 손으로 싱크대 수도꼭지(관이나 비금속관을 통해 물이 지면에까지 이어진)를 만진다. 전류는 심장과 폐를 통해 가슴을 통과하므로 특히 위험하다. 중요한 규칙으로는 한 손으로 어떤 전기를 만지고 있으면 다른 손은 뒷주머니에 넣는 것이다(사용하지 말라!). 그리고 두꺼운 고무바닥으로 된 신을 신는다. 또한 금속류의 보석 특히 반지를 빼버린다. 보통 반지 안의 손가락은 습하다.

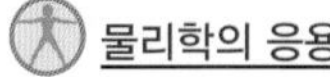

한 손이 전기에 접촉될 때 다른 손은 주머니에 넣고 있으라.

물리학의 응용
접지와 쇼크

전선을 만지거나 가전 기구를 어설프게 손보다가 벗겨져서 절연이 안 되는 '활선'에 접촉될 수 있다. 전기 장치는 내부를 조사하기 전에 항상 플러그를 뽑아야 한다![†] 또한 장치 내부의 전선은 절연 상태가 좋지 못하여 제품 케이스에 접촉될 수 있다. 케이스가 금속이면 전기가 통한다. 그러면 그림 19.23b와 같이 단순히 케이스만 만져도 사람은 심하게 감전된다. 사고를 방지하기 위해 금속 케이스를 직접 별도의 접지 전선으로 대지에 연결하도록 한다. 그러면 '활선'이 접지된 케이스에 닿아도, 그림 19.23c와 같이 회로가 내부적으로 지면으로 즉시 합선되어서, 대부분의 전류가 사람

[†] 심지어 방전되지 않은 축전기로부터 감전될 수도 있다.

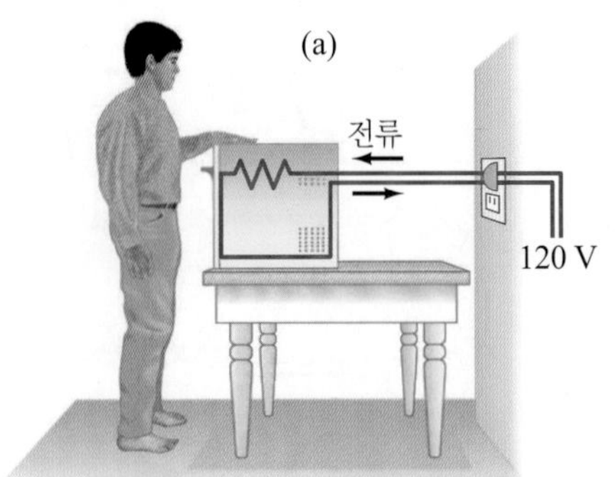

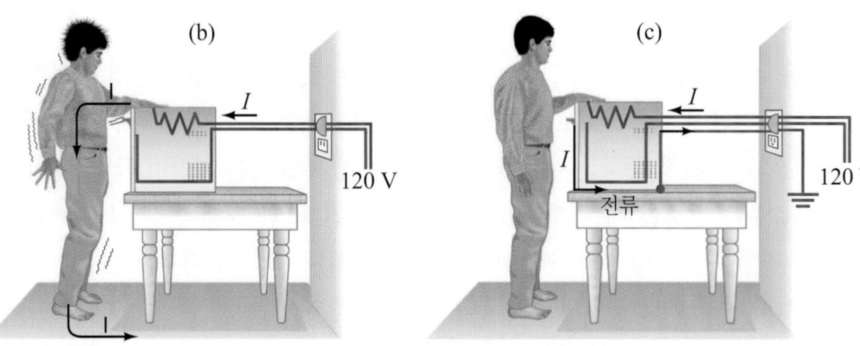

그림 19.23 (a) 두 갈래 플러그로 작동하는 전기 오븐 (b) 접지되지 않은 금속 케이스로부터 감전된다. (c) 세 갈래 플러그에 의해 케이스는 접지됐다. 사람을 통해서는 거의 전류가 흐르지 않는다.

이 아닌 저항이 낮은 접지 전선을 통과한다. 더욱이 큰 전류는 퓨즈나 회로 차단기를 작동시킨다. 금속 케이스의 접지는 별도의 접지 전선을 세 갈래 플러그의 세 번째 갈래에 연결한다. 세 갈래 플러그의 세 번째 갈래를 잘라내지 말라. 당신의 생명을 구할 수도 있다. 그림 19.24a와 b에 세 갈래 플러그가 나와 있다.

안전한 배선

 주의

세 번째 (접지) 선의 필요성

왜 세 번째 선이 필요한가? 120 V는 두 선인데 하나는 **활선**(교류 120 V)이고 다른 하나는 접지된 **중성선**이다. 둥근 갈래인 세 번째 접지 '전용' 선은 불필요해 보인다. 그러나 두 가지 이유로 보호가 된다. (1) 내부 배선이 부정확하거나 그림 19.23에서 논의한 실수로부터의 보호이다. (2) **중성선**에는 최대의 정상 전류 (높은 전위 120 V에서 오는 '귀환' 전류)가 흐르고 저항이 있으므로 중성선을 따라 작지만 전압 강하가 생긴다. 그러나 연결 불량, 부식, 또는 플러그가 느슨해진 경우에는 저항이 충분히 커진다. 따라서 접지 점에서 먼 거리에서 중성선을 만져도 전압을 느낄 수 있다.

어떤 전기 장치에는 전선이 둘만 있고, 플러그의 두 갈래의 폭이 다르다. 이 플러그는 한쪽 방향으로만 전원에 끼울 수 있어서, 장치의 넓은 중립 갈래는 배선의 중립에만 연결된다(그림 19.25). 예를 들면 전구의 나사선은 중립에만 연결되어(기저는 '활선'에 연결) 소켓을 빼서 전구를 교환할 때 충격을 피한다. 두 갈래 플러그가 있는 장치는 접지된 케이스가 없어서 이중으로 전기 절연이 되거나 케이스가 금속이 아니어야 한다. 어쨌든 더 조심해야 한다.

정상적인 회로 차단기(18.6절과 20.7절 참조)는 과부하와 화재로부터 장비와 건물을 보호한다. 합선으로 인한 큰 전류 발생 시, 회로 차단기는 반응이 충분히 빠를 때

(a)

(b)

그림 19.24 (a) 세 갈래 플러그 (b) 구식 두 갈래 전원용 어댑터(흰색); 접지 탭(사진의 초록색)을 잘 맞춘다.

만 사람을 보호한다.

또 다른 위험은 의도하지 않은 경로로 전류가 흐르는 **누출 전류**(leakage current)이다. 누출 전류는 종종 '축전 결합형'이다. 예를 들면 전구의 전선이 금속 케이스와 축전기를 형성한다. 한쪽 도체로 향하는 전하는 다른 쪽으로 향하는 전하를 끌거나 밀어서 전류가 생긴다. 전형적인 전기 규격에서는 어떤 장비라도 누출 전류를 1 mA로 제한한다. 이 정도는 보통은 해가 없지만, 그러나 전극을 심은 병원 환자에게는 위험할 수 있다. 보호 피부 층이 없어서 전류가 직접 심장을 통과할 수 있기 때문이다. 전류가 손으로 들어가거나 몸에서 퍼지면 극히 일부만 심장을 통과하므로 100 mA는 되어야 심실세동이 일어난다. 그러나 직접 심장을 통과하면 0.02 mA라도 심실세동이 일어난다. 그러므로 '전선이 부착된' 환자에게는 등을 만지는 간단한 행위에 의한 누출 전류라도 매우 위험하다.

마지막으로 절단된 전력선을 만지거나(치명적!) 가까이 가지도 말라. 고압 전선은 수 천 볼트이다. 막대한 전류가 고압 전선이 지면과 닿는 점에서 지면을 따라 흐를 수 있다. 이 전류는 충분히 커서 두 발 사이의 전압이 위험스러울 정도로 크다. [Tip: 한 발로 서거나 두 발이 동시에 지면에 닿지 않도록 뛴다.]

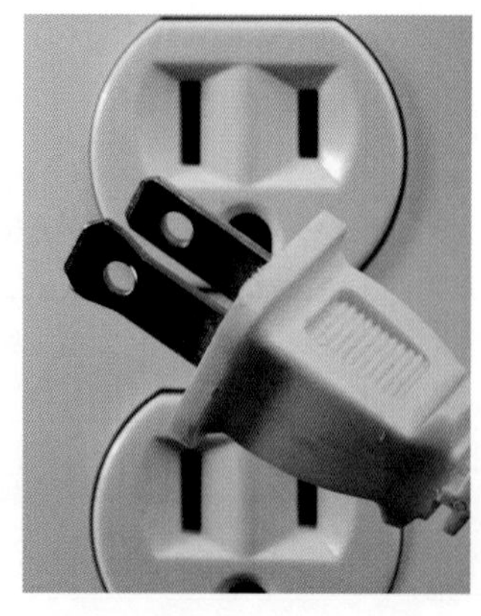
그림 19.25 방향이 있는 두 갈래 플러그

종합 문제

객관식

1. 그림 19.26의 회로 중 저항기가 직렬 연결된 것은?

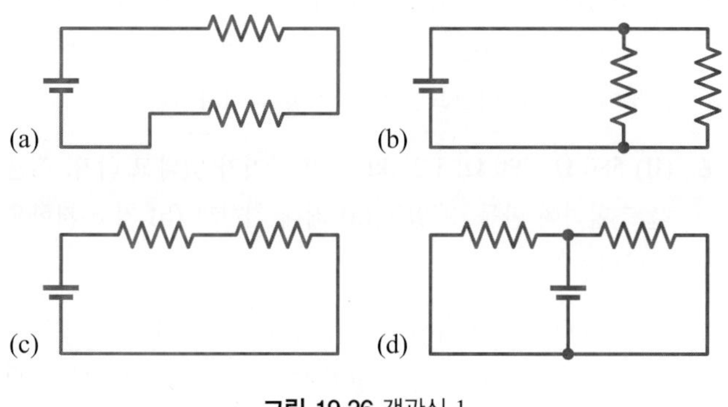

그림 19.26 객관식 1

2. 그림 19.27의 회로 중 저항기가 병렬 연결된 것은?

(a) 셋 모두
(b) R_1과 R_2
(c) R_2와 R_3
(d) R_1과 R_3
(e) 정답 없음

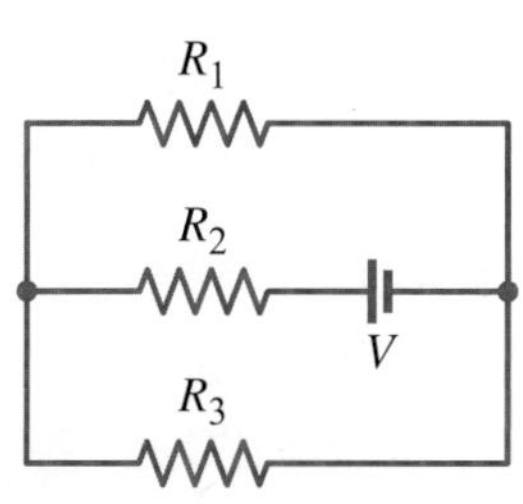

그림 19.27 객관식 2

3. 10,000 Ω 저항기가 100 Ω 저항기와 직렬 연결되어 있다. 10,000 Ω 저항기의 전류가 10 A이다. 두 저항기를 바꾸면 100 Ω 저항기에 흐르는 전류는 얼마인가?

(a) > 10 A (b) < 10 A (c) 10 A
(d) 회로에 대한 정보가 더 필요하다.

4. 그림 19.28에 동일한 10 V 전지와 동일한 10 Ω 저항기가 직렬 연결되어 있다. 10 Ω 전구의 한쪽 끝이 전지 사이에 연결되고 다른 쪽 끝은 저항기 사이에 연결되면 전구에 흐르는 전류는 얼마인가?

(a) 0 A (b) 1 A (c) 2 A (d) 4 A

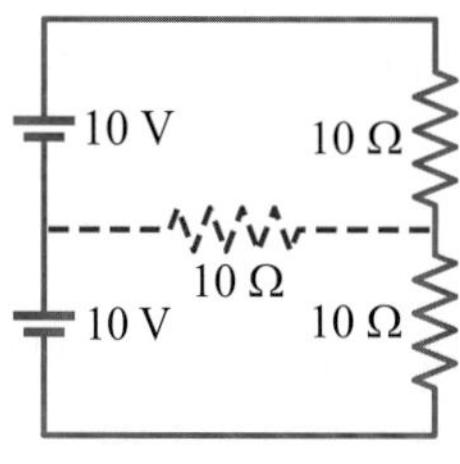

그림 19.28 객관식 4

5. 그림 19.29에서 어느 저항기에 최대 전류가 흐르는가?

(a) R_1 (b) R_1과 R_2

(c) R_3과 R_4 (d) R_5
(e) 모두 같다.

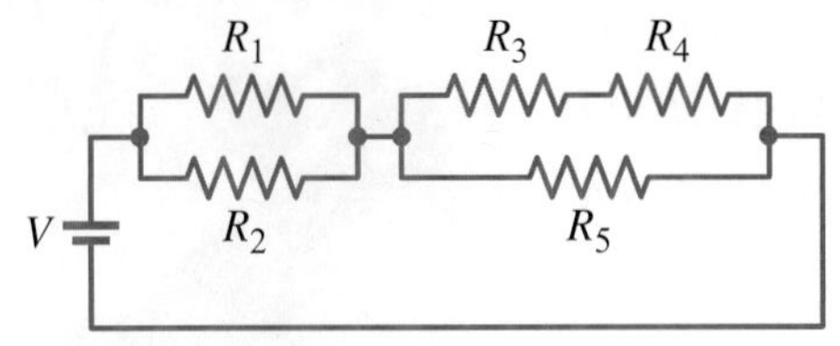

그림 19.29 객관식 5

6. 그림 19.30에 동일한 세 전구가 있는 회로가 나와 있다. 전구 B를 치우면 전구 A의 밝기는 어떻게 되는가?
(a) 전구 A가 밝아진다.
(b) 전구 A가 어두워진다.
(c) 전구 A는 변함없다.
(d) 전구 A가 꺼진다.

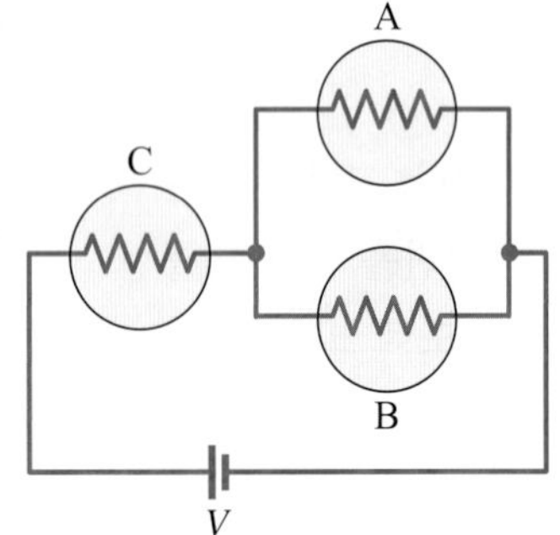

그림 19.30 객관식 6

7. 그림 19.31의 스위치를 닫으면 R_4 양단의 전압은 어떻게 되는가?
(a) 증가한다. (b) 감소한다. (c) 변함없다.

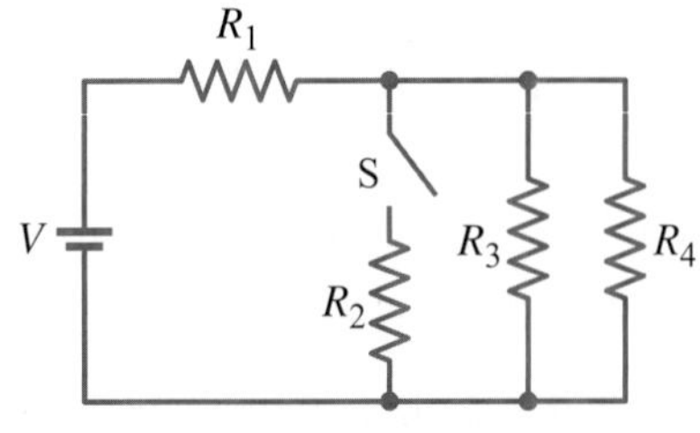

그림 19.31 객관식 7, 8

8. 그림 19.31의 스위치를 닫으면 R_1 양단의 전압은 어떻게 되는가?
(a) 증가한다. (b) 감소한다. (c) 변함없다.

9. RC 회로에서 축전기를 충전할 때 저항기에 흐르는 전류는
(a) 증가한다. (b) 감소한다.
(c) 일정하다. (d) 0이다.

10. 그림 19.32의 회로에서 스위치 S를 닫으면 어떻게 되는가?
(a) 변함없다. 전류는 축전기를 통해 흐를 수 없다.
(b) 축전기는 전지의 기전력까지 즉시 충전된다.
(c) 축전기는 결국 전지의 최대 기전력까지 R와 C에 의해 결정되는 비율로 충전된다.
(d) 축전기는 R와 C에 의해 결정되는 전지 기전력의 일부까지 충전된다.
(e) 축전기는 단지 R만에 의해 결정되는 전지 기전력의 일부까지 충전된다.

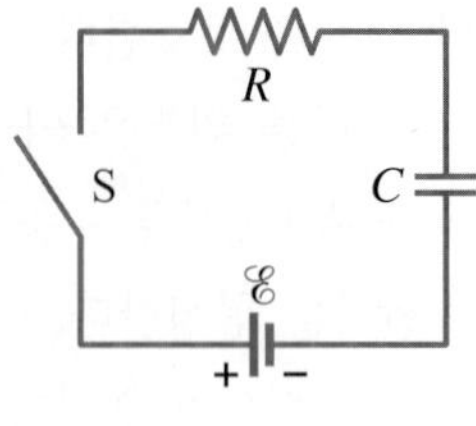

그림 19.32 객관식 10

주관식

19.1 기전력과 단자 전압

1. (I) 내부 저항이 0.900 Ω이고 기전력이 6.00 V인 전지가 (a) 71.0 Ω, (b) 710 Ω의 저항기와 직렬로 연결될 때 전지의 단자 전압을 계산하라.

2. (I) 네 개의 1.50 V 전지가 12.0 Ω의 전구에 직렬 연결되어 있다. 이때 0.45 A의 전류가 흐르면, 각 전지의 내부 저항은 얼마인가? 전지들은 동일하며 도선의 저항은 무시한다.

3. (II) 시동 모터가 95 A를 쓸 때 단자 전압이 8.8 V로 떨어지는 12.0 V의 자동차 전지의 내부 저항은 얼마인가?

19.2 저항기의 직렬 연결과 병렬 연결

[문제에서 언급하지 않으면 전지의 내부 저항은 무시한다.]

4. (I) 650 Ω과 1800 Ω의 저항기가 12 V의 전지와 직렬 연결되어 있다. 1800 Ω 저항기 양단의 전압은 얼마인가?

5. (I) 45 Ω짜리 전구 세 개와 65 Ω짜리 전구 세 개가 직렬로 연결된다. (a) 회로의 전체 저항은 얼마인가? (b) 여섯 개 모두가 병렬로 연결되면 전체 저항은 얼마인가?

6. (II) 580 Ω, 790 Ω, 1.20 kΩ의 저항기가 있다고 하자. 이들을 조합하여 만들 수 있는 (a) 최대 저항과 (b) 최소 저항은 얼마인가?

7. (II) 100 Ω 저항기 다섯 개가 병렬로 연결된 것과 동일한 등가 저항을 내려면 10 Ω 저항기 몇 개가 직렬로 연결되어야 하는가?

8. (II) 그림 19.5에서와 같이 R_2 양단에 전지 전압의 1/5이 공급되는 전압 분배기를 설계하라. R_1/R_2의 비는 얼마인가?

9. (II) 9.0 V인 전지가 있는데 3.5 V만 쓰고 싶다. 1.0 Ω 저항기가 많다면 어떻게 연결해야 9.0 V 입력에 3.5 V 출력인 '전압 분배기'를 만드는가?

10. (II) 세 개의 1.70 kΩ 저항기를 직렬/병렬의 조합으로 만들

수 있는 방법에는 네 가지가 있다. 이들 네 방법은 어떤 것이며, 각각의 경우 알짜 저항은 얼마인가?

11. (II) 정격이 12.0 V에서 4.0 W인 두 전구가 병렬로 연결된 회로에서 기전력 12.0 V인 전지의 단자 전압이 11.8 V이다. 전지의 내부 저항은 얼마인가?

12. (II) 여덟 개의 동일한 전구가 120 V의 전원에 직렬로 연결되어 있다. (a) 각 전구에 걸리는 전압은 얼마인가? (b) 전류가 0.45 A이면, 각 전구의 저항은 얼마이고, 각 전구에서 소모하는 전력은 얼마인가?

13. (II) 전구 여덟 개가 전체 저항이 1.4 Ω인 두 긴 도선으로 120 V의 전원에 병렬로 연결된다. 각 전구에 210 mA가 흐르면 각각의 저항은 얼마이고, 전체 전력에 비해 도선에서 소모되는 전력의 비율은 얼마인가?

14. (II) 전기 회로를 자세히 조사해보니 480 Ω의 저항기가 350 Ω 저항기가 필요한 곳에 잘못 납땜이 되어 있는 것을 알게 됐다. 이 회로에서 이들 저항기를 제거하지 않고 어떻게 고칠 수 있을까?

15. (II) 7.0 W 크리스마스트리 전구 일곱 개가 직렬로 120 V의 전원에 연결된다. 각 전구의 저항은 얼마인가?

16. (II) (a) 그림 19.33에 있는 회로의 등가 저항과 (b) 각 저항기에서의 전압, (c) 각 저항기를 지나는 전류를 결정하라.

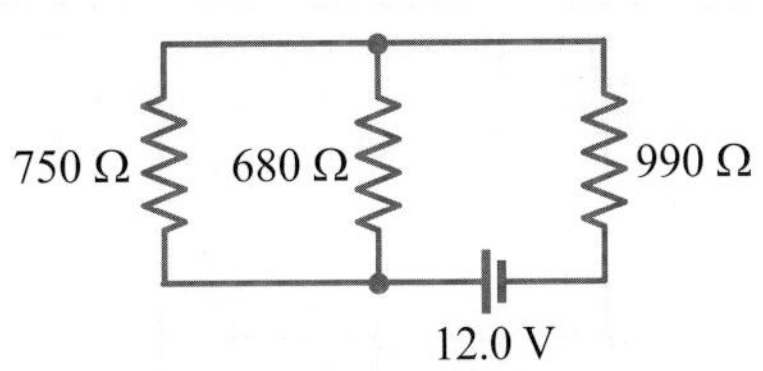

그림 19.33 주관식 16

17. (II) 75 W, 120 V 전구가 25 W, 120 V 전구에 병렬로 연결된다. 알짜 저항은 얼마인가?

18. (II) 그림 19.34의 전지에 연결된 회로의 알짜 저항은 얼마인가?

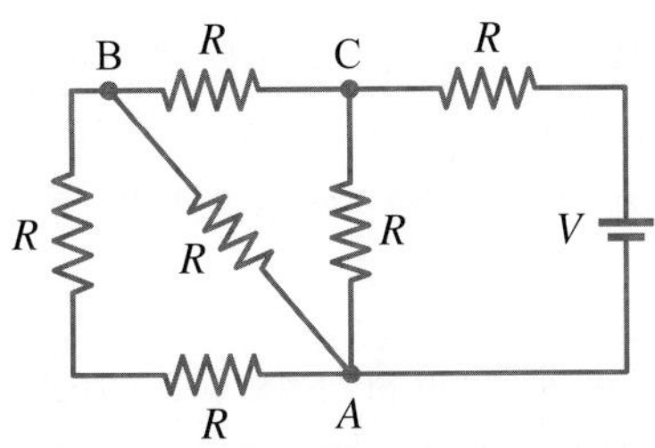

그림 19.34 주관식 18, 19

19. (II) 그림 19.34에서 각각의 저항이 R = 3.25 kΩ이고 V = 12.0 V일 때, 각 저항기를 지나는 전류를 계산하라. 점 A와 B 사이의 전위차는 얼마인가?

20. (III) 두 저항기가 120 V에 직렬로 연결되면 병렬로 연결될 때에 비해 사용하는 전력이 1/4이다. 한 저항기가 4.8 kΩ이면 다른 저항기의 저항은 얼마인가?

21. (III) 2.5 kΩ과 3.7 kΩ의 저항기가 병렬로 연결된다. 1.4 kΩ 저항기에 이 조합이 직렬로 연결된다. 각 저항기의 정격(과열 없는 최대 출력)이 0.5 W라면 전체 회로에 적용될 수 있는 최대 전압은 얼마인가?

19.3 키르히호프 법칙

22. (I) 그림 19.35의 회로의 전류를 계산하고 회로를 한 번 돌 때 전압의 변화의 합이 0이라는 것을 보이라.

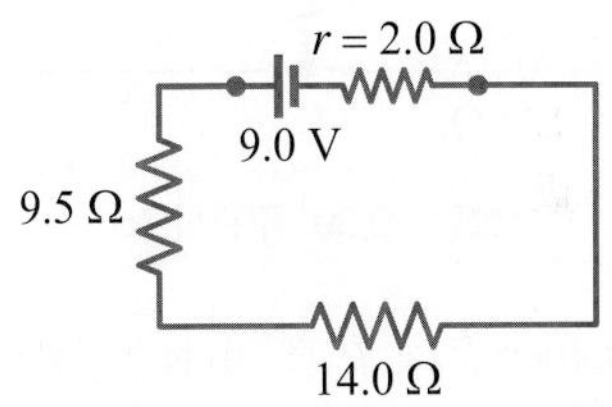

그림 19.35 주관식 22

23. (II) 그림 19.36에서 각 전지의 단자 전압을 결정하라.

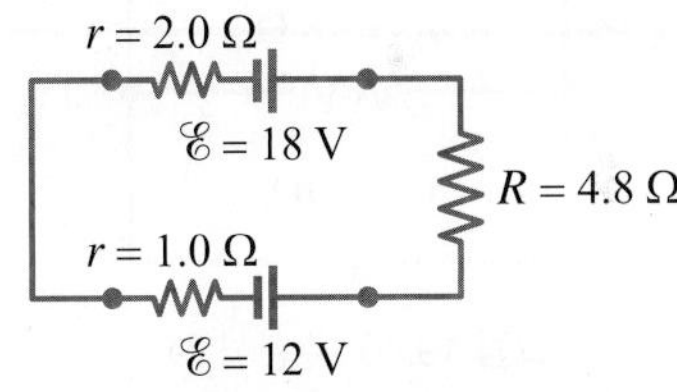

그림 19.36 주관식 23

24. (II) 그림 19.37의 회로에서 점 a와 b 사이의 전위차를 구하라. 각 저항기는 R = 160 Ω이고, 각 전지는 1.5 V이다.

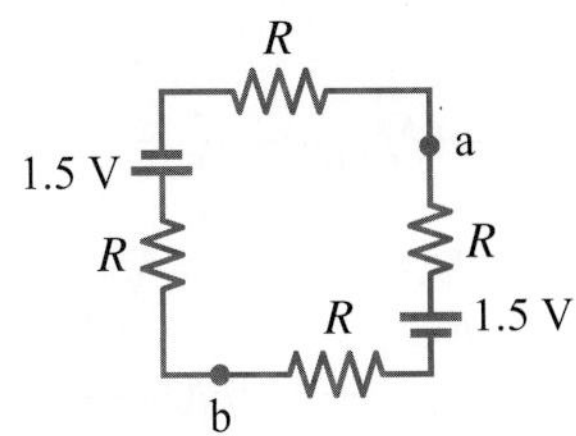

그림 19.37 주관식 24

25. (II) (a) 그림 19.38의 회로 (그림 19.11, 예제 19.6과 비슷)에서 점 a와 b 사이의 전위차는 얼마인가? (b) 각 전지의 단

자 전압은 얼마인가?

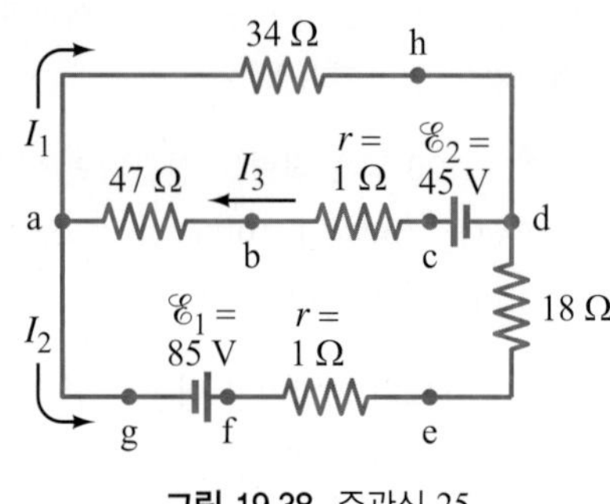

그림 19.38 주관식 25

26. (II) 그림 19.39에 있는 각각의 저항기에서 전류의 크기와 방향을 계산하라.

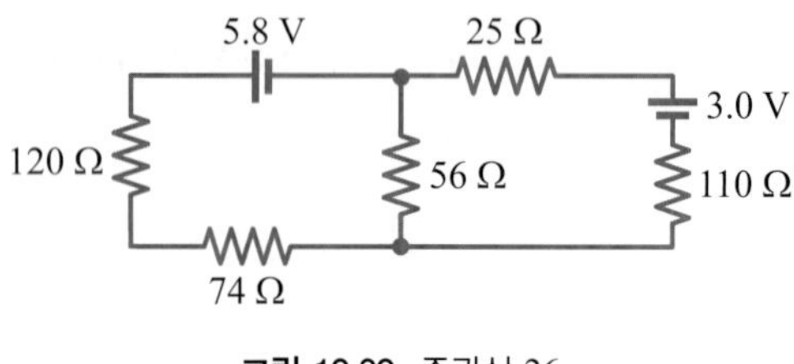

그림 19.39 주관식 26

27. (II) 그림 19.40의 R_1과 R_2를 지나는 전류의 크기와 방향을 구하라.

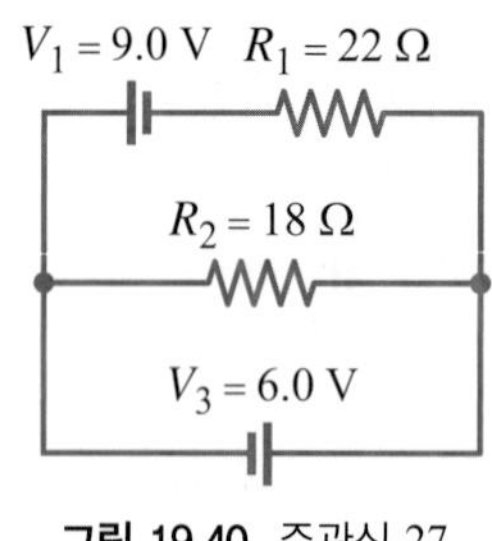

그림 19.40 주관식 27

28. (III) (a) 동일한 다섯 저항기 R의 집합이 그림 19.41과 같이 전지 $\mathscr{E}$에 연결된다. 전지에서 흘러나가는 전류를 구하라. (b) 구한 전류를 사용해서 다섯 저항기의 조합과 같은 단일 저항기 R_{eq}를 구하라.

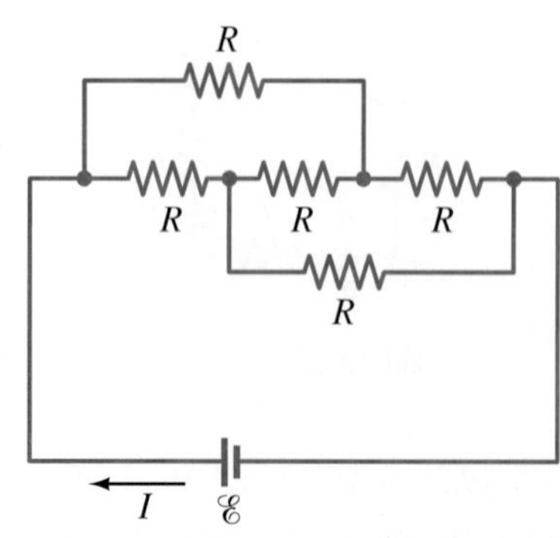

그림 19.41 주관식 28

29. (III) 그림 19.42에서 12 Ω 저항기가 합선(저항 = 0)이 되면 전류 I_1은 얼마인가? $r = 1.0$ Ω이다.

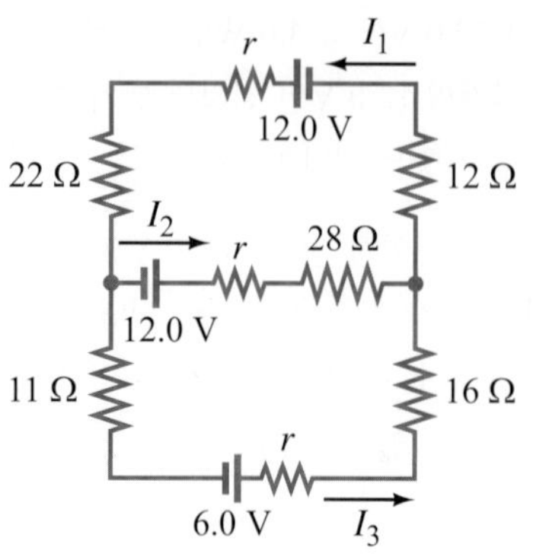

그림 19.42 주관식 29

19.4 EMF(기전력)의 직렬 연결과 병렬 연결; 전지의 충전

30. (II) 제안된 전기 자동차의 전지에는 300개의 3 V 리튬 이온 전지가 양단의 전압이 300 V가 되도록 연결되어 있다. 이 전지 사양을 만족시키는 가능한 연결의 종류를 직렬과 병렬을 사용하여 설명하라.

19.5 축전기가 직렬과 병렬로 연결된 회로

31. (I) 3.00 μF과 4.00 μF의 축전기가 직렬로 연결되고 이 조합이 2.00 μF의 축전기에 병렬로 연결된다(그림 19.43). 알짜 전기 용량은 얼마인가?

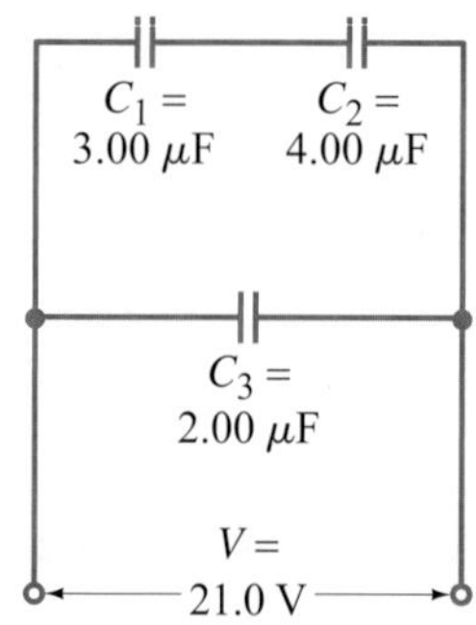

그림 19.43 주관식 31

32. (II) 회로 일부의 전기 용량을 2900 pF에서 1200 pF으로 줄여야 한다. 현재의 회로 요소를 제거하지 않고 이 효과를 내기 위해서 회로에 전기 용량을 얼마나 추가할 수 있는가? 이러기 위해서는 현재의 연결의 일부를 해제해야만 하는가?

33. (II) 전기 용량이 3200 pF, 5800 pF, 0.0100 μF인 세 축전기를 생각하라. 이들로 만들 수 있는 최대와 최소 전기 용량은 얼마인가? 연결은 어떻게 하는가?

34. (II) 그림 19.44에서 축전기 C_1 양단의 전압 V_1과 축전기 C_2 양단의 전압 V_2의 비율은 얼마인가?

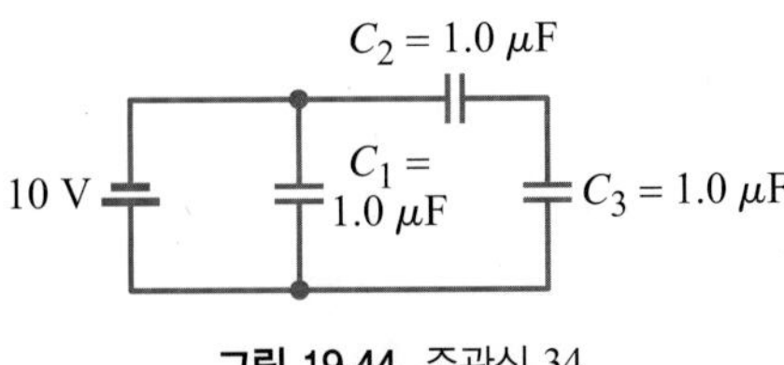

그림 19.44 주관식 34

35. (II) 회로의 전지 양단에 250 pF의 축전기가 걸려 있다. 축전기를 추가해서 둘을 조합하여 네 배의 에너지를 저장하려 한다. 조합 방법과 전기 용량을 구하라.

36. (II) 병렬로 연결된 두 축전기의 등가 전기 용량이 35.0 μF이지만 직렬로 연결하면 등가 전기 용량이 겨우 4.8 μF이다. 각 축전기의 전기 용량은 얼마인가?

37. (III) 그림 19.45에서 $C_1 = C_2 = C_3 = C_4 = C$라고 생각하라. (a) 점 a와 b 사이의 등가 전기 용량을 구하라. (b) 각 축전기의 전하를 구하고 양단의 전위차를 V로 구하라.

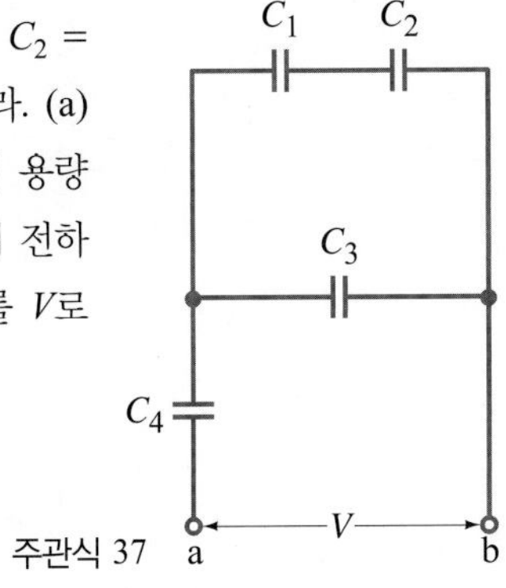

그림 19.45 주관식 37

19.6 *RC* 회로–저항기와 축전기의 직렬 연결

38. (II) 심전계는 종종 그림 19.46과 같이 연결된다. 전극으로 가는 도선은 용량 결합된다고 한다. 전형적인 시간 상수는 3.0 s여서 빠른 전위 변화를 정확히 기록할 수 있다. C = 3.0 μF라면 R의 값은 얼마인가? [힌트: 각 전극을 별도의 회로로 생각한다.]

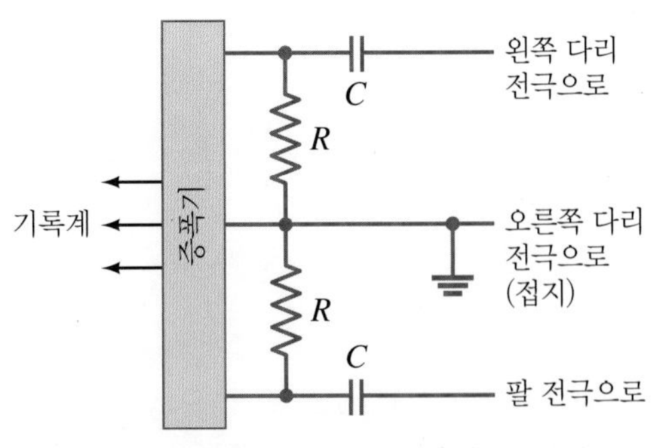

그림 19.46 주관식 38

39. (II) 3.8 μF의 축전기 둘, 2.2 kΩ의 저항기 둘과 16.0 V의 전원이 직렬로 연결된다. 충전되지 않은 상태에서 출발하여 전류가 처음 값에서 1.50 mA로 떨어지는 데 걸리는 시간은 얼마인가?

40. (III) 모든 저항기의 저항 R가 동일한 그림 19.47의 회로를 생각하라. t = 0에서 축전기 C는 충전되지 않은 상태에서 스위치를 닫는다. (a) t = 0에서 더 간단하지만 동일한 회로를 분석하여 세 전류를 구할 수 있다. 이 간단한 회로를 그리고 이것을 사용해서 t = 0에서 I_1, I_2, I_3을 구하라. (b) $t = \infty$에서 더 간단한, 동일한 회로를 분석하여 세 전류를 구할 수 있다. 이 간단한 회로를 그리고 이것을 사용해서 $t = \infty$에서 I_1, I_2, I_3을 구하라. (c) $t = \infty$에서 축전기 양단의 전위차는 얼마인가?

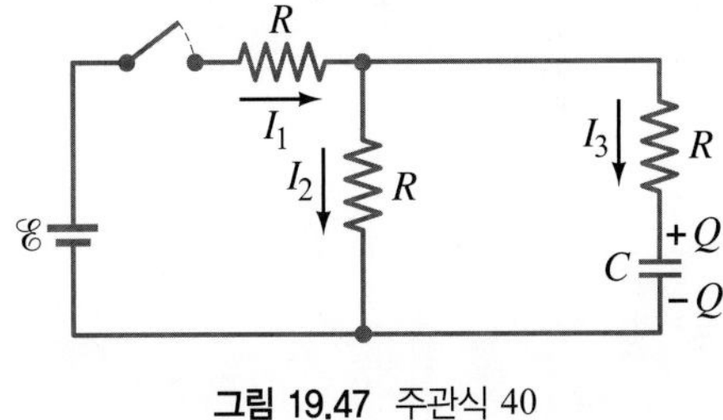

그림 19.47 주관식 40

연습 해답

A: 6 Ω과 25 Ω

B: (b)

C: (a) 60 W 전구 (b) 100 W 전구 [이유를 설명할 수 있는가? (a)에서 $P = I^2R$를 기억하라.]

D: $41I_3 - 45 + 21I_2 - 80 = 0$

E: 180 A. 전지에 흐르는 이 높은 전류는 전지를 매우 뜨겁게 해서 위험하고 폭발할 수도 있다. 약한 전지에서 소모되는 전력은 $P = I^2r = (180\,\text{A})^2(0.10\,\Omega) = 3200$ W이다.

F: (e)

G: $\approx$ 500 kΩ

자석은 자기장을 만들지만, 전류도 자기장을 만든다. 나침반 바늘은 자석이라서 자기장 방향으로 향한다. 여기서 나침반은 전류가 흐르는 도선 주위의 자기장의 존재와 방향까지도 보여 준다. 이 장에서 자기장이 어떻게 정의되는지, 그리고 자기장이 어떻게 전류와 대전 입자에 힘을 작용하는지 공부할 것이다. 또한 모터나 스피커와 같은, 자기장과 전류와 움직이는 대전 입자 사이의 상호작용의 유용한 응용에 대해 논의할 것이다.

CHAPTER 20

자기

시작 질문 **추정해 보라!**

다음 중 자석의 자기장 내에 놓일 때 힘을 받는 것은?

(a) 정지해 있는 전하
(b) 움직이는 전하
(c) 도선의 전류
(d) 다른 자석

자기의 역사는 수천 년 전 마그네시아라고 알려진 소아시아 지역에서 서로를 끌어당기는 바위가 발견되면서 시작됐다. 이 바위는 발견된 지역의 이름을 따서 '마그넷(magnets, 자석)'이라고 불렀다.

그러나 19세기가 되어서야 자기와 전기가 밀접한 관련이 있다는 것을 이해하게 됐다. 전류가 자석처럼 자기 효과('자기장'이라고 한다)를 만든다는 것은 매우 중요한 발견이었다. 나침반부터 모터, 스피커, 컴퓨터 메모리, 발전기 등의 모든 실용적인 장비들은 자기와 관련이 있다.

20.1 자석과 자기장

그림 20.1 말굽 자석이 쇠로 만든 핀을 끌어당긴다.

그림 20.1과 같이 자석이 종이 클립, 못 등의 쇠로 만든 물체를 끌어당기는 것을 아마 본 적이 있을 것이다. 모든 자석은 막대형이든 말굽형이든 자기 효과가 가장 강한 **극**(pole)이 둘이다. 막대 자석을 가는 실에 매달면 자석의 한 극은 항상 북쪽을 향한다. 이 사실이 언제 발견됐는지는 확실하지 않지만, 중국인들이 11세기 또는 그 이전부터 항해의 보조로 활용해 왔다고 전해진다. 이것이 나침반의 원리이다. 나침반의 바늘은 단순히 자유롭게 회전할 수 있도록 무게 중심을 받친 막대 자석이다. 지리학적 북쪽을 향하는 자유롭게 매달린 자석의 극은 **북극**(north pole)이라 한다. 남쪽을 향하는 다른 극은 **남극**(south pole)이라 한다.

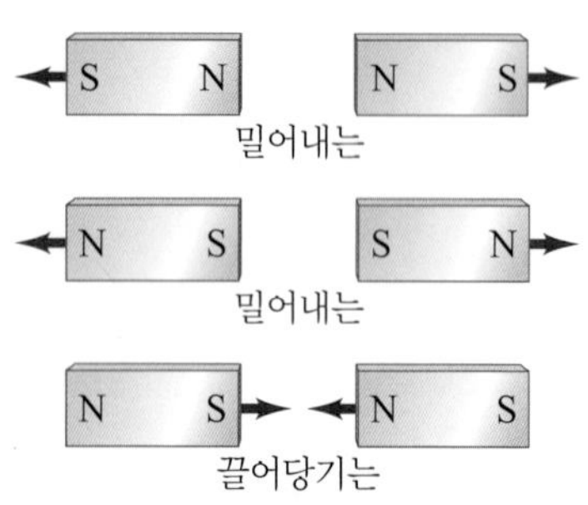

그림 20.2 같은 극은 밀고 다른 극은 끌어당긴다.

두 자석을 가까이 대면 서로 힘을 작용하는 것을 흔히 본다. 힘은 인력일 수도 척력일 수도 있는데, 심지어 자석끼리 닿지 않아도 힘을 느낀다. 막대 자석의 북극과 다른 막대 자석의 북극을 가까이 대면 힘은 척력이다. 그러나 한 막대 자석의 북극과 다른 막대 자석의 남극을 가까이 대면 힘은 인력이다. 그림 20.2에 이 결과들이 보이는데, 전하 사이의 힘을 연상시킨다. 같은 극은 밀고 다른 극은 끌어당긴다. 그러나 **자석의 극과 전하를 혼동하면 안 된다.** 매우 다르다. 중요한 차이는 양전하나 음전하는 따로 존재할 수 있다. 그러나 따로 존재하는 자석의 극은 관측된 적이 없다. 막대 자석을 반으로 잘라도 북극과 남극을 따로 얻을 수 없다. 그 대신 그림 20.3에서 보듯이 각각 북극(N)과 남극(S)을 가진 두 개의 새로운 자석이 만들어진다. 계속해서 자르면 각각 북극(N)과 남극(S)을 가진 더 많은 자석이 만들어진다. 물리학자들은 따로 존재하는 단일 자석의 극(홀극)을 찾으려 했지만, **자기 홀극**(magnetic monopole)은 관측하지 못했다.

주의

자석은 모든 금속을 끌어당기지는 않는다.

그림 20.3 자석을 잘라도 북극과 남극을 따로 얻을 수 없다. 그 대신 각각 북극과 남극을 가진 두 개의 새로운 자석이 만들어진다.

쇠 이외에도 코발트, 니켈, 가돌리늄과 몇몇 그들의 산화물과 합금과 같은 물질들은 강한 자기 효과를 보인다. 그들을 **강자성체**(라틴어로 쇠라는 뜻의 *ferrum*을 따서 ferromagnetic)라 한다. 다른 물질들은 작은 자기 효과를 보이지만 매우 약해서 정밀한 장비로만 검출할 수 있다.

16장에서 전하를 둘러싼 전기장이라는 개념을 사용했다. 비슷하게 자석을 둘러싼 **자기장**(magnetic field)이라는 개념을 그릴 수 있다. 자석이 다른 자석에 작용하는 힘을 자석과 다른 자석에 의한 자기장의 상호작용으로 설명할 수 있다. 전기력선을 그렸던 것과 동일하게 **자기력선**(magnetic field line)을 그릴 수 있다. 전기력선과 마찬가지로

1. 자기장의 방향은 모든 점에서의 자기력선의 접선 방향이고,
2. 단위 넓이당 자기력선의 수는 자기장의 크기에 비례한다.

주어진 점에서 자기장의 **방향**은 그 점에서 나침반의 북극이 향하는 방향으로 정의할 수 있다. 더 정밀한 자기장의 정의에 대해 간단히 설명해 보자. 그림 20.4a에 가는 쇳가루가(작은 자석처럼 행동하여) 일련의 나침반 바늘 같이 늘어서서 자기장을 드러내고 있다. 그림 20.4b에 이렇게 얻은 막대 자석 주위의 자기장이 보인다. 정의

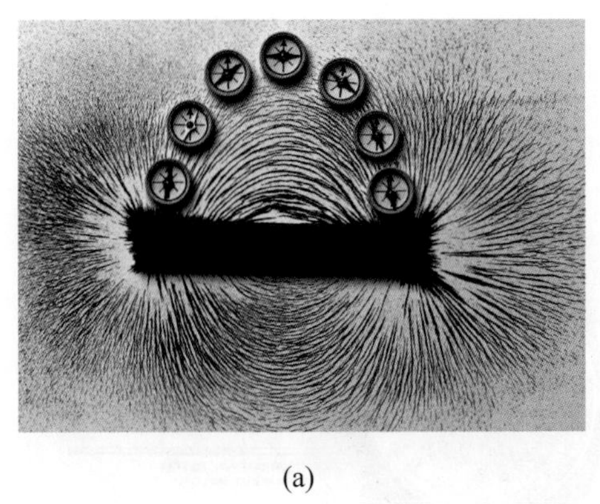
(a)

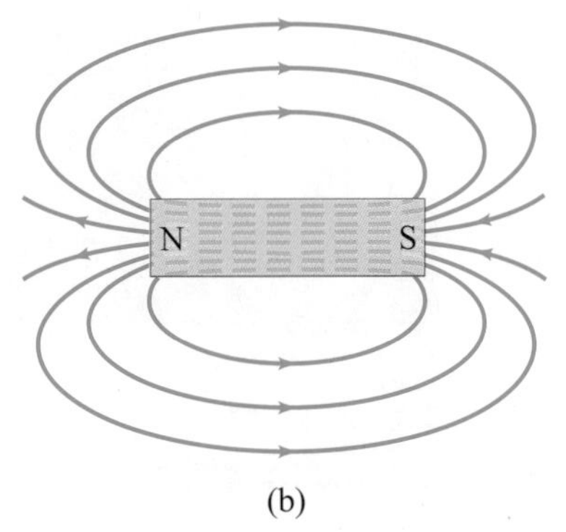

(b)

그림 20.4 (a) 쇳가루와 나침반 바늘을 사용하여 막대 자석 주위의 자기력선을 시각화했다. 막대 자석의 빨간색 끝이 북극이다. 근처에 있는 나침반 바늘의 N극은 자석의 북극에서 멀어진다. (b) 막대 자석의 자기력선 도해

에 의해 자기력선은 항상 자석의 북극에서 남극으로 향한다는 것에 주목하라. 나침반 바늘의 북극은 자석의 남극으로 끌린다.

그림 20.4b에서 보듯이 자기력선은 자석 내로도 연장된다. 사실 단일 자석의 극이 없으므로, 양전하에서 출발해 음전하로 들어가는 전기력선과는 달리 자기력선은 항상 닫힌 고리를 형성한다.

 주의

전기력선과 달리, 자기력선은 닫힌 고리를 형성한다.

지구 자기장

그림 20.5의 지구 자기장은 지구 내부에 있는 철이 녹은 외핵의 전류에 의해 만들어진다고 생각된다. 자기력선의 모양이 마치 지구 내부에 가상의 막대 자석이 있는 것 같다. 나침반 바늘의 북극(N)이 북쪽을 향하므로 지리학적 북극은 자기적으로는 남극이며, 그림 20.5에 지구 내부의 그림 막대 자석에 S로 표시됐다. 자석의 북극은 다른 자석의 남극으로 끌린다는 것을 기억하라. 그럼에도 불구하고 지구의 북쪽에 있는 극은 단지 북쪽에 있다는 이유로 아직도 '자기 북극'이라고 한다. 마찬가지로 지구의 남쪽에 있는 극은 자기적으로는 북(N)극이다. 지구의 **자기 극**(magnetic pole)은 지구의 회전축 상에 있는 **지리학적 극**(geographic pole)과 일치하지 않는다. 예를 들면 자기 북극은 캐나다 북극 지방에 있는데, 지리학적 북극 또는 **진북**(true north)에서 1000 km[†] 정도의 거리이다. 나침반을 정밀하게 사용하려면(그림 20.6) 이 차이를 고려해야 한다. 어느 점에서(자기력선의 방향으로 향하는) 나침반 바늘의 방향과 진(지리학적)북의 각도차를 **자기 편각**(magnetic declination)라고 한다. 미국에서는 위치에 따라 10~20°이다.

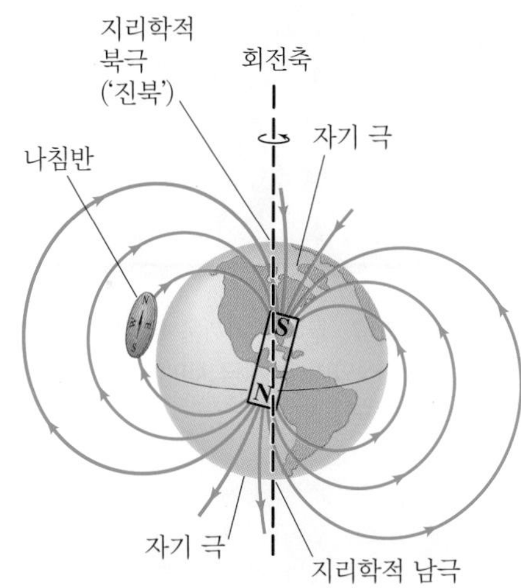

그림 20.5 지구는 큰 자석처럼 행동한다. 그러나 자기 극은 지구의 회전축 상에 있는 지리학적 극과 일치하지 않는다.

그림 20.5에서 지구의 자기장은 대부분의 위치에서 지면에 접선 방향이 아니라는 점에 주목하라. 어느 점에서 지구의 자기장과 지평선과의 각도를 **경사각**(angle of dip)이라고 한다. 예를 들면 뉴욕에서는 67°이고, 마이애미에서는 55°이다.

[†] 지구의 자기적 북극은 최근 몇백 년 동안 시간에 따라 1년에 10 km 정도 이동해 왔다. 과거 여러 시기(연대는 방사성 연대 측정으로 결정, 29.11절 참조)에 굳어진 바위의 자기에 대한 조사에 의하면 지구의 자기적 극은 지질학적 시기 동안 그리 이동하지 않았을 뿐만 아니라 지난 3억 3천만 년 동안 400번 방향이 뒤집어지기도 했다. 또한 자화된 철광석을 포함한 바위 위에서 나침반 바늘은 방향을 잘못 가리킨다는 것에 주목하라.

물리학의 응용

나침반의 사용

그림 20.6 광야에서 지도와 나침반 사용하기. 먼저 나침반 바늘이 북(N)쪽에서 정확히 지도에 표시된 편각만큼 벗어나도록 나침반의 방향을 맞춘다. 이 지형도에서는 나침반 바로 왼쪽에 보이는 대로 17°이다. 그리고 지도를 그림에서 보듯이 나침반 바늘이 **아니라** 진북에 맞춘다. [이것은 캘리포니아 지역의 구지도(1953년)이다. 신지도(2012년)에는 편차가 겨우 13°인데, 자기적 북극의 위치가 이동했다는 것을 알 수 있다.— 531쪽 각주 참조]

> 연습 A 지구 자기장의 크기는 극 근처가 더 큰가 아니면 적도 근처가 더 큰가? [그림 20.5의 자기력선으로 설명할 수 있는가?]

균일한 자기장

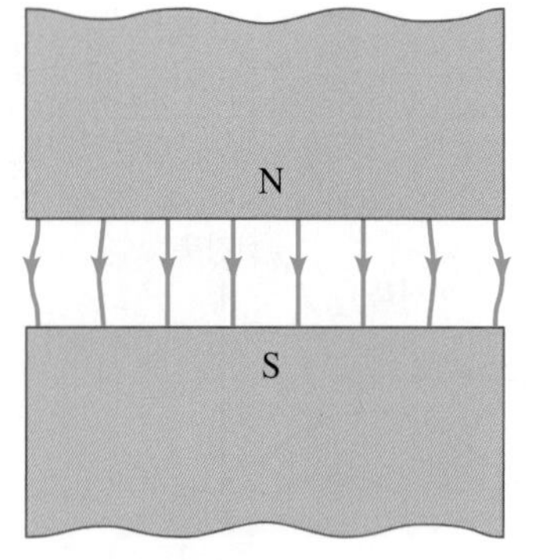

그림 20.7 끝에서 가까운 부분을 제외하고는 자석의 두 넓은 극 사이에서는 자기장이 거의 균일하다.

가장 간단한 자기장은 균일한 자기장이다. 이것은 모든 점에서 크기와 방향이 같다. 넓은 영역에서 완전하게 균일한 자기장은 만들기 어렵다. 그러나 평탄하고 평행한 자석의 극 사이에서는 그림 20.7과 같이 극의 크기가 간격에 비해 크다면 자기장이 거의 균일하다. 끝에서는 자기장이 약간 빠져나가 자기력선이 평행하거나 균일하지 않다. 간격의 중심 부분에서 자기력선이 평행하고 간격이 일정한 것은 끝에서 가깝지 않은 점에서는 평행한 두 판 사이의 전기장(그림 17.1)과 똑같이 자기장이 균일하다는 것을 보여 준다.

20.2 전류가 자기장을 만든다

18세기 중에 많은 과학자들은 전기와 자기 사이의 연관성을 찾으려고 노력했다. 정지해 있는 전하와 자석은 서로 영향을 주지 않는다. 그러나 1820년에 외르스테드(Hans Christian Oersted, 1777~1851)가 도선 주위에 나침반을 놓고 도선에 전류를 흐르게 하면 (그리고 흐를 때만) 나침반 바늘의 방향이 바뀌는 것을 발견했다. 앞에서 보았듯이 자기장에 의해서 방향이 변한다. 그래서 외르스테드의 실험은 **전류가 자기장을 만든다**는 것을 보였다. 그는 전기와 자기 사이의 연관성을 찾아냈다.

오른손 규칙 1
전류에 의해 형성된 자기장 방향

전류가 흐르는 도선의 직선 부분 근처에 있는 나침반 바늘은 힘을 느껴서 바늘이 도선 주위의 접선 방향으로 향한다(그림 20.8a). 그러므로 직선 도선의 전류에 의해 만들어진 자기력선은 도선을 중심으로 하는 원을 형성한다(그림 20.8b와 c). 그림 20.8a의 나침반의 북극이 가리키는 쪽이 자기력선의 방향이다. 이 경우 자기력선의 방향을 기억하는 간단한 방법이 있다. 오른손의 엄지가 전류 방향으로 향하도록 도선을 감아쥐면 다른 손가락들은 자기장의 방향이 된다(그림 20.8d). 이를 **오른손 규

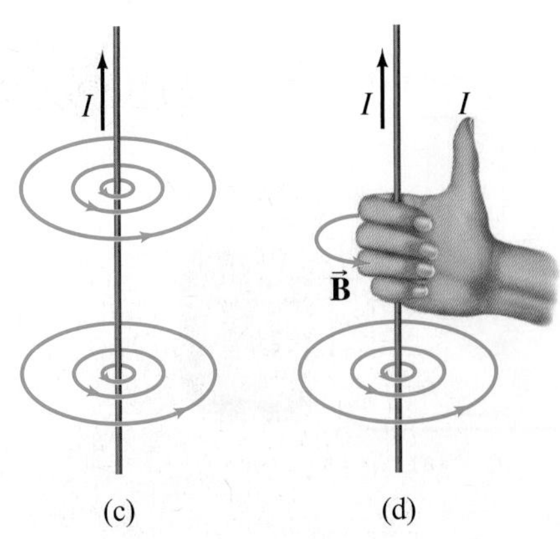

(a) (b) (c) (d)

그림 20.8 (a) 전류가 흐르는 도선 주위에 있는 자기장의 존재와 방향을 보여 주는 나침반 바늘의 편향. (b) 쇳가루 또한 전류가 흐르는 직선 도선 주위에서 자기력선의 방향으로 향한다. (c) 직선 도선의 전류 주위의 자기력선 그림. (d) 자기장의 방향을 기억하는 오른손 규칙. 엄지가 전류 방향으로 향하면 도선을 감아쥔 손가락은 자기장 방향으로 향한다. ($\vec{\mathbf{B}}$는 자기장의 기호이다.)

칙(right-hand rule)이라 한다.

전류가 흐르는 원형 고리에 의한 자기장은 고리 근처의 여러 위치에 나침반을 놓고 비슷한 방법으로 구할 수 있다. 결과가 그림 20.9에 나와 있다. 그림 20.10과 같이 여기서도 오른손 규칙을 쓸 수 있다. 그림 20.7의 균일한 자기장과는 달리 그림 20.8과 그림 20.9의 자기장은 균일하지 않다. 위치가 다르면 자기장의 크기와 방향이 다르다.

연습 B 직선 도선에 전류가 여러분 방향으로 흐른다. 도선 주위의 자기장은 어느 방향인가?

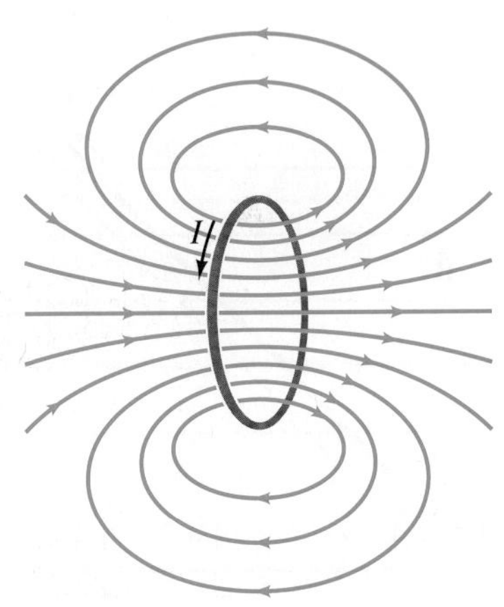

그림 20.9 원형 도선 고리에 의한 자기장

20.3 자기장이 전류에 작용하는 힘; $\vec{\mathbf{B}}$의 정의

20.2절에서 전류가 나침반 바늘과 같은 자석에 힘을 작용하는 것을 알았다. 뉴턴 제3법칙에 의해 역도 참이라고 기대할 수 있다. 즉 **자석이 전류가 흐르는 도선에 힘을 작용한다**고 기대할 수 있다. 사실 이 효과는 실험으로 확인되고, 이 또한 외르스테드가 처음으로 관측했다. 그림 20.11과 같이 직선 도선이 말굽 자석의 극 사이의 자기장 내에 있다고 생각하라. 여기서 기호 $\vec{\mathbf{B}}$는 자기장의 크기와 방향을 나타낸다. 실험에 의하면, 도선에 전류가 흐를 때 도선에 힘이 작용한다. 그러나 힘은 자석의 극 쪽이 **아니다.** 오히려 힘은 자기장과 수직으로 그림 20.11a와 같이 아래로 작용한다. 전류의 방향이 반대로 되면 힘은 반대로 그림 20.11b와 같이 위로 작용한다. 실험에 의하면, **힘의 방향은 항상 전류의 방향에 수직이고 자기장 $\vec{\mathbf{B}}$의 방향에도 수직이다.**

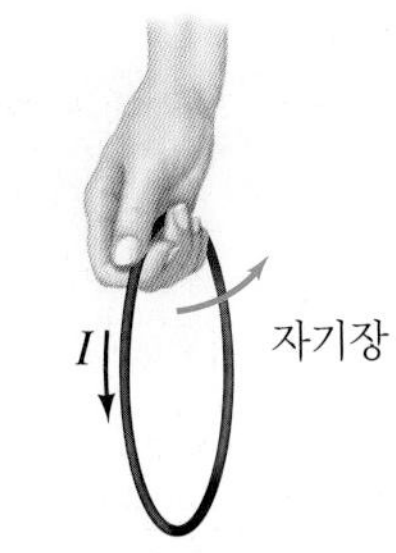

그림 20.10 도선 고리의 전류에 의한 자기장의 방향을 구하는 오른손 규칙

오른손 규칙 2
$\vec{\mathbf{B}}$가 전류에 작용하는 힘

힘의 방향은 그림 20.11c의 **오른손 규칙**(right-hand rule)으로 주어진다. 오른손을 펴서 뻗은 손가락들이 전류 $\vec{\mathbf{I}}$의 방향을 가리키도록 하고 손가락을 구부려 자기력선 $\vec{\mathbf{B}}$의 방향을 가리키도록 한다. 그러면 똑바로 세운 엄지는 도선에 작용하는 힘 $\vec{\mathbf{F}}$의 방향이다.

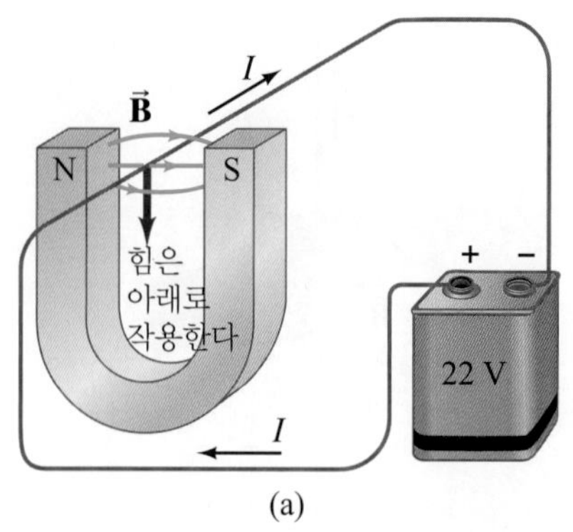

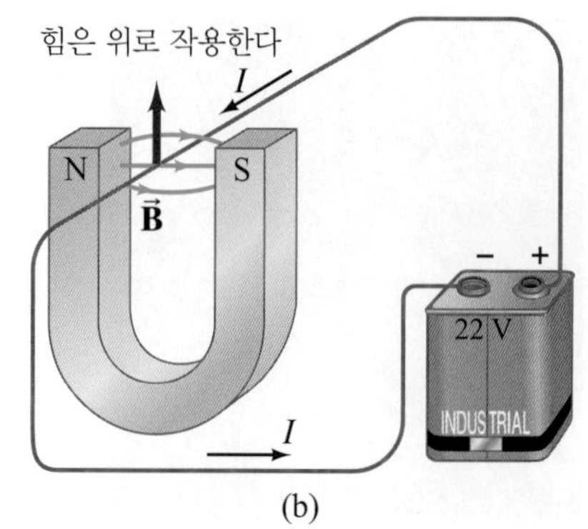

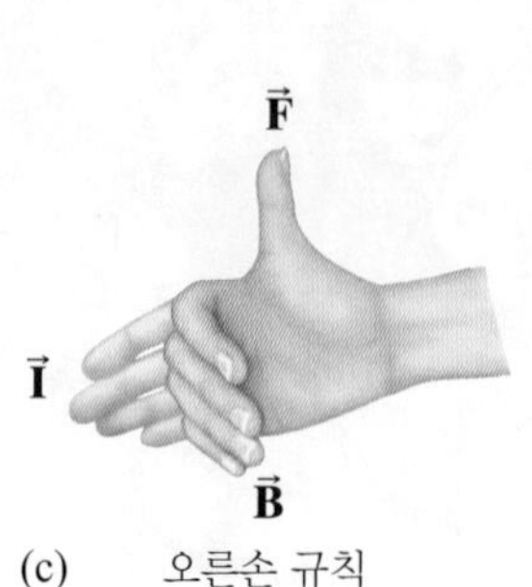

그림 20.11 (a) 자기장 $\vec{\mathbf{B}}$ 내에서 전류가 흐르는 도선에 작용하는 힘 (b) 동일하지만 전류의 방향이 반대 (c) 전류 $\vec{\mathbf{I}}$를 포함하여 벡터로 나타낸 (b)에 대한 오른손 규칙

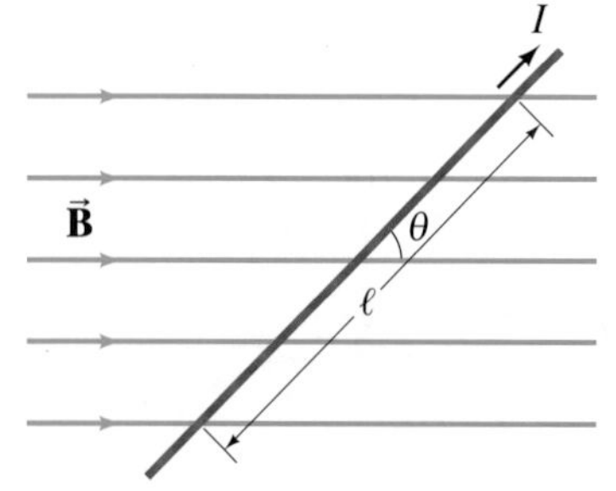

그림 20.12 자기장 내에서 전류가 흐르는 도선. 도선에 작용하는 힘은 종이면으로 들어가는 방향이다.

이 오른손 규칙은 힘의 방향을 알려 준다. 도선에 작용하는 힘의 크기는 어떤가? 힘의 크기는 도선의 전류 I, 자기장 B(균일하다고 가정), 자기장에 노출된 도선의 길이 ℓ에 정비례한다는 것이 실험적으로 밝혀졌다. 힘은 전류 방향과 자기장이 이루는 각도 θ(그림 20.12)에도 좌우되며, $\sin\theta$에 비례한다. 그러므로 전류 I가 흐르고, 길이가 ℓ인, 자기장 내에 있는 도선에 작용하는 힘은

$$F \propto I\ell B \sin\theta$$

이다. 전류가 자기력선에 수직($\theta = 90°$, $\sin 90° = 1$)이면 힘이 최대이다. 도선이 자기력선에 평행($\theta = 0°$)이면 힘은 전혀 없다.

지금까지는 자기장의 크기를 정밀하게 정의하지 않았다. 사실 자기장 B는 비례상수를 1로 놓으면 편리하게 정의할 수 있다. 그러면

$$F = I\ell B \sin\theta \qquad \textbf{(20.1)}$$

이다. 전류 방향이 자기장 $\vec{\mathbf{B}}$에 수직이면($\theta = 90°$), 힘은

$$F_{\max} = I\ell B \qquad [\text{전류} \perp \vec{\mathbf{B}}] \qquad \textbf{(20.2)}$$

이다. (B가 균일하지 않으면 식 20.1과 20.2의 B는 도선의 길이 ℓ에 걸친 평균이면 된다.)

$\vec{\mathbf{B}}$의 크기는 식 20.2를 써서 $B = F_{\max}/I\ell$으로 정의할 수 있다. 여기서 $F_{\max}$는 $\vec{\mathbf{B}}$에 수직하고 전류가 흐르는 길이 ℓ인 직선 도선에 작용하는 힘의 크기이다.

연습 C 전류 I가 흐르는 도선이 크기가 B인 자기장에 수직이다. 도선의 길이가 고정됐다고 가정하고 다음 변화 중 어느 것이 도선에 작용하는 힘을 반으로 줄이는가? (a) 각도를 90°에서 45°로 줄인다. (b) 각도를 90°에서 30°로 줄인다. (c) 도선의 전류 $I/2$로 줄인다. (d) 자기장을 $B/2$로 줄인다. (e) 정답 없음

자기장 B의 SI 단위는 **테슬라**(T)이다. 식 20.1이나 20.2에서 1 T = 1 N/A·m이다. 테슬라의 전 이름은 '제곱미터당 웨버'(1 Wb/m^2 = 1 T)이다. 자기장 표시에 쓰이는 다른 단위는 cgs 단위인 **가우스**(G), 1 G = 10^{-4} T이다. 가우스로 표시한 자기장은 다른 SI 단위와 함께 사용할 경우 T로 변환해야 한다. 이들 단위에 대해 '감'을 잡기 위해서는 지면에서의 지구 자기장이 대략 $\frac{1}{2}$ G 또는 0.5×10^{-4} T임에 주목하라. 반

면에 강한 전자석은 2 T 정도, 초전도체 자석은 10 T 이상의 자기장을 만들 수 있다.

예제 20.1 전류가 흐르는 도선에 작용하는 자기력

정상(dc) 전류 30 A가 흐르는 길이 $\ell = 12$ cm인 도선이 자석의 극 사이에 있다. 도선과 자기장 사이의 각도는 $\theta = 60°$ (그림 20.13)이다. 자기장은 0.90 T로 거의 균일하다. 극 밖의 자기장은 무시한다. 도선에 작용하는 힘의 크기와 방향을 구하라.

접근 식 20.1의 $F = I\ell B \sin\theta$을 사용한다.

풀이 균일한 자기장 B 내에 있는 길이 12 cm인 도선에 작용하는 힘 F는

$$F = I\ell B \sin\theta = (30\text{ A})(0.12\text{ m})(0.90\text{ T})(\sin 60°) = 2.8\text{ N}$$

이다. 오른손 규칙 2를 사용해서 $\vec{\mathbf{F}}$의 방향을 구한다. 오른손을 펴서 손가락들이 전류 방향을 가리키도록 하고 손가락을 구부려(손을 돌릴 경우도 있다) $\vec{\mathbf{B}}$의 방향을 가리키도록 한다(그림 20.13). 그러면 엄지는 종이면으로 들어가는 방향이고 그것이 힘 F의 방향이다.

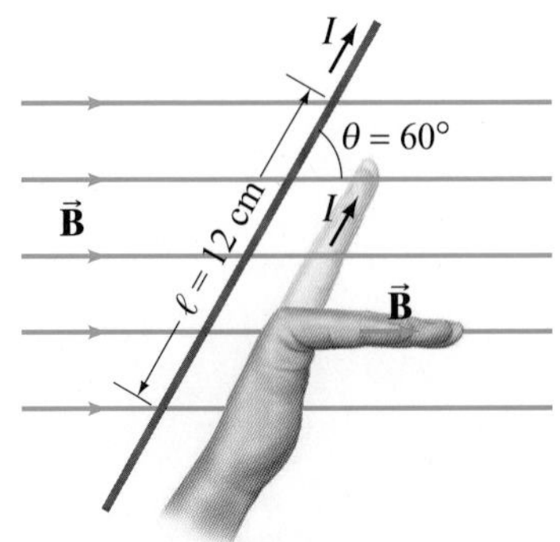

그림 20.13 예제 20.1. 오른손 규칙 2에 의해 엄지는 종이면으로 들어간다. 그림 20.11c 참조

연습 D 30 A가 흐르는 직선 전력선이 0.50×10^{-4} T인 지구 자기장에 수직이다. 이 전력선 100 m에 작용하는 자기력은 얼마인가?

그림에서 종이면에서 (여러분을 향해) 나오거나 종이면으로 들어가는 전류나 자기장을 나타내기 위해, ⊙ 또는 ×를 사용한다. ⊙는 여러분으로 향하는 화살 끝과 비슷하다. 반면에 × 또는 ⊗는 멀어지는 화살 꼬리와 비슷하다(그림 20.14).

예제 20.2 자기장의 측정

그림 20.14에 사각형 도선 고리가 수직으로 매달려 있다. 자기장 $\vec{\mathbf{B}}$의 방향은 수평이고 고리의 면에 수직이며, 종이면에서 나오므로 기호 ⊙로 표시한다. 자기장 $\vec{\mathbf{B}}$는 자기장을 만드는 큰 자석의 간격 중심 근처에 있는 도선 ab(길이 $\ell = 10.0$ cm)의 수평 부분에서 거의 균일하다. 도선 고리의 윗부분은 자기장 밖이다. 도선에 전류 $I = 0.245$ A가 흐를 때, 고리가 매달려 있는 저울의 눈금($B = 0$일 때 0)은 아래 방향의 자기력 $F = 3.48 \times 10^{-2}$ N을 보인다. 자기장 $\vec{\mathbf{B}}$의 크기는 얼마인가?

접근 도선 고리의 세 직선 부분은 자기장 내에 있는데 하나는 수평이고 둘은 수직이다. 각 부분에 식 20.1을 적용하고 오른손 규칙을 사용한다.

풀이 오른손 규칙 2를 사용하면, 도선의 왼쪽 수직 부분의 자기력은 왼쪽으로 향하고, 오른쪽 수직 부분의 자기력은 오른쪽으로 향한다. 두 힘은 크기가 같고 반대 방향이므로 더하면 0이 된다. 따라서 고리에 작용하는 알짜 자기력은 길이가 $\ell = 0.100$ m인 수평 부분 ab에만 작용한다. $\vec{\mathbf{B}}$와 도선 사이의 각도는 $\theta = 90°$ 이므로 $\sin\theta = 1$이다. 그러므로 식 20.1로부터 다음과 같이 구할 수 있다.

$$B = \frac{F}{I\ell} = \frac{3.48 \times 10^{-2}\text{ N}}{(0.245\text{ A})(0.100\text{ m})} = 1.42\text{ T}$$

유의 이 방법은 자기장 크기를 구하는 정밀한 수단이다.

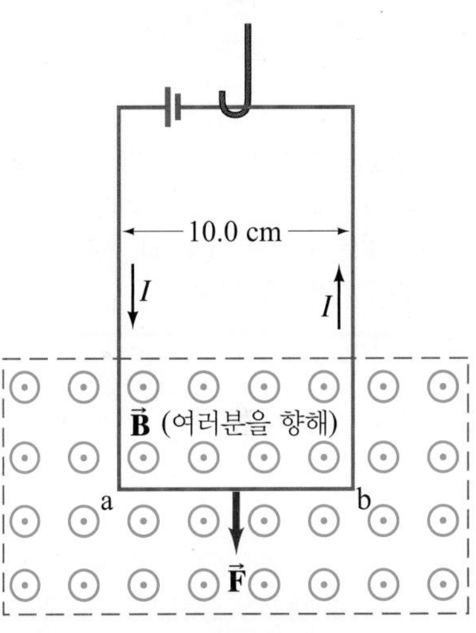

그림 20.14 자기장 $\vec{\mathbf{B}}$의 측정. 예제 20.2

20.4 자기장 내에서 움직이는 대전 입자에 작용하는 힘

전류가 흐르는 도선은 자기장 내에서 힘을 받는다는 것을 알았다. 도선의 전류는 전하가 움직이는 것이므로 자유롭게 움직이는 (도선 내에 있지 않은) 대전 입자도 자기장을 지날 때 힘을 받는다고 기대할 수 있다. 자유 전하는 도선 내 전류처럼 실험실에서 쉽게 만들 수 없지만 가능성이 아주 없지는 않다. 실험에 의하면 움직이는 전하는 자기장 내에서 힘을 받는다.

이미 알고 있는 사실로부터, 자기장 $\vec{\mathbf{B}}$ 내에서 움직이는 단일 전하에 작용하는 힘을 예측할 수 있다. 전하 q인 N개의 입자가 시간 t 동안 주어진 점을 지나면, 전류는 $I = Nq/t$이다. 전하 q가 자기장 내에서 거리 ℓ을 통과하는 시간을 t라고 하면, $\ell = vt$이다. 여기서 v는 입자 속도 $\vec{\mathbf{v}}$의 크기이다. 그러므로 이 N개의 입자에 작용하는 힘은 식 20.1에 의해 $F = I\ell B \sin\theta = (Nq/t)(vt)B\sin\theta = NqvB\sin\theta$이다. 그러면 N개의 입자 중 **하나**에 작용하는 힘은

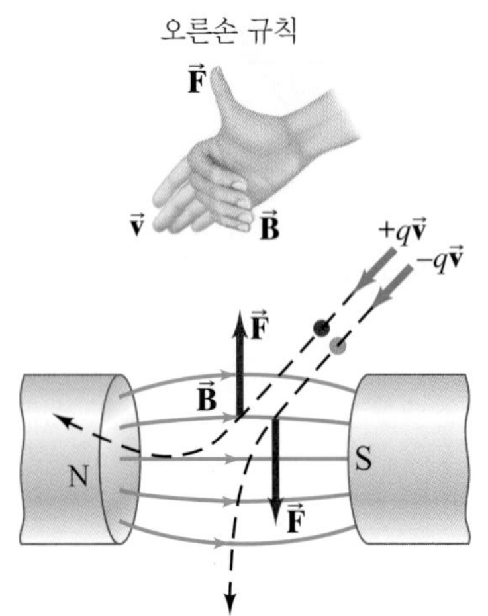

그림 20.15 자기장이 대전 입자에 작용하는 힘은 자기장의 방향에 수직이다. $\vec{\mathbf{v}}$가 수평이면 $\vec{\mathbf{F}}$는 수직이다. 양전하 $+q$에 대한 오른손 규칙이 나와 있다.

$$F = qvB\sin\theta \qquad [\theta\text{는 } \vec{\mathbf{v}}\text{와 } \vec{\mathbf{B}} \text{ 사이의 각도}] \quad \textbf{(20.3)}$$

이다. 이 식은 자기장의 크기가 B인 점에서 속도 v로 움직이는 대전 입자 q에 자기장이 작용하는 힘의 크기를 알려준다. $\vec{\mathbf{v}}$와 $\vec{\mathbf{B}}$ 사이의 각도는 θ이다. 입자가 $\vec{\mathbf{B}}$에 수직으로($\theta = 90°$) 움직일 때 힘은 최대이며

$$F_{\text{max}} = qvB \qquad [\vec{\mathbf{v}} \perp \vec{\mathbf{B}}] \quad \textbf{(20.4)}$$

이다. 입자가 자기력선에 **평행**하게 움직일 때 ($\theta = 0°$) 힘은 0이다. 힘의 방향은 자기장 $\vec{\mathbf{B}}$에 수직이고 입자의 속도 $\vec{\mathbf{v}}$에도 수직이다. 양전하의 경우 힘의 방향은 또 다른 **오른손 규칙**(right-hand rule)으로 주어진다. 오른손을 펴서 뻗은 손가락이 입자의 속도 $\vec{\mathbf{v}}$의 방향을 가리키도록 하고 손가락을 구부려 $\vec{\mathbf{B}}$의 방향으로 향한다. 그러면 엄지는 힘의 방향을 가리킨다. 이것은 **양의** 대전 입자에만 성립하며 그림 20.15에서 위 방향이다. 음의 입자에 대해서는 힘의 방향은 정확히 반대이며 그림 20.15에서 아래 방향이다.

오른손 규칙 3
$\vec{\mathbf{B}}$가 움직이는 전하에 작용하는 힘

연습 E 529쪽 시작 질문으로 가서 다시 답을 해 보라. 처음과 답이 다르다면 그 이유를 설명해 보라.

예제 20.3 양성자에 작용하는 자기력

자기장이 수직 위로 5.0×10^6 m/s의 속력으로 움직이는 양성자에 8.0×10^{-14} N의 힘을 서쪽으로 작용한다(그림 20.16a). 북쪽으로 수평으로 움직이면 양성자에 작용하는 힘은 0이다(그림 20.16b). 이 영역에서 자기장의 크기와 방향을 구하라. 양성자의 전하는 $q = +e = 1.6 \times 10^{-19}$ C이다.

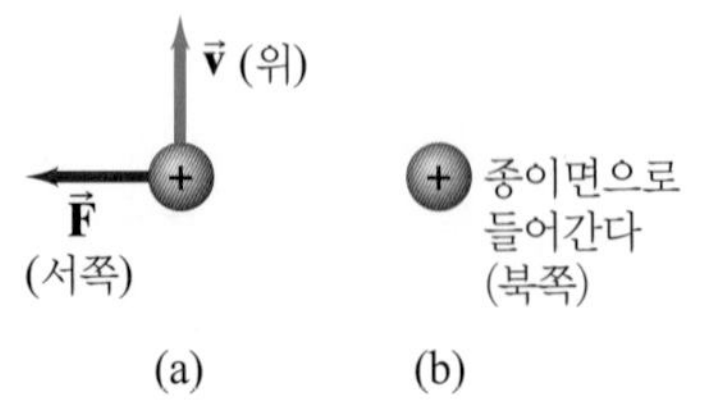

그림 20.16 예제 20.3

접근 북쪽으로 움직일 때 양성자에 작용하는 힘이 0이므로, 자기장은 남북 방향(식 20.3에서 $\theta = 0°$)이어야 한다. 양성자가 위로 움직일 때 힘이 서쪽이려면, 오른손 규칙 3에 의해 $\vec{\mathbf{B}}$는 북쪽을 향해야 한다. 구부린 손가락이 북쪽을 가리킬 때만 오른손의 엄지는 서쪽으

로, 뻗은 손가락은 위를 가리킨다. 식 20.3을 사용하여 $\vec{\mathbf{B}}$의 크기를 구한다.

풀이 식 20.3에 $\theta = 90°$를 대입하면

$$B = \frac{F}{qv} = \frac{8.0 \times 10^{-14}\,\text{N}}{(1.6 \times 10^{-19}\,\text{C})(5.0 \times 10^{6}\,\text{m/s})} = 0.10\,\text{T}$$

이다.

연습 F 예제 20.3에서 수평으로 남쪽으로 향할 때 양성자에 작용하는 힘을 구하라.

예제 20.4 추산 신경 펄스 동작 중 이온에 작용하는 자기력

지구 자기장이 활동 전위 중에 세포막을 통과하는 이온에 작용하는 자기력의 크기를 추정하라. 이온의 속력은 10^{-2} m/s라고 가정한다.

접근 지구 자기장을 $B \approx 10^{-4}$ T로, 전하 $q \approx e \approx 10^{-19}$ C으로 놓고 $F = qvB$를 사용한다.

풀이 $F \approx (10^{-19}\,\text{C})(10^{-2}\,\text{m/s})(10^{-4}\,\text{T}) = 10^{-25}\,\text{N}$이다.

유의 이것은 극히 작은 힘이다. 그러나 이주 동물들은 감지한다고 여겨지고 있으며 활발한 연구 영역이다.

균일한 자기장에 수직인 평면에서 움직이는 대전 입자의 경로는 앞으로 보게 되듯이 원이다. 그림 20.17에서 자기장은 ×로 표시했듯이 **종이면으로 들어간다.** 점 P에서 전자는 오른쪽으로 움직이고, 이 점에서 전자에 작용하는 힘은 그림에서 보듯이 종이면 아래로 향한다. (오른손 규칙을 사용하고 음전하이므로 방향을 거꾸로 한다.) 그래서 전자는 종이면 아래로 방향이 바뀐다. 잠시 후, 점 Q에 이르면 힘은 여전히 속도에 수직이고 그림에 보이는 방향이다. 힘은 항상 $\vec{\mathbf{v}}$에 수직이므로 $\vec{\mathbf{v}}$의 크기는 변하지 않는다. 전자는 등속력으로 움직인다. 입자에 작용하는 힘이 항상 속도 $\vec{\mathbf{v}}$에 수직이면 입자는 원운동을 하고 구심 가속도의 크기가 $a = v^2/r$ (식 5.1)이라는 것을 5장에서 공부했다. 그러므로 대전 입자는 균일한 자기장 내에서 일정한 구심 가속도로 원형 경로를 따라 움직인다(그림 20.18). 전자는 그림 20.17에서 시계 방향으로 움직인다. 양의 입자는 자기장 내에서 반대 방향으로 힘을 느끼므로 시계 반대 방향으로 움직인다.

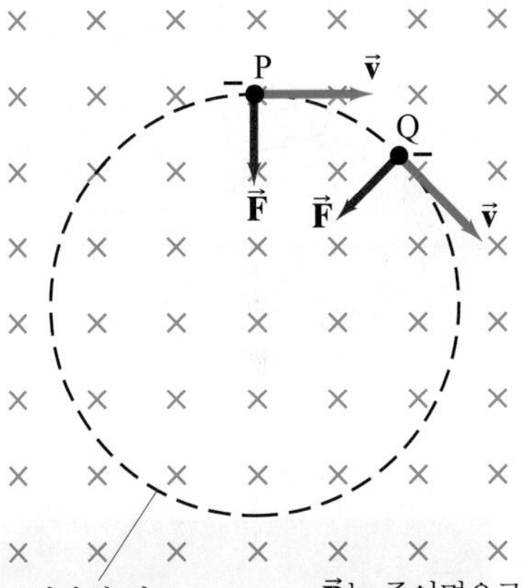

그림 20.17 균일한 자기장이 움직이는 대전 입자(이 경우는 전자)에 작용하는 힘은 원형 경로를 만든다.

예제 20.5 균일한 자기장 내에서 전자의 경로

전자가 0.010 T인 균일한 자기장에 수직인 평면에서 1.5×10^{7} m/s의 속력으로 이동한다. 경로를 정량적으로 기술하라. 상대적으로 매우 작은 중력은 무시한다.

접근 전자는 곡선 경로를 속력 v로 이동하므로 구심 가속도가 $a = v^2/r$ (식 5.1)이어야 한다. 뉴턴 제2법칙으로 곡률 반지름을 구한다. 힘은 식 20.3에 $\sin\theta = 1$을 대입하면 $F = qvB$이다.

풀이 뉴턴 제2법칙에 F와 a를 대입하면

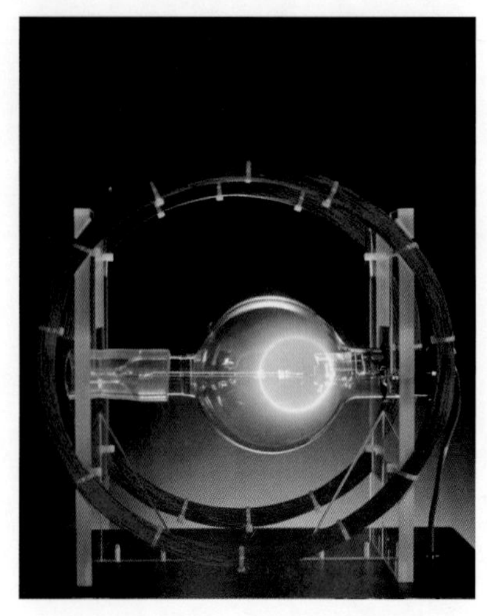

그림 20.18 유리 관 내의 하얀 고리는 기체 분자를 이온화시키는 전자 선속이 빛나는 것이다. 전류가 흐르는 도선인 빨간 코일은 거의 균일한 자기장을 만들어서 균일한 자기장 내에서의 대전 입자의 원형 경로를 보여 준다.

$$\Sigma F = ma$$
$$qvB = \frac{mv^2}{r}$$

이다. r에 대해 풀면

$$r = \frac{mv}{qB}$$

이다. $\vec{\mathbf{F}}$는 $\vec{\mathbf{v}}$에 수직이므로 $\vec{\mathbf{v}}$의 크기는 변하지 않는다. 이 식에서 $\vec{\mathbf{B}}$가 일정하면 r가 일정하므로 위의 주장대로 곡선이 원이어야 한다는 것을 알 수 있다. 수치를 넣어서 r를 구하면 다음과 같다.

$$r = \frac{(9.1 \times 10^{-31}\,\text{kg})(1.5 \times 10^{7}\,\text{m/s})}{(1.6 \times 10^{-19}\,\text{C})(0.010\,\text{T})} = 0.85 \times 10^{-2}\,\text{m} = 8.5\,\text{mm}$$

유의 그림 20.18을 참조하라. 자기장 B가 커지면 반지름은 커지는가, 작아지는가?

균일한 자기장 $\vec{\mathbf{B}}(\vec{\mathbf{B}} \perp \vec{\mathbf{v}})$ 내에서 등속력 v로 움직이는 대전 입자 q가 원형 회전을 하는 데 필요한 시간 T는 $T = 2\pi r/v$이다. 여기서 $2\pi r$은 원형 경로의 원둘레이다. 예제 20.5에서 $r = mv/qB$이므로

$$T = \frac{2\pi m}{qB}$$

이다. T는 회전 주기이므로, 회전 진동수는

$$f = \frac{1}{T} = \frac{qB}{2\pi m} \tag{20.5}$$

이다. 이것은 사이클로트론에서 입자가 회전하는 진동수이므로, 종종 자기장 내에서의 입자의 **사이클로트론 진동수**(cyclotron frequency)라고 한다.

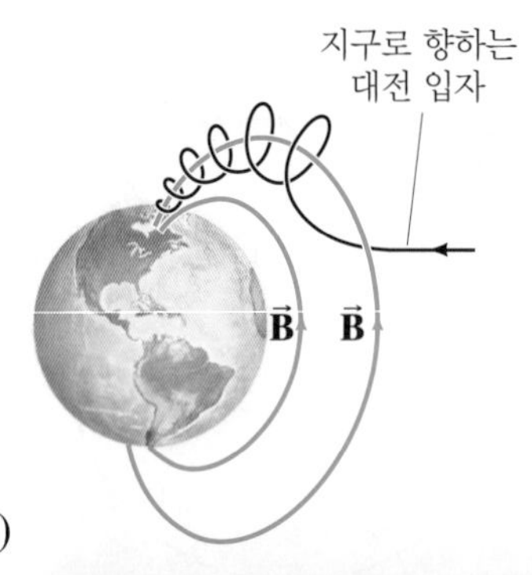

(a)

(b)

그림 20.19 (a) 지구로 접근해서 지구의 자기장에 '포획되는' 대전 입자를 보여 주는 그림. 이런 입자들은 그림에서 보듯이 자기장을 따라 극 쪽으로 향한다. (b) 북극광 오로라 사진

북극광

전하를 가진 이온이 태양에서 지구로 접근해서 ('태양풍') 주로 극 근처의 대기로 들어가서 가끔 고위도에서 **북극광**(northern lights) 또는 **오로라**(aurora borealis) 현상을 일으킨다. 이유를 알려면 그림 20.19를 보라. 그림 20.19에서 지구로 접근하는 대전 입자의 흐름을 상상하자. 각 입자의 자기장에 **수직인** 속도 성분은 자기장을 둘러싼 원 궤도가 되는 반면에 자기장에 평행한 속도 성분은 입자를 자기장을 따라 극 쪽으로 보낸다. 입자가 지구의 북극에 접근하면 자기장이 강해져서 나선 경로의 반지름이 줄어든다(예제 20.5 참조, $r \propto 1/B$).

고농도의 고속 대전 입자는 공기를 이온화시키고, 전자가 원자와 재결합하면서 빛을 방출하는데(27장 참조) 이것이 오로라이다. 오로라는 더 많은 대전 입자가 방출되어 지구로 향하는 태양의 흑점 활동이 활발한 기간에 특히 장관이다.

홀 효과

전류가 흐르는 도체가 자기장 내에 고정되면 자기장이 도체 내에서 움직이는 전하

에 측면으로 힘을 작용한다. 예를 들면 그림 20.20a와 같이 전자가 사각형 도체에서 오른쪽으로 움직이고 있다면 안쪽으로 향하는 자기장은 전자에 크기가 $F = ev_{\mathrm{d}}B$인 힘을 아래 방향으로 작용한다. 여기서 v_{d}는 전자의 유동 속도이다(18.8절 참조). 그러므로 전자는 C보다는 D에 더 가깝게 가는 경향이 있다. 따라서 도체의 C와 D 사이에 전위차가 만들어진다. 이 전위차가 쌓여서 전기장 $\vec{\mathbf{E}}_{\mathrm{H}}$가 움직이는 전하에 자기력($= ev_{\mathrm{d}}B$)과 반대인 힘($= e\vec{\mathbf{E}}_{\mathrm{H}}$)을 작용한다. 이것이 1879년에 발견한 홀(E. H. Hall)의 이름을 딴 **홀 효과**(Hall effect)이다. 이렇게 만들어진 전위차를 **홀 기전력**(Hall emf)이라고 한다. 크기는 $V_{\mathrm{Hall}} = E_{\mathrm{H}}d = (F/e)d = v_{\mathrm{d}}Bd$인데, 여기서 d는 도체의 너비이다.

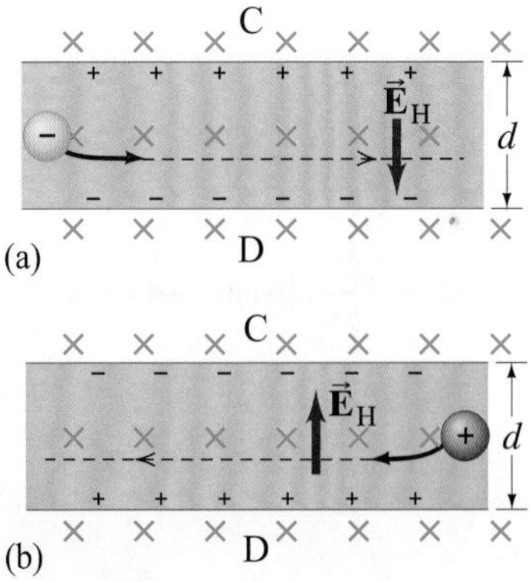

그림 20.20 홀 효과. (a) 오른쪽으로 움직이는 음전하의 전류 (b) 왼쪽으로 움직이는 양전하의 전류

오른쪽으로 움직이는 음전하의 전류는 최소한 대부분의 관점에서 왼쪽으로 움직이는 양전하와 동일하다. 그러나 홀 효과는 이 둘을 구별한다. 그림 20.20b와 같이 왼쪽으로 움직이는 양전하는 아래로 향해서 바닥면이 윗면에 비해 양이 된다. 이것은 (a)의 반대이다. 실제로 금속 도체에서 움직이는 것은 전자이고, p형 반도체에서 움직이는 것은 '양공(홀)'이라는 것을 홀 효과에서의 기전력의 방향이 처음으로 밝혔다.

홀 기전력은 B에 비례하므로 홀 효과를 자기장의 측정에 사용할 수 있다. 이 장비를 **홀 탐침**(Hall probe)이라고 한다. B를 알면 홀 기전력으로 전하 운반자의 유동 속도를 구할 수 있다.

20.5 긴 직선 도선이 만드는 자기장

20.2절 그림 20.8에서 긴 직선 전류가 만드는 자기력선은 도선이 중심인 원을 형성한다는 것을 공부했다(그림 20.21). 주어진 점에서의 자기장의 크기는 도선에 흐르는 전류가 클수록 더 크고 도선에서 멀어질수록 더 작을 것이라고 기대할 수 있다. 이것은 사실이다. 주의 깊은 실험에 의하면, 긴 직선 전류가 만드는 자기장 B는 도선에 흐르는 전류 I에 비례하고 도선으로부터의 거리 r에 반비례한다. 즉

$$B \propto \frac{I}{r}$$

이다. 이 식은 도선으로부터의 수직 거리 r가 도선의 양 끝까지의 거리보다 매우 작으면(즉 도선이 매우 길면) 성립한다.

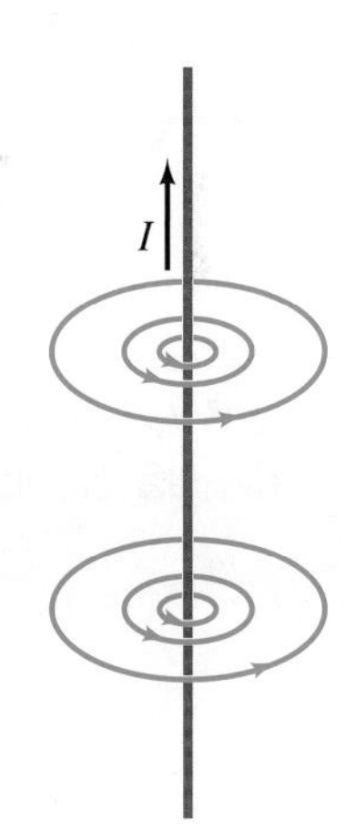

그림 20.21 그림 20.8c와 동일하게, 전류 I가 흐르는 긴 직선 도선 주위의 자기장

비례상수는 $\mu_0/2\pi$이므로

$$B = \frac{\mu_0}{2\pi}\frac{I}{r} \qquad \text{[긴 직선 도선 주위]} \quad \textbf{(20.6)}$$

이다. 상수 μ_0을 **자유 공간 투자율**(permeability of free space)이라 하며 그 값은[†] $\mu_0 = 4\pi \times 10^{-7}\,\mathrm{T{\cdot}m/A}$이다.

[†]이 복잡한 상수는 기본 법칙으로 여기고 있는 앙페르 법칙(20.8절)이 간단하고 명쾌한 형태를 갖출 수 있도록 선택된 것이다.

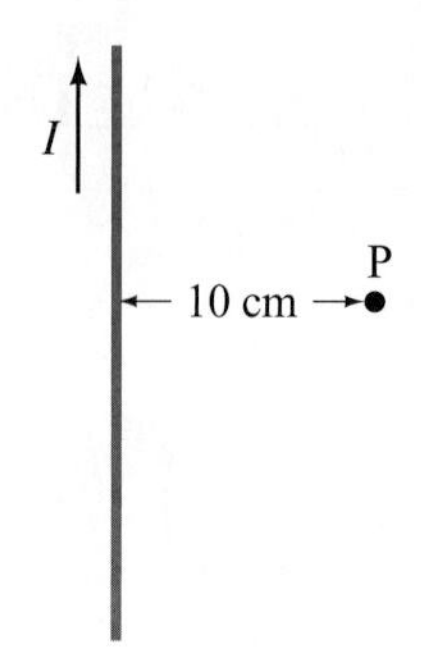

그림 20.22 예제 20.6

주의

전류 주위의 나침반은 북극을 가리키지 않을 수 있다.

예제 20.6 도선 주위의 $\vec{B}$의 계산

건물 벽 속 도선에 25 A의 직류가 수직으로 위로 흐른다. 도선에서 북쪽으로 10 cm 떨어진 점 P(그림 20.22)에서 이 전류가 만드는 자기장은 얼마인가?

접근 도선이 점 P까지의 거리 10 cm보다 매우 길다고 가정하므로 식 20.6을 적용할 수 있다.

풀이 식 20.6으로부터

$$B = \frac{\mu_0 I}{2\pi r} = \frac{(4\pi \times 10^{-7}\,\mathrm{T\cdot m/A})(25\,\mathrm{A})}{(2\pi)(0.10\,\mathrm{m})} = 5.0 \times 10^{-5}\,\mathrm{T}$$

즉 0.50 G이다. 오른손 규칙 1에 의해 점 P에서 자기장은 서쪽(그림 20.22의 종이면으로 들어가는 방향)을 가리킨다.

유의 점 P에서 도선이 만드는 자기장은 크기가 지구 자기장과 같으므로 나침반은 북쪽이 아닌 북서쪽을 가리킨다.

유의 대부분의 건물의 전기 배선 케이블에는 도선이 둘씩 들어 있다. 두 도선의 전류 방향이 반대이므로 자기장은 대부분 상쇄되지만, 예민한 전자 장비에는 영향을 줄 수도 있다.

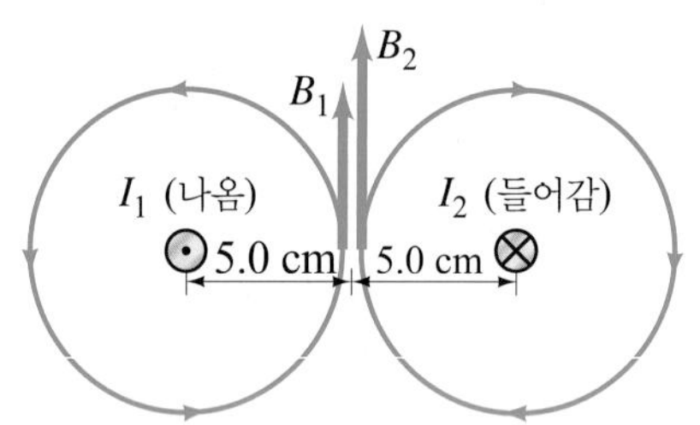

그림 20.23 예제 20.7. (여러분을 향해 나오는 전류 I_1이 흐르는) 도선 1과 (종이면으로 들어가는 전류 I_2가 흐르는) 도선 2가 각 도선 주위에 원을 형성하는 자기장을 만든다.

예제 20.7 두 전류 중간의 자기장

10.0 cm 떨어진 평행한 두 직선 도선에 반대 방향으로 전류가 흐른다(그림 20.23). 전류 $I_1 = 5.0$ A는 종이면에서 나오고, $I_2 = 7.0$ A는 종이면으로 들어간다. 두 도선의 중간에서 자기장의 크기와 방향을 구하라.

접근 각 도선이 만드는 자기장의 크기는 식 20.6으로 계산한다. 각 도선이 만드는 자기장의 **방향**은 오른손 규칙으로 구한다. 전체 자기장은 두 중간점에서의 자기장의 벡터 합이다.

풀이 전류 I_1이 만드는 자기력선은 I_1의 도선 주위에 원을 형성하고, 오른손 규칙 1(그림 20.8d)에 의해 도선 주위를 시계 반대 방향으로 돈다. I_2가 만드는 자기력선은 I_2의 도선 주위에 원을 형성하고, 시계 방향으로 돈다(그림 20.23). 중간점에서는, 그림 20.23에서 보듯이, 자기장의 방향 모두 위로 향하므로 더해진다. 중간점은 각 도선에서 0.050 m이다. 식 20.6에서 B_1과 B_2의 크기는

$$B_1 = \frac{\mu_0 I_1}{2\pi r} = \frac{(4\pi \times 10^{-7}\,\mathrm{T\cdot m/A})(5.0\,\mathrm{A})}{2\pi(0.050\,\mathrm{m})} = 2.0 \times 10^{-5}\,\mathrm{T}$$

$$B_2 = \frac{\mu_0 I_2}{2\pi r} = \frac{(4\pi \times 10^{-7}\,\mathrm{T\cdot m/A})(7.0\,\mathrm{A})}{2\pi(0.050\,\mathrm{m})} = 2.8 \times 10^{-5}\,\mathrm{T}$$

이다. 전체 자기장의 크기는 커져서 다음과 같이 된다.

$$B = B_1 + B_2 = 4.8 \times 10^{-5}\,\mathrm{T}$$

연습 G I_1과 I_2가 둘 다 그림 20.23에서 종이면으로 들어간다고 생각한다. 그러면 도선의 중간에서 자기장은 얼마인가?

20.6 평행한 두 도선 사이의 힘

전류가 흐르는 도선은 자기장을 만든다는 것을 공부했다(긴 직선 도선의 경우의 크기는 식 20.6으로 구함). 또한 전류가 흐르는 도선은 자기장 내에서 힘을 받는다(20.3절, 식 20.1). 그러므로 전류가 흐르는 두 도선은 서로 힘을 작용할 것으로 기대한다.

그림 20.24a에 보이는 간격이 d인 평행한 긴 두 도선을 생각하라. 전류는 각각 I_1과 I_2이다. 각 전류는 자기장을 만들어서 옆의 도선에 힘을 작용한다. 예를 들면 그림 20.24에서 I_1이 만드는 자기장 B_1은 식 20.6으로 구하는데 도선 2의 위치에서 종이면으로 들어가며 크기는

$$B_1 = \frac{\mu_0}{2\pi}\frac{I_1}{d}$$

이다. 그림 20.24b에 I_1이 **단독으로** 만드는 자기장이 나와 있다. 식 20.2에 의해, 전류 I_2가 흐르고 길이는 ℓ_2인 도선 2에 B_1이 작용하는 힘의 크기는

$$F_2 = I_2 B_1 \ell_2$$

이다. I_2에 작용하는 힘은 I_1이 만드는 자기장뿐이라는 점에 주목하라. 물론 ℓ_2도 자기장을 만들지만 자신에게는 힘을 미치지 않는다. F_2의 식에 B_1을 대입하여 길이가 ℓ_2인 도선 2에 작용하는 힘을 구하면

$$F_2 = \frac{\mu_0}{2\pi}\frac{I_1 I_2}{d}\ell_2 \quad \text{[평행한 도선]} \quad \textbf{(20.7)}$$

이다. 그림 20.8d의 오른손 규칙 1을 사용하면 B_1의 자기력선은 그림 20.24b와 같다. 그리고 그림 20.11c의 오른손 규칙 2를 사용하면 I_2에 작용하는 힘은 그림 20.24b에서 왼쪽이다. 즉 I_1은 I_2에 인력을 미친다(그림 20.25a). 전류가 같은 방향으로 흐른다면 이는 성립한다. I_1과 I_2의 방향이 반대라면 오른손 규칙 2에 의해 힘의 방향이 반대이다. 즉 I_1은 I_2에 척력을 작용한다(그림 20.25b).

위와 비슷한 추론에 의해 ℓ_2가 만드는 자기장이 I_1에 동일하지만 반대의 힘을 작용한다. 뉴턴 제3법칙에 의해 이것 또한 성립하리라 기대한다. 그러므로 그림 20.25에서 보듯이 같은 방향의 평행한 전류는 서로 끌어당기는 반면에 반대 방향의 평행한 전류는 서로 밀어낸다.

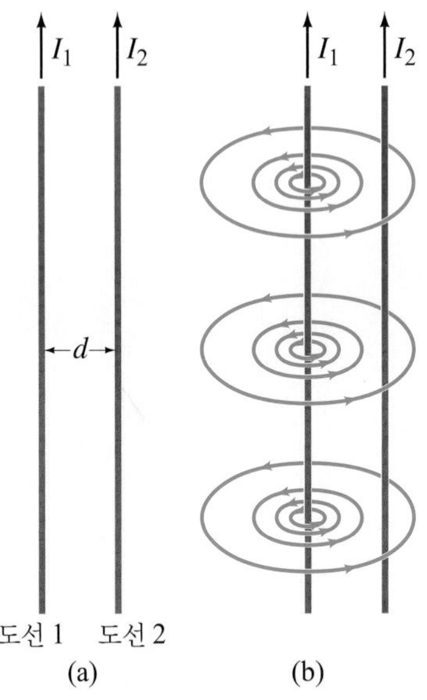

그림 20.24 (a) 전류 I_1과 I_2가 흐르는 평행한 두 도체 (b) I_1이 만드는 자기장 $\vec{\mathbf{B}}_1$ (I_2가 만드는 자기장은 표시하지 않았다). $\vec{\mathbf{B}}_1$은 I_2의 위치에서 종이면으로 들어간다.

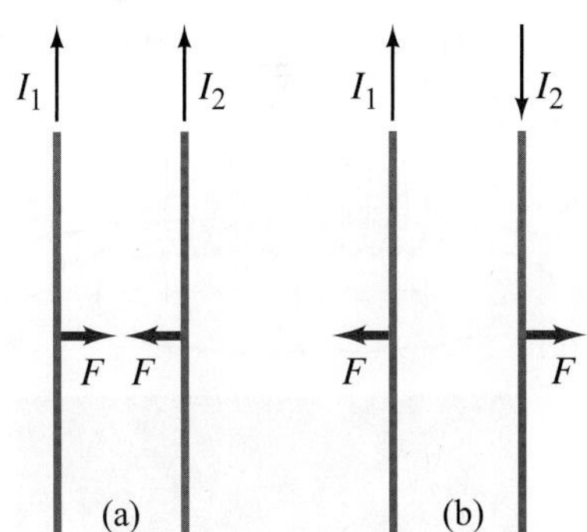

그림 20.25 (a) 같은 방향으로 흐르는 평행한 전류는 서로 인력을 작용한다. (b) 반대로 흐르는 평행한 전류는 서로 척력을 작용한다.

예제 20.8 전류가 흐르는 두 도선 사이의 힘

길이가 2.0 m이고 간격이 3.0 mm인 가전 기구의 두 도선에 8.0 A의 전류가 흐른다. 한 도선이 다른 도선에 작용하는 힘을 계산하라.

접근 전류가 흐르면 두 도선은 서로가 만드는 자기장 내에 있으므로 식 20.7을 적용할 수 있다.

풀이 식 20.7로부터

$$F = \frac{\mu_0}{2\pi}\frac{I_1 I_2}{d}\ell_2 = \frac{(4\pi \times 10^{-7}\,\mathrm{T\cdot m/A})(8.0\,\mathrm{A})^2(2.0\,\mathrm{m})}{(2\pi)(3.0 \times 10^{-3}\,\mathrm{m})} = 8.5 \times 10^{-3}\,\mathrm{N}$$

이다. 전류의 방향이 반대이므로 (하나는 가전 기구 쪽, 다른 하나는 반대쪽) 힘은 척력이고 도선은 벌어진다.

암페어와 쿨롬의 정의

식 20.6의 상수 μ_0이 어떻게 정확히 $4\pi \times 10^{-7}$ T·m/A인지 의문이 들 것이다. 이유를 설명한다. 암페어의 예전 정의에서는 μ_0을 실험적으로 측정했더니 이 값과 매우 가까웠다. 오늘날에는 μ_0을 정확히 $4\pi \times 10^{-7}$ T·m/A로 **정의**한다. 암페어를 독립적으로 정의한다면 이것은 불가능하다. 전류의 단위인 암페어는 정의된 μ_0의 값을 사용해서 전류가 만드는 자기장으로 정의한다.

특히 전류가 흐르는 두 평행한 도선 사이의 힘(식 20.7)을 사용해서 암페어를 정밀하게 정의한다. 정확히 $I_1 = I_2 = 1$ A이고 두 도선의 간격이 정확히 1 m라면

$$\frac{F}{\ell} = \frac{\mu_0}{2\pi}\frac{I_1 I_2}{d} = \frac{(4\pi \times 10^{-7}\,\mathrm{T\cdot m/A})}{(2\pi)}\frac{(1\,\mathrm{A})(1\,\mathrm{A})}{(1\,\mathrm{m})}$$
$$= 2 \times 10^{-7}\,\mathrm{N/m}$$

이다. 그러므로 1**암페어**(ampere)는 **1 m 떨어진 평행한 긴 두 도선을 흐르는 전류가 각 도체에 단위 길이당 정확히 2×10^{-7} N의 힘을 작용할 때의 전류로 정의한다.**

이것이 정확한 암페어의 정의이고, 쉽게 재현할 수 있으므로 **조작적 정의**(operational definition)라고 한다. **쿨롬**(coulomb)은 암페어를 사용해서 정확히 1암페어 · 초로 정의된다. 즉 1 C = 1 A·s이다.

20.7 솔레노이드와 전자석

많은 도선 고리로 된 긴 코일을 **솔레노이드**(solenoid)라고 한다. 그림 20.9에서처럼 각 고리에 흐르는 전류는 자기장을 만든다. 솔레노이드 내의 자기장은 각 고리에 흐르는 전류가 만드는 자기장의 합이므로 매우 크다(그림 20.26). 솔레노이드는 고리에 흐르는 전류 방향에 따라, 자석처럼 한쪽 끝은 북극으로 다른 쪽 끝은 남극으로 행동한다(오른손 규칙을 사용한다). 자기력선은 자석의 북극에서 나오므로 그림 20.26에서 솔레노이드의 북극은 오른쪽이다. 다음 절에서 알게 되듯이 길이가 ℓ인 도선을 N번 단단하게 감고 전류 I가 흐르는 솔레노이드 내의 자기장은 다음과 같다.

$$B = \frac{\mu_0 N I}{\ell} \tag{20.8}$$

솔레노이드 내에 쇳조각을 넣으면 쇠가 자석이 되어서 자기장이 크게 증가한다. 전체 자기장은 전류에 의한 자기장과 쇠에 의한 자기장의 합이므로 전류만에 의한 자기장의 수백, 수천 배가 될 수 있다. 이런 철심 솔레노이드가 **전자석**(electromagnet)이다.

(a)

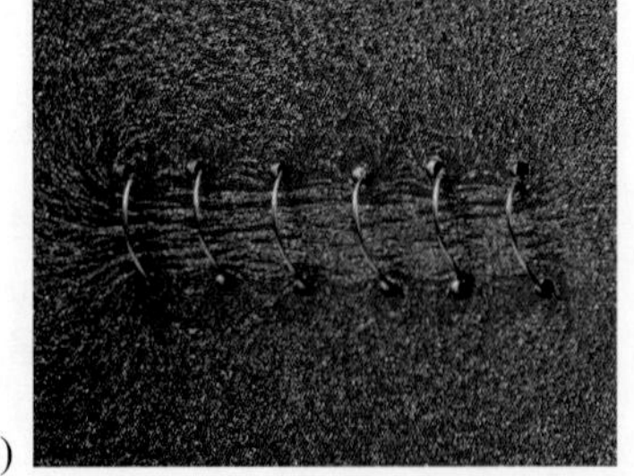

(b)

그림 20.26 (a) 솔레노이드의 자기장. 자석처럼 보이는 이 솔레노이드의 북극은 오른쪽이고, 남극은 왼쪽이다. (b) 간격이 느슨한 고리로 된 솔레노이드의 자기력선 방향으로 정렬한 쇳가루의 사진. 고리의 간격이 촘촘하면 자기장이 더 반듯하게 펴진다.

전자석은 모터와 발전기로부터 연구용 대형 자기장 생성에 이르기까지 많은 분야에서 실용적으로 응용된다. 가끔 철심이 없으면 자기장은 도선 코일의 전류에 의해서만 만들어진다. 이 경우 큰 자기장은 큰 전류가 필요해서 많은 양의 폐열($P = I^2R$)이 발생한다. 그러나 전류가 흐르는 도선을 전이 온도 이하로 유지된 초전도체 물질로 만들면(18.9절 참조), 매우 큰 자기장을 만들 수 있고, 초전도 코일에서는 큰 전류를 유지하는 데 전력이 필요하지 않다. 그러나 코일을 초전도 현상을 일으키는 저온으로 냉각시키기 위해서는 에너지가 필요하다.

또 하나의 유용한 장비에는 쇠막대가 부분적으로 삽입된 솔레노이드가 들어 있다. 이 조합도 **솔레노이드**(solenoid)라고 한다. 하나의 간단한 용도가 초인종이다(그림 20.27). 버튼을 눌러 회로가 연결되면 코일이 실질적으로 자석이 되어 쇠막대에 힘을 작용한다. 쇠막대는 코일 안으로 끌려들어가 종을 친다. 자동차 시동 장치에는 큰 솔레노이드를 사용한다. 시동을 걸면 회로가 연결되어 시동 장치를 동작시킬 뿐만 아니라, 먼저 솔레노이드가 작동해서 시동 장치를 엔진의 플라이휠에 있는 기어에 연결시킨다. 자동차와 여러 장비들에서 솔레노이드를 스위치로 많이 사용한다. 기계 부품을 신속하고 정확하게 움직이는 장점이 있다.

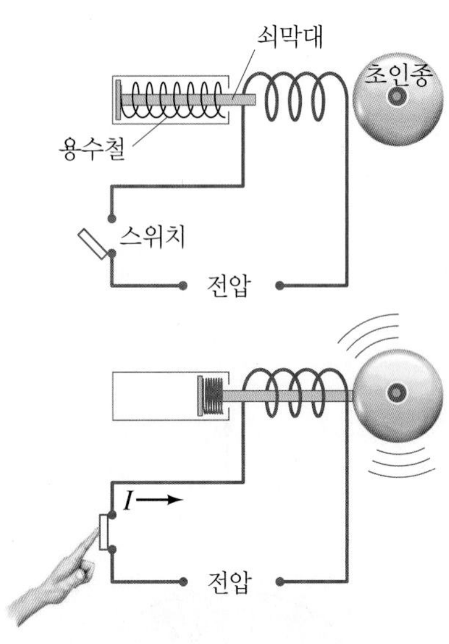

그림 20.27 초인종으로 사용되는 솔레노이드

자기 회로 차단기

물리학의 응용
자기 회로 차단기

집과 건물을 과부하와 화재로부터 보호하는 현대식 회로 차단기에는 '열' 부분(18.6절, 그림 18.17에서 설명한 바이메탈 판)뿐만 아니라 자기 센서도 들어 있다. 전류가 어느 수준을 넘으면 전류가 만드는 자기장이 철판을 끌어당겨 그림 18.17b와 c의 동일한 접촉점을 차단한다. 자기 회로 차단기는 빠르게 반응한다(< 10 ms). 건물용은 합선될 때의 큰 전류에 반응하도록, 그러나 모터 시동 시의 서지 전류에는 차단되지 않도록 설계한다.

접지 불량 회로 차단기(GFCIs)를 포함한 더 복잡한 회로 차단기에는 솔레노이드를 사용한다. 그림 20.27의 쇠막대가 종을 치는 대신 전기 접촉점 쌍의 한 면을 쳐서 사이를 벌려 회로를 차단한다. 매우 빠르게(≈ 1 ms), 그리고 매우 작은 전류(≈ 5 mA)에도 반응하므로 재산만이 아니라 사람을 보호하고 생명을 구한다.

20.8 앙페르 법칙

긴 직선 도선에 흐르는 전류와 자기장과의 관계는 20.5절의 식 20.6으로 주어진다. 이 식은 긴 직선 도선에만 성립한다. 임의의 형태의 도선에 흐르는 전류와 도선 주위의 자기장과의 사이에 일반적인 관계식이 존재하는가? 그렇다. 프랑스 과학자 앙페르(André Marie Ampère, 1775~1836)가 외르스테드의 발견 직후 이 관계식을 제안했다. 그림 20.28에 보이는 전류 주위의 임의의 닫힌 경로를 생각하자. 그리고 이 경로가 길이 $\Delta\ell$인 작은 선분들로 되어 있다고 생각하자. 각 선분의 길이와 그 선분에 평행한 자기장 $\vec{\mathbf{B}}$의 성분을 곱한다. 이들을 모두 더하면(앙페르 법칙에 의해) μ_0과 경로에 의해 **둘러싸인** 면을 지나는 전류 I_{encl}의 곱이 된다. 이것이 **앙페르 법칙**

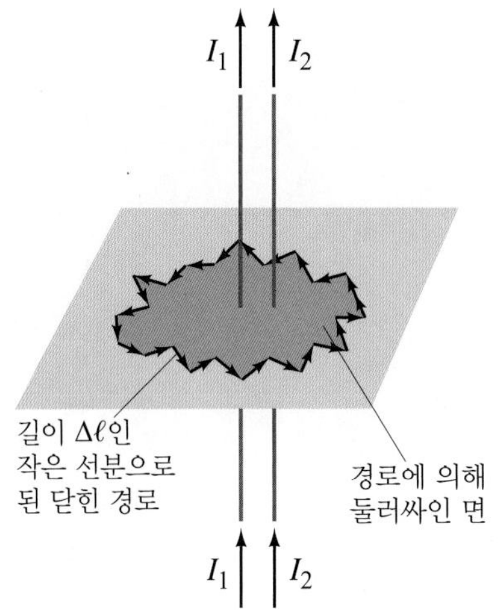

그림 20.28 앙페르 법칙을 적용할 전류를 둘러싼 임의의 경로. 경로를 길이 $\Delta\ell$인 작은 선분으로 분할했다. 경로에 의해 둘러싸인 전체 전류는 $I_{\text{encl}} = I_1 + I_2$이다.

(Ampère's law)이고

앙페르 법칙

$$\Sigma B_{\parallel}\,\Delta\ell = \mu_0 I_{\text{encl}} \tag{20.9}$$

이다. 기호 Σ는 '합'이라는 의미이고 $B_{\parallel}$는 특정한 $\Delta\ell$에 평행한 $\vec{\mathbf{B}}$의 성분을 의미한다. 길이 $\Delta\ell$은 충분히 작게 잡아서 그 길이에서는 $B_{\parallel}$가 일정하다. 합은 닫힌 경로에서 해야 하고, I_{encl}은 이 닫힌 경로에 의해 둘러싸인 전체 알짜 전류이다.

직선 도선이 만드는 자기장

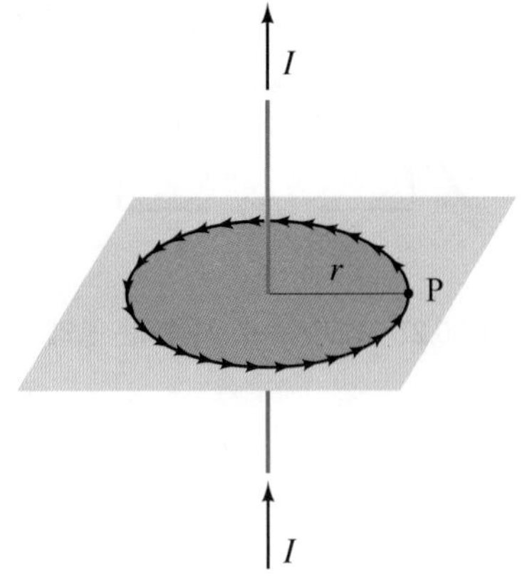

그림 20.29 반지름 r의 원형 경로

앙페르 법칙을 전류 I가 흐르는 긴 직선 도선의 간단한 경우에 적용해서 검증할 수 있다. 그림 20.29와 같이, 도선에서 거리 r만큼 떨어진 점 P에서 B의 크기를 구하자. 자기력선은 도선이 중심인 원이다(그림 20.8 참조). 식 20.9에서 사용했던 경로와 같이, 반지름 r의 원이 편리하다. 이 경로의 모든 점에서 $\vec{\mathbf{B}}$는 이 원의 접선 방향이다. 그림 20.29의 원 위의 임의의 작은 선분에서 $\vec{\mathbf{B}}$는 그 부분과 평행하므로 $B_{\parallel} = B$이다. 원형 경로를 100개의 선분으로 분할한다고 생각하자.† 그러면 앙페르 법칙에 의해

$$(B\,\Delta\ell)_1 + (B\,\Delta\ell)_2 + (B\,\Delta\ell)_3 + \cdots + (B\,\Delta\ell)_{100} = \mu_0 I$$

이다. 점들은 모든 항을 다 쓰지 않았다는 의미이다. 모든 선분이 도선에서 같은 거리에 있으므로, **대칭**에 의해 각 부분에서 B가 같을 것으로 기대한다. B를 인수 분해하면

$$B(\Delta\ell_1 + \Delta\ell_2 + \Delta\ell_3 + \cdots + \Delta\ell_{100}) = \mu_0 I$$

이다. 부분의 길이 $\Delta\ell$의 합은 원둘레 $2\pi r$가므로

$$B(2\pi r) = \mu_0 I$$

즉

$$B = \frac{\mu_0 I}{2\pi r}$$

이다. 이것은 긴 직선 도선 주위의 자기장인 식 20.6이므로, 이 경우 앙페르 법칙은 실험과 잘 맞는다.

매우 많은 실험에 의하면 앙페르 법칙은 일반적으로 성립한다. 실제적으로 앙페르 법칙은 주로 간단하거나 대칭인 상황에서만 자기장을 계산하는 데 사용할 수 있다. 이것의 중요성은 직접적이고 수학적으로 명쾌하게 자기장을 전류에 연결시킨다는 것이다. 앙페르 법칙을 전기와 자기에 대한 기본 법칙들 중 하나로 여긴다. 이것은 전류와 자기장이 시간에 따라 변하지 않는 한 어떤 상황에서도 성립한다.

솔레노이드 내에서의 자기장

이제 여러 번 감은 도선으로 된 긴 코일인 **솔레노이드**(그림 20.30) 내에서의 자기장을 계산하는 데 앙페르 법칙을 사용해 보자(20.7절). 각 고리는 그림 20.9와 같이 자기장을 만들고, 솔레노이드 내에서의 전체 자기장은 각 고리가 만드는 자기장의 합

† 실제로 앙페르 법칙은 무한히 짧은 선분이 무한히 많을 때 정밀하고 정확하지만 수학이 필요하다.

이다. 그림 20.30a에 몇 개의 고리에 대해서 나와 있다. 솔레노이드의 많은 고리들은 서로 가까워서 그림 20.30b와 같이 안에서의 자기장은 양 끝을 제외하고는 거의 균일하고 솔레노이드 축에 평행하다. 솔레노이드 밖에서는 자기력선이 공간으로 퍼지므로 자기장은 안에서보다 훨씬 약해진다. 앙페르 법칙을 적용하려면 그림 20.31과 같이 경로를 양 끝에서 먼 abcd로 선택한다. 이 경로를 직사각형의 변인 ab, bc, cd, da의 네 직선 선분으로 생각한다. 그러면 식 20.9의 앙페르 법칙에서

$$(B_{\parallel}\,\Delta\ell)_{\mathrm{ab}} + (B_{\parallel}\,\Delta\ell)_{\mathrm{bc}} + (B_{\parallel}\,\Delta\ell)_{\mathrm{cd}} + (B_{\parallel}\,\Delta\ell)_{\mathrm{da}} = \mu_0 I_{\mathrm{encl}}$$

이다.

솔레노이드 외부의 자기장은 내부에 비해 무시할 만하므로 좌변의 첫 번째 항은 거의 0이다. 더욱이 $\vec{\mathbf{B}}$가 선분 bc, da와는 수직이므로 이 항들도 0이다. 그러므로 앙페르 법칙의 좌변은 $(B_{\parallel}\,\Delta\ell)_{\mathrm{cd}} = B\ell$인데 여기서 B는 솔레노이드 내부의 자기장이고 ℓ은 cd의 길이이다. $B\ell$을 μ_0 곱하기 사각형 고리에 둘러싸인 전류와 같게 놓는다. 솔레노이드의 도선에 전류 I가 흐르면 경로 abcd로 둘러싸인 전체 전류는 NI인데, 여기서 N은 경로가 둘러싼 고리의 수(감은 수)이다(그림 20.31에서는 5). 그러므로 앙페르 법칙에서

$$B\ell = \mu_0 NI$$

이므로

$$B = \frac{\mu_0 IN}{\ell} \qquad \text{[솔레노이드]} \quad \textbf{(20.8 다시)}$$

으로 지난 절에서 언급한 대로이다. 이것이 솔레노이드 내부의 자기장의 크기이다. B는 단위 길이당 고리의 수(N/ℓ)와 전류(I)에만 좌우된다. 자기장은 솔레노이드 내에서의 위치와는 관련이 없으므로, 솔레노이드 내에서는 B가 균일하다. 이것은 무한대의 솔레노이드에서만 엄격하게 성립하지만, 양 끝에 가깝지 않은 점에서는 근사적으로 훌륭하다.

솔레노이드 내에서의 자기장의 방향은 오른손 규칙 1(그림 20.8d)을 적용해서 구한다(그림 20.9, 20.10도 참조). 그림 20.31에 보인다.

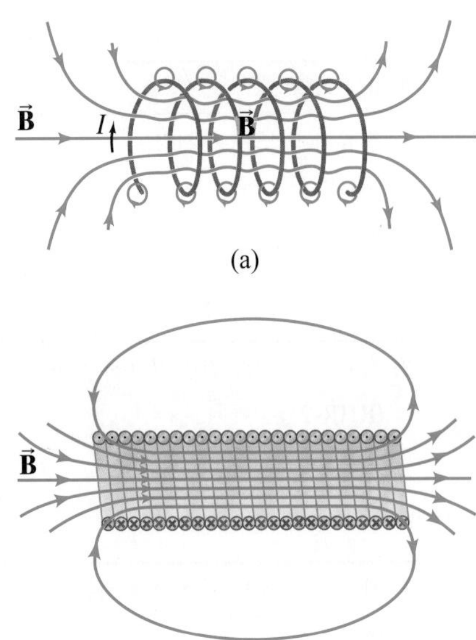

그림 20.30 (a) 솔레노이드의 몇 개의 고리가 만드는 자기장 (b) 촘촘히 많이 감은 고리의 경우 자기장이 거의 균일하다.

20.9 전류 고리에 작용하는 돌림힘; 자기 모멘트

그림 20.32와 같이 외부 자기장에 놓인 닫힌 도선 고리에 전류가 흐르면 전류에 작용하는 자기력은 돌림힘을 만든다. 이것이 모터, 아날로그 전압계와 전류계 등의 많

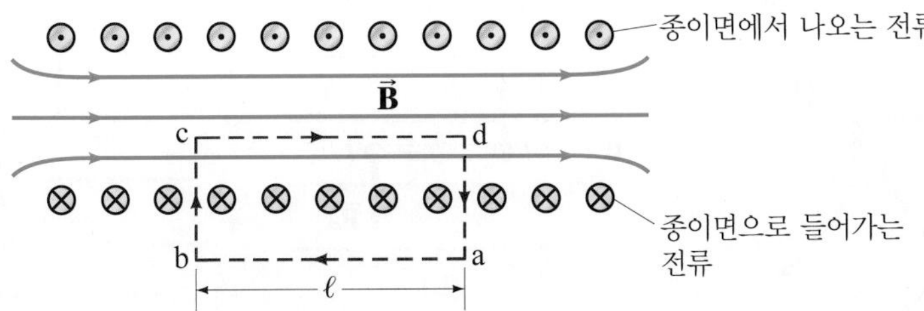

그림 20.31 솔레노이드 내부의 단면도. 내부 자기장은 양 끝을 제외하고는 직선이다. 빨간 점선은 앙페르 법칙을 적용하는 경로를 의미한다. ⊙는 종이면에서 나오는, ⊗는 종이면으로 들어가는 전류의 방향이다.

표 20.1 오른손 규칙(=RHR)의 요약

물리적 상황	예	오른손 사용법	결과
1. 전류가 만드는 자기장 (RHR-1)	I, $\vec{\mathbf{B}}$ 그림 20.8d	엄지가 전류 I 방향으로 향하고 손가락으로 도선을 감는다.	손가락들을 $\vec{\mathbf{B}}$ 방향으로 감는다.
2. 자기장이 전류 I에 작용하는 힘 (RHR-2)	$\vec{\mathbf{F}}$, $\vec{\mathbf{I}}$, $\vec{\mathbf{B}}$ 그림 20.11c	먼저 손가락들을 전류 I 방향으로 향하고 자기장 $\vec{\mathbf{B}}$ 방향으로 구부린다.	엄지를 힘 $\vec{\mathbf{F}}$ 방향으로 향한다.
3. 자기장이 전하 $+q$에 작용하는 힘 (RHR-3)	$\vec{\mathbf{F}}$, $\vec{\mathbf{v}}$, $\vec{\mathbf{B}}$ 그림 20.15	손가락들을 입자 속도 $\vec{\mathbf{v}}$ 방향으로 향하고 $\vec{\mathbf{B}}$ 방향으로 향한다.	엄지를 힘 $\vec{\mathbf{F}}$ 방향으로 향한다.

은 실용적인 장비의 원리인데, 다음 절에서 논의한다.

그림 20.32a와 같이 면이 $\vec{\mathbf{B}}$에 평행한 사각 고리에 전류가 흐른다. $\vec{\mathbf{B}}$는 도선의 수평 선분에는 힘이나 돌림힘을 미치지 않는다. 자기장에 평행해서 식 20.1에서 $\sin\theta = 0$이기 때문이다. 그러나 자기장은 도선의 각 수직 선분에는 힘 $\vec{\mathbf{F}}_1$과 $\vec{\mathbf{F}}_2$를 작용한다(그림 20.32의 평면도 참조). 오른손 규칙 2에 의해(그림 20.11c 또는 표 20.1), 왼쪽의 위로 향하는 전류에 작용하는 힘의 방향은 오른쪽의 아래로 향하는 전류에 작용하는 힘 $\vec{\mathbf{F}}_2$와 크기는 같고 반대 방향이다. 이 힘들은 알짜 돌림힘을 미쳐서 코일을 수직축 중심으로 회전시킨다.

돌림힘의 크기를 계산하자. 식 20.2(전류 ⊥ $\vec{\mathbf{B}}$)에서 힘 $F = IaB$인데, 여기서 a는 코일의 수직 길이이다(그림 20.32a). 각 힘의 모멘트 팔은 $b/2$인데, 여기서 b는 코일의 너비이고 '축'은 중간점이다. 이 축을 중심으로 한 $\vec{\mathbf{F}}_1$과 $\vec{\mathbf{F}}_2$의 돌림힘은 같은 방향으로 작용하므로(그림 20.32b), 전체 돌림힘 τ는 다음과 같이 두 돌림힘의 합이다.

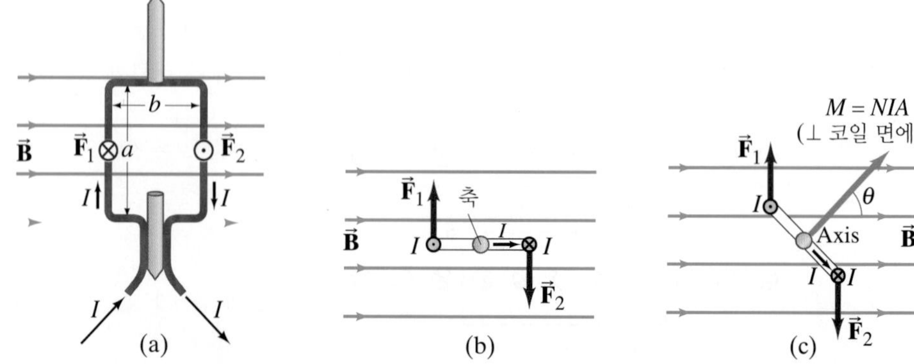

그림 20.32 자기장 $\vec{\mathbf{B}}$에 놓인 전류 고리에 작용하는 돌림힘 계산하기. (a) 자기력선 $\vec{\mathbf{B}}$에 평행한 고리면 (b) 평면도 (c) 고리와 $\vec{\mathbf{B}}$가 각도를 이루면 모멘트 팔이 줄어서 돌림힘이 줄어든다.

$$\tau = IaB\frac{b}{2} + IaB\frac{b}{2} = IabB = IAB$$

여기서 $A = ab$는 코일의 넓이이다. 코일이 N개의 고리로 된 도선이라면, 전류는 NI이므로 돌림힘은

$$\tau = NIAB$$

이다. 그림 20.32c와 같이 코일이 자기장과 각도를 이루면, 힘은 변하지 않지만 모멘트 팔이 $\frac{1}{2}b$에서 $\frac{1}{2}b\sin\theta$로 감소한다. θ는 $\vec{\mathbf{B}}$와 코일 면에 수직인 선과의 각도임에 주목하라(그림 20.32c). 따라서 돌림힘은

$$\tau = NIAB\sin\theta \qquad \textbf{(20.10)}$$

이다. 이 식은 사각 코일에 대해서 유도했지만 평평한 코일이면 어떤 형태든지 성립한다.

NIA라는 양은 코일의 **자기 쌍극자 모멘트**(magnetic dipole moment)라고 하고

$$M = NIA \qquad \textbf{(20.11)}$$

인데, 코일에 수직인 벡터이다.

예제 20.9 **코일에 작용하는 돌림힘**

원형 도선 고리의 지름이 20.0 cm이고 10번 감겼다. 전류는 3.00 A이고 그 코일이 2.00 T의 외부 자기장에 있다. 자기장이 코일에 작용하는 최대와 최소 돌림힘을 구하라.

접근 식 20.10은 원형 고리를 포함해 어떤 형태의 코일에도 성립한다. 코일이 자기장과 만드는 각도로 최대와 최소 돌림힘을 구한다.

풀이 코일 고리의 넓이는

$$A = \pi r^2 = \pi(0.100\,\mathrm{m})^2 = 3.14 \times 10^{-2}\,\mathrm{m}^2$$

이다. 돌림힘은 코일의 면이 자기장에 평행할 때 최대이므로, 그림 20.32c에서 $\theta = 90°$, 따라서 식 20.10에서 $\sin\theta = 1$이므로

$$\begin{aligned}\tau = NIAB\sin\theta &= (10)(3.00\,\mathrm{A})(3.14 \times 10^{-2}\,\mathrm{m}^2)(2.00\,\mathrm{T})(1)\\ &= 1.88\,\mathrm{N\cdot m}\end{aligned}$$

이다. 돌림힘은 $\theta = 0°$, 따라서 $\sin\theta = 0$일 때 최소이므로 식 20.10에서 $\tau = 0$이다.

유의 코일이 자유롭게 회전한다면 $\theta = 0°$인 방향으로 회전한다.

20.10 응용; 모터, 스피커, 검류계

많은 실용적인 자기력 응용 분야가 있다. 가장 흔한 것이 모터와 스피커이다. 먼저 검류계를 보자. 그것이 가장 이해하기 쉽고, 자동차 계기판과 바늘로 읽는 많은 장비들에 들어 있다.

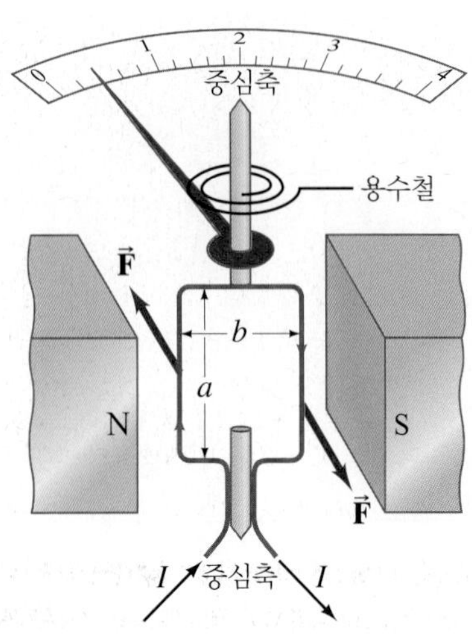

그림 20.33 검류계

검류계

검류계는 아날로그 전류계, 전압계, 저항계를 포함하는, 그리고 자동차 계기판의 측정기를 포함하는 바늘로 읽는 아날로그 계기의 기본 부품이다. 그림 20.33에서 보듯이 **검류계**(galvanometer)에는 바늘을 부착한 도선 고리가 들어 있는데, 도선 고리는 영구자석의 자기장 내에 매달려 있다. 도선 고리에 전류가 흐르면 자기장 B가 도선 고리에 작용하는 돌림힘 τ는 식 20.10에 의해

$$\tau = NIAB\sin\theta$$

이다. 이 돌림힘은 용수철이 작용하는 돌림힘 τ_s가 방해하는데, τ_s는 근사적으로 회전 각도 ϕ에 비례한다(훅 법칙). 즉

$$\tau_s = k\phi$$

인데, 여기서 k는 용수철의 탄성 계수이다. 코일과 부착된 바늘은 두 돌림힘이 균형을 이루는 각도까지 회전한다. 평형에 이른 바늘이 멈추면 $k\phi = NIAB\sin\theta$이므로

$$\phi = \frac{NIAB\sin\theta}{k}$$

이다. 바늘의 회전 ϕ는 코일에 흐르는 전류 I에 비례하지만, 또한 코일과 자기장 $\vec{\mathbf{B}}$ 사이의 각도 θ에도 좌우된다. 유용한 계기는 ϕ는 I에만 좌우되고 θ에는 좌우되면 안 된다. 이 문제를 해결하기 위해, 극이 곡면인 자석을 사용하고, 그림 20.34과 같이 원통형 철심 주위에 검류계 코일을 감는다. 철심은 자기력선을 집중시키므로 $\vec{\mathbf{B}}$는 철심 밖의 도선에서 코일 면에 항상 평행하다. 그러면 힘은 항상 코일 면에 수직이므로 돌림힘이 각도에 따라 변하지 않는다. 그러므로 유용한 계기의 요구대로 ϕ는 I에 비례한다.

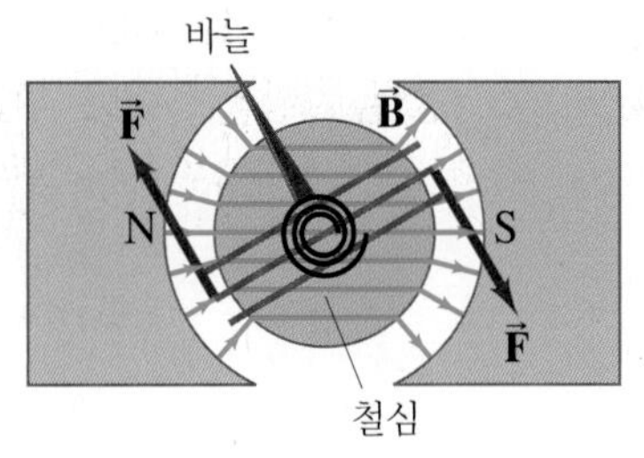

그림 20.34 철심 주위에 감긴 검류계 코일(고리 셋만 표시)

전동기

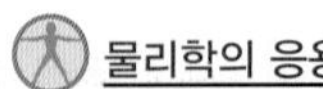
물리학의 응용

직류 전동기

전동기(electric motor)는 전기 에너지를 (회전) 역학적 에너지로 변환한다. 모터는 코일이 한 방향으로 연속적으로 회전해야 한다는 점을 제외하면 검류계와 동일한 원리로 작동한다. 즉 자기장 내에 있는, 전류가 흐르는 고리에 돌림힘을 작용한다. 코일은 그림 20.35와 같이 **전기자**(rotor 또는 armature)라는 철 원통에 설치된다. 그림 20.35에는 하나만 표시했지만 실제로는 코일이 여럿이다. 전기자는 축 위에 설치된다. 전기자가 그림 20.35의 위치에 있으면 자기장이 고리의 전류에 그림과 같이 $\vec{\mathbf{B}}$에도 수직이고 전류의 방향에도 수직인 힘을 작용한다. 그런데 그림 20.35에서 시계 반대 방향으로 회전하는 코일이 수직인 위치를 지났는데도 전류가 그대로이면 힘이 코일을 수직인 위치로 되돌릴 것이다. 그러나 바로 그 순간 전류 방향이 반대로 되면 힘의 방향도 반대로 되어 코일은 같은 방향으로 연속적으로 회전할 것이다. 그러므로 모터가 한 방향으로 연속적으로 회전하려면 전류의 방향을 바꿀 필요가 있다. 이것은 그림 20.36과 같이 **정류자**(commutator)와 **브러시**(brush)가 있는 **직류 전동기**(dc motor)를 쓰면 된다. 입력 전류가 도체 정류자에 밀착해서 정지해 있는 브러시를 통과한다. 반 바퀴마다 정류자가 반대쪽 브러시에 연결된다. 그러므로 코일의 전류가

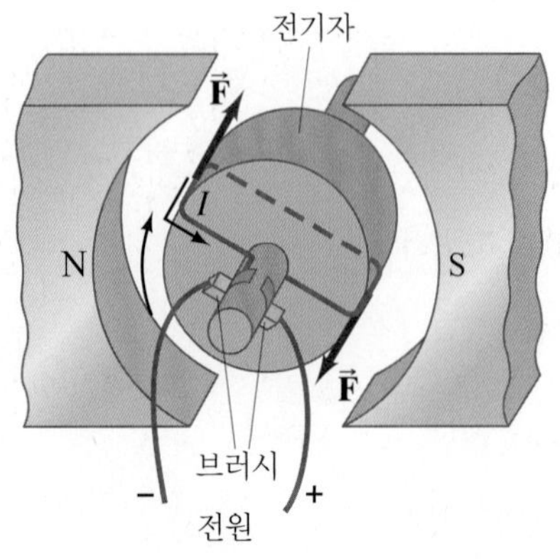

그림 20.35 간단한 직류 전동기의 도해

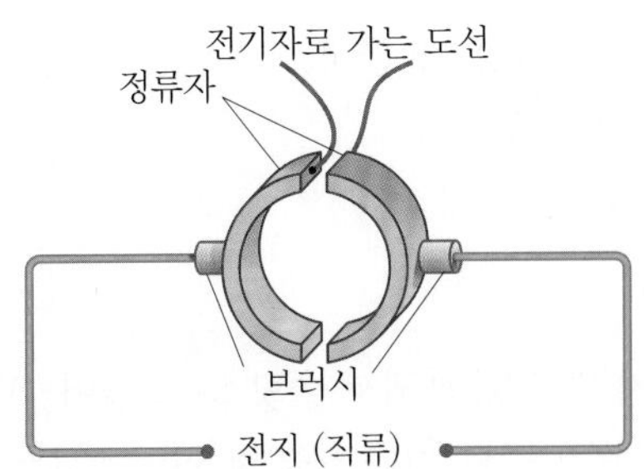

그림 20.36 직류 전동기 내에 있는 정류자–브러시 조합은 정류자의 전류 방향을 바꾸어서 한 방향으로 연속적으로 회전하도록 한다. 정류자는 축 위에 설치되어 모터와 같이 회전하지만, 브러시는 정지해 있다.

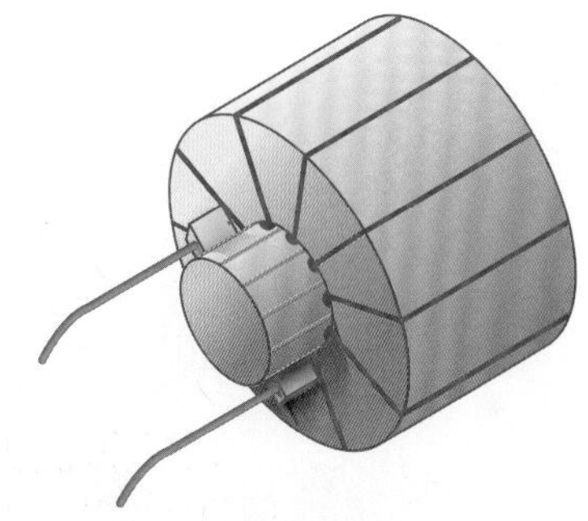

그림 20.37 여러 코일로 구성된 모터

반 바퀴마다 반대로 되어 계속 회전할 수 있다.

대부분의 모터에는 코일이 여러 개 들어 있는데, 각 코일은 그림 20.37과 같이 전기자의 다른 부분에 연결된다. 전류는 한 번 회전에서 짧은 시간 동안만 각 코일에 흐르는데, 그때 그 각도에서 돌림힘이 최대가 된다. 이런 방법으로 모터는 단일 코일보다 훨씬 더 안정된 돌림힘을 낸다.

입력 전류가 교류인 **교류 전동기**(ac motor)는 전류 자체의 방향이 바뀌므로 정류자 없이도 동작할 수 있다. 많은 모터가 영구자석 대신 코일(전자석)을 사용한다. 실제로 대부분의 모터의 설계는 여기서 설명한 것보다 더 복잡하지만, 일반적인 원리는 동일하다.

스피커와 헤드셋

스피커(loudspeakrs)와 오디오 헤드셋 또한 자석이 전류가 흐르는 도선에 힘을 작용한다는 원리로 동작한다. 스테레오나 텔레비전의 전기 출력은 스피커나 이어폰의 도선에 연결된다. 스피커 도선은 내부에서 코일에 연결된다. 코일은 그림 20.38과 같이 원뿔형 스피커에 연결되어 있다. 원뿔형 스피커는 보통 빳빳한 판지로 만들며, 앞뒤로 자유롭게 움직일 수 있도록 장착한다. 영구 자석은 코일과 줄을 맞추어 장착한다. 음향 신호에서 오는 교류 전류가 코일을 지나면, 코일이 자석의 자기장의 힘에 의해 자석 내에서 자유롭게 움직인다. 힘은 그림 20.38의 순간 오른쪽이다(오른손 규칙 2). 전류가 음향 신호의 진동수로 방향이 바뀌면, 코일과 원뿔형 스피커가 같은 진동수로 앞뒤로 움직여서, 인접한 공기에 압축과 팽창을 일으켜서 음파가 만들어진다. 그러므로 스피커는 전기 에너지를 소리 에너지로 변환하고, 방출된 음파의 세기와 진동수는 전기적 신호를 정확하게 재생한다.

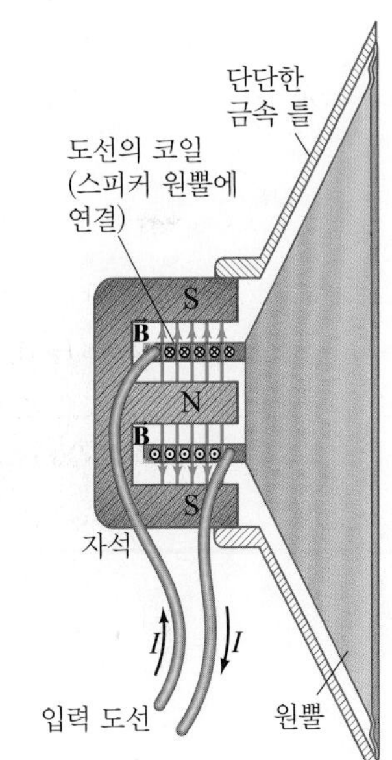

그림 20.38 스피커

20.11 질량 분석계

질량 분석계(mass spectrometer)는 원자의 질량을 측정하는 장치이다. 오늘날에는 물리학뿐만 아니라 화학, 지질학, 의학에서도 쓰이며, 종종 시료에서 원자와 그 농도를 알아내는 데도 쓰인다. 시료를 가열하거나 전류를 사용하여 이온을 만든다. 그림 20.39에서 보듯이 질량 m, 전하 q의 이온이 슬릿 S_1을 통과해서 S_2에 도달하기 전에 전기장과 자기장이 수직인 영역으로 들어간다. 이 영역에서 전기력 qE(양이온의 경

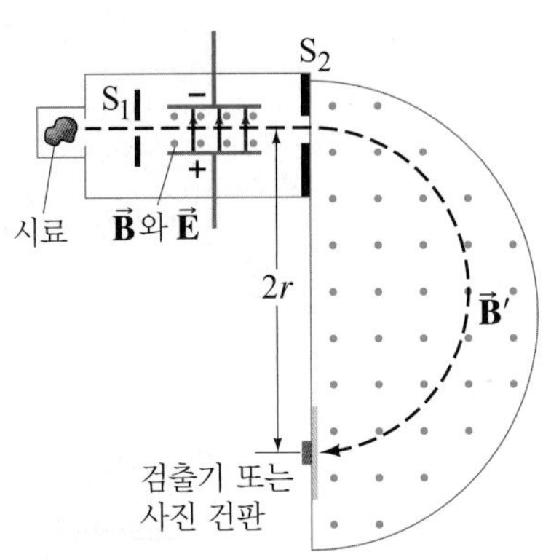

그림 20.39 베인브리지 형 질량 분석계. 자기장 B와 B'은 종이면에서 나온다(점으로 표시).

우 위 방향)와 자기력 qvB(양이온의 경우 아래 방향)가 균형을 이루면 이온은 직선 경로를 따라간다. 즉 $qE = qvB$, 또는

$$v = \frac{E}{B}$$

이다. 속력이 $v = E/B$인 이온들만 편향되지 않고 통과해서 슬릿 S_2로 들어간다. 이 장치를 **속도 선택기**(velocity selector)라고 한다. S_2를 지나 반원형 영역에서는 단지 자기장 B'만 있으므로 이온은 원형 경로를 따라간다. B'이 일정하면 원형 경로의 반지름은 사진 건판이나 검출기로 알아낼 수 있다. 대신에 r가 검출기의 위치로 고정되면, B'은 이온이 검출될 때까지 변한다. 자기장 B'에 의해서만 영향을 받아 원형 경로를 따라가는 이온에 뉴턴 제2법칙($\Sigma F = ma$)을 적용하면 $qvB' = mv^2/r$이다. $v = E/B$이므로

$$m = \frac{qB'r}{v} = \frac{qBB'r}{E} \tag{20.12}$$

이다. 우변의 모든 양들은 알거나 측정할 수 있으므로 m을 구할 수 있다.

역사적으로 많은 원자들의 질량을 이 방법으로 측정했다. 순수한 물질을 사용할 때, 가끔 사진 건판에 둘 이상의 자국이 가까운 거리에 나타나는 것을 발견했다. 예를 들면 네온은 반지름이 원자 질량 단위(u) 20과 22의 원자에 해당하는 자국을 둘 만들었다. 불순물은 고려 대상에서 제외됐고, 질량이 다른 두 종류의 네온이 있다고 결론을 내렸다. 이 다른 종류들을 **동위원소**(isotope)라고 한다. 대부분의 원소들이 동위원소들의 혼합물이고 질량의 차이는 중성자 수의 차이라는 것이 곧 밝혀졌다(29장에서 논의).

예제 20.10 질량 분석

원자 질량이 12.0 u인 탄소 원자가 모르는 원소와 섞인 것을 발견했다. B'이 고정된 질량 분석계에서 탄소는 반지름 22.4 cm의 경로를, 모르는 원소는 반지름 26.2 cm의 경로를 지난다. 모르는 원소는 무엇인가? 두 원소의 이온의 전하는 같다고 가정한다.

접근 탄소가 모르는 원자와 같은 전기장과 자기장을 통과한다. 따라서 둘의 질량은 각자의 경로의 반지름에 비례한다(식 20.12).

풀이 식 20.12에 의해, 질량의 비는

$$\frac{m_x}{m_C} = \frac{qBB'r_x/E}{qBB'r_C/E} = \frac{r_x}{r_C}$$

$$= \frac{26.2\ \text{cm}}{22.4\ \text{cm}} = 1.17$$

이다. 그러므로 $m_x = 1.17 \times 12.0\ \text{u} = 14.0\ \text{u}$이다. 모르는 원소는 질소로 판단된다(부록 H 주기율표 참조).

유의 모르는 원소는 동위원소 탄소 14($^{14}_{6}C$)일 수도 있다. 부록 B를 참조하라. 추가적인 물리학적 화학적 분석이 필요하다.

종합 문제

객관식

1. 다음 중 자기장을 만드는 요소를 모두 고르라.
(a) 자석 (b) 지구
(c) 정지 전하 (d) 움직이는 전하
(e) 전류 (f) 연결되지 않은 전지 전압
(g) 일반 쇳조각 (h) 임의의 금속 조각

2. 도선에 흐르는 전류가 오른쪽에서 보듯이 종이 면으로 들어간다. 점 A에서 자기장의 방향은 어느 쪽인가?

$I\otimes$ •A
•B

(a) (b) (c) (d) (e) 정답 없음

3. 위의 문제에서 점 B에서 자기장의 방향은 어느 쪽인가?

4. 대전 입자가 자기장의 방향에 평행하게 움직일 때 입자가 움직이는 경로는?
(a) 직선 (b) 원
(c) 나선 (d) 이력곡선

5. 양성자가 공간에서 움직일 때 만드는 것은?
(a) 전기장만
(b) 자기장만
(c) 전기장과 자기장
(d) 없다. 전기장과 자기장이 상쇄된다.

6. 다음 중 자기장 내에서 움직이는 대전 입자에 작용하는 힘에 대한 설명으로 옳은 것은?
(a) 자기장은 움직이는 입자에만 힘을 작용한다.
(b) 입자가 자기장의 방향으로 움직일 때 힘이 최대이다.
(c) 힘은 입자가 운동 에너지를 얻도록 한다.
(d) 힘의 방향은 자기장의 방향이다.
(e) 자기장은 대전 입자에 항상 힘을 작용한다.

7. 다음 설명 중 <u>틀린</u> 것은? 전류가 흐르는 도선의 자기장은
(a) 도선 주위의 원형 방향이다.
(b) 도선으로부터 거리에 따라 감소한다.
(c) 도선에 흐르는 전류가 바뀔 때만 존재한다.
(d) 전류의 크기에 좌우된다.

8. 도선의 전류가 여러분으로부터 멀어지는 방향으로 흐른다. 이 도선이 만드는 자기력선의 방향은?
(a) 도선의 전류에 평행이다.
(b) 도선의 전류와 반대 방향이다.
(c) 도선으로 향한다.
(d) 도선으로부터 멀어진다.
(e) 도선 주위에 원을 그린다.

9. 양성자가 양성자의 속도에 수직인 균일한 자기장으로 들어간다(그림 20.40). 양성자의 운동 에너지는?
(a) 증가한다.
(b) 감소한다.
(c) 동일하다.
(d) 속도의 방향에 좌우된다.
(e) 자기장 방향에 좌우된다.

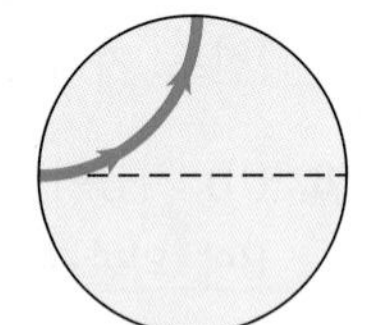

그림 20.40 객관식 9

10. 균일한 자기장이 대전 입자에 대해 바꿀 수 있는 것은?
(a) 입자 속도의 방향만
(b) 입자 속도의 크기만
(c) 입자 속도의 크기와 방향 모두
(d) 정답 없음

주관식

20.3 자기장이 전류에 작용하는 힘

1. (I) (a) 0.90 T의 균일한 자기장에 수직으로 놓인 전류 6.40 A가 흐르는 직선 도선에 작용하는 단위 길이당 힘은 얼마인가? (b) 도선과 자기장의 각도가 35.0°이면 어떤가?

2. (I) 균일한 0.0800 T 내에 있는 4.80 m 길이의 도선이 받는 힘이 0.625 N이면, 도선에 흐르는 전류는 얼마인가?

3. (I) 240 m의 도선이 두 탑 사이에 걸려 있고, 120 A의 전류가 흐른다. 도선과 이루는 각도가 68°인 5.0×10^{-5} T의 지구 자기장이 도선에 작용하는 힘의 크기를 구하라.

4. (I) 2.6 m 길이인 수평 도선에 남쪽으로 4.5 A의 전류가 흐른다. 지구 자기장의 경사각은 도선에 대해 41°를 이루고 있다. 5.5×10^{-5} T의 지구 자기장에 의해 도선이 받는 자기력의 크기를 추산하라.

5. (I) 도선에 작용하는 단위 길이당 자기력이 최댓값의 45 %로 측정됐다. 도선과 자기장의 각도는 얼마인가?

6. (II) 6.45 A의 전류가 흐르는 도선이 받는 힘은 자석의 양 극면 사이에 있을 때 최대 1.28 N이다. 자석의 양 극면의 지름이 55.5 cm이면, 자기장의 세기는 대략 얼마인가?

7. (II) 자석의 극 사이에 놓인 도선에 최대 8.50×10^{-2} N의 힘이 작용한다. 전류가 수평으로 오른쪽으로 흐르고 자기장은 연직 방향이다. 전류가 흐르기 시작하면 도선이 관측자 쪽으로 힘을 받아 움직인다. (a) 자석의 위쪽은 무슨 극인가? (b) 자석의 양 극면의 지름이 10.0 cm라면 자기장이 0.220 T일 때 도선에 흐르는 전류를 추정하라. (c) 도선이 수평과 이루는 각도가 10.0°라면, 작용하는 힘은 얼마인가? [힌트: 자기장 내의 도선의 길이가 얼마인가?]

8. (II) 지름이 1.00 mm인 직선 구리 도선이 지구 자기장에 B에 의한 힘에 의해 공기 중에서 수평으로 떠 있을 수 있다. 지구 자기장 $\vec{\mathbf{B}}$는 수평이며 도선과 수직이고 크기는 5.0×10^{-5} T이다. 이 도선에 흐르는 전류는 얼마인가? 이 답이 타당하다고 생각하는가? 그 이유를 간단히 설명하라.

20.4 자기장 내에서 움직이는 대전 입자에 작용하는 힘

9. (I) 연직 위로 향하는 0.45 T의 자기장 내에서 7.75×10^5 m/s의 속력으로 수평으로 동쪽으로 움직이는 전자에 작용하는 힘의 크기와 방향을 구하라.

10. (I) 관측자로부터 수평으로 향하는 0.640 T의 균일한 자기장 영역으로 전자 하나를 1.70×10^6 m/s의 속력으로 연직 위로 발사한다. 이 자기장 내에서 전자의 경로를 설명하라.

11. (I) 알파 입자(전하 $q = +2e$, 질량 $m = 6.6 \times 10^{-27}$ kg)가 1.6×10^6 m/s의 속력으로 움직인다. 반지름 $r = 0.14$ m의 원형 경로로 따르게 하기 위해 필요한 자기장의 크기는 얼마인가?

12. (I) 그림 20.41의 각 경우에서 $\vec{\mathbf{B}}$의 방향을 구하라. 여기서 $\vec{\mathbf{F}}$는 속도 $\vec{\mathbf{v}}$로 움직이는 양의 대전 입자에 작용하는 최대 자기력이다.

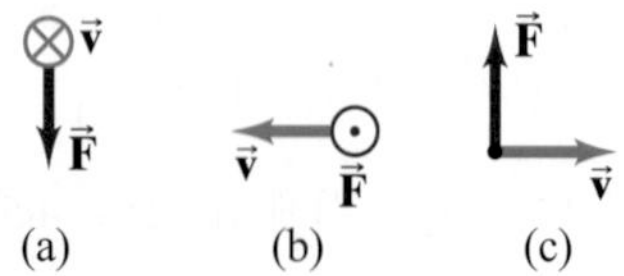

그림 20.41 주관식 12

13. (II) 전기장과 자기장에 서로 수직으로 운동하는 편향되지 않은 전자빔의 속도는 얼마인가? $\vec{\mathbf{E}}$와 $\vec{\mathbf{B}}$는 서로 수직이고 크기는 각각 7.7×10^3 V/m와 7.5×10^{-3} T이다. 전기장을 끄면 전자 궤도의 반지름은 얼마인가?

14. (II) 질량이 6.6×10^{-27} kg인 헬륨 이온($Q = +2e$)이 3700 V의 전압으로 가속된다. (a) 속력은 얼마인가? (b) 0.340 T의 균일한 자기장에 수직인 평면에서 움직일 때, 곡률 반지름은 얼마인가? (c) 회전 주기는 얼마인가?

15. (II) 1.5 MeV(운동 에너지)의 양성자가 0.30 T의 자기장에 수직인 면으로 들어간다. 곡률 반지름은 얼마인가? 17.4절을 참조한다.

16. (II) 북쪽으로 진행하는 전자 하나가 자기장 내에서 2.8×10^6 m/s의 속력으로 이동할 때 가장 큰 힘을 받는다. 힘은 연직 위 방향이고 크기는 6.2×10^{-13} N이다. 이 자기장의 크기와 방향을 구하라.

17. (II) 전자와 양성자가 같은 운동 에너지를 가지고 균일한 자기장의 영역으로 들어간다. 원형 경로의 반지름의 비는 얼마인가?

18. (III) 3.40 g의 총알이 5.00×10^{-5} T의 지구 자기장에 수직으로 155 m/s의 속력으로 움직인다. 총알의 알짜 전하가 18.5×10^{-9} C이라면 1.50 km를 이동한 후 지구 자기장에 의해 경로에서 벗어나는 거리는 얼마인가?

19. (III) 혈액은 전류가 통하는 이온을 포함하므로 홀 효과는 **혈류량**을 측정하는 데 사용할 수 있다. (a) 이온의 부호는 기전력에 영향을 주는가? 설명하라. (b) 동맥의 폭 양단의 측정된 기전력이 0.13 mV이고 자기장이 0.070 T라면, 지름 3.3 mm의 동맥에서의 유속을 구하라. (실제는 교류 자기장을 사용한다.)

20.5, 20.6 긴 직선 도선이 만드는 자기장, 평행한 두 도선 사이의 힘

20. (I) 서 있는 자동차를 시동 거는 데 사용하는 점퍼 케이블에는 65 A의 전류가 흐르기도 한다. 케이블에서 4.5 cm 거리에서 자기장의 크기는 얼마인가? 지구 자기장(5.0×10^{-5} T)과 비교하라.

21. (I) 평행한 두 도선 사이에서의 힘의 크기와 방향을 구하라. 도선의 길이는 25 m이고 간격은 4.0 cm이며 같은 방향으로 25 A의 전류가 흐른다.

22. (I) 연직 방향으로 있는 두 평행 도선 사이의 거리는 9.0 cm이고, 위 방향으로 한 도선에 28 A의 전류가 흐를 때 단위 길이당 7.8×10^{-4} N/m의 인력이 작용한다. 두 번째 도선에 흐르는 전류(크기와 방향)는 얼마인가?

23. (II) 그림 20.42와 같이 긴 직선 도선에 전류 I가 종이면에서 나오는 방향으로 흐른다. 종이면의 점 C, D, E에서 $\vec{\mathbf{B}}$의 방향과 상대적인 크기를 적절한 화살표로 표시하라.

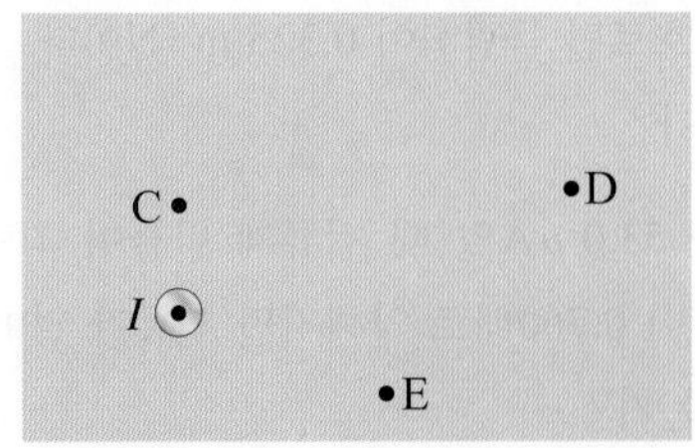

그림 20.42 주관식 23

24. (II) 그림 20.43과 같이 사각형 도선 고리가 직선 도선 옆에 있다. 두 도선 모두 3.5 A의 전류가 흐른다. 고리에 작용하는 알짜힘의 크기와 방향을 구하라.

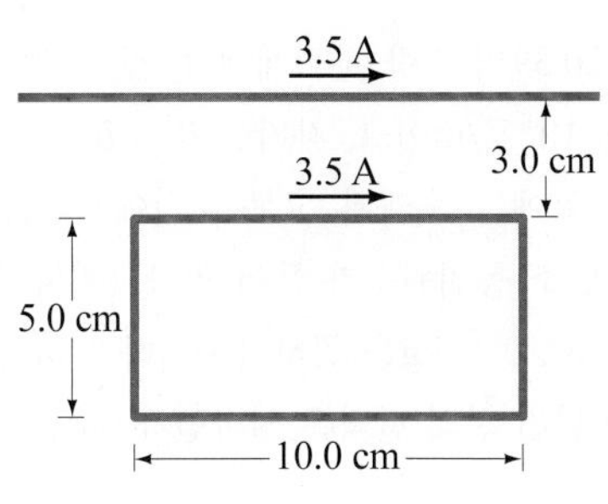

그림 20.43 주관식 24

25. (II) 긴 수평인 도선에 전류 24.0 A가 북쪽으로 흐른다. 자기장의 방향이 수평에서 44° 아래이고 크기가 5.0×10^{-5} T라면 도선에서 서쪽으로 20.0 cm인 점에서 알짜 자기장은 얼마인가?

26. (II) 양성자 빔이 직선으로 주어진 지점을 2.5×10^9양성자/s의 비율로 지나간다. 이 빔으로부터 1.5 m 떨어진 지점의 자기장은 얼마인가? 이들 전류가 (a) 같은 방향, 그리고 (b) 반대 방향이라고 가정한다.

27. (II) 길이가 긴 두 도선이 2.0 cm 떨어져 있다. 두 도선에 전류가 각각 I와 25 A가 흐를 때, 두 도선의 중간 지점에서의 자기장을 구하라.

28. (II) 그림 20.44와 같이 긴 두 직선 도선에 전류 I가 종이면에서 나오는 방향으로 흐른다. 종이면의 1에서 6까지의 각 점에서 $\vec{\mathbf{B}}$의 방향을 적절한 화살표로 표시하라. 자기장이 0인 점을 모두 표시하라.

I ⊙ • 4
• 1
• 2 • 5
• 3
I ⊙ • 6

그림 20.44 주관식 28

29. (II) 나침반 바늘이 실외에서는 북에서 동으로 17° 방향을 가리킨다. 그러나 건물 내부에서 수직인 도선 동쪽으로 12.0 cm인 곳에 놓이면 북에서 동으로 32° 방향을 가리킨다. 도선에 흐르는 전류의 크기와 방향을 구하라. 지구 자기장은 0.50×10^{-4} T이고 수평이다.

30. (II) 그림 20.45의 두 도선의 평면에 세 번째 도선이 평행하게 오른쪽에 놓여있다. 세 번째 도선에 25.0 A의 전류가 위로 흐르면 다른 두 도선 각각에 작용하는 단위 길이당 힘은 얼마인가? 세 번째 도선과 가까운 도선의 중심과 중심 사이 거리는 2.8 mm로 가정한다.

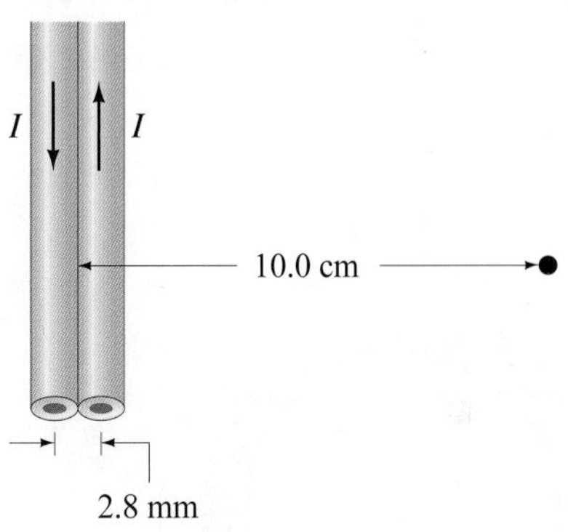

그림 20.45 주관식 30

31. (III) 두 긴 도선이 서로 수직이다. 그림 20.46과 같이 가장 가까운 거리가 20.0 cm이다. 위의 도선에 20.0 A, 아래 도선에 12.0 A가 흐른다면 두 도선의 중간점에서 자기장의 크기는 얼마인가?

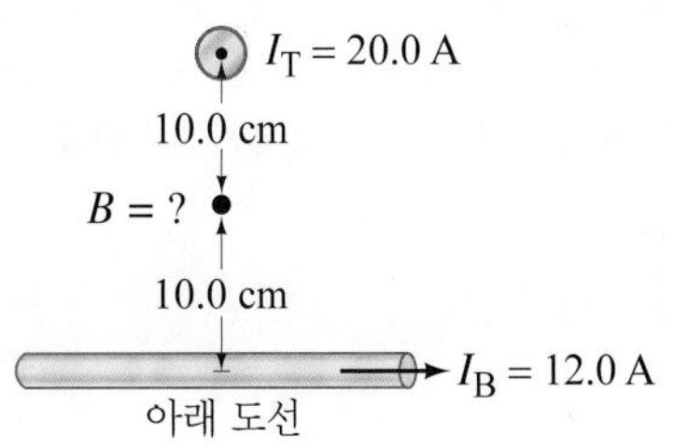

그림 20.46 주관식 31

20.7 솔레노이드와 전자석

32. (I) 얇은 12 cm 길이의 솔레노이드에 도선이 460번 감겨 있고 2.0 A의 전류가 흐른다. 솔레노이드 중심에서의 자기장을 계산하라.

33. (I) 지름 1.25 cm, 길이 30.0 cm인 솔레노이드가 중심에서 4.65 mT의 자기장을 만든다. 감은 수가 935회라면 솔레노이드의 전류는 얼마여야 하는가?

34. (II) 감은 수가 550회인 수평 솔레노이드의 길이가 15 cm이

다. 솔레노이드 코일의 전류는 38 A이다. 직선 도선이 솔레노이드의 중심을 3.0 cm의 지름을 따라 뚫고 지나간다. 직선 도선에는 22 A의 전류가 아래로 흐른다. 솔레노이드의 자기장이 동쪽으로 향한다고 가정하면 도선에 작용하는 힘은 얼마인가?

20.8 앙페르 법칙

35. (III) **토로이드**는 도넛 모양의 솔레노이드이다(그림 20.47). 그림 20.47a에 점선으로 표시된 원형 경로를 따라 앙페르 법칙을 사용하여, 토로이드 자기장이 (a) 내부에서는 $B = \mu_0 NI/2\pi R$이고, (b) 외부에서는 $B = 0$임을 밝히라. (c) 토로이드 내부의 자기장이 솔레노이드처럼 균일한가? 아니라면 왜 변하는가?

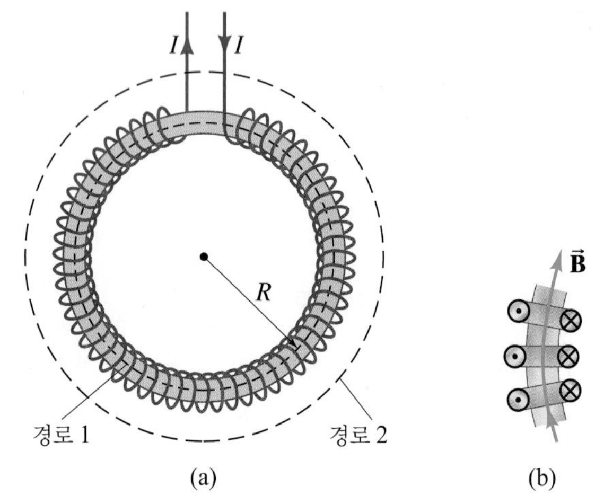

그림 20.47 주관식 35. (a) 토로이드 (b) 세 고리의 전류의 방향을 보여 주는 토로이드의 단면 ⊙는 여러분으로 향하는, ⊗는 여러분에게서 멀어지는 전류의 방향을 표시한다.

20.9, 20.10 전류 고리에 작용하는 돌림힘, 모터, 검류계

36. (I) 그림 20.32b에서 보듯이 한 변의 길이가 22.0 cm인 사각형 고리의 면이 자기장에 평행하게 놓여 있다. 코일에 5.70 A가 흐르면 돌림힘이 0.325 m · N이다. 자기장의 크기는 얼마인가?

37. (I) 전류가 53.0 μA일 때 검류계 바늘이 최댓값을 가리킨다. 자기장이 0.760배로 약해지면 전류가 얼마일 때 최댓값을 가리키는가?

20.11 질량 분석계

38. (I) 0.566 T의 자기장 내에서 양성자가 반지름 6.10 cm 원을 따라 움직인다. 경로를 직선으로 만들 수 있는 전기장의 크기는 얼마인가? 전기장의 방향은 어느 쪽이어야 하는가?

39. (II) 그림 20.39의 질량 분석계에서, 전기 판 사이의 전기장이 2.88×10^4 V/m이고, 자기장 $B = B' = 0.68$ T라고 생각하자. 시료에는 오래된 고목 조각에서 나온 질량수 12, 13, 14인 탄소 동위원소가 들어 있다. (원자의 질량을 구하려면 1.67×10^{-27} kg을 곱하라.) 전하가 하나인 이온이 사진 필름에 남긴 선의 간격은 얼마인가? 이온의 전하가 둘이라면?

40. (II) 모르는 입자가 직선을 따라 수직으로 교차한 $E = 1.5$ kV/m인 전기장과 $B = 0.034$ T인 자기장을 통과한다. 전기장을 끄면 입자가 반지름 $r = 2.7$ cm인 원형 경로를 따른다. 입자는 무엇인가?

연습 해답

A: 자기력선들이 가까워지는 극 근처
B: 원, 시계 반대 방향
C: (b), (c), (d)
D: 0.15 N
E: (b), (c), (d)
F: 0
G: 0.8×10^{-5} T, 위

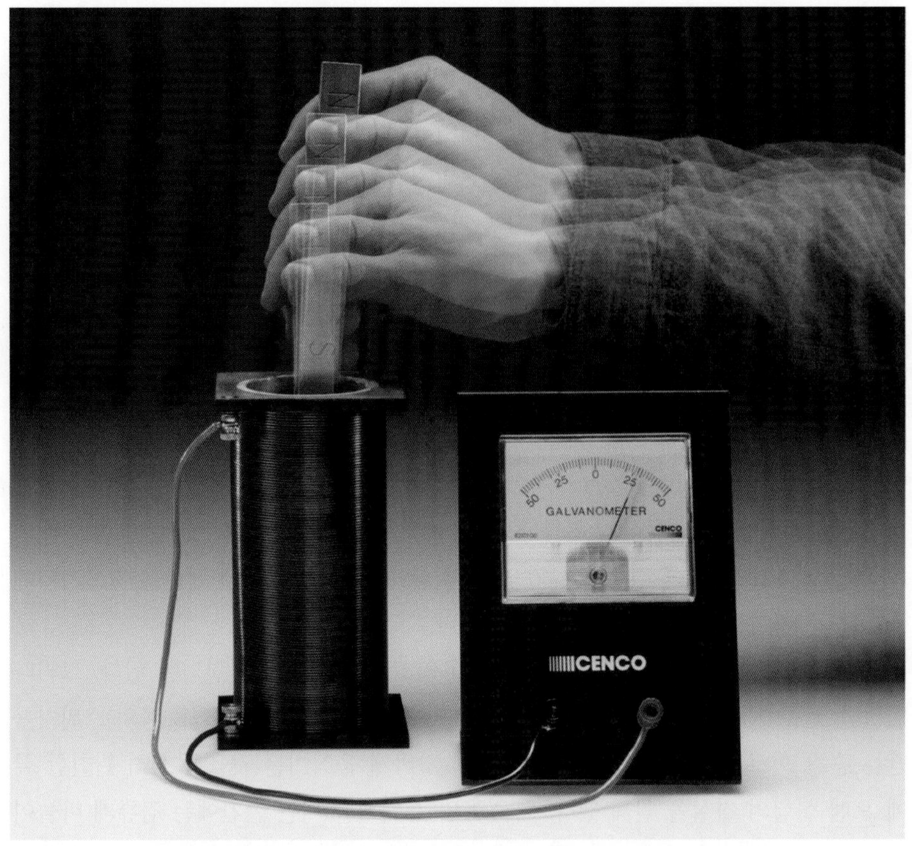

물리학의 위대한 법칙 중 하나가 변하는 자기 선속이 유도 기전력을 일으킨다는 패러데이 법칙이다. 이 사진은 막대 자석이 코일 내로 들어가고(또는 나오고) 있을 때 검류계에 유도 전류가 나타남을 보이고 있다. 전자기 유도 현상은 발전기, 변압기, 테이프나 디스크(하드디스크)에 자기적으로 기록하는 것 및 컴퓨터 기억 장치 등 실생활에 이용되는 많은 기기들의 작동 원리이다.

CHAPTER 21

전자기 유도와 패러데이 법칙

시작 질문 추정해 보라!

위 사진에서처럼 막대 자석이 코일 내로 움직이고, 그 내에서 1분 동안 머문 다음 코일 밖으로 나온다. 검류계를 지켜보는 관측자는 무엇을 알게 되는가?

(a) 아무런 변화가 없다(바늘이 0에 머물러 있다): 전지 없이는 전류의 흐름을 감지할 수 없다.

(b) 막대 자석이 코일 내에 머물러 있는 동안 작은 전류가 흐른다.

(c) 자석이 코일 내로 들어갈 때 전류가 갑자기 흐른 다음 아무런 변화가 없다.

(d) 자석이 코일 내로 들어갈 때 전류가 갑자기 흐른 다음 작은 전류가 계속 흐른다.

(e) 자석이 코일 내로 들어갈 때 전류가 갑자기 흐른 다음 아무런 일이 없다가(바늘이 0을 가리킴) 자석이 코일 밖으로 나올 때 아까와는 반대 방향의 전류가 갑자기 흐른다.

20장에서 우리는 전기와 자기가 관련되는 다음과 같은 두 가지 방법에 대해 논의했다. (1) 전류는 자기장을 만든다. (2) 자기장은 전류나 움직이는 전하에 힘을 작용한다. 이런 현상은 1820년에서 1821년 사이에 발견됐다. 당시 과학자들이 매우 기이하게 생각한 것은 "전류가 자기장을 만든다면, 자기장이 전류를 만드는 것도 가능하지 않을까?" 라는 것이다. 10년이 지난 후 미국의 헨리(Joseph Henry, 1797~1878)와 영국의 패러데이(Michael Faraday, 1791~1867)가 각각 독자적으로 그것이 가능함을 알아냈다. 그러나 패러데이가 그의 결과를 먼저 발표했고 좀 더 자세하게 연구했다. 우리는 지금 그 현상과 발전기를 포함하여 세상을 변화시킨 놀라운 그 현상의 응용에 대해 논의하고자 한다.

21.1 유도 기전력

패러데이는 자기장에서 전류를 일으키기 위해 그림 21.1과 같은 실험 장치를 사용했다. 도선으로 감은 코일 X는 전지에 연결되어 있다. 코일 X에 흐르는 전류에 의해 형성된 자기장은 원형 철심 주위를 돌면서 코일 Y에서 전류를 증폭시킨다. 패러데이는 코일 X에 흐르는 큰 정상 전류가 같은 철심에 감긴 코일 Y에 전류를 일으키기에 충분히 큰 자기장을 형성할 것으로 기대했다.
두 번째 회로인 코일 Y는 전지에 연결되지 않고 검류계에만 연결되어 있다. 그러나 일정한 전류에 의한 증폭은 성공하지 못했다. 하지만 패러데이는 회로 X의 스위치를 닫는 순간 회로 Y에 연결된 검류계 바늘이 강하게 움직이는 것을 유심히 관찰한 끝에 오랜 실험의 결실을 얻게 됐다. 회로 X의 스위치를 여는 순간에는 검류계 바늘이 반대로 강하게 움직이는 것도 관찰됐다. X에 흐르는 전류가 일정할 때는 일정한 자기장이 형성되지만 Y에 전류가 흐르게 하지는 않는다. Y에 전류가 흐르는 것은 X에 전류가 흐르기 시작하거나 전류의 흐름이 끊어질 순간일 때뿐이다.

주의

$\vec{\mathbf{B}}$ 자체가 아니라, $\vec{\mathbf{B}}$의 변화가 전류를 유도한다.

패러데이는 일정한 자기장은 도체에 전류를 일으키지 않지만 **변하는** 자기장은 전류를 일으킬 수 있다고 결론지었다. 이런 전류를 **유도 전류**(induced current)라고 한다. 코일 Y를 관통하는 자기장이 변하면 Y에 전류가 생긴다. 그것은 마치 회로 Y에 기전력원이 있는 것처럼 나타난다. 따라서 다음과 같이 말할 수 있다.

변하는 자기장은 기전력을 유도한다.

주의

상대 운동 — 움직이는 자석 또는 코일은 전류를 유도한다.

패러데이는 **전자기 유도**(electromagnetic induction)에 관한 실험을 계속했다. 예를 들어 그림 21.2는 자석이 코일 내로 재빠르게 움직이면 도선에 전류가 유도된다. 자석이 재빠르게 빠져나오면 전류는 반대 방향으로 유도된다(코일의 단면을 통과하는 $\vec{\mathbf{B}}$는 감소한다). 더구나 자석이 가만히 있고 코일이 자석을 향해 들어가거나 나오는 경우에도 유도 기전력이 생겨서 유도 전류가 흐른다. 기전력을 유도하기 위해서는 운동이나 변화가 필요하다. 자석이 움직이느냐 코일이 움직이느냐 하는 것은 중

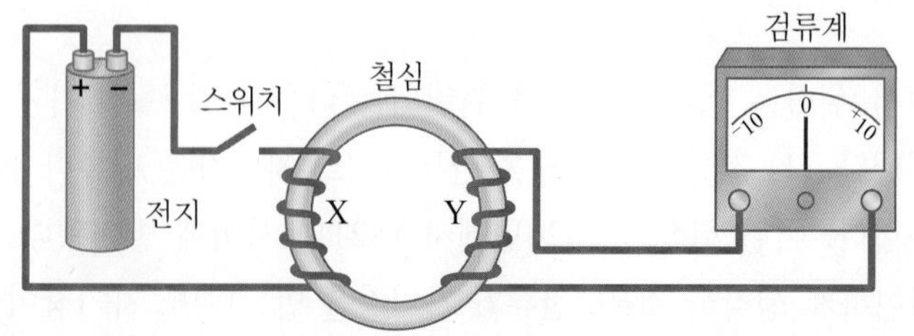

그림 21.1 기전력을 유도하는 패러데이의 실험

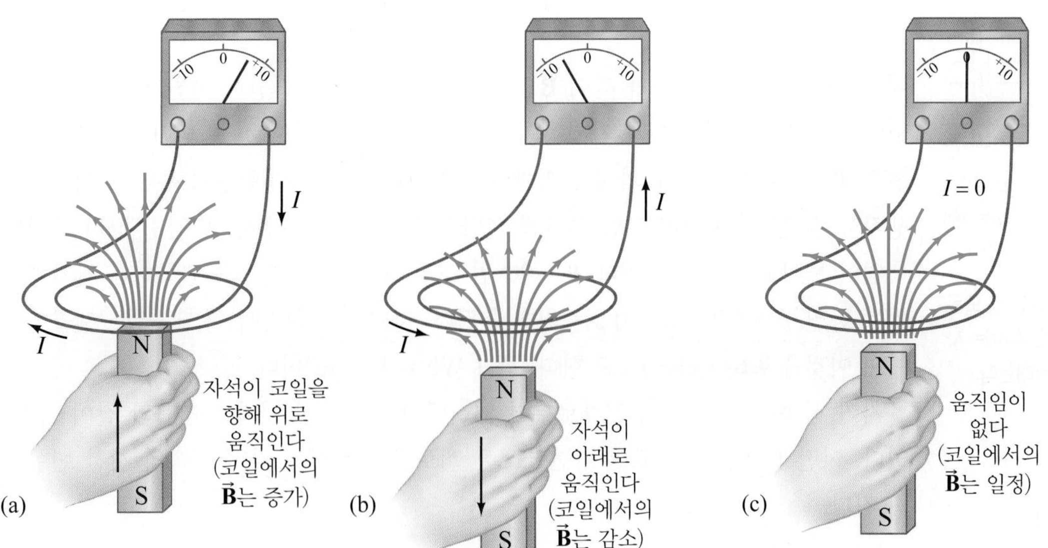

그림 21.2 (a) 자석이 코일 내로 움직일 때 순간적으로 코일 내의 자기장이 증가하면 전류가 유도된다. (b) 자석이 코일로부터 멀어질 때($\vec{\mathbf{B}}$는 감소) 유도 전류는 방향이 반대이다. 이 그림에서 검류계 눈금의 영점은 중앙에 있으며 바늘이 전류의 방향에 따라 오른쪽이나 왼쪽으로 기울어진다. (c)에서 자석이 코일에 대해 상대적으로 움직이지 않으면 전류가 유도되지 않는다. 여기서 중요한 것은 상대 운동이다. 자석이 정지해 있고 코일이 움직여도 전류가 유도된다.

요하지 않다. **상대 운동**이 있느냐 하는 것이 중요하다.

연습 A 555쪽 시작 질문으로 가서 다시 답을 해 보라. 처음과 답이 다르다면 그 이유를 설명해 보라.

21.2 패러데이 유도 법칙; 렌츠 법칙

패러데이는 유도 기전력의 크기에 미치는 요소들에 대해 정량적인 연구를 계속했다. 우선 그는 자기장이 변하는 속도가 빠를수록 유도 기전력이 커짐을 알아냈으며, 유도 기전력은 코일 고리 도선의 넓이(물론 고리 도선이 자기장 $\vec{\mathbf{B}}$와 이루는 각도와도 관련이 있음)에 따라 달라짐을 알아냈다. 실제로 유도 기전력은 회로 또는 고리 도선의 단면 A를 통과하는 **자기 선속**(magnetic flux) Φ_B의 변화율에 비례한다. 고리 도선의 단면적 A를 통과하는 균일한 자기장의 경우 자기 선속은 다음과 같이 정의된다.

$$\Phi_B = B_\perp A = BA\cos\theta \qquad [B\text{가 균일한 경우}] \quad \textbf{(21.1)}$$

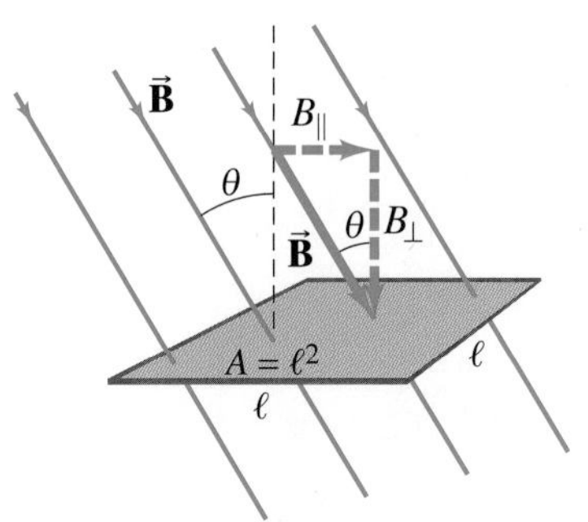

그림 21.3 평평한 도선 고리를 지나치는 자기 선속의 크기 구하기. 여기서 도선 고리는 한 변의 길이가 ℓ이므로 넓이가 $A = \ell^2$인 정사각형이다.

여기서 $B_\perp$는 고리 도선의 면에 수직인 자기장 $\vec{\mathbf{B}}$의 성분이고, θ는 $\vec{\mathbf{B}}$와 고리 도선의 면에 수직인 방향과의 각도이다. 이 양들을 구체적으로 나타낸 것이 그림 21.3에 있다. 이 그림에서 한 변의 길이가 ℓ인 정사각형 고리 도선의 넓이는 $A = \ell^2$이다. $\vec{\mathbf{B}}$가 고리 도선의 면에 평행한 경우, $\theta = 90°$이므로 $\Phi_B = 0$이 된다. 그러나 $\vec{\mathbf{B}}$가 고리 도선의 면에 수직인 경우, $\theta = 0°$이므로

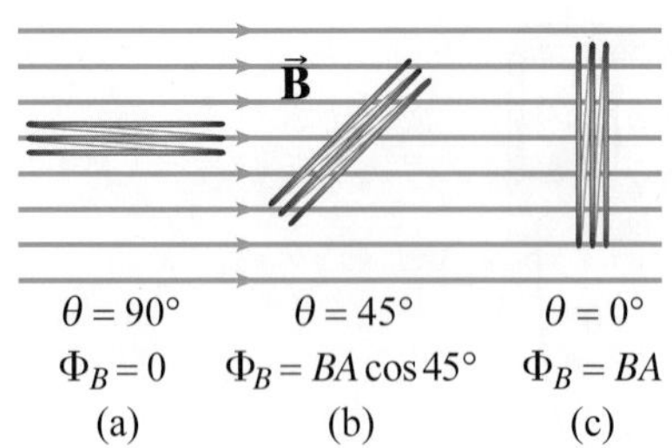

그림 21.4 자기 선속 Φ_B는 코일의 모든 고리들(여기서는 3회 감김)을 관통하는 자기장 $\vec{\mathbf{B}}$의 자기력선의 개수에 비례한다.

$$\Phi_B = BA \qquad [\text{균일한 } \vec{\mathbf{B}} \perp \text{ 고리 도선의 면}]$$

이다. 20장에서 배운 바와 같이 $\vec{\mathbf{B}}$의 자기력선($\vec{\mathbf{E}}$의 전기력선과 마찬가지로)은 단위 넓이당 자기력선의 개수가 자기장의 세기에 비례하도록 그릴 수 있다. 그러면 자기 선속 Φ_B는 **고리 도선에 의해 둘러싸인 면을 관통하는 자기력선의 수**에 비례한다고 생각할 수 있다. 이것이 그림 21.4에 설명되어 있다. 여기서 세 번 감긴 고리 도선의 측면이 보이도록 그려져 있다. $\theta = 90°$인 경우, 고리 도선의 면을 관통하는 자기력은 없는 반면, $\theta = 0°$인 경우 Φ_B는 최대가 된다. 자기 선속의 단위는 테슬라 · 제곱미터 이며 이것을 **웨버**(weber)라고 한다. 즉 1 Wb = 1 T·m²이다.

자기 선속을 정의한 식 21.1로부터 패러데이가 연구한 결과를 다음과 같이 쓸 수 있다. 어떤 회로에서 유도된 기전력 $\mathscr{E}$은 회로를 관통하는 자기 선속의 시간 변화율과 같다. 즉

패러데이 유도 법칙

$$\mathscr{E} = -\frac{\Delta\Phi_B}{\Delta t} \qquad [\text{1번 감은 경우}] \quad \textbf{(21.2a)}$$

이 기본적인 결과를 **패러데이 유도 법칙**(Faraday's law of induction)이라고 하며, 전자기학의 기본 법칙 중 하나이다.

회로가 N번 감은 고리 도선으로 되어 있고 각 고리 도선마다 같은 크기의 자기 선속이 통과한다면 유도 기전력은 서로 더해져서 전체 기전력은 다음과 같이 된다.

패러데이 유도 법칙

$$\mathscr{E} = -N\frac{\Delta\Phi_B}{\Delta t} \qquad [N\text{번 감은 경우}] \quad \textbf{(21.2b)}$$

예제 21.1 자기장 내에 있는 고리 도선

한 변의 길이가 $\ell = 5.0$ cm인 정사각형 고리 도선이 균일한 자기장 $B = 0.16$ T 내에 있다. (a) $\vec{\mathbf{B}}$가 고리 도선의 면에 수직일 때와 (b) $\vec{\mathbf{B}}$가 고리 도선의 면과 30°를 이룰 때 고리 도선을 관통하는 자기 선속을 구하라. (c) 고리 도선의 저항이 0.012 Ω일 때 고리 도선이 (b)의 위치에서 (a)의 위치로 0.14 s만에 회전한다면 고리 도선에 흐르는 평균 전류는 얼마인가?

접근 식 21.1에서 정의한 $\Phi_B = BA\cos\theta$를 사용하여 자기 선속을 구할 수 있다. 코일에 유도되는 기전력을 구하기 위해 패러데이 유도 법칙을 사용하고 $I = \mathscr{E}/R$을 사용하여 유도 전류를 계산하면 된다.

풀이 코일의 넓이는 $A = \ell^2 = (5.0 \times 10^{-2}\ \text{m})^2 = 2.5 \times 10^{-3}\ \text{m}^2$이다.
(a) $\vec{\mathbf{B}}$가 코일의 면에 수직이므로 $\theta = 0°$이다. 따라서

$$\Phi_B = BA\cos 0° = (0.16\ \text{T})(2.5 \times 10^{-3}\ \text{m}^2)(1) = 4.0 \times 10^{-4}\ \text{T}\cdot\text{m}^2$$

즉 4.0×10^{-4} Wb이다.
(b) 각도 θ가 30°이므로 cos 30° = 0.866, 따라서

$$\Phi_B = BA\cos\theta = (0.16\ \text{T})(2.5 \times 10^{-3}\ \text{m}^2)\cos 30° = 3.5 \times 10^{-4}\ \text{T}\cdot\text{m}^2$$

즉 3.5×10^{-4} Wb이며 이것은 (a)에서의 값보다 조금 작다.
(c) 0.14 s의 시간 간격 동안의 유도 기전력(식 21.2a)의 크기는

$$\mathscr{E} = \frac{\Delta\Phi_B}{\Delta t} = \frac{(4.0 \times 10^{-4}\,\mathrm{T\cdot m^2}) - (3.5 \times 10^{-4}\,\mathrm{T\cdot m^2})}{0.14\,\mathrm{s}} = 3.6 \times 10^{-4}\,\mathrm{V}$$

이다. 전류 고리 도선이 돌기 시작하기 전과 후에서 정지해 있는 동안의 기전력은 0이다. 회전하는 동안 고리 도선에 흐르는 전류(옴 법칙으로 계산)는 다음과 같다.

$$I = \frac{\mathscr{E}}{R} = \frac{3.6 \times 10^{-4}\,\mathrm{V}}{0.012\,\Omega} = 0.030\,\mathrm{A} = 30\,\mathrm{mA}$$

식 21.2a와 b에서의 음의 부호는 유도 기전력의 방향에 대해 알려 주는 것이다. 많은 실험 결과 방향은 다음과 같이 주어진다.

유도 기전력에 의해 생기는 전류의 방향은 전류에 의해 생기는 자기장이 원래 자기 선속의 변화를 방해하도록 하는 방향이다.

이것이 **렌츠 법칙**(Lenz's law)이다. 현재 우리가 논의하고 있는 것은 두 가지 다른 자기장으로서 (1) 전류를 유도하는 변하는 자기장이나 자기 선속, 그리고 (2) 유도 전류에 의해 생기는 자기장(모든 전류는 자기장을 만든다)이다. 두 번째 자기장(유도된)이 첫 번째 자기장의 변화를 방해한다.

주의

여기서의 두 자기장은 다른 것이다.

전류가 흐를 수 없는 경우(회로가 닫혀 있지 않은 경우)에도 성립하는 렌츠 법칙을 다른 말로 표현하면 다음과 같다.

유도 기전력은 항상 유도 전류를 생기게 하는 원래 자기 선속의 변화를 방해하는 방향으로 유도된다.

렌츠 법칙을 그림 21.2에 있는 자석과 코일의 상대 운동에 적용해 보자. 코일의 단면을 관통하는 변하는 자기 선속이 코일에 기전력을 유도하여 전류가 흐르게 한다. 이 유도 전류는 그 자체로서 자기장이 생기게 한다. 그림 21.2a에서는 코일과 자석이 가까워진다. 코일에 닿는 자석의 자기장(자기장과 장선의 수)은 증가하므로 자기 선속이 증가한다. 자석의 자기장은 위로 향하고 있다. 자기 선속이 위로 증가하지 못하게 하려면 유도 전류에 의해 생기는 자기장은 코일 **아래쪽**으로 향해야 한다. 그러므로 렌츠 법칙은 전류가 그림 21.2a(오른손 규칙을 사용하여)에서처럼 흐르게 됨을 말하고 있다. 그림 21.2b에서 자기 선속은 **감소**(자석이 코일에서 멀어지면서 자기장 B가 감소하기 때문에)하므로, 코일에 유도되는 전류는 위로 향하는 자기장이 생기게 하여 자기 선속의 처음 상태를 유지하게 하려고 한다. 따라서 그림 21.2b에서의 전류는 그림 21.2a에서의 전류와는 반대 방향이 된다.

기전력이 유도될 때는 언제든 코일을 관통하는 자기 선속에 변화가 생긴다는 사실이 매우 중요하다. 이제 일어날 수 있는 다른 것에 대해 살펴보자. 자기 선속은 $\Phi_B = BA\cos\theta$이므로 기전력은 (1) 자기장 B의 변화, (2) 자기장 내에 있는 전류 고리 도선의 단면적 A의 변화, (3) 자기장과 이루는 각도 θ의 변화에 의해 유도될 수 있다. 그림 21.1과 21.2는 (1)의 경우를 나타내고 있다. (2)와 (3)의 경우는 그림 21.5와 21.6에 설명되어 있다.

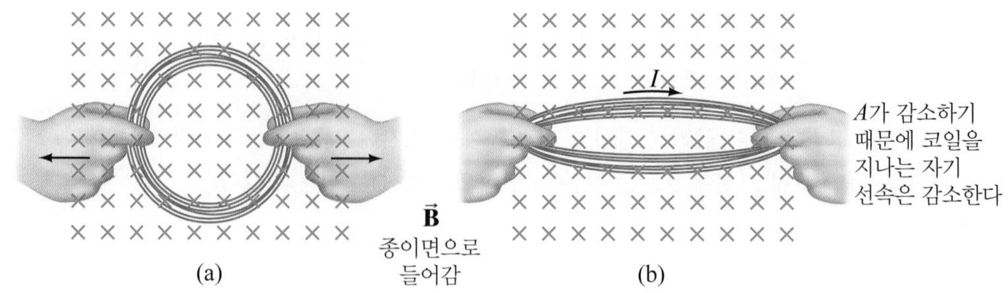

그림 21.5 B가 변하지 않더라도 코일의 넓이가 변함에 따라 전류가 유도될 수 있다. 여기서 코일의 양쪽을 잡아당기면 넓이 A가 감소한다. 그러면 (a)에서 (b)로 가면서 코일면을 관통하는 자기 선속은 감소한다. 유도된 전류는 스스로 종이면으로 들어가는 자기장을 일으켜서 원래 자기 선속($\Phi = BA$)을 유지하려는 방향으로 흐른다. 즉 넓이 A가 감소하면 전류는 원래 방향(종이면으로 향하는)으로 B를 증가시키도록 흐른다.

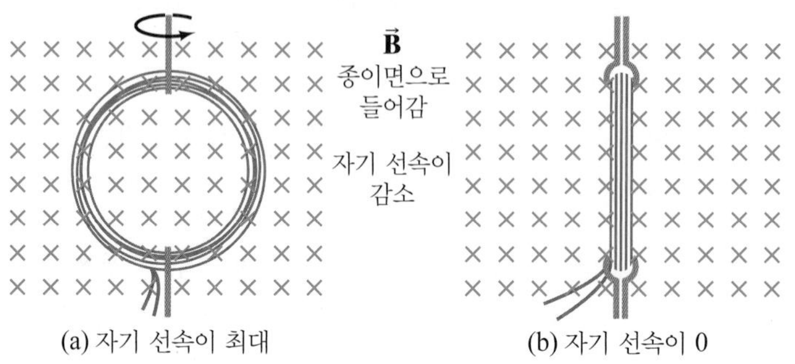

그림 21.6 자기장 내에서 코일을 회전시켜서도 전류를 일으킬 수 있다. (a)에서 (b)로 가면서 각도 θ가 $0°(\cos\theta = 1)$에서 $90°(\cos\theta = 0)$로 변하면서 코일면을 관통하는 자기 선속이 변한다.

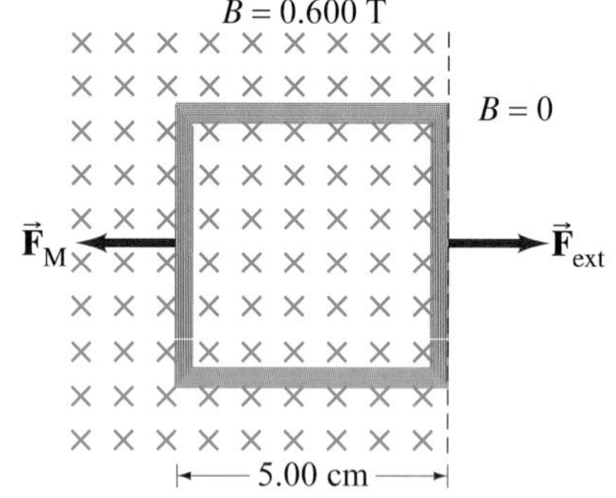

그림 21.7 예제 21.2. 자기장 $B = 0.600$ T 내에 있는 정사각형 코일이 갑자기 자기장이 $B = 0$인 오른쪽 영역으로 당겨지고 있다.(이 그림에 나타나 있는 힘들은 예제 21.2의 다른 풀이에서 설명된다.)

예제 21.2 자기장에서 코일을 잡아당기기

100회 감은 정사각형 코일의 한 변의 길이는 $\ell = 5.00$ cm이고 전체 저항은 $R = 100\ \Omega$이다. 이 코일이 그림 21.7에서와 같이 균일한 자기장 $B = 0.600$ T에 수직으로 놓여 있다. 코일을 등속력($\vec{\mathbf{B}}$에 수직으로 움직임)으로 그 자기장에서 자기장이 0인 곳으로 재빠르게 갑자기 빼낸다. $t = 0$에서 코일의 오른쪽 끝부분은 자기장의 끝부분에 놓여 있다. 코일 전체가 자기장이 없는 곳으로 완전히 빠져나오는 데 0.100 s가 걸린다. (a) 코일의 한 번 감은 부분에 대한 자기 선속의 변화율과 (b) 100회 감은 코일에서의 전체 기전력과 유도 전류를 구하라. (c) 얼마나 많은 에너지가 코일에서 소모되는가? (d) 코일을 당기는 평균 힘(F_{ext})은 얼마인가?

접근 $\Phi_B = BA\cos 0°$에서 시간 $\Delta t = 0.100$ s 동안 변하는 자기 선속을 먼저 구한다. 그 다음 패러데이 법칙을 적용하면 유도 기전력을 알 수 있고, 그 다음 옴 법칙을 사용하여 전류를 구한다.

풀이 (a) 코일 단면적은 $A = \ell^2 = (5.00 \times 10^{-2}\ \text{m})^2 = 2.50 \times 10^{-3}\ \text{m}^2$이다. 1회 감은 고리 도선에 닿는 자기 선속은 $\Phi_B = BA = (0.600\ \text{T})(2.50 \times 10^{-3}\ \text{m})^2 = 1.50 \times 10^{-3}$ Wb이다. 0.100 s 후에 자기 선속은 0이 된다. 자기 선속의 변화율은 일정하고(코일이 정사각형이므로), 1회 감은 고리 도선에 대해 풀면 다음과 같다.

$$\frac{\Delta\Phi_B}{\Delta t} = \frac{0 - (1.50 \times 10^{-3}\ \text{Wb})}{0.100\ \text{s}} = -1.50 \times 10^{-2}\ \text{Wb/s}$$

(b) 이 0.100 s 동안 100회 감은 고리 도선에 유도되는 기전력(식 21.2)은

$$\mathscr{E} = -N\frac{\Delta\Phi_B}{\Delta t} = -(100)(-1.50 \times 10^{-2}\ \text{Wb/s}) = 1.50\ \text{V}$$

이다. 코일의 저항이 100 Ω이므로 옴 법칙에 따라 전류는

$$I = \frac{\mathscr{E}}{R} = \frac{1.50\ \text{V}}{100\ \Omega} = 1.50 \times 10^{-2}\ \text{A} = 15.0\ \text{mA}$$

가 된다. 렌츠 법칙에 의하면 종이면으로 들어가는 자기장 $\vec{\mathbf{B}}$가 더 생기게 하기 위해서는 전류가 시계 방향으로 흘러야 한다.

(c) 코일에서 소비되는 전체 에너지는 전력(= I^2R)에다 시간을 곱한 것이다. 즉

$$E = Pt = I^2Rt = (1.50 \times 10^{-2}\ \mathrm{A})^2(100\ \Omega)(0.100\ \mathrm{s}) = 2.25 \times 10^{-3}\ \mathrm{J}$$

(d) (c)의 결과를 사용하고 일 · 에너지 원리를 적용한다. 소비된 에너지 E는 자기장 내에서 코일을 끌어내기 위해 한 일과 같다(6장 참조). $W = \bar{F}_{\mathrm{ext}}\,d$이고 $d = 5.00$ cm이므로 다음과 같이 계산할 수 있다.

$$\bar{F}_{\mathrm{ext}} = \frac{W}{d} = \frac{2.25 \times 10^{-3}\ \mathrm{J}}{5.00 \times 10^{-2}\ \mathrm{m}} = 0.0450\ \mathrm{N}$$

다른 풀이 (d) 자기장 $\vec{\mathbf{B}}$가 일정한 경우 식 20.2인 $F = I\ell B$를 사용하여 힘을 직접 계산할 수 있다. 자기장이 그림 21.7의 정사각형 코일의 윗부분과 아랫부분에 작용하는 힘은 방향이 반대가 되어 서로 상쇄된다. 정사각형 코일의 왼쪽 수직 부분에 작용하는 자기력 $\vec{\mathbf{F}}_{\mathrm{M}}$은 전류가 위로(시계 방향) 흐르기 때문에 그림에서와 같이 왼쪽으로 작용한다. 고리 도선의 오른쪽 부분은 자기장 $\vec{\mathbf{B}}$가 0인 영역이다. 따라서 왼쪽으로 향하는 자기력을 극복하기 위해 필요한 오른쪽으로 향하는 외력 $\vec{\mathbf{F}}_{\mathrm{ext}}$는(여기서 감은 수는 $N = 100$회이다)

$$F_{\mathrm{ext}} = NI\ell B = (100)(0.0150\ \mathrm{A})(0.0500\ \mathrm{m})(0.600\ \mathrm{T}) = 0.0450\ \mathrm{N}$$

가 된다. 이것은 앞에서의 답과 같으며 위에서 에너지 보존 법칙으로 푼 것을 확인해 주는 풀이이다.

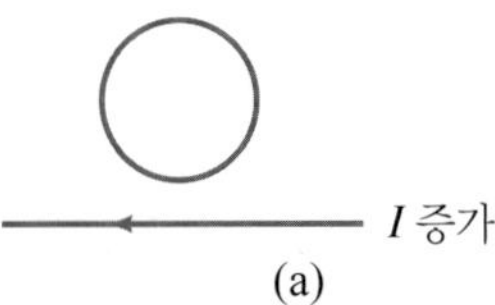

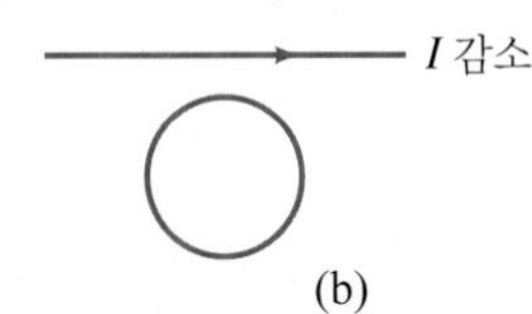

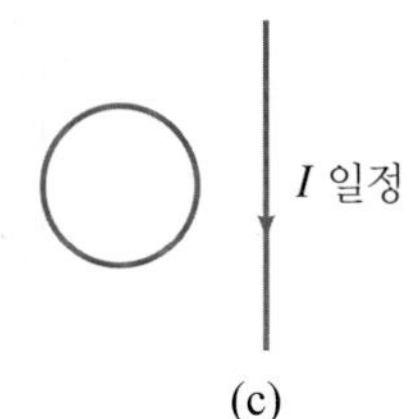

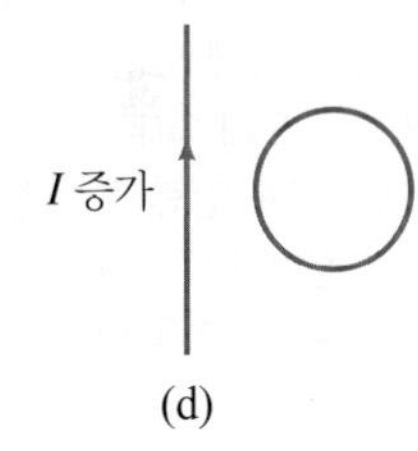

그림 21.8 연습 B

연습 B 그림 21.8의 각 부분에서 주어진 전류에 의해 원형 고리 도선에 유도되는 전류의 방향을 구하라.

21.3 움직이는 도체에 유도되는 기전력

기전력을 유도하는 또 다른 방법이 그림 21.9a에 나타나 있다. 이 그림을 보면 유도 기전력원을 알아내는 데 도움이 된다. 균일한 자기장 $\vec{\mathbf{B}}$가 **U**자 모양의 도체로 둘러싸인 부분의 면에 수직으로 향하고 있고 움직일 수 있는 도체 막대가 그 위에 놓여 있다. 도체 막대가 오른쪽으로 속력 v로 움직이면 시간 Δt 동안에 거리 $\Delta x = v\Delta t$ 만큼 이동한다. 그러므로 고리 도선의 넓이는 시간 Δt 동안 $\Delta A = \ell\,\Delta x = \ell v\,\Delta t$ 만큼 증가한다. 패러데이 법칙에 의하면 크기가

$$\mathscr{E} = \frac{\Delta\Phi_B}{\Delta t} = \frac{B\,\Delta A}{\Delta t} = \frac{B\ell v\,\Delta t}{\Delta t} = B\ell v \qquad \textbf{(21.3)}$$

로 주어지는 유도 기전력 $\mathscr{E}$가 있게 된다. 유도 전류는 시계 방향(증가하는 자기 선속에 반대가 되게끔)으로 유도된다.

식 21.3은 B, ℓ, v가 서로 직교하는 경우에만 성립한다. (직교하지 않는 경우에는 각각의 상호 직교하는 성분 값만을 사용해야 한다.) 자기장 내에서 움직이는 도체에 유도되는 기전력을 **운동 기전력**(motional emf)이라 한다.

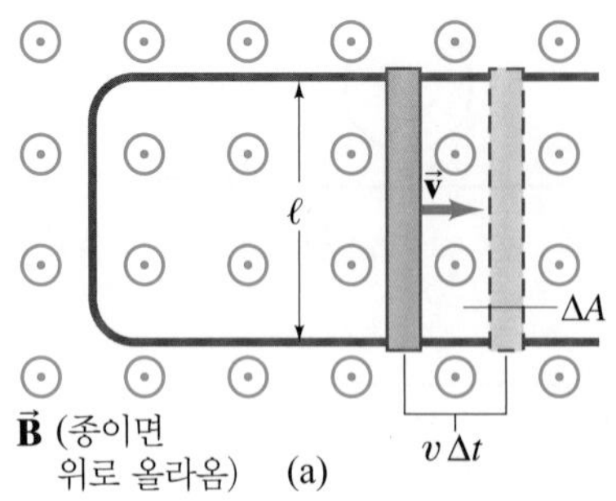

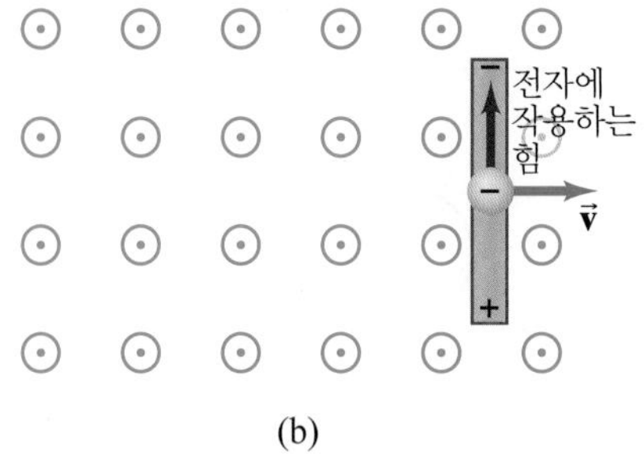

그림 21.9 (a) 종이면 위로 올라오는 균일한 자기장 $\vec{\mathbf{B}}$ 내에 있는 U자 모양의 도체 위에서 다른 도체 막대가 오른쪽으로 움직이고 있다. 유도 전류의 방향은 시계 방향이다. (b) 종이면 위로 올라오는 자기장 $\vec{\mathbf{B}}$ 때문에(오른쪽으로 움직이는) 금속막대 내 전자에 위 방향의 힘이 작용한다. 따라서 전자는 막대의 위쪽 끝에 모이고 +전하는 아래쪽에 모인다.

물론 패러데이 법칙을 사용하지 않고도 식 21.3을 유도할 수 있다. 20장에서 배운 바에 의하면 속력 v로 자기장 B에 수직으로 운동하는 대전 입자는 $F = qvB$ (식 20.4)의 힘을 받는다. 그림 21.9a에서의 도체 막대가 오른쪽으로 속력 v로 움직이면 막대 내의 전자들도 같은 속력으로 움직인다. 그러므로 $\vec{\mathbf{v}} \perp \vec{\mathbf{B}}$이므로 각각의 전자는 힘 $F = qvB$를 받는다(식 20.4). 이 힘은 그림 21.9b에서 빨간색 화살표 방향으로 작용한다. 도체 막대가 U자 모양의 도체에 접촉되어 있지 않다면, 전자들은 막대의 위쪽 끝에 모일 것이고 아래쪽 끝은 양의 전하들이 모일 것이다(그림 21.9b의 부호를 보라). 이 경우에 도체 막대 양 끝 사이에 유도 기전력이 존재하게 된다. 막대가 U자 모양의 도선에 접촉하고 있으면(그림 21.9a), 전자들이 U자 모양의 도선을 따라 이동하게 될 것이고 고리 도선을 따라 전류가 시계 방향으로 흐르게 된다. 기전력을 계산하기 위해, 전하 q를 막대의 한 끝에서 다른 끝으로 기전력에 해당하는 전위차에 거슬러 움직이게 하는 데 드는 일 [일 = 힘 × 거리 = $(qvB)(\ell)$]을 구하면 된다. 기전력은 단위 전하당 한 일과 같으므로 $\mathscr{E} = W/q = qvB\ell/q = B\ell v$가 되고, 이것은 패러데이 법칙으로 구한 식 21.3과 같다.

연습 C 그림 21.9에서 막대가 왼쪽으로 움직이면서 전류 고리 도선의 넓이가 감소하면 전자는 어느 방향으로 흐르는가?

예제 21.3 추산 날아가는 비행기에서 매우 큰 기전력이 생길까?

지구 자기장의 세기가 수직 방향으로 약 5×10^{-5} T인 영역에서 어떤 비행기가 1000 km/h의 속력으로 비행하고 있다(그림 21.10). 70 m 떨어진 비행기의 두 날개 양 끝 사이에 유도되는 전위차는 얼마인가?

접근 지구 자기장 내에서 비행하는 비행기 날개를 길이가 70 m인 도체로 간주한다. 식 21.3을 사용하면 기전력을 계산할 수 있다.

풀이 $v = 1000$ km/h = 280 m/s이고, $\vec{\mathbf{v}} \perp \vec{\mathbf{B}}$이므로, 계산 결과는 다음과 같다.

$$\mathscr{E} = B\ell v = (5 \times 10^{-5}\,\mathrm{T})(70\,\mathrm{m})(280\,\mathrm{m/s}) \approx 1\,\mathrm{V}$$

유의 걱정할 만큼 큰 값은 아니다.

그림 21.10 예제 21.3

예제 21.4 전자기적 혈류 측정

혈액은 대전 이온을 포함하고 있으므로, 혈관에서의 혈액 흐름률은 그림 21.11과 같은 장치를 써서 측정할 수 있다. 그림에서 자기장이 0.080 T이고 혈관의 지름이 2.0 mm일 때 측정된 기전력 값은 0.10 mV이다. 혈액의 흐름 속력 v는 얼마인가?

접근 자기장 $\vec{\mathbf{B}}$는 수평으로 왼쪽에서 오른쪽으로 향한다(N극에서 S극 쪽으로). 그림 21.9에서와 같이 $\vec{\mathbf{B}}$와 $\vec{\mathbf{v}}$에 수직인(그림 21.11) 지름이 2 mm인 혈관의 단면 양 끝 사이에 유도 기전력이 생긴다. 따라서 식 21.3을 사용하여 v를 구할 수 있다.

풀이 식 21.3을 v에 대해 풀면 다음과 같다.

$$v = \frac{\mathscr{E}}{B\ell} = \frac{(1.0 \times 10^{-4}\,\mathrm{V})}{(0.080\,\mathrm{T})(2.0 \times 10^{-3}\,\mathrm{m})} = 0.63\,\mathrm{m/s}$$

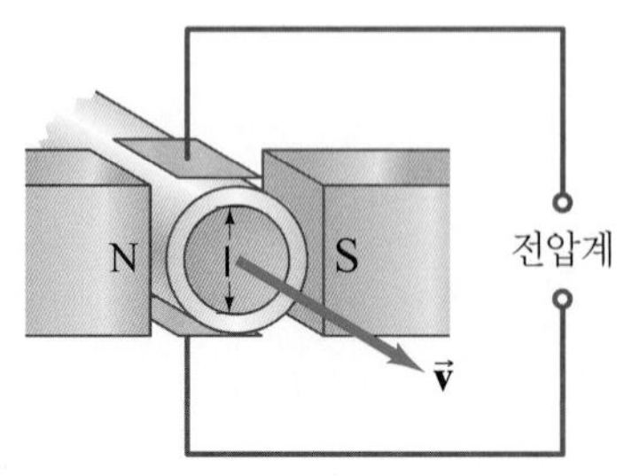

그림 21.11 유도 기전력으로부터 혈액의 속력을 측정하는 방법. 예제 21.4

유의 실제로는 교류 자기장을 만들기 위해 교류 전류가 사용되고 그에 따라 측정되는 기전력도 교류이다.

21.4 변하는 자기 선속이 전기장을 만든다

변하는 자기 선속이 기전력을 유도한다는 것은 이미 알고 있다. 따라서 닫힌 고리 도선에서 유도 전류가 흐르게 되고, 그것은 도선 내에 전기장이 있어서 전자가 움직이게 한다는 것을 의미한다. 실제 이것과 다른 결과들을 종합하여 다음과 같은 중요한 결론을 내릴 수 있다.

변하는 자기 선속이 전기장을 만든다.

이 결과는 도선이나 다른 도체에만 적용되는 것이 아니라 어떤 빈 공간에도 적용할 수 있는 일반적인 결과이다. 실제로 전기장은 변하는 자기장이 있는 곳이면 공간 내의 임의의 점에서 생길(= 유도될) 것이다.

그림 21.9에서와 같이 움직이는 도체에 있는 전자들의 경우에 대해 E를 B의 항으로 나타내는 식을 구할 수 있다. 전자들은 힘(그림 21.9b에서 위로 향하는)을 받을 것이고, 도체를 기준틀로 한다면 전자를 가속하는 이 힘은 도체 내에 전기장이 있음을 암시하는 것이다. 전기장은 단위 전하당 힘, 즉 $E = F/q$로 정의한다. 여기서 $F = qvB$(식 20.4)이다. 따라서 막대 내의 전기장 E는

$$E = \frac{F}{q} = \frac{qvB}{q} = vB \tag{21.4}$$

가 되어야 한다. 이 결과는 매우 유용하다.

21.5 발전기

18.7절에서 교류에 대해 간단히 배웠다. 이제 **발전기**(electric generator 또는 dynamo)에서 교류가 어떻게 만들어지는지를 알아보자. 발전기는 역학적 에너지를 전기 에너지로 변환하는 것으로 전동기와는 반대로 작동한다(20.10절 참조). 그림 21.12에 **교류 발전기**(ac generator)를 단순하게 표현하여 나타냈다. 발전기는 자기장 내에서 회전할 수 있게 되어 있는 **전기자**(armature)에 도선을 많이 감아서(그림에는 한 번 감은 모습만 그려져 있다) 만든다. 회전축은 기계적인 방법(높은 곳에서 떨어지는 물, 증기 터빈, 자동차 엔진에 연결된 벨트)으로 회전되어 회전 코일에 기전력이 유도된다. 그러므로 발전기의 출력으로 전류가 흐른다. 그림 21.12에서 전기자가 시계 방향으로 회전한다고 가정하면, 도선 내의 대전된 입자에 오른손 규칙 3을 적용하면 b자로 표기된 부분에 연결된 도선의 전류가 앞쪽으로 나오는 방향으로 흐름을 알 수 있다. 따라서 전류는 브러시 b를 통해 흘러나온다. (두 브러시는 각각 고정되어 있고 전기자와 함께 돌고 있는 슬립링을 계속 누르고 있다.) 반 바퀴 돌고 난 후 도선 b는

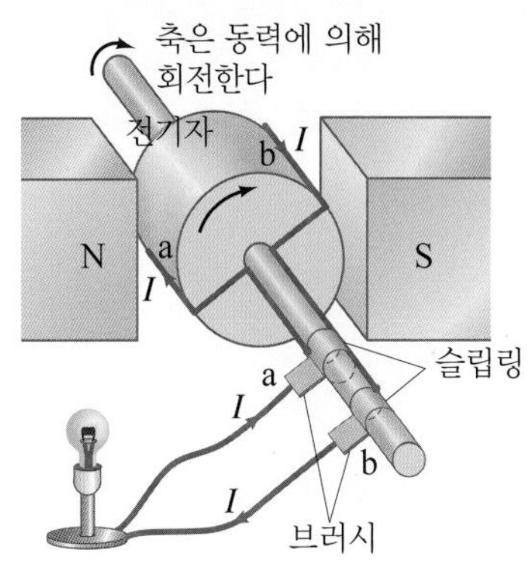

그림 21.12 교류 발전기

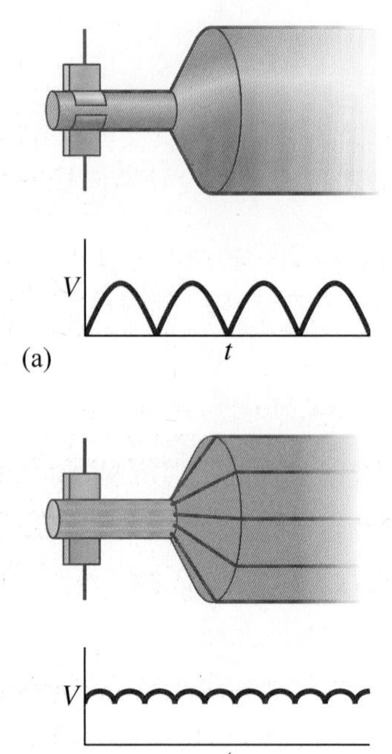

그림 21.13 (a) 정류자가 한 조 있는 직류 발전기와 (b) 여러 조의 권선과 각각의 정류자가 있는 직류 발전기

그림 21.12에서 도선 a가 지금 위치한 곳에 있게 될 것이고 그때 브러시 b에서의 전류는 들어가는 방향일 것이다. 따라서 발전되는 전류는 교류가 된다.

미국이나 캐나다에서 일반적으로 사용되고 있는 전기의 진동수[†] f는 60 Hz이다. 50 Hz를 사용하는 나라도 더러 있다. 미국에서 발전되는 대부분의 전력은 증기 터빈을 사용하여 발전된다. 증기 터빈은 화석연료(석탄, 석유, 천연가스)를 태워 만든 열로 물을 끓여 고압의 증기를 발생시켜서 발전기 축에 연결된 터빈을 돌린다(그림 15.20). 터빈은 댐에서 높은 곳에서 떨어지는 수압을 이용해 회전시키기도 한다(수력 발전). 핵발전소에서는 방출된 핵에너지로 물을 끓여 증기로 터빈을 돌린다. 실로 발전기에 연결된 열기관(15장 참조)이야말로 전기를 만들어내기 위해 꼭 필요한 장치이다. 60 Hz 또는 50 Hz의 진동수는 전기회사에서 매우 정밀하게 유지시키고 있다.

직류 발전기(dc generator)는 교류 발전기와 매우 비슷하다. 단지 차이가 있다면 직류 전동기(그림 20.35와 20.36)에서처럼 슬립링을 분할링 정류자(그림 21.13a)로 바꾼 것이다. 그림에 나타난 것과 같은 직류 발전기의 출력은 출력과 병렬로 축전기를 연결하여 파형을 좀 더 부드럽게 할 수 있다.[‡] 흔히 사용되고 있는 실제 발전기는 그림 21.13b에서처럼 전기자 권선의 수를 늘리는 것이다. 그렇게 하면 출력 파형이 좀 더 부드러워진다.

교류 발전기

물리학의 응용

교류 발전기

자동차에서는 직류 발전기를 사용해 왔다. 하지만 오늘날에는 거의 **교류 발전기**(alternator)를 사용한다. 그렇게 함으로서 직류 발전기의 분할링이 있는 정류자에서의 전기 불꽃(스파크)과 마모의 문제를 피할 수 있다. 교류 발전기가 직류 발전기와 다른 점은 직류 발전기는 **회전자**(rotor)라고 하는 전자석이 축전지에서 전류를 공급받고 엔진에 연결된 벨트가 회전자를 회전시키게 되어 있다. 회전하는 회전자의 자기장은 **고정자**(stator)라고 하는 회전하지 않는 코일 뭉치 주변을 관통하여(그림 21.14), 고정자 코일에 교류 전류를 유도하여 출력으로 내 보낸다. 이런 교류 출력을 축전지를 충전하기 위한 직류로 바꾸기 위해 반도체 다이오드를 사용한다. 반도체 다이오드는 전류를 한쪽 방향으로만 흐르게 하는 소자이다.

발전기 공식의 유도

그림 21.15에 발전기의 전기자 권선의 개략적인 모습이 나타나 있다. 이 그림에서 고리는 균일한 자기장 $\vec{\mathbf{B}}$ 내에서 시계 방향으로 회전하게 되어 있다. 두 길이 ab와 cd의 속도 벡터가 표시되어 있다. 물론 bc와 da 부분도 회전하지만 이 부분의 도선 내 전자에 작용하는 힘은 권선의 길이를 따라가는 방향이 아니고 권선의 측면 방향으로 작용한다. 따라서 발전되는 기전력은 권선의 ab 부분과 cd 부분에 있는 전하에 작용하는 힘에만 기인한다. 오른손 규칙 3에 의해 ab에서의 유도 전류의 방향은 a에서 b

[†] 역자 주: 전기 공학이나 전자 공학에서는 주파수라고 한다.

[‡] 축전기는 전하를 저장하므로 시간 상수 RC가 매우 긴 축전기를 사용하면, 오른쪽 그림에서와 같이 전압의 파형을 좀 더 부드럽게 하는 데 도움이 된다.

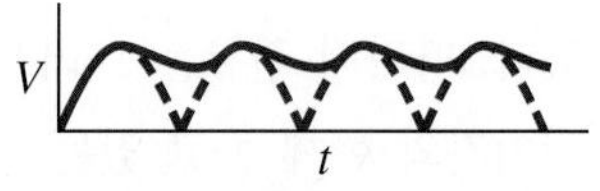

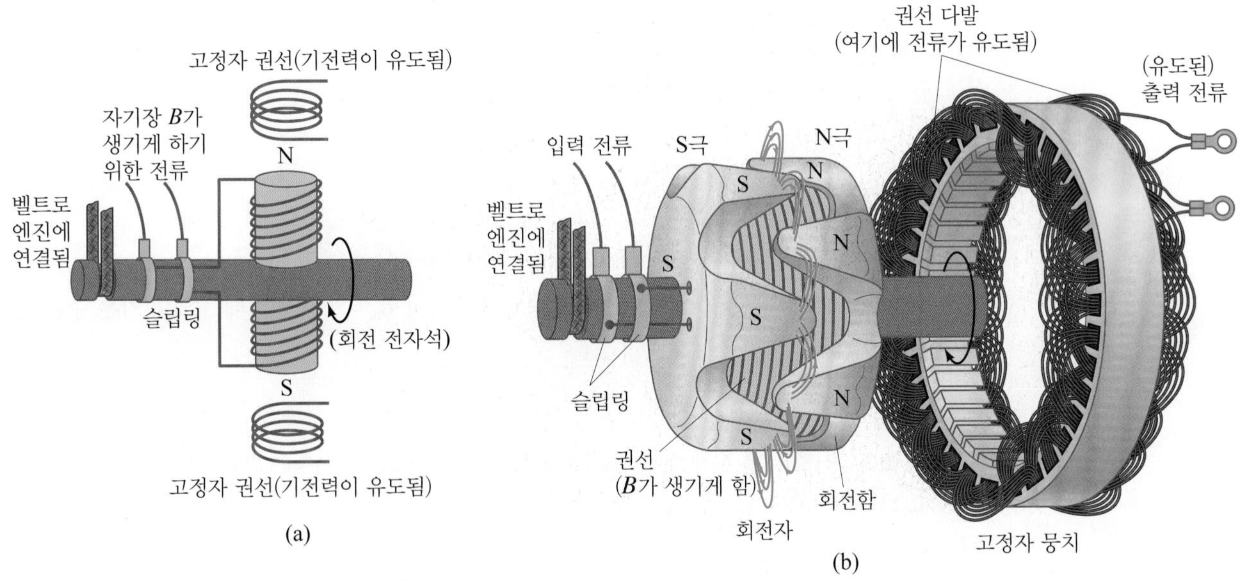

그림 21.14 (a) 교류 발전기의 얼개도. 전지에서 회전자로 들어가는 전류는 연속 슬립링을 통해 연결되어 있다. 경우에 따라 회전자의 전자석이 영구 자석(입력 전류가 필요 없다)으로 대체되기도 한다. (b) 교류 발전기의 실제 모습. 회전자는 벨트로 연결된 외부의 엔진에 의해 회전한다. 회전자 권선 코일의 전류는 축을 따라 왼쪽에서 오른쪽으로 향하는(그림에는 나타나 있지 않음) 자기장이 생기게 한다. 따라서 양 끝에 부착된 판에 N극과 S극이 생기게 한다. 이들 양쪽 판들은 삼각형 모양의 손가락처럼 생겨서 코일 위로 휘어져 감싸고 있어서 N극과 S극이 서로 아주 조밀하게 교대로 놓이게 된다. 그들 사이의 자기력선이 파란색으로 그려져 있다. 회전자가 회전함에 따라, 이들 자기력선은 고정되어 있는 고정자 권선을 통과한다(잘 알아볼 수 있게 오른쪽에 따로 그려져 있다. 실제로는 회전자는 고정자 안에서 회전한다)이 고정자에 유도된 전류가 출력 전류이다.

로 향함을 알 수 있다. 아랫부분에서는 c에서 d로 향한다. 따라서 전류의 흐름은 고리를 따라 연속적인 것이 된다. ab에서 기전력의 크기는 식 21.3으로 주어진다. 단, 그 식에서 B에 수직인 속도 성분만 적용되어야 한다. 즉

$$\mathscr{E} = B\ell v_{\perp}$$

여기서 ℓ는 ab의 길이이다. 그림 21.15로부터, $v_{\perp} = v\sin\theta$이며 θ는 고리면이 자기장과 수직인 방향과 이루는 각도이다. cd 부분에서 유도되는 기전력은 ab에서와 크기가 같고 방향도 같다. 그러므로 두 기전력은 서로 더해져서 전체 기전력은

$$\mathscr{E} = 2NB\ell v\sin\theta$$

가 된다. 여기에 곱해진 N은 코일 안에 고리가 여러 개 있을 때의 고리의 수이다.

코일이 일정한 각속도 ω로 회전한다면 회전하는 각도는 $\theta = \omega t$이다. 각운동에 관한 식 8.4로부터 $v = \omega r = \omega(h/2)$이다. 여기서 r는 회전축으로부터의 거리이고 h는 bc 또는 ad의 거리이다. 따라서 $\mathscr{E} = 2NB\omega\ell(h/2)\sin\omega t$이다. 즉

$$\mathscr{E} = NB\omega A\sin\omega t \tag{21.5}$$

여기서 $A = \ell h$는 고리면의 넓이이다. 이 식은 사각형 코일에 대해서 뿐만 아니라 임의 모양의 코일에 대해서도 성립한다. 그러므로 발전기의 기전력은 사인 함수처럼 극이 바뀐다(그림 21.16과 18.7절 참조). ω가 초당 라디안으로 주어지므로 $\omega = 2\pi f$로 쓸 수 있다. 여기서 f는 진동수(단위는 Hz = s^{-1})이다. rms 출력(18.7절 식 18.8b

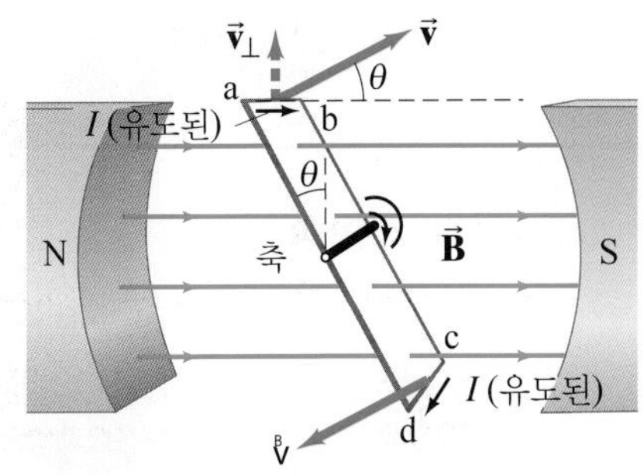

그림 21.15 도선의 ab와 cd 구간에 기전력이 유도된다. 자기장 $\vec{\mathbf{B}}$에 수직인 이 구간의 속도 성분은 $v\sin\theta$이다.

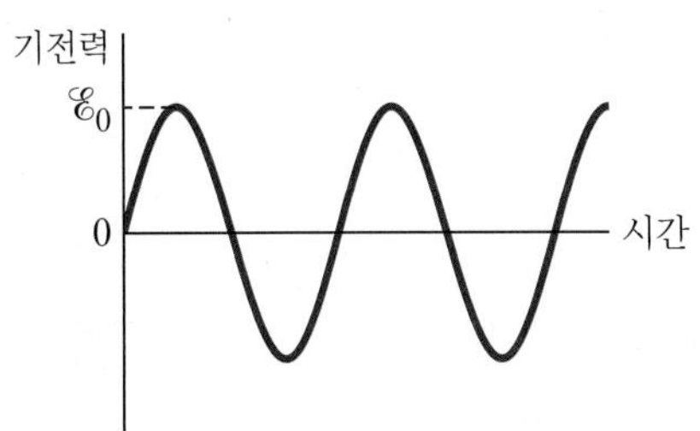

그림 21.16 교류 발전기는 교류 전류를 일으킨다. 출력 기전력은 $\mathscr{E} = \mathscr{E}_0\sin\omega t$이며, $\mathscr{E}_0 = NA\omega B$이다(식 21.5).

참조)은 다음과 같다.

$$V_{\text{rms}} = \frac{NB\omega A}{\sqrt{2}}$$

예제 21.5 교류 발전기

60 Hz 교류 발전기의 전기자가 0.15 T의 자기장 내에서 회전한다. 코일면의 넓이는 2.0×10^{-2} m^2이다. 이 발전기의 출력의 최댓값이 $\mathscr{E}_0$ = 170 V일 때 코일의 감은 수는 얼마인가?

접근 식 21.5로부터 최대 기전력은 $\mathscr{E}_0 = NBA\omega$이다.

풀이 식 21.5를 N에 대해 풀고 $\omega = 2\pi f = (6.28)(60\ \text{s}^{-1}) = 377\ \text{s}^{-1}$를 대입하면 다음과 같다.

$$N = \frac{\mathscr{E}_0}{BA\omega} = \frac{170\ \text{V}}{(0.15\ \text{T})(2.0 \times 10^{-2}\ \text{m}^2)(377\ \text{s}^{-1})} = 150\text{회}$$

21.6 역기전력과 반발 돌림힘; 맴돌이 전류

전동기에서의 역기전력

전동기에 전류를 흘리면 전동기가 회전하면서 역학적 에너지가 생긴다. 간단한 직류 전동기에 관한 20.8절의 설명에서 전동기 내의 전기자는 그에 작용하는 돌림힘 때문에 무한히 가속될 것으로 생각된다. 하지만 전동기의 전기자가 회전함에 따라 코일을 지나가는 자기 선속이 변하기 때문에 기전력이 생긴다. 이 유도 기전력은 운동을 방해하도록 작용한다(렌츠 법칙). 이런 유도 기전력을 **역기전력**(back emf 또는 counter emf)이라 한다. 전동기의 속력이 빠를수록 역기전력도 크다. 전동기는 정상적으로 회전하면서 외부에 일을 하지만, 부하가 없는 경우, 역기전력이 입력 전압과 같아질 때까지 전동기의 속력은 증가한다. 부하가 걸리면 전동기의 속력은 부하에 의해 제한된다. 그때의 역기전력은 외부 입력 전압 보다는 낮다. 부하가 커질수록 전동기의 속력은 느려지고 역기전력은 낮아진다($\mathscr{E} \propto \omega$, 식 21.5).

예제 21.6 전동기에서의 역기전력

직류 전동기의 전기자 권선의 저항이 5.0 Ω이다. 120 V의 전원에 연결되어 있고 정상 부하일 때 최고 속력으로 회전하며 그때의 역기전력은 108 V이다. (a) 전동기에 전원을 넣은 직후 전동기에 흐르는 전류와 (b) 최고 속력으로 회전할 때의 전류를 계산하라.

접근 전동기가 회전을 시작할 때는 매우 느리게 돌기 때문에 역기전력은 매우 작다. 그때의 전압은 입력 전압 120 V뿐이다. 전류는 R = 5.0 Ω인 저항에 대해 옴 법칙으로 계산된다. 최고 속력일 때는 입력 전압 120 V에 역기전력을 더해야 한다.

풀이 (a) 전동기 스위치를 켜는 순간, 전류는 120 V 전원이 5.0 Ω 저항에 가해지므로 옴 법칙에 의해 다음과 같이 주어진다.

$$I = \frac{V}{R} = \frac{120\ \text{V}}{5.0\ \Omega} = 24\ \text{A}$$

(b) 전동기가 최고 속력에 다다르면, 그림 21.17의 회로에서처럼 역기전력이 더해진다. 이 경우, 옴 법칙(또는 키르히호프 법칙)은

$$120\ \text{V} - 108\ \text{V} = I(5.0\ \Omega)$$

가 되므로 다음과 같이 구할 수 있다.

$$I = \frac{12\ \text{V}}{5.0\ \Omega} = 2.4\ \text{A}$$

유의 이 결과는 전동기가 처음 돌기 시작할 때는 전류가 매우 크다는 것을 보이고 있다. 이것이 바로 가정에서 냉장고의 전동기(또는 다른 큰 전동기)가 켜질 때 전등불이 잠깐 흐려지는 이유이다. 매우 큰 냉장고 전동기의 초기전류는 전등에 걸린 전압이 낮아지게 하는 원인이다. 그 이유는 가정용 옥내 배선은 배선 자체의 저항이 있고 이 저항에 갑자기 많은 전류가 흐르면 전압 강하가 커지게 되기 때문이다.

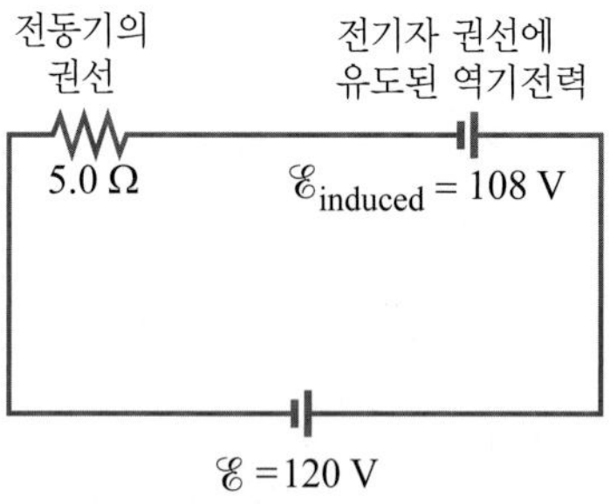

그림 21.17 유도된 역기전력을 보여 주는 전동기 회로

발전기에서의 반발 돌림힘

발전기의 경우는 전동기의 경우와 반대이다. 알고 있는 바와 같이 전기자를 기계적으로 회전시키면 고리에 기전력을 유도시켜 그 기전력이 출력 전압이 된다. 발전기가 외부 회로에 연결되지 않은 상태에서 회전하면, 발전기 출력단에 기전력이 나타나지만 전류는 흐르지 않는다. 이 경우 전기자를 회전시키는 데는 큰 힘이 들지 않는다. 그러나 발전기가 전류를 소모하는 외부 장치에 연결되어 있다면, 그 전류는 발전기의 전기자 코일에도 흐르게 된다. 이 전류가 흐르는 코일은 발전기 내에 있는 코일 밖의 자기장 내에 있으므로 (전동기에서와 같이) 돌림힘가 작용하게 되고, 이 돌림힘이 발전기의 회전을 방해한다(오른손 규칙 2 참조, 도선에 작용하는 힘에 관해는 그림 21.12 또는 21.15를 참조). 이것을 **반발 돌림힘**(counter torque)이라 한다. 전기 부하가 크면 클수록—즉 전류가 많이 흘러나갈수록—반발 돌림힘은 커져야만 할 것이다. 따라서 발전기를 회전시키기 위해 외부에서 작용하는 돌림힘은 커져야만 한다. 이것은 에너지 보존 원리에 합당한 것이다. 전기 에너지를 많이 내려면 역학적 에너지가 많이 들어가야 한다.

연습 D 자전거 바퀴에 붙어 있는 작은 발전기가 자전거의 전조등을 밝힌다. (a) 빨리 달리면 전조등의 전력이 어떻게 변하는가? (b) 자전거의 속력이 증가함에 따라 발전기를 회전시키는 것이 힘들어지는가? 그렇다면 왜 그렇게 되는가?

맴돌이 전류

유도 전류는 항상 도선과 같이 잘 정해진 경로를 따라서만 생기는 것이 아니다. 예를 들어 그림 21.18a에서처럼 회전하는 금속 원판을 살펴보자. 그림에서와 같이 외

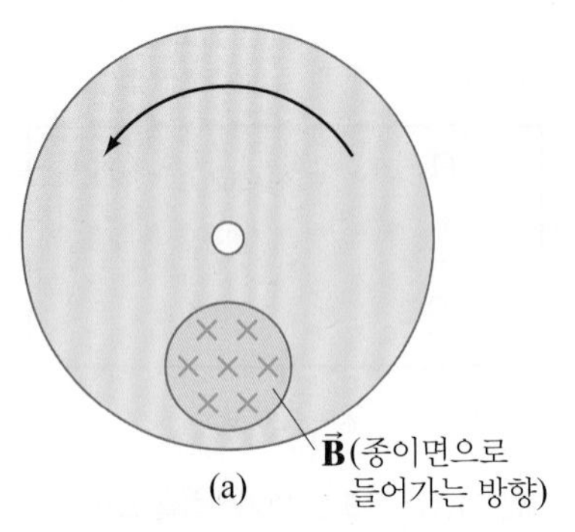

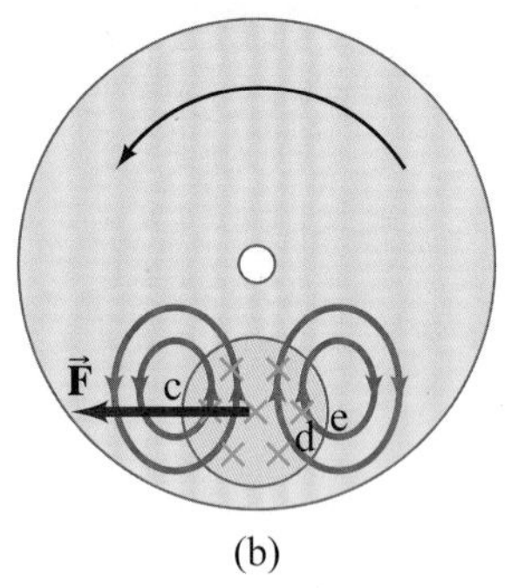

그림 21.18 회전하는 원판에 생기는 맴돌이 전류. (b)에 있는 회색 선은 유도 전류를 나타낸다.

부 자기장이 종이면 안으로 들어가는 방향으로 금속 원판의 일부 영역에만 가해진다. 바퀴에서 자기장이 닿는 부분은 도체가 움직이고 있고 그 안에 전자를 운반하고 있으므로 유도 기전력이 생긴다. 바퀴 내에서 유도 전류가 흐르는 방향은 자기장 영역에서 위로 향하는 방향이고(그림 21.18b), 그 영역 밖에서 전류는 아래로 되돌아오는 경로를 따라 흐르게 된다. 왜 그럴까? 렌츠 법칙에 의하면, 유도 기전력은 변화에 반대 되도록 유도된다. 그림 21.18b에서 c로 표기된 회전 바퀴의 부분을 살펴보자. 그곳에서의 자기장은 0이지만 자기장 $\vec{\mathbf{B}}$가 종이면으로 들어가는 방향으로 진입하기 직전이다. 이런 안쪽으로 향하는 자기장을 저지하기 위해, 종이면 위로 튀어나오는 자기장을 생기게 하기 위해 유도 전류는 시계 반대 방향으로 생겨야 한다(오른손 규칙 1). 마찬가지로 영역 d는 자기장 $\vec{\mathbf{B}}$가 0인 e로 움직이려 한다. 따라서 전류는 이런 안쪽으로 향하는 자기 선속의 변화를 저지하기 위해 안쪽으로 향하는 자기장을 생기게 해야 하므로 전류는 시계 방향으로 유도되어야 한다. 이런 전류를 **맴돌이 전류**(eddy current)라고 한다. 맴돌이 전류는 자기장에 대해 움직이거나 자기 선속이 변하는 어떤 도체에서도 생긴다.

그림 21.18b에서 자기장은 유도된 전류에 힘 $\vec{\mathbf{F}}$를 작용하며, 이 힘은 회전 운동을 방해한다. 맴돌이 전류는 유연한 제동성을 요구하는 고속 철도 등에 사용된다. 차를 세우기 위해, 전자석에 전류가 흐르게 하여 철도 차량의 바퀴나 그 밑에 있는 레일에 자기장이 작용하게 한다. 맴돌이 전류는 진동계의 진동을 감쇠(감소)시키는 데 사용되기도 한다. 이런 장치를 **자기 감쇠 장치**(magnetic damping)라고 한다.

그러나 맴돌이 전류에는 문제가 있을 수 있다. 예를 들어 전동기 또는 발전기의 전기자에 유도된 맴돌이 전류는 열($P = I\mathscr{E}$)을 발생시켜서 에너지를 낭비한다. 맴돌이 전류를 줄이기 위해, 전기자는 얇은 판을 적층시켜서 만든다. 즉 매우 얇은 철판을 서로 간에 절연시켜서(이런 방법은 그림 21.21의 변압기에서도 사용된다) 적층한다. 맴돌이 전류의 경로 길이는 각각의 얇은 판에 한정되어 저항이 증가하게 된다. 따라서 전류가 덜 흐르게 되고 에너지 낭비를 줄일 수 있다.

그림 21.19 금속 탐지기

물리학의 응용

금속 탐지기

통과형 금속 탐지기(그림 21.19)는 금속 물체를 검출하기 위해 전자기 유도와 맴돌이 전류를 이용한다. 걸어가는 통로 옆 측면에는 높이가 다른 곳에 여러 가지 코일이 놓여 있다. 한 가지 방법으로, 그 코일들에 매초 수백 또는 수천 개의 짧은 전류 펄스를 흐르게 한다. 사람이 그 곳을 걸어서 지나가면, 몸에 지니고 있는 모든 금속에는 맴돌이 전류가 유도되고, 그 맴돌이 전류에 의해 생긴 작은 자기장이 전자 회로를 통해 검출되면서 경보음이 울리게 된다.

21.7 변압기와 송전

변압기는 교류 전압을 높이거나 낮추기 위한 장치이다. 이런 변압기는 우리 주변에서 흔히 볼 수 있다. 전봇대(그림 21.20)에 있는 변압기는 전기 회사에서 보낸 고전압을 가정에서 휴대 전화나 노트북 컴퓨터의 충전기 등 여러 가지 전기 장치 등에 사용할 수 있는 전압(120 V 또는 240 V)[†]으로 낮추기 위한 것이다. 자동차에서는 점화 플러그에 필요한 고전압을 만들기 위해 변압기가 필요하다. **변압기**(transformer)는 **일차 코일**(primary coil)과 **이차 코일**(secondary coil)이라고 하는 두 가지 코일로 구성되어 있다. 두 코일은 서로 얽혀 감기도 하며(절연된 도선을 사용), 철심으로 서로 연결시키기도 한다. 철심은 맴돌이 전류 손실을 최소화하기 위해 그림 21.21에서와 같이 얇은 철판을 여러 장 쌓아서 만든다(21.6절 참조). 변압기는 일차 코일에서 생긴(거의) 모든 자기 선속이 이차 코일에 전달이 되도록 설계한다. 앞으로의 논의에서는 자기 선속의 전달이 거의 완벽하다고 가정하며, 또한 (저항이나 자기 이력에 의한) 에너지 손실도 무시할 수 있는 정도라고 가정한다. 경우에 따라서는 효율이 99 % 이상이 되는 아주 좋은 변압기도 있다.

그림 21.20 전봇대 위에서 강압 변압기를 수리하고 있다.

교류 전압이 일차 코일에 가해지면, 일차 코일에 흐르는 전류에 의해 변하는 자기장은 이차 코일에 같은 진동수의 교류 전압을 유도한다. 그러나 각각 코일의 감은 수에 따라 전압은 다르게 나타난다. 패러데이 법칙에 의하면, 이차 코일에 유도되는 전압 또는 기전력은

$$V_S = N_S \frac{\Delta \Phi_B}{\Delta t}$$

로 주어진다. 여기서 N_S는 이차 코일의 감은 수이고, $\Delta\Phi_B/\Delta t$는 자기 선속의 변화율이다.

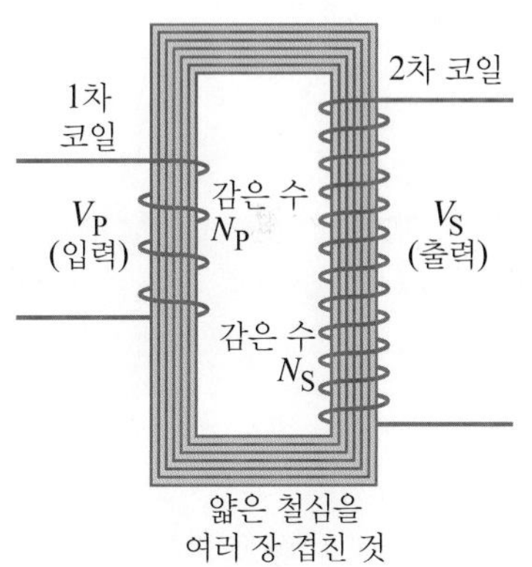

그림 21.21 승압 변압기

입력 측의 일차 전압 V_P는 코일 단면을 지나가는 자기 선속의 변화율과 다음과 같은 관계가 있다.

$$V_P = N_P \frac{\Delta \Phi_B}{\Delta t}$$

여기서 N_P는 일차 코일의 감은 수이다. 이것은 변하는 자기 선속이 역기전력 $N_P\,\Delta\Phi_B/\Delta t$가 일차 코일에 생기게 하므로 일차 코일의 저항을 무시할 수 있다면 가해진 전압 V_P와 같은 값이 된다(키르히호프 법칙). 자기 선속 손실이 없거나 매우 작다는 가정하에 이들 두 식을 서로 나누면 다음을 구할 수 있다.

$$\frac{V_S}{V_P} = \frac{N_S}{N_P} \quad \textbf{(21.6)}$$

가 얻어진다. 이 **변압기 식**은 이차(출력) 전압과 일차(입력) 전압의 관계를 나타내고 있다. 식 21.6에서 V_S와 V_P는 둘 다 실효값이거나 둘 다 봉우리 값일 수 있다. 전압이 일정한 직류 전압은 자기 선속의 변화가 일어나지 않기 때문에 변압기로서의 작동을 하지 못한다.

이차 코일이 일차 코일보다 많이 감긴 경우($N_S > N_P$), **승압 변압기**(step-up transformer)라 한다. 이 경우 이차 전압은 일차 전압보다 높다. 예를 들어 이차 코일의 감은 수가 일차 코일의 두 배이면, 이차 전압은 일차 전압의 두 배이다. N_S가 N_P 보다 작으면 **강압 변압기**(sep-down transformer)라 한다.

[†] 역자 주: 한국 등 많은 나라는 220 V를 사용한다.

교류 전압은 변압기를 써서 증가(또는 감소)시킬 수 있지만, 그냥 얻을 수 있는 것은 없다. 에너지 보존에 의해 출력 전력은 입력 전력보다 클 수 없다. 잘 설계된 변압기의 효율은 99 % 이상이어서 열로 손실되는 에너지는 거의 없다. 따라서 출력은 입력과 거의 같다. 전력은 $P = IV$ (식 18.5)이므로

$$I_P V_P = I_S V_S$$

또는(식 21.6 참조)

$$\frac{I_S}{I_P} = \frac{N_P}{N_S} \tag{21.7}$$

이다.

예제 21.7 휴대 전화 충전기

휴대 전화 충전기 속에는 120 V(또는 240 V)[†] 교류 전압을 3.7 V 전지(19.4절 참조)를 충전시키기 위해 5.0 V 교류 전압으로 낮추는 변압기가 들어 있다. (물론 그 안에는 5.0 V 교류를 5.0 V 직류로 바꾸기 위한 다이오드도 들어 있다.) 이차 코일의 감은 수가 30회이고 충전기가 700 mA의 전류를 흘려야 한다고 가정하고 (a) 일차 코일의 감은 수, (b) 일차 코일에 흘러야 할 전류, (c) 변환되는 전력을 계산하라.

접근 변압기가 자기 선속 손실이 없는 이상적인 것이라고 가정하고, 식 21.6을 사용한 다음 식 21.7을 사용한다.

풀이 (a) 이것은 강압 변압기이다. 따라서 식 21.6을 사용하면 일차 코일의 감은 수는 다음과 같이 된다.

$$N_P = N_S \frac{V_P}{V_S} = \frac{(30)(120\text{ V})}{(5.0\text{ V})} = 720\text{회}$$

(b) 식 21.7로부터 일차 코일의 전류는 다음과 같다.

$$I_P = I_S \frac{N_S}{N_P} = (0.70\text{ A})\left(\frac{30}{720}\right) = 29\text{ mA}$$

(c) 변환되는 전력은 다음과 같다.

$$P = I_S V_S = (0.70\text{ A})(5.0\text{ V}) = 3.5\text{ W}$$

유의 일차 코일의 전력 $P = (0.029\text{A})(120\text{ V}) = 3.5\text{ W}$는 이차 코일의 전력과 같다. 이것은 효율이 100 %인 이상적인 변압기의 경우이다.

연습 E 120 V 교류를 3.0 V 교류로 낮추기 위해 N_P = 400회인 변압기 이차 코일의 감은 수는 얼마여야 하는가?

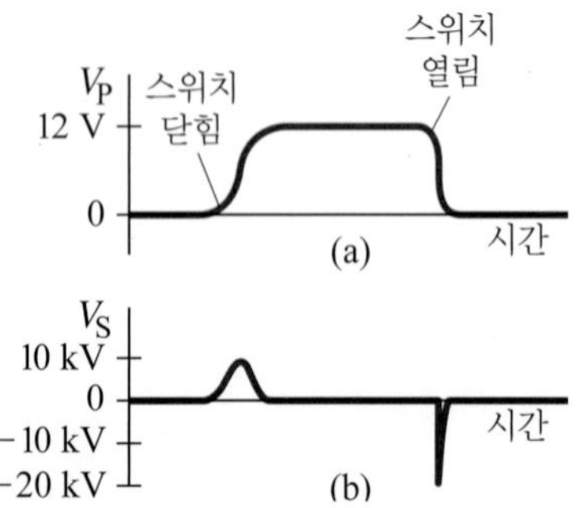

그림 21.22 (a)에서처럼 직류 전압을 켰다가 끄면 (b)에서와 같은 전압 펄스가 생긴다. (a)와 (b)에서의 전압 크기는 같지 않다.

변압기는 교류에서만 작동한다. 일차 코일에 직류 전류가 흐르면 변하는 자기 선속이 생기지 않으므로 이차 코일에 기전력이 유도되지 않는다. 그러나 직류 전압이 일차 코일에 스위치를 통하여 가해지면, 스위치가 열리거나 닫히는 순간 이차 코일에 유도 전압이 생긴다. 예를 들어 그림 21.22a에서와 같이 직류 전원의 스위치를 켰

[†] 역자 주: 한국에서는 220V이다.

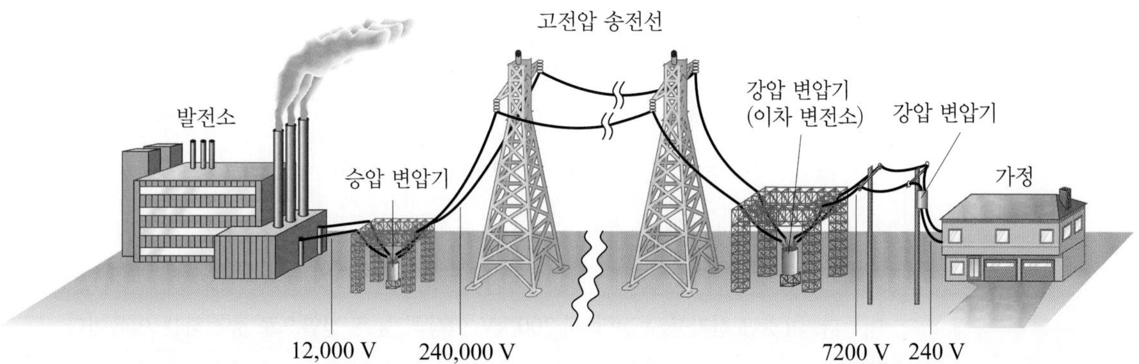

그림 21.23 발전소에서 가정으로 전력을 송전하는 것은 여러 단계의 변압기를 거친다.

다 껐다 하면 이차 코일에 유도되는 전압은 그림 21.22b와 같은 모양이 된다. 직류 전압이 일정한 동안에는 이차 전압은 0이 된다. 이것이 자동차의 **점화 장치**(ignition system)에서 휘발유와 공기의 혼합 기체에 불을 붙이기 위해 점화 플러그의 간극에 높은 전압이 생기게 하는 원리이다. 이런 변압기를 '점화 코일'이라 하는데 직류 전지의 12 V 전압(일차 코일에 스위치가 꺼져 있을 때)이 이차 코일에 30 kV 이상의 순간적인 전압이 생기게 한다.

물리학의 응용
자동차의 점화 장치

변압기는 전기를 송전하는 데 있어 매우 중요한 역할을 한다. 발전소는 도시에서 아주 먼 곳에 떨어져 있어서 발전된 전기를 아주 멀리 송전해야만 하다(그림 21.23). 송전선에는 항상 전력 손실이 있게 되는데 이 손실을 최소화하기 위해서는 변압기를 사용하여 매우 높은 전압으로 송전해야 한다. 구체적인 계산은 아래 예제에 나와 있다.

물리학의 응용
변압기는 전력 수송에 도움이 된다.

예제 21.8 송전선

10 km 떨어진 곳에 있는 발전소에서 마을로 평균 120 kW의 전력을 보낸다. 송전선의 전체 저항은 0.40 Ω이다. 전기가 (a) 240 V와 (b) 24,000 V로 송전될 때의 송전선에서 손실되는 전력을 계산하라.

접근 여기서는 $P = V^2/R$를 사용할 수 없다. 왜냐하면 R가 송전선의 저항인 경우 송전선에서의 전압 강하를 알지 못하기 때문이다. 여기서 주어진 전압은 송전선 양단의 전압과 부하(마을에서 소비하는 전기)에 걸리는 전압을 합한 것이다. 그러나 송전선에 흐르는 전류 $I(= P/V)$는 구할 수 있으므로 (a)와 (b)의 경우에 대해 전력 손실을 $P_L = I^2R$로부터 구할 수 있다.

풀이 (a) 120 kW를 240 V로 송전한다면, 전체 전류는

$$I = \frac{P}{V} = \frac{1.2 \times 10^5 \text{ W}}{2.4 \times 10^2 \text{ V}} = 500 \text{ A}$$

가 된다. 송전선에서의 전력 손실 P_L은

$$P_L = I^2R = (500 \text{ A})^2(0.40 \,\Omega) = 100 \text{ kW}$$

이다. 그러므로 모든 전력의 약 80 % 이상이 송전선에서 열로 소모된다!

(b) 120 kW를 24,000 V로 송전한다면 전체 전류는

$$I = \frac{P}{V} = \frac{1.2 \times 10^5\ \text{W}}{2.4 \times 10^4\ \text{V}} = 5.0\ \text{A}$$

가 되고 전력 손실은

$$P_L = I^2R = (5.0\ \text{A})^2(0.40\ \Omega) = 10\ \text{W}$$

가 된다. 이것은 1 %의 $\frac{1}{100}$ 보다 적은 것으로서 훨씬 효율적이다.

유의 송전 전압이 높을수록 전류가 작아지므로 송전선에서 열로 소모되는 전력 손실이 줄어든다. 이것이 전기를 송전할 때 700 kV 이상의 높은 전압으로 송전하는 이유이다.

교류의 엄청난 이점과 거의 보편적으로 사용되는 주된 이유는 변압기를 사용하여 전압을 쉽게 올리거나 내릴 수 있기 때문이다.† 발전소에서의 출력 전압은 송전선에 보내기 전에 승압된다. 도시 가까이에 있는 마지막 변전소에서 시내로 들어가기 전에 전압을 낮추어 보낸다. 시내의 거리에 있는 전압은 보통 2400 V에서 7200 V 정도이며 이것이 다시 240 V 또는 120 V로 전봇대에 있는 변압기에서 낮추어진다(그림 21.20과 21.23).

전력의 무선 송전－유도에 의한 충전

물리학의 응용

휴대 전화기, 무선 전화기, 전기 자동차 등

휴대 전화기, 무선 전화기, 전기 자동차 등 재충전이 가능한 전지로 작동하는 많은 장치들은 충전기와 장치 내의 전지를 금속 도선으로 접촉하여 충전한다. 그러나 전기적인 접촉으로 노출될 필요 없이 유도에 의해 '무선으로' 충전되는 장치도 있다. 그림 21.24에서 보듯이 전동 칫솔이 플라스틱 받침대 위에 놓여 있다. 받침대 내의 돌출된 부분에는 '일차 코일'이 외부 전원과 연결되어 있다. 전동 칫솔 내부에는 일차 코일에서 변하는 전류에 의해 생긴 자기장의 변화에 의해 유도되는 '이차 코일'이 있다. 이차 코일에 유도되는 전류는 전지를 충전한다. (시중에 나오는 AA 또는 AAA 전지는 충전용이 아니다.) 이런 무선 충전의 작동 원리는 변압기와 비슷하며 다만 철심이 서로 연결되지 않아서 효율이 낮다. 하지만 전동 칫솔과 충전기를 쉽게 분리해서 칫솔질을 할 수 있다. 심장 박동기도 유도에 의해 전기를 공급한다. 외부 코일에 흐르는 전류가 몸속 심장 가까이에 있는 박동기(그림 19.22)의 이차 코일에 전송된다. 유도에 의한 충전은 전기차의 전지를 충전하기 위한 방법으로도 가능하다.

무선 전력 전송은 효율을 높이기 위해 매우 짧은 거리에서 이루어져야 한다. 신호(정보)의 무선 전송은 원거리에 걸쳐서 가능하다. 그 이유는 아주 낮은 전력 신호라도 검출될 수 있기 때문이며, 전달하고자 하는 것은 신호 전압 내의 정보이지 전력이 아니기 때문이다.

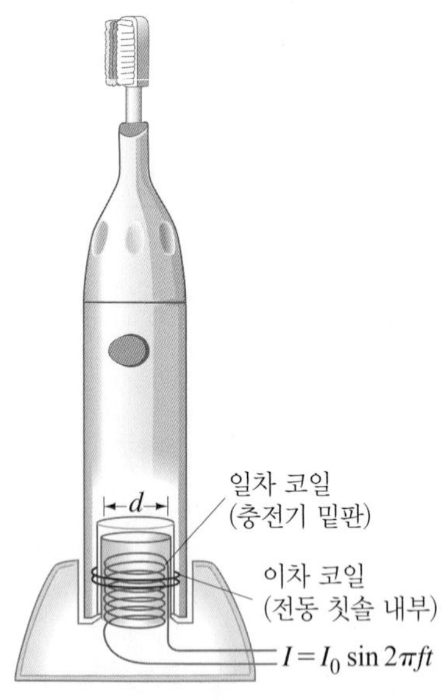

그림 21.24 전동 칫솔 내에는 재충전이 가능한 전지가 들어 있고 사용이 끝난 후 밑판에 올려놓는 동안 충전된다. 충전은 밑판에 있는 일차 코일에서 전동 칫솔 내에 있는 이차 코일로 전달되는 유도에 의해 이루어진다. 사용하고자 할 때는 전동 칫솔을 그냥 들어올리기만 하면 된다.

† 직류 송전의 이점(전류가 일정하면 도체 주변에 유도 전류가 생기지 않는다는 점. 교류에서는 유도 전류가 생긴다)도 있긴 하지만 사용하지는 않는다. 직류를 사용하여 전기를 보내려고 하면 높은 전압으로 올리고 수용가 지역에서 낮은 전압으로 낮추는 매우 복잡한 전자 회로 장치가 필요하다.

21.8 유도 계수

상호 유도 계수

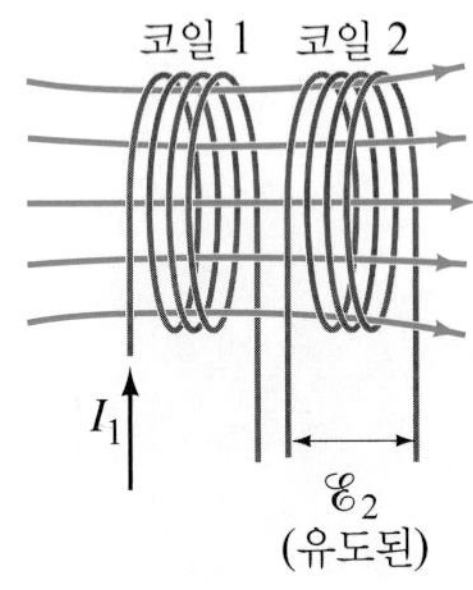

그림 21.25 한 코일에서의 전류의 변화는 두 번째 코일에서 유도 전류를 일으킨다.

그림 21.25에서와 같이 두 코일이 서로 가까이에 있으면, 한 코일에서의 변하는 전류는 다른 코일에 기전력을 유도할 것이다. 코일 2에 패러데이 법칙을 적용하자. 코일 2에 유도된 기전력 $\mathscr{E}_2$는 그 코일 면을 관통하는 자기 선속의 변화율에 비례한다. 코일 2에서 변하는 자기 선속은 코일 1에 흐르는 변하는 전류 I_1에 의해 생긴다. 따라서 $\mathscr{E}_2$는 코일 1의 전류의 변화율에 비례한다.

$$\mathscr{E}_2 = -M\frac{\Delta I_1}{\Delta t} \qquad \textbf{(21.8a)}$$

여기서 시간 간격 Δt는 매우 짧다고 가정한다. 비례 상수 M을 **상호 유도 계수**(mutual inductance)라 한다. (음의 부호는 유도 기전력이 자기 선속의 변화를 방해한다는 렌츠 법칙 때문이다.) 상호 유도 계수의 단위는 V · s/A = Ω · s이며 이것을 헨리(Joseph Henry)를 기념하여 **헨리**(H, henry)라고 한다. 1 H = 1 Ω · s이다.

상호 유도 계수 M은 전류 I_1에 무관한 '상수'이다. M은 코일의 크기, 모양, 감은 수, 두 코일 간의 상대 위치 등과 같은 '기하학적' 인자에 따라 달라진다. 물론 철심(또는 다른 종류의 강자성 재료)의 존재 여부에 따라서도 달라진다. 예를 들어 그림 21.25에서처럼 두 코일이 멀리 떨어져서 코일 2를 통과하는 자기력선의 수가 감소하면 M값이 작아질 것이다. 그와 반대되는 상황—코일 2의 변하는 전류가 코일 1에 기전력을 유도하는—을 고려해 본다면 비례 상수 M은 같은 값이 된다. 즉

$$\mathscr{E}_1 = -M\frac{\Delta I_2}{\Delta t} \qquad \textbf{(21.8b)}$$

물리학의 응용

박동기

변압기는 상호 결합이 최고로 되어 거의 모든 자기 선속이 두 코일을 지나가는 상호 유도 계수의 예이다. 상호 유도 계수는 21.7절에서 논의한 바와 같이 휴대 전화의 유도 충전, 전기차 및 기타 재충전 전지를 사용하는 다른 장치 등에서도 사용된다. 심장 질환 환자(19.6절)의 혈액 흐름을 유지하기 위한 박동기는 외부에 있는 코일에서 상호 유도를 통해 심장 부근의 박동기에 있는 이차 코일에 전력을 전달받는다. 이런 방법을 사용하면 전지가 소진됐을 때 전지를 갈아 끼우기 위한 수술을 하지 않아도 된다는 이점이 있다.

자체 유도 계수

유도 계수의 개념은 고립된 하나의 코일에 대해서도 적용된다. 어떤 코일이나 솔레노이드에 변하는 전류가 흐르면, 코일 내에 변하는 자기 선속이 생겨서 새로운 기전력을 유도한다. 이 유도된 기전력은 자기 선속의 변화를 저지하는데(렌츠 법칙), 그것은 마치 전동기에서 생기는 역기전력과 비슷하다. (예를 들어 코일을 통해 흐르는 전류가 증가하면, 증가하는 자기 선속이 원래의 전류의 흐름을 방해하는 기전력을 일으켜서 전류 흐름의 증가를 저지한다.) 유도 기전력 $\mathscr{E}$는 전류의 변화율에 비례한

다(방향도 변화하고자 하는 방향과 반대가 되어 음의 부호를 붙인다). 즉

$$\mathscr{E} = -L\frac{\Delta I}{\Delta t} \quad \textbf{(21.9)}$$

여기서 비례 상수 L을 **자체 유도 계수**(self-inductance) 또는 간단히 코일의 **유도 계수**라고 한다. 자체 유도 계수도 헨리 단위로 측정된다. L값은 코일의 모양과 크기 및 철심이 있는지 등에 의존한다.

교류 회로(18.7절)는 항상 약간의 유도 계수를 포함하지만, 회로가 감은 수가 많은 코일을 포함하지 않는 한 그 값은 아주 작다. 자체 유도 계수 L의 값이 어느 정도 되는 코일을 **인덕터**(inductor)라고 한다. 회로에서 사용되는 인덕터의 회로 기호는 다음과 같다.

[인덕터 기호]

예제 21.9 솔레노이드의 유도 계수

(a) 길이가 ℓ이고 단면적이 A인 통에 매우 촘촘히 N회 감은 긴 솔레노이드의 자체 유도 계수 L을 구하라. (b) $N = 100$, $\ell = 5.0$ cm, $A = 0.30$ cm^{2}이고 공기만 채워져 있는 솔레노이드의 L값을 구하라.

접근 코일에서의 유도 기전력은 패러데이 법칙($\mathscr{E} = -N\Delta\Phi_B/\Delta t$) 또는 자체 유도 계수($\mathscr{E} = -L\Delta I/\Delta t$)로부터 구할 수 있다. 이미 식 20.8(B = $\mu_0 IN/\ell$)로부터 솔레노이드 코일에서의 자기 선속 Φ_B를 어떻게 구하는지 알고 있으므로 이들 두 식을 연립하면 유도 계수 L에 대해 풀 수 있다.

풀이 (a) 패러데이 법칙(식 21.2b)과 유도 계수에 대한 식 21.9를 같게 놓으면

$$\mathscr{E} = -N\frac{\Delta\Phi_B}{\Delta t} = -L\frac{\Delta I}{\Delta t}$$

이다. 이것을 L에 대해 풀면

$$L = N\frac{\Delta\Phi_B}{\Delta I}$$

가 된다. $\Phi_B = BA$(식 21.1)임을 알고 있고, 식 20.8은 솔레노이드의 자기장 B에 관한 식 $B = \mu_0 NI/\ell$이므로 솔레노이드 내부의 자기 선속은

$$\Phi_B = \frac{\mu_0 NIA}{\ell}$$

가 된다. 전류의 변화 ΔI는 자기 선속을 변화시키므로

$$\Delta\Phi_B = \frac{\mu_0 N\,\Delta I\,A}{\ell}$$

이다. 이것을 L에 대한 위의 식에 대입하면 다음을 얻는다.

$$L = N\frac{\Delta\Phi_B}{\Delta I} = \frac{\mu_0 N^2 A}{\ell}$$

(b) $\mu_0 = 4\pi \times 10^{-7}\,\mathrm{T\cdot m/A}$과 주어진 값들을 대입하면 다음과 같이 된다.

$$L = \frac{(4\pi \times 10^{-7}\,\mathrm{T\cdot m/A})(100)^2(3.0 \times 10^{-5}\,\mathrm{m^2})}{(5.0 \times 10^{-2}\,\mathrm{m})} = 7.5\,\mu\mathrm{H}$$

21.9 자기장에 저장된 에너지

17.9절에서 축전기에 저장되는 에너지는 $\frac{1}{2}CV^2$임을 배웠다. 마찬가지 방법으로 전류 I가 흐르는 유도 계수 L에 저장되는 에너지 U는

$$U = \text{에너지} = \tfrac{1}{2}LI^2$$

가 됨을 쉽게 증명할 수 있다. 축전기에 저장된 에너지는 두 판 사이의 전기장 내에 있는 것으로 간주할 수 있는 것처럼 인덕터에 저장되는 에너지도 자기장 내에 저장되는 것으로 볼 수 있다.

에너지를 자기장의 함수로 나타내기 위해 솔레노이드의 유도 계수가 $L = \mu_0 N^2 A/\ell$이라는 예제 21.9의 결과를 인용하면 된다. 솔레노이드에서의 자기장 B와 전류 I(식 20.8)의 관계는 $B = \mu_0 NI/\ell$이다. 따라서 $I = B\ell/\mu_0 N$이 되므로

$$U = \text{에너지} = \tfrac{1}{2}LI^2 = \frac{1}{2}\left(\frac{\mu_0 N^2 A}{\ell}\right)\left(\frac{B\ell}{\mu_0 N}\right)^2 = \frac{1}{2}\frac{B^2}{\mu_0}A\ell$$

이다. 이 에너지가 부피가 $A\ell$인 코일의 권선으로 둘러싸인 부분의 부피 내에 들어 있다고 생각할 수 있다. 따라서 단위 부피당 에너지, 즉 **에너지 밀도**(energy density)는

$$u = \text{에너지 밀도} = \frac{1}{2}\frac{B^2}{\mu_0} \qquad \textbf{(21.10)}$$

가 된다. 이 식은 솔레노이드라는 특별한 경우에 대해 유도했지만 자기장이 존재하는 다른 어떤 형태의 공간 영역에 대해서도 성립한다. 자기장 내에 강자성 재료가 있는 경우는 μ_0 대신 μ를 쓰면 된다. 이 식은 17.9절에서 나온 전기장에 대한 식 $\frac{1}{2}\epsilon_0 E^2$과 유사하다.

21.10 *LR* 회로

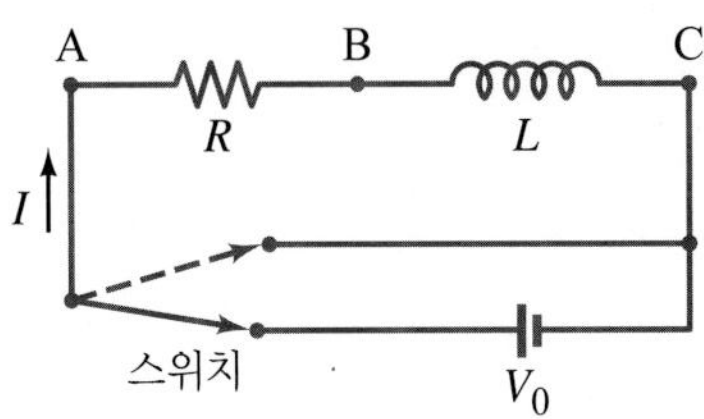

그림 21.26 *LR* 회로

어떤 인덕터도 약간의 저항은 가질 것이다. 한 인덕터를 그림 21.26에서처럼 유도 계수 L과 저항 R를 별도로 갖는 것으로 나타내어 보자. 이 회로에서 저항 R는 다른 저항을 포함한 것일 수도 있다. 전압이 V_0인 전지를 이 LR 회로와 직렬로 연결하면 무슨 일이 일어나는가? 전지에 연결된 스위치가 닫히는 순간 전류가 흐르기 시작한다. 갑자기 변하는 전류 때문에 인덕터에서 생기는 유도 기전력으로 인해 전류의 흐름이 방해를 받는다. 그러나 전류가 흐르기 시작할 때 저항 양단에는 전압 강하($V = IR$)가 일어난다. 따라서 인덕터 양단의 전압 강하는 줄어들고 전류는 빠르지 않게 증가한다. 따라서 전류는 그림 21.27a에서처럼 서서히 증가하며 인덕터 내에서 더 이상

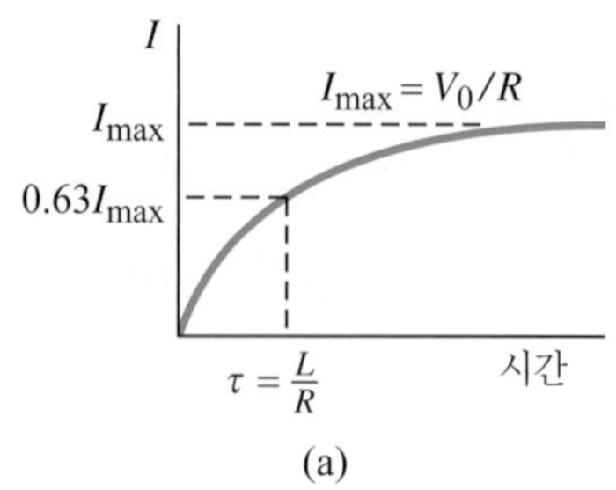

(a)

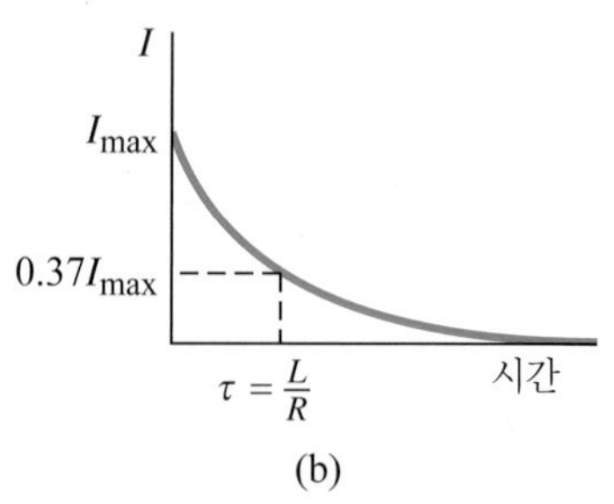

(b)

그림 21.27 (a) 전지에 연결된 LR 회로에서의 전류의 증가 (b) LR 회로가 단락(전지를 회로에서 떼어내고 바로 연결함)될 때의 전류의 감소

의 역기전력이 없게 되면(I가 더 이상 변하지 않는다), 전류는 정상 상태의 값 $I_{max} = V_0/R$에 도달하게 되고 모든 전압 강하는 저항 양단에만 있게 된다. 전류 곡선의 모양은 시간의 함수로

$$I = \left(\frac{V_0}{R}\right)(1 - e^{-t/\tau}) \qquad \text{[전지에 연결된 } LR \text{ 회로]}$$

가 된다. 여기서 e는 $e = 2.718\cdots$이고(19.6절)

$$\tau = \frac{L}{R}$$

는 그 회로의 **시간 상수**(time constant)이다. $t = \tau$이면 $(1 - e^{-1}) = 0.63$이 되므로, τ는 전류가 $0.63 I_{max}$에 도달하는 데 걸리는 시간이다.

이제 회로에서 전지에 연결된 스위치를 전환(그림 21.26에서의 점선)하면, 그림 21.27b에 나타난 것처럼 전류가 0으로 떨어지는 데 시간이 걸린다. 이것은 다음과 같이 지수함수처럼 감소하는 곡선이 된다.

$$I = I_{max} e^{-t/\tau} \qquad \text{[전지가 없을 때의 } LR \text{ 회로]}$$

시간 상수 τ는 전류가 $0.37 I_{max}$(처음 값의 37 %)로 감소되는 데 걸리는 시간이며 이 값은 L/R과 같다.

이들 그래프는 예를 들어 전자석을 켜거나 끌 때 항상 어떤 '지연 시간'이나 '반응 시간'이 있음을 보이고 있다. 또한 LR 회로는 RC 회로(19.6절)와 비슷한 특성을 갖고 있다. 그러나 축전기와 달리, 여기서는 시간 상수가 R에 **반비례**한다.

21.11 교류 회로와 리액턴스

이전에 저항기, 축전기, 인덕터가 포함된 회로에 대해 공부했지만 모두 직류 전원에 연결되거나 전압이 0인 경우에 대해서만 다뤘다. 이제 이런 회로에 교류 전원을 연결하여 교류 전류가 흐르는 경우에 대해 살펴보기로 하자.

교류 전원은

●–(~)–● [교류 전압]

모양의 기호로 나타내며 진동수가 f인 사인꼴 교류를 의미한다. 이런 전원에 저항기, 축전기, 인덕터를 연결했을 때 어떤 일이 일어나는지를 알아보자. 각각의 경우 기전력이 내보내는 전류는

$$I = I_0 \cos 2\pi f t$$

이라고 가정한다. 여기서 t는 시간이고 I_0은 전류의 최댓값이다. 18.7절에서 배운 것에 의하면 $V_{rms} = V_0/\sqrt{2}$이고 $I_{rms} = I_0/\sqrt{2}$이다(식 18.8).

저항기

교류 전원에 그림 21.28a와 같이 저항기만을 연결한 경우, 전류는 교류 전압과 함께 옴 법칙에 따라 다음과 같이 증가 또는 감소한다.

$$V = IR = I_0 R \cos 2\pi f t = V_0 \cos 2\pi f t$$

여기서 $V_0 = I_0 R$는 전압의 최댓값이다. 그림 21.28b는 전압(빨간색 곡선)과 전류(파란색 곡선)는 시간의 함수임을 나타내고 있다. 전압이 0일 때 전류도 0이고 전압이 최대일 때 전류도 최대이므로, 전류와 전압의 **위상이 같다**(in phase)고 한다. 저항에서 열로 전환되는 에너지는(18.7절) 평균값이 $\overline{P} = \overline{IV} = I_{\text{rms}}^2 R = V_{\text{rms}}^2 / R$이다.

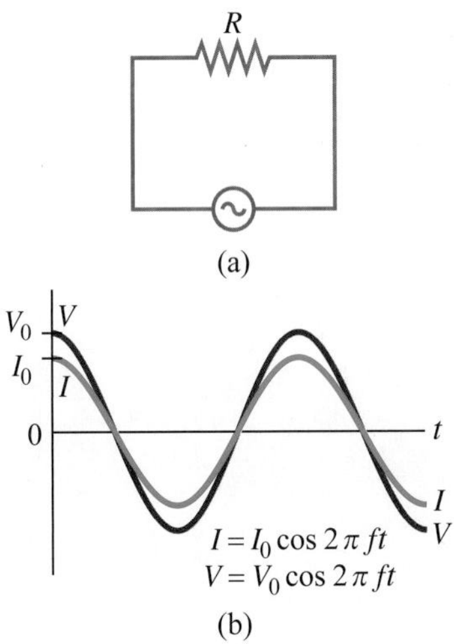

그림 21.28 (a) 교류 전원에 연결된 저항기 (b) 저항기 양단의 전류(파란색)와 전압(빨간색)은 위상이 같다.

인덕터

그림 21.29a는 유도 계수 L(기호 -ᴗᴗᴗᴗ-)인 인덕터가 교류 전원에 연결된 그림이다. 인덕터 자체가 포함하고 있는 저항은(보통 매우 작기 때문에) 무시한다. 인덕터에 가해진 전압은 식 21.9에 주어진 변하는 전류에 의해 생기는 역기전력과 같을 것이다. 이것이 바로 키르히호프 법칙에 의해 임의의 폐회로를 둘러싼 전위차의 합이 0이 되어야만 하는 이유이다. 따라서

$$V - L\frac{\Delta I}{\Delta t} = 0$$

또는

$$\frac{\Delta I}{\Delta t} = \frac{V}{L}$$

이다. 여기서 V는 사인꼴로 변하는 전원 전압이고 $L\Delta I/\Delta t$는 인덕터 양단에 유도되는 전압이다. 두 번째 식에 따라, V가 최댓값 $V = V_0$이 될 때 I는 가장 빠르게 증가한다. 그리고 V가 $V = -V_0$이 될 때 I는 가장 빠르게 감소할 것이다. 이들 두 순간은 그림 21.29b의 시간에 따른 전압 변화의 그래프에서 점 d와 b에 해당하는 순간이다. 이런 방법으로 곡선의 모든 부분을 따라가 보면, 시간 t에 다른 전압 V의 그래프는 시간 t에 따른 전류 I의 그래프와 비교된다. 그림 21.29b에 전압과 전류를 각각 빨간색 선과 파란색 선으로 나타냈다. 여기서 특이하게 관찰해야 할 점은 전류의 최댓값은 전압이 최대가 되는 시각보다 $\frac{1}{4}$주기 이후에 나타난다는 사실이다. 이것을 다른 말로 다음과 같이 표현한다.

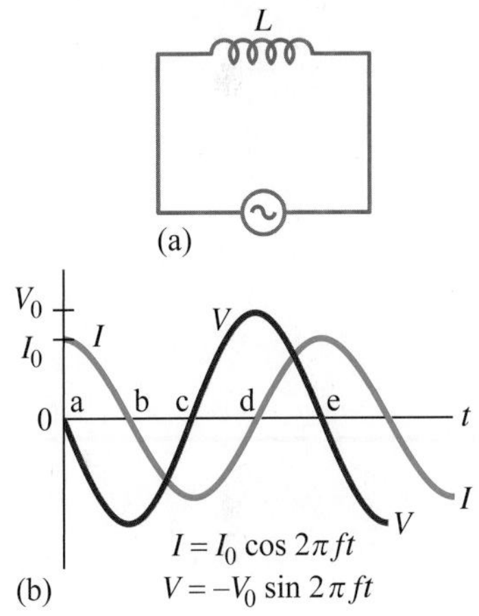

그림 21.29 (a) 교류 전원에 연결된 인덕터 (b) 전류(파란색)는 전압(빨간색)보다 1/4주기 또는 90° 늦다.

인덕터의 경우 전류는 전압보다 90° 늦다.

인덕터에서의 전류와 전압은 90° 만큼 **위상차**가 있기 때문에, 곱 IV(= 전력)는 양이 되기도 하고 음이 되기도 한다(그림 21.29b). 따라서 인덕터에 전달되는 에너지의 평균값은 0이다. 즉 에너지가 열로 소진되지 않는다.

저항기가 전하의 흐름을 방해하듯이, 인덕터에서는 교류 전류가 흐를 때 역기전력 때문에 전하의 흐름이 방해를 받는다. 저항기 R의 경우 전압과 전류는 $V = IR$이다. 그와 비슷한 식을 인덕터에 대해 쓴다면

$$V = IX_L \qquad \text{[순간 값이 아닌 rms 값이나 최댓값인 경우]} \qquad \textbf{(21.11a)}$$

가 된다. 여기서 X_L을 **유도 리액턴스**(inductive reactance)라고 하며 단위는 옴이다. 식 21.11a에서의 V와 I는 둘 다 rms 값이거나 둘 다 최댓값이면 된다(18.7절 참조).

비록 이 식은 최댓값으로 관계되어질 수 있지만, 최대 전류와 최대 전압은 동시에 최대에 이르는 것이 아니다. 따라서 식 21.11a는 저항에 대한 경우($V = IR$)와 같이 **특정 순간에 대해서는 성립하지 않는다.** 이론(미적분을 사용함)과 실험에 의해 증명된 바에 의하면

$$X_L = \omega L = 2\pi f L \qquad \textbf{(21.11b)}$$

가 된다. 여기서 $\omega = 2\pi f$이고 f는 교류의 진동수이다.

예를 들어 유도 리액턴스가 0.300 H인 인덕터가 120 V, 60 Hz의 교류 전원에 연결되면 유도 계수의 값은 $X_L = 2\pi f L = (6.28)(60.0\ \mathrm{s}^{-1})(0.300\ \mathrm{H}) = 113\ \Omega$이다.

축전기

축전기가 전지에 연결되면, 축전기의 두 극판에 매우 빠르게 크기가 같고 부호가 반대인 전하가 모여든다. 하지만 그 다음에는 회로에 전류가 흐르지 않는다. 축전기는 직류 전류의 흐름을 막는다. 그러나 만일 그림 21.30a에서처럼 축전기가 교류 전압에 연결되면, 회로에는 교류 전류가 계속하여 흐른다. 이것은 교류 전압이 가해지기 시작할 때 전하가 이동하기 시작하고 한 극판에는 양의 전하가 그리고 다른 극판에는 음의 전하가 쌓이기 시작하기 때문이다. 그러나 전압의 극성이 바뀌면 전하의 흐름이 반대 방향이 된다. 따라서 극성이 바뀌는 전압이 가해지면, 회로에 교류 전류가 계속 흐르게 된다.

가해준 전압은 축전기 양단의 전압과 같아야 한다. 즉 $V = Q/C$이다. 여기서 C는 전기 용량이고 Q는 극판에 쌓이는 전하이다. 따라서 극판 위의 전하 Q는 전압과 위상이 같다. 그러나 전류는 어떨까? 그림 21.30b의 점 a에서, 전압은 0에서 증가하기 시작하며, 극판 상의 전하는 0이다. 그러므로 전하는 이미 판으로 흘러가고 있으며, 이때 전류는 큰 값이다. 전압이 최댓값 V_0에 가까워짐에 따라(그림 21.30b에서 점 b), 극판 위에 쌓인 전하들은 전하가 더 흘러들어 오는 것을 저지하게 되어 점 b에서 전류가 0이 된다. 그러므로 전류는 그림 21.30b에서 파란색 곡선의 모양으로 흐른다. 인덕터에서와 같이 전압과 전류는 90°의 위상차가 있다. 그러나 축전기의 경우 전류가 전압보다는 $\frac{1}{4}$주기 먼저 최댓값에 도달한다. 이것을 다른 말로 다음과 같

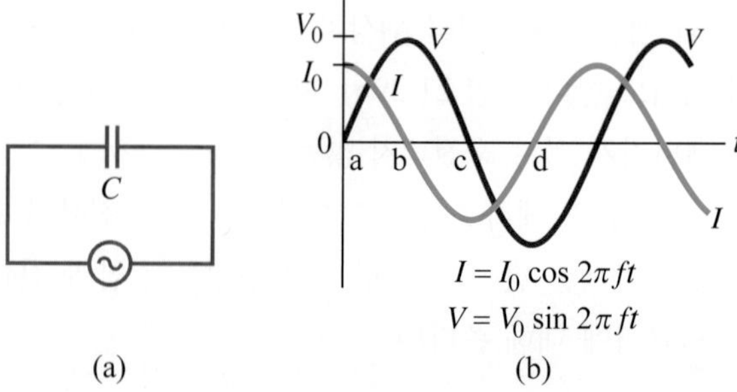

그림 21.30 (a) 교류 전원에 연결된 축전기 (b) 전류는 전압보다 1/4주기 또는 90° 앞선다.

이 표현한다.

축전기에서 전류는 전압보다 90° 앞선다.

전류와 전압이 위상이 다르므로 인덕터에서와 같이 축전기에서도 소모되는 평균 전력은 0이다. 그러므로 교류 회로에서는 **저항만이 에너지를 열로 소모한다.**

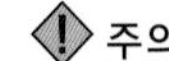
주의
저항만이 에너지를 열로 소모한다.

축전기에 가해준 전압과 전류의 관계는 유도 계수에서처럼 다음과 같이 쓸 수 있다.

$$V = IX_C \qquad \text{[rms 값 또는 최댓값]} \qquad \textbf{(21.12a)}$$

여기서 X_C를 **용량 리액턴스**(capacitive reactance)라 하며 단위는 옴이다. V와 I는 둘 다 rms 값이나 최댓값(V_0와 I_0)이면 된다. X_C는 전기 용량 C와 진동수 f로 다음과 같이 나타낸다.

$$X_C = \frac{1}{\omega C} = \frac{1}{2\pi f C} \qquad \textbf{(21.12b)}$$

여기서 $\omega = 2\pi f$이다. 직류의 경우 $f = 0$이기 때문에 X_C는 무한대가 된다. 이것이 축전기가 직류 전류를 흘리지 못하는 이유이다.

예제 21.10 축전기의 리액턴스

그림 21.30a의 회로에서 $C = 1.00\ \mu\text{F}$이고 $V_{\text{rms}} = 120\ \text{V}$일 때, 회로에 흐르는 rms 전류는 얼마인가? (a) $f = 60.0\ \text{Hz}$인 경우와 (b) $f = 6.00 \times 10^5\ \text{Hz}$인 경우에 대해 계산하라.

접근 식 21.12b를 사용하여 리액턴스를 구하고, 옴 법칙과 같은 형식인 식 21.12a에서 전류에 대해 계산한다.

풀이 (a) $X_C = 1/2\pi f C = 1/(2\pi)(60.0\ \text{s}^{-1})(1.00 \times 10^{-6}\ \text{F}) = 2.65\ \text{k}\Omega$
rms 전류는(식 21.12a) 다음과 같이 계산할 수 있다.

$$I_{\text{rms}} = \frac{V_{\text{rms}}}{X_C} = \frac{120\ \text{V}}{2.65 \times 10^3\ \Omega} = 45.2\ \text{mA}$$

(b) $f = 6.00 \times 10^5\ \text{Hz}$인 경우 X_C는 $0.265\ \Omega$이 되고 $I_{\text{rms}} = 452\ \text{A}$라는 엄청난 값이 될 것이다.

유의 여기서 f의 의존성이 너무도 크다. 매우 높은 진동수에서는 용량 리액턴스가 매우 작다.

그림 21.31a와 b에 축전기를 흔하게 응용하는 두 가지 예를 설명했다. 그림 21.31a에서는 회로 A가 회로 B와 용량성 결합을 했다고 말한다. 축전기의 목적은 A에서 B로 흐르는 직류 전압을 저지하는 것으로 교류 신호는(만일 C가 충분히 크다면) 비교적 잘 통과시킨다. 그림 21.31b에서는 축전기가 직류는 통과시키지 않지만 교류는 통과시킨다. 그러나 이 경우, 직류 전압이 A와 B 사이에 유지되어 있지만 A를 떠난 교류 신호는 B로 가지 않고 접지로 흐른다. 그러므로 그림 21.31b에서의 축전기는 일정한 직류 전압이 유지되어야 하는 경우 **필터**(filter)와 같은 역할을 한다. 급격히 변하는 전압은 회로 B로 들어가지 않고 접지로 들어간다.

물리학의 응용
필터로서의 축전기

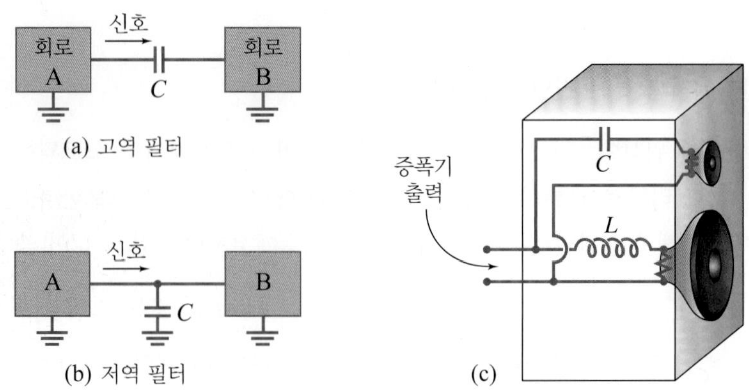

그림 21.31 (a)와 (b): 축전기를 필터로 사용하는 두 가지 방법 (c) 스피커에서의 간단한 대역 분리 회로

연습 F 그림 21.31a에서 축전기 C를 고역 필터라고 하며 그림 21.31b에 있는 것은 저역 필터라고 한다. 그 이유를 설명하라.

물리학의 응용

스피커의 대역 분할

우퍼(낮은 진동수용 스피커)와 트위터(높은 진동수용 스피커)로 나눠진 큰 음을 내는 스피커들은 대역 분할 회로를 사용한다. 대역 분할 회로에서 트위터 회로에는 축전기를 사용하여 낮은 진동수의 신호가 잘 흐르지 못하게 하고, 우퍼에는 인덕터를 사용하여 높은 진동수의 신호($X_L = 2\pi fL$)가 잘 흐르지 못하게 한다. 따라서 낮은 진동수의 소리는 우퍼에서만 나오게 된다(그림 21.31c).

21.12 *LRC* 직렬 교류 회로

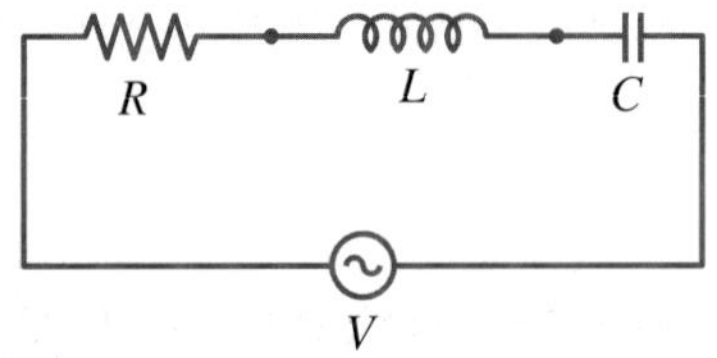

그림 21.32 *LRC* 회로

이제 그림 21.32와 같이 저항 R, 인덕터 L, 축전기 C가 모두 직렬로 연결된 회로를 살펴보자. 만일 주어진 회로가 이들 세 개 중 두 개만 포함하는 경우는 지금 논의하는 것의 결과에 따라 $R = 0$, $X_L = 0$, $X_C = 0$로 놓으면 될 것이다. 이제 V_R, V_L, V_C를 임의의 순간에 각 회로 소자 양단의 전압이라 하고, V_{R0}, V_{L0}, V_{C0}을 이들 전압의 **최댓값**이라고 하자. 각 회로 소자 양단의 전압은 앞 절에서 논의한 위상 관계를 따를 것이다. 임의의 순간 전원에 의해 공급된 전압 V는 키르히호프 전압 법칙에 따라

$$V = V_R + V_L + V_C \tag{21.13a}$$

가 된다. 각각 전압의 위상이 같지 않으므로, 동시에 최댓값을 갖지 않는다. 따라서 전원의 최대 전압 V_0은 $V_{R0} + V_{L0} + V_{C0}$과 같지 **않다**.

물리학의 응용

봉우리 전압들을 더해도 전원 전압이 되지 않는다.

위상자 도표

임의의 순간에 *LRC* 회로에 흐르는 전류는 회로의 모든 점에서 같다(전하가 도선의 일부에 모여 쌓이지는 않는다). 그러므로 각 소자에 흐르는 전류는 서로 위상이 같지만 전압은 그렇지 않다. $t = 0$에서 시작하여 임의 시각 t에서 전류 I가

$$I = I_0 \cos 2\pi ft$$

로 주어진다고 하자.

교류 회로는 해석하기가 좀 복잡하다. 가장 쉽게 접근하는 방법은 벡터 해석의 한

방법인 **위상자 도표**(phasor diagram)를 사용하는 것이다. 각 전압은 xy 좌표계에 화살표(벡터로 취급한다)로 나타낸다. 각 화살표의 길이는 각 회로 소자 양단의 최대 전압의 크기를 나타낸다.

$$V_{R0} = I_0 R\,, \qquad V_{L0} = I_0 X_L\,, \qquad V_{C0} = I_0 X_C \tag{21.13b}$$

V_{R0}은 전류와 위상이 같고 처음에($t = 0$) $+x$축 방향으로 전류 I_0과 함께 그려 놓는다. V_{L0}은 전류보다 90° 앞서므로 V_{R0}보다 90° 앞서며 처음에 $+y$축 방향으로 그려 놓는다. V_{C0}은 전류보다 90° 뒤지므로 V_{C0}은 처음에 $-y$축 방향으로 그려 놓는다(그림 21.33a). 이제 이 벡터 도표를 시계 반대 방향으로 진동수 f로 회전시키면 그림 21.33b와 같은 그림이 된다. 시간 t가 지난 후 각각의 화살표들은 각도 $2\pi ft$ 만큼 회전한다. 이제 각 화살표를 x축 성분은 그림 21.33c에서 알 수 있는 바와 같이 어느 순간 t에서 각 회로 소자 양단의 전압을 나타낸다. 예를 들어 $I = I_0 \cos 2\pi ft$이다.

세 전압 벡터의 x 성분의 합은 회로 전체 양단의 순간 전압 V가 된다. 그러므로 이들 벡터의 벡터합은 그림 21.34에 보인 바와 같이 전원 전압의 최댓값 V_0을 나타낼 것이다. 여기서 V_0은 I_0 및 V_{R0}과 각도 ϕ를 이룬다. 시간이 흐름에 따라, V_0은 다른 벡터와 함께 회전하므로, 순간 전압 V(V_0의 x 성분)는 다음과 같이 된다(그림 21.34).

$$V = V_0 \cos(2\pi ft + \phi)$$

전체 회로 양단의 전압 V는 전원 전압(그림 21.32)과 같아야 한다. 그러므로 전원 전압은 전류와 각도 ϕ 만큼의 위상차가 난다.

이런 방식으로 해석하여 회로의 전체 **임피던스**(impedance) Z를 결정할 수 있다. 이것은 저항과 리액턴스와 비슷하게 정의한다. 즉

$$V_{\rm rms} = I_{\rm rms} Z\,, \qquad V_0 = I_0 Z \tag{21.14}$$

그림 21.34에서 피타고라스의 정리를 사용하면(V_0이 직각 삼각형의 빗변이다), 즉 (식 21.13b)

$$\begin{aligned} V_0 &= \sqrt{V_{R0}^2 + (V_{L0} - V_{C0})^2} \\ &= I_0 \sqrt{R^2 + (X_L - X_C)^2} \end{aligned}$$

이다. 그러므로 식 21.14로부터, 전체 임피던스 Z는

$$Z = \sqrt{R^2 + (X_L - X_C)^2} \tag{21.15}$$

이다. 또한 그림 21.34로부터 전압과 전류 간의 위상각 ϕ를 구할 수 있다.

$$\tan\phi = \frac{V_{L0} - V_{C0}}{V_{R0}} = \frac{I_0(X_L - X_C)}{I_0 R} = \frac{X_L - X_C}{R} \tag{21.16a}$$

및

$$\cos\phi = \frac{V_{R0}}{V_0} = \frac{I_0 R}{I_0 Z} = \frac{R}{Z} \tag{21.16b}$$

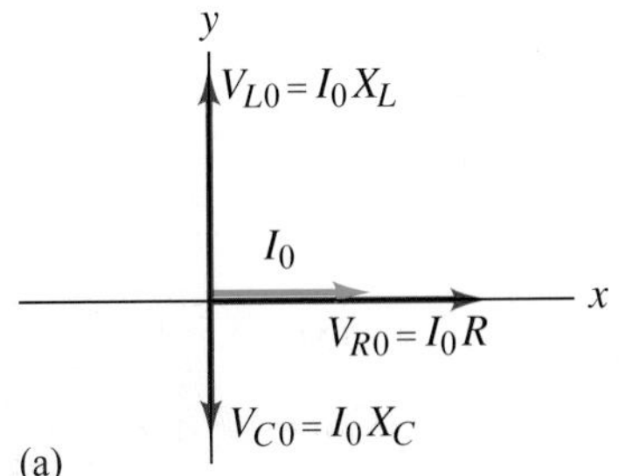

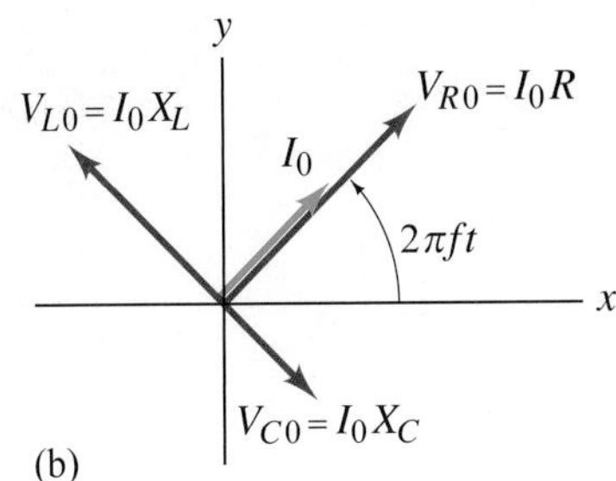

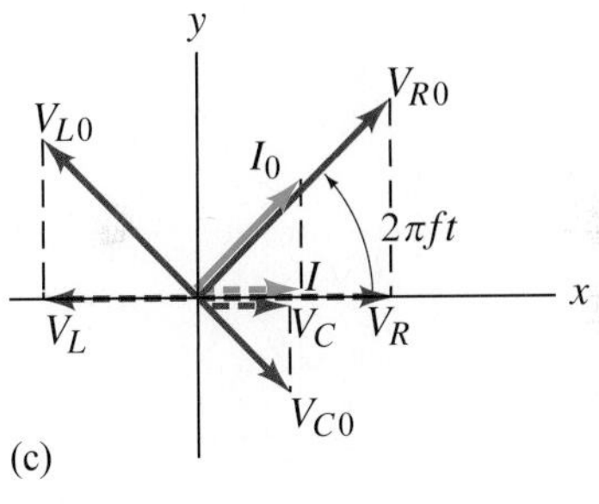

그림 21.33 (a) $t = 0$, (b) 시간 t가 지난 후 직렬 *LRC* 회로에 대한 위상자 도표 (c) 각각을 x축에 투영한 것은 시각 t에서의 I, V_R, V_C, V_L이다.

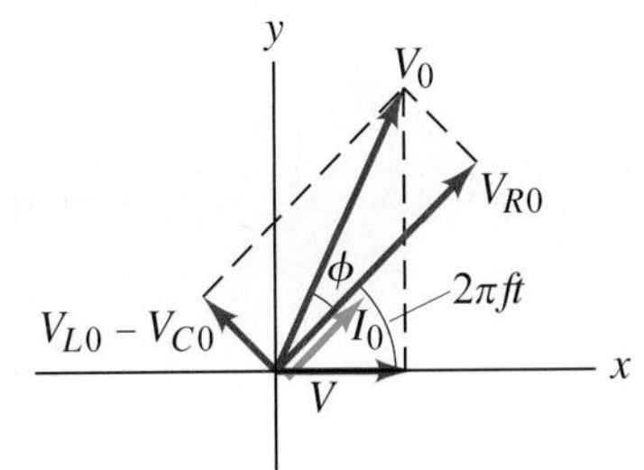

그림 21.34 합벡터 V_0을 보이고 있는 직렬 *LRC* 회로에 대한 위상자 도표

그림 21.34는 $X_L > X_C$인 경우에 대해 그려진 것이고, 전류는 전압보다 ϕ만큼 뒤져 있다. 그 역이 성립한다면, $X_L < X_C$이고, 식 21.16에서의 ϕ는 0보다 작아서 전류는 전압보다 앞선다.

앞에서 전력은 저항기에 의해서만 소모됨을 알고 있다. 인덕터나 축전기에서는 전력이 소모되지 않는다. 그러므로 평균 전력은 $\overline{P} = I^2_{\text{rms}} R$이다. 그러나 식 21.16b로부터, $R = Z \cos\phi$이므로

$$\overline{P} = I^2_{\text{rms}} Z \cos\phi = I_{\text{rms}} V_{\text{rms}} \cos\phi \tag{21.17}$$

가 된다. 여기서 인자 $\cos\phi$를 회로의 **역률**(power factor)이라 한다.

예제 21.11 *LRC* 회로

그림 21.32에서 $R = 25.0\ \Omega$, $L = 30.0$ mH, $C = 12.0\ \mu$F가 90.0 V(rms) 500 Hz의 교류 전원에 직렬로 연결되어 있다. (a) 회로에 흐르는 전류, (b) 각 회로 소자 양단의 전압계 눈금을 계산하라.

접근 전류를 구하기 위해 임피던스(식 21.15, 21.11b, 21.12b)를 구하고 $I_{\text{rms}} = V_{\text{rms}}/Z$(식 21.14)를 사용한다. 각 회로 소자 양단의 전압 강하는 옴 법칙 또는 각 소자에 대한 식 $V_R = IR$, $V_L = IX_L$, $V_C = IX_C$를 사용한다.

풀이 (a) 우선 $f = 500$ Hz $= 500\ \text{s}^{-1}$에서의 인덕터와 축전기의 리액턴스를 구한다.

$$X_L = 2\pi f L = 94.2\ \Omega, \qquad X_C = \frac{1}{2\pi f C} = 26.5\ \Omega$$

따라서 전체 임피던스는

$$Z = \sqrt{R^2 + (X_L - X_C)^2} = \sqrt{(25.0\ \Omega)^2 + (94.2\ \Omega - 26.5\ \Omega)^2} = 72.2\ \Omega$$

임피던스로 나타낸 옴 법칙인 식 21.14로부터 rms 전류는 다음과 같다.

$$I_{\text{rms}} = \frac{V_{\text{rms}}}{Z} = \frac{90.0\ \text{V}}{72.2\ \Omega} = 1.25\ \text{A}$$

(b) 각 회로 소자 양단의 rms 전압은 다음과 같다.

$$(V_R)_{\text{rms}} = I_{\text{rms}} R = (1.25\ \text{A})(25.0\ \Omega) = 31.2\ \text{V}$$
$$(V_L)_{\text{rms}} = I_{\text{rms}} X_L = (1.25\ \text{A})(94.2\ \Omega) = 118\ \text{V}$$
$$(V_C)_{\text{rms}} = I_{\text{rms}} X_C = (1.25\ \text{A})(26.5\ \Omega) = 33.1\ \text{V}$$

유의 이들 전압을 모두 합하면 전원 전압 90.0 V(rms)가 되지 않는다. 실제로 인덕터 양단의 rms 전압은 전원 전압보다 크다. 이것은 각각의 전압들이 서로 위상이 다르기 때문이다. 따라서 어느 임의 순간 축전기의 전압은 음이 될 수 있으며, 그때 인덕터의 전압은 매우 큰 양의 전압이 될 것이다. 그러나 rms 전압은 정의에 의해 항상 양이다. 비록 rms 전압들이 모두 합하여 전원 전압과 같을 필요는 없지만, 순간 전압들은 각 순간에 서로 합해져서 전원 전압과 같아야만 한다.

주의

전원 전압을 얻기 위해서 각각의 봉우리 또는 rms 전압을 더하지 않는다. (위상차 때문임)

21.13 교류 회로에서의 공진

LRC 회로에서 rms 전류는 다음과 같이 주어진다(식 21.14, 21.15, 21.11b, 21.12b 참조).

$$I_{\text{rms}} = \frac{V_{\text{rms}}}{Z} = \frac{V_{\text{rms}}}{\sqrt{R^2 + \left(2\pi f L - \dfrac{1}{2\pi f C}\right)^2}} \tag{21.18}$$

인덕터와 축전기의 리액턴스가 전원의 진동수 f에 의존하기 때문에, *LRC* 회로의 전류도 진동수에 의존한다. 식 21.18로부터 진동수가

$$2\pi f L - \frac{1}{2\pi f C} = 0$$

이 될 때 전류가 최대가 됨을 알 수 있다. 이 식을 f에 대해 풀고 그 값을 f_0이라 하면

$$f_0 = \frac{1}{2\pi}\sqrt{\frac{1}{LC}} \qquad \text{[공진]} \tag{21.19}$$

가 된다. $f = f_0$일 때 전류는 **공진**(resonance) 상태에 있으며, f_0을 회로의 **공진 진동수**(resonant frequency)라고 한다. 그 진동수에서 $X_C = X_L$이므로, 임피던스는 순전히 저항에 의해 결정된다. 주어진 R, L, C 값에 대한 f에 따른 I_{rms}의 그래프가 그림 21.35에 그려져 있다. R가 X_C와 X_L에 비해 작은 경우, 공진 봉우리 값은 좁고 높은 모양이 될 것이다.

R가 매우 작은 경우는 거의 ***LC* 회로**(*LC* circuit)가 된다. *LC* 회로에서 에너지는 진동수 f_0으로 인덕터와 축전기 사이를 왔다 갔다 하면서 진동하고 일부는 저항에서 소진된다(저항이 전혀 없는 회로는 없다). 이것을 ***LC* 진동**(*LC* oscillation) 또는 **전자기 진동**(electromagnetic oscillation)이라 한다. 전하만 이리저리 진동하는 것뿐만 아니라 에너지도 진동한다. 즉 축전기의 전기장에 저장된 에너지와 인덕터의 자기장 내에 저장된 에너지가 서로 왔다 갔다 하는 진동을 한다.

전기 공진은 여러 가지 회로에서 사용되고 있다. 예를 들면 라디오나 TV에서 어떤 방송국을 선택하기 위한 회로에 공진 회로가 사용된다. 안테나에 들어오는 여러 가지 진동수의 전파가 회로에 흘러들어 오지만, 선택된(수신하고자 하는 방송국) 공진 진동수 또는 그에 매우 가까운 진동수에 해당하는 전류만 강하게 흐른다. L이나 C 중 하나를 변하게 하여 여러 가지 방송국 중 하나를 선택할 수 있다(이것에 관한 좀 더 자세한 내용은 22장에 나온다).

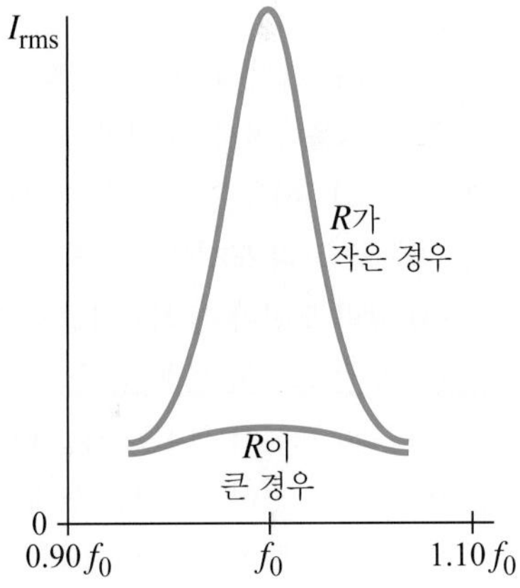

그림 21.35 진동수의 함수로 나타낸 *LRC* 회로에서의 전류. 진동수가 $f = f_0 = 1/(2\pi\sqrt{LC})$일 때 공진 봉우리 값이 나타난다.

종합 문제

객관식

1. 코일이 종이면 위에 놓여 있고 자기장이 종이면으로 향한다. 다음 중 시계 방향의 전류가 유도되는 경우를 고르라.
   (a) 자기장이 강해질 때
   (b) 코일의 크기가 줄어들 때
   (c) 코일이 종이면에서 오른쪽으로 이동할 때
   (d) 자기장이 기울어져서 종이면과 수직하지 않을 때

2. 고리 도선이 회전하지 않고 등속력으로 일정한 자기장 영역을 움직인다. 고리 도선의 유도 전류는
   (a) 시계 방향이다.
   (b) 시계 반대 방향이다.
   (c) 0이다.
   (d) 자기장에 대한 고리 도선의 방향을 알 필요가 있다.

3. 정사각형 고리 도선이 자기장이 $\vec{\mathbf{B}} = 0$인 곳으로부터 오른쪽으로 움직여서, 종이면으로 들어가는 자기장이 있는 곳(그림 21.36)을 지나, 점 L 이후에 $B = 0$인 0역으로 나온다. 다음 중 고리 도선에 전류가 유도되는 경우를 고르라
   (a) 고리 도선이 선 J를 지날 때만
   (b) 고리 도선이 선 K를 지날 때만
   (c) 고리 도선이 선 L을 지날 때만
   (d) 고리 도선이 선 J나 L을 지날 때
   (e) 고리 도선이 세 선 모두를 지날 때

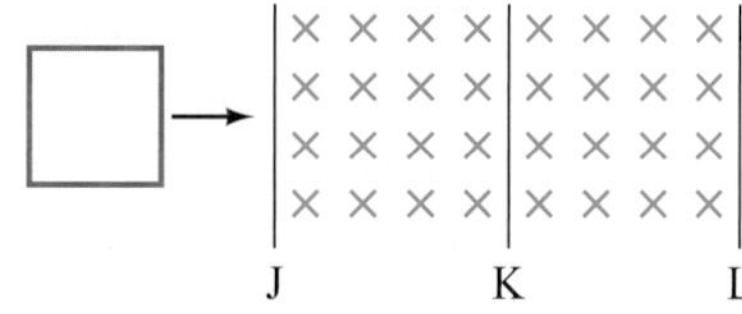

그림 21.36 객관식 3

4. 두 고리 도선이 전류가 흐르는 매우긴 직선 도선 양쪽에서 움직이고 있다(그림 21.37). 각 고리 도선에 유도되는 전류의 방향을 구하라.

고리 도선 C	고리 도선 D
(a) 시계 방향	(a) 시계 방향
(b) 시계 반대 방향	(b) 시계 반대 방향
(c) 유도 전류 없음	(c) 유도 전류 없음
(d) 방향이 바뀌는 교류(ac)	(d) 방향이 바뀌는 교류(ac)

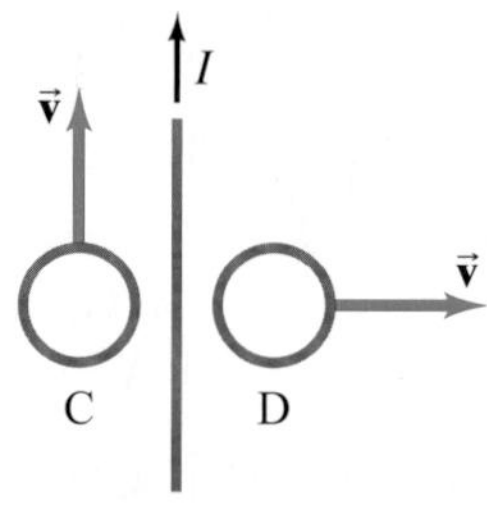

그림 21.37 객관식 4

5. 부도체 플라스틱 원형 고리가 종이면 위로 올라오는 자기장에 놓여 있다(그림 21.38). 자기장의 세기가 증가함에 따라
   (a) 시계 방향의 전류가 흐르게 하는 유도 기전력이 생길 것이다.
   (b) 시계 반대 방향의 전류가 흐르게 하는 유도 기전력이 생길 것이다.
   (c) 유도 기전력이 생기지만 전류는 흐르지 않을 것이다.
   (d) 유도 기전력이 생기지 않을 것이다.

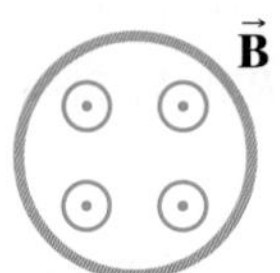

그림 21.38 객관식 5

6. 그림 21.39에서와 같이 긴 직선 도선에 전류 I가 흐른다. 작은 원형 도선이 종이면에 놓여 있다. 원형 도선에 전류가 유도되지 않는 경우는 다음 중 어느 것인가?
   (a) 직선 도선의 전류가 증가할 때
   (b) 원형 도선이 직선 도선과 평행하게 움직일 때
   (c) 원형 도선을 종이면과 수직이 되도록 회전시킬 때
   (d) 원형 도선을 회전하지 않고 직선 도선으로부터 멀리 움직일 때
   (e) 원형 도선을 회전하면서 직선 도선으로부터 멀리 움직일 때

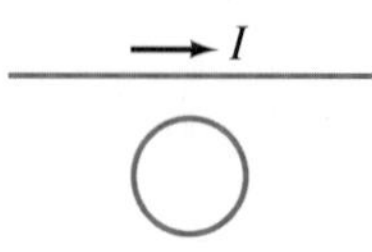

그림 21.39 객관식 6

7. 발전기를 돌려서 전류가 흘러나오게 할 때, 전기 에너지원

은 어디인가?
(a) 발전기의 자기장
(b) 발전기의 축을 돌리는 그 무엇
(c) 발전기 코일의 저항
(d) 역기전력
(e) 빈 공간

8. 다음 중 변압기가 하는 일은 무엇인가?
(a) 전압은 변화시키고 전류는 변화시키지 않는다.
(b) 전류를 변화시키고 전압은 변화시키지 않는다.
(c) 전력을 변화시킨다.
(d) 전류와 전압 모두 변화시킨다.

9. 입력측이 10회, 출력측이 20회 감긴 승압 변압기에 10 V, 1.0 A의 직류가 흐른다. 출력은 얼마인가?
(a) 10 V, 0.5 A
(b) 20 V, 0.5 A
(c) 20 V, 1 A
(d) 10 V, 1 A
(e) 0 V, 0 A

10. 다음 중 모든 직렬 교류 회로에 대한 설명으로 옳은 것은?
(a) 어떤 회로 소자에 흐르는 전류가 최대일 때 모든 회로 소자 양단의 전압이 최대이다.
(b) 회로 내의 임의의 점에서의 전류는 회로 내 다른 임의의 점에서의 전류와 같다.
(c) 전원 전압이 최대일 때 회로 내의 전류가 최대이다.
(d) 저항기, 축전기, 인덕터는 모두 전류의 위상이 바뀔 수 있다.

주관식

21.1 ~ 21.4 패러데이 유도 법칙

1. (I) 2회 감긴 코일을 관통하는 자기 선속이 0.34 s 동안에 −58 Wb에서 +38 Wb로 변한다. 코일에 유도되는 기전력은 얼마인가?

2. (I) 그림 21.40에 있는 자석의 N극이 코일 내로 들어간다. 저항기 R를 통해 흐르는 유도 전류의 방향은? 그 이유를 설명하라.

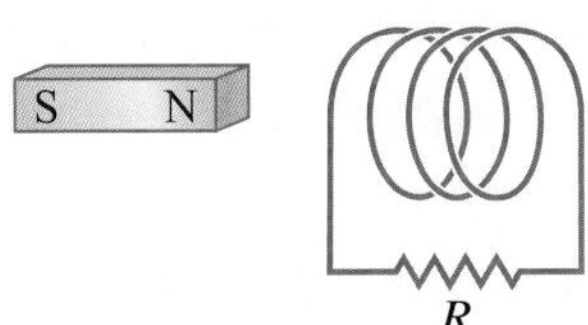

그림 21.40 주관식 2

3. (I) 그림 21.41의 직사각형 고리 도선이 오른쪽으로 밀려 자기장이 종이면을 향하는 곳으로 들어간다. 유도 전류의 방향은? 그 이유를 설명하라.

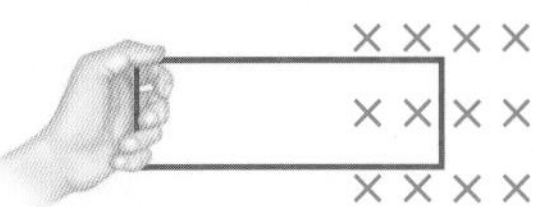

그림 21.41 주관식 3

4. (I) 그림 21.42의 솔레노이드가 원형 고리 도선으로부터 멀어지면 고리 도선에 유도되는 전류의 방향은? 그 이유를 설명하라.

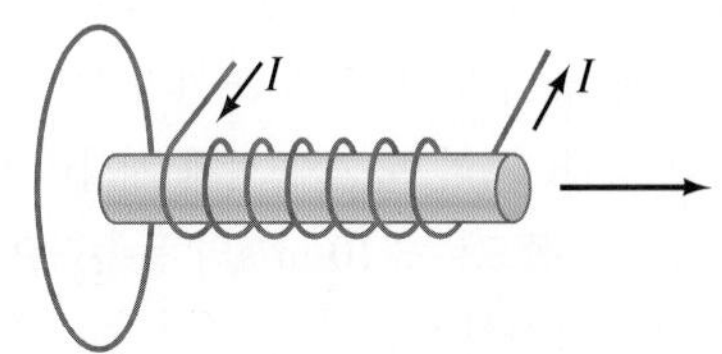

그림 21.42 주관식 4

5. (II) 지름이 18.5 cm인 원형 고리 도선이 처음에 1.5 T의 자기장에 수직으로 놓여 있다. 고리 도선이 회전하여 0.20 s 만에 그 면이 자기장과 평행하게 됐다. 고리 도선에 유도되는 기전력의 평균값은 얼마인가?

6. (II) (a) 그림 21.43에서 저항기의 저항이 느리게 증가한다. 큰 원형 고리 도선 안쪽에 있는 작은 원형 고리 도선에 유도되는 전류의 방향은? (b) 작은 원형 고리 도선이 큰 것의 외부 왼쪽에 있다면 어떻게 되는가? 답에 대해 이유를 설명하라.

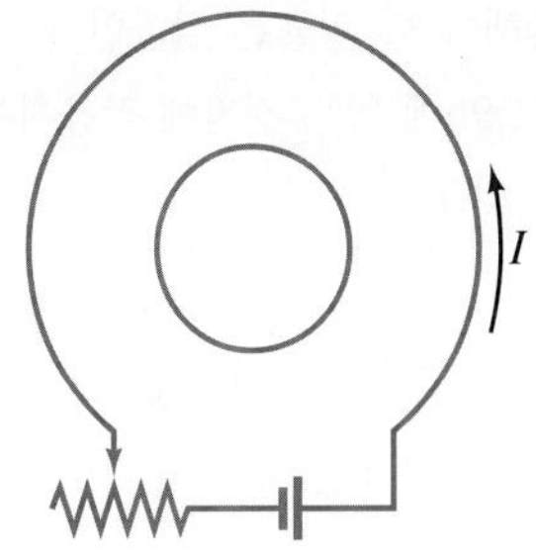

그림 21.43 주관식 6

7. (II) 그림 21.44의 각각에서 긴 직선 도선에 흐르는 전류의 변화에 따라 원형 고리 도선에 유도되는 전류의 방향은? 각각의 이유를 설명하라.

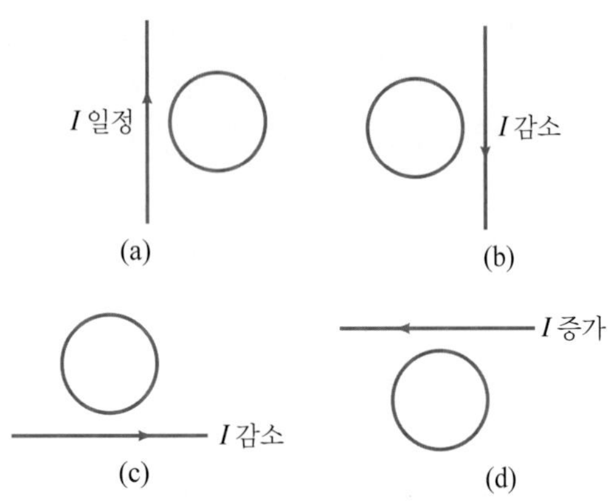

그림 21.44 주관식 7

8. (II) 1회 감긴 직사각형 고리 도선의 일부가 0.550 T의 균일한 자기장 내에 놓여 있다. 고리 도선의 크기는 그림 21.45에 표시되어 있다. 고리 도선의 전체 저항이 0.230 Ω이다. 고리 도선을 오른쪽으로 3.10 m/s의 등속력으로 당기기 위해 필요한 힘을 계산하라.

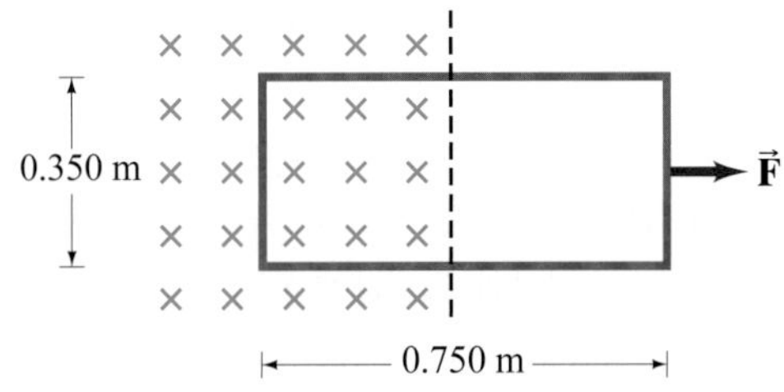

그림 21.45 객관식 8

9. (II) 그림 21.9a의 막대기가 오른쪽으로 속력 v로 움직이기 위해 막대에 오른쪽으로 힘을 작용해야 한다. (a) 필요한 힘의 크기를 구하고 설명해 보라. (b) 막대를 움직이기 위해 외부에서 공급해야 할 일률은 얼마인가? (막대에 작용하는 외력과 그림 21.9b에 있는 전자에 작용하는 위로 향하는 힘을 혼동하지 말라.)

10. (II) 그림 21.9에서 움직이는 막대의 저항은 0.25 Ω이고 레일은 20.0 cm 떨어져 있다. 정지해 있는 U자 모양의 도체의 저항은 무시할 수 있다고 하자. 0.350 N의 힘이 막대에 가해지면, 막대는 오른쪽으로 1.50 m/s의 속력으로 움직인다. 자기장은 얼마인가?

11. (III) 구리로 된 지름이 13.2 cm인 1회 감긴 원형 고리 도선이 자기장에 수직으로 놓여 있으며 자기장은 0.670 T에서 0으로 일정하게 감소한다. 도선의 지름이 2.25 mm라면, 이런 변화가 있는 동안 얼마만큼의 전하가 코일 내의 한 점을 지나가는가?

21.5 발전기

12. (II) 자동차 엔진이 1100 rpm으로 공회전할 때 발전기의 출력 전압이 12.7 V이다. 엔진의 회전 속도가 2500 rpm일 때의 발전기 전압은 얼마가 되는가? 다른 것은 바뀐 것이 없다고 가정한다.

13. (II) 550회 감긴 전기자 코일의 지름이 8.0 cm이다. 전기자가 0.55 T의 균일한 자기장 내에서 120 rev/s의 회전 속력으로 회전한다. (a) 발전기의 rms 출력 전압은 얼마인가? (b) rms 출력 전압을 두 배로 하려면 회전 속력을 얼마로 해야 하는가?

21.6 역기전력과 돌림힘

14. (I) 어떤 전동기의 전기자의 저항이 3.65 Ω이다. 120 V의 전원에 연결하여 최고 속력으로 회전할 때 8.20 A의 전류가 흘러들어 간다. 역기전력은 얼마인가?

15. (I) 어떤 전동기가 1800 rpm으로 동작할 때 역기전력이 72 V이다. 전동기 내의 자기장이 변하지 않은 상태에서 2300 rpm으로 동작시키면 역기전력은 얼마가 되는가?

21.7 변압기

[이하 변압기에 관한 문제에서 특별한 언급이 없는 한 변압기의 효율은 100 %라고 가정한다.]

16. (I) 어떤 변압기는 117 V를 13,500 V로 승압하도록 설계되어 있다. 일차 코일의 감은 수가 148회라면 이차 코일의 감은 수는 얼마여야 하는가?

17. (I) 어떤 변압기의 일차 코일의 감은 수가 360회이고 이차 코일의 감은 수가 120회이다. 이 변압기는 승압용인가 강압용인가? 전압 변환의 비는 얼마인가? 전류를 변화시키는 비율은?

18. (II) 4.6 Ω의 송전선을 거쳐 발전기로부터 마을에 도달할 때의 전압이 45 kV(rms)이고 전력이 35 MW이다. (a) 송전선의 시작점인 발전기에서의 기전력은 얼마인가? (b) 송전선에서 낭비되는 전력은 발전 전력의 몇 %인가?

19. (III) 2.0 MW의 전력을 저항이 0.100 Ω인 두 개의 송전선을 통해 매우 큰 쇼핑몰에 공급하고 있다. 120 V에서 1200 V로 높여서 송전한 다음 다시 낮추는 것이 120 V로 바로 송전하는 것보다 얼마나 전력이 더 절약되는가? 변압기들의 효율은 99 %라고 가정한다.

21.8 유도 계수

20. (I) 160 mH의 코일에 흐르는 전류가 350 ms 동안 25.0 A에서 10.0 A로 일정하게 변했다. 유도 기전력의 크기는 얼마인가?

21. (I) 어떤 코일에 흐르는 전류가 14.0 ms 동안에 −28.0 mA에서 +31.0 mA로 변한다면 2.50 V의 기전력을 일으키는 코일의 유도 계수는 얼마인가?

22. (I) 지름이 2.9 cm, 길이가 0.60 m이고 8500회 감은 솔레노이드의 유도 계수 L은 얼마인가?

23. (II) 지름이 2.5 cm이고 길이가 28.2 cm인 속이 빈(공기가 채워진) 원통에 2600회 감은 인덕터가 있다. (a) 유도 계수는 얼마인가? (b) 만일 원통의 내부에 투자율이 진공의 1200배가 되는 철심을 채운다면 같은 유도 계수를 내기 위해 몇 회만 감으면 되는가?

24. (III) 아주 조밀하게 N_1회 감은 길이가 ℓ이고 단면적이 A인 가늘고 긴 솔레노이드가 있다. 그 위에 착 달라붙도록 절연된 도선을 그림 21.46에서처럼 N_2회 감았다. 안쪽 코일에서 생긴 모든 자기 선속이 바깥 코일에 전달된다고 가정하고 상호 유도 계수를 구하라.

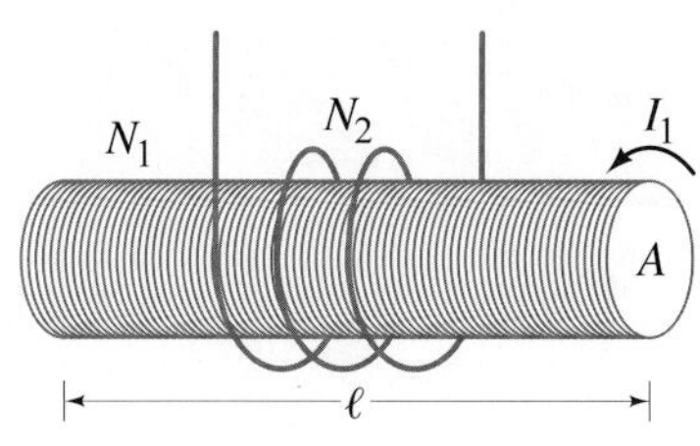

그림 21.46 객관식 24

21.9 자기장 내에 저장되는 에너지

25. (I) 길이가 36 cm이고 지름이 2.0 cm인 공심 솔레노이드 코일 내의 자기장이 0.72 T이다. 이런 자기장 내에 저장되는 에너지는 대략 얼마인가?

26. (II) 지구 표면 부근에서의 지구의 자기장이 평균적으로 대략 0.50×10^{-4} T라고 가정하고, 지면 위 10 km 상공까지 자기장 내에 저장되는 총에너지를 구하라.

21.10 *LR* 회로

27. (II) 어떤 LR 회로에 흐르는 전류가 0에서 최댓값의 0.75에 도달하는 데 2.56 ms가 걸렸다. (a) 회로의 시간 상수는 얼마인가? (b) L = 31.0 mH라면 회로의 저항은 얼마인가?

28. (II) 그림 21.26에 있는 LR 회로에서 스위치가 위쪽으로 닿아서 회로에서 V_0이 제거된 후, 저항 양단의 전위차가 처음 값의 2.5 %가 되는 데 걸리는 시간은 시간 상수의 몇 배인가?

29. (III) 그림 21.26의 LR 회로에서 t = 0(전지가 연결될 때)일 때의 $\Delta I/\Delta t$를 구하고 전류 I가 이런 비율로 일정하게 계속 증가한다면 최댓값에 도달하는 데 걸리는 시간이 1시간 상수임을 증명하라.

21.11 교류 회로와 리액턴스

30. (I) (a) 60.0 Hz와 (b) 1.00 MHz에서 6.20 μF의 축전기의 리액턴스는 각각 얼마인가?

31. (II) 라디오 내에 있는 260 mH의 코일을 240 V (rms) 10.0 kHz의 교류에 연결할 때 리액턴스와 rms 전류를 구하라. 저항은 무시한다.

32. (II) (a) 잘 절연된 0.030 μF의 축전기를 2.0 kV (rms) 720 Hz의 교류에 연결할 때의 리액턴스는 얼마인가? (b) 전류의 최댓값은 얼마인가?

21.12 *LRC* 회로

33. (II) 36 kΩ의 저항과 55 mH의 인덕터에 교류 전원이 직렬로 연결됐다. 전원의 진동수가 (a) 50 Hz, (b) 3.0×10^4 Hz일 때 회로의 임피던스를 구하라.

34. (II) 임피던스가 235 Ω이고 리액턴스가 115 Ω인 코일의 저항을 구하라.

35. (II) L = 28.0 mH, R = 8.70 kΩ, C = 6250 pF인 LRC 직렬 회로에 10.0 kHz, 725V (rms)가 연결될 때 전체 임피던스, 위상각, rms 전류를 구하라.

36. (III) (a) R = 2.80 kΩ, L = 350 mH인 회로에 60.0 Hz, 120 V(rms)의 교류 전원이 연결될 때 rms 전류를 구하라. (b) 전압과 전류 간의 위상각은 얼마인가? (c) 소비되는 전력은 얼마인가? (d) R과 L 양단의 rms 전압 값은 얼마인가?

37. (III) 그림 21.31a의 회로 B에서 R = 520 Ω이라 하자. 필터 회로의 축전기는 C = 1.2 μF이다. 그 축전기는 60 Hz 교류는 저지하고 6.0 kHz 교류는 통과시키는가? 이를 확인하기 위해 진동수가 (a) 60 Hz, (b) 6.0 kHz인 130 mV 신호에 저항 R 양단의 전압 강하를 구하라.

21.13 교류 회로에서의 공진

38. (I) 저항이 4.00 Ω이고 유도 계수가 55.0 μH인 코일에 직렬로 3500 pF의 축전기가 연결됐다. 회로의 공진 진동수는 얼마인가?

39. (II) AM 라디오 튜너에서 580 kHz의 방송에 튜닝할 때 가변 축전기의 전기 용량이 2800 pF이다. (a) 1600 kHz의 방송에 튜닝하려면 축전기의 용량은 얼마가 되어야 하는가? (b) (일정하다고 가정한다면) 회로의 유도 계수는 얼마인가?

40. (II) 어떤 *LRC* 회로에서 $L = 14.8$ mH이고 $R = 4.10$ Ω이다. (a) 3600 Hz에서 공진되려면 C값은 얼마여야 하는가? (b) 회로에 걸리는 봉우리 전압이 150 V라면 공진 시 회로에 흐르는 전류는 얼마인가?

연습 해답

A: (e)

B: (a) 시계 반대 방향, (b) 시계 방향, (c) 0, (d) 시계 반대 방향

C: 시계 방향(전류의 방향은 시계 반대 방향임)

D: (a) 증가(밝아짐), (b) 맞음; 반발이 커짐(반발 돌림힘)

E: 10회 감김

F: 그림 21.9b로부터 진동수가 높아지면 리액턴스가 증가하므로, (a)에서는 진동수가 증가하면서 전류가 회로 B로 흐르게 된다. (b)에서는 진동수가 증가하면 접지로 흐르게 되는 반면 진동수가 낮아지면 회로 B로 더 많이 흐르게 된다.

무선 통신 기술을 바탕으로 한 라디오, 텔레비전, 휴대 전화, 와이파이, 블루투스 등 무선 통신 장치들이 우리 일상생활에 널려 있다. 이들 장치는 공간을 통해 전파되는 전자기파에 의해 작동한다. 이런 무선 장치들은 1세기 전에 마르코니(Marconi)가 개발한 장거리 정보 전송 기술을 응용한 것이다.

이 사진은 인류가 달에 처음 착륙한 모습을 담고 있다. 뒤에는 텔레비전 카메라가 있어 달에서 사람들이 움직이는 모습을 먼 공간을 통해 지구로 전송해서 생방송으로 볼 수 있게 한다.

이 장에서 우리는 맥스웰이 그의 유명한 맥스웰 방정식으로부터 예측한 전자기파의 존재를 배우게 된다. 맥스웰 방정식 그 자체는 전기자기학을 아주 간단하게 요약한 것이다. 또한 전자기파가 에너지와 운동량도 운반하며 전자기파가 빛임을 알게 될 것이다.

CHAPTER 22

전자기파

시작 질문 추정해 보라!

다음 중 라디오파와 엑스선의 차이를 가장 잘 나타낸 것은 어느 것인가?

(a) 엑스선은 방사선인 반면 라디오파는 전자기파이다.

(b) 둘 다 전자기파로 생각할 수 있다. 단지 파장과 진동수가 각각 다를 뿐이다.

(c) 엑스선은 순수한 에너지이고 라디오파는 에너지가 아니라 전자기장에 의해 퍼져 나간다.

(d) 라디오파는 안테나에 흐르는 전류에 의해 생기고 엑스선은 전하와는 관계가 없다.

(e) 엑스선은 광자라고 하는 입자로 되어 있으나 라디오파는 공간에서 진동하는 무선 파동이다.

전자기파가 공간을 통해 돌아다닐 수 있다는 것을 예측하고 실험에 의해 증명됨으로서 19세기 전자기 이론의 성공은 최고점에 도달했다. 이런 성취의 결과 통신에 있어 오늘날 완전히 새로운 세계가 열리게 됐다. 처음으로 무선 전신이 이루어지고 다음에 라디오나 텔레비전, 그리고 최근에는 휴대 전화 및 리모컨, 와이파이, 블루투스 등의 기술로 발전됐다. 그래도 가장 중요한 것은 빛이 전자기파라는 거창한 예측이었다.

전자기파의 이론적인 예측은 스코틀랜드의 물리학자 맥스웰(James Clark Maxwell,

그림 22.1 맥스웰

1831~1879; 그림 22.1)의 업적이다. 그는 전기와 자기의 모든 현상을 하나의 거창한 이론으로 통일했다.

22.1 변하는 전기장이 자기장을 만든다; 맥스웰 방정식

19세기 전반에 외르스테드, 앙페르 등에 의해 개발된 전자기 이론이 전기장과 자기장이라는 말로 구체화되지는 않았었다. 장의 개념은 조금 나중에 패러데이에 의해 도입됐으며, 맥스웰이 모든 전기 및 자기 현상은 전기장과 자기장을 포함하는 네 개의 식 만으로 표현할 수 있음을 밝히기까지는 보편적으로 사용되지는 않았다. **맥스웰 방정식**(Maxwell's equations)이라고 알려져 있는 이 식들은 모든 전자기학의 식들 중에서 아주 기본적인 식이다. 이것은 역학에서 뉴턴의 세 가지 운동 법칙과 만유인력 법칙이 기본적인 법칙이듯이 전자기학에서 기본적인 법칙이다. 어떤 의미로는 맥스웰 방정식이 더 기본적인 법칙인데, 그 이유는 그것이 상대성이론(26장 참조)과 일치하는 것이지만 뉴턴 법칙은 그렇지 않기 때문이다. 모든 전자기학의 식들이 이 네 가지 식 내에 포함되기 때문에, 맥스웰 방정식은 인간 역사에서 학문적인 위대한 업적 중 하나라고 할 수 있다.

여기서는 어려운 미적분식으로 표현된 맥스웰 방정식의 수식을 쓰지 않겠지만 그 의미를 말로 표현하면 다음과 같다.

(1) 쿨롱 법칙의 일반화된 형태로서 전기장은 그 원천이 전하임을 나타낸다(= 16.12절 가우스 법칙).
(2) 자기장에 관한 일종의 가우스 법칙. 단, 자기력선은 항상 연속이어서 시작이나 끝이 없다(전기력선은 전하에서 시작하고 전하에서 끝난다).
(3) 전기장은 변하는 자기장에 의해 만들어진다(패러데이 법칙).
(4) 자기쟝은 전류에 의해 만들어지거나(앙페르 법칙), 변하는 전기장에 의해 만들어진다.

법칙 (3)은 패러데이 법칙이다(21장, 특히 21.4절). 법칙 (4)의 앞부분은 전류가 자기장을 만든다는 것으로 외르스테드에 의해 발견됐으나 수학적인 관계식은 앙페르 법칙에 의해 완성됐다(20.8절). 그러나 법칙 (4)의 두 번째 부분은 맥스웰이 예측한 완전히 새로운 측면이다. 맥스웰의 주장에 의하면 패러데이 법칙에서처럼 변하는 자기장이 전기장을 만든다면 그 역도 성립하리라는 것이다. 즉 **변하는 전기장은 자기장을 만들 것이다.** 이것이 바로 맥스웰의 **가정**이다. 이것은 자연에서 일어나는 **대칭** 현상의 개념을 바탕으로 한 것이다. 하지만 대부분의 경우 그 효과는 대단히 미미해서 맥스웰은 실험적으로 그것을 검증하기가 매우 어려울 것이라고 생각하고 있었다.

맥스웰의 네 번째 식(앙페르 법칙의 확장)

변하는 전기장이 자기장을 만든다는 생각을 뒷받침하기 위해, 다음과 같은 간접적인 방법을 사용해 보자. 앙페르 법칙에 따르면 $\Sigma B_{\parallel}\,\Delta\ell = \mu_0 I$이다. 즉 어떤 닫힌 경로를 잘게 나누어 그 하나의 작은 길이 요소를 $\Delta\ell$이라 하고, 그 작은 길이 요소와 이와 평행한 자기장을 곱한 것들을 모두 합한 것은 그 닫힌 경로 안을 지나가는 알짜 전류에 μ_0을 곱한 것과 같다. 한 개의 직선 도선 둘레에 앙페르 법칙을 적용한다고 하면 (20.8절 참조), 전류는 원형 고리에 둘러싸인 부분의 단면을 통과하는 것으로 생각한다. 그런 단면이 그림 22.2에 나타난 평평한 표면 1이다. 그러나 앙페르 법칙의 표면을 그림 22.2에서의 자루 모양의 표면 2를 사용할 수도 있다. 어느 경우에나 같은 전류 I가 표면을 관통한다.

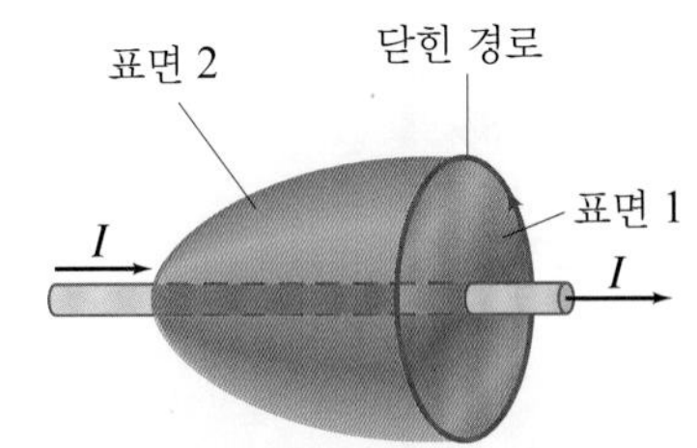

그림 22.2 경로는 같지만 서로 다른 두 표면에 앙페르 법칙을 적용할 수 있다.

이제 축전기가 방전되고 있는 그림 22.3과 같은 모양의 닫힌 경로를 살펴보자. 앙페르 법칙은 표면 1(전류 I가 표면 1을 관통해 흐른다)에 적용된다. 그러나 표면 2를 통해서는 전류가 흐르지 않기 때문에 표면 2에서는 앙페르 법칙이 적용되지 않는다. 도선 둘레에는 자기장이 있기 때문에 앙페르 법칙의 식

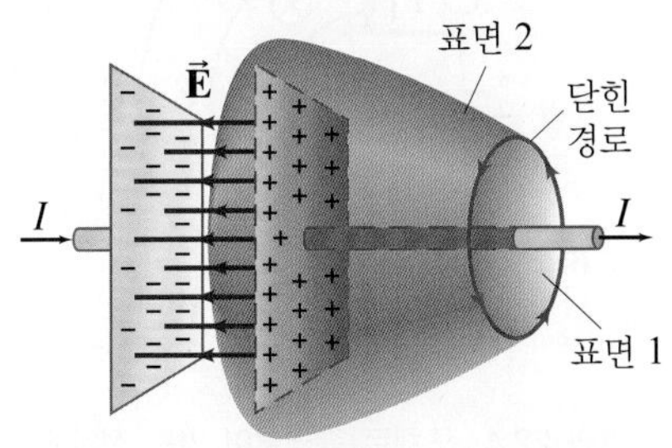

그림 22.3 축전기의 방전. 전도 전류는 표면 1을 지나가지만 자루 같이 생긴 표면 2는 지나가지 않는다. 따라서 앙페르 법칙은 또 다른 항이 추가 되어야 한다.

$$\Sigma B_{\parallel}\,\Delta\ell = \mu_0 I$$

의 좌변은 원형 모양의 닫힌 경로에 대해 0이 아니다. 하지만 표면 2를 통해서는 전류가 흐르지 않기 때문에 표면 2에 대한 앙페르 식의 우변은 0이다. 그렇다면 앙페르 법칙은 뭔가 잘못된 것이다. 그러나 그림 22.3에서 전하가 축전기 판으로 들어오거나 나갈 때 판 사이에 전기장이 존재한다. 판 위의 전하가 변한다는 것은 판 사이의 전기장이 시간에 따라 변함을 의미한다. 맥스웰은 판 사이의 전기장의 변화를 전류와 같다는 전제하에 그림 22.3의 표면 2를 통해 전류가 흐르지 않는다는 문제를 해결했다. 그는 이 전류를 **변위 전류**[†](displacement current) I_D라고 불렀다. 도선을 흐르는 원래 전류는 '전도 전류'라고 불렀다. 맥스웰에 의해 일반화된 앙페르 법칙은 다음과 같이 된다.

$$\Sigma B_{\parallel}\,\Delta\ell = \mu_0(I + I_D)$$

앙페르 법칙은 그림 22.3의 표면 2에 대해 적용해 보자. 여기서 I_D는 전기장이 변하고 있음을 나타낸다.

축전기 전하에 대한 식 17.7인 $Q = CV$를 식 17.8인 $C = \epsilon_0 A/d$와 식 17.4a의 $V = Ed$와 결합하면, 그 식은 $Q = CV = (\epsilon_0 A/d)(Ed) = \epsilon_0 AE$가 된다. 따라서 전류 I_D는

$$I_D = \frac{\Delta Q}{\Delta t} = \epsilon_0 \frac{\Delta \Phi_E}{\Delta t}$$

가 된다. 여기서 $\Phi_E = EA$는 **전기 선속**(electric flux)으로서 자기 선속과 비슷하게 정의된다. 따라서 앙페르 법칙은 다음과 같다.

$$\Sigma B_{\parallel}\,\Delta\ell = \mu_0 I + \mu_0\epsilon_0 \frac{\Delta \Phi_E}{\Delta t} \tag{22.1}$$

앙페르 법칙 (일반형)

이 식은 맥스웰의 생각이 포함된 것으로서 자기장은 정상 전류뿐만 아니라 변하는 전기장이나 변하는 전기선속에 의해서도 만들어질 수 있음을 나타내고 있다.

[†] 역자 주: 지금까지 많은 교재에서 displacement current를 변위 전류라고 번역해 왔다. 본문의 내용상 이것은 전도 전류를 대체한 전류라는 뜻이다. 이 전류는 변위와는 아무 관련이 없다.

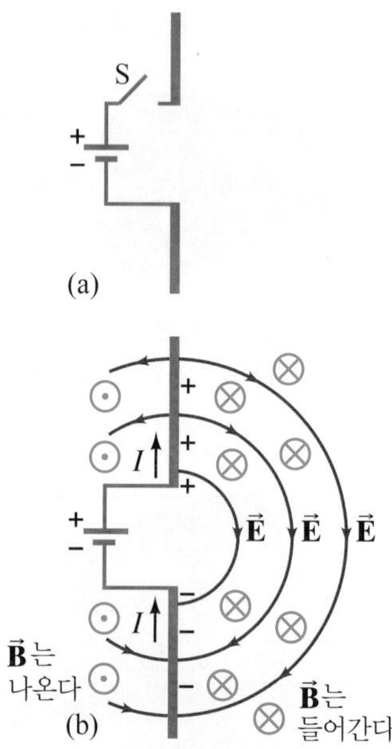

그림 22.4 도체로 흘러들어 가는 전하에 의해 생기는 전기장과 자기장. 전기장 $\vec{\mathbf{E}}$와 자기장 $\vec{\mathbf{B}}$가 먼 거리까지 도달하는 데는 시간이 걸린다. 이 그림에서 전기장과 자기장은 안테나의 오른쪽만 그려져 있지만 실제로는 수직 안테나를 중심으로 대칭적으로 퍼져 나간다.

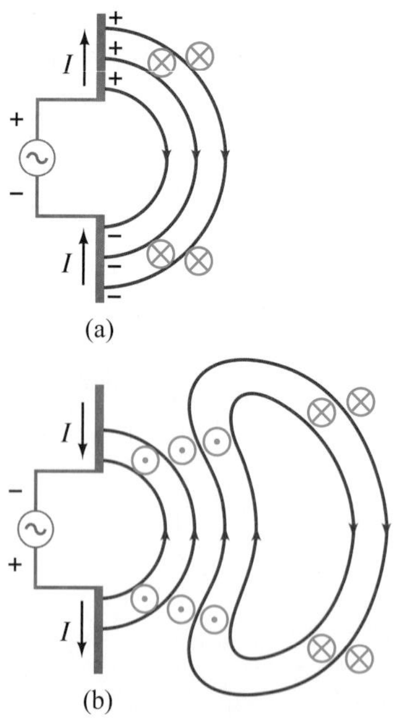

그림 22.5 교류 전원에 연결된 두 도체(안테나) 위에서 진동하는 전하로부터 퍼져 나가는 전기장과 자기장의 연속적인 모습

22.2 전자기파의 발생

맥스웰에 따르면, 빈 공간에 전기장이 있는 경우에도 자기장이 생길 것이다. 이런 생각으로부터 맥스웰은 또 다른 아주 놀라운 결과를 이끌어 냈다. 변하는 자기장이 전기장을 만든다면, 전기장은 자신도 변할 것이다. 이 변하는 전기장은 또다시 변하는 자기장을 만들 것이고 그것 또한 변하는 전기장을 만들면서 계속해서 과정을 반복할 것이다. 맥스웰이 그의 방정식들을 연구했을 때, 그는 이들 상호작용하는 장의 변화는 전기장과 자기장의 파가 되어 공간을 통해 퍼져 나갈(진행) 것이라는 결론에 도달했다. 이제 우리는 단순한 방법으로 이런 **전자기파**(electromagnetic waves)가 어떻게 만들어지는지를 시험해 보고자 한다.

'안테나'와 같은 역할을 할 수 있는 두 개의 도체 막대를 살펴보자(그림 22.4a). 이 두 막대를 스위치를 통해 전지에 연결하자. 스위치가 닫히면, 그림에서 위의 막대는 재빨리 양전하로 대전되고 아래 막대는 음전하로 대전된다. 그 전하들에 의한 전기력선은 그림 22.4b와 같이 형성된다. 전하가 흐르는 동안에 전류는 검정색 화살표로 나타낸 방향으로 흐른다. 따라서 안테나 부근에 자기장이 형성된다. 자기력선은 안테나 둘레를 따라 돌게 되므로 그림 22.4에서처럼 오른쪽에서 $\vec{\mathbf{B}}$는 종이면 안으로(⊗) 들어가고 왼쪽에서는 종이면으로부터 앞으로(⊙) 나온다. 그렇다면 이제 이런 전기장 및 자기장이 얼마나 멀리 퍼져 나가겠는가? 변화가 없는 경우, 장들은 무한히 멀리 형성된다. 그러나 그림 22.4에서 스위치가 닫히면, 장들은 재빨리 도선 근처에만 있게 되므로 장이 먼 곳에 도달하는 데는 시간이 걸린다. 전기장과 자기장은 에너지를 저장하지만 이 에너지는 무한한 속력으로 먼 곳에 전달될 수는 없다.

이제 그림 22.5의 상황을 살펴보자. 여기서 안테나는 교류 전원에 연결되어 있다. 그림 22.5a에서처럼 교류 전원과 안테나가 연결되는 순간 전하가 막대에 채워지기 시작하고 장은 그림 22.4b와 같이 형성된다. 그림 22.5a에서 +와 부호는 어느 주어진 순간에 각 도체 막대에 있는 알짜 전하를 나타내며 검정색 화살표는 전류의 방향을 나타낸다. 전기장은 종이면 위에 빨간색 선으로 표현했으며 자기장은 오른손 규칙에 따라 종이면으로 들어가거나(⊗) 나온다(⊙). 그림 22.5b에서 교류 전원의 전압은 방향이 바뀌어 있으며 전류도 방향이 바뀌어 있고 자기장도 반대 방향으로 되어 있다. 새로운 장이 방향이 바뀌었으므로 이전의 선들은 밖으로 밀려나면서 새로운 선과 연결되면서 그림에서처럼 닫힌 고리를 형성한다.† 그러나 이전의 장들은 갑자기 사라지지는 않으므로 먼 곳까지 나아간다. 변하는 자기장이 전기장을 만들고 변하는 전기장이 자기장을 만들므로, 바깥으로 이동하는 변하는 전기장과 자기장의 이런 조합은 지속적인 파동을 형성하며, 더 이상 안테나의 전하와는 관계없게 된다.

안테나 가까이에 있는 **근접 장**은 아주 복잡하게 되어 있지만 별로 신경 쓸만한 것은 아니다. 우리의 관심사는 안테나에서 먼 곳의 장이다(그것이 우리가 감지하고자 하는 장이다). 그런 장을 **복사장**(radiation fields)이라고 한다. 전기력선은 그림 22.6a

† 여기서는 빈 공간을 통해 전달되는 파를 다루고 있다. 시작이나 끝이 있어야 하는 전기장 $\vec{\mathbf{E}}$의 선을 그리기 위한 전하가 없으므로, 닫힌 고리가 형성된다. 자기력선은 항상 닫힌 고리를 형성한다.

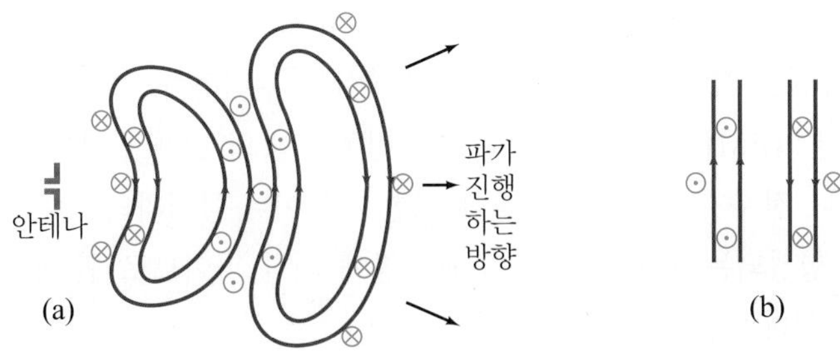

그림 22.6 (a) 안테나 위의 사인꼴 신호로부터 생긴 복사장(안테나로부터 먼 곳)의 모습. 빨간색의 닫힌 고리는 전기력선을 나타내고 있다. 자기력선은 종이면에 수직이고 파란색의 ⊗와 ⊙로 나타냈으며 그것들도 닫힌 고리를 이룬다. (b) 안테나로부터 매우 먼 곳에서는 파면(장선)은 넓은 면에 걸쳐 평평하게 되어 평면파라고 한다.

에서와 같이 고리를 이루며 연속적으로 밖으로 나간다. 자기장도 고리를 이루지만 그 고리가 책의 종이면에 수직으로 지나가므로 이 그림에는 고리 모양으로 그려져 있지 않다. 장을 나타내는 선들이 안테나의 오른쪽에서만 그려져 있지만 실제는 다른 모든 방향으로도 나아간다. 장의 세기는 진동하는 전하에 수직인 방향으로 가장 강하며, 그림 22.6a의 안테나의 위와 아래 방향인 전하의 진동 방향과 평행한 방향으로는 세기가 최소가 된다.

복사장에서의 $\vec{\mathbf{E}}$와 $\vec{\mathbf{B}}$의 크기는 둘 다 거리에 따라 $1/r$로 감소한다. (쿨롱 법칙에서 $\vec{\mathbf{E}}$가 $1/r^2$에 따라 감소하는 것과 비교하라.) 전자기파가 운반하는 에너지는 진폭의 제곱에 비례하므로(11장에서 모든 파에 대해 그렇게 주어짐), 파의 세기를 나타내는 E^2과 B^2도 $1/r^2$에 따라 감소한다. 그러므로 전자기파가 운반하는 에너지는 음파에서와 같이 **역제곱 법칙**(inverse square law)에 따른다(식 11.16).

그림 22.6을 살펴보면 복사장에 관한 몇 가지 사실을 알 수 있다. 첫째, **전기장과 자기장 및 진행 방향이 모든 점에서 수직이라는 것이다.** 둘째, 두 장의 방향이 교대로 바뀐다는 것이다(어떤 점에서 종이면으로 $\vec{\mathbf{B}}$가 들어가면 다른 곳에서는 나오며, 어떤 점에서 $\vec{\mathbf{E}}$가 올라가면 다른 점에서는 내려간다). 그러므로 장의 세기는 한 방향에서 극댓값에서 0 사이로 변하고 다시 다른 방향으로 극댓값에 도달한다. 전기장과 자기장은 '위상이 같다'. 즉 두 장은 공간상의 같은 점에서 0이 되며 또 다른 같은 점에서 극댓값에 도달한다. 결국 안테나로부터 매우 먼 곳(그림 22.6b)에서 장선들은 매우 광범위한 넓이에 걸쳐 평평해 지게 되어 그 파들은 **평면파**(plane waves)가 된다.

안테나에 공급되는 교류 전압이 사인꼴로 변하면, 복사장에서의 전기장과 자기장의 세기도 역시 사인꼴로 변할 것이다. 그림 22.7에 나타나 있는 파의 모양은 사인형

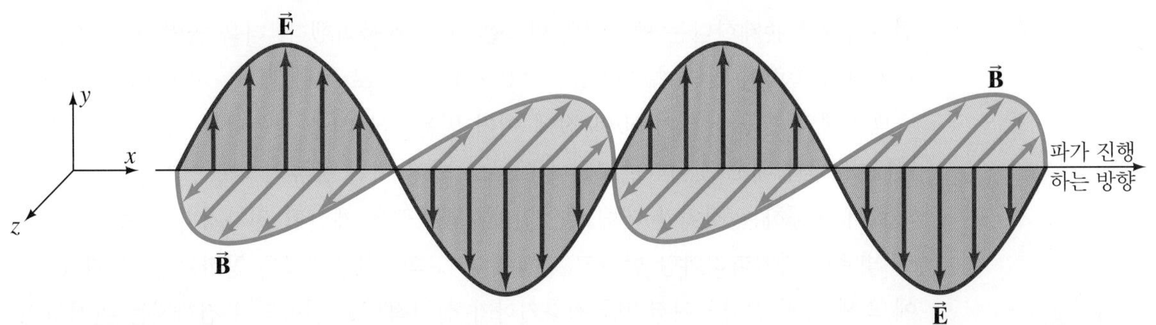

그림 22.7 전자기파에서의 전기장과 자기장의 세기. $\vec{\mathbf{E}}$와 $\vec{\mathbf{B}}$는 서로 수직이다. 전체 모양은 $\vec{\mathbf{E}}$와 $\vec{\mathbf{B}}$ 모두에 수직인 방향으로 움직인다.

이며 장의 방향과 크기가 파가 진행하는 방향을 따라 위치의 함수로 그려져 있다. 잘 살펴보면 $\vec{\mathbf{B}}$와 $\vec{\mathbf{E}}$는 서로 수직하면서 진행 방향에도 수직하다.

이것을 전자기(EM)파라고 한다. 이 파는 진폭이 파의 진행 방향과 수직하므로 **횡파**이다. 그러나 전자기파는 물질파(줄에 의한 파동이나 물결파와 같은 것)가 아니고 항상 **장**으로 형성되는 파이다. 전자기파는 장에 의한 파이므로 빈 공간(진공)을 통해 전파될 수 있다.

아는 바와 같이 전자기파는 진동하는 전하에 의해 생기므로 가속도를 갖게 된다. 사실 일반적으로 다음과 같이 말할 수 있다.

가속되는 전하는 전자기파를 생기게 한다.

맥스웰은 전자기파의 속력에 대한 식을 유도했는데, 그 값은 다음과 같다.

$$v = c = \frac{E}{B} \tag{22.2}$$

여기서 c는 진공 중의 전자기파의 속력을 나타내는 기호이고 E와 B는 공간상 같은 점에서의 전기장과 자기장의 크기이다. 좀 더 구체적으로 전자기파의 속력은 다음과 같이 주어진다.

$$c = \frac{1}{\sqrt{\epsilon_0 \mu_0}} \qquad \text{[전자기파의 속력]} \tag{22.3}$$

맥스웰은 ϵ_0과 μ_0에 대한 값을 대입하여 전자기파의 속력이

$$c = \frac{1}{\sqrt{\epsilon_0 \mu_0}} = \frac{1}{\sqrt{(8.85 \times 10^{-12}\,\mathrm{C^2/N\cdot m^2})(4\pi \times 10^{-7}\,\mathrm{N\cdot s^2/C^2})}} = 3.00 \times 10^8\,\mathrm{m/s}$$

이 됨을 발견했는데 이것은 정확히 진공 중에서의 빛의 속력과 같다(22.4절 참조).

연습 A 어떤 순간에 어떤 파의 전기장은 북쪽을 향하며 자기장은 위로 향한다. 파는 어느 방향으로 진행하는가? (a) 남쪽 (b) 서쪽 (c) 동쪽 (d) 아래쪽 (e) 알 수 없음 [그림 22.7 참조]

22.3 전자기파로서 빛과 전자기 스펙트럼

전자기파가 존재한다는 맥스웰의 예측은 시작에 불과했다. 더욱 놀랄 만한 것은 전자기파의 속력이 빛의 속력과 같은 3.0×10^8 m/s로 예측됐다는 사실이다.

맥스웰의 연구가 있기 60년 전에 이미 빛은 파동성을 갖는다는 사실이 밝혀졌었다(24장에서 배울 것이다). 그러나 아무도 빛이 어떤 종류의 파동인지는 몰랐다. 광파로서 진동하는 것이란 대체 무엇인가? 맥스웰은 계산된 전자기파의 속력을 근거로 빛은 전자기파라야만 한다고 주장했다. 그의 이런 생각은 곧바로 많은 과학자들에 의해 널리 받아들여졌지만 전자기파가 실험적으로 검출되기 전까지는 완전히 받아들여진 것은 아니었다. 맥스웰이 죽은 후 8년 뒤인 1887년에 헤르츠(Heinrich

Hertz, 1857~1894)가 실험을 통해 전자기파를 처음으로 발생시키고 검출했다. 헤르츠는 좁은 간격의 두 전극 사이에서 불꽃이 튀는 장치를 사용하여 전하가 매우 짧은 시간 동안에 두 전극 사이를 왕복하게 하여 파를 발생시켰으며, 진동수는 약 10^9 Hz였다. 그는 그 파를 약간 떨어진 거리에서 변하는 자기장이 지나갈 때 기전력이 유도되는 고리 모양의 도선을 사용하여 검출했다. 나중에 이 파들이 빛의 속력인 3.0×10^8 m/s로 전파되며 반사, 굴절 및 간섭과 같은 빛의 모든 성질을 갖고 있음이 밝혀졌다. 차이가 있다면 전자기파는 눈에 보이지 않는다는 것이다. 헤르츠의 실험은 맥스웰의 이론을 매우 강력하게 뒷받침해 주는 것이었다.

가시광선의 파장은 19세기 초반 10년에 측정됐는데 그것은 빛이 전자기파라고 상상하기 훨씬 이전이다. 가시광선의 파장은 4.0×10^{-7} m에서 7.5×10^{-7} m 또는 400 nm에서 750 nm (1 nm = 10^{-9} m) 사이에 있다. 가시광선의 파장은 식 11.12를 사용하여 계산할 수 있는데, 그 식은

$$c = \lambda f \tag{22.4}$$

이다. 여기서 f와 λ는 각각 빛의 진동수와 파장이고 c는 빛의 속력으로 그 값은 3.0×10^8 m/s이다. 자유 공간에서의 모든 전자기파의 속력에 대한 보편성 때문에 빛의 속력에 대해 특별한 기호 c를 사용한다. 식 22.4는 가시광선의 진동수가 4.0×10^{14} Hz~7.5×10^{14} Hz의 범위에 있음을 암시한다. (1 Hz = 1 c/s = 1 s^{-1}이다.)

하지만 가시광선은 전자기파의 일종일 뿐이다. 이미 알고 있는 바와 같이, 헤르츠는 약 10^9 Hz에 가까운 훨씬 더 낮은 진동수의 전자기파를 발생시켰다. 그 범위의 전자기파는 라디오나 텔레비전 신호를 송신하는 데 사용되므로 **라디오파**(radio waves)라고 한다. 전자기 복사라고 부르기도 하는 전자기파는 상당히 넓은 범위의 진동수로 발생시켜 왔고 검출되고 있다. 그런 넓은 범위의 전자기파는 보통 그림 22.8에서 보이는 것과 같이 분류되며, 이를 **전자기 스펙트럼**(electromagnetic spectrum)이라 한다.

라디오파와 마이크로파는 전자 장치를 사용하여 실험실에서도 발생시킬 수 있다(그림 22.5). 진동수가 높아지면 실험실에서 전자 회로를 사용하여 발생시키기가 어

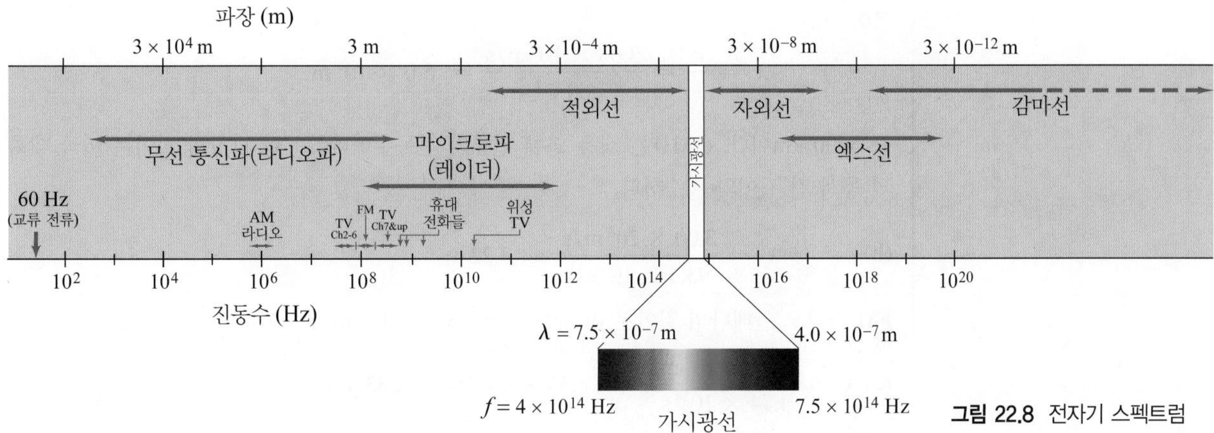

그림 22.8 전자기 스펙트럼

려워진다. 이런 높은 진동수의 전자기파는 원자, 분자 및 핵(핵에 관해서는 나중에 좀 더 자세히 논함)으로부터 방출되는 자연 과정에 의해 발생된다. 전자기파는 그림 22.5의 안테나에서의 전자나 다른 대전 입자들의 가속에 의해 발생될 수 있다. 엑스선은 파장이 매우 짧으며(진동수가 매우 높다), 고속의 전자가 금속 표적에 부딪치며 급속히 감속될 때 발생된다(25장과 28장). 보통의 백열전구에서 나오는 가시광선의 경우도 매우 뜨거운 필라멘트 내에서 가속되는 전자에 의해 방출되는 것이다.

연습 B 589쪽 시작 질문으로 가서 다시 답을 해 보라. 처음과 답이 다르다면 그 이유를 설명해 보라.

앞으로 우리는 여러 가지 형태의 전자기파에 대해 공부하게 될 것이다. 그러나 적외복사선(진동수가 가시광선보다 조금 낮은 전자기파)은 주로 태양광에 의한 가열 때문에 생긴다. 태양은 가시광선뿐만 아니라 상당량의 적외선(IR, infrared)이나 자외선(UV, ultraviolet)을 방출한다. 우리의 피부는 적외선 진동수에 '공진'하는 경향이 있어서 태양광의 적외선이 피부에 흡수되어 몸을 따뜻하게 한다. 우리 인간은 전자기파를 파장에 따라 다른 방법으로 받아들이고 있다. 눈은 약 7.5×10^{-7} m~4×10^{-7} m(가시광선 범위) 사이의 파장을 갖는 빛을 보는 반면, 피부는 파장이 더 긴 적외선(IR)을 느낀다. 그 외의 많은 전자기파는 사람이 직접 느끼지 못하고 있다.

주의
음파와 전자기파는 전혀 다르다.

빛이나 다른 전자기파들은 3×10^8 m/s의 속력으로 진행한다. 이것을 공기 중에서 약 300 m/s의 속력으로 진행하는 음파(12장 참조)와 비교해 보라. 소리는 빛보다는 백만 배나 느리며, 30 m/s(100 km/h)로 달리는 자동차는 빛보다 천만 배나 느리다. 전자기파는 음파와는 완전히 다르다. 음파는 공기라고 하는 매질 내에서 진행하면서 공기 분자의 운동에 영향을 주지만 전자기파는 어떤 물질과도 무관하며 단지 장에만 관련이 있고 빈 공간 내를 진행한다.

예제 22.1 전자기파의 파장

(a) 60 Hz의 전자기파, (b) 93.3 MHz의 FM 라디오파, (c) 레이저에서 나오는 진동수가 4.74×10^{14} Hz인 빨간색 가시광선의 파장을 구하라.

접근 이 모든 파들은 전자기파이므로 속력은 $c = 3.00 \times 10^8$ m/s이다. 따라서 식 22.4인 $\lambda = c/f$를 λ에 대해 계산하면 된다.

풀이 (a)

$$\lambda = \frac{c}{f} = \frac{3.00 \times 10^8\ \text{m/s}}{60\ \text{s}^{-1}} = 5.0 \times 10^6\ \text{m}$$

즉 5000 km이다. 60 Hz는 상용 교류 전류의 진동수이다. 그 한 파장의 길이는 미국 대륙의 동서 간 길이와 비슷하다.

(b)
$$\lambda = \frac{3.00 \times 10^8\ \text{m/s}}{93.3 \times 10^6\ \text{s}^{-1}} = 3.22\ \text{m}$$

FM 라디오 안테나의 길이는 이 파장의 반$(\frac{1}{2}\lambda)$, 즉 1.5 m 정도이다.

(c)
$$\lambda = \frac{3.00 \times 10^8\ \text{m/s}}{4.74 \times 10^{14}\ \text{s}^{-1}} = 6.33 \times 10^{-7}\ \text{m}\ (= 633\ \text{nm})$$

연습 C (a) 파장이 80 m인 라디오파와 (b) 파장이 5.5×10^{-11} m인 엑스선의 진동수를 계산해 보라.

예제 22.2 | 추산 휴대 전화 안테나

휴대 전화 안테나의 길이는 보통 $\frac{1}{4}$ 파장 길이로 한다. 어떤 휴대 전화의 막대형 안테나의 길이가 8.5 cm라면 그 휴대 전화의 송수신 진동수를 추정해 보라.

접근 파의 속력, 파장, 진동수 간의 관계를 나타내는 기본 식은 $c = \lambda f$이다. 이 문제에서의 파장 λ는 안테나 길이의 네 배이다.

풀이 안테나의 길이가 $\frac{1}{4}\lambda$이므로, $\lambda = 4(8.5\text{ cm}) = 34\text{ cm} = 0.34\text{ m}$이다.
따라서 $f = c/\lambda = (3.0 \times 10^8\text{ m/s})/(0.34\text{ m}) = 8.8 \times 10^8\text{ Hz} = 880\text{ MHz}$이다.

유의 라디오 안테나는 항상 곧은 막대가 아니다. 안테나선은 크기를 줄이기 위해 원형으로 된 것도 있다.

연습 D 165 MHz의 진동수로 작동하는 비행기 무전기의 안테나의 길이가 $\frac{1}{4}\lambda$이라면 그 길이는 얼마여야 하는가?

전자기파는 빈 공간에서 퍼져 나가기도 하지만 전송선을 따라 전송될 수도 있다. 기전력원이 전송선—그것은 평행한 두 도체나 동축 케이블(그림 22.9)로 구성된다—에 연결되면 긴 도선의 모든 곳에서 즉각적으로 전기장이 형성되지는 않는다. 이것은 22.2절에서 그림 22.5를 참조하여 설명한 것과 같은 이유 때문이다. 실제로 도선들이 빈 공간이나 공기 중에서 분리되어 있는 경우, 전기 신호는 $c = 3.00 \times 10^8$ m/s의 속력으로 도선을 따라 전달된다. 예를 들어 전등 스위치를 누르면, 아주 짧은 순간 지연되어 불이 켜진다. 만일 도선이 유전율이 ϵ이고 투자율이 μ인 매질 내에 있다면, 그 속력은 식 22.3으로 주어지지 않고 다음과 같이 나타낸다.

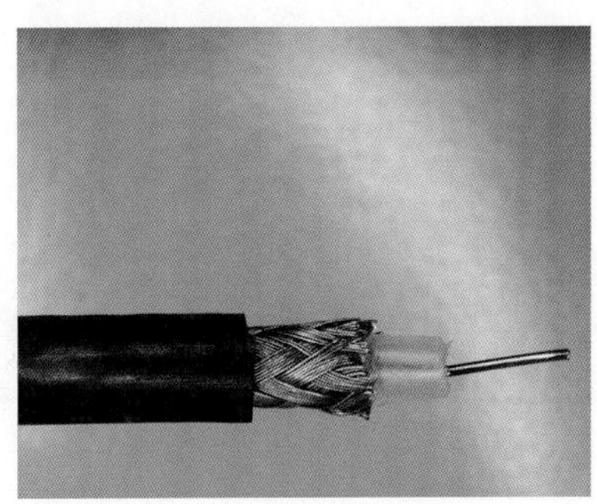

그림 22.9 동축 케이블

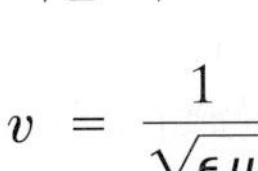

$$v = \frac{1}{\sqrt{\epsilon\mu}}$$

예제 22.3 | 추산 전화 신호의 지연 시간

뉴욕에서 런던에 있는 친구에게 전화를 건다고 하자. (a) 대서양 해저 케이블 통해 전달되는 경우, (b) 지구 위 고도 36,000 km에 떠 있는 인공위성 중계기를 경유하는 경우, 목소리가 전기 신호로 바뀌어 런던에 있는 친구에게 도달하는 데 걸리는 시간을 대략적으로 계산하라. 두 경우 신호가 전달되는 데 현저한 차이가 있는가?

접근 신호는 전화선을 따라 전달되거나 위성을 경유하여 공중으로 전달된다. 어느 경우나 전자기파 형태로 전달된다. 도선이나 케이블과 마찬가지로 전자 회로도 전송 속력을 느리게 하지만, 대략적으로 빛의 속력으로 간다고 보면 된다.

풀이 뉴욕에서 런던까지의 거리는 대략 5000 km이다.
(a) 전송선을 통해 신호가 전달될 때의 시간 지연은 $t = d/c \approx (5 \times 10^6\text{ m})/(3.0 \times 10^8\text{ m/s}) = 0.017\text{ s}$이다.

(b) 위성을 경유하면 시간 지연이 더 느려지는데, 그 이유는 통신위성이 정지위성(예제 5.11)이기 때문에 고도가 36,000 km나 되기 때문이다. 통신 신호는 위성에 갔다가 되돌아 와야 하기 때문에 72,000 km의 거리를 지나간다. 그러나 신호는 대각선을 따라 이동하므로 실제 신호가 이동하는 거리는 이보다 더 멀다(뉴욕에서 런던까지의 5000 km는 위성까지의 거리에 비해 짧지만 삼각형의 밑변이므로 왕복 거리는 72,000 km보다는 멀다). 따라서 올라가는 데만 $t = d/c \approx (7.2 \times 10^7\ \mathrm{m})/(3 \times 10^8\ \mathrm{m/s}) \approx 0.24\ \mathrm{s}$가 걸리므로 내려오는 시간까지 하면 약 0.5 s가 걸린다.

유의 신호가 해저 케이블을 통해 전송된다면 신호의 지연은 아주 짧아서 대화하는 데 큰 문제가 없다. 신호가 위성을 통해서 중계되면 지연 시간이 결코 짧지 않다. 여러분의 말이 끝나는 시각과 친구가 듣고 대답한 말을 여러분이 듣게 되는 시각 간의 간격은 앞에서 계산한 바와 같이 보통의 대화 간격 시간보다도 0.5 s 정도 늦을 것이다. 이 정도의 시간은 충분히 느낄 수 있는 시간이며, 친구의 답변이 되돌아올 때까지 기다린 다음, 그 다음 말을 시작해야 한다.

연습 E 100 km 밖에 안 떨어진 친구에게 위성 중계 전화로 통화한다면 앞의 유의에서 논의한 효과와 같은 현상을 느끼는가?

연습 F 목소리가 음파로서 전달된다면, 뉴욕에서 런던까지 가는 데 얼마나 걸리는가?

22.4 빛의 속력 측정

갈릴레오는 두 산 꼭대기 사이를 빛이 왕복하는 데 걸리는 시간을 측정하여 빛의 속력을 측정하려 시도했었다. 그는 산꼭대기에 그의 조수를 세워 놓고 다른 산꼭대기에 올라가 조수에게 갈릴레오가 램프를 덮고 있던 덮개를 열고 그의 조수가 그 빛을 보았을 때 조수는 즉시 그의 램프 덮개를 열라고 지시했다. 갈릴레오는 그의 램프의 불빛을 보는 순간부터 조수가 들고 있는 램프의 불빛을 보는 순간까지의 시간을 측정했다. 그 시간은 너무 짧아서 갈릴레오는 그 시간 간격이 사람의 반응시간을 나타낼 뿐이고 빛의 속력은 엄청나게 빠르다는 결론을 내렸다.

빛의 속력이 유한하다는 확신을 갖게 한 측정을 최초로 한 사람은 덴마크의 천문학자 뢰머(Ole Roemer, 1644~1710)이다. 뢰머는 평균 공전 주기가 42.5시간인 목성의 위성 이오(Io)의 공전 주기를 매우 주의 깊게 측정한 결과 지구와 목성의 위치에 따라 약간의 차이가 있음에 특히 주목했다. 그는 이런 차이가 이오가 한 바퀴 공전하는 동안 지구와 목성 간 거리가 변하고 그 차이에 해당하는 거리를 빛이 이동하는 데 걸리는 시간 때문이라고 보았다. 뢰머는 빛의 속력이 매우 빠르지만 유한하다는 결론을 내렸다.

그 이후 많은 사람들이 빛의 속력을 측정하기 위해 여러 가지 방법을 사용했다. 그 중 가장 잘 측정한 사람은 미국인 마이컬슨(Albert A. Michelson, 1852~1931)이었다. 마이컬슨은 그림 22.10과 같은 회전 거울 장치를 1880년부터 1920년까지 수행된 일련의 실험에서 사용했다. 광원에서 나온 빛은 면이 8개인 8각형 회전 거울의 한

면에 도달할 것이다. 반사된 빛은 정지해 있는 반대 측 거울까지 이동하여 반사되어 되돌아온다. 회전 거울이 정확하게 회전한다면 정지 거울에서 반사되어 되돌아오는 빛은 회전 거울의 한 면에서 반사되어 그림과 같은 작은 망원경을 통해 관측자의 눈으로 들어간다. 회전 속력이 조금이라도 달라지면 거울에 도달한 빛은 다른 쪽으로 휘어지게 되어 관측자가 볼 수 없게 된다. 관측자가 빛을 볼 수 있는 최소의 회전 속력과 정지한 거울까지의 거리를 사용하여 빛의 속력을 계산할 수 있다. 1920년대에 마이컬슨은 회전 거울을 캘리포니아 주 남부에 있는 윌슨 산(Mt. Wilson)에 설치하고 정지 거울을 35 km 떨어진 볼디 산(Mt. Baldy, Mt. San Antonio)에 설치했다. 그는 나중에 공기를 뺀 아주 긴 관을 사용하여 진공 중에서의 빛의 속력을 측정했다.

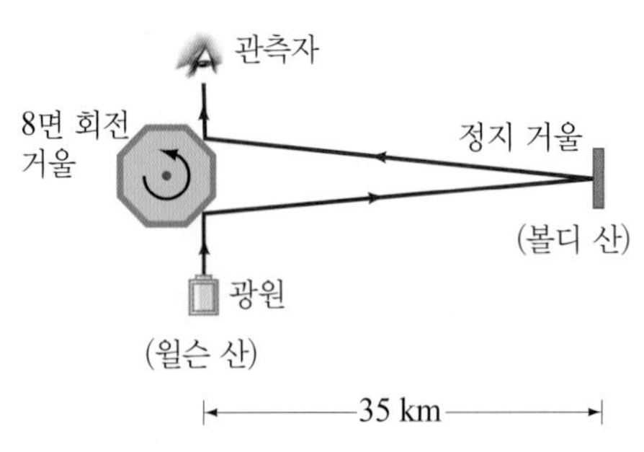

그림 22.10 마이컬슨의 빛의 속력 측정 장치(실제 크기에 비례하지 않음).

오늘날 진공 중에서의 빛의 속력은

$$c = 2.99792458 \times 10^8 \text{ m/s}$$

으로 간주하며 이 값을 빛의 속력으로 **정의**한다. 이것은 길이의 표준인 미터가 더 이상 별도로 정의할 필요가 없음을 의미한다. 그렇지만 1.5절에서 본 바와 같이 미터는 공식적으로 빛이 진공 중에서 1/299,792,458초 동안 진행한 거리로 정의한다.

보통은 매우 정밀한 결과를 요구하지 않는 경우 빛의 속력 값으로 반올림한

$$c = 3.00 \times 10^8 \text{ m/s}$$

을 사용한다. 공기 중에서의 속력은 이 값보다 아주 조금 작다.

22.5 전자기파의 에너지

전자기파는 공간의 한 곳에서 다른 곳으로 에너지를 운반한다. 이 에너지는 움직이는 전기장과 자기장 때문이다. 17.9절에서 전기장 E 내에 저장된 에너지 밀도 u_E는 $u_E = \frac{1}{2}\epsilon_0 E^2$(식 17.11)임을 배웠다. 21.9절에서 배운 바와 같이 자기장 내에 저장된 에너지 밀도는 $u_B = \frac{1}{2}B^2/\mu_0$ (식 21.10)이다. 따라서 전자기파가 있는 공간 내의 단위 부피당 저장되는 전체 에너지 밀도는

$$u = u_E + u_B = \frac{1}{2}\epsilon_0 E^2 + \frac{1}{2}\frac{B^2}{\mu_0} \tag{22.5}$$

이다. 이 식에서 E와 B는 공간의 작은 영역에서의 임의의 순간에서의 전기장과 자기장의 세기를 나타낸다. 식 22.5를 식 22.2($B = E/c$)와 식 22.3($c = 1/\sqrt{\epsilon_0\mu_0}$)을 사용하여 전기장 E 만의 식으로 나타내면

$$u = \frac{1}{2}\epsilon_0 E^2 + \frac{1}{2}\frac{\epsilon_0\mu_0 E^2}{\mu_0} = \epsilon_0 E^2 \tag{22.6a}$$

가 된다. 여기서 자기장 B와 관련된 에너지 밀도는 전기장 E 때문에 생기는 것이며 각각 전체 에너지의 절반씩 차지한다. 에너지 밀도를 자기장 B만의 항으로 쓰면

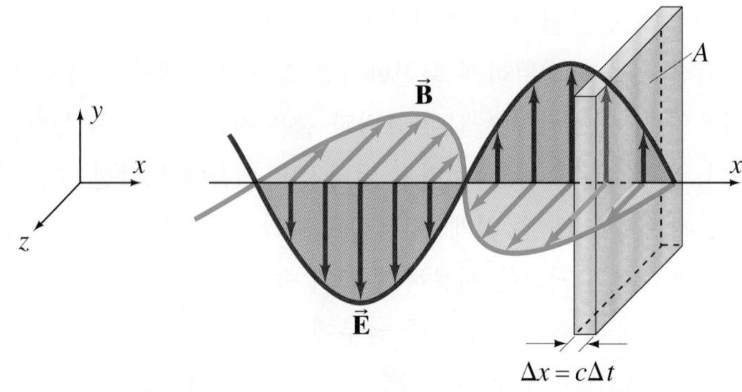

그림 22.11 단면 A를 통해 에너지를 운반하는 전자기파

$$u = \epsilon_0 E^2 = \epsilon_0 c^2 B^2 = \frac{B^2}{\mu_0} \tag{22.6b}$$

가 되며 이것을 E와 B 모두를 포함하는 하나의 식으로 쓰면 다음과 같이 된다.

$$u = \epsilon_0 E^2 = \epsilon_0 EcB = \frac{\epsilon_0 EB}{\sqrt{\epsilon_0 \mu_0}}$$

또는

$$u = \sqrt{\frac{\epsilon_0}{\mu_0}} EB \tag{22.6c}$$

식 22.6들은 임의의 순간 공간의 임의의 영역에서의 전자기파의 에너지 밀도를 나타낸다.

11.9절과 12.2절에서 정의한 바와 같이 어떤 파가 단위 시간당 단위 넓이당 운반하는 에너지는 **세기**(intensity) I이다.† I의 단위는 W/m^2이다. 에너지 ΔU는 에너지 밀도(식 22.6a)에 부피 V를 곱한 것이다. 따라서 시간 Δt 동안 넓이 A를 통과하는 에너지는(그림 22.11)

$$\Delta U = u\,\Delta V = (u)(A\,\Delta x) = (\epsilon_0 E^2)(Ac\,\Delta t)$$

이다. 여기서 $\Delta x = c\,\Delta t$가 사용됐다. 그러므로 세기(단위 넓이 단위 시간 Δt당 에너지 또는 단위 넓이당 일률)의 값은

$$I = \frac{\Delta U}{A\,\Delta t} = \frac{(\epsilon_0 E^2)(Ac\,\Delta t)}{A\,\Delta t} = \epsilon_0 c E^2$$

이다. 식 22.2와 22.3을 사용하여 다시 쓰면

$$I = \epsilon_0 c E^2 = \frac{c}{\mu_0} B^2 = \frac{EB}{\mu_0} \tag{22.7}$$

가 된다. 만일 E와 B가 사인꼴로 주어진다면 긴 시간 동안의 **평균 세기**를 구할 수 있다. 전기장의 제곱의 평균값은 18.7절의 식 18.8에 주어진 것처럼 전류나 전압의 경우에서와 마찬가지로 $\overline{E^2} = E_0^2/2$이다. 따라서

† 전자기파의 세기 I는 **포인팅 벡터**(Poynting vector)라고도 하며 기호 $\vec{\mathbf{S}}$로 나타낸다. 그 벡터의 방향은 에너지가 전달되는 방향이고 파가 진행하는 방향이며 그 크기는 세기와 같다($S = I$).

$$\bar{I} = \frac{1}{2}\epsilon_0 c E_0^2 = \frac{1}{2}\frac{c}{\mu_0}B_0^2 = \frac{E_0 B_0}{2\mu_0} \tag{22.8}$$

이다. 여기서 E_0과 B_0은 E와 B의 최댓값이다. 따라서 이 식을 다시 쓰면

$$\bar{I} = \frac{E_{rms} B_{rms}}{\mu_0}$$

로도 쓸 수 있다. 여기서 E_{rms}와 B_{rms}는 rms 값이다($E_{rms} = \sqrt{\overline{E^2}} = E_0/\sqrt{2}$ 및 $B_{rms} = \sqrt{\overline{B^2}} = B_0/\sqrt{2}$).

예제 22.4 태양광의 E와 B

태양에서 복사되는 빛이 지구 대기 상공에 도달할 때의 세기는 약 1350 W/m² = 1350 J/s · m² 이다. 이것이 단일 전자기파라고 가정하고 E와 B의 최댓값을 구하라.

접근 식 22.8을 $\bar{I}$의 항으로 E_0에 대해 풀고 $\bar{I} = 1350\ \mathrm{J/s\cdot m^2}$을 대입한다.

풀이

$$E_0 = \sqrt{\frac{2\bar{I}}{\epsilon_0 c}} = \sqrt{\frac{2(1350\ \mathrm{J/s\cdot m^2})}{(8.85\times10^{-12}\ \mathrm{C^2/N\cdot m^2})(3.00\times10^{8}\ \mathrm{m/s})}}$$

$$= 1.01\times10^{3}\ \mathrm{V/m}$$

식 22.2로부터 $B = E/c$이므로 다음과 같다.

$$B_0 = \frac{E_0}{c} = \frac{1.01\times10^{3}\ \mathrm{V/m}}{3.00\times10^{8}\ \mathrm{m/s}} = 3.37\times10^{-6}\ \mathrm{T}$$

유의 B의 값은 E에 비해 매우 작지만(E와 B의 단위가 다르게 정의됐기 때문임), 이미 알고 있는 바와 같이 B가 관여하는 에너지는 E가 관여하는 에너지와 같다.

주의

E와 B의 값은 어떤 단위를 사용하는지에 따라 많이 다르지만, E와 B가 에너지에 관여하는 양은 같다.

22.6 운동량 전달과 복사압

전자기파가 에너지를 운반한다면 역시 선운동량도 운반할 것이라고 추측할 수 있다. 전자기파가 어떤 물체를 둘러싸고 있다면, 운동량 전달에 의해 그 물체에 힘이 작용할 것이다. 그것은 마치 움직이는 물체가 표면을 때리는 것과 같다. 파에 의한 단위 넓이당 작용하는 힘을 **복사압**(radiation pressure)이라고 하며, 그런 복사압의 존재는 맥스웰에 의해 예측됐었다. 맥스웰은 전자기파의 빔(예를 들어 빛)이 물체에 의해 완전히 흡수된다면, 전달되는 운동량은 다음과 같다.

$$\Delta p = \frac{\Delta U}{c} \qquad \text{[복사가 완전히 흡수되는 경우]} \tag{22.9a}$$

여기서 ΔU는 물체에 의해서 시간 Δt 동안에 완전히 흡수되는 에너지이고 c는 빛의 속력이다. 반면에 복사가 완전히 반사된다면(물체가 거울이라고 생각하고), 전달되는 운동량은 공이 벽에서 탄성 충돌 후 되튀어 나올 때 벽에 전달되는 운동량과 마찬가지로 두 배가 된다. 즉

$$\Delta p = \frac{2\,\Delta U}{c} \qquad \text{[복사가 완전히 반사되는 경우]} \quad \textbf{(22.9b)}$$

표면이 에너지의 일부를 흡수하고 일부를 반사한다면, $\Delta p = a\,\Delta U/c$가 된다. 여기서 a는 1과 2 사이의 값을 갖는다.

뉴턴 제2법칙을 사용하여 전자기파가 물체에 작용하는 힘과 압력을 계산할 수 있다. 힘은 다음과 같이 주어진다.

$$F = \frac{\Delta p}{\Delta t}$$

복사압 P는(완전히 흡수되는 경우)

$$P = \frac{F}{A} = \frac{1}{A}\frac{\Delta p}{\Delta t} = \frac{1}{Ac}\frac{\Delta U}{\Delta t}$$

로 주어진다(식 22.9a). 22.5절에서 논의한 바와 같이 평균 세기 $\bar{I}$는 단위 시간당 단위 넓이당 에너지로 정의한다. 즉

$$\bar{I} = \frac{\Delta U}{A\,\Delta t}$$

이다. 따라서 복사압은 다음과 같다.

$$P = \frac{\bar{I}}{c} \qquad \text{[완전히 흡수되는 경우]} \quad \textbf{(22.10a)}$$

빛이 완전히 반사되는 경우, 복사압은 두 배가 된다(식 22.9b). 즉

$$P = \frac{2\bar{I}}{c} \qquad \text{[완전히 반사되는 경우]} \quad \textbf{(22.10b)}$$

예제 22.5 | 추산 | 태양광의 복사압

태양으로부터의 복사가 지구 표면에 도달하여 전달하는 에너지율은 약 1000 W/m^2이다. 태양광이 지표에 있는 한 사람의 손바닥에 작용하는 힘과 복사압의 대략적인 값을 계산하라.

접근 복사는 일부 반사되고 일부 흡수되기 때문에 그냥 대략적으로 $P = \bar{I}/c$로 놓는다.

풀이

$$P \approx \frac{\bar{I}}{c} = \frac{1000\ \mathrm{W/m^2}}{3 \times 10^8\ \mathrm{m/s}} \approx 3 \times 10^{-6}\ \mathrm{N/m^2}$$

손을 편 손바닥의 넓이를 대략 10 cm 너비에 20 cm 길이로 보고 넓이를 $A \approx 0.02\ \mathrm{m^2}$으로 하면 힘은 다음과 같다.

$$F = PA \approx (3 \times 10^{-6}\ \mathrm{N/m^2})(0.02\ \mathrm{m^2}) \approx 6 \times 10^{-8}\ \mathrm{N}$$

유의 이 값은 매우 작다. 비교하기 위해 손바닥에 약 0.2 kg의 물체를 놓으면 그 무게는 $m = 0.2\ \mathrm{kg}$, $mg \approx (0.2\ \mathrm{kg})(9.8\ \mathrm{m/s^2}) \approx 2\ \mathrm{N}$이다. 손바닥에 작용하는 복사압은 중력에 비해 감지하기 매우 어렵다.

예제 22.6 추산 태양광 돛

태양계 주변에서 우주선을 추진하기 위해 태양으로부터의 복사압을 사용하자는 제안이 있었다. (a) 태양으로부터 지구까지의 거리에 해당하는 곳에 반사율이 매우 높은 크기가 1 km × 1 km인 우주선의 돛이 받는 힘은 어느 정도인가? (b) 질량이 5000 kg인 우주선의 속력은 일 년 동안 얼마나 증가하는가? (c) 우주선이 정지 상태에서 출발했다면 일 년 동안 얼마나 멀리 갈 수 있는가?

접근 (a) 압력 P는 단위 넓이당 힘이므로, $F = PA$이다. 예제 22.5에서 계산한 것을 사용하여 반사 표면에 대한 값을 두 배로 하면 $P = 2\bar{I}/c$이다. (b) 뉴턴 제2법칙으로부터 가속도를 구하여 그것이 일정하다고 가정하면 $v = v_0 + at$로부터 속력을 구할 수 있다. (c) 이동한 거리는 $x = \frac{1}{2}at^2$로부터 계산한다.

풀이 (a) 예제 22.5의 결과를 두 배하면 태양광의 복사압은 약 $2\bar{I}/c \approx 10^{-5}\,\text{N/m}^2$이다. 힘은 $F \approx PA = (10^{-5}\,\text{N/m}^2)(10^3\,\text{m})(10^3\,\text{m}) \approx 10\,\text{N}$가 된다.
(b) 가속도는 $a \approx F/m \approx (10\,\text{N})/(5000\,\text{kg}) \approx 2 \times 10^{-3}\,\text{m/s}^2$이다. 일 년은 (365일)(24시간/일)(3600 s/시간) $\approx 3 \times 10^7$ s이다. 속력의 증가는 $v - v_0 = at \approx (2 \times 10^{-3}\,\text{m/s}^2)(3 \times 10^7\,\text{s}) \approx 6 \times 10^4\,\text{m/s}$ (≈ 200,000 km/h!)가 된다. (c) 정지 상태로부터 계산하면, 이 가속도로 일 년 동안 약 $d = \frac{1}{2}at^2 \approx \frac{1}{2}(2 \times 10^{-3}\,\text{m/s}^2)(3 \times 10^7\,\text{s})^2 \approx 10^{12}\,\text{m}$의 거리를 갈 수 있다. 이 거리는 태양에서 지구까지 거리의 약 7배가 된다. 이런 결과는 우주선이 지구로부터 아주 멀리 떨어져 있어서 지구의 중력이 10 N에 비해 매우 작을 때 적용 가능한 것이다.

유의 오랜 시간 동안 작은 힘을 받는 큰 돛이라도 매우 먼 거리를 갈 수 있다. [물론 여기서 태양과 행성들에 의한 중력은 무시됐다. 하지만 실제로는 충분히 고려돼야 한다.]

복사압을 피부로 느낄 수는 없지만, 이 현상은 아주 작은 영역에 초점이 맞추어진 레이저 빔이 쪼여지는 원자에 적용하면 아주 극적인 것이 된다. 원자 한 개의 질량은 약 10^{-27} kg이고 레이저빔은 1000 W/m^{2}의 비율로 에너지를 쏠 수 있다. 이 값은 예제 22.5에서 사용한 세기와 같지만, 여기서 10^{-6} N/m^2 크기의 복사압은 질량이 약 10^{-23}에서 10^{-26} kg인 분자에 대해서는 매우 큰 영향을 미칠 수 있는 값이다. 레이저 빔을 이리저리 옮겨 가면서 원자나 분자들을 움직이게 하는 것이 가능한데 그런 장치를 **광족집게**(optical tweezers)라 한다. 광족집게의 용도는 매우 다양하다. 특히 생물학자들에게 매우 흥미 있는 것으로 생체 미세 조직을 조작할 수 있고 세포 내의 구성물들을 파괴하지 않고 조작할 수 있기 때문이다. 광족집게는 DNA 각 분자의 양쪽 끝을 레이저 '족집게'로 잡아당겨서 DNA의 탄성 특성을 측정하는 데 사용되고 있다.

 **물리학의 응용**

광족집게
(DNA 탄성 측정)

종합 문제

객관식

1. 진공 중에서 라디오파와 엑스선의 차이는 무엇인가?
(a) 파장 (b) 진동수 (c) 속력

2. 원자의 반지름은 대략 10^{-10} m이다. 이것을 가시광선의 파장과 비교하면
(a) 훨씬 짧다.
(b) 거의 같은 크기이다.
(c) 훨씬 길다.

3. 다음 중 빛의 속력과 같은 속력으로 전파되는 것을 모두 고르라.
(a) 라디오파 (b) 마이크로파 (c) 레이더
(d) 초음파 (e) 적외선 (f) 휴대 전화 신호
(g) 감마선 (h) 엑스선

4. 다음 중 가장 빨리 전파되는 전자기파는 어느 것인가?
(a) 라디오파 (b) 가시광선 (c) 엑스선
(d) 감마선 (e) 모두 같은 속력으로 전파된다.

5. 빈 공간에서 엑스선이 라디오파에 비해 항상 큰 값을 가지는 것은 어느 것인가?
(a) 진폭 (b) 파장
(c) 진동수 (d) 속력

6. 도선 내의 전자가 매초 1000회 위아래로 진동한다면, 그때 생기는 전자파는
(a) 파장이 1000 m이다. (b) 진동수가 1000 Hz이다.
(c) 속력이 1000 m/s이다. (d) 진폭이 1000 m이다.

7. 지구에서 태양까지의 거리가 두 배가 되면, 태양으로부터 지구에 도달하는 복사의 세기는
(a) 네 배가 된다. (b) 두 배가 된다.
(c) $\frac{1}{2}$이 된다. (d) $\frac{1}{4}$이 된다.

8. 어떤 전자기파가 지구 중심을 향해 수직으로 내려온다. 어느 순간 전기장의 방향이 서쪽을 향한다면, 그 순간 자기장의 방향은 어느 쪽인가?
(a) 북 (b) 남 (c) 동
(d) 서 (e) 위 (f) 아래
(g) (a) 또는 (b) (h) (c) 또는 (d) (i) (e) 또는 (f)

9. 전자기파의 세기가 두 배가 되면
(a) 전기장도 두 배가 된다.
(b) 자기장도 두 배가 된다.
(c) 전기장과 자기장이 모두 $\sqrt{2}$배만큼 증가한다.
(d) 모두 다이다.

10. 모든 조건이 다 같다면, 다음 중 빛으로부터의 복사압이 가장 큰 것은 어느 것인가?
(a) 검정색 표면 (b) 회색 표면
(c) 노란색 표면 (d) 흰색 표면
(e) 같은 빛에 쪼여지기 때문에 어느 경우에나 복사압은 같다.

주관식

22.1 변하는 $\vec{\mathbf{E}}$에 의해 생기는 $\vec{\mathbf{B}}$

1. (II) 지름이 8.0 cm이고 판 사이의 간격이 1.1 mm인 원형 축전기의 두 판에 가해진 전압이 120 V/s의 비율로 변할 때 전기장의 변화율을 구하라.

2. (II) 한 변의 길이가 5.8 cm인 정사각형 축전기의 전기장의 변화율이 1.6×10^6 V/m · s일 때 판 사이의 변위 전류 I_D를 계산하라.

3. (II) 평행판 축전기에 연결된 도선에 어느 순간 3.8 A의 전류가 흐른다. 그 축전기가 한 변이 1.60 cm인 정사각형 판으로 되어 있다면 두 판 사이의 전기장의 변화율은 얼마인가?

4. (III) 지름이 2.0 cm인 원형판으로 되어 있는 1500 nF의 축전기에 어느 순간에 32.0 mC/s의 비율로 전하가 저장되고 있다. 그 두 판의 중심으로부터 지름 방향으로 10.0 cm 떨어진 곳에서의 유도 자기장의 세기는 얼마인가? 축전기가 완전히 다 충전되고 난 후의 장의 세기는 얼마인가?

22.2 전자기파

5. (I) 어떤 전자기파의 전기장의 최댓값이 0.72×10^{-4} V/m라면, 자기장의 세기의 최댓값은 얼마인가?

6. (I) 진행하는 전자기파의 자기장의 세기의 최댓값이 10.5 nT라면, 전기장의 최댓값은 얼마인가?

7. (I) 서쪽으로 진행하는 전자기파에서, rms 세기가 7.75 ×

10^{-9} T인 자기장 B가 위아래로 90.0 kHz의 진동수로 진동하고 있다. 전기장 세기의 rms 값과 진동수를 구하라. 전기장의 진동 방향은 어느 방향인가?

8. (I) 1.50×10^8 km 떨어진 태양으로부터 오는 빛이 지구에 도달하는 데 걸리는 시간은 얼마인가?

9. (II) 달 위에 있는 우주인의 목소리가 지구에 도달하는 데 얼마나 걸리는가? 자세히 설명해 보라.

22.3 전자기 스펙트럼

10. (I) 파장이 720 nm 전자기파의 진동수는 얼마이며 스펙트럼의 어느 영역에 해당하는가?

11. (I) 진동수가 7.14×10^{14} Hz인 전자기파의 파장은 얼마이며 스펙트럼의 어느 영역에 해당하는가?

12. (I) 널리 사용되고 있는 '단파' 라디오 방송 대역은 보통 49 m 대역이라고 한다. 49 m 라디오 신호의 진동수는 얼마인가?

13. (I) 파장이 1.50 cm인 마이크로파의 진동수는 얼마인가?

14. (II) 전자기파와 음파가 같은 진동수를 가질 수 있다. (a) 1.00 kHz의 전자기파의 파장은 얼마인가? (b) 1.00 kHz의 음파의 파장은 얼마인가? (공기 중에서의 음속은 341 m/s이다.) (c) 1.00 kHz의 전자기파를 귀로 들을 수 있는가?

15. (II) (a) 22.75×10^9 Hz의 레이더 신호의 파장은 얼마인가? (b) 파장이 0.12 nm인 엑스선의 진동수는 얼마인가?

16. (II) 화성이 (a) 지구에 가장 가까이 있을 때와 (b) 지구에서 가장 멀리 있을 때 지구에서 전파를 통해 보낸 신호가 화성에 도달하는 데 얼마나 걸리는가? 화성과 지구는 같은 평면에 놓여 있으며 태양을 중심으로 공전하고 있다. 화성에서 태양까지의 거리는 약 230×10^6 km이다.

17. (II) (태양을 제외하고) 우리에게서 가장 가까이에 있는 별은 4.2광년 떨어져 있다. 즉 그 별에서 오는 빛이 지구까지 4.2년 걸린다. 얼마나 멀리 있는 것인가? 미터 단위로 계산해 보라.

18. (II) 광년이란 (시간의 단위가 아니라) 거리의 단위이다. 빛이 일 년 동안 가는 거리는 얼마인가?

19. (II) 과학이나 의학에서 전자기 에너지를 섬광 형태로 아주 짧은 간격으로 보내는 데 펄스레이저를 사용한다. 레이저의 파장이 1062 nm(네오디뮴−야그 레이저)이고, 펄스 간격이 34피코초(10^{-12} s)라면, 그런 레이저 펄스 내에서 몇 개의 파장이 있는가? 그 펄스가 단지 한 파장 내에 들어가기 위해서는 얼마나 짧은 것이어야 하는가?

22.4 빛의 속력 측정

20. (II) 마이컬슨의 8면 회전 거울(그림 22.10 참조. 회전통에 붙어 있는 8개의 평면 거울은 1/8회전마다 빛을 반사한다)에서 반사된 빛이 관측자의 눈에 들어오기 위한 8면 회전 거울의 최소의 각속력은 얼마인가?

21. (II) 어떤 학생이 마이컬슨의 빛의 속력 측정 실험 장치를 실험실에 적합한 규모로 축소하고자 한다. 8면 회전 거울은 구할 수 있고 그것으로부터 정지 거울까지의 거리는 12 m이다. 기타 다른 실험 구성은 그림 22.10과 같다면, 회전 거울이 돌아야 하는 최소 각속력은 얼마인가?

22.5 전자기파의 에너지

22. (I) 전자기파에서 전기장 $\vec{\mathbf{E}}$의 극댓값은 22.5 mV/m이다. 이 파가 단위 시간 단위 넓이당 운반하는 에너지의 평균 비율은 얼마인가?

23. (II) 진행하는 전자기파의 자기장의 rms 세기가 22.5 nT이다. 그 파가 1.00 cm^2의 벽에 수직으로 부딪칠 때 365 J의 에너지를 운반하는 데 걸리는 시간은 얼마인가?

24. (II) 전기장의 rms 세기가 30.8 mV/m인 전자기파가 한 시간 동안 1.00 cm^2의 단면에 전달하는 에너지는 얼마인가?

25. (II) 1800 W의 점원(point source)으로부터 나오는 전자기파가 구면으로 퍼져 나간다. 중심으로부터 5.0 m 되는 거리에서 세기와 전기장의 rms 값을 구하라.

26. (II) 전자기파의 자기장 B의 진폭이 2.2×10^{-7} T라면, (a) 전기장 E의 진폭은 얼마인가? (b) 그 전자기파에 의해 단위 넓이당 전달되는 평균 일률은 얼마인가?

27. (II) 태양으로부터 오는 복사 에너지가 지표 부근에 있는 1.00 m^3의 용기 내에 들어가는 평균 에너지는 얼마인가? 예제 22.4를 참조하라.

28. (II) 15.8 mW의 레이저가 지름이 2.40 mm인 가느다란 빔을 내 보낸다. 그 빔 내에 있는 E와 B의 rms 값은 얼마인가?

29. (II) 지구 대기의 상층부에 도달하는 태양으로부터 오는 빛의 에너지는 약 1350 W/m^2이다. 태양에서 나오는 복사의 평균 일률은 얼마인가?

30. (II) 어떤 고에너지 펄스 레이저가 1.0 ns 길이의 펄스를

평균 일률 1.5×10^{11} W로 복사한다. 빔의 크기는 지름이 2.2×10^{-3} m이다. (a) 각 펄스가 운반하는 에너지, (b) 전기장의 rms 값을 구하라.

22.6 복사압

31. (II) 25 W의 전구로부터 9.5 cm 떨어진 곳에서 복사압을 구하라. 그 점에다 손가락 끝을 갖다 댈 때 복사가 손가락에 작용하는 힘을 어림으로 계산하라.

32. (II) 지구를 도는 인공위성에 있는 넓이 1.0 m^2인 태양 전지판이 흡수하는 태양 복사선과 같은 양의 복사를 목성을 도는 인공위성이 흡수하기 위한 태양 전지판의 넓이는 얼마이면 되는가? [힌트: 역제곱 법칙을 따른다고 가정한다(식 11.16b).]

33. (III) 100 hp의 출력을 내는 자동차가 있다. 이 차의 엔진을 태양 전지판으로 바꾼다고 할 때 넓이는 얼마나 되는가? 태양 전지판은 지표면에 도달하는 최대 에너지(1000 W/m^2)의 약 20 %를 변환할 수 있다고 가정한다.

연습 해답

A: (c)

B: (b)

C: (a) 3.8×10^6 Hz (b) 5.5×10^{18} Hz

D: 45 cm

E: 느낀다. 신호는 72,000 km 이동한다.

F: 4시간 이상

흐르지 않는 물에서의 반사는 유리에서의 반사처럼 빛의 광선 모형으로 분석할 수 있다.
이 사진은 뒤집힌 것인가 바로된 것인가? 어떻게 알아낼 수 있나? 알아낼 수 있는 실마리는 무엇인가? 태양과 사람의 위치에 주목해 보라. 이 장에서 배우게 될 광선 도표를 사용하면 그 답을 알 수 있다. 예제 23.3을 살펴보라.
빛과 광학에 관한 첫 번째 장에서, 평면 거울이나 곡면(구면) 거울에서 상의 형성을 이해하기 위해 빛의 광선 모형을 사용한다. 굴절—빛이 어떤 매질에서 다른 매질로 들어갈 때 꺾이는 것—에 대해서도 배우고 수많은 광학 기기의 중요한 부품인 렌즈에서 굴절에 의해 상이 어떻게 형성되는지도 배우게 된다.

CHAPTER 23

빛: 기하 광학

시작 질문 추정해 보라!

1. 키가 2.0 m인 사람이 수직으로 세워 놓은 거울에서 2.0 m 앞에 서서 자신의 모습을 바라보고 있다. 그가 자신의 발끝에서 머리끝까지 전신을 다 보려면 거울의 최소 크기는 얼마여야 하는가?

(a) 0.50 m **(b)** 1.0 m **(c)** 1.5 m
(d) 2.0 m **(e)** 2.5 m

2. 렌즈의 초점 거리는

(a) 렌즈의 지름이다.
(b) 렌즈의 두께이다.
(c) 렌즈로부터 렌즈에 입사하는 평행광이 휘어져서 한 점에서 교차하는 곳까지의 거리이다.
(d) 렌즈로부터 실상이 형성되는 점까지의 거리이다.

우리가 일상에서 얻는 정보의 상당 부분이 눈을 통해 보는 것으로부터 얻어지기 때문에, 무엇을 본다는 사실은 인간에게 엄청나게 중요한 일이다. 우리는 어떻게 볼 수 있나? 우리 눈으로 들어와서 본다고 하는 감각의 원천이 되는 **빛**이라고 하는 것은 무엇인가? 빛의 성질이 무엇이기에 우리는 우리가 하는 모든 것들을 볼 수 있는가? 22장에서 빛은 전자기 복사의 형태로 간주할 수 있다고 배웠다. 앞으로 나오는 세 장에서 빛에 관한 주제를 자세히 살펴보도록 하자.

물체를 보는 방법은 다음의 두 가지가 있다. (1) 물체 자체가 빛을 내는 것일 수 있다. 예를 들어 전구, 불꽃, 별 등이다. 이 경우 우리는 광원으로부터 오는 빛을 직접 본다. 그리고 좀 더 일반적인 것으로는 (2) 물체로부터 반사되는 빛에 의해 물체를 보는 것이다. 후자의 경우, 빛은 태양으로부터 오거나 인공 광원 또는 캠프장의 불일 수 있다. 물체가 어떻게 빛을 내는가 하는 것에 대한 이해는 1920년대까지는 이루어지지 않았으며 그 내용을 27장에서 배우게 될 것이다. 물체로부터 빛이 어떻게 **반사**되는가 하는 문제는 훨씬 이전에 알려졌으며 그 부분은 23.2절에서 배울 것이다.

23.1 빛의 광선 모형

여러 가지 증거에 의하면 상당히 많은 경우 **빛이 직진함**을 나타내고 있다.† 예를 들어 태양과 같은 광원(태양으로부터 지구까지의 거리가 너무 멀기 때문에 태양은 거의 '점광원'이다)은 선명한 그림자를 만들며, 레이저포인터에서 나오는 레이저 빛은 직선으로 진행하는 모습을 볼 수 있다. 사실, 우리는 빛이 물체로부터 우리 눈에 직선 경로로 들어온다는 가정하에 물체의 위치를 추정하고 있다. 물질 세계에 대한 우리의 관점은 이런 가정에 근거를 두고 있다.

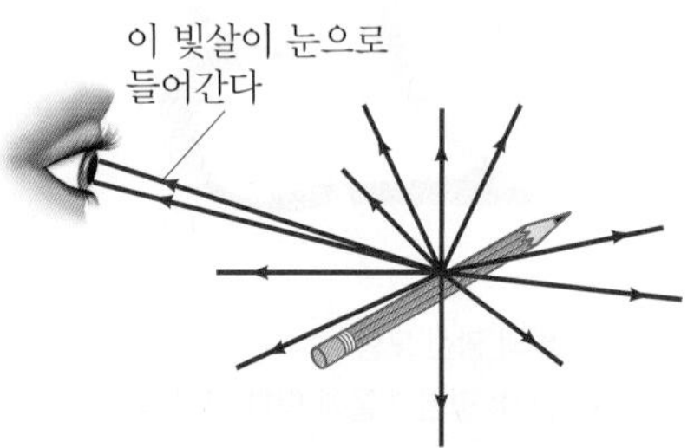

그림 23.1 물체의 한 점에서 빛이 나오고 있다. 한 점에서 나오는 작은 빛살이 사람의 눈으로 들어가는 모습이 나타나 있다.

이런 타당한 가정은 빛의 **광선 모형**(ray model)의 근거가 된다. 이 모형은 빛이 **광선**(ray)이라고 하는 직선 경로를 따라 이동한다고 가정한다. 실제로 광선이라고 하는 개념은 이상적인 것이다. 그것은 아주 극도로 가느다란 빛살을 나타냄을 의미한다. 우리가 물체를 볼 때, 광선 모형에 의하면, 물체의 각각의 점으로부터 오는 빛이 우리 눈에 들어온다. 비록 광선은 제각각 다른 방향으로 물체의 각 점을 떠나지만 그림 23.1에서처럼 이들 광선의 아주 작은 일부 묶음만이 관측자의 동공에 들어온다. 머리를 한쪽으로 돌리면 각 점으로부터 오는 다른 광선 묶음이 눈에 들어올 것이다.

22장에서 빛은 전자기파로 간주할 수 있다고 배웠다. 비록 빛의 광선 모형은 빛의 그런 측면(빛의 파동성에 관해서는 24장에서 배우게 된다)과는 무관하지만, 광선 모형은 반사, 굴절 및 거울이나 렌즈에 의한 상의 형성과 같은 빛의 많은 현상들을 표현하는 데 매우 성공적이었다. 이런 현상들을 설명하는 것은 빛이 여러 각도로 직선으로 진행하는 것을 전제로 하기 때문에, 빛의 광선 모형을 **기하 광학**(geometric optics)이라고 한다.

† 공기나 유리와 같이 균일하게 투명한 매질의 경우 빛이 직진한다. 24.2절(그림 24.4)에서 논의할 착시 현상이나 신기루가 일어나게 하는 균질하지 않은 공기의 경우는 그렇지 않다.

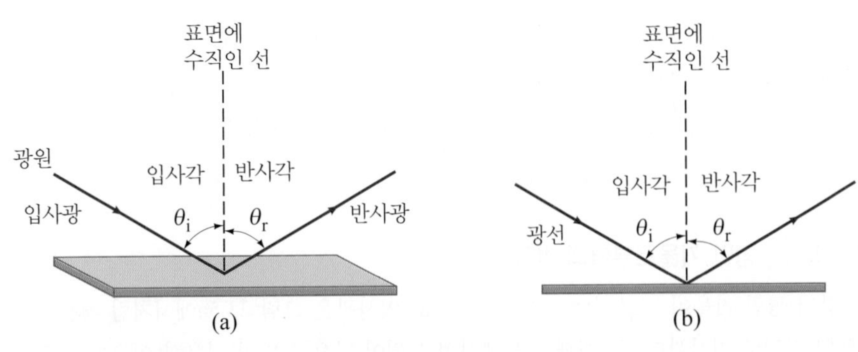

그림 23.2 반사 법칙 (a) 평평한 표면 위에서 입사광이 반사되는 모습을 보여 주는 삼차원 그림 (b) 측면에서 본 것을 나타내는 그림. 이해를 돕기 위한 방법으로 앞으로 이런 그림을 사용한다.

23.2 반사; 평면 거울에 의한 상의 형성

빛이 물체의 표면에 닿으면 빛의 일부는 반사되고 나머지는 물체에 의해 흡수되거나 (열에너지의 형태로 변환된다), 물체가 유리나 물처럼 투명한 경우 물체를 통해 투과된다. 은을 바른 거울과 같이 매우 부드럽고 반짝거리는 물체는 거의 95 % 이상의 빛을 반사시킬 수 있다.

아주 가느다란 빛살이 평평한 표면(그림 23.2)에 입사될 때, 입사광이 표면에 수직인 선과 이루는 각도를 **입사각**(angle of incidence) $\boldsymbol{\theta_i}$로 정의하고, 굴절된 광선이 표면에 수직한 선(법선)과 이루는 각도를 **반사각**(angle of reflection) $\boldsymbol{\theta_r}$로 정의한다. **입사광과 반사광은 표면에 수직한 선과 같은 평면에 놓임**을 알 수 있다. 따라서 다음과 같이 말할 수 있다.

반사 법칙

반사각은 입사각과 같다. 즉 $\boldsymbol{\theta_r = \theta_i}$이다.

이것을 **반사 법칙**(law of reflection)이라고 한다. 그림 23.2에 잘 묘사되어 있다. 이것은 고대 그리스 시대 때부터 알려져 있던 것이며, 누구든지 어두운 방에서 레이저 포인터나 가늘게 만든 전등 불빛을 거울에 비추어서 확인해 볼 수 있다.

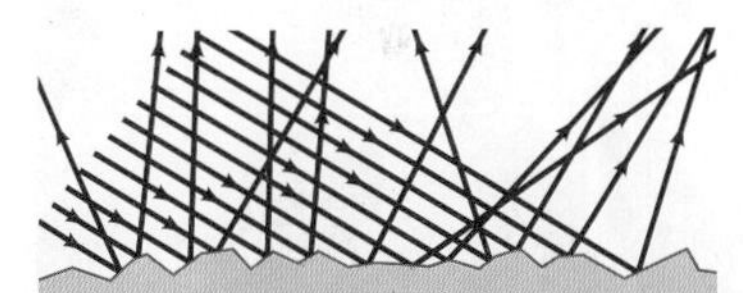

그림 23.3 거친 표면에서 일어나는 확산 반사

빛이 거친 표면에 입사할 때, 이 책의 종이 표면처럼 아주 미세하게라도 거칠다면, 이런 표면에 입사한 빛은 그림 23.3과 같은 모양으로 여러 방향으로 반사된다. 이를 **확산 반사**(diffuse reflection)라 한다. 하지만 여기서도 표면의 작은 부분에 대해 반사 법칙은 성립한다. 모든 방향으로의 확산 반사 때문에 원래의 물체는 그것으로부터 반사된 빛에 의해 여러 다른 각도에서 바라볼 수 있다. 머리를 약간 돌리면 그림 23.4a에서처럼, 물체의 각 점으로부터 눈에 들어오는 빛은 다른 부분에서 반사된 빛

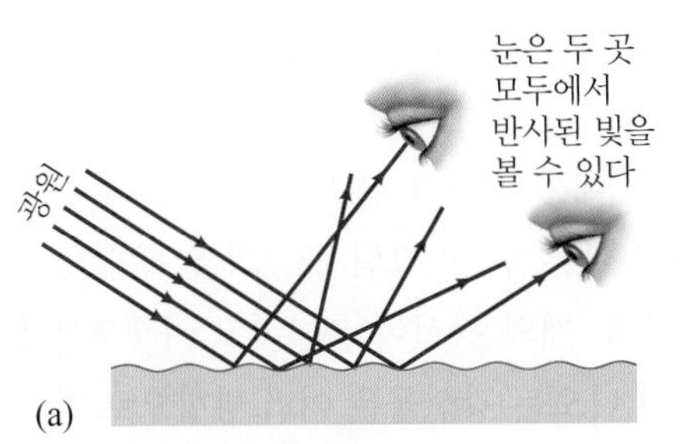

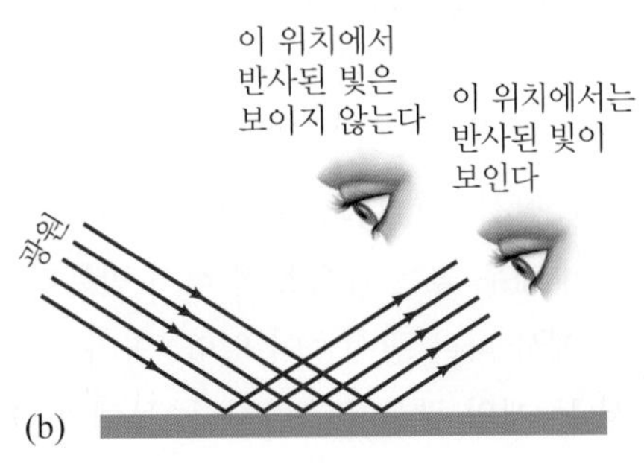

그림 23.4 가느다란 빛살이 (a) 흰 종이 위에 비춰지는 경우와 (b) 거울 위에 비춰지는 경우. (a)에서는 빛이 확산되기 때문에 눈은 반사된 백색광(또는 인쇄된 글자)을 여러 위치에서 볼 수 있다. 그러나 (b)에서는 정확한 위치($\theta_r = \theta_i$)에서만 반사광을 볼 수 있다. 거울 반사를 정반사라고 하기도 한다. (갈릴레오는 이와 비슷한 논리로 달의 표면이 거울처럼 매끄럽지 않고 거친 표면임을 증명했다. 물론 당시의 몇몇 사람들도 그렇게 생각했다.)

이다. 이 확산 반사를 **거울 반사**(specular reflection, ‘speculum’은 라틴어로 거울이다)라고 하는 거울로부터의 반사와 비교해 보자. 거울에 가느다란 빛살이 비칠 때, 그림 23.4b에서처럼, 반사 법칙에 따라 빛이 나오는 곳에 눈이 있지 않으면 그 빛을 볼 수 없다. 이로부터 상을 형성하는 거울 특유 성질을 알 수 있다.

예제 23.1 평면 거울로부터의 반사

두 장의 평면 거울이 서로 수직하게 놓여 있다. 입사광은 그림 23.5a에서처럼 처음 거울에 15°의 각도로 입사한다. 두 번째 거울에서 반사되어 나오는 빛이 거울과 이루는 각도는 몇 도인가?

접근 두 거울의 면에 수직한 선을 그리고 빛이 두 거울에서 반사되어 지나가는 경로를 그린다. 몇 가지 각도를 알아내기 위해 도형 그림과 반사 법칙을 사용한다.

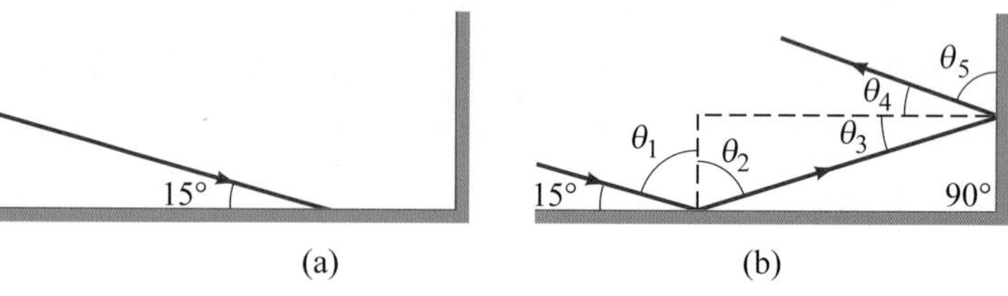

그림 23.5 예제 23.1

풀이 그림 23.5b에서 $\theta_1 + 15° = 90°$이므로 $\theta_1 = 75°$이다. 반사 법칙에 의하면, $\theta_2 = \theta_1 = 75°$가 된다. 삼각형의 세 각도의 합은 항상 180°이고, 두 거울 표면에 수직인 선은 서로 직교하므로 $\theta_2 + \theta_3 + 90° = 180°$가 된다. 그러므로 $\theta_3 = 180° - 90° - 75° = 15°$이다. 반사 법칙에 의해 $\theta_4 = \theta_3 = 15°$이므로, $\theta_5 = 75°$는 반사된 광선이 두 번째 거울과 이루는 각도가 된다.

유의 마지막으로 나가는 빛은 입사광과 평행하다. 자전거나 자동차 등 여러 장치에 있는 반사 거울은 이런 원리를 이용한 것이다.

그림 23.6 거울을 들여다볼 때 자기 자신과 그 주변을 보게 된다. 그러나 자기가 보는 자기 자신은 다른 사람이 자기를 보는 것과는 다르다. 왜냐하면 거울 속의 상은 좌우가 바뀌어 나타나기 때문이다.

그림 23.6에서처럼 거울을 똑바로 들여다볼 때, 자신뿐만 아니라 주변의 여러 물체들을 같이 보게 된다. 자신의 얼굴과 다른 물체들이 바로 자기 앞에 있는 것처럼 거울 너머 뒤로 보인다. 그러나 거울 속에 보이는 것은 거울 앞에 있는 자신을 포함한 물체들의 **상**(image)이다. 또한 여러분은 다른 사람이 여러분을 보듯이 자기 자신을 보지는 않는다. 왜냐하면 상 속에서는 왼쪽과 오른쪽이 서로 반대로 나타나 보이기 때문이다.

평면 거울(plane mirror)은 평평한 반사면을 갖는 거울이다. 그림 23.7은 광선 모형에 따라 평면 거울에 의해 상이 어떻게 형성되는지를 보여 주고 있다. 그림 23.7에서 사람의 눈이 한쪽 끝에서 거울을 들여다보고 있고, 광선은 거울 표면에서 앞쪽으로 반사되어 나오고 있다. (아주 좋은 거울은 매우 평평한 유리의 한쪽 면에 반사율이 매우 높은 금속을 입혀서 만든다.) 물체의 다른 두 점(그림 23.7의 왼쪽에 있는 병)에서 나온 광선들이 있다. 병의 윗부분에서 두 개의 광선이 출발하고 아랫부분에서 두 개의 광선이 출발한다. 물체의 각 점에서 나오는 광선들은 여러 방향으로 가지

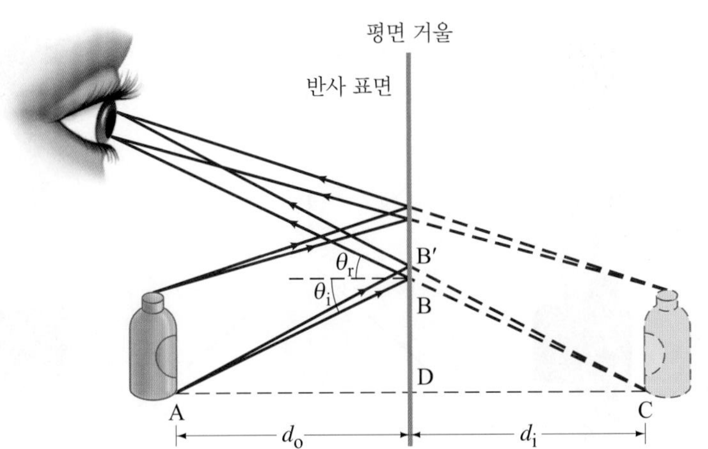

그림 23.7 평면 거울에서의 허상의 형성. 눈에 들어오는 물체의 맨 위와 맨 아래에서 나온 빛만 그려져 있다.

만(그림 23.1에서처럼), 두 점에서 나온 각각의 선들이 눈으로 들어가는 광선 묶음만이 그림에 그려져 있다. 거울에서 반사되어 눈으로 들어가는 발산하는 광선의 각 짝들은 **상점**((image point)이라고 하는 거울 뒤의 **한 점으로부터 점선을 따라서 나오는 것처럼 보인다.** 즉 우리의 눈과 뇌는 눈에 들어오는 모든 빛이 직선 경로를 따라 들어오는 것으로 인식한다. 빛살이 출발하는 점은 상의 한 점으로부터 오는 것으로 인식이 된다. 물체 위의 각 점은 그에 대응하는 상점이 있다. (평면 거울이 상을 어떻게 형성하는가 하는 이런 해석은 1604년 케플러가 발표했다.)

그림 23.7에서 물체 위의 한 점 A를 출발하여 거울 위의 점 B와 B′에서 반사되는 두 광선을 살펴보자. 점 B에 닿는 광선에 대해 기하학을 적용하자. 각 ADB와 CDB는 직각 삼각형이고 반사 법칙에 의해 점 B에서 $\theta_i = \theta_r$이다. 그러므로 각 ABD와 CBD도 서로 같다. 따라서 두 삼각형 ABD와 CBD는 합동이므로 길이 AD = CD이다. 즉 상은 물체가 거울 앞에 있는 것만큼 거울 뒤에 있어 보인다. **상거리**(image distance) d_i (그림 23.7에서 거울에서 상까지의 수직 거리)는 **물체 거리**(object distance) d_0(거울에서 물체까지의 수직 거리)와 같다. 기하 관계를 살펴보면 상의 크기는 물체의 크기와 같음을 알 수 있다.

그림 23.7에서 광선은 실제로 상의 위치를 지나가지 않는다. (빨간색 점선은 광선 경로를 나타내는 것이 아니고 투영한 것을 보여 주기 위한 선임에 유의하라.) 그 상은 상의 위치에 종이나 필름을 놓더라도 나타나지 않을 것이다. 그렇기 때문에 그런 상을 **허상**(virtual image)이라고 한다. 허상과 구별되는 **실상**(real image)이 있다. 실상은 빛이 실제로 지나가며 상 위치에 종이나 필름 또는 전자 감광 장치를 놓을 경우 상이 나타난다. 발산하는 광선이 우리 눈에 들어오는 한 우리 눈은 실상이나 허상 모두 볼 수 있다. 곡면 거울이나 렌즈도 허상과 마찬가지의 실상을 만들 수 있음을 알게 될 것이다. 예를 들어 영화를 상영하는 프로젝터 렌즈는 실상을 스크린에 생기게 하여 우리가 그 상을 볼 수 있다.

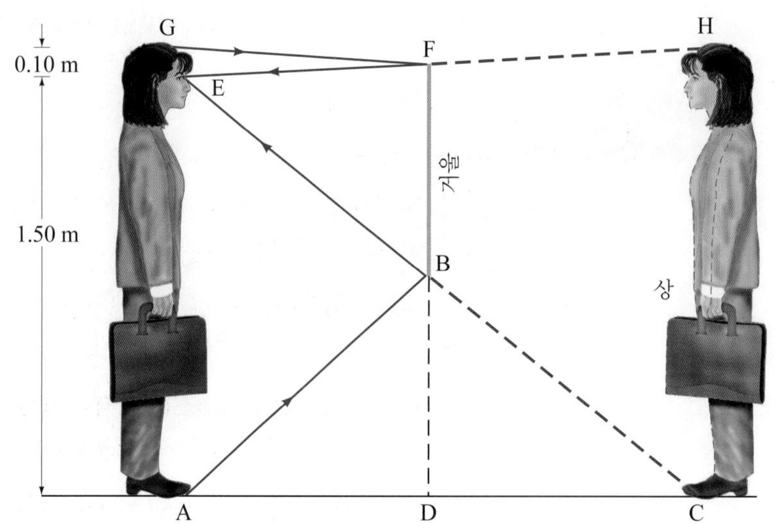

그림 23.8 거울 앞에서 자신을 보기. 예제 23.2

물리학의 응용

여러분 자신의 전신을 거울로 보려면, 거울의 크기는 얼마여야 할까?

예제 23.2 거울이 얼마나 커야 전신을 다 볼 수 있나?

키가 1.60 m인 여성이 거울 앞에 서 있다. 거울로 자신의 전신을 다 보려면 거울은 최소한 얼마나 커야 하며 거울의 하단이 바닥으로부터 얼마의 높이에 있어야 하는가? 그녀의 눈은 정수리에서 10 cm 아래에 있다고 가정한다.

접근 전신을 다 보기 위해서는 그림 23.8과 같이 정수리(점 G)와 발바닥(점 A)에서 출발하는 광선이 거울에서 반사되어 눈에 들어와야 한다. 여기서는 그림 23.7에서 그랬던 것처럼 상의 위치를 알아내기 위해 각 점에서 발산되는 두 광선을 볼 필요는 없다. 지금은 상의 위치가 거울에서 물체까지의 거리와 같은 거리의 거울 뒤에 있음을 알고 있기 때문에 여기서는 점 G(정수리)를 출발하는 하나의 광선과 점 A(발바닥)에서 출발하는 하나의 광선만 그려서 나타내면 되고 그 다음에 기하학을 적용하면 된다.

풀이 우선 발바닥인 점 A에서 출발하는 광선이 점 B에서 반사되어 E에 있는 눈에 들어가는 광선을 살펴보자. 거울의 하단이 점 B 아래까지 있을 필요는 없다. 반사각은 입사각과 같으므로, 높이 BD는 높이 AE의 반이다. AE = 1.60 m − 0.10 m = 1.50 m이므로, BD = 0.75 m이다. 마찬가지로 그녀가 정수리를 보려면 거울의 상단은 점 F까지만 있으면 된다. 그곳은 그녀의 정수리로부터 5 cm(GE = 10 cm의 반) 아래이다. 그러므로 DF = 1.55 m이므로 거울의 수직 크기는 (1.55 m − 0.75 m) = 0.80 m이면 된다. 물론 거울의 하단은 마룻바닥에서 0.75 m 높이에 있어야 한다.

유의 전신을 다 보기 위해서는(그림 23.8에서와 같이) 정확한 높이에 위치하는 경우, 거울은 사람 키의 절반 크기면 된다.

연습 A 예제 23.2의 결과는 사람이 서 있는 거리에 따라 달라지지 않는가? (그런 경우에 대해 그 예제를 다시 풀어 보라. 재미있는 문제이다.)

연습 B 607쪽 시작 질문 1로 가서 다시 답을 해 보라. 처음과 답이 다르다면 그 이유를 설명해 보라.

23.3 구면 거울에 의한 상의 형성

반사면이 **곡면**인 경우가 있는데, 흔히 **구면**이라고 하며, 이는 구의 일부분임을 의미한다. 반사가 구 모양의 바깥 표면에서 일어나는 경우의 **구면 거울**(spherical mirror)을 **볼록 거울**(convex mirror)이라고 하며 거울 표면의 중심이 보는 사람 쪽으로 튀어 나온 것으로서 그림 23.9a와 같은 모양이다. 반사면이 구의 안쪽 표면이어서 거울 표면이 보는 사람으로부터 멀어져 들어간 모양('동굴' 모양)을 하고 있는 것을 **오목 거울**(concave mirror)이라고 하며 그림 23.9b와 같은 모양이다. 오목 거울은 면도를 하거나 화장을 할 때 사용되는 거울이다(**확대경**, magnifying mirrors; 그림 23.10a). 볼록 거울은 그림 23.10b에서처럼 넓은 범위를 좁혀서 보여 주기 때문에 자동차나 트럭(후사경)에 사용되고 있으며 상점에서는 도난 방지용으로 사용되고 있다.

표면에
수직인 선
θ_i θ_r
먼 곳에서
오는 광선
볼록 거울
(a)

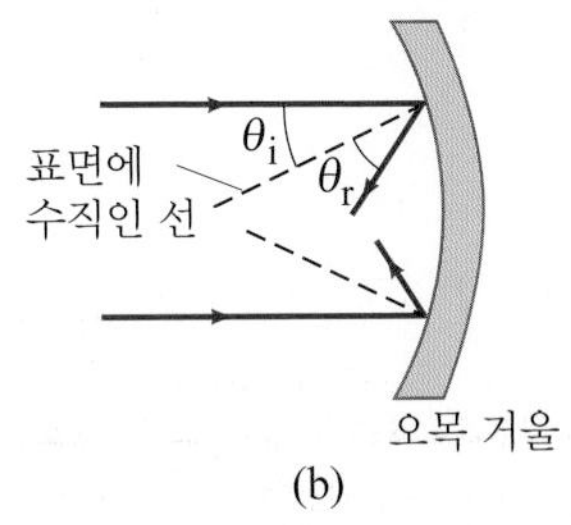

(b)

그림 23.9 볼록 및 오목 구면을 갖는 거울. 각 광선에 대해 $\theta_r = \theta_i$이다. (점선은 그림에 나타난 각 점에서 거울 표면에 직교한다.)

(a)

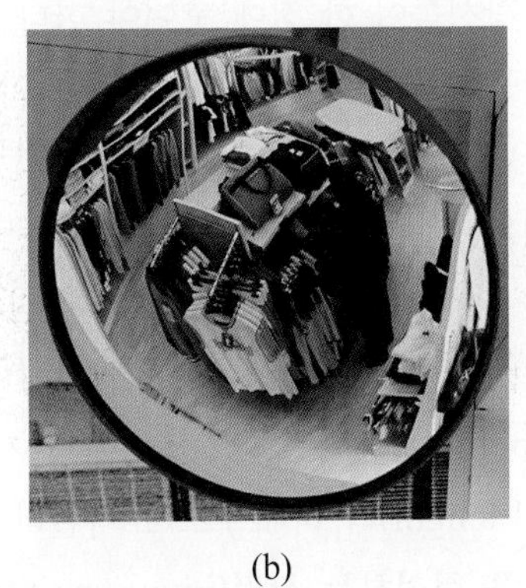
(b)

그림 23.10 (a) 오목한 화장 거울에서는 상이 확대되어 나타난다. (b) 상점 구석에 있는 볼록 거울에서는 상을 축소시키므로 넓은 범위의 상을 한 곳에 모으게 된다.

초점과 초점 거리

구면 거울이 상을 어떻게 형성하는지를 알아보기 위해 오목 거울에서 아주 먼 거리에 어떤 물체가 있다고 하자. 그림 23.11에서와 같이 먼 거리에 있는 물체는 물체의 각 점에서 출발한 광선들이 거의 평행하게 거울에 도달할 것이다. **무한히 먼 곳에 있는 물체(태양이나 별이 이에 해당한다)의 경우, 광선들은 아주 정확하게 평행할 것이다.** 이제 그림 23.12에서와 같이 오목 거울에 도달하는 평행한 광선들을 살펴보

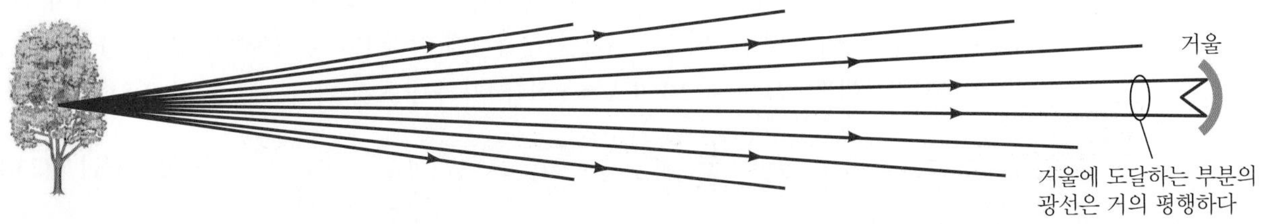

그림 23.11 물체 거리가 거울(또는 렌즈)에 비해 매우 크면, 멀리서 오는 광선은 거의 평행하게 된다. 따라서 무한 원점에 있는 물체에서 오는 빛은 평행광이다.

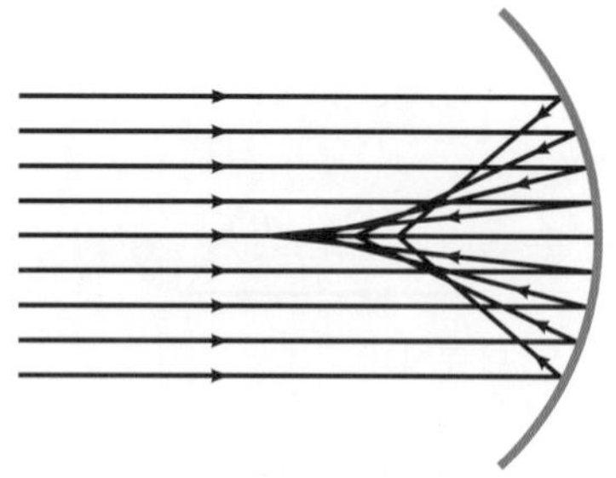

그림 23.12 오목한 구면 거울에 닿는 평행광은 한 점에서 정확하게 교차하지 않는다(또는 초점을 맺지 않는다). (이것은 '구면 수차'라고 하는 일종의 '결함'이다.)

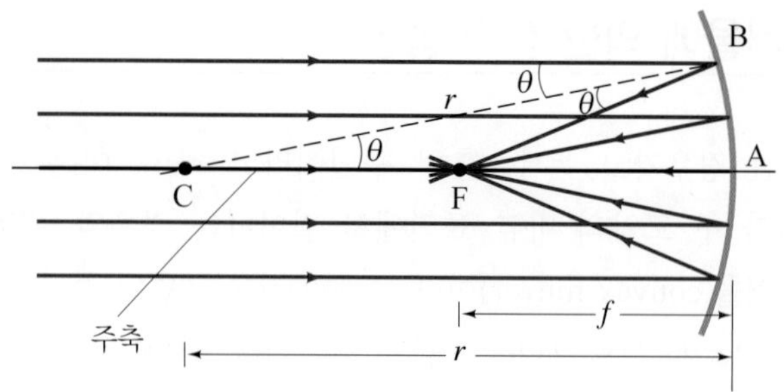

그림 23.13 거울의 크기가 곡률 반지름 r에 비해 아주 작은 경우, 오목 구면 거울의 주축에 평행한 광선들은 초점 F에 초점을 맺는다. 그런 평행광을 '근축 광선'이라고 한다. 즉 그런 광선들은 수평축과 이루는 각도가 작다.

자. 이들 각각의 광선이 거울에 닿을 때 반사 법칙이 성립한다. 그림에서 보는 바와 같이, 광선들은 모두 정확하게 한 점에 모이지는 않는다. 선명한 상을 형성하기 위해서는 광선들이 한 점에 모여야 한다. 그러므로 구면 거울은 평면 거울만큼 선명한 상을 만들지는 못할 것이다. 그러나 아래 그림에서처럼 거울이 곡률 반지름에 비해 작다면 반사된 광선이 입사각과 이루는 각도는 작아서(그림 23.13에서 2θ), 그 광선들은 거의 한 점, 즉 **초점**(focus)에서 만나게 될 것이다. 그림 23.13의 경우, 입사광은 거울 중심에서 곡면에 수직인 직선으로 정의되는 **주축**(principal axis)에 평행하다(그림 23.13에서 직선 CA). 입사광이 반사되어 모이게 되는 점 F를 거울의 **초점**(focal point)이라고 한다. 점 F에서 거울의 중심까지의 거리 FA를 거울의 **초점 거리**(focal length)라 하며 f로 표기한다. 초점은 주축을 따라 **무한히 먼 곳에 있는 물체가 상을 형성하는 상점**(image point)이기도 하다. 예를 들어 태양의 상은 F에 맺히게 된다.

이제 반사 표면이 곡률 반지름에 비해 작은 거울에 대해 광선들이 거의 한 점 F에서 만남을 증명하고 초점 거리 f를 구하고자 한다. 주축과 이루는 각도가 매우 작은 광선들만 고려한다. 그런 광선들을 **근축 광선**(paraxial rays)이라고 한다. 그림 23.13에서는 눈에 잘 들어오도록 각도가 과장되어 그려져 있다. 우선 그림 23.13의 거울에서 점 B에 닿는 광선을 살펴보자. 점 C는 거울의 곡률 중심(거울을 구의 일부로 보았을 때 구의 중심)이다. 따라서 점선 CB는 곡률 반지름 r와 같고, CB는 점 B에서 거울 면에 법선이다. 거울 위의 점 B에 닿는 입사광은 그 법선과 θ의 각도를 이루므로 반사된 광선 BF도 그 법선과 θ의 각도를 이룬다(반사 법칙). 각 BCF도 θ이다. 삼각형 CBF는 두 각도가 같으므로 이등변 삼각형이다. 따라서 CF = FB이다. 거울면이 거울의 곡률 반지름보다 작다고 가정했으므로, 이들 각도는 매우 작아서 길이 FB는 길이 FA와 거의 같다. 이런 근사식에 따라 FA = FC이다. 그러나 FA는 초점 거리 f이므로, CA = 2 × FA = r이다. 따라서 초점 거리는 곡률 반지름의 반이다.

$$f = \frac{r}{2} \qquad \text{[구면 거울]} \qquad \textbf{(23.1)}$$

각도 θ만 작다고 가정했으므로, 이 결과는 모든 다른 근축 광선에 대해 적용할 수 있다. 그러므로 모든 근축 광선들은 초점인 같은 점 F를 지나간다.

F에 있는 정확한 초점에 모든 광선이 모인다는 것은 다만 근사적인 사실이기 때문에, 좀 더 많이 굽은 거울일수록 근사는 더 나빠져서(그림 23.12) 상이 더 흐려진다. 이런 구면 거울의 '결함'을 **구면 수차**(spherical aberration)라 한다. 그것에 관해서는 25장에 나오는 렌즈를 다룰 때 더 논의할 것이다. 반면에 **포물선 반사경**(parabolic reflector)은 정확한 초점으로 광선들을 반사시킨다. 그러나 포물면을 만들기는 대단히 어렵고 비싸므로 대부분의 경우 구면 거울을 사용한다. (상당히 많은 천체 망원경은 포물선 반사경을 사용한다. 그것은 마치 그림 22.19에 있는 접시 모양의 위성 안테나가 전파를 거의 한 점에 모아들이는 것과 같다.) 여기서는 구면 거울에 대해서만 고려하되 거울의 크기가 곡률 반지름에 비해 작아서 식 23.1이 성립하고 상은 선명하다고 가정한다.

상의 형성–광선 도표

오목 거울 앞 무한히 먼 거리에 있는 물체의 경우 그 상은 초점인 $f = r/2$에 형성된다. 그러나 무한히 먼 거리가 아닌 곳에 있는 물체의 상은 어디에 생길까? 우선 그림 23.14a에서 F와 C 사이의 점 O(O는 물체란 뜻의 object)에 있는 화살표 모양의 물체에 대해서 살펴보자. 그 물체의 맨 위 점 O′의 상이 어디에 맺힐지를 알아보자. 그곳에서 나온 빛들이 거울에서 반사되어 어디에서 모이는지를 알아내 보자. 그러기 위해서 여러 개의 선을 그리고 그 선들이 거울에서 입사각과 같은 각도로 반사되어 나오게 그린다. 물체의 여러 점에서 나오는 많은 광선을 그릴 수 있겠지만 세 개의 선만 그려도 상의 위치를 신속히 알아낼 수 있다. 그 선들에 그림 23.14에서처럼 1, 2, 3의 번호를 붙이고 물체점 O′에서 출발하는 선들을 다음과 같이 그린다.

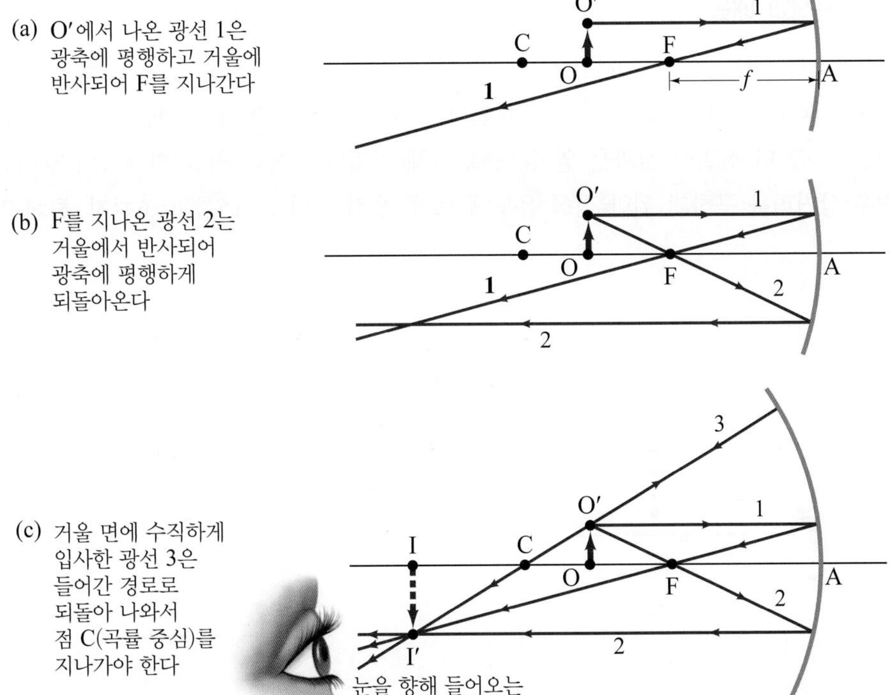

그림 23.14 물체의 한 점 O′을 떠난 광선들(화살표). 여기에 그려진 세 광선은 가장 많이 사용되는 것으로서 상 I′의 위치를 결정하는 데 사용된다. [여기 그려진 거울은 초점 거리 f에 비해 작지 않으므로, 이 그림에서는 상의 위치를 정확하게 나타내지는 않는다.]

물리학의 응용

곡면 거울에서 상의 위치 찾기

O′에서 출발하는 광선 1은 광축에 평행하게 그린다. 따라서 반사 후 광선은 점 F를 지나가야 한다. 그림 23.14a(그림 23.13에서 평행광선에 대해 했던 것처럼)

O′에서 출발하는 광선 2는 곧바로 F를 지나게 그린다(그림 23.14b). 광선은 반사되어 광축과 평행하게 나아가야 한다. (광축에 평행한 광선이 F를 지나는 것과는 반대로)

광선 3은 구면의 지름선을 따라가며(그림 23.14c) 거울 면에 수직하므로 갔던 경로를 되돌아 나와서 곡률 중심인 점 C를 지나간다.

이들 세 광선 모두 물체의 한 점 O′에서 출발한다. 거울에서 반사된 후 이들 광선이 만나게 되는 점이 상점 I′이다. 같은 물체점에서 나오는 모든 광선들은 모두 이 상점을 지날 것이다. 임의의 물체점에 대한 상점을 구하기 위해서는 단지 이 세 개의 광선만 그리면 된다. 두 개 만으로도 충분하며 나머지 하나는 확인용에 불과하다.

그림 23.14에서 물체의 한 점에 대해서만 상점을 나타냈다. 물체의 다른 점에 대해서는 가까이에 그려져 있다. 예를 들어 주축 상의 점 O에 있는 화살표의 꼬리 부분은 축 상의 점 I에 상이 맺힌다. 따라서 물체의 완전한 상이 형성된다(그림 23.14c에서 점선으로 나타낸 화살표). 이 경우 빛이 실제로 상점을 지나가기 때문에, 이 상을 **실상**(real image)이라 하며 그곳에 흰 종이나 필름을 놓으면 상이 나타난다. 이것은 평면 거울에 의해 생기는 허상과 비교된다(허상의 경우 빛이 상을 지나가지 않는다. 그림 23.7 참조).

그림 23.14에 있는 상은 눈이 상의 왼쪽에 있을 때만 눈으로 볼 수 있으므로, 상의 각 점(점 I′)에서 **발산**하는 광선의 일부는 그림 23.14c에서와 같이 눈으로 들어갈 수 있다(그림 23.1과 23.7처럼).

거울 공식과 배율

그림 23.14에서 설명한 것처럼 세 개의 광선을 그려서 상점을 대략적으로 알아낼 수 있다. 그러나 우리가 가정한 '주축' 광선에 대한 각도가 아주 작은 선을 그리는 것은 어렵다. 좀 더 정밀한 결과를 얻기 위해, 물체 거리와 거울의 곡률 반지름이 알려진 경우 상거리를 구하기 위한 식을 유도해 보자. 우선 그림 23.15를 참조하자. **물체 거**

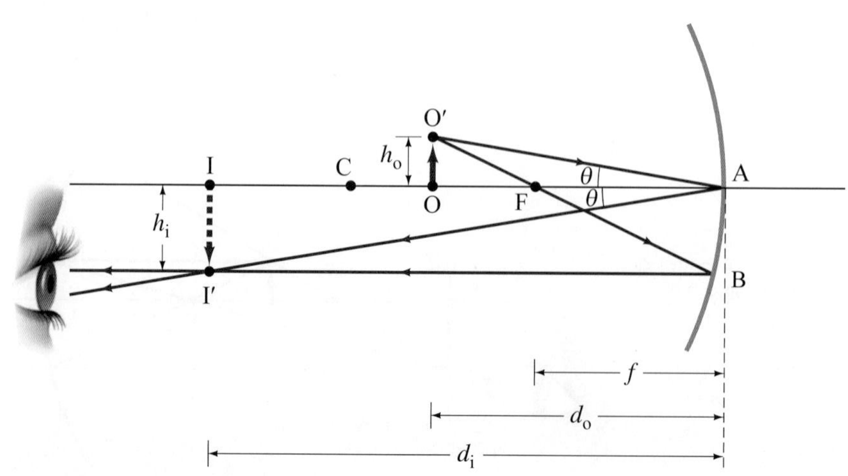

그림 23.15 거울 공식을 구하기 위한 그림. 식을 유도하기 위해, 거울의 크기가 곡률 반지름보다 작다고 가정한다.

리(object distance) d_o는 거울의 중심으로부터 물체(점 O)까지의 거리이고 **상거리**(image distance) d_i는 거울의 중심으로부터 상(점 I)까지의 거리이다. 물체의 크기 OO′을 h_o라 하고 상의 크기 I′I를 h_i라 하자. O′을 출발하는 두 광선이 그려져 있다. O′FBI′(그림 23.14에서 광선 2와 같음)과 O′AI′은 거울에서 반사되는 네 번째 광선이며 그것 역시 상점을 구하는 데 사용된다.
광선 O′AI′은 반사 법칙에 따라 그린 것이므로, 두 삼각형 O′AO와 I′AI는 닮은꼴이다. 따라서

$$\frac{h_o}{h_i} = \frac{d_o}{d_i}$$

이다. 그림에 나타난 다른 광선인 O′FBI′의 경우, F에서의 각도가 같고 AB = h_i (거울이 반지름에 비해 훨씬 작다)라고 근사할 수 있으므로 삼각형 O′FO와 AFB는 닮은꼴이다. 더욱이 FA = f는 거울의 초점 거리이므로

$$\frac{h_o}{h_i} = \frac{\text{OF}}{\text{FA}} = \frac{d_o - f}{f}$$

가 된다. 위 두 식에서 좌변이 서로 같으므로 우변을 같다고 놓으면

$$\frac{d_o}{d_i} = \frac{d_o - f}{f}$$

이 된다. 이제 양변을 d_o으로 나누고 정리하면

$$\frac{1}{d_o} + \frac{1}{d_i} = \frac{1}{f} \qquad \textbf{(23.2)}$$

거울 공식

가 얻어진다. 이것이 우리가 찾고자 하는 식이다. 이 식을 **거울 공식**(mirror equation)이라 하며 물체 거리와 상거리를 초점 거리 f와 관계 짓는 식이다(여기서 $f = r/2$).

거울 공식은 평면 거울에 대해서도 성립한다. 평면 거울에서 초점 거리는 $f = r/2 = \infty$ (식 23.1)이므로, 식 23.2에서 $d_i = -d_o$가 된다.

거울의 **배율**(magnification) m은 상의 크기를 물체의 크기로 나눈 값으로 정의한다. 그림 23.15에서 닮은꼴 삼각형의 첫 번째 두 식 또는 그림 23.15 아래에 있는 식으로부터 다음과 같이 쓸 수 있다.

$$m = \frac{h_i}{h_o} = -\frac{d_i}{d_o} \qquad \textbf{(23.3)}$$

식 23.3에 있는 음의 부호는 거울 공식에 관한 규칙에 따라 넣은 것이다. 식 23.2와 23.3에 있는 모든 양들의 부호에 관해서는 어떤 규칙에 따라야만 한다. 그런 부호 규약은 광선 도표에서 알 수 있는 것처럼, 상의 위치와 방향이 올바로 나타나도록 선택되어야 한다. 일반적으로 사용되는 **부호 규약**(sign conventions)은 다음과 같다.

1. 물체에 대해 상이 정립이면 상의 크기 h_i는 양이고 도립이면 음이다(h_o는 양으로 간주한다).
2. d_o와 d_i는 물체나 상이 거울 앞에 있으면 양이고(그림 23.15 참조), 거울 뒤에

있으면 음이다. [$d_i < 0$인 예는 예제 23.4에 있는 그림 23.16에서 볼 수 있다.]†

따라서 배율(식 23.3)의 부호는 정립상의 경우는 양이고 도립상의 경우는 음이다. 좀 더 자세한 부호 규약에 대한 요약이 이 절 뒷부분의 오목 거울에 대한 내용 이후에 주어져 있다.

오목 거울에 관한 예제

예제 23.3 오목 거울에서의 상

크기가 1.50 cm인 물체가 곡률 반지름이 30.0 cm인 오목 거울 앞 20.0 cm 되는 곳에 놓여 있다. (a) 상의 위치와 (b) 크기를 구하라.

접근 곡률 반지름으로부터 초점 거리를 구하면(식 23.1), $f = r/2 = 15.0$ cm이다. 물체가 F와 C 사이에 있기 때문에 광선 도표는 기본적으로 그림 23.15와 같다. 상의 위치와 크기는 식 23.2와 23.3으로부터 구할 수 있다.

풀이 그림 23.15를 참조하면, CA = r = 30.0 cm, FA = f = 15.0 cm, OA = d_0 = 20.0 cm이다.

(a) 거울 공식인 식 23.2를 다시 정리하면(양변에서 $1/d_o$를 뺀다)

$$\frac{1}{d_i} = \frac{1}{f} - \frac{1}{d_o} = \frac{1}{15.0\,\text{cm}} - \frac{1}{20.0\,\text{cm}} = 0.0167\,\text{cm}^{-1}$$

주의
역수를 취해야 한다.

가 된다. 따라서 $d_i = 1/(0.0167\,\text{cm}^{-1}) = 60.0$ cm이다. d_i가 양이기 때문에, 상은 물체와 같은 쪽인 거울 앞 60.0 cm 되는 곳에 있다.

(b) 식 23.3으로부터 배율은

$$m = -\frac{d_i}{d_o} = -\frac{60.0\,\text{cm}}{20.0\,\text{cm}} = -3.00$$

가 된다. 상의 크기는 물체 크기의 세 배이므로 크기는

$$h_i = mh_o = (-3.00)(1.5\,\text{cm}) = -4.5\,\text{cm}$$

가 된다. 여기서 음의 부호는 상이 그림 23.15에서처럼 도립임을 의미한다.

유의 물체가 오목 거울 앞의 초점보다 더 먼 곳에 있으면 그림 23.14나 23.15로부터 알 수 있듯이 상은 항상 도립 실상이다.

예제 23.4 초점보다 안쪽에 있는 물체

크기가 1.00 cm인 물체가 곡률 반지름이 30.0 cm인 오목 거울 앞 10.0 cm 되는 곳에 놓여 있다. (a) 상의 (대략적인) 위치를 나타내는 광선 도표를 그리라. (b) 상의 위치와 배율을 구체적으로 계산하라.

접근 그림 23.14에서와 같은 광선을 사용하여 광선 도표를 그린다. 정확한 계산은 식 23.1, 23.2, 23.3을 사용한다.

† 실물체에 대해 d_o는 항상 양이다. $d_o < 0$인 경우는 물체가 다른 거울이나 렌즈에 의해서 생기는 상일 때만 그렇다(예제 23.12 참조).

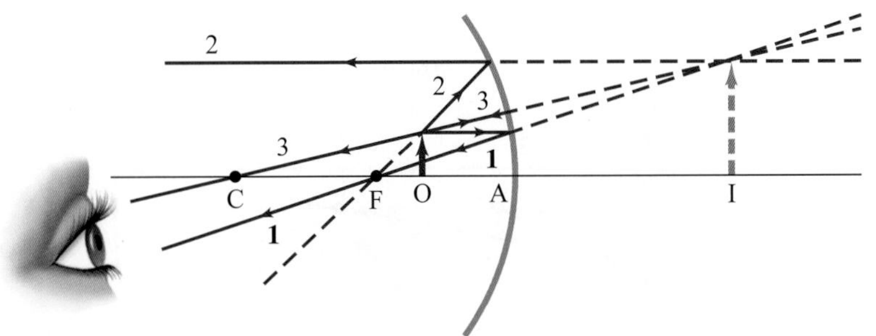

그림 23.16 초점 F보다 안쪽에 놓여 있는 물체. 상은 거울 뒤에 맺히므로 허상이다(예제 23.4). [이해를 돕기 위해 그림의 가로(물체의 크기는 1.0 cm)와 세로(OA = 10.0 cm)의 크기를 달리한 것으로 정밀한 것은 아니다.]

풀이 (a) $f = r/2 = 15.0$ cm이므로 물체는 거울과 초점 사이에 있다. 앞에서 설명한 대로(그림 23.14) 세 개의 광선을 그리자. 세 광선은 그림 23.16에서 물체의 끝점을 출발한다. 광선 1은 화살표 끝에서 출발하여 광축에 평행하게 거울에 입사한 후 반사되어 F를 지난다. 광선 2는 F를 향할 수 없다. 왜냐하면 광선 2가 F를 향해 지나가게 되면 거울에 닿지 않기 때문이다. 따라서 광선 2는 F에서 출발한 것처럼 나아가서(그림 23.16에서 점선으로 표시) 거울로 향한 다음 거울에서 반사되어 주축에 평행하게 나와야 한다. 광선 3은 거울에 수직으로 입사하여 입사한 경로로 되돌아 나온다. 거울에서 반사된 이들 세 광선은 발산하므로 한 점에 모이지 않는다. 그 광선들은 마치 거울 뒤의 한 점에서 출발한 것처럼(점으로 표시된 선) 보인다. 이 점이 화살표의 끝 점이 이루는 상의 위치를 나타낸다. 따라서 상은 거울 뒤에 있고 **허상**이다.

(b) 식 23.2를 써서 $d_o = 10.0$ cm일 때 d_i를 구한다.

$$\frac{1}{d_i} = \frac{1}{f} - \frac{1}{d_o} = \frac{1}{15.0\text{ cm}} - \frac{1}{10.0\text{ cm}} = \frac{2-3}{30.0\text{ cm}} = -\frac{1}{30.0\text{ cm}}$$

그러므로 $d_i = -30.0$ cm이다. 음의 부호는 그림에 나타나 있듯이 상이 거울 뒤에 있다는 뜻이다. 배율은 $m = -d_i/d_o = -(-30.0\text{ cm})/(10.0\text{ cm}) = +3.00$이다. 따라서 상은 물체보다 3배 더 크다. 배율에서의 양(+)의 부호는 상이 정립(물체와 같이)이라는 뜻이다. 이런 모습이 그림 23.16에 잘 나타나 있다.

유의 상거리는 그림 23.16에서 정확하게 측정할 수는 없다. 왜냐하면 이 그림은 근축 광선에 대한 것이라는 가정이 지켜지지 않고 과장되어 그려져 있기 때문이다(여기서는 이해를 돕기 위해 좀 크게 그렸다).

유의 물체가 오목 거울의 초점 안쪽에 놓이게 되면($d_o < f$), 상은 항상 정립이고 허상이다. 그림 23.16에서 물체 O가 여러분이라면, 여러분은 자신을 선명하게 볼 수 있다. 왜냐하면 O에서 반사된 빛은 발산하기 때문이다. 여러분의 상은 정립이고 확대된다. 이것이 바로 화장 거울이나 면도 거울의 원리이다. 여러분은 자신의 얼굴이 바로 선 것으로 보이게 하려면 얼굴이 거울 가까이 초점 안쪽에 있어야 한다(그림 23.10a에 있는 사진을 보라). [만일 물체가 그림 23.14에서와 같이 초점 밖에 있으면, 상은 도립 실상이다. 즉 뒤집혀서 보기가 불편하다.]

물리학의 응용

확대경:
오목 거울에 확대되어 서 있는 여러분 자신을 보기

상을 보기; 자신을 보기

아주 선명한 상을 눈으로 보기 위해서 눈은 상에서 나온 빛이 발산해서 교차하는 곳에 있어야 한다. 그것이 바로 그림 23.14, 23.15, 23.16에서의 눈의 위치와 같다. 보

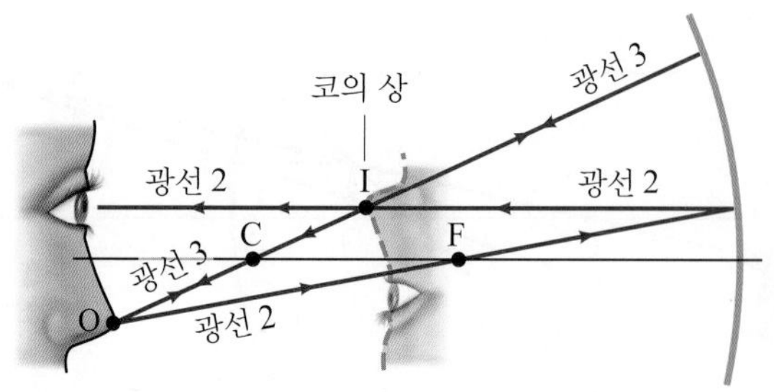

그림 23.17 점 C 뒤($d_o > 2f$)에 얼굴이 있을 때는 오목 거울 속에 나타나는 상은 선명한 도립상이다. 왜냐하면 눈에 들어오는 광선들은 발산된 광선이기 때문이다. 여기에 나타난 표준 광선 2와 3은 코 위의 점 O에서 출발한 것이다. 광선 2(와 부근의 다른 광선)는 눈으로 들어온다. 얼굴이 상점 I의 왼쪽 가까이로 다가갈수록 광선들은 더 발산하게 될 것이다.

통의 물체들을 볼 때, 항상 그림 23.1에 나타난 것처럼 눈을 향해 발산되는 광선을 보게 된다. (또는 별과 같이 매우 먼 거리에 있는 물체의 경우, 광선은 그림 23.11에서와 같이 광축에 평행하게 들어온다.) 예를 들어 눈을 그림 23.15에서의 O와 I 사이에 두면, 물체 OO′에서 오는 **수렴하는** 광선들은 보고자하는 눈에 들어오지만 눈의 렌즈는 초점을 맺지 못할 것이다. 아주 흐릿한 상을 보거나 전혀 알아볼 수 없는 상을 보게 될 것이다. [눈에 관해서는 25장에서 좀 더 자세히 공부할 것이다.]

만일 그림 23.15에서 F와 C 사이에 있는 물체 OO′이 바로 여러분이고 자신을 그 거울에서 보고자 한다면, 흐릿한 상을 보게 될 것이다. 하지만 그림 23.15에서처럼 뒤에 있는 사람의 눈은 선명한 상을 볼 것이다. 그러나 여러분이 그림 23.15에서 $d_o > 2f$인 C의 왼쪽에 있다면, 여러분 자신을 선명하게 보지만 뒤집혀 보일 것이다. 왜 일까? 상에서 오는 빛은 관측자의 위치에서 **발산**하고(그림 23.17), 관측자의 눈이 그 상을 볼 수 있기 때문이다. 또한 관측자가 초점 안쪽($d_o < f$)의 거울 가까이로 다가가면 자신이 똑바로 서있는 상을 선명하게 볼 수 있다. 이것은 예제 23.4의 그림 23.16에서 이미 알고 있는 것이다.

볼록 거울

오목 거울에 사용된 분석 방법을 볼록 거울에도 적용할 수 있다. 거울 공식(식 23.2)이 **볼록 거울**(convex mirror)에도 성립하지만 각각의 물리량들이 엄밀하게 정의되어야 한다. 그림 23.18a에 볼록 거울에 입사하는 광축에 평행한 광선이 그려져 있다. 여전히 구면 수차는 중요한 문제이다(그림 23.12). 그러기 때문에 거울이 곡률 반지름에 비해 작다고 가정해야만 한다. 반사된 광선들은 발산하지만, 그림 23.18a에서처럼 거울 뒤의 점 F에서 나오는 것처럼 보인다. 그 점이 **초점**(focal point)이며, 거울 중심(점 A)으로부터의 거리를 **초점 거리**(focal length) f라 한다. 식 $f = r/2$는 볼록 거울에 대해서도 성립한다. 이미 우리는 무한 원점에 있는 물체가 볼록 거울에서는 허상을 맺음을 알고 있다. 실제로 물체가 볼록 거울의 반사면 앞의 어느 위치에 있든 그림 23.18b에서처럼 상은 정립 허상이다. 상을 정확히 구하기 위해 그림 23.18b에서처럼 오목 거울에서 사용했던 규칙에 따라 광선 1과 3을 그린다. 광선 1과 3이 실제로 점 F와 C를 지나지 않지만, 지나는 것처럼 그린다(점선으로 나타냄).

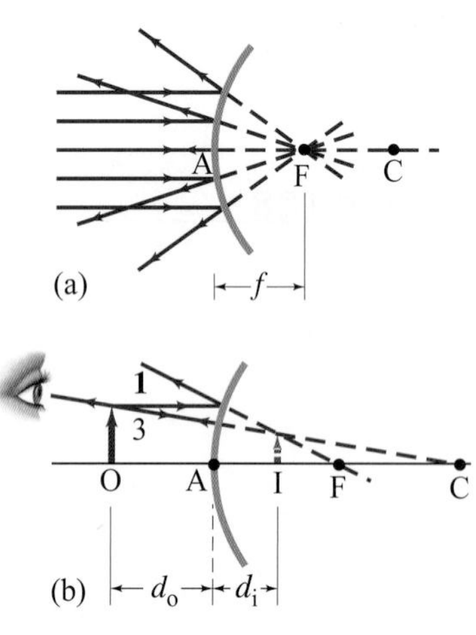

그림 23.18 볼록 거울. (a) 초점 F는 거울 뒤에 있다. (b) 점 O에 있는 물체의 상 I는 정립 허상이고 크기가 물체보다 작다. [예제 23.5, 크기는 실제와 비례하지 않음]

거울 공식인 식 23.2는 볼록 거울에 대해서도 성립하지만 초점 거리 f와 곡률 반지름은 음의 값이어야 한다. 그것에 관한 증명은 종합 문제로 남겨둔다. 배율에 관한 식 23.2의 증명도 종합 문제로 남겨둔다.

예제 23.5 **볼록 거울로 된 후사경(백미러)**

곡률 반지름이 16.0 m인 볼록 거울로 된 외부 백미러가 있다(그림 23.19). 거울로부터 10.0 m 떨어진 물체의 상의 위치와 배율을 구하라.

그림 23.19 예제 23.5

접근 다음과 같은 단계를 따라 문제를 해결한다.

풀이

1. **광선 도표를 그린다.** 광선 도표는 그림 23.18b처럼 되겠지만 물체 거리(d_o = 10.0 m)가 커서 정밀하게 그리는 것이 어렵다. 볼록 거울이므로 부호 규약에 의해 r는 음이다.
2. **거울 공식과 배율에 관한 식.** 볼록 거울의 곡률 중심은 초점과 함께 거울 뒤에 있으므로, $r = -16.0$ m이고 초점 거리는 $f = r/2 = -8.0$ m이다. 물체는 거울 앞에 있어서 $d_o = 10.0$ m이다. 거울 공식인 식 23.2를 $1/d_i$에 대해 풀면

$$\frac{1}{d_i} = \frac{1}{f} - \frac{1}{d_o} = \frac{1}{-8.0\text{ m}} - \frac{1}{10.0\text{ m}} = \frac{-10.0 - 8.0}{80.0\text{ m}} = -\frac{18}{80.0\text{ m}}$$

가 된다. 따라서 $d_i = -80.0\text{ m}/18 = -4.4$ m이다. 식 23.3으로부터 배율은

$$m = -\frac{d_i}{d_o} = -\frac{(-4.4\text{ m})}{(10.0\text{ m})} = +0.44$$

가 된다.

3. **부호 규약 상거리.** −4.4 m는 음이므로 상은 거울 **뒤**에 있다. 배율은 $m = +0.44$이므로 상은 **정립**(상이 뒤집히지 않으므로 사용자가 보기에 좋다)이고 평면 거울에서와 같이 상의 크기가 물체 크기의 거의 반에 가깝다.
4. **확인.** 여기서 나온 결과들은 그림 23.18b에 그려진 것과 일치한다.

자동차 후사경에는 '물체가 거울에 보이는 것보다 훨씬 가까이 있다'라는 경고문이 있다. 그것은 (예제 23.5에서와 같이) d_o보다 d_i가 작을 수 있다는 사실과는 달라 보인다. 물체가 더 멀리 있어 보이는 실제 이유는 볼록 거울 속의 상의 크기가 평면 거울에 있는 경우보다 **작기** 때문에 거울을 보는 사람이 원래 물체의 거리를 차의 실제 크기와 비교해서 판단하기 때문이다.

23.4 굴절률

진공 중에서의 빛의 속력이

$$c = 2.99792458 \times 10^8\text{ m/s}$$

임을 22장에서 배웠다. 아주 정밀한 값을 사용하는 경우가 아니면 이것은 반올림하여

$$3.00 \times 10^8\text{ m/s}$$

인 값을 흔히 사용한다.

공기 중에서의 속력은 이 값보다는 조금 작다. 유리나 물과 같은 투명한 물질에서의 빛의 속력은 진공 중에서의 값보다 항상 작다. 예를 들어 물속에서의 빛의 속력은

표 23.1 몇 가지 물질들의 굴절률[†]

물질	$n = \frac{c}{v}$
진공	1.0000
공기(표준 온도 및 압력에서)	1.0003
물	1.33
에틸알코올	1.36
유리	
용융석영	1.46
크라운 유리	1.52
굴절률이 낮은 플린트 유리	1.58
플라스틱	
아크릴, 투명 합성수지, CR-39	1.50
폴리카보네이트	1.59
'고 굴절' 플라스틱	1.6~1.7
염화나트륨	1.53
다이아몬드	2.42

[†] $\lambda = 589$ nm

약 $\frac{3}{4}c$이다. 물질 중에서 빛의 속력에 대한 진공 중에서 빛의 속력의 비를 그 물질의 **굴절률**(index of refraction)이라 한다. 즉

$$n = \frac{c}{v} \tag{23.4}$$

굴절률은 1보다 작을 수 없다. 여러 가지 물질의 굴절률을 표 23.1에 나열했다. 예를 들어 물의 경우 $n = 1.33$이므로 물속에서 빛의 속력은

$$v = \frac{c}{n} = \frac{(3.00 \times 10^8\,\text{m/s})}{1.33} = 2.26 \times 10^8\,\text{m/s}$$

이다. 나중에 배우겠지만 n은 빛의 파장—진공 중에서는 예외—에 따라 다르다. 표 23.1에 나열된 굴절률은 파장이 $\lambda = 589$ nm인 노란색 빛에 대한 값이다.

빛이 진공 중에서보다 물질 속에서 더 느리게 진행한다는 사실은 물질을 구성하는 원자나 분자에 의해 빛이 흡수되거나 재방출되는 현상 때문이어서 원자물리학의 수준으로 설명해야 한다.

23.5 굴절; 스넬 법칙

빛이 어떤 투명한 매질에서 굴절률이 다른 매질로 진행할 때, 입사광의 일부 또는 전부는 경계면에서 반사된다. 나머지는 새로운 매질 속으로 진행한다. 빛이 표면에(수직이 아닌) 어떤 각도로 입사하면, 새로운 매질에서 그 빛은 방향을 바꾼다. 빛의 이런 방향 변화 또는 꺾임을 **굴절**(refraction)이라 한다.

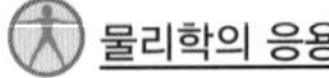

입사각과 굴절각은 법선과 이루는 각도이다.

그림 23.20a에서 빛이 공기 중에서 물속으로 지나가고 있다. 각 θ_1은 입사광이 면의 법선(수직한)과 이루는 각도로 **입사각**(angle of incidence)이라 한다. 각 θ_2는 **굴절각**(angle of refraction)으로서 굴절된 광선이 면의 법선과 이루는 각도이다. 광선이 공기 중에서 물속으로 들어갈 때는 법선 쪽으로 꺾인다. 이것은 빛의 속력이 느린(또한 굴절률이 큰 매질, 식 23.4) 매질로 들어갈 때는 항상 그렇다. 빛이 어떤 매질에서 속력이 더 빨라지는 매질로 들어갈 때는, 빛은 항상 법선에서 멀어지게 꺾인다. 이 예가 빛이 물속에서 공기 중으로 나오는 모습을 나타낸 그림 23.20b에 나타나 있다.

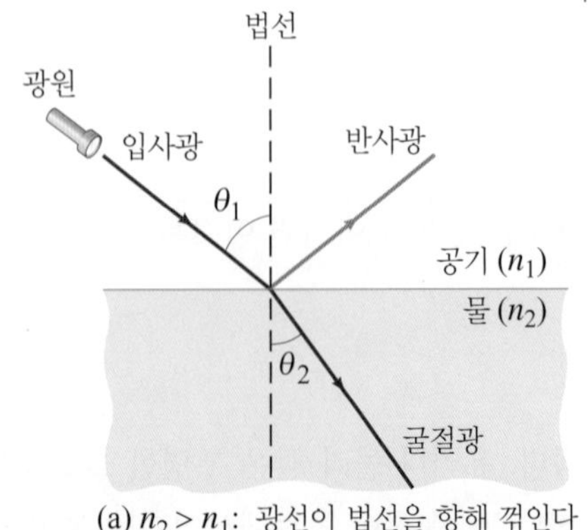

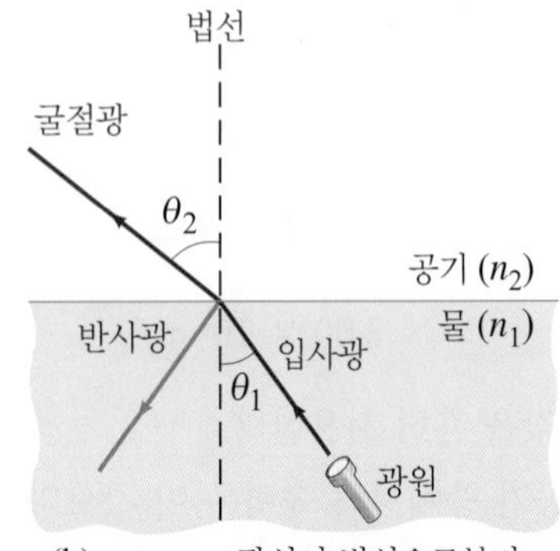

그림 23.20 굴절. (a) 빛이 공기(n_1) 중에서 물(n_2)속으로 나아갈 때 굴절되는 모습. 여기서 $n_2 > n_1$이다. (b) 빛이 물(n_1)속에서 공기(n_2) 중으로 나아갈 때 굴절되는 모습. 여기서 $n_1 > n_2$이다.

(a)

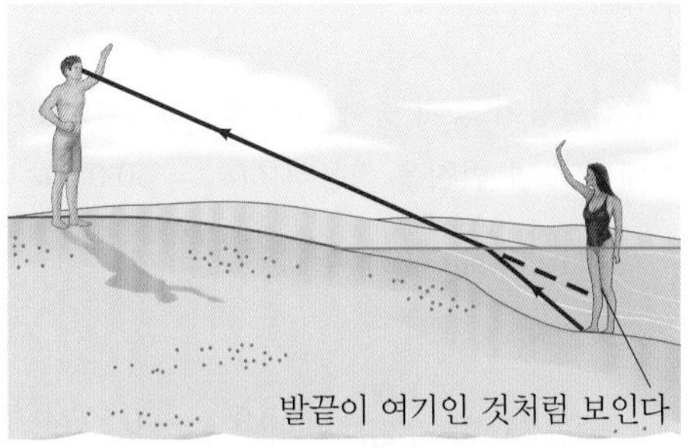

(b)

그림 23.21 물속에 서 있는 사람의 다리가 짧아 보이는 (a) 사진과 (b) 광선 도표. 물속에 있는 발끝에서 나온 광선이 물 표면에서 꺾여 사람의 눈에 들어오고 사람의 뇌는 그 광선이 좀 더 높은 위치에서 똑 바로 온 것(점선)으로 인식하게 된다.

굴절은 여러 가지 착시 현상을 일으킨다. 예를 들어 물이 허리 쯤 차는 곳에 서 있는 어떤 사람의 다리는 짧아 보인다(그림 23.21). 사람의 발에서 출발한 빛은 표면에서 꺾인다. 관측자의 뇌는 빛이 직선 경로(빨간색 점선)를 따라 올라올 것으로 가정하므로 발이 실제보다 더 높은 곳에 있는 것으로 보인다. 마찬가지로 빨대를 찻잔 속의 물에 넣으면 휘어 보인다(그림 23.22). 이것 또한 물이 실제로 보이는 것보다 깊다는 것을 의미한다.

그림 23.22 물속에 잠겨 있는 빨대는 곧은 것이지만 꺾인 것으로 보인다.

스넬 법칙

굴절각은 두 매질에서의 빛의 속력과 입사각에 의해 결정된다. 그림 23.20에서 θ_1과 θ_2 사이의 관계는 1621년 스넬(Willebrord Snell, 1591~1626)에 의해 실험을 통해 구해졌다. **스넬 법칙**(Snell's Law)은 다음과 같다.

$$n_1 \sin\theta_1 = n_2 \sin\theta_2 \qquad (23.5)$$

스넬 법칙(굴절 법칙)

여기서 θ_1은 입사각이고 θ_2는 굴절각이다. n_1과 n_2는 각각 두 매질의 굴절률이다. 그림 23.20을 살펴보라. 입사광과 굴절광은 같은 경계에 수직한 평면 위에 놓인다. 스넬 법칙은 **굴절 법칙**(law of refraction)이다. (스넬 법칙은 11.13절에서 물결파에 대해 유도됐다. 그곳에서 식 11.20은 식 23.5와 23.4를 결합한 것에 지나지 않는다. 또한 그 식을 24장에서 빛의 파동론을 사용하여 다시 유도할 것이다.)

스넬 법칙에 의하면 $n_2 > n_1$이면, $\theta_2 < \theta_1$임을 나타내다. 따라서 만일 빛이 n이 큰 매질(속력이 느린 매질)로 들어가면, 빛은 법선 쪽으로 꺾인다. 또한 $n_2 < n_1$이면, $\theta_2 > \theta_1$이므로 빛은 법선에서 멀어지게 꺾인다. 그런 상황이 그림 23.20에 잘 나타나 있다.

연습 C 빛이 $n = 1.3$(물)인 매질에서 $n = 1.5$(유리)인 매질로 진행한다. 빛은 어느 쪽으로 꺾이는가?

예제 23.6 평면 유리를 통과하면서 굴절하는 빛

그림 23.23에서와 같이 빛이 공기 중에서 두께가 일정한 유리판에 입사각 60.0°로 입사한다. 유리의 굴절률이 1.50이라면, (a) 유리에서의 굴절각 θ_A는 얼마인가? (b) 빛이 유리를 지나 공기 중으로 나올 때의 굴절각 θ_B는 얼마인가?

접근 스넬 법칙을 두 번 적용하면 된다. 처음에는 빛이 유리로 들어가고 그 다음에 유리에

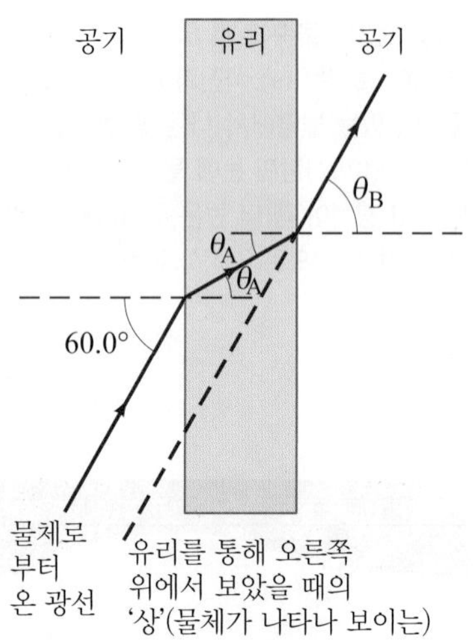

그림 23.23 유리를 관통해 나가는 빛(예제 23.6)

서 공기 중으로 나온다.

풀이 (a) 입사광이 공기 중에 있으므로 $n_1 = 1.00$이고 $n_2 = 1.50$이다. 빛이 유리로 들어가는 것에 대해 스넬 법칙을 적용하면($\theta_1 = 60.0°$, $\theta_2 = \theta_A$)

$$(1.00)\sin 60.0° = (1.50)\sin\theta_A$$

즉

$$\sin\theta_A = \frac{1.00}{1.50}\sin 60.0° = 0.5774$$

가 되어 $\theta_A = 35.3°$이다.

(b) 유리의 양면이 평행하므로 두 번째 표면에서의 입사각 역시 θ_A(엇각)이고 $\sin\theta_A = 0.5774$이다. 이 두 번째 표면에서는 $n_1 = 1.50$이고 $n_2 = 1.00$이다. 따라서 빛이 공기 중으로 다시 나오는 각도 θ_B는

$$\sin\theta_B = \frac{1.50}{1.00}\sin\theta_A = 0.866$$

로 주어지므로 $\theta_B = 60.0°$이다. 두께가 일정한 유리를 통과하는 빛은 방향이 바뀌지는 않는다.

유의 이 결과는 입사각과 무관하게 성립한다. 그러나 광선의 경로는 약간 옆으로 이동한다. 이런 현상은 유리를 통해 물체를 보고난 후 시선을 옮겨 물체를 직접 보면 확인해 볼 수 있다. 그러면 유리를 통과한 물체의 위치는 직접 보는 물체보다 약간 위치가 벗어나 있음을 알 수 있다.

예제 23.7 수영장의 겉보기 깊이

어떤 수영 선수가 물안경을 깊이 1.0 m라고 표기된 수영장 끄트머리 수심이 얕은 물속에 떨어뜨렸다. 그러나 물안경은 그렇게 깊은 곳에 있어 보이지 않는다. 왜 그런가? 물속을 똑바로 내려다 볼 때 물안경은 얼마의 깊이에 있어 보이는가?

주의
물은 보이는 것보다 더 깊다.

접근 물안경의 한 점에서 위로 향해 올라와서 물 표면에서 굴절되는 두 개의 광선을 나타내는 광선 도표를 그린다(그림 23.24). 물 표면에서 굴절되어 위로 올라오는 두 광선은 법선에서 멀어지는 방향을 향하며, 물안경보다 위의 점에서 발산하는(점선) 것처럼 보인다. 그것이 바로 물이 실제보다는 덜 깊어 보이는 이유이다. 똑바로 내려다보고 있으므로, 모든 각도는 아주 작다(그림 23.24는 이해를 돕기 위해 각도를 크게 그렸다).

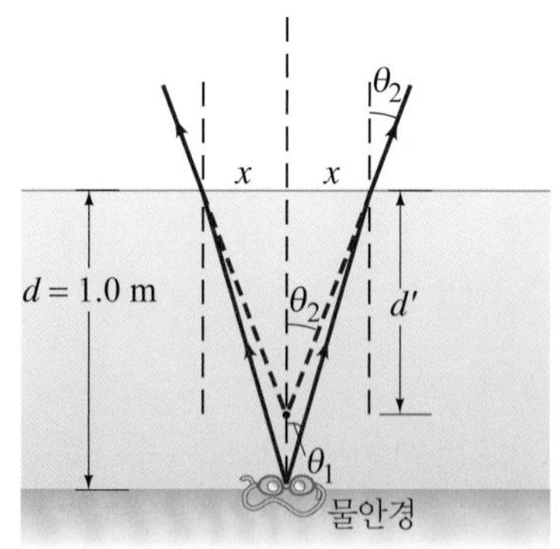

그림 23.24 예제 23.7

풀이 주어진 실제 깊이 $d = 1.0$ m에 대한 겉보기 깊이 d'(그림 23.24)을 계산하기 위해, 물의 굴절률 $n_1 = 1.33$과 공기의 굴절률 $n_2 = 1.0$을 스넬 법칙에 대입하면

$$\sin\theta_2 = n_1 \sin\theta_1$$

가 된다. 여기서 각도들이 매우 작으므로 근사식 $\sin\theta \approx \tan\theta \approx \theta$를 사용한다. 여기서 θ는 라디안 단위이다. 따라서 스넬 법칙은

$$\theta_2 \approx n_1\theta_1$$

가 된다. 그림 23.24로부터, $\theta_2 \approx \tan\theta_2 = x/d'$과 $\theta_1 \approx \tan\theta_1 = x/d$임을 알 수 있다. 이를 스넬 법칙 $\theta_2 \approx n_1\theta_1$에 대입하면

$$\frac{x}{d'} \approx n_1 \frac{x}{d}$$

즉

$$d' \approx \frac{d}{n_1} = \frac{1.0\text{ m}}{1.33} = 0.75\text{ m}$$

이다. 수영장의 깊이는 실제 깊이의 3/4의 깊이로 보인다.

유의 물은 보이는 것보다 더 깊다. 이것은 안전을 위한 필수 안내문이다.

23.6 전반사; 광섬유

빛이 굴절률이 큰 매질에서 작은 매질로 나아갈 때(예를 들어 물에서 공기 중으로), 굴절된 광선은 그림 23.25의 광선 I와 J처럼 법선으로부터 멀어지게 꺾인다. 입사각이 점점 커지다가 어느 각도에서 굴절각이 90°가 되면 굴절된 광선은 물 표면을 스치게 된다(광선 K). 이런 현상이 생기는 입사각을 **임계각**(critical angle) θ_C라 한다. 스넬 법칙으로부터 θ_C는

$$\sin\theta_C = \frac{n_2}{n_1}\sin 90° = \frac{n_2}{n_1} \quad \textbf{(23.6)}$$

로 주어진다. θ_C 보다 작은 모든 입사각에 대해서는 일부는 꺾여 나아가고 일부는 경계면에서 반사된다. 그러나 θ_1이 θ_C 보다 큰 경우, 스넬 법칙에 의하면 $n_2 < n_1$일 때 $\sin\,\theta_2 (= n_1 \sin\,\theta_1/n_2)$는 1.00보다 클 것이다. 사인 값은 1.00보다 클 수 없으므로, 이 경우 굴절광은 전혀 없으며 그림 23.25의 광선 L처럼 **모든 빛은 반사된다**. 이런 현상을 **전반사**(total internal reflection)라 한다. 전반사는 진행하는 빛이 굴절률이 낮은 매질의 경계를 만났을 때만 일어난다.

주의
전반사(굴절률이 더 작은 영역으로 빛이 진행할 때 생긴다)

연습 D 공기 중에서 진행하는 빛이 굴절률이 $n = 1.48$인 유리 표면에 닿는다. 전반사가 일어나는 각도의 범위는 얼마인가?

쌍안경과 같은 많은 광학 기기들은 빛을 반사시키기 위해 프리즘 내에서의 전반사를 이용한다. 이것의 이점은 들어오는 빛의 거의 100 %를 반사시킨다는 것이다. 반면 아주 좋은 거울도 반사율이 100 %에 미치지는 못한다. 그렇기 때문에 여러 번 반사를 해도 상이 밝다. $n = 1.50$인 유리의 경우 $\theta_C = 41.8°$이다. 그러므로 그림 23.26의 쌍안경에서처럼 45° 프리즘을 배열하면 모든 빛을 프리즘에서 반사시킨다.

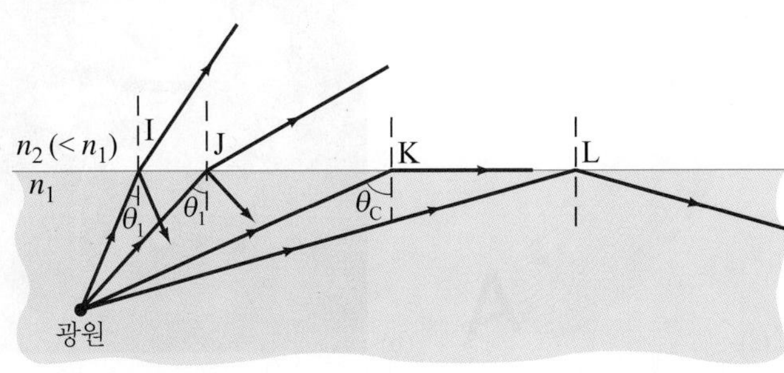

그림 23.25 $n_2 < n_1$이므로, $\theta_1 > \theta_C$가 되는 광선 L은 내부에서 완전히 반사된다. 광선 I와 J에서처럼 $\theta_1 < \theta_C$인 경우는 광선의 일부만 반사되고 나머지는 굴절된다.

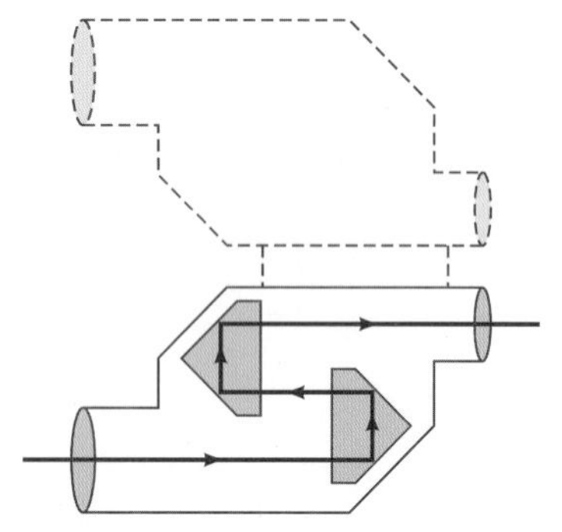

그림 23.26 쌍안경 속의 프리즘에 의한 빛의 전반사

물리학의 응용

통신과 의료에서의 광섬유—기관지경, 결장경, 내시경

그림 23.27 유리나 투명한 플라스틱 섬유의 표면 내에서 빛이 완전히 반사되어 진행한다.

연습 E 그림 23.26과 같은 유리 프리즘을 물속에 넣으면 무슨 일이 일어날까?

광섬유: 의료 기기

전반사는 **섬유 광학**(fiber optics)의 바탕이 되는 원리이다. 지름이 수 마이크로미터 정도인 유리와 플라스틱 섬유가 사용된다. 그런 가느다란 투명한 섬유의 다발을 **빛파이프**(light pipe, 또는 도광관) 또는 **광섬유 케이블**(fiber-optic cable)이라 한다. 섬유 속의 빛은 전반사 때문에 거의 손실 없이 전송될 수 있다. 그림 23.27는 빛이 가느다란 섬유 속에서 벽과 비스듬하게 충돌하면서 전반사를 일으키면서 진행하는 모습을 나타내고 있다. 빛이 전송되는 빛파이프가 복잡한 모양으로 꼬여 있을지라도 임계각을 초과하지 않기 때문에, 그 속의 빛은 감쇄됨이 없이 끝까지 전송된다. 아주 적은 손실이 있는데, 주로 섬유 양단에서의 반사와 흡수 때문이다.

광섬유 케이블이 응용되는 주요 분야는 통신 기기와 의료 기기이다. 유선 전화, 비디오 신호, 컴퓨터 데이터 전송용 도체 케이블 대신에 섬유 케이블이 대체되어 사용되고 있다. 이 신호는 변조된 빛(빛의 세기는 변할 수 있다)을 사용하여 구리 도선 속에서의 전기 신호보다 속력이 매우 빠르고 손실이 적으며, 간섭을 거의 받지 않고 데이터를 전송한다. 광섬유는 백 가지 이상의 파장을 전송할 수 있게 개발됐다. 각 파장은 초당 10기가비트(10^{10}비트) 이상을 전송하기 위해 변조할 수 있다. 그것은 백 가지 파장에 대해서는 초당 테라비트(10^{12}비트)에 해당하는 것이다.

선명한 영상을 전송하기 위해 광섬유를 사용하는 것은 의료 분야에 매우 유용하다. 그림 23.28을 보라. 예를 들어 광섬유 기관지경이라고 하는 광섬유 케이블을 입을 통하여 기관지를 따라 넣어서 환자의 폐를 진단을 할 수 있다. 폐를 조명하기 위해 바깥쪽에 있는 광섬유 다발 테두리 부분으로 빛을 쪼인다. 폐 속에서 반사된 빛은 광섬유 다발 중심 부분을 통해 되돌아온다. 각 광섬유의 끝단에 닿은 빛은 그대로 광섬유를 따라 올라온다. 반대 쪽 끝에서는 관측자가 일련의 밝은 점과 어두운 점을 보게 되며 이것은 마치 TV 화면을 보는 듯하다. 즉 광섬유 다발의 한쪽 끝에 있는 영상이 반대쪽에 그대로 보이게 된다. 광섬유 케이블의 양단 끝에는 렌즈가 하나씩 붙어 있다. 영상은 직접 보거나 모니터 화면으로 볼 수 있고 필름에 기록할 수 있다. 하나의 광섬유는 이웃하는 다른 광섬유와 광학적으로 절연되어 있어야 하므로 섬유보

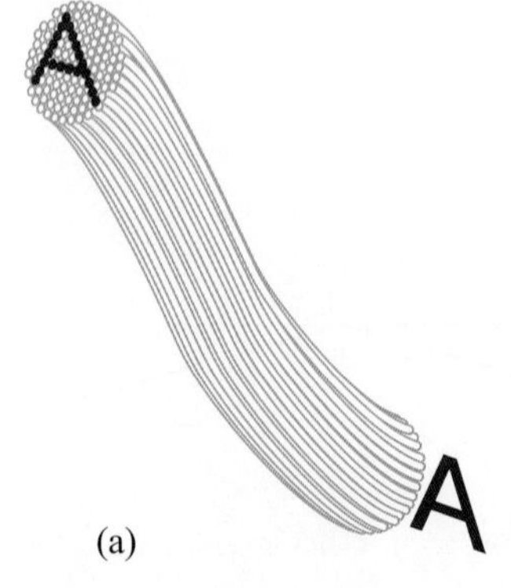

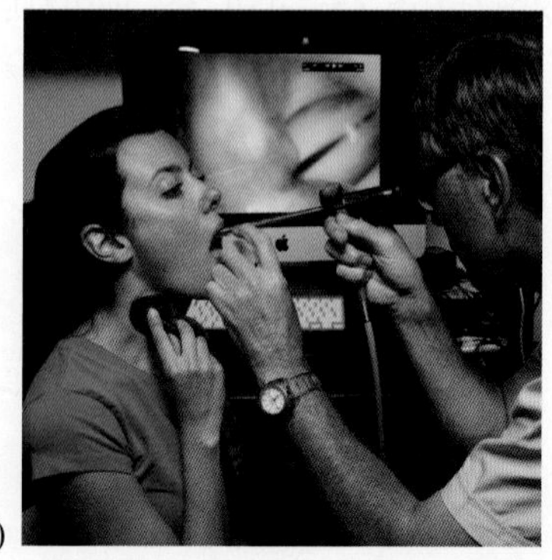

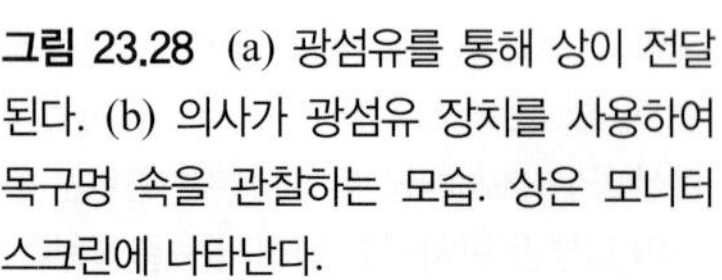

그림 23.28 (a) 광섬유를 통해 상이 전달된다. (b) 의사가 광섬유 장치를 사용하여 목구멍 속을 관찰하는 모습. 상은 모니터 스크린에 나타난다.

다 작은 굴절률을 가지는 재료로 얇게 코팅되어 있어야 한다. 광섬유 한 개의 굵기가 가늘고 개수가 많을수록 선명한 화상을 얻을 수 있다. 기관지경이나 (장을 보기 위한) 결장경, (위나 다른 기관을 보기 위한) 내시경과 같은 장치는 직접 다다르기 어려운 곳을 관찰하는 데 아주 유용하다.

23.7 얇은 렌즈; 광선 추적

가장 중요하면서도 가장 단순한 광학 기기가 얇은 렌즈이다. 여러 개의 렌즈를 사용하는 광학 기기의 개발은 16세기와 17세기에 시작됐으며, 안경에 관한 최초의 기록은 13세기 후반까지 거슬러 올라간다. 오늘날 렌즈는 안경, 카메라, 확대경, 망원경, 쌍안경, 현미경 및 의료 기구 등에 다 들어 있다. 얇은 렌즈란 원형이면서 양면이 구면인 렌즈이다. (원통형 면도 가능하지만 여기서는 구면 렌즈만 다룰 것이다.) 양면은 오록, 볼록, 평면이 되게 할 수 있다. 얇은 렌즈의 여러 형태의 단면 모습이 그림 23.29a와 b에 있다. 렌즈의 중요성은 렌즈가 물체의 상을 형성한다는 데 있다(그림 23.30).

그림 23.31에 있는 양볼록 렌즈에 평행광이 지나가는 모습의 단면 그림을 살펴보자. 렌즈는 외부의 공기보다 굴절률이 큰 유리나 투명한 플라스틱 등의 투명한 재질로 되어 있다고 가정한다. 렌즈의 **축**(axis)은 렌즈의 중심을 지나고 두 면에 수직인 직선이다(그림 23.31). 스넬 법칙으로부터, 그림 23.31의 각 광선이 렌즈로 들어갈 때는 축을 향해 꺾이며 다음 면에서 렌즈에서 나올 때 또 꺾인다. (그림에 있는 맨 위에 있는 광선에 그려진 점선은 렌즈 면에 수직인 법선이다.) 축에 평행한 광선이 얇은 렌즈를 통과하면서 **초점**(focal point)인 점 F에 모인다. 이것은 표면이 구면인 렌즈에 대해 정확하게 맞는 말은 아니다. 그러나 렌즈의 지름이 렌즈의 양 표면의 곡률

그림 23.29 (a) 수렴 렌즈와 (b) 발산 렌즈들의 단면 그림. 수렴 렌즈는 중심 부분이 두꺼운 반면 발산 렌즈는 얇다. (c) 수렴 렌즈(왼쪽)와 발산 렌즈(오른쪽)의 사진 (d) 눕혀 놓은 수렴 렌즈(위)와 발산 렌즈(아래)를 종이 위에서 조금 들어 올려 상을 보는 모습

그림 23.30 수렴 렌즈(렌즈 끼우개 속에 있음)가 밝게 빛나는 물체(왼쪽에 'F'자로 비추어짐)의 상(오른쪽 스크린에 큰 'F'로 나타남)을 만드는 모습

반지름에 비해 작은 경우 위의 말은 거의 맞는다고 보면 된다. 즉 평행광은 거의 한 점이라고 할 수 있는 작은 영역에 모인다. 이런 기준은 **얇은 렌즈**(thin lens)에 의해 만족되는데, 얇은 렌즈는 지름에 비해 두께가 매우 얇다. 여기서는 얇은 렌즈에 대해서만 다룰 것이다.

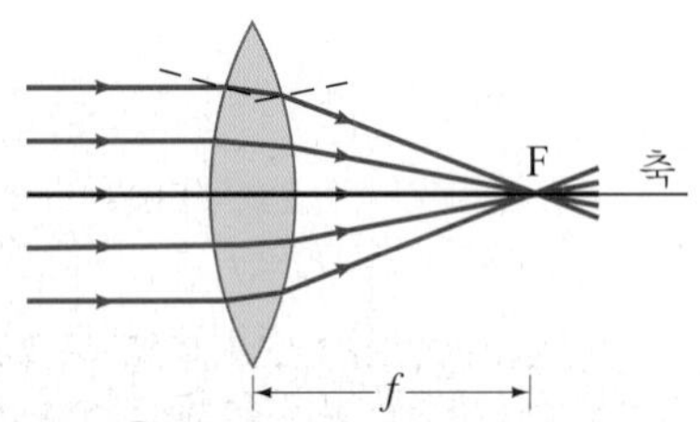

그림 23.31 멀리서 오는 평행광이 얇은 수렴 렌즈에 의해 한 점에 모인다.

멀리 있는 물체의 한 점으로부터 오는 광선은 평행광이다(그림 23.11). 그러므로 **초점이란 무한원에서 오는 빛이 상을 맺는 점**이라고 할 수 있다(그림 23.31). 따라서 렌즈의 초점은 햇빛(또는 다른 무한원에 있는 물체)을 렌즈에 비추어서 선명한 상을 맺게 하여 알아낼 수 있다(그림 23.32). 렌즈의 중심에서 초점까지의 거리를 **초점 거리**(focal distance) f라 한다(그림 23.31). 렌즈를 반 바퀴 돌려서 빛이 반대 면으로 들어오게 할 수 있다. 나중에 알게 되겠지만 양 면의 곡률 반지름이 다른 경우에도 양면에 대한 초점 거리는 같다. 그림 23.33에서처럼 평행광이 렌즈에 어떤 각도로 입사하면 한 점 F_a에 모인다. 그림 23.33에서의 F와, F_a가 있는 모든 초점을 포함하는 면을 그 렌즈의 **초점면**(focal plane)이라 한다.

그림 23.32 햇빛을 렌즈로 모아서 나무를 태우는 모습

가장자리보다 가운데가 더 두꺼운 어떤 렌즈(공기 중에서)도 평행광을 한 점에 모이게 하며, 이런 렌즈를 **수렴 렌즈**(converging lens)라고 한다(그림 23.29a). 가장자리보다 가운데가 더 얇은 렌즈(그림 23.29b)를 **발산 렌즈**(diverging lens)라고 한다. 발산 렌즈는 그림 23.34에서처럼 평행광을 발산시킨다. 발산 렌즈의 초점 F는 그림 23.34에서처럼 평행하게 입사한 광이 굴절되어 나가는 것이 마치 한 점에서 나오는 것처럼 보이는 점으로 정의한다. 수렴 렌즈에서와 마찬가지로 F에서 렌즈의 중심까지의 거리를 **초점 거리**(focal length) f라 한다.

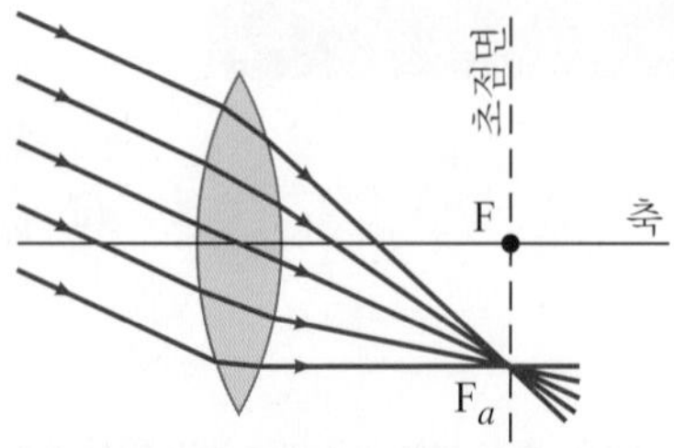

그림 23.33 광축과 평행하지 않은 평행광은 초점면 상의 한 점에 모인다.

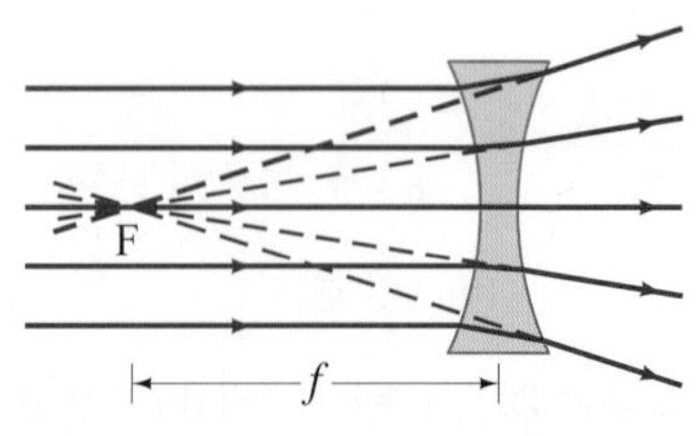

그림 23.34 발산 렌즈

연습 F 607쪽 시작 질문 2로 가서 다시 답을 해 보라. 처음과 답이 다르다면 그 이유를 설명해 보라.

검안사와 안과 의사들은 초점 거리를 사용하는 대신에 안경(또는 콘택트렌즈)의 세기를 나타내는 데 초점의 역수를 사용한다. 그것을 렌즈의 **도수**(power) P라고 한다. 즉

$$P = \frac{1}{f} \tag{23.7}$$

렌즈 도수의 단위는 **디옵터**(diopter, D)이며 미터의 역수이다. 즉 $1\ \text{D} = 1\ \text{m}^{-1}$이다. 예를 들어 초점 거리가 20 cm인 렌즈의 도수는 $P = 1/(0.20\ \text{m}) = 5.0\ \text{D}$이다. 여기서는 주로 초점 거리를 사용하겠지만, 25장에서 안경 렌즈에 관해 공부할 때는 렌즈의 도수라는 말을 사용할 것이다.

렌즈에서 가장 중요한 매개 변수는 초점 거리 f이다. 초점 거리는 렌즈의 양면에 대해 같다. 수렴 렌즈의 경우, f는 태양이나 다른 멀리 있는 물체의 상의 위치를 찾아서 알아낼 수 있다. 일단 f를 구하면, 임의의 물체의 상의 위치를 결정할 수 있다. 빛이 렌즈로 들어가는 면에서의 굴절각과 나오는 면에서의 굴절각을 결정해야 하는 경우, 광선 작도법에 의해 상점을 구하는 것은 조금은 어려울 것이다. 그런 어려움을 조금은 줄일 수 있는 방법은 우리가 이미 알고 있는 몇 가지 사실을 사용하는 것이다. 그 몇 가지 중 하나는 광축에 평행하게 렌즈를 통과하는 빛은 (굴절 후) 초점을 지난다는 사실이다. 상의 위치를 구하기 위해, 그림 23.35에 그려진 세 개의 광선만 참고하면 된다. 그림에서 (왼쪽에 있는) 물체가 화살표로 그려져 있고, 오른쪽에 (점선으로 된 화살표) 상을 형성하는 수렴 렌즈가 그려져 있다. 물체의 한 점에서 나오는 이 광선들은 렌즈가 무한히 얇은 것으로 가정하고 그려진 것으로서, 그림에 나타난 것은 렌즈의 양면에서 굴절하는 모양 대신 중심선에서 한 번만 꺾이는 모양으로 그려진 것이다. 이들 세 광선은 다음과 같은 방식으로 그려진 것이다.

얇은 렌즈에 의해 형성된 상의 위치 찾기

광선 1은 광축에 평행하다(그림 23.35a). 따라서 광선은 렌즈에서 굴절되어 렌즈 뒤의 초점을 지나는 선을 따라 진행한다.

광선 2는 다른 초점 F′(그림 23.35에서 렌즈의 앞쪽에 있는)을 지나서 렌즈를 통과한 후 광축에 평행하게 진행한다(그림 23.35b). (반대 방향으로 하면 오른쪽에서 왼쪽으로 광축에 평행하게 나아가서 렌즈를 통과하여 F′을 지나간다.)

광선 3은 렌즈의 중심으로 곧장 향한다. 렌즈 중심에서의 두 면은 서로 평행하다고 본다(그림 23.35c). 이 광선은 렌즈에 입사할 때와 같은 각도로 렌즈에서 나온다. 그 광선은 예제 23.6에서 본 것처럼 한쪽으로 약간 치우칠 것이다. 그러나 렌즈가 매우 얇다고 가정했으므로 그림에서처럼 광선 3을 직선으로 그린다.

이들 세 광선이 교차하는 점이 그 물체 점에 대한 상점이다. 실제로 상점을 찾는 데는 위의 셋 중 임의의 두 개만 그려도 되지만 세 번째 광선을 그려서 확실하게 검증할 수 있다.

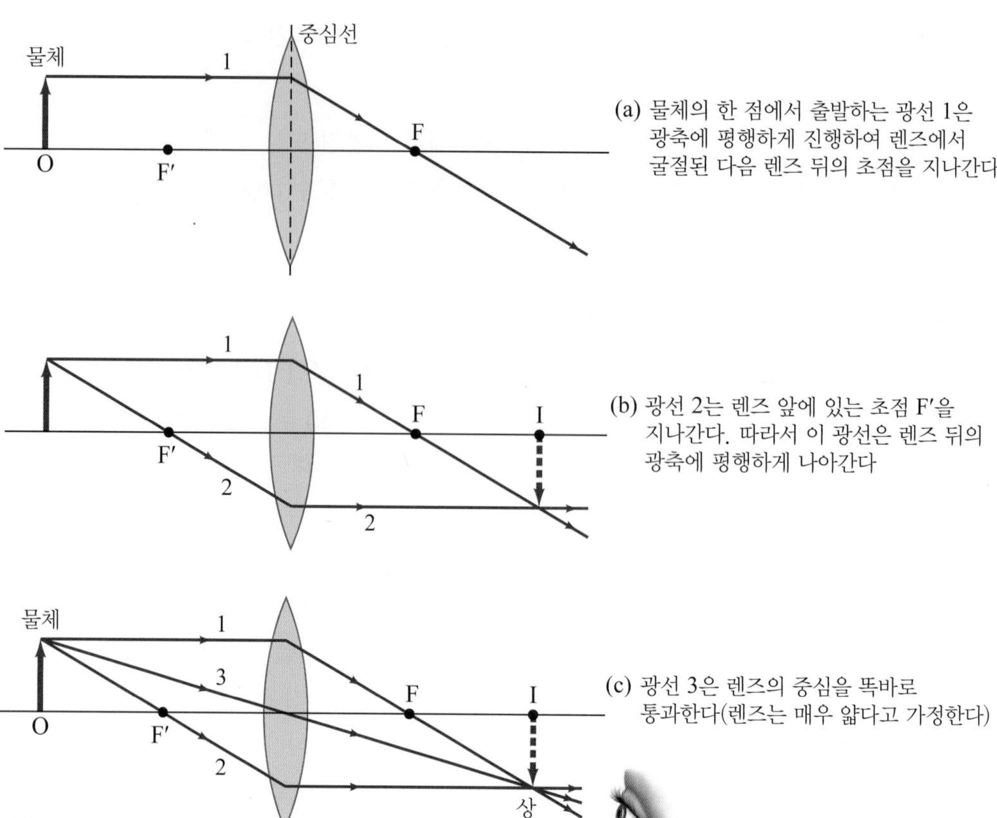

그림 23.35 수렴 렌즈에서 광선 추적 방식을 사용하여 상을 찾아내는 방법. 여기에 나타낸 광선들은 모두 물체(화살표)의 한 점에서 나온 것들이다. 상이 맺히는 위치를 구하기 위해서 화살표의 머리에서 시작하는 가장 기본적인 세 광선만 표시했다. (렌즈 양쪽의 초점 F와 F′은 렌즈의 중심에서 같은 거리 f 되는 곳에 있다.)

한 물체 점에 대해 이들 세 광선을 사용함으로써, 물체의 그 점에 대한 상점(그림 23.35에서 화살표의 맨 위)을 구할 수 있다. 물체 위의 모든 다른 점들의 상점들을 비슷한 방법으로 구하여 물체의 상을 완전히 그려낼 수 있다. 그림 23.35에 보인 경우와 같이 빛이 실제로 상점을 통과하기 때문에 그런 상은 **실상**(real image)이다. 실상은 필름이나 전자 센서에 기록될 수 있고, 상의 위치에 흰판을 두거나 스크린을 두어서 상을 볼 수 있다(그림 23.36).

그림 23.36 (a) 수렴 렌즈는 흰 벽에 실상을 맺는다(여기서는 멀리 떨어진 건물 벽에 뒤집힌 상을 맺는다). (b) 그와 같은 실상을 눈으로 직접 볼 수 있다. [그림 23.29d는 발산 렌즈와 수렴 렌즈에 의해서 맺히는 상을 눈으로 본 상(모눈종이)을 보여 주고 있다.]

상을 보기

그림 23.35c에서와 같이 눈이 상 뒤에 있어서 상에서 나오는 광선이 눈으로 들어오면 상을 직접 볼 수 있다. 상 위의 각 점에서 **발산**하는 광선에 대해서만 선명한 상을 볼 수 있다. 왜냐하면 그림 23.1에서와 같이 각 점에서 발산하는 광선들이 눈으로 들어올 때만 물체를 보기 때문이다. 정상적인 눈은 수렴하는 광선에 초점을 맞추지 못한다. 눈이 그림 23.35c의 F와 I 사이에 있으면 선명한 상을 보기 못할 것이다. (눈에 관해서는 25.2절에서 좀 더 다룬다.) 그림 23.36은 (a) 흰 판 위에 그리고 (b) 상 뒤에 있는 눈(과 카메라)에 보이는 상을 나타낸 것이다. 상에서 발산하는 빛이 눈으로 들어올 수 있는 곳에 눈이 위치하는 경우 눈은 실상과 허상을 모두 볼 수 있다.

발산 렌즈

물체의 한 점으로부터 나오는 세 개의 광선을 그림으로써 그림 23.37에서와 같이 발산 렌즈에 의해 형성되는 상의 위치를 구할 수 있다. 광선 1은 광축에 평행하지만 렌

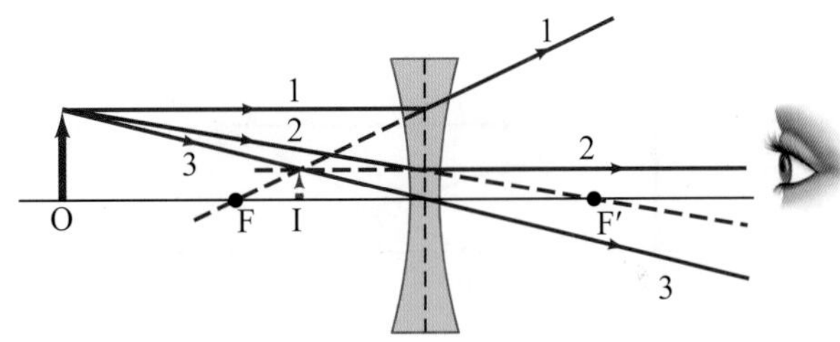

그림 23.37 발산 렌즈에서 광선 추적으로 상을 찾기

즈 뒤의 초점 F′을 지나지는 않는다. 대신 렌즈 앞의 초점 F에서 나오는(점선) 것처럼 보인다. 광선 2는 곧바로 F′로 향하고 렌즈에서 굴절되어 광축에 평행하게 나아간다. 광선 3은 렌즈의 중심을 통해 지나간다. 세 개의 굴절 광선은 렌즈 왼쪽의 한 점에서 나오는 것처럼 보인다. 그것이 바로 상점 I이다. 광선이 상점을 직접 지나가지 않으므로, 그 상은 **허상**(virtual image)이다. 눈은 둘 다 볼 수 있기 때문에 실상과 허상을 구별하지는 못한다.

23.8 얇은 렌즈 공식

이제 얇은 렌즈의 초점 거리와 상거리, 물체 거리 간의 관계를 나타내는 식을 유도해 보자. 이 식을 사용하면 광선 도표를 그리는 것보다 상의 위치를 정밀하고 빠르게 구할 수 있다. d_o를 렌즈의 중심에서 물체까지의 물체 거리라 하고 d_i를 렌즈 중심에서 상까지의 상거리라고 하자(그림 23.38). h_o와 h_i를 각각 물체와 상의 크기라고 둔다. 매우 얇다고 가정한 수렴 렌즈에 관한 그림 23.38에 나타나 있는 두 광선을 살펴보자. 오른쪽 삼각형 FI′I와 FBA(밝은 노란색)는 각 AFB와 각 IFI′가 같으므로 닮은꼴 삼각형이다. 따라서

$$\frac{h_i}{h_o} = \frac{d_i - f}{f}$$

여기서 AB = h_o가 사용됐다. 삼각형 OAO′과 IAI′은 마찬가지로 닮은꼴이다. 그러므로

$$\frac{h_i}{h_o} = \frac{d_i}{d_o}$$

가 된다. 이들 두 식의 우변을 같게 놓고(좌변들이 같기 때문에), d_i로 나누면 다음

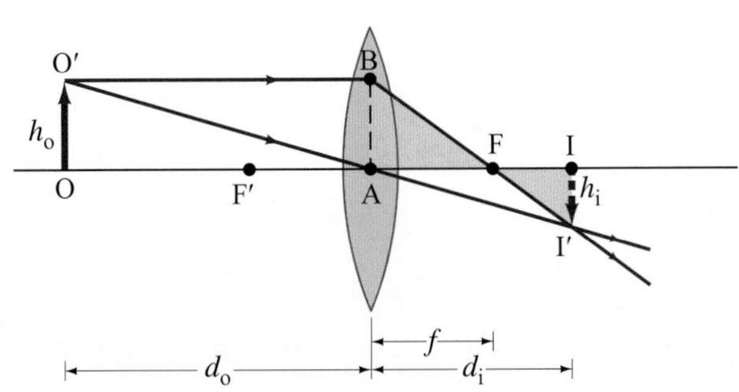

그림 23.38 수렴 렌즈에 대한 렌즈 공식을 유도하기 위한 그림

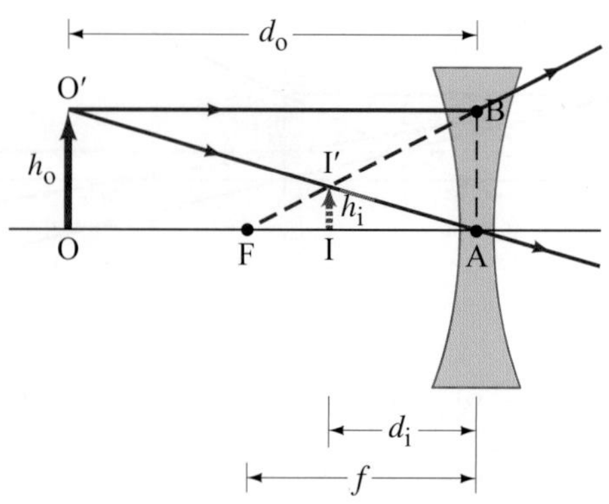

그림 23.39 발산 렌즈에 대한 렌즈 공식을 유도하기 위한 그림

이 얻어진다.

$$\frac{1}{f} - \frac{1}{d_i} = \frac{1}{d_o}$$

즉

얇은 렌즈 공식

$$\frac{1}{d_o} + \frac{1}{d_i} = \frac{1}{f} \tag{23.8}$$

이 식을 **얇은 렌즈 공식**(thin lens equation)이라 한다. 이것은 상거리 d_i를 물체 거리 d_o와 초점 거리 f와의 관계를 나타낸 식으로 기하 광학에서 가장 많이 사용되는 식이다. (재미있게도 이 식은 식 23.2의 거울 공식과 정확하게 같다.)

물체가 무한원에 있으면, $1/d_o = 0$이므로 $d_i = f$이다. 그러므로 초점 거리는 처음에 언급한 것처럼 물체가 무한원에 있을 때의 상거리이다.

이제 그림 23.39을 사용하여 발산 렌즈에서의 렌즈 공식을 유도해 보자. 삼각형 IAI′과 OAO′은 닮은꼴이고 삼각형 IFI′과 AFB도 닮은꼴이다. 그러므로(AB = h_o 이므로)

$$\frac{h_i}{h_o} = \frac{d_i}{d_o}$$

및

$$\frac{h_i}{h} = \frac{f - d_i}{f}$$

가 된다. 이 두 식의 우변을 서로 같게 놓고 풀면

$$\frac{1}{d_o} - \frac{1}{d_i} = -\frac{1}{f}$$

주의

발산 렌즈의 경우 초점 거리는 음이다.

가 얻어진다. 이 식은 식 23.8에서 f와 d_i를 음으로 한 식과 같다. 즉 **발산 렌즈에 대해서는 f를 음**으로 하고, 상이 렌즈에 빛이 들어오는 쪽에 있을 때 d_i를 음으로 한 것이다. 그러므로 식 23.8은 다음과 같은 **부호 규약**(sign conventions)을 사용한다면 수렴 렌즈나 발산 렌즈 등 **모든** 상황에서 성립할 것이다.

1. **초점 거리:** 수렴 렌즈(볼록)의 경우 +, 발산 렌즈(오목)의 경우 −

2. **물체 거리:** 물체가 빛이 렌즈로 들어오는 쪽에 있는 경우 +(이것은 실 물체에 해당하지만 여러 렌즈가 조합된 경우에는 그렇지 않을 수도 있다. 예제 23.12 참조), 그 외에는 −.
3. **상거리:** 빛이 렌즈로 들어오는 쪽과 반대쪽에 상이 있는 경우는 +, 같은 쪽에 있는 경우는 −. 마찬가지로 상거리는 실상에 대해서는 +(그림 23.38), 허상에 대해서는 −(그림 23.39).
4. **상의 크기:** 상이 정립인 경우 h_i는 +, 도립인 경우는 −. (h_o는 항상 정립이고 +로 놓는다.)

렌즈의 **배율**(magnification) m은 물체의 크기에 대한 상의 크기의 비 $m = h_i/h_o$로 정의한다. 그림 23.38과 23.41 및 부호 규약으로부터(규약에 의해 음의 부호가 필요하다), 다음 식이 얻어진다.

$$m = \frac{h_i}{h_o} = -\frac{d_i}{d_o} \qquad \textbf{(23.9)}$$

정립상의 경우 배율은 +이고, 도립상의 경우 배율은 −이다.

부호 규약 1로부터 디옵터로 나타낸 수렴 렌즈의 도수(식 23.7)는 +인 반면 발산 렌즈의 도수는 −이다. 수렴 렌즈를 때로는 **양렌즈**(positive lens)라 하고, 발산 렌즈를 **음렌즈**(negative lens)라고 한다.

발산 렌즈(그림 23.39)는 실물체에 대해 물체의 위치에 관계없이 항상 정립 허상을 만든다. 수렴 렌즈는 그림 23.38에서처럼 물체의 위치에 따라 실상(도립)을 만들거나, 허상(정립)을 만든다. 그것에 관해서는 곧 알게 될 것이다.

예제 23.8 수렴 렌즈가 만드는 상

초점 거리가 +50.0 mm인 카메라 렌즈 앞 1.00 m 되는 곳에 있는 크기 7.6 cm인 나뭇잎의 상의 (a) 위치와 (b) 크기를 구하라.

풀이

1. **광선 도표.** 그림 23.40가 대략적인 광선 도표이다. 여기서는 나뭇잎 상의 한 점에서 나오는 광선 1과 3만 그려져 있다. 상은 렌즈의 오른쪽 초점 F를 약간 지난 위치에 맺힘을 알 수 있다.
2. **얇은 렌즈 공식과 배율 공식.** (a) 얇은 렌즈 공식인 식 23.8을 사용하여 상의 위치를 수식으로 구할 수 있다. 카메라 렌즈는 $f = +5.00$ cm인 수렴 렌즈이고, $d_o = 100$ cm이므로 얇은 렌즈 공식에 대입하면 다음과 같이 된다.

$$\frac{1}{d_i} = \frac{1}{f} - \frac{1}{d_o} = \frac{1}{5.00\text{ cm}} - \frac{1}{100\text{ cm}} = \frac{20.0 - 1.0}{100\text{ cm}} = \frac{19.0}{100\text{ cm}}$$

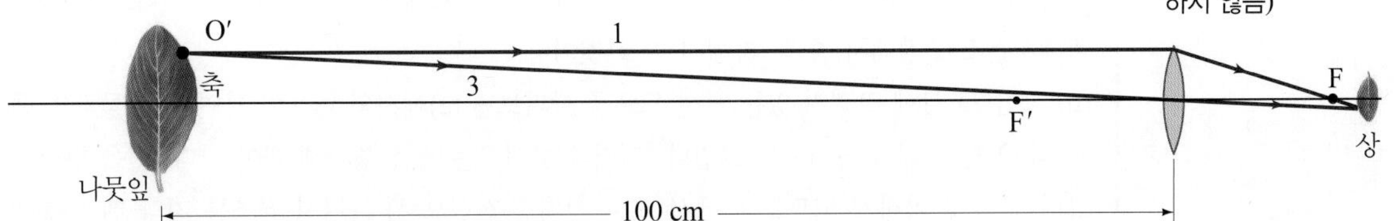

그림 23.40 예제 23.8(실제 크기에 비례하지 않음)

결과의 역을 취하면

$$d_i = \frac{100\text{ cm}}{19.0} = 5.26\text{ cm}$$

즉 렌즈 뒤 52.6 mm 되는 곳이 상의 위치이다.

(b) 배율은

$$m = -\frac{d_i}{d_o} = -\frac{5.26\text{ cm}}{100\text{ cm}} = -0.0526$$

이므로

$$h_i = mh_o = (-0.0526)(7.6\text{ cm}) = -0.40\text{ cm}$$

즉 상의 크기는 4.0 mm이다.

3. 부호 규약. 상거리 d_i가 +이므로, 상은 렌즈 뒤에 있다. 상의 크기는 $h_i = -0.40$ cm이다. 여기서 −부호는 상이 도립임을 나타낸다.

4. 일치성. 위 2, 3단계의 해석적인 결과는 그림 23.40의 광선 도표와 일치한다. 렌즈 뒤에 있는 상은 도립이다.

유의 (a)는 무한 원점에 있는 물체에 대한 상의 위치(초점 거리 50.0 mm와 같은 위치)보다 2.6 mm 더 뒤에 있음을 의미한다. 실제로 카메라 렌즈의 초점을 맞출 때, 물체가 카메라에 가까울수록 렌즈는 센서나 필름에서 멀어져야 한다.

연습 G 예제 23.8의 나뭇잎이 렌즈로부터 멀리 옮겨지면 상은 렌즈로부터 가까워지는가 멀어지는가? (계산하지 말고 답하라!)

예제 23.9 수렴 렌즈에 가까이 있는 물체

초점 거리가 15 cm인 수렴 렌즈로부터 10 cm 되는 곳에 물체가 놓여 있다. 상의 위치와 크기를 (a) 해석적인 방법과 (b) 광선 도표를 그려서 구하라.

접근 물체가 초점 F보다 안쪽에 있어서 $d_o < f$이다. 우선 식 23.8과 23.9를 사용하여 해석적인 해를 구한 다음, 물체의 한 점에서 나오는 광선 1, 2, 3을 그려서 확인해 본다.

풀이 (a) f =15 cm, d_o = 10 cm로 주어졌으므로

$$\frac{1}{d_i} = \frac{1}{15\text{ cm}} - \frac{1}{10\text{ cm}} = \frac{2-3}{30\text{ cm}} = -\frac{1}{30\text{ cm}}$$

로부터 $d_i = -30$ cm임을 알 수 있다(역수를 취한다는 사실을 기억해야 한다). d_i가 음이므로 상은 허상이어야 하고 렌즈에서 물체가 있는 쪽에 있어야 한다(부호 규약 3번에 의함). 배율은

$$m = -\frac{d_i}{d_o} = -\frac{-30\text{ cm}}{10\text{ cm}} = 3.0$$

이다. 상은 물체보다 세 배 크고 정립이다. 이 렌즈는 확대경으로 사용될 수 있다. 확대경에 관해서는 25.3절에서 좀 더 자세히 다룰 것이다.

(b) 그림 23.41에 그려져 있는 광선 도표를 살펴보면 (a)에서의 내용이 확인된다. 물체의 맨 위 점 O′을 택해서 광선 1을 그린다. 그러나 광선 2는 조금 생각해 봐야 한다. F′을 향하게 그리면, 잘못 향하게 되므로 F′에서 오는 것처럼(점선으로) 그려서 렌즈를 지나 렌즈 축에

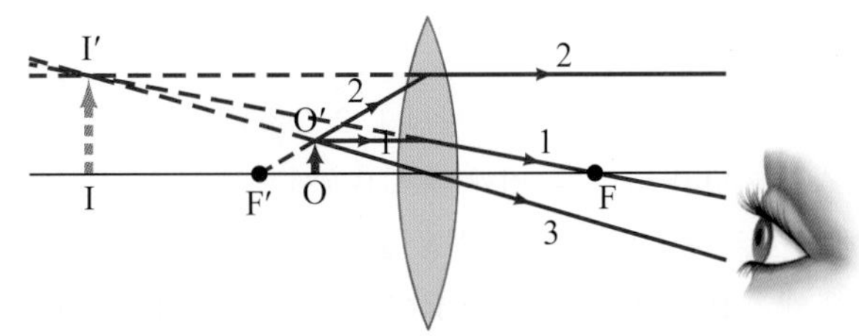

그림 23.41 수렴 렌즈의 초점 안쪽 물체가 있으면 허상이 맺힌다. 예제 23.9

평행하게 나아가도록 한다. 광선들이 서로 만나는 점을 찾기 위해, 점선을 따라서 뒤로 추적하고, 당연히 광선 1에 대해서도 추적한다. 광선 3은 렌즈의 중심을 지나가게 그리면 상점 I′에서 다른 두 광선과 만나게 된다.

유의 그림 23.41로부터 물체가 수렴 렌즈와 초점 사이에 있게 되면 상은 허상임을 알 수 있다.

예제 23.10 발산 렌즈

초점 거리가 25 cm인 발산 렌즈를 사용하여 물체와 같은 쪽의 렌즈 앞 20 cm 되는 곳에 허상을 만들려면 아주 작은 곤충 한 마리는 어디에 놓아야 하는가?

접근 발산 렌즈를 사용하고 상의 위치가 렌즈의 초점 거리 이내에 있기 때문에 기본적인 광선 도표는 그림 23.39이다. (여기서는 광선 도표를 실제 크기에 맞추어 정밀하게 그리면 매우 좋을 것이다.) 렌즈로부터 곤충까지의 거리 d_o는 얇은 렌즈 공식을 사용하여 구할 수 있다.

풀이 발산 렌즈이기 때문에 f는 음이다. 즉 $f = -25$ cm이다. 상이 렌즈 앞에 있기 때문에 상거리는 (부호 규약에 따라) 음이 되어야 한다. 따라서 $d_i = -20$ cm이다. 렌즈 공식 식 23.8에 따라 다음과 같이 쓸 수 있다.

$$\frac{1}{d_o} = \frac{1}{f} - \frac{1}{d_i} = -\frac{1}{25\text{ cm}} + \frac{1}{20\text{ cm}} = \frac{-4+5}{100\text{ cm}} = \frac{1}{100\text{ cm}}$$

즉 물체는 렌즈 앞 100 cm 되는 곳에 놓아야 한다.

23.9 렌즈의 조합

많은 광학 기기들은 렌즈를 여러 개 조합하여 사용한다. 빛이 한 개 이상의 렌즈를 통과할 때, 첫 번째 렌즈에 의한 상의 위치를 렌즈가 하나 뿐인 것처럼 구한다. 그러면 그 상은 두 번째 렌즈의 **물체**가 된다. 그 다음 첫 번째 상을 두 번째 렌즈의 물체로 보고 두 번째 상을 구한다. 렌즈가 두 개뿐인 경우 이 두 번째 상이 최종 상이 된다. 전체 배율은 각 렌즈의 배율의 곱이 될 것이다. 두 번째 렌즈가 상을 형성하기 전에 첫 번째 렌즈에서 오는 빛과 교차하게 되더라도 이런 방법은 그대로 적용된다.

예제 23.11 두 개의 렌즈로 된 광학계

초점 거리가 각각 $f_A = 20.0$ cm, $f_B = 25.0$ cm인 두 개의 수렴 렌즈 A와 B가 그림 23.42a에서처럼 80.0 cm 떨어져 있다. 물체는 그림 23.42b에서처럼 첫 번째 렌즈 앞 60.0 cm 되는 곳에 놓여 있다. 두 렌즈에 의한 최종 상의 (a) 위치와 (b) 배율을 구하라.

접근 물체 O의 맨 위 끝에서 시작하여 광선 1, 2, 3을 첫 번째 렌즈 A에 대해 그린 다음, 광선 4는 렌즈 A를 지나간 다음 두 번째 렌즈 B에서는 광선 3′(중심을 지나는)이 되게 한다. 렌즈 B에 대한 표준 광선에 대해서는 ′을 붙인다. 렌즈 A를 지나온 광선 2는 광축에 평행하게 나아가서 렌즈 B에 대해서는 광선 1′이 된다. 렌즈 A에 의해 형성되는 상의 위치 I_A를 구하기 위해 식 23.8에 $f_A = 20.0$ cm와 $d_{oA} = 60.0$ cm를 대입한다. 렌즈 B로부터의 거리 I_A(렌즈 A에 의한 상)는 렌즈 B에 대한 물체 거리 d_{oB}이다. 최종 상은 얇은 렌즈 공식을 사용하여 구할 수 있다. 이제 모든 거리는 렌즈 B로부터의 거리이다. (b)에서 배율은 각각의 렌즈에 대해서 식 23.9로부터 구할 수 있다.

풀이 (a) 물체는 첫 번째 렌즈 A로부터 $d_{oA} = +60.0$ cm 되는 곳에 있고, 이 렌즈가 만드는 상은 다음의 얇은 렌즈 공식을 사용하여 계산할 수 있다.

$$\frac{1}{d_{iA}} = \frac{1}{f_A} - \frac{1}{d_{oA}} = \frac{1}{20.0\text{ cm}} - \frac{1}{60.0\text{ cm}} = \frac{3-1}{60.0\text{ cm}} = \frac{1}{30.0\text{ cm}}$$

주의
두 번째 렌즈의 물체 거리가 첫 번째 렌즈의 상거리와 같지 않다.

따라서 처음 상 I_A는 $d_{iA} = 30.0$ cm 되는 처음 렌즈 뒤에 있게 된다. 이 상은 두 번째 렌즈 B의 물체가 된다. 두 번째 렌즈에 대한 물체 거리는 $d_{oB} = 80.0\text{ cm} - 30.0\text{ cm} = 50.0$ cm로서 렌즈 B의 앞이다(그림 23.42b). 얇은 렌즈 공식을 한 번 더 사용하면 렌즈 B에 의한 상의 위치를 렌즈 B로부터의 거리 d_{iB}로 구할 수 있다.

$$\frac{1}{d_{iB}} = \frac{1}{f_B} - \frac{1}{d_{oB}} = \frac{1}{25.0\text{ cm}} - \frac{1}{50.0\text{ cm}} = \frac{2-1}{50.0\text{ cm}} = \frac{1}{50.0\text{ cm}}$$

따라서 $d_{iB} = 50.0$ cm이다. 이것이 그림 23.42b에 나타나 있는 최종 상의 위치이다.
(b) 렌즈 A의 배율은(식 23.9)

$$m_A = -\frac{d_{iA}}{d_{oA}} = -\frac{30.0\text{ cm}}{60.0\text{ cm}} = -0.500$$

가 되므로 처음 상은 도립이고 크기는 물체 크기의 반이 된다(역시 식 23.9).

$$h_{iA} = m_A h_{oA} = -0.500 h_{oA}$$

렌즈 B는 처음 상을 물체로 보기 때문에 크기가

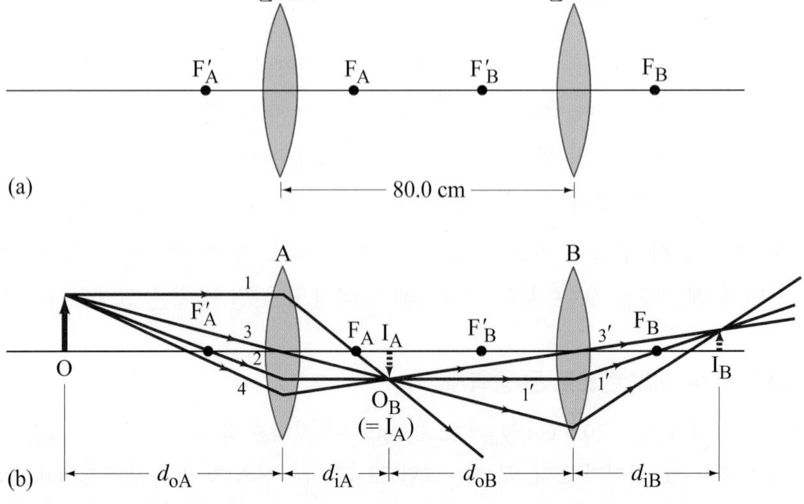

그림 23.42 예제 23.11에서 두 렌즈 A와 B가 조합해서 사용된다. 이해를 돕기 위해 각 광선에 번호를 붙였다.

$$m_B = -\frac{d_{iB}}{d_{oB}} = -\frac{50.0\text{ cm}}{50.0\text{ cm}} = -1.000$$

만큼 변한다. 두 번째 렌즈는 그 상을 뒤집(배율의 부호가 음)지만 크기는 변화시키지 않는다. 최종 상의 크기는(h_{oB}는 h_{iA}와 같다)

$$h_{iB} = m_B h_{oB} = m_B h_{iA} = m_B m_A h_{oA} = (m_{total})h_{oA}$$

이다. 전체 배율은 m_A와 m_B의 곱이다. 즉 $m_{전체} = m_A m_B = (-1.000)(-0.500) = +0.500$가 되며 이것은 처음 크기의 반이다. 최종 상은 정립이다.

예제 23.12 발산 렌즈의 초점 거리 f 측정하기

발산 렌즈의 초점 거리를 구하기 위해 그림 23.43과 같이 수렴 렌즈를 발산 렌즈에 붙여 놓는다. 이 두 렌즈를 햇빛이 통과하여 그림에서처럼 렌즈 뒤 28.5 cm 되는 곳에 초점이 맺혔다. 수렴 렌즈의 초점 거리 f_C가 16.0 cm라면, 발산 렌즈의 초점 거리 f_D는 얼마인가? 두 렌즈는 얇다고 가정하고 두 렌즈 사이의 간격은 무시할 수 있다고 가정한다.

접근 처음 렌즈에 의한 상거리는 물체 거리가 무한대(∞)이기 때문에 그 렌즈의 초점 거리(16.0 cm)와 같다. 그 상이 형성되지 않지만 그 상의 위치는 두 번째 렌즈(발산 렌즈)의 물체 거리가 된다. 그 렌즈의 초점 거리를 구하기 위해 최종 상거리 $d_i = 28.5$ cm를 사용하여 발산 렌즈에 얇은 렌즈 공식을 적용한다.

풀이 햇빛은 결합된 렌즈의 뒤 28.5 cm 되는 곳에 초점이 맺히므로, 전체 초점 거리는 $f_T = 28.5$ cm이다. 발산 렌즈가 없다면, 수렴 렌즈는 그 렌즈의 초점에 상을 맺을 것이다. 즉 렌즈 뒤 $f_C = 16.0$ cm 되는 곳(그림 23.43에서 점선)에 상을 맺는다. 발산 렌즈가 수렴 렌즈 다음에 있으면 처음 렌즈에 의해 생긴 상을 두 번째 렌즈의 **물체**로 간주한다. 이 물체는 발산 렌즈의 오른쪽에 있으므로 이것은 d_o가 음인 상황이다(부호 규약 참조). 그러므로 발산렌즈에 대해 물체는 허상이고 $d_o = -16.0$ cm이다. 이 허상의 물체가 발산 렌즈를 통과하여 맺는 상은 $d_i = 28.5$ cm 떨어져 있다. 그러므로

주의
$d_o < 0$

$$\frac{1}{f_D} = \frac{1}{d_o} + \frac{1}{d_i} = \frac{1}{-16.0\text{ cm}} + \frac{1}{28.5\text{ cm}} = -0.0274\text{ cm}^{-1}$$

가 된다. 이 결과의 역을 취하면 초점 거리가 $f_D = -1/(0.0274\text{ cm}^{-1}) = -36.5$ cm임을 알 수 있다.

유의 이런 방법으로 문제를 풀면, 수렴 렌즈가 발산 렌즈보다 더 '배율이 큰 것'이라야 한다. 즉 수렴 렌즈의 초점 거리의 크기가 발산 렌즈의 초점 거리의 크기보다 작아야 한다.

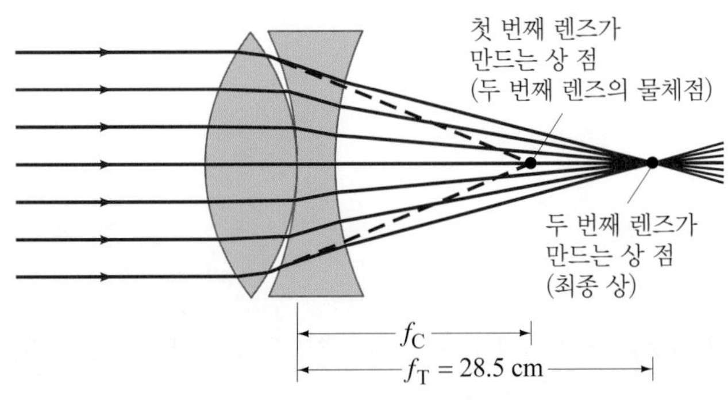

그림 23.43 예제 23.12에서 발산 렌즈의 초점 거리 구하기

23.10 렌즈 제작자 공식

렌즈 제작자 공식(lens maker's equation)은 렌즈의 초점 거리, 렌즈 양쪽 표면의 곡률 반지름 R_1과 R_2 및 굴절률 n 사이의 관계를 나타낸 아주 유용한 식으로 다음과 같다.

$$\frac{1}{f} = (n-1)\left(\frac{1}{R_1} + \frac{1}{R_2}\right) \tag{23.10}$$

두 표면이 다 볼록하면, R_1과 R_2는 양(+)으로 간주한다.[†] 오목한 표면의 경우, 반지름은 음(−)으로 해야 한다.

식 23.10은 R_1과 R_2가 **대칭**임에 유의해야 한다. 그러므로 렌즈를 반 바퀴 돌려서 빛이 반대편으로 들어오게 하면, 렌즈의 두 면이 다르더라도 초점 거리는 같게 된다. 이것은 이전에 논의한 바와 같은 것으로서 렌즈의 초점 거리는 렌즈의 어느 쪽 면에서나 같다.

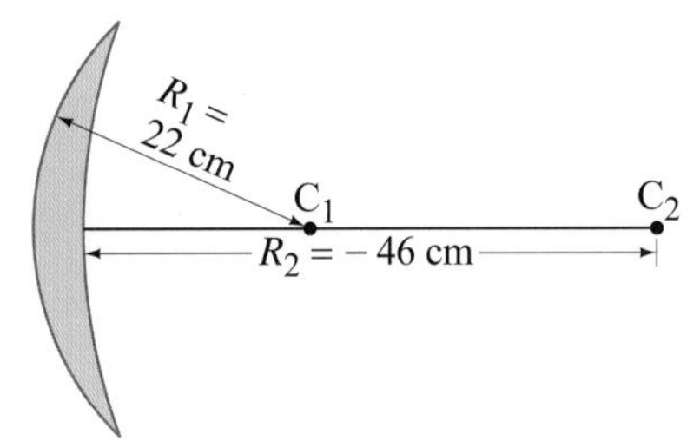

그림 23.44 예제 23.13. 왼쪽 면은 볼록이고(중심이 바깥쪽으로 불룩하다) 오른쪽 면은 오목이다.

예제 23.13 수렴 렌즈의 f 구하기

굴절률이 n = 1.50인 유리로 만들어진 오목 볼록 렌즈(그림 23.29a와 23.44)가 있다. 볼록면(그림 23.44의 왼쪽)의 곡률 반지름은 22 cm이다. 오른쪽 면은 곡률 반지름이 46 cm인 오목이다. 초점 거리는 얼마인가?

접근 f를 구하기 위해 렌즈 제작자 공식인 식 23.10을 사용한다.

풀이 R_1 = 0.22 m이고 R_2 = −0.46 m(오목면)이다. 따라서

$$\frac{1}{f} = (1.50 - 1.00)\left(\frac{1}{0.22\text{ m}} - \frac{1}{0.46\text{ m}}\right) = 1.19\text{ m}^{-1}$$

즉

$$f = \frac{1}{1.19\text{ m}^{-1}} = 0.84\text{ m}$$

가 되며 $f > 0$이므로 이 렌즈는 수렴 렌즈이다.

유의 렌즈를 반 바퀴 돌리면 R_1 = −0.46 m이고 R_2 = +0.22 m이지만 초점 거리 계산의 결과는 앞의 것과 같다.

유의 식 23.10에서 $1/f$가 계산됐는데, 이 값은 디옵터 단위로 렌즈의 도수이다(식 23.7). 이 렌즈의 도수는 약 1.2 D이다.

[†] 어떤 책에서는 R_1과 R_2를 곡률 중심이 렌즈의 오른쪽에 있는 경우만 양으로 한다. 그런 경우는 식 23.10에서 +부호를 −부호로 바꿔야 한다.

종합 문제

객관식

1. 거울 앞 약 3 m 되는 곳에 사람이 서 있다고 하자. 그가 자신의 머리끝에서 허리까지만 거울에서 볼 수 있고 나머지는 거울 아래 끝에서 잘렸다고 하자. 만일 그가 거울 쪽으로 한 발자국 가까이 다가간다면
(a) 그의 상을 더 이상 볼 수 없다.
(b) 허리 아래로도 상을 더 많이 볼 수 있다.
(c) 허리 위로 올라가서 잘리게 되어 상을 덜 보게 된다.

2. 평면 거울에서 물체의 반사상을 볼 때, 그 상은
(a) 정립 실상이다.
(b) 도립 실상이다.
(c) 정립 허상이다.
(d) 도립 허상이다.

3. 강둑에 앉아서 고요한 강물 속의 물고기를 바라보니 굴절 때문에 실제보다 더 얕게 있는 것으로 보인다. 곧바로 위에서 내려다본다면 어떻게 보이는가?
(a) 실제보다 깊게 보인다.
(b) 실제 깊이로 보인다.
(c) 실제보다 얕게 보인다.
(d) 물 위에서 보는 사람의 높이에 따라 다르다.

4. 그림 23.45에서처럼 평행광이 매질 1에서 매질 2로 통과하고 다시 매질 2에서 매질 3으로 통과해 간다. 이들 매질의 굴절률의 상대적인 크기를 어떻게 나타낼 수 있나?
(a) $n_1 > n_2 > n_3$
(b) $n_3 > n_2 > n_1$
(c) $n_2 > n_3 > n_1$
(d) $n_1 > n_3 > n_2$
(e) $n_2 > n_1 > n_3$
(f) 정답 없음

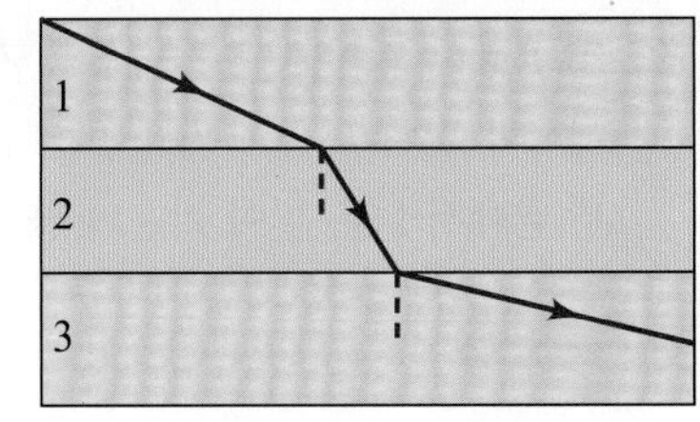

그림 23.45 객관식 4

5. 물 위에서 물속에 있는 물고기를 레이저 총으로 맞히기 위해 조준하려면
(a) 보이는 대로 조준한다.
(b) 보이는 것보다 약간 위로 조준한다.
(c) 보이는 것보다 약간 아래로 조준한다.

6. 달빛이 고요한 호수를 비출 때 그 빛은
(a) 모두 물 표면에서 반사되어 공기 중으로 나온다.
(b) 일부는 공기 중으로 반사되고 일부는 물속으로 들어간다.
(c) 전부 물속으로 들어간다.
(d) 물 분자에 흡수되어 전부 없어진다.

7. 보통의 확대경 같은 수렴 렌즈는
(a) 항상 확대된 상을 형성한다(물체보다 크다).
(b) 항상 물체보다 작은 상을 형성한다.
(c) 항상 정립상이다.
(d) 항상 도립상이다.
(e) 정답 없음

8. 허상이란
(a) 거울에 의해서만 생긴다.
(b) 렌즈에서만 나타난다.
(c) 평면 거울에서만 나타난다.
(d) 곡면 거울이나 렌즈에서만 나타난다.
(e) 평면 거울, 곡면 거울 및 렌즈에서 나타난다.

9. 다음 중에서 상을 만들 수 있는 것은?
(a) 평면 거울
(b) 곡면 거울
(c) 양 면이 곡면인 렌즈
(d) 한 면만 곡면인 렌즈
(e) 위 보기 모두

10. 수렴 렌즈의 초점 바로 뒤에 있는 물체가 초점 바로 안쪽으로 이동함에 따라 그 상은 ( )( )인 모양에서 ( )( )인 모양으로 바뀐다.
(a) 크고, 도립; 크고, 정립
(b) 크고, 정립; 크고, 도립
(c) 작고, 도립; 작고, 정립
(d) 작고, 정립; 작고, 도립

주관식

23.2 반사; 평면 거울

1. (I) 높이가 60 cm인 평면 거울 앞에서 자신을 바라볼 때, 거울에 가까이 다가가거나 멀어짐에 관계없이 거울에 보이는 몸의 크기는 같다. (한번 시도해 보라.) 광선 도표를 그려서

이를 증명하라.

2. (I) 그림 23.46에서처럼 두 개의 평면 거울이 135°의 각도로 붙어 있다. 빛이 아래쪽 거울의 34°로 입사한다면 두 번째 거울에서 반사되는 각 ϕ는 얼마인가?

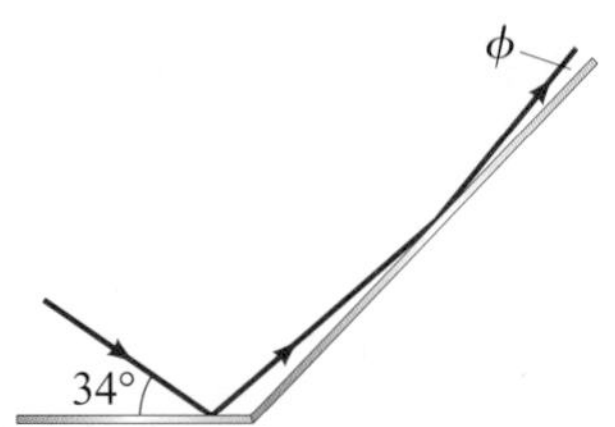

그림 23.46 주관식 2

3. (II) 눈의 높이가 1.72 m인 사람이 거울 앞 2.20 m 되는 마룻바닥에 서 있다. 거울의 하단은 바닥에서 38 cm 높이만큼 올라가 있다(그림 23.47). 눈으로 마룻바닥을 볼 수 있는 거울이 걸려 있는 벽의 아래에서부터의 거리 x는 얼마인가?

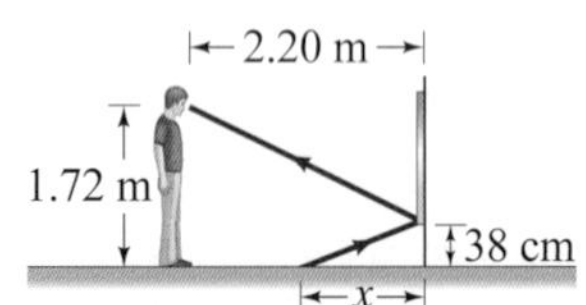

그림 23.47 주관식 3

4. (II) 두 거울이 사이의 각도가 90° 되게 붙여서 세워져 있다(그림 23.48). 이 이중 거울을 들여다 볼 때, 한 개의 거울로 볼 때 좌우가 바뀌어 보이는 것과는 달리 마치 다른 사람이 보듯이 자신을 보게 된다. 이런 일이 어떻게 일어나는지를 광선 도표를 그려서 설명해 보라.

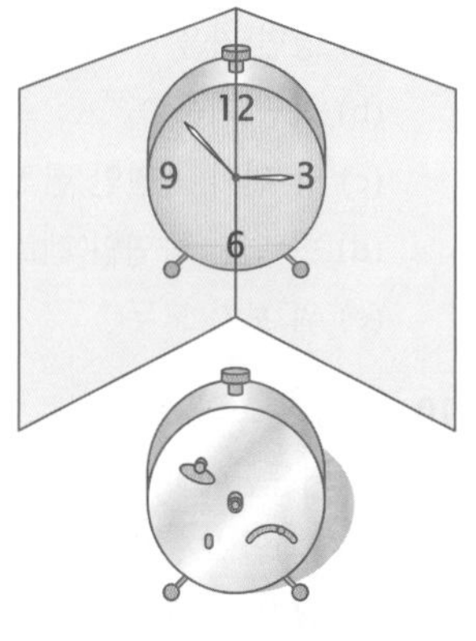

그림 23.48 주관식 4

23.3 구면 거울

5. (I) 오목 거울(반지름 21.0 cm)에서 물체가 얼마나 멀리 떨어져야만 그 상이 무한 원점에 있게 되는가?

6. (II) 크기가 3.0 mm인 물체가 곡률 반지름이 16 cm인 볼록 거울 앞 16 cm 되는 곳에 놓여 있다. (a) 광선 도표를 그려서 그 상이 허상임을 증명하고 상거리를 구하라. (b) 초점거리 −8.0 cm를 식 23.2에 대입하여 상거리(음)를 구할 수 있음을 증명하라. (c) 식 23.3을 사용하여 상의 크기를 구하라.

7. (II) 상점에 있는 도난 방지용 볼목 거울 앞 3.4 m 되는 곳에 사람이 서 있다. 그 사람의 상의 크기가 실제 크기의 반으로 보인다면 거울의 곡률 반지름은 얼마인가?

8. (II) 놀이 공원에 있는 어떤 거울에 그 앞 1.9 m인 곳에 서 있는 어떤 사람의 정립상이 나타나 있다(그림 23.49). 상의 크기가 그 사람의 키의 세 배라면 거울의 곡률 반지름은 얼마인가?

그림 23.49 주관식 8

9. (II) 어떤 사람이 지름이 8.8 cm인 크리스마스트리에 걸려 있는 반짝반짝한 작은 구를 들여다보고 있다고 하자. 그의 얼굴이 구의 표면에서 25.0 cm 떨어져 있다면, 그 상은 어디에 있는가? 실상인가 허상인가? 정립인가 도립인가?

10. (II) 오목 거울을 향해 걸어갈 때 0.50 m 되는 곳에서 그 상이 뒤집힘을 보게 된다. 거울의 곡률 반지름은 얼마인가?

11. (II) 어떤 면도용이나 화장용 거울은 얼굴이 거울에서 20.0 cm 거리에 있을 때 1.40배 확대해 보도록 되어 있다. (a) 그 거울은 무슨(오목, 볼록, 평면) 거울인가? (b) 얼굴 상의 형태에 대해 설명하라. (c) 거울의 곡률 반지름은 얼마여야 하는가?

12. (III) 광선 도표를 그려서 볼록 거울의 배율 m이 오목 거울에서와 같이 $m = -d_i/d_o$임을 증명하라. [힌트: 물체의 맨 위 끝에서 나온 빛이 거울의 중심에서 반사되게 그린다.]

23.4 굴절률

13. (I) 얼음 속에서의 빛의 속력이 2.29×10^8 m/s라면 얼음의 굴절률은 얼마인가?

14. (II) 어떤 물질 속에서의 빛의 속력이 물속에의 값의 82 %라면 물질의 굴절률은 얼마인가?

23.5 굴절: 스넬 법칙

15. (I) 전등불이 창유리(굴절률 $n = 1.56$)에 수직인 방향과 67°로 비추어졌다. 굴절률은 얼마인가?

16. (I) 물속에 있는 잠수부가 전등을 물 위로 연직과 35.2°로 비추었다. 물 위에서 공기 중으로 빛은 몇 도의 각도로 나가는가?

17. (II) 굴절률이 1.54인 유리로 만들어진 어떤 수족관에 물이 채워져 있다. 수족관 밖에서 유리와 수직인 방향에 대해 43.5°의 각도로 빛이 비추어진다(그림 23.50). 이 빛이 (a) 유리를 지나 (b) 물속으로 들어갈 때의 각도는 얼마인가? (c) 빛이 유리를 거치지 않고 물속으로 바로 들어가는 경우 굴절되는 각도는 얼마인가?

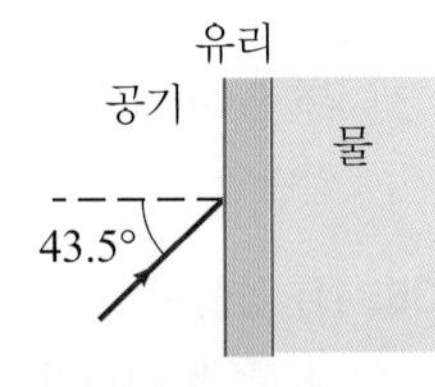

그림 23.50 주관식 17

18. (II) 공기 중의 빛이 굴절률이 $n = 1.51$인 유리판을 때리고 일부는 반사되고 일부는 굴절된다. 반사각이 굴절각의 두 배라면 입사각은 얼마인가?

19. (II) 밤에 수영장 바닥을 점검하려고 한다. 관리인이 손전등으로 가느다란 빛을 물 표면에서 1.3 m 높이에서 그가 서 있는 수영장 끝에서 2.5 m 되는 곳으로 비춘다(그림 23.51). 깊이가 2.1 m인 수영장 바닥의 어느 위치에 그 불빛이 닿겠는가? 그의 발 밑 수영장 바닥에서부터의 거리로 나타내라.

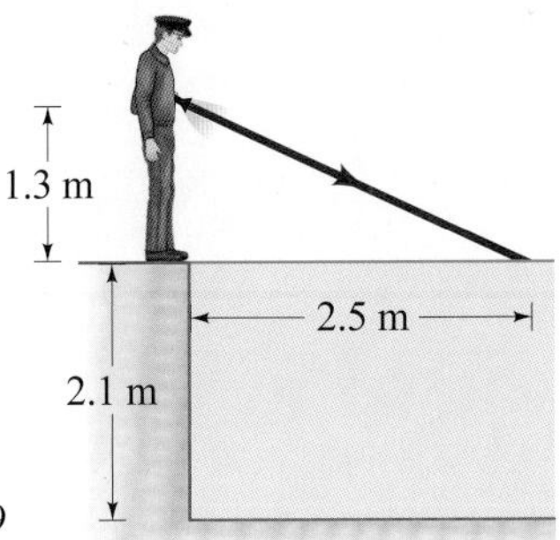

그림 23.51 주관식 19

23.6 전반사

20. (I) 물과 크라운 유리 경계면에서의 임계각은 얼마인가? 내부 반사가 일어나기 위해서 빛은 어느 재료에서 출발해야 하는가?

21. (I) 어떤 액체와 공기 사이의 경계면에서 임계각이 47.2°이다. 액체의 굴절률은 얼마인가?

22. (II) 수영장 물속 82.0 cm 되는 곳에서 불빛이 나오고 있다. 빛이 물 밖으로 나오지 않으려면 바로 위로 비추는 곳으로부터 얼마나 되는 곳으로 비춰야 하나?

23. (III) (a) 유리나 플라스틱 프리즘으로 쌍안경(그림 23.26)을 만들어서 전반사가 45°에서 일어나게 하려면 굴절률이 최소 얼마여야 하는가? (b) 프리즘(굴절률을 1.58로 가정)을 물속에 넣는다면 쌍안경은 제대로 작동하는가? (c) 프리즘을 물속에 넣기 위해 필요한 최소의 굴절률 n은 얼마인가?

23.7, 23.8 얇은 렌즈

24. (I) 초점 거리가 215 mm인 수렴 렌즈 뒤 391 mm 되는 곳에 선명한 상이 있다. (a) 광선 도표를 그려서, (b) 계산을 통해 물체 거리를 구하라.

25. (I) (a) 초점 거리가 32.5 cm인 렌즈의 도수는 얼마인가? (b) −6.75 D인 렌즈의 초점 거리는 얼마인가? 이 렌즈는 수렴 렌즈인가 발산 렌즈인가?

26. (II) 광선 도표를 그려서 얇은 렌즈가 만드는 실상은 항상 도립임을 증명하라. 반면에 실제 물체의 경우 허상은 항상 정립임을 증명하라.

27. (II) 어떤 우표 수집가가 초점 거리가 28 cm인 수렴 렌즈를 사용하여 렌즈로부터 16 cm 되는 곳에서 우표를 살펴본다. (a) 상의 위치는 어디인가? (b) 배율은 얼마인가?

28. (II) −7.00 D인 렌즈가 1.00 mm 높이의 개미로부터 12.5 cm 되는 곳에 있다. 상의 위치, 형태, 크기를 설명하라.

29. (II) (a) 상의 배율이 2.50×이고 실상이 되려면 초점 거리가 50.0 mm인 렌즈를 물체로부터 얼마나 되는 곳에 놓아야 하는가? (b) 배율은 2.50×이나 상이 허상인 경우 렌즈의 위치는?

30. (II) 물체와 같은 크기의 실상을 얻기 위해 초점 거리가 32 cm인 수렴 렌즈에서 물체의 위치는 얼마인가?

31. (III) 밝은 상태의 물체와 스크린 사이의 거리가 86.0 cm이다. 물체와 스크린 사이에서 초점 거리가 16.0 cm인 렌즈를 어디에 놓아야 스크린에 선명한 상이 맺히는가? [힌트: 우선 광선 도표를 그린다.]

32. (III) 영사기에서 필름은 스크린에 상을 투영하기 위한 물체 역할을 한다(그림 23.52). 초점 거리가 105 mm인 렌즈를 사용하여 25.5 m 떨어진 스크린에 상을 투영하려고 한다면, 렌즈와 필름 사이의 거리는 얼마여야 하는가? 필름의 너비가 24 mm라면 스크린에 비추어지는 상의 너비는 얼마인가?

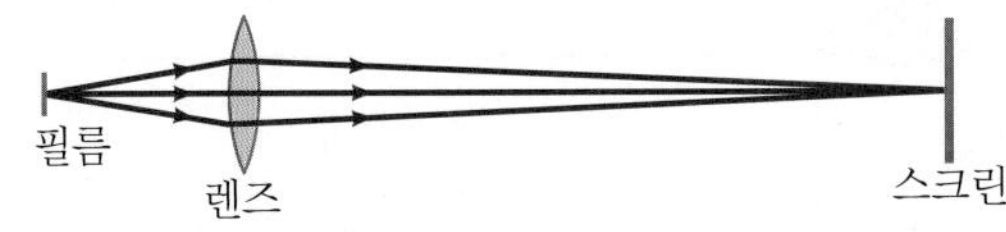

그림 23.52 주관식 32

23.9 렌즈의 조합

33. (II) $f = -36.5$ cm인 발산 렌즈가 $f = 20.0$ cm인 수렴 렌즈 뒤 14.0 cm 되는 곳에 놓여 있다. 무한 원점에 초점이 맺히려면 물체의 위치는 어디여야 하는가?

34. (II) 초점 거리가 25.0 cm인 두 개의 수렴 렌즈가 16.5 cm 떨어져 있다. 물체가 앞 렌즈의 전방 35.0 cm 되는 곳에 있다면 두 번째 렌즈를 지난 다음의 최종 상의 위치는 어디인가? 전체 배율은 얼마인가?

35. (II) 초점 거리가 38.0 cm인 수렴 렌즈가 발산 렌즈 뒤 28.0 cm 되는 곳에 놓여 있다. 평행광이 발산 렌즈에 입사한 다음 수렴 렌즈를 지나간 다음에도 그 빛은 평행하다. 발산 렌즈의 초점 거리는 얼마인가? [힌트: 먼저 광선 도표를 그린다.]

36. (II) 초점 거리가 20.0 cm인 수렴 렌즈와 −10.0 cm인 발산 렌즈가 서로 25.0 cm 떨어져 있다. 물체는 수렴 렌즈 앞 60.0 cm 되는 곳에 놓여 있다. (a) 위치와 (b) 최종 상의 배율을 구하라. (c) 이 광학계의 광선 도표를 그려라.

23.10 렌즈 제작자 공식

37. (I) 양오목 렌즈의 두 면의 곡률 반지름이 각각 33.4 cm와 28.8 cm이다. 렌즈의 굴절률이 $n = 1.52$라면 초점 거리는 얼마인가?

38. (I) 양볼록 렌즈의 두 면의 곡률 반지름이 둘 다 34.1 cm이다. 초점 거리가 28.9 cm라면 렌즈 재료의 굴절률은 얼마인가?

39. (I) 굴절률이 1.55인 재료로 만든 평철 렌즈(한쪽은 평면이고 다른 쪽은 볼록인, 그림 23.29a)의 초점 거리가 16.3 cm이다. 볼록면의 곡률 반지름은 얼마인가?

40. (II) 초점 거리가 22.0 cm인 양면 대칭 볼록 렌즈가 굴절률이 1.52인 유리로 만들어졌다. 각 면의 곡률 반지름은 얼마인가?

연습 해답

A: 아님
B: (b)
C: 표면에 수직한 선에 가까워짐
D: 없음
E: 전반사가 일어나지 않음, $\theta_C > 45°$
F: (c)
G: 렌즈에 가까워짐

비눗방울의 표면에 생긴 이 아름다운 색은 빛의 파동 이론으로 멋지게 설명할 수 있다. 비누 방울은 그 속에 공기가 채워져 있는 구 모양의 아주 얇은 막으로 되어 있다. 비눗물에 의한 이 막의 안쪽 면과 바깥쪽 면에서 반사된 빛이 서로 보강 간섭을 일으키면 밝은 색을 띠게 된다. 임의의 관찰 위치에서 어떤 색을 보게 되는가는 막 위의 각 점에서의 막의 두께와 바라보는 각에 따라 달라진다. 방울의 맨 위 가까이에서는 은색이나 흰색으로 둘러싸인 작은 검정색 부분을 볼 수 있다. 검정색 부분에서 막의 두께가 가장 얇으며 대략 30 nm 정도이고 완벽하게 투명하다(배경이 검게 보인다).

이 장에서는 이중 슬릿 간섭과 막에서의 간섭을 포함하는 빛의 파동성에 관한 기본적인 것들을 배우게 된다.

CHAPTER 24

빛의 파동성

시작 질문 추정해 보라!

물이나 물기 있는 아스팔트 위에 얇은 기름 막이 있을 때, 소용돌이 모양의 색 띠를 볼 수 있다. 물론 비눗방울에 맺힌 위의 사진과 같은 색 띠도 볼 수 있다. 이런 색 띠가 나타나는 이유는 무엇인가?

(a) 기름이나 비누에 붙은 물질이 여러 색으로 빛을 반사한다.
(b) 기름이나 비누의 화학성분이 여러 색을 흡수한다.
(c) 기름이나 비누에서 굴절률의 차이에 의한 분산 때문이다.
(d) 기름(또는 비누)과 물이 불규칙적으로 섞여 있는 얇은 경계층과 빛과의 상호작용 때문이다.
(e) 얇은 기름이나 비누 막 층의 아래쪽과 위쪽에서 반사된 빛이 서로 더해져서 특정 파장에 대해 보강 간섭을 일으키기 때문이다.

빛은 에너지를 운반한다. 이에 대한 증거로서 돋보기로 햇빛을 모아 종이 위의 한 초점에 집중시키면 종이가 타면서 작은 구멍이 나게 할 수 있다. 그러나 빛은 어떻게 이동하며 어떤 형태로 에너지를 운반하는가? 11장에서 파에 관해 논의하면서 에너지가 한 곳에서 다른 곳으로 이동하는 방법에는 기본적으로 두 가지가 있다고 했다. 하나는 입자로서 이동하는 것이고 다른 하나는 파동으로서 이동하는 것이다. 첫 번째 경우, 물질로 된 물체나 입자가 에너지를 운반하는 것이다. 예를 들면 엄청나게 많은 바위 덩어리가 산사태를 일으키는 것이라든지 강물이 흘러내리는 것 등이다. 두 번째 경우, 물결파나 음파가 진행할 때와 같이 매질 입자는 이동하지 않으면서 먼 거리로 에너지를 운반하는 것이다. 이런 측면에서 우리는 빛의 본성에 관해서 무슨 말을 할 수 있겠는가? 빛은 광원으로부터 입자의 흐름으로 멀리 이동하는 것인가? 아니면 파의 형태로서 광원으로부터 멀리 퍼져 나가는 것인가?

역사적으로는, 이런 질문은 어려운 것 중의 하나였다. 빛은 작은 입자들의 흐름인지, 물결파와 같이 광원에서 나오는 작은 파동인지 그 모습을 명확히 드러내지 않았다. 이에 대한 증명은 처음에는 입자적인 측면이 강했고, 그러고 나서 1830년경까지는 파동적인 측면이 강했다. 당시 대부분의 물리학자들은 파동 이론을 받아들이고 있었다. 19세기 말까지는 빛이 **전자기파**(22장)로 간주됐다. 20세기 초에 들어와서 빛은 입자성을 띠고 있는 것으로 밝혀졌다. 입자성에 관해서는 27장에서 논의할 것이다. 이제 우리는 빛의 파동 · 입자 이중성에 관해 이야기 하고자 한다. 빛의 파동 이론은 아직도 성립하며 아주 많은 성공적인 증명이 있어왔다. 이 장에서는 파동 이론에 대한 증거를 알아보고 여러 가지 현상들을 설명하기 위해 파동 이론이 어떻게 사용되어 왔는지를 살펴보고자 한다.

24.1 파동성과 입자성; 하위헌스 원리

네덜란드의 과학자 하위헌스(Christian Huygens, 1629~1695)는 뉴턴 시대의 사람으로 빛의 파동론을 제안했다. 파동론은 여러 가지 현상을 좀 더 잘 설명해 주는 이론이다. 오늘날까지도 유용한 파동론은 이전의 파면을 알고 있을 때 그 다음 파면을 예측하기 위해 하위헌스가 개발한 기법이다. **파면**(wave front)이라는 것은 이차원 또는 삼차원을 따라 파의 마루가 되는 모든 점들을 의미한다. 파의 마루를 바다에서 볼 때 그냥 '파도'라고 한다. 파면은 11장에서 논의한 바와 같이 파가 진행하는 방향과 직교한다(그림 11.35). **하위헌스 원리**(Huygens' principle)를 다음과 같이 서술할 수 있다. **파면 상의 모든 점은 작은 파를 만드는 점 파원으로 간주할 수 있다. 작은 파는 그 파의 속력으로 전방으로 퍼져 나간다. 새로운 파면은 모든 작은 파에 공통으로 접하는 면, 즉 포락면이 된다.**

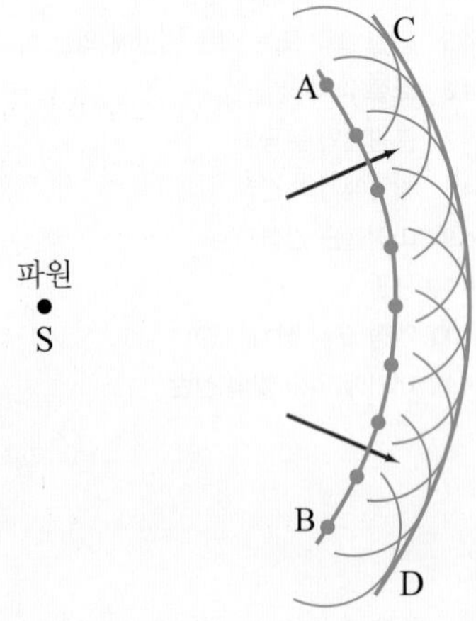

그림 24.1 하위헌스 원리를 적용하면 파면 AB가 주어질 때 파면 CD를 알 수 있다.

하위헌스 원리가 적용되는 예로서, 그림 24.1에서 파원 S로부터 멀어져 나가는 파면 AB를 살펴보자. 우선 매질은 **등방성**이라고 가정한다. 즉 파의 속력 v는 모든 방향에서 같다. 파면 AB에서 짧은 시간이 지난 다음의 파면을 구하기 위해 AB를 따라 반지름 $r = vt$의 작은 원을 그린다. 이 작은 원들의 중심이 원래의 파면 위에 파란색 점으로 나타나 있고, 그 원들은 하위헌스의 (가상적인) 작은 파를 나타낸다. 이들 작은 파들에 모두 접하는 선인 곡선 CD가 시간 t 후의 새로운 파면의 위치이다.

하위헌스 원리는 파가 장애물을 만날 때와 파면의 일부가 어떤 방해를 받을 때 어떻게 될 것인가를 분석하는 데 매우 유용하다. 그림 24.2에서와 같이 하위헌스 원리의 예측에 의하면 장애물을 만나는 파는 그 뒤에서 파가 휘어 나간다. 이것은 이미 11장에서(그림 11.45와 11.46)에서 배운 바와 같이 물결파에 대해 일어나는 현상과 똑같은 것이다. 파가 장애물 뒤에서 '보이지 않는 쪽으로' 휘는 현상을 **회절**(diffraction)이라고 한다. 회절 현상은 입자에 대해서는 일어나지 않고 파에 대해서만 일어나기 때문에 빛이 파동임을 증명하는 하나의 수단이다.

그림 24.2에서와 같이 구멍의 크기가 파의 파장의 크기 정도일 때 회절이 가장 잘 일어난다. 구멍이 파장보다 훨씬 크면 회절은 잘 관찰되지 않는다.

빛이 회절을 일으키는가? 17세기 중반까지만 해도, 예수회 선교사였던 그리말디(Francesco Grimaldi, 1618~1663)는 햇빛이 작은 구멍을 통해 어두운 방으로 들어올 때 반대쪽 벽에 비친 원의 크기는 그림으로 그려서 예측되는 것보다 훨씬 커짐을 관찰했다. 그는 또한 상의 경계가 선명하지 않고 색 띠로 둘러싸이는 것을 보았다. 그리말디는 이것을 빛의 회절 때문으로 봤다.

빛이 파동이라고 하면 회절 현상이 멋지게 설명된다. 그러나 광선 모형(23장)은 회절을 설명할 수 없으며 광선 모형이 그런 한계가 있음을 아는 것이 중요하다. 광선을 사용한 기하 광학이 모든 경우에 성공적인 이유는 빛이 들어오는 구멍의 크기가 빛의 파장보다 훨씬 크기 때문이고, 따라서 그런 경우에 회절이나 굴절이 거의 일어나지 않기 때문이다.

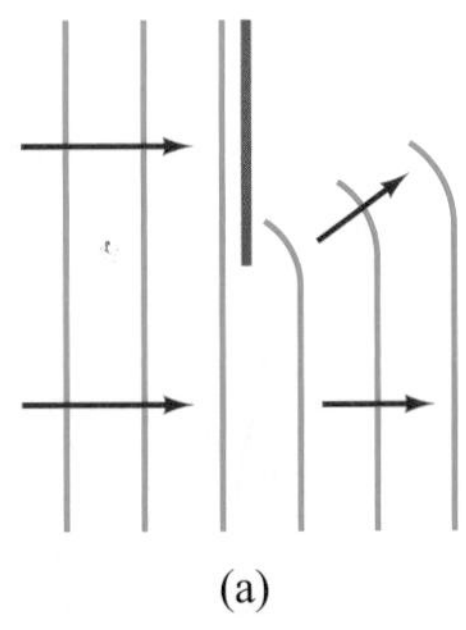

(a)

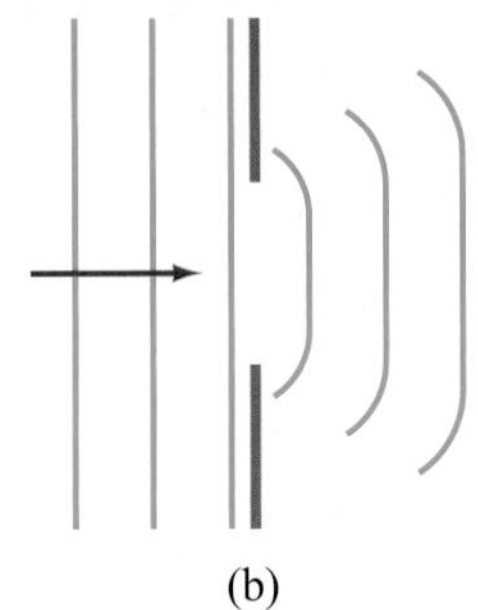

(b)

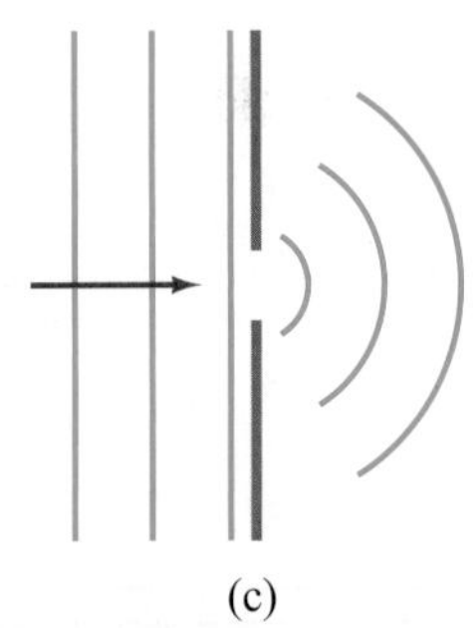

(c)

그림 24.2 회절 현상에서 다음의 경우에 하위헌스 원리가 적용된다.
(a) 장애물 가장자리 주변
(b) 파가 큰 구멍을 통과할 때
(c) 파가 파의 파장과 비슷한 작은 구멍을 지날 때

24.2 하위헌스 원리와 굴절 법칙

반사와 굴절 법칙은 뉴턴 시대에 이미 잘 알려져 있었다. 반사 법칙은 앞에서 논의한 파동과 입자의 두 이론 모두에 해당된다. 파가 장애물에서 반사될 때 입사각과 반사각은 같다(그림 11.36). 입자에 대해서도 마찬가지이다. 테니스공이 스핀 없이 벽에 닿는 경우를 생각해 보면 된다.

그러나 굴절 법칙은 좀 다르다. 빛이 공기 중에서 물속으로 진행하는 경우와 같이 경계면에서 법선 쪽으로 꺾여 매질 속으로 들어가는 경우를 살펴보자. 그림 24.3에서와 같이, 두 번째 매질에서 빛의 속력이 첫 번째 매질에서보다 작다고 할 때($v_2 < v_1$), 하위헌스 원리를 사용하여 그런 꺾임을 그려서 설명할 수 있다. 시각 t에서 파면 AB(입사광에 직교하는 면) 상에 있는 점 B가 점 D에 도달하기 위해 거리 v_1t만큼 이동한다. 파면 상의 점 A는 두 번째 매질에서 거리 v_2t만큼 이동하여 점 C에 도달하므로 $v_2t < v_1t$이다. C와 D에 보인 꺾인 작은 파를 구하기 위해 점 A와 B에 하위헌스 원리가 적용됐다. 파면은 이 두 작은 파에 접하므로 새로운 파면은 선분 CD이다. 파의 진행 방향이 파면에 직교하므로 $v_2 < v_1$이면 그림에서와 같이 파는 법선 쪽을 향해 꺾인다. (이것은 기본적으로 그림 11.42를 사용하여 논의한 바와 같다.)

빛의 입자성을 사용하면 빛의 속력이 두 번째 매질에서 더 커야($v_2 > v_1$) 한다는 결과가 나오는데, 뉴턴은 그런 빛의 입자성을 선호했다. 그래서 파동론은 물속에서

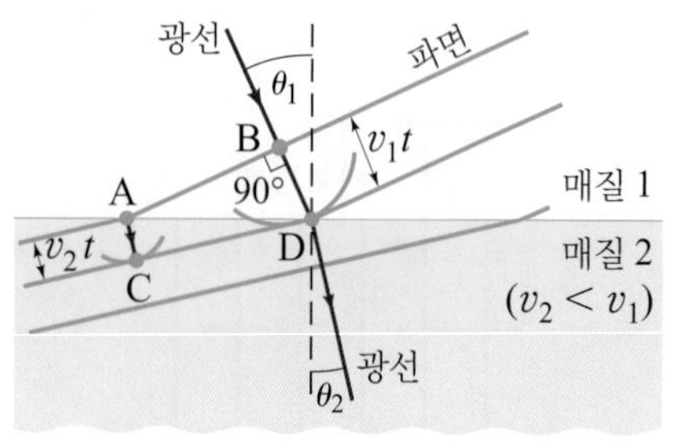

그림 24.3 하위헌스 원리를 사용하여 굴절이 설명된다. 파면은 광선의 방향과 직교한다.

빛의 속력이 공기 중에서 보다 작다고 예측하는 반면, 뉴턴의 입자론은 그 반대로 예측한다. 물속에서 빛의 속력을 실제로 측정한 실험은 1850년에 프랑스의 물리학자 푸코(Jean Foucault)에 의해 수행됐으며, 그 결과는 파동론에 의한 예측을 확인해 주었다. 그러나 당시까지만 해도, 파동론은 이미 완전히 받아들여진 상태였다. 이제 다음 절에서 그것에 관해 배울 것이다.

하위헌스 원리에 이어서 나온 굴절에 관한 스넬 법칙에 의하면 임의의 매질에서의 빛의 속력 v는 진공 중에서 빛의 속력 c와 굴절률 n과 관련되어 식 23.4, 즉 $v = c/n$로 주어진다. 하위헌스 원리를 사용한 그림 24.3으로부터, 각 ADC는 θ_2와 같고 각 BAD는 θ_1과 같다. 그러면 두 삼각형은 공통변 AD를 가지므로 다음과 같이 쓸 수 있다.

$$\sin\theta_1 = \frac{v_1 t}{\mathrm{AD}}, \qquad \sin\theta_2 = \frac{v_2 t}{\mathrm{AD}}$$

이들 두 식을 서로 나누면

$$\frac{\sin\theta_1}{\sin\theta_2} = \frac{v_1}{v_2}$$

가 된다. 식 23.4에 따라 $v_1 = c/n_1$이고 $v_2 = c/n_2$이므로

$$n_1 \sin\theta_1 = n_2 \sin\theta_2$$

가 된다. 이것이 스넬의 굴절 법칙인 식 23.5이다. (반사 법칙은 하위헌스 원리를 비슷한 방법으로 사용하여 유도할 수 있다.)

 주의

진동수는 그대로이고 파장은 변할 수 있다.

빛이 한 매질에서 다른 매질로 진행할 때, 진동수는 변하지 않으나 파장은 변한다. 이런 것은 그림 24.3으로부터 알 수 있다. 그림에서 각각의 파란색 선은 파의 마루(가장 높은 곳)에 해당하는 파면을 나타낸다. 따라서

$$\frac{\lambda_2}{\lambda_1} = \frac{v_2 t}{v_1 t} = \frac{v_2}{v_1} = \frac{n_1}{n_2}$$

이다. 마지막 단계에서, 식 23.4인 $v = c/n$가 사용됐다. 매질 1이 진공(또는 공기)이라면 $n_1 = 1$, $v_1 = c$이고 λ_1을 단순히 λ로 쓰면 굴절률이 $n(= n_2)$인 다른 매질에서의 파장은

$$\lambda_n = \frac{\lambda}{n} \tag{24.1}$$

가 될 것이다. 이 결과는 $c = f\lambda$이므로 파가 진행하는 매질에 관계없이 진동수 f는 안 변한다는 사실과 일치한다.

연습 A 파장이 500 nm이고 진동수가 6.0×10^{14} Hz인 빛이 공기 중에서 속력 3.0×10^8 m/s로 굴절률이 1.5인 유리 속으로 들어간다. 유리 속에서의 빛의 파장, 진동수, 속력은 얼마인가?

파면의 개념을 사용하면 신기루가 빛의 굴절에 의해 어떻게 생기는지를 설명할 수 있다. 예를 들어 아주 더운 날 자동차 운전자는 고속도로에서 운전자 앞에 나타나는 물의 신기루를 보기도 한다. 마치 멀리 있는 차가 그것을 반사한 것처럼 느끼게 한

(a)

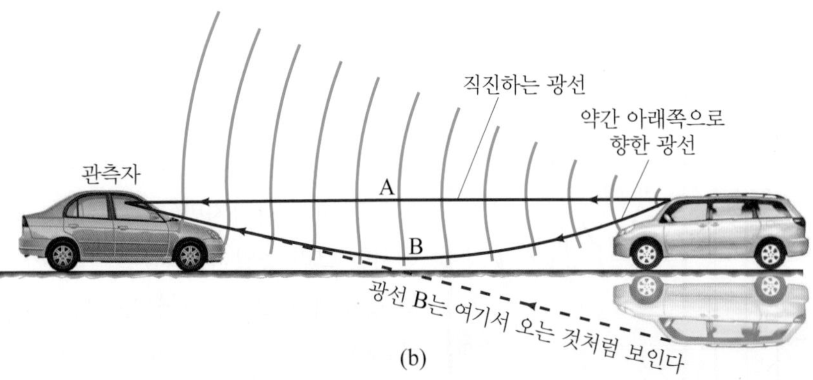

(b)

그림 24.4 (a) 고속도로에서의 신기루 (b) 고속도로에서의 신기루 현상을 설명하기 위해 광선과 파면을 보여 주는 그림(이해를 돕기 위해 과장하여 그렸다). 지면 가까이에 있는 파면 부분들이 어떻게 더 멀리 떨어지고, 그로 인해서 더 빨리 움직이는가를 살펴보라.

다(그림 24.4a). 더운 날에는 도로에 (태양이 도로에 내리 쬐여 뜨거워진) 매우 뜨거운 공기층이 생길 수 있다. 뜨거운 공기는 찬 공기보다 밀도가 낮아서 굴절률이 뜨거운 공기에서 약간 낮다. 그림 24.4b에서 (오른쪽에 있는) 멀리 있는 차의 한 점에서 오는 빛이 왼쪽에 있는 운전자를 향하는 것을 나타내는 그림이 그려져 있다. 파면과 두 광선(파면에 직교하는)도 나타나 있다. 광선 A는 직선경로를 따라 관측자에게 직접 도달하여 멀리 있는 차에게 정상적인 모습으로 보여진다. 광선 B는 처음에는 약간 아래쪽으로 향하지만 길에 닿지 않고 굴절률이 다른 공기층을 통해 위로 꺾여 올라간다. 그림 24.4b에 파란색으로 나타낸 파면은 지면 가까이의 (밀도가 낮은) 공기층에서 조금 빠르게 움직인다. 따라서 광선 B는 그림에서와 같이 휘어지고 관측자에게 마치 그것이 길에서 반사된 것처럼 아래에서 올라오는(점선) 것으로 보이게 한다. 이것이 신기루 현상이다.

물리학의 응용
고속도로에서의 신기루

24.3 간섭-영의 이중 슬릿 실험

1801년 영국의 영(Thomas Young, 1773～1829)은 빛의 파동성에 대한 확실한 증거를 얻었고 그로부터 빛의 파장을 측정할 수도 있게 됐다. 그림 24.5a는 영의 유명한 이중 슬릿 실험의 개념도를 나타내고 있다. 영은 창문에 여러 개의 좁은 틈을 만들어 놓고 그 틈들을 통과하는 햇빛을 이용하여 단일 광원으로부터 나오는 빛을 얻으려 했다. 두 개의 아주 가까운 슬릿 S_1과 S_2를 통과하는 평행광이 스크린에 닿는다. (슬릿의 너비와 두 슬릿 사이의 간격은 빛의 파장보다 크지 않을 정도로 매우 좁다.) 빛이 아주 작은 입자로 되어 있다면 (b)에서처럼 슬릿 다음에 있는 스크린에는 밝은 두 개의 선만 보일 것이다. 그러나 보이는 것은 (c)에서처럼 여러 개의 밝은 선들이었다. 영은 이 결과를 **파동의 간섭**(wave-interference) 현상의 결과로 설명할 수 있었다.

그 이유를 알기 위해 **단파장**(단색, monochromatic) 빛의 **평면파**(plane wave)가 그림 24.6에서와 같이 두 슬릿에 입사한다고 가정하자. 회절 때문에 두 슬릿을 빠져나오는 파들은 그림에서처럼 넓게 퍼진다. 이것은 두 개의 돌멩이를 연못에 던졌을 때 생기는 물결파의 간섭 무늬와 같은 것이다(그림 11.38). 또는 두 스피커에서 나오는

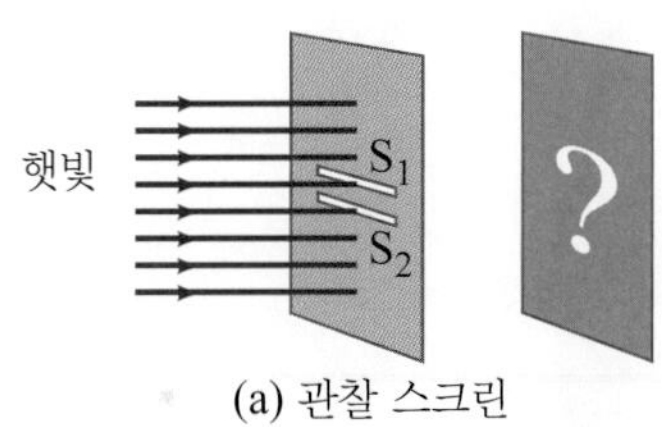

(a) 관찰 스크린

(b) 관찰 스크린
(빛이 입자라고 할 때)

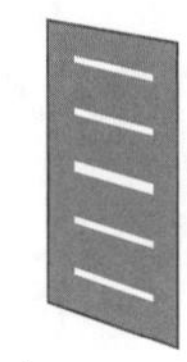
(c) 관찰 스크린
(실제로 나타나는 상)

그림 24.5 (a) 영의 이중 슬릿 실험 (b) 빛이 입자라면, 슬릿 뒤 스크린 위로 밝은 두 선을 보게 될 것이다. (c) 그러나 실제로는 많은 선들이 관측된다. 슬릿과 슬릿 사이의 간격은 매우 좁아야 한다.

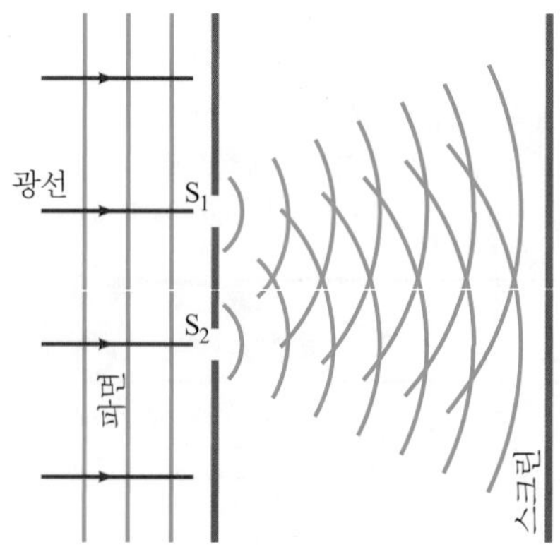

그림 24.6 평면파(파면이 평평하게 평행한)가 두 슬릿에 도달한다. 빛이 파동이라면, 두 슬릿 중 하나를 지나가는 빛은 다른 슬릿을 지나가는 빛과 간섭을 일으킬 것이다.

소리의 간섭과도 같은 것이다(그림 12.14). 파동의 간섭에 관해서는 11.11절을 다시 읽어 보라.

간섭 무늬가 스크린 상에 어떻게 생기는지를 알기 위해서, 그림 24.7을 살펴보자. 파장이 λ인 파가 간격이 d인 슬릿 S_1과 S_2로 들어간다. 슬릿을 통과한 파는 모든 방향으로 퍼져 나가지만(그림 24.6), 그림 24.7a, b, c에서는 세 개의 다른 각 θ에 대해서만 그려 놓았다. 그림 24.7a에서는 두 파가 스크린의 중앙에 도달한다($\theta = 0°$). 두 슬릿에서 출발한 파들은 같은 거리를 이동한다. 따라서 두 파는 **위상이 같다**(in phase). 위상이 같다는 말은 한 파의 마루가 다른 파의 마루와 동시에 도달한다는 뜻이다. 따라서 두 파의 진폭이 서로 더해져서 그 진폭의 크기가 그림 24.9a에서처럼 커진다. 이것을 **보강 간섭**(constructive interference)이라고 하며 스크린 중앙에 밝은 선으로 나타나는 것이다. 보강 간섭은 두 파의 경로가 그림 24.7b에서와 같이 한 파장(또는 파장의 정수배)만큼 차이가 날 때도 생긴다. 물론 그때에도 스크린에 밝은 선이 나타난다. 그러나 만일 한 파가 다른 파보다 반 파장만큼(또는 $\frac{3}{2}\lambda$, $\frac{5}{2}\lambda$ 등등) 차이가 나면, 두 파는 스크린에 도달할 때 **위상이 반대**(out of phase)가 된다. 즉 한 파의 마루가 다른 파의 골과 만나게 된다. 따라서 두 파는 더해져서 진폭이 영이 된다(그림 24.8b). 이것을 **상쇄 간섭**(destructive interference)이라고 하며, 그림 24.7c에서처럼 스크린 상에 어두운 띠를 형성한다. 그러므로 스크린 상에는 밝은 선과 어두운 선(또는 **띠**)이 교대로 나타난다.

밝은 선이 생기는 위치를 정확하게 구해 보자. 그림 24.7은 실제보다는 과장되게 그렸음에 주의하자. 실제는 두 슬릿 사이의 간격 d는 스크린까지의 거리 ℓ에 비해 매우 작다. 각 경우에 슬릿에서 나오는 빛은 거의 평행하고, 그림 24.7d에서와 같이 수평과 θ의 각도를 이룬다. 그림 24.7b와 c에 있는 색칠된 직각 삼각형으로부터, 아래쪽 빛은 $d\sin\theta$만큼 더 진행했음을 알 수 있다(그림 24.7d에 좀 더 자세히 나와 있다). 경로차 $d\sin\theta$가 파장의 정수배가 될 때 스크린 상에는 밝은 띠가 나타나는 보강 간섭이 일어난다. 즉

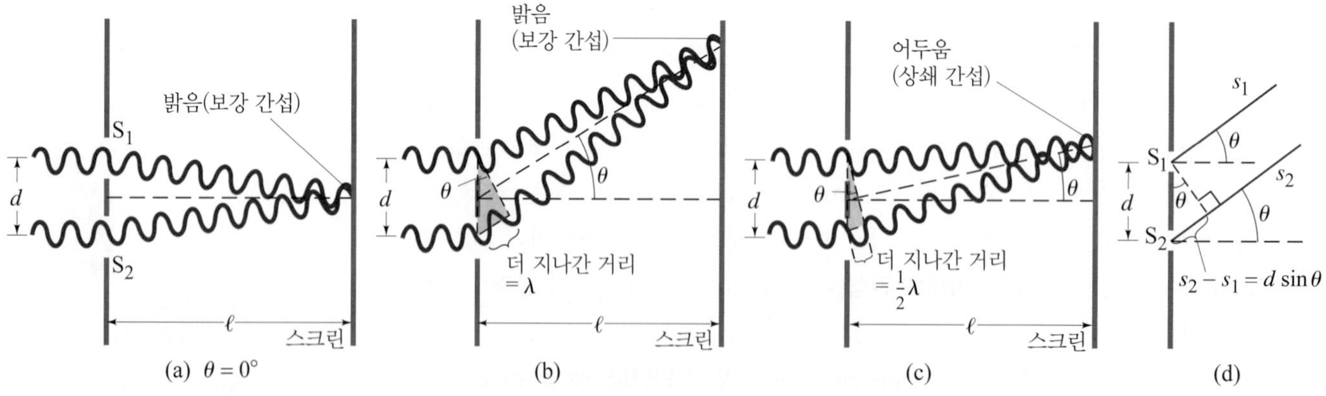

그림 24.7 이중 슬릿 실험에서 나타나는 선 무늬를 파동 이론이 설명하는 방법. (a) 스크린의 중앙에서는 각 슬릿을 지나온 파들이 같은 거리를 이동해 왔으므로 위상이 같다. [$\ell \gg d$로 가정한다.] (b) 이 각도 θ에서는 아래쪽 파는 위쪽 파보다 한 파장 거리를 더 진행해 왔으므로 역시 위상이 같다. 색칠된 삼각형을 살펴보면 두 파의 경로차가 $d\sin\theta$임을 알 수 있다. (c) 이 각도 θ에서는 아래쪽 파가 위쪽 파보다 반파장만큼 더 진행했다. 따라서 스크린 상의 그 점에서 만나는 두 파는 위상이 반대가 된다. (d) (b)와 (c)의 형상을 좀 더 자세하게 보여 주는 그림

$$d\sin\theta = m\lambda, \quad m = 0, 1, 2, \cdots \qquad \text{[보강 간섭(밝음)]} \quad \textbf{(24.2a)}$$

m의 값을 간섭 띠의 **차수**(order)라고 한다. 예를 들어 1차($m = 1$)는 중앙에 나타나는 띠(이것은 $\theta = 0$이고 $m = 0$이다) 다음의 양쪽에 나타나는 첫 번째 띠이다. 상쇄 간섭은 경로차 $d\sin\theta$가 $\frac{1}{2}\lambda$, $\frac{3}{2}\lambda$ 등일 때 생긴다. 즉

$$d\sin\theta = \left(m + \tfrac{1}{2}\right)\lambda, \quad m = 0, 1, 2, \cdots \quad \text{[상쇄 간섭(어두움)]} \quad \textbf{(24.2b)}$$

밝은 띠는 빛의 세기가 최대인 곳이고 어두운 띠는 최소인 곳이다. 밝은 띠의 밝기는 가운데 띠($m = 0$)에서 가장 밝고 차수가 커질수록 그림 24.9에서처럼 점점 어두워진다. 차수의 증가에 따른 세기의 감소는 두 슬릿의 너비에 따라 다르다.

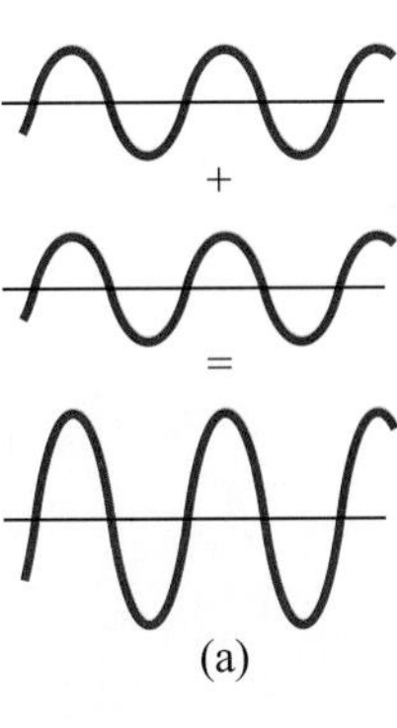

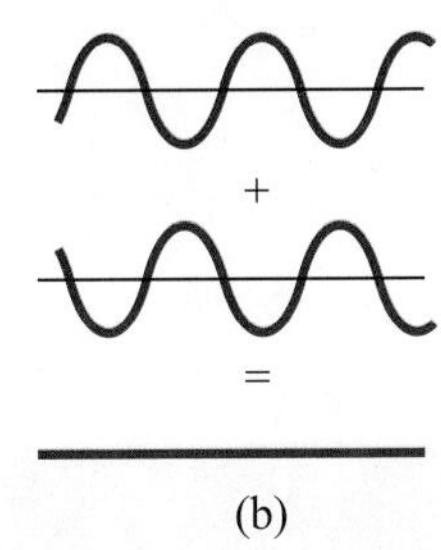

그림 24.8 두 진행파가 (a) 보강 간섭과 (b) 상쇄 간섭을 하는 모양(11.11절 참조)

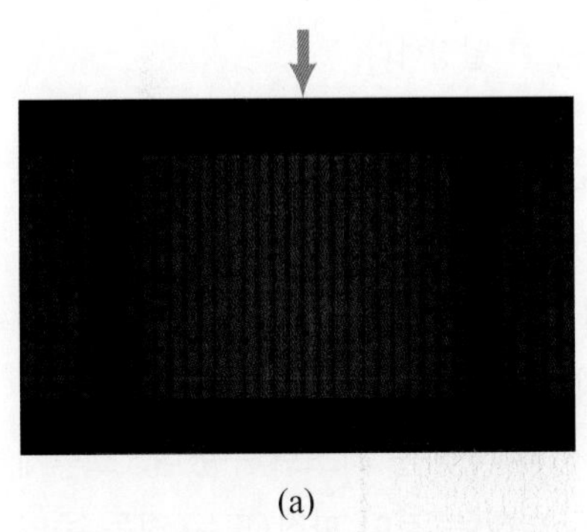

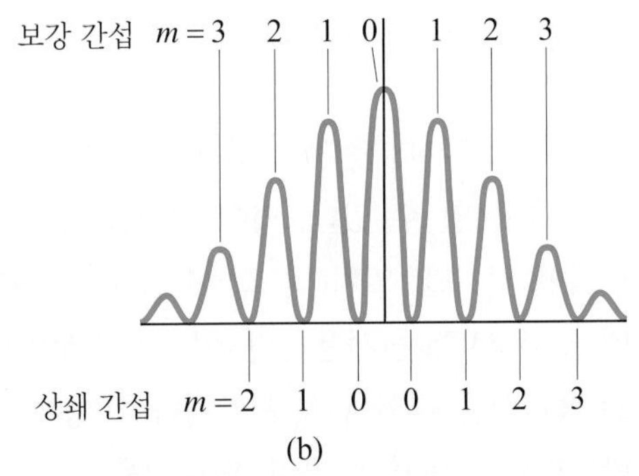

그림 24.9 (a) 이중 슬릿 실험에서 생긴 간섭 띠를 스크린 위치에 놓은 사진 필름에 담은 것. 화살표 부분이 가운데 띠이다. (b) 간섭 무늬의 빛의 세기 분포를 나타낸 그래프. 식 24.2a(보강 간섭)와 식 24.2b(상쇄 간섭)에서의 m 값을 그래프에 나타냈다.

예제 24.1 이중 슬릿 간섭에서의 선 간격

두 슬릿 간의 간격이 0.100 mm이고 스크린에서 슬릿까지의 거리는 1.20 m이다. $\lambda = 500$ nm의 빛이 먼 광원으로부터 슬릿을 지나간다. 스크린 상에 나타나는 이웃하는 두 밝은 띠 사이의 간격은 얼마인가?

접근 밝은 띠(보강 간섭)의 각 위치는 식 24.2a로부터 구할 수 있다. 처음 두 띠 사이의 간격은 그림 24.10에 있는 직각 삼각형을 사용하여 구한다.

 주의

θ가 작으면(라디안 단위), $\theta \approx \tan\theta$ 또는 $\theta \approx \sin\theta$의 근삿값을 이용하라.

풀이 주어진 값 $d = 0.100\text{ mm} = 1.00 \times 10^{-4}\text{ m}$, $\lambda = 500 \times 10^{-9}\text{ m}$, $\ell = 1.20\text{ m}$를 대입하면, 각 θ에서 나타나는 일차 띠($m = 1$)는

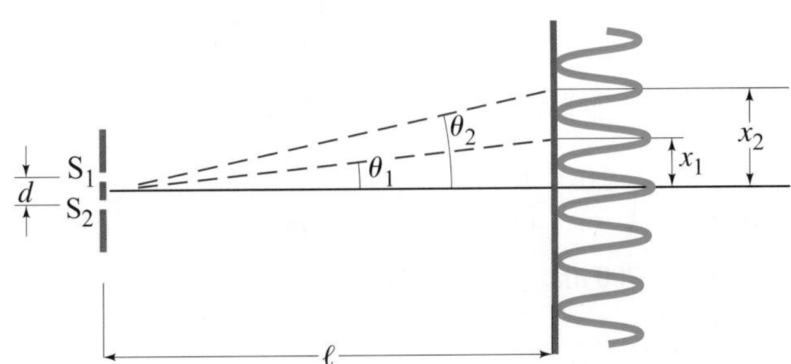

그림 24.10 예제 24.1과 24.2. 각도 θ가 작을 때(θ의 단위는 라디안), 간섭 띠는 가운데 띠($m = 0$)에서 위로 $x = \theta_1$되는 곳에 나타난다. θ_1과 x_1은 일차 띠($m = 1$)에 대한 것이고, θ_2와 x_2는 $m = 2$에 대한 것이다.

$$\sin\theta_1 = \frac{m\lambda}{d} = \frac{(1)(500 \times 10^{-9}\,\text{m})}{1.00 \times 10^{-4}\,\text{m}} = 5.00 \times 10^{-3}$$

으로 주어진다. 이것은 매우 작은 각도이므로 $\sin\theta \approx \theta$라 할 수 있다. 일차 띠는 스크린의 중앙에서 위로 x_1 되는 곳에 생길 것이다(그림 24.10). $x_1/\ell = \tan\theta_1 \approx \theta_1$이므로

$$x_1 \approx \ell\theta_1 = (1.20\,\text{m})(5.00 \times 10^{-3}) = 6.00\,\text{mm}$$

이다. 두 번째 띠($m = 2$)는

$$x_2 \approx \ell\theta_2 = \ell\frac{2\lambda}{d} = 12.0\,\text{mm}$$

에서 생긴다. 그 다음 띠의 위치도 마찬가지 방법으로 계산된다. 그러므로 낮은 차수 띠 사이의 간격은 6.00 mm이다.

유의 띠 사이의 간격은 $\sin\theta \approx \theta$의 근사가 성립하는 한 일정하다.

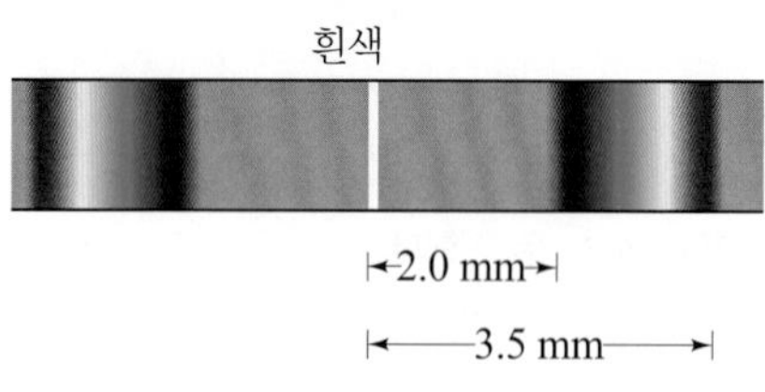

그림 24.11 이중 슬릿에 의한 일차 띠는 무지개처럼 완전한 스펙트럼을 나타낸다. 예제 24.2에도 해당되는 그림이다.

식 24.2로부터 중앙에 있는 0차 띠를 제외하고는 띠의 위치가 파장에 따라 달라지는 것을 알 수 있다. 영이 실험을 통해, 두 슬릿에 백색광이 입사하면 중앙 띠는 흰색이 되지만, 일차(및 그 이상) 띠는 무지개와 같은 색스펙트럼을 나타냄을 발견했다. 식 24.2a를 사용하면, θ는 보라색일 때 가장 작고 빨간색일 때 가장 크다(그림 24.11). 이들 띠의 위치를 측정하여, 영은 가시광선의 파장을 최초로 구했다. 그렇게 함으로써 그는 여러 가지 다른 색을 물리적으로 구별하는 것이 파장(또는 진동수)임을 증명했다. 이 아이디어는 1665년에 그리말디에 의해 먼저 제안됐던 것이다.

예제 24.2 이중 슬릿 간섭에서의 파장

슬릿 간격이 0.50 mm인 두 슬릿을 통해 백색광이 지나간 다음 2.5 m 떨어진 스크린 상에 간섭 띠가 관측된다. 일차 띠는 무지개를 닮아서 보라색과 빨간색이 양쪽에 나타난다. 보라색과 빨간색 띠의 위치는 중앙의 가장 밝은 곳에서 각각 2.0 mm, 3.5 mm 떨어져 있다(그림 24.11). 보라색과 빨간색의 파장을 구하라.

접근 주어진 거리와 그림 24.10으로부터 보라색과 빨간색의 각도를 구한다. 그런 다음 식 24.2a를 사용하여 파장을 구한다. 3.5 mm는 2.5 m에 비해 훨씬 작으므로 작은 각도 근사식을 사용할 수 있다.

풀이 식 24.2a($d\sin\theta = m\lambda$)에 $m = 1$과 $d = 5.0 \times 10^{-4}$ m를 대입하고 $\sin\theta \approx \tan\theta \approx \theta$의 근사를 사용한다. 따라서 $\theta \approx x/\ell$(그림 24.10)이고, 보라색의 경우 $x = 2.0$ mm이고

$$\lambda = \frac{d\sin\theta}{m} \approx \frac{d\theta}{m} \approx \frac{d}{m}\frac{x}{\ell} = \left(\frac{5.0 \times 10^{-4}\,\text{m}}{1}\right)\left(\frac{2.0 \times 10^{-3}\,\text{m}}{2.5\,\text{m}}\right)$$
$$= 4.0 \times 10^{-7}\,\text{m}$$

즉 400 nm이다. 빨간색 빛에 대해서는 $x = 3.5$ mm이므로

$$\lambda \approx \frac{d}{m}\frac{x}{\ell} = \left(\frac{5.0 \times 10^{-4}\,\text{m}}{1}\right)\left(\frac{3.5 \times 10^{-3}\,\text{m}}{2.5\,\text{m}}\right) = 7.0 \times 10^{-7}\,\text{m}$$
$$= 700\,\text{nm}$$

로 구할 수 있다.

연습 B 예제 24.2에서 $\lambda = 500$ nm인 초록색광의 일차 띠는 중앙 백색 띠 중심에서 얼마나 멀리 떨어져 있는가?

간섭성

그림 24.6과 24.7에서의 두 슬릿은 마치 새로운 두 개의 복사원의 역할을 한다. 그런 광원을 **간섭성 광원**(coherence source)이라고 한다. 그 이유는 그곳에서 나오는 파가 파장과 진동수가 같고 모든 시각에서 서로 간의 위상 관계가 같기 때문이다. 이것은 그 파가 두 슬릿의 왼쪽에 있는 하나의 원천에서 나오기 때문에 일어난다. 간섭 무늬는 파원들이 간섭성일 때만 관측된다. 두 슬릿을 두 개의 작은 전등으로 대치한다면, 간섭 무늬는 보이지 않을 것이다. 한 전등에서 나오는 빛은 두 번째 전등에 대해 임의의 위상을 가질 것이며 스크린에는 거의 균일한 밝기가 나타날 것이다. 서로 간에 특정한 위상 관계를 갖지 않는 두 광원을 **비간섭성 광원**(incoherent source)이라고 한다.

24.4 가시 스펙트럼과 분산

빛의 가장 중요한 두 가지 특징은 파동 이론으로 쉽게 설명할 수 있다는 것으로서 세기(밝기)와 색이다. 빛의 **세기**(intensity)는 단위 시간 단위 넓이당 운반하는 에너지이고 파의 진폭의 제곱에 비례한다. 세기가 파의 진폭에 비례하는 것은 빛뿐 아니라 모든 파에 대해서도 마찬가지이다(11.9절, 식 22.7 및 22.8 참조). 빛의 **색**(color)은 빛의 진동수 f 또는 파장 λ와 관련이 있다. (식 22.4에 의하면 $\lambda f = c = 3.0 \times 10^8$ m/s이다.) 가시광선—우리 눈으로 볼 수 있는 빛—은 진동수의 범위가 4×10^{14}~7.5×10^{14} Hz이고 이것을 공기 중에서의 파장으로 나타내면 400~750 nm 범위의 빛이다.† 이것을 **가시 스펙트럼**(visible spectrum)이라 하며 그림 24.12에서처럼 이 범위 안에 보라색에서부터 빨간색까지의 색들이 분포되어 있다.

파장(공기 중에서)이 400 nm(= 보라색)보다 짧은 빛을 **자외선**(UV; ultraviolet)이라고 하며, 750 nm(= 빨간색)보다 긴 빛을 **적외선**(IR; infrared)이라 한다.‡ 사람의 눈은 UV나 IR에 반응하지 못하지만 어떤 사진 필름이나 다른 종류의 검출기들은 감지해 낼 수 있다.

프리즘은 그림 24.13에서처럼 백색광을 무지개 색으로 분해할 수 있다. 이런 일은

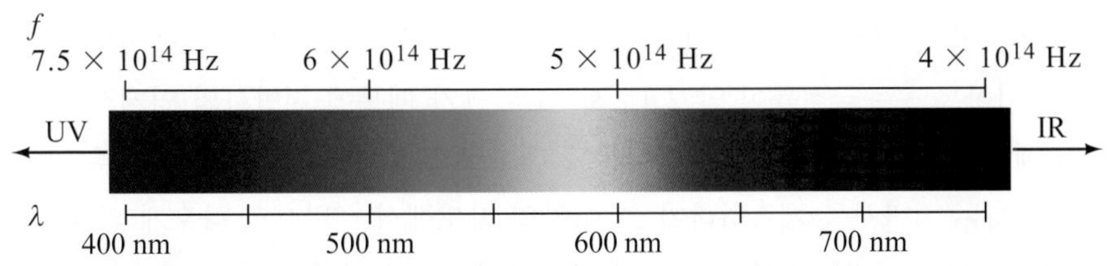

그림 24.12 여러 가지 색에 대한 공기 중에서의 진동수와 파장 범위를 표시한 가시광선의 스펙트럼. 갈색과 같은 많은 색들이 이 스펙트럼에서는 나타나 있지 않다. 그런 색은 여러 파장이 섞여서 만들어진다.

† 때로는 빛을 언급할 때 옹스트롬(Å) 단위를 사용하기도 한다. 1 Å = 1×10^{-10} m이다. 가시광선을 공기 중에서의 파장으로 나타내면 4000~7500 Å 범위의 빛이다.

‡ 전자기파 스펙트럼 전체를 보여 주는 그림이 그림 22.8에 있다.

그림 24.13 백색광이 프리즘을 통과하면서 백색광을 구성하는 색으로 퍼져 나간다.

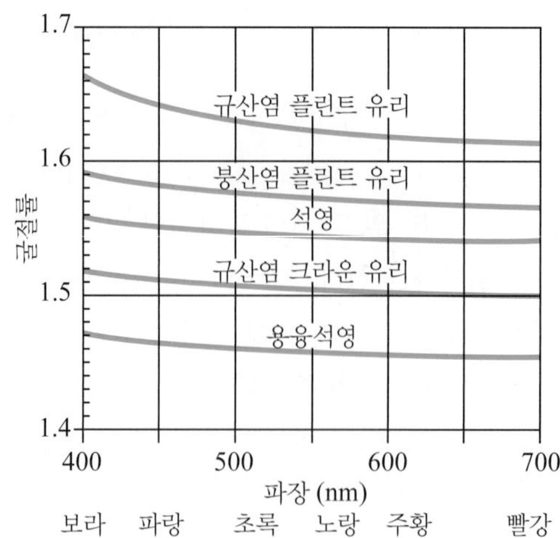

그림 24.14 여러 가지 투명한 물질들의 파장의 함수로 나타낸 굴절률

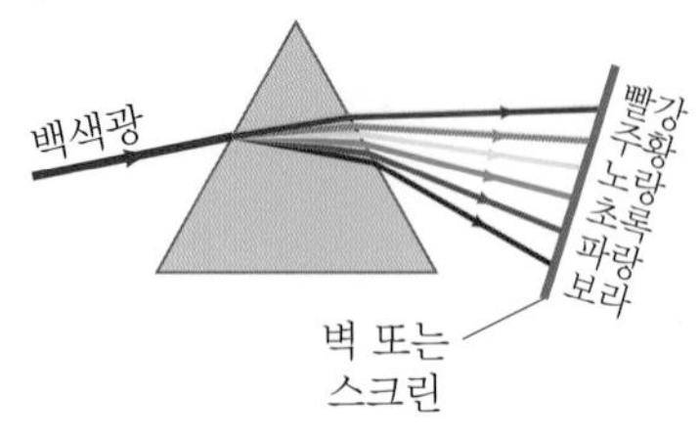

그림 24.15 백색광이 프리즘에 의해 가시 스펙트럼으로 분산된다.

프리즘 재료의 굴절률이 파장에 따라 다르기 때문에 생긴다. 그림 24.14에 몇 가지 물질의 파장에 따른 굴절률의 변화가 나타나 있다. 백색광이란 모든 가시광선 파장들이 혼합되어 있는 빛이며, 그림 24.15와 같이 프리즘에 입사하면 파장에 따라 다른 각도로 굴절된다. 파장이 짧을수록 굴절률이 크기 때문에 그림 24.15에서처럼 보라색 빛은 가장 많이 굴절되고 빨간색은 가장 적게 굴절된다. 백색광이 이런 모습으로 스펙트럼 전체로 퍼지는 것을 **분산**(dispersion)이라고 한다.

물리학의 응용

무지개

물방울에 의해 만들어지는 무지개는 분산의 좋은 예이다. 태양을 등지고 서서 떨어지는 물방울들을 바라볼 때 무지개를 볼 수 있다. 그림 24.16은 빨간색과 보라색 빛이 구형 물방울에 의해 굴절되어 물방울의 뒤 표면 쪽으로 반사되어 나가는 모습이다. 빨간색은 가장 적게 굴절되기 때문에 그림 24.16a에서와 같이 높은 곳에서 물방울로부터 관측자의 눈에 들어온다. 그래서 무지개의 맨 위가 빨간색이다.

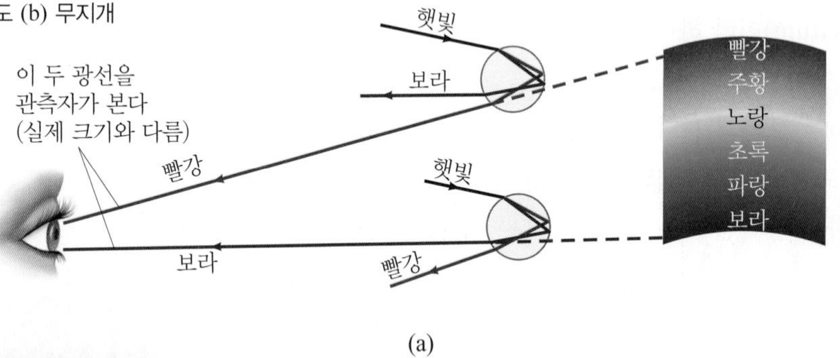

(a)

(b)

그림 24.16 (a) 무지개가 어떻게 생기는지를 보여 주는 광선도 (b) 무지개

그림 24.17 다이아몬드

다이아몬드의 찬란한 빛은 분산과 전반사가 결합하여 만들어낸 모습이다(그림 24.17). 다이아몬드는 굴절률이 약 2.4로서 매우 크기 때문에 전반사의 임계각이 불과 25°밖에 되지 않는다. 따라서 다이아몬드 내부로 분산되어 스펙트럼을 이룬 빛이 25° 이상에서는 전반사를 계속하다가 그 이하의 각도에서는 밖으로 나오게 된다. 그런 수많은 전반사를 통해 빛은 충분한 거리를 진행하면서 개개의 성분으로 분해되어 다이아몬드 결정을 떠날 때 찬란한 색을 보이게 된다.

그림 24.12의 가시 스펙트럼이 자연에서 볼 수 있는 모든 색을 나타낸 것은 아니

다. 예를 들어 그림 24.12에는 갈색이 없다. 우리가 보는 많은 색들은 여러 가지 파장이 결합된 것이다. 용도에 따라 대부분의 천연색은 삼원색을 이용하여 만들 수 있다. 삼원색이란 빨간색, 초록색 및 파란색이다. TV나 컴퓨터 모니터와 같은 장치는 이 삼원색으로 거의 모든 색을 만들어 내고 있다. 인쇄용 잉크의 경우에 삼원색은 시안, 노랑, 마젠타이다.

24.5 단일 슬릿 또는 작은 원판에 의한 회절

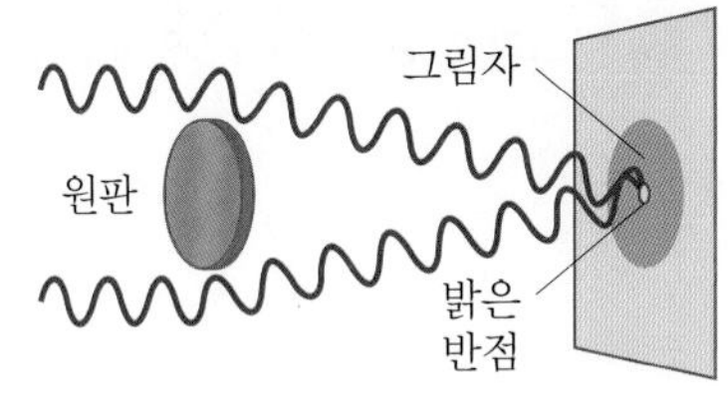

그림 24.18 빛이 파동이라면, 단색의 점광원이 비춘 원판의 그림자의 중앙에 밝은 반점이 나타날 것이다.

영의 이중 슬릿 실험은 빛의 파동 이론을 매우 탄탄하게 뒷받침했다. 그러나 파동 이론이 완전히 받아들여지는 데는 10년이 더 지난 후인 1810년대와 1820년대에서 회절에 관한 연구(24.1절)가 있으면서부터이다.

회절에 대해서는 빛에 대해서(24.1절)와 마찬가지로 물결파(11.14절)에 대해서도 이미 간략하게 논의했다. 회절이라고 하는 것은 파가 모서리 주변에서 휘거나 퍼져나가는 현상으로 이미 알고 있다. 이제 좀 더 자세히 살펴보기로 하자.

1819년 프레넬(Augustin Fresnel, 1788～1827)은 프랑스 학술원에 간섭과 회절을 예측하고 설명하는 빛의 파동 이론을 발표했다. 거의 곧바로 푸아송(Siméon Poisson, 1781～1840)은 프레넬 이론에 대한 반직관적인 추론을 도출해 냈다. 프레넬의 파동 이론에 의하면 점광원에서 나온 빛이 작은 원판에 닿으면 입사광의 일부는 가장자리에서 회절되어 그림자의 중앙 부근에서 보강 간섭을 일으킬 것이다(그림 24.18). 그 예측은 아주 가능성이 없어 보였다. 그러나 아라고(Francois Arago)가 실험을 했더니 밝은 반점이 그림자의 중앙에 나타났다(그림 24.19a). 이것이 파동 이론의 강력한 증거이다.

그림 24.19a는 점광원(이 경우는 레이저)에서 나온 빛을 동전으로 막아 그림자를 만들어 찍은 사진이다. 밝은 점이 선명하게 중앙에 나타나 있다. 그림자 둘레에는 밝고 어두운 띠들이 있는 것도 보인다. 이것들은 이중 슬릿에 의한 간섭 띠와 닮은 점이 있다. 실로 이것은 원판 바깥 가장자리 둘레에서 회절된 파들의 간섭에 기인한 것

그림 24.19 결맞은 단색의 (거의) 점광원으로 (a) 원판(동전), (b) 가위, (c) 단일 슬릿을 비췄을 때 나타나는 회절 무늬

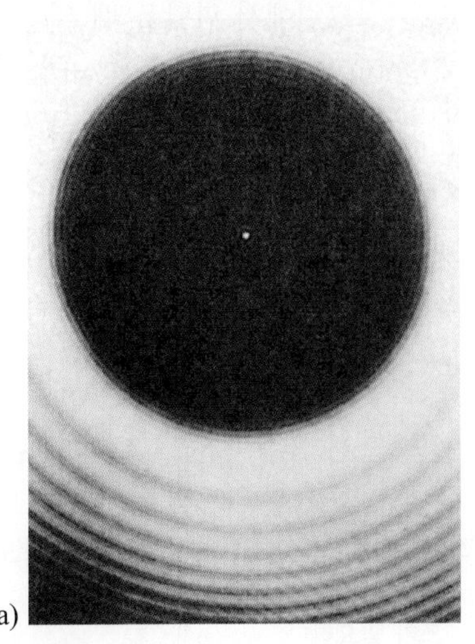
(a)

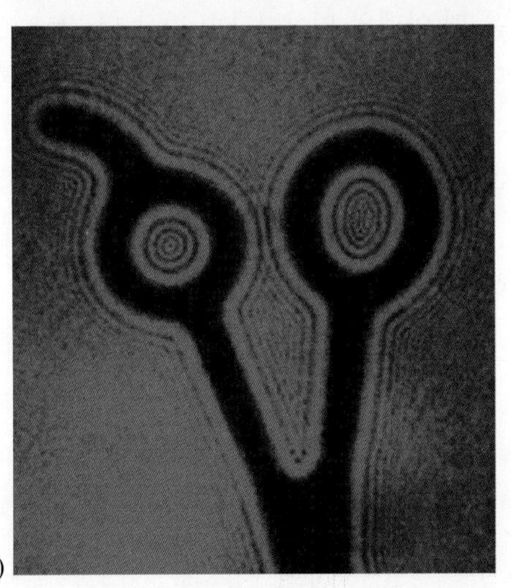
(b)

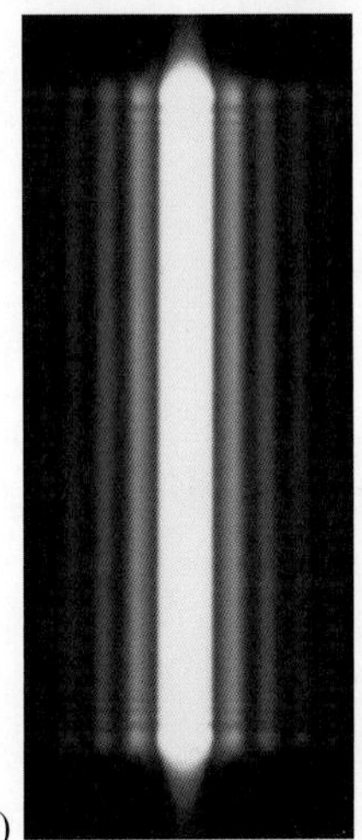
(c)

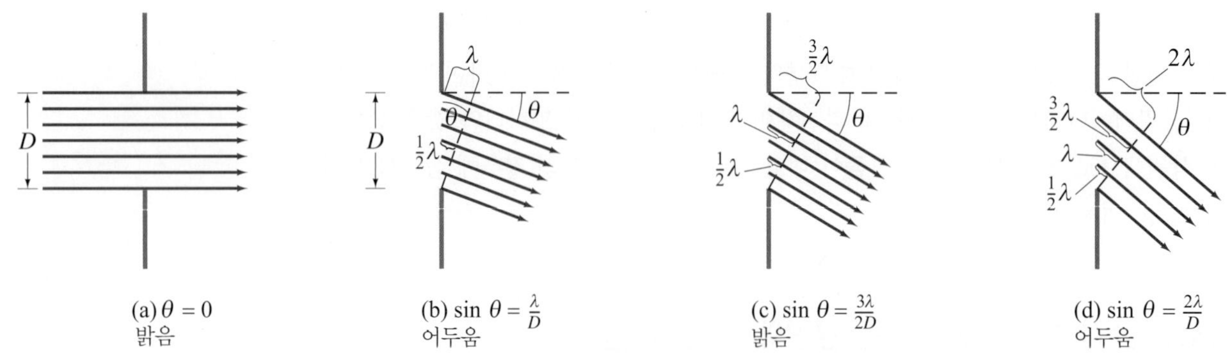

그림 24.20 너비가 D인 좁은 슬릿을 지나는 빛에 의해 생기는 회절 무늬의 분석

이며 이런 띠들의 전체를 **회절 무늬**(diffraction pattern)라고 한다. 그림 24.19b와 c에서처럼 예리한 물체에 점광원을 쪼이면 회절 무늬가 나타난다. 우리는 회절을 항상 알아채지 못하고 있는데, 그 이유는 일상생활의 모든 빛들이 점광원이 아니기 때문이다. 여러 곳에서 오는 빛들이 회절 무늬를 지워버린다.

회절 무늬가 어떻게 생기는지를 알아보기 위해, (그림 24.19c에서처럼) 단색광이 좁은 슬릿을 통과하는 경우를 분석해 보자. 평행광(평면파)이 너비가 D인 슬릿을 통과하여 멀리 떨어진 스크린에 도달한다고 가정하자.† 물결파의 관찰과 하위헌스 원리에서 이미 알고 있듯이, 슬릿을 통과하는 파는 모든 방향으로 퍼진다. 이제 슬릿을 통과하는 여러 파들이 서로 어떻게 간섭하는가를 알아보자.

그림 24.20a에서처럼 평행한 단색광이 좁은 슬릿을 통과한다. 슬릿의 너비 D는 빛의 파장 λ 정도이지만 슬릿의 길이(이 종이 면의 위로 또는 안을 향해서)는 λ에 비해 클 수도 있다. 스크린이 아주 멀리 있다고 가정하면 스크린 상의 임의의 점을 향하는 빛은 스크린에서 만나기 전까지 거의 평행하다고 할 수 있다. 우선 그림 24.20a에서처럼 똑바로 나아간 빛을 살펴보자. 그 빛들은 모두 위상이 같아서 스크린의 중앙에 밝은 점을 만들 것이다(그림 24.19c). 그림 24.20b에서는 빛들이 수평과 θ의 각도를 이루어 모두가 평행하게 나아간다. 이때 맨 위의 빛살은 맨 아래의 빛살에 비해 정확하게 한 파장 거리만큼 더 간다. 그러나 슬릿의 정확하게 가운데를 지나는 빛살은 맨 아래의 빛살보다 반파장 더 간다. 이 두 빛은 스크린에서 만났을 때 위상이 반대가 되어 서로 상쇄 간섭을 일으킨다. 마찬가지로 맨 아래에서 위로 두 번째 빛살은 가운데에서 위로 두 번째 빛살과 스크린에서 상쇄 간섭을 일으킨다. 그러므로 아래쪽 반의 빛살들은 위쪽 반의 빛살들과 상쇄 간섭을 한다. 따라서 모든 빛은 상쇄 간섭을 일으켜 이 각도에서 스크린 상에 나타나는 빛의 세기는 영이 된다. 이런 일이 일어나는 각 θ는 그림 24.20b에서 알 수 있는 바와 같이 $\lambda = D \sin\theta$일 때이다. 따라서

$$\sin\theta = \frac{\lambda}{D} \qquad \text{[일차 극소]} \qquad \textbf{(24.3a)}$$

가 된다. $\theta = 0°$일 때 빛의 세기는 극대가 되고 각도 θ가 식 24.3a에서 주어진 각도

† 스크린이 충분히 멀리 있지 않으면, 평행광을 만들기 위한 렌즈가 필요하다.

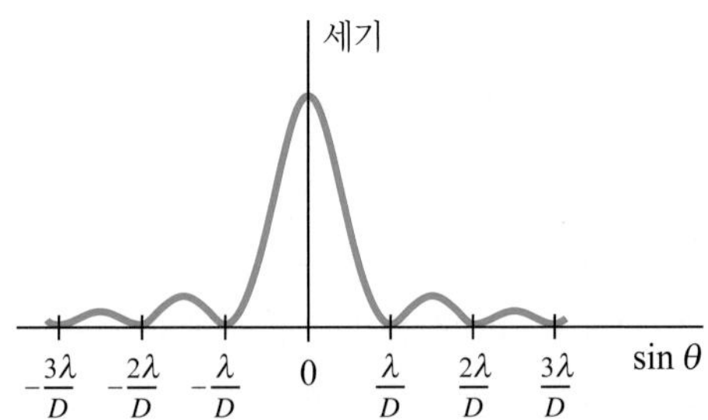

그림 24.21 $\sin\theta$의 함수로 나타낸 단일 슬릿에 의한 회절 무늬의 세기. 중앙 극대는 양쪽의 극대보다 훨씬 클 뿐만 아니라 너비도 다른 것(각각의 너비는 λ/D)보다 두 배(너비가 $2\lambda/D$)가 넓다.

가 될 때 극소(세기 = 0)로 줄어든다.

이제 그림 24.20c에서처럼 맨 아래의 빛살에 비해 맨 위의 빛살이 $\frac{3}{2}\lambda$ 더 진행하는 큰 각도 θ를 살펴보자. 이 경우, 밑에서 위로 세 번째 빛살과 중앙에서 위로 세 번째 빛살은 위상이 $\lambda/2$ 차이가 나기 때문에 서로 상쇄 간섭을 한다. 그러나 맨 위에서 세 개의 빛살은 스크린에 도달하여 스크린 중앙 부근 $\sin\theta \approx 3\lambda/2D$ 되는 곳에 밝은 점(또는 띠)을 형성할 것이다. 그러나 그 점은 $\theta = 0°$에 있는 중앙 반점만큼 밝지는 않을 것이다. 맨 위의 빛살이 맨 아래 빛살보다 2λ 더 멀리 가는 더 큰 각도 θ의 경우, 그림 24.20d에서처럼 슬릿의 아래쪽 1/4 되는 곳에서 나온 빛살은 그 바로 위 1/4 되는 곳에서 나오는 빛살과는 경로차가 $\lambda/2$가 되어 상쇄 간섭을 할 것이다. 그리고 중앙에서 위로 1/4 되는 곳에서 나온 빛살은 맨 위 1/4 되는 곳에서 나온 빛살과 상쇄 간섭을 할 것이다. 이 각도에서는 또다시 회절 무늬의 세기가 영이 되는 극소가 나타날 것이다.

그림 24.21에 세기를 각도의 함수로 나타낸 그래프가 있다. 이것은 그림 24.19c에 해당하는 그래프이다. 중앙 극대 양쪽에서 극소(세기가 영)가 나타나는 곳은

$$D\sin\theta = m\lambda, \quad m = \pm1, \pm2, \pm3, \cdots \qquad \text{[극소]} \quad \textbf{(24.3b)}$$

이지만 세기가 가장 강한 $\theta = 0°$는 아니다. 극소들 사이에서는 세기가 작은 극대들이 대략(정확하지 않게) $m \approx \frac{3}{2}, \frac{5}{2}, \cdots$에서 나타난다.

회절 무늬의 **극소**를 나타내는 식 23.3b는 이중 슬릿에서의 **극대**(밝은 반점 또는 띠)를 나타내는 식 24.2a와 매우 비슷하게 기준을 만족한다. 참고할 것은 D가 단일 슬릿의 너비이지만, 식 24.2의 d는 두 슬릿의 간격이다.

 **주의**

간섭에 대한 식 24.2와 회절에 대한 식 24.3을 혼동하면 안 된다. 차이점에 유의하자.

예제 24.3 단일 슬릿에 의한 회절 극대

파장이 750 nm인 빛이 너비가 1.0×10^{-3} mm인 슬릿을 통과한다. 중앙 극대의 너비를 (a) 각도로 나타내고 (b) cm로 나타내라. 스크린까지의 거리는 20 cm이다.

접근 중앙 극대의 너비는 양쪽 일차 극소 사이의 거리이다. 식 24.3a를 써서 일차 단일 슬릿 회절 극소의 각위치(angular position)를 구하면 된다.

풀이 (a) 일차 극소가 일어나는 곳은

$$\sin\theta = \frac{\lambda}{D} = \frac{7.5 \times 10^{-7}\,\text{m}}{1.0 \times 10^{-6}\,\text{m}} = 0.75$$

이다. 따라서 $\theta = 49°$이다. 이것은 그림 24.22에 나타낸 중앙에서 일차 극소까지의 각도이다. 중앙 극대 전체를 감싸는 각도는 중앙 위쪽에 있는 극소와 아래쪽에 있는 극소 사이의

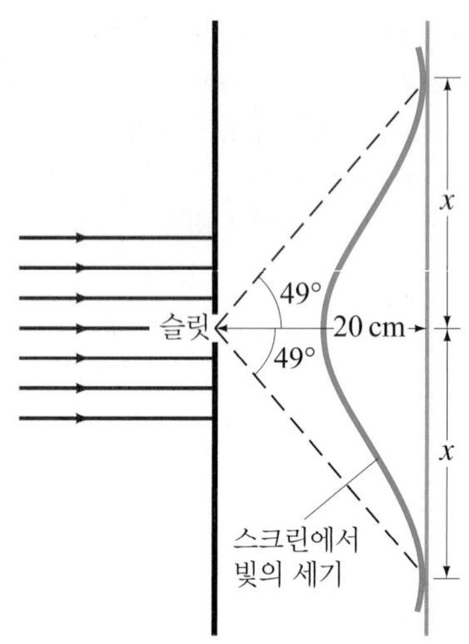

그림 24.22 예제 24.3

각이므로 구한 값의 두 배가 된다. 즉 98°이다.

(b) 중앙 극대의 너비는 $2x$이다. 여기서 $\tan\theta = x/20$ cm이므로 $2x = 2(20\text{ cm})(\tan 49°) = 46$ cm이다.

유의 빛은 스크린 전체를 비추지만 작은 슬릿을 통해서 나오는 빛은 양이 적고 넓게 퍼지기 때문에 보고자 하는 회절 무늬의 상들은 그렇게 밝지 않을 것이다. 또한 여기서는 θ가 크기 때문에 작은 각도 근사($\theta \approx \sin\theta \approx \tan\theta$)는 사용할 수가 없다.

연습 C 예제 24.3에서는 빨간 빛(λ = 750 nm)을 사용했다. 그 대신 노란 빛(λ = 550 nm)을 사용하면 중앙 극대는 넓어지는가 좁아지는가?

24.6 회절 격자

수많은 평행한 슬릿을 등간격으로 새긴 것을 **회절 격자**(diffraction grating)라 한다. '간섭 격자'라는 말이 더 어울릴지도 모른다. 격자는 유리판 위에 아주 평행한 선을 정밀한 기구로 그어서 만든다. 선 사이의 흠집이 없는 부분이 슬릿의 역할을 한다. 원래 격자의 사진 슬라이드는 저렴한 격자로 사용된다. 1 cm당 10,000개의 선이 있는 격자가 흔히 사용되며, 파장을 정밀하게 측정하는 데 매우 유용하다. 슬릿으로 이루어진 회절 격자를 **투과 격자**(transmission grating)라 한다. 다른 형태의 회절 격자로는 **반사 격자**(reflecting grating)가 있는데, 금속이나 유리 표면에 가는 선을 그어서 반사된 빛이 회절을 일으키게 한 것이다. 반사 격자에 의한 회절의 해석은 투과 격자의 경우와 기본적으로 같다. 이제 투과 격자에 대해 논의해 보기로 하자.

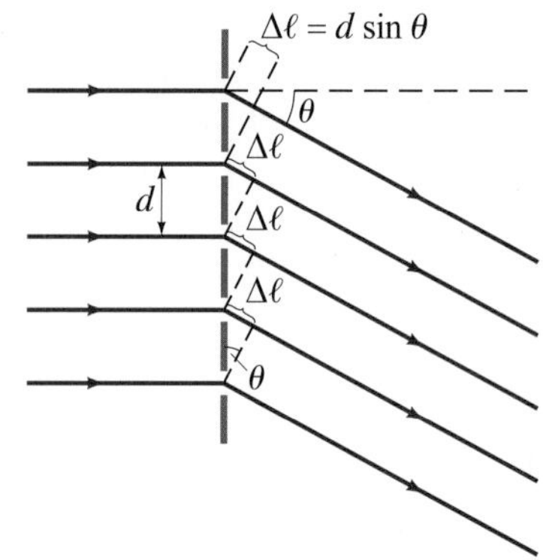

그림 24.23 회절 격자

회절 격자에 대한 해석은 영의 이중 슬릿 실험에 대한 해석과 아주 비슷하다. 그림 24.23에서처럼 평행광이 회절 격자에 입사한다고 가정한다. 또한 슬릿의 간격이 충분히 좁아서 각각의 슬릿은 격자 뒤 멀리 있는 스크린을 넓은 각도로 비추고 있다고 가정하여 다른 모든 슬릿으로부터 나온 빛과 간섭을 일으킨다고 가정한다. 각각의 슬릿에서 직진하는($\theta = 0°$) 빛들은 서로 보강 간섭을 일으켜서 스크린의 중앙에 최대로 밝은 선을 형성한다. 이웃하는 슬릿에서 오는 광선이 $\Delta\ell = m\lambda$의 경로차를 가지는 각도에서도 보강 간섭이 일어난다. 여기서 m은 정수이다. d가 두 슬릿 간의 간격이라면, 그림 24.23에서 알 수 있는 것처럼 $\Delta\ell = d\sin\theta$가 되므로

$$\sin\theta = \frac{m\lambda}{d}, \quad m = 0, 1, 2, \cdots \text{ [회절 격자의 주 극대점]} \quad \mathbf{(24.4)}$$

는 밝은 무늬가 나오는 조건이다. 이것은 이중 슬릿의 경우와 같은 식이다. 여기서 m을 무늬의 **차수**(order)라고 한다.

주의

회절 격자는 회절 공식이 아닌 간섭 공식으로 분석한다.

이중 슬릿에 의한 무늬와 다중 슬릿에 의한 무늬에는 중요한 차이가 있다. 격자에서는 밝은 극대가 훨씬 더 **날카롭고 좁다**. 왜 그럴까? 그림 24.23에서 각도 θ를 회절 극대가 나올 때까지 조금 증가시킨다고 하자. 두 개의 슬릿만 있는 경우는, 두 파가 살짝 위상이 반대가 될 것이므로 거의 보강 간섭이 일어난다. 이것은 극대가 넓다는

뜻이다(그림 24.9). 격자의 경우, 두 이웃하는 슬릿에 오는 파들은 위상차가 그리 크게 나지 않는다. 그러나 한 슬릿에서 오는 파와 수백 개 너머에 있는 슬릿에서 오는 파가 서로 위상이 반대일 수 있다. 이런 방식으로 빛의 전부 또는 거의 전부가 짝을 이루어 소멸된다. 예를 들어 각도 θ가 1차 극대 조건과 아주 약간 차이가 나서, 이웃하는 두 슬릿 간 경로차가 정확하게 λ가 아니고 1.0010λ가 된다고 하자. 어떤 슬릿을 통과한 파와 그 슬릿보다 500개 아래에 있는 슬릿을 통과한 파 사이의 경로차는 $1\lambda + (500)(0.0010\lambda) = 1.5000\lambda$, 즉 $1\frac{1}{2}$파장이다. 그래서 두 파는 위상이 반대가 되어 소멸해 버린다. 이런 두 슬릿에서 나오는 파도 역시 마찬가지로 소멸한다. 즉 슬릿 1에서 나온 빛은 슬릿 501에서 나온 빛과 소멸하고, 슬릿 2에서 나온 빛은 슬릿 502에서 나온 빛과 소멸하는 등등이다. 그러므로 경로차가 $\frac{1}{1000}\lambda$가 되게 하는 아주 작은 각도†라도 상쇄 간섭이 되는 개수가 많아져서 회절 격자에 의한 극대의 너비가 매우 좁아지는 것이다. 격자에서 슬릿의 개수가 많을수록 봉우리는 날카로워진다(그림 24.24). 격자는 이중 슬릿보다 더 날카롭고 밝은 극대를 만들기 때문에 파장을 측정하는 데 훨씬 더 정밀한 장치이다.

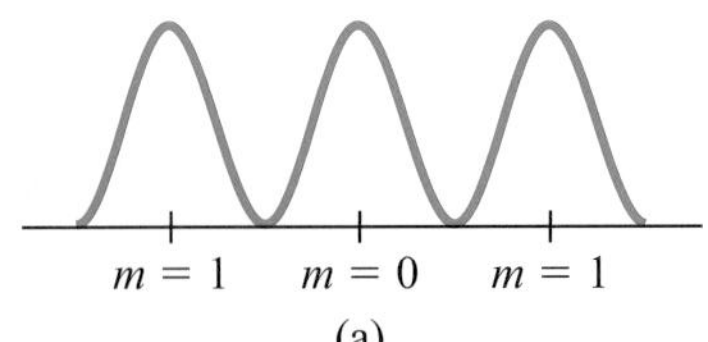

(a)

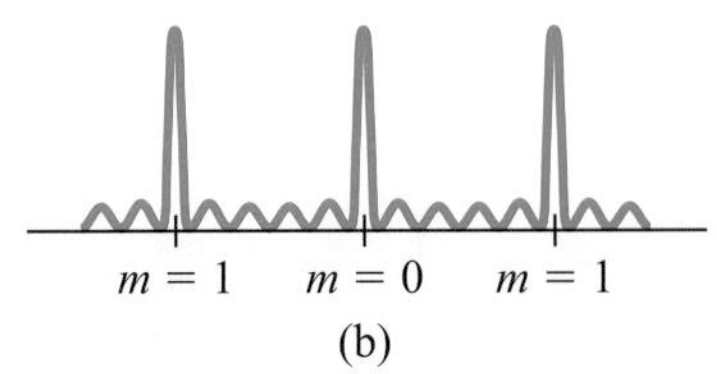

(b)

그림 24.24 (a) 두 슬릿과 (b) 여섯 개의 슬릿에 대해 보는 각도(또는 스크린의 위치)의 함수로 나타낸 세기 분포. 회절 격자의 경우, 슬릿의 개수가 엄청나게 많고 ($\approx 10^4$) 봉우리 간의 간격이 좁다.

회절 격자에 입사되는 빛이 단색광은 아니고 둘 이상의 파장을 가진 빛이라고 생각해 보자. $m = 0$을 제외한 모든 차수들에 대해, 각각의 파장은 서로 다른 각도에서 극대를 만들어 낼 것이다(식 24.4). 그런 모양이 그림 24.25a에 스크린 상의 선으로 나타나 있다.

백색광이 격자에 입사되면, 중앙($m = 0$) 극대는 날카로운 흰색 선이 될 것이다. 그러나 다른 차수에서는 어떤 각너비(angular width)에 걸쳐서 뚜렷한 색스펙트럼이 퍼져 있을 것이다(그림 24.25b). 회절 격자는 빛을 색상 성분대로 분산시키기 때문에 그 결과 나타나는 무늬를 **스펙트럼**(spectrum)이라 한다.

예제 24.4 회절 격자: 선 위치

cm당 10,000개의 슬릿이 있는 격자에 파장이 400 nm와 700 nm인 빛이 입사할 때 1차 및 2차 선(극대)의 각위치(angular position)를 구하라.

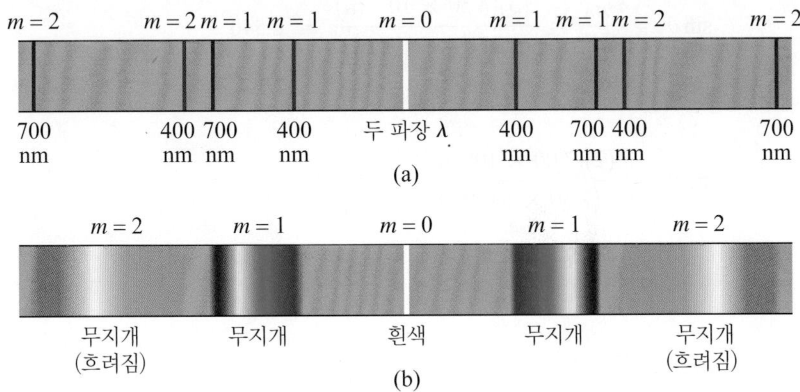

그림 24.25 격자를 사용해서 만든 스펙트럼. (a) 두 파장 400 nm와 700 nm를 사용한 것, (b) 백색광을 사용한 것. 2차는 일차보다는 흐릴 것이다. (그 이상의 차수는 나와 있지 않다.) 격자의 간격이 충분히 좁으면 2차 및 그 이상의 차수는 나타나지 않을 수 있다.

† 슬릿의 총 수에 따라 그런 각도에서 소멸이 완전할 수도 있고 불완전할 수 있으므로, 주 극대들 사이에 매우 작은 봉우리들이 있게 되지만(그림 24.24b) 너무 작아서 잘 관측되지 않는다.

접근 우선 격자 슬릿의 간격을 구한다. 격자가 1 m당 N개의 슬릿을 가지고 있다면, 슬릿 간의 간격은 $d = 1/N$ m이다. 그 다음 식 24.4인 $\sin\theta = m\lambda/d$를 사용하여 $m = 1$과 2에 대한 두 파장에 대한 각도를 구한다.

풀이 격자의 슬릿 수는 1.00×10^4슬릿/cm = 1.00×10^6 슬릿/m이므로 슬릿 간 간격은 $d = (1/1.00 \times 10^6)\ \text{m} = 1.00 \times 10^{-6}\ \text{m} = 1.00\ \mu\text{m}$이다. 1차($m = 1$)의 경우, 각도들은 다음과 같다.

$$\sin\theta_{400} = \frac{m\lambda}{d} = \frac{(1)(4.00 \times 10^{-7}\ \text{m})}{1.00 \times 10^{-6}\ \text{m}} = 0.400$$

$$\sin\theta_{700} = \frac{(1)(7.00 \times 10^{-7}\ \text{m})}{1.00 \times 10^{-6}\ \text{m}} = 0.700$$

따라서 $\theta_{400} = 23.6°$이고 $\theta_{700} = 44.4°$이다. 2차의 경우는

$$\sin\theta_{400} = \frac{2\lambda}{d} = \frac{(2)(4.00 \times 10^{-7}\ \text{m})}{1.00 \times 10^{-6}\ \text{m}} = 0.800$$

$$\sin\theta_{700} = \frac{(2)(7.00 \times 10^{-7}\ \text{m})}{1.00 \times 10^{-6}\ \text{m}} = 1.40$$

따라서 $\theta_{400} = 53.1°$이다. $\sin\theta$가 1보다 클 수 없기 때문에 $\lambda = 700$ nm에 대한 2차 극대는 존재하지 않는다. 그러므로 그 이상의 차수는 나타나지 않을 것이다.

예제 24.5 스펙트럼의 겹침

슬릿수가 4000슬릿/cm인 격자에 400 nm에서 700 nm 사이의 백색광이 입사한다. 3차 스펙트럼의 $\lambda = 450$ nm의 파란색과 2차 스펙트럼의 700 nm의 빨간색이 겹친다는 것을 증명하라.

접근 $\sin\theta = m\lambda/d$를 사용하여 $m = 3$에서 파란색 극대와 $m = 2$에서 빨간색 극대의 각 위치를 구한다.

풀이 격자 간격은 $d = (1/4000)\ \text{cm} = 2.50 \times 10^{-6}\ \text{m}$이다. 3차에서의 파란색은 다음으로 주어지는 각도 θ에서 나타난다.

$$\sin\theta = \frac{m\lambda}{d} = \frac{(3)(4.50 \times 10^{-7}\ \text{m})}{(2.50 \times 10^{-6}\ \text{m})} = 0.540$$

2차에서의 빨간색은

$$\sin\theta = \frac{(2)(7.00 \times 10^{-7}\ \text{m})}{(2.50 \times 10^{-6}\ \text{m})} = 0.560$$

에서 나타난다. 이것은 매우 큰 각도로서 2차 스펙트럼은 3차 스펙트럼이 시작되는 곳에서 겹친다.

연습 D 두 개의 다른 격자에 빨간색 빛을 비추어서 생기는 스펙트럼을 본다고 하자. 스펙트럼 A에서의 극대는 B에서의 극대보다 훨씬 멀리 떨어져 보인다. 어느 격자의 슬릿/cm가 많은가?

24.7 분광계와 분광학

그림 24.26에 나타낸 **분광계**(spectrometer) 또는 **분광기**(spectroscope)는 빛을 파장별로 분리하기 위해 회절 격자(또는 프리즘)를 사용하여 파장을 정확하게 측정하는 장치이다. 광원으로부터 나온 빛이 '시준기' 속에 있는 좁은 슬릿 S를 통과하여 지나간다. 슬릿은 렌즈 L의 초점에 위치해 있어서 격자에 떨어지는 빛은 평행광이다. 망원경은 들어오는 빛에 초점을 맞출 수 있도록 움직일 수 있게 되어 있다. 망원경이 광원으로부터 오는 빛의 파장의 회절 봉우리(보통 1차 봉우리가 사용된다)에 해당하는 각도 θ에 맞지 않으면 아무것도 보이지 않는다. 각도 θ는 매우 정밀하게 측정될 수 있게 되어 있어서 파장은 식 24.4인

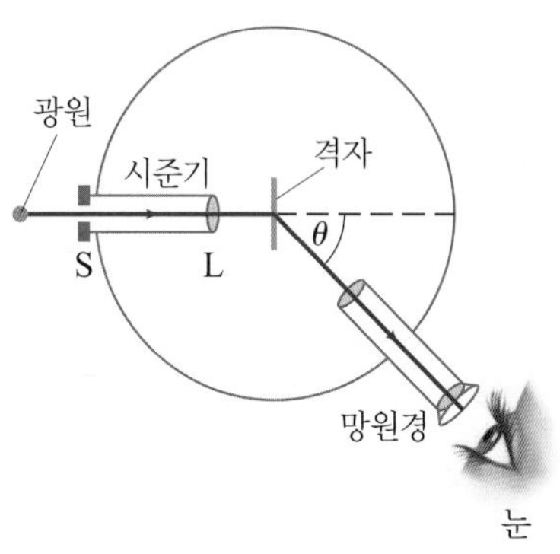

그림 24.26 분광계 또는 분광기

$$\lambda = \frac{d}{m}\sin\theta$$

을 사용하여 매우 정밀하게 구할 수 있다. 여기서 m은 차수를 나타내는 정수이며 d는 격자의 슬릿 간격이다. 분광계에서 보게 되는 밝은 선은 띄엄띄엄한 특정 파장에 해당하는 것으로 슬릿 S의 실제 상이다. 슬릿 S를 좁게 하면 상이 어두워지지만 각도를 좀 더 정밀하게 측정할 수 있다. 만일 빛이 연속적인 모든 파장을 포함하면, 분광기에서 연속 스펙트럼이 보인다.

그림 24.26의 분광계는 투과 격자를 사용한다. 다른 분광계에서는 반사 격자를 사용할 수도 있다. 분산(24.4절)이 일어나 파장에 따라 다른 각도로 빛을 굴절시키는 프리즘을 사용할 수도 있다. 프리즘은 선형성이 없는 기기여서 λ가 $\sin\theta$에 비례하지 않으므로(그림 24.14 참조) 반드시 교정을 해야 한다.

분광계의 중요한 용도 중 하나는 원자나 분자를 확인하는 데 사용된다는 것이다. 기체가 가열되거나 전류가 기체를 통해 흐르게 되면 기체는 특징적인 **선스펙트럼**(line spectrum)을 방출한다. 즉 특정 파장의 빛만이 방출되며 이런 특정 파장의 빛은 원소나 구성 성분에 따라 다르다.† 그림 24.27은 기체 상태의 몇 가지 원소들의

그림 24.27 몇 가지 기체들의 선 스펙트럼과 흡수선을 나타내는 태양광 스펙트럼

† 원자나 분자가 왜 선스펙트럼을 방출하는가 하는 문제는 수년 동안 굉장한 신비에 싸여 있었고 27장에서 배우게 될 현대 양자 이론의 발전에 중심적인 역할을 했다.

선스펙트럼을 보여 주고 있다. 선스펙트럼은 기체가 온도가 매우 높고 압력과 밀도가 낮은 상태에 있을 때에만 나타난다. 전구 속의 필라멘트와 같은 가열된 고체에서 나오는 빛이나 태양과 같은 밀도가 높은 기체 상태의 물체에서 나오는 빛은 파장 범위가 넓은 **연속 스펙트럼**(continuous spectrum)으로 나타난다.

그림 24.27은 태양의 '연속 스펙트럼'을 나타내는 것으로서 **흡수선**(absorption lines)이라고 하는 여러 개의 **어두운** 선(여기에 있는 것은 두드러지게 나타나는 몇 가지만 있음)이 함께 있다. 원자나 분자는 그들이 방출하는 빛과 같은 파장의 빛을 흡수할 수 있다. 태양의 흡수선은 지표에서의 원자나 분자에 의한 것과 마찬가지로 태양의 바깥쪽 차가운 대기에 있는 원자나 분자의 흡수에 의한 것이다. 태양 스펙트럼의 수천 개의 흡수선을 자세히 분석한 결과에 의하면 태양의 대기 속에는 모든 원소의 최소한 2/3가 존재함을 나타내고 있다. 이웃 행성이나, 별 사이의 공간 및 별의 대기 속에 원소가 존재하는지의 여부는 분광학으로 밝힐 수 있다.

물리학의 응용

분광학을 이용한 화학적, 생화학적 분석

분광학은 화학적인 성분 분석이 어려운 실험실 시료에서 어떤 종류의 분자가 존재하는 가를 알아내는 데 유용한 학문이다. 예를 들어 생물학적 DNA와 다른 형태의 단백질은 특정 영역의 스펙트럼(UV와 같은)의 빛을 흡수한다. 시험하고자 하는 물질을 용액 상태로 하여 단색 광원 장치 속에 넣는다. 이때 단색광의 파장은 사용하는 회절 격자나 프리즘이 분해할 수 있는 것이어야 한다. 표준 용액에 의한 흡수량과 비교하여 측정한 시료의 흡수량은 특정 분자의 존재 여부뿐만 아니라 농도도 알아낼 수 있다.

예제 24.6 수소 스펙트럼

고온의 수소 기체로부터 방출된 빛을 1.00×10^4 슬릿/cm의 격자를 사용한 분광기로 관찰했다. 중앙(0°) 부근에 가장 가까이 있는 스펙트럼선들은 24.2°에서 보라색, 25.7°에서 파란색, 29.1°에서 초록색, 41.0°에서 빨간색이다. 수소 원자의 이 같은 스펙트럼선들의 파장은 얼마인가?

접근 $\lambda = (d/m)\sin\theta$를 사용하여 각도를 대입한 다음 파장을 구하면 된다. 여기서 d는 슬릿 간의 간격이고 m은 스펙트럼의 차수이다(식 24.4).

풀이 이 선들이 $\theta = 0°$에 가깝기 때문에 1차($m = 1$) 스펙트럼이다. 슬릿 간격은 $d = 1/(1.00 \times 10^4\ \text{cm}^{-1}) = 1.00 \times 10^{-6}$ m이다. 보라색의 파장은

$$\lambda = \left(\frac{d}{m}\right)\sin\theta = \left(\frac{1.00 \times 10^{-6}\ \text{m}}{1}\right)\sin 24.2° = 4.10 \times 10^{-7}\ \text{m} = 410\ \text{nm}$$

이고 다른 색들의 파장은 다음과 같다.

$$\text{파란색: } \lambda = (1.00 \times 10^{-6}\ \text{m})\sin 25.7° = 434\ \text{nm}$$
$$\text{청록색: } \lambda = (1.00 \times 10^{-6}\ \text{m})\sin 29.1° = 486\ \text{nm}$$
$$\text{빨간색: } \lambda = (1.00 \times 10^{-6}\ \text{m})\sin 41.0° = 656\ \text{nm}$$

유의 미지의 기체가 혼합되어 있는 경우, 혼합 기체가 수소를 포함하고 있는지를 판단하는 데 이들 네 스펙트럼선들이 보여야 한다.

(a)

(b)

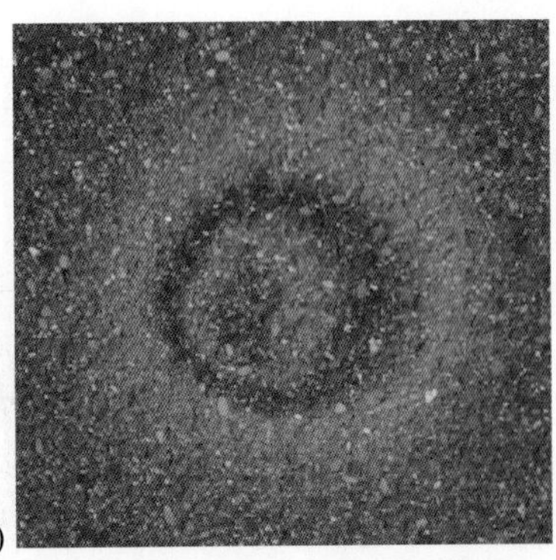
(c)

그림 24.28 (a) 비눗방울, (b) 비눗물의 박막, (c) 젖은 도로 위의 얇은 기름 층에서 보이는 박막에 의한 간섭 무늬

빛의 흡수나 방출은 UV 또는 IR과 같은 가시 영역 밖의 스펙트럼에서도 일어날 수 있다. 유리는 이런 영역의 빛을 흡수하므로 반사 격자나 거울(렌즈의 위치에 설치)이 사용된다. 비가시 영역의 빛을 검출하기 위해 특별한 형태의 필름이나 센서가 사용되기도 한다.

24.8 박막에서의 간섭

빛의 간섭 현상은 일상생활 속에서 많이 나타나는데, 대표적인 예가 그림 24.28과 같은 비눗방울, 물 위의 얇은 기름띠 및 휘발유 막으로부터 반사된 밝은 색이다. 이를 비롯한 다른 경우에서 나타나는 색은 박막의 두 표면에서 반사된 빛 사이에서 생기는 보강 간섭의 결과로 나타나는 것이다. 이런 효과는 막의 두께가 빛의 파장 정도인 경우에만 관찰된다. 막의 두께가 파장의 몇 배 이상이 되면 효과는 빛을 발하지 못한다.

이런 **박막 간섭**(thin-film interference)이 어떻게 일어나는지를 알아보기 위해서, 물 위에 떠 있는 얇고 두께가 일정한 기름과 같은 부드러운 표면을 살펴보자(그림 24.29). 기름의 굴절률은 물보다 작다. 그리고 입사한 빛의 파장이 한 가지뿐인 빛이라고 가정하자. 입사한 빛의 일부는 위 표면 A에서 반사되고 투과된 빛의 일부는 아래 표면 B에서 반사된다. 아래 표면에서 반사된 빛은 위 표면에서 반사된 빛보다 거리 ABC를 더 지나야 한다. 만일 **경로차** ABC가 파장의 정수배(λ_n)와 같으면, 두 파는 위상이 같고 보강 간섭을 일으킬 것이다. 따라서 표면 막 위의 AC 영역은 밝게 보일 것이다. 그러나 ABC가 $\frac{1}{2}\lambda_n$, $\frac{3}{2}\lambda_n$ 등등과 같으면, 두 파는 정확하게 위상이 반대가 되어 상쇄 간섭을 일으킬 것이다. 이 경우 막의 AC 영역에서는 반사가 나타나 보이지 않는다 그래서 어두워질 것이다(어두운 재료 밑으로는 투명하다). 파장 λ_n은 **막에서의 파장** $\lambda_n = \lambda/n$이다. 여기서 n은 막에서의 굴절률이고 λ는 진공 중에서의 굴절률이다(식 24.1 참조).

백색광이 이런 막에 입사하면, 경로차 ABC는 주어진 관찰각에서 단지 한 가지 파장에 대해서만 λ_n(또는 $m\lambda_n$, m은 정수)과 같게 된다. λ(공기 중에서의 λ)에 해당하

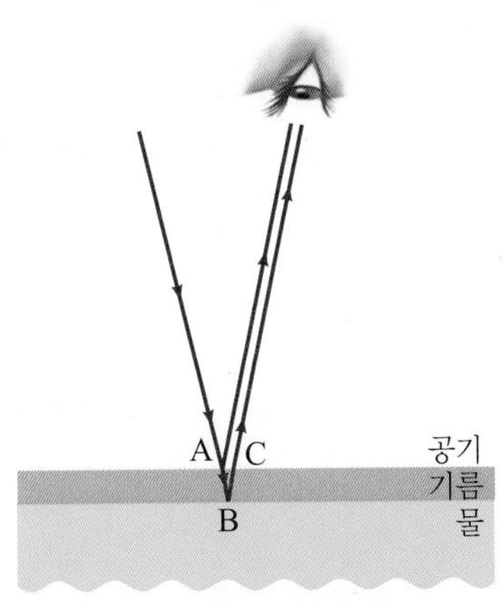

그림 24.29 물 위에 떠 있는 얇은 기름 막의 위 표면과 아래 표면에서 반사된 빛

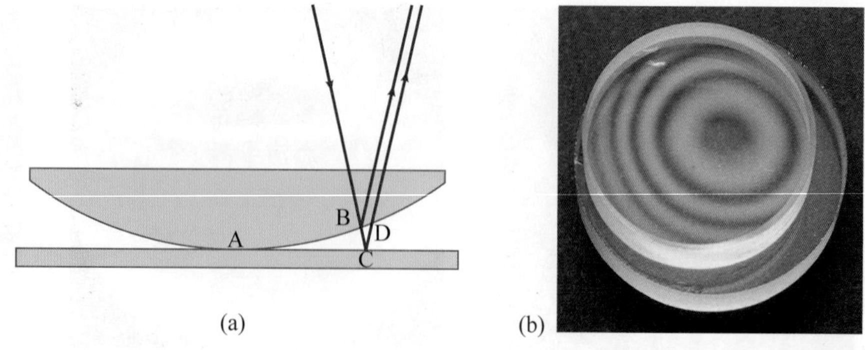

그림 24.30 뉴턴 원무늬. (a) 얇은 공기층의 위와 아래 표면에서 반사된 광선 (b) 백색광을 사용한 간섭 무늬

는 색은 매우 밝게 보인다. 관찰각이 조금 다른 각도로 보게 되면 경로차 ABC는 다소 짧거나 길어질 것이고 그에 해당하는 다른 색이 보강 간섭을 일으키게 된다. 그러므로 모든 색을 포함하는 백색광을 방출하는 광원에 대해 일련의 여러 가지 밝은 색들이 연이어서 보이게 된다. 막의 두께의 변화는 경로차 ABC를 변화시키므로 가장 강하게 반사되는 빛의 색이 막의 두께에 따라 결정된다.

> **연습 E** 643쪽 시작 질문으로 가서 다시 답을 해 보라. 처음과 답이 다르다면 그 이유를 설명해 보라.

그림 24.30과 같이 곡면 유리를 평면 유리 위에 놓고 위에서 백색광이나 단색광을 아래로 비추면 여러 개의 동심원들이 보이게 된다. 이런 동심원들을 **뉴턴 원무늬**(Newton's rings)[†]라고 하는데, 이들은 두 유리 사이의 공기층의 위와 아래에서 반사된 빛들이 간섭을 일으켜서 생기는 것이다. 이 공기층(이것은 박막과도 같은 역할을 한다)은 접촉되어 있는 곡면의 중심부에서 가장자리로 나아가면서 너비가 증가한다. 너비의 증가 때문에 아래쪽에서 반사되는 빛이 지나는 경로(BCD에 해당)가 변한다. 그 경로차가 0, $\frac{1}{2}\lambda$, λ, $\frac{3}{2}\lambda$, 2λ 등등이 되면 그것들이 보강 간섭이나 상쇄 간섭에 해당하게 된다. 따라서 이것들이 그림 24.30b에서 나타난 것처럼 일련의 밝은 색 원형 띠를 형성한다. 주어진 반지름에서 보게 되는 색은 보강 간섭에 해당하는 것이며 그 반지름에서 다른 색들은 부분적으로 또는 전체적으로 상쇄 간섭이 된다. (만일 단색광을 사용한다면, 원형 띠들은 밝고 어두움이 번갈아 가며 나타날 것이다.)

두 유리 표면의 점 접촉점(그림 24.30a에서 점 A)은 그림 24.30b에서 밝게 나타나지 않았다. 그곳에서의 경로차가 영이기 때문에 이전의 분석에 의하면 두 면에서 반사된 빛은 위상이 같으므로 이 중심은 밝아야 한다. 그러나 어둡게 나타났다. 그것은 두 파의 위상이 반대인 경우에 해당한다. 이런 것은 두 파 중의 하나가 반사하면서 뒤집힐(마루가 골이 되는 것) 때에만 일어날 수 있다(그림 24.31). 반사파는 180° 또는 반파장($\frac{1}{2}\lambda$)의 **위상 이동**(phase shift)을 하게 된다고 할 수 있다. 실제로 이것과 다른 실험에 의하면 빛이 연직으로 입사하는 경우 이런 일이 확인됐다. 다시 말해서

빛이 굴절률이 작은 매질에서 이동하다가 굴절률이 큰 매질에서 반사될 때 위상

[†]뉴턴이 이 문제를 정교하게 설명했지만, 뉴턴보다 먼저 관찰하고 설명한 사람은 뉴턴과 같은 시대 사람인 훅(Robert Hooke)이다.

이 180° 또는 1/2주기 변한다.

그림 24.31은 이를 설명하는 그림이다. 위상 이동이란 마치 $\frac{1}{2}\lambda$의 경로차와 같은 것이다. 반사 매질의 굴절률이 빛이 진행하던 매질의 굴절률보다 작으면 위상 이동이 일어나지 않는다.†

그러므로 그림 24.30a의 공기층 위의 곡면에서 반사된 빛은 위상이 변하지 않는다. 그러나 공기 중에 있는 빛이 유리에 입사하여 아래 표면에서 반사된 빛은 위상이 반주기만큼 변한다. 그러므로 두 유리 표면의 접촉점 A에서(이곳에서 공기층의 두께는 거의 영에 가깝다) 반사된 두 파는 반주기(또는 180°)의 위상차가 날 것이고 따라서 어두운 무늬가 생긴다. 밝은 색의 원은 경로차가 $\frac{1}{2}\lambda$, $\frac{3}{2}\lambda$ 등등일 때 생긴다. 그 이유는 한 표면에서의 위상 이동이 $\frac{1}{2}\lambda$(= 반주기)의 경로차를 더해주기 때문이다. (단색광을 사용한다면, 밝은 뉴턴 원무늬는 그림 24.30a에서 경로차 BCD가 파장의 정수배일 때 일어나는 어두운 띠에 의해 분리될 것이다.)

잠시 그림 24.29로 되돌아가서, 두 경계면 공기–기름과 기름–물에서 반사되는 빛은 $n_{물} > n_{기름} > n_{공기}$라고 가정했으므로 $\frac{1}{2}\lambda$의 경로차에 해당하는 180°의 위상 이동을 하게 된다. 두 번의 위상 이동은 위상 변화가 일어나지 않은 것과 같으므로, 결과에 영향을 미치지 않는다.

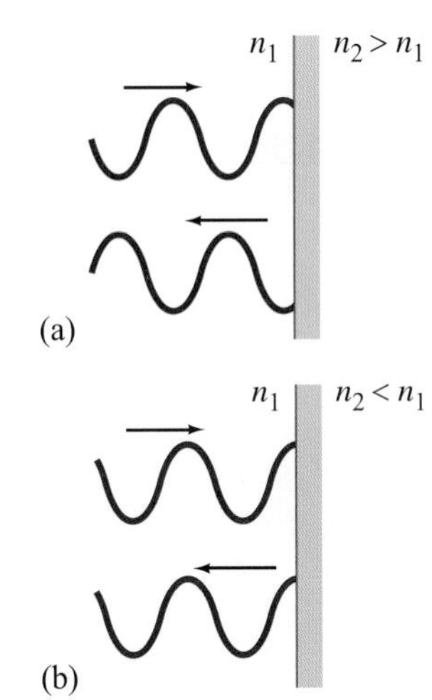

그림 24.31 (a) $n_2 > n_1$인 경우 반사된 빛은 위상이 180° 또는 1/2주기 변한다. 그러나 (b) $n_2 < n_1$이면 그렇지 않다.

예제 24.7 쐐기 모양의 얇은 공기 막

지름이 7.35×10^{-3} mm인 매우 가느다란 선(wire)이 그림 24.32a에서처럼 두 평평한 유리판 사이에 끼여 있다. 파장이 600 nm인 빛을 판에 수직으로 내려쪼여서 그림 24.32b와 같은 일련의 밝은 무늬와 어두운 무늬가 관찰됐다. 이 경우에 몇 개의 밝고 어두운 띠가 생기는가? 가느다란 선 뒤쪽에는 밝은가 어두운가?

접근 우선 두 가지 효과를 살펴볼 필요가 있다. (1) 두 근접한 표면(두 유리판 사이의 얇은 쐐기 모양의 공기층)에서 반사되는 빛들의 경로차와 (2) 아래쪽 면(그림 24.32a에서 점 E)에서의 반주기 위상 이동. 여기서는 빛이 공기 중에서 유리 쪽으로 들어간다(또는 반사된다). 아래쪽 면에서만 위상 이동이 있기 때문에 경로차가 0, λ, 2λ, 3λ 등등이면 어두운 띠(반사 없음)가 나타날 것이다. 빛이 유리판에 수직으로 입사하므로, 두 빛의 경로차(DEF)는 $2t$와 같다. 여기서 t는 임의 점에서의 공기층의 두께이다.

풀이 어두운 띠가 나타나는 조건은

$$2t = m\lambda, \qquad m = 0,\ 1,\ 2,\ \cdots$$

이다. 밝은 띠는 $2t = \left(m + \frac{1}{2}\right)\lambda$에서 나타난다. 여기서 m은 정수이다. 선의 위치에서 $t = 7.35 \times 10^{-6}$ m이다. 이 점에서 $2t/\lambda = (2)(7.35 \times 10^{-6}\ \text{m})/(6.00 \times 10^{-7}\ \text{m}) = 24.5$개의 파장이 있다. 이것은 '반정수'이므로, 도선 뒤쪽 부분은 밝게 나타날 것이다. 유리판을 따라서는 접촉점 A($m = 0$)에서의 하나를 포함하여 0λ, 1λ, 2λ, 3λ, ⋯, 24λ의 경로 길이 DEF에 해당하는 총 25개의 어두운 선이 있을 것이다. 그들 사이에 24개의 밝은 무늬에다 맨 끝

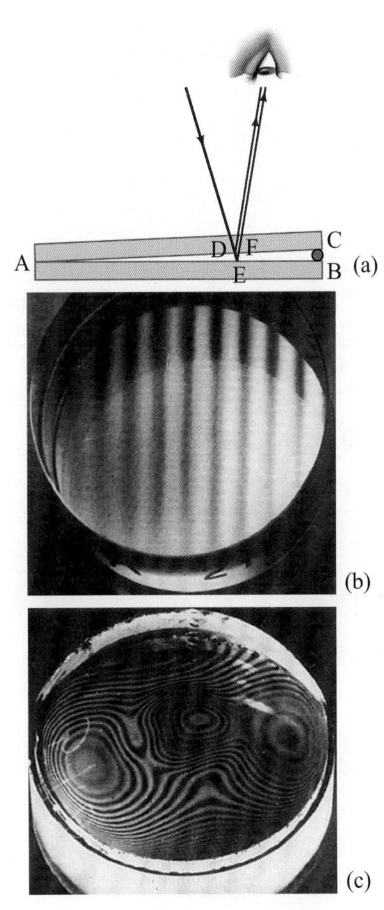

그림 24.32 (a) 얇은 쐐기 모양의 공기 층(두 유리판 사이) 위와 아래에서 반사된 빛은 간섭하여 밝고 어두운 띠를 형성한다. (b) 유리판이 광학적으로 평평할 때 관측되는 무늬, (c) 유리판 별로 평평하지 않을 때 관측되는 무늬. 예제 24.7

† 이 결과는 줄을 따라 이동하는 파가 끝에 도달할 때 반사되는 것에 해당한다. 그림 11.33에서 본 바와 같이, 줄의 끝이 고정되어 있으면 줄을 따라 이동하는 파는 위상이 변하고 펄스가 뒤집히지만, 끝이 고정되어 있지 않으면 위상 이동이 일어나지 않는다.

에서의 한 개를 더하여 총 25개의 밝은 무늬가 있게 된다.

물리학의 응용
유리 표면의 평탄도 검사

유의 밝고 어두운 띠들은 유리판이 매우 평탄하다면 직선으로 나타날 것이다. 그렇지 않다면, 그 무늬는 들쑥날쑥하여 그림 24.32c와 같이 된다. 그러므로 유리 표면의 평탄도를 검사하는 매우 정밀한 방법을 알게 됐다. 구면 렌즈의 표면은 평평한 유리 표면 위에 렌즈를 놓고 뉴턴 원무늬를 관찰하면(그림 24.30b) 완전한 구면인지의 여부를 정밀하게 시험할 수 있다.

(단색광보다는) 백색광이 그림 24.30a나 24.32a에서와 같이 얇은 공기 쐐기 층에 입사하면, 쐐기 층을 따라 변하는 두께에서 반사되는 빛의 여러 가지 파장에 대한 보강 간섭이 일어나므로 다양한 색깔의 띠가 관찰된다.

비눗방울(그림 24.28a와 이 장의 도입부 사진)은 내부에 공기가 들어 있는 얇은 구껍질(또는 막)이다. 비눗방울 막의 두께가 일정치 않아서 비눗방울에서 반사되는 밝은 색이 생기게 된다. (비눗방울 막의 양쪽에는 공기가 있다.) 그와 유사한 막 두께의 변화로 생기는 현상으로는 웅덩이나 연못 위에 기름이나 휘발유의 박막으로부터 반사된 빛이 밝은 여러 가지 색을 띠게 하는 것이 있다(그림 24.28c). 어느 파장의 빛이 밝게 나타나느냐 하는 것은 보는 각도에 따라 다르다.

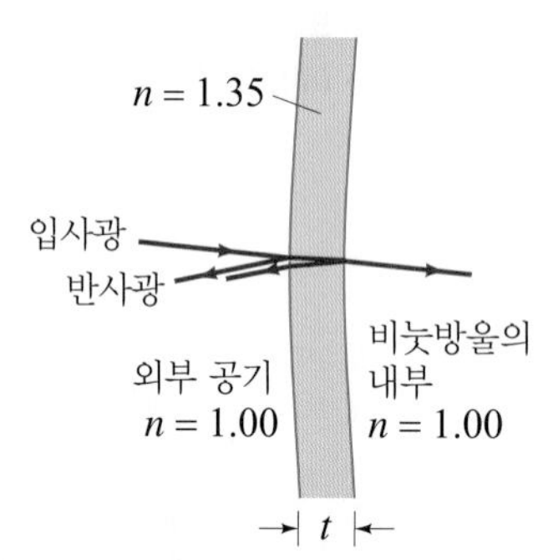

그림 24.33 예제 24.8의 비눗방울의 표면. 입사광과 반사광은 표면에 수직하다고 가정한다. 약간 빗겨서 보면 두 빛을 구별해 볼 수 있다.

주의
공식에만 대입할 것이 아니라 표면에서의 위상 변화도 확인해야 한다.

예제 24.8 비눗방울 막의 두께

어떤 비눗방울이 관측자에게 가장 가까운 앞 표면에서 초록색(λ = 540 nm)으로 보였다. 비눗방울 막이 가질 수 있는 가장 얇은 두께는 얼마인가? n = 1.35로 가정한다.

접근 그림 24.33에서와 같이 빛이 관측자에게서 가장 가까운 표면에서 수직으로 반사된다고 가정하자. 빛은 비눗방울 막의 안쪽 표면에서도 반사된다. 이들 두 반사광의 경로차는 $2t$이다. 여기서 t는 비누 막의 두께이다. 첫 번째 표면(막 외부)에서 반사된 빛은 180°의 위상 변화(비누 막의 굴절률이 공기의 굴절률보다 크다)가 생기는 반면, 두 번째(내부) 막에서의 반사는 위상 변화가 생기지 않는다. 간섭 극대가 일어날 수 있는 두께 t를 구하기 위해 비누 막(n = 1.35)속에서의 빛의 파장을 사용해야 한다.

풀이 한 표면에서만의 180° 위상 변화는 $\frac{1}{2}\lambda$의 경로차와 같다. 그러므로 초록색 빛은 최소 경로차가 $\frac{1}{2}\lambda_n$과 같을 때 밝게 된다. 따라서 $2t = \lambda_n/2$이고

$$t = \frac{\lambda_n}{4} = \frac{\lambda}{4n} = \frac{(540\text{ nm})}{(4)(1.35)} = 100\text{ nm}$$

이다. 이것이 최소 두께이다.

유의 이런 얇은 두께에서, 파란색(450 nm)과 빨간색(600 nm)도 반사광이 보강 간섭을 할 것이므로 비눗방울은 거의 백색으로 보일 것이다. 초록색은 보강 간섭이 일어나는 그 다음 조건의 두께 $2t = 3\lambda/2n$에서 더 잘 보일 것이다. 왜냐하면 다른 색들은 상쇄 간섭으로 거의 완전히 소멸될 것이기 때문이다. 그러면 t는 $t = 3\lambda/4n$ = 300 nm가 될 것이다. 초록색은 공기 중에서 볼 수 있으므로 λ = 540 nm(λ/n이 아님)이다.

비누 박막에 나타나는 여러 가지 색

그림 24.28b(같은 사진이 여기에 또 나옴)에 보이는 비눗물의 박막(플라스틱 원형

고리 안에 생김)이 오랫동안 연직으로 서 있다. 중력에 의해 비눗물이 아래로 내려가려 하기 때문에 막의 두께가 밑으로 갈수록 두꺼워진다. 윗부분은 매우 얇아서(두께는 대략 30 nm << λ) 앞면과 뒷면에서 반사된 빛의 경로차가 거의 영에 가깝다. 그러므로 앞면에서 180° 위상차로 반사되기 때문에 뒷면에서 반사된 빛과 모든 가시광 파장에 대해 180°의 위상차가 있게 된다. 따라서 맨 위에 입사하는 백색광은 반사가 없게 되어 윗부분은 투명하게 되어 검정색으로 된 배경을 보게 된다.

그림 24.28b (반복)

검정색으로 된 맨 윗부분의 바로 아래에는 가느다란 파란색 선이 있고 하얀 띠가 있다. 그 부분의 막은 두께가 대략 75~100 nm이어서 가장 짧은 파장(파란색)이 부분적으로 보강 간섭을 하기 시작한다. 그러나 두께가 조금 더 두꺼운(100 nm) 그 바로 아래에서는 경로차가 스펙트럼에 전체에 대해 λ/2에 상당히 가깝게 되어 흰색이나 은색이 보이게 된다.†

이 그림의 흰색 띠 바로 아래에서는 갈색 띠가 보이는데 그곳의 두께는 $t \approx 200$ nm이고 많은 파장이(전부는 아니고) λ에 가깝다. 따라서 그런 색들은 상쇄 간섭을 하게 되지만 몇몇 소수의 색들은 보강 간섭을 하게 되어 흐릿한 갈색이 나타난다.

그림 24.28b에서 밑으로 훨씬 더 내려가면, 두께 t가 증가하여 경로차 $2t = 510$ nm는 파란색의 $\frac{3}{2}\lambda$가 되지만 다른 색은 그렇지 않기 때문에 파란색만 보이게 된다($\frac{3}{2}\lambda$ 경로차에다 $\frac{1}{2}\lambda$의 위상 변화를 더한 것은 2λ가 되어 보강 간섭이 된다). 다른 색들도 그 이상의 두께에서 보강 간섭($\frac{3}{2}\lambda$ 그 다음 $\frac{5}{2}\lambda$)을 하게 되므로 밑으로 내려갈수록 무지개와 같은 색 띠가 나타나게 된다.

이 장의 도입부 사진의 비누 거품에서도 비슷한 현상이 생긴다. (막이 가장 얇은) 맨 위에서 검정색이 보이고 그 다음에 은백색 등 그림 24.28b에 있는 비누 막과 거의 같다.

그림 24.28c에 나타나 있는 포장도로 위의 기름 막(여기에 같은 사진이 또 나옴)에 대해서도 분석해 보자. 기름 막은 중앙 부분에서 가장 두껍고 모서리로 갈수록 얇아진다. 대부분의 색이 보강 간섭을 일으키는 곳인 가장 바깥쪽의 흰색 같은 원형 고리 무늬가 있음을 주의 깊게 볼 필요가 있다. 그곳은 앞에서 비누 막에서의 흰색 띠에 대해 논의한 것과 마찬가지로 두께가 100 nm 정도임을 암시한다. 그림 24.28c의 기름 막의 흰색 바깥 부분은 여전히 약간의 기름이 있는 곳이지만, 막이 너무 얇아서 윗부분과 아랫부분에서 반사된 빛이 상쇄 간섭을 일으켜서 이 매우 얇은 기름 막이 투명한 것처럼 보이게 된다.

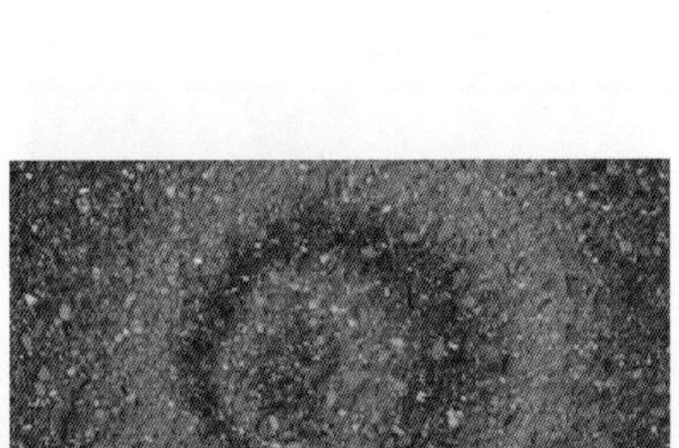

그림 24.28c (반복)

렌즈 코팅

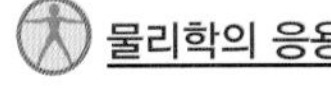

물리학의 응용

렌즈 코팅

박막에 의한 간섭을 응용한 중요한 예 중 하나는 유리에 코팅을 하여 '반사가 일어나지 않게'하는 기술로 렌즈에 많이 사용된다. 유리 표면은 입사광의 약 4 %를 반사한다. 고급 카메라, 현미경 등 많은 광학기기들은 얇은 렌즈가 6~10개 정도 들어 있

† 왜 그런가? 공기 중에서 빨간색의 파장은 600 nm에서 시작한다. 따라서 스펙트럼의 대부분의 색은 공기 중에서 450~600 nm 사이에 있지만 물속에서는 $n = 1.33$배 더 짧아서 340~450 nm 사이에 있게 된다. 그러므로 두께가 100 nm이면 경로차가 200 nm이므로 대부분의 색이 λ/2에 가깝다.

다. 이런 표면으로부터 모두 반사가 일어나면 광량은 현저히 떨어지고 여러 번 반사되는 빛들에 의해 상의 질이 저하되어 배경이 흐려진다. 반사를 줄이면 투과율과 선명도를 향상시킬 수 있다.

렌즈의 표면에 매우 얇은 코팅을 하면 반사를 현저하게 줄일 수 있다. 코팅 막의 앞 표면과 뒤 표면에서 반사된 빛(최소한 한 가지 파장에서)이 상쇄 간섭을 일으킬 수 있는 두께로 코팅을 한다. 코팅의 두께에 따라 어떤 특정 파장에 대해서만 거의 완전히 상쇄 간섭을 일으키게 된다. 그 부근의 파장에 대해서는 최소한 부분적인 상쇄 간섭이 일어나지만 단층 코팅만으로는 모든 파장의 빛의 반사를 줄일 수는 없다. 그럼에도 불구하고 단층 코팅으로 입사광의 전체 반사를 4 %에서 1 %까지 줄일 수 있다. 흔히 코팅은 반사 스펙트럼의 중심(550 nm 부근)의 세기가 감소되도록 설계한다. 스펙트럼의 양단 빨간색과 보라색에 대해서는 제거 효과가 작다. 단층 코팅 렌즈로부터 반사되는 빛은 자주색으로 보이는데(그림 24.34), 이는 불완전하게 제거된 빨간색과 보라색이 섞여 보이기 때문이다. 이중, 삼중으로 코팅을 한 렌즈는 넓은 범위의 파장에 대해 좀 더 효과적으로 반사를 감소시킬 수 있다.

그림 24.34 표면 막 처리한 렌즈. 여기 보이는 색은 렌즈 겉 표면에서 반사된 빛의 색이다.

예제 24.9 **무반사 코팅**

$n = 1.50$인 유리에 수직으로 입사할 때 550 nm 부근의 파장(공기 중에서)의 반사광을 줄이기 위해 설계하는 굴절률이 $n = 1.38$인 MgF_2를 사용한 코팅 막의 두께는 얼마여야 하는가?

접근 다음과 같은 단계를 따라 문제를 해결한다.

풀이

1. **간섭 효과.** 그림 24.35에 있는 렌즈의 코팅 면 앞과 뒤에서 반사되는 두 광선을 살펴보자. 광선들을 렌즈의 표면에 정확하게 수직으로 그리지 않아서 두 광선을 각각 볼 수 있게 했다. 이들 두 반사광은 서로 간섭할 것이다.
2. **보강 간섭.** 반사광을 줄여야 하므로, 보강 간섭을 고려하지 않는다.
3. **상쇄 간섭.** 반사를 줄이기 위해, 반사광 1과 2는 서로 반주기의 위상차가 있어야 상쇄 간섭이 일어난다. 위상차는 광선 2가 지나온 경로차 $2t$ 때문에 생긴다. 반사를 하는 어느 광선에 대해서도 위상 변화가 있다.
4. **반사에 의한 위상 이동.** 광선 1과 2는 둘 다 각각 코팅 막의 앞과 뒤에서 반사될 때 반주기의 위상 변화를 하게 된다(두 표면에서 굴절률이 증가한다). 그러므로 반사에 의한 위상의 알짜 변화는 없다. 알짜 위상차는 광선 2가 코팅 막 속에서 지나온 경로차 $2t$ 때문에 생긴다. $2t$가 $\frac{1}{2}\lambda_n$과 같을 때 상쇄 간섭이 일어난다. 여기서 $\lambda_n = \lambda/n$은 코팅에서 파장이다. $2t = \lambda_n/2 = \lambda/2n$이므로 구하는 두께는 다음과 같다.

$$t = \frac{\lambda_n}{4} = \frac{\lambda}{4n} = \frac{(550\text{ nm})}{(4)(1.38)} = 99.6\text{ nm}$$

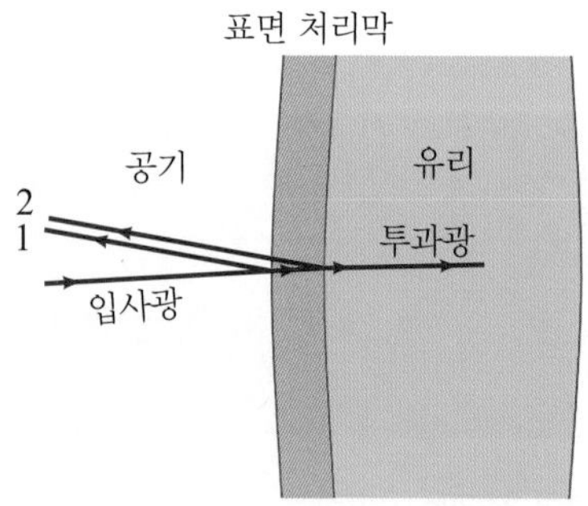

유의 $2t = (m + \frac{1}{2})\lambda_n$으로 놓을 수도 있다. 여기서 m은 정수이다. 가장 얇은 두께($m = 0$)를 주로 사용한다. 그 이유는 상쇄 간섭이 가장 넓은 각도에 걸쳐서 일어날 것이기 때문이다.

유의 가시광선의 특정 파장에 대해서만 완전한 상쇄 간섭이 일어날 것이다. 긴 파장과 짧은 파장은 부분적인 소멸만 일어날 것이다.

표면 처리막
공기
유리
2
1
투과광
입사광

그림 24.35 예제 24.9. 렌즈의 표면 막 처리. 입사광은 일부는 렌즈 표면 막의 앞면에서 반사되고(광선 1), 일부는 표면 막 뒤쪽에서 반사된다(광선 2). 대부분의 에너지는 투과광으로서 유리를 통과한다.

24.9 마이컬슨 간섭계

파동의 간섭과 관련된 장치로 미국인 마이컬슨(Albert A. Michelson)이 발명한 **마이컬슨 간섭계**(Michelson interferometer)† (그림 24.36)가 있다(22.4절). 한 점에서 나온 단색광이 반도금(half mirror) M_S에 닿는다. 이 **빔분할기**(beam splitter) 거울 M_S는 입사광의 반은 투과하고 반은 반사할 수 있게 얇은 은도금이 되어 있다. 투과된 빛은 M_2에 도달하여 반사된다. M_S에 의해 반사된 빛은 움직일 수 있는 거울 M_1에 도달하여 반사된다. 되돌아온 빔 1은 M_S를 통과하여 센서나 관측자의 눈에 도달하고 되돌아오는 빔 2는 M_S에서 반사되어 눈으로 들어온다. 두 빛이 지나온 경로차가 같으면 빛은 보강 간섭하여 눈에 들어와 밝게 보일 것이다. 움직일 수 있는 거울을 $\lambda/4$만큼 움직이면 한쪽 빔은 $\lambda/2$만큼 더 움직이게 된다(이 빔이 앞으로 갔다가 뒤로 되돌아오기 때문에). 이 경우 두 빔은 상쇄 간섭을 일으켜 어두워진다. M_1이 더 움직이면, 밝은 무늬가 또 생길(경로차가 λ가 되면) 것이고 더 이동하면 어두운 무늬가 생기는 등등 거울의 이동에 따라 밝고 어두움이 반복될 것이다.

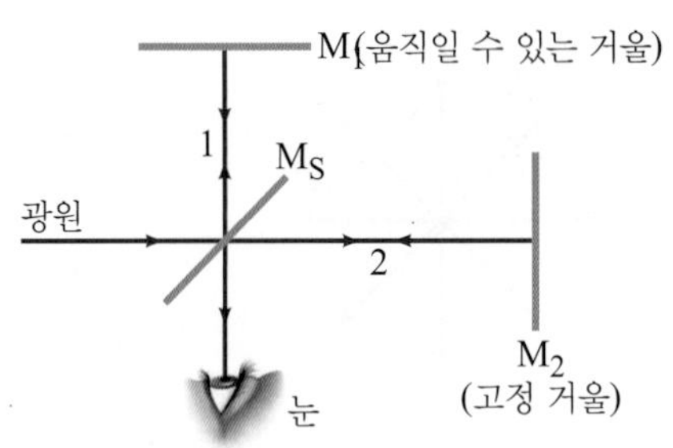

그림 24.36 마이컬슨 간섭계

마이컬슨 간섭계를 사용하여 매우 정밀한 길이 측정 장치를 만들 수 있다. 거울 M_1이 $\frac{1}{4}\lambda$만큼 움직임에 따라 밝은 무늬와 어두운 무늬가 선명하게 차이가 나게 된다. $\lambda = 400$ nm의 빛을 사용하면 100 nm 또는 10^{-4} mm의 정밀도로 측정할 수 있다는 의미가 된다. 거울 M_1을 아주 조금 기울이면 거울 M_1이 움직임에 따라 밝고 어두운 선(주름)들이 보이게 된다. 어떤 기준선을 지나가는 띠의 수(또는 띠 수의 비)를 세면, 길이를 아주 정밀하게 측정할 수 있다.

24.10 편광

빛이 **편광**될 수 있다는 것은 중요하고도 유용한 빛의 성질이다. 이 말이 무슨 뜻인지 알아보기 위해 줄을 따라 진행하는 파를 살펴보자. 줄은 흔들기에 따라서 그림 24.37a에서처럼 수직면에서 흔들릴 수도 있고 그림 24.37b에서처럼 수평면에서 흔들릴 수도 있다. 어느 경우에나 그런 파를 **선형 편광**(linearly polarized) 또는 **면편광**(plane polarized) 됐다고 한다. 즉 **진동이 평면에서 일어난다.**

그림 24.38과 같이 파가 진행하는 경로에 수직 방향의 슬릿을 놓으면, 수직 편광된 파는 수직 슬릿을 통과하지만 수평 편광된 파는 그렇지 못할 것이다. 수평 방향의 슬릿을 사용하면 수직 편광된 파가 통과하지 못할 것이다. 두 가지 형태의 슬릿이 사용되면 어느 파나 두 슬릿을 다 통과하지 못할 것이다. 편광은 **횡파**에 대해서만 일어날 수 있는 현상으로 음파와 같은 종파에서는 일어나지 않는다. 종파는 파가 운동 방향을 따라 진동하므로 어떤 방향의 슬릿도 종파의 진행을 막지 못한다.

빛이 전자기파(EM)라는 맥스웰의 이론은 전자기파가 횡파이기 때문에 빛은 편광될 수 있다고 예측했다. 면편광된 전자기파에서 편광 방향은 전기장 벡터 $\vec{\mathbf{E}}$의 방향

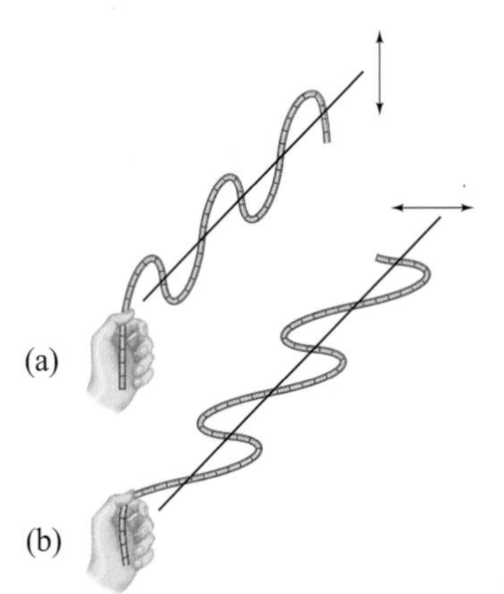

그림 24.37 줄 위의 횡파가 (a) 수직면과 (b) 수평면으로 편광됐다.

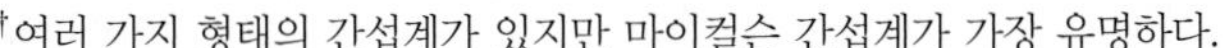
†여러 가지 형태의 간섭계가 있지만 마이컬슨 간섭계가 가장 유명하다.

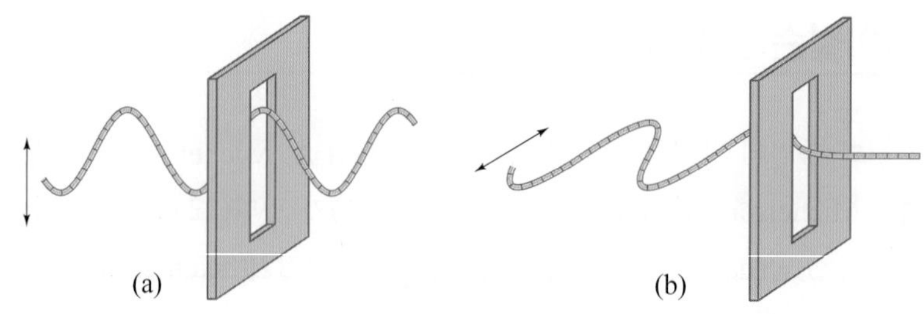

그림 24.38 (a) 수직 편광된 파는 수직 슬릿을 통과하지만 (b) 수평 편광된 파는 통과하지 못할 것이다.

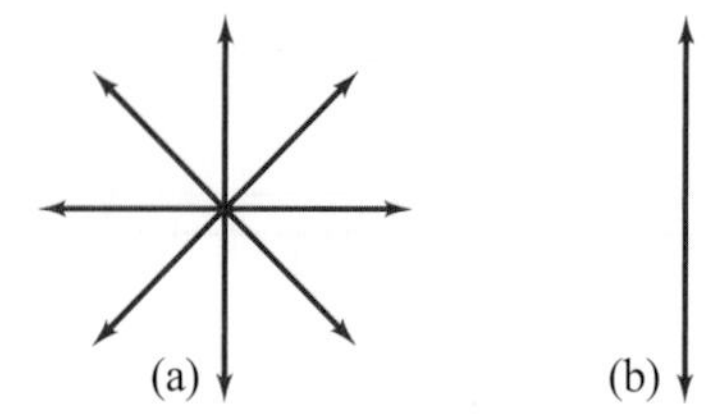

그림 24.39 (a) 편광되지 않은 빛의 전기장 벡터의 진동. 빛의 진행 방향은 이 종이면 위로 또는 안으로 향하는 방향이다. (b) 선형 편광된 빛에서의 전기장

으로 결정한다.

빛은 반드시 편광되어야 하는 것은 아니며 **편광되지 않은**(unpolarized) 빛일 수도 있다. 이것은 광원이 그림 24.39에서처럼 동시에 여러 면으로 진동하는 것을 의미한다. 일반 전구는 태양처럼 편광되지 않은 빛을 방출한다.

편광판(흡수에 의한 편광)

면편광된 빛은 전기석과 같은 어떤 결정에 편광되지 않은 빛을 통과시켜 얻을 수 있다. 또는 좀 더 일반적으로 **편광판**(polaroid sheet)을 사용한다. [편광판 재료는 1929년 랜드(Edwin Land)가 발명했다.] 편광판은 복잡하고 긴 분자들을 평행하게 배열해 놓은 것이다. 이런 편광판은 일련의 평행한 슬릿과 같은 역할을 하여 어떤 방향으로 편광된 빛은 거의 감쇠 없이 통과시킨다. 이 방향을 편광판의 **투과축**(transmission axis)이라고 한다. 이 방향에 직교하여 편광된 빛은 편광판에 의해 거의 완전히 흡수된다.

편광판에 의한 흡수는 분자적 관점으로 설명할 수 있다. 길게 늘어선 분자들에 평행하게 진동하는 전기장 $\vec{\mathbf{E}}$는 분자들을 따라서 전자들을 진동하게 하므로, 전자에 일을 하게 되어 에너지를 전달한다. 따라서 $\vec{\mathbf{E}}$가 분자에 평행하면 에너지가 흡수된다. 길게 늘어선 분자들에 수직인 전기장 $\vec{\mathbf{E}}$의 성분은 전자에 일을 하거나 에너지를 전달하지 않으므로 자유롭게 편광판을 통과하게 된다. 편광판의 **투과축**에 대해 말할 때는 전기장 $\vec{\mathbf{E}}$가 통과되는 방향을 말하므로 편광판 축은 길게 늘어선 분자의 방향과 **수직**이다. [그림 24.38과 같은 의미에서 평행한 분자들 사이에 슬릿이 있다고 생각한다면, 그림 24.38을 전자기파의 전기장 $\vec{\mathbf{E}}$가 아닌 자기장 $\vec{\mathbf{B}}$를 적용하면 될 것이다.]

면편광된 빛이 투과축이 입사광의 편광 방향과 각도 θ로 편광판에 입사하면, 그 빛은 편광판 투과축에 평행하게 면편광되어 나올 것이며, E의 진폭은 그림 24.40에서처럼 $E\cos\theta$로 감소될 것이다. 그러므로 편광판은 투과축에 평행한 편광(전기장 벡터 $\vec{\mathbf{E}}$)의 성분만 통과시킨다. 빛의 세기는 진폭의 제곱에 비례하므로(11.9절 및

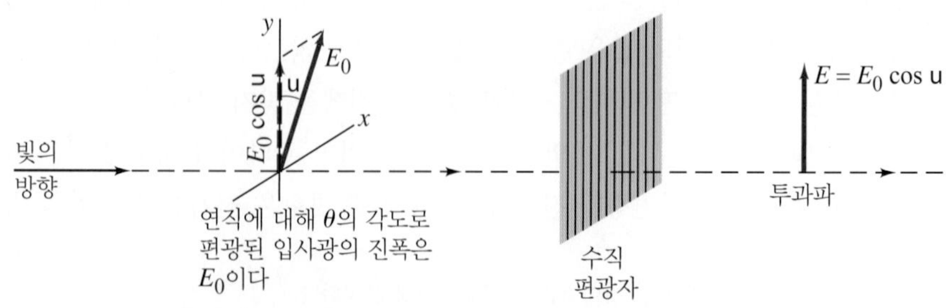

그림 24.40 수직 편광판은 그에 입사 파(전기장)의 수직 성분만 통과시킨다.

22.5절), 편광자에 의해 통과된 면편광된 빛의 세기는 $(E_0 \cos \theta)^2$에 비례한다. 이 관계는 다음과 같으며 말뤼스 법칙(Malus's law)이라 한다.

$$I = I_0 \cos^2 \theta \qquad [\text{편광자에 의해 통과된 면편광된 빛의 세기}] \quad \textbf{(24.5)}$$

여기서 I_0은 입사광의 세기이고 θ는 편광축과 입사파의 편광면이 이루는 각도이다.

편광판은 축에 평행한 빛의 성분만 통과시키기 때문에 편광되지 않은 빛을 면편광된 빛으로 만드는 **편광자**(polarizer)로서 사용할 수 있다. 편광판은 또한 **검광자**(analyzer)로서 사용될 수 있는데 검광자를 사용하면 (1) 빛이 편광된 것인지를 확인할 수 있고 (2) 편광된 면을 확인할 수 있다. 검광자로 사용되는 편광판은 빛이 편광되지 않은 경우 축의 방향과 무관하게 같은 양의 빛을 통과시킬 것이다. 폴라로이드 선글라스의 한쪽 렌즈를 돌려가며 전등불을 바라보면 그것을 알 수 있다. 그러나 빛이 편광되어 있다면, 편광판을 돌릴 때 투과된 빛의 양은 편광면이 편광판의 투과축과 평행할 때 최대가 되고, 투과축과 수직일 때는 최소가 될 것이다. 이는 해의 방향과 직각이 되게 하늘을 향해 보며 돌려보면 하늘 빛이 편광되어 있다는 것을 알 수 있을 것이다. (곧바로 보는 햇빛은 편광되지 않은 빛이므로 햇빛을 곧바로 보지 말라. 설사 편광자를 통해서 보더라도 눈이 손상될 수도 있다.) 빛이 검광자 편광판을 어떤 방향으로 입사할 때 투과율이 영이 된다면, 그 빛은 100 % 면편광된 빛이다. 그러나 어떤 최솟값이라도 있다면 그 빛은 **부분 편광**된 것이다.

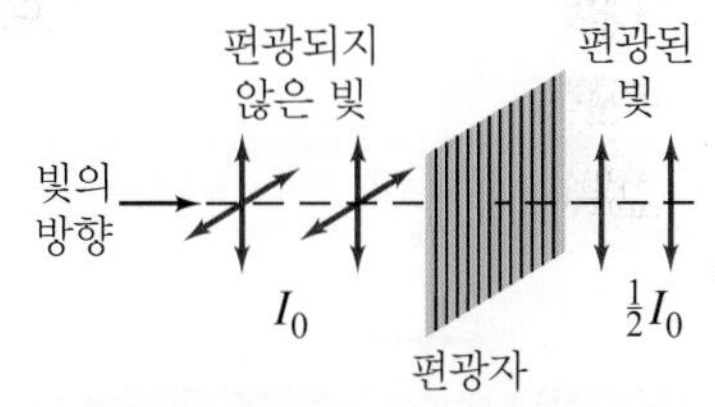

그림 24.41 편광되지 않은 빛은 같은 크기의 수직 성분과 수평 성분을 갖는다. 편광자를 통과한 후, 두 성분 중 하나는 약해진다. 빛의 세기는 반으로 줄어든다.

편광되지 않은 빛은 임의의 방향의 편광 방향을 갖고 있는 빛의 성분들이 모여 있는 것이다. 이들 각각의 편광 방향은 서로 수직을 이루는 두 성분으로 분해될 수 있다. 대체로 편광되지 않은 빛은 크기가 같고 서로 수직인 두 개의 면편광된 빛으로 생각할 수 있다. 편광되지 않은 빛이 편광자를 통과할 때 한 성분은 제거된다. 따라서 통과한 빛의 세기는 빛의 반이 통과하지 못했으므로 반으로 줄어든다. 즉 $I = \frac{1}{2}I_0$이 된다(그림 24.41).

두 개의 편광판을 교차하여 놓으면—즉 편광축이 서로 직교하게 놓으면—편광되지 않은 빛은 완전히 차단된다. 그림 24.42과 같이, 편광되지 않은 빛은 첫 번째 편광판(편광자)에 의해 면편광된다. 두 번째 편광판인 검광자는 투과축이 첫 번째 편광자와 수직이므로 이 성분을 차단한다.

이런 현상은 폴라로이드 선글라스를 사용하여 확인해 볼 수 있다(그림 24.43). 폴라로이드 선글라스는 편광성 때문에 편광되지 않은 빛의 50 %를 제거시킨다. 색을 입혔기 때문에 그 이상 빛을 흡수한다. 임의의 방향의 면편광된 빛은 두 장의 편광판을

그림 24.43 교차 편광자. 두 개의 편광 선글라스를 축이 직교하도록 겹쳐 놓으면 통과하는 빛이 거의 없다.

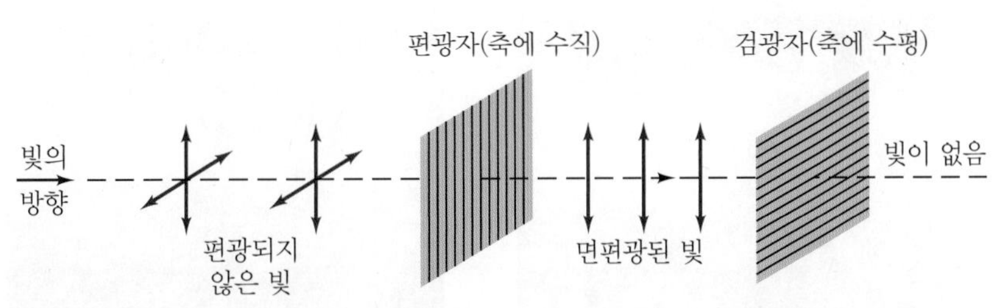

그림 24.42 두 편광자를 교차하여 놓으면 빛을 완전히 차단한다.

편광축이 수직하게 놓으면 차단된다.

예제 24.10 **60° 방향의 편광판**

편광되지 않은 빛이 두 편광판을 통과한다. 첫 번째 편광축은 수직 방향이고 두 번째는 수직과 60°의 각도를 이룬다. 투과된 빛의 방향과 투과광의 세기를 구하라.

접근 첫 번째 편광판에 의해 편광되지 않은 빛의 절반이 흡수되고 나머지 빛은 수직으로 면편광되어 나온다. 그 빛이 두 번째 편광판을 통과하면 세기는 식 24.5에 따라 더 감소하고, 편광면은 두 번째 편광판의 축을 따르는 방향이 된다.

풀이 첫 번째 편광판이 빛을 절반으로 줄이므로 세기도 절반이 된다. 즉 $I_1 = \frac{1}{2}I_0$이다. 두 번째 편광판에 도달하는 빛은 수직 방향으로 편광되고 그 세기(식 24.5)는 다음과 같이 감소된다.

$$I_2 = I_1(\cos 60°)^2 = \tfrac{1}{4}I_1$$

그러므로 $I_2 = \frac{1}{8}I_0$이다. 투과된 빛의 세기는 원래 빛의 세기의 1/8이고 수직과 60°의 각도로 면편광된다.

반사에 의한 편광

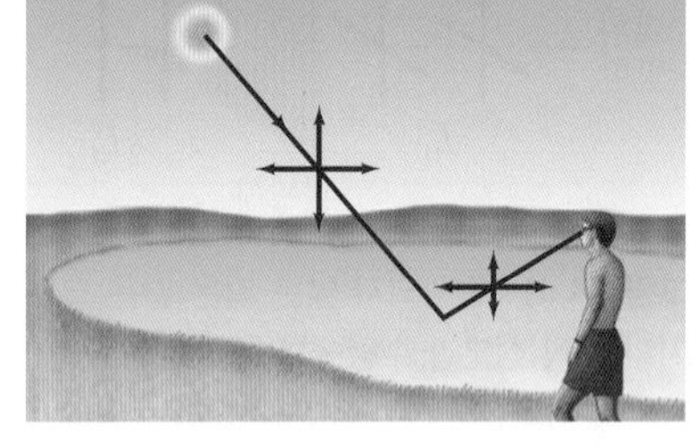

그림 24.44 호수의 부드러운 수면과 같은 비금속 표면에서 반사된 빛은 표면에 평행하게 부분 편광된다.

편광되지 않은 빛을 편광시키는 또 다른 방법은 반사에 의한 것이다. 빛이 수직하지 않은 임의의 각도로 비금속 표면에 도달하면 반사된 빛은 그림 24.44에서처럼 우선적으로 표면에 평행하게 편광된다. 다시 말해서 표면에 수직인 면에서의 편광 성분은 우선적으로 투과하거나 흡수된다. 이런 것을 확인해 보려면 호수나 길의 평평한 표면을 편광 선글라스를 통해서 돌려가며 보면 된다. 대부분 야외의 지면은 수평하기 때문에 편광 선글라스는 주로 수평 성분으로 반사되는 빛을 줄이기 위해 편광축이 수직이 되게 만들어서 눈부심을 줄인다.

낚시를 가는 사람들은 호수나 강의 수면에서 반사되는 눈부신 빛을 줄이기 위해 폴라로이드 선글라스를 쓰고 간다. 그러면 물속을 좀 더 선명하게 볼 수 있다(그림 24.45).

반사된 빛에서의 편광의 양은 각도에 따라 달라서, 수직으로 입사할 때의 편광이

(a)

(b)

그림 24.45 호수를 찍은 사진. (a) 모든 빛이 사진기 렌즈 속으로 들어오도록 찍은 사진과 (b) 편광자를 렌즈 앞에 끼우고 찍은 사진. 물의 표면에서 반사되는 대부분의 빛을 편광자가 흡수하도록 편광자의 방향을 조절하여 사진을 찍으면 호수의 밑바닥에서 오는 희미한 빛이 사진기에 들어오게 되어 그 밑에 있는 물고기도 쉽게 볼 수 있다.

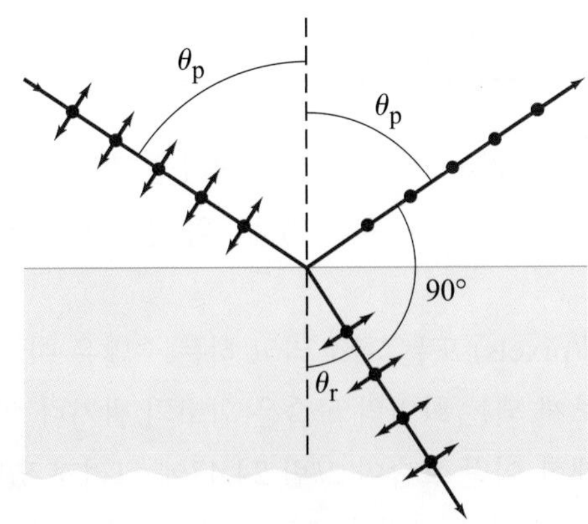

그림 24.46 θ_p에서 반사된 빛은 표면에 평행하게 면편광되어 $\theta_p + \theta_r = 90°$가 된다. 여기서 θ_r는 굴절각이다. (광선 위의 큰 점들은 종이 면에 수직한 진동을 나타낸다.)

전혀 없는 경우에서부터 **편광각**(polarizing angle) θ_p[†]에서의 100 % 편광까지 변한다. 이 각도는 경계의 양쪽 면에 있는 두 매질의 굴절과 다음과 같은 관계가 있다.

$$\tan\theta_p = \frac{n_2}{n_1} \tag{24.6a}$$

여기서 n_1은 입사광이 있는 곳 매질의 굴절률이고, n_2는 반사 경계면 너머에 있는 매질의 굴절률이다. 빛이 공기 중에서 진행하고 있다면 $n_1 = 1$이고 식 24.6a는 다음과 같다.

$$\tan\theta_p = n \tag{24.6b}$$

편광각 θ_p는 **브루스터 각**(Brewster's angle)이라고 하며 식 24.6을 **브루스터 법칙**이라고 한다. 스코틀랜드의 물리학자 브루스터(David Brewster, 1781~1868)는 1812년에 실험을 통해 이 법칙을 발견했다. 식 24.6은 빛의 전자기파 이론으로부터 유도할 수 있다. 브루스터 각에서 반사된 빛과 투과(굴절된)된 빛은 서로 90°를 이룬다는 사실은 매우 흥미롭다. 즉 $\theta_r + \theta_p = 90°$이다. 여기서 θ_r는 굴절각이다(그림 24.46). 이것은 식 24.6a, $n_2 = n_1 \tan\theta_p = n_1 \sin\theta_p/\cos\theta_p$를 스넬 법칙 $n_1 \sin\theta_p = n_2 \sin\theta_r$에 대입하면 증명할 수 있다. 그 결과는 $\cos\theta_p = \sin\theta_r$가 되며 이것은 $\theta_p = 90° - \theta_r$일 때만 성립한다(부록 G의 삼각 함수 공식 참조).

예제 24.11 편광각

(a) 호수에서 반사되는 햇빛이 완전하게 면편광될 때 입사각은 얼마인가? (b) 굴절각은 얼마인가?

접근 표면에서의 편광각은 브루스터 각인 식 24.6b이다. 굴절각은 스넬 법칙으로부터 계산할 수 있다.

풀이 (a) 식 24.6b에 $n = 1.33$을 대입하면, $\tan\theta_p = 1.33$이 되어 $\theta_p = 53.1°$가 된다.
(b) 스넬 법칙으로부터 $\sin\theta_r = \sin\theta_p/n = \sin 53.1°/1.33 = 0.601$이므로 $\theta_r = 36.9°$이다.

유의 $\theta_p + \theta_r = 53.1° + 36.9° = 90.0°$이므로 이것은 예상한 바와 같다.

[†] 입사광의 어떤 비율만이 투명한 매질의 표면에서 반사된다. 비록 이 반사된 빛이 100 % 편광($\theta = \theta_p$일 때)되어도, 새로운 매질로 투과된 나머지 빛은 부분 편광된다.

24.11 액정 표시 장치(LCD)

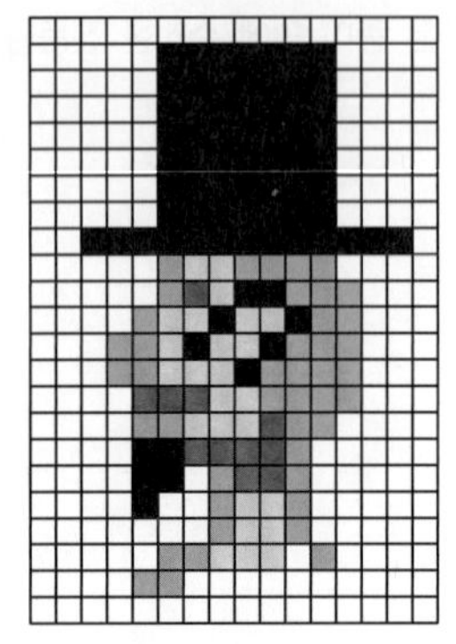

그림 24.47 수많은 작은 정사각형[화소(픽셀)]로 만든 상의 예

그림 24.48 액정 분자는 한 방향(서로 평행하게)으로 정렬하는 성향이 있지만 위치는 제멋대로 이다(좌우, 상하).

액정 표시 장치(liquid crystal display)에는 정말 놀라운 편광 현상이 사용되고 있다. LCD는 휴대 전화, 휴대용 전자 장치, 평판 컴퓨터와 텔레비전 화면 등의 표시 장치로 사용되고 있다.

액정 표시 장치는 **픽셀**(pixels) 또는 '화소'라고 하는 수많은 아주 작은 사각형이 모여서 구성된다. 우리가 보게 되는 화면의 모습은 화소의 밝기나 어둡기, 색상에 의해 결정된다. 흑백 사진에 대한 이런 모습이 그림 24.47에 그려져 있다.

액정은 유기 재료로서 실온에서 완전한 고체도 아니고 완전한 액체도 아닌 상태로 존재한다. 13.1절과 그림 13.2b에서 논의한 바와 같이 액정은 반유동적이며, 구성 분자들은 액체와 같이 위치가 유동적이다. 또한 고체 결정(그림 13.2a)의 질서정연함을 보여 주기도 하지만, 일차원적으로만 질서정연하다.

유용한 액정은 비교적 단단한 막대 같은 분자로 되어 있어서 다른 분자와 약하게 상호작용하여 그림 24.48과 같이 서로 평행하게 배열되려는 경향이 있다.

단순한 LCD의 경우 각 화소는 두 장의 유리판 사이에 액정 재료가 들어 있으며, 이 유리판 안쪽에는 나노미터 크기로 긁은 평행한 선들이 있다. 막대 모양의 액정 분자들은 이 긁은 선을 따라 정렬하게 된다. 일반적으로 두 판의 긁은 선은 서로 90° 방향이 되게 되고, 막대 모양의 분자들 사이의 약한 전기력은 가까이 있는 긁은 선과 같은 방향으로 정렬하기 때문에, 그림 24.49a에서와 같이 한 판에서 다음 판 사이로 분자들의 정렬이 트위스트된 모양이 형성된다.

두 유리판의 바깥쪽 표면에 박막 편광자가 있는데, 이들 역시 서로 90° 어긋나 있다. 왼쪽으로부터 입사한 편광되지 않은 빛은 면편광되고, 액정 분자들은 이 편광이 막대 모양을 따라 정렬하게 한다. 즉 빛의 편광면은 빛이 액정을 통과해 나가면서 분자들과 함께 회전하게 된다. 빛은 편광면이 90° 회전하여 나오게 되며, 그림 24.49a의 두 번째 편광자를 통과하게 된다. 이런 경우에 작은 LCD 화소는 밝게 빛날 것이다.

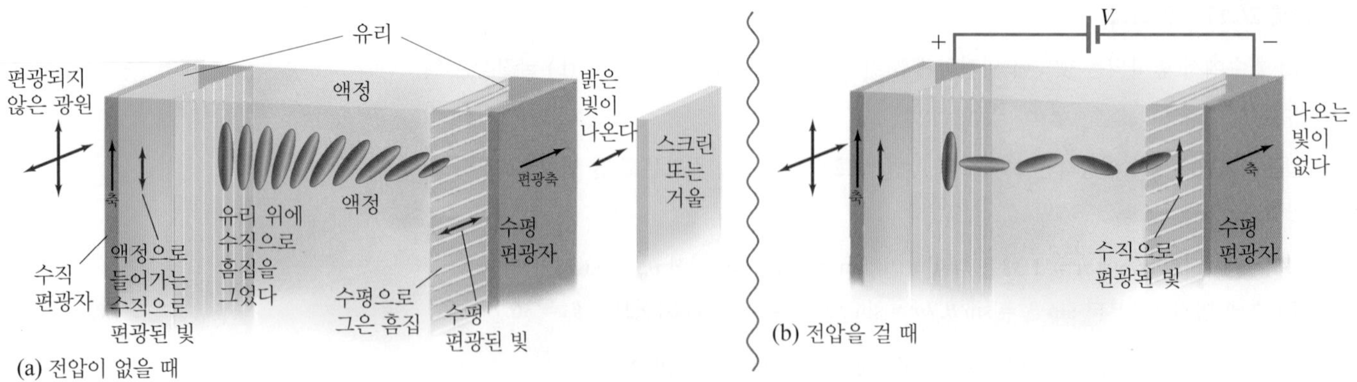

그림 24.49 (a) 트위스트된 형태의 액정. 빛의 편광면이 90° 돌아가 있어 수평 편광자에 의해서만 투과가 일어난다. 한 줄의 분자만 보였다. (b) 전기장 때문에 분자들의 방향이 일정하지 않다. 편광면은 변하지 않아서 빛이 수평 편광자를 투과하지 않는다. (투명 전극은 그리지 않았다.)

이제 화소의 작은 두 유리판에 있는 투명 전극에 전압을 인가한다고 생각해 보자. 막대 모양의 분자들은 극성 분자이다(또는 인가 전기장에 의해 분자 내부의 전하들의 간격이 멀어질 수 있다). 인가 전압은 분자들을 한 줄로 정렬하게 하는 경향이 있어서, 더 이상 그림 24.49a와 같은 트위스트된 모양을 유지하지 않게 된다. 그 대신에 인가 전기장이 분자들을 그림 24.49b와 같이 왼쪽에서 오른쪽으로(유리판에 수직으로) 한 줄로 정렬하게 하면, 분자들은 편광에 크게 영향을 주지 않는다. 입사하는 면편광된 빛은 액정을 통과하면서 편광면이 더 이상 회전하지 않게 되어, 두 번째(수평) 편광자를 통과하여 나갈 수 없다(그림 24.49b). 전압을 인가하면 화소는 어두워진다.†

그림 24.50 LCD로 된 시계의 유리창에 고도가 표시되어 있다. 검은 요소(픽셀)는 전압이 걸려 있는 것이다. 8이라는 글자에 7개의 요소(픽셀) 모두가 사용되고 있는 것이다. 다른 숫자들은 더 적은 수의 요소를 사용한다.

손목 시계나 계산기와 같은 간단한 표시 장치는 주변의 빛을 광원으로 사용(어두운 곳에서는 표시창의 내용을 볼 수 없다)하고, LCD 뒤에 거울을 두어 빛을 반사해서 앞으로 내 보내도록 되어 있다. 그림 24.50에서 보듯이 이런 표시창들은 0에서 9까지(그리고 몇 가지 문자)의 숫자를 만들기 위한 기다란 모양의 요소에 해당하는 몇 개 안되는 화소만 있다. 전압이 걸리면 화소는 어두워져 숫자의 일부가 나타난다. 전압이 없으면, 화소는 빛을 편광자를 통해 뒤의 거울로 보냈다가 다시 앞으로 나오게 하므로 배경이 밝아진다. 어두운 배경에 글자가 하얗게 나오는 표시창은 전압이 반대로 된 경우이다.

텔레비전, 휴대 전화, 컴퓨터의 LCD는 좀 더 복잡하다. 색을 나타내기 위해 한 화소는 세 개의 부화소(subpixel)로 되어 있다. 각각의 부화소에는 빨간색, 초록색, 파란색 필터가 덮여 있다(그림 24.51). 이들 삼원색의 밝기를 조절함으로써 거의 모든 자연색을 구현할 수 있다. 고화질 화면은 백만 화소가 넘는다. 화소 뒤에는 광원이 있다. 여기에 들어 있는 광원으로는 가느다란 형광등 관으로 된 것도 있고 발광 다이오드(LED)로 된 것도 있다. 17.11절에서 자세히 논의한 바와 같이, 각각의 화소에 전압이 걸리는지의 여부에 따라 빛이 액정의 부화소를 통과하는가가 결정된다. 좀 더 자세한 것은 그림 17.31과 17.33을 참조하라.

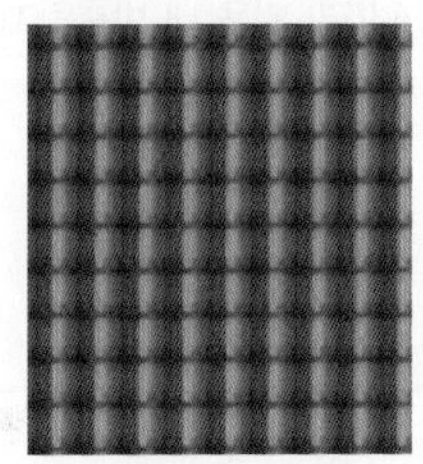

그림 24.51 TV나 컴퓨터 모니터에서 화소가 배열된 모습(확대됨).

[그레이스케일이나 컬러를 명도로서 다양한 색을 구현하기 위해서는 각각의 부화소들을 그림 24.49에서처럼 단순하게 켜거나 끄는 방식으로 할 수는 없다. LCD의 구성 방식에 따라 몇 가지 기술이 사용될 수 있다. 그림 24.49b에서 인가 전압이 충분히 작으면 분자 정렬의 흐트러짐이 작아서 분극 벡터의 회전이 가능해지므로, 전압에 비례하는 양의 빛이 통과할 수 있게 된다. 다른 방법으로, 각각의 부화소에 펄스를 인가하면 펄스의 지속 시간 동안 명도에 영향을 준다. 명도의 강약에 대한 효과는 이웃에 있는 같은 색의 부화소들을 켜지거나 꺼지게 하여 조절할 수도 있다. 이 세 번째 방식은 많은 화소들에서 나오는 빛을 눈이 평균화하여 받아들이므로 그림의 선명도나 분해능은 줄어든다.]

† 어떤 표시 장치는 이와 반대의 작용을 하게 되어 있다. 이 경우 편광자들은 서로 평행이다(분자들이 꼬여 있게 하기 위해 긁은 자국은 여전히 90°를 유지한다). 여기서는 전압이 없으면 어두워지고(빛이 안 나옴), 전압이 걸리면 밝아진다.

24.12 대기에 의한 빛의 산란

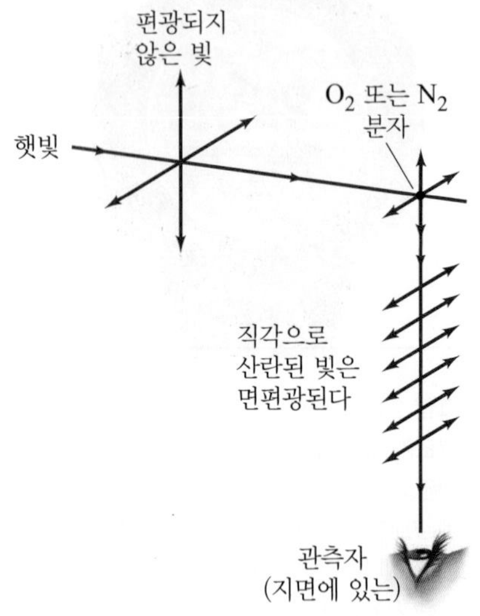

그림 24.52 편광되지 않은 햇빛이 공기 분자에 의해 산란된다. 직각 방향에 있는 관측자는 면편광된 빛을 보게 된다. 왜냐하면 들여다보는 선을 따라 진동하는 성분은 그 선을 따라 빛을 내 방출하지 않기 때문이다.

석양은 붉게 물들고 하늘은 푸르며 창을 통해서 보는 햇빛은 편광된다(최소한 부분적으로라도). 이런 현상은 대기 분자에 의한 빛의 **산란**으로 설명할 수 있다. 그림 24.52에서 태양으로부터 편광되지 않은 빛이 지표상의 대기 분자와 충돌하는 것이 그려져 있다. 전자기파의 전기장이 분자 내의 전하들을 진동하게 하여 그 분자들이 입사 복사선의 일부를 흡수한다. 전하들이 진동하기 때문에 분자들은 이 빛을 재빨리 재방출한다. 22.2절에서 논의한 바와 같이 진동하는 전기장은 전자기파를 발생한다. 그 세기는 진동에 수직인 방향을 따라 가장 강하다(22.2절). 그림 24.52에서 전하의 운동은 두 성분으로 분해된다. 그림에 있듯이 햇빛의 방향에 대해 직각 방향에 있는 관측자는 면편광된 빛을 보게 될 것이다. 왜냐하면 진동의 다른 방향성분으로는 아무런 빛도 방출되지 않을 것이기 때문이다. (진동 방향을 따라서 볼 때는 진동을 볼 수 없으므로 진동하는 것들이 만드는 파는 안 보인다.) 다른 각도에서 보면, 두 성분이 다 존재할 것이다. 하나는 강할 것이지만 빛은 부분적으로 편광되어 보인다. 그러므로 산란이 일어나는 과정은 창을 통해서 보는 햇빛이 어떻게 편광되는지를 설명해 준다.

지구 대기에 의한 빛의 산란은 파장 λ에 따라 다르다. 빛의 파장보다 훨씬 작은 입자들(공기 분자와 같은)의 경우, 긴 파장의 빛에 의한 산란 효과가 적을 것이다. 산란된 빛의 세기는 $1/\lambda^4$에 따라 감소한다. 파란색과 보라색은 빨간색이나 주황색에 비해 더 많이 산란된다. 그래서 하늘이 파랗게 보인다. 해가 질 때, 햇빛이 대기를 통과해 오는 거리는 최대가 된다. 파란색 빛의 대부분은 산란에 의해 없어지고 태양이 거의 수평선에 있을 때 우리 눈에 낮은 각도로 도달하는 빛은 구름과 안개로 반사되어 파란 빛이 없어진다. 이것이 석양이 붉은 이유이다.

물리학의 응용

하늘이 푸른 이유
석양이 붉은 이유
구름이 하얀 이유

산란된 빛의 세기가 $1/\lambda^4$에 비례하는 경우는 산란 물체가 빛의 파장보다 훨씬 작을 때에만 성립한다. 이것은 지름이 약 0.2 nm인 산소와 질소 분자에 대해 성립한다. 그러나 구름은 λ보다 훨씬 큰 물방울이나 결정이 포함되어 있다. 구름은 모든 진동수의 빛을 거의 균일하게 산란시킨다. 따라서 구름이 흰색으로 보인다(흐린 날은 회색으로 보인다).

종합 문제

객관식

1. 이중 슬릿을 통과한 빛을 먼 곳에 있는 스크린에서 바라본다. 스크린 상에 나타난 간섭 무늬는 다음 어느 경우에 간격이 가장 넓은가?
(a) 빨간색 빛을 사용하고 슬릿 간격이 좁을 때
(b) 파란색 빛을 사용하고 슬릿 간격이 좁을 때
(c) 빨간색 빛을 사용하고 슬릿 간격이 넓을 때
(d) 파란색 빛을 사용하고 슬릿 간격이 넓을 때

2. 파장이 530 nm인 초록색 레이저광이 간격이 400 nm인 두 슬릿을 통과한다. 스크린에 나타나는 간섭 무늬의 모양은 그림 24.53과 같다. 두 슬릿으로부터 점 A까지의 거리가 같다면 점 B에서 두 슬릿까지의 거리의 차이는 얼마인가?
(a) 530 nm (b) 265 nm
(c) 400 nm (d) 0 nm
(e) 스크린까지의 거리에 따라 다르다.

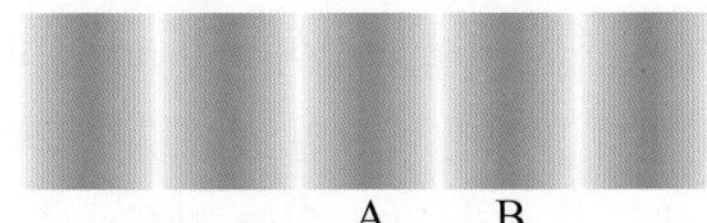

그림 24.53 객관식 2

3. 무지개에 여러 색이 나타나는 이유는?
(a) 빗방울에서 반사되는 빛의 간섭 때문
(b) 빗방울 속의 물에 의해 여러 가지 색의 빛의 흡수량이 달라서
(c) 빗방울 속의 물에 의해 여러 가지 색의 빛의 굴절량이 달라서
(d) 빗방울의 아래 방향으로의 운동 때문

4. 두 손가락을 매우 가까이 하고 밝은 빛을 바라본다면, 손가락 사이의 선을 보게 된다. 무슨 일이 일어나겠는가?
(a) 눈이 초점을 맞추기 어려울 정도로 두 손가락을 너무 가까이 하고 있다.
(b) 회절 무늬를 본다.
(c) 양자역학적 터널링 효과이다.
(d) 밝은 빛이 눈에 가득 들어온다.

5. 너비와 높이가 각각 5×10^{-7} m와 5×10^{-3} m인 어떤 슬릿으로 빛이 통과하고 있다. 멀리 있는 스크린의 중앙에 보이는 밝은 띠는
(a) 높이가 약 5×10^{-3} m, 너비가 약 5×10^{-7} m이다.
(b) 높이가 약 5×10^{-3} m이나, 너비는 5×10^{-7} m보다 넓다.
(c) 높이가 약 5×10^{-3} m이나, 너비는 5×10^{-7} m보다 좁다.
(d) 높이가 5×10^{-3} m보다 크고, 너비는 5×10^{-7} m보다 넓다.
(e) 높이가 5×10^{-3} m보다 크고, 너비는 약 5×10^{-7} m이다.

6. 파장이 λ인 파란색 빛이 너비가 d인 단일 슬릿을 통과하여 스크린 상에 회절 무늬를 형성한다. 파란색을 파장이 2λ가 되는 빨간색으로 바꾸고 원래의 회절 띠와 같은 띠를 보려면 슬릿을 어떤 것으로 바꾸어야 하는가?
(a) $d/4$ (b) $d/2$
(c) 정답 없음 (d) $2d$
(e) $4d$

7. 단색광의 빛이 비치는 곳에 작은 원판을 놓는다고 하자(그림 24.54). 원판의 가장자리에서 회절이 일어난다면, 그림자의 중심은
(a) 그림자의 다른 부분보다 어둡다.
(b) 밝은 점이다.
(c) 파장에 따라 밝거나 어둡다.
(d) 스크린까지의 거리에 따라 밝거나 어두워진다.

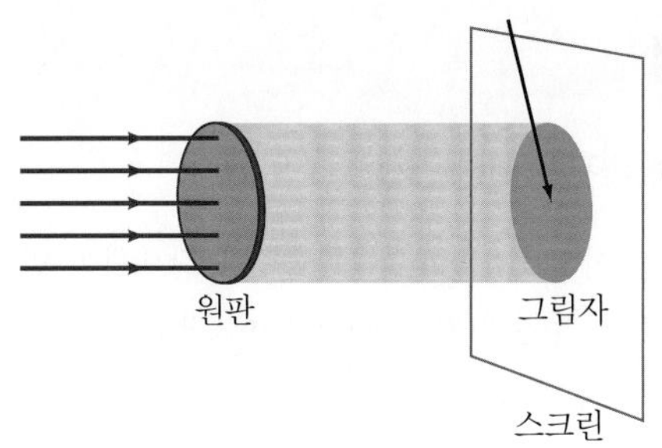

그림 24.54 객관식 7

8. 어떤 사람이 보이지 않는 구석에 서 있다면, 볼 수는 없지만 그가 말하는 것을 들을 수 있는 주된 이유는 무엇인가?
(a) 소리가 공기 중에서 빛보다 멀리 가기 때문이다.
(b) 소리는 벽을 따라 갈수 있지만 빛은 그렇지 않다.
(c) 소리는 파장이 충분히 길어서 구석에서 굴절될 수 있지

만 빛은 파장이 짧아서 잘 굴절되지 않기 때문이다.

(d) 소리는 벽에서 반사되지만 빛은 그렇지 않기 때문이다.

9. 박막의 두께가

(a) 빛의 파장의 $\frac{1}{4}$이면, 보강 간섭이 일어난다.

(b) 빛의 파장의 $\frac{1}{4}$이면, 상쇄 간섭이 일어난다.

(c) 빛의 파장의 $\frac{1}{2}$이면, 보강 간섭이 일어난다.

(d) 빛의 파장의 $\frac{1}{2}$이면, 상쇄 간섭이 일어난다.

(e) 위의 어느 것도 항상 맞는 것은 아니다.

10. 왼쪽에서 오는 편광되지 않은 빛이 그림 24.55에서처럼 세 개의 편광자를 지나면 다음 중 어느 경우에 빛이 통과되겠는가?

(a) 경우 1만 (b) 경우 2만

(c) 경우 3만 (d) 경우 1과 경우 2에서

(e) 세 경우 모두

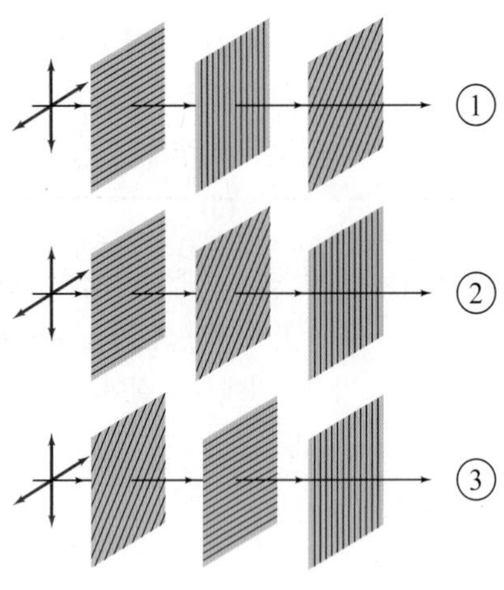

그림 24.55 객관식 10

주관식

24.3 이중 슬릿에 의한 간섭

1. (I) 간격이 0.018 mm인 두 슬릿에 단색광이 입사하여 8.6°에서 5차 밝은 띠가 관측됐다. 이 단색광의 파장은 얼마인가?

2. (I) 610 nm의 빛을 두 개의 좁은 슬릿에 비추었을 때 31°에서 3차 밝은 띠를 관찰했다면 두 슬릿의 간격은 얼마인가?

3. (II) 단색광이 간격이 0.048 mm인 두 개의 매우 좁은 슬릿에 입사한다. 6.50 m 떨어진 스크린에 생기는 중앙 띠 가까이에서 연속적인 두 띠의 간격이 8.5 cm이다. 그 빛의 파장과 진동수를 구하라.

4. (II) 파장이 680 nm인 빛이 두 슬릿에 입사하여 2.8 m 떨어진 스크린 상의 3차 밝은 빨간색 무늬가 중앙 극대에서 38 mm 떨어진 곳에 생겼다. 두 슬릿의 간격은 얼마인가?

5. (II) He-Ne 레이저에서 나오는 파장이 633 nm인 평행광이 간격이 0.068 mm인 매우 좁은 두 슬릿을 통과한다. 3.3 m 떨어진 스크린 상의 중앙에 생기는 간섭 띠들의 간격은 얼마인가?

6. (II) 얇은 유리 조각이 그림 24.7의 아래쪽 슬릿 앞에 놓여 있어서 슬릿으로 들어가는 두 파가 위상이 180° 차이가 난다(그림 24.56). 스크린에 생기는 간섭 무늬들을 자세히 그려보라.

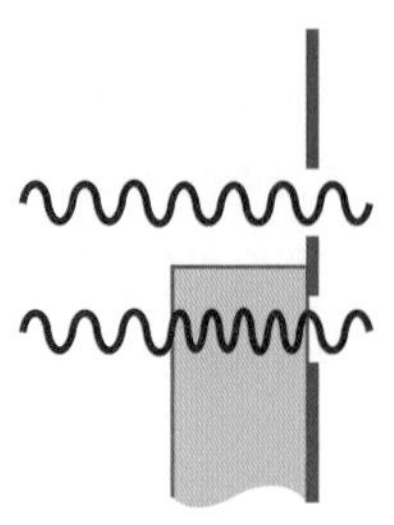

그림 24.56 주관식 6

7. (II) 이중 슬릿 실험에서 파장이 480 nm인 파란색 빛에 의한 간섭이 멀리 떨어진 스크린 상에 2차 극대가 나타났다. 같은 위치에서 극소가 되기 위한 가시광선 파장은 얼마인가?

8. (II) 간격이 1.0 mm인 두 개의 좁은 슬릿에 파장이 544 nm인 빛이 쪼여졌다. 슬릿에서 4.0 m 떨어진 곳에 있는 스크린에 생기는 이웃하는 두 밝은 띠 사이의 간격을 구하라.

9. (II) 이중 슬릿 실험에서 파장이 480 nm인 빛에 대한 3차 극대가 슬릿으로부터 1.6 m 떨어진 스크린 상의 중앙의 밝은 반점에서 16 mm 떨어져 있다. 같은 슬릿에 650 nm의 빛을 쪼이면 이 빛에 의한 2차 극대의 위치는 중앙의 밝은 반점에서 얼마나 멀리 떨어지는가?

10. (III) 매우 얇은 플라스틱판(n = 1.60)으로 두 슬릿 중의 하나를 가렸다. 680 nm의 빛을 비추었을 때 스크린 상의 중앙에 밝은 띠 대신 어두운 띠가 생겼다. 플라스틱의 최소 두께는 얼마인가?

24.4 가시 스펙트럼; 분산

11. (I) 규산염 플린트 유리에서 파란색 빛(450 nm)의 속력은 빨간색 빛(680 nm)의 속력보다 몇 % 느린가?

12. (III) 두 파장 $\lambda_1 = 455$ nm과 $\lambda_2 = 642$ nm가 섞여 있는 평행광이 그림 24.57에서와 같이 규산염 플린트 유리로 된 이등변 프리즘에 입사한다. 두 빛이 프리즘을 나오는 각도 θ_1과 θ_2는 얼마인가? 각도는 프리즘 면의 법선에 대한 각도이다(그림 24.14 참조).

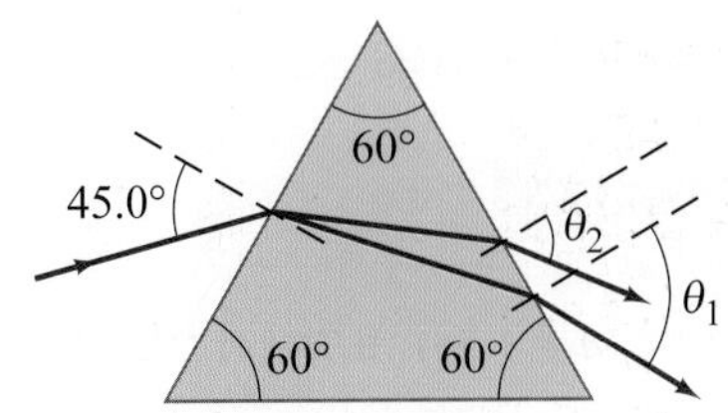

그림 24.57 주관식 12

24.5 단일 슬릿에 의한 회절

13. (I) 680 nm의 빛이 너비가 0.0425 mm인 슬릿에 입사하면 중앙회절 극대의 각너비(angular width)는 얼마인가?

14. (II) 파장이 440 nm인 파란색 빛이 단일 슬릿에 입사할 때, 중앙 극대의 양쪽의 1차 어두운 띠 사이의 각도가 51.0°이다. 슬릿의 너비는 얼마인가?

15. (II) 너비가 0.0348 mm인 슬릿에 558 nm의 빛을 쪼여서 2.30 m 떨어진 스크린 나타나는 중앙 회절 극대의 너비는 얼마인가?

16. (II) (a) 파장이 λ인 어떤 빛에 대해 회절 극소가 생기지 않기 위한 슬릿의 최소 너비는 얼마인가? (b) 가시광선을 사용하여 회절 극소가 생기지 않게 하기 위한 슬릿의 최소 너비는 얼마인가?

17. (II) 파장이 633 nm인 단색광을 슬릿에 비춘다. 스크린 상의 중앙 극대 양쪽의 두 밝은 띠 사이의 각도가 32°라면 슬릿의 너비는 얼마인가?

18. (III) 너비가 D인 단일 슬릿에 평행광이 법선과 28.0°의 각도로 입사하는 경우 회절 무늬를 그려서 나타내라.

24.6, 24.7 회절 격자

19. (I) cm당 3800개의 슬릿이 있는 격자에 어떤 빛을 비출 때 22.0°의 각도에서 3차 회절 띠가 생긴다. 사용한 빛의 파장은 얼마인가?

20. (II) He-Ne 레이저($\lambda = 632.8$ nm)에서 나오는 빨간색 레이저를 격자에 통과시켜서 53.2°에서 3차 회절 띠를 관찰했다. 같은 격자를 사용하여 20.6°에서 일차 띠를 관측하려면 어떤 파장의 빛을 사용하여야 하는가?

21. (II) 어떤 빛을 9800슬릿/cm인 격자에 통과시켜서 28.8°, 36.7°, 38.6° 및 41.2°에서 일차 선들을 관측했다. 각각에 해당하는 파장들은 얼마인가?

22. (II) 6.5×10^5슬릿/m인 회절 격자가 있다. 2차 스펙트럼이 분포된 파장이 7.0×10^{-7} m인 빨간색과 4.5×10^{-7} m인 파란색 사이의 퍼짐각을 구하라.

23. (II) 6500슬릿/cm인 격자에 파장이 633 nm인 레이저를 비추어서 볼 수 있는 가장 높은 차수는 몇 차인가? 격자에 수직하게 입사한다고 가정한다.

24. (II) 어떤 회절 격자에 백색광을 비추었을 때 전체 스펙트럼 차수가 두 개만 보인다. 이 격자의 최대 격자수는 cm당 몇 개인가?

24.8 박막에 의한 간섭

25. (I) 어떤 비눗방울의 두께가 120 nm이라면, 백색광을 그 방울의 표면에 수직하게 비추었을 때 방울의 겉 표면의 중심에서 가장 강하게 반사되는 파장은 얼마인가? 비누 막의 굴절률은 $n = 1.32$이다.

26. (II) 어떤 렌즈 표면에서 백색광이 반사될 때 렌즈가 녹황색($\lambda = 570$ nm)으로 보인다. 렌즈 유리($n = 1.52$)에 코팅한 코팅막($n = 1.25$)의 최소 두께는 얼마인가?

27. (II) 두께가 변하는 얇은 기름 막($n_o = 1.50$)이 물($n_w = 1.33$) 위에 떠 있다. 위에서 백색광이 내려 쪼여서 반사된 색이 그림 24.58과 같다. 공기 중에서의 노란색의 파장은 580 nm이다. (a) 그림 상의 점 A에서는 왜 반사된 색이 없는가? (b) 점 B에서의 기름의 두께 t는 얼마인가?

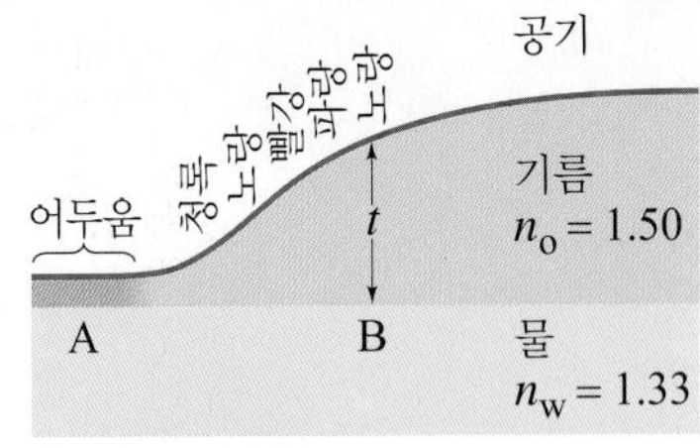

그림 24.58 주관식 27

28. (II) 어떤 광학 기기에서 코팅하지 않은 렌즈 몇 개를 사용하면 기기를 통과하는 빛의 양이 50 % 이하가 되겠는가? 렌즈의 두 표면에서의 투과율은 같다고 가정한다. (666쪽 참조)

29. (II) 평볼록 렌즈를 평평한 유리판 위에 올려놓고 560 nm의 빛을 내리 쪼일 때 밝은 원형 띠 35개와 어두운 원형 띠 35개(중앙의 어두운 무늬는 제외)의 뉴턴 원무늬가 관찰됐다

(그림 24.30). 렌즈의 가장자리에 대한 중앙에서의 두께는 얼마인가?

30. (II) 예제 24.7에서의 두 유리판 사이의 쐐기가 공기 대신 어떤 투명한 물질—물과 같은—로 채워져 있다면 빛의 파장의 변화로 띠가 달라진다. 굴절률이 n인 재료에서 파장은 $\lambda_n = \lambda/n$이 된다. 여기서 λ는 진공 중의 파장이다(식 24.1). 예제 24.7에서의 쐐기에 공기 대신 물이 채워진다면 어두운 띠가 몇 개 생기겠는가?

31. (II) 450 nm의 빛이 평평한 두 장의 유리판에 수직으로 입사할 때 유리판 사이의 공기층의 두께가 최소 얼마여야 유리가 밝게 보이는가? 어둡게 보이려면 두께가 얼마여야 하는가?

32. (III) 유리판($n = 1.56$) 위에 두께가 일정한 알코올($n = 1.36$)의 박막이 있다. 파장이 변할 수 있는 단색광을 표면에 수직으로 비추면, $\lambda = 525$ nm일 때 반사광이 최소가 되고 $\lambda = 655$ nm일 때 최대가 된다. 막의 최소 두께는 얼마인가?

24.9 마이컬슨 간섭계

33. (II) 간섭계에서 움직이는 거울이 0.125 mm 움직이는 동안 밝은 띠가 362회 생겼다면 간섭계에서 사용한 빛의 파장은 얼마인가?

34. (III) 간섭계에서 빛이(그림 24.59) 길이가 1.155 cm인 공기를 뺀 유리 용기 속을 지나간다. 유리 용기 속에 기체를 서서히 채워가면서 어두운 띠가 기준선을 158번 지나갔다. 사용된 빛의 파장은 632.8 nm이다. 유리 용기 속에 채워진 기체의 최종 밀도에서 기체의 굴절률을 계산해 보라. 간섭계는 진공 중에서 있다고 가정한다.

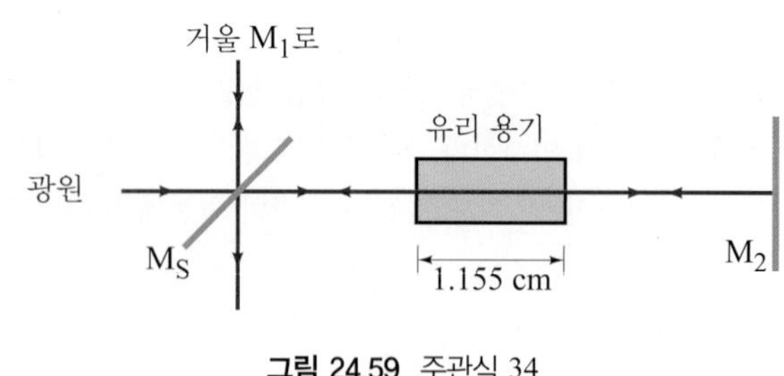

그림 24.59 주관식 34

24.10 편광

35. (I) 공기–유리($n = 1.56$) 표면에서 브루스터 각은 얼마인가?

36. (II) 두 편광자의 방향이 서로 간에 42.0°이다. 각 편광자에 대해 21.0°의 각도에서 편광된 빛이 두 편광자를 통과한다. 투과 세기(%)는 얼마인가?

37. (II) 훔친 다이아몬드($n = 2.42$)로 추정되는 어떤 재료 조각을 굴절률이 1.43인 기름 속에 담그고 편광되지 않은 빛을 쪼였다. 반사된 빛은 62°에서 완전히 편광되는 것이 관찰됐다. 다이아몬드가 맞는가? 설명해 보라.

38. (II) 물속에 들어 있는 다이아몬드의 브루스터 각은 얼마인가?

39. (II) 물속에서 나오는 빛이 물 표면에서 반사되기 위한 브루스터 각은 얼마인가? 전반사가 일어나는 각도와 비교해 보고, 표면 위로부터의 브루스터 각과도 비교해 보라.

40. (II) 세기가 I_0인 편광되지 않은 빛이 6개의 폴라로이드 판을 연속해서 통과한다. 각 폴라로이드 판의 축은 앞의 판과 35°를 이룬다. 투과된 빛의 세기는 얼마인가?

연습 해답

A: 333 mm, 6.0×10^{14} Hz, 2.0×10^{8} m/s
B: 2.5 mm
C: 좁아짐
D: A
E: (e)

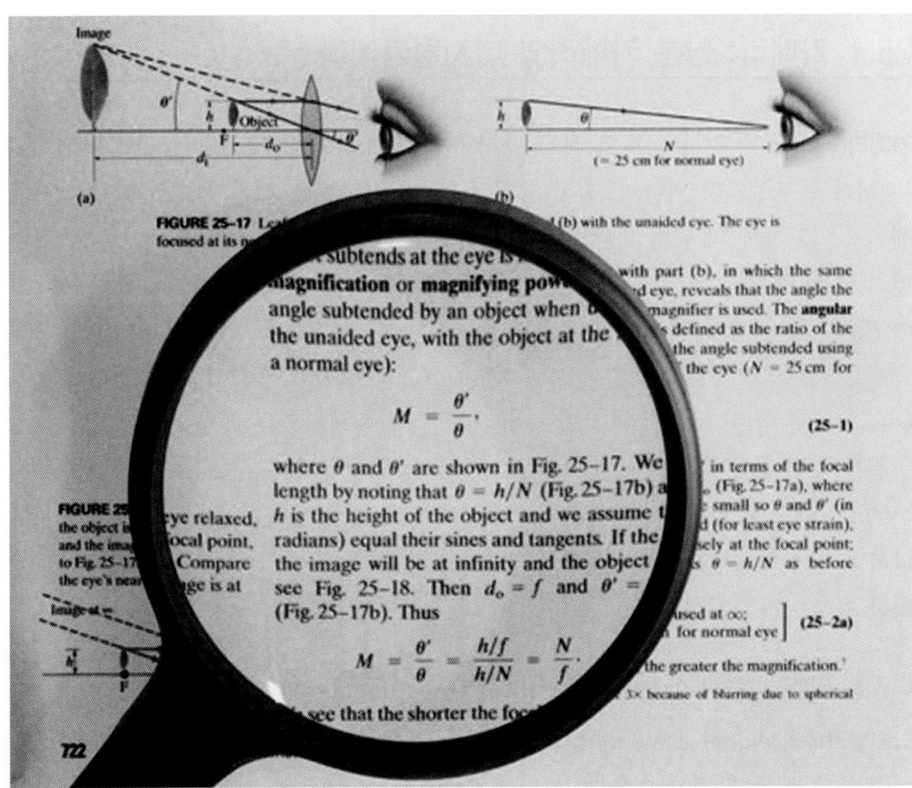

이 장에서 배우게 될 많은 광학 기기 중에서 확대경이 가장 단순한 기기이다. 이 장에서는 확대경의 작용 원리로부터 시작하여 필름 카메라와 디지털카메라, 사람의 눈, 안경, 망원경, 현미경에 관해 다루는 한편, 상의 분해능, 엑스선에 대해서도 알아볼 것이다.

CHAPTER 25

광학 기기

시작 질문 추정해 보라!

회절 때문에, 광학 현미경의 배율 한계는 다음 중 어느 정도인가?

(a) 50× **(b)** 100× **(c)** 500× **(d)** 2000× **(e)** 5000×

또한 제대로 볼 수 있는 물체의 가장 작은 크기는 대략 어느 정도인가?

(a) 10 nm **(b)** 100 nm **(c)** 500 nm **(d)** 2500 nm **(e)** 5500 nm

이전 두 장에서 배운 빛의 성질에 관한 논의에서 분광계나 마이컬슨 간섭계와 같은 몇몇 기기에 관해 설명했었다. 이 장에서는 카메라, 망원경, 현미경, 사람의 눈 등을 포함하여 대부분 렌즈를 사용하는 좀 더 일반적인 기기들에 관해 배우고자 한다. 이 기기들의 원리를 설명하기 위해 23장에서 배운 광선 도표를 사용할 것이다. 그러나 이런 기기들의 원리의 어떤 면을 이해하는 데는 빛의 파동성을 알아야 할 필요가 있을 것이다.

25.1 카메라: 필름 카메라와 디지털카메라

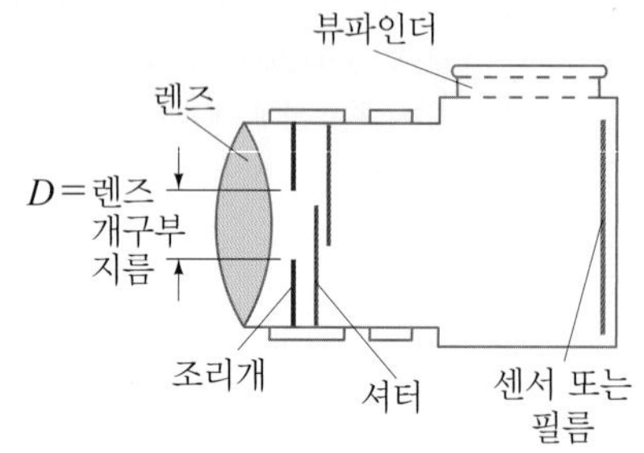

그림 25.1 가장 간단한 카메라

카메라(camera)는 기본적으로 렌즈, 암상자, 렌즈를 통해 빛을 잠깐 동안만 통과시키는 셔터로 구성되어 있다. 그리고 디지털카메라에는 빛을 전기 신호로 바꾸는 전자 센서가 있고 예전의 일반 카메라에는 필름을 사용한다(그림 25.1). 셔터가 잠깐 동안 열려 있는, 즉 '노출'되는 동안 외부의 물체로부터 들어오는 빛은 렌즈에 의해 접속되어 필름이나 센서에 상이 만들어진다.

필름 카메라의 뒤 뚜껑을 열고 그 자리(상이 형성되는 위치)에 얇은 종이를 놓은 다음 셔터를 열면, 여러분 자신의 상이 종이 위에 형성되는 것을 볼 수 있다.

필름은 빛에 노출될 때 화학적 변화가 생기는 **감광 유제**(emulsion)가 얇게 코팅되어 있다. 감광된 필름을 물에 용해된 화학 약품으로 현상하면, 밝은 곳은 투명하게 나타나서 상을 필름에 기록한다.[†] 전자 장치인 디지털카메라와 비교하여 필름을 '화학 사진'이라고도 한다.

디지털카메라, 전자 센서(CCD, CMOS)

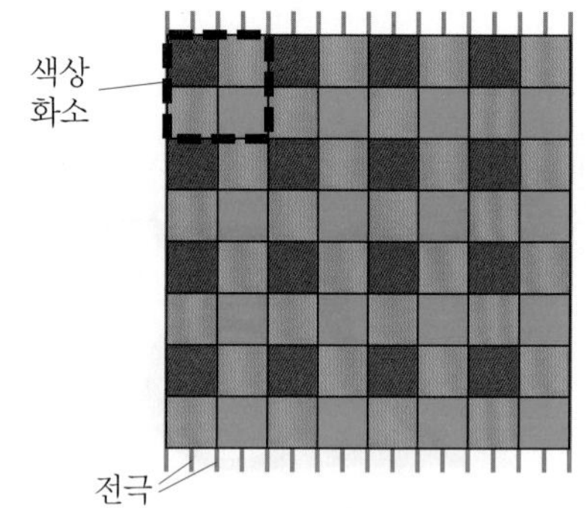

그림 25.2 전형적인 바이엘 센서의 일부분. 네 화소로 된 사각형 그룹 $\frac{RG}{GB}$를 색상 화소라고 한다.

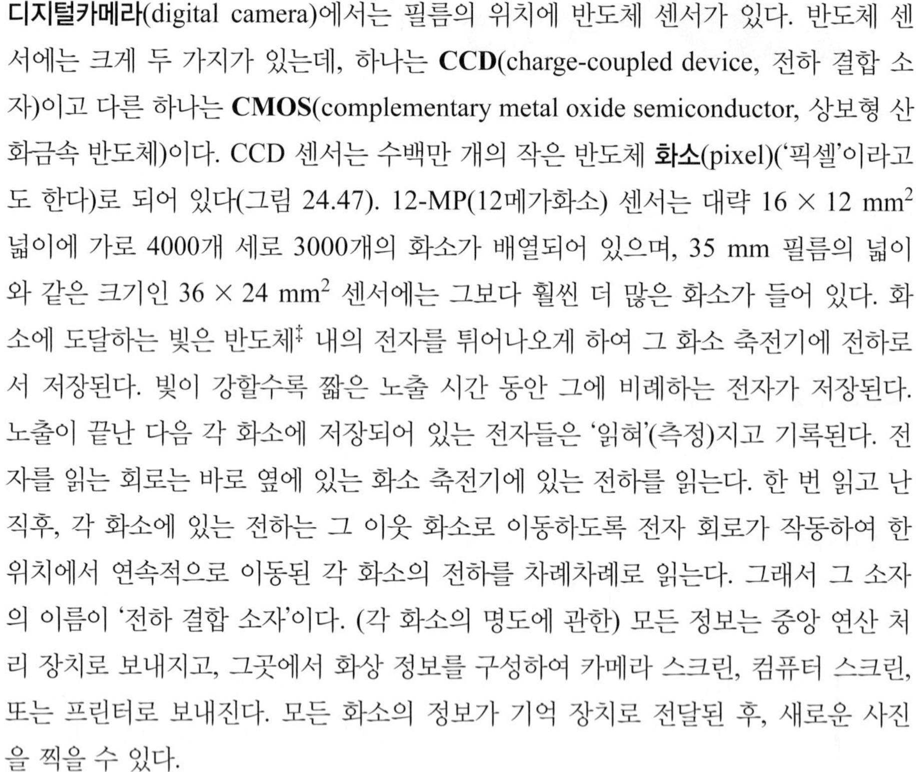

디지털카메라(digital camera)에서는 필름의 위치에 반도체 센서가 있다. 반도체 센서에는 크게 두 가지가 있는데, 하나는 **CCD**(charge-coupled device, 전하 결합 소자)이고 다른 하나는 **CMOS**(complementary metal oxide semiconductor, 상보형 산화금속 반도체)이다. CCD 센서는 수백만 개의 작은 반도체 **화소**(pixel)('픽셀'이라고도 한다)로 되어 있다(그림 24.47). 12-MP(12메가화소) 센서는 대략 16×12 mm^2 넓이에 가로 4000개 세로 3000개의 화소가 배열되어 있으며, 35 mm 필름의 넓이와 같은 크기인 36×24 mm^2 센서에는 그보다 훨씬 더 많은 화소가 들어 있다. 화소에 도달하는 빛은 반도체[‡] 내의 전자를 튀어나오게 하여 그 화소 축전기에 전하로서 저장된다. 빛이 강할수록 짧은 노출 시간 동안 그에 비례하는 전자가 저장된다. 노출이 끝난 다음 각 화소에 저장되어 있는 전자들은 '읽혀'(측정)지고 기록된다. 전자를 읽는 회로는 바로 옆에 있는 화소 축전기에 있는 전하를 읽는다. 한 번 읽고 난 직후, 각 화소에 있는 전하는 그 이웃 화소로 이동하도록 전자 회로가 작동하여 한 위치에서 연속적으로 이동된 각 화소의 전하를 차례차례로 읽는다. 그래서 그 소자의 이름이 '전하 결합 소자'이다. (각 화소의 명도에 관한) 모든 정보는 중앙 연산 처리 장치로 보내지고, 그곳에서 화상 정보를 구성하여 카메라 스크린, 컴퓨터 스크린, 또는 프린터로 보내진다. 모든 화소의 정보가 기억 장치로 전달된 후, 새로운 사진을 찍을 수 있다.

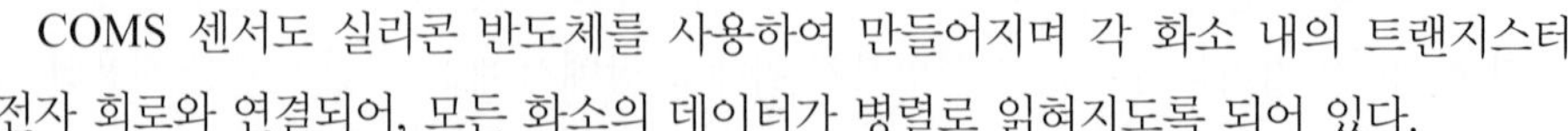

COMS 센서도 실리콘 반도체를 사용하여 만들어지며 각 화소 내의 트랜지스터 전자 회로와 연결되어, 모든 화소의 데이터가 병렬로 읽혀지도록 되어 있다.

센서의 크기로 가장 많이 사용되는 가로 대 세로의 비는 4∶3 또는 3∶2이다. 센서

[†] 검은 부분이 밝은 부분에 대응되므로 이것을 음화라고 한다. 음화로부터 양화의 흑백 사진을 만들 때도 똑같은 과정이 일어난다. 컬러 필름은 삼원색에 대응하는 세 가지 유제층(염료)을 이용한다.

[‡] 명확하게 말하면, 광자들이 전자를 때려서 전자를 가전자띠에서 전도띠로 올려 준다.

가 클수록 좋은 이유는 화소의 수를 많아지게 할 수 있거나 크기가 큰 화소로 센서를 구성할 수 있기 때문이다. 크기가 큰 화소의 이점은 전하(자유 전자)를 많이 모을 수 있어서, 밝기의 범위를 매우 넓게 할 수 있고 색상의 정확도를 높일 수 있으며 빛이 약한 곳에서도 감도를 좋게 할 수 있다는 것이다.

가장 많이 사용되는 화소의 대량 배열은 **바이엘 모자이크**(Bayer Mosaic)라고 하는데, 그림 25.2에서처럼 반복되는 화소 위에 빨간색, 초록색, 파란색의 필터가 얹혀져 있다. 이것은 이전에 LCD나 CRT 모니터의 스크린에서 했던 방법과 비슷하다(24.11절). 그림 25.2에 있는 형태의 센서는 초록색 픽셀이 빨간색이나 파란색보다도 두 배나 많다(그 이유는 초록색이 인간의 시각 감도에 미치는 영향이 다른 색보다 훨씬 강하기 때문이다). 많은 화소에서 컴퓨터로 분석한 색은 기억 장치의 크기를 줄이기 위해(압축이라 한다), 종종 가장 인접한 색의 값을 평균한 색이다.

바이엘 배열에서 화소의 서로 다른 색은 독립적인 화소로 간주한다. 반면에, LCD 스크린에서는(24.11절), 세 개의 부화소(subpixel)를 하나로 묶어서 하나의 화소로 간주한다. 이 방식이 많이 사용되어온 방식이다.

'포베온(Foveon)'이라고 하는 새로운 기술은 반도체 적층 시스템을 사용한다. 빛이 실리콘 표면에 침투하는 깊이는 파장에 따라 다르다. 그림 25.3을 보면, 파란색 파장은 가장 위층에서 흡수되고 초록색과 빨간색은 통과한다. 파장이 더 긴 것(초록색)은 두 번째 층에서 흡수되고 파장이 가장 긴(빨간색) 것은 맨 아래 층에서 흡수된다. 세 개의 색은 모두 각각 '세 개의 화소' 영역에서 검출되어, 색 분해능이 훨씬 좋고 디지털 처리 과정에서 생기는 결함이 적다.

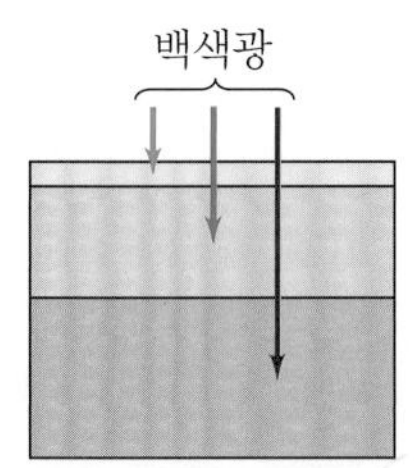

그림 25.3 세 가지 색으로 되어 있는 층구조 또는 '포베온' 삼색 화소는 수직 구조로 되어 있어서 빛이 세 색을 모두 지나갈 수 있게 되어 있다.

디지털 처리 과정에서 생기는 결함

디지털카메라는 상을 전자적으로 감지하는 과정에서 상 결함(원래의 상에는 없으나 디지털 처리 과정에서 상에 생기는 인위적인 효과)이 생길 수 있다. 그중 한 예로 바이엘 모자이크로 된 화소(그림 25.2)에서 나타나는 효과가 그림 25.4에 설명되어 있다.

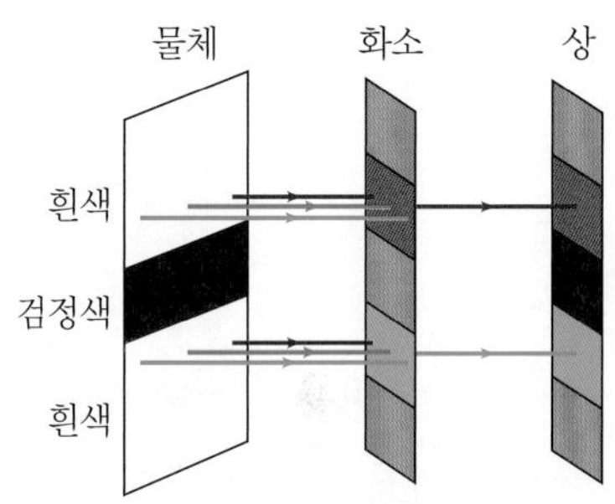

그림 25.4 흰색 배경에 가느다란 검은 선(사진 찍고자 하는 대상 물체)이 포함된 그림을 사진으로 찍는다고 하자. 이 검은 선의 상은 색을 걸러내는 화소의 모자이크 배열 때문에 여러 색으로 된 '빛 테두리'(위는 빨간색, 아래는 파란색)를 갖게 된다. 컴퓨터는 평균을 취하여 이런 색 문제를 최소화 하지만(상의 맨 위와 맨 아래에 있는 초록색은 부근의 다른 화소와 평균이 되어 백색이나 백색에 가까운 색을 내게 된다) 그 상은 결국 선명하지 않고 흐릿해진다.

카메라의 설정

좋은 사진을 찍기 위해서는 카메라의 세 가지 기능을 잘 조절해야 한다. 즉 셔터 속도, 조리개의 f-스톱, 초점 맞추기이다. 오늘날 대부분의 카메라는 이들이 자동으로 설정되게 만들어지지만, 카메라를 좀 더 효율적으로 사용하려면 이런 설정 방법을 알아 두는 것이 좋다. 특수한 목적이나 최고의 품질을 얻기 위해서는 수동 카메라를 사용하는 것이 좋다(그림 25.5).

노출 시간 또는 셔터 속도 이것은 디지털 센서가 얼마나 빨리 상의 정보를 정확하게 읽어낼 수 있는가, 또는 카메라의 셔터가 얼마나 오랫동안 열려있는가, 즉 필름 또는 센서가 빛에 노출된 시간을 나타낸다. 그 값은 보통 수초('노출된 시간')에서 수천분의 1초 또는 더 빠른 값까지 가지각색이다. 카메라가 흔들려 상이 흐려지는 것을 방지하기 위해 노출 시간은 $\frac{1}{100}$s 이하로 하는 것이 좋다. 피사체가 움직이고 있다면, 정

그림 25.5 이 카메라에서 조리개 링과 초점 링은 카메라 렌즈에 있다. 셔터 속력은 카메라 몸체 위에 있는 조그만 다이얼을 돌려서 설정하도록 되어 있다.

지한 상을 얻기 위해 더 짧은 노출 시간을 설정해야 한다($\frac{1}{1000}$ s 또는 그 이하). 노출 시간이 충분히 빠르지 않으면 카메라의 흔들림에 의해 선명하지 않은 상을 얻게 된다. 값이 싼 센서를 사용한 휴대 전화 카메라의 경우 빛이 약한 곳에서 흐려짐을 줄이기 위해서는 노출 시간을 길게 하여 빛을 많이 모아야 한다. 짤막한 동영상을 촬영하는 디지털카메라나 휴대 전화 카메라는 최소한 초당 15장면 이상의 사진을 찍어야 하므로 훨씬 빠른 '데이터 수집' 시간이 필요하고 즉시 (센서에 축적된 전하를) '지워야' 한다. 가능하다면 초당 24장면(필름과 같은 수준) 이상을 찍을 수 있으면 좋은 동영상 카메라이다. TV로 보는 수준이 되기 위해서는 초당 30, 60 또는 120장면을 찍어야 한다(전원의 진동수가 50 Hz인 유럽 같은 곳에서는 초당 25, 50 또는 100장면으로 찍어야 한다).

***f*-스톱** 센서나 필름에 입사되는 빛의 양은 셔터 속도뿐만 아니라 **조리개**에 따라서도 달라진다. 따라서 **노출 부족**(underexposure)(빛이 너무 적게 들어와서 사진이 어둡게 되어 아주 밝은 것만 겨우 보이는 것)이나 **노출 과다**(overexposure)(빛이 너무 많이 들어와서 밝은 물체의 명암 대비가 부족하여 색이 날아가 버린 것처럼 보이는 것)가 일어나지 않도록 조리개를 잘 조절해야 한다. 고급 카메라는 렌즈 뒤에 있는 조리개에서 창의 지름을 '스톱' 단위로 조절하여 노출량을 조절한다(그림 25.1). 조리개 창은 밝거나 어두운 빛의 조건, 센서나 필름의 감도,[†] 셔터 속도를 보완하기 위해(자동 또는 수동으로) 조절된다. 조리개 창의 크기를 ***f*-스톱**(*f*-stop) 또는 ***f*-수**(*f*-number)라 하며 다음과 같이 정의한다.

$$f\text{-스톱} = \frac{f}{D}$$

여기서 f는 렌즈의 초점 거리이고 D는 조리개가 열린 지름이다(그림 25.1 참조). 예를 들어 초점 거리가 50 mm인 렌즈의 조리개가 열린 지름이 $D = 25$ mm라면, $f/D = 50\text{ mm}/25\text{ mm} = 2$이어서 $f/2$에 세팅됐다고 말한다. 이 렌즈를 $f/5.6$에 세팅하면 조리개의 열린 지름은 9 mm(50/9 = 5.6)가 된다. 셔터 속도가 빠른 경우, 즉 빛이 짧은 시간 동안 들어오는 경우 조리개를 더 많이 열어야 적절한 노출이 된다. 즉 f-스톱의 값을 작게 해야 한다. f-스톱의 값이 작아질수록 짧은 시간 동안 많은 빛이 들어오므로, 조리개를 많이 열어야 렌즈를 통해 센서나 필름에 도달하는 빛이 많아진다. 렌즈의 가장 작은(조리개가 가장 많이 열린) f-값을 렌즈의 **속도**라고 한다. 아주 좋은 렌즈는 속도가 $f/2.0$ 정도이거나 더 빠른 값이다. 고속 렌즈의 이점은 빛이 아주 약한 곳에서도 사진을 찍을 수 있다는 것이다. 고급 렌즈는 얇은 렌즈에서 나타나는 결함을 보충하기 위해 여러 개의 렌즈로 구성되어 있다(25.6절). 표준 f-스톱 값들은

[†]빛에 반응하는 필름의 감도는 다를 수도 있으며, 이 감도를 '필름의 속도'라고 하며 'ISO(또는 ASA) 수'로 나타낸다. '속도가 빠른' 필름일수록 빛에 대한 감도가 좋으며 빛이 약해도 좋은 사진을 얻을 수 있는 반면, 유제의 입자가 굵어서 크게 확대하였을 때 화소가 굵게 보인다. 디지털카메라는 감도를 조정하기 위한 'gain' 또는 'ISO' 수가 있다. 빛이 약한 조건에서 CCD를 '빠른 속력'(ISO 3200과 같은)으로 조정하면 '노이즈'가 생기게 되어, 필름 카메라에서의 굵은 입자 모양의 결과물을 얻게 된다.

1.0, 1.4, 2.0, 2.8, 4.0, 5.6, 8, 11, 16, 22, 32

이다(그림 25.5). 이 값들의 각각은 $\sqrt{2} \approx 1.4$의 배수로 지름이 줄어드는 값이다. 필름에 도달하는 빛의 양은 조리개가 열린 부분의 **넓이**에 비례하므로, 즉 지름의 제곱에 비례하므로 위의 표준 f-스톱은 필름에 들어오는 빛의 세기의 변화가 두 배씩 증가함을 나타낸다.

(a)

(b)

그림 25.6 (a) 가까이 있는 물체에 초점을 맞춰 멀리 있는 물체가 흐리게 나오도록 한 것과 (b) 멀리 있는 물체에 초점을 맞춰 가까이 있는 물체를 흐리게 나오도록 촬영한 사진

초점 맞추기 초점을 맞추는 것은 선명한 상을 얻기 위해 렌즈의 위치를 조절하는 조작이다. 무한 원점(무한히 먼 곳을 나타내는 기호로 ∞를 사용함)에 있는 물체의 경우 상거리가 최소이고 그 거리는 23.7절에서 배운 바와 같이 초점 거리와 같다. 가까이 있는 물체의 경우, 렌즈 공식 $1/f = 1/d_o + 1/d_i$(식 23.8)에서 알 수 있는 바와 같이 상거리는 초점 거리보다 길어진다. 가까이 있는 물체에 초점을 맞추기 위해 렌즈는 센서나 필름으로부터 멀어져야 한다. 수동 카메라의 경우 렌즈에 있는 원통을 돌려서 초점을 맞춘다.

가까이 있는 물체에 초점을 맞추면, 그것의 상은 선명하게 형성되지만 멀리 있는 물체의 상은 흐릿해진다(그림 25.6). 멀리 있는 물체의 한 점에서 오는 빛은 초점이 맞지 않을 것이다—센서나 필름에는 그림 25.7(과장되어 그려짐)과 같이 점 대신에 원을 형성한다. 따라서 멀리 있는 물체는 많은 원들이 서로 겹쳐져서 흐릿한 상을 형성한다. 이런 원들을 **착란원**(circles of confusion)이라고 한다. 같은 사진에서 멀리 있는 물체와 가까이 있는 물체 모두가 선명한 상을 얻기 위해서는 카메라 렌즈의 초점을 중간쯤에 맞추어야 한다. 이렇게 거리를 맞추면, 착란원이 최소가 되어 적절히 선명한 상을 얻게 되는 거리의 범위에 있게 된다. 이런 거리를 **피사계 심도**(depth of field)라 한다. 너비가 36 mm인(35 mm 필름 카메라 포함) 필름이나 센서의 경우, 일반적으로 피사계 심도는 착란원의 최대 크기가 0.030 mm인 경우를 기본으로 하며, 심지어는 중요한 작품 사진이나 매우 크게 확대한 사진의 경우 0.02 mm나 0.01 mm로 하는 경우도 있다. 피사계 심도는 렌즈 조리개의 열린 정도에 따라 변한다. 렌즈의 조리개를 적게 열면, 렌즈의 가운데 부분으로만 빛이 들어오므로, 주어진 물체 거리에 대해 착란원의 크기가 작아진다. 따라서 렌즈의 조리개를 적게 열수록 착란원의 크기의 범위 안에서 물체 거리의 범위를 크게 할 수 있으므로 피사계 심도가 깊어진다. 그러나 조리개를 적게 열면, 회절(이 장의 뒷부분에서 논의할 것임)에 의해 분해능이 감소된다. 최적의 분해능은 $f/5.6$이나 $f/8$에서 나타난다.

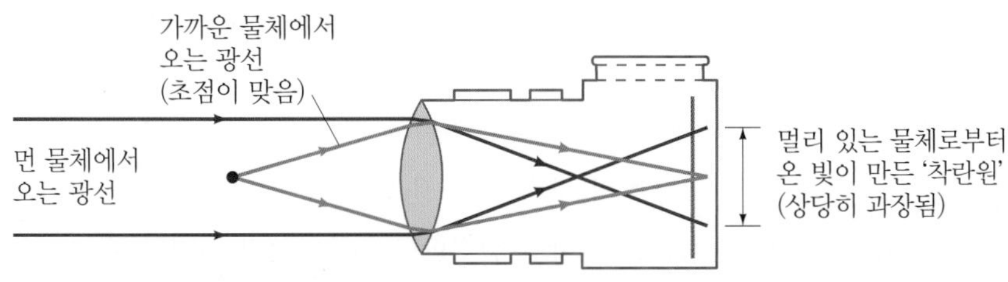

그림 25.7 가까이 있는 물체에 렌즈의 초점을 맞추면 멀리 있는 물체의 점들은 필름 면에 원을 형성하므로 흐려진다. (이해를 돕기 위해 이 그림은 상당히 과장됐다.)

예제 25.1 카메라의 초점

초점 거리가 50.0 mm인 카메라 렌즈가 처음에는 무한 원점에 초점이 맞추어져 있다. 3.00 m 거리에 있는 물체에 정확하게 초점을 맞추기 위해 렌즈는 얼마나 이동해야 하는가?

접근 무한 원점에 있는 물체에 대해, 상은 초점의 위치에 맺힌다(23.7절). 3.00 m 거리에 있는 물체에 대해 얇은 렌즈 공식인 식 23.8을 사용하면 상거리(렌즈에서 필름이나 센서까지의 거리)를 구할 수 있다.

풀이 무한 원점에 초점이 맞추어져 있을 때, 렌즈는 필름면에서 50.0 mm 거리에 있다. $d_0 = 3.00$ m 거리에 초점을 맞추면, 상거리는 렌즈 공식에 의해

$$\frac{1}{d_\text{i}} = \frac{1}{f} - \frac{1}{d_\text{o}} = \frac{1}{50.0\,\text{mm}} - \frac{1}{3000\,\text{mm}} = \frac{3000 - 50}{(3000)(50.0)\,\text{mm}} = \frac{2950}{150{,}000\,\text{mm}}$$

가 된다. 이것을 d_i에 대해 풀면 $d_\text{i} = 50.8$ mm가 얻어진다. 따라서 렌즈는 필름 면이나 센서의 표면으로부터 0.8 mm 더 멀어져야 한다.

연습 A 예제 25.1의 렌즈가 필름이나 센서에서 50.4 mm 거리에 있다면, 초점이 잘 맞는 물체 거리는 얼마인가?

상의 선명도

상의 선명도는 초점을 정확히 맞추는 것과 짧은 노출 시간뿐만 아니라 필름의 입자 굵기 또는 디지털 센서의 화소 수에 따라 달라진다. 필름에서 입자의 굵기가 미세한 경우와 디지털 센서에서 화소의 크기가 작은 경우 감도가 '느리다'라고 말한다. 즉 그것은 같은 광량에 대해 긴 노출 시간이 필요하다는 뜻이다. 디지털카메라의 경우는 JPEG와 같은 평균(또는 압축 파일) 형식을 사용하기 때문에 모든 화소를 다 사용하지는 않는다. JPEG와 같은 압축 형식은 화소 간 값의 차이가 적은 경우 평균을 취하여 메모리의 크기를 줄인다. 그러기 때문에 화질의 명료성이 떨어짐은 피할 수 없게 된다. 예를 들어 조그마한 푸른 호수 표면의 색이 거의 일정하다면, 600개의 화소 데이터를 같은 것으로 간주하면 600개를 모두 따로 따로 저장하는 것보다 훨씬 더 메모리를 줄일 수 있다. 대신 약간씩 다른 물 표면의 차이는 구별되지 않게 된다. 완전히 '원래 그대로의(RAW)' 데이터는 메모리를 더 사용한다. 필름은 모든 것을 다 기록하는데, 디지털카메라의 경우는 RAW 모드로 찍어야 한다. 광량이 부족한 상황에서 찍은 경우에도 데이터 처리 프로그램은 평균을 취하게 되어 덜 선명한 사진이 얻어진다.

렌즈의 품질이 화질에 미치는 영향은 매우 크다. 이 장의 25.6절과 25.7절에서 렌즈의 분해능과 회절효과에 대해 공부할 것이다. 렌즈의 선명도 또는 **분해능**(resolution)은 흰 종이 위에 평행한 검은 선들을 조밀하게 그린 것을 아주 가느다란 입자를 가진 필름이나 매우 고품질의 센서로 사진을 찍어서 밀리미터당 얼마나 많은 선들이 제대로 나타나는지를 시험하여 결정한다. 또는 단위 인치당 점(dpi)의 수로 측정하기도 한다. 구별할 수 있는 선의 최소 간격 또는 단위 길이당 점의 개수로 분해능이 결정된다. 50선/mm의 분해능을 가진 렌즈라면 좋은 것이고, 100선/mm

(= 100점/mm ≈ 2500 dpi)는 매우 좋은 것이다. 전자 센서는 센서 전체 너비에 들어갈 수 있는 선의 쌍의 수로 분해능을 정하기도 한다.

바이엘 화소(그림 25.2의 왼쪽 위)의 한 '조'는 네 개의 화소로 되어 있다. 예를 들어 흰 선의 일부인 흰 점을 한 개 만들고자 할 때(렌즈 분해능을 구하고자 할 때 두 개의 검은 선 사이에 하나의 흰 선이 들어간다), 네 개의 모든 바이엘 화소(RGGB)가 모두 밝게 빛나야 한다. 포베온의 경우, 한 화소의 세 색이 모두 밝으면 한 개의 흰 점이 생긴다.†

예제 25.2 화소와 분해능

어떤 디지털카메라는 넓이가 32 mm × 24 mm인 센서에 4000 × 3000화소의 최대 분해능을 갖고 있다. 이 센서의 분해능을 RAW모드로 사용하고자 한다면 렌즈는 얼마나 선명해야 하는가?

접근 밀리미터당 화소의 수를 구하고 최소한 그 조건에 렌즈를 맞춘다.

풀이 상의 가로(32 mm에 4000화소)나 세로(24 mm에 3000화소) 중 하나를 택해서 밀리미터당 화소의 수를 구한다.

$$\frac{3000\,\text{화소}}{24\text{ mm}} = 125\,\text{화소/mm}$$

렌즈가 이 조건인 mm당 125개의 선 또는 점의 분해능을 가져야 하기 때문에 매우 좋은 렌즈여야 한다. 이 정도의 렌즈가 아니면 화소의 수를 줄이거나 메모리를 줄여서 사용할 수 있다.

유의 렌즈의 분해능을 늘리는 것은 CCD나 CMOS 센서에 많은 수의 화소를 작게 그리고 밀집시켜 넣는 것보다 훨씬 힘든 일이다. 고급 카메라용 센서는 상의 정밀도를 높이고 광량이 낮은 곳에서도 감도가 좋게 하기 위해 카메라의 크기가 커질 수밖에 없다.

예제 25.3 사진을 확대해 보기

점이나 선이 10점/mm 정도의 분해능을 가진 사진이면 가까이서 볼 때 선명하게 보인다. 예제 25.2의 카메라에서 찍은 사진을 8 × 10인치의 크기로 확대하면 선명하게 보일까?

접근 예제 25.2의 사진은 크기가 32 × 24 mm인 센서에 4000 × 3000화소의 카메라로 찍은 것이라고 가정하자. 그 사진을 8 × 10 in. = 20 cm × 25 cm로 확대한다.

풀이 센서의 짧은 쪽 길이는 24 mm = 2.4 cm이고, 확대 인화된 길이는 8인치 또는 20 cm이다. 즉 크기는 20 cm/2.4 cm ≈ 8 × (또는 25 cm/3.2 cm ≈ 8 ×)배가 된다. 8 × 10

† 화소가 4000 × 3000인 경우를 살펴보자. 포베온의 경우 각각의 '한 화소'(그림 25.3)는 모두 세 가지 색을 갖고 있다. 그 각각은 하나의 화소로 세면, 전체 낱개 화소의 수는 4000 × 3000 × 3 = 36MP가 된다. 바이엘 센서의 경우, 그림 25.2에서 보면 4000 × 3000은 12MP(6MP는 초록색용이고, 3MP는 빨간색과 파란색용이다)이다. 초록색 화소가 많은 이유는 그 색이 우리 눈의 분해능을 높이는 데 가장 중요하기 때문이다. 따라서 초록색 화소 간의 거리가 바이엘의 선명도를 대략적으로 나타내 준다. 포베온(36MP, 또는 삼색 화소 12MP)의 4000 × 3000에 견주려면, 바이엘은 약 24MP(그래야 초록색이 12MP가 되기 때문)이어야 한다. 이런 '견주기'는 단지 대략적인 근사일 뿐이다.

인치 인화지를 가득 채우기 위해서는 8배 화소로 확대해야 된다. 따라서 화소들도 8배로 확대된다. 그러므로 센서에서 125/mm인 화소 밀도는 인화지에서 125/8 = 15/mm가 된다. 따라서 8 × 10인치 크기로의 확대 인화는 화질이 좋다. 50 % 더 크게 확대해 11 × 14 또는 12 × 18인치까지도 화질이 그렇게 나쁘지는 않을 것이다.

매우 크게 확대 인화하기 위해서는, 필름이나 센서의 크기가 6 cm × 6 cm (2.25 in × 2.25 in)인 중형 카메라 또는 4 × 5 in나 8 × 10 in(이것은 유리판이나 판형 필름을 사용한다)인 대형카메라를 사용해야 한다.

연습 B 선명한 사진의 기준을 착란원의 지름이 0.030 mm 이하인 경우로 한다면 센서 상에는 mm당 점의 개수가 얼마여야 하는가?

망원 렌즈와 광각 렌즈

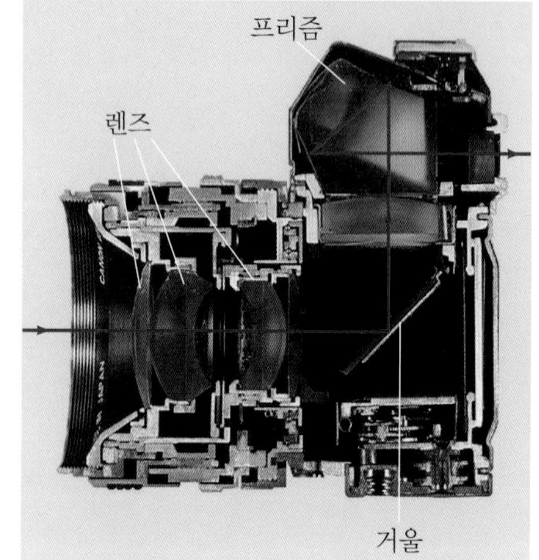

그림 25.8 일안 반사형(SLR) 카메라. 움직일 수 있는 거울과 프리즘을 통해 들어온 빛으로 피사체를 볼 수 있는 구조로 되어 있다.

카메라 렌즈는 초점 거리와 필름의 크기에 따라 표준, 망원, 광각 렌즈로 구분한다. **표준 렌즈**(normal lens)는 사람 눈의 시야에 해당하는 피사계를 센서나 필름에 거의 담을 수 있는 렌즈이다. 35 mm 필름을 사용하는 '표준' 렌즈의 초점 거리는 50 mm이다. 센서의 크기를 35 mm 필름†(24 mm × 36 mm)에 맞추려는 카메라일수록 좋은 카메라이다. (센서가 그보다 작은 경우, 구식 35 mm 카메라의 초점 거리를 명시하는 경우가 있다.) **망원 렌즈**(telephoto lens)는 상을 확대하는 망원경과 같은 역할을 한다. 23.8절에서 배운 것처럼(식 23.9) 망원 렌즈는 표준 렌즈보다 초점이 길며, 주어진 물체 거리에 대해 상의 크기는 상거리에 비례하고, 긴 초점 거리의 렌즈 경우 상거리도 길어진다. 먼 거리에 있는 물체의 경우, 상의 크기는 거의 초점 거리에 비례한다. 그러므로 초점 거리가 200 mm인 망원 렌즈를 35 mm 카메라에 사용하면 초점 거리가 50 mm인 표준 렌즈보다 배율이 네 배가 확대된다. **광각 렌즈**(wide-angle lens)는 표준 렌즈보다 초점 거리가 짧다. 피사계가 넓어지므로 사진 속의 물체의 상은 작아진다. **줌렌즈**(zoom lens)는 초점 거리를 조절(복합 렌즈로 구성된 얇은 렌즈들 간의 거리를 변화시켜서)할 수 있어서, 상을 가깝게 보이게 하거나 멀리 보이게 할 수 있다.

디지털카메라에서 **광학줌**(optical zoom)은 렌즈의 초점 거리를 변화시켜도 분해능을 유지할 수 있다. 이에 반해 '전자적인 화상 처리' 또는 **디지털 줌**(digital zoom)은 점(화소)을 확대하는 것이라 화질의 저하를 초래한다.

카메라에서 피사체를 보기 위해 사용되는 방법이 여러 가지 있다. 어떤 카메라는 그림 25.1에서와 같이 렌즈 위에 있는 작은 창을 통해 피사계를 본다. **일안 반사식**(single-lens reflex, SLR)카메라에서는 프리즘과 거울을 사용하여 렌즈를 통해 피사계를 본다(그림 25.8). 렌즈와 필름 또는 센서 사이에 45° 기울어진 거울이 있으며,

† '35 mm카메라' 라는 말은 실제 너비가 35 mm인 필름을 사용하는 카메라라는 뜻이다. 35 mm는 초점 거리와 혼동해서는 안 된다. 35 mm 필름에는 감개용 구멍이 있어서 실제로 사진이 찍히는 필름의 높이는 24 mm이고 너비는 36 mm이다. 그래서 사진 한 장이 찍히는 필름의 넓이는 36 mm × 24 mm이다. 35 mm필름을 사용하는 영화용 화면에서 필름에 찍히는 부분은 24 mm × 18 mm이다.

이 거울은 셔터가 열리기 직전에 위로 젖혀져서 빛이 필름이나 센서에 들어오게 한다. SLR 카메라의 장점은 찍고자 하는 피사계를 거의 정확하게 볼 수 있다는 것이다. 디지털카메라는 대부분 LCD 표시창을 사용하는데, 잘 설계된 카메라의 경우 창에 보이는 그대로 사진이 찍히게 된다.

25.2 사람의 눈: 교정용 렌즈

물리학의 응용

눈

사람의 눈은 그 기본 구조가 카메라를 닮았지만(그림 25.9), 그 보다는 더 복잡하다. 눈의 내부는 **유리체**(vitrreous humor)라고 하는 굴절률이 $n = 1.337$인 젤리 같은 투명한 물질로 채워져 있다. 빛이 각막과 수정체를 통과하여 유리체 속으로 들어온다. 각막과 수정체 사이에는 맑은 액체가 있는데, 굴절률이 $n = 1.336$인 수양액이다. **홍채**(iris, 눈동자 색을 결정하는 부분)라고 하는 얇은 막은 카메라의 조리개와 마찬가지로 눈으로 들오는 빛의 양을 자동적으로 조절한다. 홍채에서 빛이 통과하는 구멍(**동공**, pupil)은 빛이 구멍에서 반사되지 않기 위해 검정색으로 되어 있고, 그 눈의 내부에서 아주 작은 양의 빛만이 반사되어 나간다. 카메라에서의 필름이나 센서의 역할을 하는 **망막**(retina)은 곡면으로 된 눈 안쪽 뒤 표면에 있다. 망막에는 시신경과 시세포 등이 밀집되어 있다. 시세포(막대 세포와 원뿔 세포)가 빛에너지를 전기 신호로 변환하면 시신경에 의해 뇌로 전달된다. 모든 작은 감광체로부터 온 정보가 상으로 형성되는 것은 주로 뇌에서 이루어진다. 물론 어떤 분석은 복잡하게 교차되어 있는 망막의 신경망에서 이루어지기도 한다. 망막의 중심에는 지름 2.5 mm 정도의 작은 영역인 **와**(窩, fovea)가 있다. 그곳에 원뿔 세포(cone cell)가 매우 조밀하게 쌓여 있어 상이 가장 선명하게 보이고 색의 구별도 가장 잘된다.

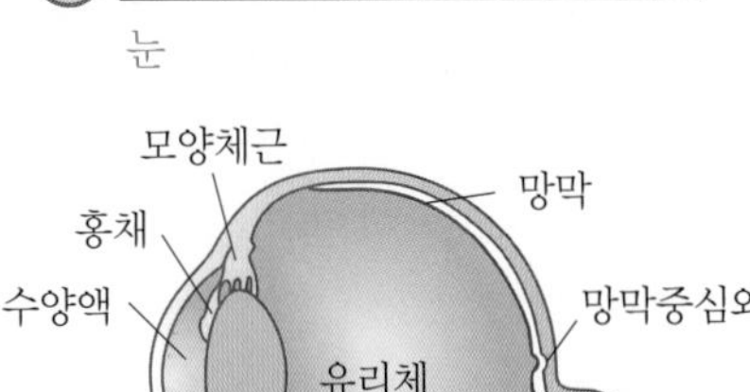

그림 25.9 사람 눈의 얼개 그림

카메라와는 달리 눈에는 셔터가 없다. 셔터와 같은 동작은 신경 조직에서 이루어진다. 신경계는 상을 구성하기 위해 신호를 매 초당 약 30화면 정도의 비율로 분석한다. 이것은 1초에 24장(영화) 및 60이나 30(미국 텔레비전)장면의 정지 화면을 찍어서 연속적으로 보여 주는 방식의 활동 사진이나 텔레비전 카메라와 비교할 수 있다. 스크린에 그런 정지 화면을 연속적으로 비추면 움직이는 것 같은 화면을 보게 된다.

눈의 수정체($n = 1.386 \sim 1.406$)는 입사하는 광선을 거의 휘게 하지 않는다. 굴절의 대부분은 공기($n = 1.0$)와 접해 있는 **각막**(cornea, $n = 1.376$)의 표면에서 일어난다. 눈의 수정체는 거리가 다른 곳에서 초점을 미세 조절하는 역할을 한다. 이런 초점 조절은 모양체근(그림 25.9)에 의해서 이루어진다. 모양체근은 수정체의 곡률을 조절하여 초점 거리가 변하게 한다. 먼 거리에 초점을 맞추고자 하면, 눈의 모양체근은 이완되어 그림 25.10a에서처럼 수정체가 얇아져서 평행 광선은 (망막이 있는) 초점에 초점을 맺는다. 가까이 있는 물체에 초점을 맞추려면, 그림 25.10b에서처럼 모양체근이 수축하여 수정체의 중심을 두껍게 만들어 초점 거리가 짧아지게 되면서 가까운 거리에 있는 물체의 상이 새로운 초점 뒤에 있는 망막에 초점이 맞게 된다. 이런 초점 조절 기능을 **원근 조절**(accommodation)이라 한다.

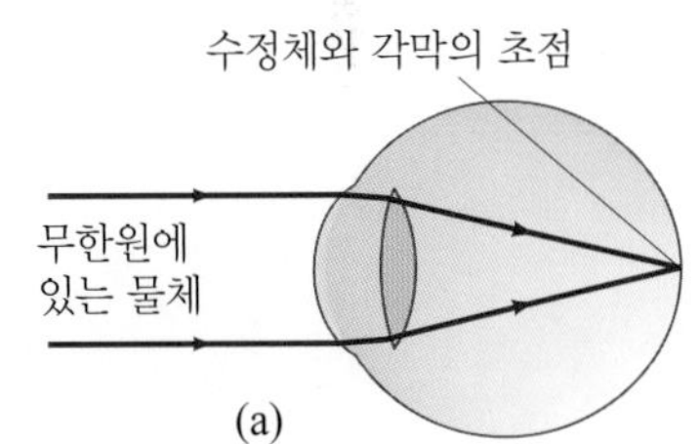

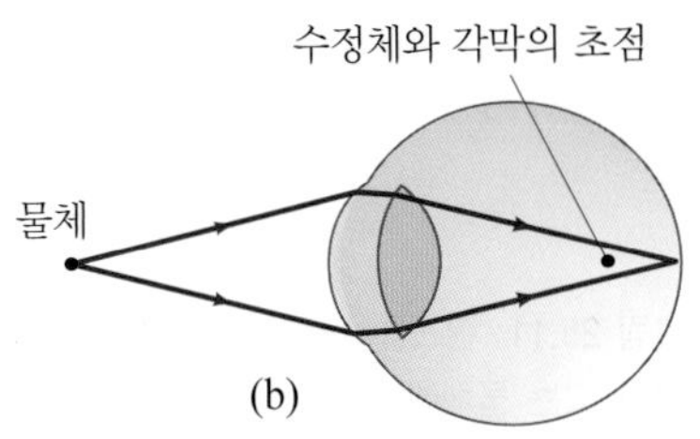

그림 25.10 정상적인 눈의 원근 조절. (a) 편안한 상태일 때 수정체는 무한원에 초점을 맺는다. (b) 수정체가 두꺼워지면 가까이 있는 물체에 초점이 맞는다.

눈이 선명하게 초점을 맺을 수 있는 가장 가까운 거리를 눈의 **근점**(near point)이라고 한다. 젊은 성인의 경우 그 거리는 약 25 cm 정도이다. 어린 아이들은 10 cm까지도 초점을 맺을 수 있다. 나이가 들면서 원근 조절 능력이 감퇴되고 근점은 멀어진다. 사람의 **원점**(far point)은 선명하게 볼 수 있는 가장 먼 거리이다. 일반적으로 **정상적인 눈**(normal eye)(많은 사람들의 평균적인 눈)은 근점이 25 cm이고 원점이 무한대인 눈으로 정의한다. 여러분의 근점을 확인하는 방법은 책을 눈 가까이에 대고 천천히 멀어지면서 가장 선명하게 보이는 거리를 측정하면 된다.

정상적인 눈은 이상적인 눈에 가깝다. 많은 사람들이 25 cm에서 무한대까지 보통의 범위 내에서 원근 조절이 잘 안되거나 아니면 다른 형태의 결함이 있다. 이런 결함 중에 대표적인 두 가지는 근시와 원시이다. 이들은 렌즈를 사용하여 넓은 범위에서 교정이 가능하다. 교정용 렌즈는 안경이나 콘택트렌즈가 사용된다.

물리학의 응용

교정 렌즈

근시(nearsightedness, myopia)의 눈은 가까운 물체에만 초점을 잘 맺는다. 원점은 무한대보다는 좀 짧은 거리이므로 멀리 있는 물체가 선명하게 보이지 않는다. 근시는 보통 안구의 전후 길이가 너무 길기 때문에 생기며, 때로는 각막 만곡도가 너무 크기 때문에 생기는 수도 있다. 어느 경우에나 먼 거리에 있는 물체의 상이 망막 앞에 초점이 맺힌다. 평행 광선을 발산시키는 발산 렌즈를 사용하면 눈으로 들어오는 광선을 망막에 초점 맺히게 할 수 있어서(그림 25.11a와 b) 근시안을 교정할 수 있다.

원시(farsightedness, hyperopia)는 눈이 가까운 물체에 초점을 맞추지 못하는 것이다. 멀리 있는 물체가 선명하게 보인다 하더라도, 근점이 정상적인 25 cm보다 커서 책을 읽기가 불편해진다. 이런 결함은 안구의 전후 길이가 너무 짧거나 (흔하지는 않지만) 각막 만곡도가 충분하지 않기 때문이다. 원시는 그림 25.11c와 d에서처럼 수렴 렌즈를 사용하여 교정할 수 있다. 원시와 비슷한 것으로서 노안(presbyopia)이 있는데, 나이가 들면서 눈이 원근 조절 능력이 약해져서 근점이 멀어지는 것이다. 노안도 수렴 렌즈로 교정한다.

난시(astigmatism)는 일반적으로 각막이나 수정체의 표면이 고르지 않아서 생기며, 점물체의 상이 짧은 선으로 나타나 상을 희미하게 만든다. 그것은 마치 구면의

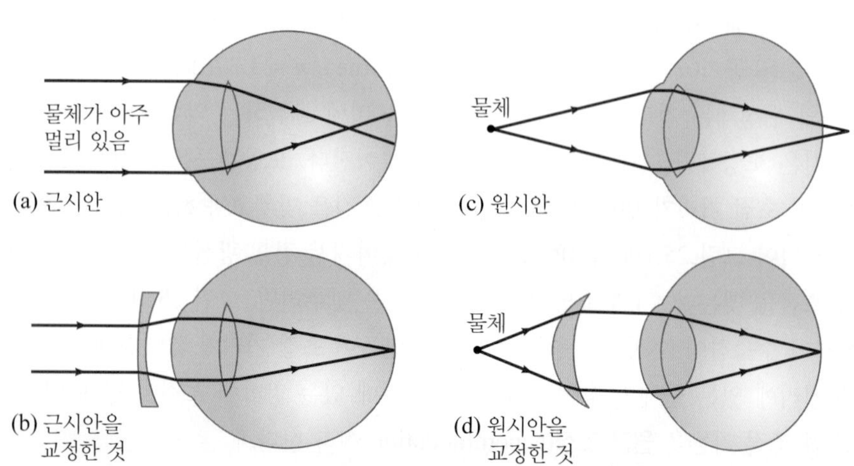

그림 25.11 렌즈를 사용한 시력 교정. (a) 멀리 있는 물체에 초점을 잘 맞추지 못하는 근시(망막 앞에 초점이 맺힘)는 (b) 발산 렌즈를 사용하여 교정할 수 있다. (c) 가까이 있는 물체에 초점을 잘 맞추지 못하는 원시(망막 뒤에 초점이 맺힘)는 (d) 발산 렌즈를 사용하여 교정할 수 있다.

각막에 원통면이 중첩된 것과 같다. 그림 25.12에서처럼, 원통형 렌즈는 한 점의 상을 그 축에 평행한 선으로 나타나게 한다. 난시의 눈은 수평면에 초점을 맺히게 하는 거리보다 짧은 거리에서 광선을 연직면과 같은 면에 초점 맺히게 한다. 난시는 원통형 렌즈를 사용하여 교정할 수 있다. 난시가 있는 근시나 원시를 교정하기 위한 렌즈는 구면과 원통면이 중첩되게 가공되기 때문에 교정용 렌즈의 곡률 반지름은 면에 따라 다르다.

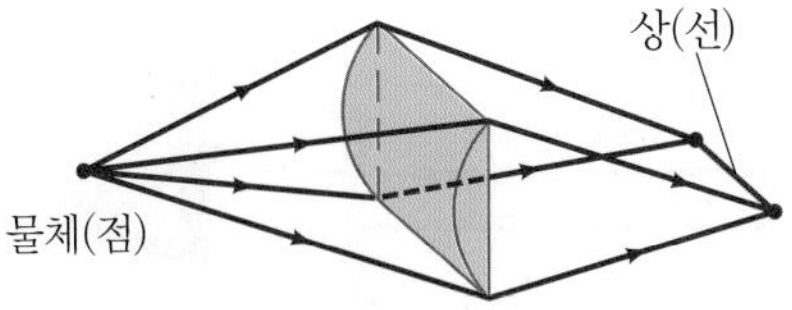

상(선)

물체(점)

그림 25.12 원통형 렌즈를 사용하면 한 면에만 수렴이 일어나므로 점물체의 상이 선으로 맺힌다.

예제 25.4 원시안

원시안인 어떤 사람의 근점이 100 cm이다. 그 눈이 25 cm 거리에 있는 신문을 읽기 위해서는 독서용 렌즈의 도수는 얼마여야 하는가? 렌즈는 눈에 충분히 가깝게 있다고 가정한다.

접근 물체가 렌즈로부터 25 cm 거리에 있을 때(= d_o), 상이 렌즈와 **같은** 쪽으로 100 cm 거리에 있어야 하고(그래야 눈이 그곳에 초점을 맺는다), 상은 그림 25.13에서와 같이 허상이어서 $d_i = -100$ cm인 음이다. 얇은 렌즈 공식(식 23.8)을 사용하여 초점 거리를 구한다. 검안사는 처방전에 도수($P = 1/f$, 식 23.7)를 디옵터(1D = 1 m^{-1})로 나타낸다.

풀이

$$\frac{1}{f} = \frac{1}{d_o} + \frac{1}{d_i} = \frac{1}{25\text{ cm}} + \frac{1}{-100\text{ cm}} = \frac{4-1}{100\text{ cm}} = \frac{1}{33\text{ cm}}$$

따라서 $f = 33$ cm = 0.33 m이다. 렌즈의 도수 P는 $P = 1/f = +3.0$ D이다. +부호는 수렴 렌즈(볼록 렌즈)임을 나타낸다.

유의 눈이 실제로 초점을 맺는 곳을 상의 위치로 정했다. 물체(신문)가 원하는 위치에 주어지면 렌즈는 상을 그곳에 맺게 할 필요가 있다.

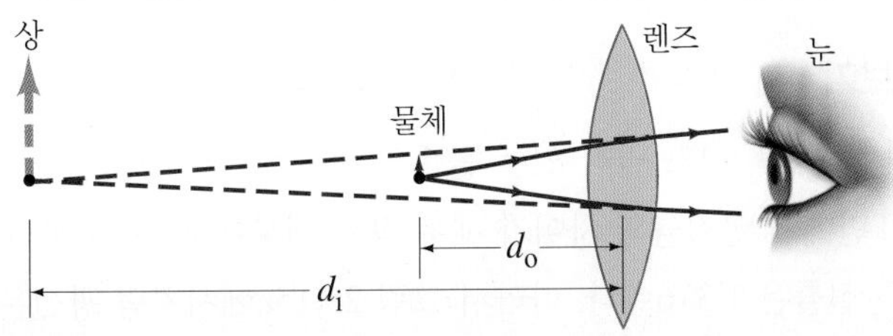

그림 25.13 독서용 안경 렌즈(예제 25.4)

예제 25.5 근시안

근시안인 어떤 사람의 근점과 원점이 각각 12 cm와 17 cm이다. (a) 이 사람이 먼 거리에 있는 물체를 선명하게 보기 위한 안경의 도수와 (b) 그 경우의 근점을 구하라. 렌즈는 눈 앞 2.0 cm 되는 곳에 놓인다고 가정한다(안경을 쓰는 경우 대부분 그렇다).

접근 먼 거리에 있는 물체($d_o = \infty$)의 경우, 렌즈는 눈의 원점에 상이 맺히게 해야 한다. 즉 그림 25.14a에서처럼 눈 앞 17 cm 되는 곳이다. 얇은 렌즈 공식을 사용하여 렌즈의 초점 거리를 구하고 도수를 구한다. 새로운 근점(그림 25.14b에서처럼)은 렌즈에 대해 얇은 렌즈 공식을 사용하여 구할 수 있다.

풀이 (a) 무한원($d_o = \infty$)에 있는 물체의 경우, 상은 눈으로부터 렌즈 앞 17 cm 되는 곳에 있어야 하므로 렌즈로부터 (17 cm − 2 cm) = 15 cm 거리에 있어야 한다. 따라서 $d_i = -15$ cm이다. 얇은 렌즈 공식을 사용하여 필요한 초점 거리를 구한다.

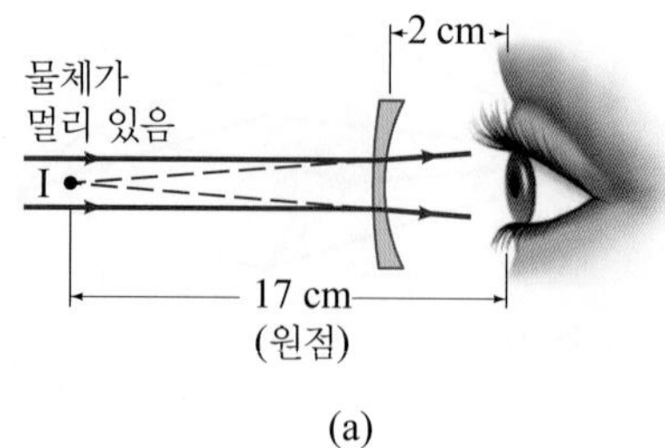

(a)

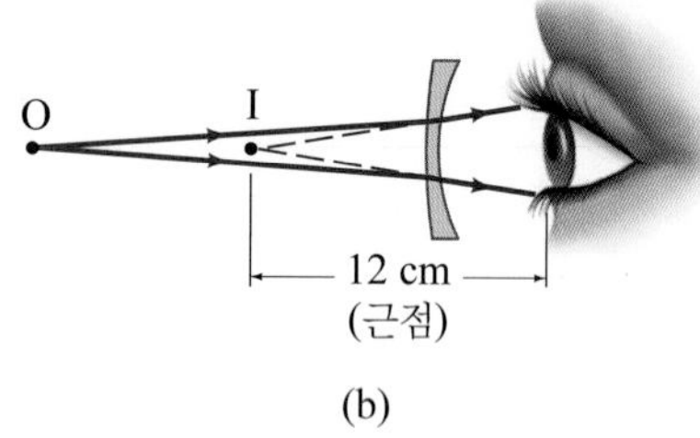

(b)

그림 25.14 예제 25.5

$$\frac{1}{f} = \frac{1}{d_o} + \frac{1}{d_i} = \frac{1}{\infty} + \frac{1}{-15\text{ cm}} = -\frac{1}{15\text{ cm}}$$

따라서 $f = -15$ cm $= -0.15$ m 또는 도수로 $P = 1/f = -6.7$ D이다. 음의 부호는 근시에는 발산 렌즈(오목 렌즈)를 사용해야 함을 의미한다.

(b) 안경을 쓴 상태에서의 근점은 물체가 놓이는 점(d_o)이어서 렌즈는 '안경을 안 쓴 눈의 근점'에 상을 형성한다. 이는 눈으로부터 12 cm 되는 거리이다. 상점은 렌즈 앞 (12 cm − 2 cm) = 10 cm이다. 따라서 $d_i = -0.10$ m이고 이것을 얇은 렌즈 공식에 대입하면

$$\frac{1}{d_o} = \frac{1}{f} - \frac{1}{d_i} = -\frac{1}{0.15\text{ m}} + \frac{1}{0.10\text{ m}} = \frac{-2+3}{0.30\text{ m}} = \frac{1}{0.30\text{ m}}$$

이 된다. 여기서 $d_o = 30$ cm가 얻어진다. 이것은 안경을 썼을 때의 근점이 렌즈 앞 30 cm 되는 눈 앞 32 cm임을 의미한다.

콘택트렌즈

물리학의 응용
콘택트렌즈—서로 다른 f와 P

콘택트렌즈는 예제 25.5에서 나오는 눈을 교정하기 위해 사용된다. 콘택트렌즈는 각막에 직접 접촉해 있기 때문에 상거리에서 2.0 cm를 빼야 한다. 즉 멀리 있는 물체의 경우 $d_i = f = -17$ cm이므로 $P = 1/f = -5.9$ D이다. 새로운 근점은 41 cm가 된다. 눈으로부터 렌즈까지의 거리가 다르기 때문에 콘택트렌즈와 안경 렌즈는 도수가 약간 달라야 함을 알 수 있다. 즉 초점 거리가 달라야 한다. 여기서 안경 렌즈는 콘택트렌즈보다 근점이 더 짧다.

연습 C 어떤 사람의 원점이 25 cm일 때 멀리 있는 물체를 보기 위해 필요한 콘택트렌즈의 도수는 얼마인가?

물속에서 잘 보기

물리학의 응용
물속에서 보기

물속에 들어가 물체를 보면, 멀리 있는 물속의 물체는 흐려 보인다. 그 이유는 물과 각막 사이의 표면에서 굴절률의 차이가 매우 작기 때문이다. 물의 굴절률은 $n = 1.33$이고, 각막의 굴절률은 1.376이다. 따라서 그림 25.15a에서처럼 광선은 매우 작게 굴절되어 망막 뒤 멀리에 초점을 맺는다. 물안경이나 안면 마스크를 착용하면, 공기와 각막 사이(각각 $n = 1.0$과 1.376)에서 광선 경로가 더 많이 굴절되어 그림 25.15b에서와 같이 망막에 초점이 맺힌다.

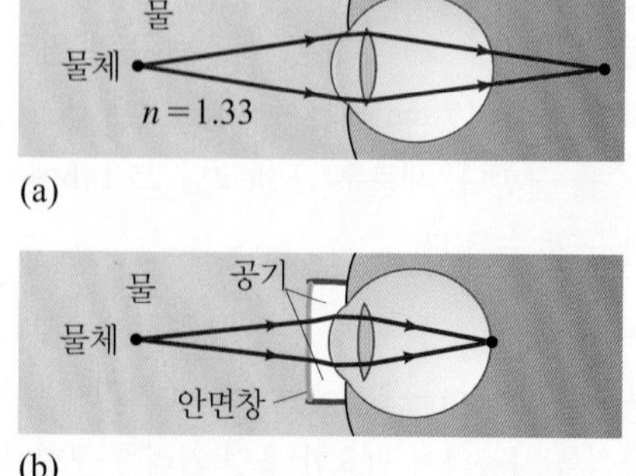

그림 25.15 (a) 물속에서는 공기 중에서보다 빛이 덜 굴절되기 때문에 상이 흐리하게 보인다. (b) 물안경을 쓰면 각막 앞에 공기가 있어서 선명하게 볼 수 있다.

25.3 확대경

이제부터는 물체의 상을 확대해서 보는 광학 기기에 대해 주로 다룰 것이다. 그 첫 번째가 **돋보기**(simple magnifier), 또는 **확대경**(magnifying glass)이라고 하는 것으로서 단순히 수렴 렌즈이다(679쪽 도입부 사진 참조).

물체가 얼마나 크게 보이는가와 얼마나 자세하게 볼 수 있는가는 망막에 형성되는 상의 크기에 따라 다르다. 이것은 다시 말해서 눈에서 물체를 바라보는 각†에 의해 결정된다. 예를 들어 눈에서 30 cm 떨어져 있는 동전은 60 cm 떨어져 있는 동전보다 두 배 크게 보인다. 그 이유는 눈이 동전을 바라보는 각도가 두 배가 되기 때문이다(그림 25.16). 물체를 자세히 보고 싶으면 눈에 가까이 하여 화각을 크게 하면 된다. 그러나 우리의 눈은 어떤 점(근점)까지만 원근 조절이 가능하므로 앞으로는 근점의 표준을 $N = 25$ cm로 가정하기로 한다.

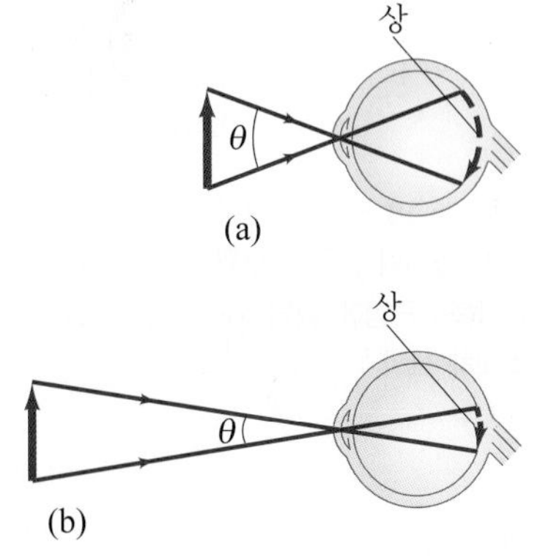

그림 25.16 같은 물체를 짧은 거리에서 보면 망막에 맺히는 상이 더 커지기 때문에 물체가 크게 보여서 좀 더 자세히 볼 수 있다. (b) 물체를 보는 각도 θ는 (b)에서 보다 (a)에서 더 크다. 유의: 각 점에서 하나의 광선만을 보여 주고 있기 때문에 이는 일반적인 광선 도표는 아니다.

확대경은 물체를 우리 눈에 더 가까이 오게 할 수 있어서 화각을 크게 할 수 있다. 그림 25.17a에서 물체는 초점 또는 초점 바로 안쪽에 놓여 있다. 그러면 수렴 렌즈는 눈이 선명한 초점을 맺을 수 있는 거리인 최소 25 cm 되는 곳에 허상을 형성한다. 눈을 긴장하지 않고 편안하게 하기 위해서, 물체를 정확히 초점에 오게 하면 상은 무한거리에 있게 된다. (확대경을 조금씩 움직여서 물체가 초점위치에 있게 하여 시험해 볼 수 있다.)

그림 25.17의 (a)를 (b)와 비교해 보자. (b)에서 맨눈으로 근점에 있는 같은 물체를 보고 있다. 이 경우 확대경을 사용했을 때 화각이 훨씬 크다. 렌즈의 **각배율**(angular magnification) 또는 **배율**(magnifying power) M은 물체를 눈의 근점 N에 두고(정상적인 눈의 경우 $N = 25$ cm), 맨눈으로 본 화각에 대한 렌즈를 통해서 본 화각의 비로 정의한다. 즉

$$M = \frac{\theta'}{\theta} \tag{25.1}$$

여기서 θ와 θ'은 그림 25.17에 표시되어 있다. $\theta = h/N$(그림 25.17b)이고 $\theta' = h/d_{\mathrm{o}}$(그림 25.17a)이므로 M을 초점 거리로 나타낼 수 있다. 여기서 h는 물체의 크기이고 θ와 θ'은 매우 작은 각도이므로 사인과 탄젠트의 값이 같다고 가정한다. 눈

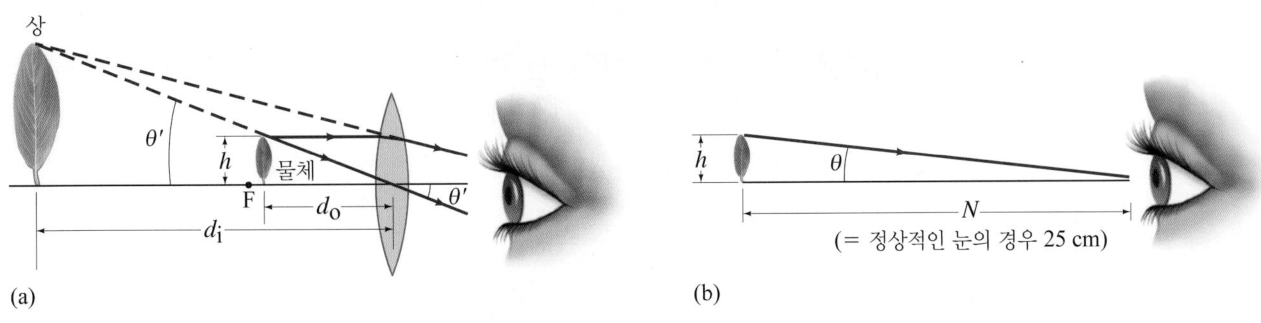

그림 25.17 (a) 확대경과 (b) 맨눈으로 본 나뭇잎. 두 경우 눈은 근점에 초점이 맞추어진다.

† 역자 주: 이 각도를 화각이라고 한다.

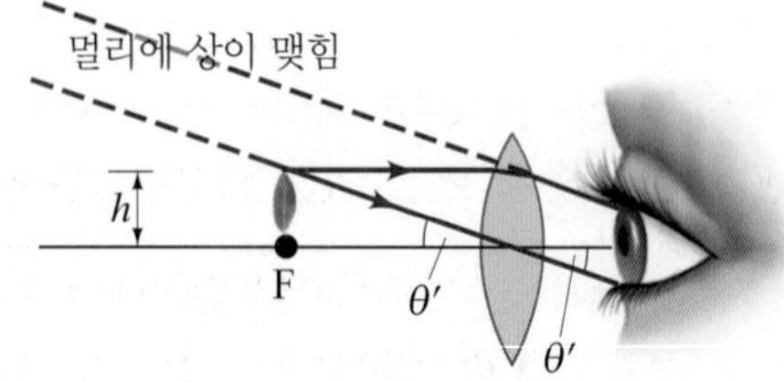

그림 25.18 눈이 편안한 상태에서 초점에 있는 물체의 상은 무한원에 있게 된다. 상이 눈의 근점에 있게 되는 그림 25.17a와 비교해 보라.

을 편안하게 뜬 상태(눈의 긴장이 최소인)에서 상은 무한대에 위치할 것이고 물체는 정확하게 초점에 놓일 것이다. 그림 25.18을 보면 알 수 있다. 그럴 때 $d_o = f$이고 $\theta' = h/f$인 반면, θ는 전과 같이 $\theta = h/N$이다(그림 25.17b). 그러므로

$$M = \frac{\theta'}{\theta} = \frac{h/f}{h/N} = \frac{N}{f} \quad \left[\begin{array}{c}\text{눈이 무한대에 초점이}\\ \text{맞추어진 경우;}\\ \text{정상적인 눈은 } N = 25 \text{ cm}\end{array}\right] \qquad \textbf{(25.2a)}$$

렌즈의 초점 거리가 짧을수록 배율이 커짐을 알 수 있다.†

눈에 맞게 렌즈를 움직이면서 상이 눈의 근점에 초점을 맺도록 하면 렌즈의 배율을 조금은 높일 수 있다. 이 경우 눈이 확대경에 매우 가까이 있다면 $d_i = -N$이다(그림 25.17a). 그러면 물체 거리 d_o는 다음과 같이 주어진다.

$$\frac{1}{d_o} = \frac{1}{f} - \frac{1}{d_i} = \frac{1}{f} + \frac{1}{N}$$

이 식으로부터 $d_o = fN/(f + N) < f$임을 알 수 있다. 각각의 거리는 그림 25.17a에 나타나 있으며 $N/(f + N)$은 1보다 클 수 없기 때문이다. $\theta' = h/d_o$이므로 배율은

$$M = \frac{\theta'}{\theta} = \frac{h/d_o}{h/N}$$
$$= N\left(\frac{1}{d_o}\right) = N\left(\frac{1}{f} + \frac{1}{N}\right)$$

즉

$$M = \frac{N}{f} + 1 \quad \left[\begin{array}{c}\text{눈이 근점 } N\text{에 초점이}\\ \text{맞추어진 경우;}\\ \text{정상적인 눈은 } N = 25 \text{ cm}\end{array}\right] \qquad \textbf{(25.2b)}$$

눈이 근점에 초점이 맞추어진 경우 보통 때와 비교해서 배율이 약간 커짐을 알 수 있다.

예제 25.6 추산 보석공의 '돋보기'

보석공들이 확대경으로서 사용하는 수렴 렌즈는 초점 거리가 8 cm이다. (a) 눈이 편하게 볼 때의 배율, (b) 눈을 근점 $N = 25$ cm에 초점 맞출 때의 배율을 계산하라.

접근 편하게 볼 때의 배율은 식 25.2a로 주어진다. 눈이 근점에 초점을 맞출 때는 식 25.2b를 사용하고 렌즈가 눈 가까이에 있다고 가정한다.

풀이 (a) 무한 원점에 초점을 맞춘 편안한 눈의 배율은

$$M = \frac{N}{f} = \frac{25 \text{ cm}}{8 \text{ cm}} \approx 3\times$$

이다.

† 렌즈가 한 개인 확대경은 배율이 약 2~3으로 제한되어 있다. 그 이유는 배율을 높게 하면 구면 수차(25.6절) 때문에 상이 흐려지기 때문이다.

(b) 눈이 근점(N = 25 cm)에 초점을 맞추고 렌즈가 눈에 가까이 있을 때의 배율은 다음과 같다.

$$M = 1 + \frac{N}{f} = 1 + \frac{25}{8} \approx 4\times$$

25.4 망원경

매우 멀리 있는 물체를 확대해서 보고자 할 때 망원경이 사용된다. 대부분의 경우, 물체는 무한대에 있다고 간주할 수 있다.

갈릴레오는, 물론 그가 망원경을 발명하지 않았지만,† 망원경이 실용성이 있고 매우 중요한 기구가 되도록 개량했다. 그는 망원경으로 천문 관측을 한 최초의 사람이며(그림 25.19), 망원경을 사용하여 목성의 달, 금성의 위성, 태양 흑점, 달 표면의 구조, 수많은 별들로 이루어진 은하수 등, 세상을 흔들어 깨우는 발견을 했다.

여러 가지 형태의 **천체 망원경**(astronomical telescope)이 존재한다. 가장 흔한 **케플러 망원경**(Keplerian telescope)이라고 하는 굴절형은 그림 25.20에서처럼 두 개의 수렴 렌즈가 기다란 경통 양 끝에 하나씩 설치된 것이다. 물체 쪽에 가까이 있는 렌즈를 **대물 렌즈**(objective lens, 초점 거리 f_o)라 하는데 그 렌즈는 먼 거리에 있는 물체의 실상 I_1을 초점 F_o가 있는 면에 만든다(물체가 무한대에 있지 않은 경우는 초점 가까이에). **접안 렌즈**(eyepiece, 초점 거리 f_e)라고 하는 두 번째 렌즈는 확대경의 역할을 한다. 즉 접안 렌즈는 대물 렌즈가 만든 상 I_1을 확대해서 더 크게 확대된 두 번째 상 I_2를 만든다. 그 상은 도립 허상이다. 눈이 편안한 상태로 망원경을 들여다보면 접안 렌즈는 상 I_2가 무한대에 있어 보이게 조정된다. 그러면 실상 I_1은 접안 렌즈의 초점 F_e'에 놓이게 되고, 두 렌즈 간 거리는 무한히 먼 곳에 있는 물체를 볼 때 $f_o + f_e$이다.

(a)

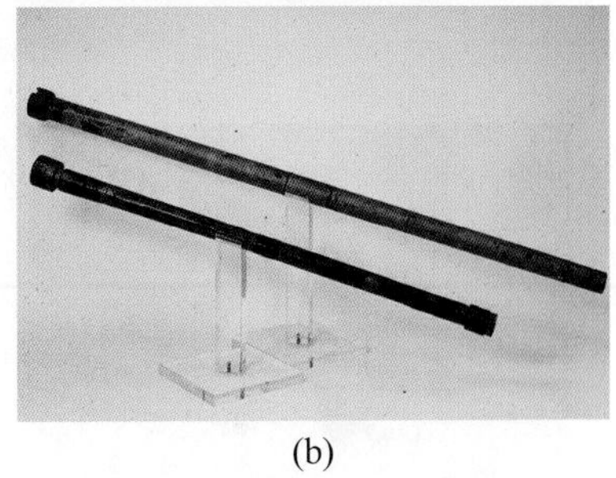
(b)

그림 25.19 (a) 갈릴레오가 만든 망원경의 대물 렌즈(렌즈가 상아로 된 틀에 고정되어 있다). 갈릴레오는 이 망원경으로 목성의 달을 발견하여 세상을 깜짝 놀라게 했다. (b) 1609년에 갈릴레오가 만든 망원경

이런 망원경의 전체 각배율을 구하기 위해 맨눈으로 보게 되는 물체의 화각은 망원경의 대물 렌즈가 갖는 화각 θ임을 알아야 한다. 그림 25.20에서 $\theta \approx h/f_o$임을 알 수 있다. 여기서 h는 상 I_1의 크기이고 θ가 매우 작아서 $\tan\theta \approx \theta$이다. 또한 그림 25.20에 그린 세 실선 중 가장 두꺼운 선은 접안 렌즈에 도달하기 전까지는 광축에 평행하고 접안 렌즈를 통과하면서 굴절되어 먼 쪽에 있는 초점 F_e를 지나간다. 그러므로 $\theta' \approx h/f_e$이고 **전체 배율**(total magnifying power)(즉 항상 각배율을 의미한다)은

$$M = \frac{\theta'}{\theta} = \frac{(h/f_e)}{(h/f_o)} = -\frac{f_o}{f_e} \qquad \text{[망원경의 배율]} \quad \textbf{(25.3)}$$

†네덜란드에 먼 곳에 있는 물체를 가까이 당겨서 볼 수 있는 광학 기기가 있다는 소문을 들은 갈릴레오는 1609년에 그의 첫 망원경을 제작했다. 최초의 망원경은 배율이 3~4배 정도였지만 갈릴레오는 곧 바로 30배 배율의 망원경을 만들었다. 네덜란드의 최초 망원경은 1604년으로 기록되어 있지만 아마도 1590년경에 만든 이탈리아의 망원경을 복제한 것으로 추측된다. 케플러(5장 참조)는 케플러 망원경의 광선도를 공개했다(1611년). 케플러 망원경은 그의 이름을 딴 것이지만 원리를 설명했을 뿐 그가 만든 것은 아니었다.

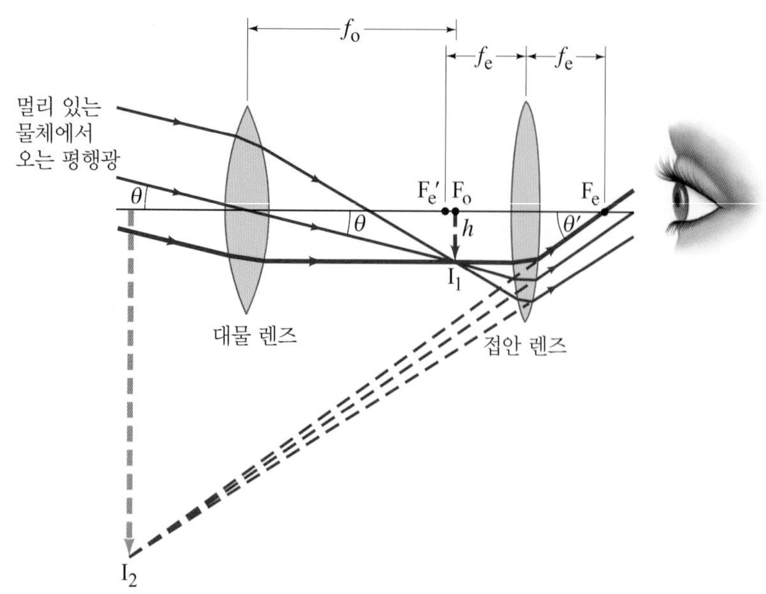

그림 25.20 천체 망원경(굴절 망원경). 멀리 있는 물체($d_o = \infty$)의 한 점으로부터 오는 평행광은 대물 렌즈에 의해 그 렌즈의 초점면에 상을 맺는다. 이 상(I_1)은 접안 렌즈에 의해 확대되어 최종 상 I_2를 형성한다. 대물 렌즈로 들어오는 두 광선만이 그림 23.37에서 설명한 표준 광선(2와 3)이다.

이다. 여기서 식 23.1이 사용됐고 상이 도립이기 때문에 음의 부호를 붙였다. 배율을 크게 하려면, 대물 렌즈의 초점 거리가 길어야 하고 접안 렌즈의 초점 거리는 짧아야 한다.

그림 25.21 이 거대한 굴절 망원경은 1897년에 만들어졌으며 위스콘신 주 여키스 천문대 안에 있다. 대물 렌즈는 지름이 102 cm(40인치)이고, 경통의 길이는 19 m이다. 예제 25.7

예제 25.7 망원경의 배율

세계에서 가장 큰 굴절 망원경은 미국 위스콘신 주의 여키스 천문대에 있다(그림 25.21). 대물 렌즈의 지름이 40인치(102 cm)라서 '40인치' 망원경이라고 한다. 대물 렌즈의 초점 거리가 19 m이고, 접안 렌즈의 초점 거리는 10 cm이다. (a) 이 망원경의 전체 배율을 구하라. (b) 망원경의 길이는 얼마 정도인가?

접근 배율에 관한 식은 식 25.3이다. 망원경의 길이는 두 렌즈 간 거리이다.

풀이 (a) 식 25.3으로부터 배율은 다음과 같이 구한다.

$$M = -\frac{f_o}{f_e} = -\frac{19\text{ m}}{0.10\text{ m}} = -190\times$$

(b) 눈을 편안하게 뜬 상태에서, 상 I_1은 대물 렌즈와 접안 렌즈의 초점 거리에 위치한다. 따라서 두 렌즈 간 거리는 $f_o + f_e \approx 19$ m이며, 이것이 곧 망원경의 길이이다.

연습 D 배율이 40배인 망원경에서 접안 렌즈의 초점 거리가 1.2 cm이다. 대물 렌즈의 초점 거리는 얼마인가?

흐릿한 별을 선명하게 보기 위한 천체 망원경의 경우, 가능한 많은 빛이 들어오게 하기 위해 대물 렌즈의 지름이 커야만 한다. 실제로, 대물 렌즈의 지름(클수록 '집광력'이 크다)은 천체 망원경에서 매우 중요한 요소이다. 그것이 대형 망원경에 대물 렌즈의 지름을 표기하는 이유이다(하와이에 있는 케크 망원경은 10 m급이라고 표기한다). 지름이 큰 렌즈를 만들고 표면을 연마하는 것은 매우 힘들다. 그러므로 가장 큰 망원경은 그림 25.22에서처럼 곡면 거울을 사용하는 **반사 망원경**(reflecting

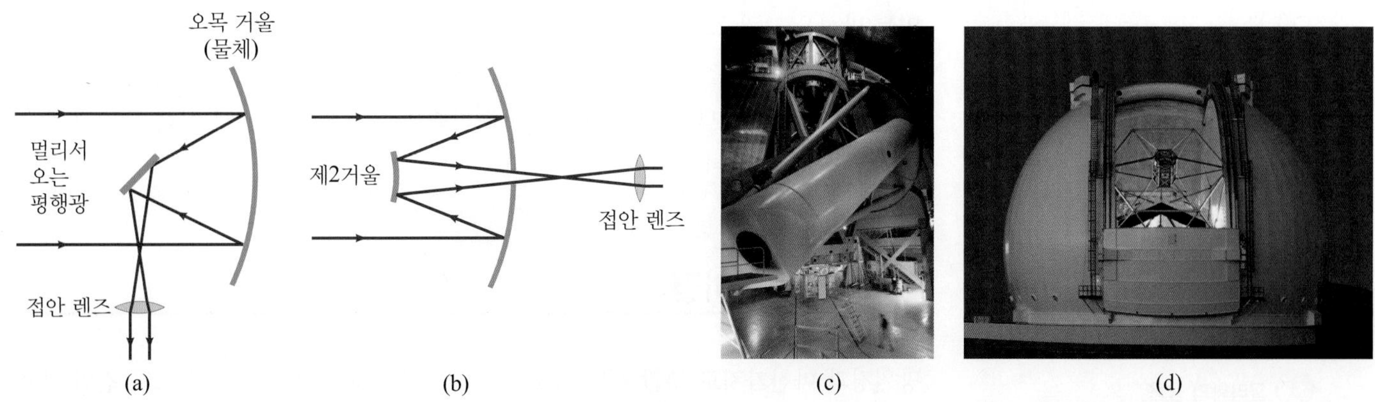

그림 25.22 천체 망원경의 대물경으로 오목 거울이 사용될 수도 있다. (a)에서처럼 된 것을 뉴턴식 초점법이라 하고 (b)에서처럼 된 것을 카세그레인 초점법이라고 한다. 다른 방식의 배열도 있다. (c) 캘리포니아 주 팔로마 산에 있는 200인치(거울의 지름)짜리 헤일 망원경. (d) 하와이 마우나케아에 있는 10미터짜리 케크 망원경. 케크 망원경은 한 변이 1.8 m인 육각 거울 36개를 붙여서 지름이 10 m인 하나의 거대한 반사경으로 만든 것이다.

telescope)이다. 거울은 한쪽 면만 연마하면 되고 뒷면의 표면 전체를 지지대에 붙이는 것이다[†](테두리만 지지하는 대형 렌즈는 그 자체의 무게 때문에 처지기 쉽다). 때로는 접안 렌즈나 거울(그림 25.22)을 제거하여 대물경에 의해 형성되는 실상을 직접 필름이나 전자 센서(25.1절에서 나온 CCD나 COMS)에 기록할 수 있다.

지상에 있는 물체를 보기 위해 사용하는 **지상 망원경**(terrestrial telescope)은 정립상이 나오게 해야 한다—뒤집힌 상을 보는 것을 불편할 것이다(그러나 별을 볼 때는 문제가 되지 않는다). 그림 25.23에 정립상을 보게 하기 위한 두 가지 설계 방식이 있다. 갈릴레오가 그의 위대한 천문학적 발견을 이룩하는 데 사용한 **갈릴레오 방식**(Galilean type)은 접안 렌즈를 발산 렌즈로 하여 대물 렌즈로부터 오는 수렴하는 빛이 초점에 도달하기 전에 접안 렌즈를 통과하게 하여 정립 허상을 형성하도록 한 것이다(그림 25.23a). 이런 설계 방식은 오늘날에도 극장용 소형 망원경에서 사용하고 있다. 경통이 짧은 대신 피사계도 좁다. 그림 25.23b에 그려진 두 번째 방식은 **작은 망원경**(spyglass)이라고 하며 세 번째 볼록 렌즈를 넣어서 상이 정립으로 보이게 한 것이다. 작은 망원경은 경통이 조금은 길 수밖에 없다. 오늘날 많이 실용화되어

그림 25.23 천체 망원경에 의한 상은 정립상이다. (a) 갈릴레오 방식, (b) 소형 망원경 또는 정립형 망원경

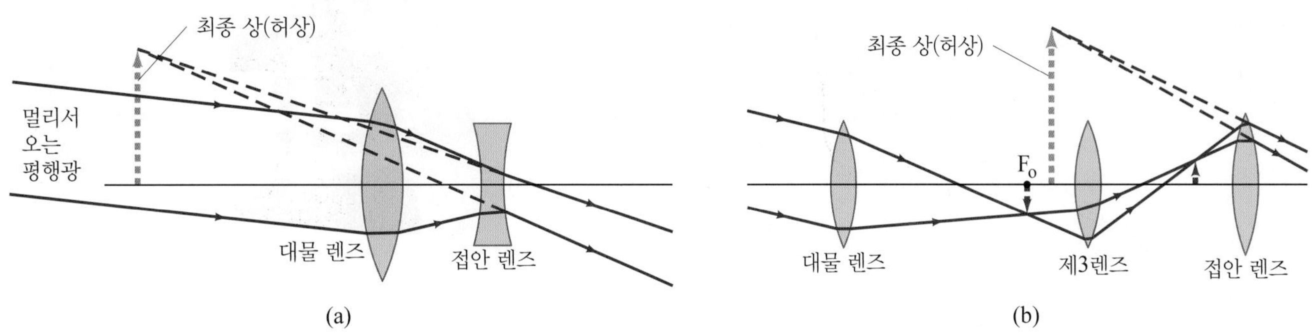

[†]거울을 사용하는 또 다른 이점은 빛이 거울을 통과하지 않기 때문에 색수차가 일어나지 않는다는 점이다. 또한 구면 수차(25.6절)를 줄이기 위해 거울 면을 포물면이 되게 가공할 수 있다. 반사 망원경은 뉴턴이 처음으로 제안한 것이다.

있는 방식은 그림 23.26과 같은 **프리즘 쌍안경**(prism binocular)이다. 대물 렌즈와 접안 렌즈는 수렴 렌즈이다. 전반사를 하는 프리즘을 사용함으로서 전체의 크기를 작게 하고, 정립상을 맺게 한다. 한 개의 프리즘으로 연직 평면에서 상을 뒤집고 수평면에서 다시 뒤집는다.

25.5 복합 현미경

물리학의 응용

현미경

망원경과 마찬가지로 **복합 현미경**(compound microscope)은 대물 렌즈와 접안 렌즈가 있다(그림 25.24). 현미경은 물체를 매우 가까이에서 보기 위해 사용되므로 물체 거리가 매우 짧게 되어 있으므로 구조 자체가 망원경과 다르다. 물체는 그림 25.24a에서처럼 대물 렌즈의 초점을 지나 바로 앞에 놓인다. 대물 렌즈에 의한 상 I_1은 실상이고 대물 렌즈로부터 먼 곳에 형성되어 크게 확대된다. 접안 렌즈는 대물 렌즈에 의한 상이 접안 렌즈의 초점 F_e 가까이가 되는 곳에 놓인다. 상 I_1은 접안 렌즈에 의해 또 확대되어 매우 큰 도립 허상 I_2를 맺게 하며 이 상을 눈으로 보게 된다. 현대의 현미경은 경통 속에 제3의 렌즈†를 넣어 사용하지만, 여기서는 그림 25.24a에서와 같은 단순한 광학 배열만을 해석하기로 한다.

현미경의 전체적인 배율은 두 렌즈의 배율의 곱이다. 대물 렌즈에 의해 생긴 상 I_1은 물체보다 m_o배 크다. 단일 렌즈의 배율에 관한 그림 25.24a와 식 23.9로부터

$$m_o = \frac{h_i}{h_o} = \frac{d_i}{d_o} = \frac{\ell - f_e}{d_o} \tag{25.4}$$

이다. 여기서 d_o와 d_i는 대물 렌즈에 대한 물체 거리와 상거리이고, ℓ는 두 렌즈 사이

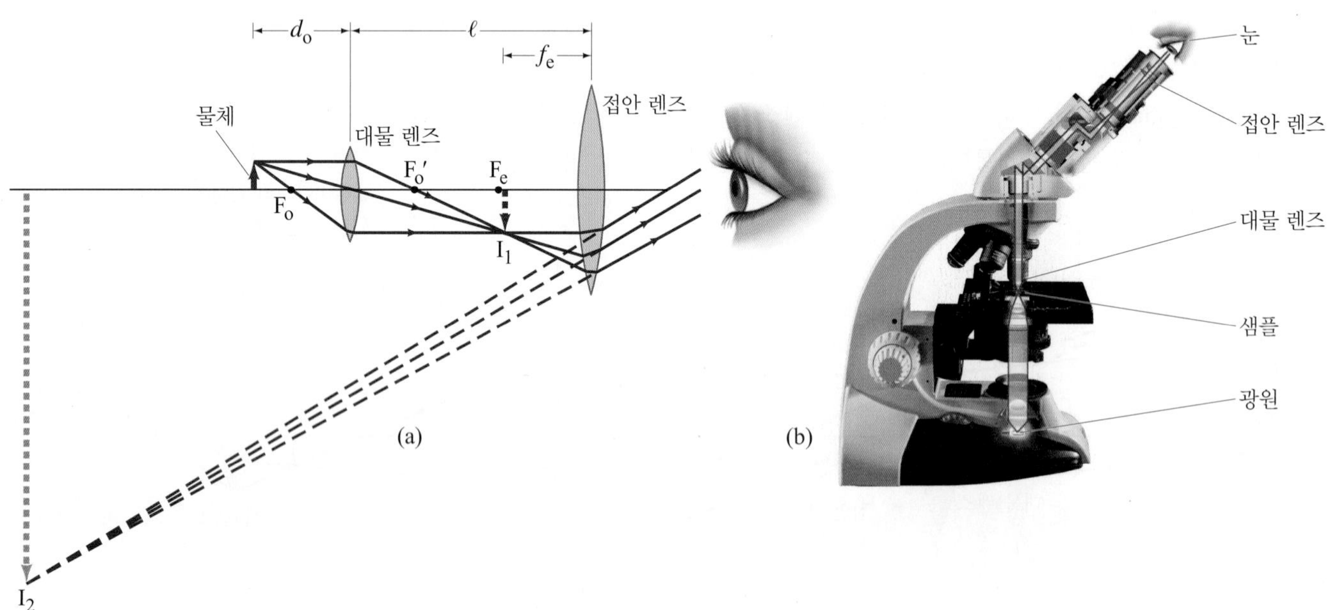

그림 25.24 복합 현미경. (a) 광선도 (b) 사진(빨간색으로 나타낸 조명은 아래로부터 올라와서 샘플 또는 물체를 통과하여 위로 올라간다).

† 역자 주: 튜브 렌즈라 한다.

의 거리이다(경통의 길이와 같다). 상이 도립임을 나타내는 식 23.9에 있는 음의 부호는 여기서 무시했다. $d_i = \ell - f_e$라 놓으면, 이것은 눈이 편안할 때만 적용되는 것이므로 상 I_1은 접안 렌즈의 초점 F_e에 놓이게 된다. 접안 렌즈는 단순히 확대경의 역할을 한다. 눈이 편안한 상태라고 가정하면, 접안 렌즈의 각배율 M_e는 식 25.2a로부터

$$M_e = \frac{N}{f_e} \tag{25.5}$$

임을 알 수 있다. 여기서 N은 정상 눈의 근점 25 cm이다. 접안 렌즈는 대물 렌즈가 만든 상을 확대하므로 전체 배율 M은 대물 렌즈의 배율 m_o에 접안 렌즈의 배율 M_e(식 25.4와 25.5)를 곱한 것과 같다. 즉

$$M = M_e m_o = \left(\frac{N}{f_e}\right)\left(\frac{\ell - f_e}{d_o}\right) \qquad \text{[현미경의 배율]} \quad \textbf{(25.6a)}$$

$$\approx \frac{N\ell}{f_e f_o} \qquad [f_o\text{와 } f_e \ll \ell] \quad \textbf{(25.6b)}$$

근사식인 식 25.6b는 f_e와 f_o가 ℓ에 비해 매우 작아서 $\ell - f_e \approx \ell$이고 물체가 F_o가까이에 있어서 $d_o \approx f_o$일 때는 정확한 식이 된다. 이것은 f_o와 f_e가 매우 작아서(이 둘은 식 25.6b의 분모에 들어 있다) 배율이 큰 경우에 아주 잘 맞는 식이다. 초점 거리가 짧은 렌즈를 만들기 위해서는 심각한 수차를 피하기 위해 여러 장의 얇은 렌즈를 겹쳐서 만든 복합 렌즈를 사용한다. 수차에 관해서는 다음 절에서 설명할 것이다.

예제 25.8 현미경

배율이 10배인 접안 렌즈와 50배인 대물 렌즈가 17.0 cm 떨어져 있는 복합 현미경이 있다. (a) 전체 배율, (b) 각 렌즈의 초점 거리, (c) 편안한 눈으로 본 최종 상이 맺혔을 때 물체의 위치를 구하라. 눈은 정상적인 눈으로 $N = 25$ cm라고 가정한다.

접근 전체 배율은 접안 렌즈의 배율과 대물 렌즈의 배율을 곱한 것이다. 접안 렌즈의 초점 거리는 식 25.2a 또는 확대경의 배율에 관한 식 25.5로부터 구한다. 대물 렌즈의 경우는, f_o를 구하기 전에 식 25.4를 사용하여 d_o를 구하는 것이 쉽다.

풀이 (a) 전체 배율은 (10×)(50×) = 500×이다.
(b) 접안 렌즈의 초점 거리는 식 25.5로부터 $f_e = N/M_e = 25\text{ cm}/10 = 2.5\text{ cm}$이다. 다음에 식 25.4를 d_o에 대해 풀면

$$d_o = \frac{\ell - f_e}{m_o} = \frac{(17.0\text{ cm} - 2.5\text{ cm})}{50} = 0.29\text{ cm}$$

가 얻어진다. 대물 렌즈에 대해 얇은 렌즈 공식에 $d_i = \ell - f_e = 14.5\text{ cm}$를 대입하면(그림 25.24a),

$$\frac{1}{f_o} = \frac{1}{d_o} + \frac{1}{d_i} = \frac{1}{0.29\text{ cm}} + \frac{1}{14.5\text{ cm}} = 3.52\text{ cm}^{-1}$$

가 된다. 따라서 $f_o = 1/(3.52\text{ cm}^{-1}) = 0.28\text{ cm}$이다.
(c) $d_o = 0.29$ cm라고 이미 구했는데, 이는 f_o에 매우 가까운 값이다.

25.6 렌즈와 거울의 수차

23장에서 얇은 렌즈에 의해 생기는 상의 이론을 공부했다. 예를 들어 물체의 각 점에서 나오는 빛은 렌즈를 통해 상점이라고 하는 한 점에 모이게 된다. 이 결과 및 다른 결과들은 얇은 렌즈 근사에 근거를 둔 것이다. 얇은 렌즈 근사는 모든 광선이 축과 이루는 각도가 매우 작아서 $\sin\theta \approx \theta$라고 근사할 수 있다는 것이 주 내용이다. 이런 근사법 때문에 단순화된 이론에서 생기게 되는 편차가 있을 수 있음을 예측할 수 있다. 렌즈 공식에서의 그런 편차에 의해 생기는 현상을 **렌즈 수차**(lens aberration)라고 한다. 렌즈 수차는 여러 가지 형태가 있다. 여기서는 각각의 수차를 따로따로 간단히 설명하겠지만 그 모든 것이 동시에 나타날 수 있다.

물리학의 응용
렌즈 수차

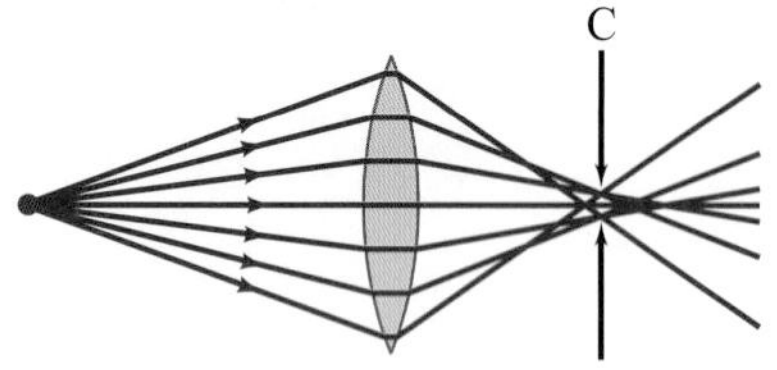

그림 25.25 구면 수차(실제보다 과장됨). C에 최소 착란원이 형성된다.

구면 렌즈의 축 상에 있는 임의의 한 점(무한한 곳이라도)을 살펴보자. 이 점으로부터 나온 광선들 중 렌즈의 가장자리 부분을 통과한 광선은 중심 부분을 통과한 광선과는 약간씩 다른 위치에 초점을 맺는다. 이것을 **구면 수차**(spherical aberration)라고 하며 그런 모양이 그림 25.25에 크게 그려져 있다. 결국 스크린이나 필름에 보이는 상은 아주 작은 점이 아니고 작은 원형의 반점이 된다. 필름이나 센서가 그림의 점 C에 놓이게 되면 원의 지름은 최소가 되는데, 그것을 **최소 착란원**(circle of least confusion)이라고 한다. 구면을 사용하는 모든 경우에는 항상 구면 수차가 존재한다. 그런 구면 수차를 줄이기 위해 렌즈의 표면이 구면이 아닌(= 비구면) 표면으로 가공한다. 그러나 그런 가공은 어려워서 렌즈의 값이 비싸진다. 그래서 보통 여러 장의 렌즈를 조합하고 렌즈의 중심부만 빛이 지나가게 설계하여 구면 수차를 줄일 수 있다.

렌즈의 광축에서 벗어나 있는 물체 점들에 대해서는 또 다른 수차가 생긴다. 렌즈의 다른 부분을 지나가는 빛은 상을 퍼지게 하는 원인이 되어 원형이 아닌 상을 형성하게 한다. 상이 흐려지는 것과 관련된 두 가지 효과가 있는데 하나는 **코마**(coma, 상점이 작은 원이 아니라 혜성의 꼬리 모양으로 보이는 것)와 **비축 수차**(off-axis astigmatism)가 있다.†

더구나 축에서 벗어나 있지만 렌즈로부터 같은 거리에 있는 물체에 대한 상점은 평평한 면에 놓이지 않고 휘어진 면에 놓인다—즉 초점면이 평평하지 않다(카메라에서의 필름과 같은 평평한 면에 있는 점들은 렌즈로부터 같은 거리에 있지 않기 때문에 이런 현상은 충분히 예측 가능한 것이다). 이런 수차를 **상면 만곡**(curvature of field)이라고 하며 센서나 필름이 평면인 카메라와 같은 장치에서 문제가 된다. 그러나 눈에서는 망막이 곡면이기 때문에 이런 곡면 효과는 문제가 되지 않는다.

또 다른 종류의 수차로 상의 **찌그러짐**(distortion)이라는 것이 있는데, 그것은 렌즈 축으로부터의 거리에 따른 배율이 달라지기 때문에 생긴다. 그러므로 광축으로부터 멀리 떨어진 직선 모양의 물체는 그 상이 휘어질 수 있다. 정사각형 모눈종이의 상은 찌그러져서 '술통 모양의 찌그러짐' 또는 '바늘구멍 찌그러짐'과 같은 형태로 나타날 수 있다(그림 25.26). 술통 모양의 찌그러짐은 초점이 아주 짧은 광각 렌즈를 사

† 이 효과는 눈에서의 난시와 같은 것이지만(25.2절), 그 원인은 다르다. 비축 수차는 눈에서는 문제가 되지 않는다. 그 이유는 물체가 렌즈 축 상에 있는 와(窩, fovea)에서는 선명하게 보이기 때문이다.

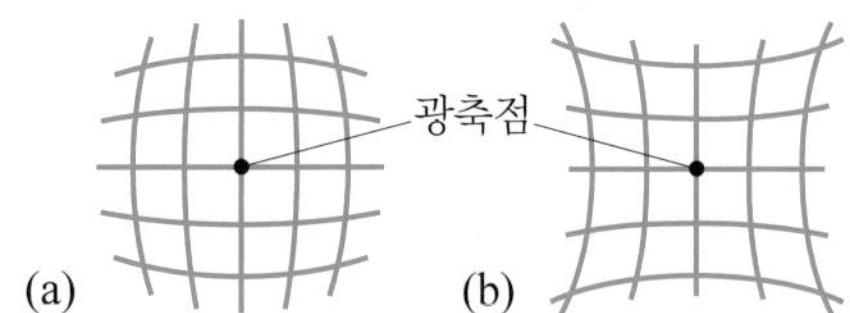

그림 25.26 상의 찌그러짐. 렌즈는 서로 수직한 선으로 된 정사각형 눈금선들을 (a) 술통 모양으로 왜곡시키거나 (b) 바늘구멍 모양으로 왜곡시킨다. 이런 찌그러짐은 단렌즈를 사용하여 촬영한 그림 23.29d의 사진에 나타나 있다.

용하는 경우 잘 나타난다.

위에 열거한 모든 수차들은 단색광에 대해서 일어나기 때문에 **단색 수차**(monochromatic aberration)라고도 한다. 이런 수차는 분산 때문에 생긴다. 일반광은 단색광이 아니므로 **색수차**(chromatic aberration)가 있다. 분산은 투명한 매질에서의 굴절률이 파장에 따라 다르기 때문에 생긴다(24.4절). 예를 들어 유리에서 파란색 빛은 빨간색 빛보다 더 많이 굴절된다. 따라서 백색광이 렌즈에 입사하면, 각각의 색이 그림 25.27에서처럼 다른 점에 초점을 맺게 되어 상에 색 무늬가 형성되면서 배율이 조금씩 차이가 나게 된다. 굴절률과 분산률이 다른 재료로 만들어진 두 렌즈를 사용하여 임의 두 색에 대한 색수차를 줄일 수 있다(다른 색에 대해서도 수차가 크게 줄어든다). 통상적으로 한 렌즈는 볼록 렌즈이고 다른 렌즈는 오목 렌즈이며, 두 렌즈의 광축을 일치시킨다(그림 25.28). 이런 렌즈 결합을 **색지움 이중 렌즈**(achromatic doublet, 또는 색보정 렌즈)라고 한다.

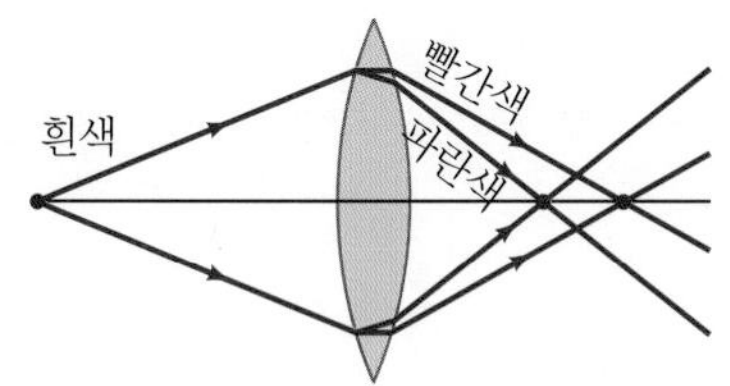

그림 25.27 색수차. 여러 가지 색들이 서로 다른 점에 초점을 맺는다.

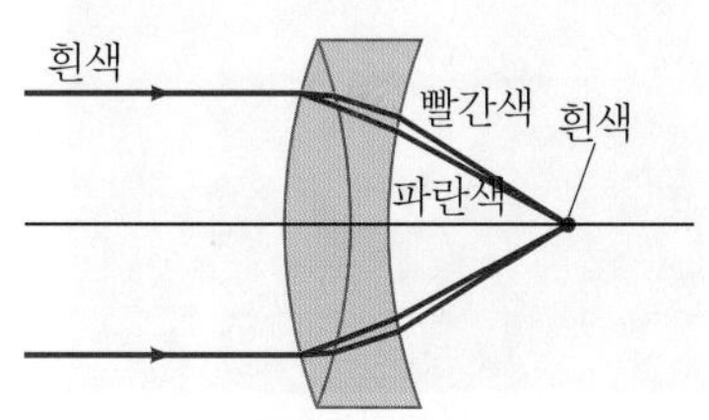

그림 25.28 색지움 이중 렌즈

수차를 줄이기 위해서, 고급 렌즈들은 두 개 이상의 단렌즈를 조합시킨 **복합 렌즈**(compound lenses)로 되어 있다. 전형적인 고급 카메라 렌즈들은 6～8개(또는 그 이상)의 단렌즈로 구성되어 있다. 편의상 렌즈 도표에서는 그런 복합 렌즈를 하나의 렌즈로 취급한다.

사람의 눈도 수차를 가지지만 최소에 지나지 않는다. 예를 들어 구면 수차의 경우 (1) 각막이 중심보다는 가장자리에서 덜 휘어져 있고 (2) 수정체의 밀도가 중심보다는 가장자리에서 작기 때문에 구면 수차가 최소화된다. 그런 두 가지 이유 때문에 중심에서보다 가장자리에서 빛이 덜 굴절되어 구면 수차가 줄어든다. 눈의 수정체는 짧은 파장을 많이 흡수하고 망막이 파란색과 보라색 파장에 대해 덜 민감하기 때문에 색수차가 부분적으로 줄어든다. 파란색과 보라색은 분산이 최대가 되는—따라서 색수차가 최대가 되는 스펙트럼 영역에 있다(그림 24.14).

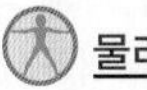 물리학의 응용

사람 눈에서의 수차

구면 거울(23.3절)도 구면 수차를 포함한 여러 수차를 가진다(그림 23.12 참조). 수차를 줄이기 위해 거울을 포물면으로 만들 수 있지만 상당히 어려워서 값이 비싸진다. 그러나 구면 거울은 빛이 거울을 통과하지 않으므로 색수차는 일어나지 않는다(굴절이 없으므로 분산도 없다).

25.7 분해능의 한계: 원형 구멍

매우 가까이 있는 두 점물체를 구별하는 렌즈의 능력을 렌즈의 **분해능**(resolution)이라 한다. 두 상이 아주 가까이 있으면서 구별할 수 있게 보인다면(겹쳐서 보이지 않고), 분해능이 높은 것이다. 예를 들어 카메라 렌즈의 분해능은 25.1절에서 언급한 바와 같이 밀리미터당 구별할 수 있는 점이나 선의 개수로 나타낸다.

렌즈의 분해능이 한계를 가지는 데는 두 가지 주요 요소 때문이다. 첫 번째는 렌즈의 수차이다. 조금 전에 배운 바와 같이, 구면 수차나 다른 수차 때문에 점물체는 상에서 점으로 나타나지 않고 작은 방울로 나타난다. 복합 렌즈를 잘 설계하면 수차를 현저하게 줄일 수 있지만 완전하게 없애지는 못한다. 분해능에 한계를 주는 두 번째 요소는 **회절**이다. 회절은 빛의 파동성의 결과로 나타나는 것이어서 개선의 여지가 없다. 이제 회절에 대해 논의해 보자.

24.5절에서 빛이 파동으로 진행한다고 배웠다. 점광원으로부터 나와 슬릿을 지나는 빛은 회절 무늬를 나타내며 퍼진다(그림 24.19와 24.21). 렌즈는 그 가장자리가 원형 슬릿의 역할을 한다. 렌즈가 점물체의 상을 형성할 때, 그 상은 실제로는 아주 작은 회절 무늬이다. 그러므로 **수차가 없어도 상은 정도의 차이가 있지만 흐릿해진다.**

렌즈가 수차가 없다고 가정하고 회절 효과만 고려하여 그것이 렌즈의 분해능에 미치는 영향이 얼마인지 살펴보자. 그림 24.21에서 직사각형 슬릿을 통과한 빛에 의해 만들어진 회절 무늬는 대부분의 빛이 모여 있는 중앙 극대점이 있다. 이 중앙 극대 곡선은

$$\sin\theta = \lambda/D$$

로 주어지는 각도 θ가 되는 양쪽에서 최솟값을 갖는다(이 식은 식 24.3a이다). 여기서 D는 슬릿의 너비이고 λ는 사용된 빛의 파장이다. θ는 중앙 극대가 이루는 너비에 해당하는 각도의 반이고, 그 각도가 아주 작기 때문에

$$\theta \approx \sin\theta = \frac{\lambda}{D}$$

라고 쓸 수 있다. 그 각도보다 큰 각도에서는 세기가 아주 작은 무늬들이 있다.

렌즈 또는 원형 구멍의 경우, 점 물체의 상은 그림 25.29a에서처럼 원형 극대(**회절 반점** 또는 **에어리 원판**이라고 한다) 둘레로 희미한 원형 띠들이 둘러싸고 있다. 중앙 극대의 크기에 해당하는 각도의 반-너비 값은

$$\theta = \frac{1.22\lambda}{D}$$

로 주어진다. 여기서 D는 원형 구멍의 지름이다. [이것은 정확한 원이나 렌즈에 대한 이론적인 결과이다. 실제의 렌즈나 원에서 이 인자는 1에서 2 정도의 값을 갖는다.] 이 식은 슬릿에 대한 식(식 24.3)과 1.22배 차이가 있다. 이 인자는 원형 구멍의 너비가 일정하지 않고(직사각형 슬릿처럼) 그 지름이 0에서 D까지 변하기 때문에 생기는 것이다. 수학적인 분석에 의하면 그 '평균' 너비가 $D/1.22$이다. 따라서 식 24.3보다는 위 식을 사용한다. 점광원에서 나온 빛이 원형 구멍을 통과해서 생기는 회절 무늬의 세기가 그림 25.30에 있다. 점광원이 아닌 경우에 대한 상은 이 회절 무늬들을 중첩한 것이다. 대부분의 경우 중앙 반점 둘레의 동심원들이 아주 흐릿하기 때문에 중앙반점만 고려한다.

만일 두 점물체가 아주 가까이 있으면, 그들 상의 회절 무늬는 그림 25.29b에서처

(a)

(b)

그림 25.29 렌즈에 의한 회절에 의해 생긴 상(크게 확대됨)의 사진. 회절 무늬가 나타나 있다. (a) 한 개의 점 물체에 의한 상. (b) 가까이 있는 두 개의 점을 찍은 사진. 상이 잘 분해되어 있지 않다.

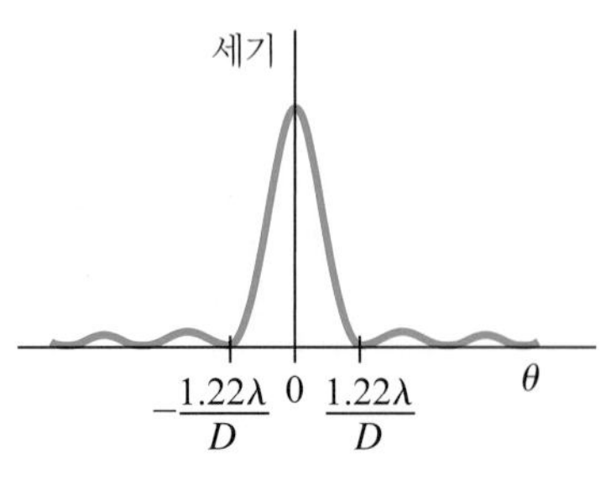

그림 25.30 원형 구멍에 의한 회절 무늬의 세기 분포

럼 겹쳐진다. 물체들이 점점 더 가까워지면 두 상이 겹쳐진 상인지 하나인지를 구별할 수 없게 된다. 이런 상황이 되는 간격은 관측자마다 다르게 판단될 것이다. 그러나 보편적으로 허용되는 기준을 레일리 경(1842~1919)이 제안했다. 이 **레일리 기준**(Rayleigh criterion)이란 **'한 상의 회절 원판의 중심이 다른 상의 회절 무늬 1차 극소 위치에 놓일 때 두 상은 겨우 분해된다'**라고 정의한다. 이것을 그림으로 표현한 것이 그림 25.31이다. 1차 극소가 중앙 극대에서 $\theta = 1.22\lambda/D$ 되는 각도에서 있으므로, 그림 25.31은 두 물체가 최소한

$$\theta = \frac{1.22\lambda}{D} \quad \text{[두 점이 구별 가능한 각도, 각도의 단위는 라디안]} \quad \textbf{(25.7)}$$

만큼 벌어져 있을 때 겨우 분해됨을 나타내고 있다. 이 식에서, D는 렌즈의 지름이고 거울의 경우 거울의 지름이다. 이것은 회절에 기인한 빛의 파동성에 의한 분해능의 한계이다. 각도가 작을수록 분해능이 좋다는 뜻이며 매우 가까이 있는 물체를 식별할 수 있다. 식 25.7로부터 파장 λ가 짧은 빛을 사용하면 θ를 줄일 수 있고, 따라서 분해능이 증가함을 알 수 있다.

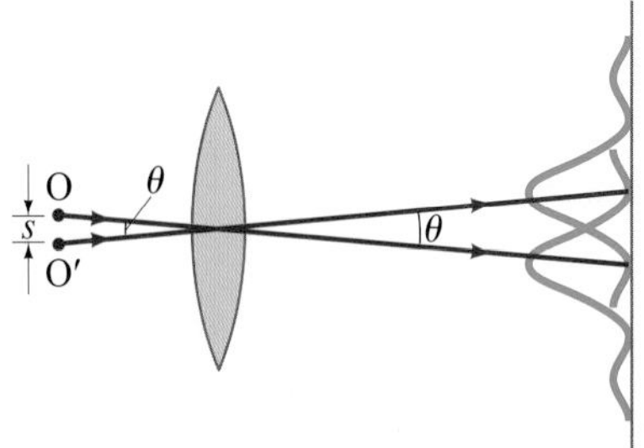

그림 25.31 레일리 기준. 하나의 중앙 회절 극대점이 다른 것의 회절 무늬의 1차 극소 위치에서 나타나면 두 개의 상은 분리되어 나타날 수 있다. 두 개의 점 물체 O와 O′이 렌즈에서 볼 때 θ의 사이 각을 갖는다. 상의 회절 무늬의 중심을 나타내기 위해 각 물체에 대해 하나의 광선만 그려져 있다(그 광선은 렌즈의 중심을 지난다).

예제 25.9 허블 우주 망원경

허블 우주 망원경(HST)은 지구 대기 위 궤도에 있는 굴절 망원경으로서 분해능이 대기의 간섭을 받지 않는다(그림 25.32). 허블 망원경의 대물 렌즈의 지름은 2.4 m이다. 파장이 λ = 550 nm인 가시광선의 대해, 지구의 난기류 때문에 분해능에 제한을 받는 지표 상의 망원경에 대해 허블 망원경의 분해능이 얼마나 좋은지 추산하라. 지표에 있는 망원경의 분해능은 약 0.5 arc sec이다. [1°를 60등분한 것을 1분이라 하고 1분을 60등분한 것을 1초라 한다. 각도 단위 1초(arc sec)는 (1/3600)°이다. 즉 1° = 3600 arc sec이다.]

접근 허블의 각분해능은 식 25.7로 주어진다. 지표에 있는 망원경의 분해능이 주어졌으므로 그것을 라디안 단위로 환산하면 비교가 가능해진다.

풀이 지면에 있는 망원경의 각분해능의 한계는

$$\theta = \frac{1}{2}\left(\frac{1}{3600}\right)^{\circ}\left(\frac{2\pi\ \text{rad}}{360^{\circ}}\right) = 2.4 \times 10^{-6}\ \text{rad}$$

이다. 반면 허블 망원경은 λ = 550 nm인 빛에 대해 회절에 의해 제한되므로(식 25.7) 그 값은

$$\theta = \frac{1.22\lambda}{D} = \frac{1.22(550 \times 10^{-9}\ \text{m})}{2.4\ \text{m}} = 2.8 \times 10^{-7}\ \text{rad}$$

이다. 이것은 분해능이 거의 10배나 좋은 것이다(2.4×10^{-6} rad/2.8×10^{-7} rad $\approx 9\times$).

그림 25.32 허블 우주 망원경. 아래에 지구가 보인다. 평평한 주황색 판은 태양 전지로서 태양광을 모아서 허블 우주 망원경에 전력을 공급한다.

예제 25.10 추산 눈의 분해능

어떤 사람이 고도가 10,000 m인 비행기 안에 있다고 하자. 그 안에서 지표를 내려다본다고 할 때 구별 가능한 물체들 간의 최소 간격 s는 얼마인가? 주차장에 있는 자동차의 대수를 셀 수 있는가? 회절만 고려하고 눈의 동공의 지름은 3.0 mm로 가정하며 빛의 파장을 λ = 550 nm로 한다.

물리학의 응용

사람은 얼마나 잘 볼 수 있나?

접근 식 25.7로 주어지는 레일리 기준을 사용하여 θ를 구한다. 물체의 간격 s는 $s = \ell\theta$이다. 여기서 $\ell = 10^4$ m이고 θ의 단위는 라디안이다.

풀이 식 25.7에서 사람 눈의 동공의 크기 $D = 3.00$ mm를 대입하면

$$s = \ell\theta = \ell\frac{1.22\lambda}{D}$$

$$= (10^4\text{ m})\frac{(1.22)(550\times10^{-9}\text{ m})}{3.0\times10^{-3}\text{ m}} = 2.2\text{ m}$$

가 얻어진다. 자동차(대략 너비가 2 m, 길이가 3~4 m)를 식별할 수 있으며 주차장의 차의 수를 셀 수 있다.

연습 E 어떤 사람이 고도 100 km의 첩보 위성에 있는 카메라로 신문에 인쇄된 3 cm 크기의 큰 활자를 식별할 수 있다고 주장한다. 분해능에 영향을 주는 것은 회절뿐이라고 가정하고($\lambda = 550$ nm), 식 25.7을 사용하여 카메라의 렌즈의 크기가 얼마여야 하는지를 계산해 보라.

25.8 사람의 눈의 분해능과 확대 한계

사람 눈의 분해능에 영향을 미치는 것에는 몇 가지 요소가 있는데, 미치는 영향은 거의 비슷하다. 망막 중심와(fovea)에서 분해능이 가장 좋은데, 그곳에서 중심와의 원뿔 세포의 간격이 약 3 μm(= 3000 nm)이다. 동공의 지름은 약 0.1~0.8 cm까지 변한다. 따라서 파장이 $\lambda = 550$ nm(이 파장에서 눈의 감도가 가장 크다)인 빛의 경우 회절한계는 약 $\theta \approx 1.22\lambda/D \approx 8\times10^{-5}$ rad에서 6×10^{-4} rad까지이다. 눈의 길이가 약 2 cm이므로 분해능(식 25.8)은 기껏해야 $s \approx (2\times10^{-2}\text{ m})(8\times10^{-5}\text{ rad}) \approx 2\,\mu\text{m}$이고 최악(동공이 작을 때)의 경우 10 μm이다. 구면 수차와 색수차도 분해능을 약 10 μm까지 나쁘게 한다. 전체적인 결과는 눈의 각분리는 약

$$5\times10^{-4}\text{ rad} \qquad \text{[가장 좋은 눈의 분해능]}$$

이다. 이것은 20 m 거리에서 1 cm 떨어진 두 물체를 구별할 수 있는 능력이다.

사람 눈의 근점은 대개 25 cm이다. 이 거리에서, 눈은 (25 cm)(5×10^{-4} rad) $\approx$ 10^{-4} m = $\frac{1}{10}$ mm 떨어진 물체를 구별할 수 있다.† 가장 좋은 광학 현미경도 기껏해야 200 nm 이상의 물체를 분해할 수 있으므로, 확대 한계[= (맨눈의 분해능)/(현미경의 분해능)]는 약

$$\frac{10^{-4}\text{ m}}{200\times10^{-9}\text{ m}} \approx 500\times \qquad \text{[현미경의 최대 확대 한계]}$$

이다. 실제로 눈의 피로를 최소로 하기 위해 1000×의 배율을 많이 사용한다. 배율을 더 높이면 현미경의 대물 렌즈에 의해 생기는 회절 무늬를 보게 된다.

† −8에서 −10 D의 렌즈가 필요한 근시안은 근점이 8~10 cm이어서 분해능이 2.5~3배 또는 ≈ $\frac{1}{25}$ mm ≈ 40 μm에 가까워진다.

연습 F 679쪽 시작 질문으로 가서 다시 답을 해 보라. 처음과 답이 다르다면 그 이유를 설명해 보라.

25.9 엑스선과 엑스선 회절

1895년에 뢴트겐(W. C. Roentgen, 1845∼1923)이 진공관 속의 매우 높은 전압에서 전자를 가속시켜 관 내의 유리나 금속 표면과 충돌할 때 좀 떨어져 있는 형광 물질에서 빛이 나서 사진 건판에 감광이 된다는 것을 발견했다. 뢴트겐은 이 효과를 새로운 형태의 복사(음극선과는 다른 것) 때문에 일어났다고 봤다. 모르는 것이라는 뜻인 x를 써서 **엑스선**(X-ray)이라는 이름을 붙였다. 그는 곧 엑스선이 다른 물질보다는 어떤 물질을 잘 투과한다는 것을 발견했다. 그리고 몇 주 후 그는 엑스선 사진(그의 아내의 손을 엑스선으로 찍은 것)을 공개했다. 오늘날의 엑스선은 뢴트겐이 사용한 것과 유사한 관(그림 25.33) 속에서 보통 30∼150 kV의 전압을 사용하여 발생된다.

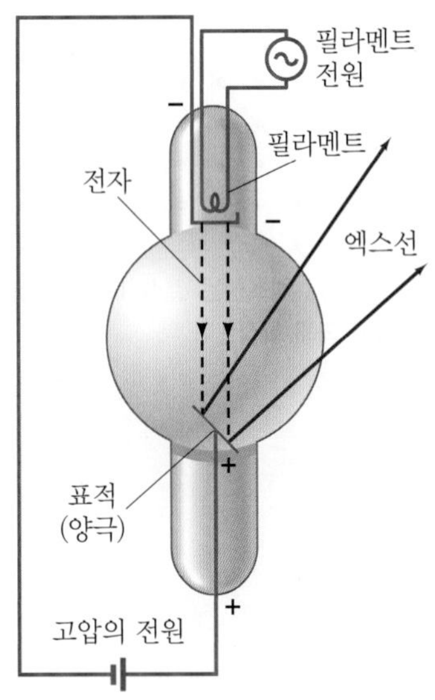

그림 25.33 엑스선관. 진공으로 된 관 속에서 가열된 필라멘트에서 나온 전자들은 높은 전압에 의해 가속된다. 전자들이 양극인 표적과 충돌할 때 엑스선이 방출된다.

엑스선의 본질에 대해 연구한 결과 엑스선은 전기장이나 자기장에 의해 편향되지 않기 때문에 (전자와 같은) 대전 입자가 아니라는 것을 알았다. 일종의 가시광선일거라고 추측되기도 했다. 그러나 보통의 격자를 사용해서도 회절이나 간섭 효과를 확인하지 못했다. 실제로 엑스선의 파장이 10^{-6} m(= 10^{3} m)나 되는 보통 격자의 간격보다 훨씬 짧기 때문에 그런 효과가 관측될 수 없었다. 1912년경 라우에(Max von Laue, 1879∼1960)는 결정 내의 원자가 규칙적인 배열로 정열(그림 13.2a)되어 있다면 그런 결정은 약 10^{-10} m(= 10^{-1} nm) 정도인 원자 간격 정도의 매우 짧은 파장의 빛에 대해 회절을 일으키는 격자가 될 수 있을 거라는 의견을 제시했다. 곧 수행된 실험을 통해 결정에서 산란되는 엑스선은 극대 극소가 있는 회절 무늬 형태(그림 25.34)를 나타냄이 밝혀졌다. 그리하여 엑스선은 파동성을 띄며 원자들은 결정 내에서 규칙적으로 배열되어 있다는 것이 증명됐다. 오늘날 엑스선은 파장의 범위가 엑스선관에서 쉽게 생기는 약 10^{-2}∼10 nm 사이의 전자기파로 간주된다.

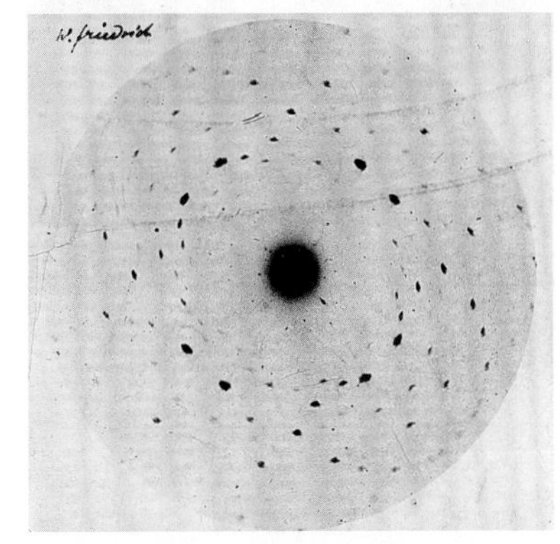

그림 25.34 이 엑스선 회절 무늬는 1912년 라우에가 엑스선을 황화아연 결정에 쪼였을 때 최초로 관측된 것이다. 회절 무늬는 사진용 필름에 직접 찍어서 관찰했다.

엑스선 회절

25.7절에서 파장이 짧은 빛은 미세한 물체를 보고자할 때 분해능이 더 좋다는 것을 배웠다. 엑스선은 가시광선보다 파장이 짧기 때문에 이론상 엄청나게 큰 분해능을 가진다. 그러나 엑스선과 같은 매우 짧은 파장에 렌즈의 역할을 할 수 있는 효과적인 재료가 없는 것 같다. 실제로 **엑스선 회절**(X-ray diffraction 또는 crystallography)의 선명하지만 복잡한 기술은 원자나 분자의 미시 세계를 탐구하는 데 매우 효과적임이 증명됐다. NaCl과 같은 단순한 결정에서는, 원자들이 그림 25.35와 같이 일정한 간격 d로 규칙적인 입방체로 배열되어 있다. 그런 결정 표면에 엑스선 빔이 표면과 ϕ의 각도로 입사한다고 가정해 보자. 그림에 나타난 두 선은 각각 처음 원자층과 그 다음 원자층에서 반사되어 나온다. 그 두 선은 선 I과 선 II가 이동한 거리의 차이가 파장의 정수배가 된다면 보강 간섭을 일으킬 것이다. 이 두 선이 이동한 거리의 차이

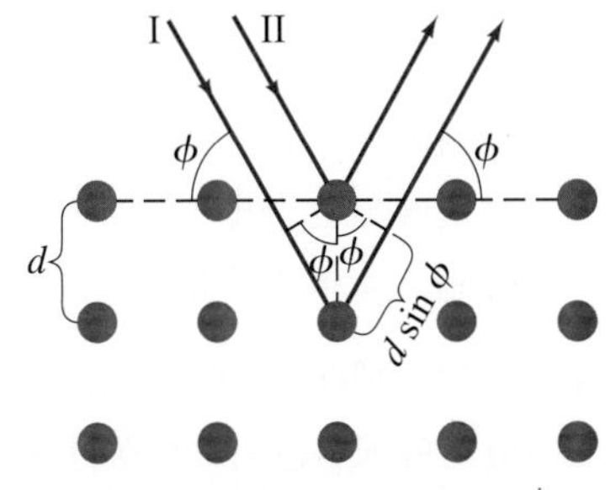

그림 25.35 결정에 의한 엑스선 회절

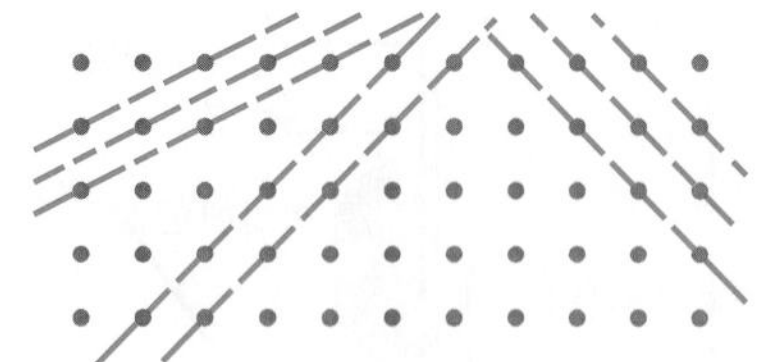

그림 25.36 엑스선은 결정 내의 다양한 결정면에 의해 회절된다.

는 $2d\sin\theta$이다. 그러므로 보강 간섭이 일어날 조건은 다음과 같다.

$$m\lambda = 2d\sin\phi, \qquad m = 1, 2, 3, \cdots \tag{25.8}$$

여기서 m은 임의의 정수이다(ϕ는 표면에 수직인 법선에 대한 각도가 아니다). 이 식을 **브래그 식**(Bragg equation)이라 한다. 이 식을 유도한 브래그(W. L. Bragg, 1890~1971)와 그의 아버지 브래그(W. H. Bragg, 1862~1942)는 1912~1913년에 함께 결정에 의한 엑스선 회절의 이론과 기술을 개발했다. 엑스선의 파장을 알고 있고 각도 ϕ가 측정된다면, 원자 간 거리 d를 알아낼 수 있다. 이것이 엑스선 결정학의 기초이다.

연습 G 파장이 0.10×10^{-9} m인 엑스선이 염화나트륨 결정에서 산란될 때, 이차 회절 극대가 21°에서 관측된다. 이 산란에서 원자면 간의 간격은 얼마인가?

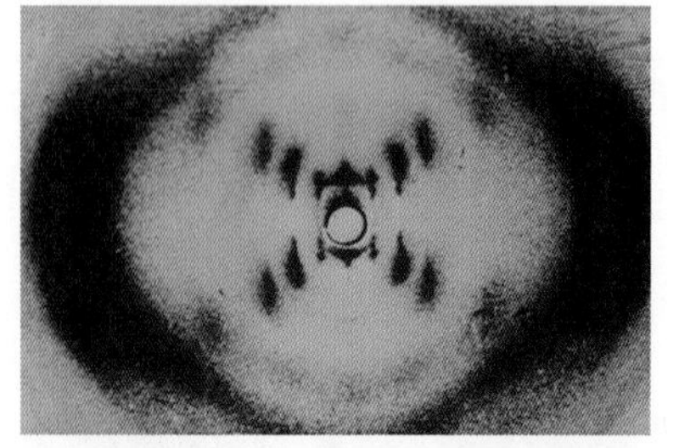

그림 25.37 1950년대 초에 로절린드 프랭클린이 촬영한 DNA 분자의 엑스선 회절 사진. 반점이 교차되는 것은 DNA가 나선형이라는 것을 암시한다.

실제의 엑스선 회절 무늬는 좀 복잡하다. 우선, 결정은 삼차원 구조를 갖고 있고 엑스선은 그림 25.36에서와 같이 결정 내의 여러 각도에서 다른 면으로부터 회절될 수 있다. 분석이 복잡하지만, 결정 형태의 물질이라면 엑스선 회절로 많은 것을 알아낼 수 있다.

엑스선 회절은 DNA의 이중 나선 구조와 같은 생물학적으로 중요한 분자의 구조를 밝혀내는 데 매우 유용하게 사용됐다. DNA의 이중 나선 구조는 1953년 왓슨(James Watson)과 크릭(Francis Crick)에 의해 밝혀졌다(그림 25.37). 이중 나선 구조의 모형에 대해서는 그림 16.35a와 16.36을 참조한다. 1960년경에 단백질 분자인 미오글로빈의 자세한 구조가 엑스선 회절에 의해 처음으로 설명됐다. 곧바로 혈액의 중요한 성분인 헤모글로빈의 구조가 밝혀졌고 이후 수많은 분자들의 구조도 엑스선 덕택에 밝혀졌다.

종합 문제

객관식

1. 카메라 렌즈에 의해 가까이 있는 물체의 상은
(a) 렌즈의 초점에 맺힌다.
(b) 항상 흐릿하다.
(c) 멀리 있는 물체의 상과 같은 위치에 맺힌다.
(d) 렌즈의 초점 거리보다 렌즈로부터 더 먼 곳에 맺힌다.

2. 디지털카메라에서 메가픽셀이란 무엇인가?
(a) 상이 모이는 검출기 상의 커다란 반점
(b) 선명한 상을 내는 특별한 렌즈의 한 종류
(c) 카메라가 저장할 수 있는 사진의 장 수와 관련된 것
(d) 검출기 상의 빛을 감지하는 반점이 백만 개
(e) 카메라가 사진을 얼마나 빨리 찍을 수 있는가와 관련된 숫자

3. 근시안인 사람이 안경을 통해 멀리 있는 물체를 볼 때, 안경에 의해 생긴 상은
(a) 눈으로부터 25 cm 되는 곳에 있어야 한다.
(b) 눈의 원점에 있어야 한다.
(c) 눈의 근점에 있어야 한다.
(d) 정상적인 눈의 경우 원점에 있어야 한다.

4. 눈의 렌즈로부터 망막까지의 거리가 정상적인 눈보다 짧아진다면, 물체를 보기 위해 눈에 힘이 들어가는 경우는
(a) 가까이 있는 물체 (b) 멀리 있는 물체
(c) 색이 다양한 물체 (d) 매우 빨리 움직이는 물체

5. 눈의 망막에 생기는 상은 보고자 하는 물체와 비교하면
(a) 도립이다. (b) 정립이다.
(c) 옆으로 빗겨나 있다. (d) 확대되어 있다.

6. 근시안인 사람의 안경이 어떻게 잘 보이게 하는가?
(a) 발산 렌즈가 눈으로 들어오는 빛을 굴절시켜 상을 눈 앞에 더 멀리 맺히게 한다.
(b) 발산 렌즈가 눈으로 들어오는 빛을 굴절시켜 상을 눈 앞에 더 가까이 맺히게 한다.
(c) 수렴 렌즈가 눈으로 들어오는 빛을 굴절시켜 상을 눈 앞에 더 멀리 맺히게 한다.
(d) 수렴 렌즈가 눈으로 들어오는 빛을 굴절시켜 상을 눈 앞에 더 가까이 맺히게 한다.
(e) 렌즈들이 각막으로부터 눈의 뒤까지의 거리를 조절한다.

7. 확대경을 통해 물체를 가까이서 관찰할 때, 확대경은
(a) 물체를 크게 보이게 한다.
(b) 물체가 실제보다 더 가까이 보이게 한다.
(c) 물체가 실제보다 더 멀리 보이게 한다.
(d) 물체로 하여금 빛이 더 나게 한다.

8. 가시광선으로 결정의 분자 구조를 관찰하는 현미경을 만들 수는 없다. 그 이유는?
(a) 배율이 굉장히 높은 렌즈를 만들 수 없기 때문
(b) 렌즈의 표면을 매우 정밀하게 가공할 수 없기 때문
(c) 렌즈를 아주 정확하게 장착할 수 없기 때문
(d) 회절이 사용되는 빛의 파장의 크기 정도로 분해능을 제한하기 때문
(e) 보기 중 정답은 1개 이상이다.

9. 백색광을 사용한 현미경의 배율이 3000을 넘지 못하는 이유는 무엇인가?
(a) 렌즈를 충분히 크게 만들지 못하기 때문
(b) 렌즈를 충분히 작게 만들지 못하기 때문
(c) 렌즈의 초점을 충분히 짧게 만들지 못하기 때문
(d) 렌즈의 초점을 충분히 길게 만들지 못하기 때문
(e) 회절 때문에 확대 한계가 이 값보다 적게 되기 때문

10. 어떤 빛을 사용할 때 현미경의 분해능이 최대가 되는가?
(a) 자외선 (b) 적외선
(c) 가시광선 (d) 무선 전파

주관식

25.1 카메라

1. (I) 적절히 노출된 사진은 조리개 번호 $f/16$와 1/100 s의 셔터 속도로 찍은 것이다. 셔터 속도를 1/400 s로 한다면 같은 노출을 얻기 위해 f-스톱은 얼마로 해야 하는가?

2. (I) 초점 거리가 65 mm인 카메라 렌즈의 f-스톱이 $f/1.4$에서 $f/22$까지 있다. 그에 해당하는 렌즈 조리개의 지름은 얼마인가?

3. (II) 초점 거리가 55 mm인 렌즈를 장착한 카메라에서 상의 크기가 물체의 크기와 같으려면 물체 거리는 얼마여야 하는가? 필름 상의 상으로부터 물체까지의 거리는 얼마인가?

4. (II) 풍경 사진가가 34 m 크기의 나무를 65 m 떨어진 거리에서 사진 찍으려고 한다. 크기가 24 mm인 센서에 그 상을 채우려면 카메라 렌즈의 초점 거리는 얼마여야 하는가?

5. (II) 초점 거리가 200 mm인 렌즈를 필름 면으로부터의 거리가 200.0 mm에서 208.2 mm까지 조절할 수 있다. 물체 거리가 조절되는 범위는 얼마인가?

6. (II) 물체 거리가 1.30 m에서 무한원까지 찍을 수 있게 초점이 135 mm인 망원 렌즈를 설계한다면 렌즈가 센서나 필름 면으로부터 움직여야 하는 거리는 얼마인가?

7. (III) 매우 멀리 있는(무한원이라고 가정) 물체에 대해, 모든 카메라의 렌즈의 배율은 초점 거리에 비례함을 증명하라.

25.2 사람의 눈: 교정용 렌즈

8. (I) 사람의 안구 크기는 길이가 약 2.0 cm이고 동공의 최대 지름은 약 8.0 mm이다. 안구의 속력은 얼마인가?

9. (II) 근점이 125 mm인 사람의 독서용 안경의 도수는 얼마여야 그가 컴퓨터 스크린을 55 cm 거리에서 잘 읽을 수 있는가? 렌즈에서 눈까지의 거리는 1.8 cm라 가정한다.

10. (II) 어떤 사람이 −5.5 D인 안경 렌즈를 사용하여 시력을 교정한다. (a) 그의 눈은 근시인가 원시인가? (b) 안경을 쓰지 않을 경우 그의 눈의 원점은 얼마인가?

11. (II) 어떤 사람의 오른쪽 눈은 25~85 cm 사이에 있는 물체만 선명하게 잘 볼 수 있다. (a) 멀리 있는 물체를 선명하게 잘 보기 위해서는 콘택트렌즈의 도수를 얼마로 해야 하는

가? (b) 렌즈를 꼈을 때의 근점은 얼마인가?

12. (II) 어떤 사람의 원점이 14 cm이다. 이 사람이 써야 하는 안경 렌즈의 도수는 얼마여야 하는가? 눈에서 안경 렌즈까지의 거리는 2.0 cm이다.

13. (II) 어떤 물체를 (a) 무한원에서, (b) 눈에서 34 cm 되는 곳에서 본다고 할 때 이 눈–렌즈 계의 초점 거리는 얼마인가? 수정체에서 망막까지의 거리는 2.0 cm라고 가정한다.

14. (III) 근시안인 사람의 근점과 원점이 각각 10.6 cm와 20.0 cm이다. 그가 도수가 $P = -4.00$ D인 콘택트렌즈를 사용한다면 근점과 원점은 얼마가 되는가?

25.3 확대경

15. (I) 정상안으로 편안하게 볼 때의 배율이 3.2×인 확대경의 초점 거리는 얼마인가?

16. (I) 초점 거리가 16 cm인 확대경을 사용하여 눈이 편안하게 본다면 확대경의 배율은 얼마인가?

17. (II) 셜록 홈즈가 사용하는 확대경의 초점 거리는 8.20 cm이다. 최대의 배율로 보기 위해서는 물체 거리(눈은 정상이라고 가정)는 얼마이며 그때의 배율은 얼마인가?

18. (II) 너비가 3.80 mm인 나사를 초점 거리가 9.60 cm인 렌즈로 들여다본다. 정상적인 눈으로 보면 상은 근점에 있다. (a) 각배율, (b) 상의 너비, (c) 렌즈로부터 물체까지의 거리를 구하라.

19. (II) 8.0 cm 거리에 있는 인쇄물을 보기 위해 초점 거리가 9.2 cm인 확대경을 사용한다. (a) 상의 위치와 (b) 각배율을 계산하라.

20. (III) 어떤 확대경의 배율이 편안한 정상안으로 볼 때 3.0×이다. 근점이 (a) 75 cm와 (b) 15 cm인 사람이 편안한 눈으로 보면 배율은 얼마가 되는가? 그 차이를 설명하라.

25.4 망원경

21. (I) 대물 렌즈의 초점 거리가 82 cm이고 접안 렌즈의 초점 거리가 2.8 cm인 천체 망원경의 배율은 얼마인가? 이 망원경을 편안한 눈으로 보기 좋게 조정할 때 경통의 길이는 얼마가 되는가?

22. (II) 배율이 7.0×이고 접안 렌즈의 초점 거리가 3.5 cm인 쌍안경이 있다. 대물 렌즈의 초점 거리는 얼마인가?

23. (I) 어떤 천체 망원경의 대물 렌즈의 초점 거리가 75 cm이고 접안 렌즈의 도수는 +25 D이다. 전체 배율은 얼마인가?

24. (II) 렌즈가 두 개인 어떤 천체 망원경의 두 렌즈 사이의 간격이 82.0 cm이다. 대물 렌즈의 초점 거리가 78.5 cm라면 이 망원경의 배율은 얼마인가? 눈을 편안하게 뜨고 본다고 가정한다.

25. (II) 어떤 천체 망원경의 반사경의 곡률 반지름이 6.1 m이고 접안 렌즈의 초점 거리가 2.8 cm이다. 이 망원경의 배율은 얼마인가?

26. (II) 배율이 120×인 천체 망원경을 편안한 눈으로 들여다볼 때 두 렌즈의 간격이 1.10 m이다. 각 렌즈의 초점 거리는 얼마인가?

27. (III) 대물경의 곡률 반지름이 3.00 m이고 접안 렌즈의 곡률 반지름이 −1.50 m인 반사 망원경(그림 25.22b 참조)이 있다. 두 거울 사이의 거리가 0.90 m라면, 어떤 별의 상을 센서에 기록하기 위해 그 센서를 접안 렌즈 앞에 얼마나 멀리 놓아야 하는가?

25.5 현미경

28. (I) 어떤 현미경의 접안 렌즈의 초점 거리가 1.70 cm이다. 정상안으로 볼 때 최종 상이 무한 원점에 보인다. 경통의 길이가 17.5 cm이고, 대물 렌즈의 초점 거리는 0.65 cm이다. 이 현미경의 배율은 얼마인가?

29. (I) 경통의 길이가 17 cm인 현미경의 접안 렌즈의 초점 거리가 2.5 cm이고 대물 렌즈의 초점 거리는 0.33 cm이다. 배율은 대략 얼마인가?

30. (II) 어떤 현미경은 14.0×짜리 접안 렌즈와 60.0×짜리 대물 렌즈가 20.0 cm 떨어져 있다. (a) 전체 배율과 (b) 각 렌즈의 초점 거리를 구하라. (c) 편안한 정상안으로 초점을 맞추려면 물체의 위치는 어디여야 하는가?

31. (II) 어떤 복합 현미경의 접안 렌즈의 초점 거리는 2.80 cm이고 대물 렌즈의 초점 거리는 $f = 0.740$ cm이다. 물체가 대물 렌즈 앞 0.790 cm 되는 곳에 있다면 (a) 현미경을 편안한 눈으로 보게 조정할 때 두 렌즈 사이의 거리와 (b) 전체 배율을 구하라.

25.6 렌즈의 수차

32. (II) 초점 거리가 $f_1 = -27.8$ cm와 $f_2 = +25.3$ cm인 매우 얇은 두 렌즈를 접촉하여 색지움 렌즈를 만든다. (a) 이 두 렌즈를 결합한 결과는 수렴 렌즈인가 발산 렌즈인가? (b)

전체 초점 거리는 얼마인가?

33. (III) 평볼록 렌즈(그림 23.29a)는 한쪽 표면은 평평하고 다른 면은 곡률 반지름이 $R = 14.5$ cm이다. 이 렌즈를 사용하여 렌즈로부터 66.0 cm 떨어져 있는 빨간색과 노란색의 물체를 보고자 한다. 빨간색에 대한 유리의 굴절률은 1.5106이고 노란색에 대한 굴절률은 1.5226이다. 렌즈에 의해 맺히는 빨간색 상과 노란색 상의 위치는 어디인가? [힌트: 23.10절 참조]

25.7~25.8 분해능의 한계

34. (I) 윌슨 산 천문대에 있는 100인치(거울의 지름이 254 cm) 망원경에서 회절에 의한 각 분해능의 한계는 얼마인가 ($\lambda = 560$ nm)?

35. (I) $f = 9$ mm이고 지름이 5 mm인 대물 렌즈가 있는 현미경의 분해능은 얼마인가? 사용되는 빛은 $\lambda = 550$ nm이다.

36. (II) 18광년 되는 곳에 있는 두 별이 반사 거울의 지름이 66 cm인 망원경에 의해 간신히 구별되어 보인다. 두 별 사이의 간격은 얼마인가? 빛의 파장은 $\lambda = 550$ nm이고 회절에 의해서만 분해능이 제한된다고 가정한다.

37. (II) 매우 강력한 전등을 달을 향해 비춘다고 할 때, 달에 도달한 불빛의 지름은 얼마가 될까? 전등에서 불빛이 나가는 구멍의 지름은 5.0 cm이고 백색광의 평균 파장은 550 nm이며 불빛이 퍼지는 것은 회절에 의한 것뿐이라고 가정한다.

25.9 엑스선 회절

38. (II) 파장이 0.138 nm인 엑스선이 원자면 간 간격이 0.285 nm인 원자 결정에 입사한다. 1차 회절 극대를 관찰하기 위해서 엑스선이 입사해야 하는 (표면에 대한) 각도 ϕ(그림 25.35 참조)는 얼마인가?

39. (II) 원자면 간의 간격이 0.24 nm인 결정 표면에 대해 23.8°에서 1차 브래그 회절 극대가 관측됐다. (a) 2차 회절 극대는 몇 도에서 관측되는가? (b) 엑스선의 파장은 얼마인가?

40. (II) 처음 세 개($m = 1, 2, 3$)에 해당하는 엑스선 회절 극대가 측정됐다면, 엑스선의 파장 λ와 격자 간격 d가 구해질 수 있는가? 답에 대해 증명하라.

연습 해답

A: 6.3 m
B: 33점/mm
C: $P = -4.0$ D
D: 48 cm
E: 2 m
F: (c) 702쪽에 언급한 바와 같음 (c) λ 규칙에 의해
G: 0.28 nm

물리학자 조지 가모브가 쓴 공상 과학 소설 《**이상한 나라의 톰킨스 씨**(Mr. Tompkins in Wonderland, 1940)》는 빛의 속력이 초속 10 m밖에 안 되는 세계를 상상하고 있다. 톰킨스 씨는 상대성이론을 알고 있어서, 자전거를 타고 달리기 시작했을 때 자신의 몸이 즉시 줄어들 것을 기대했으며 나중에 자신이 커져가는 모습에 일말의 불안을 느낄지도 모른다며 매우 행복해했다. 그러나 놀랍게도 그의 몸과 자전거에는 아무런 일도 일어나지 않았다. 반대로 자신을 둘러싸고 있는 풍경은 완전히 변했다. 길거리는 단축되고 상점의 창문은 좁다란 슬릿처럼 보이기 시작했으며, 길모퉁이에 서 있는 경찰관은 그가 지금까지 본 어떤 사람보다 가장 비쩍 마른 사람이 됐다. "어이쿠!" 톰킨스 씨는 흥분해서 외쳤다. "난 지금 마술을 보는 거야. 여긴 **상대성**이 현실이 되는 곳이야."

상대론은 실제로 우리에 대해서 빠른 속력, 다시 말해 빛의 속력 c에 가까운 속력으로 움직이는 물체는 길이가 줄어든다고 예측한다. 우리는 톰킨스 씨가 그랬듯이 그것을 인지할 수는 없다. 우리는 길이 수축, 시간 팽창, 동시성의 불일치, 그리고 에너지와 질량은 어떻게 동등한가($E = mc^2$)에 대해서 공부할 것이다.

CHAPTER 26

특수 상대성이론

시작 질문 추정해 보라!

로켓이 $0.8c$의 속력으로 지구로부터 멀어지고 있다. 로켓은 작은 화물을 $0.70c$(로켓에 대해)의 속력으로 지구로부터 멀어지는 방향으로 발사했다. 화물은 지구에 대해 얼마의 속력으로 움직이는가?

(a) $1.50c$
(b) $1.50c$보다 약간 작다.
(c) c보다 약간 크다.
(d) c보다 약간 작다.
(e) $0.75c$

19세기 말에 이르러 물리학은 커다란 진보를 이루었다. 지난 3세기 동안에 발전된 물리학 이론들은 넓은 범위의 자연 현상들을 매우 성공적으로 설명할 수 있었다. 예를 들어 뉴턴 역학은 지상과 하늘에서의 물체의 운동들을 훌륭하게 설명했을 뿐 아니라 나아가 유체, 파동, 그리고 소리를 성공적으로 다룰 수 있는 기틀

그림 26.1 아인슈타인(1879~ 1955)은 20세기의 위인 중 한 사람으로 특수 상대성이론과 일반 상대성이론의 창안자이다.

을 마련했다. 운동학 이론은 기체를 비롯한 물질들의 거동을 설명했다. 전자기학의 맥스웰 이론은 모든 전기와 자기 현상을 통합했을 뿐 아니라 빛과 똑같이 행동하는 전자기파의 존재를 예언하여 빛을 전자기파로 인식되게 됐다. 물리학자의 시각에서 볼 때, 자연계의 현상들은 매우 잘 설명되어질 수 있는 듯이 보였다. 여전히 몇 가지 수수께끼가 남아 있긴 했지만, 이것들은 이미 알려진 원리들을 이용해서 조만간 설명될 것으로 믿어졌다.

그런데 그것이 그렇게 간단하지 않다는 것이 밝혀졌다. 오히려 이 수수께끼들은 20세기 초에, 사물의 본질에 대한 우리의 개념을 완전히 바꾸어 놓은 혁명적인 두 이론, 다시 말해 **상대성이론**과 **양자론**을 도입함으로써 해결될 수 있었다.

그래서 19세기 말까지 알려진(지금까지 이 책에서 다루어 온) 물리학을 **고전물리학**(classical physics)이라 하고, 20세기의 전환기에 대혁명을 불러온 새로운 물리학을 **현대물리학**(modern physics)이라고 한다. 이 장에서는 1905년 아인슈타인(Albert Einstein, 1879~1955; 그림 26.1)에 의해서 처음으로 제안된 상대성이론에 관해 살펴보고, 다음 장에서는 양자론을 소개하기로 한다.

26.1 갈릴레오 · 뉴턴의 상대성이론

아인슈타인의 특수 상대성이론은 우리가 사건을 어떻게 관측하는가, 특히 서로 다른 기준틀에서 물체와 사건이 어떻게 관측되는가 하는 것을 다룬다.† 이런 주제는 이미 갈릴레오와 뉴턴에 의해서 다뤄졌다.

특수 상대성이론은 **관성 기준틀**(inertial reference frame, 4.2절과 부록 C), 다시 말해 뉴턴 제1법칙이 성립하는 기준틀에서 관측되고 측정되는 사건들을 다룬다. 뉴턴 제1법칙은 어떤 물체가 다른 물체에 의해서 힘을 받지 않는 한 그 물체는 영원히 정지해 있거나 직선 상을 등속력을 유지하면서 움직일 수밖에 없다는 법칙을 말한다. 사건들은 관성틀에서 관측되고 측정될 때 분석하기가 가장 쉬운데, 지구는 비록 완전하지는 않지만(지구는 회전하고 있다) 관성틀에 거의 가깝기 때문에 대부분의 경우 우리는 지구를 관성틀로 간주할 수 있다. 한편 회전하거나 또는 가속되어지는 기준틀은 비관성틀‡이라 하는데, 이런 복잡한 기준틀을 아인슈타인은 그의 일반 상대성이론에서 다루고 있다(31장 참조).

어떤 관성틀에 대해서 등속도로 달리고 있는 기준틀 자체도 관성틀이 된다. 왜냐하면 그 기준틀에서도 뉴턴 법칙이 성립하기 때문이다. 우리가 어떤 기준틀에서 관측하거나 측정한다는 것은 우리가 바로 그 기준틀에 정지해 있음을 의미한다.

갈릴레오와 뉴턴은 우리가 **상대성 원리**(relativity principle)라고 부르는 원리, 다시 말해 **'물리학의 기본 법칙들은 모든 관성틀에서 동일해야 한다'**는 원리가 역학에

† 기준틀이란 지구, 기차, 달 등과 같은 어떤 물체(또는 물체의 집합)에 고정된 좌표축의 집합을 말한다(2.1절 참조).

‡ 회전목마와 같이 회전하는 원반 위에서는 아무런 힘을 가하지 않아도 정지해 있는 물체가 바깥쪽으로 움직이려고 한다. 그래서 이는 관성틀이 아니다(부록 C와 그림 C.1 참조).

그림 26.2 달리는 차에 탄 사람이 동전을 떨어뜨렸다. 위쪽 그림은 동전을 놓는 순간이고, 아래쪽은 그보다 잠깐 후이다. (a) 자동차 기준틀에서는 동전은 똑바로 아래로 떨어진다(그리고 나무는 왼쪽으로 움직인다). (b) 지구에 고정된 기준틀에서는 동전은 처음 속도(= 자동차 속도)를 가지고 곡선(포물선) 경로를 그린다.

적용된다는 것을 잘 알고 있었다. 우리는 이 원리의 정당성을 일상생활에서도 느낄 수 있다. 예를 들면 등속도로 부드럽게 움직이는 기차나 비행기 안에서 물체의 운동은 지면 위에서와 동일한 방식으로 이루어진다(이때 기차나 비행기의 흔들림이나 진동은 없다고 가정한다. 왜냐하면 이런 것들은 관성틀을 비관성틀로 만들기 때문이다). 즉 여러분이 등속도로 달리고 있는 기차나 비행기 또는 회전목마와 같이 돌고 있는 원반 위에서는 아무런 힘을 가하지 않아도 정지해 있는 물체가 바깥쪽으로 움직이려고 한다. 따라서 이런 것은 관성틀이 아니다. 배 안에서 걷거나, 스프를 마시거나, 탁구를 치거나 또는 연필을 바닥에 떨어뜨렸을 때 그 물체들은 여러분이 지면 위에 있을 때와 똑같은 방식으로 운동을 하게 된다. 여러분들이 등속도로 빠르게 움직이고 있는 자동차 안에 있다고 상상해 보자. 만약 여러분의 머리 위로부터 동전을 떨어뜨렸다면 그 동전은 어떻게 떨어지겠는가? 그것은 그림 26.2a에서처럼 자동차에 대해서 곧장 아래로 떨어져서 동전을 놓은 지점 바로 밑의 마룻바닥에 떨어질 것이다(만약 여러분이 자동차의 창밖으로 동전을 떨어뜨렸다면 이야기는 달라진다. 왜냐하면 이때에는 동전이 공기에 의해서 차의 뒤쪽으로 밀려나기 때문이다). 이것은 바로 지면 위에서 물체가 떨어지는 방식이며—즉 곧바로 아래로—따라서 움직이는 자동차 내에서의 실험은 상대성원리와 부합하게 된다.

그러나 위의 예에서 주의해야 할 점은 동전이 지면 위의 관측자에 대해서는 곡선을 그리면서 움직인다는 것이다(그림 26.2b). 즉 동전이 그리는 실제 경로는 다른 기준틀에서 보았을 때에는 다르게 된다. 이것은 물론 상대성원리에 위배되지 않는다. 왜냐하면 상대성원리는 물리학의 법칙들이 모든 관성틀에서 동일하다는 것을 뜻하기 때문이다. 즉 위의 경우에 양쪽 기준틀에서 중력의 법칙과 운동의 법칙들은 동일하게 적용되게 된다. 그림 26.2a와 b의 차이점은 지면 위의 기준틀에서는 동전이 자동차와 같은 처음 속도를 가지고 있기 때문에 물리학 법칙에 의해서 동전은 여느 투사체와 마찬가지로 포물선을 그리게 되는 반면, 자동차의 기준틀에서는 처음 속도가 없기 때문에 동전은 곧바로 아래로 떨어진다는 것이다. 결국 양쪽 기준틀에서의 법칙들은 비록 동전의 경로가 각각 다름에도 불구하고 동일해진다.

주의
법칙들은 같지만, 경로는 기준틀마다 다를 수 있다.

갈릴레오 · 뉴턴의 상대성이론은 일상의 경험으로 보아 그럴듯하지만 증명할 수 없는 몇 가지 가정들을 포함하고 있다. 이 상대성이론에서는 물체의 길이가 서로 다

주의
길이와 시간 간격은 절대적이다 (상대성이론 이전)

른 기준틀에서 봤을 때도 항상 서로 같으며, 시간 역시 서로 다른 기준틀에서 항상 같은 비율로 흐른다고 가정한다. 따라서 이런 고전역학에서는 시간과 공간은 **절대적**(absolute)인 것으로 간주된다. 이는 기준틀에 따라 측정이 달라지지 않는다. 또한 물체의 질량 역시 모든 힘들과 마찬가지로 관성틀에 따라 달라지지 않는다고 가정한다.

그러나 물체의 위치는 각각의 기준틀에 따라 달라지고, 속도 역시 마찬가지이다. 예를 들어 어떤 사람이 버스 안에서 2 m/s의 속력으로 앞쪽을 향해 걷고 있는 경우를 생각해 보자. 이때 버스가 지면에 대해 12 m/s의 속력으로 달리고 있다고 한다면 그 사람은 지면에 대해 10 m/s로 달리는 것이 된다. 그러나 고전역학에 의하면 물체의 가속도는 어떤 관성틀에서나 같게 된다. 그 이유는 속도의 변화량과 시간 간격이 다 같기 때문이다. 예를 들어 어떤 사람이 버스 안에서 1초 동안에 0에서부터 2 m/s로 가속됐다고 한다면 버스 기준틀 내에서의 가속도는 $a = 2\text{m/s}^2$가 된다. 따라서 지면에 대한 가속도 역시 다음과 같이 동일하게 된다.

주의

위치와 속도는 서로 다른 기준틀에서 다르지만, 길이는 같다(고전 역학)

$$(12\text{ m/s} - 10\text{ m/s})/(1.0\text{ s}) = 2\text{m/s}^2$$

결국 F, m, a는 모두 관성틀이 바뀜에 따라 변하지 않으므로 뉴턴 제2법칙 $F = ma$ 역시 변하지 않는다. 따라서 뉴턴 제2법칙은 상대성 원리를 만족하게 된다. 역학의 다른 법칙들 역시 이 상대성 원리를 만족하다는 것을 우리는 쉽게 보일 수 있다.

역학의 법칙들이 모든 관성틀에 대해서 동일하다는 사실은 어떤 의미로든 특정한 관성틀은 존재하지 않는다는 것을 뜻한다. 이와 같은 중요한 결론을 다음과 같이 표현한다. **역학적인 현상을 기술함에 있어서 모든 관성틀은 동등하다.** 어떤 관성틀도 다른 관성틀보다 특별히 더 중요하거나 덜 중요하지 않다. 등속도로 달리고 있는 자동차나 비행기에 고정되어 있는 기준틀은 지면에 고정되어 있는 기준틀과 같은 정도로 중요하다. 여러분이 등속도로 달리고 있는 자동차나 비행기로 여행한다고 할 때 지구는 정지해 있고 여러분이 달리고 있다고 말할 수 있는 것과 마찬가지로 여러분은 여러분이 정지해 있고 지구가 움직이고 있다고도 말할 수 있다.[†] 어떤 계가 실제로 정지해 있고, 어떤 계가 움직이고 있는가를 알 수 있는 방법은 없다. 즉 절대 정지 상태에 있는 특정한 기준틀을 골라낼 수 있는 방법은 없다.

그러나 19세기 후반에 이르러 복잡한 문제가 발생한다. 맥스웰이 전자기학(22장 참조)이라는 포괄적이고 성공적인 이론을 발표하면서 빛이 전자기파라고 예측했다. 맥스웰 방정식은 빛의 속도는 3.00×10^8 m/s라고 예측했으며, 이는 실제 측정한 값과 일치했다. 그때 다음과 같은 문제가 발생하게 됐다. 그것은 '어떤 기준틀에서 빛이 정확하게 맥스웰 이론이 예측한 값을 갖게 되는가?'하는 것이었다. 당시 빛은 기준틀에 따라 다른 속력을 갖는다고 가정되고 있었기 때문이다. 예를 들어 관측자가 우주선을 타고 광원으로부터 1.0×10^8 m/s의 속력으로 멀어지고 있다면, 이때 관측자는 자기에게 접근하는 빛의 속력을 $(3.0 \times 10^8\text{ m/s}) - (1.0 \times 10^8\text{ m/s}) = 2.0 \times 10^8$ m/s로 측정할 것이다. 그러나 맥스웰 방정식에는 이런 상대 속도에 대한 개념이 들어 있지 않다. 다만 빛의 속력이 $c = 3.00 \times 10^8$ m/s라고 예측할 뿐이다. 이것은 마

[†]여기서 우리는 지구가 관성 기준틀이라는 가정을 사용했다.

치 c가 이런 값을 갖는 어떤 특정한 기준틀이 존재해야 한다는 것을 암시하는 것처럼 보인다.

우리는 11장과 12장에서 파동은 수면이나 줄을 따라서 움직이고, 음파는 공기나 다른 물질 내를 진행한다는 것을 배웠다. 19세기 물리학자들은 물질 세계의 현상들을 역학적인 관점에서 이해하려고 했다. 따라서 그들에게 빛 역시 어떤 **매질** 속을 진행한다는 가정은 자연스러운 일이었다. 그들은 이런 투명한 매질을 **에테르**(ether)라고 불렀으며, 이것이 모든 공간에 스며들어 있다고 가정했다.[†] 그래서 그들은 맥스웰 방정식에 나타나는 빛의 속도는 이 에테르에 대한 속도라고 가정했다.[‡]

과학자들은 즉시 이런 절대 기준틀—그것이 무엇이든 간에—에 대한 지구의 속력을 결정하기 위한 실험에 착수했다. 여러 가지 기발한 실험들이 고안됐지만, 그중에서도 가장 직접적인 실험은 1880년대에 마이컬슨(A. A. Michelson)과 몰리(E. W. Morley)에 의해서 이루어진 것이다. 그들은 마이컬슨 간섭계(24.9절 참조)를 이용하여 방향에 따른 빛의 속력의 차이를 측정했다. 그들은 에테르에 대한 실험장치의 방향에 따라 나타나는 차이를 측정할 수 있을 것을 기대했다. 왜냐하면 배가 강을 거슬러 올라갈 때와 내려갈 때 또는 강을 가로지를 때 육지에 대한 배의 속력이 각각 다르듯이 빛의 속력 역시 지구를 지나는 에테르의 속도에 따라서 달라지리라 기대되기 때문이다.

이상하게도 그들은 아무런 차이도 발견할 수 없었다. 이것은 커다란 수수께끼였다. 이 결과에 대해 수년 동안 많은 설명이 등장했지만 이들은 결국 모순되거나 일반적으로 받아들여질 수 없는 것들이었다. 이런 상황은 19세기 말까지 커다란 수수께끼의 하나였다.

그런데 1905년 아인슈타인은 이런 문제들을 간단한 방법으로 해결할 수 있는 혁신적인 새 이론을 제안했다. 그러나 이 이론은 동시에, 이제 곧 알게 되겠지만, 우리의 시공간에 대한 개념을 완전히 바꿔 놓았다.

26.2 특수 상대성이론의 가정

20세기의 벽두부터 존재했던 전자기 이론과 뉴턴 역학에 관한 문제는 1905년 아인슈타인이 상대성이론을 도입함으로써 훌륭하게 해결됐다. 그러나 아인슈타인은 마이컬슨 · 몰리의 실험 결과에 직접적인 영향을 받은 것은 아니었다. 아인슈타인에게 동기를 준 것은 전자기 이론과 빛의 파동에 관한 질문들이었다. 예를 들면 그는 "내가

[†] 빛의 매질이 공기가 될 수는 없다. 왜냐하면 빛은 태양을 떠나 거의 진공인 행성간 공간을 통과하여 지구에 도달하기 때문이다. 그래서 다른 매질을 상정해야 했으므로 에테르를 가정했던 것이다. 에테르는 투명할 뿐 아니라 그것을 찾아내기 힘들었으므로 밀도가 0이라고 가정됐다.

[‡] 또한 맥스웰 방정식들은 상대성이론을 만족하지 않는 것으로 보였다. 이들은 에테르 안에서 정지된 기준틀인 $c = 3.00 \times 10^8$ m/s이 계에서 가장 간단한 형태였다. 다른 어떤 기준틀에서도, 상대 속도를 고려하면 여분의 항이 필요했다. 비록 다른 물리학 법칙들은 상대성이론을 준수했지만, 전자기 법칙들은 분명히 그렇지 않았다. 아인슈타인은 두 번째 가정(다음 절)으로 이 문제를 해결했다. 맥스웰 방정식들은 상대성을 만족한다.

만약 빛에 올라타고 있다면 나는 무엇을 보게 될 것인가?"와 같이 자문했다. 그것에 대한 답은 "진행하는 전자기파 대신에 공간에 대해서는 서로 엇갈려서 변화하지만 시간에 대해서는 변하지 않는 정지한 상태의 전기장과 자기장을 볼 것이다"이었다. 그러나 그는 이런 전자기장은 결코 관측된 적이 없었으며 또한 맥스웰의 전자기 이론과도 모순된다는 것을 알았다. 따라서 그는 빛의 속력이 어떤 관측자에 대해서 0이 된다거나 또는 조금이라도 줄어들 수 있다고 생각하는 것은 비합리적이라고 주장했다. 이런 생각은 그의 상대성이론의 두 번째 가정이 됐다.

아인슈타인은 1905년에 발표한 그의 유명한 논문에서, 에테르에 대한 개념과 그에 따르는 절대 정지 기준틀에 대한 가정을 완전히 포기해야 한다고 제안했다. 이런 제안은 두 가지 가정 안에 포함된다. 첫 번째 가정은 갈릴레오 · 뉴턴의 상대성원리의 확장으로서, 역학 법칙뿐만 아니라 전기학과 자기학을 포함한 물리학의 나머지 법칙들을 포함한 것이었다.

상대성 원리

제1가정(상대성 원리): 물리 법칙들은 모든 관성틀에서 같은 형태로 나타나야 한다.

두 번째 가정은 첫 번째 가정과 일맥상통하는 것이다.

빛의 속력 불변의 원리

제2가정(빛의 속력 불변의 원리): 빛은 광원이나 관측자의 속력에 관계없이 진공 내에서 등속력 c로 진행한다.

이 두 가지 가정은 아인슈타인의 **특수 상대성이론**(special theory of relativity)의 기초를 이룬다. 여기서 특수라는 말은 비관성(즉 가속되는) 계를 다루는 그의 일반 상대성이론과 구별하기 위해 붙여진 말이다(31장에서 논의). 여기서 논의할 특수 상대성이론에서는 오직 관성틀만을 다루게 된다.

두 번째 가정은 상식적인 관념에서 벗어나므로 받아들이기가 쉽지 않다. 우선 우리는 진공 내를 진행하는 빛에 대해 생각해 보아야 한다. 에테르는 결국 관측되지 않으므로 이것을 포기하기는 쉽다. 그러나 또 한편 두 번째 가정은 관측자나 광원의 속력이 어떻든지 간에 빛은 진공 내에서 항상 3.00×10^8 m/s와 같은 등속력을 가져야 한다고 말한다. 즉 광원을 향해 움직이는 사람이나 또는 광원으로부터 멀어지는 사람 모두 광원에 대해 정지해 있는 사람이 관측한 것과 똑같은 빛의 속력을 관측해야 한다는 것이다. 이것은 일반적으로 관측자의 속도를 더해야 한다는 우리들의 일상적인 관념과는 대립이 된다. 다른 문제점 중 하나는 우리들의 일상 경험에서 빛의 속력에 가까운 속력을 측정할 기회가 없다는 것이다. 따라서 우리가 이런 커다란 속도를 다뤄야 할 때 우리들의 일상 경험은 전혀 도움이 되지 못한다. 그러나 마이컬슨–몰리의 실험은 이런 두 번째 가정과 완전히 부합한다.†

아인슈타인의 제안은 일종의 아름다움을 가지고 있다. 그 이유는 절대 관성틀을 포기함으로써 역학과 맥스웰의 전자기 이론이 서로 조화를 이루는 것이 가능해지기 때문이다. 맥스웰 방정식에 의해 예견되는 빛의 속력은 바로 모든 기준틀 내에서의

† 마이컬슨 · 몰리의 실험은 동시에 제1가정에 대한 증거로도 생각할 수 있는데, 그 이유는 이 실험이 절대 기준틀에 대한 지구의 상대 속도를 측정하려 했기 때문이다. 이런 시도가 실패로 끝났다는 것은 어떤 선택된 기준틀이 없다는 것을 의미한다.

빛의 속력이 된다.

아인슈타인의 이론은 시간과 공간에 대한 우리들의 상식적인 개념을 포기하기를 요구하는데, 다음 절들에서 우리는 다소 이상하지만 흥미 있는 아인슈타인 이론의 여러 가지 결과들에 대해서 고찰해 보기로 한다. 대부분의 논의는 간단한 것이 될 것이다. 우리는 아인슈타인이 했던 것과 같은 기법을 사용하기로 한다. 즉 수학이 거의 필요 없는 간단한 실험적인 상황을 상상해 보기로 한다. 이런 방법으로 우리는 구체적인 계산을 하지 않고도 상대성이론의 여러 가지 결과들을 볼 수 있게 된다. 아인슈타인은 이것을 '**사고 실험**(thought experiment)'이라고 불렀다.

26.3 동시성

상대성이론의 중요한 결론 중 하나는 더 이상 시간을 절대량으로 간주할 수 없다는 사실이다. 아무도 시간은 한쪽 방향으로만 흐르며 되돌아오지 않는다는 사실을 의심하지 않는다. 그러나 상대성이론에 따르면 두 사건 사이의 시간 간격이나, 나아가 두 사건이 동시에 일어난 것인가 아닌가 하는 것도 관측자의 기준틀에 따라 다르게 된다. 우리가 여기서 많이 사용하는, **사건**(event)에 의해서, 우리는 특정한 장소 특정한 시간에 어떤 일이 일어났다고 말한다.

두 사건이 정확히 같은 시간에 일어났을 때 우리는 그 두 사건이 동시에 일어났다고 말한다. 그러나 우리가 두 사건이 정확히 같은 시간에 일어났다는 것을 어떻게 알 수 있는가? 만약 그들이 공간상 같은 점에서 일어났다면, 예를 들어 두 개의 사과가 여러분의 머리 위로 동시에 떨어졌을 경우와 같이 그 두 사건이 공간상 같은 점에서 일어났다면 문제는 간단하다. 그러나 만약 두 사건이 서로 멀리 떨어진 지점에서 일어났을 경우 그들 사건이 동시에 일어난 것인가를 판단하는 것은 보다 어려운 문제이다. 이는 빛이 그들 두 사건에서부터 관측자까지 도달하는 데 걸리는 시간을 고려해야 하기 때문이다. 빛은 유한한 속력을 가지고 있기 때문에 관측자는 그들 두 사건이 각각 실제로 언제 일어났는가를 역으로 추정해 내야만 한다. 예를 들어 두 사건이 동시에 관측됐다고 하자. 그러나 만약 그들 중 하나가 다른 하나보다 관측자로부터 보다 멀리 떨어져 있다고 한다면 실제로는 그 사건이 먼저 일어난 것이 되며, 따라서 이들 두 사건은 동시의 사건이 아니다.

이제 우리는 다음과 같은 간단한 사고 실험을 생각해 보기로 하자. 우선 그림 26.3과 같이 관측자 O가 두 사건이 일어난 지점 A와 B의 정확히 중앙에 위치한다고 가정하자. 두 사건은 그림과 같이 점 A와 점 B에 떨어진 번개라고 생각하자. 번개의 경우 빛의 짧은 펄스(그림 26.3의 파란 빛)가 점 A와 점 B에서 출발해 점 O에 도달하게 되는데, 관측자 O는 이들 펄스가 점 O에 도달했을 때 사건들을 '보게' 된다. 만약 이들 두 펄스가 같은 시간에 O에 도달한다면, 두 사건은 동시의 사건이 된다. 이것은 (i) 이들 두 펄스가 같은 속력으로 진행하고(가정 2) (ii) 거리 OA와 거리 OB가 같기 때문이다. 따라서 빛이 A에서 O까지 진행하는 데 걸리는 시간과 B

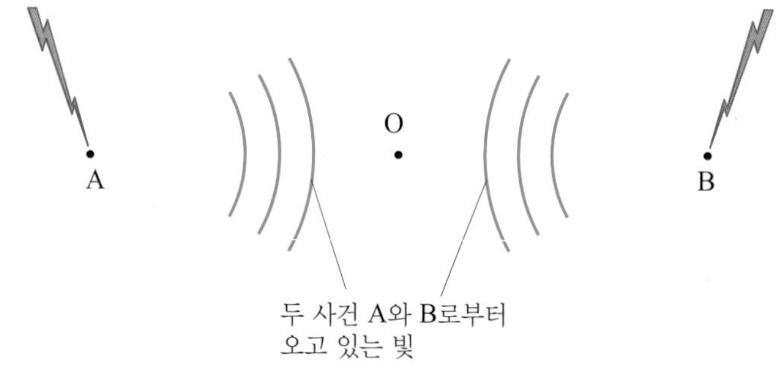

그림 26.3 번개가 점 A와 B를 때리자마자, 빛의 파동(파란색 파로 나타낸)은 관측자 O를 향해 진행하지만, O는 그 빛이 자신에게 도달해야 번개를 '보게' 된다.

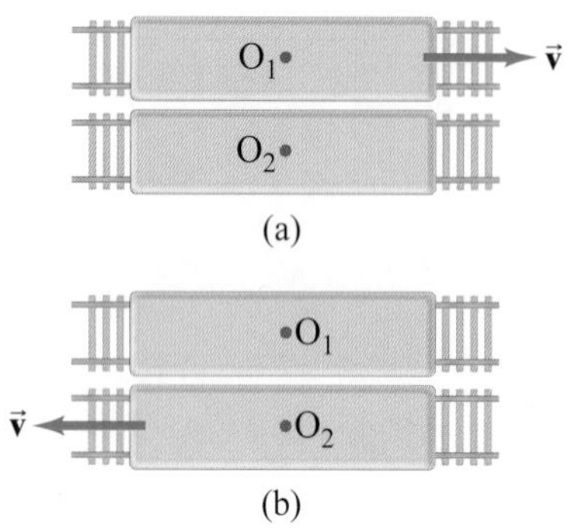

그림 26.4 서로 다른 두 열차(서로 다른 관성 기준틀)에 타고 있는 관측자 O_1과 O_2는 상대 속력 v로 움직이고 있다. (a) O_2는 O_1이 오른쪽으로 움직인다고 말한다. (b) O_1은 O_2가 왼쪽으로 움직인다고 말한다. 두 관점은 모두 타당하다. 이 모든 것은 자신의 기준틀에 달려 있다.

에서 O까지 진행하는 데 걸리는 시간이 같다. 이 경우 관측자 O는 이들 두 사건이 동시에 일어났다고 분명히 말할 수 있다. 그러나 만약 O가 어느 한 사건으로부터 오는 빛을 다른 사건으로부터 오는 빛보다 먼저 보게 됐다면 전자의 사건이 먼저 일어난 것이 된다.

우리가 정말 검토하고 싶은 문제는 다음과 같은 것이다. 만약 두 사건이 어느 기준틀에 있는 관측자에게 동시의 사건이라고 한다면 이 관측자에 대해 움직이고 있는 다른 관측자에 대해도 역시 동시의 사건이 될 수 있는가? 서로 상대 속력 v로 움직이고 있는 두 기준틀 1과 2에 고정되어 있는 두 관측자를 각각 O_1과 O_2라고 해보자. 이들 두 기준틀는 예를 들어 그림 26.4에서와 같이 기차라고 생각할 수 있다. 이때 O_2는 O_1이 그림 26.4a에서와 같이 v의 속력으로 오른쪽으로 달리고 있다고 생각할 것이며, 반면에 O_1은 O_2가 그림 26.4b에서와 같이 v의 속력으로 왼쪽으로 달리고 있다고 생각할 것이다. 이들 두 관점은 상대성원리에 의해 각각 정당한 것이 된다(여기서 어떤 것이 실제로 움직이고 있는가를 말해줄 수 있는 세 번째 관점은 물론 존재할 수 없다).

이제 관측자 O_1과 O_2가 두 개의 번개가 치는 것을 관측하여 측정한다고 가정해 보자. 번개가 친 지점을 다음과 같이 기차 위에 표시해 보자. 기차 O_1에서는 A_1과 B_1로, 기차 O_2에서는 A_2와 B_2로 각각 표시하기로 하자. 또한 편의상 O_1은 A_1과 B_1의 정확히 가운데에, 그리고 O_2는 A_2와 B_2의 정확히 가운데에 있다고 하고, 이제 여러분은 이 두 기준틀 중 어느 한 기준틀에서 사건을 관측하고 측정한다고 하자. 여러분이 만약 O_2의 기준틀에 있다고 한다면 여러분은 O_1이 속력 v로 오른쪽으로 움직이는 것을 보게 된다. 이때 그림 26.5a에서와 같이 O_1과 O_2가 스쳐 지나가는 바로 그 순간에 두 사건이 O_2의 기준틀에서 **동시**에 일어났다고 가정해 보자. 잠시 후에 그림 26.5b에서와 같이 빛은 A_2와 B_2로부터 O_2에 동시에 도달하게 되는데, 이는 거리 O_2A_2와 O_2B_2가 같으며 또한 두 사건이 O_2의 기준틀에서 동시에 일어났기 때문이다.

그러면 관측자 O_1의 경우는 어떤가? 여러분은 여러분(O_2)의 기준틀에서 O_1이 어떤 것을 관측하리라는 것을 예측할 수 있다. 여러분은 빛이 A_1과 B_1에서부터 O_1까지 진행하는 동안에 O_1이 오른쪽으로 움직이는 것을 보게 된다. 그림 26.5b에서 보는 바와 같이 O_2의 기준틀에서 B_1로부터 출발한 빛은 이미 O_1을 지나친 반면, A_1에서부터 출발한 빛은 아직 O_1에 도달하지 않았음을 보게 된다. 그러므로 O_1은 A_1로

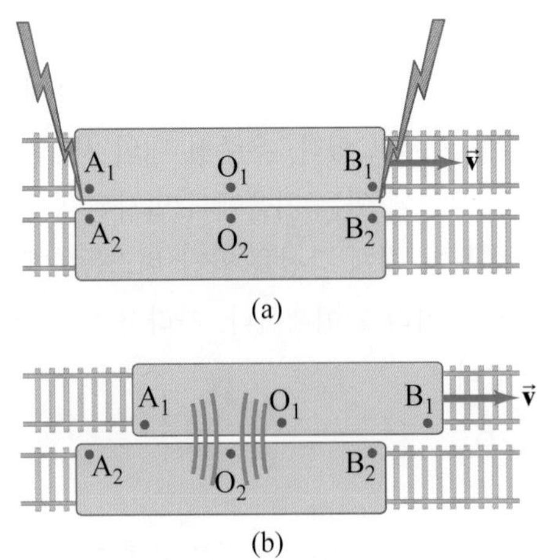

그림 26.5 동시성에 관한 사고실험. 그림 (a)와 (b) 두 경우 모두, 우리는 관측자 O_2 기준틀에 있고, O_1 기준틀은 O_2에 대해서 오른쪽으로 움직인다. 그림 (a)에서, 첫 번째 번개가 A_1과 A_2에 떨어지고, 두 번째 번개가 B_1과 B_2에 떨어졌다. (b) 잠깐 후 두 사건에서 나온 빛(파란색으로 나타낸)이 동시에 O_2에 도달했다. 그러나 O_1 기준틀에서는 B_1으로부터 나온 빛이 먼저 도달했다. 따라서 O_1 기준틀에서는 B_1에서 일어난 사건이 A_1보다 먼저 일어난 것이 된다. 시간의 동시성은 절대적이 아니다.

부터 출발하는 빛을 관측하기 전에 먼저 B_1로부터 출발한 빛을 관측한다는 것은 분명하다. 한편 O_1의 기준틀은 O_2의 기준틀과 같은 정도로 중요하다. 즉 빛은 O_2에서와 마찬가지로 O_1에서도 역시 c의 속력으로 진행한다(두 번째 가정). 따라서 O_1 기준틀에서 이 빛의 속력 c는 B_1에서 O_1로 진행하는 빛에서와 마찬가지로 A_1에서부터 O_1으로 진행하는 빛에 대해서도 역시 같게 된다. 한편 거리 O_1A_1과 O_1B_1이 서로 같고, 또한 O_1은 A_1에서 출발한 빛보다 B_1에서 출발한 빛을 먼저 관측하게 되므로, O_1은 B_1에서의 사건이 A_1에서의 사건보다 먼저 일어났다는 결론을 내리게 된다. 즉 이 두 사건은 O_2에 대해서는 동시의 사건이 되지만 O_1에 대해서는 동시의 사건이 되지 않는다.

여기서 우리는 서로 다른 장소에서 일어난 두 가지 사건이 한 관측자에 대해 동시라 할지라도, 이 관측자에 대해 움직이고 있는 또 다른 관측자에게는 동시가 아닐 수 있다는 사실을 알 수 있다.

다음과 같은 질문을 하고 싶을 것이다. "어느 관측자가 옳은가, O_1인가 아니면 O_2인가?" 상대성이론에 의하면, 그 답은 **모두** 옳다. 어느 관측자가 옳은지 결정하기 위해서 우리가 선택할 수 있는 '최선의' 기준틀이란 없다. 양쪽 기준틀 모두 똑같이 좋다. 우리가 내릴 수 있는 결론은 단지 **동시성이란 절대적인 개념이 아니라 상대적인 개념**이라는 것뿐이다. 그러나 우리의 일상생활에서는 이와 같은 동시성의 불일치를 느끼지 못한다. 왜냐하면 이런 효과는 오직 두 기준틀의 상대 속력이 대단히 크거나(거의 c에 가깝게) 관련된 거리가 매우 클 때에만 인식할 수 있기 때문이다.

26.4 시간 팽창과 쌍둥이 역설

한 관측자에게 동시인 두 사건이 다른 관측자에게는 동시가 아니라는 사실은 시간 자체가 절대적이 아님을 시사한다. 시간이 기준틀에 따라 서로 다르게 흐를 수 있는가? 사실 이것은 다음 사고 실험에 볼 수 있듯이, 바로 아인슈타인의 상대성이론이 예견하는 것이다.

그림 26.6은 빠른 속력으로 지구를 지나가는 우주선을 나타낸 것이다. (a)는 우주선을 타고 있는 관측자의 시점이고, (b)는 지구 위의 관측자가 본 시점이다. 두 관측자는 모두 정확한 시계를 가지고 있다. 우주선 내의 사람(그림 26.6a)이 빛을 비추어 우주선을 가로질러 맞은편에 있는 거울에서 반사된 후 다시 돌아올 때까지 시간을 측정한다고 하자(알아보기 쉽게 광선을 약간 비스듬하게 그렸다). 우주선 기준틀에서 빛은 속력 c로, $2D$의 거리를 여행한다. 따라서 빛이 우주선을 왕복하는 데 걸린 시간 Δt_0은 다음과 같다.

$$\Delta t_0 = \frac{2D}{c}$$

그림 26.6b는 지구 위의 관측자가 같은 과정을 관측하는 것이다. 이 관측자에 대해서 우주선은 움직이고 있다. 따라서 빛은 그림과 같이 대각선의 경로를 따라 우주선을 가로지르고, 거울에서 반사된 후 출발점으로 되돌아온다. 빛은 이 관측자에게도 같은 속력으로 진행하지만(두 번째 가정), 더 먼 거리를 여행해야 한다. 따라서 지구 위의 관측자가 측정한 시간은, 우주선의 관측자가 측정한 시간보다 **길어지게** 될 것이다.

지구 위의 관측자가 측정한 빛을 보내고 받는 데 걸린 시간 간격 Δt는 다음과 같이 계산할 수 있다. 시간 Δt 동안에 우주선은 거리 $2\ell = v\Delta t$만큼 움직인다(여기서 v는 우주선의 속력이다. 그림 26.6b). 빛이 대각선 경로를 따라 여행한 전체 거리는 $2\sqrt{D^2 + \ell^2} = c\,\Delta t$이 된다(피타고라스 정리). 따라서

$$c\,\Delta t = 2\sqrt{D^2 + \ell^2} = 2\sqrt{D^2 + v^2(\Delta t)^2/4}$$

이고 위 식의 양변을 제곱하고 $(\Delta t)^2$에 대해 풀면

$$(\Delta t)^2 = 4D^2/(c^2 - v^2)$$

이다. 따라서

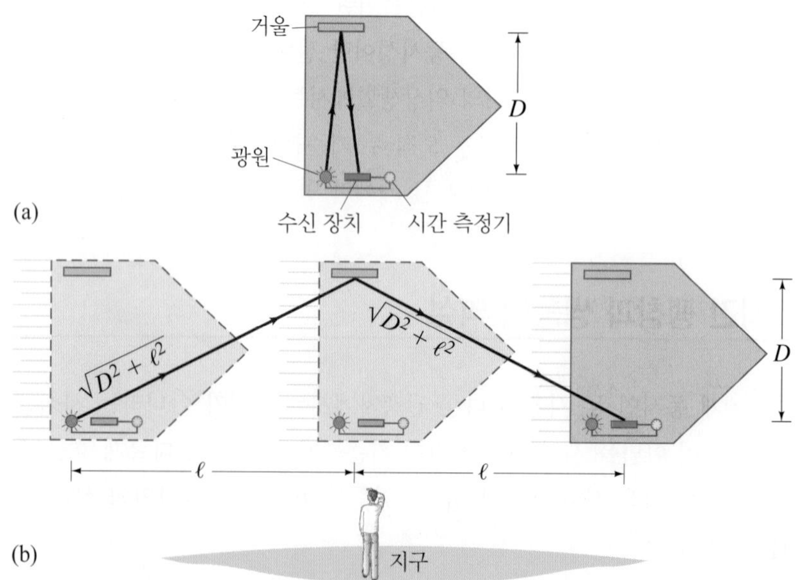

그림 26.6 시간 팽창은 사고 실험으로 이해할 수 있다. 빛이 우주선을 가로질러 왕복하는 데 걸리는 시간은 우주선의 관측자 (a)보다 지구 위의 관측자 (b)에게는 더 걸린다.

$$\Delta t = \frac{2D}{c\sqrt{1 - v^2/c^2}}$$

이다. 이 식을 앞의 Δt_0에 관한 식과 결합하면

$$\Delta t = \frac{\Delta t_0}{\sqrt{1 - v^2/c^2}} \tag{26.1a}$$

시간 팽창

이다. 여기서 $\sqrt{1 - v^2/c^2}$은 항상 1보다 작으므로, $\Delta t > \Delta t_0$임을 알 수 있다. 즉 두 사건(빛의 송신과 수신) 사이의 시간 간격은 우주선 내의 관측자보다 지구 위의 관측자가 관측했을 때 더 **길어지게** 된다. 이것이 **시간 팽창**(time dilation)으로 알려져 있는 상대성이론의 일반적인 결과 중의 하나이다. 따라서 시간 팽창 효과란 다음과 같이 기술할 수 있다.

관측자에 대해 움직이고 있는 시계는 정지해 있는 시계에 비해 관측자가 측정했을 때 천천히 간다.

그러나 우리는 시계에 어떤 문제가 있다고 생각해서는 안 된다.

시간은 실제로 여러분 고유의 기준틀에서보다 움직이는 기준틀에서 더욱 천천히 흐른다.

이 놀랄 만한 사실은 상대성이론의 두 가지 가정에서 야기되는 필연적인 결과이다.

인자 $1/\sqrt{1 - v^2/c^2}$는 상대성이론에서 자주 등장하므로, 간단히 기호 γ(그리스 문자 감마)로 나타낸다. 그러면 식 26.1a는 다음과 같이 쓸 수 있다.

$$\Delta t = \gamma \, \Delta t_0 \tag{26.1b}$$

여기서

$$\gamma = \frac{1}{\sqrt{1 - v^2/c^2}} \tag{26.2}$$

이다. 절대로 1보다 작을 수도 없고, 1일 수도 없다. 정상적인 속력에서, $\gamma = 1$에 가깝다. 일반적으로 $\gamma \geq 1$이다.

여러 가지 속력 v에서 $\gamma = 1/\sqrt{1 - v^2/c^2}$에 대한 값을 표 26.1에 게시했다. γ는 1.00보다 작을 수 없으며, 속력이 매우 빠른 경우, 예를 들어 10^6 m/s(이 경우 $\gamma = 1.000006$)를 크게 넘어서는 경우 외에는 1.00을 넘어설 수 없다.

표 26.1 γ의 값

v	γ
0	1.00000 ...
$0.01c$	1.00005
$0.10c$	1.005
$0.50c$	1.15
$0.90c$	2.3
$0.99c$	7.1

이런 시간 팽창의 개념은 우리의 상식적인 이해의 범위를 벗어나므로 받아들이기가 쉽지 않다. 우리는 식 26.1로부터 v가 c에 충분히 가깝지 않을 경우 시간 팽창 효과가 무시될 수 있다는 것을 알 수 있다. 만약 v가 c보다 대단히 작다면 식 26.1의 분모에서 v^2/c^2은 1보다 대단히 작게 되고, 따라서 $\Delta t \approx \Delta t_0$과 같이 된다(예제 26.2 참조). 우리가 일상생활에서 경험하는 속력은 일반적으로 c보다 대단히 작으므로 이런 시간 팽창 효과를 느끼지 못하는 것은 별로 이상할 것이 없다. 시간 팽창 효과는 실험에 의해서 검증됐으며, 결국 아인슈타인의 예언이 옳다는 것이 밝혀지게 됐다.

예를 들어 1971년에 극히 정확한 원자시계를 태운 제트 비행기가 세계를 일주했다. 이 비행기의 속력(10^3 km/h)은 c에 비해 대단히 작았으므로 시간 팽창 효과를 감지하기 위해서는 시계가 10^{-9} s까지 측정할 수 있는 정확한 것이어야 했다. 실제로 원자시계는 그만큼 정확한 것이었으므로 결국 실험 오차 내에서 식 26.1이 옳다는 것을 확인할 수 있었다. 이 시간 팽창은 그보다 이미 수십 년 전에 소립자들을 관찰함으로서 확인됐다. 이들 소립자는 대단히 작은 질량(일반적으로 $10^{-30} \sim 10^{-27}$ kg)을 가지고 있으므로 c에 가까운 속력으로 가속시키기 위해 아주 작은 에너지만이 필요했다. 한편 이들 소립자의 대부분은 불안정하며 잠시 후 보다 작은 입자들로 붕괴하게 되는데, 그 한 예는 정지 상태에서의 평균 수명이 2.2 μs인 뮤온(muon)이다. 실제로 이 뮤온이 매우 큰 속력으로 달리고 있을 때 그 수명이 정지 상태에 있을 때보다 시간 팽창 식에 의해 예상된 만큼 길어진다는 것이 세밀한 실험에 의해서 증명됐다.

예제 26.1 움직이는 뮤온의 수명

(a) 실험실에 대해 $v = 0.60c = 1.80 \times 10^8$ m/s의 속력으로 진행하는 뮤온의 평균 수명을 실험실 좌표계에서 측정하면 얼마가 되는가? 정지 상태에서의 뮤온의 평균 수명은 220 μs $= 2.20 \times 10^{-6}$ s이다. (b) 실험실 좌표계에서 평균적으로 뮤온은 붕괴하기 전까지 얼마의 거리를 진행하는가?

접근 관측자가 만약 뮤온과 같이 달리고 있다면(이 관측자에게 뮤온은 정지하고 있는 셈이 된다), 뮤온은 2.20×10^{-6} s의 평균 수명을 가질 것이다. 그러나 실험실의 관측자가 볼 때에는 시간 팽창 효과에 의해 뮤온의 수명이 더 길어지게 된다.

풀이 (a) 실험실에서 본 뮤온의 수명은, 식 26.1에 $v = 0.60c$를 대입하여 다음을 얻는다.

$$\begin{aligned}\Delta t &= \frac{\Delta t_0}{\sqrt{1 - v^2/c^2}} \\ &= \frac{2.20 \times 10^{-6}\,\text{s}}{\sqrt{1 - 0.36c^2/c^2}} = \frac{2.20 \times 10^{-6}\,\text{s}}{\sqrt{0.64}} = 2.8 \times 10^{-6}\,\text{s}\end{aligned}$$

(b) 상대성이론은 1.80×10^8 m/s의 속력으로 움직이는 뮤온은 평균적으로 $d = v\Delta t = (1.80 \times 10^8\ \text{m/s})(2.2 \times 10^{-6}\ \text{s}) = 500$ m 진행하며, 이 거리는 실험실에서 실험적으로 측정한 거리라고 예측한다.

유의 고전물리학은 1.8×10^8 m/s의 속력으로, 평균 수명 2.2 μs시간 동안 뮤온이 평균적으로 진행하는 거리는 $d = vt = (1.8 \times 10^8\ \text{m/s})(2.2 \times 10^{-6}\ \text{s}) = 400$ m이다. 이 거리는 측정된 거리보다 짧다.

연습 A 뮤온이 $v = 0.9c$의 속력으로 움직인다면, 뮤온의 평균 수명(예제 26.1)은 얼마인가? (a) 0.42 μs (b) 2.3 μs (c) 5.0 μs (d) 5.3 μs (e) 12.0 μs

주의

고유 시간 Δt_0은 공간의 같은 지점에서 일어난 두 사건 사이의 시간 간격이다.

우리는 식 26.1($\Delta t = \gamma \Delta t_0$)을 어떻게 사용할 것인지, 그리고 Δt와 Δt_0의 의미에 대해 언급할 필요가 있다. 식 26.1은 Δt_0이 두 사건이 **공간상 같은 점을 공유하는 기준틀**(예를 들어 두 사건이 동일한 지점에서의 빛의 송신과 수신을 나타내는 그림 26.7a와 같이)에서의 두 사건 사이의 시간 간격을 나타낼 경우에만 성립한다. 이 시간 간격 Δt_0은 **고유 시간**(proper time)이라 불린다. 한편 식 26.1에서 Δt는 위의 기준틀에 대해서 속력 v로 **움직이고 있는** 기준틀에서 측정한 두 사건 사이의 시간 간격을 나타낸다. 위의 예제 26.1에서 Δt_0(Δt가 아님)를 2.2×10^{-6} s로 놓았는데, 그 이유는 뮤온의 정지계에서만 두 사건(생성과 붕괴)이 공간상의 같은 점을 공유하기 때문이다. 고유 시간 Δt_0은 두 사건 사이에서 관측자가 측정할 수 있는 가장 짧은 시간이다. 다른 어떤 운동 기준틀에서도 시간 Δt는 더 커진다.

주의

고유 시간이 가장 짧다.
$\Delta t > \Delta t_0$

예제 26.2 **100 km/h로 달릴 때의 시간 팽창**

일상적인 속력에 대한 시간 팽창을 알아보자. 100 km/h로 달리는 자동차가 운전자의 시계로 10.00 s 동안 어떤 거리를 달렸다. 지면에 서 있는 관측자는 측정하는 시간 간격은 어떻게 되는가?

접근 지면에 대한 자동차의 속력을 초속으로 나타내면, $100\text{ km/h} = (1.00 \times 10^5\text{ m})/(3600\text{ s}) = 27.8\text{ m/s}$이다. 운전자는 자동차의 기준틀에서 정지해 있으므로, 우리는 시간 팽창 식에서 $\Delta t_0 = 10.00$ s로 놓을 수 있다.

풀이 식 26.1a를 사용하여 다음을 얻는다.

$$\Delta t = \frac{\Delta t_0}{\sqrt{1 - \frac{v^2}{c^2}}} = \frac{10.00\text{ s}}{\sqrt{1 - \left(\frac{27.8\text{ m/s}}{3.00 \times 10^8\text{ m/s}}\right)^2}}$$

$$= \frac{10.00\text{ s}}{\sqrt{1 - (8.59 \times 10^{-15})}}$$

이 값을 계산기로 계산해 보면 $\Delta t = 10.00$ s을 얻을 수 있다. 분모의 값이 극히 1에 가깝기 때문이다. 실제로 현대의 가장 정밀한 기계로 측정해도 지면 위의 관측자가 측정한 시간과 운전자가 측정한 시간 사이의 차이를 알아낼 수는 없다. 만약 소수점 아래의 많은 자리까지 계산해 낼 수 있는 컴퓨터를 사용한다면 Δt와 Δt_0의 차이를 계산할 수 있다. 그러나 우리는 이항정리(부록 A 참조)를 이용해서 이 차이를 보다 쉽게 추정할 수 있다.

유의 우리는 이항 정리(부록 A.5)를 이용하여 차이를 계산할 수 있다.

$$(1 \pm x)^n \approx 1 \pm nx \qquad [x \ll 1\text{일 때}]$$

시간 팽창 식으로부터 $\gamma = \left(1 - v^2/c^2\right)^{-\frac{1}{2}}$이므로† 다음과 같다.

$$\Delta t = \gamma\,\Delta t_0 = \Delta t_0\left(1 - \frac{v^2}{c^2}\right)^{-\frac{1}{2}} \approx \Delta t_0\left(1 + \frac{1}{2}\frac{v^2}{c^2}\right)$$

$$\approx 10.00\text{ s}\left[1 + \frac{1}{2}\left(\frac{27.8\text{ m/s}}{3.00 \times 10^8\text{ m/s}}\right)^2\right]$$

$$\approx 10.00\text{ s} + 4 \times 10^{-14}\text{ s}$$

따라서 Δt와 Δt_0의 차이는 4×10^{-4} s 정도가 됨을 알 수 있는데, 이는 극히 작은 양이다.

† $1/x^n$을 x^{-n}으로 쓸 수 있음을 상기하라. 예를 들면 $1/x^2 = x^{-2}$이다. 부록 A.2 참조

연습 B 지상에서 정확한 어떤 원자시계가 있다. 이 시계를 $v = 0.60c$로 여행하는 우주선에 가져다 놓으면 다음 중 어떤 사람에게 느리게 가고 있을까? (a) 우주선 (b) 지구

예제 26.3 우주선에서 잡지 읽기

가상의 고속 우주선을 타고 $0.75c$의 등속력으로 지구에서 목성 사이를 여행하는 승객이 자신의 시계로 10.0분 걸리는 잡지를 읽고 있다. (a) 지구 시계로 측정하면 얼마의 시간이 걸릴까? (b) 기사를 읽고 나면 기사를 읽기 시작했을 때보다 우주선은 지구로부터 얼마나 멀리 갔을까?

접근 (a) 한 기준틀 내에서 시간 간격은 다른 기준틀에서 시간과 식 26.1a 또는 식 26.1b와 관련된다. (b) 등속력으로 움직일 때 간 거리는 속력 × 시간이다. 두 가지 시간 간격(Δt와 Δt_0)이 있기 때문에 각각의 기준틀에서 하나씩 두 가지 거리를 얻을 수 있다. [이 놀라운 결과는 26.5절에서 알아볼 것이다.]

풀이 (a) 주어진 시간 10분은 고유 시간 Δt_0이다. 잡지를 읽기 시작한 시간과 다 읽은 시간은 우주선 위 같은 장소에서 발생했다. 지구 시계로 경과한 시간은 다음과 같다.

$$\Delta t = \frac{\Delta t_0}{\sqrt{1 - (v^2/c^2)}} = \frac{10.00\text{분}}{\sqrt{1 - (0.75)^2}} = 15.1\text{분}$$

(b) 지구 기준틀에서 로켓은 $D = v\,\Delta t = (0.75c)(15.1\text{분}) = (0.75)(3.0 \times 10^8\ \text{m/s})(15.1\text{분} \times 60\ \text{s/분}) = 2.04 \times 10^{11}\ \text{m}$의 거리를 여행한다. 우주선 기준틀에서, 지구는 우주선으로부터 $0.75c$의 속력으로 멀어진다. 측정한 시간은 다음과 같다.

$$D_0 = v\,\Delta t_0 = (2.25 \times 10^8\ \text{m/s})(600\ \text{s}) = 1.35 \times 10^{11}\ \text{m}$$

우주여행?

시간 팽창은 우주여행에 관한 흥미 있는 추측을 불러일으킨다. 고전(뉴턴)물리학에 의하면 100광년 떨어진 별까지 여행한다는 것은 보통 수명을 가진 인간으로서는 불가능한 일이다(1광년은 빛이 1년간 갈 수 있는 거리 $= (3.0 \times 10^8\ \text{m/s}) \times (3.16 \times 10^7\ \text{s}) = 9.5 \times 10^{15}\ \text{m}$). 우주선이 빛에 가까운 속력으로 달린다 하더라도 이 별에 도착하기까지는 100년 이상의 시간이 걸린다. 그러나 시간 팽창에 의해서 우주 비행사 입장에서 본 시간은 짧아지게 된다. 예를 들어 $v = 0.999c$로 달리고 있는 우주선 내에서는 이 여행에 걸리는 시간은 약 $\Delta t_0 = \Delta t\sqrt{1 - v^2/c^2} = (100\text{년})\sqrt{1 - (0.999)^2} =$ 4.5년 동안 정도가 될 뿐이다. 따라서 시간 팽창은 이런 여행을 가능하게 할 수는 있겠지만, 그런 속력에 도달하기 위해서는 엄청나게 많은 실제적인 문제점들이 극복되어야 하는데, 이는 가까운 장래에 이루어질 수는 없는 것이다.

비록 작은 기본 입자들은 빛에 가까운 속력으로 움직이는 것이 가능하지만, 이 장과 빛의 속력 c에 가까운 속력으로 움직이는 우주선에 관한 문제는 이해할 수 있고 또 재미있는 것이긴 하지만 현실적인 것은 아니다.

위의 예에서 지구 상의 관측자에게 100년이 흐른 반면, 우주여행 중인 우주 비행

사에게는 4.5년만이 경과했다는 점을 주의해 보도록 하자. 그렇다면 우주 비행사에게 있어 느려지는 것은 오직 시계뿐인가? 답은 아니다.

> **지구의 관측자가 볼 때 우주 비행사에게는 생물학적인 과정을 포함한 모든 과정이 느려지게 된다. 그러나 우주 비행사 자신에게 있어서 시간은 정상적으로 흐른다.**

우주 비행사는 정상적으로 자고 먹고 독서 등을 하면서 4.5년을 보내는 반면 지구 사람들은 정상적인 활동을 하면서 100년을 보내게 된다.

쌍둥이 역설

아인슈타인이 특수 상대성이론을 발표하고 얼마 지나지 않아서 명백한 역설 하나가 지적됐는데, 그것이 바로 **쌍둥이 역설**(twin paradox)이다. 예를 들어 20살 된 쌍둥이 중의 하나가 우주선을 타고 대단히 빠른 속력으로 별까지 여행을 하고 돌아오는 동안 다른 한 명은 지구 상에 머물러 있었다고 하자. 그렇다면 지구 상의 쌍둥이의 입장에서 볼 때 여행 중인 쌍둥이는 나이를 덜 먹게 되는데, 예를 들어 만약 지구 상의 쌍둥이에게 20년이 흘렀다면 여행 중인 쌍둥이에게는 아마 1년(우주선의 속력에 따라) 정도가 흘렀을 것이다. 결국 여행 중인 쌍둥이가 돌아왔을 때 지구 상의 쌍둥이는 40살이 된 반면, 여행 중이었던 쌍둥이는 21살이 됐을 것이다.

이것은 단지 지구 상의 쌍둥이의 관점에서 본 것이다. 그러면 여행 중인 쌍둥이의 관점에서 볼 때에는 어떤가? 만약 모든 관성틀이 같은 정도로 중요하다면 여행 중인 쌍둥이 역시 모든 면에서 지구 상의 쌍둥이와 같은 주장을 할 수 있을 것이다. 즉 우주선의 쌍둥이 역시 지구가 빠른 속력으로 움직였으므로 지구 상의 시간은 더디게 흐르게 되고, 따라서 지구 상의 쌍둥이가 나이를 덜 먹었을 것이라고 주장할 수 있지 않겠는가? 그러나 이것은 지구 상의 쌍둥이의 관점에서 본 것과는 정반대가 된다. 어쨌든 우주선은 지구로 돌아올 것이고, 그들은 나이와 시계를 서로 비교해 볼 수 있을 것이므로 그들 양쪽 다 옳을 수는 없을 것이다.

사실 이것은 전혀 역설이 아니다. 특수 상대성이론의 결과—이 경우 시간 팽창—는 오직 관성 기준틀의 관측자에게만 적용시킬 수 있다. 지구는 바로 (거의) 이런 기준틀이지만 우주선은 그렇지 않다. 우주선은 여행의 처음과 끝부분에서 보다 중요하게는 여행 도중 방향을 바꿀 때 필연적으로 가속된다. 이런 가속 운동을 하는 동안에는 특수 상대성이론에 근거한 우주 비행사의 예측은 정당한 것이 되지 못한다. 반면에 지구 상의 쌍둥이는 관성틀에 있게 되므로 그의 예측은 정당한 것이 된다. 따라서 역설은 존재하지 않는다. 지구 상의 쌍둥이의 예측이 옳은 것이 된다. 여행 중인 쌍둥이가 나이를 덜 먹었다.

전지구 위치 확인시스템(GPS)

물리학의 응용
전지구 위치 확인시스템 (GPS)

비행기, 자동차, 배, 그리고 도보 여행자들은 자신이 언떤 시간과 장소에 있는지 정확하게 알기 위해 GPS(Global Positioning System) 수신기를 사용한다(그림 26.7).

그림 26.7 어떤 물리학과 교수가 식당(빨간 점)을 찾기 위해 스마트 폰에 있는 GPS를 사용하고 있다. 물리학과에 있는 그의 위치는 파란 점으로 표시되고 있다. 휴대전화기의 이동 경로와 함께 주변 거리의 교통 상황(초록 = 원활, 주황 = 지체, 빨강 = 체증)도 표시되고 있다.

30개 이상의 GPS 위성들이 원자시계를 이용하여 정확한 시간 신호를 보낸다. 여러분의 수신기는 시간이 $1/10^{13}$초 이내의 정확도로 동기화 된 적어도 네 개 이상의 위성으로부터 받은 시간을 비교한다. 알려진 위성의 위치와 일정한 빛의 속력을 가지고 시간을 비교하여, 수신기는 각 위성으로부터 얼마나 멀리 떨어져 있는지, 그래서 지구 위 어디에 있는지 알아낼 수 있다.

26.5 길이 수축

기준틀에 따라 시간 간격만 달라지는 것은 아니다. 특수 상대성이론에 의하면 공간의 간격, 다시 말해 길이와 거리 역시 기준틀에 따라 달라진다. 이것을 다음의 사고 실험을 통해 알아보기로 하자.

그림 26.8a와 같이 지구 위에 있는 관측자가 속력 v로 지구로부터 해왕성까지 여행하고 있는 우주선을 바라본다. 지구의 관측자가 측정한 두 행성 사이의 거리가 ℓ_0이라고 하자. 그러면 지구에서 측정할 때 여행에 필요한 시간은 다음과 같다.

$$\Delta t = \frac{\ell_0}{v} \qquad \text{[지구 관측자]}$$

한편 그림 26.8b는 우주선 내의 관측자의 입장에서 본 그림이다. 이 기준틀에서는 우주선은 정지해 있는 반면, 지구와 해왕성은 속력 v로 움직인다.† 그러면 이때 지구에서 이륙하여 해왕성에 도착할 때까지의 (우주선에서 관측한) 시간은 바로 '고유 시간'이 된다(왜냐하면 두 사건은 동일한 장소, 즉 우주선내에서 일어나기 때문이다). 그러므로 우주선의 관측자가 측정한 시간 간격은 시간 팽창에 의해서 지구의 관측자가 측정한 시간 간격보다 줄어들게 된다. 즉 식 26.1로부터 우주선의 관점에서 본 여행 시간은 다음과 같다.

$$\begin{aligned}\Delta t_0 &= \Delta t\sqrt{1 - v^2/c^2} \\ &= \Delta t/\gamma\end{aligned} \qquad \text{[우주선 관측자]}$$

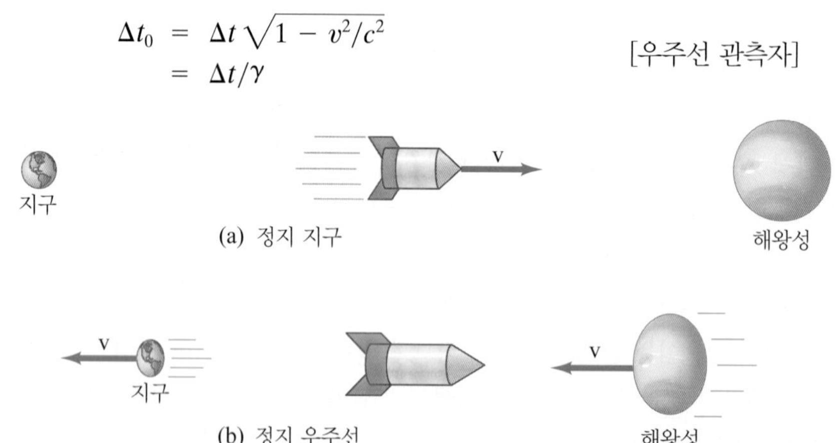

그림 26.8 지구에서 해왕성으로 향하는 우주여행. (a) 지구 기준틀에서 보면, 우주선이 매우 빠른 속력 v로 지구로부터 해왕성으로 가고 있다. (b) 우주선 기준틀에서 보면, 지구와 해왕성은 매우 빠른 속력 v로 움직인다. 지구는 우주선으로부터 멀어지고, Δt_0시간 후 해왕성이 우주선에 도착한다.

† 여기서 v는 해왕성과 지구의 상대 속력에 비해서 대단히 크다고 가정했다(따라서 무시할 수 있다).

따라서 우주선의 관측자가 보면, 두 사건 사이의 속력은 같은 반면, 시간이 줄어들었으므로 거리가 줄게 된다. 만약 ℓ을 우주선 관측자가 본 행성 간의 거리라고 한다면 $\ell = v\Delta t_0$가 된다. 앞에서 $\Delta t_0 = \Delta t\sqrt{1 - v^2/c^2}$, $\Delta t = \ell_0/v$였으므로 $\ell = v\,\Delta t_0 = v\,\Delta t\sqrt{1 - v^2/c^2} = \ell_0\sqrt{1 - v^2/c^2}$과 같이 된다. 따라서

$$\ell = \ell_0\sqrt{1 - v^2/c^2} \tag{26.3a}$$

이다. 또는 γ(식 26.2)를 이용하면 다음과 같다.

$$\ell = \frac{\ell_0}{\gamma} \tag{26.3b}$$

이것은 특수 상대성이론의 일반적인 결과로서, 물체의 길이나 물체 사이의 거리에 적용된다. 이 결과는 다음과 같이 간단히 기술할 수 있다.

관측자에 대해서 움직이고 있는 물체의 길이는 정지해 있을 때보다 움직이는 방향으로 더 짧아진다.

이것을 **길이 수축**(length contraction)이라고 한다. 식 26.3에서 길이 ℓ_0은 **고유 길이**(proper length)이다. 고유 길이란 물체에 대해 **정지 상태에 있는 관측자**가 본 물체의 길이(또는 두 점의 위치를 동시에 측정했을 때 두 점 사이의 거리)를 의미한다. 식 26.3은 물체가 속력 v로 관측자를 지날 때 관측자가 본 물체의 길이 ℓ을 나타낸다.

주의
고유 길이는 두 위치가 정지 상태에 있는 기준틀에서 측정된다.

여기서 길이 수축은 항상 **운동 방향을 따라서만** 일어난다는 것이 중요하다. 예를 들어 그림 26.8a의 움직이는 우주선의 경우 길이는 줄어들지만, 높이는 정지해 있을 때와 마찬가지이다.

길이 수축은 시간 팽창과 마찬가지로 일상생활에서는 두드러지게 나타나지 않는다. 왜냐하면 식 26.3a에서 $\sqrt{1 - v^2/c^2}$은 v가 대단히 클 때에만 1.00으로부터 의미 있게 달라지기 때문이다.

예제 26.4 그림의 수축

그림 26.9a와 같이 높이가 1.00 m이고 너비가 1.50 m인 직사각형 그림이 있다. 이 그림이 $0.90c$의 속력으로 지구를 지나는 우주선의 옆면 벽에 걸려 있다. (a) 우주선에 타고 있는 선장이 본 그림의 크기는 어떻게 되는가? (b) 지구 위의 관측자가 본 그림의 크기는 어떻게 되는가?

접근 식 26.3a의 길이 수축 식을 운동 방향에 나란한 차원에 적용한다. v는 지구 관측자에 대한 그림의 속력이다.

풀이 (a) 그림은 우주선 위에 정지($v = 0$)하고 있으므로, 그림(우주선 내의 다른 것을 포함해서)은 우주선 내의 모든 사람에게 완전히 정상적인 크기로 보인다. 따라서 선장은 높이가 1.00 m이고 너비가 1.50 m의 그림을 보게 된다.

(b) 단지 운동 방향의 길이만 수축하므로, 높이는 변하지 않고 그림 26.9b와 같이 1.00 m가 된다. 그러나 너비는 다음과 같이 수축된다.

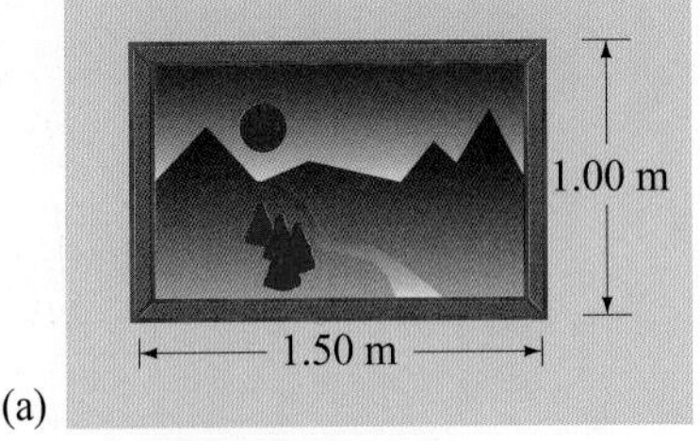

(a)

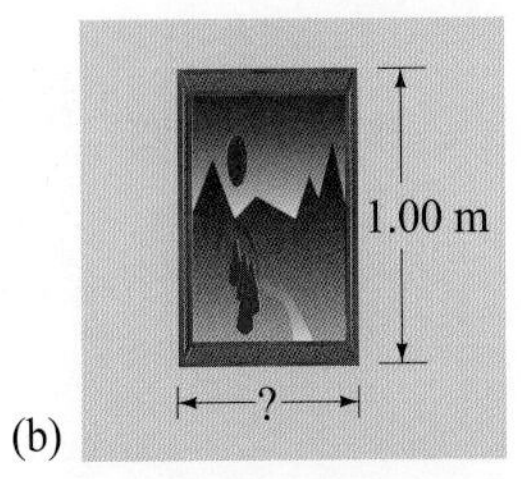

(b)

그림 26.9 예제 26.4

$$\ell = \ell_0\sqrt{1 - \frac{v^2}{c^2}}$$
$$= (1.50\text{ m})\sqrt{1 - (0.90)^2} = 0.65\text{ m}$$

따라서 지구 위의 관측자에게 그림의 크기는 1.00 m × 0.65 m가 된다.

예제 26.5 초특급 환상 열차

고유 길이가 ℓ_0 = 500 m (기차 안에 정지해 있는 사람이 측정했을 때)인 초특급 열차가 지면 위에 있는 관측자에 따르면 길이가 200 m인 터널을 통과 중이다. 기차의 속력은 충분히 빨라서 지면에 있는 관측자가 봤을 때 완전히 터널의 길이에 들어맞았다. 다시 말해 기관부가 터널 끝에 모습을 드러내는 순간 기차 끝부분이 터널 속으로 사라졌다. 기차의 속력은 얼마인가?

접근 기차가 터널에 꼭 들어맞았으므로, 지면 위에 있는 사람이 측정한 길이는 ℓ = 200 m 이다. 길이 수축 식(식 26.3a 또는 b)을 v에 대해서 푼다.

풀이 ℓ = 200 m와 ℓ_0 = 500 m를 식 26.3a에 대입하면 다음과 같다.

$$200\text{ m} = 500\text{ m}\sqrt{1 - \frac{v^2}{c^2}}$$

양변을 500 m로 나누고 제곱하면

$$(0.40)^2 = 1 - \frac{v^2}{c^2}$$

즉

$$\frac{v}{c} = \sqrt{1 - (0.40)^2}$$

이다. 따라서 다음을 얻는다.

$$v = 0.92c$$

유의 실제로 기차가 이렇게 빨리 갈수는 없지만 생각해 보면 재미있다.

유의 **기차**에 있는 관측자는 터널 속에서 동시에 기차의 양 끝을 볼 수 없을 것이다. 서로에 대해서 상대적으로 움직이는 관측자들은 동시성에 관해 일치하지 않는다는 점을 상기하자.

연습 C 예제 26.5의 열차에 타고 있는 관찰자가 측정한 터널의 길이는 얼마인가?

26.6 사차원 시공간

어떤 사람이 그림 26.10에서와 같이 대단히 빠른 속력, 예를 들어 v = 0.65c로 달리고 있는 기차 위에 타고 있다고 상상해 보자. 이 사람은 기차 안의 시계로 봤을 때 7 : 00에 식사를 시작해서 7 : 15에 식사를 마쳤다. 두 사건, 즉 식사 개시와 종료는

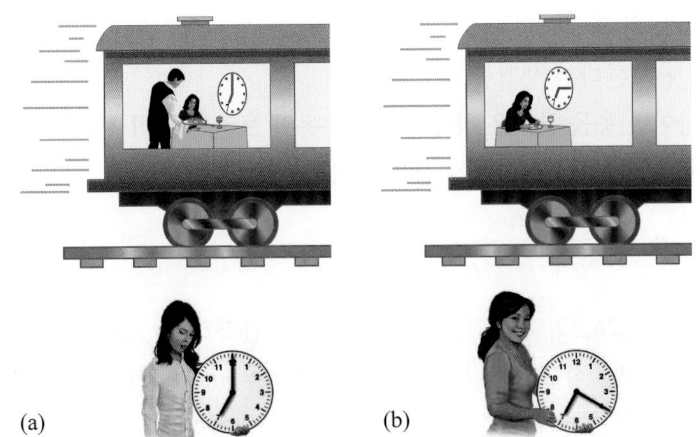

그림 26.10 빠르게 달리는 기차에 있는 정확한 시계에 따르면, 어떤 사람이 (a) 7 : 00에 저녁을 먹기 시작하여 (b) 7 : 15에 마쳤다. 식사를 시작했을 때, 지상의 두 관측자는 자신들의 시계를 기차 안의 시계와 맞춘다. 이 관측자들은 식사 시간을 20분으로 측정한다.

기차 내 같은 지점에서 일어난 사건이다. 따라서 이 두 사건 사이의 고유 시간은 15분이다. 지상의 관측자에게는 접시는 움직이고 있고 식사 시간은 더 길어질 것이다. 식 26.1에 의해서 20분이 된다. 만약 식사에 사용한 접시의 지름이 20 cm(고유 길이)이었다고 하면 지상의 관측자에게는 이 접시는 움직이고 있고, 15 cm로 줄어든다(길이 수축). 따라서 지상의 관측자에게는 이 식사가 더 작아 보이지만 더 오래 지속된다.

이런 의미에서 두 가지 효과, 즉 시간 팽창과 길이 수축은 서로 균형을 이룬다. 지상에서 봤을 때 줄어든 식사의 규모는 늘어난 식사 시간으로 보상된다. 공간 또는 길이는 시간과 맞바뀌었다고 볼 수 있다.

이런 고찰은 **사차원 시공간**(four-dimensional space-time)의 개념으로 이끈다. 여기서 공간은 삼차원을 차지하고, 시간은 네 번째 차원이 된다. 시간과 공간은 서로 밀접하게 연결되어 있다. 마치 우리가 풍선을 움켜쥐면 한쪽 차원은 늘어나는 반면 차원은 줄어드는 것처럼, 우리가 어떤 물체나 사건을 다른 기준틀에서 보면 어떤 양만큼의 공간이 시간으로 바뀌거나 또는 그 반대 현상이 나타난다.

비록 사차원의 개념이 낯설어 보일지 모르지만, 이 개념은 물체 또는 사건을 네 개의 양, 다시 말해 공간상의 위치를 기술하는 세 개의 양과 시간을 기술하는 한 개의 양으로 나타내는 것과 관련이 있다. 사차원 시공간의 정말로 특이한 양상은 시간과 공간이 뒤섞일 수 있는 것이다. 기준틀이 바뀌었을 때 시간의 일부가 공간으로 또는 공간의 일부가 시간으로 바뀌게 된다.

[갈릴레오 · 뉴턴 상대성이론에서는, 두 사건의 시간 간격 Δt와 두 사건이나 두 점 사이의 거리 Δx는 어떤 관성틀에서 보던 불변량이다. 하지만 아인슈타인 상대성이론에 따르면 이들 중 어떤 양도 불변량이 아니다. 그러나 사차원 시공간에는 **시공간 간격**(space-time interval)이라고 하는 불변량 $(\Delta s)^2 = (c\,\Delta t)^2 - (\Delta x)^2$이 있다.]

26.7 상대론적 운동량

지금까지 이 장에서, 두 가지 기본적인 역학량, 다시 말해 길이와 시간 간격이 수정될 필요가 있다는 것을 봤다. 이 양들은 측정하는 기준틀에 의존하는 양이기 때문에 상대적이 된다. 다른 물리량, 예를 들어 운동량과 에너지도 상대성이론에 따라 수정이 필요할지도 모른다는 생각할 수 있다.

두 입자 사이의 충돌 분석은 상대론에서 운동량 보존 법칙이 성립하기를 원한다면 운동량을 다음과 같이 재정의해야 함을 시사한다.

$$p = \frac{mv}{\sqrt{1 - v^2/c^2}} = \gamma mv \qquad \textbf{(26.4)}$$

여기서 γ는 식 26.2와 같이 $1/\sqrt{1 - v^2/c^2}$을 간략히 쓴 것이다. 빛의 속력보다 훨씬 느린 속력에서, 식 26.4는 고전적인 운동량 $p = mv$가 된다.

상대론적 운동량은 매우 작은 소립자들(예를 들어 뮤온)에 관한 실험으로부터 수없이 검증됐으며, 이때 질량은 식 26.4에 따라 증가한다는 것이 밝혀졌다.

예제 26.6 **움직이는 전자의 운동량**

다음 두 가지 경우, (a) CRT나 TV 브라운관 내에서 전자가 4.00×10^7 m/s의 속력으로 움직일 때와 (b) 암 치료에 사용되는 가속기 내에서 $0.98c$의 속력으로 움직일 때 전자의 운동량을 고전역학으로 구한 값과 비교하라.

접근 움직이는 전자의 운동량에 대한 식 26.4를 이용한다.

풀이 (a) $v = 4.00 \times 10^7$ m/s일 때, 전자의 운동량은 다음과 같다.

$$p = \frac{mv}{\sqrt{1 - \frac{v^2}{c^2}}} = \frac{mv}{\sqrt{1 - \frac{(4.00 \times 10^7\ \mathrm{m/s})^2}{(3.00 \times 10^8\ \mathrm{m/s})^2}}} = 1.01mv$$

인자 $\gamma = 1/\sqrt{1 - v^2/c^2} \approx 1.01$이므로, 운동량은 고전적인 값과 비교하면 단지 약 1 % 정도 더 크다. (만약 전자의 질량 $m = 9.11 \times 10^{-31}$ kg을 대입하면 운동량은 $p = 1.01mv$ $= 3.64 \times 10^{-23}$ kg·m/s가 된다. 고전적인 값은 3.64×10^{-23} kg·m/s이다.)

(b) $v = 0.98c$일 때, 운동량은 다음과 같다.

$$p = \frac{mv}{\sqrt{1 - \frac{v^2}{c^2}}} = \frac{mv}{\sqrt{1 - \frac{(0.98c)^2}{c^2}}} = \frac{mv}{\sqrt{1 - (0.98)^2}} = 5.0mv$$

빛의 속력의 98 %로 달리는 전자는 $\gamma = 5.0$이고, 운동량은 고전적인 값의 5배가 된다.

정지 질량과 상대론적 질량

> **주의**
> 대부분의 과학자들은 입자의 질량을 고정된 것으로 고려하기를 더 좋아한다.

운동량의 상대론적 정의, 식 26.4는 때때로 물체의 질량 증가로 해석되어 왔다. 이 해석에서 입자는 **상대론적 질량** m_{rel}를 가질 수 있는데, 속력에 따라 다음과 같이 증가한다.

$$m_{\mathrm{rel}} = \frac{m}{\sqrt{1 - v^2/c^2}}$$

이 '질량 증가' 식에서, m은 물체의 **정지 질량**(rest mass)으로 참조된다. 이 해석에 따르면 **물체의 질량은 속력이 증가하면서 증가하는 것처럼 보인다.** 그런데 상대론적 질량에는 문제가 있다. 만약 이것을 $F = ma$ 또는 $\mathrm{KE} = \frac{1}{2}mv^2$와 같은 식에 대입한다면 실험과 일치하지 않는 것을 볼 수 있다. (만약 우리가 뉴턴 운동 제2법칙을 보다 일반적으로 $\vec{\mathbf{F}} = \Delta\vec{\mathbf{p}}/\Delta t$로 쓰면 올바른 결과를 얻을 수 있다.) 또한 속력이 커짐에 따라 입자나 분자가 더 많아지는 것으로 생각하지 않도록 주의할 필요가 있다. 오늘날 대부분의 물리학자들은 상대론적 질량을 사용하지 않는다. 그래서 물체는 오직 하나의 질량(정지 질량)을 갖고, 속력에 따라 증가하는 것은 오직 운동량이다.

우리는 앞으로 물체의 질량을 이야기할 때는 언제나 정지 질량(고정된 값)을 사용할 것이다.

26.8 한계 속력

특수 상대성이론의 기본적인 결과 중 하나는 물체의 속력이 빛의 속력과 같거나 또는 빛의 속력보다 클 수 없다는 사실이다. 빛의 속력이 우주 내에서 속력의 상한이 된다는 사실은 식 26.1, 26.3, 26.4 중 어떤 식으로부터도 알 수 있는 사실이다. 이는 식 26.4로부터 쉽게 알 수 있는데, 물체가 점점 큰 속력으로 가속될수록 질량은 따라서 점점 커지게 된다. 실제로 이 식에서 v가 c와 같아지면 분모가 0이 되고, 따라서 운동량은 무한대가 되게 된다. 그러므로 어떤 물체를 $v = c$까지 가속시키기 위해서는 무한대의 에너지가 필요하게 되고, 따라서 그것은 불가능하다.

26.9 $E = mc^2$; 질량과 에너지

26.4에서 본 바와 같이 운동량이 상대론에 맞게 수정될 필요가 있다면 에너지 역시 다시 생각해볼 필요가 있음을 예상할 수 있다. 실제로 운동 에너지에 대한 새로운 식을 발전시켰을 뿐 아니라, 질량과 에너지 사이의 새로운 관계식과 질량은 새로운 형태의 에너지라는 놀라운 개념을 발견했다.

우리는 일 · 에너지 원리(6장 참조)가 상대론에서도 여전히 유효하고 검증 가능한 결과를 줄 것이라고 희망하면서 이 원리로부터 시작해 보자. 즉 입자에 한 알짜일은 운동 에너지의 변화와 같다고 가정하자. 이 원리를 이용하여 아인슈타인은 속력이 매우 큰 경우에는 $\mathrm{KE} = \frac{1}{2}mv^2$이 옳지 않다는 것을 보였다. 그 대신에 아인슈타인은 속력 v로 운동하는 질량 m인 입자의 운동 에너지는 다음과 같이 주어진다는 것을 보였다.

$$\mathrm{KE} = \frac{mc^2}{\sqrt{1 - v^2/c^2}} - mc^2 \tag{26.5a}$$

위 식을 $\gamma = 1/\sqrt{1 - v^2/c^2}$로 나타내면 다음과 같다.

$$\mathrm{KE} = \gamma mc^2 - mc^2 = (\gamma - 1)mc^2 \tag{26.5b}$$

식 26.5a에 대해 좀 더 설명하면, 첫 번째 항은 입자의 속력 v에 따라 증가한다. 그리고 두 번째 항 mc^2은 변하지 않는 양으로 입자의 **정지 에너지**(rest energy)라고 하며, 입자가 정지하고 있을 경우에도 갖는 에너지를 나타낸다. 만일 입자가 정지하고 ($v = 0$) 있다면 식 26.5a의 첫 번째 항은 0이 되고, KE = 0이 된다.

식 26.5b는 다음과 같이 쓸 수 있는데

$$\gamma mc^2 = mc^2 + \text{KE}$$

우리는 γmc^2은 입자의 **총에너지**(퍼텐셜 에너지를 무시했을 때)라고 한다. 왜냐하면 이 에너지는 정지 에너지와 운동 에너지의 합과 같기 때문이다.

$$E = \text{KE} + mc^2 \tag{26.6a}$$

총에너지[†]는 식 26.5를 이용하여 다음과 같이 쓸 수도 있다.

$$E = \gamma mc^2 = \frac{mc^2}{\sqrt{1 - v^2/c^2}} \tag{26.6b}$$

주어진 기준틀에 정지해 있는 입자에 대해서는, 식 26.6a에서 KE = 0이므로, 전체 에너지는 정지 에너지와 같다.

에너지 연관 질량

$$E = mc^2 \tag{26.7}$$

여기서 우리는 아인슈타인의 유명한 식 $E = mc^2$을 얻는다. 이 식은 에너지와 질량의 개념을 수학적으로 연결해 준다. 그러나 이런 생각이 어떤 물리적 의미를 갖기 위해서는, 질량이 다른 에너지 형태로 변환되거나 또는 그 반대가 될 수 있어야 한다. 아인슈타인은 이것이 가능할 것이라고 제안했는데, 실제로 질량이 다른 형태의 에너지로 변환되거나 그 반대의 변환이 핵물리학이나 입자물리학에서 실험적으로 수없이 확인됐다. 예를 들어 전자와 양전자(양전하를 가진 전자)는 때때로 서로 충돌하여 순수한 전자기 복사를 방출하고 사라지는 것이 관측된다. 남겨진 전자기 에너지의 양은 아인슈타인의 식 $E = mc^2$에서 예측한 것과 정확히 일치한다. 그 역과정도 또한 실험실에서 흔히 관측된다. 어떤 조건하에서 전자기 복사는 전자와 같은 입자로 변환될 수 있다(쌍생성에 관해서는 27.6절 참조). 보다 큰 규모의 예로서 핵발전소에서 생산되는 에너지는 우라늄 연료가 핵분열에 의해서 질량을 잃을 때 생기는 것이다(30장 참조). 심지어는 태양으로부터 우리가 받는 복사 에너지도 $E = mc^2$의 한 예가 된다. 이때 태양의 질량은 복사 에너지를 방출함으로써 지속적으로 감소하게 된다.

이제 관계식 $E = mc^2$은, 변환되는 양이 너무 작아 관측하기에 힘든 경우가 많지만, 모든 과정에 적용된다고 믿어지고 있다. 즉 어떤 계의 에너지가 ΔE만큼 변할 때, 계의 질량은 다음 식에 의해서 주어지는 Δm만큼 변하게 된다.

$$\Delta E = (\Delta m)c^2 \tag{26.8}$$

에너지 E가 요구되거나 방출되는 핵반응에서는, 반응물과 산출물의 질량은 $\Delta m =$

[†] 이것은 힘이나 퍼텐셜 에너지가 없는 '자유 입자'에 대한 것이다. 퍼텐셜 에너지 항은 더해질 수 있다.

$\Delta E/c^2$만큼 차이가 나게 된다.

예제 26.7 파이온의 운동 에너지

π^0 중간자($m = 2.4 \times 10^{-28}$ kg)가 $v = 0.80c = 2.40 \times 10^8$ m/s의 속력으로 움직이고 있다. 이 중간자의 운동 에너지는 얼마인가? 고전물리학적인 계산과 비교해 보라.

접근 식 26.5를 사용하고 $\frac{1}{2}mv^2$과 비교한다.

풀이 값을 식 26.5a에 대입하면 다음과 같다.

$$\begin{aligned} \text{KE} &= mc^2\left(\frac{1}{\sqrt{1 - v^2/c^2}} - 1\right) \\ &= (2.4 \times 10^{-28}\,\text{kg})(3.0 \times 10^8\,\text{m/s})^2\left(\frac{1}{(1 - 0.64)^{\frac{1}{2}}} - 1\right) \\ &= 1.4 \times 10^{-11}\,\text{J} \end{aligned}$$

mc^2의 단위는 $\text{kg}\cdot\text{m}^2/\text{s}^2$, 즉 J이 됨에 유의하자.

유의 고전물리학적으로 풀면 다음과 같다.

$$\text{KE} = \tfrac{1}{2}mv^2 = \tfrac{1}{2}(2.4 \times 10^{-28}\,\text{kg})(2.4 \times 10^8\,\text{m/s})^2 = 6.9 \times 10^{-12}\,\text{J}$$

위 값의 절반 정도인데, 이것은 올바른 결과가 아니다. $\frac{1}{2}\gamma mv^2$ 역시 성립하지 않는다.

예제 26.8 핵붕괴 에너지

핵반응이나 붕괴를 일으키는 데 필요하거나 방출되는 에너지는 반응 전과 후의 입자들의 질량 변화로부터 나온다. 방사성 붕괴(29장 참조)의 한 유형으로, 우라늄 원자(m = 232.03716 u)가 붕괴하여 토륨 원자(thorium, m = 228.02874 u)와 헬륨 원자(m = 4.00260 u)로 바뀔 수 있다. 여기서 표기한 질량은 원자 질량 단위(1 u = 1.6605×10^{-27} kg)이다. 이 붕괴에서 방출되는 에너지를 계산하라.

접근 처음 질량에서 나중 전체 질량을 빼면 원자 질량 단위(u)로 질량 손실을 구할 수 있다. 이것을 kg으로 변환하고 c^2을 곱하면 에너지 방출량 $\Delta E = \Delta mc^2$을 알아낼 수 있다.

풀이 처음 질량은 232.03716 u이고, 붕괴 후 질량은 228.02874 u + 4.00260 u = 232.03134 u이므로 0.00582 u의 질량 손실이 있다. 이 질량 손실 (0.00582 u)(1.66×10^{-27} kg) = 9.66×10^{-30} kg은 에너지로 바뀌게 된다. $\Delta E = \Delta m c^2$으로부터 다음을 얻는다.

$$\begin{aligned} \Delta E &= (9.66 \times 10^{-30}\,\text{kg})(3.0 \times 10^8\,\text{m/s})^2 \\ &= 8.70 \times 10^{-13}\,\text{J} \end{aligned}$$

1 MeV = 1.60×10^{-13} J이므로, 방출되는 에너지는 5.4 MeV가 된다.

원자나 원자핵과 같은 작은 세계에서는, 전자볼트(eV)나 메가전자볼트(MeV)와 같은 에너지가 흔히 쓰인다. 운동량(식 26.4 참조)의 단위로는 eV/c(또는 MeV/c)가 쓰인다. 그리고 질량은 ($E = mc^2$)으로부터 eV/c^2(또는 MeV/c^2) 단위가 쓰인다. 전자와 양성자의 질량은 각각 0.511 MeV/c^2과 938 MeV/c^2이 됨을 보일 수 있다. 예를 들어 전자의 경우, $mc^2 = (9.11 \times 10^{-31}\,\text{kg})(2.998 \times 10^8\,\text{m/s})^2/(1.602 \times 10^{-13}\,\text{J/MeV}) = 0.511$ MeV이다. 부록 F의 표를 참조하라.

예제 26.9 1-TeV 양성자

일리노이 주 페르미랩에 있는 테바트론 가속기는 양성자를 가속시켜 1.0 TeV(10^{12} eV)의 운동 에너지를 갖게 한다. 이때 양성자의 속력은 얼마인가?

접근 운동 에너지 식 26.5a를 v에 대해 푼다.

풀이 양성자의 정지 에너지는 $mc^2 = 938$ MeV 또는 9.38×10^8 eV이다. 10^{12} eV의 운동 에너지와 비교하면 정지 에너지는 무시할 수 있다. 따라서 식 26.5a을 간단히 하면 다음과 같다.

$$\text{KE} \approx \frac{mc^2}{\sqrt{1 - v^2/c^2}}$$

위 식을 v에 대해 풀기 위해, 양변을 이항하면

$$\sqrt{1 - \frac{v^2}{c^2}} = \frac{mc^2}{\text{KE}}$$

$$1 - \frac{v^2}{c^2} = \left(\frac{mc^2}{\text{KE}}\right)^2$$

이고 양변을 제곱하고 이항하면

$$\frac{v^2}{c^2} = 1 - \left(\frac{mc^2}{\text{KE}}\right)^2 = 1 - \left(\frac{9.38 \times 10^8\,\text{eV}}{1.0 \times 10^{12}\,\text{eV}}\right)^2$$

이다. 위 식을 v에 대해 풀면

$$v = \sqrt{1 - (9.38 \times 10^{-4})^2}\,c = 0.99999956\,c$$

이므로 양성자는 거의 c에 가깝게 움직인다.

속력이 매우 작을 때, $v \ll c$, 운동 에너지에 대한 상대론적 식은 고전적 결과와 같다는 것을 이항 전개식(부록 A), $(1 \pm x)^n = 1 \pm nx + \cdots$을 이용하여 증명해 보자. 식 26.5a로부터 상대론적 운동 에너지는 다음과 같다.

$$\text{KE} = mc^2\left(\frac{1}{\sqrt{1 - v^2/c^2}} - 1\right)$$

$v \ll c$인 경우, 첫 번째 항을 이항 전개하면 ($n = -\frac{1}{2}$을 대입) 다음과 같다.

$$\text{KE} \approx mc^2\left(1 + \frac{1}{2}\frac{v^2}{c^2} + \cdots - 1\right) \approx \tfrac{1}{2}mv^2$$

위 식에서 점들은 매우 작은 항으로 $v \ll c$를 가정할 때 전개식에서 무시된 항들을 나타낸다. 결국 속력이 작을 때 상대론적 운동 에너지는 고전역학적인 형태인 $\text{KE} = \frac{1}{2}mv^2$이 된다. 이것은 우리가 기대하던 결과이다. 이 사실은 상대성이론이 큰 속력뿐만 아니라 작은 속력에서도 정확한 결과를 얻을 수 있는 보다 가치 있는 이론이라는 것을 의미한다. 실제로 특수 상대성이론의 다른 식들 역시 보통의 속력에서 고전 역학적인 식들로 바뀐다. 즉 $v \ll c$일 때 $\sqrt{1 - v^2/c^2} \approx 1$이 되므로 길이 수축, 시간 팽창, 질량 증가 등의 모든 상대론적인 효과가 사라져 버린다.

입자의 총에너지 E와 운동량 p 사이의 유용한 관계식 역시 다음과 같이 얻어질 수 있다. 질량이 m이고 속력이 v인 입자의 운동량 식 26.4는

$$p = \gamma mv = \frac{mv}{\sqrt{1 - v^2/c^2}}$$

이고 총에너지는

$$E = \text{KE} + mc^2$$

또는

$$E = \gamma mc^2 = \frac{mc^2}{\sqrt{1 - v^2/c^2}}$$

이다. 양변을 제곱하면(합이 0인 항 $v^2 - v^2$을 삽입했다.)

$$\begin{aligned} E^2 = \frac{m^2c^2c^2}{1 - v^2/c^2} &= \frac{m^2c^2(c^2 - v^2 + v^2)}{1 - v^2/c^2} \\ &= \frac{m^2c^2v^2}{1 - v^2/c^2} + \frac{m^2c^2(c^2 - v^2)}{1 - v^2/c^2} \\ &= p^2c^2 + \frac{m^2c^4(1 - v^2/c^2)}{1 - v^2/c^2} \end{aligned}$$

즉

$$E^2 = p^2c^2 + m^2c^4 \tag{26.9}$$

이다. 따라서 총에너지는 운동량 p, 또는 운동 에너지(식 26.6a)로 나타낼 수 있게 된다. 여기서 우리는 퍼텐셜 에너지는 없다고 가정했다.

불변하는 에너지–운동량

식 26.9는 $E^2 - p^2c^2 = m^2c^4$로 고쳐 쓸 수 있다. 주어진 입자의 질량 m은 어떤 기준틀에서도 동일하므로, $E^2 - p^2c^2$의 값 역시 어떤 기준틀에서도 같아야 한다. 어떤 주어진 순간에 입자의 전체 에너지 E와 운동량 p는 기준틀에 따라 달라질 수 있다. 그러나 $E^2 - p^2c^2$은 모든 관성틀에서 같은 값을 갖게 될 것이다. 이때 우리는 $E^2 - p^2c^2$은 **불변량**(invariant)이라고 말한다.

상대론적 식은 언제 사용하는가?

실제적인 면에서 보면, 일상생활에서 상대론적 수학을 사용할 기회가 많지 않다. 예를 들어 $v = 0.10c$일 때 상대론적 인자 $\gamma = 1/\sqrt{1 - v^2/c^2}$은 1.005의 값을 갖는다. 따라서 물체의 속력이 $0.10c = 3 \times 10^7$ m/s만큼 크다 할지라도 상대론 식에서의 인자 $\sqrt{1 - v^2/c^2}$은 1 % 미만의 수치 보정이 필요하다. 속력이 $0.10c$보다 작은 경우이거나 또는 질량과 에너지가 상호 교환되는 경우가 아니라면, 복잡한 상대론적 식을 사용할 필요 없이 보다 간단한 고전적인 식을 사용할 수 있다.

만약 입자의 질량 m과 운동 에너지 KE가 주어졌다면, 간단한 계산을 통해서 상대

론적 식을 사용할 필요가 있는지 또는 고전적인 식으로도 충분히 좋은 결과를 얻을 수 있는지 판단할 수 있다. 단지 KE/mc^2의 값을 계산하면 된다. 왜냐하면 식 26.5b로부터

$$\frac{\text{KE}}{mc^2} = \gamma - 1 = \frac{1}{\sqrt{1 - v^2/c^2}} - 1$$

을 얻는다. 이 비의 값이, 가령 0.01보다 작다는 것이 드러나면, $\gamma \leq 1.01$이고 상대론적 식은 고전적 식에 대해 약 1 % 정도 수정하게 된다. 이때 만약 예상하는 정밀도가 1 %보다 크다면 고전적인 식으로 충분하다. 그러나 원하는 정밀도가 0.1 % 미만이라면, 상대론적 식을 사용해야 한다. 만약 원하는 정밀도가 오직 10 %라면, $(\text{KE}/mc^2) \gtrsim 0.1$이라면 상대론이 필요하다.

연습 D 1 %의 정확도로 계산하는 경우, KE = 100 eV인 전자는 상대론적으로 다뤄야 하는가? [힌트: 전자의 질량은 0.511 MeV이다.]

26.10 상대론적 속도 덧셈

지구로부터 속력 v로 멀어지는 로켓선이 있다. 이 로켓선이, 또 다른 로켓을 자신에 대해 u'의 속력으로 발사했다(그림 26.11). 이때 여러분은 지구에 대한 로켓 2의 속력 u는 $u = v + u'$이라고 생각할 것이다. 이 경우 그림 26.11에서 $u = 0.60c + 0.60c = 1.20c$가 된다. 그러나 26.8절에서 본 바와 같이 물체의 속력은 어떤 기준틀에서 본다 할지라도 빛의 속력보다 빨라질 수는 없다. 실제로 아인슈타인은 길이와 시간이 기준틀마다 달라지므로 속도에 관한 고전적인 덧셈의 법칙은 더 이상 성립하지 않는다는 것을 보였다. 그 대신 직선 상에서 운동하는 물체에 대한 올바른 식은 다음과 같다.

주의

상대 속도는 고전 역학($v \ll c$)에서처럼 단순히 더하지 않는다.

상대론적 속도의 덧셈 식 ($\vec{\mathbf{u}}$와 $\vec{\mathbf{v}}$는 나란한 방향)

$$u = \frac{v + u'}{1 + vu'/c^2} \qquad [\vec{\mathbf{u}}\text{와 } \vec{\mathbf{v}}\text{는 나란한 방향}] \qquad \textbf{(26.10)}$$

이 식은 부록 D에 유도되어 있다. 만약 u'이 v와 반대 방향으로 움직인다면, u'은 위의 식에서 음의 부호를 가져야 하므로 $u = (v - u')/(1 - vu'/c^2)$이 된다.

예제 26.10 **상대론적으로 본 상대 속도**

그림 26.11에서 지구에 대한 로켓 2의 속력을 구하라.

접근 속력이 빠르고 같은 선상에서 움직이므로, 상대론적 식 26.10을 사용한다. 지구에 대한 로켓 1의 속력에다가 로켓 1에 대한 로켓 2의 속력을 합한다.

풀이 로켓 2는 로켓 1에 대해 $u' = 0.60c$의 속력으로 움직인다. 로켓 1은 지구에 대해 $v = 0.60c$의 속력을 갖는다. 지구에 대한 로켓 2의 속력은 식 26.10에 의해 다음을 얻는다.

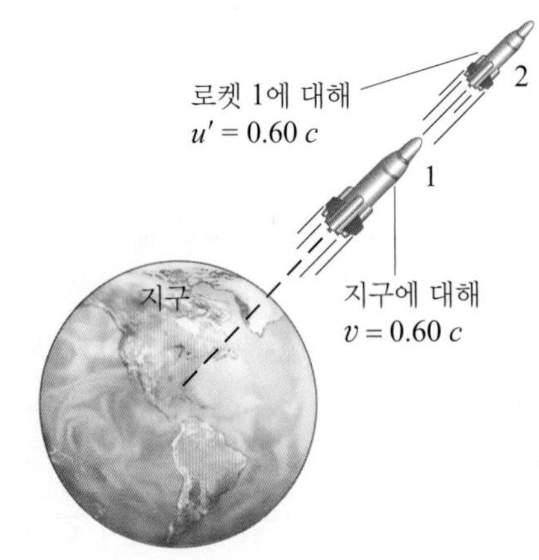

그림 26.11 로켓 1이 $v = 0.60c$로 지구를 떠나고 있다. 로켓 1에서 로켓 2가 $u' = 0.60c$로 발사됐다. 지구에 대한 로켓 2의 속력은 얼마인가? 예제 26.10

$$u = \frac{0.60c + 0.60c}{1 + \dfrac{(0.60c)(0.60c)}{c^2}} = \frac{1.20c}{1.36} = 0.88c$$

유의 지구에 대한 로켓 2의 속력은 c보다 작다.

만약 물체의 속력이 빛의 속력에 비해 대단히 작은 경우, 우리는 식 26.10이 고전적인 식과 같다는 것을 확인할 수 있다. $v, u' \ll c$인 경우 $1 + vu'/c^2 \approx 1$이므로, 식 26.10은 고전역학적인 형태(3장 참조), 즉 $u \approx v + u'$으로 환원된다.

이번에는 앞의 식을 또 다른 극단의 경우, 다시 말해 빛의 속력으로 방출되는 경우를 시험해 보자. 그림 26.11의 로켓 1이 전방을 향해 빛을 내보내는 경우 $u' = c$가 된다. 식 26.10으로부터 지구에 대한 빛의 상대 속력은

$$u = \frac{0.60c + c}{1 + \dfrac{(0.60c)(c)}{c^2}} = \frac{1.60c}{1.60} = c$$

이다. 이는 상대성이론의 두 번째 가정과 완전히 일치한다.

연습 E 그림 26.11에서 로켓 2가 로켓 1으로부터 $u' = 3000$ km/s $= 0.010c$의 속력으로 발사됐다면, 지구에 대한 로켓 2의 속력을 식 26.10을 사용하여 계산하라. 그때 로켓 1은 $v =$ 6000 km/s $= 0.020c$의 속력을 갖고 있었다고 가정한다.

연습 F 709쪽 시작 질문으로 가서 다시 답을 해 보라. 처음과 답이 다르다면 그 이유를 설명해 보라.

26.11 상대성이론의 충격

특수 상대성이론의 예측을 확인하기 위해 수많은 실험들이 수행되어 왔다. 하지만 실험 오차 범위 내에서 아무런 모순도 발견되지 않았다. 따라서 과학자들은 상대성이론을 자연에 대한 정확한 기술로 수용하고 있다.

속력이 빛의 속력보다 대단히 느릴 때, 상대성이론의 식들은 앞에서 논의한 고전

역학적인 식들로 환원된다. 물론, 우리는 뉴턴 역학이 $v \ll c$인 속력으로 움직이는 물체의 경우에 매우 잘 들어맞으므로, 이것이 사실이기를 바라고 더 나아가 주장하고 싶어진다. 보다 일반적인 이론(상대성이론과 같은)이 보다 제한적인 이론($v \ll c$인 경우에 성립하는 고전역학과 같은)과 똑같은 결과를 준다는 이런 주장을 **대응 원리**(correspondence principle)라고 한다. 이들 두 이론은 서로 중복된 유효한 범위 내에서 일치해야 한다. 따라서 상대성이론은 고전역학과 모순되지 않는다. 그보다는 오히려 그것은 고전역학이 그것의 한 특수한 경우가 되는 보다 일반적인 이론인 것이다.

상대성이론의 중요성은 단지 매우 큰 속력에서 더 정확한 결과를 제시한다는 데 있는 것이 아니다. 훨씬 더 중요한 사실은 우리가 세계를 보는 관점을 바꾸어 놓았다는 것이다. 시간과 공간의 개념은 이제 상대적인 것이 됐고, 서로 뒤엉키게 됐다. 예전에는 이들은 절대적이며 서로 분리된 것으로 생각됐다. 심지어 물질과 에너지에 대한 우리들의 개념조차도 바뀌었다. 이들은 서로 다른 것으로 변환될 수 있다. 상대성이론의 충격은 물리학을 너머로까지 확장됐다. 다른 과학에도 영향을 미쳤고, 심지어 예술이나 문학의 세계에까지 영향을 미쳤다. 참으로 일반적인 교양이 됐다.

우리가 이제까지 이 장에서 공부한 특수 상대성이론은 관성 (비가속) 기준틀에 대한 것이다. 앞으로 31장에서는 비관성 기준틀에 관한 것들을 다루는 보다 복잡한 '일반 상대성이론'에 대해 간략히 논의할 것이다.

종합 문제

객관식

1. 가상 로켓선 어드벤처호의 길이는, 선체 안에 타고 있는 선장이 측정했을 때 50 m이다. 이 우주선이 0.5c로 우주 정거장을 통과할 때, 우주 정거장 요원이 측정한 우주선의 길이는 43.3 m였다. 이 우주선의 고유 길이는 얼마인가?

(a) 50 m (b) 43.3 m (c) 93.3 m (d) 13.3 m

2. 문제 1의 어드벤처호가 우주 정거장을 지나갈 때, 우주선 선장이 1.00 s 간격으로 플래시를 깜박이는 것으로 우주 정거장 요원이 측정했다. 선장이 볼 때 플래시는 몇 초 간격으로 깜박일까?

(a) 1.15 s (b) 1.00 s (c) 0.87 s
(d) 우주선과 우주 정거장 사이의 거리를 알아야 알 수 있다.

3. 문제 2에서 어떤 시간 간격이 고유 시간 간격인가?

(a) 1.15 s (b) 1.00 s (c) 0.87 s (d) 0.13 s

4. 문제 1의 로켓선이 수 광년 떨어진 별까지 여행한 후 되돌아서 같은 속력으로 돌아온다고 하자. 우주 정거장에 되돌아왔을 때 누가 나이를 덜 먹었겠는가? 우주 정거장의 요원인가 아니면 우주선 선장인가?

(a) 우주 정거장 요원
(b) 우주선 선장
(c) 똑같다. 왜냐하면 두 사람 모두 서로 상대적으로 움직이기 때문이다.
(d) 별까지의 거리를 알아야 풀 수 있다.

5. 지구 관측자가 지나가는 우주선의 시계가 천천히 가는 것을 인식했다. 우주선에 있는 사람은

(a) 자신의 시계가 지구 상의 시계보다 느리게 간다는 사실에 동의한다.
(b) 정상이라고 느낀다. 심장 고동이나 식사 습관도 모두 정상이다.

(c) 지구의 시계가 느리게 간다고 관측한다.

(d) 실제 시간은 두 관측자가 관측한 시간의 중간에 있다.

(e) (a)와 (b)만 맞다.

(f) (b)와 (c)만 맞다.

6. 우주선 A와 B가 서로를 향해 똑바로 운항하고 있다. 두 우주선의 지구에 대한 속력은 각각 $0.5c$이고, 전조등은 서로를 향해 마주 비추고 있다. 우주선 B의 기술자가 우주선 A의 전조등에서 방출된 빛의 속력을 얼마로 측정할까?

(a) $0.5c$ (b) $0.75c$ (c) $1.0c$ (d) $1.5c$

7. 시간 팽창과 길이 수축, 그리고 질량에 대한 상대론적 식이 유효한 경우는?

(a) $0.10c$보다 작은 경우에만 성립한다.

(b) $0.10c$보다 큰 경우에만 성립한다.

(c) c에 매우 가까운 경우에만 성립한다.

(d) 모든 속력에 대해 성립한다.

8. 다음 중 관성틀에 있는 두 관측자가 항상 일치하는 경우를 모두 고르라.

(a) 사건이 발생한 시간

(b) 두 사건 사이의 거리

(c) 두 사건이 발생한 시간 간격

(d) 빛의 속력

(e) 물리학 법칙의 유효성

(f) 두 사건의 동시성

9. 서로 간에 거의 빛의 속력으로 움직이는 서로 다른 관성틀에 있는 두 관찰자가 동시에 두 사건을 보고 정밀한 관측기구로 측정했다. 두 사건 사이의 시간 간격을 다르게 측정했다. 다음 중 옳은 것은?

(a) 한 관측자가 틀렸지만 어느 쪽인지 분간할 수 없다.

(b) 한 관측자가 틀렸고, 어느 쪽인지 분간할 수 있다.

(c) 두 관측자가 모두 틀렸다.

(d) 두 관측자 모두 옳다.

10. 여러분은 점점 빨라지는 우주선 안에 있다. 속력이 빨라질수록 여러분의 속력은 빛의 속력에 점점 더 가까워진다. 여러분의 관성틀에서는 다음 중 어떤 일이 일어나겠는가?

(a) 여러분의 질량이 증가한다.

(b) 여러분의 길이가 운동 방향으로 줄어든다.

(c) 손목 시계가 느려진다.

(d) 위의 모든 일이 일어난다.

(e) 위의 어떤 일도 일어나지 않는다.

주관식

26.4, 26.5 시간 팽창, 길이 수축

1. (I) 우주선이 $0.850c$의 속력으로 여러분 옆을 지나가고 있다. 이때 여러분이 측정한 우주선의 길이가 44.2 m였다. 우주선이 정지해 있을 때의 길이는 얼마인가?

2. (I) 어떤 소립자가 2.70×10^8 m/s의 속력으로 움직이고 있다. 이 속력에서 평균 수명이 4.76×10^{-6} s로 측정됐다면, 움직이지 않을 경우 소립자의 수명은 얼마인가?

3. (II) 여러분은 지구에서 135광년 떨어진 어떤 별까지 2.90×10^8 m/s으로 여행하고 있다. 여러분이 측정하는 별까지의 거리는 얼마일까?

4. (II) 지구 기준틀에서 49광년 떨어져 있는 별이 있다. 이 거리가 35광년이 되려면 얼마나 빠르게 빨리 달려야 하는가?

5. (II) 친구가 우주선을 타고 $0.720c$의 속력으로 여러분 옆을 지나갔다. 여러분의 기준에서 측정해보니 길이가 4.80 m, 높이가 1.35 m였다. (a) 정지해 있을 때 길이와 높이를 구하라. (b) 여러분의 시계가 20.0 s만큼 지났을 때 친구의 시계는 몇 초나 흘렀을까? (c) 친구의 기준에서 여러분은 얼마나 빠르게 보일까? (d) 친구의 시계가 20.0 s만큼 지났을 때, 여러분의 시계는 몇 초나 흘렀을까?

6. (II) 가상의 뉴스기사에서 $0.70c$로 움직이던 엔터프라이즈 우주선이 5년만에 항해를 마치고 돌아왔다고 보도했다. (a) 뉴스에서 언급한 5.0년이 지구에서의 시간이라면, 우주선 내에서는 얼마만큼의 시간이 흘렀는가? (b) 뉴스에서 언급한 5.0년이 우주선 내의 시간이라면, 지구에서의 시간은 얼마만큼 흘렀는가?

7. (III) 지구에서의 탈출 속도는 11.2 km/s이다. 지구에서 관측되는 속력에서 68.2 m 되는 우주선의 길이는 몇 % 감소하는가?

8. (III) 가속기 실험에서 만들어진 불안전한 입자가 실험실계에서 다른 입자로 바뀌기 전에 3.40 ns에 1.00 m의 등속도로 움직이고 있다. 실험실계에서 (a) 변하기 전까지의 수명을 구하고, (b) 얼마나 더 움직일 수 있는지 구하라.

9. (III) 파이온은 붕괴되기 전 평균적으로 32 m의 거리를 진행한다. 파이온은 얼마의 속력으로 진행하는가? 정지 상태에서의 파이온의 평균 수명은 2.6×10^{-8} s이다.

26.7 상대론적 운동량

10. (I) $v = 0.68c$로 움직이고 있는 양성자의 운동량을 구하라.

11. (II) (a) $v = 0.15c$로 움직이고 있는 입자가 있다. 고전 식을 사용했을 때 이 운동량의 계산이 잘못될 확률을 구하라. (b) $v = 0.75c$인 경우의 확률을 구하라.

12. (II) 질량 m인 입자가 $v = 0.22c$의 속력으로 움직이고 있다. 이 운동량의 두 배가 되는 속력은 얼마인가?

13. (II) 정지해 있던 불안정한 입자가 갑자기 두 개의 파편으로 나뉘었다. 하나의 입자일 때나 두 개의 파편으로 나뉠 때 외력이 주어지지 않았다. 파편 중 하나의 질량은 6.68×10^{-27} kg이고 속력은 $0.60c$이다. 또 다른 파편은 1.67×10^{-27} kg이다. 질량이 작은 파편의 속력을 구하라.

14. (II) (a) $0.45c$에서 $0.85c$로 가속될 경우, (b) $0.85c$에서 $0.98c$로 가속될 경우 양성자의 운동량의 변화는 몇 %인가?

26.9 $E = mc^2$; 질량과 에너지

15. (I) 전자의 정지 에너지를 J과 MeV(1 MeV = 1.60×10^{-13} J)를 사용하여 나타내라.

16. (I) 정지 상태의 우라늄 핵이 원자로 내에서 핵분열 과정을 거쳐 분해됐다. 이때 발생한 파편의 전체 운동 에너지가 200 MeV이다. 이 과정을 거치면서 얼마만큼의 질량이 손실됐는가?

17. (I) 미국의 연간 에너지 소비량은 1×10^{20} J이다. 소비량을 충족시키기 위한 에너지를 만들기 위해 필요한 질량은 얼마인가?

18. (I) 양성자(1.67×10^{-27} kg)의 질량을 MeV/c^2의 형태로 구하라.

19. (I) 어떤 화학 반응을 일으키기 위해 4.82×10^4 J의 에너지가 필요하다고 할 때, 반응 후 생성물의 질량 증가량을 구하라.

20. (II) 2.90×10^8 m/s로 움직이는 양성자의 운동 에너지와 운동량을 계산하라.

21. (II) 950 MeV 양성자(즉 운동 에너지가 950 MeV)의 운동량은 얼마인가?

22. (II) 운동 에너지가 1.12 MeV인 전자의 속력은 얼마인가?

23. (II) (a) 양성자를 정지 상태로부터 $0.985c$로 가속시키는 데 필요한 일은 얼마인가? (b) 이 양성자의 운동량은 얼마인가?

24. (II) 물체의 운동 에너지가 정지 에너지의 33 %가 될 때의 속력은 얼마인가?

25. (II) 운동 에너지가 정지 에너지와 똑같은 전자($m = 9.11 \times 10^{-31}$ kg)의 속력과 운동량을 구하라.

26. (II) 가속 장치 내에서 1.0×10^8 m/s의 속력으로 움직이는 양성자가 있다. 속력이 두 배가 된다고 가정할 때, 양성자의 운동 에너지 증가를 일으키는 요인은 무엇인가?

27. (II) 질량 1.0 g의 변환으로 얻어지는 에너지는 얼마인가? 이 에너지로 얼마만큼의 질량을 지표면으로부터 1.0 km 높이까지 들어 올릴 수 있는가?

28. (II) 운동량이 각각 0.65 MeV/c인 두 광자가 충돌하여 하나의 입자를 만들 수 있는 과정이 있다고 가정하자. 이 입자가 가질 수 있는 최대 질량은 얼마인가?

29. (II) 165 MV의 전위차에 의해 가속되는 양성자의 속력은 얼마인가?

30. (II) 31,000 V로 정지 상태에서부터 가속된 전자의 속력은 얼마인가?

31. (II) 운동 에너지가 45 MeV인 입자의 운동량이 121 MeV/c라면, 입자의 질량은 얼마인가?

32. (II) 양성자의 운동 에너지가 (a) 총에너지의 절반인 경우, (b) 정지 에너지의 절반인 경우 양성자($m = 1.67 \times 10^{-27}$ kg)의 속력을 계산하라.

33. (II) 8.65×10^7 m/s 속력으로 움직이는 양성자($m = 1.67 \times 10^{-27}$ kg)의 운동 에너지와 운동량을 구하라. 고전적인 식을 사용하면, 몇 %의 오차가 발생되는가?

34. (II) 질량이 17,000 kg인 우주선이 $0.15c$로 가속됐다. (a) 운동 에너지는 얼마인가? (b) 운동 에너지에 대한 고전적인 식을 사용했다면, 몇 %의 오차가 발생되는가?

35. (III) 질량이 m인 입자의 운동 에너지 KE와 운동량 p 사이에는 $p = \sqrt{\text{KE}^2 + 2\text{KE}\, mc^2}/c$과 같은 관계가 있음을 증명하라.

26.10 상대론적 속도 덧셈

36. (I) $0.40c$(지구에 대해)의 속력으로 여행하는 우주선에 타고 있는 사람이 뒤쪽에서 다가와 $0.40c$의 속력으로 지나가는 유성을 관측했다. 유성은 지구에 대해 얼마의 속력으로 움직이고 있는 것인가?

37. (II) 두 대의 우주선이 지구에 대해 0.60c의 속력으로 서로 반대 방향으로 지구를 떠나고 있다. (a) 우주선 2에 대한 우주선 1의 속도는 얼마인가? (b) 우주선 1에 대한 우주선 2의 속도는 얼마인가?

38. (II) 지구에 있는 관찰자가 외계의 우주선이 0.60c의 속력으로 다가오는 것을 발견했다. 가상의 우주선 엔터프라이즈가 지구에 대해 0.90c의 속력으로 외계 우주선을 따라잡아서 구조하러 간다(그림 26.12). 한 우주선에서 본 다른 우주선의 상대 속력은 얼마인가?

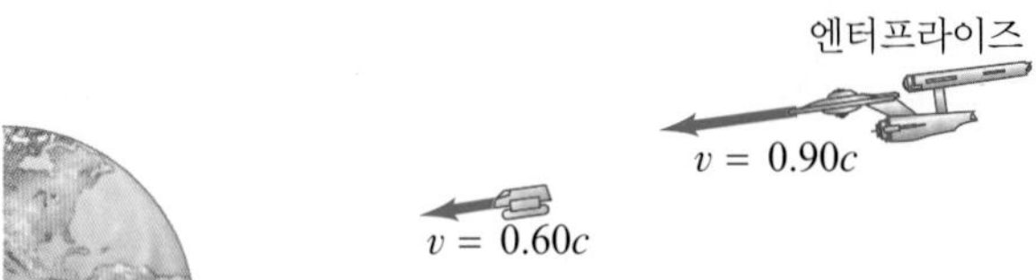

그림 26.12 주관식 38

39. (II) 로켓 A가 0.65c의 속력으로 지구를 지나고 있다. 그와 동시에 로켓 B가 지구에 대해 0.95c의 속력으로 A와 같은 방향으로 가고 있다. B가 A를 지날 때, A에 대해 B는 얼마나 빠르게 움직이는가?

40. (II) 0.90c의 속력으로 운항하는 우주선에서, 지금 접근하고 있는 행성에 대한 상대 속력이 0.95c가 되기 위해서는 앞쪽 해치를 열고 탐색기를 발사할 필요가 있다. 얼마의 속력으로 발사해야 하는가?

연습 해답

A: (c)
B: (a) 아니다 (b) 그렇다
C: 80 m
D: 아니다. $\text{KE}/mc^2 \approx 2 \times 10^{-4}$
E: 0.030c, 고전적 결과와 같다, 0.1 % 이상의 정확도까지
F: (d)

전자 현미경은 전자가 마치 빛과 같이 파동성을 갖는 것을 이용하여 물체의 상을 만든다. 전자의 파장은 가시광선에 비해 훨씬 더 짧기 때문에 훨씬 더 높은 해상도와 배율을 얻을 수 있다. 주사형 전자 현미경(SEM; Scanning Electron Microscope)은 삼차원 영상을 만들 수 있다.
사실 전자 현미경은 단색(흑과 백)이다. 여기에 예술적으로 색상을 입히는 것이 일반적이다. 왼쪽 사진은 상처가 나서 혈액이 응고되고(노란색의 망) 있는 영상이다. 여기서 백혈구는 초록색으로 채색하여 구별했다. 오른쪽 사진은 소동맥 안에 있는 적혈구 세포들이다. 우리 혈관 속에서 적혈구 세포는 매일 약 15 km를 여행하고 손상이나 파열되기 전까지 대략 4개월 생존한다. 인체에는 4~6 L의 혈액과 2~3 × 10^{13}의 적혈구 세포가 있다.

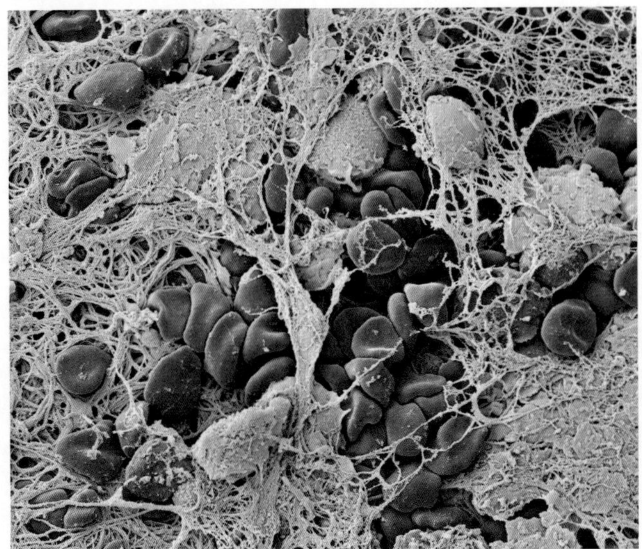

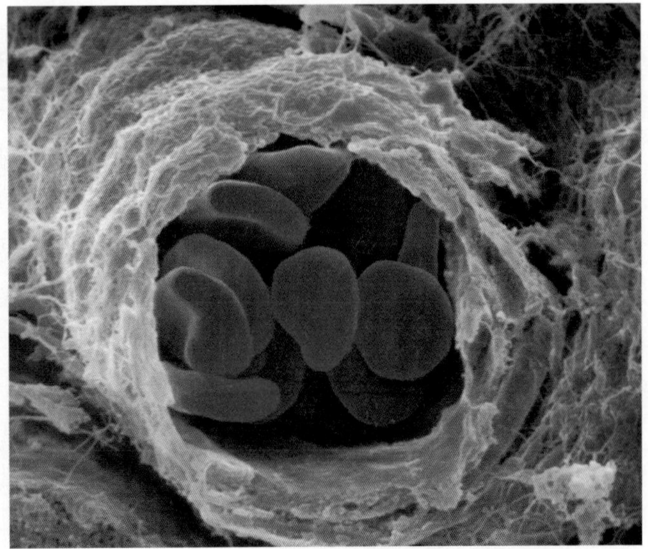

CHAPTER 27

초기 양자론과 원자 모형

시작 질문 추정해 보라!

다음 중 실험적으로 확인된 것은?

(a) 빛은 파동처럼 행동한다.
(b) 빛은 입자처럼 행동한다.
(c) 전자는 입자처럼 행동한다.
(d) 전자는 파동처럼 행동한다.
(e) 위 보기 모두
(f) (a)와 (b)만 맞다.
(g) (a)와 (c)만 맞다.
(h) 정답 없음

20세기 초 물리학계를 뒤흔든 혁명의 두 번째 국면은(첫 번째는 아인슈타인의 상대성이론) 양자론이다. 특수 상대성이론과 달리, 양자론이라는 혁명적인 이론이 전개되는 데는 거의 30년이란 기간이 소요됐고, 많은 과학자들이 양자론의 발전에 기여했다. 양자론은 1900년에 플랑크 양자 가설로 시작하여 1920년대 중반 슈뢰딩거(Erwin Schrödinger, 1887~1961)와 하이젠베르크(Werner Heisenberg, 1901~1976)의 양자역학에 이르러 정점을 이루며, 물질의 구조를 효과적으로 설명했다. 한편 1890년대에 있었던 전자의 발견은 현대물리학의 기원인 동시에 양자론의 선구적 역할을 했다고 볼 수 있으므로, 이 장은 전자의 발견으로부터 시작한다.

27.1 전자의 발견과 그 성질

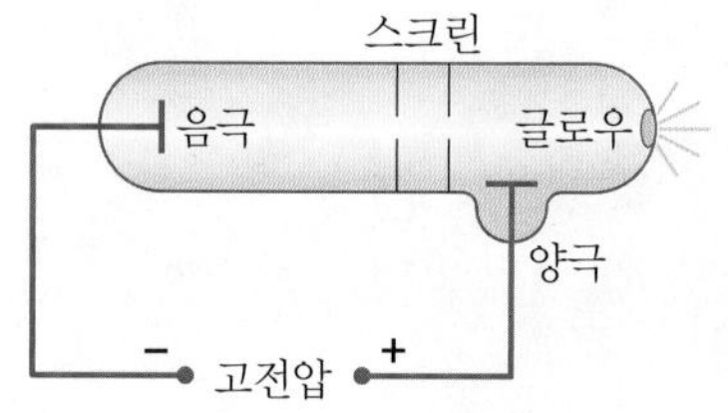

그림 27.1 방전관. 스크린 중의 하나가 양(+)인 것도 있다.

19세기 말에 이르러 희박한 기체 내에서 일어나는 전기 방전에 관한 연구가 행해졌다. 이 실험에 사용된 기구는 그림 27.1에 나타낸 것과 같은 전극이 장치된 유리관이며, 내부는 거의 진공으로 약간의 기체만 남아 있었다. 전극에 높은 전압이 걸리면, 암흑부는 음극으로부터 유리관의 반대쪽 방향을 향해 바깥쪽으로 밀려나고, 유리관의 반대쪽 끝에서 빛을 내게 된다. 만약 작은 구멍이 나 있는 한 개 또는 몇 개의 스크린을 그림과 같이 장치하면 빛을 내는 부분은 유리관의 끝에서 조그만 점으로 축소되어 나타나게 된다. 이것은 마치 음극으로부터 방출된 '무엇'인가 유리관의 반대쪽 끝으로 가로질러 가는 것처럼 보인다. 이 '무엇'을 **음극선**(cathode ray)이라고 한다.

당시 이 음극선이 무엇인가에 대해 많은 논란이 있었다. 어떤 과학자들은 그것이 빛을 닮았다고 생각했다. 그러나 유리관 끝에 생긴 광점이 전기장이나 자기장에 의해서 한쪽으로 휘어진다는 사실이 발견되면서 음극선은 전기를 띤 입자라는 생각을 하게 됐다. 휘어지는 방향은 음전하의 경우와 일치했다. 게다가 유리관 속에 어떤 특정 기체가 들어 있을 경우 음극선의 궤적까지 희미하게 빛나는 것을 볼 수 있었다.

1897년에 음극선 입자의 전하량 e와 더불어 전하 대 질량 비 e/m에 대한 추산이 이뤄졌다. 이 해에 톰슨(J. J. Thomson, 1856~1940)은 그림 27.2와 같은 실험 기구를 사용함으로써 e/m의 값을 직접 측정할 수 있었다. 음극선은 고전압에 의해 가속된 후 관 속에 내장된 한 쌍의 평행판 사이를 통과한다. 이때 두 평행판 사이에 걸어준 또 다른 전압은 전기장 $\vec{\mathbf{E}}$를 발생시키고, 한 쌍의 코일은 자기장 $\vec{\mathbf{B}}$를 발생시킨다. 만약 $E = B = 0$이면, 그림 27.2의 b 경로를 따른다. 단지 전기장만 있는 경우에는,

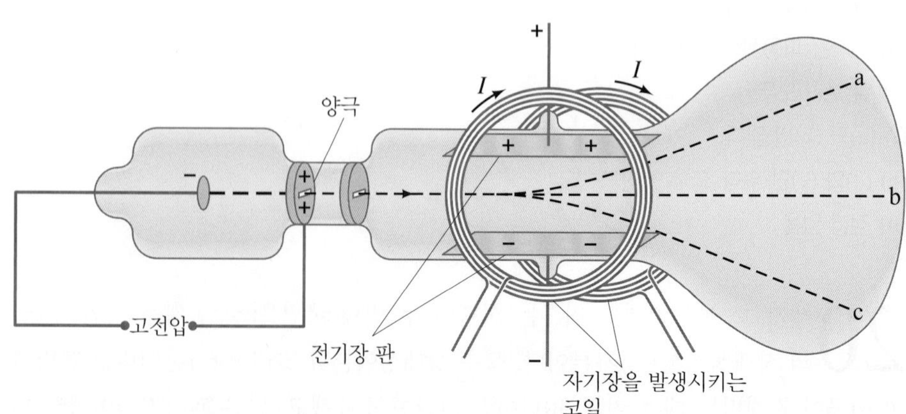

그림 27.2 음극선이 전기장과 자기장에 의해서 휘어진다.

예를 들어 위쪽 판을 양(+)이라고 하면, 음극선은 그림의 경로 a와 같이 위쪽 방향으로 휘어지게 된다. 만약 자기장만 있다면, 예를 들어 자기장의 방향이 종이면의 안쪽으로 들어간다고 하면, 음극선은 경로 c를 따라 아래쪽으로 휘어지게 된다. 이런 현상들은 바로 음으로 대전된 입자들에게서 기대할 수 있는 것이다. 자기장이 음극선에 작용하는 힘은 $F = evB$가 되는데, 여기서 e는 음극선의 전하량이고 v는 속도이다(식 20.4). 전기장이 없을 때, 음극선은 자기장에 의해서 휘어져 곡선을 그린다. 이때 뉴턴 제2법칙 $F = ma$를 적용하고, a에 구심 가속도를 대입하면

$$evB = m\frac{v^2}{r}$$

이다. 따라서 다음과 같다.

$$\frac{e}{m} = \frac{v}{Br}$$

곡률 반지름 r는 측정할 수 있고, B 역시 마찬가지이다. 속도 v는 자기장 외에 전기장을 걸어서 알아낼 수 있다. 전기장 E를 조절하여 음극선이 휘어지지 않고 그림 27.2의 경로 b를 따라가게 만들 수 있다. 이 경우 전기장에 의한 위쪽으로 작용하는 힘 $F = eE$와 자기장에 의해 아래로 작용하는 힘 $F = evB$는 서로 균형을 이룬다. 이 두 힘을 같게 놓아서 $eE = evB$와 같이 하여 다음 식을 얻을 수 있다.

$$v = \frac{E}{B}$$

이 식을 위의 식에 대입하여

$$\frac{e}{m} = \frac{E}{B^2 r} \tag{27.1}$$

를 얻을 수 있다. 위 식에서 우변의 양들은 측정할 수 있는 양들이다. 따라서 e와 m을 분리하여 구할 수는 없지만, 그 비 e/m은 알 수 있다. 오늘날 받아들여지는 값은 $e/m = 1.76 \times 10^{11}$ C/kg이다. 음극선은 **전자**(electron)라 불리게 됐다.

과학에서의 발견

전자의 '발견'은, 과학의 다른 발견과 마찬가지로 금이나 석유를 발견하는 것처럼 명확하지 않다. 전자의 발견에 대한 영예는 누구에게 주어져야 할까? 방전관 내에서 처음으로 빛의 흐름을 본 사람인가? 아니면 그것을 처음으로 음극선이라 부른 사람일까? 아마도 둘 다 아닐 것이다. 왜냐하면 그들은 우리가 오늘날 알고 있는 전자의 개념을 가지고 있지 않았기 때문이다. 사실 전자의 발견자라는 영예는 일반적으로 톰슨에게 주어지는데, 그가 처음으로 방전관 내에서 빛의 흐름을 보았기 때문이 아니라 그가 이런 현상이 아주 작은 음으로 대전된 입자에 의한 것이라고 믿고, 그에 대한 주의 깊은 실험을 했기 때문이다. 나아가 이 입자들은 많은 사람이 생각하듯이 이온이나 원자 자신이 아니라 원자의 구성 요소라고 주장했으며, 물질의 전자 이론을 발전시켰다. 그의 관점은 현재 우리가 받아들이고 있는 것과 거의 일치하므로, 톰슨을 전자의 '발견자'라고 부르는 이유가 되는 것이다. 그러나 그뿐만 아니라 어느 누

구도 전자 자체를 실제로 본 사람은 없다는 것에 유의해야 한다. 여기서 이런 논의를 하는 이유는 과학에서의 발견이라는 것이 항상 명확한 문제가 아니라는 사실의 예를 들기 위해서이다. 사실 어떤 과학 철학자들은 '발견'이라는 단어가 이와 같은 경우 적절하지 않다고 생각하기도 한다.

전자의 전하 측정

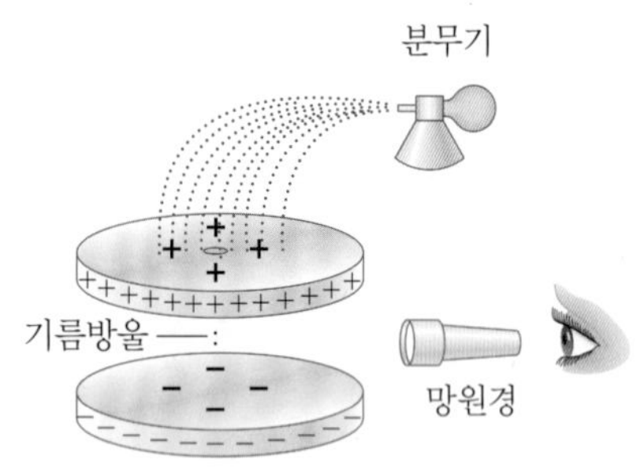

그림 27.3 밀리컨의 기름방울 실험

톰슨은 전자라는 것이 원자가 아니라 원자의 구성원이나 일부라고 믿었다. 이것에 대한 믿을 만한 증거는 음극선의 전하와 질량 측정으로 나타나게 됐다. 1897년 톰슨의 학생이었던 타운젠드(J. S. Townsend, 1868∼1957)는 최초로 전하량 e에 대한 직접적인(하지만 대략적인) 측정을 했다. 그러나 전자의 전하량에 대한 보다 정확한 값과 또한 이들 전하가 불연속적인 값을 갖는다는 사실을 발견할 수 있었던 것은 밀리컨(Robert A. Milikan, 1868∼1953)의 **기름방울 실험**(oil-drop experiment)에 의해서였다. 이 실험은 전하를 띠고 있는 아주 작은 기름방울은 두 개의 평행판 사이에서 중력에 의해 낙하할 수 있게 되어 있었다(그림 27.3). 이때 아래 방향의 중력 mg는 전기장에 의한 위 방향의 힘과 정확히 균형을 이룬다. 따라서 $qE = mg$이고, 전하는 $q = mg/E$가 된다. 기름방울의 질량은 전기장이 없는 상태에서 기름방울의 종단속도를 측정하고, 기름방울은 반지름을 직접 측정하기에는 너무 작다)을 사용함으로써 결정할 수 있었다. 기름방울은 때로는 음(−)으로, 또 때로는 양(+)으로 대전됐는데, 이는 기름방울이 (아마도 분무기에서 분사될 때) 전자들을 얻거나 잃었다는 것을 말하고 있다. 밀리컨의 심혈을 기울인 관측과 분석에 의해 모든 전하가 최소 전하 e (즉 전자의 전하)의 정수배가 되며, 이 e의 값은 1.6×10^{-19} C이 된다는 확실한 증거가 제시됐다. 이 결과를 e/m의 측정치와 결합하면 전자의 질량은 $(1.6 \times 10^{-19}\ \text{C})/(1.76 \times 10^{11}\ \text{C/kg}) = 9.1 \times 10^{-31}$ kg을 얻게 된다. 이 질량은 가장 작은 원자가 가지고 있는 질량의 1/1000보다도 작으며, 따라서 이것은 전자가 단지 원자의 구성 요소라는 생각을 입증한다. 전자의 질량에 대한 오늘날의 값은

$$m_e = 9.11 \times 10^{-31}\ \text{kg}$$

이다. 모든 전하가 e의 정수배라는 실험 결과는 전하가 **양자화**된다는 것을 의미한다.

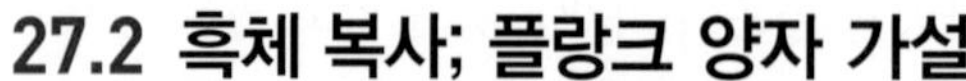

27.2 흑체 복사; 플랑크 양자 가설

흑체 복사

19세기 말까지 설명되어지지 않았던 실험 중의 하나는 고온인 물체가 방출하는 빛의 스펙트럼에 관한 것이었다. 14.8절에서 본 바와 같이 모든 물체는 켈빈(또는 절대)온도의 네 제곱(T^4)에 비례하는 세기의 복사 에너지를 방출한다. 상온에서 이 전자기 복사는 그 세기가 작아 잘 감지되지 않지만, 좀 더 높은 온도에서는 충분한 적외선

복사가 나오게 되므로 우리가 물체에 접근할 때 따뜻한 느낌을 받게 된다. 한편 이보다 훨씬 더 높은 온도(약 1000 K 근처)에서 물체는 전기난로나 토스터에서처럼 붉은 빛을 내게 되고, 2000 K 이상의 온도에서는 백열 다리미나 백열전구의 필라멘트와 같이 노랑이나 백색 계열의 빛을 내게 된다. 즉 온도가 증가함에 따라 물체가 내는 전자기 복사는 점점 더 높은 진동수 영역에서 발생하게 된다.

그림 27.4는 흑체 복사 스펙트럼을 나타낸 그림이다. **흑체**(blackbody)란 모든 입사 복사를 흡수하는 물체를 말하며, 이 흑체가 고온일 때 방출하는 복사를 **흑체 복사**(blackbody radiation)라고 하는데, 이것은 가장 다루기 쉬운 계가 된다. 앞에서 본 바와 같이 복사 스펙트럼은 연속 진동수 대를 갖는다. 이런 연속 스펙트럼은 가열된 고체나 액체뿐만 아니라 밀도가 높은 기체에서도 나타난다. 태양의 표면 온도에 해당하는 그림 27.4의 6000 K 복사 곡선은 가시광선 영역에서 최댓값을 나타낸다. 한편 낮은 온도에서는 전체 복사량이 급속히 감소하며, 긴 파장 쪽에서 최댓값을 갖게 된다. 따라서 가시광선 스펙트럼의 파란색 부분(자외선)은 상대적으로 약하게 된다(이것이 1000 K 주위에서 물체가 빨간색으로 변하는 이유이다). 스펙트럼의 봉우리에서 파장 λ_P는 켈빈(절대) 온도 T와 다음과 같은 관계가 있다.

$$\lambda_P T = 2.90 \times 10^{-3}\,\text{m}\cdot\text{K} \tag{27.2}$$

이것을 **빈 법칙**(Wien's law)이라고 한다.

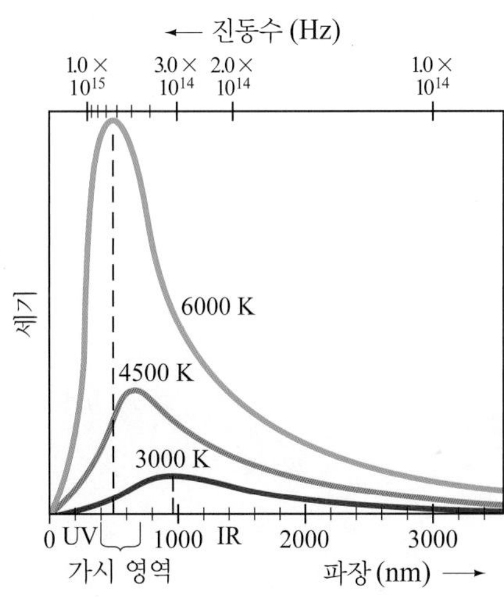

그림 27.4 서로 다른 세 온도에서 흑체가 방출하는 파장과 진동수에 따라 측정된 스펙트럼

예제 27.1 태양의 표면 온도

우리 태양이 방출하는 빛은 500 nm 근방의 가시광 영역에서 최대의 세기를 갖는다. 태양의 표면 온도를 추산하라.

접근 태양을 흑체로 거동한다고 가정하고, 빈 법칙(식 27.2)에 $\lambda_P = 500$ nm를 대입한다.

풀이 빈 법칙으로부터 다음을 얻는다.

$$T = \frac{2.90 \times 10^{-3}\,\text{m}\cdot\text{K}}{\lambda_P} = \frac{2.90 \times 10^{-3}\,\text{m}\cdot\text{K}}{500 \times 10^{-9}\,\text{m}} \approx 6000\,\text{K}$$

예제 27.2 별의 색깔

어떤 별의 표면 온도가 32,500 K이다. 이 별은 어떤 색으로 빛나는가?

접근 별은 흑체 복사를 한다고 가정하고, 빈 법칙(식 27.2)을 λ_P에 대해서 푼다.

풀이 빈 법칙으로부터 다음을 얻는다.

$$\lambda_P = \frac{2.90 \times 10^{-3}\,\text{m}\cdot\text{K}}{T} = \frac{2.90 \times 10^{-3}\,\text{m}\cdot\text{K}}{3.25 \times 10^{4}\,\text{K}} = 89.2\,\text{nm}$$

스펙트럼에서 봉우리는 자외선(UV) 범위에 있으며, 그림 27.4에서 보면 왼쪽 부분에 있다. 가시광선 영역에서 곡선은 감소하고 있어서 가장 짧은 가시광 파장이 가장 강하게 된다. 따라서 이 별은 파란색(또는 청백색)으로 빛날 것이다.

연습 A 온도가 4000K인 물체는 어떤 색깔을 띨까?

플랑크 양자 가설

1900년에 플랑크(Max Planck, 1858~1947)는 그림 27.4의 그래프를 재현할 수 있는 이론을 제안했다. 그의 이론은, 오늘날에도 여전히 받아들여지는 새롭고도 혁신적인 한 가지 가정을 도입했는데, 그것은 분자 내부에 있는 원자들의 진동 에너지는 어떤 값이나 가질 수 있는 것이 아니라는 것이다. 그 대신 다음 식으로 주어지는 진자의 진동수 f와 관련된 최솟값의 정수배만 가질 수 있다는 것이다.

$$E = hf$$

여기서 h는 상수로서, 플랑크가 흑체 복사에 대한 자신의 식을 실험 결과와 일치시키기 위해 산출한 것이다. 이 상수는 **플랑크 상수**(Planck's constant)라고 하며, 오늘날 공인된 값은

$$h = 6.626 \times 10^{-34}\,\mathrm{J \cdot s}$$

이다. 플랑크의 가정은 분자의 진동 에너지가 hf의 정수배임을 의미한다.

$$E = nhf, \qquad n = 1, 2, 3, \cdots \tag{27.3}$$

여기서 n은 **양자수**(quantum number, '양자'는 '연속적인'에 반대되는 뜻으로 '불연속적인 양'을 의미)라고 한다. 이는 **플랑크 양자 가설**(Planck's quantum hypothesis)의 개념으로, 당시에는 별다른 관심을 끌지 못했다. 사실 플랑크는 이것이 중요한 발견이라기보다는 '올바른 답'을 얻기 위한 수학적인 도구로서 더 중요하다고 생각했다. 그래서 플랑크 자신은 플랑크 상수 h 도입에 대한 고전적 해석을 찾는 데 열중했다. 이 발견이 중요하고도 혁신적인 것이라는 사실을, 1905년 이후에 다른 여러 학자들 특히 아인슈타인이 이 분야를 연구하기 전까지는 아무도 인식하지 못했다.

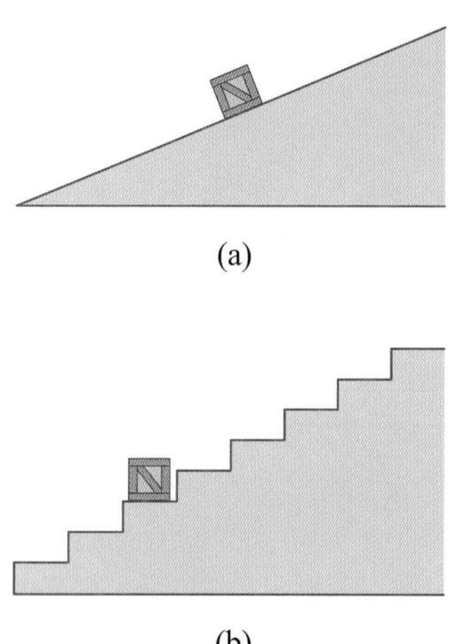

그림 27.5 경사로와 계단의 비유. 상자는 (a) 경사로 위에서 연속적인 퍼텐셜 에너지를 가질 수 있으나 (b) 계단 위에서는 단지 불연속적인(양자화된) 에너지 값만을 가질 수 있다.

양자가설(식 27.3)은 진동자의 에너지는 $E = hf, 2hf, 3hf, \cdots$ 등이 될 수 있으나, 이 값들 사이의 에너지로 진동할 수 없다는 것이다. 다시 말해 에너지는 수세기 동안 믿어왔던 것처럼 연속적인 양이 아니라 **양자화된**(quantized) 불연속적인 양으로만 존재하게 된다는 것이다. 이때 가능한 가장 작은 에너지 양(hf)을 **에너지 양자**(quantum of energy)라고 한다. 우리는 11장에서 진동자의 에너지는 진폭의 제곱에 비례한다는 것을 배웠는데, 양자 가설을 다르게 표현하면 모든 진폭이 가능한 것이 아니라는 것이다. 가능한 진폭 값은 진동수 f와 관련된다는 것이다.

간단한 비유를 들어 설명하자면, 에너지 양자화를 경사로와 계단에 상자를 놓는 것으로 비유할 수 있다. 그림 27.5에서 경사로 위에서는 상자는 어떤 높이에나 놓을 수 있지만, 계단 위에서는 불연속적인 퍼텐셜 에너지 값을 가질 수밖에 없다.

27.3 빛의 광양자론과 광전 효과

1905년, 특수 상대성이론을 도입한 그 해에, 아인슈타인은 양자 개념을 과감히 확장하여 빛에 대한 새로운 이론을 제시했다. 플랑크의 업적은 복사체 내의 분자의 진동 에너지는 $E = nhf$가 된다고 제시한 것이었다(여기서 n은 정수이고 f는 분자의 진동

수이다). 아인슈타인은 nhf의 에너지를 가진 분자 진동자가 빛을 방출할 때 그 진동 에너지는 hf (또는 $2hf$, ⋯ 등)씩 감소하여 또 다른 hf의 정수배, 예를 들어 $(n-1)hf$가 돼야 한다고 주장했다. 이때 에너지가 보존되려면 빛은 덩어리, 즉 **양자** 형태로 방출돼야 하며, 그 에너지는 다음과 같다.

$$E = hf \tag{27.4}$$

광자 에너지

여기서 f는 방출되는 빛의 진동수이고, h는 플랑크 상수이다. 모든 빛은 복사체에서 발생하게 되므로, 이 개념은 빛은 맥스웰의 전자기파 이론으로 예측된 파동의 형태가 아닌 작은 입자, 또는 오늘날 **광자**(photon) 형태로 전파됨을 의미한다. 빛의 광자 이론은 고전적 개념과는 근본적으로 다른 것이었다. 아인슈타인은 빛의 양자론에 대한 검증으로 광전 효과에 대한 정량적인 측정을 제안했다.

광전 효과(photoelectric effect)는 금속 표면에 빛을 쪼일 때 표면에서 전자가 방출되는 현상을 말한다(광전 효과는 모든 물질에서 발생하지만, 특히 금속에서 쉽게 관측된다). 광전 효과는 그림 27.6과 같은 장치를 사용해서 관측할 수 있다. 즉 **광전지**(photocell)라고 하는 진공 유리관 속에 금속판 P와 작은 전극 C를 설치하고, 이 두 전극을 전류계와 가변 전원에 연결한다. 광전지에 빛이 차단될 때 전류계 값은 0을 가리킨다. 그러나 금속판에 높은 진동수의 빛을 쪼이면 회로에 전류가 흐르게 되고 이것은 전류계에 나타난다. 결국 회로가 이루어진다는 것을 보기 위해서 여러분은 그림 27.6에 표시한 금속판 P에서 나와 '집전기' C로 이동하는 전자의 흐름을 상상할 수 있을 것이다.

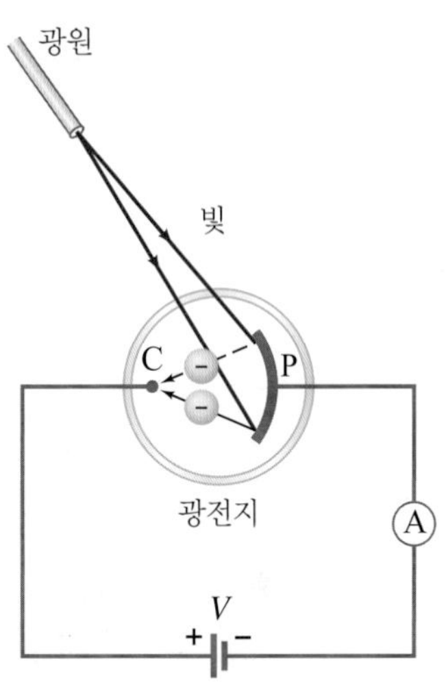

그림 27.6 광전 효과

금속 표면에 빛을 쪼였을 때 전자가 방출된다는 사실은 빛의 전자기 이론과도 모순되지 않는다. 왜냐하면 전자기파의 전기장이 금속 내 전자에 힘을 가함으로써 그 중 몇을 방출시킬 수 있기 때문이다. 그럼에도 불구하고 아인슈타인은 빛의 파동 이론과 광양자론은 광전 효과에 상당히 다른 측면의 값을 준다고 예상했다. 예를 들어 그림 27.7의 장치를 이용해 방출 전자의 최대 운동 에너지(KE_{max})를 측정해 보기로 하자. 가변 전원을 사용하여 C가 음극이 되고, P가 양극이 되게 역전압을 가하면 P에서 방출되는 전자는 음극 C에 의해 반발된다. 그러나 이 역전압이 충분히 작으면 빠른 전자는 C에 도달할 수 있으며, 따라서 회로에는 전류가 흐르게 된다. 한편 역전압을 점점 증가시키면 언젠가 전류가 0이 되는 순간에 도달하게 되고, 전자는 더 이상 C에 도달할 운동 에너지를 가지지 못하게 된다. 이 역전압을 **'저지 전압'**(stopping potential 또는 stopping voltage)이라고 하며, 이때 KE_{max}는 에너지의 보존(운동 에너지 손실 = 퍼텐셜 에너지 이득)에 의해서 결정된다.

$$\text{KE}_{\text{max}} = eV_0$$

이제 빛의 파동 이론과 아인슈타인의 입자론에 따른 광전 효과의 세세한 면을 각각 살펴보기로 하자. 먼저 빛은 단색광이라고 가정하고, 파동 이론에 대해 살펴보기로 하자. 빛의 중요한 두 가지 파동적 성질은 각각 빛의 세기와 진동수(또는 파장)로 이 두 성질로부터 다음과 같은 사실을 예상할 수 있다.

파동 이론의 예측

1. 빛의 세기가 증가하면 빛의 전자기장이 증가하고, 방출 전자의 수와 최대 운동 에너지도 따라서 증가한다. 즉 더 큰 전기장은 더 큰 속력으로 전자를 방출시킨다.
2. 빛의 진동수는 방출 전자의 운동 에너지와 무관하며, 빛의 세기만이 KE_{max}에 관여한다.

빛의 광양자 이론은 이와는 전혀 다른 예측을 한다. 먼저 단색광 안에 있는 모든 광자는 같은 에너지($= hf$)를 갖는다. 빛의 세기를 증가시키면 광자수는 증가한다. 하지만 진동수가 변하지 않는 한 각 광자의 에너지는 변하지 않는다. 아인슈타인의 이론에 따르면 하나의 광자의 충돌에 의해 금속에서 하나의 전자가 방출된다. 이런 과정에 의해 모든 광자 에너지는 전자에 전달되고, 광자는 사라지게 된다. 한편 금속 내에서 전자는 인력에 의해서 구속되므로 전자가 금속 표면 밖으로 내보내기 위해서는 어떤 최소한의 에너지 W_0이 요구된다. 이 W_0을 **일함수**(work function)라고 하는데, 대부분의 금속에서 이 값은 몇 전자볼트($1\text{ eV} = 1.6 \times 10^{-19}\text{ J}$)가 된다. 만약 입사광의 진동수 f가 작아서 hf가 W_0보다 작으면, 광자는 전자를 방출시킬 에너지를 갖지 못한다. 하지만 $hf > W_0$이라면 전자가 방출되고, 이 과정에서 에너지는 보존된다. 다시 말해 입력 에너지(광자의) hf는 방출된 전자의 운동 에너지 KE와 전자를 금속 밖으로 내보내는 데 필요한 에너지 W의 합이 된다.

$$hf = \text{KE} + W \qquad \textbf{(27.5a)}$$

가장 약하게 구속된 전자는 가장 큰 운동 에너지(KE_{max})를 가지고 방출되는데, 이 경우 W는 일함수 W_0이 되고 KE는 KE_{max}가 된다.

$$hf = \text{KE}_{\text{max}} + W_0 \qquad \text{[최소 구속 전자들]} \qquad \textbf{(27.5b)}$$

대부분의 전자는 금속에서 전자를 축출하기 위해 필요한 최솟값(W_0)보다 큰 에너지를 필요로 하므로, 이런 전자의 운동 에너지는 최댓값보다 작은 값을 갖게 된다.

이런 점을 고려하면, 광양자론으로부터 다음과 같은 예상을 할 수 있다.

광자 이론의 예측

1. 빛의 세기의 증가는 더 많은 광자의 입사를 뜻하며, 따라서 더 많은 전자가 방출된다. 그러나 이 경우 각 광자의 에너지는 일정하므로 전자의 최대 운동 에너지도 일정하다.
2. 만일 빛의 진동수 증가하면, 전자의 최대 운동 에너지도 식 27.5b에 의해 선형적으로 증가한다.

$$\text{KE}_{\text{max}} = hf - W_0$$

이 관계식은 그림 27.7에 나타나 있다.

3. 만일 진동수 f가 $hf_0 = W_0$을 만족하는 문턱 진동수 f_0보다 작으면, 빛의 세기가 아무리 강하더라도 전자의 방출은 전혀 없다.

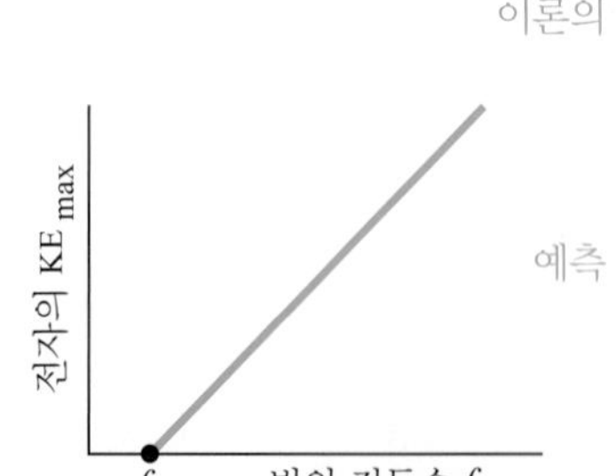

그림 27.7 광전 효과. 방출되는 전자의 최대 운동 에너지는 입사광의 진동수에 비례하여 선형적으로 증가한다. $f < f_0$이면 전자는 방출되지 않는다.

이런 광양자론의 예상은 파동 이론의 예상과는 매우 다른 것이다. 1913~14년에 걸쳐 밀리컨(R. A. Millikan)은 세밀한 실험을 수행했는데, 그 결과는 아인슈타인의 광양자론과 완전히 일치했다.

광전 효과의 또 다른 양상 또한 빛의 광양자설을 지지했다. 빛의 세기가 극단적으로 약한 경우, 파동설에 따르면 전자가 일함수를 넘어서기 위한 에너지를 흡수하려면 시간 팽창이 있어야 하는 반면, 광양자설에서는 그런 시간 팽창이 없다. 전자를 방출하기 위해서는 하나의 광자(만약 진동수가 충분히 크다면)만이 필요하다. 실험에서 시간 팽창은 관측되지 않았다. 이 결과 역시 아인슈타인의 광양자설을 지지했다.

예제 27.3 광자 에너지

공기 중(또는 진공)에서 파장이 $\lambda = 450$ nm인 파란색 빛의 광자 에너지를 구하라.

접근 식 27.4에서 광자는 $E = hf$의 에너지를 갖는다. 또 식 22.4에서 $f = c/\lambda$이다.

풀이 $f = c/\lambda$이므로

$$E = hf = \frac{hc}{\lambda} = \frac{(6.63 \times 10^{-34}\,\mathrm{J \cdot s})(3.00 \times 10^{8}\,\mathrm{m/s})}{(4.5 \times 10^{-7}\,\mathrm{m})} = 4.4 \times 10^{-19}\,\mathrm{J}$$

또는 $(4.4 \times 10^{-19}\,\mathrm{J})/(1.60 \times 10^{-19}\,\mathrm{J/eV}) = 2.8\,\mathrm{eV}$이다.

예제 27.4 추산 전구에서 방출되는 광자

100 W 전구에서 초당 얼마나 많은 가시광 광자가 방출되는지 추정하라. 전구는 약 3 %(다시 말해 에너지의 97 %는 열로 방출된다)의 효율을 갖는다고 가정한다.

접근 가시광 스펙트럼의 중간인 평균 파장은 $\lambda \approx 500$ nm라고 가정한다. 각 광자의 에너지는 $E = hf = hc/\lambda$이고 100 W 전구의 3 %만이 가시광을 방출하므로 3 W = 3 J/s이다. 초당 방출하는 광자의 수는 빛의 출력 3 J/s를 각 광자의 에너지로 나눈 것과 같다.

풀이 1초에 방출되는 에너지(3 J)는 $E = Nhf$, 여기서 N은 초당 방출되는 광자의 수이고 $f = c/\lambda$이다. 따라서 다음과 같다.

$$N = \frac{E}{hf} = \frac{E\lambda}{hc} = \frac{(3\,\mathrm{J})(500 \times 10^{-9}\,\mathrm{m})}{(6.63 \times 10^{-34}\,\mathrm{J \cdot s})(3.00 \times 10^{8}\,\mathrm{m/s})} \approx 8 \times 10^{18}$$

대략 초당 10^{19}개라는 엄청난 수의 광자가 방출된다.

연습 B 파장 1000 nm의 단일 파장으로 구성된 적외선 빔과 100 nm의 단색광 UV가 같은 세기를 갖는다. 어느 쪽의 광자가 더 많은가?

예제 27.5 광전자의 속력과 에너지

일함수가 $W_0 = 2.28$ eV인 나트륨 표면에 파장 (a) 410 nm와 (b) 550 nm인 빛을 각각 쬐일 때 나트륨 표면에서 방출되는 전자의 최대 운동 에너지와 최대 속력은 각각 어떻게 되는가?

접근 먼저 광자의 에너지를 구한다($E = hf = hc/\lambda$). 에너지가 W_0보다 크면, $\mathrm{KE}_{max} = hf - W_0$에 의해 결정되는 KE를 갖는 전자가 방출된다.

풀이 (a) $\lambda = 410$ nm일 경우

$$hf = \frac{hc}{\lambda} = 4.85 \times 10^{-19}\,\text{J} \quad \text{또는} \quad 3.03 \quad \text{eV}$$

이다. 전자의 최대 운동 에너지는 식 27.5b에서

$$\text{KE}_{\text{max}} = 3.03\,\text{eV} - 2.28\,\text{eV} = 0.75\,\text{eV} \quad \text{또는} \quad 1.2 \times 10^{-19}\,\text{J}$$

이다. 한편 $\text{KE} = \frac{1}{2}mv^2$이고, $m = 9.1 \times 10^{-31}\,\text{kg}$이므로

$$v_{\text{max}} = \sqrt{\frac{2\text{KE}}{m}} = 5.1 \times 10^5\,\text{m/s}$$

이다. 방출된 전자는 대부분 작은 KE를 갖고 위의 최대 속력보다 느린 속력으로 움직인다.
(b) $\lambda = 550$ nm인 경우 $hf = hc/\lambda = 3.61 \times 10^{-19}\,\text{J} = 2.26$ eV이다. 이 광자의 에너지는 일함수보다 작아서 전자가 방출되지 않는다.

유의 (a)에서 운동 에너지를 계산하는 비상대론적인 식을 사용했다. 만약 v가 약 $0.1c$보다 크게 계산되면, 계산에 1 % 이상의 오차가 생기며, 이 경우에는 상대론적인 식(식 26.5)을 사용해서 다시 계산해야 한다.

연습 C 나트륨으로부터 전자를 방출시키는데 필요한 최소 진동수와 최대 파장을 구하라.

단위 변환을 이용하여, 빛의 파장이 nm로 주어졌을 경우, 광자의 에너지를 다음과 같이 eV로 구할 수 있다.

$$E\,(\text{eV}) = \frac{1.240 \times 10^3\,\text{eV}\cdot\text{nm}}{\lambda\,(\text{nm})} \qquad [\text{광자 에너지, eV로 표기}]$$

광전 효과의 응용

광전 효과는, 빛의 광양자론을 입증하는 데 중요한 역사적 역할을 했을 뿐만 아니라, 대단히 실용적으로 활용된다. 도난 경보기나 자동문은 흔히 그림 27.6과 같은 광전지 회로를 사용한다. 즉 사람이 빛의 경로를 차단하면 회로에 흐르는 전류의 급격한 감소가 일어나 벨이나 문의 개폐 스위치가 작동된다. 도난 경보기에는 때로는 보이지 않는 자외선(UV)나 적외선(IR)도 사용된다. 연기 감지기도 광전 효과를 이용하는데, 적은 양의 연기라 할지라도 빛을 가로막게 되면 회로 전류에 변화가 생기게 된다. **감광 조도계**(photographic light meter) 역시 이 회로를 이용한 것이다. 이외에도 광전지(photocell)를 이용한 여러 가지 장치가 있는데, 예를 들어 빛의 세기를 측정하는 **흡수 스펙트럼 광도계**(absorption spectrophotometer) 등이 그것이다. 영화 필름의 사운드 트랙은, 그림 27.8에서 볼 수 있듯이, 필름의 가장자리에 띠 모양으로 불규칙적으로 어둡게 칠해진 부분이다. 필름을 통과하는 빛은 이 부분에 의해 변조되어 광전지 검출기는 사운드 트랙의 진동수에 해당하는 전기 신호를 내보내게 된다. 오늘날에는 그림 27.6의 진공관형 광전지 대신 **광다이오드**(photodiode)로 알려진 반도체 소자를 사용한다. 이런 반도체 소자는, 흡수된 광자가 구속 전자의 속박을 풀어 자유롭게 움직이게 하여 물질의 전기 전도도를 변화시켜서 광다이오드를 통과하는 전류를 변하게 만든다.

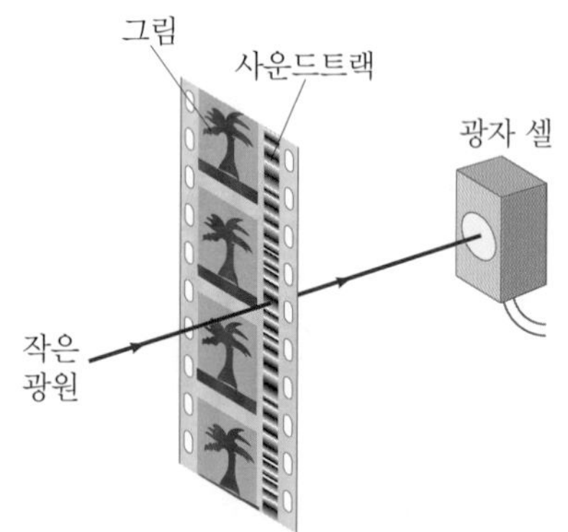

그림 27.8 영화 필름의 광학적 사운드 트랙. 영사기 내의 조그만 광원(영상용 광원과 다른)에서 나온 빛이 움직이는 필름의 사운드 트랙을 통과한다.

27.4 광자의 에너지, 질량 그리고 운동량

우리는 식 27.4에서 광자의 총에너지는 $E = hf$로 주어진다는 것을 살펴봤다. 광자는 항상 빛의 속력으로 움직이기 때문에 진정으로 상대론적 입자이다. 따라서 광자의 질량, 에너지 그리고 운동량을 다룰 때 상대론적 식을 사용해야 한다. 질량 m인 어떤 입자의 운동량은 $p = mv/\sqrt{1 - v^2/c^2}$로 주어진다. 광자의 경우 $v = c$이므로 분모가 0이 된다. 무한대의 운동량을 갖는 것을 피하려면 광자의 질량은 0, 즉 $m = 0$이 되어야 한다는 결론을 얻는다. 광자는 결코 정지하지 않기 때문에(항상 빛의 속력으로 움직인다) 역시 이치에 맞는다. 광자의 운동 에너지는 총에너지가 된다.

$$\text{KE} = E = hf \qquad [\text{광자}]$$

광자의 운동량은 상대론적 식 $E^2 = p^2c^2 + m^2c^4$ (식 26.9)에서 $m = 0$을 넣어 얻을 수 있는데, $E^2 = p^2c^2$, 즉

$$p = \frac{E}{c} \qquad [\text{광자}]$$

> **주의**
> 광자의 운동량은 mv가 아니다.

이다. 광자의 경우 $E = hf$이므로, 광자의 운동량은 다음과 같이 파장과 관련된다.

$$p = \frac{E}{c} = \frac{hf}{c} = \frac{h}{\lambda} \qquad \textbf{(27.6)}$$

예제 27.6 추산 광자가 갖는 운동량과 힘

예제 27.4에서 100 W 전구에서 초당 10^{19}개의 광자가 방출됐다. 이 광자를 검은 종이 표면에 쬐어 모두 흡수됐다면, (a) 광자 한 개의 운동량은 얼마인가? (b) 광자들이 흡수되면서 종이에 미치는 힘의 크기를 구하라.

접근 광자의 운동량은 식 27.6, $p = h/\lambda$으로부터 구할 수 있으며, $\lambda = 500$ nm를 대입한다. 광자가 종이에 흡수되면, 운동량은 $p = h/\lambda$에서 0으로 바뀐다. 종이에 미치는 힘은 뉴턴 운동 제2법칙, $F = \Delta p/\Delta t$으로 구할 수 있다.

풀이 광자 하나가 갖는 운동량은 다음과 같다.

$$p = \frac{h}{\lambda} = \frac{6.63 \times 10^{-34}\,\text{J}\cdot\text{s}}{500 \times 10^{-9}\,\text{m}} = 1.3 \times 10^{-27}\,\text{kg}\cdot\text{m/s}$$

(b) 뉴턴 제2법칙을 이용하고, 광자의 수 $N = 10^{19}$를 대입하면 다음을 얻는다.

$$F = \frac{\Delta p}{\Delta t} = \frac{Nh/\lambda - 0}{1\,\text{s}} = N\frac{h}{\lambda} \approx (10^{19}\,\text{s}^{-1})(10^{-27}\,\text{kg}\cdot\text{m/s}) \approx 10^{-8}\,\text{N}$$

유의 이 힘은 매우 작다. 그렇지만 매우 강한 광원은 측정할 수 있는 힘을 미치기도 한다. 태양이나 별 근처에서 전자기 복사로 광자가 미치는 힘은 상당하다(22.6절 참조).

물리학의 응용

광합성

예제 27.7 광합성

광합성(photosynthesis)에서는, 식물 내의 클로로필 같은 색소가 태양 에너지를 사용해 CO_2를 유용한 탄수화물로 변화시킨다. CO_2 한 분자를 탄수화물과 O_2로 전환시키는데, 약 9개의 광자가 필요하다. 빛의 파장 $\lambda = 670$ nm(클로로필은 650~700 nm 범위의 빛을 가장 잘 흡수한다)라고 가정하면 광합성의 효율은 얼마인가? 역화학 반응에서는 CO_2 분자 하나당 4.9 eV의 에너지가 방출되므로, CO_2를 탄수화물로 변환시키는 데 4.9 eV가 필요하다.

접근 효율은 필요한 최소한의 에너지(4.9 eV)를 실제로 흡수한 에너지로 나눈 값인데, 광자 하나의 에너지(hf)의 9배이다.

풀이 각 광자의 에너지는 $hf = hc/\lambda$이므로 9개의 광자의 에너지는 $(9)(6.63 \times 10^{-34}\ \mathrm{J \cdot s})(3.00 \times 10^8\ \mathrm{m/s})/(6.7 \times 10^{-7}\ \mathrm{m}) = 2.7 \times 10^{-18}$ J 또는 17 eV가 된다. 결국 이 광합성은 (4.9 eV/17 eV) = 29 %의 효율을 갖는다.

27.5 콤프턴 효과

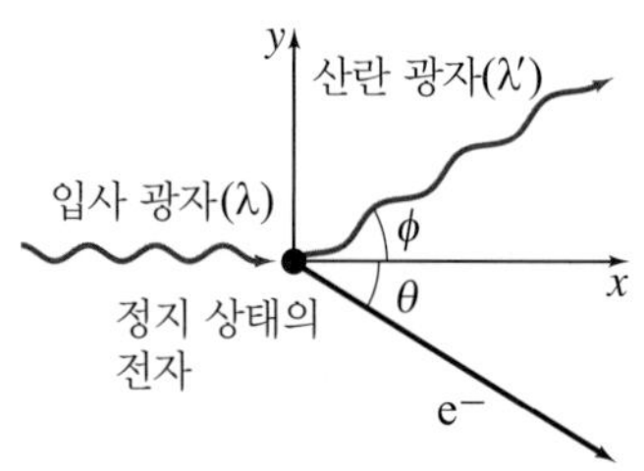

그림 27.9 콤프턴 효과. 파장이 λ인 광자가 물질 내의 전자에 부딪쳐서 전자를 원자 밖으로 내보낸다. 산란된 광자의 에너지는 줄어들어서(에너지의 일부를 전자에게 주었으므로), 길어진 파장 λ'을 갖는다(그림에는 과장되게 표시했다). 실험에서 관측되는 X선의 파장은 광자모형에 에너지와 운동량 보존의 법칙을 적용하여 예측되는 것과 똑같다.

광전 효과와 함께 20세기 초반에 수행된 여러 다른 실험들 역시 광양자설을 지지했다. 그중 하나가 **콤프턴 효과**(Compton effect, 1923년)인데 이 효과의 발견자인 콤프턴(A. H. Compton, 1892~1962)의 이름을 딴 것이다. 콤프턴은 짧은 파장의 빛(사실은 X선)을 여러 종류의 물질에 쏘아서 다양한 각으로 산란되는 빛을 조사했다. 그는 산란되는 빛의 진동수가 입사된 빛의 진동수보다 조금 작다는 사실을 발견했는데, 이것은 에너지의 손실을 의미하는 것이었다. 그는 이 결과를 광양자론을 근거로 그림 27.9와 같이 입사된 광자가 물질의 전자들과 충돌하는 것으로 설명했다. 광자의 운동량 식 27.6을 이용하여 콤프턴은 운동량과 에너지 보존 법칙을 적용하여 산란된 광자들의 파장에 대한 식을 유도했다.

$$\lambda' = \lambda + \frac{h}{m_e c}(1 - \cos\phi) \tag{27.7}$$

여기서 m_e는 전자의 질량이다. [상수 $h/m_e c$는 길이의 차원을 갖는데, 전자의 **콤프턴 파장**(Compton wavelength)이라고 한다.] 이 식으로부터 우리는 산란된 광자의 파장이 산란각 ϕ에 의존함을 볼 수 있는데, 실제로 1923년에 얻은 콤프턴의 실험 결과와 이 식은 서로 잘 들어맞았다. 빛의 파동 이론에 의하면 위에서와 같은 파장의 변화는 있을 수 없다. 이 이론에서는 진동수 f인 입사 전자기파가 전자들을 같은 진동수 f로 진동시키고, 다시 이들 진동하는 전자들은 역시 같은 진동수 f를 가진 전자기파를 발생시키게 되는데(22.2절 참조), 이때 이 전자기파의 진동수 f는 각도 ϕ에 따라 변하지 않는다. 따라서 콤프턴 효과는 광양자론의 실험적 근거를 더욱 확고히 했다고 볼 수 있다.

연습 D 콤프턴 효과에 의해서 광자가 전자를 산란시킬 때, 다음 중 어느 것이 감소하는가? 에너지인가, 질량인가, 아니면 파장인가?

예제 27.8 **X선 산란**

파장이 0.140 nm인 X선이 매우 얇은 탄소 박편에 부딪쳐 산란됐다. X선의 산란각이 (a) 0°, (b) 90°, (c) 180°일 경우 파장은 각각 얼마인가?

접근 이것은 콤프턴 효과의 예이다. 식 27.7을 이용하여 파장을 구할 수 있다.

풀이 (a) $\phi = 0°$일 때 $\cos\phi = 1$. 식 27.7에 의해서 $\lambda' = \lambda = 0.140$ nm. 원래 입사파와 동일하다. $\phi = 0°$는 충돌이 없는 경우에 해당하므로 이치에 맞다.
(b) $\phi = 90°$일 때 $\cos\phi = 0$이므로 다음과 같이 쓸 수 있다.

$$\lambda' = \lambda + \frac{h}{m_e c} = 0.140\,\text{nm} + \frac{6.63 \times 10^{-34}\,\text{J}\cdot\text{s}}{(9.11 \times 10^{-31}\,\text{kg})(3.00 \times 10^{8}\,\text{m/s})}$$
$$= 0.140\,\text{nm} + 2.4 \times 10^{-12}\,\text{m} = 0.142\,\text{nm}$$

이 경우는, 파장은 전자의 콤프턴 파장($= h/m_e c^2 = 0.0024$ nm, 전자의 경우)만큼 더 길어진다.
(c) $\phi = 180°$일 때, 광자가 뒤쪽으로 산란하는 경우이다. 다시 말해 광자가 입사한 방향으로 되돌아가는 경우('정면 충돌'에 해당)로 $\cos\phi = -1$이 되므로 다음과 같이 쓸 수 있다.

$$\lambda' = \lambda + 2\frac{h}{m_e c} = 0.140\,\text{nm} + 2(0.0024\,\text{nm}) = 0.145\,\text{nm}$$

유의 파장의 최대 편이는 뒤쪽으로 산란되는 경우이며, 이는 콤프턴 파장의 두 배가 된다.

콤프턴 효과는 골다공증과 같은 뼈 질병을 진단하는데 이용된다. 방사능원으로부터 나오는 감마선은 X선보다 훨씬 파장이 짧아서 뼈의 물질에 의해 흩어진다. 산란된 복사선의 전체 세기는 전자의 밀도에 비례하고, 전자 밀도는 뼈의 밀도에 비례한다. 따라서 뼈의 밀도가 낮다면 골다공증임을 의심해 볼 수 있다.

물리학의 응용
뼈의 밀도 측정

27.6 광자 상호작용; 쌍생성

광자가 물질 속을 통과할 때, 광자는 원자나 전자와 상호작용한다. 광자가 할 수 있는 상호작용에는 다음 네 가지 유형이 있다.

1. **광전 효과:** 광자는 원자로부터 전자를 방출시키고 자신은 소멸된다.
2. 광자가 전자를 방출시킬 만큼의 충분한 에너지를 가지지 못하는 경우 광자는 원자 내 전자를 높은 에너지 상태로 올려놓는다. 이 과정에서도 광자는 소멸되고, 광자의 모든 에너지는 원자로 주어진다. 이런 원자를 **들뜬 상태**에 있다고 하는데, 이에 대해서는 나중에 더 자세히 논할 것이다.
3. 광자는 전자(또는 핵)로부터 산란되고, 이 과정에서 에너지 일부를 잃는다. 이것이 **콤프턴 효과**(그림 27.9)이다. 그러나 광자의 속력은 변함이 없이 c이다. 하지만 에너지를 일부 잃었기 때문에 진동수는 작아진다.
4. **쌍생성:** 광자는 물질을 생성할 수 있다. 그림 27.10은 전자와 양전자를 생성하는 예이다(양전자는 전자와 질량이 같지만, 반대 전하 $+e$를 갖는다).

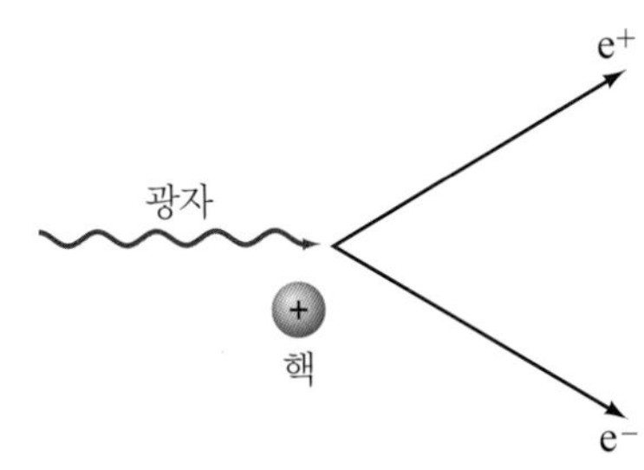

그림 27.10 쌍생성: 광자가 사라지고 전자와 양전자 쌍이 생성된다.

과정 4의 **쌍생성**(pair production)에서 광자는 소멸된다. 이것은 에너지로부터 정지 질량이 만들어지는 경우로 아인슈타인 식 $E = mc^2$과 일치한다. 이때 전체 전하는 보존되므로 전자만 단독으로 생성되지 않는다는 점에 유의하라. 한편 쌍생성의 역과정도 일어난다. 이때 전자와 양전자는 **쌍소멸**(pair annihilation)하게 되고, 질량을 포함한 그들의 에너지는 광자의 에너지로 바뀐다. 자연계에는 양전자들이 전자들처럼 풍부하지 않기 때문에, 이들은 오래 존재하지 못한다. PET는 전자 · 양전자 쌍소멸의 원리를 이용하는 의료 영상 장치이다.

예제 27.9 쌍생성

(a) 전자 · 양전자쌍을 생성하기 위해 광자가 가져야 할 최소 에너지는 얼마인가? (b) 이 광자들의 파장은 얼마인가?

접근 최소한의 광자 에너지 E는, 아인슈타인의 유명한 식 $E = mc^2$(식 26.7)에 따라, 두 입자가 생성한 정지 에너지(mc^2)과 같다. 남겨진 에너지는 없으므로, 생성된 입자는 0의 운동 에너지를 갖는다. 파장은 $\lambda = c/f$이고, 원래 광자의 에너지는 $E = hf$이다.

풀이 (a) $E = mc^2$으로부터 광자는 다음의 에너지를 가져야 한다.

$$E = 2(9.11 \times 10^{-31}\,\text{kg})(3.00 \times 10^{8}\,\text{m/s})^2 = 1.64 \times 10^{-13}\,\text{J} = 1.02\,\text{MeV}$$

이보다 더 작은 에너지의 광자는 쌍생성을 하지 못한다.
(b) $E = hf = hc/\lambda$이므로 1.02 MeV의 광자의 파장은 다음과 같다.

$$\lambda = \frac{hc}{E} = \frac{(6.63 \times 10^{-34}\,\text{J}\cdot\text{s})(3.00 \times 10^{8}\,\text{m/s})}{(1.64 \times 10^{-13}\,\text{J})} = 1.2 \times 10^{-12}\,\text{m}$$

즉 0.0012 nm가 된다. 이 파장은 전자기 스펙트럼 중에서 감마선(또는 매우 짧은 X선) 영역에 속한다(그림 22.8 참조).

유의 고에너지(짧은 파장)의 광자들은 전자 · 양전자쌍을 생성하고, 여분의 에너지는 입자들의 운동 에너지가 될 수 있다.

아무것도 없는 텅 빈 공간에서는 쌍생성이 일어나지 않는다. 왜냐하면 운동량이 보존될 수 없기 때문이다. 예를 들어 예제 27.9의 경우 에너지는 보존되지만 전자 · 양전자쌍이 광자의 처음 운동량이 되는 전체 운동량을 가지지는 못한다. 실제로 쌍생성이 일어나기 위해서는 원자핵(그림 27.10)과 같은 무거운 입자가 부가적으로 존재하여 그 운동량의 일부를 흡수해야 한다.

27.7 파동 · 입자 이중성; 상보성 원리

광전 효과, 콤프턴 효과, 그리고 그 외의 다른 실험들은 빛의 입자 이론을 확고한 실험적 기반 위에 올려놓았다. 그러나 빛의 파동 이론에 대한 확실한 실험적 근거인 회절과 간섭 실험에 대한 영과 다른 사람들의 실험들은(24장) 어떻게 설명할 것인가?

우리는 딜레마에 빠진 듯하다. 어떤 실험에서는 빛이 파동처럼 거동하고, 또 다른 실험들에서는 빛은 입자의 흐름처럼 거동한다. 이 두 이론은 양립할 수 없을 것처럼 보이지만, 모두 확실하게 입증이 됐다. 마침내 물리학자들은 이런 빛의 이중성을 사실로 인정해야 한다는 결론에 도달했다. 이것을 **파동 · 입자 이중성**(wave-particle duality)이라고 한다. 분명히, 빛은 단순한 하나의 파동이나 입자들의 흐름이라기보다 훨씬 더 복잡한 현상이다.

이런 상황을 명백히 하기 위해 네덜란드의 물리학자인 보어(Niels Bohr, 1885~1962; 그림 27.11)는 유명한 **상보성 원리**(principle of complementarity)를 제안했다. 즉 주어진 어떤 실험적 사실을 이해하기 위해서는 파동 이론이나 광양자론 둘 중의 하나만을 사용해야 하며, 이 둘을 동시에 사용할 수는 없다는 것이다. 그러나 빛을 완전히 이해하려면 우리는 파동성과 입자성 모두를 이해해야 한다. 그러므로 빛의 양면성은 서로 상호보완적이다.

그림 27.11 보어(오른쪽)가 페르미(왼쪽)와 함께 로마 변두리의 아피안 길을 걷고 있다. 이 사진은 물리학이 가고 있는 위대한 여정을 보여 준다.

이런 빛의 이중성을 가시화하기는 쉽지 않다. 우리는 손쉽게 입자와 파동의 결합을 묘사할 수 없다. 그 대신에 우리는 빛의 양면성을 빛이 실험적으로 드러내는 다른 '측면'으로 인식해야 한다.

어려운 부분은 우리들의 사고 방식에서 파생된다. 우리 마음 속의 시각적인 상들은 모두 우리들이 일상에서 보는 것들에 기초를 두고 있다. 우리는 입자와 파동의 개념을 빛에 적용시키고 있는데, 그 이유는 에너지라는 것이 바로 이 두 가지의 방법을 통해 공간상의 이곳에서 저곳으로 전달된다는 것을 우리가 거시 세계에서 보아 왔기 때문이다. 우리는 빛이 파동인지 입자인지를 직접 볼 수는 없다. 따라서 실험이라는 간접적인 방법을 사용하게 되는데, 이 실험 결과를 설명하기 위해서 우리는 빛의 성질에 파동 또는 입자의 모형들을 적용시키는 것이다. 그러나 이런 것들은 추상화된 개념일 뿐이다. 우리가 실제로 빛이란 과연 무엇인가를 인식하려고 할 때 우리는 여전히 시각적인 묘사를 고집하게 된다. 그러나 사실 빛이 거시 세계의 경험으로부터 나온 이런 모형(또는 시각적 상)들을 따라야 할 이유는 전혀 없다. 빛의 '진짜' 본성(만일 어떤 것을 의미한다면)을 가시화한다는 것은 불가능하다. 우리가 할 수 있는 최선은 우리들의 지식이 간접적인 실험에만 국한된다는 사실을 인식하고, 일상의 언어와 시각적 상을 통해 빛은 파동성과 입자성 모두를 나타낸다고 인정하는 것이다.

주의
빛을 파동 또는 입자로 말하는 것은 옳지 않다. 빛은 파동처럼 또는 입자처럼 행동할 수 있다.

아인슈타인의 식 $E = hf$는 자체적으로 빛의 파동성과 입자성을 동시에 연결한다는 점에 주목할 가치가 있다. 이 식에서, E는 입자의 에너지를 나타내는 반면에, 식의 다른 쪽에는 이에 상응하는 파동의 진동수 f가 들어있다.

27.8 물질의 파동성

1923년 드브로이(Louis de Broglie, 1892~1987)는 파동 · 입자 이중성 개념을 확장시켰다. 그는 자연의 **대칭성**을 고려할 때 빛이 때로는 파동처럼 그리고 때로는 입자처럼 행동한다면 아마도 자연에서 입자로 취급됐던 것들, 이를 테면 전자나 다른 물체들 또한 파동성을 가질 수 있을 것이라고 주장했다. 드브로이는 물질 입자의 파장도 광자의 경우(식 27.6, $p = h/\lambda$)와 마찬가지로 입자의 운동량과 연관될 것이라고 생각했다. 다시 말해 선운동량 $p = mv$를 갖는 입자의 파장 λ는 다음과 같이 기술된다.

드브로이 파장

$$\lambda = \frac{h}{p} \tag{27.8}$$

위의 식은 고전역학적($v \ll c$일 경우, $p = mv$)으로나 상대론적($p = \gamma mv = mv/\sqrt{1 - v^2/c^2}$)으로 성립한다. 이것을 흔히 입자의 **드브로이 파장**(de Broglie wavelength)이라 한다.

예제 27.10 공의 파장

15 m/s의 속력으로 움직이는 질량 0.20 kg인 공의 드브로이 파장을 계산하라.

접근 식 27.8을 이용한다.

풀이 $\lambda = \dfrac{h}{p} = \dfrac{h}{mv} = \dfrac{(6.6 \times 10^{-34}\,\mathrm{J \cdot s})}{(0.20\,\mathrm{kg})(15\,\mathrm{m/s})} = 2.2 \times 10^{-34}\,\mathrm{m}$

보통의 물체, 예를 예제 27.10의 야구공과 같은 물체의 파장은 믿을 수 없을 정도로 작다. 속력이 매우 작은 경우, 예를 들어 10^{-4} m/s일 때 파장은 약 10^{-29} m에 불과하다. 실제로 일반적인 물체의 드브로이 파장은 측정하거나 감지하기에 너무나 작은 값이다. 문제는, 회절이나 간섭과 같은 파동의 성질은, 물체나 슬릿의 크기가 파장보다 그리 크지 않을 때 나타난다는 것이다. 길이가 겨우 10^{-30} m 정도밖에 안 되는 파동을 회절시키는 슬릿이나 물체는 아직 알려지지 않았으므로, 일상적인 물체의 파동성은 감지될 수 없다.

그러나 전자와 같은 아주 작은 소립자들의 경우는 문제가 다르다. 식 27.8의 분모에 질량 m이 있으므로, 질량이 작을수록 드브로이 파장은 커지게 된다.

예제 27.11 전자의 파장

100 V의 전위차로 가속된 전자의 드브로이 파장은 얼마인가?

접근 만약 운동 에너지가 정지 질량 에너지보다 훨씬 작다면, 고전적인 식 $\mathrm{KE} = \frac{1}{2}mv^2$을 사용할 수 있다(26.9절 참조). 전자의 경우 $mc^2 = 0.511$ MeV이다. 에너지 보존 법칙을 적용하면, 전자의 운동 에너지의 증가는 퍼텐셜 에너지의 감소와 같다. v에 대해서 푼 다음 식 27.8을 이용하여 드브로이 파장을 구할 수 있다.

풀이 운동 에너지가 증가량은 퍼텐셜 에너지 손실량과 같으므로, $\Delta\mathrm{PE} = eV - 0$로부터 $\mathrm{KE} = eV$이다. 즉 $\mathrm{KE} = 100\,\mathrm{eV}$이고, $\mathrm{KE}/mc^2 = 100\,\mathrm{eV}/(0.511 \times 10^6\,\mathrm{eV}) \approx 10^{-4}$이므로, 상대론이 필요하지 않다. 그러므로

$$\frac{1}{2}mv^2 = eV$$

이고

$$v = \sqrt{\frac{2eV}{m}} = \sqrt{\frac{(2)(1.6 \times 10^{-19}\,\mathrm{C})(100\,\mathrm{V})}{(9.1 \times 10^{-31}\,\mathrm{kg})}} = 5.9 \times 10^{6}\,\mathrm{m/s}$$

이므로

$$\lambda = \frac{h}{mv} = \frac{(6.63 \times 10^{-34}\,\mathrm{J \cdot s})}{(9.1 \times 10^{-31}\,\mathrm{kg})(5.9 \times 10^{6}\,\mathrm{m/s})} = 1.2 \times 10^{-10}\,\mathrm{m}$$

가 된다. 즉 0.12 nm이다.

연습 E 입자가 빨라질수록 그 입자의 드브로이 파장은 줄어드는가, 증가하는가, 아니면 변하지 않는가?

연습 F 741쪽 시작 질문으로 가서 다시 답을 해 보라. 처음과 답이 다르다면 그 이유를 설명해 보라.

전자 회절

예제 27.11에서 전자의 파장은 10^{-10} m 크기 또는 그 이하라는 것을 알았다. 이 값은 비록 작기는 하지만 측정 가능하다. 결정 안에 있는 원자들 사이의 간격은 10^{-10} m 정도이고 결정 안의 원자들은 규칙적으로 배열되어 있어서 X선의 경우에서와 같이 회절격자로 사용할 수 있다(25.9절 참조). 데이비슨(C. J. Davisson)과 저머(L. H. Germer)는 중대한 실험을 했다. 그들은 1927년 초에 금속 결정의 표면에서 전자를 산란시켜 산란된 전자들이 규칙적인 봉우리의 패턴을 만든다는 사실을 발견했다. 그들은 이런 봉우리를 회절 무늬로 해석하고, 회절된 전자들의 파장은 식 27.8에서 드브로이가 예측한 값과 일치한다는 것을 알았다. 같은 해에 톰슨(G. P. Thomson, J. J. Thomson의 아들)은 다른 방법으로 실험하여 전자의 회절을 발견했다(그림 27.12, 25.9절의 X선 회절과 비교해 보라). 그 후의 실험에서 양성자, 중성자 또는 그 외의 입자들 역시 파동성을 가지고 있다는 사실이 밝혀졌다.

그림 27.12 필름에 기록된 알루미늄 박막으로부터 산란된 전자들의 회절 패턴

따라서 파동 · 입자 이중성은 빛뿐만 아니라 물질에도 적용된다. 상보성 원리 또한 물질에도 적용된다. 다시 말해 물질을 이해하려면 입자성과 파동성 모두를 알아야 한다. 그러나 파동 · 입자를 동시에 관찰하는 것은 불가능하다.

예제 27.12 **전자 회절**

물리학의 응용: 전자 회절

전자의 파동성은 전자 빔이 고체, 특히 결정 표면의 원자와 상호작용하는 실험으로 명백해졌다. 회절된 전자들의 각 분포를 연구하면 간접적으로 원자의 기하학적 배열을 알아낼 수 있다. KE = 100 eV의 낮은 운동 에너지를 가진 전자들을 고체 표면에 수직으로 때린다고 가정할 때(그림 27.13), 전자들은 오직 표면층에 있는 원자들과 상호작용한다. 회절 극대가 되는 가장 작은 각도가 24°라면 표면 원자들 간의 간격 d는 얼마인가?

풀이 전자를 파동으로 다룰 경우, 이웃한 원자들로부터 회절된 파동이 지나온 경로차가 드브로이 파장의 정수배가 되는 조건을 찾을 필요가 있다. 이때 보강 간섭이 일어난다. 경로차는 $d\sin\theta$(그림 27.13)이므로, 가장 작은 각도 θ에 대해서 구하면

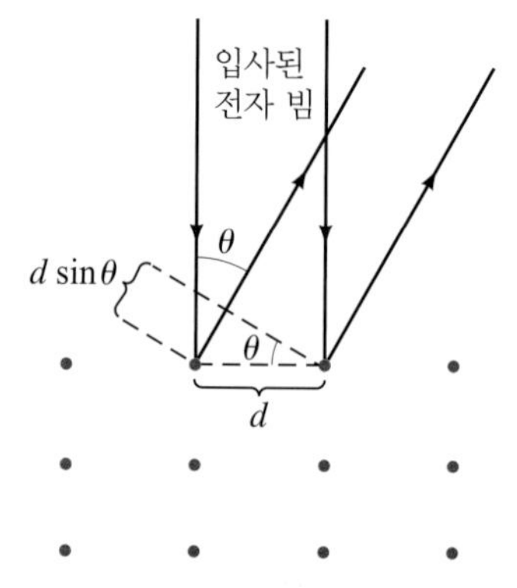

그림 27.13 예제 27.12. 빨간 점은 고체 안에서 규칙적으로 배열된 원자를 나타낸다.

$$d \sin \theta = \lambda$$

이다. 그런데 λ는 (비상대론적) 운동 에너지 KE와 다음 관계에 있으므로

$$\text{KE} = \frac{p^2}{2m_e} = \frac{h^2}{2m_e \lambda^2}$$

이다. 따라서

$$\lambda = \frac{h}{\sqrt{2m_e \text{KE}}} = \frac{(6.63 \times 10^{-34}\,\text{J}\cdot\text{s})}{\sqrt{2(9.11 \times 10^{-31}\,\text{kg})(100\,\text{eV})(1.6 \times 10^{-19}\,\text{J/eV})}} = 0.123\,\text{nm}$$

이므로 표면의 원자간 간격은 다음과 같다.

$$d = \frac{\lambda}{\sin\theta} = \frac{0.123\,\text{nm}}{\sin 24°} = 0.30\,\text{nm}$$

유의 이런 유형의 실험은 전자의 파동성과 결정성 고체 내의 원자들의 규칙적인 배열을 모두 입증한다.

전자란 무엇인가?

"전자가 뭐야?" 우리는 이렇게 묻고 싶을지도 모르겠다. 톰슨(J. J. Thomson; 27.1절 참조)의 초창기 실험은 전기장을 걸어서 진공관 속에서 불빛이 나타나게 하고, 자기장을 걸어 불빛이 움직이는 것을 보이는 것이었다. 이런 실험과 또 다른 실험들의 결과는, 오늘날 우리가 전자라고 부르는, 작고 음으로 대전된 입자들에 의해 기인한 것으로 훌륭하게 해석됐다. 그럼에도 불구하고, 어느 누구도 전자를 실제로 보지는 못했다. 때때로 전자를 음전하를 띠는 작은 구의 형태로 그리지만 그것은 단순히 편의적인 (오늘날 부정확한 것으로 인식되는) 묘사이다. 다시 우리는 실험 결과에 의존해야 하는데, 일부는 입자 모형에 의해 또 다른 일부는 파동 모형에 의해 가장 잘 설명된다. 이런 모형들은 거시 세계의 입장에서 원자 같은 미시 세계를 추정해 가는 관점일 뿐이다. 그리고 이런 모형이 전자의 실제 모습을 반영했다고 볼 수도 없다. 다만 실험 상황하에서 무엇이 발생했는가를 가장 적절하게 말해 줄 수 있는 모형을 사용하면 된다. 전자가 파동이나 입자라고 믿을 필요 또한 없다. 대신에 우리가 측정한 모든 특성들의 집합을 전자라고 말할 수는 있을 것이다. 러셀(Bertrand Russell)은 이런 상황을 전자는 '논리적 구조물'이라는 말로 잘 표현했다.

27.9 전자 현미경

물리학의 응용

전자 현미경

전자가 파동성을 가지고 있다는 생각은 광학 현미경보다 고배율의 상을 만들 수 있는 **전자 현미경**(EM; electron microscope)의 개발로 이어지게 됐다. 그림 27.14와 27.15는 각각 20세기 중반에 개발된 두 가지 유형의 전자 현미경의 개략도이다. **투과형 전자 현미경**(TEM; transmission electron microscope)은 이차원 상을 만드는

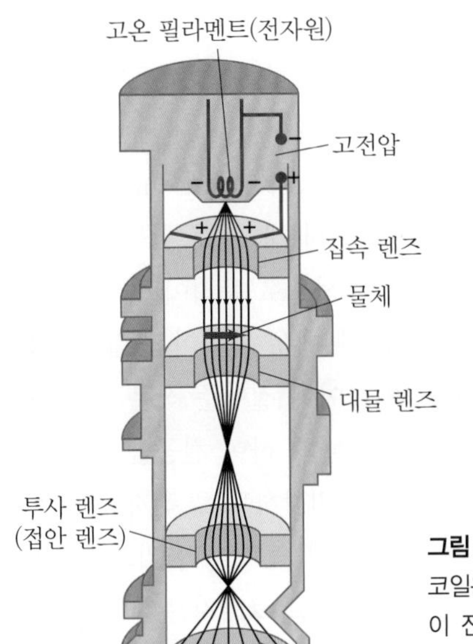

그림 27.14 투과형 전자 현미경. 자기장 코일은 '자기 렌즈'로 설계되어 그림과 같이 전자의 경로를 휘게 하고 초점을 맞추게 한다. 이미지 센서는 전자의 세기만 측정하고 색깔은 인식하지 않는다.

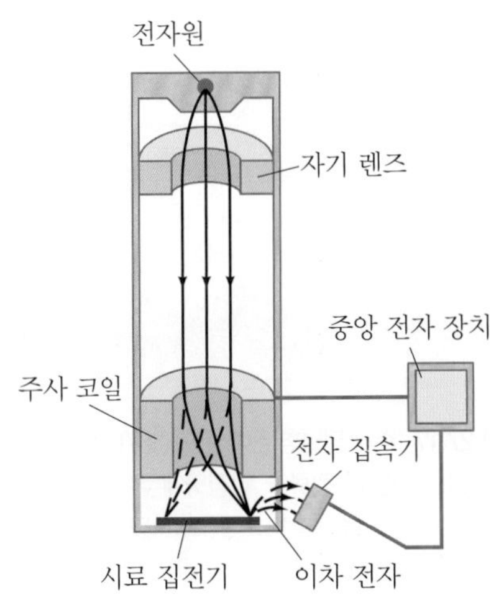

그림 27.15 주사형 전자 현미경(SEM). 주사 코일을 이용해서 시료를 따라 전후로 전자를 이동시킨다. 전자가 시료를 때려 발생한 이차 전자는 수집되고 이의 세기는 모니터에 상을 형성하기 위해 화소 밝기에 영향을 준다.

반면, **주사형 전자 현미경**(SEM; scanning electron microscope)은 삼차원 상을 만든다. 두 가지 유형 모두에서, 대물 렌즈와 접안 렌즈는 전자에 힘을 가함으로써 초점을 맞추는 자기장으로 대신한다. 이 자기장은 정교하게 설계된 전류 코일에 의해서 발생된다. 그림 27.16은 이 두 형태의 전자 현미경을 사용해 찍은 사진이다. 전자 현미경(EM)은 전자의 세기를 측정하여 흑백으로 내보낸다. 색상은 인위적으로 강조하기 위해 덧입힌 것이다.

25.7절에서 설명한 바와 같이, 물체에 대한 최대 해상도는 대략 물체를 보기 위해 입사시킨 복사선의 파장의 크기가 된다. 10^5 V 정도의 전압으로 가속된 전자는 0.004 nm 정도의 파장을 갖는다. 얻을 수 있는 최대 해상도도 그 정도가 될 것으로 예상되지만, 실제로는 자기 렌즈의 수차 때문에 투과형 전자 현미경의 해상도는 약 0.1~0.5 nm에서 최대치가 된다. 이 값은 광학 현미경보다 1000배나 좋은 해상도로, 사용 가능한 배율이 100만 배에 육박한다. 일반적인 배율이 10^4~10^5이라는 것을 생

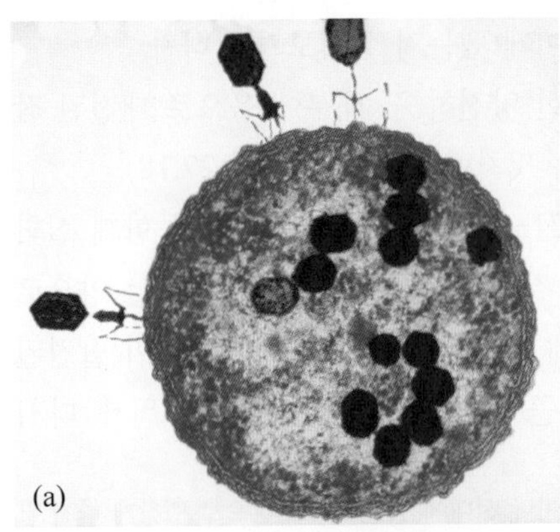

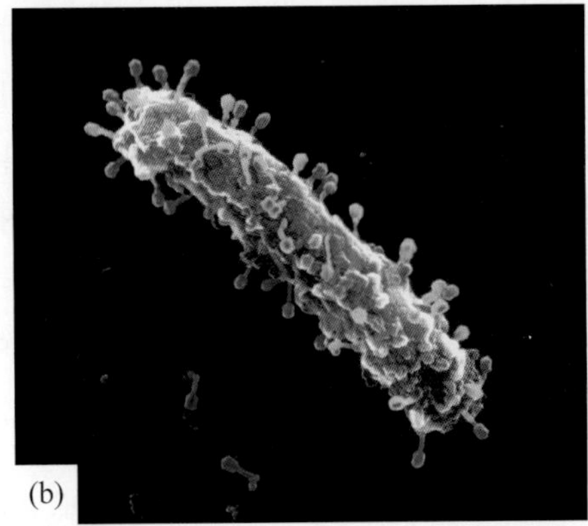

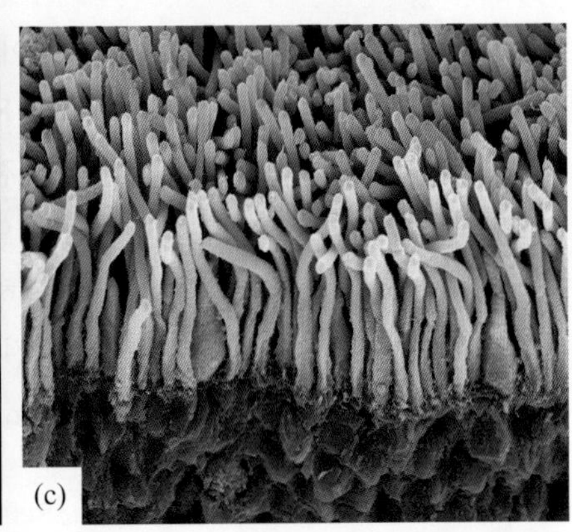

그림 27.16 색상을 입혀 나타낸 전자 현미경 사진. (a) 바이러스가 대장균을 공격하는 모습(TEM, ≈ 50,000×) (b) 같은 대상을 SEM으로 촬영한 것(≈ 35,000×). (c) SEM으로 촬영한 눈의 망막(25.2절 참조), 막대 세포와 원뿔 세포를 각각 베이지색과 초록색으로 채색했다.

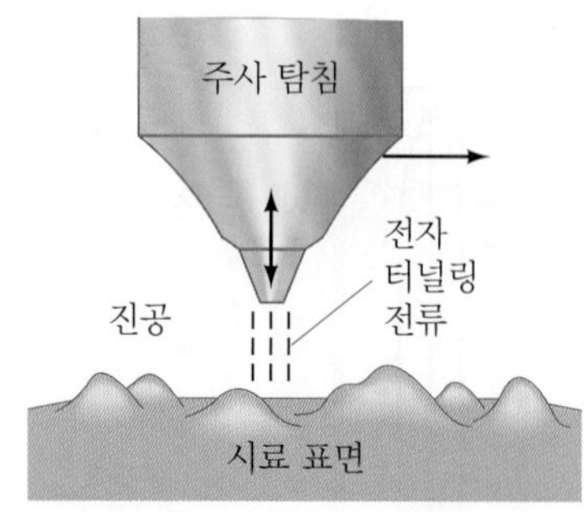

그림 27.17 주사 터널형 전자 현미경(STM)의 탐침은 터널링 전류가 일정하게 유지되도록 상하 운동을 하여 그 값으로 물체의 표면 상을 얻는다.

각할 때 이런 배율은 상당히 큰 값이다. 주사형 전자 현미경(SEM)의 해상도는 이 보다 낮은데, 새로 개발된 고해상도 SEM은 1 nm에 육박하지만, 보통은 5~10 nm 정도이다.

1980년대에 개발된 **주사 터널형 전자 현미경**(STM; scanning tunneling electron microscope)은 탐침 끝의 너비가 원자 한 개(또는 서너 개) 정도에 불과한 작은 탐침을 갖고 있어서, 시료를 가로질러 연속적으로 일직선으로 움직이면서 조사한다. 탐침이 시료를 훑고 지나갈 때 탐침 끝은 시료 표면에 매우 가까이 근접해 있는데, 약 1 nm 위에 있다(그림 27.17). 탐침과 시료 표면 사이에 걸어준 작은 전압이 **터널링**으로 알려진 과정에 의해 전자를 시료 표면에서 떠나게 하여 진공을 지나서 탐침에 도달한다. 이 '터널링' 전류는 시료와의 간격에 매우 민감하므로, 전자 전류를 일정하게 유지하기 위해 피드백 메커니즘을 이용하여 탐침의 높이를 올리고 내린다. 시료의 표면을 따라가는 탐침의 수직 운동은 위치의 함수로 그려지는데, 스캔을 거듭하면서 표면의 삼차원 상을 만들게 된다. 표면의 특성은 원자의 크기만큼 세밀하게 분해되는데, 해상도는 종횡으로 50 pm(0.05 nm) 수직으로는 0.01 ~0.001 nm 미만이다. 이런 종류의 해상도는 물질의 표면 구조 연구에 엄청난 추동력을 주었다. 표면의 '지형학적' 상은 실질적으로 표면의 전자 전하 분포를 나타낸다.

1980년대에 개발된 **원자력 현미경**(AFM; The atomic force microscope), STM과 여러 가지 면에서 유사하지만, 보다 폭 넓은 범위의 시료에 사용될 수 있는 장점이 있다. 원자력 현미경은 전류를 감지하는 대신 캔틸레버 팁과 시료 사이에 작용하는 힘을 측정하는데, 이 힘은 각 지점에서 팁과 시료 사이의 간극에 크게 의존한다. 팁은 STM에서와 같이 움직인다.

27.10 초기의 원자 모형

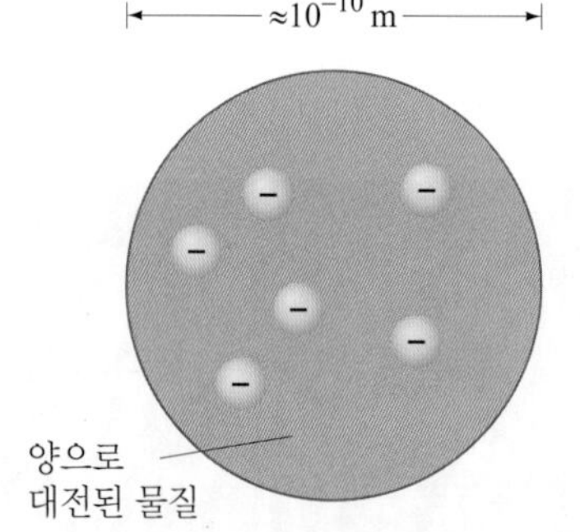

그림 27.18 원자의 자두 · 푸딩 모형

물질이 원자로 구성됐다는 생각은 1900년대까지 대부분의 과학자들에게 받아들여지고 있었다. 1890년대에 있었던 전자의 발견으로, 과학자들은 원자 자체도 구조를 가지며, 전자는 그 구조의 일부라고 생각하기 시작했다. 이제 원자에 대한 현대적 관점이 어떻게 발전됐으며, 양자론과 어떻게 엮이게 됐는지 살펴보기로 하자.†

1890년대의 원자의 전형적인 모형은, 균일한 양전하 구 내부에 음으로 대전된 작은 전자가 마치 푸딩 속에 건포도가 박혀 있는 것처럼 묘사됐다(그림 27.18).

1911년경 러더퍼드(Ernest Rutherford, 1871~1937)는 그의 동료들과 함께 실험을 하여 원자의 자두 · 푸딩 모형과 모순되는 결과를 얻었다. 이 실험에서는 양으로 대전된 α 입자를 금으로 된 얇은 금속 박막에 쏘았다(그림 27.19). (새로이 발견된 이 α 입자는 방사능 물질에서 방출된 것으로, 곧 이중으로 이온화된 헬륨 원자, 다시

† 어떤 독자들은 이렇게 말할지도 모르겠다. '역사적 배경이나 시대에 뒤떨어진 이론으로 귀찮게 하지 말고, 현재 알고 있는 사실을 말해 주시오.' 하지만 그런 접근은 과학의 창조적인 면을 무시하고, 과학 발전에 대한 잘못된 인상을 주게 된다. 더구나 개념 발전에 대한 통찰이 없이 양자 현상이나 원자의 현대적 관점을 이해하는 것은 실제로 가능하지도 않다.

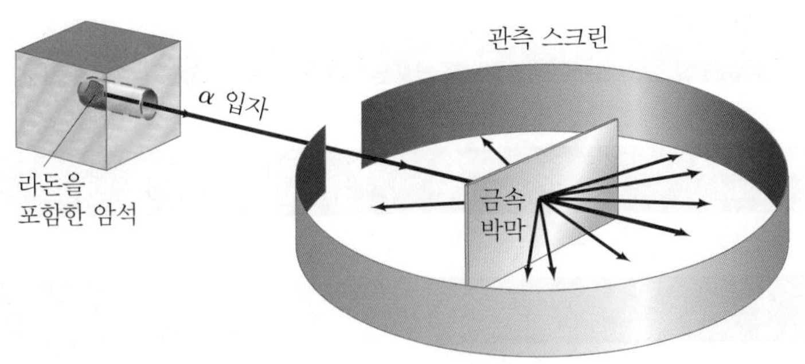

그림 27.19 러더퍼드 실험 장치의 구성도. 라돈에서 방출된 α 입자는 금속 박막에 있는 원자에 의해 휘어지는데, 일부는 되돌아간다.

말해 +2e의 전하를 가진 원자라는 것이 밝혀졌다.) 자두 · 푸딩 모형에 따르면, α 입자는 크게 편향되지 않을 것이다. 왜냐하면 전자는 α 입자보다 훨씬 가벼울 뿐 아니라, α 입자는 자신을 강하게 밀어낼 만큼 밀집된 양(+)의 전하와 마주치는 일도 없을 것으로 예상됐기 때문이다. 실험 결과는 이런 예상과 완전히 모순됐다. 대부분의 α 입자는 마치 빈 공간을 통과하듯 아무런 영향을 받지 않고 금속박막을 통과했다. 그런데 편향된 것들 중 몇 개는 매우 큰 각도로 편향됐으며, 그중에는 심지어 거의 날아온 방향으로 되돌아가는 것까지 있었다. 이런 현상이 일어나려면 오직 양으로 대전된 α 입자가 작은 영역에 집중된 무거운 양전하에 의해서 밀릴 때뿐이라고 러더퍼드는 추론했다(그림 27.20). 그는 원자는 질량의 99.9 % 이상을 포함하는 양으로 대전된 작고 무거운 핵과 이보다 훨씬 가벼운 전자가 핵으로부터 어느 정도 떨어져서 주위를 둘러싸고 있다는 가설을 세웠다. 그리고 전자는 마치 태양 주위를 도는 행성처럼 핵 주위를 궤도운동을 할 것으로 생각했는데, 그 이유는 정지해 있는 전자는 전기적 인력에 의해 핵 쪽으로 끌려들어 갈 것이기 때문이었다(그림 27.21). 러더퍼드의 실험은 핵의 반지름이 $10^{-15} \sim 10^{-14}$ m 정도가 될 것으로 예측했다. 한편 운동론, 특히 아인슈타인의 브라운 운동의 해석에 의하면(13.1절 참조), 원자의 반지름은 약 10^{-10} m로 추정됐다. 따라서 전자는 핵으로부터 핵 반지름의 10,000 ~ 100,000배 되는 거리에 존재하게 된다. (만약 핵이 야구공의 크기라면, 원자는 지름이 수 km 되는 큰 도시가 된다.) 따라서 원자의 대부분은 텅 빈 공간이 된다.

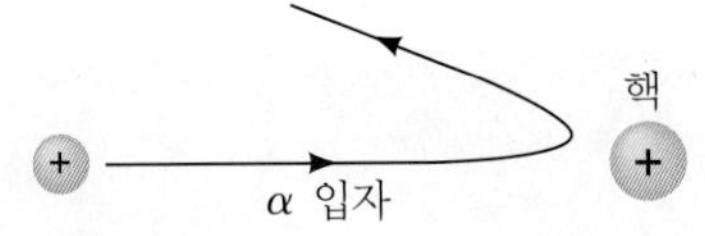

그림 27.20 그림 27.19에서 되돌아가는 α입자는 양으로 대전된 무거운 핵으로부터 반발된 것으로 설명된다.

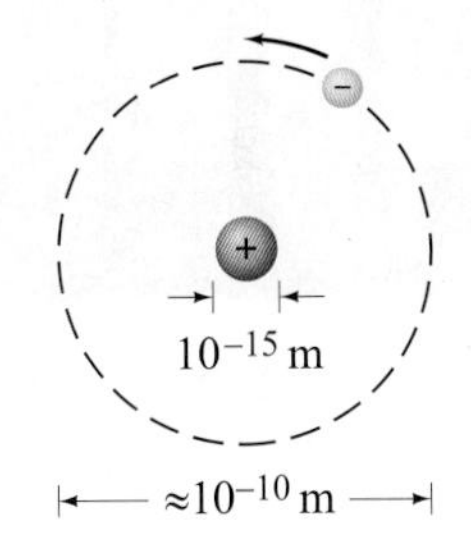

그림 27.21 원자의 러더퍼드 모형. 전자들은 양전하를 띤 작은 핵 주위를 돈다(실제 비율이 아니다). 원자는 대부분이 텅 빈 공간으로 묘사된다.

원자에 대한 러더퍼드의 **행성 모형**[원자의 **핵 모형**(nuclear model)이라고도 한다]은 원자를 가시화하는 데 중요한 단계가 됐다. 그러나 완벽한 모형은 아니었으며, 앞으로 우리가 살펴볼 몇 가지 중요한 문제점들을 가지고 있었다.

27.11 원자 스펙트럼: 원자 구조의 열쇠

이 장의 전반부에서 우리는 가열된 고체가 (액체와 고밀도 기체와 마찬가지로) 연속 스펙트럼의 빛을 방출하는 것을 봤다. 이런 복사는 원자와 분자의 진동에 기인하는 것으로, 원자나 분자들이 주로 그 주변의 이웃들과의 상호작용에 의해 결정된다.

밀도가 희박한 기체 또한 들떠 빛을 방출할 수 있다. 이런 현상은 집중적인 가열에 의해서 또는 보다 일반적으로는 저압의 기체가 담긴 '방전관'에 고전압을 걸면 발생한다(그림 27.22). 들뜬 상태에 있는 기체로부터의 복사는 19세기 초에 관측됐고, 스

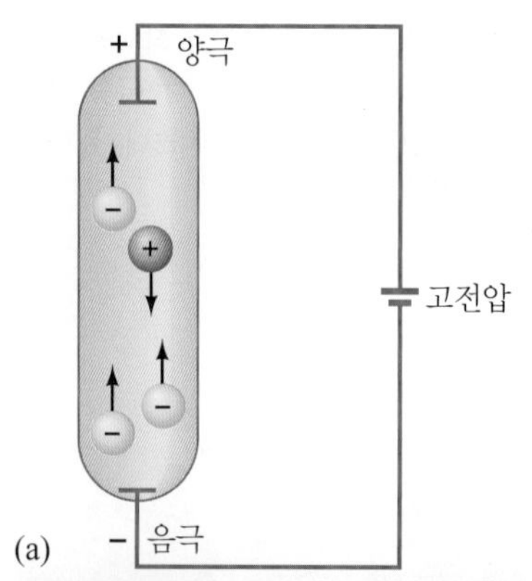

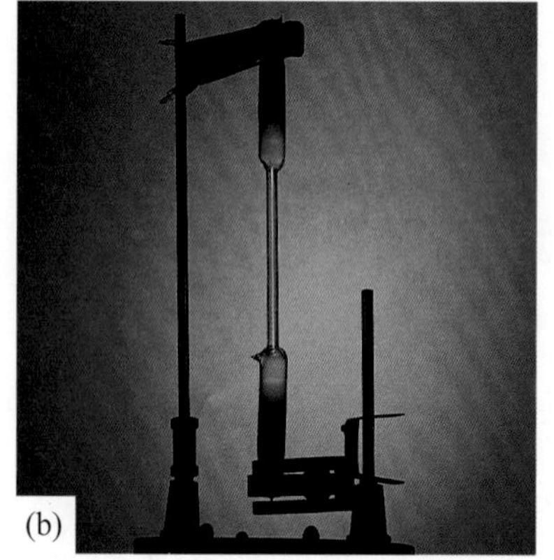

그림 27.22 기체 방전관. (a) 구조도 (b) 수소 기체 방전관의 실제 사진

그림 27.23 기체의 방출 스펙트럼 (a) 수소 원자 (b) 헬륨, 그리고 (c) 태양의 흡수 스펙트럼

펙트럼이 연속적이 아니라는 사실이 확인됐다. 들뜬 상태의 기체는 특정 파장의 빛만 방출하므로 방출된 빛을 분광기로 분해하면 불연속 스펙트럼인 **선스펙트럼**(line spectrum)이 나타난다. 가시광선 영역에서 원소에 따른 선스펙트럼을 그림 24.27에 나타냈다(그림 27.23). **방출 스펙트럼**(emission spectrum)은 물질의 특성에 따라 다르므로 기체를 구분하는 '지문'과 같은 역할을 한다.

24장에서 살폈듯이 연속 스펙트럼이 기체를 통과하면 기체가 방출하는 선스펙트럼에 대응되는 부분에 검은 선이 나타난다. 이것을 **흡수 스펙트럼**(absorption spectrum)(그림 27.23c)이라고 하는데, 이것은 기체 자신이 방출했던 것과 같은 진동수의 빛을 흡수하기 때문에 생기게 된다. 자외선이나 적외선에 민감한 필름을 사용하면 가시광선 영역뿐만 아니라, 자외선이나 적외선 영역에서도 기체가 불연속 진동수의 빛을 흡수하고 방출한다는 사실을 알게 된다.

선스펙트럼에 있어서 중요한 점은 이것이 희박한 기체에서 방출(또는 흡수)이 발생한다는 점이다. 이런 희박한 기체에서는 분자들 사이의 평균 거리가 매우 크고, 따라서 흡수나 방출된 빛은 고체, 액체 또는 고밀도 기체에서처럼 원자 사이의 상호작용에 의한 것이라기보다는 **개개의 원자**에 의한 것이라고 여겨진다. 그 결과 이런 선스펙트럼은 원자 구조를 이해할 수 있는 열쇠가 된다. 즉 원자 구조에 대한 이론은 원자가 불연속적인 파장의 빛만 방출하는 이유를 설명해야 하며, 또한 그 진동수도 예측할 수 있어야 한다.

수소는 가장 간단한 원자로, 핵 주위에 단지 한 개의 전자만 가지고 있다. 그래서 가장 간단한 스펙트럼을 가지고 있다. 대부분 원자의 선스펙트럼은 약간의 불분명한 규칙성을 나타낸다. 그러나 수소 원자의 선스펙트럼 간격은 규칙적으로 감소한다(그림 27.24). 실제로 1885년에 발머(J. J. Balmer, 1825~1898)는 수소의 선스펙트럼 가시광선 부분의 네 가지 파장(656 nm, 486 nm, 434 nm, 410 nm)이 다음과 같은 식으로 표현된다는 것을 보였다.

$$\frac{1}{\lambda} = R\left(\frac{1}{2^2} - \frac{1}{n^2}\right), \qquad n = 3, 4, \cdots \tag{27.9}$$

여기서 $n = 3, 4, 5, 6$일 때의 값이 앞의 네 가지 선스펙트럼에 해당하며, **뤼드베리 상수**(Rydberg constant)라고 하는 R는 $R = 1.0974 \times 10^7\ \mathrm{m}^{-1}$의 값을 갖는다. 후

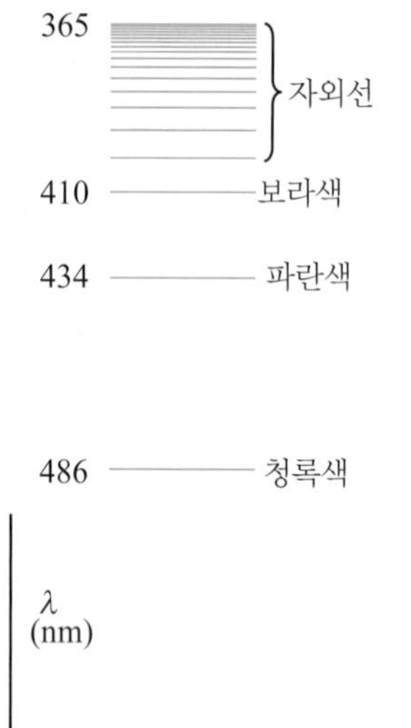

그림 27.24 수소의 발머 계열 선스펙트럼

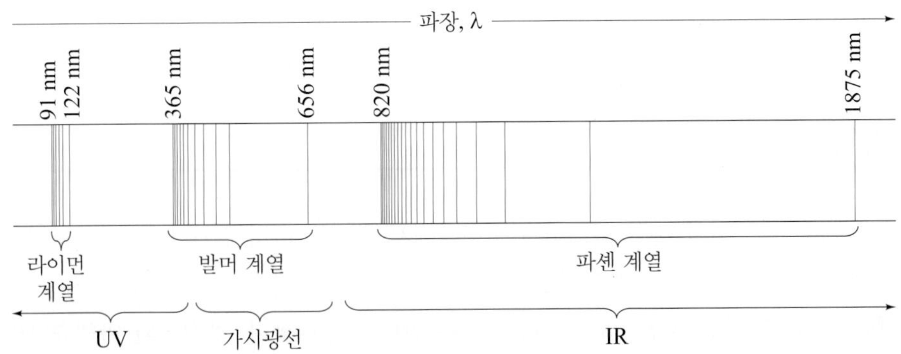

그림 27.25 수소 원자의 선스펙트럼. 각 계열은 식 $\frac{1}{\lambda} = R\left(\frac{1}{n'^2} - \frac{1}{n^2}\right)$을 만족한다. 여기서 $n' = 1$일 때는 라이먼 계열, $n' = 2$일 때는 발머 계열, $n' = 3$일 때는 파셴 계열이 된다. n은 $n = n' + 1$에서부터 무한대까지의 모든 정수값을 가질 수 있다. 오직 전자기 스펙트럼의 가시 영역에 있는 선들만이 발머 계열에 속한다.

에 **발머 계열**(Balmer series)의 선스펙트럼은 자외선 영역으로도 확장된다는 것이 밝혀졌는데, 그림 27.24에서 보듯이 $\lambda = 365$ nm에서 끝나게 된다. 식 27.9의 발머 식은 더 큰 n 값에 대해서도 적용되며, 365 nm는 $n = \infty$에 해당한다(즉 이때 식에서 $1/n^2 = 0$이 된다).

수소에 대한 그 이후의 실험에서 자외선과 적외선 영역에도 선스펙트럼이 존재한다는 것이 밝혀졌다. 이때 각 계열은 발머 계열과 형태는 같으나 다른 파장에서 나타났다(그림 27.25).

각 계열은 식 27.9에서 $1/2^2$ 대신 $1/1^2$, $1/3^2$, $1/4^2$ 등을 대입시킨 형태의 식을 만족한다는 것을 알았다. 예를 들어 **라이먼 계열**(Lyman series)은 자외선 영역인 91~122 nm의 파장을 가지며, 다음 식을 만족한다.

$$\frac{1}{\lambda} = R\left(\frac{1}{1^2} - \frac{1}{n^2}\right), \qquad n = 2, 3, \cdots$$

그리고 적외선 영역인 **파셴 계열**(Paschen series)은 다음과 같은 식을 만족한다.

$$\frac{1}{\lambda} = R\left(\frac{1}{3^2} - \frac{1}{n^2}\right), \qquad n = 4, 5, \cdots$$

러더퍼드 모형은 원자의 선스펙트럼을 설명할 수 없었으며, 또 다른 문제점도 가지고 있었다. 러더퍼드 모형에 의하면 전자가 핵 주위의 궤도를 도는데, 그 경로가 곡선이 되므로 전자는 가속 운동을 하게 된다. 한편 22장에서 봤듯이 가속되는 전하는 빛(전자기파)을 방출하게 된다. 따라서 이때 전체 에너지는 보존되므로 전자의 에너지는 감소하게 된다. 그러므로 전자는 핵 쪽으로 나선 운동을 하며 빨려 들어가게 될 것이다. 전자가 나선 운동을 하며 빨려 들어갈 때 전자의 회전 진동수는 짧은 시간 내에 증가하고, 또한 이때 전자는 같은 진동수의 빛을 방출하게 된다. 따라서 러더퍼드 모형은 다음의 두 가지 문제점을 갖는다. (1) 이 모형에 의하면 연속 진동수의 빛이 방출될 것이 예상되지만 실험 결과는 불연속한 선스펙트럼이 된다. (2) 역시 이 모형에 의하면 전자가 나선 운동을 하며, 핵 쪽으로 빨려 들어감에 따라 원자가 불안정할 것이라 예상되지만, 이 예측과는 달리 일상의 물질은 안정 상태를 유지하므로 원자는 안정하다는 것을 알 수 있다.

러더퍼드 모형은 원자를 설명하는 데 충분하지 못했다. 따라서 어떤 종류의 수정이 필요하게 됐는데, 이는 보어가 이 모형에 양자가설을 추가함으로서 이루어졌다.

27.12 보어 모형

보어는 1912년 몇 달 동안 러더퍼드 실험실에서 연구를 하며 원자에 대한 러더퍼드의 행성 모형이 타당하다고 확신했다. 그러나 그 모형이 실제로 적용되려면 새로 등장한 양자론과 어떤 방법으로든 결합되어야 한다고 생각했다. 플랑크와 아인슈타인의 연구에 의하면 가열된 고체 내에서 진동하는 전하의 에너지는 불연속적으로 변해야 한다. 즉 광자를 방출하면서 에너지가 불연속 상태에서 다른 상태로 변한다. 이 사실로부터 보어는 원자 내의 전자는 연속적인 크기로 에너지를 잃어버릴 수는 없으며, 양자적인 방법으로만 가능하다고 추론했다. 그 이듬해인 1913년 한 해 동안 자신의 이론을 연구하던 중 보어는 전자가 핵 주위를 원 궤도로 운동을 하며, 이때 궤도 중 어떤 특정한 것들만 허용이 된다는 가정하기에 이르렀다. 더 나아가서 그는 각 궤도 내의 전자는 어떤 특정한 에너지를 가지며, 또한 이들은 **에너지의 방출 없이** 궤도 내에서 운동한다고 가정했다(가속하는 전하는 전자기파를 방출하기 때문에 이 가정은 고전적 개념에 위배되는 사실이었다. 22장 참조). 그러므로 그는 가능한 궤도를 **정상 상태**(stationary state)라고 불렀다. 이와 같은 **보어 모형**(Bohr model)에서 빛은 전자가 높은 정상 상태에서 다른 낮은 에너지의 정상 상태로 건너뛸 때만 방출된다고 가정했다(그림 27.26). 이런 전이가 일어날 때, 에너지 보존 법칙에 따라 다음과 같이 한 개의 광자를 방출하게 된다.

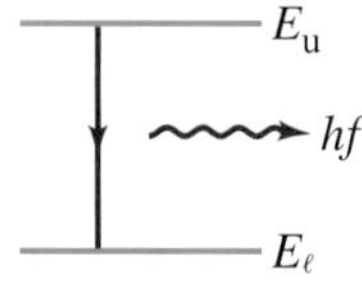

그림 27.26 원자는 그 에너지가 E_u에서 더 낮은 에너지 E_ℓ로 바뀔 때 광자(에너지 = hf)를 방출한다.

$$hf = E_u - E_\ell \tag{27.10}$$

여기서 E_u는 높은 상태의 에너지를, E_ℓ은 낮은 상태의 에너지를 말한다.

1912~1913년 보어는 이런 궤도의 에너지가 얼마인지를 결정하기 위한 작업에 착수했다. 왜냐하면 방출된 빛의 스펙트럼은 식 27.10에서 예측할 수 있었기 때문이다. 1913년 초 발머의 식을 접하게 됐을 때 보어는 연구의 실마리를 찾게 됐다. 즉 전자의 각운동량이 양자화되고, 그 크기가 $h/2\pi$의 정수 n배와 같다고 가정하면 자신의 이론이 발머 식과 일치한다는 것을 알았다. 8장에서처럼 각운동량은 $L = I\omega$로 주어진다. 여기서 I는 관성 모멘트이고, ω는 각속도이다. 반지름이 r인 원 궤도를 속력 v로 원운동하는 질량이 m인 한 개의 입자에 대해서 $I = mr^2$과 $\omega = v/r$가 된다. 따라서 $L = I\omega = (mr^2)(v/r) = mvr$가 된다. 보어의 **양자 조건**(quantum condition)은 다음과 같이 된다.

$$L = mvr_n = n\frac{h}{2\pi}, \qquad n = 1, 2, 3, \cdots \tag{27.11}$$

여기서 n은 정수이고 r_n은 n번째 허용 궤도의 반지름을 나타낸다. 허용 궤도는 n 값에 따라 1, 2, 3, ⋯ 등으로 번호가 붙여지며, 궤도의 **주양자수**(principal quantum number)라 불린다.

식 27.11은 확고한 이론적 근거를 가지고 있지 않다. 보어는 단지 어떤 '양자 조건'

을 찾았는데, $E = hf$ (여기서 E는 궤도의 전자 에너지를 나타낸다)와 같은 시도는 실험과 일치하는 결과를 얻지 못했다. 보어가 식 27.11을 사용한 이유는 단지 실험 결과와 잘 맞았기 때문이다. 이제 그 이유를 찾아보자. 특히 보어 이론이 방출되는 빛의 파장에 대해 예측하는 바를 알아보도록 하자.

반지름이 r인 원 궤도 상의 전자(그림 27.27)는 음전하인 전자와 양전하인 핵 사이에 작용하는 전기적 인력에 의해 구심 가속도 v^2/r를 갖게 된다. 이 힘은 쿨롱 법칙

$$F = k\frac{(Ze)(e)}{r^2}$$

에 의해 주어진다. 여기서 $k = 1/4\pi\epsilon_0 = 8.99 \times 10^9\, \text{N}\cdot\text{m}^2/\text{C}^2$이다. 전자의 전하는 $q_1 = -e$, 핵의 전하는 $q_2 = +Ze$인데, 여기서 Ze는 핵이 가진 전하이다. 다시 말해 $+e$는 양성자의 전하이고, Z는 핵 속의 양성자 수('원자 번호'라고 한다. 28.7절)†를 나타낸다. 수소 원자의 경우 $Z = +1$이다.

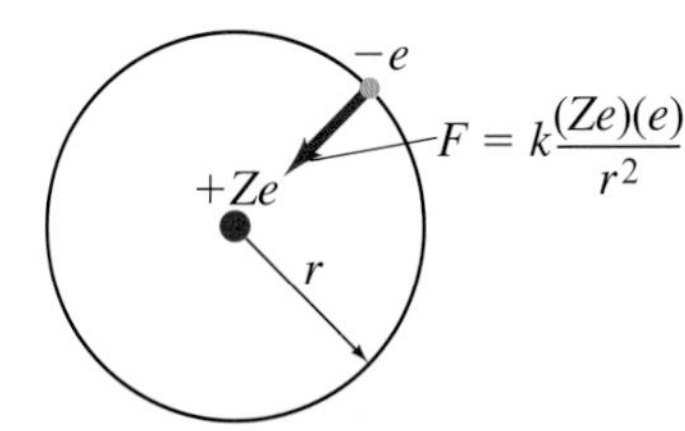

그림 27.27 전기력(쿨롱 법칙)으로서 음전하를 가진 전자는 양으로 대전된 핵 주위를 돈다.

뉴턴 제2법칙 $F = ma$에서, F 대신 쿨롱 법칙을 대입하고, 그리고 특별히 허용 궤도 반지름 r_n에 $a = v^2/r_n$을 대입하면

$$F = ma$$
$$k\frac{Ze^2}{r_n^2} = \frac{mv^2}{r_n}$$

이다. 위 식을 r_n에 대해 풀고

$$r_n = \frac{kZe^2}{mv^2}$$

식 27.11을 v에 대해 풀어서($v = nh/2\pi mr_n$) 대입하면

$$r_n = \frac{kZe^2 4\pi^2 mr_n^2}{n^2h^2}$$

이다. 위의 식을 r_n에 대해 풀면(양변에 모두 나타나므로 하나를 소거한다)

$$r_n = \frac{n^2h^2}{4\pi^2 mkZe^2} = \frac{n^2}{Z}r_1 \qquad n = 1, 2, 3\cdots \tag{27.12}$$

여기서 n은 정수 (식 27.11), 그리고

$$r_1 = \frac{h^2}{4\pi^2 mke^2}$$

이다. 식 27.12는 모든 허용 궤도 반지름을 알려준다. 가장 작은 궤도는 $n = 1$일 때이며, 수소($Z = 1$)의 경우 다음과 같은 값을 갖는다.

†다른 단전자('수소형') 원자인 He^+($Z = 2$)나 Li^{2+}($Z = 3$) 같은 이온들도 취급할 수 있도록 식의 유도 과정에 Z를 포함시켰다. 중성의 헬륨은 두 개의 전자를 가지며, 만약 한 개의 전자를 잃으면 $+2e$를 갖는 핵 주위로 회전하는 한 개의 전자로 구성된 헬륨 이온이 된다. 이와 유사하게 2가 리튬 Li^{2+}는 한 개의 전자를 가지며, $Z = 3$이 된다.

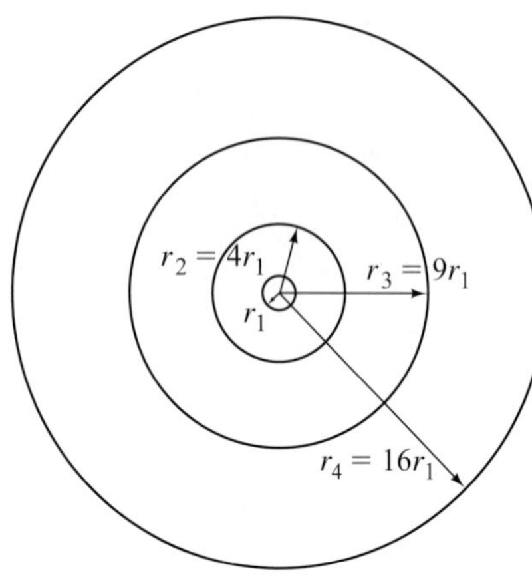

그림 27.28 보어의 수소 모형에서 네 개의 궤도. 가장 작은 궤도는 $r_1 = 0.529 \times 10^{-10}$ m 이다.

$$r_1 = \frac{(1)^2(6.626 \times 10^{-34}\,\mathrm{J \cdot s})^2}{4\pi^2(9.11 \times 10^{-31}\,\mathrm{kg})(8.99 \times 10^9\,\mathrm{N \cdot m^2/C^2})(1.602 \times 10^{-19}\,\mathrm{C})^2}$$

$$r_1 = 0.529 \times 10^{-10}\,\mathrm{m} \tag{27.13}$$

수소의 가장 작은 궤도 반지름 r_1은 때때로 **보어 반지름**(Bohr radius)이라 한다. 한편 식 27.12에서 더 큰 궤도[†] 반지름들은 n^2에 비례하여 증가한다. 따라서 다음과 같이 쓸 수 있다.

$$\begin{aligned} r_2 &= 4r_1 = 2.12 \times 10^{-10}\,\mathrm{m}, \\ r_3 &= 9r_1 = 4.76 \times 10^{-10}\,\mathrm{m}, \\ &\vdots \\ r_n &= n^2 r_1, \qquad n = 1, 2, 3, \cdots \end{aligned}$$

처음 네 개의 궤도는 그림 27.28에 보였다. 보어 모형에 따르면, 전자는 식 27.12에 주어진 궤도에만 존재할 수 있다. 그 사이에는 허용 궤도가 존재하지 않는다.

$Z \neq 1$인 원자의 경우, 궤도 반지름 r_n은 식 27.12를 이용하면 다음과 같다.

$$r_n = \frac{n^2}{Z}(0.529 \times 10^{-10}\,\mathrm{m}), \qquad n = 1, 2, 3, \cdots \tag{27.14}$$

보어의 원자 모형에서, 전자는 각각의 허용 궤도 내에서 불연속적인 에너지를 갖는다. 총에너지는 운동 에너지와 퍼텐셜 에너지의 합과 같다. 전자의 퍼텐셜 에너지는 PE $= qV = -eV$로 주어지는데, 여기서 V는 식 17.5에 주어진 바와 같이 점전하 $+Ze$에 의한 퍼텐셜 에너지 $V = kQ/r = kZe/r$이다. 따라서 다음과 같다.

$$\mathrm{PE} = -eV = -k\frac{Ze^2}{r}$$

반지름이 r_n인 n번째 궤도에 있는 전자의 총에너지는 운동 에너지와 퍼텐셜 에너지의 합

$$E_n = \tfrac{1}{2}mv^2 - \frac{kZe^2}{r_n}$$

이 된다. 식 27.11에서 v를, 식 27.12에서 r_n을 구해 위 식에 대입하면

$$E_n = -\frac{2\pi^2 Z^2 e^4 mk^2}{h^2}\frac{1}{n^2} \qquad n = 1, 2, 3, \cdots \tag{27.15a}$$

이다. 위 식에서 상수항을 계산하고 단위를 원자물리학에서 통상적으로 사용하는 eV로 환산하면

$$E_n = -(13.6\,\mathrm{eV})\frac{Z^2}{n^2}, \qquad n = 1, 2, 3, \cdots \tag{27.15b}$$

을 얻는다. 수소($Z = 1$)에 대해서 가장 낮은 에너지 준위($n = 1$)는

[†] 이런 잘 정의된 궤도가 실제로 존재하리라고 믿지 않도록 주의해야 한다. 오늘날 전자는 28장에서와 같이 '구름'을 형성한다는 것으로 생각한다.

$$E_1 = -13.6\ \text{eV}$$

이다. n^2은 식 27.15b의 분자에 나타나므로, 수소 원자($Z = 1$)의 더 큰 궤도의 에너지는 다음과 같다.

$$E_n = \frac{-13.6\ \text{eV}}{n^2}$$

예를 들면

$$E_2 = \frac{-13.6\ \text{eV}}{4} = -3.40\ \text{eV}$$

$$E_3 = \frac{-13.6\ \text{eV}}{9} = -1.51\ \text{eV}$$

와 같이 된다. 우리는 식 27.15에서 궤도 반지름뿐만 아니라 에너지도 양자화된다는 것을 볼 수 있다. 즉 양자수 n은 궤도 반지름뿐만 아니라 에너지 준위도 결정하게 된다. 가장 낮은 **에너지 준위**(energy level) 또는 **에너지 상태**(energy state)는 에너지가 E_1일 때로 **바닥 상태**(ground state)라 하고, 높은 에너지 상태인 E_2, E_3 등은 **들뜬 상태**(excited state)라고 한다.

궤도가 커질수록 에너지 값의 수치는 점점 더 작아지지만 이때 모든 에너지 값은 음수라는 것에 유의해야 한다. 즉 −3.4 eV는 −13.6 eV보다 큰 값이다. 따라서 핵에 가장 근접한 궤도인 r_1에서 최소 에너지를 갖는다. 에너지가 음수가 되는 이유는 퍼텐셜 에너지 값을 0으로 정의한 것과 관련이 있다. 즉 두 점전하의 경우 $\text{PE} = kq_1q_2/r$는 그들이 무한대로 떨어졌을 때 값이 0이 되는 퍼텐셜 에너지를 나타낸다. 원자의 구속에서 겨우 벗어난 KE = 0인 상태의 전자는 $E = 0$이 되고, 식 27.15에서 $n = \infty$에 해당한다. 원자에 구속된 전자를 방출시키기 위해서는 에너지가 필요하다(그렇지 않으면 원자는 불안정할 것이다). 즉 자유 전자는 $E \geq 0$이고, 원자에 구속된 전자는 $E < 0$이기 때문이다. 따라서 구속된 전자를 자유롭게 하려면 에너지를 가하여 음의 에너지 값이 적어도 0이 되게 해야만 한다.

원자의 바닥 상태에 있는 전자를 자유 상태로 만드는 데 필요한 최소 에너지를 **결합 에너지**(binding energy) 또는 **이온화 에너지**(ionization energy)라고 한다. 수소 원자의 경우 이온화 에너지의 측정치는 13.6 eV인데, 이것은 최소 에너지 상태인 $E = -13.6$ eV에서 전자를 $E = 0$인 자유 상태로 만드는 바로 그 에너지를 말한다.

스펙트럼선 설명

허용 에너지 값들을 에너지 준위 도표에 수평선으로 나타내는 것이 유용하다. 그림 27.29는 수소 원자의 경우를 그린 것이다. 수소 원자 내의 전자는 보어 이론에 따라 이런 준위들 중 어느 한 값을 갖게 된다. 그러나 그 사이의 값, 이를 테면 −9.0 eV와 같은 값은 결코 갖을 수 없다. 실온에서는 거의 모든 수소 원자가 바닥 상태($n = 1$)에 있다. 그러나 자유 전자와 원자 사이에서 충돌이 많은 고온이나 전기 방전 중에는 다수의 전자가 들뜬 상태($n > 1$)에 있게 된다. 들뜬 상태에서는 바로 낮은 에너지 상태로 전이되고, 이런 과정에서 광자가 방출된다. 이런 과정이 보어 모형에 따라 들뜬

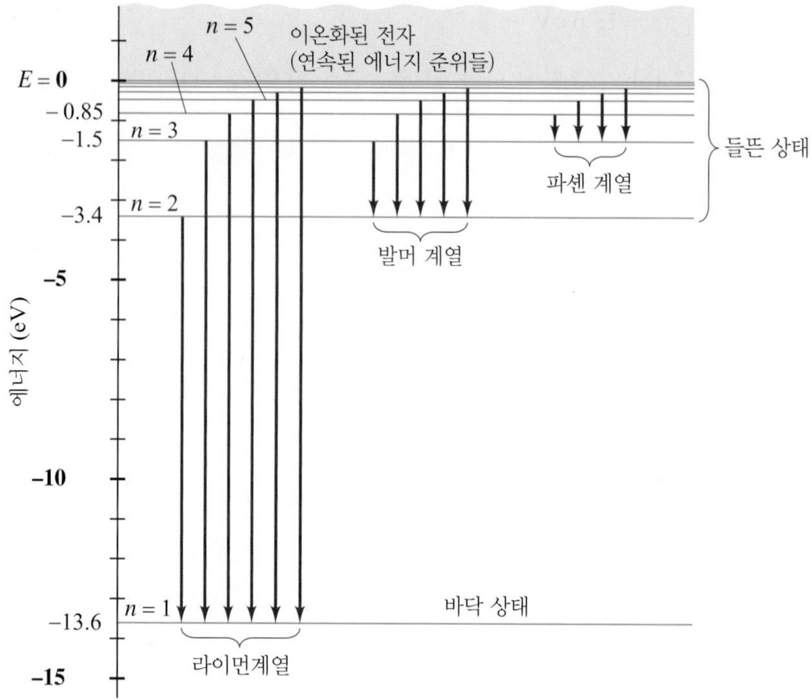

그림 27.29 수소 원자의 에너지 준위 도표. 라이먼 계열, 발머 계열, 파셴 계열(그림 27.25)의 스펙트럼선들의 전이를 보여주고 있다. 각각의 수직 화살표는 하나의 스펙트럼선을 생기게 하는 원자 전이를 나타낸다.

기체의 방출 스펙트럼의 원인을 설명해 준다.

$E = 0$ 위쪽에서 전자는 자유 상태이며 어떤 에너지든 가질 수 있다(E는 양자화되지 않았다). 따라서 그림 27.29의 에너지 준위 도표에 나타낸 것처럼 $E = 0$ 위쪽에는 연속적인 에너지 상태가 있다.

그림 27.29에서 수직으로 그린 화살표는 관측된 스펙트럼선에 해당하는 전이 또는 도약을 나타낸다. 예를 들어 전자가 $n = 3$에서 $n = 2$로 전이되면서 발머 계열의 656 nm 선을, 그리고 $n = 4$에서 $n = 2$로 전이되면서 486 nm 선을 방출하게 된다(그림 27.24 참조). 우리는 식 27.10과 27.15를 결합하여 방출 스펙트럼의 파장을 예측할 수 있다. $hf = hc/\lambda$이므로, 식 27.10으로부터 다음을 얻는다.

$$\frac{1}{\lambda} = \frac{hf}{hc} = \frac{1}{hc}(E_n - E_{n'})$$

여기서 n은 높은 상태를, n'은 낮은 상태를 나타낸다. 식 27.15를 이용하면 다음과 같다.

$$\frac{1}{\lambda} = \frac{2\pi^2 Z^2 e^4 mk^2}{h^3 c}\left(\frac{1}{n'^2} - \frac{1}{n^2}\right) \tag{27.16}$$

이 이론식은 $n' = 2$일 때 식 27.9의 실험적으로 얻어진 발머 식과 같은 형태이다. 따라서 발머 계열 선은 전자가 두 번째 에너지 준위로 떨어지는 전이에 해당한다는 것을 알 수 있다. 이와 유사하게 $n' = 1$은 라이먼 계열 선에 해당하고, $n' = 3$은 파셴 계열에 해당한다(그림 27.29).

식 27.16에 있는 상수를 $Z = 1$일 때 계산하면, 식 27.9의 뤼드베리 상수의 측정값 $R = 1.0974 \times 10^7\ \text{m}^{-1}$를 갖는 것이 확인됐다.

보어 모형의 위대한 업적은 원자가 선스펙트럼을 방출하는 이유를 설명할 수 있을 뿐 아니라, 수소 원자에서 방출되는 빛의 파장을 정확하게 예측한다는 것이다. 보어 이론은 흡수 스펙트럼도 잘 설명해 주고 있다. 즉 알맞은 파장의 광자가 들어왔을 때 전자는 한 에너지 준위에서보다 높은 준위로 전이된다. 이때 에너지 보존에 의해 바로 그 에너지 차의 광자만이 흡수되는데, 이것이 바로 기체를 통과한 연속 스펙트럼이 방출 스펙트럼과 같은 진동수에서 검은(흡수) 선으로 나타나는 이유이다 (그림 27.23c).

보어 이론은 원자의 안정성을 확립했다. 즉 바닥 상태란 전자의 가장 낮은 에너지 상태로서 에너지를 방출하고 떨어질 더 낮은 에너지 상태가 없다는 것을 뜻한다. 마지막으로 위에서 봤듯이 보어 이론은 수소의 이온화 에너지 13.6 eV를 정확히 예측했다. 그럼에도 불구하고 보어 이론은 완벽한 이론이 아니며, 다음 장에서 논의할 새 이론으로 대치되게 된다.

예제 27.13 라이먼 선의 파장

그림 27.29를 이용하여 첫 번째 라이먼 선(n = 2에서 n = 1로의 전이)의 파장을 구하라. 이것은 전자기 스펙트럼의 어떤 영역에 속하는가?

접근 식 27.10 $hf = E_u - E_\ell$을 사용한다. 그림 27.29로부터 얻은 에너지를 갖고 전이 파장과 에너지를 알아낸다. 전자기파 스펙트럼 영역은 그림 22.8의 전자기 스펙트럼을 이용하여 알아낸다.

풀이 이 경우 $hf = E_2 - E_1 = \{-3.4\text{ eV} - (-13.6\text{ eV})\} = 10.2\text{ eV} = (10.2\text{ eV})(1.60 \times 10^{-19}\text{ J/eV}) = 1.63 \times 10^{-18}\text{ J}$. $\lambda = c/f$이므로

$$\lambda = \frac{c}{f} = \frac{hc}{E_2 - E_1} = \frac{(6.63 \times 10^{-34}\text{ J}\cdot\text{s})(3.00 \times 10^8\text{ m/s})}{1.63 \times 10^{-18}\text{ J}} = 1.22 \times 10^{-7}\text{ m}$$

또는 122 nm이다. 이 파장은 그림 22.8의 전자기 스펙트럼에서 자외선 영역에 속한다. 또한 그림 27.25를 보면 이 값은 실험값과 일치한다.

유의 **다른 접근:** 식 27.16을 이용하여 λ를 구하면, 같은 결과를 얻을 수 있다.

예제 27.14 발머 선의 파장

보어 모형을 이용하여 수소 원자가 n = 6에서 n = 2인 에너지 준위로 전이할 때 방출된 빛의 파장을 구하라.

접근 $R = 1.097 \times 10^7\text{ m}^{-1}$에 대해 식 27.9나 27.16을 사용한다.

풀이 식 27.16으로부터

$$\frac{1}{\lambda} = (1.097 \times 10^7\text{ m}^{-1})\left(\frac{1}{4} - \frac{1}{36}\right) = 2.44 \times 10^6\text{ m}^{-1}$$

이므로 $\lambda = 1/(2.44 \times 10^6\text{ m}^{-1}) = 4.10 \times 10^{-7}$ m 또는 410 nm이다. 이것은 발머 계열의 네 번째 선이며(그림 27.24), 보라색이다.

예제 27.15 흡수 파장

그림 27.29를 이용하여 바닥 상태에 있는 수소 원자가 흡수할 수 있는 최대 파장을 구하라. 그 다음으로 긴 파장은 얼마인가?

접근 최대 파장은 최소 에너지에 해당하므로, 이것은 바닥 상태로부터 첫 번째 들뜬 상태(그림 27.29)로의 전이 에너지가 된다. 그 다음으로 긴 파장은 바닥 상태로부터 두 번째 들뜬 상태로의 전이 때 발생한다.

풀이 바닥 상태로부터 첫 번째 들뜬 상태로 전이하는 데 필요한 에너지는 13.6 eV − 3.4 eV = 10.2 eV이다. 구하는 파장은 예제 27.13에서 본 바와 같이 122 nm이다. 바닥 상태로부터 두 번째 들뜬 상태로의 전이하는 데 필요한 에너지는 13.6 eV − 1.5 eV = 12.1 eV, 이에 해당하는 파장은 다음과 같다.

$$\lambda = \frac{c}{f} = \frac{hc}{hf} = \frac{hc}{E_3 - E_1} = \frac{(6.63 \times 10^{-34}\,\mathrm{J \cdot s})(3.00 \times 10^{8}\,\mathrm{m/s})}{(12.1\,\mathrm{eV})(1.60 \times 10^{-19}\,\mathrm{J/eV})} = 103\,\mathrm{nm}$$

예제 27.16 He^+ 이온화 에너지

(a) 보어 모형을 이용하여 한 개의 전자를 가지고 있는 He^+ 이온의 이온화 에너지를 구하라. (b) 또한 이온화시키기 위한 광자의 최대 파장을 계산하라. 헬륨 원자는 주기율표(28장 참조)에서 수소 다음에 오는 두 번째 원자이다. 헬륨의 핵은 2개의 양성자와 정상적으로 그 주위를 도는 2개의 전자를 갖고 있어서, $Z = 2$이다.

접근 우리는 전자를 바닥 상태로부터 $E = 0$인 자유 상태까지 끌어올릴 수 있는 최소한의 에너지를 결정해야 한다. He^+의 바닥 상태 에너지는 식 27.15b에 $n = 1$과 $Z = 2$를 대입하여 얻을 수 있다.

풀이 (a) 식 27.15b 내의 모든 기호는 Z의 값이 1 대신 2인 것을 제외하고는 수소의 경우와 모두 동일하므로, E_1은 수소 원자의 E_1에 비해 $Z^2 = 2^2 = 4$배가 되는 것을 알 수 있다.

$$E_1 = 4(-13.6\,\mathrm{eV}) = -54.4\,\mathrm{eV}$$

따라서 He^+ 이온을 다시 이온화하는 데는 54.4 eV가 필요하고, 이 값은 실험값과 일치한다. (b) 이온화시킬 수 있는 최대 파장의 광자는 $hf = 54.4$ eV의 에너지를 가져야 한다. 따라서 파장은 다음과 같다.

$$\lambda = \frac{c}{f} = \frac{hc}{hf} = \frac{(6.63 \times 10^{-34}\,\mathrm{J \cdot s})(3.00 \times 10^{8}\,\mathrm{m/s})}{(54.4\,\mathrm{eV})(1.60 \times 10^{-19}\,\mathrm{J/eV})} = 22.8\,\mathrm{nm}$$

만약 $\lambda > 22.8$ nm이면, 이온화는 일어날 수 없다.

유의 만약 원자가 더 큰 에너지의 광자(파장이 22.8 nm보다 짧은)를 흡수하게 되면, 원자는 여전히 이온화될 수 있을 뿐 아니라 자유로워진 전자는 그 자신의 운동 에너지도 갖게 된다.

위의 예제에서, 우리는 He^+ 이온의 E_1이 수소의 E_1보다 네 배나 큰 음의 값을 갖는 것을 봤다. 실제로 He^+ 이온의 에너지 준위 도표는, 각각의 에너지 준위 값이 네 배 더 큰 것을 제외하면, 그림 27.29의 수소의 경우와 같다. 그러나 우리는 여기서 He^+ **이온**에 대해서 말하고 있다는 점에 유의해야 한다. 정상적인(중성의) 헬륨은 두 개의 전자를 가지며, 그 에너지 준위 도표도 He^+ 이온과는 완전히 다르다.

대응 원리

우리는 보어가 고전적 개념과 모순되는 가정을 하고 있다는 점에 주목해야 한다. 즉 보어는 고정 궤도 내의 전자는 가속(원운동)되고 있더라도 빛을 방출하지 않는다는 것과 각운동량이 양자화 된다는 것을 가정했다. 더군다나 그는 한 상태에서 다른 상태로 전이될 때 전자가 어떻게 운동하는지를 설명할 수 없었다. 그러나 한편 원자와 같은 미시 세계와 전자들이 보통 크기의 물체들과 같은 행동을 할 것이라고 기대할 만한 이유는 사실상 없다. 그럼에도 불구하고 거시 세계와 양자론이 중첩되는 영역에서 양자론은 고전적 결과와 일치해야 된다고 생각했다. 이것이 상대성이론(26.11절 참조)에서 논의한 바로 그 **대응 원리**(correspondence principle)로서 이 원리는 수소 원자에 잘 적용된다. 궤도의 크기와 에너지는 $n = 1$일 때와 $n = 2$일 때 매우 다르다. 그러나 $n = 100,000,000$과 $n = 100,000,001$의 경우에는 궤도의 크기와 에너지가 매우 근접하게 된다(그림 27.29). 실제로, 이런 큰 양자수를 갖는 궤도 사이의 건너뜀은 일상적으로 감지할 수 없다. 따라서 이런 궤도 크기는 연속적인 것으로 보이고, 결국 우리가 일상에서 경험하는 것과 일치하게 된다.

끝으로 보어 모형의 잘 정의된 궤도는 실제로 존재하지 않는다는 점은 강조되어야 한다. 보어 모형은 단지 모형일 뿐이며, 실체가 아니다. 전자 궤도의 개념은 몇 년 뒤에 기각됐고, 오늘날 전자들은 '확률 구름'을 형성하는 것으로 생각되고 있다.

27.13 원자에 적용된 드브로이 가정

보어의 이론은 대체로 임시변통이었다. 실험 결과에 일치시키기 위해서 가정을 도입했다. 보어는 왜 궤도가 양자화되는지 이유를 제시하지 않았고 왜 안정된 바닥 상태가 있어야 하는지도 설명하지 않았다. 결국 그 이유는 10년 후 드브로이에 의해 밝혀졌다. 27.8절에서 드브로이가 전자와 같은 입자들도 파동의 성질을 갖는다고 제안(1923년)한 사실을 우리는 알고 있다. 그리고 이 가정은 몇 년 후 실험으로 증명됐다.

전자의 파동성을 선택한 드브로이 이론의 결과 중 하나는 보어 이론에 대한 설명을 제공한다는 것이다. 드브로이에 의하면, 속력 v로 운동하는 질량이 m인 입자는 다음과 같은 파장(식 27.8)을 가진다.

$$\lambda = \frac{h}{mv}$$

그리고 그는 원자 내에서 궤도 운동을 하는 각각의 전자는 실제로는 정상파라고 제안했다. 11장에서 봤듯이 기타나 바이올린 줄을 튕기면 다양한 파장이 나타난다. 그

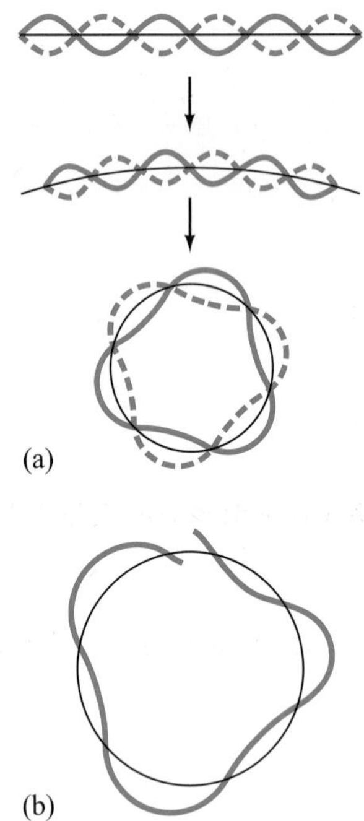

그림 27.30 (a) 보통의 정상파와 원형 정상파의 비교 (b) 파동이 닫히지 않으면(스스로 상쇄 간섭하여), 급격히 소멸된다.

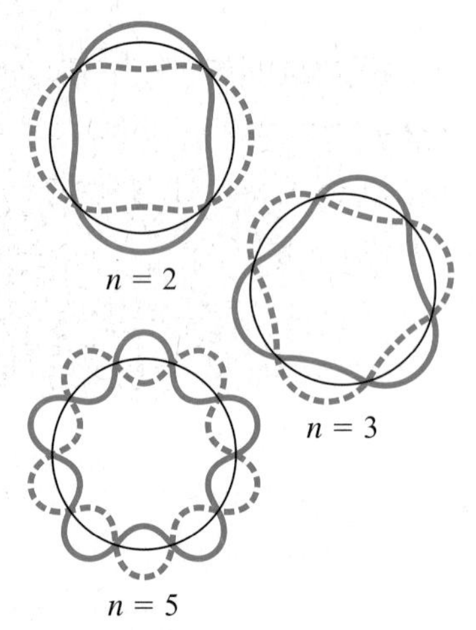

그림 27.31 원주 위에서 2개, 3개, 5개의 파장을 갖는 원형 정상파. n은 파장의 개수로, 또 다른 양자수가 된다.

러나 줄의 양 끝에서 교점(진폭이 0인 점)이 되는 것들만 살아남게 되고, 이것들이 줄의 **공명**을 이룬다. 이들 외의 파동은 반사파와 간섭을 일으키고, 급격히 진폭이 0으로 감소된다. 전자는 보어 이론에 따라 원운동을 하므로 이들 전자의 파동은 자체로 완결되는 **원형** 정상파를 이룬다고 드브로이는 주장했다(그림 27.30a 참조). 파장이 자체로 완결되지 않으면 파가 회전할 때마다 상쇄 간섭이 발생하여 사라지게 된다(그림 27.30b). 따라서 존재할 수 있는 파동들은 원 궤도의 원주가 파장의 정수배에 해당하는 것들이다(그림 27.31). 즉 반지름이 r_n인 보어 궤도의 원주는 $2\pi r_n$이므로 다음과 같이 되어야 한다.

$$2\pi r_n = n\lambda, \qquad n = 1, 2, 3, \cdots$$

여기에 $\lambda = h/mv$를 대입하면 $2\pi r_n = nh/mv$이 된다. 즉 다음과 같다.

$$mvr_n = \frac{nh}{2\pi}$$

이 조건은 보어가 임의로 제시했던 **양자 조건**이고(식 27.11), 불연속 궤도와 불연속 에너지 준위는 모두 이 식으로부터 유도됐던 것이다. 그 결과 우리는 보어 모형에서 양자화된 궤도와 에너지 상태를 설명할 수 있게 된다. 즉 이런 것들은 전자가 파동의 성질을 가지고 있으며, 또한 이들 파동이 공명 정상파라는 사실에 기인한다.[†] 결국 이것은 원자 구조가 **파동 · 입자 이중성**에 기초를 두고 있다는 것을 의미한다.

원형 전자파에 대한 그림 27.31에서 전자를 그림과 같이 진동하는 파동으로 생각해서는 안 된다는 점에 유의해야 한다. 보어의 수소 모형에서는 전자가 궤도를 원운동하는 입자로 간주된다. 한편 그림에서 원형 파는 단지 전자, 즉 '물질파'의 진폭을 나타낸다. 따라서 그림 27.31에서 파의 진폭은 편의상 입자 궤도에 중첩시켜 그렸을 뿐이다.

보어 이론은 수소와 전자가 한 개인 이온에 대해서는 잘 들어맞지만 다전자 원자에 대해서는 잘 적용되지 않는다. 다음 장에서 우리는 보어 이론이 가지는 이런 점과 다른 문제점에 대해 논의하고, 또한 새롭고 혁명적인 이론인 양자론이 원자 구조의 문제점을 어떻게 해결했는지, 원자에 대한 어떤 다른 관점을 제시했는지 살펴보기로 한다. 즉 잘 정의된 궤도 내의 전자는 전자 '구름'의 개념으로 대치된다. 그리고 양자론은 물리 현상의 기본 원리에 대한 전혀 새로운 시각을 제시한다.

[†] 식 27.11은 더 이상 유효하지 않은 것으로 간주되며, 이는 28장에서 논의한다.

종합 문제

객관식

1. 흑체 복사를 고려할 때, 복사체의 온도가 올라감에 따라 나타나는 현상으로 옳은 것은?
   (a) 최대 세기와 봉우리 파장 모두 증가한다.
   (b) 최대 세기는 증가하고, 봉우리 파장은 감소한다.
   (c) 최대 세기와 봉우리 파장 모두 감소한다.
   (d) 최대 세기는 감소하고 봉우리 파장은 증가한다.

2. 적색광으로 금속 조각을 비출 때, 전자가 방출되지 않았다. 금속에 비추는 빛을 무지개 색을 따라 적색에서부터 서서히 파장이 짧은 빛으로 변화시켜갈 때, 아무 일도 일어나지 않다가 황색광이 됐을 때 전자가 방출됐다. 이때 금속을 더 큰 일함수를 갖는 금속으로 대체했을 경우, 어떤 색깔의 빛이 전자를 가장 많이 방출할까?
   (a) 파란색
   (b) 적색
   (c) 황색 그대로
   (d) 관계된 금속에 대해 더 많은 것을 알아야 한다.

3. 같은 세기를 갖는 적색광 빔과 청색광 빔이 있다. 다음 중 옳은 것은?
   (a) 청색광 빔에 더 많은 광자가 들어 있다.
   (b) 적색광 빔에 더 많은 광자가 들어 있다.
   (c) 두 빔은 같은 수의 광자를 포함하고 있다.
   (d) 광자의 수는 빛의 세기와 관련이 없다.

4. 에너지가 E인 광자가 금속으로부터 운동 에너지 KE인 전자를 방출한다면, 에너지가 $E/2$인 광자는
   (a) 운동 에너지 KE/2를 가진 전자를 방출할 것이다.
   (b) KE/2보다 더 큰 운동 에너지를 가진 전자를 방출할 것이다.
   (c) KE/2보다 더 작은 운동 에너지를 가진 전자를 방출할 것이다.
   (d) 어떤 전자도 방출하지 않을지도 모른다.

5. 전자의 운동량이 두 배가 되면, 그 파장은 어떻게 변하는가?
   (a) 변화 없다.
   (b) 1/2로 줄 것이다.
   (c) 두 배가 될 것이다.
   (d) 네 배가 될 것이다.
   (e) 1/4로 줄어들 것이다.

6. 다음 중 파장이나 입자로 생각될 수 있는 것은?
   (a) 빛
   (b) 전자
   (c) 양성자
   (d) 위 보기 모두

7. 야구공을 던질 때, 야구공의 드브로이 파장은?
   (a) 야구공과 같은 크기이다.
   (b) 대략 원자의 크기와 같다.
   (c) 대략 원자핵의 크기와 같다.
   (d) 원자핵의 크기보다 훨씬 작다.

8. 전자와 빛의 광자는 유사하다. 왜냐하면
   (a) 둘 다 h/λ로 주어지는 운동량을 갖기 때문이다.
   (b) 둘 다 파동 · 입자 이중성을 띠기 때문이다.
   (c) 둘 다 물질의 구조를 조사하는 회절실험에 사용된다.
   (d) 위 보기 모두
   (e) 정답 없음

9. 현재 원자 모형으로 받아들여지고 있는 것은?
   (a) 건포도를 넣은 푸딩 모형
   (b) 러더퍼드 원자 모형
   (c) 보어 원자 모형
   (d) 정답 없음

10. 빛이 갖지 않은 것은?
   (a) 질량
   (b) 운동량
   (c) 운동 에너지
   (d) 진동수
   (e) 파장

주관식

27.1 전자의 발견

1. (I) 0.86 T의 자기장 안에서 반지름 14 mm의 원을 그리고, 직각 방향으로 640 V/m의 전기장을 걸어주면 경로가 직선이 되는 입자의 e/m 값은?

2. (II) (a) 크기가 각각 1.88×10^4 V/m과 2.60×10^{-3} T인 전기장과 자기장이 서로 교차하여(수직하게) 지나갈 때, 굽어지지 않고 지나가는 전자 빔의 속도는 얼마인가? (b) 만약 전기장이 없다면, 전자 궤도의 반지름은 얼마인가?

3. (II) 전위차가 340 V이고, 1.0 cm 간격으로 놓인 두 개의 큰 판(그림 27.3 참조) 사이에 질량이 2.8×10^{-15} kg인 기름방울이 정지해 있다. 이 기름방울은 얼마나 많은 여분의 전자를 갖고 있는가?

27.2 흑체, 플랑크 양자 가설

4. (I) 금속이 용접될 때, 방출되는 봉우리 파장이 520 nm라면, 이 금속은 얼마나 뜨거운가?

5. (I) 다음 각 경우, 흑체 방출로 가정했을 때 방출되는 복사선의 봉우리 파장을 구하라. 각각은 전자기 스펙트럼의 어떤 영역에 속하는가? (a) 0 °C의 얼음 (b) 3100 K의 투광 조명등 (c) 4 K의 헬륨

6. (I) (a) 흑체 스펙트럼의 봉우리 파장이 18.0 nm일 때 온도는 얼마인가? (b) 흑체의 온도가 2200 K일 때 흑체 스펙트럼의 봉우리 파장은 얼마인가?

7. (II) 사람 눈의 동공(흑체로 근사할 때)에서 나오는 빛의 봉우리 파장을 구하라. 온도는 정상 체온으로 가정한다.

27.3, 27.4 광자와 광전 효과

8. (I) 91.7 MHz FM 라디오 방송국에서 방출되는 광자의 에너지(J)는 얼마인가?

9. (I) 400 nm에서 750 nm 파장 사이에 있는 가시광 스펙트럼의 광자 에너지 범위(J과 eV)를 구하라.

10. (I) 파장이 5.80×10^{-7} m인 황색광의 광자의 운동량을 계산하라.

11. (I) X선 광자의 운동량은 얼마인가?

12. (II) 단백질 분자 안에 있는 수소 결합을 끊어내려면 약 0.1 eV의 에너지가 필요하다. 이를 위해 필요한 광자의 최소 진동수와 최대 파장을 구하라.

13. (II) 일함수가 4.8×10^{-19} J인 금속으로부터 전자를 방출하기 위해 필요한 빛의 최소 진동수는 얼마인가?

14. (II) 일함수가 2.90 eV인 금속으로부터 전자를 방출하게 하는 빛의 최대 파장은?

15. (II) 바륨의 일함수는 2.48 eV이다. 이 금속을 365 nm 파장의 자외선으로 조사했을 때, 전자의 최대 운동 에너지는 얼마인가? 또 속력은 얼마인가?

16. (II) 파장이 255 nm인 자외선으로 금속 표면을 쬐일 때, 방출되는 전자의 최대 운동 에너지는 1.40 eV이다. 금속의 일함수는 얼마인가?

17. (II) 어떤 종류의 필름은 파장이 630 nm 이하의 빛에만 반응한다. 이 필름의 변화를 초래하는 화학 반응을 일으키는데 필요한 에너지는(eV와 kcal/mol)?

27.5 콤프턴 효과

18. (II) h/mc는 길이의 차원을 갖는 양으로 **콤프턴 파장**(Compton wavelength)이라 한다. (a) 전자, (b) 양성자의 콤프턴 파장을 구하라. (c) 만일 광자의 파장이 입자의 콤프턴 파장과 같다면, 광자의 에너지는 입자의 정지 에너지 mc^2과 같음을 증명하라.

19. (II) 파장 $\lambda = 0.140$ nm의 X선이 탄소로부터 산란된다. 다음 각각의 각도(입사 빔에 대한)로 산란되는 광자의 예상 콤프턴 파장 이동은 얼마인가?
(a) 45° (b) 90° (c) 180°

27.6 쌍생성

20. (I) 3.64 MeV의 광자에 의해 생성되는 전자 · 양전자쌍이 갖는 전체 운동 에너지는 얼마인가?

21. (II) 양성자 · 반양성자쌍(각각의 질량은 1.67×10^{-27} kg)을 만들어 낼 수 있는 광자가 가질 수 있는 가장 긴 파장은 얼마인가?

22. (II) 감마선 광자는 각각 285 keV의 운동 에너지를 갖는 전자와 양전자쌍을 생성한다. 광자의 에너지와 파장은 얼마인가?

27.8 물질의 파동성

23. (I) 0.10 m/s로 움직이는 0.21 kg의 공의 파장은 얼마인가?

24. (I) 8.5×10^4 m/s로 움직이는 중성자($m = 1.67 \times 10^{-27}$ kg)의 파장은 얼마인가?

25. (II) 양성자와 전자의 파장이 같은 경우, 양성자의 운동 에너지에 대한 전자의 운동 에너지 비를 구하라. 속력은 비상대론적인 경우로 가정한다.

26. (II) 다음 에너지를 갖는 전자의 파장을 구하라.
(a) 10 eV (b) 100 eV (c) 1.0 keV

27. (II) 전자와 양성자가 같은 비상대론적 운동 에너지를 가질 때, 양성자의 파장이 더 짧음을 증명하라.

27.9 전자 현미경

28. (II) 파장이 0.26 nm의 전자를 생성하는 데 필요한 전압은 얼마인가? 전자들은 비상대론적이라고 가정한다.

29. (II) 전자 현미경 내부에서 전자들은 2850 V로 가속된다. 전자 현미경의 최대 해상도를 구하라.

27.11, 27.12 원자 스펙트럼과 보어 모형

30. (I) $n = 3$인 상태에 있는 수소 원자를 이온화시키는 데 필요한 에너지는 얼마인가?

31. (I) 수소의 파셴 계열(그림 27.29 참조)에서 두 번째로 긴 파장은 어떤 전이에 해당하는가?

32. (I) $Z = 3$이고, 바닥 상태로부터 두 번 이온화된 리튬 Li^{2+}의 이온화 에너지를 구하라.

33. (II) 바닥 상태에 있는 수소 원자를 이온화시킬 수 있는 빛 중에서 가장 긴 파장은 얼마인가?

34. (II) 바닥 상태에 있는 수소 원자를 이온화하고, 11.5 eV의 운동 에너지를 갖는 전자를 방출시킬 수 있는 광자의 파장은 얼마인가?

35. (II) He^+ 이온의 에너지 준위를 그리라(그림 27.29와 유사하게).

36. (II) 이중 이온화된 리튬 Li^{2+}의 에너지 준위를 그리라.

37. (II) 수소 원자의 바닥 상태에 있는 전자의 정전 퍼텐셜 에너지와 운동 에너지를 구하라.

38. (II) 어떤 한 수소 원자가 5.273×10^{-34} kg · m^2/s의 각운동량을 갖고 있다. 보어 모형에 따르면, 이 상태와 연관된 에너지(eV)는 얼마인가?

39. (II) 이론적으로 들뜬 상태의 수소 원자는 1.00 cm의 반지름을 가질 수 있다. 이 크기의 보어 궤도에 대한 n의 값은 얼마이며, 그 에너지는 얼마가 되는가?

40. (III) 수소 원자의 보어 궤도에 있는 전자의 정전 퍼텐셜 에너지의 크기는 그 궤도에 있는 운동 에너지의 두 배임을 증명하라.

연습 해답

A: $\lambda_P = 725$ nm, 빨간색
B: 1000 nm 광자들 (각각은 더 낮은 에너지를 갖는다)
C: 5.50×10^{14} Hz, 545 nm
D: λ
E: 감소한다.
F: (e)

네온관은 얇은 유리관 속을 네온이나 다른 기체를 채운 것으로, 다양한 모양으로 만들 수 있으며, 고전압의 전류가 흐르면 특정한 색으로 빛난다. 기체 상태의 원자들은 들뜨게 되어 더 높은 에너지 준위로 올라갔다가 낮은 에너지 준위로 떨어지면서 기체에 따라 특유한 파장(색깔)의 빛(광자)을 방출한다.

이 장에서는 양자역학이 알려주는 원자, 에너지 준위, 그리고 한 개 이상의 전자를 가진 원자에 적용되는 배타 원리의 효과에 대해서 공부한다. 그 외에 레이저와 같은 흥미로운 응용에 대해서도 알아볼 것이다.

CHAPTER 28

원자의 양자역학

시작 질문 추정해 보라!

불확정성 원리를 설명한 것으로 옳은 것은?

(a) 완전한 측정 기구를 만드는 것은 기술적으로 불가능하므로 측정은 완전할 수 없다.

(b) 입자가 정지해 있지 않는 한, 어디에 있는지 정확히 측정하는 것은 불가능하다.

(c) 입자의 위치와 운동량 모두를 동시에 완전히 정확하게 아는 것은 불가능하다.

(d) 입자가 실제로 정확히 어떤 운동량 값을 갖는 것은 불가능하다.

보어의 원자 모형은 우리에게 원자가 어떤 것인지 처음으로(개략적이기는 하지만) 상상할 수 있게 했다. 왜 원자로부터 오직 특정 파장의 빛만 방출되고 또 흡수되는지 설명했다. 수소(그리고 한 개의 전자를 가진 이온)의 선스펙트럼 파장과 이온화 에너지는 실험값과 잘 일치한다. 그러나 보어 모형에는 중요한 한계가 있었다. 보어 모형은 좀 더 복잡한(한 개 이상의 전자를 가진) 원자뿐만 아니라, 단 두 개의 전자를 가진 헬륨 원자의 선스펙트럼도 예측하지 못했다. 또한 방출 스펙트럼 선을 정밀하게 관측하면 두 개 이상의 매우 가까이 붙어 있는 선들(**미세 구조**라고 함)로 나뉘는지, 왜 어떤 스펙트럼선은 다른 것보다 더 밝은지도 설명하지 못했다. 그리고 액체나 고체, 또는 분자 속 원자들의 결합도 설명하지 못했다.

보어 모형은 또한 이론적인 관점에서도 만족스럽지 못했다. 그것은 고전적인 개

그림 28.1 슈뢰딩거와 마이트너(핵분열의 공동 발견자, 30장).

그림 28.2 하이젠베르크(가운데). 코모(이탈리아)에서 페르미(왼쪽)와 파울리(오른쪽)와 함께

념과 양자 개념의 이상한 혼합체였으며, 파동 · 입자의 이중성도 진정한 의미에서 풀린 것이 아니었다.

보어 모형의 한계를 지적하는 것은 과학사의 한 획을 그은 그의 업적을 폄하하려는 것이 아니다. 그 보다는 오히려 왜 1920년대 초에 새롭고 더 설득력 있는 이론이 필요하게 됐는지를 말하고자 하는 것이다. 그것이 등장하는 데는 오랜 시간이 걸리지 않았다. 드브로이가 물질파 가설을 발표한 지 2년도 되지 않아서 슈뢰딩거(Erwin Schrödinger, 1887~1961; 그림 28.1)와 하이젠베르크(Werner Heisenberg, 1901~1976; 그림 28.2)는 각각 독립적으로 새롭고 설득력 있는 이론을 발전시켰다.

28.1 양자역학-새로운 이론

새로운 이론은 **양자역학**(quantum mechanics)이라 불렸으며, 매우 성공적이었다. 이 이론은 파동과 입자의 이중성을 일관된 하나의 이론으로 통합했으며, 복잡한 원자가 방출하는 스펙트럼과 미세 구조까지 성공적으로 다뤘다. 선스펙트럼의 상대적 밝기와 어떻게 원자들이 분자를 형성하는지도 설명했다. 또한 흑체 복사에서부터 원자와 분자에 이르는 모든 양자 현상을 설명할 수 있는 훨씬 더 일반적인 이론이었다. 양자역학은 광범위한 자연 현상을 설명하고, 그 예측을 통해 많은 실용적인 장치를 만들 수 있게 했다. 그것은 너무나 성공적이어서 양자역학은 오늘날 거의 모든 물리학자들이 기본 물리 과정을 이해하는 기본 이론으로 받아들이고 있다.

양자역학은 주로 원자나 빛과 같은 미시 세계를 다룬다. 그렇지만 이 새로운 이론은 거시적 현상에 적용됐을 때 기존의 고전 물리 법칙을 도출해야 한다. 이 **대응 원리**(correspondence principle, 27.12절에서 이미 언급했다)는 양자역학이 잘 만족시키고 있다.

이것은 뉴턴 법칙과 같은 고전물리 이론들을 버려야 한다는 이야기가 아니다. 일상의 세계에서, 고전물리 법칙들은 적용하기 훨씬 쉬울 뿐만 아니라 매우 정확하게 기술하고 있다. 그러나 우리가 빛의 속력에 가까운 빠른 속력을 다뤄야 할 때는 상대성 이론을 사용해야 한다. 그리고 원자 세계와 같은 미시 세계를 다룰 때에는 양자역학을 사용해야 한다.

비록 이 책에서는 양자역학의 상세한 수학적 해석까지는 다루지 않을 것이지만, 양자역학의 주요 개념과 물질의 파동과 입자성이 어떻게 원자 구조와 다른 응용의 이해에 관련되어 있는지를 설명할 것이다.

28.2 파동 함수와 그 해석; 이중 슬릿 실험

파동의 주요 특성은 파장, 진동수, 그리고 진폭이다. 예를 들어 전자기파의 경우, 진동수(또는 파장)는 빛이 가시광선인지 아닌지를 결정하고, 만약 가시광선이라면 무슨 색깔인지를 결정한다. 우리는 또한 진동수는 이에 상응하는 광자의 에너지, $E = hf$ (식 27.4)의 척도가 됨을 살펴봤다. 어떤 지점에서 전자기파의 진폭이나 변위는 그 지점에서의 전기(또는 자기)장의 세기를 나타내며, 파의 세기(빛의 밝기)와 관련된다.

전자들과 같은 물체를 이루는 입자들의 경우 양자역학은 파동의 파장을 드브로이 식 $\lambda = h/p$ (식 27.8)에 따라 입자의 운동량과 연관시킨다. 그렇다면 물질파의 **진폭** 또는 **변위**는 무엇과 관련이 있을까? 양자역학에서 물질파의 진폭을 **파동 함수**(wave function)라고 하며, 기호 Ψ(그리스 문자 ψ)로 나타낸다. 그래서 Ψ는 시간과 공간의 함수로 '물질'장 또는 물질파라고 하는 새로운 장의 진폭을 의미한다.

파동함수 Ψ를 어떻게 해석해야 하는지를 이해하기 위해, 파동 · 입자 이중성을 이용하여 빛과의 유사성을 찾아보자.

우리는 11장에서 임의의 파동의 세기 I는 진폭의 제곱에 비례한다는 것을 봤으며, 이 사실은 빛의 경우에도 성립한다는 것을 22장에서 봤다. 다시 말해

$$I \propto E^2$$

이다. 여기서 E는 전기장의 세기이다. **입자**의 관점에서 보면, 빛줄기(주어진 진동수의)의 세기는 단위 시간당 주어진 넓이를 통과하는 광자수 N에 비례한다. 광자가 많을수록 세기는 더 강해진다. 따라서

$$I \propto E^2 \propto N$$

이며 이 비례식을 돌려서 쓰면 다음과 같다.

$$N \propto E^2$$

즉 광자수(가령, 이 책의 종이면을 때리는)는 전기장의 강도의 제곱에 비례한다.

빛이 매우 약하면 약간의 광자만 있게 된다. 실제로 매우 약한 빛으로 카메라 사진을 찍으면 개개의 광자 효과를 볼 수 있다. 오직 한 개의 광자만을 사용한다면 위의 관계식 $N \propto E^2$을 약간 다르게 해석할 필요가 있다. 즉 한 지점에서 전기장의 제곱 E^2은 광자가 그 지점에 존재할 확률의 크기를 나타낸다. E^2이 큰 지점은 광자가 존재

할 **확률**이 높은 곳이며, E^2이 작은 지점은 확률이 낮은 곳이다.

우리는 본(Max Born, 1882~1970)이 1927년에 처음 제안한 대로 빛이 아닌 물질파에 대해 같은 방법으로 해석을 내릴 수 있다. 파동함수 Ψ의 크기는 시간과 공간상의 각 지점에 따라 변한다. Ψ가 전자의 집단을 나타낸다면 Ψ^2은 그 지점에서 발견되리라 예상되는 전자수에 비례하는데, 적은 수의 전자를 다룰 때에는 정확한 예측값을 말할 수 없다. 그 이유는 Ψ^2이 확률의 성격을 가지게 되기 때문이다. Ψ가 한 개의 전자를 나타낸다면, 이 Ψ^2은 다음과 같이 해석된다. **시공간의 임의의 지점에서의 Ψ^2은 그 시간 그 지점에서 전자가 발견될 확률이다.**

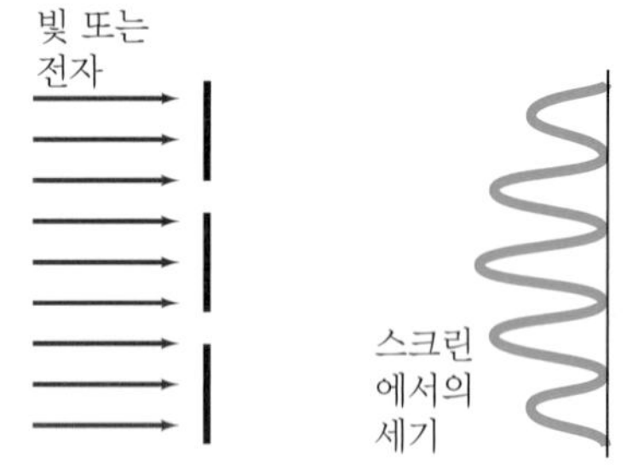

그림 28.3 평행한 빛이나 전자 빔이, 그 파장과 비슷한 크기의 이중 슬릿에 입사하면, 다음과 같은 간섭 무늬가 나타난다.

전자의 이중 슬릿 간섭 실험

이 사실을 좀 더 잘 이해하기 위해서 빛과 전자에 대한 우리가 잘 아는 이중 슬릿의 사고 실험을 해보자.

이중 슬릿의 크기와 간격은 슬릿을 통과하는 전자나 빛의 파장 크기라고 생각하자(그림 28.3). 우리는 빛의 경우 어떤 결과가 일어날지 매우 잘 알고 있다. 왜냐하면 이것은 24.3절에서 취급한 영의 이중 슬릿 간섭 실험과 동일하기 때문이며, 이때 스크린 상에는 간섭 무늬의 분명한 형태가 나타난다. 만약 빛 대신 슬릿 크기와 비슷한 파장을 갖는 전자를 사용하여 실험했다면 역시 간섭 무늬를 볼 수 있을 것이다(그림 27.12 참조). 빛의 경우에는 간섭 무늬를 눈으로 관측하거나 필름에 기록할 수 있고, 전자의 경우에는 형광 스크린을 이용하여 전자가 스크린에 도달할 때마다 빛을 내게 함으로써 간섭 무늬를 관측할 수 있다.

이제 전자나 광자의 수를 줄여 한 번에 한 개의 전자만 슬릿을 통과하게 한다면 우리는 한 개의 입자가 스크린에 도달할 때마다 번쩍이는 불빛을 볼 수 있다. 처음에는 그 빛들이 매우 무질서한 것으로 보이며, 입자들이 어떤 경로를 지나 스크린에 도달하는지 알 수 없다. 그러나 오랫동안 실험을 계속하면서 스크린에 도달하는 전자의 위치를 계속 관찰하면 우리는 곧 어떤 무늬가 나타남을 볼 수 있는데, 이것은 그림 28.4에서 보는 바와 같이 파동 이론과 일치하는 간섭 무늬임을 알 수 있다. 그러므로 한 전자가 스크린의 어느 부분에 도달하는지 잘 예측할 수 없지만 어느 부분에 많이 도달할 확률은 예측할 수 있다(빛과 같이). 앞에서도 언급했듯이 그 확률은 Ψ^2에 비례한다. Ψ^2이 0인 점은 간섭 무늬의 크기가 최솟값이 되고, Ψ^2이 최대인 점은 간섭 무늬의 크기가 최댓값이 된다.

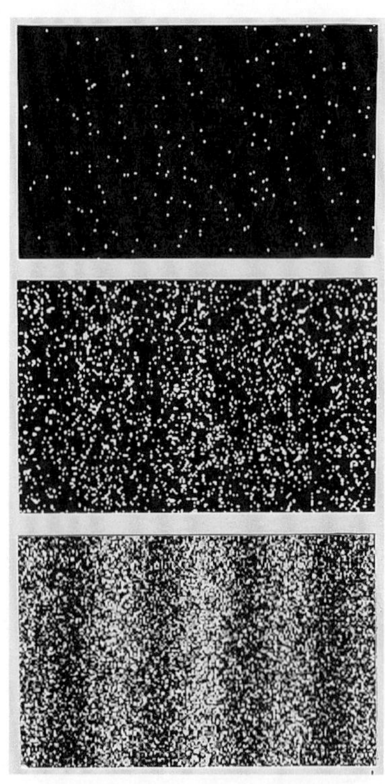

그림 28.4 전자들로 수행한 영의 이중 슬릿 실험. 전자들의 수가 몇 안될 때는 간섭 무늬가 분명하게 보이지 않으나(맨 위 사진), 전자들의 수가 점점 더 많아지면(두 번째와 세 번째 사진) 낯익은 이중 슬릿 간섭 무늬(24장)가 보인다.

간섭 무늬는 전자(또는 광자)가 한 번에 한 개씩 슬릿을 통과할 때에도 나타나므로 다른 전자와의 상호작용에 의해서만 간섭 무늬가 발생하는 것은 아니다. 이런 사실은 전자가 입자가 아닌 파동이기 때문에 가능하다. 전자는 입자성만큼 파동성도 가지고 있으며, 이 파동성 때문에 전자가 동시에 두 슬릿을 통과할 수 있다. 한쪽 슬릿을 막아서 전자가 다른 쪽으로만 통과하게 한 다음, 잠시 후에 두 번째 슬릿을 막고 전자를 첫 번째 슬릿으로 통과시키면 어떤 현상이 일어날까? 결과는 간섭이 없다는 것이다. 대신 각 슬릿 뒤에 있는 형광 스크린에 두 개의 밝은 영역만 있게 된다. 이런 사실은 두 슬릿을 동시에 열었을 때 각각의 전자들이 파동처럼 동시에 두 곳을 통과하여 간섭 무늬를 형성했다는 것을 보인다. 그러나 각각의 전자는 입자처럼 스크린의 작은 지점에서만 발광한다.

이런 논의의 주안점은 전자(또는 다른 물질)를 파동처럼 취급하면 Ψ가 진폭을 나타내고, 입자처럼 취급하면 확률의 입장에서 Ψ를 다루게 된다는 것이다. 즉 파동 함수의 제곱 Ψ^2이 주어진 지점에서 전자를 발견할 확률이 된다. 따라서 시공간에서 전자 한 개의 경로를 정확하게 추적 또는 예측할 수 없게 된다.

28.3 하이젠베르크 불확정성 원리

측정을 할 때마다 약간의 부정확성이나 오차가 있게 마련이다. 예를 들어 책상의 길이를 절대적으로 정확하게 측정할 수 있는가? 1 mm 간격의 눈금자를 사용해도 약 $\frac{1}{2}$ mm 정도의 부정확도가 있다. 측정기기가 아무리 좋다고 하더라도 부정확도는 늘 생기기 마련인데, 좀 더 정확한 기기를 사용하면 측정상 부정확도를 아주 작게 줄일 수 있을 뿐이다.

그러나 양자론에 의하면 측정의 정확도에 실제적인 제한 요소가 있다. 이런 제한은 기기를 얼마나 좋게 만들었느냐에 있는 것이 아니라 그것은 자연의 본성에서 기인하는 것이다. 이것은 두 가지 요인에서 나타난다. 파동 · 입자 이중성 및 피관측물과 관측 기기 사이의 불가피한 상호작용이 그것이다. 이런 사실을 좀 더 자세하게 논의해 보자.

물체를 측정하는 데는 어느 정도의 상호작용은 불가피하다. 어두운 암실에서 탁구공이 놓여 있는 위치를 찾는다고 하자. 우리는 탁구공의 위치를 알기 위해 더듬거릴 것이며, 어느 순간 손가락이 탁구공을 건드리고, 그때 탁구공은 튀어나갈 것이다. 전자이든 탁구공이든 그 물체의 위치를 측정하려면 위치를 알려줄 무엇인가로 물체를 건드려야만 한다. 또는 빛을 비추어 탁구공에서 반사되는 빛을 관측해야 한다. 손이나 손바닥으로 찾을 때에는 탁구공을 건드려서 그 위치를 알게 된다. 그러나 탁구공을 건드리면 **그 이후의** 탁구공의 위치를 모르게 된다. 빛으로 탁구공을 관측하는 경우에도 같은 결과가 초래된다. 탁구공을 '보려면' 적어도 한 개의 광자가 탁구공에서 산란되어야 하고, 그 반사된 광자가 우리의 눈이나 관측 기기에 들어가야 한다. 광자가 일상적인 물체를 때릴 때에는 그 물체의 위치나 운동량을 전혀 바꾸지 않는 것처럼 보인다. 그러나 전자와 같은 매우 작은 물체를 광자가 때릴 때에는 대부분의 운동량을 물체에 전달하며, 그 결과 물체의 위치와 운동은 심하게 변한다. 한 번의 위치 측정은 그 이후 물체의 위치를 불확실하게 한다.

이제 파동 · 입자 이중성이 어디에서 기인하는지 살펴보자. 그림 28.5에서 보는 바와 같이 전자와 같은 물체의 위치를 측정하기 위해 광자를 이용하는 사고 실험을 가정하자. 25장에서 우리는 물체를 가장 선명하고 정확하게 관측하는 핵심은 바로 관측에 사용된 빛의 파장의 크기에 달려 있다고 배웠다. 만약 우리가 정확한 위치를 측정하기 원한다면 아주 짧은 파장의 빛을 이용해야 한다. 그러나 짧은 파장의 빛은 높

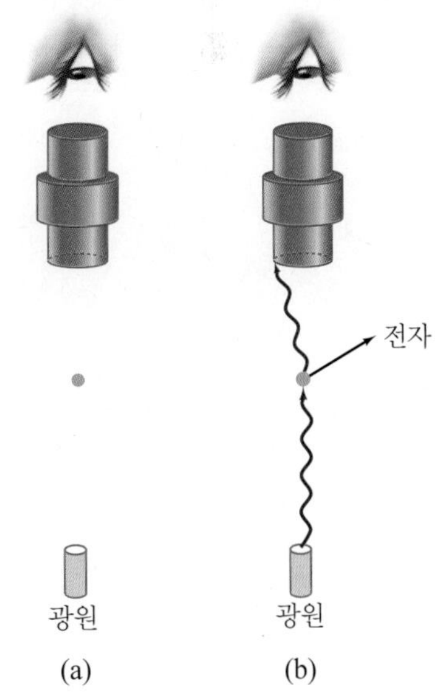

그림 28.5 강력한 광학 현미경으로 전자를 관찰하는 사고 실험. 적어도 한 개의 광자가 전자와 충돌(운동량의 일부를 전달)한 후 현미경 속으로 들어온다.

은 진동수를 갖게 되고, 이는 높은 에너지를 가진 광자가 되기 때문에 이 광자가 다른 물체와 충돌 시 더 많은 운동량을 전달하게 된다. 반면 더 긴 파장을 가진 광자는 더 낮은 에너지를 갖게 되는데, 이 광자가 물체와 충돌이 일어나면 비교적 적은 양의 변화를 주게 되지만 위치의 정확도를 떨어지게 한다. 그러므로 관측 작용의 행위는 전자의 **위치**와 **운동량**의 큰 **불확정성**을 낳는다. 이것이 1927년 하이젠베르크가 처음 발표한 불확정성 원리의 본질이다.

이 효과의 크기는 대략적으로 계산할 수 있다. 파장이 λ인 빛을 이용했다면, 위치는 λ 정도의 정확도로 측정할 수 있다. 즉 위치 측정의 불확정성 Δx는 대략 다음과 같다.

$$\Delta x \approx \lambda$$

물체를 광자 하나로만 측정할 수 있다고 가정하자. 광자의 운동량은 $p_x = h/\lambda$(식 27.6)이다. 광자가 대상 물체를 때리고, 자신의 운동량을 그 물체에 준다면(그림 28.5), 물체의 나중 운동량은 아래와 같다.

$$\Delta p_x \approx \frac{h}{\lambda}$$

왜냐하면 부딪치기 전까지 운동량이 얼마만큼 전달될지 말할 수 없기 때문이다. 이런 불확정도의 곱은 다음과 같다.

$$(\Delta x)(\Delta p_x) \approx (\lambda)\left(\frac{h}{\lambda}\right) \approx h$$

물론 이 불확정도는 일반적으로 측정기기와 사용된 광자수에 따라 이 값보다는 커진다. 하이젠베르크는 정확한 계산으로 다음과 같다는 것을 보였다.

불확정성 원리 (위치와 운동량)

$$(\Delta x)(\Delta p_x) \gtrsim \frac{h}{2\pi} \qquad \textbf{(28.1)}$$

이것이 **하이젠베르크 불확정성 원리**(Heisenberg's uncertainty principle)의 수학적 표현으로 때때로 **부정 원리**(indeterminancy principle)라고 한다. 이 원리는 물체의 운동량과 위치를 동시에 정확히 측정할 수 없다는 것을 말한다. 즉 좀 더 정확한 위치를 측정하려면 Δx는 작아지고, 운동량의 불확정도 Δp_x는 커지게 된다. 반면 운동량을 정확하게 측정하려면, 위치의 불확정도가 상대적으로 커지게 된다. 그러나 불확정성 원리가 한 물리량의 정확한 측정을 하지 못한다는 것을 뜻하는 것은 아니다. 예를 들어 원칙적으로는 물체의 위치를 정확하게 측정할 수 있다. 그러나 그렇게 되면, 그 이후의 운동량을 전혀 알 수 없게 된다. 그 결과 물체의 위치를 어느 한순간에는 정확하게 알았더라도 다음 순간에 물체가 어디에 있는지를 알 수 없게 된다.

주의
불확정성은 측정 장비의 결함이 아니라 자연의 내재된 성질(입자 · 파동)에서 비롯된다.

연습 A 777쪽 시작 질문으로 가서 다시 답을 해 보라. 처음과 답이 다르다면 그 이유를 설명해 보라.

에너지와 시간에 관련된 불확정성 원리도 있다. 이제부터 이런 관계에 대해 논의하겠다. 관측물은 위치 $\Delta x \approx \lambda$의 불확정성을 갖는다. 광속 c인 광자로 그 물체를 관측하면, 불확정한 거리 Δx를 통과하는 데 걸리는 시간은 $\Delta t \approx \Delta x/c \approx \lambda/c$가 된다. 물체가 있는 위치를 측정할 때 측정 시간에는 아래 정도의 불확정도가 생기게 된다.

$$\Delta t \approx \frac{\lambda}{c}$$

광자는 자신의 에너지($= hf = hc/\lambda$)를 관측물에 일부 또는 전부를 전달하므로 물체의 결과적인 에너지의 불확정도는

$$\Delta E \approx \frac{hc}{\lambda}$$

이며, 이 두 불확정도의 곱은

$$(\Delta E)(\Delta t) \approx \left(\frac{hc}{\lambda}\right)\left(\frac{\lambda}{c}\right) \approx h$$

이다. 하이젠베르크의 정확한 계산은 다음과 같았다.

$$(\Delta E)(\Delta t) \gtrsim \frac{h}{2\pi} \qquad \textbf{(28.2)}$$

불확정성 원리
(에너지와 시간)

이런 형태의 불확정성 원리는 물체의 에너지가 불확정한 시간 $\Delta t \approx h/(2\pi\,\Delta E)$ 동안 ΔE만큼 보존되지 않을 뿐만 아니라 불확정성을 가질 수 있다는 것이다.

양자역학에서 자주 사용되는 양 $h/2\pi$를 편의상 기호 $\hbar$(h-bar)로 쓴다. 즉

$$\hbar = \frac{h}{2\pi} = \frac{6.626 \times 10^{-34}\,\mathrm{J\cdot s}}{2\pi} = 1.055 \times 10^{-34}\,\mathrm{J\cdot s}$$

이다. 이 기호를 사용하여 불확정성에 대한 식 28.1과 28.2는 다음과 같이 쓸 수 있다.

$$(\Delta x)(\Delta p_x) \gtrsim \hbar$$
$$(\Delta E)(\Delta t) \gtrsim \hbar$$

우리는 전자를 입자로 취급하면서 전자의 위치와 속도에 대해 기술해 왔다. 그러나 전자는 입자가 아니다. 실제로 전자—일반적으로 모든 물질—는 파동성뿐만 아니라 입자성도 가지고 있기 때문에 불확정성 원리가 존재하게 된다. 전자를 입자로만 고집한다면, 그 관점에 문제점이 있다는 것을 불확정성 원리는 말해 주고 있다. 즉 동시에 위치와 속도를 정확하게 알 수 없으며, 에너지도 $\Delta t \approx \hbar/\Delta E$ 시간 동안 ΔE만큼 부정확(또는 비보존)하다는 것이다.

플랑크 상수 h는 매우 작은 값이며, 불확정성 원리에 따른 불확정도는 거시 세계에서는 무시된다. 그러나 원자 크기의 수준에서는 이 정도의 불확정도는 매우 중요한 의미를 갖는다. 보통의 물체라 하더라도 그것이 모두 핵과 전자들로 구성된 원자들의 집합체이므로 불확정성 원리는 모든 자연세계의 이해에 깊은 관련이 있다. 아마 불확정성 원리가 양자역학의 확률적 본성을 가장 분명하게 나타낸다고 볼 수 있다. 그래서 이 부분은 철학적 논의의 기본 원리로 종종 사용되고 있다.

예제 28.1 **전자의 위치 불확정도**

전자가 등속력 $v = 1.10 \times 10^6$ m/s로 직선 상을 운동한다. 이때 측정된 오차가 0.10 %였다. 동시에 측정할 수 있는 위치의 최대 정확도는 얼마인가?

접근 운동량은 $p = mv$, p의 불확정도는 $\Delta p = 0.0010p$. 불확정성 원리(식 28.1)를 이용하여 위치의 최소 불확정도 Δx를 구한다.

풀이 전자의 운동량은

$$\begin{aligned} p &= mv = (9.11 \times 10^{-31}\,\text{kg})(1.10 \times 10^6\,\text{m/s}) \\ &= 1.00 \times 10^{-24}\,\text{kg}\cdot\text{m/s} \end{aligned}$$

이며 운동량의 불확정도는 이 값의 0.10 %이므로 $\Delta p = 1.0 \times 10^{-27}\,\text{kg}\cdot\text{m/s}$이다. 불확정성 원리에 따라, 동시에 측정할 수 있는 위치의 불확정도는

$$\Delta x \approx \frac{\hbar}{\Delta p} = \frac{1.055 \times 10^{-34}\,\text{J}\cdot\text{s}}{1.0 \times 10^{-27}\,\text{kg}\cdot\text{m/s}} = 1.1 \times 10^{-7}\,\text{m}$$

즉 110 nm이다.

유의 이 값은 원자지름의 약 1000배에 해당한다.

연습 B 전자의 위치가 0.50×10^{-10} m의 정밀도로 측정됐다. 운동량과 속도에 대한 최소 불확정도를 구하라.

예제 28.2 **야구공의 위치 불확정도**

150 g의 야구공을 (93 ± 2) mi/h = (42 ± 1) m/s의 속력으로 던졌다. 불확정성 원리를 이용하면 위치의 불확정도는 얼마인가?

접근 속력의 불확정도는 $\Delta v = 1$ m/s이다. 여기에 질량 m을 곱하여 Δp를 구하고, 불확정성 원리를 이용하여 Δx를 계산한다.

풀이 운동량의 불확정도는

$$\Delta p = m\,\Delta v = (0.150\,\text{kg})(1\,\text{m/s}) = 0.15\,\text{kg}\cdot\text{m/s}$$

이므로 위치의 불확정도는 다음과 같다.

$$\Delta x = \frac{\hbar}{\Delta p} = \frac{1.055 \times 10^{-34}\,\text{J}\cdot\text{s}}{0.15\,\text{kg}\cdot\text{m/s}} = 7 \times 10^{-34}\,\text{m}$$

유의 이 값은 너무나 작아서 어느 누구도 관측하거나 측정할 수 없다. 이 양은 원자 크기의 1조배의 1조배만큼 작다. 실제로 불확정성 원리는 거시적 물체의 측정에 아무런 제한을 두지 못한다.

예제 28.3 **추산** **J/ψ 입자의 수명 계산**

1974년에 발견된 J/ψ 중간자는 3100 MeV/c^2 ($E = mc^2$에서 비롯된 에너지 단위)의 평균 질량과 63 keV/c^2의 질량 '폭'을 갖는 것으로 측정됐다. 각각의 중간자의 질량은 실제로 서로 약간씩 다르게 나타나는데, 이 질량 '폭'은 ψ가 다른 입자로 분열되기 전까지의 매우 짧은 수명과 관련이 있다. 이 입자가 Δt 시간 동안 존재한다면, 입자의 질량(또는 정지 에너

지)은 불확정성 원리에 의해 $\Delta E \approx \hbar/\Delta t$가 된다. J/$\psi$ 입자의 수명을 예측하라.

접근 에너지-시간에 대한 불확정성 원리, 식 28.2를 이용한다.

풀이 J/ψ 입자의 질량 불확정도, 63 keV/c^2는 정지 에너지의 불확정도이다. 이를 에너지 단위 J로 나타내면

$$\Delta E = (63 \times 10^3\ \text{eV})(1.60 \times 10^{-19}\ \text{J/eV}) = 1.01 \times 10^{-14}\ \text{J}$$

이므로 우리는 그 수명 $\tau(=\Delta t$, 식 28.2 이용)를 다음과 같이 예측할 수 있다.

$$\tau \approx \frac{\hbar}{\Delta E} = \frac{1.055 \times 10^{-34}\ \text{J}\cdot\text{s}}{1.01 \times 10^{-14}\ \text{J}} \approx 1 \times 10^{-20}\ \text{s}$$

이 정도의 짧은 수명을 직접 측정하기는 매우 어려우므로 매우 짧은 수명을 입자에 부여할 때에는 이런 불확정성 원리를 사용한다.

28.4 철학적 논의; 확률론과 결정론

고전적 뉴턴의 세계관은 결정론(5.8절 참조)으로 그 기본 개념 중의 하나는 특정 시간에서의 물체의 위치와 속도를 안다면, 그 이후의 위치는 외력에 따라 예측될 수 있다는 것이다. 예를 들어 똑같은 처음 속도와 각, 그리고 작용하는 힘도 항상 같게 하여 돌을 여러 번 던진다면 돌의 포물선 경로는 항상 같다. 즉 힘(공기 저항이나 중력)이 알려졌다면 돌의 경로는 항상 정확하게 예측된다. 이런 역학적 관점은 우주가 입자로 구성됐다고 가정할 때 우주의 시간에 따른 전개가 완벽하게 결정된다는 것이다.

이런 고전 결정론이 양자역학에서는 전혀 새롭게 바뀌게 된다. 이중 슬릿 실험에서 보면(28.2절 참조), 같은 방법으로 전자들을 실험해도 모두 같은 지점에 도달하지는 않는다. 양자역학에 의하면 전자는 확률적으로 각기 다른 지점에 도달한다. 이런 관점은 가해진 힘과 처음 위치, 그리고 속도에 따라 입자의 경로가 정확하게 결정되는 고전적 관점과는 상당히 다르다. 또한 양자역학에 의하면, 물체의 위치와 속도를 동시에 정확하게 알 수 없다. 왜냐하면 이것은 불확정성 원리에 포함되어 있으며, 전자와 같은 기본 물체를 단순하게 입자로만 보지 않기 때문이다. 즉 동시에 파동성을 갖는다. 양자역학은 전자(입자로 생각했을 때)가 여러 지점에서 관측될 확률†을 계산할 수 있게 해주고, 또한 자연계에 내재된 불예측성이 있다는 것을 알려준다.

물질은 원자로 구성되어 있기 때문에 일상의 물체라도 결정론보다는 확률로 표현된다. 예를 들어 돌을 던질 때 일반적인 하향 포물선 운동 대신에 갑작스러운 상향 운동 곡선이 될 확률도 작지만 존재한다. 양자역학의 입장에서 일상적인 물체는 고전역학 법칙에 따라 운동할 확률이 대단히 높다. 그러나 이런 예측은 확실성이 아니라 확률적이다. 거시 물체의 행동이 대단히 높은 확률로 고전 법칙을 따르는 이유는

† 이런 확률은 주사위를 던지거나 카드놀이 같은 경우에는 엄밀히 예측할 수 있으나, 스포츠 경기와 같은 경우는 단지 통계적으로 예측할 수 있을 뿐이지 확률을 예측하기는 어렵다는 점에 유의하자.

수많은 분자가 포함되어 있기 때문이다. 즉 다수의 물체가 통계적 상황에 있을 때 평균값으로부터의 변이는 매우 작다. 이런 높은 확률을 가지고 다수 분자의 평균 운동이 고전물리 법칙을 따르게 되고, 가시적인 '결정론'으로 나타나게 된다. 고전 법칙으로부터의 큰 변위는 소수의 분자를 다룰 때 나타난다. 양자역학에서는 정확한 결정론과 같은 법칙은 없더라도 확률적 통계 법칙이 존재한다.

19세기에 기체 운동에 확률을 도입하여 열역학을 해석한 통계적 확률과 양자역학의 확률 사이에는 큰 차이가 있다(13과 15장 참조). 열역학에서는 입자수가 너무 많기 때문에 확률이 사용되지만 분자는 뉴턴 법칙에 따라 결정론적으로 운동하고 있다. 양자역학에서의 확률은 열역학과 매우 다르다. 즉 이 확률은 자연계에 **내재된** 것이지 계산 능력의 한계에 의해 발생하는 것이 아니다.

소수의 물리학자들은 아직도 결정론을 포기하지 않고 있다. 또한 양자역학을 완벽한 이론으로 인정하지도 않는다. 아인슈타인도 그중 한사람이었다. 그렇지만 대다수의 학자들은 양자역학과 확률론을 인정하고 있다. 이 책에서 기술한 내용은 일반적으로 인정되는 자연관으로 보어의 고향 이름을 따서 **코펜하겐 해석**(Copenhagen interpretation)이라고 한다. 그리고 이 개념은 보어와 물리학자들의 토론을 통해 그곳에서 발전됐다.

전자는 단순히 입자성만 갖는 것이 아니므로, 전자의 운동은 공간과 시간상의 특정한 경로를 따른다고 생각할 수 없다. 이런 사실은 시공간에 따른 물질의 기술이 완벽하지 않다는 것을 암시한다. 이와 같은 깊고 심오한 결론은 철학자들 사이에서 열띤 토론의 주제가 됐다. 양자역학에 대해 가장 중요하고 영향력이 컸던 철학자는 보어이다. 그는 실제로 시공간에 따른 원자의 기술은 불가능하다고 말했다. 원자나 전자들에 관한 실험적 내용은 시공간적 내용뿐만 아니라 우리의 일상적 경험과 친숙한 또 다른 개념, 즉 파동과 입자로서 기술되어야만 한다. 우리는 실험 결과를 서술할 때 원자나 전자들은 시공간에서 입자라고 하는 고정 관념에서 벗어나야 한다.

28.5 원자의 양자역학적 관점

이 장의 도입부에서 원자 구조에 대한 보어 이론의 한계에 대해 말했다. 이제부터는 원자를 양자역학적 관점에서 생각해 보겠다. 이것은 보어의 기술보다 훨씬 완벽하다. 보어 모형은 자연계를 완벽하게 기술하지 못하고 있지만, 그럼에도 불구하고 양자역학에서 보어 이론의 여러 결과는 양자역학적으로 재확인된다. 즉 원자 내의 전자는 불연속 에너지를 가지고 있고, 전자는 어떤 상태에서 다른 상태로 전이하면서 빛을 방출(또는 흡수)한다. 그러나 양자역학은 훨씬 심오하며 원자에 대한 새로운 관점도 제시한다. 양자역학에 의하면, 보어 이론에서처럼 경계가 뚜렷한 전자의 원궤도는 존재하지 않는다. 그보다 전자는 (파동성 때문에) 공간 내의 음전하 **구름**처럼 분포되어 있다. 전자 구름의 크기와 모양은 원자의 물리 상태에 따라 계산된다. 수소 원자가 바닥 상태에 있을 때 전자 구름의 모양은 구 대칭이다(그림 28.6). 원자의 '크기'는 전자 구름을 통해 대략 알 수 있다. 구름 자체가 뚜렷한 경계를 가지지 않는 것처럼 원자도 뚜렷한 경계나 확정된 크기를 가지지 않는다. 모든 전자 구름이 구의 형태만을 가지는 것은 아니며, 이에 관한 내용은 이 장의 후반부에서 다루게 될 것이다.

전자 구름은 전자가 입자성을 갖는가, 파동성을 갖는가에 대한 해답을 준다. 입자성에 의해 한 입자는 공간 내의 국소 영역을 차지한다. 즉 주어진 순간에 주어진 위치에 존재한다. 대조적으로 파동은 공간상에 퍼져 있다. 전자 구름은 그림 28.6과 같이 공간에 분포되어 있으며, 이것은 전자의 파동성의 결과이다. 전자 구름은 입자의 **확률 분포**(probability distribution) 또는 **확률 밀도**(probability density)로 해석할 수 있다. 한 전자의 위치를 500번 측정한다면(입자로 생각해서) 결과의 대부분은 그 전자가 확률이 높은 곳에 위치함을 보여줄 것이다(그림 28.6의 여러 점들 중에서 더 어두운 부분). 단지 일부의 경우만 확률이 낮은 곳에서 전자가 발견될 것이다. 따라서 우리는 전자가 형성하는 궤도를 예측할 수 없다. 그 이유는 28.3절에서 봤듯이 전자의 위치를 측정한 다음 순간에 전자가 어디에 있는지 알지 못하기 때문이다. 단지 다음 순간에 다른 어떤 위치에 있을 확률만을 계산할 수 있다. 이런 현상은 고전적인 뉴턴의 물리 현상과는 분명 다르다. 실제로 보어가 지적했듯이 원자가 빛을 방출할 때 한 상태에서 다른 상태로 어떤 방법으로 빛이 도달하는지를 묻는 것은 그 자체가 무의미하다.

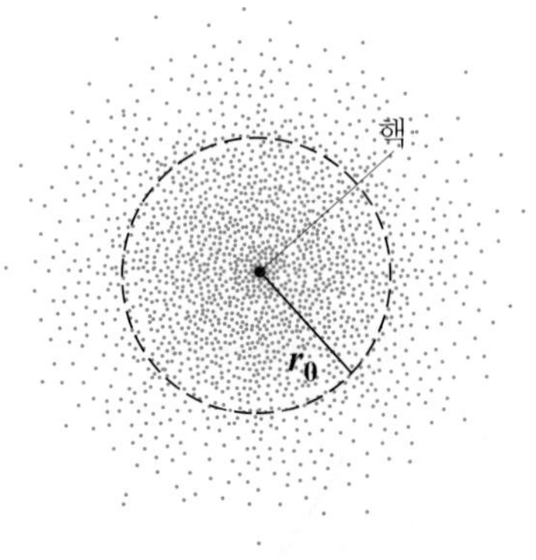

그림 28.6 멀리서 봤을 때 수소 원자의 바닥 상태에 대한 전자 구름 또는 '확률 분포'. 점들은 각 점에서 전자를 검출할 가상적인 확률을 나타낸다. 점들이 가까이 모여 있으면 전자가 존재할 확률이 더 높다(더 조밀한 구름). 점선으로 된 원은 보어 반지름 r_0을 나타낸다.

28.6 수소 원자의 양자역학; 양자수

이제부터 양자역학으로 본 수소 원자에 대해 좀 더 자세히 살펴보기로 하자. 이 절에서 논의하는 대부분의 내용은 또한 더 복잡한 원자들에게도 적용될 수 있는데, 그에 대해서는 다음 절에서 논의할 것이다.

양자역학은 수소 원자에서 보어 이론과 정확히 일치하는 에너지 준위(그림 27.29 참조)를 예측한다.

$$E_n = -\frac{13.6\text{ eV}}{n^2}, \qquad n = 1, 2, 3, \cdots$$

여기서 n은 정수이다. 보어 이론에서도 오직 한 개의 양자수 n만이 에너지에 나타났다. 양자역학에서 원자 내의 물리 상태를 나타내려면 네 가지 서로 다른 양자수가 필요하다.

(1) 보어 이론의 양자수 n도 양자역학에 나타나며, **주양자수**(principal quantum number)라고 하는데, 그 값은 정수이며 1에서 ∞까지 된다. 수소 원자의 전체 에너지는 위에서 보듯이 n에만 의존한다.

(2) 궤도 양자수(orbital quantum number)인 ℓ은 전자의 각운동량의 크기를 나타내며, ℓ은 정수로서 0에서 $(n-1)$까지의 값을 갖는다. 바닥 상태인 $n = 1$에서 ℓ은

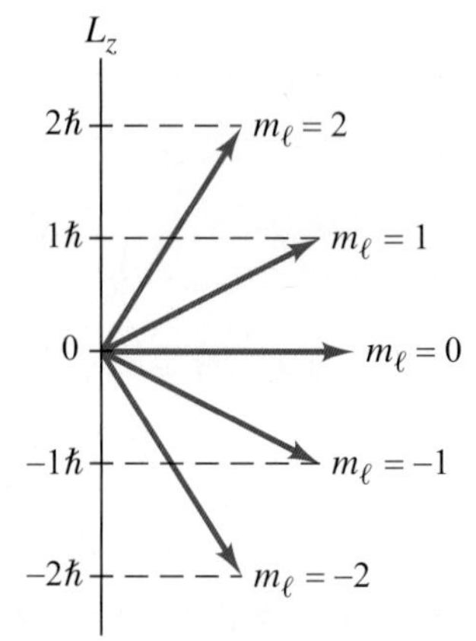

그림 28.7 $\ell = 2$일 때의 각운동량 방향에 따른 양자화. ($\vec{\mathbf{L}}$의 크기는 $L = \sqrt{6}\,\hbar$이다.)

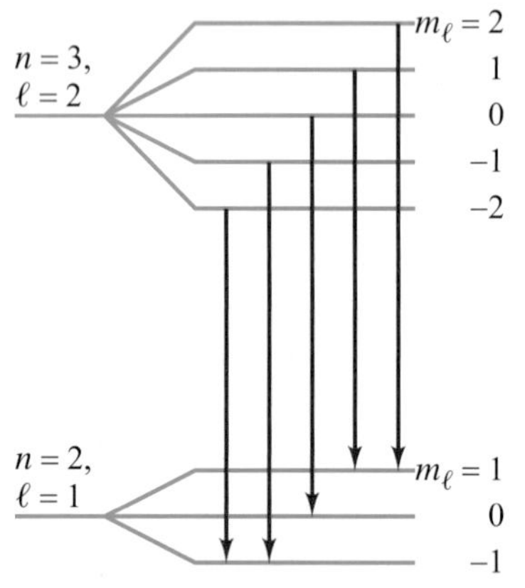

그림 28.8 에너지 준위(실제 비율이 아님). 자기장이 있을 때, $n = 3$, $\ell = 2$인 에너지 준위는 m_ℓ의 값(2, 1, 0, −1, −2)에 대응되는 다섯 준위로 쪼개진다. $n = 2$, $\ell = 1$인 준위는 셋($m_\ell = 1, 0, -1$)으로 쪼개진다. 다양한 진동수의 광자를 방출하면서 준위들 사이에 전이(모든 전이가 나타나지는 않는다)가 발생한다(제이만 효과).

0의 값만 가진다.[†] 그러나 $n = 3$에 대해서는 $\ell = 0, 1, 2$의 값이 된다. 각운동량 L의 실제 크기는 양자수 ℓ과 다음과 같은 관계가 있다.

$$L = \sqrt{\ell(\ell+1)}\,\hbar \tag{28.3}$$

여기서 $\hbar = h/2\pi$이다. 수소 원자의 전체 에너지는 ℓ값과 무관하다. 오직 n에만 관련된다. 그러나 두 개 이상의 전자를 가지는 원자의 전체 에너지는 n뿐만 아니라 ℓ에도 의존한다(28.7절 참조).

(3) **자기 양자수**(magnetic quantum number)인 m_1은 전자의 각운동량의 **방향**과 관련되며, $-\ell$에서 $+\ell$까지의 정수값을 갖는다. 예를 들어 $\ell = 2$이면 m_ℓ은 −2, −1, 0, +1, +2가 될 수 있다. 각운동량은 벡터이므로 크기와 방향이 양자화된다는 것은 놀라운 일이 아니다. $\ell = 2$에서 허용되는 다섯 방향을 그림 28.7에 나타냈다. $\vec{\mathbf{L}}$ 방향에 대한 이런 제한을 **공간 양자화**(space quantization)라고 한다. 양자역학에서 각운동량의 방향은 임의로 선택한 z축 성분으로 구분한다. 그러므로 L_z는 m_ℓ과 다음과 같은 관계가 있다.

$$L_z = m_\ell \hbar$$

m_ℓ의 이름은 L_z와 관련된 이론에서 유래된 것이 아니라 실험과 관련된다. 기체 방전관을 자기장 내에 설치했을 때 선스펙트럼은 매우 근접한 선들로 분리된다. **제이만 효과**(Zeeman effect)로 알려진 이런 분리는 에너지 준위가 분리되고(그림 28.8), 자기장이 작용할 때 상태 에너지가 n뿐만 아니라 m_ℓ에도 의존한다는 것이다. 그러므로 '자기 양자수'라고 한다.

(4) 마지막으로 **스핀 양자수**(spin quantum number)인 m_s는 전자의 경우 오직 두 개의 값 $m_s = +\frac{1}{2}$과 $m_s = -\frac{1}{2}$만을 갖는다. 이 양자수의 존재는 n과 ℓ, 그리고 m_ℓ과는 달리 슈뢰딩거의 이론에서는 나타나지 않는다. 그 대신 디랙(P. A. M. Dirac, 1902~1984)에 의한 양자역학의 상대론적 확장에서 상대론적 효과로 그 존재가 설명된다. m_s의 필요성을 처음으로 느낀 것은 실험에서였다. 수소 스펙트럼을 자세히 조사하면 외부 자기장 없이도 두 개의 아주 가까운 선으로 구성된다는 것을 알 수 있다. 처음에는 **미세 구조**(fine structure)라고 하는 이런 작은 에너지의 분리는 전자의 자전과 관련된 각운동량이 원인이라고 가정했다. 즉 전자는 핵 주위를 운동할 뿐만 아니라 회전축을 중심으로 자전하며, 이것은 지구가 태양 주위를 궤도 운동하면서 자전하는 것과 같은 형태라고 생각했다. 자전하는 전자는 자전 전류를 가지는 것으로 생각할 수 있고, 이 전류는 궤도 운동을 하는 전하가 발생시키는 자기장과 상호작용을 하게 되며, 그 결과 작은 에너지 분리를 나타낸다(그러므로 에너지는 m_ℓ과 m_s에 약간 의존하게 된다).[‡] 오늘날 우리는 자전하는 전자 모형을 전혀 믿지 않고, 전자를 자전하는 크기가 작은 물체로 보지 않는다. 중요한 점은 전자에 두 가지 다른 상태가 내재된다는 것으로 이런 성질을 '스핀'이라고 한다. 두 개의 가능한 m_s값($+\frac{1}{2}$과 $-\frac{1}{2}$)을 때때로 '스핀 위'와 '스핀 아래'

[†] 이것은 바닥 상태를 $\ell = 1$로 하는 보어 이론과 대조가 된다(식 27.11 참조).

[‡] 미세 구조는 스핀 · 궤도 상호작용에 기인한다고 한다.

라고 하며, 스핀 각운동량의 가능한 두 방향을 나타낸다.

수소 원자 내에 있는 전자의 네 가지 양자수를 표 28.1에 나타냈다.

표 28.1 하나의 전자가 갖는 양자수

이름	기호	허용치
주양자수	n	$1, 2, 3, \cdots, \infty$
궤도 양자수	ℓ	$1, 2, 3, \cdots, n-1$(주어진 n에 대해)
자기 양자수	m_ℓ	$\ell, \ell-1, \cdots, 0, \cdots, -\ell$(주어진 n과 ℓ에 대해)
스핀 양자수	m_s	$+\frac{1}{2}, -\frac{1}{2}$(각각의 n, ℓ, m_ℓ 조합에 대해)

연습 C 전자의 양자수가 $n = 4$, $\ell = 2$이다. 다음 중 가능한 m_ℓ 값은? 4, 3, 2, 1, 0, −1, −2, −3, −4

예제 28.4 $n = 3$**일 때** E**와** L

수소 원자에서 $n = 3$인 각 상태에서 전자의 (a) 에너지와 (b) 궤도 각운동량을 구하라.

접근 여기서는 위에서 기술한 작은 보정을 무시하고, 상태의 에너지는 n에만 의존한다고 가정한다. 모든 상태가 $n = 3$이므로 모두 같은 에너지를 갖는다. 각운동량의 경우 식 28.3을 사용한다.

풀이 (a) 모든 상태에 대해서 $n = 3$이므로, 모두 같은 에너지를 갖는다.

$$E_3 = -\frac{13.6\ \mathrm{eV}}{(3)^2} = -1.51\ \mathrm{eV}$$

(b) $\ell = 0$인 경우 식 28.3에서

$$L = \sqrt{\ell(\ell+1)}\,\hbar = 0$$

또 $\ell = 1$인 경우

$$L = \sqrt{1(1+1)}\,\hbar = \sqrt{2}\,\hbar = 1.49 \times 10^{-34}\ \mathrm{J \cdot s}$$

마지막으로 $\ell = 2$인 경우 다음과 같이 된다.

$$L = \sqrt{2(2+1)}\,\hbar = \sqrt{6}\,\hbar$$

유의 일반적으로 원자의 각운동량은 $\hbar$의 배수이다(이 경우에는 $\sqrt{2}\,\hbar$ 또는 $\sqrt{6}\,\hbar$이다).

연습 D $n = 6$, $\ell = 4$인 수소 원자 내 전자의 에너지와 각운동량은 어떻게 되는가?

비록 ℓ과 m_ℓ은 수소의 에너지 준위에 큰 영향을 주지 않지만, 공간상 전자의 확률 분포에만 영향을 미친다. 예를 들어 $n = 1$인 경우 ℓ과 m_ℓ은 0이고, 전자 분포는 그림 28.6과 같다. 또 $n = 2$인 경우에 ℓ은 0이나 1이 된다. $n = 2$, $\ell = 0$의 분포를 그림 28.9a에 나타냈는데, 여전히 구 대칭이기는 하지만 바닥 상태(그림 28.6)와는 다르다. $n = 2$, $\ell = 1$인 경우는, 그림 28.9b($m_\ell = 0$인 경우)와 28.9c($m_\ell = +1$ 또는 -1인 경우)에서 볼 수 있듯이 그 분포는 구 대칭이 아니다.

상태에 따라 전자의 공간 확률 분포는 계산할 수 있지만, 실험적으로 측정하기는

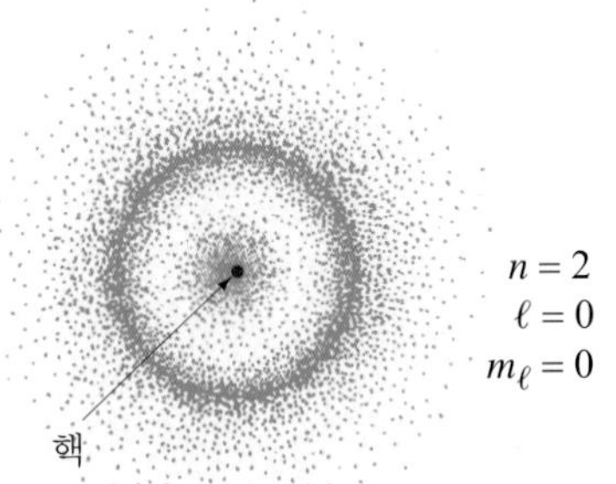

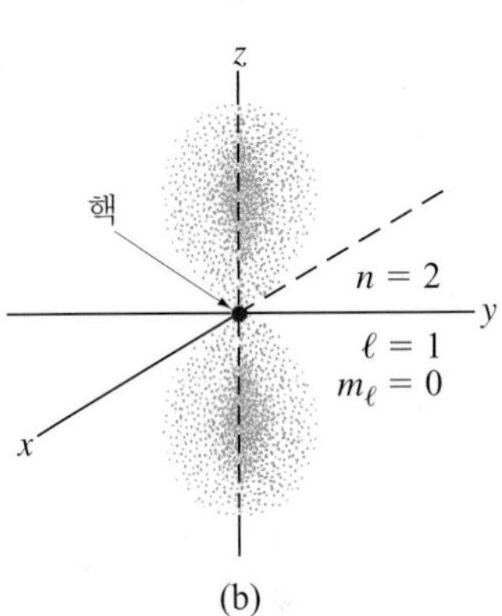

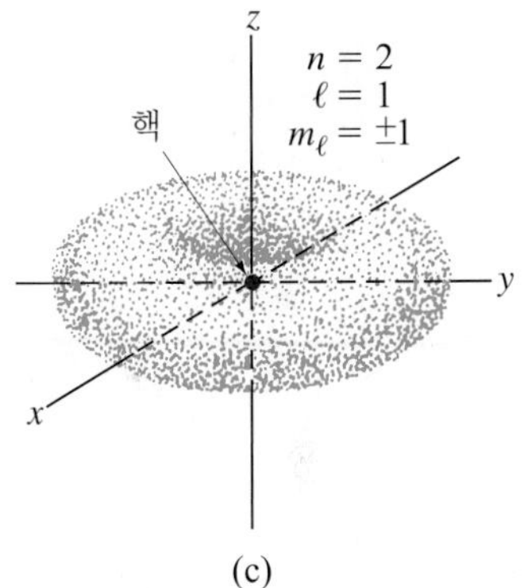

그림 28.9 수소 원자의 $n = 2$인 상태의 전자 구름 또는 확률 분포. [(c)에 보인 도넛 모양의 궤도는 (b)에 보인 아령 모양의 궤도 두 개, 다시 말해 x축과 y축 방향의 궤도를 합친 것이다.]

어렵다. 원자에 대한 대부분의 정보는 그림 27.23이나 24.28과 같이 다양한 조건에서 방출된 스펙트럼을 주의 깊게 조사해서 얻은 것이다.

[화학자들은 원자 상태, 그리고 특히 공간상에서 확률 분포의 형태를 **궤도**(orbital)라고 한다. 각 원자 궤도는 그 양자수 n, ℓ, m_ℓ에 의해 특징지어지고, 하나 또는 두 개의 전자들($m_s = +\frac{1}{2}$, 또는 $m_s = -\frac{1}{2}$)을 가질 수 있다. s 궤도($\ell = 0$)는 구 대칭(그림 28.6과 28.9a)이고, p 궤도($\ell = 1$)는 아령 모양(그림 28.9b)이지만 $m_\ell = +1$과 $m_\ell = -1$을 합치면 도넛 모양(그림 28.9c)이다.]

선택 규칙: 허용 전이와 금지 전이

양자역학의 또 다른 예측은 광자가 방출되거나 흡수될 때, ℓ 값이 한 단위 차이가 나는 상태들 사이에서만 전이가 일어난다는 것이다.

$$\Delta\ell = \pm 1$$

이 **선택 규칙**(selection rule)에 따르면, $\ell = 2$인 상태의 전자는 $\ell = 1$이나 $\ell = 3$의 상태로만 건너뛰고, $\ell = 2$나 $\ell = 0$의 상태로는 건너뛸 수 없다. $\ell = 2$에서 $\ell = 0$으로 건너뛰는 것과 같은 전이를 **금지 전이**(forbidden transition)라고 한다. 실제로는 이런 전이가 절대로 금지되는 것은 아니며, 일어날 수도 있다. 그러나 상대적으로 **허용 전이**(allowed transition), 선택 규칙 $\Delta\ell = \pm 1$을 만족하는 전이에 비해 그 확률은 매우 낮다. 광자를 방출할 때 수소 원자의 궤도 각운동량은 한 단위씩 변하기 때문에 각운동량 보존 법칙은 광자가 각운동량을 가지고 있음을 말해 준다. 실제로 여러 종류의 실험적 증거는 광자가 $1\hbar$의 스핀 각운동량을 가져야 함을 보여 준다.

28.7 다전자 원자; 배타 원리

우리는 지금까지 가장 간단한 수소 원자에 대해 자세히 논의했다. 이제부터는 좀 더 복잡한 원자들, 다시 말해 두 개 이상의 전자를 가진 원자들에 대해서 간단히 논할 것이다. 이들의 에너지 준위는 방출 스펙트럼의 분석을 통해 실험적으로 결정될 수 있다. 이 에너지 준위는 수소와 같지 않은데, 핵뿐 아니라 전자들 사이에도 상호작용하기 때문이다. 복잡한 원자 안에 있는 각각의 전자는 여전히 양자수 n, ℓ, m_ℓ, m_s로 특징지어지는 특정 궤도를 차지한다. 두 개 이상의 전자를 가진 원자에서의 에너지 준위는 n과 ℓ 모두에 의존한다.

중성 원자 안에 있는 전자수를 **원자 번호**(atomic number) Z라고 한다. Z는 핵 내의 양전하(양성자) 수와 같으며, 그 원자가 어떤 종류의 원자인지를 결정한다. 다시 말해 Z는 원자를 다른 원자와 구별되는 근본적인 성질을 결정한다.

원자 내에 가능한 전자 배열을 이해하기 위해 새로운 원리가 필요했다. 이 원리는 파울리(Wolfgang Pauli, 1900~1958; 그림 28.2)가 도입했으며, **파울리 배타 원리**(Pauli exclusion principle)라 한다. 그것은 다음과 같다.

한 원자 내에 있는 두 개의 전자는 똑같은 양자 상태를 가질 수 없다.

따라서 원자 내의 어떤 두 전자도 똑같은 양자수 n, ℓ, m_ℓ, m_s 값을 갖지 못한다. 파울리 배타 원리는 원자를 이해하는 기초가 됐을 뿐 아니라 분자와 결합 등 다른 여러 현상들을 이해하는 데 기본이 된다.

이제 바닥 상태에 있는 간단한 원자의 구조를 살펴보자. 수소 다음으로 간단한 원자는 두 개의 전자를 가진 **헬륨**이다. 이 경우 두 개의 전자는 모두 $n = 1$인 상태에 있을 수 있다. 왜냐하면 하나는 스핀 위($m_s = +\frac{1}{2}$)이고, 다른 하나는 스핀 아래($m_s = -\frac{1}{2}$)를 갖게 되어 배타 원리를 만족한다. 물론 $n = 1$이기 때문에 ℓ과 m_ℓ의 값은 0이다(표 28.1). 따라서 두 개의 전자는 표 28.2의 맨 위에 나타낸 양자수를 갖는다.

리튬 원자는 세 개의 전자를 가지는데, 두 개는 $n = 1$인 상태에 있다. 그러나 세 번째 전자는 배타 원리를 위배하지 않는 한 $n = 1$인 상태에 있을 수 없다. 따라서 세 번째 전자는 $n = 2$인 상태에 있어야 한다. $n = 2$, $\ell = 0$인 상태는 $n = 2$, $\ell = 1$인 상태보다 낮은 에너지를 가지므로 바닥 상태의 전자들은 표 28.2에 있는 양자수를 갖는다. 물론 세 번째 전자가 $(n, \ell, m_\ell, m_s) = (3, 1, -1, \frac{1}{2})$과 같은 양자수를 가질 수도 있다. 이런 경우 원자는 바닥 상태보다 더 큰 에너지를 가지게 되어 들뜬 상태가 된다. 따라서 잠시 후 광자를 방출하고 바닥 상태로 된다. 다른 에너지가 공급되지 않는 한 (방전관에서처럼) 실온에서 대부분의 원자는 바닥 상태에 있게 된다.

이런 방법으로 점점 더 큰 원자의 바닥 상태에 있는 각각의 전자의 양자수를 기술할 수 있다. 열한 개의 전자를 갖는 나트륨 원자의 전자 배열을 표 28.2에 보였다.

연습 E $Z = 4$인 베릴륨의 바닥 상태의 양자수를 표(표 28.2와 같은)로 작성해 보라.

그림 28.10은 간단한 에너지 준위를 나타낸 것으로, 전자가 차 있는 상태는 위 또는 아래 방향의 화살표($m_s = +\frac{1}{2}$ 또는 $m_s = -\frac{1}{2}$)로 나타냈고 가능하지만 비어 있는 상태는 작은 원으로 표시했다.

모든 원자들의 바닥 상태의 배열은 부록 H에 있는 **주기율표**(periodic table)에 나타나 있으며, 다음 절에서 논의할 것이다.

[**배타 원리**는 전자와 양성자, 그리고 중성자를 포함하여 스핀 양자수가 반정수($\frac{1}{2}$, $\frac{3}{2}$ 등)인 똑같은 입자들에 적용된다. 이런 입자들은 **페르미온**(fermion)이라 하는데, 이들을 기술하는 통계론을 도입한 페르미의 이름을 딴 것이다. 기본적인 가정은 모든 전자들은 동일하여 서로 구분되지 않는다는 것이다. 이와 유사하게 모든 양성자도 **동일**(identical)하고, 모든 중성자들 역시 동일하다. 배타 원리는 광자나 π 중간자와 같은 정수 스핀(0, 1, 2 등)을 갖는 입자에는 적용되지 않으며, 이 입자들을 **보손**(boson)이라고 부르는데, 이들을 다루는 통계론을 도입한 보즈(Satyendranath Bose)

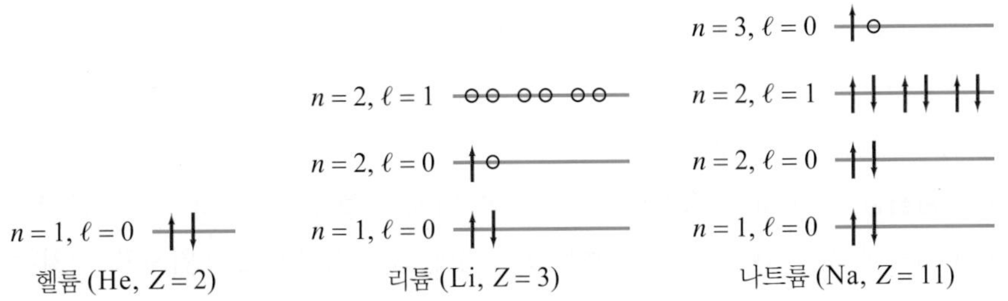

표 28.2 바닥 상태 양자수

n	ℓ	m_ℓ	m_s
He, Z = 2			
1	0	0	$\frac{1}{2}$
1	0	0	$-\frac{1}{2}$
Li, Z = 3			
1	0	0	$\frac{1}{2}$
1	0	0	$-\frac{1}{2}$
2	0	0	$\frac{1}{2}$
Na, Z = 11			
1	0	0	$\frac{1}{2}$
1	0	0	$-\frac{1}{2}$
2	0	0	$\frac{1}{2}$
2	0	0	$-\frac{1}{2}$
2	1	1	$\frac{1}{2}$
2	1	1	$-\frac{1}{2}$
2	1	0	$\frac{1}{2}$
2	1	0	$-\frac{1}{2}$
2	1	−1	$\frac{1}{2}$
2	1	−1	$-\frac{1}{2}$
3	0	0	$\frac{1}{2}$

그림 28.10 바닥 상태에 있는 He, Li, Na의 전자가 차 있는 상태(화살표)와 비어 있는 상태(o)를 보이는 에너지 준위 도표(실제 비율과 다름). Li의 경우, $n = 2$, $\ell = 1$ 상태는 비어 있지만 표시했다.

의 이름에서 유래됐다.]

28.8 원소의 주기율표

표 28.3 ℓ의 값

ℓ의 값	문자 기호	버금 껍질의 최대 전자수
0	s	2
1	p	6
2	d	10
3	f	14
4	g	18
5	h	22
⋮	⋮	⋮

표 28.4 몇 가지 원소들의 전자 배열

Z(전자수)	원소[†]	바닥 상태 전자 배열
1	H	$1s^1$
2	He	$1s^2$
3	Li	$2s^1$
4	Be	$2s^2$
5	B	$2s^22p^1$
6	C	$2s^22p^2$
7	N	$2s^22p^3$
8	O	$2s^22p^4$
9	F	$2s^22p^5$
10	Ne	$2s^22p^6$
11	Na	$3s^1$
12	Mg	$3s^2$
13	Al	$3s^23p^1$
14	Si	$3s^23p^2$
15	P	$3s^23p^3$
16	S	$3s^23p^4$
17	Cl	$3s^23p^5$
18	Ar	$3s^23p^6$
19	K	$3d^04s^1$
20	Ca	$3d^04s^2$
21	Sc	$3d^14s^2$
22	Ti	$3d^24s^2$
23	V	$3d^34s^2$
24	Cr	$3d^54s^1$
25	Mn	$3d^54s^2$
26	Fe	$3d^64s^2$

[†]원소들의 명칭은 부록 B에 나타나 있다.

한 세기도 더 전에 멘델레예프(Dmitri Mendeleev, 1834~1907)는 당시까지 알려져 있던 원소들을 오늘날 원소의 **주기율표**(Periodic Table)라고 부르는 형태로 배열했다. 원자들을 질량이 증가하는 순으로 배열하되, 유사한 화학적 성질을 갖는 원소들은 같은 열에 배치했다. 오늘날의 형태는 부록 H에 있다. 주기율표의 각 사각형 안에는 원자 번호 Z와 원소 기호, 그리고 원자 질량 단위로 나타낸 원자 질량을 포함하고 있다. 마지막으로 왼쪽 아래 구석에는 원소의 바닥 상태 구성을 보여 주는데, 여기에는 약간의 설명이 필요하다. 양자수 n이 같은 전자들은 같은 **전자 껍질**(shell) 안에 있음을 의미한다. 예를 들어 $n = 1$인 전자들은 첫 번째 전자 껍질(K 껍질)에 있고, $n = 2$인 전자는 두 번째 전자 껍질(L 껍질)에, 그리고 $n = 3$인 전자는 세 번째 전자 껍질(M 껍질)에 있음을 의미한다. n과 ℓ의 값이 같은 전자들은 같은 **버금 껍질**(subshell)에 있게 된다. ℓ값을 나타내기 위해 표 28.3에서 보인 문자들이 사용되기도 한다. 다시 말해 $\ell = 0$은 s버금 껍질, $\ell = 1$은 p버금 껍질, $\ell = 2$는 d버금 껍질이다. $\ell = 3$부터는 알파벳 순서에 따라 f, g, h, i 등으로 쓴다(첫 문자 s, p, d, f는 관련 선스펙트럼의 실험적 용어 'sharp', 'principal', 'diffuse', 'fundamental'에서 유래했다).

파울리 배타 원리는 각각의 전자 껍질과 버금 껍질 내에 있을 수 있는 전자수를 제한한다. 같은 ℓ값에 대해 $2\ell + 1$가지의 서로 다른 m_ℓ 값$(-\ell, \cdots, 0, \cdots, \ell)$과 두 가지 다른 m_s 값을 가진다. 그렇기 때문에 $2(2\ell + 1)$개의 전자가 ℓ인 버금 껍질에 존재하게 된다. 예를 들어 $\ell = 2$이면 다섯 가지의 m_s 값(2, 1, 0, −1, −2)이 가능하고, 각 값에 대해 m_s는 $+\frac{1}{2}$이나 $-\frac{1}{2}$을 가지므로 전체적으로는 $2 \times 5 = 10$개의 상태가 된다. 표 28.3에 각각의 버금 껍질을 채울 최대 전자수를 나타냈다.

에너지 준위는 n과 ℓ 값에만 거의 전적으로 의존하므로 n과 ℓ 값에 대한 문자와 각 버금 껍질 내의 전자수를 위첨자로 표기하여 전자 배열을 나타낸다. 예를 들어 바닥 상태에 있는 나트륨 원자의 전자 배열은 $1s^22s^22p^63s^1$이다. 주기율표를 단순화시키기 위해 채워지지 않은 버금 껍질과 최외각 전자 배열만을 표기한다(표 28.4 또는 주기율표 참조).

연습 F 31개의 전자를 가진 갈륨 원자에 대한 바닥 상태의 전자 배열을 기술하라.

주기율표에서는 질량이 증가하는 순으로 원자를 나열했고, 화학적 성질에 따른 규칙성도 생각했다. 이런 내용은 화학 교재에서 다뤄야 하겠지만, 그것이 양자역학의 결과이므로 간략하게 논의한다.

모든 **불활성 기체**(noble gases; 주기율표의 마지막 열)는 전자 껍질과 버금 껍질이 완전히 채워진 원자이다. 즉 최외각에 있는 버금 껍질이 완전히 채워지고, 전자는 구

대칭으로 분포된다. 이렇게 완전한 구 대칭 분포는 다른 전자를 쉽게 끌어당기거나 자신의 전자를 쉽게 잃지 못한다(이온화 에너지가 높다). 이것이 불활성 기체가 불활성인 이유이다. 일곱 번째 열은 **할로젠**(halogen) 원소로 이것은 전자 한 개가 부족하게 채워진 전자 껍질을 가지고 있다. 궤도 모양의 특성에 의해 다른 원자로부터 한 개의 전자를 받아들이기 쉽기 때문에 이런 원소들은 매우 활성적이다. 따라서 할로젠 원소는 다른 전자를 받아들여 −1가가 된다. 이것은 한 개의 전자를 얻었음을 의미하며 결과적으로 알짜 전하가 $-1e$인 이온이 된다. 표의 왼쪽 첫 번째 열은 **알칼리 금속**(alkali metal)이며, 각 원소들은 한 개의 최외각 s전자를 가진다. 대부분의 핵전하를 내부 전자 껍질과 버금 껍질이 차폐하고, 그 밖에서 전자는 대부분의 시간을 보낸다. 실제로 이 전자는 핵에서 상당히 멀리 떨어져 있고, 다른 전자의 차폐 효과에 따라 순수 전하 $+1e$로 핵에 끌리는 것처럼 행동한다. 따라서 최외각 전자는 쉽게 제거되어 다른 원자 주위에서 많은 시간을 보내고, 그 결과 분자를 쉽게 형성한다. 이것이 알칼리 금속이 매우 활성적인 이유로서 알칼리 금속은 쉽게 +1가 원소가 된다. 다른 열도 비슷한 방법으로 설명할 수 있다.

란타넘족(희토류)과 악티늄족, 그리고 주기율표 중앙에 있는 **전이 원소**(transition elements)의 내부 전자 껍질은 불완전하다. 가장 낮은 Z값 원소에 대해서 버금 껍질은 간단한 순서로 채워진다. 처음에는 $1s$, 다음에는 $2s$, $2p$, $3s$, $3p$ 등의 순서로 채워진다. 다음 순서로 $3d(n = 3,\ \ell = 2)$가 채워지리라 예상되지만 그렇지 않다. 실제로는 $4s$ 에너지 준위가 3선보다 약간 작은 값을 가지기 때문에 $4s$가 먼저 채워진다(즉 K와 Ca). 그런 후에 원소 기호 Sc부터는 표 28.4에서와 같이 $3d$버금 껍질이 채워진다(Cr과 같은 원소의 $4s$와 $3d$의 에너지 준위가 상당히 가깝기 때문에 어떤 원소는 오직 한 개의 $4s$ 전자만을 갖는다). 대부분의 화학적 성질은 상대적으로 약하게 결합된 $4s$ 전자에 의해 영향을 받는다. 따라서 이런 전이 원소는 +1가나 +2가를 가지게 된다. 비슷한 상황이 희토류에서도 나타나며, 편의상 주기율표 밑에 표기한다. 희토류 원소의 화학적 성질은 바깥의 $6s$나 $7s$의 두 전자가 결정하고, 따라서 채워지지 않은 내부 전자 껍질의 전자수는 거의 영향을 주지 않는다.

 주의

버금 껍질이 항상 순서대로 채워지는 것은 아니다.

28.9 레이저

레이저(laser)는 단색성이고 **간섭성**(coherent) 빛으로 이루어진 너비가 매우 좁고 강한 빔을 만드는 장치이다(간섭성이라는 것은 빔을 절단하는 어떤 단면에서도, 모든 부분이 위상이 같음[†]을 의미한다). 방출되는 광선은 거의 완벽한 평면파이다. 반면에, 일반적인 광원은 모든 방향으로 빛을 방출하고(따라서 진행한 거리에 따라 세기가 빠르게 감소한다), 방출된 빛은 비간섭성이다(빔의 다른 부분들은 서로 위상이 맞지 않는다). 일반 전구에서 원자는 독립적으로 빛을 방출하기 때문에, 방출되는 각각의 광자는 약 10^{-8} s 동안 지속되는 짧은 파열로 볼 수 있다. 다른 파열은 또 다른 파열

[†]24.3절 참조

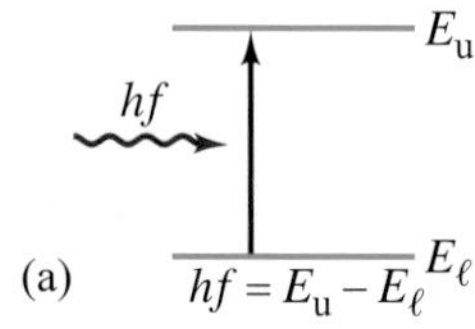

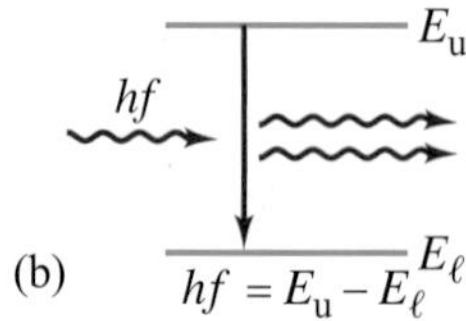

그림 28.11 (a) 광자의 흡수, (b) 유도방출. E_u와 E_ℓ은 각각 '더 높은'과 '더 낮은' 에너지 상태를 가리킨다.

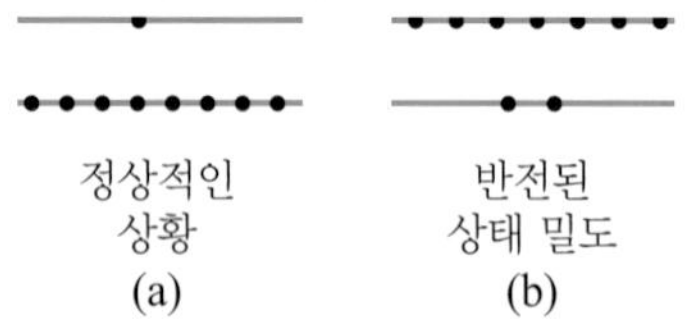

그림 28.12 원자 더미에서의 두 에너지 준위, 각 점은 하나의 원자에 대한 에너지 상태를 나타낸다.

 주의

레이저: 광자들은 같은 진동수와 방향, 그리고 같은 위상을 갖는다.

과 위상적으로 관련이 없다. 레이저는 이와는 정반대이다.

레이저의 작동은 양자론에 기초를 둔다. 점유 에너지 준위와 들뜬 상태 사이의 에너지 차이에 해당하는 광자 hf를 원자가 흡수하는 것을 앞에서 봤다(그림 28.11a). 어떤 면에서 이것은 공명 현상과 비슷하다. 만약 원자가 이미 들뜬 상태에 놓여 있다면, 광자를 방출하면서 순간적으로 낮은 상태로 전이될 것이다. 그러나 만약 같은 에너지의 광자가 들뜬 상태의 원자를 때리면, 광자가 원자를 자극하여 원자는 낮은 상태로 더 빨리 전이하게 된다(그림 28.11b). 이런 현상을 **유도 방출**(stimulated emission)이라고 하며, 처음 광자뿐만 아니라 처음 광자와 같은 진동수를 가지는 두 번째 광자도 전이의 결과로 얻을 수 있다. 이 두 광자는 정확히 **같은 위상**이며, 같은 방향으로 진행한다. 이런 방식으로 같은 위상의 빛을 만들 수 있으며, 이것이 레이저의 원리가 된다. **레이저**(laser)란 **L**ight **A**mplification by **S**timulated **E**mission of **R**adiation의 약어이다.

일반적인 상태에서 대부분의 원자는 낮은 에너지 상태에 있기 때문에 입사 광자는 대부분 흡수된다. 유도 방출에 의해 같은 위상의 빛을 얻으려면 두 가지 조건이 만족되어야 한다. 첫 번째는 원자가 높은 상태로 들떠 있어야 하는 **반전된 상태 밀도**(inverted population)가 요구된다. 즉 높은 상태의 원자수가 낮은 에너지 상태의 원자수보다 많아 그 결과 광자의 방출이 흡수를 압도해야 한다(그림 28.12). 그리고 두 번째는 높은 에너지 상태는 **준안정 상태**(metastable state) — 전자들이 평상시[†] 보다 더 오랫동안 머무르는 상태여야 한다. 그래서 낮은 상태로의 전이가 자발적이기 보다는 유도에 의한 방출로 일어난다.

그림 28.13은 레이저의 모형도이다. 두 끝이 거울로 이루어진 길고 얇은 관 내에 레이저 빛을 내는 물질이 차 있고, 거울 중 하나는 약간 투명하다(약 1~2 % 통과). 들뜬 원자 중 몇몇은 비교적 빨리 떨어지는데, 이들 중 하나가 그림 28.13의 가장 왼쪽에 보인 원자이다. 방출된 광자가 다른 들뜬 상태의 원자를 때리면 같은 진동수, 같은 방향의 운동, 그리고 같은 위상을 가지는 광자의 방출을 자극하게 된다. 이 두 광자는 다른 원자를 자극하게 되고, 따라서 더 많은 유도 방출이 일어난다. 이런 과정이 계속 이어져 광자수가 증가된다. 광자는 끝에 있는 거울에 부딪쳐 대부분 뒤로 반사되는데, 반사된 광자는 역방향으로 움직이면서 더 많은 원자를 자극하여 유도 방출을 일으킨다. 대부분의 광자는 거울 사이를 왕복하지만 몇 퍼센트의 빛은 한쪽 끝에 있는 약간 투명한 거울을 통과하게 된다. 이렇게 통과한 광자들이 너비가 좁고 같은 위상인 레이저 광선이 된다. (관 내에서, 일부의 자발적으로 방출된 광자들

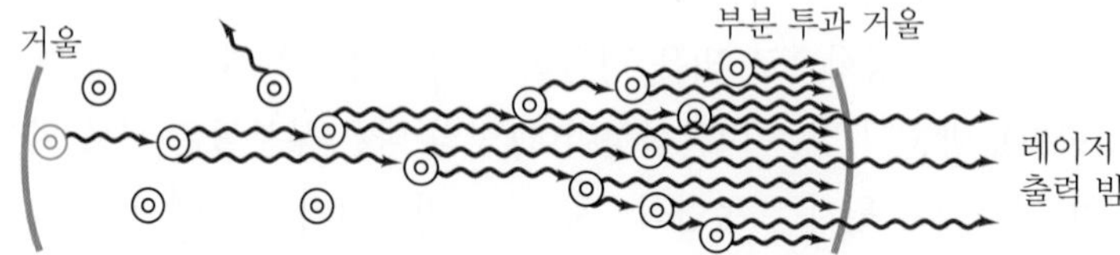

그림 28.13 레이저의 모형도. 들뜬 원자가 빛을 유도 방출하는 것을 볼 수 있다.

[†] 들뜬 원자는 그런 상태에 머무를 수도 있고, 소위 말하는 금지된 전이를 통해서만이 더 낮은 상태로 도약할 수 있다(28.6절 참조), 이것이 바로 그 평균 수명이 평상시 보다 더 길어지는 이유이다.

은 축에 대해 약간 비스듬한 각도로 방출하게 되며, 이들은 관의 옆면으로 거의 빠져 나가지 않아 주광선의 좁은 너비에는 영향을 미치지 않는다.)

잘 설계된 레이저 내에서, 광선의 퍼짐은 회절에 의해서만 영향을 받아서, 퍼짐각은 $\approx \lambda/D$이 된다(식 24.3 또는 25.7 참조)가 된다. 여기서 D는 끝부분에 있는 거울의 지름이다. 실제로 회절에 따른 퍼짐은 믿을 수 없을 정도로 작다. 일반 광원의 경우 공간 내에서 그대로 퍼져 나가는 반면에, 레이저 에너지는 연필처럼 가는 빔이 된다.

반전된 상태 밀도 만들기

레이저 내에서 원자를 들뜨게 하여 필요한 반전된 상태 밀도를 얻기 위해서 여러 가지 방법이 사용되고 있다. **루비 레이저**(ruby laser)의 경우 수 퍼센트의 알루미늄(Al) 원자가 크로뮴(Cr) 원자로 대치된 산화알루미늄(Al_2O_3)으로 만든 루비봉이 레이저 빛을 내는 물질이 되며, 크로뮴이 레이저 빛의 원인이 된다. 파장이 550 nm인 강한 섬광으로 그 원자들은 들뜨게 되며, 이 파장은 2.2 eV의 광자의 에너지에 해당한다. 그림 28.14에서 보듯이 원자는 E_0 상태에서 E_2 상태로 들뜨게 되며 이 과정을 **광펌핑**(optical pumping)이라고 한다. 들뜬 원자는 E_0이나 중간 상태인 E_1로 빠르게 전이되며, E_1은 준안정 상태로 약 3×10^{-3} s의 수명(일반 준위는 10^{-8} s로 이 값과 비교된다)을 가진다. 강한 광펌핑으로 인해 E_0 상태보다 E_1 상태에 원자들이 많이 있게 되어 반전된 상태 밀도가 이루어진다. E_1 상태에서 약간의 원자가 E_0으로 떨어지면서 광자를 발생시키고 이 광자들이 다른 원자의 유도 방출을 야기하고, 그 결과 레이저 빛을 내기 시작한다. 루비 레이저는 에너지가 1.8 eV이고, 파장이 694.3 nm인 루비 레이저 광선을 방출한다.

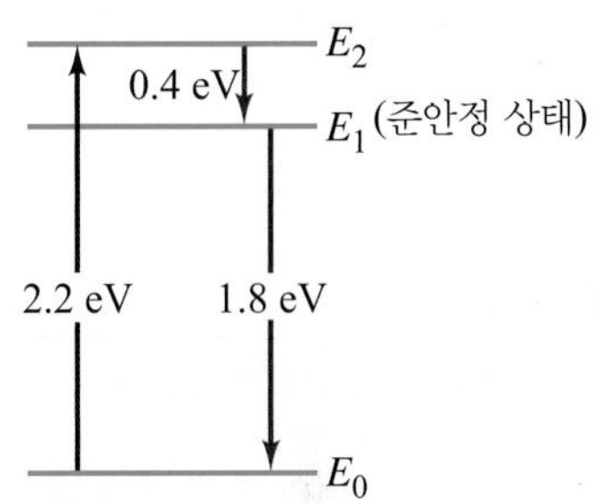

그림 28.14 루비 결정에 들어있는 크로뮴의 에너지 준위. 2.2 eV의 광자들이 E_0에서 E_2로 원자를 광펌핑한 후 준안정 상태인 E_1로 전이한다. 레이저는 유도 방출에 의해 광자가 E_1에서 E_0으로 전이할 때 발생한다.

헬륨 · 네온 레이저(He-Ne laser)에서 레이저 빛을 내는 물질은 약 15 %의 헬륨과 85 %의 네온으로 된 혼합 기체로 이 두 기체의 비교 성질이 레이저 빛을 내는 물질로 작동하게 된다. 이 레이저에서는 기체 내에서 전기 방전을 일으켜, 즉 전압을 가하여 관 내의 원자를 들뜨게 한다. 이 과정에서 그림 28.15에 있는 준안정 상태 E_1로 약간의 헬륨 원자가 들뜨게 되고, 그 에너지는 20.61 eV에 해당한다. 이때 네온 원자의 들뜬 상태—바닥 상태 바로 위에 있는—에서의 에너지는 20.66 eV로 헬륨 원자와 거의 같다. 헬륨 원자는 자발적인 방출에 의해 바닥 상태로 빠르게 되돌아오지는 않는다. 그 대신 역학적 충돌로 여분의 에너지를 네온 원자에게 준다. 이런 충돌로 헬륨은 E_2 바닥 상태로 되고, 네온 원자는 E_3'(프라임은 네온의 상태 표시) 상태로 들뜨게 된다. 에너지 차(0.05 eV)가 분자 운동의 운동 에너지로 네온에 공급되는데, 이런 방법으로 네온 속의 E_3' 상태—준안정 상태이다—가 E_2' 에너지 준위보다 밀도가 더 커진다. E_3'과 E_2' 사이의 반전된 상태 밀도는 레이저 빛을 내는 데 필요한 상태이다.

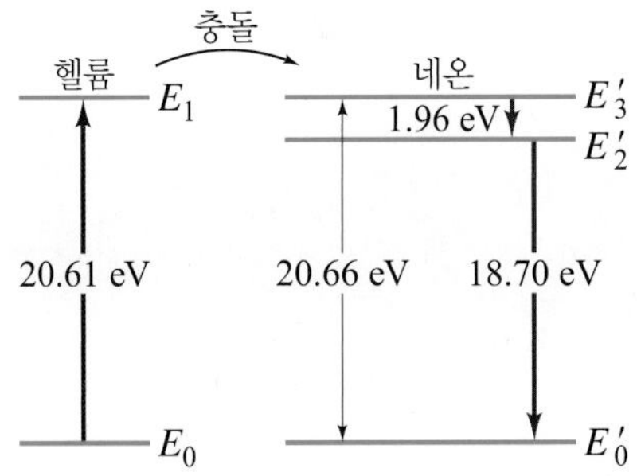

그림 28.15 헬륨과 네온의 에너지 준위. 헬륨은 전기 방전으로 E_1 상태로 들뜬다. 이 에너지가 충돌에 의해 네온의 E_3' 준위로 전달된다. E_3' 상태는 준안정 상태이며 유도 방출에 의해 E_2'으로 떨어진다.

오늘날 매우 흔한 형태는 **pn 접합 레이저**(pn junction lasers)라고도 부르는 **반도체 다이오드 레이저**(semiconductor diode lasers)인데, 전도대와 낮은 에너지 가전대 사이의 전자들의 밀도 반전을 이용한다. 전자들이 아래쪽 준위로 도약할 때 광자가 방출되고, 돌아가며 다른 전자들이 자극되어 전이를 일으켜서 위상이 맞는 또 다른 광자들을 방출한다. 필요로 하는 거울들(그림 28.13)은 pn 결정의 끝을 다듬어서 만들 수 있다. 반도체 레이저는 CD나 DVD 플레이어(아래 참조), 그 밖의 많은 응용 분야에 사용된다.

다른 형태의 레이저도 있다. 활성 기체의 화학 반응으로 에너지가 투입되는 **화학 레이저**(chemical laser), 진동수를 조절할 수 있는 다이 레이저(dye laser), 적외선 영역에서 고출력을 얻을 수 있는 CO_2 **기체 레이저**(gas laser), 고출력 Nd:YAG 레이저와 같은 **희토류 고체 레이저**(solid-state laser) 등이 있다.

레이저에서 원자들의 여기는 연속 형태나 펄스 형태로 이루어질 수 있다. **펄스 레이저**(pulsed laser)에서 원자들은 에너지가 주기적으로 투입됨으로써 들뜨게 된다. **연속 레이저**(continuous laser)에서는 에너지가 연속적으로 투입된다. 즉 원자들이 자극되어 낮은 에너지 상태로 떨어진 후, 곧바로 높은 준위로 다시 들뜨기 위해 연속적으로 에너지가 투입된다.

주의

레이저는 에너지원이 아니다.

레이저는 에너지원이 아니다. 에너지를 투입해야 하고, 레이저는 에너지의 일부를 가늘고 강렬한 광선으로 바꾸어 출력하는 것이다.

응용

물리학의 응용

DVD와 CD 플레이어, 바코드

레이저에서 나오는 빛은, 결 맞고 강렬한 빔이라는 독특한 특성을 가져서 많은 분야에 응용된다. 일상에서 레이저는, 바코드 리더기(상점의 계산대에서), CD(compact disc)와 DVD(digital video disc) 플레이어 등에 사용된다. 레이저 빔은 바코드의 선과 여백, 또는 CD나 DVD에 패인 작은 홈에 비춰져서(그림 28.16a) 반사된다. CD나 DVD에 기록된 정보는 0과 1(또는 'off'와 'on')을 나타내는 2진 코드로 홈과 여백을 일렬로 늘어세운 형태이다. 이 이진 부호는 오디오나 비디오 시스템으로 보내기 전에 전자적으로 해독된다. CD 플레이어의 레이저는 처음에 약 500 rpm으로 회전하는 디스크의 안쪽에서부터 읽기 시작한다. 디스크가 회전할 때, 레이저는 나선형 트랙을 따라가는데(그림 28.16b), 디스크의 바깥쪽으로 옮겨가면서 회전 반지름 r가 커지기 때문에 원주($C = 2\pi r$)의 길이가 약간씩 길어지므로 디스크의 회전 속력은 줄어들어야 한다. 바깥 가장자리에서 디스크는 약 200 rpm으로 회전한다. 1시간용 CD는 대략 5 km 길이의 트랙을 갖는다. 트랙의 너비는 약 1600 nm(= 1.6 μm)

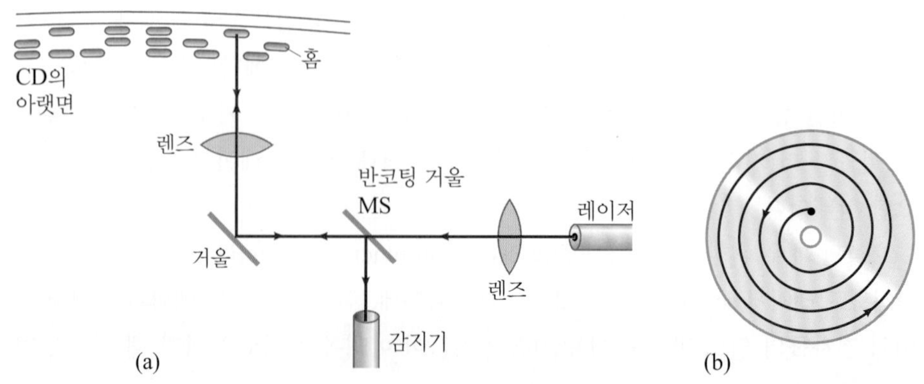

그림 28.16 (a) CD(또는 DVD) 읽기. 가는 레이저 빔을 렌즈로 한층 더 가늘게 집중시켜 회전하는 CD 밑면을 향하게 한다. 빔은 홈들 사이에서 반사하여 되돌아오지만 홈으로부터는 훨씬 적게 반사한다. 반사된 빛은 부분 반사 거울 MS에 의해 반사되어 그림과 같이 감지된다. 강한 반사와 약한 반사는 각각 오디오와 비디오 신호의 2진 코드, 0과 1에 대응된다. (b) 레이저는 중앙 근처에서 시작하여 나선을 그리며 바깥쪽으로 CD 트랙을 따라간다.

이고 홈 사이의 간격은 약 800 nm이다. DVD는 훨씬 더 많은 정보를 포함하고 있다. 표준 DVD는 더 좁은 트랙(0.7 μm)과 더 짧은 홈 길이(400 nm)를 사용한다. 블루레이 디스크는 파장이 짧은 파장(405 nm)과 더 좁은 빔을 가진 '파란색' 레이저를 사용하여 더 좁은 트랙(0.3 μm)이 가능하여 고밀도로 더 많은 정보를 담을 수 있다. DVD는 또한 두 층, 한 층 아래 또 다른 층을 가질 수 있다. 레이저가 두 번째 층에 초점을 맞출 때, 빛은 반투명한 표면층을 통과한다. 두 번째 층은 안쪽 대신 바깥쪽 가장자리에서 읽기 시작할 수도 있다. DVD는 또한 디스크 양면에 단층 또는 이중 층을 가질 수도 있다.

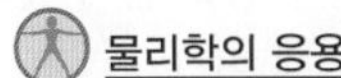
물리학의 응용

레이저의 의학 및 다른 활용

레이저는 유용한 수술 도구이기도 하다. 가늘고 강렬한 빔은 국부적으로 조직을 파괴하거나, 담석과 신장 결석을 깨는 데 이용될 수 있다. 발생되는 열을 이용하여, 레이저 빔은 망막 박리(그림 28.17)와 같은 손상된 조직을 붙이거나, 근시를 교정하기 위해 눈의 각막을 깎아내는 데(약간의 물질을 태움으로써) 사용될 수 있다(라식 수술). 레이저 빔은 광섬유(23.6절 참조)를 통해 수술 지점까지 유도될 수 있고, 때로는 내시경에 광섬유를 설치하기도 한다(23.6절 참조). 레이저는 혈관을 막고 있는 프라그를 제거하는 데도 사용된다. 레이저는 세포 내의 작은 기관들을 연구하는 데도 이용된다. 연구원들은 세포 내의 작은 기관들을 파괴하고, 그 기관 없이 세포가 어떻게 행동하는지 연구한다. 레이저 빔은 암세포나 전암 세포를 파괴하는 데 사용한다. 동시에 발생한 열은 모세혈관이나 림프관을 봉쇄하여 병의 전파를 막고, 상처 부위를 '소작'한다.

그림 28.17 안과 수술에 사용되는 레이저

레이저 빔은 작은 영역 내에 고열을 발생시키므로 금속의 접합과 가공, 그리고 견고한 재료에 작은 구멍을 뚫는 데에도 사용한다. 레이저 빔은 결 맞고, 단파장이며, 가늘고, 본질적으로 평행하므로 렌즈를 사용하여 매우 작은 영역에 빛을 모을 수 있다. 레이저 광선은 정확하게 일직선이 되므로 접근이 불가능한 지역에 장비들을 정렬하는 데에도 유용하게 사용된다.

종합 문제

객관식

1. 어떤 원자가 $1s^2 2s^2 2p^6 3s^2 3p^6 4s^1$의 전자 배열을 갖고 있다. 이 원자는 얼마나 많은 전자를 가지고 있는가?
(a) 15 (b) 19 (c) 30 (d) 46

2. 문제 1의 전자 배열에서, 전자가 가질 수 있는 궤도 양자수는?
(a) 0 (b) 0, 1 (c) 0, 1, 2
(d) 0, 1, 2, 3 (e) 0, 1, 2, 3, 4

3. 슬릿을 통해 전자 빔이 발사된 경우
(a) 파동성 때문에 전자들은 방향이 바뀔 수 있다.
(b) 슬릿의 모서리에 부딪치는 전자들만 방향이 바뀐다.
(c) 전자들은 슬릿 안에서 전자기파와 상호작용할 수 있어서 회절 무늬를 형성한다.
(d) 전자가 슬릿을 통과할 확률은 불확정성 원리를 따른다.

4. 원자의 바닥 상태는 무엇을 의미하는가?
(a) 모든 양자수는 가장 낮은 값을 갖는다($n = 1$, $\ell = m_\ell = 0$).
(b) 바깥 전자 껍질에 있는 전자의 주양자수는 1이다.

(c) 모든 전자들은 배타 원리를 만족하는, 가장 낮은 에너지 상태에 있다.

(d) 모든 전자들은 불확정성 원리에 의해 허용되는, 가장 낮은 에너지 상태에 있다.

5. 파울리의 배타 원리는 다음의 모든 전자들에 적용된다.
(a) 같은 전자 껍질에 있고, 다른 전자 껍질의 전자가 아니다.
(b) 원자의 같은 사각형 안에 있다.
(c) 주기율표의 같은 열에 있다.
(d) 불완전한 전자 껍질 안에 있다.
(e) 같은 원자 안에 있다.

6. 다음 중 하이젠베르크 불확정성 원리를 가장 잘 요약한 것은?
(a) 입자의 정확한 위치를 알아야만, 입자의 정확한 운동량을 알 수 있다.
(b) 입자의 운동량이 클수록, 입자의 위치는 더 작아진다.
(c) 입자의 위치를 정확히 알수록, 입자의 운동량은 더 잘 모른다.
(d) 입자의 위치를 더 잘 알수록, 입자의 운동량을 더 잘 알 수 있다.
(e) 입자의 위치와 운동량을 얼마나 더 잘 알 수 있느냐 하는 것은 입자의 양자수에 달려 있다.

7. 다음 중 파울리 배타 원리에서 요구되는 것은 무엇인가?
(a) 원자 내의 전자는 원자 내의 다른 어떤 전자와도 같은 양자수 조합을 가질 수 없다.
(b) 원자 내의 각 전자는 반드시 같은 n 값을 가져야 한다.
(c) 원자 내의 각 전자는 반드시 다른 m_ℓ 값을 가져야 한다.
(d) 오직 두 개의 전자만이 원자의 어떤 특정한 껍질 내에 있을 수 있다.
(e) 원자들 집합에서 어떤 두 개의 전자도 정확히 같은 양자수 구성을 가질 수 없다.

8. 다음 중 어떤 조건에서 전자의 정확한 위치와 속도가 동시에 측정될 수 있는가?
(a) 전자가 원자의 바닥 상태에 있을 때
(b) 전자가 원자의 들뜬 상태에 있을 때
(c) 전자가 (원자에 묶여 있지 않고) 자유로울 때
(d) (a)와 (b) 모두
(e) 절대 불가능하다.

9. 불확정성 원리에 따르면
(a) 입자의 위치 측정에 있어 항상 불확실성이 있다.
(b) 입자의 운동량 측정에 있어 항상 불확실성이 존재한다.
(c) 입자의 위치와 운동량 동시 측정에는 항상 불확실성이 있다.
(d) 위 보기 모두

10. 다음 중 레이저의 특징으로 항상 맞지 않은 것은?
(a) 레이저 빛의 모든 광자들은 같은 위상을 가진다.
(b) 모든 레이저 광자들은 거의 동일한 진동수를 갖는다.
(c) 레이저 빛은 광선의 형태로 이동하고, 천천히 퍼져 나간다.
(d) 레이저 빛은 항상 다른 광원보다 밝다.
(e) 레이저는 저에너지 상태보다 고에너지 상태를 차지하고 있는 원자들이 더 많은 원자들의 밀도 반전에 의존한다.

주관식

28.2 파동 함수, 이중 슬릿

1. (II) 0.025 eV의 운동 에너지를 갖는 중성자들로 이루어진 평행한 빔이, 0.40 mm 간격으로 떨어진 두 개의 슬릿으로 입사했다. 1.0 m 떨어진 스크린 상에서 간섭 무늬의 최대가 되는 지점은 얼마나 떨어져 있는가? [힌트: 먼저 중성자의 파장을 구한다.]

2. (II) 질량 2.0 g의 펠릿들을 120 m/s의 속력으로 지름 3.0 mm 구멍 속으로 나란히 발사됐다. 펠릿이 지름 1.0 cm 범위로 퍼진 것을 감지하려면 구멍으로부터 얼마나 떨어져 있어야 하는가?

28.3 불확정성 원리

3. (I) 양성자가 $(8.660 \pm 0.012) \times 10^5$ m/s의 속력으로 움직인다. 위치는 얼마나 정확하게 알아낼 수 있는가? [힌트: $\Delta p = m\Delta v$]

4. (I) 전자의 위치를 2.4×10^{-8} m의 정확도로 알아낼 수 있다면, 속력은 얼마나 정확하게 알 수 있는가?

5. (I) 전자는 들뜬 상태에 전형적으로 10^{-8} s 동안 머무를 수 있다. 그 상태의 에너지의 최소 불확정도는 얼마인가(eV 단위)?

6. (II) 1985년에 발견된 Z^0 입자는 약한 핵력의 매개 입자이며, 전형적으로 빠르게 붕괴한다. 평균 정지 에너지는 91.19 GeV인데, 짧은 수명으로 봤을 때 고유의 너비가 2.5 GeV로 보인다. 이 입자의 수명은 얼마인가? [힌트: 예제 28.3 참조]

7. (II) 뮤온($m = 105.7$ MeV/c^2)의 질량 불확정도는 얼마인

가? eV/c^2로 나타내라. 수명은 2.20 μs이다.

8. (II) 자유 중성자($m = 1.67 \times 10^{-27}$ kg)의 평균 수명은 880 s이다. 질량의 불확정도는 얼마인가(kg 단위)?

9. (II) 전자와 질량이 140 g인 야구공이 각각 120 m/s로 이동하고 있다. 속도의 정확도는 0.065 %이다. 각각의 위치 불정확도를 계산하여 비교하라.

10. (II) 어떤 방사성 원소가 12 μs의 수명을 갖고 알파 붕괴를 한다. α 입자가 5.5 MeV의 운동 에너지를 갖고 방출된다고 할 때, 입자 에너지의 %불정확도 $\Delta E/E$를 구하라.

11. (II) 전자의 위치를 15 nm의 정밀도로 측정이 가능하다면, 속력의 불확정도는 얼마인가? 최소 속력이 최소한 불확정도와 같다고 가정하면, 전자의 최소 운동 에너지는 얼마인가?

12. (II) 전형적인 핵반지름 1.2×10^{-15} m 안에 들어 있는 중성자가 가질 수 있는 가장 낮은 에너지를 추정하라. [힌트: 입자는 불확정도만큼 큰 에너지를 가질 수 있다고 가정한다.]

13. (III) 5.00 keV 전자의 위치는 얼마나 정확하게 측정할 수 있는가? 이때 에너지는 1.00 %라고 가정한다.

14. (III) 불확정성 원리를 이용하여 전자가 핵($r \approx 10^{-15}$ m) 내에 존재한다면, 그 운동 에너지(상대성 원리를 이용한다)는 수백 MeV가 된다는 것을 보이라. (그런 전자 에너지는 관측되지 않으므로, 전자는 핵 내에 없다고 결론을 내릴 수 있다.) [힌트: 입자는 불확정도만큼 큰 에너지를 가질 수 있다고 가정한다.]

28.6~28.8 양자수, 배타 원리

15. (I) $n = 6$일 때, ℓ이 갖는 값은 얼마인가?

16. (I) $n = 6$, $\ell = 3$일 때 가능한 m_ℓ과 m_s의 값은 얼마인가?

17. (I) $n = 5$, $\ell = 3$의 버금 껍질에 들어갈 수 있는 전자는 몇 개인가?

18. (I) 주양자수가 $n = 4$인 전자가 가능한 상태는 몇 가지인가? 각 상태에서의 주양자수를 적으라.

19. (I) 다음 각 원자의 바닥 상태에서의 각 전자의 양자수 목록을 작성하라. (a) 탄소($Z = 6$) (b) 알루미늄($Z = 13$)

20. (I) 산소($Z = 8$)의 바닥 상태에 있는 각 전자의 양자수 목록을 작성하라.

21. (I) 수소 원자에서 $n = 5$, $\ell = 3$ 상태에 있는 전자의 각운동량의 크기를 계산하라.

22. (I) 수소 원자에서 $\ell = 4$일 때, 가능한 n, m_ℓ, m_s의 값을 구하라.

23. (II) 수소 원자가 $m_\ell = -3$일 때, 가능한 n, ℓ, m_s을 구하라.

24. (II) 'g' 버금 껍질에 18개의 전자가 있을 수 있음을 보이라.

25. (II) Z가 각각 다음과 같은 원소들의 바닥 상태에서의 전체 전자 배열을 구하라. (a) 26 (b) 34, (c) 38? [힌트: 주기율표를 이용한다.]

26. (II) 다음 각 원자의 완전한 전자 배열은 무엇인가? (a) 은(Ag) (b) 금(Au) (c) 우라늄(U) [힌트: 주기율표를 이용한다.]

27. (II) 수소 원자가 $5d$의 상태에 있다. 다음을 구하라. (a) 주양자수 (b) 상태 에너지 (c) 궤도 각운동량 (d) 자기 양자수로 가능한 값들

28. (II) 보어 모형을 이용하여 리튬 원자에 있는 세 번째 전자의 결합 에너지를 구하라 [힌트: 이 전자는 $n = 2$이며, 근사적으로 $+1e$의 알짜 전하를 '보게' 된다]. 측정된 값은 5.36 eV이다.

29. (II) 채워진 버금 껍질의 경우 전체 각운동량이 0임을 보이라.

30. (II) 다음과 같은 원자 전이에 대해서, 그 전이가 **허용**되는지 또는 **금지**되는지 구분하고 그 이유를 설명하라.
(a) $4p \to 3p$ (b) $3p \to 1s$ (c) $4d \to 2d$ (d) $5d \to 3s$
(e) $4s \to 2p$

31. (II) 전자가 $m_\ell = 2$ 값을 갖고, 가장 낮은 에너지 상태에 있다. 이 전자의 n과 ℓ의 값은?

32. (II) 들뜬 수소 원자가 $6d$ 상태에 있다. (a) 광자를 방출하며 전이가 허용되는 모든 상태(n, ℓ)를 나열하라. (b) 얼마나 많은 다른 파장들이 있는가(미세 구조는 무시한다)?

28.11 레이저

33. (II) 박리된 망막을 붙이는 데 사용하는 레이저는 펄스당 평균 0.68 W의 출력을 내는 640 nm의 빛으로 25 ms 길이의 펄스를 내보낸다. 펄스당 얼마나 많은 에너지가 들어 있으며, 각각의 펄스에는 얼마나 많은 광자가 들어 있는가? [힌트: 예제 27.4 참조]

34. (II) 물리학 실험실에서 사용되는 저출력 레이저는 0.50 mW의 출력과 3.0 mm의 빔 지름을 갖는다. (a) 이 레이저 빔의

평균적인 세기를 구하고 (b) 2.0 m 거리에서 봤을 때 100 W 의 빛을 내는 전구의 세기를 비교하라.

35. (II) He-Ne 레이저의 파장을 계산하라(그림 28.15 참조).

36. (II) 레이저 빔이 지름 3.0 mm인 거울을 통해 나온다고 할 때, 레이저 빔의 퍼짐각을 계산하라. $\lambda = 694$ nm로 가정한다. 이 빔이 (a) 지구 위 340 km 높이에 있는 인공위성을 때렸을 때와 (b) 달을 때렸을 때 빔의 지름은 각각 얼마가 되는가? [힌트: 24.5절과 25.7절 참조]

연습 해답

A: (c)

B: 2.1×10^{-24} kg·m/s, 2.3×10^{6} m/s

C: 2, 1, 0, −1, −2

D: −0.38 eV, $\sqrt{20}\,\hbar$

E: 표 28.2에서 Li에 선을 하나 더한다. 2, 0, 0, $-\frac{1}{2}$

F: $1s^2 2s^2 2p^6 3s^2 3p^6 3d^{10} 4s^2 4p^1$

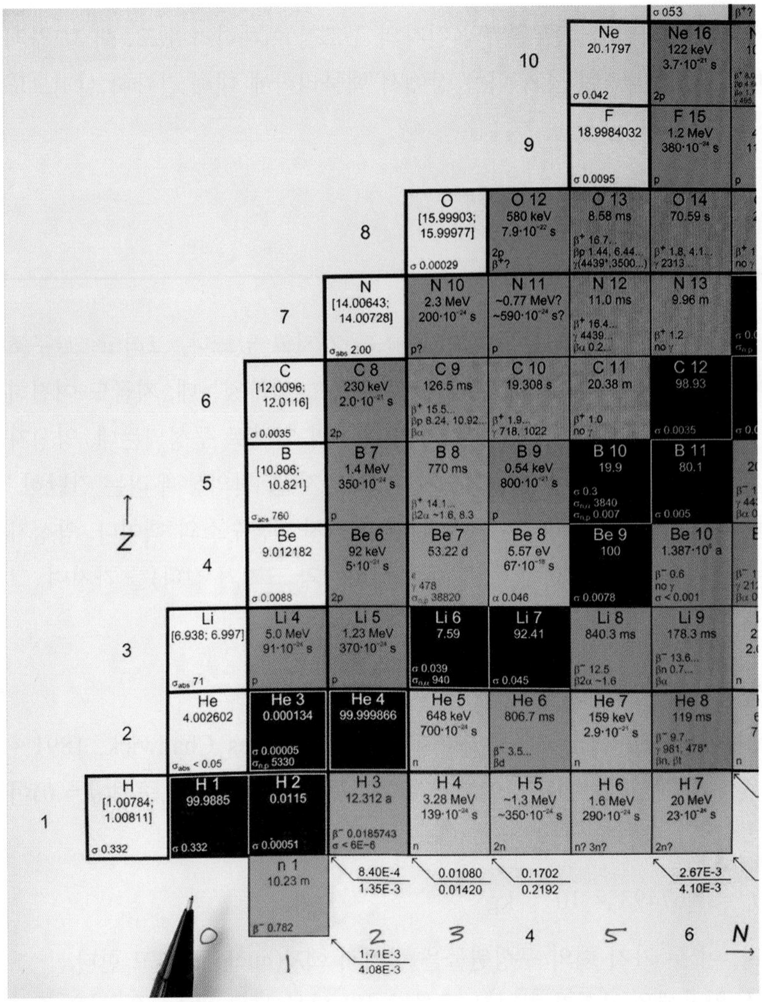

이 장에서는 핵물리학에 대한 논의를 시작한다. 우리는 핵의 성질과 다양한 종류의 방사능, 그리고 방사능 붕괴가 어떻게 뼈나 나무에서부터 암석이나 다른 광물질에 이르기까지 다양한 물체의 나이를 알아내거나 지구의 역사에 대한 정보를 얻는 데 사용될 수 있는지 알아 볼 것이다.

그림의 도표는 **핵종 도표**(Chart of Nuclides)의 한 예이다. 각각의 수평 행에 있는 사각형은 특정한 Z값(= 중성원자 내의 전자 수 = 핵 내의 양성자수)을 갖는 원소의 알려진 동위원소(핵종)를 나타낸다. 왼쪽 끝에는 평균 원자량을 가진 흰 상자가 있다.

세로 줄에는 같은 중성자수 N을 가진 핵종들이 있다. $N = 1$일 경우(연필 오른쪽에), 맨 밑에 홀로 있는 중성자로 시작하여, 그 위로 $^{2}_{1}$H, 그 다음에는 $^{3}_{2}$He, $^{4}_{3}$Li으로 이어진다. 각각의 상자는 색깔로 나타냈는데, 검정색은 안정 핵종을 의미한다. 방사성 핵종들은 β^- 붕괴의 경우에는 청록색, β^+ 붕괴나 $^{7}_{4}$Be와 같은 전자 포획(epsilon)의 경우에는 분홍색, α 붕괴의 경우 노란색 등으로 나타냈다. 따라서 $^{1}_{1}$H과 $^{2}_{1}$H는 안정핵이나 $^{3}_{1}$H(삼중수소)는 불안정하여 12.3년의 반감기로 β^- 붕괴를 일으킨다. 상자 안에는 동위원소의 원자 질량, 반감기, 그리고 방사능 붕괴를 할 때 방출하는 에너지이다. 그 밖에 다른 붕괴 방식과 확실한 단면적(σ)이 나타나 있다.

CHAPTER 29

핵물리학과 방사능

시작 질문 추정해 보라!

80 μg의 $^{60}_{27}$Co 시료의 절반이 5.3년 동안에 붕괴됐다. 10.6년 후에는 $^{60}_{27}$Co은 얼마나 남아 있겠는가?

(a) 10 μg

(b) 20 μg

(c) 30 μg

(d) 40 μg

(e) 0 μg

20세기 초반에 이루어진 러더퍼드의 실험 결과는 원자의 중심에 작지만 질량이 큰 핵이 있다는 생각을 이끌어 냈다(27.10절 참조). 이와 동시에 양자론이 발전되기 시작했다. 과학자들은 원자와 전자의 구조를 이해하려 했고, 핵 그 자체에 대해 연구하기 시작했다. 이 장과 다음 장에서 **핵물리학**에 대해 간략히 살펴보도록 할 것이다.

29.1 핵의 구조와 성질

물리학자들에게 있어서 중요한 의문은 핵이 구조를 가지고 있느냐, 그리고 그 구조가 무엇이냐 하는 것이었다. 1930년대 초에 핵의 모형이 제안됐는데, 지금도 여전히 사용되고 있다. 이 모형에 따르면, 핵은 두 가지 유형의 입자로 구성되는데, 양성자와 중성자이다. [이 입자들은 또한 파동성도 가지고 있지만, 편의상 우리는 간단히 '입자'라고 표현한다.] **양성자**(proton)는 가장 간단한 원자, 즉 수소의 핵이다. 양성자는 양의 전하(= $+e = +1.60 \times 10^{-19}$ C, 전자의 전하량과 크기가 같다)를 가지며, 그 질량은 다음과 같이 측정됐다.

$$m_{\mathrm{p}} = 1.67262 \times 10^{-27}\ \mathrm{kg}$$

중성자(neutron)는 1932년에 영국의 물리학자인 채드윅(James Chadwick, 1891~1974)에 의해 존재가 확인됐는데, 그 이름이 함축하듯이 전기적으로 중성($q = 0$)이다. 질량은 양성자의 질량 보다 약간 더 크다.

$$m_{\mathrm{n}} = 1.67493 \times 10^{-27}\ \mathrm{kg}$$

중성자와 양성자, 이 두 가지 핵의 구성원들을 합쳐서 **핵자**(nucleon)라고 한다.

대부분의 수소 원자핵은 양성자 하나로 구성되지만 다른 모든 원소들의 핵은 중성자와 양성자로 구성된다. 다른 종류의 원자핵을 **핵종**(nuclide)이라고도 한다. 핵 내에 존재하는 양성자수를 **원자 번호**(atomic number)라고 하고, Z로 표시한다. 핵자들의 총수, 다시 말해 중성자와 양성자의 합을 A로 표시하고, **원자 질량수**(atomic mass number) 또는 간단히 **질량수**(mass number)라고 한다. 이 이름은 원자핵의 질량이 핵자 질량의 A배에 매우 가깝기 때문에 사용한다. 따라서 7개의 양성자와 8개의 중성자를 가지고 있는 핵종은 $Z = 7$이고 $A = 15$이다. **중성자수**(neutron number) N은 $N = A - Z$이다.

주어진 핵종을 나타내기 위해서는 A와 Z만 주어지면 되고, 이것을 다음과 같이 표시하기로 한다.

$${}^{A}_{Z}\mathrm{X}$$

여기서 X는 원소의 화학 기호이고(부록 E, 부록 H의 주기율표 참조), A는 원자 질량수, Z는 원자 번호이다. 예를 들어 ${}^{15}_{7}\mathrm{N}$는 양성자가 7개이고, 중성자가 8개, 전체 핵자수가 15개인 질소 원자핵을 나타낸다. 중성인 원자의 핵 주위를 돌고 있는 전자수는 원자 번호 Z와 같다(왜냐하면 전자의 전하는 양성자의 전하와 크기는 같고 부호만 반대이기 때문이다). 원자의 성질과 그 원자가 다른 원자와 어떻게 상호작용하느냐 하는 것은 주로 전자수에 의해 결정된다. 그러므로 Z가 어떤 종류의 원자인지, 즉 탄소, 산소, 금 등으로 결정한다. 앞에서와 같이 핵의 기호와 원자 번호 모두를 적는 것은 장황하다. 만약 핵이 질소라면 우리는 $Z = 7$이라는 것을 안다. 그래서 때때로 Z를 생략하여 $^{15}_{7}\mathrm{N}$을 $^{15}\mathrm{N}$으로 쓰기도 한다. 이것을 '질소 15'라고 읽는다.

어떤 특정한 원자(예를 들어 탄소)에 대해 양성자수는 같지만 중성자수가 다른 핵들이 있다. 예를 들어 탄소 원자핵에는 언제나 6개의 양성자가 있지만 중성자수는 5, 6, 7, 8, 9, 10개인 경우가 있다. 이와 같이 양성자수는 같고, 중성자수가 다른 원자핵들을 **동위원소**(isotope)라고 한다. 그러므로 $^{11}_{6}\mathrm{C}$, $^{12}_{6}\mathrm{C}$, $^{13}_{6}\mathrm{C}$, $^{14}_{6}\mathrm{C}$, $^{15}_{6}\mathrm{C}$, $^{16}_{6}\mathrm{C}$은 모두 동위원소이다. 물론 주어진 원소의 동위원소가 모두 같은 비로 존재하지는 않는다. 예를 들어 지구 상에 자연적으로 존재하는 탄소의 98.9 %는 $^{12}_{6}\mathrm{C}$이고, 1.1 %가 $^{13}_{6}\mathrm{C}$이다. 이 퍼센트를 **자연 존재비**(natural abundance)† 라고 한다. 수소조차도 동위원소를 갖는다. 자연에 존재하는 수소의 99.99 %는 $^{1}_{1}\mathrm{H}$인데, 간단히 양성자 하나를 핵으로 갖고 있다. 나머지는 **중수소**(deuterium)라 불리는 $^{2}_{1}\mathrm{H}$과 **삼중수소**(tritium)라 불리는 $^{3}_{1}\mathrm{H}$이다. 이들은 하나의 양성자 외에 각각 1개와 2개의 중성자를 갖는다. [전자가 없는 핵은 각각 **중양자**(deuteron)와 **삼중양자**(triton)이라 한다.]

자연적으로 존재하지 않는 많은 동위원소는 실험실에서 핵반응(뒤에서 더 언급한다)으로 만들 수 있다. 우라늄($Z = 92$)보다 원자 번호가 큰 모든 원소($Z > 92$)는 자연에는 존재하지 않고, $Z \le 92$인 핵종을 만들어 낼 수 있는 것처럼 인공적으로 만들어낸다.

핵의 대략적인 크기는 러더퍼드가 대전 입자를 산란시켜 처음으로 결정했다. 물론 우리는 핵에 대해서는 그 크기를 정확히 이야기할 수 없다. 왜냐하면 파동 · 입자 이중성(27.7절 참조) 때문에 공간에서의 크기가 약간 복잡한 문제로 남기 때문이다. 그럼에도 불구하고 대략적인 크기는 핵에서 벗어나는 고속의 전자 산란으로 측정할 수 있다. 그 결과 핵은 대략적으로 A에 비례해서 커지는 반지름을 가지는 구형이고, 근사적으로 다음 식과 같다.

$$r \approx (1.2 \times 10^{-15}\,\mathrm{m})(A^{\frac{1}{3}}) \tag{29.1}$$

구의 부피는 $V = \frac{4}{3}\pi r^3$이므로 핵의 부피는 근사적으로 핵자의 수에 비례한다. 즉 $V \propto A$임을 알 수 있다[$(A^{\frac{1}{3}})^3 = A$이므로]. 이는 핵자가 관통할 수 없는 당구공과 같다면 예상할 수 있는 결과이다. 만약 공의 수를 두 배로 늘리면 부피는 두 배가 된다. 따라서 모든 핵은 거의 같은 밀도를 갖는다고 생각할 수 있는데, 그 값은 어마어마하다(예제 29.2 참조).

10^{-15} m에 대한 약부호는 페르미(엔리코 페르미, 그림 29.7, 이름에서 유래) 또는 펨토미터(fm)(부록 F의 표 1.4 참조)이다. 따라서 1.2×10^{-15} m = 1.2 fm 또는 1.2 페르미이다.

† 부록 H의 주기율표에 주어진 각 원소의 질량 값은 동위원소들의 자연 존재비에 따른 평균 질량이다.

예제 29.1 추산 핵의 크기

자연에 존재하는 (a) 가장 작은 핵 ${}^{1}_{1}\mathrm{H}$과 (b) 가장 큰 핵 ${}^{238}_{92}\mathrm{U}$의 지름을 추정하라.

접근 핵의 반지름 r는 식 29.1로 주어지는 그 핵자수 A와 관련이 있다. 지름은 $d = 2r$이다.

풀이 (a) 수소의 경우, $A = 1$, 식 29.1로부터 다음을 얻는다.

$$d = \text{지름} = 2r \approx 2(1.2 \times 10^{-15}\,\mathrm{m})(A^{\frac{1}{3}}) = 2.4 \times 10^{-15}\,\mathrm{m}$$

(b) 우라늄의 경우

$$d \approx (2.4 \times 10^{-15}\,\mathrm{m})(238)^{\frac{1}{3}} = 15 \times 10^{-15}\,\mathrm{m}$$

이므로 핵의 지름의 변화는 겨우 2.4~15 fm이다.

유의 핵의 반지름은 $A^{\frac{1}{3}}$에 비례해서 변하므로, 가장 큰 핵(예를 들어 $A = 238$인 우라늄)의 반지름은 가장 작은 수소($A = 1$)의 $\sqrt[3]{238} \approx 6$배에 불과하다.

예제 29.2 추산 핵과 원자의 밀도

핵 물질의 밀도와 일상의 고체의 밀도를 비교하라.

접근 정상적인 고체와 액체의 밀도는 10^3~$10^4\,\mathrm{kg/m^3}$ 정도(표 10.1 참조)이다. 원자들은 가까이 붙어 있으므로 원자들 역시 대략 이 정도의 밀도를 갖는다. 그러므로 핵의 밀도와 전체 부피인 원자의 밀도를 비교한다.

풀이 양성자의 질량은 전자의 질량보다 다음 인수 배만큼 크다.

$$\frac{1.67 \times 10^{-27}\,\mathrm{kg}}{9.1 \times 10^{-31}\,\mathrm{kg}} \approx 2000$$

따라서 원자 질량의 99.9 % 이상이 핵 내에 있으므로, 원자의 질량은 핵의 질량과 같다고 말할 수 있다. 원자의 반지름은 약 10^{-10} m(27장 참조)이고 핵의 반지름은 10^{-15} m(식 29.1) 정도이다. 따라서 핵의 밀도와 원자의 밀도 비는 약

$$\frac{\rho_{\text{핵}}}{\rho_{\text{원자}}} = \frac{(m_{\text{핵}}/V_{\text{핵}})}{(m_{\text{원자}}/V_{\text{원자}})} = \left(\frac{m_{\text{핵}}}{m_{\text{원자}}}\right)\frac{\frac{4}{3}\pi r^3_{\text{원자}}}{\frac{4}{3}\pi r^3_{\text{핵}}} \approx (1)\frac{(10^{-10})^3}{(10^{-15})^3} = 10^{15}$$

이다. 핵은 보통의 물질 보다 10^{15}배나 더 조밀하다.

핵의 질량은 20.11절에서 언급한 바와 같이 질량 분석기를 이용하여서 자기장 내를 빠르게 움직이는 핵의 곡률 반지름을 측정하여 결정한다. 이 기구를 이용하여 같은 원소의 다른 동위원소 존재를 발견했다. 핵질량은 **통일된 원자 질량 단위**(u; unified atomic mass unit)로 표시된다. 이 단위로 중성인 ${}^{12}_{6}\mathrm{C}$ 원자가 정확하게 12.000000 u의 값을 갖는다. 중성자는 질량이 1.008665 u이고, 양성자는 1.007276 u이며, 중성인 수소 원자, 즉 ${}^{1}_{1}\mathrm{H}$(양성자와 전자의 합)은 1.007825 u이다. 많은 핵종의 질량이 부록 B에 수록되어 있다. 그러나 이 표에 있는 질량은 **중성 원자**에 대한 것으로 전자가 없는 핵에 대한 것이 아니라는 것에 유의해야 한다.

> ! 주의
> 중성원자(핵+전자들)의 질량

질량은 때때로 전자볼트 에너지 단위를 사용해 나타낸다. 이것은 질량과 에너지가

표 29.1 정지 질량, 킬로그램, 원자 질량 단위, 그리고 MeV/c^2으로 표시

물질	질량		
	kg	**u**	**MeV/c^2**
전자	9.1094×10^{-31}	0.00054858	0.51100
양성자	1.67262×10^{-27}	1.007276	938.27
$^1_1$H 원자	1.67353×10^{-27}	1.007825	938.78
중성자	1.67493×10^{-27}	1.008665	939.57

연관이 있기 때문이며, 정확한 관계식은 아인슈타인 식 $E = mc^2$으로 주어진다(26장 참조). 중성인 $^1_1$H 원자의 질량은 1.67262×10^{-27} kg 또는 1.007276 u이기 때문에

$$1.0000\,\text{u} = (1.0000\,\text{u})\left(\frac{1.67262 \times 10^{-27}\,\text{kg}}{1.007276\,\text{u}}\right) = 1.66054 \times 10^{-27}\,\text{kg}$$

이다. 이것은 다음 에너지와 같다.

$$E = mc^2 = \frac{(1.66054 \times 10^{-27}\,\text{kg})(2.9979 \times 10^8\,\text{m/s})^2}{(1.6022 \times 10^{-19}\,\text{J/eV})}$$
$$= 931.5\,\text{MeV}$$

따라서 다음을 얻는다.

$$1\,\text{u} = 1.6605 \times 10^{-27}\,\text{kg} = 931.5\,\text{MeV}/c^2$$

몇 가지 기본 입자에 대한 정지 질량이 표 29.1에 주어져 있다. 경험으로 보건대, 기억할 것은 중성자와 양성자의 질량은 약 1 GeV/c^2(= 1000 MeV/c^2)이며, 이는 전자 질량($\approx \frac{1}{2}$ MeV/c^2)의 약 2000배라는 것이다.

전자가 고유 스핀과 각운동량 양자수를 가지는 것과 마찬가지로 핵과 그 구성성분인 양성자와 중성자도 스핀과 각운동량 양자수를 갖는다. 양성자와 중성자는 모두 전자와 마찬가지로 스핀이 $\frac{1}{2}$인 입자이다. 양성자와 중성자로 이루어진 핵도 **핵스핀**(nuclear spin) 양자수 I를 갖는데, 핵자수가 짝수냐 홀수냐에 따라 정수이거나 반정수가 될 수 있다.

29.2 결합 에너지와 핵력

결합 에너지

안정핵의 전체 질량은 다음 예제에서 볼 수 있듯이, 그 구성 요소인 양성자와 중성자의 질량의 합보다 항상 작다.

예제 29.3 $^4_2$**He와 그 구성원의 질량 비교**

$^4_2$He 원자의 질량과 그 구성 입자의 전체 질량을 비교하라.

접근 $^4_2$He 핵은 2개의 양성자와 2개의 중성자를 갖고 있다. 보통 표에는 중성 원자의 질량

—핵 + Z개의 전자의 질량—이 주어진다. 그러므로 우리는 질량을 비교할 때 전자들이 균형을 잡고 있는지 확인해야 한다. 따라서 양성자의 질량을 사용하는 것보다 $^1_1$H의 질량 사용한다. 부록 B에서 $^4_2$He 원자의 질량(두 개의 전자 질량을 포함하고 있다)과 두 개의 중성자의 질량과 두 개의 수소 원자의 질량(= 두 개의 양성자 +두 개의 전자)을 찾을 수 있다

풀이 중성인 $^4_2$He 원자의 질량은, 부록 B로부터 4.002603 u이다. 두 중성자와 두 수소 원자(두 개의 전자를 포함한 두 개의 양성자)의 질량은

$$\begin{aligned} 2m_n &= 2(1.008665\,\text{u}) = 2.017330\,\text{u} \\ 2m(^1_1\text{H}) &= 2(1.007825\,\text{u}) = \underline{2.015650\,\text{u}} \\ \text{합} &= 4.032980\,\text{u} \end{aligned}$$

이므로 $^4_2$He의 질량은 그 구성원의 질량의 전체 합보다 4.032980 u − 4.002603 u = 0.030377 u만큼 작다.

이 잃어버린 0.030377 u의 질량은 어디로 사라졌는가? 그것은 $E = mc^2$이 되어야 한다.

만약 네 개의 핵자들이 갑자기 합쳐져서 $^4_2$He 핵을 형성했다면, '잃어버린' 질량은 다른 형태의 에너지(예를 들면 복사 에너지나 운동 에너지)로 나타나야 한다. $^4_2$He인 경우, 질량(또는 에너지) 차이는 (0.030377 u)(931.5 MeV/u) = 28.30 MeV이다. 이 차이를 원자핵의 **총결합 에너지**(total binding energy)라고 한다. 총결합 에너지는 원자핵을 그 구성 성분인 양성자와 중성자로 분리하기 위해서 핵에 가해야 하는 에너지의 전체 양을 의미한다. 만약 $^4_2$He 핵의 질량이 두 개의 중성자와 두 개의 양성자의 질량의 합과 정확히 같다면, 핵은 외부에서 에너지를 주입시키지 않아도 쪼개질 것이다. 핵이 안정되기 위해서는 핵의 질량이 그 구성 핵자의 질량의 합보다 반드시 작아야 하고, 주입된 에너지는 그것을 분리시키기 위해서 필요하게 된다.

주의
핵의 질량은 구성원의 질량 합보다 작아야 한다.

결합 에너지는 원자핵이 가진 어떤 것이 아니다. 그것은 분리된 구성 성분의 전체 질량과 비교했을 때 '부족한' 에너지이다.

[예를 들어 27장에서 수소 원자에 있는 한 개의 전자의 결합 에너지는 13.6 eV였다. 따라서 $^1_1$H 원자의 질량은 한 개의 양성자와 한 개의 전자의 질량의 합보다 13.6 eV/c^2만큼 작다. 핵의 결합 에너지는 MeV 정도의 크기이므로, eV 정도 크기인 전자의 결합 에너지는 무시될 수 있다. 핵의 결합 에너지는 핵의 질량과 비교하면 (28 MeV/4000 MeV) ≈ 1 × 10^{-2} 크기이다. 여기서 우리는 헬륨의 결합 에너지 28.3 MeV (위 참조)와 질량 ≈ 4 × 940 MeV ≈ 4000 MeV를 사용했다.]

연습 A $^7_3$Li 핵의 질량은 그 구성원의 질량과 비교했을 때 얼마나 부족한가? 부록 B 참조

핵자당 평균 결합 에너지(average binding energy per nucleon)는 핵의 총결합 에너지를 핵자의 전체 수 A로 나눈 것으로 정의된다. 위에서 $^4_2$He의 결합 에너지는 28.3 MeV로 계산됐으므로, 핵자당 평균 결합 에너지는 28.3 MeV/4 = 7.1 MeV가 된다. 그림 29.1은 안정핵의 평균 결합 에너지를 질량수 A의 함수로 나타낸 것이다. A가 커지면 곡선이 증가하는데, $A \approx 40$ 근처에서 평탄해지며 핵자당 약 8.7 MeV의 값을 갖는다. $A \approx 80$을 넘어서면 곡선은 천천히 감소하는데, 이것은 핵이 크면 주기

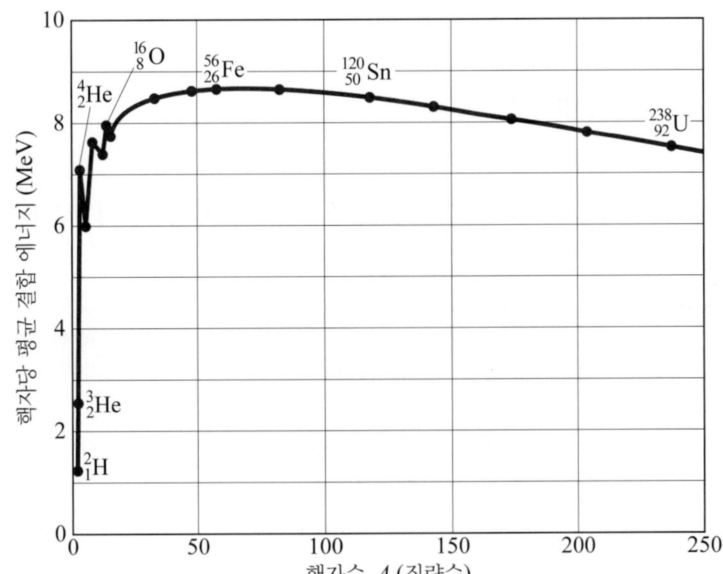

그림 29.1 안정핵종에서의 핵자당 평균 결합 에너지를 질량수 A의 함수로 나타냈다.

율표상의 중간에 있는 핵보다 다소 느슨하게 결합되어 있음을 의미한다. 우리는 나중에 이런 특성이 핵분열과 핵융합 과정으로 에너지 방출을 허용한다는 것을 알게 된다.

예제 29.4 철의 결합 에너지

가장 흔한 철의 안정된 동위원소 $^{56}_{26}$Fe의 핵자당 총결합 에너지와 평균 결합 에너지를 계산하라.

접근 26개의 수소 원자와 30개의 중성자 질량의 전체 합에서 $^{56}_{26}$Fe 원자의 질량을 빼면 된다. 이 값들은 부록 B에서 얻을 수 있다. 그 다음에는 질량 단위를 에너지 단위로 바꾸면 된다. 평균 결합 에너지는 핵자의 전체 수 $A = 56$으로 나누어 구한다.

풀이 $^{56}_{26}$Fe는 양성자 26개, 중성자 30개를 갖는다. 분리된 각각의 질량은

$$\begin{aligned} 26m(^{1}_{1}\text{H}) &= (26)(1.007825\,\text{u}) &= \;& 26.20345\,\text{u} \text{ (26개 전자들을 포함하여)} \\ 30m_{\text{n}} &= (30)(1.008665\,\text{u}) &= \;& \underline{30.25995\,\text{u}} \\ & \text{합} &= \;& 56.46340\,\text{u} \\ & ^{56}_{26}\text{Fe의 질량을 빼면:} &= \;& \underline{-55.93494\,\text{u}} \text{ (부록 B)} \\ & \Delta m &= \;& 0.52846\,\text{u} \end{aligned}$$

이므로 총결합 에너지는 다음과 같다.

$$(0.52846\,\text{u})(931.5\,\text{MeV/u}) = 492.26\,\text{MeV}$$

핵자당 평균 결합 에너지는 다음과 같다.

$$\frac{492.26\,\text{MeV}}{56\text{핵자}} = 8.79\,\text{MeV}$$

유의 핵자당 결합 에너지 그래프(그림 29.1)는 철 근처에서 극대가 된다. 그래서 철 핵과 그 이웃 핵들은 가장 안정한 핵이 되는 것이다.

연습 B $^{16}_{8}$O에 대해 핵자당 결합 에너지를 계산하라.

예제 29.5 마지막 중성자 결합 에너지

$^{13}_{6}$C의 마지막 중성자의 결합 에너지는 얼마인가?

접근 만약 $^{13}_{6}$C가 중성자 하나를 잃으면, $^{12}_{6}$C가 된다. 따라서 $^{13}_{6}$C의 질량에서 $^{12}_{6}$C와 자유 중성자의 질량을 빼면 된다.

풀이 부록 B에서 얻은 질량을 이용하여 계산한다.

$$\begin{aligned} {}^{12}_{6}\text{C의 질량} &= \quad 12.000000\ \text{u} \\ {}^{1}_{0}\text{n의 질량} &= \quad \underline{1.008665\ \text{u}} \\ \text{전체 질량} &= \quad 13.008665\ \text{u} \\ {}^{13}_{6}\text{C의 질량을 빼면:} & \quad \underline{-13.003355\ \text{u}} \\ \Delta m &= \quad 0.005310\ \text{u} \end{aligned}$$

에너지로 환산하면 (931.5 MeV/u)(0.005310 u) = 4.95 MeV이다. 따라서 $^{13}_{6}$C에서 중성자를 하나를 떼어 내려면 4.95 MeV의 에너지가 필요하다.

핵력

우리는 핵을 에너지의 관점에서 뿐만 아니라 그들을 결합시키고 있는 힘의 관점에서도 분석할 수 있다. 우리는 양성자와 중성자들이 즉각 자발적으로 뭉치기를 기대할 수 없다. 왜냐하면 양성자는 양으로 대전되어 있어 서로 척력이 작용하기 때문이다. 실제로 양성자 사이의 전기력이 핵을 깨뜨려 분리시키려 한다는 사실에서 볼 때 어떻게 그 핵이 함께 뭉쳐 있도록 할 것인가라는 문제가 생긴다. 안정핵은 핵자가 뭉쳐 있기 때문에 다른 힘이 작용하는 것을 알 수 있다. 이 새로운 힘은 전기력(원자핵 수준에서는 중력보다 훨씬 강하다)보다 강하기 때문에 **강한 핵력**(strong nuclear force)이라고 한다. 강한 핵력은 모든 핵자에 작용하는 인력이므로 양성자는 전기력에 의해 서로 척력이 작용하는 동시에 핵력에 의해 서로 인력이 작용한다. 중성자는 전기적으로는 중성이기 때문에 핵력에 의해 다른 양성자나 중성자와 서로 인력만 작용한다.

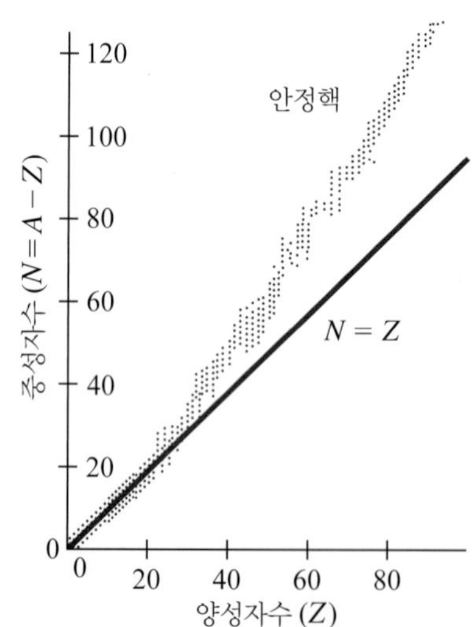

그림 29.2 중성자수 대 양성자수의 그래프. 안정 핵종은 점으로 표시했다. 직선은 $N = Z$인 경우를 나타낸다.

강한 핵력은 중력이나 전자기력보다 훨씬 더 복잡하다는 것으로 판명됐다. 강한 핵력의 한 가지 중요한 특성은 **단거리힘**(short-range force)이라는 것인데, 이 힘은 오직 매우 짧은 거리에 걸쳐서 작용한다. 만약 핵자가 약 10^{-15} m보다 짧은 거리에 있으면 두 핵자 사이에 아주 강한 힘이 작용한다. 그러나 이 거리보다 더 멀리 떨어져 있으면 이 힘은 0이다. 이에 비해 중력이나 전기력은 $1/r^2$ 형태로 매우 먼 거리까지 작용한다. 그래서 **장거리힘**(long-range force)이라고 한다.

강한 핵력에는 이상한 성질이 있다. 예를 들어 만약 한 개의 핵종이 양성자수에 비해 중성자수가 너무 많거나 너무 작으면 핵자의 결합이 느슨해진다. 따라서 너무 균형이 맞지 않는 핵종은 불안정하다. 그림 29.2에서와 같이 안정핵은 $A = 30$까지 범위에서 양성자와 중성자의 수가 같은 경향이 있다($N = Z$). 이 범위를 벗어나는 안정

핵은 양성자보다 많은 중성자를 가지고 있다. Z가 증가하면 전기적인 척력이 증가하고, 안정성을 유지하기 위해서 인력만 작용하는 더 많은 수의 중성자가 필요한 것은 당연하다. 매우 큰 Z에 대해서는 전기적인 척력이 증가하기 때문에 중성자수가 아무리 많아도 이것을 극복할 수 없다. 사실 $Z = 82$ 이상에서는 완전하게 안정핵은 없다.

안정핵이란 핵이 영원히 함께 머물러 있는 상태를 말한다. 그러면 **불안정핵**은 무엇인가? 그것은 떨어져 나갈 수 있는 것을 말하는 것으로 그 결과 방사능 붕괴가 일어난다. 우리는 방사능에 대한 중요한 성질을 논의하기 전에 강한 핵력보다 매우 약한 제2의 핵력이 있다는 것을 유의해야 한다. 이것을 **약한 핵력**(weak nuclear force)이라고 한다. 이것은 어떤 형태의 붕괴를 보여 주기 때문에 약한 핵력의 존재를 인정하게 된다. 이 두 가지의 핵력, 즉 강한 핵력과 약한 핵력은 중력 및 전자기력과 함께 자연에 존재하는 네 가지 힘을 구성한다.

29.3 방사능

핵물리학은 1896년에 시작됐다. 그 해에 베크렐(Henri Becquerel, 1852~1908)은 중요한 발견을 했다. 인광에 대한 연구를 하던 중 그는 어떤 광물(우라늄이 들어 있었다)이 빛으로부터 완전히 차단된 건판을 검게 변화시키는 것을 발견했다. 그 후 그 광물질은 아무런 외부 자극 없이 X선이 아닌 새로운 종류의 방사선을 방출하는 것으로 밝혀졌다. 이 새로운 현상은 결국 **방사능**(radioactivity)이라 불리게 됐다.

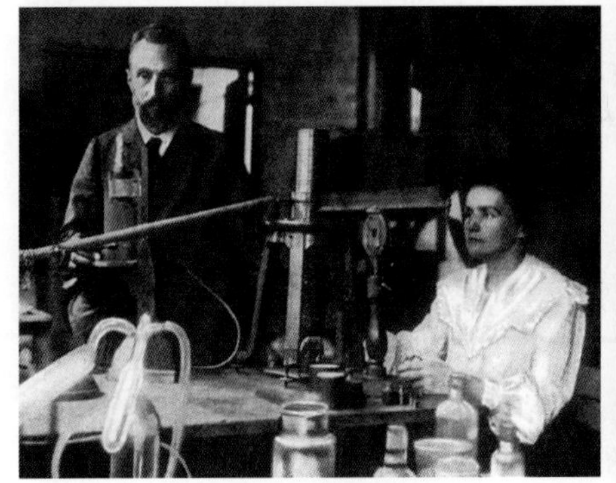

그림 29.3 마리 퀴리와 피에르 퀴리(1906년경). 라듐을 발견한 실험실에서

베크렐의 발견 이후 마리 퀴리(Marie Curie, 1867~1934)와 남편 피에르 퀴리(Pierre Curie, 1859~1906)는 이제까지 알려지지 않은 두 개의 원소를 분리했다(그림 29.3). 이들은 대단히 방사능이 높았으며, 이들을 각각 폴로늄과 라듐이라고 명명했다. 곧 이어 또 다른 방사능 원소가 발견됐다. 어떤 경우에도 방사능은 높은 가열이나 냉각, 강한 화학 시약의 작용 등 강한 물리적, 화학적 처리에도 영향을 받지 않았다. 방사능의 근원이 원자의 내부라는 것이 명백해졌으며, 그것은 핵으로부터 나온다고 생각했다. 그리고 방사능은 불안정핵의 붕괴 결과라고 판명됐다. 어떤 동위원소는 핵력의 작용하에서 안정되지 못하고, 방사선 형태로 방출하며 붕괴한다.

많은 불안정한 동위원소가 자연 방사선을 내는데, 이런 방사능을 '자연 방사능'이라고 한다. 다른 불안정한-동위원소는 핵반응에 의해 실험실에서 만들 수 있다(30.1절 참조). 이것은 인공적으로 만들어지기 때문에 '인공 방사능'이라고 한다.

1898년경 러더퍼드와 다른 과학자들은 방사능으로 방출하는 방사선의 성질을 연구하기 시작했다. 그들은 방사선을 투과력에 따라 세 종류로 분류할 수 있다는 것을 알았다. 방사선 중 한 가지는 종이 한 장을 통과하는 것도 어려울 정도였다. 두 번째 종류는 두께가 3 mm인 알루미늄을 뚫고 지나갈 수 있으며, 세 번째 것은 거의 완전히 뚫고 지나갔다. 이 세 번째 것은 수 cm의 납을 통과할 수 있었으며, 납의 반대편에서 검출할 수도 있었다. 그들은 이 세 가지 형태의 방사선을 그리스 문자의 처음 세 글자를 따서 알파(α)선, 베타(β)선, 감마(γ)선이라고 명명했다.

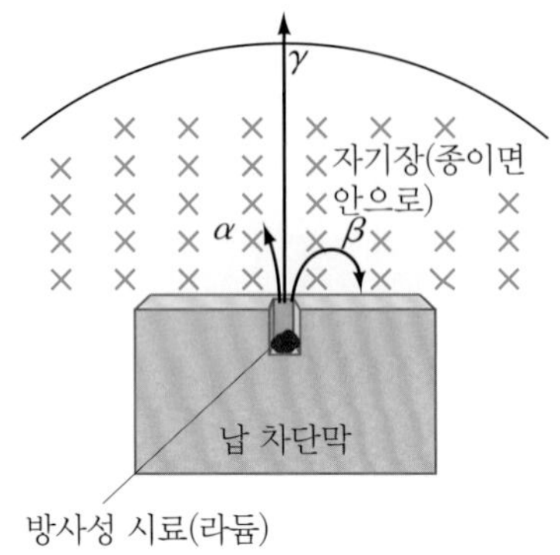

그림 29.4 α선과 β선은 자기장에 의해 서로 반대로 휘어지는 반면, γ선은 전혀 휘어지지 않는다.

각각의 형태의 방사선은 다른 전하를 가지고 있다는 것을 발견했으며, 그림 29.4에서와 같이 자기장에서 다른 방향으로 휘어지는 것을 알 수 있었다. α선은 (+)로, β선은 (−)로 대전됐고, γ선은 중성이었다. 이 세 가지 형태의 방사선은 비슷한 종류의 입자로 구성됐음이 밝혀졌다. γ선은 X선보다 훨씬 높은 에너지를 가지는 아주 높은 에너지의 **광자**이고, β선은 핵 주위의 궤도에 있는 **전자**와 똑같다(그러나 β선은 핵 내부에서 생성된다). α선(α 입자)은 ${}^{4}_{2}\text{He}$의 핵이다. 즉 α선은 서로 결합된 두 개의 양성자와 두 개의 중성자로 이루어져 있다.

이제 세 종류의 방사선 각각에 대해 더 자세히 공부해 보자.

29.4 알파 붕괴

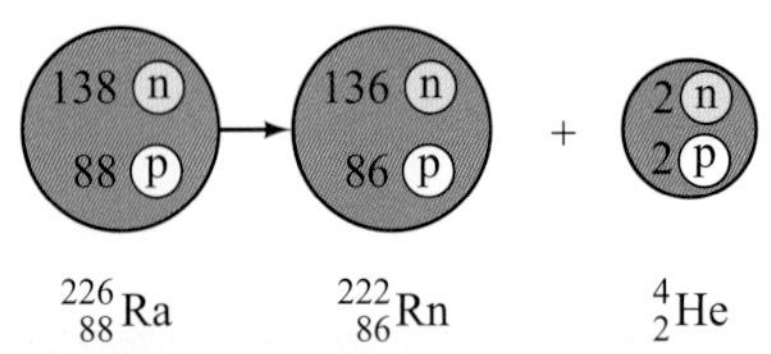

그림 29.5 라듐은 α 입자를 방출하는 방사성 붕괴를 거쳐 라돈이 된다.

핵이 붕괴를 할 때, 전하량(= Ze)과 핵자수(= 질량수 A)는 보존된다는 것이 실험을 통해 밝혀졌다. 핵이 α 입자(${}^{4}_{2}\text{He}$)를 방출할 때 남아 있는 핵은 처음 것과 다른 것이 된다. 왜냐하면 그 핵은 두 개의 양성자와 두 개의 중성자를 잃어버렸기 때문이다. 예를 들어 라듐 226(${}^{226}_{88}\text{Ra}$)은 α 입자 방출체이다. 따라서 $Z = 88 - 2 = 86$이 되고, $A = 226 - 4 = 222$인 핵이 된다. $Z = 86$인 핵은 라돈(Rn)이다(부록 B 또는 주기율표 참조). 따라서 라듐은 α 입자를 방출하면서 라돈으로 붕괴한다(그림 29.5). 이것을 다음과 같이 표현한다.

$${}^{226}_{88}\text{Ra} \rightarrow {}^{222}_{86}\text{Rn} + {}^{4}_{2}\text{He}$$

α 붕괴가 일어나면, 다른 원소가 형성된다. **딸핵**(daughter nucleus, 이 경우에는 ${}^{222}_{86}\text{Rn}$)은 **어미핵**(parent nucleus, 이 경우에는 ${}^{226}_{88}\text{Ra}$)과 다르다. 이와 같이 한 원소에서 다른 원소로 바뀌는 것을 **변환**(transmutation)이라고 한다.

알파 붕괴는 일반적으로 다음과 같이 쓸 수 있다.

$${}^{A}_{Z}\text{N} \rightarrow {}^{A-4}_{Z-2}\text{N}' + {}^{4}_{2}\text{He} \qquad [\alpha \text{ 붕괴}]$$

여기서 N은 어미핵, N'은 딸핵, 그리고 Z와 A는 각각 어미핵의 원자 번호와 원자 질량수를 나타낸다.

연습 C ${}^{154}_{66}\text{Dy}$는 α 입자를 방출하고 다음 중 무엇으로 붕괴되는가?
(a) Pb (b) Gd (c) Sm (d) Er (e) Yb

α 붕괴가 일어나는 이유는 강한 핵력이 아주 큰 핵을 묶어 유지하는 것이 불가능하기 때문이다. 핵력은 단거리힘으로, 이웃하는 핵자들 사이에만 작용한다. 그 반면에 전기력은 핵 전체에 걸쳐서 작용할 수 있다. 따라서 매우 큰 핵의 경우에는, 큰 Z는 전기적 척력이 아주 커진다는 것을 의미하고(쿨롱 법칙), 따라서 강한 핵력이 핵을 유지하는 것이 불가능해진다는 것을 의미한다.

우리는 어미핵의 불안정성을 에너지(또는 질량)를 이용하여 나타낼 수 있다. 어미핵의 질량은 딸핵의 질량에 α 입자의 질량을 더한 것보다 크다. 이 질량 차는 운동 에너지로 나타나며, 달아나는 α 입자와 반동하는 딸핵이 가져가버린다. 방출되는 전체 에너지양을 **붕괴 에너지**(disintegration energy) Q 또는 **붕괴의 Q값**(Q-value)이라 한다. 에너지 보존 법칙으로부터 다음을 얻는다.

$$M_{\mathrm{P}}c^2 = M_{\mathrm{D}}c^2 + m_\alpha c^2 + Q$$

여기서 Q는 딸핵과 α 입자의 운동 에너지와 같고, M_{P}, M_{D}, m_α는 각각 어미핵, 딸핵, α 입자의 질량을 의미한다. 따라서

$$Q = M_{\mathrm{P}}c^2 - (M_{\mathrm{D}} + m_\alpha)c^2 \tag{29.2}$$

만약 어미핵의 질량이 딸핵과 α 입자의 질량합보다 작으면(즉 $Q < 0$), 이 붕괴는 에너지 보존 법칙을 위배하게 된다. 이런 붕괴는 결코 관측되지 않기 때문에, 이 위대한 보존 법칙에 대한 또 다른 확인을 할 수 있다.

예제 29.6 우라늄 붕괴 시 방출되는 에너지

${}^{232}_{92}\mathrm{U}$(질량 = 232.037156 u)가 α 입자를 방출하고 ${}^{228}_{90}\mathrm{Th}$(228.028741 u)으로 붕괴할 때 붕괴 에너지를 계산하라(늘 그렇듯, 주어진 질량은 중성 원자의 질량이다).

접근 식 29.2로 나타낸 에너지 보존 법칙을 이용한다. ${}^{232}_{92}\mathrm{U}$는 어미핵, ${}^{228}_{90}\mathrm{Th}$는 딸핵이다.

풀이 ${}^{4}_{2}\mathrm{He}$의 질량은 4.002603 u(부록 B)이므로, 마지막 상태의 전체 질량($m_{\mathrm{Th}} + m_{\mathrm{He}}$)은 다음과 같다.

$$228.028741\ \mathrm{u} + 4.002603\ \mathrm{u} = 232.031344\ \mathrm{u}$$

${}^{232}_{92}\mathrm{U}$가 붕괴할 때 잃은 질량 ($m_{\mathrm{U}} - m_{\mathrm{Th}} - m_{\mathrm{He}}$)은 다음과 같다.

$$232.037156\ \mathrm{u} - 232.031344\ \mathrm{u} = 0.005812\ \mathrm{u}$$

$1\ \mathrm{u} = 931.5\ \mathrm{MeV}/c^2$이므로, 방출되는 에너지 Q는

$$Q = (0.005812\ \mathrm{u})(931.5\ \mathrm{MeV/u}) = 5.4\ \mathrm{MeV}$$

이고, 이 에너지는 α 입자와 딸핵의 운동 에너지로 나타난다.

예제 29.7 ${}^{232}_{92}\mathrm{U}$ 붕괴에서 α 입자의 운동 에너지

예제 29.6의 ${}^{232}_{92}\mathrm{U}$ 붕괴에서 붕괴 에너지가 5.4 MeV일 때 α 입자의 운동 에너지는 얼마인가?

접근 어떤 반응에서든, 운동량은 에너지와 마찬가지로 보존돼야 한다.

풀이 핵분열이 일어나기 전에, 핵은 정지해 있는 것으로 간주될 수 있으므로, 전체 운동량은 0이다. 핵분열 후, 전체 운동량은 여전히 0이므로 α 입자의 운동량의 크기는 딸핵의 운동량의 크기와 같아야 한다(그림 29.6).

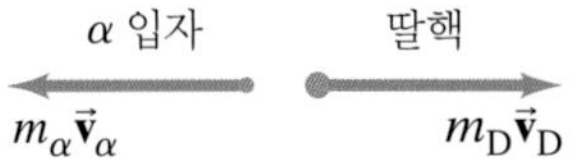

α 입자 딸핵
$m_\alpha \vec{\mathbf{v}}_\alpha$ $m_{\mathrm{D}} \vec{\mathbf{v}}_{\mathrm{D}}$

그림 29.6 예제 29.7의 운동량 보존

$$m_\alpha v_\alpha = m_{\mathrm{D}} v_{\mathrm{D}}$$

따라서 $v_\alpha = m_{\mathrm{D}} v_{\mathrm{D}}/m_\alpha$이고, α 입자의 운동 에너지는 다음과 같다.

$$\begin{aligned}\mathrm{KE}_\alpha &= \tfrac{1}{2}m_\alpha v_\alpha^2 = \tfrac{1}{2}m_\alpha\left(\frac{m_{\mathrm{D}}v_{\mathrm{D}}}{m_\alpha}\right)^2 = \tfrac{1}{2}m_{\mathrm{D}}v_{\mathrm{D}}^2\left(\frac{m_{\mathrm{D}}}{m_\alpha}\right) = \left(\frac{m_{\mathrm{D}}}{m_\alpha}\right)\mathrm{KE}_{\mathrm{D}} \\ &= \left(\frac{228.028741\ \mathrm{u}}{4.002603\ \mathrm{u}}\right)\mathrm{KE}_{\mathrm{D}} = 57\ \mathrm{KE}_{\mathrm{D}}\end{aligned}$$

전체 붕괴 에너지는 $Q = \text{KE}_\alpha + \text{KE}_\text{D} = 57\,\text{KE}_\text{D} + \text{KE}_\text{D} = 58\,\text{KE}_\text{D}$이다. 그러므로

$$\text{KE}_\alpha = 57\,\text{KE}_\text{D} = \frac{57}{58}Q = 5.3\,\text{MeV}$$

이다. 보다 가벼운 α 입자는 전체 운동 에너지의 57/58 또는 98 %를 가져간다. 방출된 전체 에너지는 5.4 MeV이므로 딸핵은 반대 방향으로 되튀며 단지 0.1 MeV의 에너지를 가져간다.

왜 α 입자인가?

여러분은 이런 의문이 들지도 모른다. 왜 핵은 α 입자라 불리는 네 개의 핵자 결합체를 방출하는가? 왜 분리된 네 개의 핵자가 아니고 하나인가? 그 답은 α 입자가 매우 강하게 결합되어 있어서 그 질량이 분리된 네 개의 핵자들의 질량보다 두드러지게 작기 때문이다. 이것은 α 붕괴가 일어날 때 최종 상태가 더 작은 전체 질량을 갖도록 도와주어 어떤 핵종이, 이를테면 두 개의 양성자와 두 개의 중성자로 붕괴할 수 없게 한다. 예를 들어 $^{232}_{92}\text{U}$는 2p + 2n으로 붕괴할 수 없다. 왜냐하면 딸핵 $^{228}_{90}\text{Th}$의 질량과 네 개의 분리된 핵자의 질량 합은 228.028741 u + 2(1.007825 u) + 2(1.008 665 u) = 232.061721 u인데, 이는 어미핵 $^{232}_{92}\text{U}$의 질량 232.037156 u보다 크기 때문이다. 이런 붕괴는 에너지 보존 법칙을 위반하게 된다. 실제로 우리는 결코 $^{232}_{92}\text{U} \rightarrow {}^{228}_{90}\text{Th} + 2\text{p} + 2\text{n}$으로 붕괴하는 것을 볼 수 없다. 이와 유사하게 하나의 핵자를 방출하는 것은 에너지적으로 가능하지 않다는 말은 거의 항상 옳다(예제 29.5 참조).

연기 감지기– 응용

물리학의 응용
연기 감지기

핵물리학의 광범위한 응용 중의 하나는 **연기 감지기**(smoke detector)인데, 거의 모든 가정에 하나씩 가지고 있다. 연기 감지기의 한 종류에는 약 0.2 mg의 아메리슘 방사능 동위원소 $^{241}_{95}\text{Am}$를 AmO_2의 형태로 들어가 있다. 방사선은 서로 반대로 충전된 판 사이에 있는 공기 중의 질소와 산소 분자를 끊임없이 이온화시킨다. 그 결과로 공기는 전도성을 띠게 되어 일정한 작은 전류가 흐르게 된다. 만약 여기에 연기 입자가 들어오면 방사선이 공기 입자가 아니라 연기 입자에 의해 흡수되므로 전류가 감소하게 된다. 전류가 감소하면 장치 회로에 의해 감지되어 경보가 울리게 된다. 온전한 아메리슘 연기 감지기로부터 흡수된 방사선량은 자연 방사능량보다 훨씬 적기 때문에 상대적으로 해가 없다고 생각된다. 연기 감지기가 생명을 구하고 재산 피해를 줄이는 데는 의문의 여지가 없다.

29.5 베타 붕괴

β^- 붕괴

핵이 β 붕괴할 때에도 원소의 변환이 일어난다. β 붕괴는 전자, 즉 β 입자의 방출로 이루어진다. 예를 들어 $^{12}_{6}\text{C}$ 핵은 다음과 같이 전자를 방출하고 붕괴한다.

$$^{14}_{6}\text{C} \rightarrow {}^{14}_{7}\text{N} + \text{e}^- + \text{중성미자(neutrino)}$$

여기서 e^-는 전자를 나타낸다. 중성미자로 알려진 입자는 전하 $q = 0$이고 질량이 매우 작아서 오랫동안 0으로 생각됐다. 이 절의 후반부에서 논의하겠지만 이 입자를 처음에는 검출할 수 없었고, 나중에는 단지 존재한다는 가설만 있었다. 전자가 방출될 때 핵자가 없어지는 것이 아니고, 전체 핵자수 A는 어미핵과 딸핵이 같다. 그러나 전자가 방출되므로 딸핵의 전하는 어미핵의 전하와 다르다. 이때 어미핵은 $Z = +6$이다. 붕괴 과정에서 핵은 전하를 −1만큼 잃어버리기 때문에 남아 있는 핵은 전체 $+7e$의 전하(전하 보존 법칙)를 가져야 한다. 그러므로 딸핵은 $Z = 7$인 질소가 된다.

β 붕괴에서 방출되는 전자는 궤도 전자가 아니라는 것에 유의해야 한다. 사실 이 전자는 **핵 자체 내에서** 생성된 것이다. 중성자 중의 하나가 양성자로 바뀌고, 이 과정(전하가 보존되기 위해)에서 전자를 방출하게 되는 것이다. 실제로 자유 중성자가 이런 모양으로 붕괴한다. 즉

주의

β 붕괴시 e^-는 핵으로부터 방출된다(이는 궤도 전자가 아니다).

$$\text{n} \rightarrow \text{p} + \text{e}^- + \text{중성미자}$$

이다. 원자핵 내에서 생긴 것을 고려해 β 붕괴로 방출하는 전자를 그냥 전자라고 하지 않고 'β 입자'라고 한다. 그렇다 하더라도 β 입자가 궤도 전자와 구분되는 것은 아니다.

예제 29.8 $^{14}_{6}$C 붕괴로 인한 에너지 방출

$^{14}_{6}$C가 붕괴하여 β 입자를 방출하고 $^{14}_{7}$N로 붕괴할 때 나오는 에너지는 얼마인가?

접근 붕괴 전과 후의 질량 차이 Δm을 구한다. 방출되는 에너지는 $E = (\Delta m)c^2$이다. 부록 B에 주어진 질량은 중성 원자에 대한 것이기 때문에 우리는 관여한 전자를 추적해야 한다. 어미핵이 여섯 개의 궤도 전자를 가지고 있다고 가정하면, 전기적으로 중성이고 그 질량은 14.003242 u이다. 이 붕괴에서 딸핵 $^{14}_{7}$N는 중성이 아니다. 왜냐하면 궤도에는 여섯 개의 전자가 있지만 핵은 $+7e$의 전하를 갖기 때문이다. 그렇지만 여섯 개의 전자를 가진 딸핵 + 방출된 전자의 질량은 중성 질소 원자의 질량과 똑같다.

주의

β 붕괴에서 원자와 전자 질량에 유의한다.

풀이 나중 상태에서의 전체 질량은

$$(^{14}_{7}\text{N 핵 + 전자 6개의 질량}) + (\text{전자 1개의 질량})$$

이고 이것은 다음과 같다.

$$\text{중성 } ^{14}_{7}\text{N의 질량(전자 7개 포함)}$$

이 값은 부록 B로부터 14.003074 u이다. 그러므로 질량 차이는 14.003242 u − 14.003074 u = 0.000168 u이다. 이는 $\Delta m\, c^2 = (0.000168\ \text{u})(931.5\ \text{MeV/u}) = 0.156\ \text{MeV}$ 또는 156 keV에 해당한다.

유의 중성미자는 질량이나 전하의 균형을 맞추는 데 관여하지 않는다. 왜냐하면 중성미자는 $q = 0$이고 $m \approx 0$이기 때문이다.

그림 29.7 미국 우표에 묘사된 페르미(Enrico Fermi). 페르미는 이론물리학과 실험물리학 모두에 중요한 기여를 한 현대의 거의 유일한 대가이다. 즉 배타 원리를 따르는 동등 입자(= 페르미온)에 대한 통계물리 이론, 약한 상호작용과 β 붕괴 이론, 중성자 물리학, 유도 방사능(induced radioactivity)과 새로운 원소, 최초의 원자로, 입자물리학의 첫 번째 공명, 그밖에 다른 많은 핵물리학 연구를 이끌고 고취시켰다.

위의 예제 29.8에 의하면 방출된 전자의 운동 에너지는 156 keV라는 것을 알 수 있다(딸핵은 전자보다 질량이 매우 크기 때문에 아주 낮은 속도로 반발되고, 따라서 아주 적은 운동 에너지를 얻는다. 예제 29.7 참조). 아주 주의 깊게 측정한 결과는 몇 개의 방출된 선입자의 운동 에너지가 이 계산 값에 가깝다는 것을 보여 준다. 그러나 방출된 대다수의 전자는 이것보다 좀 작은 에너지를 갖는다. 실제로 방출된 전자의 에너지는 0에서부터 위에서 계산한 최댓값까지 가질 수 있다. 이 전자의 운동 에너지 영역은 어떤 β 붕괴에서도 발견할 수 있었는데, 이것은 마치 에너지 보존 법칙에 위배되는 것처럼 보였다. 실제로 보어는 이 가능성을 생각했다. 주의 깊게 실험을 해 보면 선운동량과 각운동량 역시 보존되지 않는 것처럼 보인다는 것을 알 수 있다. 물리학자들은 예전의 모든 상황에는 잘 맞던 이 두 법칙을 포기하려고 했다.

1930년에 파울리(Wolfgang Pauli)가 대안을 제시했다. β 붕괴 시 전자 이외에도 매우 검출하기 힘든 다른 입자가 있으며, 이 입자가 보존 법칙이 성립하기 위해 필요한 에너지, 선운동량, 각운동량을 가지고 달아나는 것으로 가정했다. 이 새로운 입자는 이탈리아의 위대한 물리학자 페르미(Enrico Fermi, 1901~1954; 그림 29.7)에 의해 **중성미자**(neutrino)라고 명명됐다—이것은 '중성이고 작은 것'이라는 뜻이다. 페르미는 1934년 β 붕괴에 대한 이론을 세웠다(이 이론에서 페르미는 우리가 **약한 핵력**이라고 하는 제4의 힘의 존재를 가정했다). 중성미자는 0의 전하를 가지며, 0의 정지 질량을 가지는 것으로 생각됐다. 그러나 최근에 이것은 아주 작은 정지 질량을 가진다고 제안됐다. 만약 중성미자의 정지 질량이 0이라면 중성미자는 중성이고, 광속으로 운동하는 광자와 매우 비슷하다. 그러나 중성미자는 검출하기가 훨씬 더 어렵다. 1956년에 좀 더 복잡한 실험이 중성미자의 존재를 확인해 주었다. 그러나 그때까지 대부분의 물리학자들은 그 존재를 이미 받아들이고 있었다.

중성미자의 기호는 그리스 문자 뉴(ν)로 나타낸다. ${}^{14}_{6}$C의 붕괴를 나타내는 정확한 방법은 다음과 같다.

$$ {}^{14}_{6}\mathrm{C} \rightarrow {}^{14}_{7}\mathrm{N} + \mathrm{e}^- + \bar{\nu} $$

여기서 중성미자 위에 있는 (‾)표시는 '반중성미자'를 나타낸다.

β 붕괴에 있어서, 결정적인 역할을 하는 것은 약한 핵력이다. 중성미자는 약한 힘에 의해서만 물질과 상호작용하는 특이한 입자인데, 이 때문에 중성미자를 검출하기가 어렵다.

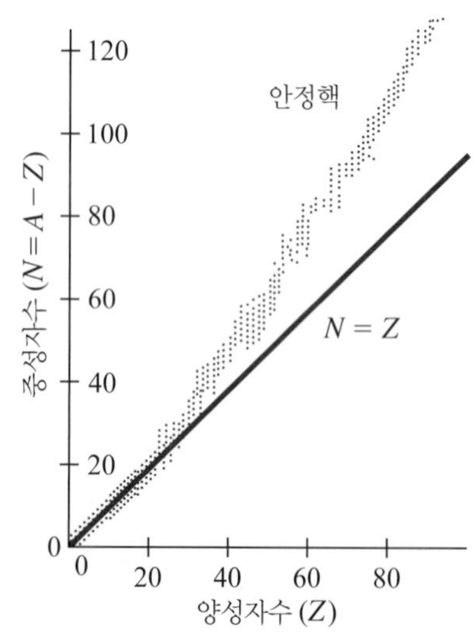

그림 29.2 (반복) 중성자수 대 양성자수의 그래프. 안정 핵종은 점으로 표시했다. 직선은 $N = Z$인 경우를 나타낸다.

β^+ 붕괴

많은 동위원소가 전자를 방출하면서 붕괴한다. 이들은 언제나 양성자수에 비해 너무 많은 중성자를 가진 동위원소이다. 다시 말해 이들은 그림 29.2에 그려진 안정 동위원소 위쪽에 놓인 동위원소이다. 그런데 양성자수에 비해 너무 적은 중성자를 가진 불안정 동위원소는 어떻게 될까? 이들은 전자 대신 **양전자**(positron)를 방출하는 붕괴를 한다는 것이 밝혀졌다. 양전자(때로는 e^+ 또는 β^+ 입자라 불린다)는 전자와 같은 질량을 갖지만, $+1e$의 양전하를 갖는다. 양전자는 전하를 제외하고는 전자와 같기 때문에, 양전자는 전자의 **반입자**† (antiparticle)라 불린다. β^+ 붕괴의 한 예로, $^{19}_{10}\text{Ne}$는 다음과 같이 붕괴한다.

$$^{19}_{10}\text{Ne} \rightarrow {}^{19}_{9}\text{F} + \text{e}^+ + \nu$$

여기서 e^+는 양전자를 나타낸다. β^- 붕괴에서 방출되는 것은 반중성미자인 반면, 여기서 방출되는 것은 중성미자임에 유의하라. 다시 말해 전자와 함께 반중성미자가 방출되고, 중성미자와 함께 반전자(= 양전자)가 방출된다.

우리는 일반적으로, β^-와 β^+ 붕괴를 다음과 같이 쓸 수 있다.

$$^{A}_{Z}\text{N} \rightarrow {}^{A}_{Z+1}\text{N}' + \text{e}^- + \bar{\nu} \qquad [\beta^- \text{ 붕괴}]$$

$$^{A}_{Z}\text{N} \rightarrow {}^{A}_{Z-1}\text{N}' + \text{e}^+ + \nu \qquad [\beta^+ \text{ 붕괴}]$$

여기서 N은 어미핵, N′은 딸핵을 나타낸다.

전자 포획

β^-와 β^+ 방출 과정 외에도 또 다른 제3의 과정이 있는데, 그것은 **전자 포획**(electron capture, 부록 B에 약자 EC로 표기되어 있다)이다. 전자 포획은 핵이 그 궤도 상에 있는 전자를 흡수할 때 일어난다. 예를 들어 $^{7}_{4}\text{Be}$은 전자 포획으로 $^{7}_{3}\text{Li}$이 되는데 그 과정은 다음과 같다.

$$^{7}_{4}\text{Be} + \text{e}^- \rightarrow {}^{7}_{3}\text{Li} + \nu$$

또는 일반적으로 다음과 같이 나타낸다.

$$^{A}_{Z}\text{N} + \text{e}^- \rightarrow {}^{A}_{Z-1}\text{N}' + \nu \qquad [\text{전자 포획}]$$

일반적으로 포획되는 것은 가장 안쪽의 전자 껍질(K껍질)에 있는 전자인데, 이런 경우를 **K 포획**(K-capture)이라고 한다. 이 과정에서 전자는 사라지고, 핵에 있는 양성자는 중성자가 된다. 그 결과 한 개의 중성미자가 방출된다. 이 과정은 X선(다른 전자들이 포획된 전자의 상태를 채우기 위해 뛰어내려 발생하는) 검출 실험으로 알 수 있다.

29.6 감마 붕괴

γ선은 매우 높은 에너지를 가지는 광자이다. γ선은 핵의 붕괴에서 기원하는데, 들뜬 상태의 원자에서 광자가 방출되는 것과 비슷하다. 원자와 같이 핵 자체도 들뜬 상태에 있을 수 있다. 핵이 낮은 에너지 상태 또는 바닥 상태로 내려올 때 광자를 방출하는데 이것을 우리는 γ선이라고 한다. 핵의 가능한 에너지 준위는 원자의 에너지 준위보다 훨씬 더 멀리 떨어져 있다. 원자안의 전자들은 수 eV인데 비해, 핵의 경우는 keV 또는 MeV 크기이다. 따라서 방출된 광자는 수 keV에서 수 MeV까지의 에너지

† 간단히 말하면 반입자는 그에 대응하는 입자와 같은 질량을 갖지만 반대의 전하를 가지고 있다. 입자와 반입자는 재빨리 서로를 소멸시킬 수 있고, 그 결과 다음과 같은 두 개의 감마선 형태의 에너지를 방출한다. $\text{e}^+ + \text{e}^- \rightarrow 2\gamma$

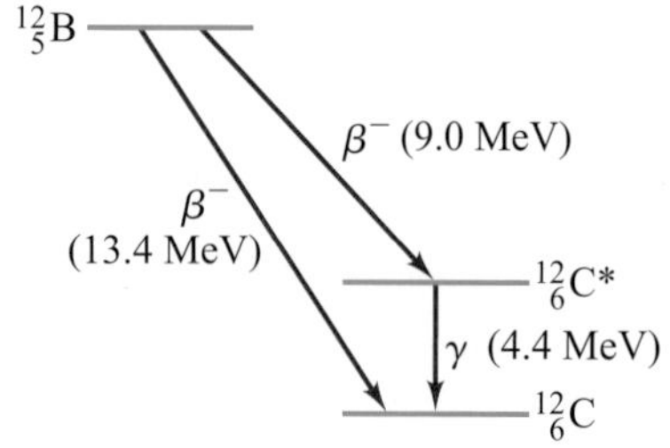

그림 29.8 $^{12}_{5}$B가 $^{12}_{6}$C의 바닥 상태가 되는 것을 보이는 에너지 준위 도표(방출되는 전체 에너지 = 13.4 MeV). $^{12}_{5}$B는 β 붕괴에 의해 바닥 상태로 가거나, β 붕괴 후 $^{12}_{6}$C의 들뜬 상태(*로 표시)가 됐다가 곧이어 4.4 MeV의 γ선을 방출하고 바닥 상태로 된다.

를 가질 수 있다. 주어진 붕괴에서 γ선은 언제나 같은 에너지를 갖는다. γ선은 전하가 없기 때문에 γ 붕괴의 결과로 원소가 변하지는 않는다.

어떻게 핵이 들뜬 상태가 되는가? 그것은 다른 입자와의 격렬한 충돌에 의해서 일어날 수 있다. 보다 일반적으로는 방사성 붕괴 후에 핵은 들뜬 상태가 된다. 전형적인 예를 그림 29.8의 에너지 준위 도표에 나타나 있다. $^{12}_{5}$B는 β 붕괴에 의해 바로 $^{12}_{6}$C의 바닥 상태가 되거나, β 붕괴에 의해 $^{12}_{6}$C의 들뜬 상태, $^{12}_{6}$C*가 된 다음 스스로 붕괴하여 4.4 MeV의 γ선을 방출하며 $^{12}_{6}$C의 바닥 상태로 간다.

우리는 γ 붕괴를 다음과 같이 쓸 수 있다.

$$^{A}_{Z}\mathrm{N}^* \rightarrow {}^{A}_{Z}\mathrm{N} + \gamma \qquad [\gamma \text{ 붕괴}]$$

여기서 별표(*)는 핵의 '들뜬 상태'를 나타낸다.

여러분은 이렇게 물을지도 모른다. γ선과 X선의 차이점은 무엇일까? 이들은 모두 전자기 방사(광자)이고, γ선이 통상적으로 X선보다 더 높은 에너지를 갖기는 하지만, 이들의 에너지 범위는 어느 정도 중복된다. 이 차이는 본질적인 것이 아니다. 우리는 만약 광자가 전자 · 원자 상호작용에 의해서 생성되면 X선이고, 핵 과정에서 생성되면 γ선이라 한다.

이성질핵; 내부 전환

어떤 경우, 핵은 γ선을 방출하기 전에 얼마 동안 들뜬 상태로 머물러 있을 수 있다. 이런 핵을 **준안정 상태**(metastable state)에 있다고 하고 이것을 **이성질핵**(isomer)이라고 한다.

들뜬 핵은 **내부 전환**(internal conversion)으로 알려진 또 다른 과정을 거쳐 γ선의 방출 없이 바닥 상태에 돌아오는 경우도 있다. 이런 과정에서 들뜬 핵은 궤도 전자들 중 하나와 상호작용을 하여 이 전자를 원자로부터 방출한다. 방출된 전자는 γ선이 가져야 할 운동 에너지와 같은 에너지(− 전자의 결합 에너지)를 갖는다.

29.7 핵자수 보존과 다른 보존 법칙

표 29.2 방사성 붕괴의 세 가지 형태

α 붕괴:
$^{A}_{Z}\mathrm{N} \rightarrow {}^{A-4}_{Z-2}\mathrm{N}' + {}^{4}_{2}\mathrm{He}$
β 붕괴:
$^{A}_{Z}\mathrm{N} \rightarrow {}^{A}_{Z+1}\mathrm{N}' + e^- + \bar{\nu}$
$^{A}_{Z}\mathrm{N} \rightarrow {}^{A}_{Z-1}\mathrm{N}' + e^+ + \nu$
$^{A}_{Z}\mathrm{N} + e^- \rightarrow {}^{A}_{Z-1}\mathrm{N}' + \nu$ [EC]
γ 붕괴:
$^{A}_{Z}\mathrm{N}^* \rightarrow {}^{A}_{Z}\mathrm{N} + \gamma$

*는 핵의 들뜬 상태를 나타낸다.

세 가지 방사성 붕괴에는 고전론적 보존 법칙이 적용된다. 즉 에너지, 선운동량, 각운동량, 그리고 전하가 모두 보존된다. 이 양들은 붕괴 전후에서 같다. 그러나 소립자 세계에는 **핵자수 보존 법칙**(law of conservation of nucleon number)이라는 또 다른 보존 법칙이 있다. 이 법칙은 핵자의 전체 수(A)는 비록 한 형태에서 다른 형태(양성자가 중성자로 또는 그 역과정)로 바뀔 수 있더라도 전체 수는 일정하다는 것이다. 이 법칙은 방사성 붕괴의 세 가지 형태에 모두 적용된다.

표 29.2는 α, β, γ 붕괴를 요약한 것이다.

29.8 반감기와 붕괴율

방사성 동위원소의 시료는 굉장히 많은 수의 방사성 핵으로 구성된다. 이 핵들은 모두 한꺼번에 붕괴하지 않는다. 그보다는 어느 일정한 시간 주기에 걸쳐서 하나씩 하나씩 붕괴한다. 이 과정은 불규칙하여, 주어진 핵이 언제 붕괴할지 정확하게 예측할 수 없다. 그 대신 각각의 핵들이 존재하는 각 시간마다 같은 붕괴 확률을 갖는다고 가정하고, 확률에 근거하여 근사적으로 시료 내의 얼마나 많은 핵들이 주어진 시간 내에 붕괴할 것인가는 결정할 수 있다.

아주 짧은 시간 간격 Δt 동안에 일어나는 붕괴수 ΔN은 Δt에 비례하고, 남아 있는 방사성 (어미)핵의 전체 수 N에 비례한다.

$$\Delta N = -\lambda N \, \Delta t \tag{29.3a}$$

여기서 (−)부호는 N이 감소함을 의미한다. 우리는 이 식을 고쳐 써서 다음과 같이 **붕괴율**(rate of decay; 초당 붕괴수)을 구할 수 있다.

$$\frac{\Delta N}{\Delta t} = -\lambda N \tag{29.3b}$$

이 식에서 λ는 측정가능한 상수로서 **붕괴 상수**(decay constant)라 하는데, 동위원소에 따라 다른 값을 갖는다. λ가 커질수록 붕괴율 $\Delta N/\Delta t$은 더 커지고, 그 동위원소는 더 많은 방사성을 띠게 된다. 짧은 시간 간격 Δt 동안에 일어나는 붕괴수는 ΔN으로 나타낸다(왜냐하면 각각의 붕괴는 존재하는 어미핵의 수 N에서 한 개가 감소해 일어나기 때문이다). 방사성 붕괴는 그림 29.9에서 보는 바와 같이 '1회성' 과정이다. 특정한 어미핵이 딸핵으로 붕괴하면, 그것이 다시 붕괴할 수는 없다.

지수 함수로 붕괴

식 29.3a 또는 b는 N에 대해 풀 수 있다. 그 결과는 다음과 같다.

$$N = N_0 e^{-\lambda t} \tag{29.4}$$

여기서 N_0은 시간 $t = 0$에서의 남아있는 어미핵의 수이고, N은 t 시간 후에 남아 있는 수이다. 기호 e는 자연로그(19.6절과 21.10절에 나왔다)이며, 그 값은 $e = 2.718\cdots$이다. 따라서 시료 내에 있는 어미핵의 수는 지수 함수 형태로 감소한다. 그림 29.10a는 이것을 $^{14}_{6}C$에 대해 나타낸 것이다. 식 29.4를 **방사능 붕괴 법칙**(radioactive decay law)이라고 한다.

단위 시간당 붕괴수 또는 붕괴율 R는 $\Delta N/\Delta t$ 크기이며, 시료의 **활성도**(activity)이

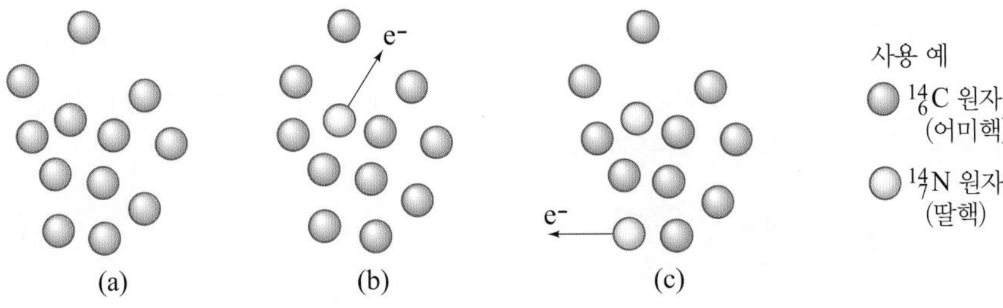

그림 29.9 방사성 핵은 하나씩 붕괴한다. 따라서 시료 안에 있는 어미핵의 수는 계속해서 감소한다. $^{14}_{6}C$ 핵이 전자를 방출하고 (b), $^{14}_{7}N$ 핵이 된다. (c)에서는 또 다른 붕괴가 일어난다.

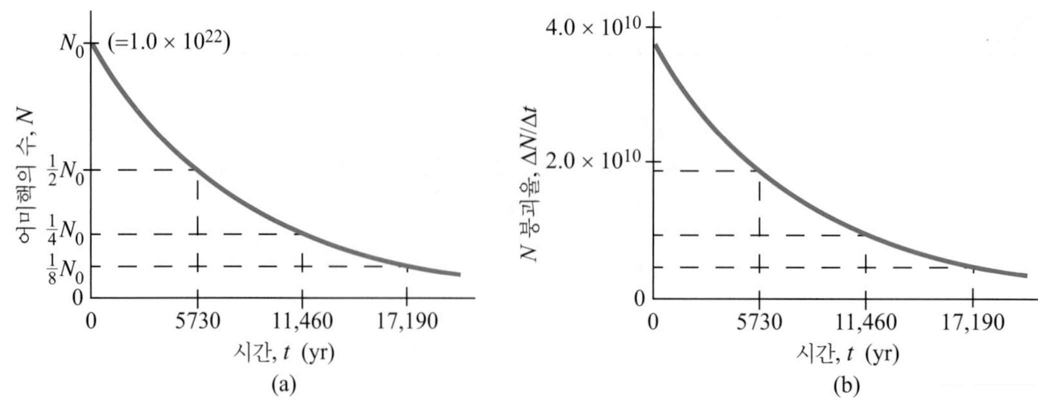

그림 29.10 (a) 시료 $^{14}_{6}C$의 어미핵의 수 N이 지수 함수로 감소하는 것을 보여준다. (b) 붕괴율 역시 지수 함수로 감소한다. 핵의 수가 $N_0 = 1.00 \times 10^{22}$인 시료를 가정한다. $^{14}_{6}C$의 반감기는 5730년인데, 이것은 어미핵의 수 N과 붕괴율 $\Delta N/\Delta t$이 5730년마다 절반으로 줄어든다는 것을 의미한다.

라고도 불린다. 이 양의 크기(항상 양이다)는 가끔 수직선으로 표시된다. $\Delta N/\Delta t$의 크기 $|\Delta N/\Delta t|$은 N에 비례한다(식 29.3b 참조). 따라서 시간에 따라 같은 비율로 지수 함수로 감소한다(그림 29.10b). 시간 t에서 순수한 시료의 활성도는 다음과 같이 주어진다.

$$R = \left|\frac{\Delta N}{\Delta t}\right| = R_0 e^{-\lambda t} \qquad \textbf{(29.5)}$$

여기서 $R_0 = |\Delta N/\Delta t|_0$은 $t = 0$에서의 활성도이다.

식 29.5도 또한 식 29.4와 같이 **방사능 붕괴 법칙**(radioactive decay law)이라고 불린다.

반감기

어떤 동위원소의 붕괴율은 종종 붕괴상수보다 '반감기'를 사용하여 나타낸다. 동위원소의 **반감기**(half-life)는 주어진 시료 내에 있는 동위원소의 양이 처음의 반이 될 때까지 걸리는 시간으로 정의된다. 예를 들어 $^{14}_{6}C$의 반감기는 5730년이다. 만약 석화된 나뭇조각에 $^{14}_{6}C$ 핵이 어느 순간 1.00×10^{22}개 남아 있었다면, 5730년 후에는 0.50×10^{22}개 남게 된다. 그리고 그로부터 다시 5730년 후에는 0.25×10^{22}개만 남게 된다. 그림 29.10a는 이런 과정을 그림으로 나타낸 것이다. 붕괴율 $\Delta N/\Delta t$는 N에 비례하기 때문에 반감기를 지날 때마다 그 전 양의 1/2로 줄어든다(그림 29.10b).

알려진 방사성 동위원소들의 반감기는 약 10^{-22} s에서 10^{30} s(약 10^{23}년)까지 다양하며, 많은 동위원소들의 반감기가 부록 B에 수록되어 있다. 반감기 $T_{\frac{1}{2}}$은 붕괴 상수에 반비례한다. 동위원소의 반감기가 길수록 천천히 붕괴하게 되고, 따라서 λ가 작다. 반대로 강한 방사성 동위원소(λ가 큰)는 아주 짧은 반감기를 갖는다. 반감기와 붕괴 상수 사이의 관계식은 다음과 같다.

$$T_{\frac{1}{2}} = \frac{\ln 2}{\lambda} = \frac{0.693}{\lambda} \qquad \textbf{(29.6)}$$

우리는 이것을 다음에서 유도할 것이다.

연습 D $^{22}_{11}$Na의 반감기는 2.6년이다. 순순한 $^{22}_{11}$Na 시료의 질량이 1.0 μg이라면 7.8년 후에는 얼마나 남는가? (a) 남지 않는다. (b) $\frac{1}{8}$ μg (c) $\frac{1}{4}$ μg (d) $\frac{1}{2}$ μg (e) 0.693 μg

연습 E 801쪽 시작 질문으로 가서 다시 답을 해 보라. 처음과 답이 다르다면 그 이유를 설명해 보라.

반감기 식의 유도 과정

식 29.6은 식 29.4로부터 시작하여 유도할 수 있다. $t = 0$에서 $N = N_0 e^0 = N_0$이고, $t = T_{\frac{1}{2}}$에서는 반감기 $T_{\frac{1}{2}}$의 정의에 의해서 $N = N_0/2$이다. 식 29.4로부터 시간 $t = T_{\frac{1}{2}}$일 때

$$\frac{N_0}{2} = N_0 e^{-\lambda T_{\frac{1}{2}}}$$

이고 따라서

$$\frac{1}{2} = e^{-\lambda T_{\frac{1}{2}}} \quad \text{즉} \quad e^{\lambda T_{\frac{1}{2}}} = 2$$

위 식의 양변에 자연로그를 취하면

$$\ln 2 = \ln\left(e^{\lambda T_{\frac{1}{2}}}\right) = \lambda T_{\frac{1}{2}}$$

이다. 따라서

$$T_{\frac{1}{2}} = \frac{\ln 2}{\lambda} = \frac{0.693}{\lambda}$$

으로, 즉 식 29.6이 얻어진다.

평균 수명

때때로 동위원소의 **평균 수명**(mean life) τ가 제시되는데, 이는 $\tau = 1/\lambda$로 정의된다. 그러면 식 29.4는 $N = N_0 e^{-t/\tau}$로 쓸 수 있다. 이는 RC 또는 LR 회로의 결과와 꼭 같다(19장과 21장에서 시간 상수 τ로 나옴). 동위원소의 평균 수명은 다음과 같이 주어진다(식 29.6 참조)

$$\tau = \frac{1}{\lambda} = \frac{T_{\frac{1}{2}}}{0.693} \qquad \text{[평균 수명]} \quad \textbf{(29.7)}$$

평균 수명과 반감기는 인자 0.693만큼 다르다. 따라서 이들을 혼동하면 심각한 오류를 범할 수 있다. 식 29.5의 방사능 붕괴 법칙은 $R = R_0 e^{-t/\tau}$과 같이 쓸 수 있다.

주의
반감기와 평균 수명을 혼동하지 말라.

29.9 붕괴율과 반감기 계산

이제 우리가 만약 반감기를 알고 있다면, 방사성 물질의 시료에 대해서 무엇을 결정할 수 있는지 생각해 보자.

예제 29.9 시료의 활성도

동위원소 $^{14}_{6}C$의 반감기는 5730년이다. 어떤 순간에 시료가 1.00×10^{22}개의 탄소 14핵을 가지고 있다면 이 시료의 활성도는 얼마인가?

접근 반감기를 알고 있으므로, 식 29.6를 이용하여 붕괴 상수를 구한다. 그리고 활성도를 알아내기 위해 식 29.3b를 이용한다. 1년을 초로 환산하면 $(60)(60)(24)(365\frac{1}{4}) = 3.156 \times 10^7\ s$이 된다.

풀이 식 29.6으로부터 붕괴 상수를 구하면

$$\lambda = \frac{0.693}{T_{\frac{1}{2}}} = \frac{0.693}{(5730\,년)(3.156 \times 10^7\ s/년)} = 3.83 \times 10^{-12}\ s^{-1}$$

이고 식 29.3b와 29.5로부터, 활성도 또는 붕괴율은

$$R = \left|\frac{\Delta N}{\Delta t}\right| = \lambda N = (3.83 \times 10^{-12}\ s^{-1})(1.00 \times 10^{22}) = 3.83 \times 10^{10}\ 붕괴/s$$

이다. 그림 29.10b의 그래프는 이 값에서 시작한다는 것에 유의하라. 이 값은 그림 29.10a의 N의 처음 값 $N = 1.0 \times 10^{22}$에 대응한다.

유의 단위 '붕괴/s'는 때때로 그냥 s^{-1}이라고 쓴다. 왜냐하면 '붕괴'는 단위가 아니고 단지 숫자만을 나타내기 때문이다. 활성도의 단위는 베크렐(Bq)로서 1 Bq = 1붕괴/s이다. 이는 30장에서 논의한다.)

예제 29.10 방사능 시료 $^{13}_{7}N$

실험실에 반감기가 10.0분(600 s)인 순수한 $^{13}_{7}N$이 1.49 μg 있다. (a) 질량을 측정한 시점의 시료에는 몇 개의 핵이 있었는가? (b) 이때의 활성도는 얼마인가? (c) 1.00시간 후의 활성도는 얼마인가? (d) 약 얼마 후에 초당 활성도가 1보다 작게 되겠는가?

접근 (a)의 핵의 개수를 알기 위해 몰과 아보가드로 수의 정의(13.6절과 13.8절)를 이용한다. (b)를 풀려면 주어진 반감기로부터 λ를 얻고 붕괴율에 대한 식 29.3b를 이용한다. (c)와 (d)를 풀려면, 식 29.5를 이용한다.

풀이 (a) 원자 질량이 13.0인데, 13.0 g 안에는 6.02×10^{23}개의 핵(아보가드로 수)이 들어 있다. 처음 시료의 질량 1.49 μg 안에 들어있는 핵의 수 N_0은 비례식을 이용하여 구한다.

$$\frac{N_0}{6.02 \times 10^{23}} = \frac{1.49 \times 10^{-6}\ g}{13.0\ g}$$

위 식을 N_0에 대해 풀면 $N_0 = 6.90 \times 10^{16}$을 얻는다.
(b) 식 29.6으로부터

$$\lambda = 0.693/T_{\frac{1}{2}} = (0.693)/(600\ s) = 1.155 \times 10^{-3}\ s^{-1}$$

이므로 $t = 0$(식 29.3b와 29.5)에서 다음을 구할 수 있다.

$$R_0 = \left|\frac{\Delta N}{\Delta t}\right|_0 = \lambda N_0 = (1.155 \times 10^{-3}\ s^{-1})(6.90 \times 10^{16}) = 7.97 \times 10^{13}\ 붕괴/s$$

(c) 1.00 h = 3600 s후 활성도의 크기는 식 29.5로부터 다음을 얻는다.

$$R = R_0 e^{-\lambda t} = \left(7.97 \times 10^{13}\ \mathrm{s}^{-1}\right) e^{-\left(1.155\times10^{-3}\ \mathrm{s}^{-1}\right)(3600\ \mathrm{s})}$$
$$= 1.25 \times 10^{12}\ \mathrm{s}^{-1}$$

(d) 구하고자 하는 시간은 $R = 1.00\ \mathrm{s}^{-1}$일 때이다. 식 29.5로부터 다음을 얻는다.

$$e^{-\lambda t} = \frac{R}{R_0} = \frac{1.00\ \mathrm{s}^{-1}}{7.97 \times 10^{13}\ \mathrm{s}^{-1}} = 1.25 \times 10^{-14}$$

위 식의 양변에 자연로그를 취하고, λ로 나누면 다음 결과를 얻을 수 있다.

$$t = -\frac{\ln\left(1.25 \times 10^{-14}\right)}{\lambda} = 2.77 \times 10^{4}\ \mathrm{s} = 7.70\ \mathrm{h}$$

(c)의 쉬운 풀이 1.00 h = 60.0분은 반감기의 6배이므로, 활성도는 처음 값의 $\left(\frac{1}{2}\right)\left(\frac{1}{2}\right)\left(\frac{1}{2}\right)\left(\frac{1}{2}\right)\left(\frac{1}{2}\right)\left(\frac{1}{2}\right) = \left(\frac{1}{2}\right)^6 = \frac{1}{64}$로 줄어든다. 따라서 $\left(7.97 \times 10^{13}\right)/(64) = 1.25 \times 10^{12}\ \mathrm{s}^{-1}$이다.

29.10 붕괴 계열

하나의 방사성 동위원소가 또 다른 방사성 동위원소로 붕괴하는 경우가 종종 있다. 그리고 이렇게 생성된 딸핵이 세 번째 방사성 동위원소로 붕괴하기도 한다. 이와 같은 연속적인 붕괴를 **붕괴 계열**(decay series)을 이룬다고 말한다. 그림 29.11은 그 주요 사례를 나타낸 것이다. 그림에서 볼 수 있듯이 ${}^{238}_{92}\mathrm{U}$은 α 붕괴를 하여 ${}^{234}_{90}\mathrm{Th}$가 되고, ${}^{234}_{90}\mathrm{Th}$는 다시 β 붕괴를 하여 ${}^{234}_{91}\mathrm{Pa}$가 된다. 그림에 보인 바와 같이 이 붕괴 계열은 계속 이어지는데, 밑바닥 근처에서는 여러 개의 가능한 가지로 갈라진 다음 안정된 납 동위원소 ${}^{206}_{82}\mathrm{Pb}$이 형성되면서 끝난다. 마지막 두 가지 붕괴는 다음과 같다.

$${}^{206}_{81}\mathrm{Tl} \rightarrow {}^{206}_{82}\mathrm{Pb} + \mathrm{e}^- + \bar{\nu} \qquad (T_{\frac{1}{2}} = 4.2\text{분})$$

이고

$${}^{210}_{84}\mathrm{Po} \rightarrow {}^{206}_{82}\mathrm{Pb} + \alpha \qquad (T_{\frac{1}{2}} = 138\text{일})$$

다른 방사성 계열 또한 존재한다.

이런 붕괴 계열 때문에 자연에서 발견할 수 있는 방사성 원소도 있고, 그렇지 않은 것도 있다. 태양계가 약 50억 년 전에 현재와 같은 형태로 됐을 때 거의 대부분의 핵종이 그 당시에 형성된 것으로 보인다(30.3절과 31.2절의 융합 과정에 의해서). 반감기가 짧은 많은 동위원소는 빨리 붕괴하므로 현재는 자연에 없다. 그러나 반감기가 4.5×10^9년인 ${}^{238}_{92}\mathrm{U}$과 같은 긴 반감기의 동위원소들은 아직도 자연에 남아 있다. 실제로 ${}^{238}_{92}\mathrm{U}$은 그 양의 절반이 지금도 남아 있다(태양계의 기원은 대략 5×10^9년으로 가정할 때이다). 그러나 반감기가 1600년인 라듐(${}^{226}_{88}\mathrm{Ra}$)은 지구로부터 없어진지 오래로 생각된다. 원래의 ${}^{226}_{88}\mathrm{Ra}$은 지금은 모두 붕괴해 버렸을 것이다. 그러나 ${}^{238}_{92}\mathrm{U}$이 여러 단계를 거쳐 ${}^{226}_{88}\mathrm{Ra}$으로 붕괴하기 때문에 ${}^{226}_{88}\mathrm{Ra}$의 공급이 꾸준히 계속되어 현재에도 지구 상에서 발견할 수 있다. 다른 많은 방사성 핵종에 대해도 똑같은 이야기를 할 수 있다.

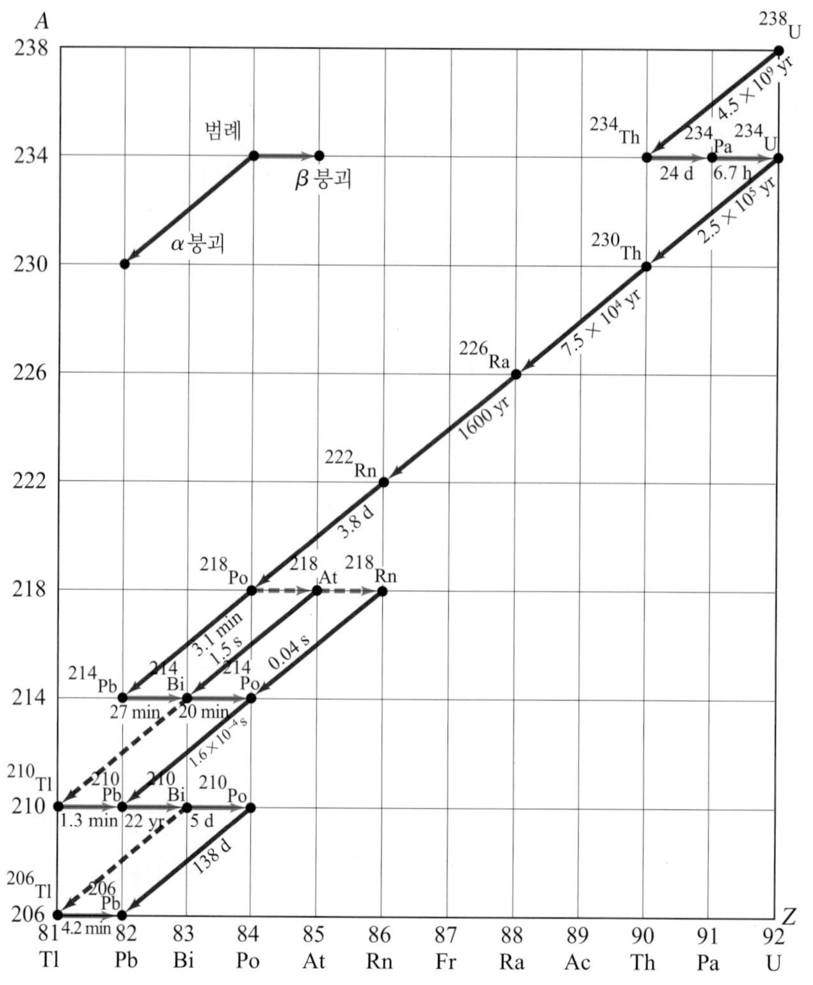

그림 29.11 $^{238}_{92}$U에서 시작되는 붕괴 계열. 연쇄적인 핵을 *A*와 *Z*값에 의한 점으로 각각 나타냈으며, 반감기는 초(s), 분(min), 시(h), 일(d), 그리고 년(yr)으로 나타냈다. 수평 방향의 화살표가 β 붕괴를 나타내고(*A* 값은 변하지 않는다), 대각선의 화살표는 α 붕괴를 나타낸다(*A* 값은 네 개씩, *Z* 값은 두 개씩 변한다). 그림에서 네 개의 핵종은 α와 β 붕괴 모두 일어나고, 보다 두드러진 붕괴(네 가지 경우는 99.9 % 이상)는 실선의 화살표로, 드물게 일어나는 붕괴(0.1 % 미만)은 점선으로 나타냈다.

29.11 방사성 연대 측정

방사성 붕괴는 다양하게 응용될 수 있다. 그중 한 가지는 오래된 물질의 연대를 결정하는 **방사성 연대 측정** 기술이다.

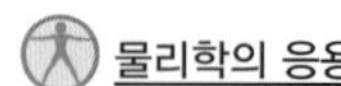
물리학의 응용

탄소 14 연대 측정

나무와 같이, 한때 생존했던 물질로 만들어진 물체의 연대는 $^{14}_{6}$C의 자연 방사능을 이용해 결정할 수 있다. 모든 살아 있는 식물들은 공기로부터 이산화탄소(CO_2)를 흡수하여 유기 분자를 합성하는 데 사용한다. 이 탄소 원자의 주성분은 $^{12}_{6}$C이지만, 아주 작은 일부, 약 1.3×10^{-12}은 방사성 동위원소 $^{14}_{6}$C이다. 대기 중의 $^{14}_{6}$C와 $^{12}_{6}$C의 비율은 $^{14}_{6}$C가 약 5730년의 반감기로 붕괴하더라도 대략 수천 년 동안 거의 일정하다. 그 이유는 우주 공간으로부터 지구로 들어오는 우주선 내의 중성자가 대기 중의 원자와 충돌하기 때문이다. 특히 질소 핵과의 충돌은 $n + ^{14}_{7}N \rightarrow ^{14}_{6}C + p$와 같은 핵변환을 한다. 즉 한 개의 중성자가 $^{14}_{7}$N 핵에 충돌한 후 핵에 흡수되어 한 개의 양성자가 튀어나온다. 남은 핵은 $^{14}_{6}$C이다. 대기 중에서 $^{14}_{6}$C가 계속 생성되는 것은 방사성 붕괴에 의해 $^{14}_{6}$C가 상실되는 것과 대략 균형을 이룬다.

식물이나 나무는 살아 있는 동안 공기 중에 있는 CO_2로부터 탄소를 사용하여 새로운 조직을 만들고, 옛날 것을 대체한다. 동물이 식물을 먹고, 동물 역시 그들의 조직을 위해 끊임없이 탄소를 공급받는다. 유기체†는 $^{14}_{6}C$와 $^{12}_{6}C$를 구별할 수 없다. 대기 중의 $^{14}_{6}C$와 $^{12}_{6}C$의 비는 거의 일정하기 때문에 살아 있는 유기체 내의 두 동위원소의 비도 거의 일정하다. 그러나 유기체가 죽었을 때 이산화탄소는 더 이상 흡수되지 않고, 또 이용되지도 않는다. $^{14}_{6}C$는 방사능적으로 붕괴하기 때문에 죽은 유기체의 $^{14}_{6}C$와 $^{12}_{6}C$의 비는 시간에 따라 감소한다. $^{14}_{6}C$의 반감기가 5730년이기 때문에 $^{14}_{6}C/^{12}_{6}C$의 비는 5730년마다 절반으로 줄어든다. 예를 들어 옛날 목재 기구의 $^{14}_{6}C/^{12}_{6}C$의 비가 살아 있는 나무의 절반이면, 이 물체는 5730년 전에 벤 나무로 만든 것이다.

실제로 대기 중의 $^{14}_{6}C/^{12}_{6}C$의 비가 시간에 따라 정확히 일정하지 않기 때문에 보정이 필요하다. 100년이 넘는 연대에서는 이 비의 결정은 아주 오래된 나무의 나이테를 셀 수 있듯이 연령을 알고 있는 물체의 실제 비 대 기대되는 비를 비교해서 정하는 기술을 사용할 필요가 있다.

예제 29.11 고대 생물

물리학의 응용

고고학 연대 측정

고고학적 유적지 현장에서 발견된 동물 뼛조각 내의 탄소 질량이 200 g이다. 뼈의 활성도가 16붕괴/s를 나타낸다면, 이 뼈는 얼마나 오래된 것인가?

접근 먼저 동물이 아직 살아 있을 때, 200 g의 시료 내에 얼마나 많은 $^{14}_{6}C$ 원자가 들어 있었는지 알아낸다. 알려진 $^{14}_{6}C$와 $^{12}_{6}C$의 비율은 1.3×10^{-12}이다. 다음에는 식 29.3b를 이용하여 그 당시의 활성도를 알아낸다. 그리고 식 29.5를 시간 t에 대해 풀어서 얼마나 오래됐는지 알아낸다.

풀이 탄소 200 g은 거의 대부분 $^{12}_{6}C$이다. 12 g의 $^{12}_{6}C$ 내에는 6.02×10^{23}개의 원자가 들어 있다. 따라서 200 g 내에는

$$\left(\frac{6.02 \times 10^{23}\,\text{원자/몰}}{12.0\,\text{g/몰}}\right)(200\,\text{g}) = 1.00 \times 10^{25}\,\text{원자}$$

가 있다. 동물이 살아있다면, 뼛속 $^{14}_{6}C$와 $^{12}_{6}C$의 비율은 1.3×10^{-12}가 된다. 그 당시의 $^{14}_{6}C$ 핵의 수는

$$N_0 = (1.00 \times 10^{25}\,\text{원자})\,(1.3 \times 10^{-12}) = 1.3 \times 10^{13}\,\text{원자}$$

이다. 식 29.3b에서 $\lambda = 3.83 \times 10^{-12}\ \text{s}^{-1}$을 대입하여(예제 29.9), 동물이 여전히 살아 있을 때($t = 0$)의 활성도의 크기는 다음과 같다.

$$R_0 = \left|\frac{\Delta N}{\Delta t}\right|_0 = \lambda N_0 = (3.83 \times 10^{-12}\,\text{s}^{-1})(1.3 \times 10^{13}) = 50\,\text{s}^{-1}$$

식 29.5로부터

$$R = R_0 e^{-\lambda t}$$

이고 여기서 R는 현재의 활성도로, $16\ \text{s}^{-1}$로 주어졌으므로

$$16\,\text{s}^{-1} = (50\,\text{s}^{-1})e^{-\lambda t}$$

즉

† 유기체는 거의 배타적으로 화학 반응을 통해 움직인다. 화학 반응은 오로지 원자의 외각 전자들에 의해서 이루어지므로 핵에 있는 중성자들은 거의 아무런 영향을 받지 않는다.

$$e^{\lambda t} = \frac{50}{16}$$

이다. 양변에 자연로그를 취하고(λ로 나누어) 계산한다.

$$t = \frac{1}{\lambda}\ln\left(\frac{50}{16}\right) = \frac{1}{3.83 \times 10^{-12}\,\mathrm{s}^{-1}}\ln\left(\frac{50}{16}\right)$$

$$= 2.98 \times 10^{11}\,\mathrm{s} = 9400\text{년}$$

이 시간은 동물이 죽고 난 후 경과한 시간이다.

지질 연대 측정

물리학의 응용
지질 연대 측정

탄소 연대 측정은 나이가 약 60,000년 이하인 물체에 대해서만 유용하다. 이보다 더 오래된 물체에 남아 있는 $^{14}_{6}\mathrm{C}$ 함유량은 대체로 너무 작아서, 비록 새로운 기술이 나와 훨씬 더 적은 양의 $^{14}_{6}\mathrm{C}$를 검출할 수 있어서 시간틀을 과거로 더 밀어 넣기는 하지만, 정확하게 측정할 수 없다. 반면 더 긴 반감기를 가지는 동위원소는 더 오래된 물체의 나이를 얻는 데 사용한다. 예를 들어 $^{238}_{92}\mathrm{U}$의 붕괴는 4.5×10^{9}년의 긴 반감기 때문에 지질 시대를 척도로 바위의 나이를 측정하는 데 사용할 수 있다. 용해된 물질이 바위로 고체화될 때 물질에 있는 우라늄이 그 위치가 고정되고, 우라늄 붕괴 결과 생긴 딸핵도 그 위치에 고정되어 있을 것이다. 그래서 딸핵의 양에 대한 물질 내부에 남아 있는 $^{238}_{92}\mathrm{U}$의 양을 측정하면 바위가 고체화된 시간을 결정할 수 있다.

물리학의 응용
가장 오래된 지구 암석과 초창기 생물체

$^{238}_{92}\mathrm{U}$과 다른 동위원소를 이용한 방사성 연대 측정법을 사용하면 가장 오래된 지구상의 암석이 약 4×10^{9}년이 됐다는 것을 알 수 있다. 가장 오래된 화석화된 유기체가 있는 암석의 나이는 생물체가 적어도 30억 년 전에 나타났음을 보여 준다. 암석에서 발견된 가장 오래된 포유류의 화석은 2억 년 됐으며, 최초의 인류는 200만 년 전에 나타난 것으로 보인다. 방사성 연대 측정 기술은 지구 역사의 재현에 있어서나 생물학적 유기체의 진화 연구에 있어서 꼭 필요한 것이다.

29.12 입자 검출

개별적인 입자들, 예를 들어 전자, 양성자, α 입자, 중성자 그리고 γ선과 같은 입자들은 우리의 감각 기관을 통해 직접 검출할 수 없다. 결과적으로 이들을 검출하기 위해 다양한 종류의 장치들이 개발됐다.

계수기

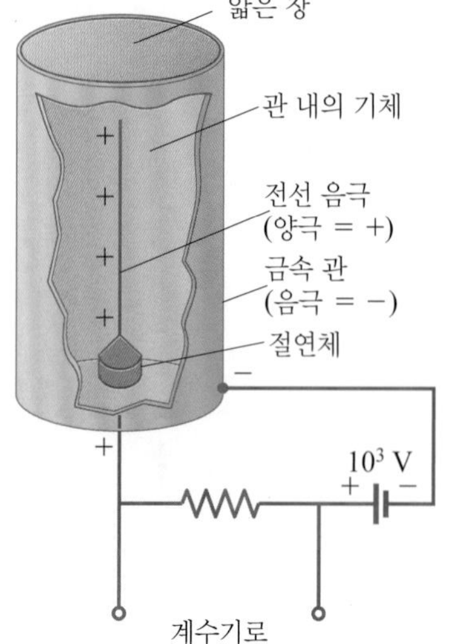

그림 29.12 가이거 계수기의 모식도

가장 보편화된 검출기의 하나는 **가이거 계수기**(Geiger counter)이다. 그림 29.12에서 볼 수 있는 것처럼 가이거 계수기는 어떤 종류의 기체로 채워져 있는 원통형 금속관으로 구성된다. 안쪽 중앙에는 아래쪽으로 긴 도선이 지나고, 도선과 바깥 원통 사이에는 높은 전압($\approx 10^3$ V)이 걸려 있다. 이 전압은 기체 원자를 이온화시키기 위해 필요한 전압보다 약간 낮은 값이다. 전하를 띤 입자가 관의 한쪽 끝에 있는 얇은 '창'을 통해 들어올 때, 이 입자는 기체 원자 몇 개를 이온화시킨다. 이때 자유롭게 된 전자들은 양극인 도선 쪽으로 끌려가면서 가속되어 다른 원자들과 충돌하여 추가적으로 원자를 이온화시킨다. 이 전자들의 '쇄도'가 빠르게 일어나며 그것이 양극의 도선에 도달했을 때, 전압 펄스를 발생시킨다. 이 펄스는 증폭된 후에, 전자 계수기로 보내져서 얼마나 많은 입자들이 검출됐는가를 계산하게 된다. 또는 이 펄스가 확성기로 보내져서 입자가 검출될 때마다 '딸깍' 소리를 내게 된다. 어떤 검출기든 시료에서 방출되는 방사선의 일부만 검출할 수 있다.

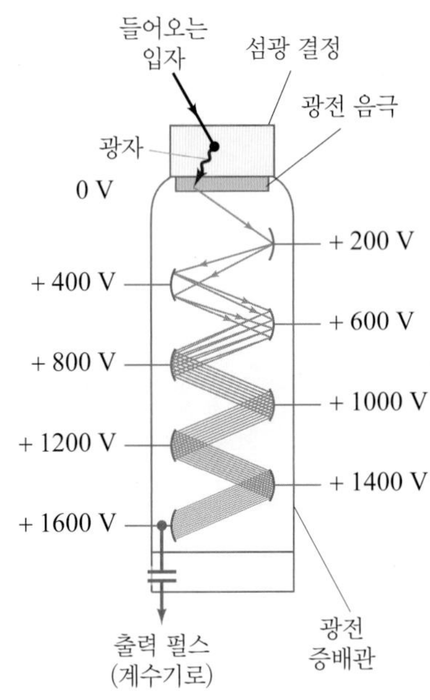

그림 29.13 광전 증폭관이 있는 섬광 계수기

섬광 계수기(scintillation counter)는 **섬광체**(scintillator) 또는 **형광체**(phosphor)로 알려진 고체나 액체 또는 기체를 이용한다. 섬광체의 원자들은 입사되는 입자와 충돌하여 쉽게 들뜬 상태로 되고, 바닥 상태로 되돌아가며 가시광선을 방출한다. 전형적인 섬광체는 아이오딘화나트륨(NaI) 결정과 플라스틱이다. 고체 섬광체의 한쪽 면은 **광전자 증배관**[photomultiplier (PM) tube]에 접합되어 있고, 전체는 빛이 들어가지 않도록 불투명한 물질로 싸여 있거나 빛이 들지 않는 용기 안에 담겨 있다. 광전자 증배관은 섬광체에서 방출되는 전자를 전기 신호로 바꾸어 준다. 광전자 증배관은 **다이노드**(dynode)라 불리는, 여러 개(보통 8~14개)의 전극을 갖는 진공관인데, 그림 29.13에서 볼 수 있는 것처럼 연속적으로 높아지는 전압으로 유지된다. 그 꼭대기 면은 **광전음극**(photocathode)이라 불리는 광전판으로 되어 있고, 그 일함수(27.3절 참조)는 섬광체로부터 나오는 광자가 충돌됐을 때 전자들이 쉽게 방출될 수 있을 정도로 낮다. 그런 전자들이 첫 번째 다이노드를 향해 가속된다. 그 전자가 첫 번째 다이노드에 부딪쳤을 때, 전자는 2~5개 더 많은 전자를 방출할 수 있을 정도로 충분한 운동 에너지를 얻게 된다. 이 전자들을 두 번째 다이노드를 향해 가속되어 증가 과정을 다시 시작한다. 마지막 다이노드에 부딪치는 전자들의 수는 10^6개 이상이 될 수도 있다. 섬광체를 통과한 입자는 광전자 증배관을 거쳐 가이거관과 같은 전자 계수기로 보내질 수 있는 전기 신호로 바뀌게 된다. 섬광체 결정은 고체이고 가이거 계수기의 기체보다 밀도가 매우 높으므로 보다 효과적인 검출기가 된다. 특히 α선이나 β선보다 물체와의 상호작용이 적은 γ선에 대해 효과적이다. 오늘날에는 전체 축적된 에너지를 측정할 수 있는 섬광체가 많이 사용되는데, 이를 **칼로리미터**(calorimeter)라 한다.

추적자 실험(30.7절 참조)에는 **액체 섬광체**(liquid scintillator)들이 종종 사용된다. 다른 시대의 유기체로부터 또는 한 유기체의 다른 부분들에서 채취된 방사성 시료를 액체 섬광체가 담겨져 있는 작은 병에 직접 담는다. 이것은 매우 낮은 에너지를 갖고 있어 결정 섬광체 또는 가이거관을 통과하기가 어려운 ${}^{3}_{1}\mathrm{H}$이나 ${}^{14}_{6}\mathrm{C}$부터의 β선을 검출하는 데 특히 유용하게 사용할 수 있다. 광전 증배관은 액체 섬광체로부터 전기 신호를 만들기 위해 여전히 사용된다.

반도체 검출기(semiconductor detector)는 역바이어스된 접합 다이오드로 구성된다. 접합부를 통과한 대전 입자는 전자들을 전도대로 들뜨고 가전자대에 홀을 남겨 놓는다. 자유롭게 된 전하들은 가이거 계수기나 섬광 계수기로 셀 수 있는 짧은 전류 펄스를 만든다.

방사선 주변에서 일하는 병원 종사자와 같은 사람들은 방사선 피폭의 축적을 감지하는 필름 배지를 휴대하는 것이 좋다. 필름 내부는 주기적으로 교환되고 현상되는데, 현상된 필름의 어두운 정도는 전체 노출과 관련이 있다(30.5절 참조).

시각화

지금까지 언급된 장치들은 입자(또는 방사성 동위원소의 붕괴)의 수를 세는 데 사용된다. 대전 입자들의 궤적을 볼 수 있게 하는 다른 장치들도 개발됐다. 가장 중요한 것은 반도체 검출기이다. **실리콘 웨이퍼 반도체**(Silicon wafer semiconductors)는 그 표면에는 분리된 작은 픽셀이 새겨져 있어서, 각각 입자의 위치 정보를 제공한다. 이들은 입자물리학에서 발생된 입자의 위치를 추적하거나 그들의 원점과 운동량(자기장을 사용하여)을 알아내는 데 많이 사용된다. 픽셀의 배열은 CCD 또는 CMOS가 될 수 있는데(25.1절), 후자는 내부에 빠른 판독을 할 수 있는 전자 공학 장치와 통합될 수 있다.

가장 오래된 추적 장비의 하나는 **사진 감광 유제**(photographic emulsion)인데, 작고 간단하며 휴대할 수 있어서, 오늘날 기구에서 우주선을 연구하는 데 이용된다. 사진 감광 유제 층을 통과한 대전 입자는 그 경로 상에 있는 원자들을 이온화시킨다. 이런 점들은 화학적 변화를 일으키는데, 유제가 현상됐을 때(필름과 같이) 입자의 경로가 나타난다.

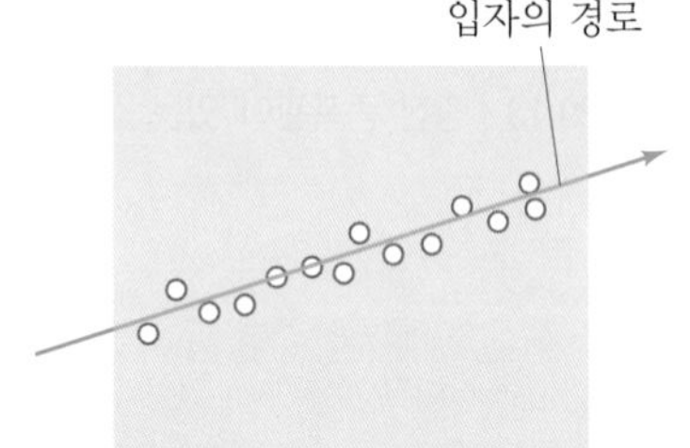

그림 29.14 안개 상자나 거품 상자 내로, 대전 입자가 통과하면서 만들어진 이온들 주위에 물방울이나 거품이 형성된다.

안개 상자(cloud chamber)는 핵물리학의 초기부터 사용됐는데, 기체를 보통의 액화점보다 조금 낮은 온도로 냉각시킨다(과냉각). 대전 입자가 통과했을 때(그림 29.14) 만들어진 이온들 주위에 미세한 물방울이 형성된다. 이 물방울들로부터 빛이 산란될 때 입자의 궤적이 나타난다.

1952년 글레이저(D. A. Glaser, 1926~2013)에 의해서 발명된 **거품 상자**(bubble chamber)는 과가열된 액체를 이용한다. 이 액체는 비등점 근방의 온도로 유지하게 되어 있어 대전 입자가 통과할 때 만들어진 이온의 주위에 거품이 일어나게 한다(그림 29.13). 상자 안쪽에 있는 사진은 최근에 통과해 간 입자의 궤적을 보여 준다. 거품 상자는 액체(종종 액체 수소를 사용한다)를 사용하기 때문에 원자들의 밀도는 안개 상자에 비해 매우 높다. 그러므로 대전 입자의 궤적이나 액체의 핵과의 상호작용을 관측하는 데 매우 효과적인 장치이다. 통상적으로 상자를 가로질러 가는 자기장을 걸어 주어 입자 경로의 곡률 반지름을 측정함으로써 운동하는 입자의 운동량을 결정할 수 있다.

그림 29.15 페르미랩(Fermilab)의 충돌 검출기(CDF) 내부에 있는 다선식 검출 상자

다선식 검출 상자† (multiwire chamber)는 기체 내에 푹 담겨서 촘촘하게 배열된 가는 전선 세트로 구성된다(그림 29.15). 많은 전선은 접지되어 있고, 그리고 사이에 있는 다른 것들은 높은 전압이 걸려 있다. 대전 입자가 지나가면 기체 내에서 이온이 발생한다. 자유로워진 전자가 가장 가까이 있는 고전압 전선 쪽으로 이동하며, 많은 이온들이 '전자 사태'를 일으켜서 전선에 전기 펄스 또는 신호를 발생시킨다. 입자의 위치는 전선의 위치와 펄스가 반대쪽 끝에 있는 판독 장치에 도달할 때까지 걸린 시간을 이용하여 전자적으로 알아낸다. 외부 자기장은 경로를 휘게 하여 입자의 운동

† **전선 유동 상자**(wire drift chamber) 또는 **전선 비례 상자**(wire proportional chamber)라고도 한다.

량을 측정할 수 있게 한다.

많은 검출기는 또한 입자의 에너지를 측정하는 **칼로리미터**(calorimeter)이기도 하다.

종합 문제

객관식

1. 주기율표의 원소는 다음으로 구별된다.
(a) 핵 내의 양성자수
(b) 핵 내의 중성자수
(c) (a)와 (b)
(d) (a), (b), (c)

2. 핵은 다음을 가지고 있다.
(a) 그 구성 중성자들과 양성자들이 가진 에너지보다 많은 에너지
(b) 그 구성 중성자들과 양성자들이 가진 에너지보다 적은 에너지
(c) 그 구성 중성자들과 양성자들이 가진 에너지와 똑같은 에너지
(d) 핵이 정지 상태에 있을 때는 그 구성 중성자들과 양성자들이 가진 에너지보다 더 많은 에너지를 가지고 있으나 움직일 때는 더 적은 에너지

3. 일반적으로 더 안정성 있는 핵을 만드는 경우는?
(a) 더 많은 핵자를 가진 경우
(b) 중성자보다 더 많은 양성자를 가진 경우
(c) 핵자당 더 큰 결합 에너지를 가진 경우
(d) 양성자수와 똑같은 수의 전자를 가진 경우
(e) 더 큰 결합 에너지를 가진 경우

4. 납의 핵 내에는 82개의 양성자가 들어 있다. 납의 핵이 깨지지 않는 이유는 무엇인가?
(a) 핵 안에서는 쿨롱 척력이 작용하지 않는다.
(b) 핵 안에서 중력이 쿨롱 척력을 압도한다.
(c) 음으로 대전된 중성자가 양으로 대전된 양성자와 균형을 이루고 있다.
(d) 핵 안에서는 양성자가 양전하를 잃는다.
(e) 강력한 핵력이 핵을 함께 붙들어 둔다.

5. 방사성 원자핵의 반감기에 대한 설명 중 옳은 것은?
(a) 전체 물질이 붕괴할 때까지 걸리는 시간의 절반이다.
(b) 전체 물질의 반이 붕괴하는 시간이다.
(c) 붕괴 상수와 같다.
(d) (a)와 (b) 모두 옳다(둘은 같은 말이다)
(e) 위 모두

6. 방사선의 일부가 붕괴할 때
(a) 반감기가 증가한다.
(b) 반감기가 감소한다.
(c) 방사능은 같은 수준을 유지한다.
(d) 방사성 핵의 수가 증가한다.
(e) 정답 없음

7. 어떤 방사성 시료의 반감기가 10년이라면, 시료가 완전히 붕괴될 때까지 걸리는 시간은?
(a) 10년 (b) 20년
(c) 40년 (d) 결정할 수 없다.

8. 어떤 물질의 반감기가 1일이다. 3일 후에는 원 시료의 얼마가 붕괴되는가?
(a) $\frac{1}{8}$ (b) $\frac{1}{4}$ (c) $\frac{1}{2}$ (d) $\frac{3}{4}$
(e) $\frac{7}{8}$ (f) 위 보기 모두

9. 반감기의 세 배가 지난 후, 원 방사능 재료의 얼마가 남아 있는가?
(a) 남아 있지 않다. (b) $\frac{1}{16}$
(c) $\frac{1}{8}$ (d) $\frac{1}{4}$
(e) $\frac{3}{4}$ (f) $\frac{7}{8}$

10. 다음 중 더 큰 질량을 갖는 경우는?
(a) 서로 멀리 떨어져 있는(묶여 있지 않은) 중성자와 양성자
(b) 수소(듀테륨) 핵 내에 함께 묶여 있는 중성자와 양성자
(c) 둘 다 같다.

주관식

(NOTE: 질량 값은 부록 B를 참조한다.)

29.1 핵의 성질

1. (I) 파이 중간자는 139 MeV/c^2의 질량을 갖는다. 원자 질량 단위로는 얼마인가?

2. (I) α 입자($^4_2$He)의 대략적인 반지름은 얼마인가?

3. (I) $^{238}_{92}$U의 반지름은 $^{232}_{92}$U의 반지름보다 몇 % 정도 더 큰가?

4. (II) α 입자(전자가 없는)의 질량은 MeV/c^2 단위로 얼마인가?

5. (II) 두 α 입자가 결합되어 서로 '접촉하여' 있다(식 29.1 이용). 서로에게 미치는 전기적 척력을 계산하라. 이 힘을 받는 α 입자의 가속도는 얼마인가?

6. (II) (a) 지구가 질량은 그대로이고 원자핵의 밀도를 가지고 있다면, 지구의 반지름은 얼마가 되는가? (b) $^{238}_{92}$U 핵이 지구의 밀도를 가지고 있다면, 핵의 반지름은 몇 배로 커지는가?

7. (II) 우라늄 핵의 절반 정도 되는 반지름을 갖고 있는 안정 핵은 무엇인가? [힌트: 부록 B를 이용하여 원자량 A와 Z를 구한다.]

8. (II) $^{257}_{100}$Fm 핵 표면 가까이에서 알파 입자가 정지 상태로부터 방출됐다면, 멀리 갔을 때 그 운동 에너지는 얼마가 되는가?

9. (III) $^{232}_{92}$U 핵 표면에 간신히 '접촉'할 수 있는 α 입자의 운동 에너지(MeV 단위)는 얼마인가?

29.2 결합 에너지

10. (I) 그림 29.1을 이용하여 $^{63}_{29}$Cu에 대한 총결합 에너지를 구하라.

11. (I) 그림 29.1을 이용하여 (a) $^{238}_{92}$U와 (b) $^{84}_{36}$Kr의 총결합 에너지를 구하라.

12. (II) 부록 B를 이용하여 $^{15}_{7}$N 핵의 핵자당 결합 에너지를 구하라.

13. (II) 부록 B를 이용하여 듀테륨 $^2_1$H의 결합 에너지를 구하라.

14. (II) $^{23}_{11}$Na 핵의 마지막 중성자의 결합 에너지를 구하라.

15. (III) $^{15}_{7}$N로부터 (a) 양성자와 (b) 중성자를 제거하기 위해 필요한 에너지는 각각 얼마인가? 답이 다른 이유를 설명하라.

29.3~29.7 방사성 붕괴

16. (II) 에너지가 보존되지 않기 때문에 $^{11}_{6}\text{C} \rightarrow {}^{10}_{5}\text{B} + \text{p}$의 붕괴가 가능하지 않음을 보이라.

17. (II) 트리튬 $^3_1$H이 β^- 붕괴를 일으킬 때 방출되는 에너지를 구하라.

18. (II) 자유 중성자의 β 붕괴 시 방출되는 전자의 최대 운동 에너지는 얼마인가?

19. (II) $^{24}_{11}$Na는 방사능이다. (a) 이것은 β^- 방사체인가 아니면 β^+ 방사체인가? (b) 붕괴 반응을 적고, 방출된 β의 최대 운동 에너지를 구하라.

20. (II) $^{60}_{27}$Co가 붕괴되는 동안 방출되는 β 입자의 최대 운동 에너지를 구하라.

21. (II) 다음과 같이 베릴륨에 의해 전자가 포획될 때 방출되는 에너지는 얼마인가? $^7_4\text{Be} + \text{e}^- \rightarrow {}^7_3\text{Li} + \nu$

22. (II) 어떤 원자로부터 1.15×10^{-13} m의 파장을 가진 광자가 방출됐다. 이때의 에너지를 구하고, 왜 원자핵으로부터 γ선이 나오거나 원자로부터 광자가 나오는지 설명하라.

23. (II) $^{40}_{19}$K 핵이 1.46 MeV의 γ선을 방출한다고 할 때, 핵이 그 반동으로 갖게 되는 운동 에너지는 얼마인가?

24. (II) $^{11}_{6}$C가 $^{11}_{5}$B로 붕괴될 때 방출되는 β^+의 최대 운동 에너지를 구하라. 중성미자가 갖는 최대 에너지는 얼마인가? 각각의 최소 에너지는 얼마인가?

25. (III) $^{238}_{92}$U이 붕괴할 때 4.20 MeV의 운동 에너지를 갖는 α 입자가 방출된다. 딸핵의 운동 에너지와 붕괴 Q 값을 구하라.

29.8~29.11 반감기, 붕괴율, 붕괴 계열, 연대 측정

26. (I) (a) 반감기가 4.5×10^9년인 $^{238}_{92}$U의 붕괴상수를 구하라. (b) 주어진 핵의 붕괴 상수가 $3.2 \times 10^{-5}\ \text{s}^{-1}$이다. 반감기는 얼마인가?

27. (I) 어떤 방사능 물질이 분당 1120회의 붕괴를 일으킨다. 3.6시간이 지난 후에는 분당 140회 붕괴가 일어난다. 이 방사능 물질의 반감기는 얼마인가?

28. (I) 반감기가 약 9달인 $^{68}_{32}$Ge 시료는 2.5년 후에 처음 양의 어느 비율만큼 남아 있는가?

29. (I) 6.5×10^{20}개의 핵을 포함하고 있는 $^{14}_{6}$C의 시료의 방사능은 얼마인가?

30. (I) 정확히 5배의 반감기가 지난 후, 방사능 시료의 남아 있는 양의 비율은 얼마인가?

31. (II) 우라늄을 포함하는 암석의 활성도가 초당 420이라면, 바위 내에 남아 있는 $^{238}_{92}U$의 핵은 얼마나 되는가?

32. (II) $^{235}_{92}U$ 핵종이 붕괴 계열을 거쳐 $^{207}_{82}Pb$가 됐다. 이 붕괴 계열을 거치는 동안 얼마나 많은 α와 β^- 입자가 방출되는가?

33. (II) $^{124}_{55}Cs$의 반감기는 30.8 s이다. (a) 처음에 8.7 μg이 있었다면, 현재 남아 있는 Cs 핵은 몇 개인가? (b) 2.6분 후에는 몇 개가 남게 되는가? (c) 이때의 방사능은 얼마인가? (d) 얼마 후에 방사능이 초당 1 이하로 떨어지는가?

34. (II) 처음 붕괴 비율이 $2.4 \times 10^5\ s^{-1}$인 순수한 $^{40}_{19}K$ 시료의 질량을 구하라. $^{40}_{19}K$의 반감기는 1.248×10^9년이다.

35. (II) 순수한 $^{32}_{15}P$ 시료 6.7 μg의 활성도를 계산하라. $(T_{\frac{1}{2}} = 1.23 \times 10^6\ s)$

36. (II) 어떤 시료의 방사능은 9.4분마다 6.0배 비율로 떨어진다. 반감기는 얼마인가?

37. (II) 순수한 탄소 시료 345 g 중에는 10^{12}개의 원자 중 1.3개의 비율로 $^{14}_{6}C$를 포함하고 있다. 초당 얼마나 많은 붕괴가 일어나는가?

38. (II) 어떤 $^{238}_{92}U$의 시료는 초당 4.20×10^2의 비율로 붕괴한다. 시료의 질량은 얼마인가?

39. (II) 그림 29.11을 이용하여 $^{218}_{84}Po$와 $^{214}_{84}Po$의 α 붕괴에 대한 상대적인 붕괴 비율을 구하라.

40. (III) 어떤 방사선원의 방사성은 31.0시간에 5.5 %씩 감소한다. 이 방사선원의 반감기는 얼마인가?

연습 해답

A: 0.042130 u
B: 7.98 MeV/핵자
C: (b) Gd
D: (b) $\frac{1}{8}$ μg
E: (b) 20 μg

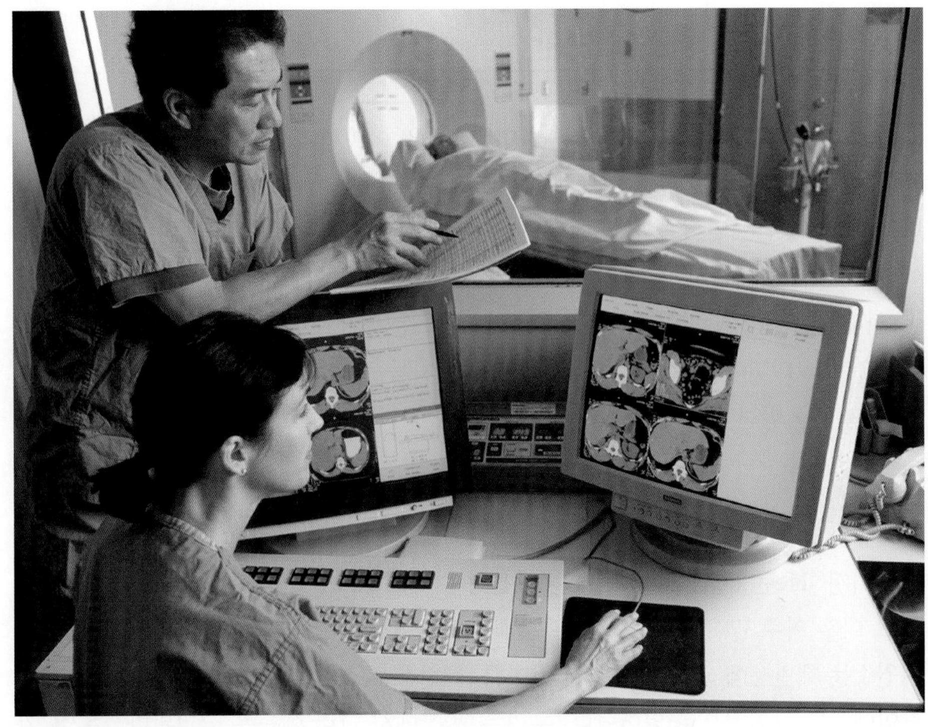

전문가가 환자의 몸을 단층 촬영한 MRI 영상을 살펴보고 있다. MRI는 의사가 질병을 진단하기 위해 사용하는 물리학에 기초를 둔 몇 가지 강력한 의료 영상법 중의 하나이다.
이 장에서는 핵반응과 핵분열, 그리고 핵융합에 관한 기초와 중요한 물리학 토픽, 그리고 핵에너지를 얻는 방법으로 시작한다.

CHAPTER 30

핵에너지; 방사선의 효과와 이용

시작 질문 추정해 보라!

태양은 어떤 방법으로 에너지를 방출하는가?

(a) 핵의 알파 붕괴
(b) 핵의베타 붕괴
(c) 핵의 감마 붕괴
(d) 핵분열
(e) 핵융합

이 장에서도 핵물리학에 대한 논의를 계속한다. 우리는 먼저 핵반응에 대한 논의로부터 시작하여, 핵분열과 핵융합 과정 중 방출되는 엄청난 에너지를 살펴볼 것이다. 그 다음에는 핵 방사선이 물질 특히 생물체를 통과할 때의 효과를 살펴보고, 방사선이 의학적으로 어떻게 이용되는지 살펴볼 것이다.

30.1 핵반응과 원소의 변환

원자핵이 α 붕괴나 β 붕괴를 일으키면, 딸핵은 어미핵과 다른 원소가 된다. 한 원소가 다른 원소로 변하는 것을 **핵변환**(transmutation)이라고 하는데, 이런 일은 핵반응에 의해서도 일어난다. **핵반응**(nuclear reaction)은 한 핵이 다른 핵과의 충돌에 의해서도 일어나고, γ선이나 중성자, 양성자와 같은 보다 단순한 입자와의 충돌에 의해 상호작용이 일어나기도 한다. 러더퍼드는 최초로 핵반응을 관찰하여 보고했다. 그는 1919년에 질소 기체를 지나는 α 입자들 중 일부가 흡수되고, 양성자가 방출되는 것을 발견했다. 그는 핵반응을 통해 질소 핵이 산소 핵으로 변환된 것이라고 결론지었다.

$$^{4}_{2}\mathrm{He} + {}^{14}_{7}\mathrm{N} \rightarrow {}^{17}_{8}\mathrm{O} + {}^{1}_{1}\mathrm{H}$$

여기서 $^{4}_{2}\mathrm{He}$는 α 입자이고, $^{1}_{1}\mathrm{H}$는 양성자이다.

그 이후 아주 많은 핵반응이 관측됐다. 사실 실험실에서 사용하는 많은 방사성 동위원소는 핵반응에 의해 만들어진 것이다. 핵반응은 실험실에서 발생시킬 수 있지만, 자연에서도 규칙적으로 일어난다. 우리는 29장에서 그런 예들을 살펴봤다. 즉 $^{14}_{6}\mathrm{C}$가 공기 중에서 핵반응 $\mathrm{n} + {}^{14}_{7}\mathrm{N} \rightarrow {}^{14}_{6}\mathrm{C} + \mathrm{p}$에 의해 계속해서 만들어지는 것이다. 핵반응은 때때로 간단한 형태로 표현된다. 예를 들어 핵반응

$$\mathrm{n} + {}^{14}_{7}\mathrm{N} \rightarrow {}^{14}_{6}\mathrm{C} + \mathrm{p}$$

는 다음과 같이 간단히 표기한다.

$$^{14}_{7}\mathrm{N}\ (\mathrm{n},\ \mathrm{p})\ {}^{14}_{6}\mathrm{C}$$

괄호 바깥의 왼쪽과 오른쪽에 있는 표시는 각각 반응 전과 후의 핵을 나타내고, 괄호 안에 있는 표시는 입사된 입자(첫 번째)와 방출되는 입자(두 번째)를 나타낸다.

어떤 핵반응에서도 전하와 핵자수는 모두 보존된다. 이 보존의 법칙은 때로는 매우 유용하다.

연습 A 핵반응 $\mathrm{n} + {}^{137}_{56}\mathrm{Ba} \rightarrow ? + \gamma$의 결과로 생성된 핵은 무엇인가?

핵반응에서는 에너지와 운동량도 또한 보존되는데, 이는 주어진 반응이 일어날 수 있는지 없는지를 결정하는 데 이용된다. 예를 들어 생성물의 전체 질량이 처음 입자의 전체 질량보다 작다면 에너지는 핵반응에서 방출되고, 이것이($\Delta E = mc^2$) 방출되는 입자의 운동 에너지(KE)로 나타난다. 그러나 생성물의 전체 질량이 처음 반응 물질의 전체 질량보다 크면 이 핵반응에는 에너지가 필요하다. 핵반응은 입사 입자가 충분한 운동 에너지를 갖지 못하면 일어나지 않을 것이다. 핵반응의 일반적인 형식을 생각해 보자.

$$\mathrm{a} + \mathrm{X} \rightarrow \mathrm{Y} + \mathrm{b} \tag{30.1}$$

여기서 입자 a는 입사 입자(또는 작은 핵)로서, 핵 X를 때려 새로운 핵 Y와 입자 b(보통 p, n, α, γ)를 만들어낸다. **반응 에너지**(reaction energy) 또는 ***Q*값**(Q-value)

은 다음과 같이 질량 항으로 정의된다.

$$Q = (M_a + M_X - M_b - M_Y)c^2 \quad \textbf{(30.2a)}$$

γ선의 경우, $M = 0$이다. 반응에 의해 에너지가 방출되면 $Q > 0$이고, 에너지가 요구되면 $Q < 0$이다.

에너지는 보존되기 때문에, Q는 운동 에너지의 변화량(나중 에너지에서 처음 에너지를 뺀 양)과 같아야 한다.

$$Q = \text{KE}_b + \text{KE}_Y - \text{KE}_a - \text{KE}_X \quad \textbf{(30.2b)}$$

만약 X가 입사 입자 a에 의해 충격을 받는 정지된(또는 거의 그런) 표적 핵이라면, $\text{KE}_X = 0$이다. 만약 $Q > 0$이면, **발열**(exothermic 또는 exoergic) 반응이라고 하며, 반응 중에 에너지가 방출된다. 따라서 전체 운동 에너지는 반응 전보다 반응 후에 더 커진다. 만약 $Q < 0$이면 **흡열**(endothermic 또는 endoergic) 반응이라고 한다. 이 경우에는 반응이 일어나기 위해 에너지가 유입돼야 한다. 유입되는 에너지는 충돌하는 입자들(a와 X)의 운동 에너지로부터 온다.

예제 30.1 느린 중성자 반응

다음 핵반응

$$\text{n} + {}^{10}_{5}\text{B} \rightarrow {}^{7}_{3}\text{Li} + {}^{4}_{2}\text{He}$$

는 상당히 느린 속도로 움직이는 중성자($M_n = 1.0087$ u)로 정지해 있는 붕소 원자를 때렸을 때에도 일어난다. 특히 $\text{KE}_n \approx 0$인 반응에서 9.30×10^6 m/s의 속력으로 튀어나오는 헬륨($M_{He} = 4.0026$ u)이 관측됐다. (a) 리튬($M_{Li} = 7.0160$ u)의 운동 에너지와 (b) 핵반응의 Q값을 구하라.

접근 중성자와 붕소는 기본적으로 모두 정지해 있으므로 반응 전 전체 운동량은 0이다. 운동량은 보존되므로 그 후에도 보존돼야 한다. 따라서

$$M_{Li} v_{Li} = M_{He} v_{He}$$

이고 이 식을 v_{Li}에 대해서 푼 후 운동 에너지 식에 대입한다.

풀이 (a) 중성자와 붕소가 정지해 있으므로 반응 전 전체 각운동량은 0이고, 반응 후에도 역시 0이다. 그러므로 $v_{He} = 9.30 \times 10^6$ m/s는 빛의 속도 c에 가깝지 않으므로, 상대론적 식보다 고전적인 운동 에너지 식을 사용할 수 있다. 그리고 $M_{Li} > M_{He}$이므로 v_{Li}는 v_{He}보다 한층 더 작을 것이다. 따라서 위의 운동량 식을 이용하여 리튬의 운동 에너지 식을 다음과 같이 쓸 수 있다.

$$\text{KE}_{Li} = \frac{1}{2} M_{Li} v_{Li}^2 = \frac{1}{2} M_{Li} \left(\frac{M_{He} v_{He}}{M_{Li}} \right)^2 = \frac{M_{He}^2 v_{He}^2}{2M_{Li}}$$

여기에 숫자를 대입하고, 질량을 u에서 kg으로 바꾸면 1.60×10^{-13} J = 1 MeV이므로 다음을 얻는다.

$$\begin{aligned} \text{KE}_{Li} &= \frac{(4.0026\,\text{u})^2 (1.66 \times 10^{-27}\,\text{kg/u})^2 (9.30 \times 10^6\,\text{m/s})^2}{2(7.0160\,\text{u})(1.66 \times 10^{-27}\,\text{kg/u})} \\ &= 1.64 \times 10^{-13}\,\text{J} = 1.02\,\text{MeV} \end{aligned}$$

(b) 식 30.2b에서 $KE_a = KE_X = 0$이므로 $Q = KE_{Li} + KE_{He}$이다. 여기서

$$KE_{He} = \frac{1}{2}M_{He}v_{He}^2 = \frac{1}{2}(4.0026\,u)(1.66 \times 10^{-27}\,kg/u)(9.30 \times 10^6\,m/s)^2$$
$$= 2.87 \times 10^{-13}\,J = 1.80\,MeV$$

이므로 $Q = 1.02\,MeV + 1.80\,MeV = 2.82\,MeV$이다.

예제 30.2 **반응은 일어날까?**

$^{13}_{6}C$ 핵을 2.0 MeV의 양성자로 때렸을 때 다음 핵반응이 일어날까?

$$p + {}^{13}_{6}C \rightarrow {}^{13}_{7}N + n$$

접근 반응이 발열($Q > 0$)일 때 그리고 $Q < 0$이더라도 입사한 입자들의 운동량과 운동 에너지가 충분하면 반응이 일어날 수 있다. 먼저 식 30.2a를 이용하여 나중과 처음 질량 사이의 차이로부터 Q를 계산한다. 그 다음에는 부록 B에서 질량을 찾는다.

풀이 반응 전과 후의 전체 질량은 다음과 같다.

반응 전		반응 후	
$M(^{13}_{6}C)$ =	13.003355	$M(^{13}_{7}N)$ =	13.005739
$M(^{1}_{1}H)$ =	1.007825	$M(n)$ =	1.008665
	14.011180		14.014404

($^{13}_{6}C$과 $^{13}_{7}N$의 질량은 전자를 포함하고 있기 때문에 양성자의 질량 대신 $^{1}_{1}H$의 질량을 사용해야 한다. 그리고 등식의 양변에 같은 수의 전자 질량을 포함해야 한다.) 그러므로 생성물은 다음과 같은 여분의 질량을 갖는다.

$$(14.014404 - 14.011180)\,u = 0.003224\,u \times 931.5\,MeV/u = 3.00\,MeV$$

따라서 $Q = -3.00$ MeV이고, 이 반응은 흡열 반응이다. 이 반응은 에너지를 필요로 하는데, 2.0 MeV의 양성자는 이 반응이 일어나게 하는 데는 충분하지 않다.

유의 이 예제에서 양성자가 이 반응을 일으키기 위해서는 3.00 MeV 이상의 운동 에너지를 가져야 한다. 3.00 MeV는 에너지를 보존하기에 충분하지만, 이 에너지의 양성자는 $^{13}_{7}N$과 운동 에너지가 없는, 따라서 운동량이 없는 중성자를 만들어 낸다. 그런데 입사된 3.00 MeV 양성자는 운동량을 가지므로 운동량 보존 법칙에 위배된다. 예제 29.7과 30.1에서 했던 것처럼 에너지 보존 법칙과 운동량 보존 법칙을 이용하면, 이 경우에 핵반응이 일어나기 위한 양성자의 최소 에너지는 3.23 MeV임을 알 수 있다. 이 에너지를 **문턱 에너지**(threshold energy)라 한다.

중성자 물리학

1930년대에는 원소의 인공적 변환에 관한 많은 연구는 커다란 도약을 이루게 됐는데, 페르미가 중성자가 핵반응 특히 새로운 원소를 만들어내는 데 가장 효과적인 입사 입자라는 사실을 알아차리고 난 이후부터이다. 중성자는 알짜 전하를 갖지 않기 때문에, 양성자나 α 입자에서와 같이 양으로 대전된 핵으로부터 밀려나지 않는다. 이런 이유로 중성자가 핵에 도달하고 핵반응을 일으킬 확률이 대전 입자가 입사되는

경우†보다 훨씬 더 큰데, 특히 에너지가 낮은 경우 더 그렇다. 1934년과 1936년 사이에 로마에 있던 페르미와 그의 공동 연구자들은 중성자를 다른 원소와 충돌시켜서 이전에 알려지지 않았던 많은 동위원소를 만들어 냈다. 페르미는 가장 무거운 원소인 우라늄을 중성자로 때리면 원자 번호가 우라늄보다 더 큰 새로운 원소들을 만들어 낼 수 있다는 것을 보여 주었다. 몇 년간 열심히 연구한 후, 두 개의 새로운 원소들인 넵투늄(Z = 93)과 플루토늄(Z = 94)을 만들어 낸 것이 아닌가 추측됐다. 그런 초우라늄 원소를 생성해 낼 수 있다는 완전한 확인은 수년 후에 캘리포니아 대학교 버클리 분교에서 이루어졌다. 이 핵반응은 그림 30.1에 나타냈다.

페르미가 우라늄을 때렸을 때, 페르미가 실제로 관측한 것은 더 이상한 과정이라는 것이 곧 밝혀졌다. 그것은 전 세계에 독특한 역할을 할 운명을 타고 났다. 우리는 그것을 30.2절에서 논의할 것이다.

(a) 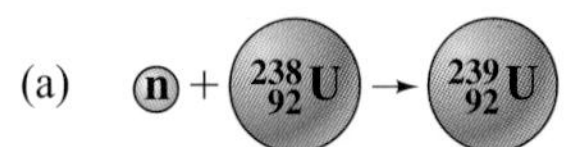

중성자는 $^{238}_{92}$U에 의해 포획된다

(b) 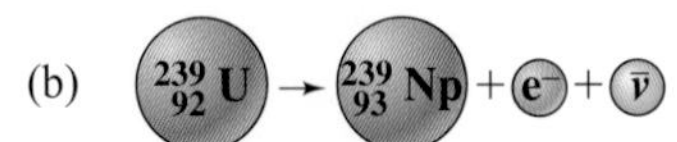

$^{239}_{92}$U는 β 붕괴로 붕괴되어 넵투늄 239를 만든다

(c) $^{239}_{93}$Np → $^{239}_{94}$Pu + e^- + $\bar{\nu}$

$^{239}_{93}$Np는 β 붕괴로 붕괴되어 플루토늄 239를 만든다

그림 30.1 중성자로 $^{238}_{92}$U를 때리면 이와 같은 일련의 반응으로 넵투늄과 플루토늄이 생성된다.

충돌 단면적

어떤 반응은 다른 것보다 발생 확률이 훨씬 더 높다. 반응 확률은 **충돌 단면적**(cross section)라는 양으로 명시된다. 핵의 크기는 원자의 크기와 같이 분명하게 정의되는 양이 아니다. 왜냐하면 가장자리가 테니스공이나 야구공처럼 분명하지 않기 때문이다. 그럼에도 불구하고 유사성을 이용하여 충돌 실험을 통해 핵의 단면적을 정의할 수 있다. 발사체 입자들이, 그림 30.2와 같이, 전체 넓이가 A이고 두께가 ℓ인 정지해 있는 표적을 때린다. 이때 표적은 단면적이 σ인 동등한 물체(예를 들어 구슬이나 핵)들로 구성되고, 입사체는 상대적으로 작다고 가정한다. 표적 물체들은 상당히 먼 거리로 떨어져 있고, 두께 ℓ은 충분히 작아서 서로 겹치지 않는다. 이런 가정은 핵의 지름이 10^{-14} m 크기이고 고체 내에서조차 적어도 10^{-10} m (원자 크기) 거리로 떨어져 있으므로 타당하다. 만약 단위 부피당 n개의 핵이 있다면, 이 모든 작은 표적들의 전체 단면적은

$$A' = nA\ell\sigma$$

이다. $nA\ell$ = (n)(부피)은 표적의 전체 수이고 σ는 각각의 충돌 단면적이다. 만약 $A' \ll A$이면, 모든 입사 입자들은 충돌 없이 표적을 통과하게 된다. 만약 R_0이 발사체 입자들이 표적을 때리는 비율(개수/s)이라면, 충돌이 일어날 확률 R는

$$R = R_0\frac{A'}{A} = R_0\frac{nA\ell\sigma}{A}$$

이므로

$$R = R_0 n\ell\sigma$$

이다. 따라서 충돌률 R를 측정함으로써 σ를 결정할 수 있다.

$$\sigma = \frac{R}{R_0 n\ell}$$

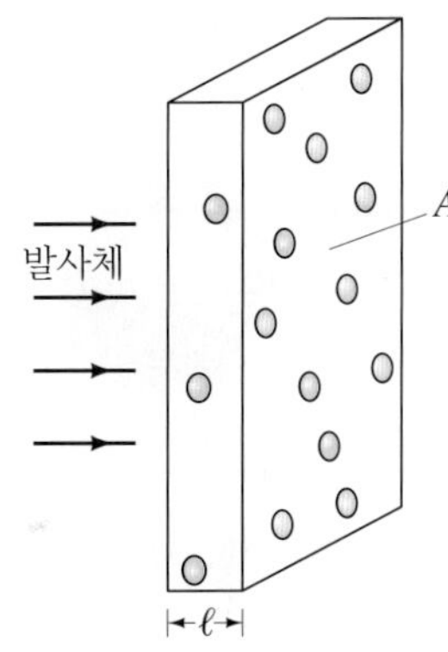

그림 30.2 발사체 입자들이 넓이가 A이고 두께가 ℓ인 표적을 때린다. 이 표적은 단위 부피당 n개의 핵자를 가지고 있다.

†즉 양(+)으로 대전된 입자들이다. 전자들은 강한 핵력을 통해 상호작용을 하지 않기 때문에 전자는 거의 핵반응을 일으키지 않는다.

단면적 σ는 '유효(effective)' 표적 단면적(target area)이다. 이것은 전체 표적의 크기와는 무관하며, **표적 핵당 충돌이나 특별한 반응이 일어날 확률의 척도**가 된다. 단면적이란 개념은 유용하다. 왜냐하면 R가 두께나 물리적인(거시적인) 표적의 넓이, 입사 빔 속의 입자수 등등에 의존하는 것과 달리 σ는 상호작용하는 입자들의 성질에만 의존하기 때문이다.

30.2 핵분열; 원자로

1938년 독일의 과학자 한(Otto Hahn)과 슈트라스만(Fritz Strassmann)은 놀라운 발견을 했다. 페르미 연구를 따라 우라늄을 중성자로 때렸을 때 가끔 원래 우라늄 핵의 절반 정도 크기의 더 작은 핵으로 쪼개지는 것을 발견했다. 나치 독일로부터 피난하여 스칸디나비아에서 연구하던 마이트너(Lise Meitner)와 프리슈(Otto Frisch)는 우라늄 핵이 중성자를 흡수하여 두 개의 같은 조각으로 쪼개진다는 것을 알아차렸다. 이것은 깜짝 놀랄 일이었다. 왜냐하면 그때까지 알려진 핵반응은 핵으로부터 작은 파편(예, n, p, α)을 쳐내는 반응밖에 없었기 때문이다.

핵분열과 연쇄 반응

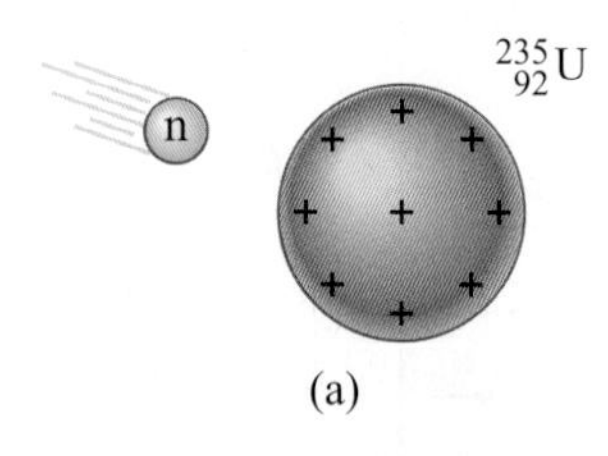

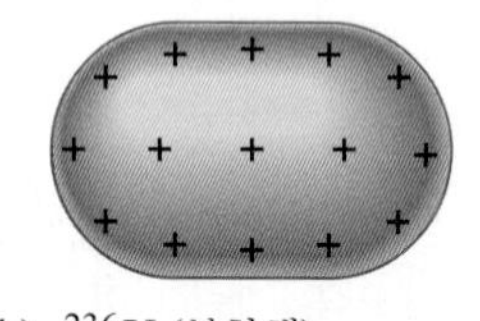

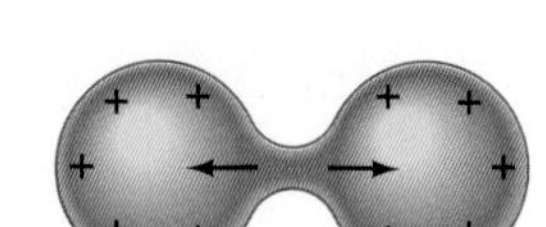

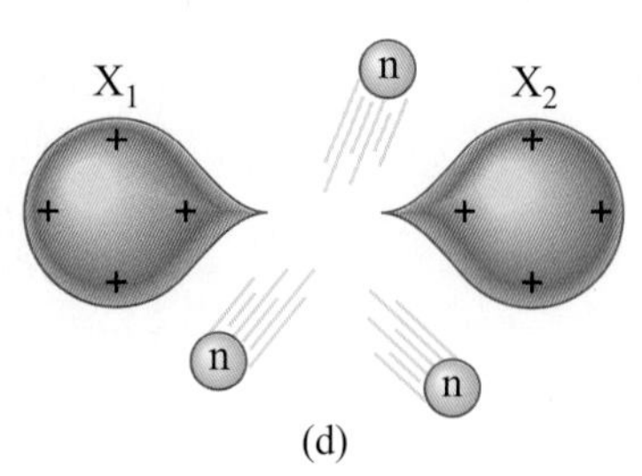

그림 30.3 중성자를 포획한 후 $^{235}_{92}U$ 핵의 핵분열. 물방울 모형을 따랐다.

이 새로운 현상은 **핵분열**(nuclear fission)이라고 이름 붙여졌는데, 그 이유는 생물학적 분열(세포 분열)과 유사했기 때문이었다. 핵분열은 흔히 볼 수 있는 $^{238}_{92}U$보다는 $^{235}_{92}U$에서 훨씬 더 쉽게 일어난다. 이 과정은 우라늄 핵을 물방울처럼 상상하면 이해할 수 있다. 이런 **물방울 모형**(liquid-drop model)에 의하면, 중성자는 $^{235}_{92}U$ 핵에 의해 흡수되어(그림 30.3a) 핵에 여분의 내부 에너지(물방울을 데우는 것처럼)를 준다. 이 중간 상태 또는 **복합핵**(compound nucleus)은 그림 30.3b의 $^{236}_{92}U$(중성자를 흡수했으므로)이다. 이 핵의 여분의 에너지(이것이 들뜬 상태이다)는 안에 있는 각 핵자의 운동을 증가시키고, 핵을 비정상적으로 늘어난 모양으로 만든다. 핵이 그림 30.3c와 같은 모양으로 늘어날 때(이 모형에서), 단거리 핵력에 의한 양 끝의 인력은 크게 약해지게 된다. 결국 전기적인 척력이 우세하게 되어 핵은 둘로 쪼개진다(그림 30.3d). 두 개의 쪼개진 핵, X_1과 X_2를 **핵분열 조각**(fission fragment)이라 한다. 이 과정에서 몇 개의 중성자(보통 두 개 또는 세 개)가 방출된다. 이 반응은 다음과 같이 쓸 수 있다.

$$n + ^{235}_{92}U \rightarrow ^{236}_{92}U \rightarrow X_1 + X_2 + \text{중성자} \qquad \textbf{(30.3)}$$

복합핵 $^{236}_{92}U$은 10^{-12} s보다 더 짧은 시간 동안만 존재하기 때문에 이 과정은 매우 빨리 일어난다. 이 두 개의 핵분열 조각, X_1과 X_2는 드물게는 원래 질량의 정확히 절반씩 나눠 갖기도 하지만, 대부분은 약 40~60 %으로 나눠 갖는다. 전형적인 분열 반응은

$$n + ^{235}_{92}U \rightarrow ^{141}_{56}Ba + ^{92}_{36}Kr + 3n \qquad \textbf{(30.4)}$$

이지만, 다른 많은 반응도 일어난다.

연습 B 핵분열 반응 $n + {}^{235}_{92}U \rightarrow {}^{137}_{53}I + {}^{96}_{39}Y +$ 중성자들에서 얼마나 많은 중성자들이 생성되는가?

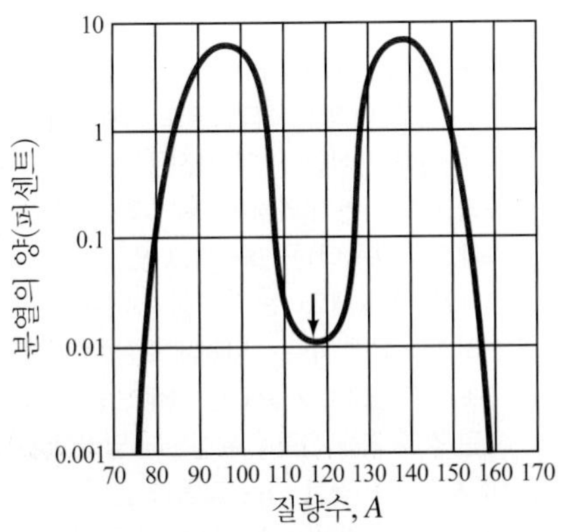

그림 30.4 ${}^{235}_{92}U + n$으로부터 분리된 핵분열 조각의 질량 분포. 작은 화살표는 똑같은 질량 조각을 가리킨다($\frac{1}{2} \times (236 - 2) = 117$, 2개의 중성자가 방출된 경우를 가정). 세로축은 로그 눈금임에 유의하라.

그림 30.4는 질량에 따른 ${}^{235}_{92}U$ 분열 조각의 측정값 분포이다. 극히 드물게(약 10^4분의 1) 똑같은 질량으로 핵분열이 일어난다(그림 30.4의 화살표).

${}^{235}_{92}U$의 질량이 핵분열 조각과 방출된 중성자들의 질량합보다 상당히 크기 때문에 엄청나게 큰 에너지가 방출된다. 이런 사실은 그림 29.1의 핵자당 결합 에너지로부터 알 수 있다. 우라늄의 핵자당 결합 에너지는 약 7.6 MeV/핵자인데, 핵분열 조각은 중간 정도의 질량(그래프 중간 부분에서 $A \approx 100$)을 가지므로, 핵자당 평균 결합 에너지는 약 8.5 MeV/핵자이다. 결과적으로 핵분열 조각이 좀 더 단단하게 결합되어 있으므로, 그들의 질량 합은 우라늄의 질량보다 더 작다. 원래의 우라늄과 핵분열 조각 사이의 질량 또는 에너지 차이는 핵자당 약 $8.5 - 7.6 = 0.9$ MeV가 된다. 하나의 핵분열에는 236개의 핵자가 관여하므로, 분열당 전체 에너지 방출량은

$$(0.9 \text{ MeV/핵자})(236 \text{ 핵자}) \approx 200 \text{ MeV} \quad \textbf{(30.5)}$$

이다. 이 어마어마한 양의 에너지는 단 하나의 핵이 일으킨 사건에서 방출된 것이다. 실제로 하나의 핵분열로부터 방출되는 에너지는 매우 작다. 그러나 만약 이런 핵분열이 동시에 많이 일어나면 거시적으로 보아 굉장히 많은 에너지가 방출된다. 페르미를 포함한 많은 물리학자들은 각 분열(식 30.3과 30.4) 시에 나오는 중성자가 **연쇄 반응**(chain reaction)을 일으키는 데 사용될 수 있다는 것을 알았다. 즉 한 개의 중성자가 우라늄 핵의 핵분열을 처음 일으키면 2~3개의 중성자가 방출되어 추가적인 핵분열을 일으키고, 그림 30.5에서 보인 바와 같이 이 과정이 반복적으로 이루어진다.

만약 **자체 연쇄 반응**(self-sustaining chain reaction)이 실제로 가능하다면 핵분열에서 나오는 거대한 에너지가 큰 단위로 방출될 수 있다. 1942년에 페르미와 그의 공동 연구자들(시카고 대학교)은 **원자로**(nuclear reactor)를 건설함으로써 이것이 가능하다는 것을 보였다(그림 30.6).

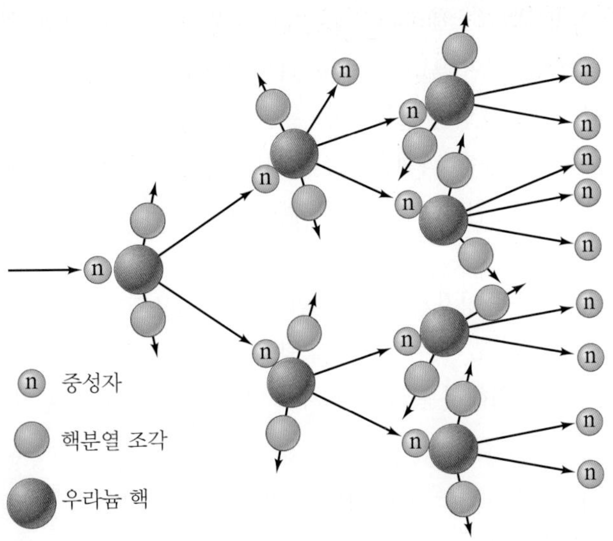

그림 30.5 연쇄 반응

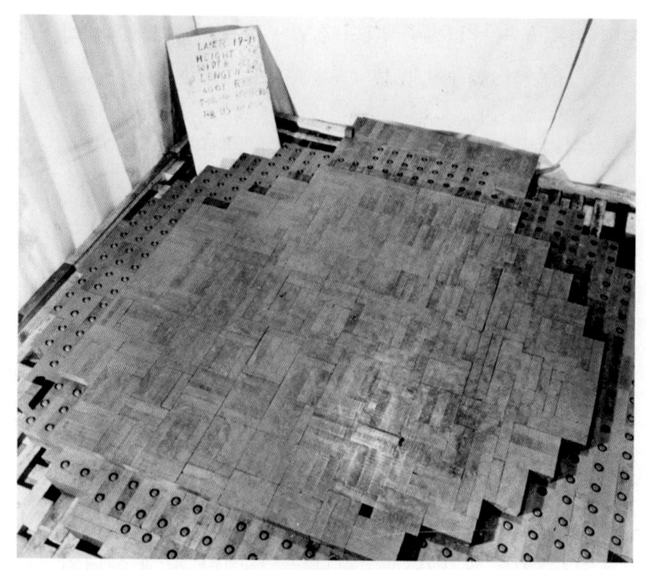

그림 30.6 이것은 세계 최초의 원자로를 찍은 유일한 사진이다. 이 원자로는 페르미가 시카고 대학의 스태그필드 그랜드스탠드 지하에 건설했다. 이 사진은 건설 중인 모습으로, 천연 우라늄 층 위에 흑연 층(감속재로 사용됐다)을 올려놓고 있다. 1942년 12월 2일 페르미는 카드뮴 제어봉을 천천히 꺼내어 원자로는 임계에 도달했다. 이 최초의 자동으로 지속되는 연쇄 반응은 콤프턴 경에 의해 전화로 워싱턴에 알려졌다. 이 사건을 목격한 그는 다음과 같이 말했다. "그 이탈리아인 조종사가 방금 새로운 세계에 내려앉았다."

원자로

원자로를 만들기 위해서는 해결해야 할 몇 가지 문제가 있다. 첫 번째 문제는 $^{235}_{92}\mathrm{U}$ 핵이 중성자를 흡수할 확률은 느린 중성자에 대해서만 크다는 것으로 연쇄 반응에 필요한 핵분열 시 나오는 중성자는 매우 빠르다. 이 중성자들을 느리게 하기 위해 **감속재**(moderator)를 사용해야 한다. 감속재는 중성자의 질량과 비슷한 원자로 구성된 것이 좋기 때문에 가장 좋은 감속재는 $^{1}_{1}\mathrm{H}$ 원자를 포함하고 있다. 그러나 불행하게도 $^{1}_{1}\mathrm{H}$은 중성자를 흡수한다. 그러나 수소의 동위원소 중 **중수소**라고 하는 $^{2}_{1}\mathrm{H}$가 중성자를 많이 흡수하지 않기 때문에 이상적인 감속재로 사용된다. $^{1}_{1}\mathrm{H}$이나 $^{2}_{1}\mathrm{H}$는 물의 형태로 사용될 수 있으며, 후자를 **중수**(heavy water)라고 한다. 이것은 수소 원자 대신 중수소로 대치된 것이다. 많이 사용되는 또 다른 감속재로는 **흑연**이 있으며, 이것은 $^{12}_{6}\mathrm{C}$ 원자로 구성되어 있다.

두 번째 문제는 한 번 분열해서 생성된 중성자가 흡수되어 더 이상의 핵분열이 일어나지 않고, 원자로 내에 있는 다른 핵과 핵반응을 일으키는 것이다. 경수 원자로에서 $^{1}_{1}\mathrm{H}$ 핵은 마치 $^{238}_{92}\mathrm{U}$이 핵반응 $\mathrm{n} + {}^{238}_{92}\mathrm{U} \rightarrow {}^{239}_{92}\mathrm{U} + \gamma$에 의해 $^{239}_{92}\mathrm{U}$가 생성되듯이 중성자를 흡수한다. 천연 우라늄†에는 $^{238}_{92}\mathrm{U}$이 99.3 %가 있고, 분열 가능한 $^{235}_{92}\mathrm{U}$는 0.7 % 밖에 없다. $^{235}_{92}\mathrm{U}$ 핵의 분열 확률을 높이기 위해서 **농축**하여 천연 우라늄 $^{235}_{92}\mathrm{U}$의 함유량을 높이는데, 농축 과정은 확산법이나 원심 분리법을 사용한다(농축은 감속재로 중수를 사용하는 원자로에는 필요 없다. 왜냐하면 중수는 중성자를 흡수하지 않기 때문이다).

세 번째 문제는 어떤 중성자가 좀 더 분열하는 데 사용되기 이전에 원자로의 심 밖으로 빠져나갈 가능성이 있다는 것이다(그림 30.7). 그러므로 핵연료의 질량이 자체 연쇄 반응을 일으키기 위해서는 충분히 커야 하며, 필요한 최소 우라늄 질량을 **임계**

† $^{238}_{92}\mathrm{U}$은 빠른 중성자에 의해서만 분열된다($^{238}_{92}\mathrm{U}$은 $^{235}_{92}\mathrm{U}$보다 안정하다). 빠른 중성자를 흡수하여 분열을 일으킬 확률은 자체 연쇄 반응을 일으키기에는 너무 낮다.

질량(critical mass)이라고 한다. 임계 질량값은 감속재, 핵연료($^{239}_{94}$Pu는 $^{235}_{92}$U 대신 사용될 수 있다), 그리고 얼마나 농축됐는가에 따라 변한다. 전형적인 값은 수 kg 정도이다(즉 몇 g도 아니고 수천 kg도 아니다). 임계 질량은 분열당 방출되는 중성자의 평균 개수에 의해서도 결정된다. $^{235}_{92}$U는 평균적으로 2.5개, $^{239}_{94}$Pu는 2.9개의 중성자를 방출하므로 $^{239}_{94}$Pu의 임계 질량이 더 작다.

자체 연쇄 반응을 일으키기 위해서는 평균적으로 볼 때 각 핵분열에서 최소한 한 개의 중성자가 다른 핵분열에 참여해야 한다. 다른 핵분열에 참여하기 위한 각 분열당 평균 **중성자 증배율**(neutron multiplication factor) f라고 하며, 자체 연쇄 반응이 일어나기 위해서는 $f \geq 1$이어야 한다. 만약 $f < 1$이면 원자로는 '미임계'라 하고, 만약 $f > 1$이면 '초임계'라고 한다. 원자로에는 움직일 수 있는 **제어봉**(control rod)이 있으며(보통 카드뮴이나 붕소이다). 제어봉의 기능은 중성자를 흡수하여 원자로가 임계인 $f = 1$인 상태를 겨우 유지하게 하는 것이다.

중성자의 방출과 이들에 의해 발생하는 핵분열이 매우 빨리 일어나므로, 만약 적은 양(약 1 %)의 **지체 중성자**(delayed neutron)가 없다면 제어봉에 의해 $f = 1$을 유지하는 것은 불가능하다. 지체 중성자는 수명이 수초인 중성자가 많이 포함된 핵분열 조각(또는 그들의 딸핵)으로부터 나오는데, 이 시간은 제어봉을 작동하여 $f = 1$을 유지하는 데 적당한 반응 시간을 주기에 충분하다.

원자로는 연구나 전력 생산을 위해서 건설된다. 핵분열은 많은 중성자를 생산하고, '연구용 원자로'는 기본적으로 중성자의 집중적 공급처이다. 이 중성자는 핵반응시 입사 입자로 사용되며, 그 결과 추적자와 의료용으로 사용되는 자연에 없는 핵종을 만든다. 그리고 '동력 원자로'는 전력을 생산하는 데 사용된다. 핵분열에서 나오는 에너지는 열의 형태로 나와 물을 끓이는 데 사용되어 증기를 생산하므로 이것이 발전기에 연결된 터빈을 돌린다(그림 30.8). 원자로의 **심**(core)은 핵연료와 감속재(미국 상업용 원자로에서는 물)로 되어 있다. 핵연료는 $^{235}_{92}$U가 2~4 % 정도 포함되도록

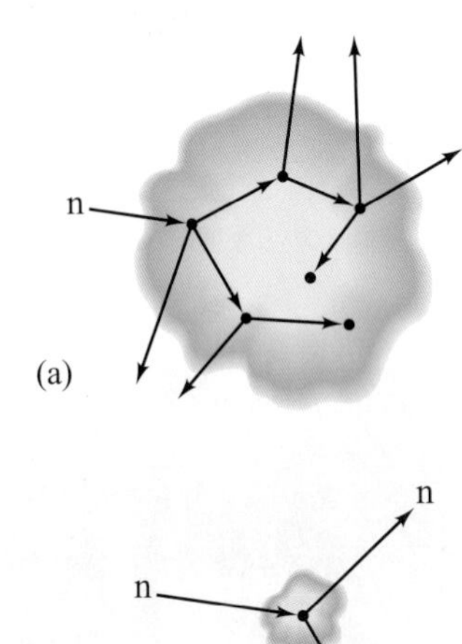

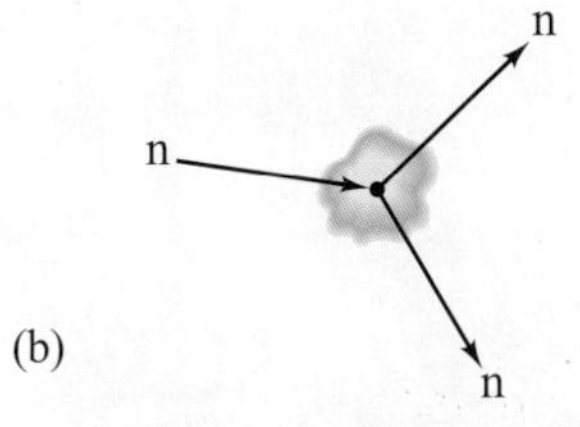

그림 30.7 (a) 우라늄의 양이 임계 질량 이상이면 연쇄 반응이 일어나고, (b) 우라늄의 양이 임계 질량보다 적으면 또 다른 분열이 일어나기 전에 대부분의 중성자는 달아나서 연쇄 반응은 계속되지 않는다.

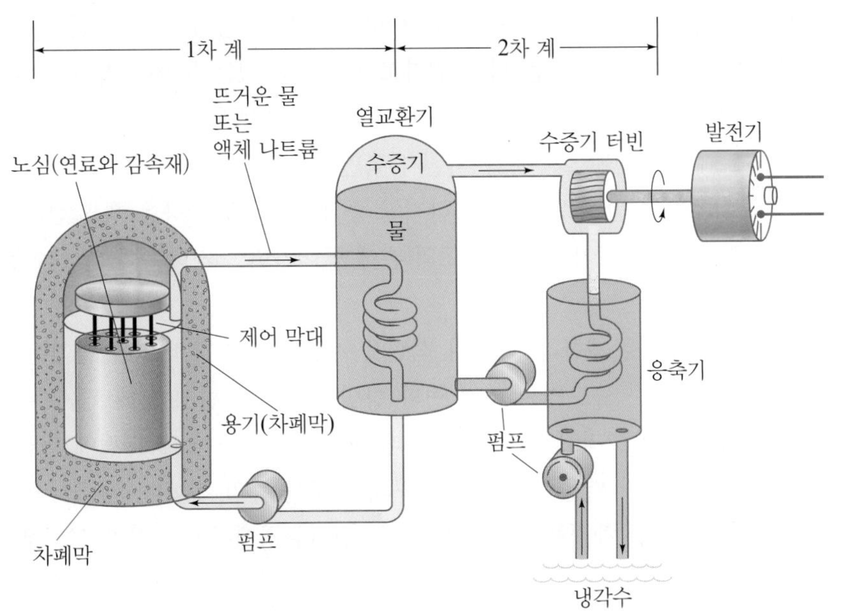

그림 30.8 원자로. 핵연료봉에서 일어나는 핵분열 과정에 의해 생성된 열은 뜨거운 물이나 액체 나트륨에 의해 운반되어 열교환기 안에서 물을 끓여 증기를 만드는 데 이용된다. 증기는 터빈을 돌려 전기를 발생시킨 다음 응축기 안에서 냉각된다(압력을 떨어뜨리기 위해 뒤쪽에 터빈 날개가 달려 있다.

농축된 우라늄을 사용한다. 물이나 다른 액체(액체 나트륨)를 원자로의 심을 통해 흐르게 하면, 이것이 흡수한 열에너지를 열교환기에서 증기를 발생하는 데 사용한다. 따라서 분열성 핵연료가 열기관의 열공급원으로 사용된다(15장 참조).

원자력 발전소에는 여러 가지 문제점이 있다. 어떤 열기관에서와 같이 열공해(15.10절 참조) 이외에 원자로에서 나오는 방사성 핵분열 조각과 중성자와 원자로를 구성하는 물질과의 상호작용에 의해 생기는 방사성 핵종의 처리에 관한 문제가 있다. 우라늄이나 플루토늄과 같은 어미핵처럼 핵분열 조각은 양성자수보다 중성자수가 50 % 더 많다. 핵분열 조각의 일반적 범위($Z \approx 30 \sim 60$)를 가지는 핵은 중성자수와 양성자수가 거의 같아야만 안정된다(그림 29.2 참조). 그러므로 중성자가 많은 핵분열 조각은 매우 불안정하고, 방사성 붕괴를 한다. 고준위의 방사성 핵분열 조각이 공기 중에 사고로 방출되면 인간의 건강에 치명적인 피해를 줄 수 있다(30.4절 참조). 또 방사성 폐기물의 누출이 일어났을 때에도 마찬가지이다. 펜실베이니아 주 스리마일 섬의 핵발전소(1979년), 러시아의 체르노빌 핵발전소(1986년), 그리고 일본의 후쿠시마(2011년) 사고는 그 위험성을 시사해 주며, 핵발전소가 아주 조심스럽고 정밀하게 건설 및 유지되고 가동되어야 한다는 것을 보여 주고 있다(그림 30.9).

그림 30.9 2011년 일본 후쿠시마 원전의 노심이 녹은 후, 연기가 올라오고 있다.

마지막으로 핵발전소의 수명은 30년으로 제한되어 있다. 왜냐하면 방사능의 축적과 구조 물질 내부의 가혹한 조건으로 약해지기 때문이다. 핵발전소의 해체에는 여러 가지 형태가 있으나 어떤 방법을 사용하더라도 대형 발전소를 해체하는 데 드는 비용은 엄청나다.

분열이 가능한 우라늄의 제한된 공급 문제를 해결하는 방안으로 **증식 원자로**(breeder reactor)가 제안됐다. 증식 원자로는 $^{235}_{92}\text{U}$의 핵분열에서 나오는 약간의 중성자가 $^{238}_{92}\text{U}$에 흡수되어서 $^{239}_{94}\text{Pu}$가 생성되는 원자로를 말하는 것으로 그림 30.1에 이 반응을 나타냈다. $^{239}_{94}\text{Pu}$는 느린 중성자를 흡수하여 핵분열이 가능하기 때문에 그것을 분리해서 원자로에서 핵연료로 사용할 수 있다. 따라서 증식 원자로는 다른 용도로는 쓸모없는 $^{238}_{92}\text{U}$에서 새로운 연료† ($^{239}_{94}\text{Pu}$)를 증식한다. 천연 우라늄의 99.3 %가 $^{238}_{92}\text{U}$이기 때문에 분열 가능한 연료의 공급을 100배 이상으로 증가시킬 수 있다는 것을 의미한다. 그러나 증식 원자로는 다른 원자로가 가지고 있는 문제를 가지고 있지는 않지만 심각한 다른 문제를 가지고 있다. 플루토늄은 건강에 위험한 독성 물질이다. 더욱이 원자로에서 생성된 플루토늄은 원자 폭탄 원료로 쉽게 사용될 수 있기 때문에 일반적으로 우라늄 원자로보다 편리하지만 증식 원자로의 이용은 핵 확산의 위험성을 내포하고 있고, 연료가 테러리스트의 손에 들어가면 원자 폭탄이 만들어질 가능성이 있다.

원자력에는 위험이 존재한다. 석유나 석탄을 사용해서 증기 터빈을 돌리는 보통 발전소와 같이 다른 큰 규모의 에너지 변환 방법도 건강과 환경에 해로울 수 있다. 공기 오염, 기름 유출, 그리고 CO_2 기체의 배출과 같은 것들이 15.10절에 언급됐는데, 이들은 온실과 같이 열을 차단하여 지구의 온도를 높일 것이다. 에너지에 관한 전 세계적 요구에 대한 해결책은 기술적 뿐만 아니라 경제적이고 정치적인 것이다.

† 이제는 더 이상 증식 원자로에서 소모되는 연료보다 많은 새로운 연료를 만들어 낼 수 없다.

아마도 가장 좋은 해결책은 에너지 소비를 최소화 하는 것이다. '줄이고, 재사용하고, 재활용하자.'

예제 30.3 우라늄 연료량

연간 1000 MW 출력을 내는 원자로가 중단 없이 계속 가동하기 위해서 핵분열을 수행하는 데 필요한 $^{235}_{92}\mathrm{U}$의 최소량을 구하라. 효율(15장 참조)은 대략 33 %로 가정한다.

접근 효율이 33 %일 때, 3 × 1000 MW = 3000 × 10^6 J/s의 연료가 필요하다. 각 핵분열은 약 200 MeV(식 30.5)의 에너지를 방출하므로, 200 MeV로 나누면 연간 필요한 핵분열 수를 얻을 수 있다. 그 다음에 우라늄 원자의 질량을 곱한다.

풀이 1000 MW의 출력을 내기 위해서, 전체 발전량이 3000 MW가 될 필요가 있다. 그중 2000 MW는 '손실' 열로 없어진다. 따라서 핵분열로부터 연간(3×10^7 s) 나오는 전체 에너지는 다음과 같다.

$$\left(3 \times 10^9\,\mathrm{J/s}\right)\left(3 \times 10^7\,\mathrm{s}\right) \approx 10^{17}\,\mathrm{J}$$

만약 각각의 핵분열이 200 MeV의 에너지를 낸다면, 필요한 핵분열수는 다음과 같다.

$$\frac{\left(10^{17}\,\mathrm{J}\right)}{\left(2 \times 10^8\,\mathrm{eV/핵분열}\right)\left(1.6 \times 10^{-19}\,\mathrm{J/eV}\right)} \approx 3 \times 10^{27}\text{핵분열}$$

우라늄 한 원자의 질량은 대략 (235 u) (1.66×10^{-27} kg/u) ≈ 4 × 10^{-25} kg이므로, 필요한 전체 질량은 다음과 같다.

$$\left(4 \times 10^{-25}\,\mathrm{kg/핵분열}\right)\left(3 \times 10^{27}\ \text{핵분열}\right) \approx 1000\,\mathrm{kg}$$

즉 $^{235}_{92}\mathrm{U}$ 약 1톤이다.

유의 $^{235}_{92}\mathrm{U}$는 자연 우라늄의 0.7 %에 불과하므로, 연간 필요한 우라늄의 요구량은 수백 톤 크기이다. 이 양은 질량이나 부피 면에서 석탄보다는 엄청나게 적은 양이다. $^{235}_{92}\mathrm{U}$는 방금 계산했듯이 톤당 10^{17} J의 에너지를 방출하는 반면, 석탄은 2.8 × 10^7 J/kg을 방출한다. 10^{17} J/10^3 kg = 10^{14} J/kg. 자연 우라늄의 경우, 숫자는 100배나 작아서 10^{12} J/kg이다.

연습 C 어떤 원자력 잠수함은 6000 kW의 에너지를 필요로 한다. 이를 위해 $^{235}_{92}\mathrm{U}$ 핵분열은 초당 얼마나 많이 일어나야 하는가?

원자 폭탄

핵분열이 최초로 사용된 것은 전력을 생산하기 위한 것이 아니었다. 그 대신 핵분열 폭탄('원자 폭탄'이라 불린다)으로서 처음 사용됐다. 1940년 초, 유럽은 이미 전쟁상태에 있었고, 독일의 지도자 히틀러는 그가 점령한 체코 광산으로부터 우라늄의 판매를 금지했으며, 핵분열 연구는 갑자기 비밀로 됐다. 미국의 물리학자들은 깜짝 놀랐다. 그들 중 한 그룹은 이전에 알려진 것보다 훨씬 더 강력한 폭탄을 위해 핵분열을 사용하는 가능성에 대해 루즈벨트 대통령에게 편지를 쓸 것을 아인슈타인에게 이야기했다. 그리고 대통령에게 독일이 이미 그런 폭탄 개발을 시작했다는 것을 알려줬다. 루즈벨트는 어떤 폭탄이 제조될 수 있도록 보장할 만한 계획으로서 알려진 프

그림 30.10 제2차 세계대전 동안 로스 알라모스의 행정 책임자였던 레스리 글로브스 장군과 함께 서 있는 오펜하이머(J. Robert Oppenheimer, 왼쪽). 사진은 최초의 원자 폭탄이 폭발했던 뉴멕시코 사막에 있는 트리니티 현장에서 촬영됐다.

그림 30.11 원자 폭탄이 나가사키에 투하되고 나서 한 달 후에 찍은 사진. 히로시마와 나가사키에 떨어진 폭탄은 각각 TNT($\sim 10^{14}$ J) 약 20,000톤에 상당한다.

로그램을 승인했다. 연구는 연쇄 반응이 가능했던 1942년에 페르미의 시범 후 진지하게 시작됐다. 새로운 비밀 연구들이 로스 알라모스로 알려진 뉴멕시코의 외딴 곳에서 개발됐다. 오펜하이머(J. Robert Oppenheimer, 1904~1967; 그림 30.10)의 지휘 아래 이곳에는 유럽과 미국으로부터 유명한 과학자들이 모이게 됐다.

변환 동안은 준임계 상태이지만 순간적으로 초임계 상태(연쇄 반응을 일으키기 위해)로 될 수 있는 폭탄을 제조하기 위해 두 조각의 우라늄이 사용됐다. 각각은 임계 질량보다 작지만 합치면 임계 질량보다 커진다. 두 질량은 폭발 순간에 도달할 때까지 분리되어 있다. 이때 일종의 뇌관이 두 조각을 함께 매우 빨리 합치게 하여 연쇄 반응이 일어나게 되고 엄청난 양의 에너지가 순식간에 방출된다. 최초의 핵폭탄은 1945년 7월 뉴멕시코 사막에서 실험됐고 그것은 성공적이었다. 8월 초에 우라늄을 사용한 핵폭탄이 히로시마에 투하됐고 플루토늄을 사용한 두 번째 폭탄이 나가사키에 투하됐다(그림 30.11). 그 후 제2차 세계대전은 빠르게 종식됐다.

엄청난 파괴력 외에 핵폭탄은 원자로가 만들어 내는 것처럼 많은 방사성 물질을 생성한다. 핵폭탄이 터질 때 이들 방사성 동위원소는 대기로 방출되고 **방사성 낙진**(radioactive fallout)으로 알려져 있다.

제2차 세계대전 후 대기권 핵실험은 대기의 이동을 통해 낙진이 전 세계로 퍼지는 중대한 사건을 일으켰다. 방사성 낙진은 특히 비를 통해 결국은 땅에 내려앉아 식물과 풀에 흡수되어 먹이 사슬로 들어간다. 이것은 우리 몸 외부의 똑같은 방사성 물질보다 훨씬 더 심각한 문제이다. 왜냐하면 α와 β 입자는 피부의 바깥(각질)층과 옷에 크게 흡수되기 때문이다. 그러나 음식을 경유해 우리 몸 안으로 들어가면 동위원소들은 살아 있는 세포와 직접 접촉 상태에 있게 된다. 특히 위험한 방사성 동위원소는 $^{90}_{38}$Sr이다. 이것은 화학적으로 칼슘과 아주 유사하고 뼈에 축적되며 여기서 이것은 뼈암과 뼈 속 파괴를 유발한다. 1963년 100여 개 이상의 나라가 방사성 낙진 위험 때문에 대기권 핵실험 금지 조약을 체결했다.

30.3 핵융합

모든 안정핵의 질량은 핵의 구성 요소인 양성자와 중성자의 질량의 합보다 작다. 예를 들어 헬륨 동위원소 $^{4}_{2}$He의 질량은 두 개의 양성자 질량과 두 개의 중성자 질량의 합보다 작다. 따라서 만약 두 개의 양성자와 두 개의 중성자가 서로 결합되어 헬륨 핵을 만들면 질량 결손이 생긴다. 이 질량 결손이 아주 큰 에너지의 방출로 나타난다.

핵융합: 별들

각각의 양성자와 중성자를 가까이 가져와 핵을 만드는 과정이나, 또는 작은 핵을 서로 결합시켜 큰 핵으로 만드는 것을 **핵융합**(nuclear fusion)이라고 한다. 그림 30.12(그림 29.1과 같다)은 어떻게 작은 핵이 큰 핵으로 되고, 에너지를 방출하는지를 보여 준다. 그것은 핵자당 결합 에너지가 무거운 핵에 비해 가벼운 핵이 더 작기 때문

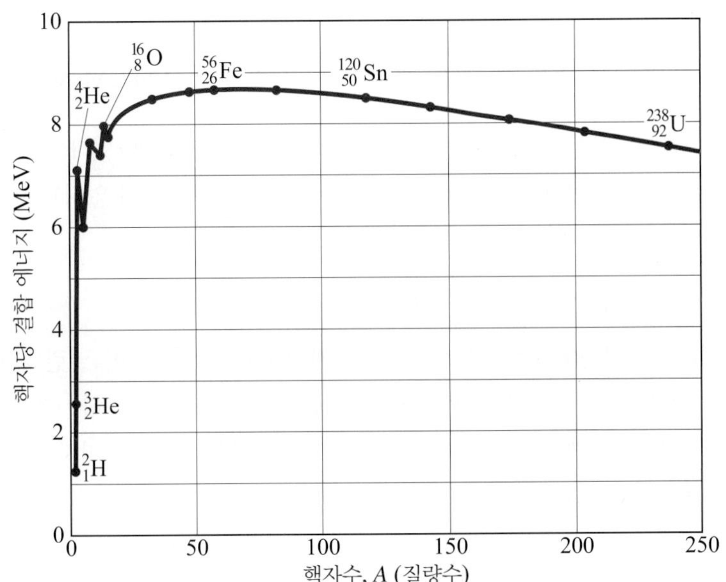

그림 30.12 안정 핵종에서 핵자당 평균 결합 에너지를 질량수 A의 함수로 나타냈다. 그림 29.1과 같다.

이다(약 $A \approx 60$까지). 두 개의 양으로 대전된 핵이 융합할 수 있을 정도로 충분히 가까이 접근하려면, 전기적 척력을 극복하기 위해 매우 큰 운동 에너지를 가져야 한다. 우주에 있는 대부분의 원소는 온도가 극도로 높아서 높은 운동 에너지(식 13.8)를 갖는 별들 속에서 핵융합을 통해 형성됐다고 믿어진다(31장 참조). 현재에도 핵융합이 태양을 포함한 별에서 여전히 일어나고 있어서 거대한 양의 빛에너지(전자기파)를 방출하고 있다.

예제 30.4 핵융합 에너지 방출

가장 간단한 핵융합 반응 중 하나는 중성자와 양성자로부터 중양자 $^2_1$H를 생성하는 것이다. 즉 $^1_1\mathrm{H} + \mathrm{n} \rightarrow {}^2_1\mathrm{H} + \gamma$이다. 이 핵반응에서 에너지는 얼마나 방출되는가?

접근 방출되는 에너지는 처음과 나중 질량 사이의 차이(c^2을 곱한)와 같다.

풀이 부록 B에서 처음의 질량은

$$1.007825\ \mathrm{u} + 1.008665\ \mathrm{u} = 2.016490\ \mathrm{u}$$

이고 핵반응 후의 질량은 $^2_1$H의 질량으로 2.014102 u(γ는 질량이 없다). 질량 차이는

$$2.016490\ \mathrm{u} - 2.014102\ \mathrm{u} = 0.002388\ \mathrm{u}$$

이므로 방출되는 에너지는 다음과 같다.

$$(\Delta m)c^2 = (0.002388\ \mathrm{u})(931.5\ \mathrm{MeV/u}) = 2.22\ \mathrm{MeV}$$

이 에너지는 $^2_1$H 핵과 γ선이 가져간다.

우리 태양의 에너지 출력은 주로 다음과 같은 일련의 핵융합 반응에 의해서 생긴다고 생각되고 있다.

양성자 · 양성자 연쇄 반응

$$^1_1\mathrm{H} + {}^1_1\mathrm{H} \rightarrow {}^2_1\mathrm{H} + e^+ + \nu \qquad (0.42\ \mathrm{MeV}) \qquad \textbf{(30.6a)}$$

$$^{1}_{1}\text{H} + {}^{2}_{1}\text{H} \rightarrow {}^{3}_{2}\text{He} + \gamma \qquad (5.49\ \text{MeV}) \qquad \textbf{(30.6b)}$$

$$^{3}_{2}\text{He} + {}^{3}_{2}\text{He} \rightarrow {}^{4}_{2}\text{He} + {}^{1}_{1}\text{H} + {}^{1}_{1}\text{H} \qquad (12.86\ \text{MeV}) \qquad \textbf{(30.6c)}$$

위 식에서 각 핵반응에서 방출된 에너지(Q값)는 괄호 안에 나타냈다. 이 핵반응들은 핵들 사이에서 일어난다(이렇게 매우 높은 온도에서는 전자들이 없다). 첫 번째 반응은 다음과 같이 쓸 수 있다.

$$\text{p} + \text{p} \rightarrow \text{d} + \text{e}^{+} + \nu$$

여기서 p = 양성자(proton)이고 d = 중양자(deuteron)이다. 이 일련의 반응의 알짜 효과를 **양성자 · 양성자 연쇄 반응**(proton-proton chain)이라고 하는데, 네 개의 양성자가 결합해서 한 개의 $^{4}_{2}\text{He}$ 핵과 두 개의 양전자, 두 개의 중성미자, 그리고 두 개의 γ선을 형성하는 과정이다.

$$4\,{}^{1}_{1}\text{H} \rightarrow {}^{4}_{2}\text{He} + 2\text{e}^{+} + 2\nu + 2\gamma \qquad \textbf{(30.7)}$$

유의할 것은 세 번째 반응(식 30.6c)에 필요한 두 개의 $^{3}_{2}\text{He}$을 만들기 위해서는, 처음 두 반응(식 30.6a와 b)을 각각 두 번씩 행해야 한다는 것이다. 따라서 식 30.7의 알짜 반응에서 방출되는 전체 에너지는 $(2 \times 0.42\ \text{MeV} + 2 \times 5.49\ \text{MeV} + 12.86\ \text{MeV}) = 24.7\ \text{MeV}$가 된다. 그런데 두 개의 e^{+}(식 30.6a)는 각각 빠르게 전자와 만나 소멸하여 총에너지 $2m_{\text{e}}c^{2} = 1.02\ \text{MeV}$인 2개의 γ선(27.6절 참조)을 만들어 낸다. 따라서 총에너지 방출량은 $(24.7\ \text{MeV} + 2 \times 1.02\ \text{MeV}) = 26.7\ \text{MeV}$이다. 첫 번째 반응, 다시 말해 두 개의 양성자를 중양자로 만드는 반응(식 30.6a)이 일어날 확률은 매우 낮아서 태양이 에너지를 생산하는 비율을 제한한다(고마워라! 이것이 태양이 여전히 밝게 빛나는 이유이다).

연습 D 831쪽 시작 질문으로 가서 다시 답을 해 보라. 처음과 답이 다르다면 그 이유를 설명해 보라.

예제 30.5 추산 핵융합 에너지 산출하기

만약 다음 반응이 일어난다고 할 때 방출되는 에너지를 계산하라.

$$^{2}_{1}\text{H} + {}^{2}_{1}\text{H} \rightarrow {}^{4}_{2}\text{He}$$

접근 빨리 계산하려면 그림 30.12를 이용한다.

풀이 그림 30.12에서 각각의 $^{2}_{1}\text{H}$는 약 $1\frac{1}{4}$ MeV/핵자의 결합 에너지를 갖는다. 질량이 2인 핵이 두 개이므로 전체 결합 에너지는 $4 \times \left(1\frac{1}{4}\right) \approx 5$ MeV이다. $^{4}_{2}\text{He}$는 약 7 MeV의 핵자당 결합 에너지(그림 30.12)를 가지므로 총결합 에너지는 $4 \times 7\ \text{MeV} \approx 28\ \text{MeV}$이다. 따라서 방출되는 에너지는 약 $28\ \text{MeV} - 5\ \text{MeV} \approx 23\ \text{MeV}$이다.

태양보다 더 뜨거운 별에서는, 에너지 출력은 주로 **탄소(또는 CNO) 순환 반응**(carbon 또는 CNO cycle)으로 생성되는데, 다음과 같은 일련의 반응으로 이루어진다.

$$
\begin{aligned}
{}^{12}_{6}\mathrm{C} + {}^{1}_{1}\mathrm{H} &\rightarrow {}^{13}_{7}\mathrm{N} + \gamma \\
{}^{13}_{7}\mathrm{N} &\rightarrow {}^{13}_{6}\mathrm{C} + e^{+} + \nu \\
{}^{13}_{6}\mathrm{C} + {}^{1}_{1}\mathrm{H} &\rightarrow {}^{14}_{7}\mathrm{N} + \gamma \\
{}^{14}_{7}\mathrm{N} + {}^{1}_{1}\mathrm{H} &\rightarrow {}^{15}_{8}\mathrm{O} + \gamma \\
{}^{15}_{8}\mathrm{O} &\rightarrow {}^{15}_{7}\mathrm{N} + e^{+} + \nu \\
{}^{15}_{7}\mathrm{N} + {}^{1}_{1}\mathrm{H} &\rightarrow {}^{12}_{6}\mathrm{C} + {}^{4}_{2}\mathrm{He}
\end{aligned}
$$

탄소
순환 반응

이 순환 반응에서 소비되는 알짜 탄소는 없으며, 알짜 효과는 식 30.7의 양성자 · 양성자 연쇄 반응과 같다(여분의 γ선 하나 더 추가). 양성자 · 양성자 연쇄 반응과 탄소 순환 반응 이론은 1939년 베테(Hans Bethe, 1906~2005)에 의해 처음으로 태양과 별의 에너지원으로 밝혀졌다.

연습 E 태양이 핵융합을 통해 일정한 양의 에너지를 생산한다면, 태양의 질량은 (a) 증가하고 있다. (b) 감소하고 있다. (c) 일정하다. (d) 불규칙하다.

가능한 핵융합로

물리학의 응용
융합 에너지로

핵융합에서 방출되는 에너지를 이용할 가능성은 핵융합로를 만드는 것인데, 이는 매우 매력적이다. 반응로에서 가장 성공하기 쉬운 핵융합 반응은 수소의 동위원소들인 ${}^{2}_{1}\mathrm{H}$(중수소)와 ${}^{3}_{1}\mathrm{H}$(삼중수소)를 이용하는 것으로 다음과 같다(괄호 안은 각 반응에서 방출되는 에너지이다).

$$
{}^{2}_{1}\mathrm{H} + {}^{2}_{1}\mathrm{H} \rightarrow {}^{3}_{1}\mathrm{H} + {}^{1}_{1}\mathrm{H} \qquad (4.03\,\mathrm{MeV}) \qquad \textbf{(30.8a)}
$$

$$
{}^{2}_{1}\mathrm{H} + {}^{2}_{1}\mathrm{H} \rightarrow {}^{3}_{2}\mathrm{He} + \mathrm{n} \qquad (3.27\,\mathrm{MeV}) \qquad \textbf{(30.8b)}
$$

$$
{}^{2}_{1}\mathrm{H} + {}^{3}_{1}\mathrm{H} \rightarrow {}^{4}_{2}\mathrm{He} + \mathrm{n} \qquad (17.59\,\mathrm{MeV}) \qquad \textbf{(30.8c)}
$$

이 에너지들을 ${}^{235}_{92}\mathrm{U}$의 핵분열에서 나오는 에너지와 비교해 보면, 주어진 질량의 연료에 대해 핵융합 반응에서 나오는 에너지가 핵분열에서 나오는 에너지보다 크다는 것을 알 수 있다. 더구나 핵융합 반응의 연료로 사용할 수 있는 중수소는 바닷물에 아주 풍부하다(자연에 존재하는 ${}^{2}_{1}\mathrm{H}$의 평균 존재비는 0.0115 %, 물 80 L당 중수소는 약 1 g이 있다). 식 30.6a의 간단한 양성자 · 양성자 반응은 연료의 더 많은 공급원으로 사용될 수 있는 ${}^{1}_{1}\mathrm{H}$을 사용하지만, 일어날 확률이 아주 적기 때문에 지구 상에서 일어날 수 없다고 생각된다.

아직까지는 성공적인 핵융합로를 만들지 못했고, 많은 어려운 점을 극복해야만 한다. 즉 모든 핵이 (+)로 대전되어 있다는 것과 그로 인해 서로 밀어 내고 있다는 사실에서 오는 문제점들이다. 그러나 만약 그들을 서로 아주 가까이 가져올 수 있다면 단거리 인력인 핵력이 작용하여 핵을 서로 잡아당기게 되고, 핵융합이 일어날 수 있다. 따라서 핵을 충분히 가깝게 접근시키기 위해 전기적 척력을 이기기 위한 큰 운동 에너지를 가해 주어야 한다. 큰 운동 에너지는 사이클로트론과 같은 입자 가속기로 쉽게 얻을 수 있으나 입자수가 너무 적다. 실현 가능한 큰 에너지를 얻기 위해서는 크기가 큰 물질이 필요하다. 여기서 높은 운동 에너지라는 것은 높은 온도를 뜻한다. 실제로 핵융합 반응이 일어나기 위해서는 아주 높은 온도가 필요하다. 그리고 융합기구를 **열핵 기구**(thermonuclear device)라고도 한다. 태양과 다른 별들은 수백만 도 정도로 아주 뜨겁기 때문에 핵은 융합이 일어날 정도로 빨리 움직인다. 그리고 에너지를 방출하여 높은 온도를 유지하게 되고, 핵융합은 계속해서 일어나게 된다. 태양과 다른 별들은 자체 공급의 열핵 원자로이며, 지구 상에서는 요구되는 고온과 고밀도를 제어할 수 있는 방법으로 얻기가 힘들다.

제2차 세계대전 후에 핵분열 원자 폭탄 내에서 생성되는 온도가 10^8 K에 가깝다는 사실을 알았다. 이것은 핵분열 원자 폭탄을 핵융합 폭탄(수소 폭탄)을 점화시키는 데 사용하여 거대한 핵융합 에너지를 방출시킬 수 있음을 암시했다. 수소 폭탄(1952년)처럼 제어되지 않는 핵융합 에너지를 방출시키는 일은 상대적으로 쉽다. 그러나 핵융합으로부터 이용할 에너지를 천천히, 그리고 제어할 수 있는 비율로 얻을 수 있게 하는 것은 아주 어렵다는 것이 밝혀졌다.

예제 30.6 추산 d−t 핵융합에 필요한 온도

중수소 · 삼중수소(d−t) 융합이 일어나는 데 필요한 온도를 구하라.

접근 핵들은 각각 운동 에너지 KE를 가지고 정면으로 접근하고, 두 핵자들의 중심 간의 거리가 핵자 반지름의 합과 같을 때 핵력이 작용하기 시작한다고 가정한다. 이 거리에서 두 입자의 정전 퍼텐셜 에너지(17장)는 멀리 떨어져 있을 때 두 입자들의 전체 운동 에너지의 최솟값과 같다. 평균 운동 에너지는 식 13.8의 켈빈 온도와 관련이 있다.

풀이 두 핵자($A_d = 2$와 $A_t = 3$)의 반지름은 식 29.1로부터 $r_d \approx 1.5$ fm, $r_t \approx 1.7$ fm이므로 $r_d + r_t = 3.2 \times 10^{-15}$ m이다. 이 거리에서 처음 두 입자의 운동 에너지를 퍼텐셜 에너지와 같다고 놓는다.

$$\begin{aligned} 2\text{KE} &\approx \frac{1}{4\pi\epsilon_0}\frac{e^2}{(r_d + r_t)} \\ &\approx \left(9.0 \times 10^9\,\frac{\text{N}\cdot\text{m}^2}{\text{C}^2}\right)\frac{(1.6 \times 10^{-19}\,\text{C})^2}{(3.2 \times 10^{-15}\,\text{m})(1.6 \times 10^{-19}\,\text{J/eV})} \\ &\approx 0.45\,\text{MeV} \end{aligned}$$

따라서 KE ≈ 0.22 MeV이고, 만약 평균 운동 에너지가 이 만큼 높아야 한다면, 식 13.8 $\frac{3}{2}kT = \overline{\text{KE}}$로부터 필요한 온도는 다음과 같다.

$$T = \frac{2\overline{\text{KE}}}{3k} = \frac{2(0.22\,\text{MeV})(1.6 \times 10^{-13}\,\text{J/MeV})}{3(1.38 \times 10^{-23}\,\text{J/K})} \approx 2 \times 10^9\,\text{K}$$

유의 보다 자세한 계산에 따르면 핵융합에 필요한 온도는 실제로 여기서 대략적으로 계산한 값보다 작은 크기의 차수이다. 그 이유는 평균 운동 에너지가 꼭 0.22 MeV여야만 할 필요가 없기 때문이다. 다시 말해 이 많은 에너지(맥스웰 분포의 고에너지 꼬리 부분, 그림 13.18 참조)의 작은 %이면 충분하다. 사용할 수 있는 핵융합 원자로에 필요한 온도 범위는 $T \gtrsim 1 \sim 4 \times 10^8$ K이다.

핵융합로에는 고온이 필요하다. 하지만 그것이 모두가 아니다. 충분히 높은 충돌

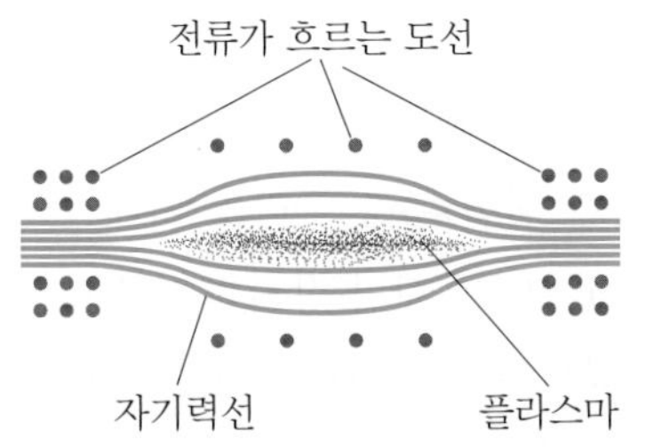

그림 30.13 플라스마를 가두는 데 사용하는 '자기병'

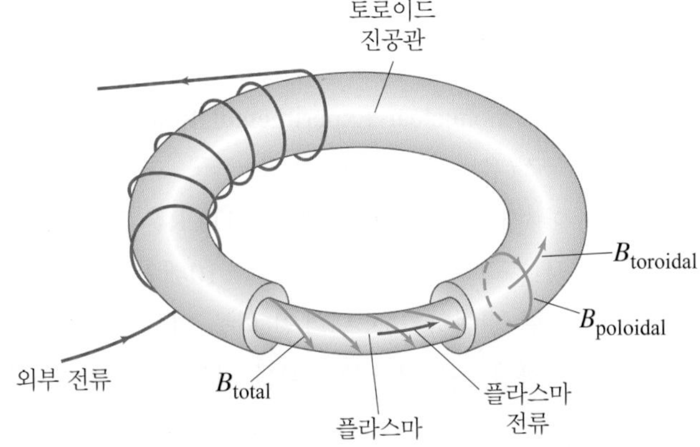

그림 30.14 외부 전류와 플라스마 내부 전류에 의한 전체 자기장 $\vec{\mathbf{B}}$를 보여 주는 토카막의 형태

률을 확보하려면 핵의 밀도 또한 높아야 한다. 제어 핵융합의 진짜 난점은, 사용가능한 양의 에너지가 얻어질 수 있는 반응이 충분히 일어나도록, 핵을 충분히 오랫동안, 그리고 충분히 높은 밀도로 담아두는 것이다. 핵융합에 필요한 온도에서 원자는 이온화된다. 그 결과물인 핵과 전자를 **플라스마**(plasma)라고 한다. 보통의 물질은 기껏해야 수천 도에서 기화되기 때문에, 고온의 플라스마를 담는데 이용될 수 없다. 두 가지 주요 봉쇄 기술로서 **자기 가둠**과 **관성 가둠**이 있다.

자기 가둠(magnetic confinement)에서는, 뜨거운 플라스마를 가두는 데 자기장을 사용한다. 간단한 접근법은 그림 30.13과 같이 '자기병(magnetic bootle)'을 이용하는 것이다. 플라스마에서 대전 입자의 경로는 자기장에 의해 휘어진다. 자기력선이 촘촘한 곳에서는, 입자에 미치는 힘이 이들을 중심 쪽으로 밀어 넣는다. 유감스럽게도 충분한 핵융합이 일어나기 전에 자기병은 새고 대전 입자들은 빠져나간다. 오늘날 가장 유망한 설계는 러시아에서 처음 개발된 **토카막**(tokamak)이다. 토카막(그림 30.14)은 토로이드 모양(토러스, 도넛과 비슷한)을 하고 있으며, 복잡한 자기장을 수반한다. 전류가 흐르는 도체는 토로이드의 축을 따라 자기장을 만든다(토로이드 자기장, toroidal field). 부가적인 장은 플라스마 자체 내부의 전류에 의해 생성된다(폴로이드 자기장, poloidal field). 두 장의 결합은 그림 30.14와 같이 나선형 자기장(helical field)을 만들어 플라스마를 유폐시켜, 진공실의 금속벽(그림 30.15a)과 접촉하지 않게 한다.

(a)

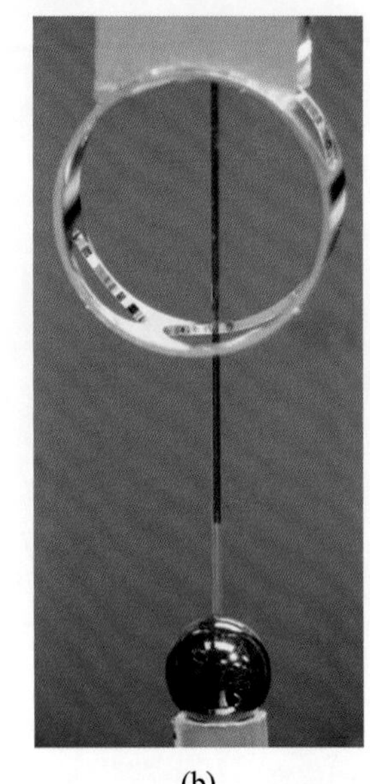

(b)

그림 30.15 (a) 유럽연합이 운영하는 토카막인 JET(Joint European Torus)로서 그 내부(왼쪽)와 $T \approx 1 \times 10^8$ K에서 활동 중인 플라스마(오른쪽)를 보여 주고 있다. (b) 표적실 중앙의 받침대 위에 놓인 지름이 2 mm인 DT(중수소 · 삼중수소) 표적

1957년에 로슨(J. D. Lawson)은 이온 밀도 n(= 이온/m^3)과 가둠 시간 τ의 곱은 대략적으로 다음의 최솟값을 넘어야 한다는 것을 입증했다.

$$n\tau \gtrsim 3 \times 10^{20}\,\mathrm{s/m^3}$$

이 **로슨 기준**(Lawson criterion)은 **점화**(ignition)를 하기 위한 도달 값이다. 이는 모든 외부의 가열이 꺼진 후에도 융합이 계속됨을 의미한다. 현실적으로는 $n \approx 1 \sim 3 \times 10^{20}\ \mathrm{m^{-3}}$, $\tau \approx 1 \sim 3$ s을 달성하기를 기대하고 있다. 핵융합에 의한 에너지 출력이 플라스마를 가열하기 위한 에너지 입력과 같은 점인 **분기점**(break-even)에 도달하는 데는 대략적으로 한 차수 더 낮은 크기의 $n\tau$를 필요로 한다. 분기점은 1990년대에 프린스턴에 있는 토카막 핵융합 시험로(TFTR; Tokamak Fusion Test Reactor)에서 상당히 접근됐다. 점화에 필요한 초고온(4×10^8 K)을 넘어섰지만, 이들 두 가지가 동시에 이루어지지는 않았다.

자기 가둠 핵융합 연구는 전 세계적으로 계속되고 있다. 이 연구는 ITER(International Thermonuclear Experimental Reactor, 국제 열핵융합 실험로)라 불리는 거대한 다국적(유럽연합, 인도, 일본, 한국, 러시아, 중국, 그리고 미국) 시험 장치의 개발로 이어지고 있다. 프랑스에서는 ITER은 2020년까지 완료되어 가동되기를 희망하며, 예상 출력을 입력 에너지의 약 10배인 500 MW로 기대하고 있다. ITER는 작업 원자로를 건설하기 전 단계인 최종 연구 단계에 들어가 있다.

핵융합을 위한 핵연료를 가두는 두 번째 방법은 **관성 가둠**(ICF; inertial confinement)이다. 작은 펠릿(pallet)이나 캡슐 형태의 중양자와 삼중수소(그림 30.15b 참조)에 아주 강한 레이저 빔을 수백 가지 방향에서 동시에 집속시킨다. 강력한 에너지 선속은 펠릿을 가열하고 이온화시켜 플라스마로 만들고, 압축하고 핵융합이 일어날 수 있는 온도($>10^8$ K)까지 가열한다. 가두는 시간은 $10^{-11} \sim 10^{-9}$ s이며, 이 시간 동안 이온들은 자신의 관성 때문에 거의 움직이지 않아서 핵융합이 일어날 수 있다.

30.4 방사선의 물질 투과; 생물학적 손상

우리가 **방사선**이라고 부르는 것에는 α, β, γ, 그리고 X선뿐만 아니라 양성자, 중성자, 그리고 파이온 등의 다른 입자들도 포함된다. 대전 입자들은 그들이 투과하는 물질의 원자나 분자들을 이온화할 수 있으므로 **이온화 방사선**(ionizing radiation)이라고 한다. 그리고 방사선은 이온화를 시키기 때문에 물질, 특히 생체 조직에 상당한 손상을 초래할 수 있다.

α와 β, 그리고 양성자 등의 대전 입자들은 전기력으로 인해 이온화를 초래한다. 즉 이들이 물질을 통과할 때 전자들을 강력하게 끌어당기거나 밀어냄으로써 물질 속의 원자들로부터 전자를 제거할 수 있다. 방사성 물질로부터 방출되는 α와 β선이 1 MeV($10^4 \sim 10^7$ eV) 정도의 에너지를 가지고 있는 반면, 분자와 원자의 이온화 에너지는 10 eV 정도이다(27장 참조). 따라서 단 하나의 α와 β 입자는 몇 천 개의 이온화를 초래할 수 있음이 분명하다.

중성 입자 역시 물체 속을 통과할 때 이온화를 일으킨다. 예로서 X선과 γ선 광자는 광전 효과와 콤프턴 효과(27장 참조)에 의해 전자를 날려 보내서 원자를 이온화시킬 수 있다. 더구나 γ선이 충분한 에너지(1.02 MeV보다 큰)를 가지는 경우 쌍생성, 즉 전자와 양전자가 생성될 수 있다(27.4절 참조). 이런 세 과정 모두에서 생성된 대전 입자들은 계속 이온화를 시킬 수 있다. 반면 중성자는 물질과 중성자와 강한 상호작용을 하는 핵과의 충돌을 통해 작용한다. 이런 충돌을 통해 빈번히 핵이 붕괴되며, 이 핵이 포함된 분자는 변형된다. 그리고 이 과정을 통해 형성된 조각은 또 다른 이온화를 일으킬 수 있다.

물질을 투과하는 방사선은 상당한 손상을 일으킬 수 있다. 다른 금속과 구조물은 부서지기 쉬워지며, 그들의 강도는 방사선이 핵발전소나 강한 우주 방사선 영역을 통과하는 우주선에서처럼 매우 강하면 약화될 수 있다.

생물학적 손상

물리학의 응용
생물학적 방사선 손상

생물 유기체에서 초래되는 방사선 손상은 주로 세포들의 이온화에 기인한다. 몇 가지 관련된 과정이 일어날 수 있다. 반응성이 매우 높고, 세포 내의 정상 작동을 방해하는 화학 작용에 참여하는 이온이나 유리기(radical)들이 생성된다. 모든 형태의 방사선은 전자를 날려 보내 원자를 이온화시킬 수 있다. 이들이 결합전자인 경우에는, 분자가 쪼개지거나 그 구조가 변하게 되어 정상적인 기능을 수행하지 못하거나 해로운 기능을 하게 될 수도 있다. 단백질의 경우에는, 세포 내에 여분의 단백질이 있다면, 하나의 분자 상실은 그렇게 심각한 일은 아니다. 그것을 복제하는 유전자로부터 다시 만들어질 수 있기 때문이다. 그러나 다량의 방사선은 새로 만들어질 수 있는 능력보다 많은 분자를 손상시켜서 세포는 죽게 된다.

DNA의 손상은 더 심각한데, 하나의 세포가 단 한 쌍만을 가지고 있기 때문이다. DNA 속의 변형은 각각 유전자에 영향을 초래하여 그것의 정보에 따른 분자를 변형시킨다. 그래서 필요한 단백질 또는 다른 물질이 전혀 만들어지지 못하여 세포는 죽게 된다. 세포 하나의 죽음은 신체가 새로운 세포로 대체할 수 있기 때문에 보통의 경우 별 문제가 되지 않는다(예외적으로 뉴런의 경우는 대체되지 않으므로 뉴런의 상실은 심각한 문제이다). 그러나 많은 세포가 죽으면 조직은 회복할 수 없다. 반면 세포가 손상됐지만 살아남는 경우도 있다. 계속 분열해서 전체적으로 개체의 상태가 되는 많은 손상된 세포를 생산한다. 그래서 방사선은 암을 일으킬 수 있다.

의학적 용도로 사용되는 X선이나 다른 방사선에 의한 일어날 수 있는 손상은 진단에 사용한 결과로서 얻어지는 의학적 이득과 생명의 연장과 반드시 균형을 이루어야 한다.

30.5 방사선 측정–선량 측정

인체를 투과하는 이온화 방사선은 상당한 손상을 초래하지만, 방사선은 어떤 질병, 특히 암을 치료하는 데 사용될 수 있다. 암의 경우, 매우 좁은 선속을 암 종양에 쪼여 파괴함으로써 치료한다(30.6절 참조). 따라서 방사선량 또는 **조사량**(dose)을 정량화하는 것은 중요하다. 이것이 **선량 측정**(dosimetry)의 연구 대상이다.

물리학의 응용
선량 측정

방사선원의 강도는 주어진 시간에 대한 **활성도**(source activity, 즉 초당 붕괴되는 빈도)로 정의된다. 전통적인 단위는 **큐리**(Ci; curie)로 다음과 같이 정의된다.

$$1\ \text{Ci} = 3.70 \times 10^{10}\text{붕괴/s}$$

(이 수치는 정확히 1 g의 라듐의 활성도로 정의한 원래의 정의에서 기인한다.) 큐리(curie) 단위는 여전히 사용되고 있지만, 활성도의 SI 단위는 **베크렐**(becquerel, Bq)이며, 다음과 같이 정의된다.

$$1\ \text{Bq} = 1\text{붕괴/s}$$

주의

실험실에서, 방사능은 병에 적혀 있는 값보다 작을 것이다—날짜 확인 요함

방사성 핵종(radionuclide)의 상업적 공급자는 주어진 시간에 방사능을 정의한다. 방사능은 시간에 따라 감소하므로 수명이 짧은 동위원소의 경우 특히 이것을 염두에 두어야 한다.

활성도($\Delta N/\Delta t$)는 반감기 $T_{\frac{1}{2}}$과 다음과 같은 관계가 있다(29.8절 참조).

$$\frac{\Delta N}{\Delta t} = \lambda N = \frac{0.693}{T_{\frac{1}{2}}} N$$

예제 30.7 세포에 흡수된 방사능

어떤 실험에서, $^{32}_{15}$P 0.016 μCi가 박테리아를 포함하는 배양액에 주사됐다. 1시간 후 세포들이 세척된 후 70 % 효율(방출되는 β선의 70 %를 측정)을 갖는 측정기로 측정한 결과 세포로부터 분당 720을 얻었다. 세포들은 원래 몇 %의 $^{32}_{15}$P를 흡수했는가?

접근 $^{32}_{15}$P의 반감기는 약 14일(부록 B)이므로, 1시간 동안의 방사능 손실은 무시할 수 있다. 주어진 방사능으로부터 얼마나 많은 β선이 방출됐는지 알아낼 수 있다. 이 양의 70 %와 검출된 (720/min)/(60 s/min) = 12 s^{-1}를 비교한다.

풀이 원래 초당 붕괴되는 전체 수는 $(0.016 \times 10^{-6}\ \text{K})(3.7 \times 10^{10}) = 590$이다. 계수기는 이 양의 70 %, 즉 초당 410을 측정하게 된다. 계수기가 초당 720/60 = 12회를 측정했으므로, 12/410 = 0.029, 즉 2.9 %가 세포 속으로 흡수됐다.

다른 종류의 측정으로는 노출(exposure) 또는 **흡수선량**(absorbed dose), 즉 방사선이 흡수하는 물질에 대해 갖는 **효과**가 있다. 처음 선량 단위는 방사선에 의해 생성되는 이온의 양으로 정의한 **뢴트겐**(roentgen, R)이었다(1 R = 표준 상태에 있는 건조한 공기 1 g당 1.6×10^{12}개의 이온쌍). 오늘날 1 R은 공기 1 kg당 0.873×10^{-2} J의 에너지를 축적하는 X선 또는 γ선의 양으로 정의된다. 뢴트겐 단위는 모든 종류의 방사선에 적용 가능한 흡수선량의 단위 **래드**(rad)에 밀려났다. **1 rad는 흡수 물질에 대해서 $\mathbf{1.00 \times 10^{-2}}$ J/kg의 에너지를 축적하는 방사선의 양을 나타낸다.** 흡수선량에 대한 적당한 SI 단위는 **그레이**(Gy; gray)로서 다음과 같이 정의되며, 점차 널리 사용되고 있다.

$$1\ \text{Gy} = 1\ \text{J/kg} = 100\ \text{rad} \tag{30.9}$$

흡수선량은 주어진 방사선의 강도(초당 입자수)와 입자당 에너지뿐만 아니라, 방사선이 흡수되는 물질의 종류에도 의존된다. 예로서 뼈의 경우는 살보다 밀도가 높기 때문에 같은 양의 방사선의 경우 살보다 많은 조사량(rad 또는 gray 단위로)을 흡수한다.

gray와 rad는 조사량의 물리적 단위−물질의 단위 질량당 축적되는 에너지이다. 그러나 이것들은 방사선에 의해 생성되는 생물학적 손상을 측정하는 단위로는 부적당하다. 왜냐하면 손상의 정도는 방사선 종류에 따라 달라지기 때문이다. 예를 들면 1 rad의 α선은 1 rad의 β선이나 γ선에 비해 10배에서 20배 정도의 손상을 초래한다. 이런 차이는 α선(그리고 양성자나 중성자와 같이 무거운 소립자)은 무거운 질량으로

인해 같은 에너지의 β선이나 γ선에 비해 천천히 움직이며, 이온화 충돌이 좀 더 조밀하게 발생해 결국 회복할 수 없는 손상이 일어나는 것에 기인한다. 주어진 방사선 종류에 따른 **상대 생물학적 효과**(RBE; relative biological effectiveness)나 질인자(QF; quality factor)는 1 rad의 주어진 방사선의 경우 손상되는 정도가 X선이나 γ선으로 환산해서 얼마가 되느냐 하는 것으로 정의된다. 표 30.1은 몇 개의 방사선 종류에 따른 RBE이다. 여기서의 숫자는 근사적인 값이며, 기준에 따라, 즉 방사선의 에너지와 손상의 종류에 따라 약간씩 달라진다.

표 30.1 상대 생물학적 효과(RBE)

종류	RBE
X선과 γ선	1
β(전자)	1
양성자	2
느린 중성자	5
빠른 중성자	≈ 10
α 입자와 중이온	≈ 20

효과적 조사량(effective dose)은 rad 단위로 나타낸 조사량과 RBE의 곱으로 표현될 수 있는데, 단위는 **렘**(rem, 'rad equivalent man'을 나타낸다)을 사용한다. 즉

$$\text{효과적 조사량(rem 단위)} = \text{조사량(rad 단위)} \times \text{RBE} \qquad \textbf{(30.10a)}$$

이다. SI 단위계에서는 효과적 조사량이 **시버트**(Sv; sievert) 단위로 바뀐다.

$$\text{효과적 조사량(Sv 단위)} = \text{조사량(Gy)} \times \text{RBE} \qquad \textbf{(30.10b)}$$

따라서 다음과 같이 쓸 수 있다.

$$1\ \text{Sv} = 100\ \text{rem} \quad \text{또는} \quad 1\ \text{rem} = 10\ \text{mSv}$$

이런 정의에 의해, 어떤 종류의 방사선이든 1 rem(1 Sv)의 방사선은 대체적으로 같은 양의 생물학적 손상을 가져다 준다. 예를 들어 50 rem의 빠른 중성자는 50 rem의 γ선과 같은 효과를 갖는다. 그러나 이 경우 50 rem의 중성자는 5 rad인 반면, 50 rem의 γ선은 50 rad이다.

방사선에 대한 인체 노출

우리들은 자연적으로, 즉 우주선, 암석과 토양 속의 자연 방사능, 그리고 $^{40}_{19}$K과 같은 음식 속의 방사성 동위원소 등에 의해서 지속적으로 낮은 수준의 방사선에 노출되어 있다. **라돈**(radon) $^{222}_{86}$Rn은 오늘날 상당한 관심거리이다. 이것은 라듐의 붕괴 산물이며, 우라늄으로부터 붕괴 계열의 중간물질이다(그림 29.11 참조). 대부분의 중간물질은 형성된 곳에서 암석형태로 남지만, 라돈은 가스로서 암석(그리고 콘크리트와 같은 건축물)으로부터 빠져나와 우리가 숨 쉬는 공기 속으로 들어가서 폐 내부를 손상시킨다.

물리학의 응용
라돈

자연 방사선(natural radioactive background)은, 많은 차이가 있기는 하지만, 평균적으로 미국에서 한 사람당 1년에 약 0.30 rem(300 mrem)이다. 의료용 X선이나 스캔으로부터는 1년에 개인당 약 50~60 mrem을 받으므로, 평균적으로 전체 약 360 mrem(3.6 mSv)를 받는다. 미국 정부는 일반인인 경우 개인에게 허용되는 자연 방사선 노출 상한치를 1년에 100 mrem(1 mSv)으로 정하고 있다. 그러나 많은 과학자들에 의하면 낮은 조사량의 방사선이라도 암이나 유전 결함이 발생할 확률을 높이는 것으로 믿고 있다. 방사선 노출에는 **안전한 수위나 경계 값이 없다**.

물리학의 응용
인체 방사선 노출

병원이나 발전소 연구소에서 방사선과 함께 일하는 사람들은 0.5 rem/년보다 많은 방사선을 쪼이게 된다. 이런 직업인에 대한 노출 상한치는 전 신체에 대해 5

물리학의 응용
방사선 근로자 노출 필름 배지

rem/년 정도의 높은 값이다(아마 이들이 이런 위험성을 알고 감수하기 때문일 것이다). 과다한 노출로부터 보호하기 위해서 이런 사람들은 방사선 양을 측정하는 기구를 갖고 다닌다. 가장 통상적인 것이 **방사선 필름 배지**(radiation film badge)로서 필름조각을 빛을 차단하는 물질 속에 싸둔 것이다. 이온화 방사선의 투과로 필름을 현상해 보면 어두워지며, 이것은 받아들인 조사량을 표시한다.

물리학의 응용

방사선 병

많은 양의 방사선은 피부를 붉게 변화시키고, 백혈구의 수를 감소시키며, 멀미, 피로, 체모상실 등 많은 불쾌한 증상 등을 초래한다. 이런 효과를 **방사선 병**(radiation sickness)이라고 한다. 많은 양의 방사선은 치명적이지만 조사량의 지속시간이 중요하다. 짧은 시간 동안의 10 Sv(1000 rem)은 거의 치명적이다. 짧은 시간 동안의 3 Sv(300 rem)은 50 % 정도 치명적이다. 그러나 몇 주 동안 서서히 받는 3 Sv의 방사선은 신체의 놀라운 재활능력으로 인해 치명적은 아니다. 그러나 이것은 신체에 상당한 손상을 초래한다.

장시간에 걸친 낮은 수준의 조사량 효과는 결정하기도 어려울 뿐만 아니라 아직 잘 알려져 있지도 않다.

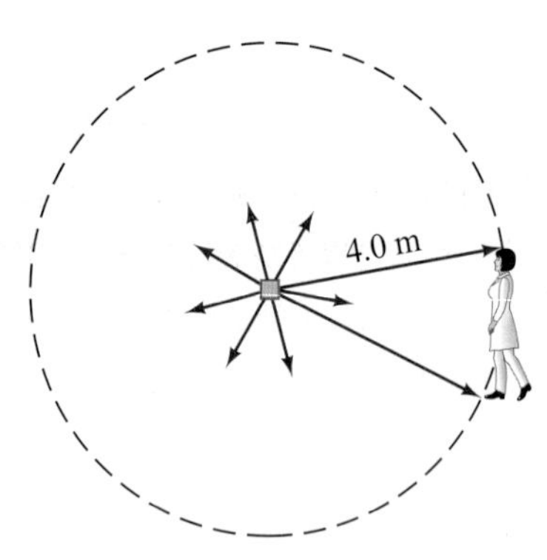

그림 30.16 방사선은 모든 방향으로 퍼진다. 4.0 m 떨어진 사람에게는 그중 일부만이 붙잡힌다. 붙잡히는 비율 = (신체 단면적)/(반지름 4.0 m인 구의 표면적). 예제 30.8

예제 30.8 전신 조사

40 mCi $^{60}_{27}$Co 방사선원에 노출된 70 kg 실험실 작업자의 몸 전체 조사량은 얼마인가? 이 사람의 몸의 단면적은 1.5 m^{2}이고, 방사선원으로부터 수직으로 4.0 m 거리에서 하루에 4.0 시간 동안 있었다고 한다. $^{60}_{27}$Co은 연속적으로 빠르게 1.33 MeV와 1.17 MeV 에너지의 γ선을 방출한다. γ선의 대략 50 %는 몸 안에서 상호작용하고, 모든 에너지를 축적시킨다(나머지는 통과한다).

접근 주어진 에너지 방출량 중 일부만 작업자를 통과한다. 작업자의 접촉 단면적을 반지름 r = 4.0 m인 구의 전체 표면적($4\pi r^2$)으로 나눈 값이 된다(그림 30.16).

풀이 붕괴당 전체 γ선 에너지는 (1.33 + 1.17) MeV = 2.50 MeV이므로 방사선원에서 초당 전체 방출 에너지는 다음과 같다.

$$(0.040\ \text{Ci})(3.7\times10^{10}\ \text{붕괴/Ci}\cdot\text{s})(2.50\ \text{MeV}) = 3.7\times10^{9}\ \text{MeV/s}$$

몸에 붙잡히는 부분은 1.5 m^2 넓이를 반지름 4.0 m의 구의 겉넓이로 나누면(그림 30.16) 다음과 같다.

$$\frac{1.5\ \text{m}^2}{4\pi r^2} = \frac{1.5\ \text{m}^2}{4\pi(4.0\ \text{m})^2} = 7.5\times10^{-3}$$

따라서 몸 안에 축적되는(γ선의 50 %만이 몸 안에서 상호작용함을 기억하라) 에너지 비율은 다음과 같다.

$$E = \left(\tfrac{1}{2}\right)\left(7.5\times10^{-3}\right)\left(3.7\times10^{9}\ \text{MeV/s}\right)\left(1.6\times10^{-13}\ \text{J/MeV}\right) = 2.2\times10^{-6}\ \text{J/s}$$

1 Gy = 1 J/kg이므로, 70 kg인 사람에 대한 몸 전체 조사량 비율은 $(2.2\times10^{-6}\ \text{J/s})/(70\ \text{kg}) = 3.1\times10^{-8}\ \text{Gy/s}$. 따라서 4.0시간 동안 조사량은 다음과 같다.

$$(4.0\ \text{h})(3600\ \text{s/h})(3.1\times10^{-8}\ \text{Gy/s}) = 4.5\times10^{-4}\ \text{Gy}$$

γ선의 경우 RBE ≈ 1이므로, 유효 조사량은 450 μSv(식 30.10b와 30.9) 또는

$$(100 \text{ rad/Gy})(4.5 \times 10^{-4} \text{ Gy})(1 \text{ rem/rad}) = 45 \text{ mrem} = 0.45 \text{ mSv}$$

이다.

유의 이 45 mrem 유효 조사량은 1년 동안 정상적으로 허용 조사량(100 mrem/년)의 거의 50 %, 방사선 종사자의 연 허용치의 1 %이다. 이 작업자는 매일 이렇게 많은 조사를 받아서는 안 되며, 그 양을 줄일 방법(방사선원을 차폐하거나, 작업을 바꾸거나, 방사선원으로부터 멀리 떨어져서 일하는 등등)을 찾아야 한다.

우리는 방사선의 세기는 거리의 제곱에 비례하여 감소하는 것으로 가정했다. 실제로는 공기 중에서 흡수되기 때문에 $1/r^2$보다 더 빨리 감소한다. 따라서 우리가 얻은 답은 실제 조사량보다 약간 큰 값이다.

예제 30.9 라돈 노출

물리학의 응용
라돈 노출

미국에서는 연간 라돈 노출(폐암의 두 번째 주요 원인)로 인한 사망률이 음주 운전으로 인한 사망률을 넘어서고 있는 것으로 평가되고 있다. 미국 환경보호국에서는 대기 중의 라돈 농도가 4 pCi/L를 넘어설 경우 생활지역의 라돈 농도를 낮추도록 조치를 취할 것을 권고하고 있다. 어떤 지역에서는 가구가 50 %가 토양에서 자연적으로 발생하는 라돈으로 인해 이 이 수준을 넘어서고 있다. (a) 공기 1 m^3 안에서 초당 몇 개가 붕괴하는가? (b) $^{222}_{86}$Rn이 4.0 pCi를 방출한다면 라돈의 질량은 얼마인가?

접근 4.0 pCi는 초당 얼마의 붕괴 수에 해당하는지 알아내기 위해, 큐리의 정의를 이용한다. 식 29.3b는 이런 방사능 $\Delta N/\Delta t$을 가지려면 라돈 핵이 얼마나 붕괴해야 하는지 알려준다.

풀이 (a) 이 절의 서두에서 1 Ci = 3.70 × 10^{10}붕괴/s임을 알므로, 공기 1 ℓ당 방사능은 다음과 같다.

$$\frac{\Delta N}{\Delta t} = 4.0\,\text{pCi} = (4.0 \times 10^{-12}\,\text{Ci})(3.70 \times 10^{10}\,\text{붕괴/s/Ci}) = 0.148\,\text{s}^{-1}$$

따라서 공기 1 m^3(1 m^3 = 10^6 cm^3 = 10^3 L) 안에서는 (0.148 s^{-1})(1000) = 150붕괴/s가 일어난다.

(b) 식 29.3b와 29.6으로부터 다음을 얻는다.

$$\frac{\Delta N}{\Delta t} = \lambda N = \frac{0.693}{T_{\frac{1}{2}}} N$$

부록 B에서 라돈은 $T_{\frac{1}{2}}$ = 3.8235일이므로 다음과 같이 쓸 수 있다.

$$\begin{aligned} N &= \left(\frac{\Delta N}{\Delta t}\right)\frac{T_{\frac{1}{2}}}{0.693} \\ &= (0.148\,\text{s}^{-1})\frac{(3.8235\text{일})(8.64 \times 10^4\,\text{s/일})}{0.693} \\ &= 7.06 \times 10^4\,\text{원자} \end{aligned}$$

몰 질량(222 u)과 아보가드로 수를 사용하여 질량을 구하면

$$m = \frac{(7.06 \times 10^4 \text{원자})(222\ \text{g/mol})}{6.02 \times 10^{23} \text{원자/mol}} = 2.6 \times 10^{-17}\ \text{g}$$

또는 공기 1 L 안에는 26 ag(attogram)이 있다. 이는 공기 1 m^3당 2.6×10^{-14} g에 해당한다.

유의 각각의 라돈원자는 네 개의 α 입자와 네 개의 β 입자를 방출한다. 이들은 각각 연속적인 붕괴를 통해 안정한 원소에 도달하기까지, 많은 해로운 이온화를 초래한다.

종합 문제

객관식

1. 핵반응에 있어서 보존되지 않는 것은?
(a) 에너지 (b) 운동량
(c) 전기 전하 (d) 핵자수
(e) 정답 없음

2. 핵분열 파편은 전형적으로
(a) β^+ 방출체 (b) β^- 방출체
(c) 위 모두 (d) 정답 없음

3. 핵 연쇄 반응을 지속시키는 데 필요한 임계 질량을 감소시키는 특성은?
(a) 낮은 끓는점
(b) 높은 녹는점
(c) 핵분열로 더 많은 중성자 방출
(d) 낮은 핵 밀도
(e) 채워진 원자가껍질
(f) 위 모두

4. 정상적인 우라늄 핵분열 반응로에 감속재가 필요한 이유는?
(a) 우라늄 235에 의한 중성자 포획률을 높이기 위해
(b) 우라늄 238에 의한 중성자 포획률을 높이기 위해
(c) 플루토늄 239의 생성율을 높이기 위해
(d) 핵분열 연료의 임계 질량을 높이기 위해
(e) 핵반응에 쓰이는 중성자를 더 많이 공급하기 위해
(f) 위 모두

5. 핵분열과 핵융합의 차이는 무엇인가?
(a) 핵분열은 폭탄에 사용되고, 핵융합은 발전에 사용된다.
(b) 별 차이가 없다. 분열과 융합은 같은 물리 현상의 다른 명칭이다.
(c) 핵분열은 중수소를 사용하여 핵반응을 생성하는 것을 의미한다.
(d) 핵융합은 탄소 연대 측정법에 사용되는 C^{14}에서 일어나는 것처럼 자연적으로 발생한다.
(e) 핵분열 반응에서는 핵이 분열하고, 핵융합 반응에서는 핵자나 핵이 핵자와 결합하여 새로운 핵을 형성한다.

6. 핵융합으로 에너지를 생산하기에 주된 어려움은
(a) 필요한 연료의 부족
(b) 부산물로 생성된 방사성 물질의 처리
(c) 양성자의 전기적 척력 이겨내는 데 필요한 고온
(d) 오로지 화산 지역에서만 가능하다는 사실

7. 주어진 양의 에너지가 조직에 축적된 경우, 가장 큰 생물학적 피해를 유발하는 방사선은?
(a) α 입자들
(b) γ선
(c) β선
(d) 같은 양의 에너지가 축적됐으므로 모두 같은 피해를 입힌다.

8. 핵융합 에너지를 생산하는 데 필요한 연료는 어디서 얻어지는가?
(a) 물 (b) 초전도체 (c) 우라늄
(d) 헬륨 (e) 햇빛

9. 다음 중 옳은 것은?
(a) 어떤 양의 방사선도 살아 있는 조직에는 유해하다.
(b) 방사선도 자연적인 환경의 한 부분이다.
(c) 모든 유형의 방사선은 모두 생체 조직 깊숙이 침투한다.
(d) 정답 없음

10. 같은 시간 동안 같은 양 만큼 방사선이 조사됐을 때, 가장 유해한 것은?

(a) X선 (b) γ선
(c) β선 (d) α 입자

주관식

(NOTE: 질량 값은 부록 B를 참조한다.)

30.1 핵반응, 핵변환

1. (I) 자연 상태의 알루미늄은 모두 $^{27}_{13}$Al이다. $^{27}_{13}$Al이 중성자를 흡수한다면 무엇이 되겠는가? β^+나 β^- 붕괴를 하겠는가? 생성된 핵은 무엇일까?

2. (I) 핵반응 $^2_1$H + $^2_1$H → $^3_2$He + n는 문턱 에너지를 필요로 하는가 그렇지 않은가? 그 이유는 무엇인가?

3. (I) 핵반응 n + $^{238}_{92}$U → $^{239}_{92}$U + γ는 느린 중성자로 가능한가? 설명하라.

4. (II) (a) 다음 핵반응을 완성하라. p + ? → $^{32}_{16}$S + γ
(b) Q값은 얼마인가?

5. (II) 핵반응 p + $^{18}_{8}$O → $^{18}_{9}$F + n은 2.438 MeV의 입력 에너지를 필요로 한다. $^{18}_{9}$F의 질량은 얼마인가?

6. (II) (a) 만약 충돌 입자들의 운동 에너지가 18.00 MeV라면, 핵반응 n + $^{24}_{12}$Mg → $^{23}_{11}$Na + d는 일어날 수 있을까? (여기서 d는 중수소 $^2_1$H를 나타낸다.) (b) 만약 가능하다면, 얼마나 많은 에너지가 방출되겠는가? 가능하지 않다면 필요한 운동 에너지는 얼마인가?

7. (II) (a) 만약 입사하는 양성자의 운동 에너지가 3100 keV라면 핵반응 p + $^7_3$Li → $^4_2$He + α가 일어나겠는가? (b) 만약 가능하다면 생성물의 전체 운동 에너지는 얼마인가? 가능하지 않다면 필요한 운동 에너지는 얼마인가?

8. (II) 핵반응 α + $^{14}_{7}$N → $^{17}_{8}$O + p에서, 입사 α 입자는 9.85 MeV의 운동 에너지를 갖는다. $^{17}_{8}$O의 질량은 16.999132 u이다. (a) 이 반응은 일어날까? (b) 만약 가능하다면, 생성물의 전체 운동 에너지는 얼마인가? 가능하지 않다면 필요한 운동 에너지는 얼마인가?

9. (II) 포획 반응 α + $^{16}_{8}$O → $^{20}_{10}$Ne + γ에 대한 Q값을 구하라.

10. (II) 입사하는 중수소핵의 운동 에너지가 41.4 MeV일 때, 핵반응 d + $^{13}_{6}$C → $^{14}_{7}$N + n의 생성물의 전체 운동 에너지를 계산하라.

11. (II) 방사성 원소 $^{14}_{6}$C는 대기 중에서 중성자가 $^{14}_{7}$N에 흡수되어 생성된다. 이 반응을 적고, Q값을 알아내라.

12. (II) **벗기기**(stripping) 핵반응의 예는 d + $^6_3$Li → X + p이다. (a) 반응 결과물인 핵 X는 무엇인가? (b) 왜 '벗기기' 반응이라 불리는가? (c) 이 반응의 Q값은 얼마인가? 이 반응은 발열 반응인가 흡열 반응인가?

13. (II) **픽업**(pick-up) 핵반응의 예는 $^3_2$He + $^{12}_{6}$C → X + α이다. (a) 왜 '픽업' 반응이라 불리는가? (b) 반응 결과물인 핵 X는 무엇인가? (c) 이 반응의 Q값은 얼마인가? 이 반응은 발열 반응인가 흡열 반응인가?

14. (II) 핵반응 p + $^7_3$Li → $^4_2$He + α는 에너지를 필요로 하는가 아니면 에너지를 방출하는가? 그 에너지의 크기는 얼마인가?

15. (II) 핵반응 α + $^9_4$Be → $^{12}_{6}$C + n에서 방출되는 에너지를 구하라.

30.2 핵분열

16. (I) 핵분열 반응식 식 30.4에서 방출되는 에너지는 얼마인가? $^{141}_{56}$Ba와 $^{92}_{36}$Kr의 질량은 각각 140.914411 u와 91.926156 u이다.

17. (I) 핵분열 반응 n + $^{235}_{92}$U → $^{88}_{38}$Sr + $^{136}_{54}$Xe + 12n에서 방출되는 에너지를 계산하라. 부록 B를 이용하고 중성자의 처음 운동 에너지는 매우 작다고 가정한다.

18. (I) 240 MW 원자로에서 초당 얼마나 많은 핵분열이 일어날까? 핵분열당 200 MeV의 에너지가 방출된다고 가정한다.

19. (I) 핵분열 반응기에서 생성되는 에너지는 핵분열 반응당 약 200 MeV이다. 이것은 $^{235}_{92}$U 핵 질량의 몇 %인가?

20. (II) 일반 가정에서 하루 평균 소비전력은 960 W이다. 핵분열을 통해 이 에너지를 공급한다면 $^{235}_{92}$U의 처음 질량은 얼마여야 하는가? 핵분열당 200 MeV의 에너지가 방출되고, 100 %의 효율을 갖는다고 가정한다.

21. (II) 다음 핵분열 반응을 생각해 보자.

$$^{235}_{92}\text{U} + \text{n} \rightarrow {}^{133}_{51}\text{Sb} + {}^{98}_{41}\text{Nb} + ?\text{n}$$

(a) 이 반응에서 얼마나 많은 중성자가 생성되는가? (b) 방출되는 에너지를 계산하라. Sb와 Nb 동위원소의 원자 질량은 각각 132.915250 u와 97.910328 u이다.

22. (II) 석탄 1.0 kg을 태울 때 나오는 에너지(약 3×10^7 J)와 같은 양의 에너지를 얻는 데 필요한 $^{235}_{92}$U의 질량은 얼마인가?

23. (II) 950 MW의 원자로를 1년 동안 가동시키는 데 필요한 $^{235}_{92}U$의 처음 질량은 얼마인가? 효율은 34 %로 가정한다.

24. (II) 핵분열 반응으로 방출된 1.0 MeV의 중성자가 감속재 핵과의 충돌로 충돌이 일어날 때마다 운동 에너지의 1/2을 잃는다. 열에너지($\frac{3}{2}kT = 0.040$ eV) 수준에 도달하기까지 얼마나 많은 충돌을 해야 하는가?

25. (II) $^{236}_{92}U$이 핵분열을 일으켜 대략적으로 같은 질량을 갖는 두 개의 파편으로 분열됐다고 가정하고, 이 파편들이 서로 분리되는 전기적 퍼텐셜 에너지를 계산하라. 파편은 구형(그림 29.1 참조)으로 가정하고 계산 결과를 핵분열로 방출되는 에너지(약 200 MeV)와 비교하라.

26. (III) 중성자 증배율을 1.0004로 가정한다. 만약 연쇄 반응 내에서 연속적인 분열 사이의 평균 시간이 1.0 ms라면, 1.0 s 안에 반응률은 몇 배로 증가하는가?

30.3 핵융합

27. (I) 온도가 2×10^7 K인 별의 중심에서의 양성자의 평균 운동 에너지는 얼마인가? [힌트: 식 13.8 참조]

28. (II) 핵융합 반응 $^2_1H + ^3_1H \rightarrow ^4_2He + n$에서 방출되는 에너지는 17.59 MeV임을 보이라.

29. (II) 두 개의 중수소핵이 융합하여 중성자를 방출하며 ^3_2He 핵을 형성할 때, 방출되는 에너지가 3.27 MeV(식 30.8b)임을 보이라.

30. (II) 식 30.6의 각 반응에서 기술한 Q 값을 증명하라. [힌트: 부록 B를 이용한다. 전자를 다룰 때 조심한다(p, d, t를 제외하면 질량값이 포함된다.)]

31. (II) 식 30.8a, b, c 반응에 대한 연료 1 g당 방출되는 에너지를 계산하라. (b) 핵분열에서 우라늄 $^{235}_{92}U$ 1 g당 방출되는 에너지를 계산하고 (a)의 각 반응에 대한 비율을 구하라.

32. (II) $^{238}_{92}U$이 느린 중성자(운동 에너지 ≈ 0)를 흡수하여 $^{239}_{92}U$가 됐을 때, 얼마나 많은 에너지가 방출되는가?

33. (II) 일반 가정집에서 하루 평균 소비 전력은 960 W이다. 이 전기 수요를 충당하기 위해 연간 필요한 중수소의 최소량은 얼마인가? 식 30.8b의 반응이라고 가정한다.

34. (II) 만약 ^6_3Li이 느린 중성자와 충돌하면, ^4_2He과 다른 핵을 생성할 수 있다. (a) 두 번째 핵은 무엇인가? (이는 이 동위원소를 생성하는 방법이다.) (b) 이 과정에서 방출되는 에너지는 얼마인가?

35. (III) 만약 자연의 중수소가 식 30.8a의 핵융합 반응에 사용된다면 1.00 kg의 물속에는 얼마나 많은 에너지(J)가 저장되어 있는가? 1.0 kg의 휘발유를 태워서 얻는 에너지, 약 5×10^7 J과 비교하라.

30.5 방사선량

36. (I) α 입자 방사선에 의한 350 rad의 방사선 조사는 X선 몇 rad에 해당하는 생물학적 손상과 같은가?

37. (I) 사람이 짧은 시간 동안 4.0 Sv의 γ선에 노출되면 치명적이다. 이 양은 몇 Gy에 해당하는가?

38. (II) 2.5 Gy에 노출된 65 kg의 성인의 몸에 축적된 에너지는 얼마인가?

39. (II) 공기 중에서 한 개의 이온쌍을 생성하는 데 약 35 eV가 필요하다. 이 양은 본문에 주어진 뢴트겐에 대한 두 가지 정의와 일치한다는 것을 증명하라.

40. (II) 2.50 μCi $^{14}_6C$ 방사선원의 질량은 얼마인가?

연습 해답

A: $^{138}_{56}Ba$
B: 3중성자
C: 2×10^{17}
D: (e)
E: (b)

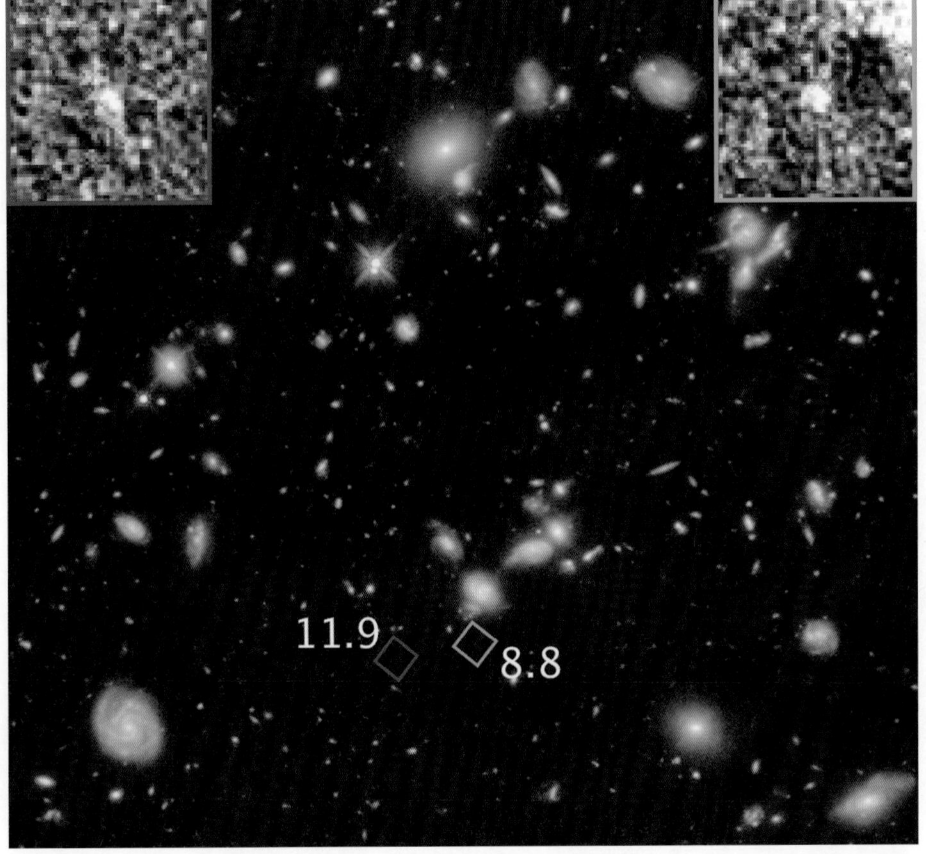

허블 우주 망원경이 하늘의 매우 작은 부분을 촬영한 XDF(eXtreme Deep Field, 극전심 초점) 사진이다. 이 사진에는 우리가 관측할 수 있는 가장 먼 은하, $z \approx 8.8$과 11.9인 은하가 포함되어 있는데, 이들은 우주의 나이가 약 4억 년이었을 때 이미 존재하고 있었다(사진의 상단 양쪽 가장자리에 확대되어 있다). 우리는 이 은하들이 그때, 다시 말해 134억 년 전에 방출했던 빛을 지금 보고 있는 것이다. 가장 멀리 있는 은하는 어리고 작았으나 다른 작은 은하들과 충돌하고 합쳐지면서 큰 은하로 성장했다. 우리는 핵합성의 역할, 중력과 공간의 곡률을 다루는 아인슈타인의 일반 상대성이론과 함께, 별과 은하들이 어떻게 형성되고 진화하는가에 대한 최신 이론을 살펴볼 것이다. 다음에는 우주의 팽창에 관한 증거와 초기의 빅뱅으로부터 진화해 온 우주의 표준 모형을 철저히 살펴볼 것이다. 마지막으로 우리 우주의 대부분을 구성하는 암흑 물질과 암흑 에너지를 포함하여 몇 가지 풀리지 않은 문제들에 대해 언급할 것이다.

CHAPTER 31

천체 물리학과 우주론

시작 질문 추정해 보라!

1. 최근까지 천문학자들은 우주의 팽창 속력이 감소하고 있다고 생각했다. 무엇 때문인가?

(a) 마찰

(b) 열역학 제2법칙

(c) 중력

(d) 전자기력

2. 우주는 시작과 함께 팽창하기 시작했다. 우주는 언제까지 팽창을 계속할까?

(a) 더 이상 팽창할 공간이 없을 때까지

(b) 마찰이 속력을 감소시켜 정지할 때까지

(c) 모든 은하가 중심에 대해 상대적으로 빛의 속력으로 움직일 때까지

(d) 아마도 영원히

지금부터 우주에서 가장 거대한 것들, 다시 말해 별, 은하, 그리고 은하단과 더불어 우주의 역사와 구조에 대해 공부할 것이다. 우주는 과학에서 가장 매혹적이고도 흥미진진한 주제이다.

물리학의 기법과 개념들을 이용하여 밤하늘을 연구하는 분야를 **천체 물리학**(astrophysics)이라고 한다. 현재 우주에 대한 우리의 이해의 중심이 되는 것은 아인슈타인의 **일반 상대성이론**이다. 물리학의 다른 분야로는, 전자기학과 열역학으로부터 입자물리학과 함께 원자와 핵물리학도 관련된다. 일반 상대성이론은 또한 우주 전체를 연구하는 현대 **우주론**(cosmology)의 기반을 이룬다. 우주론은 특히 관측된 우주와 우주의 시작, 그리고 미래를 이해하기 위한 이론적 기틀을 찾으려 노력한다. 우주론에서 제기되는 의문들은 해결하기 힘들고 어렵다. 가능한 답을 상상하기조차 어렵다. 예를 들면 '우주는 항상 존재해 왔는가, 또는 시작 시간이 있었는가?'와 같은 질문이다. 그 어느 것이나, 다시 말해 시간이 과거 속으로 끝없이 이어지는 것이나 우주가 시작된 실제적인 순간을(그렇다면 그전에는 무엇이 있었는가?) 상상하기는 어렵다. 그리고 우주의 크기는 얼마인가 무한히 큰가? 무한한 것은 상상하기 어렵다. 그렇다면 유한한가? 이것 역시 상상하기 어렵다. 왜냐하면 우주는 있는 것 모두를 말하므로 만약 우주가 유한하다면 우주란 그 안에 있는 모든 것인데 그 너머에 무엇이 있는가 묻는 것은 말이 되지 않기 때문이다.

지난 10~20년간 천체 물리학과 우주론에 있어서 많은 발전이 있어서 많은 과학자들은 우주론의 '황금시대'라고 한다. 여기서 다룰 내용은 한정적일 수밖에 없지만 그럼에도 불구하고 주요한 개념을 다룰 것이다. 먼저 지구를 벗어나면 무엇을 볼 수 있는지부터 살펴보자.

(a)

(b)

그림 31.1 은하수의 단편. (a) 가는 선은 이 사진의 노출 시간 동안 지구의 인공위성이 지나간 궤적이다. 대각선 방향으로 걸쳐 있는 검은 띠는 가시광을 흡수하여 시야가 가려진 성간 먼지가 많은 지역이다. (b) (미국 애리조나 주에서 여름철에 찍은) 은하수의 중심 방향의 모습이다.

31.1 별과 은하

고대인들은, 다른 것들에 대해 상대적으로 움직이는 몇 개를 제외하면(행성들), 별들은 마지막 행성 너머에 있는 천구 위에 고정되어 있다고 생각했다. 우주는 질서 정연하게 구성되어 있고, 지구 위에 있는 우리는 우주의 중심이나 또는 그 근처에 있었다. 그러나 갈릴레오가 1609년에 망원경으로 천체를 관측한 이후 몇 세기 동안 우주를 보는 눈은 극적으로 바뀌었다. 우리는 더 이상 우주의 중심에 있지 않으며, 우리는 우주가 엄청나게 거대하다고 보고 있다. 거리도 너무나 멀어서, 빛이 주어진 거리를 가는 데 걸리는 시간으로 나타낸다. 예를 들어

$$1\text{광초(light-second)} = (3.0 \times 10^8\ \text{m/s})(1.0\ \text{s}) = 3.0 \times 10^8\ \text{m} = 300{,}000\ \text{km}$$

$$1\text{광분(light-minute)} = (3.0 \times 10^8\ \text{m/s})(60\ \text{s}) = 18 \times 10^6\ \text{km}$$

로 가장 흔히 쓰이는 단위는 **광년**(ly; light-year)이다.

$$1\text{광년(ly)} = (2.998 \times 10^8\ \text{m/s})(3.156 \times 10^7\ \text{s/yr})$$

$$= 9.46 \times 10^{15}\ \text{m} \approx 10^{13}\ \text{km} \approx 10^{16}\ \text{m}$$

태양과 달까지의 거리를 나타낼 때 보통 미터나 킬로미터 단위를 사용하지만 빛을 이용하여 나타낼 수도 있다. 지구–달의 거리는 384,000 km이고, 1.28광초에 해당한다. 지구–태양 거리는 1.50×10^{11} m 또는 150,000,000 km이며, 8.3광분에 해당한다(태양에서 방출된 빛이 우리에게 도달하는 데 8.3분이 걸린다). 우리 태양계에서 멀리 있는 명왕성은 태양으로부터 약 6×10^{9} km, 또는 6×10^{-4}광년† 거리에 있다. 태양 이외에 우리와 가장 가까운 별은 켄타우루스자리 프록시마 별(Proxima Centauri)로 4.2광년 거리에 있다.

달이 없는 맑은 밤에는 은하수라는 길게 늘어선 구름과 같은 띠뿐만 아니라, 수천 개의 다양한 밝기를 가지는 별들을 볼 수 있다(그림 31.1). 1610년에 처음으로 은하수가 무수히 많은 별들로 이루어져 있다는 것을 관측한 사람은 갈릴레오이다. 150년쯤 뒤(약 1750년경) 라이트(Thomas Wright)는 은하수가 평면 위에 아주 넓게 퍼져 있는 별들로 된 납작한 원반 모양이라고 주장했으며, 이것을 우리는 **은하수**(Galaxy, 그리스어로 '우윳빛 길'이라는 뜻)라고 한다.

우리의 은하수는 지름이 거의 100,000광년이고, 두께는 약 2000광년이며, 부풀어 오른 중심핵 부분과 나선형 팔들을 가지고 있다(그림 31.2). 단지 하나의 별처럼 보이는 태양은 은하수의 중심에서 바깥쪽으로 중간쯤 되는 지점보다 조금 더 먼 중심에서 약 28,000광년이 되는 곳에 있다. 은하수에는 약 10^{11}개의 별이 있다. 태양은 은하수의 중심 주위를 2억 년마다 한 번씩 돌며, 그 속력은 은하수 중심에 대해 약 250 km/s이다. 은하수에 있는 모든 별들의 전체 질량은 약 3×10^{41} kg이다.

그림 31.2 외부에서 볼 때의 우리 은하. 그림 (a)는 원반면에서 본 '측면도'이다. (b) 원반을 내려다 본 '평면도'이다. (이와 같은 모습은 바깥에서만 볼 수 있다!) (c) 적외선으로 촬영한 우리 은하의 광각 사진이다. 적외선은 은하수 내부까지 도달할 수 있어서 우리 은하계 중앙 벌지와 원반을 보여 준다. 이 광각 사진은 우주 배경 복사 탐사(COBE)위성(31.6절 참조)이 하늘의 360° 범위를 촬영한 것이다. 주위에 보이는 흰 점들은 지구 가까이에 있는 별들이다.

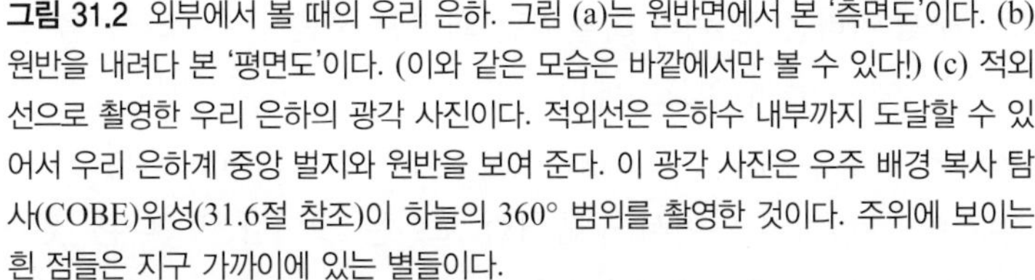

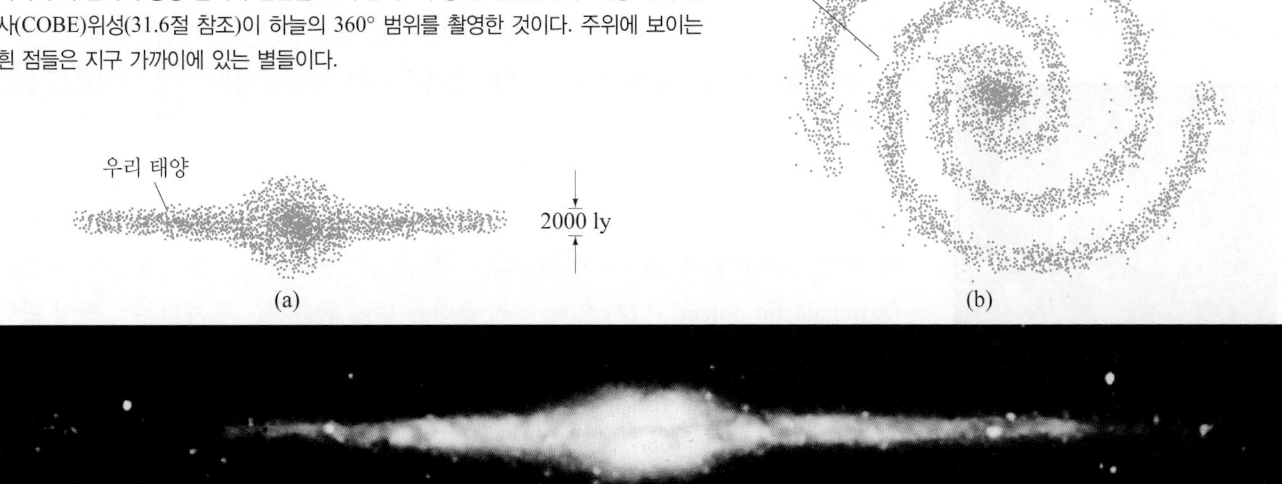

† 이 거리는 약 5광시 거리에 있다고 말할 수도 있다.

예제 31.1 추산 우리 은하계의 질량

우리 은하계 중심 주위를 돌고 있는 태양의 궤도 운동 자료를 이용하여 은하계의 전체 질량을 추정하라. 은하계의 질량은 중앙 벌지에 집중되어 있다고 가정한다.

접근 태양(우리 태양계를 포함해서)은 전체 질량 m을 가지고, 우리 은하계(전체 질량 M) 중심 주위를 원 궤도 운동을 한다고 가정한다. 이때 전체 질량 M은 은하 중심에 위치해 있다고 생각할 수 있다. 뉴턴 제2법칙 $F = ma$을 적용한다. 여기서 a는 구심 가속도로 $a = v^2/r$이고, F는 만유인력 법칙(5장 참조)을 사용한다.

풀이 위에서 언급했듯이 가장 정확한 측정에 따르면 우리의 태양과 태양계는 은하계 중심으로부터 약 r = 26,000광년 떨어진 거리에서 은하계 중심 주위를 약 v = 200 km/s의 속력으로 돌고 있다. 뉴턴의 제2법칙을 사용하면 다음을 얻는다.

$$\begin{aligned} F &= ma \\ G\frac{Mm}{r^2} &= m\frac{v^2}{r} \end{aligned}$$

여기서 M은 은하계의 질량이고, m은 태양계의 질량이다. 이것을 풀면 다음과 같다.

$$M = \frac{rv^2}{G} \approx \frac{(26{,}000\text{ ly})(10^{16}\text{ m/ly})(2\times10^5\text{ m/s})^2}{6.67\times10^{-11}\text{ N}\cdot\text{m}^2/\text{kg}^2} \approx 2\times10^{41}\text{ kg}$$

유의 이 질량을 별들의 **개수**로 환산하면, 별들의 질량이 우리 태양($m = 2.0 \times 10^{30}$ kg)과 비슷하다고 가정하면 $(2.0\times10^{41}\text{ kg})/(2.0\times10^{30}\text{ kg}) \approx 10^{11}$, 대략 1000억 개의 별들이 있는 셈이 된다.

그림 31.3 이 구상 성단은 헤르쿨레스자리(Hercules) 방향에 있다.

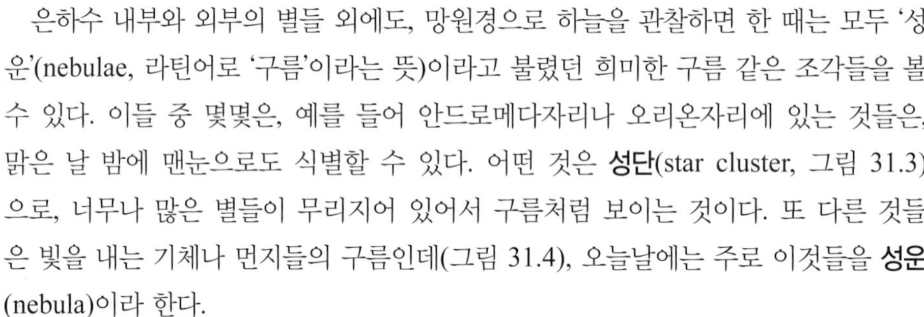

은하수 내부와 외부의 별들 외에도, 망원경으로 하늘을 관찰하면 한 때는 모두 '성운'(nebulae, 라틴어로 '구름'이라는 뜻)이라고 불렸던 희미한 구름 같은 조각들을 볼 수 있다. 이들 중 몇몇은, 예를 들어 안드로메다자리나 오리온자리에 있는 것들은, 맑은 날 밤에 맨눈으로도 식별할 수 있다. 어떤 것은 **성단**(star cluster, 그림 31.3)으로, 너무나 많은 별들이 무리지어 있어서 구름처럼 보이는 것이다. 또 다른 것들은 빛을 내는 기체나 먼지들의 구름인데(그림 31.4), 오늘날에는 주로 이것들을 **성운**(nebula)이라 한다.

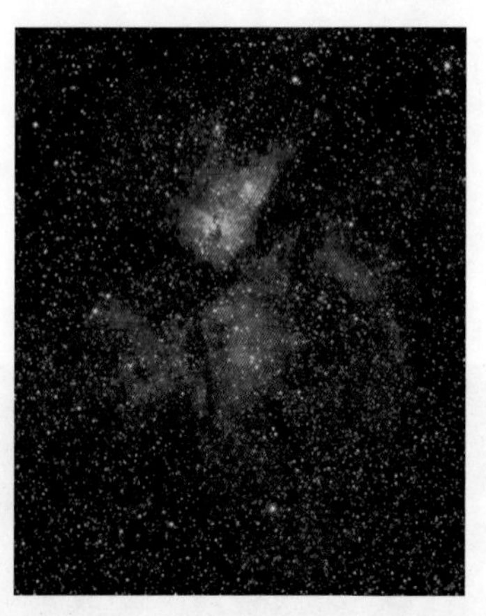
그림 31.4 이 가스 성운은 용골자리(Carina)에서 발견됐으며, 지구로부터 약 9000광년 거리에 있다.

가장 매혹적인 것은 세 번째 범주에 속하는 것들이다. 이것들은 종종 상당히 규칙적인 타원 모양이다. 칸트(Immanuel Kant, 약 1755년경)는 이들은 우리 은하 너머 멀리 있기 때문에 희미하게 보인다고 추측했다. 처음에는 이들이 **은하계 밖 천체**(extragalactic object), 다시 말해 우리 은하계 밖에 존재하는 천체라는 주장이 광범위하게 받아들여지지 않았다. 하지만 20세기에 건설된 대형 망원경들은 그 속에 있는 개개의 별들을 구별하고, 또 많은 나선형 팔들을 포함되어 있음을 밝혀냈다. 허블(Edwin Hubble, 1889~1953)은 1920년대에 로스앤젤레스 근처의 윌슨 산(Mt. Wilson)에 설치된 당시로서는 세계에서 가장 큰 2.5 m(100인치) 망원경†으로 이런

† 2.5 m(100인치)는 곡면 거울의 지름을 말한다. 거울이 클수록 더 많은 빛을 모으고(더 밝아지고), 또한 회절이 줄어든다(분해능이 좋아진다). 그래서 더 많고 희미한 별들을 볼 수 있게 된다. 최근까지 감

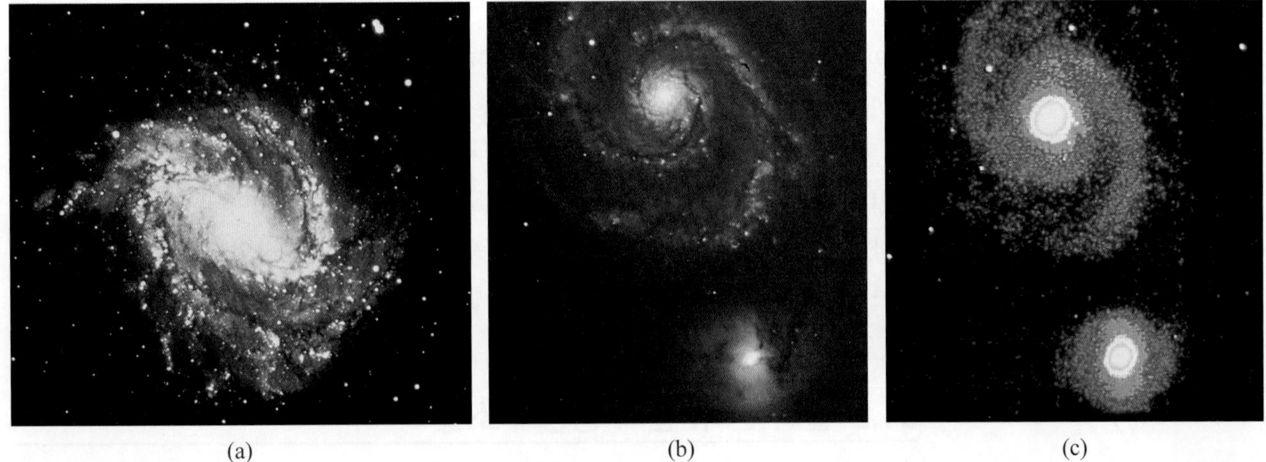

(a) (b) (c)

그림 31.5 은하들의 사진. (a) 바다뱀자리(Hydra)에 있는 나선형 은하, (b) 한 쌍의 은하들. 더 크고 나선팔이 두드러져 보이는 은하는 소용돌이 은하(Whirlpool galaxy)로 불린다. (c) 사진 (b) 은하들의 적외선 사진(인위적으로 색을 입혀 나타냄). 가시광 사진 (b) 보다 나선팔에 더 많은 물질이 보인다. 가시광은 적외선에 비해 성간 물질에 의해 더 많이 산란되고 흡수되기 때문에 적외선이 더 선명한 사진을 제공한다.

관측을 수행했다. 허블은 이 천체들이 엄청난 거리 때문에 실제로 은하계 밖에 있다는 것을 증명했다. 우리에게 가장 가까운 큰 은하,† 안드로메다은하는 200만 광년 너머에 있는데, 그 거리는 우리 은하계 지름의 20배가 넘는다. 따라서 이런 성운들은 우리 은하계와 유사한 **은하**들이라고 생각하는 것이 타당해 보였다[영어로 우리 은하를 나타낼 때는 은하(galaxy)의 머리글자를 대문자로 쓴다]. 오늘날 가시적 우주 안에 대략 10^{11}개의 은하들이 있는 것으로 생각된다. 다시 말해 은하 안에 있는 별들만큼 많은 은하들이 있다(그림 31.5).

많은 은하들은 그들 사이의 상호 인력에 의해 결합되어 무리를 이루는 경향이 있다. 각각의 **은하단**(galaxy cluster) 안에는 수십 개에서 수천 개의 은하들이 있다. 더군다나 은하단들 자체는 그보다 더 큰 집단, 다시 말해 은하단들의 은하단 또는 **초은하단**(supercluster)을 이루려는 경향이 있다. 관측할 수 있는 은하 중 가장 먼 것은 약 10^{10}광년 너머에 있다(표 31.1).

표 31.1 천체의 거리

천체	지구로부터의 대략적인 거리 (광년)
달	4×10^{-8}
태양	1.6×10^{-5}
태양계 크기 (명왕성까지 거리)	6×10^{4}
가장 가까운 별 (켄타우루스자리 프록시마 별)	4.2
은하계의 중심	2.6×10^{4}
가장 가까운 은하	2.4×10^{6}
가장 먼 은하	13.4×10^{9}

연습 A 우리로부터 1광년 거리에 거대한 거울을 설치해 놓았다고 가정하자. 그 거울이 지구 위에 있는 우리를 향하고 있다고 할 때 우리는 무엇을 보게 될까? 우리가 본 것은 언제 일어났을까? (이것은 '타임머신'이라고 불리게 될 것이다.)

우주에는 보통의 별, 성단, 은하, 그리고 은하단과 초은하단들 외에도 우주에는 많은 흥미로운 천체들이 있다. 이들 중에 흥미로운 별들로 **적색 거성**, **백색 왜성**, **중성자성**, **신성**과 **초신성**이라 불리는 폭발하는 별들, 그리고 중력이 너무나 강하여 빛조차 탈출할 수 없는 **블랙홀**이 있다. 그 외에, 우리가 별이라고 부르는 밝은 점과 같은

광 필름이나 감광판은 더 오랜 시간 노출시켜야 했다. 하지만 오늘날에는 수억 개의 화소(뛰어난 화질의 디지털카메라가 1000만 화소라는 사실과 비교해 보라)를 가진 커다란 고체 CCD나 CMOS 센서(25장 참조)가 사용된다.

† 마젤란은하들은 안드로메다은하보다 훨씬 더 가까이 있지만, 작을 뿐 아니라 흔히 우리 은하계의 작은 위성은하들로 간주된다.

천체에서 나온 것은 아니지만, 지구까지 도달하는 전자기 복사가 있다. 특히 중요한 것은 우주 안의 모든 방향에서 거의 균일하게 오는 초단파 배경 복사이다.

마지막으로 **활동 은하핵**(AGN; Active Galactic Nuclei)이 있다. 이들은 멀리 있는 은하의 중심에서 점광원처럼 매우 밝게 빛나는 천체이다. 활동 은하핵의 가장 극적인 예는 **퀘이사**['준성천체(quasistellar objects)' 또는 QSOs]이다. 퀘이사는 너무나 밝아서 은하를 둘러싸고 있는 별빛을 실종시켜버린다. 퀘이사의 광도는 은하 중심에 있는 거대한 블랙홀 속으로 떨어지는 물질로부터 나오는 것으로 생각된다.

31.2 별의 진화: 별의 생성과 소멸

별들은 변하지 않는 것처럼 보인다. 밤이 가고 또 밤이 와도 하늘에는 그다지 변화가 나타나지 않는다. 실제로 인간들의 시간 단위로는 대부분의 별들(신성과 초신성을 제외하고는)이 거의 변하지 않는다. 별들은 서로에 대해서 고정되어 있는 것처럼 보이지만, 많은 별들은 관측이 충분히 가능할 만큼 움직인다. 실제로 옆에 있는 별들에 대한 어떤 별의 속력이 수백 km/s일 수도 있지만, 우리로부터 너무 멀기 떨어져 있기 때문에 이 운동을 잘 측정해야만 알 수 있다. 더욱이 별들의 밝기는 다양하다. 이런 밝기의 차이는 별이 보내는 빛의 양과 우리로부터의 거리에 의한 것이다.

별의 광도와 밝기

어떤 별이나 성운이든 **고유 광도**(intrinsic luminosity) L을 갖는다. 이것은 복사되는 전체 출력을 와트로 나타낸 것이다. 또 다른 중요한 양은 **겉보기 밝기**(apparent brightness) b로서, 지구를 향해 빛이 진행하는 빛의 경로에 수직한 단위 넓이를 통과하는 일률로 정의된다. 에너지가 보존되고 공간에서 흡수되는 것을 무시하면, 방출된 전체 일률 L은 별로부터 거리가 d인 지점에서 도달했을 때 방출된 전체 일률 L은 표면적이 $4\pi d^2$인 구 위로 퍼질 것이다. 만약 별에서 지구까지의 거리를 d라고 한다면, L은 $4\pi d^2$에 b(지구에서의 단위 넓이당 일률)를 곱한 값과 같아야 한다. 즉 다음과 같다.

$$b = \frac{L}{4\pi d^2} \tag{31.1}$$

예제 31.2 **겉보기 밝기**

어떤 별이 태양과 같은 광도를 갖고 있다고 하자. 만약 이 별이 지구로부터는 10광년 떨어져 있다고 하면 얼마나 어둡게 보이는가?

접근 두 별의 광도 L이 같으므로, 식 31.1의 역제곱 법칙을 사용하여 상대적인 밝기($b \propto 1/d^2$)를 알아낸다.

풀이 역제곱 법칙을 이용하여 별의 밝기 비를 구하면 다음과 같다.

$$\frac{b_{\text{star}}}{b_{\text{Sun}}} = \frac{d_{\text{Sun}}^2}{d_{\text{star}}^2} = \frac{(1.5 \times 10^8\,\text{km})^2}{(10\,\text{ly})^2(10^{13}\,\text{km/ly})^2} \approx 2 \times 10^{-12}$$

가까이 있는 별들을 자세히 조사해 본 결과 대부분의 별들의 절대 광도는 질량에 관련된다는 것이 밝혀졌다. **별은 질량이 클수록, 광도가 크다.**† 또 하나 중요한 별의 매개 변수는 표면 온도인데, 이것은 별에서 방출하는 전자기파의 진동수 스펙트럼으로부터 구할 수 있다(27.2절 참조). 27장에서 살폈듯이 물체의 온도가 증가할수록 방출되는 전자기파의 스펙트럼은 낮은 진동수(빨간색 같은 긴 파장)에서 높은 진동수(파란색 같은 짧은 파장)로 이동한다. 이 관계를 정량적으로 나타내면 빈 변위 법칙(27.2절 참조)으로 표현된다. 흑체(별은 흑체에 가깝다)에서 발생하는 빛스펙트럼이 극대가 되는 파장 λ_P는 켈빈 온도 T에 반비례한다. 즉 $\lambda_\text{P} T = 2.90 \times 10^{-3}$ m·K이다. 별들의 표면 온도는 보통 3500(빨강)~50000 K(파랑) 범위에 있다.

예제 31.3 별의 온도와 크기 결정하기

근접한 두 별의 거리를 어느 정도 예측할 수 있어서 이 거리와 별들의 겉보기 등급 측정치를 이용해 예상한 결과 두 별들이 거의 같은 절대 광도 L을 가진다고 하자. 그중 한 별의 스펙트럼은 약 700 nm(따라서 빨갛다)에서 최고가 되고, 다른 별의 스펙트럼은 약 350 nm(파랗다)에서 최고가 된다면 빈 변위 법칙(식 27.2)과 슈테판 · 볼츠만 법칙(14.8절 참조)을 사용하여 (a) 각 별의 표면 온도를 구하고, (b) 한 별이 다른 별보다 얼마나 더 큰가를 알아보라.

접근 빈 법칙과 각 별의 극대 파장을 이용하여, 각 별에 대한 표면 온도를 구할 수 있다. 그 다음에 슈테판 · 볼츠만 법칙(출력 또는 광도 $\propto AT^4$, 여기서 A는 방출체의 표면적), 표면적의 비와 두 별의 상대적 크기를 알 수 있다.

풀이 (a) 빈 변위 법칙(식 27.2)에 의하면 $\lambda_\text{P} T = 2.90 \times 10^{-3}$ m·K이므로 붉은 별의 온도는 다음과 같다.

$$T_\text{r} = \frac{2.90 \times 10^{-3}\,\text{m}\cdot\text{K}}{\lambda_\text{P}} = \frac{2.90 \times 10^{-3}\,\text{m}\cdot\text{K}}{700 \times 10^{-9}\,\text{m}} = 4140\,\text{K}$$

푸른 별의 온도는 최고점의 파장이 절반(350 nm 대 700 nm)이므로 두 배가 될 것이다.

$$T_\text{b} = 8280\text{ K}$$

(b) 14장(식 14.6 참조)에서 설명한 슈테판 · 볼츠만 법칙에 의하면 물체에서 표면의 단위 넓이당 복사된 일률은 켈빈온도의 네제곱, 즉 T^4에 비례한다. 이제 푸른 별의 온도는 붉은 별의 두 배이므로 푸른 별은 단위 넓이당 에너지를 $(2)^4 = 16$배나 많이 복사할 것이다. 그러나 두 별은 같은 광도(같은 전체 외부 방출률)를 가진다고 했으므로 파란 별의 표면적은 붉은 별의 1/16이 돼야 한다. 구의 표면적은 $4\pi r^2$이므로 붉은 별의 반지름은 푸른 별의 $\sqrt{16} = 4$배(또는 부피로는 $4^3 = 64$배)가 된다.

† '주계열'의 별들에게 적용된다(다음 절 참조). 별의 질량은 다른 가시 천체에 대한 중력 효과를 관찰함으로써 알아낼 수 있다. 많은 별들은 성단의 일부이며, 가장 간단한 경우는 두 개의 별이 서로의 주위를 도는 하나의 연성계를 이룬다. 이 경우 회전 역학을 이용하여 그 질량을 알아낼 수 있다.

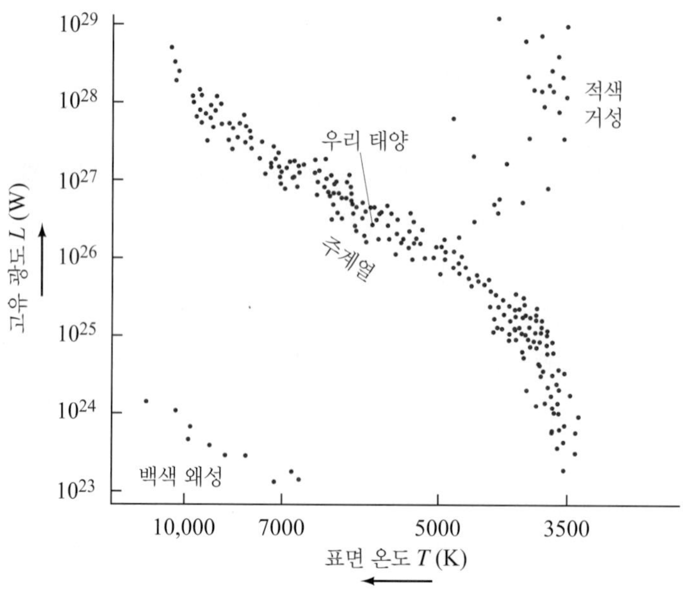

그림 31.6 헤르츠스프룽 · 러셀 다이어그램은 별의 표면 온도 T에 따른 별의 광도를 로그 값으로 나타낸 그래프이다(온도는 왼쪽으로 갈수록 증가하는 점에 유의하라).

H-R 다이어그램

1900년경에 이루어진 중요한 천문학적 발견 중 하나는, 대부분의 별들에게 있어서 별의 색깔은 고유 광도와 관련이 있어서 질량에 관련된다는 것이다. 이런 관계를 나타내는 편리한 방법 중 하나는 헤르츠스프룽 · 러셀(H-R; Hertzsprung-Russell) 다이어그램이다. H-R 다이어그램에서, 가로축은 표면 온도 T를 나타내고, 세로축은 별의 광도 L을 나타낸다. 각각의 별들은 도표 위에 점으로 나타낸다(그림 31.6). 대부분의 별들은 **주계열**(main sequence)이라 하는 대각선 띠를 따라 놓인다. 오른쪽 아래에서 가장 온도가 낮은 별이 시작된다. 빈 법칙($\lambda_p T$ = 일정)에 의해 그들이 내는 빛은 긴 파장에서 극대가 되고 빨간색을 띠는 별들이 있다. 이것들은 광도가 가장 낮기 때문에 질량이 가장 작은 것들이다. 왼쪽 위로 가면 태양처럼 더 뜨겁고, 밝으며, 노란색을 띠는 별들을 만나게 된다. 좀 더 올라가면 훨씬 더 무겁고, 밝으며, 파란색을 띠는 별들이 있다. 이런 대각선 띠 상에 위치하는 별들을 **주계열성**이라고 한다. 또한 주계열 밖에 있는 별들도 있다. 오른쪽 위에는 높은 광도를 가졌지만 낮은 (빨간)색 온도를 가지는 거대한 별들이 존재하는데, 이별들을 **적색 거성**(red giants)이라고 한다. 왼쪽 아래에는 낮은 광도를 가졌지만 온도는 높은 몇몇 별들이 존재한다. 이것들을 **백색 왜성**(white dwarfs)이라고 한다.

예제 31.4 추산 H-R 다이어그램과 색깔을 이용한 별까지의 거리

어떤 별을 자세히 관측한 결과 H-R 다이어그램의 주계열에 속하는 것이 거의 분명하다고 가정하자. 측정된 겉보기 밝기가 $b = 1.0 \times 10^{-12}\ \mathrm{W/m^2}$이고, 이 별의 스펙트럼의 최고점 파장은 $\lambda_p = 600$ nm이다. 이 별까지의 거리를 구하라.

접근 온도는 빈 법칙(식 27.2)을 이용하여 구한다. 광도는 H-R 다이어그램(그림 31.6) 상의 주계열성으로부터 알아낸다. 그 다음에 거리는 밝기와 광도 관계(식 31.1)를 이용하여 알아낸다.

풀이 별의 온도는 빈 법칙(식 27.2)으로부터 다음을 얻는다.

$$T \approx \frac{2.90 \times 10^{-3}\,\mathrm{m\cdot K}}{600 \times 10^{-9}\,\mathrm{m}} \approx 4800\,\mathrm{K}$$

이런 온도를 가지는 주계열상의 별을 그림 31.6의 H-R 다이어그램에서 찾아보면, 고유 광도가 약 $L \approx 1 \times 10^{26}$ W이다. 따라서 식 31.1로부터 다음을 얻는다.

$$d = \sqrt{\frac{L}{4\pi b}} \approx \sqrt{\frac{1 \times 10^{26}\,\mathrm{W}}{4(3.14)(1.0 \times 10^{-12}\,\mathrm{W/m^2})}} \approx 3 \times 10^{18}\,\mathrm{m}$$

이 별까지의 거리를 광년(ly)으로 나타내면 다음과 같다.

$$d = \frac{3 \times 10^{18}\,\mathrm{m}}{10^{16}\,\mathrm{m/ly}} \approx 300\,\mathrm{ly}$$

연습 B 겉보기 밝기가 $2.0 \times 10^{-12}\ \mathrm{W/m^2}$인 6000 K 주계열성까지의 거리를 계산하라.

별의 진화; 핵합성

왜 별들은 주계열성들뿐만 아니라 적색 거성이나 백색 왜성과 같은 서로 다른 종류의 별들이 존재하는가? 이들은 모두 처음부터 이렇게 태어났는가? 아니면 한 별의 생명 주기 동안 서로 다른 나이에 해당하는 것일까? 오늘날 천문학자와 천체 물리학자들은 후자가 옳다고 믿고 있다. 그러나 별들은 우리보다 엄청나게 더 오래 살아서, 수백만 년이나 수십억 년 정도 살기 때문에, 실제로 우리들은 어떤 별을 관측하든 별의 일생 중 아주 짧은 기간밖에 지켜보지 못한다. 그럼에도 불구하고, 오늘날 천체 물리학자들이 이론적으로 재구성한대로 별의 탄생에서부터 죽음까지의 **별의 진화**(stellar evolution) 과정을 살펴보기로 하자.

별은 기체 상태의 구름들(대부분 수소)이 중력에 의해 수축될 때 생긴다고 추측된다. 거대한 기체 구름은 수축하는 무수히 많은 덩어리로 분열되고, 이때 각 덩어리는 밀도가 그 주위보다 약간 더 높은 지역을 중심으로 가진다. 일단 이런 '구상체(globule)'들이 생기면 중력은 구상체의 질량 중심으로 구상체들을 여지없이 끌어당길 것이다. 이런 **원시별**(protostar)의 입자들이 내부로 가속되면 그들의 운동 에너지가 증가한다. 이 운동 에너지가 충분히 커지면 수소 핵을 밀어내는 쿨롱 척력을 능가하게 되어 핵융합이 일어날 수 있다.

우리 태양과 같은 별 속에서는, 수소 핵융합(때로는 '연소'†라고 한다)은 **양성자 · 양성자 연쇄**(30.3절, 식 30.6 참조)를 통해 일어나는데, 이 과정은 양성자 네 개가 융합하여, γ선과 중성미자를 방출하면서, ${}^{4}_{2}\mathrm{He}$ 핵을 만드는 것이다. 즉 $4\,{}^{1}_{1}\mathrm{He} \rightarrow {}^{4}_{2}\mathrm{He} + 2e^{+} + 2\nu_{e} + 2\gamma$이다. 이 반응은 10^{7} K 정도의 온도를 필요로 하는데, 이는 약 1 keV

† 융합을 뜻하는 '연소'라는 단어에 인용 부호를 넣은 것은, 이렇게 높은 온도의 융합 반응은 **핵** 과정(nuclear process)을 통해서 일어나기 때문이다. 이 단어를 공기 중에서 일어나는 보통의 연소(가령 종이, 나무, 석탄 등)와 혼동해서는 안 된다. 이것들은 **화학** 반응이며, **원자** 수준(그리고 훨씬 더 낮은 온도)에서 일어나는 것이다.

의 평균 운동 에너지($\approx kT$)에 해당한다. 더 무거운 별들에서는, 탄소 순환이 같은 알짜 효과를 생산한다. 네 개의 $^1_1$H이 $^4_2$He를 만든다(30.3절 참조). 융합 반응은 주로 별의 핵에서 일어나는데, 이곳의 온도는 $10^7 \sim 10^8$ K에 달한다. (표면 온도는 이 보다 훨씬 더 낮은데, 수천 K 정도이다). 이런 융합 반응에서 나오는 엄청난 에너지는 중력 수축을 멈추기에 충분한 압력을 생기게 한다. 원시별은 이제 젊은 **별**이 되어 **주계열** 상에 안정적으로 놓인다. 정확하게 언제 별이 주계열로 들어가는가 하는 것은 별의 질량에 달려 있다. 질량이 클수록 그림 31.6의 H-R 다이어그램 상의 더 위쪽(그리고 더 왼쪽)에 위치한다. 우리 태양은 주계열로 가는 데 아마도 3000만 년이 소요되고, 그곳에 약 100억 년(10^{10}년) 정도 머무를 것으로 예상된다. 대부분의 별들은 수십억 년 정도의 나이를 먹었지만, 별들은 지금 이 순간에도 태어나고 있다는 강력한 증거가 있다. 질량이 큰 별일수록 수명이 더 짧아지는데, 그 이유는 더 뜨겁고 쿨롱 척력이 더 쉽게 압도하여 연료를 더 빨리 소모하기 때문이다. 우리 태양은 주계열 상에 10^{10}년 동안 머물지만, 태양보다 10배 더 무거운 별은 주계열에 겨우 10년밖에 머무르지 않는다.

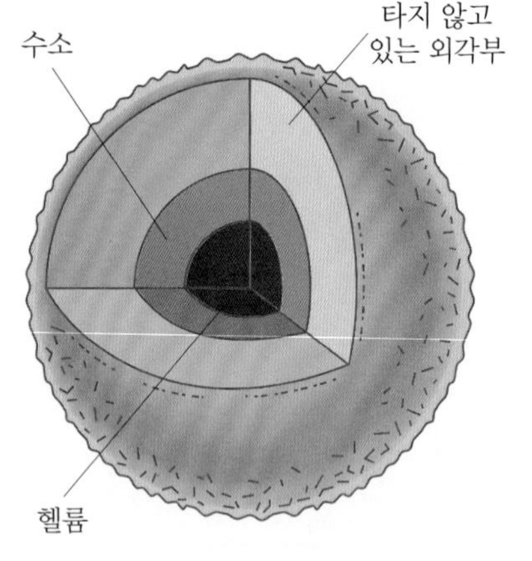

그림 31.7 수소가 '타고 있는' 껍질(헬륨으로 융합되는)이 새로 형성된 헬륨이 응축하고 있는 중심핵을 둘러싸고 있다.

수소가 연소되면서—다시 말해 융합되어 헬륨이 되면서—생성된 헬륨의 밀도가 더 높아지고, 따라서 헬륨이 중심부 중앙에 축적된다. 이 헬륨 중심부가 커지면서 수소는 그 주위의 껍질 부분에서 계속 연소된다(그림 31.7). 중심부 내의 수소의 많은 부분이 타버리면 에너지 방출이 줄어들면서 더 이상 엄청난 중력을 지탱할 수 없어 다시 중심부가 수축되고, 뜨거워진다. 중심부 주위에 있는 껍질 부분의 수소는 이런 온도의 증가 때문에 더 세게 타올라서 별의 외각 부분을 팽창시켜 식게 한다. 이렇게 낮아진 표면 온도는 더 긴 파장에서 최댓값을 가지는 빛의 스펙트럼을 발생시킨다. 이때쯤 별은 주계열에서 벗어나 있다.

이 별은 더 붉어지고, 크기가 증가하면서 더 밝아지기 때문에 그림 31.8에서 나타낸 것과 같이 H-R 다이어그램에서 오른쪽 위로 이동한다. 위로 이동하면서 이 별은 **적색 거성** 단계에 들어간다. 예를 들어 태양은 약 45억 년간 주계열선에 있었다. 아마 앞으로 40~50억 년쯤 그 시기에 더 머물 것이다(그래서 우리는 안심할 수 있다!). 태양이 주계열을 떠날 때에는 크기가 더 증가해서(적색 거성으로) 아마 금성이나 지구 궤도까지의 거의 모든 공간을 다 차지하게 될 것이다.

만약 별이 우리 태양과 비슷하거나 더 크다면 다른 핵융합이 일어날 수 있다. 별의 외각부가 팽창할 때, 중심부는 수축하며 뜨거워진다. 온도가 약 10^8 K까지 올라가면, 더 큰 전하와 더 강한 전기적 척력을 가지고 있는 헬륨 핵조차도 융합하게 된다. 이 반응은 다음과 같이 두 개의 γ선을 방출하며 일어난다.

$$\begin{aligned} ^4_2\mathrm{He} + {}^4_2\mathrm{He} &\rightarrow {}^8_4\mathrm{Be} \\ ^4_2\mathrm{He} + {}^8_4\mathrm{Be} &\rightarrow {}^{12}_6\mathrm{C} \end{aligned} \tag{31.2}$$

이 두 반응은 빠르게 연속해서 일어나므로($^8_4$Be은 매우 불안정하기 때문에), 그 알짜 효과는 다음과 같다.

$$3\,{}^4_2\mathrm{He} \rightarrow {}^{12}_6\mathrm{C} + 2\gamma \qquad (Q = 7.3\ \mathrm{MeV})$$

이런 헬륨의 핵융합은, 별 내부에 변화를 일으켜서 H-R 다이어그램 상의 '수평 가지(horizontal branch)'로 빠르게 이동하게 한다(그림 31.8). 또 다른 융합 반응들도 가능한데, 이를 테면 ${}^{4}_{2}\mathrm{He}$과 ${}^{12}_{6}\mathrm{C}$가 융합하여 ${}^{16}_{8}\mathrm{O}$를 형성할 수 있다. 더 무거운 별에서는 더 큰 Z를 갖는 ${}^{20}_{10}\mathrm{Ne}$나 ${}^{24}_{12}\mathrm{Mg}$과 같은 원소가 만들어질 수 있다. 가벼운 핵들로부터 무거운 핵을 생성하는(또는 중성자 흡수에 의해 더 무거운 Z를 발생시키는) 이런 과정을 **핵합성**(nucleosynthesis)이라 한다.

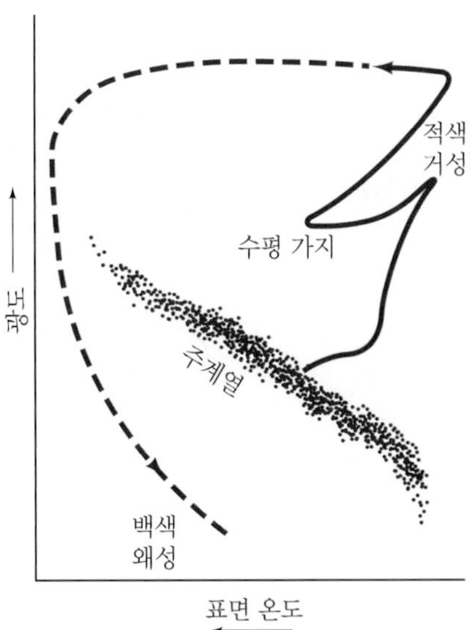

그림 31.8 H-R 다이어그램 상에 표시된 우리 태양과 같은 별의 진화 '경로'

소질량 별들 백색 왜성

별의 마지막 운명은 그 질량에 의해 결정된다. 별들은 자신의 외각부를 우주 공간으로 유출시켜 질량을 잃을 수 있다. 태양 질량의 약 8배 이하를 가지고 태어난 별들은 태양 질량의 약 1.4배보다 작은 잔여 질량을 가지고 자신의 삶을 마감한다. 태양 질량의 1.4배 질량은 **찬드라세카르 한계**(Chandrasekhar limit)로 알려져 있다. 이보다 작은 별에서는 더 이상 핵융합의 에너지를 얻을 수 없다. 왜냐하면 핵 사이에 큰 쿨롱 척력이 작용하기 때문이다. 이런 '작은 질량'의 별(본래 질량 ≤ 태양 질량)의 핵은 중력의 작용아래 수축한다. 바깥 표피층은 다시 팽창하고 별은 더 한층 밝아지고 그림 31.8과 같은 적색 거성이 된다. 결국에는 바깥층은 우주 공간으로 유출되고 새로 드러난 표면은 전보다 더 뜨거워진다. 그래서 별은 H-R 다이어그램의 왼쪽으로 옮겨간다(그림 31.8에서 수평 점선). 그리고 핵이 수축하면 별은 온도가 내려가면서 대개 그림 31.8에서 점선으로 나타낸 대로 왼쪽에 위에서 아래로 내려와 **백색 왜성**(white dwarf)이 된다. 태양과 같은 질량을 가지는 백색 왜성의 크기는 지구와 비슷하며, 그 크기를 결정하는 것은 원자들의 전자 구름이 서로 겹치기 시작할 때까지 백색 왜성이 수축한다는 사실이다. 이 시점에 이르면 더 이상 수축할 수 없는데, 그 이유는 파울리 배타 원리에 따라서 어떤 두 개의 전자도 같은 양자 상태에 있을 수 없기 때문이다. 백색 왜성은 계속 내부 에너지를 잃어서 온도가 내려가고, 점점 더 어두워져서 마침내 빛을 잃는다. 결국 흑색 왜성, 즉 어둡고 차가운 잿더미가 된다.

대질량 별들 초신성 폭발, 중성자별, 블랙홀

원래 질량이 태양 질량의 약 8배가 넘은 별들은 이와는 전혀 다른 시나리오를 따른다고 생각된다. 이 정도로 큰 질량을 가진 별은 중력에 의해 수축되어 이보다 훨씬 더 뜨거워진다. 온도 $T = 3 \sim 4 \times 10^9$ K에서, ${}^{56}_{26}\mathrm{Fe}$과 ${}^{56}_{28}\mathrm{Ni}$이 만들어질 수 있다. 그러나 여기서 핵융합에 의해 가벼운 핵으로부터 무거운 핵이 형성되는 것은 끝난다. 그림 29.1에 볼 수 있는 바와 같이 핵자당 평균 결합 에너지는 A가 60보다 커지면 감소하기 시작한다. 이후의 핵융합은 에너지를 방출하기보다는 에너지를 요구한다.

10^9 K가 훨씬 넘는 극도로 높은 온도에서 고에너지 충돌은 철과 니켈 핵을 헬륨 핵으로 분열시켜 결국에는 양성자와 중성자들로 변할 수 있다.

$$
\begin{aligned}
{}^{56}_{26}\mathrm{Fe} &\rightarrow 13\,{}^{4}_{2}\mathrm{He} + 4\mathrm{n} \\
{}^{4}_{2}\mathrm{He} &\rightarrow 2\mathrm{p} + 2\mathrm{n}
\end{aligned}
$$

이들은 에너지를 필요로 하는(흡열) 반응으로, 핵으로부터 에너지를 빼앗아서 중력

그림 31.9 (a) 화살표가 가리키는 별은 (b)에 보이는 초신성(SN1987A)으로 1987년에 폭발이 관측됐다. (b) 밝은 점은 별의 물리적 크기가 아닌 거대한 에너지 방출을 나타내는 것이다.

수축을 시작하게 한다. 그리하여 전자와 양성자를 결합시켜 중성자를 만드는 **역베타 붕괴**(inverse beta decay)를 일으키게 한다.

$$e^- + p \rightarrow n + \nu$$

이런 반응의 결과로, 중심부의 압력이 급격히 떨어진다. 거대한 중력의 영향아래 핵붕괴가 일어나면, 어마어마한 질량이 거의 모두 중성자로만 이루어진 거대한 핵과 다름없이 된다. 별의 크기는 더 이상 전자에 대한 배타 원리에 의해 제한되지 않고, **중성자 축퇴**(neutron degeneracy) 압력의 지배를 받게 되어 별은 급격히 수축해서 엄청난 고밀도의 **중성자성**(neutron star)이 된다. 중성자성의 핵은 모든 중성자들이 마치 모두 하나의 원자핵 안에 있는 것처럼 가까이 붙어 있는 지점까지 수축한다. 다시 말해 중성자성의 밀도는 지구에서 흔히 보는 고체나 액체보다 10^{14}배나 높다. 이런 고밀도 물질 한 컵의 무게는 수십억 톤이나 나간다. 중성자성은 우리 태양보다 1.5배나 무겁지만 지름은 겨우 20 km 정도에 지나지 않는다.

질량이 큰 별에 중심핵이 수축되면 중력 퍼텐셜 에너지가 급속히 줄어든다. 이 에너지는 어떤 형태로든 방출돼야 한다. 실제로 1930년대에 나온 주장에 의하면, 중심부 수축과 같은 대폭발이 일어나서 발생한 엄청난 에너지는 주기율표에 있는 거의 모든 원소를 합성하고, 별의 외각 부분 전체를 날려버림으로써 내부 물질들을 성간 우주 공간으로 흩어 놓을 수 있을 것이다(그림 31.9). 오늘날 관측된 **초신성**(supernova) 중 한 종류(다른 메커니즘도 있을 수 있다)를 생성시켰다고 추정되는 이런 대폭발에 의해서 우리 몸과 환경을 구성하는 태양계 내의 무거운 원소들이 만들어졌다고 생각된다. 실제로 지구에 존재하는 무거운 원소들은 지구가 적어도 한 개의 초신성 잔해로 이루어진 것이라는 것을 의미한다.

니켈(Ni)보다 무거운 원소들은 주로 이와 같은 폭발하는 초신성 속에서(니켈까지의 원소들이 핵융합으로 생기는 것과 달리) **중성자 포획**(neutron capture)에 의해서 형성되는 것으로 생각된다. 핵반응의 결과로 많은 자유중성자들이 고도로 진화된 별 내부에 존재하는데, 이들은 쉽게 핵, 예를 들면 $^{56}_{26}\mathrm{Fe}$ 핵과 결합하여(중성자 3개가 포획됐다면) $^{59}_{26}\mathrm{Fe}$를 형성하고 $^{59}_{27}\mathrm{Co}$로 붕괴한다. $^{59}_{27}\mathrm{Co}$는 중성자를 포획할 수 있어서 중성자가 많아지는데, β^- 붕괴를 통해 이웃한 더 큰 Z를 가진 원소로 붕괴하는데, 이렇게 하여 가장 높은 Z를 갖는 원소로 붕괴한다.

중성자성의 마지막 상태는 질량에 의해 결정된다. 남은 질량이 태양 질량의 약 세 배 이하이면 이후의 진화 과정은 백색 왜성과 유사할 것으로 생각된다. 만약 질량이 이보다 더 크다면(원래 질량은 태양 질량의 약 40배 이상이 된다), 중성자별은 중력에 의해 수축되고 중성자 축퇴압을 넘어서게 된다. 중력이 너무 강하여 그곳에서 나온 빛도 탈출할 수 없게 된다. 중력에 의해 다시 끌려갈 것이다. 이런 '별'로부터는 어떤 복사도 나올 수 없기 때문에 우리는 그것을 볼 수 없게 되어 검게 보일 것이다. 어떤 물체가 그 근처를 지나가면 중력자에 의해서 궤도가 휘어지겠지만 너무 가까이 다가가면 빨려 들어가서 다시는 나올 수 없게 될 것이다. 이것이 **블랙홀**(black hole)이다.

신성과 초신성

신성(Nova, 라틴어로 '새로운'이라는 뜻)은 어둡던 별이 갑자기 밝기가 10^6 배만큼이나 밝아져서 1~2개월 동안 지속되다가 어두워지는 별이다. 신성은 그림 31.10처럼, 어두운 백색 왜성이 이웃하는 동반성(이들은 쌍성계를 이룬다)으로부터 물질을 끌어당기는 것으로 생각됐다. 포획된 수소는 몇 주 동안 빠르게 갑자기 헬륨으로 바뀐다. 많은 신성들(아마도 거의 모두)은 반복적이어서, 몇 년 후에 다시 밝게 빛난다.

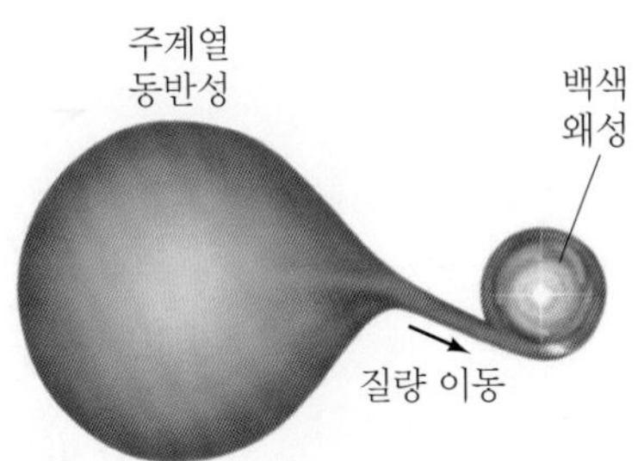

그림 31.10 신성과 제 Ia형 초신성에 대한 모형으로 백색 왜성이 그 동반성으로부터 어떻게 물질을 끌어당기는지를 보이고 있다.

초신성(supernovae) 역시 급격한 폭발을 일으키지만, 신성보다 수백만 배 더 많은 에너지를 방출하며, 최대 태양의 100억 배 정도 밝다. 가장 밝을 때는 며칠이나 몇 주 동안 그 별이 속한 은하 전체의 밝기를 능가하기도 한다. 많은 초신성은 핵의 붕괴에 의해 앞에서 기술한 바와 같이 중성자별을 형성한다(그림 31.9).

제 Ia형 초신성(Type Ia supernovae)은 다르다. 이들은 모두 매우 비슷한 밝기를 갖는 것으로 보인다. 이들은 쌍성계를 이루는 것으로 믿어지는데, 백색 왜성인 한 별이 신성의 경우와 상당히 비슷하게 그 동반성의 물질을 끌어당겨서 일어난다(그림 31.10). 별의 질량이 더 크고, 동반성의 질량을 끌어당김에 따라 전체 질량은 태양 질량의 1.4배인 찬드라세카르를 한계에 도달하여 폭발한다. 마치 연쇄 핵융합 반응 통제되지 않아 열핵융합 반응이 폭주하게 된 백색 왜성 초신성 폭발처럼 폭발하여 백색 왜성을 완전히 파괴한다. 제 Ia형 초신성은 우리에게 밤하늘에서 거리를 측정하는 데 '표준 촛대'로 유용하다(다음 절 참조).

31.3 거리 측정

시차

우리는 우주 안에 있는 천체들까지의 광대한 거리를 이야기해 왔다. 그러나 우리는 어떻게 이 거리들을 측정하는가? 거리를 측정하는 방법 중 하나는 간단한 기하학을 이용해서 별의 **시차**(parallax)를 측정하는 것이다. 시차라는 것은 태양 주위를 회전하는 지구 운동 때문에 생기는 더 먼 곳에 있는 별들에 대한 주어진 별의 겉보기 운

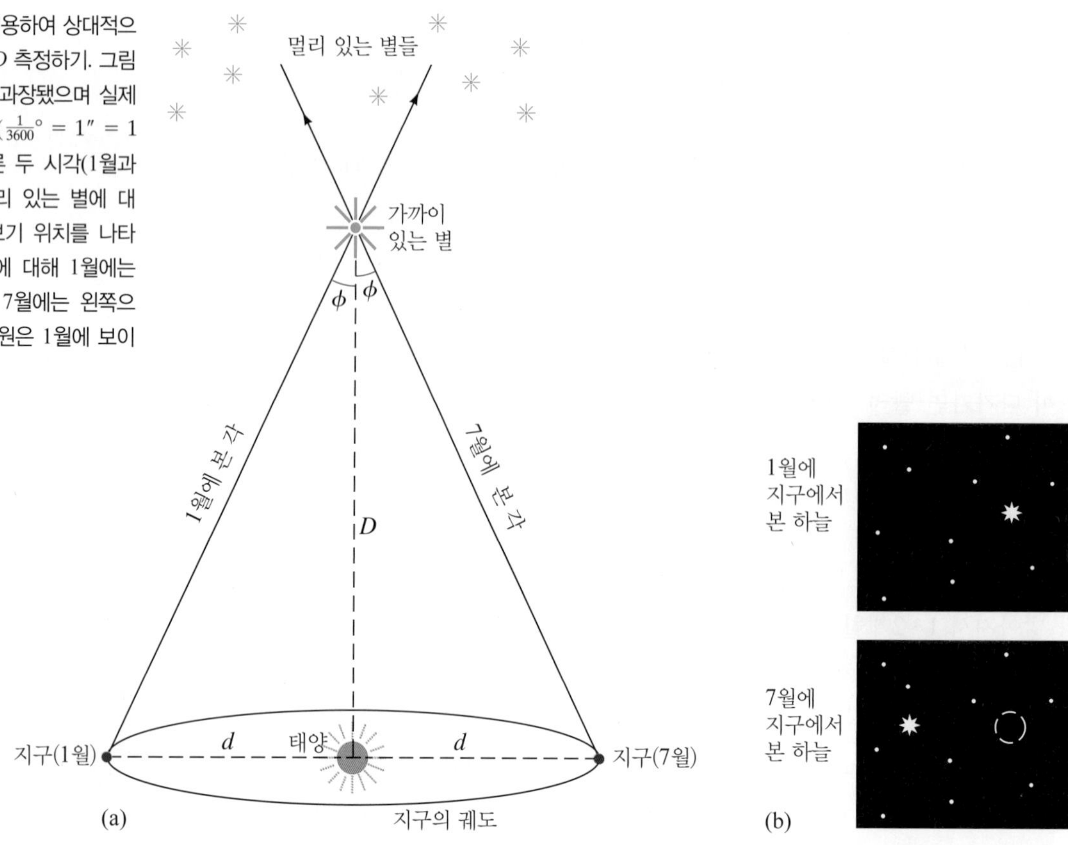

그림 31.11 (a) 시차를 이용하여 상대적으로 가까운 별까지의 거리 D 측정하기. 그림에서 수평 거리는 굉장히 과장됐으며 실제의 ϕ는 매우 작은 각이다($\frac{1}{3600}° = 1'' = 1$보다 작다). (b) 서로 다른 두 시각(1월과 7월)에 하늘을 볼 때, 멀리 있는 별에 대해 가까이 있는 별의 겉보기 위치를 나타내 보였다. 멀리 있는 별에 대해 1월에는 오른쪽으로 보이던 별이, 7월에는 왼쪽으로 보인다(점선으로 그린 원은 1월에 보이던 위치를 나타낸다).

동을 말한다. 그림 31.11에 보인 것처럼 지구 궤도면에 대한 별을 바라보는 각(각산)을 1년 중 다른 시각에 측정한다. 지구에서 태양까지의 거리를 알고 있으므로 그림과 같이 직각 삼각형을 만들어서 별까지의 거리를 결정할 수 있다.

예제 31.5 추산 시차를 이용한 별까지의 거리

그림 31.11a의 각도가 $2\phi = 0.00012°$로 측정됐을 때, 별까지의 거리 D를 구하라.

접근 그림 31.11a에 삼각법을 적용하면, $\tan\phi = d/D$이다. 부록 G의 표에서 태양–지구 간 거리는 $d = 1.5 \times 10^8$ km이다.

풀이 $\phi = 0.00006°$ 또는 $(0.00006°)(2\pi\ \text{rad}/360°) = 1.0 \times 10^{-6}$ rad. ϕ는 매우 작으므로, $\tan\phi \approx \phi$로 쓸 수 있다. $\tan\phi = d/D$를 D에 대해 풀면, 별까지의 거리 D는

$$D = \frac{d}{\tan\phi} \approx \frac{d}{\phi} = \frac{1.5 \times 10^8\ \text{km}}{1.0 \times 10^{-6}\ \text{rad}} = 1.5 \times 10^{14}\ \text{km}$$

또는 약 15광년이다.

파섹

천문학에서 별까지의 거리는 흔히 초(second of arc)로 나타낸 시차각(parallax angle, 그림 31.11a에서의 ϕ)으로 표기된다. 이때 1초($1''$)는 1분($1'$)의 $\frac{1}{60}$이고, 1분은 1도의 $\frac{1}{60}$이다. 따라서 $1'' = \frac{1}{3600}$도이다. 그리고 거리는 **파섹**(pc 또는 parsec, 1초의

시차각을 의미)으로 표기된다. ϕ가 초 단위로 주어지면 $D = 1/\phi$이다. 예제 31.5의 경우 $\phi = (6 \times 10^{-5})^{\circ}(3600) = 0.22''$이므로, 별은 $1/0.22'' = 4.5$ pc의 거리에 있다. 1 pc은 (그림 31.11a에서 $D = d/\phi$이고, 태양–지구 간 거리 $d = 1.496 \times 10^{11}$ m를 대입하여) 다음과 같이 계산된다.

$$1 \text{ pc} = \frac{d}{1''} = \frac{1.496 \times 10^{11}\text{ m}}{(1'')\left(\frac{1'}{60''}\right)\left(\frac{1^{\circ}}{60'}\right)\left(\frac{2\pi \text{ rad}}{360^{\circ}}\right)} = 3.086 \times 10^{16}\text{ m}$$

$$1 \text{ pc} = (3.086 \times 10^{16}\text{ m})\left(\frac{1 \text{ ly}}{9.46 \times 10^{15}\text{ m}}\right) = 3.26 \text{ ly}$$

멀리 있는 별과 은하들

시차는 지구로부터 약 100광년만큼 떨어진 별까지의 거리를 측정할 수 있다. 그리고 궤도를 도는 우주선을 이용하면 이보다 5~10배 더 먼 거리까지 측정할 수 있다. 이보다 더 먼 거리는 시차각이 너무 작아서 측정할 수 없다. 더 먼 거리를 측정하려면, 더 정교한 방법이 필요하다. 예를 들면 우리는 두 별이나 또는 두 은하의 겉보기 밝기를 비교한 다음, **역제곱 법칙**(빛의 세기는 거리의 제곱의 역수에 비례)을 사용하여 그들 사이의 상대적인 거리를 측정할 수 있다. 모든 은하가 같은 고유 밝기를 가진다고 기대하기 어렵기 때문에 이 방법이 정확할 수는 없다. 은하 중에서 가장 밝은 별이나, 은하단 중에서 가장 밝은 은하를 비교하는 것이 더 좋은 측정 방법이다. 예를 들어 모든 은하 속에 있는 가장 밝은 별들은 서로 비슷하며, 거의 같은 고유 밝기를 가진다는 가정은 그럴듯하다. 결과적으로 그들의 **겉보기 밝기**는 그들이 얼마나 멀리 있는가를 나타내는 척도가 될 것이다.

또 다른 방법은 H-R 다이어그램을 이용하는 것이다. 별의 표면 온도를 측정하고 (별의 스펙트럼으로부터), 이 별이 주계열성이라고 가정하고 H-R 다이어그램(그림 31.6) 상에 하나의 점으로(20 % 이내로) 표시한다. 그러면 그 광도를 세로축에서 알아낼 수 있다. 이 겉보기 밝기와 식 31.1을 이용하면 근사적인 거리를 알아낼 수 있다(예제 31.4 참조).

더 좋은 방법은 **변광성**, 특히 **케페이드 변광성**을 이용하는 것이다. 이 별들의 밝기는 주기적으로 변하는데, 변광 주기는 그 별들의 평균 광도와 관계가 있다. 따라서 이 별들의 변광 주기와 겉보기 밝기로부터 거리를 알아낼 수 있다.

Ia형 초신성을 통한 거리 측정, 적색 편이

가장 먼 거리는 Ia형 초신성(SNIa)의 겉보기 밝기를 비교하여 측정할 수 있다. Ia형 초신성은 모두 비슷한 기원을 갖고 있으며(그림 31.10에 기술한 바와 같이) 짧은 기간 동안 폭발적으로 빛을 방출하여 거의 같은 광도를 갖는 것으로 보인다. 그래서 이들은 때때로 '표준 촛대'라 불린다.

매우 멀리 있는 은하들까지의 거리를 측정하는 또 다른 중요한 기술은 스펙트럼선의 '적색 편이'를 이용하는 것이다. 적색 편이는, 31.5절에 논의 하겠지만, 우주 팽창과 연관되어 있다. 이 방법은 $10^7 \sim 10^8$ ly 너머에 있는 천체들에 유용하다.

우리가 멀리 더 멀리 볼수록 측정기술은 점점 더 신뢰성이 떨어지므로, 먼 거리 측정에는 더 많은 불확실성이 있다.

31.4 일반 상대성이론: 중력과 공간의 곡률

우리는 중력이 별에서 일어나는 과정에서 중요한 역할을 한다는 것을 살펴봤다. 중력은 또한 전체적으로 우주의 진화에 있어서도 중요한 역할을 한다. 자연계의 네 가지 힘 중에서 중력이 다른 어떤 힘보다 우주에서 지배적인 역할을 하는 이유는 (1) 작용 거리가 길고, (2) 항상 끌어당기기 때문이다. 강한 핵력과 약한 핵력은 핵의 크기 정도의 아주 짧은 거리까지만 작용한다. 따라서 이들은 천문학적 거리에서는 작용하지 않는다(물론 별의 내부에 있는 핵과 핵자들 사이에 작용해서 핵반응을 일으키기는 한다). 전자기력은 중력처럼 먼 거리까지 작용한다. 그러나 이 힘은 끌어당길 수도 있고, 밀어낼 수도 있다. 그리고 우주에는 알짜 전하를 가지는 넓은 지역이 존재하는 것 같지 않아서 큰 알짜 힘이 생기지 않는다. 그러나 중력은 **모든** 질량들 사이에 **인력**으로 작용하므로 우주에는 많은 질량 덩어리들이 있다. 뉴턴이 만유인력 법칙으로 설명한 중력은 아인슈타인에 의해 수정됐다. 아인슈타인은 일반 상대성이론을 발표하여 오늘날 우주 동력학의 근간을 이루는 중력 이론을 발전시켰다.

특수 상대성이론(26장 참조)에서, 아인슈타인은 관측자가 주어진 기준틀이 정지해 있는지 아니면 등속도로 직선 운동을 하는지를 결정할 수 없다고 결론을 내렸다. 따라서 모든 물리 법칙은 서로 다른 관성 기준틀에서 항상 같아야 한다. 그러나 기준틀이 가속되는 보다 일반적인 운동의 경우에는 어떻게 될까?

아인슈타인이 가속되는 기준틀들의 문제를 연구하여 중력 이론을 만든 것이 바로 **일반 상대성이론**(general theory of relativity)이다. 일반 상대성이론의 수학은 매우 복잡하므로, 주로 정성적으로 논의할 것이다.

먼저 아인슈타인의 **등가 원리**(principle of equivalence)로부터 시작하자.

실험을 통해서 자신이 중력장 속에 있는지 가속되고 있는지를 구별할 수 없다.

만약 어떤 관측자들이 자신들이 가속되고 있다고 느꼈다면(급회전하는 자동차 속에서처럼), 그들이 중력장에 의한 인력을 느끼고 있는 것이 아니라고는 어떤 실험을 통해서도 증명할 수 없다. 이와는 반대로 중력과는 아무런 관계없이 '관성적' 가속도의 영향을 받고 있으면서 중력에 의해 당겨진다고 생각할 수도 있다. 예를 들어 운전자가 안개 속에서 급격히 경사 선회를 할 때 자주 이런 경험을 하는데, 이 경우 지면이 어느 방향에 있는지 알 수 없게 된다.

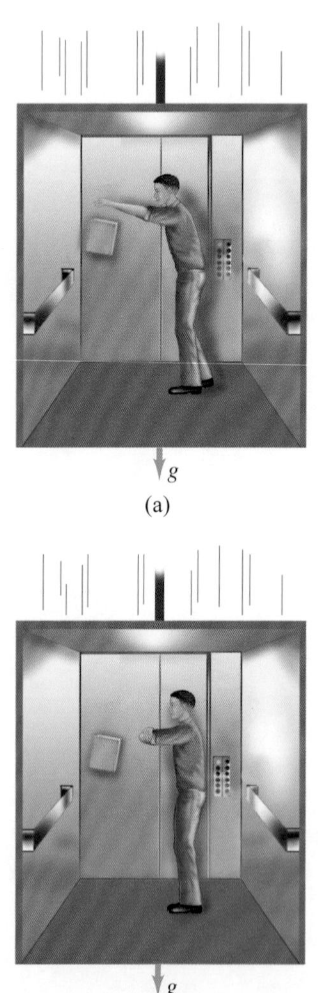

그림 31.12 중력의 영향아래 자유 낙하하는 승강기 안에 있는 사람이 (a) 손에 든 책을 떨어뜨린다. (b) 그 다음 순간, 손을 떠난 책은 그 사람의 손 옆에 머물러 있다.

사고 실험의 예로, 지표면 근처에서 자유 낙하하고 있는 승강기 속의 사람을 생각해 보자. 이 관측자가 책을 들었다가 놓으면 어떻게 되겠는가? 중력은 지면 쪽을 향해 아래쪽으로 당기겠지만, 그 사람과 승강기가 떨어지는 가속도와 같은 가속도(g = 9.8 m/s^2)로 당길 것이다. 따라서 그 책은 사람의 손 바로 옆에 떠 있을 것이다(그림 31.12). 이런 결과는 이 기준틀이 정지해 있고, 아무런 힘도 작용하지 않을 때와 똑같다. 반면 승강기가 중력장이 없는 우주 공간 깊숙한 곳에 있다고 가정할 때 사람이 책을 놓으면, 책은 그림 31.12와 같이 떠 있을 것이다. 이번에는 승강기가 가속도 9.8 m/s^{2}으로 위를 향해 움직인다면, 관측자가 보기에 책은 중력 때문에 아래를 향해 움직일 때와 같이 바닥으로 떨어질 것이다. 등가 원리에 의하면, 책에 중력은 작용하지 않고 승강기가 위쪽으로 9.8 m/s^{2}의 가속도로 움직이기 때문에 책이 떨어진 것인지, 아니면 자신은 정지해 있고(지구 상에서처럼) g = 9.8 m/s^{2}의 중력장이 아래쪽으로 작용해서 그런 것인지 관측자는 판단할 수 없다. 즉 두 설명은 같다는 것이다.

등가 원리는 질량에는 두 가지 유형이 있다는 생각과 관계가 있다. 뉴턴 제2법칙 $F = ma$는 **관성 질량**(inertial mass)을 사용한다. 관성 질량은 어떤 종류의 힘에 대해서도 그것에 대한 '저항'을 나타낸다. 두 번째 유형은 **중력 질량**(gravitational mass)이다. 어떤 물체가 중력(뉴턴의 만유인력 법칙, $F = Gm_1m_2/r^2$, 5장 참조)에 의해 다른 물체를 끌어당길 때, 그 힘의 세기는 두 물체의 중력 질량의 곱에 비례한다. 이것은 두 물체의 전하의 곱에 비례하는 물체들 사이의 전자기력과 매우 비슷하다. 그런데 물체의 전하는 물체의 관성 질량과는 분명히 아무런 관계가 없다. 그렇다면 왜 물체의 중력 질량(원한다면 중력 전하라고 불러도 좋다)이 물체의 관성 질량과 관련이 있다고 생각해야 하는가? 지금까지 우리는 둘이 같다고 가정해 왔다. 그 이유는 어떤 실험으로도—아주 정밀한 실험으로도—그들 사이에 아무런 차이가 측정되지 않았기 때문이다. 그러므로 이 사실은 등가 원리의 또 다른 표현이다. **중력 질량은 관성 질량과 동일하다.**

등가 원리는 빛이 무거운 물체의 중력에 의해 휘어져야 한다는 것을 입증하는 데 사용될 수 있다. 또 다른 사고 실험으로, 중력이 작용하지 않는 자유 공간 속에 있는 승강기를 생각해 보자. 승강기 옆면에 구멍이 있고 밖에서 빛줄기가 들어올 때 승강기가 정지해 있다면 빛은 승강기를 똑바로 가로질러 맞은편에 점을 만들 것이다(그림 31.13a). 그림 31.13b에서처럼 승강기가 위로 가속되면 정지 기준틀에서는 빛이

(a)

(b)

그림 31.13 (a) 가속되지 않는 승강기를 가로질러 가는 빛은 똑바로 진행한다. (b) 위쪽으로 가속되는 승강기 속의 관측자에게 빛은 아래쪽으로 휘어진다(과장됐음).

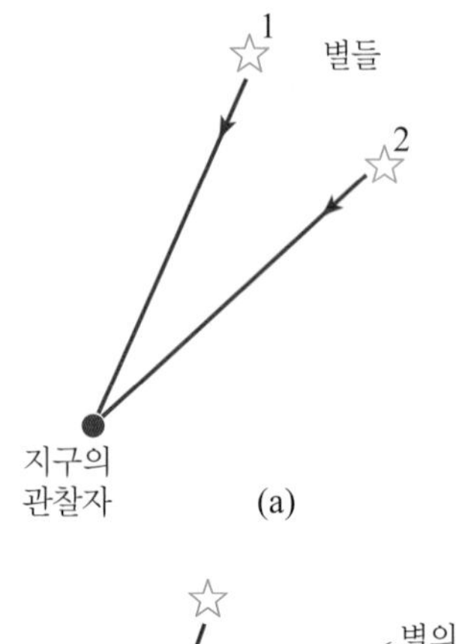

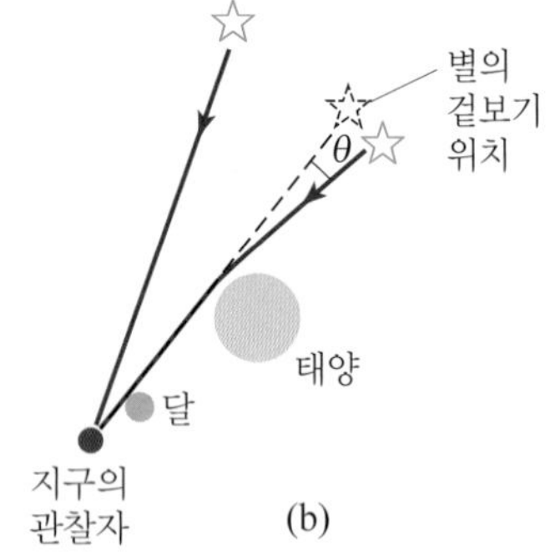

그림 31.14 (a) 지구에서 본 하늘의 두 별. (b) 이 별들 중 하나에서 나온 빛이 태양 아주 가까이를 지나가면, 그 별은 실제 위치보다 더 높이 있는 것처럼 보인다(뒤쪽으로 광선을 따라간다). [실제 비율과 다름]

여전히 직선으로 가로질러 가지만 위로 가속되는 승강기에서는 빛이 아래로 휘어지는 것이 관측될 것이다. 그 이유는 빛이 승강기의 한쪽에서 반대쪽으로 가는 동안 승강기는 점점 더 빠른 속력으로 올라가기 때문이다. 등가 원리에 의하면 위로 가속되는 기준틀은 아래로 향하는 중력장과 동등하다. 따라서 그림 31.13b의 휘어진 빛의 경로도 중력장 때문으로 생각할 수 있다. 그러므로 중력이 빛줄기에 작용해서 직선 경로에서 벗어나 굽어지게 할 것이라 기대할 수 있다!

빛이 중력의 영향을 받는다는 사실은 아인슈타인의 일반 상대성이론의 중요한 예측이다. 그리고 이것은 검증될 수 있다. 빛줄기가 직선 경로로부터 휘어지는 정도는 아주 무거운 물체 옆을 지나갈 때조차도 작을 것이다(예를 들어 빛이 지구 표면 근처에서 1 km를 진행할 때 겨우 10^{-10} m 정도만 아래쪽으로 떨어지는데, 이 양은 작은 원자의 지름과 같아서 측정할 수 없다). 우리 주위에서 가장 무거운 물체는 태양이다. 먼 별에서 오는 빛은 태양 근처를 지나올 때 1.75″ 정도(미미하지만 측정 가능하다) 휘어질 것으로 예측됐다(그림 31.14). 그러나 이런 측정은 개기 일식 때에나 가능하다. 그래야 엄청난 밝기의 태양이 근처를 지나오는 별빛을 볼 수 없게 만들지는 않기 때문이다. 시의 적절한 일식은 1919년에 일식이 일어났고, 과학자들은 남대서양으로 가서 그 현상을 관측했다. 태양 바로 뒤쪽의 별들을 찍은 사진은 아인슈타인의 예측대로 이동해 있었다. 빛의 중력 이동의 또 다른 예는 그림 31.15와 같은 **중력 렌즈 현상**(gravitational lensing)이다. 이 장의 도입부에 실린 XDF 사진에 나타난 매우 먼 은하들은, 중력 렌즈 현상 때문에 마치 가까이 있는 은하들이 확대경처럼 작용해서, 가까운 은하들 옆에 보이는 것으로 생각된다.

수학자 페르마는 1600년대에 반사, 굴절, 그리고 렌즈 효과와 같은 광학 현상은 간단한 원리로부터 유도될 수 있다는 것을 보였다. 그것은 두 점 사이를 진행하는 빛은 공간에서 가장 짧은 경로를 따른다는 것이다. 따라서 만약 중력이 빛의 경로를 휘

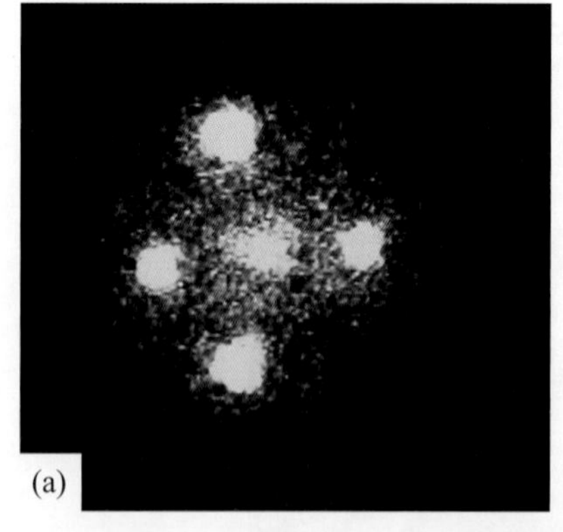

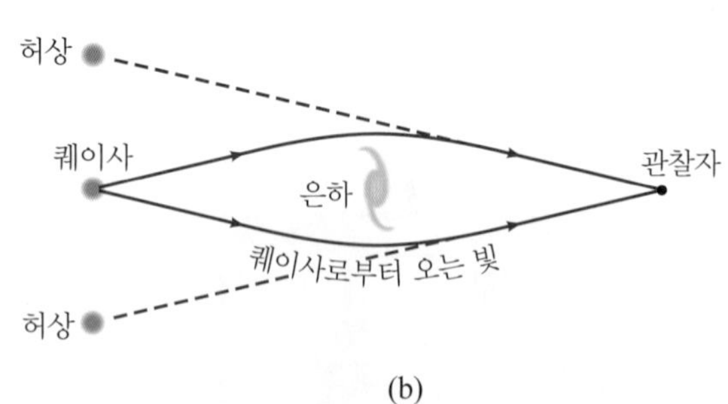

그림 31.15 (a) 허블 우주 망원경으로 찍은 이른바 '아인슈타인 십자가(Einstein cross)'라 불리는 이 사진은 '중력 렌즈 효과'를 나타내는 것으로 여겨진다. 중심의 점은 비교적 가까운 은하인 반면, 다른 네 개의 점들은 은하 뒤쪽에 있는 단 하나의 퀘이사의 상으로 생각된다. (b) 이 도해는 은하가 어떻게 그 뒤쪽에 있는 퀘이사에서 나오는 빛을 휘게 하여 네 개의 상을 만드는지 보여 준다(그림 31.14 참조). [만약 가까이 있는 은하의 모양이 완전한 구형이고, 우리 시선과 완전히 정렬되어 있었더라면, 우리는 먼 곳의 퀘이사의 상이 네 개의 점들이 아니라 한 개의 원형 고리나 헤일로처럼 보였을 것으로 기대할 수 있다. 이런 고리를 '아인슈타인 고리(Einstein ring)'라고 한다.]

게 한다면, 중력이 공간 자체도 휘게 할 수 있어야만 한다. 다시 말해 **공간 자체는 휘어질 수 있다.** 그리고 그 곡률을 만드는 것은 중력 질량이다. 실제로 공간, 좀 더 정확히 말해서 사차원 시공간이 휘어진다는 것은 일반 상대성이론의 기본적인 측면이다.

휘어진 공간(curved space)이란 무엇을 의미하는가? 이것을 이해하기 위해 세계를 보는 일반적인 방법인 유클리드 평면 기하학을 상기해 보자. 유클리드 기하학에는 우리가 당연한 것으로 받아들이고 있는 많은 공리와 정리들이 있다. 예를 들면 모든 삼각형의 내각의 합이 180°라는 것과 같은 것이다. 수학자들은 휘어진 공간을 다루는, 비유클리드 기하학들도 생각해 왔다. 휘어진 삼차원 공간을 상상하는 것도 쉽지 않은데, 휘어진 사차원 시공간을 생각하는 것은 말할 것도 없다. 그래서 이차원 면을 이용해서 휘어진 공간의 개념을 이해하도록 해 보자.

예를 들어 구의 표면이라는 이차원 면을 생각해 보자. 분명히 이 면은 외부—즉 우리들의 삼차원 세계에서—에서 보고 있는 우리에게는 휘어져 있다(그림 31.16). 그러나 가상적인 이차원 생물은 그들의 공간이 평평한지(평면), 휘어져 있는지를 어떻게 알 수 있을까? 한 가지 방법은 삼각형의 각의 합을 측정해 보는 것이다. 면이 평면이면 각의 합은 180°이지만, 공간이 휘어져 있고 충분히 큰 삼각형을 만들 수 있으면 각의 합은 180°가 아닐 것이다. 구와 같이 휘어진 면 위에 삼각형을 만들기 위해서는 직선에 해당하는 것을 사용해야 한다. 즉 **측지선**(geodesic)이라고 하는, 두 점 사이의 가장 짧은 경로를 사용해야 한다. 구위에서, 측지선은 지구의 적도이나 경도선과 같은, 큰 원의 호(구의 중심을 통과하는 평면에 있는 호)이다. 예를 들어 그림 31.16의 큰 삼각형을 생각해 보자. 두 변은 그림과 같이 북극에서 적도를 통과하는 두 개의 경도선이고, 다른 한 변은 적도선의 일부이다. 두 경도선은 적도와 90°를 이룬다(이것을 더 분명하게 보고 싶으면 지구본을 보라). 두 선들은 북극에서도 각을 이루는데, 가령 90°라고 한다면, 이 각들의 합은 90° + 90° + 90° = 270°가 된다. 이 공간은 분명히 유클리드 공간이 **아니다**. 그러나 만약 삼각형이 구의 반지름과 비교했을 때 작다면, 그 각들의 합은 거의 180°가 되고, 삼각형(과 공간)은 평면처럼 보일 것이다).

공간의 휘어짐을 시험할 수 있는 또 다른 방법은 큰 원의 반지름 r와 원둘레 C를 측정하는 것이다. 평면 위에서는 $C = 2\pi r$이다. 그러나 이차원의 구면 위에서는 그림 31.17에서 볼 수 있는 것처럼 C는 $2\pi r$보다 작다. C와 r 사이의 비례 상수는 2π보다 작다. 이런 면은 **양의 곡률**을 가지고 있다고 한다. 그림 31.18과 같은 말안장 같은 면 위에서는, 원둘레는 $2\pi r$보다 크고, 삼각형의 내각의 합은 180°보다 작다. 이런 면은 **음의 곡률**을 가졌다고 한다.

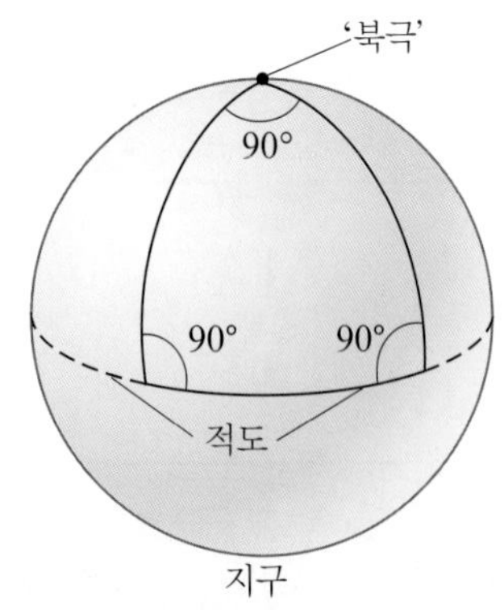

그림 31.16 휘어진 이차원 면 위에서 삼각형의 내각의 합은 180°가 아닐 수도 있다.

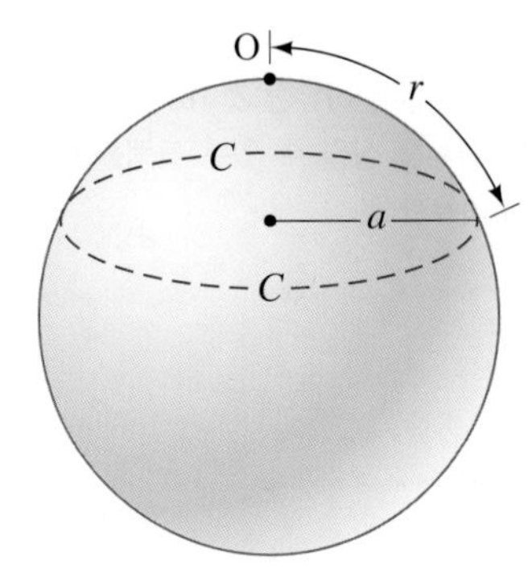

그림 31.17 구면 위에서(이차원 세계) 점 O를 중심으로 하여 원주 C(빨간색)가 그려져 있다. 원의 반지름(구가 아니라)은 표면을 따라 측정한 거리 r이다. (우리들이 삼차원적 관점에서 보면, $C = 2\pi a$임을 알 수 있음에 유의하라. $r > a$이므로, $C < 2\pi r$이다).

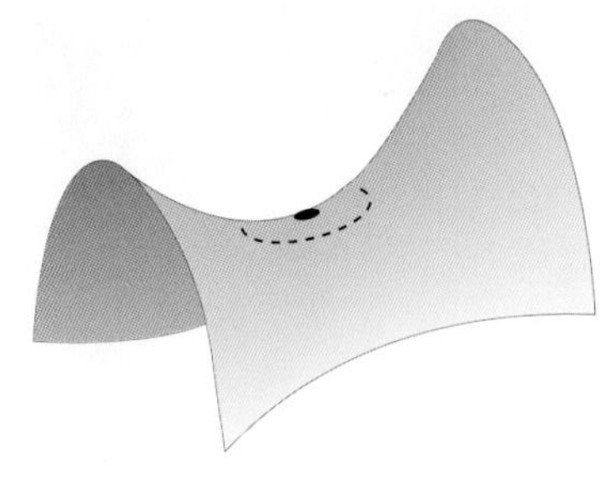

그림 31.18 음의 곡률을 가진 이차원 면의 예

우주의 곡률

우리 우주는 어떨까? 큰 규모에서(큰 질량 근처에서만이 아니라) 우주의 전체 곡률은 얼마일까? 양의 곡률일까, 음의 곡률일까, 아니면 평평할까(0의 곡률)? 우리는 우리 세계가 유클리드적인(평평한) 것으로 인식한다. 그러나 우리는 공간이 우리가 정상적으로는 인식할 수 없을 만큼 작은 곡률을 가질 가능성을 배제할 수 없다. 이것은

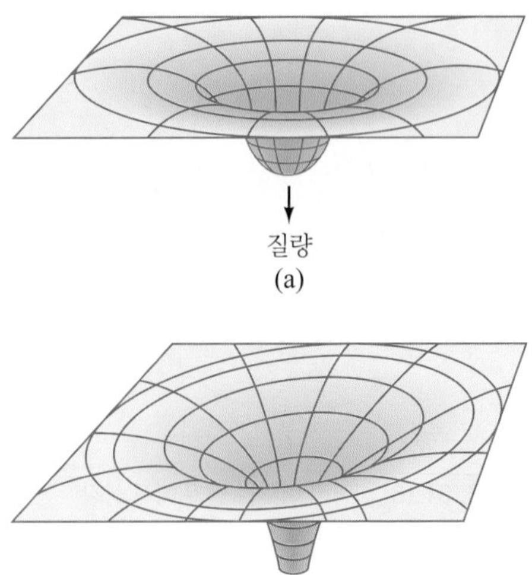

그림 31.19 (a) 물질에 의해 휘어진 시공간을 고무판에 비유한 것 (b) 근처를 지나가는 물체를 삼킬 수 있는 블랙홀을 고무판에 비유한 것

우주론에서 중요한 문제이다. 그것은 오직 정확한 실험을 통해서 답을 얻을 수 있다.

우주가 양의 곡률을 가졌다면, 우주는 닫혀 있거나 **유한한** 부피를 갖는다. 이것은 별과 은하들이 어떤 경계 지역까지만 퍼져 있고, 그 너머에는 빈 공간이 있음을 의미하는 것이 아니다. 그런 우주에는 경계나 모서리가 없다. 우주는 존재하는 모든 것이다. 입자가 어떤 특정한 방향으로 일직선으로 진행하면 결국 출발점으로 되돌아오게 된다. 아마도 영겁의 시간이 흐른 후이겠지만.

반대로 공간의 곡률이 0이거나 음이면 우주는 **열려** 있다. 이런 우주는 계속 뻗어나가기만 한다. 열린 우주는 무한할 수 있다. 그러나 최근의 연구에 의하면 반드시 그런 것은 아니다.

오늘날 큰 규모에 있어서 우주는 매우 평탄해지고 있다는 강력한 증거가 있다. 실제로 매우 약간 양의 곡률을 갖는지 아니면 아주 약간 음의 곡률을 갖는지 분간할 수 없다.

블랙홀

아인슈타인의 일반 상대성이론에 의하면, 시공간은 무거운 천체 가까이에서 휘어져 있다. 우리는 공간을 얇은 고무판이라고 생각할 수 있다. 만약 무거운 추를 고무판에 놓으면, 그림 31.19a처럼 휠 것이다. 추는 물체는 공간(공간 자체!)을 휘게 하는 거대한 질량에 해당한다. 따라서 아인슈타인 이론†에서는 물체에 작용하는 '힘'이라고 말하지 않는다. 그 대신 물체와 빛들은 휘어진 시공간의 측지선(평면 기하학의 직선에 해당하는)을 따라 움직인다고 말한다. 그림 31.19a와 같이 큰 질량 근처에 정지해 있거나 천천히 움직이는 물체는 측지선(평면 기하학에서 직선에 해당하는)을 따라 큰 질량 쪽으로 움직인다.

그림 31.19b와 같은 시공간의 엄청난 곡률은 **블랙홀**(black hole)에 의해 생길 수 있다. 앞의 절에서 봤듯이 블랙홀은 밀도가 너무 높아서 빛조차도 빠져나올 수 없다. 블랙홀이 되려면 질량이 M인 물체는 **중력적 붕괴**(gravitational collapse)를 겪어야 하는데, 이것은 자체 중력에 의해 **슈바르츠실트 반지름**(Schwarzschild radius)이라 하는 반지름 속으로 수축되는 것을 말한다. 슈바르츠실트 반지름은 다음과 같다.

$$R = \frac{2GM}{c^2}$$

여기서 G는 중력 상수이고, c는 빛의 속력이다. 만약 어떤 물체가 이 반지름 안으로 붕괴하면, 일반 상대성이론은 $r = 0$인 점으로 붕괴하여 무한한 밀도의 특이점을 형성하게 된다고 예측한다. 그러나 이 예측은 불확실하다. 왜냐하면 이 영역에서는

† 알렉산더 포프(Alexander Pope, 1688~1744)는 다음과 같은 뉴턴의 비문을 썼다.

'자연과 자연의 법칙들은 어둠 속에 가려져 있었다.
하느님이 말씀하시기를, **뉴턴이 있으라!** 그러자 모든 것이 밝아졌다.'

존 스콰이어 경(John Squire, 1884~1958)은 아인슈타인의 심오한 사고가 불편해서인지 다음과 같이 덧붙였다.

'그것은 오래가지 않았다. 악마가 울부짖으며 '**여어!
아인슈타인이 있으라!**' 하자 모든 것이 제자리로 돌아갔다.'

양자역학과 중력을 결합해야 하는데, 통합된 이론은 아직 등장하지 않았기 때문이다.

> 연습 C 태양 질량의 10배 되는 천체의 슈바르츠실트 반지름은 얼마인가?

슈바르츠실트 반지름은 또한 블랙홀의 사건의 지평선을 나타낸다. **사건 지평선**(event horizon)은 방출된 어떤 신호도 도달할 수 없는 표면을 의미한다. 별이 블랙홀로 붕괴하면, 그 천체로부터 방출되는 빛은 중력에 의해 점점 더 세게 당겨지지만 우리는 여전히 볼 수 있다. 하지만 물질이 사건의 지평선 안으로 들어가면 방출된 빛은 탈출할 수 없고 중력에 의해 안으로 끌어당겨진다(= 시공간의 곡률).

블랙홀에 대해서 우리가 아는 것은 질량, 각운동량(회전하는 블랙홀), 그리고 그것이 가진 전하뿐이다. 블랙홀로부터 어떤 정보도 빠져나갈 수 없기 때문에 그 밖의 다른 어떤 정보나 자세한 구조, 그리고 어떤 종류의 물질로 구성됐는지 알 수 없다.

우리는 어떻게 하면 블랙홀을 관측할 수 있을까? 그곳에서 빛이 나올 수 없으므로 볼 수는 없다. 이들은 검은 하늘에 있는 검은 천체이다. 그러나 이들은 근처에 있는 천체나 근처를 지나는 광선(또는 광자)에 중력을 미친다(그림 31.15와 같이). 우리 은하계 중심에 존재하리라 생각되는 블랙홀($M \approx 4 \times 10^6\ M_{태양}$)은 그 근처의 물질들의 운동을 조사함으로써 발견됐다. 또 다른 방법은 이들이 **쌍성계**(두 별이 공통의 질량 중심 주위를 회전하고 있는 계)의 한 구성원으로서 회전하고 있지만 동반성이 보이지 않는 별들을 조사하는 것이다. 만약 보이지 않는 별이 블랙홀이라면 보이는 짝으로부터 기체 상태의 물질들을 끌어당기리라는 것이 예상된다(그림 31.10 참고). 이 물질이 블랙홀에 접근하면, 빠르게 가속되어 사건의 지평선 내부로 빨려 들어가기 전에 특징적인 X선을 방출하게 될 것이다. 이런 X선과 회전 운동으로부터 계산된 충분히 큰 질량은 블랙홀의 증거가 된다. 블랙홀에 대한 많은 후보들 중 가장 유력한 후보의 하나는 백조자리 X-1이라는 쌍성계이다. 대부분의 은하 중심에는 태양 질량의 10^6~10^9배 되는 블랙홀이 있는 것으로 널리 믿어지고 있다.

> 연습 D 블랙홀의 반지름이 R라 할 때 질량은 다음 중 무엇에 비례하는가?
> (a) R (b) R^2 (c) R^3

31.5 팽창하는 우주: 적색 편이와 허블 법칙

31.2절에서 별들이 생성되어서 각각 백색 왜성, 중성자성, 그리고 블랙홀로 소멸할 때까지 어떻게 진화하는가를 봤다. 그런데 우주 전체는 어떻게 될까? 정적인가 아니면 진화하는가? 별들의 진화를 보면 우주 전체도 진화할 것같이 보인다. 그 증거를 한번 살펴보자. 20세기의 가장 중요한 과학적 발견 중의 하나는 멀리 있는 은하들이 우리로부터 빠르게 멀어지고 있으며, 우리로부터 더 멀리 있을수록 더 빠르게 멀어지고 있다는 것이다. 천문학자들이 어떻게 이 놀라운 결론에 도달했으며, 이 사실이 우주의 미래뿐만 아니라 과거 역사에 어떤 의미를 가지는가 하는 것을 우리는 이 책의 나머지 부분에서 다룰 것이다.

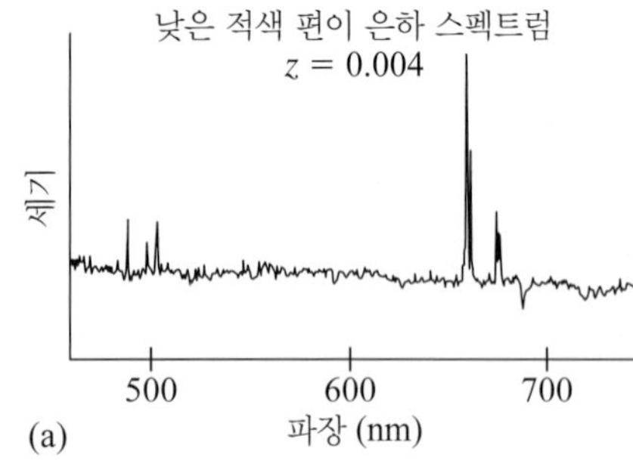

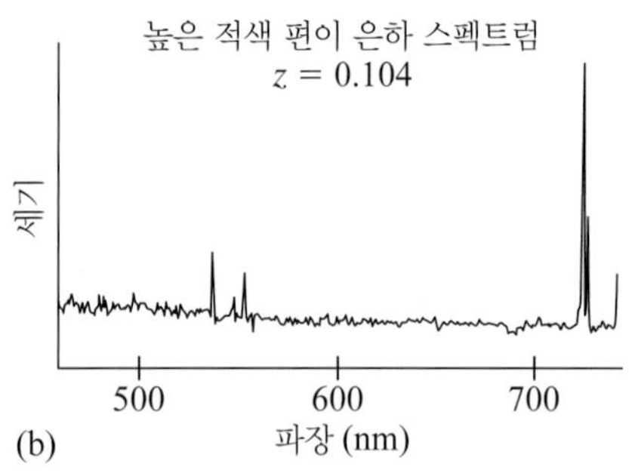

그림 31.20 원자와 분자는 27~28장에서 살펴봤듯이 그들의 에너지 준위 사이의 간격에 따라 특별한 파장의 빛을 흡수하거나 방출한다. (a) 상대적으로 천천히 움직이는 은하로부터 오는 빛의 스펙트럼 (b) 우리로부터 훨씬 더 빠른 속력으로 멀어지는 은하의 스펙트럼. 스펙트럼 속의 봉우리(또는 선들)가 긴 파장 쪽으로 이동해 어떻게 이동해갔는지 주목하자. 적색 편이는 $z = (\lambda_{obs} - \lambda_{rest})/\lambda_{rest}$이다.

우주가 팽창한다는 관측적인 증거는 1929년에 허블에 의해 처음 제안됐다. 이런 생각은 은하들의 거리 측정(31.3절 참조)과 은하에서 나오는 빛의 스펙트럼선에 나타나는 도플러 편이(그림 31.20)에 따른 속도 계산에 기초하고 있다. 12장에서 음원이 관측자에 다가오거나 멀어질 때 소리의 진동수와 파장이 어떻게 바뀌는가를 설명했다. 음원이 우리 쪽으로 움직이면 진동수는 높아지고, 파장은 짧아진다. 반면 음원이 멀어지면 진동수는 낮아지고, 파장은 길어진다. **도플러 효과**(Doppler effect)는 빛에서도 일어난다. 그러나 빛에 대한 식은 소리의 경우와 다르며 다음과 같이 주어진다.[†]

$$\lambda_{obs} = \lambda_{rest}\sqrt{\frac{1 + v/c}{1 - v/c}} \qquad \left[\begin{array}{l}\text{광원과 관찰자가 서로}\\ \text{멀어지고 있다}\end{array}\right] \tag{31.3}$$

여기서 λ_{rest}는 광원에 대해서 정지하고 있는 기준계에서 본 방출된 빛의 파장이고, λ_{obs}는 광원으로부터 시선을 따라 속도 v로 멀어지는 기준계에서 본 파장이다(이 식에서 서로를 **향한** 상대적 운동의 경우에는 $v < 0$이다). 멀리 있는 광원이 어떤 특정 파장의 빛을 발산하면서 우리로부터 멀어질 때, 파장은 더 길어져 보인다. 빛의 색(만약 가시광선이라면)은 가시광선 스펙트럼의 빨간색 쪽으로 이동되는데, 이런 효과를 **적색 편이**(redshift)라고 한다. (만약 광원이 우리 쪽으로 다가올 때에는 색깔은 파란색이나 더 짧은 파장 쪽으로 이동한다.)

다른 은하들 속에 있는 별들의 스펙트럼 안에는, 알려져 있는 특정 원자들의 스펙트럼에 해당하는 선들이 관측된다(27.11절, 그림 24.27과 그림 27.23 참조). 허블이 발견한 것은 은하의 스펙트럼에서 보이는 선들이 일반적으로 **적색 편이**되어 있고, 이동된 양이 우리로부터 그 은하까지의 거리에 비례한다는 사실이다. 즉 우리로부터 멀어지는 은하의 속도 v는 우리로부터의 거리 d에 비례한다.

$$v = H_0 d \tag{31.4}$$

허블 법칙

이것이 **허블 법칙**(Hubble's law)으로, 가장 중요한 천문학적 발견 중의 하나이다. 이것은 1927년에 벨기에의 물리학자이자 신부인 르메트르(Georges Lemaître)에 의해서 처음 제시됐는데, 그는 또한 훗날 빅뱅이라 불리게 되는 이론을 제안했다. 상수 H_0을 **허블 상수**(Hubble parameter)라 한다.

H_0의 값은 최근까지 20 % 넘게 불확실했는데, 15~25 km/s/Mly 범위에 있는 것으로 생각됐다. 그러나 지금은 최근의 측정으로 더 정확해져서

$$H_0 = 21 \text{ km/s/Mly}$$

(즉 거리 100만 광년당 21 km/s)으로 사용한다. 현재의 불확정도는 약 2 % 또는 ±0.5 km/s/Mly이다. [H_0은 파섹(31.3절 참조) 단위로 나타내면, $H_0 = 67$ km/s/Mpc (즉 100만 파섹당 67 km/s)이고, 불확정도는 약 $H_0 = \pm 1.2$ km/s/Mpc이다.

[†] 빛은 매질이 없고 또 광원의 운동과 관찰자의 운동을 구별할 수 없으므로(특수 상대성이론), 매질 속을 움직이는 소리의 경우가 된다.

적색 편이의 기원

우리에게 매우 가까이 있는 은하들은 우리로부터 무작위하게 움직이고 있는 것처럼 보인다. 어떤 것들은 우리를 향해 움직이고(청색 편이), 다른 것들은 멀어지는 것처럼 보인다(적색 편이). 이들의 속력은 $0.001c$ 정도의 크기이다. 그러나 더 먼 은하들의 경우에는, 멀어지는 속도는 국부적인 무작위 운동 속도보다 훨씬 더 크다. 그래서 더 지배적이 되고 허블 법칙(식 31.4)이 매우 잘 성립한다. 더 멀리 있는 은하들은 더 큰 후퇴 속도와 더 큰 적색 편이 값을 갖는다. 그래서 우리는 이 적색 편이를 **우주론적 적색 편이**(cosmological redshift)라고 한다. 우리는 오늘날 이 적색 편이가 **공간의 팽창** 자체에 기인한다고 해석한다. 우리는 그림 31.21에 제시한 것처럼, 그 주위의 팽창하는 공간을 따라 원래 방출된 파장 λ_{rest}이 늘어난 것(더 길어진 것)으로 생각할 수 있다. 비록 허블은 적색 편이를 도플러 편이로 생각했지만, 오늘날 우리는 이것을 팽창하는 공간의 개념으로 이해한다. (그러나 은하 안의 원자들은 공간의 팽창에 따라 팽창하지 않는다. 그들은 그들 정상적인 크기를 유지한다.)

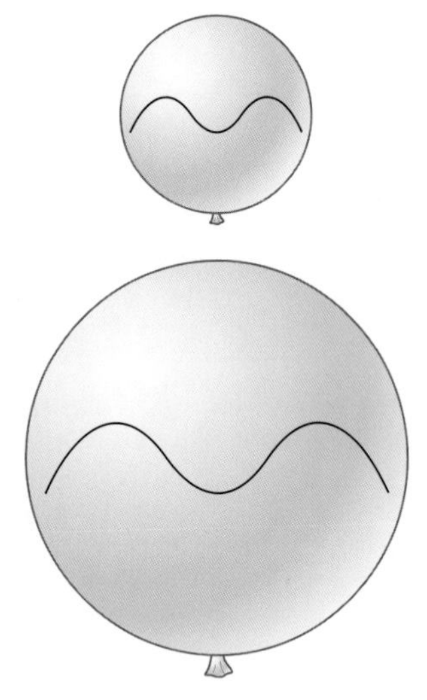

그림 31.21 풍선을 상상하면 이차원으로 축소한 우주 모형이 된다. 풍선을 불면(= 팽창하는 우주), 표면에 있는 파동의 파장은 점점 길어진다(적색 편이).

적색 편이가 나타나는 세 번째 방법은 **중력 적색 편이**(gravitational redshift)이다. 질량이 큰 별을 빠져나오는 빛은 중력 퍼텐셜 에너지를 얻는다(지구로부터 위로 던져진 돌과 마찬가지로). 따라서 각각의 광자의 운동 에너지 hf는 점점 줄어들어야 한다(에너지 보존 법칙에 따라). 진동수 f가 더 작아진다는 것은, 파장 $\lambda(= c/f)$가 더 커진다(길어진다)는 것, 다시 말해 적색 편이된다는 것을 의미한다.

적색 편이의 정도는 다음과 같이 정의되는 **적색 편이 인자**(red shift parameter) z로 기술된다.

$$z = \frac{\lambda_{\text{obs}} - \lambda_{\text{rest}}}{\lambda_{\text{rest}}} = \frac{\Delta\lambda}{\lambda_{\text{rest}}} \tag{31.5a}$$

여기서 λ_{rest}는 광원에 대해서 정지 상태에 있는 관찰자가 본 파장이며, λ_{obs}는 움직이는 관찰자가 측정하는 파장이다. 식 31.5a는 다음과 같이 쓸 수 있다.

$$z = \frac{\lambda_{\text{obs}}}{\lambda_{\text{rest}}} - 1 \tag{31.5b}$$

즉

$$z + 1 = \frac{\lambda_{\text{obs}}}{\lambda_{\text{rest}}} \tag{31.5c}$$

속력이 느려서 빛의 속력에 가깝지 않은 경우($v \lesssim 0.1\,c$), 도플러 식(식 31.3)은 z는 광원의 속력에 비례하여 우리로부터 가까워지거나 멀어진다는 것을 보이는 데 사용될 수 있다.

$$z = \frac{\lambda_{\text{obs}} - \lambda_{\text{rest}}}{\lambda_{\text{rest}}} = \frac{\Delta\lambda}{\lambda_{\text{rest}}} \approx \frac{v}{c} \qquad [v \ll c] \tag{31.6}$$

그러나 적색 편이는 항상 작지는 않은데, 이 경우에는 식 31.6의 근사는 성립하지 않는다. z가 큰 은하들의 경우에는 식 31.3조차 적용할 수 없었다. 왜냐하면 적색 편이는 도플러 효과가 아니라 공간의 팽창에 기인하기 때문이다(우주론적 적색 편이). 이 장의 도입부 사진에서 매우 멀리 있는 두 개의 은하, z가 매우 큰 $z = 8.8$과 $z = 11.9$인 은하를 볼 수 있다.

축척 인자

공간의 팽창은 우주 안의 두 점 또는 천체 사이의 전형적인 거리 척도(scaling)로 기술할 수 있다. 만일 멀리 떨어져 있는 두 은하 사이의 거리가 처음에 d_0이었다면, t시간 후에 그들은 더 먼 거리 $d(t)$만큼 떨어져 있게 될 것이다. **축척 인자**(scale factor)는 식 31.5a에 나타낸 바와 같이 빛의 경우에는 같다.

$$\frac{d(t) - d_0}{d_0} = \frac{\Delta\lambda}{\lambda} = z$$

즉

$$\frac{d(t)}{d_0} = 1 + z$$

이다. 예를 들어 만약 은하가 $z = 3$을 갖는다면, 이제 빛은 축척 인자는 $(1 + 3) = 4$가 된다. 즉 은하들 사이의 평균거리는 네 배만큼 더 커지게 된다. 따라서 우리는 빛이 방출된 이래 파장이 증가해 온 비율로부터 우주가 커져 온 (또는 천체 사이의 전형적인 거리) 비율을 알 수 있다.

우주 팽창, 그리고 우주 원리

멀리 있는 은하들이 모두 우리로부터 멀어지고 있고, 멀수록 더 빠른 속력으로 멀어진다는 것은 무엇을 의미하는가? 그것은 먼 과거에 어떤 종류의 폭발적인 팽창이 있었음을 암시한다. 그리고 언뜻 생각하기에는 우리가 그 중심에 있는 것처럼 보인다. 그러나 꼭 그렇지만은 않다. 팽창은 우주 어디서든 똑같이 보인다. 왜 그런지 이해하기 위해 그림 31.22를 보자. 그림 31.22a는 지구(또는 우리 은하계)에서 본 모습이다. 주변에 있는 은하들의 속도는 우리 쪽에서 멀어지는 방향으로, 그리고 우리로부터 멀수록 더 긴 화살표로 나타냈다. 이제 우리가 그림 31.22a에서 A로 표시한 은하에 있었다면 어떻게 될까? 지구로부터 은하 A는 오른쪽으로 향하는 화살표로 나타

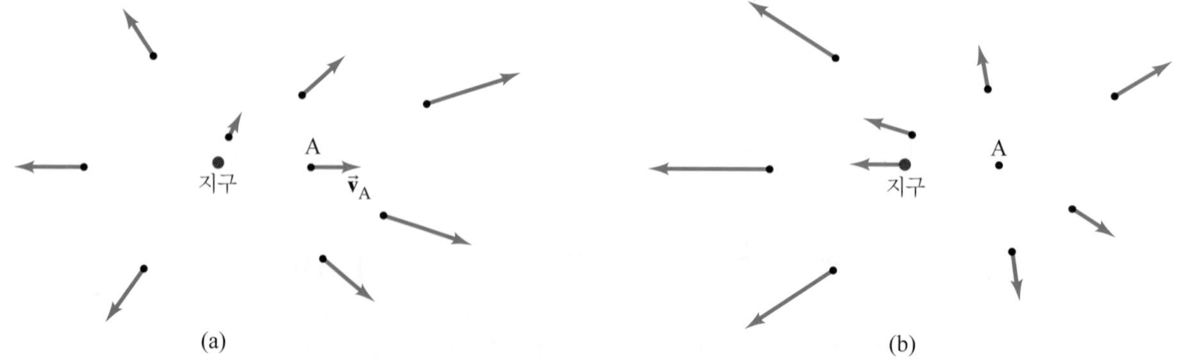

그림 31.22 우주의 팽창은 우주의 어떤 점에서 보나 똑같이 보인다. 만일 여러분이 (a)에 보인 것과 같이 지구에 있거나, 은하 A[(b)에 보인 것처럼 관성계에 정지하고 있는]에 있거나 상관없이, 모든 은하들은 여러분들로부터 달아나는 것처럼 보인다.

냈듯이 오른쪽으로 어떤 속도 $\vec{\mathbf{v}}_A$로 움직이는 것처럼 보인다. 우리가 은하 A에 있었다면 지구는 왼쪽으로 속도 $-\vec{\mathbf{v}}_A$로 움직이는 것처럼 보일 것이다. A에 대한 다른 은하들의 속도를 구하기 위해 속도 벡터 $-\vec{\mathbf{v}}_A$를 그림 31.22a에 나타낸 모든 속도 화살표에 벡터 합을 한다. 그 결과는 그림 31.22b인데, 이 그림에서 은하 A에서도 마찬가지로 우주가 팽창하여 멀어지는 것을 볼 수 있다. 그리고 A로부터 멀어지는 은하들의 속도는 A로부터의 거리에 비례한다. **우주는 다른 점에서 보더라도 똑같이 보인다.**

따라서 우주 팽창을 다음과 같이 말할 수 있다. 모든 은하들은 백만 광년의 거리 차이마다 속도가 평균적으로 약 21 km/s씩 증가하는 비율로 **서로** 멀어지고 있다. 이런 견해에서 파생되는 결과는 의미심장한데, 좀 있다가 논의하기로 한다.

우주론의 기본적인 가정은 거대 규모로 봤을 때, 우주는 같은 시간에 서로 다른 지점에 관측자들에게 똑같아 보인다는 것이다. 이것을 다른 말로 하면, 우주는 **등방적**(isotropic, 모든 방향에서 똑같이 보인다)인 동시에 **동질적**(homogeneous, 우리가 어디에 있든지 똑같이 보인다)이라는 것이다. 이런 가정을 **우주 원리**(cosmological principle)라고 한다. 국소적 규모에서, 가령 태양계나 은하계 안에서는 이 가정은 분명히 적용되지 않는다(방향에 따라 보이는 하늘이 다르다). 그러나 충분히 큰 규모에서 보면 옳은 것으로 오랫동안 생각되어 왔다. 그래서 은하와 은하단들의 분포 밀도는 하늘의 다른 구역에서도 모두 같아야 한다. 이것은 약 700 Mly 이상의 거리에서는 성립하는 것으로 보인다. 우주의 팽창(그림 31.22)은 우주 원리와 일치한다. 그리고 우주 배경 복사가 거의 균일한(31.6절에서 언급할 것이다) 사실도 이 원리를 지지한다. 우주 원리를 달리 설명하자면 우주에서 볼 때 지구는 **특별할 게 없다**는 것이다.

허블 법칙으로 기술되는 우주 팽창은 과거에 은하들은 지금보다 더 가까이 있었다는 것을 강하게 암시한다. 이것은 사실상 우주의 기원을 설명하는 **빅뱅** 이론의 기초가 된다. 빅뱅 이론은 우주가 매우 뜨겁고 압축된 것으로부터 시작하여 사그러들 줄 모르는 팽창하는 우주를 묘사한다. 우리는 빅뱅에 대해서 간략하면서도 상세하게 논할 것이다. 그러나 먼저 우주의 나이에 대해서 어떤 추론을 할 수 있는지 살펴보자.

우주의 나이를 추론하는 한 가지 방법은 허블 상수를 이용하는 것이다. $H_0 \approx$ 21 km/s/Mly를 사용하면, 은하들이 지금의 위치에 도달하는 데 걸린 시간은 대략적으로($v = d/t$로 시작하고 허블 법칙 식 31.4를 이용하면)

$$t = \frac{d}{v} = \frac{d}{H_0 d} = \frac{1}{H_0} \approx \frac{(10^6\,\text{ly})(0.95 \times 10^{13}\,\text{km/ly})}{(21\,\text{km/s})(3.16 \times 10^7\,\text{s/yr})}$$
$$\approx 14 \times 10^9\,\text{yr}$$

즉 140억 년이다. 이렇게 계산된 우주의 나이를 **특성 팽창 시간**(characteristic expansion time) 또는 '허블 나이'라고 한다. 이 값은 우주의 팽창율을 일정하다고 가정하여(오늘날에는 사실이 아님이 거의 확실하다) 대략적으로 추산한 값이다. 오늘날 최선의 관측으로 얻어진 우주의 나이는 약 13.8×10^9년인데, 대략적으로 추정한 허블 나이와 놀랄 정도로 일치한다.

정상 상태 우주론

대폭발 이론을 자세히 설명하기 전에, 빅뱅 이론의 대안 중 하나인 **정상 상태 모형**(steady-state model)에 대해 언급해야겠다. 이 이론은 우주가 무한히 오래됐으며, 평균적으로 보면 언제나 현재와 같았다고 가정한다. (공간적으로 보나 시간적으로 보나 한결같다는 가정을 **완전 우주 원리**라 한다.) 정상 상태 모형에 의하면 전체적으로 볼 때 우주 안에서는 대규모의 변화, 특히 대폭발 같은 것은 없었다. 은하들이 서로 멀어지고 있는 사실과 마주하여 이런 관점을 유지하기 위해 물질이 계속 생겨나서 우주의 밀도가 일정하게 유지된다고 가정한다. 여기에 필요한 질량 생성률은 매우 작아서, 매 10^9년마다 1세제곱미터당 대략 핵자 한 개 정도이다.

정상 상태 모형은 20세기 중반 대폭발 모형에 대한 유력한 경쟁 이론이었다. 그러나 우주에 대한 다른 관측 사실과 함께 우주 마이크로파 배경 복사(다음 절)가 발견되자 대폭발 이론이 보편적으로 받아들여지기에 이르렀다.

31.6 대폭발과 우주 마이크로파 배경 복사

우주가 팽창한다는 사실은 우주 안의 천체들이 과거에는 지금보다 훨씬 더 서로 가까이 있었음을 의미한다. 이 사실은 우주가 약 140억 년 전에 매우 밀도가 높고 뜨거운 상태로부터 **대폭발**(Big Bang)이라는 애칭으로 불리는 팽창으로 시작됐다는 견해의 기반이 된다.

우주의 탄생은 폭발이 아니었다. 왜냐하면 폭발은 파편들을 주위 공간을 흩어버리는 것이기 때문이다. 그 반대로 빅뱅은 공간 자체의 팽창의 시작이었다. 최초에 관측 가능한 우주는 처음에는 상대적으로 매우 작았지만, 빅뱅 이후 팽창을 계속하면서 점점 더 커져왔다. 극단적으로 밀도가 높은 초기의 작은 우주는 질량이 한 곳에 집중되어 있고 훨씬 큰 공간이 그를 둘러싸고 있는 것이 아니다. 초기의 작은 고밀도의 우주가 바로 **전체 우주**였다. 그밖에는 다른 것은 아무것도 없었다. 우리가 우주는 한 때는 현재보다 작았다고 말할 때 물질들(예를 들어 전자들이나 은하들) 사이의 평균 거리가 작았다는 것을 의미한다. 우주는 그때에 비하면 크기가 무한대가 됐고, 지금도 여전하다(오직 커지기만). 하지만 **관측 가능한 우주**(observable universe, 빛이 우리에게 도달할 가능성이 있기 때문에 우리가 관측할 가능성이 있는 우주)는 유한하다.

그림 31.23 펜지어스(오른쪽)와 윌슨. 그들 뒤쪽에 보이는 것은 그들이 관측에 사용했던 '뿔 안테나'이다.

대폭발 이론을 지지하는 가장 중요한 증거는 **우주 마이크로파 배경 복사**(CMB; cosmic microwave background radiation)인데, 그 발견은 다음과 같이 이루어졌다.

1964년, 펜지어스(Arno Penzias)와 윌슨(Robert Wilson)은 라디오파를 검출하기 위해 뿔 안테나를 세웠다(그림 31.23). 그들은 이 안테나로 하늘에 광범위하게 퍼져 있는 전파를 검출했는데, 그들은 이 전파가 우리 은하계 밖에서부터 오고 있다고 확신하게 됐다. 그들은 파장이 $\lambda = 7.35$ cm라는 것을 정밀하게 측정해서 밝혔는데, 이 파장은 전자기파 스펙트럼 중 마이크로파 영역에 속하는 것이었다(그림 22.8 참조).

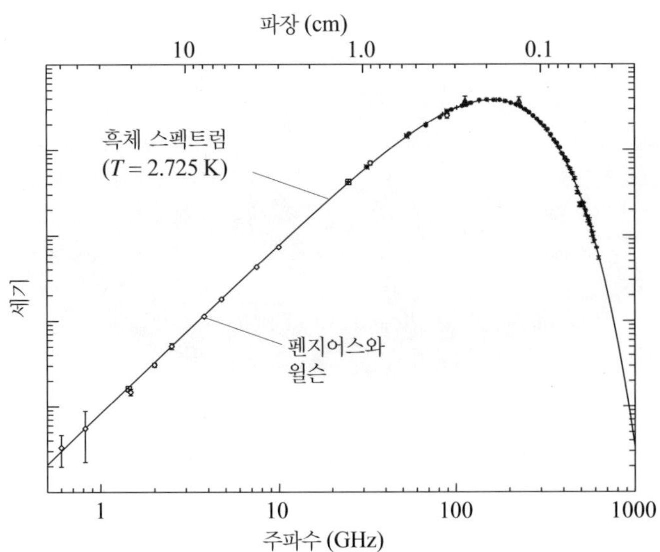

그림 31.24 우주 초단파 배경 복사의 스펙트럼으로, 흑체 복사 곡선과 펜지어스와 윌슨이 검출했던 주파수가 포함된 실험 측정값이다(스무트와 스콧의 호의에 감사드린다. 왼쪽 아래의 수직선들은 가장 최근에 측정한 실험 오차를 나타낸다).

그들은 이 파의 세기가 밤이나 낮이나, 일 년 내내 변하지 않을 뿐 아니라 방향에 따라서도 변하지 않는다는 사실을 발견했다. 우주 속의 모든 방향에서 똑같은 세기로 1 % 미만의 정밀도로 오는 것이었다. 이런 결과는 이 복사는 우주 전체에서 오는 것이라고 결론 내릴 수밖에 없었다.

파장 λ = 7.35 cm에서 측정된 우주 배경 복사의 세기는 온도 약 3 K에 해당하는 흑체 복사(27.2절 참조)에 해당한다. COBE(COsmic Background Explorer) 위성이 다른 파장에서 측정한 복사는 그림 31.24에 보인 것처럼 그 세기들이 흑체 곡선에 거의 완벽하게 맞아 떨어졌는데, 이에 해당하는 온도는 2.725 K($\pm$0.002 K)이었다.

우주 배경 복사의 놀라운 균일성은 우주론적 원리와 부합된다. 하지만 이론물리학자들은 우주 배경 복사에 어떤 작은 비균일성 또는 비등방성이 있어야 은하계가 형성의 시발점이 될 수 있는 '씨앗'을 제공할 수 있어야 한다고 생각하고 있었다. 주위보다 약간 더 높은 밀도를 갖는 그런 작은 영역은 중력에 의해 물질을 끌어 모아 은하단을 형성할 수 있는데, 실제로 발견됐다. 밀도와 온도의 작은 비균질성이 1992년에 처음으로 스무트와 마서(그림 31.25)가 이끄는 COBE 관측으로 발견됐다.

그림 31.25 COBE의 과학자들 마서(John Mather, 흑체 스펙트럼 측정 책임과학자)와 스무트(Jorge Smoot, 비등방성 실험의 책임연구원). 2006년 12월 COBE 장비를 이용한 우주 배경 복사 스펙트럼과 비등방성 발견의 공로로 수여된 노벨상 수상 축하연에서

우주 배경 복사의 **비등방성**(anisotropy)의 발견은 우주론의 역사에 있어서 우주 배경 복사 발견과 비견될 수 있을 만큼 중요한 발견이다. 흑체 곡선과의 일치와 비등방성은 멀러(Richard Muller), 리처즈(Paul Richards), 그리고 윌킨슨(David Wilkinson)과 같은 선구자들의 연구로 정점에 달했고, 추후의 실험은 WMAP(Wilkinson Microwave Anisotropy Probe, 윌킨슨 비등방 탐사선)을 이용하여 굉장히 자세한 관측 결과가 2003, 2006, 2012년(그림 31.26)에 발표됐고, 가장 최근에는 2013년의 유럽의 플랑크 위성 관측 결과가 있다.

우주 배경 복사는 빅뱅을 지지하는 강력한 증거를 제공할 뿐 아니라, 아주 초기 우주의 조건에 대한 정보를 제공한다. 실제로 1940년대 후반에 가모브(George Gamow)와 그의 동료들은 우주가 대폭발에 의해 생길 때 바로 이런 초단파 배경 복사가 발생해야 한다고 계산했다.

그림 31.26 전 하늘의 우주 배경 복사 측정값. 평균 온도 2.725 K로부터의 온도차를 나타내기 위해 색깔을 입혔다. 색깔의 눈금의 범위는 +200 μK(적색)에서부터 −200 μK(암청색)이며, 온도가 약간 더 높은 지점과 낮은 지점을 나타낸다(밀도 변화와 관련된다). 결과는 2012년 WMAP 위성으로부터 얻었다. 각분해능은 0.2°이다.

그 이유를 이해하기 위해 대폭발이 어떠해야 했는지 살펴보도록 하자. (오늘날 우리는 대개 '빅뱅'이라는 용어를 우주가 탄생하고 난 바로 그 순간부터 시작되는 팽창의 **과정**을 지칭하는 용어로 사용한다.) 시초에 온도는 극도로 높아서 어떤 원자도 존재할 수 없었다(고에너지 충돌은 원자를 핵자들과 자유 전자들로 부수어 놓을 것이다). 그 대신에 우주는 순전히 복사파(광자들)와 전하를 가진 전자들과 다른 기본 입자들이 뒤섞인 플라스마로만 구성되어 있었을 것이다. 우주는 불투명했으며, 광자들은 매우 짧은 거리를 진행하고 다시 산란되어서(주로 전자들에 의해), 어떤 의미로는 '갇혀' 있었다. 실제로 초단파 배경 복사의 세부 정보는 물질과 복사는 한때 매우 높은 온도에서 평형 상태에 있었다는 강력한 증거를 제공한다. 우주가 팽창함에 따라 에너지는 점점 더 큰 부피의 공간으로 퍼져 나갔고 온도는 떨어졌다. 오래지 않아서 온도는 3000 K 정도로 떨어졌는데, 이때가 380,000년 쯤 후이며 핵과 전자들이 결합되어 안정한 원자를 이루었다. 전자들이 핵과 결합하여 원자를 만듦으로써, 자유로운 전자들이 사라지자 복사파들이 해방, 소위 물질로부터 **분리**(decoupling)되어 우주로 퍼져 나갔다. 우주는 **투명**하게 되어 자유로워진 광자들이 거의 방해받지 않고 우주 속을 똑바로 진행하게 됐다.

오늘날 우리가 보고 있는 우주 배경 복사는, 빅뱅 이후 380,000년경부터 방출된 이 복사이다. 우주가 팽창함에 따라 복사파의 파장도 너무나 길어져서, 낮은 온도에 해당하는 더 긴 파장으로 적색 편이(빈 법칙 $\lambda_P T$ = 일정, 27.2절) 되어 오늘날 우리가 관측할 수 있는 2.7 K의 배경 복사에 도달한 것이다.

빅뱅을 향한 회고—되돌아보기 시간

그림 31.27은 빅뱅과 모든 복사가 초기 플라스마(노란색 띠)에 갇혀 있던 짧은 기간(38만 년 동안)을 향해 모든 방향으로 되돌아보는 우리 지구의 시점을 보여 준다. 사건으로부터 빛이 우리에게 도달하는 시간을 **되돌아보기 시간**(lookback time)이라 한다. 그림 31.27의 확대하여 그려 놓은 부분에서 광자가 초기 플라스마 내부에서 계속 산란되다가 그로부터 벗어나면서 직진하는 것을 볼 수 있다. 우리가 어느 방향을 보든지 아주 초기 우주는 이런 플라스마의 벽에 차단되어 있었다. 이것은 매우 짙은 안개 속에서 태양 표면을 보려고 노력하는 것과 유사하다. 우리는 그 안을 들여다 볼 수 없고 잘해야 그 표면을 볼 수 있을 뿐인데, 이것을 **마지막 산란면**(surface of last scattering)이라고 한다. 거기에서 산란되어 나오는 파장은 $z \approx 1100$ 정도로 적색 편이되어 있다. 그림 31.27의 시간 $\Delta t'$이 되돌아보기 시간(앞으로 진행하는 실제 시간이 아니다).

우리가 멀리 있는 천체를 볼 때, 우리는 그 천체가 있던 그때를 보는 것이다. 다시 말해 현재 그곳에 있는 것이 아니라 그 천체가 빛을 방출했던 그때를 보고 있는 것이다.

가시적 우주

그림 31.27을 보고 오해하지 말아야 할 것은 이 그림이 어떤 주어진 순간의 우주를 묘사하는 것이 아니라는 것이다. 우리가 우리의 관측 시점(지구 또는 그 근처)으로부터 모든 방향으로 어떻게 볼 수 있는지를 제시하기 위한 것이다. 우주의 탄생이 33.27처럼 주어진 순간에 찍은 사진처럼, 우리를 둘러싸고 있는 원이나 구 안에서 탄생한 것으로 생각하지 않도록 해야 한다. 그림 31.27은 우리가 볼 수 있는 우주, 즉 **가시적 우주**를 보여 준다. 게다가 우리가 볼 수 있는 최고의 것을 보여 준다.

우리가 전 우주를 볼 수 있다고 생각하는 것은 의심할 바 없이 오만이다. 사실 이론은 **전 우주**(entire universe)가 **가시적 우주**(observable universe)보다 더 커서 우리가 모든 것을 볼 수 없다고 전제하고 있다. 가시적 우주는 관측자를 중심으로 반지름 $r_0 = ct_0$인 구이다. 여기서 t_0은 우주의 나이이다. 우리는 결코 우리에게 빛이 도달하는 데 걸리는 시간보다 더 멀리 볼 수는 없다.

예를 들어 우리로부터 아주 멀리 떨어진, 다른 은하계의 관측자가 우리 관측 지점의 왼쪽에 있다고 생각해 보자(그림 31.27). 그 관측자는 아직 그림 31.27에 보인 큰 원의 오른쪽에서부터 오는 빛을 보지 못했다. 빛이 그에서 도달할 때까지는 시간이 걸린다. 그러나 그는 이미 우리가 지금 보고 있는 왼쪽에서 오는 빛을 봤다. 사실 그의 관측 가능한 우주를 그림 31.28처럼 우리의 관측 가능한 우주 위에 겹쳐서 생각

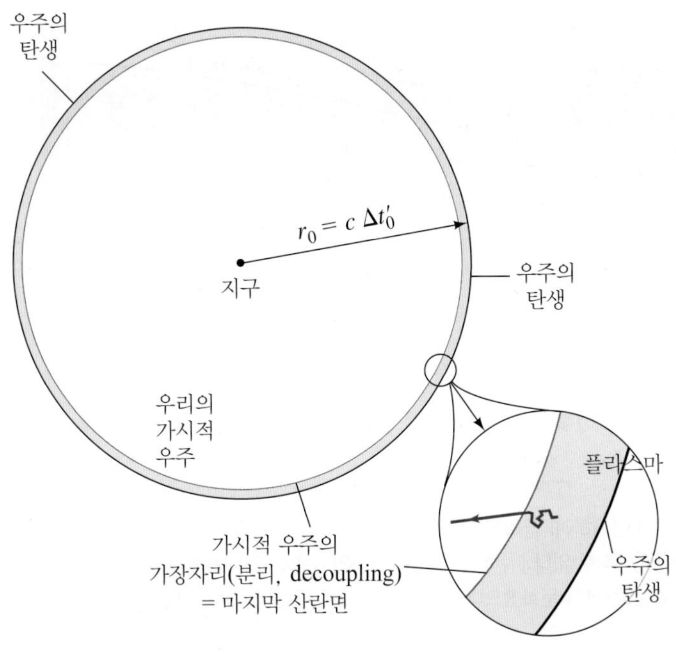

그림 31.27 우리는 지구 밖을 볼 때, 시간을 되돌아보게 된다. 우주의 다른 어떤 관측자는 어느 정도 같은 것을 볼 수 있다. 우리가 보고 있는 천체가 우리로부터 멀리 있을수록, 우리가 보는 빛은 더 오래전에 그 천체를 떠난 빛이다. 우리는 멀리 빅뱅의 순간까지 볼 수는 없다. 우리는 우주 배경 복사를 방출한 '마지막 산란면'까지 볼 수 있을 뿐이다. 오른쪽 아래 확대한 그림은 우주의 나이가 38만 년이었을 때의 불투명한 초기 우주를 보여 준다. 광자가 산란을 거듭하다가 마침내(우주 탄생 후 38만 년 후 분리될 때) 자유로워져서 똑바로 진행하게 된다. 이 그림에 은하들은 표시되지 않지만, 지구 가까이에 몰려 있을 것이다. 왜냐하면 이들은 비교적 최근에 태어났기 때문이다. Note: 이 도해는 정상적인 지도가 아니다. 지도는 세계의 일부분을, 주어진 시간에 보이는 모든 것을 담아서 보여 준다. 이 도해는 공간(지도처럼)을 보여주지만, 각 지점은 동시가 아니다. 지구로부터 거리 r 떨어진 점에서 나오는 빛은 지구에 도달하는 데 $\Delta t' = r/c$ 시간이 걸린다. 따라서 $\Delta t' = r/c$ 시간만큼 과거에 일어났던 사건을 보여 준다. 우리는 이 시간을 '되돌아보기 시간'이라고 한다. 우주는 $\Delta t'$ =138억 년 전에 시작됐다.

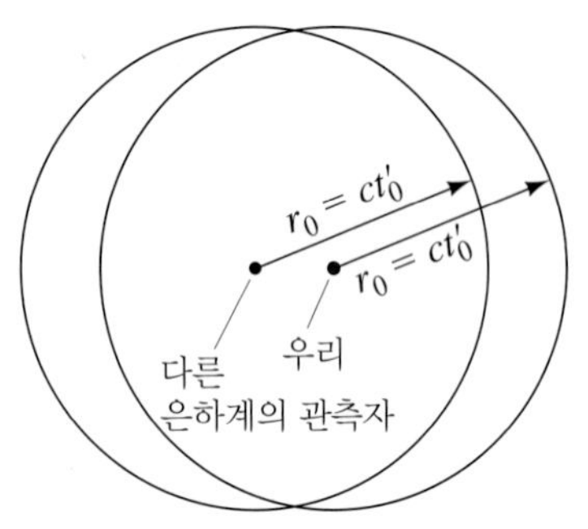

그림 31.28 멀리 떨어진 은하에 있는 두 관측자는 다른 우주 지평선과 다른 가시적 우주를 갖는다.

하면 좋다.

우리의 관측 가능한 우주의 가장자리를 **우주의 지평선**(horizon)이라 한다. 우리는 원칙적으로 우주의 지평선까지 볼 수 있지만 그 너머는 아니다. 우리로부터 멀리 떨어진 다른 은하의 관측자는 우리와는 다른 지평선을 갖게 된다.

31.7 표준 우주 모형 : 초기 우주의 역사

지난 10년 또는 20년 동안, **표준 우주 모형**(Standard Cosmological Model)이라 고 하는 우주의 탄생과 진화에 대한 그럴듯한 이론이 완성됐다. 이 이론은, 한편으로는 입자물리학의 최근 이론과 실험의 진보에, 다른 한편으로는 COBE, WMAP, 그리고 플랑크 탐사선 등의 우주 관측에 기반을 두고 있다. 사실 지난 몇 년 동안 우주론과 입자물리학은 연계되어 놀라울 정도로 발전했다.

이제 최초의 시간대로 돌아가서—가능한 한 빅뱅(Big Bang)에 가까이—표준 모형의 이론적 시나리오를 따라 빅뱅 이후 우주가 팽창하며 식어가는 사건을 살펴보자. 먼저 극도로 짧은 시간 동안, 오늘날 그 어떤 온도보다 극도로 높은 온도에 대해 말해보자. 그림 31.29는 그 사건들을 압축시킨 그림으로, 이야기를 진행하는 데 도움이 될 것이다.

우주의 역사

우주가 시작된 후 1초의 극소 부분의 시간, 10^{-43} s에서부터 시작하자. 이 시간[때때로 **플랑크 시간**(Planck time)이라 불린다]은 상상할 수 없을 정도로 짧은 시간이며, 예측은 순전히 추측에 근거한다. 이보다 더 이전에 대해서는, 아무것도 말할 수 없다. 왜냐하면 이 '플랑크 시대(Planck era)' 동안 우주는 믿을 수 없을 정도로 높은 밀도

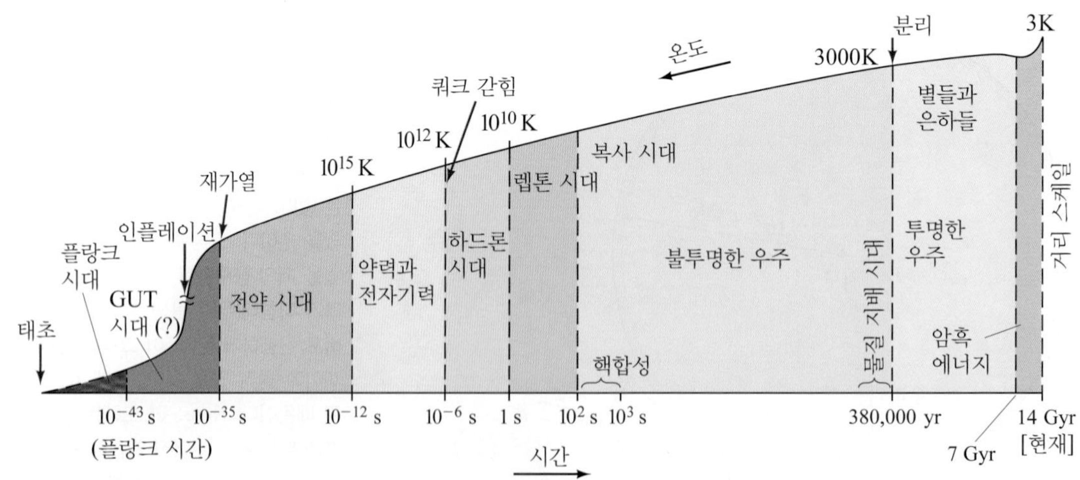

그림 31.29 빅뱅 이후 우주 진화를, 현대 우주론에 근거하여, 압축적으로 나타낸 그림. [시간 눈금은 시작점을 제외하고 대부분 대수적으로 나타냈다. 로그 눈금에서는 $t = 0$이 있을 수 없다.] 수직 높이는 대략적인 우주의 크기를 나타내는데, 주로 우주의 팽창에 따른 것이다. 초기(인플레이션 후) 우주는 팽창이 둔화됐으나(약간 아래쪽으로 굽었다); 70억 년 동안 팽창은 가속됐다. 따라서 그 크기 곡선은 오른쪽 끝에서 위쪽으로 굽었다.

와 온도에서 이에 필요한 양자 중력 이론이 아직 없기 때문이다.

빅뱅의 첫 번째 이론은, 우주는 시초에 아마 10^{32} K 정도로 극도로 뜨거웠다는 가정이다. 그 이후 팽창하면서 점차로 식어갔다. 10^{-43} s 이후 첫 번째 순간에 자연계의 네 가지 힘들은 통합되어 한 힘만 있었으리라 생각된다. 그때 일종의 '상전이'가 일어나 중력이 분리되어 나갔다. 이것과 차후의 상전이들은, 물의 상전이 유사하다. 물이 차가워지면 기체에서 응축되어 액체로 되고, 더 차가워지면 얼음이 된다.† 네 개의 힘 사이의 **대칭성**은 깨졌지만 아직 강력, 약력, 전자기력은 여전히 통합되어 있다. 우주는 **대통일 시대**(GUT; grand unified era)로 들어간다.

이 뜨거운 빅뱅 시나리오는 린데(Andreí Linde)와 같은 몇몇 저명한 이론학자들로부터 의심을 사고 있다. 린데는 플랑크 시간에 우주는 훨씬 더 온도가 낮았다는 이론을 제안했다. 그러나 그 다음에 우주에서 일어났던 일은, 매우 이상하기는 하지만, 대부분의 우주론학자들이 받아들이고 있다. 1980년대 초에 린데와 구스(Alan Guth)에 의해 제안된 멋진 아이디어로, 우주는 믿을 수 없을 정도로 지수적으로 확대되어 왔다는 것이다. 1 s의 작은 부분, 아마도 10^{-35} s 또는 10^{-32} s 동안, 우주의 크기는 10^{30}배 또는 그보다 훨씬 더 크게 증가해 왔다. 이 **인플레이션 시나리오**(inflationary scenario)의 유용성은 초기 빅뱅 모형의 주요 문제점들, 이를테면 왜 우주는 평탄한지 그리고 우주 배경 복사는 왜 거의 균일한지(아래에서 설명)를 설명할 수 있다는 것이다.

인플레이션이 끝났을 때, 어떤 에너지가 그것을 야기했던, 결국에는 매우 높은 운동 에너지[이는 매우 높은 온도(식 13.8, $\overline{\text{KE}} = \frac{3}{2}kT$)에 해당한다]를 가진 소립자들로 변환된다. 이와 같은 과정을 재가열(reheating)이라고 한다. 우주는 이제 렙톤, 쿼크, 그리고 다른 입자들의 '수프'가 됐다. 우리는 이런 '수프'를 광자들과 대략적으로 같은 수로 이루어진 입자들 및 반입자들이 서로 빈번하게 충돌하고 에너지를 교환하는 플라스마로 생각할 수 있다.

인플레이션이 끝났을 때, 우주의 온도는 뜨거운 빅뱅 이론에 의해 예측된 값보다 훨씬 낮았다. 그러나 약력과 전자기력이 하나의 힘으로 통합되기에 충분할 정도로 높았다. 그래서 이 단계의 우주는 때때로 **전약 시대**(electroweak era)라고 불린다. 빅뱅 후 약 10^{-12} s가 됐을 때, 우주의 온도는 약 10^{15} K로 떨어졌다. 마구잡이로 운동하는 입자들의 운동 에너지는 약 100 GeV(식 13.8)이다.

$$\text{KE} \approx kT \approx \frac{(1.4 \times 10^{-23}\,\text{J/K})(10^{15}\,\text{K})}{1.6 \times 10^{-19}\,\text{J/eV}} \approx 10^{11}\,\text{eV} = 100\,\text{GeV}$$

(대략적으로 계산할 때, 보통 식 13.8의 인자 $\frac{3}{2}$는 무시한다.) 그때 약력과 전자기력의 대칭성이 깨졌고, 약력은 전자기력으로부터 분리됐다.

우주의 온도가 약 10^{12} K(KE ≈ 100 MeV)로 떨어졌을 때, 다시 말해 빅뱅 후 대략

† 이런 기원 이야기는 갑작스런 빛의 출현을 언급하는 것이 아니라, '공동'이나 '형태 없는 황무지' (또는 '깊은 심연에 덮인 어둠'), '깊은 구렁', '물을 나눈다'(= 상전이?) 등과 같은 고대의 설명(비과학적인)과 어떤 유사성을 내포하고 있다는 점이 흥미로울지도 모른다.

10^{-6} s가 됐을 때, 쿼크는 자유롭게 움직이는 것을 멈추고 보다 정상적인 입자들(핵자들과 다른 강입자들 그리고 그 반입자들)로 '응축'하기 시작한다. 이런 **쿼크의 구속**(confinement of quark)과 동시에, 우주는 **강입자 시대**(hadron era)로 들어간다. 그러나 이 시기는 오래 지속되지 않았다. 곧 바로 강입자들의 대다수가 사라진다. 그 이유를 보기 위해 가장 익숙한 강입자들, 즉 핵자들과 그 반핵자들을 살펴보자. 입자들의 평균 운동 에너지가 1 GeV보다 어느 정도 높을 경우 양성자, 중성자, 그리고 그 반입자들이 광자들이나 다른 입자들 사이의 충돌 에너지로부터 계속 생겨난다. 예를 들면 다음과 같다.

$$
\begin{aligned}
\text{광자들} &\rightarrow \mathrm{p} + \overline{\mathrm{p}} \\
&\rightarrow \mathrm{n} + \overline{\mathrm{n}}
\end{aligned}
$$

그러나 같은 속도로 빨리, 입자와 반입자들이 소멸될 것이다. 예를 들면 다음과 같다.

$$\mathrm{p} + \overline{\mathrm{p}} \rightarrow \text{광자들 또는 렙톤들}$$

따라서 핵자들의 생성과 소멸은 평형을 이루고 있었다. 핵자와 반핵자의 수는 많았는데, 대략 전자, 양전자 또는 광자들만큼이나 많았다. 그러나 우주가 팽창하고 식어서, 입자들의 평균 운동 에너지는 약 1 GeV 아래로 떨어지면, 즉 보통 충돌 반응에서 핵자와 반핵자들을 만드는 데 필요한 최소한의 에너지(각각 약 940 MeV)보다 작아지면 핵자를 만드는 반응은 계속될 수 없지만, 핵자와 반핵자의 소멸 과정은 거의 어떤 핵자도 남아 있지 않을 때까지 계속될 수 있다. 그렇지만 완전히 0이 되는 것은 아니다. 거의 대부분 물질(핵자들과 전자들)로 구성되어 있고, 극히 적은 반물질만 눈에 보이는 현재의 우주를 어떻게 해서든 설명할 필요가 있다.

물질로 이루어진 우리의 세계를 설명하기 위해서 인플레이션 시기가 끝난 후 초기 우주에는 반쿼크보다 쿼크가 약간 더 많이 생성됐다고 가정해야 한다.[†] 이 경우 반핵자에 비해 핵자가 조금 더 많은 결과를 낳게 되고, 이런 여분의 핵자들로부터 오늘날 우리가 만들어진 것이다. 반핵자에 대한 핵자의 초과량은 약 10^9분의 1 정도였다. 강입자 시대에는 광자만큼 많은 핵자가 있었다. 그 시기가 끝난 후 남은 핵자의 수는 10^9개의 광자당 한 개의 핵자 정도가 됐다. 그리고 이 비율이 오늘날까지 유지됐다. 양성자와 중성자, 그리고 다른 더 무거운 입자들은 대폭발 이후 약 10^{-6} s만에 개수가 엄청나게 줄었다. 가장 가벼운 하드론인 파이온은 대폭발 이후 약 10^{-4} s만에 곧 사라졌다. 왜냐하면 이들은 가장 가벼운 강입자(140 MeV)이기 때문에, 온도(그리고 평균 운동 에너지)가 떨어졌을 때 생성될 수 있는 최후의 강입자가 됐다. 전자와 중성미자들과 같은 보다 가벼운 입자들이 물질의 지배적인 형태가 됐고, 우주는 **렙톤 시대**(lepton era)로 접어들었다.

처음 1 s가 완전히 지났을 때(역사상 가장 파란만장한 1초!) 우주는 약 100억 ℃, 10^{10} K로 식었다. 평균 운동 에너지는 약 1 MeV였다. 전자와 양전자를 생성하기에 여전히 충분한 에너지여서(이들의 질량은 약 0.5 MeV이다) 그 소멸 반응과 균형을 맞추고 있었다. 따라서 광자가 있는 만큼 많은 e^+와 e^-가 있었다. 그러나 몇 초가 지

[†] 왜 이와 같은 일이 일어났는가는 오늘날에도 여전히 답을 찾고 있는 의문이다.

나지 않아서, 온도는 충분히 낮아져서 e^+와 e^-는 더 이상 생성되지 않게 됐다. 하지만 소멸($e^+ + e^- \rightarrow$ 광자)은 계속됐다. 그리고 이들 이전의 핵자들처럼 전자와 양전자들은 우주에서 거의 사라졌다. 양전자보다 약간 더 많은 전자들을 제외하고는 거의 모두 사라졌다(후에 핵들과 결합해서 원자들을 만든다). 따라서 대폭발 이후 약 t = 10 s가 됐을 때, 우주는 **복사 시대**(radiation era, 그림 31.29)로 접어들었다. 그 주요 구성원은 광자들과 중성미자들이다. 그러나 중성미자들은 약력에만 작용되므로 상호작용은 거의하지 않는다. 따라서 우주는 지금까지는 물질과 복사 사이의 에너지 균형을 유지해 왔지만, 이제는 **복사 지배적**(radiation-dominated)이 된다. 훨씬 더 많은 에너지가 물질보다 복사속에 있으며, 5만 년 이상 그런 상태로 유지된다.

한편 처음 몇 분 동안, 결정적인 사건들이 일어나고 있었다. 대폭발 이후 2~3분 후부터 핵융합이 일어나기 시작했다. 온도는 대략 10^9 K 정도로 떨어졌는데, 이는 평균 운동 에너지로 $\overline{\text{KE}} \approx 100$ keV에 해당한다. 이때는 핵자들이 서로 충돌하여 융합할 수는 있지만(30.3절 참조), 이제는 충분히 식었기 때문에 새로 생겨난 핵이 차후의 충돌로 곧바로 분리될 정도는 아니다. 아마도 중수소, 헬륨, 그리고 극히 소량의 리튬이 생성됐다. 그러나 우주는 너무나 빨리 식어가고 있었기 때문에, 더 큰 핵은 만들어지지 않았다. 불과 몇 분이 지난 후, 아마도 빅뱅 후 15분도 지나지 않아서 온도가 너무 떨어져 핵융합이 중단됐고, 몇 백 년 동안은 다시 시작(별 속에서)되지 않는다. 따라서 우주의 처음 15분 정도 후에, 물질은 대부분 수소(약 75 %)와 헬륨(약 25 %)[†]의 핵들과 전자들로 구성된다. 한편 복사(광자)는 계속됐다.

우리의 이야기는 거의 완성되어가고 있다. 그 다음 중요한 사건은 380,000년 후에 일어났다. 우주는 현재 크기의 약 1/1000로 팽창했으며, 온도는 약 3000 K로 떨어졌다. 핵, 전자, 광자들의 평균 운동 에너지는 1 eV보다 작아졌다. 원자들의 이온화 에너지는 eV 정도의 크기이므로 온도가 이 값 이하로 떨어지면 전자들이 핵 주위를 회전하면서 그 상태에 머물러 있을 수 있고(충돌로 인해 방출되지 않고), 따라서 원자를 형성할 수 있다. 이 시기는 때로는 **재결합 시대**(recombination epoch, 이는 잘못 붙여진 이름이다. 왜냐하면 전자들은 이전에 결코 핵과 결합하여 원자를 형성한 적이 없기 때문이다)라 불린다. 자유 전자의 소멸과 원자의 탄생으로, 자유 전자들에 의해 계속 산란되던 광자들은 자유롭게 되어서 우주 전체로 퍼져 나갈 수 있게 된다. 앞 절에서 언급했던 바와 같이, 광자는 물질로부터 분리됐다. 따라서 **재결합** 때 **분리**가 일어났다. 복사에 내장된 에너지는 계속 감소하는데(우주가 팽창할 때 파장이 길어지므로), 약 t = 56,000년이 됐을 때 물질에 내장된 에너지가 복사 에너지보다 지배적이 된다. 이 시기 이후 우주는 **물질 지배적**(matter-dominated; 그림 31.29 참조)이 됐다. 우주는 팽창을 계속했고, 전자기 복사도 오늘날 2.7 K까지 식어서, 우리가 우주 곳곳에서 검출하는 우주 초단파 배경 복사를 형성했다.

[†] 헬륨의 25 %가 초기에 형성됐다는 표준 모형의 예측은 우리가 오늘날 관측한 양과 일치한다. 우주는 약 25 %의 He을 포함하고 있다. 그리고 이것은 표준 대폭발 모형을 지지하는 강력한 증거가 된다. 더욱이 이론에 의하면 25 % 헬륨의 존재는 우리가 알고 있는 중성미자의 수가 세 개라는 사실과 완전히 일치한다. 그리고 이 사실은 가능한 중성미자 종류의 최대 개수의 상한을 네 개로 제한한다. 이것은 입자물리학과 우주론 사이의 강력한 연관 관계를 보여 주는 놀라운 예이다.

원자들이 생성되고 나자, 자체 중력에 의해 질량이 집중된 곳(비균질점들)에서 별과 은하들이 형성되기 시작했다. 별들이 형성되기 시작한 것은 빅뱅으로부터 약 2억 년 후이고, 은하들은 거의 10^9년 후이다. 우주는 오늘날까지 진화를 계속했고, 140억 년이 흘렀다.

* * *

이상의 시나리오는 다른 과학 모형과 비슷하게 '입증됐다'고 말할 수 없을지 모른다. 그럼에도 불구하고 이 모형은 우리가 살고 있는 우주의 진화를 설명하는 데 놀랄 만큼 효과적이며, 차후의 관측에 대해 검증될 수 있는 예측을 한다.

극히 최근에 발견 된 중요한 사건은, 우주의 나이가 현재 나이의 절반 정도 됐을 때, 팽창이 가속되기 시작한 것이다. 이것은 너무나 놀라운 일이었다. 왜냐하면 우주의 팽창은 모든 물질들이 서로 끌어당기는 중력으로 인하여 감속될 것으로 여겨졌기 때문이다. 이런 우주의 가속팽창은 31.9절에 논의 한 바와 같이, '암흑 에너지'로 인한 것으로 생각되고 있다. 그림 31.29의 오른쪽의 좁은 수직 띠는 가장 우주의 최근 70억 년을 나타내는데, 이 시기는 **암흑 에너지**(dark energy)가 지배적인 것으로 보인다.

31.8 인플레이션

우주는 탄생 초기에 10^{30}배 이상으로 기하급수적으로 팽창하는 시기를 거쳤다는 아이디어는 구스와 린데에 의해 처음 제안됐다. 이후 이 일반적인 생각에 따라 많은 정교한 모형들이 제안됐다. 이 무모한 팽창에 필요한 에너지는 힉스 장과 다소 비슷한 분야로부터 얻을 수 있을지도 모른다. 지금까지 인플레이션의 증거는 간접적인 것이다. 그럼에도 불구하고 가장 독자적으로 생존할 수 있는 우주 모형의 특징이다. 왜냐하면 우리 우주의 몇 가지 주목할 만한 특성에 대해 홀로 자연스러운 설명을 제공할 수 있기 때문이다.

평탄성

무엇보다도 우리의 최고의 측정은 우주는 평평하며 0의 곡률을 가지고 있음을 시사한다. 과학자로서 우리는 이 놀라운 결과에 대한 이유를 설명하고자 한다. 인플레이션이 평탄성을 어떻게 설명하는지 알기 위해, 우리가 앞의 그림 31.16과 31.21에서 했던 우주의 간단한 이차원 모형을 생각해보자. 이 이차원 우주(= 원 표면, 그림 31.30a)에서 원은 파란 점에 있는 관측자가 보는 **관측 가능한** 우주를 나타낸다. 가능한 가설은 인플레이션이 대략적으로 우주의 나이의 두 배, 예를 들어 $t = 1 \times 10^{-35}$ s에서 $t = 2 \times 10^{-35}$ s 동안 일어났다는 것이다. **관측 가능한** 우주($r = ct$)의 크기는 인플레이션이 일어나는 동안 두 배씩 증가하여, 전체 우주의 반지름은 10^{30}배 이상으로 커졌다. 그리하여 우주 전체를 나타내는 우리의 이차원 공의 가장자리는 그림 31.30b에 보인 것같이 높은 정밀도로 평평해 보일 것이다. 인플레이션 시간 인자가

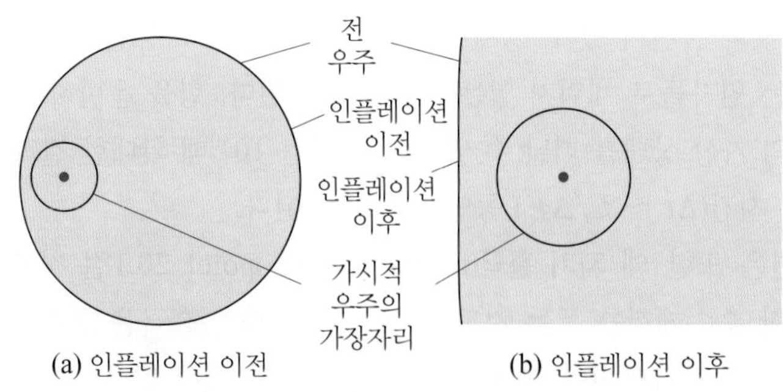

그림 31.30 (a) 전우주의 간단한 이차원 모형; 가시적 우주는 우리(파란 점)를 중심으로 한 작은 원으로 그렸다. (b) 인플레이션 동안 10^{30}배로 커진 우주의 가장자리는 본질적으로 평탄하다.

2가 아니라 10이나 100이었다 해도, 10^{30} 이상의 팽창 인자는 평평한 우주 외의 다른 어떤 우주의 가능성도 배제해 버렸다.

우주 배경 복사의 균일성

인플레이션은 또한 우주 배경 복사의 왜 균일한지 설명한다. 인플레이션이 없었으면, 10^{-35} s일 때 작은 우주는 충분히 작아서 그 안의 모든 곳이 접촉하고 있어서 모두 같은 온도에 도달했을 것이다(정보는 c보다 더 빨리 전달될 수 없다). 이를 확인하기 위해, 현재의 관측 가능한 우주가 원래 빅뱅 이론대로 $t = 10^{-36}$ s일 때 지름 약 1 cm의 공간 영역에서 나왔다고 가정하자. 이 10^{-36} s 동안, 빛은 $d = ct = (3 \times 10^8\ \text{m/s})(10^{-36}\ \text{s}) = 10^{-27}$ m 거리를 진행했을 것이다. 이는 1 cm 크기의 우주의 반대쪽과 교신하기에는 너무 작다. 그러나 만약 그 영역이, 인플레이션 이론이 제안하는 대로, 10^{30}배만큼 작았다면($= 10^{-32}$ m) 접촉할 수 있어서 열평형에 도달하여 관측된 거의 균일한 우주 배경 복사를 만들 수 있게 된다. 인플레이션은 아주 초기의 우주를 극도로 작게 만듦으로써, 오늘날 관측 가능한 우주의 모든 부분이 열평형 상태에 있을 수 있도록 보장한다. 그리고 인플레이션 이후 우주는 충분히 커져서 오늘날과 같은 관측 가능한 우주를 우리에게 선사했다.

은하의 씨앗, 요동, 자기 홀극

인플레이션은 또한 우리에게 어떻게 우주의 현재 구조(은하들과 은하단들)가 나타나게 됐는지 그 실마리를 제공한다. 우리는 앞에서, 불확정성 원리에 따르면, $\Delta t \approx \hbar/\Delta E$ 시간 동안 ΔE만큼의 에너지가 보존되지 않을 수 있음을 봤다. 힘들은, 그것이 전자기력이든 또는 다른 유형의 힘이든, 양자론에 따라 이와 같이 작은 양자 요동을 가질 수 있다. 그러나 이들은 너무 작아서 어떤 방법으로 확대되지 않는 한 감지될 수 없다. 그것을 인플레이션이 했을 것이다. 그것이 그런 요동을 아마도 10^{30}배 크게 확대해 우주 배경 복사(WMAP; 그림 31.26)에 나타나는 밀도 불균일성을 주었는지 모른다. 이것은 매우 멋진 생각이다. 왜냐하면 우주 배경 복사에서 볼 수 있는 밀도 변화는 훗날 중력 붕괴하여 은하와 은하단을 만든 씨앗이었다고 생각할 수 있다. 그리고 우리의 모형은 데이터와 아주 잘 들어맞는다.

때때로 **양자 요동**(quantum fluctuations)은 진공 상태 또는 진공 에너지에서 발생한 것으로 알려져 있다. 이것이 가능할 수 있는 것은 진공은 더 이상 텅 빈 것으로 생각되지 않기 때문이다. 전자로 이루어진 음의 에너지 바다에 있는 정공(hole)으로 양

전자를 보는 것과 관련이 있다. 실제로 진공은 장과 모든 가능한 음의 에너지 상태를 차지하고 있는 입자들로 채워져 있는 것으로 생각된다. 힘을 운반하는 가상 교환 입자들은 그들의 가상 상태를 떠날 수 있는데, 공간을 10^{30}배 확대한 결과, 이들은 발생한 아주 짧은 시간($\Delta t \approx \hbar/\Delta E$) 동안 존재하게 된다.

인플레이션은 또한 왜 **자기 홀극**(magnetic monopole; 20.1절 참조)이 관측되지 않는지에 대한 수수께끼를 푸는 것도 도와주었다. 자기 홀극은 초기에 방대하게 생성되어야 한다. 인플레이션이 일어난 후, 이들이 너무 멀리 떨어져 있어서 발견할 가능성이 거의 없다.

인플레이션 미해결된 문제들을 풀 수 있을 지도 모르지만, 인플레이션이 어떻게 일어났는지 이해할 수 있는 새로운 물리학을 필요로 할지도 모른다. 인플레이션 이론의 많은 예측은 최근의 우주론적 관측에서 확인됐다.

31.9 암흑 물질과 암흑 에너지

표준 빅뱅 모형에 따르면, 우주는 진화하고 변화하고 있다. 개개의 별들은 생성되고, 진화하고, 그리고 난 다음에는 죽어가면서 백색 왜성, 중성자별, 또는 블랙홀이 된다. 동시에, 우주는 전체적으로 팽창하고 있다. 한 가지 중요한 의문은 우주는 영원히 팽창할 것인가 하는 것이다. 1990년대 후반까지, 우주는 중력에 의해 상호작용하는 물질에 의해 지배되며, 우주의 운명은 시공의 곡률과 연결되어 있는 것으로 생각되어 왔다(31.4절 참조). 만약에 우주가 **음**의 곡률을 갖는다면, 비록 팽창률은 중력적으로 작용하는 인력에 의해 줄어들겠지만, 우주의 팽창은 결코 멈추지 않을 것이다. 그런 우주를 열려 있고 무한할 것이다. 만약 우주가 **평탄**하다면(곡률이 없다면), 우주는 여전히 열려 있고 무한하지만, 우주의 팽창률은 서서히 0으로 접근해 갈 것이다. 만약 우주가 **양**의 곡률을 갖는다면, 우주는 닫혀 있고 유한하게 된다. 중력의 효과는 충분히 강해서 팽창은 결국 멈추고 우주는 수축하기 시작할 것이다. 자신에게로 거꾸로 붕괴되어 **대함몰**(big crunch)로 종말을 맞을 것이다.

임계 밀도

위의 시나리오(인플레이션이나 최근에 발견된 우주의 가속을 포함하지 않은)에 따르면, 우주의 운명은 우주의 평균 질량 · 에너지 밀도에 달려 있다. 우주의 평균 밀도가 **임계 밀도**(critical density)로 알려진 값보다 큰 경우, 시공은 양의 곡률을 가지고 있으며, 중력이 영원히 계속되는 팽창을 막게 된다. 임계 밀도는 약

$$\rho_c \approx 10^{-26}\,\mathrm{kg/m^3}$$

이다. 즉 우주를 통틀어 평균적으로 1 m^3당 핵자로 추정되고 있다. 이 경우 결국($\rho > \rho_c$이면) 중력이 우주를 도로 끌어당겨 대함몰이 일어난다. 만약 우주의 평균 밀도가 임계값과 같은 경우($\rho = \rho_c$), 우주는 평탄하고 열려 있으며 가까스로 팽창을 영원히 계속한다. 만약 실제 밀도가 임계 밀도보다 작은 경우($\rho < \rho_c$), 우주는 음의

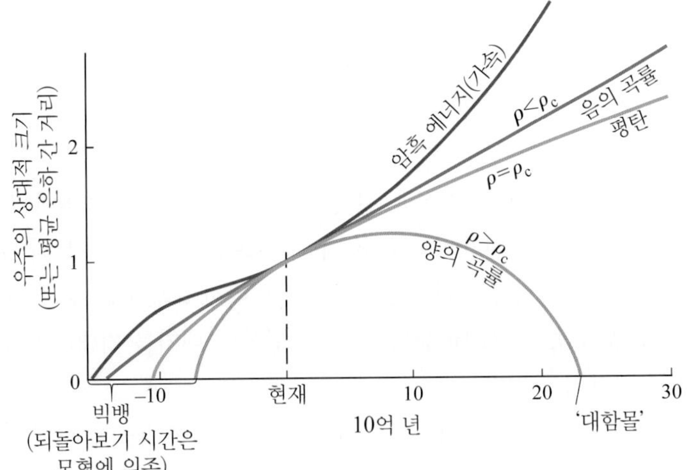

그림 31.31 우주의 미래는 보통의 물질의 밀도 ρ에 따른 3가지 가능성 외에 암흑 에너지를 포함하는 네 번째 가능성이 있다. 모든 곡선은 지금 당장 같은 기울기($= H_0$, 허블 변수)를 갖도록 선택됐음에 유의하라. 시간을 되돌아가면, 각 곡선이 수평(시간) 축과 만나는 점에서 빅뱅이 일어난다.

곡률을 갖고 수월하게 영원히 팽창하게 된다(그림 31.31). 오늘날 우리는 우주가 평탄한 우주에 매우 가깝다고 믿고 있다. 그러나 최근의 증거는 우주가 **가속적으로** 팽창하고 있음을 제시하고 있는데, 이에 대해서는 다음에 논의할 것이다.

연습 E 857쪽 시작 질문으로 가서 다시 답을 해 보라. 처음과 답이 다르다면 그 이유를 설명해 보라.

암흑 물질

WMAP과 다른 관측 결과들은 과학자들에게 우주가 평탄하고 $\rho = \rho_c$임을 확신시켰다. 그러나 이 ρ는 온전히 보통의 바리온 물질(원자들은 99.9 %가 바리온—양성자와 중성자—무게로 볼 때)일 수는 없다. 이런 최근의 관측 결과는 우주 안의 정상적인 바리온 물질의 양은 기껏해야 임계 밀도의 약 5 %에 지나지 않는다. 다른 95 %는 무엇인가? 우주에는 상당한 양의 빛을 내지 않는 물질로 간주되는 **암흑 물질**(dark matter)에 대한 강력한 증거가 있다. 암흑 물질은 정상적으로 중력을 미치지만, 볼 수 있을 정도로 충분하게 빛을 흡수하거나 방출하지 않는다. 예를 들어 은하의 회전을 관측하면 이들은 우리가 보는 것보다 상당히 많은 질량을 가진 것처럼 회전한다. 5장 예제 5.11을 상기해 보면, 지구(질량 M) 주위를 돌고 있는 질량 m인 위성은 다음과 같다.

$$m\frac{v^2}{r} = G\frac{mM}{r^2}$$

따라서 $v = \sqrt{GM/r}$이다. 이 식을 은하 안에 있는 별들에게 적용하면, 우리는 그들이 속하는 은하 질량에 의존하는 것을 볼 수 있다. 관측 결과는 은하 중심으로부터 멀리 있는 별들은, 빛으로 보이는 물질로부터의 인력만 있는 것으로 간주하고 예상한 결과보다 훨씬 더 빠르게 회전한다.

마찬가지로 은하단 내에 있는 은하들의 운동을 관찰한 결과도 보이는 것보다 상당히 많은 질량을 가지고 있음을 암시한다. 더구나 암흑 물질 없이는 은하들과 별들은 아마도 형성되지 않고 존재할 수도 없음을 시사한다. 암흑 물질도 함께 우주를 유지하는 것처럼 보인다.

우주 안에 있는 이 비발광 물질은 무엇인가? 우리는 아직 모른다. 그러나 우리는 곧 알아낼 수 있기를 바란다. 이것은 정상적인(바리온) 물질로 되어 있지 않다. 따라서 이들은 다른 종류의, 아마도 아주 초기 시대에 생성된, 기본 입자로 구성되어 있음이 틀림없다. 아마도 그것은 이전에 검출되지 않은 **약하게 상호작용하는 무거운 입자(WIMPs**; weakly interacting massive particles), 이를테면 뉴트라리노스와 같은 초대칭 입자들일 가능성이 있다. 우리는 우주 멀리서 도달하는 것은 땅속의 검출기[†]로 조사하고, 입자 충돌기(LHC)로는 그들을 만들어 내기를 기대하면서 걱정스럽게 연구 결과를 기다리고 있다.

최근의 관측과 모형에 따르면 암흑 물질은 우주의 전체 질량-에너지의 대략 25 %를 차지한다. 따라서 우주의 질량-에너지는 25 %의 암흑 물질과 5 %의 바리온 물질을 더하여 약 30 %인데, 이 정도의 양으로는 ρ를 ρ_c로 끌어올리지 못한다. 그러면 다른 70 %는 무엇인가? 여기에 대해서 아무도 확신할 수 없지만 우리는 그 이름을 '암흑 에너지(dark energy)'라 붙여 놓고 있다.

암흑 에너지-우주 가속도

그림 31.32 펄뮤터(가운데), 리스(왼쪽), 그리고 슈미트. 2011년 12월 노벨상 축하연에서

새 천년이 시작되기 직전인 1998년에, 펄뮤터(Saul Perlmutter)가 이끄는 연구진과 슈미트(Brian Schmidt)와 리스(Adam Riess, 그림 31.32)가 이끄는 연구진은, 너무나 놀라운 결과를 발표했다. 중력은 우주의 거대 규모에서 지배적인 힘으로 간주되어, 천체들 사이에 작용하는 힘은 인력이기 때문에 우주의 팽창은 시간에 따라 감속되고 있을 것으로 가정되어 왔다. 하지만 제 Ia형 초신성(가장 좋은 표준 촛대, 31.3절 참조)의 측정 결과는 매우 멀리 있는 초신성의 밝기는 기댓값보다 더 어둡다는 것을 알려줬다. 즉 그들의 어두운 밝기로부터 거리 d가 결정되고, 측정된 z값으로부터 구해진 멀어지는 속력 v는 허블 법칙으로 예상되던 값보다 작았다. 이 결과는 가까이 있는 은하일수록 멀리 있는 은하보다 상대적으로 더 빨리 움직이고 있음을 시사하며, 우주의 팽창이 현재로 오면서 더 가속됐음을 의미한다. 우주의 팽창에 있어서 이 가속(질량들 사이에 작용하는 인력으로 인해 예상되는 감속 대신)은 대략 70억 년 전(빅뱅으로 되돌아가는 데 약 절반이 걸리는 시간) 시작된 것으로 보인다.

끌어당기는 중력의 힘에 대항하여 우주를 가속시키고 있는 것은 무엇인가? 중력에 대한 우리의 이해를 수정해야 하는가? 우리는 이 질문에 대한 답을 모른다. 많은 과학자들은 암흑 에너지는 오늘날 물리학이 직면하고 있는 가장 큰 수수께끼라고 말한다. 몇 가지 추측이 있다. 그것은 마치 음의 에너지처럼, 어느 정도 공간에 대한 장거리 **척력** 효과를 가져서 천체들이 서로 더 빨리 멀어지게 하는 것처럼 보인다. 그것이 무엇이든지, 그것에 **암흑 에너지**(dark energy)라는 이름이 붙여졌다.

한 가지 아이디어는 양자장의 일종으로 **진수**(quintessence)라 이름 붙여진 것이다. 다른 가능성은 공간 자체의 잠재적 에너지(진공 에너지)로 **우주 상수**(cosmological constant, 기호 Λ)로 알려진 일반 상대성이론의 한 측면과 상관이 있다. 아인슈타인

[†] 깊은 광산이나 산 밑에서는 대부분 다른 입자들은 차단된다.

이 식을 개발했을 때, 그는 이 식이 정적인 해를 제공하지 않는다는 것을 발견했다. 그 당시 (1917년)는 우주는 정적이라고, 다시 말해 변하지 않고 영원하다고 생각했다. 아인슈타인은 그의 식이 정적인 우주 해를 제공하도록 그의 식에 임의의 상수(Λ)을 첨가했다. 10년 후, 허블이 팽창하는 우주를 발견했을 때, 아인슈타인은 더 이상 필요하지 않다며($\Lambda = 0$) 그의 우주 상수를 버렸다. 그러나 오늘날 관측 결과는, 비록 이론들 사이에 미묘한 차이를 볼 수 있는 보다 자세한 관측이 필요하지만, 우주 상수가 0이 아닌 데서 기인된 암흑 에너지와 일치한다.

암흑 에너지의 어떤 형태의 효과가 매우 실재적이라는 증거가 늘어나고 있다. 우주의 전체 질량 · 에너지 밀도가 임계 밀도 ρ_c와 같을 때, 암흑 에너지가 우주 질량 · 에너지의 약 70 %를 제공하는 것으로 입력하면, 우주 배경 복사와 초신성, 거대 구조(31.10절 참조)의 관측 결과는 이론과 컴퓨터 모형과 잘 일치한다.

오늘날 우주에 질량 · 에너지가 어떻게 분포되어 있는가에 대한 최선의 추정치는 대략(그림 31.33) 다음과 같다.

70 % 암흑 에너지
30 % 물질 (알려진 중력의 적용을 받는)
25 % 암흑 물질
5 % 바리온 (원자를 만드는 것)
$\frac{1}{10}$ 쉽게 보이는 물질, 별과 은하 (즉 전체의 0.5 %)
$\frac{9}{10}$ 보이지 않는 보통의 물질, 대부분 가스 상태의 플라스마

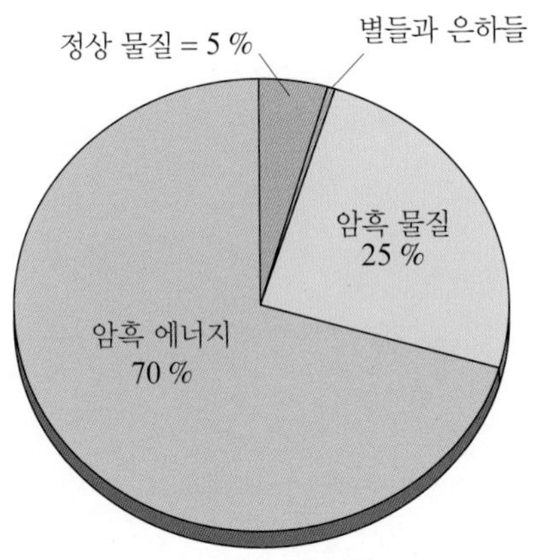

그림 31.33 우주의 전체 질량 · 에너지 분배(근삿값)

우주 안의 모든 질량 · 에너지 중 겨우 0.5 %만이 별과 은하로 보인다는 것은 놀라운 일이다.

우주가 완전히 알려지지 않은 형태의 물질과 에너지에 의해 지배된다는 착상은 기이하게 보인다. 그럼에도 불구하고 우리의 현재 모형이 우주 배경 복사의 비등방성, 우주 팽창, 그리고 거대 구조(다음 절)의 관측을 정확하게 설명하는 능력에 주목하지 않을 수 없다.

31.10 우주의 거대 구조

하늘의 아름다운 WMAP 사진(그림 31.26)은 작지만 중요한 우주 마이크로파 배경 복사(CMB; cosmic microwave background) 온도의 불균일성을 보여 준다. 이 비등방성은 분리(decoupling) 직전(그림 31.29)의 원시 플라스마 내의 압축과 팽창을 나타낸다. 여기서 은하와 은하단이 형성됐다. 거대한 컴퓨터 시뮬레이션을 이용하여 우주 배경 복사 내의 불규칙성을 분석한 결과, 오늘날 볼 수 있는 것(그림 31.34)과 매우 흡사한 은하들의 대규모 분포가 예측됐다. 암흑 에너지와 암흑 물질을 포함하는 경우 이런 시뮬레이션은 매우 성공적이다. 그리고 암흑 물질은 중성미자와 같이 빛의 속력에 가깝게 움직이는 '뜨거운(hot)' 암흑 물질이기보다는 **차가운**(cold, 느린

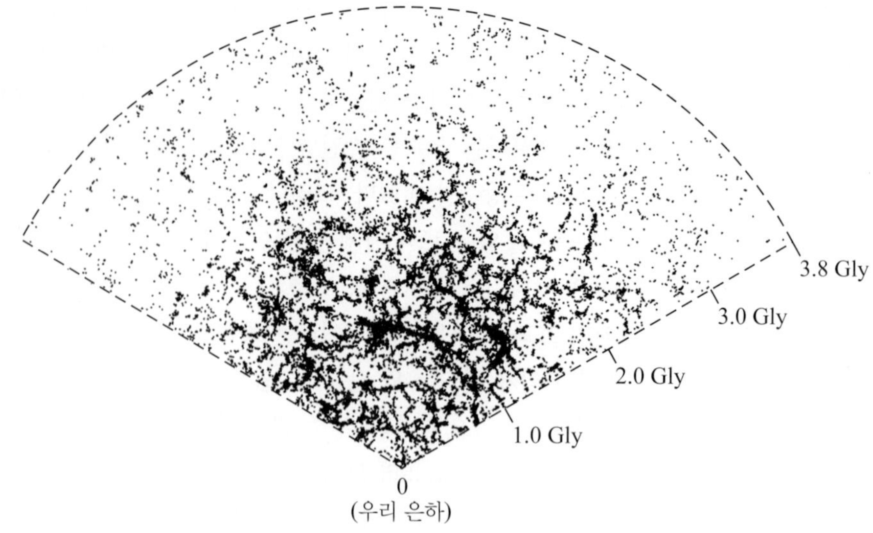

그림 31.34 SDSS(Sloan Digital Sky Survey)에 의해 측정된 50,000개 은하들의 분포로, 적도 위쪽 하늘의 거의 절반 범위와 적위 2.5° 두께 안에 있는 은하 분포를 보여 준다. 각 점은 은하를 나타낸다. 우리로부터의 거리는 적색 편이와 허블 법칙으로부터 얻어졌고 단위는 10^9광년(Gly)으로 나타냈다. 0점은 우리의 관측 지점을 나타낸다. 이 도표는 우리가 우주의 중심인 것처럼 보일지 모르지만 거리가 멀어질수록 측정하기에 충분한 은하들의 수는 더 적어진다. 결과적으로 보이는 은하들의 수는 점점 줄어들고 있다.

속력을 의미, 식 13.8, $\frac{1}{2}m\overline{v^2} = \frac{3}{2}kT$을 상기하라. 여기서 T는 온도이다) 암흑 물질일 필요가 있다. 실제로 현대 **우주론 모형**(cosmological model)은 **ΛCDM** 모형이라고 불리는데, 람다(Λ)는 우주 상수 그리고 CDM은 **차가운 암흑 물질**(cold dark matter)을 나타낸다.

우주론자들은 이 우주론 모형에 상당한 신뢰를 보내고 있는데, 그 이유는 관측과 이론 사이에서 정확하게 들어맞기 때문이다. 그뿐 아니라 이전에는 낮은 정밀도로 알려져 있던 우주 상수들을 상당히 정확하게 얻을 수 있게 해준다. 우주 배경 복사는 그와 같이 중요한 식별할 수 있는 우주이므로, 그 안에 포함된 모든 정보를 추출하기 위해 모든 노력을 다하고 있다. 지상과 풍선, 그리고 위성을 이용한 새 세대 실험들이 더 높은 해상도와 감도로 우주 배경 복사를 관측하고 있다. 이들은 **중력파**(gravity wave; 인플레이션 시대에 만들어진)와 우주 배경 복사와의 상호작용을 감지할지도 모른다. 그렇게 함으로써 인플레이션의 직접적인 증거를 제공해 줄지 모르고, 또한 인공적으로 만든 가속기와 충돌 가속기로 도달할 수 있는 에너지를 훨씬 넘어선 소립자물리학에 대한 정보도 제공해 줄지 모른다.

31.11 마침내...

밤하늘을 올려다보면, 우리는 별들을 볼 수 있다. 그리고 고성능 망원경을 통해, 앞에서 설명했던 은하들과 드물게 나타나는 초신성을 비롯한 특이한 천체들을 찾아볼 수 있다. 하지만 우리가 아무리 뛰어난 장비를 사용하더라도 우리가 가설로 내세운(그래서 믿는) 별들과 초신성 내부에서 진행되는 과정을 볼 수는 없다. 우리는 특출한 이론가들이 수립한 실행 가능한 이론과 검증 가능한 모형의 도움을 받고 있다. 우리는 복잡한 컴퓨터 모형의 결과가 WMAP을 비롯한 다른 실험들의 관측 결과와 분석과 손색없이 들어맞을 때까지 매개 변수들을 변화시킨다. 우리는 이제 우주의 어떤 측면에 대해서 놀라울 정도로 정확한 아이디어를 가지고 있다. 우주는 평탄하고, 약

140억 년의 나이를 먹었고, 오직 5 %의 '보통의' 바리온 물질(원자를 만드는)을 가지고 있다는 것 등이다.

우주론에서 제기되는 문제는 난해하고 심오하여, 일상의 '현실'과 동떨어진 것처럼 보일지도 모른다. 우리는 항상 '태양이 빛나고 있어. 그것도 상상할 수도 없을 정도로 오랫동안. 모든 것은 순조로워'라고 말할 수 있다. 그럼에도 불구하고, 우주론의 의문들은 인간의 지성을 매료시키는 심오한 것들이다. 그중 특히 흥미로운 것은 어떤 기본 물리 상수 값을 의도적으로 — 아주 약간씩— 바꿔 우주의 형성과 진화에 대한 계산을 수행한 것이다. 그 결과, 우리가 알고 있는 생명이 존재할 수 없는 우주였다. [예를 들면 양성자와 중성자 사이의 질량 차이가 0이거나, 전자의 질량(0.511 MeV/c^2) 미만이라면, 원자는 존재하지 않게 된다. 양성자는 전자를 포획하여 중성자를 만든다.] 이와 같은 결과는 **인류 원리**(anthropic principle)라는 철학적인 사고를 낳게 했다. 이것은 우주가 현재와 약간만 달라졌어도 우리는 여기에 존재할 수 없었을 것이라고 말한다. 우리 물리학자들은, 우리가 존재하는 것이 허용되는 조건을 결정하는 미지 법칙들이 있다면 그것을 찾으려고 노력하고 있다. 반면에 시인은 우주는, 마치 우리가 존재할 수 있도록, 정교하게 조정되어 있다고 말하고 싶을지도 모른다.

종합 문제

객관식

1. 다음 중 한 별의 일생 동안 H-R 다이어그램에서 일어나지 않을 것으로 예상되는 것은?
   (a) 별은 주계열을 벗어나서 도표의 오른쪽 위로 옮겨간다.
   (b) 질량이 작은 별은 백색 왜성이 되어 도표의 왼쪽 아래로 이동하여 종말을 맞는다.
   (c) 별은 한 곳에서 또 다른 곳으로 주계열을 따라 옮겨간다.
   (d) 위 모두

2. 지구에서 별까지의 대략적인 거리를 측정하는 데 시차를 사용할 수 있는 경우는 언제인가?
   (a) 1월과 7월에만
   (b) 별까지의 거리가 상대적으로 작을 경우에만
   (c) 별까지의 거리가 상대적으로 클 경우에만
   (d) 별이 지구로부터 똑바로 멀어지거나 가까워질 경우에만
   (e) 별이 태양일 경우에만
   (f) 항상
   (g) 없다.

3. 관측 결과는 모든 은하들이 지구로부터 멀어지고 있을 뿐만 아니라 멀리 있는 은하일수록 가까이 있는 은하들보다 더 빠른 속도로 멀어진다는 것을 보여 준다. 이런 관측 결과는 다음을 암시한다.
   (a) 지구는 우주의 중심이다.
   (b) 우주가 팽창한다.
   (c) 우주의 팽창은 결국 멈추게 된다.
   (d) 위 모두

4. 태양으로부터 방출되는 어마어마한 에너지양의 원천이 되는 과정은?
   (a) 산소의 존재하에서 일어나는 수소 원자의 연소, 다시 말해 수소 원자의 산화
   (b) 태양의 수축으로 인한 중력 퍼텐셜 에너지의 감소
   (c) 헬륨 핵을 형성하는 수소 원자 안에 있는 양성자들의 융합
   (d) 방사성 원자(우라늄, 플루토늄, 세슘 등)의 고에너지 감마선 방출
   (e) 정답 없음

5. 다음 중 지구로부터 우리 은하 바깥에 있는 별까지의 거리를 알아내는 데 사용될 수 있는 방법을 모두 고르면
   (a) 시차
   (b) H-R 다이어그램의 광도와 온도를 이용하고 겉보기 밝기를 측정
   (c) 표준 촛대로 초신성 폭발 이용
   (d) 원소와 화합물의 스펙트럼선 속에 나타나는 적색 편이

6. 우주의 역사는 지구로부터 다양한 거리에 있는 천체들을 관측하여 알 수 있다. 이런 발견 방법이 적용되는 이유는?
   (a) 우주 지역에 따라 시간 진행이 다르기 때문이다.
   (b) 빛이 유한한 속력으로 전파되기 때문이다.
   (c) 물질이 공간을 왜곡시키기 때문이다.
   (d) 젊은 은하들보다 오래된 은하들은 지구로부터 더 멀리 있기 때문이다.

7. 어디에서 빅뱅이 일어났는가?
   (a) 지구 근처에서
   (b) 은하수의 중심 근처에서
   (c) 수십억 광년 너머에서
   (d) 전 우주에 걸쳐서
   (e) 안드로메다은하 근처에서

8. 사실상 주기율표의 거의 모든 원소들은 언제 그리고 어떻게 형성됐는가?
   (a) 우주의 아주 초기인 빅뱅 후 몇 초 동안
   (b) 주계열 상태에 있는 동안 별의 중심에서
   (c) 신성 상태인 별의 중심에서
   (d) 초신성 상태인 별의 중심에서
   (e) 행성이 식어서 굳어지는 동안 표면에서

9. 우주에 암흑 물질이 있어야 한다고 생각하는 이유는?
   (a) 어두운 먼지 성운이 관측된다.
   (b) 우주가 팽창한다.
   (c) 은하 중심으로부터 멀리 있는 별들은 가시적 물질로 설명되는 것보다 더 빨리 움직인다.
   (d) 우주의 팽창이 가속되고 있다.

10. 우주 팽창률의 가속은 무엇 때문인가?
   (a) 암흑 에너지의 밀어내는 효과
   (b) 암흑 에너지의 끌어당기는 효과
   (c) 중력의 끌어당기는 효과
   (d) 항성 핵의 열팽창

주관식

31.1~31.3 별, 은하, 항성 진화, 거리

1. (I) 어떤 별의 시차가 0.00029°이다. 이 별은 얼마나 멀리 있는가?

2. (I) 어떤 별의 시차가 0.27′이다. 이 별은 얼마나 멀리 있는가?

3. (I) 어떤 별이 두 번째 별보다 두 배나 더 멀리 있다. 멀리 있는 별은 가까이 있는 별보다 시차가 큰가 아니면 작은가? 그 비율은 얼마인가?

4. (II) 목성에서 태양을 보면 지구에서 볼 때와 비교하여 상대적인 밝기는 어떻게 바뀌는가? 목성은 지구보다 태양으로부터 5.2배 더 멀리 있다.

5. (II) 우리 태양이 적색 거성이 됐을 때, 수성 궤도(태양으로부터 6×10^{10} m 거리)까지 크기가 팽창한다면 평균 밀도는 어떻게 되는가?

6. (II) 우리는 14장에서 태양으로부터 지구에 도달하는 에너지 비율(태양 상수)은 약 1.3×10^3 W/m^{2}임을 알았다. (a) 태양의 겉보기 밝기 b와 (b) 태양의 고유 광도 L은 각각 얼마인가?

7. (II) 만약 우리와 가장 가까운 은하(표 31.1 참조)에서 관측했을 때 우리 은하의 각 크기를 구하라. 지구에서 본 달의 각 크기와 비교하라.

8. (II) 우리 은하가 모든 은하의 평균적인 은하라고 가정했을 때, 가시적 우주 안에는 얼마나 많은 별들이 있는가?

9. (II) 질량이 태양과 같고 반지름은 지구와 같은 백색 왜성의 밀도를 구하라. 이 밀도는 지구의 밀도보다 몇 배나 더 큰가?

10. (II) 어떤 중성자별의 질량은 태양 질량의 1.5배이고, 반지름은 약 11 km이다. 평균 밀도를 구하고 백색 왜성(주관식 9번 문제)과 핵물질의 밀도와 비교하라.

11. (II) 어떤 별이 지구로부터 56 pc 거리에 있다. 시차는 얼마인가? (a) 각초와 (b) 각도로 나타내라.

12. (II) 65광년 거리에 있는 별의 시차 각은 얼마인가? pc 단위로는 얼마인가?

13. (II) 어떤 별이 지구로부터 85 pc 거리에 있다. 별에서 나온 빛이 우리에게 도달하는 데 얼마나 오랜 시간이 걸리는가?

14. (III) 겉보기 밝기 b가 똑같은 두 별은 크기도 또한 같다고 믿을 수 있다고 가정하자. 한 별의 스펙트럼의 봉우리 파장은 750 nm인 반면 다른 별의 봉우리 파장은 450 nm이다. 빈 법칙과 슈테판 · 볼츠만 식(식 14.6)을 사용하여 우리로부터 그 별들까지의 상대적 거리를 산출하라. [힌트: 예제 31.3과 31.4 참조]

15. (III) 어떤 성단 안에 있는 별들은 우리로부터 같은 거리에 있는 것으로 가정할 수 있다. 그런 별들 중 두 별의 봉우리 파장은 각각 $\lambda_1 = 470$ nm, $\lambda_2 = 720$ nm, 겉보기 밝기의 비는 $b_1/b_2 = 0.091$이다. 빈 법칙과 슈테판 · 볼츠만 식(식 14.6)을 사용하여 이들의 상대적 크기를 계산하라.

31.4 일반 상대성이론, 중력, 공간의 곡률

16. (I) 지구의 슈바르츠실트 반지름이 8.9 mm임을 보이라.

17. (II) 전형적인 은하(우리 은하와 같은)의 슈바르츠실트 반지름은 얼마인가?

18. (II) 슈바르츠실트 반지름이 바닥 상태의 수소 원자의 반지름과 같게 되는 물체의 질량은 얼마인가?

19. (II) 구 표면에 그려진 삼각형의 내각의 합의 최댓값은 얼마인가?

20. (II) 구 표면에 그려진 삼각형의 내각의 합이 각각 (a) 359°와 (b) 179°인 경우를 설명하라.

21. (III) 승강기가 아래쪽으로 9.8 m/s^{2}으로 가속되고 있다면, 너비가 2.4 m인 승강기 안을 통과하는 빛은 얼마나 휘어지는가(그림 31.13 참조)?

31.5 적색 편이, 허블 법칙

22. (I) 어떤 은하의 적색 편이 값은 이 은하가 우리로부터 1850 km/s로 멀어지고 있음을 가리킨다. 이 은하는 우리로부터 얼마나 멀리 있는가?

23. (I) 만약 은하가 우리로부터 빛의 속력의 1.5 %의 속력으로 멀어지고 있다면, 대략 얼마나 멀리 있는가?

24. (II) 어떤 은하가 지구로부터 멀어지고 있다. 은하에서 방출된 434 nm 파장의 '파란' 수소선은 지구에서 455 nm로 측정됐다. (a) 이 은하는 우리로부터 얼마나 빨리 멀어지고 있는가? (b) 허블 법칙으로 계산하면 지구로부터 얼마나 멀리 있는가?

25. (II) 우리로부터 (a) 7.0×10^6 ly와 (b) 7.0×10^7 ly 떨어져 있는 은하로부터 방출되는 빛의 수소 발머 계열선 중 656.3 nm선의 파장 이동을 각각 계산하라.

26. (II) 실험실에서 측정할 때 정상적인 칼슘의 한 흡수선의 파장은 393.4 nm이다. 어떤 은하의 스펙트럼에서는 423.4 nm로 측정됐다면 이 은하는 대략 얼마나 먼 거리에 있는가?

27. (II) $z = 0.060$인 은하의 속력은 얼마인가?

28. (II) $v = 0.075c$의 속력으로 우리로부터 멀어지는 은하의 적색 편이 인자는 얼마인가?

29. (II) 지구로부터 적색 편이 인자가 은하까지의 거리 d를 구하라.

30. (II) 파장이 434 nm인 수소 선의 파장이 지구에서 관측할 때 610 nm로 측정되는 은하의 속력과 우리로부터의 거리를 구하라.

31. (II) 전파 망원경은 원자 수소 가스에서 방출되는 21 cm 파를 관측하기 위해 설계됐다. 멀리 있는 전파 은하로부터 방출되는 21 cm 전파가 0.10 cm 더 길게 관측됐다. 이 은하까지의 거리를 산출하라.

32. (III) 식 31.3으로부터 시작하여, 파장의 도플러 편이가 $v \ll c$일 때 $\Delta\lambda/\lambda_{\text{rest}} \approx v/c$(식 31.6)임을 증명하라. [힌트: 이항 정리를 이용한다.]

31.6~31.8 빅뱅, 우주 배경 복사, 우주 팽창

33. (I) 빈 법칙을 이용하여 2.7 K에서의 흑체 복사 곡선의 봉우리 파장을 구하라.

34. (II) 우주 탄생 후 1.0 s가 됐을 때의 우주 배경 복사의 봉우리 파장을 계산하라. 이 복사선은 전자기 스펙트럼의 어느 부분에 해당하는가?

35. (II) 닫힌 우주에 대한 임계 밀도는 $\rho_c \approx 10^{-26}$ kg/m^{3}이다. 임계 밀도를 단위 세제곱미터당 평균 핵자수로 나타내라.

36. (II) 어떤 주어진 시간에서의 우주의 스케일 인자(은하 사이의 평균 거리)는 절대 온도의 역수에 비례한다고 믿어진다. 오늘날의 우주의 크기와 비교하여 (a) $t = 10^6$년 (b) $t = 1$ s (c) $t = 10^{-6}$ s (d) $t = 10^{-35}$ s일 때의 우주의 크기를 계산하라.

37. (II) 우주는 대략 어떤 시간에 (a) 케이온($M \approx 500$ MeV/c^2) (b) Υ($M \approx 9500$ MeV/c^2) (c) 뮤온($M \approx 100$ MeV/c^2)을 방출하는 문턱 온도 이하로 식었겠는가?

31.9 암흑 물질, 암흑 에너지

38. (II) 우주 에너지의 단지 5 %만이 바리온 물질로 구성된다. (a) 우리 태양과 같은 10^{11} 별들을 품고 있는 10^{11} 은하들을 포함하고 있는 반지름 140억 광년의 가시적 우주 안에 있는 바리온 물질의 평균 밀도를 계산하라. (b) 우주 안의 암흑 물질의 밀도를 구하라.

연습 해답

A: 우리 지구와 우리 자신들, 2년 전

B: 600광년(그림 31.6에서 L을 구하면 $L \approx 8 \times 10^{26}$ W; 로그 눈금임에 유의한다. 6000 K가 5000 K보다 더 7000 K에 가깝다.)

C: 30 km

D: (a) R^3이 아니라 R; 슈바르츠실트 반지름 식 참조

E: (c); (d)

수학 복습

A.1 관계, 비례, 방정식

물리학의 중요한 기능 중의 하나는 서로 다른 양 사이의 관계를 찾는 것이다. 즉 어떤 양이 다른 것에 어떻게 영향을 미치는지를 결정하는 것이다. 간단한 예로 고대인들은 한 원이 다른 원의 두 배의 지름을 가지고 있다면, 그 둘레 역시 두 배라는 것을 발견했다. 만약 지름이 세 배가 되면, 원둘레 역시 세 배가 된다. 다시 말해 지름이 커지면 그에 비례하여 원둘레가 증가된다. 우리는 이것을 원둘레는 지름에 **정비례**한다고 한다. 이것은 기호로 $C \propto D$라고 쓸 수 있다. 여기서 $\propto$는 '…에 비례'를 나타내고, C와 D는 각각 원의 둘레와 지름을 나타낸다. 다음 단계는 이 비례 관계를 방정식으로 바꾸는 것으로 두 양을 수를 써서 연결할 수 있다. 이것은 비례 상수를 넣기만 하면 되는데, 대개의 경우 실제로 측정하면 된다. 고대인들은 임의의 원의 지름에 대한 둘레의 비가 3.1416(소수점 이하 몇 자리까지만 유지)이라는 것을 발견했다. 이 수는 그리스 문자 π로 지정됐다. 이것이 관계 $C \propto D$에 대한 비례 상수이고, π를 비례식에 대입하고 $\propto$를 =로 바꿈으로써, 방정식을 얻을 수 있다. 즉

$$C = \pi D$$

가 된다.

다른 종류의 비례 관계도 있다. 예를 들면 원의 넓이는 그 반지름의 **제곱**에 비례한다. 즉 반지름이 두 배가 되면, 넓이는 네 배가 된다. 이 경우 우리는 $A \propto r^2$으로 쓸 수 있다. 여기서 A는 원의 넓이를 의미하고, r는 원의 반지름을 나타낸다. 비례 상수가 역시 π임을 알게 된다: $A = \pi r^2$.

때로는 하나의 양이 증가하면 다른 양이 이에 비례하여 **감소**하는 경우와 같은 관계를 두 양이 가지는 수도 있다. 이것을 **반비례**라고 한다. 예를 들면 주어진 거리를 가는 데 걸리는 시간은 걷는 속력에 반비례한다. 속력이 클수록 시간은 적게 걸린다. 우리는 이 반비례 관계를

$$\text{시간} \propto 1/\text{속력}$$

으로 쓸 수 있다. 분모가 커질수록 분수 전체의 크기는 작아진다. 예를 들어 $\frac{1}{4}$은 $\frac{1}{2}$보다 작다. 그러므로 속력이 두 배로 되면 시간은 반으로 줄고, 이것이 반비례 관계에 의해 나타내고자 하는 것이다.

둘 또는 그 이상의 물리량 사이에 어떤 관계식이 존재하는지 의문이 들면, 한 물리량을 변화시키면서 다른 물리량이 어떻게 변하는지를 측정하여 이들 사이의 관계를

결정해 볼 수 있다. 때때로 한 물리량이 둘 또는 그 이상의 물리량에 의해 영향을 받는다. 예를 들어 어떤 물체의 가속도는 질량과 외력 모두와 관련이 있다. 이런 경우 한 물리량만을 따로따로 변화시키는 동안 다른 물리량들은 일정하게 한다.

한 물리량의 다른 물리량에 영향을 줄 때, 이를 함수로 종종 표현한다. 예를 들어 타이어 내의 압력은 온도의 함수라고 말한다.

어떤 종류의 비례식이 성립하는 것이 발견되면, 적절한 비례 상수를 넣음으로써 등식으로 바꿀 수 있다. 그러므로 물리적 세계에 대한 정량적인 기술이나 예측은 방정식에 의해 이루어질 수 있다.

A.2 지수

10^4이라고 쓸 때 이것은 10 그 자체를 네 번 곱하는 것을 의미한다. 즉 $10^4 = 10 \times 10 \times 10 \times 10 = 10{,}000$이다. 위첨자 4를 **지수**라 하고, 10을 4제곱한다고 한다. 어떤 숫자나 기호도 어떤 지수로 제곱될 수 있다; 지수가 2일 때(a^2은 'a제곱')나 3일 때(a^3은 'a 3제곱')에는 특별한 명칭이 사용된다. 다른 지수에 대해서는 예를 들어 a^n은 'a의 n제곱'이라고 한다. 지수가 1일 때에는 곱셈 과정이 포함되지 않기 때문에 이것은 보통 생략되어 $a^1 = a$로 쓴다.

지수로 표현된 숫자를 곱하는 법칙은 다음과 같다.

$$(a^n)(a^m) = a^{n+m} \tag{A.1}$$

즉 지수가 더해진다. 3^3과 3^4과의 곱의 결과를 생각함으로써 그 이유를 살펴보자.

$$(3^3)(3^4) = (3)(3)(3) \times (3)(3)(3)(3) = (3)^7$$

여기서 지수의 합은 $3 + 4 = 7$이고, 따라서 A.1 법칙이 적용된다. 이 법칙은 밑(식 A.1에서 a)이 같을 때에만 적용된다는 점에 유의하자. 그러므로 $(6^3)(5^2)$에 대해서는 지수의 덧셈 법칙을 사용할 수 없다. 이들 수는 일일이 곱해야만 한다. 그러나 밑이 다르더라도 지수가 같으면 두 번째 법칙을 만들 수 있다.

$$(a^n)(b^n) = (ab)^n \tag{A.2}$$

예를 들어 $(5^3)(6^3) = (30)^3$이다. 왜냐하면 다음과 같기 때문이다.

$$(5)(5)(5)(6)(6)(6) = (30)(30)(30)$$

세 번째 법칙은 지수가 다른 지수에 의해 제곱되는 경우이다: $(a^3)^2$는 $(a^3)(a^3)$을 의미하고, 이것은 $a^{3+3} = a^6$과 같다. 따라서 일반적인 법칙은 다음과 같다.

$$(a^n)^m = a^{nm} \tag{A.3}$$

이 경우에는 지수들이 곱해진다.

음(−)의 지수는 역수를 나타내는 데 쓰인다. 그러므로 다음과 같이 사용된다.

$$\frac{1}{a} = a^{-1}, \qquad \frac{1}{a^3} = a^{-3}$$

음의 지수를 사용하는 이유는 그렇게 함으로써 위에서 주어진 곱셈 법칙을 사용할 수 있기 때문이다. 예를 들면 $(a^5)(a^{-3})$은 다음을 의미한다.

$$\frac{(a)(a)(a)(a)(a)}{(a)(a)(a)} = a^2$$

A.1 법칙도 같은 결과를 준다.

$$(a^5)(a^{-3}) = a^{5-3} = a^2$$

0의 지수, 즉 a^0은 무엇을 의미할까? 어떤 수의 0제곱은 1로 정의되어 있다.

$$a^0 = 1$$

이 정의는 지수의 덧셈에 대한 법칙의 결과로 나오기 때문에 사용된다. 예를 들면 다음과 같다.

$$a^3a^{-3} = a^{3-3} = a^0 = 1$$

그러면 a^3a^{-3}은 실제로 1인가? 그렇다. 왜냐하면 다음과 같기 때문이다.

$$a^3a^{-3} = \frac{a^3}{a^3} = 1$$

분수의 지수는 **제곱근**을 나타내는 데 쓰인다. 예를 들면 $a^{\frac{1}{2}}$은 a의 제곱근, 즉 $a^{\frac{1}{2}} = \sqrt{a}$이다. 마찬가지로 $a^{\frac{1}{3}}$은 a^3의 세 제곱근을 의미한다. a의 네 제곱근은 그것을 네 번 곱하면 다시 a를 얻는다는 것을 의미한다. 즉 다음과 같다.

$$(a^{\frac{1}{4}})^4 = a$$

이것은 $(a^{\frac{1}{4}})^4 = a^{\frac{4}{4}} = a^1 = a$이기 때문에 A.3 법칙과 일치한다.

A.3 10의 거듭제곱 또는 지수 표시

태양으로부터 해왕성까지의 거리 4,500,000,000 km나 보통 원자의 지름 0.00000001 cm와 같이 아주 크거나 아주 작은 수를 표기하는 것은 불편하고 실수하기 쉽다. 이것은 유효 숫자의 문제(1.4절 참조)이기도 하다(4,500,000,000 km에서 유효 숫자인 0의 개수는 몇 개일까?).

이런 이유로 우리는 '10의 거듭제곱' 또는 지수 표시를 이용한다. 태양으로부터 해왕성까지의 거리는 4.50×10^9 km(이 값은 세 자리가 유효하다고 가정한다)로 원자의 지름은 1.0×10^{-8} cm로 나타낼 수 있다. 이 숫자 표기법은 지수의 사용에 밑바탕을 두고 있다. 여기서 a^n은 a를 그 자신으로 n번 곱하는 것을 의미한다. 예를 들면 $10^4 = 10 \times 10 \times 10 \times 10 = 10{,}000$이다. 그러므로 $4.5 \times 10^9 = 4.50 \times 1{,}000{,}000{,}000 = 4{,}500{,}000{,}000$이다. 지수(이 경우는 9)는 숫자를 완전히 표기할 때 단지 소수점이 오른쪽으로 움직이는 개수라는 점에 유의하라(4,500,000,000).

두 개의 수를 곱할 때(또는 나눌 때) 처음에 앞의 숫자 부분을 곱하고(나누고), 다음에 10의 지수를 곱한다. 따라서 2.0×10^3을 5.5×10^4으로 곱하면 $(2.0 \times 5.5) \times (10^3 \times 10^4) = 11 \times 10^7$이 된다. 여기서 우리는 지수의 덧셈 법칙(부록 A.2)을 사용했다. 마찬가지 방법으로 8.2×10^5을 2.0×10^2으로 나누면 다음과 같다.

$$\frac{8.2 \times 10^5}{2.0 \times 10^2} = \frac{8.2}{2.0} \times \frac{10^5}{10^2} = 4.1 \times 10^3$$

0.01과 같이 1보다 작은 수에 대해서는 10의 거듭제곱 또는 지수가 음(−)의 부호로 쓰여진다. 즉 $0.01 = 1/100 = 1/10^2 = 1 \times 10^{-2}$이다. 마찬가지로 $0.002 = 2 \times 10^{-3}$이다. 여기서도 소수점은 지수에 나타난 숫자만큼 자리이동했다. 예를 들어 $0.020 \times 3600 = 72$인데, 지수 표기법으로 쓰면 $(2.0 \times 10^{-2}) \times (3.6 \times 10^3) = 7.2 \times 10^1 = 72$와 같이 된다.

$10^1 \times 10^{-1} = 10 \times 0.1 = 1$이고, 지수의 법칙에 의해 $10^1 \times 10^{-1} = 10^0$임에 유의하라. 따라서 $10^0 = 1$이다.

숫자를 지수 표기법으로 쓸 때에는 앞의 숫자는 보통 1에서 10 사이의 숫자가 되도록 한다. 따라서 같은 숫자라도 45×10^8보다는 4.5×10^9으로 쓰는 것이 일반적이다.[†] 이 표기법은 유효 숫자를 명확히 나타낼 수 있도록 해준다. 유효 숫자 세 자리까지가 정확하면 4.50×10^9으로 쓰고, 두 자리까지만 정확하면 4.5×10^9으로 쓴다.

A.4 대수

어떤 양들 사이의 물리적 관계는 양을 나타내는 기호(보통은 그리스 또는 로마 알파벳 문자)를 포함하는 방정식으로 나타낼 수 있다. 이와 같은 방정식을 다루는 것이 대수 분야로 물리학에서 대단히 많이 사용된다. 방정식은 등호를 포함하고 있으며, 이것은 등호 양쪽의 양이 같은 값을 갖는다는 것을 나타낸다. 방정식의 보기는 다음과 같다.

$$\begin{aligned} 3 + 8 &= 11 \\ 2x + 7 &= 15 \\ a^2b + c &= 6 \end{aligned}$$

처음 방정식은 단지 숫자만을 포함하고 있기 때문에 산수식이라고 한다. 나머지 두 방정식은 기호를 포함하고 있기 때문에 대수식이다. 세 번째 방정식에서 a^2b는 a 곱하기 a 곱하기 b를 의미한다. 즉 $a^2b = a \times a \times b$이다.

미지수에 대한 풀이

때때로 우리는 하나(또는 그 이상)의 기호에 대해 풀기를 원하고, 그것을 **미지수**로 취급한다. 예를 들면 $2x + 7 = 15$라는 방정식에서 x는 미지수이다. 이 방정식은

[†] 특히 컴퓨터에서 이용되는 또 다른 관례는 앞의 숫자를 0.1에서 1 사이로 한다. 따라서 4,500,000,000은 0.450×10^{10}으로 쓴다.

$x = 4$일 때에만 성립한다. 방정식을 만족시키는 미지수의 값(값들)을 결정하는 것을 **방정식을 푼다**라고 한다. 방정식을 풀기 위해서 다음 법칙을 사용할 수 있다.

> **등호의 한쪽 편에 가해진 조작이 등호의 다른 편에도 가해지면 방정식은 변하지 않는다.** 예를 들면 (a) 숫자나 기호를 더하거나 빼도; (b) 숫자나 기호를 곱하거나 나눠도; (c) 같은 지수로 거듭제곱하거나 같은 근호를 취해도 방정식은 그대로이다.

예제 A.1 다음 방정식을 x에 대해 풀라.

$$2x + 7 = 15$$

접근 식의 좌변에 변수 x가 오도록 한다.

풀이 우선 양변에서 7을 뺀다.

$$\begin{aligned} 2x + 7 - 7 &= 15 - 7 \\ 2x &= 8 \end{aligned}$$

다음에 양변을 2로 다음을 얻는다.

$$\begin{aligned} \frac{2x}{2} &= \frac{8}{2} \\ x &= 4 \end{aligned}$$

이것이 방정식을 푼 것이다.

예제 A.2 (a) 다음 방정식을 b와 c의 항으로 a에 대해 풀라. (b) $b = 2,\ c = 6$이라 가정하고 a에 대해 풀라.

$$a^2 b + c = 24$$

접근 식의 좌변에 변수 a가 오도록 한다.

풀이 (a) a에 대해 풀어야 하기 때문에 우선 양변에서 c를 뺀다.

$$a^2 b = 24 - c$$

다음에 b로 나눈다.

$$a^2 = \frac{24 - c}{b}$$

마지막으로 제곱근을 취한다.

$$a = \sqrt{\frac{24 - c}{b}}$$

(b) $b = 2$, $c = 6$이라고 하면, 다음과 같이 풀 수 있다.

$$a = \sqrt{\frac{24 - 6}{2}} = 3$$

그러나 이것이 유일한 답이 아니다. 제곱근을 취하면, 양 또는 음의 수가 될 수 있다. 따라서 $a = -3$도 답이다. 왜 그럴까? $(-3)^2 = 9$이고 $(+3)^2 = 9$이다. 따라서 $a = +3$과 $a = -3$

의 두 개의 답을 얻게 된다.

유의 방정식에 미지수의 제곱이 있으면, 일반적으로 두 개의 해가 존재한다.

풀이가 잘 됐는지 검토하려면 그 값을 원래의 방정식에 대입한다(이것은 우리가 행한 모든 과정이 바르게 됐는지를 점검하는 것이다). 방정식

$$a^2b + c = 24$$

에 $a = 3,\ b = 2,\ c = 6$을 대입하면

$$\begin{aligned}(3)^2(2) + (6) &\stackrel{?}{=} 24 \\ 24 &= 24\end{aligned}$$

라는 것을 알 수 있고, 이것으로 검산이 끝났다.

연습 A 예제 A.2의 방정식에 $a = -3$을 대입하여 이 식이 성립함을 보이라.

둘 또는 그 이상의 미지수

만약 둘 또는 그 이상의 미지수가 있다면 하나의 방정식으로 그것들을 찾기는 충분하지 않다. 일반적으로 n개의 미지수가 있으면, n개의 독립된 방정식이 필요하다. 예를 들면 두 개의 미지수가 있으면 두 개의 방정식이 필요하다. 만약 미지수를 x와 y라고 한다면 전형적인 과정은 한 방정식을 x에 대해 y의 항으로 풀고, 이것을 다른 방정식에 대입하는 것이다.

예제 A.3 다음 연립방정식을 x와 y에 대해 풀라.

$$\begin{aligned}3x - 2y &= 19 \\ x + 4y &= -3\end{aligned}$$

접근 방정식이 둘이고 미지수가 둘이다. 두 번째 식에서 x를 y에 대해 푼다. 그리고 이를 첫 번째 식에 대입한다.

풀이 두 번째 방정식의 양변에서 $4y$를 빼서 x에 대해 푼다.

$$x = -3 - 4y$$

이 x에 대한 식을 첫 번째 방정식에 대입하고 정리한다.

$$\begin{aligned}3(-3 - 4y) - 2y &= 19 \\ -9 - 12y - 2y &= 19 \qquad \text{(3을 괄호 안의 숫자에 곱한다)} \\ -14y &= 28 \qquad \text{(양변에 9를 더한다)} \\ y &= -2 \qquad \text{(양변을 −14로 나눈다)}\end{aligned}$$

이제 $y = -2$임을 알았으므로 이것을 x에 대한 식에 대입한다.

$$\begin{aligned}x &= -3 - 4y \\ &= -3 - 4(-2) = -3 + 8 = 5\end{aligned}$$

해는 $x = 5,\ y = -2$이다. 우리는 이 해를 원래의 방정식에 대입함으로써 검산할 수 있다.

$$3x - 2y \stackrel{?}{=} 19$$
$$3(5) - 2(-2) \stackrel{?}{=} 19$$
$$15 + 4 \stackrel{?}{=} 19$$
$$19 = 19 \quad \text{(검산 완료)}$$

그리고

$$x + 4y \stackrel{?}{=} -3$$
$$5 + 4(-2) \stackrel{?}{=} -3$$
$$-3 = -3 \quad \text{(검산 완료)}$$

둘 또는 그 이상의 미지수에 대한 다른 방법들—예컨대 행렬식 방법과 같은 것들—은 대수 교재에서 찾을 수 있을 것이다.

근의 공식

우리는 때때로 미지수—x라고 하자—에 대해 1차만이 아닌 2차도 포함하는 방정식을 접한다. 이와 같은 **이차방정식**은 다음과 같은 형태로 쓸 수 있다.

$$ax^2 + bx + c = 0$$

a, b, c는 일반적으로 주어진 숫자이거나 상수이다.† 이와 같은 방정식에 대한 일반해는 **근의 공식**으로 주어진다.

$$x = \frac{-b \pm \sqrt{b^2 - 4ac}}{2a} \tag{A.4}$$

여기서 ±기호는 x에 대한 두 개의 해가 있음을 나타낸다: 하나에서는 (+)기호가 사용되었고, 다른 하나에서는 (−)기호가 사용되었다.

예제 A.4 다음 방정식을 x에 대해 풀라.

$$3x^2 - 5x = 2$$

접근 x의 1승과 2승이 있으므로 이차방정식을 사용한다.

풀이 우선 방정식을 다음의 표준형으로 바꾼다.

$$ax^2 + bx + c = 0$$

양변에서 2를 빼면 다음과 같다.

$$3x^2 - 5x - 2 = 0$$

이 경우 표준 형식의 a, b, c에 $a = 3$, $b = -5$, $c = -2$를 취한 것이다. 식 A.4를 사용하여 x에 대한 두 개의 해는 다음과 같다.

† 또는 그들 중 하나 또는 그 이상이 변수도 될 수 있다. 이런 경우 또 다른 방정식이 필요하다.

$$x = \frac{+5 + \sqrt{25 - (4)(3)(-2)}}{(2)(3)} = \frac{5 + 7}{6} = 2$$

와

$$x = \frac{+5 - \sqrt{25 - (4)(3)(-2)}}{(2)(3)} = \frac{5 - 7}{6} = -\frac{1}{3}$$

이 예제에서 두 해는 $x = 2$와 $x = -\frac{1}{3}$이다. 물리 문제에서는 해 중에서 오직 하나의 해만이 실생활에 대응되는 해인 경우가 종종 있다. 이 경우에는 다른 해는 무시된다. 그렇지 않은 경우에는 모든 해가 물리 현상에 대응될 수 있다. 또한 $\sqrt{b^2 - 4ac}$가 실수가 되도록 b^2이 $4ac$보다 커야만 한다. 만약 $(b^2 - 4ac)$가 0보다 작다면(음수) 실수해가 존재하지 않는다. 음수의 제곱근을 **허수**라고 한다.

x의 최고 지수가 2인 이차방정식은 두 개의 해를 가지고, x^3을 포함하는 삼차방정식은 세 개의 해를 갖는다.

A.5 이항정리

때때로 우리는 어떤 양을 $(1 + x)^n$의 형태로 쓴다. 즉 $(1 + x)^n$이라는 양은 $(1 + x)$를 n승 한 것이다. 이것은 다음과 같이 **이항정리**라고 하는 무한급수의 항으로 나타낼 수 있다.

$$(1 + x)^n = 1 + nx + \frac{n(n - 1)}{2}x^2 + \cdots \qquad \textbf{(A.5)}$$

이 공식은 주로 x가 1보다 매우 작을 때 유용하다 $(x \ll 1)$. 이 경우 각 연속되는 항은 앞의 항보다 매우 작다. 예를 들어 $x = 0.01$, $n = 2$이라면 첫째 항은 1인데 비해, 둘째 항은 $nx = (2)(0.01) = 0.02$이고, 셋째 항은 $[(2)(1)/2](0.01)^2 = 0.0001$ 등의 순서로 나간다. 따라서 x가 작으면 처음 두(또는 셋) 항만을 제외하고 무시할 수 있고, 다음과 같이 쓸 수 있다.

$$(1 + x)^n \approx 1 + nx \qquad \textbf{(A.6)}$$

이 근사를 이용하여 매우 어려운 방정식을 쉽게 풀 수 있다. 이항정리에 대한 몇 가지 예를 들면 다음과 같다.

$$(1 + x)^2 \approx 1 + 2x$$

$$\frac{1}{1 + x} = (1 + x)^{-1} \approx 1 - x$$

$$\sqrt{1 + x} = (1 + x)^{\frac{1}{2}} \approx 1 + \tfrac{1}{2}x$$

$$\frac{1}{\sqrt{1 + x}} = (1 + x)^{-\frac{1}{2}} \approx 1 - \tfrac{1}{2}x$$

여기서 $x \ll 1$이다.

숫자로 예를 들어 보자. $\sqrt{1.02}$의 값을 알려면 $x = 0.02$로 1보다 매우 작으므로 이항정리를 사용하면 다음과 같다.

$$\sqrt{1.02} = (1.02)^{\frac{1}{2}} = (1 + 0.02)^{\frac{1}{2}} \approx 1 + \tfrac{1}{2}(0.02) = 1.01$$

계산기(더 빠르지 않을지도 모르지만)로 $\sqrt{1.02} \approx 1.01$이라는 것을 검산할 수 있을 것이다.

A.6 평면 기하학

여기서는 물리학에서 유용한 각과 삼각형을 포함하는 몇 가지 정리들을 복습한다.

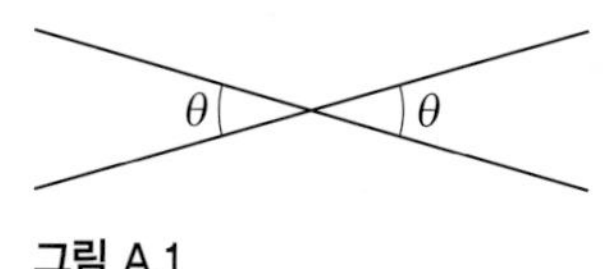

그림 A.1

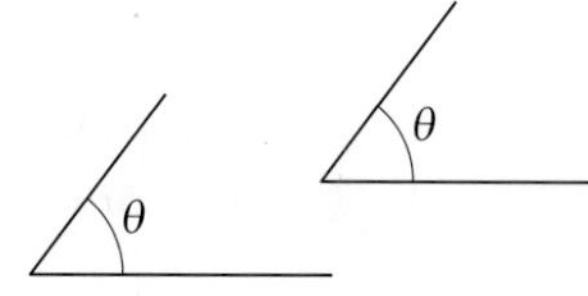

그림 A.2

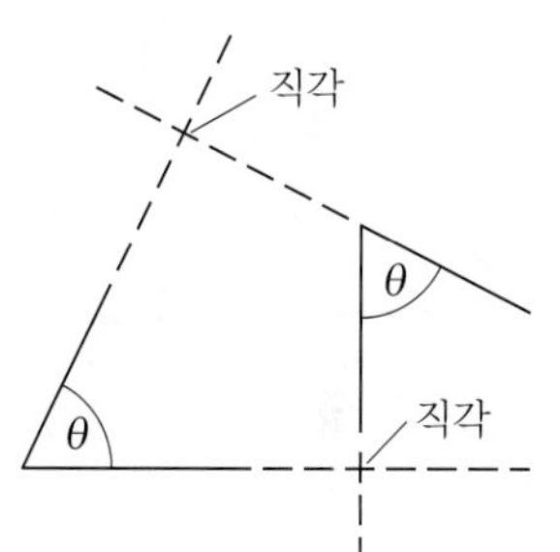

그림 A.3

1. **같은 각.** 다음과 같은 조건을 만족하면 두 각은 같다.
   (a) 두 각이 서로 엇각을 이루거나(그림 A.1);
   (b) 한쪽의 왼쪽 변이 다른 쪽의 왼쪽 변에 평행하고, 한쪽의 오른쪽 변이 다른 쪽의 오른쪽 변에 평행하거나(여기서 왼쪽과 오른쪽은 두 변이 만나는 꼭짓점에서 본 것이다(그림 A.2);
   (c) 한쪽의 왼쪽 변이 다른 쪽의 왼쪽 변과 서로 직각이고, 오른쪽 변끼리도 마찬가지로 직각을 이룰 때(그림 A.3).
2. 모든 삼각형의 **내각의 합**은 180°이다.
3. **닮은 삼각형.** 삼각형의 세 각이 모두 같으면 두 삼각형은 닮은꼴이다(그림 A.4에서 $\theta_1 = \phi_1$, $\theta_2 = \phi_2$, $\theta_3 = \phi_3$). 그러므로 닮은 삼각형은 같은 모양을 하고 있으나 크기나 방향이 다를 수 있다. 닮은 삼각형에 대한 두 개의 유용한 정리는 다음과 같다.
   (a) 세 각 중 두 각이 같으면 두 삼각형은 닮은꼴이다(이것은 삼각형의 세 각의 합이 180°이기 때문에 나머지 한 각도 같아야만 한다는 데서 나온다).
   (b) 두 닮은 삼각형의 대응하는 변의 비율은 같다. 즉 그림 A.4에서 다음과 같다.

$$\frac{a_1}{b_1} = \frac{a_2}{b_2} = \frac{a_3}{b_3}$$

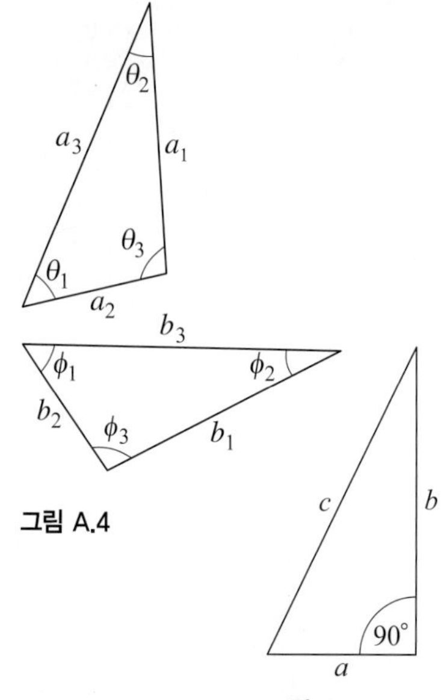

그림 A.4

그림 A.5

4. **합동 삼각형.** 한 삼각형 위에 다른 삼각형이 정확하게 겹쳐질 수 있으면 두 삼각형은 합동이다. 즉 그들은 닮은 삼각형이고, 같은 크기를 갖는다. 아래 조건 중 하나가 성립하면 두 삼각형은 합동이다.
   (a) 세 개의 대응하는 변의 길이가 같다.
   (b) 두 개의 변과 그 사잇각이 같다(변–각–변).
   (c) 두 개의 각과 그 사잇변의 길이가 같다(각–변–각).
5. **직각 삼각형.** 직각 삼각형의 한 각이 90°(**직각**)이다; 즉 직각에서 만나는 두 변은 서로 수직이다. 다른 두 각(예각)의 합은 90°이다.
6. **피타고라스 정리.** 임의의 직각 삼각형에서 사변(직각에서 마주보는 변)의 길이의 제곱은 다른 두 변의 제곱의 합과 같다. 즉 그림 A.5에서 다음과 같다.

$$c^2 = a^2 + b^2$$

A.7 삼각 함수와 항등식

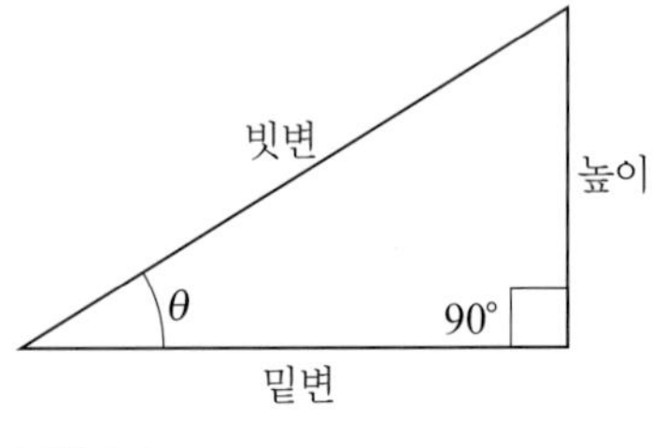

그림 A.6

각 θ에 대한 삼각 함수는 그림 A.6에서와 같이 직각 삼각형을 만들어 정의한다. 높이와 밑변은 각 θ와 마주보거나 인접하고 있다.

$$\sin\theta = \frac{\text{높이}}{\text{빗변}} \qquad \csc\theta = \frac{1}{\sin\theta} = \frac{\text{빗변}}{\text{높이}}$$

$$\cos\theta = \frac{\text{밑변}}{\text{빗변}} \qquad \sec\theta = \frac{1}{\cos\theta} = \frac{\text{빗변}}{\text{밑변}}$$

$$\tan\theta = \frac{\text{높이}}{\text{밑변}} = \frac{\sin\theta}{\cos\theta} \qquad \cot\theta = \frac{1}{\tan\theta} = \frac{\text{밑변}}{\text{높이}}$$

$$(\text{밑변})^2 + (\text{높이})^2 = (\text{빗변})^2 \qquad (\text{피타고라스 정리})$$

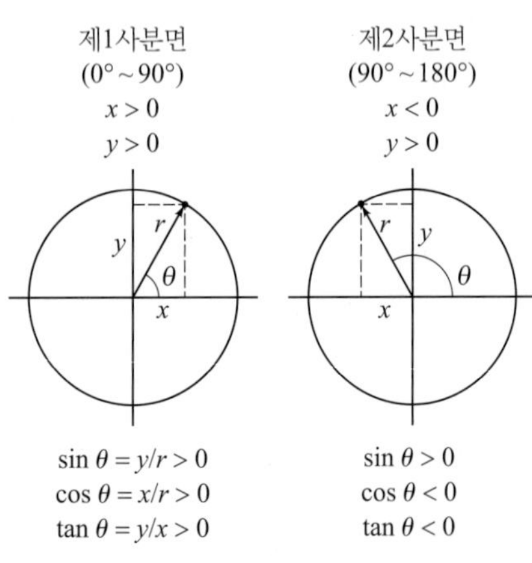

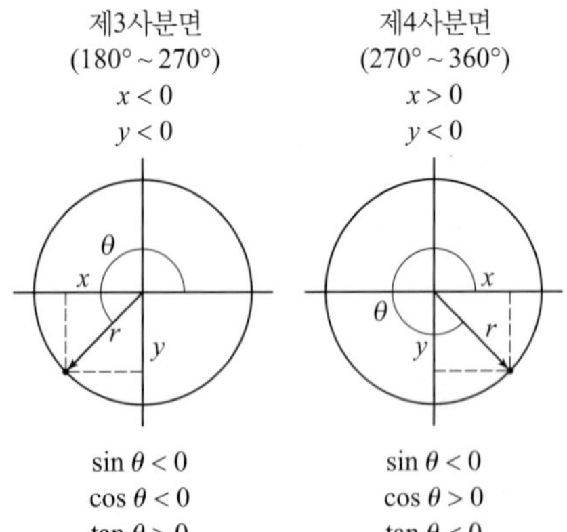

그림 A.7

그림 A.7은 네 사분면(0°에서 360°)에서 각 θ에 대한 cos, sin, tan의 부호(+ 또는 −)를 나타낸 것이다. 각도는 그림에서와 같이 x축으로부터 시계 반대 방향으로 측정됐고 음의 각은 x축 아래로부터 시계 방향으로 측정됐음에 주의하라. 예를 들면 −30° = +330°이다.

다음은 삼각 함수 사이의 유용한 항등식이다.

$$\sin^2\theta + \cos^2\theta = 1$$

$$\sin 2\theta = 2\sin\theta\cos\theta$$

$$\cos 2\theta = \cos^2\theta - \sin^2\theta = 2\cos^2\theta - 1 = 1 - 2\sin^2\theta$$

$$\tan 2\theta = \frac{2\tan\theta}{1 - \tan^2\theta}$$

$$\sin(A \pm B) = \sin A\cos B \pm \cos A\sin B$$

$$\cos(A \pm B) = \cos A\cos B \mp \sin A\sin B$$

$$\tan(A \pm B) = \frac{\tan A \pm \tan B}{1 \mp \tan A\tan B}$$

$$\sin(180° - \theta) = \sin\theta$$

$$\cos(180° - \theta) = -\cos\theta$$

$$\sin(90° - \theta) = \cos\theta$$

$$\cos(90° - \theta) = \sin\theta$$

$$\sin\tfrac{1}{2}\theta = \sqrt{\frac{1 - \cos\theta}{2}}$$

$$\cos\tfrac{1}{2}\theta = \sqrt{\frac{1 + \cos\theta}{2}}$$

$$\tan\tfrac{1}{2}\theta = \sqrt{\frac{1 - \cos\theta}{1 + \cos\theta}}$$

$$\sin A \pm \sin B = 2\sin\left(\frac{A \pm B}{2}\right)\cos\left(\frac{A \mp B}{2}\right)$$

삼각 함수 표. 사인, 코사인, 탄젠트 값

도 각	라디안 각	사인	코사인	탄젠트	도 각	라디안 각	사인	코사인	탄젠트
0°	0.000	0.000	1.000	0.000					
1°	0.017	0.017	1.000	0.017	46°	0.803	0.719	0.695	1.036
2°	0.035	0.035	0.999	0.035	47°	0.820	0.731	0.682	1.072
3°	0.052	0.052	0.999	0.052	48°	0.838	0.743	0.669	1.111
4°	0.070	0.070	0.998	0.070	49°	0.855	0.755	0.656	1.150
5°	0.087	0.087	0.996	0.087	50°	0.873	0.766	0.643	1.192
6°	0.105	0.105	0.995	0.105	51°	0.890	0.777	0.629	1.235
7°	0.122	0.122	0.993	0.123	52°	0.908	0.788	0.616	1.280
8°	0.140	0.139	0.990	0.141	53°	0.925	0.799	0.602	1.327
9°	0.157	0.156	0.988	0.158	54°	0.942	0.809	0.588	1.376
10°	0.175	0.174	0.985	0.176	55°	0.960	0.819	0.574	1.428
11°	0.192	0.191	0.982	0.194	56°	0.977	0.829	0.559	1.483
12°	0.209	0.208	0.978	0.213	57°	0.995	0.839	0.545	1.540
13°	0.227	0.225	0.974	0.231	58°	1.012	0.848	0.530	1.600
14°	0.244	0.242	0.970	0.249	59°	1.030	0.857	0.515	1.664
15°	0.262	0.259	0.966	0.268	60°	1.047	0.866	0.500	1.732
16°	0.279	0.276	0.961	0.287	61°	1.065	0.875	0.485	1.804
17°	0.297	0.292	0.956	0.306	62°	1.082	0.883	0.469	1.881
18°	0.314	0.309	0.951	0.325	63°	1.100	0.891	0.454	1.963
19°	0.332	0.326	0.946	0.344	64°	1.117	0.899	0.438	2.050
20°	0.349	0.342	0.940	0.364	65°	1.134	0.906	0.423	2.145
21°	0.367	0.358	0.934	0.384	66°	1.152	0.914	0.407	2.246
22°	0.384	0.375	0.927	0.404	67°	1.169	0.921	0.391	2.356
23°	0.401	0.391	0.921	0.424	68°	1.187	0.927	0.375	2.475
24°	0.419	0.407	0.914	0.445	69°	1.204	0.934	0.358	2.605
25°	0.436	0.423	0.906	0.466	70°	1.222	0.940	0.342	2.747
26°	0.454	0.438	0.899	0.488	71°	1.239	0.946	0.326	2.904
27°	0.471	0.454	0.891	0.510	72°	1.257	0.951	0.309	3.078
28°	0.489	0.469	0.883	0.532	73°	1.274	0.956	0.292	3.271
29°	0.506	0.485	0.875	0.554	74°	1.292	0.961	0.276	3.487
30°	0.524	0.500	0.866	0.577	75°	1.309	0.966	0.259	3.732
31°	0.541	0.515	0.857	0.601	76°	1.326	0.970	0.242	4.011
32°	0.559	0.530	0.848	0.625	77°	1.344	0.974	0.225	4.331
33°	0.576	0.545	0.839	0.649	78°	1.361	0.978	0.208	4.705
34°	0.593	0.559	0.829	0.675	79°	1.379	0.982	0.191	5.145
35°	0.611	0.574	0.819	0.700	80°	1.396	0.985	0.174	5.671
36°	0.628	0.588	0.809	0.727	81°	1.414	0.988	0.156	6.314
37°	0.646	0.602	0.799	0.754	82°	1.431	0.990	0.139	7.115
38°	0.663	0.616	0.788	0.781	83°	1.449	0.993	0.122	8.144
39°	0.681	0.629	0.777	0.810	84°	1.466	0.995	0.105	9.514
40°	0.698	0.643	0.766	0.839	85°	1.484	0.996	0.087	11.43
41°	0.716	0.656	0.755	0.869	86°	1.501	0.998	0.070	14.301
42°	0.733	0.669	0.743	0.900	87°	1.518	0.999	0.052	19.081
43°	0.750	0.682	0.731	0.933	88°	1.536	0.999	0.035	28.636
44°	0.768	0.695	0.719	0.966	89°	1.553	1.000	0.017	57.290
45°	0.785	0.707	0.707	1.000	90°	1.571	1.000	0.000	∞

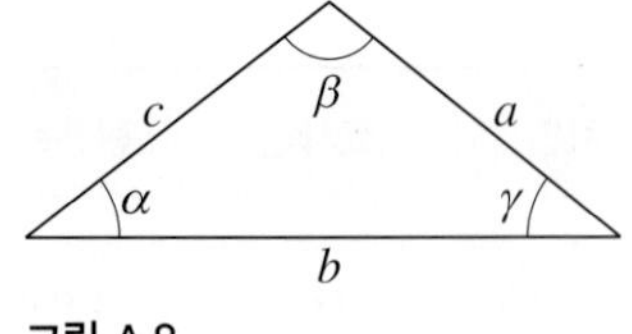

그림 A.8

임의의 삼각형(그림 A.8)에서

$$\frac{\sin\alpha}{a} = \frac{\sin\beta}{b} = \frac{\sin\gamma}{c} \qquad \text{(사인 법칙)}$$

$$c^2 = a^2 + b^2 - 2ab\cos\gamma \qquad \text{(코사인 법칙)}$$

A.8 로그(대수)

로그는 다음과 같은 방법으로 정의한다.

$$y = A^x\text{일 때} \quad x = \log_A y$$

즉 밑이 A인 수 y의 로그는 그 숫자로 A의 지수승을 하면 다시 y로 되돌아간다. **상용 로그**(또는 상용대수)에서는 밑이 10이므로 다음과 같다.

$$y = 10^x\text{일 때} \quad x = \log y$$

상용로그를 취급할 때에는 $\log_{10}$의 10은 일반적으로 생략한다. 때때로 쓰이는 다른 밑은 $e = 2.718\cdots$이다.† 이와 같은 로그를 **자연 로그**(또는 자연 대수)라 하고, ln으로 쓴다. 따라서 다음과 같다.

$$y = e^x\text{일 때} \quad x = \ln y$$

어떤 수 y에 대하여 두 형태의 로그 사이에는 다음과 같은 관계가 있다.

$$\ln y = 2.3026 \log y$$

로그에 대한 몇 가지 간단한 법칙은 다음과 같다.

$$\log(ab) = \log a + \log b \tag{A.7}$$

만약 $a = 10^n$이고, $b = 10^m$이라면 $ab = 10^{n+m}$이므로 이것은 참이다. 로그의 정의로부터 $\log a = n$, $\log b = m$, $\log(ab) = n + m$이기 때문에 $\log(ab) = n + m = \log a + \log b$이다. 비슷한 방법으로 다음을 알 수 있다.

$$\log\left(\frac{a}{b}\right) = \log a - \log b \tag{A.8}$$

$$\log a^n = n\log a \tag{A.9}$$

이 세 가지 법칙은 상용 로그뿐만 아니라, 자연 로그나 다른 어떤 종류의 로그에도 적용할 수 있다.

로그는 한때 어떤 형태의 계산을 단순화하는 기법으로 사용됐다. 전자계산기와 컴퓨터의 출현으로 로그는 그와 같은 목적으로 더 이상 자주 쓰이지는 않는다. 그러

† e는 다음과 같은 무한 급수로 쓸 수 있다.

$$e = 1 + \frac{1}{1} + \frac{1}{1\cdot 2} + \frac{1}{1\cdot 2\cdot 3} + \frac{1}{1\cdot 2\cdot 3\cdot 4} + \cdots$$

표 A.1 상용 로그표

N	0.0	0.1	0.2	0.3	0.4	0.5	0.6	0.7	0.8	0.9
1	.000	.041	.079	.114	.146	.176	.204	.230	.255	.279
2	.301	.322	.342	.362	.380	.398	.415	.431	.447	.462
3	.477	.491	.505	.519	.531	.544	.556	.568	.580	.591
4	.602	.613	.623	.633	.643	.653	.663	.672	.681	.690
5	.699	.708	.716	.724	.732	.740	.748	.756	.763	.771
6	.778	.785	.792	.799	.806	.813	.820	.826	.833	.839
7	.845	.851	.857	.863	.869	.875	.881	.886	.892	.898
8	.903	.908	.914	.919	.924	.929	.935	.940	.944	.949
9	.954	.959	.964	.968	.973	.978	.982	.987	.991	.996

나 로그는 어떤 물리 방정식에 나타나므로 그것을 어떻게 다루는지 아는 것이 도움이 된다. 만약 로그를 계산할 전자계산기를 가지고 있지 않다면 표 A.1에 보인 바와 같은 **로그표**를 쉽게 이용할 수 있다. 숫자 N은 두 자릿수로 주어져 있다(어떤 표는 N이 셋 또는 그 이상의 숫자로 주어진 것도 있다). 첫 번째 자릿수는 왼쪽에 수직으로 주어져 있고, 두 번째 자릿수는 맨 위쪽에 한 줄로 주어져 있다. 예를 들면 표에서 $\log 1.0 = 0.000$이고, $\log 1.1 = 0.041$이며, $\log 4.1 = 0.613$임을 알 수 있다. 표는 1.0부터 9.9까지의 로그값을 준다; 더 크거나 작은 수에 대해서는 A.7 법칙을 이용한다.

$$\log(ab) = \log a + \log b$$

예를 들면 다음과 같다.

$$\log(380) = \log(3.8 \times 10^2) = \log(3.8) + \log(10^2)$$

표에서 $\log 3.8 = 0.580$이고, A.6 법칙으로부터 $\log(10) = 1$이기 때문에

$$\log(10^2) = 2\log(10) = 2$$

이다[이것은 로그의 정의에 의한 것이다: 만약 $10 = 10^1$이라면 $1 = \log(10)$]. 따라서 다음과 같다.

$$\begin{aligned} \log(380) &= \log(3.8) + \log(10^2) \\ &= 0.580 + 2 \\ &= 2.580 \end{aligned}$$

마찬가지로 다음과 같다.

$$\begin{aligned} \log(0.081) &= \log(8.1) + \log(10^{-2}) \\ &= 0.908 - 2 = -1.092 \end{aligned}$$

때로는 이 과정의 역과정이 필요하다: 예를 들면 그 로그값이 2.670인 수를 찾는 경우이다. 이것을 '**반로그**(반대수)를 취한다'라고 한다. 이것을 구하기 위해서는 2.670를 소수점을 중심으로 두 부분으로 나눈다.

$$\log N = 2.670 = 2 + 0.670$$
$$= \log 10^2 + 0.670$$

이제는 표 A.1을 보고 어떤 수의 로그값이 0.670인지 찾는다; 어떤 수도 없으므로 **보간법**을 사용해야 한다: $\log 4.6 = 0.663$이고, $\log 4.7 = 0.672$임을 알 수 있다. 따라서 우리가 찾는 수는 4.6과 4.7 사이에 있고, 후자에 $\frac{7}{9}$만큼 가까이 있다. 근사적으로 $\log 4.68 = 0.670$이라고 할 수 있다. 따라서 다음과 같다.

$$\log N = 2 + 0.670$$
$$= \log\left(10^2\right) + \log(4.68) = \log\left(4.68 \times 10^2\right)$$

그러므로 $N = 4.68 \times 10^2 = 468$이다.

만약 주어진 로그값이 −2.180과 같이 (−) 값이라면 다음과 같이 쓸 수 있다.

$$\log N = -2.180 = -3 + 0.820$$
$$= \log 10^{-3} + \log 6.6 = \log 6.6 \times 10^{-3}$$

따라서 $N = 6.6 \times 10^{-3}$이다. 우리가 한 것은 정수 +0에서 1.0까지의 소수점 이하 숫자의 형식으로 만들기 위해 주어진 로그값보다 바로 큰 정수(여기서는 3)에 더했고, 반로그(반대수)값은 표에서 찾을 수 있다는 것에 유의하자.

APPENDIX B

몇 가지 동위원소들

(1) 원자 번호 *Z*	(2) 원소	(3) 기호	(4) 질량수 *A*	(5) 원자 질량[†]	(6) % 존재비 (또는 방사성 감쇠[‡] 모형)	(7) 반감기 (방사성일 때)
0	(Neutron)	n	1	1.008665	β^-	10.183 min
1	Hydrogen	H	1	1.007825	99.9885%	
	[proton	p	1	1.007276]		
	Deuterium	^2_1H	2	2.014102	0.0115%	
	[deuteron	d or D	2	2.013553]		
	Tritium	^3_1H	3	3.016049	β^-	12.32 yr
	[triton	t or T	3	3.015500]		
2	Helium	He	3	3.016029	0.000137%	
			4	4.002603	99.999863%	
3	Lithium	Li	6	6.015123	7.59%	
			7	7.016003	92.41%	
4	Beryllium	Be	7	7.016929	EC, γ	53.24 days
			9	9.012183	100%	
5	Boron	B	10	10.012937	19.9%	
			11	11.009305	80.1%	
6	Carbon	C	11	11.011434	β^+, EC	20.334 min
			12	12.000000	98.93%	
			13	13.003355	1.07%	
			14	14.003242	β^-	5730 yr
7	Nitrogen	N	13	13.005739	β^+, EC	9.965 min
			14	14.003074	99.632%	
			15	15.000109	0.368%	
8	Oxygen	O	15	15.003066	β^+, EC	122.24 s
			16	15.994915	99.757%	
			18	17.999160	0.205%	
9	Fluorine	F	19	18.998403	100%	
10	Neon	Ne	20	19.992440	90.48%	
			22	21.991385	9.25%	
11	Sodium	Na	22	21.994437	β^+, EC, γ	2.6027 yr
			23	22.989769	100%	
			24	23.990963	β^-, γ	14.997 h
12	Magnesium	Mg	24	23.985042	78.99%	
13	Aluminum	Al	27	26.981539	100%	
14	Silicon	Si	28	27.976927	92.223%	
			31	30.975363	β^-, γ	157.3 min
15	Phosphorus	P	31	30.973762	100%	
			32	31.973908	β^-	14.262 days

† (5)번 란 속에 주어진 질량(원자 질량 단위)은 전자(*Z*)를 포함한 중성 원자에 대한 값이다(양성자, 중양성자, 삼중양자 제외).

‡ 29장; EC = 전자 포획

(1) 원자 번호 Z	(2) 원소	(3) 기호	(4) 질량수 A	(5) 원자 질량	(6) % 존재비 (또는 방사성 감쇠 모형)	(7) 반감기 (방사성일 때)
16	Sulfur	S	32	31.972071	94.99%	
			35	34.969032	β^-	87.37 days
17	Chlorine	Cl	35	34.968853	75.76%	
			37	36.965903	24.24%	
18	Argon	Ar	40	39.962383	99.6035%	
19	Potassium	K	39	38.963706	93.2581%	
			40	39.963998	0.0117%	
					β^-, EC, γ, β^+	1.248×10^9 yr
20	Calcium	Ca	40	39.962591	96.94%	
21	Scandium	Sc	45	44.955908	100%	
22	Titanium	Ti	48	47.947942	73.72%	
23	Vanadium	V	51	50.943957	99.750%	
24	Chromium	Cr	52	51.940506	83.789%	
25	Manganese	Mn	55	54.938044	100%	
26	Iron	Fe	56	55.934936	91.754%	
27	Cobalt	Co	59	58.933194	100%	
			60	59.933816	β^-, γ	5.2713 yr
28	Nickel	Ni	58	57.935342	68.077%	
			60	59.930786	26.223%	
29	Copper	Cu	63	62.929598	69.15%	
			65	64.927790	30.85%	
30	Zinc	Zn	64	63.929142	49.17%	
			66	65.926034	27.73%	
31	Gallium	Ga	69	68.925574	60.108%	
32	Germanium	Ge	72	71.922076	27.45%	
			74	73.921178	36.50%	
33	Arsenic	As	75	74.921595	100%	
34	Selenium	Se	80	79.916522	49.61%	
35	Bromine	Br	79	78.918338	50.69%	
36	Krypton	Kr	84	83.911498	56.987%	
37	Rubidium	Rb	85	84.911790	72.17%	
38	Strontium	Sr	86	85.909261	9.86%	
			88	87.905612	82.58%	
			90	89.907730	β^-	28.90 yr
39	Yttrium	Y	89	88.905840	100%	
40	Zirconium	Zr	90	89.904698	51.45%	
41	Niobium	Nb	93	92.906373	100%	
42	Molybdenum	Mo	98	97.905405	24.39%	
43	Technetium	Tc	98	97.907212	β^-, γ	4.2×10^6 yr
44	Ruthenium	Ru	102	101.904344	31.55%	
45	Rhodium	Rh	103	102.905498	100%	
46	Palladium	Pd	106	105.903480	27.33%	
47	Silver	Ag	107	106.905092	51.839%	
			109	108.904755	48.161%	
48	Cadmium	Cd	114	113.903365	28.73%	
49	Indium	In	115	114.903879	95.71%; β^-	4.41×10^{14} yr
50	Tin	Sn	120	119.902202	32.58%	
51	Antimony	Sb	121	120.903812	57.21%	

(1) 원자 번호 Z	(2) 원소	(3) 기호	(4) 질량수 A	(5) 원자 질량	(6) % 존재비 (또는 방사성 감쇠 모형)	(7) 반감기 (방사성일 때)
52	Tellurium	Te	130	129.906223	34.08%; $\beta^-\beta^-$	$>3.0 \times 10^{24}$ yr
53	Iodine	I	127	126.904472	100%	
			131	130.906126	β^-, γ	8.0252 days
54	Xenon	Xe	132	131.904155	26.9086%	
			136	135.907214	8.8573%; $\beta^-\beta^-$	$>2.4 \times 10^{21}$ yr
55	Cesium	Cs	133	132.905452	100%	
56	Barium	Ba	137	136.905827	11.232%	
			138	137.905247	71.698%	
57	Lanthanum	La	139	138.906356	99.9119%	
58	Cerium	Ce	140	139.905443	88.450%	
59	Praseodymium	Pr	141	140.907658	100%	
60	Neodymium	Nd	142	141.907729	27.152%	
61	Promethium	Pm	145	144.912756	EC, α	17.7 yr
62	Samarium	Sm	152	151.919740	26.75%	
63	Europium	Eu	153	152.921238	52.19%	
64	Gadolinium	Gd	158	157.924112	24.84%	
65	Terbium	Tb	159	158.925355	100%	
66	Dysprosium	Dy	164	163.929182	28.260%	
67	Holmium	Ho	165	164.930329	100%	
68	Erbium	Er	166	165.930300	33.503%	
69	Thulium	Tm	169	168.934218	100%	
70	Ytterbium	Yb	174	173.938866	31.026%	
71	Lutetium	Lu	175	174.940775	97.401%	
72	Hafnium	Hf	180	179.946557	35.08%	
73	Tantalum	Ta	181	180.947996	99.98799%	
74	Tungsten (wolfram)	W	184	183.950931	30.64%; α	$>8.9 \times 10^{21}$ yr
75	Rhenium	Re	187	186.955750	62.60%; β^-	4.33×10^{10} yr
76	Osmium	Os	191	190.960926	β^-, γ	15.4 days
			192	191.961477	40.78%	
77	Iridium	Ir	191	190.960589	37.3%	
			193	192.962922	62.7%	
78	Platinum	Pt	195	194.964792	33.78%	
79	Gold	Au	197	196.966569	100%	
80	Mercury	Hg	199	198.968281	16.87%	
			202	201.970643	29.86%	
81	Thallium	Tl	205	204.974428	70.48%	
82	Lead	Pb	206	205.974466	24.1%	
			207	206.975897	22.1%	
			208	207.976652	52.4%	
			210	209.984189	β^-, γ, α	22.20 yr
			211	210.988737	β^-, γ	36.1 min
			212	211.991898	β^-, γ	10.64 h
			214	213.999806	β^-, γ	26.8 min
83	Bismuth	Bi	209	208.980399	100%	
			211	210.987270	α, γ, β^-	2.14 min
84	Polonium	Po	210	209.982874	α, γ, EC	138.376 days
			214	213.995202	α, γ	164.3 μs
85	Astatine	At	218	218.008695	α, β^-	1.5 s

(1) 원자 번호 Z	(2) 원소	(3) 기호	(4) 질량수 A	(5) 원자 질량	(6) % 존재비 (또는 방사성 감쇠 모형)	(7) 반감기 (방사성일 때)
86	Radon	Rn	222	222.017578	α, γ	3.8235 days
87	Francium	Fr	223	223.019736	β^-, γ, α	22.00 min
88	Radium	Ra	226	226.025410	α, γ	1600 yr
89	Actinium	Ac	227	227.027752	β^-, γ, α	21.772 yr
90	Thorium	Th	228	228.028741	α, γ	1.9116 yr
			232	232.038056	100%; α, γ	1.40×10^{10} yr
91	Protactinium	Pa	231	231.035884	α, γ	3.276×10^4 yr
92	Uranium	U	232	232.037156	α, γ	68.9 yr
			233	233.039636	α, γ	1.592×10^5 yr
			235	235.043930	0.7204%; α, γ	7.04×10^8 yr
			236	236.045568	α, γ	2.342×10^7 yr
			238	238.050788	99.2742%; α, γ	4.468×10^9 yr
			239	239.054294	β^-, γ	23.45 min
93	Neptunium	Np	237	237.048174	α, γ	2.144×10^6 yr
			239	239.052939	β^-, γ	2.356 days
94	Plutonium	Pu	239	239.052164	α, γ	24,110 yr
			244	244.064205	α	8.00×10^7 yr
95	Americium	Am	243	243.061381	α, γ	7370 yr
96	Curium	Cm	247	247.070354	α, γ	1.56×10^7 yr
97	Berkelium	Bk	247	247.070307	α, γ	1380 yr
98	Californium	Cf	251	251.079589	α, γ	898 yr
99	Einsteinium	Es	252	252.082980	α, EC, γ	471.7 days
100	Fermium	Fm	257	257.095106	α, γ	100.5 days
101	Mendelevium	Md	258	258.098431	α, γ	51.5 days
102	Nobelium	No	259	259.101030	α, EC	58 min
103	Lawrencium	Lr	262	262.109610	α, EC, fission	$\approx$4 h
104	Rutherfordium	Rf	263	263.112500	fission	10 min
105	Dubnium	Db	268	268.125670	fission	32 h
106	Seaborgium	Sg	271	271.133930	α, fission	2.4 min
107	Bohrium	Bh	274	274.143550	α, fission	0.9 min
108	Hassium	Hs	270	270.134290	α	22 s
109	Meitnerium	Mt	278	278.156310	α, fission	8 s
110	Darmstadtium	Ds	281	281.164510	α, fission	20 s
111	Roentgenium	Rg	281	281.166360	α, fission	26 s
112	Copernicium	Cn	285	285.177120	α	30 s
113†			286	286.18210	α, fission	20 s
114	Flerovium	Fl	289	289.190420	α	2.7 s
115†			289	289.193630	α, fission	0.22 s
116	Livermorium	Lv	293	293.204490	α	53 ms
117†			294	294.210460	α	0.08 s
118†			294	294.213920	α, fission	0.9 ms

† 원소 113, 115, 117, 118에 대한 예비 증거(미확인됨)가 보고됐다.

회전 관성틀; 관성력; 코리올리 효과

관성과 비관성 기준틀

5장과 8장에서 지구에 고정된 관측자의 입장에서 원과 회전 운동을 포함한 물체의 운동을 살펴봤다. 때때로 우리 자신을 회전 기준틀에 있을 때 기술하는 것이 (실제적이지는 않지만 이론적으로) 편리하기도 하다. 회전목마와 같이 회전하는 플랫폼에 앉아 있는 사람의 기준틀에서 물체의 운동을 살펴보자. 이는 관측자 입장에서 보면 세상이 자기 자신에 대해 회전하고 있는 것처럼 보인다. 마찰이 없는 회전 플랫폼 위에 테니스공을 놓고 관측자 입장에서 보는 것에 대해 초점을 맞춰 보자. 공을 밀지 않고 가만히 놓으면, 그림 C.1a에서와 같이 공은 정지 상태로부터 바깥으로 가속되어 이동하는 것을 관찰하게 될 것이다. 뉴턴 제1법칙에 의하면, 처음에 정지하고 있는 물체는 알짜힘이 작용하지 않으면 계속 정지하고 있어야 한다. 그러나 회전 플랫폼의 관측자 입장에서 보면, 공에 작용하는 알짜힘이 없더라도 공이 이동하기 시작한다. 지면에 있는 관측자 입장에서 보면, 이는 매우 분명하다: 공은 가만히 놓을 때 처음 속도를 갖게 되고 (왜냐하면 플랫폼이 움직이고 있었기 때문에), 공은 단지 그림 C.1b에서와 같이 뉴턴 제1법칙에 부합하는 직선 경로를 따라 계속하여 이동한다.

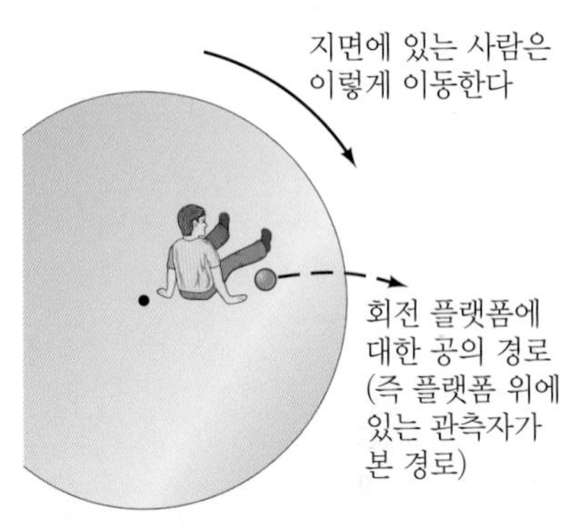

(a) 회전 기준틀

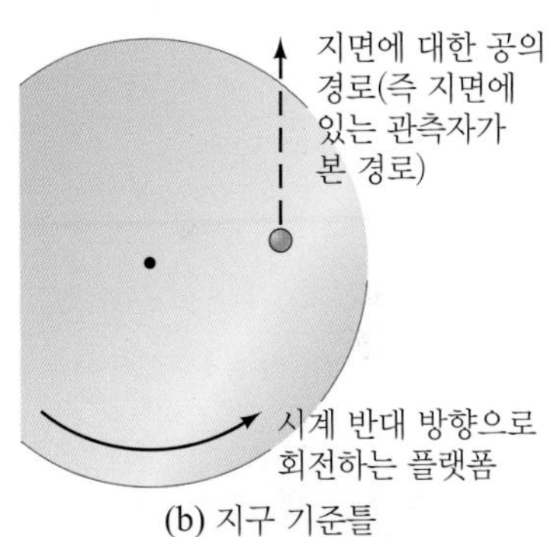

(b) 지구 기준틀

그림 C.1 회전목마 위에서 가만히 놓은 공의 (a) 회전목마의 기준틀에서와 (b) 지면에 고정된 기준틀에서 본 경로

그러나 회전 플랫폼에 있는 관측자의 기준틀에 대해서는 어떻게 이해해야 하겠는가? 관성 법칙인 뉴턴 제1법칙은 이 회전 기준틀에서 성립하지 않는다. 왜냐하면 공이 알짜힘을 받지 않고 이동하기 시작하기 때문이다. 이런 이유로, 이런 기준틀을 **비관성 기준틀**(noninertial reference frame)이라 부른다. 4장에서 설명한 바와 같이 비관성 기준틀은 관성의 법칙, 즉 뉴턴 제1법칙이 성립하지 않는 기준틀이다. 따라서 뉴턴의 뉴턴 제2법칙과 제3법칙도 성립하지 않는다. 회전 플랫폼과 같은 비관성 기준틀에서 뉴턴 제2법칙 역시 성립하지 않는다. 예를 들어 위에서 설명한 경우, 공에 작용하는 알짜힘은 없지만, 회전 플랫폼에 대해 공은 가속한다.

겉보기(관성)힘

회전 기준틀에 대하여 관측할 때 뉴턴 법칙들이 성립하지 않으므로, 운동의 계산이 복잡해질 수 있다. 그러나 방법을 약간 달리하면 이런 기준틀에서도 뉴턴 법칙들을 여전히 적용할 수 있다. 그림 C.1a의 회전 플랫폼에 있는 공은 가만히 놓았을 때, (공에 실제로 작용하는 힘이 없더라도) 바깥으로 날아간다. 그러므로 편법을 사용하여 지름 방향 바깥으로 물체에 작용하는 여러 힘들 이외에 mv^2/r (또는 $m\omega^2 r$)의 힘이 작용하는 것으로 하여, 식 $\Sigma F = ma$를 쓰는 것이다. 힘이 바깥으로 작용하는 것으로 보이기 때문에, '원심력'으로 표현할 수 있는 이 힘을 **가상력**(fictitious force) 또는 **유사힘**(pseudoforce)이라 부른다. 이 힘을 작용하는 물체가 없기 때문에, 이 힘은 유사힘이다. 더욱이 관성 기준틀에서 볼 때, 이 효과는 전혀 존재하지 않는다. 비관성틀에서 뉴턴 제2법칙 $\Sigma F = ma$를 사용하여 계산하기 위해, 이 유사힘을 만들었다. 따라서 그림 C.1a의 비관성틀에서 관측자는 mv^2/r의 힘이 공에 작용한다고 가정하여, 공에 대한 뉴턴 제2법칙을 사용한다. 이런 유사힘을 **관성력**(inertial force)이라고도 한다. 그 이유는 이 힘이 비관성틀에서 생기기 때문이다.

5.3절에서 관성틀의 관점에서 곡선을 따라 이동하는 자동차 내의 사람에 작용하는 힘들을 논의했다(그림 5.10). 반면에 자동차는 관성틀이 아니다. 자동차 내의 승객은 바깥으로 밀어내는 힘을 원심력의 효과로 해석할 수 있을 것이다. 그러나 승객은 이 힘이 유사힘이라는 것을 인식할 필요가 있다. 왜냐하면 이를 작용하는 분명한 물체가 없기 때문이다. 이는 비관성 기준틀의 효과이다.

지구 자체는 자전하고 있다. 따라서 엄밀히 말하면, 뉴턴 법칙들은 지구에서 성립하지 않는다. 그러나 일반적으로 지구 자전의 효과는 큰 기단과 해류의 이동에 영향을 주기는 하지만 너무 작아서 무시할 수 있다. 지구 자전 때문에, 적도가 극 지역보다 약간 더 튀어나와서 지구는 완전한 구가 아니다.

코리올리 효과

관성틀에 대해 일정한 각속력 ω로 회전하는 기준틀에서는 **코리올리 힘**으로 알려진 또 다른 유사힘이 존재한다. 물체가 회전 관성틀에 대해 움직이고 있는 경우, 이 힘이 회전 관성틀에서 물체에 작용하는 것처럼 보이고, 이 힘이 물체를 옆쪽으로 편향되게 작용한다. 또한 회전 기준틀은 비관성틀이기 때문에, 이 힘은 회전 기준틀의 효과이다. 따라서 이 힘은 **관성력**에 해당한다. 또한 이는 날씨에 영향을 준다.

코리올리 힘이 어떻게 생기는지 알아보기 위해, 그림 C.2a에 있는 것처럼 각속력 ω로 회전하는 플랫폼 위에 정지해 있는 두 사람 A와 B를 고려해 보자. 이들은 회전축(O)으로부터 거리 r_A와 r_B에 위치하고 있다. 여자 A는 플랫폼 가장자리에 있는 남자 B를 향해 지름 방향 바깥으로 공을 수평 속도 $\vec{\mathbf{v}}$로 공을 던진다. 그림 C.2a에서 우리는 관성 기준틀에서 이 상황을 보고 있다. 공은 처음에 지름 방향 바깥으로 속도 $\vec{\mathbf{v}}$를 가지고 있을 뿐만 아니라, 플랫폼의 회전에 의한 접선 속도 $\vec{\mathbf{v}}_A$ 또한 가지고

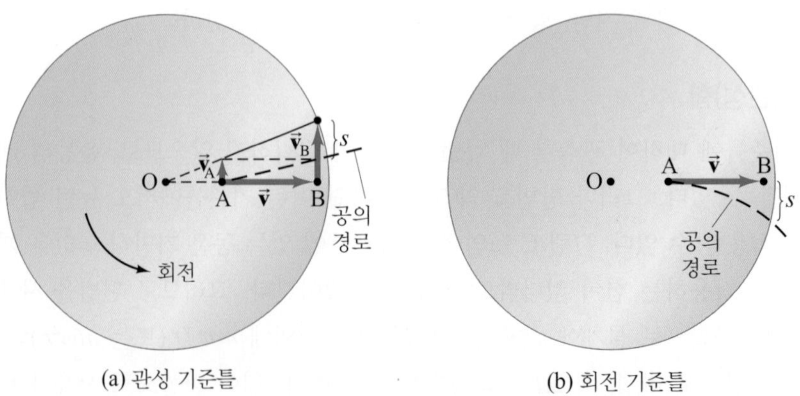

그림 C.2 코리올리 효과의 원인. 회전 플랫폼에서 내려다 본 모습. (a) 비회전 관성틀에서 본 모습과 (b) 회전 플랫폼을 기준틀로 했을 때 본 모습

있다. 이제 식 8.4에 의하면 $\vec{\mathbf{v}}_A$이며, 여기서 $v_A = r_A\omega$는 O를 지나는 회전축으로부터 여자의 지름 방향 거리이다. 만약에 B에 있는 남자가 같은 속도 v_A를 가지고 있다면, 공은 남자에게 완벽히 도달할 것이다. 그러나 $r_B > r_A$이므로, 그의 속력 $v_B = r_B\omega$는 v_A보다 크다. 따라서 공이 플랫폼의 바깥 가장자리에 도달할 때, 남자의 이 방향으로의 속력이 공의 속력보다 크기 때문에 공은 B에 있는 남자가 이미 지나간 지점을 통과하게 된다.

그림 C.2b는 회전 플랫폼을 기준틀로 했을 때의 상황을 보여 주고 있다. A와 B 모두 정지해 있고, 공은 B를 향해 속도 $\vec{\mathbf{v}}$로 던져졌지만, 공은 그림에서와 같이 편향되고 앞에서 기술한 바와 같이 B 뒤로 지나간다. 이는 원심력 효과가 아니다. 왜냐하면 이는 지름 방향 바깥쪽으로 작용하기 때문이다. 그 대신, 이 효과는 $\vec{\mathbf{v}}$에 수직인 옆쪽으로 작용하므로, **코리올리 가속도**(Coriolis acceleration)라고 한다. 이는 가상력인 코리올리 힘에 의한 것이라고 말한다. 관성 기준틀에서 본 이의 설명은 앞에서 언급했다: 이는 회전계에 있기 때문에 생긴 효과이다. 회전계에서 회전축으로부터 멀리 떨어진 지점은 더 큰 선속력을 갖는다. 반면에 회전계에서 볼 때, 코리올리 효과에 해당하는 '유사힘'을 첨가하여 뉴턴 제2법칙 $\Sigma\vec{\mathbf{F}} = m\vec{\mathbf{a}}$으로 운동을 기술할 수 있다.

앞에서 기술한 간단한 경우에 대한 코리올리 가속도의 크기를 구해 보자. (v는 크고 거리는 짧다고 가정하므로 중력을 무시할 수 있다.) 관성 기준틀에서 계산을 한다(그림 C.2a). 공은 지름 방향 바깥쪽으로 짧은 시간 t 내에 속력 v로 거리 $r_B - r_A$를 이동하며, 이는 다음과 같다.

$$r_B - r_A = vt$$

이 시간 동안, 공은 옆으로 다음과 같은 거리 s_A를 이동한다.

$$s_A = v_A t$$

이 시간 t 동안에, B에 있는 남자는 거리

$$s_B = v_B t$$

를 이동한다. 따라서 공은 남자 뒤쪽으로 거리 s를 지난다(그림 C.2b). 즉

$$s = s_B - s_A = (v_B - v_A)t$$

이다. 앞에서 $v_A = r_A\omega$와 $v_B = r_B\omega$임을 알았으므로

$$s = (r_B - r_A)\omega t$$

이다. 앞에서 얻은 $r_B - r_A = vt$를 대입하면

$$s = \omega v t^2 \tag{C.1}$$

을 얻는다. 이 s는 비관성 기준틀에서 본 옆쪽으로의 변위와 같다(그림 C.2b).

식 C.1은 2장(식 2.11b)의 등가속도에서 본 $y = \frac{1}{2}at^2$의 형태이므로, 이는 등가속도 운동에 해당한다. 따라서 식 C.1을 $s = \frac{1}{2}a_{Cor}t^2$의 형태로 쓰면, 코리올리 가속도 a_{Cor}는 다음과 같다.

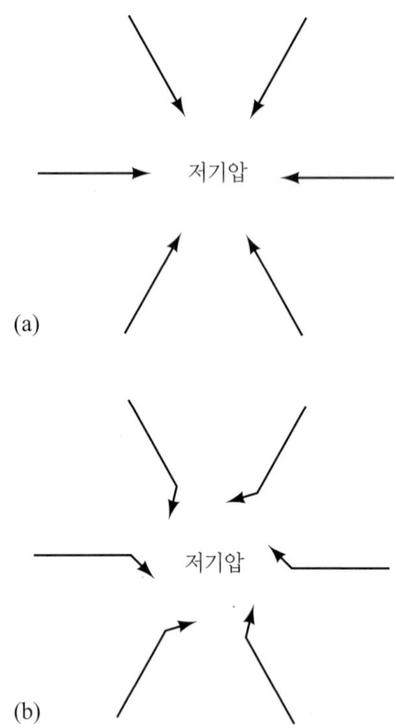

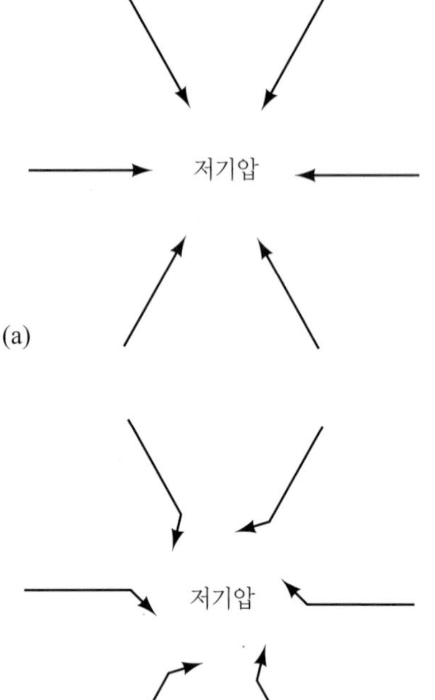

그림 C.3 (a) 바람(이동하는 기단)은 지구가 회전하지 않는다면 저기압 영역으로 직접 이동할 것이다. (b)와 (c): 지구 자전 때문에, 바람은 북반구에서 가상(코리올리)힘이 작용하는 것처럼(그림 C.2에서와 같이) 오른쪽으로 편향된다.

$$a_{\text{Cor}} = 2\omega v \tag{C.2}$$

이 관계식은 회전축(그림 C.2에서 종이면에 수직이며 O를 지나는 축)에 수직인 회전면에서 어떤 속도이든지 간에 성립한다.

지구는 자전하므로, 코리올리 효과는 지구에서 흥미 있는 현상을 보여 준다. 이는 기단의 이동에 영향을 주게 되어 결과적으로 기상에 영향을 준다. 코리올리 효과가 없으면, 공기는 그림 C.3a에서와 같이 직접 저기압 쪽으로 급격히 이동할 것이다. 그러나 코리올리 효과 때문에, 지구가 서쪽에서 동쪽으로의 자전에 의해 바람은 북반구에서 오른쪽으로 편향된다(그림 C.3b). 그러므로 저기압 영역을 중심으로 시계 반대 방향의 바람이 부는 경향이 있다. 적도 부근에서 동쪽에서 부는 무역풍은 같은 효과로 설명된다. 적도를 향해 남쪽으로 부는 바람은 서쪽으로 편향될 것이다(즉 마치 동쪽에서 불어오는 것처럼).

코리올리 효과는 또한 낙하 물체에도 작용한다. 높은 탑의 꼭대기에서 놓은 물체는 놓은 지점 바로 아래쪽의 땅에 떨어지지 않고, 약간 동쪽으로 편향될 것이다. 관성틀에서 봤을 때, 이런 현상은 탑이 꼭대기가 지구 주위를 탑의 아래쪽보다 약간 더 빠른 속력으로 돌기 때문에 발생한다.

기체의 몰비열과 에너지 등분배

기체의 몰비열

기체의 비열은 열역학 과정이 어떻게 진행되는지에 따라 다르다. 두 중요한 과정은 부피 또는 압력이 일정하게 유지되는 과정이다. 표 D.1은 여러 기체에 대한 이들 값이 어떻게 다른지 보여준다.

기체의 비열 차이는 열역학 제1법칙과 기체 운동론으로 산뜻하게 설명할 수 있다. 기체의 경우, **몰비열**(molar specific heats) C_V와 C_P는 1몰의 기체를 일정한 부피와 일정한 압력에서 각각 1 K(또는 1 °C)의 온도를 높이는 데 필요한 열로 정의한다. 식 14.2와 유사하게, n몰의 기체를 ΔT 올리는 데 필요한 열 Q는 다음과 같다.

$$Q = nC_V \Delta T \qquad \text{[등적]} \qquad \textbf{(D.1a)}$$

$$Q = nC_P \Delta T \qquad \text{[등압]} \qquad \textbf{(D.1b)}$$

몰비열의 정의로부터 다음과 같이 됨을 알 수 있다(식 14.2와 D.1의 비교).

$$C_V = Mc_V$$

$$C_P = Mc_P$$

여기서 M은 기체의 몰질량이다($M = m/n$, 단위는 g/mol).† 몰비열의 값을 표 D.1에 나열했다. 분자당 같은 수의 원자를 갖는 기체의 경우, 이들 값은 거의 같다.

표 D.1 15 °C에서 기체의 비열

기체	비열 (kcal/kg · K) c_V	비열 (kcal/kg · K) c_P	몰비열 (cal/mol · K) C_V	몰비열 (cal/mol · K) C_P	$C_P - C_V$ (cal/mol · K)
단원자					
He	0.75	1.15	2.98	4.97	1.99
Ne	0.148	0.246	2.98	4.97	1.99
이원자					
N_2	0.177	0.248	4.96	6.95	1.99
O_2	0.155	0.218	5.03	7.03	2.00
삼원자					
CO_2	0.153	0.199	6.80	8.83	2.03
H_2O (100°C)	0.350	0.482	6.20	8.20	2.00
다원자					
C_2H_6	0.343	0.412	10.30	12.35	2.05

† 예를 들어 He의 경우 M = 2g/mol이고, O_2의 경우 M = 32 g/mol이다.

이제 운동론을 사용하고 이상 기체를 두 개의 서로 다른 과정으로 서서히 열을 가한다고 가정하자. 첫 번째로 부피를 일정하게 한 후, 압력을 일정하게 하자. 두 과정에서, 온도 증가는 동일하게 ΔT로 하자.

등압 과정에서는 $\Delta V = 0$이므로 일을 하지 않는다. 따라서 열역학 제1법칙에 의하면(15.1절, $Q = \Delta U + W$), 가해진 열은 (Q_V로 표현함) 모든 기체의 내부 에너지 증가로 간다.

$$Q_V = \Delta U$$

등압 과정에서는 일을 한다. 따라서 인가된 열 Q_P는 내부 에너지뿐만 아니라 일 $W = P\,\Delta V$를 하는 데 사용돼야 한다. 따라서 같은 ΔT의 온도를 증가시키려면, 등적 과정에서보다 등압 과정에서 더 많은 열이 필요하게 된다. 등압 과정의 경우, 열역학 제1법칙은 다음과 같이 주어진다.

$$Q_P = \Delta U + P\,\Delta V$$

이 두 과정에서 ΔU가 같기 때문에(ΔT를 같게 선택했음), 위의 두 식을 조합할 수 있다.

$$Q_P - Q_V = P\,\Delta V$$

이상 기체 법칙 $V = nRT/P$로부터, 등압 과정의 경우 $\Delta V = nR\,\Delta T/P$이다. 이를 앞의 식에 대입하고 식 D.1을 이용하면

$$nC_P\,\Delta T - nC_V\,\Delta T = P\left(\frac{nR\,\Delta T}{P}\right)$$

를 얻게 된다. 또는 약분을 하면

$$C_P - C_V = R \qquad \textbf{(D.2)}$$

가 된다. 기체 상수는 $R = 8.314\ \mathrm{J/mol\cdot K} = 1.99\ \mathrm{cal/mol\cdot K}$이므로, C_P는 C_V보다 약 $1.99\ \mathrm{cal/mol\cdot K}$ 더 클 것으로 예상된다. 실제로 이는 표 D.1의 마지막 칸에 보인 바와 같이 실험적으로 얻은 결과와 매우 가깝다.

이번에는 운동론을 이용하여 단원자 기체의 몰비열을 계산하자. 등적 과정의 경우, 한 일은 없으므로 열역학 제1법칙은

$$\Delta U = Q_V$$

이다. 이상적인 단원자 기체의 경우, 내부 에너지 U는 14.2절에서 본 바와 같이 모든 분자의 전체 운동 에너지이므로

$$U = N\left(\tfrac{1}{2}m\overline{v^2}\right) = \tfrac{3}{2}nRT$$

이다. 그러면 식 D.1a를 사용하여 $\Delta U = Q_V$를 다음과 같이 쓸 수 있다.

$$\Delta U = \tfrac{3}{2}nR\,\Delta T = nC_V\,\Delta T \qquad \textbf{(D.3)}$$

또는

$$C_V = \tfrac{3}{2}R \tag{D.4}$$

$R = 8.314\,\text{J/mol}\cdot\text{K} = 1.99\,\text{cal/mol}\cdot\text{K}$이므로, 운동론에 의하면 단원자 이상 기체의 경우 $C_V = 2.98\,\text{cal/mol}\cdot\text{K}$가 예상된다. 이 값은 헬륨과 네온(표 D.1)과 같은 단원자 기체의 실험값과 매우 가깝다. 식 D.2로부터, C_P는 $R + C_V = (1.99 + 2.98)$ cal/mol·K = 4.97 cal/mol·K가 예상되며, 이 또한 실험값과 일치한다(표 D.1).

에너지 등분배

이원자와 삼원자 같은 더 복잡한 기체의 경우, 분자당 원자의 수가 증가할수록 측정한 몰비열(표 D.1)이 증가한다. 이는 내부 에너지가 병진 운동 에너지뿐만 아니라 여러 다른 형태의 에너지를 포함하는 것으로 가정하여 설명할 수 있다. 예를 들어 이원자 기체(그림 D.1)의 경우, 두 원자는 두 개의 서로 다른 축에 대해 회전이 가능하다. (그러나 두 원자를 지나는 세 번째 축에 대한 회전은 관성 모멘트가 매우 작기 때문에 거의 에너지가 필요하지 않다.) 분자는 병진 운동 에너지뿐만 아니라 회전 운동 에너지를 가질 수 있다.

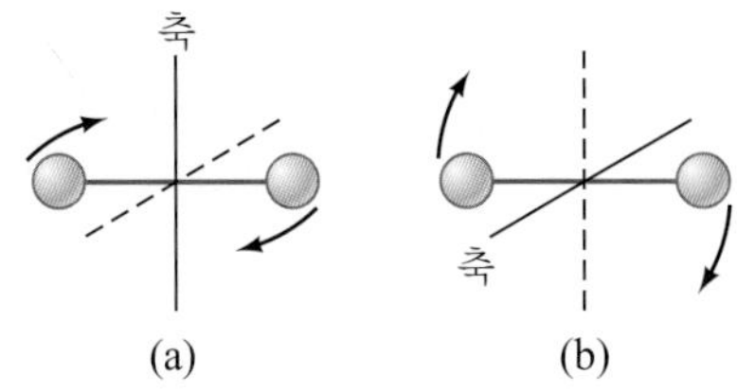

그림 D.1 이원자 분자는 두 개의 서로 다른 축에 대해 회전할 수 있다.

자유도(degrees of freedom)의 개념을 도입하는 것이 유용하다. 자유도란 분자들이 에너지를 소유할 수 있는 독립적인 방법의 수를 의미한다. 예를 들어 단원자 기체는 세 개의 자유도를 갖는다. 왜냐하면 원자가 x, y, z축 방향으로 속도를 가질 수 있기 때문이다. 세 성분 중의 하나가 다른 성분에 영향을 주지 않기 때문에, 이들을 독립적인 운동으로 고려한다. 이원자 분자는 병진 운동 에너지와 관련된 세 개의 자유도와 회전 운동 에너지와 관련된 두 개의 추가 자유도(그림 D.1)를 갖게 되어, 모두 다섯 개의 자유도를 갖는다.

표 D.1은 이원자 기체에 대한 C_V가 단원자 기체보다 약 $\frac{5}{3}$배 더 큼을 보여 주고 있다. 즉 이는 자유도의 비율과 같다. 이 결과는 19세기의 물리학자들이 얻은 **에너지 등분배 원리**(principle of equipartition of energy)이다. 이 원리는 자유도 하나당 같은 에너지를 공유하고 있음을 말해 주고 있으며, 분자가 자유도 하나당 갖는 에너지는 평균적으로 $\frac{1}{2}kT$이다. 따라서 단원자 기체의 평균적인 에너지는 $\frac{3}{2}kT$이고 이원자 기체의 에너지는 $\frac{5}{2}kT$이다. 그러므로 이원자 기체의 내부 에너지는 $U = N\left(\frac{5}{2}kT\right) = \frac{5}{2}nRT$이며, 여기서 n은 몰수이다. 단원자 기체에서 사용한 같은 논리를 이원자 기체에 적용하면, 등적 몰비열은 $\frac{5}{2}R = 4.97\,\text{cal/mol}\cdot\text{K}$가 될 것이며, 이는 측정값과 거의 같다(표 D.1). 더 복잡한 분자는 더 많은 자유도를 가지게 되며 더 큰 몰비열을 갖게 된다.

그러나 이원자 기체에 대한 측정 C_V 값은 매우 낮은 온도에서 자유도가 단지 세 개인 것처럼, 단지 $\frac{3}{2}R$의 값을 가진다. 그리고 매우 높은 온도에서의 C_V값은 자유도가 일곱 개인 것처럼 약 $\frac{7}{2}R$이다. 이의 적절한 설명은 다음과 같다. 저온에서 거의 모든 분자는 단지 병진 운동 에너지만 갖는다. 즉 회전 에너지로 가는 에너지는 없고 단지 세 개의 자유도만이 활성화되어 있다. 매우 높은 온도에서는 다섯 개의 자유도 모두와 두 개의 추가적인 자유도가 활성화되어 있다. 두 개의 새로운 자유도는 분자들이 용수철로 연결되어 있는 것처럼(그림 D.2), 두 원자의 진동과 관련된 자유도이

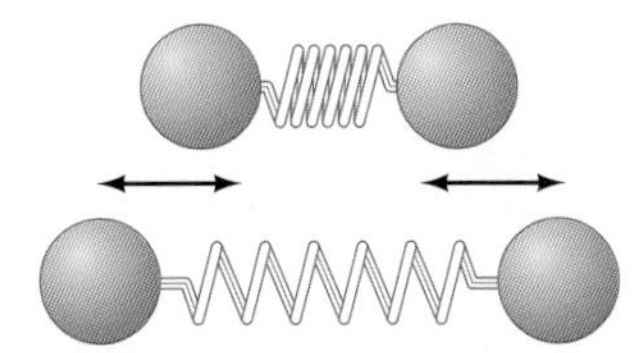

그림 D.2 이원자 분자는 두 원자가 용수철로 연결되어 있는 것처럼 진동할 수 있다. 실제로 그런 것은 아니고, 용수철 힘과 유사한 형태의 전기적인 힘을 서로 작용한다.

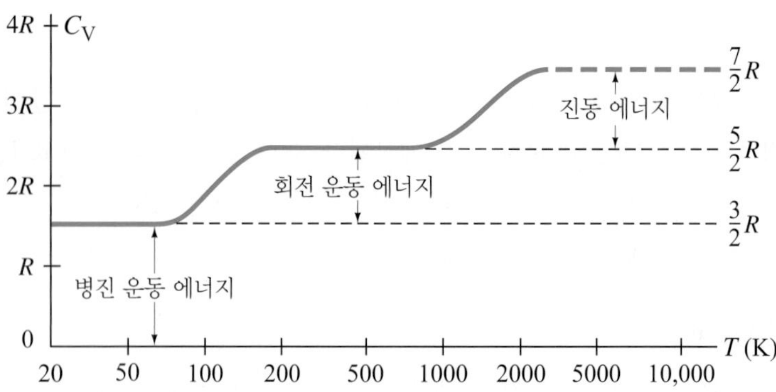

그림 D.3 수소 분자(H_2)에 대한 온도의 함수로 나타낸 몰비열 C_V. 온도가 증가할수록, 병진 운동 에너지의 일부가 회전 운동 에너지로 전환될 수 있고, 더 높은 온도에서는 진동 운동 에너지와 퍼텐셜 에너지로 전환될 수 있다. [유의: H_2는 약 3200 K에서 두 원자로 해리되므로, 곡선의 마지막 부분은 점선으로 나타냈다.]

다. 진동에서의 운동 에너지로부터 하나의 자유도와 퍼텐셜 에너지$\left(\frac{1}{2}kx^2\right)$로부터의 두 번째 자유도가 나온다. 실온에서, 이들 두 자유도는 활성화되어 있지 않다(그림 D.3). 저온에서 자유도가 활성화되지 않는 이유는 아인슈타인 양자론으로 설명된다.

고체

에너지 등분배 원리는 고체에도 적용할 수 있다. 고온에서 모든 고체의 몰비열은 $3R$(6.0 cal/mol·K)에 가깝다(그림 D.4). 이를 1819년에 처음 측정한 과학자의 이름을 기념하여 **뒬롱과 쁘띠값**으로 부른다. (표 14.1은 몰당이 아닌 킬로그램당 비열로 주어져 있음에 유의하라.) 고온에서 각 원자는 여섯 개의 자유도를 갖는다. 저온에서 이들 중 일부는 활성화되지 않는다. 결정 고체 내의 각 원자는 주위에 있는 원자와 용수철로 연결되어 있는 것처럼, 평형 위치에 대해 진동할 수 있다(그림 D.5). 따라서 각 원자는 운동 에너지에 대한 세 개의 자유도와 x, y, z 방향에서 진동 퍼텐셜 에너지에 대한 세 개의 자유도를 갖는다. 이는 실험값과 일치한다.

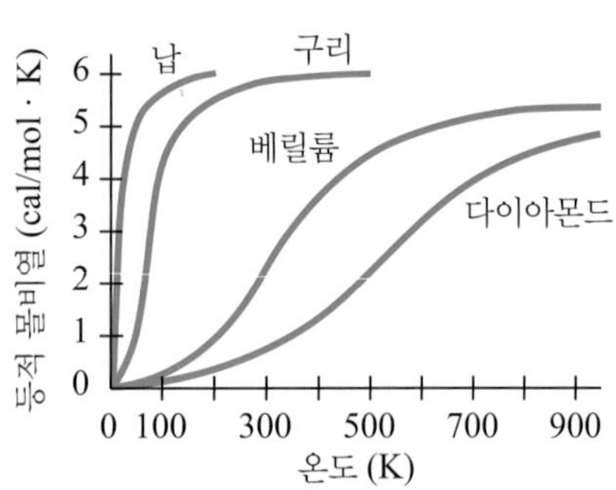

그림 D.4 온도의 함수로 나타낸 고체의 몰비열

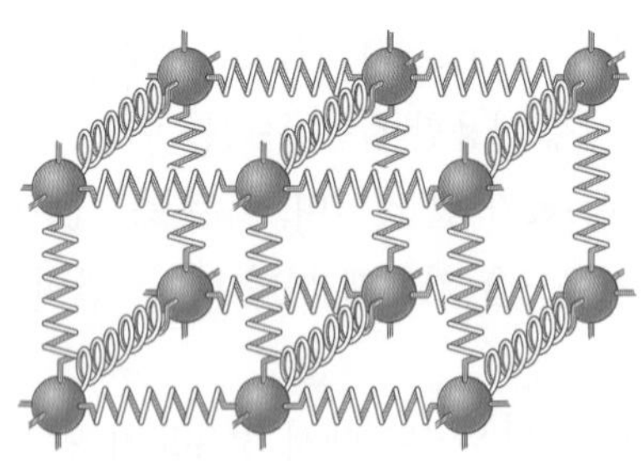

그림 D.5 결정 고체 내의 원자는 이들이 주위 원자들과 용수철로 연결되어 있는 것처럼 평형 위치에 대하여 진동할 수 있다. (원자 사이의 힘은 실제로 전기적인 힘이다.)

APPENDIX E

갈릴레이와 로렌츠 변환

관성 기준틀과 또 다른 관성 기준틀에서의 동등한 양에 대한 수학적 관계에 대해서 자세히 살펴보자. 특히 한 기준틀에서 또 다른 기준틀로 좌표를 **변환**시킴으로써 위치와 속도가 어떻게 변하는가 알아보자.

고전적 관점이나 갈릴레이 관점에서 시작해 보자. 그림 E.1과 같이 x, y축은 S에, x', y'축은 S′에 속하는 S, S′ 기준틀을 생각하자. x'과 x축은 서로 겹치고 S′은 S에 대해서 속력 v로 오른쪽으로 움직이며, 두 기준틀의 원점 O와 O'은 시간 $t = 0$에서 일치된다.

이제 시간 t'에서 S′ 기준틀의 x', y', z' 좌표로 표시되는 임의의 한 점 P(그림 E.1)에서 일어나는 사건을 생각해 보자. S 기준틀에서의 P의 좌표는 얼마인가? 처음에는 정확하게 S, S′이 겹쳐 있다가 시간 t 후에 S′이 거리 vt' 만큼 이동한다. 따라서 시간 t'에는 $x = x' + vt'$이 된다. 그러나 y와 z축은 x축의 움직임에 영향을 받지 않는다. 그러므로 $y = y'$, $z = z'$이다. 결국 갈릴레이–뉴턴 물리에서 시간은 절대적이라고 가정하기 때문에 두 기준틀에서의 시계는 서로 일치할 것이다. 따라서 $t = t'$이다. 이들을 **갈릴레이 변환 방정식**(Galilean transformation equation)에 따라서 요약하면 다음과 같다.

$$\begin{aligned} x &= x' + vt' \\ y &= y' \\ z &= z' \\ t &= t' \end{aligned} \qquad \text{[갈릴레이]} \quad \textbf{(E.1)}$$

이 식들은 S′ 기준틀의 좌표를 S 기준틀의 사건의 좌표로 바꾸어 준다. 만약 S 기준틀의 좌표를 알고 있다면 S′ 기준틀의 좌표는 다음 식에 의해서 구한다.

$$x' = x - vt, \qquad y' = y, \qquad z' = z, \qquad t' = t \qquad \text{[갈릴레이]}$$

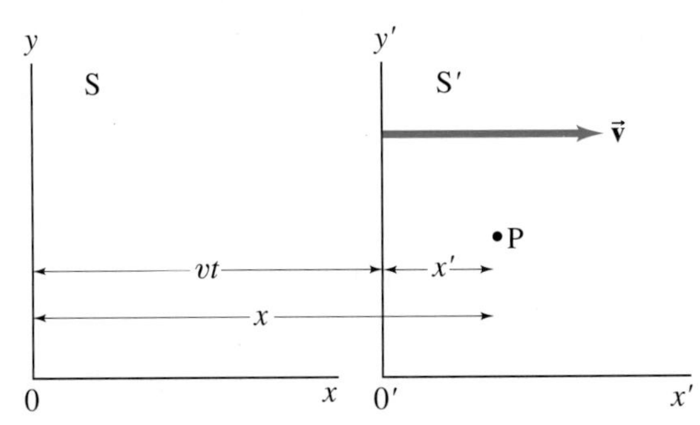

그림 E.1 관성 기준틀 S′이 기준틀 S에 대해서 v의 속력으로 오른쪽으로 움직인다.

이 네 개의 식들은 역변환식이며, 식 E.1로부터 쉽게 구할 수 있다. 단순히 프라임(′)과 프라임이 붙지 않은 양을 서로 바꾸고 v를 $-v$로 대치하면 된다. 이것은 S 기준틀이 속력 v로 왼쪽으로 이동한 S′ 기준틀을 나타낸다.

그림 E.1의 점 P는 움직이고 있는 물체를 나타낸다고 하자. S′에서 물체의 속도 벡터 성분을 u'_x, u'_y, u'_z이라 하자(이것은 두 기준틀의 상대 속도 v와 구별하기 위해서 u를 사용한다). 그러면 $u'_x = \Delta x'/\Delta t'$, $u'_y = \Delta y'/\Delta t'$, $u'_z = \Delta z'/\Delta t'$이고, 이 양들은 S′ 기준틀에서 측정된 양이다. 예를 들어 시간 t'_1에서 입자가 x'_1에 있고 잠시 후 시간 t'_2에서 입자가 x'_2의 위치에 있다면 다음과 같다.

$$u'_x = \frac{x'_2 - x'_1}{t'_2 - t'_1} = \frac{\Delta x'}{\Delta t'}$$

S에서 본 P의 속도는 u_x, u_y, u_z의 성분을 갖게 될 것이므로 식 E.1을 이용하여 S′에서의 속도 성분을 구하면

$$\begin{aligned} u_x &= \frac{\Delta x}{\Delta t} = \frac{x_2 - x_1}{t_2 - t_1} = \frac{(x'_2 + vt'_2) - (x'_1 + vt'_1)}{t'_2 - t'_1} \\ &= \frac{(x'_2 - x'_1) + v(t'_2 - t'_1)}{t'_2 - t'_1} \\ &= \frac{\Delta x'}{\Delta t'} + v = u'_x + v \end{aligned}$$

이고, 다른 성분들은 $u'_y = u_y$, $u'_z = u_z$이다. 따라서

$$\begin{aligned} u_x &= u'_x + v \\ u_y &= u'_y \\ u_z &= u'_z \end{aligned} \qquad \text{[갈릴레이]} \qquad \textbf{(E.2)}$$

이들을 **갈릴레이 속도 변환 방정식**(Galilean velocity transformation equation)이라고 한다. 속도의 y와 z성분은 변하지 않지만 x성분은 속도 v에 의해서 변한다. 이것은 상대 속도를 다루기 이전부터 사용되어 왔다(3.8절 참조). 예컨대 만약 S′이 기차이고, S가 지구이며, 기차가 지구에 대해 속력 v로 움직인다면 속력 u'_x으로 기차를 향해서 걷고 있는 사람은 지구에 대해 $u_x = u'_x + v$의 속력을 가질 것이다.

갈릴레이 변환 방정식 E.1과 E.2는 물체의 속도가 빛의 속력 c보다 훨씬 작을 때에만 타당하다(26장 참조). 예를 들어 식 E.2의 첫 번째 식은 모든 관성 기준틀에서 동일한 빛의 속력 c에 대해서는 성립하지 않는다(특수 상대성이론의 기본 가정). 즉 $u'_x = c$의 속력을 가진 S′에서 진행하는 빛은 S에서 빛의 속력이어야 하는 상대성이론의 주장에 반해서 S에서 $c + v$의 속력을 가질 것이다. 그래서 상대론적인 속도를 취급하기 위해서는 새로운 변환 방정식이 필요하다.

그림 E.1으로부터 간단한 방법으로 필요한 식을 유도할 수 있다. 이때 변환은 선형이고 다음과 같은 형태를 갖는다고 가정하자.

$$x = \gamma(x' + vt') \qquad \textbf{(i)}$$

즉 식 E.1의 첫 번째 식에 인자 γ를 곱하여 수정을 한다. γ는 결정해야 하는 값이다.[†] y와 z 식은 변하지 않는다고 가정한다. 왜냐하면 이들 방향으로 길이 수축이 없기 때문이다.

$$y = y', \qquad z = z'$$

시간 t의 형태에 대해서 가정하지는 않겠지만, 유도할 예정이다. 역방정식은 v를 $-v$로 대체된 같은 형태를 가져야 한다(S에 대해서 오른쪽으로 이동하는 S′은 S′에 대해 왼쪽으로 이동하는 S와 같기 때문이다). 그러므로

$$x' = \gamma(x - vt) \tag{ii}$$

이다. 만약 광 펄스가 시간 $t = t' = 0$에서 S와 S′의 공통의 원점을 떠난다면 시간 t 후에 x축을 따라 거리 $x = ct$(S에서)만큼 또는 $x' = ct'$(S′에서)만큼 이동할 것이다. 그러므로 위의 식 (i)과 (ii)로부터 다음을 얻을 수 있다.

$$ct = x = \gamma(ct' + vt') = \gamma(c + v)t' \tag{iii}$$

$$ct' = x' = \gamma(ct - vt) = \gamma(c - v)t \tag{iv}$$

식 (iv)로부터 $t' = \gamma(c - v)(t/c)$이고 이를 식 (iii)에 대입하면 $ct = \gamma(c + v)\gamma(c - v)(t/c) = \gamma^2(c^2 - v^2)t/c$가 된다. 양변에서 t를 지우고 γ에 대해서 풀면 다음과 같다.

$$\gamma = \frac{1}{\sqrt{1 - v^2/c^2}}$$

사실 γ는 26장의 식 26.2에서 사용한 값임을 알 수 있다.

이제 γ에 대해서는 알았고, t와 t'의 관계를 알 필요가 있다. 그러기 위해서 $x' = \gamma(x - vt)$을 $x = \gamma(x' + vt')$에 결합시킨다.

$$x' = \gamma(x - vt) = \gamma[\gamma(x' + vt') - vt]$$

t에 대해서 풀면 $t = \gamma(t' + vx'/c^2)$임을 알게 된다. 이상을 정리하면

$$\begin{aligned} x &= \frac{1}{\sqrt{1 - v^2/c^2}}(x' + vt') \\ y &= y' \\ z &= z' \\ t &= \frac{1}{\sqrt{1 - v^2/c^2}}\left(t' + \frac{vx'}{c^2}\right) \end{aligned} \tag{E.3}$$

로렌츠 변환

이들을 **로렌츠 변환 방정식**(Lorentz transformation equation)이라고 한다. 이 식은 모든 기준틀에서 같은 형태를 갖는 맥스웰 방정식을 만들고, 마이컬슨–몰리 실험의 존재하지 않는 결과를 설명하기 위해서 1904년에 약간 다른 형태로 로렌츠가 처음으로 제안했다. 1년 후 아인슈타인은 그의 상대성이론에 기초하여 독자적으로 이들

[†] 26장에서처럼 γ는 $1/\sqrt{1 - v^2/c^2}$이라고 가정하지 않고, 열린 마음으로 접근하자.

을 유도했다. 갈릴레이 변환과 비교하여 x 방정식과 t 방정식이 수정됐음을 주목하라. 실제로 공간과 시간축이 어떻게 혼합되는가를 첫 번째 방정식뿐 아니라 마지막 방정식에서도 직접 구할 수 있다.

상대론적으로 정확한 속도 방정식은 식 1.3($\gamma = 1/\sqrt{1 - v^2/c^2}$ 이다)과 $u_x = \Delta x/\Delta t$, $u'_x = \Delta x'/\Delta t'$을 이용하여 구한다.

$$u_x = \frac{\Delta x}{\Delta t} = \frac{\gamma(\Delta x' + v\,\Delta t')}{\gamma(\Delta t' + v\,\Delta x'/c^2)} = \frac{(\Delta x'/\Delta t') + v}{1 + (v/c^2)(\Delta x'/\Delta t')}$$
$$= \frac{u'_x + v}{1 + vu'_x/c^2}$$

다른 것들도 같은 방법으로 얻어지며 그 식은 다음과 같다.

상대론적 속도 변환

$$u_x = \frac{u'_x + v}{1 + vu'_x/c^2}$$
$$u_y = \frac{u'_y\sqrt{1 - v^2/c^2}}{1 + vu'_x/c^2} \qquad \textbf{(E.4)}$$
$$u_z = \frac{u'_z\sqrt{1 - v^2/c^2}}{1 + vu'_x/c^2}$$

위의 방정식들 중 첫 번째 식은 분모 $(1 + vu'_x/c^2)$ 때문에 상식적인 방법으로(갈릴레이) 속도를 더하지 않는 방법을 논의했던 26.10절에서 사용했던 식 26.11이다. 또한 속도의 y, z성분이 바뀌었으며 이들은 속도의 x'성분에 의존하고 있음을 알 수 있다.

예제 E.1 길이 수축

로렌츠 변환 방정식으로부터 길이 수축식 26.3을 유도하라.

접근 그림 E.1에서와 같이 서로 상대 속력 v로 움직이는 두 관성틀 S와 S′에서의 측정을 고려한다.

풀이 길이 ℓ_0인 물체가 S 기준틀의 x축 선상에 정지해 있다고 가정하자. 물체의 두 끝점의 좌표는 x_1, x_2이고, $x_2 - x_1 = \ell_0$이다. S′ 기준틀에서 어느 순간에 끝점은 로렌츠 변환 방정식에 의해서 x'_1, x'_2으로 주어진다. S′ 기준틀에서 측정된 길이 $\ell = x'_2 - x'_1$이다. S′ 기준틀에 있는 관측자는 동시에 x'_2과 x'_1을 측정함으로써 이 길이를 측정한다. 즉 $t'_2 = t'_1$이다. 그런데 식 E.3의 첫 번째 식으로부터 다음과 같다.

$$\ell_0 = x_2 - x_1 = \frac{1}{\sqrt{1 - v^2/c^2}}(x'_2 + vt'_2 - x'_1 - vt'_1)$$

$t_2' = t_1'$이므로

$$\ell_0 = \frac{1}{\sqrt{1 - v^2/c^2}}(x'_2 - x'_1) = \frac{\ell}{\sqrt{1 - v^2/c^2}}$$

또는

$$\ell = \ell_0\sqrt{1 - v^2/c}$$

이것이 길이 수축식인 식 26.3a이다.

예제 E.2 **시간 팽창**

로렌츠 변환 방정식으로부터 시간 팽창식 26.1을 유도하라.

접근 역시 그림 E.1에서 서로에 대해 속력 v로 움직이는 두 기준틀 S와 S′에서의 측정을 비교한다.

풀이 S′ 내의 같은 위치$(x_2' = x_1')$에서 일어나는 두 사건 사이의 시각 Δt_0은 $\Delta t_0 = t_2' - t_1'$으로 측정됐다. $x_2' = x_1'$이므로 방정식 E.3의 마지막 식으로부터 S에서 측정된 사건들 사이의 시간 Δt는 다음과 같다.

$$\begin{aligned}\Delta t &= t_2 - t_1 = \frac{1}{\sqrt{1 - v^2/c^2}}\left(t_2' + \frac{vx_2'}{c^2} - t_1' - \frac{vx_1'}{c^2}\right)\\ &= \frac{1}{\sqrt{1 - v^2/c^2}}(t_2' - t_1')\\ &= \frac{\Delta t_0}{\sqrt{1 - v^2/c^2}}\end{aligned}$$

이것이 시간 팽창식인 식 26.1이다. $x_1' = x_2'$이 되도록 하기 위해서 두 사건이 동일 위치에서 일어날 기준틀 S′을 선택하여 x_1'과 x_2'이 포함되어 있는 항을 소거한 것에 주의하라.

APPENDIX F 물리 상수

기본 상수

양	기호	대략적인 값	현재의 정확한 값[†]
진공에서의 빛의 속력	c	3.00×10^8 m/s	2.99792458×10^8 m/s
중력 상수	G	6.67×10^{-11} N·m²/kg²	$6.67384(80) \times 10^{-11}$ N·m²/kg²
아보가드로 수	N_A	6.02×10^{23} mol^{-1}	$6.02214129(27) \times 10^{23}$ mol^{-1}
기체 상수	R	8.314 J/mol·K = 1.99 cal/mol·K = 0.0821 L·atm/mol·K	8.3144621(75) J/mol·K
볼츠만 상수	k	1.38×10^{-23} J/K	$1.3806488(13) \times 10^{-23}$ J/K
전자 전하량	e	1.60×10^{-19} C	$1.602176565(35) \times 10^{-19}$ C
슈테판–볼츠만 상수	σ	5.67×10^{-8} W/m²·K⁴	$5.670373(21) \times 10^{-8}$ W/m²·K⁴
자유 공간의 유전율	$\epsilon_0 = (1/c^2\mu_0)$	8.85×10^{-12} C²/N·m²	$8.854187817\ldots \times 10^{-12}$ C²/N·m²
자유 공간의 투자율	μ_0	$4\pi \times 10^{-7}$ T·m/A	$1.2566370614\ldots \times 10^{-6}$ T·m/A
플랑크 상수	h	6.63×10^{-34} J·s	$6.62606957(29) \times 10^{-34}$ J·s
전자 정지 질량	m_e	9.11×10^{-31} kg = 0.000549 u = 0.511 MeV/c^2	$9.10938291(40) \times 10^{-31}$ kg = $5.48579909(25) \times 10^{-4}$ u
양성자 정지 질량	m_p	1.6726×10^{-27} kg = 1.00728 u = 938.27 MeV/c^2	$1.672621777(74) \times 10^{-27}$ kg = 1.007276467(45) u
중성자 정지 질량	m_n	1.6749×10^{-27} kg = 1.008665 u = 939.57 MeV/c^2	$1.674927351(74) \times 10^{-27}$ kg = 1.008664916(45) u
원자 질량 단위(1 u)		1.6605×10^{-27} kg = 931.49 MeV/c^2	$1.660538921(73) \times 10^{-27}$ kg = 931.494061(21) MeV/c^2

[†]괄호 안의 수는 실험적인 불확정도이다(2010).
괄호가 없는 수는 정확한 값이다.

다른 유용한 자료

열의 일당량 (1 cal)	4.186 J
절대 영도 (0 K)	−273.15°C
지표면에서의 중력 가속도(avg.)	9.80 m/s² (= g)
공기 중 음속(20°C)	343 m/s
공기 밀도(건조)	1.29 kg/m³
지구: 질량	5.98×10^{24} kg
반지름(평균)	6.38×10^3 km
달: 질량	7.35×10^{22} kg
반지름(평균)	1.74×10^3 km
태양: 질량	1.99×10^{30} kg
반지름(평균)	6.96×10^5 km
지구–태양 거리(평균)	149.60×10^6 km
지구–달 거리(평균)	384×10^3 km

그리스 알파벳

알파	Α	α	뉴	Ν	ν
베타	Β	β	크시	Ξ	ξ
감마	Γ	γ	오미크론	Ο	o
델타	Δ	δ	파이	Π	π
엡실론	Ε	ϵ, ε	로	Ρ	ρ
제타	Ζ	ζ	시그마	Σ	σ
에타	Η	η	타우	Τ	τ
세타	Θ	θ	입실론	Υ	υ
요타	Ι	ι	피	Φ	ϕ, φ
카파	Κ	κ	키	Χ	χ
람다	Λ	λ	프시	Ψ	ψ
뮤	Μ	μ	오메가	Ω	ω

자주 사용되는 값

$\pi = 3.1415927$	$\sqrt{2} = 1.4142136$
$e = 2.7182818$	$\sqrt{3} = 1.7320508$
$\ln 2 = 0.6931472$	$\log_{10} e = 0.4342945$
$\ln 10 = 2.3025851$	1 rad = 57.2957795°

물의 성질

밀도(4°C)	1.000×10^3 kg/m³
융해열(0°C)	334 kJ/kg (79.8 kcal/kg)
기화열(100°C)	2260 kJ/kg (539.9 kcal/kg)
비열(15°C)	4186 J/kg·C° (1.00 kcal/kg·C°)
굴절률	1.33

단위 바꿈

길이

1 in. = 2.54 cm (defined)
1 cm = 0.3937 in.
1 ft = 30.48 cm
1 m = 39.37 in. = 3.281 ft
1 mi = 5280 ft = 1.609 km
1 km = 0.6214 mi
1 nautical mile (U.S.) = 1.151 mi = 6076 ft = 1.852 km
1 fermi = 1 femtometer (fm) = 10^{-15} m
1 angstrom (Å) = 10^{-10} m = 0.1 nm
1 light-year (ly) = 9.461×10^{15} m
1 parsec = 3.26 ly = 3.09×10^{16} m

부피

1 liter (L) = 1000 mL = 1000 cm^3 = $1.0 \times 10^{-3}\ \text{m}^3$ = 1.057 qt (U.S.) = 61.02 in.^3
1 gal (U.S.) = 4 qt (U.S.) = 231 in.^3 = 3.785 L = 0.8327 gal (British)
1 quart (U.S.) = 2 pints (U.S.) = 946 mL
1 pint (British) = 1.20 pints (U.S.) = 568 mL
1 m^3 = 35.31 ft^3

속력

1 mi/h = 1.4667 ft/s = 1.6093 km/h = 0.4470 m/s
1 km/h = 0.2778 m/s = 0.6214 mi/h
1 ft/s = 0.3048 m/s = 0.6818 mi/h = 1.0973 km/h
1 m/s = 3.281 ft/s = 3.600 km/h = 2.237 mi/h
1 knot = 1.151 mi/h = 0.5144 m/s

각도

1 radian (rad) = 57.30° = 57°18′
1° = 0.01745 rad
1 rev/min (rpm) = 0.1047 rad/s

시간

1 day = 8.640×10^4 s
1 year = 365.242 days = 3.156×10^7 s

질량

1 atomic mass unit (u) = 1.6605×10^{-27} kg
1 kg = 0.06852 slug
[1 kg has a weight of 2.20 lb where $g = 9.80\ \text{m/s}^2$.]

힘

1 lb = 4.44822 N
1 N = 10^5 dyne = 0.2248 lb

에너지와 일

1 J = 10^7 ergs = 0.7376 ft·lb
1 ft·lb = 1.356 J = 1.29×10^{-3} Btu = 3.24×10^{-4} kcal
1 kcal = 4.19×10^3 J = 3.97 Btu
1 eV = 1.6022×10^{-19} J
1 kWh = 3.600×10^6 J = 860 kcal
1 Btu = 1.056×10^3 J

일률

1 W = 1 J/s = 0.7376 ft·lb/s = 3.41 Btu/h
1 hp = 550 ft·lb/s = 746 W

압력

1 atm = 1.01325 bar = $1.01325 \times 10^5\ \text{N/m}^2$ = 14.7 lb/in.^2 = 760 torr
1 lb/in.^2 = $6.895 \times 10^3\ \text{N/m}^2$
1 Pa = 1 N/m^2 = $1.450 \times 10^{-4}\ \text{lb/in.}^2$

SI 유도 단위와 이들의 약어

양	단위	약어	기본 단위로의 표현[†]
힘	뉴턴	N	$\text{kg}\cdot\text{m/s}^2$
에너지와 일	줄	J	$\text{kg}\cdot\text{m}^2/\text{s}^2$
일률	와트	W	$\text{kg}\cdot\text{m}^2/\text{s}^3$
압력	파스칼	Pa	$\text{kg}/(\text{m}\cdot\text{s}^2)$
진동수	헤르츠	Hz	s^{-1}
전하	쿨롬	C	$\text{A}\cdot\text{s}$
전위	볼트	V	$\text{kg}\cdot\text{m}^2/(\text{A}\cdot\text{s}^3)$
저항	옴	Ω	$\text{kg}\cdot\text{m}^2/(\text{A}^2\cdot\text{s}^3)$
전기 용량	패럿	F	$\text{A}^2\cdot\text{s}^4/(\text{kg}\cdot\text{m}^2)$
자기장	테슬라	T	$\text{kg}/(\text{A}\cdot\text{s}^2)$
자속	웨버	Wb	$\text{kg}\cdot\text{m}^2/(\text{A}\cdot\text{s}^2)$
유도 계수	헨리	H	$\text{kg}\cdot\text{m}^2/(\text{A}^2\cdot\text{s}^2)$

[†] kg = 킬로그램(질량), m = 미터(길이), s = 초(시간), A = 암페어(전류).

SI 접두어

접두어	약어	값
요타	Y	10^{24}
제타	Z	10^{21}
엑사	E	10^{18}
페타	P	10^{15}
테라	T	10^{12}
기가	G	10^{9}
메가	M	10^{6}
킬로	k	10^{3}
헥토	h	10^{2}
데카	da	10^{1}
데시	d	10^{-1}
센티	c	10^{-2}
밀리	m	10^{-3}
마이크로	μ	10^{-6}
나노	n	10^{-9}
피코	p	10^{-12}
펨토	f	10^{-15}
아토	a	10^{-18}
젭토	z	10^{-21}
욕토	y	10^{-24}

APPENDIX G 간단한 수학 공식

유용한 기하학적 식—넓이, 부피

원의 둘레 $C = \pi d = 2\pi r$

원의 넓이 $A = \pi r^2 = \dfrac{\pi d^2}{4}$

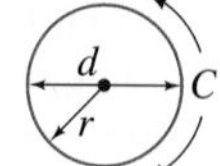

직사각형 넓이 $A = \ell w$

평행사변형 넓이 $A = bh$

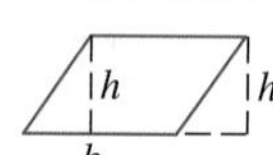

삼각형 넓이 $A = \frac{1}{2}hb$

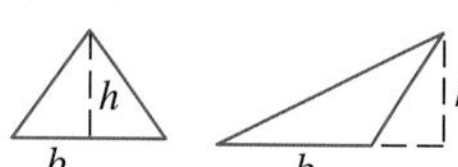

직각 삼각형 (피타고라스) $c^2 = a^2 + b^2$

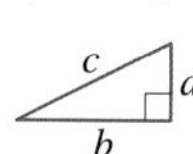

구: 겉넓이 $A = 4\pi r^2$

부피 $V = \frac{4}{3}\pi r^3$

직육면체: 부피 $V = \ell wh$

원통: 겉넓이 $A = 2\pi r\ell + 2\pi r^2$

부피 $V = \pi r^2 \ell$

원뿔: 겉넓이 $A = \pi r^2 + \pi r\sqrt{r^2 + h^2}$

부피 $V = \frac{1}{3}\pi r^2 h$

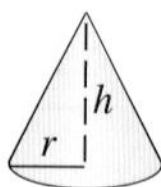

지수 [부록 A.2 참조]

$(a^n)(a^m) = a^{n+m}$ [예: $(a^3)(a^2) = a^5$]

$(a^n)(b^n) = (ab)^n$ [예: $(a^3)(b^3) = (ab)^3$]

$(a^n)^m = a^{nm}$ [예: $(a^3)^2 = a^6$ / 예: $(a^{\frac{1}{4}})^4 = a$]

$a^{-1} = \dfrac{1}{a}$ $a^{-n} = \dfrac{1}{a^n}$ $a^0 = 1$

$a^{\frac{1}{2}} = \sqrt{a}$ $a^{\frac{1}{4}} = \sqrt{\sqrt{a}}$

$(a^n)(a^{-m}) = \dfrac{a^n}{a^m} = a^{n-m}$ [예: $(a^5)(a^{-2}) = a^3$]

$\dfrac{a^n}{b^n} = \left(\dfrac{a}{b}\right)^n$

근의 공식 [부록 A.4]

미지수 x인 이차방정식

$$ax^2 + bx + c = 0,$$

해:

$$x = \frac{-b \pm \sqrt{b^2 - 4ac}}{2a}.$$

로그 [부록 A.8; 표 p. A.13]

$y = 10^x$일 때 $x = \log_{10} y = \log y$.

$y = e^x$일 때 $x = \log_e y = \ln y$.

$\log(ab) = \log a + \log b$

$\log\left(\dfrac{a}{b}\right) = \log a - \log b$

$\log a^n = n \log a$

이항정리 [부록 A.5]

$$(1+x)^n = 1 + nx + \frac{n(n-1)}{2\cdot 1}x^2 + \frac{n(n-1)(n-2)}{3\cdot 2\cdot 1}x^3 + \cdots \quad [x^2 < 1\text{에 대해}]$$

$\approx 1 + nx$ $x \ll 1$일 때

[예: $(1 + 0.01)^3 \approx 1.03$]

[예: $\dfrac{1}{\sqrt{0.99}} = \dfrac{1}{\sqrt{1 - 0.01}} = (1 - 0.01)^{-\frac{1}{2}} \approx 1 - (-\frac{1}{2})(0.01) \approx 1.005$]

분수

$\dfrac{a}{b} = \dfrac{c}{d}$는 $ad = bc$와 같다

$$\frac{\left(\frac{a}{b}\right)}{\left(\frac{c}{d}\right)} = \frac{ad}{bc}$$

삼각 함수 [부록 A.7]

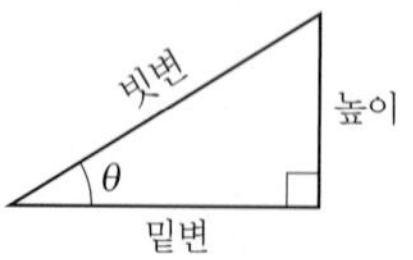

$\sin\theta = \dfrac{\text{높이}}{\text{빗변}}$

$\cos\theta = \dfrac{\text{밑변}}{\text{빗변}}$

$\tan\theta = \dfrac{\text{높이}}{\text{밑변}}$

$\text{adj}^2 + \text{opp}^2 = \text{hyp}^2$ (피타고라스 정리)

$\tan\theta = \dfrac{\sin\theta}{\cos\theta}$

$\sin^2\theta + \cos^2\theta = 1$

$\sin 2\theta = 2\sin\theta\cos\theta$

$\cos 2\theta = (\cos^2\theta - \sin^2\theta) = (1 - 2\sin^2\theta) = (2\cos^2\theta - 1)$

$\sin(180° - \theta) = \sin\theta$ $\cos(180° - \theta) = -\cos\theta$

$\sin(90° - \theta) = \cos\theta$

$\cos(90° - \theta) = \sin\theta$

$\sin\frac{1}{2}\theta = \sqrt{(1 - \cos\theta)/2}$ $\cos\frac{1}{2}\theta = \sqrt{(1 + \cos\theta)/2}$

$\sin\theta \approx \theta$ [작은 $\theta \lesssim 0.2$ rad 경우]

$\cos\theta \approx 1 - \dfrac{\theta^2}{2}$ [작은 $\theta \lesssim 0.2$ rad 경우]

$\sin(A \pm B) = \sin A\cos B \pm \cos A\sin B$

$\cos(A \pm B) = \cos A\cos B \mp \sin A\sin B$

어떤 삼각형이든 간에:

$c^2 = a^2 + b^2 - 2ab\cos\gamma$ (코사인 법칙)

$\dfrac{\sin\alpha}{a} = \dfrac{\sin\beta}{b} = \dfrac{\sin\gamma}{c}$ (사인 법칙)

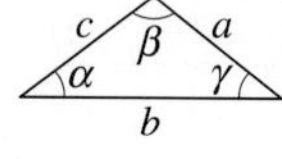

APPENDIX H 원소의 주기율표[§]

[질량은 자연에 존재하는 양의 평균값임]

I족	II족	전이원소										III족	IV족	V족	VI족	VII족	VIII족
H 1 1.00794 $1s^1$	^1_1H, ^2_1H 양의 평균																**He** 2 4.002602 $1s^2$
Li 3 6.941 $2s^1$	**Be** 4 9.012182 $2s^2$											**B** 5 10.811 $2p^1$	**C** 6 12.0107 $2p^2$	**N** 7 14.0067 $2p^3$	**O** 8 15.9994 $2p^4$	**F** 9 18.9984032 $2p^5$	**Ne** 10 20.1797 $2p^6$
Na 11 22.98976928 $3s^1$	**Mg** 12 24.3050 $3s^2$											**Al** 13 26.9815386 $3p^1$	**Si** 14 28.0855 $3p^2$	**P** 15 30.973762 $3p^3$	**S** 16 32.065 $3p^4$	**Cl** 17 35.453 $3p^5$	**Ar** 18 39.948 $3p^6$
K 19 39.0983 $4s^1$	**Ca** 20 40.078 $4s^2$	**Sc** 21 44.955912 $3d^14s^2$	**Ti** 22 47.867 $3d^24s^2$	**V** 23 50.9415 $3d^34s^2$	**Cr** 24 51.9961 $3d^54s^1$	**Mn** 25 54.938045 $3d^54s^2$	**Fe** 26 55.845 $3d^64s^2$	**Co** 27 58.933195 $3d^74s^2$	**Ni** 28 58.6934 $3d^84s^2$	**Cu** 29 63.546 $3d^{10}4s^1$	**Zn** 30 65.409 $3d^{10}4s^2$	**Ga** 31 69.723 $4p^1$	**Ge** 32 72.64 $4p^2$	**As** 33 74.92160 $4p^3$	**Se** 34 78.96 $4p^4$	**Br** 35 79.904 $4p^5$	**Kr** 36 83.798 $4p^6$
Rb 37 85.4678 $5s^1$	**Sr** 38 87.62 $5s^2$	**Y** 39 88.90585 $4d^15s^2$	**Zr** 40 91.224 $4d^25s^2$	**Nb** 41 92.90638 $4d^45s^1$	**Mo** 42 95.94 $4d^55s^1$	**Tc** 43 (98) $4d^55s^2$	**Ru** 44 101.07 $4d^75s^1$	**Rh** 45 102.90550 $4d^85s^1$	**Pd** 46 106.42 $4d^{10}5s^0$	**Ag** 47 107.8682 $4d^{10}5s^1$	**Cd** 48 112.411 $4d^{10}5s^2$	**In** 49 114.818 $5p^1$	**Sn** 50 118.710 $5p^2$	**Sb** 51 121.760 $5p^3$	**Te** 52 127.60 $5p^4$	**I** 53 126.90447 $5p^5$	**Xe** 54 131.293 $5p^6$
Cs 55 132.9054519 $6s^1$	**Ba** 56 137.327 $6s^2$	57–71†	**Hf** 72 178.49 $5d^26s^2$	**Ta** 73 180.94788 $5d^36s^2$	**W** 74 183.84 $5d^46s^2$	**Re** 75 186.207 $5d^56s^2$	**Os** 76 190.23 $5d^66s^2$	**Ir** 77 192.217 $5d^76s^2$	**Pt** 78 195.084 $5d^96s^1$	**Au** 79 196.966569 $5d^{10}6s^1$	**Hg** 80 200.59 $5d^{10}6s^2$	**Tl** 81 204.3833 $6p^1$	**Pb** 82 207.2 $6p^2$	**Bi** 83 208.98040 $6p^3$	**Po** 84 (209) $6p^4$	**At** 85 (210) $6p^5$	**Rn** 86 (222) $6p^6$
Fr 87 (223) $7s^1$	**Ra** 88 (226) $7s^2$	89–103‡	**Rf** 104 (263) $6d^27s^2$	**Db** 105 (268) $6d^37s^2$	**Sg** 106 (271) $6d^47s^2$	**Bh** 107 (270) $6d^57s^2$	**Hs** 108 (277) $6d^67s^2$	**Mt** 109 (278) $6d^77s^2$	**Ds** 110 (281) $6d^97s^1$	**Rg** 111 (281) $6d^{10}7s^1$	**Cn** 112 (285) $6d^{10}7s^2$	113¶ (286)	**Fl** 114 (289) $6d^{10}7s^27p^2$	115¶ (289)	**Lv** 116 (293) $6d^{10}7s^27p^4$	117¶ (294)	118¶ (294)

기호 — **Cl** 17 — 원자 번호
원자 질량[§] (평균) — 35.453
$3p^5$ — 전자 배열 (최외각 껍질만)

¶ 원소 113, 115, 117, 118에 대한 예비 증거(미확인됨)가 보고했다.

†**Lanthanide Series**	**La** 57 138.90547 $5d^16s^2$	**Ce** 58 140.116 $4f^15d^16s^2$	**Pr** 59 140.90765 $4f^35d^06s^2$	**Nd** 60 144.242 $4f^45d^06s^2$	**Pm** 61 (145) $4f^55d^06s^2$	**Sm** 62 150.36 $4f^65d^06s^2$	**Eu** 63 151.964 $4f^75d^06s^2$	**Gd** 64 157.25 $4f^75d^16s^2$	**Tb** 65 158.92535 $4f^95d^06s^2$	**Dy** 66 162.500 $4f^{10}5d^06s^2$	**Ho** 67 164.93032 $4f^{11}5d^06s^2$	**Er** 68 167.259 $4f^{12}5d^06s^2$	**Tm** 69 168.93421 $4f^{13}5d^06s^2$	**Yb** 70 173.04 $4f^{14}5d^06s^2$	**Lu** 71 174.967 $4f^{14}5d^16s^2$
‡**Actinide Series**	**Ac** 89 (227) $6d^17s^2$	**Th** 90 232.03806 $6d^27s^2$	**Pa** 91 231.03588 $5f^26d^17s^2$	**U** 92 238.0289 $5f^36d^17s^2$	**Np** 93 (237) $5f^46d^17s^2$	**Pu** 94 (244) $5f^66d^07s^2$	**Am** 95 (243) $5f^76d^07s^2$	**Cm** 96 (247) $5f^76d^17s^2$	**Bk** 97 (247) $5f^96d^07s^2$	**Cf** 98 (251) $5f^{10}6d^07s^2$	**Es** 99 (252) $5f^{11}6d^07s^2$	**Fm** 100 (257) $5f^{12}6d^07s^2$	**Md** 101 (258) $5f^{13}6d^07s^2$	**No** 102 (259) $5f^{14}6d^07s^2$	**Lr** 103 (262) $5f^{14}6d^17s^2$

§ 지표면에 존재하는 동위원소 비율로 평균한 원자 질량값: 개별적인 동위원소는 부록 B에 있음. 불안정한 원소의 경우, 가장 수명이 긴 동위원소의 질량이 괄호 안에 주어져 있다.

종합 문제 주관식 해답

Chapter 1

1. (*a*) 3;
(*b*) 4;
(*c*) 3;
(*d*) 1;
(*e*) 2;
(*f*) 4;
(*g*) 2.

2. (*a*) 1.156×10^0.
(*b*) 2.18×10^1.
(*c*) 6.8×10^{-3}.
(*d*) 3.2865×10^2.
(*e*) 2.19×10^{-1}.
(*f*) 4.44×10^2.

3. (*a*) 86,900;
(*b*) 9100;
(*c*) 0.88;
(*d*) 476;
(*e*) 0.0000362.

4. (*a*) 1.4×10^{10} years.
(*b*) 4.4×10^{17} s.

5. 4.6%.

6. (*a*) 4%.
(*b*) 0.4%.
(*c*) 0.06%.

7. 1.00×10^5 s.

8. 2.1 m^2.

9. 1%.

10. 14%.

11. $(3.0 \pm 0.2) \times 10^9$ cm^2.

12. (*a*) 0.2866 m.
(*b*) 0.000085 V.
(*c*) 0.00076 kg.
(*d*) 0.0000000000621 s
(*e*) 0.0000000225 m
(*f*) 2,500,000,000 volts

13. (*a*) 1 megavolt;
(*b*) 2 micrometers;
(*c*) 6 kilodays;
(*d*) 18 hectobucks;
(*e*) 700 nanoseconds.

14. 2.471 acres.

15. (*a*) 1.5×10^{11} m;
(*b*) 1.5×10^8 km.

16. 3.76 m.

17. (*a*) 3.9×10^{-9} in.;
(*b*) 1.0×10^8 atoms.

18. (*a*) $\dfrac{0.621\ \text{mi/h}}{1\ \text{km/h}}$.
(*b*) $\dfrac{3.28\ \text{ft/s}}{1\ \text{m/s}}$.
(*c*) $\dfrac{0.278\ \text{m/s}}{1\ \text{km/h}}$.

19. (*a*) 9.46×10^{15} m;
(*b*) 6.31×10^4 AU.

20. 7.3%.

21. Soccer; 9.4 yd, 8.6 m, 9.4%.

22. (*a*) 3.16×10^7 s.
(*b*) 3.16×10^{16} ns.
(*c*) 3.17×10^{-8} yr.

23. (*a*) 10^{12} protons or neutrons;
(*b*) 10^{10} protons or neutrons;
(*c*) 10^{29} protons or neutrons;
(*d*) 10^{68} protons or neutrons.

24. 4×10^{14} kg.

25. (*a*) 10^3;
(*b*) 10^5;
(*c*) 10^{-2};
(*d*) 10^9.

26. 6×10^5 books.

27. 500 hr.

28. 5×10^4 L.

29. 2.5 hr.

30. 1×10^{11} gal/yr.

31. (*a*) 700;
(*b*) answers vary.

32. 5×10^4 m.

33. Second method.

34. 6.5×10^6 m.

35. 8.8 s.

36. $\left[\dfrac{M}{L^3}\right]$.

37. (*a*) L/T^4, L/T^2; (*b*) m/s^4, m/s^2.

38. (*a*) cannot be correct
(*b*) can be correct
(*c*) can be correct

Chapter 2

1. 53 m.

2. 85.5 km/h.

3. 0.57 cm/s, no, we need the distance traveled.

4. −4.1 cm/s.

5. 0.14 h.

6. (*a*) 300 m/s.
(*b*) 1 km every 3 seconds.

7. (*a*) 350 km;
(*b*) 78 km/h.

8. (*a*) 5.3 m/s.
(*b*) 1.8 m/s.

9. (*a*) 3.68 m/s;
(*b*) 0.

10. 1×10^5 km/h.

11. 38 s.

12. 61 km/h.

13. 1.6 min.

14. 6.00 m/s.

15. 6.1 m/s^2.

16. (*a*) 6.52 m/s^2.
(*b*) 8.45×10^4 km/h^2.

17. 6.0 m/s^2, 0.61*g*'s.

18. 8.5 s.

19. (*a*) 21.2 m/s;
(*b*) 2.00 m/s^2.

20. −4.5 m/s^2.

21. 1 m/s^2, 110 m.

22. 2.0×10^2 m.

23. 260 m/s^2.

24. 3.67 m/s^2, 3.13 s.

25. 112 m.

26. 23 m/s.

27. 44*g*'s.

28. (*a*) 430 m; (*b*) 42 s; (*c*) 19 m.

29. (*a*) 130 m; (*b*) 69 m.

30. Since she is only 20.0 m from the intersection, she will NOT be able to stop in time. She will be 30.7 m past the intersection.

31. 61.8 m.

32. (*a*) 8.8 s.
(*b*) 86 m/s.

33. 17 m/s, 14 m.

34. (*a*) 32 m.
(*b*) 5.1 s.

35. 1.09 s.

36. (*a*) 4.8 m/s.
(*b*) 0.99 s.

37. (*a*) 48 s;
(*b*) 90 s to 108 s;
(*c*) 0 s to 42 s, 65 s to 83 s, 90 s to 108 s;
(*d*) 65 s to 83 s.

38. (*a*) 2.5 m/s^2.
(*b*) 0.64 m/s^2.

39. (*a*) 0.3 m/s;
(*b*) 1.2 m/s;
(*c*) 0.30 m/s;
(*d*) 1.4 m/s;
(*e*) −0.95 m/s.

40. (*a*) $t = 0$ s to $t \approx 18$ s.
(*b*) $t = 27$ s.
(*c*) $t = 38$ s.
(*d*) The object moves in both directions.

Chapter 3

1. 302 km, 13° south of west.

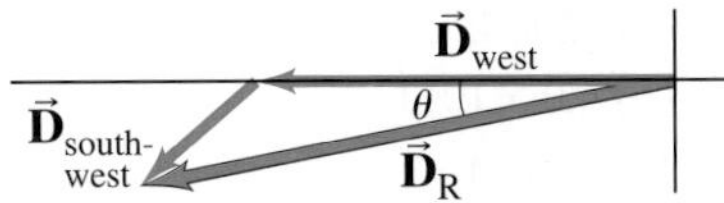

2. 17 blocks, 17° south of east.

3. 11.70 units, −33.1°.

4. 17.5 m, 19°

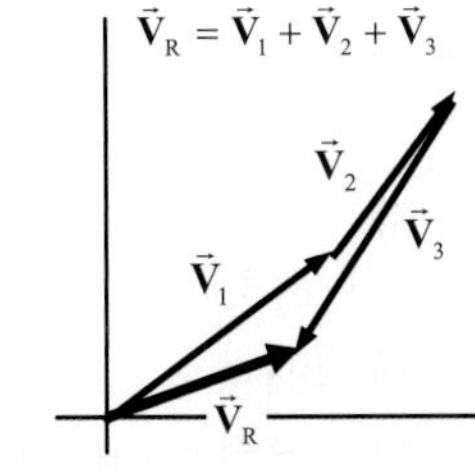

5. (*a*) $V_{1x} = -6.6$ units, $V_{1y} = 0$ units, $V_{2x} = 4.9$ units, $V_{2y} = 7.0$ units.
(*b*) 7.2 units, 76° clockwise from the negative *x* axis

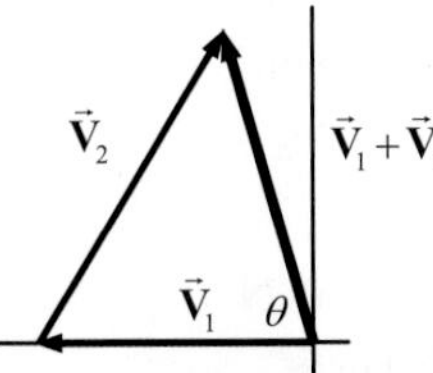

6. (*a*) 1.3 units, positive *x* direction;
(*b*) 12.3 units, positive *x* direction;
(*c*) 12.3 units, negative *x* direction.

7. (*a*) *x* component 24.0, *y* component 11.6;
(*b*) 26.7 units, 25.8°.

8. (*a*) 53.7, 1.4° above $-x$ axis.
(*b*) 53.7, 1.4° below $+x$ axis.

9. 64.6, 53.1°.

10. (*a*) 137, 16.9° below $-x$ axis.
(*b*) 149.7, 35.3° below $+x$ axis.

11. (*a*) 62.6, −31.0°;
(*b*) 77.5, 71.9°;
(*c*) 77.5, 251.9°.

12.

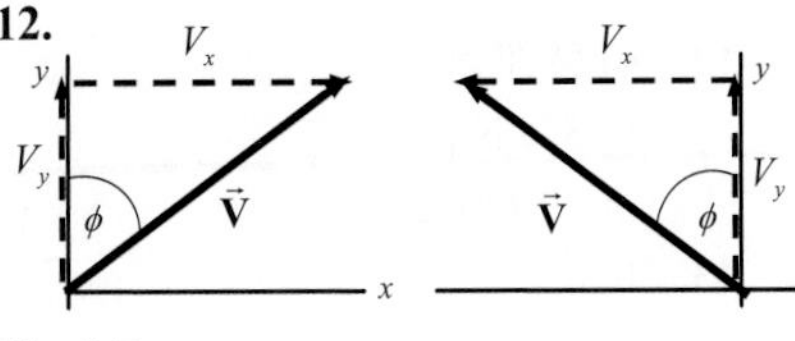

13. 3.7 m.

14. 44 m, 7.5 m.

15. 6 times farther.

16. 7.7 m/s.

17. 14.5 m.

18. 1.89 s.

19. 18°, 72°.

Vertical distance (m): 0, 0.5, 1, 1.5, 2
Horizontal distance (m): 0, 0.5, 1, 1.5, 2, 2.5

20. 39 m.

21. 2.0 m/s.

22. (*a*) 30.8 m;
(*b*) 5.02 s;
(*c*) 136 m;
(*d*) 28.9 m/s.

23. (*a*) 9.72 m/s.
(*b*) 0.81 m (10% increase).

24. 22.3 m.

25. 59.3 m.

26. 481 m.

27. −8.37 m/s, 97.4 m/s.

28. (*a*) 4.0 m.s, 55° above the horizontal;
(*b*) 4.6 m;
(*c*) 9.7 m/s, −76° below the horizontal.

30. No, 0.81 m too low; 4.6 m to 34.7 m.

31. 10.5 m/s in the direction the boat is moving.
6.5 m/s in the direction the boat is moving.

32. 1.66 m/s, 25°.

33. 1.41 m/s.

34. 23.1 s.

35. 2.17 m/s, 11°.

36. (*a*) 628 km/h, 5.82° east of south.
(*b*) 16.5 km.

37. 5.31° west of south.

38. (*a*) 38 m.
(*b*) 75 s.

39. (*a*) 56°;
(*b*) 140 s.

40. 65 km/h, 58° west of north;
65 km/h, 32° south of east.

Chapter 4

1. 77 N.

2. (*a*) 670 N.
(*b*) 120 N.
(*c*) 250 N.
(*d*) 0.

3. 1450 N.

4. 0.02 N.

5. 1.9×10^4 N.

6. −3100 N.

7. 210 N.

8. 780 N, backward.

9. 1.3×10^4 N.

10. (*a*) 196 N, 196 N;
(*b*) 98.0 N, 294 N.

11. 1.8 m/s², upward.

12. 5.08×10^4 N.
4.43×10^4 N.

13. -2.5 m/s², down.

14. 0.44 m/s².

15. (a) (b)

16. (a) $\vec{F}_{bat}$ $m\vec{g}$ (b) $m\vec{g}$

17. 1410 N.

18. (a) 31 N (lower cord), 63 N (upper cord);
(b) 35 N (lower cord), 71 N (upper cord).

19. 6300 N, 8400 N.

20. $F_{T1}/F_{T2} = 2$.

21. (a) 19.0 N at 237°, 1.03 m/s² at 237°;
(b) 14.0 N, 51.0°, 0.758 m/s² at 51.0°.

22. (a) 1.0×10^1 m/s²;
(b) 3.3 m/s.

23. (a) 9.9 N;
(b) 260 N.

24. (a) 23°;
(b) toward the windshield.

25. (a) 2.7 m/s²;
(b) 0.96 s;
(c) 99 kg.

26. 34 N.

27. 65 N, 0.

28. 0.20.

29. 42°.

30. 4.2 m.

31. 6.7 kg.

32. 4.8 s.

33. 12°.

34. 1.0×10^2 N, 0.48.

35. (a) 2.8 m up the plane;
(b) 2.5 s.

36. (a) 0.86 m;
(b) 1.33 s.

37. 0.21.

38. 4.0×10^1 N.

39. -2.2 m/s².

40. 0.51.

Chapter 5

1. (a) 1.01 m/s²;
(b) 22.7 N.

2. 5.41 g's

3. 12 m/s.

4. 3.9 m/s².

5. 3.99×10^4 rpm.

6. 34 m/s.

7. 24 m/s, yes.

8. 8.5 rpm.

9. 1700 rev/day.

10. 0.210.

11. 4.8 m/s.

12. (a) 5970 N;
(b) 379 N;
(c) 29.4 m/s.

13. 30 m.

14. 0.32.

15. 3.0×10^3 N, 430 N

16. (a)

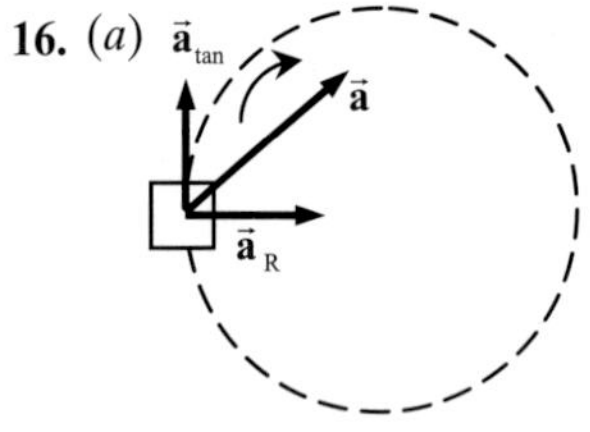

(b) (c)

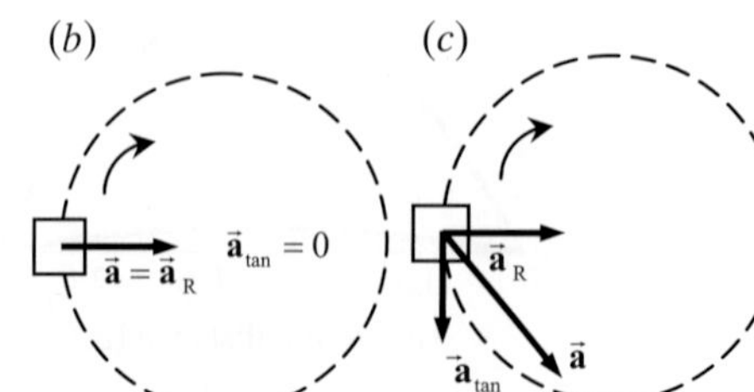

17. (a) 0.930 m/s;
(b) 2.83 m/s.

18. 2010 N

19. (a) 24.0 kg on both;
(b) $w_{Earth} = 235$ N,
$w_{Planet} = 288$ N.

20. 3.46×10^8 m.

21. 3.94 kg, 0.06 kg.

22. 2.5 m/s²

23. 1.62 m/s².

24. 6.5×10^{23} kg.

25. 27.4 m/s².

26. (a) 9.78 m/s²;
(b) 2.44 m/s².

27. 1.1×10^{-8} N at 45°.

28. 7×10^{12} m/s².

29. 7460 m/s.

30. 5.97×10^3 m/s.

31. 2.4 m/s² upward.

32. 7.05×10^3 s.

33. the close satellite is moving 1.2 times faster

34. (a) 59 N, away from the Moon;
(b) 76 N, toward the Moon.

35. $\dfrac{3\pi}{GT^2}$

36. 160 yr.

37. 84.5 min.

38. 2×10^8 yr.

39. 0.38

40. (a) 180 AU;
(b) 360 AU;
(c) 360/1.

Chapter 6

1. 2.06×10^4 J.

2. 2300 J.

3. (a) 1200 J;
(b) 6.0×10^3 J

4. 1.0×10^6 J.

5. 1960 J.

6. 390 J.

7. -240 J, 0, 240 J

8. (a) 2800 J;
(b) 2100 J.

9. (a) 1.1×10^7 J
(b) 5.0×10^7 J

10. 484 m/s.

11. -5.51×10^{-19} J.

12. The lighter one, $\sqrt{2}$; both the same.
13. 43 m/s.
14. 21 m/s.
15. (*a*) 3010 N;
(*b*) 7480 J;
(*c*) 5.42×10^4 J;
(*d*) -4.67×10^4 J;
(*e*) 7.51 m/s.
16. 1.01 m.
17. (*a*) 9.06×10^5 J;
(*b*) 9.06×10^5 J;
(*c*) yes.
18. (*a*) 35.6 J;
(*b*) 9.7 J;
(*c*) 35.6 J.
19. 45.4 m/s.
20. 4.89 m/s.
21. 74 cm.
22. 1.4×10^5 N/m.
23. (*a*) 7.47 m/s;
(*b*) 3.01 m.
24. 2600 N/m
25. 12 Mg/h.
26. (*a*) 9.19×10^4 J;
(*b*) 433 N.
27. 332 J.
28. (*a*) 15.3 m/s;
(*b*) 1.03 N, upward.
29. (*a*) 20 %;
(*b*) 6.3 m/s, 5.6 m/s;
(*c*) primarily into heat energy.
30. 1.4×10^5 J.
31. 173 m/s
32. (*a*) 1100 km/h;
(*b*) 2400 N
33. 22.0 s.
34. (*a*) 1100 J;
(*b*) 1100 W.
35. 2700 N.
36. 2.9×10^4 W, 38 hp.
37. 5.3×10^4 W.
38. 15.4 W.
39. 33 hp.
40. 610 W.

Chapter 7

1. 0.24 kg·m/s.
2. 10.2 m/s.
3. 5.9×10^7 N, opposite the gas velocity.
4. -0.898 m/s.
5. $\frac{1}{2}$
6. 0.99 m/s
7. 4.9×10^6 N.
8. 2230 N, toward the pitcher.
9. (*a*) 9.0×10^1 kg·m/s;
(*b*) 1.1×10^4 N.
10. 2.4 kg·m/s, to the left.
11. (*a*) -0.16 m/s;
(*b*) 521 N;
(*c*) astronaut: 391 J; capsule: 26 J.
12. 1.5 kg·m/s.
13. (*a*) 5 N·s;
(*b*) 80 m/s.
14. 0.440-kg ball: 1.27 m/s, east; 0.220-kg ball: 5.07 m/s, east.
15. 1.93 m/s (west), 3.87 m/s (east).
16. Tennis ball: 2.50 m/s; other ball: 5.00 m/s; both in direction of tennis ball's initial motion.
17. (*a*) 1.7 m/s, in direction of initial incoming velocity;
(*b*) 1.2 kg.
18. $\sqrt{2}$.
19. $\text{KE}'_A = 2200$ J; $\text{KE}_B = 3300$ J.
20. 21 m/s.
21. 0.84.
22. (*a*) 12.1 m/s;
(*b*) 56.4 J before, 13.7 J after.
23. $2\frac{m+M}{m}\sqrt{gL}$.
24. (*a*) 920 m/s;
(*b*) 0.999.
25. (*a*) p_x: $m_A v_A = m_A v'_A \cos\theta'_A + m_B v'_B \cos\theta'_B$
p_y: $0 = m_A v'_A \sin\theta'_A - m_B v'_B \sin\theta'_B$
(*b*) 46.9°, 1.23 m/s
26. 1.14×10^{-22} kg·m/s, 147° from the electron's momentum, 123° from the neutrino's momentum.
27. x direction, $v'_A = 3.7$ m/s, $v'_B = 2.0$ m/s.
28. (*a*) 30°;
(*b*) $v_{\text{nucleus}} = v_{\text{target}} = v/\sqrt{3}$;
(*c*) 2/3.
29. 6.5×10^{-11} m.
30. 0.438 m
31. 3.8 ℓ_0 from the left edge of the smallest cube
32. $(1.2\ell,\ 0.9\ell)$ relative to back left corner.
33. $x_{CM} = 1.42$ m, $y_{CM} = -0.25$ m.
34. $0.27R$ to the left of C.
35. 11 kg
36. 19% of the person's height along the line from shoulder to hand.
37. 4.3% of their height; no.
38. 25.1 cm
39. (*a*) 5.8 m;
(*b*) 4.0 m;
(*c*) 4.2 m.
40. 0.45 m toward initial position of 85-kg person.

Chapter 8

1. (*a*) 0.785 rad, $\pi/4$ rad;
(*b*) 1.05 rad, $\pi/3$ rad;
(*c*) 1.57 rad, $\pi/2$ rad;
(*d*) 6.28 rad, 2π rad;
(*e*) 7.77 rad, $89\pi/36$ rad.
2. 5.3×10^3 m.
3. (*a*) 750 rad/s;
(*b*) 23 m/s;
(*c*) 4.5×10^7 bit/s.
4. (*a*) 230 rad/s;
(*b*) 4.0×10^1 m/s, 9.3×10^3 m/s^2.
5. (*a*) 0.105 rad/s;
(*b*) 1.75×10^{-3} rad/s;
(*c*) 1.45×10^{-4} rad/s;
(*d*) 0.
6. (*a*) 1.9 m/s;
(*b*) 3.0 m/s^2 toward the center.
7. (*a*) 4.2 rad/s^2;
(*b*) 130 m/s^2, 1.3 m/s^2
8. $\omega_1/\omega_2 = R_2/R_1$.
9. (*a*) -96 rad/s^2;
(*b*) 98 rev.
10. 3.0×10^4 rev

11. (*a*) $-0.50\dfrac{\text{rad}}{\text{s}^2}$.
(*b*) 180 s.

12. (*a*) $-3.1\ \text{rad/s}^2$
(*b*) 12 s
(*c*) 95 m

13. 1.2 m·N, clockwise.

14. $mg(\ell_2 - \ell_1)$, clockwise.

15. (*a*) 14 m·N;
(*b*) −13 m·N.

16. $1.81\ \text{kg}\cdot\text{m}^2$.

17. 1.2×10^{-10} m.

18. (*a*) 7.8 m·N;
(*b*) 310 N.

19. (*a*) $72\ \text{rad/s}^2$.
(*b*) 620 N.

20. 22 m·N.

21. (*a*) $7.0\ \text{kg}\cdot\text{m}^2$;
(*b*) $0.70\ \text{kg}\cdot\text{m}^2$;
(*c*) *y* axis.

22. (*a*) 0.068 m·N;
(*b*) 16 s.

23. 23 kg.

24. 480 rev, 6.3 s.

25. (*a*)

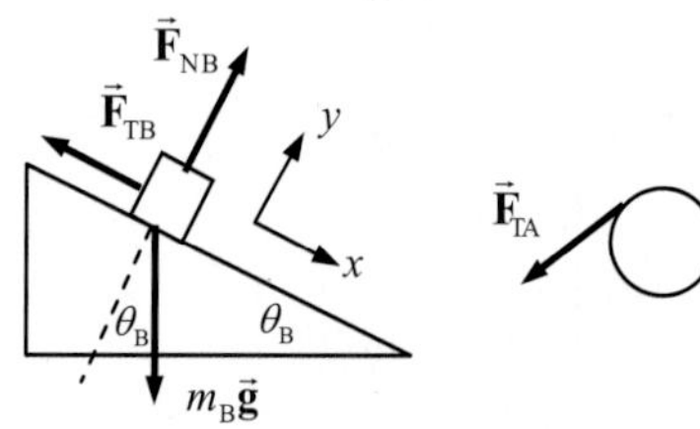

(*b*) $F_{TA} = 50\ \text{N},\ F_{TB} = 76\ \text{N}$.
(*c*) 3.9 m·N, $0.59\ \text{kg}\cdot\text{m}^2$.

26. (*a*) $a_A = 0.69\ \text{m/s}^2$, upward;
$a_B = 0.69\ \text{m/s}^2$, downward;
(*b*) 2%.

27. 1.36×10^4 J.

28. 9.70 m/s.

29. 48.8 J.

30. (*a*) $v_{CM} = 8.37\ \text{m/s},\ \omega = 24.3\ \text{rad/s}$.
(*b*) 5/2;
(*c*) Only the angular speed depends on the radius. None of the results depend on the mass.

31. $\sqrt{\frac{10}{7}g(R_0 - r_0)}$.

32. 2.0 m/s.

33. $5.12\ \text{kg}\cdot\text{m}^2/\text{s}$.

34. (*a*) $15\ \text{kg}\cdot\text{m}^2/\text{s}$;
(*b*) −2.5 m·N.

35. (*a*) Since angular momentum is conserved, an increase in rotational inertia must be accompanied by a decrease in angular velocity.
(*b*) 1.5.

36. (*a*) $1.0\times10^1\ \text{kg}\cdot\text{m}^2/\text{s}$;
(*b*) −2.5 m·N.

37. (*a*) 0.43 rad/s;
(*b*) 0.80 rad/s.

38. $\frac{1}{2}\left(\frac{1}{6}M + m\right)\ell^2\omega$.

39. 2.0 rev/s.

40. −0.31 rad/s.

Chapter 9

1. 528 N, 120° clockwise from $\vec{F}_A$.

2. 6.73 kg.

3. (*a*) 2.3 m from vertical support;
(*b*) 4200 kg.

4. 46 kg.

5. (*a*) $F_A = 1.5 \times 10^3\ \text{N}$, down;
$F_B = 2.0 \times 10^3\ \text{N}$, up;
(*b*) $F_A = 1.8 \times 10^3\ \text{N}$, down;
$F_B = 2.6 \times 10^3\ \text{N}$, up.

6. 34.6 N.

7. 1200 N.

8. $F_{\text{closer}} = 2900\ \text{N}$, down;
$F_{\text{farther}} = 1300\ \text{N}$, down.

9. 1.5×10^4 N, −2900 N.

10. (*a*) 2.3 m from the adult;
(*b*) 2.5 m from the adult.

11. $F_{\text{left}} = 260\ \text{N},\ F_{\text{right}} = 190\ \text{N}$.

12. 0.28 m.

13. 20 N to 50 N.

14. $F_A = 6300\ \text{N},\ F_B = 6100\ \text{N}$.

15. 0.64 m to right of fulcrum rock.

16. $F_T = 642\ \text{N}, F_{Hx} = 526\ \text{N}, F_{Hy} = 2\ \text{N}$.

17. (*a*) 410 N;
(*b*) horizontal: 410 N;
vertical: 328 N.

18. 5800 N, 8100 N.

19. $F_A = 1.7 \times 10^4\ \text{N}$,
$F_B = 7.7 \times 10^3\ \text{N}$.

20. (*a*) 650 N;
(*b*) $F_A = 0,\ F_B = 1.30\times10^3\ \text{N}$;
(*c*) $F_A = 810\ \text{N},\ F_B = 490\ \text{N}$.

21. 6.0×10^1 N; the angle is small.

22. (*a*) 230 N;
(*b*) 1.0×10^2 N.

23. (*a*)

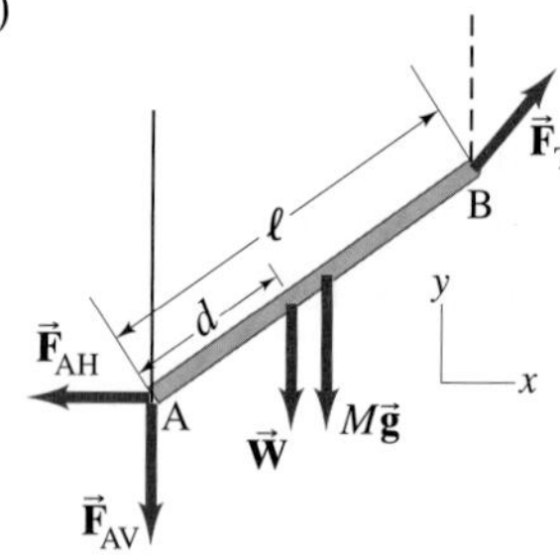

(*b*) $F_{A_{\text{vertical}}} = 9\ \text{N}$,
$F_{A_{\text{horizontal}}} = 51\ \text{N}$;
(*c*) 2.4 m.

24. $F_{\text{top}_{\text{horizontal}}} = 55.2\ \text{N}$, right;
$F_{\text{top}_{\text{vertical}}} = 63.7\ \text{N}$, up;
$F_{\text{bottom}_{\text{horizontal}}} = 55.2\ \text{N}$, left;
$F_{\text{bottom}_{\text{vertical}}} = 63.7\ \text{N}$, up;

25. 7.0 kg.

26. 2.4*w*.

27. 1800 N.

28. stable equilibrium; 10.9 m.

29. (*b*) Yes, by $\frac{1}{24}$ of a brick length;
(*c*) $D = \sum_{i=1}^{n} \frac{\ell}{2i}$;
(*d*) 35 bricks;

30. 3.50×10^{-2} m.

31. (*a*) $1.8 \times 10^5\ \text{N/m}^2$;
(*b*) 3.5×10^{-6}.

32. 3.0×10^{-5} m.

33. (*a*) $1.4 \times 10^6\ \text{N/m}^2$;
(*b*) 6.9×10^{-6};
(*c*) 6.6×10^{-5} m.

34. $997.5\ \text{cm}^3$.

35. $9.0 \times 10^7\ \text{N/m}^2$, 9.0×10^2 atm.

36. 25 kg.

37. (*a*) 393 N;
(*b*) thicker.

38. (*a*) $3.7 \times 10^{-5}\ \text{m}^2$;
(*b*) 2.7×10^{-3} m.

39. 1.3 cm.

40. 12 m.

Chapter 10

1. 3×10^{11} kg.
2. 62 kg.
3. 710 kg.
4. 7.5×10^{-2} m^3
5. 0.8547.
6. 0.91.
7. (*a*) 5501 kg/m^3.
(*b*) 5497 kg/m^3, -0.07%.
8. 4.5×10^5 N/m^2.
9. (*a*) 6.1×10^6 N/m^2;
(*b*) 1.7×10^5 N/m^2.
10. 135 mm-Hg.
11. (*a*) 4.5×10^5 N;
(*b*) 4.5×10^5 N.
12. 13 m.
13. 1.2 m.
14. 8970 kg.
15. 1900 kg.
16. (*a*) 1.19×10^5 N/m^2, 2.8×10^7 N.
(*b*) 1.19×10^5 N/m^2
17. (*a*) 7.0×10^5 N/m^2;
(*b*) 72 m.
18. 683 kg/m^3.
19. 1.60×10^4 m.
20. 4.3×10^5 N/m^2.
21. 4.0×10^7 N/m^2.
22. 0.57.
23. 2990 kg/m^3.
24. (*a*) 1.5×10^5 N;
(*b*) 1.8×10^5 N.
25. Iron or steel.
26. 9.9×10^{-3} m^3.
27. 10.5%.
28. 32 bottles.
29. 0.88.
30. (*a*) 6.68×10^{-2} m^3;
(*b*) 1.07;
(*c*) 12%.
31. 9 N, down, 21 N, up.
32. 4.4 m/s.
33. 9.6 m/s.
34. 4.12×10^{-3} m^3/s.
35. 1.6×10^5 N/m^2.
36. 1.2×10^5 N.
37. 9.7×10^4 Pa.
38. 2.5 m/s, 2.2 atm.
40. 1100 N.

Chapter 11

1. 0.84 m.
2. 1.4 Hz.
3. 560 N/m.
4. 320 N/m.
5. (*a*) 650 N/m;
(*b*) 2.1 cm, 2.6 Hz.
6. 0.85 kg.
7. (*a*) $y(t) = (0.280 \text{ m}) \sin[(36.0 \text{ rad/s})t]$;
(*b*) $4.36 \times 10^{-2}\text{ s} + n(0.174\text{ s}),\ n = 0, 1, 2, \cdots,$
$1.31 \times 10^{-1}\text{ s} + n(0.174\text{ s}),\ n = 0, 1, 2, \cdots.$
8. (*a*) $A_A = 2.5$ m, $A_B = 3.5$ m;
(*b*) $f_A = 0.25$ Hz, $f_B = 0.50$ Hz;
(*c*) $T_A = 4.0$ s, $T_B = 2.0$ s.
9. $\pm 70.7\%$ of the amplitude.
10. 0.233 s.
11. (*a*) 0.650 m;
(*b*) 1.34 Hz;
(*c*) 17.1 J;
(*d*) 5.26 J, 11.9 J.
12. (*a*) 2.1 m/s;
(*b*) 1.5 m/s;
(*c*) 0.54 J;
(*d*) $x = (0.15\text{ m})\cos(4.4\pi t)$.
13. $\sqrt{3}:1$.
14. (*a*) 430 N/m;
(*b*) 4.6 kg.
15. (*a*) 5.5×10^{-2} m;
(*b*) 0.59 m/s.
16. (*a*) 0.436 s, 2.29 Hz;
(*b*) 0.157 m;
(*c*) 32.6 m/s^2;
(*d*) 2.26 J;
(*e*) 1.90 J.
17. 68.0 N/m, 15.6 m.
18. $\dfrac{1}{2\pi}\sqrt{\dfrac{2k}{m}}$.
19. (*a*) $y = (0.16\text{ m})\cos(14\,t)$;
(*b*) 0.11 s;
(*c*) 2.2 m/s;
(*d*) 31 m/s^2, at the release point.
20. 3.0 s.
21. 0.99 m.
22. (*a*) 1.8 s;
(*b*) 0.56 Hz.
23. Shorten it by 0.5 mm.
24. $\frac{1}{3}$.
25. 2.3 m/s.
26. 1.22 m.
27. (*a*) 1400 m/s; (*b*) 4100 m/s;
(*c*) 5100 m/s.
28. (*a*) 1400 km;
(*b*) No; need readings from at least two other stations.
29. 4.8 N.
30. 21 m.
31. (*a*) 8.7×10^9 J/m$^2\cdot$s;
(*b*) 1.7×10^{10} W.
32. $\sqrt{5}:1$.
33. (*a*)
(*b*)

(*c*) all kinetic energy.
34. 440 Hz, 880 Hz, 1320 Hz, 1760 Hz.
35. 60 Hz, fundamental or first harmonic; 120 Hz, first overtone or second harmonic; 180 Hz, second overtone or third harmonic.
36. 70 Hz.
37. (*a*) 1.2 kg;
(*b*) 0.29 kg;
(*c*) 4.6×10^{-2} kg.
38. 1.3 m/s.
39. 24°.
40. 460 Hz; $f < 460$ Hz.

Chapter 12

1. 430 m.
2. 1600 m.
3. (*a*) 1.7 cm to 17 m;
(*b*) 1.9×10^{-5} m.
4. (*a*) 0.994 s;
(*b*) 4.52 s.
5. 33 m.
6. 1.0 W/m^2, 1.0×10^{-10} W/m^2.
7. 62 dB.
8. 2.0 dB.
9. 82 dB.
10. 134 dB.
11. 82-dB player: 1.6×10^8;
98-dB player: 6.3×10^9.
12. (*a*) 790 W;
(*b*) 440 m.

13. (*a*) 12;
(*b*) 11 dB.

14. 130 dB.

15. (*a*) 220-W: 122 dB; 45-W: 115 dB;
(*b*) no.

16. 10 octaves.

17. 87 N.

18. (*a*) 73.9 Hz, 222 Hz, 370 Hz, 517 Hz;
(*b*) 148 Hz, 296 Hz, 444 Hz, 591 Hz;

19. (*a*) 360 Hz;
(*b*) 540 Hz.

20. 260 Hz.

21. 570 Hz.

22. (*a*) 0.17 m;
(*b*) 1.02 m;
(*c*) $f = 440$ Hz, $\lambda = 0.78$ m.

23. 1.9%.

24. (*a*) 0.585 m;
(*b*) 858 Hz.

25. (*a*) 55 Hz;
(*b*) 190 m/s.

26. (*a*) 253 overtones;
(*b*) 253 overtones.

27. 4.2 cm, 8.2 cm, 11.9 cm, 15.5 cm, 18.8 cm, 22.0 cm.

28. $I_2/I_1 = 0.64$; $I_3/I_1 = 0.20$;
$\beta_{2-1} = -2$ dB; $\beta_{3-1} = -7$ dB.

29. 28.5 kHz.

30. 347 Hz.

31. (*a*) 0.562 m;
(*b*) 0.

32. (*a*) 343 Hz;
(*b*) 1000 Hz, 1700 Hz.

33. (*a*) 8.9 beats per second;
(*b*) 38 m.

34. 4.27×10^4 Hz.

35. 3.11×10^4 Hz.

36. (*a*) Every 1.4 s;
(*b*) every 11 s.

37. 0.0821 m/s.

38. 11 km/h.

39. (*a*) 99; (*b*) 0.58°.

40. (*a*) 36°;
(*b*) 560 m/s, 1.7.

Chapter 13

1. $N_{gold} = 0.548 N_{silver}$.

2. 3.2×10^{22} atoms of Cu.

3. (*a*) 20°C;
(*b*) 3500°F.

4. 57.8 °C, −89.4 °C.

5. 102.0°F.

6. (*a*) 0 °F;
(*b*) −28 °C.

7. −40°C = −40°F.

8. (*a*) 59.8 °C;
(*b*) 19.5 °C.

9. 0.08 m.

10. 5.0×10^{-3} m.

11. 2.2×10^{-6} m; $\frac{1}{60}$ of the change for steel.

12. 810 °C.

13. −70°C.

14. 6.59 mL.

15. 0.98%

16. −210°C.

17. 4.0×10^7 N/m^2.

18. −459.67°F.

19. 1.25 m^3.

20. (*a*) 0.2754 m^3;
(*b*) −63°C.

21. (*a*) 22.8 m^3;
(*b*) 2.16×10^5 Pa.

22. 1.69×10^8 Pa.

23. 7.4%.

24. 33%.

25. Actual: 0.598 kg/m^3, ideal: 0.588 kg/m^3; near a phase change.

26. 1.07 cm.

27. 55.51 mol,
3.343×10^{25} molecules.

28. 300 molecules/cm^3.

29. (*a*) 5.65×10^{-21} J;
(*b*) 3700 J.

30. 1.22.

31. 3.5×10^{-9} m/s.

32. $\sqrt{3}$.

34. $\dfrac{(v_{rms})_{^{235}UF_6}}{(v_{rms})_{^{238}UF_6}} = 1.004$.

35. Vapor.

36. (*a*) Vapor;
(*b*) solid.

37. 3200 Pa.

38. 18°C.

39. 0.91 kg.

40. 2.5 kg.

Chapter 14

1. 10.7°C.

2. 1.1×10^7 J.

3. 0.04 candy bars.

4. (*a*) 1.0×10^7 J;
(*b*) 29 kWh;
(*c*) $0.29 per day.

6. 4.5×10^4 J

7. 250 kg/h.

8. 170 s = 2.8 min.

9. 6.0×10^6 J.

10. 1700 J/kg·C°.

11. (*a*) 3.3×10^5 J;
(*b*) 5600 s.

12. 10.7 : 4.65 : 1.

13. 4.0×10^2 s.

14. 18.5°C.

15. 42.6°C.

16. 170°C.

17. 2.3×10^3 J/kg·C°.

18. (*a*) $C = mc$;
(*b*) 4.2×10^3 J/C°;
(*c*) 1.9×10^5 J/C°.

19. 43 C°.

20. 341 J/kg·C°.

21. 0.39 C°.

22. 473 kcal.

23. 1.6 kg

24. 7.1×10^6 J.

25. 0.316 kg

26. 0.18 kg.

27. 5.8×10^{-2} kg.

28. (*a*) 5.2×10^5 J;
(*b*) 1.5×10^5 J.

29. (*a*) 4.4 h;
(*b*) 33 h.

30. 11.2 kJ/kg.

31. 2.7 g.

32. 9.8×10^{-3} kg.

33. 5.2 g.

34. 1.6×10^4 W.

35. 93 J/s = 93 W.

36. (*a*) 71 W;
(*b*) 25 W.

37. 7.5×10^4 s.

38. 20 bulbs.

39. 3.1×10^4 s.

40. 350 Btu/h.

Chapter 15

1. (*a*) 0;
(*b*) 4.30×10^3 J.

2.

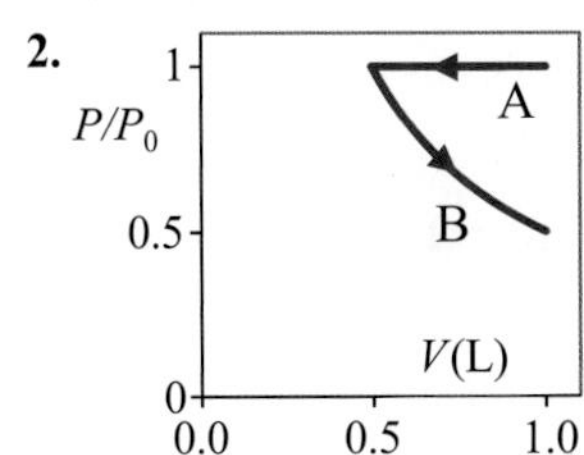

3.

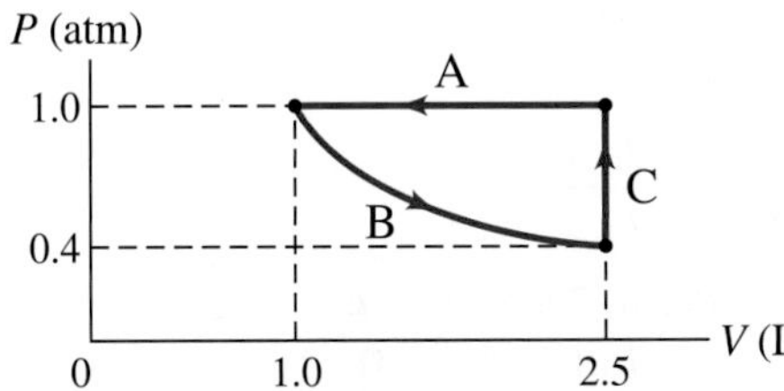

4. (*a*) 4.2×10^5 J;
(*b*) 6.4×10^5 J.

5.

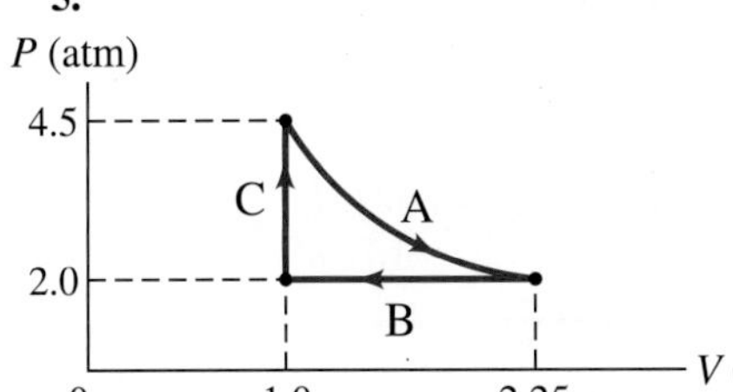

6. (*a*) 0;
(*b*) −465 kJ.

7. (*a*) 0;
(*b*) 2630 J;
(*c*) rise.

8. (*a*) 85 J;
(*b*) 85 J.

9. −78 K.

10. (*a*) 480 J;
(*b*) 0;
(*c*) 480 J (into the gas).

12. (*a*), (*c*)

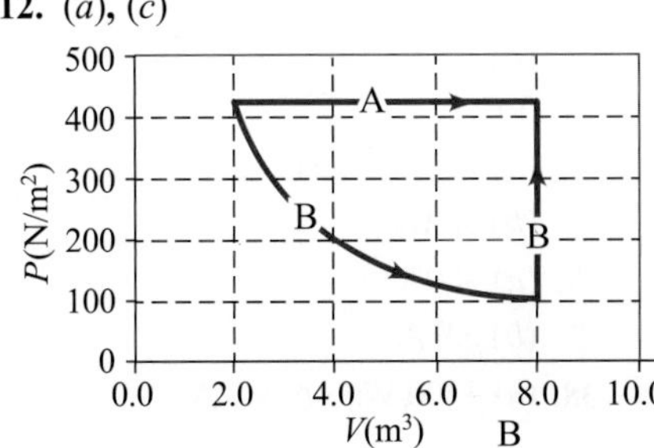

(*b*) 2550 J, 3830 J;
(*d*) 3830 J.

13. (*a*) −82 J;
(*b*) 27 J;
(*c*) 55 J;
(*d*) 28 J;
(*e*) 16 J.

14. 1.52×10^7 J.

15. 170 W.

16. 12 lb.

17. (*a*) 1.4×10^7 J;
(*b*) 3500 Cal.

18. 24%.

19. 25.8%.

20. 490 °C.

21. 8.8%.

22. 74%.

23. 10°C decrease in the low-temperature reservoir.

24. 1200 MW.

25. 1.7×10^{13} J/h.

26. 280 °C.

27. 1800 W.

28. 420 °C.

29. 870 °C.

30. 0.15.

31. 6.5.

32. (*a*) 1.0×10^3 J;
(*b*) 1.0×10^3 J;
(*c*) 230 J at 0°C, 390 J at −15°C.

33. 78 L.

34. -1.9×10^3 J/K.

35. -1.22×10^6 J/K.

36. 4×10^4 J/K.

37. 0.64 J/K.

38. 1.1 J/K.

39. 70 m², yes.

40. 1.5×10^7 W.

Chapter 16

1. 2.7×10^{-3} N.

2. 3.00×10^{14} electrons.

3. 2.2×10^4 N.

4. 14 N.

5. (1.9×10^{-13})%.

6. 2.7 N.

7. 3.76 cm.

8. 1.7×10^{14} electrons, 1.6×10^{-16} kg.

9. -4.6×10^8 C, 0.

10. 2.27×10^{39}.

11. $F_{left} = 120$ N, to the left;
$F_{center} = 560$ N, to the right;
$F_{right} = 450$ N, to the left.

12. $F_{left} = 2.00 \times 10^2$ N, 30° below the $-x$ axis;
$F_{right} = 2.00 \times 10^2$ N, 30° below the $+x$ axis.

13. 2.1×10^{12} electrons.

14. 6.51×10^7 N, 45°.

15. $10.1 \dfrac{kQ^2}{\ell^2}$, at 61°.

16. (*a*) 88.8×10^{-6} C, 1.2×10^{-6} C;
(*b*) 91.1×10^{-6} C, -1.1×10^{-6} C.

17. 3.94×10^{-16} N, west.

18. 1.16×10^5 N/C south.

19. 6.30×10^6 N/C, upward.

20. 8.8×10^5 N/C up.

21. 1.33×10^{14} m/s², opposite to the field.

22. 1.4×10^8 N/C, toward the negative charge.

23.

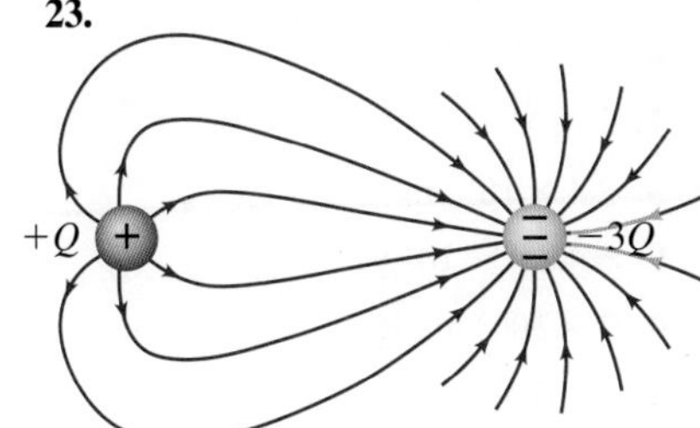

24. 0.25 N/C.

25. 5.97×10^{-10} N/C, south.

26. 1.37×10^{-10} C.

27. Upper right corner,
$E = 3.76 \times 10^4$ N/C, at 45.0°.

28. 1.15×10^6 N/C, toward the −38.6 μC charge.

29. $\dfrac{4kQxa}{(x^2 - a^2)^2}$, to the left.

30. 65 cm.

31. 3.7×10^7 N/C, 330°.

32. 1/4.

33. $E_A = 3.0 \times 10^6$ N/C, at 90°;
$E_B = 7.8 \times 10^7$ N/C, at 56°; yes.

34. (*a*) 5×10^{-10} N;
(*b*) 7×10^{-10} N;
(*c*) 6×10^{-5} N.

35. 1.64×10^{-8} C.

36. (*a*) $-1.1 \times 10^5\ \mathrm{N \cdot m^2/C}$;
(*b*) 0.

37. (*a*) 0;
(*b*) $\Phi_{\mathrm{left}} = 54.2\ \mathrm{N \cdot m^2/C}$;
$\Phi_{\mathrm{right}} = -54.2\ \mathrm{N \cdot m^2/C}$; $\Phi_{\mathrm{other}} = 0$

38. 8.3×10^{-10} C.

39. 5.11×10^{-11} C, negative.

40. (*a*) $k\dfrac{Q}{r^2}$;
(*b*) 0;
(*c*) $k\dfrac{Q}{r^2}$;
(*d*) The shell causes the field to be 0 in the shell material. The charge polarizes the shell.

Chapter 17

1. 5.0×10^{-4} J.

2. 2.72×10^{-17} J, 1.70×10^2 eV.

3. -1.0 V.

4. 2.96×10^{-15} J, 1.85×10^4 eV.

5. 4030 V, plate B.

6. 3.2×10^4 V/m.

7. 5.78 V.

8. 2.4×10^{-2} m.

9. -4.25×10^4 V.

10. 2×10^{-5} m.

11. -157 V.

12. (*a*) 1.7×10^7 m/s;
(*b*) 1.3×10^7 m/s.

13. 9.0×10^5 m/s.

14. 1.63×10^7 m/s.

15. 3000 V; only a small amount of charge was transferred.

16.

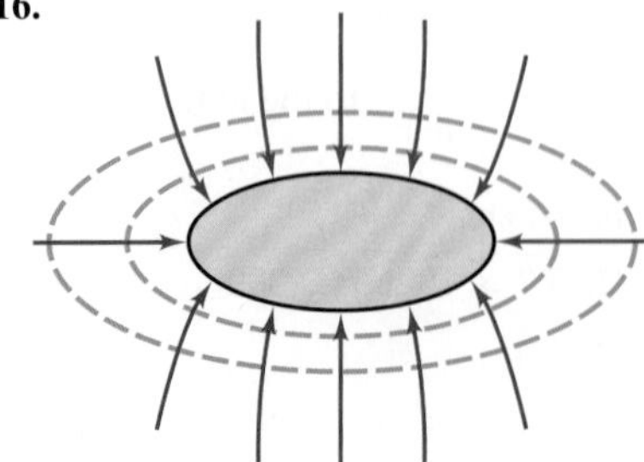

17. 1.80×10^5 V.

18. 2.8×10^{-9} C.

19. 0.51 J.

20. (*a*) 5.8×10^5 V;
(*b*) 9.2×10^{-14} J.

21. $\dfrac{kQ}{2\ell}(2+\sqrt{2})$.

22. 9.15×10^6 m/s.

23. (*a*) 18 cm from − charge, on opposite side from + charge;
(*b*) 1.6 cm from − charge, toward + charge, and 8.0 cm from − charge, away from + charge.

24. (*a*) 1.6×10^4 V;
(*b*) 9.9×10^4 V/m, 64°.

25. 4.2×10^6 V.

26. (*a*) 27 V;
(*b*) 2.2×10^{-18} J, or 14 eV;
(*c*) -2.2×10^{-18} J, or -14 eV;
(*d*) 2.2×10^{-18} J, or 14 eV.

27. (*a*) 6.6×10^{-3} V;
(*b*) 4.6×10^{-3} V;
(*c*) -4.6×10^{-3} V.

28. 2.6×10^{-6} F.

29. 19 V.

30. 6.00×10^{-5} C.

31. 6.3×10^{-7} F.

32. $0.24\ \mathrm{m^2}$.

33. 9×10^{-16} m, no.

34. $V_{2.50\,\mu\mathrm{F}} = V_{6.80\,\mu\mathrm{F}} = 611$ V,
$Q_{2.50\,\mu\mathrm{F}} = 1.53 \times 10^{-3}$ C,
$Q_{6.80\,\mu\mathrm{F}} = 4.16 \times 10^{-3}$ C.

35. 4.7×10^{-11} F.

36. 9.5 V.

37. 4.20×10^{-9} F, $0.247\ \mathrm{m^2}$.

38. 9.6×10^{-5} F.

39. (*a*) 9×10^{-12} F;
(*b*) 8×10^{-11} C;
(*c*) 200 V/m;
(*d*) 4×10^{-10} J;
(*e*) capacitance, charge, work done.

40. $1.0 \times 10^{-7}\ \mathrm{J/m^3}$.

Chapter 18

1. 1.00×10^{19} electrons/s.

2. 1.2×10^5 C.

3. 6.2×10^{-11} A.

4. 26 Ω.

5. 1200 V.

6. 2.7×10^5 C.

7. (*a*) 28 A;
(*b*) 8.4×10^4 C.

8. 4.1×10^{-3} V.

9. (*a*) 8.9 Ω;
(*b*) 1.2×10^4 C.

10. 1.3×10^{21} electrons/min.

11. (*a*) 4.8 A;
(*b*) 6.6 A.

12. 5.1×10^{-2} Ω.

13. 0.44.

14. Yes, for length 4.0 mm.

15. 20 % of the length of the wire;
3.0 Ω, 12.0 Ω.

16. 2.0 V.

17. $\dfrac{d_{\mathrm{long}}}{d_{\mathrm{short}}} = \sqrt{2}$.

18. (*a*) 3.8×10^{-4} Ω;
(*b*) 1.5×10^{-3} Ω;
(*c*) 6.0×10^{-3} Ω.

19. one-fourth.

20. 18 °C.

21. 280 °C.

22. 2400°C.

23. $R_{\mathrm{carbon}} = 1.42$ kΩ,
$R_{\mathrm{Nichrome}} = 1.78$ kΩ.

24. 0.72 W.

25. 17 Ω.

26. 31 V.

27. 1.7×10^5 C.

28. (*a*) 950 W;
(*b*) 15 Ω;
(*c*) 9.9 Ω.

29. (*a*) 1.1 A;
(*b*) 110 Ω.

30. 0.046 kWh; 6.6 cents per month.

31. 2.8×10^6 J.

32. 24 bulbs.

33. 1.5 m; power increases 36× and could start a fire.

34. (*a*) 7.2 A;
(*b*) 1.7 Ω.

35. 0.12 A.

36. (*a*) Infinite resistance;
(*b*) 96 Ω.

37. (*a*) 930 V;
(*b*) 3.9 A.

38. (*a*) 3300 W; (*b*) 9.7 A.

39. 6.0×10^{-10} m/s.
40. 2.2 A/m^2, north.

Chapter 19

1. (*a*) 5.92 V;
(*b*) 5.99 V.
2. 0.33 Ω.
3. 0.034 Ω; 0.093 Ω.
4. 8.8 V.
5. (*a*) 330 Ω;
(*b*) 8.9 Ω.
6. (*a*) 2.57 kΩ;
(*b*) 260 Ω.
7. 2.
8. R_1: $0.8\mathscr{E}$, R_2: $0.2\mathscr{E}$.

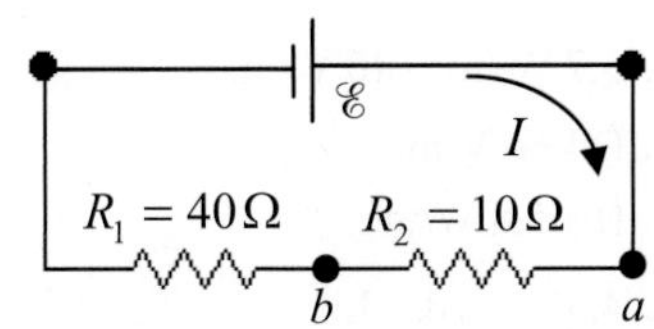

9. Connect 18 resistors in series; then measure voltage across 7 consecutive series resistors.
10. 모두 직렬: 5.10 Ω,
모두 병렬: 567 Ω,
직렬 2 + 병렬 = 1.13 kΩ,
병렬 2 + 직렬 = 2.55 kΩ.
11. 0.3 Ω.
12. (*a*) 15 V; (*b*) 33 Ω, 6.8 W.
13. 560 Ω, 0.020.
14. 1300 Ω.
15. 32 Ω.
16. (*a*) 1350 Ω; (*b*) 8.8 V, 3.2 V;
(*c*) 8.91 mA, 4.2 mA, 4.7 mA.
17. 140 Ω.
18. $\frac{13}{8}R$.
19. $I_1 = I_2 = 0.284$ mA; $I_3 = 0.568$ mA;
$I_4 = 0.852$ mA; $I_5 = 1.42$ mA; $I_6 = 2.27$ mA;
$V_{AB} = 1.85$ V.
20. 4.8 kΩ.
21. 55 V.
22. $I = 0.35$ A.
23. 18-V battery: 16 V, 12-V battery: 13 V.
24. 0.
25. (*a*) 34 V;
(*b*) 85-V battery: 82 V;
45-V battery: 43 V.
26. 120 Ω: 0.25 A, 74 Ω: 0.25 A,
56 Ω: 0.16 A, 25 Ω: 0.090 A,
110 Ω: 0.090 A.
27. $I_1 = 0.68$ A, left; $I_2 = 0.33$ A, left.
28. (*a*) $\mathscr{E}/R$;
(*b*) R.
29. 0.71 A.
30. 3 parallel sets, each with 100 cells in series.
31. 3.71×10^{-6} F.
32. 2.0×10^{-9} F, yes.
33. 1.90×10^{-8} F in parallel,
1.7×10^{-9} F in series.
34. 2 : 1.
35. In parallel, 750 pF.
36. 29.3 μF, 5.7 μF.
37. (*a*) $\frac{3}{5}C$;
(*b*) $Q_1 = Q_2 = \frac{1}{5}CV$, $Q_3 = \frac{2}{5}CV$,
$Q_4 = \frac{3}{5}CV$; $V_1 = V_2 = \frac{1}{5}V$,
$V_3 = \frac{2}{5}V$, $V_4 = \frac{3}{5}V$.
38. 1.0×10^6 Ω.
39. 7.4×10^{-3} s.
40. (*a*) $I_1 = \dfrac{2\mathscr{E}}{3R}$, $I_2 = I_3 = \dfrac{\mathscr{E}}{3R}$

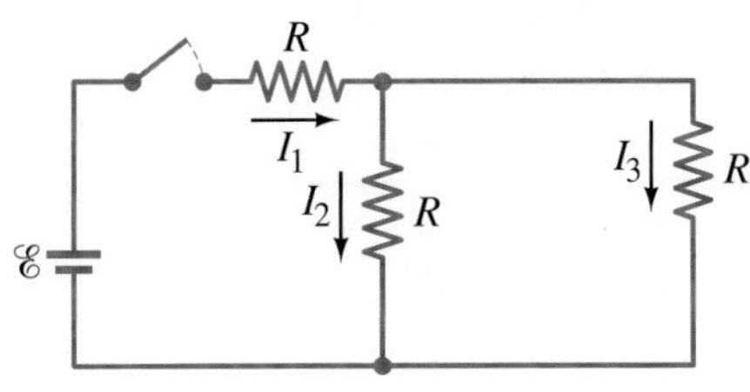

(*b*) $I_1 = I_2 = \dfrac{\mathscr{E}}{2R}$, $I_3 = 0$;

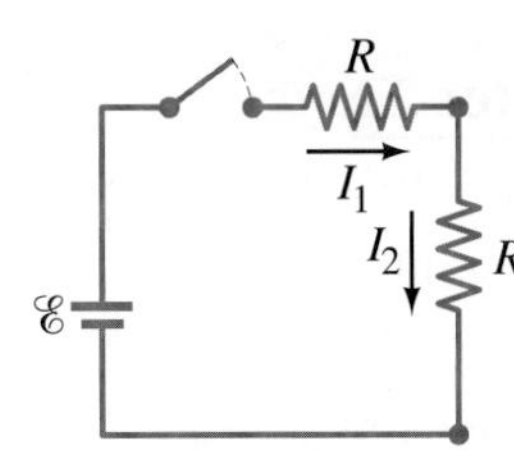

(*c*) $\frac{1}{2}\mathscr{E}$.

Chapter 20

1. (*a*) 5.8 N/m;
(*b*) 3.3 N/m.
2. 1.63 A.
3. 1.3 N.
4. 4.2×10^{-4} N.
5. 27°.
6. 0.358 T.
7. (*a*) South pole;
(*b*) 3.86 A;
(*c*) 8.50×10^{-2} N.
8. 1400 A.
9. 5.6×10^{-14} N, north.
10. 1.51×10^{-5} m.
11. 0.24 T.
12. (*a*) To the right;
(*b*) downward;
(*c*) into the page.
13. 1.0×10^6 m/s, 7.8×10^{-4} m.
14. (*a*) 6.0×10^5 m/s;
(*b*) 3.6×10^{-2} m;
(*c*) 3.8×10^{-7} s.
15. 0.59 m.
16. 1.4 T, east.
17. $r_{\text{proton}}/r_{\text{electron}} = 42.8$.
18. 1.97×10^{-6} m.
19. (*a*) Sign determines polarity but not magnitude of Hall emf.
(*b*) 0.56 m/s.
20. 2.9×10^{-4} T, about 5.8 times larger.
21. 7.8×10^{-2} N, toward other wire.
22. 13 A upward.
23.

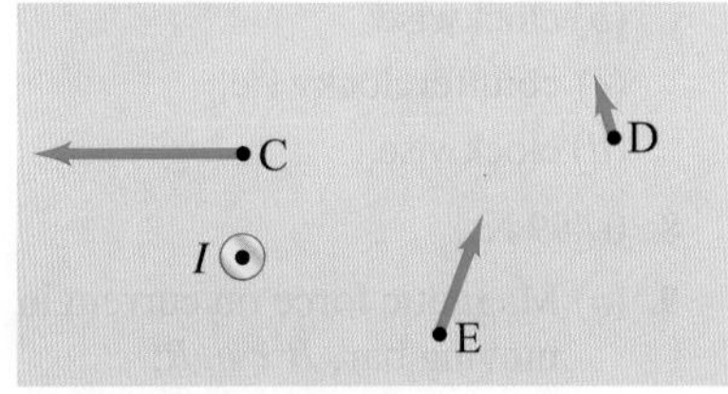

24. 5.1×10^{-6} N, toward wire.
25. 3.8×10^{-5} T, 17° below horizontal.
26. 5.3×10^{-17} T.
27. (*a*) $(2.0 \times 10^{-5}\ \text{T/A})(I - 25\ \text{A})$;
(*b*) $(2.0 \times 10^{-5}\ \text{T/A})(I + 25\ \text{A})$.
28.

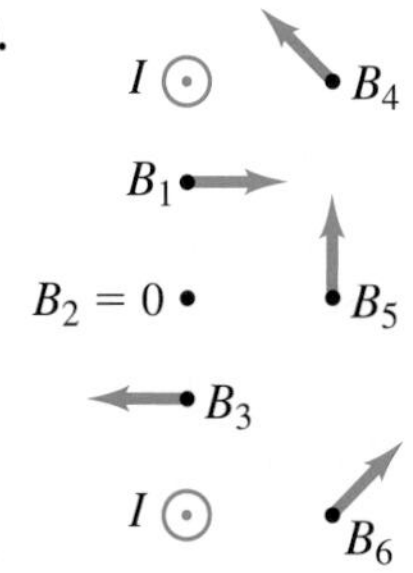

29. 15 A, downward.

30. Closer wire: 4.4×10^{-2} N/m, attract; farther wire: 2.2×10^{-2} N/m, repel.

31. 4.66×10^{-5} T.

32. 9.6×10^{-3} T.

33. 1.19 A.

34. 0.12 N, south.

35. (*c*) No; inversely as distance from center of toroid: $B \propto 1/R$.

36. 1.18 T.

37. 69.7 μA.

38. 1.87×10^{6} V/m; perpendicular to velocity and magnetic field, and in opposite direction to magnetic force on protons.

39. 1.3×10^{-3} m; 6.5×10^{-4} m.

40. $^{2}_{1}$H nucleus or $^{4}_{2}$He nucleus.

Chapter 21

1. 560 V.

2. from right to left.

3. counterclockwise.

4. counterclockwise.

5. 0.20 V.

6. (*a*) counterclockwise;
(*b*) clockwise.

7. (*a*) 0;
(*b*) clockwise;
(*c*) counterclockwise;
(*d*) clockwise.

8. 0.499 N.

9. (*a*) Magnetic force on current in moving bar, $B^2\ell^2 v/R$;
(*b*) $B^2\ell^2 v^2/R$.

10. 1.2 T.

11. 5.23 C.

12. 29 V.

13. (*a*) 810 V;
(*b*) double the rotation frequency.

14. 90 V.

15. 92 V.

16. 1.71×10^{4} turns.

17. step-down, 1/3 or 0.33, 3.0.

18. (*a*) 49 kV(rms)
(*b*) 0.074

19. 55 MW.

20. 6.9 V.

21. 0.593 H

22. 0.10 H.

23. (*a*) 1.5×10^{-2} H;
(*b*) 75 turns.

24. $M = \mu_0 \dfrac{N_1 N_2 A}{\ell}$.

25. 23 J.

26. 5×10^{15} J.

27. (*a*) 1.8 ms;
(*b*) 17 Ω.

28. 3.7.

30. (*a*) 428 Ω.
(*b*) 2.57×10^{-2} Ω.

31. 1.6×10^{4} Ω, 1.47×10^{-2} A.

32. (*a*) 7400 Ω;
(*b*) 0.38 A.

33. (*a*) 3.6×10^{4} Ω;
(*b*) 3.7×10^{4} Ω.

34. 205 Ω.

35. $Z = 8.74$ Ω, $\phi = -5.17°$,
$I_{rms} = 8.30 \times 10^{-2}$ A.

36. (*a*) 4.3×10^{-2} A;
(*b*) 2.7°;
(*c*) 5.1 W;
(*d*) 120 V, 5.6 V.

37. (*a*) 30 mV;
(*b*) 130 mV.

38. 3.6×10^{5} Hz.

39. (*a*) 370 pF;
(*b*) 2.7×10^{-5} H.

40. (*a*) 1.3×10^{-7} F;
(*b*) 37 A.

Chapter 22

1. 1.1×10^{5} V/m/s.

2. 4.8×10^{-8} A.

3. 1.7×10^{15} V/m/s.

4. 6.40×10^{-8} T, zero.

5. 2.4×10^{-13} T.

6. 3.15 V/m.

7. 90.0 kHz, 2.33 V/m, along the horizontal north–south line.

8. 8.33 min.

9. 1.25 s.

10. 4.2×10^{14} Hz, red visible light.

11. 4.20×10^{-7} m, violet visible light.

12. 6.1×10^{6} Hz.

13. 2.00×10^{10} Hz.

14. (*a*) 3.00×10^{5} m;
(*b*) 0.341 m;
(*c*) No.

15. (*a*) 1.319×10^{-2} m;
(*b*) 2.5×10^{18} Hz.

16. (*a*) 300 s;
(*b*) 1300 s.

17. 4.0×10^{16} m.

18. 9.47×10^{15} m.

19. 9600 wavelengths; 3.54×10^{-15} s.

20. 3400 rad/s.

21. 1.6×10^{6} revolutions/s.

22. 6.72×10^{-7} W/m^2.

23. 3.02×10^{7} s.

24. 9.07×10^{-7} J/h.

25. 5.7 W/m^2, 46 V/m.

26. (*a*) 66 V/m;
(*b*) 5.8 W/m^2.

27. 4.51×10^{-6} J.

28. 1150 V/m, 3.82×10^{-6} T.

29. 3.80×10^{26} W.

30. (*a*) 150 J;
(*b*) 1.9×10^{9} V/m.

31. 7.3×10^{-7} N/m^2; 7.3×10^{-11} N away from bulb.

32. 27 m^2.

33. 400 m^2.

Chapter 23

1.

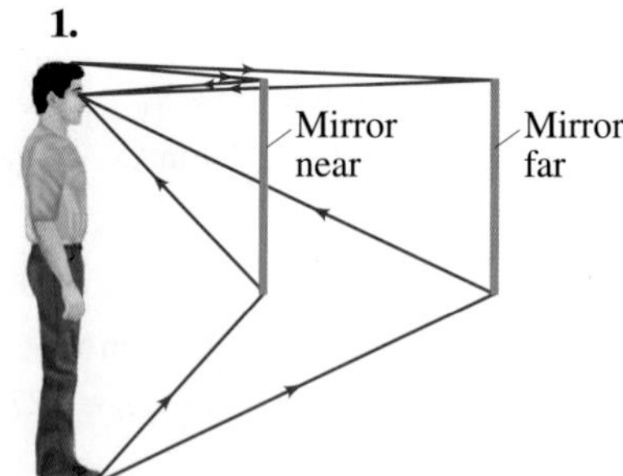

2. 11°.

3. 0.62 m.

4.

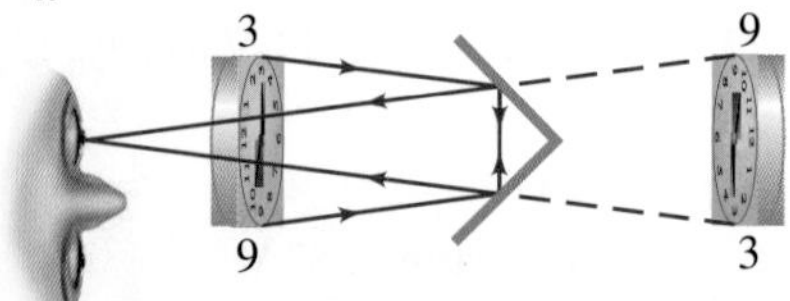

5. 10.5 cm.

6. (*a*) $d_i \approx -5$ cm;

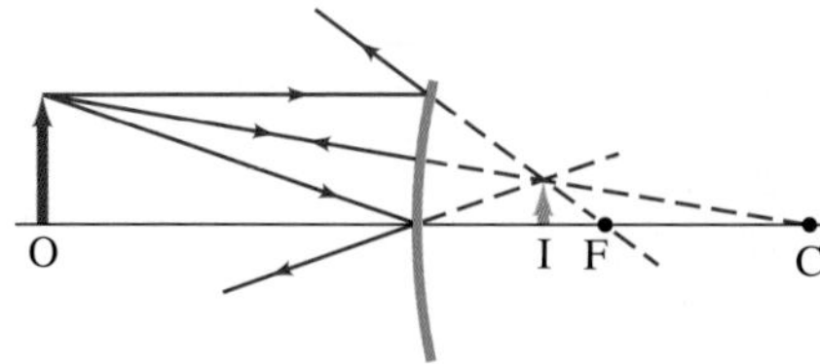

(*b*) $d_i = -5.3$ cm;

(*c*) 1.0 mm.

7. −6.8 m.

8. 5.7 m.

9. 2.0 cm behind ball's front surface; virtual; upright.

10. 1.0 m.

11. (*a*) Concave;

(*b*) upright, virtual, and magnified;

(*c*) 1.40 m.

12.

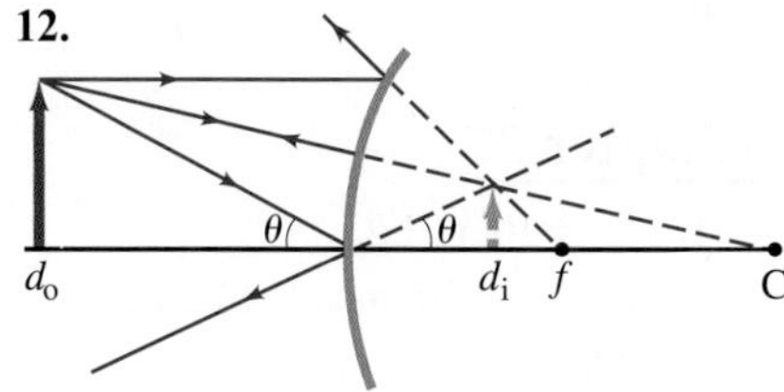

13. 1.31.

14. 1.62.

15. 36°

16. 50.1°.

17. (*a*) 26.6°; (*b*) 31.2°; (*c*) 31.2°.

18. 81.9°.

19. 4.4 m.

20. 61.0°, crown glass.

21. 1.36.

22. At least 93.5 cm away.

23. (*a*) 1.4;

(*b*) no;

(*c*) 1.9.

24. (*a*) ~500 mm;

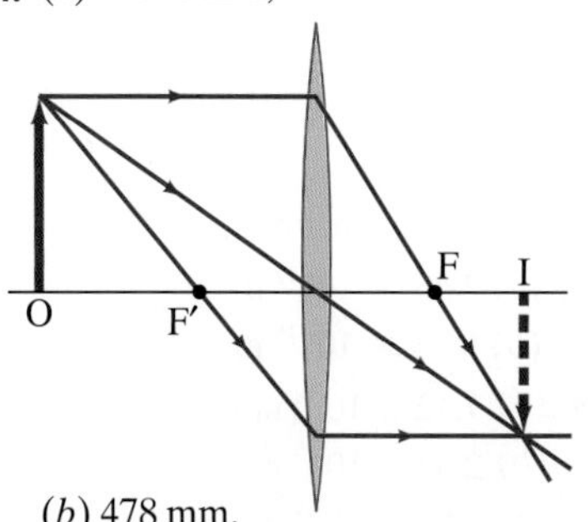

(*b*) 478 mm.

25. (*a*) 3.08 D, converging;

(*b*) −0.148 m, diverging.

26.

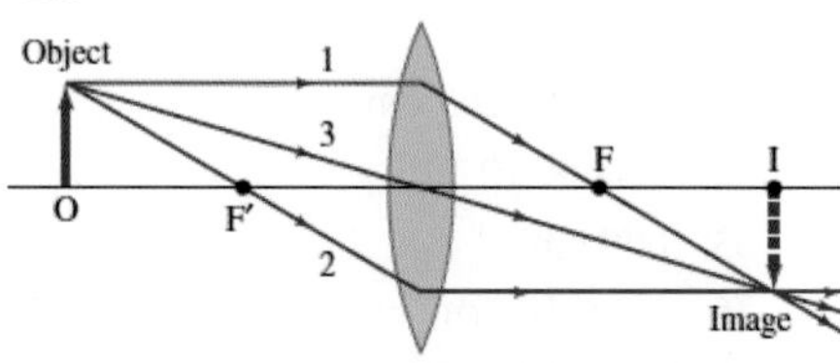

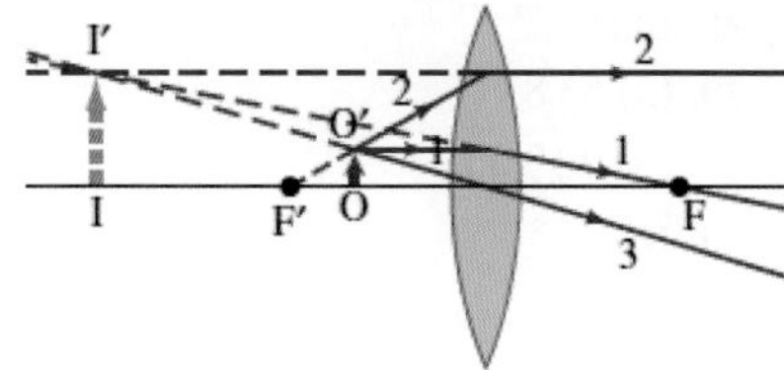

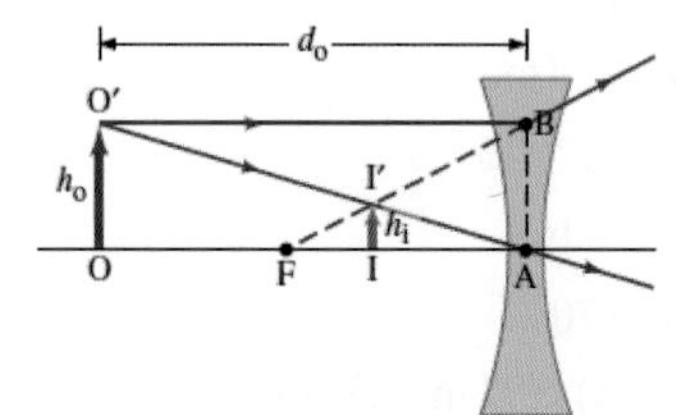

27. (*a*) 37 cm behind lens;

(*b*) +2.3×.

28. $d_i = -6.67$ cm behind lens, virtual and upright, $h_i = 0.534$ mm.

29. (*a*) 70.0 mm;

(*b*) 30.0 mm.

30. 64 cm.

31. 21.3 cm or 64.7 cm from object.

32. 0.105 m; 5.8 m.

33. 7.2 cm beyond the second lens.

34. 18.5 cm beyond second lens; −0.651× (inverted).

35. −10.0 cm

36. (*a*) 10 cm beyond second lens;

(*b*) −1.0×;

(*c*)

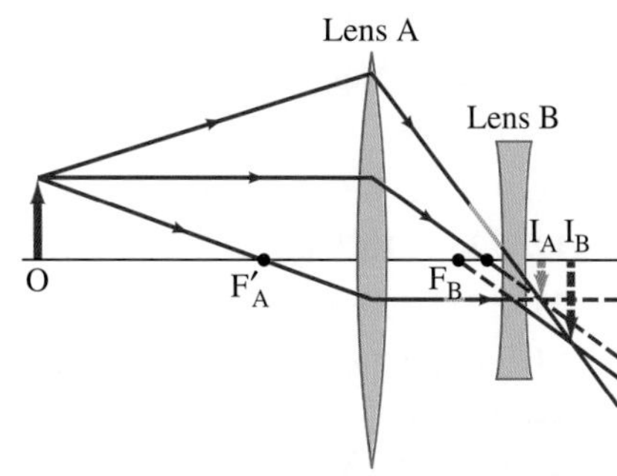

37. −29 cm.

38. 1.590.

39. 9.0 cm.

40. 23 cm.

Chapter 24

1. 5.4×10^{-7} m.

2. 3.6×10^{-6} m.

3. 6.3×10^{-7} m, 4.8×10^{14} Hz.

4. 1.5×10^{-4} m.

5. 3.1 cm.

6.

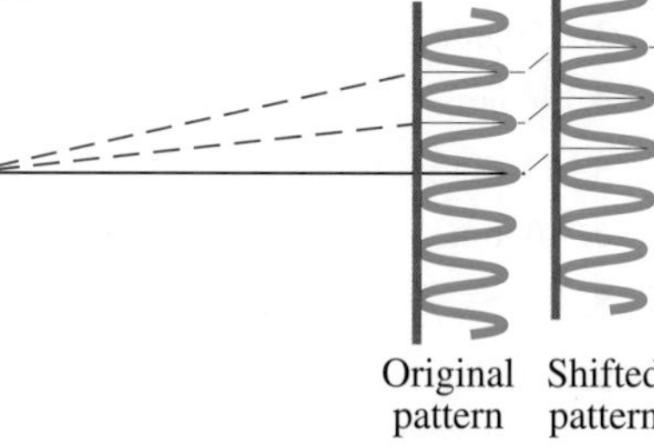

7. 640 nm.

8. 2.2×10^{-3} m.

9. 14 mm.

10. 570 nm.

11. 1.5 % less.

12. $\theta_1 = 68.1°$, $\theta_2 = 65.3°$

13. 1.8°.

14. 1.0×10^{-6} m.

15. 7.38×10^{-2} m.

16. (*a*) λ;

(*b*) 400 nm.

17. 3.4×10^{-6} m.

18. Entire pattern is shifted, with central maximum at 28.0° to the normal.

19. 330 nm.

20. 556 nm.

21. 490 nm, 610 nm, 640 nm, 650 nm.

22. $(3.0 \times 10^1)°$.

23. Second order.

24. 7140 slits/cm.

25. 630 nm.

26. 230 nm.

27. (*b*) 290 nm.

28. 9 lenses.

29. 9.8 μm.

30. 33 dark bands.

31. 110 nm; 230 nm.

32. 482 nm.

33. 691 nm.

34. 1.004328.

35. 57.3°.
36. 48.1%.
37. No; for diamond, $\theta_p = 59.4°$.
38. 61.2°.
39. 36.9°; 48.8°; 53.1°.
40. $0.068I_0$

Chapter 25

1. $f/8$.
2. 3.00 mm to 46 mm.
3. 110 mm; 220 mm.
4. 46 nm.
5. 5.1 m to infinity.
6. 16 mm.
8. $f/2.5$.
9. 1.1 D.
10. (*a*) nearsighted.
(*b*) 20.2 cm.
11. (*a*) −1.2 D;
(*b*) 35 cm.
12. −8.3 D; −7.1 D.
13. (*a*) 2.0 cm;
(*b*) 1.9 cm.
14. 18.4 cm, 1.00 m.
15. 7.8 cm.
16. 1.6×.
17. 6.2 cm from lens, 4.0×.
18. (*a*) 3.6×;
(*b*) 14 mm;
(*c*) 6.9 cm.
19. (*a*) −61 cm;
(*b*) 3.1×.
20. (*a*) 9.0×;
(*b*) 1.8×.
21. −29×; 85 cm.
22. 25 cm.
23. −19×.
24. −22×.
25. −110×.
26. Objective: 1.09 m;
eyepiece: 0.9 cm.
27. 3.0 m.
28. $(4.0 \times 10^2)\times$.
29. 520×.
30. (*a*) 840×;
(*b*) 1.8 cm, 0.299 cm;
(*c*) 0.304 cm.
31. (*a*) 14 cm;
(*b*) 130×.
32. (*a*) Converging;
(*b*) 281 cm.
33. 49.8 cm, 47.9 cm.
34. $(1.54 \times 10^{-5})°$.
35. 1000 nm.
36. 1.7×10^{11} m.
37. 1.0×10^4 m.
38. 14.0°
39. (*a*) 53.8°;
(*b*) 0.19 nm.
40. No.

Chapter 26

1. 83.9 m.
2. 2.07×10^{-6} s.
3. 35 ly.
4. $0.70c$.
5. (*a*) 6.92 m, 1.35 m;
(*b*) 13.9 s;
(*c*) $0.720c$;
(*d*) 13.9 s.
6. (*a*) 3.6 yr;
(*b*) 7.0 yr.
7. $(6.97 \times 10^{-8})\%$.
8. (*a*) 6.7×10^{-10} s.
(*b*) 0.20 m.
9. $0.9716c$.
10. 4.6×10^{-19} kg·m/s.
11. (*a*) −1.1%;
(*b*) −34%.
12. $0.41c$.
13. $0.95c$.
14. (*a*) 220%;
(*b*) 210%.
15. 8.209×10^{-14} J, 0.512 MeV.
16. 4×10^{-28} kg.
17. 1000 kg.
18. 939 MeV/c^2
19. 5.36×10^{-13} kg.
20. 2.7 GeV, 3.5 GeV/c.
21. 1.6 GeV/c.
22. $0.9497c$.
23. (*a*) 5.4 GeV;
(*b*) 5.4 GeV/c.
24. $0.659c$.
25. $0.866c$, 0.886 MeV/c.
26. 5.6
27. 9.0×10^{13} J; 9.2×10^9 kg.
28. 1.30 MeV/c^2.
29. $0.5261c$.
30. $0.333c$.
31. 140 MeV/c^2.
32. (*a*) $0.866c$;
(*b*) $0.745c$.
33. 41.6 MeV, 283 MeV/c;
−6.3 %, −4.2 %.
34. (*a*) 1.8×10^{19} J;
(*b*) −1.7%.
36. $0.69c$.
37. (*a*) $0.882c$;
(*b*) $-0.882c$.
38. $0.65c$.
39. $0.78c$.
40. $0.3c$.

Chapter 27

1. 6.2×10^4 C/kg.
2. (*a*) 7.23×10^6 m/s; (*b*) 1.58 cm.
3. 5 electrons.
4. 5600 K.
5. (*a*) 10.6 μm, far infrared;
(*b*) 940 nm, near infrared;
(*c*) 0.7 mm, microwave.
6. (*a*) 1.61×10^5 K;
(*b*) 1.3 μm.
7. 9.35×10^{-6} m.
8. 6.08×10^{-26} J.
9. 2.7×10^{-19} J to 5.0×10^{-19} J,
1.7 eV to 3.1 eV.
10. 1.14×10^{-27} kg·m/s.
11. 4.7×10^{-23} kg·m/s.
12. $f_{min} = 2 \times 10^{13}$ Hz; $\lambda_{max} = 1 \times 10^{-5}$ m.
13. 7.2×10^{14} Hz.
14. 429 nm.
15. 0.92 eV; 5.7×10^5 m/s.
16. 3.46 eV.
17. 2.0 eV, 45 kcal/mol.
18. (*a*) 2.43×10^{-12} m;
(*b*) 1.32×10^{-15} m.
19. (*a*) 7.12×10^{-4} nm;
(*b*) 2.43×10^{-3} nm;
(*c*) 4.86×10^{-3} nm.

20. 2.62 MeV.

21. 6.62×10^{-16} m.

22. 1.592 MeV, 7.81×10^{-13} m.

23. 3.2×10^{-32} m.

24. 4.7×10^{-12} m.

25. 1840.

26. (*a*) 4×10^{-10} m;

(*b*) 1×10^{-10} m;

(*c*) 3.9×10^{-11} m.

28. 22 V.

29. 23.0 pm.

30. 1.51 eV.

31. $n = 5$ to $n' = 3$.

32. 122 eV.

33. 91.2 nm.

34. 49.4 nm.

35.

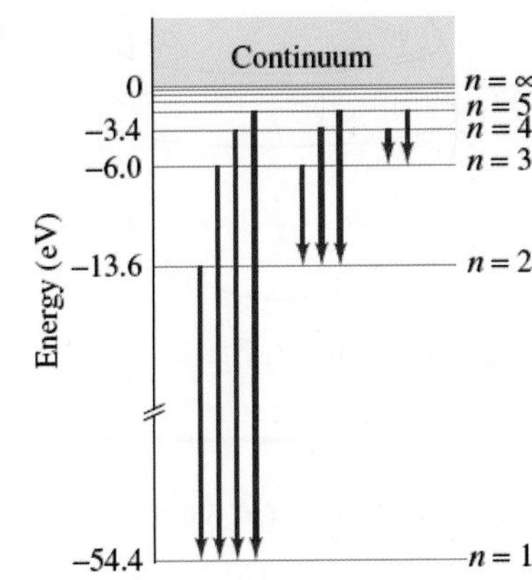

36.

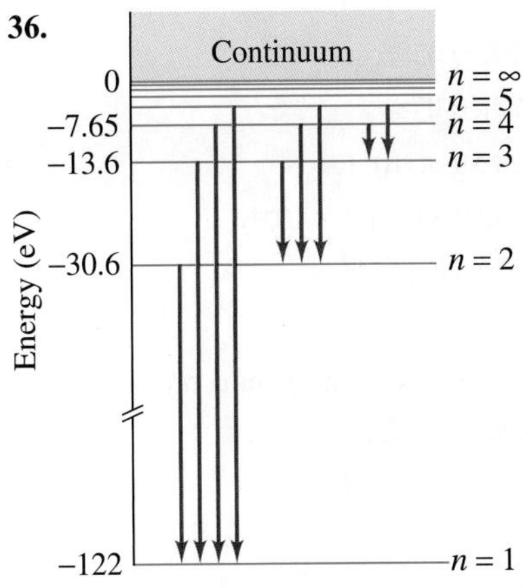

37. −27.2 eV, +13.6 eV.

38. −0.544 eV.

39. 13,700, -7.19×10^{-8} eV.

Chapter 28

1. 4.5×10^{-7} m.

2. 4.5×10^{27} m.

3. 5.3×10^{-11} m.

4. 4.8×10^{3} m/s.

5. 7×10^{-8} eV.

6. 2.6×10^{-25} s.

7. $3.00 \times 10^{-10}\ \mathrm{eV}/c^2$.

8. 1.3×10^{-54} kg.

9. Electron: 1.5×10^{-3} m;
baseball: 9.7×10^{-33} m;
$\Delta x_{\text{electron}}/\Delta x_{\text{baseball}} = 1.5 \times 10^{29}$.

10. 1.0×10^{-17}.

11. 7700 m/s; 1.7×10^{-4} eV.

12. 14 MeV.

13. 5.53×10^{-10} m.

15. $\ell = 0,\ 1,\ 2,\ 3,\ 4,\ 5$.

16. $m_\ell = -3, -2, -1, 0, 1, 2, 3;\ -\frac{1}{2}, +\frac{1}{2}$.

17. 14 electrons.

18. 32 states.

19. (*a*) $(1, 0, 0, -\frac{1}{2}),\ (1, 0, 0, +\frac{1}{2}),$
$(2, 0, 0, -\frac{1}{2}),\ (2, 0, 0, +\frac{1}{2}),$
$(2, 1, -1, -\frac{1}{2}),\ (2, 1, -1, +\frac{1}{2});$

(*b*) $(1, 0, 0, -\frac{1}{2}),\ (1, 0, 0, +\frac{1}{2}),$
$(2, 0, 0, -\frac{1}{2}),\ (2, 0, 0, +\frac{1}{2}),$
$(2, 1, -1, -\frac{1}{2}),\ (2, 1, -1, +\frac{1}{2}),$
$(2, 1, 0, -\frac{1}{2}),\ (2, 1, 0, +\frac{1}{2}),$
$(2, 1, 1, -\frac{1}{2}),\ (2, 1, 1, +\frac{1}{2}),$
$(3, 0, 0, -\frac{1}{2}), (3, 0, 0, +\frac{1}{2}),$
$(3, 1, -1, -\frac{1}{2})$.

20. $(1, 0, 0, -\frac{1}{2}), (1, 0, 0, +\frac{1}{2}), (2, 0, 0, -\frac{1}{2}),$
$(2, 0, 0, +\frac{1}{2}),\ (2, 1, -1, -\frac{1}{2}),\ (2, 1, -1, +\frac{1}{2}),$
$(2, 1, 0, -\frac{1}{2}),\ (2, 1, 0, +\frac{1}{2})$

21. $12\hbar$, or 3.65×10^{-34} J·s.

22. $m_\ell = -4, -3, -2, -1, 0, 1, 2, 3, 4;$
$n \geq 5,\ m_s = -\frac{1}{2}, +\frac{1}{2}$.

23. $n \geq 4;\ 3 \leq \ell \leq n - 1;$
$m_s = -\frac{1}{2}, +\frac{1}{2}$.

25. (*a*) $1s^2 2s^2 2p^6 3s^2 3p^6 3d^6 4s^2$;

(*b*) $1s^2 2s^2 2p^6 3s^2 3p^6 3d^{10} 4s^2 4p^4$;

(*c*) $1s^2 2s^2 2p^6 3s^2 3p^6 3d^{10} 4s^2 4p^6 5s^2$.

26. (*a*) $1s^2 2s^2 2p^6 3s^2 3p^6 3d^{10} 4s^2 4p^6 4d^{10} 5s^1$.

(*b*) $1s^2 2s^2 2p^6 3s^2 3p^6 3d^{10} 4s^2 4p^6 4d^{10}$
$4d^{10} 4f^{14} 5s^2 5p^6 5d^{10} 6s^1$.

(*c*) $1s^2 2s^2 2p^6 3s^2 3p^6 3d^{10} 4s^2 4p^6$
$4d^{10} 4f^{14} 5s^2 5p^6 5d^{10} 6s^2 6p^6 5f^3$
$6d^1 7s^2$.

27. (*a*) 5;

(*b*) −0.544 eV;

(*c*) $\sqrt{6}\,\hbar$, 2;

(*d*) −2, −1, 0, 1, 2.

28. 3.4 eV.

30. (*a*) forbidden;

(*b*) allowed;

(*c*) forbidden;

(*d*) forbidden;

(*e*) allowed.

31. $n = 3,\ \ell = 2$.

32. (*a*) (2, 1), (3, 1), (4, 1), (5, 1), (4, 3), (5, 3);

(*b*) four different, photon wavelengths.

33. 0.017 J, 5.5×10^{16} photons.

34. (*a*) 71 W/m²

(*b*) 36.

35. 634 nm.

36. 5.6×10^{-4} rad.

(*a*) 190 m;

(*b*) 2.2×10^{5} m.

Chapter 29

1. 0.149 u.

2. 1.9×10^{-15} m.

3. 0.855 %.

4. $3727\ \mathrm{MeV}/c^2$

5. 63 N, 9.5×10^{27} m/s²

6. (*a*) 180 m;

(*b*) 3.5×10^{4}

7. ${}^{31}_{15}\mathrm{P}$.

8. 30 MeV.

9. 29 MeV.

10. 550 MeV.

11. (*a*) 1.8×10^{3} MeV;

(*b*) 730 MeV.

12. 7.699 MeV/nucleon.

13. 2.224 MeV.

14. 12.42 MeV.

15. (*a*) 10.21 MeV;

(*b*) 10.83 MeV, repulsive electric force.

17. 0.019 MeV.

18. 0.782 MeV.

19. (*a*) β^- emitter;
(*b*) ${}^{24}_{11}\text{Na} \rightarrow {}^{24}_{12}\text{Mg} + \beta^- + \bar{\nu}$, 5.515 MeV.

20. 2.822 MeV.

21. 0.863 MeV.

22. 10.8 MeV.

23. 28.6 eV.

24. For both: $\text{KE}_{\text{max}} = 0.9612$ MeV, $\text{KE}_{\text{min}} = 0$.

25. $\text{KE}_{\text{recoil}} = 0.0718$ MeV, $Q = 4.27$ MeV.

26. (*a*) $1.5 \times 10^{-10}\ \text{yr}^{-1}$;
(*b*) 6.0 h.

27. 1.2 h.

28. 0.1.

29. 2.5×10^9 decays/s.

30. $0.03125 = 1/32 = 3.125\%$.

31. 8.5×10^{19} nuclei.

32. 7 α particles; 4 β^- particles.

33. (*a*) 4.2×10^{16} nuclei;
(*b*) 1.3×10^{15} nuclei;
(*c*) 2.8×10^{13} decays/s;
(*d*) 26 min.

34. 0.91 g.

35. 7.1×10^{10} decays/s.

36. 3.6 min.

37. 86 decays/s.

38. 33.8 mg.

39. 8.6×10^{-7}.

40. 15.8 d.

Chapter 30

1. ${}^{28}_{13}\text{Al}$; β^-; ${}^{28}_{14}\text{Si}$.

2. no threshold energy is required.

3. Yes, $Q > 0$.

4. (*a*) ${}^{31}_{15}\text{P}$;
(*b*) 8.864 MeV

5. 18.000937 u.

6. (*a*) the reaction can occur;
(*b*) 8.53 MeV of energy is released.

7. (*a*) Yes;
(*b*) 20.4 MeV.

8. (*a*) the reaction can occur;
(*b*) 8.66 MeV.

9. 4.730 MeV.

10. 46.7 MeV.

11. $\text{n} + {}^{14}_{7}\text{N} \rightarrow {}^{14}_{6}\text{C} + \text{p}$, 0.626 MeV.

12. (*a*) ${}^{7}_{3}\text{Li}$;
(*c*) 5.027 MeV, exothermic.

13. (*a*) He picks up a neutron from C;
(*b*) ${}^{11}_{6}\text{C}$;
(*c*) 1.856 MeV; exothermic.

14. 17.35 MeV released.

15. 5.702 MeV released.

16. 173.3 MeV.

17. 126.5 MeV.

18. 8×10^{18} reactions/s.

19. 1/1100.

20. 0.4 g ${}^{235}_{92}\text{U}$.

21. (*a*) 5 neutrons; (*b*) 171.1 MeV.

22. 3.7×10^{-7} kg.

23. 1100 kg.

24. 25 collisions.

25. 260 MeV; about 30% > fission energy released.

26. 1.5.

27. 300 eV.

31. (*a*) a: 6.03×10^{23} MeV/g;
b: 4.89×10^{23} MeV/g;
c: 2.11×10^{24} MeV/g;
(*b*) 5.13×10^{23} MeV/g;
a: 0.851; b: 1.05; c: 0.243.

32. 4.806 MeV.

33. 0.39 g.

34. (*a*) ${}^{3}_{1}\text{H}$;
(*b*) 4.784 MeV.

35. 2.46×10^9 J; 50× > gasoline.

36. 7000 rads.

37. 4.0 Gy.

38. 160 J.

40. 5.61×10^{-10} kg.

Chapter 31

1. 3.1 ly.

2. 12 ly.

3. Less than; by a factor of 2.

4. 3.7×10^{-2}.

5. $2 \times 10^{-3}\ \text{kg/m}^3$.

6. (*a*) $1.3 \times 10^3\ \text{W/m}^2$;
(*b*) 3.7×10^{26} W.

7. 4.2×10^{-2} rad, or 2.4°; about 4.5× Moon's width.

8. 4×10^{22} stars.

9. $1.83 \times 10^9\ \text{kg/m}^3$;
3.33×10^5 times larger.

10. $5.4 \times 10^{17}\ \text{kg/m}^3$, 2.9×10^8, 2.3.

11. (*a*) 0.018″; (*b*) $(5.0 \times 10^{-6})°$.

12. 0.050″, 20 pc.

13. 280 yr.

14. The star with the peak at 450 nm is 2.8 times farther away than the star with the peak at 750 nm.

15. $D_1/D_2 = 0.13$.

17. 3×10^{14} m.

18. 3.57×10^{-16} kg.

19. 540°.

20.

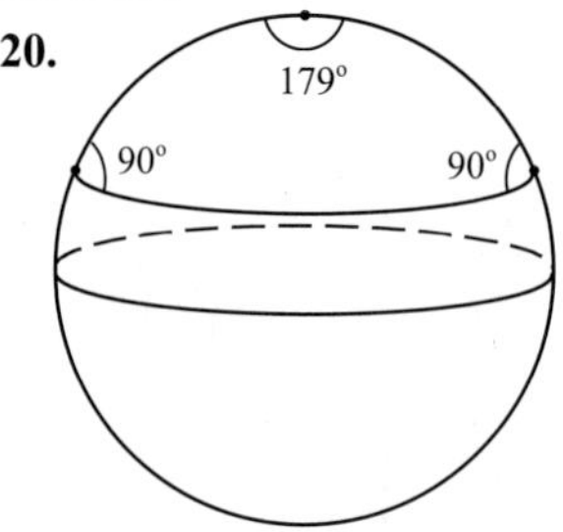

21. 3.1×10^{-16} m.

22. 88 Mly.

23. 2.1×10^8 ly.

24. (*a*) $0.048c$; (*b*) 6.9×10^8 ly.

25. (*a*) 0.3 nm; (*b*) 3.2 nm.

26. 1.0×10^9 ly.

27. $0.058c$.

28. 0.078

29. 9×10^9 ly.

30. $0.33c$, 4.7×10^9 ly.

31. 6.8×10^7 ly.

33. 1.1×10^{-3} m.

34. 3×10^{-13} m, gamma ray.

35. 6 nucleons/m^3.

36. (*a*) 3×10^7 ly;
(*b*) 3 ly;
(*c*) 3×10^{-2} ly;
(*d*) 0.3 m.

37. (*a*) 10^{-5} s; (*b*) 10^{-7} s; (*c*) 10^{-4} s.

38. (*a*) $2.1 \times 10^{-26}\ \text{kg/m}^3$;
(*b*) $1.0 \times 10^{-25}\ \text{kg/m}^3$.

찾아보기

❪ㅊ❫

❪ㅋ❫

❪ㅌ❫

❪ㅍ❫

《ㅎ》

《기타》

사진 출처

p. vii Reuters/NASA **p. viii** Scott Boehm/BCI **p. ix** Pixland/age fotostock **p. x** AFP/Getty Images/Newscom **p. xi** Professors Pietro M. Motta & Silvia Correr/Photo Researchers, Inc. **p. xii** NASA, ESA, R. Ellis (Caltech), and the UDF 2012 Team

CO-1 Reuters/NASA **1.1** Erich Lessing/Art Resource **1.2a/b, 1.3** Franca Principe/Istituto e Museo di Storia della Scienza, Florence **1.4a** fotoVoyager/iStockphoto.com **1.4b** AP Photo/The Minnesota Daily, Stacy Bengs **1.5** Mary Teresa Giancoli **1.6a/b** Pearson Education/Travis Amos **1.7a** Oliver Meckes/Ottawa/Photo Researchers, Inc. **1.7b** D. Giancoli **1.8** Art Wolfe/Getty Images **1.9a** D. Giancoli

CO-2 NASA/Bill Ingalls **2.8** BlueMoon Stock/Superstock **2.13** Yamaha Motor Racing **2.14** Staten Island Academy **2.16** Scala/Art Resource, NY **2.17** Harold E. Edgerton/Palm Press, Inc. **2.20** Fred de Noyelle/Godong/Corbis **2.22** jsaunders84/iStockphoto

CO-3 Lucas Kane/Lucas Kane Photography **3.17a** Berenice Abbott/Commerce Graphics Ltd., Inc. **3.17b** American Association of Physics Teachers/Greg Gentile **3.19** Richard Megna/Fundamental Photographs **3.25 top** American Association of Physics Teachers/ Joey Moro **3.25 bottom** Westend61 GmbH/Alamy

CO-4 NASA/John F. Kennedy Space Center **4.1** Daly & Newton/Stone Allstock/Getty Images **4.4** Bettmann/Corbis **4.5** Gerard Vandystadt/Agence Vandystadt/Photo Researchers, Inc. **4.7** David Jones/Photo Researchers, Inc. **4.10** NASA/John F. Kennedy Space Center **4.28** AFP PHOTO/DIMITAR DILKOFF/Getty Images/Newscom **4.31** Prof. Nicholas Murgo **4.32** Prof. Martin Hackworth **4.34** Brian Bahr/Allsport Photography/Getty Images

CO-5 Earth Imaging/Stone Allstock/Getty Images **5.6c** PeterFactors/Fotolia **5.11** Guido Alberto Rossi/TIPS North America **5.19** D. Giancoli **5.20, 5.24** NASA **5.25a** AP Wide World Photos **5.25b** Mickey Pfleger **5.25c** Dave Cannon/Getty Images **5.26** David Nunuk/Photo Researchers, Inc.

CO-6 Scott Boehm/BCI **6.17** Harold E. Edgerton/Palm Press **6.18** AP Photo/John Marshall Mantel **6.21** Inga Spence/Getty Images **6.22** AP Photo/Rob Griffith **6.25** Nick Rowe/Getty Images **6.29** Airman Krisopher Wilson/US Department of Defense

CO-7 Richard Megna/Fundamental Photographs **7.1** ADRIAN DENNIS/Staff/AFP/Getty Images **7.8** Ted Kinsman/Photo Researchers, Inc. **7.11** Edward Kinsman/Photo Researchers, Inc. **7.14** D. J. Johnson **7.17** Science Photo Library/Photo Researchers, Inc. **7.21** Berenice Abbott/Photo Researchers, Inc. **7.27** Kathy Ferguson/PhotoEdit

CO-8 David R. Frazier/The Image Works **8.7** Mary Teresa Giancoli **8.11a** Richard Megna/Fundamental Photographs **8.11b** Photoquest **8.36** Karl Weatherly/Getty Images **8.42** Tom Stewart/Corbis

CO-9 Fraser Hall/Getty Images **9.1** AP Photo **9.20** D. Giancoli **9.22a/b** Mary Teresa Giancoli **9.25** Tarek El Sombati/iStockphoto **9.26a** D. Giancoli **9.26b** Christopher Talbot Frank/Ambient Images, Inc./Alamy Images **9.28** D. Giancoli **9.30** Richard Carafelli/ National Gallery of Art **9.31** D. Giancoli **9.32** Italian Government Tourist Board **9.40a** James Lemass/Photolibrary

CO-10 top 1929 Massimo Terzano-ⓒ Ass. Ardito Desio/Maria Emanuela Desio **CO-10 bottom** 2009 Fabiano Ventura-ⓒ Archive F. Ventura **10.8** Corbis/Bettmann **10.17a/b** Gary S. Settles and Jason Listak/Photo Researchers, Inc. **10.25** Mike Brake/Shutterstock **10.31** Adam Jones/Photo Researchers, Inc. **10.32** American Association of Physics Teachers/Anna Russell **10.36** NASA Goddard Space Flight Center/Science Source/Photo Researchers, Inc.

CO-11 left Ford Motor Company **CO-11 right** Jonathan Nourok/PhotoEdit **11.4** Ford Motor Company **11.6** Paul Springett A/Alamy **11.11** Berenice Abbott/Photo Researchers, Inc. **11.13** D. Giancoli **11.17** Taylor Devices **11.19** Martin Bough/Fundamental Photographs

11.20a AP Wide World Photos **11.20b** Paul X. Scott **11.28** Art Wolfe/Getty Images **11.21a/b/c/d, 11.38** D. Giancoli **11.43** Jacynthroode/iStockphoto **11.45a/b** Richard Megna/Fundamental Photographs

CO-12 Scala/Art Resource **12.4** Willie Maldonado/Getty Images **12.7a** Ben Clark/Getty Images **12.7b** Tony Cenicola/The New York Times **12.8** Bob Daemmrich/The Image Works **12.22** Prof. Vickie Frohne **12.23** Gary S. Settles/Photo Researchers, Inc. **12.24** GE Medical Systems/Photo Researchers, Inc. **12.28** Nation Wong/Corbis

CO-13 left Niall Edwards/Alamy **CO-13 right** Richard Price/Getty **13.3** Ingolfson **13.4b** Franca Principe/Istituto e Museo di Storia della Scienza, Florence **13.6** Leonard Lessin/Photolibrary **13.14** D-BASE/Getty Images **13.15** Michael Newman/PhotoEdit **13.23** Paul Silverman/Fundamental Photographs **13.24a** Norbert Rosing/National Geographic Stock **13.24b** American Association of Physics Teachers/Mrinalini Modak **13.24c** Prof. Gary Wysin **13.25** Reed Kaestner/Corbis

CO-14 Pixland/age fotostock **14.10** Ernst Haas/Hulton Archive/Getty Images **14.13a/b** Science Photo Library/Photo Researchers, Inc. **14.15** Stacey Bates/Shutterstock

CO-15 Taxi/Getty Images **15.9** Will Hart **15.10 left, middle, right** Leonard Lessin/Photolibrary **15.19a** Carsten Koall/Getty Images **15.19b** Kevin Burke/Corbis **15.19c** David Woodfall **Table 15.3 top left** Michael Collier **Table 15.3 bottom left** Michel de Nijs/iStockphoto **Table 15.3 mid-top** Larry Lee Photography/Corbis **Table 15.3 mid-bottom** Richard Schmidt-Zuper/iStockphoto **15.24** Patrick Landmann/Photo Researchers, Inc. **15.25** Richard Schmidt-Zuper/iStockphoto **15.26** Michael Collier

CO-16 Mike Dunning/Dorling Kindersley **16.34** Dr. Gopal Murti/Science Source/Photo Researchers, Inc.

CO-17 Emily Michot/Miami Herald/MCT/Newscom **17.7** D. Giancoli **17.11c, 17.16, 17.18** Eric Schrader/Pearson Education **17.19** tunart/iStockphoto

CO-18 left Mahaux Photography **CO-18 right** Eric Schrader/Pearson Education **18.1** Jean-Loup Charmet/Science Photo Library/Photo Researchers, Inc. **18.2** The Burndy Library Collection/Huntington Library **18.6a** Richard Megna/Fundamental Photographs **18.10** T. J. Florian/Rainbow Image Library **18.13** Richard Megna/Fundamental Photographs **18.14** Tony Freeman/PhotoEdit **18.16** Clint Spencer/iStockphoto **18.26** Scott T. Smith/Corbis

CO-19 Patrik Stoffarz/AFP/Getty Images/Newscom **19.13** David R. Frazier/Photolibrary, Inc./Alamy **19.21** Apogee/Photo Researchers, Inc. **19.24a** Photodisc/Getty Images **19.24b, 19.25** Eric Schrader/Pearson Education

CO-20 Richard Megna/Fundamental Photographs **20.1** Dorling Kindersley **20.4a** Stephen Oliver/Dorling Kindersley **20.6** Mary Teresa Giancoli **20.8a/b, 20.18** Richard Megna/Fundamental Photographs **20.20b** Jack Finch/Science Photo Library/Photo Researchers, Inc. **20.26b** Richard Megna/Fundamental Photographs

CO-21 Richard Megna/Fundamental Photographs **21.10** Jeff Hunter/Getty Images **21.19** Associated Press Photo/Robert F. Bukaty **21.20** Photograph by Robert Fenton Houser

CO-22 NASA **22.1** Original photograph in the possession of Sir Henry Roscoe, courtesy AIP Emilio Segrè Visual Archives **22.9** The Image Works Archives

CO-23, 23.6 D. Giancoli **23.10a** Mary Teresa Giancoli and Suzanne Saylor **23.10b** Paul Silverman/Fundamental Photographs **23.19** John Lawrence/Travel Pix Ltd. **23.21a** Shannon Fagan/age fotostock **23.22** Giuseppe Molesini, Istituto Nazionale di Ottica, Florence **23.28b** Garo/Phanie/Photo Researchers, Inc. **23.29c/d** D. Giancoli **23.30** D. Giancoli and Howard Shugat **23.32** Kari Erik Marttila Photography **23.36a/b** D. Giancoli **23.49** Mary Teresa Giancoli

CO-24 Giuseppe Molesini, Istituto Nazionale di Ottica, Florence **24.4a** Kent Wood/Photo Researchers, Inc. **24.9a** Bausch & Lomb Incorporated **24.13** David Parker/Science Photo Library/Photo Researchers, Inc. **24.16b** Lewis Kemper Photography **24.17** George Diebold **24.19a** P. M. Rinard/American Journal of Physics **24.19b** Richard Megna/Fundamental Photographs **24.19c** Ken Kay/

Fundamental Photographs **24.27** Wabash Instrument Corp./Fundamental Photographs **24.28a** Giuseppe Molesini, Istituto Nazionale di Ottica, Florence **24.28b** Richard Megna/Fundamental Photographs **24.28c** Paul Silverman/Fundamental Photographs **24.30b** Ken Kay/Fundamental Photographs **24.32b/c** Bausch & Lomb Incorporated **24.34** D. Hurst/Alamy **24.43** Diane Schiumo/Fundamental Photographs **24.45a/b** JiarenLau Photography, http://creativecommons.org/licenses/by/2.0/deed.en **24.50** Suunto **24.51** Daniel Rutter/Dan's Data

CO-25, 25.5, 25.6a/b Mary Teresa Giancoli **25.08** Leonard Lessin/Photolibrary **25.19a/b** Museo Galileo - Istituto e Museo di Storia della Scienza **25.21** Yerkes Observatory, University of Chicago **25.22c** Sandy Huffaker/Stringer/Getty Images **25.22d** Inter-University Centre for Astronomy and Astrophysics/Laurie Hatch **25.24b** Leica Microsystems **25.29a/b** Reproduced by permission from M. Cagnet, M. Francon, and J. Thrier, The Atlas of Optical Phenomena. Berlin: Springer-Verlag, 1962. **25.32** Space Telescope Science Institute **25.34** The Burndy Library Collection/Huntington Library **25.37** Rosalind Franklin/Photo Researchers, Inc.

CO-26 "The City Blocks Became Still Shorter"from page 4 of the book "Mr Tompkins in Paperback"by George Gamow. Reprinted with the permission of Cambridge University Press. **26.1** Bettmann/Corbis **26.7** D. Giancoli

CO-27 left Paul Gunning/Photo Researchers, Inc. **CO-27 right** Professors Pietro M. Motta & Silvia Correr/Photo Researchers, Inc. **27.11** Samuel Goudsmit/AIP Emilio Segrè Visual Archives, Goudsmit Collection **27.12** Education Development Center, Inc. **27.16a** Lee D. Simon/Science Source/Photo Researchers, Inc. **27.16b** Oliver Meckes/Max-Planck-Institut-Tubingen/Photo Researchers, Inc. **27.16c** Science Photo Library/Alamy **27.22b** Richard Megna/Fundamental Photographs **27.23a/b/c** Wabash Instrument Corp./Fundamental Photographs

CO-28 Richard Cummins/Corbis **28.1** Niels Bohr Institute, courtesy AIP Emilio Segrè Visual Archives **28.2** F. D. Rosetti/American Institute of Physics/Emilio Segrè Visual Archives **28.4** Hitachi, Ltd., Advanced Research Laboratory **28.17** NIH/Photo Researchers, Inc.

CO-29 D. Giancoli **29.3** French Government Tourist Office **29.7** Enrico Fermi Stamp Design/2001 United States Postal Service. All Rights Reserved. Used with Permission from the US Postal Service and Rachel Fermi. **29.15** Fermilab Visual Media Services

CO-30 Peter Beck/Corbis **30.6** Archival Photofiles, [apf2-00502], Special Collections Research Center, University of Chicago Library **30.9** Tokyo Electric Power Company/Jana Press/ZUMAPRESS.com/Newscom **30.10** LeRoy N. Sanchez/Los Alamos National Laboratory **30.11** Corbis/Bettmann **30.15a** UPPA/Photoshot/Newscom **30.15b** National Ignition Facility/Lawrence Livermore National Laboratory

CO-31 NASA, ESA, R. Ellis (Caltech), and the UDF 2012 Team **31.1a** NASA **31.1b** Allan Morton/Dennis Milon/Science Photo Library/Photo Researchers, Inc. **31.2c** NASA **31.3** U.S. Naval Observatory/NASA **31.4** National Optical Astronomy Observatories **31.5a** Reginald J. Dofour, Rice University **31.5b** U.S. Naval Observatory/NASA **31.5c** National Optical Astronomy Observatories **31.9a/b** Australian Astronomical Observatory/David Main Images **31.15a** NASA **31.23** Alcatel-Lucent **31.25** AP Photo/Fredrik Persson **31.26** WMAP Science Team/NASA **31.32** Bertil Ericson/SCANPIX/AP/Corbis

번역 및 교정에 참여하신 분 (가나다 순)

강병원 · 경지수 · 고정대 · 김경식 · 김경완 · 김동현 · 김두철 · 김무준 · 김상옥 · 김선일
김승국 · 김승연 · 김용민 · 김용은 · 김용주 · 김재화 · 김정윤 · 김창호 · 김충섭 · 김태완
김현중 · 김형찬 · 김홍석 · 남승일 · 류영선 · 문병기 · 박병준 · 박성찬 · 박성흠 · 박승옥
박은경 · 박창수 · 박희정 · 백승기 · 서혜원 · 서효진 · 송대엽 · 신재수 · 안동완 · 오기영
우상욱 · 우종관 · 유병수 · 유영훈 · 유평렬 · 윤재선 · 이규용 · 이상훈 · 이석재 · 이연환
이원식 · 이종규 · 이종완 · 이진경 · 장서형 · 장재원 · 전윤한 · 정경아 · 정준우 · 정중현
최광호 · 최병춘 · 최용수 · 최재호 · 최충현 · 하강렬 · 한두희 · 한 혁 · 현준원 · 홍지상

일반물리학 7판 개정판

2023년 3월 2일 인쇄
2023년 3월 5일 발행

원 저 자 ● Douglas C. Giancoli
역 자 ● 일반물리학 교재편찬위원회
발 행 인 ● 조 승 식
발 행 처 ● (주) 도서출판 **북스힐**
서울시 강북구 한천로 153길 17
등 록 ● 제 22-457 호

(02) 994-0071
(02) 994-0073
www.bookshill.com
bookshill@bookshill.com

잘못된 책은 교환해 드립니다.

값 42,000원

ISBN 979-11-5971-468-9